朝雲

縮刷版 2022

第3483号～第3530号

朝雲新聞社

「朝雲」主要記事索引

〈防衛行政〉

◆人事

◆叙勲・表彰

◆防衛交流

◆近隣情勢・領海領空

◆不発弾処理

◆事故・不祥事

◆人命救助・感謝状・善行褒賞

◆スポーツ版・体校・五輪特集

◆防衛関係団体

◆「地方防衛局」特集

◆「厚生・共済」特集

◆「防衛技術」特集

◆「ひろば」特集

ンジャー教育に参加して」井上勇斗3陸曹（3・24）▽「学生長として卒業でき、幸せ」中道翼3陸曹（3・24）▽「貴重な経験生かし立派な隊員に」森杉晃成3陸曹▽「幹部レンジャー課程を終えて」末田龍之介3陸尉（3・31）▽「恩師や先輩の期待に応えたい」菊池聡3陸曹（3・31）▽「父が勧めた『自衛隊』が私を育ててくれた」長澤紳1陸尉（4・7）▽「父のような立派な自衛官に」富田瞳冴さん（4・7）▽「海自の航空学生に合格して」中村汐さん（4・14）▽「航空事故防止のために」鈴木涼一1空尉（4・14）▽「レンジャー教育に参加して」大西晃二郎3陸曹（4・21）▽「九匠塾で腕を磨く」溜渕成明2陸曹（4・21）▽「車両整備と予備自、二足のわらじ」太田有紗予備2陸曹（4・28）▽「飲酒運転根絶のために」志賀竜一3陸曹（4・28）▽「友人とその父に届け！息子の想い」宮迫大輔2空曹（5・12）▽「旅団長初度視察の儀仗隊長を務めて」久保田侑子3陸尉（5・12）▽「多感な3年間が彼らの糧になりますように」66期生徒保護者　雨宮美和さん（5・19）▽「幹部自衛官に任官して」坪坂輝3陸尉（5・19）▽「俺を見よ　俺に続くな　先に行け」荒井洋2陸尉（5・26）▽「福島沖地震災派に参加して」熱田大真陸士長（5・26）▽「『海の女子会』に参加して」竹内奈七子3海尉（6・2）▽「防大もいよいよ70期の誕生だ」空自OB　中山昭宏さん（6・2）▽「夜間射撃への挑戦」安藤進2陸尉（6・9）▽「自衛官は常に見られている」藤本優奈1陸士（6・9）▽「木下大サーカス会場で広報活動」宮田勇一1陸尉（6・16）▽「念願の猫をペットに」田呂丸美由紀非常勤職員（6・16）▽「高等工科学校在校生の母として（上）」66期生徒保護者　雨宮美和さん（6・23）▽「お父さん、またキャンプ行こうね」後藤太志くん（隊員家族）（6・23）▽「高等工科学校在校生の母として（下）」66期生徒保護者　雨宮美和さん（6・30）▽「印象に残った転職フェア」舩瀬莉緒1空士（6・30）▽「陸自OBを救った隊友会の頼もしさ」久保光裕准陸尉（7・7）▽「隊員に身近な存在であり続けたい」山崎昇さん（7・7）▽「防災・減災啓発活動への高橋陸曹長の想い」宮田勇一1陸尉（7・14）▽「らっぱ教育を終えて」森川瑞貴1陸士（7・14）▽「子供たちに支えられ」青木優子2陸曹（7・21）▽「総火演のライブビューイングを開催」家族会小田原地区会長石原こずえさん（7・21）▽「軍事英語学習から得られること」魚谷和寿3海佐（7・28）▽「経験を糧に一歩ずつ」飯島正幸3陸曹（7・28）▽「日米親善コンサートJAZZの夕べ」和歌山県隊友会事務局長　碓井啓介さん（8・4）▽「成長できる良い機会に」徳永康紀陸士長（8・4）▽「心身の準備　怠らず」伊﨑義彦予備1陸佐（8・11）▽「IPD22参加部隊を見送って」栗城真理子さん（8・11）▽「新規採用者初任者研修を終えて（上）」石山直樹技官（8・18）▽「リクルーターを経験して」古田朱音1陸士（8・18）▽「新規採用者初任者研修を終えて（中）」太田翔月技官（8・25）▽「心身の健康法『命の教育』」北出樹大3海尉（8・25）▽「新規採用者初任者研修を終えて（下）」鈴木空事務官（9・1）▽「自分の経験を伝えたい」丸山瑠理花予備陸士長（9・1）▽「総合職事務官3年目職員部隊研修―人を育てる大切さ知る」永澤あかね事務官（9・8）▽「総合職事務官3年目職員部隊研修―見識深まり大変有意義」片岡涼事務官（9・8）▽「地元での「広報活動で充実した日々」星本望光空士長（9・8）▽「金鯱戦士を受賞して」大藪昌弥陸士長（9・15）▽「地本臨時勤務を経験して」北本みどり空士長（9・15）▽「『はたかぜ』体験航海」神田英人3海尉（9・29）▽「日本拳法三重県総合大会初参加で初優勝」橋本葵陸士長（9・29）▽「伝統引き継ぐシン・レンジャー」7普連広報室（10・6）▽「日本拳法三重県大会で優勝して」尾崎京介2陸曹（10・6）▽「自衛官の妻として日米関係の強化に貢献」東田桃子さん（10・13）▽「硫黄島の英霊に全国の水を」平山学空曹長（10・13）▽「自衛官のワッペンを研究」平田麻衣子3空曹（10・20）▽「驚嘆と感銘の連続」千葉日翔くん（10・20）▽「大阪接種会場の取り組み　上」中野昌英1陸佐（10・27）▽「空自が第一の進路先に」長谷川凛さん（10・27）▽「大阪接種会場の取り組み　下」中野昌英1陸佐（11・3）▽「ガールズトーク盛況」田畑亜沙美1陸曹（11・3）▽「ちゃぶ台返し世界チャンピオンに」堀香乃子予備1陸尉（11・10）▽「ロジスティクスの重要性を再確認」菅野理彩事務官（11・10）▽「F2戦闘機の離着陸を間近で見学」坂居将光さん（11・17）▽「陸上競技の教え子が自衛隊入隊」大城優人陸曹長（11・17）▽「制服ファッションショーを大学生と企画」田畑亜沙美1陸曹（11・24）▽「一般部隊に配属されて」竹下菜那香2陸士（11・24）▽「浜松の航空祭予行展示に参加して」川越良哉さん（12・1）▽「現在の私と将来の夢」黒木久美子予備2陸曹（12・1）▽「開業歯科医、困難を乗り越え予備自衛官に　上」高橋忠弘予備2陸佐（12・8）▽「手作り掲示板で自衛官募集を支援」上原勝さん（12・8）▽「開業歯科医、困難を乗り越え予備自衛官に　下」高橋忠弘予備2陸佐（12・15）▽「父のラストフライトに立ち合い」小城龍之介1海尉（12・15）▽「令和4年度大隊訓練検閲に参加して」長谷部亮3陸曹、柴田徹3陸曹、竹田光希3陸曹（12・22）▽「地本の臨時勤務を経験し」塚本海飛空士長（12・22）

◆「春夏秋冬」

▽兼原信克「戦闘員と警察官」（1・6）▽河野克俊「『やらない』と『やれない』」（1・13）▽土屋大洋「2034米中戦争」（1・20）▽松本佐保「赤十字と災害救援活動」（1・27）▽兼原信克「中国が越えねばならない壁」（2・3）▽河野克俊「『オン』と『オフ』」（2・10）▽土屋大洋「キングスマンとAI」（2・17）▽松本佐保「ウクライナ危機とミュンヘン会談」（2・24）▽兼原信克「価値観外交とウクライナ問題」（3・10）▽河野克俊「日韓関係に思うこと」（3・17）▽土屋大洋「鮮やかだったウクライナの抵抗」（3・24）▽松本佐保「宗教的観点から見たウクライナ戦争」（3・31）▽コシノジュンコ「仙台で生まれた自衛隊とのご縁」（4・7）▽先崎彰容「『国家』でなく『社会』となった日本」（4・14）▽鶴岡路人「ウクライナの抵抗の行方」（4・21）▽山下裕貴「ウクライナ侵攻と国際協調」（4・28）▽コシノジュンコ「『原点から現点』展」（5・12）▽先崎彰容「過去とつながることで」（5・19）▽鶴岡路人「安全保障の『提供者』と『消費者』」（5・

26）▽山下裕貴「南西諸島への部隊配置」（6・2）▽コシノジュンコ「画家志望からデザインの世界へ」（6・9）▽先崎彰容「『恐怖』がもたらすもの」（6・16）▽鶴岡路人「参戦なき支援、部隊なき前方展開」（6・23）▽山下裕貴「情報の重要性」（6・30）▽コシノジュンコ「念願のパリに店を構えて」（7・7）▽先崎彰容「日本人の心から消え失せたもの」（7・14）▽鶴岡路人「日本国内閣総理大臣を演じ切った安倍氏」（7・21）▽山下裕貴「『参謀』（幕僚）」（7・28）▽コシノジュンコ「前例がないから実行する」（8・4）▽先崎彰容「問われる『死者』との向き合い方」（8・11）▽鶴岡路人「求められる戦争理解の転換」（8・18）▽山下裕貴「日本と台湾の関係」（8・25）▽コシノジュンコ「出会い」（9・1）▽先崎彰容「国内問題にとどまらぬ『国葬』」（9・8）▽鶴岡路人「ロシアの一般市民に責任はあるのか」（9・15）▽山下裕貴「専守防衛」（9・29）▽コシノジュンコ「今は夢、明日は歴史」（10・6）▽先崎彰容「『東西』区分に代わる新たな視点」（10・13）▽鶴岡路人「核兵器が使われるとき」（10・20）▽山下裕貴「指揮官の統率」（10・27）▽コシノジュンコ「実家の誇り」（11・3）▽先崎彰容「『国防』を思考の中心に」（11・10）▽鶴岡路人「防衛費、GDP比2％とは何か」（11・17）▽山下裕貴「友情と信頼」（11・24）▽コシノジュンコ「対極」（12・1）▽先崎彰容「『悪』から『善』を生み出す努力」（12・8）▽鶴岡路人「ウクライナの『敵地攻撃』？」（12・15）▽山下裕貴「摩擦　戦争論」（12・22）

◆時の焦点

◇国内

▽岸田政権3カ月（1・6）▽日米2プラス2（1・13）▽新変異株（1・20）▽日米首脳会談（1・27）▽国会論戦（2・3）▽第6波拡大（2・10）▽国際情勢の悪化（2・17）▽竹島の日（2・24）▽対ロシア外交（3・10）▽装備品提供（3・17）▽サイバー防衛隊（3・24）▽ロシアの侵略（3・31）▽国家安全保障戦略（4・7）▽日比2プラス2（4・14）▽文通費法改正（4・21）▽外交青書（4・28）▽憲法改正（5・12）▽沖縄復帰50年（5・19）▽コロナ対策（5・26）▽日米首脳会談（6・2）▽拡大抑止（6・9）▽骨太の方針（6・16）▽PKO法30年（6・23）▽参院選（6・30）▽日米韓首脳会談（7・7）▽安倍元首相死去（7・14）▽安倍元首相国葬（7・21）▽防衛白書（7・28）▽NPT会議開幕（8・4）▽原爆忌（8・11）▽台湾有事（8・18）▽コロナ第7波（8・25）▽安倍氏銃撃検証（9・1）▽防衛予算（9・8）▽尖閣国有化10年（9・15）▽小泉訪朝20年（9・29）▽日中正常化50年（10・6）▽北ミサイル発射（10・13）▽Jアラート（10・20）▽旧統一教会調査（10・27）▽デュアルユース（11・3）▽臨時国会（11・10）▽日韓首脳会談（11・17）▽高額寄付被害（11・24）▽防衛有識者会議（12・1）▽改正感染症法（12・8）▽次期戦闘機開発（12・15）▽安全保障3文書（12・22）

◇国外

▽国際情勢展望（1・6）▽中露イラン（1・13）▽バイデン米政権（1・20）▽「米国に死を！」（1・27）▽ウクライナ緊迫（2・3）▽米直面の2危機（2・10）▽ウクライナ危機（2・17）▽ウクライナ緊張（2・24）▽ウクライナ侵略（3・10）▽ウクライナ危機（3・17）▽ロシアの暴挙（3・24）▽米中首脳会談（3・31）▽米の核戦略指針（4・7）▽ウクライナ情勢（4・14）▽ロシア軍事侵攻（4・21）▽NATO加盟（4・28）▽仏大統領選（5・12）▽ウクライナ支援（5・19）▽国連の機能不全（5・26）▽ウクライナ情勢（6・2）▽ウクライナ戦争（6・9）▽ウクライナ問題（6・16）▽安保理入り（6・23）▽ウクライナ支援（6・30）▽核禁条約会議（7・7）▽英首相が辞意（7・14）▽侵攻のロシア（7・21）▽ニクソン外交（7・28）▽ウクライナ戦争（8・4）▽米下院議長訪台（8・11）▽米中間選挙（8・18）▽米で英作家襲撃（8・25）▽クリミアの攻防（9・1）▽ゴルビー死去（9・8）▽ウクライナ支援（9・15）▽ウクライナ戦争（9・29）▽ウクライナ戦争（10・6）▽国連総会演説（10・13）▽露の報復攻撃（10・20）▽OPECが減産（10・27）▽中国の習指導部（11・3）▽米中間選挙（11・10）▽米中間選挙（11・17）▽米中首脳会談（11・24）▽露の軍事作戦（12・1）▽コロナ抗議デモ（12・8）▽ウクライナ戦争（12・15）▽北欧首相が認識（12・22）

◆「前事不忘　後事之師」

▽戦争に仕事をさせるべきか（1・13）▽唐招提寺御影堂障壁画展を観て（2・3）▽ヒットラーの失敗の始まり（3・10）▽風林火山の意味を読み解く（その一）（4・7）▽風林火山の意味を読み解く（その二）（5・12）▽チャーチルの決断（6・2）▽大津事件―明治日本を震撼させた事件―（7・7）▽同盟を考える―チェコスロバキアの場合―（8・4）▽孫子とクラウゼビッツ（9・1）▽魏志倭人伝を考える（10・6）▽ウィーン会議―「会議は踊る、されど進まず」の真意（11・3）▽渦にのみ込まれたイギリス―大戦への道は、ある条件の承諾から（12・1）

◆ひと▽中田実優3陸尉（4・28）▽内田伸明3陸曹（5・26）▽井上一徳・元防衛省大臣官房審議官（6・9）▽宇都隆史参院議員（6・16）▽橋本晃作2海曹（6・30）▽有川昭広准空尉（7・21）▽中野千尋2陸佐（8・25）▽富松智洋1海佐（9・29）▽氏田実玖3空曹（11・10）

◆「OBがんばる」

▽岡本正樹さん（1・13）▽高橋佳也さん（1・20）▽小池隆史さん（1・27）▽小倉大作さん（2・3）▽小澤弘二さん（2・10）▽渡辺豊久さん（2・17）▽仁禮勝行さん（2・24）▽巻島太郎さん（3・10）▽村上司誠さん（3・17）▽河村一美さん（3・24）▽遠嶋昭広さん（3・31）▽高橋聡宏さん（4・7）▽瀬谷三男さん（4・14）▽沼澤信昭さん（4・21）▽橋本哲彰さん（4・28）▽西尾智徳さん（5・12）▽荒巻靖隆さん（5・19）▽秋葉樹伸さん（5・26）▽三浦弘雄さん（6・2）▽木下晃一さん（6・9）▽

杉本義幸さん（6・16）▽池田洋平さん（6・23）▽鯉渕正さん（6・30）▽井藤善夫さん（7・7）▽竹内主信さん（7・14）▽宇田川徹さん（7・21）▽盛山信浩さん（7・28）▽横山力さん（8・4）▽平洋さん（8・11）▽神野淳一さん（8・18）▽安田善次さん（8・25）▽菅野龍人さん（9・1）▽藤田一彦さん（9・8）▽北村克晶さん（9・15）▽千葉智子さん（9・29）▽三浦健次さん（10・6）▽杉山光司さん（10・13）▽水戸志佳さん（10・20）▽伊豆丸直人さん（10・27）▽立山真二さん（11・3）▽柏木博文さん（11・10）▽宇山嘉一さん（11・17）▽柳倉浩二さん（11・24）▽星信彦さん（12・1）▽白川巧さん（12・8）▽笠井英樹さん（12・15）▽安藤真也さん（12・22）

◆「朝雲・栃の芽俳壇」

▽（1・6）＝新春特別俳壇▽（1・13）▽（2・3）▽（3・10）▽（4・7）▽（5・12）▽（6・2）▽（7・7）▽（8・4）▽（9・1）▽（10・6）▽（11・3）▽（12・1）

◆新刊紹介

▽「宇宙飛行士野口聡一の全仕事術」世界文化社、「海自オタがうっかり『中の人』と結婚した件。海自オタ魂は永遠に!!編」秀和システム（1・6）▽「南シナ海問題の構図―中越紛争から多国間対立へ」名古屋大学出版会、「ウイグル・香港を殺すもの」ワニブックス（1・13）▽「亡びゆく中国の最期の悪あがきから日本をどう守るか」徳間書店、「日本、遥かなり―エルトゥールルの『奇跡』と邦人救出の『迷走』」PHP研究所（1・20）▽「防衛事務次官　冷や汗日記―失敗だらけの役人人生」朝日新聞出版、「脳を最大限に活かす究極の運動法」朝日新聞出版（1・27）▽「軍港都市の一五〇年―横須賀・呉・佐世保・舞鶴」吉川弘文館、「能登半島沖不審船対処の記録」芙蓉書房出版（2・3）▽「捨てない生きかた」マガジンハウス、「イラストでわかる！『兵器メカニズム図鑑』」ワン・パブリッシング（2・10）▽「台湾有事のシナリオ～日本の安全保障を検証する」ミネルヴァ書房、「八甲田雪中行軍一二〇年目の真実」冨山房インターナショナル（2・17）▽「成田空港検疫で何が起きていたのか―検証　新型コロナウイルスの水際対策」扶桑社、「インド太平洋戦略の地政学」芙蓉書房出版（2・24）▽「憲法政治―『護憲か改憲か』を超えて」ちくま書房、「戦術の名著を読む」祥伝社（3・10）▽「〈軍港都市〉横須賀～軍隊と共生する街」吉川弘文館、「小笠原長生と天皇制軍国思想」吉川弘文館（3・17）▽「中国経済はもう死んでいる」徳間書店、「江戸幕府の北方防衛―いかにして武士は『日本の領土』を守ってきたのか」ハート出版（3・24）▽「"ざんねんな"日本国憲法」ビジネス社、「陸上自衛隊ますらお日記」ＫＡＤＯＫＡＷＡ（3・31）▽「日本はすでに戦時下にある」ワニ・プラス、「人口戦略法案―人口減少を止める方策はあるのか」日本経済新聞出版（4・7）▽「国を守る覚悟」ハート出版、「ＴＡＲＯＮ―大論Ｎｏ．1―宇宙空間における戦略的競争」国勢情報センター（4・14）▽「補給戦　増補新版」中央公論新社、「至誠の日本インテリジェンス―世界が称賛した帝国陸軍の奇跡」ワニブックス（4・21）▽「中国に勝つための地政学と地経学―日本人に隠されている真のチャイナクライシス」徳間書店、「世界滅亡国家史」サンマーク出版（4・28）▽「中国の航空エンジン開発史―国産化への遠い道」並木書房、「神は賽子を振らない―第32代陸上幕僚長　火箱芳文の半生」アルゴノート（5・12）▽「ブランデンブルク隊員の手記―出征・戦争・捕虜生活」並木書房、陸上自衛隊戦車戦術マニュアル」秀和システム（5・19）▽「戦後日本の安全保障」中央公論新社、「70代で死ぬ人、80代でも元気な人」マガジンハウス（5・26）▽「リスク大国日本～国防　感染症　災害～」グッドブックス、「イラスト・図解で分かる―災害を生き延びる！都市型サバイバル」イースト・プレス（6・2）▽「日本の礼儀作法―宮家に伝わる7つのおしえ」マガジンハウス、「元狙撃教官が語る狙撃の道」並木書房（6・9）▽「日豪の安全保障協力―『距離の専制』を越えて」勁草書房、「人生を整える距離感の作法」マガジンハウス（6・16）▽「世界の賢人12人が見たウクライナの未来プーチンの運命」講談社、「飯は食えるときに食っておく　寝れるときは寝る―自衛隊が教えてくれた人生を明るく生きぬくコツ」育鵬社（6・23）▽「日本がウクライナになる日」ＣＣＣメディアハウス、「日本人なら知っておきたい中国人の『嫌韓』韓国人の『反中』」ビジネス社（6・30）▽「ロシア・ウクライナ戦争と日本の防衛」ワニブックスＰＬＵＳ新書、「安倍政権と集団的自衛権―キーパーソンが明かす内幕」内外出版（7・7）▽「世界と日本を目覚めさせたウクライナの『覚悟』」ＰＨＰ研究所、「ＭＰ38＆ＭＰ40サブマシンガン」並木書房（7・14）▽「道標―日本人として生きる」ワニブックス、「君にもできる刃物犯罪対処マニュアル」誠文堂新光社（7・21）▽「ＧＨＱは日本人の戦争観を変えたか―『ウォー・ギルト』をめぐる攻防」光文社、「インテリジェンスで読む日中戦争」ワニブックス（7・28）▽「やさしさのスイッチ　新時代のリーダー論」コスミック出版、「陸・海・空―軍人によるウクライナ侵攻分析」ワニブックス（8・4）▽「図解でよくわかる！　北朝鮮軍事力のすべて」ビジネス社、「私は自衛官　九つの彼女たちの物語」扶桑社（8・11）▽「ゼレンスキー　勇気の言葉100」ワニブックス、「就職先は海上自衛隊　女性『士官候補生』誕生」潮書房光人新社（8・18）▽「川崎Ｃ―1」文林堂、「思いをつなぐ―英語で学ぶ、日本の矜持。」心書院（8・25）▽「撤退戦―戦史に学ぶ決断の時機と方策」中央公論新社、「ロシア・チェチェン戦争の628日―ウクライナ侵攻の原点に迫る」清談社（9・1）▽「東アジアの米軍再編―在韓米軍の戦後史」吉川弘文館、「戦後日本政治史―集団的自衛権を巡る論争史の検証を通じて」内外出版（9・8）▽「防衛大学校―知られざる学び舎の実像」中央公論新社、「今日は横田、明日は厚木～レジェンド・オブ・軍用機マニアの1960年代活動記」イカロス出版（9・15）▽「本当のウクライナ―訪問35回以上、指導者たちと直接会ってわかったこと」ワニブックス、「青の翼ブルーインパルス」並木書房（9・29）▽「シリーズ戦争学入門航空戦」創元社、「ペリリュー外伝―1」白泉社（10・6）▽「陰の戦争」中央公論新社、「続蒼海の碑銘―海に眠る戦争の記憶」イカロ

ス出版（10・13）▽「超一流諜報員の頭の回転が速くなるダークスキル」ワニブックス、「ウクライナ侵攻と情報戦」扶桑社新書（10・20）▽「野戦のドクター—戦争、災害、感染症と闘いつづけた不屈の医師の全記録」ハーパーコリンズ・ジャパン、今を生きる思想ハンナ・アレント全体主義という悪夢」講談社（10・27）▽「吾輩は後期高齢者の日本国憲法である」産経新聞出版、「コントレイル—FSXとは何だったのか」幻冬舎（11・3）▽「『吉田ドクトリン』を越えて—冷戦後日本の外交・防衛を考える」内外出版、「メディアが報じない戦争のリアル」SBクリエイティブ（11・10）▽「大失敗から生まれたすごい科学」C&R研究所、デジタル国家ウクライナはロシアに勝利するか？」日経BP（11・17）▽「国難に立ち向かう新国防論」ビジネス社、「危機迫る日本の防衛産業」潮書房光人新社（11・24）▽「グローバリズム植民地ニッポン—あなたの知らない『反成長』と『平和主義』の恐怖」ワニブックス、「海上自衛隊5大基地艦艇パンフレットCOLLECTION」ホビージャパン（12・1）▽「文明と戦争　人類二百万年の興亡（上・下）」中央公論新社、「一九四五年夏　最後の日ソ戦」中央公論新社（12・8）▽「【現代語で読む】林子平の海國兵談」並木書房、「終わりなき戦争紛争の100年史」さくら舎（12・15）▽「日本人のための台湾現代史」河出書房新社、「台湾有事なら全滅するしかない中国人民解放軍」徳間書店（12・22）

◇「防衛施設と首長さん」

▽宮城県色麻町・早坂利悦町長（1・13）▽新潟県阿賀野市・田中清善市長（2・10）▽神奈川県座間市・佐藤弥斗市長（3・10）▽三重県津市　前葉泰幸市長（4・14）▽北海道羅臼町・湊屋稔町長（5・12）▽山口県山口市・伊藤和貴市長（6・9）▽宮崎県新富町・小嶋崇嗣町長（7・14）▽岩手県八幡平市・佐々木孝弘市長（8・11）▽長野県辰野町・武居保男町長（9・8）▽静岡県浜松市・鈴木康友市長（10・13）▽愛知県小牧市・山下史守朗市長（11・10）▽京都府舞鶴市・多々見良三市長（12・8）

◇「リレー随想」

▽長崎防衛支局長・三原祐和（1・13）▽熊本防衛支局長・小森達也（2・10）▽北海道防衛局長・石倉三良（3・10）▽前帯広防衛支局長（現・独立行政法人駐留軍等労働者労務管理機構横須賀支部長）尾崎嘉昭（4・14）▽東北防衛局長・市川道夫（5・12）▽北関東防衛局長・扇谷治（6・9）▽南関東防衛局長・山野徹（7・14）▽前東海防衛支局長、現・愛知地方協力本部副本部長・松下陽子（8・11）▽近畿中部防衛局長・茂籠勇人（9・8）▽中国四国防衛局長・今給黎学（10・13）▽九州防衛局長・伊藤哲也（11・10）▽熊本防衛支局長・小森達也（12・8）

◇「年金QアンドA」

▽老齢年金にかかる税金の手続きについて教えてください（1・13）▽育休後、収入減となった際の掛金は？（2・10）▽定年を迎え短時間再任用職員になるが退職届は（3・17）▽被扶養配偶者の年金の保険料は？（4・14）▽退職後、市役所に再就職すると年金は？（5・12）▽採用後に国民年金未納の催告状どうすれば？（6・9）▽年金制度の概要を教えて下さい（7・14）▽窓口に行かず受け取れる年金試算額知りたい（8・11）▽不要の取り消し。手続きは？（9・8）▽老齢、障害、遺族基礎年金（10・13）▽老後に支給される年金は？（11・10）▽障害年金請求の条件は？（12・8）

◇「余暇を楽しむ」

▽新田原基地男子サッカー部（1・13）▽新田原基地音楽部「ファイブ・ウイングス」（2・10）▽新田原基地ラグビー部（3・17）▽入間基地女子バスケットボール部（4・14）▽久居駐屯地バスケットボール部（5・12）▽小美玉琉球部（6・9）▽新田原基地太鼓部「新龍」（7・14）▽久居駐屯地陸上部・駅伝部（8・11）▽ソロキャンプ—たき火のすすめ（9・8）▽模型作り（ガンプラ）（10・13）▽新田原基地剣道部（11・10）▽防衛大学校銃剣道部（12・8）

◇「自慢の一品料理」

▽1高隊ホワイトカレー（1・13）▽バッファローウイング風空上げ（唐揚げ）（2・10）▽降下長小籠包・1高隊カレーラーメン（3・17）▽ハントンライス（4・14）▽柔らか鶏肉のチリソース（5・12）▽ちらし寿司（6・9）▽紀州梅空上げ（7・14）▽日向夏風味空上げ（唐揚げ）（8・11）▽海鮮ちらし寿司（9・8）▽チキン南蛮（10・13）▽トマトカレー（11・10）▽しょらさんうどん（12・8）

◇「世界の新兵器」

▽ステルス無人機「ロイヤル・ウイングマン」（1・27）▽極超音速巡航ミサイル「HAWC」（2・24）▽沿岸防備ミサイルシステム「K・300P『バスティオンP』」（3・31）▽哨戒艇「ピロト・パルト」級（4・21）▽軽特殊作戦機「MC145B」（5・19）▽精密ストライクミサイル「PrSM」（6・23）▽地対空ミサイルシステム「S—500」（7・28）▽対機雷戦艦「カタンパ」級（8・25）▽ステルス無人機「スイフト」（9・29）▽宇宙追跡監視システムSTSS（10・27）▽宇宙ゴミ除去・実践衛星21号（11・24）▽防空艦「ヴィクラント」級（12・22）

◇「技術が光る」

▽偵察用ドローン「エクステンダー」／ソリッド・ソリューションズ（2・24）▽無人物資輸送システム／川崎重工（3・31）▽ドローン物流ハイウエー／先端ロボティクス財団（4・21）▽ウエーブ・グライダー／ハイドロシステム開発（5・19）▽スペースフレームドローンRD360／テクノシステムなど共同製作（6・23）▽中型飛行艇型ドローン「HAMADORI3000」スペースエンターテインメントラボラトリー（7・28）▽長時間滞空型ハイブリッドドローン「Perimeter8」／エアフレーム（8・25）▽TRミックスアクア／大成ロテック（9・29）▽救急医療従事者育成用シミュレーター「REALITi」／ソリッド・ソリューションズ（10・27）▽無線データネットワー

ク・通信機「SC―4200EP」日本海洋（11・24）▽空輪型超軽量高出力ガス・タービン発電機／エアロディベロップジャパン（12・22）

◇「技術屋のひとりごと」

▽「デジタルツインの実現」大谷康雄（1・27）▽「軍事と先進技術の関係」鈴木茂（2・24）▽「千歳試験場―国内最大級のテストファシリティー・コンプレックス」高村倫太郎（3・31）▽「トラブルとリスク管理」髙橋敏明（4・21）▽「装甲技術から走行技術へ」安藤智啓（5・19）▽「ハインリッヒの法則」宇田川直彦（6・23）▽「数学的帰納法」宇田川直彦（7・28）▽「なまくら」宇田川直彦（8・25）▽「全方向加速度最小」宇田川直彦（9・29）▽「空幕科学技術官の取り組み」大谷康雄（10・27）▽「不届きな道具」宇田川直彦（11・24）▽「二乗三乗則」宇田川直彦（12・22）

◇マイヘルス

▽サーファーズ・ミエロパチー（1・27）▽アキレス腱症（2・24）▽画像検査と被曝（3・31）▽糖尿病（4・28）▽アルコール性肝障害（5・19）▽食中毒について（6・30）▽大腸がん（7・28）▽歯周病（8・25）▽アレルギー性鼻炎（9・29）▽「痛みの原因」（10・27）▽子宮頸がん（11・24）▽下肢静脈瘤（12・22）

朝雲
発行所 朝雲新聞社
〒160-0002 東京都新宿区四谷坂町12—20 KKビル
電 話 03(3225)3841
FAX 03(3225)3831
振替00190-4-17600番
定価一部170円、年間購読料9170円（税・送料込み）

本号は12ページ

防衛力強化を加速

新大綱・中期防、1年で策定へ

岸大臣 新春に語る

今年も全世界がコロナ禍の中で新たな年を迎えた。各国間の往来が限定される状況にあって防衛省・自衛隊は昨年1年間、オンラインを最大限に活用したハイレベル会談をはじめ、対面とオンラインを組み合わせた〝ハイブリッド〟形式の防衛協力・交流、さらには感染症対策を徹底した上での陸海空軍種間の共同訓練など、日米同盟を基軸に友好国との関係強化にこれまで以上に力を入れてきた。日本を取り巻く安全保障環境がかつてないスピードで変化し、一層厳しさを増す中、我が国の防衛力の強化にいかに取り組んでいくのか。昨年10月の衆院選を経て第2次岸田内閣で防衛相に再任された岸信夫大臣に、25万人の隊員を率いて臨む新年の意気込みと抱負を聞いた。

（聞き手 中島毅一郎・朝雲新聞社社長）

中島毅一郎朝雲新聞社長（右）のインタビューに答える岸信夫防衛相（大臣室で）

日米同盟の抑止力を強化

――岸田首相の指示を受けて昨年11月12日、岸大臣を議長とする「防衛力強化加速会議」が新設され、大臣はいわゆる「敵基地攻撃能力の保有も含め、あらゆる選択肢について議論していく」と表明されました。これを受けて今後進められる▽国家安全保障戦略▽防衛大綱▽中期防衛力整備計画――の改定に向けた作業のポイントとスケジュール感について教えて下さい。

岸大臣 今、世界のパワーバランスが非常に変化をしています。我が国周辺では、特に軍備の増強が加速しており、サイバー攻撃の脅威も増大しています。安全保障環境に大きな変化が生じているところです。

こういった厳しさが増す中、我が国の領土・領海・領空をしっかり守っていかなくてはならない、そして、国民の命と財産を断固として守り抜く必要があります。

衆議院議員総選挙後の防衛大臣の再任に当たって、岸田首相から▽国家安全保障戦略▽防衛大綱▽中期防――の改定に取り組んで、その際、いわゆる「敵基地攻撃能力」の保有も含め、あらゆる選択肢を検討することなどのご指示をいただいたところです。

また、首相は12月6日の所信表明演説の中で、国民の命と暮らしを守るため、いわゆる「敵基地攻撃能力」も含め、あらゆる選択肢を排除せず、現実的に検討し、スピード感を持って防衛力を抜本的に強化すること、このために、新たな▽国家安全保障戦略▽防衛大綱▽中期防――を概ね1年間かけて策定していく旨を述べられました。

防衛省として政府の取り組みを見据え、直ちに防衛力強化を加速していくために、昨年11月に私を議長とする「防衛力強化加速会議」を立ち上げました。

会議では我が国の防衛を全うするために真に必要なものは何なのか、いわゆる「敵基地攻撃能力」の保有も含め、あらゆる選択肢を排除せず、現実的に議論してまいります。

また、国家安全保障戦略などを概ね1年間かけて策定していくに当たって、私としては、①現下の厳しい情勢から目を背けることなく何が足りないのかしっかり見極めること、②旧来の固定的な考えから脱却し、将来にわたり意義が低下する部分は思い切って見直すこと、③世界の先端軍事技術に遅れないように新たな技術を積極的に取り入れていくこと――この3点に留意して政府内で議論していきたいと考えています。

さらに直近のことで言えば、令和3年度補正予算案では、必要な防衛力強化を加速するため、3年度の補正と4年度当初予算を「防衛力強化加速パッケージ」として位置付け、4年度に予定する事業を3年度に前倒しして計上しています。引き続き令和4年度当初予算についても必要な事業をしっかりと確保してまいります。

――次に日米関係についてですが、昨年はバイデン政権が発足し、日米間で引き続き「自由で開かれたインド太平洋（FOIP）」ビジョンの共有が図られました。さらなる日米同盟の強化に向けて具体的にどのように取り組んでいかれますか。

大臣 バイデン政権発足後も日米間では累次の機会において日米同盟を一層強化し、共通のビジョンである「自由で開かれたインド太平洋」の実現を通じて地域と国際社会の平和と安定に取り組んでいくことを確認しております。

我が国を取り巻く安全保障環境が厳しさを増す中で、防衛省・自衛隊として日米同盟の抑止力・対処力の強化や、「自由で開かれたインド太平洋」の実現に向け、引き続き、宇宙・サイバー等を含む領域横断的な防衛協力、拡大抑止の強化、米軍再編の実施等のさまざまな分野で日米の防衛協力を進めてまいります。

加えて、我が国が自らを守る体制を主体的・自主的な努力により、抜本的に強化し、自ら果たし得る役割の拡大を図っていくことが必要であって、同時にこれこそが日米同盟の下での我が国の役割を十分に果たし、その抑止力と対処力を一層強化していく道であると思っています。

現在、岸田首相のご指示の下で、新たな国家安全保障戦略などの策定に取り組んでいるところであり、我が国の防衛力の抜本的な強化に取り組むことで日米同盟の抑止力・対処力を一層強化していく考えです。

（3面へ続く）

戦闘支援無人機コンセプトの検討（イメージ）＝防衛省の資料から

防衛費 過去最大5・4兆円

令和4年度予算案 3年度補正合わせ6兆1744億円

政府は12月24日の閣議で令和4（2022）年度予算案を決定した。一般会計の総額は107兆5964億円と10年連続で過去最大を更新。20日に成立した令和3年度補正予算と一体編成し、事業を切れ目なく執行する「16カ月予算」と位置付けた。政府は1月に召集される通常国会に予算案を提出し、3月末までの成立を目指す。

このうち、防衛費は米軍再編関係費やSACO（沖縄に関する特別行動委員会）関係費などを含め、5兆4005億円と10年連続で増加し、8年連続で過去最大規模となった。

さらに、防衛省は令和3年度補正予算と4年度当初予算を「防衛力強化加速パッケージ」と位置付けていることから、補正の7738億円と合わせた総額は6兆1744億円に上る。

岸防衛相は12月24日の閣議後記者会見で、補正を含めた防衛費の国内総生産（GDP）比が1・1％になったと述べた上で、「主要装備品は『防衛力強化加速パッケージ』の下、概算要求したものを全て取り切るとともに、研究開発費はゲームチェンジャーとなり得る最先端技術に対する投資を大幅に増やした」と説明。「我が国を取り巻く安全保障環境がこれまでにないスピードで変化し、厳しさを増す中で、必要な防衛力を大幅に強化していくことが喫緊の課題だ」と強調した。

宇宙分野では、空自に令和2年5月に発足した宇宙作戦隊（東京・府中）を「第1宇宙作戦隊（仮称）」に改編し、要員を約40人に倍増させる。併せて山口県の空自防府北基地には、我が国の人工衛星に対する電磁妨害状況を把握する「第2宇宙作戦隊（仮称）」を約20人規模で新設。府中基地には宇宙領域の装備品を維持管理する「宇宙システム管理隊（仮称）」を約10人規模で発足させる。

このほか、宇宙空間の安定利用に向け、低軌道の宇宙物体をより正確に監視できる「宇宙状況監視（SSA）レーザー測距装置」を新たに取得する。

一方、研究開発費には過去最大となる2911億円を計上。新たな取り組みとして、人工知能（AI）の適用を含めたシミュレーションにより、次期戦闘機などの有人機と連携する「戦闘支援無人機」に関するコンセプトの検討を始めるほか、「衛星コンステレーション」と呼ばれる小型衛星群で複数の移動目標を自動かつ高頻度に位置予測し、追尾などを可能とするAI技術の研究にも着手する。

極超音速誘導弾などの脅威に対処するため、弾丸を高初速で連射可能な将来の「レールガン」に関する研究や、複数の無人機（ドローン）に対処可能な「高出力マイクロ波」の照射技術の実証にも取り組む。

南西諸島防衛では島嶼部への輸送機能強化のため、中型級船舶（LSV・約1700トン）と小型級船舶（LCU・約350トン）各1隻を陸自の予算で取得し、令和5年度に共同の部隊として発足する予定の海上輸送部隊に配備する。

FXエンジンを日英で共同研究

空自F2戦闘機の後継として三菱重工業を主体に我が国主導で2020年10月から開発が始まった次期戦闘機（FX）について、防衛省は12月22日、英国防省と今年1月からエンジンの共同実証事業（共同研究）を開始することで合意したと発表した。

日本側はIHI、英国側はBAEシステムズ社とロールスロイス社が参加する。これに先立ち12月13日、日英防衛当局が取り決めに署名。エンジン以外にもサブシステムレベルでの協力の実現可能性について検討を進める。

政府は22年度当初予算案に次期戦闘機の開発費858億円を計上。35年頃までの配備開始を目指す。

日中防衛相会談

岸氏 中国に自制求める

22年中ホットライン開設へ

岸防衛相は12月27日、中国の国務委員兼国防相の魏鳳和上将と約2時間のテレビ会談を行い、日中関係や地域情勢をめぐって意見交換した。日中防衛相会談は一昨年12月以来、約1年ぶり。両氏の会談は2回目。

岸大臣は、沖縄県の尖閣諸島周辺海域を含む東シナ海情勢に関し、中国軍や中国海警局に所属する船舶による領海侵入などの個別事案を指摘し、力を背景とした一方的な現状変更の試みへの反対を表明するとともに、「極めて深刻な懸念」を伝え、中国側に強く自制を求めた。

南シナ海問題についても、一方的な現状変更の試みや緊張を高めるいかなる行為にも強く反対することを伝え、中国の海警法をはじめ、不透明な国防費の増加と戦力の近代化・増強に対して「強い懸念」を表明した。

さらに、岸大臣は台湾情勢についても言及。「台湾海峡の平和と安定は、我が国の安全保障にとってはもとより、国際社会の安定にとっても極めて重要だ」と述べ、我が国としても引き続き関連動向を注視していく姿勢を強調した。

その上で両氏は、偶発的な衝突を回避するための「海空連絡メカニズム」のホットラインについて、2022年中の運用開始を目指すことで一致した。

岸大臣は会談後、臨時記者会見し、ホットラインの開設に向けて「技術的な点で進展があった」とした上で、「中国との間では懸念があるからこそ、率直な意思疎通を図っていくことが必要だ。相互理解、相互信頼の醸成のため、引き続き防衛交流を進めていく考えだ」と語った。

春夏秋冬

戦闘員と警察官

兼原 信克

最近、尖閣諸島を巡るグレーゾーンの議論が姦しい。そこで議論されているのは、香港の保釣運動家による魚釣島上陸のような呑気な話ではない。中国共産党中央軍事委員会の隷下となり、海軍人のトップにより厳しく訓練された中国海警艦隊による恒常的な尖閣領海主権侵犯活動である。

2012年秋、日本は東北大震災と福島第一原発事故で疲弊し、民主党政権による普天間移設問題で日米関係は混乱していた。リーマンショック以来、世界経済を牽引し、大国としての自信を深めた中国は日本を侮っていた。中国は、尖閣を巡って実力行使に出たのである。2016年には数百隻の漁船団が海警公船に囲まれて尖閣周辺に蝟集した。中国自慢の第3兵力である民兵の存在が危惧された。今日では、中国海警の後衛を、更に人民解放軍がびっしりと固めている。心配した米国が、日米安保条約第5条（共同防衛）を頻繁に口にするようになった。

もし今、不測の事態となれば、それはグレーゾーンと言っても、漆黒に近いダークグレーの事態である。そのまま正規の戦闘行動に移る恐れもある。また、台湾有事がなし崩しに尖閣に飛び火するかもしれない。海警の最大艦船は1万トン級であり、その武装は76ミリ砲である。漁船には訓練された民兵が乗り込んでいるかもしれない。特殊兵も紛れ込んでいるかもしれない。

その時、海上警備行動を下令される海上自衛隊、治安行動を下令される陸上自衛隊は、現行法制上、警察官として行動するとされている。警察官は、犯罪者を生け捕りにして法廷に連れて行くのが仕事である。戦闘員は、人道法規に従って、敵の戦闘能力を奪うのが仕事である。一発目で胴を撃って動きを止め、二発目で眉間を撃ち抜くのが戦闘員である。しかし、自衛官は警職法に縛られて、正当防衛か緊急避難でしか相手を撃つことができない。しかも、海上警備行動の場合には、上官の指揮の下に発砲することさえできない。これではいくら精強な自衛官でも犬死になる恐れがある。

自衛権行使はすべからく防衛出動であり、それ以外の出動は全て警察活動であるという浮世離れした教条的なドグマに縛られた法律解釈にいつまでも縛られているからこういうことになるのである。たとえ警察行動であっても、向かい合う相手が戦闘員であれば、立法によって武器使用の条件を緩めるべきである。リアリティのある安全保障論に移る時期に来ている。

（元内閣官房副長官補・国家安全保障局次長、同志社大学特別客員教授）

朝雲寸言

大阪府と大阪市を一体化し、重複行政の無駄を解消しようという「大阪都構想」が2度目の住民投票にかけられ、僅差で否決されたのは2020年11月だった。NHKの出口調査では、30～40代では賛成が多数だったのに対し、60～70代では逆だった。「身近な行政窓口が統廃合され不便になる」と高齢者が嫌気し、行政合理化はならなかった▼東日本大震災で甚大な被害を受けた宮城県女川町は、復興に際し「還暦以上は口出すな」を合言葉に、30～40代が新たな街づくりを進めた。長期間に及ぶ復興を担うのは若い世代であり、彼らの意思が優先されるべきだとのベテラン世代の見識がそこにはあった。同様の問題意識が大阪にもあれば、住民投票の結果は違っていたかもしれない▼時折、大学生ら若い世代と話をすると、日本の安全保障環境と財政状況がともに悪化していることに彼らが不安を覚えていることに気づく。先々国家財政が破綻しても知ったことではないとでも言いたげな現世利益優先の人々が与党にばらまき政治を促す現状に、若い世代は静かに違和感を強めている▼策源地攻撃能力といった実力を持たなくても済んだ「恵まれた世代」の思考停止が惰性のように幅を利かせていても、この先の日本は危うい。アジア、欧州、中東いずれの情勢も不穏になっている。新たな年は、未来の日本をより長く生きる世代の危機感を大切にする一年にしたいものである。

時の焦点

国内

岸田政権3カ月

適切な政策で成果を

戦後の日本は、国際情勢の変動や不況、大規模な災害など多くの試練を乗り越え、平和と繁栄を享受している。政治が先行きを精緻に見据え、適切な政策を実行すれば、新たな時代の課題も克服していけるだろう。

岸田政権の発足から3カ月が経過した。新型コロナウイルスの感染拡大を抑止し、経済を再生させることが岸田首相の使命だ。「新しい資本主義」や「デジタル田園都市構想」といった目標をどう具体化していくのか。今年は成果を上げることが求められる。

世界経済がコロナ禍による落ち込みから回復しつつある中、日本経済は不振から抜け出せていない。昨年7～9月期の実質国内総生産（GDP）はマイナス成長だった。緊急事態宣言が長く続いたためとはいえ、個人消費の落ち込みは深刻だ。日本の賃金が、先進国で最低水準に落ちてしまっていることも影響していよう。

一方、企業の業績は好調で、内部留保は昨年3月末時点で484兆円に積み上がった。10年前より6割以上増えている。

まずは賃上げを実現し、「成長と経済の好循環」につなげようという首相の狙いは理解できる。企業が余剰資金を人材や成長に向けた投資に振り向けることになるよう、政府が道筋を示すことが重要だ。

デジタル化や脱炭素といった変革が、社会に分断やひずみを広げる事態は好ましくない。産業構造の変化で、職種の転換を余儀なくされたり、一時的に職を失ったりする人が出る可能性がある。政府は、働く人の再教育や再就職の支援を強化してほしい。社会の変革と安定を両立させていくことが欠かせない。

同盟国・米国と、経済、軍事両面で台頭する隣国・中国との覇権争いは今年も続くだろう。台湾を巡る武力衝突は、何としても避けねばならない。

日本は、日米同盟の役割と将来像について、米国と改めて認識を共有し、同盟の深化を目指す必要がある。自衛隊と米軍の連携強化に向け、共同訓練を重ねることが大切だ。政府は中国に対し、日米同盟は揺るがないと理解させ、規範や国際ルールの順守を促していかなければならない。

戦争や大災害など、国難と言える事態に最も頼りになるのは、国際機関でも企業でもない。国民を守る義務がある国家だ。その中で、自衛隊は昨年、大きな役割を果たした。

防衛省・自衛隊が東京と大阪に開設した新型コロナワクチンの「大規模接種センター」は、半年以上にわたって運営され、ワクチン接種の「起爆剤」となった。北海道や大阪などには看護官らが派遣され、感染拡大の防止に貢献した。国家的なプロジェクトを円滑に進めた自衛隊には多くの国民が感謝しているだろう。政府は十分な予算を確保し、自衛隊の活動を後押ししていくべきだ。

夏川　明雄（政治評論家）

海外

国際情勢展望

分断に歯止めかかるか

2年余り前の2019年末、中国・武漢で新型コロナウイルスの感染者が初めて出て以来、未知の疫病は瞬く間に全世界に広がるパンデミックを引き起こし、国際社会はいまだ感染を終息させることができずに立ち尽くしている感がある。ウィズコロナ、アフターコロナの言葉が盛んに飛び交うように、この世界に生きる私たちも、コロナ撲滅ではなく、人体に入って変異を繰り返し、しぶとく生き残りを図るウイルスとの共存の方途を探らざるを得なくなっている。年頭に当たり、そのようなことを考える。

百年に一度ともいわれる今回のパンデミックが突きつけた深刻な課題は、単に公衆衛生上のアプローチで対処するという問題にとどまらず、感染封じ込めの決め手とされるワクチン一つをとっても、恩恵に与れる人々とそうでない人々の格差拡大や分断にもつながるという現実だ。ワクチン接種の義務づけやロックダウンなど行動規制強化をめぐっては、個人の自由・信条に抵触するなどとして世界各地で抗議行動も相次ぎ、各国で国民の対立や分断を招いている。インターネット社会が動きに拍車をかける。

新たに迎えた2022年の国際情勢を展望するとき、落ち込んだ経済の立て直しを図りつつ、新型コロナ禍の終息に向け、いかに対処していくかが多くの国にとっての最重要課題の一つとなるだろう。最も新しいパンデミックへの対応でも垣間見ることができるように、現代世界の潮流を特徴づけるキーワードが世界1位、2位の経済大国である米中両国の覇権争いの様相を呈する深刻な大国間対立であり、米欧などの民主主義国家と中国、ロシアに代表される権威主義国家を隔てる分断のさらなる進行だ。バイデン米大統領の呼び掛けによる昨年12月の民主主義サミットはそのことを改めて印象づけた。

旧年から対立が持ち越されたウクライナに対するロシアの軍事的圧力をはじめ、トランプ前米政権が一方的に離脱したイラン核合意の再建をめぐる交渉決裂の危機、中国による台湾への軍事的威嚇なども、米欧、中ロの両陣営の険しい対立が色濃く反映する。

年明け早々には、核軍縮にとって重要な国際会議となる核拡散防止条約（NPT）の再検討会議が7年ぶりに開催される。前回の会議は関係国の溝が埋まらず、最終文書を採択できなかったが、仕切り直しの今会議も核軍縮の進め方などをめぐって米中、米ロの対立は激化しており、具体的進展のめどは立っていない。

今年の国際情勢に関する政治カレンダーを見れば、2月に開幕の北京冬季五輪での米国などの外交ボイコット、中国の習近平体制の強化を確認する場となる秋の共産党大会、バイデン政権の施政を評価する11月の米中間選挙など、現代世界を見る上でのキーワードである対立と分断、統治体制の在り方に密接に絡む重要な日程が目白押しだ。

新型コロナ感染の終息にとってもカギを握るはずの国際的協力や多国間協調の動きが喫緊の気候変動対策をはじめとする人類的課題の分野で少しでも広がっていくことを強く期待したい。

伊藤　努（外交評論家）

統幕学校

国際平和と安全シンポ2021開催

オンラインと合わせ200人以上が聴講

オンラインで基調講演を行う豪州のシェリル・ピアース退役陸軍少将（画面上）＝12月3日、防衛省内の国際会議場で

【統幕】統合幕僚学校は12月3日、防衛省の国際会議場で「国際平和と安全シンポジウム2021」を開催した。

同シンポは「国際の平和と安全のための活動における現状と課題、将来の方向性」について、防衛省・自衛隊だけでなく官・民・学で広く知見を共有し、相互理解を深め、質の高い国際貢献の実施に結びつけていくことを目的に毎年開かれている。今回で10回目。

昨年度は新型コロナの影響で中止となったが、今年度は会場参加者を限定し、オンラインと併用した初のハイブリッド形式で開催し、オンラインを合わせて200人以上が聴講した。

基調講演では、豪州のシェリル・ピアース退役陸軍少将がオンラインで「パートナーシップPKOによる国際平和への貢献―FOIP地域での国際平和協力に係る連携の意義」をテーマにスピーチを行った。

この後、パネリストの墓田桂成蹊大学文学部教授、ホアン・キム・フーン越陸軍少将、松村五郎・元東北方面総監とモデレーターの篠田英朗東京外国語大学大学院教授が、それぞれの視点から発表を行った。

続く全体討議は、来場者、オンライン参加者からの質問に答える形で「パートナーシップによる今後の国際平和協力に係る取り組み」などについて活発な議論が展開され、最後にモデレーターの篠田教授が総括した。

今回のシンポジウムを通じて参加者は、インド太平洋地域での国際平和協力に向けた連携・協力で最新の情報を得るとともに、日本の今後の取り組みについても考察した。

同シンポの成果については、統合幕僚学校国際平和協力センターのホームページにも今後掲載される予定。

岸防衛相（右）から1級賞詞を授与される東京センター長を務めた水口靖規1陸佐（手前中央）と、大阪センター長を務めた小池啓司1陸佐（左端）＝12月21日、防衛省で

東京・大阪センター長に1級賞詞

防衛相「ワクチン接種を強力に推進」

防衛省・自衛隊が昨年5月24日から11月30日まで東京と大阪に開設した新型コロナワクチンの「大規模接種センター」の運営に関し、12月21日、東京センター長を務めた水口靖規1陸佐と大阪センター長を務めた小池啓司1陸佐に岸防衛相からそれぞれ1級賞詞が授与された。

大臣室には鬼木副大臣、山崎統幕長、吉田陸幕長、川崎人事教育局長が立会。

岸大臣は、水口1佐（自衛隊中央病院診療技術部長）と小池1佐（自衛隊阪神病院副院長）に対し、「ワクチン接種を強力に推進するため、センター長として誠実かつ積極的に職責を全うした。関係機関等と緊密に連携し、官民一体となって大規模なワクチン接種を迅速かつ果敢に実施することにより、国民の命と暮らしを守り、安全・安心の確保に貢献するとともに、自衛隊に対する国内外の理解と信頼を深めた」とそれぞれ賞状を読み上げ、功績をたたえた。

両センターは191日間にわたって運営され、この間、計約196万回の接種を行った。

房総半島沖で日米対潜訓練

海自P1と米P8

海自哨戒機部隊は12月14日、房総半島南方沖の太平洋上で米海軍と共同の対潜特別訓練を実施した。

訓練には海自からP1哨戒機、SH60K哨戒ヘリ、潜水艦が参加。米海軍からはP8A哨戒機とMH60R哨戒ヘリが加わり、共同の対潜戦訓練を通じ、日米哨戒機部隊の相互運用性を向上させた。

「ゆうぎり」が日独共同訓練

「バイエルン」と

ソマリア沖・アデン湾で海賊対処任務を終えて帰国途中の水上部隊39次隊の海自護衛艦「ゆうぎり」（艦長・熊代威2佐以下約200人）は12月13日、沖縄南方海域でドイツ海軍のフリゲート「バイエルン」と共同訓練を行った。

「ゆうぎり」は「バイエルン」がインド太平洋地域に進出中の8月にもアデン湾で展開後初めての日独共同訓練を実施しており、約4カ月ぶりの洋上会合となった。2隻は各種戦術訓練を行い、日独水上部隊の連携をさらに強化した。

訓練を終えた「ゆうぎり」は12月19日、約半年ぶりに横須賀基地に帰国。出迎えた家族らが見守る中、熊代艦長から帰国報告を受けた岩本剛人政務官が艦長以下の乗員たちの労をねぎらった。

ドイツ海軍フリゲート「バイエルン」との共同訓練を終え、帽振れで別れを告げる海自護衛艦「ゆうぎり」の乗員（手前）＝12月13日、沖縄南方海域で＝海自提供

第17次海賊対処行動支援隊

陸幕長に出国報告

アフリカ東部のジブチ共和国に置かれた海賊対処部隊の自衛隊拠点で飛行場の警備などを担う第17次派遣海賊対処行動支援隊（司令・桑原和洋1陸佐以下、陸・海自隊員約120人）のうち、警備隊長要員の藤田康平1陸尉以下2隊員が12月21日、防衛省を訪れ、吉田陸幕長に出国報告を行った。

同報告には陸幕運用支援課運用支援班長の本多健二1佐と陸自最先任上級曹長の根本和男准尉が立会した。

出国報告を行った藤田1尉と兵頭仁准陸尉に対し、吉田陸幕長は「日本の代表として、しっかりと任務を完遂してきてほしい」と激励し、「実オペレーションとしての部隊の規律と柔軟性」「ワン・チーム」「国際感覚を身につけよ」の3点を要望した。

17次支援隊要員は12月10日に第1波約30人が出国しており、第2波の約90人は1月25日にジブチに向け出発する予定。

ジブチへの出国報告に訪れた警衛隊長要員の藤田康平1尉（右側）と兵頭仁准尉（中央）に激励の言葉を贈る吉田陸幕長（左端）＝12月21日、陸幕長応接室で

共済組合だより

防衛省共済組合狛江スポーツセンターは、組合員及びその家族、OBの方が利用できます。

狛江スポーツセンターには、ゴルフ練習場（1・2階計30打席、110ヤード）、ゴルフバンカー、テニスコート（オムニコート）4面、野球場1面、クラブハウス（受付、更衣室、シャワー室等）、駐車場50台分があり、定休日（年末年始、ゴルフネット点検日はゴルフ練習場のみ休業）を除きご利用できます。ご利用の際は、組合員等料金にてご利用できますので、組合員証、被扶養者証等、OBカード等をご提示ください。

テニスコートと野球場のご予約については、事前の予約が必要となり、ご利用する月の前月1日から受け付けており、当施設にお電話でお申し込み下さい。

なお、テニスコートの土、日、祝日の予約については、1カ月あたりの組合員が予約できる時間は8時間までとなります。詳しくは、当施設までお問合せ下さい。

ゴルフについては、利用当日、クラブハウスでお申し込みください。

【狛江スポーツセンターの所在地】
〒201-0013 東京都狛江市元和泉2-30-1
電話03-3480-2637

野球・テニス・ゴルフ練習などにご利用ください。
狛江スポーツセンター

海自と米海軍がサイバー対処訓練

米海軍横須賀基地で

海自は12月16、17の両日、在日米海軍横須賀基地で米海軍サイバー部隊と共同訓練を実施した。

訓練には海自からシステム通信隊群保全監査隊が、米海軍からは横須賀に所在する「NIOC（U.S. Navy Information Operation Command）－ハワイN3J部」が参加。

日米の情報通信部隊は共同でサイバー空間における攻撃への対処訓練を行い、サイバーセキュリティーに関する技量の向上を図った。

岸大臣 新春に語る

インド太平洋地域の安定 繁栄に不可欠

■各国との協力飛躍的に向上

（1面から続く）

——昨年はイギリス、フランス、ドイツの艦艇が相次いで来日し、欧州との防衛協力がかつてないほど目に見える形で大きく進展しています。欧州をはじめ、友好国との連携強化の重要性についてお話し下さい。

大臣　昨年は英空母「クイーン・エリザベス」を旗艦とする空母打撃群による初の日本寄港や、ドイツ海軍艦艇による約20年ぶりとなる日本寄港に象徴されるように、「自由で開かれたインド太平洋」の維持・強化に向けても各国との防衛協力・交流が飛躍的に進展した1年となりました。

インド太平洋地域の平和と安定に対する国際社会の関心はこれまで以上に高まりを見せています。現在では、米国、豪州、インド、東南アジア諸国連合（ASEAN）に加え、英国、フランス、ドイツ、オランダといった欧州諸国、そして欧州連合（EU）がインド太平洋地域におけるイニシアチブやビジョンを掲げています。

インド太平洋地域は世界の人口の約半数を擁する世界の活力の中核であります。さらに世界全体の貿易の3分の1は南シナ海を経由すると言われています。従って、この地域の安定的で自律的な発展を実現することは世界の安定と繁栄にとっても不可欠なことです。こうした理由から各国がインド太平洋地域へのコミットメント（責任ある関与）を強めていると考えており、こうした動きを歓迎します。

こうした各国によるインド太平洋地域へのコミットメントが一層強固かつ不可逆的なものになるよう引き続き働きかけることが重要です。特に米国や欧州諸国に対してはインド太平洋地域へのアセット（艦艇や航空機等）の派遣や共同訓練の実施に向けて連携するなど、FOIPの維持・強化に向けて防衛協力・交流を進めていく考えです。

■基本的価値観共有する台湾

——「台湾海峡の平和と安定」について質問します。これは一般のニュースでも大きく取り上げられ、国民の間でも意識が高まっていると思います。台湾周辺では人民解放軍の航空機が台湾の防空識別圏に頻繁に侵入するなど、中国と台湾の軍事的緊張が強まっています。また、日本の令和3年版防衛白書に「台湾をめぐる情勢の安定は、我が国の安全保障にとってはもとより、国際社会の安定にとっても重要」と初めて明記されました。台湾の状況と、日本の台湾情勢に対するスタンスについて、大臣のお考えをお聞かせ下さい。

大臣　台湾は日本にとって自由や民主主義、基本的人権、法の支配といった基本的価値を共有する極めて重要なパートナーであり、大切な友人です。また、台湾は我が国の南西諸島に極めて近接しており、我が国の最西端にある沖縄県の与那国島からはわずか110キロ、目と鼻の先です。同時に台湾は南シナ海、バシー海峡、東シナ海、太平洋の接点に所在し、我が国の重要なシーレーンに面しています。台湾をめぐる情勢の安定は南西地域を含む我が国の安全保障にとって重要です。我が国として台湾をめぐる問題について、対話により平和的に解決されることを期待する立場です。

近年、中国が軍事力の強化を急速に進める中で、中台の軍事バランスは全体として中国側に有利な方向に変化し、その差は年々拡大する傾向にあります。また、中国は台湾周辺での軍事活動をさらに活発化させています。

例えば、台湾国防部によりますと、2020年の1年間で中国軍機延べ約380機が台湾の南西空域に進入しています。また、同年、空母を含む中国海軍艦艇がバシー海峡を通過して訓練を実施しています。最近では昨年10月1日から4日までの4日間にかけて延べ149機もの中国軍機が台湾の南西空域に進入しており、特に10月4日の延べ56機は2020年9月に台湾当局が中国軍機の動向について継続的に公表を開始して以降、最多となっています。

こうした中で昨年は日米、日EU、G7の各首脳会談においても「台湾海峡の平和と安定」の重要性を強調し、両岸問題の平和的解決を促すことで一致しています。

また、自由、民主主義、法の支配といった基本的価値を共有するイギリスやフランス、ドイツ、オランダはインド太平洋地域にアセットを派遣しています。

私としては我が国の安全保障に加え、国際社会の安定といった観点からも台湾をめぐる状況について米国や欧州諸国などとしっかり共有していく考えです。

■勤務環境改善で人材確保へ

——少子高齢化の中、宇宙・サイバー・電磁波などの任務に当たる優秀な人材の確保と、それから世間でも盛んに言われております女性活躍推進についてどう取り組まれますか。また、再就職する任期制隊員を「自衛隊新卒」という新呼称で社会に送り出す最近の取り組みについて、企業等からどのような反響を得ておられますか。

大臣　少子高齢化が進むことで採用対象人口が減少する中でより幅広い層から多様かつ優秀な人材の確保を図るとともに、全ての隊員が高い士気を維持して自らの能力を十分に発揮できるようさまざまな取り組みを進めています。

優秀な人材を安定的に確保するため、さまざまな手段を活用し、積極的に採用活動に取り組むほか、生活・勤務環境の改善や働き方改革の推進などにより、人材を定着させる施策にも取り組んでいます。また、定年年齢の引き上げや、再任用により人材の有効活用も進めています。

女性活躍の推進については、令和3年3月に新たに策定した計画において女性自衛官の割合を令和12年度までに12%以上とするなど、今後も意欲と能力のある女性の登用や採用を促進するとともに、活躍の場を広げていく考えです。そのためにも女性隊員の活躍のために必要な生活・勤務環境の整備についても一層推進してまいります。

「自衛隊新卒」については、自衛隊地方協力本部等と各地方の経済産業局との連携による広報活動の成果としてテレビや新聞でも紹介されるなど、注目をいただいております。

一例として、福岡県の企業では、「自衛隊新卒」の考え方を受けて、令和3年4月に採用された自衛隊新卒9名に対して大学新卒者と同じ人事上の処遇、例えば給与や研修、昇格資格などを与えていただきました。

引き続き防衛省・自衛隊として、「自衛隊新卒」の周知に努め、企業等に任期制自衛官の有用性を理解していただくとともに、職業訓練を通じて再就職に有用な資格の取得等を推進し、有益・有為な人材を社会に還元できるように再就職支援の充実に取り組んでまいります。

■松陰の言葉「至誠」を胸に

——さて、これまで大臣にいろいろとお話をお伺いしてまいりましたが、隊員の方々が大変興味を持っておられるのが、〝総大将〟である防衛大臣の人となりです。昨年に引き続き、改めて大臣の信条・座右の銘について教えて下さい。

大臣　座右の銘は「至誠」という言葉です。「至誠にして動かざるものは、未だこれあらざるなり」という孟子の言葉で、至誠、すなわち真心、誠（まこと）を尽くせば、心を動かされないものはない、という意味です。吉田松陰先生が好んで使われた言葉です。

実は、一昨年はなかったかもしれませんが、大臣室には書を掲げてあります。私が大学（慶應義塾大学）を卒業した時（1981年）に、祖父の岸信介（元首相）が書いてくれた書です。これをもらって以降、「至誠」という言葉を大切にするようにしています。

——ご趣味については。

大臣　昔はスキーやテニスをよくやっていたのですが、これは国会議員になってからはなかなかする機会がなくて、できていません。

地元（山口県熊毛郡田布施町）に帰ると、時間がある時には（瀬戸内海に）釣りに行ったりすることはあります。普段は映画やテレビを見たりしています。最近観た映画は、新撰組を描いた『燃えよ剣』です。幕末の状況の中で新選組の葛藤が非常によく描かれていると思いました。私の故郷（長州）ではなかなか観ることができませんが（笑）。

——健康維持のために何かやっておられることはありますか。

大臣　まとまった（時間を取って）運動することができなくなってしまいましたので、ジムに行っているぐらいです。それも防衛大臣になってからはなかなか行けなくなってしまいました。

■「万全の準備」と胸を張って言える自衛隊を

——最後に、全国の隊員に向けて新年のメッセージをお願い致します。

大臣　全国の隊員諸君、明けましておめでとうございます。

国民の命と平和な暮らしを守り抜くという崇高な使命を全うするために、年末年始も変わらずそれぞれの持ち場で自らの職責を果たす隊員諸君に心からの敬意と感謝の意を表します。

危機管理の要諦は常に最悪を想定することです。中国、ロシア、北朝鮮、台湾をめぐる状況など、今、我々の目の前にある現実はこれまで以上に厳しいものですが、万が一にも事が起きた時には「万全の準備ができている」、そう胸を張って言える防衛省・自衛隊でなくてはならないと私は思っています。

全国の隊員諸君は安全保障のプロフェッショナルです。我が国を取り巻く情勢がこれまで以上に厳しくなることも想定し、我が国と地域の安定のため、全力で任務に邁進してほしいと思います。

私も防衛大臣として、常に全隊員の先頭に立ち、常に現場の声に耳を傾け、諸君と一丸となって立ち向かってまいります。

2022年もどうぞよろしくお願い致します。

防衛省発令

▽航空教育集団司令部（空幕装備課）1空佐　松永　秀嗣
（12月20日）
▽防衛大総務部（中部方面総監部医務官兼阪神病院）1陸佐　鉾石　和彦
▽防衛医大学生部長（警務隊副隊長）同　河野　保之
▽防衛研究所教育課程運営室長（香川地方協力本部長）同　梶原　新吾
▽同主任研究官（富士教導団副団長）同　前田　利徳
▽統幕運用1課長（統幕運用1課）1空佐　上村　博之
▽同運用2課災害派遣班長（中部方面総監部防衛課長）1陸佐　南　俊之
▽同防衛課長（統幕防衛課）1海佐　佐瀬　智之
▽同計画課長（2水陸機動連隊長）1陸佐　武者　利勝
▽陸幕総務課庶務室長（9後方支援連隊長）同　児玉　龍
▽同人事教育計画課（東部方面総監部防衛部）同　安達　弘典
▽同補任課長（東北方面特科連隊長兼岩手駐屯地司令）同　香川　賢士
▽同運用支援課長（10即応機動連隊長兼滝川駐屯地司令）同　岡田　豊
▽同防衛課防衛調整官（2高射特科群長）同　北　大蔵
▽同装備計画課需品室長（3後方支援連隊長）同　三宅　睦
▽同武器・化学課火器班長（教育訓練研究本部）同　濱田　幸紀
▽同情報課基盤情報班長（1空挺団高級幕僚）同　長谷川　健
▽陸上総隊情報2課長（中部方面総監部情報課長）同　田近　敬
▽同情報部（東部方面総監部情報課長）同　齋木　小無
▽同運用課長（15旅団3部長）同　辻　一
▽北部方面総監部会計課長（陸上総隊日米共同部）2陸佐　永野　宏明
▽東北方面総監部後方運用課長（防衛装備庁調達企画課連絡調整官）1陸佐　山本　正巳
▽同総監部付（東北方面総監部後方運用課長）同　城下　亘
▽2対戦車ヘリ隊長（航空学校宇都宮校）2陸佐　齋藤　健
▽東部方面総監部情報課長（東部方面総監部情報部）1陸佐　三浦　滋
▽同装備部長（補給統制本部需品部長）同　小林　将浩
▽東部方面航空隊副隊長（1ヘリ野整備隊長）同　伊藤　健
▽同ヘリ隊長（中央管制気象隊長）同　小林　貴
▽滝ヶ原駐屯地業務隊長（34普通科連隊副連隊長）2陸佐　松田　行祥
▽中部方面総監部総務部長（10師団幕僚長）1陸佐　大西　昌弘
▽同情報課長（教育訓練研究本部）同　出口　新
▽同防衛課長（同研究員）同　林　豊
▽同施設課長（2師団4部長）同　田村　勝
▽同医務官兼阪神病院（中央病院救急科）同　畑中　公輔
▽西部方面後方支援隊長（関東補給処松戸支処長）同　野口　恵一
▽久留米駐屯地業務隊長（教育訓練研究本部）2陸佐　石川　達也
▽2師団4部長（関東補給処古河支処施設部長）1陸佐　金子　操
▽7師団幕僚長（教育訓練研究本部訓練評価部総括室長）同　能勢　龍一郎
▽10師団幕僚長（防衛医大学生部長）同　福森　秀樹
▽13旅団幕僚長（3施設団副団長）同　鮫島　昭一
▽15旅団3部長（15旅団司令部）同　鎌田　寛
▽1空挺団高級幕僚（教育訓練研究本部）同　桑原　直人
▽3施設団副団長（7施設群長）同　坂本　晴俊
▽富士教導団副団長（北海道補給処総務部長）同　小田島　邦弘
▽10即応機動連隊長兼滝川駐屯地司令（統幕運用2課災害派遣班長）同　松井　貴仁
▽42即応機動連隊長（陸上総隊運用課長）同　後藤　真二
▽2水陸機動連隊長（陸幕人事教育計画課）同　入江　一博
▽東北方面特科連隊長兼岩手駐屯地司令（教育訓練研究本部）同　川間　信太郎
▽3後方支援連隊長（同企画調整官）同　上原　孝志
▽9後方支援連隊長（陸幕武器・化学課火器班長）同　倉持　知佳夫
▽普通科教導連隊長兼滝ヶ原駐屯地司令（教育訓練研究本部企画調整官）同　新田　幸司
▽2高射特科群長（陸上総隊情報2課長）同　西永　正孝
▽7施設群長（教育訓練研究本部企画調整官）同　千葉　武志
▽中部方面通信群長（陸幕防衛課防衛調整官）同　竹永　竜也
▽1ヘリ野整備隊長（教育訓練研究本部）2陸佐　坂上　塑太
▽警務隊副隊長（会計監査隊長）1陸佐　福田　正弘
▽中央業務支援隊付（情報本部）同　丸田　洋司
（同）同　藤井　博樹
▽会計監査隊長（中部方面総監部総務部長）同　松坂　普一
▽会計監査隊中部方面分遣隊長（普通科教導連隊長兼滝ヶ原駐屯地司令）同　近藤　浩行
▽中央管制気象隊長（東部方面航空隊副隊長）同　泉　善之
▽航空学校主任教官（2対戦車ヘリ隊長）同　田所　幹久
▽武器学校2教育部長（補給統制本部補給計画1課長）同　時岡　秀和
▽同研究部長（武器学校）同　林　義明
▽小平学校主任教官（北部方面総監部会計課長）2陸佐　石井　勝隆
▽教育訓練研究本部企画調整官（陸幕情報課基盤情報班長）1陸佐　藤田　博之
（教育訓練研究本部）同　阪田　洋
（情報本部）同　鷲見　智之
▽同主任教官（新潟地方協力本部長）同　大倉　正義
▽同研究員（中部方面総監部施設課長）同　中江　宏彰
▽同総括室長（13旅団幕僚長）同　力久　健
▽教育訓練研究本部（東部方面ヘリ隊長）同　菅原　達也
（中部方面通信群長）同　一戸　信逸
▽補給統制本部補給計画1課長（武器学校研究部長）同　河原　宏樹
▽同需品部長（陸幕装備計画課需品室長）同　澤村　満祢子
▽同補給計画課長（九州補給処健軍支処長）同　渡部　孝則
▽北海道補給処総務部長（防衛研究所教育課程運営室長）同　中村　宗一郎
▽関東補給処松戸支処長（東部方面総監部装備部長）同　鶴村　和道
▽同古河支処施設部長（補給統制本部補給計画課長）同　足達　陽一
▽九州補給処健軍支処長（防衛装備庁下北試験場長）2陸佐　久保　雄穂
▽九州補給処付（久留米駐屯地業務隊長）1陸佐　江﨑　賢治
▽海幕総務課長（海自2術科学校副校長）1海佐　吉田　久哉
▽同人事計画課募集推進室長（舞鶴地方総監部管理部長）同　小関　昌彦
▽同運用支援課長（海幕運用支援課）同　行松　栄治
▽舞鶴地方総監部管理部長（舞鶴地方総監部付）同　北原　浩一
▽海自幹部学校防衛戦略教育研究部長（情報本部統合情報部長）同　星野　正彦
▽同2術科学校副校長（海幕人事計画課募集推進室長）同　大宅　学
▽空幕会計課長（青森地方協力本部長）1空佐　木村　政和
▽同人事教育計画課長（空幕人事教育計画課人事教育計画調整官）同　小川　貴也
▽同人事教育計画課人事教育計画調整官（2補給処資材計画部長）同　日高　ふみ
▽同人事教育計画課（空自幹部学校）同　野本　洋平
▽同防衛課防衛調整官（空幕人事教育計画課）同　渡邉　正人
▽同事業計画1課長（空自幹部学校航空研究センター研究企画管理室長兼空幕防衛課）同　南　賢司
▽同事業計画1課企画班長（同幹部学校）同　三輪　大輔
▽同整備・補給課高射班長（空自補給本部武器弾薬1課長）2空佐　伊坂　穣平
▽航空総隊情報課長（空自幹部学校主任教官兼空自幹部学校）同　西條　篤史
▽3航空団基地業務群司令（空幕整備・補給課高射班長）1空佐　福田　裕子
▽6航空団基地業務群司令（同事業計画1課企画班長）同　加藤　雄一
▽空自幹部学校主任教官兼空自幹部学校（埼玉地方協力本部長）同　山下　真司
▽同航空研究センター研究企画管理室長兼空幕防衛課（空幕防衛課防衛調整官）同　鈴木　大
▽2補給処資材計画部長（空自補給本部企画課長兼補給本部）同　細田　信行
▽青森地方協力本部長（3航空団基地業務群司令）同　川嶋　寛人
▽埼玉地方協力本部長（6航空団基地業務群司令）同　高田　軍司
▽新潟地方協力本部長（42即応機動連隊長）1陸佐　小見　明之
▽香川地方協力本部長（教育訓練研究本部主任教官）同　小田　剛
▽福岡地方協力本部長（7師団幕僚長）同　平松　良一
▽情報本部情報官（情報本部画像・地理部長）1空佐　井上　剛
▽同統合情報部長（航空総隊情報課長）同　佐藤　潔
▽同画像・地理部長（海自幹部学校防衛戦略教育研究部長）1海佐　杉本　雅春
▽北海道防衛局防衛補佐官（会計監査隊中部方面分遣隊長）1陸佐　古越　万紀人
▽防衛装備庁長官官房装備開発官付5開発室長（需品学校）2陸佐　坂本　竜
▽同調達企画課連絡調整官（武器学校2教育部長）1陸佐　山下　次郎
▽同下北試験場長（防衛装備庁長官官房装備開発官付5開発室長兼装備技術官付）同　今村　政弘
（以上12月22日）
▽統幕指揮通信システム企画課兼指揮通信システム運用課（6護衛隊司令）1海佐　稲葉　洋介
▽統幕学校教育課1教官室学校教官（統幕学校教育課）同　大谷　三穂
▽6護衛隊司令（護衛艦隊司令部）同　江畑　泰孝
▽海自幹部学校（統幕学校教育課1教官室学校教官）同　林　鉄也
（以上12月23日）
▽統幕運用1課日米共同室長（統幕運用1課）1海佐　小河　邦生
▽海幕総務課（福井地方協力本部長）同　東　良子
▽同援護業務課援護班長（海幕援護業務課）同　志野　雅一
▽解海自3術科学校教育2部長事務取扱　海自3術科学校副校長　同　白坂　政秀
▽海自3術科学校教育2部長（海幕援護業務課援護班長）同　五十嵐　裕
▽福井地方協力本部長（統幕運用1課日米共同室長）同　野間　俊英
（以上12月24日）

新春メッセージ 2022

平和と安全守るプロ

防衛副大臣　鬼木　誠

明けましておめでとうございます。隊員諸君、ご家族の皆さま、読者の皆さまに謹んで新年のお慶びを申し上げます。

我が国を取り巻く安全保障環境は、国際社会のパワーバランスが大きく変化しつつある中、厳しさと不確実性を一層増しております。

厳しい安全保障環境下にあっても、国民の命と平和な暮らしを守り抜くという防衛省・自衛隊の任務に変わりは全くありません。

本年も私は防衛副大臣として、我が国の平和と安全を守る「プロフェッショナル」である隊員と共に、国民の皆さまの厚い信頼に応えることができるよう、人的基盤の強化、装備体系の見直し、技術基盤の充実・強化、装備調達の最適化、防衛産業基盤の強靱化など、さまざまな政策課題に対して全身全霊で取り組み、真に実効的な防衛力の整備に努めてまいります。

大切なご家族を隊員として送り出してくださっているご家族の皆さま、日頃から隊員を温かくご支援いただいている関係者の皆さまに対し、防衛副大臣として心からの感謝を申し上げますと同時に、今後も防衛省・自衛隊に対する変わらぬご支援、ご協力を賜りますよう、どうぞよろしくお願いいたします。

厳しい安全保障環境の中、防衛省・自衛隊の果たす役割は大変多く、そして重いものですが、岸防衛大臣の下、一丸となって国民の生命と財産、領土、領海、領空を断固として守ってまいります。

最後になりますが、皆さまのご健勝を心より祈念いたしまして、年始のあいさつとさせていただきます。

適切な環境の整備

防衛大臣政務官　中曽根　康隆

明けましておめでとうございます。謹んで新春のお祝いを申し上げます。

我が国を取り巻く安全保障環境が、一層厳しさを増す中、我が国の領土、領海、領空、そして国民の生命と財産を断固として守り抜かなくてはなりません。

そのためには、米国をはじめ各国との多層的な安全保障協力を進めることはもちろんのこと、我が国自身の防衛体制強化が不可欠です。

本年は、防衛力の抜本的な強化のため、新たな国家安全保障戦略、防衛計画の大綱、中期防衛力整備計画の策定に取り組む、まさに節目の年です。政府の一員として、身を引き締めてこの重要職務に励み、真に必要な防衛力の整備に努めてまいります。

我が国の防衛体制の重要な基盤の一つは、他ならぬ自衛隊員です。各種事態へ迅速かつ効果的に対処するために、また国内外における困難かつ多様な任務に対応するために、日夜、過酷な訓練に励む隊員諸君に対し、改めて敬意と感謝の意を表します。

隊員諸君が誇りをもって任務に専心できるよう、適切な環境整備と処遇向上に注力してまいります。部隊視察の際には、皆さまの忌憚なき意見を聞かせてください。

そして、大切なご家族を隊員として送り出し、厳しい任務から帰ってきた彼ら・彼女らを、温かく迎えてくださっているご家族の皆さま。皆さまのご理解、ご支援によって、日本と、日本国民の平和な暮らしは守られています。本当にありがとうございます。

国民の皆さまから寄せられる期待に万全の態勢でお応えすることができるよう、本年も、岸大臣の下、隊員とともに職務に一層邁進してまいります。

最後に、本年が皆さまにとって素晴らしい年となるよう祈念申し上げ、新年のあいさつとさせていただきます。

日米同盟を一層強化

防衛大臣政務官　岩本　剛人

隊員の皆さま、ご家族の皆さま、読者の皆さま、明けましておめでとうございます。

我が国の平和と安全を維持するためには、我が国自身の防衛力強化とともに、我が国の安全保障の基軸である日米同盟の一層の強化が不可欠です。

さまざまなレベルでの累次の協議、日米を基軸とした共同訓練、能力構築支援における連携等を通じ、日米同盟は着実に強化されています。

本年も日米同盟の抑止力・対処力の一層の強化に取り組み、我が国の平和と安全の確保に万全を期すとともに、「自由で開かれたインド太平洋」というビジョンを推進してまいります。

同時に、米軍基地が所在する地元の方々の負担軽減も進めてまいります。米軍の円滑な駐留のためには、地元の皆さまのご理解とご協力が不可欠です。

特に、沖縄については、目に見える形で負担軽減を実現するため、丁寧な説明、対話による信頼を地元の皆さまと築きながら、普天間飛行場の1日も早い返還等に向け全力で取り組んでまいります。

新たな国家安全保障戦略、防衛大綱、中期防衛力整備計画の策定に向け、本年は非常に重要な一年になります。

急速に厳しさを増す我が国の安全保障環境の下、防衛省・自衛隊が果たすべき役割は多岐にわたり、期待はさらに大きくなっています。

防衛省・自衛隊が持てる力を十二分に発揮できるよう全国25万人の隊員と力を合わせ、職務に邁進してまいります。

最後になりますが、皆さまのますますのご健勝を祈念し、新年のあいさつとさせていただきます。

安全保障の分水嶺

防衛事務次官　島田　和久

謹んで新年のお慶びを申し上げますとともに、旧年中に賜りましたご支援、ご協力に厚く御礼を申し上げます。

また、今この瞬間も、日本全国で、世界各地で、任務に精励している多くの同僚隊員に、この場を借りて、敬意を表します。ご家族の皆さまに心から感謝を申し上げます。

今、世界では、自由や民主主義、法の支配、基本的人権の尊重といった私たちの心の奥底にまで根付いている普遍的な価値が、重大な挑戦を受けています。そして国際社会の平和と繁栄を支えてきた、普遍的価値に基づく国際秩序は大きな試練にさらされています。

グローバルなパワーバランスが大きく変化する中、その最前線に立つ日本にとって、自らの防衛力を抜本的に強化し、果たし得る役割を拡大していくことが必要不可欠です。それこそが、志を同じくする国々との協力強化の基盤ともなります。

昨年11月、岸防衛大臣を議長とする「防衛力強化加速会議」が発足しました。年末に向けて、あらゆる選択肢を、躊躇することなく俎上に乗せ、検討していく必要があります。まさに今年は、我が国の安全保障の分水嶺となる年です。

岸大臣のご指導の下、日本と世界の平和と安全のため、防衛省・自衛隊の総力を結集し、全力で前に進んでまいります。

「悲観主義は気分によるものであり、楽観主義は意志によるものである」という言葉があります。私たちには、揺るぎない意志があります。一人ひとりが高い熱量を持っています。激変する厳しい現実に正面から向き合いながら、楽観主義の下、責務を果たしてまいります。

結びに、新たな年が、皆さまにとって笑顔の絶えない、幸い多き年となりますよう祈念して、年頭のごあいさつとさせていただきます。

全領域の能力向上

統合幕僚長　山崎　幸二

新年、おめでとうございます。皆さまにおかれましては、穏やかな新春をお迎えのことと存じ上げます。

我が国を取り巻く安全保障環境は一層厳しさを増し、周辺国による軍事力強化や軍事活動の活発化は依然として顕著です。

こうした状況を踏まえ、令和4年は、統合運用態勢強化に当たり次の3点を重視します。

1点目は、統合発展による「抜本的な防衛力の強化」です。領域横断作戦の深化の必要性が高まる中、「多次元統合防衛力」構築に向け、新たな領域に係る態勢整備や全領域の能力向上を図ってまいります。

2点目は、「日米同盟のさらなる強化」です。普遍的価値と戦略的利益を共有する米国とのさらなる関係強化は、我が国の安全保障にとってこれまで以上に重要です。米軍との共同による抑止力を有効に機能させ、あらゆる事態に適切に対応してまいります。

3点目は、「自由で開かれたインド太平洋の実現」です。地域全体の平和と繁栄の確保には、日米同盟を基軸に豪印や欧州、アジア等の同志国と連携を密にし、望ましい安全保障環境の創出に向け協働することが極めて重要です。さまざまな取り組みを通じ、多角的・多層的な安全保障協力の推進に努めてまいります。

新年にあたり、皆さまの負託に応えるため、地域の平和と安定の維持に積極的な役割を果たすべく、自衛隊一丸となり使命の完遂に尽力してまいります。

本年も引き続き自衛隊への変わらぬご支援を賜りますよう、お願い申し上げます。皆さまのご健勝とご多幸をご祈念申し上げ、新年のごあいさつとさせていただきます。

強靭な陸自の創造

陸上幕僚長　吉田　圭秀

新年、明けましておめでとうございます。昨年、陸上自衛隊は、大規模接種センターの運営、熱海災害派遣活動、在アフガニスタン・イスラム共和国邦人等輸送のほか、東京2020大会支援等の任務を完遂しました。

また、陸上自衛隊演習を実施、作戦準備に焦点を当てた検証および練度向上を図るとともに、陸自の領域横断作戦と米陸軍MDO（複数領域作戦）／米海兵隊EABO（遠征前方基地作戦）との連携を焦点として共同訓練を質的に向上させ、抑止力・対処力の強化に寄与してまいりました。

加えて、QUAD（日米豪印）、ASEAN（東南アジア諸国連合）、欧州等と二国間・多国間との防衛協力・交流を多層的に積み重ね、FOIP（自由で開かれたインド太平洋）実現に寄与したほか、部隊新編等の防衛力整備に取り組んでまいりました。

さて、インド太平洋地域では、「大国間競争」、大量破壊兵器の「不拡散体制への挑戦」、非国家主体による「グローバルテロリズム」の3層の脅威や不安定要素の先鋭化により、我が国は国際的な安全保障の最前線に位置していると認識しております。また、新型コロナが、世界的に米中の戦略的競争とAI（人工知能）デジタル化を加速している状況にあります。

令和4年は、我が国を取り巻く戦略環境がさらに厳しさを増す中、国家安全保障戦略、大綱・中期防の見直しが行われる分水嶺となる年です。

陸上自衛隊としても、引き続き「変革の加速」「実力の進化」「信頼の増進」を合言葉に、統合運用の下、防衛力強化に資するイノベーションを進めてまいります。

本年も強靭な陸上自衛隊の創造に邁進することを誓いごあいさつと致します。

伝統継ぎ変化に適合

海上幕僚長　山村　浩

新年おめでとうございます。令和4年を迎えるにあたり、海上自衛隊を代表しまして旧年中賜りました数々のご支援、ご協力に対し厚く御礼申し上げますとともに、初春のごあいさつを申し上げます。

我が国を取り巻く安全保障環境は、極めて速いスピードで変化し、軍事力の強化や軍事活動の活発化の傾向が顕著となっていることに加え、質・量に優れた軍事力を有する国家が集中し、一層厳しさと不確実性を増しております。

このような情勢の中、昨年は、前年から続く新型コロナウイルス感染症の感染拡大の影響を受け、行動に大きな制限がある中であっても、厳格な感染防止対策を図りながら、洋上において各国海軍等と訓練を実施する「非接触型の防衛交流」が可能な海上自衛隊の強みを生かし、「自由で開かれたインド太平洋」の実現に向けて、多くの国と連携を強化するとともに、実任務においては、海賊対処行動および情報収集活動のため、アフリカ・中東方面へ護衛艦および航空機を派遣し、同地域の安全確保に貢献しております。

本年は、海上自衛隊創設70周年となる記念すべき年となります。これまで築き上げられてきた海上自衛隊の歴史や伝統を継承しながらも、しっかりと将来を見据え、既存の考えにとらわれず、変化に対して柔軟に適合していく必要があります。それは容易なことではなく、多くの困難も予想されますが、「精強・即応・変化への適合」の旗印の下、全隊員が高い志と、しっかりとやり遂げる気概をもって任務を遂行していく所存ですので、今年も変わらぬご指導、ご鞭撻を賜りますようお願い申し上げます。

効果的な防衛力構築

航空幕僚長　井筒　俊司

朝雲新聞をご愛読の皆さま、謹んで新春のごあいさつを申し上げます。

旧年中は、航空自衛隊に対し格別のご厚誼を賜り、誠にありがとうございました。

航空自衛隊は、新型コロナウイルス感染症に関する、各種感染拡大防止策を講じながら、24時間365日上空を見上げ、我が国の平和と安全を守るため、即応態勢の維持、練成訓練、それらに係る後方支援等に全力で取り組んでいます。

我が国を取り巻く安全保障環境は、引き続き厳しさと不確実性を増しています。さらには、一国のみでの対応が困難な安全保障上の課題が顕在化する情勢下において、航空自衛隊が担う役割や活動の場面は、ますます増大していくものと考えています。

本年も、真に実効的な防衛力としての多次元統合防衛力を構築するため、引き続き、効果的な防衛力整備を推進していきます。宇宙作戦群（仮称）の新編といった新たな領域における能力の獲得・強化、F35A／Bの取得や偵察航空隊（仮称）の新編等、従来の領域における能力の強化、さらには、後方分野も含めた能力発揮のための基盤の強化等の持続性・強靭性や人的基盤等の強化を、引き続き行っていきます。

航空自衛隊は、引き続き、我が国の防衛のため、任務に邁進する所存です。今後とも、紙面をお借りしまして、「進化」する航空自衛隊を情報発信してまいりますので、本年も航空自衛隊に対するご理解とご協力を賜りますよう、よろしくお願い申し上げます。

結びに、朝雲新聞社のますますのご発展とご愛読の皆さまのご健勝とご多幸を祈念して、新年のごあいさつといたします。

産業界と緊密に対話

防衛装備庁長官　鈴木　敦夫

皆さま、新年明けましておめでとうございます。新型コロナ感染が続く中にあって、新たな年を迎えました。新型コロナ感染の早期終息を願います。

昨年7月に長官に着任しました。AIや量子技術といった先端技術が進展を見せる中、各国の安全保障政策においても、先端技術の利活用や管理が焦点になるなど、安全保障の裾野が経済・技術分野に急速に拡大しています。

例えば中国は「軍民融合」政策により軍事力強化を図り、米国は、投資や輸出の管理・規制を強化するなど、産業・技術分野における国家間の戦略的競争は一層顕在化しています。

我が国の防衛を全うする観点からは、防衛生産・技術基盤の維持・強化を担う体制の整備が急務と考えており、令和4年度予算案では、必要な予算を確保いたしました。

また、技術的優越を確保し、優れた装備品を早期かつ効率的に取得するため、研究開発等の期間短縮やプロセスの抜本的見直し、技術や情報を守るための保全措置の強化、サプライチェーン強靭化、装備移転の推進、プロジェクト管理の取り組み強化や調達の合理化等の課題に積極的に取り組んでまいります。

防衛生産・技術基盤は、防衛力の重要な構成要素です。その維持・強化には産業界と緊密に対話をしつつ、政府全体の経済安全保障の取り組みとも歩調を合わせて推進してまいります。

防衛装備庁としては必要な体制を強化するとともに、防衛産業を政策の中にしっかりと位置づけてまいります。

本年も力強いご支援とご協力を賜りますようお願い申し上げ、新春のごあいさつとさせていただきます。

宇宙作戦隊、解析プロセス公開

衛星監視の体制強化

自衛隊初の宇宙領域での専門部隊「宇宙作戦隊」（府中、隊長・阿式（あじき）俊英２佐以下約20人）が今年、70人規模の「宇宙作戦群」（仮称）に増強され、空自は宇宙状況監視の体制強化に向けて大きな一歩を踏み出す。その一端が昨年末、「自衛隊統合演習（ＪＸ）」中に報道公開された。同隊の幹部の説明などから、今後、拡充される空自の宇宙作戦機能の全容を探った。（菱川浩嗣）

内閣府の航法衛星「みちびき」。これら日本の衛星を守ることが宇宙作戦隊の任務だ（三菱電機のＨＰから）

「接近解析」（模擬）を行う宇宙作戦隊の隊員たち（11月30日、空自府中基地で）

ロシア、中国が対衛星兵器

「宇宙作戦隊」創設の背景には、主要国が宇宙空間に積極的に関与し、宇宙を利用するだけでなく、密かに他国の妨害も実施していることが挙げられる。

特にロシアや中国ではミサイルで直接衛星を破壊するだけではなく、レーザー兵器などスペースデブリ（宇宙ごみ）が発生しない対衛星兵器の開発を密かに進めているとされる。

これら増加する宇宙での脅威に対処するため、宇宙作戦隊は宇宙空間での〝異変〟に即座に対応し、不審な衛星等を確実に検知して、自国の衛星を守るため、隊員の練度向上に努めている。

レーダーで宇宙空間を監視

11月30日、自衛隊統合演習（ＪＸ）に使われている府中基地の宇宙作戦隊の地下室に入った。部屋にはモニターがずらりと並び、宇宙空間の３Ｄ映像や地球周辺を飛び交う衛星の軌道などが映し出されていた。

宇宙作戦隊の山本貴朗３佐らによる概要説明の後、宇宙状況監視任務の実施例（模擬）が公開された。４人の隊員がＰＣを操作すると、地球を周回する複数の衛星の軌道が映し出された。

「これは内閣府の航法衛星『みちびき』の軌道です。みちびきなどが飛行する高度5800キロメートル以上の宇宙空間を『ディープ・スペース』と呼び、同高度以下は『ニア・アース』と呼称しています。ニア・アースはＪＡＸＡ（宇宙航空研究開発機構）のレーダーで監視しますが、ディープ・スペースはＪＡＸＡの光学望遠鏡に加え、防衛省のレーダー（ガメラレーダーなど）で監視します。これらＳＳＡ（宇宙状況把握）システムの運用は2023年度に開始予定です」と隊員が解説する。

空自のＦＰＳ５レーダー（通称・ガメラレーダー）。弾道ミサイルの探知に加え、スペースデブリ探知でも貢献している

宇宙作戦隊の任務について説明する山本３佐

不審衛星の接近解析

次に衛星への不審な宇宙物体の接近を検知し、解析する「接近解析」の作業が始まった。最初に一定距離以内に接近する物体の抽出作業「粗解析」に取り掛かる。

隊員は国際宇宙ステーション（ＩＳＳ）に架空の衛星「スターリンク－ＸＸ」が約20キロまで接近する事象の検知に成功。この情報をもとに、ただちに①両物体の最接近距離②接近時刻と衝突確率を宇宙作戦隊員が算出する「精解析」を行った。

モニターに目を移すと、ＩＳＳの画像と無数の衛星軌道が映し出されていた。３Ｄ表示の②のモニターには地球上空の両者の軌道が映り、青色のＩＳＳの軌道と黄色で表示された「スターリンク－ＸＸ」が平面上交差する場面が見えた。

一方、③モニターには立体的にＩＳＳが映り、これにより「スターリンク－ＸＸ」はＩＳＳには衝突せず、その脇を通過することが確認できた。「この精解析ではより正確性を期すために、物体の誤差による計算を行って、数値を出します。両者が最接近するのは『2021年11月30日午前10時27分58秒（協定世界時間）』、ロシア上空でその距離は23・15キロメートル、衝突の確率は０パーセントです」と隊員が報告した。

スパイ衛星に対処

続いて静止軌道における「ランデブー（接近操作）」軌道の解析が行われた。ランデブーは人工衛星の周回軌道を目標物体の周回軌道に徐々に近付けていくことで、目標の衛星に接近させるもので、通信傍受のスパイ衛星に多い。「衛星の進行方向や上下左右の軌道のずれを修正しつつ、目標へ接近していきます」と宇宙作戦隊員。

３Ｄ表示の②のモニターには宇宙空間でのターゲットとなった衛星とこれに接近させる衛星の軌道が映し出された。ターゲット衛星の緑の軌道は規則的な山なりの曲線を描いているのに対し、ランデブーを行う衛星は跳ねるような軌道で目標を追尾していく様子が見える。

③モニター（地球平面図表示）に目を移すと、ターゲットの衛星は西方向に進み、その進路に渦を巻きながらぴったり接近する様子が表示された。

「西に進んでいるように見えるのは、接近する衛星が静止衛星の軌道よりも高い高度をとり、地球の同調する速度より遅くなるためです。目標の物体よりも進行速度を遅くすることで、徐々に距離を縮めていきます。位置の修正を加えながら接近するため、静止衛星に視点を固定すると、物体が渦をまいて接近しているように見えるという原理です」と隊員。この場合、自国の衛星を移動させ、〝退避〟させる場合もあるようだ。

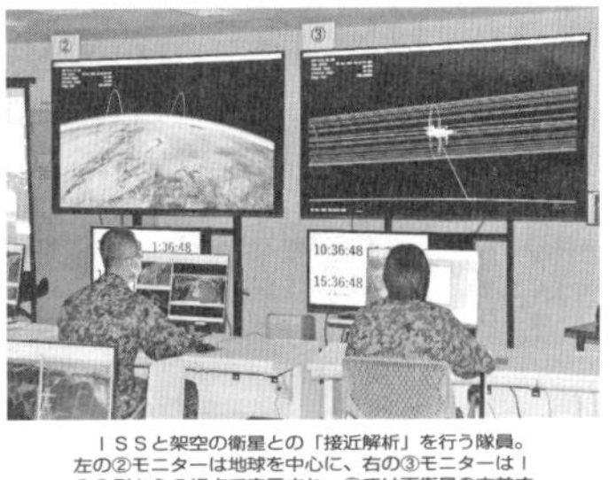

ＩＳＳと架空の衛星との「接近解析」を行う隊員。左の②モニターは地球を中心に、右の③モニターはＩＳＳ側からの視点で表示され、②では両衛星の交差する場面、③では立体的に衝突回避の様子が見られた

「宇宙作戦群」新編へ

「運用要領、しっかり形に」

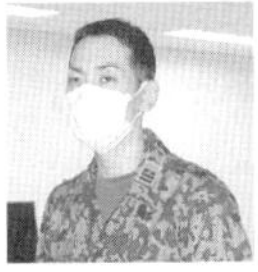

宇宙作戦隊長　阿式　俊英２佐

「宇宙作戦隊」は３自衛隊初の宇宙領域の専門部隊として2020年５月18日、約20人体制で空自府中基地に新編された。

同隊では、本格的な宇宙監視要員養成のため、国内外での委託教育の受講や宇宙領域シミュレーターを活用した米国で開催の演習などに参加。隊員個々の宇宙領域の知識や技能を着実に向上させてきた。

22年度中にも第２作戦隊新編

これを受け21年度中に、同隊の上級部隊として「宇宙作戦群（約70人体制）」を府中基地に新編、宇宙作戦での指揮統制ができる体制を整える。さらに22年度中に山口県の防府北基地に「第２宇宙作戦隊（仮称）」も新編予定で、23年度のＳＳＡシステムの運用開始に向け準備は加速している。

宇宙監視の体制構築について阿式宇宙作戦隊長は、「今回のＪＸでの訓練成果を踏まえ、我が国の（宇宙を含めた）防衛を全うしていくため、同盟国である米国との連携を強化しつつ、宇宙領域における能力強化に引き続き取り組んでいく」と決意を述べた。また、宇宙作戦群創設に向けては、「宇宙領域における運用をより組織的に行っていくため、今後は隊員個人の練度向上に加え、宇宙作戦隊の運用要領をしっかりと形にしていきたい」と抱負を語った。

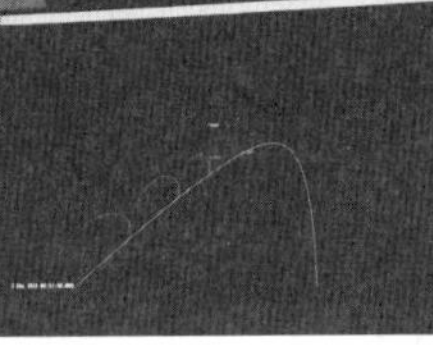

「ランデブー」の３Ｄ画面表示。静止衛星を追尾する様子が分かる

「粗解析」を行う隊員。一定の距離内に接近する宇宙物体を抽出し、最接近時刻や衝突確率を算出する。左の②モニターは３Ｄ、右の③モニターは立体的に衛星の軌道を示している

家を買うとき、建てるとき、リフォームするとき、売るとき、借りるとき、貸すときも「コーサイ・サービス」へまずご連絡を！
「紹介カード」で、お得なサービス【自衛隊員の皆さま限定の提携割引】利用しないともったいない！

新春 コーサイ・サービス ニュース

【住まいのご相談・お問い合わせ】
コーサイ・サービス株式会社　〒160-0002　東京都新宿区四谷坂町12番20号KKビル4F　☎ 03-5315-4170（住宅専用）担当：佐藤／営業時間　10：00～17：30（土・日・祝　定休）
情報満載・紹介カードのご依頼はこちらから　→　URL https://www.ksi-service.co.jp（限定情報　得々情報ボックス　ID：　teikei　PW: 109109）

CLIO クリオ府中ブライトマークス CLIO FUCHU BRIGHT MARKS
新発表

35th ANNIVERSARY

The PRECIOUS

私らしく暮らす。駅徒歩2分×ワイドスパン×全邸南西向き。

JR南武線・武蔵野線「府中本町」駅徒歩2分 ×　京王線特急停車駅「府中」駅徒歩9分
※1.JR線「府中本町」駅

「府中本町」駅徒歩2分の新築分譲マンション　府中市初※の供給
※1995年1月～2021年7月の間に発売されたJR線「府中本町」駅徒歩2分以内の新築分譲マンションは当物件が初。MRC調べ（2021年7月現在）

44m²台～65m²台　1LDK～3LDK

■クリオ府中ブライトマークス 物件概要 ●所在地／東京都府中市本町一丁目9番3、9番8（地番）●交通／JR南武線・武蔵野線「府中本町」駅徒歩2分、京王線「府中」駅徒歩9分 ●用途地域・地区／商業地域、防火地域 ●敷地面積／489.88m²（登記簿）、489.89m²（実測・建築確認対象敷地面積）●構造・規模／鉄筋コンクリート造、地上12階建 ●総戸数／46戸（住戸44戸、店舗1戸、管理事務室1戸）●建築確認済証番号／JCIA確認S21第00155号（令和3年10月22日付）●竣工予定／2023年3月下旬 ●入居開始予定／2023年3月下旬 ●設計／株式会社佐藤清建築設計事務所 ●施工／京王建設株式会社 ●分譲後の権利形態／敷地は専有面積割合による所有権の共有。建物の専有部分は区分所有権、共用部分は専有面積割合による所有権の共有 ●管理会社／明和管理株式会社 本店営業部 ●入居後の管理形態／区分所有者全員で管理組合を設立し、管理組合より管理会社へ委託（管理員通勤方式）●駐車場／敷地内及び建物内に3台設置（平置1台、小型車用1台、車いす使用者優先契約駐車場1台）〈月額使用料 未定〉●駐輪場（自転車置場）／建物内に88台設置〈月額使用料 未定〉 ■販売概要（予告）●販売戸数／未定 ●販売価格／未定 ●最多価格帯／未定 ●間取り／1LDK～3LDK ●住居専有面積／44.07m²～65.36m² ●バルコニー面積／3.50m²～7.98m² ●管理費（月額）／未定 ●修繕積立金（月額）／未定 ●修繕積立基金（一括）／未定 ●販売予定時期／2022年1月下旬 ※上記概要は、全販売予定住戸（44戸）の内容を表示しています。また、販売住戸を一括して販売するか、数期に分けて販売するか及び販売方法は未定です。確定した情報は本広告にて明示させていただきます。※掲載の内容は2021年12月23日時点の内容となります。

予告広告　本広告を行い取引を開始するまでは、契約又は予約のお申し込みに応じることができません。また、お申し込みの順位の確保に関する措置も講じることができません。予めご了承ください。（販売予定時期／2022年1月下旬）

クリオ ライフスタイルサロン府中 公開中！

同時事前案内会開催
ご来場予約 資料請求は　0120-227-997　営業時間 9:00～17:00　明和地所 提携　検索　〈公式サイト〉

想いをかなえ、時をかなでる。　MEIWA 明和地所

［予約制］ご案内時間［①10:00～ ②13:00～ ③15:00～ ④17:00～］　京王線「府中」駅北口徒歩5分の「クリオ ライフスタイルサロン府中」にてご案内させていただきます。｜「クリオ ライフスタイルサロン府中」住所：東京都府中市府中町1-16-1 プレミアムコート府中1F

防衛省職員・自衛隊の皆様へ

「家を売る」
「家を買う」なら
三井のリハウス

三井のリハウス 360°サポート　360°サポートとは
三井のリハウスをご利用されたお客様のための
安心サポートサービス

1 補修費用等を負担！　引渡し後の一定期間、建物・設備の補修費用等を三井のリハウスが負担！※1
2 建物・設備調査が無償！　無償の建物・設備調査による安心の不動産売買！※2
3 売主様・買主様が対象！　三井のリハウスで取引された方が対象です！※3

※1 負担額については、弊社規定の範囲内とさせていただきます。※2 建物や設備の不具合の有無を三井のリハウス独自の基準でチェックします。※3 紹介の種別は問いません。ただし、対象者・対象物件等の適用条件があります。※4 その他、サービスの適用には諸条件がございますので、三井のリハウス担当者までお問い合わせください。

建物補修　引渡し後2年間に建物の契約不適合が見つかった場合　最大500万円（税込）補修費用を負担！

設備修理　引渡し後2年間に設備の故障・不具合が見つかった場合　最大20万円（税抜）修理・交換費用を負担！

緊急駆付け　急なトラブルが起こっても　●水まわり ●ガス・給湯・電気設備 ●カギ ●窓ガラス　2年間 24時間 365日　専門スタッフが駆付け！

35年連続 全国No.1　三井不動産リアルティグループは'86年度～'20年度の35年連続全国売買仲介取扱件数No.1です。

詳しくはWEBで検索！　三井のリハウス　360°サポート

紹介特典のご案内

住まいの購入・売却に対して、
５万円もしくは税抜仲介手数料の１／１０ のいずれか低いほうの紹介特典がございます。

紹介特典を受けるには、必ず売買契約締結前までに、コーサイ・サービスにて所定の手続きを行い、
三井のリハウスの営業担当者へ紹介カードをお渡しください。

お住まいのこと、まずはご相談ください。　www.rehouse.co.jp
スタッフ一同皆様のお越しを心よりお待ちしております。

三井のリハウス
三井不動産リアルティ株式会社

PREMIST 和光丸山台

あなたの期待にこたえる
マンションが、ここに。

東武東上線／東京メトロ有楽町線・副都心線「和光市」駅徒歩10分（約780m）　東京メトロ有楽町線・副都心線 始発駅　全戸ディスポーザ付き

■「プレミスト和光丸山台」全体物件概要 ●所在地／埼玉県和光市丸山台2丁目8-1（地番）●交通／東武東上線、東京メトロ副都心線・有楽町線「和光市」駅から徒歩10分 ●総戸数／36戸（別途、管理事務室1戸）●構造・階数／鉄筋コンクリート造 地上5階建 ●敷地面積／1,193.12m² ●用途地域／第一種住居地域、第一種中高層住居専用地域 ●施工会社／新日本建設株式会社 ●管理形態／管理組合と管理会社（大和ライフネクスト株式会社）との間で管理委託契約を締結 ●分譲後の権利形態／敷地：専有面積割合による所有権の共有、建物：専有部分は区分所有権、建物：共用部分は専有面積割合による所有権の共有 ●工事完了予定年月／2022年2月予定 ●入居予定／2022年3月予定 ●駐車場／18台（機械式12台（昇降式）、平置6台）［月額使用料：12,000円～18,000円］、別途来客用兼身障者用平置1台、来客用平置1台 ●駐輪場／69台（2段ラック式47台、平面式22台）［月額使用料：200円～400円］●サイクルポート／4区画［月額使用料：1,000円］●ミニバイク置き場／4台［月額使用料：1,500円］●インターネット使用料／月額：660円 ●建築確認番号／第UHEC建確R02058号（令和2年12月25日）●売主・販売代理／大和ハウス工業株式会社 マンション事業本部 〒102-8112 東京都千代田区飯田橋3-13-1 TEL：03-5214-2143［宅地建物取引業者免許番号：国土交通大臣（15）第245号、建設業許可番号：国土交通大臣許可（特-2）第5279号、（公社）東京都宅地建物取引業協会会員（公社）首都圏不動産公正取引協議会加盟］●売主／三信住建株式会社 〒104-0061 東京都中央区銀座6-2-1 Daiwa銀座ビル9階 TEL：03-3569-1123［宅地建物取引業免許番号：国土交通大臣（1）第9956号、（一社）全国住宅産業協会会員（公社）首都圏不動産公正取引協議会加盟］●販売代理・販売復代理／株式会社ハローホーム 〒133-0056 東京都江戸川区南小岩7-26-21 TEL：03-5612-8646［宅地建物取引業者免許番号：東京都知事（4）第83389号、（公社）全国宅地建物取引業保証協会会員（公社）首都圏不動産公正取引協議会加盟］■先着順物件概要 ●販売戸数／7戸 ●間取り／3LDK ●専有面積／65.31m²～72.33m² ●バルコニー面積／9.22m²～11.85m² ●サービスバルコニー面積／2.64m² ●テラス面積／9.48m² ●販売価格（税込）／5,700万円～6,650万円 ●最多販売価格帯（税込）／6,300万円台（2戸）●管理費／月額：14,700円・16,300円 ●修繕積立金／月額：9,300円・10,300円 ●管理準備金／一括：14,700円・16,300円 ●修繕積立基金／一括：489,800円～542,500円 ■先着順申込受付中 ●申込受付場所／「プレミスト和光丸山台」マンションギャラリー ※お申込みの際には、印鑑（認印可）、直近2年分の収入を証明する資料（源泉徴収票等）、本人確認資料（運転免許証等）をご持参ください。●取引条件有効期限／2022年1月31日

※掲載の外観完成予想図は、2021年2月に撮影した現地周辺写真に設計図書を基に描き起こした完成予想図を合成したもので実際とは多少異なる場合があります。雨樋、エアコン室外機、点検口、給湯器等設備機器は再現されておりません。植栽は特定の季節の状況を想定して描かれたものではありません。また、竣工時には外観完成予想図程度には成長しておらず、形状・位置などは実際とは多少異なる場合があります。樹種は一部変更となる場合があります。照明・カーテン・調度品等は販売価格に含まれません。※徒歩分数は80mを1分として算出（端数切り上げ）したものです。

防衛省にお勤めの皆様へ　販売価格（税込）より1%提携割引　提携割引をご利用いただくには「紹介カード」が必要です。初回来場前にコーサイ・サービス（株）へご請求ください。

〈売主・販売代理〉大和ハウス工業　〈売主〉三信住建
お問い合わせは「プレミスト和光丸山台」マンションギャラリー
0120-050-229　ダイワ和光　検索
営業時間／10:00～18:00　定休日／火・水曜日（祝日除く）　wako36@daiwahouse.jp

提携企業・団体にお勤めの皆様へ　2021年12月1日～2022年1月31日にご契約の方　期間限定特典

通常優遇割引 1%OFF ▶ 対象物件 2%OFF
※物件販売価格（税込）より割引 ■他の特典との重複は致しかねます。

例えば2%の場合　【物件販売価格】4,000万円の場合 ▶優遇割引80万円　【物件販売価格】5,000万円の場合 ▶優遇割引100万円

2021年12月1日～2022年1月31日までにご契約締結の上、2022年3月31日までにお引渡しができることが条件になります。
※2021年12月1日以前にご契約のお客様は従来の割引率が適用されます。※詳しくはタカラレーベン提携企業従業員様窓口までお問い合わせください。

特別特典を受けるには
STEP 01 お勤め先の提携法人窓口で「紹介カード」発行手続き
STEP 02 モデルルーム初回ご来場時に係員に「紹介カード」を提出
STEP 03 ご成約時に物件販売価格から2%を割引

お得なご来場キャンペーン実施中！
ご予約の上、モデルルームにご来場いただくと QUOカード ¥5,000分 PRESENT!!
※有効期限：2022年1月31日（月）※期間中ご予約の上、はじめて本物件モデルルームをご見学・すべてのアンケートにお答えいただいた方にもれなく差し上げます。※タカラレーベングループの他キャンペーンとの併用はできません。また、タカラレーベングループのキャンペーンを過去にご利用されたお客様は対象外となります。※キャンペーンのプレゼントは1組様（1家族）につき1回のみ有効です。※QUOカードは後日発送となります。尚、発送にはお時間を要する場合がございます。予めご了承ください。詳しくは係員までお尋ねください。

TARGET PROPERTY【対象物件】

北海道　ネベル円山公園表参道
札幌市営地下鉄東西線「円山公園」駅（3番）より徒歩5分〈始発～終電まで利用可〉、（1番）より徒歩3分〈始発～22:45まで利用可〉
販売価格／2,587万円～4,398万円
売主（株）タカラレーベン

新潟県　レーベン新潟THE TOWER MARKS
JR上越新幹線「新潟」駅徒歩27分
予定販売価格／2,900万円台～4,900万円台
売主（株）タカラレーベン

石川県　レーベン金沢 WESFORT
JR北陸新幹線・北陸本線・七尾線、IRいしかわ鉄道「金沢」駅徒歩14分他
予定販売価格／3,400万円台～4,800万円台
売主（株）タカラレーベン

岐阜県　レーベン岐阜
JR東海道本線「岐阜」駅徒歩7分他
予定販売価格／2,700万円台～4,000万円台
売主（株）タカラレーベン

大阪府　レーベン浜寺公園
南海本線「浜寺公園」駅徒歩3分他
予定販売価格／2,300万円台～4,900万円台、予定最多価格帯／4,100万円台
売主（株）タカラレーベン

大阪府　レーベン千里青山台GRAN HIGH
阪急千里線「北千里」駅徒歩12分他
予定販売価格／2,900万円台～6,900万円台、予定最多価格帯／4,900万円台
売主（株）タカラレーベン

大阪府　レーベン豊中永楽荘ヒルズ
北大阪急行「千里中央」駅バス17分「永楽荘四丁目」バス停下車徒歩3分他
販売価格／3,590万円～5,990万円
売主（株）タカラレーベン

高知県　レーベンはりまや橋 MID COURT
とさでん交通後免線「デンテツターミナルビル前」電停徒歩2分他
予定販売価格／2,800万円台～4,100万円台、予定最多価格帯／3,400万円台
売主（株）タカラレーベン西日本
※お勤め先によっては対象外の場合がございます。

熊本県　レーベン熊本新町EMBRACE
熊本市電「蔚山町」電停 徒歩3分
予定販売価格／2,800万円台～4,500万円台、予定最多価格帯／3,500万円台
売主（株）タカラレーベン西日本　販売代理（株）タカラレーベン
※お勤め先によっては対象外の場合がございます。

ご予約の際は、「コーサイ・サービスニュース」を見てとお伝えください。
（株）タカラレーベン提携企業従業員様窓口
0120-017-771　▶詳細はこちらから　レーベン 提携　検索
営業時間 9:00～18:00　https://www.leben-style.jp/teikei/　E-mail teikei@leben-style.jp

50th 50年の感謝を込めて

Takara Leben　株式会社タカラレーベン　東証第一部上場　国土交通大臣（5）第5924号　東京都知事許可（特-2）第37608号　（一社）不動産協会会員（一社）全国住宅産業協会会員（公社）首都圏不動産公正取引協議会加盟　〒100-0005 東京都千代田区丸の内1-8-2 鉄鋼ビルディング16階

Takara Leben West Japan　株式会社タカラレーベン西日本　国土交通大臣（1）第9193号　（公社）全日本不動産協会会員　（公社）不動産保証協会会員　四国地区不動産公正取引協議会加盟　〒790-0002 愛媛県松山市二番町三丁目6番地5 明治安田生命松山二番町ビル6階

※掲載のCGパースは計画図を基に描き起こしたもので、変更となる場合があります。※植栽は特定の季節や樹種および入居時の状態を想定して描かれたものではありません。※掲載の徒歩分数は1分を80mで算出し、端数は切り上げています。※上記情報は2021年12月16日現在のものです。

新型コロナウイルス感染防止対策ポリシー
※備品等が入手困難な場合など、やむをえず対応が行き届かない場合はご容赦ください。
■来場人数の制限 ■ご予約優先制による密集防止 ■個別受付の実施
■ご対応組数の制限 ■手指の消毒液を設置 ■マスク・手袋のご用意
■使い捨てスリッパのご用意 ■お飲み物はペットボトルでのご提供 ■アルコール除菌
■使用備品の除菌 ■ご案内車両の清掃・除菌 ■飛沫感染防止対策
■定期的な換気 ■スタッフのマスク着用 ■空間除菌カード着用
■手洗いうがいの徹底 ■スタッフの体調管理 ■デジタルトーク

海自艦「しらせ」昭和基地 接岸

高い士気保持 氷海突破

往路ラミング610回

文部科学省の第63次南極地域観測事業を支援する海自の砕氷艦「しらせ」（艦長・酒井憲1佐以下乗員約180人）は12月19日、昭和基地沖合約350メートルの定着氷に到着、無事に〝接岸〟を果たした。往路のラミング回数は610回だった。接岸に先立つ12月16日には昭和基地から約6・4キロ離れた定着氷に到達。酒井艦長と63次隊の牛尾収輝隊長らは艦載のCH101輸送ヘリで一足先に空路で昭和基地に入り、越冬生活を送ってきた62次越冬隊の阿保敏広隊長に生鮮食料品などの〝初荷〟を届けた。現在はパイプラインを使った燃料輸送や雪上車や艦載ヘリによる物資輸送を行っている。南極から届いた酒井憲艦長の新春メッセージ、年男の乗員2人の抱負とともに南極圏での「しらせ」を写真で紹介する。

南極海の海上から一面氷と雪の定着氷域に進入する「しらせ」。艦首下部からは雪を溶かすための散水が行われている

南緯50度付近を航行中、「しらせ」の上空には幻想的なオーロラが広がった

定着氷を砕きながら昭和基地に向けて前進する「しらせ」

暴風圏乗り越え 物資輸送

「吠える40度、狂う50度、叫ぶ60度」

「しらせ」艦長の新春メッセージ

1等海佐 酒井　憲

新年、明けましておめでとうございます。

砕氷艦「しらせ」は、令和3年12月19日17時11分（日本時間）、昭和基地沖に無事接岸を果たしました。

思い起こせば、「しらせ」は、昨年7月下旬の修理完了以降、台風の襲来を幾度も受けながら、慌ただしく過密なスケジュールを乗組員一丸となり乗り越え、令和3年11月10日、晩秋の候、平日にも関わらず多くの方々の見送りを受け、観測隊員69名を乗艦させ、海上自衛隊横須賀基地を出港しました。

今次行動も、昨年と同様に、世界的なコロナ禍での任務遂行となることから、例年と異なり、乗組員は、出国前の2週間にわたる艦内での停留生活や2回のPCR検査陰性の判定を受け、参加が正式に決定され、経由地の豪州フリーマントル港でも補給のみと厳しい対応を余儀なくされる状況で開始しました。

そのような情勢下にも関わらず、しらせ乗組員一同は、国家事業である南極行動の任務の重要性を認識し、非常に高い士気を保持し、「吠える40度、狂う50度、叫ぶ60度」と云われ幾多の船員を阻んできた暴風圏を見事に突破し、12月1日に南緯55度を通過して南極圏に入りました。

南緯60度からは針路を西に向け、同月9日に昭和基地のあるリュツォ・ホルム湾沖の氷海に進入しました。

「しらせ」が昭和基地沖に接岸して物資を輸送するためには、流氷域および定着氷域の順に氷海を突破しなければなりません。

流氷域の氷状は、風や潮流等の影響を受けやすく、進入するにつれて徐々に氷が大きく厚く密集するため航行が困難になります。

定着氷域は、さらに固い「多年氷帯」が「しらせ」の行く手を阻みましたが、「ラミング」（艦首部を氷に乗り上げて自重で砕氷する航行方式）により氷に立ち向かい、無事に接岸を果たして物資輸送を計画通り開始することができました。

地球最後の秘境と言われる南極の自然は、世界で最も厳しく気を抜けないところではありますが、日本を出発する前に多くの皆さまからいただいた温かいご声援を励みに、昭和基地への物資全量輸送を目指して乗員一同、全力で取り組んでまいります。

遠い南極の氷海から日本の皆さまのご健勝とご多幸をお祈り申し上げます。

㊧「しらせ」の昭和基地到着に先立ち、搭載のCH101輸送ヘリ（後方）で一足早く輸送した〝初荷〟を62次越冬隊の阿保敏広隊長（中央）に届けた酒井艦長（右）と63次隊の牛尾収輝隊長（左）＝12月16日

㊦CH101輸送ヘリで空輸した物資を観測隊員（左）と協力して昭和基地に搬入する「しらせ」の乗員

55次隊から数えて9年連続で南極の昭和基地沖への〝接岸〟を果たし、氷上に停留した海自の砕氷艦「しらせ」

「しらせ」を出迎えた南極のアデリーペンギンたち

南極で年男

強く願い 夢叶えてきた人生の分岐点

1海曹 秋山　秀和（「しらせ」衛生科）

明けましておめでとうございます。4回目の年男を南極で迎えることを思うと、感慨深いものがあります。これまで振り返って考えてみると、人生の分岐点は年男になった年にあったと思います。

1回目の年男では、小学生の私は車が大好きで、自動車整備士になろうと決めた時でした。その後夢が叶い2級整備士を取得し、整備士として働くことになりました。

2回目の年男では、整備士として働いていた私は、警察官であった父の姿を見て、間接的ではなく直接人の役に立ちたいと思うようになり、当時入隊年齢ぎりぎりの26歳で海上自衛隊に入隊しました。3回目の年男では、艤装中の「しらせ」を見学させてもらえる機会があり、その時いつか絶対に「『しらせ』の看護長になろう！」と強く思った時でした。そしてその念願が叶い、昨年乗艦することができました。

今年4回目の年男を迎え、48歳となった私の抱負はなんであろう。まずはこの第63次南極地域観測協力行動を完遂し、乗員一同無事に帰国することだと思います。そして次の年男を迎えるための夢（抱負）を家族と一緒に考えようかなと思います。

負傷した隊員の手当てを行う衛生科の秋山1曹

念願の3曹昇任、6月には父になる

3海曹 藤居　楓太（「しらせ」飛行科）

新年明けましておめでとうございます。一昨年6月に念願の「しらせ」乗組員となり、南極でさまざまな経験を積み、充実した日々を過ごすことができました。南極で新年を迎えるのは2回目となりますが、昨年、極寒の中で年頭訓示、昇任伝達が執り行われる中、来年は年男を迎えることから「この南極の地で絶対に3曹になってやる」と意気込んでいたことを思い出します。そしてこれまでの努力が実り、念願だった3等海曹に無事に昇任することができました。これは日頃から私を指導してくれている上司、同僚、そして何よりも私の心の支えである、離れて暮らす家族のおかげだと感謝しています。

年男の抱負として、仕事面では、お世話になっている同僚の期待に応えられるように、私の特技職である航空機体整備員として新たな技能取得を目指し、航空機体整備の中核として活躍できるように研さん努力していきます。プライベートでの抱負としては、本年6月に第1子となる我が子が産まれる予定なので、新米父として深い愛情をもって子育てに積極的に参加し、これまで以上に家族を大切にしていきます。

以上の二つを抱負として今年も充実した一年を過ごしていきたいと思います。

氷上調査のためドリルで氷に穴を開ける飛行科の藤居3曹

合格者の不安 見学会で払拭

水陸機動団に憧れ
入隊希望者研修で質問相次ぐ
沖縄

【沖縄】地本は11月14日、若者11人の玖珠駐屯地（大分県）の部隊研修を支援した。装備や施設の見学を通して、入隊希望者に陸自の魅力を知ってもらうことが目的。

参加者は、沖縄ではあまり見られない紅葉が色づく駐屯地に到着。さっそく駐屯地司令業務室長の馬越俊典1尉が、部隊職種や仕事内容を説明した。また、沖縄県出身隊員の譜久村勝准尉と大城透真士長が加わり、参加者の相談に親身に対応。大城士長は「自分も入隊するか悩んだ時期があったが、若い時は外に出て色々な世界を見た方がいい。外に出たことで自分自身のフィールドも広がり自分の糧になる」と自身の体験を語った。

装備品展示では155ミリ榴弾砲や水陸両用車AAV7、87式偵察警戒車RCVなどを見学。参加者の中には、水陸機動団に憧れている人も多く「どうやったら水機団で勤務できますか？」などの質問に、同団戦闘上陸大隊の早川大湖3曹が丁寧に答えた。

装備品の見学後は、参加者が一番楽しみにしていた10式戦車の体験試乗。間近に見る戦車の迫力に圧倒された参加者は、実際に乗ってみて「振動が凄い。思ったより速度が速かった」とその機動力に驚いていた。

さらに参加者は、施設見学や体験喫食なども行い入隊後の生活をイメージしていた。

155ミリ榴弾砲など装備品を見学する参加者ら（11月14日、玖珠駐屯地で）

美声、艦内に響き渡る
入隊予定者へ生演奏
千葉

【千葉】地本は12月5日、横須賀基地で行われた護衛艦「いずも」の艦艇見学に、海自入隊予定者4人を案内した。関東近郊から約70人の入隊予定者が集まった。

参加者は概要説明を聞いた後、艦内を見て回り隊員と懇談。入隊についてアドバイスを受けた。

またこの日は海自横須賀音楽隊が「艦内コンサート」を開催。「アナと雪の女王」のメドレーなどを演奏し、三宅由佳莉2曹が「炎」（「鬼滅の刃」より）を熱唱した。参加者は艦内に響きわたる歌声に聴き入った。

演奏終了後、千葉県市川市から入隊し、トランペット奏者として活躍する坂本祐希3曹が4人を激励。「入隊まで怪我や病気をしないように。一緒に頑張ろう。入隊を待っているよ」と声をかけた。

見学を終えた参加者は「入隊までの準備事項が聞けた」「艦艇乗りになるための話が聞けて良かった」と感想を語った。

護衛艦「いずも」で記念写真に納まる千葉県の入隊予定者ら（12月5日）

竹田事務所に新看板
地域の方々とともに作製
大分

【大分】竹田地域事務所はこのほど、事務所看板を新品に交換した。

今までの看板は平成26年に取り付けられたもので、風雨にさらされ古ぼけてしまっていた。そこで地域の方々の協力も得て、所員一同で新たな看板を作製した。

所員は普段とは違う作業に苦労しつつも、無事に新看板を設置。きれいに仕上がった看板を前に、さらなる募集基盤の拡充を誓っていた。

新たに設置した看板とともに記念撮影を行う竹田地域事務所の所員。右端は所長の林初尚2陸尉

恩師の前で「パリも目指す」
京都 河添2曹が次期五輪へ決意

母校で恩師の荻野監督と記念写真に納まる河添2曹（11月4日、立命館宇治高校で）

【京都】地本は11月4、5の両日、東京五輪女子20キロ競歩に出場した河添香織2陸曹（体校）の京都府訪問を支援した。京田辺市出身の河添2曹は市役所など各所を訪れ、「オリンピックに出場できたのは、周りの方々に支えていただいた結果です」と応援への感謝を伝えた。

母校の立命館宇治高校では、恩師である陸上部の荻野由信監督と再会。「次のパリも目指していきたい」と決意を語る河添2曹に、荻野監督は「努力と負けず嫌いの性格で、五輪出場を果たした。今後もさらなる飛躍を目指してほしい」と激励した。

また河添2曹は陸上部の部員たちとも交流。生徒たちからのさまざまな質問に答えた。体調管理についてアドバイスをもらったというキャプテンの松村結さんは「今後、進学して陸上を続ける上で参考になった」と話していた。

募集・援護 特集

「絵記号自衛隊」SNSで大反響

「自衛隊にはこんな隊員がいて、このような装備品があります！このピクトグラム・カレンダーでご覧あれ！」――。東京五輪の開会式でも大きな注目を集めたピクトグラム（絵記号）。鹿児島地本はこのほど、オリジナルの「自衛隊ピクトグラム・カレンダー」を作製。地本隊員が独自に描いたピクトグラムは各方面からも注目を集めており、2022年の地本の強力な募集ツールとして活用される予定だ。

鹿児島地本 東京五輪ヒントに作製
ピクトグラム・カレンダー

22年のカレーは辛ぇんだ～!?

【鹿児島】鹿児島地本が独自に作製した「自衛隊ピクトグラム・カレンダー」の写真を12月3日、公式ツイッターに掲載したところ、多くのフォロワーやメディアの間で大きな話題となっている。

同カレンダーは地本広報班長の信夫誠3海佐が企画。昨年夏の「東京2020大会」の五輪開会式で、ピクトグラムのパフォーマンスが話題になったことから、「自衛隊版のピクトグラムができたら面白いのでは」という着想のもと、デザインの考案をスタート。PCソフトの「パワーポイント」で各部員が趣向を凝らし、自衛隊員や装備品の数々をピクトグラム化した。

制作コンセプトは、①言語に頼らず単純な絵記号で意味を理解してもらう②誰が見ても分かるように表現する――で、信夫3佐は最初、「ピクトグラムといえば人」というイメージから、自衛隊員のほふく前進や敬礼などを中心に作成し、SNS上に投稿。予想以上に反響が大きかったことから、「この機を逃すまい！」と赤岩英明地本長に企画の戦線拡大を上申。主力装備品である護衛艦、航空機、戦車などもピクトグラム化し、完成したものから順次SNS上に掲載していった。するとフォロワーから「まとめたものをポスターにしてほしい！」というリクエストが。地本では即、これに応え、ポスター形式でカレンダーを作製し、2022年の新年に間に合わせた。

このカレンダーは計48個のピクトグラムがずらりと並び、護衛艦「いずも」、F35Aステルス戦闘機から、隊員の敬礼（陸・空）、揚げ銃などの所作も加わり、ユニークな作りとなっている。

ピクトグラムの中にはあまり一般的には知られていない「91式戦車橋」などもあるため、各絵記号の下には正式の名前も表示。さらに、広報班内で「ただ並べただけでは今一つ工夫が足りない！」という意見が出たことから、金曜日にカレーを食べる海自の習慣に着目し、カレンダー上部の金曜日の欄にカレーライスのピクトグラムも表示した。カレンダーの名称も「カレーはカレンダー（辛ぇんだー）2022」というユーモアあふれる表記にした。

地本ではカレンダーを年末から募集ツールに活用するとともに、自衛隊の知名度アップのため年初からはカレンダープレゼントのイベントも計画中だ。

信夫3佐は「今年はこのカレンダーを募集に活用するほか、ピクトグラムを缶バッチにするなど、ピクトグラムを広報施策も展開し、若者に少しでも自衛隊に興味を持ってもらい、志願者が増えるように活動していきたい」と新年の抱負を語っている。

カレンダーを企画した鹿児島地本広報班長の信夫3海佐（右）と広報官の緒方裕紀3陸曹

鹿児島地本オリジナルの自衛隊ピクトグラムカレンダー。48種のピクトグラムが勢ぞろいし、カレンダーの金曜欄にはカレーが描かれている

愛知の剛腕、燕の一員に
体験入隊の竹山さんをドラフト指名

球速150キロを超す剛腕の竹山さん

【愛知】金山募集案内所が実施した自衛隊生活体験とインターンシップに参加していた享栄高校の竹山日向さんが、このほどプロ野球ドラフト会議で東京ヤクルトスワローズに指名された。吉報を聞きつけた同校担当広報官の高橋伸幸陸曹長は、各所員と喜びを分かち合った。

同校の硬式野球部に所属する竹山さんは、球速150キロを超す剛腕で、夏の高校野球愛知大会の決勝は先発で出場。惜しくも甲子園出場とはならなかったが、威力のあるストレートにプロから注目が集まっていた。

高橋広報官は、同校と長年信頼関係を築き、硬式野球部の職場体験やインターンシップなどを受け持った。今回の吉報に接して「生徒たちがたくましく成長する姿を見届けることができて、広報官は素晴らしい仕事です。生業にできる今が幸せです」と話している。

硬式野球部の自衛隊生活体験でロープ橋訓練に挑戦する竹山さん（小幡グラウンドで）

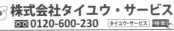

海自への思い胸に 努力積み重ね合格
神奈川

【神奈川】市ヶ尾募集案内所は11月18日、一般曹候補生試験に合格した高校3年生の鈴木暖人さんとご両親に合格通知を手渡した。

鈴木さんは小学生の時、イベントに参加したことをきっかけに自衛隊に興味を持った。一度は高等工科学校を目指したが、海自への思いが強く断念。その後、努力を積み重ね、晴れて海上自衛官となる夢をつかんだ。

担当の江澤雅宏広報官から合格通知を渡された鈴木さんは、「発表まで時間がとても長く感じて、毎日不安でした」とほっとした様子で笑顔を見せた。同席した両親も、内山智仁所長や江澤広報官から自衛隊の任務や隊内生活について説明を受け、「自衛隊は良いところですね」「息子の成長が楽しみです」と語った。

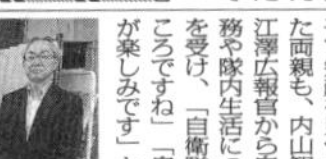
記念写真に納まる（左から）江澤広報官、鈴木さんとその両親（11月18日、市ヶ尾募集案内所で）

ただいま募集中！
◇自衛官候補生◇貸費学生
◇高工校生徒（一般）
★詳細は最寄りの自衛隊地方協力本部へ

平和を、仕事にする。 陸海空自衛官募集

みんなのページ

（世界の切手・フランス）

一生の終わりに残るものは、自分が集めたものではなく、自分が与えたものだ。
渡辺 和子（教育者）

虎マーク部隊集合！ 今年は「寅年」

2022年は寅年。そこで「虎」をシンボルマークとする陸自42即応機動連隊機動戦闘車隊、海自護衛艦「おおなみ」、空自芦屋救難隊の隊員に、それぞれの部隊の紹介と今年の抱負について寄稿してもらった。

「日進月歩」の決意で

3陸曹 小森 四季人（42即機連機動戦闘車隊付隊・北熊本）

令和4年を迎え満24歳となり、人生2回目の年男となることを、心からうれしく思います。

さて、私の部隊、第42即応機動連隊は、平成30年3月27日に即応機動師団化に伴う部隊改編で、有事、災害派遣等において、速やかに任務を完遂できるよう普通科、特科、機甲科、施設科、高射特科等の諸職種が混成された装甲車化部隊として誕生しました。部隊は、今年で発足5周年目を迎え、ますます精強化が進んでいます。

その中でも私が勤務している機動戦闘車隊は、16式機動戦闘車を装備し、第42即応機動連隊の対戦車戦闘における骨幹部隊としてあらゆる任務に対応できるよう日々、訓練にまい進し、機動展開能力、機動的な戦闘能力の向上を図っています。私は、この部隊で勤務していることをとても誇りに思います。

また、機動戦闘車隊のシンボルマークは「虎」であり、まさしく「寅年」の今年は、年男ならぬ年部隊です。そのような機動戦闘車隊で年男を迎えることを大変うれしく思います。

年男として、昨年の自分自身を振り返って考えた今年の新年の抱負は、絶え間なくどんどん進歩することを意味する「日進月歩」です。その理由は、昨年7月に3等陸曹に昇任し、今までは教えられる立場でしたが、これからは教え導くこともできなければならない立場となったことです。

昨年の私は、まだまだ、自身が未熟なために、自身の事で精一杯で、後輩隊員に知識を教えたり指導することがあまりできませんでした。今年はそんな自分を変えるために、目標をしっかり立て、絶え間なく努力をしていこうと思い、この言葉に決めました。

自分を変えるための目標は三つあります。

一つ目は、主となる特技能力の向上です。個々の特技能力は部隊が任務を達成する上で重要ですが、今の私は、まだ隊に十分に貢献できる技能も知識も持っていません。この一年、精一杯技能と知識を高め、指揮官が安心して任務を任せられる存在になりたいと思います。

二つ目は、後輩隊員の育成です。今年は、自信を高め、かつ、自己を律して模範を示し、後輩隊員を育成していきたいと思います。

三つ目は、精神的に強くなることです。今までの私は心が弱く、何事も考え過ぎてしまい、いらぬ心配が行動を起こすことのブレーキとなっていました。やらぬ後悔より、分からないにせよ、一生懸命やった上での後悔の方が自分自身を大きく成長させてくれると思いますので、今年は、後悔を恐れぬ強い精神を持ち、物事に臨みたいと思います。

年男を迎える1月1日が、自分自身が飛躍と成長をする日と決め、「日進月歩」の決意を忘れることなく、三つの目標の達成を追求し、この節目の年に部隊と共に成長できる様に努力したいと思います。

42即機連機動戦闘車隊

「虎の如く」活躍を

3海曹 荒井 宏明（護衛艦「おおなみ」・横須賀）

護衛艦「おおなみ」は「たかなみ」型護衛艦の2番艦として平成15年3月13日に就役したヘリコプター搭載型護衛艦です。様々な情報や多数の武器をコンピューターによって集中管理・管制し、空中、水中からの脅威に対しても迅速に対処することができ、戦闘システムやエンジンシステムの自動化により、省人化が図られた艦艇です。

帝国海軍以来、駆逐艦には、気象・海象に関する名称が艦名に採用されており、「おおなみ」の艦名の由来は、読んで字のごとく「大きな波、高く大きく寄せる波」であり、「自然の脅威を表し、非常に猛々しいもの、威勢のあるもの」のたとえとして命名されています。

また、「おおなみ」の建造が平成10年「寅年」であったこともあり、「猛々しく、強い虎の如くあれ」との願いを込めて、「おおなみ」のシンボルは「虎」となっています。

私は平成25年に入隊し、横須賀で艦艇乗組みの運用員として勤務し、平成29年12月から約4年間「おおなみ」に乗っています。運用員は航泊問わず甲板上での作業や整備作業を担う職種であり、他の職種の者と関わることが多いため、艦艇全体をよく知ることができます。

一度海に出れば航海中の訓練や作業のほか、ワッチと呼ばれる輪番の立直勤務があり、激務ではありますが、それ以外の時間は艦上で行う体育や、各々の好きなことに没頭できる時間もあります。私はギターが趣味なので、艦内の気の合う仲間たちと一緒に楽器の演奏を楽しんでいます。一昨年に、7カ月間の長期任務を経験しましたが、そのときは日本からはるか遠いアフリカの地で「おおなみ」の飛行甲板を使ってライブを行い、それはもう〝暑い夜〟を過ごすことができ、充実した日々を送ることができました。

しかし、艦艇勤務は楽しいことだけではなく、年の半分は訓練や任務で洋上にいることもあります。そのため、家族との時間はあまり取れず、私が不在の間、妻には1歳になった息子の育児を任せきりで苦労をかけています。そんな私に愚痴も言わずにいつも「おかえり」と迎えてくれる妻には特に感謝しています。

最後に、今年の抱負は、いつも仕事で不在にしがちな私を温かく支えてくれる家族を大切にするとともに、艦艇全体をよく知る運用員として「おおなみ」が建造されてから2度目の干支が巡ったこの年に、虎の如く猛々しくその名に恥じぬ活躍ができるように尽力していこうと思います。

護衛艦「おおなみ」

中東のアデン湾で趣味のギターを披露する荒井3曹

人命救助にまい進

2空曹 村松 英明（芦屋救難隊飛行班）

皆様あけましておめでとうございます。私は芦屋救難隊飛行班所属の村松2曹です。自衛隊に入隊して今年で29年目になり、4回目の年男となりました。現在の職種は機上整備員で、UH60J救難救助機に搭乗して自衛隊航空機搭乗員の捜索救助や災害派遣活動を行うことが主な任務となっています。

芦屋救難隊は、九州北部の福岡県遠賀郡芦屋町と岡垣町に位置する芦屋基地に所在しています。部隊創設は昭和36年7月15日で、昨年は60周年を迎えました。部隊創設以来、当該救難区域の専任部隊として、さらに九州・中国地域における救難組織の中核として、今日まで55件の航空救難と279件の災害派遣（令和3年11月22日現在）を整斉かつ確実に遂行してきました。

ここで、その我らが誇る芦屋救難隊のシンボルマークとなる識別章を紹介したいと思います。中央の虎は小倉城天守閣にある「迎え虎」がモチーフとなっており、下の岩山は芦屋町を代表する地物「洞山」です。洞山の上に立つ虎が睨みをきかせ、種々の任務を待ち受け迎え撃ち、さまざまな状況から国民を守ります。また、虎のまわりの波は、第3救難区域の「三」を玄界灘の荒波で表現しています。足元の松の木は、芦屋町から岡垣町の海岸線に広がる松林「三里松原」の松をイメージしています。

私は一昨年病気を患いましたが去年の2月に手術をし、退院後は運動や筋トレに励み、今では体力も回復しました。

私の残りの自衛隊生活も10年を切りました。去年の入院から現在までの経験は、私にとってより一層、人命の尊さを教えてくれた貴重なものとなりました。

今年は芦屋救難隊の一員として、練成訓練に励み、心身ともに入院前にも増して充実させ、残された自衛隊生活を人命救助のために捧げていきたいと考えています。

芦屋救難隊

新刊紹介

「宇宙飛行士 野口聡一の全仕事術」

野口 聡一著

民間初の有人飛行を成功させた新型宇宙船「クルードラゴン」に初めての日本人として搭乗し、3度目の宇宙滞在を成し遂げた著者が、宇宙での数々のミッション遂行の経験談をつづったノンフィクションだ。

国際宇宙ステーション（ISS）と約400キロ離れた地球はいまや快適な通信環境で結ばれており、宇宙飛行士はまさに〝究極のテレワーカー〟といえるだろう。著者は動画サイトに宇宙での様子を配信するなど「ユーチューバー」としても活躍した。

本書では仕事に臨む姿勢や考え方、業務内容などを公開。危険を伴う船外活動での誤解を生まない言葉の伝え方やISSという閉鎖空間で心身の安定を保つためのメソッド、衣食住を共にする仲間とのコミュニケーション方法など宇宙好きにはたまらないエピソードが満載だ。

「物理的に離れていても心理的に孤立しないこと」を意識していたという著者。宇宙滞在で培った長年の知恵はコロナ時代の現在だからこそ、「テレワーク術」や「働き方」など実社会にも大いに役立つだろう。

（世界文化社刊、1540円）

「海自オタがうっかり『中の人』と結婚した件。」

海自オタ魂は永遠に!!編

たいら さおり著

海自好きのオタク女子の著者が、うっかり海上自衛官と結婚してしまったことから起きるさまざまな〝騒動〟をマンガにした抱腹絶倒の人気コミック第5弾。今回の「海自オタ魂は永遠に!!」編をもって同シリーズは完結する。

夫の「やごさん」は艦を降り、横須賀教育隊勤務に。成長たくましい小学生の愛娘「みーちゃん」は水泳で鍛えた上腕筋を遺憾なく発揮して…。

家族の日常会話で飛び交う自衛隊用語や、うっかりしてしまう自衛官的な発想に読者は思わず吹き出してしまうだろう。

巻末には写真をふんだんに盛り込んだ「横須賀ツアー編」が旅行ガイドとして大いに役立つほか、番外編では夫と出会ったきっかけが描かれ、意外な展開が明かされる。

2015年の第1巻発売から6年。あとがきの中で著者は今後、ミリタリー分野などでの取材をベースにしたアクティブな作品にもチャレンジしたいと記し、「また皆さんのお手元にいろんなお話をお届けしていきますので、応援よろしくお願いします」と締めくくっている。

（秀和システム刊、1100円）

朝雲・栃の芽　新春特別俳壇

畠中草史 編（抽出）

元日の基地防人となりにけり　梅田 清風
富士かかげ嶺々くっきりと初景色　牛尾 国生
正座して身ほとりにある淑気かな　亀田多珂子
一穢なき空よりこぼれ初雀　並木 桂子
母に似し眉に墨ひく初鏡　川端 初枝
人柄のあふれてをりし賀状かな　古賀 芳川
初詣祈る子の丈吾にならぶ　早川 貴美
もどかしくほどく目隠しふくわらひ　岩城 節子
包丁を研いで四日の厨事　富岡めぐみ
人日の七味処の量り売り　深沢 矩子
夫婦してひとつの願ひ初薬師　井戸田盛男
どんど火を煽る霧島颪かな　髙木 智念
マドレーヌ焼いて姉妹の小正月　折口 桂子

第1274回出題

詰碁

出題 日本棋院 九段 曲 励起

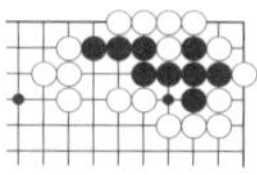

黒先

『活きて下さい。最初の手が大切です』。5分でできれば初級以上です。

▶詰碁、詰将棋の出題は隔週です◀

詰将棋

出題 日本将棋連盟 九段 石田 和雄

▲先手 持駒 桂桂

≫第858回の解答≪

【正解】▲1五桂△1三玉▲2五桂△同角▲2三桂成△同玉▲1二銀不成までの七手詰め。

【解説】▲1五桂は平凡な攻め。続いて▲2五桂から▲2三桂成と巧みに桂を使えば平易な詰み上がり。最後▲1二銀不成まで、香が利いてきての収束ですが自然な手順の流れでした。

あさぐも掲示板

■海自東京音楽隊が第61回定期演奏会

海自東京音楽隊は2月20日（日）、東京都港区のサントリーホールで「第61回定期演奏会」を開く。午後1時開場、2時開演。指揮者は隊長の樋口好雄2佐で、曲目は歌劇「ランメルモールのルチーア」より「あたりは沈黙に閉ざされ」、歌劇「トゥーランドット」より「誰も寝てはならぬ」など。入場無料。申し込みは往復はがきで。1月21日（金）必着。重複応募無効。抽選の上、当選者にはがきが届く。詳細は東音ホームページで。

新田原で基地公開 ブルーが展示飛行

学生らC2体験搭乗も

【熊本地本】「航空祭は中止になったが、代替イベントで入隊予定の若者に空自を実地に知ってもらおう」――。新型コロナの影響で全国の基地航空祭が相次いで中止となる中、新田原基地は12月4、5の両日、司令の尾山正樹将補の「地域とともに」という強い思いのもと、基地公開行事「ウィークエンド新田原」を開催。来場人数を限定することで安全に基地公開を行うなど、新しい形でのイベントを実現した。熊本地本はこの機会をとらえ、入隊予定者を行事に引率し、入隊に向けた意欲向上につなげた。

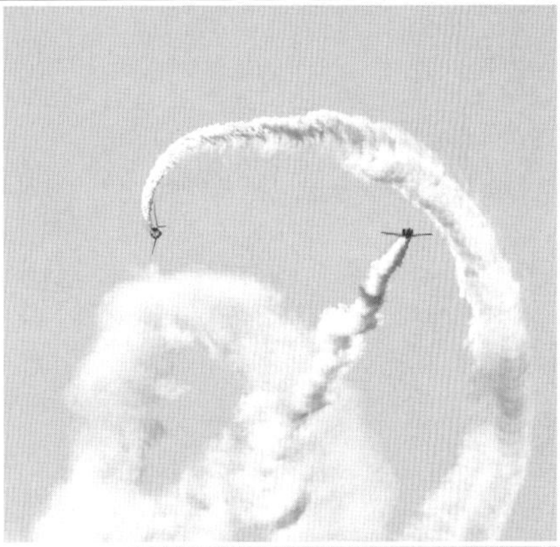

㊤新田原基地を訪れた若者らが見学する中、「コーク・スクリュー」を披露する4空団11飛行隊ブルーインパルス㊦「ウィークエンド新田原」の会場。航空機や消防車が展示され、来場した若者らは空自を実地に見て入隊意欲を高めていた（写真はいずれも12月4日、空自新田原基地で）

熊本地本は「ウィークエンド新田原」初日の4日、今年度の空自採用試験合格者とその保護者らのための基地見学会を行った。

「ウィークエンド新田原」は2019年まで毎年同時期に開かれていた航空祭が新型コロナの影響で今回も中止となったことに伴う代替行事。数万人が訪れる航空祭よりも入場者を大幅に絞り、2日間で入隊志望者や地元住民ら約6000人が参加した。

熊本地本が引率した24人は、F15戦闘機6機による編隊飛行や新田原救難隊のUH60J救難ヘリの地上展示、救難消防車などを見学。雲一つない新田原の上空を久しぶりに飛び回る4空団11飛行隊ブルーインパルス（松島）の展示飛行を堪能し、その正確で高度な飛行技術に感動していた。

午後からは学生ら限定でC2輸送機の体験搭乗が行われ、搭乗者14人はC2の大きさに驚きつつ、ひと時の空中散歩を楽しんだ。

参加者からは「飛行機に携わる職種に就きたい」「みんなに感動を与えられる航空自衛官になりたい」などの感想があり、入隊意欲の向上や入隊前の不安を解消することができた。

福井地本

市中パレードを支援

180人と車両、航空機が参加

【福井地本】地本は11月28日、福井県産業会館駐車場で行われた県防衛協会主催の「陸海空自市中パレード」を支援した。同パレードは3年ぶりの開催で、今回で7回目。

コロナ禍で来場者を約500人に限定して行われたパレードには、鯖江駐屯地をはじめ石川、愛知、滋賀、京都など近隣6府県の陸海空自10個部隊の約180人と車両20両、航空機5機が参加。福井地本はシナリオ作成や参加部隊との調整などを行った。

当日は観閲官として陸自14普連長の根本勉1佐、海自23航空隊司令の小河邦生1佐（当時）、空自飛実団副司令の平岡文雄1佐が参列。立会者として福井県の杉本達治知事も登壇した。

㊤3年ぶりに開催された「陸海空自市中パレード」で行進する14普連の指揮通信車㊦来場者に対し、制服のファッションショーを行う3自衛隊の隊員たち（写真はいずれも11月28日、福井市で）

県内選出の国会議員らが見守る中、舞鶴音楽隊の演奏に合わせ、観閲部隊指揮官を務めた372施設中隊長の坊原尚記2佐以下、14普連（金沢）の徒歩部隊、同連隊、372施設中隊（鯖江）、10後支連輸送隊（春日井）、10戦車大隊（今津）、104直接支援大隊鯖江派遣隊、130地区警務隊鯖江連絡班の計6個の車両部隊が威風堂々と行進。空自飛実団（岐阜）のF15J戦闘機、F2A戦闘機、C1輸送機、陸自中方航3飛行隊（美保）のCH47J輸送ヘリと海自23航空隊（舞鶴）のSH60K哨戒ヘリが2回にわたって会場上空を飛行し、客席から大きな拍手が送られた。

パレード終了後は、舞音の演奏会と3自制服のファッションショー、午後からは装備品が展示され、来場者たちは自衛隊の魅力を満喫した。

美瑛町で断水 70人が給水災派

訪れた地元住民（左端）に対し、給水支援を行う14施設群の隊員（12月21日、北海道美瑛町で）

北海道美瑛町の市街地地区（約3500世帯）で12月21日早朝、水道管の漏水が発生し、復旧作業に伴う断水が行われたことから、14施設群（上富良野）を基幹とする災害派遣部隊が給水支援活動に当たった。

同日午前10時、北海道の鈴木直道知事が2師団長の冨樫勇一陸将に災害派遣を要請。これを受けて14施設群を基幹とする災派部隊が現場に急行し、美瑛高校やどんぐり保育園をはじめとする町内10カ所で給水支援活動を開始した。

同日午後7時、復旧作業の進展に伴い、その後の措置が自治体で対応可能になったことから、北海道知事からの撤収要請を受け、活動を終えた。

活動規模は人員延べ約70人、1トン水トレーラー18両、3トン半水タンク車4両。給水実績は約2・2トンだった。

吉田空幕広報室長

家族会員に講話

男女共同参画を推進

【鳥取地本】地本は12月11日、空幕広報室長の吉田ゆかり1佐を招いて行われた鳥取県自衛隊家族会主催の防衛講話を支援した。

講話は「航空自衛隊にも必要なジェンダー視点と多様性～これまでの経験から」と題し、1時間にわたって行われ、家族会員ら約80人が聴講した。

吉田1佐は防大女性1期生として入隊。育児と勤務を両立し、男女共同参画の担当や東日本大震災直後に女性初の管制隊長などを務めた経験をもとに、空自に必要な「多様な視点」について語った。

特に「女性活躍推進」ではなく「男女共同参画」という名にこだわりを見せた吉田室長。男女がともに働きがいをもてる職場作りと性別にとらわれないワークライフバランスの実現を進めていく中で、「時代が変わってきた」とその実感を述べた。

さらに広報室長として、コロナ対応中の医療従事者への敬意を示すブルーインパルスの感謝飛行を短期間で企画したことや、国家的行事に関わったことなど、ユーモアを交えながら講話した。

聴講した鳥取地本広報班長の田之倉史弥1空尉は「吉田室長は講演後、ただちに松島基地へ向けて出発されるなど、やりがいを持って職務に従事する姿を体現されている。聴講者一同大いに励みになった」と語った。

約80人を前に、空自に必要な「多様な視点」について語る吉田空幕広報室長（壇上）＝12月11日

こちら警務隊

サイバー犯罪

SNSで他人を誹謗中傷したら侮辱罪または名誉棄損罪に該当

SNSで他人を誹謗中傷したら、どんな罪になりますか？

SNSでの誹謗中傷が「〇〇はバカ」など抽象的な内容の場合、侮辱罪に該当し、拘留または科料に処せられます。

また、内容が真実か否かにかかわらず、「〇〇は上司と不倫している」など人の社会的評価を低下させる具体的な内容の場合、名誉棄損罪に該当し、3年以下の懲役もしくは禁錮または50万円以下の罰金に処せられます。

近年、ネットでの誹謗中傷を苦に命を絶つなど被害が深刻化しています。

このような罪を犯せば、刑事罰や懲戒処分を受け、慰謝料も求められますので絶対にやめましょう。

（東北方面警務隊）

FTC

永年勤続表彰でカップ麺

富士山をバックに記念写真に納まるカップ麺を手にした永年勤続表彰の隊員たち

【FTC＝北富士】部隊訓練評価隊（FTC）はこのほど、北富士、滝ケ原の両駐屯地に勤務するFTC隊員16人の永年勤続表彰伝達式を行った。隊長の近藤力也1佐が防衛記念章とともに、カップ麺の「赤いきつね」と「緑のたぬき」を「副賞」として手渡した。

防衛記念章は赤（勤続10年）と緑（同25年）の色から、同名のカップ麺に例えられる。近藤隊長は訓示でこのことに触れ「誰でも貰えるもののように思われがちだが、とんでもない。25年の歴史は重い」と意義を強調。重みを実感してもらうために、「あえて軽いカップ麺を用意」した。

勤続25年で表彰された評価支援隊1中隊の柴田英貴1曹は、「気が付けば25年。対抗部隊でも12年が経った。これからもFTCの機械化中隊をさらに強い〝元立ち〟として鍛えていきたい」と任務への強い決意を語った。

小休止

▽…北千歳駐屯地は12月14日、恒例の年末行事を開催した。日ごろの各協力団体の支援に感謝の意を伝えるもので、千歳地方防衛協会会長の山口幸太郎千歳市長ら7人を来賓として招いた。

▽…会場では、来賓や隊員による餅の〝揃いつき〟が行われた。「せーの、よいしょっ」の掛け声に合わせ、牧野雄三駐屯地司令や山口市長らが杵を振った。つきたての餅は、隊員の手で各部隊に飾る鏡餅に作製された。

▽…また、伝統の駐屯地木工クラブによる「干支の羽子板」を山口市長＝写真左＝に贈呈。最後に、宮古慶法最先任上級曹長の音頭で一本締めし、全員で新たな年の飛躍を誓った。（北千歳）

日本生命
NISSAY
ふところが、寒いんです。
退院しても、
ピンチはつづく？
14日以上20日未満の入院を
された方にお伺いしたところ・・・
約6割の方が入院前
よりも収入が減少
※傷病手当金等の公的保障については、考慮しておりません。出典：ニッセイ基礎研究所「2020年度長期入院経験者に関する調査」より計算
入院前後での収入の変化
収入が減った
62.6%
2週間以上入院が
継続した場合の収入
減少に備える保険。
ニッセイ みらいのカタチ
収NEW1
シュウニューワン
入院継続時収入サポート保険
当資料に記載のデータについては、あくまでも出典元からの引用によるものであり、当社の保険商品の支払事由とは異なります。
ご検討にあたっては、「契約概要」「注意喚起情報」「ご契約のしおり－定款・約款」を必ずご確認ください。
(登) 日本21-2600,21/7/2,業務部

朝雲

発行所 朝雲新聞社
〒160-0002 東京都新宿区四谷坂町12－20 KKビル
電話 03(3225)3841
FAX 03(3225)3831
振替00190-4-17600番
定価一部150円、年間購読料9170円（税・送料込み）

主な記事

対極超音速弾で共同研究

日米2プラス2 同盟の役割を前進

日米両政府は1月7日、外務・防衛担当閣僚による日米安全保障協議委員会（2プラス2）をテレビ会議形式で開き、日米が一体となって新たな安全保障上の課題に対応するため、同盟の役割・任務・能力を継続的に前進させることで一致した。協議後に発表された共同文書で、日本は「敵基地攻撃能力」を念頭に「ミサイルの脅威に対抗するための能力を含め、国家の防衛に必要なあらゆる選択肢を検討する決意」を表明。中国や北朝鮮などが開発を進める「極超音速ミサイル」などの最先端技術に対抗するための将来の協力に焦点を当てた共同分析を実施することなども盛り込み、両政府は最新技術の共同研究を円滑に行うための合意文書に署名した。

能力強化めざす文書発表

オースティン米国防長官　ブリンケン米国務長官

テレビ会議形式で日米2プラス2の協議に臨む（右から）岸防衛相、林外相（1月7日、東京都千代田区の外務省で）＝防衛省提供

日米2プラス2は昨年3月に東京で開催して以来で、岸田内閣では初めて。日本から林芳正外相、岸信夫防衛相、米側からアントニー・ブリンケン国務長官、ロイド・オースティン国防長官が出席し、7日午前7時半（日本時間）から約1時間半行われた。

共同文書で4氏は「同盟を絶えず現代化し、共同の能力を強化する決意」を表明。日本も「防衛力を抜本的に強化する決意」を示し、米側はこれを歓迎した。

共同研究を円滑に行うための合意文書は日米間の相互防衛援助協定に基づくもので、両国間の共同研究、共同開発、共同生産などの案件一般に共通する諸条件を規定する枠組みを設け、一連のプロセスの合理化を図る狙いがある。

近年、各国がゲームチェンジャーとなり得る最先端技術を活用した兵器の開発に注力する中、今回の合意は、我が国の防衛能力の効率的な強化と日米同盟の技術的優位性の確保に資すると期待されている。

このほか、共同文書では陸海空の従来領域やミサイル防衛をはじめ、宇宙、サイバー、電磁波領域とその他の領域を統合した「領域横断的な能力の強化」の重要性を強調。人工知能（AI）、機械学習、指向性エネルギー、量子計算を含む重要な新興分野でイノベーション（革新）を加速し、日米が技術的優位性を確保するための共同投資を追求することを確認した。

合わせて、調達の合理化と防衛分野におけるサプライチェーン（部品供給網）の強化に向けた協力についても申し合わせた。

宇宙分野では「低軌道衛星コンステレーション」についての議論の継続を含め、宇宙状況把握や相互運用性、宇宙における深刻な脅威への共同対処に関する協力を深化させていくことで一致した。

北朝鮮情勢をめぐっては、核・ミサイル開発の進展に「強い懸念」を表明。国連安保理決議の下での義務に従うことを求めた。

南シナ海情勢については中国を名指しし、「不法な海洋権益に関する主張、軍事化、威圧的な活動への強い反対」を改めて表明。東シナ海についても「地域の平和と安定をさらに損なう中国の活動に懸念を表明する」と記し、沖縄県の尖閣諸島が米国の対日防衛義務を定めた日米安全保障条約第5条の適用対象であることを再確認した。

さらに、日本の南西諸島をはじめ、地域における自衛隊の態勢強化の取り組みを含め、日米の施設の共同使用を増加させる方針も確認。「台湾海峡の平和と安定の重要性を強調し、両岸問題の平和的解決を促す」ことも明記した。

両政府は協議後、2022年～26年度の在日米軍駐留経費の日本側負担「同盟強靭化予算」（思いやり予算）に関する新たな特別協定に署名した。

「強固な連帯示す」 岸防衛相

岸大臣は同日午前の協議後の記者会見で「日米同盟の不断の強化は待ったなしの課題だ。日米の外交・防衛の責任者たる4閣僚が活発に議論を交わし、日米の強固な連帯を対外的に示すとともに、今後の日米同盟の進むべき方向について認識を共有できたことは、大変意義深いことだ」と成果を強調した。

在日米軍駐留経費、年2110億円

新呼称は「同盟強靭化予算」

岸防衛相は12月21日、省内で臨時記者会見し、2022年～26年度の在日米軍駐留経費の日本側負担に関する新たな特別協定等の内容について、年平均で約2110億円とすることなど、日米間で実質合意に至ったことを発表した。従来の「思いやり予算」の通称は今後、「同盟強靭化予算」とすることも明言した。

岸大臣は「より実戦的な訓練の実施と、施設の即応性・抗たん性強化に重点投資する一方、光熱水料についての日本側負担を大きく削減した」と説明。「日米両国が厳しい安全保障環境に肩を並べて立ち向かい、日米同盟をより強靭なものとしていく決意を示すことができた」と強調した。

日本側が労務費を負担する労働者数は2万3178人。光熱水料等は22と23年度は234億円、24年度は151億円、25と26年度は133億円。5年間の提供施設整備費は総額1641億円。

今回新たに設けられた「訓練資機材調達費」は、在日米軍の即応性の確保のみならず、自衛隊の能力強化にも資する施設・区域内に設置される訓練資機材の調達に関連する経費を負担するもので、5年間の日本側負担として総額200億円を計上。各年度の訓練移転費は21年度の予算額（約114億円）と同水準とし、アラスカも航空機訓練移転先の対象となる。

岸大臣は「安全保障環境が一層厳しさを増す中、在日米軍の存在はこれまで以上に重要となっており、日米同盟の抑止力と対処力を高めることは喫緊の課題だ」と述べた。

KC46Aが鳥取沖を年始飛行

年始飛行で新春の空へ離陸する空自3輸空405飛行隊のKC46A空中給油・輸送機（1月6日、美保基地で）

空自第3輸送航空隊第405飛行隊（美保）に昨年10月、初配備された最新鋭の米国製KC46A空中給油・輸送機611号機（日本向け初号機）が1月6日、新年を迎えて初のフライトを行った。

快晴の下、611号機には405飛行隊の秋吉慎也3佐以下約5人が搭乗。午前11時に美保基地を離陸し、鳥取県沖の訓練空域で各種試験を行いながら約6時間飛行し、帰投した。

これに先立ち、同機は12月6日から空自機としての各種飛行試験をスタート。今後、同隊には今年3月までに2号機も到着し、令和5年度にも2機、さらに6年度以降に残りの2機が納入され、6機体制となる予定だ。

KC46Aは空自が運用するKC767と同じB767型機を母体としているが、搭載燃料が約1.4倍、航続性能が約1.3倍に増えるなど、性能が大幅に向上している。

「防衛力強化加速会議」2回開催

岸防衛相を長とする「防衛力強化加速会議」の第3回会合が「国際情勢等について」をテーマに12月15日、第4回会合が「令和4年度予算と国際情勢について」をテーマに12月24日、相次いで省内で開かれた。

北朝鮮 弾道ミサイル相次ぎ発射

EEZ域外に落下と推定

防衛省は1月5日、北朝鮮が同日午前8時7分頃、内陸部から1発の弾道ミサイルを東方向に発射したと発表した。航空機や船舶を含め、日本への被害は確認されていない。

岸防衛相は翌6日、省内で臨時記者会見し、同日朝に北朝鮮メディアが「極超音速ミサイルの試験発射を行った」と報じたことに関し、「詳細は分析中」とした上で「これまで北朝鮮により発射されたことのない新型弾道ミサイル」との見解を明らかにした。

会見で岸大臣は「通常の弾道ミサイルよりも低い最高高度約50キロ程度で飛翔したものとみられる」と述べ、「飛翔距離は通常の弾道軌道だとすれば約500キロであったものと推定され、我が国の排他的経済水域（EEZ）外に落下したものとみられる」と説明した。

その後、1月11日午前7時25分頃にも北朝鮮が内陸部から弾道ミサイルの可能性があるものを少なくとも1発、東方向に発射したと防衛省が発表した。日本への被害はなく、我が国のEEZ外に落下したと推定される。

岸大臣は翌12日に省内で臨時記者会見し、前日のミサイルが1発だったことを公表するとともに、「通常の弾道ミサイルよりも低い最高高度約50キロを最大速度約マッハ10で飛翔し、左（北）方向への水平機動を含め、変則的な軌道で飛翔した可能性がある」と指摘。当初、「通常の弾道軌道であれば約700キロ未満としていた飛翔距離はこれ以上に及ぶ可能性がある」との見方を示した。

岸大臣は「一連の北朝鮮による行動は、我が国と地域の平和と安全を脅かすものであり、国際社会全体にとっての深刻な課題だ」と強く非難した。

大規模接種 再開へ

コロナ 沖縄で看護官災派

防衛省

岸田首相は1月11日朝の記者会見で、新型コロナウイルスの感染急拡大を受け、自衛隊による大規模接種センターを再設置する考えを表明した。

これを踏まえ、岸防衛相は同日午前の記者会見で「先ほど省内関係幹部を招集し、主要な準備を速やかに開始するよう指示した。自治体や関係省庁と緊密に連携しつつ、新型コロナ感染症の拡大防止に取り組んでいく」と述べた。今後は開設場所や期間などの詳細について検討を急ぐ。

さらに、同日午前10時13分には、沖縄県の玉城デニー知事から陸自15旅団長の井土川一友将補（那覇）に対し、新型コロナの医療支援に係る災害派遣要請があったとして、看護官と准看護師の計10人（後方支援要員を除く）を県内2カ所の病院に派遣したことを明らかにした。

派遣先は沖縄県立北部病院と同中部病院で、1月17日までの予定で患者の▽健康管理▽医療支援▽介助業務――を実施する。

「防衛協力覚書」初署名向け調整

日ブルネイ防衛相

岸防衛相は12月28日、ブルネイのハルビ第2国防相と約35分間のテレビ会談を行い、両国間で初となる「防衛協力・交流覚書」の早期署名に向けて調整を加速させることで一致した。

合わせて、ハイレベルを含む各種交流、寄港、共同訓練などを通じて引き続き関係を強化していくことでも合意した。

岸大臣は、ブルネイを中心にASEAN（東南アジア諸国連合）が運用する「ASEAN・ダイレクト・コミュニケーションズ・インフラストラクチャー（ADI）」への我が国の加入を表明。日本として今後はADIを積極的に活用し、ASEANとの間でより緊密なコミュニケーションを図りつつ、共に地域の平和と安定に積極的に貢献していく考えを伝えた。これに対し、ハルビ大臣は歓迎の意を示した。

岸大臣は、2021年のASEAN議長国を務めたブルネイのリーダーシップと各種貢献を改めて高く評価。両氏は今年11月に予定されている「拡大ASEAN防衛相会議（ADMMプラス）」に向け、引き続き緊密に連携していくことを申し合わせた。

海賊対処部隊が情報収集を兼務

中東地域で

政府は12月24日の閣議と国家安全保障会議で、中東地域における自衛隊の情報収集活動の期間を今年11月19日まで約1年間延長するとともに、ソマリア沖・アデン湾の海賊対処部隊に情報収集活動の任務を併せて付与することを決定した。

（2面に関連記事）

これを受け、今後は護衛艦1隻と固定翼哨戒機2機が海賊対処行動と情報収集活動を兼務する。

岸防衛相は12月24日の記者会見で「中東地域では日本関係船舶の防護を直ちに要する状況にはないものの、高い緊張状態が継続していることから、日本関係船舶の安全確保のための取り組みが必要だ」と述べ、引き続き情報収集活動に万全を期す考えを示した。

春夏秋冬

「やらない」と「やれない」

河野 克俊

米国のジョンズ・ホプキンス大学のブラウンズ教授とタフツ大学のベックリー准教授が「ピークパワーの罠」という仮説を発表したそうである。それは「急成長した新興大国は覇権国家となる野心を膨らませるが、やがて経済が停滞して成長が鈍化する。そうなると新興大国は差し迫った危機感から、手遅れになる前に現状を打破しようと大胆な行動に出る」というものである。

戦前の日本も、ある意味この「ピークパワーの罠」に陥ったのかも知れない。現代に当てはめれば中国がまさにそれであり、現状打破の最たるものが台湾統一であろう。台湾を統一すれば、名実ともに国共内戦を終結させたことになり、習近平は毛沢東をも超える存在になる。そうなれば、「終身総書記」への就任、また毛沢東の肩書だった「共産党主席」の復活もあり得る。

デビッドソン前米インド太平洋軍司令官は昨年3月、「6年以内に台湾への脅威は明確化するであろう」と指摘した。これは今年秋の中国共産党大会で、習近平の3期目の総書記が認められれば、その任期が終了するのが2027年であり、その間の台湾海峡を巡る情勢への注意喚起を促したものである。

一方、日本の専門家の中には「これほどリスクが高い台湾侵攻を、慎重な中国が実行するはずがない」という分析も結構あり、これはややもすると、「したがって、日本の防衛力強化は必要ない」という結論に至る。しかし、この見方は視点が根本的に間違っているように思う。

中国にとって、台湾統一は建国以来の最大テーマであり、事実、習近平は中国共産党創建百周年記念式典で「台湾問題を解決し、祖国の完全な統一を実現することは共産党の歴史的任務だ」と宣言している。また、党創建百年を総括する「歴史決議」の中でも「台湾問題を解決し、祖国を完全統一することは、我が党の変えることのできない歴史的任務だ」と明記した。

つまり、中国にとって台湾統一は「やる」「やらない」の二者択一問題ではなく、条件が整えば、必ず「やる」問題として捉えるべきだ。

しかし、中国にとって「やれない」ということはあり得る。我が国としては、米国と協力し、この「やれない」状況を創り出さなければならないのである。

（前統合幕僚長、元海将）

朝雲寸言

年の初めに注目するのは、米国の調査会社が発表する世界の十大リスクである。今年1位になったのは「ゼロコロナ政策の失敗」、中国のゼロコロナ政策が失敗し世界の混乱が一層拡大すると見ていることだ▼2位は「巨大IT企業の影響が強まる世界」、3位に「米国中間選挙」と続く。安全保障で注目するのは4位の「中国の内政」であろう。そして5位の「ロシア」。独裁色を強める習近平体制の対外政策とウクライナ情勢を巡るプーチン大統領の次の一手によって世界は極めて危険な状態になると予想している▼6位に核開発を強硬に押し進める「イラン」、7位に「脱炭素政策とエネルギー政策の衝突」、8位に「世界の力の空白地帯」、9位に「価値観の衝突に敗れる多国籍企業」、そして10位に昨年に続いて「トルコ」を挙げている。総じてみれば世界の分断と対立がより危険な状態へと変化していることはほぼ間違いないようだ▼我が国はどうか。新年は北日本・日本海側の豪雪で幕を明けた。落ち着きを見せていた新型コロナ感染症は6度目の拡大の兆しを見せている。高齢者に対する3回目のワクチン接種が進み、治療薬の目途も立った▼予測は不可能だが大規模自然災害の発生も無視できないリスクである。パンデミックや自然災害による被害と混乱は「力の空白」を生みやすい▼忍耐と規律は日本国民が持つ最大の強みである。今少しの辛抱が必要だ。回復の春はまだ遠い。

時の焦点

国内　日米2プラス2

時代に即した同盟の姿

日米両国は、地域の平和と安定に大きな責任を有する。変化する安全保障環境に対し、常に的確に対処していくことが極めて重要だ。

日米の外務・防衛閣僚による日米安全保障協議委員会（2プラス2）が開かれた。岸田政権としては初めてである。

新型コロナウイルスの感染が世界で広がる中、オンライン形式であっても熱心に対話に臨んだのは、日米同盟の意義を双方が強く認識していることの表れだろう。

この成果を土台に、両国の連携を一層強化していかねばならない。

協議後の共同発表では、4閣僚が「同盟を絶えず現代化し、共同の能力を強化する決意」を表明した、と強調した。

インド太平洋の軍事バランスは近年、中国の軍事力増強によって大きく変化し、北朝鮮は挑発を繰り返している。

とりわけ、極超音速兵器や、変則的な軌道で飛ぶ新型ミサイルは、現在のミサイル防衛体制で迎撃することは難しい。

こうした現状を踏まえれば、岸防衛相が今回の協議で、「日本自身の防衛力を速やかに、抜本的に強化する必要がある」と表明したのは時宜にかなっている。

岸防衛相はそのうえで、「ミサイルの脅威に対抗する能力も含めて、あらゆる選択肢を排除することなく検討する」という考えを示した。

自衛のために敵のミサイル発射基地などをたたく敵基地攻撃能力の保有も否定することなく、最善の方策を考えるという決意の表明だろう。

岸田首相は、国家安全保障戦略をはじめ、安保・防衛に関する重要な戦略文書を年末までに改定する方針だ。

各国のミサイル技術の進化は著しい。その中にあって、国民の安全を確保するためにどのような戦略を描くのか、政府の責任は重い。

日米はこれまで、「自衛隊は盾、米軍は矛」という形で役割を分担してきた。今後は、米軍の打撃力を日本が補完する必要性が高まろう。それによって、他国が日本への攻撃を思いとどまることにもつながる。

日本と各国との連携強化は、これにとどまらない。

岸田首相は、オーストラリアのモリソン首相とオンラインで会談し、自衛隊と豪州軍の協力に関する円滑化協定に署名した。日豪の協力は、一段高いレベルを迎えることになる。

今年は、米英豪が安保について連携する「AUKUS（オーカス）」、日米豪印がより幅広い分野で協調する「Quad（クアッド）」など、民主主義各国の協力が進む1年となろう。

くしくも、日中の国交正常化から50年の節目を迎える年でもある。

日本の防衛力強化は、中国と対決するためではない。抑止力を高めて不測の事態を避け、自由で開放的な国際秩序と共存するよう、中国を導いていくことが日本の役割である。

宮原 三郎（政治評論家）

海外　中露イラン

米の存在感薄れ好機に

世界のどこかで「自由・民主主義」が危機に瀕すると、速やかに救援に動くのが米国の国柄だった。しかし、政権交代後1年足らずで、「船長不在の漂流船」のような姿になった。

今や誰も恐れず、敬意も表さない。中国、ロシア、イランが2022年、この機に乗じて本格攻勢を企む（たくら）ほぼ確実な予感がする所以だ。

中国の台湾への圧力が続く中、米政権の対応を暗示する最新例が先のオンライン形式の民主主義サミット。

台湾代表のプレゼンテーションの映像上、台湾と中国の地図が異なる色で区別されていたため、ホワイトハウスが映像削除を指示。中国は冬季五輪後、フリーハンドになるのに、台湾は"及び腰"の米に何を期待できるだろう。

また、「ウォール・ストリート・ジャーナル」紙（21年12月5日）によれば、中国は赤道ギニアに海軍基地を建設する計画で交渉中。成約すれば、大西洋沿岸に中国初の常設基地となり、パナマ運河を支配下に置いたのに続き、中国は今度は大西洋も支配していく。

ロシアはウクライナ国境に部隊約20万人を集結し、いつでも侵攻可能な態勢を維持している。プーチン大統領は本気だろう。プーチン政権の情報網は、オバマ米政権で副大統領だった人物を知り抜いているから、何も怖くない。

オバマ政権時代の14年、プーチン氏のロシアはウクライナに侵攻し、クリミア半島を奪取した。米政権の対応は？ ウクライナにパックに詰めた食料と温かい毛布を送っただけだった。「本気度」がまるで違うのだ。

米政権は21年の発足直後、カナダ西部から米中西部まで原油を運ぶパイプライン計画「キーストーンXL」の建設許可を取り消した。その結果、一時は原油輸出国だった米国が再び、海外に依存する事態を迎えている。

欧州諸国も原油などをロシアに依存する度合いを深めざるを得ず、ウクライナに対する支援策を検討する際も、ロシアへの"配慮"が必須になる。プーチン・ロシアが欧州を支配していく。

中東に目を向ける。米国の弱さをそのまま反映するように、時に、イランが米の中東政策を決めているようにさえ見える。

米現政権は、オバマ政権がイランとの間で締結したいわゆる「核合意」からトランプ前政権は「無礼にも」脱退したと謝罪し、イランにこの謝罪を受け入れるよう懇請。引き換えに、核兵器保有につながる同国の道筋を認める計画だ。イランが中東を支配していく。

オースティン米国防長官は21年12月、インタビューで、台湾とウクライナの情勢に関し、米国が中国とロシアの出方に「レッドライン（越えてはならない一線）」を設定することを明確に否定した。

米国の指導力は存在しない。敵対勢力は容易に自分が選ぶ対象に攻勢をかけられる。22年はそういう世界になる。

草野 徹（外交評論家）

UNTPP要員が出国報告

陸幕長「大いに期待している」

アフリカのケニアに向けての出国報告後、吉田陸幕長（右）と懇談する野上2佐（奥右）以下のUNTPP派遣要員（12月24日、陸幕長応接室で）

国連の「三角パートナーシップ・プロジェクト」（UNTPP）の一環として、アフリカ東部のケニアで行われる重機操作訓練に派遣される陸自教官要員のうち、教官団長の野上晃弘2佐（6施設群所属）以下5人が12月24日、防衛省を訪れ、吉田陸幕長に出国報告を行った。

UNTPPは、国連と支援提供国、要員派遣国の3者が連携する国連のプロジェクト。野上2佐以下20人は1月19日から約2カ月間、ケニアに派遣され、同国の工兵要員ら国連の平和維持活動（PKO）に参加する工兵の教育に当たる。

出国報告後の懇談で、吉田陸幕長は「現地では任務に誇りを持ち、君たちの技術を余すところなく伝えて、被教育者との信頼関係を築くこと。基本・基礎を徹底して安全を第一に、全員が団長を核心としてワン・チームで頑張ってもらいたい。大いに期待している」と激励した。

自衛隊は平成27年以降、試行を含めアフリカやアジアで計12回の同プロジェクトに参加し、230人の陸自隊員を派遣、外国の工兵要員333人に対し、重機操作などの訓練を実施している。

UNMISS第13次司令部要員

陸幕長に出国報告

国連南スーダン共和国ミッション（UNMISS）に第13次司令部要員として派遣される田原快1陸尉と森克仁1陸尉（いずれも陸上総隊所属）が12月23日、吉田陸幕長に出国報告を行った。

2人は1月に出国後、南スーダンの首都ジュバの国連トンピン地区で約1年間任務に当たる。田原1尉は兵站幕僚としてUNMISS歩兵部隊などの兵站支援を、森1尉は航空運用幕僚として飛行場の管理などを行う。

出国報告で吉田陸幕長は2人を激励し、「信頼を得ること」「国際感覚・戦略的視野を磨くこと」「自身を律して安全を確保すること」の3点を要望した。

防衛省では2017年5月に陸自施設部隊の南スーダンPKO活動を終えた後も、UNMISS司令部への陸自隊員4人（兵站、情報、施設、航空運用の各幕僚）の派遣を継続。4人は2人1組で出発時期をずらして出国し、それぞれ約1年間の任務に就いている。

IMED21部隊 ブルネイと訓練

南シナ海で

インド太平洋・中東方面を長期巡航中の海自派遣掃海部隊（IMED21、指揮官・野口泰志1佐＝1掃海隊司令）の掃海母艦「うらが」と掃海艦「ひらど」は12月27日、ブルネイ海軍の哨戒艦と南シナ海で親善訓練を実施した。

訓練に先立ちIMED21部隊は同日、最初の寄港地となった同国のムアラに入港。燃料や生鮮食料品の補給を行った。

この後、ムアラ周辺海域でブルネイ海軍の哨戒艦「ダルエーサン」と戦術運動などの各種訓練を行い、相互理解の増進と防衛協力関係の強化を図った。

海賊対処任務で「さみだれ」出港

新たに情報収集活動も

ソマリア沖・アデン湾での海賊対処任務の交代のため、1月9日、水上部隊41次隊の海自護衛艦「さみだれ」が呉を出港した。41次隊からは新たに中東海域での情報収集活動も兼務する。（1面参照）

41次隊は4護衛隊司令の高橋秀彰1佐を指揮官に、「さみだれ」艦長の田村真禎2佐以下乗員約210人で編成。同艦には海上保安官8人も乗り組む。

同水上部隊の指揮官はこれまで、1次隊から32次隊までは護衛隊司令が務め、33次隊以後は艦長が担ってきた。41次隊から海賊行為の警戒監視活動と第151連合任務部隊（CTF151）に参加しての特定海域を監視する「ゾーンディフェンス」に加え、オマーン湾、アラビア海北部などでの情報収集活動も兼務することから、指揮官は護衛隊司令が務める。

「さみだれ」は同11日、乗員1人に新型コロナ陽性が確認されたため呉に帰港。岸壁に停留し、残る乗員の健康観察を経た後、アデン湾に向け出発する。現地到着後、情報収集活動水上部隊6次隊（指揮官・濱崎真吾1佐＝3護衛隊司令）の護衛艦「ふゆづき」（艦長・大瀬光一郎2佐）から任務を引き継ぎ、その後、アデン湾で海賊対処水上部隊40次隊の護衛艦「ゆうだち」（指揮官＝艦長・涌嶋英孝2佐）と交代する予定。

日米で島嶼作戦 相互連携を演練

陸自「アイアン・フィスト22」

陸自は1月10日から米カリフォルニア州のキャンプ・ペンデルトンやサンディエゴ海軍基地、同周辺海空域などで米海兵隊との日米共同実動訓練「アイアン・フィスト22」を開始した。2月16日まで。

陸自は陸上総隊司令官の前田忠男陸将が担任官を務め、水陸機動団長の梨木信吾陸将補が訓練部隊長を担当。2水機連、戦闘上陸大隊、特科大隊などから約190人が参加している。米側は第15海兵機動展開隊、第3海兵航空団などから兵士約1170人が加わった。

訓練は、日米共同で島嶼奪回に向けた一連の水陸両用作戦を行うほか、ドローン「スカイレンジャー」で収集した情報に基づく統合火力誘導なども実施する。

パイロットの確認不足が原因

F2風防落下事故

昨年10月、対領空侵犯措置任務のため緊急発進し、僚機と共に福岡県朝倉市の山間部上空を飛行していたF2戦闘機533号機（8空団6飛行隊＝築城）から、操縦席を覆う「キャノピー（風防）」が落下した事故で、空幕は12月21日、事故調査結果を発表した。

それによると、事故の主因は「パイロットがキャノピーのロックの状態を確認せず、ロックされていないまま離陸した」と指摘。機体の上昇に伴い、コックピット内と外気の圧力差が徐々に増大したことで、キャノピーが事故機から分離・落下したと推定している。

さらに副因として、パイロットが対領空侵犯措置など実任務に近い環境での訓練経験が不足したことを挙げた。

空幕は再発防止策として、①基本手順の重要性を再認識させる教育②実際の任務により近い環境での訓練――を行うとしている。

井筒空幕長は調査結果を受け、「空自は事の重大さを真摯（しんし）に受け止め、再発防止に努めていく。この事故調査結果と再発防止策については、速やかに関係部隊に通知し、パイロットを教育していく」とコメントした。

中国空母「遼寧」戦闘機が発着艦

太平洋上で

中国海軍の空母「遼寧」から艦首のスキージャンプを使い発進する艦載のJ15戦闘機（12月19日、西太平洋で）＝統幕提供

東シナ海から沖縄本島と宮古島間の宮古海峡を通過し、太平洋に進出していた中国海軍の空母「遼寧」など艦艇計5隻が12月25日午前0時ごろ、宮古海峡を北西進し、東シナ海に戻った。海自1護隊（横須賀）のヘリ搭載護衛艦「いずも」が確認した。

「遼寧」艦隊は同16日、宮古海峡を南下して太平洋に進出。19、20の両日には、沖縄本島東方の大東諸島周辺海域で、「遼寧」から発着艦する艦載のJ15戦闘機とZ18ヘリを、警戒監視を続けていた「いずも」が確認し、空自戦闘機が緊急発進して対応した。

一方、これに先立つ12月14日午前8時ごろ、中国海軍の「ルーヤンⅢ」級ミサイル駆逐艦1隻（満載排水量約7500トン、艦番号154「厦門」）が沖縄・宮古島の北方約220キロの東シナ海を南東に向け航行。この後、宮古海峡を南東進して太平洋に進出し、「遼寧」艦隊と合流した。

露海軍の艦隊が対馬海峡を南下

12月15日午後11時ごろ、ロシア海軍の「ウダロイⅠ」級駆逐艦1隻（満載排水量約8600トン、艦番号548「アドミラル・パンテレーエフ」）が長崎・男女群島の北西約80キロの東シナ海を北東に向け航行するのを海自1空群（鹿屋）のP1哨戒機、2掃海隊（佐世保）の掃海艇「たかしま」が確認し、警戒監視を行った。

露艦は11月18日に長崎・対馬北方海域で確認された日本海から東シナ海に向けて航行した艦と同一で、その後、対馬海峡東水道を東進して日本海に戻った。

また、同29日午後3時ごろには、「スラバ」級ミサイル巡洋艦（約1万1600トン、011「ワリヤーグ」）、駆逐艦、補給艦の露海軍艦艇計3隻が対馬の北北東約430キロの日本海を南西に向け航行。この後、対馬海峡東水道を南下して東シナ海に入った。

海自4空群（厚木）、1空群のP1、3ミサイル艇隊（佐世保）のミサイル艇「しらたか」、2護隊（同）の護衛艦「あさひ」が情報収集活動などに当たった。

1月定期昇任人事

防衛省発令

▽1陸佐に昇任
（西部方面総監部）2陸佐 阿比留孝徳
（教育訓練研究本部）同 伊藤 聡
（水陸機動教育隊）同 伊藤 智之
（中部方面総監部）同 及川 隆顕
（防衛医大）同 亀田 光二
（2施設団本部）同 川野 敏生
（装備実験隊）同 神原 公仁
（1後方支援連隊）同 橋田 英
（陸幕）同 清田 裕幸
（7師団司令部）同 工藤健太郎
（教育訓練研究本部）同 久保 淳平
（陸上総隊司令部）同 近藤 貴志
（九州補給処）同 櫻木良文
（統幕）同 佐藤 拓
（同）同 澤田 典宏
（富士学校）同 柴田 慎一
（陸幕）同 十二 賢眞
（同）同 末永 浩一
（防衛装備庁）同 杉原知裕
（教育訓練研究本部）同 鈴木 諭
（阪神病院）同 鈴木 洋
（中央業務支援隊）同 園田 大志
（東部方面総監部）同 武田 官則
（3師団司令部）同 田代 真朗
（関東補給処）同 田中 太
（北部方面総監部）同 谷口 史晃
（教育訓練研究本部）同 田村 徹
（統幕）同 塚本 貴義
（中央業務支援隊）同 辻 洋平
（東部方面総監部）同 永木 裕治
（教育訓練研究本部）同 中村 洋平
（同）同 南利 裕数
（同）同 平塚 広行
（埼玉地方協力本部）同 平野 弘倫
（中央業務支援隊）同 眞坂 智史
（同）同 松下 卓也
（陸上総隊司令部）同 水関 謙作
（陸幕）同 南平 勇将
（同）同 宮澤壽志大
（9師団司令部）同 栁原 秀親
（陸上総隊司令部）同 山口 洋輔
（陸幕）同 山崎 聡一
（教育訓練研究本部）同 吉田 孝弘

▽1海佐に昇任
（統幕）2海佐 赤松 真次
（海幕）同 伊藤 靖名
（海自補給本部）同 大石 将也
（横須賀地方総監部）同 大枝 徳宏
（海幕）同 大西浩太郎
（海自幹部学校）同 神沼 俊昌
（海自補給本部）同 川合真太郎
（海幕）同 川上 貴士
（同）同 木下 正仁
（同）同 窪田 幸
（電磁情報隊）同 柴田悟朗
（横須賀病院）同 田中徹平
（あきづき）同 中澤 憲弥
（海自幹部学校）同 中野 真吾
（きりさめ）同 野田 央典
（ちくま）同 細木 章慎
（やまぎり）同 山内由香子

▽1空佐に昇任
（空幕）2空佐 飯尾 武弘
（同）同 岩﨑 康治
（空自幹部学校）同 上松 靖典
（空幕）同 榎本 隆一
（南西航空方面隊司令部）同 小川 裕
（空自幹部学校）同 小倉 直樹
（空幕）同 柏本 匡彦
（空自補給本部）同 黒木 利次
（空幕）同 小西 透
（同）同 城代 泰嗣
（同）同 城田 宇道
（9航空団）同 髙木 亮
（空自幹部学校）同 髙橋 和栄
（統幕）同 田苗 勉
（空幕）同 田村 高直
（同）同 中里 悠花
（統幕）同 本間 公人
（航空総隊司令部）同 松島 聡史
（空幕）同 望月 賢史
（同）同 森井 大輔
（同）同 和田 崇臣

▽大湊病院歯科診療部長事務取扱 大湊病院長
1海佐 黒川 貴幸
（1月1日）

令和3年度 北部方面隊戦車射撃競技会

極寒の雪上 白熱の火花

高速機動中の10式戦車による横行射撃（12月13日、北海道大演習場で）

陸自北部方面隊は12月5日から15日まで、北海道大演習場島松地区で「令和3年度方面隊戦車射撃競技会」を行った。同競技会は北海道内に重点配備された戦車部隊の能力向上を図るもので、道内の全戦車部隊が一堂に集結。今年度は2（旭川）、7師団（東千歳）、5（帯広）、11旅団（真駒内）から90式戦車延べ約160両、10式戦車同24両が参加し、極寒の第1戦車射場で白熱の機動戦を展開。その模様を現地で取材した。（古川勝平）

2戦車連隊 全競技部門で優勝

10式戦車の部

競技会では戦車4両による戦車砲と車載機関銃の射撃が行われた。各想定により数キロ離れた位置に置かれた標的に向けて射撃、その命中精度を評価した。90式と10式戦車の部に分かれて射撃は行われたが、両車種で最大の違いは「ネットワーク通信能力」の有無。成績は的への命中率で決まるため、通信の段取りで評価が決まることはないが、10式は4両がネットワークで結ばれているため、より連携しての射撃が可能だ。

12月5日の開会式で、統裁官を務めた北方総監の沖邑佳彦陸将は参加隊員を激励し、「あらゆる状況に対応し、弾先に集中せよ」「関係する全ての力を結集せよ」「基本・基礎を徹底し、安全管理及び感染症対策に万全を期せ」の3点を要望した。

報道公開された同13日午前7時40分、射撃競技会の「10式戦車の部」が開始された。この日の気温はマイナス4度で、早朝からの風雪により北大演は雪化粧を見せていた。さらに時折の吹雪で視界が悪化。目標が見えなくなり訓練が中断する場面もあった。

しかし、戦車マンたちは磨き上げてきた練度を示すため、雪上で火花を散らしていた。

10式戦車が2両ずつ進入し、丘の斜面に身を隠して敵に打撃を与える「稜線射撃」を開始。丘の上に乗り出した車体が遠方の目標をめがけ、次々と120ミリ砲を浴びせる。雪の原野で火炎に続く砲撃音が轟いた。

発射後は直ちに安全な後方へ。この後、特科部隊に火力を要請し、目標地点に砲弾が次々と落ちた後、走行しながら敵を仕留める「横行射撃」を開始。2両が隊列を組んで前進し、敵陣地に向け砲弾を放った。

その後は一定の距離を前進してから停車し、射撃を行う「躍進射撃」を実施。部隊は、前方に地雷原を確認したことから、後退しつつ敵歩兵などに機関銃を浴びせる「後退射撃」に移行した。

安全地帯まで下がった後は、再び特科に火力支援を要請。砲弾の雨を降らせた後は再度前進し、スラローム走行しながら敵に機動火力を浴びせる「蛇行射撃」を行い、正確に敵を各個撃破した。競技は目標地点に参加車両が並んだところで状況を終えた。

全ての競技を終えた結果、10式戦車の部では全ての競技部門で2戦車連隊（上富良野）が優勝を果たした。

前進後、急停止してから即座に射撃を行う10式戦車による躍進射撃（12月13日、北海道大演習場で）

2両並んで横行射撃を行う72戦連の90式戦車（12月7日、北海道大演習場で）＝7師団広報提供

強靭の「白馬連隊」

一騎当千の快進撃

72戦連が連覇飾る

90式戦車の部

【72戦連＝北恵庭】72戦車連隊は12月5日から15日まで、北大演で実施された「北部方面隊戦車射撃競技会（90式戦車の部）」に参加した。

同連隊は、2年度の射撃競技会で成し遂げた〝完全優勝〟の実績が真の実力であることを示すため、3年度も年間を通して射撃技術を向上させ、特に隊員のメンタル面の強化に取り組み、競技会当日を迎えた。

連隊長の梅田宗法1佐は隊員に「正射必中」を要望し、「己の単車、小隊の力を最大限発揮することだけに集中し、支援に携わったすべての部隊・隊員・家族等の思いを受け止め、ぶれない精神力をもって全力を尽くせ」と述べた。

今回の競技会は、各部隊の実力が拮抗した展開となり、優勝争いは最終日までもつれ込んだ。その中で、72戦連5中隊1小隊は中田実優3尉が小隊長として初参加したとは思えないほどの冷静かつ的確な射撃指揮を見せ、「全的命中」により戦いに決定打を加えた。同時に同競技会開始いらい、初となる女性小隊長による「小隊対抗の部」優勝も手にした。

このほか、連隊から参加した全小隊がその実力を遺憾なく発揮し、2年度の戦車射撃競技会に引き続き、各競技部門全てにおいて「優勝」。目標としていた「2連覇」を勝ち取り、72戦連の実力を内外に示すことができた。

競技会後、梅田連隊長は「強靭な精神力で戦場へ赴く各小隊の姿を見て大変心強く感じた。いかなる任務にも対応し得る実力を保持する『白馬連隊』の力を示すことができた。だが、今回の結果におごることなく、引き続き精進を重ね、さらなる勝利を追求せよ」と隊員たちを激励した。

女性の小隊長として初めて「小隊対抗の部」で優勝した72戦連5中隊1小隊の中田実優3尉＝北恵庭駐屯地提供

沖邑北方総監（右）から一人ずつベストプラトゥーン帽を授与される5中隊1小隊の隊員たち（12月15日、北恵庭駐屯地で）＝同駐屯地提供

90式戦車の部で全競技部門の「優勝」を収め、梅田連隊長を胴上げする72戦連の隊員たち（12月15日、北恵庭駐屯地で）＝同駐屯地提供

前事不忘 後事之師 第72回

戦争に仕事をさせるべきか

米国の戦略思想家エドワード・ルトワックの大著『戦略論』を読みました。この本は、クラウゼヴィッツが『戦争論』で示した考えを「戦略の逆説的論理」に一般化して、現代分析を試みたものですが、平和と戦争を考える新たな視点を示しています。ルトワックは、本の中で、私たちが戦争の実態をよく見もせずに戦争を悪と見なしていることに異議を唱えているようです。

「戦争は巨大な悪かもしれないが、大きな美徳がある。戦争は、その継続に必要な物質的・精神的な資源を消費尽くし破壊することで、それ自体の継続を妨げる。それどころか、戦争は極限点を過ぎた後に最終的には反転する」

「戦争は、どちらか一方の全面的勝利か、双方の完全な消耗によって、平和の起源になり得る。なぜなら戦争を引き起こした目的をめぐる対立は、戦争自身がもたらす変化によって解決されるからである。戦闘が続くにつれ、獲得し守るべき価値のあった全てが、命、富、苦痛というコストに照らして再検討され、最終的に戦争の動機となった当初の野望は、減退するか破棄される」

ルトワックの主張は、戦争では、戦力を使い尽くし、全ての有望な手段が試され、互いに多大な破壊を被り、大きな成功の希望が潰えるまで戦い抜いた場合には、戦争自身の「自己破壊のプロセス」が働き始め、戦争の継続が妨げられて平和の起源を生みだすというものです。

ルトワックの議論が興味深いのは、彼がさらに主張を進めて、仮に戦争が第三者の介入などによる休戦や停戦で、自己破壊のプロセスが働く前に中断されることになると、平和の起源となる誘因はなくなると述べている点です。理由は、戦争当事者のうちの敗北しつつあった側は、多くの場合に休戦期間を活用して、自分たちの戦力回復を図ろうとし、戦力回復後、再び戦争が行われるからです。従って、ルトワックは相争う小国に停戦や休戦を強いることは、戦争を凍結するだけで、戦争から平和への転換を体系的に妨害するものであると批判し、国連の平和維持活動、NGOなどによる紛争地での活動を、「公平な活動が〝悪い事態〟を引き起こす事例」と否定的です。現役時代に自衛隊の国際平和維持活動などに関わった経験から言えば、「えっ」と言わざるを得ないのですが、不都合な真実を突きつけられた気分です。

ルトワックの議論を要約すれば、戦争には平和を構築する〝役割〟があるというもので、実際、彼は『戦争にチャンスを与えよ』という刺激的なタイトルの本を書いています。

こうした彼の主張を極端な考えを持つ戦略思想家の不道徳な見解だと切り捨てることも可能ですが、古代ローマなどについて多くの歴史小説を著している塩野七生も『フリードリッヒ2世の生涯』という本の中でこんなことを書いています。

「平和とは関係者全員が一堂に会して胸襟を開いて話し合えば実現できるというものではない。実際に平和が実現したのはどのようなケースであったのか。一言で言ってしまえば、平和の前に平定が成された場合である。言い換えれば、関係者の一人が他の全員に対し、軍事的にしろ何にしろ圧倒的に優位に立った時なのだ。恒久的な平和は平定という段階を経た後で初めて手をつけることができる」

恒久的な平和の構築のためには、〝平定〟が必要だという塩野の主張は、ルトワックの主張と似ています。

ルトワックの主張は、傾聴に値しますが、問題は「戦争の自己破壊のプロセス」には大きな危険があるということです。

ルトワックが自らの考えの下敷きとしたクラウゼヴィッツの『戦争論』には、「戦争は明らかにそれ自身の文法を持っているが、それ自身の論理は持っていない」との言葉があります。この言葉を私流に解釈すれば、戦争は、政治の手段であるが、政治によるコントロールが効かなくなれば、戦争自身の文法に従い、相手を打倒するまで継続する「絶対戦争化」するということです。20世紀の二つの世界大戦などを見ると、外から戦争に「論理」を与える政治のコントロールは、脆弱であり、しばしば戦争自身の「文法」が働き、国民や国家に多大な犠牲を強いる危険が強いのではないかと私は考えます。

鎌田 昭良（元防衛省大臣官房長、元装備施設本部長、防衛基盤整備協会理事長）

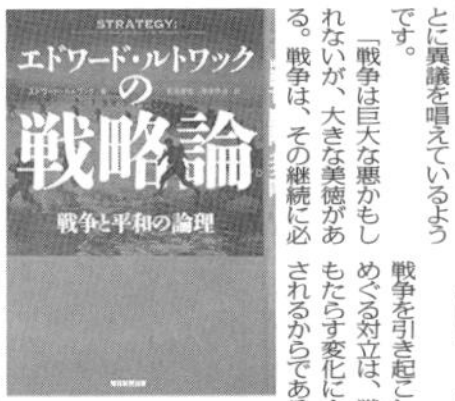

『エドワード・ルトワックの戦略論―戦争と平和の論理』（毎日新聞出版刊）

…… 前事忘れざるは後事の師 ……

厚生・共済

特集

春の転勤に「らくらく引越し窓口」

ベネフィット・ステーションのサービス

春は転勤の季節。防衛省共済組合の福利厚生サービス「ベネフィット・ステーション」のおススメは、「らくらく引越し窓口by引越しラクっとNAVI」。「らくらく引越し窓口」経由のお見積もり・申し込みで移転料請求に必要な3社の詳細な見積もりの送付と対象引越し会社の割引特典が受けられます。

面倒な引越しの見積取得をサポートデスクがお手伝いします。組合員の皆さまは各社の見積もりを比較して、気に入った引越し会社を選ぶだけです。なお、このサービスは異動に伴う引越し専用プランのため、ベネポの付与はありません。

また、「らくらくお部屋探し窓口」「らくらくネット窓口」といった賃貸物件やネット回線の見積もりサービスもございます。お申し込みの際は「防衛省共済組合専用」プランよりお申し込みください。

※荷物が多い場合等、各社の訪問見積もりが必要になる場合があります。

※3〜4月の異動については繁忙期のため、極力2月中のお申し込みをお願いします。

お問い合わせは電話0800−1705−125へ。平日は午前10時から午後9時まで、休日は午前10時から午後6時まで受け付けています。

1. ベネフィット・ステーションよりお問い合わせ
2. サポートデスクより会員様へご連絡
3. 各社より、結果のご報告。ご希望の会社・物件があればお申し込み。

ホテルグランドヒル市ヶ谷のオンラインショップ「ギフトセレクション」

お勧めは期間限定ショコラサンド

ホームメイドの焼き菓子 贈答用や自宅で味わう

防衛省共済組合の直営施設ホテルグランドヒル市ヶ谷（東京都新宿区）では、ホームメイドの焼き菓子やショコラサンドなど、オリジナル商品やお薦めの商品をオンラインショップで販売しています。ご注文はネット上の専用ページから楽々。お誕生日やバレンタインデーなどのご贈答用・ご自宅用にもぜひご利用ください。

【商品ラインアップ】

★クッキーショコラサンド（1箱3000円）

2022年バレンタイン期間限定（1月17日〜2月14日）販売。数量限定。

口の中でしっかりチョコレートを感じられるクッキーにキャラメルサレのガナッシュを挟み込んだクッキーサンド。食べ応えもあり、ご贈答用にもぴったりです。

★3種の焼き菓子「幸せいっぱいボックス」（1箱2000円）

当ホテルのパティシエがお薦めする3種の焼き菓子の詰め合わせ。「幸せ」をお届けします。

〈焼き菓子3種の内容〉

◎アーモンドクッキー　アーモンドをふんだんに使用したフランス産ゲランドの塩をほのかに感じる誰でも親しみやすい味に仕上げました。

◎プールドネージュ　発酵バターを使用し、アーモンドプードルをローストした口の中でホロホロとした食感とラズベリーの酸味をお楽しみください。

◎ロシェ　ペカンナッツ、ヘーゼルナッツをふんだんに使用し、コーヒー風味のメレンゲと和えて焼き上げました。

ボックス内容は、アーモンドクッキー15個程度、プールドネージュ12個程度、ロシェ12個となっています。

★キャラメルナッツのパウンドケーキ（1本2000円）

キャラメル味のパウンド生地に、赤ワイン漬けのイチジク、ローストしたペカンナッツを散りばめて焼き上げたパウンドケーキです。

★ショコラサンド（ミルク）（1袋1100円）

★ショコラサンド（ノワール）（1袋1100円）

薄くのばしたキャラメルにチョコレートをコーティングしました。

薄さゆえのさくさくとした食感、キャラメルの苦みとほろりとした口どけを楽しんでいただける逸品です。

★テリーヌショコラ（数量限定、1本3240円）

テリーヌショコラは冷蔵庫で半日解凍してから常温で15分程おいていただくと、食べごろの柔らかさになります。

★テリーヌフロマージュ（数量限定、1本3240円）

テリーヌフロマージュはとても柔らかいため、常温にはおかず、冷蔵庫で半日解凍後、冷蔵庫から出して5分以内が冷たく滑らかな食べごろです。

★紅茶と杏のパウンドケーキ（1本2000円）

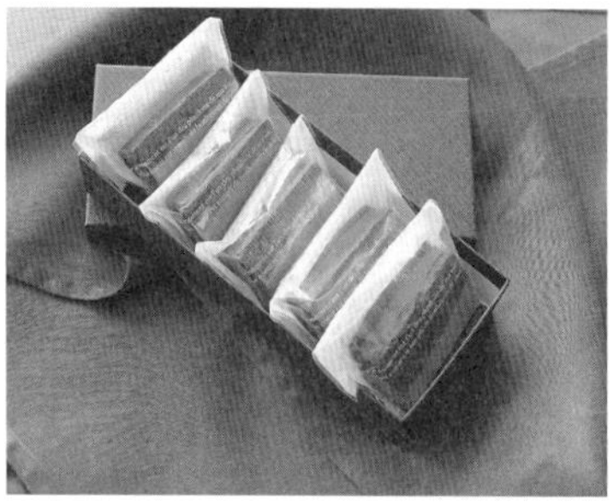

箱詰めされたクッキーショコラサンド（イメージ）

パウンドケーキは、お召し上がりいただく際、冷蔵庫で30分程冷やしていただくとより一層美味しくいただけます。

★フルーツパウンドケーキ（1本2000円）

ラム酒に漬け込んだドライフルーツをたっぷり入れて焼き上げたパウンドケーキです。

★マドレーヌアソート（プレーン4個、抹茶3個、ほうじ茶3個）（2000円）

口の中に入れるとふわっと広がるバターとハチミツの香り、抹茶の深みのある香り、ほうじ茶の深い余韻、それぞれの香りと風味をお楽しみ下さい。

◇

上記の「ギフトセレクション」には、お得なセット販売もございます。こちらもどうぞご利用ください。

HOTEL GRAND HILL ICHIGAYA

お得なセット販売も用意

【ご購入の方法】

商品のご購入はホテルグランドヒル市ヶ谷オンラインショップの専用ページ（https://www.ghi.gr.jp/）まで。

販売価格は表示された金額（表示価格／消費税込）とします。なお、商品は別途配送料が必要です。配送料に関しては商品詳細ページをご確認ください。

●代金の支払方法と時期

・お支払いはクレジットカード決済、コンビニ決済、翌月後払い、PayPal、銀行振込、キャリア決済、楽天ペイがご利用頂けます。

・お支払い時期

クレジットカード決済、PayPal、キャリア決済、楽天ペイは商品注文時点でお支払いが確定します。

・コンビニ決済、銀行振込みは注文時点から約3日間以内にお支払いをお願いします。期限を過ぎると自動でキャンセルとなります。

・翌月後払い

Paidyを通し、1カ月分のご利用額をまとめて、翌月10日までにコンビニや銀行振込でお支払いをお願いします。

●商品の発送

注文のご依頼を受けてから7日以内に発送します。

●返品について

下記の場合を除き、返品・交換をご容赦願います。

・お申し込みいただいた商品と異なる場合

・破損・不良品だった場合は、商品到着後5日以内にホテルまでご連絡ください。この場合の配送手数料はホテル負担で引き取り、再発送します。

クッキーショコラサンド（イメージ）

年金Q&A

老齢年金にかかる税金の手続きについて教えてください。

「雑所得」扱い。確定申告で過不足の精算が必要なケースも

Q　私は３月に退職し、老齢厚生年金の受給年齢を迎える組合員です。老齢年金には税金がかかると聞きました。年金にかかる税金の手続き等の概要について教えてください。

A　公的年金には、所得税法上「雑所得」として、所得税がかかることになっており、老齢厚生年金の年金額が一定額を超えるときは、年金の支給時に所得税が源泉徴収されることになります（障害厚生年金・遺族厚生年金は非課税）。また、公的年金は給与所得のように、「年末調整」による税額の精算は行わないため、税額の過不足は確定申告で精算することになります。

なお、公的年金等の収入金額（年金額）の合計が400万円以下で、かつ、公的年金以外の所得金額が20万円以下である場合は、確定申告は原則として必要ありませんが、市区町村への住民税の申告が必要になる場合があります。

【源泉徴収等について】

源泉徴収の対象となる年金額は、その年中に受ける支給額が65歳未満の方については108万円以上、65歳以上の方については158万円（老齢基礎年金が支給されている方は、老齢厚生年金の額が80万円）以上のときです。

年金支給開始後の毎年10月上旬に国家公務員共済組合連合会（以下「連合会」という。）から送付される「公的年金等の受給者の扶養親族等申告書」（以下「扶養親族等申告書」という。）を連合会に提出すると、年金の支給額から所得控除（基礎的控除（受給者本人）、配偶者控除、扶養控除など）を受けることができます。

「扶養親族等申告書」を連合会へ提出した場合の源泉徴収税額は、支給額から基礎的控除及び配偶者控除、扶養控除などの人的控除の合計額に支払月数を乗じて得た額を控除した残りの額（課税対象額）の５％となり、さらに平成25年から令和19年までの各年分の年金については、「復興特別所得税」として、前記により算出した所得税の2.1％の税額があわせて源泉徴収されます。

また、同年中に老齢厚生年金のほかに給与所得等がある方が、職場に「給与所得者の扶養控除等申告書」を提出し、連合会にも「扶養親族等申告書」を提出してしまうと、職場の給与等と老齢厚生年金それぞれから重複して所得控除を受けることになり、確定申告の際に所得税を追加徴収されることがあります。

そのため、３月にご退職される方並びに同年に別に給与を受ける方は、連合会にその年の「扶養親族等申告書」を提出する（記入する）必要はありません。

老齢厚生年金のほかに給与所得等がある場合は、年金と給与所得等からのそれぞれの徴収税額を合算した「合計税額」と、年金と給与所得等とを合算した所得の総額に対する「年税額」との過不足額を確定申告で精算することになります。

その年の所得が年金だけの場合でも、雑損控除、生命保険料控除、損害保険料控除、医療費控除、住宅取得等特別控除などを受けるときは確定申告が必要です。

（本部年金係）

防衛省職員団体医療保険のご案内

もしもに備えて加入を

皆さまは大きな病気など、もしもの時に備えていますか?

防衛省共済組合では、病気による入院・退院後の通院・手術に、所定の3大疾病をオプションとして加えた「防衛省職員団体医療保険」をご用意しています。

この医療保険は防衛省のスケールメリットを生かした団体割引があるため、月額の保険料もお得で、非常に有利な内容となっています。どうぞご加入ください。

「3大疾病オプション」のコースは「組合員本人」と「組合員本人と配偶者」の二つがあり、どちらかをお選びください。

また、「3大疾病オプション」は日本人の主な死亡原因である、がん・急性心筋梗塞・脳卒中に対応するもので、3大疾病保険金または死亡保険金として、加入額により100万円から500万円の一時金が支払われます。

詳しくは共済組合支部の団体保険常駐職員（日本生命）にお問い合わせください。

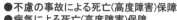

コンビニを止めるな！

豊川駐屯地業務隊のコロナ対策

委託売店と「代替販売協定」

「コロナ禍でコンビニが閉鎖され、食糧が調達できない」――。新型コロナのオミクロン株の流行により今後、駐屯地内のコンビニが利用不能となり、隊員が食品などを購入できなくなる恐れが出てきた。こうした不測の事態に対処するため、豊川駐屯地業務隊は委託売店の物品販売部の協力で各店と「代替販売」の協定を締結し、コンビニが閉鎖された場合でも、他の店が代わりにコンビニの商品を販売できる体制を整え、部隊と隊員が常時即応できる環境を作っている。

「代替販売協定」締結を祝う物品販売部の関係者。左からコンビニ（後方）の星野友里店長、トモ愛知の岩崎代表、石田駐屯地業務隊長、清水時計店の清水代表、タナカフォトキャラの田中和子さん（豊川駐屯地で）

【豊川】豊川駐屯地業務隊（隊長・石田祐司1佐）はこのほど、新型コロナの影響で駐屯地内のコンビニが営業できなくなった場合に備え、「代替販売協定」を委託売店の物品販売部らと締結した。

この協定締結により、駐屯地内で唯一、カップ麺やパン、おにぎりなど食品を販売するコンビニが従業員の感染などで休業せざる得ない状況になった際も、同店以外の委託売店物品販売部（演習用品店やスポーツ用品店）が市中の問屋から食品などを仕入れ、一時的に「代替販売」が行えるように改めた。

代替販売の流れは、コンビニが駐屯地の厚生科に臨時休業の申請を提出し、同科が許可後に他の委託売店に代替販売を要請し、承認した売店が食品などの販売を開始する。さらに共済組合豊川支部は、他店が代替販売を開始するまでの間、コンビニから在庫商品を仕入れ、一時的に先行販売することで、切れ目のない隊員への物品提供を行う。

協定締結は11月4日、コンビニを経営する「トモ愛知」の岩崎一郎社長、訓練用品店を経営する清水時計店の清水章好氏、スポーツ用品店「タナカフォトキャラ」の田中四郎氏と駐屯地業務隊との間で行った。

常時即応できる環境作り

石田業務隊長は各代表に対し「代替販売に関する必要な事項が取り決められたことで、コンビニに不測の事態が発生した際も隊員が駐屯地内で必要な商品を購入できる体制を確立することができた。部隊、隊員にとって非常にありがたい」と意義を述べた。

豊川駐業の担当者は「引き続き、委託売店との良好な関係を維持し、商品販売体制のさらなる強化を図っていく」と話している。

余暇を楽しむ

新田原基地男子サッカー部

紹介者：2空曹　蕨野　隆二
（5空団整備補給群検査隊）

全自サッカー3位目標に

朝雲新聞をご愛読の皆さん、こんにちは。「新田原基地男子サッカー部」を紹介します。

サッカー部は部員数が約30人で幅広い年齢層が参加しています。プレー中は階級や仕事上の上司・部下の関係はなくなり、気さくに、楽しく活動しています。

練習は平日の夕方と土曜日の午前中に行っており、日曜日は宮崎県の県リーグ1部の試合に参加しています。リーグが行われない期間は基地周辺の高校生や新富町を拠点にしている女子サッカーチーム「ヴィアマテラス」と練習試合をしています。また、県民体育大会に児湯地区代表として部から6人の選手が出場するなど、地域の方との交流を図りながら、技術の向上に努めています。

我が部は現在在籍している40代の隊員たちが中心となり、約20年前に創部しました。転属などで人が入れ替わっても、当初の児湯地区リーグから現在の県リーグ1部まで四つのカテゴリーをステップアップしました。

創部時と比べ、スピードや技術、戦術面など全てにおいて質が上がっていると思います。

毎年開催される「全自衛隊サッカー大会」で3位に入ることを部の目標として活動していますが、南九州での予選会が非常に厳しい戦いの連続で、あと少しのところで全国大会への出場を逃しています。

悲願達成のため、県リーグでの一戦一戦を大事に戦い、さらなる技術の向上はもちろん、チームワークを深め、全自サッカー大会に出場することで目標に近づきたいと思っています。部員が所属する各部隊の皆さまのご理解、ご支援、ご協力に大変感謝しております。

サッカー部に興味を持たれた方、ぜひ入部をご検討ください。お待ちしています。

新富町の女子サッカーチーム「ヴィアマテラス」（右）と練習試合を行った新田原基地男子サッカー部。地域リーグにも積極的に参加し、技術を磨いてきた

基地のグラウンドで練習するサッカー部員。若手からベテランまで幅広い年齢の隊員が汗を流している

8空団

築城基地に屋台

地元銘菓や焼き鳥販売

娯楽創出

【築城】8空団業務隊は12月2日、築城基地に移動売店（屋台）を導入した。売店は昼休みの時間帯から午後8時まで、基地厚生センター前に設置。地元銘菓の「梅ケ枝餅」や「炭火焼き鳥」など多数のメニューを販売している。初日は8空団司令の大嶋善勝将補ら幹部も訪れ、予想を超える人気ぶりを確認。課業後に焼き鳥を目当てに訪れた隊員は「買おうとしたが売り切れていて残念。早く来ればよかった」と話していた。

移動売店の業務を担当した業務隊厚生班長の井浦大事務官は、「コロナ禍にあっても屋台のにぎやかな雰囲気を作ることができよかった。隊員の娯楽は、任務と休息のバランス確保のために必要不可欠。今後も隊員に喜ばれる新たな福利厚生サービスを考えていきたい」と抱負を語った。

移動売店を視察後、梅ケ枝餅を購入する大嶋8空団司令（右）＝12月2日、空自築城基地で

手作り観光マップで新隊員と家族を歓迎

荒浜小学校への研修前に、新・転入隊員と家族に東日本大震災の災害派遣経験を語る大久2尉（左）＝12月5日

【東北後支隊＝仙台】東北方面後方支援隊は12月5日、宮城県所在の仙台、霞目、多賀城各駐屯地の転入者、新婚家族や新隊員家族ら22人に対し、「部隊・家族間のコミュニティー支援」を行った。

東北後支隊がコミュニティー支援

当日は担当者が後支隊の概況や任務・活動について説明。さらに、宮城、山形両県のおいしい飲食店などを載せた「手作り観光マップ」を配布すると、家族や新隊員たちも興味深そうに見ていた。

続いて102補大（仙台）の大久（おおひさ）忠2尉が東日本大震災の災害派遣の体験を話し、その後、震災で被害を受けた仙台市の震災遺構の荒浜小学校を研修。参加者たちは部隊と震災の実態や自衛隊の活動への理解を深めていた。

みかん狩り楽しむ　80人で354キロ収穫

対馬曹友会

【対馬】対馬駐屯地曹友会は12月5日、島内にある農園を貸し切り、初の「みかん狩り」を行った。

このイベントは隊員と家族の融和団結を目的に開催。当日は天候にも恵まれ、曹友会会員やその家族ら80人が参加した。

みかん畑には子供たちの笑い声が響き、和やかな雰囲気の中で家族たちがみかん狩りを楽しみ、全員で354キロを収穫した。最後に記念撮影とじゃんけん大会を行い、曹友会員の融和も図った。

参加した家族からは、「子供たちの笑顔を見ながら、おいしそうなみかんの収穫を楽しめた。ぜひ来年も企画してほしい」と早速リクエストも寄せられていた。

曹友会役員の渡部伸一郎2曹は、「初の企画だったが、予想より多くの家族が参加してくれて驚いた。子供たちがみかん畑を楽しそうに走り回る姿を見て、開催してよかったと思った」と話した。

みかん狩りを楽しむ対馬駐屯地の隊員とその家族（12月5日）

自慢の一品料理

1高隊ホワイトカレー

紹介者：1空曹 山田　智哉
（1高群1高隊業務小隊・習志野）

習志野駐屯地の隊員食堂では、陸自駐屯地に空自の第1高射隊が分屯する特性を生かし、2021年度から毎月1回、陸自と空自のコラボメニューを提供しています。

今回私がご紹介するのは「1高隊ホワイトカレー」です。材料は鶏肉、ジャガイモ、にんじん、玉ねぎを使用します。調理のポイントとしては、これらの具材を炒める際、焼き色がつかないように弱火で行う点で、ヨーグルトとココナッツミルクを入れることでコクを出します。さらに白ワインとニンニクで旨味を引き出し、香辛料には青唐辛子、ホワイトペッパー、カルダモン、クローブなどを使用して辛味を出します。ごはんは黒米雑穀で「地上」をイメージ、白い汁は「空」を表して空自らしさを演出しました。

昨秋の金曜カレーの日の昼食で提供したところ、隊員はカレー皿に盛りきれないほどご飯を大盛りにし、陸と空の味のハーモニーを堪能していました。「見た目はシチューのよう。味はとてもおいしかった」といった意見が多く寄せられ、このホワイトカレーも定番メニューの仲間入りを果たしました。

今後も習志野の陸・空コラボメシをお楽しみに！

地方防衛局　特集

東北防衛局
若手職員が部隊で体験学習
大湊地区、岩手駐屯地を訪問

【東北局】東北防衛局（市川道夫局長）は昨年11月から12月にかけて、同局の若手職員を対象に、自衛隊や米軍の施設について学ぶ「現地実習」と、大規模自然災害等における「緊急事態等対処訓練」を行った。

「現地実習」は、自衛隊や米軍の任務等について理解を深めることを目的に、各自が希望する東北管内の日米の施設で実際に装備品などを見学し、見識を深めるプロジェクトだ。

合わせて、東北防衛局が各施設で実施している事業についても事前学習して臨み、現地でそれらを「業務説明」という形でプレゼンテーションすることで、同局と各施設との関りについての理解を深め、横断的な総合学習につなげる狙いがある。

11月25、26の両日は8人の若手職員が青森県の大湊地区を訪問。航空自衛隊大湊分屯基地で基地概要の説明を受け、釜臥山の山頂まで行き、最新鋭レーダー「FPS5」（通称「ガメラレーダー」）を間近で見学した。

海上自衛隊大湊総監部では停泊中の護衛艦「おおよど」に乗艦し、艦内の装備に関する説明を受け、隊員と共に部隊食の昼食を喫食した。

海上自衛隊大湊航空基地ではヘリや消防車などの装備品を見学。企画部と調達部の職員たちは東北防衛局が大湊地区で実施している業務と施設整備工事などについて理解を深めた。

11月30日と翌12月1日には7人の若手職員が岩手駐屯地と岩手山中演習場を訪れ、駐屯地の沿革や所属部隊についての概要説明を受けた後、74式戦車に搭乗し、その性能などを体感。155ミリ榴弾砲を使用した訓練の様子も見学した。

また、駐屯地の史料館では過去に使用されていた装備品などについての説明を受けた。

一方、岩手駐屯地における東北防衛局の事業に関する「業務説明」のプレゼンテーションでは、企画部の職員が演習場周辺の防音工事や騒音測定について説明。調達部の職員は駐屯地内で行われている隊舎の改修工事について説明し、実際に工事現場を案内するなど、東北防衛局の事業に関する説明を通じて同局職員としての自覚を新たにした。

実習に参加した若手職員は「コロナ禍ということもあり、出張や研修もリモートで行われることが多く、駐屯地等へ赴く機会が減っていたので、今回の実習は大変有意義なものだった。特に施設や装備品などについて理解を深めたことは今後の業務に役立つと思う」と話していた。

東北防衛局では、1月以降にも航空自衛隊松島基地をはじめ、防衛装備庁下北試験場、米軍車力通信所、航空自衛隊車力分屯基地での実習を計画している。

㊤陸自の74式戦車に体験搭乗し、装備品への理解を深める東北防衛局の若手職員たち（11月30日、岩手駐屯地で）
㊨護衛艦「おおよど」を見学し、記念写真に納まる若手職員たち（11月26日、海自大湊地方総監部で）

仙台駐屯地では 緊急事態対処訓練

東北防衛局は12月16日、調達部に所属する若手職員6人を対象に、陸上自衛隊仙台駐屯地で「緊急事態等対処訓練」を実施した。大規模自然災害等の発生時における危機管理と、応急復旧の技術支援対応能力の向上が目的。

参加者たちは、地震や大雨などの災害を想定し、▽土のうを作製して建物内への浸水を防止する▽斜面の崩落を防ぐためブルーシートを使用して養生する▽地面を掘削して損傷した埋設管を確認する――といった作業を全て人力で行った。

訓練には市川局長も参加し、自ら土のうの作製と積み上げ作業を若手職員と共に体験した。

若手職員の一人は「今回の演習で改めて災害に対処することの難しさを知った。今後、災害時に現地支援を行う際にはこの経験を生かし、臨機応変に対応できるようにしたい」と話していた。

東北防衛局では「2011年の東日本大震災において現地支援を行った経験を若手職員へと引き継ぎ、教訓として今後に生かしていくために訓練を続けていきたい」としている。

㊤若手職員と共に土のうを作製する東北防衛局の市川局長（右）㊦斜面の崩落を防ぐため、ブルーシートを使用して手際よく養生と固定作業に当たる職員たち（写真はいずれも12月16日、仙台駐屯地で）

リレー随想　三原　祐和

令和2年夏に着任以来、1年半が過ぎようとしています。振り返れば、この長崎の地もひたすらにコロナとの戦いであったと思います。

長崎支局が行う新型護衛艦（FFM）の建造にかかる監督検査業務の多くは艦内の閉鎖空間で行われ、あるいは九州一円の装備品関連事業者のもとに出張し、現場でモノを確認しつつ仕事を進めるなど、感染の危険性と対峙する心配の尽きない毎日でした。

幸い、ここまで支局内に感染者は発生していませんが、事態急変の可能性を常に意識しつつ、長期戦の覚悟で取り組んでいきたいと思います。

さて、現在量産が進んでいるFFMは船体・エンジンをはじめ、新たなコンセプトが山盛りの艦です。

三菱重工長崎造船所では、すでにネームシップの1番艦「もがみ」が海上公試を重ね、3番艦「のしろ」、4番艦「みくま」は進水を終えて艤装工事が着々と進められ、5番艦以降も建造が進捗しており、活況を呈しています。

ただ、このような新基軸艦艇は、とりわけ初期建造艦において想定外の事象が頻発します。2番艦「くまの」を建造中の玉野防衛事務所とも連携しつつ、現場の監督官や造船関係者は、その解決のため日々知恵を絞り、さまざまに試行錯誤を重ねており、必ずや期待に沿える護衛艦を作り上げるものと確信しています。

コロナ禍を乗り越えて

続いて長崎市内の様子に少し触れます。最近は修学旅行のバスや個人旅行のレンタカーが目に見えて増えており、支局近くの遊歩道にも観光客の散歩姿を見かけたりと、長崎らしさが少しずつ戻っているように感じます。

また、新幹線暫定開業を間近に控え、長崎駅周辺の再開発で新幹線ホームや巨大メッセが相次いで姿を現しており、町の姿は大きく変わってきています。観光スポットの数では全国有数なので、状況が許せばぜひ足を運んでみてください。

令和4年は60年に一度の壬寅（みずのえとら）に当たります。大河が穏やかに流れる様子と、生命力の発揮や果敢な決断といった意味が合わさるようです。世相を踏まえ、まさにそんな年になることを心から願っています。

（長崎防衛支局長）

「女性用隊舎」3月供用開始
九州局　海自佐世保教育隊で

【九州局】海上自衛隊佐世保教育隊に今月下旬、女性自衛官を教育するための受け入れ施設として、新たに女性用隊舎が完成する。供用開始は3月の予定。

隊舎は、鉄筋コンクリート（RC）造り2階建てで、延べ床面積は約2334平方メートル。狭い敷地を効率よく利用するため、トイレ、洗面所、洗濯室、乾燥室、調理室等を建物中央側に配置した。

1階には女性用居室10室（60人収容可能）、2階には▽女性用居室10室（60人収容可能）▽自習室▽裁縫室――などを備える。

女性隊員のプライバシーを考慮し、隊舎の外部に設置した建具のうち、玄関ドアの施錠は電気錠（テンキー式）、その他の鋼製ドア（出入口用）の施錠は自動施錠式となっており、屋上の物干し場は目隠しが設置されているのが特徴だ。

さらに、「オール電化」された隊舎には全室個別空調はもちろん、電気式給湯設備や浴場設備も完備され、快適に過ごすことができる。

佐世保教育隊にはこれまで浴室を備えた女性専用の隊舎が整備されていなかったため、教育期間中の生活環境は決して良好な状態ではなかったが、今回新たに「女性用隊舎」を整備することにより、自衛隊の安定的な運用態勢の確保を図るとともに、女性自衛官の活躍の場を確保することができることから、3月の供用開始に向けて関係者から大きな期待が寄せられている。

海自佐世保教育隊にまもなく完成する女性用隊舎。3月に供用開始の予定だ（九州防衛局提供）

防衛施設と首長さん
大和駐屯地と交流深める 王城寺原演習場を擁す町
宮城県色麻町　早坂 利悦町長

はやさか　りえつ　72歳。小牛田農林高卒。色麻町議会議員、吉田土地改良区理事長などを経て、2015年8月、色麻町長に初当選。現在2期目。色麻町出身。

色麻町（しかまちょう）は宮城県の中央北西部に位置する人口約6800人の雄大な自然や美しい田園風景が広がる農業の町です。

〝かっぱのふるさと色麻町〟をキャッチフレーズに、町内の「磯良（いそら）神社」には、全国で唯一、河童をご神体として祀るなど、河童にまつわる伝説が今も残っています。

愛宕山公園内にある〝シャクヤク園〟は、毎年5月下旬頃から約1万株のしゃくやくが見頃を迎え、来園者を楽しませるほか、町の特産品である〝えごま〟を使った「えごま油」は現在も人気で、新商品の「えごま納豆」も販売が開始されています。

現在、若者の定住、地域経済の活性化が課題となる中、企業誘致活動である町内の大原工業団地の第二工区が昨年9月に造成が完了し、進出企業も決定いたしました。地域の宝である子どもたちを守るための環境作り、子育て力の向上のさらなる支援を目指し、令和6年4月、「民設民営」の認定こども園の開園を目指し、準備を進めております。

「自然を愛し、人が輝き、夢のある持続可能なまちづくり」を基本理念に掲げ、「この町に住んで良かった」と実感できるような町づくりの実現に向け、取り組んでいます。

色麻町、大衡村（おおひらむら）、大和町（たいわちょう）にまたがる陸上自衛隊王城寺原演習場では、春と秋に山菜採りを目的とした一般開放が行われているほか、色麻町秋祭りには大和駐屯地から隊員の方々が参加し、地域住民との交流が行われています。また、東日本大震災の際には、水の供給が止まってしまっていたところ、水を分けていただき、ご支援をいただきました。

今後も自衛隊の皆さまと交流を深め、町の発展に寄与していければと思います。

各府県知事に「防衛白書」を説明
近畿中部局　竹内局長

【近畿中部局】近畿中部防衛局の竹内芳寿局長は昨年来、管内の各府県を訪れ、令和3年版「防衛白書」の説明を実施している。

昨年10月には奈良県の荒井正吾知事、11月には和歌山県の仁坂吉伸知事と京都府の西脇隆俊知事に対して白書の内容に関する詳細かつ丁寧な説明を行った。1月には大阪府の吉村洋文知事への説明を予定している。

「防衛白書」は我が国の現状と課題、その取り組みについて広く内外へ周知することを図り、その理解を得ることを目的として毎年刊行されている。

令和3年版「防衛白書」の大きな特色としては、①防衛省・自衛隊の重要な活動や国際情勢について本文のほか、巻頭特集や「コラム」を充実させて多面的に紹介している②即時再生可能な多数の関連動画を配置した③本冊のスリム化や、特集などのブックインブック化で利便性を追求した――ことが挙げられる。

また、今回初めて米中関係などに関する節や、気候変動、環境問題に関する節が設けられたほか、大和堆（石川県能登半島沖の好漁場）周辺の我が国の排他的経済水域における北朝鮮漁船や中国漁船による違法操業についても新たに記述されているのが特徴だ。

築城基地 初のeスポーツ大会

32人参加 ゲームで融和団結

白熱の格闘戦を繰り広げる

【8空団=築城】「コロナ禍でもマスクを着けて楽しめるeスポーツで、部隊の融和団結を図ろう」——。8空団基地業務群（群司令・新宅完彦1佐）は12月21日、築城基地内で「プレeスポーツ大会」を初開催した。2019年に空幹部学校で空自初のeスポーツ大会を成功させた同団業務隊長の吉原一郎3佐がレクリエーション活動の一環で企画、課業外にゲーム好きの隊員たちが集い、白熱の競技を繰り広げた。

㊨32人のトーナメントを制した管理隊の山本士長（左）を表彰する新宅基群司令
㊦築城基地の初の「プレeスポーツ大会」の決勝の様子。山本士長と松下士長が白熱の格闘戦を繰り広げた（写真はいずれも12月21日、空自築城基地で）

「eスポーツ」とはエレクトロニック・スポーツの略称で、電子機器を使った競技を指す言葉。2人以上でプレーする対戦ゲーム形式で行われ、近年、プロゲーマーの養成面でも注目を集めている。

競技種目はeスポーツで人気の高い市販の格闘ゲーム「大乱闘スマッシュブラザーズSPECIAL」。大会は大型スクリーンに音響サラウンドシステムを備えた厚生センターシアタールームで行われ、各隊准曹士先任8人同時対戦によるエキシビションマッチの後、隊員32人の個人戦トーナメントによる熱戦の火ぶたが切られた。

競技のルールは、1ゲーム制限時間2分・3ストック制で、プレイヤーの残機がより多く残っている方が勝者となる。

決勝では管理隊の山本光晟士長と通信隊の松下梢平士長が白熱の格闘戦を繰り広げ、参加・観戦者ともに画面に注目するなど、盛り上がりを見せた。

競技の結果、山本士長が優勝し、新宅基群司令から賞品が贈呈された。

吉原隊長は、「機材が整備されていない状態からのスタートだったが、有志の協力を得て実現することができた。今後は、部隊の枠を広げて参加者を募り、eスポーツで基地全体を盛り上げていきたい」と語った。

こちら警務隊　サイバー犯罪

「別れたら裸の写真をばら撒く」と脅せば脅迫罪で懲役か罰金

交際相手に「別れたらネットで裸の写真をばら撒く」と脅す行為は、どんな罪になりますか？

「裸の写真をばら撒く」と告げることは、名誉に対する害悪の告知に該当するため、脅迫罪で2年以下の懲役または30万円以下の罰金に処せられます。

また、脅迫による恐怖心により交際を相手に継続させることは、強要罪に該当し、3年以下の懲役に処せられます。

もし、実際にネット上に写真をばら撒けば、リベンジポルノ被害防止法違反となり、3年以下の懲役または50万円以下の罰金に処せられます。

このような人の弱みに付け込んだ犯罪は絶対にしてはいけません。（東北方面警務隊）

新田原基地　有志が支援学校を訪問　クリスマスのプレゼント

サンタクロースやトナカイの格好で、自衛隊グッズや文房具が入った手提げ袋を子供たちに手渡す尾山司令（左端）ら=12月21日宮崎県立児湯るぴなす支援学校で

【新田原】新田原基地司令の尾山正樹将補と基地准曹会の有志6人は12月21日、宮崎県立児湯るぴなす支援学校を訪れ、生徒たちにクリスマスプレゼントを届けた。

同訪問イベントは今回が初めて。「地域とともに」という新田原基地のスローガンの下、広報活動の一環として行った。

当日は、サンタクロースやトナカイのコスチュームを着た隊員たちが生徒一人一人に対し、自衛隊グッズや文房具などが入った手提げ袋をプレゼント。生徒たちは「やったー、うれしい」と歓声を上げた。

参加した隊員は「こんなに喜んでもらえてうれしい。自衛官として仕事を頑張っていく気持ちがより強くなった」と語った。

鳥インフルで災派　中方特科隊が即応　愛媛県西条市

陸自中方特科隊（松山）は1月4日から6日まで、愛媛県西条市の養鶏場2カ所（計約21万9000羽）で発生した鳥インフルエンザに対し、約250人態勢で鶏の殺処分支援などに係る災害派遣活動を行った。

養鶏場では同4日に鳥インフルエンザの発生が疑われ、検査したところ陽性が確定。同日午後4時、愛媛県の中村時広知事から中方特科隊長の服部真之介1佐に災害派遣が要請された。

隊員たちは午後7時30分から現地で支援活動を開始。ローテーションしながら24時間態勢で鶏の処置や梱包作業などに従事した。

6日午後9時27分、じ後の防疫措置が自治体のみで可能になったことから、愛媛県知事からの撤収要請を受け、隊員たちは活動を終えた。

容器の中にガスを注入し、鶏の処置を行う中方特科隊の隊員たち（1月5日、愛媛県西条市の養鶏場で）

女性隊員が交流会　陸自美幌と空自網走

【美幌】陸自美幌駐屯地業務隊は12月9日、空自網走分屯基地と女性隊員同士の交流会を行った。業務隊長の石川泰宏2陸佐の発案で計画されたもので、陸・空女性隊員の意見交換を通じて、勤務や生活環境の向上につなげるのが狙い。会場は網走分屯基地で、計17人（陸11人、空6人）の女性隊員が参加した。

駐屯地の女性隊員が基地に到着すると、まず両部隊の担当者がそれぞれの勤務地の概要や職務内容などを紹介。また28警戒隊総括班主任の及川忍曹長の案内で、女性自衛官の生活隊舎や勤務場所などを研修した。

続いて参加者は、勤務や生活環境について意見を交換。特に「家庭と仕事の両立」や「育児」は女性隊員にとって大きな関心事であるため、活発に話し合いがもたれた。最後に参加者は網走分屯基地の田中国敏司令とともに記念撮影を行い、今後も互いに交流を深めていくことを確認しあった。

網走分屯基地の田中国敏司令（前列右から4人目）を囲み記念写真に納まる女性自衛官交流会の参加者ら

13旅団長　引退の床屋さんに感謝状

兒玉13旅団長（左=当時）から感謝状を贈られた中野さん（中央）。右は牛島弘樹駐屯地司令（11月20日、海田市駐屯地で）

【海田市】駐屯地内の理髪店に勤務していた中野厚子さんがこのほど引退、これまでの功績がたたえられ、11月20日、兒玉恭幸13旅団長（当時）から感謝状が贈られた。

中野さんは昭和44年の理髪店開業当時からスタッフとして活動。歴代の13師団長や旅団長をはじめとする駐屯地の隊員たちに親しまれ、時には個人的な相談を持ちかけられてカウンセラー役を担うこともあった。

生け花講師としての顔も持ち、近年では、創立記念行事のたびに生け花教室を開講。レクチャーを通じて参加した女性隊員たちの感性を磨いた。

理髪店引退後も生け花教室は、創立記念行事などのたびに続けていく予定だ。

法性　弘氏（ほっしょう・ひろし=元航空総隊司令官、元空将）12月17日、がんのため死去。87歳。通夜は実施せず、告別式は近親者で行った。喪主は妻の琢子さん。

防大1期。保安管制気象団司令、支援集団司令官を歴任し、平成2年7月から3年6月まで総隊司令官を務めた。

小休止

▽…松本駐屯地業務隊はこのほど、毎年恒例の伝統行事「野沢菜・大根漬け」を行った。地元の旬の野菜で隊員の食欲を増進させるのが目的で、今回で57回目となる。

▽…参加した隊員のほとんどが漬物づくり初挑戦。サポートに駆けつけた自衛隊協力会「山岳部隊婦人の会」の会員から手ほどきを受けつつ、野沢菜40キロ、大根100キロを漬け込んだ=写真。

▽…ご婦人方から「伝統の味」を伝授された13普連本管中隊の正法地拓巳士長は「訓練で疲れた時に漬物を食べて疲労回復してもらいたい」と語った。じっくり塩漬けされた野沢菜や大根は現在、駐屯地食堂で隊員に提供されている。（松本）

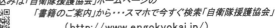

みんなのページ

朝雲・栃の芽俳壇

畠中草史　選

虎落笛（もがりぶえ）途切れず宗谷岬の碑　館山・海OB　斎藤　一向
宗谷岬には日本最北端の地の碑があり、冬は北風が止むことがなく虎落笛が絶えない。

寄鍋す葉も根ものをふんだんに　熊谷・空OG　佐藤　玲美
汁鍋に野菜類、魚介類、肉類等を入れ煮るのが寄鍋。汁具材は地方、家庭により異なる。

阿蘇谷の凜々たりし滝つらら　宮崎・空OB　髙木　智念

冬の鵜の羽を干しゐる礁かな　浜松・空OB　宮本　立勇

山茶花の香のこもる朝の路地　福生・空事務官　村松加珠彦

冬めきて歩度の早まる散歩道　熊谷・空OB　明田　眞雅

通し土間閻口を額に冬紅葉　船橋・陸OG　佐賀あかり

自転車を押して溶けゆく冬野かな　大津・陸OB　丸岡　正男

綿虫の親しげに入る傘の中　浜松・空OG　鈴木和歌惠

雲流れ雪の富士山晴々と　熊谷・空OG　関田　絹江

張替へし障子眩しき奥座敷　横浜・一般　福本　祥子

ウオーキング釣瓶落としの急ぎ足　熊谷・空OG　關谷　桂子

旧道も廃道となり落葉積む　神奈川・海OG　折口　桂子

夕刊の届く音して秋深む　西東京・空OB　水島　孝雄

赤城山尾根を影絵に秋夕焼　東京・陸OG　田中あやめ

震へる手つなぎつ見入る冬花火　あきる野・一般　小和田一男

濃姫の着物を脱がしをる菊師　小牧・陸OB　松岡　魚青

妣描きし軸を換へるも年用意　町田・陸OB　岩原　滋利

散紅葉飛沫を被り船下り　熊谷・空OB　蓮佛志向子

廃屋の庭啾々と昼の虫　鹿島・陸OB　一ノ瀬惠昭

塀に蔓のりだしゆるる牽牛花　相模原・一般　森　謙二

小春日や園児の散歩みな笑顔　浜松・空OG　堀内ミサ子

冬霞スカイツリーの抽ん出て　東京・陸OG　杉山ふく美

届きたる義母の切干荷の隅に　熊谷・空OB　工藤　敏雄

選者作品

獲の路地屋根低くして布団干す

投句歓迎！

▽郵便はがきの裏面に未発表の自作3句以内と氏名、年齢、職業（自衛官・事務官＝所属部隊＝、OB、家族、一般など）、住所、電話番号を記入▽締め切り毎月15日▽宛先＝〒162－8801東京都新宿区市谷本村町5の1　防衛省D棟市ヶ谷記者クラブ朝雲俳句係☎03（5225）1750、専用線8・6・25515

コロナ対策を楽しむ　艦内マスクデザインコンテスト

3海佐　西尾 学泰（護衛艦「あさぎり」副長）

「マスクコンテスト」の優秀賞受賞作品

第14護衛隊（舞鶴）所属の護衛艦「あさぎり」（艦長・角田泰基2佐）では、昨年8月中旬から約1カ月の行動中に艦内イベントの一つとして「新型コロナウイルスマスクコンテスト及びエッセイコンテスト」を企画し、優秀者等の表彰式を実施しました。

新型コロナウイルスの脅威は未だに継続しており、本艦では引き続き乗員のマスク着用やソーシャルディスタンスの確保等の感染防止対策を徹底しているところです。

特にマスク着用は乗員の命を守るために必須ですが、夏季の蒸し暑い洋上作業や艦内作業時など、特殊な勤務環境におけるマスクの着用は、状況によっては息苦しさや煩わしさを感じてしまうのは否めません。

そこで乗員が少しでもマスク着用の生活を楽しむために、何か方法はないものかと考えました。一般的にマスクが生活の一部となり、ファッション化していること等を踏まえ、乗員自らが着用したいデザインを考案すれば、煩わしさ等も和らぐのではないか。本艦ではそのような思いでマスクコンテストを企画しました。キャッチフレーズを「そのマスク、私も着けて勤務したい！」とし、次の三つの条件を設定しました。

①艦内の通常勤務でも着用可能なデザインであること②「あさぎり」が連想できるロゴ等があること③著作権に抵触するものや既存のデザインの流用盗用は禁止——の3点です。

また、エッセイコンテストは、感染防止対策におけるさまざまな制約や自粛中にも皆で喜怒哀楽を共有できる出来事があるのではないかと考え、併せて企画しました。テーマを「私とコロナ対策！」として、感染防止対策中に起きた実際の出来事をエッセイにしてもらいました。

当初は乗員が企画の趣旨を理解してくれるか心配でしたが、マスクコンテストには49件、エッセイコンテストには10件の応募がありました。艦内の希望者に投票してもらったところ、投票総数は64票で、マスクコンテストは優秀賞1人、佳作2人、エッセイコンテストは優秀賞、佳作各1人を選考することができました。

いずれの作品も想像力やユーモアのあふれる内容でした。マスクコンテストの優秀作品は、不織布で作製できないか調整中です。エッセイコンテストの優秀者の作品は、隔離生活の苦悩と、それを機に尊敬する先輩に近づけたことをユーモアたっぷりに書いてくれたものです。また、佳作の作品は家族でマスクを手作りする過程を綴ったもので、手作りマスクと市販のマスクとの比較がユーモラスに書かれていました。

これらのコンテストを機に、乗員皆で知恵を出し合えば、感染防止対策による生活の制約や苦しみの中にも楽しさを生み出すことができる"苦中、楽あり"を実感することができたのではないかと思っています。

（世界の切手・ラトビア）

自分を「よくやっている」って思ったら、もう終わりが近いってこと。

中田　英寿（元サッカー選手）

方面総監検閲に参加して

3陸曹　大槻 真菜（108全支大・仙台）

私は昨年の方面総監訓練検閲に炊事班の炊事要員として参加しました。

炊事班の任務としては隊員の士気高揚を図り、部隊の人的戦闘力の維持に貢献する事です。その中でも特に心のこもった食事の提供及び衛生管理に留意しました。

調理の面では配食の際に温かいおかずとサラダ等を分けたり、食感を残すため炒める食材の順番に注意する等工夫し、衛生管理の面では手洗いの確行や調理器具の消毒を徹底し、食中毒防止に留意しました。

また、統裁官の要望事項の一つである基本基礎の確行の観点から、炊事班は天幕内で炊事をする際、光漏れに注意し敵を意識した行動を心掛け、また室内なので特に火気の取り扱いには十分に注意して調理に臨みました。

今まで検閲に向けて訓練を重ね、積み上げてきた事をこの訓練間で存分に発揮する事が出来ました。しかし、まだ練度不十分な点もあったので、検閲で得た成果をこれからの訓練に生かして練度向上に努めていこうと思います。

訓練検閲で炊事要員として調理に励む大槻3曹

FTC訓練参加し練成の成果を発揮

1陸士　新道 大也（7普連5中・福知山）

昨年、FTC訓練に初めて参加してたくさんの良い経験をしました。機関銃手としての行動、そして目標を確立することができました。

特に良かった点は、夜間において小隊内で各分隊による組織的戦闘ができたこと、そして隠密行動だと思います。小隊内での各分隊の連携では各分隊、各組、各人の任務を明確にするとともに、他の小隊と協力して障害処理が確実にできた点が良かったです。

FTC訓練に向けて勝ち目や弱点克服のための処置・対策を考え、練成してきたからこその成果だと思います。また、夜間の隠密行動により、中隊目標の大道堀まで到達できたことも自信になりました。連隊が定めるアサルトライフルマンの練成で学んできた成果を発揮できました。

引き続き訓練に励み、今後のあらゆる任務にも必ず成果を挙げられるように練度向上に努めていこうと思います。

新刊紹介

「南シナ海問題の構図 ——中越紛争から多国間対立へ」

庄司 智孝著

著者は防衛研究所地域研究部アジア・アフリカ研究室長で、東南アジアの安全保障の専門家。今回が初の単著となる。

南シナ海問題の「主役」として、ベトナム、フィリピン、ASEAN（東南アジア諸国連合）に視点を置き、国際政治の焦点となった危機の構造を解明。

これら三つの主要アクターが「南シナ海問題の構図の形成と変化に相応の影響力を持ち、米中に比肩しうる重要な役割を果たしてきた」として、大国間関係の中で見過ごされた紛争の力学を浮かび上がらせ、その行方を新たな視点で展望する。

著者は南シナ海問題について「日本の海洋安全保障にも関連している」と指摘。一方で、海洋と中国をめぐる問題で日本側に見られがちな「ベトナムやフィリピンは日本と同じ立場にあるため、日本と両国は共に中国に対抗すべし」という単純な見方については、これを排除した上で、冷徹な眼で対中関係を含めた両国の安全保障の複雑さと柔軟性をつまびらかにする。

著者の研究の集大成にして我が国の政策決定に資する貴重な学術書だ。

（名古屋大学出版会刊、5940円）

「ウイグル・香港を殺すもの」

福島 香織著

来月開幕予定の北京冬季五輪だが、バイデン米政権などが政府当局者を派遣しないとする「外交ボイコット」を表明、日本も同五輪への政府代表団派遣を見送るなど、中国の人権問題への抗議が国際的なうねりとなりつつある。

発端となった新疆ウイグル自治区での少数民族ウイグル族や香港メディア、運動家への弾圧などの実態に、元産経新聞香港支局長でジャーナリストの著者が鋭く切り込む。

本書では主に、著者の現場での取材とその人脈で得た中国の情報をもとに構成。ウイグル人の10人に1人が強制収容所に収容されていることや香港警察の過度な取り締まりなど、日本では報じられない中国の実態をひもとく。

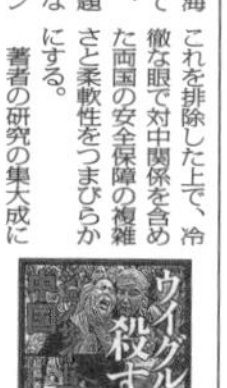

さらに歴代国家主席の中でも習近平氏が特異であることの背景や中国人民解放軍の実力、自衛隊への評価についても言及。権力集中の構造や見えない戦争「超限戦」について解説し、急速に複雑さを増す中国の狙いを論じる。

実際の取材をもとに、不正や弾圧に抗う市民らに寄り添った著者の多角的な中国分析は圧巻。読後には五輪開催で中国が批判される理由が明確に理解できるだろう。

（ワニブックス刊、990円）

OBがんばる

階級外しても誇りを持って

岡本　正樹さん　55
令和2年3月、陸自地理情報隊（東立川）を早期退職制度により1佐で定年退職。金沢市役所危機管理課に再就職し、危機管理監として勤務している。

私は令和2年3月16日、陸上総隊中央情報隊隷下の地理情報隊での勤務を最後に定年退官し、生まれ育った故郷金沢市の市役所危機管理課で勤務しています。

再就職先を決めるために考えたことは、自衛隊でのスキルを生かせること、また自宅から通勤圏内（年齢を考慮すれば通勤時間30分以内が理想）であること、の二つを重視して検討し、目標を金沢市役所に絞り込み、そして就職するには何が必要かを洗い出し、就職までの予定を作成して、それを一つ一つ実行に移しました。その際、地本の援護担当者と密接に調整・連携を図りました。

危機管理課の業務は総合的な防災対策、危機管理対策の企画及び調整に関する事項ですが、私は自衛隊OBとして、国民保護法制、災害対策本部、防災訓練、自衛隊との連携に関する事項等を基本として職務を行っています。

自衛隊現役時代は、考察範囲は全国と広範囲でしたが、現在の守備範囲は金沢市内と狭まりました。半面、対応内容は多様で広範、そして一つ一つきめ細やかに、常に市民を意識して対応することが求められます。

再就職に当たっては、約3年前からの計画的かつ主体的な準備が必要で、セカンドライフで自分が何を重視するかを明確にすることが最も重要だと思います。

入所して1年が経ち、市役所の文化・職務にもようやく慣れてきました。まだまだ戦力になったとは言えませんが、故郷金沢市に貢献できるように、自衛隊での階級は外しても誇りは保持しつつ、笑顔でさわやかなあいさつを心掛け、日々努力してまいります。

「朝雲」へのメール投稿はこちらへ！

▽原稿の書式・字数は自由。「いつ・どこで・誰が・何を・なぜ・どうしたか（5W1H）」を基本に、具体的に記述。所感文は制限なし。
▽写真はJPEG（通常のデジカメ写真）で。
▽メール投稿の送付先は「朝雲」編集部（editorial@asagumo-news.com）まで。

詰将棋

出題　日本将棋連盟　九段　石田　和雄

第859回出題

▲先手　持駒　銀桂

【ヒント】直ぐに金をとらない（10分で初段）。

▶詰碁、詰将棋の出題は隔週です◀

詰碁

出題　日本棋院　九段　曲　励起

第1274回解答

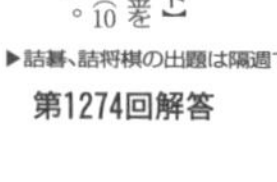

【解答図】黒先、黒活。黒❶が大切です。白②には黒❸で黒活きます。なお黒❶で『イ』から打つと白『1』で黒いけません。

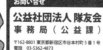

朝雲
発行所 朝雲新聞社
〒160-0002 東京都新宿区
四谷坂町12−20 KKビル
電話 03(3225)3841
FAX 03(3225)3831
振替00190-4-17600番
定価一部150円、年間購読料
9170円（税・送料込み）

主な記事

日豪円滑化協定に署名

部隊の相互運用性を向上

首脳テレビ会談

岸田首相は1月6日、オーストラリアのスコット・モリソン首相とテレビ会談を行い、自衛隊と豪軍による相互訪問時の共同訓練や運用を円滑化する「日豪円滑化協定（RAA＝Reciprocal Access Agreement）」に署名した。併せて「日豪首脳共同声明」を発表し、2007年策定の「安全保障協力に関する日豪共同宣言」を時代に即して速やかに改定することを明記した。岸防衛相は翌7日の記者会見で、協定への署名について「日豪部隊間の相互運用性が向上し、安全保障・防衛協力がさらに促進されることを期待する。『自由で開かれたインド太平洋』の維持・強化に向け、豪州との防衛協力を『新たな次元』に引き上げていく考えだ」と述べた。

岸防衛相「防衛協力を新たな次元に」

モリソン豪首相とテレビ画面を通じて「日豪円滑化協定」に署名し、文書を見せ合う岸田首相（1月6日、首相官邸で）＝官邸HPから

「日豪円滑化協定（RAA）」は、自衛隊と豪軍が互いの国を訪問して活動を行う際の部隊の法的地位と手続きを定めたもので、共同訓練や災害救助など両国部隊間の協力活動の円滑化を目的としている。

日米地位協定を除き、日本が2国間で相手国軍の法的地位を定める協定に署名したのは初めて。2014年7月から交渉を開始し、20年11月の首脳会談での大枠合意を経て実現した。

会談に先立ち行われた協定署名式で、岸田首相は「日豪は基本的価値と戦略的利益を共有する『特別な戦略的パートナー』だ。日米豪印での協力を含め、『自由で開かれたインド太平洋（FOIP）』の実現に向けて協力する同志国である」と述べ、RAAについて「日豪の安保協力を新たな段階に引き上げる画期的な協定だ」と強調した。

モリソン首相も「日本はアジア地域で最も密接なパートナーだ。急速に複雑な形で世界が変わる中、協定は極めて重要となる。RAAは画期的な協定で、高度な防衛・安全保障について2国間協力が可能となる」と期待感を示した。

協定発効には両国で国内法の整備が必要になることから、両首脳は可能な限り早期にそれぞれの国内手続きを完了することを確認した。

RAAは、米軍の長期滞在を前提とした日米地位協定とは異なり、両国で対等に適用される。

共同訓練などで相手国に一時滞在する際、▽出入国時のビザの取得や審査を免除▽訓練等で使用する車両や資材の取得・利用時の課税を免除▽武器弾薬の持ち込み手続きを簡素化――することなどが主な柱。自国の運転免許証での運転も可能だ。刑事手続きについては、訪問した隊員が事件・事故を起こした場合、公務中以外は受け入れ国側が裁判権を持つ。

従来は相互訪問のたびに両国間で個別案件について調整を行っていたが、法的地位や手続きなどをあらかじめ包括的に定めることで、今後は円滑なオペレーションが可能となる。

署名式に続き、首脳会談は約1時間45分行われた。共同声明では、2007年策定の「安全保障協力に関する日豪共同宣言」について、その後の両国間の目覚ましい安保協力の発展と地域の戦略的環境の変化を踏まえ、今後の「羅針盤」としての役割を果たす新たな共同宣言を発出することを明記。両氏は関連部局に対し、可能な限り早期の発出に向けて迅速に作業を進めるよう指示した。

経済安全保障分野での協力強化も盛り込んだ。▽違法な技術移転への対処▽強靱なサプライチェーン（部品供給網）の構築▽重要インフラの保護強化――に向けた協力を深め、人工知能（AI）や量子などの重要技術の研究開発の促進や、サイバー空間における国際法適用の促進など、サイバーと重要技術に関する協力を大きく格上げする。

日本は豪英米の新たな安全保障協力の枠組み「AUKUS（オーカス）」への支持を表明。日豪が米国との同盟関係を強化し、日豪米協力を強化することの重要性を再確認した。

東・南シナ海情勢をめぐっては、中国の強引な海洋進出を念頭に、力による一方的な現状変更の試みへの「強い反対」と「深刻な懸念」を表明。台湾海峡の平和と安定の重要性についても明記した。

北朝鮮情勢については、全ての核兵器とその他の大量破壊兵器、あらゆる射程の弾道ミサイルの「完全で検証可能、かつ不可逆的な廃棄（CVID）」の実現に向けたコミットメント（責任ある関与）を改めて表明した。

岸田首相は当初、対面での首脳会談に臨むため、1月の豪州訪問を調整したが、新型コロナウイルスの感染状況を鑑みてオンライン形式に切り替えた。

日豪の主な安全保障協力

2007年3月	「安全保障協力に関する日豪共同宣言」
6月	初の日豪「2プラス2」開催（東京）
2011年7月	米で空自と豪空軍が初の2国間共同訓練
2012年8月	陸自の南スーダンPKO部隊に豪軍連絡将校の派遣開始
2013年1月	最初の日豪ACSA発効
3月	日豪情報保護協定発効
5月	豪で初の日米豪射撃訓練「サザン・ジャッカルー」
2014年12月	日豪防衛装備品・技術移転協定発効
2015年2月	豪国防省から防衛省に実務レベル職員の長期派遣開始
7月	豪の「タリスマン・セイバー」に陸自部隊初参加
2017年9月	新たな日豪ACSA発効
2019年9-10月	日本で初の日豪空軍種共同訓練「武士道ガーディアン」
2021年11月	自衛隊が豪軍部隊の武器等警護を初めて実施
2022年1月	首脳会談で日豪円滑化協定（RAA）に署名

相次ぎ弾道ミサイル

北朝鮮 今年に入り4回目

北朝鮮は1月14日と17日、それぞれ2発の弾道ミサイルを東方向に発射した。いずれも我が国の排他的経済水域（EEZ）外の北朝鮮東岸付近に落下したと推定され、日本への被害は確認されていない。北朝鮮のミサイル発射は今年に入り4回目。

防衛省は14日の2発について、同日午後2時50分頃までに北朝鮮の北西部から発射され、最高高度約50キロ程度で、通常の弾道軌道だとすれば約400キロ程度飛翔したとの分析を16日に公表した。

弾種については2019年5月4日などに発射された短距離弾道ミサイル（防衛省の区分で「短距離弾道ミサイルA」＝北朝鮮の呼称で「新型戦術誘導兵器」）と外形上類似点のある固体燃料推進方式の短距離弾道ミサイルで、昨年9月15日に鉄道から発射されたものと同型であるとの見解も示した。

一方、17日の2発は同日午前8時49分頃と8時52分頃、北朝鮮西部から発射され、最高高度約50キロ程度で、通常の弾道軌道だとすれば約300キロ程度飛翔したとの分析結果を18日に公表した。

弾種については、20年3月21日などに発射された固体燃料推進方式の短距離弾道ミサイル（防衛省の区分で「短距離弾道ミサイルB」＝北朝鮮の呼称で「新兵器」「戦術誘導兵器」）との見方を示した。

岸防衛相は18日の記者会見で「北朝鮮のミサイル発射は国際社会にとって深刻な課題だ」と北朝鮮を強く非難。我が国の安全確保に万全を期す考えを示した。

陸自空挺団が「降下訓練始め」

新春の澄み切った空を落下傘でゆっくりと降下する陸自空挺団員と、左奥は次の一斉降下に向け進入する米空軍のC130J輸送機（1月13日、千葉県の習志野演習場上空で）＝第1空挺団提供

陸自第1空挺団（習志野）は1月13日、習志野演習場で「令和4年降下訓練始め」を実施した。訓練は、部隊の1年間の安全を祈願して行われ、今年は自衛隊機と米軍機の機上から約300人の隊員が新春の空に跳躍、落下傘で演習場内にゆっくりと降下した。

同訓練には第1ヘリコプター団（木更津）からも各種ヘリが参加。CH47輸送ヘリは車両や火砲を吊り下げて空輸するなど、空挺団のヘリボーン作戦を支援した。

春夏秋冬

『2034米中戦争』

土屋 大洋

中国共産党は2021年7月に結党100周年を祝った。2049年には建国100周年を迎える。米国中央情報局（CIA）で中国分析に携わったマイケル・ピルズベリーは『China 2049』と題する本を2015年に出版した。中国が発展すればやがて民主主義と資本主義に体制を移行させると期待し、米国は支援してきた。しかし、それは希望的観測に過ぎないと気づいたという。

この本が日本で売れている中、中国のことを研究する米国人研究者が来日した。彼らにこの本を読んだかと聞くと、「読む必要はない。参考文献リストを読むだけでくだらない本だとわかる」と切り捨てた。この時点で親中派の米国人学者たちはピルズベリーの議論を受け入れていなかった。

ところが、米国でドナルド・トランプ政権が成立し、米中関係が緊迫した。その過程で徐々に中国の本質が浮き彫りになってきた。先の研究者の一人に再会したとき、彼は「当分の間、中国に行かない。もはや自分が期待していた中国ではないということが分かった」と大きく認識を変化させていた。

新型コロナウイルスのパンデミックによって海外渡航が難しくなると、世界中の中国研究者が中国を訪問できなくなり、中国の「おもてなし」攻勢がなくなった。ウイルスの発信源が中国と考えられることから、各国と中国の摩擦も激しくなった。

そんな中、2021年にエリオット・アッカーマンとジェイムズ・スタヴリディス提督による小説『2034 米中戦争』（二見書房）が出版された。

結党100周年の2021年と建国100周年の2049年の間は28年ある。その半分の14年を2021年に足すと2035年になる。中国は35年までに中程度の先進国になるという長期計画を発表した。

その前年に当たる34年に米国と中国の間で起きる戦争が『2034』のテーマだ。これは、コロナ後の世界に関するひとつのシナリオだ。サイバー攻撃の威力を過信しているのではというのが私の感想だが、今から12年後には世界は変わっているかもしれない。

このシナリオに日本は出てこない。我々はこれをどう読み、未来に備えるべきだろうか。

（慶應義塾常任理事、慶應義塾大学大学院教授）

岸防衛相「現実的な議論必要」

「敵基地攻撃能力」検討で

岸防衛相は1月14日の記者会見で、いわゆる「敵基地攻撃能力」の検討をめぐってさまざまな意見があることについて、「大切なことは国民の命と暮らしを守っていくことだ。そのために何が必要か、現実的な議論をしっかりしていくことが必要だ」と述べた。

さらに、ミサイル防衛についても「最近では極超音速滑空兵器や、変則軌道で飛翔するミサイルなど、ミサイルに関する技術は急速なスピードで変化・進化している」と説明。「今月5日、11日の弾道ミサイルの発射も含め、昨今の北朝鮮による核・ミサイル技術の著しい進展は、我が国と地域の安全保障にとって看過できるものではない」と断言した。

その上で「いわゆる『敵基地攻撃能力』は古くからある議論だが、まさに現在の問題でもある。選択肢の一つとして考えておかなければならない」と強調し、「国民の命、暮らしを守るために何が求められているか、あらゆる選択肢を排除せず、現実的に検討し、その中で国民の皆さまや与党にもしっかりご理解をいただいていきたい。呼び名に固執するよりも、現実を見据えて対応していくことが大切だ」と話した。

日米韓局長級が北ミサイルで会談

日米韓の防衛当局は1月13日、局長級の電話会議を開き、今年に入ってから頻繁にミサイル発射を繰り返す北朝鮮の動向とその核・ミサイル問題をはじめ、地域情勢、日米韓3カ国の安全保障協力の強化などについて議論した。

会議には防衛省の増田和夫防衛政策局長、米国防総省のイーライ・ラトナー国防次官補（インド太平洋安全保障担当）、韓国国防省の金万基国防政策室長が各国を代表して出席した。

日本側は国際社会の共通目標として、国連安保理決議に従った北朝鮮の完全な非核化と弾道ミサイルの検証可能で不可逆的な放棄の実現に向け、日米韓3カ国が緊密に連携することの重要性を改めて提起した。

防衛省 ワクチン大規模接種 東京会場1月31日再開へ

岸防衛相は1月18日午前の記者会見で、自衛隊による新型コロナワクチンの大規模接種センターの再開について、同日夕に開く推進本部会議で最終決定すると発表した。（詳細は次号）

会場は東京と大阪に設け、東京は前回と同じ大手町の合同庁舎で1月31日に接種を開始する。予約はネットや電話で受け付ける予定だ。大阪は前回とは別の場所で2月以降の開設を目指す。ワクチンは米モデルナ製を使用。18歳以上で3回目の接種券を持つ人が予約可能となる。

朝雲寸言

任務によっては長期間家を留守にするなど、仕事の内容が一般社会の勤め人とは大きく異なるのが自衛官。彼らの伴侶たちには苦労や心配が尽きない。そんな中、これから自衛官との結婚を考える人々が大いに励まされた作品がある。漫画家たいらさおりさんの『海自オタがうっかり「中の人」と結婚した件。』（秀和システム刊）だ▼海上自衛官の夫との出会いから結婚、子育てまでの歩みを、ユーモアたっぷりに描いたシリーズは既に5巻。夫の留守中に子供が高熱を出すといった困難にうろたえ落ち込みつつも、壁を無理に越えようとせず回り道する「おおらかさを持てたらいいなと思っています」としみじみ綴るたいらさんの言葉にどれほど多くの人が力づけられたことだろう▼第3巻『サバイバルファミリー編』によると、地方協力本部への取材などを経て「海自オタは陸自と空自の扉も開けてみたい」と思うに至ったというたいらさんだったが、昨年12月刊行の第5巻をもってシリーズを一旦閉幕することにしたという。第1巻から伴走してくれた編集担当Hさんの急逝を受けた決断という▼類書のない作品だったので、実に惜しまれる中断となった。それでも5巻のあとがきで、ミリタリー分野や家族の日常は描き続けたいと語ってくれたたいらさん。笑いと涙の絶妙なミックスのまま、いつの日かまた「自衛隊オタ」が再臨する日を多くの読者が待ち望んでいる。

時の焦点

国内

新変異株

迅速な対策で感染抑止を

重症化のリスクが低いとしても、爆発的な感染の広がりに手をこまぬいてはいられない。政府は感染抑止に向けて、スピード感をもって的確な措置を講じることが重要だ。

新型コロナウイルスの変異株「オミクロン株」の感染が急拡大している。政府は、沖縄、広島、山口の3県に、緊急事態宣言に準じた対策をとれる「まん延防止等重点措置」を適用した。

3県では、米軍基地の関係者から感染が広まった可能性が高いとみられている。林外相がブリンケン米国務長官に、基地関係者の検査や外出制限を徹底するよう求めたのは当然だ。

今後、重点措置に指定される地域が増える可能性もある。政府と自治体は、各地の病床使用率や重症者数などを丁寧に分析し、必要ならば躊躇なく行動制限を要請しなければならない。

岸田首相は、オミクロン株対策として、ワクチンの3回目接種を前倒しすることや、在宅医療の体制拡充を発表した。外国人の新規入国を原則停止とする水際対策は、2月末まで延長するという。

ワクチンの追加接種は、医療従事者や高齢者を対象に始まっているが、打ち終わった人はわずかだ。昨年は、接種の開始時期で後れを取り、経済活動の回復に支障を来した。政府は十分なワクチンを確保し、希望者に迅速な接種を行うべきだ。

自衛隊は、大規模接種センターを再び開設することになった。昨年は、民間の看護師らの協力を得て、半年間で196万回の接種を行った。円滑な実施体制をもう一度築いてもらいたい。

在宅医療の強化は、重症者らの病床を確保しておく狙いがある。自宅療養中に亡くなるような事態を防ぐには、地域の医師が病状の急変などを把握できる仕組みを確立する必要がある。

政府は、濃厚接触者に自宅や宿泊施設での待機を求める期間を短縮した。

沖縄では、医療従事者が感染し、濃厚接触者も増えた結果、欠勤が相次いで医療の機能を維持できなくなっているという。全国の医療機関や事業所でも同様の事態が考えられる。

オミクロン株は、重症者が少なく、潜伏期間が短いとされている。そうした特性に応じて策を講じていくことが欠かせない。

ワクチンを2回接種していても、感染するケースが目立ち始めている。不安を取り除くためにも、十分な検査体制を確保しておくことも大切だ。

気がかりなのは、「感染しても軽症で済みそうだ」といった楽観論が広がることだ。感染者が急増すれば、重症者も一定程度増える恐れがあり、医療の逼迫を招きかねない。政府は、マスク着用やうがい、手洗いなど基本的な感染対策の徹底を改めて呼びかけてほしい。

夏川　明雄（政治評論家）

海外

バイデン米政権

中間選挙に向け正念場

米国内で深まる分断の克服と同盟諸国との関係再構築などを掲げてバイデン米大統領が就任して1月20日で1年となる。一昨年の大統領選と同時に実施された連邦議会選の結果、与党の民主党は議会の上下両院でも辛うじて過半数を制し、国政運営には追い風が吹く中での政権始動だった。それから1年がたち、バイデン政権は新型コロナ禍の封じ込めに苦しんでいるほか、選挙公約の大型財政出動による米経済再建が民主党内の路線対立で道半ばの状態であり、国際的な需給と物流の混乱に伴う記録的な物価上昇で国民生活も直撃し、昨年後半以降、政権運営は一転して逆風にさらされている。

外交・安全保障分野でも、トランプ前政権から引き継いだアフガニスタンからの米軍の全面撤退が拙速に過ぎたこともあり、昨年8月にはイスラム主義勢力タリバンの復権や現地協力者らの国外退避で大混乱を招き、大統領の支持率低下に拍車をかけた。前政権の米国第一主義の対外政策によって揺らいだ欧州など同盟諸国との関係修復は進んだものの、習近平一強体制の下で覇権主義的傾向を強める中国に対抗していく上でカギを握る米欧日などの民主主義国陣営が連携する外交・安保戦略はまだ緒に就いたばかりだ。

トランプ前政権からの積み残し課題である2015年締結のイラン核合意の再建に向けた関係当事国の交渉や北朝鮮の非核化に向けた米朝協議もこう着状態が続いたり、対話路線が行き詰まるなど、バイデン外交の全面展開には程遠い。現下の最重要課題は、北大西洋条約機構（NATO）の東方不拡大などを要求して対ウクライナ国境に大部隊を集結させるなどして軍事圧力を強めるロシアとの緊張緩和に向けた外交交渉だ。

バイデン大統領は「ロシアがウクライナに侵攻すれば、重大な代償を払うことになる」として、プーチン政権に強く警告するが、米国がウクライナ問題で軍事介入する選択肢は排除している。ロシアが米政権の足元を見て、武力侵攻に踏み切る可能性は依然として消えない。「世界の警察官」の地位から降りた米国としては、NATOや欧州連合（EU）などのパートナー諸国とともにロシアの冒険主義を抑止し、妥協に持ち込むのが最善とみており、バイデン氏の外交指導力が試される重大局面を迎えている。

11月には、バイデン政権の1期目前半の施政に対する米有権者の評価の場となる中間選挙がある。最近の大統領支持率は40％前後の水準に低迷し、支持率が回復しなければ、上下両院で民主党が議席を減らし、重要法案の成立に向けた議会工作はさらに厳しくなるのは必至だ。いまだに前回の米大統領選は「盗まれた」といった陰謀論を振りまくトランプ氏も共和党指導部ににらみを利かせ、虎視眈々と再選シナリオを描く。これ以上の失点は許されないだけに、バイデン大統領にとって山積する内外の主要課題への対応で正念場の日々が続きそうだ。

伊藤　努（外交評論家）

岸大臣「日越防衛協力のモデルに」

PKO参加のベトナム支援　派遣隊員が出国報告

岸防衛相（右）に対し、ベトナム派遣要員27人を代表して出国報告を行う（左から）櫻井2佐、石橋2佐、鈴木3佐、高田3佐（12月22日、防衛省で）

ベトナム軍の国連平和維持活動（PKO）への参加を支援するため同国に赴く陸自隊員27人を代表して4人の隊員が12月22日、防衛省を訪れ、岸防衛相に出国報告を行った。

大臣室では槌道防衛審議官らが立会する中、櫻井政友2佐（防衛省防衛政策局参事官付）、石橋孝幸2佐（陸上総隊国際活動教育隊＝駒門）、鈴木孝3佐（陸上総隊中央輸送隊＝横浜）、高田泰規3佐（陸上総隊中央即応連隊＝宇都宮）が整列し、代表して櫻井2佐が約1カ月間の任務に当たることを報告した。

岸大臣は4人に対し、「士気旺盛な姿に接し、大変頼もしく感じた」と述べた上で、「諸官の任務は、『新たな段階』に入った日越防衛協力のモデルケースとして、ベトナムにとって初となる工兵部隊のPKO参加決定を受け、諸官がこれまで培ってきた豊富な知見を積極的に共有し、共に国際社会の平和と安定に寄与しようとするものだ」と意義を強調。「ベトナムの皆さまの心に寄り添いながら、現場のニーズにきめ細やかに対応し、自衛隊ならではの協力を立派に行ってもらいたい」と激励した。

派遣隊員たちは、アフリカのスーダンと南スーダンにまたがる「国連アビエ暫定治安維持部隊（UNISFA）」に参加準備を進めるベトナム軍に対し、能力構築支援の一環として物品の梱包に関する知見共有や実技支援を実施しており、1月下旬に任務を終えた後は、コロナ対策の停留措置などを経て帰国する予定だ。

饗庭野演習場で射撃訓練再開へ

陸自が安全を確認

陸自の饗庭野演習場（滋賀県高島市）で昨年発生した120ミリ迫撃砲の場外着弾事案により、中止されていた実射訓練について、陸幕は1月11日、安全を確保した上で近く訓練を再開すると発表した。

陸幕は饗庭野演習場での実射訓練に関し、「安全確保に資する再発防止策を確立し、部隊に普及・教育した。今後も徹底して事故防止に努めていく」としている。

町スキー場利用で協定書

倶知安駐屯地と倶知安町が調印

【倶知安】倶知安駐屯地（司令・齋藤誠2佐）は12月21日、倶知安町役場で令和3年度倶知安町旭ヶ丘スキー場の使用の協力に関する協定書調印式を行った。

同スキー場は1955年（昭和30年）、防衛施設周辺地域との調和を図るための整備の一環としてリフト整備を行い、町民自慢のスキー場となった。駐屯地は29普連の時代から66年間にわたり旭ヶ丘スキー場を利用、部隊・隊員の冬季戦技能力の向上に活用している。

同スキー場は道内でも有数の規模で、国体をはじめ各種スキー競技会も開催されるなど、地域に根付いた町営スキー場となっている。

倶知安駐屯地は毎年、町と協定を結び、隊員の訓練にスキー場を活用。ゲレンデは初級～中級レベルの2コース（最大斜度30度、最長滑走距離560メートル）があるほか、山頂から西側の林間へ滑り込むコースもあり、隊員が技術を高めるには最高の施設となっている。

駐屯地は主に平日の訓練に使用、隊員の利用者数は年間延べ約4000人に上り、各部隊のスキー練度向上に役立てられている。

倶知安町旭ヶ丘スキー場の使用協力に関する協定書調印を行った同町の村井満教育長（右）と齋藤誠駐屯地司令（12月21日、倶知安町役場で）

不審船対処の共同訓練を行う（手前から）海自護衛艦「たかなみ」、海上保安庁巡視船「あぐに」、護衛艦「やまぎり」（12月22日、伊豆大島東方海域で）

不審船対処で共同訓練

海自護衛艦と海保巡視船が

海自は12月22日、東京・伊豆大島東方海域で海上保安庁と不審船対処の共同訓練を実施した。

海自から自衛艦隊司令部、6護隊（横須賀）の護衛艦「たかなみ」、11護隊（同）の「やまぎり」、海保からは神奈川の第3管区海上保安本部、巡視船「ぶこう」「あぐに」が参加。

訓練では海自と海保の情報共有をはじめ、護衛艦と巡視船の連携に向けた訓練を行い、共同対処能力を強化した。

同訓練は1999年に両者が策定した「不審船に係る共同対処マニュアル」に基づき定期的に行われ、今回で23回目。策定以降、20年まではほぼ年1回のペースで行われてきたが、21年は3月から12月までの間に6回の訓練が実施された。

多国間の訓練に海自P1が参加

シードラゴン2022

海自4空群3航空隊31飛行隊長の道山智行2佐以下約50人とP1哨戒機2機は1月2日から、米グアム島周辺海域で米海軍が主催する固定翼哨戒機の多国間共同訓練「シードラゴン2022」に参加している。20日まで。

同訓練に海自は2020年から参加しており、今回で3回目。米海軍と海自のほか、豪空軍、インド海軍、カナダ空軍、韓国海軍が加わり、対潜戦訓練を実施している。

米海軍ホームページによると同訓練は採点方式で行われ、最高点を獲得した参加国にはチャンピオンベルトを模した「ドラゴンベルト」が授与される。

防衛省発令

▽統幕学校教育課長（統幕学校教育課）　1空佐　長谷川晃久
▽航空中央業務隊付（統幕学校教育課長）　同　原田　豊
（以上1月10日）
▽海幕教育課教育班長兼教育課個人訓練班長（海幕人事教育部教育課）　1海佐　坂前　信博
▽同人事計画課（海自幹部学校付）　同　原田　康平
▽護衛艦隊司令部（11護衛隊司令）　同　沢田　俊彦
（いずも艦長）　同　川内　健治
（ましゅう艦長）　同　岳本宏太郎
▽11護衛隊司令（海幕教育課教育班長兼教育課個人訓練班長）　同　稲葉　忠之
▽いずも艦長（護衛艦隊司令部）　同　小城　尚徳
▽かが艦長（護衛艦隊幕僚兼自衛艦隊司令部）　同　國分　一郎
▽ましゅう艦長（かが艦長）　同　西田　敏志
▽統幕運用2課国際地域調整官（統幕運用2課）　1空佐　内山　均
▽航空教育集団監理監察官（統幕運用2課国際地域調整官）　同　狗田　将明
（以上1月12日）
▽兼小平学校システム教育部長　小平学校副校長兼企画室長　1陸佐　中野　智彦
▽小平学校付（小平学校システム教育部長）　同　河口　誠
（以上1月13日）
▽兼中央病院5外科部長　中央病院1外科部長　1陸佐　村山　道典
（1月14日）

共済組合だより

学生・独身寮「パークサイド入間」

入間学生・独身寮　入居者を随時募集中！

防衛省共済組合の学生・独身寮「パークサイド入間」（埼玉県狭山市入間川4―24―11）では、独身・単身赴任の組合員及び大学生等の組合員子弟を対象に入居者を募集しています。希望者は共済組合支部までお問い合わせください。

「パークサイド入間」は鉄筋コンクリート（RC）5階建（男性）及び地上4階建（1階部分男性、2～4階部分女性）で、部屋数は計103室です。各室はフローリングのワンルームマンション形式で、広さ約19・05平方メートル。キッチン、3点式ユニットバス（お風呂、洗面台、トイレ）、バルコニー、エアコン、インターフォンを完備し、日当たり良好です。また、女性棟部分はセキュリティ錠付きです。

施設には管理人が常駐し、不在時の宅配便の受け取りが可能です。なお、給食施設はありませんので、食事は自炊となります。

入居費は月額3万9000円（使用料3万6000円・共益費3000円）ですが、使用料は住居手当の支給対象となるので、支給される場合の組合員の自己負担額は月額2万3500円です。

駐車場（30台）を利用する場合、料金は月額4987円となります。（いずれも令和4年1月1日現在）

交通は西武池袋線「稲荷山公園」駅から徒歩8分。同駅から都心の「池袋」に急行で40分、「新宿」に60分です（所沢で西武新宿線急行乗換）。

施設外観や内装は防衛省共済組合ホームページ（https://www.boueikyosai.or.jp/）からもご覧になれますので是非ご検討下さい。

2022 陸海空訓練始め

2022年の年明けとともに、全国の陸海空部隊が一斉に始動した。

東北や信越地方では年初から大雪が続く中、陸自は2普連（高田）と20普連（神町）が雪国の特性を生かしたアキオリレーなどで練成を開始。22即機連（多賀城）は重装備ですがすがしい空気の駐屯地内を走破した。

海自は4日、2空群（八戸）のP3C哨戒機が雪を巻き上げ訓練飛行に飛び立ち、空自3空団のF35Aステルス戦闘機も6日、雪の三沢基地を離陸、新春の日本海上空で飛行訓練を行った。

F35 新時代の空へ

年始初訓練のため、日本海上空に向けて離陸する3空団のF35Aステルス戦闘機（1月6日、三沢基地で）

新春の空に向けて離陸する4空団11飛行隊のブルーインパルス4番機（1月5日、松島基地で）

快晴に映えるT4ブルー

日本海上空で訓練
3空団

【3空団＝三沢】空自は1月5日から11日にかけ、初飛行訓練を一斉に行った。

最新のF35Aステルス戦闘機が配備された三沢基地では、1月6日午後2時15分、5機が基地を次々に離陸し、日本海上空の訓練空域などで約1時間半にわたり各種訓練を行った。

これに先立ち5日、三沢基地では警空団や三沢ヘリ空輸隊の各機も飛行訓練を行った。

F2等も年始飛行
4空団

【4空団＝松島】4空団11飛行隊（松島）T4ブルーインパルスは1月5日、年始飛行訓練を行った。

快晴の中、午前11時50分、5機のT4ブルーが新春の空に向けて離陸、約30分間にわたって飛行訓練を行った。松島救難隊やF2戦闘機教育部隊の21飛行隊も同日、飛行始めを行った。

4空団司令兼松島基地司令の増田友晴将補は、「松島基地は本年も任務と訓練に励み、国民の皆さま、基地を支えてくださる皆さまのご期待に沿えるよう、隊員一同努力してまいります」とメディアに向けてコメントを発表した。

吊下式ソーナーで潜水艦の捜索訓練を行うSH60Jヘリ（1月6日、四国沖で）

耳澄ますSH60J

P3C 雪を巻き上げ離陸

雪を巻き上げながら初訓練に飛び立つP3C哨戒機（1月4日、八戸基地で）

「変化を恐れず 職務の遂行を」
2空群

海自2空群2航空隊（八戸）は1月4日、今年初の訓練飛行を実施した。

各クルーが配置についたP3C哨戒機1機は、横殴りの風が吹きつけるなか、雪を巻き上げながら飛び立った。

また基地では11日、降旗琢丸群司令が隊員約400人に対し年頭訓示。「変化を恐れることなく、自分が成すべきことを考え職務を遂行せよ」と要望、全員で一年の航空安全を誓った。

海と空から警戒監視
22空群

四国の22空群24航空隊（小松島）では1月6日、初飛行訓練と初航海訓練を行った。241飛行隊、整備補給隊、小松島航空基地隊などの隊員約250人が第1格納庫内に整列。和田和起隊司令の「かかれ！」の号令で、司令以下14人がSH60J哨戒ヘリ3機に搭乗、基地隊長以下5人が支援船（YF2145）に乗艦し、それぞれ訓練を開始した。

新春の空に飛び立ったSH60J3機は大鳴門橋上空を飛行し、その後、対潜水艦戦の「編隊追尾訓練」を行った。

石井連隊長を先頭に、フル装備で年始のランニングをする22即応機動連隊の隊員たち（1月6日）

精進誓う即機連隊

雪が降る中、訓練始めの自衛隊体操で一年をスタートさせた20普連の約700人の隊員たち（1月11日、神町駐屯地で）

雪でも熱い 精鋭団結

雪国の特性生かし 訓練に弾みつける
2普連・20普連

【高田、神町】陸自2普連（高田）と20普連（神町）は1月11日、それぞれ雪国の特性を生かした訓練始めを行った。

新潟の2普連は中隊対抗の「スキー・かんじき機動」に挑み、隊員60人が70メートルのコースを往復してタイムを競った。参加者は一致団結して白熱したレースを繰り広げ、今後の訓練に弾みをつけた。

一方、山形の20普連では雪の降る中、隊員約700人が一斉に統制のとれた自衛隊体操で体を温めた。

続いて開始された「アキオ曳航リレー」では、連隊本部と6個中隊の代表各16人が、中隊長らをアキオに乗せ、100メートルのコースを2往復して順位を競い、新年のスタートを切った。

フル装備で2キロ走
22即応機動連隊

このほか東北方面では、22即応機動連隊（多賀城）が1月6日に始動、隊員約600人が石井伸幸連隊長を先頭に駐屯地内をランニング。隊員たちは重量約10キロのフル装備で約2キロを走破し、部隊の団結強化を図った。

この後、各自が9ミリ拳銃と89式小銃の取り扱い確認を行い、今年一年の精進を誓った。

訓練始めの「スキー機動」で、一致団結して最速タイムを叩き出した2普連3中隊の隊員たち（1月11日、高田駐屯地で）

令和4年度防衛予算案 詳報

～防衛力強化加速パッケージ

考え方

1 周辺各国が軍事力を強化し、我が国周辺で軍事活動を急速に活発化させるなど、我が国を取り巻く安全保障環境がこれまでにない速度で厳しさを増す中、宇宙・サイバー・電磁波といった新領域における能力、海空領域における能力、多様な経空脅威へ対処する総合ミサイル防空能力、スタンド・オフ防衛能力、機動・展開能力、弾薬の確保や装備品の維持整備等、こうした変化への対応に必要な防衛力を大幅に強化し、多次元統合防衛力を構築。

あわせて、防衛分野での技術的優越の確保のため、必要な体制およびゲーム・チェンジャーとなり得る技術等の研究開発や防衛産業基盤を強化する。また、質の高い自衛隊員の十分な確保や処遇改善等を通じた人的基盤の強化、日米同盟・諸外国との安全保障協力を強化。

2 このような考え方に基づき、令和3年度から防衛力強化を加速するため、令和4年度当初予算に計上する予定の事業をこれまでにない規模で前倒して実施することとし、令和3年度補正予算および令和4年度当初予算を「防衛力強化加速パッケージ」と位置づけ、一体として編成することにより、防衛力を大幅に強化。

3 この際、既存の予算・人員の配分に固執することなく、資源を柔軟かつ重点的に配分し、効果的に防衛力を強化。さらに、あらゆる分野での陸海空自衛隊の統合を一層推進し、縦割りに陥ることなく、組織および装備を最適化。

4 格段に厳しさを増す財政事情と国民生活に関わる他の予算の重要性等を勘案し、我が国の他の諸施策との調和を図りつつ、調達の効率化にかかる各種取り組み等を通じて、一層の効率化・合理化を徹底。

（本文中の青色部分は新規事業）

I 防衛関係費

歳出予算の推移（パッケージ：いわゆる15カ月予算）

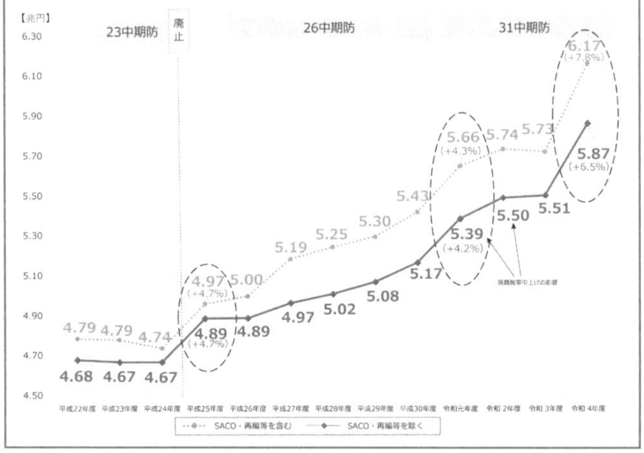

II 領域横断作戦に必要な能力の強化における優先事項

我が国を取り巻く安全保障環境が格段に速いスピードで厳しさと不確実性を増す中、宇宙・サイバー・電磁波を含む全ての領域における能力を有機的に融合し、平時から有事までのあらゆる段階における柔軟かつ戦略的な活動の常時継続的な実施を可能とする防衛力を構築する。

1 宇宙・サイバー・電磁波等の領域における能力の獲得・強化

領域横断作戦を実現するため、優先的な資源配分や我が国の優れた科学技術の活用により、宇宙・サイバー・電磁波といった新たな領域における能力を獲得・強化する。宇宙関連経費790億円（弾道ミサイル防衛関連経費の宇宙関連部分を除く）

(1)宇宙領域における能力

SSA（宇宙状況監視）の強化

○SSA衛星（宇宙設置型光学望遠鏡）の整備（39億円）

○SSAレーザー測距装置の取得（190億円）

宇宙空間の安定的な利用を確保するため、低軌道の宇宙物体をより正確に監視できるSSAレーザー測距装置の取得

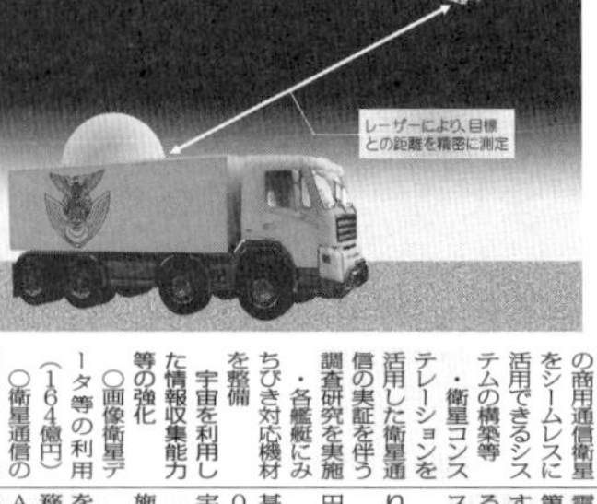

SSAレーザー測距装置のイメージ図＝防衛省予算パンフレットから

○SSAシステム等の整備（77億円）

ミサイル防衛のための衛星コンステレーション活用の検討

○HGV（極超音速滑空兵器）探知・追尾の実証に係る調査研究（3億円）

赤外観測衛星を多数配置した衛星コンステレーションにより、HGV等を宇宙から探知・追尾するシステムの実現に必要な技術実証について、調査研究を実施

宇宙利用における抗たん性の強化

○衛星通信システムの抗たん性向上等（99億円）

・Xバンド防衛通信衛星と他の商用通信衛星をシームレスに活用できるシステムの構築等

・衛星コンステレーションを活用した衛星通信の実証を伴う調査研究を実施

・各艦艇にみちびき対応機材を整備

宇宙を利用した情報収集能力等の強化

○画像衛星データ等の利用（164億円）

○衛星通信の利用（129億円）

・次期防衛通信衛星に関する調査研究を実施

・Xバンド防衛通信衛星の整備・維持

・商用通信衛星回線の借上げ、衛星通信器材の整備・維持等

組織体制の強化

○宇宙作戦群（仮称）の改編

・既存の宇宙作戦隊は、第1宇宙作戦隊（仮称）に改編し、宇宙空間の状況を常時継続的に監視する体制を構築するため、要員を拡充

・我が国の人工衛星に対する電磁妨害状況を把握するため、第2宇宙作戦隊（仮称）を新編するとともに、宇宙領域に関する装備品を維持管理する宇宙システム管理隊（仮称）を新編

その他の宇宙政策に関する取り組み

○諸外国との国際協力（1億円）

・米国コロラド州の米宇宙軍基地で実施する「Space100」課程等に要員を派遣し、宇宙全般に関する知見を習得

・日米実務者意見交換会の実施

米軍の連合宇宙作戦センターを実地調査するとともに日米実務者間で意見交換を行い、SSA等の統合運用要領に関する情報を取得

・宇宙分野における多国間机上演習等への参加

※弾道ミサイル防衛関連経費（宇宙関連部分のみ）387億円

(2)サイバー領域における能力（サイバー関連経費342億円）

サイバー関連部隊の体制の強化

○サイバー関連部隊の体制の強化

共同の部隊である自衛隊サイバー防衛隊（仮称）の増員をはじめ、サイバー関連部隊の体制を拡充し、サイバー防衛能力を強化

サイバー人材の確保・育成

○サイバー人材共通のスキル評価指標作成のための調査・研究（0・5億円）

防衛省・自衛隊において、効果的・効率的にサイバー人材の確保・育成を行うためのスキル評価指標を確立するため、諸外国におけるサイバー人材のスキル評価手法について調査・研究を実施

○サイバーセキュリティー統括アドバイザーの採用（0・4億円）

○サイバーセキュリティーに関するハイスキル人材の育成（0・1億円）

○サイバー攻撃対処に係る部外力の活用（38億円）

○サイバー分野における部外力の活用に関する調査・研究（0・3億円）

部外人材の安定的かつ効果的な活用のための新たな制度設計の資とするため、諸外国の軍および防衛当局でのサイバー分野における予備役、非常勤等の部外力活用の実態について調査・研究を実施

サイバーに関する最新技術の活用

サイバー人材の訓練等

○サイバー演習環境の整備（12億円）

○諸外国とのサイバー分野における連携強化（2億円）

・サイバー・セキュリティーに関する国際訓練等への参加

・陸自通信学校が主催のサイバー競技会を開催

・北大西洋条約機構（NATO）サイバー防衛協力センター（CCDCOE）主催の対抗形式の多国間サイバー防衛演習「ロックド・シールズ」に参加

システムの強靭化

○防衛省・自衛隊の共通通信インフラである防衛情報通信基盤（DII）クローズ系システムの防護機能の強化（80億円）

○システムネットワーク管理機能の整備（64億円）

陸自の全システムの防護、監視、制御等を一元的に行うシステムネットワークマネージメントシステム（SNMS）を整備

○制御システムのサイバーセキュリティーに関する調査・研究（0・1億円）

海自の艦艇および航空機で運用する制御システムに対する脆弱性調査手法およびサイバー攻撃への対応策を改善するため、制御システムのサイバーセキュリティーに関する調査・研究を実施

(3)電磁波領域における能力

我が国に侵攻する相手方のレーダー等を無力化する能力の強化

○艦艇の電子戦訓練支援能力を向上するため多用機UP3Dの搭載機器の換装および機体改修を実施（57億円）

○艦艇の電波探知妨害装置の監視能力を強化するため電波探知妨害装置を改修（3億円）

○電子戦部隊を新編し、平素から電波収集・分析を行い、有事においては相手の電波利用を無力化することで、各種戦闘を有利に進める機能を強化

我が国に対する侵攻を企図する相手方からの電磁波領域における妨害等に際して、その効果を局限する能力の強化

○戦闘機（F35A）の取得（8機：768億円）

その他関連経費（整備用器材等）として、別途374億円を計上

※国内企業が最終組立・検査を実施する方が、完成機輸入に比べてより安価となることが確認されたことから、令和4年度のF35Aの取得については、元年度から3年度の取得と同様に、国内企業が最終組立・検査を実施

○戦闘機（F35B）の取得（4機：510億円）

その他関連経費（整備用器材等）として別途205億円を計上

○戦闘機（F15）の能力向上（520億円）

電磁波に関する情報の収集・分析能力の強化

○電波情報収集機（RC2）の機体構成品の取得（46億円）

○多用機用センサーシステムの搭載に関する調査研究（0・3億円）

多用機EP3の減勢に伴う後継機（次期電子情報収集機）の開発に向け、海自の多用機にAIを搭載するために必要な技術要件や支援システム等に関する調査研究を実施

電磁波管理能力の強化

○電磁波管理機能の整備（3億円）

陸自の指揮システムに、陸自内の周波数割当の最適化を支援するための機能等を付与するとともに、統幕の中央指揮システム等と連接することにより、電磁波管理能力を向上

○艦艇の電磁シグネチャ管理（0・4億円）

海自艦艇の電磁シグネチャを調査し、将来の艦艇設計の資とするための調査を実施

情報通信能力・情報共有態勢の強化

○戦術データリンクの整備（128億円）

訓練演習、人材育成

○RC2用機上電波収集模擬システムの取得（0・9億円）

RC2搭乗員の電波収集練度を向上させるため、機上電波収集模擬システムを取得

○統合電子戦訓練の実施（0・2億円）

○米国における電子戦訓練の実施（0・2億円）

陸自電子戦部隊の練度向上を図るため、米国における米陸軍との共同訓練において、電子戦に関する訓練を実施

○米国の電子戦運用幕僚課程に空自要員を派遣（400万円）

(4)その他全般的事項

システム・ネットワークの安定性の強化

○中央指揮システムの換装（26億円）

領域横断作戦能力強化のための練成訓練

○日米の司令部レベルにおける領域横断作戦に係る指揮所訓練（3・8億円）

○日米の部隊レベルにおける領域横断作戦に係る実動訓練（0・4億円）

2 従来の領域における能力の強化

領域横断作戦の中で、宇宙・サイバー・電磁波の領域における能力と一体となって、航空機、艦艇、ミサイル等による攻撃に効果的に対処するため、海空領域における能力、スタンド・オフ防衛能力、総合ミサイル防空能力、機動・展開能力を強化する。

(1)海空領域における能力

常続監視態勢の強化

○自動警戒管制システム（JADGE）にAIを導入し、指揮官の状況判断の迅速性および確実性を向上（18億円）

○固定翼哨戒機（P1）の取得（3機776億円＝うち【補】635億円）

○哨戒ヘリ（SH60K）の救難仕様改修（2機12億円）

○掃海・輸送ヘリ（MCH101）の取得（1機61億円）

○滞空型UAV（無人航空機）の試験的運用（47億円）

海自における各種任務への適合性、有人機等との連携要領および省人化／省力化に寄与する導入のあり方を検証するため試験的運用を実施

○艦載型UAV（小型）に関する研究（性能試験＝6億円）

艦上運用可能なUAVの、海自艦艇に対する艦載適合性および操作性を確認するため、民間企業が用意した器材を用いて性能試験を実施

○護衛艦の建造

護衛艦（FFM＝30年度型護衛艦9番艦および10番艦（3900トン）を建造（2隻1103億円＝うち【補】75億円）

○探知能力等が向上した潜水艦（29年度型潜水艦6番艦＝3000トン）を建造（1隻736億円）

○掃海艦（「あわじ」型5番艦＝690トン）を建造（1隻134億円）

○海洋観測艦（3500トン）を建造（1隻279億円）

○音響測定艦（「ひびき」型4番艦＝2900トン）を建造（1隻196億円）

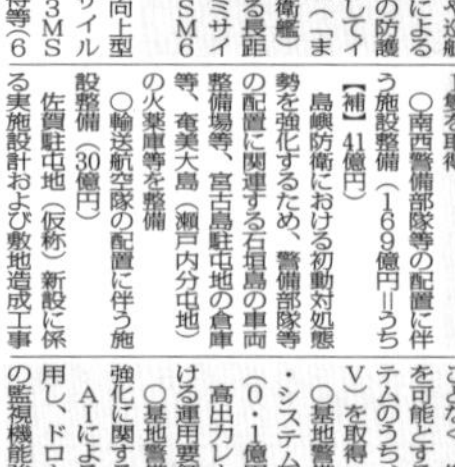

短距離離陸・垂直着陸が可能なF35B戦闘機＝防衛省予算パンフレットから

○哨戒艦の基本設計（4億円）

警戒監視に特化し、省人化運用可能な哨戒艦の導入に向けた基本設計支援役務等

○偵察航空隊（仮称）の新編等

我が国から比較的離れた地域での情報収集や事態が緊迫した際の空中での常時継続的な監視を実施し得るよう、滞空型無人機（RQ4B）の運用態勢強化のため、臨時偵察航空隊を廃止し、偵察航空隊（仮称）を新編

航空優勢の獲得・維持

○戦闘機（F2）の能力向上（2機改修：32億円）

その他関連経費（細部設計等）として別途163億円を計上

○「いずも」型護衛艦の改修（61億円）

○03式中距離地対空誘導弾（改善型）の取得（137億円）

○基地防空用地対空誘導弾（基地防空用SAM）の取得（【補】103億円）

(2)スタンド・オフ防衛能力

(3)総合ミサイル防空能力（弾道ミサイル防衛関連経費1374億円＝うち【補】643億円）

シューター・誘導弾の機能強化・増勢

○標準型ミサイルSM6の取得（202億円）

航空機や巡航ミサイルによる攻撃からの防護を目的としてイージス艦（「まや」型護衛艦）に搭載する長距離艦対空ミサイルであるSM6を取得

○能力向上型迎撃ミサイル（PAC3MSE）の取得等（600億円＝うち【補】441億円）

○イージス・システム搭載艦に搭載するレーダー（SPY7）の洋上仕様変更（58億円）

イージス・システム搭載艦に搭載するSPY7の関連器材を洋上仕様に変更

その他

○弾道ミサイル等対処訓練の実施

(4)機動・展開能力

○PFI（民間資金等活用事業）船舶の活用による統合輸送態勢の強化

○統合水陸両用作戦訓練の実施

○輸送機（C2）の取得（1機【補】221億円）

○石垣島における部隊配置

自衛隊配備の空白地域となっている島嶼部への部隊配備のため、石垣駐屯地（仮称）に警備部隊、中距離地対空誘導弾部隊および地対艦誘導弾部隊を配置

○16式機動戦闘車の取得（33両237億円）

○多用途ヘリ（UH2）の取得（13機【補】254億円）

○輸送船舶の取得（2隻102億円）

島嶼部への輸送機能を強化するため、中型級船舶（LSV）1隻および小型級船舶（LCU）1隻を取得

○南西警備部隊等の配置に伴う施設整備（169億円＝うち【補】41億円）

島嶼防衛における初動対処態勢を強化するため、警備部隊等の配置に関連する石垣島の車両整備場等、宮古島駐屯地の倉庫等、奄美大島（瀬戸内分屯地）の火薬庫等を整備

○輸送航空隊の配置に伴う施設整備（30億円）

佐賀駐屯地（仮称）新設に係る実施設計および敷地造成工事の一部に要する経費を計上

○佐世保（崎辺東地区＝仮称）の施設整備（86億円）

○抑止力および対処力の向上を図る機動展開訓練等

・機動運用部隊（機動師・旅団、水陸機動団等）による機動展開訓練（2・2億円）

・北海道、米国、豪州等の良好な訓練基盤を活用した練成訓練（8・6億円）

(5)無人機の活用・無人機への対処

○小型の攻撃型UAVからの防護に係る研究（1億円）

車両への器材搭載による小型の攻撃型UAVの探知・迎撃手段について研究

○UAV（狭域用）の取得（7式【補】5億円）

空中からの情報収集による指揮官の状況判断および火力発揮等への寄与が可能となるUAV（狭域用）を取得

○小型の攻撃型UAVの運用に係る研究（0・3億円）

小型の攻撃型UAV導入の検討のため、小型の攻撃型UAVの運用要領を研究

○無人機雷排除システムの整備（12億円）

護衛艦（FFM）に対機雷戦機能を付与するため、機雷の敷設された危険な海域に進入することなく、機雷を処理することを可能とする無人機雷排除システムのうち、水上無人機（USV）を取得

○基地警備におけるレーザー・システムの運用要領の研究（0・1億円）

高出力レーザの基地警備における運用要領等を実地で研究

○基地警備における監視機能強化に関する実証（0・3億円）

AIによる画像識別技術を活用し、ドローンによる基地警備の監視機能強化に関する実証を実施

3 持続性・強靭性の強化

平時から有事までのあらゆる段階において、部隊運用を継続的に実施し得るよう、弾薬および燃料の確保、自衛隊の運用に係る基盤等の防護等に必要な措置を推進するとともに、各種事態に即応し、実効的に対処するため、装備品の可動率確保のための取り組みを推進する。

(1)継続的な運用の確保

○継続的な運用に必要な各種弾薬（2480億円＝うち【補】820億円）

・航空優勢、海上優勢の確保に必要な対空ミサイル、魚雷の取得（357億円＝うち【補】138億円）

○火薬庫の整備（99億円＝うち【補】2億円）

○分散パッドの整備（10億円）

○滑走路等被害復旧の能力向上に必要な器材の取得（2・4億円）

○自衛隊施設の老朽化対策および耐震化対策の推進（696億円＝うち【補】34億円）

(2)装備品の維持整備に係る取り組みの推進

○装備品の維持整備に必要な経費の着実な確保（1兆1424億円＝うち【補】496億円）

（うち装備品の可動確保関連経費8234億円＝うち【補】458億円）

PBL等の包括契約の推進

○海自輸送機（C130R）のPBL（128億円）

平成29年度よりPBLを実施しており、対象部品等を拡大

○PBL導入に向けた調査分析（1億円）

海自の艦船用ガスタービン機関や非貫通式潜望鏡を対象とした維持整備について、PBL導入に向けた調査分析を実施

III 防衛力の中心的な構成要素の強化における優先事項

人口減少と少子高齢化が急速に進展する一方、装備品が高度化・複雑化し、任務が多様化・国際化する中、より幅広い層から多様かつ優秀な人材の確保を図るとともに、全ての自衛隊員が高い士気を維持し、自らの能力を十分に発揮できる環境の整備に向けた取り組みを重点的に推進する。

また、軍事技術の進展を背景に戦闘様相が大きく変化する中、我が国の優れた科学技術を生かし、防衛装備につながる技術基盤を強化するため、装備品の研究開発期間の短縮や技術的優勢の確保に向けた取り組みを実施するとともに、必要かつ十分な質および量の防衛力を効率的に確保するため、プロジェクト管理の強化等による費用対効果の向上を図る。

1 人的基盤の強化

(1)優秀な人材確保のための取り組みの推進

募集業務の充実・強化

○採用広報用動画の作成等（2億円）

○WEBセミナーの実施（400万円）

○大学キャリアセンターとの連携強化（20万円）

大学キャリアセンター職員に対し、自衛隊の職業としての魅力に関する説明を行うことで防衛省・自衛隊と大学キャリアセンターとの関係強化を図り、大学キャリアセンターを利用する学生への情報の発信を強化

○地方自治体との連携強化、採用予定者等に対する広報の強化（900万円）

再就職支援等の充実・強化

○任期制自衛官の退職時の進学支援（300万円）

○防災・危機管理教育の拡充（0・5億円）

○就職援護施策に係る調査および検討（0・1億円）

再就職支援施策の質の向上に向けて、着目すべき観点や、従来の目標に加えた具体的目標の設定に関する調査・検討を実施

○早期離職防止等教材の整備（700万円）

退職予定自衛官の再就職後の早期離職を防止するための教育および就職援護隊員等が退職予定自衛官に対して効果的な定着支援を行うための教育に必要な教材を整備

人工知能（AI）活用のための人材の確保および育成

○AI活用の方針検討・企画立案等のAI導入推進アドバイザー役務の取得（0・4億円）

○AI学習・データ分析の実務指導ができる部外の専門家を非常勤職員として確保（800万円）

○部隊や研究所の隊員に対するAI基礎講習の実施によるAI人材の育成（0・3億円）

その他

○防衛大学校における学生生活の充実のための部外力の活用（700万円）

カウンセラー派遣など学生のサポート体制の強化に必要な経費

○ハラスメント防止施策の推進（0・2億円）

・ハラスメント相談窓口の部外委託

・ハラスメント防止に係る集合教育（新着任管理者向けマネジメント研修を含む）

(2)女性活躍、働き方改革および生活・勤務環境改善の推進

女性職員の採用・登用のさらなる拡大等、女性職員の活躍をさらに推進するとともに、働き方改革および生活・勤務環境の改善に関する施策を推進・強化する。

女性活躍の推進

○女性自衛官の教育・生活・勤務環境の基盤整備（61億円＝うち【補】3億円）

・隊舎の女性用区画、女性自衛官教育基盤、艦艇における女性用区画の整備

○メンター養成研修、女性自衛官のための部外カウンセラー招へい等（4億円＝うち【補】2億円）

国際協力分野における女性活躍の推進

○NATOジェンダー関連年次会合等への派遣

○勤務時間管理システムの整備（1・1億円）

○テレワークの円滑な実施などに資する行政文書の電子媒体化の実施（0・2億円）

○働きやすい職場を実現するためのオフィスのペーパーレス化・省スペース化などによる勤務環境の改善（0・1億円）

職業生活と家庭生活の両立支援

○庁内託児施設の整備（0・7億円）

○緊急登庁支援（児童一時預かり）のための備品整備等（0・2億円）

・緊急登庁支援用備品等（安全マット、ベビーベッド等）の整備、運営訓練の実施、保育技量向上の講習参加

意識啓発のための研修・訓練等の実施

○職場における性別に基づく固定的な役割分担意識を解消するとともに、育児・介護等で時間制約のある職員を含む全ての職員が十分に能力を発揮できる職場環境を醸成するためのセミナー等への参加等（0・2億円）

生活・勤務環境改善の推進

○自衛隊員が士気高く任務に専念できるよう、自衛隊員の生活・勤務環境改善のための自衛隊施設、備品・日用品等を整備

・自衛隊施設の整備（674億円＝うち【補】43億円）

・備品や日用品等の整備（36億円＝うち【補】1億円）

・被服等の整備（118億円＝うち【補】55億円）

自衛隊員の食事の充実

○営内居住、艦船乗組員等の自衛隊員の栄養摂取基準量見直しに伴う糧食費の充実（373億円）

(3)教育・研究体制の充実

防衛研究所、防衛大学校、防衛医科大学校等の教育・研究体制を強化するための施策を実施するとともに、職務に専念できる環境を整備する。

防衛研究所

○国際的な研究交流の強化

米豪欧各国の研究機関等との政策シミュレーション国際会議を主催し、政策シミュレーションにおける信頼性および存在感を高め、組織的連携を強化（700万円）↖

主要な装備品

区分			令和3年度調達数量	令和3年度補正予算 調達数量	令和3年度補正予算 金額（億円）	令和4年度予算 調達数量	令和4年度予算 金額（億円）
航空機	陸自	多用途ヘリコプター（UH―2）	7機	13機	254	―	―
	海自	固定翼哨戒機（P―1）	3機	3機	635(22)	―	141(14)
		救難飛行艇（US―2）	1機	―	―	―	55(13)
		掃海・輸送ヘリコプター（MCH―101）	―	―	―	1機	61(29)
		哨戒ヘリコプター（SH―60K）の救難仕様改修	（1機）	―	―	（2機）	12
		多用機（UP―3D）の能力向上	（1機）	―	―	（1機）	57(10)
	空自	戦闘機（F―35A）	4機	―	―	8機	768
		戦闘機（F―35B）	2機	―	―	4機	510
		戦闘機（F―15）の能力向上	―	―	―	（2機）	520
		戦闘機（F―2）の能力向上	（2機）	―	―	（2機）	32(163)
		輸送機（C―2）	1機	1機	221(22)	―	―
艦船	海自	護衛艦	2隻	―	75(10)	2隻	1028(17)
		潜水艦	1隻	―	―	1隻	736(4)
		掃海艦	―	―	―	1隻	134(1)
		海洋観測艦	―	―	―	1隻	279(1)
		音響測定艦	―	―	―	1隻	196(0.2)
	共同	中型級船舶（LSV）	―	―	―	1隻	58
		小型級船舶（LCU）	―	―	―	1隻	44
誘導弾	陸自	03式中距離地対空誘導弾（改）	1個中隊	構成品	26	1個中隊	137
火器・車両等	陸自	20式5.56mm小銃	3,342丁	―	―	2,928丁	8
		9mm拳銃SFP9	297丁	―	―	303丁	0.3
		60mm迫撃砲（B）	6門	―	―	12門	0.5
		120mm迫撃砲　RT	11門	―	―	19門	9
		19式装輪自走155mmりゅう弾砲	7両	―	―	7両	44
		10式戦車	―	―	―	6両	83
		16式機動戦闘車	22両	―	―	33両	237
		車両、通信器材、施設器材　等	318億円	―	114	―	301

注1：3年度調達数量は、当初予算の数量を示す。
注2：金額は、装備品等の製造等に要する初度費を除く金額を表示している。初度費は、金額欄に（　）で記載（外数）。
注3：調達数量は、令和4年度に新たに契約する数量を示す。（取得までに要する期間は装備品によって異なり、原則2年から5年の間）
注4：調達数量欄の（　）は、既就役装備品の改善に係る数量を示す。
注5：陸自の誘導弾の金額は、誘導弾薬取得に係る経費を除く金額を表示している。

↙防衛大学校
○研究能力・教育水準の維持、向上（0・8億円）
デュアルユース技術を意識した防衛関連の基礎研究に必要となる器材の整備等
防衛医科大学校
○防衛医科大学校の運営改善（9億円＝うち【補】1・3億円）
○防衛医学に関する研究機能の強化（4億円）
(4)持続的な部隊運用を支える予備自衛官等に係る施策の推進
即応予備自衛官および予備自衛官のより幅広い分野・機会での活用を進めるとともに、予備自衛官等の充足向上のための取り組みを推進する。
○応招確認態勢の整備（0・1億円）
○被服、装具等の整備（0・5億円）
(5)衛生機能の強化
各種事態に対応するため、統合運用の観点も含め、第一線から最終後送先までのシームレスな医療・後送態勢の強化として、第一線救護能力の向上、医療拠点において患者の症状を安定化させるためのダメージコントロール手術（DCS）を行う機能および後送中の患者を管理する機能の充実を図る。
また、自衛隊病院の拠点化・高機能化等をより一層推進し、効率的で質の高い医療体制を確立する。さらに、戦傷医療対処能力を向上させるために必要な衛生教育訓練基盤等の整備や、国際協力に必要な態勢の整備を推進する。
○第一線から最終後送先までのシームレスな医療・後送態勢の強化
・DCSおよび術後の患者管理に必要な資器材の整備（3億円）
・後送中の患者の全身管理等に必要な資器材の整備（100万円）
・個人携行救急品の規格変更品目の整備（0・7億円）
○後送病院の充実・強化
・自衛隊福岡病院建替のための本体工事に伴う準備工事（0・2億円）
・自衛隊横須賀病院建替のための詳細設計（2億円）
○戦傷医療対処能力の向上のための教育訓練および教育訓練基盤等の整備
・救急処置能力向上教材の整備（0・4億円）
・DCS班要員の育成（0・1億円）
○国際的に脅威となる感染症等への対応能力の向上
・エボラ出血熱等感染症患者搬送に必要な各種器材の取得および維持（0・4億円）
・重篤な感染症に対する予防態勢の強化（2億円）
○新型コロナウイルスを含む感染症対策
・海外派遣部隊等に対する新型コロナウイルス感染症対策（2億円）
・感染症対処能力を踏まえた自衛隊衛生の在り方に関する調査（200万円）

2　防衛技術・産業基盤の強化（3173億円）

(1)防衛技術基盤の強化
将来の戦い方を生み出す技術分野において技術的優越を確保するため、革新的・萌芽的技術の発掘・育成に資する活動を推進し、新たな領域に関する技術や、AI等のゲームチェンジャーとなり得る最先端技術をはじめとする重要技術に対して重点的な投資を行う。（研究開発費2911億円）
革新的・萌芽的技術の発掘・育成に資する活動
○防衛技術に関するシンクタンク機能の強化
AI技術等の革新的・萌芽的技術の発掘・育成を効果的に進めるため、3年度に活動を開始した「革新技術リサーチ・ワーキンググループ」の実施体制を強化
○大学等における安全保障技術研究推進制度を推進（101億円）
○先進技術の橋渡し研究（9億円）
ゲームチェンジャーとなり得る最先端技術に関する取り組み
○ゲームチェンジャーの早期実用化に資する取り組み（84億円）
装備品等の実用化を加速するため、ゲームチェンジャーとなり得る最先端技術の研究と並行し、関連する重要な構成技術を民間主体で短期間で獲得
○高出力マイクロ波（HPM）照射技術の実証（72億円）
複数のドローンに対処可能なHPM技術に関する技術を実証
○高出力レーザーシステムの研究（39億円）
○極超音速誘導弾等に用いる高速飛しょう体用シーカー（※）の研究（40億円）
極超音速誘導弾を含む将来誘導弾等の性能向上を図るため、シーカー技術に関する研究を実施
※シーカー：目標を捜索・探知および追尾するためのミサイルの構成装置
○将来レールガンの研究（65億円）
極超音速誘導弾等の脅威に対処するため、弾丸を高初速で連射可能な将来レールガンに関する研究を実施
○水中無人機（UUV）用海洋状況把握モジュールの研究（60億円）
水上の警戒監視をするために必要となる、AI技術を適用した光学情報等からの洋上目標自動類別技術等のUUV技術に関する研究を実施
○戦闘支援無人機コンセプトの検討（101億円）
AIの適用を含めたシミュレーションにより、次期戦闘機等の有人機と連携する戦闘支援無人機の機能・性能、運用の効果に関するコンセプトを導出
先進的な民生技術の積極的な活用
○新技術の短期実用化の取り組み（8億円）
宇宙領域における能力の強化
○衛星コンステレーションによる移動目標の追尾のためのAI技術に係る研究（1億円）
衛星コンステレーションで複数の移動目標を自動かつ高頻度に位置予測し、追尾等を可能とするAI技術に係る研究を実施
○高感度広帯域な赤外線検知素子の研究（12億円）
宇宙領域を含む従来よりも遠方からの画像情報収集を可能とする高性能な赤外線センサーに関する研究を実施
サイバー領域における能力の強化
○サイバー攻撃へ対処する技術の研究（24億円）
装備品等に対するサイバー攻撃発生時における被害拡大防止やシステムの運用継続を図るため、対処能力向上に資する技術の研究を実施
電磁波領域における能力の強化
○スタンド・オフ電子戦機の開発（190億円）
○電子戦評価技術の研究（46億円）
○海自の次期電子情報収集機の情報収集システムの研究（16億円）
次期戦闘機に関する取り組み（1001億円）
○次期戦闘機の開発（858億円）
○次期戦闘機関連研究（143億円）
海上優勢の獲得・維持に関する取り組み
○将来潜水艦用ソーナー装置の開発（13億円）
○潜水艦のさらなる静粛化のため、雑音低減型水中発射管を研究（17億円）
スタンド・オフ防衛能力の強化
○12式地対艦誘導弾能力向上型（地発型・艦発型・空発型）の開発（393億円）
3年度から開発している地上発射型（地発型）に加え、4年度から艦艇発射型（艦発型）および航空機発射型（空発型）の開発に着手
○島嶼防衛用高速滑空弾の研究（145億円）
○島嶼防衛用新対艦誘導弾の要素技術の研究（14億円）
将来の対艦誘導弾に必要な長射程化技術、残存性向上のための低RCS（レーダー反射断面積）化技術、高機動化技術に関する研究を実施
総合ミサイル防空能力の強化
○基地防空用地対空誘導弾（改）および新近距離地対空誘導弾の開発（18億円）
同時多目標対処能力を向上し、コスト低減を図った空自の基地防空用地対空誘導弾（改）および機動展開能力に優れ、低空目標への対処能力の向上を図った陸自の新近距離地対空誘導弾を、ファミリー化により効率的に開発
○ミサイル防衛のための滞空型無人機活用の検討（1億円）
滞空型無人機による極超音速滑空兵器（HGV）の探知・追尾に関する調査研究を実施
○03式中距離地対空誘導弾（改善型）の能力向上の研究（1億円）
衛生機能の強化
○救急車の応急装甲材付加の研究（2億円）
非装甲車両に防護性能を迅速かつ容易に付与するための応急装着付加装甲に関する研究を実施
(2)装備調達の最適化
装備品の効果的・効率的な取得を一層推進するため、ライフサイクルを通じたプロジェクト管理の実効性および柔軟性を高めるとともに、市場価格のない装備品の価格積算について、より適正な費用の算定に取り組むほか、装備品の維持整備の効率化やFMS調達の合理化を推進する。
ライフサイクルを通じたプロジェクト管理の実効性・柔軟性の向上
○プロジェクト管理の質的向上（0・4億円）
プロジェクト管理に関する先進的な事例の調査を通じ、プロジェクト管理の質的向上に資する新たな管理手法の導入検討を実施
○ライフサイクルコスト見積り等の改善（3億円）
ライフサイクルコスト見積りやコスト・スケジュールによる進捗管理について、プロジェクト管理の強化に資するシステムの設計等を実施
より適正な費用の算定に向けた取り組み
○適正かつ効率的な調達を推進するため、調達分野に特化した専門的な教育や新たな制度の企画立案等を実施する体制を強化
装備品の維持整備の効率化
○PBLの推進
FMS調達の合理化
○FMS調達の履行管理（0・6億円）
在米におけるFMS調達の履行管理を継続し、未納入・未精算の履行状況の把握や未納入の原因である照合問題解決に向けた作業を加速するなど、FMS調達の合理化の取り組みを推進
(3)防衛産業基盤の強化
防衛産業基盤を強化するため、装備品の生産・運用・維持整備に必要不可欠である我が国の産業界と協力・連携しながら、装備品のサプライチェーンのリスク管理を強化するとともに、米軍装備品等の維持整備等に国内企業がさらに参画できるよう支援対策を推進する。
また、装備品の適切な海外移転を政府一体となって推進すると同時に、海外移転に際して装備品に係る重要技術の流出を防ぐための技術管理の強化を進める。
さらに、我が国の防衛産業の情報セキュリティーに係る措置を強化するとともに、防衛産業におけるデジタルトランスフォーメーション（DX）を推進する。
産業基盤の強化の推進に向けた体制強化
○防衛産業との連携を一層強化し、防衛産業基盤の強化を強力に推進するため、防衛装備庁装備政策課に「防衛産業政策室（仮称）」を新設
サプライチェーンの維持・強化
○産業基盤の維持・強化に向けた企業支援
・防衛装備品の製造工程効率化の促進を支援するため、企業の製造工程に先進技術を導入する事業等を実施（6億円）
・事業撤退が生じた場合の円滑な事業承継の支援を実施（0・8億円）
○先進的な技術を持つ中小企業等の技術力の発掘・活用
・防衛省・自衛隊や防衛プライム企業とのマッチングのための展示会を開催するとともに、先進的な技術の防衛装備品への適用可能性調査等を実施（2億円）
米軍装備品等の維持整備等への国内企業の参画促進
○米軍装備品等の維持整備等への参画に向けた企業支援
・米軍の維持整備事業等へ参画するための諸課題（米国法令の知見等）について、国内企業が専門的知見からアドバイスを受けられるワンストップ相談体制等を整備（4億円）
・国内企業がグローバルなサプライチェーンに進出できるよう、経験豊富な米国プライム企業等から事業体制の整備について支援を受けられる体制を構築（1億円）
○日米オスプレイの共通整備基盤の拡充（68億円）
木更津駐屯地に日米オスプレイの定期機体整備用格納庫等を継続して整備
装備品の適切な海外移転の推進
○海外移転の推進に向けた防衛装備・技術協力に関する取り組み
・官民間で連携し、相手国の潜在的なニーズを把握して提案に向けた活動を行う事業実現可能性調査を実施（2億円）
・我が国が開発した防衛装備品や中小企業等が有する優れた技術力を発信するため、国際防衛装備品展示会に出展（3億円）
・東南アジア諸国における装備技術協力に資するよう、装備品の維持整備について我が国の技術力をいかした教育支援等を実施（2億円）
装備品に係る重要技術の流出を防ぐための技術管理の強化
○防衛装備に関する機微技術を適切に管理するため、新技術に係る機微性評価を実施する体制を強化
情報セキュリティーに係る措置の強化
○防衛関連中小企業のサイバーセキュリティーの向上を支援するため、脆弱性調査・設備導入等を実施（8億円）
○防衛調達における情報セキュリティーの強化（0・5億円）
防衛産業における信頼性の高い情報保全体制を確保するため、防衛省が新たに策定する情報セキュリティー基準で示す管理策を防衛関連企業等に普及させる活動等を実施
防衛産業におけるDXの推進
○防衛産業のDXを推進するための革新的技術とその適用にかかる調査研究を実施（0・6億円）

3　情報機能の強化

政策判断や部隊運用に資する情報支援を適時・適切に実施するため、情報の収集・分析等の各段階における情報機能を強化する。
○防衛政策局調査課に「グローバル戦略情報官（仮称）」を新設
複雑化する最近の安全保障環境を踏まえ、諸外国の対外発信の戦略的な意図や「フェイク・ニュース」の影響等を踏まえつつ、国際情勢を多面的・横断的に収集・分析するポストを新設
○防衛駐在官制度の充実
カナダに1名を新規派遣（4年度末74名、在勤49大使館2代表部）
○情報収集・分析能力の強化
情報本部等の国際軍事情勢や経済安全保障等に関する情報収集・分析能力の強化のため、所要の体制を整備

Ⅳ 大規模災害への対応

各種の災害に際して、統合運用を基本としつつ、十分な規模の部隊を迅速に輸送・展開して初動対応に万全を期すとともに、対処態勢を強化するための措置を進める。

1　災害対処拠点となる駐屯地・基地等の機能維持・強化

○災害時における機能維持・強化のための耐震化・浸水対策の推進（108億円＝うち【補】8億円）

2　大規模・特殊災害等に対応する訓練等の実施

○自衛隊統合防災演習（JXR）
○日米共同統合防災訓練（TREX）
○離島統合防災訓練（RIDEX）

3　災害対処に資する装備品の取得等

○地震、水害等により崩壊した橋梁を一時的に復旧し、被災者の緊急避難および自衛隊ならびに地方自治体等の救援活動を行うため、07式機動支援橋を取得（1式12億円）
○各種災害等により発生した瓦礫、土砂等を運搬し、被災地の復旧活動を迅速に行うため、資材運搬車を取得（13式【補】1・9億円）
○化学剤等の有害な物質から隊員を防護するため、18式個人用防護装備を取得（8500組21億円＝うち【補】4000組10億円）
○化学剤等で汚染された地域・施設を除染するため、除染セット（除染車）を取得（1両1・1億円）
○災害等において安定的に飲料水等を提供するため、浄水セットを取得（1式1・1億円）
○迅速かつ効果的な人命救助活動のため、人命救助システム等を各部隊に充足（【補】600万円）
○迅速に情報収集を行うため、各部隊に災害用ドローンを整備（15式【補】0・1億円）

Ⅴ 日米同盟強化および地域社会との調和に係る施策等

米軍の抑止力を維持しつつ、沖縄県をはじめとする地元の負担軽減を図るため、在日米軍の兵力態勢の見直し等についての措置等を着実に実施する。
また、防衛施設と周辺地域との調和を図るための施策を着実に実施するとともに、在日米軍の駐留を円滑かつ効果的にするための施策を推進する。

1　米軍再編関係経費

［地元の負担軽減に資する措置］（5809億円＝うち【補】219億円）
在沖米海兵隊のグアム移転
○在沖米海兵隊のグアムへの移転事業（185億円）
国内での再編関連措置
○沖縄における再編のための事業（1886億円＝うち【補】193億円）
・普天間飛行場の移設（1220億円＝うち【補】190億円）
・嘉手納以南の土地の返還（66億円＝うち【補】4億円）
○空母艦載機の移駐等のための事業（3183億円）
○緊急時使用のための事業（25億円＝うち【補】25億円）
○訓練移転のための事業（93億円）
○再編関連措置の円滑化を図るための事業（438億円）

2　SACO関係経費（144億円）

3　基地対策等の推進

(1)基地周辺対策経費（1183億円）
防衛施設と周辺地域との調和を図るための施策に要する経費
○飛行場等周辺の住宅防音事業の実施（514億円）
○周辺環境整備事業の実施（670億円）
(2)同盟強靱化予算（在日米軍駐留経費負担）＝2167億円（歳出ベースは2056億円）
在日米軍の円滑かつ効果的な運用を支え、日米同盟の抑止力・対処力を強化するための経費
○新たな特別協定（※）に基づく負担（1537億円）
労務費（1281億円）、光熱水料等（234億円）、訓練資機材調達費（10億円）、訓練移転費（11億円）
○提供施設（航空機掩体、整備用格納庫等）の整備（378億円＝歳出ベースは267億円）
○在日米軍従業員に対する社会保険料（健康保険、厚生年金保険等）の事業主負担分等を負担（252億円）
※日米両政府は、新たな特別協定の有効期間を4年度から8年度までの5年間とし、同協定期間中の同盟強靱化予算の平均は、歳出ベースで約2110億円。あわせて、以下についても一致。
①労務費：3年度と同水準（負担人数2万3178人）②光熱水料等：4年度234億円、5年度234億円、6年度151億円、7年度133億円、8年度133億円③訓練資機材調達費：新たな特別協定期間における総額は、200億円④訓練移転費：3年度と同水準⑤提供施設整備費：4年度から8年度までの総額は、1641億円。
(3)施設の借料、補償経費等（1537億円）
防衛施設用地等の借上経費、水面を使用して訓練を行うことによる漁業補償等に要する経費

Ⅵ 安全保障協力の強化

自由で開かれたインド太平洋というビジョンを踏まえ、多角的・多層的な安全保障協力を戦略的に推進するため、自衛隊の能力を積極的に活用し、共同訓練・演習、防衛装備・技術協力、能力構築支援、軍種間交流を含む防衛協力・交流のための取り組み等を推進する。

1　インド太平洋地域の安定化への対応

防衛協力・交流の推進
○東南アジア諸国連合（ASEAN）全体の能力構築を企図した取り組みの推進
○インド太平洋地域における能力構築支援の推進
○感染症対策に関する教訓等の共有の推進
防衛当局間で感染症対策に係る教訓等を共有し、各国の体制強化に資する知見を相互に学び合うことを目的とするセミナー等を実施
○ASEAN域外国を含む拡大ASEAN国防相会議（ADMMプラス）の下での取り組み
○「ビエンチャン・ビジョン2・0」に基づく取り組み
○パシフィック・パートナーシップ2022への参加
○4年度インド太平洋方面派遣訓練（IPD22）の実施
○ミクロネシア連邦等における人道支援・災害救援共同訓練
○インドにおけるインド陸軍との実動訓練

2　グローバルな安全保障課題への適切な対応

得意分野を生かした国連・友好国への国際協力
○アフリカ諸国等のPKOセンターへの講師派遣等
○ジブチ軍に対する災害対処能力強化に係る能力構築支援
○国連三角パートナーシップ・プロジェクト
海洋安全保障の確保
○ソマリア沖・アデン湾における海賊対処
日本関係船舶の安全確保のための取り組み
○中東地域における情報収集活動
海外での活動能力の強化
○多国間訓練「コブラ・ゴールド」「カーン・クエスト」への参加

Ⅶ 効率化・合理化への取り組み

平成30年12月に策定された新たな大綱・中期防を踏まえ、以下の取り組みを実施することにより、防衛力整備の一層の効率化・合理化を徹底し、約4390億円の縮減を図る。

1　組織・定員の合理化

既存部隊の廃止や部外委託等を進めることにより、全自衛隊で定員配置を見直し、宇宙、サイバー、電磁波といった新たな領域に人員を重点配分する

2　事業等に係る見直し

［縮減見込額2117億円］
重要度の低下した装備品の運用停止や、費用対効果の低いプロジェクトの見直し・中止、維持・整備方法の見直しにより、コストの効率化を追求する
・誘導弾の信頼性回復（同43億円）→命数の切れた誘導弾の一部を再利用する
・81式短SAMの4巡目定期修理の見直し（同22億円）
・艦載型UAV（小型）に関する研究（性能試験）＝同7億円→供試用器材の取得をする代わりに、民間事業者に性能試験を委託し、効率化を図る

3　仕様の共通化・最適化

［同974億円］
モジュール化・共通化や民生品の使用・仕様の見直しにより、装備品の構成について見直しを行い、開発、取得にかかる期間を早期化するとともに、ライフサイクルコストの削減を図る
・12式地対艦誘導弾（能力向上型）のファミリー化（同168億円）→当該誘導弾を地上、艦艇、航空機から発射できるようにすることで試作品費を抑制

4　一括調達・共同調達による効率化

［同129億円］
装備品のまとめ買い等により、価格低減と取得コストを削減する
・C2用エンジン（2式）の取得（同26億円）

5　長期契約を活用した装備品等および役務の調達

［同19億円］
5箇年度を超える長期契約の活用により、調達コストの縮減と安定的な調達を追求する
・C130R輸送機のPBL（6国）＝同16億円
・C2等の機体構成品の取得6国＝同3億円→将来の値上がりが予測される機体構成品について、次期中期に取得が見込まれる機数分の調達を行い、機体単価の縮減を図る（補用品に転用可能な構成品に限定）

6　原価の精査等

［同1152億円］
装備品等について、価格や関連経費の精査等の取り組みを通じ、価格低減を追求する
・新型護衛艦FFMについて、市況の動向を反映した部材価格の見直しや習熟度の向上に伴う加工工数の減少等による減（32億円）

7　収入の確保

国有財産利用収入、不用物品の売却、市ヶ谷地区の大本営地下壕跡の有料公開、航空祭および富士総合火力演習の一部有料化などの取り組みを通じて収入の確保を図る

Ⅷ その他

1　自衛官定数等

自衛官定数の変更　（単位：人）

	令和3年度末	令和4年度末	増△減
陸上自衛隊	158,571	158,481	△90
常備自衛官	150,590	150,500	△90
即応予備自衛官	7,981	7,981	0
海上自衛隊	45,307	45,293	△14
航空自衛隊	46,928	46,994	66
共同の部隊	1,552	1,588	36
統合幕僚監部	385	386	1
情報本部	1,936	1,936	0
内部部局	50	50	0
防衛装備庁	406	407	1
合計	247,154	247,154	0
	(255,135)	(255,135)	(0)

注1：各年度末の定数は予算上の数字である。
注2：各年度の合計欄の下段（　）内は、即応予備自衛官の員数を含んだ数字である。

●自衛官の年間平均人員＝陸自14万867人、海自4万3421人、空自4万4470人。
●予備自衛官の員数＝陸自4万6千人、海自1100人、空自800人、計4万7900人。
●予備自衛官補の員数＝陸自4600人、海自21人、計4621人。

2　自衛官実員の増員

・新たな領域における防衛態勢および南西地域における防衛態勢ならびに周辺海空域の防衛態勢等の充実・強化を図るため自衛官の実員を増員し、各種事態への即応性を向上。
・新たな領域における体制整備を一層推進するため、限りある人員を効果的に活用し陸自等から統幕等へ実員の振替を実施
実員増要求＝陸自＋309人、海自＋388人、空自＋317人、計＋1014人。
※上記に加え統幕、共同の部隊、情報本部、内部部局、防衛装備庁へ陸海空自衛隊から38人を振替える。

3　事務官等の増員

人件費と機構・定員要求の方針を示す内閣総理大臣決定（4年度内閣の重要課題を推進するための体制整備および人件費予算の配分の方針＝R3・7・7）に、内閣の重要政策として「安全保障の実施体制の整備」等が記載されたことを踏まえつつ、新領域を含む統合運用や防衛分野での技術的優越の確保のための体制を整備するため、防衛省の事務官等の増員（純増）を確保。
新領域を含む統合運用や従来領域に必要な防衛力の強化（91名）
○我が国に脅威がおよぶ事態の発生を抑止していくための業務に係る体制の強化や武力攻撃に至らない侵害への対処能力の向上のための事務官等の増員
○SSAシステムなどの運用による宇宙空間の安定的利用のための宇宙領域専門部隊の体制強化をはじめ宇宙領域事業の推進のための事務官等の増員
○FFM護衛艦等の維持整備などの体制強化のための事務官等の増員
先端技術の研究開発をはじめとする防衛分野での技術的優越の確保や、防衛産業基盤の強化のための体制強化等（90名）
○戦い方を変える装備の実現につながる自律制御・意思決定支援、自動識別に係る研究および装備研究の加速化へのAI技術適用を推進するための事務官等の増員
○電磁防護、サイバー攻撃などの非物理的攻撃に対する防護の体系的な研究の体制強化のための事務官等の増員
○防衛産業基盤の強化の推進や企業保全体制の強化などを図るための事務官等の増員
○経済安全保障に資する事務官等の増員
安全保障協力の強化、日米同盟の強化（44名）
○インド太平洋地域への関与を強化する欧州諸国などとの防衛協力・交流を推進するための事務官等の増員
○那覇港湾施設をはじめとする嘉手納飛行場以南の土地の返還事業を推進するための事務官等の増員
人的基盤の強化（11名）
○感染症病棟における感染症患者受け入れ体制の強化や、医療従事者の働き方改革推進に係る体制を強化するための事務官等の増員
上記のほか真に実効的な防衛力を構築するための増員（71名）
○実行的な防衛力を構築するため、災害対策機能や情報機能の強化、デジタル化の推進、地域コミュニティとの連携等に必要な事務官等の増員
ワークライフバランス推進のための定員（23名）

募集・援護 特集

平和を、仕事にする。
陸海空自衛官募集

ただいま募集中！
◇自衛官候補生
★詳細は最寄りの自衛隊地方協力本部へ

不安払拭 高まる入隊の意識

74式戦車の体験試乗を行う陸自採用試験合格者たち（12月4日、岩手駐屯地で）

三沢基地に合格者引率
意思固めへ背中後押し
岩手

「自衛隊の試験に合格したけれど、入隊後、団体生活や厳しい訓練についていけるだろうか」――。そんな若者の不安を解消してもらおうと、各地本は合格者とその保護者を部隊に招き、入隊に向けた説明会などを開催している。岩手地本は空自三沢基地などに合格者を引率、充実した勤務環境を見てもらうことで、入隊予定者の背中を後押しした。

【岩手】地本は12月21日、三沢基地で行われた「令和3年度合格者三沢基地見学」に入隊予定者を引率した。

この事業は、3空団と三沢リコプター空輸隊の支援で開催。北東北3県から今年度の入隊が見込まれる合格者を対象に行われたもので、岩手地本から8人が参加した。

3空団司令の久保田隆裕将補の講話で始まった見学会は、CH47輸送ヘリなどの航空機のほか、各種車両、補給倉庫などを見学。航空機に直整関わらない職種を含め、幅広い内容の説明を受けた若者たちは、隊員に活発に質問をしていた。

このほか岩手県出身隊員との懇談では、リクルーターの須藤沙季3曹（三沢管制隊）、警空団1整備群の村上華蓮士長、阿部竜成士長の支援を受け、入隊後の生活や職種を決める際のポイントなどを丁寧に説明。

参加者からは「基地での生活を実際に見学することで、入隊後の自分をイメージすることができた」「航空機に関わらない仕事についても、やりがいを感じた」といった感想があり、入隊への意識が高まった様子だった。

岩手駐屯地も訪問

これに先立ち、地本は12月4日、岩手駐屯地でも合格者とその保護者を対象とした見学会を行った。

この施策は入隊意欲の向上を目的に、同駐屯地所在の東北方面特科連隊、9戦車大隊、123地区警務隊などを見学するもので、合格者54人と保護者27人が参加した。

見学はグループに分けて行われ、駐屯地の概要説明の後、生活隊舎、浴場、自動車教習所、整備工場などを巡り、業務隊では会計科など後方支援職種も見た。さらに74式戦車の体験試乗や隊員との懇談も行い、入隊後の生活をイメージ。食堂での体験喫食、隊内売店の見学も実施した。

自衛隊生活のやりがいを語る警空団の村上士長（左）＝12月21日、三沢基地で

参加者は、「実際の生活環境が想像より良く、安心した」と話し、保護者からも、「先輩隊員との共同生活を通し、心身ともに成長できる環境で勤務できることが分かった。親としても安心した」との言葉が聞かれた。

岩手地本では、「三沢基地や岩手駐屯地とさらに連携を図りながら、一人一人の合格者に対し丁寧なフォローを継続して、入隊の日を迎えたい」と話している。

合格者・保護者に説明会
家族会員も出席し協力
札幌

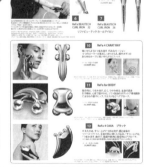

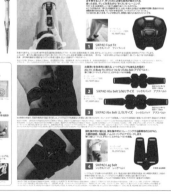

【札幌】地本は11月21日から12月11日まで、陸自の南恵庭、島松、東千歳、真駒内各駐屯地と空自千歳基地、海自余市防備隊で、自衛官候補生、一般曹候補生の合格者と保護者を対象にした説明会を行った。

合格者の不安や疑問を払拭してもらうことを目的に行われ、各部隊でそれぞれの勤務状況や生活環境を見学。新隊員教育や入隊後のキャリアアップの説明なども行われた。

札幌地本では今回の説明会に向けて陸自新隊員課程の紹介ビデオを製作。懇談には若手隊員だけでなく、最近、子供が入隊した家族会の会員も出席し、協力した。

合格者たちは説明会を通じ、自衛隊の魅力を再確認し、不安や疑問を解消していた。

説明会に参加し、駐屯地内の売店を見学する入隊予定者とその保護者（12月5日、真駒内駐屯地で）

青森、埼玉、新潟、福井、岐阜、香川、福岡
7地本長が交代

野間俊英1海佐　川島寛人1空佐
井口裕康1空佐　高田軍司1空佐
小田剛1陸佐　小見明之1陸佐
平松良一1陸佐

12月10、22、24日付の異動で青森、埼玉、新潟、福井、岐阜、香川、福岡の7個地本長が交代した。新任本部長の略歴は次のとおり。

川島　寛人（かわしま・ひろと）1空佐　青森地本長　防大40期。平成8年空自。23年2佐、27年1佐。3補調達管理課長、空幕整備・補給課調達1班長などを経て、令和元年8月3空団基群司令。北海道出身。47歳。

高田　軍司（たかだ・ぐんじ）1空佐　埼玉地本長　防大41期。平成9年空自。23年2佐、28年1佐。19警戒隊長、空幹校航空研究センター事態対処研究室長などを経て、令和2年8月6空団基群司令。熊本県出身。47歳。

小見　明之（おみ・あきゆき）1陸佐　新潟地本長　国士舘大政経卒。昭和61年陸自。平成19年2佐、25年1佐。8普連長、富士学校総務課長などを経て、30年12月42即応機動連隊長。新潟県出身。54歳。

野間　俊英（のま・としひで）1海佐　福井地本長　防大40期。平成8年海自。22年2佐、28年1佐。海幕防衛課、1掃海隊司令、英防衛駐在官などを経て、令和元年11月統幕日米共同室長。神奈川県出身。47歳。

井口　裕康（いぐち・ひろやす）1空佐　岐阜地本長　防大34期。平成2年空自。16年2佐、21年1佐。中防管群司令、南警団副司令、1空団副司令などを経て、令和2年1月空幹校指揮教官室長。岐阜県出身。54歳。

小田　剛（おだ・つよし）1陸佐　香川地本長　防大40期。平成8年陸自。22年2佐、27年1佐。133特大長、3師団3部長、6特連長などを経て、30年8月教研本主任教官。大阪府出身。49歳。

平松　良一（ひらまつ・りょういち）1陸佐　福岡地本長　防大35期。平成3年陸自。18年2佐、23年1佐。73戦車連隊長、富士学校教育課長などを経て、平成31年3月7師団幕僚長。宮崎県出身。53歳。

2個人3団体に感謝状
徳島地本長　任務遂行協力に謝意

小林地本長（前列左から3人目）を囲み記念写真に納まる受賞者ら（12月3日、徳島第2地方合同庁舎で）

【徳島】地本は12月3日、徳島第2地方合同庁舎で「令和3年度自衛隊徳島地方協力本部長感謝状贈呈式」を行った。地本の募集活動や就職援護、予備自衛官雇用などに協力した功労者を表彰するもので、今回は2個人3団体が受賞した。

厳かな雰囲気の中、地本長の小林知典1海佐が、受賞者一人ひとりに感謝状と記念品を贈呈。「防衛省・自衛隊に対しご理解頂くとともに、徳島地本の任務遂行にご協力をたまわり、深く感謝の意を表します」と述べた。

式後は記念撮影や懇談を行い、受賞者は笑顔や喜びを見せながら、和やかな雰囲気で小林地本長と談笑した。

新年の抱負などを語る杉谷本部長（右）＝エフエムしみずで

コロナ下も可能な限り広報を
静岡地本長　ラジオ番組で新年の抱負

【静岡】地本長の杉谷康征1空佐は1月5日、エフエムしみずのラジオ番組「自衛TIMES★静岡」に出演、昨年の活動や新年の抱負について語った。

杉谷地本長は昨年1年間を「コロナ下での活動の難しさを実感する」と振り返りつつ、そのような中でも「清水エスパルス公式戦のイベントで、地本のキャラクター『しずぽん』がエスパルスの『パルちゃん』と会場を盛り上げた」と、可能な範囲で広報活動を行ってきたことを紹介した。

また、ホームページでの企画や、ハローワークなどと連携した退職自衛官の再就職先の開拓など、隊員全員が工夫を凝らして業務を行い、成果を残せた1年だったと語った。

パーソナリティの三輪祐子さんから新年の抱負を聞かれると、コロナ下で中止になっている各地のイベントの再開に期待を寄せ、「さまざまなイベントで広報ブースを設置し、県民の皆様に自衛隊を理解していただけるよう情報発信を行っていこうと考えています。ぜひお立ち寄りください」と呼び掛けた。

太古の南極の氷
耳傾け興味津々
京都

【京都】宇治地域事務所はこのほど、京都府井出町の「たくみの里」で「本気で遊べ！～燃えるとき～」イベントに参加した。陸自大久保駐屯地の支援を受け装備品を展示したほか、来場者に南極の氷やドーラン体験をしてもらうなど広報活動を行った。

広報官が「南極の氷は数万年前の降雪で出来たもの」と説明すると、参加者は興味深そうに太古の空気がはじける音に耳を傾けた。また、まいぎり式の火起こし器に挑戦した親子連れは、着火体験に悪戦苦闘しつつも楽しんでいた。

このほか、偵察バイクに乗るなど来場者はさまざまな体験を満喫。参加した小学生の姉妹は「将来は自衛官になりたい」と話していた。

南極の氷に耳をあて気泡がはじける音を聞く参加者

志願者増を目指し
女性限定イベント
帯広

【帯広】地本はこのほど帯広募集案内所で、地本初の女性限定イベントを開催した。自衛官という職業を広く知ってもらうことで、女性志願者の増加につなげるのが目的。商業施設へのポスター掲示やSNSなどで広く宣伝し、当日は中学生から社会人までさまざまな年代の9人が集まった。

会場内は小物で飾り付けされ、焼き菓子やドリンクも用意。地本の品川知美3陸曹と山元里美3海曹が進行役を務めた。2人は「どうやったら自衛官になれるの？」「入隊してから買った一番高価なものは？」など、会場からのさまざまな質問に答え、終始なごやかな雰囲気で交流した。

自衛隊に「体育会系のイメージがあった」という参加者は、「職種もたくさんあり、いろいろな人がいる事がわかった」と話した。また「自衛隊を進路先の一つにしたい」と語る参加者も現れ、志望度を高めていた。

参加者に自衛隊の活動などを説明する品川3陸曹（後方㊧）と山元3海曹＝帯広募集案内所で

F4ヨサク、美保で展示開始

記念式典開催 日本の空を守り続けた名機

【美保】「ヨサクよ、今後も日本の空を守って」——。空自美保基地は1月7日、基地南地区展示場で、2020年度に用途廃止となって301飛行隊(百里、現三沢)から空輸されたF4EJ改戦闘機439号機(通称「与作(ヨサク)」)の展示開始記念式典を開催した。半世紀にわたって日本の空を守り続けた名機ファントムの新たな門出を祝った。

㊤F4戦闘機439号機の展示開始記念式典で、テープカットを行う基地関係者。中央は輿儀美保基地司令。その左は伊達憲太郎境港市長、右は伊木隆司米子市長
㊦式典後、「ヨサク」を見学する出席者(写真はいずれも1月7日、空自美保基地で)

式典には、基地が所在する境港・米子両市長をはじめ基地周辺自治体と協力団体などから約10人が出席し、記念のテープカットを実施した。

はじめに主催者の輿儀孝基地司令が「この439号機が航空自衛隊の活動への理解を深め、美保基地と地域の親交を深めるアイテムとなることを期待しています」とあいさつ。続いて来賓を代表して伊木隆司米子市長、外園至つばさ会副会長が祝辞を述べた。

439号機は現在、基地の外からでも地域住民に見学してもらえるように県道沿いの基地南地区の展示場に展示。同機のほか、YS11輸送機、C1輸送機も常設展示されている。

美保基地は「439号機の機首方向を日本の名峰・伯耆大山に向けており、『引き続き日本、また中国地方を見守ってほしい』との想いを託しました」としている。

F4EJ改は1972年の初飛行以来、空自の主力戦闘機として全国各地の基地に配備され、約50年にわたって活躍したが、2021年3月までに全機が退役した。

◇F4戦闘機

愛称「ファントム(幻影、まぼろし)」。タンデム型(縦列複座)で最大速度はマッハ約2・2。空自のF4EJは米空軍のF4Eを改造。1972年8月、臨時F4EJ飛行隊、73年10月、7空団(百里)隷下に301飛行隊が編成された。約140機が導入され、7基地で対領空侵犯措置などに当たった。301飛行隊のF35Aへの機種更新に伴い、2021年3月には全機退役。約50年間の任務を終え、運用を終了した。

15旅団 医療支援を終了

コロナ 沖縄県知事要請受け

沖縄県内の病院で新型コロナウイルス感染者の医療支援に当たっていた陸自15旅団(那覇)は1月17日、玉城デニー県知事から撤収要請を受け、活動を終了した。

15旅団は同11日、8後方支援連隊、西部方面衛生隊、自衛隊熊本病院の隊員からなる高林幸美1尉以下10人の医療支援チームを県内の病院に派遣した。

隊員たちは県立北部病院(看護官1人、准看護師4人)と同中部病院(同2人、同3人)で職員らと共にレッドゾーンでの医療支援をはじめ、患者の介助業務や健康管理などに当たった。

17日午前10時13分、知事からの撤収要請を受け、同日をもって活動を終えた。

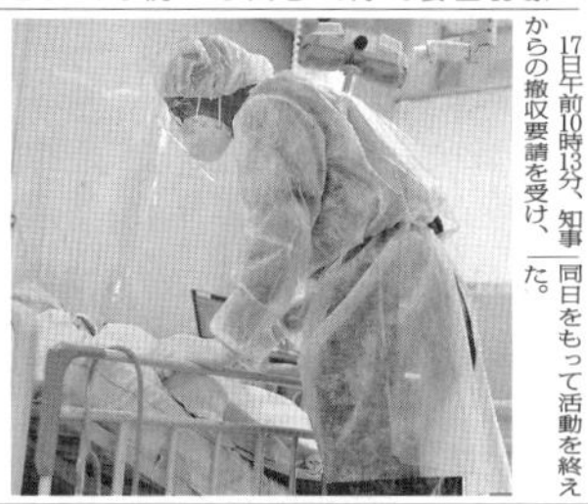

沖縄県の北部病院で患者に声掛けをし、健康状態を確認する准看護師の隊員(1月12日)

久米島空港に到着したUH60JA多用途ヘリに患者を搬送する隊員たち(1月7日)

15ヘリ隊 コロナ患者を空輸

久米島、石垣島から那覇へ

【15旅団】陸自15ヘリ隊(那覇)は1月7日と16日、沖縄県の玉城デニー知事の要請を受け、新型コロナウイルス陽性患者の緊急空輸を行った。

7日はUH60JA多用途ヘリコプターで久米島空港から那覇基地まで、16日はCH47輸送ヘリで新石垣島空港から那覇空港まで、それぞれ患者1人を空輸した。

現地に向かう機長、操縦士、クルーらは防護服を着用して任務を完遂。終了後は、保健所職員と連携して機内と使用器材の消毒を行ったほか、隊員が相互に協力し、防護服を脱衣するなど感染拡大防止に努めた。

「炭火焼きステーキ」提供

倶知安駐屯地 隊員から好評

食堂前に設置されたバーベキューコンロを使い、炭火焼きステーキを調理する隊員(陸自倶知安駐屯地で)

【倶知安】倶知安駐屯地はこのほど、昼食に「炭火焼きステーキ」を提供し、駐屯地隊員から好評を得た。

同ステーキは、駐屯地隊員食堂前に設置されたバーベキューコンロで調理され、手作りソースをかけて配膳された。

トッピングはクリームスピナッチ、フライドポテト、いんげん、みそ汁(切干・みつば)。デザートはホイップクリームのかかったコーヒーゼリーがセットでつき、まるで高級レストランのランチさながらのメニューだ。

糧食班長の土田耕司3尉は、「倶知安駐屯地は今後、定期整備などに入るため、隊員の皆さんにスタミナ抜群の炭火焼ステーキを提供することでエールを送りたい」と語った。

有料観覧席設置へ

芦屋基地記念行事 近隣住民対象に初めて

防衛省は1月13日、2月に実施予定の「芦屋基地創設60周年記念行事」で、福岡県遠賀郡と北九州市八幡西区と若松区の基地近隣住民を対象に「有料観覧席」の公募を行うことを発表した。

有料観覧席は同基地の13飛行教育団飛行教育群庁舎4階ベランダで、13席を設置、1席あたり1万円。

この取り組みは2018年度に策定した「中期防衛力整備計画」で「防衛力整備の一層の効率化・合理化を進め、その他の収入の確保を通じ実質的な財源確保を図る」とされたことを受けての試み。2022年度以降に航空祭など空自が開催する展示飛行を伴う行事を対象に、会場の一部に有料観覧席を設けるための検討材料とする。

井筒空幕長は1月13日の記者会見で「空自としては初のケースで試行段階だ。この結果を踏まえ、教訓を次につなげられるよう進めていきたい」と述べた。

トライアングルコンサート

西部方面音楽隊が参加

【西方音＝健軍】陸自西部方面音楽隊は12月18日、熊本市の火の君文化ホールで開催された4個官公庁音楽隊による「トライアングルコンサート2021」に参加した。

志賀西方音隊長(壇上)の指揮のもと、「トライアングルコンサート2021」で約350人の聴衆を前に演奏する音楽隊(12月18日、熊本市で)

このコンサートは2017年10月に第1回が開かれ、19年まで毎年開かれていたが、20年はコロナ禍で中止となっていた。今回は熊本県の熊本市消防音楽隊(指揮・濱崎美幸副隊長)、熊本県警察音楽隊(同・河村光彦さん)、西方音(同・永田秀憲音楽班長)、陸自第8音楽隊(同・川良匠1尉)が参加。約350人が来場する中、各音楽隊は単独・合同演奏に加え、県警音のカラーガードによる演技などそれぞれの音楽の持ち味を生かした演出を行った。

第1部では県警音が「鬼滅の刃メドレー」など3曲、市消防音が嵐の東京五輪応援ソング「カイト」など2曲、西方音と8音合同で「クリスマスとスーザよ永遠なれ」など3曲を演奏。

第2部は4隊合同で「あんたがたどこさ」など熊本県ゆかりの楽曲などを披露、アンコールの「古き名誉ある砲兵中隊」を含め、4曲を西方音隊長の志賀亨2佐が指揮し、聴衆を魅了した。

演奏を終えた志賀隊長は「引き続きコロナに負けず、演奏を披露していきたい」と思いを語った。

小休止

▽…徳島地本の穴原秀樹2海尉以下有志7人は12月4日、ボランティア活動の一環で勝浦町のみかん農家の収穫を手伝った。

▽…自衛官の募集に関して日頃から地本に協力し、同町でジビエ料理店を営む募集相談員の青木康明さんからの相談を受けて実現した。

▽…当日は早朝からみかん好きの有志が集結。ほぼ全員が収穫未経験だったが、隊員は生産者の苦労と収穫の喜びをかみしめながら、大切なみかんを傷つけないよう慎重かつ丁寧な作業を心掛け、笑顔で収穫を終えた＝写真。(徳島地本)

こちら警務隊 サイバー犯罪

高収入の誘いで受け子をすれば 詐欺罪に該当し10年以下の懲役

ネットで見かける「高収入、代わりに物を受け取るだけ」などと謳った募集は危険ですか?

ネット上の甘い誘いは、特殊詐欺グループが受け子(騙された被害者からキャッシュカードや現金を受け取る役)を集める手口であり、実際にその受け子をした場合、詐欺罪に該当し、10年以下の懲役に処せられます。

近年、特殊詐欺の手口は巧妙化し、高齢者を中心に被害が多く、深刻な問題となっています。

小遣い銭欲しさに手を出して警察に捕まらないようにしましょう。

また、このような罪を犯せば、刑事罰や懲戒処分を受けますので絶対にやめましょう。

(東北方面警務隊)

総合ミサイル防空能力強化へ「陸空協同射撃」訓練

陸自中SAMと空自ペトリオット両部隊が

ASPに参加した陸自15高特連（八重瀬）の隊員と、協同射撃訓練に向けた調整を行う空自2高群の隊員（左側）

3空佐　山浦 允史（2高群7高射隊長・築城）

航空自衛隊の高射部隊実弾射撃訓練（以下「ASP：Air defense missile Shooting Practice」という）は、米国マクレガー射場において、我が国に侵攻する航空機を模した標的機に対して実際にペトリオットミサイルを射撃する訓練です。

陸上自衛隊の高射特科部隊も同様の実弾射撃訓練を行っていますが、航空自衛隊とはそれぞれの訓練目標等の相違から、これまで個別に訓練を実施してきました。

今年は、総合ミサイル防空能力強化のための新たな取り組みとして、同時に侵攻する複数の経空目標に対して、陸上自衛隊の中SAM部隊と航空自衛隊のペトリオット部隊とが「陸空協同射撃」を実施。相互の部隊の特性や標的の状況に応じて柔軟多様に協同して行う射撃に係る戦闘能力を向上させました。

昨今の軍事情勢においては、多種多様な経空目標（弾道ミサイルや巡航ミサイル、爆撃機など）による飽和攻撃や複合攻撃が想定されるため、陸上自衛隊と航空自衛隊の高射部隊が一丸となって、多種多様、多数の経空目標に同時かつ効率的に対処できる総合ミサイル防空能力の強化が急務となっています。

今回のASPでは、我への複合攻撃（想定）に中SAMとペトリオットで協同対処する状況で訓練した結果、見事任務を完遂し、ASPに歴史的な1ページを刻むことができました。私自身、そのような歴史的なASPにおける「陸空協同射撃」に高射隊長として参加できたのは光栄の極みであり、また隊員も同様の気持ちであります。

隊員一同、国内訓練においてはコロナ禍の制約を克服しつつ血の滲むような過酷な訓練と各種検討を重ねてきましたが、国外訓練では最高の成果を得ることができ、微力ながら我が国の防衛力向上に寄与できたことを誇りに思っています。

ペトリオット部隊が戦力を最大発揮して任務を完遂する上で必須となる国外訓練と、それに向けた国内訓練とを両輪とする練成訓練。これからも新たな取り組みを促進しつつ、「弾職人」としての伝統的な魂を重んじる温故知新の精神の下、部隊の精強化に努力してまいります。

みんなのページ

リクルータ勤務で学んだこと

1陸士　徳田 みずほ（5地対艦連・健軍）

ブースを訪れた子供たちにも優しく対応する徳田1士

私は11月19日から28日までの間、リクルータとして熊本募集案内所で勤務させて頂きました。新型コロナウイルス感染拡大の影響もあり、学校説明会などの行事に参加することは出来ませんでしたが、その分、個人とのコミュニケーションの充実を図ることができました。

リクルータとして勤務中、自衛官候補生に合格した女子高校生から新隊員教育や部隊勤務について聞かれ、入隊前に自分自身が何も分からず不安だったことを思い出し、懐かしく感じました。

また、イオン熊本中央店の募集ブースでの勤務では、お父さんに促され、おずおずと「どんな仕事をしているの？」と聞いてきてくれた小さな男の子に、「国を守る仕事だよ」と返答すると、目を輝かせてブースの中をのぞいていたのも非常に印象的でした。

下通りアーケードでのサテライト勤務では、老若男女たくさんの人が来場して下さり、「かっこいいです」と言われた際には、私も国防の一端を担う一人の自衛官として見られていることを自覚し、改めて頑張ろうと思いました。

10日間という限られた期間ではありましたが、初めて所属部隊から離れ、いつもとは異なる環境で勤務する機会を頂き、またそれに伴って様々な職種の自衛官と話をする機会が得られたことで私自身も見聞が広まりました。

今回のリクルータ勤務で学んだことを生かし、所属部隊に戻ってからも隊員自主募集に努めます。

短い間でしたが、多くのことを学ぶ機会を与えて頂いた自衛隊熊本地方協力本部の皆さま、そして快く送り出していただいた所属部隊の皆さまには本当に感謝しています。

また機会がありましたら再びリクルータとして、今度は学校説明会などにも参加したいです。この度は、本当にありがとうございました。

（世界の切手・チェコスロバキア）

「辛い」という字がある。もう少しで幸せになれそうな字である。

星野 富弘（画家、詩人）

朝雲ホームページ
www.asagumo-news.com
会員制サイト
Asagumo Archive プラス
朝雲編集部メールアドレス
editorial@asagumo-news.com

自衛隊募集相談員の委嘱受け

中川 明彦（和歌山市）

自衛隊ファンの父・益夫さん（左）の愛車と写真に納まる明彦さん

私は現在、自衛官募集相談員をしています。もともと「自衛隊ファン」で、各駐屯地の記念行事・艦艇公開・航空祭にはよく足を運んでいました。

しかし、それはあくまでもイベントを楽しむためだけに行っていたのであって、これらの行事が「自衛官募集の広報活動」を兼ねているとは考えたこともありませんでした。

そんな私がなぜ「自衛官募集相談員」をしているのかと言うと、ある出来事があったからです。2019年、信太山駐屯地の創立記念行事に出かけた時の事。自衛隊の広報ブース前で一生懸命、自衛官の仕事について説明をする陸自隊員さんの姿を目撃。その瞬間「自衛隊イベントは遊びじゃないんだ！　広報の場なんだ！」と痛感するとともに、今まで遊び感覚で各地のイベントに出かけていた自分が急に恥ずかしくなりました。

この出来事がきっかけとなり、私は「どのようにすれば自分が自衛隊広報の役に立てるのか」と考えるようになったのです。

そしていろいろと調べていく中で「自衛官募集相談員」の存在を知り、2020年4月、自衛隊和歌山地方協力本部より委嘱を受けました。

「自衛官募集相談員」の主な活動内容は、大きく分けて①募集をするための環境作り②募集情報の提供③募集活動の直接支援――の三つです。

私はまだ「募集をするための環境作り」も満足にできていないので、まずはこの点に重点を置きながら情報提供・直接支援へと活動範囲を広げていきたいです。

新刊紹介

「亡びゆく中国の最期の悪あがきから日本をどう守るか」

兵頭 二十八著

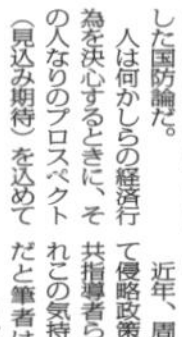

同書は行動経済学で知られている意思決定モデルの一つ「プロスペクト理論」を応用し、安全保障問題に当てはめて解説した国防論だ。

人は何かしらの経済行為を決心するときに、その人なりのプロスペクト（見込み期待）を込めて損得勘定を行うとされており、「ガッカリしたくない」という気持ちに沿って行動を選択しているという。

近年、周辺諸国に対して侵略政策を推進する中共指導者らにも皆それぞれこの気持ちがあるはずだと筆者は推察しており、彼らにとって〝ガッカリしたくないこと〟を正しく想像することで、我が国や同盟国による有効な侵略抑止策を組み立てられるとしている。

全4章立てで論じられ、先の大戦で大日本帝国がたどった道を今日の中国も進んでいると指摘するほか、中国の軍拡事情と習近平政策の失敗、日本が今後取るべき社会政策を提示している。

特に経済制裁による資本のはく奪こそが中共にとって〝最大のガッカリ〟であると論述。「民主化」を促し、西側標準の社会規範を国家に実践させることで平和に近づけるとしている。

（徳間書店刊、2420円）

「日本、遥かなり―エルトゥールルの『奇跡』と邦人救出の『迷走』」

門田 隆将著

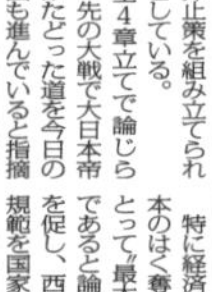

日常生活で国家を意識することのない私たちは、昨夏のカブール陥落で淡い夢から叩き起こされた。本書はイラン、イラク、イエメン、リビアで発生した戦争や政変に巻き込まれた日本人の過酷な境遇を丹念に追いながら、国家とは何かを強く読者に問いかける渾身のノンフィクションである。

著者は、自国民の安全を確保出来ない政府に対して痛烈な批判を浴びせる。しかし本質的には、戦後繁栄を謳歌する中で自国民を救出する意志さえも無くしてしまった、日本人に対する憤怒である。

「在留邦人の命は〝地球より重い〟どころか、〝鳥の羽根より軽い〟」。政府が法的な制約で手足を縛られていることは確かだが、人間の盾として置き去りにされる国民の側から見れば、救出の可否は命に関わる切実な問題だ。

中東で起きたことが、在留邦人が遥かに多い台湾や朝鮮半島で発生したら…。米国の軍用機にしがみつき決死の脱出を試みるアフガンの民を見ながら、誰もが同じ悪夢を想像したはずだ。備えなくして憂いありでは、もはや国家としての責任放棄である。

（PHP研究所刊、1870円）

小林武史（国会議員秘書）

詰碁

第1275回出題

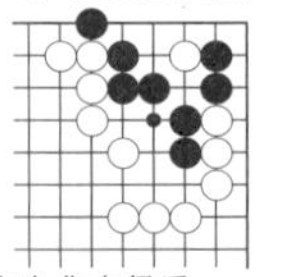

白先

『黒を取って下さい。最初と二手目が大切です。5分でできれば中級以上です』

出題　日本棋院　九段　曲　励起

▶詰碁、詰将棋の出題は隔週です◀

詰将棋

出題　日本将棋連盟　九段　石田　和雄

≪第859回の解答≫

▲先手　持駒　銀桂

【正解】▲2三桂△同角▲2一歩成△同玉▲1二歩成△同玉▲2一銀△1三玉▲2四金まで九手詰め。

【解説】直ぐ▲1二歩成と金を取っては△同玉で詰まない。▲2三桂と打ち捨てた後▲1二歩成も△同玉で続かない。▲2一歩成と成り捨てた後、▲1二歩成が手順というもの。七手目▲2一銀がピッタリの筋で収束。

OBがんばる

高橋　佳也さん　56

令和2年7月、空自1術校学生隊長を最後に1佐で定年退官。浜松NDSに再就職し、NTT電話交換所内の通信回線敷設作業などを担っている。

良い職場環境で楽しく勤務

私は浜松基地援護室の紹介で、浜松NDS株式会社に就職しました。弊社は光ファイバーケーブル・メタルケーブル等の設計、開通工事から保守まで、電柱や一部電気通信を含めてNTT事業を主体とした業務を実施しています。

私が所属しているNTT事業部所内ジャンパ課は、浜岡より西の静岡県西部エリアにおけるNTT電話交換所内でのジャンパ（電話やインターネット回線などの開通や保守）敷設作業を行っています。

作業自体に資格は不要ですが、専門的な知識が必要です。当然身に付けるまでに相応の努力が必要でしたが、入社当初から先輩方の温かい指導を頂き、就職して1年経った今では一人で交換所に行って作業できるまでになりました。

課内で同様の業務を行う従業員は40人ほど（平均年齢66歳）で、人生の先輩が多く、社風は和気あいあいとしています。今では浜松基地で定年退官を迎えて弊社に再就職した者も私を含めて5人となり、全員日々楽しく仕事をしています。

業務内容が「通信回線の接続」が主であるため、仕事が確実に、正確にできることが最も大切です。多くの自衛官が身に付けている明朗快活な態度や実直さが業務を確実に覚え、正確に遂行する土台になっています。

また、職場内で良好な人間関係を築くことが再就職には大切だと思います。良い人間関係が良い職場環境を作り出し、結果、楽しく勤務できるようになります。皆さんも定年後の再就職を是非楽しんで下さい。

長距離患者搬送を無事に終えて

3空曹　野下 真吾（航空機動衛生隊・小牧）

航空機動衛生隊は昨年9月、行動災害派遣命令に基づき、小牧空港から小松空港を経由し、千歳空港までの長距離患者空輸を行いました。

数日前に搬送元から連絡を受け、患者情報を入手するとともに細部調整を行い、検討の結果、搬送が行われることになりました。

今回の任務は小松から北海道と、長時間にわたる患者輸送でしたが、航空機動衛生隊のチームワークと柔軟な対応力、また依頼元の医療スタッフのご協力もあり、無事に長距離患者搬送を完遂することができ、当日中に最終搬送先から「無事患者を搬送できました」と連絡がありました。

いつものように第1輸送航空隊から手厚い支援を受けました。この場を借りてお礼申し上げます。

「朝雲」へのメール投稿はこちらへ！

▽原稿の書式・字数は自由。「いつ・どこで・誰が・何を・なぜ・どうしたか（5W1H）」を基本に、具体的に記述。所感文は制限なし。
▽写真はJPEG（通常のデジカメ写真）で。
▽メール投稿の送付先は「朝雲」編集部（editorial@asagumo-news.com）まで。

朝雲

発行所 朝雲新聞社
〒160-0002 東京都新宿区四谷坂町12−20 KKビル
電話 03(3225)3841
FAX 03(3225)3831
振替00190-4-17600番
定価一部150円、年間購読料9170円（税・送料込み）

主な記事

トンガに国際緊急援助隊

空自機4機と海自「おおすみ」派遣

南太平洋の島嶼国トンガで1月15日午後1時10分頃（日本時間）、大規模な海底火山の噴火が発生し、同国政府によると、降灰と津波で全人口（約10万人）の84％が被災した。これに関し1月20日、林外相との協議を経て岸防衛相は自衛隊に対し、トンガにおける国際緊急援助活動の実施を命令した。1月25日現在、空自のC130H輸送機2機がオーストラリア東部のアンバーレー空軍基地（クイーンズランド州）を拠点にトンガに飲用水などの緊急支援物資の輸送を実施しているほか、24日には陸自CH47JA輸送ヘリ2機とエアクッション艇を搭載した海自輸送艦「おおすみ」が救援物資を積んでトンガに向けて広島県の呉基地を出発した。空自C2輸送機2機は豪州まで物資を運んだ後、24日までに帰国した。25日時点で約330人の隊員が派遣されている。

トンガに到着した空自のC130H輸送機から降ろされた救援物資の飲用水を受け取る現地の空港職員ら。コロナ対策で防護服を着用している（1月22日、トンガタプ島のファアモトゥ空港で）＝写真はいずれも統幕提供

防衛省・自衛隊は1月20日午前、岸大臣からトンガに対する国際緊急援助活動の実施命令を受け、空自による「トンガ国際緊急援助空輸隊」（隊司令・藤井浩1佐＝第1輸送航空隊飛行群司令）と、陸自と海自による「国際緊急援助活動統合任務部隊」（指揮官・自衛艦隊司令官の湯浅秀樹海将）を編成。拠点となるオーストラリアには首都キャンベラに「現地調整所」（チーム長・村松慶太2海佐）を開設した。

空自1輸空（小牧）のC130H輸送機2機は同日夜、国際協力機構（JICA）が準備した支援物資の飲用水を積み込み、豪州に向けて愛知県の小牧基地を出発した。

このうち、最初の1機が21日夕に豪アンバーレー空軍基地に到着し、翌22日にトンガの首都ヌクアロファ近郊のファアモトゥ国際空港に日本からの第1便となる支援物資の飲用水約3トンを届けた。もう1機は22日昼にアンバーレー空軍基地に到着し、24日にトンガに支援物資を空輸した。

一方、空自のC2輸送機2機（美保）は、最初の1機が22日午前10時頃、2機目が23日午後2時頃にそれぞれ鳥取県の空自美保基地を出発し、アンバーレー空軍基地で物資を降ろした後、24日までに両機とも美保基地に帰投した。

24日には、陸自CH47JA輸送ヘリ2機を搭載した海自輸送艦「おおすみ」（派遣統合任務部隊指揮官・松味利紀1佐＝第1輸送隊司令）が救援物資を載せ、トンガに向けて呉基地を出発した。

同艦には飲用水10トン、ポリタンク約2000個、火山灰を撤去するための高圧洗浄機約60台とリヤカー約50台、一輪車約200台、スコップなどが積み込まれた。約2週間後にトンガに到着後は、沖合に停泊し、エアクッション艇などを使って現地に支援物資を届ける予定だ。

岸大臣は1月25日の記者会見で「日本とトンガは同じ太平洋の海洋国家だ。トンガの1日も早い復旧・復興と持続的な発展のため、自由や民主主義といった普遍的価値を共有する豪州と緊密に連携して全力で取り組んでいく」と語った。

トンガでは22日、首相ら政府要人が空港に勢ぞろいして空自機を出迎えた。フアカヴァメイリク首相は「日本の自衛隊機をトンガで見られるのは本当に感慨深い。『まさかの時の友こそ真の友』という言葉はまさにその通りだ。日本の皆さまにありがとうと伝えてほしい」と謝意を表明した。

現地で物資を輸送する陸自CH47JAヘリ2機とエアクッション艇を搭載し、救援物資を積んでトンガに向け出港する海自輸送艦「おおすみ」（1月24日、呉基地で）

テレビ会議形式で日仏「2プラス2」の協議に臨む（右から）岸防衛相、林外相（1月20日、東京都千代田区の外務省で）＝防衛省提供

「インド太平洋」で連携強化

日仏2プラス2 宇宙状況監視で協力

パルリ仏軍事相

ルドリアン仏外相

日仏両政府は1月20日夜（日本時間）、外務・防衛担当閣僚協議「2プラス2」をオンラインで開き、インド太平洋での連携・協力を一段と高いレベルに引き上げることで一致した。

日仏「2プラス2」は2014年1月（パリ）、15年3月（東京）、17年1月（パリ）、18年1月（東京）、19年1月（仏ブレスト）に続き、3年ぶり6回目。

協議には日本から林芳正外相、岸信夫防衛相、フランスからジャン＝イブ・ルドリアン外相、フロランス・パルリ軍事相が出席し、午後9時半から約1時間45分行われた。

協議後に発表された共同声明には、仏宇宙コマンド司令部内に日本の連絡幹部を迎える提案や、宇宙状況監視の分野でより高度な情報交換を行うことが明記された。

このほか、自衛隊とフランス軍との間で共同運用・演習を実施する際の行政上・政策上・法律上の手続きを相互に改善するための恒常的な枠組みについて事務レベルで議論を開始することなども盛り込まれた。

会談で4氏は、両国の秘匿情報のやり取りを強固なものにする方策について意見交換するとともに、経済安全保障分野での協力強化についても確認。重要・新興技術や重要インフラの保護をはじめ、両国におけるサプライチェーン（部品供給網）の強靱化、防衛産業基盤に関する連携の向上などを含め、対話を進めていくことで一致した。

4氏はまた、前回の「2プラス2」以降、19年9月の第1回「日仏包括的海洋対話」、20年10月の第1回「日仏インド太平洋作業部会」などの枠組みを通じ、2国間だけでなく、同盟国や同志国との具体的な協力が進展していることを高く評価。

さらに、▽19年6月の日仏物品役務相互提供協定（ACSA）の発効▽20年5月の航空自衛隊と仏空軍による航空宇宙分野の協力強化をうたった「空軍種間戦略的指針」の署名▽「日仏防衛装備品・技術移転協定」に基づき、18年に開始した「次世代機雷探知に係る共同研究」の進展――など、安全保障・防衛分野の着実な協力の深化を歓迎した。

日本は、南太平洋にニューカレドニアと仏領ポリネシアの海外領土を持つ「海洋国家」のフランスとの間で、引き続き定期的な共同訓練や演習などを通じ、「自由で開かれたインド太平洋」の実現に向けて地域の平和と安定に積極的に貢献していくことを申し合わせた。

東京大規模接種 準備開始

森下総監「安全と安心を届けよ」

1月31日に東京都千代田区大手町に新型コロナワクチンの「自衛隊東京大規模接種会場」が開設されるのに先立ち、朝霞駐屯地で同24日、準備開始式が行われた。

式には東方幕僚副長で運営担任官を務める安田百年将補ら約130人が出席。最初に東京会場長を務める河野修一1陸佐（自衛隊中央病院診療科診療庶務室長）が安田将補に準備体制完了を報告し、その後、同将補が担任官の森下泰臣東方総監に報告を行った。

森下総監は訓示で「安全と安心を届けよ」と呼び掛け、「これまで培ってきた知識や経験を生かして、来場者に寄り添った接種を加速させることで、多くの人に安全・安心を届けることができる。任務に関係する一人一人が強い使命感を持ち、連携に努めてもらいたい」と要望し、「東京会場は官民共同での作戦となる。心の垣根を作らず、お互いを理解し、ワンチームとして業務を進めることが重要だ」と強調した。

式典後、河野1佐はインタビューで「安心と安全を届けられるよう、前回の教訓を生かした会場にしていきたい」と抱負を述べた。

東京会場での1日当たりの接種人数は720人からスタートし、2月7日以降は2160人に拡大する。予約は1月28日から受け付ける予定だ。

新型コロナワクチン大規模接種会場準備開始式で、運営担任官の安田将補（右）に準備体制完了報告を行う東京会場長の河野1佐（左手前）＝1月24日、朝霞駐屯地で

山崎統幕長 CHODに参加

インド太平洋の安保議論

山崎統幕長は1月13日、米インド太平洋軍主催の「インド太平洋参謀総長等会議（CHOD）」に東京・市ヶ谷からオンラインで参加した。

今回の会議では、インド太平洋諸国の参謀総長らがテレビ会議形式で同地域の安全保障について意見交換を行った。

山崎統幕長は「法の支配に基づく自由で開かれた国際秩序」の実現に向け、イ[illegible]と議論を深め、具体的な協力関係を強化・推進していくことの重要性について確認した。

春夏秋冬

赤十字と災害救援活動

松本 佐保

私事だが新年早々、左肘を骨折して日赤病院で手術し入院した。この日赤の本体である国際赤十字は、19世紀の欧州でサルデーニャ王国とオーストリア間で行われたソフェリーノの戦いに設立の起源がある。この戦闘を目の当たりにしたスイス人のアンリ・デュナンは、負傷者の救済を目的に、ジュネーブで軍人と弁護士や医者ら5人と、国際負傷軍人救護委員会を立ち上げる。そしてヨーロッパの14カ国を集めて国際会議を開き、ここに国際赤十字が発足する。

この赤十字の設立者デュナンはプロテスタントのカルバン派であり、宗教的には当時カトリックと対立していたが、各国に民間救護団体を設立すべくジュネーブで国際会議を開催した時、プロテスタントとカトリックを問わず主要な[illegible]字社が本格的に活動を開始した。スイスを筆頭に16カ国が参加した外交会議が行われ、陸戦に適用されるべき最初のジュネーブ条約である「負病者の状態改善に関する第一回赤十字条約」が審議され、調印された。

その後、1865年にオスマン帝国も批准し、同帝国内で救護団体が設立されると、キリスト教以外の宗教を信仰する地域にも広がりを見せた。キリスト教諸国では赤い十字架マークが採用されたが、イスラム教国の参入でこれらの諸国では赤新月のマークが使用された。非キリスト教国への波及は日本にも及んだ。日本は1886年にジュネーブ条約加盟国となり、翌年、正式に日本赤十字社が[illegible]が、1886年のジュネーブ条約への調印で、国際赤十字から承認され日本赤十字となった。日清戦争や日露戦争、そして第一次世界大戦などの戦争期における活動だけでなく、関東大震災をはじめとする災害時の救援活動にも力を入れてきた。日本赤十字社の設立期に、とりわけ資金調達などで尽力したのが渋沢栄一であった。渋沢は、福島県の磐梯山が1888年に大規模な火山爆発を起こし、日本赤十字が世界で初めて自然災害での救護を行った際に理事として中心的役割を果たした。

トンガで起きた海底火山の大規模噴火で、被害を支援するため今月20日、航空自衛隊の輸送機が救援物資を積んで出発した。国家及び民間の医療活動や災害救援の歴史と現在である。

（日本大学国際関係学部教授）

朝雲寸言

1939年11月30日、自国の国境警備隊が発砲されたとしてソ連はフィンランドに侵攻した。明らかな侵略行為に、国際社会は強く非難し国際連盟からの追放を決定したものの、ソ連の侵攻は計画通り実行された▼スターリンは実力行使すればフィンランドは和平を求めて折れるだろうと考えていた。しかし、侵攻軍の4分の1にも満たないフィンランド軍はソ軍を自国領に深く引き入れ、地形を活用して分断し、迂回と伏撃により撃破した。第1次ソ芬戦争（スオルサルミの戦い）として知られる戦争である▼僅か5センチの積雪で都会の交通が麻痺してしまうように、積雪寒冷地における冬季の作戦は通常の軍事常識が通用しない。そしてスキーや射撃、生存技術など兵士個々の冬季戦闘能力が必要不可欠となる▼スキーのクロスカントリーとライフル射撃を組み合わせた競技であるバイアスロンは1960年の米スコーバレー冬季オリンピックで正式種目となったが、それまでは「軍事偵察」という競技名で行われていたという▼間もなく2022北京冬季オリンピック・パラリンピックが開催される。コロナウイルス・オミクロン株の世界的な感染爆発や米中対立による外交ボイコットなど、今回のオリンピックを取り巻く状況は平和の祭典と呼ばれる五輪本来の姿からは程遠いようだ。それでも参加される選手には逆境を乗り越え、日頃の練習成果を遺憾なく発揮してもらいたいと強く思う。

防衛研究所 創立70周年企画

「防研セミナー 時代を読み解く」 新シリーズ、今月からスタート

防衛研究所（齋藤雅一所長）は今年8月に創立70周年を迎えます。これを記念した事業の一環として、『朝雲』紙上で今号から新たに、防研の研究者による新シリーズ「防研セミナー 時代を読み解く」がスタートします。

毎月1回、安全保障問題のエキスパートたちがそれぞれ専門のテーマについて持ち回りで執筆し、背景などを分かりやすく解説します。

初回は、佐竹知彦主任研究官の「AUKUSの誕生と豪州」です。同シリーズは毎月下旬の第3面に掲載予定です。ご愛読ください。

朝雲新聞社

大分・宮崎地震で自衛隊が情報収集

震度5強

1月22日午前1時8分頃、日向灘を震源とする地震があり、大分、宮崎両県で最大震度5強が観測された。気象庁によると、地震の規模はマグニチュード（M）6・6と推定される。津波はなかった。

この地震を受け、防衛省・自衛隊は直ちに、陸自UH1多用途ヘリ（八尾、目達原）、海自P1哨戒機（鹿屋）、MCH101掃海輸送ヘリ（岩国）、空自F15戦闘機（新田原）、UH60救難ヘリ（新田原）を各基地・駐屯地から離陸させ、上空からの被害情報収集を実施。特段の被害は確認されず、自衛隊への災害派遣要請もなかった。

時の焦点

国内

日米首脳会談

軍備を増強して東・南シナ海で強引な海洋進出を図る中国、ミサイル発射を繰り返す北朝鮮、ウクライナへの軍事圧力を強めるロシア。自由で開かれた国際秩序が、専制主義国家の挑戦を受けている。

こうした厳しい状況の中で岸田首相とバイデン米大統領が協議し、国際社会の秩序維持を主導していく決意を明確に示した意義は大きい。

両首脳による初めての本格的な会談が、約1時間20分にわたり、テレビ会議方式で行われた。

岸田首相は会談後、記者団に「日米がいかに連携し、国際社会をリードしていくかについて、率直な議論ができた」と語った。

両首脳は、会談時間のかなりの部分を中国に関する意見交換に充てたという。テレビ会議とあって共同文書の発表などはなかったが、東・南シナ海での一方的な現状変更の試みや、経済的な威圧に反対することを明確に示した。

秩序の維持に重い責任

日米の明確な意思表示を、中国は真摯に受け止める必要がある。

バイデン大統領は「今春の後半」に来日し、これに合わせ、日米豪印の首脳会談を日本で開催するという。

日本が提唱した「自由で開かれたインド太平洋」の実現に向け、日米豪印の協力が具体的に進んでいくことになる。すでにインフラ整備やコロナワクチンなどで途上国を支援しており、中国の影響力拡大に歯止めをかけることにつながろう。

バイデン大統領は「民主主義と専制主義の闘い」を掲げるが、とりわけ重要なのは、世界各地で発生する国際問題や紛争について、「力による一方的な現状変更は許さない」という原則を貫徹することである。

その点で、岸田首相がウクライナ問題で米国と連携する方針を示したことは重要な意味を持つ。

首相はまず、ウクライナ侵攻を抑止するために緊密に取り組むことを表明した。そのうえで、「いかなる攻撃に対しても強い行動をとる」ことについて他国と連携を継続すると語った。

北方領土問題をめぐってロシアと協議する必要もある中で、踏み込んだ発言ではなかったか。

単に米国の要請に応じたということではなく、国際秩序維持への決意の表れであろう。

仮にウクライナでの現状変更を国際社会が容認すれば、台湾海峡や尖閣諸島への対応に跳ね返ってくる恐れがある。

経済問題でもルールの重要性は変わらない。先端技術が中国に流出して軍事転用される事態を避けるには、各国が経済安保への意識を高め、自由貿易と両立するルールを確立する必要がある。

日米両首脳は、外務・経済閣僚による経済版「2プラス2」の新設で合意した。この場で、経済安保の枠組みが論じられることだろう。

国際ルールをどう維持し、発展させるか。日米の役割はかつてなく高まっている。

宮原 三郎（政治評論家）

海外

『米国に死を！』

米軍が2020年1月3日、イラン革命防衛隊の精鋭コッズ部隊のソレイマニ司令官をドローン攻撃で殺害してから2年。イラン各地で司令官追悼の行事や「米国に死を！」の反米デモが行われた。

ライシ大統領はテヘランでの追悼式典で、「トランプ（大統領・当時）とポンペイオ（国務長官・同）を公平な裁判にかけなければ、イスラムは報復する」と演説した。

イラン政府はまた、ミリー統合参謀本部議長、オブライエン元大統領補佐官（国家安全保障担当）、ヘイリー元国連大使ら52人に、①イラン訪問の禁止②イラン国内に持つ資産の凍結――という制裁を科した。

1年前にも同様の制裁をトランプ前大統領らに科しており、ヘイリー元大使が「楽しみにしていたイランへの休暇旅行をキャンセルしなければならないわけ？」とジョークで一蹴したように、制裁はシンボリックなもの。

イランの「大胆さ」増大

だが、実力者の同司令官を殺害したトランプ政権に対するイランの怒りが、今も燃え滾っている事実を見れば、まだまだ〝要注意〟だ。

同司令官の殺害2周年という日付は、米国では何の関心も集めずに過ぎた一方で、イランの指導部からは、ライシ大統領に加え、多数が米国への「報復」を強調した。

中でも、ソレイマニ氏の後任のガーニ司令官が1月7日、追悼式典で行った演説には、融和的なトーンは微塵もなく、米国への報復は「米国内」で起きるとまで宣言している。

ガーニ氏は「我々は、強烈な対米報復を彼らの土地で行う基盤を準備している。我々がそこにいる必要はない」「どんな場所でも必要とあれば、我々がそこにいなくても、彼らの土地で、米国の人々の支援を受けて報復する」などと述べた。

ガーニ司令官が明言した「彼らの土地で」という脅しが、決して起こり得ない話ではないのが問題なのだ。

米現政権になってから約1年の間に、南部国境から不法移民約100万人（！）が押し寄せ、事実上、南部は無国境状態にある。

米税関・国境警備局は21年2月、「アリゾナ州ユマ付近で、越境して米国に不法入国したイラン人の集団11人を逮捕した」と発表したが、これは珍しい事件でもない。

国境警備局が、メキシコから国境を越えて米国に不法入国を図ったイラン人を一人残らず逮捕したとは、まず考えられない以上、イランの工作員が既に米入国を果たし、「報復」の実行を準備中というのは、十分あり得る。

イランがこうして、陰に陽に「大胆さ」を増してきた背景には、イラン核合意の復活に必死な米現政権の姿勢がある。

「核合意と調和しない制裁を解除する用意がある」（プライス国務省報道官）などほんの一例で、足元を見られるとこうなる見本。宥和の結果は常に、要求の通った側が大胆になるということだろう。

草野 徹（外交評論家）

森本敏元防衛相が講演

防研創立70周年記念「戦争史研究会」で

「湾岸戦争」をテーマに講演する森本敏元防衛相（ステージ左端）＝1月13日、市ヶ谷・防衛研究所の国際会議場で

【防研＝市ヶ谷】防衛研究所（齋藤雅一所長）は今年8月に創立70周年を迎えることから、この節目を記念した事業の一環として1月13日、元防衛相の森本敏氏（現・拓殖大学顧問）を講師に招き、「戦争史研究会」を開催した。

森本氏は「湾岸戦争―日本の対応と教訓」をテーマに講演。クウェートを侵略したイラクに米国を中心とする多国籍軍が対峙して戦火を交えた1991年の湾岸戦争は、日本の安全保障政策のあり方に大きな影響を及ぼした。

当時、外務省で情報調査局安全保障政策室長を務めていた森本氏は、軍事オペレーションの責任者として湾岸戦争における「戦闘」「邦人保護」「関係国との情報交換」――などの情勢把握と分析に尽力。

講演では、こうした実体験に基づくさまざまなエピソードを交えつつ、当時の日本側の対応についての評価をはじめ、今日の我が国の安全保障政策への教訓に至るまで、歴史的な観点はもちろん、隊員の職務に役立つ視点からも幅広い論点をめぐって約2時間にわたり語り尽くした。

講演後は活発な質疑応答が行われ、森本氏は参加者からの質問に対して丁寧に回答。研究会は成功裏に終了した。

防衛研究所は創立70周年を記念して今後もさまざまなイベントを実施する予定で、齋藤所長は「この機会にぜひ、防研の取り組みに注目していただければうれしい」と話している。

UNTPPの一環 オンラインで教育

陸自施設学校

UNTPPの一環として、インドネシア、カンボジア、ベトナムの工兵要員にオンラインで施設作業の工程管理について教育を行う平山晃1尉（施設学校で）

陸自施設学校（勝田）は12月6日から10日まで、「国連三角パートナーシップ・プロジェクト（UNTPP）」の一環として、日本とインドネシア、カンボジア、ベトナムを結び、各国工兵要員に向けた「作業工程管理課程」のオンライン教育を実施した。

同教育はUNTPPの枠組みで日本が行う初めてのオンライン事業で、参加国から国連平和維持活動（PKO）に参加予定の工兵計25人が参加。施設学校の山本亮2佐以下3人が教官を務めた。

課程では工事スケジュールの作成や日々の進捗状況の確認、PKOミッションの工事現場管理で発生する問題の対処法など、計画から設計・施工までの工程管理についての教育を行い、施設作業で必要な識能を伝えた。

陸幕長、新司令官と会談

米3MEFのビアマン中将と

吉田陸幕長は12月20日、米第3海兵機動展開部隊（3MEF、沖縄県うるま市・キャンプ・コートニー）の新司令官に着任したジェームズ・ビアマン中将＝写真、米軍HPより＝と初のテレビ会談を行った。

ビアマン司令官の前職は第3海兵師団長で、11月9日付で前司令官のスティシー・クラーディー中将と交代した。

会談で吉田陸幕長は、ビアマン新司令官の就任に祝意を表すとともに、厳しさを増す東アジアの安全保障環境の中、地域の平和と安定のため、日米同盟がこれまでになく重要であることを共に確認、日米陸軍種間の連携強化について認識を共有した。

海自IMED21部隊

印海軍と共同訓練

日印共同訓練を行う掃海艦「ひらど」（手前）と印海軍のフリゲート「シヴァリク」（奥）、コルベット「カドマット」（右奥）（1月13日）＝海自提供

インド太平洋・中東方面を長期巡行中の海自派遣掃海部隊（IMED21、指揮官・野口泰志1佐＝1掃海隊司令）の掃海母艦「うらが」と掃海艦「ひらど」は1月13日、ベンガル湾でインド海軍艦艇と共同訓練を実施した。

印海軍からはフリゲート「シヴァリク」（満載排水量6300トン）、コルベット「カドマット」（同3150トン）が参加。両艦隊は各種訓練を通じて、日印海上部隊の連携強化を図った。

またIMED21部隊は、同10、11日の両日にチッタゴン周辺でバングラデシュ海軍と、同18日にはベンガル湾でスリランカ海軍艦艇とも親善訓練を行った。

山村海幕長は18日の会見で、海自のバングラデシュへの入港と親善訓練が約2年ぶりであることに触れ、「継続的に訪問して防衛協力、交流をすることで、（インド洋の）主要シーレーンの安定した利用を確保する」と語った。

空自戦闘機部隊 B1と共同訓練

日本海などの空域で

日米共同訓練を行う米空軍第7爆撃機航空団のB1B戦略爆撃機2機（上）と空自7空団のF2戦闘機2機（下）＝1月11日

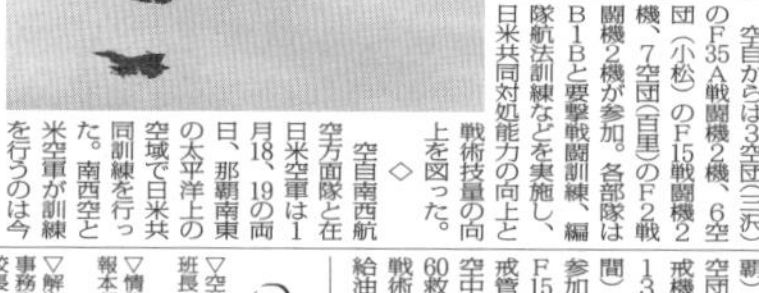

空自の各航空団の戦闘機部隊は1月11日、東アジア方面に展開した米第7爆撃航空団（テキサス州ダイエス空軍基地）のB1B戦略爆撃機2機と日本海、三沢東方の太平洋上の空域で共同訓練を行った。

空自からは3空団（三沢）のF35A戦闘機2機、6空団（小松）のF15戦闘機2機、7空団（百里）のF2戦闘機2機が参加。各部隊はB1Bと要撃戦闘訓練、編隊航法訓練などを実施し、日米共同対処能力の向上と戦術技量の向上を図った。

◇

空自南西航空方面隊と在日米空軍は1月18、19の両日、那覇南東の太平洋上の空域で日米共同訓練を行った。南西空と米空軍が訓練を行うのは今年度2回目。

空自からは、9空団（那覇）のF15戦闘機8機と警空団（同）のE2C早期警戒機、1輸空（小牧）のC130H輸送機、2輸空（入間）のC1輸送機各1機が参加。米空軍からは14機のF15をはじめ、E3早期警戒管制機1機、KC135空中給油・輸送機2機、HH60救難ヘリ2機が参加し、戦術空輸、掩護戦闘、空中給油の各訓練を行った。

共済組合だより

「任意継続組合員制度」をご利用ください

皆さんは「任意継続組合員」の制度をご存知ですか。退職の日の前日まで引き続いて1年以上組合員であった方が、掛金を払い込むことで2年間を限度として退職後も引き続き短期給付（休業給付を除く。）と福祉事業（売店、宿泊施設、貯金の一部利用）の適用を受けることができる制度です。

この制度は、退職の日から起算して20日以内に「任意継続組合員となるための申出書」等を退職時に所属していた共済組合支部窓口に提出し、初回の掛金を払い込むことで利用可能です。次回以降の掛金は継続しようとする月の前月末日までに払い込む必要があるため、掛金額については申出書を提出する際に支部窓口までお問い合わせください。

なお、次のいずれかに該当したときは任意継続組合員の資格を喪失します。

▽任意継続組合員となった日から2年を経過したとき。▽死亡したとき。▽任意継続掛金を指定の期日までに払い込まなかったとき。▽再就職して共済組合員または健康保険等の被保険者となったとき。▽任意継続組合員でなくなることを希望し、その申し出が受理された日の属する月の末日が到来したとき。▽後期高齢者医療の被保険者等となったとき。

防衛省発令

▽空幕情報課運用室長兼計画班長（空幕情報課計画班長） 1空佐 山口 景太
▽情報保全隊情報保全官（情報本部） 同 依田 和彦
（以上1月15日）
▽解海自1術科学校研究部長事務取扱 海自1術科学校副校長 1海佐 西 和男
▽海自1術科学校研究部長（呉海上訓練指導隊副長兼指導部長兼指導部船務航海科長） 2海佐 南薗 健一
（以上1月19日）
▽統幕防衛課防衛調整官（航空総隊防衛課長兼航空総隊司令部） 1空佐 竹岡 功二
▽空幕運用支援課部隊訓練1班長（空幕運用支援課） 同 小城 毅泰
▽航空総隊防衛課長兼航空総隊司令部（静岡地方協力本部長） 同 杉谷 康征
▽北部航空方面隊防衛部長（空幕運用支援課部隊訓練1班長） 同 倉地 康平
▽中部航空警戒管制団中部防空管制群司令（空自幹部候補生学校学生隊長） 同 武田剛
▽南西航空警戒管制団副司令（統幕防衛課防衛調整官） 同 石井 浩之
▽空自幹部候補生学校学生隊長（北部航空方面隊防衛部長） 同 阿部 尚武
▽静岡地方協力本部長（中部航空警戒管制団中部防空管制群司令） 同 武田 恭一
（以上1月20日）

訂正 本紙1月20日付7面の「15旅団、医療支援を終了」の記事中、撤収時間が「17日午前10時13分」とあるのは「17日午後4時半」の誤りでした。訂正します。

防衛研究所「中国安全保障レポート2022」（要約）

新たに「智能化条件下の作戦」も

統合作戦能力深化を目指す人民解放軍

防衛研究所は昨年11月に公表した『中国安全保障レポート2022』＝本紙12月2日付1面既報＝の中で、人民解放軍が習近平体制の下で建国以来最大規模となる軍改革を行った結果、多くの成果を得てその統合作戦能力を深化させたと結論付けた。

報告書はA4判、全97ページ。防研地域研究部中国研究室の杉浦康之主任研究官が単独執筆し、門間理良地域研究部長が編集長を務めた。防研のホームページ（www.nids.mod.go.jp）には日英中の3カ国語のPDF版が公開されている。今回はその要約を掲載する。

第1章　中国人民解放軍の統合作戦構想の変遷

■湾岸戦争の結果を踏まえ、人民解放軍は情報化戦争を念頭においた統合作戦研究に本格的に着手。2000年代半ばより、「一体化統合作戦」構想と「情報システムに基づくシステム体系作戦能力」を提唱し、伝統的安全保障領域（陸・海・空）と新型安全保障領域（宇宙・サイバー・電磁波・認知領域など）を含めた統合作戦構想を提起した。

■習近平指導部は「情報化局地戦争論」を軍事ドクトリンとして設定した。同ドクトリンの下、習近平指導部は、「一体化統合作戦」構想と「情報システムに基づくシステム体系作戦能力」に基づく統合作戦能力強化のため、大規模な組織機構改革を断行した。

■2017年10月、習近平は19回党大会で「ネットワーク情報システム体系に基づく統合作戦能力」と「全域作戦能力」を新たな概念として提唱し、「一体化統合作戦」構想の深化を目指した。これらの概念では、精密化・ステルス化・無人化作戦の実施や制情報権の獲得が中心に位置付けられており、新型安全保障領域重視の姿勢が顕著となった。

■2019年より「智能化戦争」が提起されたことに伴い、人民解放軍内では現在、「多領域一体統合作戦」や「智能化条件下の統合作戦」など、新たな統合作戦構想の研究が進められている。

新たに設置された5大戦区

（注1）戦区司令部　戦区陸軍機関　戦区海軍司令部
（注2）戦区の区割りについては公式発表がなく、上地図は米国防省報告書や報道などを基に作成。
（出所）防衛省編『令和3年版　防衛白書』26頁を基に作成。

第2章　改編された中国人民解放軍の統合作戦体制

■人民解放軍は2015年末から2016年にかけて大規模な組織機構改革を実行した。その内容は、①4総部の廃止と中央軍事委員会多部門制度の発足、②7大軍区の廃止と5大戦区の設置、③陸軍指導機構の創設、④第二砲兵のロケット軍への格上げ、戦略支援部隊・聯勤保障部隊の発足、⑤海軍陸戦隊の拡充など、多岐にわたった。

■軍改革では、「軍委管総、戦区主戦、軍種主建（中央軍事委員会が全体を管理し、戦区が主に戦い、軍種が主に建設する）」との方針の下、軍令体系（「中央軍事委員会—戦区司令部—部隊」）と軍政体系（「中央軍事委員会—軍種司令部—部隊」）の分離が明確化された。

この方針の下、戦区は「戦略方面における唯一の最高統合作戦指揮機構」とされ、軍改革以前の軍区と比べ、高い権威と指揮権を有することとなり、その重要性が増した。

■軍改革の一環として、人民武装警察部隊（武警）の指揮権を中央軍事委員会に一元化し、さらに海警を武警の傘下に移管することで、「中央軍事委員会—武警—海警」による新たな海上国境警備管理体制が構築された。

■「中央軍事委員会主席責任制」の徹底化により、習近平の軍への統制力と指揮権限は強化された。また、習近平主導により、習近平への忠誠と統合化を重視した軍上層部の人事体制が確立した。ただし、陸軍は戦区司令部人事でなお優勢的な地位を占めている。

■中央軍事委員会統合作戦指揮センターと戦区統合作戦指揮機構の常設化により、人民解放軍は「平戦一体」の統合作戦指揮体制を構築した。

また、人民解放軍は統合作戦指揮統制システムの整備を進め、各軍種の指揮統制システムとの相互連接や政府組織・民間部門との融合を図っている。

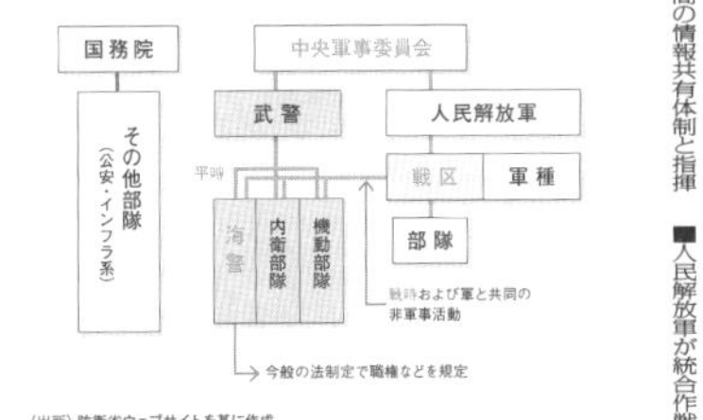

海警法施行後の中央軍事委員会—武警—海警の指揮系統

（出所）防衛省ウェブサイトを基に作成。

第3章　軍改革における統合作戦訓練・人材育成体制の発展と党軍関係強化の模索

■習近平の「戦って勝てる軍隊」との指示に基づき、人民解放軍は、軍改革後に統合作戦訓練を一層強化し、台湾周辺や南シナ海での訓練を活発化させ、中露合同演習でも統合作戦指揮能力の向上を図っている。一連の統合作戦訓練を通じて、人民解放軍は特に各軍種間の情報共有体制と指揮統制システムの相互接続などを強化している。

■統合作戦指揮人材の不足を克服するため、人民解放軍は、軍隊院校での教育、部隊訓練での実践、軍事職業教育（オンライン主体の教育）からなる三位一体の新型軍事人材育成体系の整備を進めた。

■人民解放軍が統合作戦体制を強化する中、党軍関係を維持するための伝統的なシステムが足かせとなると指摘されている。これに対して人民解放軍は、①「党委員会の統一的集団指導下の首長分工責任制」の徹底、②政治将校の選抜・育成での軍事的専門性と科学技術知識の重視、③戦時政治工作での「三戦」の重視と情報化の促進により、「一体化統合作戦」構想と党軍関係の維持・強化の両立を模索している。

戦時政治工作の一覧

戦時政治工作の名称	主な内容
戦時宣伝教育工作	作戦上の任務の完遂を目的とした政治動員と思想教育、参加人員の士気を鼓舞する戦時の宣伝活動を行う。
戦時組織工作	参戦部隊の中国共産党・中国共産主義青年団の組織編制、軍事民主の発揚、功績のあった者への模範化と表彰活動の実施、烈士の選定、傷病兵の慰問を行う。
戦時幹部工作	参戦する将校の選抜、戦時に欠員が生じた将校の補充などの人事を行う。
「三戦」の展開	輿論戦・心理戦・法律戦を実施する。
戦時群衆工作	民兵も含む地方レベルでの大衆動員の実施、動員した人員への思想政治工作・規律保持の実施、戦時中の他国の大衆や少数民族対策への対応を行う。民兵に関しては、サイバー作戦に従事する情報支援人材部隊を形成する。
戦時政法工作	司令部要人の警衛、各種政治審査の実施、カウンターインテリジェンス活動、軍事犯罪の予防とその処理を行う。
戦時聯絡工作	敵に対する情報収集活動、秘密裏の瓦解（浸透）工作、捕虜の管理・教育・返還などの各種インテリジェンス活動を行う。

（出所）呉志忠主編『戦時政治工作教程』105-128頁を基に作成。

能力深化で多くの成果　指揮権限など多くの課題も

■人民解放軍は、1990年代以降、米国の軍事理論や科学技術分野の発展に柔軟に対応するため、広範性を有する概念である「一体化統合作戦」構想を提唱した。そして、伝統性（「三戦」、軍民融合、党軍関係の維持・強化など）と新規性（長距離精密打撃能力の重視、新型安全保障領域へのシフト、智能化戦争の提唱など）を加味した独自性を追求することで「一体化統合作戦」構想の深化を目指した。

■習近平の強いイニシアチブの下、軍改革により、人民解放軍は「一体化統合作戦」構想を実現し得る統合作戦体制を整備した。

それに合わせ、統合作戦訓練・人材育成体制を発展させるとともに、「一体化統合作戦」構想と党軍関係の維持・強化の両立を目指した。

■軍改革において、人民解放軍はその統合作戦能力の深化に関し、多くの成果を獲得した。他方、軍改革を経ても、①中央軍事委員会・戦区・軍種における権限と役割の調整、②統合作戦意識の希薄さと軍種偏重主義、③統合作戦訓練の形式主義化、戦区主体の統合作戦訓練と軍兵種訓練の連携、④高度科学技術人材の獲得・育成・維持の難しさ、⑤政治委員の指揮権限と指揮能力のあり方など、なお多くの課題が残されており、その克服には時間がかかると目される。

■人民解放軍の近代化のタイムスケジュールでは、2027年、2035年、2050年が節目の年として設定されている。これらの節目の年に、国防費の増額、新装備の導入、対外発言・対外行動のみならず、統合作戦構想、組織機構改革とそれに伴う組織文化の形成、教育訓練と人材の質的向上、党軍関係などに注目することで、人民解放軍の統合作戦能力を多角的に見積もることが今後も重要となる。

防研セミナー

時代を読み解く

シリーズ①

今月の講師
佐竹（さたけ）　知彦（ともひこ）氏
防研政策研究部
防衛政策研究室 主任研究官

1978（昭和53）年生まれ、東京都出身。慶応大学法学部政治学科卒、同大学法学研究科前期博士課程修了、オーストラリア国立大学大学院博士課程修了（国際関係論博士）。2010年防衛研究所入所。13〜14年防衛省防衛政策局国際政策課部員を兼務、15年豪国立大学クロフォード研究所豪日研究センター客員研究員。専門は同盟研究、アジア太平洋の安全保障、豪州の安全保障政策等。共著に「豪州と米中関係—『幸福な時代』の終焉」（森聡・川島真編『アフターコロナ時代の米中関係と世界秩序』東京大学出版会、2020年）など。

今月から新たに、安全保障問題のエキスパートとして活躍する防衛研究所の研究者による連載がスタートします。近現代史から時事問題、最新鋭の装備品に至るまで、それぞれの専門分野から鋭く切り込み、その背景などを分かりやすく解説します。毎月下旬に掲載予定です。どうぞご期待ください。

AUKUSの誕生と豪州——その背景と課題

2021年9月15日、米英豪の首脳が共同ビデオ記者会見で、防衛科学や人工知能（AI）、量子技術に関する協力等を念頭に置いた「AUKUS」と呼ばれる新たな枠組みを創設し、その最初の案件として、豪州による原子力潜水艦の取得を支援していくことを発表した。実現すれば、豪州は原子力潜水艦を保有する7番目の国となる。

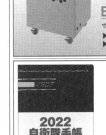

次期潜水艦めぐる　混乱

AUKUSは3カ国の徹底した情報管理の下に構想が進められたものであり、多くの専門家にとっても「寝耳に水」の発表であった。報道によれば、同構想はそもそも豪州が2021年3月に英国や米国に持ち掛けた結果実現したものであったという。その背景には、豪州の次期潜水艦の取得をめぐる混乱が存在した。

2016年4月、豪州は現有の「コリンズ級」潜水艦に代わる次期潜水艦として、フランスの「ナバル・グループ」社の開発する「アタック級」と呼ばれるディーゼル潜水艦を選定した。

ところが、その後、「アタック級」の計画は遅延を重ね、またその費用も当初の見積もりから2倍近くにまで膨らんでいた。潜水艦計画の遅延の結果、「コリンズ級」潜水艦が最初に退役を迎える2026年から、最初の「アタック級」潜水艦が就役する2030年代半ばまで、およそ10年近くの「ギャップ」が生じる恐れがあったのである。

この「潜水艦ギャップ」問題に対処するため、豪政府は「コリンズ級」を改修してその耐用年数を10年間延ばすことを決定する一方で、2021年以降の新たな潜水艦計画に関する独立した再検討を進めていた。

その結果、豪政府はフランスに対し、契約の継続を伝える一方で、英米に対して原子力潜水艦取得の希望を水面下で伝えていた。

突然の契約打ち切りにフランス側は激怒し、駐豪フランス大使の召喚など強い対応をとったが、豪側の決定は覆らなかった。

そもそも広大な海に囲まれた豪州にとって、南シナ海やインド洋といった戦略的な要衝にアクセスする上でも、通常型の潜水艦に比べ長期に渡る作戦が可能で、かつスピードやパワーの面でも優れた原子力潜水艦を取得する戦略的意義は大きかった。実際、豪州には原潜の導入を求める声が以前から存在していたが、技術的な問題やコストの面などから見送られてきた。

それにもかかわらず、今回の決定に踏み切った背景には、前述の次期潜水艦取得をめぐる問題に加え、豪州を取り巻く戦略環境の悪化があった。

高まる中国への　警戒感

特に2010年代中頃から後半にかけ、中国による南シナ海の軍事化や南太平洋における影響力の拡大、豪州に対するサイバー攻撃や政治干渉などに対する警戒感が、豪州の中で急速に高まっていた。

2020年4月に豪州が新型コロナウイルスの発生源をめぐる独立調査を要求すると、これに反発した中国は豪州からの輸入品の差し止めや追加関税措置等の報復を行い、豪州側の大きな懸案事項となっていた。

2020年7月に豪国防省が発表した『防衛戦略アップデート』は、米中間の戦略的競争の激化やパンデミックにより急速に悪化する戦略環境を踏まえ、継続的な国防費の拡充と、長距離打撃能力の強化や極超音速兵器導入の検討を含む、防衛力の大幅な拡張を掲げた。

『アップデート』はまた、豪州に対する通常戦力による攻撃が発生するまでに10年間の「警戒期間」が存在するとの従来の前提が、長距離兵器の発達やサイバー攻撃といった新たな脅威の台頭により、「もはや適当ではなくなっている」との見方を示したのである。

仮に台湾海峡や南シナ海で米中間の紛争が勃発した場合、米国の同盟国である豪州は高い確率で米軍に対し、何らかの支援を行うことが予想される。その場合、航続距離やスピードに優れた原潜の存在は、豪軍のより迅速かつ長期間に渡る対米支援を可能とすることが期待される。

特に豪州はトマホーク型の巡航ミサイルを導入することを決定しており、その原潜への搭載は、対潜戦において弱点を持つ中国海軍に対する大きなアドバンテージとなる。

こうした戦略上の利益が、予想されるコストを上回った結果、今回の豪州の判断に至ったのである。

原潜導入までの　道のり

その一方で、原潜の導入までの道のりは必ずしも平坦ではない。そもそも原潜の導入には「アタック級」以上の費用がかかることに加え、その最初の就役は早く見積もっても2030年代後半から40年になると言われている。

この問題に対処するため、最初の数隻を米国か英国で建造する可能性も取り沙汰されているものの、豪国内での建造を求める声は根強い。

仮に原潜を国内で建造する場合（あるいはそうでなくとも）、核を扱うことのできる専門家を含めた労働力の確保が急務となる。

そのためには産業界や海軍で数千人単位の核の専門家を育成する必要があるとも言われており、多くの時間とコストを要する。

さらに、核の安全レジームの構築や、海軍基地の拡張など、原潜の安全な運用に向けた体制を整備する必要もある。

こうした点に加え、今回の決定により極度に悪化したフランスとの関係改善と、周辺国への安心供与も、豪州の課題の一つである。

特に東南アジアの一部の国は豪州の原潜の導入によって地域における核の拡散を懸念する声もあり、中国がそうした声に乗じて、豪州と周辺諸国の離間を図る可能性もある。

こうした事態を防ぐためにも、豪州には一方で英米や日本といった国々との技術面における協力を強化しつつ、他方で周辺諸国との関係を一層強固なものとしていく努力が求められているのである。

ひろば

如月、梅見月、初花月、仲春――2月。

3日節分、7日北方領土の日、11日建国記念の日、14日バレンタインデー、23日天皇誕生日。

ヤーヤ祭り　尾鷲神社（三重県尾鷲市）で300年以上続く奇祭。周辺地域の若者が「チョウサ」の掛け声と共に激しくぶつかり合い、厄年の男性が極寒の尾鷲湾に飛び込んで五穀豊穣を祈願する。　1～5日

犬っこまつり　秋田県湯沢市で約400年の歴史を持つ民俗行事。盗賊除けに米粉で小さな犬や亀を作り供えたことが起源。会場には神社や犬の雪像が並び、訪れた観光客らが愛犬の健康を願う。　12、13日

「北極域研究船」建造へ

海自「しらせ」に匹敵

海洋研究開発機構

海洋研究開発機構は令和3年度から北極域を観測する専用の砕氷船「北極域研究船」（1万3000トン）の建造に着手した。同船は海自が運用する南極観測用砕氷艦「しらせ」に匹敵する大きさで、これまでできなかった北極圏の氷海での観測が可能になる。地球温暖化により北極海は海氷域が減り、これに伴いアジアとヨーロッパを結ぶ新たな航路としても注目されている。さらに資源開発など、北極海は地政学、経済的にも重要性が増しており、日本も「北極域研究船」により先行するロシアや中国に対抗し、存在感を高めていく計画だ。

海洋研究開発機構がジャパン・マリンユナイテッドで建造中の1万3000トン級「北極域研究船」のイメージ（同機構提供）

地球温暖化で注目

「北極海航路」を独自調査

海洋研究開発機構がジャパン・マリンユナイテッド（横浜市）で建造中の「北極域研究船」は、全長128メートル、幅23メートル、総トン数1万3000トンで、乗員数は99人を予定。2026年度の運用開始を目指している。

海自が運用する「しらせ」は、南極の昭和基地に食料や燃料、観測機材を運ぶ輸送船の性格が強いのに対し、「北極域研究船」は北極の洋上基地となるため、居住・研究スペースが多くとられているという。

船体後部にはヘリポートがあり、大型ヘリを使って研究者や観測機器の輸送ができるほか、無人航空機（ドローン）をはじめ、海中・海底の観測に使う無人潜水機など各種ビークルを搭載の予定だ。

これまで同機構は海洋地球研究船「みらい」を使い、北極観測を行ってきたが、同船は砕氷能力が劣り、氷海に進入しての観測は難しかった。これに対し「北極域研究船」は厚さ1・2メートルの氷を割りながら進むことができるため、より広範な海域で観測ができる。

地球温暖化で北極海の氷が溶け、海水温度や塩分濃度が変わり、自然環境に大きな影響が出てきている。同船はそうしたデータを収集し、将来の台風の進路や寒波の予測などにも役立てる計画だ。

また、北極海の氷が溶け、夏場、ユーラシア大陸を北回りで航行することが可能になりつつある。これが「北極海航路」だ。日本―ヨーロッパ間もこの航路を利用すれば、従来の南側を回る航路よりも距離は4割ほど短くなり、大幅な時間短縮と燃料節減につながる。

このため、ロシア、中国や欧州各国は「北極海航路は21世紀のスエズ運河になる」と見て、積極的に航路調査を開始している。日本も「北極域研究船」の整備により主要国と肩を並べられるようになる。

防衛省・自衛隊は「しらせ」の運航などで極地に関しては貴重なノウハウを多く持つため、「北極域研究船」就役の際は特別な貢献ができるかもしれない。

「北極海航路」（地図・上の線）を使うと、日本―ヨーロッパ間は従来の南回り（下の線）よりも4割ほど短くなる（ウィキペディアから）

部隊でお世話になった方へ 記念品として最適

ケイワンプリント 「名刺ギフトカード」

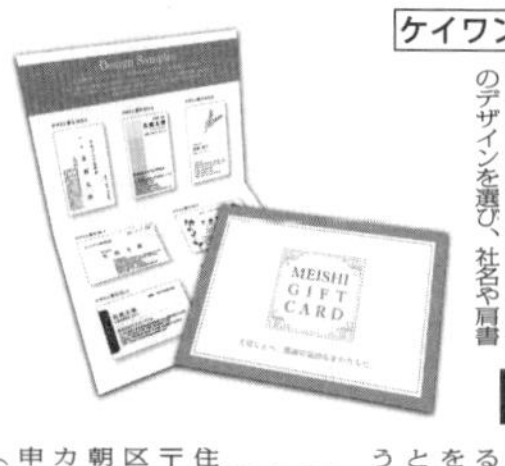

自衛隊専門名刺を手掛けているケイワンプリント（東京都新宿区）では、贈呈用の「名刺ギフトカード」を販売している。

同社の九十九代表は「定年後に名刺がなくて不便な思いをしている」との声を聞き、定年や卒業など、人生の節目に名刺をプレゼントできるギフトカードを企画したという。

注文方法はカタログから名刺のデザインを選び、社名や肩書の代わりに、出身地や趣味など必要事項を書き込み、ハガキに記入し投函するだけでOK。3営業日以内に、デザイナーが作成したオリジナルの名刺100枚が自宅へ届く。（価格3000円=税込み）

自衛隊OBが退官後も人脈を広げ、セカンドライフを豊かなものにするツールとして名刺が活用されることを想定している。この「名刺ギフトカード」をお世話になった方への記念品として検討されてはいかがだろうか。

「名刺ギフトカード」を読者5名にプレゼント

希望者は、はがきに郵便番号、住所、氏名、電話番号を記入し、〒160-0002東京都新宿区四谷坂町12の20　KKビル　朝雲新聞社営業部「名刺ギフトカード」読者プレゼント係まで申し込む。締め切りは2月17日（当日消印有効）。

マイヘルス Q&A

サーファーズ・ミエロパチー

脊髄障害の新しい病気

筋肉ない新隊員は注意を

Q　「サーファーズ・ミエロパチー」とは何ですか。

A　「サーファーズ・ミエロパチー（Surfer's Myelopathy）」は2004年に初めて報告された、サーフィン初心者に外傷とは関係なく起こりうる脊髄の障害を起こす病気です。サーフボードの上で長時間、腹ばいの姿勢で背中を過度に伸ばし過ぎることにより、脊髄の血流が悪くなって起こると考えられています。

Q　症状は。

A　最初に腰の痛みを自覚し、次第に正座をした後のような足の痺れを感じたり、または感覚が無くなったりすることもあります。そして、両足の麻痺が出てきて歩けなくなったり、尿が出にくくなったりします。

Q　起こりやすい人は。

A　サーフィン初心者、筋肉が少ない人、脱水状態の人、長時間旅行者が報告されています。ハワイで報告が多いのは、旅行者でこれらの条件が重なって血がドロドロになりやすい状況でサーフィンを行うことが理由と考えられます。

ほかにもチアリーディングや水泳、体操競技で発症した例もありますし、海外では軍隊での報告もあります。

特に新隊員の教育では、筋肉のない人が腕立て伏せをしようと腰が反った状態で姿勢を保持するような状況が起こりうるのではないかと思います。

Q　良くなりますか。

A　診断はMRIや髄液検査、脊髄血管造影検査などで行います。脊髄損傷のようにステロイド注射を行ったり、脳梗塞に使う薬を使ったり、高圧酸素療法などが試みられていますが、確立した治療方法はなく、完全に回復する人もいれば足の麻痺が残る人もいて経過はさまざまです。

できるだけ早く診断してリハビリテーションを開始することが機能回復に重要とされていますが、まだ新しく、比較的まれな病気であるため、医療者でも知らない人が多いと思われます。

よって、このような病気があることを知っていただき、運動時にこまめに水分を取ったり、長時間腰を反らせる運動を続けたりしないなどの予防をすることが大切です。

自衛隊中央病院診療科リハビリテーション科医官　平田　亜希

BOOK NOW

私が読んだ この一冊

陸自最先任上級曹長（市ヶ谷）村脇正伸准陸尉　53

ユージン・B・スレッジ著「ペリリュー・沖縄戦記」（講談社学術文庫）

「戦争」「戦闘」。今、この言葉を聞いて、私を含めどれだけの人がその実相をイメージできるでしょうか。

水機団勤務時に、米海兵隊員だった著者の回顧録である本書を読みました。当時の状況が淡々と描かれており、自分自身に置き換えた時、有事の際の対応などを考えさせられました。この本を読んで戦闘のイメージを持ち、私たちが守っているものの尊さを今一度考え直すのも良いのではないでしょうか。

61航空隊（厚木）大澤功治3海尉　51

高瀬勝之著ほか「やわらかければだいじょうぶ」（あいうえお館）

書家であり詩人であった相田みつをの作品を初めて絵本化したもので、相田みつを美術館館長の相田一人氏（相田みつをの長男）が監修。

自分の子に読み聞かせようと思いましたが、自分の心にものすごく響いた本で「立場が変わるとものの見え方が全部変わる」「心がセトモノになれば相手の立場がわからなくなってしまう」ということが、子供にも大人にもわかりやすく書かれています。

ご家庭、職場で読んでいただければ何か気が付くものがあると思います。

飛行教育航空隊（新田原）池田大輔1空尉　41

永松茂久著「人生に迷ったら知覧に行け」（きずな出版）

現代とは違った当時の価値観、特攻隊員が残した「遺書」。特攻の母と呼ばれた鳥濱トメさんが関わった「少年兵達の素顔」のほか、公にされる事のなかった隊員たちの家族や恋人とのエピソードが記されています。

命を捧げた隊員たちの思いに触れ、著者が読者に投げかけるメッセージに深く考えさせられる一冊です。

隊員愛読書ベスト5

＜入間基地・豊岡書房＞
❶日本国紀［新版］上下巻　百田尚樹著　幻冬舎　各￥825
❷防衛省の研究―歴代幹部でたどる戦後日本の国防史　辻田真佐憲著　朝日新聞出版　￥891
❸元彼の遺言状　新川帆立著　宝島社　￥750
❹ヘリワールド2022　イカロス出版　￥3000
❺世界の傑作機No.204 AV―8A／Bハリアー／ハリアーⅡ　文林堂　￥1887

＜防衛省・三陽堂書店＞
❶今がわかる時代がわかる世界地図2022年版　成美堂出版　￥1760
❷地政学―地理と戦略　コリン・S・グレイほか編著、奥山真司訳　五月書房新社　￥5500
❸自衛隊新戦力図鑑2022　三栄書房　￥990
❹マスキロフカ　ダニエル・P・バゲ著、鬼塚隆志監修、木村初夫訳　五月書房新社　￥2530
❺次期戦闘機開発をいかに成功させるか　森本敏、岩﨑茂編著　並木書房　￥2970

＜神田・書泉ブックタワーミリタリー部門＞
❶世界の傑作機No.204 AV―8A／Bハリアー／ハリアーⅡ
❷海上自衛隊装備百科　イカロス出版　￥1800
❸戦場の八九式中戦車写真集　吉川和篤著　イカロス出版　￥2750
❹日本の水上機　野原茂著　潮書房光人新社　￥1012
❺海自オタがうっかり「中の人」と結婚した件。海自オタ魂は永遠に!!編　たいらさおり著　秀和システム　￥1100

＜トーハン調べ12月期＞
❶世界一かんたん定番年賀状　角川アスキー総合研究所　￥437
❷はやわざ年賀状　インプレス　￥429
❸あっという間にかんたん年賀状　技術評論社　￥429
❹かんたん家計ノート　講談社　￥550
❺メシアの法「愛」に始まり「愛」に終わる　大川隆法著　幸福の科学出版　￥2200

対空HPM、レールガンなど研究着手

令和4年度防衛費の「研究開発」

令和4年度の防衛費（案）が昨年末に閣議決定された（本紙1月6、20日付既報）。このうち「装備品等の研究開発費」には過去最大の2911億円を計上。継続事業の次期戦闘機（FX）の開発には858億円を投入し、英国とのエンジン共同研究を含め機体の基本設計にもいよいよ着手する。

「ゲーム・チェンジャー」優先

令和4年度は「防衛技術基盤の強化」に力点が置かれ、将来の戦い方を生み出す技術分野での優越を確保するため、革新的・萌芽的技術の発掘・育成に注力し、新領域の技術や「ゲーム・チェンジャー」となり得る技術などに優先投資を行う計画だ。

【防衛技術基盤】

①ゲーム・チェンジャー（G・C）技術の早期実用化（84億円）＝G・Cとなり得る最先端技術の研究と並行し、関連する構成技術を民間主体で早期獲得する。

②高出力マイクロ波（HPM）照射技術（72億円）＝飛来した複数の攻撃型ドローンに迅速に対処可能なHPMの技術を実証。

③高出力レーザーシステム（39億円）＝経空脅威に低コストかつ瞬時に対処が可能な対空レーザーの研究。

④極超音速誘導弾等に用いる高速飛翔体用シーカー（40億円）＝極超音速誘導弾を含む将来誘導弾等の性能向上に向け、シーカー技術を研究。

⑤将来レールガン（65億円）＝極超音速誘導弾等に対処するため、弾丸を高初速で連射可能な艦載型レールガンに関する研究。

⑥水中無人機（UUV）用海洋状況把握モジュール（60億円）＝洋上の警戒監視活動に必要なAI技術を適用した目標自動類別技術などUUV技術に関する研究。

⑦戦闘支援無人機コンセプト（101億円）＝次期戦闘機など有人機と連携する戦闘支援無人機の機能・性能、運用の効果に関するコンセプトを研究。

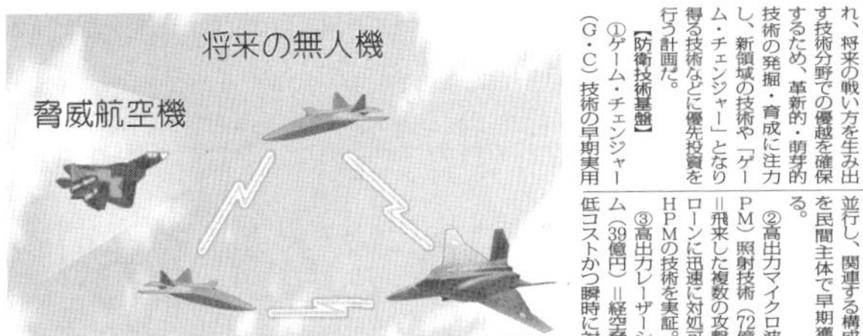

戦闘支援無人機コンセプト

宇宙、サイバー… 新型電子戦機も

【宇宙】

①衛星コンステレーションによる移動目標の追尾のためのAI技術（1億円）＝衛星群により複数の移動目標を自動かつ高頻度に位置予測し、追尾できるAI技術を研究。

②高感度広帯域の赤外線検知素子（12億円）＝宇宙を含む従来より遠方からの画像情報収集を可能とする赤外線センサーに関する研究。

【サイバー】

①サイバー攻撃への対処（24億円）＝装備品等に向けたサイバー攻撃の被害拡大を防ぎ、システム運用を継続させる研究。

【電磁波】

①スタンド・オフ電子戦機（190億円）＝効果的な電波妨害を実施することで自衛隊の航空作戦の遂行を支援する新型の電子戦機を開発。

②電子戦評価技術（46億円）＝高機能・高性能化する電子戦器材の性能や装備品の電子戦下での状況を正確に把握・評価するため、電子戦評価システムを研究。

③次期電子情報収集機の情報収集システム（16億円）＝海自EP3の後継機開発に向け、情報収集システムの信号検出能力、方位精度、類識別能力の向上に向けた研究。

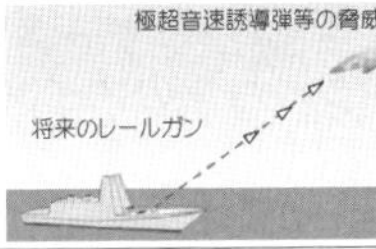

艦載型の将来レールガン

防衛技術

次期戦闘機の設計開始

①次期戦闘機の開発（858億円）＝エンジン詳細設計・製造等を行うとともに、機体の基本設計に着手し、次期戦闘機の開発を推進。米・英国とも協力を行う。

②関連技術（143億円）＝戦闘支援無人機コンセプトの検討などを開始。

【誘導弾等】

③12式地対艦誘導弾の能力向上（393億円）＝開発中の地上発射型に加え、4年度から艦艇発射型、航空機発射型の誘導弾の開発にも着手。

④島嶼防衛用高速滑空弾（145億円）＝高速で滑空し、高精度で目標に命中する高速滑空弾の早期装備化に向けた研究。

⑤島嶼防衛用新対艦誘導弾（14億円）＝将来の対艦誘導弾に必要な長射程化、残存性向上のための低RCS化、高機動化の技術研究。

C2改造のスタンド・オフ電子戦機

新誘導弾をファミリー化 対BMD能力を付与

【総合ミサイル防空】

①基地防空用地対空誘導弾（改）、新近距離地対空誘導弾（18億円）＝同時多目標対処能力を向上させ、コスト低減を図った空自基地防空用地対空誘導弾（改）と低空目標への対処能力を向上させた陸自新近距離地対空誘導弾をファミリー化により開発。

②滞空型無人機の活用（1億円）＝滞空型無人機による極超音速滑空兵器の探知・追尾に関する研究。

③03式中距離地対空誘導弾（改善型）の能力向上（1億円）＝03式中SAM（改善型）改修によるBMD対処能力付与に関する研究。

【海上優勢】

①将来潜水艦用ソーナー（13億円）＝水中領域における優位性を継続保持するため、探知能力を向上させた潜水艦用ソーナーを開発。

②雑音低減型水中発射管（17億円）＝潜水艦の静粛化のため、魚雷等を射出する際の発射音低減の研究。

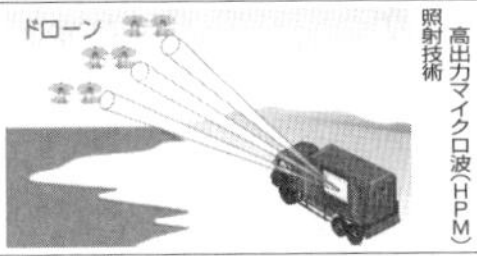

高出力マイクロ波（HPM）照射技術

革新的技術の基礎研究委託 リサーチ体制も強化

①救急車の応急装甲材付加（2億円）＝非装甲車両への応急装着付加装甲を研究。

②新技術の短期実用化（8億円）＝AIや拡張現実（AR）といった民生技術を活用し、3年程度の短期間で実用化を図る研究。

③シンクタンク機能＝AIなど革新的・萌芽的技術の発掘・育成を効果的に進めるため、「革新技術リサーチ・ワーキンググループ」の体制を強化。

④安全保障技術研究推進制度（101億円）＝革新的・萌芽的な技術についての基礎研究を公募・委託する技術研究推進制度を強化。

⑤先進技術の橋渡し研究（9億円）＝革新的・萌芽的な技術を装備化につなげるための橋渡し研究を推進。

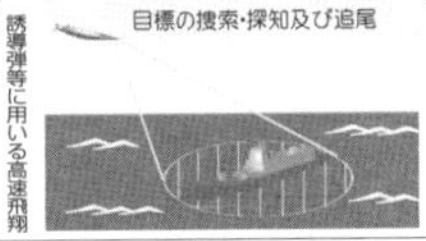

誘導弾等に用いる高速飛翔体用シーカー

世界の新兵器 ――556

ステルス無人機「ロイヤル・ウイングマン」〔豪州〕 南半球の"防空の星"となるか

昨年2月、初飛行に成功した無人機「ロイヤル・ウイングマン」は、その後、試作機を追加し（最終的に6機）、順調にテスト飛行を続けている。

本機は、オーストラリア空軍とボーイング社オーストラリア法人が2010年代から開発を行っているステルス無人機の技術実証機（そのまま実用機になるかもしれない）で、豪州南部のウーメラ航空宇宙実験場（九州の約4倍の広大な砂漠地帯で、日本も小惑星探査機「はやぶさ」の着陸地として使用）の滑走路から離着陸し、単機および複数機でテスト飛行を行っている。

「ロイヤル・ウイングマン（L・W）」は、その名の通り〝忠実な僚機〟として、飛行中に豪空軍のF35、F／A18戦闘機、E7早期警戒管制機などからの指示を受けると共に、人工衛星情報や人工知能（AI）を活用した半自律飛行により、組織的戦闘攻撃作戦が行える無人機とする計画である。この「L・W」は当初、豪空軍独自の固有名詞であったが、最近では「L・W型」など、一般名詞としても使われつつあるようである。

同機は完全なAIにもとずく自律飛行により、無人機のみで戦闘攻撃作戦を行うのが目標であるが、現在はまだ技術が未成熟であることから、このような作戦を取らざるを得ないのが現状である。現在、世界で10カ国以上が同様の研究開発を行っているが、ロシア空軍がその先頭を走っており、豪空軍がこれに次いで進捗しているようである。（空自も次期戦闘機FXの関連事業として計画中）

本機の諸元・性能は発表されていないが、写真で見る限りステルス形状で、斜め双尾翼を持つ。機体は複合材製で、その諸元は、全長約12メートル、全幅約7メートル（空自T4練習機よりやや小さい）、ジェットエンジン単発を搭載し、亜音速で飛行、航続距離は約3700キロメートルと推定されている。機首部分は、任務（情報収集、偵察、早期警戒、電子妨害また将来的には射爆撃など）に応じて、搭載器材をパッケージでモジュール交換できる構造になっている。ボーイング社豪法人は、豪国内に本機の製造工場建設を計画しており、国内約35社の関連企業がこれに参加する予定である。

オーストラリア空軍とボーイング社が開発を行っているステルス無人機「ロイヤル・ウイングマン」。単機・複数機でテスト飛行を実施中だ（豪国防省提供）

近年、アジア・太平洋地域で急速に台頭する中国の軍事力に対抗するため、「自由で開かれたインド太平洋」を掲げ、中国包囲網を構築する関係各国の中で豪州の位置付けが近年きわめて重要になりつつある。本機もその一翼を担うことになるかもしれない。

高島　秀雄（防衛技術協会・客員研究員）

水害被災地で活動 水陸両用の無人車

ドイツのラインメタル社はこのほど、水陸両用の無人車両「ミッションマスターXT」を発表した。完全な自律走行が可能な無人車だが、有人でも操縦が可。ディーゼルエンジンと電気モーターを搭載し、水害現場で人命救助などに活用できる。幅広・低圧の大型タイヤで悪路を走行し、これを浮きにして水上航行も可能。CBRN（化学・生物・放射線・核物質）環境下でも活動できる。

有人操縦もできる無人水陸両用車「ミッションマスターXT」（ラインメタル社提供）

米でドローン用3胴空母を提案

米国で「ドローン空母」が海軍向けに提案されている。将来の海上作戦では有人機に代わって無人機が偵察・哨戒をはじめ、戦闘・攻撃などにも投入されるとみて、その母艦となる小型空母が提案されている。

そのうち4000トン級の3胴艦「オーシャン・アベンジャー」は、後部を無人機用の飛行甲板とし、両側に滑走路を配置する特異な形状となっている。同艦には個艦防御用兵器の搭載も計画されている。

米海軍向けに提案されている3胴型の無人機用空母「オーシャン・アベンジャー」

航続400キロ 空飛ぶタクシー

米ベータ・テクノロジーズ社は大型の〝空飛ぶタクシー〟の開発を進めている。「アリア」と名付けられた同機は、4発の電動プロペラで垂直離陸し、後部プロペラと翼幅15メートルの主翼で飛行する。湾曲した主翼は長距離を移動する渡り鳥アジサシがモデル。計画では航続距離約400キロ、1時間で充電できる性能を目指している。

米ベータ・テクノロジーズ社が開発中の電動垂直離着陸機「アリア」のイメージ（同社提供）

おことわり　「技術が光る」は休みました。

技術屋のひとりごと

デジタルツインの実現

大谷　康雄（航空幕僚監部科学技術官、1空佐）

最近、トヨタやマツダなどモビリティ産業では「モデルベース開発」による「デジタルツイン」が実現し、開発現場で大きな変化が起きている。デジタルツインとは、現実の世界に存在するモノを仮想空間でも表現することを意味する。仮想空間ではモノに紐付けられた設計上の機能や性能値、あるいは現在の状態等がデジタルデータでモデルとして表現され、実際と同様の動きをするように作られる。

このモデルを使ってコンピューター上で設計や検証を行う手法が「モデルベース開発」だ。システムのモデルをデジタル上で振る舞いとして表現することで、現実世界で起こる事象を仮想空間上で事前に予測したり、新たな付加価値を創造したりすることができる。自動車開発の現場では、デジタルツインによって試作と改良をアジャイルで繰り返し、開発期間の短縮や精度が高まる効果が得られたといわれる。

航空自衛隊にとってもデジタルツインは注目の技術だ。理由の一つは、新領域横断作戦に必要な装備品をいち早く取得できるという時間的なメリット。もう一つは、軍事作戦に対する効果のメリット。例えば、作戦のPDCA（計画、実行、評価、改善）サイクルにおける計画段階で、投入する戦力のモデルを使って仮想空間で作戦の効果を高精度に評価。実際に作戦を遂行せずに結果が判明するため、効果的な作戦遂行ができ、さらに用い方次第では相手に対する抑止効果まで期待できる。

ただし、これらの実現には要求作成から運用に至るまでのモデリング言語の標準化や、リアルタイムの状態を含め大量の情報をプラットフォームとして構築することなど「悪魔の川」が横たわる。先述の企業の経験では、最初は小規模プロジェクトで始めて持続的に拡大することが導入の秘訣とのことだ。

マンション施工実績No.1※、長谷工コーポレーションからのお知らせ

HASEKO

※施工戸数累計約67.7万戸:(株)長谷工総合研究所調べ(2021年11月末現在)

掲載の提携特典をご利用の際は、「朝雲新聞を見た」とお伝えください。

HASEKOのこだわり 図解

長谷工の技術がわかる 住戸設備編

マンションには、いろんな技術が盛りだくさん。日本で一番多くマンションを建てている長谷工が
安全・安心・快適なマンションのポイントを紹介します!

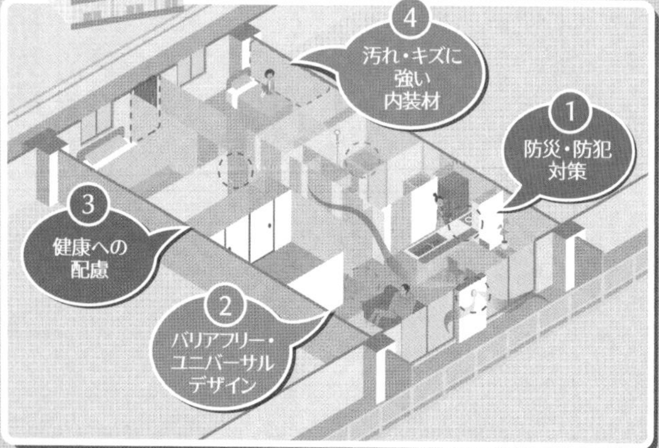

いつまでも誰もが気持ちよく暮らせる
住まいを目指して、住戸設備は最初から
安全性や使いやすさなどの対策を
施したものを採用しています!

1 防災・防犯対策

火災対策

●**バルコニーの2方向避難**
バルコニーに出て隣の住戸に行けるよう、非常時に蹴破ることのできるパーテーションを設けたり、一部の住戸には避難はしごも設置しています。

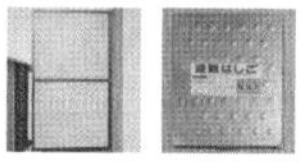

●**火災感知器とセキュリティインターホン**
キッチンと全ての居室に設置された火災感知器は、火災時にはセキュリティインターホンと連動して警報音を鳴らします。

●**ガスコンロの安全対策**
センサーが鍋底の温度を感知し、温度が上がりすぎるとガスを自動的にストップ。万が一、火が消えてしまった場合も、ガスが自動的に止まります。

防犯対策

●**ダブルロック**
玄関ドアには上下2箇所で施錠できるダブルロックを採用。不正解錠しようとしても時間がかかるため、防犯性が高まります。

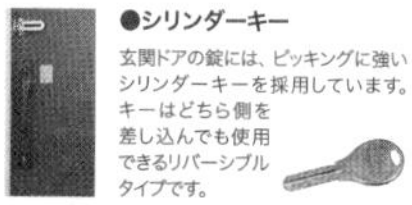

●**シリンダーキー**
玄関ドアの錠には、ピッキングに強いシリンダーキーを採用しています。キーはどちら側を差し込んでも使用できるリバーシブルタイプです。

地震対策

●**対震枠**
玄関枠と扉との間に適切なゆとりを設けて揺れによるゆがみや変形を吸収することで、ドアが開かなくなることを防ぎます。

●**耐震ラッチ**
地震の際、キッチンの吊戸棚から食器などが飛び出さないように耐震ラッチを設けています。突然の揺れでもストッパーが働き、扉が勝手に開くことを防ぎます。

※形状などはメーカーによって異なります。
※耐震ラッチがないものもあります。

2 バリアフリー・ユニバーサルデザイン

バリアフリー対策

●**廊下やトイレの手すり取付け用下地**
将来、手すりが必要となった場合に配慮し、下地補強をあらかじめ施しています。

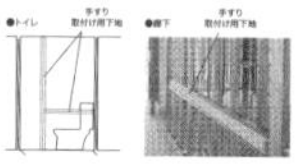

●**低く抑えた床段差**
住戸内の床段差を概ね5mm以内に抑え、リビングと和室の床の段差を極力なくし、つまづき防止に配慮しました(玄関の上り框を除く)。玄関ドア部においては20mm以内とし、雨水の侵入を防ぐとともに車椅子が楽に通行できるようにも配慮しています。

●**またぎやすい低床タイプの浴槽**
浴槽の高さを低く抑えた、またぎやすい低床タイプの浴槽を採用。床も滑りにくい素材を使用し、浴室での転倒防止に配慮しました。

ユニバーサルデザイン

●**玄関ドアへの配慮**
玄関ドアには力をかけずにハンドルを軽く押したり(プッシュ)、引いたり(プル)するだけで開閉できる、ワンタッチ操作のプッシュプルハンドルを採用しています。玄関の鍵はリバーシブルキーのため、裏表を気にせずに使用できます。

●**大型スイッチ・操作盤**
簡単に分かりやすく使えるように、スイッチや給湯コントローラーは、見やすく操作しやすいものを選定しています。

●**止水機能付き洗濯水栓**
つなぎの給水ホースが万が一外れても安心な、止水機能付きの洗濯水栓を採用しました。

3 健康への配慮

住戸全体で常に換気を行う「24時間換気システム」

毎日の空気環境も暮らす上では重要です。24時間換気システムで、ホルムアルデヒドや揮発性有機化合物(VOC)濃度の低減、ハウスダスト等の浮遊粉塵の低減、外部からの花粉・ばい煙等の流入防止を行います。

健康配慮の内装仕様を採用したシックハウス対策

新築などで起こるシックハウス症候群を防ぐため、ホルムアルデヒド放散等級がF☆☆☆☆(フォースター)の内装材や設備を使用。また、お引渡しまで換気を行うなどの対策を施しています。

4 汚れ・キズに強い内装材

リノ・シリーズ

日頃のお手入れや補修がしやすくなるように、長谷工の品質基準に適合したキズや汚れがつきにくい内装建材を「リノ・シリーズ」として定めています。オリジナル商品の開発やメーカー商品からの採用を行っています。

●表面を特殊なコーティングをして強化したクロス
●表面を特殊な高耐久シートを貼って仕上げたフローリング
●独自に開発した高耐久シート貼りの木枠を和室の入口枠などに採用

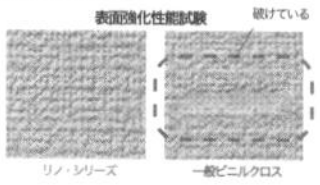

※掲載の情報は2022年1月現在のものです。※物件により仕様が異なるため、全てのマンションに記載の内容が採用されているわけではありません。

長谷工の技術が見られるミュージアムはこちら!

長谷工マンションミュージアム

新型コロナウイルスのオミクロン株の急拡大を鑑み、現在休館しております。
見学予約の再開時期については、公式ホームページにてご確認ください。
【公式HP】 https://www.haseko.co.jp/hmm/

【アクセス】京王相模原線「京王多摩センター」駅・
小田急多摩線「小田急多摩センター」駅 徒歩12分
多摩モノレール「多摩センター」駅 徒歩10分
【住所】東京都多摩市鶴牧3-1-1
※長谷工マンションミュージアムのご予約はお電話での受付となります。
予約受付フリーダイヤル 0120-808-385 10:00〜17:00(ミュージアム開館日及び営業時間に準ずる)

New **ローレルコート和光** 埼玉県和光市

提携特典 販売価格(税込)より1.0%割引

開放感溢れる丘に生まれる
全119邸の大規模プロジェクト

※掲載のバルコニー完成予想CGは計画段階の図面を基に描き起こしたものに現地より8階相当の高さから南方向を撮影(2021年11月撮影)した眺望写真を合成し、CG加工を施したもので、実際とは見え方が異なります。また、眺望は住戸により見え方が異なります。周辺の環境は変わる可能性があり、眺望は将来に渡って保証されるものではありません。

「池袋」駅へ1駅10分 ※東武東上線利用

「成増」駅・「地下鉄成増」駅 2駅3路線利用可
※東武東上線「成増」駅、東京メトロ副都心線・有楽町線「地下鉄成増」駅利用

2LDK〜4LDK「南向き」中心
※全119戸中64戸

1/29(土)より事前案内会開催〔予約制〕

■「ローレルコート和光」全体物件概要●所在地/埼玉県和光市白子二丁目1366番1(地番)●交通/東京メトロ有楽町線・副都心線「地下鉄成増」駅徒歩12分、東武東上線「成増」駅徒歩15分●総戸数/119戸●敷地面積/4,266.38㎡●建築面積/1,754.92㎡●構造・規模/鉄筋コンクリート造地上8階●竣工時期/2022年11月下旬(予定)●入居時期/2023年1月下旬(予定)●売主/近鉄不動産株式会社 首都圏事業本部●販売提携(代理)/株式会社長谷工アーベスト●設計・監理・施工/株式会社長谷工コーポレーション■販売概要●販売戸数/未定●予定販売価格/未定●予定最多価格帯/未定●間取り/2LDK+S(納戸)〜4LDK●専有面積/66.21㎡〜84.08㎡●バルコニー面積/8.24㎡〜15.13㎡●ルーフバルコニー面積/26.53㎡〜31.46㎡(使用料(月額):未定)●サービスバルコニー面積/1.04㎡〜3.73㎡●テラス面積/9.58㎡●専用庭面積/13.75㎡〜20.82㎡(使用料(月額):未定)●アルコーブ面積/2.75㎡〜11.40㎡●インターネット利用料(月額)/770円(税込)●管理費等/未定●販売予定時期/2022年3月上旬(予定)

物件に関するお問い合わせは
「ローレルコート和光」マンションギャラリー
0120-119-077
営業時間/10:00〜18:00　定休日/水・木曜日(祝日を除く)
ローレルコート和光 検索
資料請求はこちら

(売主) 人と街の可能性を拓く。近鉄不動産　(販売提携(代理)) 長谷工アーベスト　(設計・監理・施工) 長谷工コーポレーション

人気 **メイツー橋学園SUITE** 東京都小平市

提携特典 販売価格(税抜き)より1.0%割引

JR中央線特快停車駅
「国分寺」駅生活圏 × 複合商業施設隣接

JR中央線特快停車駅「国分寺」駅バス6分
※バス情報は駅すぱあと調べ。(2020年11月)

西武多摩湖線「一橋学園」駅徒歩10分

3LDK 3,848万円
南向き70㎡超 4,398万円

モデルルーム公開中

■「メイツー橋学園SUITE」全体物件概要●所在地/東京都小平市上水本町四丁目1454番2他(地番)●交通/西武多摩湖線「一橋学園」駅徒歩10分、JR中央線「国分寺」駅より西武バス「小平駅南口」行き6分「上水本町五丁目」バス停下車徒歩1分●敷地面積/6,126.07㎡●建築面積/2,635.81㎡●構造・規模/鉄筋コンクリート造地上8階建●総戸数/171戸●竣工時期/2022年7月中旬(予定)●入居時期/2022年9月中旬(予定)●売主/名鉄不動産株式会社 東京支社●販売提携(代理)/株式会社長谷工アーベスト●設計・監理・施工/株式会社長谷工コーポレーション■先着順販売概要●販売戸数/9戸●販売価格/3,848万円〜5,998万円●間取り/2LDK+S(納戸)〜3LDK●専有面積/65.89㎡〜83.28㎡●バルコニー面積/10.12㎡〜15.42㎡●ルーフバルコニー面積/26.28㎡(月額使用料:790円)●管理費(月額)/13,700円〜17,300円●修繕積立金(月額)/5,940円〜7,500円●インターネット使用料(月額)/550円●管理準備金(引渡時一括)/26,400円〜33,400円●修繕積立一時金(引渡時一括)/462,000円〜583,000円※先着順受付につき、成約済みの場合はご了承ください。

物件に関するお問い合わせは
「メイツー橋学園SUITE」マンションギャラリー
0120-512-171
営業時間/10:00〜18:00　定休日/水・木曜日
メイツー橋学園SUITE 検索
資料請求はこちら

(売主) 名鉄不動産　(販売提携(代理)) 長谷工アーベスト　(設計・監理・施工) 長谷工コーポレーション

※掲載の完成予想CGは、図面を基に描き起こしたもので実際とは異なります。雨樋、エアコン配管、給湯器等再現されていない設備機器等がございます。また、植栽は特定の季節やご入居時の状態を想定したものではありません。全体・植栽計画は変更される場合があります。掲載の徒歩分数は80mを1分として算出しています。※掲載の情報は2022年1月20日現在のものです。詳細は各物件HPをご覧ください。

【提携先】
長谷工コーポレーション HASEKO

提携特典に関するお問い合わせは(株)長谷工コーポレーション「提携お客様サロン」
0120-958-909 営業時間 9:00〜17:00 定休日 土・日・祝日 | teikei@haseko.co.jp
その他の新築物件一覧はこちらのホームページからご覧いただけます▶ http://haseko-teikei.jp/kosaiservice/

※提携特典をご利用いただくためには、コーサイ・サービス株式会社が発行する「紹介カード」が必要です。モデルルーム初回来場時にお持ちください。
〈紹介カード発行先〉コーサイ・サービス株式会社 担当:佐藤 TEL:03-5315-4170 E-mail:k-satou@ksi-service.co.jp
HP:https://www.ksi-service.co.jp/ [ID]teikei [PW]109109(トクトク)

43普連　比で工兵に能力構築支援

人命救助システムの活用法を伝授

【43普連＝都城】「陸上自衛隊の皆さん、ようこそフィリピンへ。人命救助システムの活用法を教えてください」――。43普連は昨秋、フィリピンに約10人の隊員を派遣し、同国陸軍の工兵隊員に日本政府から供与された人命救助システムを使い、人道支援・災害救援（HA／DR）に関する能力構築支援を行った。

日本政府は2015年3月に比政府と締結した「日本製防災機器提供のためのノンプロジェクト無償資金協力」の一環として、比陸軍に21年10月、人命救助システムを政府開発援助（ODA）で供与。今回の支援はこれを受けて陸自が捜索救助活動に関する識能を同陸軍に伝え、同軍の災害対処能力向上に貢献することを目的に行われた。

派遣隊長の43普連重迫撃砲中隊長の廣瀬雅也1尉以下約10人は日本を出国後、10月31日に首都マニラに到着。2週間の停留を経て11月15日、マニラを拠点に活動する第525戦闘工兵大隊（隊長・ディヴィグラシア中佐）の熱烈な歓迎を受けて開講式が開かれ、タギッグ市のマンディリグタス訓練場で能力構築支援活動が始まった。

派遣隊員たちは陸自の災害派遣活動などの実績や、削岩機など14種類以上の器材で構成される人命救助システムの運用、維持・整備要領について説明、展示教育を行った。一方、比工兵大隊も人命救助を想定したデモンストレーションを披露した。

共同訓練では、人命救助システムの器材を共同で使用した救助作業の反復を行い、瓦礫の除去や行方不明者捜索のノウハウを伝授。比軍の熱のこもった訓練に対する姿勢に派遣隊員も応え、両国間の相互理解と信頼関係を強固にした。

帰国後の12月6日には都城駐屯地で帰国行事が行われ、堀井泰蔵8師団長（現・中方総監）が「コロナ禍で状況が不安定な中でも、しっかりと任務を果たしてくれた」と派遣隊員の労をねぎらった。

廣瀬1尉は、「フィリピン軍は陸自に対する尊敬の念が強く、我々もその期待に応えるべく一所懸命努力した。今回の経験をもとに、教育訓練や災害派遣活動に一層生かしていきたい」と語った。

（上）比陸軍への能力構築支援で、人命救助システムの活用法を伝授する43普連の隊員（下）会議に出席し、比陸軍と調整に当たる派遣隊員たち（いずれもフィリピン・タギッグ市のマンディリグタス訓練場で）

大湊総監部

若者と親睦会を結成

自衛隊への理解を促進

発足式で記念講話を行う乾大湊地方総監

【大湊】むつ市内の観光交流センター「北の防人大湊安渡館（あんどかん）」で12月10日、基地隊員と市の若手企業主や官庁職員有志による親睦会「Ominato Future Flagship（OFF会）」の発足式が開催された。

OFF会は令和元年に、当時の大湊地方総監部幕僚長だった近藤奈津枝将補（現・海自4術科学校長）が、「地域の若者との交流を通じて自衛隊への理解促進を図りたい」と発案したもの。新型コロナの影響などで延びていたが、2年ごしで会の立ち上げが実現した。

式には隊員のほか、事業経営者やむつ市役所職員、自衛隊協力団体代表者など約30人が出席。山村海幕長からも「皆さんの活動がむつ市および海上自衛隊の発展に大きく寄与されることを心から祈念します」とお祝いのメッセージが寄せられ、紹介された。

また、「学びについて」と題して乾悦久総監が記念講話を行った。乾総監は「自衛隊員は、生き残りのために闘っている企業戦士の皆さんから多くのことを学べるはず」と話し、相互に啓発しあう重要性を語った。

最後に参加者は今後も活動を続け、互いに親睦を深めていくことを確認し、盛会のうちに発足式を終了した。

一関出張所

東北方音のコンサート支援

来場者「迫力を感じた」

【岩手地本】一関出張所は12月11日、一関市大東コミュニティーセンター室蓬（しつぽう）ホールで行われた陸上自衛隊東北方面音楽隊のコンサートを支援した。

演奏会は、質の高い芸術に触れる機会の提供、芸術文化の復興を目的に同センターが主催したもので、当日は280人が来場。ボーカルを交えた軽音楽バンド10人編成で「花は咲く」など計8曲を披露した。

アンコールには、スティービー・ワンダーの「Sir Duke」が演奏され、万雷の拍手が会場を包み込んだ。

来場者の一人は、「自衛隊の軽音楽バンドの演奏を聴くのは初めてでしたが、大変迫力を感じました。音楽隊員が自ら会場までバスを運転していること、一人で複数の楽器を演奏できることに驚きました」と語った。

ボーカルを交えた軽音楽バンド編成で演奏する陸自東北方音の隊員たち（12月11日、岩手県の一関市コミュニティーセンター室蓬ホールで）

百里基地が55周年記念行事

参加者ランウェイウオーク楽しむ

【百里】空自百里基地は12月11日、「基地開庁55周年記念行事」を開催した。行事は新型コロナ予防のため、来場者は周辺自治体や基地協力団体の代表、関係企業などからの招待者約400人に限定して行われ、装備品展示見学などで相互の交流を深めた。

記念式典で石村尚久基地司令は、「今なにができるかと問いかけながら、しっかりと訓練していき、これまで以上に皆さまから頼もしいと思われる部隊を作ってまいります」とあいさつ。続いて国会議員ら来賓が祝辞を述べ、式典のために制作した記念動画の上映を行った。

式典後の記念撮影に続き、快晴のもと行ったランウェイウオークでは、参加者は普段は決して歩けない滑走路を闊歩する貴重な機会を楽しんでいた。

飛行場地区では基地所属のF2戦闘機や最新消防車両などの地上展示を行った。

さらに、基地での日米共同訓練のため展開中の米海兵隊のFA18戦闘攻撃機も展示され、来場者の注目を集めていた。

開放されたランウェイを歩く基地開庁55周年記念行事参加者（12月11日、空自百里基地で）

こちら警務隊

サイバー犯罪

第三者に預金通帳を提供すれば犯罪収益移転防止法違反に該当

ネットの「不要な通帳買います」などの広告は危険ですか?

その広告は犯罪の入り口であり、自己の預金通帳やキャッシュカード（暗証番号を含む）を第三者に提供・譲渡した場合、犯罪収益移転防止法違反で1年以下の懲役もしくは100万円以下の罰金またはその両方となります。

さらに最初から提供・譲渡する目的で口座を開設した場合、銀行に対する詐欺罪で10年以下の懲役に処せられます。

また、通帳等を提供・譲渡すると、詐欺グループによって振り込め詐欺などの犯罪に悪用されます。

このような罪を犯せば刑事罰や懲戒処分を受けますので、絶対にやめましょう。（東北方面警務隊）

京都地本

防災イベント支援

小学校のPTAから依頼

【京都地本】京都地区隊河原町募集案内所は1月10日、京都市立常磐野小学校で生徒とその家族97人が参加した防災イベントを支援した。同校のPTAが自衛隊に依頼したもので、京都市内の小学生に対する防災イベント支援は今回が初めて。

地区隊長の後藤孝祐3陸佐による防災講話では、東日本大震災での人命救助活動の映像を上映し、視聴した参加者は自衛隊の役割や活動内容などについて理解を深めた。このほか、体験型広報では防災関連の「土のう作製」や、児童たちに大人気の「VR体験」などを実施し、盛り上がりを見せた。

参加者からは「いざという時のための備えが大事だと思った」など多くの感想が寄せられた。

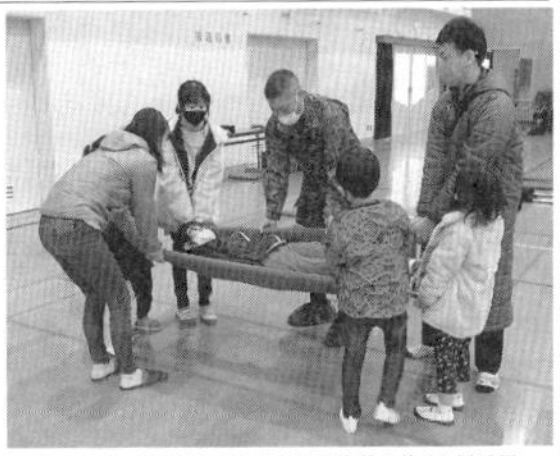

参加者に搬送法の説明を行う後藤3佐（1月10日、京都市立常磐野小学校で）

小休止

▽…相模原地域事務所はこのほど、防衛大学校硬式野球部の支援を受けて神奈川県立城山高校の野球部員に対し部活動応援企画「ジョイトレ」を行った。

▽…今回は激戦区神奈川県の大会でベスト8に入ったこともある同校野球部から「将来の防大生を目指す部員たちのために、防大硬式野球部との合同練習をしたい」との要望があり実現。当日は防大の花立球場で約1時間にわたり、練習試合を行った＝写真。

▽…試合終了後は表彰や記念撮影を行い、防大の校内を見学。生徒たちは「充実した施設と学業や訓練に専念できる環境がすごい」と志望度をさらに高め、同部監督からも「今後の試合に向け、すばらしい練習ができた」と感想があった。（神奈川地本）

（世界の切手・フランス）

成功の道はただ一つ。自分だけの生き方を見つけることだ。

クリストファー・モーリイ
（米国の作家）

朝雲ホームページ
www.asagumo-news.com
会員制サイト
Asagumo Archive プラス
朝雲編集部メールアドレス
editorial@asagumo-news.com

高校生が入間基地を"取材"

群馬地本が県内向けに企画 ㊤

群馬地方協力本部（本部長・安永琢哉事務官）は昨年10月28日、県内の高校生を対象に空自入間基地ツアーを行った。参加した生徒たちはコロナ禍のさなかに入学し、これまでのような通常の高校生活を送れていなかったため、基地での体験は新鮮で、後日、地本には感謝の手紙が寄せられた。企画した地本の武藤信幸2陸曹の所感文と参加生徒、引率した教諭の礼状を上下2回に分けて紹介する。

空自入間基地でCH47J輸送ヘリの説明に聞き入る参加者たち

航空自衛隊の魅力伝えてくれたら

2陸曹 武藤 信幸（群馬地本募集課広報班）

群馬地本は昨年10月28日、初となる県内の高校の新聞部、写真部生徒を対象にした基地ツアーを初めて計画した。生徒たちはカメラを片手に取材形式で研修を行った。学校での活動状況の掲示や校内新聞、部外雑誌への投稿に意欲を燃やす学校もあった。

飛行場や格納庫地区では、航空救難団入間ヘリコプター空輸隊の任務の説明を受け、各種機材やCH47J輸送ヘリコプターを見学。普段見ることが出来ない航空機を前にして、参加生徒はパイロットや整備員の説明に真剣に耳を傾け、関心を持った点について積極的に取材をしていた。

航空機の後は、第1高射群のペトリオットを見学、発射機の大きさに一同驚きを隠せない様子で、普段隊員が行っている訓練や任務の説明には特に熱心に聞き入っていた。

警備職の見学では、警備犬の訓練展示を研修した。警備犬の訓練を担当する警備員（ハンドラー）と警備犬との厚い信頼関係に感銘を受けていた。

今回の研修は取材形式で、参加者は必ずしも自衛隊に興味がある者ばかりではなかったが、航空自衛隊の多種多様な職種等の取材にカメラを構え、真剣に取り組む姿から、航空自衛隊の魅力を校内等で大きく伝えてくれたらと考える。この研修結果を様々な活動に活用してもらえれば幸いに思う。

群馬地本は、今後も基地取材研修や各種見学会等を通して自衛隊という職業の魅力や、やりがいを伝えていく。

見学を通じて更に興味が湧いた

高梨 癒音（ゆいと）（群馬県立富岡実業高校3年生）

私は昨年、入間基地の見学へ行きました。群馬県からバスで1時間移動し、埼玉県の入間基地に着くとまず航空機の格納庫へ行きました。今回の参加者は70人くらいで2グループに分かれて見学しました。

はじめに格納庫内に設置されたスクリーンで災害救助等の仕事内容についてDVDで勉強させて頂きました。埼玉の台風19号による災害救助の場面では、自衛隊員は様々な仕事を分担し、団結して救助に当たっていました。チームワークが大切な仕事だと実感しました。

次に山林火事で使用されるバンビバケットの器材説明を聞きました。火災現場の近くのダムから何往復もして水を運び、鎮火を目指すと聞いてとても大変だと感じました。

入間基地は様々なドラマ撮影にも使われていて、自分も実際にテレビに出てきた場所を見学できて興奮しました。

昼食は基地内の隊員食堂へ行き、隊員の方が食べている食事を自分たちも食べました。とても栄養バランスがよく美味しかったです。昼食後はペトリオットの説明を聞きました。ミサイルによる攻撃から守るための装備品です。また、何もない場所でも生活しながら任務達成ができるよう水タンクなど、生活のための装備も充実していてすごいなと感じました。

最後に警備犬の訓練を見学しました。ハンドラーが犬を操り、爆発物を探したり不審者にかみつかせたり、犬は遊びの感覚で、自衛官も楽しく訓練していると聞きました。自分がもし自衛官になったらハンドラーの仕事が魅力的だと感じています。

今回初めて航空自衛隊の基地を見学でき、今まで知らなかった航空自衛官の仕事を知ることができとても良い経験になりました。私は見学を通して更に航空自衛官に興味が湧きました。次はヘリの体験搭乗に参加してみたいです。今回貴重な体験をさせていただき、地本の皆様、入間基地の隊員の方に感謝しています。本当にありがとうございました。

新刊紹介

「防衛事務次官 冷や汗日記 ―失敗だらけの役人人生」

黒江 哲郎著

2015年10月から17年7月まで防衛事務次官を務め、南スーダンPKO日報問題で辞任した著者が、「失敗だらけの役人人生」を振り返り、数々の失敗から得た"生きた教訓"とともに、職業を問わず働く人たち全てに贈る「仕事論」だ。

本書の帯には「お詫びしすぎてギックリ腰」「ストレスで昏倒」「大臣に醤油浴びせてクビ覚悟」―など笑いを誘う文言が躍るが、防衛省・自衛隊に限らず組織で働く人にとっては「目からうろこ」の人生訓が詰まっている。

1981（昭和56）年の入庁以来、歴代総理や大臣と共に政策決定の現場に立ち、舞台裏を見続けてきた著者だからこそ発することのできる貴重な証言は、そのまま防衛庁・防衛省が歩んできた激動の歴史を裏付けるものばかりだ。

「もう一度人生を送れるとしたら、どんな職業を選ぶか」と問われれば、「人生を懸ける価値がある」として「防衛省の役人を選ぶ」という著者。

本書は若い世代に向けて仕事の奥義を伝える「口伝書」であると同時に著者の熱い思いが伝わってくる貴重な「オーラル・ヒストリー」でもある。

（朝日新聞出版刊、935円）

「脳を最大限に活かす 究極の運動法」

久賀谷 亮著、中野ジェームズ修一 監修

誰もが一度は聞いたことがある「やる気スイッチ」という言葉。もし日常のトレーニングで、このスイッチを切り替えることができたなら、そして効率よく力を発揮し持続させることができたなら――。本書はそんな願いにこたえてくれる一冊だ。米・イェール大学で先端脳科学研究に携わり臨床医でもある筆者が、身体を動かすことで脳の力を引き出す方法をストーリー仕立てで紹介する。

主人公の清水琢磨はシステムエンジニア。会社ではお荷物的存在で、家庭では夫婦喧嘩が絶えない。そんな彼が会社のトライアスロンチームの選手に選ばれたことから物語が始まる。コーチのルイーザの指導のもと清水は、「やる気を出すエクササイズ」や「遂行機能を高めるエクササイズ」に挑戦。最初は効果に懐疑的だった彼の身体や仕事のパフォーマンスに、少しずつ変化が現れる。

身体のどの部分を動かせば、脳のどの部分に効果があるかが図解されていて分かりやすい。例えばマルチタスクをこなす作業記憶のアップにはMIITというトレーニングが良く、これは前頭葉や海馬、小脳に効くといった具合だ。

どれも仕事の合間に取り組めるものばかり。スポーツだけではなく仕事のパフォーマンスアップにも役立つだろう。

（朝日新聞出版刊、1760円）

FTC訓練に参加

3陸曹 原田 陽平（7普連3中・福知山）

私はこのたび、3回目のFTC（富士トレーニングセンター）訓練に参加しました。2回目までに攻撃、防御それぞれを経験しましたが、力を発揮できずに終わってしまったので、今回は二つのことを意識して臨みました。

一つ目は敵の直射・砲迫からの防護、または回避し敵を倒すこと。二つ目は常に組織的に戦闘することです。夜間攻撃前進間も練成の成果を出すことができ、移動し続けることで、敵の直射・砲迫からの損耗を回避することができました。また、小隊内で夜間の組織的戦闘ができ、夜明けごろ、ヤビツ台の敵を撃破して同地域を確保することができました。

しかし、その後の再編成のとき、油断してしまい、追尾斥候に撃たれてしまいました。戦闘は生き物であり、常に状況が変わることを理解はしていたのですが、やはり疲労したときにも最善の判断を下す難しさを再認識するとともに、部下の命を預かる重みを感じました。

これを教訓に日々の訓練に臨み、後輩隊員にも伝えていきたいと思います。

OBがんばる

小池 隆史さん 56
平成30年7月、陸自施設学校を2尉で退官。現在、茨城・ひたちなか市の長寿荘ホテルクリスタルパレス総務部で幅広い業務に励んでいる。

無理せず入念な準備を

私は昭和58年4月に陸上自衛隊に入隊し、35年3カ月の勤務を終えて、陸上自衛隊施設学校の教官を最後に退官いたしました。再就職先は、自分の知らない環境にチャレンジしたいと思い、茨城県ひたちなか市にあります株式会社長寿荘に再就職いたしました。

長寿荘は、茨城県内で五つのホテル、レストラン、結婚式場等を運営しており、私はそのうちの一つであるホテルクリスタルパレスの総務部に所属しております。業務内容は、施設管理のほか、お客様を送迎するバスの運行や、防火管理者としてのホテルの火災訓練等のほか、ハロウィンやクリスマス、正月・ひな祭り等、季節にあわせたホテル内の飾りつけ等です。

このように、お客様に喜ばれることを何よりうれしく感じており、ホテル側からも、「自衛官は何でもできる」と過分な評価をいただいております。しかしながら、私は「できること・できないこと」をはっきりと意思表示するようにしています。

再就職先において、頑張り過ぎる方もおられるかと思いますが、決して若くはない我々ですので無理は禁物です。これからの人生を楽しく過ごすために、無理をせず、そして入念な再就職準備を行い、再就職した際は自衛官としての誇りを持ち、自信をもって勤務して下さい。

みんなのページ

レンジャーき章を胸に達成感

3陸曹 羽芻（うしゅう） 力斗（6普連2中・美幌）

今回、私は「令和3年度レンジャー養成集合教育」に参加し、無事修了しました。

レンジャー教育には自衛隊に入隊した時から憧れがあり、「いつかはレンジャー隊員になりたい」という思いが陸曹昇任後もありました。そして今回、素養試験に合格し、教育に参加することが出来ました。

教育前半の基礎訓練では、山地、水路、空路潜入等レンジャー教育ならではの知識や技術を学びました。特に生存自活は印象的でした。食糧がない状況下での水の確保に加え、蛇や鳥をさばいて食すことにより命の大切さや生きるための術を学ぶことができたからです。

また体力調整では己の体力や精神の限界まで追い込まれ、一日一日を乗り越えるのに必死でした。教育後半の想定訓練に入ると、より体力的にも精神的にも極限状態になりましたが、それでも「任務を必ず遂行する」「あきらめない」という気持ちを見失わないように挑みました。しかし、最終想定では極度の疲労、荷物の重量で足を前に進めることがなかなか出来なくなり、本当に心が折れそうになりました。

そんな中、教育間、共に乗り越えてきた同期たち、そして自分のことを絶えず応援してくれていた部隊の方々の顔を思い出すことで任務を完遂することが出来ました。

最終想定終了後のき章授与式で、第5旅団長からレンジャーき章が授与された時は、今まで生きてきた中で一番の達成感を感じ、「本当にレンジャー隊員になれたんだ」とすごく嬉しく思うとともに、一緒に頑張ってきた同期への感謝の気持ちが溢れました。自分一人だけでは決して乗り越えることは出来ませんでした。

私はこの教育を通じて、改めて仲間の大切さを学ぶことができました。

今後はレンジャー隊員としてふさわしい人間になれるよう行動で示すこととあわせ、さらに自分のスキルを磨いて日々精進していきます。

中隊の皆様には、勤務等忙しい中、訓練に没頭出来る環境を作って頂き、とても感謝しています。

また3カ月間、私を一人前のレンジャー隊員にするため心を鬼にして教育、指導してくださった教官及び助教の方々、ありがとうございました。

憧れのレンジャーき章を胸にした羽芻3曹（中央）

詰将棋

第860回出題

■先手 持駒 なし

出題 日本将棋連盟 九段 石田 和雄

【ヒント】飛を使って仕上げる（10分で一級）。

▶詰碁、詰将棋の出題は隔週です◀

詰碁

第1275回解答

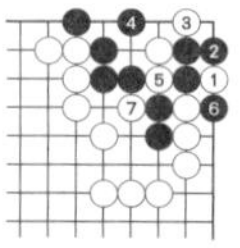

出題 日本棋院 九段 曲 励起

【解答図】白先、黒死。白①がまず大切で、黒❷の時白③がまた大切です。黒❹には白⑤黒❻白⑦で黒死です。また黒❹で『5』なら白『4』でやはり黒死です。

「朝雲」へのメール投稿はこちらへ！

▽原稿の書式・字数は自由。「いつ・どこで・誰が・何を・なぜ・どうしたか（5W1H）」を基本に、具体的に記述。所感文は制限なし。
▽写真はJPEG（通常のデジカメ写真）で。
▽メール投稿の送付先は「朝雲」編集部（editorial@asagumo-news.com）まで。

朝雲

発行所　朝雲新聞社
〒160-0002　東京都新宿区四谷坂町12−20　KKビル
電話　03（3225）3841
FAX　03（3225）3831
振替00190-4-17600番
定価一部150円、年間購読料9170円（税・送料込み）

主な記事

北朝鮮　高角度で弾道弾

今年発射7回目　中長距離「火星12」か

防衛省は1月30日、北朝鮮が同日午前7時52分頃、内陸部から1発の弾道ミサイルを東方向に発射したと発表した。ミサイルは高角度のロフテッド軌道で発射され、最高高度は約2000キロに達し、約30分間にわたって約800キロを飛翔した後、我が国の排他的経済水域（EEZ）外の日本海に落下したと推定される。日本への被害は確認されていない。北朝鮮によるミサイル発射は今年に入って7回目。岸防衛相は翌31日、省内で臨時記者会見し、今回のミサイルが2017年5月などに発射された中長距離弾道ミサイル「火星12型」とみられるとの見解を示した上で、「烈度の高い弾道ミサイルの発射を含め、一連の北朝鮮の行動は我が国と地域、国際社会の平和と安全を脅かすもので、国連安全保障理事会決議に違反する」と述べ、北朝鮮を強く非難した。

岸防衛相「実用化、生産段階」

「火星12型」の射程は米グアム島を捉える最大約5000キロと見積もられており、北朝鮮はこれまで2017年5月にロフテッド軌道で1回、同年8月と9月にそれぞれ日本上空を通過する形で各1回の計3回の発射を行っている。

岸大臣は31日の臨時記者会見で、「北朝鮮は今回、生産・装備されている『火星12』の検収射撃試験を行い、運用効果等を確認したと発表している。2017年9月の発射時に『性能や信頼性を検証し、戦力化を実現した』と述べていることを踏まえれば、より実用化・生産段階にあると示唆しているものと考えられる」と指摘した。

さらに、「今回の発射に至った狙いや意図について断定的に申し上げることは控えるが、少なくとも長射程の弾道ミサイルの実用化を含め、関連技術や運用能力の向上を図る意図や、一方的に国際社会に対して挑発の段階をエスカレートさせる狙いがあることは明らかだ。北朝鮮が引き続き弾道ミサイルの長射程化を追求してくる可能性があることに変わりない」と明言した。

北朝鮮は今年1月5日と11日に「極超音速ミサイル」と主張するミサイルを発射。14、17、27日には短距離弾道ミサイルを、25日には巡航ミサイルを発射しており、今回を含め、北朝鮮によるミサイル発射は今年に入って7回目となる。

岸大臣は「北朝鮮は今年に入ってから、巡航ミサイルの発射発表も含めれば、4週間弱で7回に及ぶ、かつてない頻度で、また新たな態様での発射を繰り返している」と記者団に説明。「弾道ミサイル等の度重なる発射やミサイル技術の著しい向上はもちろんのこと、一方的に挑発の段階をエスカレートさせるような今般の発射は断じて許されるものではない」と述べた。

その上で「大切なのは、我が国の国民の安全と平和な暮らしを守ることを考え、万全の体制を作っていくことだ。防衛省として北朝鮮の軍事動向について引き続き米国などと共に緊密に連携しながら、必要な情報の収集・分析、警戒監視に全力を挙げるとともに、いわゆる『敵基地攻撃能力』の保有も含め、あらゆる選択肢を検討し、今後とも防衛力の抜本的な強化に取り組んでいく」と強い決意を示した。

北京冬季五輪　体校から7人出場

バイアスロン6人、クロカン1人

立崎2尉

前田2曹

蜂須賀2曹

田中2曹

杤木3曹

尾崎3曹

山下2曹

2月4日に中国・北京市などで開幕する北京冬季五輪に出場する自衛官のバイアスロン選手6人とクロスカントリースキー選手1人がこのほど内定した。いずれも自衛隊体育学校所属。

バイアスロンには女子が立崎芙由子2陸尉、前田沙理2陸曹、蜂須賀明香2陸曹、田中友理恵2陸曹の4人。個人戦のほか、4人×6キロ国別リレーなどに出場する。男子は杤木司3陸曹と尾崎光輔3陸曹の2人。

女子のエース立崎2尉はバンクーバー2010から4大会連続。他の女子3人は2大会連続、男子選手は2人とも初出場。

クロカン男子に山下2曹が内定

一方、クロスカントリースキーの日本代表には体校から山下陽暉2陸曹が内定した。

初の五輪代表に決まった山下2曹は「お世話になった方々、支えて下さっている方々への感謝を込め、北京の地で全力を尽くします」とのコメントを寄せている。

バイアスロン、クロカンの両競技は2月5日から19日にかけ、中国・張家口市の五輪特設会場で行われる。

東京会場が運営開始

コロナワクチン大規模接種

新型コロナワクチンの「自衛隊東京大規模接種会場」が1月31日、東京都千代田区の「大手町合同庁舎3号館」に開設され、運営を開始した。

岸田首相は同日、鬼木誠防衛副大臣らの案内で現地を視察した後、記者会見し、「自衛隊と民間の方々が一体となって円滑かつ効率的な接種を進めている現場を視察し、大変頼もしく感じた」と語った。

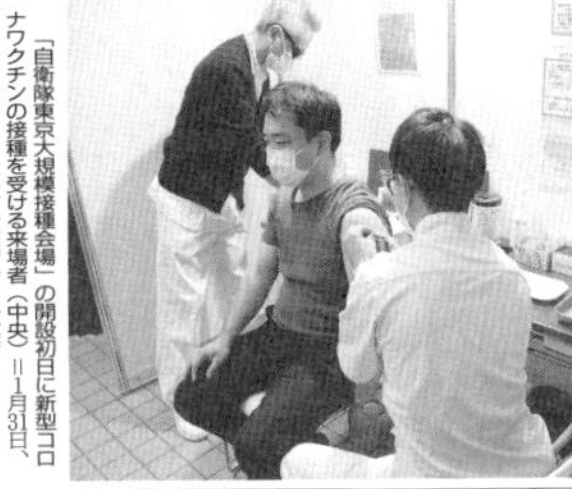
「自衛隊東京大規模接種会場」の開設初日に新型コロナワクチンの接種を受ける来場者（中央）＝1月31日、東京都千代田区の大手町合同庁舎3号館で

同会場ではモデルナのワクチンを使用。接種対象者は3回目の接種券を持つ全国の18歳以上で、2回目の接種から6カ月以上経過していることが条件。

東京会場の接種隊長を務める関中悠仁2陸佐（41）＝自衛隊中央病院診療科小児科医官＝は報道陣のインタビューに答え、「前回の知見等を生かし、官民が『ワンチーム』となって業務を遂行し、接種を希望される方々に安心・安全に接種をしていただけるような環境を構築したい」と抱負を語った。

スクランブル785回

空自21年度 第1〜3四半期　前年度1年分を超える

統幕は1月25日、2021年度第1〜第3四半期（昨年4月〜12月）の空自戦闘機による緊急発進（スクランブル）について発表した。

回数は785回で、前年度同期（544回）に比べて約44%増となり、この時点ですでに20年度全体の緊急発進総数（725回）を上回った。四半期ごとに公表を開始した2005年度以降、同期では過去2番目に多い回数だった。

このうち対中国機は全体の約73%を占める571回で、過去最多だった2016年度同期（644回）に次ぐ回数。一方、対ロシア機は約25%の199回で、前年度同期（206回）の約3%減だった。

期間中、中露航空機の共同飛行も確認され、11月には中国のH6、ロシアのTu95両爆撃機各2機が日本海から太平洋にかけて共同で長距離飛行するなど、日本への示威を意図した行動と考えられる事例もあった。領空侵犯は9月12日に北海道知床岬沖で露An26輸送機が行った1件だった。

空自の方面隊別では、東シナ海方面で中国機に対応している南西空が525回（前年比約85%増）、ロシア機に対応する北空が163回（同約2%減）、中空が23回（同約12%減）、西空が74回（同約8%増）。中国機の増加に比例して南西空の緊急発進回数が急増していることが浮き彫りとなった。

緊急発進の対象となったロシア機および中国機の飛行パターン例

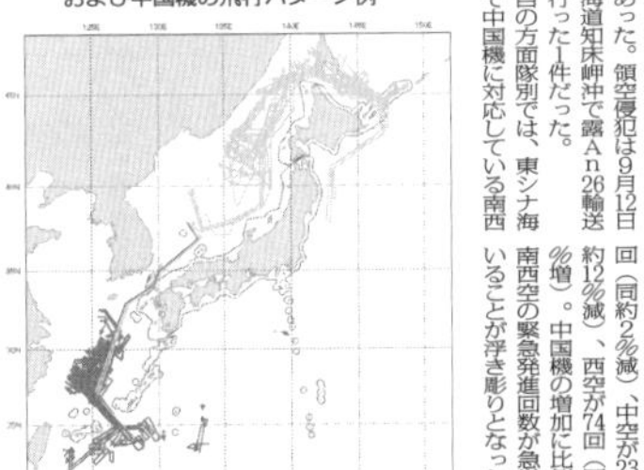

F15日本海に墜落か

飛行教導群の乗員2人不明

1月31日午後5時半ごろ、石川県の空自小松基地の西北西約5キロの日本海上で、訓練空域に向かうため基地を離陸した航空戦術教導団飛行教導群のF15DJ戦闘機083号機（前席・田中公司1佐＝52、飛行教導群司令、後席・植田竜生1尉＝33）の機影が空自レーダーから消失した。その後、洋上で同機の外板や救命装備品の一部が見つかったことから、空自は同機が墜落したと推定し、行方不明となっている2人のパイロットを捜索している。現場海域での民間船舶などへの被害はなかった。

墜落したとみられる飛行教導群のF15DJ戦闘機083号機（小松基地ツイッターから）

岸防衛相はF15DJの航跡消失直後、関係部署に対し、①救助等の対応に全力を挙げる②情報収集を徹底し、状況把握に努める――ことなどについて指示を出した。

自衛隊では同日午後5時50分以降、空自から小松救難隊などのUH60J救難ヘリ、U125A救難捜索機各2機、海自から23航空隊（舞鶴）のSH60K哨戒ヘリ1機と舞鶴基地所属のヘリ搭載護衛艦「ひゅうが」など艦艇5隻が捜索を開始。さらに海上保安庁の巡視船3隻も加わって捜索救助活動に全力を挙げている。

岸大臣は2月1日午前の記者会見で「防衛省としては引き続き被害状況等の情報収集に努めるとともに、行方不明となっている2人の人命の救出に全力を尽くしていく」と述べた。

空自は事故直後の1月31日、空幕監理監察官の佐川詳二将補を長とする航空事故調査委員会を設置し、事故原因の調査を開始。井筒空幕長は、全ての航空機に対する飛行前後の入念な点検と、全ての操縦者に対する各種緊急手順についての教育の実施を指示した。

井筒空幕長は1日午後に臨時記者会見し、「今なお操縦者が行方不明であり、人命救助を第一に捜索救助に当たっている。搭乗員2名のご家族のご心痛はいかばかりかと察します。小松基地周辺住民の皆さま、国民の皆さまに多大なご心配をお掛けし、心よりお詫びを申し上げます」と述べた。

春夏秋冬

中国が越えねばならない壁

兼原　信克

中国の一方的な現状変更への意欲が止まらない。南シナ海、東シナ海、尖閣諸島、中印国境とやりたい放題である。国連諸機関も、RCEP（地域的な包括的経済連携）も、自分達の意向を反映させようと躍起である。米国の抜けたTPP（環太平洋パートナーシップ）への加盟にも真剣である。中国は、世界秩序を作り替えられると思っている。しかし、中国が変えねばならないような国際秩序があるだろうか。

明治日本も、清末の中国も、かつて欧米列強が、強大な力で次々とアジアの国々から領土を奪い、主権を奪っていくさまを茫然として眺め、戦慄した。それは弱肉強食の世界だった。明治維新を辛亥革命よりも約半世紀早く実現した日本は、欧米列強の一角を占め、かろうじて領土と主権を守った。

欧米列強との国際協調に努めようとした日本だったが、人種差別、アジア人の隷従にはどうしても納得がいかなかった。ハワイや、南北米大陸に渡った日本人移民は、他のアジア人と同様に鞭で打たれて働いていた者もあった。近衛文麿が「英米本位の平和主義を排す」と小論を描いたのは、内に民主主義の進展、外に人種差別と植民地支配という欧米の作り出した二重世界に憤りを感じたからである。

日本は、その後迷走する。帝国主義国家の真似をして満州奪取に動き、日中戦争に突っ込んだが、太平洋戦争ではアジアの解放を訴えた。そして敗戦した。ところが戦後に現れた国際秩序は、肌の色に関係なく人間の尊厳を重んじ、人々の自由意思に権力の正統性を求める国際秩序だった。ガンジーの唱えた「真実と愛」の思想は、アジア、アフリカの国々を隷従から解き放った。ガンジーの影響を強く受けたキング牧師は、公民権運動で米国の制度的人種差別を叩き壊した。アジア、アフリカの国々は独立し、欧米の先進民主主義国家は、人種差別を止めた。全ての人間は幸福になる権利がある。それが戦後に姿を現した自由主義的国際秩序の神髄である。それは日本が守り、支えるに値する秩序である。

共産化した中国は、この自由主義的な世界史観を共有しない。その世界観は、19世紀のままである。世界は弱肉強食であり「強国」となって生き残るしかない。強くなければ尊敬されない。強くなったら何をしてもいい。欧米列強や日本は中国をさんざん蹂躙したではないか。今や中国は世界最強の国になったのだ。中国の発想はそこで止まってしまっている。21世紀の中国が越えねばならない壁は厚い。

（元内閣官房副長官補・国家安全保障局次長、同志社大学特別客員教授）

トンガ支援　C130Hで救援物資

海自「おおすみ」南下中

海底火山の大規模噴火による津波と降灰で大きな被害を受けた南太平洋の島嶼国トンガに対し、自衛隊はオーストラリアを拠点に1月下旬から空自のC130H輸送機2機で救援物資を届けるなど、懸命な国際緊急援助活動を行っている。

（3面に関連記事）

C130Hは1月22日、日本からの「第1便」となる救援物資の飲用水約3トンを積んでトンガの首都ヌクアロファ近郊のファアモトゥ国際空港（トンガタプ島）に到着し、同国の政府要人から歓迎を受けた。

24日には「第2便」として、飲用水約2トンをはじめ、火山灰除去のための高圧洗浄機20台のほか、防塵マスク、手袋、ゴーグルなどを現地に届けた。

1月28日には3機目となる空自のC2輸送機が追加要員を乗せて鳥取県の美保基地から豪アンバーレー空軍基地に到着。翌29日にはC130H輸送機が「第3便」となる飲用水約2トンや食料品約4トンをトンガに空輸した。

現在、陸自CH47JA輸送ヘリ2機とエアクッション艇を搭載した海自輸送艦「おおすみ」が救援物資を載せ、トンガに向けて太平洋上を急航している。

同艦は2月中旬までにトンガに到着後、沖合に停泊し、エアクッション艇などを使って現地に支援物資を届ける予定だ。

朝雲寸言

一見もっともらしく聞こえるが、実際には現実的な備えにブレーキをかけることにしかならない物言いがある。国際情勢が緊迫するとテレビや新聞に登場する「戦争はあってはならない」「戦争にさせない外交が大切だ」といった言い回しだ▼こちらが戦争を望まなくても、相手がこちらの領土に野心をむき出しにするといった事態は台湾やウクライナが現に直面している。戦争にさせない外交が大切なことはあまりに自明だが、そればかり語るのでは有事の備えが疎かになりかねない。そうした物言いを続ける人々は、誰でも言えそうな綺麗ごとを語るおいしい役回りを引き受ける一方で、危険を伴う任務を無自覚なまま他人に丸投げしている己の偽善には気づいていない▼策源地攻撃能力をめぐる議論でも「丁寧な説明が必要だ」との一見穏当な指摘も散見される。ただ、こうした物言いをする方々は「適当な手段が他に見当たらない」という過酷な現実をどこまで「丁寧に」直視しているのだろうか▼無自覚な偽善なら実害はまだ軽い。厄介なのは、こちらの備えを弱体化させ、核やミサイルの配備を進める周辺国を有利にする目的で動く人物や勢力がいる恐れがあることだ。複合戦の時代なのである。「戦争はあってはならない」といったことばかり語る人が、単なるナイーブな存在なのか、世論誘導を企図している工作者なのかを見極める努力が必要であるようだ。

時の焦点

国内

国会論戦

感染症の危機や安全保障上の脅威にどう向き合い、対処するのか。政府と与野党は建設的な論戦を通じ、具体策を考える必要がある。

国会審議が本格的に始まった。

新型コロナウイルスの変異株「オミクロン株」の感染急拡大について、岸田首相は衆院予算委員会で「オミクロン株の特性を踏まえたメリハリの利いた対応を進めていきたい」と述べた。

感染者の急激な増加に政府が適切に対応できているとは言い難い。

医療機関では、簡易検査キット不足が深刻化している。症状がない人などが対象の無料検査や、一般の薬局での検査キットの販売は当面、抑制することになった。

コロナの検査能力不足は、2年前の感染初期から続いている。政府の想定が甘いと言わざるを得ない。国はメーカーや卸売業者と協力し、検査体制を充実させることが重要だ。

ワクチンの3回目接種率は伸びない。首相は立憲民主党の江田憲司氏の追及に対し、「1、2回目のタイミングが各国と比べて遅れてしまったためだ」と述べた。菅前政権下では、接種のスタートこそ遅れたが、急ピッチで取り組んだ結果、昨秋には接種率が各国を上回るようになっていた。

危機乗り越える策を競え

責任逃れのように映る首相の答弁は残念だ。

政府は、検査やワクチン接種の「目詰まり」を解消する責務を負っている。国民の不安を払拭するため、首相はリーダーシップを発揮しなければならない。

立憲民主党は、首相官邸の司令塔機能の強化を提案している。国と自治体の連携強化策などを幅広く議論し、コロナ対策に生かしてほしい。

安全保障政策も今国会の大きな争点だ。

日本維新の会の馬場共同代表と、国民民主党の玉木代表は、敵基地攻撃能力の保有に支持を表明した。政権批判一辺倒に陥らない両党の姿勢は評価できる。

中露や北朝鮮が開発する極超音速兵器は、今のミサイル防衛システムで迎撃するのが難しい。政府は敵基地攻撃能力について、国家安全保障戦略への明記を視野に、有識者との意見交換会を始めた。国会でも抑止力の議論を深め、理解を広げていくことが大切だ。

台湾情勢について、首相は「中台の軍事バランスは全体として中国に有利に変化している。（日本は）防衛力を抜本的に強化しなければならない」と述べた。

自衛隊と米軍は共同訓練を重ねている。空自は1月上旬、太平洋上で米軍の戦略爆撃機と編隊航法などを確認し合った。日米の共同対処能力を向上させる意義は大きい。

自衛隊は、新型コロナの大規模接種会場の運営も担う。自衛隊にかかる負担は大きい。政府は国会で、防衛予算増額の重要性を訴えていくべきだ。

夏川　明雄（政治評論家）

海外

ウクライナ緊迫

昨年10月にロシアがウクライナ国境周辺に10万人規模の軍部隊を集結させて以降、緊迫するウクライナ情勢をめぐってロシアと米欧の外交駆け引きが続く。年明けに行われた米ロ高官協議や北大西洋条約機構（NATO）・ロシアの対話など一連の交渉によっても緊張緩和に向けた双方の歩み寄りはなく、むしろ軍事的緊張が高まっている。

冷戦が終結し、ソ連が崩壊した後に始まったNATO東方拡大の動きの停止を強く要求するロシアと、NATOの安全保障体制をめぐる原則的立場で譲歩することはできないとする西側陣営の双方の主張の隔たりは大きく、事態打開の道筋は不透明のままだ。

断続的に続く米ロ交渉で米側は、ウクライナに侵攻した場合は厳しい制裁を加えると強く警告しつつ、緊張緩和の方途を模索している。これに対し、ウクライナのNATO加盟阻止など「自国の安全の法的保証」を求めるロシア側は緊張緩和につながる軍部隊の撤収を

緊張緩和探り駆け引き

拒否しており、ウクライナとの突発的な軍事衝突の懸念は消えない。

1月21日のジュネーブでの米ロ外相会談の終了後、ロシアのラブロフ外相は「ウクライナの国民を脅してもいなければ、攻撃する意図もない」と主張。これに対し、ブリンケン米国務長官は「必要なのは言葉ではなく行動だ。意図を示したいなら軍隊を撤収させることが出発点だ」と不信感をあらわにした。米ロトップ外交官の間ですれ違う発言や相互不信が現下のウクライナ情勢をめぐって常に付きまとっており、緊張緩和を阻む壁であることを物語る。最終的な決定権を握るプーチン大統領も、ウクライナ侵攻の可能性を否定するが、なぜ緊張をあおる大部隊の展開を続けているのか、真意は語らない。

2014年のウクライナ南部クリミア半島の併合やそれに続く同国東部での親ロ派分離主義勢力への軍事的支援の「前科」がプーチン政権にはあるだけに、米欧諸国も今回は8年前の轍を踏んではならないとしてロシア正面の東欧での抑止力を高め、結束の強化に動く。

ロシアはウクライナの隣国ベラルーシでも合同演習の名目で軍部隊を展開しており、米欧に早期の譲歩を迫るロシアが今後、どれだけ協議の継続に応じるかは見通せない。ロシアのリャブコフ外務次官は自国メディアに、「米国とNATOの回答が失望させるものなら、非常に深刻な政治決定を下さざるを得なくなる」と語り、西側諸国をけん制する。

こうした中、英政府は最近、自国情報機関の機密情報を基に、ロシアがウクライナで親ロシア政府の樹立を画策しているとの声明を発表した。異例の声明発表はロシアの機先を制し、戦略を阻む意図があるとみられる。

外交的、軍事的な熾烈な駆け引きの一方で、情報戦も激しさを増すウクライナ情勢をめぐる米欧とロシアの対立は、冷戦後の過去30年余で最大の危機をはらむ国際紛争の様相を呈してきたが、軍事衝突で予想される甚大な人的、物的被害に鑑みると、外交を駆使した歩み寄りの道筋を断念してはなるまい。

伊藤　努（外交評論家）

統幕長、国緊隊への支援要請
豪、NZ国防軍司令官と電話会談

キャンベル豪国防軍司令官と電話会談する山崎統幕長。右は立会した在日豪州大使館駐在武官ソニア・ハロラン空軍大佐（1月20日、統幕で）

山崎統幕長は1月20日、オーストラリア国防軍司令官のアンガス・キャンベル陸軍大将と電話会談し、海底火山噴火災害で大きな被害を出したトンガに自衛隊が国際緊急援助隊を派遣することなどを説明、現地の日本隊への豪州軍の支援を要請した。

両者はトンガの一日も早い復興に向け、日豪が今後とも緊密に連携していくことも確認した。

統幕長は同25日には、ニュージーランド国防軍司令官のケビン・ショート空軍中将と電話会談。同様にトンガの被災地救援について意見交換を行った。

マイス・ドイツ陸軍総監と
陸幕長がTV会談

ドイツ陸軍総監のマイス中将とテレビ会談を行う吉田陸幕長（1月17日、陸幕で）

吉田陸幕長は1月17日、ドイツ陸軍総監のアルフォンス・マイス中将とテレビ会談を行った。両者の会談は昨年11月に独海軍フリゲート「バイエルン」が日本に寄港した際にもリモートで行われており、今回の会談は、昨年大きく進展した日独防衛協力のモメンタム（動き、勢い）を維持することを目的に行われた。

会談で両者は、インド太平洋地域における北朝鮮や中国の動静をはじめ、緊迫する東欧ウクライナの情勢を含めた日独それぞれを取り巻く地域の安全保障環境について集中的に議論し、年内に再度ハイレベル協議を行う方向で一致した。

吉田陸幕長は1月20日の記者会見で「国際法に基づく、自由で開かれた国際秩序を維持する目的を共有する日独の連携は極めて有効だ。回数を積み重ねることで踏み込んだ議論を行い、連携の強化を図っていける」と語った。

海軍種多国間テレビ会談
海幕長、オンライン出席

海軍種多国間テレビ会談に臨む山村海幕長（1月25日、海幕で）

山村海幕長は1月25日、米海軍太平洋艦隊司令官（司令部・ハワイ）のサミュエル・パパロ海軍大将が主催する海軍種多国間テレビ会談に参加し、米国のほか、バングラデシュ、インドネシアなど15カ国の海軍種参謀長らと意見交換を行った。

会談では「自由で開かれたインド太平洋」の維持に向け、各国が今後も演習や訓練を通じて協力関係を強化していくことを確認した。

また山村海幕長ら出席者は、海底火山の噴火で大きな被害を受けたトンガ王国に対し、各国が地域のパートナーとして継続的にサポートしていくことで一致した。

空幕長と比空軍司令官
FOIPの推進で一致
テレビ会談で

カンラス比空軍司令官とテレビ会談を行う井筒空幕長（1月24日、空幕で）

井筒空幕長は1月24日、フィリピン空軍司令官のアンソニー・カンラス中将とテレビ会談を行った。

会談では空幕長が昨年12月に着任したカンラス司令官への祝意を伝えるとともに、両者は日比空軍種間の協力関係が進展していることを確認。今後とも「自由で開かれたインド太平洋（FOIP）」の維持、強化に向けた取り組みを推進していくことで一致した。

「ひゅうが」が
日米共同訓練

海自3護群3護衛隊（舞鶴）の護衛艦「ひゅうが」（艦長・竹下文人1佐）は1月17日から22日まで、沖縄南方で米空母打撃群と共同訓練を実施した。

米海軍からは空母「カール・ヴィンソン」「エイブラハム・リンカーン」、強襲揚陸艦「アメリカ」「エセックス」ほか、巡洋艦2隻、駆逐艦3隻、ドック型揚陸艦1隻が参加。日米両部隊は各種戦術訓練を通じて相互運用性の向上を図った。

山村海幕長は1月25日の定例会見で今回の訓練について、「日米同盟の抑止力と対処力の強化に繋がった」と意義を語った。

防衛省発令

▽舞鶴基地業務隊司令（京都地方協力本部募集課長）2海佐　新井　健二

（1月24日）

陸自の「優秀隊員表彰」
陸幕長が40人に顕彰状

吉田陸幕長夫妻（左側）から顕彰状と記念品を授与される受賞隊員とその夫人（明治記念館で）

模範的な勤務実績や顕著な功績を上げた隊員を表彰する陸自の「優秀隊員顕彰」がこのほど、東京都港区の明治記念館で行われ、吉田陸幕長から受賞隊員40人に顕彰状が授与された。

内訳は、隊務一般の部で自衛官20人、技官5人、即応予備自2人、予備自2人。隊務特別の部では、自衛官10人、事務官1人が顕彰状を受けた。

受賞者は次の通り。

〈隊務一般〉◇自衛官＝▽宮田浩准尉（陸上総隊司令部付）▽金子智昌准尉（北方総監部）▽秋田恵准尉（7師団司令部付）▽柄田憲章准尉（11旅団）▽大場奨三1曹（冬戦教）▽柴崎清英准尉（6音）▽吉田進准尉（9戦大）▽田中秀穂准尉（東方総監部付）▽大久保剛准尉（1師団）▽小笠原薫准尉（110教大）▽原山雄二准尉（阪神病院）▽植木公典准尉（大阪地本）▽國政英二准尉（広島地本）▽稲田司准尉（40普連）▽重信諭志曹長（43普連）▽大塚正三郎1曹（15旅団司令部付）▽齋藤茂准尉（中音）▽和田稔之准尉（富士学校）▽前田勝准尉（教訓研本）▽日向春喜准尉（陸幕）◇事務官等＝▽長尾康史技官（北海道処）▽佐藤誠司技官（東北処）▽井上真次技官（関東処）▽塚口晴彦技官（千僧駐業）▽塚元一吉技官（別府病院）◇予備自衛官等＝▽小林万枝即応予備1曹（48普連）▽江連英孝即応予備1曹（西方後支隊）▽大串則明予備1曹（帯広地本）▽木谷善明予備准尉（大阪地本）

〈隊務特別〉▽池内寛明曹長（空挺団）▽松本大葉3曹（5後支隊）▽赤木裕志3曹（北方衛生隊）▽松浦健太曹長（1後支連）▽加藤菜波2曹（35普連）▽中村功曹長（西方総監部付）▽大城優人曹長（沖縄地本）▽矢田圭一2曹（体校）▽乙黒拓斗2曹（体校）▽並木月海3曹（体校）▽勝倉茜里事務官（衛校）

共済組合だより

医療費の一定額を超えた額が
「高額療養費」で支給されます
診療にかかる自己負担額

組合員または被扶養者が、同一の月にそれぞれ一つの医療機関等から受けた診療に係る自己負担額（食事療養または生活療養に係る標準負担額および保険診療外差額徴収料等は除きます。）が高額となり一定額を超えた場合は、その超えた額が「高額療養費」として共済組合から支給されます。算出方法は、高齢受給者と70歳未満の方とでは異なっています。

また、同一の世帯で同一の月に行われた療養が複数ある場合は、その療養に係る自己負担額を世帯単位で合算（高齢受給者は全ての自己負担額を、70歳未満の方は2万1000円以上の自己負担額を合算の対象とします。）して高額療養費支給額を算出します。

なお、高額療養費は現物給付（※）もしくは事後に共済組合から組合員の方へ現金で支給します。

70歳未満の自衛官を除く組合員又は被扶養者の方が高額療養費の現物給付を受けるために、従来は組合員証等と併せて所得区分を確認するための「限度額適用認定証」を医療機関等に提示する必要がありました。しかし令和3年10月よりオンライン資格確認が開始され、組合員証等又は健康保険証利用登録済みのマイナンバーカードを提示することで所得区分の確認が可能となり、限度額適用認定証による確認を省略することができるようになりました（オンライン資格確認導入医療機関等に限ります）。対象医療機関等は厚生労働省のホームページをご確認下さい。

なお、オンライン資格確認が導入されていない医療機関においては従来通り限度額適用認定証が必要となりますので、詳しくはご所属の支部窓口までお問合せください。

※「現物給付」とは、組合員または被扶養者の方が、組合員証等を提示して病院等の医療サービス（治療、薬の処方等）を受け、その医療費（窓口で支払う自己負担額を除く）を共済組合が病院等へ支払うことにより、医療サービスそのものを皆様に提供することをいいます。

トンガ海底火山噴火災害 自衛隊国緊隊派遣

MALO 'AUPITO TOMODACHI

『まさかの時の友こそ真の友』

空自のC130H輸送機をバックに勢ぞろいしたトンガの政府要人ら。左からモエアキ財務相、プロカ国会議員、ファカヴァメイリク首相、宗永健作・駐トンガ大使、ウトイカマヌ外相、テイ副首相、ラトゥ貿易・経済開発相、ピウカラ保健相（1月22日、首都ヌクアロファ近郊、トンガタプ島のファアモトゥ国際空港で）＝駐トンガ日本大使館提供

C130H輸送機の機内でトンガに届ける救援物資に「日の丸」を掛けて最後の準備に当たるクルーたち（1月22日）＝統幕提供

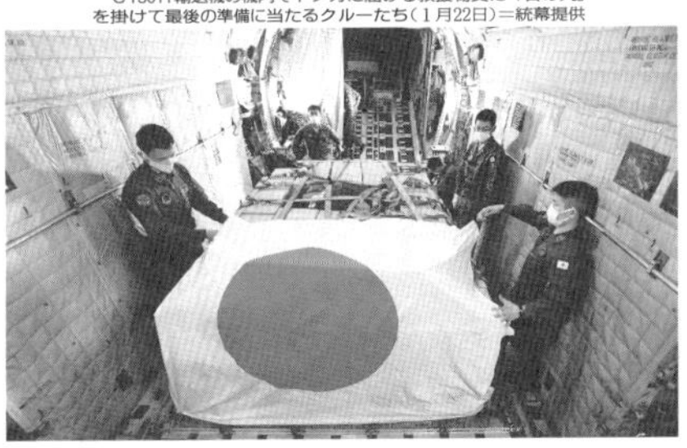

首相ら政府要人が出迎え

「MALO 'AUPITO（ありがとう）日本」――。

1月22日、トンガの国際空港では、ファカヴァメイリク首相ら政府要人が勢ぞろいして、日本から「第1便」の救援物資を運んできた空自のC130H輸送機を出迎えた（本紙1月27日付1面既報、1面参照）。

首相は「日本の自衛隊機をトンガで見られるのは本当に感慨深い。『まさかの時の友こそ真の友』という言葉はまさにその通りだ。日本の皆さまにありがとうと伝えてほしい」と謝意を表明。

ウトイカマヌ外相も「トンガではインターネットも国際電話もつながらず、国外との連絡が全く取れない。そんな時に、こんなにも早く救援物資を送っていただけることは本当にありがたい」と語った。

日本はニュージーランド、オーストラリアに続き3番目に早く現地に飲用水をはじめとする救援物資を届けた。

現在、海自輸送艦「おおすみ」が救援物資を積んでトンガに向け航行中だ。

「MALO 'AUPITO（ありがとう、日本）」と書かれた横断幕を掲げ、空自C130H輸送機の到着を歓迎するトンガのファカヴァメイリク首相（右から2人目）ら。右端は宗永健作・駐トンガ日本大使＝駐トンガ日本大使館提供

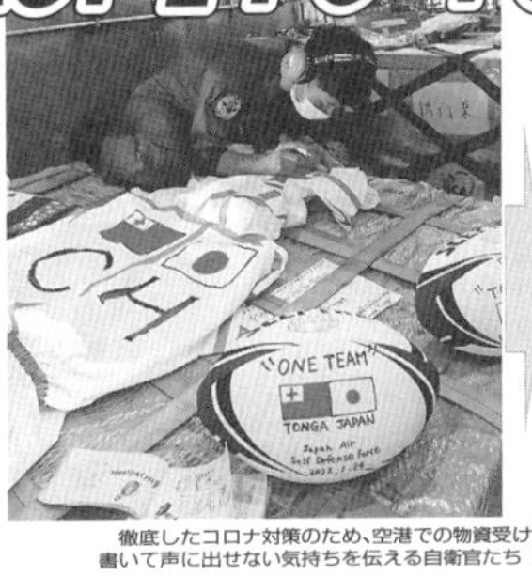

徹底したコロナ対策のため、空港での物資受け渡しは非接触で行われる。背中に「TOMODACHI（トモダチ）」と書いて声に出せない気持ちを伝える自衛官たち（1月24日、ファアモトゥ国際空港で）＝統幕提供

トンガに向けて呉基地を出発するのを前に、海自輸送艦「おおすみ」（手前）に収容されるエアクッション艇。現地では離島への物資輸送で活躍する予定だ（1月22日）＝統幕提供

空自C130H輸送機が救援物資を積んでトンガに向け出発するのを前に豪空軍関係者（左）と入念に調整する空自隊員（1月24日、豪アンバーレー空軍基地で）＝統幕提供

飲用水を積んで拠点となるオーストラリアのアンバーレー空軍基地に到着した空自3輸空（美保）のC2輸送機。手前は野生のワラビー（1月22日）＝統幕提供

自衛隊によるトンガへの国際緊急援助活動

1月15日	■トンガで海底火山が大規模噴火し、津波が発生
18日	■トンガ政府から日本政府に支援要請
20日	■岸防衛相、自衛隊にトンガにおける国際緊急援助活動の実施を命令 ■1輸空（小牧）のC130H輸送機2機が拠点となる豪州に向け出発
21日	■1機目のC130Hが豪アンバーレー空軍基地に到着
22日	■1機目のC130Hがトンガに日本からの「第1便」となる救援物資の飲用水約3トンを空輸 ■2機目のC130Hが豪に到着 ■3輸空（美保）のC2輸送機1機が飲用水などを積んで出発し、豪州に到着
23日	■2機目のC2が火山灰除去のための高圧洗浄機などを積んで美保基地を出発 ■1機目のC2が美保基地に帰国
24日	■2機目のC130Hがトンガに「第2便」となる救援物資の高圧洗浄機20台や飲用水約2トンを空輸 ■陸自CH47JA輸送ヘリ2機とエアクッション艇を搭載した海自輸送艦「おおすみ」が飲用水10トン、ポリタンク約2000個、高圧洗浄機約60台、リヤカー約50台などを積み込んで呉基地を出発 ■2機目のC2が美保基地に帰国
28日	■3機目のC2が追加要員を豪に輸送
29日	■C130Hがトンガに「第3便」となる水2トンと食料約4トンを空輸

前事不忘 後事之師

第73回

唐招提寺御影堂障壁画展を観て

鑑真和上座像（唐招提寺HP）

昨年12月、長野を訪れた折りに、北澤俊美元防衛大臣に勧められ、長野県立美術館で開催されていた「東山魁夷 唐招提寺御影堂障壁画展」を観て来ました。

唐招提寺御影堂障壁画とは、奈良・唐招提寺の鑑真和上座像が安置されている御影堂の襖などに東山魁夷画伯が鑑真和上に捧げるために描いた一連の絵画です。障壁画が展示されている室に入った瞬間、私は、かつてイタリアのバチカンを訪れ、システィーナ礼拝堂内部にミケランジェロが描いた「天地創造」「最後の審判」を観た時の感動を思い出しました。ドイツの文学者ゲーテは、礼拝堂のミケランジェロの絵画を観て、「これを観ずして、一人の人間が何をなしうるか知ることはできない」と述べたそうですが、唐招提寺御影堂障壁画もこれに匹敵すると感じました。

東山画伯の障壁画は、日本の風土をテーマとした「山雲」「濤声」と、鑑真和上の故郷、中国の風景をテーマとした「揚州薫風」「黄山暁雲」「桂林月宵」という五部から成り、襖絵と床の壁面など全68面におよび、全てをつなげると全長83メートルにもなる大作です。障壁画展では、障壁画に加えて、画伯が障壁画を描く準備のために作成したスケッチや下絵も展示されていました。

画伯自身がその著書『唐招提寺への道』の中で「大規模な制作の時には全体の制作期間の三分の二を準備の仕事にかけても良いとさえ思っている」と書いていますが、障壁画展で展示されている一部の下絵などを観ただけで、画伯がこの大作を完成させるために、いかに膨大な準備と努力をされたのかが理解できます。

実際、昭和46年の7月に障壁画作成の依頼を承諾、完成したのは昭和55年ですので、制作には10年もの歳月がかかりました。その間、近畿や大和の地はもちろん、東北地方の日本海側と太平洋側の海岸地帯、信濃の山岳部、中国、四国、九州など日本各地に出かけるとともに、鑑真の故郷中国を訪れて、多くのスケッチをしながら障壁画の構想を練りました。下絵も「小下絵」、実寸の五分の一の「中下絵」、実寸大の下絵の三段階が描かれました。

画伯は、ほとんど他の制作を止めて、修行僧の如くこの障壁画の制作に集中したと伝えられています。画伯をこの大作の制作に駆り立てたものは何なのでしょうか。画伯は、著書の中で、障壁画作成の依頼を受けて引き受けるべきか5カ月もの間考えたことを吐露した上で、「（制作に）自信の無い私に、このような勇気を与えてくれたのは、鑑真和上の強い精神力への讃仰の心からであった」と書いています。

鑑真和上の苦難の渡日の様子は、井上靖の小説『天平の甍』に描かれています。742年に聖武天皇の命を受け、遣唐使船で派遣された日本の二人の僧侶から日本に仏教の戒律を伝えるように懇請されたのが契機でした。5度にわたる渡日の失敗の後、753年、鑑真66歳の時に、6度目の渡海で遂に渡日を果たしましたが、鑑真は盲目の身になっていました。東山画伯の描いた障壁画の一つ、「濤声」と名付けられた襖絵には、寄せ来る波を受け止める立岩と岩の上に立つ松が描かれていますが、これは苦難の末に渡日を果たした鑑真を象徴しているのではないかと感じました。

『唐招提寺への道』には、画伯が日本文化の特質について触れている部分があります。「日本的な美の特質は、外来の異質な文化を大胆に移し入れ、それを本来の風土に培われて来た民族的な美意識に同化させてゆく点にある。それには時の流れが必然的に重要な役割を果たすことにもなる。これは日本文化の一般について考えられることだが、この寺（唐招提寺）が唐の高僧の来朝によって開かれた国際的な寺であるため、一層そのことが象徴されていると感じられる」

昨今の中国の振る舞いを見て、中国という国に対して違和感を抱いている人が多いように思います。しかしながら、唐招提寺御影堂の障壁画を観て分かることは、東山画伯が指摘するように、我が国の美しい文化の源流の一つは、鑑真和上と同じように命をかけ苦難の末に大陸から渡来してきた人々が伝えてくれたものであるということです。こうした事実を私たちは忘れてはいけないと考えます。

鎌田 昭良（元防衛省大臣官房長、元装備施設本部長、防衛基盤整備協会理事長）

…… 前事忘れざるは後事の師 ……

AIで進む 兵器のロボット化

豪州が開発中の無人戦闘機「ロイヤル・ウイングマン」の運用イメージ（豪空軍ＨＰから）

兵器のロボット化が急速に進んでいる。人間の能力をはるかに超えるＡＩ（人工知能）を組み込んだロボットに兵士の代役をさせることで、戦闘力を飛躍的に高め、同時に人的損耗も減らせるからだ。一方でロボットの「殺人兵器化」を危惧し、国際機関などは「武力行使の最終決定は人間が担うべき」と主張するが、現実的には無人兵器はすでに多方面に投入され、軍隊のロボット化は加速している。今後、戦場はどうなるのだろうか。

戦闘力向上 人的損耗減らす

陸上

ロボットの戦場への投入で先行するのがロシア、イスラエル、トルコなどだ。ロシアは中東の戦地に密かに無人戦車などを投入し、実用試験を行っているとされる。カラシニコフ社が開発した「サラートニク（戦友の意味）」などがそれだ。機関銃を搭載した同無人戦車は、各種センサーで周囲の状況を判断し、捕捉した目標をＡＩが「敵」と判断すれば攻撃する。

歩兵を掩護するロボットの開発を進めるのは米国も同じだ。米ＤＡＲＰＡ（国防高等研究計画局）は市街地戦に投入される部隊の安全化を図るため、支援用ロボット「スクアッドＸ」を開発中。「分隊」という名の同支援車両は、他の車両や上空のドローンとともに周辺を警戒・監視し、センサーで捉えた敵の配置状況などを味方に伝送する。同車は普段は運搬車両としても活用できる。

このほか、負傷した兵士を救出・後送する無人車の開発も進む。米ＲＥ2社の無人車両はアームで負傷した兵士を車両に乗せ、自動で救護所に搬送する。

中東の戦場にすでに試験投入されているとみられるロシアの無人戦車「サラートニク」（カラシニコフ社提供）

航空

無人航空機はすでに世界に普及している。爆弾やミサイルを積んだ無人機は中東などの戦場に投入され、空軍の一角を担いつつある。いま地上部隊の脅威となっているのが「神風ドローン」と呼ばれる攻撃兵器だ。群れで滞空し、敵の部隊が現れると個別に敵の車両や上陸用舟艇に突入し、各個撃破する。イスラエル製「ハロップ」は中央アジアの戦場で敵機甲化部隊を壊滅させる大戦果を挙げている。

戦闘機の代役を務める無人機も現れてきた。米空軍ではＦ22、Ｆ35と編隊を組み、戦闘を支援する「ＸＱ58Ａヴァルキリー」の飛行試験に成功。豪空軍は「忠実な僚機（ロイヤル・ウイングマン）」と名付けられた無人戦闘機の試験を続けている。将来的には有人機と複数の無人機が編隊を組んで作戦を行うようになるだろう。日本も将来戦闘機の開発に合わせて「戦闘支援無人機」の研究に着手している。

上空に徘徊し、敵車両などが現れるとカミカゼ攻撃を仕掛けるイスラエルの「ハロップ」（ＩＡＩ社ＨＰから）

海上

海軍では、手間のかかる機雷の捜索・掃討などを自律型水中ロボットが担うようになっている。海自でも新型護衛艦「もがみ」型に防衛装備庁と三菱重工が開発した無人機「ＯＺＺ5」が搭載される計画だ。

米海軍は洋上で警戒監視にあたる無人水上艇「シーハンター」の試験を続けている。同艇は排水量135トン、全長40メートル、船体の左右にアウトリガーを持つ三胴船で、約70日間の連続作戦行動が可能という。

各国で船乗り不足が深刻化する中、ロボット艇が有人艦艇に代わる日も近い。

米海軍が洋上で実用試験を続けている無人哨戒艇「シーハンター」（米海軍提供）

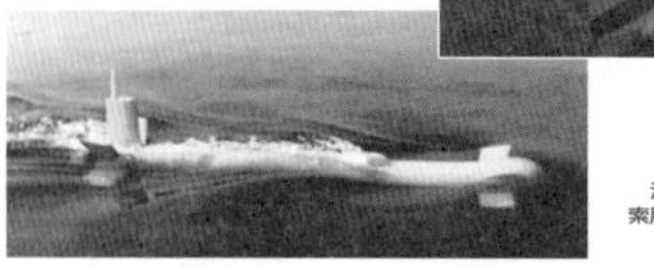
海自の「もがみ」型護衛艦に搭載される機雷探索用の水中無人機「ＯＺＺ5」（三菱重工業提供）

「ロボットの反乱」危惧

米軍兵士の市街地戦闘を支援するロボット「スクアッドＸ」の運用イメージ（米ＤＡＲＰＡ提供）

問題点

無人兵器が増勢する中、危惧されるのが「ロボットの反乱」だ。サイバー攻撃などにより遠隔操作ができなくなれば、ロボットは機能を停止してしまう。さらにＡＩのシステムが乗っ取られれば、兵器が反乱を起こし、味方を攻撃してくる場合さえ生じる。これまでＳＦ小説や映画で描かれてきた悪夢が現実のものになる。

こうした事態を避けるため国際機関などでは「自律型致死兵器システム（ＬＡＷＳ＝殺人ロボット）の規制」に向けた議論も続けられている。輸出規制などがテーマだが、無人兵器は安価で使い勝手もよいことから、密かに途上国などに拡散している。

一方、先進国では「兵士の危険な任務を代替させられる」という理由からロボット兵器の導入が進む。自衛隊も今後、ロボット兵器と向き合い、戦う事態も想定しておかねばならなくなりそうだ。

負傷した兵士を救出し、後送する救急ロボットの実用化も進む（米ＲＥ2ロボティクス社提供）

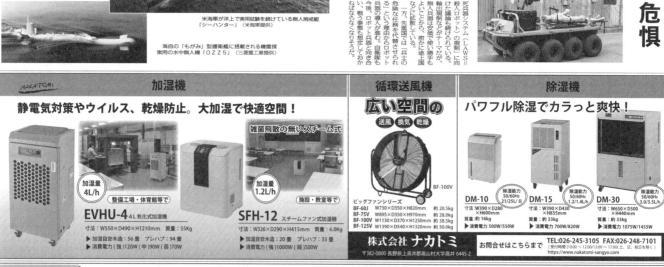

部隊だより

陸

島松　北海道補給処はこのほど、厚真高校2年生3人のインターンシップを支援した。生徒たちは整備工場や史料館などを見学して回り、装備品装着や調達会計業務などを体験した。特に整備工場では金属加工要領に関心を寄せていた。今回の体験で生徒たちは「自衛隊の中にいろいろな役割があることが分かった」と、うれしそうに語った。

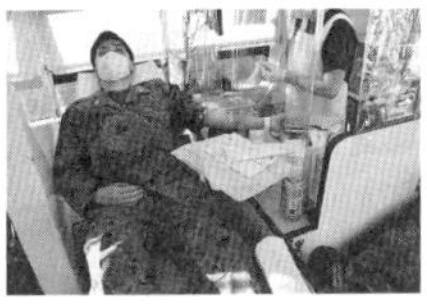

八戸　新たに61人が新成人となった八戸駐屯地は1月14日、成人式を開催した。遠藤智明司令が「自衛官として、社会人として新たな責任と義務を果たせ」と式辞。新成人を代表し川守田美乃士長（9後支隊）が「何事にも臆せず挑戦します」と誓いの言葉を述べた。その後、新成人たちは赤十字血液センターの協力で「二十歳の献血」を行った＝写真㊤。

神町　地元のFM放送番組「ラジオモンスター」の収録が12月8日に行われ、「自衛隊百科」コーナーに20普連の齋藤葵1士と海老名美咲2士が参加した。2人は入隊動機や今後の目標について語り、最後に入隊を考えている人に向けて「厳しい訓練もありますが、やりがいある職業です。皆さんの入隊をお待ちしています」と呼び掛けた。

福島　駐屯地は1月17日、体育館で成人記念式を行った。2年ぶりに来賓を招き、新成人72人の門出を祝った＝写真㊤。式辞で駐屯地司令の湯舟道彦1佐は「相手の立場に立って考えられる人になること」など3点を要望。参加した新成人の星拓斗士長は「支えてくれた人への感謝を忘れず、日々の訓練に一層、力を入れていきたい」と力強く決意を語った。

板妻　駐屯地は1月11日、体育館で成人を迎えた隊員の紹介行事を行った＝写真㊤。全隊員が見守る中、ステージ上で34普連と3普通科直接支援中隊の代表者が、今後の目標や抱負を述べた。代表者は大人としてのマナーなど思いを述べ、家族や仲間への感謝の意を表した。それぞれの決意発表に会場からは盛大な拍手が送られ、紹介行事を終了した。

岩見沢　駐屯地は1月11日、成人行事を行った。荒関大輔司令から新成人一人ひとりに、記念品として岩見沢市特産のワインが手渡された＝写真㊨。新成人の一人、佐久間大夢士長（本管中隊）は「駐屯地の一員として、社会人として頑張ります」と話した。また須藤千晴士長（400施中）は「今後、さらに活躍できるよう努力します」と決意を述べた。

名寄　駐屯地は1月14日、新成人86人を対象に激励行事を開催、「雪上3本綱引き」を行った。参加者は降雪で不安定な足場の中チームワークを発揮し、全力で綱を引きあった＝写真㊨。白熱した決勝戦では、3普連や2偵察隊などの混成チームの第5組が僅差で優勝を勝ち取った。その後、山﨑潤司令が激励の言葉を述べ、新成人に記念品を贈呈した。

宇治　関西補給処はこのほど、「関西補給処・宇治駐屯地創立70周年記念行事」を行った。駐屯地司令の小谷琢磨陸将補が訓示し、日ごろから自衛隊の活動に協力している8人に感謝状を贈呈した。また、昨年2月から整備が進められていた広報資料館の「彰史館」がリニューアルし、盛大に除幕式を開催。式に参列した来賓が館内を見学した。

米子　駐屯地はこのほど、赤十字センターが実施する献血に協力した。新型コロナ感染拡大で献血協力者が減り輸血用の血液が不足していることから、協力依頼に応じた。隊員らは勤務時間外を利用して献血。初めて参加した隊員は「これから駐屯地に献血車が来たときは必ず協力し、社会貢献をしていきたい」と話した。

善通寺　駐屯地は1月12日、我拝師山で隊員68人の成人行事を実施した。毎年、新成人が山頂近くの捨身ケ嶽で誓いの言葉を述べるのが伝統行事になっている。参加者は機動訓練を兼ねて、2時間ほどかけて目的地に到着。冷たい風に吹きつけられながらも順番に、「日本一の隊員になる」「大人としての自覚をもって行動する」と力強く述べた＝写真㊤。

都城　駐屯地は1月11日、体育館で隊員59人の成人行事を行った。中尾圭司令が「支えてくれた人たちへの感謝を忘れず、責任ある行動を期待します」と祝いの言葉を贈った。また食堂での記念祝賀会食の席で、新成人を代表して2中隊の松岡蒼摩士長が謝辞を述べた。その後、それぞれが自らの成長を願い、桜の木の記念植樹を実施した＝写真㊧。

650人わくわくどきどき分散で

リモートビンゴ大会 盛況

青野原駐屯地曹友会

家族と一緒にイベント

売店、当直室でも

「短い時間だけど楽しんでいって」と語る久守司令

青野原駐屯地の曹友会（会長・早川満男1曹）は12月23日、隊員家族を迎え、年末行事の「ビンゴ大会」を行った。一昨年はコロナ下を考慮し「くじ引き」だったが、今回は家族にも一緒に楽しんでもらいたいと、リモート形式でビンゴ大会を開催した。隊員・家族約650人がメイン会場の体育館のほか、売店、当直室など駐屯地内に分散して参加した。

冒頭、駐屯地司令の久守直紀1佐があいさつ。「過去2年、新型コロナの影響で家族を呼んでの年末行事ができなかったが、やっと今回、招くことができた。短い時間だがゲームを楽しんでもらいたい」と述べた。

その後、鳥越圭太2曹の司会でゲームを開始、読み上げられた番号が駐屯地内に放送された。

この日のため、曹友会は景品となるテレビゲーム機やスマートウォッチ、折り畳み自転車などを準備。これを目当てにナンバーが読み上げられるたび歓声が上がり、リーチになった参加者が続々と体育館に集まった。テレビゲーム機を狙う子供たちからは、景品を前に「ゲーム機残って！」の声が上がるなど、会場は大いに盛り上がった。

参加した隊員家族は、「子供たちも参加できて楽しく過ごすことができた」「今回は景品数が多くて最後までワクワク、ドキドキできた」と感想を話していた。（青野原）

駐屯地でゲームを楽しむ隊員の子供たち

景品のハムのセットを獲得した隊員家族

折り畳み自転車に当選した隊員

売店でビンゴゲームに参加する隊員

空

三沢　北空は12月14日、基地で優秀空曹招待行事を行った。隊の任務遂行に特に貢献している空曹を招き功績をたたえるもので、1988年から続く伝統行事。今回は2空団（千歳）の竹ケ原丈貴曹長、3空団（三沢）の大坪利治曹長、北部航空施設隊（同）の中山貞美曹長の3人が選ばれた。北空司令官の安藤忠司空将から受賞者に褒賞状が授与された。

小牧　東京オリンピック・パラリンピックを支援した航空救難団整備隊の齋藤健3曹はこのほど、大会成功に寄与した功績が認められ、支援団長の安田百年陸将補から褒賞状を授与された＝写真㊨。支援隊員400人のうち40人が表彰された。齋藤3曹は式典協力隊として五輪の表彰式で国旗掲揚を行い、「他隊員の模範となる活躍」と評価された。

芦屋　基地は12月2日、新型コロナの影響で延期になっていた基地創設60周年記念人文字撮影を行った。事前に隊員や航空機を並べる場所を何度も練り、試写や微調整を繰り返すなど入念に準備。当日は367人の隊員が薄青色のYシャツを着用、寒さを吹き飛ばすような笑顔とガッツポーズで「60th ASHIYA」の人文字を完成させた＝写真㊧。

海

目黒　幹部学校戦略研究会（SSG）はこのほど、発足10周年記念講演会を開催した＝写真㊤。前駐米特命全権大使の杉山晋輔氏が「同盟の本質」と題して講演、約90人が聴講した。杉山氏は国際法の観点から見た自衛権の基本的な考え方や日米同盟の変遷について語った。講演後の質疑応答は、時間が足りなくなるほど活発なものになった。

館山　基地はこのほど、慰霊碑「悠久の碑」の前で追悼式を行った＝写真㊤。基地は昭和28年の開隊以降、訓練や演習中に11人の隊員が殉職している。式典で、21空群司令の石川一郎将補は哀悼の意を表すとともに、「謙虚におごることなく職務に精励することを誓う」と力強く述べた。最後に儀仗隊が一斉に弔銃を発射、殉職隊員を追悼した。

厚木　61航空隊は12月4日、開隊50周年記念行事を行った。隊員やその家族ら約170人が参加した。隊司令の増田淳1佐は訓示で「部隊の歴史に思いをはせ、家族の支えに感謝し、覚悟も新たに任務へまい進する」と力強く述べた。神奈川地本や横須賀音楽隊などの支援も得ながら、家庭的な雰囲気の中で参加者の笑顔があふれる行事となった＝写真㊤。

舞鶴　14護隊の護衛艦「せんだい」で1月9日、成人を迎えた5人に対する昼食会が行われた＝写真㊤。榎本健児艦長らが「何か心に残るお祝いをしたい」と発案。榎本艦長は新成人に「地元の成人式に参加させることができず、申し訳なく思っています」と声をかけた。5人はその後、調理員長の常塚正洋1曹が腕によりをかけて作った特別料理を味わった。

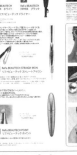

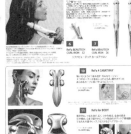

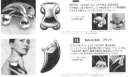

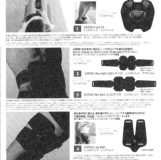

募集・援護

特集

「晴れの日の成人式には多くの若者が集まる！新成人たちに自衛隊を広報せよ」――。新型コロナの感染拡大で厳しい広報環境の中、全国の地本はそれぞれ知恵をしぼり、年明けから募集広報に全力を投入している。東京地本は「成人の日」の会場で、新成人とその家族らに自衛隊をPRした。

東京都墨田区で成人式広報を行った江東所員ら。左から同所広報官の佐久間智史2陸曹、区家族会支部の原田支部長、隊友会の細川局長、募集相談員の倉橋俊至さん、江越所長（写真はいずれも1月10日、すみだトリフォニーホール近隣で）

新成人に自衛隊をPR

2年ぶりに成人式広報

東京地本　江東出張所長らが祝意

【東京】江東出張所は1月10日、墨田区で行われた「成人式」に合わせて「成人式市街地広報」を行った。

この活動は江東所が2017年から実施しているもので、昨年度は緊急事態宣言の発令に伴い成人式がオンライン配信となったことで中止されたが、今回は2年ぶりに新成人に直接PRした。

当日は所長の江越洋3海佐以下3人と、墨田区自衛隊家族会支部長の原田次郎さん、東京都隊友会墨田支部事務局長の細川かおるさん、自衛官募集相談員らが寒風の中、約2000人が出席の成人式の会場となったすみだトリフォニーホール近隣に進出。式に参加した新成人や家族に、お祝いの言葉を贈りつつ、今後の成人としての活躍に期待する気持ちを込め、募集チラシが入った迷彩柄のティッシュを手渡した。

晴れ着姿の新成人に募集チラシ入りティッシュを手渡す倉橋さん

受け取った晴れ着姿の新成人からは「迷彩柄が可愛い」「自衛隊の方からもお祝いしてもらいうれしいです」といった感謝の声が聞かれ、日本の平和を守る自衛官への関心も高まった様子だった。

江東出張所の広報官は、「今後も各協力団体と協力しながら地域に密着し、成人式のような募集機会をとらえて広報活動を積極的に行っていく」と話している。

宮古島で働く魅力を伝える

杉原3曹の帰郷広報

大分

【大分】竹田地域事務所は1月11日から14日まで、宮古島駐屯地に勤務する杉原彩加3曹の帰郷広報を行った。杉原3曹は宮古島で働くことの魅力や自衛官としてのやりがい、楽しさを竹田所担当地域の若者に伝えるため、広報活動を行った。

広報業務に取り組むにあたり、「短い期間ですが戦力になれるよう頑張ります」と意気込みを語る杉原3曹。市街地募集広報では明るい声で学生たちに声掛けをし、積極的にグッズを配布した。母校である竹田南高校を訪問した際は、恩師の竹永勝、川越真弓両教諭に近況報告を行い自衛隊の魅力を伝えた。

広報活動を終え、杉原3曹は「竹田所勤務を通じて募集広報活動の重要性を学ぶ良い機会になりました。また、恩師の励ましの言葉はすごく心に響いており、今後の業務にまい進していく勇気をいただきました」と語った。

竹田地域事務所玄関で記念写真に納まる杉原3曹（右から2人目）。右端は林初尚所長（1月11日）

三重町駅前で広報活動する杉原3曹（中央）＝1月13日

即自雇用で防衛大臣感謝状

宮城

【宮城】地本長の諏訪国重1佐は12月14日、即応予備自衛官3人を雇用している地元の企業「宮浄」を訪問、予備自の雇用功労に対する防衛大臣からの感謝状を贈呈した。大臣感謝状は例年、東京・市ヶ谷で贈呈式が行われるが、新型コロナの影響で式が中止になったため、諏訪地本長が個別に受賞者を訪問した。

同社はこれまでも数多くの即自を雇い入れ、訓練出頭にも協力するなど予備自を全面支援。その功績が認められ、栄えある受賞となった。地本長が感謝状を代読し、代表取締役の及川敏男氏に手渡した。

諏訪本部長は同社の協力に謝意を表するとともに、引き続き地本の活動への理解と協力を依頼した。

感謝状を手に記念写真に納まる諏訪宮城地本長（左）と及川氏（12月14日）

護衛艦「いずも」に大学生3人を招待

神奈川

巨大な護衛艦「いずも」をバックに記念写真に納まる参加者（12月5日、横須賀基地で）

【神奈川】地本は12月5日、海自横須賀総監部が若者を対象に行ったヘリ搭載護衛艦「いずも」の艦内コンサートと見学会に、大学生3人を招待した。

横須賀基地に到着すると3人は、目の前に現れた「いずも」を見て「間近で見ると迫力が凄い」と、その大きさに驚いていた。格納庫では横須賀音楽隊によるコンサートが開催され、クリスマスソングメドレーや、三宅由佳莉2曹が熱唱する「鬼滅の刃」のテーマソング「炎（ほむら）」に聴き入った。アンコールは軍艦マーチが演奏され、見学者から賞賛の拍手が送られた。

艦内の見学会では隊員が搭載ヘリを紹介し、各職種の概要を説明。消防士の応急工作の仕事では、工作員が着用するヘルメットやボンベを実際に身に付け、「思っていたより重たいです。気持ちが引き締まります」と話していた。

その後、参加者は現役隊員と懇談。「先任伍長はどんな仕事をするのですか」「胸についている徽章は何ですか」など、活発に質問が飛び交った。

艦内見学を終えた学生たちは帰路の車内で「消防志望ですが、自衛隊も候補になりました」と感想を話すなど、志望度を高めていた。

出身地の金沢市で歌声を披露する鶫3曹（ステージ手前）＝12月4日

晴れやかなソプラノで魅了

中方音楽隊　鶫（つぐみ）3曹が地元でコンサート

石川

【石川】地本は12月4日、陸自の中方音楽隊（隊長・柴田昌宜2佐）の支援を得て「中部方面音楽隊　Special Concert in 金沢」を金沢歌劇座で開催した。コロナ下を踏まえ入場者数は制限されたが、同音楽隊の歌手、鶫真衣3曹が地元金沢市出身ということもあり、山野之義金沢市長をはじめ鶫3曹の出身校の生徒ら1100人が集まった。

公演では音楽隊が、自衛隊らしい華やかで力強い演奏を披露。コミカルな寸劇を演奏で表現したシロフォンデュオ「マック・アンド・マック」や「ザ・ドリフターズメドレー」、ドラムコーを交えた行進曲「エル・キャピタン」など、エンターテインメント性あふれる演出に、観客は魅了された。

鶫3曹は「さくらさくらの四季」、アンコール曲で東京五輪テーマソング・嵐の「カイト」など3曲を歌いあげ、晴れやかなソプラノでフィナーレを飾った。

コンサート終了後のアンケートには、「演奏で涙が出たのは初めて」「耳だけではなく目でも楽しめて感動した」との感想が寄せられた。

このほか、中方音は石川県滞在中に輪島市での演奏会も支援、柴田隊長と鶫3曹が地元テレビの番組に出演するなど精力的に活動し、自衛官募集PRを行った。

射撃訓練を支援

富山　予備自40人が参加

【富山】地本は12月3日から7日まで、地本所属の予備自衛官40人を招集し、金沢駐屯地で行われた訓練への参加を支援した。

招集された予備自衛官は、訓練担任官である14普連2中隊長の大門広明1陸尉のもと、体力検定や射撃検定など各種訓練に挑み、招集に備えた練度の維持に努めた。検定の結果、2人が射撃検定優秀の成績を修め、訓練担任部隊から表彰された。また、平田浩二地本長が2人の予備自に永年勤続者表彰を授与した。

今回の訓練ではガンハンドリング・至近距離射撃訓練を集中的に行い、参加した予備自衛官から「小銃を利用した訓練を何度も繰り返すことで、各種動作に習熟することができた」と好評だった。

至近距離射撃訓練に挑む予備自衛官（金沢駐屯地で）

除隊者雇用協の部隊研修を支援

三重

【三重】地本は12月3、4日の両日、陸自の千僧駐屯地と海自舞鶴基地で三重県自衛隊除隊者雇用協議会の部隊研修を支援した。退職予定隊員の就職基盤の充実を図ることが目的で、会員10人が参加した。

1日目は千僧駐屯地で広報館を見学し、さらに救急法を研修。2日目の舞鶴基地では海軍記念館や23航空隊、護衛艦「ひゅうが」を見学した。

参加者からは「装備品の見学だけではなく実際に体験できて参考になった」などの感想が聞かれた。

静岡地本長に 武田1空佐

1月20日付の異動で静岡地本長が交代した。新任本部長の略歴は次のとおり。

武田　恭一（たけだ・きょういち）1空佐　静岡地本長　防大40期。平成8年空自。22年2佐、27年1佐。中防群防空管制隊長、統幕運用3課訓練評価・支援班長などを経て、31年4月中防群司令。東京都出身。49歳

空自隊員の子弟がヘアドネーション

「困っている人の役に立ちたい」

田中二郎1空曹の長男、宏太郎君

空自の中警団司令部（入間）に所属する田中二郎1曹（47）の長男、宏太郎君（11）＝埼玉県入間市立豊岡小学校5年＝がこのほど、自身の髪の毛31センチを切って「ヘアドネーション」としてNPO法人に寄付した。

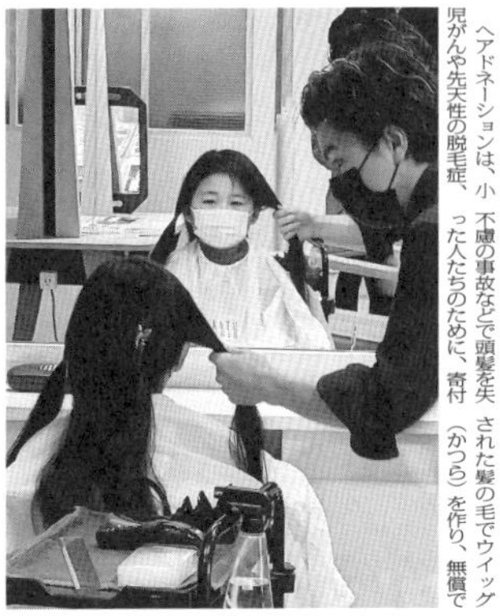

ヘアドネーションのため、2年半かけて30センチ以上伸ばした髪の毛を切る田中宏太郎君（1月7日、埼玉県入間市で）＝父の田中二郎1曹提供

2年半伸ばし、31センチ提供

ヘアドネーションは、小児がんや先天性の脱毛症、不慮の事故などで頭髪を失った人たちのために、寄付された髪の毛でウイッグ（かつら）を作り、無償で提供する活動。男性からの寄付は珍しく、全体の1割程度といわれる。

宏太郎君がヘアドネーションを始めたきっかけは、母の祐子さん（40）が伸ばしていた髪をショートにして寄付した姿を間近に見て「自分も困っている人の役に立ちたい」と強く思ったから。

2019年秋から約2年半にわたって伸ばし続け、今年1月7日に断髪。NPO法人「Japan Hair Donation & Charity」（通称JHD&C、ジャーダック）に寄付した。この模様は1月19日にNHKの関東地方向け情報番組で取り上げられた。

髪の毛を伸ばし続けた2年半の間には女の子に間違われたり、寄付のことを知らない人から「男のくせに髪を伸ばして」と心ない言葉を掛けられたりすることも多々あったという。

何度もくじけそうになったが、その都度、叱咤激励して支えてくれたのが父の田中1曹だ。全自衛隊空手道連盟の役員と審判員を務め、防衛医科大学校空手道部指導員としても活躍する父から、厳しくも温かい励ましを受け、初志貫徹することができた。

優しく行動力のある宏太郎君は、学校でもイジメや仲間外れがないように「仲良し係」を自ら作り、ケンカの仲裁に当たるなど、常に周りのために尽力している。

将来は医者を目指して日々の勉強に励んでいる宏太郎君。「髪を寄付することができてうれしい。困っている人を助けて勇気を持ってもらえるウイッグになればいいなと思います」と話している。

USOジャパン顕彰

3自衛隊3人が受賞

USO顕彰の盾を手にする（左から）山田曹長、里島2曹、阿部1曹、USOジャパン太平洋地区のスコット・マスカリー副社長。円内は保田3曹（12月6日、在日米軍横須賀基地で）

【曹友会】米国慰問協会（USO）日本支部が毎年開催する顕彰式「USOジャパン・サービス・サルート」の伝達行事が12月6日、横須賀市の在日米海軍横須賀基地で行われた。

顕彰式は当初、9月30日にニュー山王ホテル（東京都港区）での開催を予定していたが、新型コロナウイルス感染拡大に伴い、日を改めて伝達行事として執り行われた。

同顕彰は国内に駐留する在日米軍、陸・海・空3自衛隊員の中で顕著な功績を収めた下士官に贈られるもので、今回の自衛隊からの受賞者は、陸自水陸機動団（相浦）の里島光2曹、海自護衛艦「いかづち」（横須賀）の保田アレンマイケル光人3曹、空自33警戒隊（加茂）の阿部良美1曹の3人。日ごろの隊務はもちろんのこと、共同訓練などを通じた日米の連携強化や地域への貢献が評価された。

行事には里島2曹、阿部1曹、保田3曹の代理として「いかづち」先任伍長の山田浩二曹長が出席。USOジャパン太平洋地区のスコット・P・マスカリー副社長が一人一人に顕彰盾を手渡し、功績をたたえた。

「ひょうご安全の日」で車両内に展示されたパネル（左）をもとに、児童に災害派遣の実態を説明する柏原所長の早川忠彦1陸尉（1月17日、丹波篠山市の西紀南小学校で）

「ひょうご安全の日」に参加

柏原所、8高特群が防災啓発

【兵庫地本】柏原地域事務所は1月17日、丹波県民局総務防災課主催のイベント「ひょうご安全の日」の防災訓練に8高射特科群（青野原）と共に参加した。

同イベントは、阪神・淡路大震災の経験と教訓を継承するため、毎年この日に防災に関する各種の取り組みを行うもの。丹波地区では、隔年で丹波・丹波篠山市の小学校で防災訓練を行い、今年は丹波篠山市で自衛隊など各団体が教育・訓練を担任、小学生に防災について伝えた。

今回は児童約100人が各団体を順に回って学習。兵庫地本と8高特群の防災学習では、同群の炊事車や水トレーラの展示説明、災害派遣時の自衛隊の活動についてのパネル展示などを行った。

炊事車では被災者への炊き出しなど自衛隊の災派活動を紹介、「災害が起きれば温かくおいしい食事がなかなか食べられません」とその実態を強調し、日常のありがたさを伝えた。さらにパネル展示で自衛隊の災派全般を紹介し、防災の必要性について訴えた。

倶知安駐有志 除雪ボランティア

依頼者宅の玄関先通路を確保するため、除雪を行う倶知安駐屯地の隊員たち（1月22日、北海道倶知安町で）

【倶知安】倶知安駐屯地の修親会と曹友会の有志10人は1月22日、倶知安町の高齢者宅の除雪ボランティアを行った。

この活動は、沖邑佳彦北方総監の要望事項である「地域等との連携」を具現化したもの。同駐屯地は12月から同町側の要望を調査し、町の要請を受けて実施した。当日、隊員たちは1時間半かけて、約4トンの雪を取り除いた。

隊員は「地域に少しでも協力できて良かった」「住民からの感謝の言葉が聞けた」と笑顔で語った。

空音が演奏会

新潟地本が支援

【新潟地本】地本は12月18日に上越市のかきざきドーム、19日に新潟市の新潟テルサで行われた空自航空中央音楽隊（立川）の演奏会を支援した。

空音は両公演のリハーサルに、上越市立柿崎中学校と新潟県立五泉高校の生徒と保護者を招待し、その場で特別公演も行った。

本公演は2部構成。第1部は竹内演3空尉、第2部は副隊長の朽方聡3空佐の指揮で、「アナと雪の女王メドレー」などアンコールを含め、全12曲を披露した。演奏に合わせた来場者たちの手拍子で、会場は一体となった。

同演奏会に向けて新潟地本は学校との調整、会場準備、来場者案内などに尽力した。

来場者からは「自衛隊最高峰の素晴らしい演奏が聴けて感動した」「心温まる演奏だった」との感想があり、好評だった。

航空中央音楽隊演奏会で見事な歌声を披露する森田早貴3空曹（右）、山根千佳空士長（左）（12月19日、新潟市の新潟テルサ多目的ホールで）

こちら警務隊

窃盗・横領

他人の物を勝手に持ち帰れば窃盗罪

コンビニの傘立てに置かれている他人の傘を勝手に持ち帰ると、どんな罪になりますか？

他人の物を勝手に持ち帰る行為は、窃盗罪に該当し、10年以下の懲役または50万円以下の罰金に処せられます。

また、置き忘れ放置された傘だとしても、占有離脱物横領罪に該当し、1年以下の懲役または10万円以下の罰金もしくは科料に処せられます。

たとえ安価なビニール傘であっても、他人の物を盗む行為は犯罪です。

このような罪を犯せば刑事罰や懲戒処分を受けますので、絶対にやめましょう。

（東部方面警務隊）

不発弾を処理

空自那覇基地内で発見

15旅団

【15旅団＝那覇】15旅団101不発弾処理隊（那覇）は1月21日、空自那覇基地内で発見された全長約44センチ、直径約12・7センチの米国製5インチ艦砲弾の処理作業を行った。

基地内での工事に伴い発見された不発弾は、飛行場付近から見つかったため、作業は航空機のフライトに影響が出ないよう夜間に実施。信管破壊によって安全化した。

作業に当たった安野尚樹3曹は、「夜間でしたが、練成の通り確実に処理することが出来ました」と語った。

同隊の処理実績は、累計で3万8844件、1843トン（1月24日現在）。

空自那覇基地内で見つかった不発弾の処理準備に取り掛かる101不処隊の隊員たち（1月21日、航空自衛隊那覇基地で）

小休止

▽…新潟募集案内所は12月10日、新潟県立新津高校テニス部員にサプライズでトレーニング指導を行った。

▽…仕掛人は新潟所広報官の内山剛大3陸曹と同校の部活でテニス部を受け持つ進路担当教諭。「自衛隊式トレーニングを学んで体力、筋力を強化、さらに内山3曹に自衛隊について説明してもらうことで、生徒たちに進路、職業選択の幅を広げてほしい」との教諭の思いから実現した。

▽…当日の部活の開始時間、生徒たちの前に内山3曹が突如登場。生徒が「何が始まるのだろう」とざわつく中、自衛隊体操を見せると歓声が上がった。さらに自衛隊式腕立て＝写真＝などの3種目を披露すると、最初けげんな顔だった生徒たちも「勉強になった」と感心していた。

（新潟地本）

（世界の切手・フィンランド）

私は失敗を受け入れることができる。だが、挑戦しないことだけは許せない。
マイケル・ジョーダン
（米プロバスケットボール選手）

高校生が入間基地を"取材"
群馬地本が県内向けに企画 ㊦

教諭　田村 あゆみ（群馬県立富岡実業高等学校）

10月28日、航空自衛隊入間基地取材研修に生徒13人とともに参加させていただきました。

格納庫、航空機、ペトリオット、警備犬訓練等、基地内にあるさまざまな施設・設備の見学・撮影をし、本当に素晴らしい1日を過ごすことができました。

本校は写真部の1・2年生が参加しました。おとなしく人見知りな生徒が多いため、基地内での取材をしっかりできるだろうかと心配していましたが、さまざまな場面で自衛官の方々の温かいお気遣いをいただき、感謝しています。

今回の研修で生徒が得たことについて以下に述べさせていただきます。

一つ目は生徒の活動の場をいただけたことです。今回参加した生徒は高校入学時からコロナ禍で、今までの一般的な「高校生活」というものを知りません。部活動でも思うような活動ができず、先輩たちから聞く校外での撮影やイベントへの参加など「楽しい活動」ができていません。学校内や家庭内で、友人や家族など限られた人数でしか撮影することができない生徒がほとんどです。

そんな中で他校の生徒たちと一緒にバスに乗り、入間基地で撮影活動をする機会は大変貴重でした。

校外での撮影というだけでも目が輝いていた生徒たちが、基地内の格好いい制服や作業服に身を包んだ自衛官の方々がそれぞれの場所で働いている様子、自分の背丈よりも大きく頑丈なバンビバケット、大きな航空機やペトリオット、可愛らしい見た目だけれどしっかりと任務をこなす警備犬の訓練を見学すると、目の輝きはさらに増してシャッターの音は止まりませんでした。生徒たちは普段の学校生活ではできない貴重な経験をし、知識や技術、コミュニケーション能力を向上させることができました。

二つ目は生徒の進路意識を向上させられたことです。私は現在、2年生を担任しています。クラス、学年の生徒の多くは「自分は将来何をしたいのか」「どんな進路を選びたいのか」が漠然としています。参加した生徒も例外ではなく、自らの進路・将来を明確にイメージできている生徒は多くありません。

今回の研修で自衛官の方がどのような仕事をしているのか、どのような環境で働いているのかなどの「職業の実際」を見ることができました。また基地に向かうバスの中で航空機それぞれに専属の整備担当がいることを知ったことや、自衛官の方々からの説明やお話を聞いて、一人一人が責任を持って働くことの重要さを学ぶことができました。

今回このような貴重な経験をさせていただき、参加した生徒は大きく成長することができました。またこのような研修がありましたらぜひ参加したいです。また部活動以外でも私が担当する生徒には自衛隊希望の生徒もいますので、今回の内容はクラス・授業等で伝えていきたいと思います。今回の経験は今後の生徒指導に生かしていきます。

研修に協力していただいた航空自衛隊入間基地の皆様、企画・運営してくださった群馬地方協力本部の皆様、本当にありがとうございました。

普段見られない入間基地内の活動の様子に夢中でカメラを向ける高校生たち

みんなのページ

朝雲・栃の芽俳壇
畠中草史　選

遠くまで透けしポプラの冬木立　熊谷・空OG　関田 絹江
ポプラ並木。枝越しに遠くまで見えるのは街並みか山並みか雪野原か。冬木立が働く。

後光差す牛久大仏冬夕焼　熊谷・空OB　工藤 敏雄
青銅製立像では世界一高いと言われる仏像。冬夕焼により後光が生まれ雄大さが窺える。

須磨浦に敦盛偲ぶさくら貝　宮崎・空OB　高木 智念
日の当る里の家々吊し柿　鹿島・陸OB　一ノ瀬恵昭
段畑に家族総出のみかん捥ぎ　浜松・空OG　岩城 節子
葉の散りて空透けて見ゆ小春かな　熊谷・空OG　佐藤 玲美
柚子風呂に手足を伸ばし至福かな　浜松・空OB　宮本 立勇
山際を程よく離れ初鴉　大津・陸OB　丸岡 正男

信号が青になる間の冬夕焼け　熊谷・空OG　福元万理子
寒風や能登燦々と黒瓦　町田・陸OB　岩原 滋利
老い二人歳に合はせる年用意　富谷・陸OB　加川 師亨
落葉敷くホームに佇てば無人駅　熊谷・空OB　明田 眞雅
碁会所に少女らの居る小正月　館山・海OB　斎藤 一向
大正のガラスの歪む冬座敷　相模原・海OG　折口 桂子
したたかに今を生き抜く枯れ木立　熊谷・空OB　蓮佛志向子
初電話の孫に弾める妻の声　恵庭・陸OB　足立 徹
寒雀牛舎の前に弾みをり　あきる野・一般　小和田一男
雪しまき里の山々墨絵めく　高松・陸OB　渡辺 成典

隈笹の縁より枯るる日短か　浜松・空OG　木通 佳子
彼の人の足音を消す木の葉雨　横浜・一般　福本 祥子
訪ねたる寺の急磴石蕗の花　浜松・空OG　鈴木和歌恵
賑やかに子らの抜け路地今朝の春　相模原・一般　森 謙二
星冴ゆる義母の遺影はほほ笑みて　札幌・陸OB　坂元 順一
冬ぬくし店先にある花手水　熊谷・空OG　関谷 桂子

選者作品
鳶鳴きて銅葺きの屋根雪落とす

投句歓迎！
▽郵便はがきの裏面に未発表の自作3句以内と氏名、年齢、職業（自衛官・事務官＝所属部隊＝、OB、家族、一般など）、住所、電話番号を記入▽締め切り毎月15日▽宛先＝〒162−8801 東京都新宿区市谷本村町5の1 防衛省D棟市ヶ谷記者クラブ朝雲俳句係☎03（5225）1750、専用線8・6・25515

丘珠駐屯地で「餅つき」体験
家族会員　藤田 恵子（札幌自衛隊家族会東区支部長）

丘珠駐屯地でこのたび餅つき行事が開催されました。駐屯地の各部隊が隊員家族や協力団体等を招待し、餅つきを楽しみながら互いに1年の労をねぎらうという行事でした。

私は除雪隊研修でお世話になった業務隊から招待いただき、今年度入会したお母さん（東区会員）1人を同伴し、初めて参加いたしました。

大きな体育館の中は、部隊ごとに杵と臼が用意され、丘珠駐屯地司令の森貴義1等陸佐による開会あいさつ、ご来賓あいさつの後、あちこちから「ヨイショ～！」という元気な掛け声が響き渡りました。また、壇上で森司令のマジックが披露されると、会場は拍手と歓声が広がり、一気に盛り上がっていきました。

私も順番に餅をついたのですが、緊張してしまい、餅の感触や杵の重さもあまり覚えていません。ただ、「ヨイショ！」「ヨイショ～！」「ヨイショ！」と3回大きな掛け声をかけていただき、なんとも言えない一体感を強く感じました。

コロナ感染防止対策として餅の試食はなかったのですが（少し残念）、日本の古き良き伝統行事を体験し、自衛隊を今までよりも身近な存在に感じることができました。

東区支部は、例年行事は再開できていませんが、ウイズコロナ・アフターコロナを見据え「連帯感を高め、皆で喜びを分かち合うこと」を今年の目標にしたいと思いました。

「ヨイショ～！」の掛け声に合わせて杵を振るう藤田さん（左）

「軍港都市の一五〇年」
―横須賀・呉・佐世保・舞鶴―
上杉 和央著

「軍港都市はどのように形成され、どのような人々が集まり、どのような町として表現されたのか」――。

明治以前までは独自の産業・文化を持ったまちとして歩み、明治時代に旧海軍の機関である「鎮守府」が置かれたことで「軍港都市」として発展した横須賀、呉、佐世保、舞鶴。

本書は、軍港都市の中から鎮守府と海軍工廠がセットで設置された前述の4都市に焦点を当て、都市形成の150年の軌跡をつづった近代史だ。

著者は歴史地理学と文化的景観学を専門とする京都府立大の准教授。地図や写真、書物など膨大な史料を下に、人口・戸数の推移や人々の営み、交通や観光といったそれぞれの都市の特徴を描き出している。

軍港都市は終戦とともに重要な基盤を失うが、海上自衛隊の創設により平和産業港湾都市へと姿を変え、旧海軍ゆかりの地として象徴的なレンガをモチーフとしたまちづくりなどで復興を遂げていく。

海上自衛官にとっては、勤務地の歴史を知ることで、より地域への愛着が深まる一冊となるだろう。

（吉川弘文館刊、2090円）

新刊紹介

「能登半島沖不審船対処の記録」
木村 康張著

近年、核実験やミサイル発射を繰り返す北朝鮮は約20年前、日本の沿岸に不審船を度々送り込んでいた。本書では平成11年の「能登半島沖不審船事案」に対応した海自4空群6航空隊（厚木）で、P3C哨戒機の機長を務めていた著者だからこそ記せる、事案の全体をまとめた迫真のドキュメント。なお戦後初の「海上警備行動」が発令されたのは同事案である。

本書は日本人拉致事件や緊迫する朝鮮半島情勢など当時の背景を示した上で、不審船の発見から対応した防衛庁（当時）・自衛隊、政府、関係省庁の動きが時系列で詳細にまとめられている。その中で中央と現場において、与えられた使命と諸外国と異なる特有の法的課題の間で苦悩しながら事態対処に向けて決断し、任務を遂行した自衛官たちの姿が描かれている。

後半部分では、この事案への対処を経て法的課題は改善されつつあるが、残された課題もあると指摘している。

20年前の事案をまとめた本書は、グレーゾーン事態への対応が話題に上る昨今だからこそ、多くの隊員にとって教訓が得られるという点で、一読の価値がある。

（芙蓉書房出版、2200円）

「12について」
3陸曹　牧野 敬志（33普連1中・久居）

寅年の私は今年の年男です。年男は12年ごとに訪れるということで、12に着目してみました。

時計の文字盤の数字の数は12個、1日は24時間で12×2時間、1年は12カ月、また12星座等々、12という数字は私たちの生活になじみ深いことがわかります。

大昔の人々は、月の満ち欠けが30日で元に戻ることを発見し、ひと月を30日とし、この満ち欠けを12回繰り返すと1年になると知っていました。また当初から1日は24時間という考えではなく、古代エジプト人が昼と夜をそれぞれ12時間に分けようとしていました。では時間を分けるのになぜ12という数字を使うのかというと、諸説あるらしいですが、「指で数えるのに都合が良い」であるそうです。

指は10本だから12という数字は、何度も指を折らねばならず、何回折ったかと迷う場合も考えられます。12という数は、親指以外の指の関節の数が12で、古代の人々は親指で別の指の関節を触れることで数えていたそうです。

右手の人差し指から小指へと関節を触れていき、12個触りきると、左手の指を一つ折るという具合に数えていたとのことです。また、昼と夜を別々に12分割すると、季節によってそれぞれの時間単位の長さが変わるので、1日を平等に24分割することになり、今日に至っているそうです。

12という数字一つとってみても、人々の営みが受け継がれてきた結果、現在の自分たちが合理的に生活できていることが改めて分かりました。時には、何気ない普段疑問にも思わないことについて考えてみるのも新たな発見につながることが分かりました。

OBがんばる

小倉 大作さん 55
令和3年8月、海自4空群4電子整備隊を曹長で定年退官。現在、エー・エム・サポートで本部信頼性データ係として海自航空機関連の役務に従事している。

海自のために現役のために

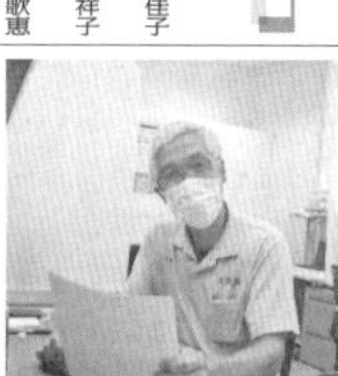

私は令和3年8月31日、第4整備補給隊電子整備隊を最後に、海自を定年退官後、9月13日付で（株）エー・エム・サポートに再就職し、本部信頼性データ係に配属されました。

入社当時は、勤務先が現役の時とほぼ変わらない場所ということで、少し戸惑いもありましたが、優しい先輩の教育で仕事にも慣れ、一社会人としてこれから会社のために、また、自衛隊のために頑張らなければという自覚が出てきました。

仕事の内容としては、統合帳票（C票）の起票がメインの作業で、計画整備（定期整備等）、計画外整備（航空機の不具合）機器の流用等と各種整備作業を起票しています。毎日、整備統制掛からくる台帳を基に起票しますが、その日にあった整備作業は、なるべくその日のうちに起票し、作業終了の時には処理できるよう心がけています。また、内容に間違いがあると迷惑をかけることになるので、一つ一つ内容を確認し、間違いがないように注意して行っています。

現在の会社に再就職して感じることは、まったくストレスなく仕事ができるということです。仕事の内容も、まったく知らないわけではないので、慣れるのにも時間はかからず、同じ職場の先輩も元自衛官ということで、親切で優しく接してくれます。また、通勤も時間がかからず、毎日健康を考えてなるべく歩いて通勤しています。

会社の社是である「海自のために現役のために」を忘れずに、また、体が健康でなければ何もできないので、無理をせず体をいたわりながら日々励んでいこうと思います。

第1276回出題

詰碁
出題　日本棋院
九段　曲 励起

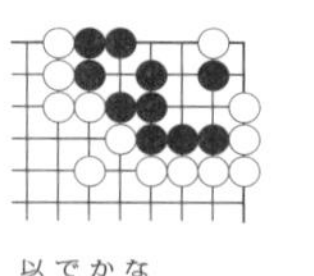

白先
『黒はどうなりますか』。5分でできれば初級以上です。

▶詰碁、詰将棋の出題は隔週です◀

詰将棋
出題　日本将棋連盟
九段　石田 和雄

先手 持駒 なし

≫第860回の解答≪

【正解】▲2二馬△同玉▲4二飛成△2三玉▲1三香成△同玉▲1二竜までの七手詰め。

【解説】▲2二馬の捨て駒はまずこの一手。△同玉に▲4二飛成△2三玉となった時▲1三香成がトドメであり本題の眼目。最終▲1二竜まで▲飛の活躍が本題のテーマでした。

朝雲

発行所 朝雲新聞社
〒160-0002 東京都新宿区四谷坂町12−20 KKビル
電話 03(3225)3841
FAX 03(3225)3831
振替00190-4-17600番
定価一部170円、年間購読料9170円（税・送料込み）

最先端技術に重点投資

過去最大5.4兆円 防衛費10年連続で増加

政府が昨年12月24日に閣議決定した令和4（2022）年度予算案の防衛費は、米軍再編関係費やSACO（沖縄に関する特別行動委員会）関係費などを含めると、5兆4005億円と10年連続で増加し、8年連続で過去最大規模となった＝グラフ。さらに、防衛省は令和3年度補正予算と4年度当初予算を「防衛力強化加速パッケージ」と位置づけていることから、補正の7738億円と合わせた総額は6兆1744億円に上る（本紙1月6日付に第1報、1月20日付に詳報）。政府は1月17日に召集された通常国会に予算案を提出、3月末までの成立を目指す。来年度の防衛費について、今回の「全般」以降、「陸自」「海自」「空自」「統幕」「人事処遇」「研究開発」の各重要施策をシリーズで展望する。

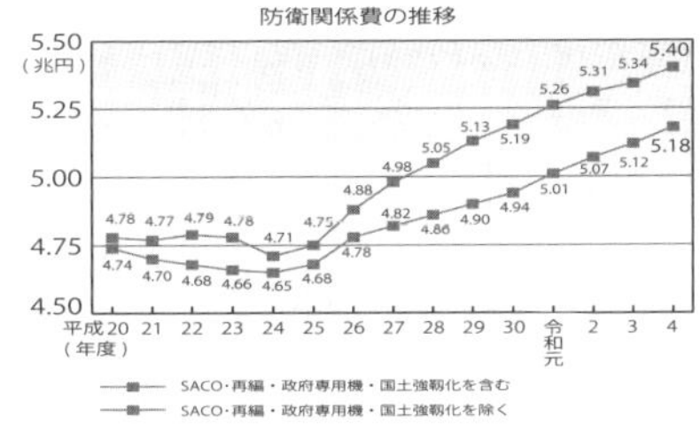

2022年度防衛費

重要施策を見る〈1〉

全般

ゲームチェンジャーに焦点

「我が国を取り巻く安全保障環境がこれまでにないスピードで変化し、厳しさを増す中で、必要な防衛力を大幅に強化していくことが喫緊の課題だ」

岸防衛相は昨年12月24日の閣議後記者会見で、こう強調した。

補正を含めた防衛費の国内総生産（GDP）比が1・1％になったと述べた上で、「主要装備品は『防衛力強化加速パッケージ』の下、概算要求したものを全て取り切るとともに、研究開発費はゲームチェンジャーとなり得る最先端技術に対する投資を大幅に増やした」と説明した。

こうした考え方を受け、研究開発費には過去最大となる2911億円を計上。ゲームチェンジャーとなり得る最先端技術に重点投資する。

新たな取り組みとして、人工知能（AI）の適用を含めたシミュレーションにより、次期戦闘機などの有人機と連携する「戦闘支援無人機」に関するコンセプトの検討を始めるほか、「衛星コンステレーション」と呼ばれる小型衛星群で複数の移動目標を自動かつ高頻度に位置予測し、追尾などを可能とするAI技術の研究にも着手する。

極超音速誘導弾などの脅威に対処するため、弾丸を高初速で連射可能な将来の「レールガン」に関する研究や、複数の無人機（ドローン）に対処可能な「高出力マイクロ波」の照射技術の実証も進める。

また、ゲームチェンジャーの早期実用化に資する取り組みとして、装備品等の実用化を加速するため、最先端技術の研究と並行し、関連する重要な構成技術を民間主体で短期間に獲得。

防衛技術に関するシンクタンク機能の強化に向け、AI技術などの革新的・萌芽的技術の発掘・育成を効果的に進めるため、令和3年度に活動を開始した「革新技術リサーチ・ワーキンググループ」の体制を強化する。

一方、早期の体制構築に力を入れる宇宙分野では、空自に令和2年5月に発足した宇宙作戦隊（東京・府中）を「第1宇宙作戦隊（仮称）」に改編し、要員を約40人に倍増させる。

併せて山口県の空自防府北基地には、我が国の人工衛星に対する電磁妨害状況を把握する「第2宇宙作戦隊（仮称）」を約20人規模で新設。府中基地には宇宙領域の装備品を維持管理する「宇宙システム管理隊（仮称）」を約10人規模で発足させる。

これらの部隊は令和3年度中に府中基地に新編予定の「宇宙作戦群（仮称）」の隷下に入る。同群は令和4年度末までに、群本部の約20人や「宇宙作戦指揮所運用隊（仮称）」（府中）の約30人と合わせて計約120人体制となる予定だ。

このほか、宇宙空間の安定利用に向け、低軌道の宇宙物体をより正確に監視できる「宇宙状況監視（SSA）レーザー測距装置」を新たに取得する。

電磁波領域では陸自の川内駐屯地（鹿児島県）などに電子戦部隊を新編する。令和5年度にも電子戦部隊が新規配備される与那国駐屯地（沖縄県）や対馬駐屯地（長崎県）などでは隊舎等の施設整備を行う。

南西諸島防衛では島嶼部への輸送機能強化のため、中型級船舶（LSV・搭載能力約1700トン）と小型級船舶（LCU・同約350トン）各1隻を陸自の予算で取得し、令和5年度に共同の部隊として発足する予定の海上輸送部隊に配備する。

沖縄県石垣島には陸自の「石垣駐屯地（仮称）」を開設し、▽警備部隊▽中距離地対空誘導弾部隊▽地対艦誘導弾部隊等――を約570人規模で配置する。

防衛駐在官の拡充も進め、カナダに2空佐1人を新規派遣。航空・宇宙分野などでの関係強化を図る。

教育・研究分野の新規事業では、防衛研究所が国際的な研究交流の強化を目指し、米豪欧各国の研究機関等との「政策シミュレーション国際会議」を主催。政策シミュレーションにおける信頼性と存在感を高め、組織的な連携を強化する。

（日置文恵）

トンガ支援

「おおすみ」で救援活動

陸自ヘリで離島空輸も

岸防衛相は2月8日午前の記者会見で、海底火山の大規模噴火による津波と降灰で大きな被害を受けたトンガに対する自衛隊の国際緊急援助活動について、救援物資を載せた海自輸送艦「おおすみ」が同日までにトンガの周辺海域に到達したと発表した。

「おおすみ」は1月24日に救援物資を載せて海自呉基地を出発。同艦には飲用水10トン、ポリタンク約2000個、火山灰を撤去するための高圧洗浄機約60台とリヤカー約50台、一輪車約200台、スコップなどが積み込まれている。

岸大臣は「近日中にも首都のヌクアロファ港に入港し、緊急援助物資をお届けする。飲用水についてはトンガ政府の検疫終了後、『おおすみ』に搭載している陸自CH47JAヘリ2機によりトンガ政府から要望のあった離島に輸送することを調整中だ」と述べた。

一方、豪東部のアンバーレー空軍基地を拠点に1月22日から2月2日まで計4回の物資空輸を実施してきた空自のC130H輸送機2機は、「おおすみ」の現地到着を受けて今週中にも日本国内での待機に移行する。

陸自CH47JA輸送ヘリによるトンガの離島への救援物資空輸を想定し、コロナ対策のための防護服の着用訓練を行う隊員（2月5日、トンガ近海の「おおすみ」艦内で）＝統幕提供

コロナ大規模接種

大阪 2会場で運営

八木ビルで7日開始

新型コロナワクチンの「自衛隊大阪大規模接種会場」が2月7日朝、八木ビル（大阪市中央区久太郎町）に開設され、運営を開始した。

一方、大阪におけるさらなる接種能力の拡大に向けて防衛省は同日夕、新たに日経今橋ビル（大阪市中央区今橋）を「自衛隊大阪北浜大規模接種会場」として選定し、2月14日から運営を開始することを決定した。併せて、これら二つの会場を区別するため、7日にスタートした八木ビルの会場を「自衛隊大阪堺筋本町大規模接種会場」と呼称することも決めた。

防衛省の大規模接種推進本部長を務める鬼木誠副大臣は7日夕、省内で臨時記者会見し、「本日、岸田首相より、新型コロナウイルスの3回目のワクチン接種について関係閣僚に指示があり、2月のできるだけ早期に1日100万回までペースアップすることを目指して取り組みを強化したい旨、また、防衛相のもとで自衛隊の大規模接種会場における接種回数を昨年並みまで引き上げ、自治体の取り組みを支援する旨、指示があった」と述べ、自治体の接種を強力に後押ししていく方針を表明した。

鬼木副大臣は「1日も早く希望する方々への接種を進められるよう、全力を挙げる」と述べた。

※詳細は防衛省のホームページを参照。

自衛隊大規模接種会場の概要

東京	会場	大手町合同庁舎3号館（千代田区大手町1の3の3）
	期間	1月31日〜7月31日 7時〜21時（毎日）
	電話	0120−097−051
大阪	会場	八木ビル（大阪市中央区久太郎町2の2の8）
		日経今橋ビル（大阪市中央区今橋1の3の3）
	期間	2月7、14日〜7月31日 7時〜21時（毎日）
	電話	0120−296−567

【対象】
全国の18歳以上
2回目接種から6カ月以上経過
3回目の接種券を保有

春夏秋冬

「オン」と「オフ」

河野 克俊

私は、2010年7月26日に護衛艦隊司令官から統合幕僚副長へ転勤となった。実は、この時が初めての統幕勤務だったが、まったく違和感はなかった。最初は「仰指（ぎょうし）」という言葉が分からなかったが、これは陸上自衛隊用語で「指導を仰ぐ」つまり「報告する」ということだ。他の自衛隊の文化を知る意味でも統幕はいい所だった。

ところが、その年の11月23日に北朝鮮が韓国の延坪島（ヨンピョンド）を砲撃するという、とんでもない事件が起こった。その日は祝日だったため、私は、米軍施設である多摩ヒルズゴルフ場で、日米親善ゴルフに参加していた。私と一緒にプレーしていた在日米軍司令部の作戦参謀が「ゴルフが終わったら家族で京都に遊びに行くので、楽しみだ」と言うので、私は「京都か、いいな。楽しんできてね」と気軽に言って彼と別れた。その直後に延坪島砲撃の一報が入ったのだ。私は防衛省に取って返し、対応に当たった。数日後に、一緒にゴルフを楽しんだ作戦参謀に会ったので、当然、京都旅行をキャンセルして対応に当たったのだろうと思っていたから、同情の念を示したところ、「いや、家族みんなで京都に予定通り行ったよ。実に楽しかった」と言うではないか。

このことを、どうとらえるかである。「だから在日米軍はダメだ」と評価する人もいるだろう。しかし、私の考えは違う。これこそが米軍の強さではないかと思う。彼らは対処していないのではなく、作戦参謀の代わりに誰かがきちんと対処しているのだ。だから作戦参謀は休むことができたのである。「対処する人は対処する。休む人は休む」である。つまり「オン」と「オフ」をきちんと切り分けているのだ。

現役時代、例えば海上自衛隊演習が始まれば、司令官、幕僚等が1週間泊まり込みで対応するシーンが間々見られたが、実戦は1週間と期限が決められているわけではない。これでは長期戦には耐えられない。

私は、当直の人は非番の人がゆっくり枕を高くして眠れるように仕事に集中しろ、一方、非番の人は当直の人といつでも交代できるように休むことに集中しろと言ってきた。一般的に頑張りすぎる日本人には、特に「オフ」の重要性を強調しなければならないと思っている。

（前統合幕僚長、元海将）

「武器等防護」昨年は22件

初の豪艦も

防衛省は1月28日、「平和安全法制」で新設された「自衛隊法95条の2」に基づき、自衛隊が2021年に実施した米軍等に対する「武器等防護」の実績が計22件だったことを公表した。このうち1件が米軍以外で初となる豪軍（豪艦艇）に対する防護だった。

内訳は「弾道ミサイル警戒を含む情報収集・警戒監視活動」中の米艦防護が4件だったほか、「共同訓練」中の米艦防護が10件、米航空機防護が7件、豪艦防護が1件だった。

豪艦防護のみ昨年11月10〜12日に四国南方海域で日豪共同訓練「日豪トライデント」が行われた際、豪州軍からの要請を受け、海自護衛艦「いなづま」が豪海軍フリゲート「ワラマンガ」を警護したことが実施後に公表されたが、その他のケースについては日時や場所などの詳細は非公表。

「武器等防護」は平時やグレーゾーン事態で自衛隊が最小限の武器使用で米軍等の装備を守る新任務。16年12月に運用を開始した。

これまでの実績は17年が2件、18年が16件、19年が14件、20年が最多となる25件だった。

日米韓局長級が会議

北ミサイル対応を協議

防衛省

日米韓の防衛当局は2月4日、局長級の電話会議を開き、今年に入ってから7回に及び、頻繁にミサイル発射を繰り返す北朝鮮の動向とその核・ミサイル問題をはじめ、地域情勢、日米韓3カ国の安全保障協力の強化などについて議論を行った。

会議には防衛省の増田和夫防衛政策局長、米国防総省のイーライ・ラトナー国防次官補（インド太平洋安全保障担当）、韓国国防省の金万基（キム・マンギ）国防政策室長が各国を代表して出席した。

日本側は国際社会の共通目標として、国連安保理決議に従った北朝鮮の完全な非核化と弾道ミサイルの検証可能で不可逆的な放棄の実現に向け、日米韓3カ国が緊密に連携することの重要性を改めて提起した。

3氏は日米韓3カ国の安全保障上の協力の重要性を再確認するとともに、今後、日米韓防衛相会談を開催することで一致した。

防研

「YouTube」チャンネル開設

第1弾は組織・任務のPR動画

防衛研究所（齋藤雅一所長）は2月1日、初の「YouTube」公式チャンネルを開設した。

第1弾は組織・任務をPRする約11分の動画で、今年8月に創立70周年を迎える防研が、我が国唯一の国立の安全保障に関する研究機関として、現代の安全保障や戦争史に関する政策志向の研究を一手に担い、自衛隊高級幹部を育成する教育機関としての機能も果たしてきた歴史を分かりやすく伝えている。

続く第2弾も同日アップされ、『中国安全保障レポート2022』について執筆者の杉浦康之主任研究官（地域研究部中国研究室）が解説しているほか、3月上旬には第3弾として「史料閲覧室」をクローズアップし、利用方法を紹介する予定だ。

齋藤所長は「防衛省・自衛隊の『知的基盤』として積極的に情報発信し、国民の皆さまの安全保障に対する重層的な理解につなげたい」とした上で、「視聴者のニーズを機敏につかみ、質の高いコンテンツをタイムリーに提供していきたい。皆さまからの声によって我々は磨かれ、励まされるので、忌憚のないご意見やご感想をお待ちしています」と述べ、広くチャンネル登録を呼び掛けている。

しらせ

昭和基地を離岸

3月末、横須賀帰国へ

南極の昭和基地で昨年末から文部科学省の第63次南極地域観測活動を支援していた海自の砕氷艦「しらせ」（艦長・酒井憲1佐以下約180人）は1月23日、昭和基地を離れた。

2月7日現在、「しらせ」は観測隊の海洋観測を支援しながらトッテン氷河沖へ向かっている。今後、「しらせ」は補給のためオーストラリアのフリーマントルに3月14日から16日まで寄港し、同30日に横須賀基地に帰国する予定。

朝雲寸言

一般的に自由と平等はトレードオフの関係にある。自由を重視しすぎると格差を生みやすく、平等を重視しすぎると個人の自由は制限を受けやすい▼コロナ禍で我々が目にしているのは二つの基本的概念の対立である。マスクを付けない自由、ワクチンを打たない自由を叫ぶ人たちがいる一方で、感染拡大を止めるために強制的な手段が必要だと叫ぶ人たちも多い▼どちらも正しい、そしてどちらも間違っている。行き過ぎた自由と平等は社会の根底を揺るがしかねない▼英国の首相チャーチルは、民主主義はベストではないがベターな政治形態だと言った。確かに民主主義には幾つかの欠点がある。その最も大きなものが戦争や厄災など緊急事態への対応にあると言われる。一般に意思決定に至るまでの合意形成プロセスが複雑な民主主義は緊急事態に弱い。緊急事態ほど自由と平等の対立を浮き彫りにすることがないからだ▼とある調査でコロナ禍で人生観が変わったと回答した人は4割を超えたという。その傾向は若い年代層に多く高齢者になるほど少なかった。世の中は決して自由でもなく平等でもないことを年長者は知っている。しかし希望は常にある▼チャーチルはこうも言っている。「現在我々は悪い時期を通過している。事態はおそらく現在より悪くなるだろう。しかし我々が忍耐し我慢しさえすれば、やがて良くなることを私は全く疑わない」。その通りだと思う。

時の焦点

国内

第6波拡大

ワクチン加速へ全力で

新型コロナウイルス感染の第6波は、かつてない感染者数となっている。早期収束へ、国と自治体、関係者が全力を挙げなければならない。

岸田首相は衆院予算委員会で、コロナワクチンの3回目接種について「2月のできるだけ早期に、1日100万回までペースアップすることを目指して取り組みを強化する」と表明した。

現段階では1日50万回にとどまっており、目標達成には接種を2倍に増やす必要がある。

1日100万回は昨年、ワクチンを「切り札」と位置づけた菅前首相が目標に掲げた数字だ。当初は到底無理だとみられたが、強力に推進して実現にこぎつけた。

岸田首相はこれまで数値目標を示すことに慎重だった。接種が遅れていることで、より明確にリーダーシップを示さねばならないと判断したのだろう。

接種が進まない一因は、米ファイザー製と米モデルナ製と2種類あるワクチンのうち、ファイザー製の人気が高く、モデルナ製が敬遠されている事情があるという。自治体によっては、モデルナ製は予約枠が余りがちになっている。

高齢者の多くは、自治体による1、2回目の接種でファイザー製を打っている。副反応も含め、経験していないモデルナ製への不安があるのだろう。

こうした状況を踏まえ、政府のコロナ対策分科会の尾身茂会長は、自衛隊による東京の大規模接種会場を訪れ、モデルナ製を接種した。高齢者の不安解消につながるのではないか。

自衛隊の大規模接種は、東京に続き、大阪でも再開された。

昨年の自衛隊大規模接種は、ワクチン不足を心配していた国民に、大きな安心感を与えた。今回も、自衛隊が先頭に立つことで、国を挙げてコロナに立ち向かうという意識が広がるはずだ。

自衛隊にとっては、限られた時間、限られたスタッフの中での難しい対応となろう。どうか国民の期待に応えてほしい。

オミクロン株は、感染力が強い一方で、重症化する割合は低いとみられている。政府が、感染拡大地域でもまん延防止等重点措置にとどめ、緊急事態宣言の発令に慎重なのは、社会・経済活動を止めるわけにはいかない、という判断だろう。濃厚接触者の待機期間などを短くしてきたのも理解できる。

だが、重症化率が低いからといって甘く見るようでは、特に高齢者は守れない。ワクチン接種を急ぐことが、社会を維持していくための有力な武器である。

幸いなことに、感染症専門家の間では、流行はピークに近づいているという見方が強い。一方、収束スピードが予想より遅いという分析や、より感染力の強い株の流行を懸念する声もある。

国内での感染拡大から3年目に入る。いま一度気を引き締め、難局を乗り切りたい。

宮原 三郎（政治評論家）

海外

米直面の2危機

誤った敵と誤った戦争

アフガニスタンからの部隊撤収の不手際の後、米国の前に、ウクライナをめぐり対ロシア、台湾に関して対中国と、二つの戦いの可能性が出現している。

米国は、ロシアがウクライナの将来を決められるという意見には反対だが、同時に、ウクライナが再三ロシアの一部だった歴史も渋々ながら認める。

侵攻が起きても、ロシアはかつて〝自国領〟だった地域を占領するに過ぎない。その後は、ゲリラ的な抵抗に遭い、泥沼にはまっていく。1980年代のアフガンでの経験の再現が予想される。

そもそも、米国がウクライナの運命をめぐって、自分の方からロシアとの戦争を求めていく理由はない。米国にはウクライナ防衛に死活的な重要性はない。

一方、台湾有事に米国が台湾防衛に駆け付けない場合、最もありそうなのは、極東諸国が、対中防衛にもう米国は当てにできないとの結論を出すこと。中国周辺の国々は米国との提携から後退し、アジア「新秩序」との関係修復を図らざるを得なくなる。米国が失うものは多い。

ウクライナが北大西洋条約機構（NATO）に加盟する可能性が引き金になって、今回もしロシアが同国に侵攻した場合、米国の対応策は？

効果を上げることが稀な経済制裁では不十分。ウクライナの抵抗勢力への軍事援助など、戦争の一歩手前の政策に限定すべきで、79年のソ連のアフガン侵攻後、米中央情報局（CIA）がアフガン・ゲリラに武器を供与し、支援した例を想起する。

政権支持率が下降の一途の折、議会の左右両勢力から、「独裁者に対し強硬に」との圧力も強まる。これに抗し切れないと、危険かつエスカレーションの恐れすらある戦いに部隊を送ることになる。

しかし、米現政権には、アフガンに続いて外交・防衛政策で失態を重ねる余裕はない。大きなジレンマに陥るわけだが、こうした紛争で利益を得るのは、中国だけだろう。

確かに、ロシアは今日も、膨大な量の核兵器を保有してはいる。しかし、弱く、衰退していく国家が、かつての栄光の回復に必死というのが真の姿ではなかろうか。

それに対し、中国は上昇基調のパワーである。だから、極東や太平洋地域で米国の覇権に挑戦している。

世界における米国の座位への主要な脅威は、中国に起因しており、決してロシアではない。

中国に侵略される台湾から救援依頼があるかもしれない時に、仮にでも、ウクライナ問題でロシアとの地上戦に巻き込まれる事態など論外。誤った時期に、誤った敵との、誤った戦争と言うようない。

米外交に今必要なのは、拡張主義国・中国の脅威にさらされている国々によるアジア版NATOの組織化を主導することだ。約75年前、封じ込めが必要だったのはソ連だったが、今日、それは中国なのだから。

草野 徹（外交評論家）

防衛相、陸自オスプレイに搭乗

安定した飛行を確認「重要な役割実感」

岸防衛相は1月29日、千葉県の陸自木更津駐屯地を視察し、暫定配備されている陸自輸送機V22オスプレイに搭乗した。現職の防衛大臣が陸自オスプレイに搭乗するのは初めて。

（7面に関連記事）

陸自V22オスプレイに乗り込む迷彩服姿の岸防衛相（右から2人目）＝1月29日、千葉県の木更津駐屯地で（防衛省提供）

岸大臣はヘリ団などの所在部隊を視察した後、オスプレイに乗り込み、東京湾上空を飛行した。着陸後、格納庫に整列したヘリ団長兼木更津駐屯地司令の更谷光二将補以下約1000人の隊員に訓示し、「木更津駐屯地は陸上自衛隊の航空戦力の要だ。整斉と任務に取り組む諸君と接し、大変心強く思う。機動展開能力の一翼を担う輸送航空隊のV22オスプレイに搭乗し、身をもって諸君が担っている重要な役割を実感した。今後も我が国の防衛に邁進してほしい」と激励した。

その後、臨時記者会見した岸大臣は「私自身が陸自のオスプレイに搭乗し、改めて全ての飛行モードを体験し、高度に安定した飛行が行えることを確認した。さまざまな面で安全の確保が図られていることも実感した」と語った。

さらに「オスプレイはCH47JA輸送ヘリに比べ、飛行最大速度が約2倍、航続距離・飛行高度が約3倍と極めて高い性能を有している。木更津駐屯地に配備している陸自オスプレイは国民の生命・財産を守る自衛隊の任務遂行に必要不可欠なものだ。その能力を最大限発揮できるよう教育訓練に努め、我が国の防衛や災害対処等に当たるとともに、安全な運用に万全を期していきたい」と述べた。

英陸軍参謀総長とTV会談

陸幕長 日英協力ロードマップに署名

英陸軍のマーク・スミス参謀総長とのテレビ会談中、「日英陸軍種間協力のためのロードマップ」に署名する吉田陸幕長（1月21日、陸幕で）

吉田陸幕長は1月21日、英陸軍参謀総長のマーク・スミス大将とテレビ会談を行った。

会談中、両者は防衛協力を段階的に進めていく「日英陸軍種間協力のためのロードマップ」に署名。「新たな段階」に入った日英防衛協力のモメンタム（動き、勢い）を維持・強化するため、防衛交流や共同訓練などを計画的に実施していくことで合意した。

このほか、日英それぞれの情勢の変化や地域の安全保障環境について意見交換を行い、今後もテレビ会談をはじめとする多層的な防衛協力を推進していくことで一致した。

米太平洋陸軍の司令官とも会談

協力の方向性確認

吉田陸幕長は日米共同統合指揮所演習「キーン・エッジ」期間中の1月28日、米太平洋陸軍司令官のチャールズ・フリン大将とテレビ会談を実施した。

会談で両者は、日米同盟の抑止力・対処力の一層の強化に向けて率直に意見を交わし、陸自と米太平洋陸軍との防衛協力の方向性を確認した。

日米共同の統合指揮所演習終了

令和3年度日米共同統合指揮所演習「キーン・エッジ」が1月27日から2月3日まで、市ヶ谷地区を中心に全国の駐屯地・基地、米ハワイ州のパールハーバー・ヒッカム統合基地などで行われた。

同演習は昭和60年に開始され、今回で24回目。統幕副長の鈴木康彦空将を統裁官に、陸自は陸上総隊、各方面隊、海自は自衛艦隊、各地方隊、空自は航空総隊、支援集団、共同部隊は情報保全隊、指揮通信システム隊などから計約7000人が参加。一方、米側の統裁官はインド太平洋軍参謀長の米インド太平洋軍司令官のジェームズ・ジェラルド陸軍少将が務めた。

演習では各種事態における日米の共同対処要領や自衛隊の統合運用について演練・検証を行った。

演習を終え、山崎統幕長は「演習ではいまだかつてなく統合された形での実践的な演練を通じ、日米の相互運用性をさらに強化することができた」と成果を述べた。

米インド太平洋軍司令官のジョン・アクイリーノ海軍大将は「日米両国に直接かつ即座に影響を及ぼしうる地域の危機に対し、日米が共同し、効果的に対応する能力を確固たるものにすることができた」と述べた。

露軍IL38哨戒機

日本海を長距離飛行

ロシア軍のイリューシンIL38哨戒機＝写真＝2機が2月2日と4日、日本列島沿いを長距離飛行したため、空自北空、中空のF15戦闘機などが緊急発進して対応した。領空侵犯はなかった。

島根・竹島東方沖の日本海上空に飛来したIL38は同島と隠岐島の間を抜け、山口・見島沖で反転した後、石川・能登半島沖、佐渡沖を経て列島沿いを北上し、北海道・奥尻島沖で北東進して礼文島沖まで進出、その後針路を南西に変えて自国領方面に戻った。

統幕は両日、空自機が撮影したIL38の写真と航跡図を公表した。

日米豪共同訓練

印空軍が初参加

「コープ・ノース22」

海・空自は米グアム島のアンダーセン空軍基地などで2月2日に始まった日米豪共同訓練「コープ・ノース22」に参加している。同18日まで。今回の訓練には米、日、豪、仏、シンガポールのほか、人道支援・災害救援（HA／DR）共同訓練にインド空軍が初めて加わっている。

自衛隊の参加部隊は空自が8空団（築城）飛行群司令の三宅英明1佐を指揮官に、隊員約470人と2空団（千歳）のF15戦闘機6機、8空団（築城）のF2戦闘機6機、航空救難団（入間など）のU125A救難捜索機、UH60J救難ヘリ各1機、警空団（浜松）のE767早期警戒管制機、1輸空（小牧）のKC767空中給油・輸送機各1機。海自からは71空（岩国）の川口智久2佐以下隊員約30人と、US2救難飛行艇1機が参加している。

現地で自衛隊は米空軍などとともに、防空戦闘、戦術攻撃、空対地射爆撃、捜索救難、機動展開訓練などを行っている。

「ゆうだち」が独艦と訓練

アデン湾で「バイエルン」と

ソマリア沖・アデン湾で民間船舶の直接護衛などに当たっている海自海賊対処水上部隊40次隊の護衛艦

共同訓練を終え、ドイツ艦「バイエルン」を帽振れで見送る「ゆうだち」の乗員たち（1月29日、アデン湾で）

「ゆうだち」（艦長・涌嶋英孝2佐）は1月29日、同湾でドイツ海軍フリゲート「バイエルン」（満載排水量約5500トン、艦長・ティロ・カルスキ中佐）と共同訓練を実施した。

日独艦艇は搭載ヘリの相互着艦（クロスデッキ）、戦術、近接運動などを演練し、両国の隊員による記念品交換も行われた。

「バイエルン」は昨秋、ドイツ艦艇として2002年6月以来19年ぶりに日本に寄港。海自と共同訓練を行った後、東シナ海を含む日本の周辺海域でドイツとして初となる「瀬取り」などの警戒監視活動を行いながら帰路についていた。

ペルシャ湾で国際海上訓練

米海軍主催の国際海上訓練（IMX／CE22）が1月31日、中東・ペルシャ湾内のバーレーン周辺海域で始まった。2月17日まで。

日本からは海自派遣掃海部隊（IMED21、指揮官・野口泰志1佐＝1掃海隊司令）の掃海母艦「うらが」と掃海艦「ひらど」が参加している。

同訓練は米中央海軍が主催する国際海事演習（IMX）と、米欧州海軍が主催する「カットラス・エクスプレス（CE）」を組み合わせた内容。アジア、アフリカ、欧州、北大西洋条約機構（NATO）など60の国や機関から艦艇約50隻、約9000人が参加している。

海自は機雷敷設戦や対機雷戦などの訓練に加わり、戦術技量の向上と各国海軍との連携強化を図る。

1輸空が国外運航訓練

C130H、ブルネイとフィリピンに

到着した空自C130H輸送機の前でブルネイ軍関係者と調整を行う現地の海自幹部（右手前）＝1月19日、ブルネイ国際空港で

空自は1月17日から20日まで、1輸空（小牧）のC130H輸送機1機を東南アジアのブルネイとフィリピンに派遣する国外運航訓練を行った。

訓練には武部誠3佐以下、同隊から約20人が参加。小牧基地を出発後、那覇基地経由で19日にブルネイ国際空港に到着、同日中にフィリピンのマクタン・セブ国際空港に移動した。この間の訓練では、在外邦人等の輸送や国際平和協力活動などに向け、隊員の能力向上を図った。

防衛省発令

▽統幕指揮通信システム企画課（システム通信隊群首席幕僚） 1海佐 内藤 亮
▽システム通信隊群首席幕僚（システム通信隊群司令部） 同 栗原 靖
（以上1月25日）
▽護衛艦隊訓練主任幕僚（護衛艦隊司令部） 1海佐 沢田 俊彦
▽海上訓練指導隊群司令（護衛艦隊訓練主任幕僚） 同 中村 譲介
（以上1月27日）
▽2輸送航空隊副司令（3輸送航空隊飛行群司令） 1空佐 川口 裕史
▽3輸送航空隊飛行群司令（航空支援集団司令部） 同 松浦 清心
▽空自幹部学校主任教官兼空自幹部学校（空自幹部学校） 同 白岩 馨
▽空自幹部候補生学校教育部長（空自幹部学校主任教官兼幹部学校） 同 柚木 益丈
▽4補給処木更津支処長兼木更津分屯基地司令（空自幹部候補生学校教育部長） 同 高橋 康仁
（以上1月28日）
▽電子開発実験群司令（航空開発実験集団司令部） 2空佐 大淵 康弘
▽空自補給本部技術課長（防衛装備庁技術計画調整官兼装備技術官付） 1空佐 佐々木 宏
▽防衛装備庁航空開発調整官（同航空班長） 同 中村慶一郎
▽同航空班長（同岐阜試験場長） 同 井上 和雄
▽同技術計画調整官兼装備技術官付（電子開発実験群司令） 2空佐 坂本 伸広
▽同岐阜試験場長（空自補給本部技術課長） 1空佐 倉持 正
（以上1月31日）
▽解統幕運用2課兼務 海幕運用支援課 1海佐 川嶋 潤子
（2月1日）
▽水上戦術開発指導隊司令（護衛艦隊司令部） 1海佐 川内 健治
▽指揮通信開発隊司令（水上戦術開発指導隊司令） 同 本山 勝善
（以上2月2日）

▽防衛装備庁へ出向、プロジェクト管理部事業計画官へ（大臣官房企画評価課長） 五味 賢至
▽大臣官房企画評価課長（沖縄防衛局企画部長） 村井 勝
（以上2月1日）

日本の軍事的近代化

防衛研究所研究幹事 庄司 潤一郎

フランスが果たした貢献

両国の深いつながり 関係秘話 (上)

(寄稿)

庄司 潤一郎（しょうじ・じゅんいちろう） 1958(昭和33)年生まれ。東京都出身。筑波大学社会学類卒、同大学大学院社会科学研究科博士課程単位取得退学。防研戦史研究センター長などを経て現職。専攻は近代日本軍事・政治外交史、歴史認識問題。2006(平成18）年から10（平成22）年まで「日中歴史共同研究」近現代史分科会委員。主な著書に、いずれも共著で『歴史と和解』（東京大学出版会、2011年）、『検証太平洋戦争とその戦略』全3巻（中央公論新社、2013年）、『地政学原論』（日本経済新聞出版、2020年）、『決定版 大東亜戦争』（新潮社、2021年）などがある。

日仏両政府は今年1月20日、外務・防衛担当閣僚協議「2プラス2」をオンラインで開き、インド太平洋での連携・協力を一段と高いレベルに引き上げることで一致した。南太平洋に海外領土を持つフランスとは近年、ハイレベル交流や共同訓練が頻繁に実施され、これまでになく防衛協力が深化しているが、遡ること近代以降、両国の間には知られざる深いつながりがあった——。日本の軍事的近代化に大きく寄与したフランスとの関係秘話について、防衛研究所の庄司潤一郎研究幹事に執筆をお願いした。

制度・基盤のモデルに

駐在武官第1号

近代の日仏関係は、日仏協約（1907年締結）のみで、英国やドイツと異なり、軍事同盟が締結されなかったことから、外交・文化面とは違い軍事面は疎遠であったといった印象が持たれがちである（第1次世界大戦勃発時や日英同盟終焉直後など同盟への動きは見られたが、実ることはなかった）。

しかし、1880年3月、初代フランス公使館付武官に任命されたアレグサンドル・ブーグワン陸軍大尉が、駐在武官第1号であったことが物語るように、その関係は古くかつ深いものがあった。

フランスで建造された連合艦隊の旗艦「松島」（『大日本帝国軍艦帖』）＝防衛研究所所蔵

帝国陸軍の創設・近代化への貢献

明治新政府は、陸軍はフランス式、海軍はイギリス式を採用した。例えば、「陸軍の創始者」と言われる大村益次郎（長州藩）は、1869年9月、大阪に兵学寮を設置し、フランス人教官を招聘した。

さらに、幕末の1867年初頭から、日本側の要請によりフランスから3度に及ぶ軍事顧問団が来日、徴兵令、歩兵操典の採用など、陸軍制度や施設の基盤整備に多大な貢献を行った。

サン・シールをモデルにした陸軍士官学校も、現在の防衛省の敷地に建設された。

第3次軍事顧問団長のアンリ・ベルトー陸軍大尉は「フランス士官により細部にいたるまで編成・教練された。日本陸軍の編成は、フランス陸軍をそっくり写したものである」（クリスチャン・ポラック『筆と刀』）と評していたのである。

横須賀造船所の建設と近代的な艦船の建造

一般に、海軍はイギリスの影響を受けたと言われるが、近代的な艦船の設計・建造修理などの面において、フランスの存在は無視し得ない。

1865年1月、幕府の要請により来日したフランス人造船技師フランソワ・レオンス・ヴェルニーら一行は、明治維新後も新政府のもとで継続、日本初の造船所の場所を横須賀に決定・建設した。日本最初のドックであり、1875年3月には初の純国産戦艦「清輝」が進水した。さらに、横浜製鉄所や長崎の極東最大のドライ・ドックの建設も監督している。

1886年1月、川村純義海軍卿は、フランスの海軍造船技官エミール・ベルタンを招聘し、フランスまたは横須賀の造船所において、設計図作製や軍艦の建造に当たった。

日仏首脳会談で両国初の「2プラス2」創設で一致し、共同記者会見に臨む安倍晋三首相（右）とフランスのオランド大統領（いずれも当時）。仏大統領の国賓としての来日は17年ぶりとなった。両氏は共に「太平洋国家」としてアジア太平洋地域での防衛協力を推進していく方針を打ち出した（2013年6月、首相官邸で）＝官邸HPから

成功に導いた教練

日清戦争における勝利

ベルタンは、優勢な清国海軍に対抗するには小型・高速で重装備の巡洋艦を建造すべきと提言し、「三景艦」（巡洋艦「松島」「厳島」「橋立」）などの設計・建造に取り組んだ。

それらは、1894年に勃発した日清戦争に際しては、日本海軍の主力として黄海海戦などにおいて活躍、ドイツ製の「定遠」「鎮遠」を中核とする北洋艦隊を撃破したのであった。

初代連合艦隊司令長官の伊藤祐亨中将は、「その強力な装備と巧みに設計された構造のおかげで、我々は清国の装甲艦に対して輝かしい勝利をおさめることができた」（『筆と刀』）と述べていた。

一方、陸軍においても、山県有朋元帥は、「フランス軍から受けた教練は、日清戦争における日本軍の成功の大部分をなすものである」（リチャード・シムズ『幕末・明治日仏関係史』）と評していた。このように、フランスの貢献なくして、日清戦争の勝利はなかったと言っても過言ではない。

ソマリア沖・アデン湾で行われた日仏米3カ国の共同訓練で、フランス海軍空母「シャルル・ド・ゴール」（奥）と並走する海自護衛艦「せとぎり」（2021年5月）

軍事航空技術の基礎を確立

1885年3月、ドイツのヤコブ・メッケル陸軍少佐の来日などを経て、陸海軍では以降、ドイツや英国の影響が強まっていったが、フランスは、新たに登場した航空分野において活躍することになる。

1910年12月には、フランスで免許を取得した徳川好敏陸軍大尉が、フランス製のアンリ・ファルマン機で、代々木練兵場において飛行機による日本での初飛行に成功した。その後、アンリ・ファルマンをモデルとして、国産飛行機の製造が着手された。

第1次世界大戦の青島攻略戦では、モーリス・ファルマンなどフランス製飛行機からなる航空隊が爆撃を実施したが、これが日本軍による初空襲であった。

第1次世界大戦後の1919年1月、ジョルジュ・クレマンソー首相兼陸相の肝いりで、ジャック・フォール大佐を団長とするフランス遣日航空教育軍事使節団が来日し、機材の導入、操縦、射撃、爆弾投下、通信など航空隊員の訓練をはじめ航空部隊の近代化に大きく寄与した。

帝国飛行協会副会長の長岡外史中将は、「使節団が日本の陸海軍航空技術の発展に新時代を築くであろうことは、一時たりとも疑わない」（『筆と刀』）と高く評価していたのである。

今年1月にオンラインで開かれた第6回日仏「2プラス2」に臨む（右から）岸防衛相、林外相。パルリ軍事相、ルドリアン外相と会談し、南太平洋にニューカレドニアと仏領ポリネシアの海外領土を持つ「海洋国家」のフランスとの間で定期的な共同訓練などを通じ、「自由で開かれたインド太平洋」の実現に向けて地域の平和と安定に積極的に貢献していくことを確認した（防衛省提供）

21世紀の日仏安全保障協力に向けて

フランスは、傍線を付した通り、▽駐在武官▽造船所▽国産軍艦▽飛行▽空爆▽航空隊——など、陸海空すべての分野において日本軍の礎の形成に大きく寄与した。

他方、秋山好古陸軍大将、上原勇作大将などその後の陸海軍に大きな影響を及ぼした日本人が、フランスに留学した。

中には皇族も含まれており、東久邇宮稔彦王は、1920年4月から約6年半にわたり、サン・シール陸軍士官学校、砲兵学校などで学んだ。その際、親交のあったクレマンソー元首相やペタン元帥は、稔彦王に、第1次世界大戦の次は日米間に戦争の危険があり、アメリカは日本を追い込んでいくであろうが、圧倒的な国力差があり、「日本が短気を起して戦争に訴えたら、必ず負ける」と忠告した。

帰国後、周囲に、特に開戦前も東条英機首相にも忠告を伝えたが、西園寺公望以外には聞き入れられなかったという（東久邇稔彦『やんちゃ孤独』）。

近代日本は、フランスから多くの技術を学び、陸海軍や航空部隊の基礎を作り上げたが、欧州大陸の中央に位置する大国としての歴史的体験を踏まえた国際感覚は学ばなかったのであろうか。

去る1月20日、第6回日仏外務・防衛担当閣僚協議「2プラス2」が開催された。近年フランスは、インド太平洋地域への関与を深めており、こうした密接な歴史を踏まえつつ、さらなる安全保障協力の強化が期待される。

300の傘満開

空挺団「降下訓練始め」

上空340メートルの高さから次々と降下、青空をバックに落下傘の花を咲かせて習志野演習場に降り立つ空挺団員たち（1月13日）

陸自空挺団（習志野）は1月13日、海・空自と米空軍の支援を受け、習志野演習場で「降下訓練始め」を行った。空挺団から隊員約500人、ヘリ団（木更津）の約30人、海・空自から計約25人、米空軍から航空輸送要員約20人が参加。

陸上総隊司令官の前田忠男陸将が視察する中、「離島防衛」を想定した内容で三つの訓練に挑んだ。

最初に空挺団長の堺一夫将補をはじめとする指揮官等が陸自ヘリから降下。この後、リペリング降下などが行われ、続いてCH47輸送ヘリが軽装甲機動車などの装備品を空輸するヘリボーン作戦が行われた。最後に演習場の上空340メートルに飛来した日米の輸送機から空挺団員計約300人が次々と降下し、新春の空に無数の落下傘の花を咲かせた。

訓練後、空挺団出身の前田陸将が訓示を述べ、後輩隊員たちを激励した。

空自3輸空（美保）のC2輸送機から降下する空挺団員たち（1月13日、習志野演習場上空で）

訓練

12施群が防御支援

陣地構築や障害構成

道路閉塞の地雷埋設を行うため、くぼ地で身を伏せ、戦闘前哨の後退を待つ隊員たち

【12施群＝岩見沢】12施設群は12月10日から14日まで、駒ヶ岳演習場で「防御支援に任ずる施設中隊の行動」を課題に399施設中隊の訓練検閲を実施した。

受閲部隊の1小隊は、道路閉塞、道路破壊、鉄条網などを組み合わせた複合障害を10カ所にわたり構成。2小隊は指揮所用簡易掩蓋掩壕（2・5LP）を構築した後、1小隊の障害構成を支援し、器材班は対戦車壕や中距離多目的誘導弾露天掩体などを構築、最大限の施設支援を実施した。

14施群は攻撃支援

警戒部隊駆逐や障害処理

【14施群＝上富良野】14施設群はこのほど、上富良野演習場で396施設中隊の訓練検閲を実施した。

検閲は「攻撃支援に任ずる施設中隊の行動」を課目とし、部隊は敵警戒部隊の駆逐、経路上の障害処理、負傷者対応など、あらゆる状況に臨んだ。味方の戦車が前進できるよう通路を開設するなど厳しい寒さの中で施設支援を継続し、任務を完遂した。

30普連と海自

原子力防災訓練に参加

【新発田＝30普連】30普連は11月13日、柏崎市が実施した原子力防災訓練に海自艦艇と共に参加した。

訓練は東京電力柏崎刈羽原子力発電所の重大事故を想定して行われ、部隊は中央海水浴場の砂浜に上陸した海自エアクッション艇（LCAC）に高機動車2台を積載（写真）。沖合に停泊した輸送艦「くにさき」に収容するまでの一連の流れを演練し、海自との連携要領を確認した。

各部署と連携

災害対処確認

札幌病院

【札幌病院＝真駒内】札幌病院は12月5日、道央地域での大規模地震を想定した災害対処訓練を実施した（写真）。

訓練は「震度6の札幌直下型地震が発生」との想定で開始され、職員らは登庁後、速やかに指揮所を開設。被害状況の把握と病院機能の早期発揮に努めた。その後、医官らを北方衛生隊や各師団に配属。被災者受け入れの初動態勢を確立するとともに各部署との連携の重要性を確認した。

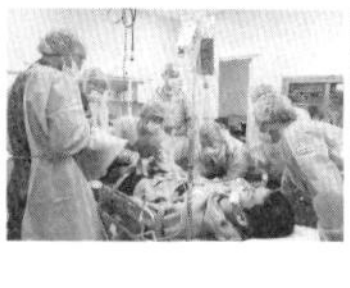

情報と火力で撃滅

3普連が第5次野営

93式近距離地対空誘導弾の発射準備を行う高射小隊の隊員

【3普連＝名寄】3普連は11月23日から30日まで、上富良野演習場で第5次連隊野営を実施し、これに合わせ2中隊と本部管理中隊対戦車小隊の検閲を行った。

統裁官の山﨑潤連隊長は受閲部隊に「勝ってこい！」と奮起を要望。部隊は「演第3機械化大隊」を編成し、大隊長を核心に諸職種部隊と協同。情報、砲迫火力、対機甲火力などを連接し、効果的に敵を撃滅、与えられた任務を無事完遂した。

対馬警備隊

対戦車・通信小隊が演練

全島域の生地活用

対馬の空自基地で、陸海空3自協同で沿岸監視任務に当たる普通科中隊の隊員

【陸対馬】対馬警備隊はこのほど、対馬全島の生地を活用し、対戦車小隊、通信小隊の訓練検閲を実施した。

対戦車小隊は、陸海空3自衛隊協同で基地警備に臨む普通科中隊員や住民からの情報を基に、対馬全域に中距離多目的誘導弾を配置、沿岸監視と防備などに当たった。

一方、通信小隊は島内全域に無線通信網を構成し、在島部隊の作戦行動に必要な一連の行動を演練した。

北富士で34普連

狙撃手集合訓練

近距離照準用暗視装置を装備した対人狙撃銃の射撃を行う34普連の隊員

【34普連＝板妻】34普連は1月13、14の両日、北富士演習場で第5回連隊狙撃手集合訓練を実施した。

訓練には各中隊の対人狙撃銃装備者が参加。照準眼鏡は用いず、照門、照星、近距離照準用暗視装置を使用した射撃を行った。

両日とも極寒かつ風速が変化する状況の中、射手と観測手は相互に連携し、集中力を切らすことなく冷静に判断して射撃を遂行、任務遂行に必要な射撃練度を向上させた。

陸自部隊訓練評価隊　FTC

連接

北・東富士の両演習場

特科実設、本格運営開始

北富士の32普連を1特科隊が東富士から援護　WAC大活躍

【FTC＝北富士】陸自部隊訓練評価隊（富士トレーニングセンター＝FTC）は昨年来、通常のフィールドである北富士演習場にシステム上で東富士演習場を連接し、これまでできなかった特科、兵站部隊を実設する運営を試行している。令和2年度の研究運営、3年度の自隊訓練への10特連（豊川）の参加などにより検証を重ねてきた。

これを受け、11月22日から27日の間、訓練部隊が参加する初の「本格的特科実設運営」を1師団全面支援の下で実施した。32普連（大宮）の増強5中隊（中隊長・武井衛樹1尉）が訓練部隊、1特科隊（北富士）が支援部隊となり、今年度最大の運営として行った。

1特科隊からは集成1個中隊（中隊長・長田喜雄1尉）が実砲FH70をもって参加。本部、射撃指揮班、通信班、測量班をはじめ、上級部隊からレーダー班の支援も受け、夜間攻撃を企図する32連隊の戦術に合わせ、暗夜の東富士に進入した。

その中で第3砲を任された砲班長の平野由佳3曹と照準手の矢後紫帆3曹の女性自衛官（WAC）コンビは、若い男性隊員を指導しつつ迅速機敏な指揮で陣地占領し、射撃準備。平野3曹は「支援任務と思わず、自分たちも主役になってやっていきたい」と編成完結時に力強く宣言した通り、対抗部隊が放つ（電子の）弾が降る中、果敢に射撃任務に従事した。しかし、油断していると敵砲弾にやられる状況に「こんなリアルな訓練は初めて」と述べ、生き残るために射撃と陣地変換を繰り返した。

一方、32連隊が放った斥候・狙撃チームは敵陣深く進入を図るも、対抗部隊の〝斥候狩り〟に苦戦。この結果、特科部隊と連携が十分にできず、友軍相撃という苦い教訓も得た。

特科から唯一潜入に成功したOS（観測斥候）が対砲迫戦を誘導。対抗部隊の砲兵に複数回の陣地変換を強いたが、「夜間戦闘における諸職種協同の課題が見えた」（特科・長田中隊長）と特科実設の成果を確認した。

今回の運営には「出稽古」として4普連（帯広）WACの泉野目まゆみ3尉がFTC第1機械化中隊の〝分隊員（小銃手）〟として参加。地形が錯雑する南防火帯道沿いで防御する1小隊2分隊に配属された泉野目3尉は、陣前出撃を繰り返す部隊に遅れることなく、最後まで分隊員として役割を全うした。

FTCでは、こうした出稽古を「指揮官としての行動を分隊員の視点から学んでもらえる絶好の機会」（評価支援隊長・小林知真2佐）と位置付けており、全国の部隊からの若手（初級）幹部の積極参加を歓迎している。

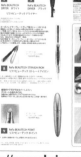

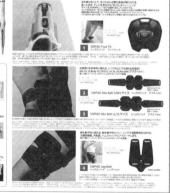

北富士演習場で戦闘中の32普連の部隊を東富士演習場から支援する1特科隊の155ミリ榴弾砲FH70。両演習場をシステム上で連接したことで、これまでできなかったFTCの訓練に特科、兵站部隊の実設が可能になった

2水機連450人

迎え連隊運営

〝シン機動防御〟発動

「陸上自衛隊演習」を前にした昨秋、FTCは九州から水陸機動団の第2水陸機動連隊（相浦）を迎え、特別な想定で「連隊運営」を行った。

主力約450人からなる2水機連は、FTCの対抗部隊・第1機械化中隊を前に全周から多数の斥候とレンジャー小隊の潜入を成功させ、高い情報収集能力を見せつけた。アウトレンジからの〝艦砲射撃〟を有効に使い、レンジャー部隊による襲撃を反復して敵を減殺、対抗部隊を苦しめた。

これに対処するため、米海兵隊式の「兆候を出さない〝シン機動防御〟（FTC呼称）」を行った機械化中隊は、敵に情報を取らせない対策を徹底。この結果、水機連の特科（重迫撃砲部隊）は難しい火力戦闘を強いられた。

情報戦では、多数の偵察用無人機（UAV）を縦横無尽に飛ばす機械化中隊に正確な弾を落とされ、水機連側は苦戦。しかし、残存部隊を再編成して敵の拠点・大道堀の奪取を企図するなど、最後まで勇猛な敢闘精神を見せた。

陸曹候補生を

選抜、独自試験

自由統裁で戦闘指揮せよ

FTCの評価支援隊は、独自の〝実戦的分隊指揮〟試験で陸曹候補生を選抜した。試験の受験者は「組長」を務め、3人の陸士（小銃手、機関銃手、LAM手）を指揮。任務は装甲兵員輸送車1両を含む2人の敵を襲撃する内容で、それぞれ〝自由統裁〟で試験を行った。

受験者は短時間で襲撃計画を考え、組員に命令を下達。予行を行って戦場（営庭）に入ると「状況」を開始。敵の撃ち返しによる損耗、個人携帯対戦車弾（LAM）の不命中など不測事態も次々と発生する中、自ら状況判断し、行動した。

評価支援隊は普通科、機甲科、施設科から陸曹を選抜するため、普通科が有利と見られたが、「的確な指揮ができる隊員」は職種に関係ないことが判明した。

襲撃完了後も、特別状況として「敵装甲車1両が現れた。対処せよ」と新たな命令が入り、これに即応する行動も試験した。

さらにその後のAAR（事後研究会）でも「いかに教訓を見つけ、次につなげるか」という点も試験し、採点した。

選抜試験を見守った評支隊長の小林知真2佐は「陸曹になり、失敗から何を学び、成功を次にどうつなげるか。不撓不屈の精神だけでなく柔軟な考えを持った陸曹を育てることが必要だ」と語った。

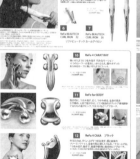

厚生・共済

特集

「退職時の手続き」お早めに

退職翌日から組合員ではなくなります

医療、年金、保健など各種

防衛省共済組合では、退職予定の隊員の皆さまに、早めの共済手続きを呼び掛けています。自衛官・事務官等は退職日の翌日から共済組合の組合員ではなくなるため、退職前に短期（医療）、長期（年金）、保健、貯金、貸付・物資、保険などの各種手続きが必要となります。お早めに手続きをお願い致します。

1 短期（医療）

短期（医療）では、在職中に使っていた組合員証等が退職後使用できなくなるため、所属支部の短期係に組合員証等を返納してください。

退職後、民間会社等に再就職した時は会社等の健康保険に加入することになりますが、再就職しない場合は退職から2年間は在職中とほぼ同様の給付が受けられる任意継続組合員になるか、国民健康保険に加入することになります。

任意継続組合員となる場合は、退職日から起算して20日以内に所属支部の短期係に申し出る必要があります。定年退職者においては、任意継続組合員の掛金より国民健康保険の保険料の方が高くなる場合が多いですが、詳しくはお住まいの市区町村にお尋ねください。

2 長期（年金）

長期（年金）では、退職時に年金の支給開始年齢に達していない自衛官や事務官等については、組合員資格取得と喪失の年月日などを記入した「退職届」を所属支部の長期係に提出する必要があります。

また、退職後に住所や氏名が変わったときなどは国家公務員共済組合連合会へ届け出が必要となります。

3 保健

保健では、福利厚生サービス「ベネフィット・ステーション」の「会員証」を所属支部の保健係に返納してください。また任意継続組合員になった場合は、期間が終了しましたら会員証を返納してください。

また、定年退職者等には無料でOBカードを発行しています。OBカードを提示すると、ホテルグランドヒル市ヶ谷や共済組合が割引協定を結んでいる施設を組合員と同一料金で利用できます。

利用施設については共済組合のホームページをご覧ください。

4 貯金

貯金では、普通貯金、定額積立貯金、定期貯金をしている組合員は、退職日までに、必ず窓口で解約手続き（ATMではすべての貯金の解約はできません。普通貯金残高0円でも解約手続きは必要です）を行ってください。

定年または応募認定退職の場合、退職日の前30日以内にその理由を証明する書面を提出のうえ解約手続きをすると定額積立貯金と定期貯金の利率で利息が付きます。

また、任意継続組合員になる場合に限り、退職前に預け入れた定期貯金は任意継続組合員期間中の満期日まで継続できます。

5 貸付・物資

貸付・物資では、退職時における残高を一括返済することになります。

貸付・物資とも退職手当からの返済が可能ですが、所定の手続きが必要となりますので、早めに所属支部の担当者までその旨を申し出てください。

6 保険

団体生命保険、団体年金保険、団体傷害保険及び団体医療保険に加入していた組合員は、所定の手続きが必要となりますので、早めに支部の担当者まで申し出てください。

また、退職後も引き続き「一時払退職後終身保険（販売休止中の会社もあります）」「退職後医療保険」「退職後団体傷害保険」に加入することができますので、お問い合わせください。

団体取扱生命保険・団体取扱火災保険に加入している方は、各保険会社にお問い合わせください。

◇

事務官等の定年退職は、年度末と重なり窓口の混雑が予想されるため、お早めの手続きをお勧めします。詳しい内容については所属支部の窓口にお問い合わせください。

■ 退職時の共済手続き

係名		必要事項	留意事項
短期（医療）		組合員証等の返納	
		任意継続組合員となる場合 ・「任意継続組合員となるための申出書」提出	短期給付が在職中とほぼ同様に受けられる。退職の日から20日以内に申し出て、初回の掛金の払い込みが必要。
長期（年金）		年金の受給権発生前に退職の方 ・「退職届」の提出	退職届は退職時の支部窓口に提出 年金は受給開始年齢の3カ月前に請求書が送付されます。年金事務所、国家公務員共済組合連合会、退職時の支部窓口いずれかに提出
		特別支給の年金決定後に退職の方 ・「退職届（年金受給権者用）」と「老齢厚生年金請求書」（必要な方のみ）の提出	退職届、老齢厚生年金請求書は退職時の支部窓口に提出
保健		福利厚生アウトソーシングサービス ・「ベネフィット・ステーション会員証」の返納	任意継続組合員になった場合は、引き続き在職中の「ベネフィット・ステーション会員証」で在職中と同じサービスを受けられる。「ベネフィット・ステーション会員証」は任意継続組合員期間が終了した時点で返納。
		福利厚生アウトソーシングサービス（希望者） ・「ベネフィット・ステーションお祝いステーション申請書」の提出 ・「定年退職者等に係る資格確認書」の提出	ベネフィット・ステーションの一般会員向けサービスであるナープクラブ（現役組合員のサービスとは若干異なる）を利用できる。入会には入会金・年会費が原則必要。（後日会員証が発行される）
		「OBカード交付申込書」の提出（希望者）	防衛省共済組合の宿泊施設等を組合員と同一料金で利用できる。利用施設については共済組合ホームページを参照。
貯金		共済組合貯金の解約	退職時における解約は支部窓口での手続きが必要。任意継続組合員になった場合は、定期貯金の継続利用ができる。
貸付		貸付金残高の一括返済	退職時における残高の返済。 退職手当から充当できる。（事前に支部窓口へ連絡が必要）
物資		売掛金残高の一括返済	退職時における残高の返済。 退職手当から充当できる。（事前に支部窓口へ連絡が必要） 一括返済するにあたり、残高を再計算するため返済額が若干軽減される。なお、残高が少ない場合は、軽減されないこともある。
保険		団体生命保険の脱退	退職後も生涯にわたる保障を継続できる一時払退職後終身保険がある。（販売休止中の会社もあります。）
		団体年金保険の請求	年金・一時金いずれの受取りの場合も事前の手続きが必要。
		団体傷害保険の脱退	退職後も継続できる退職後団体傷害保険がある。
		団体医療保険の脱退	退職後も継続できる退職後医療保険がある。
		その他団体取扱保険等	契約している保険会社にお問い合わせください。
その他	防衛省生協	火災・災害共済・生命・医療共済の解約 ・「脱退届」等の提出	火災・災害共済は退職後も終身利用できる。
		退職者生命・医療共済保障期間へ移行（希望者） ・「長期生命共済契約確定届及び保障（据置）開始申込書」の提出 ・掛金（保障必要原資額）一括納入	退職後85歳までの間の死亡（重度障害）・入院保障。（配偶者も加入できる）

オンライン形式で行われた防衛省共済組合の令和3年度本部長表彰式（2月2日、防衛省で）

3年度共済組合本部長表彰

陸6、海2、空3支部

防衛省共済組合の令和3年度本部長表彰式が2月2日、オンライン形式で行われ、陸自6、海自2、空自3の各受賞支部が表彰されました。式には副本部長の川崎方啓人事教育局長、吉田圭秀陸幕長、山村浩海幕長、井筒俊司空幕長、実務総括主掌者の坂部誠人事教育局厚生課長ら共済組合幹部が出席。

最初に令和3年度、組合員の福利厚生に顕著な功績があった受賞支部である陸自の美幌、神町、高田、桂、大久保、小倉、海自の横須賀、岩国、空自の峯岡山、小牧、高蔵寺支部が紹介されました。

この後、川崎副本部長が本部長あいさつを代読、「隊員が職務に精励する上で福利厚生は極めて重要な柱。受賞支部は各種イベントの開催による厚生施設の利用促進や地域の特性に応じた施策など創意工夫を凝らして隊員・家族のニーズにきめ細かく対応し多大な貢献をした。皆様の努力に心より敬意を表する」と述べ、各支部の功績をたたえました。

これに対し、各支部代表が受賞の喜びを語り、オンラインでの式を終えました。（受賞支部の功績は6面に掲載）

共済組合HP リニューアル

防衛省共済組合のホームページ（https://www.boueikyosai.or.jp/）がこのたび、表紙などデザインを一新、検索機能を強化し、スマートフォンにも対応する利用しやすいホームページに生まれ変わりました（写真）。

リニューアルに伴い、共済組合のホームページおよびホテルグランドヒル市ヶ谷の組合員向けページのログインに必要なパスワードが変更になりました。

新しいパスワードは、厚生ニュースまたはご所属の支部にお問い合わせください。

年金Q&A

育休後、収入減となった際の掛金等はどうなりますか

従前標準報酬で年金減少を防ぐ

Q　現在、育児休業中で掛金免除を受けています。復職後に収入が減った場合の掛金等について教えてください。

A　月々の掛金等の額は、標準報酬月額（※1）により算定されています。

育児休業終了後、引き続き3歳未満の子を養育（※2）する場合は、組合員の所属する共済組合の支部に申し出ていただくと、育児休業が終了した翌日の属する月以降3カ月に受けた報酬月額の平均額を基に「標準報酬月額」を改定します。

これにより標準報酬月額が減少した場合には、掛金等の額も下がることとなります。

ただし、標準報酬月額に基づき支給される傷病手当金、育児休業手当金等の短期給付又は将来受給する年金額にも影響があります。

しかし、年金額については影響しないよう特例が設けられており、3歳未満の子を養育する旨を共済組合の支部に申し出ることにより、3歳未満の子を養育する期間の標準報酬月額が、養育開始月の前月の標準報酬月額（以下「従前標準報酬」といいます）を下回った時には、高い方の従前標準報酬月額が適用され、年金額の減少を防止します。

なお、この特例には時効があり、申し出が行われた月の前月から過去2年間の標準報酬までしか遡ることができませんので、お早めに共済組合の支部長期係にご相談ください。

（本部年金係）

※1　標準報酬月額とは、毎月の俸給、諸手当（期末・勤勉手当を除く）を基準として定められたもの。

※2　養育とは、子と同居していることが条件です。

HOTEL GRAND HILL
ICHIGAYA

今という瞬間を写真に残そう

フォトウェディングプラン3月末まで

当ホテルでの挙式や披露宴の予定はないけれども、晴れの婚礼衣装をお召しになり、写真撮影をご希望の方へ。

防衛省共済組合の直営施設「ホテルグランドヒル市ヶ谷」（東京都新宿区）では、本年3月までの期間限定で、婚礼衣装を着て写真撮影ができる「フォトウェディングプラン」をご用意しています。どうぞご利用ください。

プランは2種類あり、いずれも内容は▽撮影料▽新婦衣装1着▽新郎衣装1着▽ヘアメイク▽着付け▽小物一式▽記念写真（2ポーズ）となっています。

◆「スタジオフォトPLAN」

ホテル内写真スタジオで撮影するプランで、料金（いずれも消費税10％込み）は、洋装が10万円、和装（洋髪）が13万5000円、和装（かつら）が16万円、和装（やまと髪）が18万円となっています。

◆「ロケーションフォトPLAN」

ホテル内写真スタジオとチャペル、神殿で撮影するプランで、こちらは洋装が16万円、和装（洋髪）が20万円、和装（かつら）が22万円、和装（やまと髪）が25万円となっています。

ロケーションPLANにはスナップアルバム（100カットデータ）が付きます。

両プランの詳細はホテルスタッフまでお問い合わせください。

また、ブライダルのご相談も電話・メール・オンラインで受け付けています。ご予約・お問い合わせは、電話03-3268-0115（直通）、専用線8-6-28853（婚礼予約）まで。ホームページ（https://www.ghi.gr.jp）、メール（salon@ghi.gr.jp）でも受け付けています。

お気軽にお問い合わせください。

厚生・共済

特集

オンラインで3年度共済組合本部長表彰

利用促進に多大な貢献

令和3年度防衛省共済組合本部長表彰が2月2日、オンラインで行われた。3年度の受賞支部は陸自が美幌、神町、高田、桂、大久保、小倉の6支部、海自が横須賀、岩国の2支部、空自が峯岡山、小牧、高蔵寺の3支部。各受賞支部の実績（功績）は次の通り。（5面参照）

陸上自衛隊

◇美幌（支部長・石川泰宏2佐）

新型コロナ対策の観点から委託食堂の座席数を制限する必要があったため、厚生センターを一部開放し飲食場所を拡大。その旨を厚生ニュースなどで普及広報し、出勤人員数が制限を受ける中でコロナ禍でありながら売り上げ向上に貢献した。

また、特定保健指導面談参加率を向上させるため、面談日を多く設定し、ICT面談を積極的に活用して組合員の健康管理に寄与した。

◇神町（支部長・安藤和幸1佐）

新規委託売店誘致のため、商工会や組合員からの情報に基づきコロナ禍で困難ながら粘り強く調整を実施し、理容部、食堂部への新規参入や施設備品更新により魅力化を図り、組合員の福利厚生に寄与した。

また、引越業者（支部割引協定業者）による引越相談会を昨年よりも拡充させたことで利用者が増加し、組合員の福利厚生に寄与した。

◇高田（支部長・近森久主2佐）

委託売店の魅力化を図るため、演習時には土日でも営業するなど組合員の要望に応じて柔軟に対応。

このほか、「駐屯地つぶやき板」を活用した組合員のニーズの把握により、厚生センターに飲食スペースを新設し生ビール自販機を設置するなど、組合員の利便性向上に寄与、売り上げ向上に貢献した。

◇桂（支部長・田中奈津夫1佐）

組合員にアンケート調査を実施し、ニーズを把握するとともに各種事業に反映させた。特に、委託売店でのGW、夏季休暇期間中の臨時営業・ボーナスイベントの開催や支部割引協定を拡充するなど、組合員の利便性向上に寄与した。

◇大久保（支部長・宿久晴彦1佐）

共済事業への理解促進のため、定期的な官舎地区での説明会や支部独自の広報小冊子を作成・配布。またATM室内にセンサー付き広報機器を設置し利用者に向けて共済事業の制度広報や各種イベント等の広報を実施するなど、組合員の福利厚生に寄与した。

◇小倉（支部長・太田孝治2佐）

委託売店の魅力化を図るため、たばこ自販機にお勧めメニューポスターを掲示したほか、外来宿舎にお持ち帰りメニュー表を設置するなど利用促進施策を実施し、売り上げ向上に寄与した。

また期末勤勉手当明細書に合わせて共済組合貯金のチラシを配布し、優位性を効果的にPRしたことにより、貯金額が増加し、組合員の貯金意識の向上に貢献した。

海上自衛隊

◇横須賀（支部長・上山修司2佐）

委託売店の魅力化を図るため、組合員のニーズを反映した商品の拡充や店内イートインコーナーの設置、特典付き販売企画を実施するなど、組合員の要望の反映に努め、売り上げ向上に貢献した。

また、共済事業の普及のため、積極的に厚生ニュースを発行したほか、基地掲示板に適時適切な情報を発信するなど、組合員が常に共済事業を知ることができる体制を確立し、利便性向上に寄与した。

◇岩国（支部長・山形文則2佐）

車両割賦販売について、有益性や利便性をオリジナル冊子を使い先任伍長等を通じて周知し、若年隊員らへ確実にPR、売り上げ向上に貢献した。

また、新型コロナ対策の交代制勤務により委託食堂利用者が大幅に減少し撤退が懸念されたが、毎日の具体的な売上目標を定め、基地掲示板や部内メールにより販売促進活動を行い、売上維持に貢献した。

航空自衛隊

◇峯岡山（支部長・田中真也2佐）

車両割賦販売について、異動時期などの組合員が車両購入を検討する時期にタイムリーに厚生ニュースを発簡するなど、積極的な広報に努め、売り上げ向上に貢献した。

また恒常業務に要する作業時間の実績を算出し、最適な業務計画を自ら作成させるなど、働き方改革を積極的に取り入れたことにより超過勤務を大幅に削減した。

◇小牧（支部長・渡部琢也将補）

車両割賦販売制度の利用普及を図るため、組合員の動線が良い厚生センター駐車場で車両展示会を実施するなど売り上げ向上に貢献した。

また、特定保健指導対象組合員に対し、特定保健指導の必要性について部隊ごとに懇切丁寧に説明し、コロナ禍のためICT面談を積極的に活用するなど、組合員の健康管理に寄与した。

◇高蔵寺（支部長・加藤栄一1佐）

特定保健指導の対象者一人一人に対し受講に関する説明を親身に行い、必要性や重要性を深く認識させた結果、受講率を高い水準で維持し組合員の健康管理に寄与した。

また組合員の要望により、業者と調整の上で基地オリジナルTシャツを製作し、厚生ニュースなどで積極的な需要を喚起し、事務室売店の売り上げに貢献した。

令和3年度防衛省共済組合本部長表彰式にオンラインで臨む受賞支部長ら（画面上）。着席者は副本部長の（左から）井筒空幕長、吉田陸幕長、川崎人教局長、山村海幕長（2月2日、防衛省で）

余暇を楽しむ

新田原基地音楽部「ファイブ・ウイングス」

紹介者：
2空曹　後藤　智子
（5空団整備補給群修理隊）

音楽で明日への活力発信

皆さん、こんにちは。新田原基地音楽部「ファイブ・ウイングス」を紹介します。

当部は約50年前に結成された歴史ある団体で、バンド名は基地に所在する「第5航空団」に由来します。現在は部員9人で基地内を主に活動しています。

結成当時、整備主任が部長となったことから、以降も伝統が引き継がれ、現・整備主任も部長として、「俺も数十年ぶりにギターを始めよう！」と張り切っています。

バンドの演目は部員の担当楽器や観客の世代に合わせて決め、ジャズや歌謡曲、演歌などさまざまなジャンルを演奏してきました。現在はボーカルが女性ということもあり、新旧Jポップを中心に練習をしています。

活動範囲は部内外問わず、航空祭でライブをしたり、部外団体の会合や懇親会での余興、福祉施設でも演奏しています。過去には基地クラブで自主ライブをしたこともありましたが、ここ最近はコロナ禍で、人前で演奏する機会がなくなってしまいました。

コロナが落ち着いて大勢の人が集まれるようになった時は、以前のように皆さまの前でライブ演奏を披露できればと思います。

さらに当部では新たな試みとして、新田原基地公式ツイッターに演奏動画を初めて配信し、コロナ禍での新たな活動の可能性も広げました。

今後も感染対策を講じながら練習を続け所属や世代を越えた交流を深め、音楽を通じて多くの人に安らぎや明日への活力を提供していきたいと思います。

約50年間活動してきた伝統を引き継いだ「ファイブ・ウイングス」の部員たち。9人が演奏している

新田原基地内で演奏練習する音楽部員。演目はジャズや歌謡曲など多岐にわたる

ホテル「ハイアットリージェンシー東京ベイ」

組合員ならいつでも40%OFF

防衛省共済組合特別宿泊プラン

【共済】防衛省共済組合は千葉県浦安市の新浦安、舞浜エリアに位置するアーバンリゾートホテル「ハイアットリージェンシー東京ベイ」＝写真＝に特別料金で宿泊できる組合員だけの「宿泊プラン」を紹介している。

組合員の宿泊料金は同ホテルの公式予約サイトの通常料金から40％引きで、繁忙期などに関わらず年間を通じて同率の割引料金となる＝別表。

利用方法は、メールに必要事項を入力し送信するだけ。折り返しのホテルからのメールで予約を行う。宿泊時に身分証などを提示すれば割引が適用される。

なお、同ホテルは東京ディズニーリゾートに近く、無料シャトルバスも運行。ホテル内にはおしゃれなレストランやバー、フィットネスセンターなど施設も充実している。この機会に、家族や大切な人と利用してみては。

◇

詳しくは同ホテル（電話047・305・1234）まで。

【申し込み方法】
メールアドレス　Tokyobay.regency@hyatt.com
メールには、氏名、連絡先、宿泊日、泊数、人数、添寝人数、所属支部（駐屯地、基地等）を記載お願いします

■ 共済組合員限定の特別提供料金

区　分	客室サイズ	特別提供料金（1泊朝食なし）		通常料金（1泊朝食なし）
デラックスキング【一室2名】	28㎡	¥10,441（▲¥6,961）（2名合計。1人¥5,221）	40%引き	¥17,402（2名合計。1人¥8,701）
デラックスツイン【一室3名】	28㎡	¥13,424（▲¥8,950）（3名合計。1人¥4,475）		¥22,374（3名合計。1人¥7,458）

自慢の一品料理

バッファローウィング風空上げ

紹介者：技官　袖森　瑞穂
（第7警戒隊基地業務小隊厚生班給養係・高尾山）

空自高尾山分屯基地には、自転車をブルーインパルス風にアレンジした「高尾山レッドクラブ」という自転車アクロバットチームがあります。このチーム名の「赤」をイメージしたオリジナル空上げ「バッファローウィング風空上げ」を紹介します。

バッファローウィングは、鶏肉の手羽を素揚げにし、辛味の強いソースをまぶした米国の料理です。発祥の地、ニューヨーク州のバッファローが名前の由来とされています。これを給食で提供しやすくアレンジしました。

本来は手羽を使用しますが、当基地では鶏もも肉を使用し、まず一口大にカット。これに塩・胡椒で下味をつけ、片栗粉をまぶして揚げます。

ソースは、トマトケチャップ、タバスコ、食酢、レモン果汁、チリパウダー、オリーブ油を鍋に入れ、とろみが出るまで加熱して作ります。火を使いたくない場合は、全ての調味料をボウルに入れ、混ぜ合わせるだけでも作れます。このソースを揚げた鶏肉にかければ完成です。辛さは、ソースに入れるタバスコとチリパウダーの量で調整できます。

空上げは酸味のあるスパイシーな味で、白飯とお酒が進むこと間違いなしの一品です。

給食では手が汚れないように鶏のもも肉を使用していますが、お好みで手羽元や手羽中などでもおいしく揚げられると思います。

今夜のおかずに、晩酌のお供に、ご家庭で作ってみてはいかがでしょうか。

玖珠駐　部隊の垣根越え料理教室

おいしくコミュニケーション

【玖珠】駐屯地はこのほど、女性自衛官による料理教室を開催した。チーフWACである甲斐悦子2曹の発案で実現、駐屯地内の部隊の垣根を超えた女性同士のコミュニケーションの向上を図った。

教室では業務隊糧食班の指導のもと、約20人の女性隊員が「おにぎらず（沖縄ポークおにぎり風）」と「クレープ」を調理、試食した。隊員たちは調理を楽しみ、その後の食事会でも、語り合うなど交流を深めた＝写真。

地方防衛局

特集

東北防衛局

日米共同訓練を支援

王城寺原演習場　「現地連絡本部」を設置

【東北局】東北防衛局（市川道夫局長）は昨年12月、東北管内の各地で実施された陸上自衛隊と在沖米海兵隊による日米共同実動訓練「レゾリュート・ドラゴン21」を支援した。訓練期間中、防衛省・自衛隊と米軍、地元自治体との間に立ってさまざまな調整に当たり、地域住民の安心・安全の確保に全力を尽くした。

米海兵隊のオスプレイ参加

周辺住民の不安を解消

「レゾリュート・ドラゴン21」は12月4日から同月17日まで、宮城県の王城寺原演習場、青森県の八戸演習場、岩手県の岩手山演習場などで行われた。

米軍人（右）と自衛隊員（左）との間に立ってきめ細やかな調整に当たる東北防衛局地方調整課の岡崎さとみ事務官（11月30日、宮城県の王城寺原演習場で）

宮城県の王城寺原演習場に飛来した在沖米海兵隊のMV22オスプレイ（12月3日）

騒音測定を行う東北防衛局防音対策課の佐々木圭課長補佐（12月7日、青森県三沢市の招和台公園で）

東北防衛局では訓練開始前の11月21日から訓練終了後の12月23日まで、周辺住民の安心・安全の確保と不安の解消のため、王城寺原演習場内に同局の阿部也寸志企画部長を本部長とする「現地連絡本部」を設置。同本部を含め、三沢防衛事務所や岩手山演習場などに延べ約50人の職員を派遣し、関係自治体への情報提供をはじめ、騒音測定やメディア対応などに24時間態勢で当たった。

複数の演習場等を使用した大規模な訓練となったが、東北防衛局は陸自や米海兵隊と緊密に連携し、関係自治体に対して速やかに情報提供を行うとともに、住民の不安解消に全力で努めた。

今回の訓練は米軍再編に係る訓練移転として実施されたもので、沖縄県の負担を軽減するため、普天間飛行場に所在する垂直離着陸輸送機MV22オスプレイなどの訓練活動が組み込まれたのが特徴だ。

訓練には陸自から東北方面総監の梶原直樹陸将を担任官に、5普連（青森）、東北方特科隊（仙台）、東北方航（霞目）などから計約1400人と、AH1S対戦車ヘリやUH1多用途ヘリなどの航空機が参加した。

米海兵隊からは第3海兵師団長（沖縄）のジェイ・バージェロン少将を担任官に、同師団第4海兵連隊第2−8大隊、第1海兵航空団、第36海兵航空群などから計約2650人と、MV22オスプレイを含む航空機が参加し、ヘリボーン訓練などが行われた。

東北防衛局によるきめ細やかな支援のもと、陸自と在沖米海兵隊の部隊はそれぞれの指揮系統に従い、共同して作戦を実施する場合の相互連携要領を演練し、日米の連携強化と共同対処能力の向上を図ることができた。

岸防衛相

木更津市長と会談

オスプレイの安全性を強調

岸防衛相は1月29日、陸自木更津駐屯地を視察後、木更津市役所を訪れ、渡辺芳邦市長と会談した。

岸大臣は冒頭、「2020年7月から暫定配備を開始させていただいている陸自のV22オスプレイを運用する『輸送航空隊』の活動、日米オスプレイの共通整備基盤（定期機体整備）について特別のご理解、ご対応を賜り、改めて感謝申し上げたい」と謝意を表明。

陸自オスプレイについて「暫定配備を開始して以降、これまで機体および日本独自仕様の搭載装備品等の機能・特性を確認する試験を行ってきたが、昨年、所要の試験が終了したことから、私自身も先ほど、実際に陸自のオスプレイに搭乗し、高度に安定した飛行が行われることを確認した」と述べ、「その安全性を確実なものとするため、隊員の練度向上を図る教育訓練を着実に進めたい」と強調した。

これに対し、渡辺市長は、国防や災害派遣活動など、国民の安心・安全のために防衛省・自衛隊が日頃から取り組んでいるさまざまな活動に謝意を伝えた上で、「オスプレイは安全性が十分に担保されている航空機だと認識しているが、市民の間にはさまざまな懸念があることも事実だ」と述べ、市民の安全・安心の確保と5年以内の暫定配備期間の順守を要請した。

木更津駐屯地には現在7機の陸自オスプレイが配備されている。近く2機が米国から日本に移送され、米軍岩国基地（山口県）での整備や試験飛行を経て木更津駐屯地に配備される予定。今後も追加配備が進められ、最終的には南西諸島防衛のため、佐賀空港（佐賀県）に計17機が配備される計画だ。

岸大臣は、これに先立ち視察した木更津駐屯地で臨時記者会見し、オスプレイの安全性を強調。これまで、▽米国政府が開発段階で安全性・信頼性を確認▽米軍オスプレイの日本配備に先立ち、日本政府も独自に安全性を確認▽自衛隊への導入の検討過程、導入決定後も情報収集・分析し、安全な機体であることを確認▽陸自隊員が実際に操縦・整備し、安定した操縦・整備が可能で信頼できる機体であることを再確認――したことを説明した。

その上で、佐賀県への配備について「予定通りに進められると考えている。地元の皆さまとしっかりコミュニケーションを図っていきたい」と最大限の努力を行う決意を示した。

（2面参照）

防衛施設と首長さん

新潟県阿賀野市　田中　清善市長

大日原演習場を擁するまち

市民と自衛隊の協力強化

たなか　きよし　70歳。早大理工学部卒。新潟県土木部都市局参事下水道課長などを経て、2012年4月から阿賀野市長。現在3期目。阿賀野市出身。

新潟県阿賀野市は、新潟平野のほぼ中央に位置し、市名の由来となった清流「阿賀野川」が流れ、県立の自然公園である「五頭連峰」を背後にして、美しい田園風景が広がる自然豊かなまちです。

中でも市内にある「瓢湖」は、秋から冬にかけての白鳥の渡来地として、多くの観光客が訪れる場所です。冬のピーク時には5000羽を超える白鳥が渡来するほか、4月から5月にかけてはサクラ、6月にはアヤメ、7月から8月にはハス、オニバス、フヨウなど季節ごとの色鮮やかな花々を楽しむことができます。

そのほか、当市には出湯温泉、今板温泉、村杉温泉の三つの温泉地からなる「五頭温泉郷」があります。すべての温泉が天然のラジウム温泉であり、高い効能があるといわれています。

市の南東部に位置する陸上自衛隊大日原演習場は、陸上自衛隊新発田駐屯地から一番近い演習場です。年間を通じて射撃・航空機・爆破などさまざまな訓練が行われており、民間企業との災害復旧訓練なども行われています。

これからも、自衛隊と市民の安全・安心のための協力関係をより深め、市のさらなる発展に尽力してまいります。

リレー随想　小森　達也

私は車を運転するのが好きで、遠出をする度にいろいろな土木建造物を見るのが一つの楽しみとなっている。今回は、熊本を横断する国道57号線沿いにある二つの建造物について紹介したい。

市内から天草方面に向かう途中、宇土半島の突端にその港街がある。三角西港（旧三角港）である。三角西港は、福井県の三国港、宮城県の野蒜築港とともに明治の三大築港事業として竣工した日本初の本格的な近代港湾施設である。

しかし、後に鉄道と共に整備された東港に港としての役割が早くに移ったことから、幸か不幸か明治期の港の姿が完璧に現存するに至っている。技術的には、背面の山を削り海面を埋め立て、水路や道路の幅も当時の日本の基準を遥かに超えたスケールであった。

個人的に好きなのは、埠頭や水路の石積みである。これは、大浦天主堂やグラバー邸を手掛けた小山秀率いる天草石工の手によるもので、曲線を多用した加工を行うなど西欧技術を巧みに取り入れ、日本の伝統的技術を遺憾なく発揮したことが伺え、有名な熊本城の石垣とは違う趣がある。

この港は、国重要文化財であり、世界文化遺産の構成資産としても登録されるなど国内外で高く評価されている。また、明治の横浜港や佐世保港に見立て「坂の上の雲」のロケも行われている。

地図に残る仕事

一方で、最近の土木建造物にも目を見張る施設もある。例えば、震災被害から復旧した新阿蘇大橋である。国道57号線を上っていくと右手に美しい姿を現す。長さは250メートル、最大高さは約100メートルもあり、阿蘇の景色に負けない雄大な姿で震災復興のシンボル的な建造物となっている。

落橋した旧橋は南阿蘇方面に向かう重要な役割を有しており、その復旧については大きな期待が寄せられていた。

新橋の特筆すべき点は、何より活断層を跨ぐ橋であるため、同様な震災を受けた場合に落橋しにくく、また橋としての機能回復性を高める設計となっていることであろう。この点が高く評価され、昨年度の土木学会田中賞を受賞している。

二つの施設について述べさせていただいたが、時代の違いはあるものの、共通するのは、どちらも困難な諸条件に対して知恵を絞り、工夫し、不退転の強い意志をもって工事が行われたことにあるのではないだろうか。

熊本防衛支局においても重要なプロジェクトが目白押しで、さまざまな施設が計画・施工中である。よく「地図に残る仕事」と言われるが、果たして先に述べた施設のように「人の記憶にも残る仕事」となるであろうか。それを目的に仕事をするのは本末転倒であるが、技術者の端くれとしてふと思ってしまうのである。

（熊本防衛支局長）

近畿中部防衛局

オンラインで「防衛問題セミナー」

「南海トラフ巨大地震に備えて」3月6日（日）開催

近畿中部防衛局（竹内芳寿局長）は3月6日（日）、オンライン（YouTube）で「令和3年度防衛問題セミナー」を開催する。

テーマは「南海トラフ巨大地震に備えて」。視聴は無料で、事前の申し込みが必要。実施概要は次の通り。

▽日時＝令和4年3月6日（日）午後2時～

▽申し込み方法＝近畿中部防衛局のホームページまたはQRコードで

▽締め切り＝3月5日（土）

▽講師と演題

■鎌田浩毅氏（京都大学名誉教授）「南海トラフ巨大地震のメカニズムと被害想定～『大地変動の時代』に必須の地球科学としなやかな生き方」

■紅谷昇平氏（兵庫県立大学大学院准教授）「大地震に備えた家庭・地域の防災対策」

■中尾京一氏（自衛隊和歌山地方協力本部長）「防衛省・自衛隊の防災訓練」

鎌田浩毅氏

紅谷昇平氏

中尾京一氏

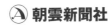

部隊だより////

陸

勝田　駐屯地は1月13日、新成人26人の門出を祝して記念行事を開催した。駐屯地司令の山崎義浩将補は、「天は自ら助くる者を助く」の言葉を新成人に贈った。また、駐屯地修親会や曹友会から記念品が贈呈された。新成人代表の大平洋太朗士長は「一社会人および自衛官として使命をいっそう自覚する」とあいさつ、一人一人が抱負を力強く発表した。

新町　駐屯地は体育館で1月12日、隊員家族や高崎市議会議員、各協力団体の来賓のもと成人行事を開催した＝写真㊤。川畑裕幸司令は新成人10人に、「感謝の気持ちを持て。失敗を恐れず挑戦せよ」と祝辞を述べた。新成人たちは「志を高く持ち、日々精進していきます」「一人前の社会人として、心機一転、頑張ります」と決意を表明した。

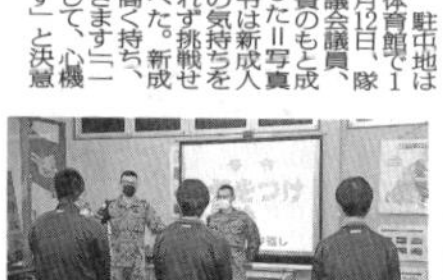

板妻　駐屯地は12月14日、三島市の高校2年生5人の職場体験を支援した＝写真㊤。駐屯地を訪れた生徒たちは、まず自衛隊を紹介するDVDを鑑賞。その後、基本動作やロープ結索法、歩幅で距離を測る歩測などの要領を体験した。生徒たちは最初は戸惑いながら取り組んでいたが、仲間と協力する大切さを学び、自衛隊への理解を深めていた。

松本　駐屯地は1月11日、隊員28人の成人行事を実施した。コロナ下を考慮して恒例の紙飛行機を飛ばす「決意表明」は行わず、参加者を限定して開催した。駐屯地司令の鏡森直樹1佐は訓示で「プロ意識を持て」など3点を要望。新成人を代表して名久井出海士長（13普連3中隊）が「何事にも妥協せず、任務にまい進します」と誓いの言葉を述べた。

久居　33普連は12月16日、連隊炊事競技会を行った。開会式で向田俊之連隊長は「おいしい食事の追求」を要望。メニューは炊き込みご飯や鶏の唐揚げなどで、各中隊が限られた時間のなかで手際よく調理した。各協力会やモニターも加わり、でき上がりを厳正に審査。「最も隊員の胃袋をつかむ食事」として4中隊が優勝した＝写真㊤。

神町　駐屯地は1月21日、成人行事を開催した。新成人48人とその家族が参列し、駐屯地司令の叶賢二将補はじめ土田正剛東根市長らが祝辞を述べた。会場には、新成人たちが作製した抱負が刻まれた盃も展示された＝写真㊨。参加した2中隊の伊藤陸人士長は「謙虚に一生懸命、訓練に取り組み、地域の人に信頼される自衛官を目指す」と決意を語った。

倶知安　駐屯地は1月14日、新たに大人の仲間入りをした12人の隊員の成人行事を行った。式辞で駐屯地司令の斎藤誠2佐は「両親に対する感謝と挑戦する気持ちを大切にしてほしい」と述べた。式後、雪上車と新成人による綱引きが実施された。新成人だけでは雪上車はビクともせず、先輩隊員も加勢、力を合わせて引くと動かすことができた＝写真㊨。

「ドライブ・イン・コンバット」発進

避難住民を守れ!!

サファリパークに着想

7普連

参加型の訓練展示

このコロナ下で、駐屯地を応援してくれている方々に何か恩返しすることができないか――。

現在のコロナ禍の状況を突破する企画がこのほど、7普連（福知山）の駐屯地隊員によって考案された。動物園のサファリパークに着想を得たもので、ドライブスルー方式で訓練を見学する、その名も「ドライブ・イン・コンバット」だ。

これは、部隊の「ブルー・ウルフ」チーム（隊長・菊池誠司1尉）が「避難住民」に見立てた見学者を保護しながら、敵「レッド・フォース」（隊長・奥井孝幸2尉）の侵攻を阻止するまでの、一連の流れを見学するもの。「有事の民間人保護と車両による避難」を実体験できる、全く新しい〝参加型訓練展示〟だ。

〝負傷〟した隊員を応急手当する「ブルー・ウルフ」チームの衛生科救護員（手前）

軽装甲機動車の先導で演習場に入る見学者の車列

機関銃を構える「レッド・フォース」チームの火力戦闘部隊。奥に見えるのは見学者が乗った車両

軽装甲機動車が先導

本番の当日、抽選で選ばれた参加者の車約50台が長田野演習場に集合。この車列が7普連の軽装甲機動車に誘導されながら入場すると、状況を開始。車内の見学者の眼前で、バトラーを使用した隊員たちの実戦的な訓練が始まった。

出現した敵の戦闘車両をブルーの遊撃隊が先制の火力で食い止める。さらに敵主力部隊の接近をドローンで突き止めたブルーは、迫撃砲や重機関銃などを配置して防御線を構築。隊員が戦闘で〝負傷〟すると、すかさず救護員が飛び出し応急手当をした。

カーラジオで実況

演習場内では空包が鳴り響き、硝煙が漂うなか、車内の見学者は窓越しに一進一退の戦況を見守った。この間、ドライブ・イン・シアターと同じく、カーラジオから実況説明が流れた。

最後はブルーが投入した16式機動戦闘車が突破口を切り開き、部隊が突入、地域一帯を制圧して訓練を終了した。

リアルな訓練を間近から見学した参加者は、「すごい迫力だった」「また開催してほしい」と部隊に要望。さらにSNS上でも「見学者を避難民にする発想が素晴らしい」など大きな反響があった。駐屯地広報班では「コロナによる困難を逆手に任務達成できたことは、連隊にとっても大きな自信になった」と話していた。（福知山）

訓練を終え、Vサインで見学者を見送る「ブルー・ウルフ」チームの女性隊員たち

青野原　8高射特科群はこのほど、伊丹駐屯地で日米共同方面隊指揮所演習に参加した。これは陸自最大規模の演習で、日米両参加者は共同作戦時における能力向上を図った。また訓練に先立ち、双方の親善を図る目的で陶芸の絵付けを行った。体験した米軍の兵士からは「日本の文化に触れることができて、良い体験になった」との感想が寄せられた。

前川原　幹部候補生学校はこのほど、一般幹候生360人に対し沖縄戦史現地教育を行った＝写真㊦。候補生たちは米軍の上陸地域の座喜味、第32軍が配備されていた小禄、沖縄作戦終焉の地の摩文仁などを研修。当時の戦闘の様子を追体験し、理解を深めた。摩文仁では沖縄戦戦没者に対して哀悼の誠を捧げ、幹部として勤務する決意を新たにした。

那覇　15旅団は1月18日、駐屯地で3曹昇任式を行った。各部隊の最先任上級曹長や先任上級曹長が参列し、隊員29人の昇任を祝した。担任官の旅団最先任上級曹長の蛯原寛子准尉は「日々精進していただきたい」と祝辞を述べた。式に参加した15通信隊の大坪美波3曹は「部隊の即戦力になる陸曹を目指します」と力強く決意を語った。

対馬　対馬警備隊はこのほど、大船越小学校6年生12人の修学旅行を支援した。長崎地本が同校から依頼を受け実現。当日は自衛隊の概要説明から始まり、装備品展示、軽装甲機動車や高機動車の体験試乗が行われ、好評だった＝写真㊤。生徒たちは戦闘服も試着し、敬礼ポーズで記念撮影。「迷彩の服を着れて良かった」「制服がかっこいい」と喜んだ。

空

新田原　西部航空音楽隊（春日）の19人はこのほど、宮崎県のユニリーバスタジアム新富で行われたプロサッカーリーグJ3テゲバジャーロ宮崎とFC岐阜戦で演奏した。1300人の観客と選手を前に「We Are The Champ」など4曲を披露＝写真㊧。一方、基地は広報ブースを出展し、戦闘機の操縦桿操作体験などを行い空自をPRした。

三沢　北部航空方面隊司令官の安藤忠司空将はこのほど、基地で令和3年度青森県の陸海空自殉職隊員合同追悼式を行った。コロナ下を考慮し、部内の参列者を限定して実施。三村申吾青森県知事や地元選出の国会議員代理、県下協力団体の長らが参列した。厳かな雰囲気のなか儀仗隊による弔銃斉射が行われ、参加者は49柱の御霊の安寧を祈った。

静浜　基地はこのほど、近隣の大井川東小学校2年生の基地見学を受け入れた。生徒たちは、普段目にすることのないT7練習機のコックピットや消防車の放水展示に興味津々で＝写真㊨＝、「基地はいつできたのか」「滑走路の長さは？」など、さまざまな質問も飛び出した。最後に生徒たちは展示されたT3練習機の前で記念撮影を行った。

海

大湊　大湊警備隊に12月20日、新造支援船「油船46号（YO46）」が配備された＝写真㊤。建造した内海造船（広島県尾道市）を出港した同船は陸奥湾に入り、警備隊司令の福山義人1佐らが出迎えるなか、大湊港第6突堤に横づけした。船を受領した福山1佐は「YO46を新たな艦艇支援の戦力として、海上防衛の一端を担っていく」と話した。

舞鶴　14護衛隊の舞鶴地区所在の護衛艦「あさぎり」「あたご」、多用途支援艦「ひうち」の乗員22人は12月14日、繊維製品メーカー「グンゼ」で企業研修を行った＝写真㊤。人材育成法や誠意を持って優良品を生産する精神、ワークライフバランスなどの施策を学んだ。参加者からは「勉強になった」「部下指導に生かしたい」との感想が聞かれた。

崎辺　佐世保教育隊は1月6日、12期海曹予定者課程学生112人の始業式を行った＝写真㊤。柳信男司令は式辞で「海曹として基礎を築く」など2点を要望。西成人佐世保地方総監は「自ら考え目標に向け努力する姿こそ、海曹のゆえんである」と訓示した。学生たちはこれから2カ月半かけて、3曹昇任への最終段階として必要な技能を修得する。

小松島　24航空隊241整備補給隊は1月13日、補給班の新表札を披露した。永野祐一整備補給隊長（写真㊧）と松本章補給班長（㊥）によって掲示。書道10段の腕前を持つ航空機整備員の阿部まなみ1士（㊨）が、表札の文字を書いた。阿部1士は「木材に書くのは初めてですが上手く書けました。新年を迎え気持ちも新たに業務に取り組みます」と語った。

海自×海保 『海のメンタルヘルス勉強会』

船乗り特有の問題で意見交換

産業カウンセラーから助言も

【14護隊＝舞鶴】海自14護衛隊はこのほど、船乗りに必要な精神面の健康に関する「海自×海保メンタルヘルス勉強会」を開催した。第2ミサイル艇隊（舞鶴）司令の下岸功生2佐、舞鶴地方総監部メンタルヘルス担当の小川信之1尉らが参加し、第8管区海上保安本部（舞鶴）の職員と同じ船乗り特有の問題点や職場改善施策を互いに披露し、知識と交流を深めた。

㊤海自×海保メンタルヘルス勉強会で記念撮影する下岸2ミサイル艇隊司令（左）と海保の松浦2等海上保安監 ㊦隊員・職員の心の健康について互いの施策を発表する海自隊員（右側）と海保の職員（左側）（写真はいずれも京都府舞鶴市の第8管区海上保安本部で）

当日は海自から下岸司令のほか、護衛艦「あたご」、多用途支援艦「あさぎり」、「ひうち」のメンタルヘルス担当幹部ら約10人が出席。

海自と海保双方の組織で行っているメンタルヘルス施策を相互に紹介し、今後の人材育成のあり方や海の仕事との向き合い方などをテーマに活発な意見交換を行った。

海保からは「職員の横のつながりを大切に」「同期同士や別の勤務地の話しやすい人に相談する」という2点を奨励していることが紹介され、海自からはZ世代（1990年代以降生まれの若者）に対するストレスチェックや部外カウンセラーの増員、パワハラ・セクハラ防止の各施策が発表された。

さらに産業カウンセラーの資格をもつ海保の松浦あずさ2等海上保安監から「海上保安庁でもメンタルヘルスを強化する重要性を認識している。単に相談室を開放し、『悩みがある人はいつでもどうぞ』というスタイルでは職員も利用しづらい。もっと積極的に職員にアプローチする方法が必要」「心理的安全性の確保が重要。自分の発言が受け入れられるという安心感が職場を活性化させる」といったアドバイスが伝えられ、海自隊員の関心を集めていた。

勉強会終了後、海自、海保双方の参加者からは「他省庁の施策を学べることはめったになく、貴重な機会だった」「このような会を定期的に行ってほしい」といった感想が寄せられた。

14護隊は「引き続きこうした勉強会をはじめとする各種関連行事を積極的に企画したい」と話している。

こちら警務隊　窃盗・横領

「盗品と分かっていて」、「盗品かもしれない」と盗品を受け取れば犯罪！

盗品を無償で譲り受けたら 盗品等無償譲受け罪に該当

知人から盗品をもらった場合、どんな罪になりますか？

盗品等と知りながら無償で譲り受けた場合、盗品等無償譲受け罪に該当し、3年以下の懲役に処せられます。

また、盗品の運搬・保管・有償譲受け・有償処分のあっせんについては、犯罪を助長する行為として、10年以下の懲役及び50万円以下の罰金となり、より重い罰に処せられます。

これらの罪は、直接他人の物を盗まなくても犯罪になります。

盗品であると知った場合は、出頭を促す、または通報する等、犯罪に加担しないようにしましょう。

罪を犯せば刑事罰や懲戒処分を受けますので絶対にやめましょう。

（東部方面警務隊）

里親に初の警備犬引き渡し 「トレビ号」が除隊式

中警団

警備犬除隊式の後、隊員から拍手で見送られる「トレビ号」（中央右）。その左はハンドラーの脇田3曹＝入間基地で

【中警団＝入間】中警団はこのほど、引退した警備犬「トレビ号（11歳、牝）」の民間引き渡しに伴う警備犬除隊式を行った。

これまで警備犬は引退後、部隊で余生を送っていたが、動物愛護などの観点から民間の里親への引き渡しが検討され、今回空自で初めて実現した。

「トレビ号」は2013年に入間基地に配置され、爆発物捜索犬として活躍し、19年末に現役を引退した。

除隊式では首輪を返納し、多くの隊員からの万歳三唱、らっぱ吹奏により見送られ、里親に引き渡された。

ハンドラーの脇田翔太3曹は「長い間お疲れさまでした。充実した第2の人生を過ごしてほしい」とそれまでの労をねぎらった。里親は「皆さんの愛情をしっかりと引き継いで、これから幸せに育てたい」と語った。

根本准尉が定年退官 「強靭な陸自の創造」に貢献

陸自最先任上級曹長

定年退官を迎え、吉田陸幕長（右）からのねぎらいの言葉を受け退庁する根本前・最先任上級曹長（1月25日、防衛省儀仗広場で）

【陸幕最先任室＝市ヶ谷】第7代陸自最先任上級曹長の根本和男准尉が1月25日、定年退官を迎え、36年10カ月に及ぶ自衛隊生活に幕を下ろした。

根本准尉は昭和60年3月に入隊以来、空挺団などで活躍。常に自らを鍛え、たぐいまれなリーダーシップをもって多くの隊員を善導育成し、部隊の精強化に努めてきた。

令和元年6月に陸自最先任上級曹長に就任後は、准曹士隊員に対し「リーダーシップエンジン」を要望事項に掲げ、全国の最先任上級曹長らと緊密に連携。積極的に現場に赴き、常に准曹士隊員の先頭に立って「強靭な陸上自衛隊の創造」に大きく貢献してきた。米国をはじめとする諸外国の最先任らとも積極的な交流を図り、陸軍種間における信頼関係構築に寄与した。

最先任上級曹長の交代式は昨年12月20日、防衛省講堂で行われ、第8代最先任上級曹長に村脇正伸准尉が着任した。

根本准尉は村脇新最先任上級曹長に思いを託し、吉田陸幕長をはじめとする多くの隊員からの万歳三唱を受け、防衛省を後にした。

マスコットに「はやてくん」

横田基地 着ぐるみも制作中

【横田】空自横田基地はこのほど、鷹をモチーフとした公式マスコットキャラクターの「はやてくん」を公開した。

同キャラクターは、基地の准曹士隊員でつくる制作委員会が2020年11月から約1年間かけて検討、制作。同基地周辺が江戸時代に鷹場となっていたことから、鷹がモチーフとなっている。F35戦闘機や空自迷彩色のグレーを模したカラーリングと、胸の鷹斑（たかふ）に横田の「Y」があしらわれたデザインは、歴史と伝統を継承する精神、空自の精強性、未来への飛翔を表現している。

愛称はモデルとなった「ハイタカ」の語源が「疾（はや）き鷹」とされることから、部隊が迅速に対応するイメージに合わせ「はやてくん」と付けられた。

2012年3月に航空総隊司令部と関連部隊が府中基地などから移転して今年で10年を迎えるのを記念して、同キャラクターの着ぐるみも制作中だ。

横田基地の広報担当者は「今後、はやてくんを公式マスコットとして、国民から愛着を持ってもらえるよう活用していく」と話している。

グレーを基調としたカラーリングと、胸には横田基地の「Y」があしらわれた基地マスコットキャラクター「はやてくん」

全国地本初のボーイズトーク

高崎地域事務所

全国地本初の「ボーイズトーク」で隊員と懇談する男子生徒たち（12月26日、高崎地域事務所で）

【群馬地本】高崎地域事務所は12月26日、全国地本で初の男性限定の説明会「ボーイズトーク」を開催した。

この試みは高崎所が毎年夏と冬に開催している女性限定懇談会「ガールズトーク」の評判を聞きつけた男子生徒から「男だって不安はある！」との声が上がり企画したもの。当日は、全国から集結した男性隊員6人が入隊・入校予定の13人の男子生徒たちの疑問や不安解消に努め、男性限定ならではのざっくばらんなトークを展開した。

特に、入隊に迷いがある入校予定者に対しては小島悠熙1士（東千歳通信所）が対応。空士として入隊後に幹候生試験に合格、今年一般幹候生として空幹候校（奈良）に入校する経緯を伝え、「努力すれば、やりたいことが叶うのが自衛隊です」と力説した。

話を聞いた生徒は「幹部を目指して入隊を検討したい」と前向きな様子だった。

小休止

▽…14護隊の護衛艦「あさぎり」はこのほど、3護隊の護衛艦「あたご」と海自4術校の体育館でソフトバレーボール大会を行った＝写真。護衛艦の長期修理期間中に隊員の体力を維持するのが目的で、「あさぎり」艦長の角田泰基2佐が呼び掛けた。

▽…1チーム10人で各艦から4チームずつ、計8チームが出場。参加者は敢闘精神を発揮し、熱い戦いを繰り広げた。結果は「あたご」チームが1、2位を独占、「あさぎり」チームも3位に入った。

▽…久しぶりのスポーツに心身ともにリフレッシュした隊員たちは、「全員が一つになって楽しめた」「モチベーションが向上した」と喜んだ。「あさぎり」は「今後も各種企画を実行していきたい」としている。（舞鶴）

情報を適切管理する重要性学ぶ

サイバー基礎セミナーを受講して

2陸曹 東坂 泉澄（36普連本部・伊丹）

令和3年12月23日、市ヶ谷駐屯地で実施された「サイバー基礎セミナー」をVTC（TV会議方式）により受講する機会を得た。

私は、連隊の第2科に勤務しており、秘密保全等についての基礎知識については持ってはいるものの、急速に変化するサイバー空間で、保有する情報をいかに守っていくべきかという具体的な知識は、規則をひもとくばかりでは実効性にかけると感じ、基礎となる考え方を学ぶため本講座の受講を希望した。

本講座では、まず過去に発生した事例をもとに、情報セキュリティの要素を踏まえたリスクのとらえ方とシステムの脆弱性について学び、不正を起こすのはあくまで人間であり、不正行為をさせないことと、攻撃者につけ入る隙を与えないことなどの環境づくりが重要であると学んだ。

その後、部外講師による高度な情報セキュリティ資格についての説明と、その資格を有したプロフェッショナルたちの考え方について教育を受けた。

特に印象に残ったことは「数えられないものは管理できない。管理できないものは守れない」という言葉であり、情報資産を守るということは、保有する情報を適切に管理することが最も重要であり、その情報の価値を正しく認識することにより、適切な防護措置を講ずることができるという点である。

情報セキュリティ機能は、あくまでサポート機能であり、過剰な防護措置や制限を設けることにより業務を阻害するストッパーとならないように、可用性を損なうことなく、業務を安全に実施していきたいと感じた。

また、国民の負託にこたえる陸上自衛隊員としての正しい知識に加え、情報セキュリティに関する必要な知識についても、常にアップグレードさせ続けなければならないと感じた。

（世界の切手・ニカラグア）

モチベーションとは、夢が作業衣を着る時のことを言う。

ハル・ローチ（米国の映画監督）

朝雲ホームページ
www.asagumo-news.com
会員制サイト
Asagumo Archive プラス

朝雲編集部メールアドレス
editorial@asagumo-news.com

みんなのページ

最後の隊員生活を全力で

陸士長 清家 エミリ（10後支連2整備大隊・久居）

私は自衛隊で車両整備を任務とする装輪車整備手として勤務しています。今年は今年度で任期満了する私にとって最後の自衛隊生活です。残された時間をより一層気合いを入れて業務に励み、全力で楽しみたいと思います。

今年の目標は、体力面においては年度末に持続走競技会があるので、駆け足の練成に努め、良い記録を出したいと思います。また、普段からしている筋トレを継続し、筋力向上にも努めたいと思います。

業務面においては、新配置隊員が昨年9月から来ているので、自分が今まで先輩たちから教えて頂いた営内生活や業務等について、できる限り教えていきたいと思います。

これまで上司や先輩から整備を教えて頂いて、今では組長のサポートや故障整備など、一通りの車両整備を任せてもらえるようになりましたが、後輩や新配置隊員に伝わるように教えるのがとても難しく、得意不得意も伝わり方も人それぞれ違うため、「教える」ということの大変さを痛感しています。

上司・先輩方から教わった知識、技能を思い出し、私も少しずつ自分ができることを教えていくとともに、自分自身もさらに成長していきたいと思います

最後に、自衛隊に入隊してさまざまな経験をして、たくさんの方々と出会い、たくさんの学びや思い出を頂きました。次の職場でも自衛隊で学んだことを生かし、元自衛官として恥ずかしくない態度で楽しく一生懸命やっていきたいと思います。

背嚢を彼女と思う

3陸曹 阿比留 聖（対馬警備隊普通科中隊）

レンジャー教育を無事修了し、その場でプロポーズした真珠美3曹（左）と記念写真に収まる阿比留3曹。この後、入籍し、晴れて夫婦になった

令和3年9月14日から12月10日までの間、40普連で行われた部隊集合教育レンジャーに参加しました。

教育の序盤から何度も心が折れそうになりましたが、教官・助教・同期、バディーのおかげで何とか教育修了まで頑張ることができました。

今はまだレンジャー隊員として未熟ですが、この胸のバッジに見合うレンジャー隊員になれるように頑張っていきたいと思います。

また、以前から交際中の女性自衛官（田代真珠美3曹。今教育の教育実施部隊・40普連の衛生救護陸曹）である彼女にレンジャー教育修了と同時にプロポーズし、結婚することになりました。

教育間、指導を通して掛けられた数々の言葉の中で、特に心に残っているのは「これが訓練ではなく実戦であり、今おまえの背中に背負っているものが、背嚢でなく大切な彼女だとしたら、それをここに置いていきますか？」という言葉です。手足が千切れても前に進まなければ大切な人も自分もいなくなる。「背嚢を彼女だと思う」というこの言葉で訓練を乗り越えることができました。

結婚してからも、この気持ちを忘れず、どんな困難も2人で乗り越えて楽しく笑顔溢れる家庭を築いていきたいと思います。

新刊紹介

「捨てない生きかた」 五木 寛之著

新型コロナの感染拡大による外出自粛などで在宅時間が長くなり、部屋を片付けたり、フリマアプリや出張買い取りサービスなどで「断捨離」を行う人たちが増えている。直木賞作家で数々の文学作品を送り出してきた著者は、その風潮に抗うように「捨てない生きかた」に素敵な道理があるという。卒寿を迎えようとする著者がこれまでの人生経験を振り返り、捨てない意義を示す。

著者は捨てずにとってあるモノから記憶を呼びさまし、そうしたモノが自分にとってかけがえのない「終生の友」となっていることを紹介。過去の記憶を噛み締めることで自分を支え、見えない明日へ向かって生きていくことの意味を綴る。

自身の物品保持だけにとどまらず、法然と親鸞が捨てようとしたものや、かつて暮らしていた石川県金沢市についても言及。歴史やその背景に思いを巡らすことで得られるものについて記す。

戦前からの激動の時代を生き、思索を重ねて辿り着いた著者の境地に触れられる一冊。後半生を豊かに過ごすヒントが随所にあり、「人生の宝物」である"ガラクタ"を手放す前に読んでおきたい。

（マガジンハウス刊、1000円）

イラストでわかる！「兵器メカニズム図鑑」 坂本 明著

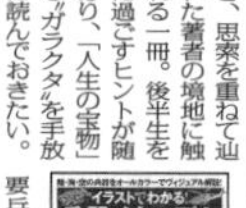

本書は、緻密なイラストを駆使して兵器の歴史や仕組み、運用方法を紹介するオールカラー図解本だ。著者は雑誌『航空ファン』編集部を経て、兵器のライター・イラストレーターとして活躍、メカニックとテクノロジーに造詣が深い。

陸・海・空の多種多様な兵器の中でも、特に主要なジェット戦闘機や空母、戦車、近代火砲など主要兵器9種を取り上げる。それぞれが歴史の中でどのように発展してきたのか、どのように使うのか、あるいは敵とどう戦うのかなどを分かりやすく解説。また「兵器透視図解コレクション」として、米海軍の艦上戦闘攻撃機「スーパー・ホーネット」や「オスプレイ」、戦艦「大和」などの内部構造を紹介。見開き大のイラストは見応え十分で、初心者の入門編のみならず、コアなミリタリーファンの好奇心にも応えてくれる内容だ。

北朝鮮の弾道ミサイルもページを割いて取り上げる。到達高度や射程、発射したミサイルの種類など、これまでの経緯も含めて包括的に理解できる。

兵器を知ることは、戦争を理解することにつながる。本書を読めば兵器についての知識はもちろん、軍事や国際紛争といったニュースがぐっと身近に感じられるだろう。

（ワン・パブリッシング刊、990円）

『自衛隊体育学校60年の歩み』

体校が学校史を編纂・発売

歴代五輪メダリストなど 各競技の栄光の記録を紹介

自衛隊体育学校は令和3年に創立60周年を迎え、これを機に「学校史」を編さんしています。

内容は、歴代五輪メダリスト等の記事や学校の60年にわたる変遷を写真を多用して紹介するとともに、各競技種目の栄光の記録や歴代勤務者などが掲載されています。

学校史の完成・発売は2月下旬を予定。本書（税込3000円）を希望される方は、本校HPの「お問い合わせ」ページ（下記QRコード）にある「60年の歩み申し込み」に必要事項を記入し、送信してください。着信後、本校から確認の連絡（メール）をしますので、その後、購入手続きをお願いします。

【申し込み・問い合わせ先】

東京都練馬区大泉学園町　朝霞駐屯地　自衛隊体育学校総務課総務班（電話　048-460-1711、内線8—37—4627）

「お問い合わせ」ページアドレス（https://www.mod.go.jp/gsdf/phy_s/info.html）自衛隊体育学校Webサイト「60年の歩み申し込み」

OBがんばる

少しでも後輩の励み、目標に

小澤　弘二さん　56

平成30年7月、14旅団司令部を3佐で定年退官。協拓建設労務安全部次長として労働災害防止のための計画作成、現場状況の確認などの業務に励んでいる。

私は、平成30年7月に定年退官しました。再就職するにあたり、明確な希望がない私を地本の援護担当者が親身に援助してくださり、おかげさまで高松市の協拓建設株式会社に労務安全部次長として入社することができました。

当社は主にダム躯体工事、鉄道・高速道路のトンネル工事を施工しています。私が所属する労務安全部は「労働者の安全・健康の確保（労働災害防止）」のため、各種計画の作成、現場パトロールでの法令遵守状況の確認・不備事項の是正、関係法令・規則の周知及び安全意識向上のための教育を行っています。

正直なところ、建設業に関する知識もなく、また、関係法令である労働安全衛生法の勉強等、当初は大変苦労しました。しかし、建設業は工程管理、品質管理と相まって文字どおり「安全第一」の安全管理を重視するため、とてもやりがいがある業務です。また、幹部自衛官として定年退職した私を採用して頂いた意味を考え、自衛隊勤務での経験を生かしながら若手社員の資質向上にも留意して勤務しております。

退職を予定している皆様、再就職に当たっては誰でも多少の戸惑いや不安はあると思います。しかし、企業が求める社員としての資質は自衛隊員なら十分にありますので、自衛官として勤務していることに自信と誇りを持って再就職に臨んで頂きたいと思います。

最後になりますが、当社では4人の退職自衛官が勤務しております。我々は、少しでも後輩の皆様の励みや目標となれるよう、今後も元「自衛官」として頑張っていく所存です。

あさぐも掲示板

■陸自東方音「第42回室内楽演奏会」

陸自東部方面音楽隊は3月7日、埼玉県川口市の川口総合文化センター・リリア音楽ホールで「第42回室内楽演奏会」を開く。開演午後6時半。入場無料。

曲目はフルート四重奏「グランド・カルテット ホ短調、作品103より第1楽章」（F・クーラウ）、クラリネット四重奏「クレズマー・ウエディング」（M・カーティス）、マリンバ二重奏「タンゴ組曲より第1、2楽章」（A・ピアソラ）など。

希望者は東方音ホームページの入力フォームまたは往復はがきで申し込む。2月21日必着。詳細は東方音HPを参照。問い合わせは東方音（048－460－1711）まで。

詰将棋

出題　日本将棋連盟　九段　石田　和雄

第861回出題

5	4	3	2	1	
	歩	王	桂		一
			角		二
	香		竜		三
	歩				四
		桂			五
					六

▲先手　持駒　角

【ヒント】まず初手が肝心（10分で初段）。

▶詰碁、詰将棋の出題は隔週です◀

詰碁

出題　日本棋院　九段　曲　励起

第1276回解答

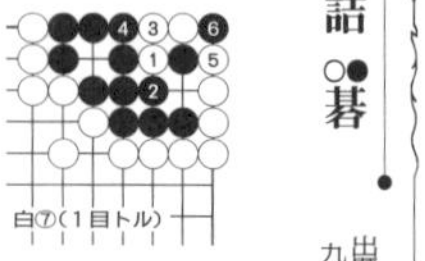

【解答図】白先、黒劫。白①が大切で、黒❷には白③黒❹には白⑤黒❻白⑦で劫になります。

「朝雲」へのメール投稿はこちらへ！

▽原稿の書式・字数は自由。「いつ・どこで・誰が・何を・なぜ・どうしたか（5W1H）」を基本に、具体的に記述。所感文は制限なし。

▽写真はJPEG（通常のデジカメ写真）で。

▽メール投稿の送付先は「朝雲」編集部（editorial@asagumo-news.com）まで。

朝雲

発行所　朝雲新聞社
〒160-0002 東京都新宿区四谷坂町12-20 KKビル
電話 03(3225)3841
FAX 03(3225)3831
振替00190-4-17600番
定価一部150円、年間購読料9170円（税・送料込み）

主な記事

トンガ離島に物資輸送

「おおすみ」搭載の陸自ヘリ

海底火山の大規模噴火による津波と降灰で大きな被害を受けたトンガで海自輸送艦「おおすみ」による国際緊急援助活動が本格化している。同艦は2月9日に首都ヌクアロファの国際港に入港。日本から運んできた支援物資を全て引き渡し、11、12の両日は岸壁に到着したトンガ政府の水タンク車に給水支援を行った後、12日中に港を離れ、14日から同艦に搭載の陸自CH47JA輸送ヘリ2機で離島への飲用水の空輸を開始した。隊員は14日はエウア島に飲用水を輸送。新型コロナ対策のため隊員は防護衣を着用し、非接触で引き渡した。隊員は復興祈念、現地市民は感謝のメッセージをそれぞれ掲げ、互いにコミュニケーションを図った。

国際緊急援助活動が本格化

トンガの首都ヌクアロファ（トンガタプ島）の国際港に入港した自衛隊の国際緊急援助活動統合任務部隊の輸送艦「おおすみ」。離島への支援物資空輸を前にテストフライト中の陸自CH47JA輸送ヘリから撮影（2月11日）＝統幕提供

1月24日に呉基地を出港した自衛隊の国際緊急援助活動統合任務部隊の輸送艦「おおすみ」がトンガに届けた救援物資は、飲用水約10トン、食料品約4トン、ポリタンク約2000個、火山灰を撤去するための高圧洗浄機約60台、リヤカー約50台、手押し一輪車約200台、スコップなど。

ヌクアロファ国際港では2月9日、トンガ市民や在留邦人が「ありがとう日本」と書かれた横断幕を掲げて出迎えた。

その後、支援物資の検疫が終了したことを受け、12日に「おおすみ」は同港を出発。14日からは陸自CH47JA輸送ヘリ2機で、トンガ政府から要望のあった三つの島に各10トンの飲用水の輸送を開始した。

山村海幕長はこれに先立つ2月8日の記者会見で「『おおすみ』乗艦の陸・海自隊員は、日本から復興を願う気持ちを伝えるため、メッセージボードや折り鶴を作製するなど、心を込めた準備を航行中も実施してきた。今後、緊急支援物資の輸送が本格化するが、物資だけでなく、こうした気持ちも併せてトンガの人々に届けられることを願っている」と語った。

一方、山崎統幕長は2月10日の記者会見で、1月22日から2月2日までオーストラリア東部のアンバーレー空軍基地を拠点にトンガへの物資空輸を担ってきた空自C130H輸送機2機について、9日にアンバーレー空軍基地を出発し、10日午前に空自小牧基地に帰国、国内待機に移行したことを明らかにした。今後、新たな要請があれば即応できる態勢を維持する。

山崎統幕長はその理由について、「『おおすみ』がトンガに到着し、支援物資の引き渡しのめどがたったことに加え、国際調整所（ICC）による調整の結果、今後の支援物資の輸送について、軍による輸送支援が必要な場合においても豪州やニュージーランドといった地域のパートナー国の支援で十分な状況となった」と説明した。

さらに、日本が豪州、ニュージーランドに続き3番目にトンガに支援物資を届けた国であることに触れ、「トンガ政府から感謝の言葉をいただいている。C130H輸送機が着いた時には首相をはじめ、主要閣僚、私のカウンターパートの参謀総長が出迎えてくれた」と振り返った。

こうしたトンガ政府からの謝意について「日本の国際緊急援助隊に対する期待と感謝が表れているものだと思う。我々はインド太平洋の国家として、『自由で開かれたインド太平洋（FOIP）』の実現を掲げており、危機に際した国があった場合にはいち早く即応して行動することの大切さを（今回）改めて感じた。トンガは太平洋における重要なパートナー国だ。トンガの一日も早い復興と持続的な発展を祈っている」と述べた。

統幕長　トンガ参謀総長と会談　迅速な支援に謝意

山崎統幕長は2月7日、自衛隊の派遣部隊が国際緊急援助活動を実施している南太平洋の島嶼国・トンガの国軍参謀総長フィエラケパ陸軍准将と電話会談を行った。

統幕長は1月15日に発生した海底火山の噴火と津波によって被災したトンガへのお見舞いの言葉を伝えるとともに、現地で活動中の自衛隊部隊の活動について意見交換した。

フィエラケパ参謀総長は山崎統幕長に対し、日本の迅速な救援と支援活動に謝意を示した。

トンガ国軍参謀総長のフィエラケパ陸軍准将（円内）と電話会談する山崎統幕長（2月7日、統幕で）

2022年度防衛費　重要施策を見る　〈2〉

陸自

輸送船2隻整備、海上機動力を強化

吉田陸幕長は本紙の年頭あいさつで「令和4年は国家安全保障戦略、大綱・中期防の見直しが行われる分水嶺となる年」とした上で、陸自は「変革の加速、実力の進化、信頼の増進を合言葉にイノベーションを進める」と決意を表明した。

その考え方は22年度予算案（1兆7533億円＝当初）にも表れている。昨年、30年ぶりに実施した「陸上自衛隊演習」の教訓を基に、22年度は機動・展開能力の強化に重点を置き、これまで欠落していた「海上機動」の整備にも着手する。初計上された「輸送船船2隻」（102億円）は、いずれも砂浜に乗り上げて物資を降ろせる多機能タイプで、離島への輸送能力を高める。新年度は中型輸送船（搭載能力約1700トン）と小型輸送船（同約350トン）を建造し、完成後は海自と協同運用する計画だ。

このほか16式機動戦闘車を33両、10式戦車6両、19式装輪自走155ミリ榴弾砲7両、UH2多用途ヘリ13機などを調達。同時に各種資材を集積・保管しておくコンテナヤード整備にも着手する。

部隊の体制強化では、北方の5旅団（帯広）、東方の12旅団（相馬原）を「機動旅団」に改編、中方の3師団（千僧）は地域配備師団に改める。南西諸島の警備強化のため、石垣島に「八重山警備隊」（仮称）を新編。併せて南西地域の施設整備に169億円、輸送航空隊の配置に伴う施設整備に30億円を投入する。火薬庫も設置する計画だ。

イノベーションでは、209億円を投じ陸自のすべてのシステム・ネットワークを一元管理、防護できる機能（SNMS）に改善、サイバー領域を強靭化する。また、システムは各種情報を一元的に処理・共有できるクローズ系クラウドシステムに換装する。野外系システムのソフトウエアも共通仕様に変更する。

サイバー分野では北部方面隊を支援する「第304システム防護隊」（仮称）を札幌に新編する。

電磁波領域では、健軍の301電子戦中隊と3年度末に朝霞に新編される「101電子戦隊」（仮称）の組織を強化。高田、米子、川内駐屯地にも電子戦部隊を配置する。

海・空からの攻撃への対処力も強化する。巡航ミサイルを迎撃できる03式中距離地対空誘導弾（改善型）1式を取得し、装備する3高射特科群（飯塚）を改編。長射程の12式地対艦誘導弾を装備する「304地対艦ミサイル中隊」（仮称）を西方の健軍駐屯地に新編する。

今後、陸上戦闘の様相を劇的に変える無人機（ドローン）の調査研究にも力を入れ、その一環として5億円を投じ、UAV（狭域用）7式を取得する。

（古川勝平）

南西諸島などに隊員、装備・補給品を海上輸送するため、陸自が整備に着手する「中型級船舶」のイメージ。離島の砂浜に乗り上げ、物資を迅速に陸揚げできる

最優秀掲載　板妻3連覇

朝雲4賞　写真賞に熱海土石流災派

昨年1年間、本紙に掲載された部隊等からの優れた投稿を4部門にわたって表彰する令和3年の「朝雲賞」の受賞部隊・個人等が2月10日、選考委員の選出により決定した。

「朝雲賞」の対象は全国の部隊、地本等から寄せられた約3350件の記事・写真・個人の所感文で各部隊の「朝雲モニター」の意見を参考に68件がノミネートされた。

選考委員は内局広報・厚生両課長、広報課先任部員・報道室長、厚生課福利厚生調整官・先任部員、統幕総括副報道官、陸海空各幕広報室長・厚生班長、朝雲新聞社社長・編集局長の計15人。

ノミネート作品の中から「掲載賞」「記事賞」「写真賞」「個人投稿賞」の4部門の優秀作品を選出した。

最も多く紙面を飾った「掲載賞」は、陸自板妻駐屯地が令和元年、2年に続き最優秀に選ばれ、次いで陸6、海3、空3、地本4、地方防衛局1の部隊等が優秀賞となった。

「記事賞」は沖縄地本の「ラグビーパスリレー動画配信」（9月16日付7面）が最優秀賞に。新型コロナの影響で希薄になった人と人とのつながりを取り戻すべく、沖縄地本がラグビーボールのリレー動画を制作する内容。地本に加え、空自や米軍もパスの絆をつないだ心温まる取り組みが高く評価された。

「写真賞」は「熱海土石流、捜索救助」（7月8日付8面）が最優秀賞に。7月の土石流に伴う災害派遣で、捜索棒を手に土砂で覆われた被災現場に突き進む1戦大（駒門）の隊員の勇敢な姿をとらえた1枚が選ばれた。

「個人投稿賞」の最優秀は海自OBの是本信義さんの所感文「追憶64オリンピック東京大会支援(上)・(下)」（7月8日付10面、同15日付8面）。1964年の東京五輪支援を担った是本氏が当時を振り返る内容。臨場感あふれる筆致で当時の任務を明らかにし、高い評価を得た。

各賞に選ばれた部隊・個人等には後日、表彰状と記念品が贈られる。受賞部隊等の詳細は3月10日付本紙に掲載の予定。

水機団　米海兵隊　共同作戦能力を向上

日米共同実動訓練「アイアン・フィスト22」で、陸自隊員（手前）が援護する中、前進する米海兵隊の新型水陸両用車ACV（奥）＝陸自提供

島嶼部での水陸両用作戦の能力向上を目的とした陸自水陸機動団（相浦）と米海兵隊との共同実動訓練「アイアン・フィスト22」が2月16日、終了した。

同訓練は米カリフォルニア州の海兵隊基地キャンプ・ペンデルトンを中心に1月10日から行われ、水機団の隊員約190人と米軍兵士約1170人が参加。島嶼奪回に向けた各種訓練を通じ、日米共同での作戦能力を向上させた。

米海兵隊の揚陸訓練海岸「ホワイト・ビーチ」で行われた総合訓練では、前哨部隊の隊員が援護する中、陸自の水陸両用車AAV7と海兵隊の新型水陸両用車ACVが次々と上陸。市街地を制圧するまでの一連の流れを演練した。

（4面にグラフ特集）

日米韓防衛相　北ミサイル協議

岸防衛相は2月10日、米国のオースティン国防長官、韓国の徐旭（ソウク）国防相と日米韓3カ国の電話会談を行い、今年に入ってから7回に及ぶ頻繁なミサイル発射を繰り返す北朝鮮の動向をはじめ、日米韓3カ国の安全保障協力の強化などについて議論した。

岸大臣は国際社会の共通目標として、国連安保理決議に従った北朝鮮の完全な非核化と弾道ミサイルの検証可能で不可逆的な放棄の実現に向け、日米韓3カ国が緊密に連携することの重要性を改めて提起した。

3氏は北朝鮮の弾道ミサイルの発射が地域の安全保[illegible]ことで一致した。

春夏秋冬

キングスマンとAI

土屋　大洋

まだコロナの第六波が来ていなかった頃、混まない時間を見計らってこっそり映画館に行った。「映画館だけで公開」という宣伝文句を付けていた『キングスマン：ファースト・エージェント』を見たかったからだ。

前々作の『キングスマン』と前作『キングスマン：ゴールデン・サークル』ではCGを駆使したコミカルなシーンも多かった。しかし、今作は第一次世界大戦時の史実を織り交ぜ、英国紳士の親子関係を軸にしながら、世界最初のインテリジェンス（情報）機関である「キングスマン」の成立を描く少しシリアスなストーリーだ。

もちろん、フィクションなのだが、第一次世界大戦前後の実在の人物たちがたくさん出てきておもしろい。[illegible]怪僧ラスプーチンだ。ニコライ2世と従兄弟関係にある英国王ジョージ5世やドイツ皇帝ヴィルヘルム2世も出てくる。

米国を第一次世界大戦に引き込むことになる「ツィンメルマン電報」のくだりもにやりとさせられる。米国大統領ウッドロー・ウィルソンが参戦を渋っていた理由は何だったのか。その解決にキングスマンが一役買ったと描かれる。

私の研究テーマのひとつはサイバーセキュリティだ。サイバースペースは現代のインテリジェンス機関にとって最大の作戦領域と言って良い。現代を描くスパイ映画のほとんど全てでコンピュータとネットワークが大きな役割を果たす。[illegible]デミックの時代にあるのだろうか。

2020年10月、英国情報局保安部（MI5）長官は、新型コロナウイルスの影響で街頭から人通りが絶え、容疑者尾行などの任務がより困難になっていることを認めたという。

21年12月には秘密情報部（MI6）長官が異例の公開演説を行い、人工知能（AI）の技術が今後10年間の政治の世界を激変させると分析し、AIを支配したものが主導権を握る可能性があるとも予想した。

このパンデミックはインテリジェンスのあり方も大きく変えるだろう。自衛隊にも未来への備えを期待したい。

（慶應義塾常任理事、慶應義塾大学大学院教授）

朝雲寸言

[illegible]

時の焦点

国内

国際情勢の悪化

多国間の安保協力進めよ

中国は強引な手法で海洋権益を拡大し、ロシアはウクライナに対する軍事的威嚇を強めている。北朝鮮はミサイル発射による挑発を辞めようとしない。強権国家による国際秩序への挑戦に、米国と同盟国は結束して対処する必要がある。

日米豪印4カ国（クアッド）の外相会談が豪メルボルンで開かれた。4カ国外相は「自由で開かれたインド太平洋」の構想を推進し、海洋秩序への挑戦に対抗していく方針で一致した。林外相は会談で、台湾海峡の平和と安定の重要性について指摘したという。

中国の習近平政権は、南シナ海の軍事拠点化を進めた。中台統一の目標を堅持し、台湾周辺で軍事的行動を繰り返している。力による現状変更は看過できない。隣国である日本は、中国に国際規範を守るよう訴え続けることが重要だ。

中国が強権統治の政治モデルを世界に広めていくような事態は避けねばならない。法の支配や自由といった普遍的価値を広げていく枠組みとして、クアッドの重みは増している。

外相会談では、緊迫するウクライナ情勢もテーマとなった。米国のブリンケン国務長官は、中露の問題を共通課題と位置付け、団結を呼びかけた。

北京冬季五輪の開幕に合わせた中露首脳会談で、習国家主席はプーチン露大統領に対し、ウクライナ情勢でロシアの立場を支持する姿勢を示した。台湾や沖縄・尖閣諸島への侵攻を正当化する狙いがあるのではないか。

バイデン米政権は、米国のリーダーシップの回復を強調しているが、「世界の警察官」として、中露の「二正面」に対応するのは難しいだろう。

米英豪3カ国は昨年、対中国を念頭に、安全保障協力の枠組み「オーカス」を創設した。自由で開かれたインド太平洋を提唱した日本は、オーカスへの参加を前向きに検討すべきだ。

米国の国力は、相対的に低下している。地域の安全を守るため、多国間の協力を深めることは不可欠だ。協力の枠組みを広げることが、抑止力の維持につながる。

豪州訪問後、林外相は米ハワイで日米韓外相会談に臨んだ。

今年に入り、北朝鮮は、日韓を射程に収める短距離弾道ミサイルや、米領グアムに届くとされる中距離弾道ミサイルを発射した。核実験の再開も示唆している。緊張を高め、有利な対話局面をつくる狙いとみられている。

国際社会は有効な打開策を打ち出せないでいる。ウクライナ情勢に関心が集まっている影響もある。

日米韓の外相は、最近の北朝鮮の動向を分析するとともに、改めて核・ミサイル放棄に向けて、緊密に連携する方針を確認した。3カ国の外交当局者には、具体的な制裁圧力の強化策を検討してもらいたい。

夏川 明雄（政治評論家）

海外

ウクライナ危機

欧米の説得外交本格化

いつの時代であれ、軍事同盟が対峙する相手側に対して最大の抑止効果を発揮するには、同盟諸国の政治的意志と結束・連携が重要な要素の一つであるのは改めて言うまでもない。そうした意味で、1990年代の東西冷戦直後には世界で最も成功した軍事同盟とも形容された北大西洋条約機構（NATO）が現在、緊迫した状況が続くウクライナ情勢をめぐって大きな試練に直面しているように思われる。

旧ソ連時代には兄弟国といわれたウクライナの国境周辺にロシアが十数万人規模の部隊を展開し、軍事圧力を強める背景には、自国の勢力圏とみなすウクライナの新規加盟を含め、NATOのこれ以上の東方拡大を断固阻止するという政治的狙いがある。しかし、こうしたロシアの要求や論理は認めることができないとする米国やNATOは、ロシアによる部隊撤収などの緊張緩和措置が先決だとして、軍事行動の場合の大規模な制裁を警告したり、NATOの東欧地域に部隊を増強したりと、抑止力の強化に余念がない。

こうした中、ロシアのウクライナ侵攻が欧州での戦火拡大につながることを恐れる英仏独などによる首脳外交も活発化している。特に欧州連合（EU）議長国を務めるフランスのマクロン大統領は2月上旬、今回のウクライナ情勢緊迫化後初めてロシア、ウクライナを訪問し、緊張緩和に向け仲介外交を展開。プーチン大統領に対して軍事衝突の回避に向け直談判するなど、対話重視の姿勢を鮮明にさせた。歴史的にロシアとは因縁の関係があるショルツ独首相も2月半ばにモスクワ入りし、プーチン大統領に緊張緩和に向け対話による政治的解決の重要性を訴える。独仏両国はウクライナ東部紛争の停戦合意に関与するなどウクライナ危機での関わりが深く、仲介外交にロシアも一定の期待を寄せている。

プーチン大統領にウクライナ侵攻を翻意させるためには、高い代償を支払うことを明確に知らしめる一方、NATOも抑止力を最大限強化し、ロシアの軍事的意図をくじく必要がある。その際に重要となるのが、NATOとEUのそれぞれの加盟国が足並みをそろえ、ロシアの軍事的威嚇や武力行使には断固対応していくという結束の重要性だ。

ただ、米欧諸国の対応を見ると、ロシアの軍事的脅威に対してNATO、EUの加盟国の双方でそれぞれ国益や地政学的事情も絡んで温度差があり、足並みが必ずしも一致しているわけではない。欧州主要国では、経済的つながりが深いドイツがクレムリンに及び腰との批判を一部で浴びているが、欧州の外交舞台で指導力を発揮したメルケル前首相を継いだショルツ現首相としても、ウクライナ侵攻を回避するためには粘り強い交渉による外交的解決の道を残すことが自国の役回りと心得ている。

プーチン大統領は仏ロ首脳会談後の共同記者会見で、ウクライナ問題をめぐってロシアとNATOの核戦争になれば「勝者はいない」と核戦争の可能性を示唆しながら、欧米をけん制した。ただ、対話の継続では一致しており、歩み寄りの可能性は残されている。米国が主導するNATOの同盟としての真価が問われる重大な局面を迎えつつある。

伊藤 努（外交評論家）

NIDS専門家会合

高見澤元所長が基調講演

防研主催「政策シミュレーション専門家会合」

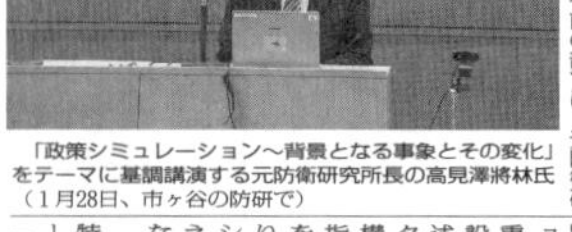

「政策シミュレーション～背景となる事象とその変化」をテーマに基調講演する元防衛研究所長の高見澤將林氏（1月28日、市ヶ谷の防研で）

【防研＝市ヶ谷】防衛研究所（齋藤雅一所長）は今年8月に創立70周年を迎える節目の記念事業の一環として1月28日、「政策シミュレーション専門家会合」を開催した。

齋藤所長は開会のあいさつで、同会合は「西側先進国の政策シミュレーションに関する国際会合のネットワーク『コネクションズ』の一環として今年秋に予定されている『コネクションズ・ジャパン』設立の準備会合的な位置付けだ」と紹介した。

午前の部では、元防衛研究所長で前軍縮会議日本政府代表部大使の高見澤將林氏（現・東京大学公共政策大学院客員教授）が「政策シミュレーション～背景となる事象とその変化」をテーマに基調講演した。

高見澤氏は自身の経験を踏まえ、政策シミュレーションにおけるテーマ選択の重要性をはじめ、シナリオ設定や実施の効果について述べたほか、ファシリテーターの育成やデータベース構築などの課題についても指摘。実践的な教育・演習を継続する中で、今後はより想像力のあるシミュレーションの実施や、海外とのネットワーク構築の必要性などを強調した。

続いて、防研の吉崎知典特別研究官（政策シミュレーション担当）は、日本が「コネクションズ・ジャパン」を通じて政策シミュレーションの最新技法を学び、国内外の専門家とのネットワークを強化することの意義を訴えた。

防研の阿久津博康政策シミュレーション室長は、「諸外国におけるコネクションズ会議の開催状況と参加の成果」と題し、「コネクションズ」会合設立の経緯をはじめ、米英豪のほか、仏蘭カナダが独自の視点で開催している状況を紹介し、日本も独自に「コネクションズ・ジャパン」を構想する必要性があると述べた。

午後の部では、防研教育部長の山本勝也1海佐が、政策シミュレーション導入による教育効果について説明した。

今回の会合を契機に、防衛省・自衛隊を中心とした専門家のネットワークが内外で強化されることが期待されている。

岸防衛相（左から4人目）に政策提言書を手渡す隊友会の折木理事長（その左）。（左端から）つばさ会の齊藤会長、水交会の河野副理事長。岸大臣の右は偕行社の火箱理事（隊友会提供）

防衛相に政策提言書

隊友会など4団体が提出

【隊友会】隊友会の折木良一理事長（元統幕長）、偕行社の火箱芳文理事（元陸幕長）、水交会の河野克俊副理事長（前統幕長）、つばさ会の齊藤治和会長（元空幕長）は昨年末、防衛省を訪れ、岸防衛相に「令和3年度政策提言書」を提出した。

折木理事長があいさつを述べた後、隊友会の増田好平常務理事（元事務次官）が概要を説明。続いて火箱氏が「陸自の作戦基本部隊の火力と機動力の強化」、河野氏が「出番の多い海上自衛隊の強化」、齊藤氏が「セキュリティー施策の反映」――などについて意見を述べ、最後に折木理事長が「今回の提言を我々の要望として受け止めていただければ」とまとめた。

これに対し、岸大臣は災害派遣や国際平和協力活動等に当たる隊員のほか、入隊予定者に対する4団体による日頃からの激励に謝意を表した上で「岸田首相から国家安全保障戦略、大綱、中期防の改正などの指示を受けており、防衛力強化を加速するため、あらゆる選択肢を議論していく。国民の理解を得るため、各団体も防衛省と一体となって活動していただきたい」と引き続きの協力を求めた。（提言書の詳細は隊友会HPを参照）

「陸自と仏陸軍の協力」に署名

陸幕長、仏参謀長とTV会談

吉田陸幕長は2月2日、フランス陸軍参謀長のピエール・シル大将＝写真＝とテレビ会談を行い、「陸上自衛隊と仏陸軍の協力」の文書に署名した。

日仏陸上部隊の防衛交流は、昨年5月に日本国内で実施された日仏米豪4カ国の多国間共同訓練「ジャンヌ・ダルク（ARC21）」に陸自から水陸機動団（相浦）などが参加。今年1月に開かれた外務・防衛担当閣僚協議「2プラス2」では、岸防衛相とフロランス・パルリ仏軍事相がインド太平洋地域での連携・強化を一段と高いレベルに引き上げることで一致するなど、日仏関係は大きく進展している。

会談で吉田陸幕長とシル参謀長は、共同訓練や能力構築支援など、今後5年程度の中期的な防衛協力・交流を段階的・計画的に推進していくことで合意した。

吉田陸幕長は2月10日の記者会見で「（署名は）フランスのインド太平洋地域への関与を陸軍種間として具現化するものだ。共通の目標を持つ欧州諸国との連携を強化することは地域の平和と安定にとって極めて重要な意義がある」と語った。

共済組合だより

新車・中古車を購入の際は「割賦販売制度」ご利用を

防衛省共済組合の組合員の皆様は、共済組合が契約する販売店（※1）で新車・中古車を購入する場合、購入資金サポートとして「割賦販売制度」をご利用いただけます。

この制度を利用すると、60回払いの場合の年利相当（※2）は、年0・985％（令和4年2月現在）と大変、低利率の割賦でご購入できます。さらに月々のお支払いは俸給から源泉控除されるため、お支払いのたびに金融機関に振り込む必要もなく、給与振込口座を変えた時なども手続きは不要です（利用限度額は俸給の10カ月分相当額）。

利用の仕方もとても簡単！販売店で購入したい自動車の見積書をもらい、直近の給与明細と一緒にご所属の共済組合支部の物資窓口へ持っていくだけ。まずはお気軽にご所属の共済組合支部物資窓口へご相談ください。

※1　割賦販売制度の利用に当たっては、販売店が共済組合と契約を締結している必要があります。契約している店舗については、共済組合ホームページ（HP）でご覧いただけます。

《HP閲覧方法》防衛省共済組合のトップページより、「福祉事業」をクリック→物資経理→自動車販売会社（地域別）→組合員ログイン画面で、ユーザー名とパスワードを入力

※2　物資経理の割賦販売制度を利用した場合、総支払額には手数料（仕入価格の3％）が含まれます。

優良ディーラーの紹介も

車は欲しいけれど、たくさんあって分からない…。そんなあなたには希望に沿える優良ディーラーを下記の会社がご紹介し、商談の場も無料で提供してくれます。ご相談やカタログの請求だけでもOK。もし、希望に沿えない場合は利用中止も可能です。ぜひご検討ください。

○損害保険ジャパン㈱
0120-555-657（北海道・関東）、0120-419-669（中部以南）、0120-419-015（東北）いずれも対応時間は平日9時～17時

○三井住友海上火災保険㈱
0120-155-238　平日9時～17時

○東京海上日動火災保険㈱
0120-086-590　平日9時～17時

○あいおいニッセイ同和損害保険㈱
0120-540-591　平日・土日祝9時～18時（8/13～15、12/31～1/3を除く）

なお、ご本人が別のディーラーを既に訪問されている場合は利用できないことがあります。詳細は訪問前にお問い合わせください。

「YOT02」が進水

海自2隻目の油槽船

今年夏に就役予定

海自の平成31年度計画油槽船「YOT02」（基準排水量4900トン）が2月2日、愛媛県今治市の新来島波止浜どっくで進水した。海自の油槽船は昨年10月20日に進水した「YOT01」（今年4月に就役予定）に次いで2隻目。

同船の貨油積載量は約6000キロリットルで、乗員は14人。製油所から小笠原諸島・硫黄島など遠隔地の基地・部隊の貯油施設への燃料輸送をはじめ、貯油施設間の油移送などを担う。

進水式には呉警備隊司令の石田享大1海佐ら約17人が出席。代表して防衛装備庁艦船設計官の星直也海将補が支綱を切断すると「YOT02」は船台をすべり、勢いよく海面に進水した。

同船は今年夏ごろ、呉基地に就役の予定。

進水した海自2隻目の油槽船「YOT02」（2月2日、愛媛県今治市の新来島波止浜どっくで）＝海自提供

防衛省発令

▽空幕整備・補給課整備・補給調整官（1航空団整備補給群司令）1空佐　小松　謙一
▽4高射群司令（航空支援集団装備部長）同　阿部　智康
▽航空支援集団装備部長（航空教育集団装備部長）同　鈴木　武則
▽航空教育集団装備部長（空幕整備・補給課整備・補給調整官）同　中村　誠
▽1航空団整備補給群司令（航空教育集団司令部）同　松永　秀嗣
（以上2月6日）

日米共同の降下訓練で、米空軍のC130J輸送機から次々と降下する空挺団の隊員たち（1月25日、東富士演習場で）＝いずれも陸自提供

富士の裾野に開く「傘の花」 日米共同空挺降下訓練

空挺団500人 米空軍C130Jから

陸自空挺団（習志野）は1月25、26の両日、米空軍機13機を使った大規模な日米共同の空挺降下訓練を東富士演習場で実施した。

空挺団の隊員約500人による降下訓練は25日に行われ、島嶼作戦における発進準備から降下までの一連の流れを演練した。

隊員たちは在日米軍横田基地で米空軍のC130J輸送機に乗り込み、東富士演習場に展開。降下地点に到着後、高度約340メートルから次々と降下し、富士山裾野の上空に落下傘の花を咲かせた。

翌26日の重物料投下訓練では約120梱の物料を10機のC130Jに搭載。東富士演習場の上空から一斉に投下した。

C130Jから東富士演習場に投下された物資を回収する空挺団の隊員ら（1月26日）

北朝鮮の核ミサイル戦略

産経新聞編集委員・國學院大學客員教授　久保田るり子氏

国際社会非難の中、何を見ているのか（寄稿）

久保田るり子（産経新聞編集委員・國學院大學客員教授）　東京都出身、成蹊大学経済学部卒。産経新聞入社後、1987年韓国・延世大学留学。1995年防衛省防衛研究所一般課程修了。外信部次長、ソウル支局特派員、外信部編集委員、政治部編集委員を経て現職。2017年、國學院大學客員教授。著書に「反日種族主義と日本人」（文藝春秋）、「金日成の秘密教示」（扶桑社）、「金正日を告発する―黄長燁の語る朝鮮半島の実相」（産経新聞社）など。

北朝鮮の弾道ミサイル発射が相次いでいる。昨年9月から現在までに、短距離から中距離以上の弾道ミサイルを10発以上、中には潜水艦発射弾道ミサイル（SLBM）、さらに北朝鮮が「極超音速ミサイル」と称し、変則軌道で飛行するものまで発射されている。国際社会の非難を無視して弾道ミサイル開発を続ける先に、北朝鮮は何を見ているのか。その戦略について、産経新聞編集委員で國學院大學客員教授の久保田るり子氏に寄稿してもらった。

新局面に入った核ミサイル能力

2022年の北東アジアは北朝鮮の連続ミサイル発射で始まった。北朝鮮は米朝対話、南北関係をすべて拒否し、弾道ミサイル発射を再開、核実験強行も示唆している。より実戦的に高度化した彼らの核兵力は、米本土と米領グアム、そして日本に照準を合わせている。

「北朝鮮の軍事部門は、世界の抑止理論を忠実に学んできたようだ」

複数の軍事専門家はこう指摘する。そのうえで現状を「その核ミサイル能力が明らかに新しい局面に入った」と述べる。北朝鮮は、どのような戦略で日米韓に何を見せつけようとしているのか。

2017年9月、北朝鮮は第6回核実験で「水爆実験に成功した」とし、過去最高の破壊力獲得を誇示、これを関係国は確認した。

北朝鮮のような弱小国が米国のような超大国に対抗する場合、核先制不使用を宣言して超大国の核攻撃を自国の第2撃で「核で報復する」と脅し生存を確保しようとする。

この第2撃は大都市の人口を人質に都市機能、産業基盤への甚大な被害を目指すため、対価値（カウンターバリュー）装備と呼ばれる。2017年11月、ワシントンまで届く大陸間弾道ミサイル（ICBM）「火星15」をロフテッド軌道で試射して成功、北朝鮮はカウンターバリューを手に入れた。米国に対する第2撃能力を獲得し、〝攻撃するなら覚悟しろ〟といういわば無理心中型の脅しを手に入れた。

日米韓を射程に収める カウンターフォース

カウンターバリューに対し、有事に敵国の司令部など明らかな標的を捉える核攻撃を対兵力（カウンターフォース）装備という。具体的には戦術核を指している。北朝鮮が韓国に侵攻し武力衝突となった場合、米軍介入の阻止などを目的に在韓米軍を叩くのがカウンターフォースだ。

北朝鮮の短距離ミサイル「KN―23」（射程約400キロ）は韓国中部の在韓米軍司令部を標的にしている。準中距離弾道ミサイル「北極星2」（射程約2000キロ）も在日米軍基地を射程に収めている。優先順位とすればまず、韓国軍と在韓米軍、次に在韓米軍を支援する在日米軍及び米領グアム基地、ハワイとなるだろう。

「KN―23」は変則軌道を取るロシアのミサイル「イスカンデル」をモデルに改造され、北朝鮮では2018年2月の軍事パレードに登場した。そのあと2019年5月に初試射が行われた。2021年3月以降、たびたび改良型が試射されて射程を伸ばし、大型化に成功している。

現在は日本の佐世保や岩国の在日米軍基地も射程に入っている可能性が高いとされる。

ワシントンを狙うカウンターバリューを獲得した北朝鮮は2018年から対話路線に転じたようにみえた。韓国文在寅政権の〝仲介〟に応えて、中朝首脳会談、南北首脳会談、そして米朝首脳会談（シンガポール）に北朝鮮の金正恩総書記が現れ、いったん、核実験とICBM発射のモラトリアム（暫定中止）を公言してみせた。

だが2019年2月、米朝協議（ハノイ）が決裂すると、短距離弾道ミサイル「KN―23」などの試射を再開しカウンターフォースを強化している。彼らの動きは合理的だ。

各種ミサイル連続試射から 見えるもの

「火星15」の成功で、北朝鮮は対話攻勢に出ると同時に、核ミサイル開発ではカウンターフォースの短距離弾道ミサイルの迎撃回避、変則軌道の開発に力点を移したとみられる。変則軌道のロシア製「イスカンデル」は核弾頭、通常弾頭の双方が搭載可能だが、北朝鮮はまだ戦術核を保持していなかった。

そうした中で、金正恩総書記は、2021年1月の朝鮮労働党第8回党大会で軍事戦略を明確に示した。「最大の主敵である米国を制圧・屈服させることに焦点を置く」と述べ、「兵器開発5か年計画」を発表し、さらに最優先5大課題として①戦術核兵器開発②超大型核弾頭生産③極超音速ミサイル開発④水中および地上大陸間弾道ロケット開発⑤原子力潜水艦・水中発射核戦略兵器（SLBM）保有―を挙げた。

2021年秋、2022年1月と続いた各種ミサイル試射、あるいは訓練は、金正恩氏が主導する最優先5大課題の実験が本格化したことを示している。

一方、液体燃料の「火星」系列の各種ミサイルの固体燃料化が進んでいる。在韓米軍向けには機動力の高い固体燃料化された短距離ミサイル「トクサ」（KN02）はすでに実戦配備されているが、「KN23」改良型も固体燃料系で射程が伸びている。機動性を高め、変則軌道で迎撃を困難にしたうえで戦略核を搭載、というのが現在進む新局面のカウンターフォース戦略であろう。

軍事専門家は液体燃料系の「火星15」や「火星17」はICBMとしてはまだ未完成で、固体燃料化は既成路線だろうとみる。昨秋の新兵器展示会「国防発展展示会」で現れた巨大なICBM「火星17」は、弾頭に極超音速飛翔体または複数核弾頭を搭載することが目的とみられる。

現在のミサイル試射に将来の北朝鮮の目標が明確に示されている。彼らはそれを「自衛権」と呼ぶが、その狙いは朝鮮半島からの在韓米軍撤収と米国との核軍縮、米朝国交正常化である。核爆弾を持った金正恩体制がいま、核戦略を持った体制に変わろうとしている。

2019年6月、シンガポールで開かれた英国国際戦略研究所主催の「アジア安全保障会議（シャングリラ会合）」で、北朝鮮の完全な非核化を目指す共同声明を発表した（右から）岩屋毅防衛相、パトリック・シャナハン米国防長官代行、韓国の鄭景斗（チョン・ギョンドゥ）国防相（いずれも当時）

北朝鮮の弾道ミサイルの射程

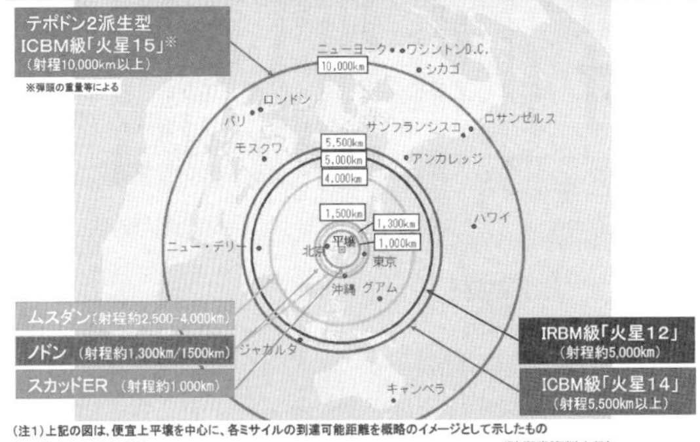

（注1）上記の図は、便宜上平壌を中心に、各ミサイルの到達可能距離を概略のイメージとして示したもの

（注2）「」は北朝鮮の呼称

（防衛省資料より）

2021年以降に発射された北朝鮮の弾道ミサイル

2021年

日付	発射されたミサイル	場所	弾種	飛翔距離
3月25日	弾道ミサイル2発	宣徳（ソンドク）付近	新型弾道ミサイル	約450キロ
9月15日	弾道ミサイル2発	北朝鮮内陸部	短距離弾道ミサイル	約750キロ程度
9月28日	弾道ミサイルの可能性のあるもの1発	北朝鮮内陸部	弾道ミサイルの可能性のあるもの	防衛省で分析中
10月19日	弾道ミサイル1発	新浦（シンポ）付近	新型の潜水艦発射型弾道ミサイル	約600キロ程度（変則軌道）

2022年

日付	発射されたミサイル	場所	弾種	飛翔距離
1月5日	弾道ミサイル1発	北朝鮮内陸部	新型弾道ミサイル	約500キロ
1月11日	弾道ミサイル1発	北朝鮮内陸部	新型弾道ミサイル	約700キロ（変則軌道）
1月14日	弾道ミサイル2発	北朝鮮北西部	短距離弾道ミサイル	約400キロ
1月17日	弾道ミサイル2発	北朝鮮西部	短距離弾道ミサイル	約300キロ
1月30日	弾道ミサイル1発	北朝鮮内陸部	中距離弾道ミサイル	約800キロ（ロフテッド軌道）

＊2022年1月5日発射の新型弾道ミサイルについて、北朝鮮は「極超音速ミサイル」と発表。

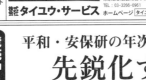

日米共同実動演習「アイアン・フィスト22」

オスプレイで空路潜入

島嶼奪回、敵を掃討

陸自と米海兵隊の共同実動訓練「アイアン・フィスト22」が１月10日から２月16日まで、米カリフォルニア州の米海兵隊基地キャンプ・ペンデルトンなどで行われた。陸自から参加した水陸機動団（相浦）の隊員約190人と米海兵隊の兵士約1170人が「島嶼奪回」のための水陸両用作戦を演練。海兵隊の垂直離着陸輸送機ＭＶ22オスプレイを使った着上陸なども行われた。さらに今回初めて日米共同での諸職種協同による中隊規模の戦闘射撃も実施された。現地での訓練の様子を派遣部隊撮影の写真で紹介する。

㊤ファストロープ訓練でＭＶ22オスプレイ輸送機から次々に降下する２水機連の隊員

㊧日米共同訓練「アイアン・フィスト22」の開始式に臨む日米の隊員。左奥は今回の訓練に使用された米海兵隊の新型水陸両用車「ＡＣＶ」（米カリフォルニア州の米海兵隊基地キャンプ・ペンデルトンで）＝いずれも陸自提供

㊨ＭＶ22（奥）から降り立ち、茂みに身を潜め、周囲を警戒する２水機隊の隊員

陸自水機団

190人が参加

洋上からＡＡＶ７

陸自は「アイアン・フィスト」に平成17年度から参加しており、今回で16回目。

今回は前田忠男陸上総隊司令官を担任官に、現地で訓練部長を務めた梨木信吾水陸機動団長以下、水機団の2水陸機動連隊、戦闘上陸大隊、特科大隊などが参加。米軍からは第15海兵機動展開隊、第3海兵航空団などが加わった。

機能別訓練では、ＭＶ22オスプレイ輸送機を使用し、空路から「離島」への潜入訓練を実施。2水機連の隊員たちが同機に乗り込み、ホバリング中の同機から一斉に降下するファストロープ訓練などに臨んだ。

一方、統合火力誘導訓練では、陸自のドローン「スカイレンジャー」を使い、空から情報を収集。得られた敵部隊の位置情報などを日米の部隊が共有し、精密に火力誘導した。

今回、初の試みとなった日米共同の諸職種協同訓練では、2水機連の隊員らが昼夜を通し中隊規模の戦闘射撃に臨み、射撃の練度向上を図った。

ハイライトとなった総合訓練では、「敵に占領された島嶼の奪回」を想定し、日米共同による水陸両用戦部隊の一連の行動を演練。ＡＡＶ7が洋上から次々に砂浜に上陸し、この後、内陸部に前進して市街地に突入、潜入した敵を掃討したところで状況を終えた。

市街地での模擬戦闘で、一斉に次の建物に向けて展開する2水機連の隊員たち＝米軍サイトＤＶＩＤＳから

市街地戦闘訓練に先立ち、ブリーフィングに臨む日米の隊員たち

総合訓練で、米軍の揚陸訓練海岸「ホワイト・ビーチ」に着上陸する陸自水機団戦闘上陸大隊の水陸両用車ＡＡＶ７

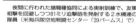

夜間に行われた諸職種協同による実射訓練で、友軍相撃を回避しつつ81ミリ迫撃砲を発射する２水機連の隊員（米海兵隊空地戦闘センター「29パームス」で）

米空母打撃群と訓練

海自艦「ひゅうが」「こんごう」

共同対処、戦技磨く

沖縄南方海域で共同訓練を行う日米部隊。（前列は左から）強襲揚陸艦「エセックス」、空母「エイブラハム・リンカーン」、ヘリ搭載護衛艦「ひゅうが」、空母「カール・ヴィンソン」、強襲揚陸艦「アメリカ」＝米太平洋艦隊ホームページから

西太平洋で訓練する空母「エイブラハム・リンカーン」（左）と強襲揚陸艦「アメリカ」（右）。手前は海自の護衛艦「こんごう」

米海軍の補給艦と洋上補給訓練を行う海自の護衛艦「ひゅうが」（右）＝沖縄南方海域で

海自、各国海軍と相互理解深める

海自は「精強即応、変化への適合」を旗印に、「自由で開かれたインド太平洋（FOIP）」の実現に向け、精力的に各国海軍との共同訓練を推進している。

3護群3護衛隊（舞鶴）のヘリ搭載護衛艦「ひゅうが」は1月17日から22日まで、沖縄南方海域で米空母「カール・ヴィンソン」「エイブラハム・リンカーン」の2隻を含む米空母打撃群の10隻と共同訓練を行った。

また1護群5護衛隊（佐世保）のイージス護衛艦「こんごう」とP3C哨戒機は2月4日から7日まで、米空母「リンカーン」、強襲揚陸艦「アメリカ」「エセックス」など大型艦と共同訓練を行い、日米海上部隊による抑止力・対処力の強化を図った。

一方、南アジア・中東方面に展開している海自派遣掃海部隊（IMED21、指揮官・野口泰志1佐＝1掃海隊司令）の掃海母艦「うらが」と掃海艦「ひらど」は、1月13日にインド海軍と共同訓練、同10、11日にバングラデシュ海軍、同18日にスリランカ海軍と親善訓練を行った。「うらが」「ひらど」は南アジア諸国海軍と相互理解を深めつつ、共に戦術技量を向上させた。

IMED21部隊は現在、ペルシャ湾内のバーレーン周辺海域で行われている米海軍主催の国際海上訓練（IMX／CE22）に参加し、各国との機雷戦訓練などに従事している。

スリランカ海軍の哨戒艦「サガラ」（奥）を艦上から見送る海自隊員たち＝1月18日、トリンコマリー沖で

バングラデシュのチッタゴン（チャットラム）海軍地域司令官のマスドゥル・カリム・シディーク大佐（左）から花束を受ける1掃海隊司令の野口泰志1海佐＝1月8日、バングラデシュのチッタゴン港で。自衛艦隊ホームページから

南アジア諸国軍と親善

掃海艦「ひらど」

IMED21

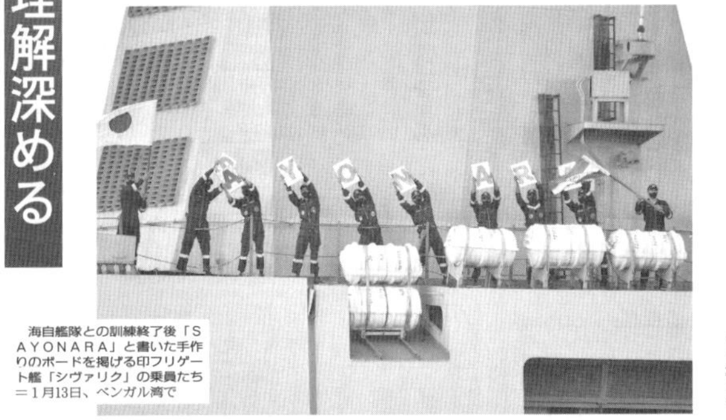

海自艦隊との訓練終了後「SAYONARA」と書いた手作りのボードを掲げる印フリゲート艦「シヴァリク」の乗員たち＝1月13日、ベンガル湾で

インド海軍のフリゲート「シヴァリク」（左奥）と訓練する掃海艦「ひらど」＝1月13日、ベンガル湾で

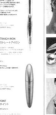

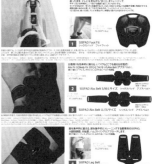

スリランカ海軍の哨戒艦「サガラ」（右奥）と戦術運動を行う掃海艦「ひらど」＝1月18日、トリンコマリー沖で

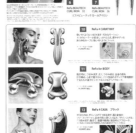

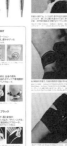

募集・援護 特集

平和を、仕事にする。

ただいま募集中！
◇自衛官候補生◇医科歯科幹部
◇予備自補（一般・技能）
★詳細は最寄りの自衛隊地方協力本部へ

“災派の先生”教壇で熱弁

学生の研究後押し、自衛官募集にも

「行政研究で自衛隊の災害派遣活動のすごさを知り、職業として興味を持った」――。全国の地本では、公務員を目指す学生に向けて授業を行うなど、災派に関する研究を強力に後押ししている。岩手、長野の募集案内・地域事務所長は災害派遣の“先生”として専門学校の教壇に立ち講話し、後日行われた成果発表の場にも招かれ、学生たちに直接アドバイス。災害時の自衛隊の活躍を知り、志願を検討する学生も現れるなど、募集成果にもつながっている。

専門学校の「行政研究プレゼンテーション教育」で学生たちに講評をする盛岡所長の田代1陸尉（左奥）＝1月21日、岩手県盛岡市の大原スポーツ公務員専門学校で

盛岡所が基調講義
行政研究プレゼンを支援

【岩手】盛岡募集案内所は、1月12日と同21日、岩手県盛岡市の大原スポーツ公務員専門学校で行われた同校の「行政研究プレゼンテーション教育」を支援した。

この教育は、学生のプレゼンテーション能力向上を目的としたもので、この日は学生36人、教諭3人が参加。盛岡所は行政研究題材のための基調講義と学生の研究成果発表へのアドバイスを行った。

12日には所長の田代清洋1陸尉が教壇に立ち、自衛隊の災害派遣活動と今後予想される大規模自然災害への対策などについて90分にわたって基調講義を行った。田代所長の話から自衛隊の災派の現状を知った学生たちは、個々に災害派遣のテーマを選定し、行政研究を進めた。

その後、21日に研究成果発表が行われた。学生たちは「特殊災害への自衛隊の対処について」「自衛隊における新型コロナウイルス感染症対策について」など、9つのテーマについて発表した。

個々の発表後、田代所長が補足説明をしながら、研究を深化させるとともに、より効果的な発表を行うための技法についてアドバイスした。

成果発表後、学生からは「自分は1995年の地下鉄サリン事件について研究したが、私たちが生まれる前にこのような大規模なテロ事件が都心部で起きていたことに驚いた。被害を最小限にするために自衛隊が活躍したことを知り、改めて自衛隊への尊敬の思いが湧いた。今後の進路の職業の一つとしても興味を持った」との感想が寄せられるなど、自衛隊の広報面でも大きな成果があった。

岩手地本は「引き続き、地域の学校と密接な連携を図り、自衛隊の認知度向上に努めていきたい」と話していた。

「災害」テーマに発表会
長野所長が自身の体験語る

学生たちの「災害」をテーマにした発表に出席し、プレゼンに聴き入る長野所長の中塩2陸尉（右）＝1月28日、長野市で

【長野】長野地域事務所は1月28日、長野市の大原スポーツ公務員専門学校で行われた「災害」をテーマとした学生の発表会にオブザーバー参加した。

長野所は将来的に、同校の教育課程の編成委員への就任が予定されている。これを受け、所長の中塩毅2陸尉が昨年11月、同校学生65人に対して授業を行い、災害時における「自助・共助・公助」の「公助」や自衛隊の災害派遣、自身の災害体験について語った。

学生たちはこの授業で得た知識を踏まえ、グループに分かれて災害時の「自助・共助・公助」について討議。今回、選抜された4グループが代表として中塩所長らに対しプレゼンテーションを行った。

発表では所長の授業や討議した内容が反映され、「災害時、円滑な避難ができるようハザードマップの認知度を向上させなければならない」「公助に頼りすぎないよう、普段から自助、共助に関する取り組みが必要」などと発表。学生たちの自衛隊への関心も高まった。

長野地本の担当者は「今後も専門学校での災害教育を担任し、その中で学生たちに自衛隊の魅力を伝えていきたい」と話している。

高校生に防災実習
13人に救命法紹介
京都

【京都】京都地区隊は1月18日、京都市の洛陽総合高校で防災実習を行った。地区隊長の後藤孝祐3陸佐が講師を務め、防災や自衛隊に興味がある1、2年生13人を対象に、身近な救命方法などを紹介した。

生徒たちは、「骨折時の処置・搬送法」やほふく前進などに熱心に取り組み、また「日頃の備え」として、防災関連アプリを使った情報収集法を学んだ。

実習を終えた生徒たちは、「身の回りの物を利用して、ケガをした時に役立てたい」「備えの大切さを痛感した」と話していた。

玄海小学校で防災教室
「こわい」から「かっこいい」に
福岡地本にお礼の手紙

【福岡】「自衛隊のイメージが『こわい』から『すごい、かっこいい』に変わりました」――。地本は昨年7月、福岡市西区の玄海小学校でオンライン防災学習を実施。受講した児童と担当教諭からお礼の手紙がこのほど届いた。

同小学校は離島にあり、新型コロナ対策の観点から、オンライン形式で行った。地本から草場洋平1陸尉以下3隊員が参加、同校の4年～6年生の児童12人に対し、2005年の福岡県西方沖地震での自衛隊の災害派遣の紹介やロープワークを実演した。

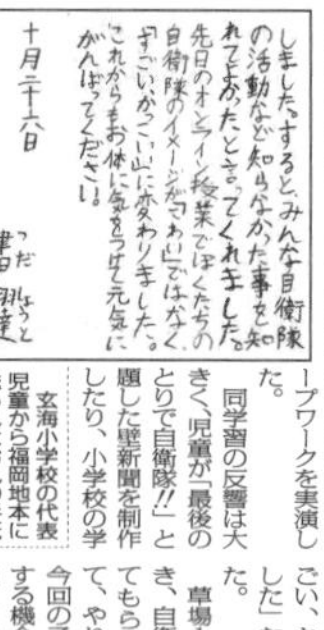

玄海小学校の代表児童から福岡地本に送られたお礼の手紙

同学習の反響は大きく、児童が「最後のとりで自衛隊!!」と題した壁新聞を制作したり、小学校の学級通信にも掲載された。

さらに同校の津田翔達君から手紙で「ロープワークもとても楽しかったです」「自衛隊のイメージがこわいからすごい、かっこいいに変わりました」などの感想が寄せられた。

草場1尉は「手紙をいただき、自衛隊について理解をしてもらえたことがうかがえて、やりがいを感じた。将来、今回の子供たちと一緒に仕事する機会がくればと願っています」と語った。

かつての教え子　母校で高工校の帰郷広報

自身の勉強法アドバイス
受験予定の後輩と懇談
群馬

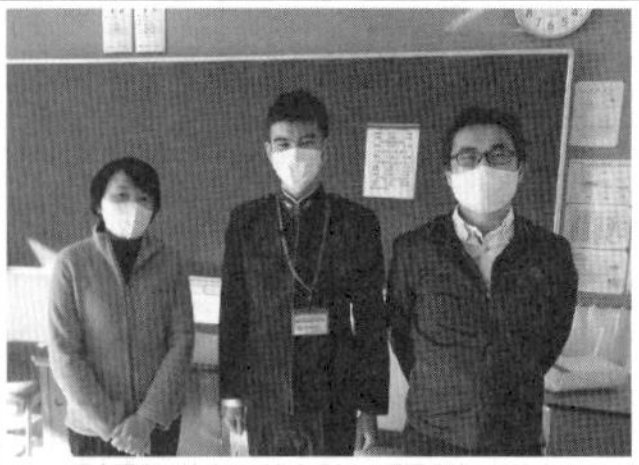
記念写真に納まる（左から）八重樫教諭、渡邉生徒、山﨑教諭＝12月28日、前橋市立大胡中学校で

【群馬】前橋募集案内所は12月28日、陸自高等工科学校（武山）2年生の渡邉誠人生徒の母校である前橋市立大胡中学校訪問を支援した。

渡邉生徒は最初に校長室を訪れ、下平俊彦校長に近況を報告。その後、恩師である八重樫はるみ、山﨑好古教諭と共に、高工校受験予定の生徒と懇談した。懇談では自身の受験の頃を振り返り、勉強方法のアドバイスや、学生生活について説明した。

恩師の両教諭は「在校時よりも目の輝きがあって、生き生きしている。自信をもって発言している」と、教え子の成長ぶりに驚いていた。「頑張りなさい」と激励された渡邉生徒は、恩師と在校時の思い出話で盛り上がるなど、なごやかに懇談した。

恩師に精悍な制服姿
立派に成長した姿に喜び
宮城

高等工科学校について説明する三浦生徒（左）と鈴木教諭＝1月7日、仙台市立広瀬中学校で

【宮城】地本は年末年始にかけ、高等工科学校の冬期休暇を利用し、約16人の生徒の母校訪問を支援した。その内の一人、2年生の三浦幸泰生徒が1月7日、母校の仙台市立広瀬中学校を訪ねる帰郷広報を行った。

三浦生徒は、行場啓悦校長や3年時の担任の鈴木康洋教諭と懇談。高工校の授業内容や生活状況、卒業後の進路などについて説明した。

かつての教え子の精悍（せいかん）な制服姿を見た教諭たちは、「昨年までとは別人ですね」「立派な姿を見れてうれしい」と成長ぶりを喜んだ。

また三浦生徒の高工校についての説明に、「教育システムがよく分かった」「興味のある生徒に積極的に受験を勧めたい」と話した。

地元岡山　ヘリでフライト
参加者「上空からの眺めに感動」

ＵＨ１ヘリに乗り込み記念撮影する参加者＝12月11日、三軒屋駐屯地で

【岡山】地本は12月11日、陸自三軒屋駐屯地で中部方面航空隊（八尾）の支援を受け、ＵＨ１多用途ヘリの体験搭乗を行った。援護協力者や若者ら47人が参加した。

パイロットから機体の説明や注意事項などを受けた参加者は、ヘリに搭乗して、約15分間、岡山市上空を飛行。当日は天候にも恵まれ、快適なフライトを楽しんだ。

駐屯地に戻った参加者は「自衛隊のヘリは格好良かった」「自分の住んでいる岡山市を上空から見られて感動した。貴重な体験ができた」と感想を語った。

地本は「参加者に喜んでもらえて良かった。今後も募集・援護につなげられるようなさまざまな企画を実現していきたい」としている。

援護担当者会同
雇用情勢説明へ
鹿児島

【鹿児島】国分援護センターは1月14日、国分駐屯地で行われた駐屯地援護担当者会同を支援、駐屯地各部隊の援護担当者約20人が参加した＝写真。

会同では昨年に続くコロナ禍における就職状況や雇用情勢などを、最新の統計資料に基づき説明、令和5年度に定年退職する隊員の援護協力を依頼した。さらに援護担当者との手続きを円滑にするために、再就職までの流れや各書類の提出時期、注意事項についても確認した。

同センターは「今後も退職予定隊員のニーズに寄り添った援助ができるよう、援護業務を推進していく」と話している。

「ミヤラジ」で制服試着ＰＲ
栃木地本の２人がラジオ出演

記念写真に納まる（左から）重春3海曹、アナウンサーの益子早苗さん、古川1陸尉＝1月24日

【栃木】地本募集班長の古川佳弘1陸尉と広報係の重春愛3海曹は1月24日、宇都宮市のコミュニティＦＭ「ミヤラジ」の番組に出演した。

アナウンサー・益子早苗さんの「制服を見ると緊張します」の一言から制服の話題になり、重春3曹が「自衛隊の広報イベントで試着できます。大人も子供も楽しめます」と話した。

また「どんな人が自衛官に向いてますか」との質問には古川1尉が、「訓練するばかりのイメージを持たれがちですが、人事や会計、ドッグハンドラーなどさまざまな専門分野があるので、向いている仕事が見つかると思います」と答え、自衛隊の多様な職種をＰＲした。

4普連　中止の「氷まつり」で氷雪像完成

「技術の継承」合言葉に制作続行

小菅1尉以下36人、士気高く

【4普連＝帯広】新型コロナウイルスの感染拡大を受け、急きょ中止が決まった北海道帯広市の冬の一大イベント「おびひろ氷まつり」。年明け直後の1月5日から同市の要請を受けて氷雪像の制作に取り組んできた4普連（連隊長・甲斐久博1佐）は、中止決定後も「技術の継承」を合言葉にひたすら制作を続け、氷壁像（レリーフ）と滑り台（2レーン）を完成させた。これらは市民や観光客にお披露目されることなく取り壊されたが、制作隊長を務めた小菅正樹1尉（本部管理中隊長）以下36人の隊員たちは「次回こそ今年培った技術を結集し、最高の作品をご覧いただきたい」と士気高く話している。

「おびひろ氷まつり」は例年約15万人が来場する帯広市の三大祭りのひとつで、4普連は2012年からメインの氷雪像の制作を担当している。開催59回目を迎えた今年は1月28～30日に同市の緑ヶ丘公園で開催される予定だった。

昨年は新型コロナの影響で規模を縮小して開催。今年は例年通りの規模で開催される予定で部隊としても支援を行ってきたが、オミクロン株の急激な拡大を受けて1月19日、やむなく中止が決まった。

制作隊長の小菅1尉以下36人は、制作中の氷雪像が概成間近だったことから、中止が決定した後もこの機会を「制作技術の向上」の場と位置付けて作業を続行、氷雪像を見事に完成させた。

作り上げたのは、帯広市開拓140年と市制施行90年記念のデザインを施した氷壁像（レリーフ）と滑り台（2レーン）。これらは来場者の目に触れることなく1月21日、市の委託業者によって取り壊された。

小菅隊長は朝雲新聞社の取材に対し、「自衛隊ならではの立派な氷雪像、滑り台を制作し、市民の皆さまに存分に触れて楽しんでいただくことを目標に日々、作業に取り組んできた」と話した上で、「今年の制作隊は未経験者が多かったため、『作業と技術の継承』を両輪の目的とし、できるだけ多くの隊員に作業に参加させ、完成までこぎつけることができた。寒さからくる疲労や重量物の運搬など、決して楽な作業ではなかったが、誰も弱音を吐かず、むしろ楽しんで積極的に作業に当たっていた」と当時の様子を振り返った。「来年、コロナの脅威が収まり、氷まつりを安心して開催できる環境が整ったら、その時こそ本年培った制作技術を結集し、最高のものをお披露目したい」と力強く誓いの言葉を述べた。

期間中は市民や雪像ファンたちから多くの励ましを受けたという制作隊。36人の隊員たちは「皆さまからの温かい応援に大いに励まされた」と謝意を表すとともに、「次回に期待してほしい」と話している。

「氷まつり」の中止決定後も、匠の技をもって真心込めて丁寧かつ正確に氷を彫り進めていく4普連「制作隊」の隊員たち（1月20日、写真はいずれも北海道帯広市の緑ヶ丘公園で）

「帯広市開拓140年・市制施行90年」の記念デザインを施す隊員（1月20日）

完成した2レーンの滑り台。開催されていたら市民らに楽しんでもらうはずだった（1月20日）

「完成万歳！」――。氷壁像（レリーフ）の前で記念写真に納まる4普連「制作隊」の隊員たち（1月21日）

「自衛隊の努力知ってほしい」

鈴木貴子外務副大臣

北海道釧路市長と自衛隊帯広地方協力本部長の連名による委嘱を受けて「自衛官募集相談員」として地元で活動する鈴木貴子外務副大臣（元防衛大臣政務官）の話「自衛隊の皆さんの陰日向のない努力を一人でも多くの方に知っていただきたい。自衛隊と地域の懸け橋である募集相談員として、こうした話題を積極的にSNSなどでも発信し、国民の皆さまの自衛隊への理解と興味につなげていきたいと思います」

海自　国際観艦式ロゴ募集

応募は3月6日まで

海上自衛隊は11月開催予定の「国際観艦式2022」のロゴマークを募集している。応募期間は3月6日まで。

国際観艦式は記念日などに多数の外国軍艦艇の参加を得て行われるもので、海自が主催するのは2002年以来、20年ぶり。

募集作品は国際観艦式の実施を内外に示すにふさわしい、わかりやすく印象的なデザインが求められる。

採用された作品は、各種イベントや記念グッズなどに広く使用される。また、今年は海自創設70周年にあたり、昨年12月に選ばれた「海上自衛隊創設70周年記念」のロゴマーク・キャッチフレーズ＝図参照＝と併用する場合もある。

応募資格は日本国内在住者に限る。個人、グループ、法人を問わず、複数応募も可能。採用者には6月下旬までに通知されるほか、海自ホームページ（HP）でも公表される。

応募方法はインターネットのみの受付となり、海自HPの専用フォームから作品データを送信する。詳細は海自HPを参照。問い合わせは、防衛省代表03（3268）3111（内線50164）海幕広報室まで。

7th JMSDF
守る未来、つなぐ海

「海自創設70周年記念」ロゴマークとキャッチフレーズ＝海自ホームページより

防大　白石氏が講演

【防大】防衛大学校は1月14日、プロセーラーの白石康次郎氏を招き、「突破力～困難を乗り越える諦めない心」と題した講演を開催した。

講演は新型コロナ対策のため、久保文明学校長をはじめ学校幹部、代表学生のみの聴講。後日、ビデオ・オン・デマンド（動画配信）で全ての防大生が視聴する予定だ。

白石氏は2020～2021年の世界1周単独無寄港ヨットレース、「ヴァンデ・グローブ」でアジア人として初めて完走するなど、数々のヨットレースで活躍している。

競技経験から得られたエピソードを紹介する中で、「困難に直面した際の決断には諦めないことも必要。時として状況を見極め、『断ち切る』ことも必要で、正しい決断を下すために自分自身の精神状態を『機嫌よく』保つことが重要です」と語った。将来、幹部として困難な状況で決断を下す立場となる防大生にとって、示唆に富んだものとなった。

防大生に対し、競技経験で得た決断への心構えを語るプロセーラーの白石氏（1月14日、防衛大学校で）

築城　「募集広報の日」創設

若者130人招き、基地見学

【築城】空自築城基地は12月4日、自衛隊に関心を持ってもらうための若者向けイベント「募集広報の日」を開催した。同イベントは「自衛隊に入隊できる若者人口の減少」という厳しい環境を受け創設。約130人の若者を招待した。

イベントは隊員家族向けの「ファミリーデー」を兼ねており、会場では基地所属のF2戦闘機、地対空誘導弾ペトリオット、基地防空用地対空誘導弾などの装備を地上展示。警備犬訓練の展示や2輸空（入間）のC2輸送機の体験搭乗なども行われた。「外部だけでなく、基地関係者にも効果的な広報が行えた」と基地の担当者は手応えを話していた。

「募集広報の日」に招待され、F2戦闘機の近くで記念撮影などを行う見学者や隊員家族（12月4日、空自築城基地で）

F15墜落事故で不明2隊員発見

航空戦術教導団飛行教導群（小松）のF15DJ戦闘機083号機が1月31日、小松基地の西北西約5キロ付近の日本海に墜落した事故で、空自は2月14日までに、現場海域で海自が遺体を発見、収容し、「基地に搬送後、同機に搭乗の2人と確認した」と発表した。殉職したのは同群司令の田中公司1佐（52）と植田竜生1尉（33）。

空自はこれまで、現場海域からF15の水平尾翼やスピードブレーキ、救命装備品、外板の一部を回収し083号機のものと断定。さらにF15のエンジンの排気口の一部と燃料配管も回収、同機のものと推定した。2月9日には民間のオフショアエンジニアリング社のサルベージ船と契約し、準備が整い次第機体の引き上げに着手し、事故原因の究明を行う。

2人の発見を受け、井筒空幕長は「優秀な操縦者を亡くしたことは痛恨の極み。原因究明と同種事故の防止に努め、飛行安全に万全を期す」と述べた。

15旅団　米国製250キロ爆弾 手動で信管離脱

【15旅団＝那覇】陸自101不発弾処理隊は1月30日、沖縄本島の南部に位置する西原町の工事現場で昨年12月14日に発見された米国製不発弾の現地安全化を行った。

不発弾は直径約36センチ、全長約119センチの米国製250キロ爆弾で信管が残っていた。

処理当日は現場から半径283メートル以内の736世帯、約2000人の地域住民が避難。西原町役場に自治体、自衛隊、警察、消防などによる対策本部が設置された。坂本圭介副隊長以下7人が現地で処理に当たり、手動による信管離脱の方法で安全化した。

不発弾処理を終えた中村友紀2曹は「事前にしっかりと訓練をして任務を遂行しました。日頃の訓練通り、確実に処理することが出来ました」と述べた。

101不発弾処理隊の不発弾の処理実績は1月30日現在、累計3万8852件で、重量は1843トンに上る。

安全化された不発弾を処理壕から搬出する101不発弾処理隊の隊員（1月30日、沖縄県西原町で）

小休止

▽…陸自部隊訓練評価隊（FTC）で12月3日、最先任上級曹長の交代式が行われ、在日米海兵隊キャンプ富士のパズ最先任上級曹長が退官する西塚剛准尉にはなむけの言葉を贈った＝写真。

▽…交代式前の会場では最先任室で引き継ぎを行う新旧最先任を大型スクリーンで放映。移動する2人の映像と連動して会場のドアが開けられ、2人が華々しく登場した。

▽…パズ最先任は、矢沢永吉ファンの西塚准尉を「ロックスター」の愛称で呼び、「あなたが築き上げたレガシーは星のように輝き続ける」と熱いエールで西塚准尉を見送った。（北富士）

こちら警務隊　窃盗・横領

他人から借りた物を売れば横領罪で5年以下の懲役

友達から借りたゲーム機を勝手に売ると、どんな罪になりますか？

他人から借用した物を売却すると、横領罪に該当し、5年以下の懲役に処せられます。

本罪にいう横領とは、他人から借用または預かる等している物を自分の物にすることや売却・贈与・交換・質入れ等、所有者でなければできないような処分をすることです。

また、車を借りた者があらかじめ所有者との間で短時間使用すると約束していたのに、許可された範囲を超えて乗り回したことにより、横領罪の成立を認めた判例もあります。

このような罪を犯せば刑事罰や懲戒処分を受けますので絶対にやめましょう。

（東部方面警務隊）

（世界の切手・アメリカ）

宇宙に飛び、地球がどんなに小さいか知り、愕然とした。
パヴェル・ポポビッチ（ウクライナの宇宙飛行士）

朝雲ホームページ
www.asagumo-news.com
会員制サイト
Asagumo Archive プラス
朝雲編集部メールアドレス
editorial@asagumo-news.com

みんなのページ

体が勝手に動くまで訓練!!

陸曹長 多気 直樹（7普連3中隊・福知山）

ＦＴＣ訓練開始前に射撃要領の確認を行う７普連の隊員

昨年、私は小隊陸曹としてFTCに参加しました。

その際、敵は我の後方を追尾すると事前に調べていたので、前進中も、そして停止した時も後方を警戒しつつ目的地へ向け前進していました。しかし、富士の地形での暗視眼鏡を使用した夜間の前進は思っていたよりも困難でした。また、01ATM（01式軽対戦車誘導弾）やLAM（110ミリ個人携帯対戦車弾）などを携行する隊員の装備の重量が重く、速度発揮も不十分でした。

一方、前方警戒員の的確なナビのおかげで、小隊長から示された滝沢林道沿いの林内に隠蔽された経路を前進できました。

我々の前進経路上には難攻不落と言われているヤビツ台がありましたが、そこであのような壮絶な戦闘になろうとは思いもしませんでした。その戦いでは、小隊の総数34人のところ小隊長以下8人が生き残り、迂回と射撃を繰り返しながらなんとか敵を撃破し、ヤビツ台を奪取できました。

奪取直後の我々は、重量物を携行したままの戦闘と夜間前進での疲労による集中力の欠如で、動けなくなっていました。あれほど警戒していた後方への警戒員も立てずに再編成を行うとともに、次の企図への準備に集中していました。

すると、後方から見たこともないような人員数人が台上に上がってきて、何食わぬ顔で我々のど真ん中を堂々と通過しました。それが敵だと気づいた時には、突然射撃を受け、私以下2人しか生き残っていませんでした。

反省すべき点は一点のみ。目標奪取したことへの達成感と疲労感で完全に気を抜いていたことです。まさか敵が後方から来ないだろうという錯覚にとらわれ、四周の警戒の大切さを改めて思い知らされました。多くの屍を乗り越えてやっとの思いで奪取した地域を、少しの気の緩みで一瞬にして崩されてしまったことが本当に悔やんでも悔やみきれません。必ずや今後の教訓にしたいです。

私は何とか生き残り、1小隊に再編成され、次の夜間攻撃に備えて0000（午前零時）に攻撃を開始しました。途中の地隙で4小隊と合流し、私は後方の4小隊の誘導をしつつ前進しました。夜間の前進速度の違いから4小隊がみるみる遅れていきます。報告しようにも無線がつながらず、気づいた時には1小隊の本隊を見失っていました。

その時私は、4小隊と行動を共にしようと決断しました。4小隊には数人のナイトアサルト及びレンジャー隊員がいました。彼ら5人を前方に出し、自分がその後方で戦闘指揮しました。敵を駆逐しつつ夜間戦闘の速度を重視して中隊目標を目指して進みました。

訓練してきた機動と火力との連携、被弾率を下げるために姿勢を低くするなど、指示されることなく誰もが自らの判断で行っていました。途中、装甲車を発見し、迅速に対戦車火器で射撃、部隊を止めることなく進みました。みんなの気持ちは同じで、大道堀を確保するという強い思いで富士見道を強行突破しました。

その時思ったのは、今日まで約3年間、毎朝のように間稽古で実施していた訓練が生かされ、今ここに繋がっているんだなと「日々の練成の重要性」を再認識できました。

「心手期せずして」という言葉がありますが、考えなくても体が勝手に動く状態まで訓練を積み重ね、目をつむっていても出来るように演練し、今回と同じ過ちは絶対に繰り返さないようにしたいと思います。

師団唯一の女性施設器材操縦手

3陸曹 小山 瑠夏（6施大本管中・神町）

検閲を終え、優秀隊員として表彰される小山３曹

私は令和3年11月6日～16日の間、白河布引山演習場で行われた交通小隊検閲に、グレーダー操縦手として参加しました。私に付与された任務は、演習場内の道路の維持・補修というものでした。

グレーダー操縦手として参加するのは初めてのため、事前にレバー操作の練成やグレーダーの整備を万全にして臨みました。自身の練度で任務を遂行できるか不安でしたが、先輩方のご指導を得て、作業工程を遅らせることなく、修正作業も適切に行い、道路補修作業の任務を完遂することができました。

本検閲では操縦要領だけでなく作業要領、道路の整備所要を考慮した作業の時間配分など、多くの事を学ぶことができました。

この教訓事項をじ後に生かし、どのような現場でも任せてもらえるようなグレーダー操縦陸曹になれるよう、日々精進していきます。

また、師団で唯一の女性施設器材操縦陸曹として、女性の後輩隊員に良いきっかけを与えられたと思います。引き続き女性施設器材操縦陸曹として第一線で活躍し、後輩隊員の模範となれるよう頑張っていきます。

同期と励んだ忘れられない思い出
部隊格闘指導官に認定されて

3陸曹 菊地 優貴（6普連本管中・美幌）

私はこのたび「令和3年度第5旅団部隊格闘指導官養成集合訓練」の認定試験に合格し、無事部隊格闘指導官に認定されたことを大変うれしく思います。

本訓練では、実戦を想定した格闘訓練の必要性や考え方を理解でき、多くの訓練を経験することができました。そして部隊格闘指導官になる上で必要な基本・応用技術、戦術格闘技術など、さまざまな知識や技術を学ぶとともに、指導官になる上での指導能力や資質を養うことができました。

訓練間、技術面では多種多様な技を一つ一つ修得していくことに苦戦し、不整地訓練から組訓練等の高強度訓練では、体力面でも苦労することがありました。しかし、同期たちとの夜間の補備練成、休養日の自主練成を実施することで、徐々に不安要素を払拭し、切磋琢磨しながら多くの訓練を乗り越えていくことができました。

この「同期と共に部隊格闘指導官になる」という一つの目標に向かって一致団結、日々訓練に励み、汗や涙を流したことは決して忘れられない思い出です。

最後に本訓練に送り出して頂き、今まで応援してくれた部隊の皆様にはとても感謝しています。そして教官、助教の皆様にはたくさんのご指導を頂き、ありがとうございました。今後は部隊格闘指導官として日々精進していき、学んできた知識や技術を多くの隊員に伝えていきたいと思います。

5旅団の部隊格闘指導官養成集合訓練で、「白兵戦」に挑む菊地3曹（左）

新刊紹介

「台湾有事のシナリオ　～日本の安全保障を検証する」

森本 敏、小原 凡司編著

米中露などの大国による新たな戦略的競争の時代に突入した現在、日本がとるべき安全保障政策とその課題は何か。

本書は笹川平和財団安全保障研究グループの「日米同盟の在り方研究」プロジェクトの議論の成果として出版されたもので、米国ヘリテージ財団と重ねた研究会などをベースに、台湾をめぐる軍事衝突について考え得るシナリオを描き出し、日本が直面するであろう課題について考察する。

執筆陣は編著者の森本敏元防衛相、小原凡司笹川平和財団上席研究員をはじめ、執筆順に▽長島純元空自幹部学校長▽廣中雅之元教育集団司令官▽磯部晃一元東方総監▽池田徳宏元呉地方総監▽武居智久元海幕長▽黒崎将広防大総合安全保障研究科准教授▽真部朗元防衛審議官が全10章を分担執筆し、豊富な実務・研究経験を基に最新の知見を提供する。

軍事的緊張が高まる中、連続した情勢判断と意思決定を強いられることになる日本が今考えておくべきことは何なのか。我々一人一人が日本の在り方を自ら考え、議論していかなくてはならないと訴えている。

（ミネルヴァ書房刊、3850円）

「八甲田雪中行軍　一二〇年目の真実」

間山 元喜、川嶋 康男著

明治35年1月、極寒の青森・八甲田山系で旧陸軍の部隊が遭難した八甲田雪中行軍。青森歩兵第5連隊の隊員199人が凍死し、尊い命を落とした。一方、別ルートで雪中行軍に臨んだ弘前歩兵第31連隊は任務を完遂し、全員が帰還した。

本書は、二つの部隊の明暗を分けた真実に迫るドキュメンタリー。著者の間山氏は弘前隊の一員として行軍に参加した間山仁助伍長の孫にあたる陸自OBで、定年退官後、祖父のたどったルートを実際に歩き、自身の足で検証した。

弘前隊の当時の様子を指揮官・福島泰蔵大尉の秘蔵資料や間山伍長の日記、当時の写真などを用いて分析。青森隊の行動については生還した隊員の証言をまとめている。本部の対応、当時の報道内容なども詳細につづっている。

「福島大尉の『危機管理』の内容は現代にも通用することが読み取れる」と著者。

巻末には行軍で得られた調査報告を掲載しており、現代にも生かせる山岳遭難の教訓として学ぶことが多い一冊だ。

（冨山房インターナショナル刊、1980円）

「百折不撓」精神で失敗を恐れず挑戦

3陸曹 寺脇 夢紬美（33普連本管中・久居）

私は昨年、女性自衛官教育隊での約3カ月間の教育を修了し、令和4年1月1日付で3等陸曹に任命されました。今年は3曹として、より一層職務に励み、プライベートも充実する年にしたいです。

中隊配置以来、「百折不撓」を座右の銘にしており、失敗を恐れず何事にも挑戦してきました。時には諦めかけたり、妥協しそうになりましたが、持ち前のストイックさと百折不撓の精神で乗り越えてきました。

今後、3曹としてより専門的な知識や技能を修得・錬磨するに当たり、さまざまな障害や困難に直面すると思いますが、積極的に挑戦・勉強し、プロフェッショナルな陸曹になれるよう乗り越えていきます。

そして、今まで育てて頂いた連隊・中隊・小隊の方々に恩返しをするため、一日も早く戦力になって、後輩育成に尽力していきます。

また、仕事バカにならないよう、プライベートでも「釣り」や「キックボクシング」に新たに挑戦し、趣味の幅を広げて充実した休日を過ごしたいと思っています。昨年よりも多くのものが得られるよう、公私共に日々精進していきます。

OBがんばる

原点は「精強性」の追求

渡辺 豊久さん 57
令和元年8月、空自2補給処を2佐で定年退官。現在、前田鐵鋼（株）で製造部の課長として新工場建設プロジェクトなどの業務に携わっている。

「我々は産業の根幹である『鐵』を扱えることを喜びとし、我々の錬磨を通して『鐵』の有益性を更に深め、社会繁栄への貢献と私たちの幸福を実現します」――。

これは毎朝全員が大きな声で唱える我が社の合言葉で、さながら自衛隊員の服務の宣誓を彷彿させるものです。

私は令和元年に空自を定年退職し、愛知県春日井市の前田鐵鋼株式会社に再就職しました。会社は板金部品を成型する金型を作製するための特殊鋼材を、客先の要望に応じて加工し、供給する特殊鋼材の流通業を主事業としています。現在私は製造部の課長として生産管理業務及び新工場建設のプロジェクトを任され奮闘しております。

入社の動機は「組織を強く大きくしたい」という前田社長のお言葉でした。操縦特技の私にとって、企業の求めるスキルを持ち合わせていないことは明白で、再就職に対し不安を抱えていました。

そんな折、愛知地本主催の企業説明会における社長のその一言で、組織の精強性を追求する自衛官としての「原点」はどの道にも通じるのではないかと思い至ったのです。

鋼材の特性、種類、サイズ、顧客、生産性、外国人従業員の指導など多岐にわたる業務は知らないことばかりですが、周りの方々に支えられながら明るく充実した日々を送っています。

現役諸官は、健康に留意し、明るく元気に日々組織の精強性を追求していくことがそのまま次の人生につながっていくと思います。頑張って下さい。そして私と一緒に外側から自衛隊と日本の未来を支えていきましょう。

詰碁

第1277回出題

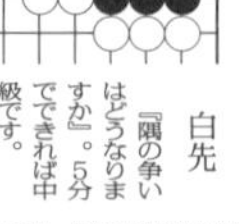

出題 日本棋院 九段 曲 励起

白先

『隅の争いはどうなりますか』。5分でできれば中級です。

▶詰碁、詰将棋の出題は隔週です◀

詰将棋

出題 日本将棋連盟 九段 石田 和雄

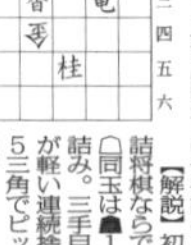

▲先手 持駒 角

≪第861回の解答≫

【正解】▲3二竜△同金▲2三桂不成△同金▲5三角△3二玉▲4二角成までの七手詰め。

【解説】初手▲3二竜が詰将棋ならではの捨て駒。△同玉は▲1四角以下の早詰み。三手目▲2三桂不成が軽い連続捨て駒で次の▲5三角でピッタリ決まります。

朝雲

発行所　朝雲新聞社
〒160-0002 東京都新宿区四谷坂町12−20　KKビル
電話 03（3225）3841
FAX 03（3225）3831
振替00190-4-17600番
定価一部150円、年間購読料9170円（税・送料込み）

主な記事

岸防衛相　カンボジアと防衛協力強化

初来日の陸軍司令官と会談

岸防衛相、山崎統幕長、吉田陸幕長は2月15日、カンボジアのフン・セン首相が後継者に指名した長男のフン・マネット陸軍司令官と防衛省で個別に会談し、2国間の防衛協力・交流をさらに進展させていくことで一致した。1992年に自衛隊が同国に国連平和維持活動（PKO）で初めて派遣されてから今年で30周年の節目となるのに合わせて陸自が公式招待。フン・マネット司令官も昨年12月に後継者に指名されて以降初となる外遊先に日本を選んだ。同国の陸軍司令官による来省は、防衛庁時代も含めて初めて。

カンボジア陸軍司令官として初来日し、吉田陸幕長（左）のエスコートで陸自の特別儀仗隊を巡閲するフン・マネット中将（手前右）＝2月15日、防衛省で

吉田陸幕長「アジアの兄弟に」

省内では15日、岸大臣、吉田陸幕長との会談が報道公開された。岸大臣は、今年はカンボジアが東南アジア諸国連合（ASEAN）の議長国であり、日本のPKOが30周年を迎えたことを踏まえ、「両国の防衛協力・交流を一層進展させ、地域の平和と安全のために協力していきたい」と歓迎の言葉を述べた。

これに対し、司令官は「我が国はこれまで計8000人の隊員をPKO要員として送り出し、南スーダンなどで活動してきた。今、こうしてPKO活動ができるのは日本のおかげだ」と謝意を表した。

これに先立ち会談した吉田陸幕長と司令官は、人道支援・災害救援（HA/DR）と、CBRNE（化学・生物・放射性物質・核・爆発物）分野で協力していくことで一致した。

吉田陸幕長は「陸自とカンボジア陸軍は2年前に4幕僚長として初めて前湯浅陸幕長がカンボジアを公式訪問したのをはじめ、施設分野の能力構築協力や留学生の受け入れなど着実に関係を強化してきた。我々の関係を『アジアの中における兄弟』にしたい」と期待感を示した。

これに対し、司令官は「92年に（日本から）PKO部隊を受け入れた我々は30年後の今、自らPKO要員を派遣するまでになった。引き続き両国の連携を深めていきたい」と応えた。

司令官は同日、自衛隊のカンボジアPKOの初代大隊長を務めた渡邊隆元陸将（元東北方総監）と会談。翌16日には官邸に岸田首相を表敬し、2国間の関係強化で一致した。滞在中は習志野駐屯地で空挺団の訓練展示、富士学校では10式戦車の射撃研修や最新の野戦装備品などを視察した。

邦人の退避巡り　ポーランド協力

ウクライナ情勢

岸防衛相は2月21日夜、ポーランドのマリウシュ・ブワシュチャク国防相と約80分間のテレビ会談を行い、両国間で初となる「防衛協力・交流覚書」に署名した。

会談で両氏は緊迫するウクライナ情勢を巡って協議し、「国際社会全体にも影響を及ぼすグローバルな問題で看過することができない」との認識で一致した。

岸大臣は、日本政府がウクライナの在留邦人の安全確保に最大限に取り組んでいることを説明した上で、万が一の場合、隣国のポーランドに退避する際の協力を要請。これに対し、ブワシュチャク氏は「最大限の支援」を約束した。

同氏はポーランドが加盟する北大西洋条約機構（NATO）各国の対応方針やポーランドとベラルーシ国境における問題について説明。岸大臣は、ウクライナ国境周辺におけるロシア軍増強の動きを重大な懸念を持って注視しており、国際社会と連携して適切に対応していく立場を表明した。

日本とポーランドの防衛相会談は、2013年3月に小野寺五典防衛相とシェモニャク国防相（いずれも当時）との間で日本（防衛省）において初開催されて以来、9年ぶり2回目。

トンガ国緊隊の活動終了

岸防衛相「隊員諸君は誇り」

岸防衛相は2月17日、海底火山の大規模噴火による津波と降灰で大きな被害を受けたトンガで約1カ月間にわたって国際緊急援助活動に当たってきた自衛隊の派遣部隊に対し、活動の終結命令を発出した。（3面に写真特集）

2月9日にトンガの首都ヌクアロファ（トンガタプ島）の国際港に入港後、14日にエウア島、15日にハアパイ諸島、16日にババウ諸島の3地域の離島にも支援物資を届けた海自の輸送艦「おおすみ」は17日、現地での活動を終了し、3月上旬にも帰国する。

「おおすみ」は飲用水や食料品、高圧洗浄機など計約210トンの支援物資を現地に引き渡し、このうち飲用水約30トンは同艦に搭載の陸自CH47JA輸送ヘリで離島に輸送された。

一方、豪州を拠点にトンガへの支援物資の空輸任務を終えて帰国し、国内待機に移行していた空自1輸空（小牧）のC130H輸送機2機と、豪州までの追加要員や物資の空輸を担って帰国し、同じく国内待機に移行していた3輸空（美保）のC2輸送機も2月17日、待機を終了した。

2機のC130Hは1月22日から2月2日まで、豪東部アンバーレー空軍基地を拠点に4回の空輸を実施し、飲用水など約17トンの支援物資を現地に届けた。

岸大臣は2月17日夕、省内で臨時記者会見を開き、日本が豪州、ニュージーランドに続き3番目にトンガに支援物資を届けた国であることについて「トンガ政府から高い評価と謝意が示されている」とした上で、「世界的なコロナ禍でも迅速で的確な支援を実施できたことは、インド太平洋地域の平和と安定に対する我が国のコミットメント（責任ある関与）を行動で示すものだ。最前線で担ってくれた隊員諸君は誇りだ」と語った。

海自

2022年度防衛費　重要施策を見る〈3〉

安全保障環境の変化に対応

山村海幕長は年頭の1月11日の会見で、我が国をとりまく安全保障環境が速いスピードで変化していることに触れた上で、「〝精強即応、変化への適合〟の気概を持って任務に邁進する」と表明した。

令和4（22）年度の海自予算はこうした方向性を受け、新たな艦船の建造とともに、艦載型UAV（無人航空機）などの研究・運用に力を入れ、1兆2922億円を計上している。

新たに建造される艦艇は、3900トン型護衛艦2隻を含め6隻。護衛艦は機雷戦機能も持つ「もがみ」型の9、10番艦。このほか3000トン型潜水艦1隻（「たいげい」型6番艦）、690トン型掃海艦1隻（「あわじ」型5番艦）、海洋の環境データや音響情報の収集能力向上のため、3500トン型海洋観測艦（新型）と2900トン型音響測定艦（「ひびき」型4番艦）各1隻を建造。海洋観測艦は令和7年度に除籍予定の「わかさ」の代替艦で、より省人化を進めたタイプとなる。一方、航空機はP1哨戒機3機、MCH101掃海・輸送ヘリ1機を調達する。

警戒監視能力の強化では、滞空型UAVの試験的運用に着手する。同UAVについて海自は「24時間以上の航続時間を有する洋上監視用の航空機」と定義し、現在、情報提供企業を募集中だ。

イージス護衛艦「まや」「はぐろ」には新たに長距離艦対空ミサイルSM6を搭載する。SM6は従来のSM2より射程が長く、巡航ミサイルにも対処できる。一方、陸上配備型システム「イージス・アショア」の代替として導入する新型レーダー「SPY7」については、陸上型から洋上型への転用に必要な改修を行う。さらに垂直発射装置（VLS）2隻分を取得し、「もがみ」型護衛艦の7、8番艦に搭載する。

宇宙・サイバー領域の取り組みとしては、衛星通信システムの抗たん性向上のため、通信手段の多重化・多様化に必要な能力を整備。米海軍と演習も行い、サイバー能力の深化を図る。

組織改編では21航空隊（館山）と22航空隊（大村）を改組する。UH60J救難ヘリの減勢に伴うもので、213飛行隊（館山）と鹿屋航空分遣隊を廃止する。両隊が担ってきた急患空輸などについて海自は、「自治体等と連携しつつ、今後は全自衛隊として協力して取り組んでいきたい」としている。（亀岡真理子）

新たに海自が建造する海洋観測艦のイメージ図＝海自提供

春夏秋冬

ウクライナ危機とミュンヘン会談

松本　佐保

ロシア軍のウクライナ侵攻の可能性が高まる緊張状態が続いている。ロシア軍一部撤退のニュースも流れたが、ロシアの軍事侵攻の意思は堅いとされる。ウクライナが北大西洋条約機構（NATO）への加盟申請を行ったことが、ロシアにとって安全保障上の脅威になり得るからで、それを阻止するための策である。一方、ウクライナ側のゼレンスキー大統領は、ドイツのミュンヘンでの安全保障会議で演説し、ロシアの軍事的脅威を強調、またウクライナを守る欧米の決意も不明確だと批判し、ウクライナの欧州連合（EU）やNATO加盟を認めるかどうかの明確な返答を求めた。

ウクライナ東部では、政府軍と、一部の地域を実効支配する親ロシア派の武装勢力による戦闘が再燃、停戦監視を行うヨーロッパ安全保障協力機構は、今月15日夜から16日夜に、停戦合意に違反して爆発や銃撃が600件近くあったと報告した。

こうした親ロシア勢力やウクライナ領内のロシア系住民の存在が焦点の一つであろう。実際、2014年のロシアによるクリミアの併合の時も、こうしたロシア系住民の存在が軍事進攻の「口実」として使われた。国際法上、ウクライナに主権があるクリミア半島を構成するクリミア自治共和国・セヴァストポリ特別市をロシア連邦の領土に加えるため、2014年3月18日にロシア、クリミア、セヴァストポリの3者が調印した条約に基づき実行された。ウクライナや国連、また日本を含む西側諸国などは主権・領土の一体性やウクライナ憲法違反としてこれを認めず、併合は国際的な承認を得ていない。

第二次世界大戦中のナチス・ドイツは、ズデーテン侵攻と併合にさいして、ドイツ系住民の存在という類似した口実を使った。ベン・ウォレス英国防相は、ウクライナ問題のロシアと米欧の外交解決の努力に言及し、チェコスロバキア（当時）のズデーテン地方のナチス・ドイツへの割譲を許した1938年のミュンヘン協定の時期に似た兆候があるとの見解を示した。ミュンヘン会談にはナチス・ドイツ、フランス、イタリアと英国が参加し、欧州大陸での戦火を避けるための交渉だったが、ナチスへの宥和政策が、結果的に第二次世界大戦の勃発の要因になったとされる。

今月18～20日に開催されているのも、ミュンヘン安全保障会議である。84年前のミュンヘンと同じことが起きないことを祈るばかりである。

ジョンソン英首相は、「ウクライナ侵攻の影響は台湾や日本にも」とも発言した。武力による現状変更を許してはならないというメッセージである。

（日本大学国際関係学部教授）

露24隻が日本近海航行

海自　空と海から情報収集

2月1日以降、日本海とオホーツク海南部の海域で、ロシア海軍の艦艇が活発な動きを見せている。大規模な軍事演習を行っているとみられ、流氷で埋まったオホーツク海では砕氷艦を先頭に艦隊が航行、海自部隊が警戒に当たった。

日本周辺海域では1日以降、「ウダロイI」級駆逐艦2隻、「ステレグシチーII」級フリゲート4隻、「グリシャV」級フリゲート3隻、その他、病院船など計24隻が確認された。現地では海自2空群（八戸）のP3C哨戒機、7護隊（大湊）の護衛艦「しらぬい」が情報収集と警戒監視を行った。

ロシア国防省によると、1月から2月にかけて地中海やオホーツク海、大西洋などで計約140隻の艦船と60機の航空機で演習を行ったとしている。

岸防衛相は2月15日の記者会見で「ロシア海軍のこの時期の大規模な軍事演習は異例。ウクライナ周辺におけるロシア軍の動きと呼応する形で活動を活発化させている」と述べた。

また、山村海幕長も同日、「ロシア海軍の分析に資する情報収集活動をしていきたい」と会見で語った。

流氷で埋まったオホーツク海を砕氷艦を先頭に航行する「グリシャV」級フリゲートなどのロシア海軍艦艇（統幕提供）

防衛省シンポ　参加者募集中

3月2日、無料でオンライン開催

防衛省は3月2日（水）、令和3年度防衛省シンポジウム「防衛省×SDGs」をオンラインで開催する。岸防衛相のメッセージを配信するほか、女性活躍、気候変動問題・脱炭素、能力構築支援といったSDGs（持続可能な開発目標）に資する取り組みを詳しく解説し、参加者からの質問もチャットで受け付ける。参加費は無料で、定員は先着500人。申し込みはQRコードから。

動画サイト「YouTube Live」では事前に申し込みの必要はなく、無料で視聴できる。

朝雲寸言

私事ながら健康のため続けていたランニングをこの数年は断念している。マスクを装着して長い距離を無理して走る年齢ではなくなったと思うからである。もちろんマスクをしてランニングすることを否定するつもりは毛頭ない▼東京の中心を走る東京マラソンに参加したのは随分昔のことだ。恥ずかしながら体調不良で30キロ付近で途中棄権した。痛恨の思い出である。いつかはリベンジしたいと心ひそかに思っているが、その願いは叶えられそうもない▼コロナ禍の中、東京マラソン2021は延期され、本年3月の開催となった。結果として東京マラソン2022は中止となった▼一方、海外では日本人選手の活躍で盛り上がった北京冬季五輪も閉会を迎えた。スポーツは勝ち負けの世界である。メダルを多く獲得する強豪国をはじめ五輪は結果的に各国家がその力を発揚する場所となっている▼メダル争いに一喜一憂する中、東欧の地域で大規模な軍事作戦が行われつつある。回避に向けて国際社会のギリギリの対話が継続されているが、今後のウクライナ情勢も目が離せない。願うだけでは平和は訪れない。国際社会が一致結束して対話を継続する背景にハード・ソフトの力があることを忘れてはならない▼走れない代わりに散歩することが増えた。しかし、散歩の友である老犬は16歳を超えて普通に歩くことも難しくなった。日々衰えていくその姿に我が身を重ねる毎日である。

お知らせ

本紙3月3日付は休刊とし、3月10日付（3491号）から通常通りの発行となります。ご了承ください。

朝雲新聞社

UNMISS12次司令部要員
吉田陸幕長に帰国報告

約1年間の南スーダン派遣任務を終えて帰国し、吉田陸幕長（右）から授与された3級賞詞を手にする（その左に）中村3佐と金塚3佐。左端は戒田重雄陸幕運用支援・訓練部長（2月14日、陸幕応接室で）

国連南スーダン共和国ミッション（UNMISS）に第12次司令部要員として参加し、同国の首都ジュバに約1年間派遣されていた兵站幕僚の中村美雄3佐と航空運用幕僚の金塚友成3佐がこのほど帰国し、2月14日、吉田陸幕長に帰国報告を行った。

吉田陸幕長は1年前、陸上総隊司令官として2人を送り出しており、陸幕を訪れた両隊員を笑顔で出迎え、3級賞詞と防衛功労章を授与して任務遂行をたたえた。

この後の懇談で中村3佐は「（出国時）吉田司令官から『礼儀正しく誠実であれ』とのお言葉を頂きました。現地では日本人というだけで信頼され、諸先輩方が築いてきたものを強く実感しました」と現地での感想を語った。一方、金塚3佐は「初めての国際勤務で戸惑うことも多くありましたが、同僚・上司に恵まれ、日本人・自衛官としてしっかりと成果を残すことができました」と報告した。

吉田陸幕長は「君たちが築き上げた国連機関や南スーダンに対しての個人的な信頼は、国際安全保障環境の改善、さらには日本の戦略的価値にもつながる大きな財産だ。それを次の職務に大いに生かしてほしい」と労をねぎらった。

陸自と印陸軍が対テロ訓練開始
ダルマ・ガーディアン

陸自とインド陸軍による2021年度の実動訓練「ダルマ・ガーディアン21」が2月27日からインド南西部・カルナータカ州の印陸軍訓練施設「ベルガウムコマンドトレーニングセンター」で始まる。3月10日まで。

同訓練への陸自の参加は19年に続き3回目。今回は森下泰臣東方総監を担任官に、30普連（新発田）の隊員約40人が参加。インド陸軍からは第15マラサ軽歩兵大隊の約40人が加わる。

今回は初めて対テロ分野で高度な訓練ができる印陸軍の訓練施設を使用し、屋内での戦闘射撃も実施。総合訓練ではヘリからの特殊降下に続く市街地戦闘訓練も初めて行い、日印共同によるテロ対処能力の向上を目指している。

現地までの部隊と装備品の輸送は空自3輸空（美保）のC2輸送機が担当する。

陸自CH47ヘリが米艦艇で発着訓練
沖縄周辺海域で

陸自ヘリ団（木更津）と水陸機動団（相浦）は2月6日、沖縄周辺海域で行われた海自と米海軍の日米共同訓練に参加した。

ヘリ団のCH47輸送ヘリは相浦駐屯地で水機団の隊員を乗せて沖縄周辺海域に展開。洋上を航行中の米海軍の強襲揚陸艦「アメリカ」の飛行甲板を使って発着艦訓練を行い、南西地域への展開要領を確認した。

日米共同ミサイル防衛訓練が始まる

弾道ミサイルへの対処をシミュレーションにより演練する「令和3年度日米共同統合防空・ミサイル防衛訓練」が2月21日、松戸駐屯地などで始まった。同25日まで。自衛隊の参加は5回目。

自衛隊は山崎統幕長を統裁官に統幕、陸上総隊、東・中・西部方面隊、高射学校（下志津）、自衛艦隊、航空総隊が参加。米軍は第7艦隊司令官のカール・トーマス海軍中将を統裁官に、同艦隊司令部などが参加している。

訓練では弾道ミサイル対処と防空戦闘に関し、日米の部隊が共同で不測事態に対処し、自衛隊の統合運用能力と日米共同対処能力の強化を目指している。

本紙連載「防研セミナー」に連動
執筆者による解説企画開始
防衛研究所

防衛研究所（齋藤雅一所長）は創立70周年記念事業の一環として、『朝雲』紙上で今年1月から月に1度の新シリーズ「防研セミナー・時代を読み解く」＝1月27日付＝を開始したことに伴い、2月7日、執筆した研究者が省内の職員に向けてその内容を深掘りして解説し、参加者と議論する初の「ブリーフィング」企画をスタートさせた。

紙面記事を立体化させた「参加型セミナー」を目指すもので、第1回の開催に当たり、齋藤所長は「連載に合わせて毎回、執筆者がより幅広く、より深く専門的に踏み込んで解説する企画を併設することで、安全保障問題に関するさらなる知的基盤の充実強化を図っていきたい」とあいさつし、開催意義を強調した。

初回は、防衛政策研究室の佐竹知彦主任研究官が「AUKUS（豪英米の新たな安全保障協力の枠組み）の誕生と豪州」をテーマに、中国やフランスとの関係を含む背景事情について多角的な視点から解説。

防研の齋藤所長、庄司潤一郎研究幹事をはじめ、聴講者に情報本部長の尾崎義典空将を迎え、オンライン配信と合わせて省内の約30人が参加し、活発な質疑応答が行われた。

次回は3月上旬に有江浩一所員＝3面「防研セミナー」執筆者＝が「極超音速兵器の開発競争」をテーマにブリーフィングを実施する予定。詳細は防研企画調整課まで。

「AUKUSの誕生と豪州」をテーマに解説する防研の佐竹知彦主任研究官（中央）＝2月7日、市ヶ谷の防研共用会議室で

時の焦点

国内　竹島の日

歴史的にも国際法上も日本固有の領土である竹島が、韓国によって不法に占拠され、70年になる。これ以上の既成事実化を許さぬよう、韓国への働きかけや国内外での啓発に注力していかなければならない。

2月22日は、「竹島の日」である。1905年のこの日に島根県が竹島を正式に編入したことにちなみ、100年後の2005年に県が条例で制定した。

県などが記念式典を開き、政府も関連資料の調査・公開を進めている。日本国内での認識を深め、国際社会にアピールするためにも、こうした着実な努力を重ねる意義は大きい。

一方で、韓国側が逆の動きを強めているのは極めて残念だ。

昨年は韓国警察庁長官が竹島に上陸し、韓国軍と海上警察は軍事訓練を行った。

日韓ともに若い世代が増えていく中で、70年前の経緯を改めて確認しておくことが必要になるだろう。

「法の支配」こそ重要

日本は1952年4月、サンフランシスコ平和条約の発効によって独立を回復した。その目前の同年1月、韓国の李承晩大統領は日本海などに「李承晩ライン」を一方的に設定し、その内側に竹島を取り込んだのである。

54年には韓国沿岸警備隊の部隊を派遣し、その後、竹島への駐留を続けている。力による一方的な現状変更であることは言うまでもない。

竹島の不法占拠にとどまらず、韓国は国交正常化前、日本漁船を相次いで拿捕していた。正常化された65年までの間に300隻を超える漁船を拿捕し、3000人以上の日本漁民を長期にわたって抑留した。銃撃などで死亡した漁民もいた。

国民と領土を守ることがいかに重要か、改めて考えさせられる。

日本はこれまで、平和的な手法による解決に向けて、3回にわたって国際司法裁判所への共同付託を提案してきた。しかし、韓国側はいずれも拒否し、裁判には至っていない。

中国の軍拡や北朝鮮の核・ミサイル開発を踏まえれば、地域の平和と安定に、日米韓の協力は不可欠である。韓国の政治指導者には、大局的な見地から、竹島問題に真摯に向き合ってほしい。

領土をめぐっていったん不法占拠を許してしまえば、それを回復するのは容易ではない。

沖縄県の尖閣諸島周辺では、中国の海警船が日本側の疲弊を待つように領海侵入を繰り返している。万一、尖閣諸島で現状変更を許せば、その悪影響は竹島の比ではあるまい。

ロシアはウクライナへの軍事圧力を強め、事態は緊迫している。ここでも重要なのは、国際社会として力による現状変更を決して許さないことである。不法占拠をいくら継続しても、合法的な領有にはなり得ない。

「法の支配」を真に実現するには、各国のたゆまぬ努力が不可欠だ。

宮原 三郎（政治評論家）

海外　ウクライナ緊張

北大西洋条約機構（NATO）の東方不拡大の確約などを要求したロシアに対し、米国はこれを拒否し、ウクライナ情勢の緊張は依然緩まない。

しかし、これまでのロシアの動きやプーチン同国大統領の対西側観を眺めている限り、ほとんどの切り札は同氏の手にある印象だ。

2021年3月、ロシアはウクライナ国境に部隊10万人を動員して軍事演習を実施。ウクライナとNATOには侵攻の脅威の衝撃が走ったが、NATOの反応は緊張を高めただけだった。

同年6月、NATOはブリュッセルで首脳会議を開き、08年4月にブカレストで開いた首脳会議の決定を繰り返し強調した。

同ブカレスト会議では、将来ウクライナが加盟するという政治的決定を採択したが、会議2日目、加盟国との個別会談に招かれたプーチン大統領は、ウクライナの加盟やポーランドとチェコへのミサイル配備に反対を表明。

「王手」は依然ロシアに

ウクライナの加盟実現に必要な「加盟行動計画（MAP）」の承認問題で、欧州の不安定化を懸念する仏、独など主要国と米国が対立し、今日に至る。

プーチン大統領は21年7月、クレムリンのホームページに、「ロシア人とウクライナ人の歴史的統一性」と題する論文を発表した。

同大統領は、ロシアとウクライナの国民には言語、宗教、数世紀の歴史の共有という絆があると指摘。その上で、もしウクライナがNATOに加盟したら、ロシアはそれを受け入れられない、と強調していた。

そのプーチン大統領の軍は、ウクライナ国境に推定15万人の部隊展開にまで増強されているが、同氏の頭の中は現在、様々な計算でいっぱいだろう。

第一に、米軍がアフガニスタンから撤兵した際の不手際に伴う大混乱。それでも国防長官以下、誰も責任を取らない政軍体制の評価。

また、米兵の戦闘態勢はどれくらい整っているのか。彼らは新型コロナウイルスの予防接種を強制されたが、効果は僅か数カ月間と言われているが。

三つ目は、米国内の世論の分裂状態。予防ワクチン接種問題で、一部の州政府や企業が「強制」策を打ち出したが、市民の猛反対で撤回や訴訟が起きた。20年の大統領選挙の合法性をめぐる論議もまだまだ継続中だ。

さらに、CBSニューズの世論調査（2月8日―11日実施）では、国民の53%は、政府がウクライナ情勢に「関わらない」ように望んでいた。

換言すれば、プーチン氏の目には、米国は「強力なパワー」とは見えていないだろう。

NATO有力メンバーのドイツが、天然ガス供給をロシアに依存する事情から、ロシアへの強硬な反対が難しいことにも満足だ。

プーチン氏のロシアは、第1次湾岸戦争の開戦前の米国がそうしたように、圧倒的な軍事力の増強をしている。「王手」はロシアの手にあるということではないか。

草野 徹（外交評論家）

陸自幹候校358人卒業
学校長、「英知結集し難局に」

【陸幹候校＝前川原】陸自幹部候補生学校は第102期一般幹部候補生（防大、一般大等出身者）課程358人に対する全ての教育を終え、1月26日、卒業式を行った。

今年は新型コロナの影響で学校職員のみが参加し、徹底した感染対策のもと厳粛に執り行われた。

式典では石原由尊学校長が一人一人に卒業証書を授与した後、式辞で「幹部自衛官とは隊員から信頼され、たとえ不透明・不確実な事態に直面したとしても英知を結集し、その難局に当たることができる存在でなければならない。それが強靱な陸上自衛隊の創造に繋がる」とはなむけの言葉を贈った。

続いて、吉田陸幕長の訓示が映像で流され、「部隊・隊員を愛し、執念をもって日々の練成に努めよ」「変化に対応し得る実力を深化するため修練を継続せよ」と2点を要望した。

この後、グラウンドで横山慶次郎候補生を観閲部隊指揮官に「卒業記念観閲行進」が行われ、卒業生たちは約10カ月間の教育で立派に成長した姿を学校職員に披露、自信と誇りを胸にそれぞれの任地へと巣立った。

学校職員（右側）に見送られ、さっそうと行進してそれぞれの赴任部隊に向かう卒業生たち（1月26日、陸自幹部候補生学校で）

共済組合だより
ライフプラン支援サイト
共済組合HPから3社のWEBサイトに

皆さまは共済組合のホームページ（HP）からアクセスできる「ライフプラン支援サイト」をご存じですか？

共済組合HPから野村證券、第一生命、三井住友信託銀行の3社が開設する各Webサイトに進むことができます。

いずれのサイトも基本事項を入力するだけで将来の収入・支出のバランスを把握できる「ライフプラン・シミュレーション」をはじめ、結婚、出産、子供の教育、健康、老後など、人生のさまざまなシーンやそれに伴うお金にまつわる各種情報を得られます。

このほか、各サイトでは多彩なメニューをご用意。いずれもすぐに役立つ情報ばかりですので、ぜひご利用ください。

「ライフプラン支援サイト」閲覧は、共済組合HPのトップページ→ライフプラン支援→組合員ログインユーザー名、パスワードをご入力の上、各社のWebサイトに進んでください。

なお、共済組合ホームページは2月1日よりリニューアル致しました。それに伴いログイン用パスワードが変更になっておりますので、ご所属の支部にお問い合わせください。

共済組合の各支部では、防衛省が開催する「生涯生活設計セミナー」に合わせて、ファイナンシャル・プランナーによる「個別相談会」も開催しています。こちらもぜひご利用ください。詳しくはご所属の支部にお問い合わせください。

野村證券

第一生命

三井住友信託銀行

海自幹候校で卒業式
第55期105人が旅立つ

学校長の梶元大介将補（左）から卒業証書を授与される海自第55期一般幹部候補生課程の学生（2月9日、江田島の海自幹候校で）

海自の第55期一般幹部候補生課程（部内）の卒業式が2月9日、広島県江田島市の幹部候補生学校で行われ、学生105人（うち女性5人）が卒業した。

学校長の梶元大介将補が卒業生一人一人に卒業証書を授与した後、式辞で「自信と誇りを持て」「任務に対して全力を尽くせ」の2点を卒業生に要望。さらに「ここ江田島の地は必ずや諸君の〝心のふるさと〟となる。堂々と胸を張って表桟橋から鹿島立ちしてもらいたい」と述べ、初級幹部たちの門出を祝った。

山村海幕長はコロナ下を受け、式場に流されたビデオではなむけの言葉を贈った。

卒業生はこの後、校内を行進して岸壁に向かい、1練習隊司令の井伊正章1佐を指揮官とする護衛艦「いなづま」と練習艦「はたかぜ」に分乗、外洋練習航海に出発した。

初級幹部を含め約440人で編成された同隊は今後、洋上で各種訓練を行いながら太平洋を南下し、途中、ベトナム、パラオ、米グアム島に寄港する。帰国は3月19日の予定。

コブラゴールド22
10カ国参加し開始

国際活動での各国の協力とサイバー攻撃対処の能力向上を目指した多国間共同演習「コブラゴールド22」が2月18日、タイと日本を結んで始まった。3月4日まで。自衛隊の参加は18回目。

参加国は日、米、タイ、韓、中、印、豪州、シンガポール、インドネシア、マレーシアの10カ国。防衛省・自衛隊からは統幕、陸上総隊、自衛艦隊、システム通信隊群、空シス隊、指揮通信システム隊、情本の計約60人が参加し、防衛省と朝霞駐屯地で訓練に臨んでいる。

期間中は人道支援・災害救援活動に関する机上演習も行い、参加各国との連携強化を図っている。

防衛省発令

▽兼統幕運用2課（陸幕人事教育計画課企画班長） 1陸佐 井上雄一朗
▽（同募集・援護課募集援護調整官） 同 鹿子島 洋
（以上2月12日）
▽北部航空方面隊幕僚長（特別航空輸送隊司令） 1空佐 中田 茂
▽特別航空輸送隊司令（13飛行教育団司令） 同 岩岡 政治
▽13飛行教育団司令（西部航空方面隊防衛部長） 同 有松 勝行
（以上2月13日）
▽兼通信学校総務部長 通信学校副校長兼企画室長 1陸佐 伊藤 幸二
▽解小平学校システム教育部長兼補 小平学校副校長兼企画室長 同 中野 智彦
▽小平学校システム教育部長（通信学校総務部長） 同 和泉 賢一
▽掃海隊群司令部（大湊地方総監部3幕僚室長兼5幕僚室長） 1海佐 北山健一郎
▽大湊地方総監部3幕僚室長兼5幕僚室長（大湊地方総監部防衛部） 同 白方 将司
（以上2月14日）
▽佐世保教育隊司令（海自幹部学校防衛戦略教育研究部主任教官） 1海佐 吉田太郎
▽海自幹部学校防衛戦略教育研究部主任教官（海自幹部学校） 同 林 鉄也
（以上2月17日）
▽ときわ艦長（護衛艦隊司令部） 2海佐 奥村 博隆
▽横須賀基地業務隊司令（ときわ艦長） 同 斎藤夕祈雄
（以上2月18日）

訂正

2月17日付6面の「玄海小学校で防災教室」の本文と写真説明の小学校名に誤りがありました。正しくは「玄界小学校」です。おわびして訂正します。

また、同日付3面の「日米共同空挺降下訓練」の記事で、「日米共同の空挺降下訓練」とあるのは「米空軍機からの空挺降下訓練」に表記を改めます。

トンガ海底火山噴火災害　自衛隊国緊隊派遣

架けた友との"絆の橋"

トンガタプ島のフアアモトゥ国際空港に着陸した空自のC130H輸送機から緊急支援物資が降ろされた＝2月2日

離島に救援物資を空輸

「日本の友であるトンガ王国が、笑顔と温もりに満ちた復興を遂げ、発展することを祈念しています」――。

海底火山の大規模噴火による津波と降灰で全人口（約10万人）の8割以上が被災し、大きな被害を受けたトンガで飲用水などの救援物資輸送に当たってきた陸海空自の隊員たち。

徹底したコロナ対策のため防護服を着用し、現地関係者に非接触で引き渡さざるを得ない状況の中、隊員たちは真心を込めて折った千羽鶴や一人一人の思いを寄せ書きした「日の丸」を救援物資に添えるとともに、メッセージボードを掲げて復興を願う思いを一緒に届けた。

1月22日から2月2日まで空自C130H輸送機を主力とする前半の輸送活動＝1月27日付、2月3日付＝に続き、今回は2月9日に現地入りした海自輸送艦「おおすみ」と同艦に搭載の陸自CH47JA輸送ヘリによる離島への空輸活動を中心に写真で紹介する。（1面参照）

右コロナ感染予防のため、非接触で島民とコミュニケーションする防護服を着た陸自隊員＝2月15日、リフカ島で　上飲用水を搬送した自衛隊員に向け、「ありがとう日本人」と書いたボードを掲げるエウア島の島民たち（2月14日、エウア島で）

届けたのは物資と真心

トンガタプ島を出港した輸送艦「おおすみ」の上空に虹がかかった＝2月12日

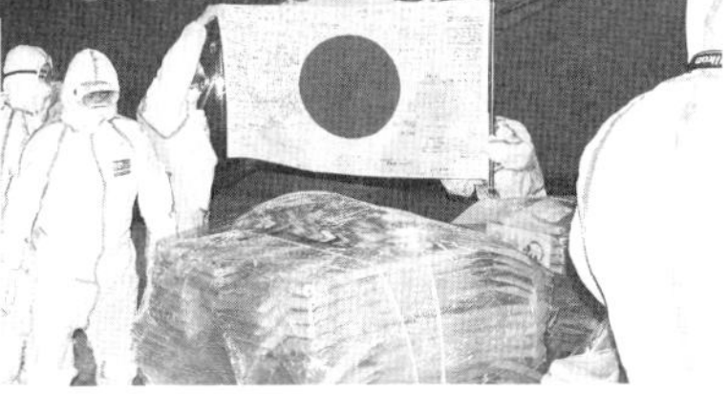

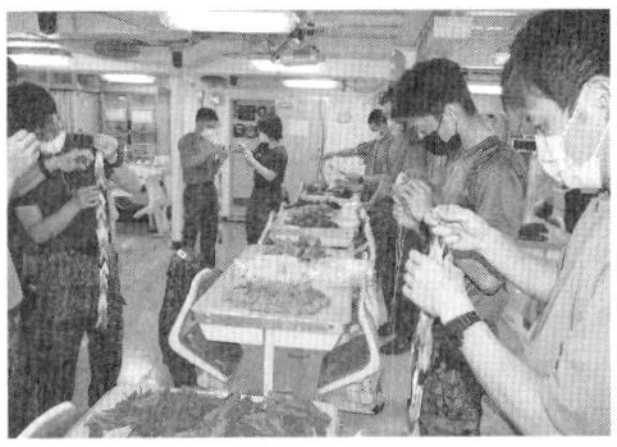

上隊員たちからの寄せ書きや千羽鶴を添え、緊急援助物資の陸揚げを行う隊員たち（2月9日、トンガタプ島ヌクアロファ港で）　左トンガ復興への祈りを込め、千羽鶴を折る派遣隊員たち（「おおすみ」艦内で）

CH47JA輸送ヘリから降ろした飲用水を、フォークリフトなどを使って運搬しやすい位置に配列する隊員たち（2月15日、リフカ島で）

右トンガに到着し、防錆処理された甲板上のCH47輸送ヘリのカバーをはずす隊員たち（2月8日、「おおすみ」艦上で）　上トンガのエウア島に飲用水を運ぶため、輸送艦「おおすみ」を飛び立つCH47輸送ヘリ＝2月14日

輸送艦「おおすみ」で、隊員たちは日本からの支援の思いを伝えるためメッセージボードを作製した

陸自CH47JA輸送ヘリ（後方）で飲用水を届けるとともに、「トンガの1日も早い復興と持続的な発展を願っています」と書いたメッセージを島民に見せる隊員たち（2月16日、ババウ島で）

防研セミナー

時代を読み解く　シリーズ②

今月の講師

有江（ありえ）　浩一（こういち）氏

防衛研究所
理論研究部政治・法制研究室所員

1961（昭和36）年生まれ、岡山県出身。防衛大学校卒（28期）。陸自通信科。拓殖大学大学院後期課程で博士（安全保障）取得。東北方面通信群、北部方面総監部、統合幕僚会議事務局、第1次イラク復興業務支援隊バスラ連絡幹部、陸自幹部学校戦略教官、防大戦略教育室准教授などを経て、現職。専門は核戦略・核抑止論。論文に「最小限抑止概念の検証」（『防衛研究所紀要』第21巻1号、2018年12月所収）など。

極超音速兵器の開発競争

近年、音速の5倍（マッハ5）を超える極超音速領域で大気圏内を飛び、飛翔中に複雑な機動も可能な新兵器の開発が話題になっている。

この兵器は、弾道ミサイルやロケットブースターで打ち上げられる無動力の極超音速滑空体（HGV）と、スクラムジェットと呼ばれる特殊なエンジンを搭載した極超音速巡航ミサイル（HCM）に大別される。

これらの極超音速兵器をめぐっては、後述するように米中露3カ国が激しい開発競争を繰り広げている。また、欧州・インド・オーストラリアなどの主要国も研究開発を進めている。

北朝鮮も、2021年9月に続き、今年1月には2度にわたりHGVとみられる極超音速兵器の試射を行ったと報じられている。

なぜ、こうした兵器の開発が国際社会で進んでいるのか。

経路予測が困難　滑空中の機動も

その理由として、極超音速兵器が将来の戦闘様相を一変させる「ゲームチェンジャー」になると一般に信じられていることが指摘できる。

ICBMなどの従来の弾道ミサイルも、弾頭部は極超音速で目標に落下してくるが、その飛翔経路は予測可能であり、宇宙空間を通過中に地上や海上からレーダーで追跡しつつ迎撃することができる。

しかし、HGVは弾道ミサイルとは異なり、ロケットから切り離された後は宇宙空間に出ず、大気圏内を滑空してくるため飛翔経路が予測できず、レーダーでの探知も遅れてしまう。

加えて、HGVは滑空中に機動できるので、迎撃ミサイルをかわすことも可能である。

このため、現在の弾道ミサイル防衛システムではHGVの探知・迎撃は非常に難しいとされる。また、従来の巡航ミサイルは低速のため探知・迎撃が可能であったが、極超音速で突入してくるHCMに対しては有効な迎撃手段を欠いている現状にある。

つまり、極超音速兵器は防御不可能なゲームチェンジャー兵器だというわけである。

ただし、これには異論もある。HGVが大気圏内を極超音速で長時間飛び続けると、大気との摩擦熱で表面温度は2千度以上にもなり、HGV本体および内部機器が深刻なダメージを受ける。

また、HGVの周りの空気がイオン化し、発生したプラズマが衛星などからの誘導制御信号を妨害するために、目標への命中精度が低下する。さらに、極超音速飛翔中に機動を繰り返せば、抗力が増して速度が低下する。

HCMについても、スクラムジェットは超音速でエンジン内を通過する高温高圧の空気に燃料を噴射して燃焼させる仕組みであり、安定的に動作させ続けることが難しいという課題がある。

これらの技術的な課題を克服しない限り、極超音速兵器はゲームチェンジャーにはなり得ないとも指摘されている。

実戦配備の中露　開発競争リード

極超音速兵器をめぐる米中露の競争では、現時点では中露がアメリカを一歩リードしている。

ロシアは、2019年12月に長距離HGV「アバンガルド」を実戦配備したと報じられている。また、1000キロ以上の射程を持つ対艦攻撃用のHCM「ツィルコン」や、インドと共同でHCM「ブラモス2」を開発している。

中国も、2019年10月の軍事パレードで中距離HGV「東風17」を初公開し、2020年に実戦配備したとされている。

翌2021年8月には、中国が新たな極超音速兵器の発射実験を行ったことが報じられ、これについて同年10月にマーク・ミリー米統合参謀本部議長がテレビのインタビューで「非常に憂慮している」とコメントした。

なお、中露とも極超音速兵器に核弾頭を搭載可能としていることから、通常弾頭との両用兵器として開発している模様である。

これに対し、アメリカは通常弾頭のみの極超音速兵器を開発中であり、核弾頭を搭載する予定は今のところない。

現在、陸海空軍および国防高等研究計画局（DARPA）がさまざまな開発プロジェクトを立ち上げており、プロトタイプによる発射実験を繰り返し行っている。

また、アメリカは極超音速兵器を迎撃するための新たなミサイル防衛システムの開発に乗り出している。

ミサイル防衛庁（MDA）は、新設された宇宙開発庁（SDA）とともに、小型赤外線衛星群を低軌道に配備して宇宙から極超音速兵器を探知・追跡できるシステムの構築を計画中である。MDAはまた、HGVを滑空段階で撃ち落とすための新たな迎撃ミサイルの開発にも取り組んでいる。

リスクが高まる　「誤解」の核報復

先述したように、中露は極超音速兵器の実戦配備を進めている。

これらの兵器が実際に使用された場合、飛翔経路が予測不可能なことから、その兵器がどの目標に向かっているのかを確定できないため、誤解に基づく核報復の実行などの意図しないエスカレーションのリスクが高まると指摘されている。

他方で、極超音速兵器の使用およびその脅しに対しては、核兵器のそれと同様に、従来の抑止が効くとの見方もある。

米中露をはじめとする極超音速兵器開発競争が、新たな軍備拡張競争を引き起こしかねないとの懸念も高まっている。

軍備管理の専門家などからは、2026年まで延長された米露間の新戦略兵器削減条約（新START）の対象範囲に極超音速兵器を加える、あるいは多国間で新たな軍備管理協定を締結して極超音速兵器の実験を一時停止または禁止するといった提言が出されている。

また、兵器データの交換、実験の事前通告など、極超音速兵器の開発に係る透明性を高める措置も提言されている。

ひろば

弥生、草花咲月、桜月、晩春――3月。

3日ひなまつり、8日国際女性デー、14日ホワイトデー、21日春分の日、25日電気記念日。

すりばちやいと　福井県鯖江市の天台宗中道院で行われる伝統行事。元三大師が悪病に苦しむ庶民を助けたことが始まりで、すり鉢の形をした護摩炉を参拝者の頭に乗せ、無病息災、学業成就を祈願する。　2日

火渡り祭　東京・高尾山薬王院の浄火で災厄を祓う護摩炊き行事。世界平和、息災延命、災厄消除を願い、心身修練の功を積んだ山伏たちが法螺貝を吹きながら燃やされた木の上を素足で渡る。　13日

憧れのポルシェに乗って

40m高低差 周回コースやドリフト体験

ポルシェジャパン（東京都港区）は昨秋、千葉県木更津市にドライビング体験施設「ポルシェ・エクスペリエンスセンター東京（PEC東京）」をオープンさせた。ドイツの高級スポーツカー・ポルシェの走行体験ができる「PEC東京」は世界で9番目。日本の施設は43ヘクタールの敷地内に全長2.1キロの周回ロードコースを備え、さまざまなポルシェ車両の性能を実体験、さらにシミュレーターを使い仮想体験もできる、まさにポルシェのテーマパークだ。早くもモーターファンの聖地になっている。

千葉・木更津に「PEC東京」

「ポルシェ・エクスペリエンスセンター東京」のトラック。全長2・1キロの周回コースは高低差40メートルある立体構造になっている（いずれもPEC東京のホームページから）

PEC東京には常時、約20種類のポルシェ車両が用意されている。また、屋内のシミュレーターでも最新車両の模擬走行ができる

一日楽しめるテーマパーク

広大なPECの施設内には、高低差のある複雑なコースを高速で走行できる全長2・1キロの周回コースがある。さらに、ドリフト（横滑り）した車体のコントロールを実体験できる「低摩擦コンクリート路面」や四駆車用のオフロードエリアなど、さまざまな走行場面が用意されており、ポルシェの実車を使って高度な運転技術を磨くことができる。

さらに施設内の建物にはカフェやレストラン、会議場のほか、運転シミュレーターのラボ、ポルシェブランドのショップなどがあり、モーターファンなら一日楽しめる施設となっている。希望すれば、パーソナル・ドライビング・コーチから1対1の運転指導も受けられる。自衛隊のテストドライバーやテストパイロットも、ポルシェの運転を通して操縦技術を磨けるかもしれない。

上 ドリフトした車体のコントロールを実体験できる低摩擦のコンクリート路面

左 PEC東京には四輪駆動車の性能を知る「オフロードエリア」も用意されている

有名レース場コーナー再現

PEC東京の最大のウリは、実車の走行体験だ。「ドライビング・エクスペリエンス」と呼ばれる運転エリアにはハンドリングトラック、ローフリクション・ハンドリング、オフロードエリアなどがある。

このうち、高度なハンドルさばきを実体験できるハンドリングトラックは、ドイツの有名なレース場・ニュルブルクリンクの「カルーセル」やアメリカの同ラグナ・セカにある「コークスクリュー」など、レースでも有名なコーナーを再現したエリアが設けられており、そのカーブを高速で駆け抜けていくスリルが味わえる。

世界のPECの多くが平面トラックであるのに対し、PEC東京は起伏のある自然の地形を巧みに取り入れており、高低差が40メートルもある立体構造のトラックは、他では味わうことができない「高速立体ドライビング」が体験できる。

PEC東京の全長2.1キロの周回コース

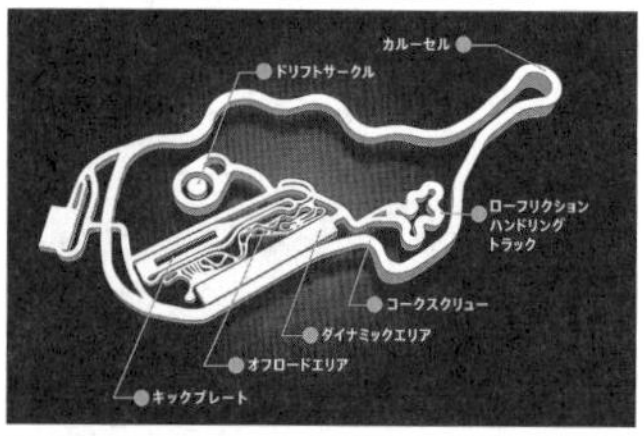

シミュレーターで模擬走行

運転体験料金4万4千円～

気になるポルシェの運転体験プログラム（90分）の料金は4万4000円から。クーペの「718ケイマンT」が4万9500円、スーパーカーの「911カレラ」が6万500円などとなっている。プログラムへの参加は21歳以上で、運転免許証を保持していることが条件だ。

建物内では免許のない人も楽しめる。シミュレーターラボでは最新のモデル「919ハイブリッド」や歴代のル・マン優勝車まで、国内外のサーキットでの模擬走行が体験できる。このシミュレーター（30分）の利用料金は4500円から。

PECの運転体験プログラムに参加するには事前にインターネットでの会員登録が必要で、その後はネットから予約できる。自衛隊のドライバーやパイロットたちにとっても、ここでの高速ドライビング体験は新たなマシン操縦の視野を広げてくれるかもしれない。

「PEC東京」に関する最新情報は公式ホームページ（https://porsche-experiencecenter-tokyo.jp/）を参照。

マイヘルス Q&A

アキレス腱症

慢性化すると回復に時間　ストレッチで再発予防を

Q　自衛官やスポーツ愛好家にアキレス腱症が多いと聞きます。

A　スポーツ障害の一つにアキレス腱症があります。アキレス腱症とは、ふくらはぎの筋の腱であるアキレス腱の慢性の障害です。アキレス腱に繰り返し負荷がかかっている方に多く、けがをしていないにもかかわらず、症状としてアキレス腱や踵の骨に痛みや腫れがあらわれ、運動により増悪します。

Q　具体的な症状は。

A　慢性のアキレス腱の障害には、「腱実質部の障害」と「腱付着部（踵の骨）の障害」があります。

腱実質部の障害には、アキレス腱内とその周囲に障害を起こす「アキレス腱炎」と「アキレス腱周囲炎」があり、両者が合併していることもあります。スポーツや仕事による使い過ぎや、不適切な靴の使用だけでなく、脂質異常症や透析をされている方もアキレス腱の変性が起こることから、これらをきたすことがあります。

一方、腱付着部の障害には、アキレス腱が踵の骨に付着する部位に引っ張る力がかかることで生じる「アキレス腱付着部症」と、踵の骨の隆起とアキレス腱が繰り返しこすられることで生じる「踵骨後部滑液包炎」があり、こちらも両者が合併していることがあります。

Q　治療方法は。

A　手術療法と保存療法がありますが、基本的に保存療法が主体となります。治療期間は重症度によって異なりますが、運動療法（ストレッチや筋力訓練）や装具療法を中心にいずれも3カ月程度は必要と考えておくと良いでしょう。アキレス腱症は下腿三頭筋を柔らかくすることが重要であるため、根気強くストレッチを続けることで治療と再発の予防にもなります。足底挿板（中敷き）が有効な場合もあります。

Q　それでも治らない場合は。

A　これらの治療によっても痛みが改善しない場合は、体外衝撃波や手術療法が選択されることがあります。なお、アキレス腱へのステロイド注射は、短期的な除痛には効果がありますが、長期的にはアキレス腱断裂や感染の原因となってしまうため、現在は推奨されていません。

アキレス腱症は一度慢性化してしまうと回復まで長期の時間を要します。少しでも痛みを感じたら、我慢せず、お気軽に医務室、病院にご相談して下さい。

自衛隊中央病院診療科 整形外科医官　上西 寛途

BOOK NOW

私が読んだ この一冊

コリン・パウエル、トニー・コルツ著、井口耕二訳「リーダーを目指す人の心得」（飛鳥新社）

北方対舟艇対戦車隊（倶知安）谷員脩平1陸尉　30

著者のコリン・パウエル氏は、米軍の統合参謀本部議長を史上最年少で就任を果たすなど輝かしい経歴を有する。彼を一言で評するならば、「気づきの天才」である。

米軍のトップに就いてもなお、現場に進出し、問題点を見いだし、処置を構じ、政治的に難局でも、多角的に情報を収集し、卓越したバランス感覚をもって対処を講じて、危機を脱している。

本書は、幹部自衛官にとって、マイルストーンとなり得る一冊である。

山本健人著「すばらしい人体　あなたの体をめぐる知的冒険」（ダイヤモンド社）

61航空隊（厚木）小成一広海曹長　43

健康でいる限り、なかなか目を向ける機会のない体の構造。本書には、そこに秘められた化学反応の連鎖が、「人体がいかに素晴らしい機能を持っているか」という観点から書かれている。

医学の歴史や病気等を含め、頭から爪先までを網羅する膨大な情報が、外科医である著者の体験を交えながら、分かりやすく説明されている。

将来にわたり大切にしたい体。その構造を正しく理解する入門書として、お勧めの一冊です。

養老孟司著「ヒトの壁」（新潮社）

5空団装備隊武器小隊（新田原）佐保奎成3空尉　24

「人間もヒトという生物である」「他人の顔を伺いすぎていないか」――。

本書は新型コロナ禍の体験、五輪の開催に加え、筆者自身が心筋梗塞になった事例から、人生そのものを問い直し、生きる価値を考え抜いた人間論だ。

人は、人生はどういうものので、どうあるべきなのか。改めて考えさせられる一冊だ。

隊員愛読書ベスト5

＜入間基地・豊岡書房＞

❶次期戦闘機開発をいかに成功させるか　森本敏、岩﨑茂編著　並木書房　￥2970
❷メルトダウンで地獄を見た元エリート幹部自衛官が語るこの世を生き抜く最強の技術　わび著　ダイヤモンド社　￥1540
❸防衛事務次官冷や汗日記　黒江哲郎著　朝日新聞出版　￥935
❹空母いぶきGREAT GAME6巻　かわぐちかいじ著　小学館　￥650
❺航空自衛隊副官怜於奈3　数多久遠著　角川春樹事務所　￥770

＜防衛省・三陽堂書店＞

❶防衛事務次官冷や汗日記
❷地政学―地理と戦略　コリン・S・グレイほか編著、奥山真司訳　五月書房新社　￥5500
❸自衛隊新戦力図鑑2022　三栄書房　￥990
❹マスキロフカ　D・P・バゲ著、鬼塚隆志監修　五月書房新社　￥2530
❺知能化戦争　龐宏亮著、安田淳ほか訳　五月書房新社　￥3850

＜神田・書泉ブックタワーーミリタリー部門＞

❶日本海軍機の塗装ソコハ何色？　零戦バックヤード　宮崎賢治、中村泰三著　大日本絵画　￥4290
❷第二次世界大戦軍事録　ホリエカニコ著　ホビージャパン　￥1980
❸自衛隊新戦力図鑑2022
❹パンツァー・エース若き男爵のティーガー重戦車戦記　リヒャルト・フォン・ローゼン著、並木均訳　ホビージャパン　￥3300
❺幻のジェット戦闘機「橘花」　屋口正一著　潮書房光人新社　￥924

＜トーハン調べ1月期＞

❶WORLDSEIKYO vol.2　聖教新聞社　￥250
❷鎌倉殿の13人前編　三谷幸喜作　NHK出版　￥1210
❸メシアの法「愛」に始まり「愛」に終わる　大川隆法著　幸福の科学出版　￥2200
❹ヒトの壁　養老孟司著　新潮社　￥858
❺黒牢城　米澤穂信著　KADOKAWA　￥1760

海自の次期輸送艦

造船2社 デザイン提案

より大型の「強襲揚陸艦」へ

海底火山の噴火とその後の津波で大きな被害を受けた南太平洋の島嶼国トンガに現在、海自の輸送艦「おおすみ」が国際緊急援助隊として派遣されている。（1、3面に関連記事）同艦は1998年の就役から24年が経ち、後継艦を検討する時期に入っている。陸自には新型輸送機V22オスプレイが導入され、空自には艦載型のF35Bステルス戦闘機の導入が決まっている。こうした新型機の艦上運用も考慮した時、次期輸送艦はどのような船体デザインが望ましいのか。造船各社の提案などから探ってみた。

「おおすみ」型輸送艦（3艦）は1980年代の設計のため、大型機の搭載などはあまり考慮されず、同型艦「くにさき」が2004年にインドネシア・スマトラ島の津波被災地に派遣された際、CH47型輸送ヘリは艦内に収容できず、ローターを外して機体にシートをかぶせ、甲板に露天係留して輸送した。さらに飛行甲板の幅が狭すぎ、アイランド（艦橋部）が妨げになってCH47が後部から前部に走行移動できないなど、問題点が露呈した。それは現在も改善されておらず、同じ状態で今回もトンガで活動に当たっている。

護衛艦「いずも」型ならば大型のエレベーターでCH47を艦内の格納庫に下ろし、収容できる。飛行甲板も広く、同時に5機のヘリコプターが運用できる。そこで次期輸送艦も「いずも」型に匹敵する航空機の運用能力を持った船体デザインが求められている。

造船各社はそうした現在の問題点を解決した次期輸送艦のイメージを海自などに提案している。

ジャパン・マリンユナイテッド（JMU、横浜市）は、「いずも」型をベースにした「強襲揚陸艦」案を発表。F35B戦闘機が運用できるよう改装中の「いずも」型をベースに、エアクッション艇LCACや水陸両用車を海上から艦内に収容できる「後部ウェルドック」を追加した船体デザインが特徴だ。

JMUによると、この艦の基準排水量は1万9000トンで、全長220メートル、全幅38メートル。「おおすみ」型（8900トン、全長178メートル、幅26メートル）の約2倍に大型化されている。イメージ図にあるように全通甲板ではV22を同時に5機運用できるようだ。最大速力は24ノット（44キロ）という。

一方、三井E&S造船（東京都中央区）も同様に大型ヘリとLCAC2隻、多数の水陸両用車を収容できる「強襲揚陸艦」タイプの船体デザインを提案している。こちらの基準排水量は約1万6000トンだ。

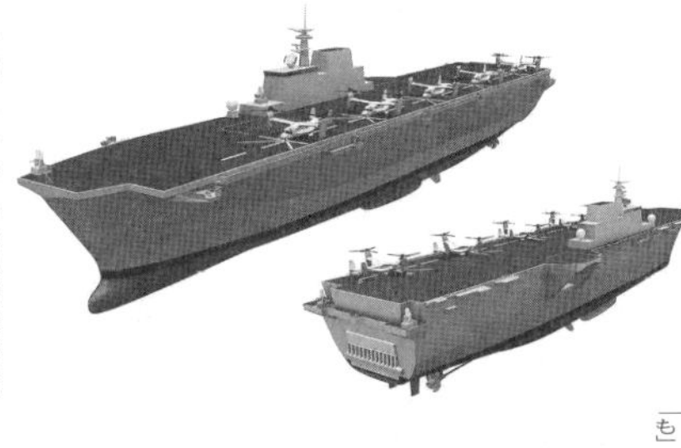

ジャパン・マリンユナイテッドの次期輸送艦案。護衛艦「いずも」型がベースとなっている

三井E&S造船の案。LCAC2隻、CH47輸送ヘリ、多数の水陸両用車を搭載できる「強襲揚陸艦」タイプだ

伊強襲揚陸艦は艦橋が前後二つ

では、諸外国の動向はどうなっているのだろうか。世界で最新の輸送艦（強襲揚陸艦）は、まもなく就役予定のイタリア海軍の「トリエステ」（満載排水量3万8000トン）だ。同艦はアイランド（艦橋構造物）が前後に二つあるのが特徴。英海軍の空母「クイーン・エリザベス」級と同様、航空機の運用性を高めると同時に、攻撃を受けた際の残存性を重視し、抗堪性を高めている。

艦首部にはF35B戦闘機の発艦用とみられるスキージャンプ台が設置されており、有事には空母としての機能も発揮できるよう設計されているようだ。

海自の次期輸送艦も、今後30年以上の運用を見据えた艦としなければならない。さらに無人機やレーザー兵器など新たな装備も出現しており、そうしたニーズにも対応する必要がある。「次期輸送艦」は、海自だけでなく防衛省・自衛隊全体のニーズも盛り込んだ設計が必要となる。

防衛技術

まもなく就役予定のイタリア海軍の強襲揚陸艦「トリエステ」。アイランドが二つある（伊ツイッターから）

技術が光る ＞106＜

偵察用ドローン「エクステンダー」　ソリッド・ソリューションズ

市街地戦闘の掃討作戦時に活用

GPS届かない屋内で飛行可能

昨年5月、陸自は霧島演習場などでフランス陸軍、米海兵隊などとの共同訓練「ジャンヌ・ダルク（ARC）21」を実施した。その際、演習場内の施設を敵のアジトと見立て突入、掃討する訓練を行った。しかし、突入時には敵の反撃やトラップ（罠）が仕掛けられている可能性もあり、隊員にとって屋内は非常に危険性が高い。そこで突入前に敵のアジト内に飛ばし、状況を事前に確認、問題点を解決してくれるのがソリッド・ソリューションズ（東京都港区）が輸入・販売する偵察用ドローン「エクステンダー」だ。

この屋内での運用を目的に開発されたドローンはイスラエル製で、昨年7月には米国防省も米軍向けに採用を決めている。航続距離は2キロ、飛行時間は20分と野外用のドローンに比べると短めだが、テロリストが潜む建物内の情報をつかむ上では十分な機能となっている。

「従来型にはないこのドローンの最大の特徴はGPS（全地球測位システム）が届かない環境下でも、問題なく飛行を続け、目的地まで移動できることです」と同社の遠山智和営業課長は話す。

操作はドローン操縦者がVR（仮想現実）ディスプレーを頭部に装着することで、"ドローン目線"で行える。ジェスチャーコントローラーにより片手で飛行方向を指示し、映像などデータを収集する際はアナログスティックを使用して指示を出す。

「ドローンはゲームを行っているような感覚で操作することができ、早い人で15分、慣れていない人でも数時間練習すれば、すぐに操縦できるようになります」と遠山課長。

屋内偵察用ドローン「エクステンダー」を紹介するソリッド・ソリューションズの遠山智和営業課長（都内の展示場で）

このドローンはプロペラの周囲にガードがあるため、操縦を誤り建物内の壁にぶつかっても落下することはなく、飛行を継続することが可能。また、突風などで機体が傾いても、機内に内蔵された「ライダー」という光のセンサーにより、自動で姿勢を立て直し、水平を保った状態で情報収集ができるという。

「エクステンダー」は長さ28・4センチ、幅29・9センチ、高さ10・1センチで重量はバッテリー込みで850グラムと軽量だ。最大風速7・7メートル／秒、突風約5メートル／秒の強さまでの環境であれば飛行が可能だ。

陸自は屋外用に高性能ドローン「スカイレンジャー」を導入しており、屋内に特化したこちらの「エクステンダー」も加われば、より対テロ戦闘への備えが万全になりそうだ。

世界の新兵器 ―557

極超音速巡航ミサイル「HAWC」［米］

米空軍の「HACM計画」に反映

米国防高等研究計画局（DARPA）は昨年9月、レイセオン社とノースロップ・グラマン社が開発した空中発射式の空気吸入型極超音速巡航ミサイル実証機（Hypersonic Air-breathing Weapon Concept＝HAWC）が「マッハ5を超える飛翔試験に成功した」と発表した。

これは「空気吸入型極超音速兵器コンセプト（HAWC）プログラム」の一環として、同様の概念で研究を進める米ロッキード・マーチン社の極超音速ミサイルとも競合する。

DARPAの試験では、B52爆撃機の翼下に係留されたHAWCが、空中で投下された後、ロケットブースターに点火し、ブースターの燃焼、ブースター分離、ミサイル本体のスクラムジェットエンジンへの点火、その後の燃焼、そして巡航飛翔に至るまで、飛翔試験はすべてのシーケンスで成功裏に実施されたという。

スクラムジェットエンジンは大きな推力を得るため、燃焼器を通じた高速空気流を利用する。レイセオンとノースロップ・グラマンは1990年代から2000年代にかけ、NASAのプロジェクト（「X43」極超音速試験機）を含む極超音速宇宙機の開発で培われた技術が、今回のミサイル全体の設計に生かされていると述べている。

空気吸入型スクラムジェットを利用した米国の極超音速巡航ミサイル実証機「HAWC」のイメージ（米DARPAのホームページから）

ロッキード・マーチン社が開発した極超音速ミサイル「AGM183」（右端エンジンの左側）の試験を行う米空軍のB52爆撃機。HAWCも同様に搭載、発射される（米」空軍提供）

また、このスクラムジェットエンジンは、ボーイング社が2000年代にDARPAと開発し、飛翔試験に成功した別の極超音速試験飛翔体（「X51」ウェーブライダー）で使用されたものの約2分の1の重量であると報告されている。

DARPAの最新の計画では、22年にHAWCプログラムを終了させ、HAWCの基で開発された技術を米空軍（USAF）が主導する「極超音速攻撃巡航ミサイル（HACM）計画」に反映させることである。空軍の計画では、23年夏までにHACMのクリティカル・デザイン・レビュー（CDR）を終了させる予定である。

一方、ロシアや中国はすでに可変軌道の極超音速巡航ミサイルの開発を終了しているといわれている。

柴田　實（防衛技術協会・客員研究員）

防衛トピックス

電動機で世界最速

時速623キロを達成

英ロールス・ロイス

英ロールス・ロイス社が開発した全電動飛行機「スピリット・オブ・イノベーション」はこのほど、世界最速記録を達成した。

同試験飛行は英ボスコムダウン基地の試験場で行われ、同機は従来の最高速度記録（時速213キロ）を大きく上回る時速555・9キロで距離3キロを飛行した。さらに瞬間の最高速力では623キロを達成し、世界最速の全電動プロペラ航空機となった。

世界最速の全電動航空機となった英国の「スピリット・オブ・イノベーション」（ロールス・ロイス社提供）

技術屋のひとりごと

軍事と先進技術の関係

鈴木　茂

（防衛装備庁次世代装備研究所・先進技術研究部長）

人類共通の資産である科学技術に対し、軍事が一定の貢献をしていると考える者は、私も含め数多くいると思う。歴史的に見て、軍事上の必要性が技術を進化させた事例は多い。火薬、航空機はその代表例だろう。私が入庁後に担当したレーダー技術も、軍事需要が先進技術を進化させた分野の一つと言えよう。20世紀後半、高周波関連技術の最大の顧客は宇宙と軍事であり、米国をはじめ各国が競って研究投資を行った。

軍事需要は、技術の価値とコストに鈍感なところがある。例えば、性能が高々5割増しになるが莫大な研究開発費が必要という技術があったとしたら、おそらく民生分野では見向きもされない。しかし、軍事上必要となれば研究投資の対象となる。コスト度外視、科学技術に対する軍事の貢献はまさにここにある。こうして進展した技術は、やがて成熟して民生分野に還元される。これまでに、軍事を目的として多くの先進技術の研究が行われ、進展し、我々の生活の中に溶け込んでいった。

ただ、21世紀に入ってから少し様子が変わってきた。AI、ロボティクスやインターネット（サイバー）関連などの研究は、軍事として重要であるにも係わらず、民生需要が主導する形で技術が急速に進んでいる。こうした分野では、民生が求める技術レベルが軍事のそれを追い越してしまったようだ。軍事よりはるかに儲かる巨大な市場をターゲットに研究投資が行われるようになったことで、ハイリスク研究に対しても国家プロジェクト以上の資金が投入されるようになっている。

これはこれで素晴らしいことであるが、このことが各国の装備品開発の担当者に与えるインパクトは大きい。軍事部門は、先進技術を主導する立場から、目まぐるしく進化する民生分野の技術革新を追いかけなければならない立場となった。これまでの研究開発スタイルでは今の技術進展に追随できないことから、各国では様々な新しい取り組みが試行されている。我が国も遅れを取るわけにはいかない。

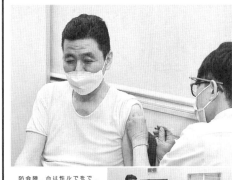

岸防衛相 東京会場でモデルナ接種

新型コロナワクチン 「スピード優先で3回目を」

岸防衛相は2月18日、東京都千代田区の大手町合同庁舎3号館に開設されている「自衛隊東京大規模接種会場」を訪れ、新型コロナワクチンの3回目の接種を受けた。岸大臣は1、2回目にファイザー社製のワクチンを接種していることから、今回はモデルナ社製のワクチンを受けて「交互接種」の有効性をアピール。その後、同会場で臨時記者会見し、「ご自身のため、ご家族のため、ワクチンの種類よりもスピードを優先して3回目の接種を受けていただきたい」と広く国民に呼び掛けた。

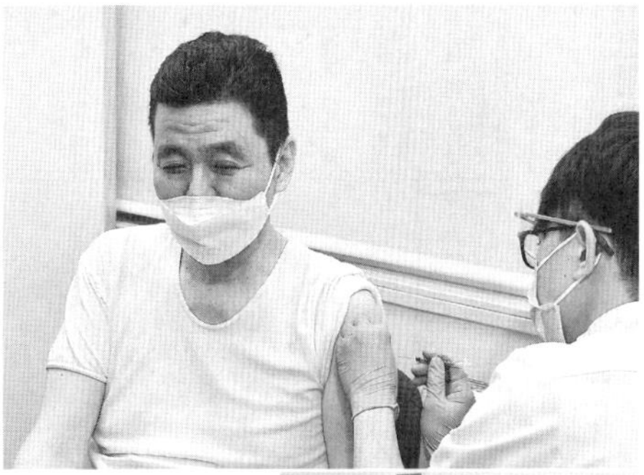

上「自衛隊東京大規模接種会場」で新型コロナワクチンの3回目接種を受ける岸防衛相（左）。2回目までのファイザー社製と、今回のモデルナ社製による「交互接種」の有効性をアピールした（2月18日、写真はいずれも東京都千代田区の大手町合同庁舎3号館で）＝防衛省提供 下東京会場長を務める河野修一1陸佐（手前左から2人目）の案内で会場を視察し、状況説明を受ける岸防衛相（左端）＝2月10日

岸大臣は接種後の臨時記者会見で「大変スムーズに接種を受けることができた。自衛隊の大規模接種会場でモデルナ社製のワクチン接種を皆さまにお勧めするために、こちらで受けた」と述べ、率先垂範して「交互接種」を受けたことをアピールした。

日本で接種が進められている新型コロナワクチンは、感染予防効果や重症化予防効果が時間の経過に伴い、徐々に低下していくことが指摘されていることから、2回目の接種完了後、6カ月を経過した場合には追加接種を行うことが望ましいとされている。

感染力の高いオミクロン株への対応について岸大臣は「3回目のワクチン接種が感染予防や重症化予防の要となる」と強調。「防衛省・自衛隊として大規模接種会場の運営を通じ、自治体の取り組みを支援し、一刻も早く希望する方々への接種が進められるように努めている。まずは現在の能力をもって着実に接種を実施していきたい」と全国自治体の3回目接種を後押しする意気込みを語った。

これに先立ち2月10日、同会場を視察した岸大臣は、東京会場長を務める河野修一1陸佐（自衛隊中央病院診療科診療庶務室長兼呼吸器科医長）の案内で各部署を見て回り、運営に携わる官民スタッフたちを激励した。

その後、臨時記者会見し、「会場においては、ワクチン接種が整斉・円滑に実施されていることを直接確認した。改めて、運営に当たる隊員諸官と民間事業者の皆さまの努力に防衛大臣として心より敬意を表したい」と述べた。

「長年の友好と努力の証」

山村海幕長に仏勲章

フィリップ・セトン大使から贈られたレジオン・ドヌール勲章を左胸に着け、受章のスピーチをする山村海幕長（2月10日、仏大使館で）

山村海幕長は2月10日、フランスで最も権威のある「レジオン・ドヌール勲章」の「オフィシエ（将校）」を受章した。東京・南麻布の仏大使館公邸で授与式が開かれ、山村海幕長夫妻と海自幹部らが出席。フィリップ・セトン在日仏大使が山村海幕長に勲章を贈った。

仏大使館によると、昨年行われた日米豪仏共同訓練「ジャンヌ・ダルク（ARC）21」で、初めて日本国内で日仏の共同訓練を可能にしたことや、海底火山の噴火で被害を受けたトンガ諸島で共に支援活動に尽力していることを高く評価、「日仏海軍種間の関係強化に対する多大な貢献」とたたえている。

「オフィシエ」を伝達された山村海幕長は、37年前に航海実習で仏領タヒチを訪れて以降、仏海軍とさまざまに交流してきたことを振り返り、「今回の受章は海自とフランス海軍の諸先輩が長年にわたり積み重ねてきた友好と努力の証。海自を代表してこの勲章をいただくものと認識しています」と感謝の言葉を述べた。

勲章は1802年にナポレオン・ボナパルトが創設。グラントロワ（国家元首級）、グラントフィシエ（首相級）、コマンドゥール（大臣級）、オフィシエ（将校）、シュバリエ（騎士）の五つの等級があり、卓越した功績のあった民間人や軍人などに授与される。同勲章を現役の自衛官が受章するのは、武居元海幕長（2016年）、山崎統幕長（2020年）に次いで3人目となる。

海自21空群

コロナ患者へリ空輸

母島から硫黄島まで運航

海自21空群（館山）は2月11日、東京都の小池百合子知事からの要請を受け、小笠原諸島の母島から硫黄島まで、新型コロナウイルス陽性患者1人を空輸した。

午後0時45分、知事から21空群司令の石川一郎将補に派遣が要請され、群隷下の21航空隊硫黄島航空分遣隊のUH60救難ヘリ1機が即応。硫黄島航空基地を直ちに離陸し、母島で患者を収容後、硫黄島に帰投して海上保安庁に引き渡した。隊員たちはコロナ感染の拡大防止を徹底するため、防護服を着用して任務を完遂した。

その後、患者は海保の航空機で同島から羽田空港に移送された。

母島から患者を空輸し、UH60ヘリの機内から搬送する海自と海保の隊員たち（2月11日、硫黄島航空基地で）＝統幕提供

空自カラースモーク

調査と対策を公表

専用窓口2月28日まで

昨年8月24日の東京パラリンピック開会日に4空団11飛行隊（松島）ブルーインパルスが高度約300メートル未満でカラースモークを使用し、入間基地周辺の車両などに染料とみられる物質が付着した事案で、空自は2月17日、調査結果と再発防止策を公表した。

それによるとカラースモークは2020年2月、高度約300メートル以上で使用可と空幕から11飛行隊に周知されたが、明確な規定はされなかった。大会は1年延期され、その間の人事異動により、空自内のカラースモーク使用基準への認識が希薄化したことなど、複数の要因によって事案が発生したとしている。

空自は再発防止策として、①カラースモークの使用基準を規定化②ブルーインパルスの展示飛行に関する業務フロー等の見直し（空幕内に加え、空幕、教育集団、隷下部隊間におけるチェック機能を強化。規則改正時にその背景を明記する）③機会教育による風化防止④スモーク使用に関する意識の醸成、白スモークを含むスモーク使用要領の規定化――を行うとしている。

事案を受けて設置していた専用の問い合わせ窓口は2月28日午後5時で閉鎖される。専用窓口の閉鎖後も空幕と各基地などで対応する。

花谷 成功氏（はなや・しげかつ＝元輸送航空団司令、元空将）2月9日、老衰のため死去。98歳。通夜、告別式は近親者で行った。喪主は花谷雅子さん。

陸航士57期。幹候校学生隊長、11飛行教育団司令、防衛研究所教育部長などを歴任し、昭和53年3月から54年6月まで輸空団司令を務めた。

小休止

▽…岡山募集案内所はこのほど、空自西部航空音楽隊（春日）による私立就実高校・中学校吹奏楽部とのジョイントコンサートを支援した。

▽…同音楽隊によるジョイントコンサートは岡山県で初。会場の同校には生徒と保護者約330人が来場した。第1部は大石利勝2尉の指揮で西空音19人による演奏。第2部は就実高校・中学校吹奏楽部が加わり「YOASOBI・メドレー」など全13曲の演奏を披露した。

▽…コンサートでは和やかな様子で演奏する西空音に呼応するように、同校吹奏楽部も笑顔で力強く演奏。両者は手拍子でも共演し＝写真、〝統合〟の盛り上がりを見せた。（岡山地本）

防衛省 サラリーマン川柳

大臣賞に秋田地本・中野曹長

防衛省・自衛隊ならではの部隊や家庭の日常風景を切り取った「第35回防衛省版サラリーマン川柳」（第一生命主催）の入賞作品が1月27日、決定した。

応募総数は5520通。今回の選考から、12月9日～1月6日の投票期間中に特設サイトにアクセスして、隊員がお気に入りの句に投票できる「いいね！投票」を導入。最優秀作品の「防衛大臣賞」と女性隊員を応援する「輝け！女性隊員賞」が新設された。

大臣賞には秋田地本総務課の中野正和陸曹長の作品が選ばれた。2月1日に秋田地本の本部長室で表彰式が行われ、第一生命秋田支社から村上和也支社長、吉田尚太郎職域担当・法人営業担当チーフ、生涯設計デザイナーの石川理恵さんが出席。地本長の米山浩1空佐から中野曹長に賞状と記念品が渡された。

米山地本長は「防衛大臣賞創設後初の受賞者が秋田から出て誇らしい」と語り、中野陸曹長は「来年で定年を迎えるので、その前に素晴らしい賞をいただけて本当にうれしい」と話した。

このほか個人への賞として、優秀賞2、優良賞5、輝け！女性隊員賞2、良好賞20の計30句が選ばれた。団体賞は応募数の多かった高等工科学校（武山）、小平駐屯地、都城駐屯地（応募数順）の3団体が受賞した。防衛大臣賞、優秀賞、輝け！女性隊員賞は次の通り。

〈防衛大臣賞〉
距離をとれ！ むかし砲弾今コロナ （老兵）

〈優秀賞〉
愛車より使い慣れてる官用車 （走行距離100000キロ）
押印の省略通知に印を押す （宿毛提督リア少佐）

〈輝け！ 女性隊員賞〉
演習でドーラン塗ってシミ隠し （アラフォー女子）
ママだっこ～背中に84（ハチヨン）手にMG（エムジー） （2児のママ）

第一生命主催の「第35回防衛省版サラリーマン川柳」で防衛大臣賞を受賞し、記念撮影に納まる中野曹長（中央）と伝達した米山秋田地本長（左）、第一生命の村上秋田支社長（右）＝2月1日、秋田地本で

こちら警務隊

窃盗・横領

他人の自転車を持ち去ると窃盗罪か占有離脱物横領罪

路上の自転車を足代わりに使うと、どんな犯罪になりますか？

他人の自転車を持ち去ると、窃盗罪または占有離脱物横領罪に該当し、窃盗罪の場合は10年以下の懲役及び50万円以下の罰金、占有離脱物横領罪の場合は、1年以下の懲役または10万円以下の罰金もしくは科料に処せられます。

窃盗罪に問われるか占有離脱物横領罪に問われるかは、自転車の所有者と駐輪の状態によります。

これらは、飲酒後の酔った勢いや歩くのが面倒などの軽い気持ちで起こしがちですが、捕まった後に必ず後悔します。

罪を犯せば刑事罰や懲戒処分を受けますので絶対にやめましょう。

（東部方面警務隊）

（世界の切手・ロシア）

口さえあれば（ウクライナの）キエフまでも行ける。
ロシアの格言

朝雲ホームページ
www.asagumo-news.com
会員制サイト
Asagumo Archive プラス
朝雲編集部メールアドレス
editorial@asagumo-news.com

「自己の役割」と「考える力」に着意

白河布引山演習場統一整備に参加して

3陸曹　加藤　芳之（6施大3中隊・神町）

昨年11月7日から15日までの間、令和3年度秋季白河布引山演習場統一整備に、監的道延長工事地域の砂防設備の維持補修に当たる手作業分隊員として参加しました。

本整備の目的は河川への土砂流出防止です。河川は演習場外まで流れているため、その成否は民生へも影響しかねない内容です。春季整備では、溜枡や1トン土のうなどを活用した砂防設備は概成していたものの、約半年で滞留した土砂は多量なため、今回の整備では主に浚渫と経年劣化した土のうの補修作業を行いました。

本整備を行うに当たり、自分が着意したことが2点あります。

1点目は「自己の役割」です。我が分隊は8人編成で、その中で私は陸士3人の次となる、陸曹では一番の若手でした。陸士隊員に対して分隊長の企図を認識させ、各人に明確な作業任務を付与し、実行状況を把握し、分隊長に報告する。このサイクルの精度を上げることが、自分が分隊に寄与できる役割と考え、任務に就きました。

その結果、円滑に工程は進捗し、新たな任務にも対応することができました。陸曹教育隊で習った指揮の要訣を自分なりに具現できたことは私にとっての成果だと思います。

2点目は「考える力」です。砂防設備を維持補修するに当たり、ただ土のうを作ればいいわけではなく、地形の状況を分析し、水の流れを考えることや、土のうで砂防しつつ水は逃がせるような状態を確立させる等、考えなければならないことがいろいろありましたが、分隊として創意を凝らし、適切に処置できました。

これは平素の隊務においても同様で、ただ上司に言われたことをやるだけではなく、どうすればさらに組織に寄与できるかを常に考えている成果だと感じました。引き続き平素から状況を踏まえ、よく考えて服務して参りたいと思います。

今回の演習場整備で、付加任務を含めて任務完遂できた要因は、平素の練成訓練、各種隊務への取り組みの成果だと感じます。今後も陸曹として指揮の要訣を実施し、よく考えて行動し、さらなる精強な中隊への進化に微力ながら寄与していきたい思いです。

自衛隊で学んだ「人との繋がり」

優秀隊員顕彰を受賞して　准陸尉　小笠原　薫（110教大317共通教育中隊・松山）

令和3年12月23日、市ヶ谷駐屯地で行われた陸上幕僚長優秀隊員顕彰状授与式に参加させて頂きました。

私がこのような賞を受賞することができたのも、受賞者の選考に当たり、ご尽力下さいました方々のお力添えがあったからと深く感謝しております。

約37年前に何の志もなかった私が「陸上自衛隊という学校」に入学してから、節目となる時期に導いて下さった人たちのお陰でようやく人生のスタートラインに立つことができたように思います。

自衛隊人生で学んだことは「人との繋がり」。一番大切なものは「人」であると思います。人ひとりの力は限りがありますが、人が集まり結びつくことで「大きな組織力」となります。

人間関係が希薄になりつつある世の中ですが、「報恩謝徳」の感謝の気持ちを持ち、自衛隊への恩を忘れることなく、自衛隊人生で得たことを定年退官後において微力ですが社会貢献へと繋げられるよう努めて参ります。

優秀隊員顕彰状授与式後、吉田陸幕長（左端）夫妻と記念写真に納まる小笠原准尉（その右）

みんなのページ

「勝ちにも不思議の勝ちはない」

2空佐　五代　康之（2空団203飛行隊長・千歳）

「勝ちに不思議の勝ちあり。負けに不思議の負けなし」――。

球界の名将、野村克也監督の座右の銘として有名になった言葉で、ご存知の方も多いのではないでしょうか。ルーツは孫子の兵法だそうです。

先日受けた我々の力試しの大きなテスト。私の担当部門では惨敗を喫しました。ご紹介した言葉の通り、この惨敗は決して不思議ではなく、負けにつながる必然的な要因があったと理解しています。規則や手順に関する理解の不足、不測事態への考慮不足など、日々の訓練での詰めの甘さがその主たる理由であり、その結果、負けるべくして負けたのです。

一方、この言葉の前半の一節「勝ちに不思議の勝ちあり」という言葉。何も特別なことをしなくても、道に従いやるべきことをしっかりやっていれば「敵の失敗によって不思議と勝ってしまうことがある」というものと理解していますが、果たして全ての状況においてそう言えるでしょうか。

私が考えるに、これには「同等程度の力がある場合」という前提が必要なのではないかと思います。スタート時点から劣勢な状況に置かれた勝負においては、いつも通り淡々と失敗なくやっても、決して勝ちは訪れないでしょう。勝つためには勝ちを引き込む策、勝ちにつながる明確な理由が必要なのです。

勝負事のみならず、何らかの難局に立ち向かうとき、その事柄が困難であればあるほど、それに打ち勝ち成功を遂げるには、成功するための策とそれが成功する理由が不可欠です。

かくゆえに「シンカ」という大きな難局に立ち向かう我々には、これまで通りの努力をしていても勝ちが不思議と降ってくることはないでしょう。明確な理由をもって勝てる勝負をしようではありませんか。

新刊紹介

「成田空港検疫で何が起きていたのか」
―検証 新型コロナウイルスの水際対策」

田中　一成著

国内へのウイルス流入を阻止する最初の関門である空港検疫。その水際の最前線で何が起こっていたのか――。

「100年に一度」ともいわれる新型コロナウイルスのパンデミックが起きる前年の2018年から昨年の東京五輪開催を乗り越えるまでの期間、厚生労働省成田空港検疫所長を務めた著者による貴重な現場の記録だ。

圧倒的な人員不足の中、現場ではさまざまなドラマが起きていた。検疫体制強化のため、机や椅子などの備品をレンタルしようとしても、"ウイルス汚染"の風評被害を恐れたリース業者からはかたくなに拒否されたり、鳴りやまないクレーム電話やデマに悩まされたり……。ついには、パンデミック下の五輪における検疫という前代未聞の課題に立ち向かう。

現在も検疫所の所員たちは「鉄をも溶かす」意気でこの難局を乗り越えようと頑張っている。

しかし、作戦を立てる人はその魂を当てにしてはいけない。現場の頑張りだけに依存するような作戦を立ててはいけないと著者は警鐘を鳴らす。

今回の経験を検証し、改めるべきことは改め、次なる危機に備える必要がある。本書にはその教訓と提言が込められている。

（扶桑社刊、1760円）

「インド太平洋戦略の地政学」

R・メドカーフ著、奥山 真司、平山 茂敏監訳

日米豪印4カ国からなる「クアッド」の創設を早期から提唱していた豪州国立大学教授である著者が、外交官、上級情報アナリストとしての勤務を通じて得られた知見をもとに、インド太平洋地域における戦略をまとめたのが本書だ。

戦略論を扱う書は、大国に求められる役割を中心に書かれることが多いが、本書ではインド太平洋地域の中堅国が米中対立の中で果たすべき役割を説いている。

まず「インド太平洋」の概念の成り立ちを歴史的背景から示し、同地域を構成する多様な国家が外交、軍事、経済、エネルギーなど多くの分野で相互に連接、いずれの分野も中国の影響力が拡大している現状を、事例を挙げて解説している。

最終章では、米国の関与を取りつけつつ、域内の自由意志を持つ中堅国家が①開発②抑止③外交④団結⑤レジリエンス――の五つの原則の下で「競争的共存」を実現することが、現実的に望ましい対中関係の状態であるとしている。

2国間主義、多国間主義だけにとらわれない戦略的視点を本書は提供している。

（芙蓉書房出版刊、3080円）

中隊に貢献する二つの目標

陸士長　敷地　泰樹（33普連3中・久居）

私は33普連3中隊対戦車小隊へ配置され、4年目になります。小隊では対戦車弾薬手として勤務するとともに、連隊格闘訓練隊の練成要員として日々練成をしています。

私には中隊に貢献するための二つの目標があります。一つ目は、対戦車小隊の対機甲戦闘能力の向上に貢献することです。

私は対戦車弾薬手として迅速かつ正確な射撃を実施するため、速やかに、積極的に分隊長の掌握下へ入り、操作手と綿密に連携し、誘導弾の確実な点検、装填に重点を置いて、分隊一丸となって日々訓練に励んでいます。迅速な射撃については小隊、中隊の任務達成を意識して訓練に臨むように心掛けています。

二つ目は中隊の格闘能力の向上に貢献することです。特に警備や治安出動下において必要になる拘束・連行要領等につながる投げ技や押さえ込みなどの技術を連隊格闘訓練隊で学びました。

今まで教えられた技術などを後輩隊員に分かりやすく展示、説明し、理解させることが中隊の格闘能力の向上に直結すると思います。

最後に、先輩隊員からは信頼され、後輩隊員からは尊敬されるような自衛官になるために、日々精進していきます。

OBがんばる

選んだからには自信を持って

仁禮（にれい）　勝行さん　59
平成28年7月、陸自43普連（都城）を3佐で定年退官。現在、メモリード宮崎都城支店の営業部員として婚礼、宴会、互助会の案内業務などを行っている。

私は、平成28年7月に陸自都城駐屯地での勤務を最後に定年退官し、都城駐屯地援護センターの紹介で、「株式会社メモリード宮崎」へ就職しました。

弊社は、長崎に本部を置くグループの一社で、冠婚葬祭互助会を運営する会社です。婚礼、葬祭、ホテル、レストラン、保険の五つを事業の柱として関東・九州の1都6県に幅広く事業展開しています。

私の職務は、営業部員として都城駐屯地の皆様へ弊社施設の利用促進のため、婚礼・宴会・互助会加入に係る案内等のほか、自衛隊退職者関連団体への利用案内、送迎バス運行、施設管理業務等も担っています。

再就職して早いもので5年目となりました。入社1年目は、慣れない営業活動を必死に行った無我夢中の1年でしたが、3年目にはようやく仕事のコツを掴み、心に余裕が持てるようになりました。4年目以降は突如わいたコロナ禍の影響で営業活動ができなくなり、途方に暮れました。現在は会社に貢献するために何ができるのか、日々模索しながら、今しかできない業務を自分なりに探し続けています。

これから定年を迎え、第二の人生を歩む隊員の皆様に、先輩として偉そうなことを言うつもりはありませんが、自衛官として30数年間にわたり勤務されてきたことは、大変なことであり、その間培った資質や経験は、十分に次の職場でも生かせます。再就職先を選ぶ判断をするのは最終的には自分自身です。選んだからには自信を持ち、その道を歩んでください。第二の人生における皆様のご活躍を祈念申し上げます。

詰将棋

出題　日本将棋連盟　九段　石田　和雄

第862回出題

▲先手　持駒　銀桂

【ヒント】上部脱出を防ぎつつの攻め（10分で初段）。

▶詰碁、詰将棋の出題は隔週です◀

詰○●碁

出題　日本棋院　九段　曲　励起

第1277回解答

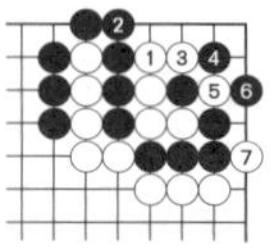

【解答図】白先、劫。白①黒❷白③までは当然です。次の黒❹が大切で、白⑤黒❻白⑦まで劫になるのが正解です。

「朝雲」へのメール投稿はこちらへ！

▽原稿の書式・字数は自由。「いつ・どこで・誰が・何を・なぜ・どうしたか（5W1H）」を基本に、具体的に記述。所感文は制限なし。
▽写真はＪＰＥＧ（通常のデジカメ写真）で。
▽メール投稿の送付先は「朝雲」編集部（editorial@asagumo-news.com）まで。

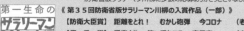

朝雲

発行所 朝雲新聞社
〒160-0002 東京都新宿区四谷坂町12－20 KKビル
電話 03（3225）3841
FAX 03（3225）3831
振替00190-4-17600番
定価一部170円、年間購読料9170円（税・送料込み）

ウクライナに装備品提供

自衛隊機で周辺国へ

防衛省・自衛隊

日本政府は3月4日、国家安全保障会議（NSC）を開き、ロシアの侵攻を受けているウクライナからの要請に応じ、自衛隊が保有する防弾チョッキなどの防衛装備品を同国に無償提供することについて調整・検討を行うことを決めた。8日のNSCで装備品の品目などと共に自衛隊機による輸送の開始が正式決定し、その第1弾として同日夜、装備品を搭載した空自のKC767空中給油・輸送機がウクライナの周辺国に向けて愛知県の小牧基地を出発した。武力攻撃を受けている戦時下の国家に装備品を提供するのは異例。岸防衛相は4日夕の臨時記者会見で「国際社会はウクライナ支援のために結束し、前例のない対応を行っている。防衛省・自衛隊としても最大限の支援を行っていく」と述べた。

戦時下の国家に異例の対応

ウクライナに提供されるのは、▽防弾チョッキ▽ヘルメット▽防寒服▽天幕▽カメラ▽衛生資材▽非常用糧食▽発電機など。自衛隊法「116条の3」や「防衛装備移転三原則」の範囲内で、国際的な平和と安全の維持に資する「非殺傷の装備品」を提供する。

岸大臣は4日夕、省内で開いた関係幹部会議で「提供する装備品が郷土を守るために勇敢に立ち向かうウクライナの方々の一助になることを願う」と述べ、速やかな装備品等の提供と自衛隊機等による輸送態勢の確立に向けた準備を指示した。

その後、省内で臨時記者会見に臨んだ岸大臣は、防衛装備移転三原則で移転が禁止されている「紛争当事国」の定義は「武力攻撃が発生し、国際の平和および安全を維持し、または回復するため、国連安全保障理事会がとっている措置の対象国」であることから、「ウクライナはこれに該当しない」と説明した。

その上で「ウクライナに対し、要請のあった装備品等を迅速に供与することは、自国の主権と領土、祖国と家族を守るべく懸命に行動するウクライナの国民を最大限支援するとともに、国際社会と連携・結束し、国際秩序を保守するとの我が国の方針を明確に示すものだ」と強調。「これらの装備品の提供はウクライナ人の命を守るものであり、国際的な紛争の拡大を助長するものではない」と断言した。

一方、ロシアの行為について「今般のロシアによるウクライナへの侵略は、明らかにウクライナの主権と領土の一体性を侵害し、武力の行使を禁ずる国際法の深刻な違反だ。国連憲章の重大な違反であり、断じて認められない力による一方的な現状変更は国際秩序の根幹を揺るがすものだ」と強く非難した。

ウクライナ情勢に関し、山崎統幕長は3月3日の記者会見で「予断を持って評価できないが、ハイブリッド戦によるロシア軍の侵略が行われており、注視している。我が国周辺への影響もしっかりと見ておかなければならない」と語った。

吉田陸幕長は同日の記者会見で「国連安全保障理事会の常任理事国（のロシア）が、隣接する国連加盟国に軍事侵略するというのは、第2次世界大戦以降、築き上げてきた国際秩序の根底を揺るがすもので深刻な事態だ。国際的な正当性のない侵略行為で多数の無垢のウクライナ国民が犠牲になっていることに強い憤りを感じる」と述べた。

山村海幕長は8日の記者会見で「力による一方的な現状変更は断じて許されない。海自は万全の態勢で我が国周辺海域の警戒監視を続けていく」と述べた。

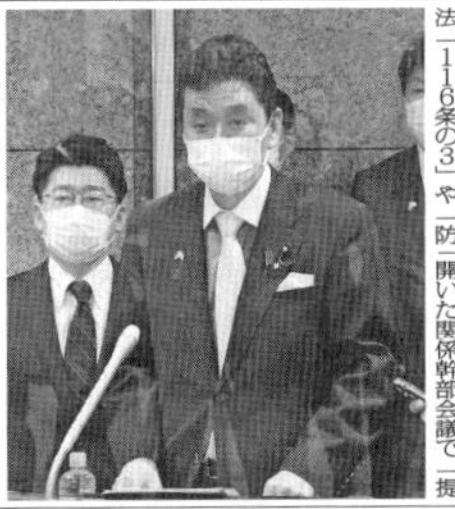

臨時記者会見を開き、ウクライナに防衛装備品を提供する方針を表明する岸防衛相（中央）＝3月4日、防衛省で

ウクライナ情勢 日豪防衛相が協議

岸防衛相は2月17日、オーストラリアのピーター・ダットン国防相と約30分間の電話会談を行い、ウクライナ情勢について「国際社会全体に影響を及ぼすグローバルな問題であり、共に『自由で開かれたインド太平洋』の維持・強化に向けて連携する日豪両国にとって看過することができない重大な問題だ」との認識を共有した。

このほか岸大臣は、海底火山の大規模噴火による津波と降灰で大きな被害を受けたトンガに対する日本の国際緊急援助活動の実施に当たり、豪州を拠点に支援物資の空輸を行う空自輸送機を受け入れるなど、豪州から多岐にわたる支援を得たことに謝意を伝えた。

さらに両氏は、今年1月6日の日豪首脳会談で「日豪円滑化協定（RAA）」が署名に至ったことを歓迎。今後、共同訓練や災害救助などのより大規模かつ複雑な協力活動を円滑に実施することを通じ、これまで培ってきた2国間の安全保障・防衛協力を「新たな段階」に引き上げることで一致した。

インド海軍のハリ・クマール大将（左）との会談に臨む山村海幕長（2月25日、インド海軍参謀本部で）

山村海幕長

ハワイ、インド訪問

米豪印参謀長級と会談

山村海幕長は2月20日から28日まで、米ハワイとインドのニューデリー、アーンドラ・プラデーシュ州のヴィシャーカパトナムを訪れ、それぞれ現地で日米豪、日印の参謀長級会談を行った。このほか、インドでは印海軍主催の多国間共同訓練「MILAN（ミラン）2022」の海洋セミナーに出席、参加各国幹部との関係強化を図った。

20日から24日までハワイを訪れた海幕長は、米太平洋艦隊司令官のサミュエル・パパロ大将、豪海軍本部長のマイケル・ヌーナン中将と会談。三者はインド太平洋地域における共通の課題と、今後の協力の方向性について話し合った。

この後、インドに移動し、25日、ニューデリーの海軍参謀本部で参謀長のハリ・クマール大将と会談。日印共同訓練のさらなる高度化について意見を交換し、「自由で開かれたインド太平洋」の実現に向け連携を強化することで合意した。

山村海幕長は27日、「ミラン2022」のセミナーでスピーチを行い、海自のインド太平洋・中東方面派遣（IMED21）部隊の活動を紹介したほか、海自が行っているさまざまな合同演習などについて紹介。海上の安全保障強化に向け、関係国の協力の必要性を呼びかけた。

一方、「ミラン」の共同訓練は3月1日から4日まで、ヴィシャーカパトナム沖で実施され、ソマリア沖・アデン湾での海賊対処活動を終えた護衛艦「ゆうだち」が参加した。「ミラン」の訓練に海自部隊が加わるのは初めて。

春夏秋冬

価値観外交とウクライナ問題

兼原 信克

「王、何ぞ必ずしも利を言わん。ただ仁義あるのみ」。吉田松陰は、僅か一年間の松下村塾の講義で、孟子を講じた。松陰は、「戦争ばかり考えている戦争上手の将軍、他国を操ることばかり考えている外交官、金儲けばかり考えている商売人は死刑にせよ」という章句を説明して、塾生諸君、驚いたかもしれないが、世の為、人の為、仁政を忘れた者は、こう言われるのだよと諭している。孟子も、松陰も、信じるに値する価値観こそが、戦争より、外交より、商売より大事だと言っているのである。

人は力を合わせて生きのびようとする。大きな困難を、共に乗り越えようとする。人間には、そうする力が原初から与えられている。良心であり、愛である。そこから霊感が湧き、無限の力が出る。浩然の気である。自分が正しいと思うことを実現することが本当の自由である。だから為政者は、多くの国民の考えを汲み、国民と心を一つにせねばならない。それを漢籍では仁政と呼ぶ。

今日、私たちは、仁政を国際社会全体に押し広げ、自由主義的な国際秩序を打ち立てた。19世紀、20世紀前半の国際社会はジャングルさながらに「弱肉強食」と呼ばれた。独裁も、戦争も、人種差別も、植民地支配も当たり前だった。ジェノサイドもあった。人類は、巨大な厄災をやっとの思いで克服して今日の世界を創った。一人ひとりの尊厳は平等であり、一人ひとりの良心が、権力や秩序に正統性を与える。今、多くの人々が、その正しさを信じて疑わない。

ところが、プーチン露大統領は、白昼堂々とウクライナを侵略した。首都キエフに戦車が迫る。老いた独裁者には、人々の自由な意思が持つ意味が分からない。NATOへの加盟を希望するジョージアやウクライナは、首を垂れるまで殴り倒す。ジョージアは既にアブハジアと南オセチアを奪われ、ウクライナも既にクリミアを奪われている。弱い者は殴りつければ言うことを聞く。プーチンは、そう信じている。

しかし、人間とはそういう生き物ではない。無法な暴力は正しい怒りを生む。それは野火の様に拡がっていく。ゼレンスキー大統領は、祖国のために死を決意して、真の指導者となった。ロシア軍の迫るキエフでは一般市民が銃を取り始めた。「自分たちには譲れないものがある」。ウクライナの決意に世界中が呼応している。日本の価値観外交も、その真贋が問われる。日本の掲げる自由と民主主義が問われている。（元内閣官房副長官補・国家安全保障局次長、同志社大学特別客員教授）

北朝鮮

弾道ミサイル発射

今年9回目、「偵察衛星」か

防衛省は2月27日、北朝鮮が同日午前7時51分頃、西岸付近から1発の弾道ミサイルを東方向に発射したと発表した。最高高度は約600キロで約300キロ飛翔し、日本の排他的経済水域（EEZ）外である北朝鮮東岸付近に落下したと推定される。

その後、北朝鮮は3月5日午前8時47分頃にも西岸付近から1発の弾道ミサイルを東方向に発射。最高高度は約550キロで約300キロ飛翔し、日本のEEZ外の北朝鮮東岸付近に落下したと推定されると防衛省が同日発表した。

北朝鮮によるミサイル発射は、3月5日の時点で今年9回目。日本の航空機や船舶を含め、我が国への被害は確認されていない。韓国軍によると、いずれも首都平壌の近郊にある順安（スナン）付近から発射された。

2月27日の発射について防衛省は翌28日、北朝鮮が「偵察衛星」の重要試験を行ったと発表していることや、昨年1月の党大会で「軍事偵察衛星」の設計等に言及していることを踏まえ、「偵察衛星」に関する何らかの試験を行った可能性もあるとの分析を公表。

3月5日の発射についても、北朝鮮が「偵察衛星」開発の重要試験を再び行ったと発表していることなどを踏まえ、防衛省は6日、2月27日の発射と併せて「偵察衛星」に関する何らかの試験を引き続き行った可能性もあるとの分析を公表した。

3月5日は岸防衛相が当初予定していた防衛医科大学校（埼玉県所沢市）の卒業式への出席を取りやめ、防衛省に緊急登庁。岸田首相に直ちに報告するとともに、自衛隊に対し、情報収集・分析に全力を挙げ、警戒監視に万全を期すよう指示し、省内で関係幹部会議を開催した。

その後、省内で臨時記者会見した岸大臣は「地域と国際社会の平和と安全を脅かすものだ。国際社会がロシアによるウクライナ侵略に対応している中、また、北京パラリンピック開催中の発射であり、断じて容認できない」と北朝鮮を強く非難。北京の大使館ルートを通じて北朝鮮に抗議したことを明らかにした。

その上で岸大臣は「米国、韓国をはじめ、関係国と緊密に連携しながら、国民の生命と平和な暮らしを守り抜く決意だ。こうした状況を踏まえ、いわゆる敵基地攻撃能力の保有も含め、あらゆる選択肢を検討し、今後とも防衛力の抜本的な強化に取り組んでいく」と述べた。

2022年度防衛費

重要施策を見る 〈4〉

空自

新・偵察航空隊を新編

井筒空幕長は本紙の年頭あいさつで、「F35A/Bの取得や偵察航空隊（仮称）の新編など、従来の領域における能力の強化を引き続き行っていく」と決意表明した。その言葉通り、空自の2022年度予算案では、最新のF35ステルス戦闘機の取得や継続的な監視活動ができる滞空型無人機RQ4Bグローバルホークを装備する偵察航空隊（仮称）を三沢基地に新編するなど、航空戦力の強化に力を入れたものとなった。

F35Aは新たに8機取得（768億円）するほか、艦上からも発着できるSTOVL（短距離離陸・垂直着陸）機能を持つF35Bも4機（510億円）取得する。

現在の空自の主力戦闘機F15については、520億円かけ、敵の脅威圏外から発射できるスタンド・オフ・ミサイルが搭載できるよう機体を改修するほか、電子戦能力の向上、搭載弾薬数の増加を図る。

日本から離れた地域での情報収集を任務とするグローバルホークは1機目が今春、三沢基地に到着し、2、3機目も順次配備されることから、同基地に新・偵察航空隊を発足させる。グローバルホークは米ノースロップ・グラマン社が開発した主翼幅約40メートル、全長約15メートルの大型無人機で、遠隔操作が可能。高度1万5000メートルから長時間かつ広範囲にわたり画像や電子情報を収集することができ、敵部隊の動向をいち早く察知することが可能だ。

電磁波の領域では、航空戦術教導団電子飛行測定隊（入間）に配備されている最新のRC2電波情報収集機用の搭載装置を46億円で取得する。これにより受信電波周波数の範囲を広げ、遠く離れた航空目標の情報収集と分析能力を高める。合わせてRC2用の機上電波収集模擬システム（9000万円）を取得し教育訓練用に使用、搭乗員の電波収集能力の練度を向上させる。

宇宙分野では、令和2年5月に発足した宇宙作戦隊（府中）を「第1宇宙作戦隊」（仮称）に改編し、約40人に増員させる。防府北基地にも「第2宇宙作戦隊（仮称）」を20人規模で新設、同隊は人工衛星に対する電磁妨害状況の把握を任務とする。府中基地には「宇宙システム管理隊（仮称）」を約10人規模で発足させる。

宇宙関連装備では、宇宙空間の安定的利用に向け、低軌道の宇宙物体をより正確に監視できる「宇宙状況監視（SSA）レーザー測距装置」を190億円で取得。米軍や国内の宇宙関係機関と連携したSSA実施に向けた関連器材も調達する（77億円）。

装備品取得の効率化では、昨年8月、アフガニスタンからの邦人等退避にも使われたC2輸送機のエンジンを2式まとめて調達（26億円の縮減）。さらに高価格化が予想される機体の備品を先に取得して機体単価の縮減も図る（3億円の縮減）。

当初予算が1兆1672億円となった空自の22年度予算案。「スタンド・オフ防衛能力の強化」などをテーマに、厳しさを増す日本周辺の安全保障環境に対応していく。（菱川浩嗣）

米国で初飛行する空自向け２機目のＲＱ４グローバルホーク。2022年度に三沢基地に新編予定の偵察航空隊（仮称）に配備される（米ノースロップ・グラマン社のＨＰから）

朝雲寸言

ロシア軍がウクライナに侵攻して約2週間。この文章が活字になるころ、世界がどう変わっているか予測がつかない。幼い子供たちが薄暗い地下壕や脱出する車の中で涙を流す姿が報じられ、憤った日本人が各地で抗議のデモを続けている。余りに理不尽な状況に放り込まれたウクライナに同情を寄せることは当然だが、そこで止まっていいわけでもない▼ある日突然「おまえらの領土は我々の安全に不可欠な場所だから、もう自由にはさせないよ」と言いながら、国連安全保障理事会の常任理事国も務める隣国が軍隊を差し向けてくる。侵略部隊は軍・民間の区別なくミサイルを撃ち込み、こちらの制服と同じものを着た工作員が街のあちこちに攻撃用の目印をつけてまわる。こんな状況がそう遠くない未来にわが国でも起きかねないことに、どれほどの日本人が気づいているだろうか▼ウクライナの人々にとって不幸中の幸いなのは、冷戦期の地下シェルターが今もあることや、地上伝いに隣国に脱出できることだ。日本国民には同じことはできない▼かの国では侵攻ロシア軍を混乱させるため、行き先を示す道路標識を人々が撤去している。[illegible]国防の視点から見直すことが急務である。

時の焦点

国内　対ロシア外交

米欧と連携し制裁強化を

自国の勢力圏を広げるため、隣国の主権を侵す暴挙は許しがたい。政府は、人権や法の支配を尊重する日本の立場を鮮明にし、ロシアに厳しい姿勢で臨む必要がある。

ロシアがウクライナに侵攻し、2週間が経つ。両国の停戦交渉の最中も、ロシア軍はウクライナの主要都市を攻撃し、民間人の命まで奪っている。稼働中の原子力施設まで攻撃し、制圧した。原子力施設への攻撃はジュネーブ条約でも禁止されている。人類を危険にさらす振る舞いは言語道断だ。

理性を欠いたロシアの侵略は、第2次世界大戦後の世界秩序を根底から揺るがしている。国際社会が結束し、ロシアに厳しい制裁を科すことが重要だ。

先進7カ国は、国際決済ネットワーク「国際銀行間通信協会(SWIFT)」からロシアの主要銀行を排除することを決めた。ロシア中央銀行との取引も制限した。外貨獲得を原油や天然ガスなどの輸出に頼っているロシア経済を窮地に陥らせる狙いがある。

各国が足並みを揃えて対処した意義は大きい。ロシアに対し、平和を踏みにじった代償の大きさを思い知らせねばならない。

日本政府は近年、北方領土問題の解決につなげるため、エネルギーや医療、観光などの分野でロシアと協力を強化してきたが、岸田政権は、経済協力を見合わせることを決めた。今のプーチン政権と建設的な関係を築くのは難しく、政府の判断は当然だ。

日本もSWIFTからロシアの主要銀行を排除する枠組みに加わったほか、ロシアの軍事力強化につながる半導体などの輸出を禁止する。平和を守るため、政府は対露制裁で積極的な役割を果たしてほしい。

ロシア極東サハリンでの天然ガス開発事業「サハリン2」や、北極圏に近い「ヤマルLNG」などには日本企業が出資している。撤退すれば、国内への天然ガス供給が滞ることになるが、蛮行を繰り返すロシアとビジネスを続けることに、社会の理解は得られまい。各企業は事業からの撤退を決断してもらいたい。

プーチン大統領は、対露金融制裁を決めた国に対し、核の脅威さえちらつかせた。常軌を逸していると言わざるを得ない。

国連総会は緊急特別会合でロシアを非難し、無条件での即時撤退を求める決議を採択した。プーチン大統領は、自らが国際的に孤立状態にあることを認識しているのだろうか。

ロシア国内でも大規模な反戦デモが起きており、インターネット上での反戦の呼びかけには100万人以上が賛同しているという。ロシア政府はデモを排除し、報道統制を行っているが、経済制裁は市民生活に影響を及ぼしている。厭戦気分が広がることに期待したい。

夏川　明雄(政治評論家)

海外　ウクライナ侵略

国際秩序揺るがす暴挙

ウクライナ情勢はロシアの力ずくの現状変更と軍事攻撃により重大局面を迎えた。ウクライナをめぐり緊張が高まった昨年秋以降、ロシアのプーチン大統領は侵攻の意図を一貫して否定してきた。しかし、一転して自らの発言を翻し、バイデン米政権などが「重大な代償を払う」と警告してきた武力攻撃に踏み切ったことで、ウクライナの北大西洋条約機構(NATO)加盟問題を引き金とする米欧とロシアの対立は決定的段階に突入した。

わが国を含む主要7カ国(G7)をはじめ、米欧同盟のNATO、独仏両国が主導する欧州連合(EU)など国際社会もロシアの軍事行動に対し、ウクライナの主権と領土の一体性を侵害するあからさまな国際法違反、国連憲章違反だと一致して糾弾。西側諸国は金融・エネルギー・先端技術の分野などで強力な対ロシア制裁措置に踏み切った。ロシアは首都キエフなど各地の軍事施設を狙ったミサイル攻撃や空爆を継続する一方、地上部隊は3方向から国境を越えて進撃。欧米の軍事支援を受けるウクライナ軍は懸命の反撃に出ており、多数の民間人に深刻な危害が及ぶ戦闘は長期化する様相が強まっている。

プーチン大統領の2月24日の軍事作戦命令は電撃的なものだったとはいえ、用意周到に準備された計画に基づく動きであることは誰の目にも明らかだ。3日前にはウクライナ東部の親ロ派勢力が実効支配する2州での同派地域の「独立」を承認し、東部紛争の停戦と和解プロセスを取り決めたミンスク合意を破綻に追い込んでいる。その上で、東部2州のドネツク、ルガンスクの両人民共和国の要請に応じて「平和維持」を名目とするロシア軍部隊を進駐させることを決め、軍事基地の建設にも着手すると表明していた。

2014年のロシアのクリミア併合直後から続く東部紛争のこのような事態展開は、ミンスク合意が両国の対立激化で有名無実化していたため、専門家の間では可能性の強いシナリオとして取り沙汰されてきた。プーチン政権は過去にジョージア(旧グルジア)の南オセチアやアブハジアなど周辺諸国の領土内で、傀儡(かいらい)政権として「非承認国家」の樹立を助けてきた。クリミア併合を含め、近隣諸国の領土を切り取ることで国家の存立を揺さぶり、自国の影響力強化を狙う手法を再び応用してみせた。

だが、今回は予想を上回る大規模侵攻で、核戦力の使用も辞さないとするプーチン大統領の威嚇発言と併せ、公然たる隣国侵略に対する国際社会の衝撃と怒りは大きい。ロシアの国際的孤立は国連総会での非難決議が圧倒的賛成で採択されたことが如実に物語る。

ウクライナ現政権や欧米に軍事圧力をかけ、同国のNATO加盟阻止をはじめ、ロシアの安全の保証の確約を取り付けたいクレムリンには、部隊撤収に応じる気配はうかがえない。停戦協議が始まったとはいえ、軍事力で勝るロシア側が事実上の降伏と現政権退陣を迫る一方、ウクライナ側は軍の即時撤退を求めるなど、協議が停戦につながるかは不透明だ。戦火が起きた欧州のみならず、世界の安全保障もかつてない危機に直面している。

伊藤　努(外交評論家)

越軍に能力構築支援

空自隊員が救難分野で実技指導

槌道防衛審議官(右)、井筒空幕長(その左)の立会のもと、岸防衛相から激励を受ける中村2佐(右から3人目)、竹村2佐(その左)と、オンライン参加の廣本3佐(画面右)、中尾曹長(同左)=2月9日、防衛省で

防衛省は2月10日から18日まで航空自衛官4人をベトナムに派遣し、同国空軍に対する航空救難分野の能力構築支援を実施した。同分野における支援は2017年度から日越両国で実施しており、今回で5回目。

派遣されたのは、中村優作2佐(防衛省防衛政策局参事官付)、竹村良太2佐(空幕)、廣本義彦3佐(救難団司令部)、中尾和宏曹長(同)。

4人は首都ハノイとその近郊で越防空・空軍の救難教官や操縦者、救難員らに対し、セミナーを通じて航空機による要救助者の捜索・救助や搬送要領に関する専門的な知見を共有するとともに、今回初めて越軍の「訓練センター」に赴き、実際の救助器材を使用した実技指導を行った。

出国に先立ち9日、岸防衛相が4隊員を激励。大臣室では槌道防衛審議官、井筒空幕長が立会する中、岸大臣は「救難団のモットーは『That others may live(他を生かすために)』だ。この崇高な使命感のもと、平素から厳しい訓練に耐え、命懸けで任務に当たっている諸官に感謝と敬意を表したい。現地では航空救難のプロフェッショナルとしての経験を最大限に発揮し、きめ細やかな支援を実施してほしい」と激励した。

入間基地からテレビ画面を通じて激励を受けた廣本3佐は「日越防衛協力の懸け橋となれるよう尽力したい」、中尾曹長は「これまでの経験を基に少しでも多くのことを教育したい」と抱負を述べた。

4人は2月19日に帰国した。

中国艦艇2隻が宮古海域を航行

2月16日午後2時ごろ、中国海軍の「ルーヤンⅢ」級ミサイル駆逐艦(7000トン、艦番号131「太原」)=写真左=1隻が沖縄県宮古島の東南東約200キロの海域を北上するのを海自5空群(那覇)のP3C哨戒機と1海上補給隊(呉)の補給艦「とわだ」が確認した。中国艦はこの後、沖縄本島と宮古島の間の海域を北西に進み、東シナ海に入った。

一方、27日正午ごろには「ジャンカイⅡ」級フリゲート(4050トン、艦番号548「益陽」)1隻が宮古海峡を南下し、太平洋に向け航行。5空群のP3Cと1空群(鹿屋)のP1哨戒機が情報収集活動を行った。

中国情報収集機 宮古海峡を往復

空自がスクランブル

中国軍のY9情報収集機1機が2月16日、沖縄本島と宮古島間の宮古海峡を往復飛行したため、空自南西空のF15戦闘機が緊急発進して対応した。領空侵犯はなかった。

上海方面から東シナ海に飛来したY9は、南東進して宮古海峡を通過し、太平洋に進出。沖縄南方で周回飛行を行い、往路とほぼ逆のルートで自国領方面に戻った。

2月28日にも中国軍のY9哨戒機1機=写真下=が東シナ海に飛来。同海域で周回した後、宮古海峡を通過し、沖縄本島南方沖から宮古島南東沖にかけて太平洋を周回。この後、再び宮古海峡を北上し、日本の領空から離れた。

共済組合だより

「被扶養者の認定・取消手続き」はお早めに

被扶養者が就職したら手続きが必要

●被扶養者が就職した場合の手続き

組合員の被扶養者が就職した場合、速やかに共済組合の窓口で扶養取消の手続きをしてください。この場合、「被扶養者申告書」及び「就業証明書」等の提出、「組合員被扶養者証」の返納が必要となります。

なお、事実発生の日またはその翌日から取り消されるので、取消の手続きが遅れると給付を受けた分の戻入が生じることがあります。

●結婚・出産等による被扶養者の認定の手続き

組合員が結婚、出産等で被扶養者ができたら、速やかに「被扶養者申告書」を共済組合の窓口に提出し、その認定を受けてください。被扶養者としての各種給付が受けられるようになります。

届出は事実発生の日から30日以内に行うと、事実発生の日に遡って認定されますが、30日を経過した場合は、遡っては認定されないのでご注意ください(その届け出をした日から認定になります。)。

●認定条件

「被扶養者」の認定条件は主として組合員の収入で生活している次の範囲にあてはまる方です。

1　組合員の配偶者(内縁も含む)・子・父母・孫・祖父母・兄弟姉妹

2　3親等内の親族で右記以外の方(原則として組合員と同居していることが必要)

3　内縁関係にある配偶者の父母・子(同上)

4　内縁関係にある配偶者の死亡後におけるその父母・子(同上)

ただし、上記の該当者でも収入が年額130万円以上(障害による年金受給者または60歳以上の公的年金受給者は180万円以上)となると見込まれる方は認定されません。

また、別居している父母等については当該父母等の全収入(父母等の全収入と組合員及びその他の方の送金等の収入の合計)の3分の1以上を組合員が送金等により負担していない場合も認定されません。

扶養認定において基準とする年収を算定する場合の1年間は、1月～12月の暦年や4月～3月の年度単位でなく、認定から現在までの引き続く期間において連続する12カ月で、どの12カ月の収入を見ても130万円未満である必要があります。

現時点で年額130万円以上でない場合であっても、年額130万円以上と見込まれる収入が継続的に得られるようになった場合、勤務形態の状況等により、扶養認定の取消となる場合もあります。

例えばパート勤務等で収入を得ているような場合は、130万円÷12カ月=10万8333円であるため、月の収入が10万8333円を恒常的に超えることとなったらご注意ください。

被扶養者の認定、取消についての詳細は、ご所属の共済組合支部短期係までお問い合わせください。

推定ロシアヘリが根室沖で領空侵犯

空自がスクランブル

防衛省は3月2日、ロシア(推定)のヘリコプター1機が同日午前10時23分ごろ、北海道根室半島沖の領海上空を領空侵犯したと発表した。空自北空のF15戦闘機が緊急発進し、警告を行った。

防衛省は外交ルートを通じてロシア側に厳重抗議を行い、再発防止を強く求めた。

ロシア艦9隻が宗谷岬沖を西航

2月16日午後10時ごろ、ロシア海軍の「タランタルⅢ」級ミサイル護衛哨戒艇6隻(満載排水量490トン、艦番号921=写真、924、937、940、978、991)と、「オホーツク」級、「ペラ」級両航洋曳船各1隻、「トプリボⅢ」級油船1隻の計9隻が北海道・宗谷岬の北北東約60キロの海域を西航するのを海自2空群(八戸)のP3C哨戒機が確認、情報収集と監視活動に当たった。9隻はその後、日本海に入った。

防衛省発令

▽空自幹部学校業務部長(空自幹部学校)　1空佐　松山　洋伸
(2月25日)
▽海自幹部学校図演装置運用課長(海自幹部学校)　1海佐　柳原　誠
▽統幕人事教育課制度室長(4航空団基地業務群司令)　1空佐　小田　昌人
▽空幕整備・補給課航空機班長(空幕整備・補給課)　同　命尾　康輔
▽3航空団整備補給群司令(同航空機班長)　同　林　慶一
▽中部航空方面隊装備部長(3航空団整備補給群司令)　同　岡田　聡
▽4航空団基地業務群司令(11飛行教育団副司令)　同　下里　康志
▽11飛行教育団副司令(中部航空方面隊装備部長)　同　近藤　博之
▽12飛行教育団副司令(統幕人事教育課制度室長)　同　村上　圭輔
(以上2月27日)
▽防衛大教授(海幕総括副監察官)　1海佐　宇仁　健一郎
▽統幕運用1課(陸上総隊運用部)　1陸佐　石岡　直樹
▽同指揮通信システム企画課サイバー企画室長(統幕指揮通信システム企画課)　1海佐　内藤　亮
▽海幕総務課(情報本部)　同　牛若　健悟
▽同総括副監察官(海幕監察官付)　同　平川　崇
▽同指揮通信課(統幕指揮通信システム企画課サイバー企画室長)　同　澁谷　芳洋
▽横須賀地方総監部管理部長(防衛大教授)　同　佐々木　孝
▽佐世保地方総監部付(下関基地隊司令)　同　川久保 [illegible]
▽下関基地隊司令(横須賀地方総監部管理部長)　同　堀 [illegible]
▽航空総隊運用課作戦 [illegible] (航空支援集団飛行支援 [illegible])　1空佐　小林 [illegible]
▽中部航空警戒管制団付(岐阜病院副院長兼教育部 [illegible])　同　清水 [illegible]
(同診療部長)　同　若栗 [illegible]
(那覇病院副院長兼診療 [illegible])　同　納富 [illegible]
▽西部航空方面隊防衛部 [illegible] (航空総隊運用課作戦室 [illegible])　同　濱谷 [illegible]
▽航空救難団飛行群新潟 [illegible] 隊長兼新潟分屯基地司令 [illegible] 幕情報課)　2空佐　河野 [illegible]
▽航空支援集団飛行支援 [illegible] (航空気象群中枢気象隊 [illegible])　1空佐　山崎 [illegible]
▽同司令部(空幕首席衛生官付衛生官)　同　高林 [illegible]
▽航空気象群中枢気象 [illegible] (統幕総務課)　2空佐　小野塚 [illegible]
▽空自幹部学校主任教官 [illegible] 自幹部学校(空自幹部学校 [illegible])　1空佐　大泉 [illegible]
▽空自幹部学校(空幕装備課付)　同　五十嵐 [illegible]
(西部航空方面隊司令部付)　同　清水 [illegible]
(空自幹部学校主任教官 [illegible] 自幹部学校)　同　川名 [illegible]
(以上3月1日)
▽統幕運用2課(14普通科 [illegible] 隊長兼金沢駐屯地司令)　1陸佐　根本 [illegible]
▽北部方面総監部防衛 [illegible] (陸幕補任課)　同　中村 [illegible]
▽14普通科連隊長兼金沢駐 [illegible] 地司令(北部方面総監部 [illegible] 課長)　同　田村 [illegible]
(以上3月3日)
▽陸幕防衛部付(教育訓練 [illegible] 究本部)　1陸佐　湯下 [illegible]
(3月4日)

2022年版「自衛隊手帳」景品当選者決まる

石田1海佐、閼2陸曹に旅行券

手帳賞20人、図書賞50人

朝雲新聞社発行の2022年版『自衛隊手帳』の景品当選者が決まりました。応募はがき4336通の中から朝雲新聞社社長立ち会いのもと厳正な抽選の結果、「朝雲賞」のJTB旅行券ナイストリップ(5万円相当)には石田享大1海佐と閼由紀夫2陸曹の2人、「手帳賞」のJTBナイスギフト(5000円相当)には佐藤勝彦3陸佐はじめ20人、「図書賞」の全国共通図書カード(1000円相当)には上川原和徳1陸曹はじめ50人が、それぞれ当選しました。当選者への景品発送は3月下旬ごろになります。

各賞の当選者は次の通り(順不同、敬称略、カッコ内は所属)。

なお「図書賞」当選者の氏名は左記の方々のほか、景品の発送をもって発表に代えさせていただきます。

【朝雲賞】▽石田享大1海佐(呉警備隊)▽閼由紀夫2陸曹(48普通連)

【手帳賞】▽佐藤勝彦3陸佐(7特連)▽赤城正博1陸曹(27普通連)▽原崇1陸曹(20普通連)▽小田島亮子2陸曹(東北処)▽伊東札記2陸佐(中音)▽近藤徹2陸曹(32普通連)▽山田良子3陸曹(中方通群)▽斎藤駿陸士長(14普通連)▽牛塚龍介准陸尉(42即機連)▽首里政妃2陸曹(宮古警備隊)▽大田正夫准海尉(「せんだい」)▽江藤秀夫1海曹(上対馬警備所)▽清水紀貴海士長(「なるしお」)▽野田大輔1空曹(46警隊)▽野原慎也2空曹(15警隊)▽木村英一空士長(中警団)▽阿慈地洋子事務官(共済組合)▽古賀猛明(一般)▽菅原孝明(一般)▽小倉萌(一般)

【図書賞】▽上川原和徳1陸曹(岩手地本)▽野坂清治1海尉(市ヶ谷就職援護室)▽松本安弘2空佐(総隊)▽大泉和彦事務官(近畿中部防衛局)▽渡邉健二(一般)ほか45人

空自幹候校170人卒業

学校長「磨き上げた識能の発揮を」

空自幹部候補生学校(奈良)はこのほど、第111期一般幹候生(防大及び一般課程、教育期間約9カ月)約170人の卒業式を挙行した。

式には井筒空幕長、教育集団司令官の引田淳空将らが出席した。

学校長の山本光伸将補は卒業生に修了証書を授与後、式辞で「磨き上げた識能を発揮し、基本を踏まえつつも、新たなことにチャレンジすることを忘れず、組織の発展のために貢献してほしい」とはなむけの言葉を贈った。

続いて井筒空幕長が訓示し、「幹部自衛官としての覚悟を持て」「情熱をもって臨め」「同期の絆を大切にせよ」の3点を学生に要望した。

卒業生は12月21日付で各部隊に配置され、3月20日付で3尉に昇任する予定。

壇上で山本学校長(左)から修了証書を授与される第111期一般幹候生(空自奈良基地で)

前事不忘 後事之師

第74回

ヒットラーの失敗の始まり

1938年9月のミュンヘン会談に出席した（左から）チェンバレン英首相、ダラディエ仏首相、ヒットラー独総統、ムッソリーニ伊首相

ロシアがスラブ系の兄弟国ウクライナに突然に軍事侵攻しました。

報道を見ながら、今から80年以上前の第2次大戦開戦までのヒットラーのドイツと英仏とのせめぎ合いを思い出し、キッシンジャーの『外交』を読みなおしてみました。

1933年に政権についたヒットラーの当初の行動の狙いは、第1次世界大戦後のヴェルサイユ体制の打破でした。35年、再軍備宣言を行い、翌年にロカルノ条約で非武装地帯とされていたラインラントに陸軍を進駐させます。この行動はヒットラーにとって賭けでした。戦争準備ができていなかったので、英仏がこれに軍事介入したら、ドイツ軍は撤退することが命じられていましたが、英仏とも行動を起こしませんでした。不介入の理由は「自国の国境を防衛する権利はドイツにも認められる」というものでしたが、キッシンジャーによれば、これは戦略的に重大な失敗でした。ドイツがラインラントの要塞化を実現すれば、仏の攻撃の脅かしによりドイツを牽制できなくなるからです。

ヒットラーのヴェルサイユ体制への挑戦は続き、38年3月には同じドイツ民族の国オーストリアを併合し、その後、狙いをチェコスロバキアに向けます。ヴェルサイユ体制では民族自決の原則に基づき、チェコスロバキア、ポーランドなどの国が創設されますが、ドイツ人には民族自決の原則が認められず、ドイツ人が大宗を占めるズデーテン地方はチェコスロバキアが領有しました。仏がチェコスロバキアと同盟を結んでいたことから、仏およびその盟友英国とドイツとの間で戦争の危機が高まります。

英国のチェンバレン首相はヒットラーに対する宥和政策を選択しますが、理由の一つは、ヒットラーの要求は民族自決権に基づく限定的なものであり、それを認めればヨーロッパの現状維持は可能であるという判断でした。1938年9月、ムッソリーニの仲介によりドイツのミュンヘンで英・独・仏・伊による首脳会談が行われ、ズデーテン地方のドイツ帰属が決定、戦争の危機は回避されます。

ヒットラー外交の勝利に見えますが、ヒットラーは会談で終始不機嫌でした。理由はチェコスロバキアへの軍事侵攻を狙っていたのですが、外交により阻止されたからです。ヒットラーの最終的な狙いは、チェンバレン首相が宥和政策の前提としていた民族自決権に基づく限定的なものではなく、彼の著書『我が闘争』にあるように中・東欧からロシアにかけてゲルマン民族の「生存圏」を獲得することでした。『我が闘争』をしっかり分析すべきだったと歴史学者の何人かは言っていますが、ヒットラーのプロパガンダ担当のゲッペルスが「我々はドイツの真の目標が敵に察知されないことに成功した」と語っているように、多くの指導者がヒットラーの本質を見誤っていました。

ヒットラーはミュンヘン会談の半年後に本性を明らかにします。これ以上の領土拡大はないとの約束を違えてチェコスロバキアに軍事侵攻し、チェコスロバキアを解体します。しかし、後から見るとこれがヒットラーにとっての失敗の始まりでした。キッシンジャーは言います。「ヒットラーは、彼の目標がヴェルサイユ体制を同体制が標榜している（民族自決などの）諸原則に見合ったものにすることであると彼の敵対者が信じていた時までは全ての戦いに勝利していた」「しかしながらヒットラーの理解を超えていたのは、道徳的に許容される線を踏み越えた途端、それまで民主主義諸国に柔軟性を生み出してきた同じ道徳的完全主義が比類のない頑迷さに変わってしまうことであった」

ドイツがチェコスロバキアを軍事占領した後、英国世論はそれ以上の譲歩を許さず、ヒットラーの次のターゲットとなったポーランドに英国は一方的に安全保障を提供、ドイツのポーランド侵攻とともに第2次大戦が起こり、結局、ヒットラーは敗退します。

歴史のあと知恵かもしれませんが、道義は力が物を言う国際政治において無力に見えることもありますが、大きな影響力を発揮することがあります。

今般、プーチン大統領は力による現状変更を行い、国際的な道義を踏みにじりました。プーチン大統領の選択がロシアの国益にとっても本当に良いものだったのか、やがて明らかになります。

鎌田 昭良（元防衛省大臣官房長、元装備施設本部長、防衛基盤整備協会理事長）

……前事（ぜんじ）忘れざるは後事（こうじ）の師……

防衛研究所地域研究部長 門間理良（もんまりら）氏が緊急寄稿

ウクライナ侵攻から読み解く台湾有事

東アジアへの波及懸念 露・中を対比的に分析

ロシアによるウクライナへの一方的な軍事侵攻をきっかけに、中国による台湾侵攻の可能性を指摘する声が上がっている。仮にそうだとすれば、我々はいかにその状況を分析し、対処していくべきか。台湾有事をめぐる見通しについて防衛研究所の門間理良地域研究部長に分析・執筆をお願いした。

2月24日に始まったロシア軍によるウクライナ侵攻は驚きをもって迎えられた。プーチンの決定は合理性に欠けていたために、多くの識者はウクライナ侵攻を読み切れなかった。

逆に言えば、権威主義国家は合理性がなくても軍事行動を起こすことを、今回のロシアは行動で示したとも言える。また、今回の事例は中国による台湾侵攻の可能性との関連で多々語られており、日本でも台湾情勢への波及を懸念する者が77%に及ぶとの世論調査結果も出ている。

実際、今回のケースは、中国の台湾侵攻作戦で想定されている各種の軍事行動をロシア軍も多数実行している。そこで、本紙面を借りてロシアのウクライナ侵攻と中国による台湾侵攻を対比的に分析することを試みる。

本紙で示した見解は全て個人的なものであり、所属機関とは無関係である。

陸上で露と接するウクライナ 台湾海峡を隔てた中国と台湾

ウクライナと台湾の共通点は強大な隣国がいることである。ウクライナは元々、ロシアとウクライナ北部から東部にかけて長大な国境を接していたが、2014年にロシアがウクライナ南部に位置するクリミア半島を併合したことで、ウクライナは北部・東部・南部をロシアに接することとなった。台湾はウクライナと比較して、守備する際に決定的に有利な点がある。それは幅にして百数十キロメートルに及ぶ台湾海峡を隔てていることである。しかも、台湾海峡は潮流が速いうえに、着上陸作戦に適した気象は年間を通して2、3カ月程度しかない。

また、台湾本島に兵員を送り込むためには揚陸艦艇や輸送機、ヘリコプターを利用する必要がある。そのためには事前に航空優勢と制海権を確保しなければならないが、台湾側は地対空誘導弾「PAC3」や「天弓3型」防空ミサイルをはじめ、ミサイルコルベット、機雷敷設艇などを配備している。対地攻撃装備を持った戦闘機を飛ばしたり、電磁作戦で中国軍のミサイル発射を妨害したりすることも考えられる。数年先には自力建造の通常動力型潜水艦も実戦配備される。

また、着上陸作戦に適した場所は当然台湾軍も熟知しており、さまざまな想定を重ねながら中国軍を撃滅する演習を積み重ねているのである。

対戦車ミサイル「ジャベリン」（米陸軍のHPより）

大規模な侵攻作戦は察知可能

ロシアは2021年4月前半と10月後半以降、ウクライナ国境付近に軍を集結させていた。

さらに今回、ロシアはウクライナの北方に位置するベラルーシと2月10日から20日までの予定で実施した合同演習後も、「演習を延長する」との名目で3万人規模の軍を引き上げさせずにいた。

計15万人のロシア軍が、日本の面積の1・6倍で人口4000万人を超えるウクライナを三方向から侵攻する態勢を整えていた。

これらの状況は衛星写真の解析などでかなり前から察知されていた。

中国が台湾に侵攻する場合、東部戦区が中心になって統合作戦を仕掛けることになる。そのためには多くの兵力や戦闘を維持するために必要な物資や燃料、糧食等を台湾正面に移動させる必要がある。

これらの動きは、早ければ数カ月前から察知されるかもしれない。台湾や米国は中国に警告を与えつつ、国際社会に注意喚起し、開戦に備える時間が与えられる。

中国軍の陸上兵力は97万人と見積もられているが、すべてを台湾侵攻に動員することはできない。それに対する台湾軍は総兵力約16万人。これに加えて予備役220万人を擁している。これだけの兵力が九州よりやや狭い台湾本島で中国軍を迎え撃つことになる。

台湾は「防衛固守、重層抑止」という軍事戦略構想に基づき、中国本土を狙える長射程ミサイルの取得や自主開発、大量配備を進めている。仮に射程2000キロメートルのミサイルを保有できれば北京を狙うことも可能になり、戦略的な意味を持つことになる。

内部からの呼応に注意すべき台湾

ロシアでは今次侵攻を「特別軍事作戦」と呼称している。中国が台湾に侵攻する場合も、軍事侵攻に類する用語は避け、「台湾当局を膺懲（ようちょう）する」「台湾内の混乱を鎮め、秩序を回復させる」などと称すると考えられる。

馬英九政権期に、中国大陸から多くの中国人が台湾人との婚姻で台湾に移住し、新たなエスニックグループが生まれた。中国が台湾島内のエスニックグループの分断を図る可能性がある。

今回のロシア軍によるウクライナ侵攻は、東部の親ロシア派支配地域の「独立」をロシアが承認したことがきっかけであった。

台湾本島の親中派が中国に軍事介入を要請し、中国がそれを受諾。「反国家分裂法」に基づいて、「台湾独立派を制圧して統一を成し遂げる」という大義名分を振りかざすことも考えられる。台湾軍内部に裏切り者を入れておくことができれば、作戦成功の可能性はさらに高まる。中国共産党は国民革命軍（実質的な国民党軍）の中に共産党シンパを多数養成した実績があり、現在も統一戦線工作に力を入れている。

台湾軍は元々、中華民国による中国統一を掲げていた経緯があり、教育もそれに沿って行われていただけに、中国側に付け入られる余地がないとは言えない。

海を越えた補給線の確保に苦労しそうな中国

ロシア軍は作戦開始から4日目の2月27日時点で既に燃料や軍備品の不足に直面していた。特に激戦地となっているハリコフで燃料や軍備品の不足が深刻化していると報じられた。ハリコフはロシア国境から約30キロメートルに位置する都市にもかかわらず、ロシア軍は軍需物資の不足に悩まされた。

また、ロシア軍は首都キエフの北約30キロメートル地点まで進軍して以降、前進が確認されなかった。ウクライナ軍の抵抗に加えて燃料不足が原因との見方がある。

ウクライナへの侵攻ルートが複雑で広範囲にわたっていることが進軍遅滞の背景とも見られるが、陸上で国境が接しており、地上作戦に長けているはずのロシア軍でさえ、このような事態に陥ったのである。

中国軍が台湾侵攻作戦を発動させた場合、台湾軍や米軍は、中国軍の補給を断つ作戦に出る可能性が高い。

現代戦の経験がない中国軍に、海を隔てて百数十キロメートルの台湾本島への十分な兵員補充、武器・弾薬、燃料、糧食、医薬品、補修機材などの補給や負傷者の後送が果たして可能だろうか。

たとえ上陸に成功したとしても、台湾軍の激しい抵抗を受ける数日のうちに作戦行動の限界を迎えてしまうことも考えられる。

激しい抵抗 市街地での作戦は難航

難度の高い都市攻略と「斬首作戦」

ロシア軍は2月28日までに380発以上の短距離弾道ミサイルを発射し、ウクライナの防空システムや空軍基地の破壊を試みたが、航空優勢の確保には至っていないようだ。キエフやハリコフでは市街地が砲撃され、子供を含む民間人の死者も出ている。これは、都市への侵攻が予想以上に難航していることへの苛立ちや、ウクライナ国民の継戦意志を挫（くじ）く意図があるのかもしれない。

ウクライナではゼレンスキー大統領の指示でロシア軍と戦う意思を示した国民に武器を配布し、キエフだけで2万丁近くのカラシニコフ銃が配られた。火炎瓶の製造も盛んに行われている。

中国が台湾に侵攻する場合、まずサイバー攻撃によって台湾の社会基盤を動揺させるとともに、千数百発に上る短距離弾道ミサイルや巡航ミサイルで台湾軍の防空システムや空軍基地、レーダーサイトを攻撃し無力化を試みる。

中国軍は15万の兵力を短期間に台湾に移送する能力はないので、少数精鋭の部隊で台北を急襲し、台湾指導部に対する「斬首作戦」を企図すると見られる。その際、中国軍はサイバー・電磁攻撃で台湾軍のC4システムを麻痺させて台湾軍の効率的な反撃を封じようとするだろう。

中国にとって問題となるのは「斬首作戦」の舞台が台湾本島で人口が集中する台北市一帯であることだ。ここは台北市を取り囲む新北市を加えると数百万人が居住する都市化が進んだ地域である。ここで台湾軍部隊や民間人の応戦を排除しながら「斬首作戦」を進めることは、地理に不案内な中国軍にとって極めて困難な任務となるだろう。

台湾側も「斬首作戦」を予期して、対策も講じていることから、ごく短期間のうちに台湾指導者が一網打尽にされる事態は考えにくい。

なお、指導者が健在で抗戦の意志を示すことは軍や市民の士気を高める効果が証明された。台湾もそれに倣うであろうが、万が一に備えて副総統を国外に脱出させ、亡命政権樹立の準備をすることはあり得る。

台湾に対する国際支援が極めて重要

ウクライナが北大西洋条約機構（NATO）に加盟していない中で、加盟国や米国はできる範囲で積極的に動いた。

武器支援に消極的だったドイツ政府は、2月26日に対戦車ミサイル「ジャベリン」と携行式地対空ミサイル「スティンガー」をウクライナに提供することを明らかにした。

これらを利用して、都市に侵入しようとする戦車を攻撃したり、兵員を下ろそうとするヘリコプターを撃墜したりもできるため、ロシア軍の侵攻を遅滞させる役割を果たすと思われる。

オランダなどもウクライナへの資金や武器、防衛装備品の支援を明らかにした。また、米国は3億5000万ドル規模の軍事支援を行うと発表した。さらに27日には欧州連合（EU）が5億ユーロ（約650億円）を拠出してウクライナを支援することを決定した。これらの武器や装備の引き渡しには、撃墜される危険のある空輸を避けて、陸路での輸送が検討されている。

島国である台湾に武器を運び込む手段は、艦艇か軍用機に限定される。中国軍の妨害を跳ね返してそれが実行できるのは、高い軍事力と「台湾関係法」がある米国だけであろう。

なお、台湾軍は「ジャベリン」や「スティンガー」を配備済みだ。台湾国防部は「ジャベリン」の発射を含む訓練動画をウエブサイト上にアップしたが、ウクライナでの使用を意識したものである。

中国に軍事侵攻を決断させないために、ロシアへ強力な制裁を

習近平は、今秋開催予定の中国共産党第20回党大会での総書記3期目を控えている。また、中国の台湾に対する基本戦略は「戦わずして勝つ」ことであり、習近平にとって最も重要なのは共産党政権の永続である。常識的に考えれば、今般のウクライナ侵攻に台湾侵攻が連動することはない。だが、中国による台湾侵攻の可能性を低く見積もることは危険である。

中国は、ロシアに対する制裁がどの程度の効力を発揮するのか、今回のウクライナ侵攻をきっかけにNATOや国連がどう変わるのか、米国はどう動くのかを詳細に分析するだろう。その結果、国際社会や米国がロシアに対して「弱腰」で、台湾有事に米軍が介入しないと判断すれば、中国が台湾に軍事力を行使する可能性がある。重要なことは、そのような判断を中国にさせないために、ロシアへの強力な制裁を国際社会が結束して採ることで、中国をけん制することである。

朝雲賞

25部隊、7機関、7個人を選出

昨年1年間、「朝雲」紙面に掲載された投稿記事・写真などを4部門にわたって表彰する「朝雲賞」の受賞部隊・機関・個人が2月10日、選考委員会の投票で決定した。(2月17日付既報)。2021年は「記事賞」に5部隊・2機関、「写真賞」に7部隊、「個人投稿賞」に7人、「掲載賞」に13部隊・5機関がそれぞれ選出された。各部門で「最優秀賞」となった部隊・個人に受賞の喜びと今後の抱負などを聞いた。

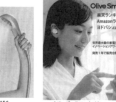

最優秀記事賞　沖縄地本広報室

絆をつなぐ、熱い思いを届ける

「ラグビーパスリレー動画配信」(9月16日付7面)

「ラガーマンである坂田地本長の熱い思いを多くの人に届けたい」――。その一心で書いた朝雲への投稿文が最優秀記事賞となり、担当した沖縄地本広報室の渡邉雅子陸曹長は、「感慨深いです」と喜びをかみしめた。

受賞作は、防大ラグビー部出身で沖縄地本長の坂田裕樹陸将補が発案し、渡邉曹長が撮影・編集した「ラグビーボールパスリレー」の動画配信記事。「コロナで失われた絆を取り戻そう!」というコンセプトのもと、首里城守礼門を始めとした沖縄各地の名所などを舞台に、地本長以下の地本隊員や米海兵隊、空自隊員がメッセージを送りながらボールを仲間にパス、その様子を約2分20秒に編集した。

朝雲には制作経緯や各者との交流、自身の思いを文章にのせて投稿した。

渡邉曹長は元写真陸曹で、その経験から視聴者、読者に届くビジュアルな企画を熟考。ラグビーボールパスリレーの撮影も台本なしで臨機応変に行い、出演者の自然な姿をとらえた。制作した動画を「ユーチューブ」にアップし、地本独自の取り組みを伝えてきた中での受賞だった。

坂田地本長は最優秀賞の快挙を受けて、広報室員の前に立ち、「皆さんのおかげだ。本当にありがとう」と労をねぎらった。室員たちは「もっと良い記事を送ろう!」と決意を新たにしたという。

今年は体力向上プログラム「ガールズ・ワークアウト」の参加者へのPRとエクササイズの動画編集に取り組む。「発信するからにはどんな形でも全力で」――。その信念のもと、熱い思いを込めた映像・原稿を作り続ける。

最優秀記事賞受賞の「ラグビーパスリレー動画配信記事」を発案した坂田沖縄地本長(右)と担当した渡邉陸曹長(沖縄地本で)

最優秀個人投稿賞　海自OB　是本信義氏

誇らしい思い出、鮮明に

「追憶64オリンピック東京大会」(7月8、15日付)

「昨年の東京オリンピックが縁で思いもかけない賞をいただきうれしいです。私の投稿が少しでもお役に立てればと思います」――。

受賞の第一報を受け、喜びを語るのは海自OB(防大3期)で『図解 孫氏の兵法早わかり』『戦史の名言』など多数の著作を持つ是本信義氏(85)。自身が1964年の前回の東京オリンピック時に、自衛官として国旗掲揚などに携わった経験を「追憶 64オリンピック東京大会支援」として記し、投稿した。

64年の五輪では約7000人の隊員が、選手村の運営から競技支援まで多岐にわたり活躍した。当時2海尉だった是本氏は、ヨット競技の支援と海上自衛隊旗章隊小隊長という「二足の草鞋(わらじ)」で奮闘。手記では隊員の寝室の確保に苦労したことや、開・閉会式で「三大旗」の掲揚指揮官を務めた誇らしい思い出を、鮮明な筆致で描いている。

是本氏は「あのオリンピックの支援活動はエポックな出来事。素晴らしい経験でした」と振り返る。

「朝雲」への投稿は30代の頃から。以来約半世紀、折に触れて自身のその時々の自衛隊への思いをつづってきた。その根底には「自衛隊は表面上の歴史ばかりが語られ、裏側の隊員の努力が記録されていない。だからこそ、皆が頑張っていることを自分のペンで後世に残したい」との強い思いがある。

今の自衛隊については、「任務が増える中で日々奮闘する隊員たちには尊敬と感謝の念を抱いています。素晴らしい後輩たちです」と語る。大先輩から後輩へのエールとして、「これからも自分の経験を書いていきたい」と意欲を見せた。

総投稿数は3348件

朝雲新聞社は全国の自衛隊各部隊・機関などから寄せられた優れた投稿を表彰する「朝雲賞」の制度を設けている。「朝雲賞」は「記事賞」「写真賞」「個人投稿賞」と、最も多く紙面を飾った部隊を表彰する「掲載賞」の4部門からなる。

各賞の候補は陸海空各部隊の隊員65人に委託している「朝雲モニター」からの意見を参考に、朝雲新聞社編集局が集計し、2021年は68件がノミネートされた。

最終選考は選考委員(内局広報・厚生両課長、広報課先任部員・報道室長、厚生課福利厚生調整官・先任部員、統幕総括副報道官、各幕広報室長・厚生班長、朝雲新聞社社長・編集局長の15人で構成)による投票形式で各部門の「最優秀賞」と「優秀賞」を決定した。

昨年の総投稿件数は3348件(所感文を除く)で、前年から微増。コロナ下での各部隊の取り組みや女性隊員の活躍、災害派遣などをテーマとした力作がそろった。

安居院(あぐい) 公仁(きみひと)大臣官房広報課長の講評

日本国内をはじめ、世界中でコロナが蔓延する中において、全国の部隊や隊員の皆さまの広報活動に励む姿勢に感謝申し上げます。また、その中において、自衛隊員の活気があり独創性にあふれた広報記事を拝見し、広報課長としても感銘を受けております。特に今回は、部隊活動、家族との絆、地域との関わり、女性活躍、OBの回顧録などをテーマとした記事や写真は甲乙つけがたいものでした。

引き続き、防衛省・自衛隊に対する国民の関心を喚起し、自衛隊に対する認識と理解を深め、信頼と協力を得られるよう創意工夫を凝らした広報を期待しています。

「最優秀写真賞」を受賞した比田井竜平1曹の作品。捜索棒を手に情報収集に当たる1戦大の隊員たち(昨年7月4日、静岡県熱海市で)

最優秀写真賞　1戦車大隊(駒門)、広報陸曹　比田井　竜平1陸曹

自らの任務 問いただし撮影を継続

「熱海土石流、捜索救助」(7月8日付8面)

撮影者の比田井竜平1曹(38)は、1戦車大隊に勤務する10式戦車の元クルー。現在は部隊の広報任務を担っている。

受賞作品は昨年7月、静岡県熱海市伊豆山で発生した大規模土石流に伴う災害派遣で、酷暑の中、活動に当たる隊員を捉えた一枚だ。比田井1曹も先発隊として発災の翌日、現地に入った。自身にとって初の災害派遣活動。山から崩れ落ちた土砂に流されて倒壊した家屋や車両を目の当たりにし、土石流の範囲の広さに衝撃を受けたという。

被災現場は足元がぬかるみ、前進する経路の選定にも困難を極めた。そんな中、「自分だけが経路偵察を行わず、カメラを手に写真撮影を続けることが果たしてふさわしいことなのか」という葛藤も生じたと当時を振り返る。

しかし、「一刻も早く上級部隊に状況を報告しなければならない」という使命感の下、「自らの任務は何なのか」と自分自身に問いただして撮影を続けた。

「最優秀写真賞」受賞の一報を受け、「自分一人では受賞できなかったと思う。着任後に撮影技術や広報業務のご指導をいただいた1師団広報班の方々、そして被災現場で活動した1戦大の仲間にも感謝したい」と喜びを語った。

最優秀掲載賞　板妻駐屯地広報班

事前の情報収集と綿密調整

最優秀掲載賞を受賞した板妻駐屯地広報班のメンバー。右から廣瀬亮2曹、吉田浩隆2曹、広報班長の市村健一曹長、飛田信二2曹、会田健策2曹、原田伸也2曹

板妻駐屯地広報班は2019年、20年に続いて21年も朝雲賞の「最優秀掲載賞」に輝き、同賞史上初の3連覇を達成した。

その前の17年と18年の「優秀掲載賞」を合わせると5年連続の栄誉に、「朝雲担当」の廣瀬亮2曹は「板妻駐屯地隊員の多種多様な職務に向き合う姿勢を可能な限り部内外にPRしていきたいという強い意志で、積極的に広報業務に取り組んだ結果」と胸を張る。

その情熱に呼応するかのように、記事は次々と「朝雲」紙面を飾った。内容も駐屯地の出来事から各種訓練、災害派遣と幅広い。

これら様々な投稿を可能にしたのが、廣瀬2曹が常に心がけてきた「事前の情報収集と綿密な調整」だ。日頃から各部隊と良好な信頼関係を築き、文章だけでなく、写真も「その場の状況が伝わるシーンを撮るため、最良の撮影場所の選定を心がけた」と振り返る。

「最優秀掲載賞3連覇」の快挙に、広報班のモチベーションも高まっており、〃戦う広報班〃の絆は深まった。

駐屯地司令の水野克輝1佐は「広報班が地道かつ積極的に(情報)収集してくれた結果」と3年連続の受賞をたたえ、「今後も積極的に現場進出する広報を行ってもらいたい」と述べた。

来年度、板妻駐屯地は創立60周年を迎える。それに合わせ、広報班は「記事賞や写真賞での受賞も目指す」と意気込む。廣瀬2曹は「継続的な受賞を確立できるよう、広報班一丸となり一層努力します」と力強く語った。

記事賞(5部隊・2機関)

【最優秀】「ラグビーパスリレー動画配信」(9月16日7面) 沖縄地本

【優秀】6件=掲載順

▽「母娘3人で自衛隊をアピール」(3月4日6面) 愛知地本▽「募集に特化した動画配信」(5月20日6面) 海幕人計課募集推進室▽「空自将官初のF35ライダー、検定フライトに合格」(5月20日7面) 空3空団渉外室▽「本格フレンチを駐屯地で提供」(6月3日7面) 陸湯布院駐屯地業務隊▽「20普連「Lady Go!プロジェクト」が結実」(11月11日6面) 陸20普連▽「「ベル師匠ありがとう!」、防衛交換要員の米中佐が帰国」(11月25日9面) 空飛行教育航空隊

写真賞(7部隊)

【最優秀】「熱海土石流、捜索救助」(7月8日8面) 比田井竜平1陸曹=陸1戦大

【優秀】6件=掲載順

▽「北陸道、東海北陸道で車両立ち往生」(1月14日7面) 陸金沢駐屯地広報室▽「海自「しらせ」昭和基地へ物資輸送」(2月4日3面) 海しらせ▽「〃空女フライト〃実現」(2月11日3面) 空1輸空▽「空挺団が降下訓練」(6月24日1面) 神博崇2陸曹=陸空挺団広報班▽「アフガン派遣空自機帰国」(9月9日1面) 統幕報道官▽「後期・遠洋練習航海部隊「かしま」北極圏入域」(10月21日3面) 海練習艦隊

個人投稿賞(7個人)

【最優秀】追憶64オリンピック東京大会支援(上)・(下)(7月8日10面、7月15日8面) 是本信義さん=海自OB

【優秀】6件=掲載順

▽「幸運をもたらす二重虹」(1月7日10面) 村上真純3空曹=44警隊▽「女性自衛官もお洒落を楽しみたい」(4月1日8面) 渡邊雅子陸曹長=沖縄地本▽「西方初!女性小銃小隊長としての決意」(4月22日10面) 山本麗3陸尉=42即機連3中隊▽「基地の警備小隊で活躍するセキュリティー・エンジェルス」(4月22日10面) 竹山修治空曹長=中警団基業群管理隊警備小隊▽「我が家にも自衛官2世が誕生」(5月20日8面) 大西英洋准陸尉=陸自416会計隊霞目派遣隊▽「護衛艦「ゆうだち」の〃愛情どら焼き〃」(6月17日8面) 二瓶芳亮3海佐=14護隊

掲載賞(13部隊・5機関)

【最優秀】陸板妻駐屯地

【優秀】▽陸自=20普連(神町)、美幌、15旅団(那覇)、滝川、仙台、岩見沢▽海自=佐世保教育隊、「せんだい」(舞鶴)、横須賀▽空自=3空団(三沢)、百里、防府南▽地本=新潟、沖縄、静岡、京都▽地方防衛局=東北防衛局

投稿方法

▷記事は書式、字数の制限なし。ワードなどで「5W1H」を参考にできるだけ具体的に記入する。

▷写真は紙焼きかJPEG形式のファイルにして添える。

▷郵送(〒162-8801東京都新宿区市谷本村町5の1防衛省D棟市ケ谷記者クラブ内朝雲編集部)またはEメール(editorial@asagumo-news.com)で送付する。

オンライン防衛問題セミナー

地方防衛局

特集

北関東・南関東防衛局が合同開催

国内外から視聴

【北関東局・南関東局】北関東防衛局（扇谷治局長）と南関東防衛局（山野徹局長）は1月20日と29日、合同でオンライン（YouTube）による防衛問題セミナーを開催した。20日は「首都直下地震に備えよ」、29日は「日本の宇宙開発～宇宙領域の安定的な利用のために」をテーマに実施。両セミナー合わせて国内外から1571人の申し込みがあり（うち4割超の674人は両セミナーに同時申し込み）、視聴回数は前者が1576回、後者が1740回と大盛況だった。

首都直下地震に備えよ

濱口和久特任教授

1月20日に「首都直下地震に備えよ」をテーマに開かれたセミナーでは、講師を務める拓殖大学大学院の濱口和久特任教授が、▽個々人が備えておくべきこと▽コロナ禍においては在宅避難が有力な選択肢となること▽一人一人の防災意識の定着等が「災害に強い街づくり」につながること――など、防災力の向上に直結する重要なポイントを力説した。

質疑応答では、▽学校における避難訓練や防災教育で工夫すべき点、必要な点▽共助の力を最大限発揮するために必要なこと――などについて分かりやすく回答した。

続いて、ジャーナリストの井上和彦氏は、東日本大震災をはじめとした災害派遣現場で昼夜の別なく被災者の生活支援に当たる自衛隊員の姿や、そうした隊員に対し被災者から寄せられた感謝の“生の声”などを紹介。

井上和彦氏

質疑応答では、災害派遣現場における隊員たちの高い使命感や、東日本大震災での米軍による「トモダチ作戦」などについて当時の状況を振り返りながら丁寧に説明した。

視聴者からは「自助、共助の必要性を具体的な事例を多数挙げて分かりやすく説明していただいた」「配布資料を社内にも展開し、防災意識の向上に役立てたい」「災害派遣現場の様子をありありと浮かび上がらせる講演だった」などの声が寄せられた。

日本の宇宙開発

～宇宙領域の安定的な利用のために

吉川真准教授

1月29日に「日本の宇宙開発～宇宙領域の安定的な利用のために」をテーマに開かれたセミナーは、「令和3年版防衛白書」で特集されている宇宙領域を扱った初の防衛問題セミナーとなったことから、ひときわ注目を浴びた。

はじめに、宇宙航空研究開発機構（JAXA）宇宙科学研究所の吉川真准教授が、天体の地球衝突問題を扱う「プラネタリー・ディフェンス（Planetary Defense）」＝いわゆる「地球防衛」＝に関し、我が国を含む世界各国の取り組みについて講演。

地球上で過去に起こった天体衝突例とその影響、地球に衝突する可能性のある小惑星を発見することの重要性、探査機による小惑星の軌道を変える試みなどについて語った。

林育正1空佐

続いて、空幕防衛部事業計画第2課長の林育正1空佐が、航空自衛隊が行っている「宇宙状況監視（SSA）」の態勢整備の現況、SSAの意義、今後の課題について講演した。

視聴者からは「宇宙開発が地球や我が国を守るために重要な分野だと分かった」「防衛省は民間・他省庁等との連携を強化すべきだと思う」「こうした防衛問題セミナーをもっと多くの人に視聴してほしい」「各種取り組みの続きをぜひ知りたい」などの感想や意見が寄せられた。

◇

北関東、南関東両防衛局では、当初は別々に計画していた二つのセミナーについて同時期にオンライン開催を予定していたこと、また、広範な地域からの関心が見込めるテーマであることなどを踏まえ、首都圏などを管轄する両局で合同開催することを決めた。

両局では今回多くの参加者（視聴者）を得ることができた要因として、▽自衛隊地方協力本部などの協力を得て広範な地域で広報活動を行った▽再配信やアーカイブ配信で視聴者の都合に配慮した▽申し込みフォームを共通化した――ことなどを挙げ、「防衛政策や自衛隊の活動について広く視聴者の方々にお届けすることができた」と分析。

今後の防衛問題セミナーについては「防衛省の諸施策や取り組み、自衛隊の活動についてより多くの方々にご理解を深めていただけるよう、さまざまなテーマで開催方法を工夫して実施したい」と話し、引き続き安全保障問題への高い関心の維持と次回セミナーへの参加を呼び掛けている。

防衛施設と首長さん

神奈川県座間市　佐藤　弥斗市長

さとう・みと　52歳。法政大学文学部中退。座間市議会議員（4期）を経て、2020年10月に座間市長に就任。現在1期目。東京都生まれ。

自衛隊、米軍と共に連携　キャンプ座間のあるまち

座間市が市制を施行した昭和46（1971）年は、偶然にも本市に陸上自衛隊座間分屯地が開設した年であり、昨年、そろって50周年を迎えました。

神奈川県のほぼ中央に位置する座間市は、緑豊かな公園が点在し、豊富でおいしい地下水にも恵まれ、市営水道の約85%をまかなっております。約17・57平方キロメートルのコンパクトな市域に約13万2000人が暮らしており、市の西部は相模川河畔に広がる田園風景、東部には「イオンモール座間」や「コストコホールセール」などの大型商業施設が展開しています。

座間市には、陸上自衛隊と在日米陸軍が共に所在する唯一の施設「キャンプ座間」があります。

この特色を生かし、日頃から、座間市、陸上自衛隊、在日米陸軍の3者において、座間市総合防災訓練などの市主催行事からボランティア活動まで、幅広い連携・協力関係を築いています。

また、座間市では、毎年クリスマスの時期に、在日米陸軍軍楽隊と座間市共催のクリスマスコンサートを開催しています。

このコンサートでは、海上自衛隊東京音楽隊や陸上自衛隊中央音楽隊がゲストとして、一緒に演奏を行ったこともあり、「座間市」「自衛隊」「米軍」がまさに三位一体となった素晴らしい演奏を披露していただき、来場者にも大変好評です。

今後も自衛隊や在日米軍と連携し、地域に密着した活動を継続していけることを願っています。

岸大臣（中央左）に要望書を渡す大村市の園田市長（同右）。左端は同市の村崎浩史市議会議長、右端は大村市観光コンベンション協会の酒井辰郎会長（2月10日、防衛省で）

「さらなる連携協力を」

長崎県大村市長、岸大臣に要望書

「水陸機動連隊」配備決定受け

九州防衛局（伊藤哲也局長）は2月4日、長崎県と同県大村市に職員を派遣し、令和5年度に陸自の水陸機動団に新編予定の3個目の「水陸機動連隊」について、防衛省として竹松駐屯地（大村市）への配備を決定したことを伝達した。

これを受けて2月10日、「大村市陸上自衛隊水陸機動団誘致期成会」の会長を務める同市の園田裕史市長が防衛省を訪れ、岸防衛相にさらなる連携協力を求める要望書を手渡した。

園田市長は、大村市が「官民一体となって自衛隊の皆さんを日本で最も愛し、サポートするまち」として、自衛隊基地開隊以来、約70年間にわたって自衛隊と共に発展し、非常に良好な関係を築いてきた点を強調。「配備は国防に大きく寄与できる。住民の皆さまに丁寧な説明を続け、防衛省と連携し、最終的な配備決定につなげていきたい」と述べた。

これに対し、岸大臣は「今後、具体的な施設整備や訓練計画等について検討を深めていく」と応じ、引き続き地元関係者と緊密に連携する考えを示した。

水陸機動団は佐世保市の相浦駐屯地に団本部と「第1水陸機動連隊」「第2水陸機動連隊」の2個連隊が配置されており、防衛省は令和5年度中に3個目の「水陸機動連隊」を約600人規模で竹松駐屯地に新編する予定だ。

リレー随想　石倉　三良

元祖　北の守人

北海道防衛局と深く関わる北の守人。本稿ではその元祖と言える「屯田兵」について創設の背景や活躍などを紹介いたします。

明治元（1868）年の維新以降、北海道開拓は石炭・木材・硫黄など無尽蔵と思われた北海道の資源を日本近代化の原動力とするための開発が大きな目的でした。そのため、翌1869年に新政府は北海道開拓使という行政組織を道内各地に設置します。

一方、北の大国ロシアとの関係は1804年にロシア使節が長崎へ来航し、交易を要求しますが、江戸幕府は拒否。そしてペリー来航の翌年1853年にプチャーチンが来日し、通商等を要求。幕府は1854年に（箱館も含め）開国し、1855年、日露和親条約を下田で調印します。

「屯田兵」の役割は、富国強兵政策のための北海道開拓とロシア侵攻からの備えでした。そこには失業した士族（旧武士）を救済する目的もありました。士族に「兵」という誇りを持たせながら開拓という自活の道を開かせるもので、当初は士族のみが対象でした。

西郷隆盛が国防の観点から北海道に（人口が僅少で徴兵ができないため道外移住者を土着させ）鎮台を設置する案を主張しましたが、明治6（1873）年、征韓論に破れ下野したため実現されず、その後、開拓次官であった黒田清隆が政府に建議書を提出し、「屯田兵」が創設されることとなります。

翌1874年に屯田兵例則が制定され、旧館県（松前藩の後身）と宮城、青森、酒田の東北三県の士族965人198戸が琴似兵村（現札幌市内）へ移住したのが皮切りでした。

明治32（1899）年まで25年間に37村が建設され、3万9911人、7337戸が入植しています。彼らが開発した面積は7万4755ヘクタールで、今の東京23区の面積約1・2倍に及びます。

また、「兵」としては明治10（1877）年、西南戦争に屯田兵第1大隊が派遣され、約3カ月間、九州各地で転戦し、その後、日清戦争では師団規模での編成・参戦しています。

明治22（1889）年に平民屯田兵の募集、1899年に徴兵制の開始、1904年に制度が廃止され、その歴史に幕が下りました。

昨今の北海道における自衛隊の各部隊と周辺自治体や住民の方々等との結びつきは良好ですが、厳しい自然等と向き合いながら開拓も防衛も行っていた「屯田兵」への畏敬の念のようなものが今も根底にあるようにも思えます。私たち北海道防衛局も地道な努力を怠ることなく我々の役割を果たして行こうと決意を新たにいたしました。

（北海道防衛局長）

新貨物ターミナル完成

入間基地の空輸能力向上に期待

【入間】空自入間基地で建て替え工事が進められていた新たな「空輸貨物ターミナル」が昨年末に完成し、1月14日、同基地で落成式が行われた。

式典はコロナ禍のため参列者を限定し、中警団基地業務群司令の大石和浩1佐ら約25人が出席。大石司令と2輸空402飛行隊長の平井嘉憲2佐、基地業務群管理隊長の門田貴光3佐の3人がテープカットを行った。

建て替えは、C2輸送機の入間基地への導入に伴い決まったもので、2019年10月に工事がスタート、昨年12月27日に完成した。

新ターミナルは3階建てで、延べ床面積は4608・66平方メートル。作業場となるターミナル部は鉄骨造り、サイドショップ（事務所）部は鉄筋造りとなっている。

旧陸軍時代に建設された旧ターミナルに比べ、貨物の重量を測る秤の数が大幅に増えたことなどにより、一度に多くの貨物（空輸パレット）を取り扱えるようになったことから、入間基地の空輸支援能力の向上が期待されている。

管理隊は「多くの思い出の詰まった旧ターミナルで歴代の諸先輩から学び、経験し、得た知識や技術を新ターミナルで存分に発揮し、今後、新たに重ねていく歴史が輝かしいものとなるよう精進していきたい」と話している。

㊤完成した新空輸貨物ターミナルの外観

㊦新空輸貨物ターミナルの完成を祝い、テープカットする（左から）402飛行隊長の平井2佐、基地業務群司令の大石1佐、管理隊長の門田3佐（1月14日、入間基地で）

募集・援護

特集

平和を、仕事にする。
陸海空自衛官募集

ただいま募集中！
◇一般曹候補生◇技術海上・航空幹部、曹
◇幹部候補生（第1回）◇医科・歯科幹部
★詳細は最寄りの自衛隊地方協力本部へ

憧れの職業「高い意識で」

入隊者、市町長を表敬
募集相談員の申し入れで実現
京都

「最高の自衛官になれるよう頑張りたい」――。新型コロナが依然として収まる気配を見せない中、地本は入隊予定者激励会を今年も感染対策を万全にし、各地で開催している。京都地本は募集相談員が入隊予定者とともに自治体首長を表敬形式で訪問するなど、さまざまな工夫を凝らし、若者の自衛隊への旅立ちを後押ししている。

これに先立ち地本は2月15日、入隊予定者の長岡京市長表敬に同行した。

この訪問は市募集相談員の大隅孝子さんが「長岡京市から入隊される方に、市長からも激励していただきたい」と、中小路健吾市長に申し入れたことがきっかけで実現した。

市役所では中小路市長と大隅相談員が一般曹候補生や自候生として入隊予定の若者3人とその家族を迎えた。

市長から「昨今の不安定な情勢や新型コロナの状況から、自衛官の活躍の幅は広がっている。心身をご自愛し、ご活躍いただきたい」との言葉が贈られた。

大隅相談員は3人に対し、「困ったり悩んだりすることもあるとは思いますが、決して一人で悩まないで」と励ました上で、家族に向けても「大切なお子さまを送り出すことが、どんなにかさびしく、心配なことかよくわかりますが、入隊式でのご子息の姿にきっと安心と感動を覚えられるはず。何か心配なことがあれば、いつでもご相談ください」と言葉をかけた。

自候生として陸自福知山駐屯地に入隊予定の有園洸希さんは、「厳しい訓練を乗り越え、一人前の自衛官になります。将来は陸自のレンジャー隊員となって頑張りたい」と決意を語った。

一般曹候補生として大久保駐屯地に入隊する岸本翼さんは、「教育・訓練を頑張り、誰かを導ける存在になりたい」と力強く誓った。

入隊予定者を激励する中小路長岡京市長（中央）。その右は巻口公輔京都地本長（2月15日、京都府の長岡京市役所で）

「町代表として誇れる隊員に」

【京都】地本は2月18日、精華町が主催した入隊者激励会に参加した。

激励会は町役場で行われ、陸自に入隊予定の近藤優太郎さんと空自に入隊予定の小西陸人さんが町長室に招かれた。隊友会相楽支部の赤塚茂支部長も参列する中、杉浦正省町長は若者2人に対し、「任された職務を必ずや遂行していただきたい。それが広がって、国家・国民の生命と財産を守っていく。どんな職務でも一つ一つの積み重ねが重要。頑張ってください」と激励、相楽支部長からは激励品の靴墨が贈られた。

この励ましに近藤さんは、「10年間続けた野球と高校3年間の寮生活で培った体力・精神力を発揮し、町の代表として誇れる自衛官になりたい」と決意を語った。

小西さんも「自衛官は学生時代からずっと憧れていた職業。入隊後は高い意識で毎日を過ごし、最高の自衛官になれるよう頑張りたい」と抱負を述べた。◇

杉浦精華町長（左）ら出席者を前に、空自への入隊に向けた決意を述べる小西さん（中央奥）＝2月18日、京都府の精華町長室で

「国民を守る要に」
富山　副町長が防大入校生激励

【富山】地本は2月22日、富山県立山町出身で今春、防衛大学校に入校予定の土井琢眞さんに対し、「防衛大学校入校予定者激励会」を開催した。

立山町役場で開かれた激励会には酒井武史副町長、成瀬真住民課長、家族会立山地区の崇田登会長、平田浩二地本長、魚津地域事務所員が出席。

最初に酒井副町長が「自衛隊は防衛だけでなく、災害派遣、最近では新型コロナへの対処など、国家と国民を守る危機管理の要です。町から防大への入校者があることを大変頼もしく思います。立派な幹部となられることを期待しています」と土井さんを激励した。

防大OBの平田地本長も「多くの可能性の中から防大入校を選ばれたことに敬意を表します。防大でしか学べない、経験できないことは多くあります。同期と切磋琢磨し、大きく成長してください」と励ましの言葉を贈った。

最後に、家族会立山地区会を代表し、崇田会長が激励品を土井さんに手渡した。

土井さんは「防大でしっかり学び、広い視野と豊かな人間性をもった幹部自衛官になりたい」と決意を述べた。

激励会終了後、記念撮影に臨む出席者。前列左から酒井副町長、防大入校予定の土井さん、平田地本長（2月22日、富山県立山町で）

再就職の前教育
心構えなど説明
新潟

【新潟】新発田駐屯地援護室は1月27日、駐屯地で「定年2年前教育・任期制隊員退職前教育」を行った。3年以内に定年退職を予定する18人に、再就職に必要な知識を身に付けてもらうことが目的。また、今年度末に任期満了を迎える9人とともに、正しい労働法規についても教育した。

はじめに、地本援護課長の柴澤浩事務官と川ノ口竜男援護室長が再就職に際しての心構えなどを説明した。続いて「サンプラス下越」の渡邉智治氏（駐屯地OB）や「太平興業」の新発田支店長・山崎政憲氏が講話。両講師は、再就職に対する目的意識の重要性を話した。さらに年金制度についてのセミナーなども行われた。

終了後、参加者は「民間企業が働き手に何を求めているかがよく分かった」「必要な労基法の知識が理解できた」などと話し、再就職への意欲を高めていた。

参加者に再就職の心構えなどを説明する川ノ口援護室長（1月27日、新発田駐屯地で）

地域の皆さまに「お年玉」
陸海空のマグカップを提供
神奈川　区報で自衛隊PR

市ヶ尾募集案内所のステンレスマグとボトルのお年玉プレゼント企画が掲載された「広報よこはま緑区版」1月号

【神奈川】市ヶ尾募集案内所は、1月11日発行の「広報よこはま緑区版」1月号のお年玉プレゼント企画を支援した。緑区長の岡田展生氏が「広報誌に自衛隊の事を掲載しませんか」と市ヶ尾所に提案。岡田区長が陸自少年工科学校（現・高等工科学校＝武山）出身という縁もあり、実現した。

市ヶ尾所は掲載第一弾として、「お年玉プレゼント」に陸海空ステンレスマグ各1点と、ブルーインパルスのステンレスボトル3点の計6点を出品。広報誌は約7万戸に配布され、駅前掲示板にも張り出されるなど多くの市民から注目された。

配布から約2週間後、プレゼント企画にはインターネットとハガキを合わせて約750件の応募があった。特に自衛隊のマグとボトルは人気が高く、緑区担当の日下部勝広報官より「現時点で倍率は15倍です」との報告が入った。

反響の大きさに手応えを感じた市ヶ尾所は、「地域の方々に自衛隊をアピールできる絶好の機会。募集活動の新ツールとして活用していきたい」と話し、現在、第二弾の掲載に向け準備中だ。

全日警に大臣感謝状
長野地本長「就職援護へ多大な貢献」

【長野】地本は1月17日、警備会社の「全日警」長野支社で小林茂夫支社長に「防衛大臣感謝状」を伝達した。

日ごろから防衛省・自衛隊に多くの支援・協力を行っている個人や団体に贈られるもので、同支社はこれまで任期制・定年制あわせ24人の退職自衛官を雇用、さらに任期制隊員向けの合同企業説明会への参加や企業研修、インターンシップの受け入れなどを積極的に実施してきた。こうした活動が「就職援護業務への多大な貢献」と高く評価された。

小林支社長に感謝状を伝達した林英彦地本長は、自衛隊に対する功労に謝辞を述べるとともに、引き続き退職自衛官の雇用や予備自制度への協力を依頼した。

小林支社長は「防衛大臣から感謝状をいただき大変光栄。退職自衛官は真面目で一生懸命勤務してくれるので、引き続き雇用していきたいです」と話した。

防衛大臣感謝状を手に記念写真に納まる小林支社長（左）と林地本長

中学校でリモート防災教室
震災講話に真剣な眼差し
鹿児島

【鹿児島】知覧分駐所は2月2日と12日、南さつま市内の二つの中学校で防災講話と職業講話を行った。

新型コロナの感染者急増を受け、リモートで授業を実施。講師を務めた分駐所の所長や募集課長は学校の放送室などを使い、それぞれ防災の大切さや自衛隊の仕事の魅力を生徒たちに伝えた。

まず2日は、地本募集課長の竹下友也2陸佐が加世田中学校で、「防災講話～東日本大震災への派遣」と題して、被災地での体験や自衛隊の災派活動などを話した。参加した2年生約130人は震災当時は1、2歳で、東北を中心に大きな被害があったことに驚いた様子だった。また被災地で人命救助や復旧支援活動を行った竹下課長の体験談に、生徒たちは真剣な眼差しで聞き入った。

最後に竹下課長は大災害の際に必要なのは自らを守る「自助」であることを強調し、「家族・友人との絆や感謝の心を持って、命を大事にしてください」と生徒たちに呼びかけた。

非対面でも参考に

12日には所長の永山厚仁陸曹長が、金峰中学校の2年生45人に職業講話を行い、自衛隊の魅力をPRした。永山所長は「働くこととは」「礼儀について」「自衛官になるためのコース」について、自身の体験も踏まえながら説明した。

生徒たちからは「なぜ自衛官を志したのか？」「自衛隊はふだんどのような訓練をしているのか」などの質問が上がり、永山所長が丁寧に解説。終了後には教師からも「学校初の非対面型による授業だったが、大変参考になった」との感想が聞かれた。

㊤リモートで生徒たちに語りかける竹下課長（2月2日、加世田中学校で）
㊦永山所長の話に真剣にメモを取る生徒たち（2月12日、金峰中学校で）

室蘭の商業施設で
自衛隊フェア開催
札幌

【札幌】室蘭地域事務所は1月9日、陸自13施設群（幌別）の支援を受け、室蘭市内のショッピングセンター「MUROE中島」で自衛隊フェアを開催した。連休中ということもあり、会場には約420人もの親子連れなどが訪れ、にぎわった。

今回は「冬の自衛隊フェア」と題し、冬季の自衛隊の活動を紹介、自衛隊スキーの着用や冬季の装具などを展示。くじ引きや札幌地本のキャラクター「モコ」との記念撮影も行った。

制服試着や展示物を見学した来場者は、「モコがとても可愛い」「また遊びに来たい」と話していた。イベント会場には地元の新聞社も訪れるなど、自衛隊の取り組みに注目が集まった。

制服を試着し「モコ」と記念撮影する来場者＝1月9日、「MUROE中島」で

部隊だより////

陸

倶知安　北方対舟艇対戦車隊は1月24日、駐屯地体育館で救急法検定を行った＝写真㊦。隊員の第一線救護能力の維持向上と練度の判定が目的。今回は補助担架員養成集合教育を修了したばかりの若手隊員が、展示や助手を務め検定を支援した。教育訓練基準が改訂されたため苦戦する隊員も見られたが、無事、受検者17人全員が合格した。

福島　駐屯地はこのほど、駐屯地創立68周年記念行事を行った。駐屯地司令の湯舟道彦1佐は「強靭な部隊を目指し、一層精進する」と式辞を述べた。続く観閲行進では来場者の前で堂々と行進、迫力ある訓練展示を披露した。来場者からは「3年ぶりの開催でとても楽しみだった」「訓練展示に興奮した」と喜びの声が聞かれた。

三宿　駐屯地でこのほど、衛生科技術競技会が行われた。第1ステージの学科試験と第2ステージの術科競技で構成され、代表21部隊が練成の成果を発揮した＝写真㊤。競技の結果、第1ステージは1普連（練馬）と34普連（板妻）による1師団混成チームが、第2ステージは陸上総隊（水機団後方支援隊衛生隊＝相浦）が優秀部隊となった。

相馬原　12旅団隷下部隊はこのほど、それぞれの駐屯地で訓練始めを行った。相馬原駐屯地では12ヘリ隊が編隊飛行訓練を実施し、一年の航空安全を祈願した。また30普連（新発田）本管中隊の渡邊将太3曹が、持続走の前に「年男」の抱負を発表。「健康と健全な体づくりにトライしたい。寅年だけに」と隊員の笑いを誘いつつ、決意を新たにした。

新発田　30普連はこのほど、連隊炊事競技会を行った＝写真㊤。各中隊から選抜された5人の隊員が指定献立のカレーライスなど60食を作り、味や作業手順といった審査項目の合計点を競った。参加者は優勝を目指して日頃の練成の成果を発揮。結果は、手順審査で他に大きく差をつけた2中隊が優勝し、昨年に続き2連覇を果たした。

岩見沢　12施設群は1月11日、訓練始めに当たり雪上での綱引きを行った。群本部と各中隊の6チームを2個グループに分け、1試合3本勝負で実施。各グループは、応援者も一丸となり寒さを吹き飛ばすような熱戦を繰り広げた。最後に、勝ち上がった399施中と400施中が決勝で対決＝写真㊨。399施中が見事、優勝を勝ち取った。

名寄　駐屯地は1月16日、名寄市民文化センターエンレイホールで定期演奏会を開催した。駐屯地音楽隊のほか、陸自第2音楽隊（旭川）、遠軽自衛隊音楽隊などが出演。来場者になじみのある楽曲や、タイプライターと吹奏楽のコラボレーションなどを披露した＝写真㊨。また中盤には駐屯地の朔北太鼓が登場、和太鼓の力強い演奏に会場は盛り上がった。

精強 20普連 雪のイベント支援

宝船に希望を乗せて

バイアスロンやスキー滑降展示

「宝船」の大雪像の前で雪まつりの実行委員と一緒に記念写真に納まる20普連の隊員たち（2月11日、新庄最上中央公園で）

バイアスロン訓練隊はクロカンとライフル射撃の展示を行った（2月5日、天童高原スキー場で）

スキー訓練隊の隊員が迫力ある滑りを披露した（2月5日、天童高原スキー場で）

北海道や東北では記録的な大雪が続いた今年の冬。例年なら各地で一斉に雪まつりが行われる時期だが、長引くコロナ禍の影響で中止になったところも多い。そうした中、山形県では「第10回天童高原スノーパークフェスタ」と「第51回新庄雪まつり」が規模を縮小して開催され、地元・神町の20普連が行事運営に協力した。

連隊員は1月27日から2月6日まで、スノーパークフェスタを支援、重迫中隊の佐藤俊明曹長以下15人が、約9日間かけて干支にちなんだ「寅」の雪像を制作した。

イベント当日の5日は、隊員たちがゲレンデでスキーのデモンストレーションを披露。スキー訓練隊の教官・加藤大志郎2曹らが自衛隊スキーの滑降を、バイアスロン訓練隊の同・高橋哲也1曹らは冬季五輪の競技にもなっているバイアスロン競技を展示し、来場者から盛大な拍手を受けた。

また2月12、13の両日には新庄最上中央公園で「雪まつり」が開かれ、連隊の隊員たちはメイン雪像の制作のほか、車両展示などで会場を盛り上げた。

1中隊の菊池良一曹長以下15人は今回、イベントのメインテーマである「希望」をイメージした高さ7メートル、幅15メートルの巨大な「宝船」を雪で作製した。雪像には巨大な滑り台が併設され、まつり期間中は子供たちが歓声を上げながらタイヤチューブで滑り降りた。

さらに会場では実行委主催の「雪上運動会」や「雪中バトルロワイヤル（雪合戦）」にも協力、元気一杯のプレーで精強20普連をアピールした。

来場者は「自衛隊が作った雪像がすごかった。また来年も来たい」と話し、親子一緒に雪のイベントを満喫していた。（神町）

干支の「寅」の雪像を制作中の隊員たち（2月2日、天童高原スキー場で）

板妻　34普連は2月7、8の両日、東富士演習場で「初級部隊ネットワーク集合教育」における有線訓練を行った＝写真㊤。通信小隊が担任し、各中隊から選抜された隊員が参加して、1月から教育に励んでいる。参加者は5、6人編成に分かれ、助教の指導を受けながら重量のある有線器材を携行。指定された時間内に協力して有線を構成した。

久居　33普連はこのほど、レンジャー帰還式を行った。レンジャー旗を先頭に17人の学生が駐屯地に入ると、出迎えた家族や隊員たちから割れんばかりの拍手や声援が起こった。学生長の中道翼3曹から帰還報告を受けた向田俊之連隊長は、一人ひとりにレンジャー徽章を授与。学生たちは、久しぶりの家族との対面に涙を浮かべていた。

信太山　駐屯地業務隊はこのほど、危険業務従事者として瑞宝単光章を受章した狩俣郁夫元防衛技官に対する伝達式を行った＝写真㊦。狩俣氏は1982年に防衛庁技官として採用され、その後、管理科木工係、木工係長として勤務した。旺盛な責任感と卓越した木工技術を発揮し、駐屯地施設の維持管理、勤務・生活環境の向上に尽力したことが評価された。

玖珠　駐屯地はこのほど、モルト会（駐屯地協力会）の部隊研修を行った。参加者は山口行徳駐屯地司令による自衛隊の活動についての説明を受けた後、10式戦車や水陸両用車など各種装備品を見学した。また山口司令らと会食し、活発に意見を交換。最後に広報班による抽選会が行われ、当選者には自衛隊限定のカレンダーや手帳などが贈られた。

空

入間　中警団基地業務群は1月18日、「警備犬訓練始め」行事を行った。管理隊長の門田貴光3佐が開始を申告。5人のハンドラーが服従訓練、警戒訓練などを展示した＝写真㊨㊤。群司令の大石和浩1佐は「日頃の成果を存分に発揮しており頼もしく思う。災害はいつ発生するか分からない。引き続き訓練に励み、練度を向上させてもらいたい」と訓示した。

芦屋　基地は1月19日、隊員と3術科学校入校中の新成人35人を対象に祝賀行事を開催した。最初は緊張した面持ちで式に臨んだ新成人たちは、基地司令の徳重勇一将補や基地交友会から記念品を渡されると、顔をほころばせた。このほか基地太鼓部が迫力ある演奏を披露。新成人たちはそれぞれ書初めを行い、社会人としての成長を誓った＝写真㊨㊦。

熊谷　基地はこのほど、108期上級空曹課程130人の卒業式を行った。学生たちは小隊長の補佐などに必要な知識や技能を修得し、この日を迎えた。学生長の齋藤健1曹は「ここが新たなスタート。学んだことを各部隊で生かしたい」、副学生長の江口昌彰1曹は「学生の意識や能力が高く、全員が成長できたと感じる」と語った。

海

大湊　大湊警備隊に1月21日、新造支援船「水船25号（YW25）」が配属された＝写真㊤。建造した警固屋船渠（広島県呉市）を出港した同船は陸奥湾に入り、警備隊司令の福山義人1佐らが出迎えるなか、大湊港第6突堤に到着。船を受領した福山1佐は「YW25を、艦艇支援や災害発生時の新たな力として活用していく」と話した。

下総　柏市の太田和美市長が2月9日、就任後はじめて下総航空基地を訪問した。市長は教空群司令の井上竜三1佐の案内で、基地内の施設や装備品などを視察＝写真㊤。また管制塔では、基地と柏市の位置関係の説明を受けた。基地は、災害時に避難所を提供する協定を市と結んでおり、両者は今後とも緊密に連携していくことを確認した。

舞鶴　14護隊の隊員はこのほど、舞鶴警備隊隷下の第2ミサイル艇隊乗員とともに舞鶴市内の鹿原公園を清掃した＝写真㊤。隊員らがゴミを拾い集めると、散策していた市民や観光客から「精が出ますね」「日々、お勤めご苦労さまです」などと声をかけられた。また鹿原公園の清掃奉仕は今回が初で、市の担当者からも喜ばれた。

徳島　教空群は1月7日、初飛行訓練と救難消火訓練を行った。群司令の町島敏幸1佐が、隊員200人に対し「精強な操縦士の育成に取り組む」と訓示。飛行訓練ではTC90練習機3機が徳島県内上空を編隊飛行した＝写真㊤。当日は複数のメディアや基地モニターも来隊、群は基地見学や懇談会を行い、自衛隊の活動への理解促進を図った。

マンション施工実績No.1、長谷工コーポレーションおすすめ新築分譲マンション

※施工戸数累計約68.0万戸:(株)長谷工総合研究所調べ(2022年1月末現在)

掲載の提携特典をご利用の際は、「朝雲新聞を見た」とお伝えください。

New ブランシエラ札幌円山　北海道札幌市中央区　提携特典　販売価格(税込)より1.0%割引

1フロア3邸。全角住戸のプライベートレジデンス。
「ブランシエラ札幌円山」誕生。2022年6月中旬建物内モデルルームオープン(予定)

地下鉄東西線「西28丁目」駅 徒歩4分(約320m)　ライフスタイルに合わせた多彩なプラン　買い物施設まで徒歩5分の利便性

札幌市営地下鉄東西線利用で
「大通」駅へ直通7分「さっぽろ」駅乗車9分
札幌都心へ自転車で13分(約2.9km)

■「ブランシエラ札幌円山」全体物件概要●所在地／北海道札幌市中央区北6条西25丁目10番(地番)●交通／札幌市営地下鉄東西線「西28丁目」駅徒歩4分●用途地域／近隣商業地域●敷地面積／1,044.15㎡●建築面積／345.75㎡●構造・規模／鉄筋コンクリート造 地上15階建●総戸数／42戸(他フロントオフィス(管理事務室)1戸)●駐車場／22台(屋外平置22台(内1台身障者用))(月額使用料:未定)●サイクルポート／10区画(月額使用料:未定)●自転車置場／36台(スライドラック式36台)(月額使用料:未定)●分譲後の権利形態／[敷地]専有面積割合による所有権の共有[建物]専有部分は区分所有権、共用部分は専有面積割合による所有権の共有●建物竣工予定時期／2023年1月●入居予定時期／2023年3月●管理形態／区分所有者全員による管理組合を結成し、管理会社に業務を委託●管理会社／株式会社長谷工コミュニティ●売主／株式会社長谷工不動産●販売提携(代理)／株式会社長谷工アーベスト●設計・監理／株式会社I・A・C一級建築士事務所●施工／株式会社砂子組
■予告広告概要●予定販売戸数／未定●予定販売価格／未定●予定最多価格帯／未定●間取り／3LDK●専有面積／69.52㎡～75.47㎡●バルコニー面積／18.54㎡～19.80㎡●管理費等／未定●販売開始予定時期／2022年3月下旬

お問い合わせは「ブランシエラ札幌円山」販売準備室
0120-142-845　ブランシエラ札幌円山
営業時間／10:00～18:00　定休日／火曜日・水曜日(祝日除く)
資料請求はこちら!
事業主[売主] 長谷工不動産　販売提携(代理) 長谷工 アーベスト

New ブランシエラ札幌東区役所前　北海道札幌市東区　提携特典　販売価格(税込)より1.0%割引

2駅利用の軽快アクセス　地下鉄東豊線「東区役所前」駅徒歩8分「環状通東」駅徒歩6分
公園隣接の開放感　緑の公園に寄り添い南面の眺望と開放感が広がる毎日
南向き3LDK角住戸中心　1フロア4邸。3LDK/72～74㎡台 2LDK/60㎡台

「ブランシエラ札幌東区役所前」誕生。2022年7月中旬建物内モデルルームオープン(予定)

■「ブランシエラ札幌東区役所前」全体物件概要●所在地／北海道札幌市東区北15条東12丁目17番(地番)●交通／札幌市営地下鉄東豊線「東区役所前」駅徒歩8分、「環状通東」駅徒歩6分●用途地域／近隣商業地域●敷地面積／1,232.81㎡●建築面積／357.90㎡●構造・規模／鉄筋コンクリート造 地上14階建●総戸数／52戸(管理事務室1戸含む)●駐車場／38台(屋内平置4台、屋外平置34台(内1台身障者用))(月額使用料:未定)●自転車置場／52台(固定式(傾斜ラック式)25台、スライドラック式(3人乗対応)27台)(月額使用料:未定)●分譲後の権利形態／[敷地]専有面積割合による所有権の共有、[建物]専有部分は区分所有権、共用部分は専有面積割合による所有権の共有●管理形態／区分所有者全員による管理組合を結成し、管理会社に業務を委託●管理会社／株式会社長谷工コミュニティ●建物竣工予定時期／2023年1月●入居予定時期／2023年3月●売主／株式会社長谷工不動産●販売提携(代理)／株式会社長谷工アーベスト●設計・監理／株式会社企画設計事務所オルト●施工／株式会社イチケン札幌支店■予告広告概要●予定販売戸数／未定●予定販売価格／未定●予定最多価格帯／未定●間取り／2LDK・3LDK●専有面積／60.10㎡～74.94㎡●バルコニー面積／12.99㎡～16.57㎡●管理費等／未定●販売開始予定時期／2022年3月下旬

お問い合わせは「ブランシエラ札幌東区役所前」販売準備室
0120-052-845　ブランシエラ札幌東区役所前
営業時間／10:00～18:00　定休日／火曜日・水曜日(祝日除く)
資料請求はこちら!
事業主[売主] 長谷工不動産　販売提携(代理) 長谷工 アーベスト

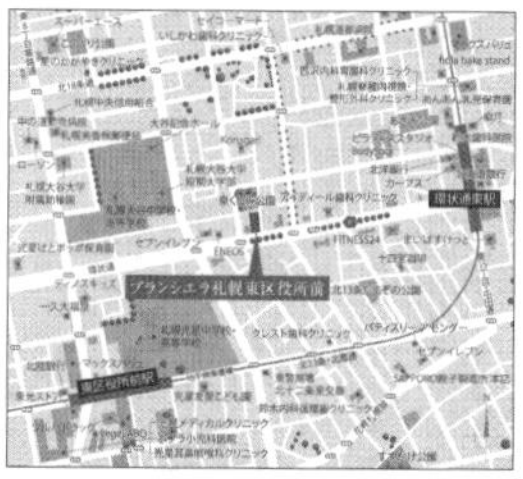

New (仮称)つくばウェルビーイングプロジェクト　茨城県つくば市　提携特典　販売価格(税込)より1.0%割引

3LDK 75㎡台 | 2,900万円台～[予定販売価格]※100万円単位　4LDK 80㎡台 | 3,400万円台～[予定販売価格]※100万円単位　65㎡台～105㎡台[予定販売価格]～6,500万円台※100万円単位

エリア最大※569戸のビッグプロジェクト | 資料請求受付中

■(仮称)「つくばウェルビーイングプロジェクト」全体物件概要●所在地／茨城県つくば市竹園三丁目1番、2番(地番)●交通／つくばエクスプレス「つくば」駅徒歩10分●用途地域／第一種中高層住居専用地域●敷地面積／22,896.95㎡●建築面積／9,982.79㎡●構造・規模／鉄筋コンクリート造地上15階建●駐車場／572台(自走式駐車場467台、平置き駐車場105台(平置き駐車場の内、身障者用駐車場3台、荷捌き・来客用3台を含む)(月額使用料:未定)●自転車置場／第1街区A敷地(西):二段式下部スライド692台、サイクルポート20区画計753台、第2街区A敷地(東):サイクルポート127区画・C敷地:サイクルポート76区画(内10区画は専用庭隣接の専用区画想定)計203区画、二段式下部スライド692台+サイクルポート223区画(月額使用料:未定)●バイク置場／10台(A敷地5台、C敷地5台)(月額使用料:未定)●分譲後の権利形態／敷地:専有面積割合による所有権の共有、建物:専有部分は区分所有権、共用部分は専有面積割合による所有権の共有●管理会社／株式会社長谷工コミュニティ●管理形態／区分所有者全員により管理組合を結成し、管理会社に委託予定●建物竣工予定時期／第1街区:2024年2月中旬、第2街区:2025年2月中旬●入居予定時期／第1街区:2024年3月下旬、第2街区:2025年3月下旬●売主／西日本鉄道株式会社、東レ建設株式会社株式会社長谷工不動産●設計・監理・施工／株式会社長谷工コーポレーション●販売提携(代理)／株式会社長谷工アーベスト■予告物件概要●予定販売戸数／未定●予定販売価格／2,400万円台～6,500万円台※100万円単位●予定最多価格帯／3,800万円台(78戸)※100万円単位●間取り／2LDK～4LDK●専有面積／65.00㎡～105.46㎡●バルコニー面積／5.46㎡～32.69㎡●ルーフバルコニー面積／45.80㎡～52.94㎡(月額使用料:未定)●テラス面積／10.40㎡～14.00㎡●専用庭面積／20.55㎡～25.73㎡(月額使用料:未定)●管理費等／未定●販売予定時期／2022年6月上旬

※つくば市内で分譲されたマンションで総戸数が最大となります。(対象期間 1995年1月～2021年9月15日MRC調査・補足分に基づく民間分譲マンションデータによる)(有)エム・アール・シー

物件に関するお問い合わせは　0120-298-569　営業時間／10:00～18:00　定休日／水・木曜定休(祝日を除く)　つくばウェルビーイング
資料請求はこちら!
(売主) Nishitetsu Group 西日本鉄道株式会社　TORAY (売主) ZERO to WONDERFUL 東レ建設株式会社　(売主) 長谷工不動産　(販売提携(代理)) 長谷工 アーベスト

New オープンスクエア南栗橋　埼玉県久喜市　提携特典　販売価格(税込)より1.0%割引

オープンスクエア南栗橋

はじめまして、あたらしい南栗橋。

最駅近2min.(160m) × 最大規模※2 107邸

始発発車・「大手町」駅直通※ 東武日光線スカイツリーライン「南栗橋」駅 徒歩2分　※東武日光線急行利用
2022年5月開業(予定) 仮称 イオンスタイル南栗橋 徒歩2分
官民連携まちづくりエリア近接
ALL平置き駐車場 全戸南東向き

「オープンスクエア南栗橋」3/19(土)より事前案内会開催!(来場予約受付中)

※1.掲載のまちづくり概念図は、現地周辺を概念図で表現したもので、実際とは多少異なります。周辺の建物などは表現していません。～次世代のサステナブルな街づくりを産官学連携で推進～「BRIDGE LIFE Platform構想」(2022年5月開業予定)出典:久喜市、東武鉄道、トヨタホーム、イオンリテール、早稲田大学 小野田研究室　ニュースリリース2021年11月10日より。※2.対象期間1995年1月～2021年10月15日までの久喜市内において、供給された分譲マンションのうち、最寄り駅まで徒歩2分以内、「南栗橋」駅を最寄り駅とする分譲マンションでは、最も駅に近く、最大戸数となります。(MRC調査・補足に基づく分譲マンションデータの範囲内・2021年12月現在)※表示分数は日中平常時、( )は通勤時の所要時間で、時間帯により異なります。乗り換え・待ち時間等は含まれておりません。

■「オープンスクエア南栗橋」全体物件概要●所在地／埼玉県久喜市南栗橋4丁目10番1 他9筆(地番)●交通／東武日光線「南栗橋」駅 徒歩2分●用途地域／近隣商業地域●総戸数／107戸●敷地面積／4,022.62㎡●建築面積／1,307.03㎡●構造・規模／鉄筋コンクリート造地上10階建●分譲後の権利形態／土地:専有面積割合による所有権の共有、建物専有部分:区分所有権、建物共用部分:専有面積割合による所有権の共有●管理形態／区分所有者全員による管理組合を結成し管理会社に委託予定(巡回)●管理会社／株式会社長谷工コミュニティ●駐車場／78台(月額使用料:未定)※身障者用1台含む●駐輪場／215台(月額使用料:未定)●バイク置場／6台(月額使用料:未定)●インターネット使用料(月額)／未定●竣工時期／2023年4月下旬(予定)●入居時期／2023年5月下旬(予定)●売主／株式会社オープンハウス・ディベロップメント●販売提携(代理)／株式会社長谷工不動産●設計・監理・施工／株式会社長谷工コーポレーション
■予告広告概要●販売戸数／未定●販売予定価格／未定●専有面積／67.78㎡～83.52㎡●間取り／3LDK～4LDK●バルコニー面積／11.60㎡～41.18㎡●管理費等／未定●販売予定開始時期／2022年5月下旬(予定)

物件に関するお問い合わせは「オープンスクエア南栗橋」マンションギャラリー
フリーコール 0120-107-325　営業時間／10:00～18:00　定休日／火曜・水曜日(祝日を除く)
資料請求はこちら!
オープンスクエア南栗橋 検索
[売主] OPEN HOUSE Development　[販売提携(代理)] 長谷工 アーベスト　[設計・監理・施工] 長谷工 コーポレーション

※掲載の完成予想CGは、図面を基に描き起こしたもので実際とは異なります。雨樋、エアコン配管、給湯器等再現されていない設備機器等がございます。また、植栽は特定の季節やご入居時の状態を想定したものではありません。全体・植栽計画は変更される場合があります。掲載の徒歩分数は80mを1分として算出しています。※掲載の情報は2022年3月3日現在のものです。詳細は各物件HPをご覧ください。

【提携先】
長谷工 コーポレーション
提携特典に関するお問い合わせは(株)長谷工コーポレーション「提携お客様サロン」
0120-958-909　営業時間 9:00～17:00 定休日 土・日・祝日　teikei@haseko.co.jp
その他の新築物件一覧はこちらのホームページからご覧いただけます▶ https://haseko-teikei.jp/kosaiservice/

※提携特典をご利用いただくためには、コーサイ・サービス株式会社が発行する「紹介カード」が必要です。モデルルーム初回来場時にお持ちください。
〈紹介カード発行先〉コーサイ・サービス株式会社 担当:佐藤 TEL:03-5315-4170 E-mail:k-satou@ksi-service.co.jp
HP: https://www.ksi-service.co.jp/ [ID]teikei [PW]109109(トクトク)

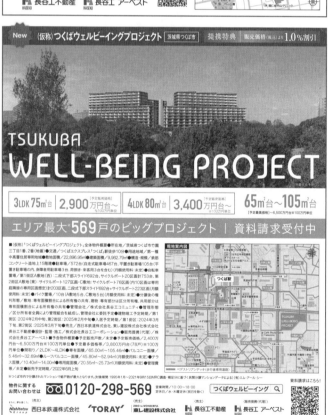

トンガ派遣の「おおすみ」が帰国

中曽根政務官「我が国との絆、一層強固に」

海底火山の大規模噴火による津波と降灰で大きな被害を受けた南太平洋の島嶼国トンガで、約1カ月にわたり緊急援助物資の輸送活動を行ってきた自衛隊のトンガ国際緊急援助活動派遣統合任務部隊の輸送艦「おおすみ」（指揮官・1輸送隊司令の松味利紀1海佐以下約240人）が3月5日、呉基地に帰国した。岸壁では「おおすみ」から降り立った松味司令以下の隊員を中曽根康隆政務官らが出迎え、労をねぎらった。

5日午前9時すぎ、松味1佐以下約240人を乗せた「おおすみ」が呉基地D―2岸壁に到着。約90人の呉基地隊員らが「ご苦労様でした」と書かれたボードなどを掲げて出迎えた。同10時45分から帰国行事が行われ、中曽根政務官、湯浅秀樹自衛艦隊司令官の牛嶋築陸将らが出席。松味1佐が帰国を報告した。

続いて中曽根政務官が訓示し、「コロナ感染症拡大防止のため、さまざまな制約がある中での活動となったが、諸君が緊急援助物資の輸送任務を立派に完遂してくれた。このことは、国内そして国際社会からも高く評価されている」と帰国隊員をたたえた。

政務官は隊員たちが自らの発案でメッセージの寄せ書きや千羽鶴を作ってトンガ国民に渡したことにも触れ、「心のこもった活動を行った。その思いは、間違いなくトンガの皆さまの心にも届いており、胸が熱くなった。諸君が、トンガの1日も早い復興と継続的な発展を心から祈り活動してくれたことで、同じ太平洋の海洋国家のトンガと我が国の絆は一層強固なものとなった。本当にありがとう」と労をねぎらった。

続いて国際緊急援助活動統合任務部隊指揮官の湯浅司令官が登壇し「諸官の献身に敬意を表する。引き続き『常在』『進化』の精神をもって今後の任務に臨んでほしい」と述べた。

派遣部隊は1月24日に呉を出港後、2月9日にトンガの首都ヌクアロファ（トンガタプ島）の国際港に入港。14日にエウア島、15日にハアパイ諸島、16日にババウ諸島の3地域の離島にも支援物資を届けて帰国、約40日間の活動を終了した。

「おおすみ」は飲用水や食料品、高圧洗浄機など計約210トンの支援物資をトンガに引き渡した。飲用水約30トンは同艦搭載の陸自CH47JA輸送ヘリで離島に輸送された。

㊤トンガ国際緊急援助活動派遣統合任務部隊帰国行事で記念撮影に納まる中曽根政務官（最前列中央）、松味1輸送隊司令（中央右）、「おおすみ」艦長の渡邊秀幸2海佐（中央左）、航空援助隊長の裏出貴信2陸佐（最前列右から6人目）＝写真はいずれも3月5日、呉基地で（防衛省のツイッターから）

㊦帰国したトンガ国際緊急援助活動派遣統合任務部隊の隊員に感謝の言葉を述べる中曽根政務官（壇上）

海賊対処支援隊16次隊

「国益に直結する業績」

吉田陸幕長に帰国報告

ジブチでの任務を終えて帰国し、吉田陸幕長（左）に現地での成果を報告する富田3佐（右）と齋藤曹長（中央）＝2月25日、陸幕で

アフリカ東部のジブチ共和国で、海賊対処活動拠点の基地警備などに当たった派遣海賊対処行動支援隊16次隊警備隊長の富田亘3佐（中央即応連隊）と先任上級曹長の齋藤翼曹長（同）が2月25日、吉田陸幕長に帰国報告を行った。

16次隊は桑原和洋1陸佐を指揮官に中央即応連隊（宇都宮）基幹の陸・海自隊員約120人で編成。昨年7月から今年2月上旬まで、現地で活動に当たった。

桑原司令が現地で引き続き17次隊司令を務めることから、帰国者を代表して富田3佐と齋藤曹長が防衛省を訪れた。

同報告には陸幕運用支援・訓練部長の戒田重雄将補と最先任上級曹長の村脇正伸准尉が立会。富田3佐が陸幕長に帰国を報告した。

この後の懇談で富田3佐は「国外唯一の拠点で勤務できたことが、私の今後の糧となると一番に感じました」と感想を述べ、斎藤曹長は「酷暑禍、コロナ禍という制限の中、派行支の陸、海全員が投入部隊として任務完遂できたことを誇りに思っております」と話した。

また、吉田陸幕長から国際感覚についての質問を受け、「現地で米軍と訓練を行った際、米軍警備中隊の先任上級曹長と密に連絡を取り合ったことは国益につながっていると感じました」と報告した。

吉田陸幕長は「ジブチの人々、海自隊員、友好国の軍人などの仲間たちと築いた信頼関係は最大の財産だ。ジブチの地で築いた信頼こそが我が国の国益に直結するもので、我々の戦略的価値を高める業績だ。期待通りの活躍に感謝する」と労をねぎらった。

海自「のしろ」ロゴマーク募集

12月就役予定 多機能護衛艦

海自は12月に就役が予定される多機能護衛艦（30FFM）の3番艦「のしろ」のロゴマークを募集している。

分かりやすく精鋭さが感じられる、護衛艦にふさわしいデザインが求められる。採用されたロゴマークは、部隊の識別帽や各種グッズのデザインとして幅広く使用される。

応募方法は郵送またはホームページ（HP）の応募フォームから送信。一度に複数の作品でも可能だが、応募者は日本国内在住者に限る。

締め切りは3月25日まで（必着）。艤装員長の渡邊真史2海佐が応募作品の中から選考する。

結果は7月下旬までに採用者に連絡されるほか、海自HPでも公表予定だ。採用者には後日、「のしろ」で感謝状と記念品が贈呈される。応募要領の詳細は同HPで。

◇問い合わせ＝海幕広報室（電話03―3268―3111、内線50164）まで。

齋藤2曹が善行褒賞

横転した車から3人救助

石井駐屯地司令から授与された人命救助の善行褒賞を手にする齋藤2曹

【22即機連＝多賀城】陸自22即応機動連隊1普通科中隊の齋藤真2曹は1月6日、人命救助の功績で石井伸幸駐屯地司令から善行褒賞を受けた。

齋藤2曹は昨年10月21日、駐屯地正門沿いの県道23号を車両で移動中、乗用車が横転する交通事故を目撃した。

直ちに他の隊員と協力して横転した車内から3人を救出。また、対向車線などの車両を誘導して救助者の安全を確保するとともに、救急車を要請し警察へ通報した。

石井駐屯地司令から善行褒賞を受けた齋藤2曹は「事故を発見した時は驚いたが、まず人命が第一と思い自然と体が動いた。日頃の訓練の成果が出たのだと思う」と話した。

こちら警務隊

不用品を空き地に捨てたら 廃棄物処理法違反に該当

廃棄物処理法違反（不法投棄）

引っ越しの荷物を減らすため不用品を空き地に捨てると、どんな罪になりますか？

不用品を定められた方法や場所以外（海、山中、空き地、道路等）に投棄した場合、5年以下の懲役もしくは、1000万円以下の罰金またはその両方に処せられます。ここでいう不用品には、生活ごみ、粗大ごみの他、燃え殻、汚泥、糞尿、廃油、動物の死体等も該当します。

また、投棄だけでなく焼却も処罰の対象であり、慣習的に、または田舎だからと安易に廃材等を焼却してはいけません。引っ越しで発生した不用品は、各自治体で定められた要領に従って計画的に処分しましょう。

（西部方面警務隊）

衛生分野で日米交流

防医大と在沖米海兵隊

【防医大＝所沢】防衛医科大学校の四ノ宮成祥学校長は2月10日、沖縄に所在する米第3海兵機動展開部隊（3MEF）の医務長を務めるジョン・ロトラック大佐らの訪問を受け、同校施設の概況説明や病院を含む施設の見学、意見交換などを通じて日米間の交流を深めた。

意見交換では米側から、3MEFが保有する衛生関連の模擬訓練が可能なシミュレーターの研修・実習や、防医大の人工血液に関する研究への協力などの提案があった。

同校からも医学科学生のみならず、看護学科学生の米国派遣の拡大を目指すことなどについて言及し、衛生分野における日米間の交流強化を図った。

来校した在沖米海兵隊のロトラック大佐（左から2人目）と意見交換する防衛医大の四ノ宮学校長（右から3人目）＝2月10日

小休止

▽…留萌駐屯地曹友会（会長・枝﨑宜信曹長＝重迫撃砲中隊）は2月5日、留萌市内の一人暮らしや高齢者世帯の「除雪ボランティア活動」を行った。

▽…今年の市内の積雪量は、幌糠町で185センチに達するなど昨年の約2・5倍を記録。曹友会の有志25人は冬晴れの日差しの中、スノーダンプなどの雪かき道具を駆使して屋根の下まで積もった家屋側面の雪を取り除いた＝写真。

▽…汗を輝かせながら作業に当たる隊員に住民らは「ありがとう」「感謝します」とお礼の気持ちを伝えていた。（留萌）

コロナ対策意識しながら学生と交流

UNTPPの現場から ㊤

2陸尉 川﨑 悠司（6施群402施中・岐阜）

「国連三角パートナーシップ・プログラム」（UNTPP）の一環として、ケニア・ナイロビ市内の人道平和支援学校（HPSS）でアフリカ地域の工兵要員を対象とした重機の操作訓練を行っている6施設群（豊川）の野上晃弘2佐を団長とする教官団から、現地の様子を伝える所感文が届いた。

野上教官団長以下20名の教官団及びPKO事務局の調整員の計21名は、令和4年1月10日1930に成田空港に集結。約1万1千キロ離れたケニアへの移動は、オミクロン株が世界中で流行する中、各人が細心の注意を払いながらの移動となった。

成田空港からドバイ空港へ約7時間のフライトを終え、乗り換えに差し掛かったところ、ドバイ空港からナイロビ空港への直行便はキャンセルとなっていた。その理由は、アラブ首長国連邦とケニアのワクチン接種に伴う国際間の対立によるもので、1月6日から両国間での直行便を停止している状況だった。

PKO事務局の調整員で企画・管理幹部の矢澤現1尉が航空会社、国連、陸幕と調整した結果、ドバイにて約12時間待機した後、ドバイからドーハ、ドーハからナイロビへと移動し、12日、無事入国することができた。約33時間の大移動だったが、一人としてコロナに感染することなく移動を完了することができた。

人道平和支援学校（HPSS）に移動後、荷物の整理等生活基盤を整え、同13日から本格的に教育準備を開始した。19日の開講式までの間、教官団は教育施設・訓練場の確認、警備対策官によるケニアの安全教育受け、教授予行、施設器材の受領、点検、本部事務所開設、教育資料の作成、訓練場の整備、PCR検査受検等により教育準備に万全を期した。しかしながら、教育開始直前、学生9名がコロナ陽性の判定を受け、教育実施要領を再検討せざるを得ないトラブルに苛まれた。

このため、今教育では特にコロナ対策を意識し、座学における学生間のソーシャルディスタンスの確保（通常一つの机を2人で使用するところを、1人で使用）、教官及び器材の運用要領を準備訓練の計画から修正（器材、教官を日ごとに変更するところを濃厚接触の拡大を避けるため、週ごとに変更）を行った。

そのかいもあり、2月7日現在、学生、教官団ともにコロナ陽性者なしである。とともに、休日や課業外を活用してコロナ感染者に対する補備教育を完了させ、教育の遅れを取り戻した次第である。

コロナ禍という状況ではあるが、教育間やティータイム、朝礼・終礼の場を活用し、学生との交流を図っている。

学生は、ケニア、ウガンダ、ガーナからそれぞれ参加しており、派遣経験を持つ学生、来年度に派遣が決まっている学生、施設機械の経験がある学生、施設科ではない学生等と様々である。この機会を活用し、今後は雨天時における文化交流を計画している。

ケニアに入国してはや3週間が過ぎ、教官団の隊員も少しずつ環境に慣れつつある。課業外はHPSS内の食堂と連接したバーで、ケニアのビールであるタスカー等を楽しむ隊員、HPSS内のジムで体力練成に励む隊員、自室で読書をする隊員、携帯で動画鑑賞をする隊員等さまざまである。

休日は、コロナの影響や治安の問題もあるが、ケニア軍の警護の下ではあるものの外出が可能であり、ショッピングモールでの買い物やケニアの観光地をめぐる等、有意義な休日を堪能している。（つづく）

ケニア、ウガンダ、ガーナの学生たち（左）に重機操作の説明をする教官団の隊員（右端）

みんなのページ

朝雲・栃の芽俳壇

畠中草史 選

老い二人ゆったりと過ぐ去年今年　熊谷・空ＯＧ　佐藤 玲美

あわただしく年が去り、年が来る意が去年今年だが、老いた夫婦にはゆったりと過ぎる。

風花の地に触れずして消えにけり　熊谷・空ＯＧ　福元万理子

風花の動きだけを丁寧に叙された句。大地に着く前に消える風花の哀れさが感じられる。

音たてて筑波の空へどんどかな　浜松・空ＯＢ　宮本 立男

車窓過ぐ枯野に思ふ故郷かな　府中・空事務官　早田 貴美

学舎の前は入江や浮寝鴨　浜松・空ＯＧ　塩見 惇子

奥の間の隅の埃に冬日さす　恵庭・陸ＯＢ　足立 徹

水源の山は満作日和かな　館山・海ＯＢ　斎藤 一向

年賀状届かぬ人が二人ふえ　熊谷・空ＯＧ　関谷 桂子

露座仏の膝に抱かれ寒雀　相模原・海ＯＧ　折口 桂子

競べ馬雄叫び駆くる神の庭　宮崎・空ＯＢ　髙木 智念

えやみ禍も何処吹く風の寒牡丹　あきる野・一般　小和田一男

方言で話夢中の初電話　熊谷・空ＯＢ　明田 眞雅

水仙の一輪かほる妣の部屋　横浜・一般　福本 祥子

蔵町の屋敷祠の花八手　鹿島・陸ＯＢ　一ノ瀬恵昭

牛小屋の軒の氷柱の落ちる音　高松・陸ＯＢ　渡辺 成典

向きになり孫と競ひしかるたとり　熊谷・空ＯＢ　蓮佛志向子

冬ざれの駅舎新たな客を待つ　大津・陸ＯＢ　丸岡 正男

実南天鳥の啄むわが狭庭　熊谷・空ＯＧ　関田 絹江

罹患後も頼みはワクチン春浅し　町田・陸ＯＢ　岩原 滋利

幼子のはみ出す文字の筆始　浜松・空ＯＧ　鈴木和歌恵

癒えし身に襲ひくるやに冬怒涛　相模原・一般　森 謙二

雪合戦昭和の友らなつかしき　富谷・陸ＯＢ　加川 師亭

湯豆腐の形崩るるほど躍る　小牧・陸ＯＢ　松岡 魚青

初詣疫病退散願ふのみ　熊谷・空ＯＢ　工藤 敏雄

選者作品

時の疫の静かに迫る松も過ぎ

投句歓迎！

▽郵便はがきの裏面に未発表の自作3句以内と氏名、年齢、職業（自衛官・事務官＝所属部隊＝、ＯＢ、家族、一般など）、住所、電話番号を記入▽締め切り毎月15日▽宛先＝〒162―8801東京都新宿区市谷本村町5の1 防衛省Ｄ棟市ヶ谷記者クラブ朝雲俳句係☎03（5225）1750、専用線8・6・25515

英語教育に参加して

陸士長 飯村 亮太（6施大3中・神町）

私は昨年、仙台駐屯地で行われた初級陸曹英語課程に聴講生として約3カ月の間、教育に参加して来ました。第2陸曹教育隊での教育は初めてで、私以外の学生は陸曹だったので、教育内で訓練等をともにして他部隊の仕事の様子や陸曹としての取り組む姿勢、陸曹はどうあるべきなのか等、「陸曹の心構え」を陸士の段階で経験できたことはとても大きな経験でした。

本教育では自分を成長させる様々なことを学びました。最初は「語学学習の重要性や多様性」です。本教育は、英語の通訳要員を育成することを主としていましたが、私は英語力に限らず、国語力も大幅に身に付けたいと思い教育に臨みました。文章読解力、文書構成力、聞き取り等において、英単語が聞き取れても、翻訳する際に国語力を要し、言語学習を介して今まで以上に言葉の奥深さを知り、成長できました。

次に「人前で話す精神力」です。私は今まで人前に出ると緊張してしまうことが多く、苦手意識がありましたが、本教育に参加させていただく中で、教官・助教の方々に「部隊の代表として教育に参加しているので、自信をもって発表しろ」と教わりました。スピーチ訓練や通訳訓練等でスピーチを重ねるうちに精神力がつき、緊張せず堂々と発表ができました。これは今後の自衛隊生活を送る上で、人前に出る際に必要な能力なので、私の中で最も大きな収穫となりました。

本教育で培ったこれらの能力は私が陸曹を目指す際にアドバンテージとなるので、現状に満足することなく、引き続き技能を磨き、失敗を恐れず何事にも果敢に挑戦し、本教育で学んだ「成長」する気持ちを忘れずに勤務していきたいです。

7歳の娘の成長

3陸曹 神田(こうだ) 浩史（33普連2中・久居）

私には2人の子供がおり、充実した日々を送っています。

7歳の娘は去年、私も卒業した小学校に入学し、通っています。家から学校まで距離があるため、入学前に一緒に学校まで歩く練習をしました。歩き始める前は、途中で疲れて立ち止まったりするかと思っていましたが、いざ歩き始めると弱音も吐かずに黙々と歩き、無事学校まで到着することができました。

そのときの娘の少し自信に満ちた表情を見て、親として心強く思いました。学校が始まったばかりのころは登校のことが少し気掛かりでしたが、今ではそんな心配もなく、本人は毎日「楽しかった」と言って帰ってきます。親の心配以上に子供は知らず知らずのうちに成長し、大きくなっているんだなぁと感じました。

と同時に私が仕事で疲れて帰った時、子供たちの笑顔を見ると、疲れも忘れるくらい励まされます。子供たちには本当に感謝しています。

OBがんばる

巻島　太郎さん　56

令和3年2月、下総航空基地隊運航隊を3海佐で退官。中日本航空株式会社に再就職し、運航管理員として航空機の運航を監視、支援する業務に当たっている。

「安全運航」の成果にやりがい

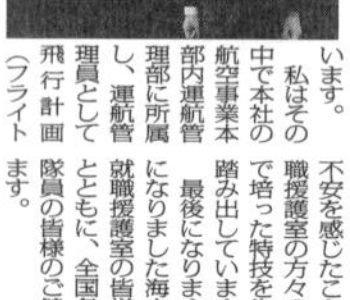

私が定年後に再就職いたしました中日本航空株式会社について、まずはご紹介させて頂きます。

当社は愛知県豊山町の県営名古屋空港に本社を置く航空事業会社です。ドクターヘリをはじめ災害などでの緊急対応や臓器搬送、報道、航空機による調査測量事業、ドローン活用事業など、〝空に関する仕事〟を全国で展開しています。

私はその中で本社の航空事業本部内運航管理部に所属し、運航管理員として飛行計画（フライトプラン）の受付、気象情報、出発時刻・到着時刻位置通報等の状況把握による各航空機の運航監視などの業務を行っています。

特に本社の運航管理卓では、全国の所属航空機の飛行状況等の情報が全て集約され、飛行に影響のありそうな気象情報や飛行経路が近い航空機同士への交通情報など、さまざまな情報提供を行います。

とりわけ朝は、フライト開始時刻が同じ、または近い運航が多いため、非常に慌ただしくなります。業務は自衛隊以上に大変かもしれませんが、「安全運航」という成果が得られたと感じる瞬間にやりがいを感じています。

私は再就職にあたって、自衛隊という限定された環境しか知らないため、不安を感じたこともありましたが、就職援護室の方々の助けもあり、自衛隊で培った特技を生かした新しい一歩を踏み出しています。

最後になりますが、再就職でお世話になりました海上自衛隊下総航空基地就職援護室の皆様に感謝申し上げますとともに、全国各地で活躍されている隊員の皆様のご健勝を祈念致しております。

詰碁

第1278回出題

出題 日本棋院 九段 曲 励起

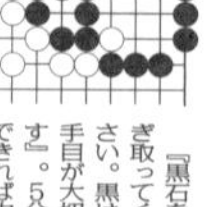

白先

『黒石をもぎ取ってください。黒は二手目が大切です』。5分でできれば中級です。

▶詰碁、詰将棋の出題は隔週です◀

詰将棋

出題 日本将棋連盟 九段 石田 和雄

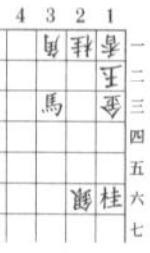

▲先手 持駒 銀桂

≫第862回の解答≪

【正解】▲2四桂打△同金▲1三銀△同角▲2四桂△同角▲2三金までの七手詰め。

【解説】▲2四桂打はまず目に映る。△同金に▲同桂が手の流れながら、△1三玉▲1二桂成△1四玉で上へ逃げられます。▲1三銀が好手で決め手。△同角と取らせ▲2四桂が手順の妙。

（世界の切手・トルコ）

勝利は戦争の特性の変化を予見する人にいつも微笑みかける。

G・ドゥーエ（イタリアの軍人）

朝雲ホームページ
www.asagumo-news.com
会員制サイト
Asagumo Archive プラス
朝雲編集部メールアドレス
editorial@asagumo-news.com

新刊紹介

「憲法政治」―『護憲か改憲か』を超えて」

清水 真人著

「自衛隊違憲論は間違っている」という理論的な議論だけでなく「今後、日本はどのような国になっていきたいのか」という感情面を納得させる議論にも勝てなければ、国民投票で勝つことは出来ない――。

EU残留か離脱を問う国民投票に敗れたキャメロン元英首相は、日本からの訪問団にこう述べた。

本来政局から離れて議論すべき憲法論議も、与野党対決が強まれば国民投票の趣旨から外れた非難合戦に陥りかねない。

本書では第2次安倍政権以降の憲法改正論議を巡る与野党、学界や民間の動きを描く。台頭する新世代の憲法学者の論陣を紹介し、著者は憲法論議を政治家のみに任せず専門家会議を置くことを提案。改憲対象は統治機構改革に主眼を置くべきとする。

自衛隊明記や緊急事態条項のように論争を引き起こすテーマだからこそ国民の関心は高まる。選挙制度改革や中央省庁再編に国民は関心を示したか。統治機構のあり方を巡る改憲論に関心を示すのか。さらなる検証と議論を続編に望みたい。

（ちくま書房刊、1034円）

小林武史（国会議員秘書）

「戦術の名著を読む」

木元 寛明著

「いかなる部隊も指揮官の能力以上の力量を発揮できない。指揮官の戦闘能力の限界がすなわち部隊の戦闘能力の限界だ。そこに戦術を学ぶ意義がある」――。筆者は2000年に自衛隊を陸将補で退官後、戦史・戦術研究に専念。本書では19世紀の軍人・ジョミニや大日本帝国海軍の秋山真之、さらに米軍人のW・G・パゴニスなどを取り上げ、13の名著から戦術に欠かせないエッセンスを紹介する。

前半は戦術の歴史と基礎を「戦争概論」（ジョミニ）や「戦理入門」（戦後の青年幹部自衛官を対象に刊行）に触れつつ解説。秋山真之が留学中にジョミニやナポレオンを精読し、後に日本海海戦の決定打となった「丁字戦法」を編み出したエピソードは興味深い。

後半では情報や後方支援、戦場心理など、戦争の「裏側」ともいえる分野に光を当てる。「山・動く―湾岸戦争における経営戦略」（パゴニス）を例に取り、湾岸戦争時に素早く兵站ラインを確保した米軍のダイナミックさと柔軟さを「見習うべき」と強調。また戦場における心理を無視しては、いかなる作戦・戦闘も成り立たないと指摘する。

一般には手に入りにくい貴重な文献も紹介しており、戦術の概略を学ぶ入門編として本書はうってつけのガイドとなるだろう。

（祥伝社刊、1012円）

朝雲
発行所 朝雲新聞社
〒160-0002 東京都新宿区四谷坂町12―20 KKビル
電話 03(3225)3841
FAX 03(3225)3831
振替00190-4-17600番
定価一部150円、年間購読料9170円（税・送料込み）

主な記事

米軍機で装備品輸送へ

ウクライナ支援、双眼鏡など追加

岸防衛相は3月15日の記者会見で、ロシアの軍事侵攻を受けるウクライナへの自衛隊装備品の提供支援について、防弾チョッキなどこれまでの品目に加え、新たに、▽双眼鏡▽照明器具▽医療用資器材――を提供することを表明した。ウクライナ政府からの要請に基づき日本政府が決定した。さらに、これら装備品の一部を米軍の輸送機で運ぶ方針も明らかにした。岸大臣は「日米両国が共に、ロシアの侵略を受けているウクライナに対して共同で連帯の意思を示すとともに、日米同盟の絆の下、引き続き国際社会と結束してロシアの行動に対して毅然と行動していく意思を示すものだ」と述べた。

（3、7面に関連記事）

岸防衛相「日米で連帯示す」

ウクライナに提供する自衛隊の防弾チョッキやヘルメットなどの物資を機内に搭載する空自3輸空のC2輸送機（3月10日、美保基地で）

岸大臣は3月15日の記者会見で「我々は今後ともウクライナの人々を支援し、彼ら彼女らの生命を守れるように、可能な限り行動していく」と語った。

米軍機による輸送スケジュールなどの細部については現在、在日米軍と調整中という。さらに大臣は「民間輸送力のオプションを用いて迅速な提供に努めていく」と述べ、民間機の活用を進める考えも示した。

日本政府は8日の国家安全保障会議（NSC）で、ウクライナに無償提供する装備品の品目と共に自衛隊機による輸送の開始を正式決定。岸大臣の命令を受け、第1便となる空自1輸空のKC767空中給油・輸送機が同日夜、防弾チョッキと鉄帽（ヘルメット）を搭載して愛知県の小牧基地を出発し、10日にウクライナの隣国ポーランドの空港に到着。ウクライナ政府に物資を引き渡した後、13日に小牧基地に帰国した。

一方、第2便となる空自3輸空のC2輸送機も10日に鳥取県の美保基地を出発し、14日にポーランドに到着。防弾チョッキと鉄帽をウクライナ政府に引き渡し、現在帰路に就いている。飛行経路等は安全確保の観点から非公表だ。

ウクライナに提供が始まったのは、▽防弾チョッキ▽鉄帽▽防寒服▽天幕▽カメラ▽衛生資材▽非常用糧食▽発電機――などで、今後は新たに、▽双眼鏡▽照明器具▽医療用資器材――が加わる。

いずれも自衛隊法「116条の3」や「防衛装備移転三原則」の範囲内で、国際的な平和と安全の維持に資する「非殺傷の装備品」の提供となる。

政府は今回、「防衛装備移転三原則」の「防衛装備」に当たる防弾チョッキについて、ウクライナへの移転が可能となるよう「防衛装備移転三原則」の運用指針を8日付で改正した。

具体的には、運用指針に定める「防衛装備の海外移転を認め得る案件」として、「国際法違反の侵略を受けているウクライナに対して自衛隊法第116条の3の規定に基づき防衛大臣が譲渡する装備品等に含まれる防衛装備の海外移転」――を追加した。

岸大臣は運用指針の改正について8日夜の臨時記者会見で「自らを守る非殺傷の装備品である防弾チョッキをウクライナに提供することは、国際的な平和と安全の維持に資するもので、防衛装備移転三原則の範囲内だ。その趣旨にも合致したものだ」と説明した。

ウクライナ大使が謝意

会談を前に報道陣の撮影に応じる（右から）岸防衛相、ウクライナのコルスンスキー駐日大使、駐在武官のビレンキー空軍大佐（3月9日、防衛省で）

岸防衛相は3月9日、駐日ウクライナ大使のセルギー・コルスンスキー氏の表敬を受け、防衛省で会談した。ウクライナ大使館からは駐在武官のアンドリー・ビレンキー空軍大佐も同席した。

岸大臣は冒頭、「ロシアからの侵略によってウクライナの多くの方が命を奪われていることに大きな悲しみと深い憤りを共有する。祖国と家族を守るために亡くなられたウクライナ兵の皆さん、戦火に倒れた貴国民の方々に心からの哀悼の意を捧げ、祖国を守るために戦っている貴国民に深く敬意を表したい」と述べた。

さらに岸大臣は「ロシアによる行為は明らかにウクライナの主権と領土の一体性を侵害し、武力の行使を禁ずる国際法の深刻な違反であり、国連憲章の重大な違反だ。我が国としても力による一方的な現状変更に断固反対し、ウクライナの主権、領土の一体性を一貫して支持する」と断言し、「今こそ、国際秩序の根幹を守り抜くために国際社会が結束して毅然と行動しなければならない。日本政府としても断固として行動し、できる限り支援を行っていく」と強調した。

岸大臣はウクライナからの要請を受け、日本から8日夜、防弾チョッキやヘルメットなどの自衛隊の装備品を搭載した空自機が隣国のポーランドに向けて飛び立ったことを説明し、「これらの支援が少しでもウクライナのために役立つなら幸いだ」と話した。

これに対し、コルスンスキー大使は「ウクライナ国民を代表し、日本から頂いた前例のないご支援に対し、心からお礼を申し上げる。日本からの支援は特に有意義なもので、支援物資輸送のニュースは我が国で非常に大きな反響があった。日本がウクライナからの要請を受けて輸送を実現するまで非常に短い時間で実施されたことはとても喜ばしい」と謝意を述べ、「ロシアが始めた恐ろしい戦争はウクライナだけではなく、全世界に影響を及ぼす。全世界が連携し、力を合わせて対応しなければならない」と訴えた。

海幕長に酒井横須賀総監

3月30日付　乾横須賀総監、伊藤呉総監

政府は3月11日の閣議で、山村浩海幕長と園田直紀呉地方総監の勇退を認め、新たな海幕長に横須賀地方総監の酒井良海将、呉地方総監に舞鶴地方総監の伊藤弘海将をそれぞれ起用する人事を了承した。

横須賀地方総監には大湊地方総監の乾悦久海将が就任する。いずれも3月30日付。

酒井良（さかい・りょう）海幕長　防大31期。昭和62年海自。平成13年2佐、18年1佐、24年将補、30年海将。米海軍大学指揮課程留学、護衛艦隊幕僚長、海幕防衛部長、大湊地方総監、呉地方総監などを経て、令和2年12月横須賀地方総監。滋賀県出身。59歳。

防衛省発令

将官人事

▽海上幕僚長（横須賀地方総監）　海将　酒井　良
▽横須賀地方総監（大湊地方総監）　同　乾　悦久
▽呉地方総監（舞鶴地方総監）　同　伊藤　弘
▽退職（海上幕僚長）　海将　山村　浩
（呉地方総監）　同　園田　直紀
（以上3月30日）

乾横須賀総監

伊藤呉総監

陸自　多国間サイバー防護競技会

米豪仏比越など7カ国が参加

日、米、豪、仏、比、インドネシア、ベトナムの7カ国による、陸自主催の令和3年度「多国間サイバー防護競技会」が3月1日、陸自通信学校（久里浜）と参加国とを初めてオンラインで結んで実施された。

同競技会は、2019年に自衛隊の関係部隊・機関を対象に始まり、4回目となる今回は、陸幕指揮通信システム・情報部長の足立吉樹将補を事業主管部長に、通信学校長の濵崎芳夫将補を競技統裁官に開催され、統幕、陸海空自、防大、防衛装備庁から隊員30人が参加、他の6カ国からは各6人が加わった。

参加者は3人1組となり、サイバー攻撃された状況から競技を開始。事態を解明し、対策を案出するまで「防護演習形式」で競技を行い、知識・技能を競った。

開会式は、東京都新宿区のホテルグランドヒル市ヶ谷で行われ、参加各国から駐在武官が出席。足立部長はモニター越しの参加者を前に、「この競技会における切磋琢磨を通じて能力強化を図ることは、サイバー防護能力の向上に直接的に寄与する」と意義を述べた。

仏駐在武官のニコラ・ピエルソン陸軍中佐は式後、記者団のインタビューに答え、「現在のロシア軍のウクライナ侵攻という情勢下、フランスがこのような競技会に参加することはとても重要なことだ。デジタル化されたデータの使用の増加に伴い、サイバーは全ての作戦において武器とみなされている。同盟国やパートナー国と訓練することが重要になる」と語った。

新型潜水艦「たいげい」が就役

海自の最新型潜水艦の1番艦となる平成29年度計画潜水艦「たいげい」（3000トン、艦番号513）の引渡式・自衛艦旗授与式が3月9日、神戸市の三菱重工業神戸造船所で行われ、同艦は同日付で2潜群4潜水隊（横須賀）に配備された。これに伴い、2010年の防衛大綱（22大綱）以降、防衛省が目標としてきた「潜水艦22隻体制」が完成した。

「たいげい」型はディーゼル電気推進で、「そうりゅう」型後期の潜水艦と同様、リチウムイオン電池を搭載。新型のソーナーと潜水艦戦闘管理システムを装備し、静粛性と探知性能の向上が図られている。艦内には就役時から初めて女性用の区画も整備された。

式には中曽根康隆防衛大臣政務官、齋藤聡海幕副長らが出席。最初に三菱重工業の阿部直彦防衛・宇宙セグメント長と中曽根政務官との間で引渡書と受領書の交換が行われ、艦が引き渡された。

この後、中曽根政務官が初代艦長の土屋亨2佐に自衛艦旗を授与。行進して乗り組んだ乗員によって自衛艦旗が艦尾に掲揚され、「たいげい」は2潜群4潜水隊に就役した。

艦上で中曽根政務官が訓示を述べ、「安全保障環境が厳しい現実に直面する中、本艦への期待は極めて大きいものがある。栄えある門出に『たいげい』の輝かしい前途と、隊員諸官の健闘を心から祈念する」と乗員たちを激励。これに対し、土屋艦長が「戦力化を一日も早く成し遂げられるよう、乗員一同全力を尽くしてまいります」と決意を述べた。

式後、「たいげい」は造船所の第3岸壁を出港、関係者に見送られながら母港となる横須賀に向かった。

官民の関係者に見送られながら横須賀に向けて出港する潜水艦「たいげい」（3月9日、三菱重工業神戸造船所で）

春夏秋冬

日韓関係に思うこと

河野　克俊

2月19日、オーストラリア国防省は、オーストラリア北部沖合のアラフラ海上空を飛行していた哨戒機が中国海軍艦艇からレーザー照射を受けたと発表した。モリソン首相は、「起こってはならない無責任な行為だ。威嚇以外の何物でもない」と述べ、中国に厳重に抗議したとのことである。

もちろん、レーザー照射はパイロットの視界に重大な影響を与える行為であり、断じて許されるものではない。我が国においても厚木近郊で米軍機にレーザー照射した事件が起きている。ただ、過去の例から言って、おそらく中国は認めないであろう。

私が現役時代の2018年12月20日に、我がP-1哨戒機に対して、韓国軍艦によるレーザー照射ではなく、火器管制レーダーの照射事件が起こった。過去に東シナ海で中国軍艦から火器管制レーダーを照射されたことはあるが、今回は北朝鮮対応では協力関係にある韓国から照射されたわけで、ショッキングな事件だった。

私としては北朝鮮に誤ったメッセージを送らないように、早急に解決したかった。そこで、韓国には謝罪は求めず、原因究明と再発防止を求めた。これに対し、当初韓国は「火器管制レーダーも使って遭難漁船を捜索していた。それが誤ってP1に当たったかも知れない」と言ってきた。

火器管制レーダーは、目標をピンポイントでとらえるレーダーであり、これを捜索に使用することは常識的に考えられない。この点を指摘すると、一転、火器管制レーダーなど使用していない、となった。日本がデタラメを言っているというのである。

こちらとしては「どっちもどっち」とされたらたまったものではないので、ビデオの公開に踏み切った。結果として平行線となり、北朝鮮対応がある中で、これ以上長引かせることは日本の国益に資さないと判断し、日本側の見解を一方的に発表して打ち切った。

照射当日は当該海軍艦艇、海洋警察の船と遭難したとみられる北朝鮮の漁船が現場にいた。その漁船に乗っている脱北者を北朝鮮が韓国に拘束を依頼したとか、その脱北者は金正恩総書記の暗殺を狙った犯人だったとか、いろんな噂、見方を聞いたが、韓国側からは何らの説明もなかった。いずれにしても後味の悪い結末となった。今月9日に韓国大統領選挙が行われ、原稿執筆時点では次期大統領は分からないが、文大統領の下で最悪だった日韓関係が立て直されることを願っている。

（前統合幕僚長、元海将）

（編集部注・次期韓国大統領は尹錫悦（ユンソクヨル）氏に決まった）

北弾道ミサイル「ICBM級」と評価

岸防衛相

岸防衛相は3月11日の記者会見で、北朝鮮が2月27日と3月5日に発射した弾道ミサイルについて、「いずれもICBM級の弾道ミサイルで、2020年10月の軍事パレードで初めて確認されたものと同一である」とする最新の分析を明らかにした。

いずれも平壌近郊から発射されたものと分析。2月27日は最高高度約600キロで約300キロを飛翔し、3月5日は最高高度約550キロで約300キロを飛翔したとされているが、これは「最大射程での発射試験を行う前に、何らかの機能の検証を行うことを目的に発射された可能性がある」と説明した。

当該弾道ミサイルは「少なくとも過去に北朝鮮が発射したICBM級弾道ミサイル『火星14』『火星15』と同等以上の射程を有していると推定される」とし、「火星15」を超えるとみられる大きさから、「射程の延伸や弾頭の大型化、多弾頭化を企図しているとの指摘もある」と述べた。

岸大臣は「国際社会がロシアによるウクライナ侵略に対応している中にあっても国際社会への挑発を一方的にエスカレートさせるような発射を強行しており、断じて容認できない」と北朝鮮を強く非難した。

朝雲寸言

生まれたばかりの子犬は最初の一年が人間の20年にあたり、成犬になった後は一年に4歳ずつ年を取るという▼人間の場合、子供と大人の時間感覚は異なる。大人の場合、繰り返す出来事が多く、老人にとって一年は無数の年月の中のひとコマに過ぎない。一方で家庭や学校など比較的狭い対人関係の中で生きる成長過程の子供たちは出来事の多くが初めてのことで、子供の一年は繰り返すことのできないただ一度のものである▼長引くコロナ禍の中、この春に卒業式を迎えた中高生の中には修学旅行を経験せず、校歌を合唱することもなく卒業する生徒が多いと聞く。コロナウイルスと共存した2年半の時間が、子供たちの成長にとって大きな影響とならないよう社会全体で考えるべき時だと思う▼しかし、目を世界に転じれば、もっと悲惨な状況の中にいる子供たちがいる。ロシアの侵略によって戦場となったウクライナの子供たちは無慈悲な殺戮と暴力に曝されている▼「戦争反対」と叫ぶことは容易い。いつの時代でも戦争の犠牲となるのは子供や女性などの社会的弱者だという主張も事実だ。しかし、国家存亡の危機に立ち上がる兵士と国民がいなければ、国家も子供たちの未来もないのだ▼ウクライナの現状は決して対岸の火事ではない。世界はこの侵略が一人の独裁者によって引き起こされたことを見ている。歴史はその独裁者を断罪することだろう。世界はウクライナと共にある。

時の焦点

国内　装備品提供

迅速支援の大きな意義

理不尽な侵略にさらされるウクライナをどうにかして支援できないか。それが国民の心からの願いであろう。

政府はウクライナに対し、防弾チョッキなどの防衛装備品を提供することを決め、航空自衛隊が無事に輸送を実施した。

岸防衛相は記者会見で、「今回引き渡された防弾チョッキと鉄帽が、粘り強く侵略に抵抗するウクライナの人々の命を守る一助となってくれることを強く願っています」と語った。まさに国民の思いそのものではないか。

政府は今回の防衛装備品提供にあたり、防衛装備移転3原則の運用指針を改定した。

運用指針は、移転対象について「米国を始め我が国との間で安全保障面での協力関係がある諸国」などとしている。だが、今回の提供はこれに当たらないため、「国際法違反の侵略を受けているウクライナ」と明記することにした。

政府は、国家安全保障会議（NSC）の9大臣会合と4大臣の会合を持ち回りで開いて迅速な決定に努めた。適切な対応だった。

日本はかつて武器輸出3原則を掲げ、武器輸出を実質的に全面禁止していた。2014年、安倍政権のもとで、重機なども含まれるように、より正確な防衛装備に名称を改め、平和貢献や日本の安全保障に資する場合は輸出や移転を認めることにした。安倍政権の功績の一つである。

1967年に佐藤内閣が3原則を打ち出した当初は、共産圏などへの輸出を禁止するものだったが、76年に三木内閣が対象国以外にも輸出を慎むという方針を示した。

その背景として、漠然とした「軍事アレルギー」があったのは否めない。結果として、日本の防衛産業や国際的な協力に悪影響が及んでいた。

ましてや、今回のウクライナ侵略は、当事国がいわば対等の立場で争うような武力紛争とは大きく異なり、明確な国際法違反である。

国際の平和と安全に主要な責任を持つはずの国連安全保障理事会は、常任理事国のロシアが当事国とあって、期待された役割をまったく果たせていない。

その中で、米英独をはじめ、各国から対戦車ミサイルなどを提供する動きが相次いでいる。

注目されるのは、スウェーデンやフィンランドといった北大西洋条約機構（NATO）の非加盟国も武器支援の輪に加わっていることだ。永世中立国のスイスも、長年の慣例を破って経済制裁に同調した。

今回の侵略は、ロシアとウクライナ、またはロシアとNATOの対立ということだけにとどまらない。ルールに基づく国際秩序を維持できるかどうか、国際社会全体が挑戦を受けているのだ。

人道支援や避難民受け入れなど、日本が貢献できる分野はまだ多かろう。各国と連携し、ロシアの無謀な試みを断念させなければならない。

宮原 三郎（政治評論家）

海外　ウクライナ危機

米、同盟国に外交失態

ウクライナ危機に対し、米国は自由世界のリーダーとして関係諸国をまとめるどころか、現政権の外交は、同盟国とされる一部の国々にさえ公然と無視されている。

3月8日に同盟国から受けた屈辱的対応は、米国のイニシアチブも大して重要ではないとのメッセージを世界に発信、米国の権威は著しく失墜した。

ブリンケン米国務長官は6日、CBSテレビの「フェース・ザ・ネーション」など三つの報道番組に出演、ポーランドが戦闘機をウクライナに供与する方向で、米国はその代替機の提供に関しポーランドと協議中と表明した。

ポーランドは北大西洋条約機構（NATO）加盟国であり、長官発言が事実なら、ロシアはこれをNATOとの直接対決に向かう一歩と見るだろう。

しかし、ポーランド政府は長官の発言の数時間後、「ポーランドは戦闘機をウクライナに送らないし、空港の使用も許可しない。多くの他分野で大いに支援する」との声明を出し、同長官の発言内容を否定した。

ポーランドは逆に8日、「戦闘機をドイツ内のラムシュタイン米空軍基地に移送し、同基地から戦闘機をウクライナに自分の責任で送るかどうかは米国が決めること」と提案した。

ポーランドはNATO加盟国でも、米国がロシアと戦争状態に入るのは支援しないという基本姿勢で、「フェイクニュース」（ポーランド首相府）で同国を戦闘機供与の〝主役〟に仕立てようとした米側の思惑は外れた。

カービー国防総省スポークスマンは8日の声明で、「ポーランドの航空機をウクライナに移送するかどうかは、あくまでも同国政府の決定事項。同国の提案はウクライナへの安保支援の複雑さを示している」と認め、ブリンケン発言は萎んでしまった。

同8日、米紙「ウォール・ストリート・ジャーナル」が報じた特ダネは、対ポーランドの〝失態〟より深刻だ。中東の主要同盟国サウジアラビアとアラブ首長国連邦（UAE）の指導者が、米大統領と電話で話すのを拒否しているという。

ホワイトハウスは、大統領とサウジの事実上の指導者ムハンマド皇太子、UAEのシャイフ・ムハンマド首相兼副大統領の2人との電話会談のセットを何度もトライしたが、不首尾に終わった。

米国はウクライナ危機に伴う原油価格の高騰に歯止めをかけるため、両国に増産を要請したい考え。米政府がロシア産原油のボイコットを発表した後、ボイコット分を埋め合わせる増産能力を持つのは、事実上、この2国のみ。

しかし、両国は「イラン核合意」復活への積極性など米現政権の湾岸政策に批判を強めてきた。ホワイトハウスが電話をかければ、誰もがすぐ応じるという状況ではない。傍目には、米政府の〝自業自得〟でしかないが…。

草野 徹（外交評論家）

海賊対処航空隊が交代

47次隊のP3C、八戸からジブチへ

ジブチ空港に到着した海賊対処航空部隊47次隊の海自隊員たち（3月2日）＝統幕提供

アフリカ東部のジブチ共和国を拠点に、ソマリア沖・アデン湾で上空から海賊行為の警戒監視活動に当たっていた海自の海賊対処航空部隊46次隊（指揮官・屋宜純平2佐以下5空群＝那覇＝基幹の海自隊員約60人）が3月6日から8日にかけ、3カ月間の任務を終えて那覇基地、千葉・成田空港に帰国した。

これに先だち2月28日には交代のため47次隊のP3C哨戒機2機が青森県の八戸基地を出発。47次隊は2空群（八戸）の西宮友樹2佐を指揮官に、海自隊員約60人で編成されている。

28日に一部の要員を乗せたP3Cが離陸後、残る要員は3月1日に東京・羽田空港からチャーター機で出国した。ジブチに到着後、46次隊から任務を引き継ぎ、海賊対処活動に着手している。

「おやしお」漁船と接触

3月10日午前5時33分ごろ、大阪湾内で漂泊中の海自潜水艦「おやしお」（1練習潜水隊＝呉）が神戸・和田岬防波堤灯台から南南東約1100メートルの海上で漁船「住吉丸」（4・8トン、乗員1人）と接触した。同6時20分、「おやしお」が神戸海上保安部に通報した。

「おやしお」「住吉丸」ともに顕著な損傷はなく、乗員にもケガはなかった。浸水や油流出などもなかった。

「おやしお」は神戸港に入港し、現在、海保が調査している。

海自は同日午前8時30分に潜水艦隊司令部幕僚長の竹中信行海将補を委員長とする艦船等事故調査委員会を設置し、原因究明にあたっている。

66期研修生が部隊復帰

職業能力開発センターで修了式

【中央病院＝三宿】公務または通勤災害による負傷や疾病で障害を負った隊員の円滑な部隊復帰に向けた更生指導業務を担う自衛隊中央病院職業能力開発センター（三宿、脇阪裕城センター長）で3月3日、66期生4人（いずれも陸自）の修了式が行われた。

式は新型コロナウイルスの感染防止のため、部外の来賓は招かず、中央病院職員のみで開催され、センター長が4人に修了証書を授与後、学生長が研修修了を申告した。

続いて、執行官の福島功二中央病院長が登壇。新型コロナの影響により現地訓練が中止になるなど厳しい状況であったことや、開設以来最少の2人から研修が始まったことに触れ、「職業能力習得への意欲を失うことなく、全員が前向きに研修に励み、立派な成果を修めることができた」と研修生たちをたたえた。

この後、防衛省人事教育局の齋藤敏幸給与課長によるビデオメッセージを放映。最後に学生長が研修生を代表して、病院長をはじめ病院職員らに感謝の言葉を述べた。

研修生は今後、部隊に復帰、一部は引き続き研修を継続する。職業能力開発センターの担当者は「部隊に復帰する隊員については、センターで習得した知識・技能を最大限発揮し、部隊で一層活躍してほしい」と話していた。

66期研修生（後ろ向き）の修了を祝い、式辞を述べる福島病院長（壇上）＝3月3日、中央病院職業能力開発センターで

東シナ海上空で米軍と共同訓練

9空団F15が参加

空自と米空軍の航空部隊は3月4日、沖縄・那覇北西の東シナ海上空で日米共同訓練を行った。

空自から9空団（那覇）のF15戦闘機6機、米空軍からはF35Aステルス戦闘機2機が参加し、防空戦闘訓練を行った。

これに先立ち両部隊は2月24日にも那覇南東の太平洋上で共同訓練を行った。

9空団からはF15が2機、米空軍からはB52戦略爆撃機2機、F35A2機、KC135空中給油・輸送機が参加した。

日米共同訓練を行う空自9空団のF15戦闘機（手前）と、米空軍のB52戦略爆撃機（先頭）、奥はF35A戦闘機（2月24日）

お詫びと訂正

本紙2月17日付3面掲載の久保田るり子寄稿「北朝鮮の核ミサイル戦略」の分析内容は防衛大学校、倉田秀也教授の見解でした。取材で得た知見と複数の既発表論文を盗用し記事化いたしました。多大なご迷惑をおかけした倉田氏に深く謝罪し、朝雲新聞社および読者の皆様に心よりお詫びいたします。

久保田るり子

防衛省発令

▽統幕学校教育課研究室長（統幕学校教育課）1空佐 佐甲 範之（3月8日）

▽海幕人事計画課企画班長（海幕人事計画課）1海佐 原田 康平

▽2潜水隊群（4潜水隊司令）同 渡辺 将人

▽4潜水隊司令（海幕人事計画課企画班長）同 正木 一成（以上3月9日）

▽統幕運用2課長（統幕運用2課）1陸佐 根本 勉

▽陸幕防衛課（同運用2課長）同 吉川 德等

▽海自幹部学校付（きりさめ艦長）1海佐 野田 央典

（ちくま艦長）同 細木 章慎（以上3月10日）

▽解3護衛隊兼務 大湊病院付 1海佐 大小田 学（3月11日）

露艦10隻が津軽海峡を西航

襟裳岬の沖合180キロに出現

戦闘艦に加え潜水艦救難艦も

3月10日午前2時ごろ、ロシア海軍の「ウダロイI」級ミサイル駆逐艦（8500トン、艦番号548「アドミラル・パンテレーエフ」）＝写真、「ステレグシチーII」級フリゲート4隻（333、335、337、339）、「グリシャV」級フリゲート（390）、同小型フリゲート（323）、「アルタイ改」級補給艦、「イゴリ・ベロウソフ」級潜水艦救難艦、「ソルム」級航洋曳船（MB99）各1隻の計10隻が北海道・襟裳岬の東北東約180キロの海域を南西に向け航行するのを、海自7護衛隊（大湊）の護衛艦「まきなみ」と45掃海隊（函館）の掃海艇「いずしま」、2空群（八戸）のP3C哨戒機が確認、情報収集と警戒監視に当たった。

これらロシア艦艇は2月に日本海とオホーツク海南部で確認された艦艇群と同一。

10隻はこの後、津軽海峡を西へ進み、日本海に入った。

岸防衛相は3月11日の記者会見で「ロシア海軍は2月以降、ウクライナ周辺におけるロシア軍の動きと呼応する形で、ロシア軍が東西で活動し得る能力を誇示するため、オホーツク海等において大規模な海上演習を行っており、今回確認した10隻は当該海上演習に参加していたものと考えられる」と説明。引き続き、ウクライナ情勢を含むロシア軍の活動について緊張感をもって情報収集・警戒監視に当たる方針を示した。

その上で「今般のロシアによるウクライナ侵略は、国際秩序の根幹を揺るがす行為であり、日本政府としても厳しく非難してきているところだ。このような情勢下、我が国周辺においてロシア軍の活動が活発化していることは懸念すべきものだ」と述べ、日本政府として重大な懸念を持って注視し、外交ルートを通じて「関心表明」を行ったことを明らかにした。

中国艦艇3隻が宮古海域を北上

3月4日午後3時ごろ、中国海軍の「ルーヤンIII」級ミサイル駆逐艦（7000トン、艦番号118「烏魯木齊」）、「ジャンカイII」級フリゲート（4050トン、艦番号538「煙台」）、「フチ」級補給艦各1隻が沖縄県・宮古島の東約110キロの海域を北上するのを、海自1海上補給隊の補給艦「はまな」（佐世保）と43掃海隊の掃海艇「うくしま」（下関）が確認した。

中国艦3隻はこの後、沖縄本島と宮古島の間の海域を北進し、東シナ海に入った。

露によるウクライナ侵攻の衝撃

防衛研究所政策研究部長 兵頭慎治氏が緊急寄稿

欧州最大の危機 軍事侵略の背景を読み解く

3月8日夕に防衛省内で開かれた関係幹部会議で「我が国として極めて短時間でウクライナへの装備品提供の決定に至ったのは『力による現状変更は決して認めない』『ウクライナの人々との連帯を示す』との力強い意思があったからこそ。今この時もウクライナの人々は国土を守るために果敢に行動し続けており、一刻の猶予もない」と述べ、防弾チョッキなどの装備品を搭載した自衛隊機の派遣を命じる岸防衛相（中央奥）＝防衛省提供

兵頭 慎治（ひょうどう・しんじ） 防研政策研究部長
1968（昭和43）年生まれ。愛媛県出身。上智大ロシア語学科卒、同大学院国際関係論専攻博士前期課程修了（国際関係論修士）。専門はロシア地域研究（政治、外交、安全保障）。在ロシア日本大使館政務担当専門調査員、内閣官房副長官補（安全保障・危機管理）付内閣参事官補佐、防衛研究所地域研究部米欧ロシア研究室長、同地域研究部長などを経て、2020年から現職。内閣官房国家安全保障局（NSS）顧問、内閣官房領土・主権をめぐる内外発信に関する有識者懇談会委員などを歴任。共著に『現代日本の地政学』（中央公論新社、17年8月）など著書、論文多数。

2月24日にロシア軍が隣国ウクライナに一方的な軍事侵攻を開始してから3月17日で3週間。国連安全保障理事会の常任理事国で核を保有する大国ロシアによる暴挙は、国際社会に計り知れない衝撃を与えている。今回の軍事侵略の背景をどう読み解き、国際社会で孤立するロシアと向き合っていくのか。ロシアの隣国で北方領土問題を抱える我が国として、防衛研究所の兵頭慎治政策研究部長に分析・執筆をお願いした。（個人の見解であり、所属組織の見解を代表するものではありません）

「対岸の火事」ではない

2月24日、ロシア軍がウクライナへの軍事侵攻に踏み切り、第2次世界大戦以来、最大の欧州危機となるとともに、国際社会に大きな衝撃を与えている。

これは、2014年3月のクリミア併合をはるかに越える「力による現状変更」であり、ウクライナの主権と領土の一体性を侵害する国際法および国連憲章への重大な違反行為である。また、ウクライナの独立と主権を尊重し、同国に脅威や武力行使を控える旨の米英露などによる1994年の「ブダペスト覚書」にも反する。

国際社会での孤立を恐れることなく、プーチン大統領はルビコン川を渡ってしまった。今回の軍事侵攻により、国際社会はロシアに対する認識を根本から修正せざるを得なくなったと言えよう。

今回のウクライナ侵攻は国際秩序の根幹を揺るがすものであり、中国を含めた東アジア地域への否定的な影響が懸念され、決して「対岸の火事」ではない。

第3次世界大戦勃発を回避 武器供与のみの米とNATO

昨年10月末より、ロシアはウクライナ国境付近に10万人以上の兵力を集結させ、米国や北大西洋条約機構（NATO）に対して、①NATOの不拡大、②1997年以前の態勢にNATOの軍事力を縮小すること、③ロシア国境付近への攻撃兵器の不配備――などを要求した。

ロシアと米国・NATOとの間で交渉が行われたものの、結果的にロシアが満足するような回答が得られず、プーチン大統領は軍事侵攻という最悪のシナリオを決断した。

まず2月21日に、プーチン大統領は、ロシア系住民の多いウクライナ東部の2州の独立を一方的に承認し、翌22日に同地域に対して「平和維持」を名目にロシア軍の派遣を指示した。

そして、24日、「東部2州の住民がウクライナ軍から危害を加えられている」として、ウクライナ軍の武装解除を目的とした「特別軍事作戦」を行うと宣言した。

この軍事侵攻により、ゼレンスキー政権を打倒した上で、ロシア寄りの政権を樹立し、ウクライナのNATO加盟を阻止する狙いがあるとみられている。

ロシアによる軍事侵攻は、まずミサイル攻撃などでウクライナの軍事拠点が破壊され、ロシアとベラルーシ国境の3方向から戦車などの地上兵力が投入された。戦闘が続くにつれてロシア軍の支配地域は拡大し、最終的には首都キエフの軍事掌握を狙っている。

他方、ウクライナのゼレンスキー政権は、国民総動員により徹底抗戦の構えを見せ、ロシア側が想定する以上に祖国防衛を目指すウクライナ軍は善戦している。米国やNATOは、ウクライナ軍に対戦車ミサイルなどを供与しているが、自らの兵力を直接投入することは控えている。ロシアと軍事的に直接対峙すれば、核戦争も含めて第3次世界大戦に発展する可能性があるからである。

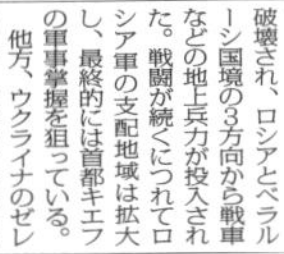

米国やNATOがウクライナ軍に供与している対戦車ミサイル「ジャベリン」（米陸軍のHPより）

信憑性が低下したプーチンの発言

プーチン大統領がどのタイミングで最悪のシナリオを決断したのかは、今のところはっきりとしていない。東部2州の独立承認が軍事侵攻の前段階であったならば、遅くとも2月15日の議会下院による独立承認要求決議までには、軍事侵攻が最終決断されていたと思われる。

当初、米国政府は北京オリンピック開催中の2月16日が「Xデー」であると観測していたが、実際の軍事侵攻はオリンピック終了後の24日となり、これに合わせて20日までとされていたベラルーシとの合同軍事演習も延期された。

米国はウクライナに直接軍事介入しない代わりに、「オープン・インテリジェンス」という形で、米国が収集したロシア軍の動態に関する機密情報を積極的に開示し、ロシア側の動きを抑止しようとした。

バイデン大統領は2月18日、「プーチン大統領がウクライナ侵攻を決断したと確信した。ロシアは数日から1週間の間にウクライナを攻撃する可能性があり、標的は首都キエフになる」と発言し、その指摘は結果的に正しかった。

しかしながら、ロシアによる軍事侵攻のタイミングを遅らせることはできたものの、軍事侵攻それ自体を封じるには至らなかった。

他方、プーチン大統領を含めて、ロシア政府は事前に「軍事侵攻の意図も計画もない」と繰り返していたが、結果的にこれは全くの虚偽であった。これ以降、プーチン大統領の発言やロシア側の報道に対する信憑（しんぴょう）性は大きく低下した。

ロシアによるウクライナへの軍事侵攻を受けて、国際社会は国連などを通じて非難の声を強めるとともに、一部のロシアの銀行を国際銀行間通信協会（SWIFT）の決済網から排除する、さらにはロシア中央銀行の国外資産を凍結するなど、強力な経済制裁に乗り出した。

これに対して、2月27日、プーチン大統領は「核抑止力部隊」に臨戦態勢を命じるなど、核兵器の使用を示唆するような動きを見せて国際社会をけん制している。

“兄弟”の犠牲に高まる厭戦ムード SNSでの情報 ロシアにも流入

3月1日には首都キエフでテレビ塔が破壊されたほか、4日には南東部のザポリージャ原子力発電所がロシア軍に制圧されるなど、ロシア軍による軍事行動の対象は非軍事施設に及んでいる。

度重なる停戦交渉で、一般市民を脱出させる「避難ルート」の設置が合意されたが、この「避難ルート」で市民が脱出した後、ロシア軍による軍事行動が激化することが予想されている。そのため、既に多数のウクライナ国民がポーランドなどの国外に避難している。

昨年末からロシア軍がウクライナ全土に侵攻する事態勢は整っていたが、ロシアにとっては失うものが多く、プーチン大統領がそのような非合理な決断をする可能性はそれ程高くないと、私も含めて多くの専門家は考えていた。

残念ながら、悪い意味でその予想は外れてしまった。一般市民への容赦ない攻撃や核使用を示唆する頻繁な発言など、米国ではプーチン大統領が理性を欠いているのではないかという見方が強まっている。今後の情勢を見通すにあたり、プーチン大統領の意図を合理的に読み解くことがますます難しくなっている。

クリミア併合時には、それまで低下傾向であったプーチン大統領の支持率が9割近くまで上昇した。対外強硬路線を通じたナショナリズムの鼓舞や国威発揚により、プーチン大統領は自らの政治的求心力を高めてきた経緯がある。

しかしながら、今回のウクライナ全土への軍事侵攻に関しては、既にロシア国内で反戦デモや政府批判の動きが高まっており、政権に近い新興財閥や退役将校などが公然と非難の声を上げている。

ウクライナはロシアの歴史的ルーツであり、同じ東スラブの兄弟民族である両国民が多数犠牲になることを、多くのロシア国民も受け入れることは難しいであろう。クリミア併合はほぼ無血だったが、今回は多数のロシア兵の犠牲やロシア国民の経済生活への影響が予想され、かつてのチェチェン紛争のような厭戦（えんせん）ムードがロシア国内で高まる可能性もある。

ウクライナ側は、SNSなどを通じてロシア軍による攻撃の様子を生々しく世界に発信し、その情報がロシア国内にも流入しつつある。そこで、プーチン大統領は、SNSやネットの規制に加えて、ロシア軍の活動について誤った情報を拡散した場合に罰則を科す法律に署名した。これにより、欧米のメディアがロシア国内での取材や報道を停止する動きもみられ、ロシア国内における情報統制がますます強まっている。

ロシア軍の砲撃を受けるウクライナの首都キエフのテレビ塔（3月1日）＝提供：Ukrainian Interior Ministry Press Services/Abaca/アフロ

巻き込まれることを恐れる中国 両国との友好関係に板挟み

今回の軍事侵攻により、ロシアは国際社会で孤立し、国連などで強い非難を受けるとともに、厳しい経済制裁に直面している。見通し得る将来において、ロシアが欧米諸国との間で政治的、経済的な信頼関係を取り戻すことは難しく、むしろ両者の対立はさらに深まっていくことが予想される。

日本企業も参加するサハリンの石油・天然ガス開発事業からは欧米企業も撤退を表明した。今後、世界とロシアとの間の経済関係も大きく縮小していくこととなり、石油価格の高騰などの余波は既に日本にも及びつつある。

欧米諸国との関係が悪化すれば、ロシアは中国に接近する傾向があり、反米という観点から中露の戦略的な連携がさらに強まるであろう。最近では、中露は日本周辺で共同した軍事行動をとるようになっており、ロシア極東地域におけるロシア軍の動きも活発化している。

ただし、ウクライナ問題をめぐる中露関係は実は単純ではない。ロシアのウクライナ侵攻について、中国は支持も非難も表明しない曖昧（あいまい）な態度を続けている。対米共闘で連携を深めるロシアに配慮する一方、中国はウクライナとも深い関係にあり、ロシアに巻き込まれて世界で孤立したくないとの本音が垣間見える。

中国とウクライナは、1992年に国交を、2001年に全面的な友好協力関係を、2011年には戦略的パートナーシップ関係を樹立させ、両国は協力関係を深化させてきた。

現在、ウクライナの最大の貿易相手は中国であり、一帯一路における陸のシルクロードの要衝となっている。2020年7月に中国湖北省武漢から首都キエフに向けた定期直通列車が、2021年9月にはキエフから陝西省西安市に向けた直通列車がそれぞれ開通している。20年における中国のウクライナへの直接投資額は2106万ドルに及んでいる。

軍事技術協力に関しては、中国の初代空母「遼寧」の原型に当たる旧ソ連製空母「ヴァリャーグ」が1998年にウクライナから中国に譲り渡されたほか、戦車などを搭載可能な世界最大のホバークラフト型揚陸艇「ズーブル」、さらには航空機のジェットエンジンなどもウクライナから中国に供与されている。

中露の縄張り争い

ウクライナをめぐっては、中露間で縄張り争いの側面がある。ロシアは自らの影響圏であると考えるウクライナに米国率いる軍事同盟が拡大することを懸念するが、本音では中国による過剰な進出も好ましく思っていない。他方、中国の側も、今回の軍事侵攻においてロシアがウクライナを完全に支配下に置くことも望んでいないであろう。

このように、反米という戦略的な観点では連携する両国であるが、ウクライナ問題をめぐっては「中露対欧米」という二項対立的な単純な図式は成立しない。ロシアの軍事侵攻に対して中国が距離を置く姿勢が顕著になれば、中露協調にも本質的に影を落とす可能性もあるだろう。

求められる対露認識の修正

国際社会で孤立するロシアに、日本がどう向き合うのかという点も深刻である。2014年のクリミア併合時は、北方領土問題を抱える日本の経済制裁は欧米諸国より緩やかなものであった。

今回、日本は厳しい制裁に乗り出すことから、日露間の平和条約締結交渉も停滞を余儀なくされるであろう。

本年中に改訂が予定されている我が国の「国家安全保障戦略」においても、対露認識に修正が求められるのではないか。それでも、信頼醸成を維持する観点から、ロシアとの安保対話や防衛交流を途絶えさせるべきではない。

今回の軍事侵攻は、ロシアに対する見方に大きな変更を求めるものである。さらに、プーチン大統領の意図を分析する上で、合理的に解釈することの限界を示すものでもある。本稿執筆時点（3月9日）で情勢はなお流動的であり、どこかの段階で停戦和平が合意されるのか、あるいは戦闘が拡大して破滅的な結果となるのか、この先を見通すことはできない。

ロシアとウクライナは歴史的にも精神的にも深い結びつきのある血縁関係であり、一刻も早く事態が改善され、戦火が収まることを心から願いたい。

いずれにせよ、日本としては、安全保障面において隣国ロシアとどう付き合うべきか、改めて再検討する必要に迫られるであろう。

厚生・共済

特集

「徳島・香川の旅」特集

自然の絶景とアートを満喫

「さぽーと21」春号が完成

共済組合の広報誌「さぽーと21」春号が完成しました。

本号ではベネフィット・ステーションを活用した四国の大自然とアートを満喫できる「徳島・香川の旅」を特集しています。

徳島県の鳴門エリアでは「渦潮」が有名。大鳴門橋には散歩道「渦の道」が整備されており、この道を進むとガラスの床から45メートル下に迫力ある渦潮を見ることができます。

このエリアの鳴門公園内には日本最大級の陶板名画美術館「大塚国際美術館」があります。館内には1000点以上の絵画が展示され、ピカソ、ゴッホといった巨匠の名画を陶板絵画としてリアルに見ることができます。絵画ファンにはお勧めのスポットです。

一方、温暖な瀬戸内海に面した香川県では、自然豊かな小豆島の、日本三大渓谷美の一つでもある「寒霞渓」をはじめ、「こんぴらさん」の名で親しまれる金毘羅宮、巨大な「銭形砂絵」がある琴弾公園などを訪ねます。

この地を訪れたら食べたいご当地グルメも数多く紹介しているので、ぜひ旅の参考にしてください。

シリーズ「短期給付」は組合員証等の手続きについて解説。防衛省・自衛隊に入省・入隊したら「防衛省共済組合員」となりますので、その際の各種手続きや、結婚・出産により家族を扶養することになった際の「被扶養者の認定・取消」なども解説しています。

本誌では2月にリニューアルされた共済組合のホームページの活用法を写真を多用して詳しく紹介しています。新しいパスワードも掲載していますので、ご確認ください。

「支部だより」では令和3年度本部長表彰を受けた神町、横須賀、峯岡山の3支部を紹介しています。

「さぽーと21」はご家庭に持ち帰り、ご家族でご覧ください。

HOTEL GRAND HILL ICHIGAYA

グラヒルの「リモート会議プラン」を利用すると他会場とリモート会議ができます

Web会議やセミナーでご利用を

リモート会議プラン

防衛省共済組合の直営施設「ホテルグランドヒル市ヶ谷」（東京都新宿区）では、組合員の皆さまが当館内でWEB会議、WEBセミナー等にご利用いただける「リモート会議プラン」をご用意いたしました。

いずれも新型コロナウイルス感染症予防のため、ソーシャルディスタンスに配慮したレイアウトでご案内させていただきます。この機会にぜひご利用ください。

《使用料金》

◇小会議室利用　ご利用人数9名様まで。料金2万570円～（税・サービス込み）

◇中会議室利用　ご利用人数30名様まで。料金4万7190円～（税・サービス込み）

※前記料金はいずれも「2時間の会場利用の金額」で、ソーシャル・ディスタンスに配慮したレイアウトでご案内させていただきます。

《プランに含まれる内容》

▽会場の室料▽インターネット回線の使用料▽パソコンや撮影機器等の持ち込み料

《オプションの機材》

次の機材を使用する場合は別途料金となります。

▽プロジェクター▽スクリーン▽テレビモニター▽アクリル板等

《ご予約・お問い合わせ》

▽電話03—3268—0116（宴集会担当直通）▽専用線8—6—28853～4▽ホームページhttps://www.ghi.gr.jp▽メールsales@ghi.gr.jp

営業時間は午前9時～午後7時。なお、新型コロナ感染拡大防止の観点から、営業時間などが変更になる場合があります。詳しくはスタッフまでお問い合わせください。

組合員や学生の入居者募集

「パークサイド入間」

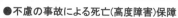

防衛省共済組合の学生・独身寮「パークサイド入間」（埼玉県狭山市入間川4―24―11）では、独身・単身赴任の組合員および大学生等の組合員子弟を対象に入居者を募集しています。希望者は共済組合支部までお問い合わせください。

「パークサイド入間」は鉄筋コンクリート（RC）5階建(男性)および地上4階建(1階部分男性、2～4階部分女性)で、部屋数は計103室です。各室はフローリングのワンルームマンション形式で、広さ約19・05平方メートル。キッチン、3点式ユニットバス(お風呂、洗面台、トイレ)、バルコニー、エアコン、インターフォンを完備し、女子棟部分はセキュリティー錠付きです。

施設には管理人が常駐し、不在時の宅配便の受け取りが可能です。なお、給食施設はありませんので、食事は自炊となります。

入居費は月額3万9000円（使用料3万6000円・共益費3000円）ですが、使用料は住居手当（1万5500円）の支給対象となるので、支給される場合の組合員の自己負担額は月額2万3500円です。

駐車場（30台）を利用する場合、料金は月額4987円となります。（いずれも令和4年3月1日現在）

交通は西武池袋線「稲荷山公園」駅から徒歩8分。同駅から都心の「池袋」に急行で40分、「新宿」に60分です（所沢で西武新宿線急行乗換）。

施設外観や内装は防衛省共済組合ホームページ（https://www.boueikyosai.or.jp）からもご覧になれますので、是非ご検討下さい。

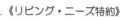

年金Q&A

定年を迎え4月から短時間の再任用職員になります

同じ職場でも「退職届」提出が必要

Q　3月末で定年退職を迎え、4月から引き続き短時間の再任用職員となります。共済組合へ「退職届」の提出が必要と聞いたのですが、勤務場所が変わらなくても必要なのか教えてください。

A　組合員が退職した場合、所属する共済組合の支部を経由して国家公務員共済組合連合会に「退職届」を提出することとされていますが、引き続き他省庁の職員となる方、フルタイム再任用職員の方は、共済組合員の資格が継続するため提出不要です。

今回は、短時間での再任用職員であることから、厚生年金の種別は第2号厚生年金被保険者から第1号厚生年金被保険者（※1）となり、共済組合員の資格要件を満たさないため「退職届」が必要です。

※1　厚生年金被保険者の種別

第1号厚生年金被保険者
　民間企業、事業所の会社員など

第2号厚生年金被保険者
　国家公務員（国家公務員共済組合の組合員）

第3号厚生年金被保険者
　地方公務員（地方公務員等共済組合の組合員）

第4号厚生年金被保険者
　私立学校の教職員（私立学校教職員共済の加入者）

また、既に在職中に年金を決定されている方が退職される場合、「退職届（老齢厚生・退職共済年金受給権者用）」を提出することにより、退職改定処理（※2）が行われることから、処理に時間を要するため3月末に退職される方は、最初の年金支給予定である6月に間に合うよう、速やかな提出が必要となります。

※2　年金決定後から退職時までの間を含めた再計算および支給停止の解除。

年金を受給するときのために必要な書類なので、退職されるときは必ず共済組合の支部でお手続きください。

（本部年金係）

厚生・共済

特集

陸幕厚生課、中央管制気象隊に陸幕長賞
海幕長賞には海幕艦船・武器課

働き方改革推進のための取り組みコンテスト

防衛省・自衛隊が人事施策の一環として、隊員のワークライフバランス（WLB）の一層の推進とコロナ禍における業務の効率化や職場環境の改善を図る令和3年度の「働き方改革推進のための取り組みコンテスト」の受賞部隊が選出された。「陸上幕僚長賞」は陸幕人事教育部厚生課と中央管制気象隊、「海上幕僚長賞」は海幕装備計画部艦船・武器課が受賞し、吉田陸幕長から表彰状が、山村海幕長から表彰状と副賞の盾がそれぞれ贈られた。

「働きやすい環境作りを実践した陸自の代表」

【陸幕人教課WLB班】令和3年度の「陸上自衛隊における働き方改革推進のための取り組みコンテスト」の陸上幕僚長賞の受賞式が2月8日、陸幕で行われた。

今年は2年度の約2・5倍に当たる計175件の応募があり、それぞれの取り組みを独自性、継続性、効果、展開性、やりがい・充実感の向上の観点から選考し、陸幕厚生課と中央管制気象隊が受賞した。

陸幕厚生課は陸上自衛官に馴染みの深い「指揮の要訣」を平素の業務にあてはめ、業務の効率化を図った。業務を開始する際、検討イメージを図示し、指導することで業務の手戻りを防止するとともに、各事業の資料を緊急性・重要性に応じて色分けして「見える化」。各人が作成したToDoリスト（やることリスト）を上司が適宜確認・監督し、進捗管理を容易にするなど効率化に取り組んだ。この結果、令和元年度比で22時間の超過勤務の削減に成功、家族との時間の確保や自学研さんの促進を図ることができた。

一方、中央管制気象隊は、昨今の新型コロナウイルス感染拡大防止を機にテレワーク環境を整備。業務システム端末を自宅からネットワーク接続することで、メールや文書管理システム、補給管理システムなどを使用した業務をテレワークで行えるようにした。また、同システムのスカイプを活用して各種教育、会議、会同などに参加できる体制を整えた結果、職場に在席して勤務している状態と遜色ない環境を構築した。

「陸上幕僚長賞」の受賞式には人事教育部長の藤岡史生将補が立会。陸幕厚生課長の田中裕宣1佐と中央管制気象隊長の泉善之1佐に吉田陸幕長から表彰状が贈られた。

この後の懇談で吉田陸幕長は「ワークライフバランスの取り組みへの工夫は指揮官の統率の表れであり、すばらしい。陸幕厚生課と中央管制気象隊は、働きやすい環境作りを実践した陸自の代表である。今後も良きモデルとして、隊務を遂行してほしい」と労をねぎらった。

吉田陸幕長（右）から授与された表彰状を掲げる陸幕厚生課の田中裕宣課長（中央右）と中央管制気象隊の泉善之隊長（同左）。左は立会した陸幕人事教育部長の藤岡史生将補（2月8日、陸幕で）

「海自の任務遂行に大きく寄与した」

働き方改革推進のための取り組みコンテストにおける「海上幕僚長賞」の表彰式が2月16日、海幕小会議室で行われ、山村海幕長から受賞した海幕装備計画部艦船・武器課の木下治信課長に賞状が贈られた。

同課が開発した「艦船・武器課電子決裁システム」が、「課内の業務負担の軽減を達成するとともにコロナ禍において業務停滞を抑制」し、「海自の任務遂行に大きく寄与した」のが受賞理由。式ではシステムを開発した艦船技術班の小倉雅樹3佐に対しても海幕長から副賞の盾が授与された。

同決裁システムは、メールで送った文書を上司がチェックすると、タイムスタンプとともに決裁されたことが起案者に通知されるため、アプリケーションがあれば自宅や出張先でも決裁を受けられる。「このシステムならスムーズに進むのではと考えた」と小倉3佐。木下課長は日ごろから「より良い職場環境のため、積極的に業務効率化に取り組んでもらいたい」と課員を指導しており、これに背中を押される形で完成した。

このシステムは好評で、またたく間に課内に浸透。今回の受賞について小倉3佐は「皆の役に立って嬉しく思います。社会的に印鑑廃止の動きもありますし、在宅でできるので今の時代にも合っているのではないでしょうか」と喜びを語った。

副賞の盾を手に山村海幕長（右）と記念写真に納まる小倉3佐（2月16日、海幕小会議室で）

余暇を楽しむ

新田原基地ラグビー部

紹介者：2空曹　米倉　啓祐（5空団整備補給群修理隊エンジン小隊）

階級・年齢・経験に関係なく

朝雲新聞をご覧の皆さま、こんにちは。宮崎県の新田原基地ラグビー部について紹介します。

私たちは現在、「階級・年齢・経験いずれも関係なく楽しく汗をかく！」をモットーに、昼休みのタッチフット（接触プレーのないミニゲーム形式のラグビー）をメインに活動しています。

普段のタッチフットでは、ウォーミングアップを兼ねて徐々にスピードを上げていきますが、白熱するあまりすぐにトップスピードでのプレーになってしまうことも。仕事でたまったストレスの発散の場として、和気あいあいと練習しています。

ラグビーのイメージとしては「きつい、汚い、痛い」などネガティブなものが多くあり、「ラグビーなんてよくやるね！」と言われることも。

しかし、やってみると意外と楽しいもので、「昼休みの短い時間に少しでもできるなら私も！」と部員、有志が練習に参加するほどの魅力があります。

部員たちの活動は基地にとどまらず、個々で小中学生へのコーチング、部外チームでの試合参加や審判など、地域交流や生徒たちへのラグビーの普及に努めています。また全自衛隊ラグビーフットボール大会が開催された際には、空自那覇基地とチームを組み、大会に参加しています。前回開催された2018年度の大会では、Bリーグで優勝できました。

ソーシャルディスタンスのとりづらいスポーツということもあり、コロナ禍で本格的な練習はできていませんが、この厳しい環境を耐えしのんだ先にはまた楽しく汗をかき、リフレッシュできる状況になることを信じています。

コロナが落ち着いた際には、ぜひ入部をご検討ください。

ポーズをとり、記念撮影する新田原基地ラグビー部員。現在コロナ禍のためタッチフットをメインに活動している（空自新田原基地で）

豪軍の連絡将校着任1周年記念会食
日米豪象徴メニュー味わう

座間

【座間】駐屯地司令の小野一也1佐は1月12日、オーストラリア陸軍連絡将校のジョン・ハウレット少佐の座間駐屯地着任1周年を記念し、食堂で会食を行った。

会食には豪州大使館に勤務する在日駐在武官のソニア・ハロラン空軍大佐、クリストファー・ウッドハウス陸軍中佐が招待され、陸自からは陸上総隊司令部日米共同部（座間）日米調整官の栗田昌彦1佐が出席した。

会食には、駐屯地業務隊の管理栄養士・森田浩子技官が考案した、豪州のオージービーフ・ステーキ、日本のエビフライ、米国（キャンプ座間に由来）のハンバーグを1枚のプレートにのせた日米豪の連携を象徴するメニューが提供され、会食中の懇談も終始盛り上がった。

さらにハウレット少佐から提供されたレシピをもとに作られた豪州のデザート「ラミントンケーキ」も大好評だった。

ハウレット豪陸軍少佐（右奥）の着任1周年を記念して会食する日豪の幹部。小野座間駐屯地司令（右側中央）、栗田調整官（同手前）、ハロラン豪空軍大佐（左側手前）、ウッドハウス陸軍中佐（1月12日、座間駐屯地で）

駐屯地業務隊の森田技官が考案した記念会食メニュー。中央は豪州のオージービーフ・ステーキ、左は日本のエビフライ、右は米国のハンバーグ

自慢の一品料理

降下長小籠包・1高隊カレーラーメン

紹介者：2陸尉 島村　聡一（習志野駐屯地業務隊糧食班長）

習志野駐屯地の隊員食堂では、陸自駐屯地に空自の第1高射隊が分屯する特性を生かし、今年度から毎月1回、陸自と空自のコラボメニューを提供しています。

今回は空挺レンジャーである私が考案した「降下長小籠包」＝写真右＝と空自の「1高隊カレーラーメン」＝同左＝を紹介します。

この「降下長小籠包」は、地上に見立てた野菜（たまねぎ、もやしなど）の上に小籠包（落下傘をイメージ）を乗せて完成です。冷凍小籠包は蒸した後、重なってしまうことを防ぐため、ごま油と少量の酢にからめ、配膳しやすく調理することがポイント。機内の降下長が見ている降下中の落下傘をイメージしています。

一方、カレーと麺を合わせた「カレーラーメン」は冷凍中華麺をゆで、塩ラーメン・ガラスープを作り、オリーブオイルでたまねぎ、ひき肉、コーンを炒めてカレールーでとじます。器に麺、スープ、カレールーの順に盛り付けて完成です。

小籠包は肉汁とたまねぎたっぷりのスープ味が好評で、物凄い勢いでカレーラーメンとともにほおばっている隊員も見られました。

今後も「習志野コラボメシ」をお楽しみに！

部隊だより

海

大湊　大湊警備隊は2月1、2の両日、むつ市の国設薬研野営場で雪中特別救難隊雪中宿営訓練を行った。氷点下4・8度の降雪の中、隊員たちは目的地まで器材を運搬し=写真㊤、1時間でテントを設営した。隊司令の福山義人1佐も隊員と共に宿営し、「防寒対策が確実なら冬季宿営は可能。なかなか経験できない訓練だった」と感想を述べた。

上用賀　東音は東京都新宿区の東京オペラシティで1月10日、コロナで延期していた定例演奏会を約2年ぶりに開催した。海自と東音の創設70周年を記念して藤田翔吾3曹が作曲した「この美しき〝蒼〟を守るために」などを演奏。またこの日は、昨年新たに加わった男性ボーカルの橋本晃作2曹が紹介され、中川麻梨子3曹とデュエットを披露した。

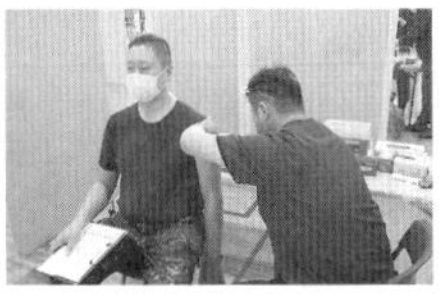

父島　基地は2月26、27の両日、父島住民の3回目の新型コロナワクチン接種の会場に基地内の体育館を提供した。会場は午前8時から午後8時半まで開放され、隊員らも含めて計815人がワクチンを接種した=写真㊤。また、基地は会場に自衛官募集のコーナーを設け、ポスターやパンフレット、リーフレットなどを設置し、自衛隊をPRした。

舞鶴　護衛艦「せんだい」はこのほど、「せんだい名物大運動会～筋肉祭り」を開催した。榎本健児艦長が開会を宣言。艦の構造物を利用した「ぶら下がり選手権」=写真㊤=や、片足で艦の動揺に耐える「三半規管王決定戦」など、工夫を凝らした競技で熱戦が繰り広げられた。参加した隊員は「仲間と汗を流して、とても楽しかった」と話した。

留萌　26普連は1月27日、一般幹部候補生3人の歓迎行事を行った。西日本出身の3人は一面の銀世界に驚きながらも、一度も転倒せずスキーで駐屯地を滑走した。また最先任上級曹長の山岡正明准尉との銃剣道の試合では、見事な一本を奪うなど活躍=写真㊨。その後、高橋誠連隊長に元気よく着隊を申告し、〝留萌一家〟の一員として迎えられた。

上富良野　駐屯地は12月18日、角和浩幸美瑛町長や町民を招き、美瑛町町民ホールで公開音楽演奏会を開催した。駐屯地の太鼓部「紫彩太鼓」や名寄、遠軽駐屯地の音楽同好会などが出演。太鼓部のオリジナル曲「紫彩復興太鼓」が始まり、力強い音色で会場を引き込んだ=写真㊨。また広報活動の一環として、上富良野地域事務所も募集ブースを開設した。

厳寒の名寄に氷のキャンドル

幻想空間 地域住民とともに

琥珀色の光に歓声

名寄駐屯地の隊員たちが作った雪のステージは、たくさんのアイスキャンドルで幻想的な光につつまれた（2月12日、下川町共栄にぎわいの広場で）

名寄駐屯地の3普連4中隊は2月12、13の両日、北海道の下川町で開催された「第48回しもかわアイスキャンドルミュージアム」を支援した。アイスキャンドルはバケツに水を張って凍らせ、中の空洞にロウソクを灯すもので、下川町が「日本発祥の地」とされている。今年はコロナ禍を受け分散開催され、自衛隊はメイン会場を受け持った。

支援隊は村田孝昭1曹を中心に約10人で編成、1月31日から作業をスタートした。時に最低気温がマイナス15度以下になる厳しい寒さのなか、隊員たちがメインオブジェなどを作製した。また、雪のステージ台に文字を刻み、ペンライトを設して灯りで文字が浮かび上がるように工夫した。

作業中には駐屯地司令の山崎潤1佐が激励に訪れ「地域の方々に楽しんでいただけるよう、体調を万全に整え、仲間と協力し合いながら制作に臨んでもらいたい」と隊員たちに声をかけた。

完成したメインオブジェに住民たちが作ったアイスキャンドルを置き、夕刻、隊員たちが市民とともに次々と点火していった。すると、あたり一面がキャンドルの柔らかい光で照らし出され、「わあ、きれい」と歓声があがった。会場には親子連れも多く訪れ、喜ぶ子供たちの姿を父母が写真に納めていた。

訪れた人々は「コロナ下で落ち込んだ気分が癒やされます」「幻想的でいいですね」と笑顔を見せ、ひと時の琥珀色にきらめく世界を楽しんでいた。（名寄）

㊤氷点下の厳しい寒さの中、メインオブジェの作製に当たる3普連4中隊の隊員たち
㊦地域住民とともにアイスキャンドルに点火していく隊員

琥珀色にきらめくアイスキャンドル

ステージ台にペンライトを設置する隊員

陸

真駒内　札幌病院は1月26日、「Team Building」をテーマに衛生科幹部集合訓練を行った。北部方面総監の沖邑佳彦陸将が平成25年の伊豆大島で発生した台風26号に伴う土石流災派を紹介、自治体との協定締結など自身の体験を語った。また参加者はチーム医療についてディスカッションを行い、部外機関との連携の重要性などを確認した。

倶知安　120地区警務隊倶知安派遣隊は2月1日と15日、駐屯地で鑑識訓練を行った。積雪期における事件発生時の証拠採取能力の向上が目的。令和2年度の警務隊鑑識競技会で、北部方面隊代表メンバーとして出場し優勝した小寺伸昌2曹が、自らの経験やノウハウを教育。参加者は雪上での写真撮影や指紋検出方法などを学んだ=写真㊤。

神町　20普連は1月18日から23日まで、4中隊の渡邊誠1曹以下8人が「山形県総合運動公園雪フェスタ」を支援した。準備期間中、寒波で大雪に見舞われながらも、雪灯籠や雪だるま、すべり台などを作製した。イベント当日は多くの来場者が訪れ、すべり台を楽しみ、展示した軽装甲機動車と記念撮影する姿も多く見られた。

松本　13普連は1月7日、らっぱ競技会を行った。抽選で選ばれた各中隊代表ら4人が出場し、日頃の練成の成果を発揮して技を競った。鏡森直樹連隊長や山田博之12音楽隊長らが厳正に審査した結果、団体の部は2中隊が、個人の部は同中隊の竹下世界3曹が優勝した。竹下3曹は「さらに上を目指し、練度を向上していきたい」と喜んだ。

板妻　34普連は1月31日から2月4日まで、東富士演習場で連隊狙撃手集合訓練を行った=写真㊤。各中隊の対人狙撃銃装備者が参加し、目標の発見・識別、距離の判定、記憶力維持などを実施。特に潜入訓練で参加者は、極寒の中わずかな情報を頼りに隠密行動で前進し、目標を発見すると冷静に射撃して離脱するなど、練成の成果を遺憾なく発揮した。

豊川　駐屯地は1月12日、新たに大人の仲間入りをした63人の隊員の成人行事を行った。矢野秀樹駐屯地司令が祝辞を述べ、駐屯地太鼓部「三河陣太鼓」が祝いの演奏を披露した。新成人を代表して10特連の望月響3曹が「今まで育ててくれた両親、諸先輩方に感謝するとともに、立派な社会人になるため日々努力します」と抱負を語った。

米子　8普連はこのほど、訓練基盤の維持のため日光演習場を整備した。本管中隊を基幹として2中隊と3中隊が参加。隊員たちは安全教育を受けた後、それぞれ割り与えられた地域の雑木を伐採した=写真㊦。また、初めて整備作業に加わった隊員は、先輩から伐採機の扱い方を学んだ。13旅団長の兒玉恭幸将補も視察に訪れ、整備状況を確認した。

那覇　15音楽隊は1月30日、第12回定期演奏会を、かでな文化センターで無観客で開催した。井土川一友15旅団長の視察の下、音楽隊は初披露の「明るい日差しに抱かれて」を含む全5曲を演奏。視察した井土川旅団長は「地域との懸け橋としてさらなる高みを目指し、今後も素晴らしい演奏を届けてもらいたい」と隊員を激励した=写真㊧。

山口　17普連はこのほど、連隊炊事競技会を行った=写真㊤。これまでカレーで味を競っていたが、今回初めて山口名物の「チキンチキンゴボウ」に挑戦。隊員たちは味付けなど工夫しながら調理し、競技の結果、2中隊が優勝した。指揮を執った分隊長の澄川恭央2曹は「訓練の場を活用し練成してきた結果、優勝することができた」と話した。

空

三沢　3空団施設隊消防小隊はこのほど、消防実火訓練場で航空機火災対処訓練を行った。航空機事故や燃料流出など不測の事態に備え、対処能力の向上を図った。各クルーは練成の成果を発揮、激しく燃え上がる炎に向け放水するなど、的確に消火活動を行った。また同隊は、防火・防災の観点から基地内を点検し、不備な個所の是正指導を実施した。

小牧　基地は主に車を持っていない営内者の生活環境改善のためのカーシェアリングを導入し、1月21日に開始式を行った=写真㊨。コンパクトカーとワンボックスカーの2台が導入された。式には渡部琢也基地司令をはじめ、各部隊の厚生委員などが出席。隊員からは「車を持たなくても気軽に買い物やレジャーに出かけられる」との期待の声が聞かれた。

芦屋　3術校は基地内の安全環境整備のため、横断歩道などのリフレッシュ塗装に取り組んでいる。徳重勇一学校長の「場を清めることが安全につながる」「隊員に事故を生起させない環境づくりを行う」という信念のもと、隊員たちは擦れた白線を塗り直し、作業を進行=写真㊧。基地では「この取り組みが新たな伝統として続いてほしい」としている。

防研が緊急座談会

露軍のウクライナ侵攻受け、分析

ウクライナ情勢に関する第2回の緊急座談会に臨む（左から）千々和主任研究官、田中研究員、齋藤防研所長、庄司研究調整官、長谷川研究員（3月9日、市ヶ谷の防研で）

防衛研究所（齋藤雅一所長）は2月28日と3月9日、ウクライナ情勢に関し、齋藤所長を中心とする「緊急座談会」を開催し、同研究所の専門家が最新情勢について分析を行った。今後も逐次、座談会を実施する予定で、これらの発言内容は防研のホームページに文書で掲載される。齋藤所長は「ロシアによるウクライナへの軍事侵攻という未曽有の事態を受け、防衛省のシンクタンクで我が国唯一の国立の安全保障に関する学術研究機関である防研として、引き続き積極的な研究活動とタイムリーな情報発信に努めていきたい」と話している。

（1面参照）

防研ではウクライナ情勢に関し、省内の関係者に向けたブリーフィングや研究会、国内外のカウンターパートとの意見交換のほか、安全保障の専門家が積極的に各種メディアに出演し、専門的な観点から解説、今後の展望を論じている。

そうした中、2月28日には初の緊急座談会が開かれ、齋藤所長を中心に、企画調整課の庄司智孝研究調整官が司会を務め、山添博史主任研究官（地域研究部米欧ロシア研究室）、新垣拓主任研究官（同）が出席。このほか、増田雅之主任研究官（地域研究部中国研究室）が寄稿の形で参加し、ウクライナ情勢に関してそれぞれ専門の立場からコメントを行った。

インド太平洋地域の安全保障への影響について、山添主任研究官は「ロシアのウクライナ侵攻がロシアにとっての『成功体験』となった場合、中国が台湾に対して実力行使を行うリスクは上がる」と指摘。

新垣主任研究官は「国際ルールに大きく違反する行動をとったロシアがそれなりの代償を払うことになるようにすることが重要だ」と強調。そうすることで「力による一方的な現状変更を実際に行った場合のコストが大きいと中国が判断する可能性が高まり、結果的に抑止力が強化される」との見通しを示した。

増田主任研究官は「米国側でロシアに対する脅威認識とそれへの対応の優先順位が高まれば、バイデン政権の相対的な対中認識が改善される可能性もある。米中関係は今まで以上に複雑な様相を呈する」との見解を示した。

3月9日に行われた2回目の座談会には、齋藤所長をはじめ、司会の庄司研究調整官、千々和泰明主任研究官（戦史研究センター安全保障政策史研究室）、長谷川雄之研究員（地域研究部米欧ロシア研究室）、田中亮佑研究員（同）が出席した。

千々和主任研究官は「大国ロシアが小国ウクライナに侵攻し、大国は現在の犠牲の許容範囲内で戦略目標を達成できると考えていたが、小国側の『いかなる犠牲を払っても国を守る』という強いコスト・トレランス（損害受忍度）に直面している」と分析。

長谷川研究員は「今回の侵攻を受け、専門家はプーチン大統領のスムーズな権力移行は難しくなったと見ている。ロシアの隣国である日本の外交・防衛政策にも大きく関わる問題だ」と警鐘を鳴らした。

田中研究員は今後の北大西洋条約機構（NATO）の対応について「当面はウクライナへの支援を慎重に拡充しながら、NATO東端の国々（ポーランド、ハンガリー、ルーマニアなど）の防衛態勢を強化する」との見方を示した。

空自

「英語競技会」を開催

初のオンライン形式

ブリーフィング部門で優勝した中警団（左奥スクリーン）のメンバーと（左から）深瀬尚久・つばさ会理事、齊藤治和同会会長、井筒空幕長、在京武官ら（右）＝いずれも2月25日、防衛省で

初のオンライン開催となった空自英語競技会で発表者（左奥スクリーン）を審査する井筒空幕長（右）

【空幕教育室】空自は2月25日、「令和3年度航空自衛隊英語競技会（ブリーフィング部門）」を防衛省内の会場で開催した。新型コロナ対策の観点から同競技会は初のオンライン形式で行われた。

同部門では、バーチャル基地ツアーに参加した在京武官団に対するオンライン説明を想定。予選を勝ち抜いた10個部隊によって競われ、パワーポイントを使用した1チーム9分の発表の後、審査員の在京武官らネイティブとの高レベルな質疑応答が繰り広げられた。

発表力などを評価ポイントとした競技の結果、中部航空警戒管制団（入間）のチームが優勝。

これに先立ち開かれたリーディング・リスニング部門は、航空総隊司令部（横田）が優勝した。

閉会式で同競技会会長の井筒空幕長は「より一層の情熱をもって部隊等を練成し、隊員の育成に努めてもらいたい」と訓示した。

優勝した中警団の岡野聖2尉は「競技会での優勝はチームとしての明るさと、各人の向上心が功を奏した結果だと思います」と誇らしく語った。

ブリーフィング部門で優勝した中警団のメンバーは、虻川友香2尉、岡野聖2尉、山﨑由衣3曹、佐藤瀬奈士長、鮫島匠士長。

47普連

連隊歌を編曲

初の女性パート導入

新しい連隊歌を披露する13音楽隊（3月4日、海田市駐屯地で）

【海田市】47普連はこのほど連隊歌をアレンジし、3月4日、13音楽隊の協力を得てお披露目行事を行った。

本行事は来年度に連隊創隊25周年を迎える記念事業として、47普連OB会の発案により行われたもの。連隊歌は平成14年に当時所属していた亀永能隆2曹が作詞し、13音の隊員が作曲。今回のアレンジでは男性だけの歌唱に女性パートも導入することで、女性活躍を促進する意味を込めた。

お披露目会には47普連OB会の河端博会長、林和昭副会長をはじめ、阿部慎治連隊長、各中隊長、幕僚が参加。13音の演奏と音楽隊員の美しく深みのある歌声とともに披露された。演奏中には現役時代を回顧し、感極まるOBの姿も見受けられた。

最後に13音楽隊長の石村俊之1尉が河端会長に新たな音源が吹き込まれたCDを贈呈。会長は感謝の言葉を述べ、行事は終了した。

部隊は「新しい連隊歌により、さらに隊員の士気を高揚し、帰属意識を醸成させ、常即一体となり任務にまい進していく」としている。

練馬駐屯地

3回目の職域接種開始

業務隊主導チームで運営

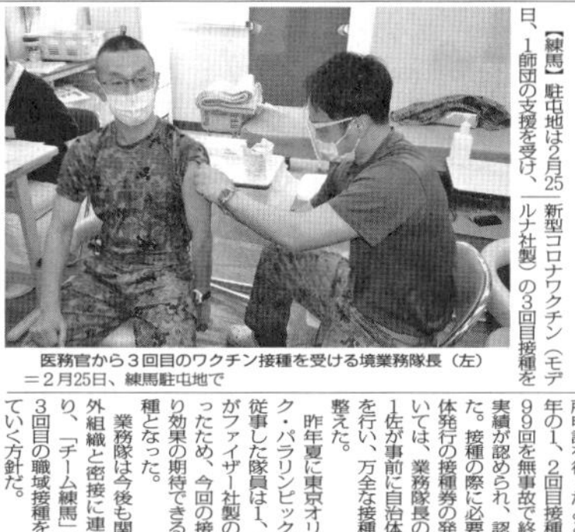
医務官から3回目のワクチン接種を受ける境業務隊長（左）＝2月25日、練馬駐屯地で

【練馬】駐屯地は2月25日、1師団の支援を受け、新型コロナワクチン（モデルナ社製）の3回目接種を開始した。

職域接種開始に当たり、業務隊が厚生労働省に事業所申請を行ったところ、昨年の1、2回目接種計369回を無事故で終了した実績が認められ、認可された。接種の際に必要な自治体発行の接種券の発送については、業務隊長の境孝明1佐が事前に自治体と調整を行い、万全な接種体制を整えた。

昨年夏に東京オリンピック・パラリンピック支援に従事した隊員は1、2回目がファイザー社製の接種だったため、今回の接種でより効果の期待できる交互接種となった。

業務隊は今後も関係部内外組織と密接に連携を図り、「チーム練馬」として3回目の職域接種を推進していく方針だ。

こちら警務隊

詐欺罪（手当不当受給）

実際の通勤手段とは異なる申請で不正に通勤手当を得るのは詐欺罪

自転車で通勤しているのに、電車で通勤すると虚偽の申請をして手当を受給した場合、どんな罪になりますか？

実際の通勤手段や経路とは異なる申請を故意に行い、不正に通勤手当を受給する行為は、人を騙して不法に利益を得る詐欺罪に該当し、10年以下の懲役に処せられます。

よって、通勤手当の受給に当たり正規の通勤手段や経路を申請するとともに、変更があった場合は速やかな再申請が必要です。

また、責任者や係は異動時や身上等の変化に応じ、各種手当の申請手続きが適正かどうか点検するなど、定期的な事実確認が大切です。（西部方面警務隊）

幌別駐屯地

登別市と災害時協定

大津波警報で通行可能に

大津波の発生時に地域住民の避難経路として幌別駐屯地を通行可能にする協定書に署名した畠山司令（左）と小笠原市長＝2月18日、登別市役所で

【幌別】幌別駐屯地と登別市は2月18日、「大津波警報発表時における一時的な緊急避難経路としての幌別駐屯地内の通行に関する協定」を締結した。

同駐屯地は海岸線から約350メートルの位置にあり、地域住民が高台方面へ避難するためには駐屯地を迂回する必要があった。同協定を締結することで、緊急時は市からの要請がなくても駐屯地内を通行できるようになった。このような試みは同駐屯地では初めて。

締結式は登別市役所で行われ、駐屯地司令の畠山義仁1佐と登別市の小笠原春一市長が協定書に署名した。畠山司令は「協定の締結がゴールではない。今後、地域と連携した避難訓練を重ねて課題を把握し、災害発生時に『想定外』を少しでもなくしていきたい」と話した。

小休止

▽…中警団2移動警戒隊は2月25日、乗り物に特化したニュース専門サイト「乗りものニュース」を展開するメディア・ヴァーグの取材を受けた。

▽…取材では2移警隊紹介のインタビューに加え、装備品、機動時の車両走行＝写真、器材の展開状況の撮影が行われた。

▽…取材内容はインターネット記事のほか、YouTubeチャンネル「乗りものチャンネル」で動画も公開される。同隊の狩野浩一曹長は「我々の士気も一層上がっております！　皆さまお楽しみに！」と力強く話している。（入間）

（世界の切手・ウクライナ）

不屈の精神とは、長期にわたって継続する勇気にほかならない。
B・アンダーソン
（米国の政治学者）

朝雲ホームページ
www.asagumo-news.com
会員制サイト
Asagumo Archive プラス
朝雲編集部メールアドレス
editorial@asagumo-news.com

みんなのページ

改めて実感した家族の支え

UNTPPの現場から ㊦

参加隊員のエピソード

2陸尉 川﨑 悠司（6施群402施中・岐阜）

これは「国連三角パートナーシップ・プログラム」（UNTPP）に教務陸曹として参加している第6施設群本管中隊の高畑光3曹のエピソードである。高畑3曹は2年交際をした彼女に、昨年12月26日、彼女の実家でプロポーズした。結婚の話は前々からしていたものの、具体的に形にしたことはなかった。

◇

「待たせてごめん。結婚しよう」と素直な気持ちを率直に伝えた。彼女は「いいよ」と泣いて喜んでくれた。年末年始は顔合わせを行い、お互いの両親からも祝福の言葉をいただき、より身が引き締まる思いになった。

一方、国際派遣に関しても、彼女は「行きたいならば、行ったほうがいい」と後押ししてくれた。さらには、コロナ禍で大々的に見送り行事を実施できなかった中、彼女は一人で空港に見送りに来てくれた。

感染を防止するため、空港での人との接触を極力控えるように行動していたので、会えたのは本当に一瞬だったが、高畑3曹は感謝の気持ちを伝え、無事帰ることを約束した。派遣に関する不安は少なからずあったものの、帰ってからの入籍を心待ちにし、自らの職務に最大限の力を発揮することで、このプログラムに貢献する所存である。

◇

今プログラムでは、教官団の中に、6施群372施設中隊所属の松村昇2曹と同402施設中隊の松村舞雪（まい）士長が親子で派遣されている。

昇2曹は今プログラムで、国際派遣が4回目のベテランである一方、松村士長については、令和4年1月に陸士長に昇任したばかりで、自衛隊歴も今年で2年目の新人である。

舞雪士長は、幼いころから仕事で外国に行く父の姿に憧れて自衛隊を志し、こうして自らの夢であった国際任務に父親とともに従事できていることに強く喜びを感じている。

その背景には、母親の支えもある。母親は、今年成人式を控えていた舞雪士長に対して、成人式に出席するよりも夢であった国際派遣を優先させるように後押ししてくれた。

そうした家族の支えを受けながら、昇2曹は施設機械の教官、舞雪士長は通訳として、TPP学生の練度向上に寄与している。

今教育における2人の目標は、これまでの経験で得た技術を一つでも多く伝えること（父）、英語能力の更なる向上を図り、教官と被教育者の円滑な教育に資する（娘）である。

UNTPPに親子で参加している松村昇2曹（左）と舞雪士長

「〈軍港都市〉横須賀～軍隊と共生する街」

高村 聰史著

2000年から17年間にわたり「新横須賀市史」の編纂に携わった著者（現・国学院大学文学部兼任講師・世田谷区史編さん室）が、貴重な史料を基に「軍港都市横須賀」の歴史をひもといていく。

三浦半島の「寒村」にすぎなかった横須賀は、幕末の製鉄所・造船所建設や明治の鎮守府設置など、海陸軍の関連施設に依存しながら日本初の「軍港都市」へと発展を遂げていった。

著者は、特に人々の暮らしと海軍の歴史という社会経済史の側面に焦点を当て、▽近代海軍の建設から戦争、敗戦へと至る過程において一寒村から一大軍港都市へと成長した横須賀の市民と海陸軍がいかに共生してきたのか▽地域の中に存在する軍隊とはいかなる存在であったのか▽海軍や陸軍の恩恵を被りつつも、内なる矛盾と葛藤しながら軍港都市として発展を続け、敗戦ですべてを失っていく姿――を丹念に描き出している。

近年、「海軍カレー」に代表されるように、再び観光資源としての旧海軍という「歴史資源」に回帰している横須賀。その知られざる過去を奥深くまで探求することのできる一冊だ。

（吉川弘文館刊、2310円）

新刊紹介

「小笠原長生と天皇制軍国思想」

田中宏巳著

艦隊や中央の要職を経ずに、日本海軍の中将までのぼりつめた小笠原長生にフォーカス。防大名誉教授の著者が小笠原中将の日記を中心にその半生を描く一冊だ。

著者は最初に、日清・日露海戦史編纂や忠君愛国物の執筆者としての小笠原氏を描く。日清戦争での教訓を生かし、日露戦史編纂事業を小笠原氏らが整備したいきさつや編集方針の分析が描かれる。

さらに小笠原と旅順攻略の英雄乃木希典との親交や学習院御用掛と「常盤」艦長の二足のわらじをはき、やがて東宮御学問所幹事となるなど皇室との強いつながりについても紹介。この特異な経歴が中将昇任につながっていくことをわかりやすく解説する。

さらに東郷平八郎元帥のブレーンとしての側面や強固な天皇親政の実現の信条のもと、五・一五事件などを小笠原氏が描写する過程を丁寧に読み解く。

天皇親政を理想政治と信じた東郷元帥や小笠原中将の行動を本書で知ることで、近代日本の実像が見えてくるだろう。

（吉川弘文館刊、13200円）

「ハクナマタタ」

3陸曹 須見 唯彦（7施群380施中・大久保）

令和3年11月に今プログラムへの参加が決まった。10月初旬、中隊長からこの派遣の話があった時は、国際平和維持活動参加を熱望していた私にとってはこの上ない機会だと思った。

一つ気がかりなことは、家族が参加を受け入れてくれるかどうかであった。派遣の話を受けた夜、妻に派遣の話と派遣に対する熱意を伝えたところ、少し悩んだ後に参加することに賛成してくれた。

それから妻は、準備訓練から出国までの間、自分のことのように様々な準備を手伝ってくれた。そのおかげもあり、派遣までに万全な準備を整えることができた。令和4年1月6日から10日までの間、大久保駐屯地で約4日間の隔離を経て、最後の出国準備を整えた。

出国当日の朝、妻、娘2人の家族3人が駐屯地にお見送りに来てくれた。長女と次女が、2人で作った日本とケニアの国旗と「ハクナマタタ」と書いた大きな紙を派遣隊員の皆に対して力いっぱい掲げる姿を見て、改めて私は家族に支えられていると実感した。

「ハクナマタタ」とはスワヒリ語で「大丈夫、問題ないよ」という意味である。現在、私はアフリカのケニアの地でこの言葉を胸に、施設機械の教官として日々精進している。

残りの期間、笑顔で送り出してくれた家族のもとへ「問題なく」帰れるように、感謝の気持ちを胸に無事に任務を完遂したいと思う。

「ハクナマタタ」と書いた紙を掲げて須見3曹の出発を見送る長女の日葵（ひまり）ちゃん（左）と妹の心遥（こはる）ちゃん

FTC訓練に参加

2陸尉 木原 誠（7普連3中・福知山）

FTC（富士トレーニングセンター）訓練には2年前に防御運営で参加して以来、小銃小隊長として2回目の参加となりました。今回は攻撃運営です。防御と攻撃を経験して小隊長として重要だと思ったことが二つあります。

一つ目は生き残っている限り強い信念をもって任務を遂行し続けること。2年前の防御運営では、マムシ森一帯に物理的に人が通過不可能で教範にもない鉄条網を考案し、構築しました。さらに、強度の高い掩体構築を行い、防御準備を万全にし、敵を待ち受けました。

敵に翼側を突破された際、主力は生き残っており、諦めることなく、敵の後方から追撃し、敵を減殺することができました。しかし、その交戦により小隊は大きな損耗を受けました。

二つ目は、今回の攻撃運営において学んだ部隊運用に関する意見具申の重要性です。研究会の時に確認した敵戦闘偵察小隊長の無線指揮は、まるで現地を真上から見ているようなイメージで部隊転用、最終確保地域での防御に関する意見具申を中隊長に行っていました。

私自身は攻撃命令の中で昼間攻撃に関する意見具申を命令下達及び戦闘指導で実施していました。しかし、対抗部隊の小隊長のように流動的な戦闘の中で根拠ある意見具申をすることはできませんでした。

今回の運営に臨むに当たり、練成訓練では様々な夜間戦闘要領を練成しました。

特に、夜間の歩き方から始まり、走り方、夜間隊形戦闘、V1・V8（個人用暗視装置）の使用法の習熟、フラッシュライトを活用した戦闘、地隙を円滑に越える要領、敵人員を目標にするのではなく地域・地線を目標に攻撃する意識・考え方、主力で一気に敵に当たってしまうのではなく、必ず偵察させ、態勢をとって敵と接触するという基礎的戦術等を練成しました。結果、難攻不落のヤビツ台を奪取、中隊に貢献することができました。

最後に、本訓練を通じて小隊が団結をさらに固く・強くできたこと、中隊の任務完遂に貢献できたことに感謝します。

「登山の魅力」

2空曹 藤塚 翔太郎（1高群指運隊・入間）

群馬県の武尊（ほたか）山の山頂で記念写真に収まる藤塚2曹（左）

私の趣味は登山です。結婚3年目の妻と2人で行くことが多く、蝦夷富士と呼ばれる北海道の羊蹄山、本州を縦断するアルプスの山々など、数々の山に行きました。山頂で雪上テント泊をしたこともあります。

私たち夫婦を魅了している登山ですが、「なぜそんなキツイことが趣味に?」と聞かれることが多々あります。たしかに登山は楽ではありません。雨の後には足を取られるほどぬかるんだ林道、登ることを躊躇（ちゅうちょ）するような急登、倒木に阻まれた道、冬になれば降り積もる雪と寒さが全身を襲ってきます。

その辛さ厳しさも気付いたら乗り越えており、ふと目線を上げ振り返ると、自分の歩んできた道が確かにある。一歩ずつ歩み乗り越える、そこに人生と重なる何かを感じるのです。そして頂上からの絶景、そこで食べるカップラーメンには何物にも代えがたい感動があります。

なぜ登るのかと聞かれたら、そこに山があるから、山頂のカップラーメンが忘れられないから、なんて答えていますが…本当の答えは登った先、山頂にしかありません。その答えを見つけに皆さんも是非、レジャー申請を確実に行い、いろいろな山に登りに行ってみてください。

OBがんばる

村上　司誠さん　57
平成30年11月、41普連を2陸佐で退官。現在、JA共済連大分県本部自動車損害調査部で、交通事故の対人・対物保障担当を務めている。

自衛隊で培った経験で即順応

私は現在、JA共済連大分の自動車損害調査部で勤務しております。

当会の事業活動は、組合員、利用者の皆様の暮らしをサポートするため「ひと（生命共済）・いえ（建物更生共済）・くるま（自動車共済）の総合保障」の提供を行っています。その中で、自動車共済事業の損害調査サービスとして交通事故における対人・対物保障がありますが、その担当は退職自衛官が務めています。

当会では現在、陸・海・空3自衛隊出身の11人（女性1人含む）が勤務しており、入会後、約2週間の研修を受け、即現場勤務となりますが、自衛隊の先輩をはじめ経験豊富な職員が懇切丁寧にサポートする体制も整っており、福利厚生も充実し、安心できる勤務環境です。

仕事内容は、契約者の交通事故が発生後、事故センター（JA）が初期対応し、共済連県本部のセンター長から各地域の担当者（主体は自衛隊OB）へ振り分けられます。主に対人傷害担当者として振り分けられた事故を把握、分析し、特性に応じて契約者並びに被害者への対応要領を考察し迅速な対応に努めますが、相手は人です。一人一人考え方・性格・環境もさまざまで、定型的な方法では必ずしも対応できない場合も多々あります。

退職自衛官の当会への採用につながっているのは、それらに即順応できる自衛隊で培った経験であり、幹部自衛官としてのコミュニケーション・判断力・調整力・決心（決断力）と考えます。契約者・被害者への満足いく対応ができるよう日々精進しております。

全国では、各種保険会社に多くの自衛官が採用され活躍しています。是非希望されてはいかがでしょうか。

詰将棋

出題　日本将棋連盟　九段　石田　和雄

第863回出題

☗先手　持駒　角金

【ヒント】飛捨てを決め手に最後は金（10分で初段）。

▶詰碁、詰将棋の出題は隔週です◀

詰碁

出題　日本棋院　九段　曲　励起

第1278回解答

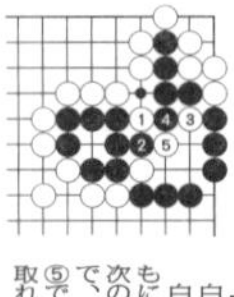

【解答図】白先、黒取り。白①黒❷はともに当然です。次の白③が大切で、黒❹には白⑤で黒石をもぎ取れます。

朝雲

発行所 朝雲新聞社
〒160-0002 東京都新宿区
四谷坂町12-20 KKビル
電　話　03(3225)3841
FAX　03(3225)3831
振替00190-4-17600番
定価一部150円、年間購読料
9170円（税・送料込み）

主な記事

岸防衛相
ウクライナ国防相と会談
「最大限の支援」伝える

岸防衛相は3月16日、ウクライナのオレクシー・レズニコフ国防相と初のテレビ会談を行い、ロシアの軍事侵攻を受けるウクライナに対し、我が国として最大限の支援を行っていく考えを伝えた。同日夜には、日本政府からウクライナ政府に無償提供する防弾チョッキや鉄帽（ヘルメット）、防寒服など自衛隊の装備品を積み込んだ米空軍のC17輸送機が、在日米軍横田基地（東京都）から欧州の米軍基地に向けて出発した。日本からウクライナに提供する自衛隊装備品を米軍が輸送するのは初めて。日本は既に自衛隊機で2回の輸送を実施しているが、迅速な輸送の強化に向けて米軍の協力を得た。

米C17輸送機 自衛隊装備品を輸送

自衛隊の装備品を搭載した米空軍のC17輸送機の前で記念撮影に臨む米国のエマニュエル駐日大使（中央）、鬼木副大臣（その右）。左端は山崎統幕長（3月16日、東京都の米軍横田基地で）＝防衛省提供

ウクライナのレズニコフ国防相＝防衛省提供

岸大臣とレズニコフ国防相とのテレビ会談は16日午後5時から約30分間行われ、レズニコフ氏は防衛省・自衛隊によるウクライナへの装備品等の提供支援に深い謝意を表した。

これに対し、岸大臣は、祖国に殉じたウクライナ兵と戦禍に倒れた同国民に哀悼の意を捧げ、祖国と家族を守るために戦っている兵士と国民に深い敬意を示した上で、「今回のロシアによる侵略は、明らかにウクライナの主権と領土の一体性を侵害し、武力の行使を禁ずる国際法と国連憲章の深刻な違反であり、決して認められない行為だ。力による一方的な現状変更は国際秩序の根幹を揺るがすものであり、ロシアを最大限非難する」と述べ、日本政府の揺るぎない立場を伝えた。

会談後、岸大臣は省内で臨時記者会見を開き、「防衛省・自衛隊は今後も米国をはじめとする国際社会と連携しながら、ウクライナを最大限支援していく考えだ」と強調。「引き続き国際社会と共に、ロシアに対し、一日も早い侵略の停止とウクライナからの撤退を求めていく」と語った。

一方、在日米軍横田基地では同日夕、自衛隊の装備品を搭載した米空軍のC17輸送機の出発式が行われ、現地で記者会見した米国のエマニュエル駐日大使は「我々の同盟はウクライナ国民を救うために団結し、日米の歴史に新たなページを刻む」と意義を強調した。

続いて、鬼木誠防衛副大臣は「自由や民主主義、法の支配といった共通の価値観を有する我らは今こそ、この国難に立ち向かうウクライナの人々に対して連帯の意思を示す時だ。国際秩序の根幹を揺るがすロシアによるウクライナ侵略は、我が国の安全保障の観点からも決して看過できない。米軍機による輸送は日米両国が日米同盟の下、国際社会と結束して毅然と行動していく決意を示すものだ。自衛隊の装備品等が祖国のために立ち向かうウクライナの人々の盾となることを切に願う」とスピーチした。

在日ウクライナ大使館のセメニューク公使参事官は「日米とウクライナの連帯の証左だ」と述べ、関係者に謝意を表明した。

統幕長
ポーランド軍参謀総長と会談
ウクライナ情勢で意見交換

山崎統幕長は3月10日、ポーランド軍参謀総長のラジマンド・アンドルゼグザーク陸軍大将とテレビ会談を行った。

会談には在日ポーランド武官のヴォイチェフ・カリシュチャク陸軍大佐が同席。統幕長は参謀総長に対し、ウクライナ政府への自衛隊装備品等の移転に当たり、ポーランド政府の支援に謝意を伝えた。また、ロシア軍の侵攻を受けているウクライナの最新情勢についても意見を交換した。

山崎統幕長は翌11日、防衛省を訪れた在日ウクライナ武官のアンドリー・ビレンキー空軍大佐、同ポーランド武官のカリシュチャク大佐と会談した。

統幕長は最初に、ロシアの侵略軍と勇敢に戦って倒れたウクライナ軍人と同国国民に対して哀悼の意を表明。その後、ウクライナ、ポーランドとの連携を深め、一日も早く平和と安定を回復させるべく、自衛隊もウクライナに対し最大限の支援を行うことが話し合われた。

ポーランド軍参謀総長のアンドルゼグザーク陸軍大将（右上円内）とテレビ会談する山崎統幕長（左）。右は同席したカリシュチャク同国在日武官（3月10日、統幕で）＝統幕提供

「宇宙作戦群」が発足
空自府中基地に新編

自衛隊初の宇宙領域専門部隊「宇宙作戦隊」の上級部隊「宇宙作戦群」が3月17日付で空自に発足し、翌18日、府中基地で新編行事が行われた。

式には鬼木副大臣、山崎統幕長、井筒空幕長、米宇宙コマンド（米コロラド州ピーターソン基地）司令官のディキンソン陸軍大将、宇宙領域で日本と協力する12カ国の在京武官らが出席。初代宇宙作戦群司令の玉井一樹1佐（前・空幕防衛部宇宙領域班長）以下約20人が参加し、玉井群司令が鬼木副大臣に編成完結を報告。副大臣が群司令に空色の隊旗を授与した。

この後、副大臣が防衛大臣の訓示を代読し「今回の新編により、防衛省・自衛隊の宇宙領域における取り組みは新たなステージに入ることになる。従来の枠を超えて一層大きな飛躍を遂げられるよう、隊員一丸となり任務にまい進を」と要望した。

続いてディキンソン司令官が登壇し、玉井群司令に祝意を伝え「宇宙作戦群はより一層、われわれアメリカ宇宙コマンドとの関係を強くするだろう」と述べた。

玉井群司令は式後の会見で「宇宙における我々のプレゼンスを高められるよう、任務にまい進する」と決意を語った。

宇宙作戦群は2020年5月に発足した宇宙作戦隊、群と同時に発足した宇宙作戦指揮所運用隊、群本部と合わせ約70人で編成。今後は各種訓練や新体制に向けた準備を行いながら、「宇宙状況監視（SSA）」システムの23年度中の実運用を目指す。

鬼木副大臣（左）から「宇宙作戦群」の隊旗を授与される初代群司令の玉井一樹1佐（3月18日、府中基地で）＝空自提供

日米共同訓練に初参加した陸自のV22オスプレイから地上に展開する水陸機動団の隊員たち（3月15日、東富士演習場で）

陸自オスプレイが日米共同訓練に初参加

戦力化が進められているヘリ団（木更津）のティルトローター型輸送機「V22オスプレイ」を初めて使用した陸自の令和3年度米海兵隊第31海兵機動展開隊（沖縄）との日米共同訓練が3月4日から静岡県の東富士演習場などで始まり、その一部が同15日、記者団に公開された。

訓練は陸上総隊司令官の前田忠男陸将と米第3海兵機動展開部隊長のJ・ビアマン中将を担任官に、陸自が水陸機動団（相浦）、ヘリ団を基幹とする隊員約400人、米海兵隊から約600人が参加。日米のオスプレイを利用し、両国隊員を輸送・展開させる状況が報道陣に披露された。

陸自部隊を指揮した水機団1水機連長の關雅史1佐は、陸自オスプレイの初参加について「厳しさを増す国際情勢下、我が国と周辺地域の抑止力、対処力の強化を図る上で大変意義がある」と語った。

自衛隊
サイバー防衛隊が新編
岸大臣「中核の役割を果たせ」

サイバー攻撃からのシステム防護機能を強化するため、防衛省は3月17日付で自衛隊指揮通信システム隊（市ヶ谷）に代わる新たな大臣直轄の共同部隊「自衛隊サイバー防衛隊」（市ヶ谷、隊司令・木村顕継陸将補以下約540人）を新編、防衛省講堂で隊司令旗授与式を行った。

式には岸防衛相、山崎統幕長らが出席。木村将補が旧隊旗を返還し、自衛隊サイバー防衛隊の編成完結を報告すると、大臣から新たな司令旗が授与された。

岸大臣は訓示で「この部隊の新編は新たな領域における能力強化の重要な柱であり、領域横断作戦の具現化に向けた大きな一歩だ」と述べた上で、「生まれ変わった自衛隊サイバー防衛隊が防衛省・自衛隊のサイバー防衛の中核としての役割を果たし、政府全体の総合的な取り組みに対しても寄与してほしい」と強く要望した。

山崎統幕長は同日の記者会見で「新編により隊本部の体制が強化され、サイバー部隊に対する訓練の企画や評価などの支援を一層行える」と語った。

自衛隊サイバー防衛隊は隷下に隊本部、サイバー運用隊、サイバー防護隊、ネットワーク運用隊、中央指揮所運営隊の4部隊を持ち、陸海空自から移管する要員を含め約140人を増員、約540人体制に強化された。自衛隊の共通ネットワーク「防衛情報通信基盤（DII）」防護を担う。

自衛隊サイバー防衛隊司令旗授与式で、木村隊司令（手前左）らに訓示する岸防衛相（中央）。その右は山崎統幕長（3月17日、防衛省講堂で）

春夏秋冬

鮮やかだったウクライナの抵抗

土屋　大洋

2002年の暮れ、米国のワシントンDCを訪問していた。その時の米国では、「イラク戦争が起こるのか」が議論されていた。幾人かの人たちが「起こるわけがない」として、その根拠をいくつも並べ立てていた。しかし、翌03年3月、イラク戦争は始まった。その余波は現在に続いている。

それから19年後の22年2月、世界は、ロシアがウクライナに侵攻するのか、懐疑の目で見守っていた。Xデーとされていたのは2月16日だった。欧米のメディアでは今にも戦争が始まると論じていたが、何も得るところのない戦争をロシアが始めるわけがないという見方も強かった。

そのXデーが過ぎ、どうやら侵攻はないらしいと密かに安心したとき、米国のジョー・バイデン大統領が、プーチン大統領は侵攻開始の「決断を下したと確信している」と発言した。そして、24日、ロシアは侵攻を開始した。

21世紀にむき出しの力による戦争が起こるのか、それが率直な感想だった。

しかし、そこで見えてきた戦争は、私も含めて多くが予測していたハイブリッド戦ではなかった。14年のクリミア半島占拠においては、ロシアの手口は鮮やかだった。通信を止め、偽情報をばら撒き、国籍を示す徽章を付けずに武装した「リトル・グリーン・メン」（実態はロシア軍の兵士）たちがそろそろとクリミア半島に入り込んで短時間で占拠した。

21世紀の戦争は、ほとんど人を殺すことなく、重要インフラを制圧し、相手の戦意を失わせるはずだった。しかし、そうしたサイバースペースを活用した作戦はうまく機能せず、ターゲットを外しているとしか思えないミサイルを1000発撃ち込み、途中で動けなくなる戦車を送り込んでいる。

むしろ、鮮やかだったのは、ウクライナの抵抗だ。ウクライナ国民はあらゆる外国語を駆使して外国メディアに登場し、攻撃の現場から写真と動画を駆使してSNSに発信している。ウクライナのウォロディミル・ゼレンスキー大統領は各国の議会でのオンライン演説で支援を呼びかけた。

安全保障において先を見通すのは実に困難だ。それが改めて感じた今回の教訓である。

（慶應義塾常任理事、慶應義塾大学大学院教授）

グローバルホーク
空自三沢に到着

空自向けの滞空型無人機「RQ4Bグローバルホーク」が3月12日、米カリフォルニア州のパームデールから遠隔操縦／自律飛行して三沢基地に到着、空自の「臨時偵察航空隊」に配備された。

RQ4Bは全長約15メートル、全幅約40メートル、全高約5メートルで、高度約2万メートルに滞空、航続時間は約36時間。これにより、広域で高高度からの常続監視が可能になる。

空自には今後、米国からRQ4Bが計3機導入され、2022年度中に「偵察航空隊（仮称）」が新編される予定だ。

朝雲寸言

「ロシアは中国とは別の思惑で動いている」「経済協力カードを使えばロシアを引き寄せられ、北方領土返還の可能性も出てくる」といったことを真顔で語る「ロシア専門家」がかつては多かった。中ロ一枚岩を懸念する一方で領土返還を望む日本人の多くが、そんな甘言にひと時の安らぎを見出した▼旧ソ連地域を専門とする研究者が今年1月のニュース番組で「ロシアのウクライナ侵攻はない。中国もウクライナにある利権を失いたくないので、ロシアの侵攻は望まないはず」と語るのを聞いた。こちらも、平和を望む日本人には受け入れやすい見立てだった▼けれど、現実にはロシア軍はウクライナに侵攻。書くこともはばかれるような戦争犯罪を続けている。それらを事実上かばい立ててくれるだけでなく、資源も従来通り買ってくれる中国にロシアはますます頭が上がらなくなり、一枚岩化が止まらない▼かつて見通しを誤った幾人かの専門家が今、何事もなかったかのような顔で連日各局の番組に出演し、何事かを語っている。厚顔無恥とはこういうことかとあきれる一方で、人間これくらいでないと世の中を渡れないのかなとも感じる。誰が正しい予測をし、誰が間違えたのかを記録・評価するデータベースのようなものが必要なのではないだろうか。このままでは悪貨が良貨を駆逐し、日本の言論界や報道は劣化し続け、最終的にこの国の安全が揺らぎかねない。

防衛省発令

将補人事

▽陸幕法務官（2師団副師団長兼旭川駐屯地司令）陸将補　篠村　和也
▽2師団副師団長兼旭川駐屯地司令（札幌地方協力本部長）同　宮崎　章
▽2高射特科団長兼飯塚駐屯地司令（陸幕防衛課長）同　小山　直伸
▽富士教導団長（同法務官）同　七嶋　剛士
▽自衛隊サイバー防衛隊司令（指揮通信システム隊司令）同　木村　顕継
▽空幕装備計画部長（航空教育集団幕僚長）空将補　小島　隆
▽中部航空警戒管制団司令兼入間基地司令（空自4術科学校長兼熊谷基地司令）同　小野打泰子
▽航空救難団司令（航空支援集団副司令官）同　今城　弘治
▽航空支援集団副司令官（航空救難団司令）同　川波　清明
▽航空教育集団幕僚長（空幕装備計画部長）同　坂本　浩一
▽空自4術科学校長兼熊谷基地司令（中部航空警戒管制団司令兼入間基地司令）同　津曲　明一
▽航空医学実験隊司令（那覇病院長）同　辻本　哲也
▽入間病院長兼防衛医大病院兼中央病院病理課（航空医学実験隊司令兼防衛医大病院兼中央病院病理課）同　加藤　圭
▽退職
（2高射特科団長兼飯塚駐屯地司令）陸将補　藤田　英俊
（富士教導団長）同　森脇　良尚
（岐阜病院長）空将補　森本　浩吉

将補昇任者

▽陸将補に昇任
（陸幕防衛課長）1陸佐　小山　直伸
（指揮通信システム隊司令）同　木村　顕継
（札幌地方協力本部長）同　宮崎　章
▽空将補に昇任
（那覇病院長）1空佐　辻本　哲也
（以上3月17日）

時の焦点

国内

サイバー防衛隊

自衛隊の指揮系統や部隊運用のシステムが攻撃されれば、戦闘機やイージス艦は無力化してしまう。防衛ネットワークから脆弱性を排除することが重要だ。

防衛省が、陸海空3自衛隊のサイバー関連部隊を統合し、「自衛隊サイバー防衛隊」を発足させた。従来の1・3倍となる540人体制で、全部隊の運用を一元管理する通信ネットワーク「防衛情報通信基盤」を守る任務にあたる。岸防衛相は「サイバー領域で我が国の優位性を確保する大きな1歩だ」と述べた。

知見を幅広く生かしたい

中露両国や北朝鮮は、宇宙やサイバーなど新領域での攻撃能力を高めている。自衛隊は、日本全体のデジタル人材の不足という事情もあり、サイバー対策が弱点と指摘されてきた。

自衛隊内の専門人材を集約し、体制を拡充するのは理にかなう。サイバー防衛隊は情報収集・分析の能力を強化するとともに、演習を綿密に行い、対処能力を高めてもらいたい。

専守防衛を原則とする我が国では、サイバー攻撃を受けても、相手国の意思が明確で、甚大な被害が生じない限り、反撃できない。

一方、サイバー空間での攻撃は巧妙かつ高度化している。攻撃主体の特定は難しい。

政府は、「妨げる能力」を持つ方針を防衛大綱に明記しているが、どこまでの活動を自衛隊に認めるのかは定まっていない。反撃能力の保有を法的に検討する必要がある。

ロシアに侵攻されたウクライナでは、自治体のサイトに「ウクライナは降伏した」といった情報が掲載された。銀行の顧客にはSNSで「ATMは利用停止となった」という偽メッセージが届いたという。社会を混乱させる狙いでロシアが様々なデジタル戦を仕掛けているとみられる。重要インフラを狙ったサイバー攻撃も懸念されている。

日本のインフラのシステム防護は、各省と事業者が協力して行っている。政府の司令塔・内閣サイバーセキュリティセンターは、十分な対策を講じているか、点検する役割を担っている。

政府内でサイバー対策の実務能力が最も高いのは、自衛隊だろう。米国では、軍が重要インフラのシステム防護に関わっている。自衛隊も、能力や知見をインフラ防護に生かすべきだ。

近年は、日本の防衛関連企業に対するサイバー攻撃が頻発している。防衛装備品は、米国などと共同で開発しているケースもある。日本の防衛産業から機密が流出すれば、日本の信頼は失墜しよう。

防衛省と取引のある企業がセキュリティー対策を強化するのは当然として、自衛隊は防衛産業のシステム防護にも協力してはどうか。

夏川　明雄（政治評論家）

海外

ロシアの暴挙

核戦争の危険さえ深刻に懸念されるロシアによるウクライナ軍事侵攻は、過去30年余り続いたポスト冷戦時代の国際秩序の崩壊を告げるとともに、ロシアがその重い代償を払う形で国際社会で決定的に孤立する契機となった侵略戦争として歴史に記されるのではないか。

昨年秋以降に激化したウクライナ情勢をめぐる軍事的緊張、それと同時進行した危機回避に向けた米欧とロシアによる虚々実々の外交駆け引きに世界中が数カ月にわたって振り回されたことも、侵攻に至る伏線として長く記憶されるに違いない。

バイデン米政権はこの8年前のロシアによるウクライナ南部クリミア半島併合への手口を教訓に、侵攻の可能性に警鐘を鳴らし続けたが、プーチン政権は案の定、米欧による厳しい制裁の警告を無視し、むしろそれに挑戦する形で大規模侵攻に踏み切った。西側の当初の予想では、ロシア軍の侵攻も、クリミア併合直後から紛争が続くウクライナ東部地域への軍事介入程度とみられていたが、プーチン大統領が2月24日に発表した特別軍事作戦の対象は全土への侵攻であり、この点からも侵攻の狙いがはっきり読み取れる。

ウクライナ侵攻の教訓

すなわち、米欧がいかに反発しようとも、ロシアが勢力圏とみなすウクライナを、自国の脅威となる北大西洋条約機構（NATO）加盟国にさせてはならないというプーチン大統領の断固たる決意であり、目標達成には核兵器使用も辞さないという威嚇にも覚悟のほどがうかがえる。しかし、クレムリンの最大の過ちは、国際社会では到底容認され得ない不当な理由で隣国への侵攻に踏み切り、ましてや都市部での無差別攻撃で子供を含む多数の民間人を死傷させたばかりか、国内の原発施設を攻撃するなど国際法違反や戦争犯罪に該当する軍事行動をためらいなく続けていることだ。容赦ない徹底ぶりは反体制派や人権活動家、今回の侵攻に抗議する自国市民らを弾圧する独裁者の政治手法そのものだ。

今回の侵攻については、「プーチンの戦争」という批判の声が上がっているように、この独裁的指導者がこれまでにチェチェンやジョージア（グルジア）の戦争、あるいは内戦下のシリアへの軍事介入などの際に実施した戦略・戦術との共通性を見て取ることが可能であり、軍事力こそが政治的、外交的な目標の達成には不可欠という信念の下に行われてきたことがうかがえる。ロシアの侵攻を阻止できなかったことをもって、バイデン米政権の指導力やNATOの安全保障政策を批判する声も聞かれるが、それは筋違いだろう。

ロシアの暴挙を防ぐために西側陣営は何をすることができたのか。その要諦はやはり、イエスマンだけを集めた独裁的指導者が権力の維持を目的にいかに理不尽かつ危険を顧みない冒険主義的な行動に踏み切ってしまうかという歴史上繰り返されてきた経験則に立ち返り、国民の声が届く民主主義を信奉する国々が一致結束し、連帯する重要性ではないか。隣国の軍事大国に主権と領土保全を蹂躙されて抵抗を続けるウクライナの戦いぶりは、国民の団結と強権的な権威主義体制への異議申し立てがいかに大切かを教えている。

伊藤　努（外交評論家）

海自幹部候補生学校で卒業式

初級幹部、江田島を出発

海自幹部候補生学校（江田島）で3月12日、「第72期一般幹部候補生課程」と「第74期飛行幹部候補生課程」の卒業式が行われ、各初級幹部は同日からそれぞれ近海練習航海と外洋練習航海に出発した。

一般幹候を卒業した初級幹部約160人（うち女性約30人）は式後、練習艦隊司令官の小牟田秀覚将補を指揮官とする練習艦「かしま」「しまかぜ」、訓練支援艦「くろべ」に分乗し、江田島を出港した。

実習幹部たちは各種訓練に取り組みながら阪神、沖縄を巡り、4月1日に横須賀に到着予定。その後、長期の遠洋練習航海に備える。

一方、飛行幹候を修了した初級幹部54人（うち女性3人）は護衛艦「すずつき」に乗艦し、東南アジア方面へ出発。8護隊司令の竹嶋広明1佐が指揮を執り、航海中は各種訓練を行いながらベトナムのカムラン、シンガポールのチャンギなどに寄港、4月28日に帰国する予定。

ウクライナ向けに輸送中か　車両積載の露艦西航

津軽海峡

3月15日午後8時ごろ、青森県・尻屋崎の東北東約70キロの海域を西に進むロシア海軍の「アリゲーターⅣ」級戦車揚陸艦（艦番号081）、「ロプチャーⅠ」級戦車揚陸艦（066）各1隻を海自の艦艇と航空機が確認した。

「アリゲーターⅣ」級には軍用の車両が多数積み込まれており＝写真、防衛省では、ロシアが軍事侵攻を行っているウクライナ方面への戦闘車両の輸送が目的ではないかと見ている。

また16日午前7時ごろには、尻屋崎の東北東約220キロの海域を南西に進む「ロプチャーⅠ」級戦車揚陸艦（055）と「ロプチャーⅡ」級戦車揚陸艦（077）の計2隻も確認。

これら4隻の揚陸艦は津軽海峡を通過し、日本海に入った。海自2空群（八戸）のP3C哨戒機、7護隊（大湊）の護衛艦「しらぬい」が情報収集と警戒監視に当たった。

山崎統幕長は17日の会見で、ロシア海軍艦艇の津軽海峡通過について、「ウクライナ侵攻と軌を一にしてオホーツク海などアジアでも（ロシア軍の）活動が活発化している」とし、「関心を高く持って見ていく」と述べた。

またこれに先立ち、14日午前0時ごろには宗谷岬の南東約130キロの海域を北西に進むロシア海軍の「ウダロイⅠ」級駆逐艦1隻（8636トン、艦番号543「マーシャル・シャポシニコフ」）など計6隻を、さらに午前9時ごろには青森県・尻屋崎の東北東約70キロの海域でロシア海軍の「ズヴョズドチカ」級兵器輸送艦1隻を海自が確認している。

1佐職　春の定期異動

防衛省発令

▽防衛研究所軍事戦略研究室長（空自補給本部監理監察官）1空佐　大森　太郎
▽空幕運用支援課長（空幕運用支援課運用支援調整官）同　村上　博啓
▽同運用支援課運用支援調整官（2航空団飛行群司令）同　門田　大輔
▽同整備・補給課総括班長（空幕整備・補給課）同　野末　拓磨
▽同科学技術計画官（防衛装備庁長官官房装備開発官付総括室長）同　西口　雅人
▽航空総隊総務部長（空自補給本部総務部長）同　平井勇一郎
▽同司令部（南西航空方面隊幕僚長）同　玉﨑　正史
▽2航空団飛行群司令（防衛装備庁長官官房装備開発官付ミッションシステム開発室長）同　谷口　弘樹
▽5航空団副司令（空自補給本部武器弾薬部長）同　黒子　一也
▽8航空団整備補給群司令（空幕整備・補給課総括班長）同　宮城　浩太
▽南西航空方面隊幕僚長（同運用支援課長）同　藤田　輝章
▽1輸送航空隊整備補給群司令（同科学技術計画官）同　木下　拓也
▽航空教育隊司令兼防府南基地司令（航空総隊総務部長）同　右田　竜治
▽空自補給本部総務部長（2補給処十条支処長兼十条基地司令）同　加畑　忠康
▽同武器弾薬部長（4補給処資材計画部長）同　浅木　恒二
▽同監理監察官（1輸送航空隊整備補給群司令）同　松田　哲也
▽2補給処十条支処長兼十条基地司令（5航空団副司令）同　和田　竜一
▽4補給処資材計画部長（8航空団整備補給群司令）同　中川　大介
▽兼防衛装備庁長官官房装備開発官付総括室長　装備開発官付航空機開発調整官　同　中村慶一郎
▽防衛装備庁長官官房装備開発官付ミッションシステム開発室長（空自幹部学校）同　小川　高優
（以上3月12日）
▽防衛大教授（富士学校特科部副部長）1陸佐　関口　景
▽防衛研究所主任研究官（東部方面総監部監察官）同　島守　英次
（教育訓練研究本部）同　小橋　史行
▽統幕総務課長（施設学校教育部長）同　尼子　将之
▽同人事教育課人材育成班長（11旅団3部長）同　寺島　俊樹
▽同運用1課防衛警備班長（統幕運用1課）同　石岡　直樹
▽同報道官付（陸幕総務課）同　南平　勇将
▽統幕学校教育課2教官室兼国際平和協力センター（同補任課人事2班長）同　菅沼　文洋
▽陸幕総務課企画班長（教育訓練研究本部訓練評価調整官）同　前田健一郎
▽同会計課会計監査班長（中部方面総監部会計課長）同　青木　哲也
▽同人事教育計画課予備自衛官室長（岩手地方協力本部長）同　武本　康博
▽同補任課人事2班長（東部方面総監部防衛部）同　武田　宣則
▽同補任課（陸幕防衛課）同　清田　裕幸
▽同運用支援課運用支援班長（同運用支援課）同　小林　直基
▽同訓練課総括班長（補給統制本部企画課長）同　村山　正人
▽同防衛課開発室長（教育訓練研究本部主任教官）同　土肥　直人
▽同武器・化学課誘導武器班長（関東補給処業務指示課長）同　田中　太
▽同情報課長（富士学校教育課長）同　東峰　昌生
▽同情報課付（施設学校主任教官）同　村田　秀将
▽陸上総隊総務課長（富士学校訓練評価室長）同　西島　秀郎
▽同会計課長（陸幕会計課会計監査班長）同　大谷　雅之
▽同情報1課長（陸上総隊情報部）同　齋木　小無
▽同国際協力課長（4施設団高級幕僚）同　伊藤　健晋
▽同日米共同部（13旅団3部長）同　高山喜一郎
▽同報道官（教育訓練研究本部総括室長）同　上田　俊博
▽同法務官（西部方面総監部法務官）同　坂田　隆
▽北部方面総監部情報課長（教育訓練研究本部）同　富永　誠
▽同監察官（旭川地方協力本部長）同　二瓶　惠司
▽同法務官（小平学校法務教育部長）同　佐藤　教人
▽北部方面会計隊長（陸上総隊会計課長）同　浜口　剛
▽帯広駐屯地業務隊長（装備実験隊1実験科長）同　工藤　功介
▽東北方面総監部人事課長（統幕人事教育課人材育成班長）同　谷本　秀典
▽同援護業務課長（飛行実験隊長）同　横山　純一
▽同需品課長（補給統制本部）2陸佐　高橋　寿浩
▽東北方面指揮所訓練支援隊長（岡山地方協力本部長）1陸佐　緒方　義大
▽東部方面総監部総務部長（4師団幕僚長）同　村上　賢治
▽同防衛課長（東部方面総監部防衛部）同　森下　輝彦
▽同後方運用課長（武器学校主任教官）同　安藤　真弘
▽同監察官（教育訓練研究本部）同　末永　吉孝
▽宇都宮駐屯地業務隊長（陸幕装備計画課）2陸佐　服部　健一
▽練馬駐屯地業務隊長（教育訓練研究本部主任教官）1陸佐　石丸　信二
▽中部方面総監部総務課長（西部方面戦車隊長兼玖珠駐屯地司令）同　山口　行徳
▽同会計課長（小平学校）2陸佐　藤井　浩之
▽同厚生課長（富士学校諸職種協同センター計画課長）1陸佐　木村　健一
▽同援護業務課長（補給統制本部）2陸佐　石塚　健悟
▽同情報部長（4施設群長兼座間駐屯地司令）1陸佐　小野　一也
▽同装備課長（武器学校）2陸佐　渡邊　修
▽同総監部付（中部方面総監部総務課長）1陸佐　持留　顕
▽同会計隊長（教育訓練研究本部）同　田方　一寿
▽守山駐屯地業務隊長（富士学校管理部長）同　北島　崇生
▽大久保駐屯地業務隊長（東北方面総監部人事課長）同　井門　秀治
▽日本原駐屯地業務隊長（西部方面総監部人事部）2陸佐　高橋　徹
▽海田市駐屯地業務隊長（部隊訓練評価隊副隊長）1陸佐　岩塚　寿文
▽西部方面総監部募集課長（陸自幹部候補生学校総務課長）同　大平落健二
▽同情報部長（情報学校2教育部長）同　野邊　格義
▽同防衛課陸上連絡官（陸上総隊法務官付）同　近藤　貴志
▽同法務官（高等工科学校生徒隊長）同　上薗　誠司
▽同総監部付（大久保駐屯地業務隊長）同　宿久　晴彦
▽同航空隊長兼高遊原分屯地司令（統幕総務課長）同　中尾　国保
▽1戦闘ヘリ隊長（1師団3部長）同　薄井　一
▽西部方面後方支援隊副隊長（関西補給処装備計画部長）同　加藤　隆雄
▽同西部方面輸送隊長（陸幕装備計画課）同　永禮　完次
▽西部方面情報隊長（陸上総隊情報1課長）同　高木　真一
▽5陸曹教育隊長（同司令部付）2陸佐　阿部　俊文
▽福岡駐屯地業務隊長（需品学校研究部長）1陸佐　奥田　広樹
▽小郡駐屯地業務隊長（北海道補給処苗穂支処長兼苗穂分屯地司令）同　西谷　修一
▽相浦駐屯地業務隊長（4師団火力調整部長）同　岩村　福雄
▽健軍駐屯地業務隊長（海田市駐屯地業務隊長）同　南野　延寿
▽1師団3部長（1師団司令部）同　鈴木　諭
▽同監察官（中部方面総監部援護業務課長）同　築地　靖男
▽3師団4部長（中央輸送隊）2陸佐　山本　隆司
▽4師団幕僚長（陸幕人事教育計画課予備自衛官室長）1陸佐　瀬田晃一郎
▽同火力調整部長（11特科隊長）同　廣岡　睦
▽6師団監察官（西部方面総監部防衛課陸上連絡官）2陸佐　小林　裕人
▽9師団4部長（指揮通信システム隊）同　清遠　高令
▽10師団監察官（水陸機動団3科長）1陸佐　樋口　毅
▽同司令部付（近畿中部防衛局防衛補佐官）同　小倉　博之
▽11旅団3部長（11旅団司令部）同　平塚　広行
▽13旅団副旅団長兼海田市駐屯地司令（中部方面総監部情報部長）同　田村　徹
▽同3部長（13旅団司令部）同　倉田　一
▽14旅団副旅団長兼善通寺駐屯地司令（東部方面総監部総務部長）同　福元　洋一
▽15旅団副旅団長兼那覇駐屯地司令（陸幕情報課長）同　杉村　繁実
▽同司令部付（東部方面混成団副団長）同　神田　謙
▽水陸機動団3科長（陸幕防衛課）同　富野　匠
▽1ヘリ団副団長（守山駐屯地業務隊長）同　鈴木　力
▽システム通信団本部付（宇都宮駐屯地業務隊長）同　大西　準一
▽1特科団副団長（1特科群長）同　伊藤　浩之
▽2施設団副団長（13施設群長兼幌別駐屯地司令）同　畠山　義仁
▽4施設団高級幕僚（北部方面総監部装備部）2陸佐　安田　孝浩
▽5施設団副団長（補給統制本部施設部長）1陸佐　大久保芳樹
▽東部方面混成団副団長（1特科団副団長）同　千葉　徹
▽西部方面混成団長兼久留米駐屯地司令（情報保全隊情報保全官兼副司令）同　有村　義治
▽富士教導団高級幕僚（2普通科連隊長）同　古賀理都靖
▽2普通科連隊長（東北補給処企画課長）同　小段　雄三
▽6普通科連隊長兼美幌駐屯地司令（陸幕訓練課総括班長）同　河村　友則
▽11普通科連隊長（富士教導団高級幕僚）同　二宮　充史
▽18普通科連隊長（9師団4部長）同　聖德　猛
▽19普通科連隊長（関東補給処企画課長）同　足達　好正
▽32普通科連隊長（10師団監察官）同　柳野　道彦
▽47普通科連隊長（18普通科連隊長）同　松本　哲治
▽49普通科連隊長（陸自幹部候補生学校学生隊長）同　後藤　義之
▽2特科連隊長（統幕運用1課防衛警備班長）同　川口　繁
▽西部方面特科隊副隊長（島根地方協力本部長）同　高橋　洋二
▽11特科隊長（富士学校主任教官）同　柴田　慎一
▽7高射特科連隊長兼静内駐屯地司令（相浦駐屯地業務隊長）同　矢口　鑑
▽西部方面戦車隊長兼玖珠駐屯地司令（富士学校主任教官）同　服部　樹彦
▽2戦車連隊長（陸幕防衛課）同　水谷　清隆
▽4後方支援連隊長（防衛装備庁事業監理官付事業計画調整官）同　遠藤　正幸
▽5後方支援隊長（需品学校主任教官）同　植田　靖
▽3地対艦ミサイル連隊長（陸幕総務課企画班長）同　木全　雅久
▽宮古警備隊長兼宮古島駐屯地司令（富士学校機甲科部副部長）同　伊與田雅一
▽1特科群長（陸上総隊日米共同部）同　渡邉　邦嘉
▽3高射特科群長（北部方面総監部法務官）同　加藤貴之
▽4施設群長兼座間駐屯地司令（陸幕運用支援課運用支援班長）同　本多　健二
▽11施設群長（教育訓練研究本部）同　佐藤　洋
▽13施設群長兼幌別駐屯地司令（東部方面総監部後方運用課長）同　藤田　宗德
▽中央特殊武器防護隊長（教育訓練研究本部）同　生田　敬三
▽警務隊本部捜査科長（12地区警務隊長）2陸佐　松岡　利治
▽中央業務支援隊（教育訓練研究本部総務課長）1陸佐　大戸　英円
▽同隊付（47普通科連隊長）同　阿部　慎治
▽中央情報隊副隊長（西部方面総監部情報部長）同　佐藤　裕史
▽同3科長（教育訓練研究本部）同　秀島　剛明
▽中央会計隊付（同）同　本田　頼朝
▽特科教導隊長（九州防衛局防衛補佐官）同　村岡　史朗
▽部隊訓練評価隊副隊長（東北方面総監部援護業務課長）同　松本　啓司
▽装備実験隊1実験科長（装備実験隊）2陸佐　竹本　憲介
▽同5実験科長（13通信隊長兼13旅団通信課長）同　井上　明人
▽飛行実験隊長（1戦闘ヘリ隊長）1陸佐　土谷　克弘
▽陸自幹部候補生学校総務課長（陸幕人事教育計画課）2陸佐　渡邊　亮
▽同学生隊長（茨城地方協力本部長）1陸佐　野口　紀幸
▽同学校付（5陸曹教育隊長）同　筒井　鋭達
▽富士学校管理部長（教育訓練研究本部）同　倉本　浩二
▽同特科部副部長（2特科連隊長）同　丸山　徳一
▽同訓練評価室長（特科教導隊長）同　黒瀧　隆志
▽同機甲科部副部長（11普通科連隊長）同　小出　昌典
▽同教育課長（2戦車連隊長）同　川村　洋史
▽同諸職種協同センター計画課長（教育訓練研究本部）同　西﨑　心
▽同総合研究課長（32普通科連隊長）同　木場　幸一
▽同主任教官（陸上総隊国際協力課長）同　井藤　庸平
（富士学校）同　大谷進一郎
▽富士学校（同諸職種協同センター総合研究課長）同　大北　知史
▽情報学校2教育部長（教育訓練研究本部研究調整官）同　宮本　克洋
▽同研究部長（情報学校）同　姫田　良明
▽情報学校付（同研究部長）同　中島　典章
▽航空学校副校長（西部方面航空隊長兼高遊原分屯地司令）同　坂本　浩紀
▽施設学校教育部長（11施設群長）同　椿　裕一
▽解　通信学校総務部長兼補　通信学校副校長兼企画室長　同　伊藤　幸二
▽通信学校総務部長（関西補給処整備部長）同　石本勝彦
▽通信学校付（教育訓練研究本部主任教官）同　林　佐光
（補給統制本部補給計画課長）同　矢野　裕久
▽武器学校研究部長（武器学校）同　栗田　和典
▽同主任教官（同）同　幸津　真悟
（以上3月14日）
（以下は次号に続く）

共済組合だより

ライフプラン支援サイト

共済組合HPから3社のWEBサイトに連接

野村證券　第一生命　三井住友信託銀行

皆さまは共済組合のホームページ（HP）からアクセスできる「ライフプラン支援サイト」をご存じですか?共済組合HPから野村證券、第一生命、三井住友信託銀行の3社が開設するWebサイトに進むことができます。

いずれのサイトも基本事項を入力するだけで将来の収入・支出のバランスを把握できる「ライフプラン・シミュレーション」をはじめ、結婚、出産、子供の教育、健康、老後など、人生のさまざまなシーンやそれに伴うお金にまつわる各種情報を得られます。

このほか、各サイトでは多彩なメニューをご用意。いずれもすぐに役立つ情報ばかりですので、ぜひご利用ください。

「ライフプラン支援サイト」閲覧は、共済組合HPのトップページ↓中段のライフプラン支援↓組合員専用ページへログイン↓ライフプラン支援サイト↓各社Webサイトに進んでください。

なお、共済組合ホームページは2月1日よりリニューアル致しました。それに伴いログイン用パスワードが変更になっておりますので、ご所属の支部にお問い合わせください。

◇

共済組合の各支部では、防衛省が開催する「生涯生活設計セミナー」に合わせて、ファイナンシャル・プランナーによる「個別相談会」も実施しています。こちらもぜひご利用ください。開催予定等、詳しくはご所属の支部にお問い合わせください。

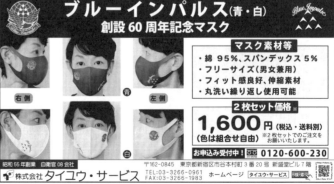

日本の軍事的近代化

防衛研究所研究幹事　庄司　潤一郎

フランスとの同盟模索　軍事協力の歩み

両国の深いつながり　関係秘話㊦（寄稿）

庄司　潤一郎（しょうじ・じゅんいちろう）
1958（昭和33）年生まれ。東京都出身。筑波大学社会学類卒、同大学大学院社会科学研究科博士課程単位取得退学。防研戦史研究センター長などを経て現職。専攻は近代日本軍事・政治外交史、歴史認識問題。2006（平成18）年から10（平成22）年まで「日中歴史共同研究」近現代史分科会委員。主な著書に、いずれも共著で『歴史と和解』（東京大学出版会、2011年）、『検証太平洋戦争とその戦略』全3巻（中央公論新社、2013年）、『地政学原論』（日本経済新聞出版、2020年）、『決定版　大東亜戦争』（新潮社、2021年）などがある。

日本とフランスの間では近代以降、「同盟」を目標とした軍事協力強化の試みがあった――。日仏間の知られざる深いつながりについて、防衛研究所の庄司潤一郎研究幹事が当時の貴重な記録を掘り起こし、新たな光を当てる。その先には、共に「太平洋国家」として連携を強める日仏の防衛協力・交流の未来が見えてくる。日本の軍事的近代化に大きく貢献したフランスとのエピソードを紹介した本紙2月10日付の「両国の深いつながり　関係秘話㊤」に続く完結編。

「アジアでの権益」で接近

去る1月、日仏間で外務・防衛担当閣僚協議「2プラス2」が開かれ、インド太平洋での連携・協力を強化することで一致したことに象徴されるように、近年、両国間の防衛協力が大きく進展しつつある。

実は、近代においても、日英同盟や日独伊三国同盟のように同盟として結実することはなかったものの、両国間では「同盟」を目標とした軍事協力強化の試みが頻繁になされていた。

中国をめぐって――清仏戦争と日仏協約

1883（明治16）年、ラクール外相が蜂須賀駐仏公使に打診するなど、フランスは日本に対して日仏連合を提起した。その背景には、安南（ベトナム）の領有権をめぐる清国との対立が存在していた（翌84年6月、清仏戦争が勃発、フランスが勝利し、ベトナムを保護国化した）。

さらに、フランスは、清仏戦争のみならず、東アジア全般の情勢を勘案した上で広範な意味での日仏連合を構想していたと言われる。

当時日本も、朝鮮半島をめぐって清国との関係が緊張しており、伊藤博文参議、さらに自由党の板垣退助らは、日仏提携を主張した。しかし、国力の制約に加え、フランスが台湾領有を企図したことなどから、井上馨外務卿らの反対で実現することはなかった。

一方、この時期、駐日フランス公使館付武官の尽力により、日本の軍人を清仏戦争の観戦武官として派遣するなど、清国を対象とした積極的な軍事協力が行われていた。

1900（明治33）年に起こった義和団の乱に際しても、8カ国連合軍の一員として、日仏両軍がともに中国に派兵された。

日露戦争における日本の勝利は、フランスの同盟国であったロシアの衰退と仏印（インドシナ）における民族運動の高揚をもたらし、こうした動向を懸念したフランスは日本に接近し、1907（明治40）年6月、日仏協約が締結された。

同協約は、アジアにおける両国の地位と領土権の保護と平和・安寧の確保を目的とした政治協約であり、日英同盟、日露協約と相俟って日英仏露の4国協商体制を形成し、ドイツと対立を深め、ついには第1次世界大戦へと至ったのである。

岐阜駅前に設置された凱旋門で歓迎を受けるフォール使節団＝1919（大正８）年春頃（『仏国飛行団関係写真帖』防衛研究所所蔵）

義和団の乱における山口素臣中将（前列右から2人目）をはじめ日仏両軍の将校ら＝1900（明治33）年10月頃（『北清事変写真帖』防衛研究所所蔵）

第1次世界大戦と日仏同盟構想

1914（大正3）年7月、第1次世界大戦が始まると、ルニョー駐日フランス大使は加藤高明外相に対して、「此際若し日仏両国の間に同盟（alliance）の成立を見るを得ば、大慶此上なし」と日仏同盟を再三にわたって打診した。フランスの目的は、仏印の保全と膠着するヨーロッパ戦線への日本陸軍の派兵であった。

フランスはさらに、2国間の同盟の代案として、日英同盟への加盟、日英仏露による4国同盟を積極的に提議してきたが、日本政府は同盟国の英国とも協議しつつ、慎重な立場に終始した。日本が消極的であったのは、アジアにおいて日仏両国の利害関係が稀薄で、日本にとって得るところが少なく、一方で日英同盟が弱体化することを危惧したためであった。

結局、陸軍のヨーロッパへの派兵は見送られたが、1917（大正6）年、英国の要請により駆逐艦隊を地中海に派遣、その船団護衛作戦は連合国側に高く評価された。

また、ほとんど知られていないが、滋野清武男爵ら8名の日本人がフランス陸軍航空隊にパイロットとして従軍していた。うち3名が戦死したものの、滋野男爵ら3名は功績を認められ、フランス政府からレジオン・ド・ヌール勲章などを授与された（「戦史秘話12話　第1次世界大戦においてフランス軍として戦った日本人飛行家」防衛研究所HP）。

1921（大正10）年12月のワシントン会議において、日米英仏の間で4カ国条約が締結された。それは、太平洋の島々における相互の権利尊重と現状維持を目的としており、同盟とは性格を異にするものであったが、条約締結に伴い、日英同盟は廃棄された。

一方、フランスのフォッシュ元帥の提起による1918（大正7）年から実施されたシベリア出兵では、派遣軍司令官に大谷喜久蔵大将が任命され、フランス軍をはじめ外国軍を指揮した。

各務原のフォール使節団を視察する日本の陸海軍将校。前列左から３人目が上原勇作陸軍大将、４人目が東郷平八郎元帥。右から２人目がフォール大佐＝1919（大正８）年７月（『仏国飛行団関係写真帖』防衛研究所所蔵）

協調から対峙　戦争の道へ

国際協調下の日仏提携模索

第1次世界大戦後、国際協調の時代を迎え、フランスは、アジア・太平洋地域への関与を強化すると同時に、中国に代わって日本を重視する政策に転換した。その重責を担ったのが、1921（大正10）年12月に着任したクローデル大使である。大使は、大戦後の日本について、日英同盟の廃棄により英米ブロックが構築されたため孤立し、「日本は追放され、いわばロビンソン・クルーソー化している」と分析した。その上で、日本には、ロシアやドイツ、もしくはフランスとの協調という二つの選択肢があるが、フランスは日仏協調を推進すべきであると主張する。

なぜなら、フランスは、同盟国であったロシアが崩壊したため、ヨーロッパを中心に日本と同様に孤立した状況にある一方、日仏両国の関係は相互補完的であり、東アジアや太平洋において利害の対立がない。そのため、日仏協調により、フランスは政治的には仏印、中国をはじめ東半球における孤立を解消でき、その結果、英米の後塵を拝する必要はなくなり、経済的には仏印との貿易、航空機、戦車などの武器輸出の面においてメリットがあると考えられたのである（『孤独な帝国』）。

ちなみに、「詩人大使」と称され詩人、劇作家でもあったクローデルは年来、日本文化の伝統に魅了され、フランス人の感性とも親近性があると強い愛着を有していた。

こうした流れを受けて、フランスから要人の訪日が相次いだ。1922（大正11）年1月、皇太子（昭和天皇）訪仏の答礼として、第1次世界大戦におけるマルヌの会戦の英雄であるジョッフル元帥が来日した。元帥は、上原勇作参謀総長らと会談を行い、教育・訓練交流、航空機をはじめとする武器輸出など軍事協力全般の強化について合意した。

1924（大正13）年5月、フランス政界初の大物の公式訪問であるインドシナ総督のメルランが来日し、元老の西園寺公望らと会談を行った。いずれの訪日も、大使が「感激し驚嘆した」と評したほど大歓迎を受けたが、その背景には、五大国になったものの、日英同盟の廃棄により孤立しつつあった日本の困難な状況があった。

例えば、ジョッフル元帥を迎えた「日仏両国の国際的関係（利害は一致す）」と題した『読売新聞』の記事＝1922（大正11）年1月24日付＝は、明治維新以降の陸軍をはじめとするフランスの貢献に言及した上で、日仏両国とも国際的に孤立しており、英米の「プレドミナンス」を牽制（けんせい）するためには、「同盟以上の親誼（しんぎ）」を固めるべきであると主張していた。

しかし、日本は伝統的な英米との協調を重視したため、大使は志を達成することなく、1927（昭和2）年2月、離任することになる。

一方、1920年代には、具体的な日仏間の軍事協力が多方面において著しく進展した。1919（大正8）年の有名なフォール大佐を団長とする遣日航空教育軍事使節団ののち、1921（大正10）年9月からはジョノー少佐率いる航空使節団が日本に派遣されるなど、陸軍航空の近代化に大きく寄与した。

さらに、1918（大正7）年、陸軍はルノーFT戦車を約10両購入、陸軍歩兵学校などに配備し、運用研究、開発などに活用された。1925（大正14）年には、同戦車を中核として日本で初めての戦車隊が創設され、日本陸軍の機械化に貢献したのであった。

危機の時代と日仏の孤立

世界恐慌とそれに伴うブロック経済を背景として、1931（昭和6）年9月に満州事変が勃発、日本は国際的孤立を深めていき、1933（昭和8）年には国際連盟を脱退するに至る。

このような状況を受けて、日本では日仏同盟論が主張されるようになる。国家主義者の北一輝は、将来生起するであろう日米戦争は、「英米露支対日本」の大戦になり、その興亡を決するのはフランスで、フランスと攻守同盟することにより「無用有害ナル国際連盟に代わって英米を牽制し、平和を保証することができると主張した（「対外国策ニ関スル建白書」）。

一方、フランスにも同様な見解が散見された。例えば、工務次官などを務めた代議士のペシャンは、フランスは人戦後、日本と同じく孤立しているとの情勢認識に基づいて、国際連盟が無力化した現在、英米のアングロサクソンに追随することなく、独露協力の脅威やボルシェヴィキに対抗する必要があると説く。そのためには、日本との防御同盟が必要であり、「これが仏国人全体の平和渇望に満足な解決の鍵を与へるものである」と主張したのであった（「日仏同盟論の根拠」）。

また、興味深いことに、フランスが浮世絵を世界的にしたことに象徴されるように、日仏間には美術や文学など「洗練された文化」の共通性があるといった指摘も両国において散見された。

こうした主張を受けて、日本では、荒木貞夫陸相ら陸軍、白鳥敏夫情報部長など外務省革新派を中心に、英米に対抗するための日仏同盟を推進したが、一方、強い反発も見られた。

例えば、外相、駐仏大使などを歴任した石井菊次郎は、日仏が有事において相互に援助し合う可能性が極めて低いのに対して、世界の両雄である英米のみならず独伊からも敵視され、日本には不利であると主張したのである（『外交随想』）。

最終的に、日本陸軍が提議した同盟は、フランスのエリオ首相によって拒絶され、頓挫（とんざ）するに至った。

その結果、日本は、フランスに代わって、ヨーロッパにおいてフランスと対峙していた独伊との提携を強化、1940（昭和15）年には三国同盟を締結し、英米に加えフランスとの対立を深めていき、大東亜戦争を迎えることになる。

一方、日仏協約は、大東亜戦争の開戦により事実上無効になるまで、約35年間存続したのであった。

日本の敗北が明らかとなった戦争末期、1920年代に大使を務めたクローデルは、「私が決して滅ばされることのないやうにと希ふ一つの民族がある。それは日本民族だ。あれほど興味ある太古からの文明は他民族には知らない。あの驚くべき最近の発展も私には少しも不思議ではない。日本人は貧乏だが、しかし高貴だ」と述べていた（市原豊太「クローデルの言葉」）。

21世紀の新たな日仏協力

このように、近代の日仏関係において、戦時、平時を問わず、同盟をはじめとする軍事協力の強化が模索されてきた。それは、フランスが、とかく英米に比べて軽視されがちであるが、インド太平洋地域の安全保障における日本のパートナーとして独自の可能性を有していることを物語っている。特に、両国間に争点がないことに加え、クローデル大使に象徴されるように文化の親近性が背景にあるのが大きな特徴である。

ジョッフル元帥が訪日した際、皇太子は、「日仏両国人ノ提携ハ容易ニシテ且有益ナリ。蓋シ両国人ハ孰レモ同一精神ヲ以テ同一理想ノ実現即チ平和ノ維持並ニ貴我両国力常ニ喜テ努力ヲ払ヘル文化事業ノ発展ニ務メツツアレハナリ」（傍線筆者）と歓迎の言葉を述べられていたのである（『昭和天皇実録』）。

現在、日仏両国は、中国のインド太平洋地域への膨張を受けて、従前以上に利害を共有している。加えて、近代において日仏の軍事協力強化の障害となっていた英米との関係の問題は存在しない。

フランスは、2013（平成25）年6月のオランド大統領訪日に際して、ニューカレドニアなど領土を有することを踏まえて、「太平洋の国家」として、両国は、地域の平和と安定のための取り組みを再確認する」と表明、さらに18（平成30）年5月にはマクロン大統領が「インド太平洋戦略」を発表した。

フランスが、同地域に積極的に関与するのは1920年代のクローデル大使以来である。

一方、日本は、来年1月にもニューカレドニアに領事事務所を開設する予定だ。

日仏両国が協力して、英米とともに「自由で開かれたインド太平洋」を構築する時が到来したと言えよう。クローデル大使は、日仏の接近について、「大きな輝かしい未来が開かれている」と指摘していたのである（『孤独な帝国』）。

家族会版

<連絡先>
〒162－0845 東京都新宿区市谷本村町5－1 公益社団法人自衛隊家族会事務局
電話 03-3268-3111・内線 28863
直通 03-5227-2468

私たちの信条

【根本理念】
私たちは、隊員に最も身近な存在であることに誇りを持ち力をあわせて自衛隊を支えます

【心構え】
一、自らの国は 自ら守る防衛意識を高めます
一、自衛隊員の募集・就職援護及び家族支援に協力します
一、会員数を増大し 組織の活動力を高めます

家族会理事会

4議案 全会一致で承認

新年度、空自と支援協定

自衛隊家族会（伊藤康成会長）は3月15日、東京都新宿区のホテルグランドヒル市ヶ谷で令和3年度「第6回理事会」を開催した。4年度の事業計画（案）や収支予算書（案）など4議案が審議され、全会一致で了承された。事業計画では航空自衛隊との家族支援協力に関する中央協定締結に向けた施策の進捗状況や家族会発行の防衛情報紙『おやばと』の拡販実施計画など6項目について各業務執行理事が説明した。

理事会には伊藤会長をはじめ、福岡絢子、宮下寿広両副会長、業務執行理事、理事、監事、運営委員の計39人が出席。冒頭、伊藤会長はあいさつで、ロシアが軍事侵攻を進めるウクライナについて触れ、「日本の国防というものが国民の中でもう少し真剣に考えられるのだろうと思う。我々家族会としては、『何が隊員のためになるのか』というものをこれからも考えていきたい」と述べた。

議案の審議では伊藤会長を議長に、①令和4年度の事業計画（案）②分担金（案）③収支予算書（案）④定期総会の開催―の4議案が審議され、事業計画（案）では、『おやばと』拡販、家族支援協力、会勢の充実の各実施計画などについて6項目を各担当理事が説明した。

家族支援協力では、空自との家族支援に関する中央協定締結に向け、空幕厚生課の担当者と具体的な業務予定を確認するなど進捗状況について説明が行われ、4年度中を目途に調整していることが報告された。

活性化施策では、「活動の手引き」の周知や本部理事や各県役員などに女性会員の登用を進めていくことなどが盛り込まれた。

このほか、「防衛講演会」を福島県と長崎県で、全国の各県会長らが出席する「定期総会」を6月14日にそれぞれ開催することを決めた。

各議案は審議後、全会一致で承認。事業計画と収支予算書は3月末までに内閣府に提出される。

理事会開催に先立ち、家族会顧問を務める宇都隆史参院議員が公務の合間を縫って駆け付け、家族会の活動にエールを送った。

自衛隊家族会理事会で、『おやばと』の拡販実施計画の概要を説明する森山尚直業務執行理事（右）。壇上は議長を務めた伊藤会長
（3月15日、東京都新宿区のホテルグランドヒル市ヶ谷で）

署名活動の意義強調

北方領土返還求め道満運営委員

家族会の署名活動の取り組みを発表する道満運営委員（2月7日、東京都千代田区の国立劇場で）＝家族会本部事務局提供

北方領土の早期返還を求める令和4年「北方領土返還要求全国大会」が「北方領土の日」の2月7日、東京都千代田区の国立劇場で開催された。新型コロナ感染拡大防止のため無観客で開かれ、大会の様子は動画サイト「ユーチューブ」で全世界に配信された。

会場には岸田首相をはじめとする関係閣僚、各政党代表、要求に携わる団体の代表らが出席。家族会からは道満誠一運営委員が決意表明を行った。

大会は元島民が思いを語る「元島民の訴え」と全国各地で行われている返還運動を伝える「北方領土返還を求め」の2部構成で行われた。

岸田首相は「国民一人ひとりがこの問題への関心と理解を深め、政府と国民が一丸となって取り組むことが不可欠です。私自身、ご高齢になられる元島民の皆さま方の想いをしっかりと胸に刻み、取り組みを進めてまいります」と述べた。

この後、活動団体の代表として家族会から道満運営委員が登壇し、「昨年度まで全国から寄せられた累計署名数は約9216万（人分）で、このうち家族会が提出した署名は約820万（人分）を占めている。コロナ禍で苦労を伴う中、対面を極力避けて郵送などの工夫をして署名数の極端な減少を防ぐことができた」と活動の成果を述べるとともに、北方領土をめぐる情勢に触れ、「中国・ロシア海空軍（の航空機）が共同パトロールと称する日本周辺での示威行動を実施、松輪島に新型ミサイルを配備するなど明らかに北方領土の領有をさらに堅固にすべく、他の国を巻き込んでハイブリッド戦を遂行しているといえる。このような情勢から、署名活動などを通じた国民啓発運動の重要性が著しく増大していると考える」と署名活動の意義を強調した。

災害発生時に7者協力

小川京都会長「数年来の悲願」

【京都】京都に所在する陸自の宇治、大久保、桂、福知山の各駐屯地、京都地方協力本部、京都府自衛隊家族会、京都府隊友会は3月12日、「隊員の支援に対する協力に関する協定書」を締結した。同協定は、平成29年に陸自と締結した家族支援に関する中央協定に基づき、災害発生時に各駐屯地が実施する隊員家族支援に対する部外協力団体からの協力について規定したもの。

京都府には複数の陸自駐屯地が所在しているため、各駐屯地の支援ニーズや支援内容などについて、継続的に検討がなされ、令和3年度に議論を加速し、各駐屯地、家族会、隊友会に加え、全体の調整役として京都地方協力本部を加えた7者間での協定締結の運びとなった。

新型コロナ対策のため、締結式は行われず、各駐屯地司令、家族会長、隊友会長、京都地本長がそれぞれ協定書に署名した。同協定は令和4年4月1日から施行される。

宇治駐屯地司令の小谷塚磨陸将補は「本協定の締結は意義深く、各駐屯地と家族会・隊友会の支部などとの関係が一層強化されることを期待したい」と述べた。

京都府家族会の小川清会長は「協定締結は数年来の悲願。現在も家族支援について各駐屯地との協力関係はあるが、本協定はそれらの活動に根拠を与えることとなる」と意義を語った＝写真。

12音の演奏会主催

田上の中高生など特別招待

【新潟】田上自衛隊家族会（佐野恒夫会長）はこのほど、新潟地方協力本部の支援を受け、田上町交流会館で陸自12音楽隊（相馬原）の演奏会を主催した。

新型コロナウイルス拡大により中止の可能性もあったが、収容人数を50％の約150人に制限して開催。地元の中高生や保護者を特別に招待したほか、来場者が少ないことから、リハーサル見学などの時間も設けた。

雪の降る寒さの中で訪れた来場者からは「演奏会を楽しみにしていました」との声が聞かれたほか、音楽隊員も「感染拡大により演奏会ができなかったので、お客さまの前で演奏ができる日を待ち望んでいた」などと話していた。

公演はアンコールを含む全10曲が演奏され、人気アニメ「鬼滅の刃」のメドレーや「美空ひばりメドレー」などさまざまな年代が楽しめる曲を披露。来場者は曲に合わせて手拍子をするなど生の演奏を楽しんでいた＝写真。

入隊予定8人に地本長らエール

山口県萩支部

【山口】山口県自衛隊家族会萩支部は2月7日、萩市総合福祉センターで令和3年度「萩市自衛隊入隊者激励会」を開催した。

激励会にはこの春入隊予定の8人と家族が出席。萩市の田中文夫市長、山口地本長の西村修1陸佐らが晴れの門出を祝った。

はじめに主催者を代表して家族会萩支部の藤田安範支部長があいさつ。続いて田中市長が「自衛隊がいなければ今の日本の平和、安心・安全は考えられません。諸君は自衛隊員としての使命を達成してほしい」と入隊予定者を激励した。

西村地本長は「入隊後は自衛官として必要な知識、技術、体力を身につけるための教育を受けることになりますが、段階的にレベルアップしていくので安心してください。笑顔で着隊されることを楽しみに待っています」とエールを送った。

この後、岸防衛相の激励メッセージを放映。最後に入隊予定者が決意を述べて激励会を終了した。

家族会と地本、連携強化

東京　入隊入校者の情報提供

【東京】東京都自衛隊家族会と東京地方協力本部はこのほど、「入隊入校確定者情報の提供に関する協定書」を締結した。

同協定は、家族会への提供に同意した入隊入校者と家族に関する情報を東京地本から東京都家族会に提供するに当たり、相互に実施する事項を定めたもの。

協定調印式は東京地本で行われ、山下博二地本長と佐竹正紀東京都家族会長が協定書に署名した。山下地本長は「本協定の締結により、東京都自衛隊家族会との連携をさらに強化するための基盤を整えることができた。個人情報を適切に管理し、家族会の会勢拡大に協力したい」と述べた。

東京地本では「今後も入隊入校者と家族らの不安を払拭し、安心感を付与するため手段を尽くすとともに、自衛隊の活動に対する理解と関心を高めるよう、引き続き業務にまい進する」としている。

協定書に署名した山下東京地本長（左）と佐竹東京都家族会長

伊丹家族会が独自缶バッジ

20種100個作製

【兵庫】伊丹自衛隊家族会女性部の豊田幸子部長はこのほど、兵庫地本伊丹地域事務所を訪れ、同会が作製したオリジナル缶バッジ100個を広報官に手渡した。

缶バッジは、陸海空3自衛隊の装備品の写真やイラストなどに「ITAMI JIEITAI KAZOKUKAI」の文字を配置した親しみやすいデザイン。広報官が自衛官候補者に配布することで家族会の存在を知り、本人と家族の安心感につながればとの思いで企画された。

豊田部長を中心に会員各自が仕事の合間などを縫って約20種類のバッジをコツコツと作製した。

手渡した缶バッジは2月26日、「東リいたみホール」で開催された陸自3音楽隊の定期演奏会で広報活動に活用され、その場で身に着ける来場者の姿も見られるなど好評だった。

豊田部長は「伊丹自衛隊家族会は、今後もオリジナル缶バッジで、自衛隊の支援と家族会のアピールに努めます」と意気込みを語った。

兵庫地本伊丹地域事務所を訪れ、広報官の川原宏大3曹（左）に伊丹自衛隊家族会女性部の会員が作製したオリジナル缶バッジを手渡す豊田女性部長

事務局だより

▽…新型コロナウイルス感染拡大が続いています。

自衛隊家族会は、感染防止対策を講じ、令和3年度「第6回理事会」を3月15日（火）にグランドヒル市ヶ谷にて開催しました。

議案である4年度の「事業計画（案）」「分担金（案）」「収支予算書（案）」「定期総会の開催（案）」が承認されました。

▽…入隊・入校激励会もコロナの影響で中止が多く、各県自衛隊家族会は地方協力本部の協力を受け、その対応に追われました。「家族会の理解促進」や「入会促進要領」など、いろいろと工夫を凝らして説明機会減少の対策を図りました。

今後は自衛官候補生や幹部候補生などの教育機関などにおいても説明機会をいただけるよう努力します。

▽…防衛情報紙『おやばと』2月号を各県へ入隊・入校者激励用として無料配布いたしました。入隊・入校者へ改めてお祝い申し上げるとともに、家族会への理解と入会にお役立ていただきますようお願いします。

▽…総合募集情報誌2022年版『ディフェンスワールド22』が完成しました。募集・援護活動の一助として、また、国民の皆さま、高校生など若い方々に自衛隊をよりよく知っていただけるように編集しています。記念行事や会議・講演会などの際にもご来賓などへお配りして好評をいただいております。購入希望は事務局までご連絡ください。

▽…「北方領土返還要求全国大会」が2月7日に岸田内閣総理大臣、林外務大臣、各党代表ご臨席の下、国立劇場にて開催されましたが、今年もコロナ感染防止のため、無観客開催、動画サイト「ユーチューブ」での映像配信となりました。自衛隊家族会から道満誠一運営委員が、今後とも粘り強く署名活動を続ける決意を述べました。

▽…トンガ王国国際緊急援助活動で統合任務部隊と空輸隊などが派遣されました。自衛隊家族会から隊員の皆さまへ慰問・激励品をお届けしました。

▽…ワクチン第3回目接種促進のため防衛省は東京と大阪で大規模接種会場を運営しております。運営に当たっている皆さまには心から感謝・御礼申し上げます。

（自衛隊家族会事務局）

募集・援護 特集

平和を、仕事にする。

ただいま募集中！
◇一般曹候補生◇技術海上・航空幹部、曹
◇幹部候補生（第1回）◇医科・歯科幹部
◇予備自補（一般・技能）
★詳細は最寄りの自衛隊地方協力本部へ

沖縄 1日10分 体力づくり

元体校・日本王者が指導

「ガールズ・ワークアウト」 入隊前の準備

「1日10分、このトレーニングを続ければ、体が確実に変わり、安心して入隊できます」――。自衛隊の試験に合格したものの、今の自分の体力で訓練についていけるのか不安に思い、入隊を躊躇してしまう女性が少なくない。そこで沖縄地本では「ガールズ・ワークアウト（運動）」と銘打ち、自衛隊体育学校の元レスリング選手の経歴を持つ地本隊員が入隊予定者に向けてトレーニング法を優しく指南、不安を払拭している。

グループ懇談で入隊予定者に空自の教育体制や職種を説明する岡村2空曹（中央奥）

【沖縄】地本は陸・空自に今春入隊予定の女子学生ら9人を対象に、女性限定の講習会を2月12日、那覇市の本部で行った。

講習会は自衛隊に関心はあるものの、入隊に対しては「体力がないので、自衛隊でやっていけるのか不安」という女性9人が参加。そこで地本では初の試みとして「体力改善プログラム」を紹介。自衛隊体育学校の元レスリング選手で、全日本チャンピオンの経験もある地本総務課企画渉外班長の田村茂一3陸佐が講師となり、「ガールズ・ワークアウト（運動）」と銘打ち、1日10分のトレーニング法を伝授した。

これには地本広報係の清田祥生事務官が協力。田村3佐は女性陣を前に、自身の体校レスリング班時代のエピソードで場を和ませた後、自衛官として体力の必要性について述べ、入隊後の体力検定の目標などを説明した。

「女性の入隊者には、腕立て伏せが全くできない方が多くいます。そこで、皆さんは入隊までに、まず1回できるようにしましょう。1回できるのと、できないのとではスタートラインがまったく違います。事前の準備がなにより大事です」と入隊に向けたポイントを伝えた。

参加者は清田事務官の実演を手本に、肩甲骨のストレッチ法、壁を使った腕立て伏せのやり方を学んだ。みな真剣にメモを取ったり田村3佐に質問するなど、自衛隊のトレーニング法を自分のものにしていた。

「ガールズ・ワークアウト」で肩甲骨のストレッチ法を参加者に説明する元全日本チャンピオンの田村3陸佐（奥）と実演する清田事務官（その右）

その後、陸・空に分かれ、女性自衛官との懇談が行われた。陸自グループでは援護係の前畑美幸1陸曹が対応。自身の子供が自衛隊に入隊した時の経験談を交えながら、入隊を前にした女性特有の疑問や悩みなどに答えた。

空自グループには募集係の岡村まどか2空曹が参加。教育隊での勤務経験を基に、入隊後のキャリアアップやさまざまな職種の魅力を説明。自身が着用するオリジナルの自衛隊Tシャツの意味まで丁寧に説明した。

講習後、参加者からは「今日から少しずつ運動を始め、入隊に向けて頑張りたい」「いろいろな話を聞いて、入隊後の職種・進路のイメージが広がった」などの感想があった。

会場では、参加者間で連絡先の交換なども行われ、「入隊の日までみんなで情報を共有し、互いに頑張ろうね！」と励まし合った。

沖縄地本では、今回の「体力改善プログラム」の動画をツイッターにもアップ。「講習会に参加できなかった入隊予定の方々にも入隊前ワークアウトとしてトレーニング法の情報を広く伝え、不安なく入隊できるよう親身に支援していきたい」と話していた。

自衛隊3大任務を説く

熊本で合同企業説明会

【熊本】熊本分駐所は3月3日、熊本市総合体育館で開催された「マイナビ就職EXPO」に参加した。就職サイトと連動した日本最大級の合同企業説明会で、今回は101の企業などが参加した。

自衛隊のブースでは分駐所の青木照繁陸曹長や三池政明1陸曹は、動画を活用しながら自衛隊の3大任務である「国の防衛」「災害派遣」「国際貢献」を説明。大学で学んだ知識やスキルを生かせる職域があることをアピールした。学生たちの質問などで終始にぎやかな雰囲気に包まれた。

説明を聞いた学生たちは、「学校で学んだことを生かせるとは知らなかった」「自衛隊の災害派遣や国際貢献で活躍している姿に憧れます」と話し、就職先としての自衛隊に興味を示していた。

ブースを訪れた就活生たちに自衛隊の魅力を話す青木陸曹長（奥）＝3月3日、熊本市総合体育館で

佐官予備自職務訓練に23人参加

宮城

【宮城】地本は3月5、6の両日、仙台駐屯地の東北補給処が担任した佐官予備自衛官職務訓練を支援した。23人の佐官予備自が参加した。

初日は、訓練担任支援の総監部防衛部長・濱田剛1陸佐の訓話や、昨年約30年ぶりに実施された「陸上自衛隊演習」についての説明が行われた。2日目は後方職域（東北補給処）、衛生職域（仙台病院）に分かれ、各職域に応じた訓練を実施した。

訓練終了前に地本主催で表彰式を行い、地本長の諏訪国重1陸佐が最終任期満了に伴う東北方総監顕彰状を2人に伝達。また、勤続5年を迎えた3人に地本長表彰を授与し、その栄誉をたたえた。

防災はたらくくるまに出展

千葉

【千葉】地本は1月10日、イオンモール幕張新都心で開催された「みんなの防災＋ソナエ」に参加、「防災はたらくくるま」に協力し、1/2トントラックを展示した。危機管理推進協会が主催したもので、自衛隊のほかに警察や消防など各機関が出展。

祝日ということもあり、会場には約2300人が来場した。特に、ふだん見慣れない自衛隊の車両に注目が集まり、家族連れが記念撮影するなど盛況だった＝写真。

政専機の客室係を紹介

能登地域所 リモート職業説明会

民間CA目指す学生ら95人参加

【石川】能登地域事務所は2月24日、石川県輪島市の日本航空大学航空ビジネス科の学生と、併設する航空高校石川のCA専攻コースの生徒に対し職業説明会を行った。民間航空会社のキャビンアテンダントやグランドスタッフを目指す学生ら計95人が参加した。

政府専用機で要人に接遇を行う特別航空輸送隊（千歳）空中輸送員の山口万希子3空曹が、同校のリモートシステムで、政専機の客室係を紹介した。

空自の特輸隊について説明する山口3曹㊤と、説明会に参加した学生たち（2月24日、日本航空大学で）

山口3曹は特輸隊の任務や業務内容、空中輸送員になるための選抜課程について、スライドや動画を使いながら説明。参加者からは「英語などの語学能力は高いレベルが必要か」「海外へはどれぐらいの頻度で搭乗するのか」など質問が出され、一つ一つに丁寧に答えた。終了後、学生たちからは「自衛隊に興味を持った」「進路の一つとして考えたい」と、前向きに検討する声が多数聞かれた。

説明会終了後、山口3曹は、同校の浅川正人学長や教員とも懇談。自衛官募集の制度を説明し、特輸隊や自衛隊に対するさらなる理解を促した。

薬剤幹部の魅力、母校薬科大で語る

東京・八王子所

【東京】八王子地域事務所は1月14日、八王子市内の東京薬科大で、初めての職業説明会を開催した。同校の卒業生で陸自の薬剤幹部として勤務する堀場信秀3陸佐と、同じく空自の薬剤幹部として幹部候補生学校（奈良）に入校予定の中村仁美さんがリクルーターとして協力した。

堀場3佐は、入校してから部隊配属までの薬剤幹部と一般幹部候補生との違いや、ふだんの業務内容などを説明した。また中村さんは、受験にあたっての自身の就職活動のスケジュールを紹介し、勉強開始の時期や勉強方法などを話した。参加した学生たちは聞き漏らさないよう熱心にメモをとり、質疑応答も活発に行われた。

八王子所は「あまり知られていない自衛隊薬剤幹部の魅力を伝えることができた」としている。

学生たちに薬剤幹部について説明する堀場3佐（壇上）＝1月14日、東京薬科大で

手作りしおりで激励

静岡・浜北所

㊤しおりを作製する浜北所広報官の有田充行2空曹（左）と、鈴木直玄2陸曹　㊧しおりを手にする防医大看護学科入校予定の山田芹那さん

「寂しい時は思い出して」

入隊・入校予定者31人にプレゼント

【静岡】浜北募集案内所はこのほど、入隊・入校予定者31人にサプライズ・プレゼントとして、所員の手作りのしおりを贈った。

浜北所が2019年から始めた恒例行事で、今回で3回目。慣れない自衛隊での生活でホームシックや不安になった時に、「故郷の浜北所の広報官を思い出してほしい」との思いを込めた。

しおりのデザインは、陸・海・空それぞれの装備品（戦車、艦艇、航空機）のシルエットに、激励のメッセージを添えたもの。いつでもどこでも持ち運べるように、胸ポケットや筆箱に入るサイズにした。

所員が作製した31人分のしおり

しおりを受け取った一人で、防医大医学教育部看護学科に入校予定の山田芹那さんは「これから4年間このしおりを使って、看護官になるために一生懸命、勉強を頑張ります」と決意を語った。

浜北所は「これからも入隊・入校予定者の心のよりどころとして、故郷に帰省した際のホームグラウンドとして、若者たちの旅立ちを見届けたい」としている。

退職後から85歳までの病気やケガによる入院と死亡（重度障害）をこれひとつで保障します。

1 掛金の安さ！
「一括払い」の掛金で、月額に換算すると安い掛金！

2 告知の省略！
2年以上「生命・医療共済」加入の場合は健康告知を省略！

3 計画的準備！
現職時の「事前積立掛金」と「割戻金」積立で将来の準備！

防衛省職員生活協同組合
One for all, All for one
〒102-0074　東京都千代田区九段南4丁目8番21号　山脇ビル2階
コールセンター・フリーダイヤル（平日8:30～17:00）0120-079-931

詳しくはパンフレットをご請求ください

福島・宮城で震度6強

陸自部隊が各地で給水支援

3月16日午後11時36分ごろ、福島県沖を震源とする地震が発生し、同県や宮城県で震度6強の激しい揺れを観測した。防衛省・自衛隊は直ちに3自衛隊の航空機を出動させて上空から被害情報の収集と映像伝送を行い、青森、岩手、秋田、宮城、山形、福島、栃木、茨城の各県庁などに連絡員（LO）を派遣。翌17日午前8時には福島県の内堀雅雄知事から給水支援に係る災害派遣要請を受け、44普連（福島）を基幹とする陸自部隊が同県相馬市など計15カ所に展開し、給水支援に当たっている。

気象庁によると、震源の深さは約60キロで、地震の規模を示すマグニチュード（M）は7・4と推定される。東北から関東の各県で死者3人、約230人の負傷者が出た。

断水が発生した福島県では17日午前8時と同8時半の2回にわたって内堀知事が44普連長の湯舟道彦1佐に給水支援に係る災害派遣を要請。さらに宮城県では村井嘉浩知事が22即機連（多賀城）長の石井伸幸1佐に給水支援を要請した。

これを受け、福島県では17日午後0時30分以降に災派部隊が活動を開始し、20日までに44普連、6後支連（神町）、6特防（同）、6高特大（郡山）、東北方特連（郡山）、東北方後支隊（仙台）の隊員延べ約500人が相馬市、南相馬市、新地町の計15カ所で給水支援を行い、約390トンを住民などに届けた。

21日現在、1トントレーラー計17両、水タンク車計5両で給水支援を継続中だ。

一方、宮城県では17日午後5時以降、22即機連の延べ約110人が栗原市、大崎市、美里町など計6カ所で約60トンの給水支援を行い、20日午後6時半、県からの要請を受けて活動を終えた。

福島県沖で発生したマグニチュード7・4の地震に即応し、雪が降る中、住民への給水支援を行う東北方特連の隊員（3月22日、福島県南相馬市で）＝統幕提供

西方航CH47が消火活動

大分県で山林火災発生

大分県竹田市で発生した山林火災で、空中から放水して消火活動に当たる西部航空方面隊のCH47輸送ヘリ（3月17日）＝統幕提供

大分県竹田市で3月16日に山林火災が発生し、陸自西部方面航空隊（高遊原）が消火活動に当たった。

16日午後、住宅で発生した火災が裏の山林に延焼、消防による消火活動が行われたが鎮火に至らず、17日午後0時46分、大分県の広瀬勝貞知事から4師団長（福岡）の腰塚浩貴陸将に災害派遣が要請された。

西方航のCH47輸送ヘリ2機は直ちに空中バケットを取り付けて駐屯地を離陸。熊本県高森町の大谷ダムで取水し、火災現場上空で放水を繰り返した。

懸命な消火活動により消防が鎮火を確認、18日午前7時41分、知事からの撤収要請を受け、部隊は活動を終了した。放水回数・量は16回、約80トンだった。

この災害派遣で陸自は、竹田市消防本部と大分県庁に西方特（湯布院）、41普連（別府）から連絡員各2人をそれぞれ派遣。4飛行隊（目達原）のUH1多用途ヘリ1機が航空偵察、西方航のUH1・2機が映像伝送、41普連と4通大（福岡）が地上からの映像伝送をそれぞれ実施した。

ジブチ共和国での約半年間の任務を終え帰国し、バスの中で出迎えを受ける派遣海賊対処行動支援隊16次隊の隊員たち（2月7日、宇都宮駐屯地で）

海賊対処支援16次隊が帰国

酷暑、コロナ下で任務完遂

【中即連＝宇都宮】アフリカ東部のジブチ共和国で海賊対処活動拠点の基地警備などに当たった16次派遣海賊対処行動支援隊警備隊などの隊員約60人が2月7日深夜、約半年間の任務を終え、宇都宮駐屯地に帰還した。

中央即応連隊のジブチ派遣は15回目で、帰国した隊員たちは空港で新型コロナウイルス感染症の抗原検査を受けて陰性を確認。その後、大型バスで駐屯地に移動した。

感染防止対策のためバスに乗車したまま駐屯地隊員からの出迎えを受け、すぐに体育館で1週間の健康観察期間に入った。

観察期間を終えた21日、帰国行事が行われ、警備隊長の富田亘3佐が連隊長の山田憲和1佐に帰国を報告。

山田連隊長は「無事帰国できたのは、ここにいる隊員、協力団体、陸上総隊、自衛艦隊両司令部などのサポートによるものだということ感謝の気持ちを忘れることなく、しっかり休んで次のステップに進んでほしい」と訓示。派遣隊員の労をねぎらうとともに、留守家族支援などに尽力した残留部隊にも敬意と感謝の言葉を述べた。

派遣隊員を代表して富田警備隊長は「酷暑に加え、コロナ禍の閉鎖された環境下の厳しい任務でしたが、皆さまの激励もあり、母国を思い、家族を思い、一致団結して任務を完遂することができました」と感謝の気持ちを伝えた。

築城2隊員

善行褒賞を受賞

交通事故現場での対応がたたえられ、善行褒賞を贈られた8空団の大野さや香3曹㊤と守部孝輝士長㊦＝1月31日、築城基地で

【築城】8空団6飛行隊の大野さや香3曹と、整備補給群の守部孝輝士長は1月31日、人命救助の功績で団司令の大嶋善勝将補から善行褒賞状を贈られた。大嶋司令は「自ら交通統制などを実施し二次被害の防止に当たったことは模範たる善行」と賞状を読み上げ、2人をたたえた。

大野3曹は昨年12月16日、出勤途中の行橋市東和泉付近の路上で、車両同士の事故を目撃。負傷者はなかったが、事故車両が交差点内に留まっていたため、大野3曹が交通統制を行い、二次被害を防止した。

一方、守部士長は1月4日、築上郡築上町東築城付近の道路で車両同士の事故に遭遇。事故車両の運転者に目立ったけがはなかったが、衝突で路上に散らばった破片を処理するなど、二次被害を防止した。表彰された守部士長は「これからも困っている人を助けていきたいです」と語った。

飛教群

殉職2隊員を葬送

空幕長「まさに慟哭の思い」

田中将補と植田3佐の遺影に向け、弔辞を述べる井筒空幕長（3月12日、小松基地で）＝空自提供

空自航空戦術教導団飛行教導群（小松）のF15DJ戦闘機が1月31日、訓練空域に向かう途中で日本海に墜落した事故で、殉職した同群司令の田中公司将補（52）、群所属の植田竜生3佐（33）＝同日付で1階級特別昇任＝の葬送式が3月12日、小松基地でしめやかに営まれた。

式は、団司令の加治屋秀昭将補を執行者に、遺族をはじめ岸防衛相、井筒空幕長、総隊司令官の内倉浩昭空将らが参列。

井筒空幕長は弔辞で「志半ばにして職に殉ぜられた無念さを思い、ご遺族の皆さま方のご心中をお察しするとき、まさに慟哭の思いだ。今回の墜落事故が発生したことを極めて深刻に受け止め、今後二度とこのような事故が起きないよう、なお一層の努力を尽くすことを心から誓う」と述べた。

この後、参列者の献花に続いて、弔銃が斉射された。

田中将補は、4空団11飛行隊（松島）ブルーインパルスの隊長や空幕総括副監理監察官を経て、昨年6月から飛行教導群司令を務めていた。

こちら警務隊

軽犯罪法違反

危害を加えるような器具を携帯した場合、軽犯罪法違反

小型ツールナイフを、何かの役に立つだろうとリュックに入れて持ち歩いたら、何か問題はありますか？

ツールナイフは、銃砲刀剣類所持等取締法に抵触する場合があります。し、抵触しなくても、刃物や人に重大な危害を加えるような器具を正当な理由なく携帯した場合、軽犯罪法の凶器携帯の罪で、拘留または科料に処せられます（刃体の長さが6センチメートルを超える場合、銃刀法違反に該当）。

また、護身用として携帯することも正当な理由とは言えないため、処罰の対象となります。

このような凶器ともなり得る器具を安易に持ち歩くことは絶対にやめましょう。（西部方面警務隊）

徳島教空群が地元消防と協定

協定を締結し記念写真に納まる（右から）川脇消防長、柏村基地隊司令、高橋藍住町長、町島群司令

【徳島】海自徳島教育航空群はこのほど、板野東部消防組合と「災害時における応援等に関する協定」を締結した。2016年に基地周辺で発生した火災で基地の消防車を派遣したことを機に、改めて、発災時の両者の応援活動について必要事項を定めた。

消防本部で行われた締結式には、板野東部エリアの松茂町、北島町、藍住町の3町長が参加。群司令の町島敏幸1佐と消防組合管理者の高橋英夫藍住町長が協定書に署名した。さらに、現場活動時の指揮体制や災害発生時の情報提供など、細部を定めた覚書も作成。徳島航空基地隊（司令・柏村茂樹1佐）と板野東部消防本部（川脇稔消防長）との間で交換した。

式のあいさつで高橋町長は、「意義深く心強い」と協定締結に期待を寄せた。また、町島群司令は「地域の安全安心を守る一翼を担いたい」と決意を語った。

両者は今後、協定に基づいた訓練を行い、さらに協力関係を深化させたいとしている。

小休止

▽…鶴岡出張所はこのほど、鶴岡市銀座通り商店街で開催された日本海寒鱈（かんだら）まつりで広報展を行った。

▽…日本海寒鱈まつりは鶴岡の冬の味覚「寒鱈（どんがら）汁」を食すイベントで約6000人が来場。鶴岡所のブースでは、昨年行われた4空団11飛行隊（松島）ブルーインパルス展示飛行の写真や庄内出身で同隊長の遠渡祐樹2佐の等身大パネルを展示した＝写真。

▽…鶴岡所では「今後も地域イベント等で広報展を実施し、地域の皆様に自衛隊を身近に感じてもらい、楽しみながら自衛隊に興味をもってもらえるよう取り組んでいく」と話している。（山形地本）

レンジャー教育に参加して

助教として感じた指導の難しさ

3陸曹　井上　勇斗（33普連2中・久居）

自分は、2年前の4月に実施された部隊集合教育「レンジャー」に学生として参加し、今教育では助教として参加しました。助教としてレンジャー教育に参加したのは初めてのため、知識・技術が未熟であり、学生に対して指導ができるのか不安でした。

練成訓練では学生の時に教わった事を一から思い出し課業内や課業外を活用し練成しました。練成期間も終わり、遂に教育が始まりました。

正直、自分が助教として参加していることに実感が湧きませんでしたが、時間が経過するとともに徐々に助教としての自覚が湧くようになりました。

助教として1番難しいと感じたのは、学生に対しての指導の仕方です。ただ熱く指導するだけや教えるだけでは学生の技術も進歩せず、無駄な指導になってしまいます。そこで他の教官や助教の指導の仕方や雰囲気の作り方などを見ることがとても参考になり、自分自身の指導力を向上することができ、一回り大きく成長することができました。

助教として教育に携わり、人に教えるという責任の重みを感じることができました。学生の頃は陸士だったこともあり、課目などに対しても緊張感があまりありませんでしたが、助教としては責任から来る緊張感をとても感じました。課目中、失敗することが許されない中での展示はとても緊張しました。今回助教として様々なことを知り、普段経験できないことが経験できてよかったです。

今後も2回、3回とレンジャー教育に参加し、レンジャー隊員としての技術を磨き、助教としての練度を上げていきます。

学生長として卒業でき、幸せ

3陸曹　中道　翼（33普連3中・久居）

レンジャー教育を終えて今は安堵感でいっぱいです。振り返ってみると本当に長い教育でした。私は教育の途中で学生長を命じられましたが、このようなすごく厳しい教育で、学生長としての責務を全うできるのかとても不安でした。

しかし、33連隊の部隊レンジャー46人目の学生長を担えるこの貴重な機会を前向きに捉え、逆境を乗り越えた先にある強さの修得を目標に思い切ってやろうと思いました。

教育参加中、教官・助教の方々からの熱い指導があり、時には自分の学生長としての言動等に自信がなくなる時も多々ありましたが、そういう時は同期が励ましてくれ、助けてくれました。

今教育で修得したことはレンジャー隊員として必要な知識・技術もさることながら、全ての人、物に感謝をするという心の変化が一番大きいです。時間的・体力的制約のある中、自分1人では絶対にできないことや、物、食事、水の大切さを身を持って感じました。今まで感謝の気持ちを持っていなかったわけではありませんが、普段の生活は当たり前のものではないことを自覚することで、今まで以上に全てのことに対して感謝の気持ちを持たないといけないと思いました。

また、追い込まれた時の自分の甘さや、一部修得が不十分であった課目等もあり、自分の弱点を新たに発見することができました。今後は、この経験を生かし、できないことは何度も練成し、理想のレンジャー隊員を追求したいと思います。

私はこの46期のみんなとレンジャー教育を受け、学生長として卒業できたことを本当に幸せに感じます。今教育を支えて下さった全ての方々に感謝の意を表します。本当にありがとうございました。

貴重な経験生かし立派な隊員に

3陸曹　森杉　晃成（10施大2中・春日井）

私は以前、素養試験を受けて健康診断で不合格になりましたが、今回は合格し、レンジャー教育に参加できました。自分がレンジャー隊員になりたいと思った理由は、中隊のレンジャー隊員の方々に憧れたからです。自分も精強な隊員になりたいと思い、熱望しました。

レンジャー教育では普通の隊員では経験できないことをたくさん経験できました。自分にとっては初めてのことばかりでした。訓練内容はとても厳しく、辛いことは最初から分かってはいましたが、心が折れそうになることが何度もありました。それでも自分だけが苦しいのではなく、周りにいる同期も同じ気持ちでいると思い、乗り切ることができました。改めて仲間の大切さが分かりました。

行動訓練中のリペリングは疲労困憊の中で行ったため、本来あるべき姿でできず、悔しい思いをしました。疲労していない状態でできるのは当たり前のことで、レンジャー隊員はあらゆる状態でも正確にできなければならないと思います。

今、自分ができることを全力で行い、辛くなった時こそレンジャー隊員として恥じることがないように行動をとり、自分の姿を見た後輩隊員がレンジャー隊員を目指すためにも行動を律していきます。

今回のレンジャー教育での貴重な経験を自衛隊人生に生かして立派なレンジャー隊員になります。

（世界の切手・オランダ）

敵との接触後も変更の必要のない戦闘計画などない。

ジョージ・パットン（米国の将軍）

朝雲ホームページ
www.asagumo-news.com
会員制サイト
Asagumo Archive プラス
朝雲編集部メールアドレス
editorial@asagumo-news.com

新刊紹介

「中国経済はもう死んでいる」

宮崎　正弘著

中国全土を歩き、海外での中国勢力を観察してきた著者が、最新の状況を踏まえて中国の近未来を予測する。

中国経済について、著者はタイトルの通り、「脳死状態で生命維持装置を装着し、かろうじて循環機能を維持しつつ、臓器移植を待っている」のが真の姿だと言い切る。

そもそも中国経済は国内総生産（GDP）世界第2位とされているが、本当にそうなのか。3割水増しは常識、在庫を統計に入れ、海外資産も大半が不良債権……。中国政府の公表数字には「ごまかし」しかなく、その真偽は精査されるべきだと指摘する。

著者はこうした「ごまかし」を明らかにしつつ、▽既に崩壊した中国国内の不動産バブル▽不動産ローンのゆくえ▽バブル崩壊の影響の範囲▽異様な人民元高による輸出競争力の劇的な低下――などの問題を取り上げ、習近平政権の真実と中国を取り巻く経済、安全保障などの国際状況をあらゆる角度から解説する。

中国共産党内では静かに、しかし着実に、反・習近平の輪が広がっていると分析している。

（徳間書店刊、1760円）

「江戸幕府の北方防衛」
いかにして武士は「日本の領土」を守ってきたのか

中村　恵子著

本書は医療法人を経営するかたわら、「チャンネル桜北海道」のキャスターを務める著者が、江戸幕府の対外政策がいかに合理的で優れた政策だったかを数々の事例を踏まえて解説した歴史書。

江戸前期において、スペインやポルトガルなどが布教を目指した「キリスト教」の禁教と「鎖国」政策を挙げ、キリスト教布教を先兵として領土を奪取しようとする外国勢の思惑を鎖国政策で見事にはね返した意義を語る。鎖国を「国益にかなう国とだけ関係をもち、国益を損なう国との関係を遮断するもの」と分析している。

また、蝦夷地を支配した松前藩が「近代日本の礎となる重要な役割を担っていた」ことをもっと多くの日本人に知ってほしいと訴える。

江戸後期においては、本書の主題である「北方防衛」に幕府が対応せざるを得なくなる状況について詳説する。東方へ関心を向けた「ロシア」に対して、幕府や東北諸藩の武士たちが命がけで国を守ってきたという事実は、今般のウクライナ情勢を考えた時に、より現実的な問題として読者に迫る。（ハート出版刊、1980円）

みんなのページ

我が家のアイドルは恥ずかしがり屋さん

古賀准尉ファミリーのアイドル猫・ココ

准空尉　古賀　広政（1高群本部・入間）

「朝雲」新聞をご覧の皆さん、お疲れ様です。1高群本部装備班の古賀准尉です。今回の投稿では「我が家のアイドル」を紹介したいと思います。

古賀家の家族構成は、妻、子二人（男）、そして今回紹介するアイドル猫「ココ」（女の子）です。

ココとの出会いの経緯は、以下の通りです。ある日私が仕事から家に帰ると、妻が「子猫がいる」と言うのです。慌てて階段に行ってみると、生後2～3カ月ぐらいの子猫がタオルの上に横たわっていました。ケガは左の後ろ足に擦り傷があり、腿の骨が脱臼しているみたいでした。私はケガの手当をするため、家から消毒液と赤チン（知らない人もいるかも?）を持って行き、手当をしました。子猫は傷口を触られたのが痛かったのか、手当ての後、家の倉庫の下に隠れてしまい出てきませんでした。

いつか親猫が迎えに来ることを祈りながら、寝床を作ることにしました。段ボールにタオルを敷いて寝床を作り、キャットフードを置きました。毎日餌を置いても出てくる気配はなく、キャットフードだけがなくなっている状況が続きました。

ある日、キャットフードを置きに行くと、子猫が私の前に出てきたのです。子猫の様子は、鼻水が出ていて風邪をひいているみたいでした。早く病院に連れて行かないといけないと思い、保護を決断しました。

捕まえようとすると「シャー、シャー」と威嚇してきましたが、何とか無事保護することができ、動物病院へ連れて行きました。結果、風邪の具合も骨の状態もたいしたことはありませんでした。

このことがきっかけで子猫・ココを家で飼うことになり、すくすくと成長しました。ココは、気まぐれで、知らない人が来ると隠れてしまう恥ずかしがり屋さんですが、今では、子供たちも成人したため、私たち夫婦に癒しを与えてくれる大切な家族となっています。

OBがんばる

河村　一美さん　55
令和3年4月、警戒航空団装備隊を3空尉で定年退官。現在、有限会社ナスコのICT支援員として、小中学校を回り、授業の支援を行っている。

情報集めて良い就職先を

私は令和3年4月に航空自衛隊を定年退職し、現在は有限会社ナスコ（青森県六ヶ所村）でICT（情報通信技術）支援員の業務を行っている河村といいます。

会社の主な事業は、ドローン事業、ICTソリューション、ICT支援員業務、文書・情報電子化及びファイリング業務、OA機器及び事務用品販売を行っております。最近話題のドローンについてはスクールも運営しています。

ICT支援員は、学校で行うICT機器を活用した授業や先生の業務の効率化を支援するのが仕事です。その業務内容は①先生や児童・生徒に対する支援②学校運営・情報管理に対する支援③ICT環境の運用管理――等です。

具体的には授業で使うパソコン等の機器の準備や教材作成の支援、授業に参加しての先生や児童・生徒に対する機器の操作支援、使用するソフトやアプリの操作指導、機器のメンテナンス、ICT活用のための研修、情報モラルに関する教材作成支援や助言・事例紹介などです。

また、勤務形態も自治体等で異なり、私の場合は七戸町の小中学校5校を日替わりで巡回しています。

実はICT支援員については援護の方から紹介されるまで全く知りませんでしたが、意外と自分に合っていたようで毎日楽しく過ごしています。世の中にはいろいろな職業があり、援護に足しげく通うことで思わぬ再就職先が見つかるかもしれません。

これから再就職に向けて準備される方は広く情報を集め、自分に合った再就職先を探してほしいと思います。

防衛大学校に合格　生活を想像し準備

高3　田中　偉吹（長崎県立大村高校）

この度、防衛大学校を受験し、合格することができました。自衛隊を率いるリーダーとしての資質を磨くため頑張ろうと思います。

私は伯父が幹部自衛官であること、そしてニュースなどで活躍される自衛官の方々に感銘を受け、中学2年生ごろから将来自衛官になることを目指してきました。そして自衛隊を率いる幹部自衛官を目指そうと考えました。

今は「あおざくら」（週刊少年サンデー連載のマンガ「あおざくら防衛大学校物語」）を読んで、どのような生活を送るのか想像しながら準備をしています。実際はかなり厳しくなると思うので、覚悟して行きたいと思います。

「朝雲」へのメール投稿はこちらへ！
▽原稿の書式・字数は自由。「いつ・どこで・誰が・何を・なぜ・どうしたか（5W1H）」を基本に、具体的に記述。所感文は制限なし。
▽写真はJPEG（通常のデジカメ写真）で。
▽メール投稿の送付先は「朝雲」編集部（editorial@asagumo-news.com）まで。

詰碁

第1279回出題

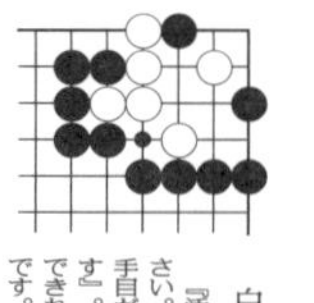

出題　日本棋院　九段　曲　励起

白先
『活きて下さい。白は三手目が大切です』。5分でできれば中級です。

▶詰碁、詰将棋の出題は隔週です◀

詰将棋

≪第863回の解答≫

▲先手　持駒　角金

出題　日本将棋連盟　九段　石田　和雄

【正解】▲3三と△同玉▲2二角△同玉▲4二飛成△同馬▲2三金までの七手詰め。

【解説】▲2三金は馬が利いている。まず▲3三と捨て△同玉に▲2二角から▲4二飛成とする手順が絶妙。これで▲2三金までの頭金の詰み上がりとなります。

朝雲

発行所 朝雲新聞社
〒160-0002 東京都新宿区四谷坂町12−20 KKビル
電 話 03(3225)3841
FAX 03(3225)3831
振替00190-4-17600番
定価一部150円、年間購読料9170円（税・送料込み）

主な記事

防大卒業式 560人巣立つ

岸田首相「我が国の存立を全うせよ」

防衛大学校の卒業式が3月27日、自衛隊最高指揮官の岸田首相を迎えて同校記念講堂で行われ、本科66期の501人をはじめ、大学院に当たる理工学研究科や総合安全保障研究科を含む卒業生計560人が新たな一歩を踏み出した。今年も新型コロナウイルス対策のため、3年連続で卒業生の家族や来賓を招待せず、職員らを含む出席者は例年の約2000人から約700人と大幅に規模を縮小。学生歌の斉唱は在校生2人で行ったほか、卒業証書も一人一人ではなく、代表17人に授与され、この模様はオンラインで中継された。

久保学校長「訓練と精進を」

式典は国歌吹奏に続き、昨年4月に就任した久保文明学校長が、自ら初めて送り出す卒業生を代表して本科学生13人と研究科学生4人の計17人に卒業証書を授与した後、「我が国を取り囲む安全保障環境が顕著に悪化する中、日本に万が一のことがあった場合、その対応の中心となるのは皆さんだ。これからも訓練と精進を続け、国を守るため、日ごろから万全の準備をしてほしい」と式辞を述べた。

続いて岸田首相が訓示し、「今般のロシアのウクライナへの侵略により、国際社会が長きにわたる懸命な努力と多くの犠牲の上に築き上げてきた国際秩序の根幹が脅かされており、事態の展開次第では世界も我が国も、戦後最大の危機を迎える」と指摘。「皆さんも危機意識と情勢認識をしっかりと持ちながら、我が国の存立を全うし、国民の生命と財産を守り抜く、この政府の最も重大な責務の一端を担っていってほしい」と強く要望した。

岸防衛相は、昨今のロシアや中国、北朝鮮の軍事動向について触れ、「我が国周辺、そして世界が激動の時代に入ろうとしている。その中で幹部自衛官となり、国家の安危に関わる任務に就くことはとても厳しい選択だ。しかし、今や諸君には防衛大学校で培った素晴らしい素質が備わっている。任官後もその素質に確固たる自信を持ち、崇高な任務に邁進してほしい」とはなむけの言葉を贈った。

来賓を代表して祝辞を述べた元国家安全保障局長の谷内正太郎氏は「ウクライナでロシアが起こしたことは私たちの周辺でいつでも起きかねない」とした上で、「日頃から鍛錬を止めないサムライたち、もののふたちがいてこそ、相手は日本に手出しがしにくい。自衛官という職業を選ぶことは国民の尊敬を勝ち得ることだと誇りを持ってほしい。サムライよ、もののふよ、誇り高くあれ」とエールを送った。

最後に卒業生を代表して本科の殿塚崇央学生（陸上要員）が答辞を述べ、学生歌の斉唱が行われた後、本科生たちは帽子投げを行っていったん式場を後にした。

その後、陸海空の制服に着替えて再入場した本科卒業生たちは吉田陸、山村海、井筒空の各幕僚長によって一般幹部候補生（曹長）に任命され、陸海空の要員を代表して殿塚崇央、日高黎人（海）、久保克樹（空）の各候補生が宣誓の言葉を述べ、式典が終了した。

【卒業生内訳】▽本科66期＝陸上209（うち女子26）、海上108（同13）、航空90（同10）、東南アジア各国とモンゴルからの留学生計22（同3）、非任官者72（同15）の計501人。▽理工学研究科前期課程59期＝陸23（同1）、海8、空3、技官2（同1）、留学生4、特別研究員1（同1）の計41人▽同後期課程19期＝陸1、空2、留学生3、民間企業1の計7人。▽総合安全保障研究科前期課程24期＝陸5、海1、空1、特別研究員1の計8人▽同前期課程25期（1年で修了）＝陸1、空2（同1）の計3人▽同後期課程11期＝0人。

「崇高な任務に全力で当たってほしい」と訓示を述べる岸田首相（3月27日、横須賀市の防大記念講堂で）

北朝鮮 ICBM級弾道ミサイル発射

米国全土が射程に、今年11回目

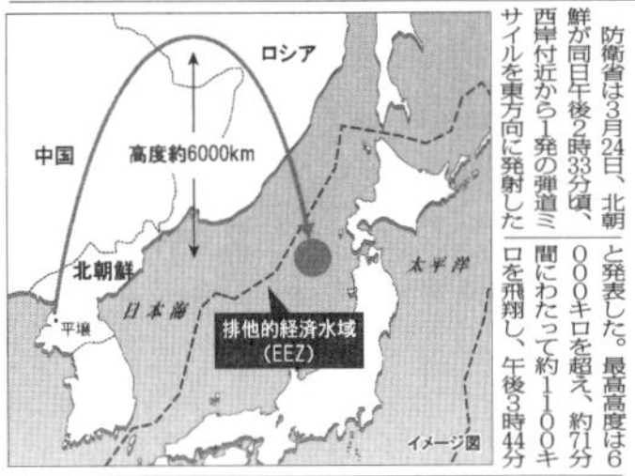

防衛省は3月24日、北朝鮮が同日午後2時33分頃、西岸付近から1発の弾道ミサイルを東方向に発射したと発表した。最高高度は6000キロを超え、約71分間にわたって約1100キロを飛翔し、午後3時44分頃、北海道の渡島半島の西方約150キロの我が国の排他的経済水域（EEZ）内の日本海に落下したと推定される。日本への被害は確認されていない。

北朝鮮によるミサイル発射は巡航ミサイルを含め今年に入って11回目。日本のEEZ内への落下は昨年9月15日以来。鬼木副大臣は24日夕、省内で臨時記者会見し、ミサイルが高角度のロフテッド軌道で打ち上げられたとの見方を示した。

岸防衛相は3月29日の記者会見で、今回のミサイルが2月27日と3月5日に発射されたものと同じで、2020年10月の軍事パレードで初確認された新型の大陸間弾道ミサイル（ICBM）級の弾道ミサイルであるとの分析に変わりはないとした上で、「単純計算で1万5000キロを超える射程となり得る」と述べ、東海岸を含む米国全土が射程に含まれるとの見解を改めて示した。「これまでの一連の発射とは次元の異なる、我が国、地域と国際社会の平和と安定に対する深刻な脅威だ」と北朝鮮を強く非難した。

防衛研究所 渡邊武主任研究官（地域研究部アジア・アフリカ研究室）の話 北朝鮮は今回の発射を8次党大会（2021年1月）での金正恩の方針に従うものだとしている。当時、金正恩が述べていたのは1万5000キロの射程圏内を持つ大陸間弾道ミサイル「ICBM」の取得だった。

従来の「火星15」はそれより射程が短く、米本土全域の打撃には弾頭重量を1000キロ以下にする必要があるとも指摘される。党大会での方針は、なく東海岸の米国首都に着弾できるICBMを開発する意思表示だった。

実際に朝鮮中央通信は今回の発射を「超大型」ICBMとも表現した。また、同じ党大会で金正恩は「強対強、善対善の原則」、つまりICBM取得など「強」の方向がいやなら要求に従えとの脅迫も伝えていた。

その後、北朝鮮は短距離弾道ミサイルから「極超音速」ミサイルなどに行動を徐々にエスカレートさせた。そして今回のICBM発射に至り、「強対強」原則に代わり、米国との「長期的対決の不可避性」を強調している。

こうした段階的な変化は、米国が要求を飲まないから「長期的対決」を決断したとの印象を与え、要求に従えばミサイル開発を止めるかにも思わせる。これも、要求を受け入れなければ脅威を高めると脅迫する「強制外交」の効果を担保する行動様式と言える。

2022年度防衛費

重要施策を見る 〈5〉

統幕

統合運用の態勢強化

米・露・中などをめぐり世界のパワーバランスが変化し、日本を取り巻く安全保障環境が一層の厳しさを増す中、山崎統幕長は年明けの記者会見で「統合運用の態勢強化」に向け、①統合発展による抜本的な防衛力の強化②日米同盟のさらなる強化③自由で開かれたインド太平洋の実現——の三つを重点事項として掲げた。

統幕は令和4（22）年度の予算案で前年比282億円増の983億円を要求。引き続き、宇宙・サイバー・電磁波など新領域の態勢強化を進めていく。

宇宙分野では4年度に打ち上げが予定されているXバンド防衛通信衛星「きらめき3号」の一部費用を統幕経費として計上。同衛星は大容量の画像データの高速伝送が可能で、平成29年に「2号」、30年に「1号」を打ち上げ、運用を開始している。増大する大容量データの送受信とさらなる抗たん性強化に向け、3基体制の整備を進め、統幕に一元化した通信統制・運用の実現を図っていく。

宇宙政策に関する新たな取り組みとしては、米空軍のバンデンバーグ基地（カリフォルニア州）に設置される「連合宇宙運用センター（CSpOC）」に統幕隊員を派遣し、現地の実地調査を行うほか、実務者間での意見交換を通じ、宇宙状況監視（SSA）などの統合運用に関する情報を取得する。

サイバー分野では、今年3月に自衛隊指揮通信システム隊（市ヶ谷）を廃止し、新たに大臣直轄の共同部隊「自衛隊サイバー防衛隊（約540人体制）」を編成。これによりサイバー防護機能を一元化し、体制を強化する。

ハード面では、3自の関係部隊がサイバー攻撃への対処・統裁・評価などに利用できる実戦的なサイバー演習装置を取得する。

システム・ネットワークの安定性強化では、「中央指揮システム」を換装（26億円）。これにより3自が保有する作戦情報を一元的に集約できるようになる。

訓練面では、米軍が主催する宇宙分野の多国間机上演習やサイバー・セキュリティーに関する国際訓練などに参加。諸外国との訓練や研究会を通じて最新情報を獲得するとともに、各国との関係強化を図る。

一方、従来の領域では、弾道ミサイル対処などの日米共同訓練や統合水陸両用作戦訓練などを継続。ソマリア沖・アデン湾で海賊対処活動に当たる部隊は、オマーン湾とアラビア海北部での情報収集活動も併せて行う。

統幕はあらゆる事態に対処するため、領域横断作戦の深化を特に重視。「多次元統合防衛力」の構築に向け、4年度は新領域を含めた全領域での自衛隊の能力向上を図っていく計画だ。

（星 里美）

令和4年度に打ち上げ予定のXバンド防衛通信衛星のイメージ。通信の高速化・大容量化により、スムーズな統合運用の実現を図る（防衛省の予算資料から）

春夏秋冬

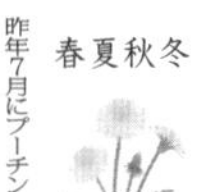

宗教的観点から見たウクライナ戦争

松本 佐保

昨年7月にプーチン大統領が発表した「ロシア人とウクライナ人の歴史的一体性について」という論文は、ウクライナの実際の歴史を無視しロシアに都合の良い内容と批判された。そして今月18日にモスクワでロシアのクリミア併合8周年を記念した集会で、ウクライナ侵攻を正当化するため、新約聖書のヨハネによる福音書を引用し「ロシア軍がウクライナで勇敢に戦っている」「聖書にある様に、友人のために魂をささげる、それ以上の愛はない」と語った。

さらにロシア正教会のトップ、モスクワ総主教キリルは、ロシア進攻開始後4日目に、ウクライナの反ロシア勢力を「悪の勢力」と呼び、「ロシアとロシア教会の統一に常に抵抗してきた悪の勢力を優位にする兄弟国ウクライナの現在の政治状況を、神は許さない」と語った。これは、2018年にモスクワ総主教庁系ウクライナ正教会から分離独立した、ウクライナ正教会・キエフ総主教庁と、少数教派であったウクライナ独立正教会が統合され、新生「ウクライナ正教会」が誕生したことへの激怒の表明である。そのためモスクワ総主教キリルは、プーチンによるウクライナ侵攻を支持している。

しかしこれに対し、ロシア正教会の司祭ら280人余りが今月初め、侵攻を批判する公開書簡を発表し「われわれは、ウクライナの兄弟姉妹が不当に受けた試練を嘆く」とし、侵攻の即時停止と和解を求めている。また正教会系の国際アドボカシー団体「正教会広報委員会」は今月15日「キリル総主教は、ウクライナとロシア両国の数百万人を導く宗教指導者としての高貴な地位にあるにもかかわらず、良心に反する不当な戦争への宗教的擁護を行い、この戦いを可能にしている」と強く非難する声明を出した。

ウクライナの宗教は多様で、上記の新生「ウクライナ正教会」が多数派であるが、これ以外に東方典礼カトリック教会、カトリック教会、プロテスタント教会、そしてゼレンスキー大統領がそうであるユダヤ教徒もいる。トルコやイスラエルがこの戦争の仲介を試みているが、イスラエルはユダヤ国家であり、ロシアや旧ソ連領のウクライナなどから移住したユダヤ人を国民として多く抱えるという背景がある。

トルコに関してはイスラム教の国ではあるが、正教会のトップはコンスタンティノープル総主教で、新生「ウクライナ正教会」の誕生を承認し、モスクワ総主教より地位は上である。本来モスクワはこれに従わなければならない。以上の様に宗教的な側面から見てみると、同戦争の異なる様相が浮かび上がる。

（日本大学国際関係学部教授）

令和4年度予算が成立

令和4年度予算は3月22日の参院本会議で可決、成立した。

一般会計の総額は107兆5964億円と10年連続で過去最大を更新。このうち、防衛費は5兆4005億円と10年連続で増加し、8年連続で過去最大規模となった。

朝雲寸言

コロナウイルス感染症の蔓延防止措置が解除された前々日に東京の桜の開花宣言があった。飲酒や大人数での花見は自粛を求められているが、2年ぶりに桜を楽しむことができそうだ▼しかし、今ひとつ例年のように桜を愛でる気分になれないのは、長期にわたるコロナ疲れのせいなのか、大震災から11年後に起こった福島沖を震源とする強い地震のせいなのか、あるいは海の向こうで戦争が起きているからなのだろうか。どうやら「時は春。すべて世は事もなし」というわけにはいかないようだ▼戦争には三つのレベルがある。戦略のレベル、作戦のレベル、そして戦闘のレベルである。この三つが上手く連携できないと戦争は遂行できない。今般のロシアのウクライナ侵攻はどうか。作戦レベルでは圧倒的な機甲戦力をもって三方向から侵攻し、目的を達成しつつあるように見える。一方、戦闘レベルではウクライナの非対称の戦いに苦戦している▼最大の問題点は国家戦略レベルにある。戦いの正当性について国際世論がどちらに与しているか歴然であろう。まして自国民保護や大量破壊兵器の脅威などを口実とした侵略は許されるものではない▼遠い異国の戦争報道に胸を痛めつつ我が国周辺の現状を見るとき、花見に興じてよいのか戸惑う小欄である。そんな思いで公園を歩いていると、厳しい冬を乗り越え桜は人間の所業を超越したかのように輝くばかりに蕾を開こうとしていた。

新型多機能護衛艦「くまの」就役

横須賀に初入港し、基地隊員から歓迎を受ける新型護衛艦「くまの」の乗員（3月28日）＝横須賀地方総監部提供

海自の護衛艦として初めて対機雷戦能力を備えた「もがみ」型護衛艦（FFM、3900トン）の2番艦「くまの」の引渡式・自衛艦旗授与式が3月22日、1番艦に先行して三菱重工マリタイムシステムズ玉野本社工場（岡山県玉野市）で行われた。「くまの」は同日付で掃海隊群（横須賀）に配備された。

「もがみ」型FFMは従来の護衛艦の装備に加え、掃海用の装備を併せ持つのが特徴。機雷捜索用の水中無人機（UUV）、水上無人機（USV）などが搭載され、敷設された機雷の掃海作業にも従事する。

このほか、システムの統合や武器の自動化により、乗員数は従来艦の約半数の90人に省力化された。今後は「クルー制」の導入も検討されている。

式には鬼木誠防衛副大臣、山村海幕長らが出席。最初に三菱重工の阿部直彦防衛・宇宙セグメント長と鬼木副大臣との間で引渡書と受領書を交換。続いて副大臣が初代艦長の桜井敦2佐に自衛艦旗を授与した。行進して乗り組んだ乗員によって艦尾に自衛艦旗が掲揚され、「くまの」は就役した。

この後、艦上で鬼木副大臣が訓示し、「『くまの』は平時の警戒・監視だけでなく多様な面での活用が可能で、大いに期待している」と乗員を激励した。

式後、「くまの」は関係者に見送られて出港。母港となる横須賀に入港し、28日、桜井艦長が横須賀地方総監の酒井良海将（現・海幕長）に到着を報告した。

防衛省発令

将補人事

▽陸将補に昇任（西部方面総監部防衛部長）
1陸佐 神園 雄一
▽北部方面総監部幕僚副長（西部方面総監部防衛部長）
陸将補 神園 雄一
▽高等工科学校長兼武山駐屯地司令（北部方面総監部幕僚副長）
同 高崎 隆志
▽退職（高等工科学校長兼武山駐屯地司令）
同 岩名 誠一
（以上3月23日）

時の焦点

国内　ロシアの侵略

日本の安保に直結する

ウクライナ侵略を失敗に終わらせ、ロシアに代償を払わせられるかどうか。それは欧州の安定にとどまらず、日本の安全保障に直結する課題である。全力を挙げて対処しなければならない。

岸田首相は防衛大学校卒業式の訓示で、ウクライナ侵略について「事態の展開次第では、世界、そして我が国も、戦後最大の危機を迎える」と指摘した。

そのうえで、「今回のような力による一方的な現状変更を東アジアにおいて決して許してはならない」と強調した。

念頭にあるのは無論、尖閣諸島周辺や台湾海峡などで覇権主義的な行動を強める中国である。

ウクライナ侵略が示したのは、核を持つ大国が国際法を踏みにじった場合、国際社会がそれをやめさせるのは簡単ではない、という事実だ。法を無視してもペナルティーはないなどという悪しき前例を、決して中国に見せてはならない。

日本は、ウクライナに防弾チョッキやヘルメットなどの装備品を提供したほか、人道支援についても当初の1億ドルに加え、さらに1億ドル追加することを決めた。

ウクライナの人々を支えながら、国際社会と連携し、ロシアに対する制裁の効果を上げていくことが急務だ。

首相は、ベルギーでの先進7カ国（G7）首脳会議で、自ら先頭に立ってアジアなど各国に対する働きかけを行っていることを説明した。

実際、首相はベルギー訪問に先立ってインドでモディ首相と会談し、「ウクライナにおける紛争及び人道的危機について深刻な懸念」を表明する共同声明を発表した。

インドは武器購入などでロシアと密接な関係がある。そうした立場にも配慮し、共同声明ではロシアを名指しで非難しなかったが、日印の連携強化をアピールした意義は大きい。

首相は、中国寄りとされるカンボジアも訪れ、フン・セン首相とともに「侵略は国連憲章の重大な違反である」などとする共同声明をまとめた。

ウクライナのゼレンスキー大統領は日本の国会でのオンライン演説で、日本のリーダーシップに期待感を表明した。

米欧と必ずしも政策や価値観が一致していないアジアの各国に、共同歩調を取るよう促すのは、「アジアのリーダー」としての日本の役割だ。

プーチン露大統領の思考の根底には、ロシアの利益を優先し、ウクライナなど周辺国の主権をないがしろにする発想がある。旧ソ連時代、東欧支配を正当化するために使われた制限主権論の復活を思わせる。

国際法を無視して周辺国を武力で圧迫するのは、南シナ海で「歴史的権利」を唱える中国も同様である。

日本は、自らの防衛力を高めると同時に、米欧とアジア各国の連携強化を主導する必要がある。

それが「自由で開かれたインド太平洋」の実現にもつながろう。

宮原　三郎（政治評論家）

海外　米中首脳会談

中国、警告を問題にせず

ウクライナ情勢をめぐる米中首脳会談が3月18日、オンライン形式で約2時間行われたが、同会談に関し「疑問」が一つ。

米国などはウクライナを支援しているが、どうして、中国に「ロシアを支援するな」と尊大に構えられるのだろう。

米側はウクライナ危機後、初の首脳会談で、もし中国がロシアを支援したら事態は悪化すると警告したという。ホワイトハウスは会談速記録の公表を拒否しているが、中国は公表した。

米政府当局者の声明と中国側の速記録によると、米大統領は中国国家主席に対し、ロシアを支援した場合に生ずる「結果」について警告した。

米当局者は「大統領は、中国がロシアに物質的支援を供与した場合の影響と結果を明確に伝えた。対米関係だけでなく、世界各国との関係にも影響が出る」と説明したが、「具体的にどんな『結果』になると中国を威嚇したのか」との質問には答えなかった。

しかし、米政府が中国にロシアを支援するなと迫る倫理基準は、一体どういうものなのだろう。

国際社会の責任などと言う時の「国際社会」は、あくまでも西側の構成概念で、常に自国のことしか念頭にない共産中国に賛同を期待するのは、りんごにオレンジになれと説教するような感じだ。

中国外務省当局者は首脳会談直後から、ツイッターで対米批判を連発した。米の警告など歯牙（しが）にもかけないとはこういうことだ。

21日・趙立堅報道官「米国民の70%がガソリン価格、インフレに不満」

同日・同報道官「ウクライナ戦争で米防衛産業が収益、ロッキード・マーティン25%増、ノースロップ・グラマン16%増、ゼネラル・ダイナミクス14%増」

同日・華春瑩報道官「兵器商人、銀行家、石油会社を儲けさせ、戦火に油を注ぎながら、口では平和を言い、偽善だ」

中国はロシアによるウクライナ全面占領も、西側の制裁で対ロ貿易に影響が出るのも望まない。だからウクライナ問題での発言は、①対ロ制裁は誤り②ウクライナの領土保全——にとどまる。つまり、この問題で誰とも危険は冒さない。

一方、米国はロシア経済の破壊、装備・資金のウクライナへの供与など、ウクライナ支援を日々強化。さらに、人工衛星で得た戦場の情報をウクライナ軍に与えている。

米FOXテレビの報道解説番組「タッカー・カールソン・トゥナイト」に19日夜、元米中央情報局（CIA）作戦将校のブライアン・ディーン・ライト氏が出演し、ウクライナ危機の状況を説明した。

同氏の現状認識は実に厳しい。同氏によると、米国はウクライナにとって極めて重要な物質的支援（特にロシア経済に対する干渉など）を続けているので、「米国は実質的には、ロシアと交戦状態にあるも同然だ」という。恐ろしい状況ではある。

草野　徹（外交評論家）

露のウクライナ侵攻を非難

統幕長がオタワ会議でビデオ講演

安全保障・防衛に関するオタワ会議で各国の出席者を前にオンラインでスピーチする山崎統幕長

山崎統幕長は3月10日、カナダの首都オタワで開かれた「安全保障・防衛に関するオタワ会議」で、各国の出席者を前にビデオで講演を行った。

同会議はカナダの同盟国や友好国が出席し、国家安全保障観と戦略を話し合う伝統ある会合で、今回で90回目。コロナ禍を受け、初日はオンライン、2、3日目は対面とオンラインで行われた。

統幕長はビデオ形式で講演し、主に①日本やインド太平洋地域を取り巻く安全保障環境②岸田政権の外交と防衛施策③日本の将来の防衛計画——について語った。

特に①ではウクライナ情勢に言及し、「ロシアの軍事行動は明らかにウクライナの主権と領土を侵害するものだ。力による一方的な現状変更は受け入れられない」と日本の立場を述べた。

さらに沖縄県の尖閣諸島を守り抜くことが日本の安全だけでなく、国際秩序に基づいた〝防衛ライン〟になると主張。北朝鮮の制裁逃れの瀬取りにもオーストラリアなど各国と連携して監視している状況を述べた。

統幕長は最後に、「日本は二国間だけでなく、さまざまな枠組みで各国との協力関係を深化させたい。防衛省と自衛隊は多層的かつ多面的な安全保障協力を戦略的に推進していく」と日本の防衛施策を語った。

陸幕長

印陸軍参謀長とTV会談

さらなる協力強化で一致

吉田陸幕長は3月17日、インド陸軍参謀長のマノジ・ムクンド・ナラヴァネ大将とテレビ会談を行い、日印陸軍種間の防衛協力をさらに強化していくことで一致した。

会談で両者は、ロシアが軍事侵攻を進めるウクライナ情勢について、インド太平洋地域の安全保障に与える影響を焦点に意見交換。①力による一方的な現状変更は認めない②法の支配に基づく自由で開かれた国際秩序の維持・強化——について認識を共有した。

インド陸軍参謀長のナラヴァネ大将（右上円内）とテレビ会談を行う吉田陸幕長（3月17日、陸幕で）

日印間の防衛交流では、これまで積み上げてきた方向性を集約するため、ロードマップのような形で発展させていくことで合意した。

このほか、今年2月末から3月上旬までインドで実施された日印共同実動訓練「ダルマ・ガーディアン」について、その訓練の価値と重要性も確認した。

吉田陸幕長は3月17日の記者会見で同訓練の成果について、「対テロの実戦的な経験を持つインド陸軍の部隊と共同し、実弾・戦闘射撃を実施できる施設を使って訓練できたことは、我々の能力向上、日印の連携強化という点において意義があった。今後もこれを発展させていくことで（参謀長と）一致した」と語った。

空幕長

伊空軍参謀長と電話会談

米太平洋空軍司令官とも

井筒空幕長は3月17日、イタリア空軍参謀長に昨秋就任したルカ・ゴレッティ中将と電話会談を行った。

会談で空幕長は、参謀長に就任のお祝いを述べるとともに、日伊防衛協力・交流の重要性について確認。両国が平和と安定に貢献するため、「自由で開かれたインド太平洋」の維持強化に向けた、両空軍種間の取り組みをさらに推進していくことで一致した。

イタリア空軍参謀長のゴレッティ中将（右上円内）と電話会談を行う井筒空幕長（3月17日、空幕で）＝空自提供

これに先立ち空幕長は同11日、米太平洋空軍司令官のケネス・ウィルズバック大将と電話会談を行った。

会談では、昨年4月以降、電話、対面会談を組み合わせ、日米間で意思疎通が継続できている点を相互に歓迎した。

両者は、「自由で開かれたインド太平洋」を推進するため、日米同盟の重要性や日米の連携、信頼関係を維持していくことを再確認し、日米の抑止力・対処力を一層強化していくことで一致した。

NATO派遣の古賀2空佐帰国

ベルギーの首都ブリュッセルにある北大西洋条約機構（NATO）本部に2019年11月から約2年間派遣され、情報通信担当幕僚として情報通信の管理業務に当たってきた古賀真奈美2空佐が昨年12月に帰国し、2月16日、岸防衛相に帰国報告した。

NATO本部への防衛省職員の派遣は古賀2佐が3人目で、同本部「諮問・指揮統制幕僚部」への派遣は初となった。

中国無人機が尖閣沖に飛来

防空識別圏に進入

統幕は3月16日、沖縄・尖閣諸島北方の東シナ海上空で中国の無人機（BZK―007）＝写真＝とみられる航空機1機が飛行しているのを確認したと発表した。領空侵犯の恐れがあったため、空自南西空のF15戦闘機などが緊急発進して対応した。

飛来した無人機は尖閣諸島北方の防空識別圏に進入したが、領空侵犯はせず、南下後に三角型の弧を描く周回飛行をし、中国方面に戻った。

BZK―007が対領空侵犯措置任務の空自機によって視認されたのは初めて。中国の無人機（ドローン）とみられる航空機に対して空自が緊急発進するのは、昨年8月以来で計7回目。

露の情報収集艦　対馬海峡を往復

3月20日午前2時ごろ、対馬の東北東約40キロの海域を南西に進むロシア海軍の「ヴィシニャ」級情報収集艦（艦番号535）＝写真＝1隻を海自の艦艇と航空機が確認した。

ロシア艦はその後、対馬海峡を南下し、対馬の南西約70キロの海域で反転、再び同海峡を通り日本海へ向け航行した。佐世保警備隊所属の多用途支援艦「あまくさ」と4空群（厚木）のP1哨戒機が情報収集と警戒監視に当たった。

政専機が首相乗せ　印、ベルギーなどへ

空自特輸隊（千歳）のB777―300ER政府専用機はインドのモディ首相、カンボジアのフン・セン首相と会談する岸田首相を乗せ、3月19日から21日まで羽田とインド・ニューデリーのパラム空軍基地、カンボジアのプノンペン国際空港間を運航した。

また政専機は同24日にベルギーのブリュッセルで開かれた先進7カ国（G7）首脳会議に出席の岸田首相を乗せ、23日から25日まで羽田とブリュッセル郊外のメルスブルク空軍基地間を往復した。

防衛関連企業15社　装備庁と意見交換

防衛装備庁は2月16日、初の試みとして防衛関連企業（主要15社）との意見交換会を開催した。3月23日には2回目の会合を開いた。いずれも装備庁から鈴木敦夫長官ら、企業側からは執行役員らが参加した。

防衛装備庁として、装備品の生産・運用・維持整備に必要不可欠な基盤である我が国の防衛産業の強化に向けて官民連携を促進するため、防衛装備品を製造している主要な企業との間で問題や課題を共有することを目的としている。

参加企業は次の通り。▽三菱重工▽川崎重工▽富士通▽三菱電機▽日本電気▽東芝インフラシステムズ▽IHI▽日立製作所▽小松製作所▽ダイキン工業▽沖電気工業▽日本製鋼所▽JMU▽スバル▽GSユアサインフラシステムズ

将補昇任者略歴

小山　直伸（こやま・なおのぶ）陸将補　岡山大文卒。平成8年陸自。22年2佐、27年1佐。ゴラン輸送隊長、陸幕防衛課編成班長、8高特群長、陸幕防衛課長などを経て、令和4年3月2高特団長。兵庫県出身。48歳。

木村　顕継（きむら・あきつぐ）陸将補　防大39期。平成7年陸自。21年2佐、26年1佐。陸幕指揮通信システム課長、指揮通信システム隊司令などを経て、令和4年3月自衛隊サイバー防衛隊司令。東京都出身。49歳。

宮崎　章（みやざき・あきら）陸将補　防大38期。平成6年陸自。20年2佐、25年1佐。陸幕教育訓練課訓練・演習班長、5地対艦ミサイル連隊長、札幌地本長などを経て、令和4年3月2師団副長。福岡県出身。50歳。

神園　雄一（かみぞの・ゆういち）陸将補　防大39期。平成7年陸自。21年2佐、26年1佐。陸幕人事教育計画課企画班長、4特群長、陸幕総務課長、西方防衛部長などを経て、令和4年3月北方幕僚副長。埼玉県出身。49歳。

辻本　哲也（つじもと・てつや）空将補　防医大17期。平成8年空自。20年2佐、25年1佐。航空機動衛生隊長、統幕後方補給官、空幕次席衛生官、教育集団医務官、那覇病院長などを経て、令和4年3月航空医学実験隊司令。香川県出身。51歳。

共済組合だより

皆さまは「ジェネリック（後発）医薬品」をご存知ですか？

ジェネリック医薬品は、医師が処方する医薬品であり、先発医薬品（新薬）と比べて安価で、なおかつ有効成分や効き目は同じです。

有効成分や効き目は同じ「ジェネリック医薬品」
薬代や医療費の抑制のためご利用を

新しく開発された医療用医薬品は、先発医薬品として特許が与えられ、開発会社により独占的に販売されますが、ジェネリック医薬品は、先発医薬品の特許期間満了後に、同レベルの品質・有効性・安全性を有しているという国の審査・承認を受けて発売されます。

既に有効性や安全性が確認されている先発医薬品の有効成分を利用するため、開発期間や費用を大幅に抑えることができ、そのため薬の価格も安く設定することができます。

組合員や被扶養者の皆さまが診療を受ける際、病院や薬局等でジェネリック医薬品を積極的に選んでいただくことにより、ご自身の薬代が軽減されるだけでなく、共済組合全体の医療費も抑制することができます。

医師と薬剤師それぞれに意思を伝え相談することによりジェネリック医薬品を選ぶことができます。相談は、口頭やメモ等で大丈夫ですが、「お願いカード」＝写真＝を利用すると便利です。皆さまのご協力をお願い致します。

なお、先発医薬品の特許が切れていない場合や医療上の理由等でジェネリック医薬品を選べない場合もあります。

ジェネリック医薬品お願いカード
医師・薬剤師の皆様へ
私は可能な場合、ジェネリック医薬品の処方を希望します
氏名
防衛省共済組合
切り取り線

「連携」「戦術」「絆」に磨き　3自衛隊 米、印と共同訓練

日印ACSA初適用

「ゆうだち」印海軍主催「ミラン」に参加

インド海軍の補給艦「シャクティ」（左）から燃料の洋上補給を受ける護衛艦「ゆうだち」（インド・ビシャーカパトナム海域で）

ソマリア沖・アデン湾での海賊対処任務を終え、帰国途中の護衛艦「ゆうだち」（艦長・涌嶋英孝2佐）は3月1日から4日まで、インド東部のビシャーカパトナム海域で行われた印海軍主催の多国間共同訓練「MILAN（ミラン）2022」に海自艦として初参加した。

「ゆうだち」は参加各国海軍艦艇と各種戦術訓練を行ったほか、インド海軍の補給艦「シャクティ」と洋上補給訓練も実施。これは2020年に日印両政府が締結した自衛隊とインド国軍間の食糧や燃料などを相互に融通する「日印物品役務相互提供協定（ACSA）」に基づくもので、今回が初めての適用となった。

ミラン参加後の同5日、「ゆうだち」はベンガル湾で豪海軍フリゲート「アランタ」と、同6日にも、シンガポール海軍フリゲート「テネイシャス」とそれぞれ訓練を行った。

訓練用機雷を海中から揚収した掃海母艦「ぶんご」の乗員たち（伊勢湾で）

伊勢湾で日米共同機雷戦訓練

海自は2月1日から10日まで、伊勢湾で機雷戦訓練と日米共同の掃海特別訓練を実施した。

掃海隊群司令の金刺基幸将補が統裁官を務め、掃海母艦「ぶんご」、掃海艦「えたじま」「あわじ」、掃海艇12隻、MCH101掃海・輸送ヘリ3機が参加、訓練機雷を使用した敷設・掃海・潜水訓練のほか、水中処分員によるヘローキャスティングなどを演練した。

米海軍からは第5機動水中処分隊に所属するUUV（水中航走体）操作員5人が加わり、日米共同で機雷戦能力の向上を図った。

陸自オスプレイ訓練初参加　米海兵隊と初のヘリボーン

陸自水陸機動団1水陸機動連隊（相浦）と米31海兵機動展開隊（沖縄）は3月15日、東富士演習場で日米共同ヘリボーン訓練を報道公開した。木更津駐屯地に暫定配備されている陸自のV22オスプレイが初参加し、米海兵隊のMV22と共同で敵地に強行着陸し、拠点を確保するまでの流れが披露された。

同訓練は陸上総隊司令官の前田忠男陸将と米第3海兵機動展開部隊長のJ・ビアマン中将が担任官を務め、3月4日から同25日まで行われた陸自の「令和3年度第31海兵機動展開隊との共同訓練」の中で実施された。

訓練では陸自のV22が敵地に強行着陸し、搭乗していた水機団隊員が素早く現場を確保して安全化。その後、米MV22が続けざまに2機着陸し、米海兵隊員が地上に展開するまでの状況が公開された。

陸自水機団の隊員（手前）が周囲の安全化を図る中、次々と着陸する米海兵隊のMV22オスプレイ（3月15日、東富士演習場で）

F35A、初の対戦闘機戦闘訓練

日米 三沢西方 日本海上空で

空自と米空軍は3月10日、青森県・三沢基地西方の日本海上で日米のF35Aステルス戦闘機同士による初の対戦闘機戦闘訓練を行った。

空自からは3空団（三沢）のF35A4機と北部航空警戒管制団（同）、米空軍からはアラスカ州から沖縄・嘉手納基地に展開中の第354戦闘航空団（アイルソン）のF35A4機が参加し、それぞれレーダーに映らない機体の特性を生かし、日米共同で戦術技量の向上を図った。

岸防衛相は同15日の記者会見で「日米の第5世代戦闘機であるF35A同士が、初の対戦闘機戦闘訓練を行った。このことは、空自の能力と日米間の共同対処能力の向上に向けて大きな節目となる」とその意義を語った。

日米で初となるステルス戦闘機同士の対戦闘機戦闘訓練のため三沢基地を離陸する3空団のF35A（3月10日、空自三沢基地で）

防研セミナー

時代を読み解く

シリーズ③

今月の講師

樋口（ひぐち）　俊作（しゅんさく）2陸佐

防衛研究所戦史研究センター

戦史研究室所員

1981（昭和56）年生まれ、福岡県出身。防衛大学校人文・社会科学専攻公共政策学科卒（48期）。陸自機甲科。第11戦車大隊（真駒内）、偵察教導隊（富士）、第2偵察隊（名寄）、第2戦車連隊（上富良野）、教育訓練研究本部教育部（目黒）、第13旅団司令部第3部（海田市）などを経て現職。専門は日本陸軍史、用兵思想史。論文、論考に「日本陸軍における騎兵の役割の変化と継承」『戦史研究年報』第25号（防衛研究所、2022年3月）など。

明治期の日本陸軍とマイクロマネジメント

組織管理において、あまり良くないこととされるものの一つにマイクロマネジメントがある。マイクロマネジメントとは、上司が部下に対して一切の決定権を与えなかったり、必要以上に細かい指示をしたり、逐一報告を求めたりすることであり、過干渉的な管理方法のことを指す。

なぜマイクロマネジメントが悪いかと言えば、一般的には部下のやる気や自主性が失われたり、その結果として部下が成長しなくなったりすることがその理由に挙げられる。

このようなマイクロマネジメントだが、実は明治の日本陸軍軍人も、ある外国人教師から、お前たちは部下の行動を束縛しすぎると叱責されていた。その外国人教師とは、日本陸軍にドイツ式兵学を教育したクレメンス・ヴィルヘルム・ヤーコプ・メッケル少佐である。

彼はなぜ軍事におけるマイクロマネジメントは悪いと考えていたのだろうか。それは先に述べたマイクロマネジメントの一般的な弊害と同じ理由によるものだろうか。また、部下に対してどのような指導をすればよいと考えていたのだろうか。参考になるのは彼の著書や、彼が日本の軍人に対して行った指導である。

（「日本将校の」欠点は（中略）下級指揮を拘束すること」とある『明治廿一年二月九州参謀旅行記事　上陸軍之部　全』＝防衛研究所戦史研究センター所蔵）

メッケル少佐は独断を強調

メッケル少佐は独断を強調する。より正確に言うならば、部下が独断できるような命令を作ることを強調する（ちなみに軍事における独断も、一般的に使用される独断と同じく、自分で決めることを意味する）。

昭和の陸軍では、独断の実態が恣意専横に変化してしまったと言われる。このため、今日において軍人の独断というと、悪いイメージばかりが先行しているように筆者には感じられる。しかし、軍事における独断は、もともと悪いものではない。

明治の陸軍軍人は、部下に対して「こういう場合はこうせよ」という細かな規定を事前に付与していた。これに対する彼の指導を現代語風に訳すと、「このような行為は部下の手を拘束し、耳をふさぎ、歩くことすらできなくさせるものだ」となる。

彼が考える、部下の独断を可能にする命令とは、敵状と、部下に達成して欲しい事項から成る命令である。この命令には、「こういう場合はこうせよ」といった個別具体的な指示は入っていない。さらに彼は、上司はただ任務を与えるだけであり、その任務にどう対応するかは部下に一任し、上司は干渉してはいけないと述べる。

戦況とは変化し続けるもの

独断を強調する理由を、メッケル少佐は大きく2点に分けて説明する。

まず第1の理由についてである。部下への過干渉は、部下が自主的に動かなくなり、かつ、部下に不満を抱かせることにつながると彼は述べる。これは、現代のマイクロマネジメントの弊害とほぼ同じものと見てよいだろう。

一方、第2の理由については、戦況は変化するため、事前の細かな指導は無駄になるばかりでなく、部下を迷わせることになるからだと述べる。これは、現代の一般的なマイクロマネジメントの弊害とは異なるものである。この第2の理由について、筆者なりにもう少し説明を加える。

日本陸軍による翻訳ではあるが、メッケル少佐は教育の場や自らの著書の中で、戦況を「変遷無極」や「変幻無常」と称している。つまり、彼は戦況を単に変化するだけでなく、予想もつかないくらい変化し続けるものとして捉えている。

このような戦場観に立てば、現場で部下が直面する状況を上司が事前に予想し、的確な指示を行っておくことは不可能である。

さらに、上司から行われる事前の的外れな指示や余計な規定は、現場の部下を困惑させるだけでなく、部下の足枷にもなってしまう。上司への信頼さえ揺らいでしまうことになりかねない。

戦況が予想以上に変化することを当然視し、部下の独断によって対応していこうとする考え方の対極に位置するのは、いわゆる緊急事態対処計画の作成のみによって将来のトラブルに対処しようとする考え方である。

一般的な緊急事態対処計画には、多種多様なトラブルとその対処方法が記載されている。これは明治の軍人が行った「こういう場合はこうせよ」という指導と共通している。計画は、ある予測に基づいて立案される。緊急事態対処計画の作成のみで将来のトラブルに対処できると考えるのは、将来は予測できるトラブルしか起こらないという発想と同じである（無論、これは極端な例であって、緊急事態対処計画の価値や必要性を否定するものではない）。

メッケル少佐の指導は、あらゆる組織に適用できるものではない。しかし、外部環境の変化が激しく、現場レベルでの迅速な判断を求められるような組織にとっては、現代においても参考になる部分があるだろう。

日本陸軍は独断を理解したか

先に述べたメッケル少佐の日本軍人評は、彼の来日直後ではなく、日本滞在期間の終盤になされたものである。彼から見て、日本の軍人には自分の指導が十分に理解されていないように感じられたのだろう。

昭和の陸軍では独断が恣意専横になったと述べた。一方で、操典用語としての独断は、彼の来日以前から日本にもあった。もしかすると、日本陸軍における独断は、かなり早い時期から誤解や曲解があったのかもしれない。

春夏秋冬

次号から新執筆陣

コシノ、先崎、鶴岡、山下氏（掲載順）

本紙の人気コラム「春夏秋冬」の執筆陣が4月から交代します。次号から登場するのは、陸自の特別儀仗服の監修支援も行った世界的ファッションデザイナーのコシノジュンコ氏、倫理学者、思想史家として日本の国家像を追求する日本大学危機管理学部教授の先崎彰容氏、防衛研究所主任研究官などを務めた経歴を持ち、国際政治学者として活躍する慶應義塾大学総合政策学部准教授の鶴岡路人氏、元陸将、元陸自中部方面総監で、千葉科学大学・日本文理大学客員教授の山下裕貴氏です。どうぞご期待ください。

コシノジュンコ氏

（こしの・じゅんこ）デザイナー

デザイナーの登竜門「装苑賞」を最年少で受賞。1978年から年2回、22年間にわたりパリコレクション参加。85年中国、90年ニューヨーク（メトロポリタン美術館）、94年ベトナム、96年キューバ、99年ポーランドなど世界各地でショーを開催。2017年陸上自衛隊の特別儀仗服監修支援。21年フランス政府より「レジオン・ドヌール勲章シュヴァリエ」受章。

先崎　彰容氏

（せんざき・あきなか）日本大学危機管理学部教授

1975年生まれ。東大文学部倫理学科卒。東北大学大学院日本思想史博士課程単位取得終了（文学博士）。この間、文部科学省政府給費留学生としてフランス社会科学高等研究院に留学（2006～7年）。国際日本学専攻。「令和日本のデザイン」「近代日本の思想家たち」などのテーマで精力的に講演。著書に「未完の西郷隆盛」「維新と敗戦」「国家の尊厳」など。

鶴岡　路人氏

（つるおか・みちと）慶應義塾大学総合政策学部准教授

1975年生まれ。慶大法卒、慶大大学院を経て、英ロンドン大学キングス・カレッジで博士号取得。専門は国際安全保障、現代欧州政治など。在ベルギー日本大使館専門調査員などを経て、2009年から防研教官、主任研究官、防衛省防衛政策局国際政策課部員。英王立防衛安全保障研究所訪問研究員。著書に「EU離脱―イギリスとヨーロッパの地殻変動」など。

山下　裕貴氏

（やました・ひろたか）千葉科学大・日本文理大客員教授

1956年生まれ。元陸将。大分工大船舶工学科卒。79年陸自入隊。陸幕防衛調整官、同人計課長、中方幕僚副長、沖縄地本長、東方幕僚長兼朝霞駐司令、3師団長、陸幕副長などを歴任。2014年から中方総監を務め、15年8月退官。同12月から現職。テレビ出演、雑誌等への寄稿で活躍。著書に本格軍事シミュレーション小説「オペレーション雷撃」など。

1佐職 春の定期異動

3月14、15、16、17、18、22、23、24、25日付

防衛省発令

▽武器学校付（関西補給処副処長） 1陸佐 浅見 勇学
▽需品学校副校長兼企画室長（九州補給処装備計画部長） 同 加藤 武則
▽同研究部長（情報本部） 同 八戸 敦司
▽小平学校副校長兼企画室長（東北補給処総務部長） 同 松田 靖史
▽同法務教育部長（陸上総隊法務官） 同 廣田耕士朗
▽高等工科学校生徒隊長（西部方面総監部募集課長） 同 阿比留孝徳
▽教育訓練研究本部企画調整官（教育訓練研究本部） 同 菅原 達也
▽同総務課長（同） 同 宮地 英久
▽同主任教官（西部方面特科隊副隊長） 同 中村 博篤
（中央特殊武器防護隊長） 同 松原 泰孝
（防衛装備庁長官官房装備開発官付総括室長） 同 八木聖一郎
▽同総括室長（陸幕防衛課開発室長） 同 栗木 茂幸
▽同研究調整官（東部方面総監部防衛課長） 同 伊藤 充希
▽同研究員（東北補給処補給部長） 同 山田 芳樹
▽同訓練評価調整官（陸幕武器・化学課誘導武器班長） 同 矢ケ崎貴浩
▽教育訓練研究本部（同運用支援課） 同 山崎 聡一
（同指揮通信システム課付） 同 永江 実
（北部方面会計隊長） 同 福岡 忠
（1後方支援連隊補給隊長） 同 橋田 英
（九州補給処補給部長） 2陸佐 鈴木 由紀
▽教育訓練研究本部付（統幕運用1課） 1陸佐 佐藤 拓
（陸上総隊運用部） 同 山口 洋輔
（同） 同 水関 謙作
（北部方面総監部人事部） 同 谷口 史晃
（7師団1部長） 同 工藤健太郎
（8師団1部長） 同 井出 智昭
▽埼玉地方協力本部募集課長 同 平野 弘倫
▽補給統制本部企画課長（補給統制本部） 同 川嶋 勇基
▽同航空部長（1ヘリ団副団長） 同 藤田 尚樹
▽同補給計画課長（九州補給処整備部長） 同 藤本 正行
▽同施設部長（2施設団副団長） 同 平瀬 義
▽北海道補給処苗穂支処長兼苗穂分屯地司令（教育訓練研究本部企画調整官） 同 阪田 洋
▽東北補給処副処長（関東補給処装備計画部長） 同 佐藤 真一
▽同総務部長（西部方面後方支援隊西部方面輸送隊長） 同 森 英久
▽同企画課長（6普通科連隊長兼美幌駐屯地司令） 同 佐藤 靖倫
▽同計画課長（教育訓練研究本部） 2陸佐 山下 一友
▽同補給部長（3師団4部長） 1陸佐 田代 真朗
▽関東補給処装備計画部長（4後方支援連隊長） 同 瀧谷 貴弘
▽同企画課長（教育訓練研究本部） 同 田中 広明
▽同業務指示課長（装備実験隊5実験科長） 同 神原 公仁
▽同誘導武器部長（5後方支援隊長） 同 中川 秀一
▽同松戸支処需品部長（東北方面総監部需品課長） 同 青木 健祐
▽同用賀支処衛生部長（中央病院薬剤課長） 2陸佐 小川 和明
▽関東補給処付（関東補給処誘導武器部長） 1陸佐 千代丸 博
▽関西補給処副処長（需品学校副校長兼企画室長） 同 津島 佳男
▽同装備計画部長（西部方面後方支援隊副隊長） 同 椿松 尚俊
▽同整備部長（通信学校） 2陸佐 牧野 貴志
▽九州補給処装備計画部長（関東補給処松戸支処需品部長） 1陸佐 山本 哲
▽同補給部長（教育訓練研究本部） 2陸佐 大内 竜裕
▽同整備部長（通信学校） 同 廣田 晃弘
▽情報保全隊情報保全官兼情報保全隊副司令（情報保全隊東部情報保全隊長） 1陸佐 大岡耕太郎
▽同東部情報保全隊長（5施設団副団長） 同 小板橋順次
▽体育学校副校長（東北方面指揮所訓練支援隊長） 同 矢野 哲也
▽中央病院2歯科部長（札幌病院歯科部長兼准看護学院長） 同 髙橋 俊幸
▽同薬剤課長（中央病院） 2陸佐 堀田 隆志
▽札幌病院歯科部長兼准看護学院長（福岡病院歯科部長） 同 野澤 浩
▽仙台病院診療技術部長兼2内科部長（仙台病院皮膚科部長兼准看護学院長） 同 八月朔日秀明
▽阪神病院1内科部長（陸幕衛生部） 1陸佐 末永 浩一
▽旭川地方協力本部長（6師団監察官） 同 髙田 博文
▽帯広地方協力本部長（補給統制本部航空部長） 同 内山 信吾
▽岩手地方協力本部長（宮古警備隊長兼宮古島駐屯地司令） 同 佐藤 慎二
▽茨城地方協力本部長（3高射特科群長） 同 貞方 太
▽愛知地方協力本部長（14旅団副旅団長兼善通寺駐屯地司令） 同 下本 昭司
▽島根地方協力本部長（中部方面会計隊長） 同 中畑 晶広
▽岡山地方協力本部長（7高射特科連隊長兼静内駐屯地司令） 同 谷坂 忠俊
▽近畿中部防衛局防衛補佐官（中部方面総監部厚生課長） 同 神嵜 恕
▽九州防衛局防衛補佐官（小郡駐屯地業務隊長） 同 黒岩太一郎
▽防衛装備庁長官官房装備開発官付総括室長（3地対艦ミサイル連隊長） 同 内山 浩成
▽同事業監理官付事業計画調整官（武器学校研究部長） 同 林 義明
▽海幕総務課総務調整官（海幕総務課） 1海佐 牛若 健悟
▽同総務課広報室長（同） 同 東 良子
▽自衛艦隊司令部（同広報室長） 同 鬼頭 祐介
（同総務調整官） 同 石田 徹
▽呉基地業務隊司令（呉地方総監部援護業務課長） 2海佐 荻原 立貴
▽空幕運用支援課部隊訓練1班長（空幕運用支援課兼防衛課） 1空佐 岩崎 康治
▽航空戦術教導団飛行教導群司令（同運用支援課部隊訓練1班長） 同 小城 毅泰
（以上3月14日）
▽航空警務隊企画運用科長（航空警務隊） 1空佐 南谷 瑞穂
（3月15日）
▽陸幕募集・援護課募集・援護調整官（教育訓練研究本部） 1陸佐 井村 昭利
▽1師団幕僚長（陸幕募集・援護課募集・援護調整官） 同 鹿子島 洋
▽北部方面混成団長（富士学校総務部長） 同 阿部 洋一
▽富士学校総務部長（1師団幕僚長） 同 中村 和志
（以上3月16日）
▽統幕指揮通信システム運用課通信基盤維持管理班長（陸幕通信電子課） 2陸佐 大隅 康一
▽統幕学校教育課教育管理班長（体育学校企画室長） 1陸佐 七星 武史
▽陸幕総務課渉外班長（東部方面総監部防衛課防衛調整官） 同 永木 裕治
▽同人事教育計画課再就職管理室長（京都地方協力本部長） 同 巻口 公輔
▽同運用支援・訓練部付（補給統制本部化学部長） 同 行方 聡
▽同防衛課長（陸幕防衛課） 同 吉川 徳等
▽陸上総隊人事課長（同総務課渉外班長） 同 米村 謙一
▽同医務官兼中央病院1外科部長（中央病院3外科部長） 同 小俣 二郎
▽北部方面総監部システム通信課長（統幕指揮通信システム運用課通信基盤維持管理班長） 同 吉良 学
▽東北方面総監部システム通信課長（東北補給処整備部長） 同 古川 洋彰
▽東部方面総監部防衛課防衛調整官（防衛政策局日米防衛協力課防衛協力班） 2陸佐 日向 孝史
▽中部方面総監部システム通信課長（中部方面総監部防衛部） 1陸佐 古橋健太郎
▽同訓練課長（同） 同 鈴木 基数
▽6師団幕僚長（陸幕人事教育計画課再就職管理室長） 同 野村 和弘
▽5旅団幕僚長（訓練評価支援隊評価分析支援科長） 同 山之内竜二
▽14旅団幕僚長（教育訓練研究本部総括室長） 同 山﨑 誠一
▽3即応機動連隊長兼名寄駐屯地司令（3普通科連隊長兼名寄駐屯地司令） 同 山崎 潤
▽7普通科連隊長兼福知山駐屯地司令（山梨地方協力本部長） 同 前野 直樹
▽43普通科連隊長兼都城駐屯地司令（中部方面総監部訓練課長） 同 谷 雅和
▽48普通科連隊長（7普通科連隊長兼福知山駐屯地司令） 同 小野田宏樹
▽北部方面システム通信群長（北部方面通信群長） 同 小林 理
▽東北方面システム通信群長（東北方面通信群長） 同 鷲谷 和久
▽中部方面システム通信群長（中部方面通信群長） 同 竹永 竜也
▽電子作戦隊長（陸上総隊運用部） 同 門田 宏光
▽訓練評価支援隊評価分析支援科長（43普通科連隊長兼都城駐屯地司令） 同 中尾 圭
▽会計監査隊西部方面分遣隊長（高等工科学校総務部長） 同 武藤 伸治
▽富士学校研究課長（教育訓練研究本部教官） 同 井上 義宏
▽富士学校（富士学校総務課長） 同 田丸 正勝
▽通信学校付（会計監査隊西部方面分遣隊長） 同 河木 邦夫
▽化学学校研究部長（化学学校） 同 村木 敏彦
▽高等工科学校総務部長（富士学校研究課長） 同 篠原 賢治
▽教育訓練研究本部総括室長（5旅団幕僚長） 同 黒木 正富
▽同教官（補給統制本部調査研究課長） 同 原 勇司
▽補給統制本部調査研究課長（陸幕運用支援・訓練部付） 2陸佐 松嶋 貴之
▽同化学部長（化学学校研究部長） 1陸佐 小原 淳志
▽補給統制本部付（統幕学校教育課教育管理班長） 同 小林 直行
▽東北補給処整備部長（西部方面システム通信群副群長） 2陸佐 吉元 勇人
▽中央病院3外科部長（中央病院1外科） 同 松本 佑介
▽同感染対策官兼1内科（同1内科） 1陸佐 小寺 力
▽阪神病院副院長兼企画室長（陸上総隊医務官兼中央病院1内科） 同 向井 保雄
▽同1外科部長兼耳鼻いんこう科部長（阪神病院耳鼻いんこう科部長） 同 鈴木 洋
▽同診療技術部長（防衛大学校総務部） 同 鉾石 和彦
▽福岡病院副院長兼企画室長（別府病院長兼別府駐屯地司令） 同 吉積 司
▽那覇病院長兼南那覇駐屯地司令（阪神病院副院長兼企画室長兼1外科部長） 同 小池 啓司
▽札幌地方協力本部長（6師団幕僚長） 同 佐藤 和之
▽山梨地方協力本部長（陸上総隊人事課長） 同 桑畑 英紀
▽京都地方協力本部長（14旅団幕僚長） 同 岡本 宗典
▽統幕指揮通信システム企画課宇宙サイバー電磁波領域調整官兼統幕指揮通信システム運用課（統幕指揮通信システム企画課兼指揮通信システム運用課） 1海佐 稲葉 洋介
▽掃海隊群司令部（指揮通信システム隊サイバー防衛隊2班長兼統幕指揮通信システム企画課） 同 中井 栄一
▽佐世保衛生隊司令兼佐世保地方総監部衛生管理官（佐世保病院長） 同 田村 格
▽同隊副長（同副院長兼診療部長） 同 長尾 華
▽舞鶴衛生隊司令兼舞鶴地方総監部衛生管理官（舞鶴病院長） 同 庄野 聡
▽同副長（同副院長） 同 加藤 万雄
▽大湊衛生隊司令、大湊衛生隊総務科長事務取扱兼大湊地方総監部衛生管理官（大湊病院長） 同 黒川 貴幸
▽同副長（大湊病院付） 同 大小田 学
▽横須賀病院＝医務担当＝副院長兼企画室長（横須賀病院副院長兼企画室長） 同 松崎 宏治
▽同＝管理担当＝副院長兼衛生資材部長（同衛生資材部長） 同 宇田 貞武
▽空幕事業計画2課宇宙領域班長（空幕事業計画2課） 1空佐 小林 貴行
▽航空医学実験隊2部長兼航空医学実験隊兼入間病院（航空医学実験隊4部長） 同 髙田 邦夫
▽兼航空医学実験隊4部長兼入間病院 航空医学実験隊3部長 同 中西 貴上
▽宇宙作戦群司令（空幕事業計画2課宇宙領域班長） 同 玉井 一樹
▽入間病院副院長（中部航空警戒管制団付） 同 清水 邦夫
（三沢病院長） 同 宮島大二郎
▽同診療部長兼防衛医大医学教育部（中部航空警戒管制団付） 同 若栗 隆志
▽同歯科診療部長（同） 同 納富 泰行
▽同診療技術部長（航空医学実験隊2部長） 2空佐 齊藤 和大
▽同保健部長兼入間病院（中部航空警戒管制団） 同 茂木 太一
▽同看護部長兼入間病院兼中央病院（航空医学実験隊） 1空佐 田村 敦
（以上3月17日）
▽防衛大防衛学教育学群戦略教育室長兼防衛大教授（空自3術科学校副校長） 1空佐 大石 徹郎
▽防衛研究所所員（空幕総務課広報室長） 同 吉田ゆかり
▽統幕総括副報道官（統幕報道官付） 1陸佐 南平 勇将
▽統幕学校教育課1教官室学校教官（統幕学校教育課） 1空佐 髙橋 博幸
▽陸幕防衛部付（統幕総括副報道官） 1陸佐 玉田 吉彦
▽陸上総隊運用部（同防衛課） 同 澤田 典宏
▽海上訓練指導隊群司令部（佐世保海上訓練指導隊司令） 1海佐 三浦 則文
▽ちょうかい艦長（護衛艦隊司令部） 同 小圷 聖一
▽佐世保海上訓練指導隊司令（1海上訓練支援隊司令） 同 織戸 邦明
▽1海上訓練支援隊司令（ちょうかい艦長） 同 城 武昌
▽海自幹部学校付（海幕防衛課） 同 勘米良悠貴
（あきづき艦長） 同 中澤 憲弥
▽空幕総務課総務班長（空幕整備・補給課） 1空佐 大塚 芳啓
▽同広報室長（航空総隊運用課長兼航空総隊司令部） 同 芹川 武也
▽同募集・援護課（石川地方協力本部長） 同 中川 一
▽同運用支援課計画班長（西部航空方面隊防衛課長） 同 小山 真弘
▽同整備・補給課武器弾薬班長（空幕整備・補給課） 同 相澤 啓二
▽航空総隊運用課長兼航空総隊司令部（南西航空方面隊防衛部長） 同 橋本 勝士
▽同補給課長（航空支援集団補給課長） 2空佐 森内正和
▽北部航空方面隊監理監察官（中部航空方面隊監理監察官） 1空佐 壁島 栄一
▽3航空団副司令（北部航空方面隊監理監察官） 同 植森 治
▽中部航空方面隊監理監察官（警戒航空団飛行警戒監視群司令） 同 原 陽一
▽中部航空警戒管制団整備補給群司令（南西航空方面隊総務部長） 同 芳賀 郁則
▽同基地業務群司令（空幕総務課総務班長） 同 井上 利光
▽西部航空方面隊防衛課長（同事業計画1課） 同 大久保雄史
▽同司令部（防衛政策局防衛政策課防衛調整官兼戦略企画課） 同 玉越 香苗
▽5航空団飛行群司令（12飛行教育団航空学生教育群司令） 同 宮崎 剛
▽西部航空警戒管制団整備補給群司令（3補給処資材計画部長） 同 荒瀬 英雄
▽南西航空方面隊総務部長（中部航空警戒管制団基地業務群司令） 同 大石 和浩
▽同防衛部長（空幕運用支援課計画班長） 同 奥田 将善
▽警戒航空団飛行警戒監視群司令（飛行教育航空隊司令） 同 髙口 拓二
▽同1整備群司令（空幕整備・補給課武器弾薬班長） 同 貴島 崇
▽作戦情報隊（5航空団飛行群司令） 同 對馬 強介
▽航空支援集団通信電子課長（空自4術科学校1教育部長） 2空佐 明石 泰三
▽同装備課長（13飛行教育団整備補給群司令） 同 森山 祐博
▽同補給課長（空幕総務課） 同 富岡 直明
▽航空教育集団教育1課長（航空教育隊1教育群司令） 1空佐 塚原 敏夫
▽12飛行教育団航空学生教育群司令（空自幹部学校） 同 相澤 直樹
▽13飛行教育団飛行教育群司令（航空教育集団教育1課長） 同 髙田 浩司
▽同整備補給群司令（警戒航空団1整備群司令） 2空佐 荒井 竜一
▽航空教育隊1教育群司令（防衛大防衛学教育学群戦略教育室長兼防衛大教授） 1空佐 吉村 一彦
▽飛行教育航空隊司令（13飛行教育団飛行教育群司令） 同 小川 直樹
▽飛行開発実験団整備群司令（航空支援集団装備課長） 同 加美山 聡
▽空自幹部学校（4補給処東北支処長兼東北町分屯基地司令） 同 東 征一郎
▽空自幹部学校付（統幕計画課） 同 本間 公人
（南西航空方面隊人事課長） 同 小川 裕
（9航空団） 同 髙木 亮
（航空救難団飛行群新田原救難隊長） 同 和田 夏樹
▽空自1術科学校副校長（飛行開発実験団整備群司令） 同 脇田 健一
▽同3術科学校副校長（3航空団副司令） 同 加藤 史彦
▽同4術科学校副校長（3補給処副処長） 同 越谷登志幸
▽同1教育部長（統幕学校教育課1教官室学校教官） 同 角田 厚彦
▽空自補給本部（西部航空警戒管制団整備補給群司令） 同 山ノ内慎二
▽空自補給本部付（南関東防衛局首席検査官） 同 太田 勝
▽3補給処副処長（中部航空警戒管制団整備補給群司令） 同 黒木 忠俊
▽同資材計画部長（空幕装備課装備基準班長） 同 大谷 純
▽4補給処東北支処長兼東北町分屯基地司令（空自1術科学校副校長） 同 吉冨 秀哉
▽石川地方協力本部長（空自4術科学校副校長） 同 山下龍太郎
▽南関東防衛局首席検査官（航空総隊補給課長） 2空佐 菅原 啓明
（以上3月18日）
▽防衛研究所主任研究官（1航空隊司令） 1海佐 竹内 俊雅
▽同所員（203整備補給隊司令） 同 庄野 崇
▽統幕運用1課事態対処調整官（統幕運用1課） 同 德留 秀和
▽統幕学校教育課研究室主任研究官（統幕学校教育課） 同 東 和正
▽同総括主任研究官（同研究室主任研究官） 1空佐 金井 淳
▽同1教官室長（15護衛隊司令） 1海佐 大賀 康弘
▽統幕学校国際平和協力センター教育・研究室主任研究官（大湊航空基地隊長） 2海佐 中桐 章之
▽海幕防衛課（海自幹部学校企画課長） 1海佐 壽福 秀機
（自衛艦隊運用調整総括幕僚兼潜水艦隊司令部） 同 山本 貴文
（統幕防衛課付兼防衛政策局防衛政策課） 同 赤松 真次
▽同装備体系課技術・研究班長（51航空隊副長） 同 川合 文子
▽同運用支援課兼総務課渉外連絡官（海幕運用支援課） 同 川嶋 潤子
▽同施設課建設班長（同施設課） 同 瀧本 憲司
▽同基地対策班長（同建設班長） 同 出口 太一
▽同航空機課固定翼班長（同航空機課） 同 金沢 慶人
▽同航空支援器材班長（同） 同 渡邊 昌幸
▽同首席衛生官付＝医務担当＝衛生官（同首席衛生官付衛生企画室） 同 杉浦 崇夫
▽自衛艦隊作戦総括幕僚（自衛艦隊司令部） 同 石田 徹
▽同運用総括幕僚兼護衛艦隊司令部（同） 同 鬼頭 祐介
▽同運用調整総括幕僚兼潜水艦隊司令部（海幕防衛課） 同 飯田 将裕
▽同研究開発主任幕僚（呉地方総監部3幕僚室長兼5幕僚室長） 同 沖重 大樹
▽同監察主任幕僚（情報本部） 同 吉野 宏昭
▽同司令部付（自衛艦隊監察主任幕僚） 同 西尾 透
▽護衛艦隊司令部（沖縄海洋観測所長） 同 馬場 智也
（佐世保地方総監部3幕僚室長兼5幕僚室長） 同 飯ケ谷孝広
▽1護衛隊群首席幕僚（1護衛隊群司令部） 同 白石 豪
▽海上訓練指導隊群司令部（きりしま艦長） 同 高梨 康行
▽15護衛隊司令（対馬防備隊司令） 同 鳥越 要
▽きりしま艦長（佐世保海上訓練指導隊副長兼指導部長） 同 石寺 隆彦
▽航空集団後方主任幕僚（海幕航空機課固定翼班長） 同 椎名 義和
▽同司令部（同運用支援課兼総務課渉外連絡官） 同 寺本 好孝
（情報本部） 同 菅原 克憲
（中国四国防衛局防衛補佐官） 同 比企 正
▽1航空隊司令（自衛艦隊運用総括幕僚兼護衛艦隊司令部） 同 岩政 秀委
▽51航空隊副長（海幕装備体系課技術・研究班長） 同 藤本 典法
▽71航空隊司令（51航空隊企画審査隊長） 2海佐 中原 伸二
▽機動施設隊司令（海自3術科学校教育3部長） 1海佐 松岡 和人
▽2整備補給隊司令（海自補給本部航空装備計画課長） 同 堀川新太郎
▽203整備補給隊司令（海自3術科学校） 同 石家 智弘
▽岩国航空基地隊司令（呉教育隊司令） 同 飯塚 祥平
▽下総航空基地隊司令（岩国航空基地隊司令） 同 山形 文則
▽1潜水隊群首席幕僚（1潜水隊群司令部） 同 兎澤 仁
▽2潜水隊群首席幕僚（2潜水隊群司令部） 同 渡辺 将人
▽2潜水隊司令（同首席幕僚） 同 吉田 薫
▽掃海隊群司令部（護衛艦隊司令部） 同 門田 正文
▽海洋業務・対潜支援群司令部（統幕運用1課事態対処調整官） 同 原 利光
▽沖縄海洋観測所長（1潜水隊群首席幕僚） 同 梅原 淳
▽横須賀地方総監部3幕僚室長兼横須賀地方総監部5幕僚室長（2潜水隊司令） 同 関本 博充
▽呉地方総監部3幕僚室長兼呉地方総監部5幕僚室長（呉地方総監部防衛部） 同 國田 貴之
▽佐世保地方総監部3幕僚室長兼佐世保地方総監部5幕僚室長（1護衛隊群首席幕僚） 同 田中 信也
▽同総監部付（徳島地方協力本部長） 同 小林 知典
▽呉教育隊司令（自衛艦隊作戦総括幕僚） 同 渡邉 雄一
▽対馬防備隊司令（横須賀地方総監部3幕僚室長兼5幕僚室長） 同 森 陸晃
▽舞鶴弾薬整備補給所整備部長事務取扱 舞鶴弾薬整備補給所長 同 浅野 史郎
▽佐世保基地業務隊司令（31航空群幕僚） 2海佐 貝塚 俊彦
▽大湊基地業務隊司令（統幕学校教育課研究室総括主任研究官） 1海佐 牧 孝行
▽下総教育航空群司令部付（下総航空基地隊司令） 同 岩松 恒徳
▽呉システム通信隊司令（システム通信隊群司令部） 同 筒井 大介
▽海自補給本部航空装備計画課長（航空集団後方主任幕僚） 同 楠山 博康
▽海自補給本部（防衛監察本部統括監察官付4監察班長） 同 宮村 剛志
▽海自幹部学校企画課長（71航空隊司令） 同 鷲澤 公一
▽海自幹部学校（統幕学校教育課1教官室長） 同 能條 将史
（2整備補給隊司令） 同 西川 和宏
（海自幹部学校企画課国際計画班長） 同 興梠 拓朗
▽海自幹部学校付（防衛大首席指導教官） 同 尾崎 元気
▽海自1術科学校（海幕人事教育部付） 同 藤田 泰三
▽海自3術科学校教育3部長（同施設課基地対策班長） 同 湯浅 浩充
▽解中央病院医療安全評価官兼補 中央病院麻酔科部長兼医療安全評価官 同 大尾田正彦
▽中央病院医療安全評価官兼中央病院1外科（海幕首席衛生官付衛生官） 同 江戸川誠司
▽徳島地方協力本部長（南関東防衛局防衛補佐官） 同 細田 直人
▽南関東防衛局防衛補佐官（機動施設隊司令） 同 田中 克也
▽中国四国防衛局防衛補佐官（呉システム通信隊司令） 同 尾崎 立哉
▽防衛監察本部統括監察官付4監察班長（情報本部） 同 松嶋 明徳
▽防衛装備庁事業監理官付（海幕航空機課航空支援器材班長） 同 髙橋 暁生
（以上3月22日）
▽防衛医大学生課長（呉病院衛生資材部長兼副院長） 1海佐 林崎 博人
▽陸幕装備計画課長（12普通科連隊長兼国分駐屯地司令） 1陸佐 今井 健太
▽同装備計画課企画班長（陸幕装備計画課） 同 井上 靖也
▽西部方面総監部防衛部長（同装備計画課長） 同 山本 雅史
▽12普通科連隊長兼国分駐屯地司令（陸幕装備計画課企画班長） 同 古川 琢弥
▽教育訓練研究本部（東部方面総監部人事部） 同 稲田 裕一
▽教育航空集団司令部（防衛医大学生課長） 1海佐 宮崎 研三
▽呉病院衛生資材部長兼呉病院副院長（呉病院） 同 中谷 匡佐
（以上3月23日）
▽空自幹部学校付（空幕防衛課） 1空佐 飯尾 武弘
（同整備・補給課） 同 望月 賢史
（空自補給本部） 同 笹口 俊介
（以上3月24日）
▽善通寺駐屯地業務隊長（情報本部） 2陸佐 西藤 寿洋
（3月25日）

日英が戦闘機用レーダー試作

広範囲を瞬時に探索可能

防衛装備庁と英国防省は2月15日、日英間で将来戦闘機への搭載に向けた「次世代RF（Radio Frequency＝レーダー）センサーシステム」の技術実証に関する取り決めに署名したと発表した。2018年から続く日英間の共同研究の成果を踏まえたもので、広範囲の空域を瞬時に探索できる日英先進RFシステム「ジャガー」（JAGUAR＝Japan and Great Britain Universal Advanced RF system）の実現を目指す。同技術実証では日英共同で航空機搭載用アンテナの設計・製造・試験評価を行い、そこで得られた成果を空自は次期戦闘機（FX）に、英空軍は同「テンペスト」にそれぞれ適用する計画だ。

日英が共同で試作する次世代RFセンサーシステム（右側）のイメージ（いずれも防衛装備庁提供）

先進RFシステム　次期戦闘機に適用へ

日英両国は2018年3月から次世代RFセンサーシステムの共同研究をスタート。同研究は従来より広い周波数帯域の電波を用い、「より広範囲の空間を瞬時に探索できる電波センサーシステム」の実現可能性を探るもの。共同研究によりその成果が得られたことから、今後は共同で航空機搭載用アンテナを設計・製造し、試験・評価を行うステージへと移行する。

先進RFシステムは、従来の一本の細いビームを走査させる方式ではなく、多数の受信ビームを同時に形成することで、広い空間を瞬時に探索することが可能になる。

ビーム（探索レーダー）を走査させると、自分の位置が敵側に探知される危険があるが、「受信マルチビーム」は瞬時のため、格段にステルス性が向上、広い空域の航空機の位置情報が把握でき、直ちに敵機に向けた先制攻撃などが可能になる。

この日英共同研究の次世代RFセンサーシステムは「ジャガー」（JAGUAR＝Japan and Great Britain Universal Advanced RF system）と名付けられ、今回の取り決めでは日英が共同でアンテナの設計・製造・試験評価までを実施する。先進RFシステムは航空機の警戒・探知能力をアップさせるほか、通信性能の向上、探知距離の延伸、妨害能力の強化などにも寄与するものと期待されている。

この「ジャガー」が実現すれば、戦闘機の開発で日英は優位に立つことができる。日英はともにFX、「テンペスト」を開発中で、「ジャガー」システムはその先進性を象徴するものになる。

英政府の発表によれば、同事業には民間企業も加わり今年4月から開始。英側からは欧州の防衛産業レオナルドの英国法人が参加し、今後、5年ほどかけて先進RFの設計から製造・試験評価まで行なう計画という。

日英両国は戦闘機用のエンジンでも共同開発を行っており、日英の防衛技術協力はかつてない高いレベルに達している。

防衛技術

防衛装備庁が空自向けに開発中の次期戦闘機（FX）のイメージ

技術が光る　>107<

「無人物資輸送システム」　川崎重工

無人ヘリと配送ロボが連携し　山間部や離島に荷物を輸送

川崎重工は、物流業界の労働力不足などの問題解決を目指し、同社開発の無人ヘリ「K－RACER」と配送用の地上ロボットを組み合わせた「無人物資輸送システム」の概念実証を続けている。

「K－RACER」は2020年に飛行試験を行ったオリジナルの機体を改修し、ペイロード（搭載量）を100キログラムにアップ。さらに機体下部に配送ロボを格納できる機構を組み込んだ。パワーユニットはカワサキモータース製のオートバイ用スーパーチャージド・エンジンを搭載している。

地上を走る「配送ロボット」は、荒れた路面や段差のある道路でも安定した走行ができる構造で、自ら無人ヘリの格納庫に自動で出入りできるよう設計されている。

この陸・空のビークルを利用した「無人物資輸送システム」の配送の流れは以下のようになっている。

①手動積み込み＝工場や倉庫などで発送の担当者が配送ロボに荷物を積み込む②ロボ自動乗り込み＝電動の配送ロボは建物内からヘリポートまで自走し、駐機中の無人ヘリ（K－RACER）の格納庫に自動で乗り込む③自動離陸＝配送ロボが乗り込んだ後、無人ヘリが自動で離陸④自動飛行＝ヘリはあらかじめ定められたルートを自律飛行し、目的地へ向かう⑤自動着陸＝指定された着陸地点に自動で着陸する⑥ロボ自動離脱＝着陸後、配送ロボが無人ヘリから発進し、指定された配送場所に荷物を運搬⑦手動取り出し＝目的地で待ち受けた人が荷物を取り出し、受領⑧戻った配送ロボを搭載したヘリは、自動でヘリポートに戻る。

川崎重工の実証試験では、荷物を積んだロボが無人ヘリに自動で乗り込み、目的地に着陸後にロボが目的地に荷物を届けるまでの一連の試験に成功した。

同社ではこの省人化された「無人物資輸送システム」をさまざまな分野に導入していく計画。特に、山間部の僻地や離島の民家など、山や川、海などの地形に影響される場所にもスピーディーに物資を輸送できるシステムを構築していく。

すでに川崎重工では「K－RACER」を利用した「物資輸送プラットフォーム構築事業」を長野県伊那市と共に進めており、3000メートル級の中央アルプスの山小屋に食料や燃料などの物資を無人ヘリで空輸する事業計画をスタートさせている。

無人ヘリ「K－RACER」の格納庫に自動で乗り込む配送ロボット（左）

無人ヘリと配送ロボットを一体化した川崎重工の「無人物資輸送システム」のイメージ

防衛トピックス

トルコ製の無人機「バイラクタルTB2」（バイカル社HPから）

トルコ製無人機　ロシア戦車破壊

ウクライナ

ウクライナに侵攻したロシア機甲部隊の進軍を押しとどめているのがトルコ製の無人機「バイラクタルTB2」だ。ウクライナ軍は2019年からトルコのバイカル社から同機を調達し、50機以上を保有しているとされる。緒戦で露軍は対地ミサイルなどでウ軍航空基地の戦闘機を破壊。これに対し、ウ軍は27時間の滞空時間を持ち、4発のレーザー誘導ミサイルを搭載できる「TB2」を使い、反撃している。

次世代イージス艦　コンセプト発表

米海軍

米海軍はミサイル駆逐艦「アーレイ・バーク」級の後継となる次世代イージス艦（DDGX）のコンセプトを発表した。

弾道・巡航ミサイルへの対処能力をもつ最新の対空ミサイルシステムを装備するほか、攻撃型ドローンに対処できるレーザー兵器なども搭載。主機には統合電気推進機関を導入し、燃費を25％程度改善する。1番艦は2028年、建造に着手する計画だ。

統合電気推進機関が導入される米海軍のDDGXのイメージ（米海軍HP）

世界の新兵器　―――558

沿岸防備ミサイルシステム　K-300P「バスティオンP」　露

千島に配備し、西側艦艇に睨み

ロシア軍はK－300P「バスティオンP」沿岸防備ミサイルシステムの千島列島中部・マトゥア島（旧松輪島）への配備事業を完了したと、昨年12月2日にロシア国防省が発表した。「ようやく」という感がある。

バスティオンは「要塞」、Pは「移動式」を意味し、NATOコードは「SSC5ストゥージ（脇役）」の対艦ミサイルだ。射程の短いレドウット（SSC1セパール）やルベジ（SSC3スティックス）の後継として、経済状態が苦しい90年代からロシアが開発を進め、ようやく2010年代に配備可能となった。

長さ8.6メートル、直径0.67メートル、重量3トンの大型ミサイルだが、ランチャー（TEL）から発射されると、GLONASS測位衛星に導かれながらラムジェットエンジンで約350キロ飛行し、重量250～300キログラムの徹甲弾で艦船あるいは陸上目標を破壊する。地上目標を狙えるのは米国製の巡航ミサイル「トマホーク」と同様だが、シリアへ輸出されたシステムは専ら陸上目標へ向けて発射されている。対艦の場合は従来通りのアクティブ・パッシブレーダー誘導である。

射程350キロとはいえ、これは最初に大気が希薄な高高度へ上昇する「高・低」モードの場合であり、探知されるのを避けて「低・低」モードで飛べば200キロ程度と見てよいであろう。また、マッハ2.5という高速性能が喧伝されたが、これも目標に接近してから加速するもので、巡航速度は亜音速と見られる。

編成を見れば、1個大隊は3個発射中隊（バッテリー）で構成され、各中隊は4両のランチャー（ミサイル2基搭載）、4両のミサイル運搬車、指令車および支援車各1両を保有する。だが、部隊数も装備数も抑制されているようだ。

千島列島への配備が2015年に発表されるや、黒海に配備の3個中隊の中から1個中隊が千島へ移転して第72沿岸ミサイル旅団（司令部はウラジオストク）の分遣隊となった。新品ではないのだ。

大型車両に搭載され、輸送起立発射機（TEL）から打ち出されるロシアの沿岸防備ミサイルK－300P「バスティオンP」（ロシアのウェブサイトから）

一方、南シナ海からの脅威を認識するベトナム軍は、早くも2011年に2個中隊分を購入し、短射程のレドウットやルベジと共に配備している。

千島列島のマトゥア島には旧日本海軍の飛行場もあったが、今は無人であり、時々噴火する火山島でもあるので基地建設に6年を要した。輸送や工事はすべてペトロパブロフスクから派遣された揚陸艦によるという。ロシア太平洋艦隊は土建業も行えるのだ。

全長約600キロの千島列島の中部に本システムを据えるので、オホーツク海へ侵入する他国の艦艇に睨みが効く。将来は、やや小型で射程の短い3K－60バル（SSC6センナイト）も国後島、択捉島に配備するという。

徳田　八郎衛（防衛技術協会・客員研究員）

技術屋のひとりごと

千歳試験場―国内最大級のテストファシリティー・コンプレックス

高村 倫太郎

（防衛装備庁・千歳試験場長）

国内最大級のテストファシリティー・コンプレックスである防衛装備庁・千歳試験場は、北海道千歳市の南東、美しい牧場風景が広がる駒里地区に所在します。

本試験場には大きく分け、二つの試験設備があります。一つは、航空機および誘導弾の空力性能、エンジン性能を試験する空力推進研究施設。もう一つは戦車等の各種車両の走行試験を実施する車両定地試験施設です。

空力推進研究施設には、ラムジェットエンジンを試験する「燃焼風洞装置」、ジェットエンジンの高空性能を試験する「エンジン高空性能試験装置」、航空機や誘導弾の風洞試験を行う「三音速風洞装置」の三つの大きな試験装置があり、いずれも国内最大級の試験能力を有します。

これら三つの大規模な試験装置を一カ所に集約することで、試験に必要な電力、水、燃料などのインフラを共通化し、効率化を図っています。

また令和5年度の完成を目指して、ジェットエンジンの地上試験施設である「大型エンジン試験場」を建設中です。この施設も既存の「エンジン高空性能試験装置」と組み合わせることで効率化を図っています。

車両定地試験施設には戦車の走行にも耐えられる頑丈なコンクリートのテストコースがあり、その他にも最大60％の登坂路や泥ねい池など、様々な試験コースを有しています。

この施設は、各種車両の研究開発における走行試験等に使用されるほか、陸上自衛隊のトラック操縦訓練や、北海道警察のパトカー操縦訓練などにも使われています。

また、新型コロナ禍で今年は中止になってしまいましたが、「とまこまいスケートまつり」の自衛隊雪像造りにもこの試験コースの雪が使われます。

防衛装備品の研究開発に加え、周辺地域にも貢献できる試験場を目指して、引き続き努力して参りたいと思います。

ひろば

卯月、木葉取月（このはとりづき）、花名残月（はななごりづき）――4月。

1日エイプリルフール、7日世界保健デー、12日世界宇宙飛行の日、29日昭和の日。

天宮神社十二段舞楽 天宮神社（静岡県周智郡森町）で約1300年の歴史を持つ例大祭。国指定重要無形民俗文化財。清めの延舞、蝶が遊ぶ姿を演じる庭胡蝶、勇壮な太平楽など12演目を奉納する。 2、3日

火伏せの虎舞 宮城県北部の加美町で室町時代から続く伝統行事。強風による大火を中国の故事に習い鎮めたのが起源とされる。色鮮やかな山車と虎が町内を練り歩き、防災と家内安全を祈願する。 29日

防衛省生協

事務官等へ共済PR

新マスコット「事務官さくら」投入

自衛隊員向けに病気やケガによる入院などを保障する「生命・医療共済」事業、建物や家財の損害を保障する「火災・災害共済」事業などを行っている「防衛省職員生活協同組合」は、今春、新たに事務官等の加入促進の方針を打ち出した。令和2年に理事長に就任以来、コールセンターの設置などの改革を行ってきた武藤義哉理事長（元・防大副校長）に、新たな共済事業への展望と防衛省生協の保障のメリットについて聞いた。

（聞き手・菱川浩嗣）

防衛省職員生活協同組合 武藤 義哉理事長

むとう・よしや 東大法卒。1983年4月、旧防衛庁（現防衛省）。教育課長、国際企画室長、厚生課長、近畿中部防衛局長、外務大臣官房審議官、情本副本部長、防大副校長、財務省名古屋税関長などを経て、2019年7月退職。20年1月から現職。東京都出身。62歳。

事務官等の加入促進に向けて登場した新マスコットキャラ「事務官さくら」＝右から2人目。後方の陸・海・空自「生協さくらちゃん」と共に防衛省生協をPRしていく

助け合いの共済

――防衛省生協の特徴は何ですか。

武藤理事長 当生協の共済事業は、退職者生命・医療共済は85歳、火災や自然災害は終身で保障する切れ目のない安心をお届けでき、かつコストパフォーマンスが良いのが最大の特徴だ。我々は営利を求めない組織であり、隊員の方の助け合いで成り立っているため、民間の保険にはない良さがある。

――事務官等の利用率向上に向けての取り組みを進める方針を打ち出した理由は。

理事長 防衛省生協は多くの自衛隊員からご利用いただいているが、数字で見ると、自衛官の8～9割が何らかの形で利用しているのに対し、事務官等の加入率は5割にも満たない。そうした事務官、技官、教官等に対し、「防衛省生協の良さが浸透していない」というところを懸念している。

――なぜ自衛官に比べて差が出るのか。

理事長 一つの理由として、説明の機会が不足していたことにある。自衛官の方たちは新入隊員という形で部隊に入った時に説明の機会をもらい保険や共済のメリットを知り、その場で加入を希望する方には手続きできるようにしている。これに対し、事務官等の場合はそうした機会が少なく、機会があってもパンフレットをお渡しするだけという場合が多い状況だ。十分に説明する時間をもらえれば防衛省生協の良さを必ず理解していただけて、入ってもらえる人も多くなると思う。

加えて自衛官は危険な仕事が多く、「ケガをするかもしれない」という意識から保険や共済への関心が高いが、事務官等はその認識が十分でないことも一因だろう。

実際のところ、加入している自衛官と事務官等の5年ぐらいの期間の入院率の数字を見ると、どちらも約20%で変わらない。もちろん入院の要因としてケガだけでなく病気もあるが、この点を考えても事務官等にとっても他人事ではなく、「もしも」の事態に関心を持ってもらえればと思っている。

――両者のギャップを埋めていく方法は。

理事長 一つには説明の機会を設けていくことだ。説明後、自衛官の方たちと同じように、その場で手続きができるようにしたい。

説明を聞き、「この共済はいいな！」と思っても、手続きをしないままま忘れて未加入となってしまうことが多い。説明と手続きが同時にできる機会をいただければありがたい。この点、全国に9人いる地区責任者にも地道な努力をしてもらっている。

――広報面ではどのような施策を考えているか。

理事長 事務官等の加入促進キャンペーンに合わせて、当生協でも「事務官さくら」というマスコットキャラクターを新設した。

今までは陸海空の制服を着た3人の「さくらちゃん」がいたが、「事務官さくら」をデビューさせることで、事務官等への加入促進についてもお知らせしていきたいと思っている。

多くの隊員の方たちがこの「さくらちゃん」のイラストを見たことはあると思うが、防衛省生協のマスコットであるということはあまり知られていない。

スーツ姿の「事務官さくら」をPRすることで事務官等の方たちにも防衛省生協を知ってもらえたらと思っている。

コールセンター設置、サービス強化

――昨年は加入者へのサービスも強化したと聞いたが。

理事長 我々の拠点は主要な駐屯地・基地などに置かれているものの、数が限られている。より加入者のニーズに応えるため、去年の7月から試行で「コールセンター」の設置を進め、補完している。設置後は我々の担当者のいない駐屯地や基地の隊員から電話で疑問点を聞いてもらったり、申請のことで問い合わせを受けるなど利用者は増加している。

人件費を抑えなければならないということもあり、地方で防衛省生協の人員をフルタイムで配置することは厳しいが、コールセンターがこの状況を補ってくれている。部隊で直接話が聞けない場合でも、電話で説明を聞け、各種書類の郵送などもできるので、ぜひ積極的に活用してもらえればと思う。

――最後に防衛省生協への加入を検討している読者にメッセージを。

理事長 防衛省生協は「自衛官の共済だろうから関係ない」と思われている事務官等の方たちに、「あなた方のための共済です！」ということを強く訴えたい。人件費等も最小限でやっているので、「コスパの良いものが提供できます！」と自信をもって言える。

まさに今、コロナ禍で長く入院するケースもあり、自宅療養の場合でもコロナであれば共済金を支払っている。そうした保障に隊員さまからは「入って良かった」と思ってもらえている。

皆さまの新たなニーズに対応し、時代に合わせた仕組みを今後とも構築していきますので、ぜひ関心を持っていただければありがたいです。

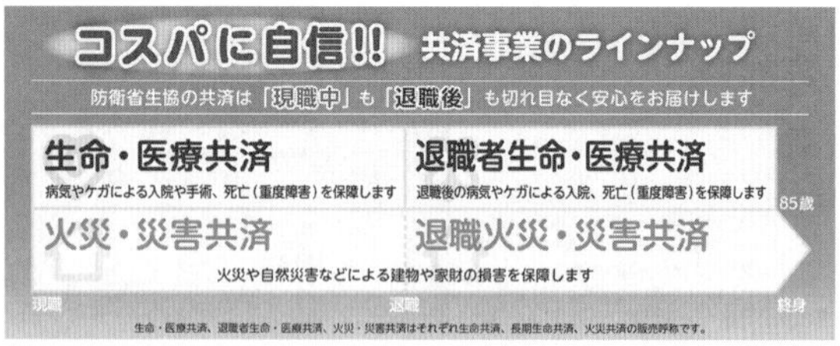

防衛省生協の基幹事業「生命・医療」「火災・災害」の保障の流れ。退職後も切れ目なく「安心」を届けている

マイヘルス Q&A

X線やCT検査で被曝

最低量レベルに管理

画像検査と被曝

Q どのような検査が被曝（ひばく）するのでしょうか。

A 被曝する検査は、X線写真、X線透視、マンモグラフィー、CT、核医学検査です。被曝しない検査は、超音波、MRIです。X線を使った検査では、放射線量を上げると画像が鮮明になりますが、過剰な被曝は発がんリスクの上昇につながります。放射線科によって、診断に影響のない最低レベルの被曝量に管理されていますので、必要な検査は安心して受けていただければと思います。

Q 超音波検査とはどんな検査ですか。

A ヒトには聞こえない高い周波数（2万ヘルツ以上）の音波を使った検査ですので被曝しません。豪華客船「タイタニック号」が氷山により沈没した後、船会社が氷山を検出する技術に懸賞金を出し、圧電素子（セラミック振動子）を利用した超音波パルス技術が発明されました。第2次世界大戦で、潜水艦探査ソナーとして進歩し、戦後、超音波検査に発展しました。

Q X線検査の被曝量はどれくらいですか。

A 全員が毎年受診する健康診断の胸部X線写真1枚が0・02ミリシーベルト（mSv）＝実行線量＝、マンモグラフィー1回の被曝量が0・24mSv程度です。放射線は自然界にも存在し、大地から1年間に1・5～2・4mSv程度の放射線を被曝していますので、それと比べるとかなり小さい被曝と想像していただけると思います。

これを自然被曝と言いますが、その内訳は、1年間で宇宙線から0・4mSv、大地から0・5mSv、空気中のラドンから1・2mSv、食物から0・3mSv程度です。マンモグラフィー1回の被曝量は、1年間に食事から受ける被曝量と同程度に小さいと考えて下さい。

Q CTの被曝量はどれくらいですか。

A 簡単に説明するとCTは回転しながらX線写真を連続的に撮影する検査ですので当然被曝しますが、その被曝量は東京―ニューヨーク2往復分程度です（躯幹部CT実行線量＝5～7・5mSv）。成人においては100mSv程度の被曝で0・5～1%程度の発がんリスク上昇が想定されていますので、適応を適切に判断することが重要です。小児や若年者では発がんリスクが高まりますので注意が必要です。

自衛隊中央病院 診療科放射線科医官 戌亥 章平

BOOK NOW

私が読んだ この一冊

伊藤祐靖著「邦人奪還―自衛隊特殊部隊が動くとき」（新潮社）

北部方面移動監視隊（倶知安） 田邉大介2陸尉 37

元海上自衛隊特別警備隊創設関係者によるフィクション小説でありますが、著者の経験や思考過程を元に書かれているので実際にことが起きた際のシナリオを感じることのできる内容です。

「訓練のための訓練をするな」とよく言われることですが、本当にリアルを見据えた訓練を出来ているのかと考えさせられる一冊です。

スティーブン・R・コヴィー著「七つの習慣」（キングベアー出版）

徳島教育航空群司令部（徳島） 河井和也1海尉 31

本書は、私が初めて「自己啓発」というジャンルの本を手に取り読んだ本であり、「自己啓発」の意味である「本人の意思で、自分自身の能力向上や精神的な成長を目指すこと」を仕事と私生活、両方に繋がることが書かれている。

また、本書については、解説本等が多くあり、内容も分かりやすくなっている。これまで「自己啓発」というジャンルを読んだことがない人や読んでみたい人に対して、読むきっかけとして勧めたい一冊である。

マシュー・サイド著「失敗の科学」（ディスカヴァー・トゥエンティワン）

5空団基業群施設隊（新田原） 木畑雅章3空佐 40

本書ではさまざまな業界での失敗を分析し、失敗を積極的に学び、改善することの重要性が述べられています。

特に、反事実（～しなかったら、起きていたかもしれないこと）と呼ばれる、目に見えない失敗についてのエピソードは、興味深く、行動する際の示唆を与えてくれます。

失敗予防に役立ち、たとえ失敗をして気分が落ち込んだとしても、読めば気分が晴れやかにもなる一冊です。

隊員愛読書ベスト5

<入間基地・豊岡書房>

❶防衛実務小六法 令和4年版 内外出版 ¥8250

❷令和3年版防衛白書―日本の防衛 防衛省監修 日経印刷 ¥1397

❸陸上自衛隊ますらお日記 ぱやぱやくん著 KADOKAWA ¥1430

❹現代ロシアの軍事戦略 小泉悠著 筑摩書房 ¥1034

❺次期戦闘機開発をいかに成功させるか 森本敏、岩﨑茂編著 並木書房 ¥2970

<防衛省・三陽堂書店>

❶本音の自衛隊 桜林美佐著 潮書房光人新社 ¥891

❷ウクライナ侵攻とプーチン大統領の本心 大川隆法著 幸福の科学出版 ¥1540

❸世界はもう中国を許さない！ 遠藤誉、ムカイダイス、長谷川幸洋ほか著 宝島社 ¥1540

❹ロシアを決して信じるな 中村逸郎著 新潮社 ¥814

❺国防実務国際法 黒﨑将広ほか著 弘文堂 ¥6490

<神田・書泉ブックタワーミリタリー部門>

❶世界の傑作機№205 F2Yシーダート／P6Mシーマスター 文林堂 ¥1466

❷第二次世界大戦軍事録 ホリエカニコ著 ホビージャパン ¥1980

❸戦術の名著を読む 木元寛明著 祥伝社 ¥1012

❹巨人機の時代 渡辺信吾著 大日本絵画 ¥4180

❺ロシア戦闘機MiG ニュートンプレス ¥2300

<トーハン調べ2月期>

❶WORLDSEIKYO vol.2 聖教新聞社 ¥250

❷メシアの法「愛」に始まり「愛」に終わる 大川隆法著 幸福の科学出版 ¥2200

❸趣味どきっ！古武術に学体の使い方。 甲野善紀著 NHK出版 ¥1210

❹2022J1&J2&J3選手名鑑 日本スポーツ企画出版 ¥1100

❺プロ野球カラー名鑑2022ポケット版 ベースボール・マガジン社 ¥540

「防大同窓会モンゴル支部」が正式発足

岩田元陸幕長が委嘱状を授与

「日蒙外交関係樹立50周年の節目に、モンゴルでも防大の絆を広げよう」――。防衛大学校同窓会（会長・岩田清文元陸幕長＝防大23期）は3月25日、同窓会活動の委嘱状を同会モンゴル支部の同国参謀本部将校・バトサイハン陸軍大佐（48期）に授与した。これにより「防大同窓会モンゴル支部」の発足が正式に認められた。

㊤防大同窓会モンゴル支部の委嘱状をエンフバト蒙駐在武官（中央右）に伝達する岩田会長（同左）。左端は村川副会長、右端はバースカ蒙陸軍少佐
㊦委嘱状授与後、モンゴル支部長のバトサイハン大佐（右画面上）に委嘱の意義を伝える岩田会長（左から2人目）＝写真はいずれも3月25日、東京・市ヶ谷の同会事務局で

この委嘱状は防大同窓会の海外支部発足を正式に認めることで、より活発に活動してもらうため同窓会長が支部長に授与するもので、シンガポール、タイ、インドネシアに次ぐ4カ国目。

授与式は東京・市ヶ谷の防大同窓会事務局会議室で行われ、同会から岩田会長、副会長の村川豊元海幕長（25期）、モンゴル側からバトサイハン大佐（同国からリモート参加）、駐日モンゴル武官のエンフバト陸軍大佐（安保研10期）、指揮幕僚課程学生のバースカ陸軍少佐（防大53期）らが出席した。

バトサイハン大佐がリモートで見守る中、岩田会長がエンフバト大佐たちに委嘱状を伝達。岩田会長はあいさつで、2010年と14年にモンゴルを訪れた際の印象に触れ、「2回とも参謀本部で防大の卒業生が集まり、歓待を受けた。非常に力強く、熱い団結をモンゴルの地で感じ、防大のつながりを確認できた」と述べた。

続いて会長は「参謀本部でも中枢のポジションにつき、モンゴル陸軍を牽引している姿を見て、心強く思った。これを一つの機会に、さらなる関係深化を期待したい」と述べた。

これに対しバトサイハン大佐は委嘱に謝意を示した上で「当軍の約20人が卒業生で、皆防大出身として努力しています。これからもよろしくお願いします」と話した。

委嘱状は当初、岩田会長が渡蒙して授与する予定だったが、新型コロナの影響で断念、今回の同窓会理事会で行った。委嘱により「防大同窓会モンゴル支部」の発足が正式に認められ、同会とモンゴル軍の関係強化が図られる。

札幌病院で卒業式

准看護師25人が任地へ

【札幌病院＝真駒内】札幌病院准看護学院（学院長・髙橋俊幸1佐）で3月2日、第45期初級陸曹特技課程を終えた准看護師25人（男性10人、女性15人）の卒業式が行われた。

式では髙橋学院長が卒業生一人一人に卒業証書を授与。この後、札幌病院長の鈴木智史陸将が訓示し、「諸官は卒業と同時に第一線救護を担う衛生救護陸曹としてのスタートラインに立つ。これからは常にこの役割を全うするという使命感と准看護師の資格を持ったプロフェッショナルであるという気概を強く持ち、地道に日々の努力を重ねて成長してほしい」と激励した。

札幌病院准看護学院の「第45期初級陸曹特技課程」の卒業式で髙橋学院長（右奥）から卒業証書を授与される卒業生（3月2日）

続いて髙橋学院長が「新天地で自らの任務分析を行い、やるべきことをやることが大切であり、その一歩一歩が今後の成長につながる。感謝を忘れたところに進歩、成長はありえない。人との出会いを大切にし、感謝の心を持ち今日の自分より明日の自分に成長がみられるよう、日々の努力を継続してほしい」とエールを送った。

最後に学生を代表して澤村颯生3曹が「これからの勤務への抱負として自衛隊札幌病院准看護学院の伝統に誇りを持ち、衛生救護陸曹としてより一層の努力と研さんを続けていきます」と誓いの言葉を述べた。

卒業生たちは多くの病院職員に見送られて、北は旭川から南は健軍までそれぞれの任地へ旅立った。

退役の74式戦車送別

九州での任務終える

用途廃止される74式戦車を前に送別行事にのぞむ西部方面戦車隊員（2月17日、玖珠駐屯地で）

【玖珠】西部方面戦車隊（隊長・山口行徳1佐）は2月17日、用途廃止となる74式戦車（通称「ナナヨン」）の最後の2両の輸送に併せて送別行事を行った。

74式戦車は、第1世代である61式戦車の後継として多くの試作改良を重ねて開発され、国産第2世代の陸自主力戦車として昭和から平成にかけ多くの隊員たちから親しまれてきた。

74式戦車と玖珠駐屯地との歴史は、1987（昭和62）年に西方戦車隊の前身となる旧4戦車大隊に配備されたことに始まり、翌年には同じく前身にあたる旧8戦車大隊に配備された。

当時の隊員たちはその優れた性能に驚きと期待を膨らませたという。同戦車の制式化から48年、同駐屯地の配備から35年を経て九州での任務を全て終えることとなる。

当日は午後4時から隊員が整列。山口隊長から訓示があり、同戦車の歴史などが述べられた。また、駐屯地に配備された年に入隊した隊員の名前が一人一人読み上げられる場面もあった。

午後9時、いよいよお別れの時を迎え、トラックに載せられた戦車が駐屯地を後にした。見送りには隊員だけでなく同戦車隊OBも集まり近傍の沿道から最後の雄姿を見届けた。

5普連

53回目の「八甲田演習」

凍傷の危険乗り越え完歩

【5普連＝青森】5普連（連隊長・降籏慎生1佐）は1月31日、青森県の八甲田山周辺地域で同隊恒例の八甲田演習を行った。

同演習は世界最大級の山岳遭難事故として知られる明治35年の八甲田雪中行軍で、旧歩兵第5聯隊がたどった行軍ルートを追体験するもので、部隊のスキー行進の練度向上や、当時遭難した山口鋠少佐以下210柱の慰霊が目的。昭和40年から行われており、今回で53回目となる。

演習には初参加者50人と女性自衛官18人を含む隊員約470人が参加。この日は気温が氷点下11度、体感温度はマイナス22度で、風雪も厳しく、視界は前を歩く隊員が見えなくなるほどの悪条件下だった。

各隊員はそれぞれ重さ約20キロの背嚢を背負い、4人1組で灯油、水缶、ストーブ、宿営資材を積載した約100キロのアキオを曳行し、行進の出発地点である小峠を出発。約7・5キロ離れた後藤房之助伍長の銅像を目指し行進を開始した。

新型コロナウイルスなどの影響でスキー行進は2年ぶりの実施となったため、初めて八甲田山を歩く隊員が多く、凍傷などになる危険性もあったが、無事3時間半の道のりを完歩し演習を終えた。

歩兵第5聯隊の後藤伍長の銅像に敬礼する5普連隊員（1月31日、八甲田山銅像茶屋で）

こちら警務隊

銃砲刀剣類所持等取締法違反

6センチメートル超えるナイフを車に載せたままだと銃刀法違反

アウトドアで使ったナイフを車に載せたままでいると、何か問題がありますか？

アウトドアで使用したナイフの刃体の長さが6センチメートルを超える場合、それを降ろさずに、車に載せたままにすると、正当な理由のない刃物の携帯にあたり、銃砲刀剣類所持等取締法違反で2年以下の懲役または30万円以下の罰金に処せられます（刃体の長さが、6センチメートル以下の場合、軽犯罪法違反に該当）。

降ろし忘れや「いつか使用する」などは、正当な理由になりません。そのような刃物は、アウトドア等で使用した後は必ず車から降ろし、自宅等で適切に保管しましょう。（西部方面警務隊）

福島沖地震災派 活動終了

3月16日に発生した最大震度6強の福島県沖地震に伴い福島、宮城両県で断水が発生、翌17日から約1週間、福島県で給水支援に当たっていた44普連（福島、司令・湯舟道彦1佐）を中心とする陸自の災害派遣部隊は24日、同県の内堀雅雄知事の要請を受けて活動を終了した。

福島県での活動規模は人員延べ約950人で、相馬市、南相馬市、新地町、楢葉町、国見町、飯館村などで約790トンの給水を行った。湯舟司令は帰隊した44普連の隊員たちに「被災者に寄りそった支援、ご苦労さまでした」と労をねぎらった。

一方、宮城県の栗原市、大崎市、美里町で同17日から給水支援を行っていた22即機連（多賀城）は20日、宮城県の村井嘉浩知事からの要請で活動を終了した（3月24日付既報）。

同日、大崎市の田尻総合体育館前で終了セレモニー行事が行われ、伊藤康志市長が22即機連の災派部隊に対し、「ライフラインその復旧に尽力した隊員の皆さまの活動に、心より感謝を申し上げる」とねぎらいの言葉を贈った。帰隊時には市の職員が整列し、手を振って隊員を見送った。

大崎市職員の温かい見送りを受けて帰隊する22即機連の災派部隊（3月20日、宮城県大崎市で）＝6師団のツイッターから

小休止

▽…和歌山地本は1月29日、奈良県十津川村折立で「令和3年度方面隊施設科合同訓練」の部内外広報に参加した。

▽…入隊予定者を含む見学者16人も新型コロナ対策をしながら訓練に参加し、施設科部隊による混合橋や軽門橋の渡河展示訓練を見学。さらに実際に混合橋を歩いて渡った後、渡河ボートを漕いで川を移動したり、浮いている橋（徒橋）を一列で歩いて渡る体験も行った＝写真。

▽…ボート漕ぎの体験をした見学者は、「思った以上に力が必要で大変だった」「自衛官同士が連携をしながら、一丸となって全力で取り組んでいる姿に心を打たれた」と話していた。（和歌山地本）

極限状態で助け合う意味を理解した

幹部レンジャー課程を終えて

3陸尉 末田 龍之介（6普連本管中・美幌）

富士学校でレンジャー基礎訓練中の6普連の末田3尉

私は、令和3年8月11日から同年11月19日までの間、富士学校で行われた第91期幹部レンジャー（A）課程へ入校させていただきました。

まず私はOCS（幹部候補生学校）時代からレンジャーに対して憧れがあり、入校が決まった時は「ついに行けるのか」と期待に胸を躍らせていました。体力も他の者に比べて自信があり、「何とかやっていけるだろう、きっと何とかなるだろう」と少し甘い考えのまま富士学校へと旅立つことになりました。

しかし、その甘い考えはすぐに打ち砕かれることとなります。

レンジャー教育は基礎訓練と行動訓練に分かれており、基礎訓練間は過酷な状況下でそれぞれの任務を達成するために必要な技術、知識、体力、精神力を涵養（かんよう）させる厳しい訓練が待っていました。毎日朝から晩まで体を酷使する訓練を実施し、消灯後には次の日の課目の予習を学生間で行い、土日は学生主体での自主練成で一日が終わり、また月曜日を迎えるという毎日でした。

「そんなことで音を上げるなんて甘い」とお叱りを受けるかもしれませんが、正直自分の事だけで精一杯で、体力的にも精神的にもかなり追い込まれていました。なんとかぎりぎりのところで全ての基礎訓練に合格し、行動訓練へと移行しました。

行動訓練は、基礎訓練間に養った知識、技術を一連の状況下で実践するというものです。全ての行動訓練は糧食・飲料水制限の下、各種潜入から始まり、重要目標等に対する襲撃・伏撃、道路・橋梁破壊等、それぞれ与えられた任務を完遂し、離脱という流れで実施されます。

それまでの基礎訓練間とは違い、戦闘隊として任務を完遂するために、自分のことだけではなくバディはもちろん同期と助け合い、支え合っていかなければなりません。自分がきつい時に他の者を助けられるだけの余力と気概が試されていました。

それまで自分のことだけで手一杯であった私はとても他人を助ける余裕はなく、ただひたすら自分の荷物を背負って任務に邁進していました。

そんな時、行動訓練の長距離離脱中、私は腰の痛みと疲労により倒れて歩けなくなりました。すると同じくらいに疲労しているはずの同期が何も言わずに自分の背嚢の中身を分配し始めました。

「とにかく歩いて離脱しよう」と膝を痛めて歩くたび顔をしかめていたバディが肩を貸してくれました。そのお陰で私は脱落することなく、行動訓練を終えることが出来ました。

そこで初めて当たり前のように助けてくれた同期に対する心からの感謝の気持ちと、それまで自分本位の考えでいた自らに対する情けなさ、悔しさの感情を覚え、極限状態で助け合うということの意味を理解することが出来ました。

じ後、残りの行動訓練では考えを改め、自分を鼓舞し、体はぼろぼろになりながらも他の倒れた同期の荷物を積極的に持ち、時には体ごと引っ張り、励まし合って任務完遂することができました。

不思議なことにどんなにきつくて倒れそうになった時も、自分のためではなく同期のためにという気持ちでいると、脚を前へ前へと進めることが出来たのです。

レンジャー教育を卒業した隊員は皆自分なりのレンジャー像というものを持っていると思います。私にとってのレンジャー像とは「自分が苦しい時に同期を支えることのできる隊員」であり、そのような隊員を育成できるよう今後の教育等に全力で臨んでいきたいと思います。

最後に、この場をお借りして、入校にあたり各種調整をしてくださった連隊や中隊、そして応援と差し入れをして下さったたくさんの方々に厚くお礼を申し上げます。

本当にありがとうございました。

みんなのページ

初級陸曹として初めて参加した検閲

恩師や先輩の期待に応えたい

3陸曹 菊池 聡（303通直支・仙台）

令和3年度第2回方面検閲の開始前に後方支援隊長要望事項が全員に伝達、徹底された。「敵を意識した行動」「基本基礎の徹底」「安全管理」の3点を踏まえ、私の「任務の完遂」に向けた戦闘が始まった。

3曹昇任以降、今まで（陸士時代）の自分の行動や言動を振り返り、幼さ（未熟さ）を反省したり、業務について考える時間が以前より増えていた。形骸化した動作や意味を理解しないで何となく行う行動では「見えない敵」の存在を感じることもなく、危うく自らが「状況外」になりそうで怖いと感じることもあった。

私は、自分の行動に自信がない時に一番無難な行動＝定型化した行動を選択したことを思い出した。これでは問題意識を感じることができないため、失敗するのは言うまでもない。

実動訓練は、現地だからこそ感じることや気づきが豊富にある。だからこそ真剣に整備所の周囲の警戒、敵から見た隠蔽・掩蔽の状態、敵を発見した際の対処要領等、映画に出てくるベテラン戦闘員のように感覚を研ぎすまし、警戒を厳にする必要があると思った。

SOP（作戦規定）の理解度も今だから言えるが正直怪しかった。そのため、銃の保持・携行要領、銃口管理は、毎日自己点検した。

自分のような若年隊員が起こす訓練事故は少なくない。これは戦争映画で最初に危険に遭遇するのはいつも若年隊員であるのと同じだと思う。経験や知識の不足が後輩隊員、または自分のけがを誘発しないよう安全管理が何なのかを検閲期間中に学ぶことができた。

今回の検閲で、3曹として発揮できる力は、十分に出し切ることができた。しかしながら、私の未熟な部分はまだまだ多い。3曹昇任を祝福してくれた恩師や諸先輩たちの期待に応えるためにも、明日の装輪車整備に一生懸命に取り組み、「成長したな」と言われたい。

検閲中、装輪車両の整備に励む菊池3曹

(世界の切手・フィンランド)

未来のことは分らない。しかし、我々には過去が希望を与えてくれる。

チャーチル（英国の政治家）

朝雲ホームページ
www.asagumo-news.com
会員制サイト
Asagumo Archive プラス
朝雲編集部メールアドレス
editorial@asagumo-news.com

新刊紹介

「"ざんねんな"日本国憲法」

西 修著

日本国憲法が1947年に施行されてから今年5月で75年になる。同憲法はすばらしいものとして、「聖典化」されているが、その理由を知る人は少ない。駒澤大学名誉教授で憲法学の第一人者である著者が、同憲法の"ざんねんな"真実を解説する。

第一部では日本国憲法の成立過程や今日にいたるまでの憲法論議の変遷を紹介する。

第二部では日本国憲法の各章ごとの問題点をあげ、憲法論のみにとどまらず、著者による解決案も提示される。憲法改正の必要性が叫ばれる中、貴重な意見提示となっている。

特に戦争の放棄を定める9条をめぐる解釈で、「自衛隊は憲法違反の存在なのかどうか」を焦点に集団的自衛権の意義を例を交えて論じる。

本書は丁寧語で書かれているため、固い文言で難解な日本国憲法の解説もわかりやすく読める。

ウクライナ情勢など国際社会が緊迫化する中、日本国憲法の条文の成り立ちや変遷を知ることで、無関心から脱却し、憲法のより良いあり方を考える大きな助けになるだろう。

（ビジネス社刊、1760円）

「陸上自衛隊ますらお日記」

ぱやぱやくん著

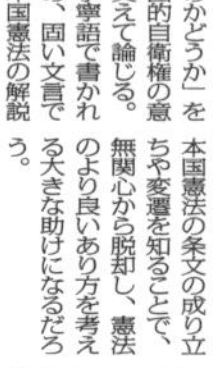

ひとたび災害派遣となれば腰まで泥水に浸かりながら人々を救助し、レンジャー訓練では厳しいタスクをクリアしつつ山の中を駆け回る。そんな陸自隊員たちの姿を「オン」とすれば、では「オフ」の時はどうなのか？

本書は、防大出身で元陸自隊員だった「ぱやぱやくん」が、ツイッターで明らかにしてきた陸自隊員の知られざる素の姿を書籍用にまとめたもの。「ますらお」とは「強く堂々とした立派な男子」の意味で、ここでは陸自隊員を指す。

「マイ小銃に"ジョニー"と愛称をつけ愛でる」「恐ろしい鬼教官が居酒屋で娘に"パパでちゅよ"と電話していた」「甘党が多くシュークリームやエクレアを買い占める」などなど、ユニークなエピソードが満載だ。

本書を読んだからといって「自衛隊式」の整理術や筋トレ術が身に付くわけではない。しかし一方で、「悲観的に準備して、楽観的に対応する」といったように、「ますらお」達が過酷な日々を乗り越えるメンタル術も紹介されており、危機管理のヒントが随所に散りばめられている。

可笑しくも愛すべき「ますらおワンダーランド」の日々をのぞいてみたら、今まで以上に自衛隊が身近に感じられるに違いない。

（KADOKAWA刊、1430円）

五島市内の学校訪ねて募集活動

1陸曹 納屋 誠二（長崎地本五島駐在員事務所長）

五島海陽高校で長崎地本の活動について説明する江上1海佐（中央）と納屋1陸曹（その左）

令和4年1月12日から2日間、長崎地本長の江上昌利1海佐とともに五島市内の各学校への訪問等を行った。

五島高校、五島海陽高校、五島南高校、奈留高校のそれぞれの校長を表敬し、日ごろの自衛隊の活動への理解と自衛官募集への協力に対する謝意を伝えさせていただいた。

「総合的な学習の時間」での防災講話などの提案や、進路指導における説明会への協力などについても説明し、長崎地本が行っている各学校を対象とした活動の内容について理解してもらった。

また、五島市の協力団体である五島市防衛協会会長の野口市太郎同市長、清水大基同市自衛隊家族会会長、鳥山清治隊友会下五島支部支部長を表敬し、平素からの自衛隊への理解に対する感謝を伝え、今後も変わらぬ自衛官募集協力をお願いした。

加えて、同市に所在する空自15警戒隊長兼福江島分屯基地司令の高島展彰2佐を表敬し、自衛官の自主募集、学校への防災講話等に当たっての部隊支援の協力を依頼した。

五島駐在員事務所は今後も一人でも多くの志願者獲得を目指し、学校、協力団体、近傍部隊などと連携し、募集広報活動に尽力していく。

OBがんばる

「今できること」を考えて

遠嶋 昭広さん 55

令和元年12月、札幌地本を1陸尉で退官。現在、(株)岩井プラントサービスで飲料や食品等の製造設備のメンテナンスに関する顧客サービス業務に励んでいる。

私は令和元年12月に定年退職し、千歳市にある株式会社岩井プラントサービスに再就職しました。

弊社は飲料・食品等の製造設備をメンテナンスして最適な状態で稼働させる等の事業を行っており、「食の安全・安心を守るやりがいのある仕事」と感じて応募しました。

私は、客先への出張整備を行うメンテナンスグループに所属しており、常に国内を飛びまわっています。

主な業務内容は、顧客との調整、作業工程の管理及び安全衛生等の監督業務です。出張の期間は数日から約1カ月の長短があり、昨年の移動を含めた累計出張日数は6カ月を超えました。長期の訓練等は慣れていたので、野営とは違いホテルのベッドで眠れるという贅沢かつ幸せな環境なので、在隊間より元気いっぱいで仕事をしています。

グループの年齢構成は私以外20代、30代ですが、無理して若ぶらず年相応に「孤軍奮闘」しています。しかし、学習しなければならないことがまだまだたくさんあり、若い先輩方に頼ることも少なくありません。

再就職をして感じたのは、「何をしてきたか」でなく「何ができるか」です。経験を生かせる場面も少しはありますが、あくまで新入社員で専門知識はほとんどないため、「今できることはなにか」を常に考え、積極的に行動して仕事を習得しなければ必要とされる存在になれないと思いました。

最後になりましたが、弊社が携わっている全国の工場で製造された飲料や食品等を、皆さんが安全・安心に口にできるよう誇りと責任をもって仕事を頑張っていきたいと思います。

詰将棋

出題 日本将棋連盟 九段 石田 和雄

第864回出題

先手 持駒 金桂

【ヒント】初手、三手の手順が眼目（10分で初段）。

▶詰碁、詰将棋の出題は隔週です◀

詰碁

出題 日本棋院 九段 曲 励起

第1279回解答

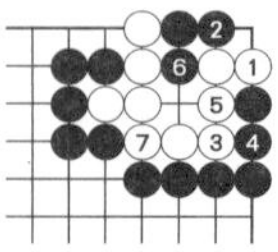

【解答図】白先、白活。白①黒❷はともに当然です。次の白③が大切で黒❹には白⑤、黒❻には白⑦でセキになり白は助かってます。

朝雲

発行所 朝雲新聞社
〒160-0002 東京都新宿区四谷坂町12－20 KKビル
電話 03(3225)3841
FAX 03(3225)3831
振替00190-4-17600番
定価一部150円、年間購読料9170円（税・送料込み）

主な記事

政専機でウクライナ避難民到着

露侵攻受け、20人受け入れ

空自特別航空輸送隊（千歳）のB777政府専用機は4月1日から5日まで、首相特使の林芳正外相を乗せ、2機体制で東京国際空港（羽田）とポーランドの首都ワルシャワの国際空港を往復した。復路の予備機にはロシアによる軍事侵攻を受けて隣国ポーランドに逃れてきたウクライナからの避難民20人が搭乗し、5日午前、日本に到着した。岸防衛相は同日朝の記者会見で「日本への避難を切に希望しているものの、現在、自力で渡航手段を確保することが困難な20人の避難民の方々に政府専用機に乗っていただくことになった。我が国はウクライナと、（同国からの）避難民を受け入れる近隣諸国に寄り添った支援を引き続き実施し、できる限りの支援を行っていく」と述べた。

自衛隊法「第100条の5」が定める「国賓等の輸送」に基づき、政府専用機が外国人の避難民を輸送するのは今回が初めて。

本機と予備機の2機は4月4日午後（日本時間4日夜）にポーランドを出発し、林外相を乗せた本機が5日午前11時前、ウクライナからの避難民を乗せた予備機が同11時半過ぎにそれぞれ羽田空港に到着した。報道などによると、避難民20人は6歳から66歳までの男女という。

林外相は2日から4日までポーランドを訪れ、同国のマテウシュ・モラヴィエツキ首相、アンジェイ・ドゥダ大統領をはじめ、ズビグニェフ・ラウ外相、さらにはポーランド入りしたウクライナのドミトロ・クレバ外相らと相次いで会談し、最新のウクライナ情勢や避難民の受け入れ支援などをめぐって協議した。

ポーランドに滞在中、林外相はワルシャワ市内でウクライナからの避難民を受け入れている施設を視察したほか、ウクライナとの国境近くのメディカやジェシュフを訪れ、国連難民高等弁務官事務所（UNHCR）などの国際機関の関係者とも意見交換した。

ウクライナからの避難民20人を乗せてポーランドから日本に到着した空自運航の政府専用機（4月5日午前11時50分ごろ、東京・羽田空港で）＝NHKテレビから

ウクライナの地名表記を変更

政府

政府は3月31日、ウクライナの首都「キエフ」の呼称を、ウクライナ語の発音に基づく「キーウ」に変更すると発表した。首都以外の地名についても、従来のロシア語の読み方からウクライナ語に基づく呼称に変更する方針を表明した。

外務省は同日、ホームページで「ロシアによる（ウクライナへの）侵略を受け、日本政府としてウクライナとの一層の連帯を示すための行動について幅広く検討を行ってきた」と説明。ウクライナ政府に照会の上、呼称変更を決めたことを明らかにした。

政府の決定に先立ち、岸防衛相は29日の記者会見で、キエフの呼称をめぐり、主要メディアでは「キーウ」の表記が用いられるようになってきていることや、国民に向けた情報発信の観点から、防衛省が作成する資料においては「キーウ」を併記する方針を早々に打ち出していた。

◇

朝雲新聞社では政府の決定を受け、防衛省が示すウクライナ語に基づく地名表記に変更します。

酒井海幕長が着任

「環境変化に耐え得る海自を」

第35代海幕長に就任し海自の儀仗隊と海幕幹部を巡閲する酒井海幕長（前列右）。その左は山村前海幕長（3月30日、防衛省で）

第35代海幕長に就任した酒井良海将の着任行事が3月30日、防衛省で行われた。

酒井海幕長は午前10時30分に初登庁し、儀仗隊の栄誉礼を受けた後、海幕会議室で市ケ谷地区勤務の海自幹部らに訓示した。

酒井海幕長はまず、ウクライナをはじめとする国内外の厳しい社会情勢にふれ、「日本の防衛政策がいま大きな転換点を迎えている」と指摘。「我々は将来のいかなる環境変化にも耐え得る精強な海上自衛隊を築いていかねばならない」とし、そのために「長期持続力の構築」と「スピード感ある意思決定」を重視していくとの方針を示した。

酒井海幕長は防大31期卒で、1987年に海自入隊。護衛艦「しらゆき」艦長、1護群司令、海幕防衛部長、大湊、横須賀地方総監を歴任し、35代海幕長に着任した。

（7面に関連記事）

舞鶴総監に下海将

大湊総監に泉海将

防衛省は3月30日、海自教育航空集団司令官の森田義和海将の勇退を認め、後任に海幕防衛部長の大町克士将補を海将に昇任させ起用する人事を発令した。舞鶴地方総監には統幕運用部長の下淳市海将が就任、大湊地方総監には海幕人事教育部長の泉博之将補が海将に昇任し、就任した。（将・将補昇任者の略歴は次号）

下舞鶴地方総監

泉大湊地方総監

大町教空団司令官

防衛省発令

将・将補人事

▽統幕運用部長（統幕総務部長）海将 伍賀祥裕
▽舞鶴地方総監（同運用部長）同 下淳市
▽大湊地方総監（海幕人事教育部長）同 泉博之
▽教育航空集団司令官（同防衛部長）同 大町克士
▽統幕総務部長（東部方面総監部幕僚長兼朝霞駐屯地司令）陸将補 青木誠
▽東部方面総監部幕僚長兼朝霞駐屯地司令（1空挺団長兼習志野駐屯地司令）同 堺一夫
▽8師団副師団長兼北熊本駐屯地司令（東北方面総監部防衛部長）同 濵田剛
▽1空挺団長兼習志野駐屯地司令（8師団副師団長兼北熊本駐屯地司令）同 若松純也
▽防衛大訓練部長（護衛艦隊幕僚長）海将補 西脇匡史
▽海幕総務部副部長（情報本部情報官）同 南厚
▽同人事教育部長（5航空群司令）同 金嶋浩司
▽同防衛部長（潜水艦隊幕僚長）同 竹中信行
▽同監察官（防衛大訓練部長）同 保科俊朗
▽護衛艦隊幕僚長（2護衛隊群司令）同 今野泰樹
▽2護衛隊群司令（海幕防衛課長）同 清水徹
▽2航空群司令（航空集団訓練主任幕僚）同 高田哲哉
▽5航空群司令（2航空群司令）同 降籏琢丸
▽潜水艦隊幕僚長（海幕総務部副部長）同 小杉正博
▽大湊地方総監部幕僚長（海幕監察官）同 中村敏弘
▽退職
（教育航空集団司令官）海将 森田義和
（大湊地方総監部幕僚長）海将補 横田友範
（以上3月30日）

将・将補昇任者

▽海将に昇任
（統幕総務部長）海将補 伍賀祥裕
（海幕人事教育部長）同 泉博之
（同防衛部長）同 大町克士
▽陸将補に昇任
（東北方面総監部防衛部長）1陸佐 濵田剛
▽海将補に昇任
（海幕防衛課長）1海佐 清水徹
（航空集団訓練主任幕僚）同 高田哲哉
（情報本部情報官）同 南厚

日米韓参謀総長級会議に出席

山崎統幕長

ハワイ 3カ国の協力強化で一致

山崎統幕長は3月29日から4月1日まで米ハワイ州に出張し、米インド太平洋軍司令部（キャンプ・スミス）で開催された「日米韓参謀総長級会議」に出席するとともに、米軍の高官と個別に会談を行った。同会議の開催は昨年4月以来、約1年ぶり。

統幕長は、米統合参謀本部議長のマーク・ミリー陸軍大将、韓国合同参謀本部議長の元仁哲（ウォンインチョル）空軍大将らとともに会議に出席した。

3者は最新の朝鮮半島情勢のほか地域の安全保障上の課題について認識を共有し、日米韓の揺るぎないコミットメントと法に基づく国際秩序の重要性について確認した。さらに地域の安全保障上の課題への対応や安保協力の拡大、「自由で開かれたインド太平洋」の推進のため、多国間協力と訓練に関する意見交換を行い、これらを達成するため3カ国の協力をより強化していくことで合意した。

会議前の米ミリー統参議長との個別会談では、北朝鮮による一連の弾道ミサイルの発射やロシアによるウクライナ軍事侵略を含め、最近の国際情勢について認識を共有。自衛隊と米軍による抑止力、対処力の強化についても意見を交換した。

統幕長はハワイ滞在中、在韓米軍司令官のポール・ラカメラ陸軍大将、米太平洋艦隊司令官のサミュエル・パパロ海軍大将、米太平洋空軍司令官のケネス・ウイルズバック大将とも個別に会談し、安全保障環境の認識を共有し、各種共同訓練などを通じた日米による抑止力・対処力の向上について意見を交換した。

日米韓参謀総長級会議で3カ国の協力強化で一致した（左から）山崎統幕長、ミリー米統参議長、元仁哲韓国合同参謀本部議長（3月31日、米ハワイ州の米インド太平洋軍司令部で）＝統幕提供

「電子作戦隊」が発足

陸自朝霞駐屯地で新編

陸上自衛隊は3月17日付で陸上総隊の隷下に「電子作戦隊」（朝霞、隊長・門田宏光1佐以下約180人）を新編した。同28日、朝霞駐屯地の陸上総隊司令部講堂に中曽根康隆防衛大臣政務官を迎え、電子作戦隊の新編行事を行った。

式には吉田陸幕長をはじめ、川嶋貴樹政策立案総括審議官、前田忠男陸上総隊司令官ら関係幹部が出席。最初に門田隊長が中曽根政務官に電子作戦隊の編成完結を報告。これを受け、政務官が門田隊長に真新しい青色の隊旗を授与した。

中曽根政務官は訓示で、「陸上戦闘におけるネットワーク化が進む中、従来の攻撃手段のみでは侵攻してくる相手の撃破は難しくなっている。電磁波という新たな領域における任務を担う隊員諸君に寄せられる国民の期待はこれまで以上に大きく、また今後もますます大きなものとなっていく。諸君一人ひとりが高度の専門性を一層磨きつつ、部隊一丸となって任務にまい進してほしい」と要望した。

電子作戦隊は、隊本部（朝霞）、第301電子戦中隊（健軍、約100人）と新たに新編された第101電子戦隊（朝霞、約60人）で編成。第301電子戦中隊は健軍、奄美、那覇に、第101電子戦隊は留萌、相浦、知念に部隊が配置された。さらに22年度末には高田、米子、川内、23年度末には与那国、対馬にも部隊を配置し、電磁波領域における能力強化を図る。

また、電子戦システムの後継として、ネットワーク電子戦システム「NEWS」を新たに導入、電磁波の収集・分析能力も高める。

門田隊長は式後の記者会見で、「電磁波やサイバー分野といった新領域における能力の強化は自衛隊にとって死活的に重要であると認識している。いかなる状況においても、電子作戦隊の隊員が一丸となってその任務を遂行していけるよう、私も全身全霊をもって部隊を統率していく」と決意を述べた。

（2面に関連記事）

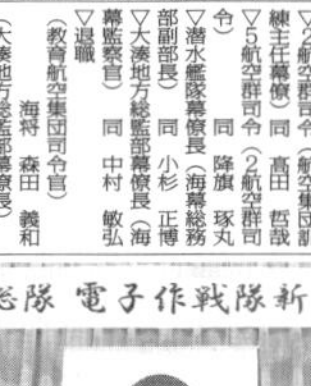

中曽根政務官（左）から「電子作戦隊」の隊旗を授与される初代隊長の門田宏光1佐（3月28日、朝霞駐屯地で）

日米安全保障の事務レベル協議

東京で

日米安全保障高級事務レベル協議（SSC）が3月11日、東京で開かれ、日本から防衛省の増田和夫防衛政策局長と外務省の市川恵一北米局長、米国からは国防総省のイーライ・ラトナー国防次官補（インド太平洋安全保障担当）と国務省のダニエル・クリテンブリンク国務次官補（東アジア・太平洋担当）が出席した。

協議では今年1月7日にオンラインで開かれた日米安全保障協議委員会（日米「2プラス2」）での議論を踏まえ、インド太平洋地域の安全保障環境やロシアによるウクライナ侵略など国際社会の諸課題をはじめ、日米間の具体的な安全保障・防衛協力について意見交換。「自由で開かれたインド太平洋」を推進し、日米同盟の抑止力・対処力を高め、かつてなく強固な日米同盟を一層強化していくため引き続き緊密に連携していくことで一致した。

4氏は、11年前の同日に発生した東日本大震災の犠牲者を追悼し、「トモダチ作戦」で示された日米の強固な連帯を再確認した。

春夏秋冬

仙台で生まれた自衛隊とのご縁

コシノ ジュンコ

2011・3・11の東日本大震災でのこと、自衛隊の被災地での奮闘ぶりを見て「すごいなあー」と。何とか私達は友人達と感謝の気持ちを表したいと仙台に向かった。仙台で出会った自衛官の方に、是非山形の第6師団で講演をやってほしいといきなり言われた。

そんなところで講演なんてとんでもないことだった。しかしせっかくのことだから一生にこんなことはめったにない、と思い切って受けることにした。

いざ山形に着くや出迎えの岡部師団長がいきなり、「あなたの学校、岸和田高校の後輩で金光という者がいますよ」福島の原発でヘリコプターから放水をした時のパイロットで最初に志願の手を挙げた人らしい。会場に入ると1000人の隊員が迷彩服で着席してまるで野原の様だった。

そんなご縁でのちに儀仗隊の制服監修支援の相談があった。スポーツユニフォームや学校の制服は結構得意な方だが儀仗隊となるとちょっと緊張する。日本は春夏秋冬四季が特徴なので、冬は紺、夏は白、秋春の合い服は紺と白の組み合わせとなった。45年振りの新制服、時間はかかったが満足している。東京オリンピックで儀仗隊が多くの要人をお迎えする姿を想像したがコロナで出番が少なく残念だった。

私のメンズブランドにMrJUNKOがある。一世風靡といっても過言でないくらいのヒットブランドだった。ある時京都の有名なお茶屋さんに招かれて宴も終わり、帰り際そこのおかみが「せんせーすいません、うちの板さんがお目にかかりたいとゆうてます」と言って若い板さん「わたしMrJUNKOのパンツのファンです」と。実はこのブランド、メンズでは使わない紫色とか渋赤とか個性的な色遣いが特徴で紫色スーツをラモスさんに愛用いただいたりしていた。

そういえば「MrJUNKOのパンツは自衛隊の人にもたくさん愛用いただいている」という話を思い出した。板さんも隊員も制服組、自衛隊も「パンツは自前だ」と。そんな事を思い出して仙台訪問のお土産にMrJUNKOのパンツを「800枚」持って行ったが、隊員さんの数を聞いてびっくり。三万人いたようだ。

そんなことから山形第6師団訪問では「6」をデザインしたオリジナルパンツを持参した。

（デザイナー）

朝雲寸言

今では信じられないことだが、冷戦時代は「ソ連や中国の核兵器は『良い核』だ」と真顔で語り、専ら米国の核だけを非難したがる人々が少なからずいた。ウクライナに侵攻したロシアは核の使用も辞さない構えを見せ、今、広島や長崎ではそんな粗暴な国家を糾弾する声が絶えない。時代は明らかに変わった▼ウクライナ侵攻は、日本がロシアに抱いていた甘い幻想も打ち砕いた。北方領土返還への期待からロシアに経済協力することが「盗人に追い銭」でしかないことは今や歴然としている。相手を見くびって始めた日露戦争に敗れ、ほどなく滅んだロシア帝国の轍をプーチン政権が踏むとすれば、その先にこそ返還実現の好機が訪れるかもしれない▼ウクライナでの悲劇が日本人に教えてくれた最大の教訓は「平和を愛する諸国民の公正と信義を信頼」することは大変残念ながらできないということだろう。ウクライナの人々を助けると同時に、我々には早急にせねばならない宿題がある▼防衛大学校の初代校長、槇智雄は「力を伴わぬ正義は無力であり、正義の働かぬ力は抑圧である」という箴言を遺した。その小原台の地から今年も新たな防人たちが雄飛した。困難な時代に、それでも任官の道を選んだ若者たちは実に頼もしい。どうか槇校長が創った学び舎で得たことに誇りと自信をもって任務に当たってほしい。皆さんの活躍を日本国民と世界が待っている。

時の焦点

国内

国家安全保障戦略

現実に即し抜本改定を

日本を取り巻く安全保障環境の悪化は深刻だ。多様な脅威に着実に対処できる能力の確保を急ぎたい。

政府が、外交・防衛政策の指針である「国家安全保障戦略」の年末の改定に向け、有識者からヒアリングを行っている。1～3月までに21人の専門家から意見を聴取した。

北朝鮮は、弾道ミサイルの長射程化などミサイル技術を高度化させている。中国は、尖閣諸島周辺で強引な活動を続けている。ロシアは北方領土での演習を強化するなど示威行動を繰り返している。

2013年12月に決定した今の戦略は、「日中で戦略的互恵関係を構築」し、「中国の軍事・安全保障政策の透明性の向上を図る」と明記している。ロシアに関しては「あらゆる分野で協力を進め、日露関係を全体として高めていく」と盛り込んでいる。現在の情勢を反映しておらず、見直すのは当然だ。

政府は年末に、防衛計画の大綱、5年間の防衛費の見積額を定めた中期防衛力整備計画も改定する方針だ。

ロシアによるウクライナ侵攻後、欧州では軍事費の増加を表明する国が相次いでいる。日本の防衛費は、国内総生産（GDP）の概ね1％前後で推移しており、低い水準のままだ。

財政の制約があるとはいえ、防衛予算の拡充は欠かせない。新たな国家安全保障戦略など「3文書」では、防衛力強化の方向性を明確に示す必要がある。

ただ、装備の妥当性は精査が求められる。これまで配備してきたミサイル迎撃システムは高額だ。極超音速滑空兵器や、変則的な軌道で飛ぶミサイルには対応できないという指摘もある。

抑止力を高めるために有効なのは、ミサイル発射拠点を叩く敵基地攻撃能力の保有だ。岸田首相は、その必要性を丁寧に説明し、国民の理解を得てほしい。防衛省は、スタンド・オフ・ミサイルの開発・配備を急ぐべきだ。日米両国で連携し、互いに能力を補完することも検討してほしい。

ウクライナでの戦争では、戦闘機や戦車といった重装備よりも、無人機や携行型の対戦車ミサイルなどの有効性が指摘されている。3文書の改定では、こうした実情を反映させることも大切だ。

防衛力を支える人的基盤の強化も、忘れてはなるまい。

国会では昨年、自衛隊員が隊舎のトイレットペーパーを自腹で購入しているという事実が、またしても取り上げられた。国の対応はお粗末と言わざるを得ない。

政府は2021年の補正予算と22年度予算で、自衛隊施設の整備費として674億円、日用品の確保に36億円を計上した。自衛官の俸給や様々な手当の改善にも取り組み、人材確保につなげるべきだ。

夏川　明雄（政治評論家）

海外

米の核戦略指針

核使用の厳格化見送り

世界の大多数の国々が「国際法と国連憲章の重大な違反」と糾弾するロシアによるウクライナ軍事侵攻は、子供を含む民間人に多くの犠牲者を出す一方、短期間に400万人以上もの国外避難民を生み出すなど、第二次世界大戦後の欧州における最悪の人道危機に発展した。軍事力では圧倒しながら、予想外の苦戦に焦りの色を隠せないロシアがミサイルを多用する市民に対する無差別攻撃を繰り返し、極めて危険な原子力発電所さえも攻撃対象とするなど、数々の戦争犯罪を重ねていることも常軌を逸する。

この間、ロシアのプーチン大統領は核兵器使用も辞さないと米欧を威嚇したり、同国高官が生物・化学兵器投入の可能性を示唆したりと、世界の平和と安全に特別の責任を有する国連安保理常任理事国として到底許されない言動も枚挙にいとまがない。ウクライナをめぐる緊張がさらにエスカレートすれば、第三次世界大戦という悪夢も招きかねない。

こうした中、バイデン米政権はウクライナ危機など米国を取り巻く安全保障環境が急速に悪化していることを受け、核兵器の役割縮小を目指すとした公約の実現を断念した。具体的には、最近公表した米国の新核戦略指針「核態勢見直し」（NPR）で、米国や同盟国への核攻撃に対してのみ核兵器を使うという「唯一目的化」の宣言を盛り込まず、運用の厳格化を見送ったことだ。

これにより、通常兵器の攻撃にも核兵器を使える従来の政策が踏襲されることになるが、米メディアによると、ロシアへの抑止力低下を恐れる日本や欧州の同盟国の忠告を受け、バイデン大統領が最近になって決断したという。

バイデン氏は2020年の大統領選で、「核兵器の唯一の目的は核攻撃の抑止と核攻撃に対する報復に限るべきだ」と主張。大統領就任後は、いわゆる「核の唯一目的化」の宣言を視野に入れ、「核態勢見直し」の策定を指示していた経緯がある。

これが実現すれば、核使用の自制につながり、オバマ政権が掲げた「核なき世界」へ前進するとの見方もあったが、プーチン大統領が核部隊の戦闘警戒態勢を命じるなどしたことから、同盟諸国の危機感が高まり、バイデン大統領も軌道修正を迫られた形だ。

米有力紙によれば、バイデン大統領は「核態勢見直し」に関して、「米国の核兵器の基本的な役割は核攻撃を抑止することにある」という表現を盛り込むことを決断。この表現は、通常兵器や生物・化学兵器、サイバーによる攻撃を防ぐため、「極限の状況」に陥った場合の核使用の可能性を残したものだという。

中ロ両国の軍事的脅威が高まる中、核戦略に詳しい元米高官は「米国を取り巻く安全保障環境は急速に悪化している」と指摘。核の先制不使用や唯一目的化を宣言するのは「非現実的だ」と語り、今回の運用厳格化の見送りを評価した。北朝鮮による核戦力強化で重大な脅威を受けるわが国も、米国の核戦略をめぐる議論を引き続き注視していきたい。

伊藤　努（外交評論家）

「しらせ」5カ月ぶり帰国

第63次南極地域観測事業を支援

南極観測支援を終え、5カ月ぶりに帰国した「しらせ」の酒井艦長（中央）以下乗員を前に山崎統幕長の訓示を代読する下統幕運用部長（右）＝3月29日、海自横須賀基地の吉倉岸壁で

文部科学省の第63次南極地域観測事業を支援していた海自の砕氷艦「しらせ」（艦長・酒井憲1佐以下約180人）が3月28日、約5カ月ぶりに横須賀に帰国した。

「しらせ」は同日午後1時ごろ、横須賀基地の吉倉岸壁に接岸。帰国行事は翌29日午後1時半から、山崎統幕長代理の下淳市統幕運用部長、上地克明横須賀市長ら約40人を迎えて同岸壁で行われた。

最初に酒井憲艦長が酒井横須賀地方総監に帰国を報告。下統幕運用部長が整列した乗員を前に統幕長の訓示を代読し、「新型コロナの影響が世界中に継続する中での行動であったが、一人の感染者も出すことなく、艦長の優れた統率のもと、入念な事前準備、創意工夫、高い運航技量によりこれを克服し、任務を完遂したことは賞賛にあたいする」とたたえた。

続いて、齋藤聡海幕副長が山村海幕長の訓示を代読。「139日間、一日たりとも休むことなく、南極の厳しい自然環境の中で任務にあたり見事完遂したことは、日頃の訓練成果が遺憾なく発揮されたたまもの」と乗員たちをねぎらった。

「しらせ」は昨年11月10日に横須賀を出港、63次観測隊員約70人を乗せ南極を目指した。12月19日に南極・昭和基地沖に9年連続で接岸、燃料や食料など約1160トンの物資を届けた。1月23日に62次越冬隊員を収容、持ち帰り物資約400トンを積んで現地を離れた。今次の総航程は約2万8000キロで、氷海でのラミング（体当たりによる砕氷）回数は往復で計1072回だった。

2師団を改編「機動師団」に

陸自は3月17日付でサイバー、電磁波など新領域での対処能力向上を目的とした部隊改編を行った。

電磁波領域では、陸上総隊隷下に「電子作戦隊」（朝霞）を新編。（1面参照）

サイバー分野では、サイバー防護隊（市ヶ谷）隷下に「第303システム防護隊」（伊丹、約40人）を新たに編成し、約150人体制に増強。中央に加え、方面のサイバーセキュリティー能力も高めていく。

従来領域では、2師団（旭川）を「機動師団」に改編。3普連（名寄）は陸自5番目の即応機動連隊「第3即応機動連隊」になり、新たに16式機動戦闘車なども配備され、機動展開能力が高められた。

衛生分野では、自衛隊入間病院の新設に伴い、空自が管理していた那覇病院を陸自に移管。同病院は「南那覇駐屯地」として新たに開庁、病院長が駐屯地司令を兼ねる。

全国150カ所で入省式

654人が服務の宣誓

防衛省

令和4年度の防衛省新規採用者654人＝総合職、一般職、専門職等＝の入省式が4月1日、本省（市ヶ谷）をはじめ、全国の各基地・駐屯地、機関など計約150カ所の会場で行われた。各会場では岸防衛相がビデオで訓示を述べた。

令和元年度までは本省に全国から入省者を一堂に集めて「全機関合同入省式」を行ってきたが、2年度以降は新型コロナ対策のため、各人の採用先での分散開催となっている。

市ヶ谷では本省採用の80人が式に出席。入省者を代表して石上和希事務官(23)＝防衛政策局訓練課＝が壇上で芹澤清官房長から辞令交付を受けた後、力強く服務の宣誓を行った。

続いて、壇上の大型スクリーンに映し出された岸大臣がビデオで訓示を述べ、自らが座右の銘とする孟子の言葉「至誠」を引用し、「『至誠』の精神をもって新しい一歩を踏み出してほしい。防衛省職員にしか成し得ない大きな使命を果たすため、皆さんが元気で大いに活躍されることを心から期待する」と激励した。

本省での式後、新職員を代表して報道陣のインタビューに答えた野上峻事務官(22)＝防衛政策局戦略企画課＝は「国防に携わっていく身として非常に身の引き締まる思いだ。情熱と理性を兼ね備えた立派な職員となって、どのような状況においても国民の『当たり前の毎日』を守り続けていきたい」、山本貴智事務官(24)＝大臣官房文書課法令審査＝は「防衛省の担う役割と責任はますます増大している。今、世界で起こっている現実にしっかり向き合い、一つ一つできることを積み重ね、責任を果たしていきたい」とそれぞれ抱負を語った。

今年度の新規採用者は計654人。その内訳は、▽総合職45（うち女性12）人▽一般職516（同207）人＝大卒232（同81）人、高卒284（同126）人▽専門職40（同28）人▽中途採用者など53（同22）人。

入省式で壇上の大型スクリーンに映し出された岸防衛相の訓示を聞く本省の新規採用者たち。3年連続で全国分散開催となり、マスク着用や席の間隔を空けるなどのコロナ対策が徹底された（4月1日、防衛省講堂で）

高級課程合同入校式

3自衛隊43人が入校

「自衛隊高級課程合同入校式」で式辞を述べる田尻統幕学校長（演台）。壇上は（左から）山根陸幕副長、青木統幕総務部長、廣惠次郎教訓研本長、真殿知彦海幹校長（3月30日、目黒基地で）

東京の目黒基地に所在する統幕学校と陸自教育訓練研究本部、海・空自幹部学校で3月30日、令和4年度前期の「自衛隊高級課程合同入校式」が行われた。

基地の大講堂で行われた式には、1佐、2佐の3自学生43人のほか、オーストラリア海軍からの留学生クリストファー・バリー中佐が出席。統幕総務部長の青木誠陸将補、山根寿一陸、齋藤聡海、阿部睦晴空の各幕副長ら来賓や各学校長らが臨席した。

最初に学生長の勘米良悠貴1海佐が入校を申告。この後、統幕学校長の田尻祐介陸将が式辞で「飽くなき向上心を堅持して研究に励み、幅広い視野とバランス感覚を兼ね備えた人材に成長してもらいたい」と学生たちを激励した。

続いて青木部長が統幕長の訓示を代読し、①使命を完遂するため、必要な識能の修得に努めよ②常に国家、統合運用、部隊・隊員の視点で考察せよ③先入観や既成概念にとらわれず論理的な思考力を身につけよ――の3点を要望した。

学生たちは統幕校の「合同統合教育」で統合運用の基礎知識を履修した後、各幹校の「高級課程」で上級部隊指揮官・幕僚に必要な教育を受講。その後、学生は再び統幕校に戻り、統合運用に関する広範な知識や技能を修得し、来年3月に卒業する。

年に1度の機会！『財産形成貯蓄制度』4月4日～15日まで

共済組合だより

新規申込みを受付中

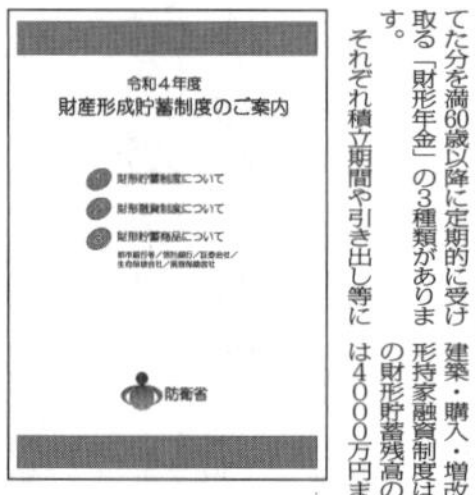

防衛省では各駐屯地・基地で年1回（令和4年度は4月4日から同15日まで）、財産形成貯蓄制度の新規・積み立て額の変更・預け替えの申し込みを受け付けています。

【財産形成貯蓄制度】

一般に財形または財形貯蓄と呼ばれ、給与からの天引きで毎月貯蓄を積み立てていきます。（毎月1000円以上、賞与払併用可）。使途自由の「一般財形」、住宅の購入・改築等を目的とする「財形住宅」、老後の資金を目的とし在職中に積み立てた分を満60歳以降に定期的に受け取る「財形年金」の3種類があります。

それぞれ積立期間や引き出し等に制限がありますが、課税や他の金融機関よりも有利な金利で融資を受けられるなどのメリットがあります。

「財形住宅」と「財形年金」については、双方の合計で550万円までの元金から生じる利子等が非課税となります。また、いずれかの財形貯蓄を行っていれば、次の財形融資制度を利用することができます。

【財形融資制度】

財形貯蓄を行っていると利用できる融資制度に「財形持家融資制度」があります。自分が居住する住宅の建築・購入・増改築の資金とする財形持家融資制度は、貸付申込日現在の財形貯蓄残高の10倍相当額、または4000万円までのいずれか低い額の範囲で融資を受けられます。

詳しい内容・申し込みは、財産形成貯蓄制度は各厚生担当課（科）へ、財形持家融資制度については、各共済組合支部貸付窓口へお問い合わせ下さい。

露駆逐艦などが東シナ海に入る

3月24日午後2時ごろ、長崎県・対馬の北東約210キロの海域を南南西に進むロシア海軍の「ウダロイI」級駆逐艦（8500トン、艦番号548「アドミラル・パンテレーエフ」）1隻を海自3ミサイル艇隊所属の「あまぐさ」（佐世保）と4空群（厚木）のP1哨戒機が確認した。

露駆逐艦はその後、対馬海峡を南下し、東シナ海に入った。

また、29日午後2時ごろには対馬の東北東約60キロの海域を南西に進むロシア海軍の「ヴィシニャ」級情報収集艦（535）1隻＝写真＝を確認。同艦も南下し、東シナ海に入った。4空群のP1と2掃海隊の掃海艇「ひらしま」（佐世保）が警戒監視に当たった。

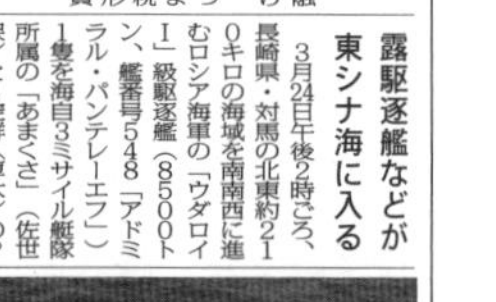

1佐職　春の定期異動

防衛省発令

▽兼海幕人事計画課人事計画調整官　海幕人事計画課募集推進室長　1海佐　小関　昌彦
▽海幕首席法務官付法務室兼海自幹部学校（1航空群首席幕僚）　同　中山　信孝
▽1航空群首席幕僚（鹿児島地方協力本部長）　同　赤岩　英明
▽鹿児島地方協力本部長（海幕人事計画課人事計画調整官）　同　稲崎　精一郎
（以上3月28日）
▽西部航空方面隊幕僚長（航空気象群司令兼府中基地司令）　1空佐　阿蘇　晋一
▽2高射群司令（西部航空方面隊幕僚長）　同　荒木　俊一
▽作戦情報隊電波情報収集群司令（作戦情報隊）　同　對馬　強介
▽航空気象群司令兼府中基地司令（作戦情報隊電波情報収集群司令）　同　黒田　賢俊
（以上3月29日）
▽防衛研究所主任研究官（防衛研究所所員）　1空佐　吉田　ゆかり
▽東北方面総監部防衛部長（中部方面航空隊長兼八尾駐屯地司令）　1陸佐　三浦　英彦
▽中部方面航空隊長兼八尾駐屯地司令（教育訓練研究本部）　同　佐藤　徹
▽海幕防衛課長（海幕防衛課防衛調整官）　1海佐　横田　和司
▽同防衛課防衛調整官（同防衛課兼装備体系課）　同　菅原　誠
▽同指揮通信課長（同指揮通信課）　同　澁谷　芳洋
▽航空集団訓練主任幕僚（21航空群首席幕僚）　同　古賀　裕
▽21航空群首席幕僚（千葉地方協力本部長）　同　大山　康倫
▽航空管制隊司令（航空集団司令部）　同　櫻井　猛
▽佐世保警備隊司令（佐世保地方総監部付）　同　小林　知典
▽小月教育航空群司令（航空管制隊司令）　同　富田　一成
▽システム通信隊群司令（海幕指揮通信課長）　同　近藤　国
▽千葉地方協力本部長（同人事教育部）　同　高橋　秀典
▽情報本部情報官（システム通信隊群司令）　同　黒田　全彦
（以上3月30日）
▽統幕学校教育課2教官室学校教官兼国際平和協力センター（統幕学校教育課2教官室兼国際平和協力センター）　1陸佐　菅沼　文洋
▽空幕装備課企画班長（防衛装備庁事業計画調整官）　1空佐　石関　明弘
▽航空総隊監理監察官（航空総隊司令部）　同　玉﨑　正史
▽兼福岡病院1外科部長　福岡病院副院長兼企画室長　1陸佐　吉積　司
▽防衛装備庁事業計画調整官（空幕装備課企画班長）　1空佐　閑瀬　悟央
（以上3月31日）
▽防衛大防衛学教育学群国防論教育室長兼防衛大教授（横須賀教育隊司令）　1海佐　寺田　博之
▽統幕指揮通信システム運用課長（空自補給本部通信電子部長）　1空佐　谷川　修
▽海幕経理課経理調整官（海自補給本部需品部長）　1海佐　菅谷　秀樹
▽同経理課経理班長（海幕経理課予算班長）　同　窪田　修司
▽同予算班長（同経理課）　同　堀田　剛志
▽同人事計画課制度班長（同防衛課業務計画班長）　同　堀内　智治
▽同厚生課給与室長（同経理課経理調整官兼経理班長）　同　齋藤　淳師
▽同防衛課業務計画班長（同防衛課）　同　壽福　秀機
▽同海上防衛戦略室長（同能力評価・分析室長）　同　北川　敬三
▽同装備体系課艦船体系班長（同装備体系課）　同　伊藤　雅彦
▽同運用支援課運用支援調整官兼企画班長（同艦船体系班長）　同　西端　俊博
▽同運用支援班長（同運用支援課）　同　加藤　太輔
▽同装備需品課資材班長（同装備需品課）　同　眞鍋　太
▽同艦船・武器課艦船管理室長（広島地方協力本部長）　同　鷹尾　潤
▽同機関電気班長（海幕艦船・武器課電気班長兼機関班長）　同　宮上　英征
▽同首席会計監査官（艦船補給処長）　同　西川　康彦
▽同首席会計監査官付会計監査室長（海自補給本部管理部長）　同　佐藤　まどか
▽護衛艦隊司令部（大湊地方総監部防衛部）　同　鈴木　拓哉
▽自衛艦隊監理主任幕僚（海幕首席会計監査官付会計監査室長）　同　池田　亮
▽自衛艦隊司令部陸上総隊司令部海上連絡官（自衛艦隊司令部）　同　竹本　勝昭
▽横須賀海上訓練指導隊司令（舞鶴海上訓練指導隊司令）　同　藤原　秀幸
▽舞鶴海上訓練指導隊司令（海上訓練指導隊群司令部）　同　高梨　康行
▽1海上補給隊司令（呉地方総監部防衛部長）　同　高橋　毅
▽22整備補給隊司令（防衛装備庁事業計画調整官兼事業監理官付）　同　丸山　実
▽潜水艦教育訓練隊副長（潜水艦隊幕僚）　同　岡﨑　淳平
▽呉潜水艦基地隊司令（潜水艦教育訓練隊副長）　2海佐　野田　益弘
（以上4月1日）
（以下は次号に続く）

日米豪共同訓練「コープ・ノース22」

広大な島嶼地域で結束

米空軍のF35Aステルス戦闘機（左端）を先頭に、グアム島の上空で編隊飛行を行う日米豪の各種戦闘機（2月7日）＝米空軍提供

上 多くの航空機が滑走路上を並んで地上滑走する「エレファントウォーク」に参加した空自UH60J（右下）など日米豪の各種航空機（2月5日）＝米空軍提供（いずれも米グアム島のアンダーセン空軍基地で）
下「コープ・ノース」に初参加した救難団のUH60J救難ヘリ。C2輸送機の機内に搭載しグアム島に空輸された（2月3日）

米グアム島のアンダーセン空軍基地などで1月19日から行われていた日・米・豪航空部隊による共同訓練「コープ・ノース22」が3月4日、終了した。今年は3カ国から航空機計約130機、人員約3500人が集結。自衛隊からは空自のF15、F2戦闘機など16機、人員約470人が参加したほか、海自からもUS2救難飛行艇が加わった。井筒空幕長は3月3日の記者会見で「西太平洋島嶼地域の平和と安定に向けた連携と結束を内外に発信する重要な機会となった」と訓練参加の意義を述べるとともに、「訓練を通じ、『自由で開かれたインド太平洋』の維持、強化に資することができた」と成果を語った。

航空部隊の相互運用性向上へ

今年の「コープ・ノース22」は日・米・豪航空部隊等の共同対処能力、相互運用性の向上などを目的に、グアム島周辺の広大な空域で実戦的な各種訓練が行われた。

空自の訓練指揮官は8空団（築城）飛行群司令の三宅英明1佐が務め、2空団（千歳）からF15戦闘機が6機、8空団からF2戦闘機が6機、救難団（入間など）からU125A救難捜索機、UH60J救難ヘリ、警空団（浜松）からE767早期警戒管制機、1輸空（小牧）からKC767空中給油・輸送機各1機が参加し、それぞれ飛行訓練などに臨んだ。

共同訓練では、空自のF15、F2が米・豪軍の仮想敵飛行隊（アグレッサー）の航空機などを相手に、防空戦闘、戦術攻撃などの訓練に取り組んだ。

一方、準備期間中の1月31日には、駐機するエンジンをかけたままの戦闘機に給油を行う「ホットピット給油」を実施。この給油方法で空自のF15戦闘機が米空軍補給部隊の給油車から燃料補給を受けるのは初めて。

上 US2救難飛行艇のコックピット内で豪空軍パイロット（左）に計器の説明を行う海自のパイロット
下 グアム島沖の太平洋上に着水し、ボート（手前右）を出し、捜索救難訓練を行う海自のUS2

エンジンをかけたままの空自F15戦闘機に燃料を補給する米空軍の補給部隊。日米間では今回初めて行われた（1月31日）＝米軍ホームページより

HA／DR訓練に仏印が初参加

同時期に行われた「人道支援・災害救援（HA／DR）共同訓練」には、日米豪とシンガポールに加え、フランス、インドの部隊が初参加した。空自は救難団の約60人と1（小牧）、3輸空（美保）、2補給群（同）、航空機動衛生隊（小牧）の約90人が加わった。さらに海自71航空隊（岩国）からもUS2救難飛行艇1機と人員約30人が参加。「仮想島嶼国」で台風被害が発生したとの想定で、要請に基づきHA／DRを各国共同で行う即応機動訓練を行った。

同訓練は、北マリアナ諸島のテニアン島などで行われ、各部隊は通信回線の構築、気象観測装置の展開、患者搬送、共同警備などを演練した。

現地で自衛隊の参加部隊を指揮した三宅1佐は、「今回は捜索救難訓練へのUH60J救難ヘリの初参加や機動展開訓練の内容を拡充することで、より実効的な訓練ができた。HA／DR共同訓練では、インド太平洋地域の平和と安定に向けた連携・結束について内外に発信することができたと思う」と総括した。

HA／DR訓練の指揮官を務めた支援集団飛行支援課長の小林幹生1佐（現・航空総隊運用課作戦室長）は、「仮想被災地では連日30度を超える炎天下、連続状況下で活動を行った。この経験を生かし、今後はさらに過酷な環境下でも任務が遂行できる能力獲得に向け進化を遂げていきたい」と語った。

アンダーセン空軍基地で米豪の兵士とミーティングを行う2人の空自隊員（手前右）＝2月3日

上 夜間訓練で、警空団のE767早期警戒管制機を誘導する空自の基地作業員（2月3日）
下 離陸前のF2戦闘機のパイロットに合図を送る空自の整備員（2月10日）

前事不忘　後事之師

第75回

風林火山の意味を読み解く（その一）

風林火山と言えば、戦国時代の武将、武田信玄が軍旗として使った「其疾如風、其徐如林、侵掠如火、不動如山」の四句のことです。この原典は孫子の兵法の「軍争篇」にあり、そこではこう書かれています。

「其の疾きこと風の如く、其の徐なること林の如く、侵掠すること火の如く、動かざること山の如く、知り難きこと陰の如く、動くこと雷の震うが如くして（中略）、権を懸けて而して動く。迂直の計を先知する者は勝つ。此れ軍争の法なり」

このように、孫子の兵法では風林火山の四句は、「軍争」「迂直の計」との関連で説明されており、「軍争」や「迂直の計」が分からなければ理解できませんが、従来のどの解釈も明確ではありませんでした。

孫子の兵法の解説書を著している水野実防衛大学校名誉教授は、「軍争」の意味については、古来有力なものが二説ある」として、次のように分析します。「軍は軍隊の意味であるとして、何を争うのかという点が問題になる。一つは勝ちを争うとする説、もう一つは利を争うとする説である。前者は兵法書として当然の論説であり、後者は孫子兵法の中心思想と言ってよいが、取り立てて篇名とするに値せず、それによって戦場に到着することなど簡単にできるのかとの疑問がある。また、軍争を機先を制すると解釈する説もあるが、軍争という漢語からはこの意味を引き出しにくい」

迂直の計についても、孫子では、「其の途を迂にしてこれを誘うに利を以てし、人に後れて発して人に先んじて至る」と記述されています。従来、これは「自軍があたかも迂回路を取っているかのように見せかけて敵を油断させる一方、敵を利益で別方向に誘い出してぐずぐずさせ、その間に戦場に先着せよ」との意味だと解釈されてきました。しかし、策を弄したところで、後から出発した者が先に戦場に到着することなど簡単にできるのかとの疑問があり、この解釈でよいのか分かっていませんでした。

ところが1972年に中国の山東省臨沂県銀雀山の前漢時代の墓から孫子の兵法を含む大量の竹簡に書かれた兵法書が発見され、調査・研究が行われたことから迂直の計などの意味が解明されつつあります。発見された竹簡から孫子の兵法の著者とされる孫武の子孫・孫臏が著した「孫臏兵法」が見つかり、しかもその中に孫臏が実際に迂直の計を活用して勝利を収めた「桂陵の戦い」についての詳細な記述があったからです。

「桂陵の戦い」は、紀元前354年に魏と斉との間で戦われた戦争で、歴史家司馬遷が著した『史記』の中の「孫子呉起列伝」においても記載があります。その記述によれば、この戦いは、魏が隣国の趙の攻略を企図し、趙の都、邯鄲を囲んだことが契機でした。趙から助けを求められた斉は、将軍の田忌に邯鄲の救援を命じます。田忌は兵を率いて趙へ向かおうとしますが、軍師である孫臏がそれを引き留めて言います。

「そもそも乱れもつれた糸を解こうとする時には無理に引っ張ったりしてはいけません。喧嘩を止めようとする時には打ちかかったり戟で突きにいったりはしません。充実したところは避けて備えのない所を攻撃したら、形勢も変わってきて勢いも収まり、敵は自然に軍を解散することになるものです。今、魏は趙と合戦しているところで、元気な強い兵士たちは国外に出尽くし、老人や子供だけが国内で疲れ切っておりましょう。将軍は軍を率いて魏の都の大梁に急進され、その交通拠点を抑えてその備えのない所を攻撃されるのが第一です。相手はきっと趙の攻撃を止めて自国の防衛に戻ってくるでしょう。つまり味方が一つの行動を起こすだけで、趙の包囲を解かせるばかりか魏の国力をも消耗させることになるのです」

将軍の田忌がその言葉通りにすると、魏は果たして趙の都の邯鄲からとって返してきて、斉の軍は桂陵で魏の軍隊を撃破します。

この桂陵の戦いは「兵法三十六計」の「囲魏救趙」（魏を囲んで趙を救う）の計とされ、それだけでも十分興味深いものですが、銀雀山の墓から出土した竹簡には、さらに詳細な戦いの記述があり、それが「迂直の計」や「軍争」ひいては風林火山の正確な意味を解く鍵を与えることになりました。次回にその話をします。

鎌田　昭良（元防衛省大臣官房長、元装備施設本部長、防衛基盤整備協会理事長）

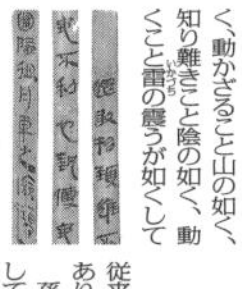

中国・山東省臨沂県銀雀山の前漢時代の墓から出土した竹簡の一部

…… 前事忘れざるは後事の師 ……

部隊だより

陸

倶知安　北方対舟艇対戦車隊はこのほど、北海道後志総合振興局で実施された「後志総合振興局雪害対策連絡会議」に参加、各関係機関との連携を強化した。同会議には国交省北海道開発局や地元警察、消防、気象台の職員らが出席。自衛隊から11旅団（真駒内）も加わり、災害情報の伝達要領を確認したほか、「停電」「交通事故」などを想定した図上訓練を行った。

青森　9師団は3月8日、青森駐屯地と小谷演習場で記者懇談会を行った。報道機関7社、計10人が参加。最初に師団の概況説明と活動記録を放映した後、演習場で5普連の小火器実弾射撃訓練を展示、高機動車や大型トラックなどの体験搭乗も実施した。終了後には亀山慎二師団長らが記者たちと懇談し、活発な意見交換がなされた。

岩手　東北方特科連隊はこのほど、隊員42人を対象に陸士特技課程「初級部隊ネットワーク」教育を行った＝写真㊤。電波法や通信機材の取り扱いを学んだ参加者は、有線の縛着や接続を最後までやり遂げ、全員が通信手の資格を取得。2大隊4中隊の遠藤賢人士長が連隊長褒賞を受賞し、「みんなで頑張れたことで受賞できた」と語った。

多賀城　22即機連2中隊はこのほど、伝統行事である「はだか駆け足」を行った＝写真㊤。行事は部隊と隊員家族の安全祈願が目的で、今年で60回目。96人が上半身はだかに鉢巻のいで立ち（女性隊員は上下格闘服）で午前6時、塩竈神社の階段202段を一気に駆け上がった。最後は駆けつけたOBとともに、日の出を臨みながら中隊歌を合唱した。

小平　駐屯地は2月16日、東京地本が主催する一般幹候生採用予定者（陸上要員）に対する職種学校見学に協力した＝写真㊤。参加者はブリーフィングの後、警務科部や法務教育部など職種・職域の説明を受け、授業風景を見学。参加者の一人は「自分の強みを入隊後どのように生かせるか想像できたので、非常にためになった」と話した。

岩見沢　12施群399施中隊長の高橋秀一1尉は3月7日、道徳の授業の一環で岩見沢市立北村中学校の2年生を対象に講話を行った＝写真㊨。高橋隊長は、東日本大震災での行方不明者捜索など災派を通じて体験したエピソードを語り、最後に「自分にかかわる人々を大切に」と呼びかけた。参加した生徒たちは終始、真剣な眼差しで聞き入った。

名寄　駐屯地は1月11日から2月14日まで、名寄市南広場で開催された「なよろ雪質日本一フェスティバル」に協力した。4高特群や318高射中隊が担任し、約1カ月かけて大雪像を制作、イベント当日はライトアップされた＝写真㊨。参加した隊員の一人は「大変な作業でしたが地域の方々に楽しんでいただいて満足しています」と話した。

第17回第6師団音楽まつり
らっぱ隊のドリル演奏や弾き語りも
「希望～心ひとつに」

㊨ステージ上でキレのある「花笠踊り」を披露するハッピ姿の20普連の隊員㊧6師団らっぱ隊のドリル演奏の指揮を執る6音楽隊の濱中隊長（中央）

㊨「花笠音頭」を歌う20普連重迫中隊の石山慎一郎2曹㊧ギターによる弾き語りで場内を魅了した20普連の橋本士長

6師団は2月27日、山形市のやまぎん県民ホールで「希望～心ひとつに」をテーマに「第17回第6師団音楽まつり」を開催した。県下の新型コロナの感染状況を踏まえ、一般公募は取りやめ、隊員家族など招待者のみに限定して開いた。

ステージは6音楽隊（隊長・濱中則昭2尉）の国歌演奏で開幕。最初に、南東北の防衛を担任する師団を紹介する映像に合わせた楽曲「天と大地からの恵み」が勇壮に奏でられた。続いて師団らっぱ隊が統制されたドリル演奏を、20普連（神町）が自衛官らしい力強くキレのある山形の民謡「花笠踊り」を披露した。

その後、20普連重迫中隊の橋本未句士長が登場し、ギターを弾きながら美しい声で「ラブ・イズ・オーヴァー」「マリーゴールド」など3曲を歌い上げると、観客は釘付けになった。

フィナーレでは、6師団が東北の人たちと明るい未来に向かって共に歩んでいくという意味を込めて唱歌「にじ」を演奏。6音楽隊などの出演者と来場者がひとつになり、ホールはこの日一番の盛り上がりを見せた。

歌い終わると、客席からは盛大な拍手が贈られ、「感動した」「元気を頂きました。ありがとうございます」などの感想が多数寄せられた。「花笠踊り」に加わった20普連の川口翔3曹は「今回が初めての参加だったが、事前に準備を万全にして臨むことが出来た。来場者に楽しんでもらえてよかった」と語った。ギターソロを担当した橋本士長も「ステージに立つ時は緊張したが、とても楽しく演奏することができた」と満足そうに話していた。

（神町）

古河　1施団はこのほど、東富士演習場で令和3年度方面施設科職種合同訓練と第4次団集中野営訓練を行った。橋梁架設では、101施器隊がパネル橋MGBを、1施設大隊が07機動支援橋を架設。また団本部付隊は、車両行進から集結地占領、団指揮所の開設・運営を2夜3日で実施した＝写真㊤。各部隊は訓練を通して、施設技術の向上を図った。

松本　13普連1中隊の山本康二2曹以下10人の隊員は3月9日、旅団炊事競技会に出場し2連覇を達成した。指定献立は「カレーライス」で、味だけでなく、炊事所の運営、衛生・安全管理、調理時間などが総合的に評価された。炊事長を務めた山本2曹は「極寒の中、炊事練成を重ねてきました。V2を達成できてうれしいです」と語った。

都城　43普連の270人は3月3日、霧島演習場の野焼きを行った＝写真㊦。12普連が担任し、24普連など総勢約600人が参加。強い風にあおられた炎は、演習場内に勢いよく燃え広がり、予定通り午後5時に野焼きを終了した。整備に参加した3中隊の白井宏幸隊長は「新しい気持ちで、新年度からの訓練に励みたい」と話した。

えびの　24普連は2月17日から20日まで、一般公募予備自の訓練を行い、宮崎・鹿児島両県で初の3人の即応予備自が誕生した。参加者は最後の関門である35キロ徒歩行進を完遂し、連隊員らに盛大に迎えられた。2中隊の鶴田恭久予備陸士長は「3年かけてやっと夢が叶い、即自になれた。足りないことが多いが、日々努力したい」と語った。

空

府中　航空保安管制群は2月10日、部隊創設60周年記念式典を開催した。今城弘治航空支援集団副司令官や阿蘇晋一基地司令が臨席。井上伸康群司令は式辞で、創設から令和3年まで、航空交通管制に起因する事故が絶無であることに触れ、「その歴史に恥じず、未来に誇れる部隊であるよう、隊員一丸となって精進する」と決意を述べた。

立川　航空安全管理隊は3月16日、立川、国立、日野市の防衛協会に対する感謝状贈呈と、創立40周年記念式典を行った＝写真㊦。式典で岡本秀史隊司令は隊員たちに、今後予定される入間基地への移転について「航安隊の新たな歴史を作っていこう」と呼びかけた。最後に全員で、安全管理を司る隊として事故の絶無に貢献していくことを誓った。

新田原　基地は3月13日、ユニリーバスタジアム新富でサッカーJ3のテゲバジャーロ宮崎対ヴァンラーレ八戸戦が行われ、開幕セレモニーで航過飛行を行った。キックオフ直前に、基地所属のF15戦闘機4機が編隊を組んでスタジアム上空を通過、開幕戦に花を添えた＝写真㊤。地上では隊員有志がボランティア活動で盛り上げ、初戦勝利に貢献した。

海

大湊　総監部は3月8日、「人事・法務コンサルティング高松事務所」代表の高松佳樹氏による講話を行った＝写真㊤。仕事と家庭の両立や女性職員が活躍できる職場環境の構築を目的に、在籍部隊の人事担当者ら約50人（リモート含む）が出席。参加者は高松氏の講話に熱心に聞き入り、働き方改革の必要性や管理職の意識改革について学んだ。

木更津　空補処は3月16日、袖ヶ浦市立昭和中学校で行われた「『働く』を学ぶ学習会」に参加した＝写真㊤。生徒たちが働くことの意義を学ぶ企画で、今回は13の企業等が出席。山中昭二広報室長ら処員4人は、海自の学習を希望した生徒たちに基地の概要や仕事内容を説明。生徒たちは真剣に聞き入り、「基地に見学に行ってみたい」などと感想を話した。

舞鶴　14護隊はこのほど、護衛艦「せんだい」「せとぎり」、ミサイル艇「うみたか」の支援で72期一般幹候生課程17人の護衛艦実習を行った。実習幹部たちは海軍記念館などを見学し、護衛艦での艦内生活や洋上訓練を研修＝写真㊤。伊藤弘舞鶴地方総監の講話を聞いた幹部の一人は「他者と積極的に関係を構築する重要性を学べた」と述べた。

徳島　教空群は2月22日、「航空機が滑走路で自力走行できない事態」を想定した訓練を行った。搭乗員の救出・救助活動や、初の民間クレーン車を使用した事故機収容作業までの一連の流れを演練した＝写真㊤。訓練を終えた指揮官の板倉成2佐（202整補隊司令）は「不測事態発生時における、さらなる体制強化を図っていく」と決意を述べた。

火力と情報連携

7師団

大雪原で戦闘射撃

【7師団＝東千歳】7師団は1月22日から2月2日まで、北海道大演習場で71戦車連隊と7化学防護隊の第2次師団訓練検閲を行うとともに、71、72戦連に対し「総合戦闘射撃」の機会を付与した。

訓練検閲で71戦連は現代戦の戦闘様相と冬季の特性を踏まえ、迅速な情報収集と先行的な幕僚活動を行い、「師団の援護部隊」として積極的に行動し任務を完遂した。

この間、各戦車部隊は検閲課目のひとつとして総合戦闘射撃を実施し、敵を撃破した。

一方、7化防は対特殊武器戦の専門部隊としてその能力を発揮、さらに積雪寒冷地の特性を踏まえ、第一線部隊と緊密に連携して防護任務を完遂した。併せて隊員各個の小火器射撃能力を評価し、厳しい状況下でも戦闘任務を継続できることを確認した。

総合戦闘射撃に加わった72戦連は、各級指揮官の戦闘指揮、諸職種協同による「火力と情報の連携」に着意した一連の攻撃行動を雪上で示した。

7師団は今回の検閲と総合戦闘射撃で得られた教訓を、今後の隊務や作戦に反映させていく計画だ。

㊨雪明かりの中、夜間機動を行う71戦連の90式戦車群
㊤大雪原を前進しながら敵に向けて120ミリ砲を発射する90式戦車
（いずれも北海道大演習場で）

積雪寒冷地用の特別装備で攻撃前進する普通科隊員

北海道から富士地区に到着した10即機連の16式機動戦闘車

10即機連、北海道からFTCへ長距離機動

「任務必遂の執念見せろ」

北富士のFTCに向かうため、民間フェリーへの積載を待つ16式機動戦闘車（小樽港で）

【10即機連＝滝川】10即応機動連隊は2月3日から13日まで、令和3年度「富士訓練センター（FTC）第19次運営」に参加し、諸職種協同作戦の練度向上を図った。

部隊は民間フェリーなどを使い、北海道から富士地区に長距離機動。FTCでは「独立的に行動する増強普通科中隊の行動」を演練するとともに、3普通科中隊と対戦車小隊の訓練検閲を実施した。

運営に先立ち、松井貴仁連隊長は「任務必遂の執念を堅持せよ」「C4ISR（指揮・統制・通信・コンピュータ－・情報・監視・偵察）装備の活用により情報・火力・機動を組織化せよ」「非戦闘損耗の絶無」の3点を要望。

2月7日、偵察部隊の潜入から状況が開始され、3中隊の果敢な夜間攻撃により目標への攻撃を継続し、10日、所要の成果を収めて状況を終えた。

訓練

ドローンを活用

敵の障害解き明かす

3施団

【3施団＝南恵庭】3施設団は1月31日から2月13日まで、北海道大演習場などで第5次団集中野営訓練を実施した。

各部隊はスキー行進、野外指揮所活動、障害構成・処理、実爆などに取り組んだが、今回は特に施設科として初の試みとなるドローンを活用した「敵障害の解明（偵察）」と「地雷原爆破装置投射後の未処理確認」にも挑んだ。

ドローンを使った情報収集は13施設群360施設中隊と北部方面情報隊が連携して実施。指揮した小隊長は「未処理部分の確認要領では、これまでは敵を前に危険を承知で最前線に突入していたが、今回のドローンを使った試みは画期的で、戦闘損耗を極限できると感じた」と成果を語った。

ドローンの活用は演習場整備での「空中3D測量」に続き2度目で、敵障害の解明にも有効であることが分かった。

敵の障害の解明のため、ドローン（手前左）を発進させる3施団の隊員

アイスクリートで陣地構築

26普連

【26普連＝留萌】26普連は2月2日から4日まで、第4次連隊練成訓練を行った。例年の2倍以上の積雪となった留萌演習場で、2中隊基幹の攻撃部隊と1中隊による防御部隊が対抗方式で激突した。

1中隊はアイスクリート（雪と水を混ぜて凍らせたもの）を活用した陣地を構築、さらに偽陣地や木枝を活用した障害（鹿砦）を配置して防御態勢を整えた。

対する増強2中隊は、4日未明から重迫撃砲中隊の掩護射撃のもと、スキーにより積雪地を克服し、戦闘陣地に突入、激しい攻撃によりその一部を奪取した。

今回初めて積雪寒冷地での訓練に加わった新渡道隊員たちも深い雪の中で与えられた任務に取り組んだ。

敵の車両（左奥）に向け、対戦車誘導弾を構える26普連2中隊の隊員（留萌演習場で）

深い雪の中の陣地に潜み、敵の接近に備える2普連の隊員

神出鬼没

スノー・ファントム作戦

2普連2中が敢行

【2普連＝高田】2普連は2月1日から3日まで、関山演習場で2中隊の訓練検閲を実施した。

検閲は約16キロのスキー行進に続く「積雪寒冷地の先遣中隊の防御戦闘」で、指定充足訓練の一環として高田駐屯地業務隊の隊員も対抗部隊に加わった。訓練開始式で古賀理都靖連隊長（当時）は「指揮官の企図の徹底」「地形・気象に応じた情報・火力・機動の連携」を要望。

今回、2中隊は、中隊長の藤田立3佐が練り上げた神出鬼没の行動で敵の戦闘力を減殺する「スノー・ファントム（幽霊）作戦」を敢行。敵の接近が予想される経路上に天然障害と蛇腹鉄条網を使用したさまざまな複合障害を設置。さらに欺まん工作も実施し、深い雪と地形を最大限に活用した防御態勢を整えた。

戦闘が始まると、2中隊はこれら効果的な障害と連接した組織的な火力で敵の侵攻を確実に阻止、任務を達成した。

市街地と錯雑地

分隊対抗競技会

中即連

【中即連＝宇都宮】中央即応連隊は2月7日から10日まで、宇都宮駐屯地の市街地訓練場などで「分隊対抗戦技競技会」を実施した＝写真。

競技は分隊以下の戦闘・戦技能力の向上などを目的に、交戦訓練装置（バトラー）を使用した1個分隊（10人）の対抗方式により「市街地の部」と「錯雑地（さくざつち）の部」で競った。

開会式で統裁官の山田憲和連隊長は「スピード・コミュニケーション・カバーリング」を強く要望。

「市街地の部」は屋内行動や閉所における行動が求められ、各分隊はそれぞれ要員が連携しながら近接戦闘を行った。「錯雑地の部」は自然の地形・地物を利用した戦闘が繰り広げられ、斥候の行動や砲迫射撃も交えながら各隊はそれぞれ独自に作戦を立て、敵陣地を奪取するために慎重かつ大胆に行動した。

連隊は今回得られた成果と教訓を今後に生かし、引き続き多様な任務に取り組んでいく。

雪明かりの小銃射撃

20普連

【20普連＝神町】20普連は2月16日から19日まで、王城寺原演習場で冬季総合戦闘射撃野営を行った。

射撃準備の16日、各中隊は経路や射場の除雪を行い、済々と射場構成を進めた。さらに6施設大隊が移動経路の除雪を行い、射撃準備を完整させた。

17日、3中隊が01式軽対戦車誘導弾の射撃を担任、1・3・4中隊の射手が演習弾射撃を行った。戦闘射場では1中隊が戦闘訓練射撃シミュレーター「GICCS」を活用した射撃を、3中隊員は小火器戦闘射撃を実施した。

18日には1中隊が重機関銃射撃、2中隊が小火器戦闘射撃、4中隊がGICCSを用いた射撃を、第2爆破訓練場では4中隊が81ミリ迫撃砲を発射した。

2中隊は夜間の小銃射撃も実施。暗闇で視界が制限され、寒さで手がかじかむ中、隊員たちは雪明かりの中での射撃要領を練成した。

目標に向け重機関銃弾を撃ち込む20普連の隊員（王城寺原演習場で）

氷点下22度で検閲

14施設群395施設中隊

【14施群＝上富良野】14施設群は1月18日から21日まで、上富良野演習場で395施設中隊の訓練検閲を実施した。

検閲は「防御支援に任ずる施設中隊の行動」が課目で、統裁官の上林勝敏群長は「施設力の最大限発揮による任務の完遂」「作戦の全局面を通じた各種管理の徹底」を要望した。

19日朝、隊員たちは20キロを超える装備を携行して雪深く起伏の激しい約8キロの経路をスキーで前進、全員が無事に集結地を占領した。

20日、気温は氷点下22度を記録。厳しい寒さの中、中隊長の栁田将1尉を核心とした部隊は一丸となり、敵の侵攻を阻止するため対戦車地雷で道路を閉塞。さらに鉄条網を使用した対空挺ヘリボーン障害を構成するなど、過酷な状況下で施設作業を継続し、全ての任務を完遂した。

各自が20キロ超の装備を携行し、スキーで前進する395施設中隊員（上富良野演習場で）

募集・援護　特集

平和を、仕事にする。
陸海空自衛官募集

ただいま募集中！
◇一般候補生◇技術海上・航空幹部・曹
◇幹部候補生（第1回）◇医科・歯科幹部
★詳細は最寄りの自衛隊地方協力本部へ

喜びを胸に、さあ入隊だ

静岡地本が出発行事

さあ入隊だ。自衛官になるために、新天地に向けて出発しよう――。全国の地本では4月の部隊入隊式を前に、若者たちの着隊を支援している。静岡地本は滝ヶ原駐屯地に向かう若者15人の出発行事を開催、地本長がはなむけの言葉を贈った。地本の手厚いサポートを受け、自衛官のスタート地点に立った若者たちは入隊準備を経て、いよいよ令和4年度の入隊式に臨む。

地本長「誰かのために、前向きに」

【静岡】地本は3月25日、静岡市の本部庁舎で入隊予定者の出発行事を行った。

この日は陸自滝ヶ原駐屯地の教育隊に入隊する15人が家族や友人とともに集まった。

緊張顔の15人に、地本長の武田恭一1佐は「これから自衛隊での生活が始まるが、『誰かのために』と考えると、自分の力以上のことが出せるようになる。人のためになるという心構えを忘れずに前向きに頑張ってください」とはなむけの言葉を送った。

同行した両親ら家族は、真剣な表情で地本長の言葉に聞き入る我が子の姿を写真に収め、旅立ちの前のひと時を惜しんでいた。

若者たちはその後バスに乗り込み、窓から家族や友人、入隊をサポートしてくれた広報官らに手を振り、盛大な拍手に送られて滝ヶ原に向けて出発した。

静岡地本では「今後も入隊・入校者のサポートを行い、地元との懸け橋としての役割を果たしていく」と語っていた。

滝ケ原駐屯地の教育隊に向かう若者たち（右）にはなむけの言葉を贈る武田静岡地本長（左）＝3月25日、静岡地本本部庁舎前で

入隊予定の2人 ラジオ番組出演

静岡地本は3月17日、静岡市の「エフエムしみず」で行われた入隊予定者2人のラジオ収録に協力した。番組は毎週水曜日に放送されている「自衛TIME S★静岡」。今回は同市清水区出身の澤入裕登さんと坂口綾海さんが出演した。

澤入さんは今春大学を卒業し、一般幹部候補生として陸自に入隊する。東日本大震災のニュースを見たことをきっかけに志願、「部下や同期から信頼され、災害発生時など有事の際には一人でも多くの人を助けられるような自衛官になりたい」と抱負を語った。

続いて一般陸曹候補生採用試験に合格した坂口さんが登場。大学の企業説明会で「今まで文化系の部活動しかやってこなかった自分にも自衛隊で活躍の場があると知り、入隊したいと思うようになった」とそれまでの心境を語った。

地本についても、「地本の広報官の方はどんなことにも親身に相談に乗ってくれる。私も何度も助けてもらい、おかげで入隊までの不安がなくなった」と語り、「いよいよ入隊です。初めての県外での生活がスタートするので、今はわくわくしています」と話した。

㊤入隊予定者を乗せて滝ケ原駐屯地に向け出発するバスを見送る静岡地本の隊員と家族たち ㊦静岡県のリスナーに向けて入隊のきっかけや抱負を語る坂口さん（右）＝3月17日、エフエムしみずで

やりがい等PR 3機関が説明会

山　形

【山形】鶴岡出張所は3月6日、鶴岡警察署で同署、酒田海上保安部との3機関による合同説明会を行った。中学生から社会人までの11人が参加。各機関が30分間の持ち時間のなかで、それぞれの仕事内容や、やりがいなどをアピールした。

鶴岡所は、所長の齋藤史生1陸尉が自衛隊の概要について説明。地元の鶴岡市出身である阿部奈津美1陸士（6後支隊＝神町）が、入隊の動機、教育隊での経験談と自己の成長、現在の勤務状況について話した。

終了後は、各機関の相談コーナーで3機関それぞれの個別相談会が行われた。自衛隊ブースには3人が訪れ、「入隊したいのですが、どのような試験対策をすればよいですか」「空自の仕事内容について詳しく教えてください」などと質問。阿部1士や広報官が一つ一つに丁寧に答え、自衛隊の仕事の魅力をPRした。

合同説明会終了後、個別に参加者の相談に乗る阿部1陸士（右）

退職予定隊員など 36人に退職前教育

山　口

【山口】地本は2月24日、令和5年度定年退職予定隊員と3年度末に退職予定の陸士、4年9月までの任期満了退職予定の計36人を対象に「定年2年前教育・退職前教育」を行った。

最初に、濱田泰臣山口地域援護センター長が定年2年前の隊員に対し、職業選択や県内の雇用情勢、求人票の見方など再就職に必要な知識を教育した。

続いて山口労働局の栗山修一氏が、任期制隊員を交えて労働法規の概要を説明した。さらに山口駐屯地業務隊の支援のもと、健康管理やメンタルヘルス、年金制度など、生活基盤を形成するための教育も行われた。

参加した隊員は「とても有意義な教育だった。退職に備え、必要な資格取得の準備など進めたい」と語った。

研修先に「空飛ぶICU」も

愛知地本が春季インターンシップ

【愛知】地本は大学生36人を対象に2月14日、3月9、11の3日間、3自衛隊の協力のもと春季インターンシップを開催した。陸海空それぞれの基地や駐屯地で装備品の展示や各種研修を行い、自衛隊の魅力をPRした。

1日目は海自1輸送隊（呉）の支援を受け、学生たちは蒲郡港の11号岸壁でエアクッション艇（LCAC）を搭載した輸送艦「しもきた」の艦内を見学した。また、守山駐屯地に所在する10師団と蒲郡市消防本部との共同防災訓練を研修した。

2日目は陸自の春日井駐屯地で、オートバイ訓練や整備工場などを見学。学生たちは3個グループに分かれて、宿営用天幕の展張にも挑戦した。最初は参加者同士ぎこちなさがあったものの、時間が経過するにつれ協力し合い、中には笑顔が出るほど仲良くなったグループもあった。参加者からは「東日本大震災などの体験エピソードを聞けたのが貴重だった」などの意見が上がった。

最終日は、空自小牧基地で機動衛生隊の活動を見学。

C130輸送機に搭載可能な別名「空飛ぶICU」と呼ばれる機動衛生ユニットの医療内容や、機動衛生隊発足の経緯、国内外での活躍について研修した。

参加者はさまざまな体験を通じて自衛隊への理解を深め、「普段聞けない話が多く、勉強になりました」「自衛隊の人の温かさや責任感に魅力を感じます」と話していた。

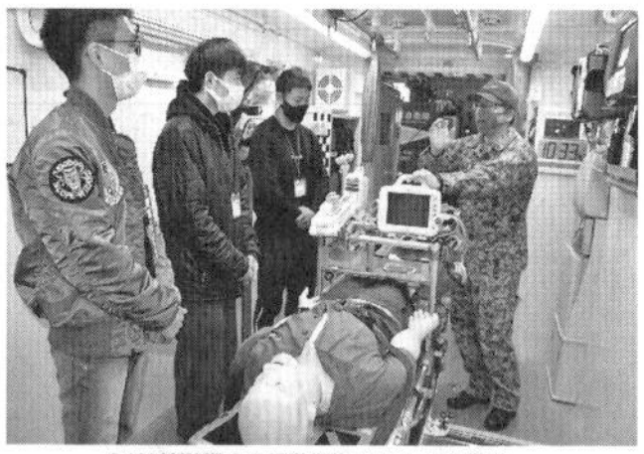

C130輸送機内の機動衛生ユニットを見学する学生たち（3月11日、空自小牧基地で）

12地本長が交代に

3月14、17、18、28、4月1日付の異動で旭川、札幌、帯広、岩手、茨城、石川、愛知、京都、島根、岡山、佐賀、鹿児島地本長が交代した。新任本部長の略歴は次のとおり。

高田　博文（たかた・ひろふみ）1陸佐　旭川地本長　防大35期。平成3年陸自。17年2佐、24年1佐。情本監察・監査室長、西方防衛課防衛調整官などを経て、令和2年3月6師団監察官。愛媛県出身。53歳。

佐藤　和之（さとう・かずゆき）1陸佐　札幌地本長　防大36期。平成4年陸自。18年2佐、23年1佐。28普連長、国教隊長などを経て、令和元年12月6師団幕僚長。熊本県出身。53歳。

内山　信吾（うちやま・しんご）1陸佐　帯広地本長　防大37期。平成5年陸自。19年2佐、25年1佐。陸幕航空機課航空機班長、北海道処総務部長などを経て、令和元年8月補本航空部長。東京都出身。52歳。

佐藤　慎二（さとう・しんじ）1陸佐　岩手地本長　防大41期。平成9年陸自。23年2佐、28年1佐。4普連長、陸幕総務課企画班長などを経て、令和2年3月宮古警備隊長。広島県出身。47歳。

貞方　太（さだかた・ふとし）1陸佐　茨城地本長　防大40期。平成8年陸自。23年2佐、28年1佐。陸幕募集・援護課募集班長などを経て、31年3月3高射特科群長。三重県出身。48歳。

山下　龍太郎（やました・りょうたろう）1空佐　石川地本長　北海道大法卒。平成4年空自。19年2佐、24年1佐。作戦情報隊副司令などを経て、令和2年3月4術校副校長。岐阜県出身。52歳。

下本　昭司（しもも と・しょうじ）1陸佐　愛知地本長　防大34期。平成2年陸自。16年2佐、22年1佐。33普連長、5旅団幕僚長などを経て、令和元年12月14旅団副旅団長。宮崎県出身。55歳。

岡本　宗典（おかもと・むねのり）1陸佐　京都地本長　防大37期。平成5年陸自。19年2佐、24年1佐。3普連長、陸上総隊報道官などを経て、令和元年12月14旅団幕僚長。兵庫県出身。52歳。

中畑　晶広（なかはた・あきひろ）1陸佐　島根地本長　防大40期。平成8年陸自。23年2佐、29年1佐。西方広報室長などを経て、令和元年12月中方会計隊長。埼玉県出身。48歳。

谷坂　忠俊（たにさか・ただとし）1陸佐　岡山地本長　防大40期。平成8年陸自。22年2佐、27年1佐。陸幕情報通信・研究課総括班長などを経て、令和2年3月7高射特科連隊長。長崎県出身。48歳。

松島　史人（まつしま・ふみと）事務官　佐賀地本長　平成元年旧防衛庁。空幕防衛課、防衛計画課部員、情本、人教局厚生課総括班長などを経て、令和2年9月大臣官房広報課報道室長。愛媛県出身。53歳。

稲崎　精一郎（いなさき・せいいちろう）1海佐　鹿児島地本長　防大36期。平成4年海自。19年2佐、24年1佐。2空隊司令などを経て、令和3年9月海幕人計課人事計画調整官。長崎県出身。54歳。

CH47輸送ヘリの内部を見学する参加者（2月23日、那覇駐屯地で）

バーチャルでヘリ体験搭乗

沖縄　航空機見学で魅力をPR

【沖縄】地本は2月23日、陸自の15旅団15ヘリ隊（那覇）の支援で航空機見学を行った。自衛隊の魅力をPRするのが目的で、若者34人が参加した。

当初はヘリの体験搭乗を実施する予定だったが、天候不良のため中止に。代わりに参加者は体験搭乗バーチャル動画を視聴し、CH47輸送ヘリやUH60多用途ヘリなどの航空機を見学した。また、待ち時間は広報ブースで制服を試着し、缶バッチを制作するなどして楽しんだ。

参加者の一人は「体験搭乗ができなくて残念だったが、広報ブースが充実していて楽しめた」と話していた。

陸自　豪に初の連絡官派遣

陸軍種間の緊密化図る

オーストラリア陸軍に初めて連絡官として派遣される陸上総隊司令部の多田祥太朗2佐が3月30日、防衛省を訪れ、吉田陸幕長に出発報告を行った。その後の懇談では豪陸軍の連絡官も同席。吉田陸幕長から両国のさらなる緊密化に向けた激励の言葉が贈られた。

吉田陸幕長（右）と懇談する多田2佐（中央）、豪陸軍のハウレット少佐（左）＝3月30日、陸幕応接室で

陸自が他国軍に連絡官を派遣するのは米国に次いで2カ国目で、豪陸軍へは初めてとなる。今回の派遣は昨年6月に開催された第9回日豪外務・防衛担当閣僚協議「2プラス2」で合意した「両国の安全保障・防衛協力の促進」に基づいたもの。

初代連絡官となった多田2佐は早稲田大を卒業後、平成17年に陸自に入隊。南スーダン派遣施設隊第3次隊連絡調整幹部、5特科隊中隊長などを経て、令和3年からは陸上総隊司令部日米共同部付となり、今回豪陸軍に派遣される初代の連絡官となった。4月3日から豪陸軍第1師団司令部（クイーンズランド州エノゲラ）に派遣され、現地で情報収集や調整に当たり、日豪陸軍種間の相互運用性の連携を強化する。派遣期間は未定。

出発報告後の懇談には昨年1月から座間駐屯地に豪陸軍から初の連絡将校として着任しているジョン・ハウレット少佐も同席した。出発報告後、多田2佐は「派遣先部隊である第1師団司令部などの関係部隊、機関と連携し、日豪の友好、連携の強化に努めてまいります」と抱負を語った。

吉田陸幕長は「日豪関係は日米関係に準ずる極めて重要な関係で、君を派遣するということが一つの日豪陸軍種間の関係強化の象徴となっている。戦略レベルだけでなく、作戦レベルで司令部同士の関係が緊密になるのは間違いない」と意義を語った。

ハウレット少佐に対しては、今年1月に海底火山の噴火により大きな被害を受けたトンガへの自衛隊の国際緊急援助活動に際し、「豪からさまざまな情報を入れてもらったことで国際緊急援助隊の準備、実施に貴重な援助をしてもらった」と謝意を示し、多田2佐には「同じように何か起きた時には、陸自の情報などを豪陸軍第1師団にしっかり伝えて、お互いが協力できるようにしっかりやってほしい」と話した。

最後に「派遣先の第1師団長のスタッフとなるくらいに仕えて、今まで培ってきた力を発揮し、存分に活躍してほしい」と激励の言葉を贈り、多田2佐は「頑張ります」と力強く応えた。

山村海幕長　「変化に適合」貫き38年

隊員らに見送られ離任

多くの隊員や職員らに見送られ防衛省正門前の階段を降りる山村海幕長（中央）＝3月30日、防衛省で

「これまで勤めてこられたのも、4万5000人の隊員の献身的な努力、そしてその家族や国民のみなさまのご理解、ご支援があったからこそ」――。山村海幕長の離任式が3月30日、防衛省で行われた。海幕長は多くの隊員や職員に見送られながら、38年間勤めた海上自衛隊に別れを告げた。

山村海幕長は2019年4月に着任。自らの勤務方針である「変化への適合」を掲げ、各種訓練や隊員の意識改革などに積極的に取り組んだ。離任式に先立ち臨んだ最後の定例会見では、中東方面における情報収集活動や、コロナ下でも各国と共同訓練を行ってきたことを上げ、「『自由で開かれたインド太平洋』の実現に向け、大きく貢献できたと自負している」と語った。

儀仗広場で栄誉礼を受けた山村海幕長は、岸大臣や中曽根政務官など、別れを惜しむ人々にあいさつしながら正門まで歩いた。式には山口県岩国市に縁のある海幕長を見送るため、福田良彦同市長も駆けつけた。

正門前で花束を贈られた海幕長は、「帽振れ」で見送る幹部らに大きく帽子を振って応え、海の守りを後進に託して、省を後にした。

（1面参照）

海自が永年勤続表彰

全国から11人受賞

長年にわたり勤務実績が優秀で模範となる功績が認められた隊員を表彰する海自の「令和3年度永年勤続功労隊員顕彰」が3月16日、防衛省で行われた。今回は全国の部隊から推挙された幹部4人、海曹長6人、技官1人の計11人が受賞した。式典はコロナ下を考慮してリモート形式で開催。海幕長はモニターに映し出された受賞者一人一人の名前を読み上げるとともに、直接出席した2人に顕彰状を授与した。

山村海幕長は「諸君が入隊以来、旺盛な責任感と熱意をもって、我が国の防衛という崇高な任務にまい進し、それぞれの持ち場において真摯に努力した結果が実を結んだものである」と各隊員の労をねぎらった。

受賞者は次の通り。

◇自衛官＝▽矢橋勲2尉（おうりゅう補給長）▽柴又大輔2尉（情本）▽後藤武治2尉（うずしお）▽坂内良英3尉（潜医実）▽松井克之曹長（潜水艦隊司令部先任伍長）▽村上正人曹長（潜水艦教育訓練隊先任伍長）▽北口武史曹長（護衛艦隊司令部先任伍長）▽水上靖明曹長（シ通群先任伍長）▽犬塚裕紀曹長（22空）▽佐々木英徳曹長（15護隊先任伍長）

◇事務官等＝▽高橋則篤技官（横弾補所）

山村海幕長（右）から顕彰状を授与される柴又2尉（3月16日、海幕で）

春日サロン55年の営業に幕

【春日】空自春日基地に〝隊員の夜のオアシス〟として1967年に開業した飲食店「春日サロン」が3月末、55年間の営業に幕を降ろした。長年の隊員に対する功績を受けて同28日、防衛省共済組合航空春日支部長から店主の今西憲一さんに感謝状が贈呈された。

贈呈式には、副支部長を務める基地業務群司令の白川修治1佐、同支部出納役で業務隊長の新垣徹3佐、同支部出納主任の佐藤孝行事務官が出席。支部長を務める西警団司令兼春日基地司令の田崎剛広将補が今西さんに感謝状と花束を贈呈し、「長い間、営業を続けていただいたことに基地の隊員を代表して敬意を表します。本当にお疲れさまでした」とねぎらいの言葉を述べた。

「春日サロン」は昭和、平成、令和の各時代を春日基地とともに歩み続け、歴代の西空司令官や西警団司令、各所在部隊長ら主催の会合で懇親会会場として数多く利用されてきた。勤務終了後、外部よりも格安で飲食できるとあって、若い隊員や単身赴任者の〝夜のオアシス〟として親しまれてきたが、このほど、諸般の事情で惜しまれつつ閉店することになった。

今西さんは「55年あまりの間、営業を続けられたことに隊員の皆さまには感謝の気持ちでいっぱいです」と述べた。

今西さん（右）に花束を贈呈する田崎西警団司令（3月28日、春日基地で）

島田共済本部長　感謝状を贈呈

32年法務顧問の久利氏に

島田和久防衛省共済組合本部長（防衛事務次官）は3月23日、これまで32年間にわたり共済組合の法務顧問及び組合員等の法律相談を務めた弁護士の久利雅宣氏（久利法律事務所代表）の功績をたたえ感謝状を贈呈した。贈呈式は防衛省内の応接室で行われ、川崎方啓人事教育局長と坂部誠厚生課長が立会した。

島田本部長は久利氏を前に「永年にわたり法務顧問として法令に関する幅広い知識と経験をもって的確な助言や指導により防衛省共済組合の業務運営および防衛省・自衛隊の法律問題の解決に寄与するところ極めて大なるものがありました。その功績をたたえ感謝の意を表します」と感謝状を読み上げ、贈呈した。

久利雅宣氏は平成2年7月から令和4年3月まで約32年間にわたり共済組合本部の法務顧問を務め、訴訟・紛争時の法的支援を行ったほか、組合規定・契約書の作成、人事・労務上のトラブル発生時には的確な助言や指導を行うとともに組合員の法律相談業務にも携わり、共済組合事業の適切かつ円滑な運営に大きく貢献した。式後、久利氏は事務次官室で島田本部長と懇談し、32年間のエピソードなどを語った。

弁護士の久利雅宣氏（左）に感謝状を贈呈する島田防衛省共済組合本部長。奥は立会した（右から）川崎人事教育局長、坂部厚生課長（3月23日、防衛省で）

防商連が解散　隊員と共に32年

一般社団法人防衛協力商業者連合会（菅原廣会長）は3月31日に解散し、約32年の歴史に幕を降ろした。

同会は1990年4月10日に、「防衛思想の普及高揚を図り、自衛隊員の募集及び就職援護に関する協力・支援を行うとともに、自衛隊の災害派遣に関する協力、隊員に対する福利厚生業務等を通じて、自衛隊と地域社会との調和と発展に貢献し、もって防衛基盤の育成強化及び民生の安定に寄与する」という目的のもと、防衛省が管理監督する20番目の法人として設立された。

防商連の主な会員は駐屯地、基地などの委託売店主で、域内売店である委託売店が利潤の一部を会費として納入。その会費を財源として災害派遣支援などの公共事業を行い、隊員に還元してきた。

こちら警務隊

交通犯（道路交通法違反）

飲酒運転と知ったうえの同乗は運転者と共に処罰

飲酒運転の車に同乗するとどうなりますか?

運転者が酒を飲んでいると知った上で、その車に同乗した場合、運転者と共に処罰されます。

運転者が酒酔い運転の場合、同乗者は3年以下の懲役または50万円以下の罰金、酒酔いまで至らずともアルコールが残った状態での運転の場合、同乗者は2年以下の懲役または30万円以下の罰金となります。運転者が酒気帯び等している車に同乗することは、飲酒運転による重大な事故が起きた場合、他人の命を奪うことに加担したととられることもあります。

飲酒運転の車への同乗はもとより、飲酒運転を絶対に止める勇気を持ちましょう。

（北部方面警務隊）

静岡地本　大学の企業研究会に参加

集まった就活生に自衛官の仕事についてスクリーンを使用して説明する山本2佐＝2月24日、日本大学国際関係学部で

【静岡地本】三島募集案内所は2月24日、日本大学国際関係学部（三島市）で開かれた同大学主催の合同企業研究会に参加した。

同研究会は多数の企業などが参加する就活支援事業で、静岡地本からは募集課長の山本健太郎2陸佐が参加した。

研究会は説明会方式で行われ、山本2佐は一般大学から入隊した自身の経験をもとに、自衛官という職業をPR動画とともに紹介。自衛隊の任務のやりがいや多岐にわたる職種について説明した。

説明後、学生から受験に際しての勉強法や自衛官として必要な人物像などの質問があり、山本2佐は一つひとつ丁寧に答えた。最後に、「入隊後に自分の希望や適性に応じて仕事が選択できるのが一番の魅力だと思います」と説明会を締めくくった。

静岡地本は「今後も各学校と連携を深めながら、自衛隊への理解向上を図っていく」としている。

小休止

▽…10即機連は3月3日、11旅団隷下の14個部隊が各部隊を映像で紹介する「広報映像コンテスト」で最優秀賞を獲得した。

▽…各部隊の映像は12月末から約3週間、旅団SNSで配信され、再生回数と「いいね」の数で勝敗を競った。10即機連は作戦準備から機動展開、駆逐、攻撃までの流れと存在意義を1分40秒の映像で表現した＝写真。

▽…最優秀賞に輝いた動画は再生数3817回、「いいね」339を獲得。同映像は動画サイト「ユーチューブ」の滝川駐屯地公式チャンネルで公開されている。（滝川）

朝雲・栃の芽俳壇

畠中草史　選

桜島咫尺に枇杷の袋掛　大阪・空OB　髙木智念
桜島は枇杷栽培が盛ん。島の傾斜は海の照返しで枇杷に向く。桜島を目交の袋掛け。

海匂ふ遅日の街に宿をとる　大津・陸OB　丸岡正男
素通りされる句。鯖街道を経て日本海の旅。中七・下五の措辞は季題と相俟ってしぶい。

鱈や犀星の詩うら悲し　熊谷・空OB　工藤敏雄

単線の六分停車花菜風　館山・海OB　斎藤一向

風花の舞ひて大地にとどまらず　恵庭・陸OB　足立徹

母と娘の夜半過ぎまで雛飾り　高松・陸OB　渡辺成典

犬ふぐり染め始まりし休耕地　熊谷・空OB　明田眞雅

残雪の峰迫り来る宿場町　あきる野・一般　小和田一男

囀に開け放ちたる大納屋　浜松・空OG　塩見惇子

飽くことも無く降る雪を眺めをり　熊谷・空OG　福元万理子

春浅しはげむリハビリ同士かな　富谷・陸OB　加川師亨

耕しの畝太ぶとと学習田　鹿島・陸OB　一ノ瀬恵昭

母と娘のパン工房や花ミモザ　相模原・海OG　折口桂子

蠟梅の背戸明るくし香を放つ　熊谷・空OG　関田絹江

交差する舟に波立つ春の湖　浜松・空OG　鈴木和歌恵

二度寝して慌てふためく冬の朝　熊谷・空OG　佐藤玲美

冬ざれや籬の囲む能登の郷　浜松・空OB　宮本立男

荘厳な氷柱の軒風生るる　熊谷・空OG　関谷桂子

下萌や生垣越しに回覧板　町田・陸OB　岩原滋利

遠目にも解れはじめし辛夷かな　新座・陸OG　牧浩子

寒明けを告げ流れゆく迷ひ雲　熊谷・空OB　蓮佛志向子

抜け道の通学児らに梅香る　相模原・一般　森謙二

龍頭めく雲現はるる雪の富士　札幌・陸OB　坂元順一

年の豆手にあまるほど生きて来し　小牧・陸OB　松岡魚青

選者作品
吾に向き何か言ひたき雛の目

投句歓迎！
▽郵便はがきの裏面に未発表の自作3句以内と氏名、年齢、職業（自衛官・事務官＝所属部隊＝、OB、家族、一般など）、住所、電話番号を記入▽締め切り毎月15日▽宛先＝〒162-8801東京都新宿区市谷本村町5の1 防衛省D棟市ヶ谷記者クラブ朝雲俳句係☎03（5225）1750、専用線8・6・25515

みんなのページ

父が勧めた「自衛隊」が私を育ててくれた

長期勤務で思うこと

1陸尉 **長澤紳**（沖縄地本島尻分駐所長）

沖縄地本・島尻分駐所広報官と記念写真に納まる長澤1尉（中央）

36年前の昭和61年4月3日、高校を卒業してすぐに三重県津市にある陸上自衛隊久居駐屯地の教育隊に入隊しました。

父が若いころ1任期（2年）陸上自衛隊に勤務しており、父から資格免許の取得機会もあり、人生勉強もできるから2任期（4年）ぐらい入隊して来いと勧められ、やりたいことも特になかったので勧められるまま軽い気持ちで入隊したことを覚えています。

入隊後は、自衛官という仕事の適性に合ったのか、2任期で任期満了退職するつもりが、陸曹に昇任し、永続勤務することになり、当時の上司（中隊長等）のご指導もあって、部内から幹部候補生課程に入校し、幹部に任官することになりました。

今思えば、愛知県の普通レベルの高校の普通科で資格も何もなかった私に、懇切丁寧にいろいろな教育を施してくれ、大型自動車をはじめ牽引免許や大型特殊免許、2級小型船舶等の資格を勤務の傍らで取得させていただき、またいろいろな業務を教えてもらい感謝の気持ちで一杯です。

自衛隊勤務を振り返ると、自衛隊に入隊してうれしかったことが三つあります。一つ目は、入隊後、いろいろな資格が取得できたこと。二つ目は、PKOや災害派遣等に派遣され、国際平和や国内の安全確保に寄与できたこと。最後に三つ目は、南国沖縄に赴任し、縁あって家族を持てたことです。

私に自衛隊を勧めてくれた父親も4年前に亡くなりましたが、私の自衛隊での昇任や勤務を一番喜んでくれていたので、少しは親孝行もできたのかなと思っております。

自衛隊勤務も残り少なくなりましたが、私を育ててくれた「防衛省自衛隊」に恩返しできるよう、今後も微力ながら頑張って勤務したいと考えております。

父のような立派な自衛官に

中3 **富田瞳冴**（沖縄・豊見城市立伊良波中学校）

私は、第68期陸上自衛隊高等工科学校に入校が決まった豊見城市立伊良波中学校の富田と申します。

私が自衛隊に興味を持ったのは、父が陸上自衛隊で航空操縦士であったこと、また、職業選択をするに当たっては、小さなころから自衛官という存在が生活の中で身近だったという環境が大きいと思います。

高工校入校を目指したのは一番早く自衛隊について学ぶことが可能な教育機関だったことが理由でした。中学生になり進路を決める際にも真っ先に高工校を受験したいと考えました。

その希望を相談した際には、両親ともに賛成してくれたのはもちろんのこと、親戚や塾の先生方、皆が応援してくれました。

そのため、自宅近くの沖縄地本島尻分駐所に行き、高等工科学校のパンフレットや志願票をもらいました。島尻所では受験や入校後の説明など、いつも親身に対応して頂きました。今回は推薦試験と一般試験を志願させて頂きましたが、残念ながら推薦試験は不合格となりました。

大変、落ち込みはしましたが、入校したいという意欲は自分自身の中でより高まり、一般試験へのモチベーションが増したと思います。

島尻所長の長澤（紳1陸尉）さん、広報官の宇江城（正好1海曹）さんからも励ましを受け、一般試験に臨み、最終合格を確認した時は涙が出るほどうれしかったのを、私はこの先も忘れることはないと思います。

しかしながら、これで満足する訳ではなく、スタートに立てるチャンスを頂いただけだと思っています。

私には辿り着きたい目標があります。それは父のような信頼される立派な自衛官になることです。入校後は同期と切磋琢磨し、卒業後は災害派遣等でも活躍できる陸曹になりたいです。

また、陸曹での勤務経験を重ねて、将来的には父のような幹部自衛官のパイロットになりたいと思っています。

当然、簡単な道ではないと思いますが、目標を持って高工校の生活を送り、夢に向かって頑張りたいと思います。

採用予定者激励会で壇上に立つ富田さん

アダムは自由が欲しかったから食べたのではなかった。禁じられていたからこそ食べたのだ。
マーク・トウェイン（米国の作家）

（世界の切手・イタリア）

朝雲ホームページ
www.asagumo-news.com
会員制サイト
Asagumo Archive プラス
朝雲編集部メールアドレス
editorial@asagumo-news.com

新刊紹介

「日本はすでに戦時下にある」

渡部悦和著

元陸自東部方面総監の著者が日本を取り巻く安全保障環境について、平時においての「目に見えない脅威」を明示し、未来を見据えた安全保障の在り方を提言する。

本書は、中国による目的のためには手段を選ばない対外戦略「超限戦」に対抗する新たな戦い方を示した前作『現代戦争論―超「超限戦」』（佐々木孝博＝元海将補＝共著、2020年7月発行）の続編にあたる位置づけで、現代戦を情報、サイバー、政治、経済、金融、外交、メディアなど軍事・非軍事のあらゆる領域・手段を駆使した「全領域戦の時代」と表現して、現在の日本に対して行われている目には見えない侵攻について具体例を挙げて紹介している。

「平時」は「平和」ではなく、情報戦、宇宙戦、サイバー戦などが日常的に行われる競争期間で、「この考えは中国の孫子の兵法『戦わずして勝つ』という原則に通じるものがある」と著者。「日本は全領域戦の戦時下にあり、これに対処しなければあらゆる領域において侵略される」と警鐘を鳴らしている。

（ワニ・プラス刊、1980円）

「人口戦略法案―人口減少を止める方策はあるのか」

山崎史郎著

202X年、海外のシンクタンクが日本政府の「1億人国家シナリオ」を非現実的と評するレポートを発表した。強い危機感を抱いた内閣府の百瀬統括官や野口参事官は、新政権の目玉政策立案に向け、人口問題の勉強会を立ち上げる。そこで専門家から突き付けられたのは、急激な人口減に直面したこの国の、あまりに厳しすぎる現実だった―。

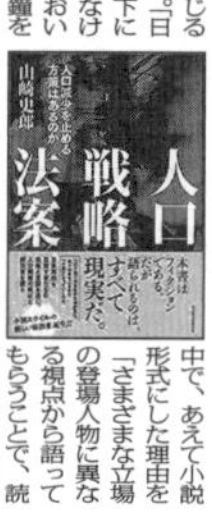

本書は、介護保険の立案から施行まで関わり、「ミスター介護保険」と呼ばれた元厚生労働省官僚の著者が、豊富なデータと学識、政策現場での深い経験をベースに、危機的な日本の人口問題について公開資料に基づく事実をフィクション形式に落とし込み、正面から論じた超大作だ。

著者は「あとがき」の中で、あえて小説形式にした理由を「さまざまな立場の登場人物に異なる視点から語ってもらうことで、読者に人口減少問題の広がりや深さを理解していただけるのではないか」と記している。

政府、政党、国会がどのように関わりながら政策・法案が練られ、諮られていくのか。リアルなストーリーに沿って読者は人口問題の深刻さを知り、解決策への示唆を得ることができるだろう。

（日本経済新聞出版刊、2640円）

夢のパイロットのスタートラインに

高3 出口旭（長崎県立長崎北高校）

このたび、航空自衛隊航空学生を受験し、合格することができました。空自のパイロットになることが幼いころからの私の夢だったので、スタートラインに立つことができたことを大変うれしく思います。

私は、小学校のころに自衛隊好きの友人に影響され、将来は空自のパイロットになりたいと思うようになりました。航空学生については、中学生の時に長崎募集案内所の広報官の方から詳しく教えてもらい、パイロットになるには航空学生制度を利用すれば最短で夢を叶えることができるということを知りました。

入隊したら、今まで支えてくれた人たちに恩返しができるように何事にも一生懸命取り組み、パイロットになれるよう頑張ります。また、入隊までの時間を有効に活用し、体調管理に気をつけながらできる限りの準備をしたいと思います。

2度目の試験で防大合格つかむ

神﨑竜之介（北九州予備校）

この度、防衛大学校推薦入試を受験し、合格することができました。今回が2度目の試験となり、昨年の雪辱を果たすことができて大変うれしく思っています。

高校入学と同時に防衛大学校への進学を心に決めており、現役では失敗しましたが諦めきれず浪人し、無事入学へのキップをつかみ取ることができました。それも地本の方々が忙しい合間を縫って説明や面接練習などを手厚くしてくださったおかげだと感じています。

これまで支えて下さった全ての方々への感謝の意を込めて、立派な幹部自衛官になるために理想の将来像を思い浮かべながら日々の厳しい生活を乗り越えていきたいと思います。

OBがんばる

高橋聡宏さん　55
令和3年11月、舞鶴総監部人事課服務係長で退官。東洋マリーンサービスに再就職し、旅客船兼自動車渡船「ナッチャンWorld」で、甲板員として勤務中。

セカンドキャリアに展望を

私は、令和3年11月17日に舞鶴地方総監部管理部人事課服務係長を最後に海自を定年退職し、翌年1月、東洋マリーンサービス株式会社に就職しました。弊社が傭船、運航している旅客船兼自動車渡船「ナッチャンWorld」で、甲板員として勤務しています。

退職の約1年前に舞鶴地区で開催された「海運企業説明会」に参加した際に、海上自衛隊OBで、私の直属の上司でもあった弊社社長から「東洋マリーンサービス株式会社」及び「ナッチャンWorld」について話を聞く機会があり、入社の運びとなりました。

私の職場である「ナッチャンWorld」は、船長以下乗員の多くが海自OBで、かつ予備自衛官でもあります。民間企業でありながら、防衛省・自衛隊の活動と密接な関係にあり、現役同様の使命感とやりがいを感じたこと、自衛隊での経験を直接生かすチャンスがあること、自衛艦の勤務に近いことなどに大きな魅力を感じるとともに、諸先輩方も海自OBで同じ道を歩む方々であり、不安なく飛び込むことができました。

日々の業務は、もちろん基本的には自衛艦と共通する部分も多いのですが、多人数で業務を分担する自衛艦に比べ、1人の責任がより大きく、現役時代より数段厳しいと感じています。

最後に、現役の皆さんはセカンドキャリアについて展望を持ち、積極的に情報を収集し、計画的に準備を進めてください。得意なこと、やってみたいこと、待遇面など優先する選択肢はそれぞれあろうかと思いますが、その選択肢は多いに越したことはありません。ご健闘をお祈りします。

第1280回出題

詰碁

出題　日本棋院　九段　曲励起

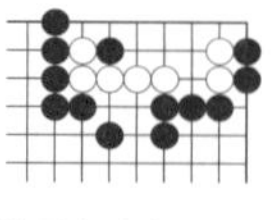

白先

『活きて下さい。最初の手が大切です』。5分できれば初級以上です。

▶詰碁、詰将棋の出題は隔週です◀

詰将棋

出題　日本将棋連盟　九段　石田和雄

≫第864回の解答≪

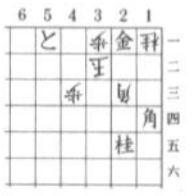

▲先手　持駒　金桂

【正解】▲2二金△同玉▲3四桂△同角▲1三金△2一玉▲3三桂不成までの七手詰め。

【解説】初手▲2二金捨てはまず肝心。次の▲3四桂が打ちにくい手で本題の主眼。角で取らせて▲1三金と打てば次の桂不成が鮮やかな決め手となります。

朝雲

発行所 朝雲新聞社
〒160-0002 東京都新宿区四谷坂町12−20 KKビル
電　話 03(3225)3841
FAX 03(3225)3831
振替00190-4-17600番
定価一部170円、年間購読料9170円（税・送料込み）

本号は10ページ

日比初の「2プラス2」

円滑化協定含め検討開始

日本とフィリピン両政府は4月9日、初の外務・防衛担当閣僚協議「2プラス2」を東京都内で開き、自衛隊とフィリピン軍による相互訪問時の共同訓練や運用を円滑化する「円滑化協定（RAA）」や、物資や役務を融通し合う「物品役務相互提供協定（ACSA）」の締結の可能性を含めた枠組みの検討開始で一致し、共同声明を発表した。岸信夫防衛相は協議後の共同記者発表で「国際情勢が緊迫化する中、日本の戦略的なパートナーであるフィリピンと『2プラス2』を開催できたことは格別の意義がある」と強調した。

（4面に解説記事）

東・南シナ海 中国念頭に「深刻な懸念」

日比初の「2プラス2」に臨む（右から）岸防衛相、林外相、ロクシン比外相、ロレンザーナ比国防相（4月9日、東京都港区の外務省飯倉公館で）＝防衛省提供

協議には日本から林芳正外相、岸防衛相、フィリピンからはテオドロ・ロクシン外相、デルフィン・ロレンザーナ国防相が出席し、約1時間半行われた。

4氏は、両国が共に海洋国家として「隣国」かつ米国の同盟国であり、基本的価値や戦略的利益を共有する「戦略的パートナー」であることを踏まえ、地域と国際社会の諸課題に対する連携や、「自由で開かれたインド太平洋」の実現に向けた協力を一層強化していくことで一致した。

日本にとってフィリピンとの「2プラス2」開催は米、豪、露、仏、英、インドネシア、インド、独に続いて9カ国目で、フィリピンにとって日本は米国に続き2カ国目となる。昨年11月に岸田首相とドゥテルテ大統領との間で行われた首脳電話会談の合意を受けて実現した。

協議の冒頭、岸大臣は「我々は新たな時代の戸口に立っている。共通の価値観を有する両国が団結してメッセージを発する意義は大変大きい」とフィリピン側の両大臣に呼び掛けた。

共同声明には、自衛隊と比軍が互いの国を訪問して活動を行う際の部隊の法的地位と手続きを定める「RAA」や、物資や役務を融通し合う「ACSA」の締結の可能性を含めた枠組みの検討開始を盛り込んだほか、▽防衛能力の構築▽相互の艦艇等の寄港や航空機等の寄航▽さらなる防衛装備品・技術の移転▽移転済みの防衛装備品に関する継続的な協力――を通じて連携強化を図っていく方針を明記した。

併せて、経済安全保障分野をはじめ、サイバーセキュリティーやサプライチェーン（部品供給網）の強靭性の分野における協力強化も確認した。

東・南シナ海情勢をめぐっては、海洋進出を強める中国を念頭に「深刻な懸念」を表明し、「緊張を高め得る行為」に強く反対。南シナ海での中国の主権主張を退けた2016年7月のオランダ・ハーグの仲裁裁判所の判決について日本は改めて支持を表明し、フィリピンも「最終的かつ（紛争当事国に対して）法的拘束力を有する」との立場を強調した。

また、ロシアによるウクライナ侵略については「国際秩序の根幹を危うくし、アジアにも影響を及ぼす」と記し、武力行使の即時停止と部隊の撤退を求めた。

このほか、国連改革の緊急性についても明記。日本は、将来の安全保障理事会の常任理事国入りに向けた我が国の取り組みに対するフィリピンの支持に謝意を示した。

4氏は協議の中で、国連海洋法条約（UNCLOS）をはじめとする国際法順守の重要性を踏まえた上で、日米が掲げる「自由で開かれたインド太平洋（FOIP）」と、東南アジア諸国連合（ASEAN）の掲げる「インド太平洋に関するASEANアウトルック（AOIP）」の実現に向け、引き続き連携していくことを申し合わせた。

岸大臣は協議後の記者会見で、日比間で「RAA」や「ACSA」の締結の可能性も含めた枠組みの検討開始で合意したことについて「大きな成果だ」と強調。その上で、「本日を境に両国間の外交・安全保障協力はより深みを増していくものと信じている。本日の『2プラス2』は両国間の安全保障上のひとつの画期をなす象徴的な機会だ。本日を出発点として両国が安全保障面における連携をより深めていけるよう力を尽くしていきたい」と語った。

防衛協力推進で 日比防衛相が一致

日比「2プラス2」の開催に先立ち、4月7日、防衛省で岸防衛相とロレンザーナ国防相による日比防衛相会談が約1時間半行われた。

両氏の会談はテレビ形式を含め、今回で3回目。岸大臣は、両国間で人道支援・災害救援（HA/DR）をはじめ、航空医学、艦船整備などの能力構築支援が進展していることに言及。両氏はこれまで両国が安全保障面で連携協力を深化させてきたことを歓迎し、共同訓練など2国間の防衛協力・交流を一層推進していくことで一致した。

また、2020年8月に日本から海外へ初の国産完成装備品の輸出として契約が決まったフィリピンへの警戒管制レーダーの移転が着実に進展しているとの認識を共有し、防衛装備・技術協力のさらなる推進でも一致した。

2022年度防衛費 重要施策を見る 〈6〉

人事処遇

人材確保、定着を推進

岸防衛大臣は「朝雲」新年号の1面インタビューで、人材の安定的な確保のために「さまざまな手段を活用し、積極的に採用活動に取り組むほか、生活・勤務環境の改善や働き方改革の推進などにより、人材を定着させる施策にも取り組んでいる」と述べた。

人口減少と少子高齢化の急速な進展、装備品の高度化、任務の多様化に対応するため、防衛省は引き続き、人的基盤の強化、勤務環境改善に取り組む。

従来の採用広報動画の作成（2億円）、昨年度から始めた新卒学生向けのWEBセミナー（400万円）などに加え、22年度は新たに職業としての自衛隊の魅力を大学キャリアセンター職員に説明し、学生への情報発信を強化する（20万円）。

再就職支援等の充実・強化では、任期制自衛官の退職時の進学支援（300万円）、地方公共団体の防災関係部局への再就職促進のための防災・危機管理教育の拡充（5千万円）のほか、新規事業として就職援護施策に係る調査・検討（1千万円）、早期離職防止等教材の整備（700万円）に取り組む。

また、防大の学生生活充実のため、部外の力を活用する（700万円）。具体的にはカウンセラー派遣などにより、学生のサポート体制の強化を図る。

ハラスメント防止については新規事業としてハラスメント相談窓口の部外委託などを行う（2千万円）。

女性隊員の活躍も引き続き推進・強化する。隊舎や艦艇の女性用区画の整備、女性自衛官教育基盤の整備などの各事業を進める（61億円）。女性自衛官のための部外カウンセラー招へい（4億円）などの事業も引き続き行う。国際協力分野においてもNATOジェンダー関連年次会合等に女性自衛官を派遣する。

働き方改革推進のため、新規事業として「勤務時間管理システム」の整備（1億1千万円）、テレワークの円滑な実施などに資する行政文書の電子媒体化を実施する（2千万円）。

自衛隊勤務生活と家庭生活の両立支援施策としては、庁内託児施設の整備（7千万円）、緊急登庁支援（児童一時預かり）のための備品整備等（2千万円）を進める。

また、自衛隊員の食事の充実のため、新規に営内居住、艦船乗組員等の栄養摂取基準量を見直し、糧食費の充実を図る（373億円）。

これらの施策を「防衛力の中心的な構成要素の強化における優先事項」の一環と位置付け、重点的に推進する。（倉本正彦）

海自の魅力を伝えるリクルート動画「海上自衛隊と海上自衛官」の一場面。ユーチューブの「海自公式チャンネル」、海自ホームページで配信している

「フランスは太平洋国家」

太平洋管区統合司令官 レイ少将インタビュー

ジャン＝マチュー・レイ海軍少将（3月25日、東京都港区の在日フランス大使館で）

フランス海軍でタヒチを拠点にアジア太平洋地域を管轄する太平洋管区統合司令官兼仏領ポリネシア駐留仏軍司令官のジャン＝マチュー・レイ海軍少将が3月下旬、来日し、都内のフランス大使館で共同記者会見を開いた後、朝雲新聞社の単独インタビューに応じた。レイ少将はフランスが「インド太平洋国家」であることを強調した上で、フランス軍との共同訓練の機会が増す自衛隊員に対し、「言葉や文化、考え方の違いを乗り越えて共に協力・交流を強化していこう」と激励のメッセージを送った。主な一問一答は次の通り。（聞き手・日置文恵、2面に関連記事）

――任務について。

司令官　フランスは「インド太平洋国家」として、同地域に軍隊を常駐させている。フランス領ポリネシア、ニューカレドニア、レユニオン島だけでなく、パートナー国のジブチやアラブ首長国連邦にも駐留している。常駐する仏軍人は7000人以上に上り、常にこの地域で15隻の軍艦、40機程度の航空機が配置され、欧州から定期的に派遣される部隊も加わっている。

タヒチに常駐する私の直属の将兵数は約1200人だが、訓練や任務に応じて増派部隊を管轄するので、その都度、人数は違う。

――最近の活動は。

司令官　今年、インド太平洋地域に展開するミッションでは日本に立ち寄ることができない。その理由は日本との間に相互訪問時の共同訓練や運用を円滑化する「円滑化協定（RAA）」が締結されておらず、短期間で合意に至ることができなかったためだ。次の機会には日本にも派遣したい。

――仏軍の考え方をより深く理解するには。

司令官　フランス海軍参謀総長のピエール・ヴァンディエ大将の言葉を紹介したい。それは「守ることをしなければ、全て強奪され、汚染され、異議申し立ての対象となる。したがって、私の役割は、太平洋におけるフランスの利益を守ることであり、同時に争いの平和的解決を可能とする多国間主義を発展させることだ。フランスはバランスを重視する国家でありたいと考えている」

――お薦めの本は。

司令官　仏国防省が管轄するパリの軍事学校（Ecole de guerre）のウェブサイトに推薦本が紹介されているので参考にしてほしい。仏軍人の多くはそこで教育されており、私自身は今、『戦争と文学』という本を読んでいる。戦争に対するフランス人の考え方を捉えていただく上で興味深いと思う。フランスの歴史を知るには日本でも『フランス革命史』などで知られる歴史家ジュール・ミシュレ（1798～1874年）の本がお薦めだ。

――日仏共同訓練に向けての心構えは。

司令官　両国の将兵たちには、違いを受け入れることの重要性を強調したい。心地良い状況から飛び出すことを恐れないでほしい。自分と異なる環境で育った考え方の違う者同士が一緒に仕事をするには、オープンマインドが必要だ。日仏間の共通言語は共に「外国語」となる英語だが、これをうまく話せるようになることが重要だ。さまざまな違いにも恐れずにアプローチし、自らの経験として蓄積してほしい。

――自衛隊員に向けてメッセージを。

司令官　フランスが「インド太平洋国家」であることを理解していただきたい。この地域に約200万人のフランス人が在住しており、排他的経済水域はこの地域で最も広い900万平方キロメートルを誇る。

フランスは「自由で開かれたインド太平洋」を推進するため、①多国間協力・多国間主義②対話③信頼性④協力――の4本柱を掲げて活動している。日仏の防衛協力・交流の強化は大きな意義があり、引き続き共同訓練などを活発化させていきたい。

日加次官級の2プラス2開催

日本とカナダの第5回外務・防衛次官級「2プラス2」対話が3月10日、ビデオ会議形式で開かれた。

日本からは防衛省の槌道明宏防衛審議官、外務省の山田重夫外務審議官、カナダからはビル・マシューズ国防次官、マルタ・モーガン外務次官が出席し、両国の外交・安保政策やウクライナ情勢、中国・北朝鮮を含む地域情勢について意見交換。外交・安保面での連携の進展を歓迎し、これまで以上にその連携を強化していくことを確認した。

その上で「自由で開かれたインド太平洋」の実現に向けた協力を具体化するため、▽海洋秩序の確保▽「瀬取り」対応▽防衛協力▽新型コロナ対応――などについて議論し、今後もさらに協議を進めていくことで一致した。

日加次官級「2プラス2」は2010年11月の日加首脳会談で創設が決まり、翌11年8月に第1回、14年3月に第2回、16年4月に第3回、18年12月に第4回を開催している。

春夏秋冬

「国家」でなく「社会」となった日本

先崎 彰容

開戦から六週間を過ぎた「露ウ戦争」では、欧州諸国はこぞって第二次大戦以降の国際秩序の危機を叫んでいる。では日本の場合はどうだろうか。

今回の戦争の原因を、ウクライナの核放棄にみる意見がある。そして現時点でもいまだ、ロシアの核兵器使用の可能性は残っている。こうした現状を見るにつけ、日本思想史を専門とする著者は、ある論文の存在を思いだす。清水幾太郎の「日本よ国家たれ」のことである。清水は六〇年安保闘争の際、反米反安保の論客として鳴らし、運動を指揮したことでしられる。その清水が一九八〇年七月『諸君』誌上で戦後日本の安全保障政策を批判し、核兵器配備も辞さずという論考を掲載したのである。

清水によれば、占領政策の過程でアメリカは徹底的な日本弱体化を図った。と同時に核兵器の犠牲になった日本は、「絶対兵器」つまり人類を破滅させる核兵器は、存在すること自体が抑止となり、世界全体は今後、戦争できない時代に入るという雰囲気となった。核は危険すぎる、だから誰も使えない。よって「絶対平和」が訪れるというのだ。

でも当然のことながら、時代は米ソ冷戦の時代である。「絶対平和」に甘える日本のすぐそばで、水爆実験が繰り返されていた。しかも頼みのはずのアメリカは、日本占領が負担であると明言し、戦力をヨーロッパに集中したい旨を語った。また同時に、米ソが衝突した際には、アメリカは日米同盟を求めない、「日本は東洋のスイスたれ」とマッカーサーは言い放ったのである。清水は、同盟国をもたない丸裸の日本に危機を感じ、しかも終戦直後の飢餓や屈辱、恐怖といった「日本民族共有のエネルギー」を忘却し、ナショナリズムを失っていると批判した。日本は「国家」ではなく「社会」に過ぎないと嘆いたのである。

つまり清水は、日本が同盟も国家観も喪失したと言っているのだ。「私たちは、恐れるばかり、祈るばかりで、防ぐことを忘れている」――一九八〇年のこの清水の言葉から、我々はどれだけ前進しただろうか。

（日本大学危機管理学部教授）

朝雲寸言

ウクライナに投入された当初のロシア地上軍は凡そ15万人と聞く。孫子は次のように言う。「馳車千駟、革車千乗、帯甲十万、千里にして糧を饋れば、則ち（中略）日に千金を費やす。然る後に十万の師挙がる」と。昔も今も戦争には金がかかるのだ▼英国の調査機関の試算によればロシアの一日の戦費は2・5兆円に上るという。まさに戦争とは究極の消費と破壊活動なのだ。ソ連時代、10年間に及んだアフガニスタン侵攻は結果的に国内経済を疲弊させソ連邦崩壊の遠因となった▼近代的な大部隊であれば組織を維持する経費は膨大となり人的な損耗は計り知れないものとなる。だから兵力の少ない側は相手に失血を強要しながら持久戦に持ち込むことになる。長引けば大きな組織ほど損失の度合いが大きいからだ。問題は攻められた側がどれだけ我慢できるかどうかにかかっている▼情報化時代の戦争では心理戦と世論戦が重要となる。SNSなどを活用して国際世論を味方につけることが必須なのだ▼経済制裁に加え、避難民の受け入れなどウクライナに対する我が国の支援活動が始まった。しかし残念ながら我が国にこの戦争を止めるだけの力はない。とすれば我が国が出来ることは三つ。「金を出すか、物を送るか、人を出すか」これだけである▼停戦の行方を探りつつ日本らしい独自の支援策を打ち出すことが出来るか。具体的な支援の議論が待たれる。

UNTPP教官団が帰国報告
アフリカのPKO要員に施設教育

UNTPPの施設教育教官団としての任務を終え、吉田陸幕長（右）に帰国報告する野上2佐（中央奥）以下の派遣要員（3月30日、陸幕で）

国連の「三角パートナーシップ・プロジェクト」（UNTPP）の枠組みでアフリカのケニアに派遣され、各国の国連平和維持活動（PKO）派遣要員に重機操作の教育訓練を行った陸自の教官団がこのほど帰国し、3月30日、団長の野上晃弘2佐（6施群）以下4人が防衛省を訪れ、吉田陸幕長に帰国報告を行った。

UNTPPは、国連と支援提供国、要員派遣国の3者が連携する国連のプロジェクト。野上2佐以下20人は、1月10日から3月18日までの約2カ月間、首都ナイロビの人道平和支援学校でケニア、ガーナ、ウガンダ3カ国からのPKO派遣要員計35人の工兵に対し、ドーザーやバケットローダーなどの重機操作や施設教育を実施した。

野上2佐から報告を受けた吉田陸幕長は「アフリカの安定を現地の人が自分たちでできるようにする能力構築のための支援は、大変意義のある仕事だ。それを見事に君らがやってきたことを陸幕長として本当に誇りに思う」と派遣隊員たちの労をねぎらった。

野上2佐は「終始コロナに悩まされたが、その中でも国連本部や国連のナイロビ事務所、ケニア軍などの協力・支援をいただき、一人も脱落することなく無事に教育を終えることができ、よかった」と報告した。

（9面に関連記事）

陸自総火演の一般公開中止
コロナで今年も

陸自は新型コロナウイルスが終息しない状況を受け、令和4年度富士総合火力演習（総火演）の「公開演習」を今年も中止すると発表した。5月28日に予定される隊員向けの「教育演習」については、動画サイト「ユーチューブ」上の陸上自衛隊広報チャンネルでライブ配信する。

時の焦点

国内　日比2プラス2
安保協力さらに推進を

核を持つ大国が覇権主義的な野望を実行に移したとき、国際社会が結束して対処できるかどうか。戦後秩序が揺らぐ重大な局面で、日本の果たすべき役割は大きい。

日本、フィリピン両政府は、初の外務・防衛閣僚会合（2プラス2）を東京都内で開いた。日本が目指す「自由で開かれたインド太平洋」の実現に向けて、日比の安全保障協力の推進をうたった共同声明をまとめたのは重要な成果である。

日本は近年、同盟国の米国のみならず、豪州や英国、インドなどと安保分野でも協力を進めてきた。東南アジア諸国連合（ASEAN）加盟国と2プラス2の枠組みを設けるのは、インドネシアに次いで2カ国目だ。

日本がフィリピンと協力する意味は、会合の冒頭、岸防衛相が語った言葉に尽きているのではないか。

「ロシアによるウクライナ侵略は、力による一方的な現状変更にほかならず、容認できるものではない。我々は新たな時代の戸口に立っている。共通の価値観を有する我が国とフィリピンが団結してメッセージを発する意義は大変大きい」

防衛相が「新たな時代」と指摘したように、今後は、国際秩序を維持していくことが極めて困難になる懸念がある。

共同声明では、ロシアの侵略を厳しく非難したうえで、「国際秩序の根幹を危うくし、したがって欧州にとどまらずアジアにも影響を及ぼす」と明記した。

日本は東シナ海で、フィリピンは南シナ海で、中国の軍事的な圧力に直面している。ロシアが侵略に「成功」し、なんらの代償も払わないなどということになれば、国際法は空文化し、中国に誤ったメッセージを与えよう。

重要なのは、国際法に反するロシアによるウクライナ侵略を、ロシアとウクライナや北大西洋条約機構（NATO）などとの対立だけに矮小化させないことだ。

東南アジアで対露制裁に加わっているのは、シンガポールだけである。日本は、ともに米国の同盟国であるフィリピンなどに対し、ロシアに対する包囲網を強化するよう働きかけていく先頭に立ちたい。

2プラス2では、自衛隊とフィリピン軍の部隊の往来を円滑にするための「円滑化協定」（RAA）や、物資や役務を融通しあう「物品役務相互提供協定」（ACSA）の締結に向けて、検討を開始することでも一致した。

協定締結によって自衛隊とフィリピン軍による共同訓練などが拡充されれば、フィリピン軍の対処能力は高まるだろう。南シナ海での不測の事態を避けることにつながるはずだ。

中国やロシアといった国連安全保障理事会の常任理事国がルールをないがしろにしているのが現実である。日本は米欧やアジアの各国と連携し、平和と繁栄への努力を広げねばならない。

宮原 三郎（政治評論家）

海外　ウクライナ情勢
中国にとっての「教訓」

中国はウクライナ危機に傍観の姿勢だが、同危機への世界の対応を観察し、自国の台湾問題「解決」の"ひな型"として利用しようとしているのは確実だ。

プーチン・ロシア大統領のウクライナに関する主張は、中国の台湾に対する主張に酷似しており、同国がロシアの侵攻からこれまでに得た「教訓」は何だろうか。

①国境地帯での軍備増強は極秘かつ迅速に―。世界が侵攻準備に感づけば、侵攻前に経済制裁が科される。

②軍事行動は短期間かつ決定的に―。抵抗運動が長引けば長引くほど、戦争の犠牲者への同情も高まり、メディアは台湾の人々を自由を求める勇士として描く。こうした状況は短期的にはさらなる経済制裁を招くが、戦場の軍事的リアリティーは変わらない。勝利は迅速でなければならない。

③敵のリーダーにカリスマ性があっては好ましくない―。ゼレンスキー・ウクライナ大統領は抵抗運動をまとめ、国際的支援を集めた。同国が世界のどこに位置するのか、平均的米国人は半年前までは知らなかった。しかし、今やタイム誌の『パーソン・オブ・ザ・イヤー』は同大統領で決まりだろう。中国にとってそうした敵は許容できない。

④大国は支援の武器は送っても、救援のため兵員を派遣することはない―。プーチン氏は何度も武力行使をちらつかせ、威嚇した。自国核戦力に警戒態勢をとらせ、厳しい警告も発し、これが奏功した。どの国も紛争の拡大を恐れ、ウクライナを守るために地上部隊を派遣した国は一つもない。

旧ソ連軍を中心とする東欧5カ国軍が1968年、チェコスロバキアに侵攻して「プラハの春」を鎮圧したチェコ事件の時と同じだ。中国が台湾に行動を起こす際、この教訓を肝に銘じているだろう。

⑤強い同盟国があれば、制裁は乗り切れる―。米現政権は軽率にも、米のライバルである中ロ両国の絆を強めてしまった。中国は対ロの全制裁を軽減できなくとも、衝撃は減らせる。

同様に、中国は台湾への行動を理由に制裁を科された場合、ロシアの支援を当てにするだろう。

⑥米国は自国民を傷付ける行動を取る―。制裁措置の衝撃が、ガソリン価格上昇という形でこれほど即座に米国民に降りかかってくるのはめったにない。しかも、その衝撃は経済に波及効果を生じ、インフレとなって国民に負担を強いている。米政府が国際社会で高評価を得るためには自国民に苦痛を強いる事実は、中国にとって教訓的な警告だろう。

⑦米国はもはや自由世界のリーダーではない―。米国はもうリードしていない。現時点ではただ、集団の一員でしかない。

ざっと並べてみたが、国家略奪の指導を無料で受けている感じの中国が、これらの「教訓」をどうするか。今度は世界が観察する。

草野 徹（外交評論家）

中国艦艇2隻が対馬海峡を南下

4月3日午前10時ごろ、中国海軍の「ルーヤンⅢ」級ミサイル駆逐艦（7500トン、艦番号117「西寧」）、「ジャンカイⅡ」級フリゲート（4050トン、艦番号546「塩城」）の2隻が長崎・対馬の北東約320キロの海域を南下するのを、海自2ミサイル艇隊の「はやぶさ」（舞鶴）、43掃海隊の掃海艇「うくしま」（下関）、佐世保警備隊の多用途支援艦「あまくさ」、4空群のP1哨戒機（厚木）が確認、警戒監視に当たった。

これら中国艦は、3月28日に長崎・五島列島の西方海域で確認された艦艇と同一。2隻はこの後、対馬海峡を南下し、東シナ海に入った。

中国Y9電子戦機を初めて視認

中国軍のY9電子戦機1機＝写真＝が4月7日、沖縄・石垣島南方の太平洋上を飛行したため、空自南西空のF15戦闘機などが緊急発進して対応した。領空侵犯はなかった。対領空侵犯措置任務の空自機によって中国軍の電子戦機型Y9が視認されたのは初めて。

石垣島南方に飛来したY9は東進して宮古島南方に到達後、反転し、逆のルートで台湾方面に向かった。

統幕は同日、空自機が撮影したY9の写真と航跡図を公表した。

イスラエル空軍司令官と井筒空幕長が電話会談

イスラエル空軍司令官のノルキン少将（右上円内）と電話会談を行う井筒空幕長（3月24日、空幕で）

井筒空幕長は3月24日、イスラエル空軍司令官のアミカム・ノルキン空軍少将と電話会談を行った。空幕長はこれまでノルキン司令官と直接会談などを通じ、親交を重ねてきた。今回の電話会談でも、日イスラエル間の防衛協力・交流の推進の重要性を再確認し、国際社会と地域の平和と安定のため、共通の課題に対し、両国が引き続き共に対応していくことで一致した。

ノルキン司令官は4月4日付で退任し、イスラエル空軍の新司令官には新たにトメール・バール少将が就任した。

日仏海上部隊が東シナ海で訓練

海自4護群8護隊（佐世保）の汎用護衛艦「きりさめ」（艦長・坂田淳2佐）は3月17日、北朝鮮による違法な「瀬取り」の警戒監視活動に当たっていたフランス海軍フリゲート「ヴァンデミエール」（満載排水量約2950トン）と東シナ海で日仏共同訓練「オグリ・ヴェルニー」を実施した。

仏海軍が同海域で警戒監視に当たるのは、2019年以来4回目。これを機に行われた共同訓練で、両艦は近接運動やヘリ発着艦などを行い、日仏海上部隊の連携を強化した（1面参照）。

フランス海軍のフリゲート「ヴァンデミエール」（右奥）と共同訓練を行う護衛艦「きりさめ」（3月17日）

将・将補昇任者略歴

伍賀 祥裕（ごか・よしひろ）海将　防大35期。平成3年海自。17年2佐、22年1佐、28年海将補。米海軍大指揮課程留学、護衛艦隊幕僚長、統幕総務部長などを経て、令和4年3月統幕運用部長。岡山県出身。53歳。

泉 博之（いずみ・ひろゆき）海将　早大一文卒、昭和62年海自。平成16年2佐、21年1佐、27年海将補。2護群司令、練習艦隊司令官、統校副校長、海幕人教部長などを経て、令和4年3月大湊地方総監。京都府出身。57歳。

大町 克士（おおまち・かつし）海将　防大34期。平成2年海自。16年2佐、21年1佐、27年海将補。英国防大留学、22空群司令、海幹校副校長、海幕防衛部長などを経て、令和4年3月教空団司令官。岡山県出身。54歳。

濵田 剛（はまだ・たけし）陸将補　防大36期。平成4年陸自。18年2佐、23年1佐。44普連長、1空挺団副長、東北方防衛部長などを経て、令和4年3月8師団副長。鹿児島県出身。53歳。

南 厚（みなみ・あつし）海将補　防大36期。平成4年海自。18年2佐、23年1佐。英国外務事務官、統幕運用1課日米共同班長、海幕情報課長などを経て、令和4年3月同総務部副部長。和歌山県出身。53歳。

高田 哲哉（たかだ・てつや）海将補　放送大教養卒。昭和61年海自。平成20年2佐、25年1佐。海幕装備体系課航空機体系班長、2空司令、航空集団訓練主任幕僚などを経て、令和4年3月2空群司令。福井県出身。51歳

清水 徹（しみず・ひとし）海将補　防大40期。平成8年海自。22年2佐、27年1佐。海幕防衛課、同防衛班長、7護隊司令、海幕防衛課長などを経て、令和4年3月2護群司令。大阪府出身。47歳。

朝雲モニターが交代
令和4年度 陸海空65人に委嘱

4月から来年3月まで、『朝雲』紙面についてご意見を寄せていただく「朝雲モニター」の令和4年度の担当者65人（陸25、海、空各20人）が各幕広報室の協力で決まりました。

モニターのご意見をより良い紙面づくりに生かすとともに、毎年2月に選定される「朝雲賞」の選考資料とさせていただきます。

3年度モニターの方には業務多忙の中、1年間にわたりご意見を寄せていただき、ありがとうございました。4年度モニターの氏名・所属は次の通りです。

【陸自】◇陸上総隊＝▽倉崎正臣曹長（対特衛付隊）▽川又大寛3曹（中央特武防本部中隊）▽髙橋宏光1尉（国教隊）

◇北方＝▽近藤さくら2曹（北方広報室）▽越田菜摘3曹（2師団広報室）▽石崎由香2曹（7師団広報・渉外班）▽原田文恵2曹（5旅団総務課）▽永武保則2曹（11旅団広報室）

◇東北方＝▽佐藤直哉1曹（青森駐業司令職務室）▽石川義光准尉（東北方後支隊本部）▽山影武2尉（東北方航本部）▽田中裕作2曹（44普連本管中隊）

◇東方＝▽佐藤祐也2曹（1師団広報班）▽峰村祐子曹長（12通信隊）▽加藤哲也2曹（施設学校広報班）▽上遠野信文1曹（高射学校広報室）

◇中方＝▽野村佳那3曹（3師団付隊）▽田中光寿2曹（10師団広報室）▽近藤庄司1曹（13特隊本管中隊）▽飛田昌輝1尉（14旅団広報室）▽宮本岳3佐（中方広報室）

◇西方＝吉岡憂2曹（8施大本管中隊）▽賓央大3曹（12普連重迫中隊）▽伊東治樹1尉（西方後支隊本部）▽峰義隆1曹（長崎地本広報室）

【海自】▽藤谷健太3佐（海幕広報室）▽木村尚裕1尉（横監広報推進室）▽高橋露樹曹長（呉監広報推進室）▽田中仁彦事務官（佐監原価計算課）▽新玉延年2曹（舞監広報推進室）▽齊藤悠菜事務官（大監広報推進室）

▽佐野公一1曹（1空群対潜作戦支援室）▽竹高優凪3曹（2空群広報室）▽松原康浩2尉（4空群広報室長）▽中野大望2尉（5空群広報室）▽河上達貴2尉（21空群広報室）▽朝田希1士（22空群松空基通信班）▽佐藤芳和1曹（31空群広報室）

▽要隼人2佐（総教空群広報室）▽髙橋昭彦曹長（徳教空群広報室）▽川野秀一1尉（月教空群広報室長）▽西村崇宏2尉（1術校総務課）▽笠水上敦曹長（2術校学生隊本部）▽石井真也1尉（3術校教育2部）▽徳田雄三2佐（4術校教育1部経理科長）

【空自】◇航空総隊＝▽菅野明紘3曹（総隊総務課総務班）▽根城輝彦1曹（臨時偵察航空隊飛行隊総括班）

◇北空＝▽杉沢香太2曹（北警団総務班）▽高槻翔1尉（6高群本部総務班）

◇中空＝▽松川陽祐3曹（1高群）▽橋口貴久空曹長（中施隊）▽森加奈美2曹（中空音）

◇西空＝▽髙島純也2佐（西空総務課総務班長）▽濱島綾乃1曹（5空団飛行群）▽本多和孝2曹（2高群総務班）

◇南西空＝▽八木沼剛1曹（南西空総務課渉外広報班）▽水野慎司1尉（南警団防衛部）

◇支援集団＝▽大内良仁3佐（小松管制隊管制班）▽長野博文3佐（1輸空広報班）

◇教育集団＝▽三上敏一事務官（1空団渉外室広報班）▽水野将史3佐（13教団総務班）▽市木和司1尉（空教隊渉外室）

◇開発集団＝▽秋山直己1尉（開発集団技術課）

◇補本＝▽石光崇昭3佐（4補総務課総務班）▽吉岡あゆみ士長（同）

1佐職 春の定期異動

防衛省発令

▽掃海隊群幕僚長（水陸両用戦・機雷戦戦術支援隊司令）1海佐 高岩 俊弘
▽3掃海隊司令（掃海隊群司令部）同 北山 健一郎
▽水陸両用戦・機雷戦戦術支援隊司令（3掃海隊司令）同 井窪 誠史
▽呉地方総監部防衛部長（呉地方総監部付）同 伊藤 拓也
▽同経理部長（海幕厚生課給与室長）同 門野 政明
▽佐世保地方総監部経理部長（自衛艦隊監理主任幕僚）同 伊勢 武朋
▽同4幕僚室長兼1幕僚室長（いずも機関長）2海佐 濱崎 禎史
▽阪神基地隊司令（掃海隊群幕僚長）1海佐 吉田 圭司
▽横須賀教育隊司令（横須賀海上訓練指導隊司令）同 遠藤 昭彦
▽呉造修補給所長兼呉地方総監部技術補給監理官（佐世保地方総監部経理部長）同 許斐 栄一
▽舞鶴造修補給所長兼舞鶴地方総監部技術補給監理官（海自4術科学校副校長）同 藤井 信光
▽東京業務隊司令（航空補給処副処長）同 髙梨 洋之
▽解大湊衛生隊総務科長事務取扱 大湊衛生隊司令 同 黒川 貴幸
▽海自警務隊本部兼海幕総務課（海自2術科学校教育1部長）同 関本 健
▽海自幹部学校防衛戦略教育研究部主任教官（海自幹部学校）同 西川 和宏
▽海自2術科学校教育1部長（海幕人事計画課制度班長）同 福澤 光恭
▽海自3術科学校副校長（海自幹部学校防衛戦略教育研究部主任教官）同 湯浅 純
▽海自4術科学校副校長（海幕装備需品課資材班長）同 長野 晋作
▽海自補給本部管理部長（呉地方総監部経理部長）同 中川 純
▽同需品部長（舞鶴造修補給所長兼舞鶴地方総監部技術補給監理官）同 岡田 健治
▽海自艦船補給処長（呉造修補給所長兼呉地方総監部技術補給監理官）同 鈴木 将治
▽海自航空補給処副処長（東京業務隊司令）同 木村 雅樹
▽空幕総務課（情報本部）1空佐 荻原 進
▽同情報課付（防衛大付）同 中岡 絵梨子
▽西部航空方面隊総務部長（西部航空方面隊司令部）同 玉越 香苗
▽航空支援集団総務部長（空自補給本部情報処理部長）同 村田 稔晃
▽同医務官（航空支援集団司令部）同 高林 勇気
▽航空教育集団総務課長（西部航空警戒管制団43警戒隊長兼背振山分屯基地司令）2空佐 伊藤 雅一
▽航空システム通信隊司令（統幕指揮通信システム運用課長）1空佐 濱崎 徹也
▽空自補給本部通信電子部長（空自補給本部）同 山ノ内 慎二
▽同情報処理部長（航空システム通信隊司令）同 寺川 清司
▽解中央病院5外科部長兼補中央病院1外科部長 1陸佐 村山 道典
▽入間病院教育部長兼入間病院兼中央病院（中央病院1外科）1空佐 西山 潔
▽入間病院（航空支援集団医務官）同 宮脇 博基
▽広島地方協力本部長（防衛装備庁事業監理官付兼長官官房艦船設計官付）1海佐 柿内 淳志
▽情報本部総務部長（西部航空方面隊総務部長）1空佐 伊藤 敬信
▽防衛装備庁長官官房装備開発官付スタンド・オフ対艦誘導弾開発室対艦誘導弾開発調整官（防衛装備庁長官官房装備開発官付兼航空装備研究所）2陸佐 山田 高史
▽兼防衛装備庁長官官房装備開発官付 防衛装備庁2開発室長 1空佐 吉村 昌志
▽防衛装備庁事業計画調整官（防衛装備庁事業監理官付）1海佐 髙橋 曉生
▽同事業計画調整官兼艦船設計官付（海幕艦船・武器課船体班長）同 中塚 仁一
▽同事業計画調整官（防衛装備庁事業監理官付）1空佐 田村 聡多郎
（以上4月1日）

▽令和5年3月31日まで勤務延長 整備計画局長 土本 英樹
▽令和5年3月31日まで勤務延長 防衛大学校長 久保 文明
▽退職、国土交通省大臣官房技術総括審議官へ＝4月1日付（大臣官房審議官）加藤 雅啓
▽退職（防衛大学校副校長）香月 智
（独立行政法人駐留軍等労働者労務管理機構理事長）中村 範明
（以上3月31日）
▽厚生労働省へ出向、大臣官房国際保健福祉交渉官へ（人事教育局衛生官）日下 英司
▽人事教育局衛生官に採用（厚生労働省大臣官房付）山本 要
▽内閣官房へ出向、内閣府へ出向併任（大臣官房付）三貝 哲
▽大臣官房審議官（同）魚住 聡
▽防衛大副校長（防衛大総合情報図書館学術情報官）中野 俊樹
▽駐留軍等労働者労務管理機構理事長に任命 廣瀬 行成
（以上4月1日）

日印実動訓練「ダルマ・ガーディアン21」

初めて屋内戦闘射撃を演練

対テロ戦の連携強化

陸自とインド陸軍による日印共同の実動訓練「ダルマ・ガーディアン21」が2月27日から3月10日まで、インド南西部のカルナータカ州内で行われた。同訓練は2018年に始まり、3回目となる今回は屋内でも射撃ができるインド陸軍の訓練施設を初めて使用し、実戦的な市街地戦闘訓練を演練した。

陸自から30普連（新発田）の隊員約40人、印陸軍から第15マラサ軽歩兵大隊の兵士約40人が参加、屋内での戦闘射撃をはじめ、屋外での昼夜間の戦闘射撃、建物への突入、検問など、対テロに関する高度な訓練に共同して取り組んだ。

最後のハイライトとなる総合訓練では、「敵特殊部隊が占拠する市街地を安全化する」という任務が与えられ、ヘリを使っての潜入に引き続き、市街地での掃討作戦を行い、対テロ分野での日印の連携を強化した。

今回、陸自部隊と装備品の現地への輸送は空自3輸空（美保）のC2輸送機が担当し、陸・空自協同で輸送手順などの調整要領も向上させた。

ヘリボーン訓練で、インド陸軍のヘリコプターからファストロープ降下を行い、周囲の安全を確保する陸自隊員

㊤日印実動訓練「ダルマ・ガーディアン21」の市街地戦闘訓練で、日印の隊員（手前）が小銃を構えて警戒する中、建物の上から降下し、施設に潜入する隊員たち（後方）＝いずれもインド陸軍の訓練施設「ベルガウム・コマンド・トレーニングセンター」で

㊦市街地戦闘訓練で、敵の特殊部隊が潜む建物を制圧するため、突入態勢に入る日印の隊員

インドのゴア国際空港までの人員・装備品輸送を担当した空自３輸空のＣ２輸送機をバックに、日印国交樹立70周年を記念した横断幕を手に記念撮影に納まる30普連の隊員たち（空自美保基地で）

「ダルマ・ガーディアン21」の訓練終了式で記念品の交換を行う陸自30普連長の遠藤祐一郎１佐（壇上右）とインド陸軍第15マラサ軽歩兵大隊長のバヴニッシュ・クマール准将（同左）

空自C2が隊員・装備を空輸

㊤インド陸軍兵士（右側）から装備品の説明を受ける陸自隊員

㊦第一線救護訓練で、負傷した陸自隊員（左）の手当をするインド陸軍兵士

検問訓練で、不審者役のインド陸軍兵士（中央）の身体を、金属探知機で調べる陸自隊員

日比間「2プラス2」の歴史的意義

防衛研究所戦史研究センター主任研究官　庄司　潤一郎

「憎しみ」から「信頼」へ——両国の過去を振り返る（寄稿）

日本とフィリピンとの間で初となる外務・防衛担当閣僚協議「2プラス2」が4月9日、東京で開かれ、両国は共に太平洋を挟んだ「隣国」として、「自由で開かれたインド太平洋」の実現に向けて連携を強化していくことで一致した。現在、フィリピンは親日国としても知られ、同じ民主主義国家として友好の絆を深める両国だが、戦後の道のりは、フィリピンが日本に抱いた「憎しみ」からの出発だった。両国の先人たちはいかに戦争の傷を乗り越え、信頼関係を築き上げてきたのか。防衛研究所の庄司潤一郎氏が、今の時代を生きる我々が心に留めておくべき過去の記憶を振り返り、よりよい未来に向けたヒントを提示する。（1面参照）

日比首脳会談で安全保障協力の強化や共同訓練の拡充などを柱とする「共同宣言」を発表し、握手する安倍晋三首相（左）とベニグノ・アキノ大統領（いずれも当時）＝2015年6月4日、東京・元赤坂の迎賓館で（官邸ホームページから）

日本にとって9カ国目の「2プラス2」

4月9日、日本とフィリピンの間で初の外務・防衛担当閣僚協議「2プラス2」が、日本において開催された。日本にとってフィリピンは9カ国目（アジアでは、インドネシア、インドに次いで3カ国目）、フィリピンにとって日本は、アメリカに次いで2カ国目の開催相手国となる。

しかし、日比両国がここに至るまでの戦後の道のりは、フィリピンが大東亜戦争において日米両軍の激しい戦場となったため、決して平坦なものではなかった。

日本に対する「憎しみ」　厳しい対日感情

大東亜戦争のフィリピンにおける日本人の犠牲者数は、約51万8000人（兵士約49万8600人）で、単一の戦域としては中国戦場を凌駕して最多である。他方、フィリピン人の犠牲者数は、全人口の約7％に当たる約111万人と言われる。

日本・フィリピン両国ともに甚大な人的被害が生じたため、戦後当初はフィリピンの日本に対する国民感情は、憎しみと怒りに満ちたものであった。したがって、フィリピンにおけるBC級戦犯裁判は、厳しいものであり、訴追された被告（151人）のうち、137人（90％以上）が有罪、79人（約60％）が死刑を宣告された。

このようなフィリピン人の日本に対する感情は容易に癒えることはなく、1958年12月にフィリピンの国家元首として戦後初めて来日したカルロス・ガルシア大統領は、国会における演説で、「12年の歳月をもってしても、あの一大惨事によって作られた傷が完全に癒え、悪意が完全に清算された、とはいえません」と述べていたのである。

当時、日本の新聞も「こういった国民感情は、これだけの歳月をもってしてもいやされない。すっかり生まれ変わったつもりの我々の側からみれば、これはいかにも残念なことである」と述べていた（『毎日新聞』1958年12月1日「余禄」）。フィリピンは1951年9月に対日平和条約に調印したものの、甚大な被害を受けたことから強い不満を有していた。そのため賠償交渉が難航し、日比賠償協定の調印により平和条約が発効、国交回復に至ったのは、約5年後の1956年7月であった。

これにより、日本はフィリピンに対して5億5000万ドルの賠償を供与することになった。さらに、日比友好通商航海条約は1960年に調印されたものの、日本への警戒感から批准が進まず、漸く1973年12月に批准されたのであった。

国交回復に際して、日本の新聞では、「フィリピンはアジア諸国の中でも対日感情が最も悪かっただけに、両国間の国民感情を融和することが第一の問題である」と指摘されたのであった（『読売新聞』1956年7月24日「社説」）。

庄司　潤一郎（しょうじ・じゅんいちろう）　1958（昭和33）年生まれ、東京都出身。筑波大学社会学類卒、同大学大学院社会科学研究科博士課程単位取得退学。防衛研究所戦史研究センター長、研究幹事などを歴任。専攻は近代日本軍事・政治外交史、歴史認識問題。2006（平成18）年から10（平成22）年まで「日中歴史共同研究」近現代史分科会委員。主な著書に、いずれも共著で『歴史と和解』（東京大学出版会、2011年）、『検証太平洋戦争とその戦略』全3巻（中央公論新社、2013年）、『地政学原論』（日本経済新聞出版、2020年）、『決定版　大東亜戦争』（新潮社、2021年）などがある。

「憎しみ」から「赦し」へ

一方、戦後まもなく「憎しみ」から「赦し」へと転換する兆しが存在していた。エルピディオ・キリノ大統領は、マニラ市街戦で妻と子供3人を失ったにもかかわらず、1953年7月、死刑囚56名を含む105名の戦犯全員の恩赦を行ったのである。

大統領は「私たちは憎しみや恨みの気持ち、あるいは隣人に対する否定的な精神を永遠に持ち続けるわけにはいきません」と語り、この寛大な措置は多くの日本国民に感動をもたらしたのであった（永井均『フィリピンBC級戦犯裁判』）。

その後、日比関係にとって大きな転換点となったのが、1962年11月の皇太子御夫妻（現在の上皇・上皇后両陛下）による昭和天皇の名代としてのフィリピン御訪問であった。

厳しい反日感情が憂慮されたが、懸念とは逆に想像以上の大歓迎を受けたのであった。沿道には、アイゼンハワー大統領やマッカーサー元帥を迎えた時と同様に、市民約10万人が繰り出し、現地紙は、「友好の新しい世紀を迎えるであろう」と伝えたのであった。

御訪問を契機に、フィリピン人の日本に対する厳しい感情も徐々に変化していった。その結果、1973年3月、海外で最初の日本人戦没者の慰霊碑である「比島戦没者の碑」が、フィリピン政府の協力のもとカリラヤに建立された。

1974年3月、フィリピンのルバング島で小野田寛郎元陸軍少尉が救出された際、フェルディナンド・マルコス大統領は「この勇敢な日本の軍人を無事救出できたことをうれしく思う」と英雄を遇する態度でもてなした。降伏後、下山する日本軍兵士に向かって石を投げつけた光景とは、全く異なっていたのである。

一方、フィリピンの赦しと寛容な態度に対して日本側も謙虚な姿勢で応じ、日比関係の改善を促していった。例えば、1983年5月にマニラを訪問した中曽根首相は、「過去の戦争では貴国と同国民に多大な迷惑をかけたことは極めて遺憾であり、深く反省している」と述べていた。

フィリピンのホセ・ラウレル駐日大使（後方左端）と原田憲治防衛副大臣（その右・当時）が見守る中、テーブルで署名する深山延暁防衛装備庁長官（右・当時）とレイムンド・エレファンテ比国防次官（2019年3月12日、防衛省で）

和解への道

2015年6月には、ベニグノ・アキノ大統領が国賓として来日した。宮中晩さん会において、大統領は、「過去に経験した痛みや悲劇は、相互尊重、尊厳、連帯に根差した関係構築に努めるという貴国の約束によって、癒されてまいりました」と述べた。

一方、天皇陛下は、「先の大戦においては、日米間の熾烈な戦闘が貴国の国内で行われ、この戦いにより、多くの貴国民の命が失われました。このことは私ども日本人が深く痛恨の心と共に、長く忘れてはならないことであり、とりわけ戦後70年を迎える本年、当時の犠牲者への哀悼の意を表します」と述べられた。

さらに、アキノ大統領は、衆参両院合同会議における演説でも、「貴国は、過去の傷を癒す義務を果たす以上のことを成し遂げ、真に利他的な意志をもって行動しました」とまで言及したのであった。

訪日時に両国間で出された「日比共同宣言」（2015年6月4日）には、以下のように記されていた。

「この70年間の歴史は、過去の問題を乗り越え、強固な友好関係を構築するに当たり、そのたゆみのない努力によって顕著な成果を達成し得ることを世界に示している」

当時、このようなフィリピンの姿勢に、戦争中同様に多大な被害を受けた中国は、「なぜフィリピンは日本軍の罪行を咎めないのか」と驚きをもって受け止めていた。東南アジア諸国以上に謝罪等がなされてきたにもかかわらず、現在に至るまで和解を達成しているとは言い難い中国や韓国などとの相違を如実に物語っている。

翌2016年1月、天皇皇后両陛下は、国交正常化60周年の国際親善と慰霊を目的として、天皇として初めてフィリピンを御訪問されたが、戦争の記憶もあり、東南アジア諸国連合（ASEAN）の原加盟国（5カ国）の中で最後の御訪問国であった。

アキノ大統領は、両陛下をお迎えした晩さん会において、「こうした歴史の上に、両国は以前よりもはるかに揺るぎない関係を築いてきました。貴国は堅実で有能かつ信頼できるパートナーとして、今日まで我が国民の発展を後押ししてくださっています。貴国から受けたすべての恩恵に対し、フィリピン国民を代表して、貴国の言葉で『どうもありがとうございます』と申し上げます」と述べた。前年の日本訪問時に続いて、重ねて日本に対する感謝の意を表したのであった。

戦後、日比両国は、大東亜戦争下の日本軍の行為に起因するフィリピンにおける苦い過去を乗り越え、新たな協力関係を築き上げてきた。現在では、日本は、フィリピンにとって主要な貿易相手国であると同時に、最大の援助供与国である。意識調査でも、フィリピン人の日本に対する信頼感は高く、戦争の記憶は「もはや、日比間のアキレス腱ではない」と分析されたのであった。

昨年（2021年）は、日本とフィリピンの国交正常化65周年、戦略的パートナー10周年に当たり、菅首相は「両国関係は『黄金時代』を迎えています」と挨拶したが、その4年前の2017年に来日したロドリゴ・ドゥテルテ大統領も、「日本は兄弟より近い友人であり、日比関係は黄金時代を迎えている」と述べていたのである。

「自由で開かれた海洋」を守る

安全保障協力の強化

和解を成し遂げた両国は、2010年代以降、南シナ海など中国の軍事的台頭を受けて安全保障分野での協力も強化しつつある。

2011年9月、ベニグノ・アキノ大統領の来日時に、野田首相と共に公表した「特別な友情の絆で結ばれた隣国間の『戦略的パートナーシップ』に関する日・フィリピン共同声明」では、両国関係を「戦略的パートナーシップ」と位置付け、安全保障分野では、海洋を中心とした両国の防衛当局間の交流・協力を推進していくことで合意した。

アキノ大統領の考えの根底には、「戦後、フィリピンに本当の友情を示してくれた戦略的パートナー国が二つ存在した。それがアメリカと日本だった」といった認識が存在していたのである。

さらに、2013年7月、フィリピンを訪問した安倍首相は、アキノ大統領との会談において、「自由で開かれた海洋」を守るために、特に海洋分野での安全保障協力を推進していくことで一致した。ちなみに、大統領は、集団的自衛権の行使を容認した閣議決定や安全保障法制など安倍政権の「積極的平和主義」を支持していた。歴史問題については、日本は既に謝罪し、戦後は平和に貢献してきたことは疑いの余地がないとして、問題視することはないとの認識であった。

2017年10月にドゥテルテ大統領の訪日時に公表された「今後5年間の2国間協力に関する日フィリピン共同声明」では、「戦略的パートナーシップ」のさらなる強化に向けて緊密に連携していくことが確認された。また、安倍首相との首脳会談では、インド太平洋、南シナ海問題などに協力して取り組むことを確認し、安全保障分野における協力の拡大、海上安全保障における能力強化などで合意した。

最近では、2021年6月、岸防衛相とロレンザーナ国防相による電話会談において、「自由で開かれたインド太平洋」の維持・強化に向けて、防衛協力・交流を引き続き強力に推進していくことで一致した。

このような合意を受けて、具体的には、南シナ海における海上自衛隊とフィリピン海軍の共同訓練の実施、巡視船の貸与、防衛装備品・技術移転協定の締結（2016年2月）、同協定を受けたフィリピン海軍への海自練習機「TC90」の貸与、陸自多用途ヘリコプター「UH1H」の部品等の無償譲渡など、日比両国間の安全保障協力の強化が着実に進められている。

そして、昨年11月、岸田首相とドゥテルテ大統領の電話会談で、「2プラス2」を立ち上げることで一致し、今回開催の運びとなった。

2014年に策定された日本の防衛装備移転三原則に基づく初のケースとしてフィリピンに貸与された海自のTC90練習機。自衛隊機として初の海外移転となった（2017年3月27日、首都マニラ近郊のサングレーポイント海軍基地で）＝防衛装備庁提供

「隣国」としてアジアの平和と安定のために

日本とフィリピンは、ユーラシア大陸の東に位置するアジアの島国として、「自由で開かれたインド太平洋」の維持・強化という海洋の自由など、海洋の安全保障に関して利益を共有しており、加えて、共に米国の同盟国でもある。

さらに、日本人はあまり意識していないが、両国は海を挟んで「隣国」である。日本の戦犯を恩赦したキリノ大統領は、日本を赦す理由として、「日本とフィリピンは隣国（隣人）となる運命であり、憎しみや恨みの気持ちを持ち続けるのではなく、共存していかなければならない」と語っていたのであった（『フィリピンBC級戦犯裁判』）。

ガルシア大統領も1958年、戦争の記憶に言及した先の演説において、アジアにおける共産主義の拡張を念頭に、相互の安全保障の観点から、「古い隣人である日比両国は友好関係の促進が不可欠である」として、以下のように述べていた。

「現在、巨大な規模の不吉な劇が我々の眼前に展開されております。その地理的な位置のため、日比両国はこの危険に脅かされています。我々はこの劇で積極的な役割を果たさねばなりません。極東において民主主義のよき影響を受けた二つの国として、我々はこの地域の平和が維持されるよう一致団結せねばなりません」

それから60年以上が経過したが、この言葉の妥当性は失われていないどころか、日比間には当時と異なり、過去を克服して信頼関係が成り立っている。

今回の「2プラス2」を契機に、日比両国が、アジアの平和と安定のために、安全保障協力を進展させ、より親密な「隣国」になっていくことを期待したい。

特別貸付の利率が引き下げ

4月から変わります

貸付の種類		貸付対象	利率（変更前）		利率（R4.4.1～）
普通貸付	一般	臨時の支出に充てる費用	4.26%	→	変更なし
	特認	業務上の事由による転居等に要する費用又は1か月以上の海外出張などに要する国内での準備費用			
特別貸付	教育	学校教育法に規定する教育機関に支払う費用、受験料、留学関連費用等	1.76%	→	1.16%
	結婚	結婚に要する費用			
	医療	医療・介護に要する費用			
	葬祭	葬祭等に要する費用			
	災害	災害により住居、家財に損害を受けたときに要する費用			
住宅貸付	—	住宅の新築、購入、増改築、修繕、借入又は住宅用土地の購入等	1.31%	→	1.33%
特別住宅貸付	—	住宅の新築、購入、増改築、修繕等費用又は住宅貸付金の残高を弁財する費用（2年以内に自己都合退職予定又は、5年以内に定年退職予定の者に限る）			

共済組合では、組合員が臨時の資金が必要になった時に利用できる貸付制度を設けており、普通貸付、特別貸付、住宅貸付、特別住宅貸付を行っています。

それぞれの貸付に利率が設定されていますが、令和4年4月1日から特別貸付の利率が引き下げられることになりました。

特別貸付のうち教育目的の貸付は、受験料や留学関連費用等も貸付の対象に、医療目的の貸付は、介護費用も貸付の対象になっており、この改正で、さらに貸付制度の利用がしやすくなりました。

共済組合の貸付は、返済が源泉控除において行われるため、返済日毎に口座残高を気にする必要がなく、また住宅貸付や特別住宅貸付は、共済組合からの貸付にかかる抵当権の設定や保証料等が不要となっています。

詳細は、共済組合のホームページ（https://www.boueikyosai.or.jp）でもご覧いただけます。詳しい手続き等については各支部の窓口にお問い合わせください。

マイカー購入は共済組合 割賦販売制度が便利です

共済組合では組合員の皆さまがマイカーをご購入する際のサポートを行っています。割賦販売制度を利用すれば大変有利な利率で毎月の給与やボーナスから返済できるのでとても便利です。4月からは利率も下がり、さらにお得になりました。

割賦販売制度は、俸給の10カ月分までを限度に、最長5年間で分割払いできる制度です。

返済は給与から源泉控除されるので、毎月銀行の残高を気にする必要もありません。ご所属の支部物資係の窓口でご希望を伺いながらシミュレーションもできますので、まずはお気軽にご相談ください。

共済組合が契約している販売店では「新車」「中古車」「二輪車」等、幅広く取り扱っております。契約している店舗については、共済組合のホームページでご覧いただけます。詳しくは共済組合支部の物資係窓口までお問い合わせください。

200万円の自動車を60回（5年）払いで購入した場合の比較

	令和3年度	令和4年度	
年利相当	0.985%	年利相当	0.94%
総支払額	2,098,500円	総支払額	2,094,000円

4,500円減

「介護掛金率」が変更

令和4年4月から、次の通り変更

掛金	組合員	現在の掛金率	令和4年4月からの掛金率	前年度との比較
短期掛金（福祉掛金を含む）	自衛官	29.04/1000	29.04/1000	変更なし
	事務官等	35.52/1000	35.52/1000	変更なし
	任意継続組合員	71.04/1000	71.04/1000	変更なし
介護掛金	自衛官	8.54/1000	7.91/1000	0.63/1000 引き下げ↓
	事務官等	8.54/1000	7.91/1000	
	任意継続組合員	17.08/1000	15.82/1000	1.26/1000 引き下げ↓

組合員の皆さまの給与から徴収させていただいている「短期掛金（福祉掛金を含む）」と「介護掛金」の掛金率が4月1日から別表のとおり、決定しました。

短期掛金は組合員（自衛官を除く）及び組合員の被扶養者の医療費の給付等に必要な費用に充てられるもので、短期掛金（標準報酬の月額及び標準期末手当等×短期掛金率）の掛金率の変更はありません。

また、40歳以上の組合員から徴収している介護掛金（標準報酬の月額及び標準期末手当等×介護掛金率）の掛金率は引き下げとなりました。皆さまのご理解・ご協力をよろしくお願い致します。

厚生・共済

特集

オンラインショップの「ギフトセレクション」

ホームメイドの焼き菓子など HP上から購入できます

防衛省共済組合の直営施設ホテルグランドヒル市ヶ谷（東京都新宿区）では、ホームメイドの焼き菓子などオリジナル商品やお薦めの商品をオンラインショップで販売しています。ご注文はネット上の専用ページから楽々。ご贈答・ご自宅用にもぜひご利用ください。

HOTEL GRAND HILL ICHIGAYA

ショコラサンド。左がノワール、右がミルク（イメージ）

【商品ラインナップ】

★ショコラサンド（ミルク）（1袋1100円）

★ショコラサンド（ノワール）（1袋1100円）

薄くのばしたキャラメルにチョコレートをコーティングしました。

薄さゆえのさくさくとした食感、キャラメルの苦みとほろりとした口どけを楽しんでいただける逸品です。

★テリーヌショコラ（数量限定、1本3240円）

テリーヌショコラは冷蔵庫で半日解凍してから常温で15分程おいていただくと、食べごろの柔らかさになります。

★テリーヌフロマージュ（数量限定、1本3240円）

テリーヌフロマージュはとても柔らかいため、冷蔵庫で半日解凍後、常温にはおかず、冷蔵庫から出して5分以内が冷たく滑らかな食べごろです。

★テリーヌ2本セット（ショコラ/フロマージュ 数量限定、6280円）

★紅茶と杏のパウンドケーキ（1本2000円）

パウンドケーキは、お召し上がりいただく際、冷蔵庫で30分程冷やしていただくとより一層美味しくいただけます。

★フルーツパウンドケーキ（1本2000円）

★パウンドケーキ2本セット（紅茶と杏/フルーツ 3800円）

★マドレーヌアソート（プレーン4個、抹茶3個、ほうじ茶3個）（2000円）

お得なセット販売もあります。

【ご購入の方法】

商品のご購入はホテルグランドヒル市ヶ谷オンラインショップの専用ページ（https://www.ghi.gr.jp/）まで。

販売価格は表示された金額（表示価格/消費税込）とします。なお、商品は別途配送料が必要です。配送料に関しては商品詳細ページをご確認ください。

●代金の支払方法と時期

・お支払いはクレジットカード決済、コンビニ決済、翌月後払い、PayPal、銀行振込、キャリア決済、楽天ペイがご利用頂けます。

・お支払い時期

クレジットカード決済、PayPal、キャリア決済、楽天ペイは商品注文時点でお支払いが確定します。

・コンビニ決済、銀行振込みは注文時点から約3日間以内にお支払いをお願いします。期限を過ぎると自動でキャンセルとなります。

・翌月後払い

Paidyを通し、1カ月分のご利用額をまとめて、翌月10日までにコンビニや銀行振込でお支払いをお願いします。

●返品について

下記の場合を除き、返品・交換をご容赦願います。

・お申し込みいただいた商品と異なる場合

・破損・不良品だった場合

上記の場合は、商品到着後5日以内にホテルまでご連絡ください。この場合の配送手数料はホテル負担で引き取り、再発送します。

●商品の引き渡し

注文のご依頼を受けてから7日以内に発送します。

各種健診から育児補助まで

2022年度「ベネフィット・ワン」ご利用ガイド

令和4（2022）年度の一般福利厚生・特定健診事業は、引き続き（株）ベネフィット・ワンをサービス提供会社として次のとおり実施します。

【主なサービス等】

▽会員証

（株）ベネフィット・ワンの対象施設にカードを提示することで、サービスの会員特典が受けられます。

▽「ご利用ガイド」

「ご利用ガイド」は各自に1冊配布します。

「ご利用ガイド」

▽宿泊関連の補助金

1泊2000円（組合員1人につき年度内4人泊まで、3級以上の特地官署に所在する部隊等に勤務する組合員は6人泊まで）。公費（出張費）による宿泊には非適用。

▽各種健診の補助金（人間ドック・生活習慣病健診、特定健診等）

組合員（任意継続組合員含む）とその被扶養配偶者は上限20000円補助（年度内1回限り）。右記以外の特定健診対象者は7000円補助（年度内1回限り）。特定健診のみ受診の場合、自己負担はなし。

▽2大テーマパーク施設の補助

TDRの予約観光券は、1枚1000円（小人500円）補助。近畿日本ツーリスト（一部店舗を除く）、西鉄旅行（九州の一部を除く店舗のみ）の店舗での購入となります。

TDRのコーポレートプログラム利用券は実券とデジタルクーポンがあり、1枚1000円補助。実券はベネフィット・ステーション会員専用サイトまたはカスタマーセンターに申し込み、後日郵送で利用券を受け取ります。デジタルクーポンは会員専用サイトに申込み、届いたメールの「個券番号」「オンラインコード」を確認し、「TDRオンライン予約・購入サイト」にてパークチケットの購入時にご利用ください。

関西テーマパークの予約観光券は、1枚1000円（小人500円）補助。近畿日本ツーリスト（一部店舗を除く）、西鉄旅行（九州の一部を除く店舗のみ）の店舗での購入となります。

TDRの予約観光券、コーポレートプログラム利用券、USJの予約観光券のうち、いずれかを年1回限定で上限4枚までお申し込みいただけます（それぞれの併用はできません）。

▽育児補助

組合員お一人につき、月極保育・一時保育の1月合計14000円まで。利用日1日につき2時間まで、1時間につき700円補助。1月20時間まで。手帳の提示による利用で、対象は未就学児の被扶養者に限られます。詳細は「ご利用ガイド」、一般会員向けWEBサイト（PC版https://www.benefit-one.co.jpスマホ版https://bnft.jp）から、会員IDとパスワードを入力してアクセスできる防衛省専用WEBサイトでご確認ください。

なお、各種補助金、TDRのコーポレートプログラム利用券と各種健診の申し込みは4月1日からとなります。

年金Q&A

被扶養配偶者の年金の保険料は？

共済組合が一括して負担、個別に納める必要はなし

Q　私の妻は、民間企業に勤務し厚生年金に加入していました。現在は退職し、被扶養配偶者になっています。私の場合は、毎月の給料から年金の掛金を控除されていますが、妻の年金の保険料はどうなっているのでしょうか。

A　被扶養配偶者（※1＝奥様）が20歳以上60歳未満の場合、奥様は国民年金第3号被保険者（※2）となります。その場合、保険料は配偶者（組合員）の方が加入している共済組合が一括して負担しておりますので、個別に納める必要はありません。

第3号被保険者の資格を取得した際には、所属共済組合支部窓口に「国民年金第3号被保険者資格取得届」と「長期組合員資格取得届」、奥様の「基礎年金番号がわかるもの」を一緒にご提出ください。

※1　共済組合の場合は、短期給付の被扶養者に該当する配偶者の方をいいます。

（一定以上の所得があり、被扶養配偶者に該当しない方で厚生年金保険に加入していない方は第1号被保険者となります。）

※2　国民年金被保険者の種別

【第1号被保険者】20歳以上60歳未満で、次の第2号又は第3号の被保険者に該当しない方。（学生、農林漁業、商業などの自営業者や自由業の方とその家族）

【第2号被保険者】厚生年金保険の被保険者。（民間会社員や公務員など）

【第3号被保険者】第2号被保険者に扶養されている20歳以上60歳未満の配偶者。

第2号被保険者（組合員）が退職などによりその資格を喪失したときは、第3号被保険者（被扶養配偶者）は、ご自身が第2号被保険者とならない限り、60歳までの間、第1号被保険者となります。

（本部年金係）

【国民年金の保険料】

第1号被保険者 → 個別に納付

第2号被保険者 → 個別納付なし

第3号被保険者 → 個別納付なし

厚生・共済

特集

陸自の戦闘糧食をアレンジ
家庭向けレトルト食品に

陸自に納品されている「非常用糧食」と「戦闘糧食Ⅱ型」の一部を製造している日本ハム（本社・大阪市北区）はこのほど、同糧食を一般家庭向けにアレンジした「煮込みハンバーグ」など4種類のレトルト食品「陸上自衛隊戦闘糧食モデル」を発売した。同商品を通じ、自衛隊の災害派遣活動や自衛隊員が食べる栄養満点の糧食についてのPRアイテムとしての活用が期待されている。

陸自の戦闘糧食をアレンジした「陸上自衛隊戦闘糧食モデル」のレトルト食品4種類。いずれも陸自公式キャラ「タクマくん」と「ユウちゃん」が目印だ

陸自駐屯地などに備蓄されている「非常用糧食」と携行食「戦闘糧食Ⅱ型」はそれぞれ21種類あり、訓練や災害派遣などに従事する隊員の活力源となっている。

同糧食の一部を製造・納品している日本ハムでは、東日本大震災以降、「防災食品」が普及する中、自衛隊の携行食に注目、戦闘糧食を一般家庭向けにアレンジする企画を立ち上げた。

商品開発に携わった同社加工事業本部・営業統括事業部第3開発営業部主任の加登美里さんは、平成27年に発生した茨城県常総市の大雨水害で被災した経験を持つ。自治体が被災者に提供する非常食は米が中心ということに加え、断水でお湯が沸かせない不便さを実感していたため、新開発の食品はそのままで食べられる点を重視した。陸幕需品室の隊員からもアドバイスを受け、約1年半かけ、「戦闘糧食モデル」のレトルトを商品化した。

ラインナップは、日本ハムが製造する糧食の中でも隊員の間で特に人気がある「煮込みハンバーグ」「やきとり」「鶏肉と根菜のうま煮」「ポークソーセージステーキ」の4種類とした。いずれも汁気を少なくし、皿がなくてもそのまま食べられるよう工夫。賞味期限も製造日から「5年6カ月」と長く、自宅や会社での長期保存も可能だ。

パッケージはUH60JA多用途ヘリなど陸上自衛隊の装備品を前面に出すとともに、「陸上自衛隊戦闘糧食モデル」のロゴと陸自公式キャラクター「陸BOYタクマくん」「陸GIRLユウちゃん」を描き、子供たちにも親しみやすいデザインとした。

裏面には災害派遣の写真と陸自の活動内容が紹介されている。

「被災地で自衛隊の救助ヘリを見た時はとても安心感を覚えた。この商品をきっかけに、一般の人にも陸自の活動の様子が伝わればうれしい」と加登主任。「大人だけでなく、児童・生徒の皆さんにも手に取っていただき、防災食について興味を持ってもらえれば幸いです」と語った。

4商品は日本ハムのオンラインショップ「お届けネット」(https://www.nipponham-eshop.jp/)などで現在販売中。価格はいずれも600円（希望小売価格）。

陸幕需品室の隊員は「この商品をきっかけに、国民の方々に陸自の戦闘糧食のおいしさについて知っていただければと思います」と話している。

余暇を楽しむ

入間基地女子バスケットボール部

紹介者：3空曹　新井　李音乃（中警団整備補給群）

気がつけばバスケの″沼″に

皆さん、こんにちは。空自入間基地の女子バスケットボール部を紹介します。

当部は部員不足で活動を休止していましたが令和2年9月、再スタートし、今では約10人が所属しています。とはいえ、なかなか人数がそろわず、女子だけで練習をするのは難しいので、毎週月曜日と木曜日に行われる男子の練習に交じって活動しています。

男女一緒に練習することで、体格差のある相手との戦い方を毎回学ばせてもらっています。男子と1オン1（1対1）の練習も行い、圧倒されながらも、個人スキルの向上を図っています。歯が立たない相手に何度も挑戦することで、自然とメンタル面の強化にもつながっており、最高の練習環境であると考えています。

部員の中には学校の体育の授業でしかボールに触ったことがない人もいましたが、基礎に加え対人練習を重ねるうちに、今では某バスケ漫画のキャプテンのような凄まじい気迫で、ゴール下を制すプレイヤーへと成長しています。ダイエットのために始めた隊員も、昨年は2回ほど部外の大会に参加し、試合に勝つ喜びや負けた時の悔しさを味わうことで、「もっとうまくなりたい！」とさらに積極的に練習に参加するようになりました。

男子バスケ部の練習に参加する入間基地女子バスケットボール部員（前列）。体格差のある男子（後列）との練習でスキルとメンタルを向上させている

昨年出場した大会でシュートを打つ新井3曹。全自バスケ大会優勝を目指し、日々練習に励んでいる

気がつけば皆バスケの″沼″にはまっており、女子バスケ部を再スタートさせてよかったと感じています。

コロナ禍で思うように活動できない日々が続いていますが、チームの目標である全自衛隊バスケットボール大会の「優勝」に向けて、日々練習に励んでいます。

これからさまざまな大会にも参加し、活動が途切れることのない歴史のある部にしていきたいです。

5旅団相談員が集合訓練

心理幹部が指導、メンタルヘルス基盤の充実化図る

【帯広】5旅団はこのほど、帯広駐屯地で5日間にわたり「令和3年度第4回旅団部隊相談員集合訓練」を行った。

訓練には旅団隷下部隊の相談員、新隊員教育隊要員、営内班長など服務指導担当者が参加。部隊相談員として必要な知識や技法などを修得し、旅団のメンタルヘルス基盤の充実を図ることを目的として開催された。

5旅団部隊相談員集合訓練で、参加者に知識や技法を教育する心理幹部の飛田恭宏1尉（右）＝帯広駐屯地で

今回は特に「人間力の強化施策」の一環として行う予定のコミュニケーション・トレーニングを取り入れ、その要領や効果などを確認・検証した。

隊員たちは、初めて行う「コミュニケーション・トレーニング」に当初は戸惑っていたが、教官である旅団心理幹部の説明・指示に従い、相互に傾聴技法（軽度の悩みに対する相談対応）を実習した。

参加隊員は、「自分に足りないコミュニケーション能力を身につけられた」「実習で学んだことを生かし、ストレスを軽減できる場を提供したい」などと感想を話した。

20普連、女性活躍推進委を開催

【神町】20普連は3月29日、連隊教場で「令和3年度第2回女性活躍推進委員会」を開催した。

当日は委員長を務める副連隊長の向田淳2佐のほか各幕僚、最先任上級曹長、各中隊長、女性隊員ら17人が出席。最初に委員会発足の経緯や連隊の女性活躍推進の取り組み「Lady Go！プロジェクト」や陸自の取り組みなどが説明された。さらに女性の職域開放の検証や、人事管理の周知、新服務指導態勢の確立について認識を共有。全国的にも女性が活躍できる基盤が整備されつつあることを確認した。

引き続き令和3年度に女性隊員が初めて20普連の普通科中隊に配置された成果報告が行われた。それぞれの中隊長などから「職場の雰囲気が明るくなり、業務の質が向上した」「組織として本来行うべき配慮、訓練における管理事項などの不備が再認識できた」と声が上がり、女性隊員加入による組織改善の成果が報告された。

4年度の委員会の方向性については、①Lady Go！プロジェクトの継続②キャリアプランの確立③女性の配置と戦力発揮のための基盤の確立④服務指導組織の確立――の4項目が挙げられた。

特に服務指導態勢の確立のため、新たに連隊所属の女性による服務指導組織を編成。これを基盤にして各級指揮官らとの連携（つなぎ）を行い、女性特有の悩みなどの解消や健全な隊員の育成、各級指揮官の服務指導要領の向上につなげ、新隊舎における女性の活躍基盤を整備していくことを確認した。

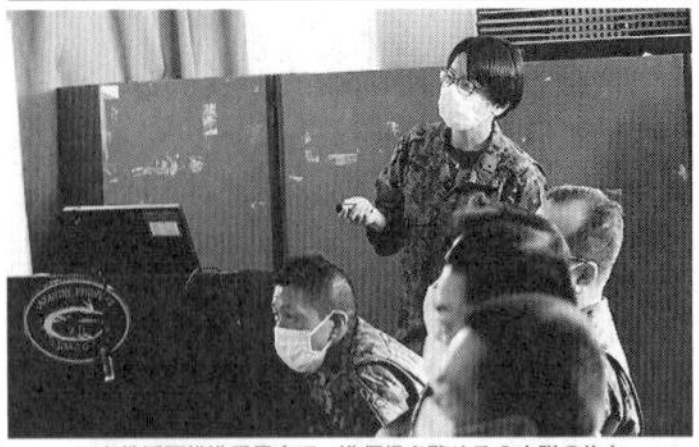

女性活躍推進委員会で、進行役を務める3中隊の佐々木真奈美3尉（写真はいずれも3月29日、神町駐屯地で）

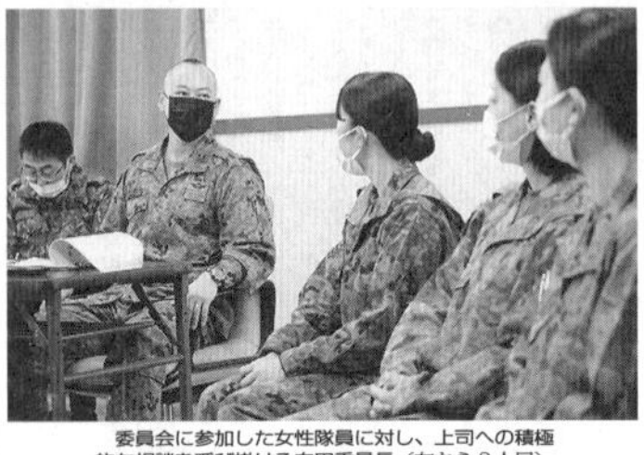

委員会に参加した女性隊員に対し、上司への積極的な相談を呼び掛ける向田委員長（左から2人目）

向田委員長が「上司を頼って」

最後に向田委員長が「男性・女性、上司・部下がお互いを知ることが重要だ」と指摘し、①隊員の公私にわたる心情把握②末端の意見をくみ取れる組織作り――を徹底していくことを宣言し、隊員たちに「上司を信頼し、頼ってほしい」と呼び掛けた。

委員の一人は「委員会発足3年目を迎えるにあたり、男性隊員にも取り組みについてより詳しく周知し、女性隊員がさらに活躍できる輝かしい部隊を目指していきたい」と話している。

自慢の一品料理

ハントンライス

紹介者：技官 野口菜奈子（5空団業務隊給養小隊・新田原）

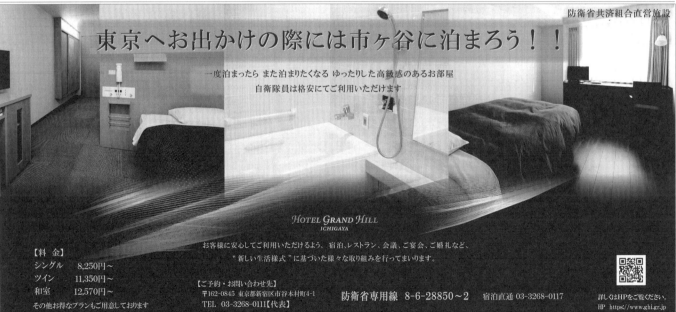

全国各地から集まっている隊員のため、空自新田原基地では月に一度、各県の料理を提供しています。今回は石川県金沢市のご当地料理「ハントンライス」を紹介します。ハントンのハンは「ハンガリー（国名）」でトンはフランス語で「鮪（まぐろ）」を意味し、庶民派洋食グルメとして金沢市民に親しまれています。

まず玉ねぎをみじん切りにし、卵4個を割って塩コショウを軽く振ってかき混ぜます。続いて白身魚のフライを揚げる準備をしながら深めのフライパンにバターを落としてマッシュルーム、ミックスベジタブル、玉ねぎを炒めます。

フライを揚げながら、ご飯に顆粒コンソメを振りかけてトマトピューレを加えてご飯を切るようにしてよく炒め、ご飯に白いところがなくなったら、塩コショウで味を調えて皿にこんもりと盛ります。

さらに平たいフライパンで卵を2回に分けて焼き、7割焼けたら半熟面を上にしてご飯にのせます。卵焼きの上に白身魚フライ、タルタルソース、ケチャップをのせ、パセリを散らして完成です。

濃厚な味とボリューム満点のこのライスは隊員からも好評でした。マヨネーズが苦手な方はケチャップだけでもおいしくいただけます。簡単で作りやすいメニューですので、家庭でも試してみてください。

地方防衛局　特集

自衛隊入間病院が開院

新編行事に岩本政務官ら出席

航空自衛隊入間基地内で建設が進められていた「自衛隊入間病院」＝病院長・加藤圭空将補以下約200人＝が3月17日に開院し、同日、新編行事が行われた。

式には防衛省から岩本剛人政務官、井筒俊司空幕長、狭山市から小谷野剛市長ら関係者約100人が出席。入間病院長の加藤圭空将補が編成完結を報告した後、岩本政務官が訓示し、「近年は新型コロナウイルスの対応など、自衛隊の任務は多岐にわたり活躍の場が増えている。隊員諸君が任務に邁進し、一人ひとりの持てる能力を遺憾なく発揮し、多くの国民、隊員の命と健康を守ることを期待する」と述べた。

病院棟は3階建ての鉄筋コンクリート造りで、延床面積は約1万9000平方メートル。▽航空医学診療科▽内科▽外科▽整形外科▽麻酔科▽精神科▽救急科▽小児科▽歯科▽歯科口腔外科――の10診療科で構成され、病床数は高度治療室（HCU）を含む全60床、最大120床まで増床可能だ。

空自独自の診療科となる「航空医学診療科」では、航空医学実験隊第3部（入間）と連携。操縦士等に航空身体検査とそれに伴う精密検査を行い、航空業務への支障の有無を判断するほか、操縦士等が病気を患った場合も所要の検査を実施し、航空業務への影響を見据えた治療を提供、疾病管理に当たる。

航空輸送力の最大拠点である入間基地の立地を生かし、輸送機等を駆使した患者後送の観点から、高度先進医療を担う自衛隊中央病院（東京都世田谷区）や防衛医科大学校病院（埼玉県所沢市）との連携も図る。

このほか、教育棟では航空医学に従事する隊員を養成。航空医官、救急救命士、衛生技術（准看護師）など7課程の教育が行われる。

平素は自衛隊の職域病院として隊員とその家族の診療を行い、今後は一般市民の2次救急患者も受け入れられるよう地元と調整し、地域医療への貢献も果たしていく予定だ。

一方、総面積約28万4000平方メートル（東京ドーム6個分）の広大な敷地には、病院棟、教育棟、最大約90人の学生が居住できる隊舎棟のほか、市民も利用できる陸上競技場とサッカー場兼ソフトボール場を整備。病院地区以外のエリアは災害対処拠点として運用する計画で、災害時などには陸自部隊が展開する予定だ。

さらに、商用電源が停止した際は、院内の非常用発電機が電力を供給。万が一に備え、無停電電源装置も完備し、人工呼吸器などが止まらないよう安全性を担保する。

◇

部隊マークは、2空団（千歳）基地業務群衛生隊の田本翼3曹が考案した。赤十字と救急救命を象徴するマークに空自の「翼」をあしらった。背景の若草色のローマ字「i」は「IRUMA」の頭文字と愛情の「愛」を表し、「患者の意思を尊重し、愛を持って医療を提供する」ことを表現。若草色には若手の衛生隊員を育成する意味を込めた。

（上）空自独自の「航空医学診療科」を兼ね備えた自衛隊入間病院の外観
（下）自衛隊入間病院の新編行事で病院長の加藤圭空将補（右手前）から編成完結報告を受ける岩本剛人政務官（左端）（写真はいずれも3月17日、埼玉県の自衛隊入間病院で）

入間病院の部隊マーク

東北局

震度6強地震に即応

対策本部設置し、技術支援

【東北局】東北防衛局（市川道夫局長）は3月16日深夜、宮城・福島両県で最大震度6強を観測した地震に即応した。

発生と同時に第2種非常勤務態勢が発動され、当直員は呼集系統図に基づき、当直要員を呼集。登庁した職員は順次「対策本部」の環境整備（通信環境・執務環境など）を実施するとともに、職員の安否確認のほか、インフラや自衛隊施設等の被害情報の確認、連絡員の派遣など初動対応に当たった。

翌17日午前1時には第1回「対策本部会議」を開催し、東北局の活動状況報告や情報共有が行われた。

その後も、自衛隊の活動に支障を及ぼすような国有財産の被害が生じた場合に迅速かつ的確な技術支援ができるよう、夜を徹して被害状況を確認。夜明け前には多賀城駐屯地の隊舎の一部でクラック（割れ目）が発生しているとの情報提供を受け、さらなる確認を行ったところ、鉄筋の露出が判明し、東北方面総監部から早急な応急危険度判定調査を求める依頼が対策本部に届けられた。

要請を受けた東北局の技術支援班は速やかに「施設整備調査チーム」を派遣。調査の結果、「危険建物」と判断されたことから、管理者に説明の上、建物には危険を示す赤色の標識を掲示するとともに、入り口には立ち入り禁止を示すテープを貼り付けるなどの2次災害予防措置を講じた。

地震発生後、直ちに招集され情報収集に当たる東北防衛局の非常勤務要員（3月16日深夜、仙台市の東北防衛局で）

防衛施設と首長さん

三重県津市　前葉 泰幸市長

まえば・やすゆき　60歳。東大法卒。1985年旧自治省。総務省大臣官房企画官、地方公共団体金融機構審査室長などを経て、2011年4月、津市長に就任。現在3期目。

駐屯地・基地と連携強化　安心・安全なまちづくり

三重県津市は県中央部に位置し、県庁所在地として国・県の行政機関や文教施設など多様な都市機能が集積するとともに、伊勢湾から奈良県境までの広大な市域に豊かな自然があふれています。

古くは安濃津（あのつ）と呼ばれ港町として繁栄し、また伊勢神宮への参拝客の宿場町としてもにぎわいました。日本で唯一の読み仮名1文字「つ」の自治体でもあります。

県内唯一の国宝建造物である「専修寺御影堂（せんじゅじみえいどう）・如来堂」や、日本三観音の一つとされる「津観音」、国の名勝として指定されている「三多気（みたけ）の桜」など多くの自然、歴史文化資源に加え、約380余年の歴史を持つ市内最大のまつり「津まつり」では、日本最大級の大きさを誇る和船山車「安濃津丸」や安濃津よさこいなどが楽しめます。

津市には、陸上自衛隊久居駐屯地と航空自衛隊笠取山分屯基地・白山分屯基地があります。

災害発生時の迅速な対応だけでなく、毎年行われる総合防災訓練では市および関係機関との緊密な連携による実践的な訓練に協力いただいています。昨年4月に津市内の養豚場で発生した豚熱事案においては、「特定家畜伝染病に関する防疫措置」として久居駐屯地第33普通科連隊から災害派遣を実施していただきました。

また、令和2年から3年にかけては、コロナ禍により残念ながら中止となりましたが、例年「駐屯地さくら祭り」や「駐屯地開設記念行事」「久居花火大会」といった駐屯地施設を開放して行われるイベントを通じて、多くの市民との交流が図られています。

今後も駐屯地・基地との連携をより深め、市民の皆さまが安全・安心に暮らせるまちづくりを進めてまいります。

東北局

6年連続で「朝雲賞」

地方防衛局部門の「優秀掲載賞」

昨年1年間、「朝雲」に掲載された部隊や機関などからの優れた投稿記事や写真を表彰する「朝雲賞」の選考が2月10日に行われ、最も多く紙面に掲載された回数を競う「掲載賞」の「地方防衛局」部門で、東北防衛局（市川道夫局長）が6年連続の「優秀賞」に輝いた（3月10日付既報）。

「朝雲賞」の制度は昭和34（1959）年に始まり、「地方防衛局」部門は東北防衛局からの強い要望を受けて平成28（2016）年2月に新設。翌29（17）年から全ての地方防衛局の前年投稿分が受賞対象となり、東北防衛局が今回を含め6年連続で「優秀掲載賞」を獲得している。

コロナ禍で主要な行事やイベントが中止となる中、東北防衛局は局内の話題の"発掘"に努め、着実に投稿につなげてきた。

市川道夫局長のコメント「6年連続で朝雲賞を受賞させていただき、ありがとうございます。私は平成29年8月から1年間、大臣官房広報課長として勤務し、その際には、朝雲新聞社の方々と一緒にお仕事をする機会もありましたが、今回は東北防衛局において、記事が掲載されるという形で朝雲新聞にかかわることができることを、大変うれしく思っております。

朝雲新聞の紙面上で、自分が所属する防衛局の記事を目にすると、私自身としても、また、当局の職員らも、何かしら誇らしい気持ちになります。これからも、ここ東北の地から全国の朝雲新聞の読者の方々に、東北防衛局発の記事を届けさせていただきたいと考えております」

6年連続の「朝雲賞」受賞を喜ぶ（右から）宮崎かおり報道官、表彰状を掲げる市川道夫局長、笠原光男総務部長（3月29日、仙台市の東北防衛局で）

中国四国局

認定こども園に補助

広島県大竹市で開園

【中国四国局】中国四国防衛局（今給黎学局長）の補助を受けた認定こども園・子育て支援センター「にじいろこども園」が4月1日、広島県大竹市に開園した＝写真。

同施設は、認定こども園（なかはま保育所と立戸保育所の統合移転）と、子育て支援センター（どんぐりHOUSEを移転）を併設し、大竹市の新たな子育て拠点として整備されたもので、愛称の「にじいろこども園」は公募の手続きを経て応募総数33件から選定され、決定した。

建物は鉄骨造の2階建てで、延べ面積は2948平方メートル。0〜2歳保育室▽3〜5歳保育室▽遊戯室▽子育て支援ルーム▽親子ラウンジ▽調理実習室――などを有しており、子育て講座や乳幼児健診などの実施にも活用でき、気軽に子育ての相談ができる環境が整えられているのが特徴だ。

総事業費は約10億9900万円で、このうち中国四国防衛局は、「防衛施設周辺の生活環境の整備等に関する法律」第3条に基づく騒音防止対策事業として約1300万円、「駐留軍等の再編の円滑な実施に関する特別措置法」第6条に基づく再編交付金事業として約4億2000万円の事業費補助を行った。

中国四国防衛局は「大竹市内の多くの子供や保護者に利用される施設となることを祈念するとともに、今後も防衛施設と周辺地域との調和が図られるよう、防衛施設周辺の皆さま方の生活環境の改善のため、各種施策の実施に取り組んでいきたい」としている。

リレー随想

尾﨑　嘉昭

帯広で過ごし感じたこと

帯広で2年を過ごしました。新型コロナの影響でさまざまな行事が中止となり、十分にこの地を楽しむことができたとは言い難く、まだまだ後ろ髪を引かれる思いですが、この随想が掲載されている4月には異動により十勝の地を離れております。この場を借り、協力・助けていただいた多くの方々にお礼・感謝申し上げます。

振り返ってみると、自然豊かな十勝の地で地球温暖化の影響を身近に感じる機会が多かったように感じます。

昨年9月、北海道東部太平洋沿岸で大規模な赤潮が発生、当支局管内にある揚陸訓練場の陸自浜大樹訓練場周辺の漁協もウニや鮭など大きな被害を受けました。一説にはこれも地球温暖化の影響だそうです。

昨年、地元の春ウニを堪能し、来年もと期待していたのですが、価格が2倍以上に高騰、手が出せなくなり、これほど温暖化を恨んだことはありませんでした。今回の赤潮の影響だけでも数年続くとのこと、このような被害がまた起きないことを願わずにはいられません。

十勝地方は日高山脈や十勝岳連峰の山々が西側からの湿った雲を防いでくれるおかげで北海道の中でも雪が少ない地域ですが、従前なら11月末頃から降雪が始まっていたのがここ数年は1月を過ぎてからと大幅に時期が遅くなっています。

子供が通う小学校では冬にはスケートの授業がありますが、この冬も積雪が少なく、スケートリンクがなかなか作られず、親子でまだかまだかと雪を待つこととなりました。

そして待っていると1月中旬になり突然一晩で60センチの降雪、これは1日の1月降雪量としての記録更新でした。降雪時期が遅くなり、降ったら降ったで極端になる。この冬も温暖化の言葉を幾度となく耳にしました。

最後にガソリンの値上げもそうですが、冬の暖房に不可欠な灯油もこの1年で5割値上がり、家計を直撃！悲鳴をあげています。

このような中、ロシアによるウクライナ侵攻が世界に暗い影を落とし、さらなる物価上昇が危惧されています。新型コロナの1日も早い終息とともに、ロシアによる軍事侵攻が終結し、ウクライナに平和が訪れることを強く願わずにはいられません。

帯広在職の短い期間でしたが、改めてありがとうございました。

（前・帯広防衛支局長、現・独立行政法人駐留軍等労働者労務管理機構横須賀支部長）

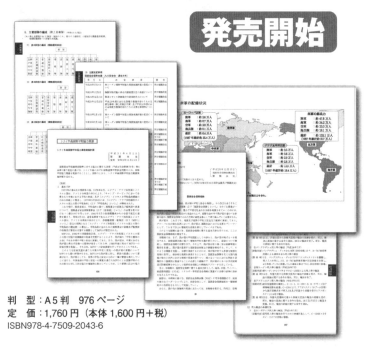

UNTPP施設教育に親子で参加

教官の父と通訳の娘

アフリカのケニアで実施された「国連三角パートナーシップ・プロジェクト」（UNTPP）の施設教育教官団のメンバーとして、松村昇2曹（6施群372施設中隊＝鯖江）と松村舞雪（まゆ）士長（同402施設中隊＝岐阜）が親子で参加した（2面参照）。父・昇2曹(42)は重機操作の教官、入隊2年目の娘・舞雪士長(20)は通訳としての大役を担った。吉田陸幕長への帰国報告のため教官団長の野上晃弘2佐らと共に防衛省を訪れた2人に海外派遣活動に向けた思いを聞いた。

（聞き手・星里美）

親子でUNTPPに参加し、吉田陸幕長（左）と懇談する父の松村昇2曹（中央）と娘の舞雪士長（3月30日、陸幕で）

父の昇2曹は今回で4回目の海外派遣。ケニアへは最初に娘・舞雪士長の派遣が決まり、昇2曹は予備要員から正規要員に繰り上がり、参加できることになった。現地では国連平和維持活動（PKO）派遣要員に対し、ドーザーの操作教育を行った。

「娘一人では妻が不安に思っていたので、一緒に参加できて本当によかった」と昇2曹。「今までとは違い、娘の前で変なことはできないと気を引き締めて参加しました」と出国当時を振り返った。

一方の舞雪士長は、父の姿を見て「自分も海外派遣に従事したい」と令和2年4月に陸自に入隊。ケニアへは教官の言葉を英語で学生に伝える通訳として派遣された。

入隊2年目で目標が叶った喜びと同時に不安もあったという舞雪士長。海外派遣の経験が豊富な父からのアドバイスを受けるなどして、親子二人三脚で海外任務に臨んだ。

舞雪士長は「仕事の悩みを直接聞いてもらうことができ、精神面でも父に支えてもらうことができた」と感謝の気持ちを語るとともに、「父が働いている姿を見たことがなかったので、それを間近で見られたことが一緒に行けて一番よかったことです。教え方も分かりやすく、自分も父から教わりたいと思った」と父の偉大さを実感していた。

昇2曹は、「通訳がいないと自分たちも任務を遂行できないので、最初は打ち合わせをしながら臨んでいたが、終盤は安心して任せられるほど尊敬できる英語能力になっていた」と娘の成長に目を細めていた。

◇

3月30日、吉田陸幕長への帰国報告後に行われた懇談で、陸幕長から所感を聞かれた昇2曹は、「娘と一緒に参加させていただき、今までになかった経験がたくさんできました。今度は娘が教官として行けるように協力していきたいと思います」と報告。

舞雪士長は「入隊2年目で通訳として行かせていただき、英語能力も向上させることができました。次は教官として行きたいと思いました」と今後の抱負を語った。

2人の報告を受けた吉田陸幕長は約2カ月間の派遣の労をねぎらうとともに、「今度は教官同士で行くことが目標だな」と激励した。

「鈴木桃太郎賞」に三村准教授

「山崎貞一賞」該当なし

防大学術・教育振興会

【防大学術・教育振興会】防衛大学校学術・教育振興会（東京都新宿区、岡崎匠理事長）は、同大で極めて優れた研究成果を挙げた教官などを顕彰する、令和3年度「山崎貞一賞」関連表彰の受賞者を決め、3月14日、久保文明学校長から受賞者に賞状が伝達された。

受賞者は振興会から委嘱された12人の選考委員（委員長・葉玉寿弥教授＝通信工学科）による厳正な選考と審査の結果を受け岡﨑理事長が決定。「山崎貞一賞」は応募者がなかったため該当者なしとし、若手研究者を対象とした「鈴木桃太郎賞」には情報工学科の三村守准教授が選ばれた。

3月14日に予定されていた防大での贈呈式は昨年度に引き続き、新型コロナウイルス感染拡大防止の観点から中止され、同日、久保学校長が受賞者に賞状とメダルなどを伝達した。このほかの受賞者は次の通り。

◇教育奨励賞＝▽藤原浩幸教授（機械工学科）▽金澤裕之准教授（統率・戦史教育室）

◇研究奨励賞＝▽所雄一郎助教（応用化学科）▽森本貴明講師（機能材料工学科）

◇出版助成＝該当者なし

◇学生研究奨励賞＝▽グエンタインビン ベトナム陸軍上尉（理工学研究科後期課程）▽小松喜治1陸尉（同）、▽川口大貴2海尉（理工学研究科前期課程）▽船津拓実2陸尉（総合安全保障研究科前期課程）

◇校友会活動奨励賞＝ラグビー部、空手道部

空幕長

7隊員に「優良提案褒賞」

汎用性の高さを評価

【空幕】空自の部隊で優秀な業務改善提案を行った隊員・部隊などを表彰する令和3年度上期の「優良提案褒賞行事」が3月7日、空幕と市ヶ谷、経ヶ岬、那覇基地をオンラインで結び行われた。

同褒賞制度は平成4年から開始。今期は全国の空自部隊などから52件の応募があり、その中から中警団35警戒隊（経ヶ岬）の「エクセルを使用した電子決裁（確認）方法の考案」（宿輪伸章曹長）、9空団装備隊、修理隊（那覇）の「推進装置固定治具の作製」（照井貴士2曹、藤江利至2曹、竹内大樹士長）、空シス隊システム監査隊（市ヶ谷）の「ソフトウェア管理台帳ツールの作成」（川田浩子1曹、加納健臣2曹、菊野紗香3曹）の3件が選ばれ、井筒空幕長から7隊員に褒賞状が贈られた。いずれの賞も多くの部隊で適用できる汎用性の高さが評価された。

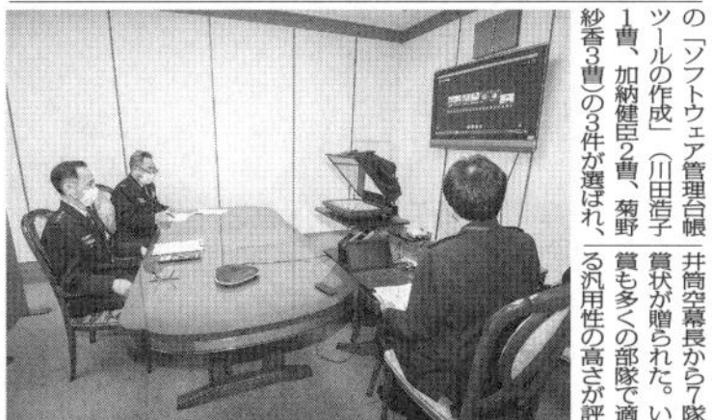

優秀な業務改善提案を行った隊員・部隊などを表彰する井筒空幕長（左手前）＝3月7日、空幕で

行事には空幕監理監察官の佐川詳二将補をはじめ、空幕の各部長らもオンライン形式で参加。空幕長は受賞隊員に対し、「諸官が示してくれた柔軟な発想や創意工夫による改善意識こそが、空自の未来を開く鍵で、この意識が広く空自に行き渡ることを強く願っている。引き続き、改善活動の普及・発展に取り組み、空自の進化に貢献してくれることを期待している」と述べた。

中警団の提案は、「令和2年度防衛省働き方改革推進取組コンテスト」で防衛大臣賞を受賞。電子化、ペーパーレス化を推進し、業務の効率化を実現した。

宿輪曹長は「褒賞に感謝いたします。エクセルを利用した本件は、容易に幅広い応用が可能ですので、デジタル化の促進や業務の効率化などの一助として頂ければ」と受賞の喜びを語った。

9空団の提案は、ミサイルの組み立て、分解の際に推進装置を固定する治具の作製。安全性と作業の信頼性の向上、人員や作業時間削減による効率化を可能にした。照井2曹は「受賞は大変光栄。この経験を生かし今後も改善意識をもって業務に取り組んでいきたい」と語った。

空シス隊の提案は、パソコンのソフトウェアに関するバージョンなどの管理台帳を、自動的に作成できるようにしたもの。これにより台帳の更新作業の時間短縮を実現した。川田1曹は「受賞はとても名誉なことで、ツール開発に関わった仲間に感謝したい。今後も業務改善や効率化に貢献していきたい」と今後の抱負を語った。

夫婦そろって中隊長着任

皆川晃太朗1尉（12普連）、桃子1尉（4施設群）

右着任式であいさつする皆川晃太朗1尉（国分駐屯地で）
左中隊長着任にあたり部隊を巡閲する皆川桃子1尉（座間駐屯地で）

【座間】夫婦そろって3月14日に中隊長に着任するという珍しい出来事があった。

12普連（古川琢弥連隊長、国分）の2中隊長に着任した皆川晃太朗1尉と4施設群（本多健二群長、座間）の388施設中隊長に着任した皆川桃子1尉。桃子中隊長は4施群初の女性中隊長となった。

晃太朗中隊長は着任式で、要望事項として「つよくあれ」を掲げ、精強な中隊を目指していく決意を述べ、妻の桃子中隊長は「前へ」「互いにおもえ」を要望事項とし、中隊が一丸となって任務にまい進していくと決意を述べた。

桃子中隊長は改めて本紙の取材に「距離は離れてしまいましたが、一番近い存在である主人と切磋琢磨し、指揮官としても、人としても、互いに成長していきたいです」と話し、夫の晃太朗中隊長は「離れていても心は1つ、お互い国のため、部隊のため、誠心誠意職務にまい進します」と話した。

創設70周年記念ロゴマーク募集

海自大湊地方隊

【大湊】地方隊は9月に創設70周年を迎えるにあたり、ロゴマークを一般公募している。

70周年がイメージできること、親しみやすいデザインであることが求められる。採用されたロゴマークは令和5年4月から1年間、記念グッズやイベントロゴデザインとして幅広く使用される。

応募方法は郵送、またはメールで送信。応募資格は日本国内在住であれば個人、法人、グループでも可能（未成年者は、保護者の同意が必要）。締め切りは5月31日まで（必着）。大湊地方総監の泉博之海将が応募作品の中から選考する。

結果は7月1日に採用者に連絡するほか、大地隊ホームページ（HP）、およびツイッターで公表する予定。採用者には後日、大湊地方総監部で感謝状と記念品が贈呈される。作品の送付先など応募要領の詳細は同HPで。

◇問い合わせ＝大湊地方総監部総務課広報推進室（電話0175－24－1111、内線2304）

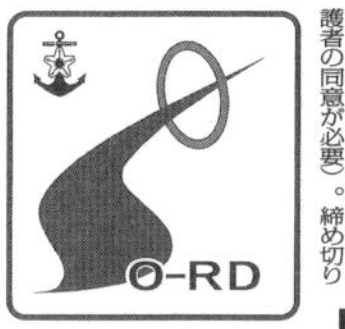

過去に使用された50周年（上）と60周年の創設記念ロゴマーク

こちら警務隊

交通犯（道路交通法違反）

あおり運転をしたら妨害運転罪に該当

あおり運転とは、どんなものですか？

あおり運転とは、車間距離を極端に詰める、急な割り込みや蛇行運転、不必要な急ブレーキ、対向車線からの逆走、不必要なパッシングやクラクションによる威嚇等の妨害行為です。

あおり運転をした場合、妨害運転罪に該当し、3年以下の懲役または50万円以下の罰金、あおり運転により著しい交通の危険を生じさせた場合、5年以下の懲役または100万円以下の罰金となります。

また、あおり運転を受けた場合、運転者とのトラブルを避けるため、車外に出ずに警察へ通報しましょう。

ドライブレコーダーも装着すると安心です。

（北部方面警務隊）

春日基地准曹会　福祉施設へ寄付

春日基地准曹会から寄付された品々とともに記念撮影に納まる、（左から）黒木総合施設長、牟田口事務局長、掛江理事長、三浦曹長、安谷屋准尉（3月9日、福岡県糟屋郡宇美町の「希望学園」で）

【春日】春日基地准曹会は3月9日、福岡県糟屋郡宇美町の社会福祉法人「希望学園」を訪れ、施設入所者へ衣類や文房具などの寄付を行った。

同会では会長の三浦朗曹長による活動方針として「地域貢献」を掲げており、コロナ禍前には同施設の夏祭りを支援していた。今回の寄付活動はコロナ禍により多人数での作業が行えない中、「隊員一人ひとりが参加できる」活動として初めて企画された。

当日は三浦曹長と春日基地准曹士先任の安谷屋定良准尉が、同施設の正面玄関で掛江恒男理事長、黒木暢彦総合施設長、牟田口博美事務局長に11箱分の寄付品を届けた。同施設からは「こんなにたくさんいただけるとは想像していなかった」「新品の洋服もたくさんある！」と喜びの声が上がった。三浦曹長は「地域貢献による自衛隊の活動への理解促進を図るため、これからも活動を継続したい」と話している。

小休止

▽…五反田募集案内所はこのほど、東京都品川区のしながわ水族館前広場で防災フェアを開催した。

▽…このフェアは1普連（練馬）の協力のもと、災害派遣時の車両などを展示し、説明を通じて地域住民に活動を幅広く知ってもらうのが目的。来場者は普段見ることのない高機動車や偵察バイクをバックに記念撮影し、子供からお年寄りまでが行列を作るほど好評だった。

▽…当日は来場者から「皆さんが品川区を守っているから安心！」と激励の言葉がかけられたほか、日頃から事務所に立ち寄っている女子児童＝写真＝からの「大きくなったら、絶対自衛官になるの！」との宣言に、広報官は「本当にうれしい」と感激していた。

（東京地本）

「野外行動訓練」の事前偵察で群馬県の赤城山に登る航安隊の隊員

頑張りすぎない程度に頑張って良いパイロットに

海自の航空学生に合格して

中村 汐（うしお）（滋賀県愛知郡愛荘町）

航空学生（海）に見事合格した中村さん

私の生まれは大阪ですが、幼少の頃、父親の故郷である滋賀県愛荘町（旧愛知川町）に引っ越してきたため記憶があるのは滋賀だけです。少年時代はサッカーを小学2年の時から中学3年まで続けました。器用貧乏で、ポジションはどこでもできるが突出した所もなく、レギュラーよりは補欠が主で、練習は嫌いでした。レギュラーを取る人はやはり「意識の高さ」が垣間見え、半面、私は気圧されるというかそこまでの熱量をサッカーに注ぎ込めなかったと考えています。

その反省もあり高校は文科系に入部しようと考え、囲碁部に入りました。部のほとんどが初心者であり、私も御多分に漏れず初心者でした。部の活動は「ゆるい」のですが、顧問の先生に時間厳守を徹底的に指導され、そのおかげで時間を守る習慣がつきました。

高校2年の時、転機があり部長に任命されました。理由は部長に立候補した「意識の高い」同級生に指示されたくないと思い、自ら立候補しました。今思い返すとつまらない理由かもしれません。ですがその時のチャレンジ精神は今の私を支えてくれています。高校3年間でアマ6段まで昇級し、学校生活に潤いを与えてくれました。

高校はその地域ではいわゆる進学校だったので大学入試は苦労しませんでした。しかし、大学では苦労しました。大学はテーマを自ら調べ、知識を得る手法であり、講義のみでは必要な知識取得が不十分なため、予習復習や提出物の苦手な私には苦痛でした。結果、学校から遠のくことになりました。単位の取得もままならず足がますます遠のき、大学3年の時には休学を決意しました。

さて、自衛隊についてですが、特に東日本大震災での活躍は小学生の私に強い印象を与え、自衛隊という職を漠然と考えた事はありました。幼少の頃から人に喜ばれることが好きだったので、社会に貢献できる自衛隊に憧れに似た感情はありました。しかしながら高等工科学校や防衛大学校という道を選ぶという選択肢が学生の間にはありませんでした。もし、その時知識があれば自衛隊という選択肢を選んでいた可能性は高いです。

自衛隊を志願したきっかけですが、大学休学手続きの際、大学内のカウンセリングを受けてみるように指導されました。将来の目標もなくどうしようか思い悩んでいる話を大学カウンセラー職員にしたところ、職員の知人に海上自衛隊のパイロットがいて「そんな道もあるよ」といった雑談から、突然に自衛隊への憧れを思い出し、自ら地方協力本部の扉をたたきました。

受験出来る試験は全て受験し、一般幹部候補生と予備自衛官補は不合格、空自の一般曹候補生と自衛官候補生は合格、年齢的に最後である航空学生（海）は3次試験まで進んだものの手応えはなく、航空自衛官としてどの職が良いかまで考えていたところ合格の報を受けました。

航空学生になることに不安はありません。私は自分の長所と短所を知っているからです。前記の通り短所はものぐさであり拘束されることが苦手、ですが苦手な事と上手に付き合う方法も人との交流やバイトなどで経験を積み、対応できると考えています。そして長所は、人づきあいが好きでくよくよせずチャレンジ精神旺盛であるところ、そして記憶力には自信があります。自衛隊は職務の内容の幅が広く、たくさんの人と関わると聞いています。それは私が望んでいたものであり楽しみです。

親も大学へ行かずプラプラしているよりはと喜んでくれているので、大学を中退してしまい学費については申し訳ないものの、少しは孝行になるかと考えています。頑張りすぎない程度に頑張って、良いパイロットになって欲しいと将来の自分に期待しています。

みんなのページ

スキー界に貢献する鈴木3曹

2陸曹　小林 美規（18普連広報班・真駒内）

真駒内駐屯地に所在する18普連（連隊長・聖徳猛1佐）にはスキー技術に長けた隊員が多く所属している。中でもSAJ（全日本スキー連盟）認定デモンストレーター、スキー指導員、A級検定員の資格を持ち、スキー界のパイオニアとして名を馳せる唯一無二の隊員がいる。彼こそ2普通科中隊の鈴木洋祐3曹である。

鈴木3曹は、卓越した技術で「全自衛隊スキー大会」において基礎の部・総合第3位、大回転の部・総合優勝等、数々の好成績を収めるとともに、全日本スキー技術選手権大会に北海道代表として出場するなど、自衛隊内外においてその名を轟かせている。

また、四季を問わず日本全国を駆け巡り、SAJ主催スキー指導者研修会の講師を務める傍ら、各スキー学校の講師に対して技術指導を行うなど、指導者としても日本スキー界に貢献し続けている。

鈴木3曹は「隊員から、官品スキーは私物スキーに比べて難しいという声をよく耳にしますが、官品スキーには特有の奥深い魅力があります。苦手意識を克服させるためにも、知識・技能を部隊で普及させ、個人のスキルアップ・競技力向上を目指すとともに、指導者として貪欲に挑戦していきたいと思います。そして、新型コロナウイルスが収束し、全自衛隊スキー大会が開催されることが待ち遠しいです」と未来を展望したコメントを述べていた。

スキー指導者として自衛隊スキーに貢献する鈴木3曹

「国民の負託に応えるために」

陸士長　遠松 拓海（33普連重迫中・久居）

私は、さまざまなメディアを通して自衛隊の活躍を知り、自然災害などの厳しい状況下に置かれても諦めずに国民を救出する姿を見て自衛官に憧れを抱き入隊しました。

入隊して今年で2年目になりますが、自衛隊という組織で過ごして気付いたことがあります。それは、自衛隊は個人同士間のつながりが強いということです。

日々の訓練や演習で、誰かがミスを犯しても周りの人がサポートして相互に助け合う姿をよく見ます。そういった助け合いの精神が災害派遣にも表れていると思います。どんなに厳しい環境にも耐えうる身体と精神を兼ね備えた人たちの集団が自衛隊です。

近年、世界情勢が不安定になりつつあります。自衛隊として何ができるのか、国を防衛する上での抑止力となれるのかが試される時期になると感じています。いざという時に国民の負託に応えられるように、私も日々精進し、自覚を持ってこれから過ごしていこうと思います。

OBがんばる

瀬谷 三男さん 55
令和2年11月、東北方特連（郡山）を2陸佐で定年退官。現在は東京海上日動火災保険の損害サービス主任として自動車保険の事故対応業務に当たる。

「何ができるか」見極めを

私は36年の自衛隊勤務を終え、無事定年退官いたしました。地元福島県郡山市での再就職を検討していたところ、退官の約1年前、援護担当者から「郡山市内に条件の整った企業がありますが、いかがでしょうか」との情報提供を受け、紹介されたのが東京海上日動火災保険株式会社でした。

令和2年11月に入社し、現在、郡山損害サービス課で損害サービス主任として勤務しております。主な業務としては、弊社の自動車保険に加入されているお客様（契約者）が交通事故に遭われた際、契約者、被害者への損害賠償や保険金の支払いを行うものです。事故に遭われて困っているお客様や被害者のお役に立つこと、安心をお届けすることが損害サービスの任務となります。

しかしながら、サービス業務の経験や保険金融機関での勤務経験がない私は、まさにゼロからのスタートとなりました。当初は不安や戸惑いばかりでしたが、自衛隊OBの先輩社員から直接サポートを受け、新人研修や各種研修を経験し、業務を進める上でのノウハウを徐々に身に付けることができました。

退官後の再就職は「新たなチャレンジ」であり、新たな環境への「適応力」と職務に臨む「覚悟」を持たなければなりません。少なくとも再就職の紹介を受けた時点から「自分は何ができ、何をすべきか」を見極めることが必要かと思います。

退官後、再就職を予定される皆様は、お早めに駐屯地の援護センターに足を運び、援護担当者に相談されることをお勧めいたします。

航空事故防止のために

1空尉　鈴木 涼一（航安隊運航調査科・立川）

空自航空安全管理隊（司令・岡本秀史空将補＝立川）はこのほど、赤城山（群馬県前橋市）で「野外行動訓練」の事前偵察を実施した。

航空安全管理隊は、航空事故発生時に事故調査委員会に対して事故調査官や必要な器材を差し出すという任務をもち、平時から専門的な事故調査要員を確保しているのは航空自衛隊特有の機能とはいえ、調査官要員は様々な航空事故に対応するための訓練を恒常的に行い、事故発生時の調査派遣に備えている。

「野外行動訓練」はそれら訓練のひとつで、山岳等で航空事故が発生した場合でも事故現場に到達し、調査が行える行動能力を身に着けるためのものである。例年、夏季の酷暑、冬季の寒冷積雪の環境それぞれで、山岳地の踏破や展開先での調査活動を訓練していることは、あまり知られていない。

今回は残念ながら実際の野外行動訓練は中止となったが、それ以外にも事故発生場所への展開、残骸の調査、事故関係者からの聴き取り、要因分析等の各種訓練を行っているほか、それらの総合訓練にあたる事故調査訓練も継続的に行っている。

事故は時として大きな不幸をともなう。しかし事故の実態を明らかにし、原因を究明して対策を確立することにより再発防止、未然防止を図って教訓として昇華させることこそ事故調査の本分と認識し、調査官は日夜その能力の向上に取り組んでいる。

詰将棋

出題 日本将棋連盟 九段 石田 和雄

第865回出題

▲先手 持駒 飛飛

【ヒント】飛二枚をどう使うか（10分で初段）。

▶詰碁、詰将棋の出題は隔週です◀

詰碁

出題 日本棋院 九段 曲 励起

第1280回解答

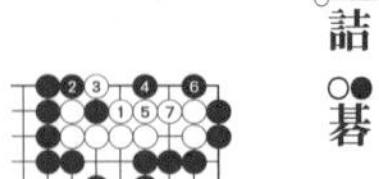

【解答図】白先、白活。白①が大切です。黒❷に白③、黒❹に白⑤、黒❻白⑦で白は活きます。

（世界の切手・ウクライナ）

暴力を隠すことができるのは嘘（うそ）だけであり、その嘘を維持することができるのは暴力だけである。

ソルジェニーツィン（ソ連の作家）

朝雲ホームページ
www.asagumo-news.com
会員制サイト
Asagumo Archive プラス
朝雲編集部メールアドレス
editorial@asagumo-news.com

新刊紹介

「国を守る覚悟」

木本 あきら著

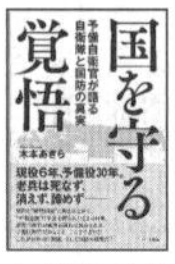

国を想い、愛する現役自衛官は、自由に発言することが制限されている。こうした現状に対し元予備自衛官の著者が、これまでのさまざまな経歴から得られた知見を基に警鐘を鳴らす一冊。

著者は3陸曹教育隊（板妻）などで6年間の自衛官生活を送った後に、米国で2年間の道徳再武装運動に参加。同運動で出会ったスイス人がきっかけとなり、予備自衛官となった。これ以降、約25年間は世界各国へプラントエンジニアとして海外赴任生活を過ごす間も自費で一時帰国し、年1回の予備自衛官招集訓練に参加。予備自衛官としての活動は約30年に及ぶ。

また世界中を渡り歩く中、エジプトのシナイ半島で第4次中東戦争の戦場となった砂漠に立つ「ピース・ニーズ・フォース」の看板を目にする。平和のためには、軍備が必要であるという現地の人々と日本人の平和に対する感覚の違いを目の当たりにした。そして湾岸戦争で日本は、平和が簡単に崩れること、平和を守るには自主防衛と人的貢献が重要であることを学んだはずであると指摘。それでも変わらぬ状況に「憲法守って国滅ぶ」と筆者は危機感を表明する。

中国の軍備拡大、北朝鮮の度重なるミサイル発射実験など厳しさを増す安全保障環境に、お人好しな性善説を捨て、自国の防衛力に意識を向けなければならない。その「覚悟」を著者は訴えている。

（ハート出版刊、1540円）

「TARON―太論No.1 宇宙空間における戦略的競争」

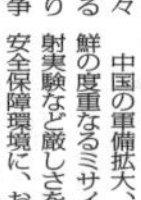

近年の米中間の覇権をめぐる争いはより多岐の分野にわたり熾烈どなっている。アメリカはトランプ政権時に「中国はインド太平洋地域における米国の立場にとって代わろうとしている」と厳しい警戒感を示した。対中政策における安全保障上の認識はバイデン政権になっても継続している。

アメリカの同盟国である日本としても、この機会により国民的な安保議論を醸成し、軍事に関する安全保障領域の研究や現状を分かりやすく、伝わりやすく編纂して広めることで民主主義の発展に寄与したい。そんな経緯から創刊された本誌。

創刊号は、米中間の戦略的競争シリーズとして近年急速に競争が加速している「宇宙空間」に焦点を当て、特に軍事利用の拡大とその潜在的な意義について各専門家が論じている。内閣府、防衛研究所、IHIなど官民それぞれの宇宙空間におけるスペシャリストの対談・論考は、まさに日本の宇宙領域の安全保障環境における最新情勢を網羅しているにふさわしい内容と言えるだろう。

ページ数も100ページを切るコンパクトさ。多彩なグラフィックを駆使した本誌は誰でも気軽に手に取りやすい。

（国政情報センター刊、1815円）

「朝雲」へのメール投稿はこちらへ！

▽原稿の書式・字数は自由。「いつ・どこで・誰が・何を・なぜ・どうしたか（5W1H）」を基本に、具体的に記述。所感文は制限なし。
▽写真はJPEG（通常のデジカメ写真）で。
▽メール投稿の送付先は「朝雲」編集部（editorial@asagumo-news.com）まで。

朝雲
発行所 朝雲新聞社
〒160-0002 東京都新宿区四谷坂町12－20 KKビル
電話 03(3225)3841
FAX 03(3225)3831
振替00190-4-17600番
定価一部150円、年間購読料9170円（税・送料込み）

主な記事

岸防衛相 ウクライナ国防相と会談

ドローンなど追加提供

岸防衛相は4月19日の記者会見で、ウクライナ政府の要請を受け、防衛省・自衛隊から新たに化学兵器等に対応可能な防護マスクと防護衣、さらに小型無人機（ドローン）を同国に提供すると発表した。岸大臣は「今後もできる限りの支援を行っていく」と述べた。準備が整い次第、民間機で同国の周辺国に向けて装備品の輸送を開始する。これに先立ち4月13日、岸大臣は同国のオレクシー・レズニコフ国防相とテレビ会談を行い、ロシアによる軍事侵攻を受ける同国に対し、我が国として引き続き最大限の支援を行っていくことを約束した。

ウクライナのレズニコフ国防相（左）とテレビ会談を行う岸防衛相（4月13日）＝防衛省提供

日本政府は3月8日の国家安全保障会議（NSC）で、ウクライナに無償提供する装備品の品目と共に自衛隊機による輸送の開始を正式決定。同日以降、空自機や米軍機、民間機で周辺国に輸送を行っている。

現在提供しているのは、▽防弾チョッキ▽鉄帽▽防寒服▽天幕▽カメラ▽衛生資材▽非常用糧食▽発電機▽双眼鏡▽照明器具▽医療用資器材――で、今回新たに▽防護マスク▽防護衣▽ドローン――が加わった。

いずれも自衛隊法「116条の3」や「防衛装備移転三原則」の範囲内で、国際的な平和と安全の維持に資する「非殺傷の装備品」の提供となる。

レズニコフ国防相は4月13日のテレビ会談で日本の支援に改めて深い謝意を表明。岸大臣は同国の首都キーウ近郊でロシア軍による多数の民間人殺害の残虐行為が明らかになったことについて「重大な国際人道法違反で断じて許すことはできず、厳しく非難する。ロシアは責任を問われなければならない」と述べた。

会談後、臨時記者会見した岸大臣は「ロシアによる侵略は国際法と国連憲章の深刻な違反で決して認められない。力による一方的な現状変更の試みは国際秩序の根幹を揺るがすものだ。今後もウクライナと緊密に意思疎通しつつ、国際社会と連携しながら同国を最大限支援していく」と語った。

両氏のテレビ会談は今年3月16日に続き2回目。ウクライナ側からの申し入れで行われた。

伊国防相が来日 岸防衛相と会談

岸防衛相は4月12日、来日したイタリアのロレンツォ・グエリーニ国防相と省内で約1時間40分会談し、防衛協力推進で一致した。日本での対面による日伊防衛相会談は5年ぶり。国防相は空自の次期戦闘機の共同開発に関心を示した。

会談で岸大臣は「自由で開かれたインド太平洋（FOIP）」の維持・強化に向けた欧州諸国の一層の関与強化を呼び掛けた。

これに対し、グエリーニ国防相は、同国のインド太平洋地域における政策をはじめ、欧州連合（EU）の「インド太平洋戦略」や「戦略的コンパス」について説明。日本との協力を重視する姿勢を示し、FOIPへの強い支持を表明した。

ウクライナ情勢などをめぐり、両氏は力を背景とした一方的な現状変更の試みに強く反対するとともに、「国際法の順守が重要であるとのメッセージを発信し、共に自由、民主主義、人権、法の支配といった基本的価値を強く推進することが重要だ」との認識で一致した。

防衛産業15社 初の意見交換会

岸防衛相 技術力の底上げ目指す

岸防衛相は4月13日、防衛装備品を製造する主要15社の社長らを防衛省に招き、初の意見交換会を開いた。

冒頭、岸大臣は「防衛産業・技術基盤は今や防衛力の一部であり、その強化なくして防衛力強化は成り立たない」と強調。国内産業の技術力の底上げを目指し、官民一体となった抜本的な対策の必要性を訴えた。

これに先立ち、防衛装備庁でも今年2月16日と3月23日に今回と同じ15社から執行役員らを招き、装備庁の鈴木敦夫長官らが出席して独自の意見交換会を開催している。

岸大臣との意見交換会では、企業側から利益率のアップや国主導による官民一体となった装備移転（輸出）政策の推進を求める意見が出たという。

防衛省では「防衛産業は自衛隊を支える防衛力の一部であり、一部企業の撤退等が課題となる中、これまで以上に官民で連携し、基盤強化に取り組みたい」としている。

参加企業は次の通り。▽三菱重工▽川崎重工▽富士通▽三菱電機▽日本電気▽東芝インフラシステムズ▽IHI▽日立製作所▽小松製作所▽ダイキン工業▽沖電気工業▽日本製鋼所▽JMU▽スバル▽GSユアサインフラシステムズ

スクランブル1004回

過去2番目、対中国機急増

2021年度

統幕は4月15日、2021年度（昨年4月～今年3月）の空自戦闘機による緊急発進（スクランブル）の概要について発表した。

回数は1004回を記録し、過去最多となった16年度以来5年ぶりに1000回を超え、冷戦期の水準を上回った。1958年（昭和33年）に空自が対領空侵犯措置任務を開始して以来、2番目に多い回数となった。

急増の背景には、中国軍機による相次ぐ沖縄本島と宮古島間の通過があり、8月の無人機も含め計12回を数え、20年度の3倍を記録した。21年度全体の中国軍機に対するスクランブル回数は722回（対前年度約58%増）で、95年に国籍別統計を開始して以来、過去2番目に多い数値となった。一方、ロシア軍機に対しては266回（同約3%増）で、微増だった。

国別の割合では対中国機が全体の約72%、次いで対ロシア機が約26%だった。

中国軍機の東シナ海での活動活発化により、空自南西航空方面隊（那覇）の発進回数は652回（同約62%増）に激増し、4個航空方面隊全体の約65%を占めた。

中・露両軍の共同飛行も行われ、昨年11月19日には中国のH6爆撃機2機とロシアのTu95爆撃機2機が日本海から太平洋に至る長距離飛行を行うなど、活動範囲も拡大。

さらに12月19、20の両日には西太平洋上を航行中の中国海軍の空母「遼寧」から発進したJ15戦闘機などが確認され、中国軍の飛行態様の多様化・高度化が見られた。

このほか、21年度はロシア軍のSu25攻撃機、中国軍のTB001偵察／攻撃型無人機（推定）、同軍のBZK007偵察型無人機が初めて確認された。

領空侵犯は、9月12日にロシアの民航機とみられるAn26型輸送機による北海道・知床岬沖、3月2日の同国ヘリによる同・根室半島沖の侵犯の計2件だった。

岸防衛相は4月15日の記者会見で中国機の日本周辺での活動の活発化について触れ、「国防政策や軍事力に関する透明性の不足と相まって、我が国を含む地域と国際社会の安全保障上の強い懸念となっている」と指摘し、「引き続き国際法や自衛隊法に従って対領空侵犯措置に万全を期していく」と述べた。

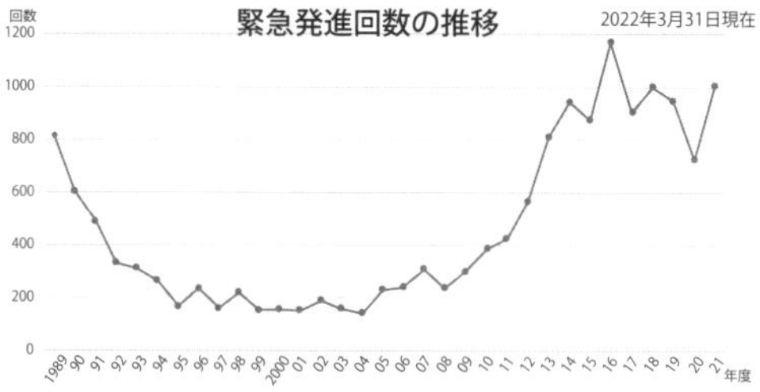

ハワイのシニア・リーダーズ・セミナー

吉田陸幕長が出席

吉田陸幕長は3月31日から4月10日まで、米国のハワイ州、テキサス州など各地を訪問し、日米陸軍種ハイレベル協議「第41回シニア・リーダーズ・セミナー（SLS）」に出席するとともに、米陸軍トップらと相次いで会談を行い、日米部隊間の連携をさらに強化していくことで一致した。

SLSは31日と1日、ハワイ州のフォート・シャフターで行われ、陸自から吉田陸幕長、牛嶋築陸上総隊幕僚長、米軍から太平洋陸軍司令官のチャールズ・フリン大将、太平洋海兵隊司令官のスティーブン・ラダー中将ら計13人の指揮官が一堂に会した。

会議では、自衛隊の「領域横断作戦」と米陸軍の「複数領域作戦（MDO）」、米海兵隊の「遠征前方基地作戦（EABO）」の連携を焦点に、日米間の運用性をさらに向上させるための取り組みについて意見を交換した。

この後、米本土に移動した吉田陸幕長は、テキサス州の陸軍将来コマンド、ワシントンDC近郊の国防総省、陸軍装備コマンド、アラバマ州の陸軍省早期能力重要技術室、カンザス州の陸軍諸職種共同センター、ワシントン州の第1軍団、第7歩兵師団、第17砲兵旅団などを歴訪した。

国防総省では、カウンターパートに当たる陸軍参謀総長のジェームズ・マッコンビル大将、海兵隊総司令官のデビッド・バーガー大将とそれぞれ会談し、日米の防衛協力の方向性について意見交換を行った。このほか、17砲兵旅団では米陸軍の最新装備「長距離極超音速兵器（LRHW）」なども視察した。

米ハワイ州で行われた日米陸軍種ハイレベル協議「第41回シニア・リーダーズ・セミナー」に出席し、日米部隊の連携強化を確認した吉田陸幕長（右から2人目）と米陸軍、海兵隊の司令官ら＝陸幕提供

齋藤防研所長が訪越

防衛研究交流を再開

【防研＝市ヶ谷】防衛研究所の齋藤雅一所長以下3人の訪越団は3月21、22の両日、ベトナムの首都ハノイにある国防省傘下の国防国際関係研究所（IDIR）と軍事戦略院（IMS）を訪れ、関係者と意見交換した。

初日はIDIR所長のドン・クイ・ナム上級大佐ら6人と交流。ナム所長は歓迎の意を表し、来年の日越国交樹立50周年に向けた交流深化に期待感を示した。

これに対し、齋藤所長は両国間の意見交換や情報共有の重要性を強調した。

この後、防研側は経済安全保障や海洋安全保障について、IDIR側はロシア軍によるウクライナ侵攻の影響や日越交流への期待について発表し、白熱した質疑応答が行われた。

翌22日はIMS院長のグー・クォン・クエット少将が大国間競争と新興技術についてプレゼンテーションを行い、齋藤所長は日米豪印の「クアッド（QUAD）」や豪英米の「オーカス（AUKUS）」といった新たな枠組みに対する越側の評価や、注目する技術分野などについて質問し、有意義な議論が行われた。

防研はカウンターパートのIDIRと隔年で研究者の相互訪問を実施してきたが、新型コロナの影響で2019年12月の越側の訪日を最後に交流が中断。今回の訪越は、我が国の重要なパートナーであるベトナムとの防衛研究交流を再開させる上で重要な意義を持つ第一歩となった。

ベトナムを訪問し、越軍事戦略院長のクエット少将（右）に記念品を手渡す齋藤防研所長（3月22日、ハノイで）

北がミサイル発射 EEZ外に落下

防衛省

防衛省は4月17日、北朝鮮が前日の16日に何らかのミサイルを発射したと発表した。我が国の領域や排他的経済水域（EEZ）への飛来は確認されていない。弾種などについては情報収集・分析を行っている。

防衛省では北朝鮮の軍事動向について、引き続き米国などとも緊密に連携しながら必要な情報の収集・分析、警戒監視に全力を挙げ、我が国の平和と安全の確保に万全を期すとしている。

北朝鮮は17日、「新型戦術誘導兵器」の発射実験に成功したと発表しており、18日に始まった米韓合同軍事演習をけん制する意味もあるとみられる。

韓国軍は17日、北朝鮮が16日午後6時頃、東部の咸興（ハムフン）付近から日本海に向け飛翔体2発を発射、北朝鮮沖に落下したと発表した。

英仏艦と豪機が「瀬取り」を監視

日本周辺海空域

北朝鮮船舶による国連制裁逃れのための違法な「瀬取り」を監視するため、英海軍哨戒艦「テイマー」が2月下旬、仏海軍フリゲート「ヴァンデミエール」が3月中旬、さらに豪空軍のP8哨戒機が2月下旬から3月下旬にかけて、それぞれ東シナ海を含む日本の周辺海空域で警戒監視活動を実施した。

春夏秋冬

ウクライナの抵抗の行方

鶴岡　路人

2月24日のロシアによるウクライナ侵攻の開始以降、朝から晩まで、この戦争のことが頭を離れない。しかも状況の悲惨さは、日を追うごとに増している。そうしたなかで強く印象付けられるのは、ウクライナによる激しい抵抗である。

命をかけても守らなければならないものがある。これに尽きるのだろう。しかも、このことが、軍人のみならず一般市民にも広く共有されているようにみえることが、今回のウクライナの抵抗を支えている。

抵抗には犠牲が伴うが、抵抗しないことにも犠牲が伴うのである。キーウ近郊のブチャやボロディアンカにおける市民の虐殺は、そのことを示している。ロシア軍による占領にいたる戦闘で犠牲になった人もいるが、占領開始後に虐殺された数が多そうなのである。抵抗せずに降伏しても、命は守れなかった可能性が高い。

そしてロシア軍による残虐行為は、占領が続く限り繰り返されるのだろうし、外部には伝わらない。ウクライナ東部を含め、ロシアの支配下にある地域で似たようなことが起きていると考えなければならない。これから占領される場所でも同様であろう。

このことが明らかになってしまった以上、ウクライナにとっての平和は、ロシア軍が国内から完全に撤退したときにしか実現しないことになる。これは、今回の戦争における構図の大きな変化ではないか。

というのも、ロシアに占領されている限り平和がありえないとすれば、停戦の意味が薄れるからである。停戦とは、その時点での占領地域の（少なくとも一時的な）固定化であり、ブチャのようなことが起こり続けるということになりかねない。これを受け入れる用意のあるウクライナ人は多くないだろう。

それではウクライナは自らの力でロシア軍を追い出すことができるのか。これが最大の問題である。戦争の早期終結が望ましいことは論をまたない。しかし、軍事的にウクライナが勝利する早期決着は現実には想定し得ない。そうだとすれば、ウクライナには、抵抗を続け、少しでもロシア軍の占領地域を縮小していくしかないし、国際社会はそれを支えていくということになる。停戦を唱えるのみでは平和はやってこない。

（慶應義塾大学総合政策学部准教授）

朝雲寸言

通常は目的がまずあり、その下にそれを実現する手段として政策や方針がある。しかし、戦後日本という特殊な社会ではそれが逆転するという実に奇妙な状態が続いてきた。「国民の生命・財産を守る」という国家目的を果たすことよりも、憲法9条や専守防衛、非核3原則といった政策や方針の方が上位に居座り、これらを墨守することの方が国民の生命よりも価値があるとでも言いたげな人々が根強くいる▼ウクライナを襲った余りに過酷な現実をみても、同様の試練にやがて日本も直面するかもしれないという予測に接しても、それでもなお「9条を守れ」「非核3原則を順守せよ」と叫ぶ人々をみるたびに、戦後の平和主義はもはや政策論ではなく、「戦後平和教」とでも呼ぶべき一種の「疑似宗教」と化していると感じられてならない▼天正10（1582）年、臨済宗妙心寺派の名刹、甲斐の恵林寺が織田信長の焼き討ちに遭った。寺の快川国師はこの時「心頭滅却すれば、火もおのずから涼し」との禅の教えを凝縮した言葉を遺して火に包まれた▼「戦後平和教徒」の人々からみれば、先々中朝露の核ミサイル攻撃を受けても、ひたすら憲法9条を拝み、専守防衛を唱えていれば「核の業火もまた涼し」ということになりそうだ。未来があるはずの日本の子供たちを守り切ろうとしない冷酷な疑似宗教に接すれば、快川国師も大いに困惑されるのではなかろうか。

時の焦点

国内　文通費法改正

透明性を高めたい

国会議員に支払われる文書通信交通滞在費（文通費）を日割り支給に改め、名称を「調査研究広報滞在費」に変える改正歳費法と改正国会法が成立した。だが、公金の透明性を高める改革は先送りされている。与野党は協議を継続し、有権者の理解が得られる制度を目指さねばならない。

文通費は、毎月の歳費とは別に、書類の発送や通信代などのためとして月額100万円が支給されてきた。使途の報告や残金の返還義務がないため、議員の「第2の給与」と呼ばれてきた経緯がある。

見直し論議は、昨年10月31日の衆院選で当選した日本維新の会の新人議員が、在職1日でも満額が支給されることを問題視したのがきっかけだ。歳費は2010年の法改正ですでに日割り計算となっている。歳費に合わせて見直すのは当然だ。

与野党協議で、野党は、使途の公開や未使用分の国庫返納を主張したが、与党は検討に時間がかかるとして慎重だった。結局、4月24日投開票の参院石川選挙区補欠選挙の当選者から新制度を適用するため、各党が合意を急いだ。残る課題については、6月15日までの今国会の会期中に結論を出すという。各党は接点を見いだし、改革を急ぐ必要がある。

01年に衆院議長が設けた調査会は、文通費は実費を支払うという性格のものだとして、領収書を付けて使途を報告し、公開すべきだと答申した。提言を放置してきた各党は無責任と言わざるを得ない。

文通費はこれまで、通信費以外にも幅広く支出されてきたことで知られる。物品購入や会合費用、秘書給与への流用などだ。今回、名称が「調査研究広報滞在費」となったのは、より幅広い経費に充てる狙いがあるのだろう。使途の対象を拡大するならば、公開制度を導入するのが筋ではないか。領収証の添付も、一般社会では常識だ。

地方議会では、政務活動費の報告や公開が進んでいる。国会議員が甘い姿勢を続けるようでは、国民の信頼は得られない。議員の待遇は、より多角的に議論することも求められる。

政策の立案や有権者への広報など、政治活動には一定のコストがかかる。欧米では、議員のスタッフを全て公費で賄っている国もある。国会議員の中には台所事情の苦しい若手も多い。資金力のある人しか議員になれないようでも困る。

他方、日本でも、毎月の歳費や年2回の期末手当のほか、JR無料パスなどが議員には支給されている。年間300億円の政党交付金が税金から支払われている事実も重い。

国民の納得が得られるよう、政治活動に必要な経費を議員がきちんと説明し、不断に改革に取り組むことが大切だ。

夏川　明雄（政治評論家）

海外　ロシア軍事侵攻

蛮行相次ぎ遠のく停戦

ロシアがウクライナに軍事侵攻してから4月24日で2カ月となる。ロシア軍はウクライナの首都キーウ（キエフ）に大規模攻勢をかけて早期攻略を狙った一方で、東部のドンバス地方（ルハンスク、ドネツク両州の地域一帯）および黒海に面する南部でも制圧地域を広げる構えだったが、士気が高く、欧米の軍事支援を受けるウクライナ軍の激しい抵抗や反撃に遭い、緒戦段階で作戦の変更を強いられた。

国内外への発信能力に長けたゼレンスキー大統領が率いる親欧米政権が本拠を構える古都キーウの包囲・攻略作戦に向かったロシア軍の大部隊が進軍途中に多大な人的、物的被害を受け、退却・撤収を余儀なくされたのはロシア側の苦戦ぶりを物語る。

ウクライナ侵攻を命じたプーチン大統領にとって誤算だったのは間違いなく、今後は軍事作戦のもともとの目標だった東部、南部のマリウポリやヘルソンなどの要衝を攻略し、支配地域を確保する構えだ。その先に描くのは、親ロシア派勢力が活動するドンバス地方を押さえた上で、2014年に併合した南部のクリミア半島を陸路でつなぎ、黒海ににらみを利かせる弓状の陸上回廊をロシア領土として確固たるものにするという筋書きだ。

ロシアでは5月9日、第二次世界大戦の対ナチス・ドイツ戦での勝利を祝う戦勝記念日の軍事パレードがある。ロシア軍がこの頃までに東部から南部にかけての支配地域を拡大し、プーチン大統領が「戦果」を国民向けに誇示するとの観測も取り沙汰されている。4月に入り、ロシアが軍事介入したシリア内戦で作戦指揮を執ったドボルニコフ南部管区司令官をウクライナの全戦域を統括する司令官に任命したのは、軍部隊の再配置で戦況の立て直しを図り、東部などの制圧に注力するためとみられている。

こうしたクレムリンの思惑も、国際的な支援を受けるウクライナ側が頑強に抵抗し続ければ、「第2の誤算」を招くことになりかねない。東部、南部での軍事攻勢が首尾よく進まなかった場合、「戦勝宣言」どころか、長期化する戦闘の泥沼に引きずり込まれる。

ロシアは隣国への一方的侵攻という暴挙を国際社会から糾弾され、西側諸国からかつてない規模の制裁を受けており、厳しい制裁は国際的孤立と併せ、ロシア経済にボディーブローのように効いてくるだろう。ロシアにとって、戦費調達のこともあり、戦闘の長期化は避けたいはずだが、ウクライナとの停戦協議やその後の和平交渉には暗雲が漂う。

ロシア軍が占拠したキーウ近郊のブチャで多数の民間人を殺害した疑いが濃厚なことに加え、激戦地のマリウポリなど各地で戦争犯罪と指摘される残虐行為を重ねていることで、停戦機運が消えつつあるためだ。子供を含む罪のない民間人の犠牲をこれ以上出さないためにも、停戦実現は最優先に取り組むべき課題だが、それをあざけるかのようにロシア軍によるミサイルを使った無差別攻撃や住民の拉致、略奪などの蛮行が相次ぐ。3月末時点に固まりかけた停戦合意案も瓦解し、国際社会が強く期待する停戦は遠のくばかりだ。

伊藤　努（外交評論家）

6部隊に「総理特別賞状」

岸田首相「地道な活動」たたえる

岸防衛相（手前右）が立会する中、岸田首相（その左）から「内閣総理大臣特別賞状」を授与される部隊の代表。（左端から）陸自部隊訓練評価隊長の近藤1佐、陸自地理情報隊長の井上1佐、海自試験艦「あすか」艦長の榎谷2佐、海自潜水艦「やえしお」前艦長の佐藤2佐、空自飛行点検隊司令の新崎1佐、空自作戦システム運用隊指揮所運用隊長の佐伯2佐（3月30日、首相官邸で）＝代表撮影

首相官邸で3月30日、令和3年度の「内閣総理大臣特別賞状」の授与式が行われ、長年にわたって地道に任務に取り組んできた陸海空の計6部隊に、自衛隊最高指揮官の岸田首相から賞状が贈られた。

受賞したのは、▽陸自部隊訓練評価隊（北富士）▽陸自地理情報隊（東立川）▽海自試験艦「あすか」（横須賀）▽海自潜水艦「やえしお」（横須賀）▽空自飛行点検隊（入間）▽空自作戦システム運用隊指揮所運用隊（横田）――で、いずれも初の受賞となった。

授与式は新型コロナ対策のため参加者を制限し、岸防衛相のみが立会。岸田首相は、各部隊を代表して整列した陸自部隊訓練評価隊長の近藤力也1佐、陸自地理情報隊長の井上嘉史1佐、海自試験艦「あすか」艦長の榎谷真一2佐、海自潜水艦「やえしお」前艦長の佐藤耕輔2佐（現艦長・井関敬幸2佐）、空自飛行点検隊司令の新崎秀樹1佐、空自作戦システム運用隊指揮所運用隊長の佐伯剛2佐の6人に対し、それぞれ賞状を授与した。

岸田首相はロシアによるウクライナ侵略、北朝鮮のミサイル発射に触れ、「私たちの国は歴史を画するような大きな変化の前にあり、自衛隊に対する期待と役割の重さはますます大きくなる。引き続き誇りと緊張感を持って、それぞれの任務に当たってほしい」と激励した。

首相による直接の部隊表彰は平成27（2015）年を皮切りに、官邸のほか、自衛隊記念日の最大行事「観閲式」などの会場で毎年行われており、今回で7回目。

◇受賞部隊の功績

▽陸自部隊訓練評価隊　平成12年の部隊創設以来、陸自の普通科部隊などに対する実戦的訓練環境の場を提供し、練度の評価や教訓の普及により陸自の任務遂行能力の向上に大きく寄与。

▽陸自地理情報隊　昭和29年の部隊創設以来、陸自唯一の地理空間情報専門部隊として海外派遣時の現地地図や災害派遣現場での測量・三次元地図の作成を担い、部隊や関係機関の円滑な活動に大きく寄与。

▽海自試験艦「あすか」　平成7年の就役以来、海自唯一の試験艦として新型装備品の研究開発のため技術試験などを実施し、我が国の防衛力整備に大きく寄与。

▽海自潜水艦「やえしお」　平成18年の就役以来、長期潜航行動をはじめとした各種任務行動や国外訓練への参加により、我が国の防衛に大きく寄与。

▽空自飛行点検隊　昭和33年の部隊創設以来、防衛省唯一の飛行点検任務を担い、航空機を用いて陸海空自衛隊が管理する施設などの点検を実施し、航空機の安全運航に大きく寄与。

▽空自作戦システム運用隊指揮所運用隊　昭和33年の部隊創設以来、警戒監視を日夜実施し、防衛省・自衛隊に対して警戒情報などを伝達することにより、我が国の防衛に大きく寄与。

陸・海自と米海軍 太平洋で共同訓練

海自3護群3護隊（舞鶴）のヘリ搭載護衛艦「ひゅうが」（艦長・竹下文人1佐）と同7護隊（大湊）の護衛艦「しらぬい」（艦長・堀部成由2佐）は2月28日から3月4日まで、関東南方からグアム北方の太平洋上で米海軍第7艦隊の駆逐艦、米海兵隊と共同訓練を行った。

米海軍からは駆逐艦「バリー」「ミリウス」「ヒギンズ」「デューイ」と貨物弾薬補給艦「リチャード・E・バード」、海兵隊からは第3海兵機動展開部隊の5航空艦砲連絡中隊が参加し、海自部隊と対水上戦を含む各種戦術訓練を実施し、日米部隊の連携を強化した。

同訓練には、陸自水機団（相浦）からも隊員5人が加わり、艦砲射撃の火力誘導訓練を行い、陸海の作戦能力と、米海軍・海兵隊との相互運用性の向上を図った。

陸自水機団の隊員の火力誘導で陸に向け艦砲射撃を行う護衛艦「しらぬい」（西太平洋上で）

中央病院職業能力開発センター 第67期研修生13人が入所

【中央病院＝三宿】公務による負傷や疾病などで障害を負った隊員の円滑な部隊勤務や社会復帰に向けた更生指導業務を行う、中央病院職業能力開発センター（センター長・大堀健防衛事務官）で4月7日、第67期生13人（陸11人、海1人、空1人）の入所式が行われた＝写真。

式では、入所生の任命後、学生長がセンターでの研修を申告。続いて執行者の福島功二中央病院長が登壇し、統率方針の「常在戦場」について触れ、「友愛、誠実、努力、感謝」の四つを学生たちに要望した。

この後、防衛省人事教育局の齋藤敏幸給与課長によるビデオメッセージが放映され、「皆さんが同期の絆を深め、健康に十分留意しつつ、全てのカリキュラムを修了し、さらなる飛躍を遂げて職務に復帰することを祈念しています」と激励した。

研修生はそれぞれの履修科で1年または半年かけ、各人の目標に向け知識・技能、各種資格などを習得し、部隊への復帰を目指す。

大堀センター長は「公務災害などで障害を負った隊員のいる部隊は、ぜひ入所を検討してほしい。部隊復帰に向け、しっかりサポートしていく」と話している。

センターへの入所の問い合わせは各駐屯地・基地の賠償補償担当へ。

共済組合だより

「被扶養者の認定・取消手続き」はお早めに
被扶養者が就職したら手続きが必要

●被扶養者が就職した場合の手続き

組合員の被扶養者が就職した場合、速やかに共済組合の窓口で扶養取消の手続きをしてください。この場合、「被扶養者申告書」及び「就業証明書」等の提出、「組合員被扶養者証」の返納が必要となります。

なお、事実発生の日またはその翌日から取り消されるので、取消の手続きが遅れると給付を受けた分の戻入が生じることがあります。

●結婚・出産等による被扶養者の認定の手続き

組合員が結婚、出産等で被扶養者ができたら、速やかに「被扶養者申告書」を共済組合の窓口に提出し、その認定を受けてください。被扶養者としての各種給付が受けられるようになります。

届出は事実発生の日から30日以内に行うと、事実発生の日に遡って認定されますが、30日を経過した場合は、遡っては認定されないのでご注意ください（その届け出をした日から認定になります。）。

●認定条件

「被扶養者」の認定条件は主として組合員の収入で生活している次の範囲にあてはまる方です。

1　組合員の配偶者（内縁も含む）・子・父母・孫・祖父母・兄弟姉妹

2　3親等内の親族で右記以外の方（原則として組合員と同居していることが必要）

3　内縁関係にある配偶者の父母・子（同上）

4　内縁関係にある配偶者の死亡後におけるその父母・子（同上）

ただし、上記の該当者でも収入が年額130万円以上（障害による年金受給者または60歳以上の公的年金受給者は180万円以上）の方及び年額130万円以上になると見込まれる方は認定されません。

また、別居している父母等については当該父母等の全収入と組合員及びその他の方の送金等の収入の合計）の3分の1以上を組合員が送金等により負担していない場合も認定されません。

扶養認定において基準とする年収を算定する場合の1年間は、1月～12月の暦年や4月～3月の年度単位でなく、認定から現在までの引き続く期間において連続する12カ月で、どの12カ月の収入を見ても130万円未満である必要があります。

現時点で年額130万円以上でない場合であっても、年額130万円以上と見込まれる収入が継続的に得られるようになった場合、勤務形態の状況等により、扶養認定の取消となる場合もあります。

例えばパート勤務等で収入を得ているような場合は、130万円÷12カ月＝10万8333円であるため、月の収入が10万8333円を恒常的に超えることとなったらご注意ください。

被扶養者の認定、取消についての詳細は、ご所属の共済組合支部短期係までお問い合わせください。

対馬南西海上に 中国情報収集艦

4月11日正午ごろ、長崎県・対馬の南西約130キロの海上を北東に進む中国海軍の「ドンディアオ」級情報収集艦（6000トン、艦番号794）1隻を海自3ミサイル艇隊（佐世保）のミサイル艇「おおたか」と1空群（鹿屋）、4空群（厚木）のP1哨戒機がそれぞれ確認、警戒監視に当たった。

中国艦は対馬海峡を北上し、日本海に入った。

防衛省発令

▽兼統幕運用2課（陸幕総務課行政文書管理室長）1陸佐　松坂　仁志
（同監理班長）同　兼子　孝人
（以上4月2日）
▽呉海上訓練指導隊司令（1輸送隊司令）1海佐　松味　利紀
▽1輸送隊司令（掃海隊群司令部）同　小山　雅弘
▽呉地方総監部付（呉海上訓練指導隊司令）同　水田　英幹
（以上4月4日）
▽海幕防衛課（やまぎり艦長）1海佐　山内由香子
（4月8日）
▽空自幹部学校付（空幕防衛課）1空佐　城代　泰嗣
（情報本部）同　山田　純
（以上4月9日）
▽中央業務支援隊副隊長（中央業務支援隊）1陸佐　大戸　英円
（4月12日）
▽解舞鶴弾薬整備補給所整備部長事務取扱　舞鶴弾薬整備補給所長　1海佐　浅野　史郎
▽4高射群副司令（空自幹部学校）2空佐　渡辺　崇寛
▽空自補給本部医務官（西部航空警戒管制団）同　矢野　秀和
（以上4月15日）

ブルーインパルス 今年度予定を発表

空幕

空幕は4月1日、4空団11飛行隊（松島）のT4ブルーインパルスの令和4年度の展示飛行予定を発表した。今後の飛行日程と実施場所、行事名は表の通り。

（7面に関連記事）

令和4年度ブルーインパルス展示飛行予定

日程	場所	行事名
4月23日(土)	宮城県石巻市	旧北上川河口部復旧復興事業完成式
5月28日(土)	秋田県秋田市	東北絆まつり2022秋田
6月5日(日)	防府北基地	防府航空祭
7月24日(日)	北海道札幌市	札幌エアショー2022
8月7日(日)	滋賀県高島市	自衛隊フェスタ高島　50・70(仮称)
8月27日(土)	宮城県東松島市	東松島夏まつり
8月28日(日)	松島基地	松島基地航空祭(仮称)
9月19日(月)	小松基地	令和4年度小松基地航空祭(仮称)
10月1日(土)	栃木県宇都宮市	第77回国民体育大会「いちご一会とちぎ国体」
10月15日(土)	愛媛県今治市	今治港開港100周年記念事業「みなとフェスティバル100」
10月23日(日)	浜松基地	エアフェスタ浜松2022
12月4日(日)	百里基地	令和4年度百里基地航空祭
12月11日(日)	宮古島分屯基地	宮古島分屯基地開庁記念行事

元自衛官・宇都隆史参議院議員 使命を語る

実効性ある防衛力への転換を急げ

宇都隆史（うと・たかし）　参議院議員（2期）自民党所属。1974年鹿児島県生まれ。防大（42期）卒業後、空自入隊。1空尉で退官後、松下政経塾。2010年参議院（全国比例区）初当選。参議院外交防衛委員会委員長、外務大臣政務官、外務副大臣を歴任。

世界中に衝撃を与えたロシアによるウクライナ侵攻。民間人の虐殺など国際法を踏みにじる数々の行為に対して国連は機能せず、ロシアとの間に領土問題を抱える我が国の安全保障体制についても根本的な見直しが必要になってきた。解決の糸口さえ見いだせない4月6日、元空自隊員で、外務副大臣等を歴任した宇都隆史参議院議員に日本の果たすべき役割、年末に改定が予定される国家安全保障戦略など3文書に盛り込むべきポイントについて考え方をうかがった。（聞き手　水谷秀樹・編集局長）

——ロシアによるウクライナ侵略は収束のめどが立ちません。この事態に国際社会、そして日本はどのように向き合っていかなければならないか。その辺りからお伺いしたいと思います。

宇都議員（以下、宇都）　国際社会は国内と違いますから、有効的に機能する警察的なシステムも、実効力をもって裁くというシステムも存在しません。あくまで世界各国が秩序の維持に主体的に努力するという前提で成立するのであって、大国になればなるほど、力を持てば持つほど、より抑制的に振る舞い、より貢献をする側に回らなければならないのです。今回ロシアだけが非難されていますが、アメリカもトランプ政権の時にそういう傾向がありました。いわゆる「自国第一主義」的な外交姿勢です。

今回プーチンが行ったことは、非難されるべきで、絶対に許すわけにはいきませんが、同時に国際社会がこの力による現状変更を起こさせないための努力が足りなかったのではという反省にも立たなければなりません。

——今のウクライナの状況に関して「対岸の火事ではない」としばしば言われています。

宇都　私も強く賛同します。遠いヨーロッパで起きていることではない。ロシアは隣国です。我々も領土問題を抱えていますし、さらに言えばロシアが孤立する中で、中国はロシアを経済的にサポートしており、中露の結びつきが非常に強くなっています。その背景にはロシアが伝統的・生理的に米国（米国文化）を受け付けない、ということもあるのですが、それが中国にとって地政学的・権益的なものと相まって、ウクライナ侵攻前からも、極東における中国とロシアの関係は緊密になってきていました。軍による艦艇や航空機の活動もそうです。中露がより政治・外交的に密接に連携するようになれば、我が国にとって大きな懸念事項となります。

具体的に言えば、尖閣で何かが起きる時に、同時に北方でも何か動きがある。台湾有事の際には、ロシアが政治経済面で中国を支援するなど、日米同盟の戦力の分散が強いられることが考えられる。それも念頭に置きながら今後の備えをしていくべきでしょう。

今回のロシアによるウクライナ侵攻を中国は深く分析しているはずです。どこまでやると、国際社会の逆鱗に触れるか、これは国内問題だという形で切り抜けられる範囲がどこまでかを推し量っている。日本は、今回のロシアによるウクライナ侵攻を中国による台湾侵攻（尖閣有事）に置き換え考察し、そんなことをすればこれだけのデメリット・制裁が待っているぞという準備を周到に行い、中国が誤算をして行動を起こさないようにしなければなりません。

対GDP比2％の防衛費が必要

元自衛官の経験から具体性のある防衛戦略を語る宇都隆史参院議員（4月6日、参議院会館で）

——一方で旧ソ連時代はバルト三国も元々はソ連の領土でした。そこが今はNATOに入っている。ウクライナの地政学的な部分を考えますと、ロシアの喉元であり、黒海に面した場所です。ロシアの立場に立てば、ウクライナがNATOに入ることは容認できないのではと思いますが。

宇都　その通りだと思います。冷戦時代にキューバ危機というのがありました。キューバの首都ハバナから、ワシントンまで約1300キロメートルです。ところが、ウクライナの首都キーウからモスクワまで700数十キロしかありません。ワシントンがキューバにソ連製のミサイルを置かれる事態を想像し激怒したように、モスクワだって、目の前の700数十キロ、しかも陸続きのキーウに、NATOや米国製のミサイルが配備されるとなれば、それは絶対に許容しないでしょう。

ただ一方で、ウクライナにも反省すべき点があります。ウクライナは地政学的に言うと、NATOとロシア双方から「バッファエリア」となり、存立し続けるためには、双方に気を配りながら、防衛努力をし続けることが求められます。ところが、ソ連から独立した時の条件として、「核を捨て中立を保て、そうすればどちらからも手を出さず存立を保障してやる」という国際約束だったわけですけれども、ウクライナはそれを鵜呑みにし、環境に甘んじて、自前の防衛力を軽視してしまいました。まさに「諸国民の公正と信義に信頼して、我らの安全と生存を保持しようと決意した」わけです。

先日キーウ出身で、日本で活躍されている国際政治学者グレンコ・アンドリーさんと意見交換した際に、「ウクライナは2013年までは、戦後の日本とそっくりで、軍事軽視、軽武装中立、防衛費削減」とおっしゃっていました。2013年には徴兵制も一度廃止している。2014年ロシアにクリミア半島を強奪され、ようやく目が覚めてこれはまずいと徴兵制を復活、軍備も増強、国民も有事を想定した戦闘訓練をするという努力をやり始めたのです。日本と似ていますね。

アンドリーさんに、「ウクライナはかつて、空母・ワリヤーグを中国に売ったし、ミサイル技術だって北朝鮮に流していたという情報がある。結果として、力による現状変更をしようとする覇権主義国に対して、ウクライナは力を与えてきたのではないか」と言いましたら、「その時のウクライナ国民は平和ボケしていた。だから軍備なんか必要ない、維持費の嵩む兵器をできるだけ早く売り払って、経済的メリットに変える方がいいという国内ムードでした」と答えました。

別に、中国や北朝鮮に肩入れしたかったわけではなく、ただ単に国際情勢認識に関して極めて鈍感だったのでしょうね。まさに「今だけ、金だけ、自国だけ」だったというわけです。

アジアにおける重層的な枠組みが必要

——こういう現状において、今後の日本、あるいは自衛隊の果たすべき役割についてどのような点を挙げられますか

宇都　まず日本の外交的役割から説明します。国際社会の現状として、国連（特に安保理）が機能していないというのが問題なのです。今から日本が主体的にやらねばならないことが2つあります。

一つは国連に代わるシステム構築を模索するため、ミドルパワーの国々の結集を図るという事です。安保理改革を進めるムードが一時期盛り上がりました。そこで新たに常任理事国入りをする国として、G4という四つの国、日本、ドイツ、ブラジル、インドの名前が挙がりました。更に、各大陸から代表があるべきで、アフリカ大陸からも2カ国くらいは入れておくべきだということで、ナイジェリアと南アフリカの名前が挙がり、G4プラス2となりました。

最終的には、各国の複雑な事情もあってうまくいかなかったのですが、仮に上手くいっていたとしたら、その6カ国は今頃、安保理の常任理事国になっていたはずです。そうだとすれば、今回のように安保理が機能しない場合に、これらの国々が果たすべき役割があるのではないでしょうか。日本は今回のウクライナ侵略を停戦させるために、「G4プラス2」を招集すべきだと思います。安保理が動かないから我々G4プラス2で結束して、ロシアとウクライナに外交的にアプローチし、停戦の仲介役を買って出るべきではないでしょうか。仲介役はどこかの一国ではできないと思います。ドイツはエネルギーをかなりロシアから入れていて、うまく収めたいと思っている。日本も伝統的にロシアともうまくやってきた。ブラジルも最初の決議の時にはバランスをとろうとしていたし、インドは国連決議を棄権している。アフリカの国々に関しては今回の問題には直接関与していない。だから仲介役には6カ国とも適していると思うんです。

もう一つはQUAD（日米豪印戦略対話）の深化です。これまでQUADはあくまで政治的、外交的な枠組みで、安全保障を議論する枠組みではないと説明を続けてきました。表面的にはです。ただ本音は違います。あくまで価値観を共有する国々のサロンであって、権威主義を念頭においた戦略的な枠組みを目指していたはずです。これまでQUADで首脳会合や外相会合をやってきましたが防衛相会合は一度もやっていないのです。個々の国と2プラス2（外相・防衛相会合）はやっているし、防衛相会談もやっている。それなのになぜ4カ国の防衛省会合ができないのかということです。それはロシアや中国を刺激しないためでしょう。しかし状況は変わりました。そこを曖昧にしておくと、QUADの足並みは崩され、中露の結束に資することになるでしょう。

なぜこれからの日本外交を先に説明したかというと、日本が独自に一生懸命努力したところで自衛隊だけで中露は抑え込めません。日米同盟でも抑えきれない。もっと重層的な戦略環境を作りあげておかなければなりません。それにはまずQUADを固めなければいけないし、そこで安全保障の議論や連携を堂々とやれるようにしなければならないのです。

「専守防衛」の再定義は不可欠

さて次に、日本独自の努力の話で、自衛隊の強化についてです。自民党では、3文書（国家安全保障戦略、防衛計画の大綱、中期防衛力整備計画）の改定について、連日議論が行われています。その中で絶対に避けて通れないのは、「専守防衛の再定義」なのです。私はこれを自民党の議論の中で訴え続けてきました。

「専守防衛」とは三つの柱から成り立っています。一つ目は相手からの攻撃があって初めて武力行使できる。つまり先制攻撃はしないということ。国際法上、全ての侵略戦争は戦争犯罪であるので、これは政治姿勢として残しても良いかもしれません。問題はこの後。二つ目に、武力行使ができる条件が整ったとしても必要最小限度の対応にとどめなければならない。つまり相手を攻撃してはいけない事になっている。これが相手の領域内（領土／領海／領空）における攻撃は必要最小限度を超えると解釈してきたために、攻撃作戦ができない根拠になっています。

三つ目は武力行使の態様が上記の解釈だから、必然的に保有する装備品も専ら防衛のための装備品に限定されるのです。よってICBM、長距離爆撃機、空母は持てないという説明をしてきました。しかし、環境は激変しているのです。これをきちんと再定義しなければ、攻撃力の保持との整合性が取れません。例えば、アメリカの巡航型攻撃ミサイル「トマホーク」を持つとします。その時に、何発までだったら必要最小限なのかとか、中距離のミサイルを持つにしても、何キロの射程までが必要最小限か、などというバカげた新たな論争の種となります。

だから、「反撃の態様について」は必要な措置をとれて、そのための装備品も必要十分な質と量を備えること」と変更しなければなりません。

残された時間は2期中期防

その上で、次期防衛力整備では多次元統合防衛力を完成させるために、二つのことに力を入れなくてはいけないと思っています。

一つはハイブリッド戦と言われている、いわゆるノンキネティック（非動的）な分野、宇宙・サイバー・電子戦の抜本的強化です。今の予算はあまりにも「やるやる詐欺」すぎる。令和4年度の我が国の宇宙予算、防衛省分は約840億円です。これは文科省のJAXA関係予算2125億円よりもずっと少ない。米軍の宇宙関連経費予算を見たら約1兆5千億円、これが本気の予算ですよね。日本は一体何年かけてやるつもりでしょう？私でも不安になります。私たちに残された時間は、あまりないのです。

日本はもっとウクライナに学ぶべきでしょう。ウクライナがなぜ善戦できているのかというと情報とサイバー・電子戦が卓越しているからです。これだけの戦争をしながら、プチャ・マリウポリの一部を除き、生活インフラである電気／ガス／水道／インターネットが全く途絶していない。もちろん西側がサポートしていることもありますが、これはウクライナが国土強靭化と非対称戦に注力してきた成果です。

戦争になったら、通信を含めて情報を途絶させてはいけない。ということは宇宙システムやインターネットが常に機能し続けていなければならない。ウクライナはサイバープロテクトが完璧に行われており、逆に相手に対しては通信／電子戦による妨害が徹底してなされています。相手の指揮通信系統、いわゆるC4（コマンド、コントロール、コミュニケーション、コンピューター）をズタズタにする事で侵攻する部隊を混乱に陥れ、指揮を取れなくし、それに乗じてゲリラ戦を仕掛け、ロシア軍の将官を7人も戦死させているのです。自衛隊は、これらの部分があまりにも脆弱すぎます。

もう一つは、陸・海・空の通信／ネットワークのインテグレーションができ上がっていないことです。陸海空の部隊を有機的に連接させるためのネットワーク、つまり互換性のある作戦情報システムの中で、情報を皆が同時に見ながら戦闘をする環境にない。陸上総隊ができましたが、陸上総隊司令官がオペレーションで、JADGE（空自の自動防空警戒管制システム）の情報が見られない。同様に海上自衛隊の部隊現況が把握できない。そんな馬鹿なと思うでしょうが本当の話です。もちろん、統合運用は以前に比べ着実に進んでいますが、ただやはり戦う上で「必要十分」な形ではなく、「必要最小限」の備えしか与えられていないのです。

あとは継戦能力です。戦うことを前提に考えれば、整備とか補給の能力を上げておかなければならない。今は予算が足りず、整備のための部品が買えないので、自衛隊の稼働率は部隊によっては60パーセントを切っています。これだと自衛隊は一週間も戦えません。

また、国民保護をどうすべきかも課題です。ウクライナでは「人道回廊」と言っていますが、特に離島においてそれをどうするのか。早急に備えなければならないのが、離島における地下壕です。まず一次避難できるシェルターを多数備えておくことと、それから住民を移動させるための足です。前線に自衛隊を派遣するための船の船員は全部戦闘員でなければ戦時国際法違反になります。しかし、国民保護で、住民を乗せて戦域から避難させる、いわゆる人道回廊に使う船（船員）は民間船（民間人）でいいのです。このような民間船舶会社と地方自治体の契約、連携、役割分担ということも今後、考えていかなければなりません。

最後にこれらのことを実行しようとすると、これまでの防衛費の額では、絶対に無理です。そして与えられた時間は少ないのです。10年間（2期中期防）で作り上げなかったら、多分、日本の未来はないと思います。だから対GDP比2パーセントの防衛費がなんとしても必要で、10年間でいいからやらせて欲しい。それを実現することが、自衛官出身議員である私の使命だと考えています。

ウクライナで無人機が威力

米陸軍　車載対空レーザーで対処へ

ロシア軍の機甲部隊を押しとどめたウクライナ軍の無人機の活躍でも明らかになったように、今日、無人機が空軍機に代わる空対地の戦力となりつつある。各国はこの無人機に対処するため、対空レーザーなどの装備化を急いでいる。米軍はレーザー兵器を搭載した戦闘車「ストライカー」の運用試験を開始。イスラエルは都市防空システム「アイアンドーム」に代わる「レーザーウォール」の実用化を目指している。

ウクライナに侵攻したロシア軍を苦しめているのが、ウクライナ軍が装備するトルコ製無人機「バイラクタルTB2」だ。同機は4発のレーザー誘導ミサイルを搭載でき、空軍の戦闘機に代わって対地攻撃の主役となっている。

低空を飛ぶTB2はレーダーでの探知が難しい上、27時間もの滞空時間があり、上空で待ち伏せて奇襲攻撃も可能。無人機に対処する装備を持たないロシア軍はこれに苦戦している。

安価な無人機は世界に拡散しており、これを脅威と見る欧米などは無人機を確実かつ低コストで撃墜・排除できる指向性エネルギー兵器の装備化を急いでいる。

米陸軍はレイセオン・インテリジェンス&スペース社が開発した指向性エネルギー機動短距離防空システム「DE M－SHORAD (Directed Energy－Maneuver Short－Range Air Defense)」を搭載した「ストライカー」の運用試験を開始。将来的には同車を機動部隊に随伴させ、現れたドローンや無人機の排除に当たらせる計画だ。

「DE M－SHORAD」は、50キロワット級の高出力レーザー発生装置、ビームディレクター、光学・赤外線ターゲット捕捉・追跡装置、マルチミッションレーダー、大容量蓄電池などで構成され、同車のディーゼルエンジンで充電される。

同システムは走行しながらの対空警戒や現れたドローンなどの監視・追尾などにも活用できる。

イスラエル　「レーザーウォール」実証試験

周辺国から頻繁に攻撃を受けているイスラエルは、撃ち込まれた砲弾やロケット弾を即時に撃ち落とす「アイアンドーム」対空ミサイルシステムを実用化しているが、これに替わる「レーザーウォール」の実証試験を2021年から続けている。迎撃に用いる対空レーザーの出力は、すでに1キロ先を飛ぶ無人機を確実に撃墜できるレベルに達しているという。

今後は「レーザーウォール」の出力を100キロワットに高め、20キロ先を飛ぶ無人機を撃墜し、飛来した砲弾やロケット弾も破壊できるレベルにまで威力を高めていく計画だ。

現在の「アイアンドーム」はロケットや砲弾を90％破壊できる性能を誇るが、対空ミサイルを使うため、コスト高が難点だった。これに対し「レーザーウォール」は1回あたりのレーザー照射費用は非常に低コストなため、補給面を含め、費用・人員の削減にも大きく寄与する見込み。

イスラエルでは「レーザーウォール」を今後、都市防空の要として導入していく予定だ。

防衛技術

指向性エネルギー機動短距離防空システム「DE M－SHORAD」を搭載した米陸軍の装輪戦闘車「ストライカー」の試作車（米陸軍HPから）

イスラエルが都市防空用に導入を目指している新たな防空システム「レーザーウォール」の運用イメージ（イスラエル国防省HPから）

技術が光る

>108<

ドローン物流ハイウエー　先端ロボティクス財団

横浜から千葉まで東京湾飛行

「無人機ビジネス便」の実現視野

横浜市と千葉市は、配送の利便性向上、物流業界の人手不足解消、コスト削減などを目的に、ドローンを活用した宅配サービスの実現を目指している。その一環として東京湾の超低空域に「ドローン物流ハイウエー」を構築し、将来的に東京都、川崎市、木更津市などに同ハイウエーを張り巡らし、ベイエリアの物流を大きく変える計画だ。

同事業では民間の先端ロボティクス財団（東京都中央区、野波健蔵理事長）が中核となり、無人機（カイトプレーン）を活用した実証実験を進めている。

昨年6月には横浜市から千葉市まで約50キロに及ぶ長距離飛行に挑み、国内初の目視外飛行（レベル3）試験に成功した。

さらに今年3月には準天頂衛星「みちびき」を利用した新型ドローン「VTOL可変翼カイトプレーン」による実証実験も行い、こちらも成功している。

カイトプレーンは安全性が高いのが特徴で、飛行中にエンジンが止まっても滑空し、落下傘のようにゆっくりと降下するため、万が一の事故でも被害を極限できる。

VTOL可変翼カイトプレーンは全長195センチ、全幅259センチ、重量20キロで、飛行時間は約2時間、最大速力は約70キロ。貨物の積載量は最大4・9キログラムだ。

飛行試験では目視外の「レベル3」飛行を実現するため、機体には長距離通信機器、航空機・船舶監視機器、映像伝送装置などを搭載。さらに気象データ表示機能、エンジン停止機能を備えた。

さらに「高精度着陸」を実現させるために、無線でドローンと通信を行い、着陸誘導する「ドローン・ステーション（DS）」も用意。

3月24日午前8時23分に横浜市金沢区幸浦を離陸したドローンは同9時34分、千葉市美浜区の稲毛海浜公園に置かれた縦横2メートル、高さ2・2メートルのDS上に無事着陸した。

先端ロボティクス財団では同システムの実用性を高めるため、無人機の速力を時速150キロにアップさせるとともに、推進機も電動化し、騒音の解消にも努める計画だ。

横浜、千葉両市では「ドローン物流ハイウエー」を国交省のドローン物流プロジェクトともリンクさせ、今後は横浜－千葉間を毎日飛行する「無人機ビジネス便」の実現も視野に入れている。

2メートル四方のドローン・ステーション上に着陸した「VTOL可変翼カイトプレーン」（先端ロボティクス財団HPから）

防衛トピックス

海保が無人機を八戸基地で運用

海上保安庁は空からの海洋監視を強化するため、米ジェネラル・アトミクス・エアロノーティカル・システムズ（GA－ASI）社製の大型無人機「MQ9B シーガーディアン」を導入することを決めた。これまで同庁は海自八戸基地で同機の実証実験を行っており、今後、導入した機体も八戸基地を拠点に運用していく予定。

同機は米軍がアフガニスタンなどに派遣した無人機「MQ9リーパー」を海洋監視型に改造した機体で、航続時間は最長35時間を誇り、不審船の追尾などに活用できる。

海保庁が導入する海洋監視用の無人機「シーガーディアン」（GA－ASI社提供）

戦闘車「ジャガー」仏陸軍が配備開始

フランス陸軍は新型の装輪装甲戦闘車「ジャガー」の配備を開始した。同車は砲塔に40ミリ砲、中距離ミサイルポッド、遠隔操作式7・62ミリ機関銃を装備。乗員は車長・操縦手・砲手の3人で、最高速度は80キロ。最初の部隊である仏第1アフリカ猟兵連隊に20両が配備された。

付加装甲を着けた仏陸軍の新型戦闘車「ジャガー」（仏陸軍HPから）

世界の新兵器

559

哨戒艇「ピロト・パルド」級　チリ

中・小国海軍の有力な艦種の一つ

今回は日本ではなかなか紹介されることの少ない南米のチリ海軍から、哨戒艇（OPV、Off-shore Patrol Vessel）の「ピロト・パルド」級を採り上げる。

チリ海軍は中南米諸国の中でも、ブラジルやアルゼンチン海軍などに比べると小勢力ではあるが、それでも約4600キロにも及ぶ海岸線を有する南北に細長い国土であるため、沿岸防備及びEEZ（排他的経済水域）の保護を主とした艦艇の整備に重点をおいており、2020年には豪海軍の退役したフリゲート「アデレード」級2隻を購入して「アルミランテ・ラトーレ」級として運用しているが、哨戒艇にも力を入れており、それが本級である。

本哨戒艇は元々はドイツのファスマール社が開発したOPVを、チリ海軍の要求に合わせて改良したもので、チリ国営のASMAR社で設計・建造され、米国のノースロップ・グラマン社や英国のBAEシステムズ社などが協力している。

本級の正式な艦種はPZM（patrol of maritime zone）で、沿岸警備や漁業保護に加え、捜索・救難、サルベージ・海洋汚染対策などの任務が付与され、1番艦のOPV81「ピロト・パルド」が2008年に就役、現在までに4隻が就役しているが、2番艦以降は少しずつ改良・改善が加えられている。

1番艦の主要目は、満載排水量1,728トン、全長80.60m、最大幅13m、吃水3.80mで、Wartsila社製の12V26型ディーゼル機関2基による5,470馬力、2軸、可変ピッチ・プロペラで、最大20ノットを発揮し、巡航速力12ノットで8,600マイルの航続力があるとされている。これに加え、艦内システム用に合計435kVAのディーゼル発電機3基と105kVAの非常用ディーゼル発電機1基を有している。また、合計270馬力のバウ・スラスター2基を有する。乗員は固有の30名に加え、航空要員など最大60名までの居住設備がある。

武器は、70口径／40ミリ単装機関砲1基のほか、12.7mm機銃2基を有する。そして何と言ってもその大きな特徴は、後部にAS365ドルフィン型ヘリ1機とそのヘリ甲板、格納庫を備えることである。その他、英国製の射撃指揮システムをはじめ、航海・捜索用レーダーなどをメインとする統合艦橋システム（IBS）を装備している。

満載排水量2000トンに満たない小型艇ながら、多用途・多機能に応じる多目的艦としては充実した内容を持つチリ海軍の「ピロト・パルド」級哨戒艇（チリ海軍提供）

「ピロト・パルド」級は排水量が2000トンに満たない哨戒艇で、かつ40mm機関砲をはじめとする戦闘力はそれほどでもないが、多用途・多機能に応じ得る多目的艦としてはなかなか充実したものを有し、人員・物資・機材などの輸送用キャパシティーも大きいことから、中・小国海軍における有力な艦種の一つであるといえるであろう。

なお、本級はコロンビア海軍でも採用されるところとなり、同国の要求に合わせた準同型艦である「20デ・フリオ（de Julio）」級が現在のところ3隻就役しており、総計6隻が計画中であると言われている。

堤　明夫（防衛技術協会・客員研究員）

技術屋のひとりごと

トラブルとリスク管理

高橋　敏明（防衛装備庁・艦艇装備研究所艦艇・ステルス技術研究部長）

研究にトラブルは付きものだ。設計・製造・装置の整備や設定など…どこかしらで起こる。担当者はトラブルを回避すべく、限られた時間内で可能な限り事前検討をする。しかし、トラブルは狙ったように検討の不十分なところを突いてくる。

トラブル対処は楽しくない仕事だ。検討の不完全さに直面させられる。報告書には原因、検証、対策を記すが、後から振り返れば、想定可能だったにもかかわらず、事前検証が不十分であり、適切に対策されていればトラブルは防げたような気になりそうになる。

トラブル低減には事前のリスク管理が重要といわれる。リスクとは「影響度」×「発生確率」のこととある。

「発生確率」を部品の「故障率」に置き換えれば、部品の「製造数」から「故障率」×「製造数」分を差し引いた数を、部品の「必要数」以上にすることはひとつのリスク管理といえる。これが最適だといえないのは、製造期間の余裕度、ロット毎の製造方式や経費、納期遅延に対する違約金など、条件によっては別の面で有利な方策もとれるからだ。

「影響度」には「失費」「物的損失」「人的損失」「時間的損失」から「信用の喪失」といった計量困難なものまで、様々ある。個別トラブル毎に、どれをどの程度の比重で見積もるか？　これらの関係は複雑で、中には逆相関の関係にあるものもあり、「影響度」の最適な設定は難しいことが分かる。

研究事業では初めて取り組むことが多いため「影響度」や、特に「発生確率」の確率分布は定めにくい。

装置やその製造・整備などは進歩や性能向上に伴い、複雑かつ精緻になってゆく傾向にもあるが、管理する人間側の能力がそれに追いついてゆくのも容易でない。トラブル低減の道は険しい。

入隊式での晴れ姿　地本が祝福

募集・援護　特集

桜咲く4月初旬、全国の駐屯地・基地では一斉に入隊式が行われ、若者たちが陸・海・空の自衛官を目指して宣誓した。地本の隊員も世話した若者の晴れの式典に参列し、激励。今後も新隊員の教育が無事修了するまでコミュニケーションをとり、心のケアとサポートを続けていく予定だ。

力強い宣誓に頼もしさ

神町　荒木連隊長「立派な自衛官に」

入隊式後、家族と記念撮影に臨む20普連の新隊員（右側中央）＝4月3日、陸自神町駐屯地で

【20普連＝神町】連隊は4月3日、神町駐屯地体育館で「令和4年度自衛官候補生入隊式」を行った。

式には山形県自衛隊家族会の大山正弘副会長、連隊OB会の村山勝明会長、陪列部隊長、入隊者の家族（候補生1人に対し1人のみに制限）が参列、75人の自衛官候補生の入隊を祝した。

式典では国歌吹奏の後、「任命」が行われ、各区隊長から候補生一人ひとりの名前が呼び上げられると、大きくはつらつとした返事で応えていた。

その後、第1区隊3班の狩野輝隻候補生が入隊者を代表して申告し、続いて全員が宣誓。新隊員たちの「自衛官候補生たる名誉と責任を自覚し、必要な知識及び技能の修得に励むことを誓います」との力強い声が式場に響き渡った。

執行者を務めた20普連長の荒木貴志連隊長は式辞で「初志貫徹」「基本・基礎の修得」「同期の絆を大切にせよ」の3点を要望し、「これからの陸自の一翼を担う立派な自衛官になってもらいたい」と期待の言葉を述べた。

式終了後には、家族との記念撮影の時間が設けられ、候補生たちは家族に対し、着隊から入隊式までの約1週間の様子や、これからの訓練予定を伝えるなど、笑顔で家族に報告していた。

75人の自候生たちは今後、教育隊長を務める副連隊長の向田淳2佐のもと、約11週間にわたり自衛官として共通の基盤となる資質・識能を修得するため、同期とともに教育に励む。

自候生は4年ぶり

留萌　互いに成長、困難克服を

入隊した新隊員と記念撮影に納まる高橋26普連長（1列目中央）ら（4月3日、陸自留萌駐屯地で）

【26普連＝留萌】26普連教育隊は4月3日、留萌駐屯地屋内訓練場で「自衛官候補生課程教育入隊式」を行い、35人が新たなスタートを切った。

26普連が自衛官候補生を受け入れるのは、平成30年以来4年ぶり。来賓として自衛隊協力会留萌地区連合会会長で、留萌市の中西俊司市長、北海道議会の浅野貴博議員をはじめとした16人と候補生の家族が出席した。

式では入隊者を代表し、田中隆希候補生が任命を、藤原章也候補生が申告を行った。このほか服務の宣誓では、佐藤流威候補生に続いて全員が力強く唱和し、崇高な使命を有する自衛官を目指す決意を述べた。

高橋誠連隊長は式辞で「協力せよ」「真摯に、前向きに学べ」の2点を要望し、「共に支え合い、お互いに成長を促し、困難を克服してもらいたい」と激励した。

教官に見守られ凛々しい姿

静岡　不安、緊張も切磋琢磨を誓う

入隊式で一斉に服務の宣誓を行う23人の自衛官候補生たち（4月3日、陸自駒門駐屯地で）

【静岡】藤枝地域事務所は4月3日、静岡県御殿場市の陸自駒門駐屯地で行われた「令和4年度自衛官候補生課程入隊式」に参列し、今年度藤枝所から入隊した田原雄介候補生を激励した。

式には真新しい陸自の制服を身にまとった23人の新隊員が入場し、来賓や入隊者の家族、教育に携わる教官らが見守った。

機甲教導連隊長の相馬佳輝連1佐は訓示で、①初心を忘れず積極的に学べ②仲間同士で互いに助け合え③元気にはつらつと――の3点を新隊員に要望した。

式後、広報官と再会した田原候補生は「忙しい毎日ですが楽しいです。この先不安なこともありますが、同期と切磋琢磨して頑張ります」と話し、これから始まる教育に緊張しながらも意欲を見せていた。

職業選択・将来設計を

就職準備支援セミナー　兵庫

【兵庫】地本は3月23、24の両日に伊丹駐屯地で、また24、25の両日に姫路駐屯地で就職準備支援セミナーを開催した。

セミナーは退職予定者らの職業選択の幅を広げ、将来設計の確立を促すのが目的。今回は2024年度末までの定年退職予定者と23年9月までの任期制退職予定者が対象で、両駐屯地合わせて延べ330人が参加した。

参加企業のPR動画を熱心に見る任期制退職予定の隊員たち＝3月23日、伊丹駐屯地で

自衛官の雇用に積極的な14業種36企業と、県庁、県警、法務省の三つの官公庁の講師を招待。それぞれ30分の持ち時間を生かして会社説明やPRを行った。

熱心に聞き入っていた参加者は「有益な情報を得ることができた」「今後の再就職に向けた不安を解消できた」と話すなど、好評だった。

制服着て自衛隊車両に！

岐阜「道三まつり」でPR

【岐阜】地本は4月2、3の両日、岐阜市の中心街で3年ぶりに開催された「第50回道三まつり」に広報ブースを出展し、自衛隊をPRした。主催者発表によると2日間で約10万人が来場、マスク着用とこまめな手指消毒をしながら各種イベントを楽しんだ。

地本のブースでは、装備品、パネル展示のほか、ミニ制服試着コーナーを設け、多くの来場者からの注目を集めた。特に親子連れが多く訪れ、制服を試着しながら自衛隊車両に乗り込んだり＝写真、タペストリーの前で記念撮影を楽しんでいた。また、若者が自ら「自衛隊に興味がある」と、広報官に制度の説明を求める場面もあった。

4年ぶり艦艇PRイベントに3千人

愛媛

【愛媛】地本は3月19、20の両日、八幡浜港で海自掃海艇「みやじま」の艦艇広報を行った。同港での艦艇広報は約4年ぶり。八幡浜市全面協力の下、新フェリーターミナルの完成記念に合わせて行われたイベントには2日間で約3100人が来場した。

艇内の見学は、事前応募での予約と2週間の健康管理を前提に約140人に制限。艦艇乗員によるロープ教室＝写真、手旗信号教室、らっぱ吹奏、潜水用具や火災時等に使用する応急用具の説明に加え、地本広報官による南極の氷体験、ガチャガチャ、ミニ制服の試着、陸自車両の展示など、艇内の見学をできなかった来場者も楽しんでいる様子だった。

また、両日とも日中に満艦飾、入港日には午後7時から電燈艦飾によるライトアップを行うなど、昼夜を問わず自衛隊をPRした。

「隊員へ親身な指導と連携を」

熊本地本で援護センター改編行事

橋本本部長（左）から看板を受け取る牧寺健軍駐屯地援護センター長＝4月1日、健軍駐屯地で

【熊本】地本は4月1日、熊本地域援護センターの改編行事を行った。援護業務をより効率的に実施するための改編で、同センター内の第1、第2援護班をそれぞれ企画係と援護係に、また北熊本と健軍援護室を北熊本駐屯地援護センターと健軍駐屯地援護センターに改めた。

行事は最初に北熊本駐屯地で、その後、健軍駐屯地で実施された。橋本賦本部長や熊本地域援護センター長の道喜敬司3陸佐ら関係者が出席。それぞれの駐屯地で北熊本援護センター長の緒方公一1陸尉と、健軍地域援護センター長の牧寺信也2陸尉が、橋本本部長に改編を報告し、看板を授与された。

橋本本部長は訓示で「隊員の希望や特性を踏まえた親身な指導と助言」「求人情報を入手する援護係との連携要領を確立せよ」の2点を要望。退職予定隊員の安定した生活のため、新たな体制で就職援護業務にまい進することを全員で確認した。

改編行事で記念写真に納まる北熊本地域援護センターの関係者ら。前列左から2人目が橋本本部長、その右隣が緒方駐屯地援護センター長（4月1日、北熊本駐屯地で）

「未来の管制官」下総で研修

千葉　女性入隊予定者と懇談

基地隊員からP3C哨戒機の概要説明を聞く参加者（3月11日、下総航空基地で）

【千葉】地本は3月11日と17日、海自下総航空基地で行われた基地研修に女性の入隊予定者を案内した。2日間とも晴天のもと、和やかな雰囲気のなかで行われた。

参加者は女性隊舎、管制塔、車両整備工場などの施設や、P3C哨戒機の航空機を見学。このほか女性隊員との懇談の場が設けられ、教育隊での過ごし方や留意事項など積極的に質問していた。

終了後、参加者たちは「入隊後の話を聞くことができて参考になった」「航空管制に興味があったので、見学できて良かった」と語った。

4地本長が交代

3月17、22、30、4月1日付の異動で千葉、山梨、広島、徳島地本長が交代した。新任本部長の略歴は次のとおり。

高橋　秀典（たかはし・しゅうすけ）1海佐　千葉地本長　防大40期。平成8年海自。22年2佐、27年1佐。統幕防衛課防衛交流班長、21航空隊司令などを経て、令和3年11月海幕人事教育部長付。兵庫県出身。48歳。

桑畑　英紀（くわはた・ひでき）1陸佐　山梨地本長　防大37期。平成5年陸自。20年2佐、26年1佐。3飛行隊長、12ヘリコプター隊長などを経て、令和元年12月陸上総隊人事課長。鹿児島県出身。51歳。

柿内　淳志（かきうち・あつし）1海佐　広島地本長　青学大国際政経卒。平成7年海自。22年2佐、30年1佐。海幕艦船・武器課誘導武器班長などを経て、令和3年4月装備庁長官官房艦船設計官付主任設計官。東京都出身。50歳。

細田　直人（ほそだ・なおと）1海佐　徳島地本長　四天王寺国際仏教大文卒。平成4年海自。23年2佐、30年1佐。横監管理部施設課長、那覇基地隊司令などを経て、令和2年8月南関東防衛局防衛補佐官。大阪府出身。53歳。

スポーツ 特集

パリ五輪めざし155人入校

体校 先輩メダリストが激励

第61期特別体育課程入校式で、整列する新規採用者を代表して来賓らに謝辞を述べる石黒2曹（壇上）＝写真はいずれも4月9日、陸自朝霞駐屯地で

自衛隊体育学校（学校長・豊田真陸将補）は4月9日、第61期特別体育課程学生155人の入校式を朝霞駐屯地の三宅記念体育館で挙行した。2年後のパリ五輪を目指し自衛隊への扉を叩いた新進気鋭のアスリートに対し、豊田学校長、来賓、昨夏の東京五輪メダリスト3人が入校を歓迎、激励した。

今期の特体課程学生は、大学などで顕著な成績を収めた新規採用者14人、集合訓練で選抜された17人、昨年度に良好な大会成果を挙げ残留した124人の総勢155人。

式典には東京地本長の山下博二陸将補ら約40人の来賓が出席。冒頭、学生長の松本崇志1陸尉（射撃班）が入校を申告。続いて豊田学校長が学生に「全身全霊をかけて競技に打ち込め」と述べた上で「アスリートとしての輝きが強ければ強いほど、皆の人生の輝きは強くなる。強い自覚と真摯（しんし）な鍛錬の積み重ねにより、初志を貫徹し、夢を実現してほしい」と式辞を述べ、激励した。

来賓の学校後援会の富澤賁会長、校友会の保坂一彦会長、第17代学校長の三宅義信氏の祝辞の後、新規採用者一人一人が登壇して入校に当たっての決意を表明。最後に採用者を代表して石黒隼士2陸曹（日本大学出身、レスリング86キロ級・令和2年全日本選手権優勝）が「私たちは入校を誇りとし、自衛官アスリートとしての自覚とご支援してくださる方々への感謝の気持ちを忘れず、それぞれの競技において世界の舞台で活躍できる選手を目標に努力します」と力強く謝辞を述べた。

続いて東京五輪メダリストが登壇。女子柔道78キロ級金メダリストの濵田尚里1陸尉が「同じ体校の仲間として絆を大切に、一緒に五輪を目指してがんばりましょう」と激励。男子レスリング65キロ級金メダリストの乙黒拓斗2陸曹は「体校は競技に専念できる環境が十分に整っています。皆さんの目標が達成できるよう頑張ってください」と呼び掛けた。女子ボクシングフライ級銅メダリストの並木月海3陸曹は「気軽に先輩たちに声をかけて、一日も早く体育学校の環境に慣れてください」と激励した。

式典後、石黒2曹と柔道班の坪根奈々子2陸曹（福岡大学、令和3年全日本選抜体重別優勝）がインタビューに応じた。

組み手が得意という石黒2曹は「レスリング漬けになれる期間は短く、本気で取り組みたいと思い入校した。メダリストのコーチに学びパリ五輪の出場権獲得を目指したい」と抱負を述べた。大外刈りを得意とする坪根2曹は「濵田先輩の寝技など、先輩たちのいい柔道を吸収したい。全力で目の前の試合に勝ちにいきたい」と決意を述べた。

有望アスリートの学生たちに対し、式辞を述べる豊田体育学校長

体育学校ニュース

多用な任務に対応

格闘教育訓練基準 見直し

体校

自衛隊体育学校は2020年に陸自の格闘技術や訓練法を記した教範（格闘教範）が改編されたことを受け、格闘教育訓練基準を見直した。これに伴い昨年度から、第1教育課の格闘・武道班（班長・船越建次1尉）が陸自の5個方面隊を巡回し、部隊格闘指導官らに新しい訓練基準を教育している。

格闘教範は、武装工作やゲリラなどいわゆる「グレーゾーン」と呼ばれる範囲が拡大していることを受け、格闘の必要性がより高まったとの認識から改編された。

主な変更点として①「非致死技術」項目の導入②警棒や拳銃など装備による技術の多様化③格闘技術を合理的かつ必要に応じて使えるようにするための「戦術格闘訓練」の追加——などがある。

例えば「非致死技術」とは、対象者に過剰なダメージを与えず「制止」「抑え」「拘束・連行」する技術で、体力があまりない女性隊員でも対処できるよう、複数で行う組格闘に重点が置かれる。

これらの教範の変更により、特級～3級の格闘検定の基準も、より実践的な対処能力を上げるために意義や目的などが付与された。

体校は、昨年度に続き今年度も巡回普及教育を行う予定だ。班長の船越1尉は「任務の多様化に対応するため、部隊だけでなく個人レベルでも能力を身に付けてもらいたい」と話している。

2人で1人を拘束する方法を実演する船越1尉（奥）＝久留米駐屯地で

1普連 朝霞で連隊武装走競技会

【1普連＝練馬】1普連はこのほど、朝霞訓練場と朝霞射場で、令和3年度の「連隊武装走競技会」を実施した。

競技会は「分隊走の部」と「個人走の部」に区分して行われ、分隊走では出走直前に、実弾射撃、手榴弾投てき、小銃操作または担架搬送を抽選で分隊員に付与。背のうを背負い力走する隊員たちは、約3キロのコース間でそれぞれの種目に臨んだ。

個人走は中隊から選抜された隊員が、背のうを除いた装備を携行して約4キロのコースで走力を競った。

参加隊員は中隊優勝のため、これまでの訓練成果を存分に発揮、4中隊が連覇を果たした。

「連隊武装走競技会」で、目標に向けて手榴弾を投てきする隊員

7師団 10年ぶりの冬季戦技競技会

【7師団＝東千歳】7師団はこのほど、北海道大演習場で「師団冬季戦技競技会」を10年ぶりに実施した。

競技会は、部隊規模に応じて3個グループに区分、グループごとに部隊機動の部（1チーム7人）、アキオ曳行の部（同4人）、女性自衛官による個人機動の3種目で行われ、部隊機動101チーム、アキオ曳行37チーム、個人機動37人が参加した。

2日間にわたる白熱した競技の結果、それぞれのグループでの総合優勝として11普連、7偵、7飛が顕彰板を手にした。

7師団の「師団冬季戦技競技会」で、スキーを装着して斜面を駆け上がる隊員たち

バイアスロン

日本選手権 2普連が優勝

リレー 宮様スキー大会は3普連

「第58回バイアスロン日本選手権大会」が2月26日から3月27日まで、「第93回宮様スキー大会国際競技会バイアスロン競技」が3月3日から6日まで、札幌市の西岡バイアスロン競技場でそれぞれ行われ、陸自各駐屯地、海自大湊の隊員らが出場し、白銀の世界を疾走した。「日本選手権」のリレー（一般銃、4・5キロ×4人）は「高田2普連」が優勝。「宮様スキー」のリレー（同）は「名寄3普連」が制し、レーザー銃リレー（同）と男子インディビジュアル（競技銃）の部では海自大湊が2冠を達成する活躍を見せた。

「バイアスロン日本選手権大会」の個人スプリント競技で、優勝した3普連の内田3曹＝名寄駐屯地提供

バイアスロン競技のリレーは4人でチームを編成。1・5キロのコースを3周する間に2回の射撃（伏射、立射）を行う。

「日本選手権大会」（一般銃）で優勝した「高田2普連」は、今村航大3曹、宮尾祐司2曹、関口恭3曹、太田光平3曹の4人が出場。1走の今村3曹は立射のミスで7位と出遅れたが、続く宮尾2曹がミスを抑えた射撃で順位を上げトップを好走、3走の関口3曹とアンカーの太田3曹がトップを守り、2位と1分29秒差をつけてゴールした。

一方、優勝した「宮様スキー大会」「名寄3普連」は、1走・柴田春樹1曹が伏射、立射ともにノーミスでトップを滑走。続く内田伸明3曹、中島徹也2曹、東豊人3曹も順位をキープし、2位と1分16秒差でフィニッシュした。

内田3曹は「日本選手権大会」の個人スプリント競技でも会心の滑りで見事1位に輝き、2大会で2冠を達成した。

「第93回宮様スキー大会国際競技会バイアスロン競技」の男子4・5キロリレーで、一斉にスタートを切る陸自の隊員たち（3月5日、札幌市の西岡バイアスロン競技場で）

3普連 川東監督「訓練の集大成として挑む」

【名寄】3普連（現・3即応機動連隊）のバイアスロン訓練隊の隊員8人は2月1日から3月8日まで、「令和3年度バイアスロン訓練隊第4次転地訓練」として西岡バイアスロン競技場で行われた「日本選手権大会」「宮様スキー大会」に出場した。

日本選手権大会では内田3曹（3中隊）の個人スプリント競技優勝をはじめ、チームコンペティション競技、リレー競技で2位に入賞した。

宮様スキー大会では、昨年2位で大会を終えた屈辱を晴らすべく、チーム一丸となって競技に挑み、見事優勝の座を勝ち取った。

訓練隊監督の川東修一2尉（重迫中隊）は「訓練の集大成として二つの大会に挑み、選手たちの粘り強い団結により、宮様大会で1位の成果を収めることができた。今後は、さらにスキー滑走力と射撃能力に磨きをかけ、来年こそは両大会ともに1位を勝ち取りたい」と目標を語った。

宮様スキー大会 国際スキー連盟（FIS）公認のスキー大会で、昭和5年に第1回大会が行われて以来、今回で93回目。優勝者には皇族からカップが下賜される。

海自大湊 個人とレーザー銃リレーで2冠

第93回宮様スキー大会に出場した海自25空（大湊）のバイアスロンチーム（監督・楠貴次2曹）は、男子インディビジュアル（競技銃）の部で中野淳3曹が、また男子レーザー銃リレー（一般銃）で海自大湊Aチーム（竹ヶ原信士長・大杉裕輝2曹）がそれぞれ1位を獲得。個人、リレーともにダブルで優勝を果たした。

インディビジュアルはスキーで20キロ走行し、その間に射撃（伏射と立射各2回）を実施。外した場合、1発につき1分が加算される。中野3曹は、2回目の伏射を全弾命中させるなどペナルティーを最小限に抑え、52分56秒1でゴールした。競技を振り返り中野3曹は「優勝できてうれしく思う。今年度は体育学校の集合訓練に参加させてもらうので、4年後の冬季オリンピックを見据え結果を出していきたい」と意欲を見せた。

またリレーに出場した海自大湊チームは、今回初めてレーザー銃でレースに挑んだ。日本バイアスロン連盟は、競技人口拡大のために所持許可が不要のレーザー銃の導入を進めており、海自大湊にもレーザー銃での出場を打診した。Aチームは、Bチーム（岡田健太郎士長・北村光聖2曹）との接戦を制し46分32秒3でゴール。Bチームが2位に付けた。

監督の楠2曹は「夏場から定期的に集合訓練を行い、訓練環境を整えることができたことが、今回の結果につながったのではないかと思う」と語った。

表彰式を終え記念写真に納まる海自大湊チーム（右から中野3曹、大杉2曹、北村2曹、竹ヶ原士長、岡田士長）

バイアスロン 2大会の上位成績

【第58回バイアスロン日本選手権大会】
◇男子4・5キロリレー（一般銃）＝①高田2普連②名寄3普連③青森5普連
◇男子4・5キロチームコンペティション（同）＝①神町20普連A②名寄3普連A③遠軽A
◇男子4・5キロスプリント（同）＝①内田伸明3曹（名寄3普連）②宮尾祐司2曹（高田2普連）③関口恭3曹（同）
◇男子10キロスプリント（競技銃）、男子15キロマススタート（同）＝①長岡渓汰陸士長（体育学校）②小島清雅陸士長（同）③畠山侑也陸士長（同）

【第93回宮様スキー大会国際競技会バイアスロン競技】
◇男子4・5キロリレー（一般銃）＝①名寄3普連②留萌バイアスロン③高田2普連
◇男子4・5キロインディビジュアル（同）＝①横田明俊3曹（2戦車＝上富良野）②中島徹也2曹（名寄3普連）③東豊人3曹（同）
◇男子レーザー銃リレー（同）＝①海自大湊A②海自大湊B
◇男子20キロインディビジュアル（競技銃）＝①中野淳3曹（大湊）②小島清雅1陸士（現士長、体育学校）③北村光聖2曹（大湊）

ブルー　今年度初の展示飛行

新潟県　上越市上空にスモークの「サクラ」

🅤快晴の空に「ビッグハート」を描くT4ブルーインパルス（4月10日、新潟県上越市で）
🅓高田城址公園オーレンプラザで開催されたトークショーに参加した（左から）名久井隊長、加藤1尉、中島3曹、村井3曹（4月9日、新潟県上越市で）

空自のアクロバット飛行チーム「ブルーインパルス」（4空団11飛行隊、松島）の隊長に3月21日、名久井朋之2佐が就任。新体制となって令和4年度のスタートを切った。同隊は4月10日、今年度初の展示飛行を桜咲く新潟県上越市の高田城址公園で披露、集まった観客に上空から「笑顔」を届けた。

当日の編成は、飛行班長の平川通3佐と永岡皇太1尉（1番機）、東島公佑1尉（2番機）、鬼塚崇玄1尉（3番機）、手島孝1尉（4番機）、江口健1尉（5番機）、眞鍋成孝1尉（6番機）の7人。名久井隊長は地上指揮官として、展示飛行を統制した。

この日、松島基地を午前10時30分に離陸した6機は、会場上空に午前11時に到達。会場の東側を流れる関川の方向から姿を見せ、傘型隊形の「デルタ・ローパス」で会場上空を航過し、「ポイントスター・ローパス」「サクラ」など全7課目を約15分間にわたり披露し、観客を魅了した。

これに先立ち同9日には同公園オーレンプラザで飛行隊員によるトークショーが開催され、名久井2佐、加藤拓也1尉、整備員の中島翼3曹と村井裕二3曹が参加。集まった多くの聴衆を前にブルーインパルスのパイロットになる方法、フライトの難しい点、仕事のやりがいなどについて約90分間にわたって語った。

隊長の名久井2佐は、平成17年3月に入隊し、301飛行隊（新田原）でF4戦闘機を操縦、令和3年4月11飛行隊隊長付（松島）を経て、3月21日に飛行隊長に就任した。

今回の展示飛行を終えて、「今年度1回目となる展示飛行が実施され、たくさんの方々のご支援のもと、完璧な天候と満開の桜という好条件で展示飛行が行えた。今年度も多くの方々に夢、感動、希望そして笑顔をお届けできるよう、飛行隊一丸となって展示飛行に臨む」と今後の意気込みを語った。

（2面に関連記事）

宮崎県で山林火災

陸、空自ヘリが消火活動

山林火災現場の上空で機体に吊り下げた空中バケットから放水する陸自8飛行隊のUH60JA多用途ヘリ（4月10日、宮崎県の綾町鷲津で）

宮崎県綾町で4月10日に山林火災が発生し、陸自8飛行隊（高遊原）と西部方面航空隊（同）が消火活動に当たった。

10日午後2時半、宮崎県綾町の山林で火災が発生、県の防災ヘリが消火活動を行ったが鎮火に至らず、同日午後7時18分、宮崎県の河野俊嗣知事から43普連長（都城）の谷雅和1佐に空中消火に係る災害派遣が要請された。

翌11日早朝、UH60JA多用途ヘリ2機とCH47JA輸送ヘリ1機が順次、駐屯地を離陸。UH60JAとCH47JA各1機は宮崎県小林市の綾北ダムで取水し、もう1機のUH60JAが空域統制を行う中、火災現場上空で消火活動に尽力した。

部隊が繰り返し行った放水により、消防局が火災の鎮圧を確認、同日午前9時35分、知事からの撤収要請を受け、部隊は活動を終了した。放水回数・量は計9回、約26トンだった。

この災害派遣で43普連は宮崎県庁と綾町役場に連絡員各2人を派遣、宮崎空港防災航空センターには8飛の隊員2人を派遣した。

青森で鳥インフル　5普連が災派

青森県上北郡横浜町のブロイラー（肉用鶏）用の養鶏場（計約17万羽）で鳥インフルエンザが発生したのを受け、5普連は4月8日から11日までの間、約280人態勢で鶏の殺処分支援などの災害派遣活動を行った。

7日午後8時4分、養鶏場からむつ家畜保健衛生所（青森県むつ市）に死亡している鶏が増加したとの連絡が入り、高病原性鳥インフルエンザの簡易検査をしたところ13羽中9羽で陽性が確認された。そのため8日午後6時、青森県の三村申吾知事から9師団長の亀山慎二陸将に災害派遣が要請された。

同9時14分には5普連を基幹とする対処部隊が殺処分などの支援を開始。ローテーションを組み24時間態勢で殺処分や処分した鶏の梱包作業を行った。

作業は約2日半、56時間におよび、11日午前5時55分に今後の防疫措置は自治体のみで可能と判断されたため、知事からの撤収要請を受け、活動を終えた。

運動神経のいいタイプ
運動神経の悪いタイプ

米第5空軍のWPSに4隊員参加

WPS開催の記念撮影に納まる、（前列左から）海自の平川真由美海曹長、統幕の田中芳江1海曹、米第5空軍司令部最先任上級空曹のキャサリーン・マクール最上級曹長、空自の福田裕子1佐、米戸直子1曹＝3月23日、横田基地で

空自航空総隊司令部（横田）の福田裕子1佐と航空戦術教導団（同）の米戸直子1曹、海幕総務課の平川真由美曹長、統幕最先任室の田中芳江1曹は3月23日、米第5空軍（同）が年次行事として初めて主催した「Women, Peace, And Security（WPS）シンポジウム」に参加した。

同シンポジウムは軍での女性活躍や登用など各国の関心事項や課題について相互理解の向上を図ることを目的に同22日から24日まで、横田基地で開催された。米側からは空軍3人、陸軍2人、海軍、海兵隊、沿岸警備隊から各1人が参加。空軍の女性の活躍推進チーム（WIT＝Women-s Initiative Team）と、米インド太平洋地域統合軍（INDOPACOM）のWPS事務局は米国からオンラインで参加した。

会議では福田1佐と米戸1曹が空自の女性活躍推進、男性を含む育児休業システム、育児休業などを取得する隊員の代替要員の確保、出産・育児に配慮した夫婦一体の人事異動、メンター制度・キャリアサポート教育などについて発表。米側からは特に育児休業に関して高い関心が示された。

一方、米側のWITからは女性の髪形に関する規則を改訂するための取り組みを例に課題解決プロセスが紹介された。またWPS事務局は、WPSシンポジウムの意義などについてブリーフィングを行い、今後はこうした活動に男性も参加すべきと発表した。

福田1佐は「日米の各軍種の女性間の連携を深めることは、今後の女性活躍推進のための原動力となるだけでなく、結果として我々の任務遂行上も有意義なものになるだろう」と成果を語った。

米戸1曹は「相互理解と信頼関係を深めていく上で、有意義であると感じた。今後も引き続き開催してほしい」と期待を寄せた。

20普連

山形県縦断駅伝競走大会　協定書を調印

【20普連＝神町】20普連（荒木貴志連隊長）は3月28日、連隊長室で4月27日から29日まで山形県全域で行われる「第66回山形県縦断駅伝競走大会」（山形新聞など主催）の協力に関する協定書の調印式を行った。

20普連が同大会を支援するのは1975（昭和50）年の第21回大会からで今年で46回目となる。

当日は同大会実行委員長の大友洋志さん、事務局員の佐藤瞭さん、山形新聞東根支社の小林達也さんの3人が来隊し、20普連の協力に関する協定書を取り交わした。

連隊は今大会、人員26人、車両14両で役員の輸送と通信連絡の協力をする。

調印式後に記念撮影をする荒木連隊長（左）と大友実行委員長（3月28日、神町駐屯地で）

小休止

▽…宇治駐屯地は4月1、2の両日、「令和4年度桜まつり」を3年ぶりに開催した。

▽…満開の桜並木が出迎える中、両日合わせて約9千人が来場。「陽のあたる桜や提灯に照らされた風情のある桜を楽しんでほしい」との思いから1日は夕方から夜にかけて、2日は昼間に開催した。来場者は提灯に照らされた桜と共に記念撮影をしたり、花より団子で軽食をとったりするなど思い思いに楽しんだ。

▽…会場では宇治鳳凰太鼓の部員が演奏を披露＝写真。昨年入隊した隊員らの粗削りながらも力強く打つ太鼓の音と桜のコラボに、隊員の一人は「たまゆらに過ぎ去る美しい桜とレンガの建築物が当駐屯地の自慢。来年も花々に期待を込めたい」としみじみ語った。（宇治）

15旅団

米国製爆雷を安全化

15通信隊が作成した映像を使用し、地元の自治体、警察、消防の職員らに不発弾処理要領の説明を行う処理隊長の左藤2佐（左奥）＝3月20日、宮古島市役所で

【15旅団＝那覇】陸自101不発弾処理隊は3月20日、沖縄県宮古島市の工事現場で2月4日に発見された、米国製300ポンド投下爆雷の現地安全化を行った。

処理当日は作業現場から半径200メートル以内の約400世帯、約700人の地域住民が避難。処理隊長の左藤景一2佐以下隊員7人が作業に当たり、宮古警備隊が通信支援を行った。

対策本部は宮古島市役所に設置され、左藤2佐が15通信隊写真班が作成した映像を使用して自治体、警察、消防の職員らに処理要領を説明した。

発見された不発弾は全長82センチ、直径35センチで、安全化は当初、「手動による信管離脱」を予定していたが、信管が変形して回らない状態だったため、不発弾を切断して中の炸薬を除去する方法で処理した。切断後は、霧吹きを使用して処理壕内での炸薬の飛散を防いだ。処理に参加した村田剛2曹は「今回、初めての切断作業で緊張したが、訓練通り実施することができた」と述べた。

こちら警務隊

交通犯（自賠責保険法違反）

自賠責保険に加入せず運行すると　1年以下の懲役か50万円以下の罰金

自賠責保険に加入せず、自動車を運行するとどうなりますか？

自賠責保険は、交通事故被害者の救済のため、原動機付自転車を含む全ての自動車に加入義務がある保険です。

無保険で運行すると、1年以下の懲役または50万円以下の罰金に処せられるとともに、違反点数6点が付され、免許停止処分となります。

また、自動車の運行中は自賠責保険証明書の携帯が義務付けられており、違反すると30万円以下の罰金となります。

無保険の自動車で交通事故を起こせば、刑事罰だけではなく、多額の賠償が自己負担となります。

無保険運行は、絶対にやめましょう。

（北部方面警務隊）

（世界の切手・ベラルーシ）

歴史は無敗の軍隊が存在しないことを示している。
ヨシフ・スターリン
（ソビエト連邦の政治家）

みんなのページ

レンジャー教育に参加して

妥協せずに凛とした行動目指す

3陸曹　大西 晃二郎（33普連1中・久居）

私がレンジャー教育を修了し、特に感じたことは、妥協しなければ、もっと行動できるということです。

レンジャー教育に着隊した初日から、今まで経験したこともないことが多くあり、精神的にも肉体的にも追い込まれ、自分で限界を決めてしまい、もうダメだと心が折れそうになったことがありました。

しかし、そんな時に周りを見ると、同じように厳しいことをしているのに、歯を食いしばって頑張っている同期がたくさんいました。自分一人ではすぐに妥協してしまいますが、同期に励まされ何度も助けられました。

今回のレンジャー教育で私が修得不十分だと感じたのは地図判読です。今まで中隊では地図を見ることを他人任せにし、興味も持たず、教育参加時には白紙からのスタートでした。未だに地図判読能力には自信がありませんが、教育に参加することで前よりも成長でき、今まで無関心だった事に気付くきっかけを与えていただきました。これから戦士として、必要になる能力なのでさらに向上していきたいです。

また、レンジャー教育は覚えることが多く、体力的にも追い込まれ、自分のことで精一杯になり周りの人についていくことに必死でした。そんな中、助教の方々には熱心に指導していただき、同期も助けてくれました。今までで最も内容の濃い2カ月半を過ごすことができました。これからは助教の方々と同じレンジャー隊員として勤務することになります。レンジャー隊員らしく凛とした行動をしていきます。

同期と助け合い、見事レンジャー隊員となった大西3曹

後輩の育成にやりがいを感じた

3陸曹　奥田 涼太（33普連1中・久居）

私は、今回レンジャー教育に助教として参加しました。私がレンジャー教育に学生として参加した当時は、入隊2年目の陸士であり、訳も分からず卒業した記憶があります。

また、レンジャー教育は、苦しかった思い出や辛かった思い出など、自分にとって負の印象が非常に強い場所であり、助教として参加された方々から話を聞いても、「忙しかった」や、「学生より大変」といった話をよく聞いていました。

なのでレンジャー助教に選ばれた時は、「自分はやっていけるのか」「学生に教える事ができるのか」と正直不安でした。

練成訓練間では、ロープ橋、固定ロープの構成要領、組登はんの実施要領など、忘れていることがほとんどで苦労しましたが、他の指導部の方々から懇切丁寧に教えていただいたため、学生の時より格段に知識・技術を修得することができ、自分の能力向上になりました。

養成訓練間では、学生の前で失敗は許されず、課外も学生への教育で遅くまで残業することも多く、大変でした。しかし、学生たちがロープ結索の結びができるようになっていたり、体力がついてきていたりと、成長している姿を見ることができ、後輩を育成するということに非常にやりがいを感じました。

レンジャー教育に助教として参加して、教育が終わった今振り返ると、参加できて非常に良かったと思っています。他のどの教育より過酷で危険な教育であるレンジャー教育に臨むための周到な準備、学生を育成し、新たなレンジャー隊員を育てるという使命感など、非常に自分を成長させられる教育期間であり、学生の時、経験できなかった新たなレンジャー教育を体験できたと思います。

准看護師の衛生救護陸曹として

3陸曹　石岡 海輝（北方対舟対戦隊・倶知安）

私は2年間、自衛隊札幌病院准看護学院で准看護師として必要な知識、技術の習得に励んできました。

令和4年3月に卒業を迎え、2年間お世話になった学院長をはじめ教官や助教に感謝するとともに、苦楽を共にした同期の仲間と「それぞれの任地で頑張ろう」と誓い合い、准看護学院を後にして、私は北部方面対舟艇対戦車隊の衛生班に配属となりました。

配属後、准看護師の合格の報を受け、心新たに今後の意気込みを述べたいと思います。

今までは、衛生救護員として部隊で活動してきましたが、これからは准看護師の衛生救護陸曹として隊員の健康管理や、演習、訓練等で任務を遂行していくことになります。

准看護師の衛生救護陸曹となる上で強い使命感を持って、隊員の健康を管理・指導し、傷病者が発生した際には、沈着冷静に処置を行えるよう日々努力していきたいと思います。

また、現状に甘んずることなく、知識、技術の向上に励み、部隊から頼られる准看護師を目指して、任務遂行できるよう日々精進していきたいと思います。

「九匠塾」で腕を磨く

2陸曹　溜渕（たまりぶち） 成明（目達原駐広報室）

九州補給処の「九匠塾」を紹介します。九匠塾は九州補給処の略「九処（きゅうしょ）」にちなみ、「きゅうしょじゅく」と読みます。平成22年から始まり、補給処として保有すべき必要な専門知識及び技能の継承を目的としています。

職場（班以下）単位で構成し、塾長（専門知識・技術等習熟者）による実務を通じた塾生（若手職員等）への専門技術教育です。

特に、西部方面隊の火器、車両、誘導武器、需品、通信電子器材、化学器材、衛生器材の高段階整備を担任している九州補給処整備部は、九匠塾を通じてさらなる技量向上を目指し、腕を磨いています。

また、補給部、電計課、健軍支処、富野弾薬支処、大分弾薬支処、鳥栖燃料支処にも同様に九匠塾があり、それぞれの技量の向上を図っています。

九州補給処は、引き続き西部方面隊の兵站の中核として隊員の特技に関する技術向上を図り、多様化する各種任務に即応してまいります。

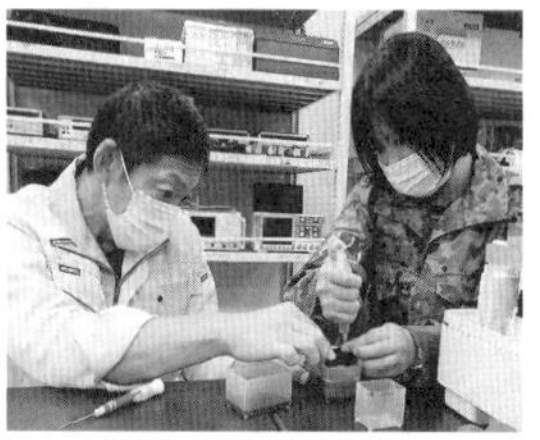
「九匠塾」で通信器材整備の技量向上に励む九州補給処通信電子課の隊員

新刊紹介

「補給戦 増補新版」

マーチン・ファン・クレフェルト著
石津 朋之監訳・解説、佐藤 佐三郎訳

「補給こそが戦いの勝敗を決する」ことを初めて明快に論じ、ロジスティクス（兵站）の研究の先駆けとなった名著の新装版だ。

著者はイスラエルの歴史学者・軍事学者で、ヘブライ大学歴史学部の名誉教授。著者と親交のある防衛研究所戦史研究センター長の石津朋之氏が監訳・解説を務めた。

副題は「ヴァレンシュタインからパットンまでのロジスティクスの歴史」。16世紀以降のナポレオン戦争などから二度の大戦までの代表的な戦闘を「補給」の観点から徹底的に分析し、戦闘への影響などについて弾薬、糧食等の具体的な数値と計算に基づいて説明する。

本書は、2006年に中公文庫として刊行された『補給戦』（原著ケンブリッジ大学出版、1977年）を石津氏が全面的に校訂。さらに、2004年に同大学出版から刊行された第2版の補遺（石津訳）を増補し、文庫版には掲載されていなかった原注・参考文献が加えられた。

最終頁に今回新たに盛り込まれた「戦争のプロはロジスティクスを語り、戦争の素人は戦略を語る」と題した石津氏による解説は、翻って我が国の直面する課題を考える上で必読の章となっている。

（中央公論新社刊、2970円）

「至誠の日本インテリジェンス」

—世界が称賛した帝国陸軍の奇跡

岡部 伸著

ロシアによるウクライナ侵攻が激しさを増す中、終戦後の旧ソ連軍による侵攻から北海道本土を守った樋口季一郎陸軍中将の功績が注目を集めつつある。産経新聞論説委員の著者が樋口中将をはじめ、小野寺信少将、藤原岩市中佐の3人の帝国陸軍人にスポットを当て、そのインテリジェンス（諜報）の実態について綴る。

最初に北欧スウェーデンの駐在武官だった小野寺少将の功績に触れ、他国の情報将校から〝諜報の神様〟と慕われていたことに言及。ドイツの敗戦を予測し、大本営に対米開戦反対の電報を打つなど、精度の高い諜報の舞台裏を描く。

樋口中将については旧ソ連による北海道占領を阻止した自衛戦争に加え、ポーランド駐在武官としての人脈作り、ユダヤ人を救った人道的決断の軌跡をたどる。最後に、インド人に寄り添い、イギリスが脱帽するインテリジェンスを発揮した藤原中佐の人柄などを紹介する。

3人の共通点である誠心誠意をもって行う〝至誠〟の諜報活動と決断は、情報戦が繰り広げられる現代でも、国益を守る上での資となるだろう。

（ワニブックス刊、1650円）

表情豊かな〝顔〟のために

2空尉　石黒 由依（27警隊・大滝根山）

マスクを付けることが当たり前となった生活で、ふと鏡に映った自分の素顔を見たとき、「あれ?」と思ったことはありませんか。

新型コロナウイルスの影響により、この2年間で私たちの生活は大きく変化しました。特に長引く自粛生活やリモートワークの普及により、人と直接会って話す機会が減るとともに、仕事においてもプライベートにおいても、パソコンやスマートフォンを操作する時間が格段に増えたように私自身感じています。

このような変化が、知らず知らずのうちに私たちの「顔」をも変化させているのだとか…。

人間の顔には、前頭筋、眼輪筋、頬骨筋、口輪筋、舌骨筋といった多くの筋肉が存在し、それら「表情筋」のはたらきにより私たちの「顔」は作られています。

しかし、顔の大部分がマスクに覆われていることで、表情筋の活動量が半分から4分の1程度にまで低下するという実験結果があり、顔の筋肉を使う場面が少なくなることでだんだんと表情が乏しくなり、「老け顔」を招く原因となっていることが指摘されています。

また、長時間のパソコンやスマートフォンの使用により、眼の周りの筋肉が固まることで疲れて物が見えにくくなり、眉間にしわを寄せる癖が習慣化し、常に険しい顔になってしまうことも。

危機感を感じた私は、毎晩鏡に向かって〝変顔〟をしながら表情筋トレーニングに励んでいます。

社会生活を営む上で、顔の印象が対人関係に与える影響は少なからずあるかと思います。また、若々しく引き締まった表情は、自衛隊の精強さのアピールにもつながるものと考えます。

ちょっとした意識を持って自分磨きをすることで、コロナが終息を迎え、マスクなしの生活を取り戻したとき、きっといろいろな方と素敵な笑顔で再会ができるはずです。

OBがんばる

沼澤 信昭さん　55

令和3年5月、航空自衛隊3輸送航空隊（美保）を准空尉で定年退職。現在、弘済企業（株）美保出張所で各種保険業務に当たっている。

縁を切らない関係を

私は、令和3年5月に航空自衛隊美保基地を最後に定年退職し、基地援護室のご尽力により弘済企業株式会社に採用され、美保出張所に常駐勤務しています。

弊社は昭和43年5月に設立され、防衛省職員・家族の福利厚生、自衛隊の戦力維持及び退職隊員の福祉に寄与するという使命のもと、団体傷害保険を主軸として生命保険を含む保険事業を行うとともに、石油類の納入代行業務及び航空機給油業務等の石油業務を行っています。

再就職にあたり、漠然とした希望で探しましたが厳しい求人状況でした。その中で、ご縁があって援護担当者から弘済企業を紹介して頂きました。入社の最大の動機は仕事を通じて後輩や自衛隊に恩返しができるのではと考えたからです。正直言って現役の時は保険に関しては苦手な分野でしたが、資格取得のため勉強すると奥が深く、目から鱗（うろこ）が落ちた気持ちでした。

また、保険商品も日々新しくなり、デジタル化も推進されているため、自学研鑽（けんさん）の必要性とまだ老け込んでいる場合ではない事を痛感しました。

差し出がましいとは思いますが、再就職に当たっては、早期に明確な目標を設定し、必要な資格を取得するなど入念な準備、そして厳しい現実を受け止める心構えが重要だと思います。

最後になりますが、剣道では縁を切らない稽古（けいこ）が大切だといわれています。弊社の扱う団体傷害保険は間もなく誕生50年を迎えますが、現状に甘えずより良いご提案をし、現役、OBを問わずいつまでも縁を切らない関係で歩んでいけるよう努力してまいります。

詰碁

第1281回出題

出題　日本棋院
九段　曲 励起

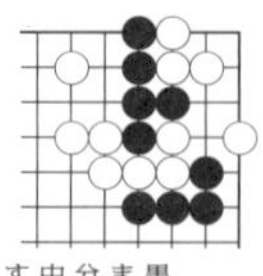

黒先

『包囲下の黒はどうなりますか』。5分でできれば中級以上です。

▶詰碁、詰将棋の出題は隔週です◀

詰将棋

出題　日本将棋連盟
九段　石田 和雄

≪第865回の解答≫

▲先手　持駒　飛

【正解】▲1二飛△同香▲2二銀直不成△同角▲2三飛△同金▲同歩成△同玉▲2四金までの九手詰め。

【解説】まず▲1二飛と捨てるのがミソ。これで退路を断ってから▲2二銀直不成が手順の妙。五手目▲2三飛は露骨な打ち方ですが、以下は▲2四金までの頭金で詰み上がり。

朝雲
発行所 朝雲新聞社
〒160-0002 東京都新宿区四谷坂町12−20 KKビル
電話 03(3225)3841
FAX 03(3225)3831
振替00190-4-17600番
定価一部150円、年間購読料9170円（税・送料込み）

改正自衛隊法が成立

外国人のみの輸送可能に

海外で緊急事態が発生した際、自衛隊による邦人輸送の要件を緩和する改正自衛隊法が4月13日の参院本会議で、自民、公明、立憲民主各党などの賛成多数で可決、成立した。日本大使館などで働く現地職員であれば、外国人のみの輸送が可能となる。岸防衛相は15日の記者会見で「昨年のアフガンにおける邦人輸送の経験を踏まえ、在外邦人等の輸送に係る規定である『自衛隊法第84条の4』の改正を行ったものだ」と説明。「改正によって在外邦人等の輸送をより迅速かつ柔軟に実施できるようになる。海外で邦人が危機にさらされた時、邦人の保護・退避に全力で当たることは国として当然の責務だ。防衛省・自衛隊としても、あらゆる事態に適切に対応できるよう、在外邦人等の安全のために引き続き全力を尽くす」と語った。

邦人輸送の要件緩和

政変で混乱したアフガニスタンから邦人等を退避させる任務を終え、帰国した空自3輸空（美保）のC2輸送機（2021年9月3日、埼玉県の空自入間基地で）＝統幕提供

現行法では外国人を輸送するためには邦人が同乗していることが条件だったが、改正法では輸送対象に外国人も追加。日本人と結婚した外国籍の配偶者や子供のほか、在外公館や国際協力機構（JICA）など の独立行政法人で働く外国人の現地職員を対象に加え、邦人がいなくても輸送できるようにした。

また、派遣の判断を迅速化するため、前提となる安全規定も緩和。これまで「輸送を安全に実施できる」としていた要件を、「予想される危険を避けるための方策を講ずることができる」場合に自衛隊の派遣を可能とした。派遣機種についても、政府専用機を原則とする規定を廃止し、過酷な環境にも耐えられる輸送機の派遣を容易にした。

改正自衛隊法が4月20日に施行されたことを受け、政府は22日、「自衛隊法第84条の4」に基づく在外邦人等の輸送について、新たな閣議決定を行った。

岸大臣は同日の記者会見で、この閣議決定について「在アフガニスタン邦人等輸送における経験や今般の法改正の内容を踏まえ、政府部内の連携強化や輸送対象者についての在外公館による平素からの把握、自衛隊の態勢強化など、在外邦人等の輸送に係る総合的な措置の一層の充実を図るものだ」と述べた。

◇「自衛隊による在外邦人等の輸送の実施について」の閣議決定の内容は次の通り（要旨）。

①政府部内や各国との連携強化、輸送対象者についての在外公館による平素からの把握、自衛隊による態勢強化など、在外邦人等の輸送に係る総合的な措置の一層の充実を図る。

②平素から輸送拠点などの情報収集に努める。

③使用が想定される航空機、船舶、車両の特性を踏まえた効果的な輸送要領を平素から検討するとともに、緊急事態には最適な輸送手段を一層柔軟に選択し、迅速な派遣に努める。

④これまで通り安全を確保する。

⑤在外邦人等の輸送を実施する可能性があり、実施決定後に本邦から出発したのでは輸送任務を適時実施し得ない可能性がある場合、防衛大臣は外務大臣からの依頼に基づき、使用航空機等を国外に移動させ、待機を行わせる。

⑥自衛官が携行する武器は、自衛隊法の関連規定の範囲内で、必要かつ適切なものとする。

⑦関係省庁が連携して現地での人定や出入国手続きなどを行う。外国人の同乗は人道的見地から邦人と同じ状況下で退避が必要とされ、当該外国人の属する国の政府から我が国に輸送要請があることを原則とする。

岸防衛相

韓国代表団と面会

「リーダーシップに期待」

岸防衛相は4月25日夕、韓国の尹錫悦次期大統領が日本に派遣した政策協議代表団による表敬を受け、省内で約45分間面会した。報道公開はなく、個別具体的なやり取りや韓国側の発言内容は公表されていない。

防衛省の発表によると、来省したのは、団長の鄭鎮碩氏（国会副議長・「国民の力」議員・韓日議員連盟顧問兼朝鮮通信使委員長）を筆頭に、副団長の金碩基氏（「国民の力」議員・韓日議員連盟幹事長兼副会長）、韓国外国語大学碩座教授の尹徳敏氏、ソウル大学国際大学院教授の朴喆熙氏、元駐カンボジア大使の張虎鎮氏、元駐シンガポール大使の李相徳氏、世宗研究所研究委員の禹政燁氏の計7人。

岸大臣は、北朝鮮の核・ミサイル開発をめぐる状況を含め、日韓両国を取り巻く安全保障環境が厳しさと複雑さを増す中、「日韓、日韓米の連携がますます重要だ」と述べた上で、日韓防衛当局間の懸案事項を解決するため、「韓国の次期政権がリーダーシップを発揮することを期待する」と伝えた。

さらに、岸大臣は、北朝鮮への対応をはじめ、インド太平洋地域の平和と安定のため、韓国次期政権としっかり意思疎通を図っていく考えを強調した。

研究開発

2022年度防衛費

重要施策を見る 〈7〉

次期戦闘機 設計に着手

戦局を劇的に変えることが可能な「ゲームチェンジャー兵器」の開発競争が主要国間で熾烈を極めている。人工知能（AI）、電磁パルス、対空レーザー、極超音速ミサイルなど、従来の兵器を無力化できる革新技術の開発は防衛省の主要なテーマにもなっている。

鈴木敦夫防衛装備庁長官は本紙の年頭メッセージで、「技術的優越を確保し、優れた装備品を早期かつ効率的に取得するため、（本年も）研究開発等の課題に積極的に取り組んでいく」と決意を述べた。その言葉どおり、22年度防衛予算では「研究開発」に過去最大となる2911億円を確保。

制空権の維持に欠かせない次期戦闘機（FX）の開発には関連研究を含め1001億円を投じ、機体やエンジンなど搭載装備品の基本設計にもいよいよ本格着手する。

このFXを筆頭に、日本が今後とも装備面で技術的優越を確保するため、新年度も革新的・萌芽的技術の発掘・育成に力を入れる。

具体的には、多数の攻撃型ドローンにも瞬時に対処できる高出力マイクロ波（HPM）照射技術（72億円）、高出力レーザーシステム（39億円）に重点投資し、即応性が高く低コストの防空システムを実現する。

極超音速誘導弾では高速飛翔体用シーカーの実用化を図る（40億円）。一方、敵の極超音速誘導弾等への対処では、弾丸を高初速で連射できるレールガンの研究（65億円）を続ける。

AIを組み込んだ各種無人装備品の開発も進める。海洋の警戒監視用に「水中無人機（UUV）用海洋状況把握モジュール」を試作（60億円）。航空では有人機と連携できる「戦闘支援無人機コンセプト」（101億円）の研究に着手する。

このほか新領域では次の研究を行う。

【宇宙】①軌道上に配置された衛星群により、宇宙側から航空機やミサイルなど飛翔体の動きを察知・追尾できる衛星コンステレーションを利用した警戒監視システム（1億円）。

②宇宙を含む遠方から画像情報収集が可能な高感度広帯域の赤外線検知素子の研究（12億円）。

【サイバー】装備品等に向けたサイバー攻撃の被害拡大を防ぎ、システムを維持するサイバー防衛の研究（24億円）。

【電磁波】①敵部隊に対し効果的な電波妨害を実施し、自衛隊の航空作戦を支援するスタンド・オフ電子戦機の開発（190億円）。

②電子戦器材の性能や電子戦下での残存性を正確に把握・評価するための電子戦評価技術の研究（46億円）。

③海自の電子情報収集機EP3の後継機開発に向け、信号検出能力、方位精度、類識別能力を向上させた情報収集システムの研究（16億円）。

（薗田嘉寛）

おわり

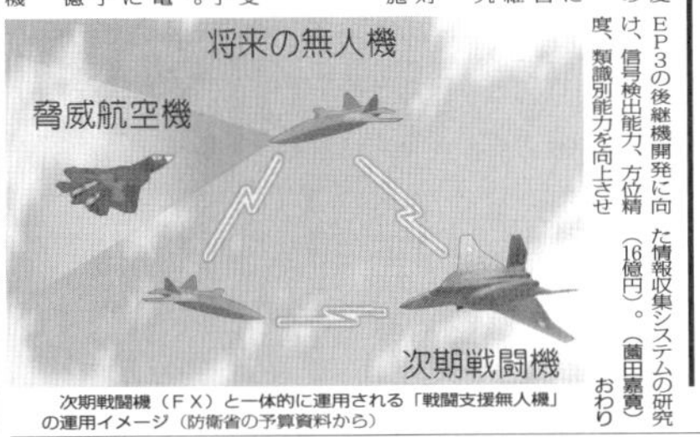

次期戦闘機（FX）と一体的に運用される「戦闘支援無人機」の運用イメージ（防衛省の予算資料から）

遠洋練習航海部隊が出発

海自 3年ぶり4カ月の長期に

海自の令和4年度遠洋練習航海部隊（練習艦「かしま」「しまかぜ」で編成、指揮官・小牟田秀覚練習艦隊司令官以下、実習幹部約160人を含む約540人）が4月24日、横須賀基地から世界一周の練習航海に出発した。

昨年と一昨年は新型コロナの影響で前・後期の2期制で実施したため、4カ月に及ぶ長期の練習航海は3年ぶりとなる。部隊は地球を西回りに巡り、東南アジアの東ティモール、アフリカのジブチ、欧州の英国など7カ国、8寄港地を訪問する。

出港行事には鬼木防衛副大臣、酒井海幕長、来賓として大野忠之横須賀市議会議長、同市の青木秀介防衛議員連盟会長、乗員・実習幹部の家族ら計約400人が出席。

鬼木副大臣は整列した小牟田司令官以下の派遣隊員に対し、「異国の文化や歴史に接することで、広い視野を身に付けてほしい。日本の代表としてさらなる友好の前進を果たしてくれることを期待する」と訓示した。

続いて田中茂横須賀副市長が市長祝辞を代読し、「積み上げた研さんの成果を存分に発揮し、8月にはさらに成長された皆さんとお会いできることを楽しみにしています」と激励した。

酒井海幕長は実習幹部に対し、「航海を通じて海を知り、強い精神と良きリーダーシップを育むことを期待する」と壮行の辞を述べた。

最後に小牟田司令官が「自衛隊の将来を担う若き士官の育成と、訪問国との友好親善に努めます。行ってまいります」とあいさつ。

世界一周の遠洋練習航海に出発するため、練習艦「かしま」に乗り組む実習幹部たち＝4月24日、横須賀基地の逸見岸壁で

実習幹部らは行進して2艦に乗艦した。

「かしま」と「しまかぜ」は家族や来賓に見送られて出港、最初の寄港地の東ティモールのディリ沖に向かった。同隊はその後、インド洋を西航してスリランカ、ジブチを訪問、スエズ運河を通峡して欧州のフランス、英国を巡り、大西洋を横断後は米国のノーフォーク、中米のパナマ、米パールハーバーを経て、8月22日に横須賀に帰国する予定。

春夏秋冬

ウクライナ侵攻と国際協調

山下 裕貴

2月24日、ロシアがウクライナの飛行場や重要施設などにミサイル攻撃を行い、侵攻を開始した。ロシアは昨年の11月頃からウクライナ国境近くに軍を集結させ、今年に入り兵力は約19万人に達し侵攻の可能性は日増しに高まっていた。しかしながら多くの人々は「まさか本当にロシア軍がウクライナに侵攻するとは」と考えていたのではないだろうか。

米国を中心とする西側諸国は直ちにロシアに対して厳しい制裁を科すと発表した。日本も欧米と歩調を合わせ制裁に加わっている。国際社会において責任ある国家であるとの明確な立場を示したことは大いに評価できる。国際社会において責任ある国家とは一国の利害だけでなく、国際的な観点から政策を積極的に運営していくこと、いわゆる国際協調を積極的に実践しているということである。

我が国の歴史の中で国際協調の成功例を見てみたい。第1次世界大戦が勃発して間もない1914年8月に英国から日本に陸軍3個軍団及び海軍艦艇の派遣要請があった。しかし日本政府は陸海軍とも派遣を断った。

理由は次のようなものである。陸軍は派遣軍が任務を達成するためには10個軍団以上の兵力が必要であり、これは日本陸軍全力となり国防上の空白が生じる。海軍も主力艦は新式艦艇へ更新中である。かつ遠く外征する能力はない。

1917年1月に再び英国政府より商船保護のために水雷戦隊1隊を地中海に派遣してもらいたいと懇請された。日本政府は派遣に同意し駆逐艦8隻を地中海に派遣することにした。終戦までに348回の船団護衛を行い多くの船舶・兵員の護送任務を行った。

その成果は英国から高い評価を受け、日本の国際社会での地位向上に貢献した。この功績により連合国の一員としてパリ講和会議への参加、国際連盟へ加入し常任理事国になることができた。

今回のロシアの行動は国際社会への挑戦であり断じて認めることはできない。これからも平和構築のために、国際的な枠組みで厳しい政策を行う場合があるだろう。その際、日本は責任ある国家としてその姿勢を示すことが重要である。

（元中方総監・陸将、千葉科学大学客員教授）

岸防衛相

イラン国防軍需相と会談

情報収集活動延長を説明

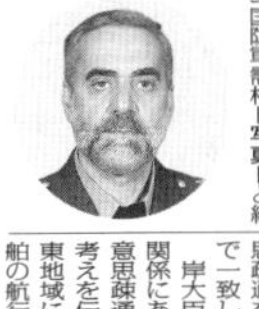

岸防衛相は4月13日、イランのモハマドレザー・ガラーイ・アーシュティヤーニ国防軍需相＝写真＝と約30分間のテレビ会談を行い、中東情勢などについて意見交換、防衛当局間の意思疎通を継続していくことで一致した。

岸大臣は「伝統的な友好関係にあるイランと緊密に意思疎通を行いたい」との考えを伝えるとともに、中東地域における日本関係船舶の航行の安全確保を目的とした自衛隊による情報収集活動の期間延長について説明し、協力を求めた。

シンガポールと防衛当局間協議

日本とシンガポールの防衛当局間（MM）協議が4月19日、都内で開かれた。17回目となる今回の協議には、防衛省から野口泰防衛政策局次長、シンガポール国防省からテオ・エン・ディー副次官が代表して出席し、両国間の安全保障協力などをめぐって意見交換。今後の2国間の防衛協力・交流などについて議論を深めるとともに、ウクライナ情勢などを含む幅広い議題についても意見を交わした。

カナダ軍哨戒機が北の「瀬取り」監視

防衛省は4月22日、北朝鮮船舶による違法な「瀬取り」を監視するため、カナダ空軍のCP140哨戒機が、国連軍地位協定に基づき沖縄県の在日米軍嘉手納基地を拠点に4月下旬から5月下旬まで、我が国周辺空域で警戒監視活動を行うと発表した。

カナダ軍機による同活動への参加は2018年以降、7回目。

朝雲寸言

国際連盟設立の立役者、ウィルソン米大統領は米上院で以下のように演説した。「勝利とは敗者に強制される平和、敗者に課される勝者の条件を意味するだろう。それは屈辱の中、脅しの下で耐えられない犠牲において受け入れられ、痛み・憤り・苦い記憶を残す。そのような平和条件は長続きせず流砂の上にあるに過ぎない」▼「勝利なき平和」と呼ばれるこの演説がやがて現実のものとなる。大戦後のパリ講和会議から僅か20年後に第2次世界大戦が勃発したからである。国際政治が妥協の産物であることは歴史が証明している。しかし安易な妥協が次なる紛争を生み出すこともまた歴史の教えるところである▼ロシアのウクライナ侵攻の戦況は日々刻々と変化している。その現実を見つめることは大事だが背景にある国家や民族の歴史、過去の出来事を踏まえる冷静さも必要である▼13世紀モンゴル帝国の西進によりキエフ大公国は滅亡、東スラブ民族は「タタールの軛」と呼ばれる時代を迎える。この間、ロシア・ウクライナ・ベラルーシという現在の骨格が形成される▼ロシアの穀倉地帯とコーカサスの石油資源獲得が目的だったナチス独のウクライナ侵攻は歴史上のどの戦域よりも悲惨な残虐行為が発生した戦争だったという▼そのすべてが大戦後の東欧の歴史に影響を及ぼしている。そう、歴史を歪曲するのも独裁政権の常とう手段、それも歴史が証明している。

お知らせ

本紙5月5日付は休刊とし、5月12日付（3499号）から通常通りの発行となります。ご了承ください。

朝雲新聞社

2022年度　陸上自衛隊の主要訓練・演習

	訓練名	訓練部隊	実施国	時期
日米共同訓練	ヤマサクラ（方面隊指揮所演習）	総隊、北、西方	日本	3四半期
	オリエント・シールド（米陸軍との訓練）	西方	日本	2～3四半期
	レゾリュート・ドラゴン（米海兵隊との訓練）	北方	日本	2～3四半期
	CTC（米陸軍との訓練）	中方	米国	3四半期
	アイアン・フィスト（米海兵隊との訓練）	総隊	日本	4四半期
	リムパック（環太平洋合同演習）	西方	米国	1～2四半期
2国間・多国間共同訓練	サザン・ジャッカルー（米豪軍との訓練）	東方	豪州	1四半期
	ガルーダ・シールド（米尼陸軍との訓練）※米国での米陸軍との訓練（共同降下）と連接	総隊	インドネシア	2四半期
	カマンダグ（米比海兵隊との訓練）	総隊	フィリピン	2～3四半期
	ダルマ・ガーディアン（印陸軍との訓練）	中方	インド	3～4四半期
	ヴィジラント・アイルズ（英陸軍との訓練）	総隊	日本	3四半期
	カーン・クエスト（蒙陸軍などとの共同訓練）	総隊、北方	モンゴル	1四半期
ホーク・中SAM部隊実射訓練		15高特連など	米国	2～3四半期
米空軍機からの降下訓練		総隊	日本	各四半期1回

※北海道訓練センター実動対抗演習は北方で4回、西方で2回を計画。

「ガルーダ・シールド」に初参加
2022年度の陸自主要訓練発表

陸幕は4月14日、2022（令和4）年度の陸自主要訓練・演習の概要を発表した。

22年度の主要な演習は計21件で、陸自としては初めて米陸軍、インドネシア陸軍との共同実動訓練「ガルーダ・シールド」に参加する。

これまで米国で行っていた米海兵隊との共同訓練「アイアン・フィスト」は、日本国内で初めて実施する。

日米共同方面隊指揮所演習「ヤマサクラ」は、より戦略・作戦レベルでの質的向上を図るため、22年度は陸上総隊、北方、西方にスケールを拡大し、米側からは米陸軍第1軍団、2個歩兵師団、海兵隊が加わる。

米海軍主催の環太平洋合同演習「リムパック」には、約4年ぶりに水機団（相浦）などが参加。モンゴルで行われる多国間訓練「カーン・クエスト」にも3年ぶりに参加する。

その他の訓練は表の通り。詳しい実施時期は未定。

札幌病院准看護学院で入校式
第47期初級陸曹特技課程

【札幌病院＝真駒内】自衛隊札幌病院准看護学院は4月1日、第47期初級陸曹特技課程「准看護師」の入校式を行い、全国の志願者の中から選抜された隊員27人（男性9人、女性18人）が入校した。

式には北方総監部の小林弘明医務官をはじめとする関係者約20人が出席。同期を代表して松井雄大士長が決意を込めた力強い声で申告した。

鈴木智史病院長は学生に「自己鍛磨」「思いやり」の二つを要望し、「第一線における過酷な状況や疲労困憊の中で傷病者を救うことは非常に厳しい任務である。我々の仲間は、負傷したら必ず助けてくれると衛生を信頼して任務にまい進している。人の痛み、苦しみや悩みを感性深く受け止め、人を思いやる気持ちがにじみ出るような准看護師を目指してほしい」と訓示した。

野澤浩准看護学院長は式辞で「ビジョン&ハードワーク」を要望し、「平素より日々一生懸命に努力することが大切だ。諸官ら一人ひとりが将来どのような准看護師たる衛生救護陸曹になりたいか明確なビジョンを持ち、研さんに努めてほしい」と述べた。

続いて小林医務官が登壇し、「君たちは、これから2年間の教育を受ける。『負傷した人を助ける』という誇り高き使命感を強く持って、学んでください。君たちには大変な現場での活躍が期待されている。優しさと強さを兼ね備えた准看護師を目指して頑張ってほしい」とエールを送った。

学生たちはそれぞれの激励の言葉を心に刻み、教育に臨む決意を新たにした。

札幌病院准看護学院の入校式で47期初級陸曹特技課程の学生に訓示を述べる鈴木札幌病院長（右）＝4月1日

時の焦点
（海外）（国内）

外交青書
「大転機」の安保戦略を

「ウクライナへの侵略は、欧州の安全保障の構図を根本的に覆すのみならず、冷戦後の世界秩序を脅かすものであり、歴史の大転機であると言える」

2022年版の外交青書は、ロシアの蛮行をこう非難した。戦後秩序に挑戦する中国の動向と合わせ、「国家間競争の時代に本格的に突入した」という認識は適切である。日本の外交・安全保障政策にも、大きな影響が生じよう。

外交青書は、北方領土について19年ぶりに「不法占拠」と明記した。これまでは領土交渉への影響を考慮して慎重な言い回しだったが、現在のプーチン政権を相手に交渉することはできず、主権を守る意思を明確にしておくことは重要だ。

外交青書が指摘する通り、今回のウクライナ侵略の背景には、プーチン露大統領の「独自の世界観、歴史観」がある。独自と言えば聞こえがいいが、むしろ身勝手な見方である。

旧ソ連は1991年に崩壊し、連邦を構成していた15の共和国はそれぞれ独立した。それにもかかわらず、プーチン氏はいまだに、ウクライナをはじめとする旧ソ連地域を、西側諸国に対峙する自らの勢力圏だと位置づけている。

だが、旧ソ連各国は、かつてのように社会主義の理想を共有しているわけではなく、自らをロシアの勢力圏と考えるとは限らない。

プーチン氏は北大西洋条約機構（NATO）の東方拡大を批判するが、旧ソ連のバルト3国や社会主義陣営だったポーランドは、独立国家として自らの意思でNATOに加盟したのである。

ウクライナがNATOに加盟したり、西側にさらに接近したりすれば、国境を接するロシアとして懸念を感じるのは理解できないわけではない。

だが、周辺国をそうした状況に追い込んだのは、ほかならぬロシア自身である。

その反省もなく、外交的手段を尽くさず、武力を行使して一方的に現状を変更しようとするのは、主権平等や武力不行使の原則に基づく国際秩序への明確な挑戦である。

日本が忘れてならないのは、中国も同様に「中華民族の偉大な復興」という独自の世界観のもと、南シナ海や東シナ海で現状変更の試みを重ねていることだ。

米国の国力が相対的に低下すれば、中露が暴走する懸念はさらに高まる。日本の役割が大きくなるのは当然だろう。

自民党安全保障調査会は、国家安全保障戦略など3文書の改定に向けた提言をまとめた。

いわゆる敵基地攻撃能力について「反撃能力」に名称を改めて保有することを求めたほか、防衛力の抜本的な強化を提案している。

地域の平和と繁栄を確保し、国際秩序を維持するために何が必要か。政府と与野党には、「歴史の大転機」にふさわしい大局的な議論が求められよう。

宮原 三郎（政治評論家）

NATO加盟
戦争最大の戦略的結果

マリン・フィンランド、アンデション・スウェーデンの両首相は4月13日、ストックホルムでの共同記者会見で、両国が北大西洋条約機構（NATO）への加盟を真剣に考慮中であることを明らかにした。

これに対し、プーチン・ロシア大統領の最側近の一人、メドベージェフ前大統領（国家安全保障会議副議長）は14日、そうなれば、ロシアはバルト海に核兵器と極超音速ミサイルを配備して対抗する、と警告した。

フィンランドやリトアニア、エストニア、ラトビアのバルト三国からそう遠くない地域に核兵器を配備するという脅しは、プーチン大統領の「核」をちらつかせた舌鋒をさらに鋭くするだろう。

ロシアの警告に対し、NATOの直接的反応はまだないが、フィンランドとスウェーデンのNATO加盟問題の急浮上は、ウクライナでの戦争の最大の戦略的結果と言える。

プーチン・ロシアと米現政権の緊張が強まれば強まるほど、その緊張の糸をほどくのは一層困難になる。米政府が攻撃的措置を取るたびに、プーチン大統領は「対抗」措置の必要に追いつめられていく。これは和平への道ではないだろう。

米国はじめNATO加盟国がウクライナの生存の戦いを支援するのは当然だし、反ロシアの強固な連携を形成していくのも正論。プーチン大統領の罪を不問に付すなど論外だ。

しかし、同時に、米政府はある時点で、同大統領が自らつくった大失敗から脱する〝出口〟を見つけるのを支援するだけの「強さ」「賢明さ」を発揮する必要もあろう。

「正気なら誰も国境での緊張増大を望まない。ロシアの北部の隣人の常識に期待しよう」とも言うメドベージェフ前大統領の発言は、クレムリンの考えを反映しているのではないか。

プーチン氏にとっての〝出口〟の一つは、ゼレンスキー・ウクライナ大統領が協議することに前向きの意向を示唆している東部ドンバス地域の扱い。同地域は住民の大多数がロシア系で、そもそもウクライナのコントロール下にない。その地域の回復が、果たして、現在以上の流血に値するかどうか。

米政府はウクライナ戦争を必要以上に続けさせるべきではない。ゼレンスキー氏にドンバスの問題で取引するよう助言するのが賢明だし、一方、プーチン氏にはロシア軍を撤退させるため、さほど重要ではない制裁の解除を持ちかける方が、核をちらつかせた威嚇を続けるより、実りが大きい。

あの熾烈だった東西冷戦の間、フィンランドはずっと「中立」を維持し、スウェーデンは19世紀初期以来、「中立」を〝満喫〟してきた。

NATOは恒久的な同盟である。自国の安全保障に米など他国の負担を要する北欧2カ国の加盟は、機構全体の強さを弱め、その有効性に何のプラスもない。

草野 徹（外交評論家）

共済組合だより
防衛省共済組合では職員を募集します

防衛省共済組合では、防衛省共済組合本部等に勤務する職員を募集します。

◆募集職種　一般事務職及び経理事務職

◆採用人員　若干名

◆受験資格

（1）平成4年4月2日～平成13年4月1日生まれの者

（2）平成13年4月2日以降生まれの者で、大学、短期大学又は高等専門学校を卒業した者及び令和5年3月までに大学、短期大学又は高等専門学校を卒業する見込みの者並びに防衛省共済組合がこれらの者と同等の資格があると認める者

ただし、次のいずれか一に該当する者は、受験できません。

①禁錮以上の刑に処せられ、その執行を終わるまで又は執行を受けることがなくなるまでの者②法令の規定による懲戒免職の処分を受け、当該処分の日から2年を経過しない者③日本国憲法又はその下に成立した政府を暴力で破壊することを主張する政党その他の団体を結成し、又はこれに加入した者④平成11年改正前の民法の規定による準禁治産の宣告を受けている者（心神耗弱を原因とするもの以外）

◆試験内容等

○第1次試験

（1）試験種目　基礎能力試験、専門試験（多肢選択式）及び論文試験

（2）試験日　令和4年8月20日（土）

○第2次試験

（1）試験種目　個別面接試験

（2）試験日　令和4年10月初旬～中旬

○第3次試験

（1）試験種目　個別面接試験

（2）試験日　令和4年11月初旬

○最終試験

（1）試験種目　個別面接試験

（2）試験日　令和4年11月中旬

◆試験地　ホテルグランドヒル市ヶ谷（東京都新宿区市谷本村町4－1）

◆採用予定日　令和5年4月1日

◆給与等　防衛省職員に準ずる。

◆勤務地　防衛省共済組合本部・支部（全国異動あり）

◆受験手続

（1）就職情報サイトへの登録　受験申込みを行うには、就職情報サイトへの登録が必要となります。就職情報サイトの詳細については、後日防衛省共済組合HPにてお知らせします。（URL：https://www.boueikyosai.or.jp/）

（2）採用説明会　7月6日（水）、7月9日（土）及び7月15日（金）各日2回（①11：00～11：45②13：30～14：15）開催。詳細については、後日防衛省共済組合HPにてお知らせします。

（3）受験申込み　所定の受験申込書を受付期間内に特定記録郵便、簡易書留又は一般書留の郵便物として申込先に郵送して下さい。

（4）受験申込受付期間　7月1日（金）～8月3日（水）消印有効

◆その他

（1）身体に障害があるため、受験の際に何らかの措置を希望される方は、受験申込書の裏面に記入の上、事前に申し出てください。

（2）受験に関する連絡事項等について、防衛省共済組合HPの採用情報を随時更新しますので、必ずご確認下さい。

◆資料請求、受験申込先及び問い合わせ先　防衛省共済組合本部人事班人事第1係　〒162－8853東京都新宿区市谷本村町5－1　電話03－3268－3111内線25163（対応時間　平日10：30～17：30　※12：00～13：00を除く）

2022年度の統幕の主要訓練

統幕は4月8日、2022（令和4）年度の主要訓練・演習の概要を発表した。計12件で、詳細は表の通り。

2022年度　統合幕僚監部の主要訓練・演習

	訓練名	訓練部隊	実施場所	時期
統合演習	自衛隊統合防災演習	内局、統幕、各幕など	市ヶ谷地区など	22年6月
	日米共同統合演習（実動演習）	統幕、各幕など	日本周辺海空域など	22年11月
	自衛隊統合演習（指揮所演習）	内局、統幕、各幕など	市ヶ谷地区など	23年1～2月
作戦別統合訓練	在外邦人等保護措置・輸送訓練	内局、統幕、各幕など	市ヶ谷地区など	22年9月
	離島統合防災訓練	各主要部隊など	東京都（神津島を予定）	22年10月～23年3月
	日米共同統合防災訓練	各主要部隊など	関東など計6地方	22年10月～23年3月
	統合水陸両用作戦訓練	統幕、各幕など	日本周辺海空域など	22年11月
	統合展開・行動訓練（中東アフリカ地域）	内局、統幕、陸幕など	中東アフリカ地域諸国と周辺空域	22年12月
	日米共同統合防空・ミサイル防衛訓練	各主要部隊など	市ヶ谷地区など	23年1月～3月
	コブラ・ゴールド23	内局、統幕、各幕など	タイ	23年2月～3月
パシフィック・パートナーシップ22		内局、統幕、主要部隊など	ベトナム、パラオ	22年5月～8月
仏軍主催HA／DR多国間訓練		統幕、各幕、主要部隊など	仏領ポリネシア、ニューカレドニア	22年5月、11月

露艦艇など6隻
長崎県沖で確認

4月19日午前9時ごろ、長崎県・男女群島の西約80キロの海上を北東に進むロシア海軍の「ウダロイI」級駆逐艦（8500トン、艦番号548「アドミラル・パンテレーエフ」）1隻、「アルタイ改」級補給艦1隻、「スリヴァ」級救難曳船1隻とパイプ敷設船など民間船3隻の計6隻を、4空群（厚木）のP1哨戒機と3ミサイル艇隊（佐世保）のミサイル艇「しらたか」が確認した。

6隻はその後、対馬海峡を北上し、日本海へ入った。

中国情報収集艦
2隻の行動確認

4月13日午前8時ごろ、長崎県・対馬の北北東約160キロの海上を南西に進む中国海軍の「ドンディアオ」級情報収集艦（6000トン、艦番号794）1隻＝写真＝を海自4護隊（呉）の護衛艦「いなづま」と4空群（厚木）のP1哨戒機が確認した。

同艦は、11日に対馬海峡を北上した艦と同一。その後、同艦は対馬海峡を南下し東シナ海に入った。

一方、20日午前9時ごろには、鹿児島県・奄美大島の北西約160キロの海域を南東に進む別の「ドンディアオ」級情報収集艦（艦番号795）1隻を確認。こちらは奄美大島と横当島の間を東に進み、太平洋に出た。1空群（鹿屋）のP1と1海上補給隊（佐世保）の補給艦「はまな」が警戒監視に当たった。

ひと
女性小隊長として初の北方戦車競技会優勝
中田 実優（みゆ） 3陸尉（25）

12月に行われた北部方面隊戦車射撃競技会の「90式戦車小隊対抗の部」に参加、72戦連（北恵庭）5中隊の1小隊長として90式戦車に乗り込んだ。戦車4両を指揮し、4段階の射撃で、全弾を目標に命中させた。

「普段通り、連隊長（梅田宗法1佐）が言う『正射必中』を心掛けた」と振り返る。競技会では出場した約40小隊の頂点に立ち、北方総監の沖邑佳彦陸将からも優勝部隊に贈られる「ベスト・プラトゥーン（小隊）帽」を授与された。女性小隊長としては初の栄誉だった。

愛知県出身。愛知大学では近代日本史を学んでいたが、就職先は「人を守る仕事に就きたい」と公安系公務員を志ざした。2018年に陸自の幹部候補生試験に合格後、地本の引率で見学した富士総火演で、戦車部隊の迫力に衝撃を受け、「自分も一員になりたい」と、機甲科部隊の門を叩いた。

モットーは「とことん話し合う」。大学で弓道部の部長をしていたころから、仲間との意思疎通を欠かさない。小隊長着任後も先輩のもとに頻繁に足を運び、隊としての認識を共有。「砲手をはじめ、隊員が何をしたいのか、自分の考えも含め徹底的に話し合うことで、連携がスムーズになる」と語る。持ち前の明るさで隊を一つにし、入隊3年目で今回の快挙につなげた。

気分転換はドライブ。休日は北海道の広大な自然を駆け抜ける。「愛知とは違う環境がすごく新鮮。もっともっと北海道のことを知りたい」

戦車職域が女性に開放されて5年。機甲科の女性隊員も徐々に増え、刺激になっている。「負けず嫌いなので、今年度も（競技会で）結果を出せるよう、仲間と錬成に励みます」。90式戦車で駆ける日々はこれからも続く。

（菱川浩嗣）

防衛省発令

▽兼統幕運用2課（陸幕情報課付）1陸佐 村田 秀将

（同指揮通信システム課企画班長）同 石橋 良浩

（以上4月16日）

▽小月航空基地隊司令（211教育航空隊司令）1海佐 後藤 誠司

▽211教育航空隊司令（51航空隊訓練指導隊長）2海佐 山﨑 浩人

▽近畿中部防衛局舞鶴防衛事務所長（舞鶴造修補給所武器部長）同 宮垣 治彦

▽51航空隊訓練指導隊長（情報本部）1海佐 黒田 純平

（以上4月20日）

氷を割りながら航行する「しらせ」（2月8日）

砕氷艦「しらせ」第63次南極観測支援終え帰国

コロナ下で奮闘 任務完遂

海自の砕氷艦「しらせ」（艦長・酒井憲1佐以下約180人）は3月28日、139日間に及んだ南極への航海と極地での各種観測支援活動を終えて、横須賀に帰国した。「しらせ」は観測隊員69人を乗せて、文部科学省の第63次観測支援のため昨年11月10日、横須賀を出港。豪州フリーマントルで補給後に南極に向かい、12月19日、昭和基地沖の定着氷域に無事到着、9年連続の接岸を果たした。氷海では船体を氷上に乗り上げて氷を砕く「ラミング」を続け、その回数は往路610回、復路は462回を記録した。

白夜の「沈まぬ太陽」に照らされ新年を迎えた「しらせ」（1月1日）

燃料や物資輸送

昭和基地では観測隊員の越冬を助けるため、長さ約1000メートルのパイプラインを展張して燃料を送油したほか、雪上車や艦載のCH101ヘリを使い、観測器材や食料など1142トンを運び込んだ。また、乗員は基地設営なども支援した。

今次では、昭和基地から東へ約160キロにある「ちぢれ岩」に地質隊員を乗せたCH101ヘリが初めて着陸し、地質図の作成に大きく貢献した。

その後、「しらせ」は持ち帰り物資約375トンを積み込み、1月23日、基地を離岸。フリーマントルを経て3月28日、横須賀に帰国した。

酒井艦長は今次の航海を振り返り、「物資の陸揚げや各種観測支援については、ほぼ計画通り実施することができた。非常に充実した南極行動だった」と述べ、「コロナ下でさまざまな制約があるなか、南極行動の重要性を認識して、乗員諸官が頑張ってくれたことに感謝する」と隊員たちをたたえた。

海自のCH101ヘリが初めて「ちぢれ岩」に降り立った（1月13日）＝提供：第63次南極地域観測隊　中野伸彦隊員

㊧氷山を避けるため探照灯で氷海を照らしながら夜間航行する「しらせ」（3月10日）
㊦トッテン氷河沖で定点観測活動を支援する「しらせ」乗員（3月1日）

新成人 飛躍のジャンプ
愛する家族 笑顔で出迎え
㊤南極で「成人の日」を迎え、ジャンプして今年の飛躍を誓う「しらせ」乗員の新成人たち（1月9日）
㊨横須賀入港の翌日に行われた帰国行事で家族と再会する「しらせ」乗員（3月29日、横須賀で）

防研セミナー

時代を読み解く

シリーズ④

米国家防衛戦略に見る 対中・対露脅威認識

今月の講師

菊地（きくち）　茂雄（しげお）氏
防衛研究所地域研究部
中国研究室長

1968（昭和43）年生まれ、兵庫県出身。筑波大学国際関係学類卒（91年）、ジョージ・ワシントン大学エリオット国際関係学部修士課程修了（96年）。91年、防衛研究所入所。内閣官房副長官補（安全保障・危機管理担当）付参事官補佐、防研グローバル安全保障研究室長、社会・経済研究室長などを経て、2020年4月から現職。専門は米国の国防政策、軍事戦略、政軍関係。論文に「中国の軍事的脅威に関する認識変化と米軍作戦コンセプトの展開――統合全ドメイン指揮統制（JADC2）を中心に――」（『安全保障戦略研究』第2巻第2号、22年3月収録）など。

米の国家防衛戦略 2カ月遅れで提出

今年3月28日、米国防省は国家防衛戦略（NDS）を議会に提出した。NDSは、1997年から2014年にかけて5回にわたって作成された「4年ごとの国防計画の見直し」（QDR）の後継文書として、17会計年度国防授権法により4年ごとに作成し、1月中に議会に提出が求められるようになったものである。

QDRと同様、NDSは米国の国防計画の枠組みを示すものであるが、大きな違いはQDRが公開文書として作成されたことに対し、NDSは要約が公開されるものの、本体は公にされないことである。

これは、QDRが公開を前提としたため、率直な評価や、外部の批判を招くようなことを書くことを避けるようになったとの反省を踏まえたものである。

なお、第1回のNDSはトランプ政権下の18年1月に議会提出され、公開版要約も公開されたが、今回のNDSは4月上旬の時点でも要約は公表されていない。

ロシアのウクライナ侵略を踏まえてNDSで示される脅威認識も大きく変わるとの予想もあったものの、実際にはインド太平洋における中国の脅威への対処を「優先」し、欧州におけるロシアの脅威は「差し迫った脅威」であるものの、「それに次ぐ」ものであるとの認識が示された。

さらにNDSは、北朝鮮、イラン、暴力的過激主義組織の脅威に対応することを求めた。このことはバイデン政権の脅威認識の枠組みに基本的な変化がないことを示している。

中国は「ペーシング脅威」

中露を「主たる脅威」とし、北朝鮮、イラン、暴力的過激主義組織を「従たる脅威」と位置付ける認識は、オバマ政権末期に始まり、トランプ政権を経てバイデン政権に引き継がれたものであるが、とりわけ注目されるのが中国の特別な位置付けである。

それは、ロイド・オースティン国防長官ら米国防省幹部らによる中国を「ペーシング脅威」と位置付ける発言に象徴されるように、国防分野において顕著である。

この「ペーシング脅威」は米国の国防政策に関する議論でしばしば使われる言葉で、米軍が戦力整備を進める上で、必要とされる戦力を規定する具体的な国・軍事力を指す。

すなわち、国防計画の「歩調を設定（＝ペーシング）」する「脅威」ということで、意味合いとしては冷戦期の日本で使用された「仮想敵」や「対象国」といった言葉に近い。

なお、中国を「ペーシング脅威」としたのは、米国が対峙する脅威の中で、経済力、技術力、軍事力の点で最も強力である中国の脅威に対応できることが必要であるとの判断によるものであり、同国を「敵国」とみなすという趣旨ではない。また、NDSでも明らかなように、もう一つの大国の脅威であるロシアなど、そのほかの脅威を等閑視するという意味ではない。

グローバルな国益や同盟関係を有する米国は、一つの国・地域にのみに集中することはできない。振り返ってみれば、90年代以降の「2正面戦略」も米国のグローバルな役割を反映したものであった。

世界的統合を目指す 米軍と二大国の脅威

もう一つ、近年取り上げられている論点が「グローバルな軍事力の統合」、すなわち、グローバルな戦力展開の最適化や各戦域で行われる作戦の有機的な連携である。

米軍における軍種間の統合を大きく強化した1986年の「ゴールドウオーター・ニコルズ国防省改編法」の柱の一つは、各地域・機能別分野を担当する統合軍指揮官の権限・立場の強化であった。米軍の統合作戦能力は大きく向上し、91年の湾岸戦争以降の軍事作戦の成功の礎となった。

一方、統合軍の立場を強化したことで、かえってそれらの間の連携を難しくしたとも指摘された。さらに、グローバルなテロネットワークなど国境・地域をまたがる脅威や、お互いに離れた地域の危機が連鎖するような事態には、統合軍による地域別の対応では迅速な対処が難しくなっていた。

2017会計年度国防授権法で米統合参謀本部議長の任務に「グローバルな軍事力の統合」が新たに追加されたのもそうした問題意識による。18年4月、当時のジョセフ・ダンフォード統合参謀本部議長は「ほとんどの危機を一つの地域に留めることができる」という「前提がもはや当てはまらない」と指摘し、その必要性を強調していた。

「グローバルな軍事力の統合」の文脈においては、中国やロシア、イランや北朝鮮など、米国にとって脅威となる国が連携して、米国の国益や安全保障を脅かすことも懸念されている。

オースティン国防長官らが中国を「ペーシング脅威」として強調したことに対し、米欧州軍司令官のトッド・ウォルターズ空軍大将が、「ロシアと実効的に競争し、抑止するために我々が行うことは、中国を抑止することに対しても効果がある」と21年4月13日、上院軍事委員会公聴会において訴えたのは、そうした懸念を示したものであった。

事実、21年8月、米海軍・海兵隊により行われた「大規模演習2021（LSE2021）」は、太平洋、大西洋、地中海をまたがる広い海域で5個艦隊、5個空母打撃群、4個両用即応群が参加する、冷戦期以来の大規模なものであったが、これも中国とロシアが連携して何らかの事態を引き起こす、太平洋と欧州の2正面の事態への対応を念頭に置いたものであった。

3自衛隊が部隊改編

3自衛隊の部隊改編行事が2月中旬から4月初旬にかけ、一斉に行われた。陸自では全国で5番目となる「第3即応機動連隊」が道北の名寄駐屯地に誕生、首都防衛を担任する1師団には「第1偵察戦闘大隊」が、沖縄では島嶼防衛を担う「第15施設隊」が編成された。海自では防衛大綱が掲げる「潜水艦22隻体制」を完成させる最新鋭艦「たいげい」が就役し、母港の横須賀に初入港した。空自では沖縄・宮古島レーダーサイトの分遣部隊となる「第53警戒隊与那国分遣班」が陸自の与那国駐屯地内に配置された。

「第3即応機動連隊」が誕生
名寄　即応性、機動性を高める

3即機連の新編後初の観閲行進で、威容を示す機動戦闘車中隊の16式機動戦闘車部隊（3月17日、名寄駐屯地で）

【3即機連＝名寄】3普連は3月17日付で「第3即応機動連隊」に改編された。即機連となるのは陸自で5隊目。

旧3普連の歴史は古く、警察予備隊時代の1953（昭和28）年に前身となる3連隊の主力が宇都宮から名寄に移駐して発足。日本最北の連隊として約69年を歩んできた。

改編された3即機連には最新の16式機動戦闘車をはじめ、120ミリ迫撃砲、96式装輪装甲車などが装備され、即応性と機動性に優れる「機動戦闘車中隊」と「火力支援中隊」が新編された。

改編当日は部隊が整列する中、新編中隊長らが初代3即機連長の山﨑潤1佐に申告。機動戦闘車中隊長の齋藤進之佑3佐と火力支援中隊長の武田暁典3佐に連隊長が中隊旗を授与した。続いて連隊長と北川雄三最先任上級曹長が真新しい3即機連の看板を披露した。

この後、編成完結行事が行われ、山﨑連隊長が冨樫勇一2師団長に編成完結を報告。続く式典で連隊長は隊員に「極めて厳しい安全保障環境の中で改編の日を迎えた。日本最北の地にあっても我々は全国の危機に駆けつけねばならない。今戦って勝てる連隊、ここにいる皆が『うちの連隊は最高で最強だ』と胸を張って言える連隊を目指す」と決意を述べた。

観閲行進では、名寄駐屯地音楽同好会が演奏する中、観閲部隊指揮官の藤井奉一副連隊長が乗車する96式装輪装甲車を先頭に、16式機動戦闘車などが車両行進を行い、即機連としての威容を示した。

これに先だち、式の前日には4中隊と重迫撃砲中隊の廃止式が行われ、両中隊長が山﨑連隊長に中隊旗を返還した。

「1偵察戦闘大隊」が発足
朝霞　首都防衛担任の1師団に

新編された「第1偵察戦闘大隊」を巡閲する児玉1師団長（左から2人目）。その左は徳永初代大隊長＝3月17日、朝霞駐屯地で

【1師団＝練馬】1師団隷下の1戦車大隊（駒門）が3月15日、1偵察隊（練馬）が同16日、それぞれ廃止され、同17日付で新たに「第1偵察戦闘大隊」として朝霞駐屯地に新編された。

両隊は昭和37年1月、旧第1管区隊が1師団に改編されるのに伴い、1戦大は駒門に、1偵は練馬駐屯地に配置された。

今回、「30大綱」「31中期防」に基づき、より迅速かつ柔軟な運用を実現するため、両隊を合併し、「偵察戦闘大隊」に改編された。

朝霞駐屯地グラウンドで行われた編成完結式では、初代大隊長として前1戦大長の徳永真司2佐が着任した。

1師団長の児玉恭幸陸将は訓示で「部隊新編の母体となった1戦大と1偵の歴史と伝統を継承しつつ、新しい装備、新しい土地、そして何より新しい仲間とともに新たな歴史を刻んでほしい。我が国の防衛の要は、首都防衛を担任する我々1師団。その偵察と機動打撃力の中核となる偵察戦闘大隊の重責を自覚し、あらゆる隊務に精励することを期待する」と述べた。

最新鋭潜水艦「たいげい」（右奥）の土屋亨艦長から入港報告を受ける乾横須賀地方総監（壇上）＝4月6日

「たいげい」横須賀に配備
海自「潜水艦22隻体制」が完成

海自は3月9日付で最新型潜水艦の1番艦となる「たいげい」を2潜群4潜水隊（横須賀）に配備し、防衛大綱（22大綱）に示された「潜水艦22隻体制」を完成させた（3月17日付1面既報）。「たいげい」は4月6日に母港となる横須賀に初入港した。

「たいげい」の就役に伴い、潜水艦「ずいりゅう」が6潜隊（横須賀）に、「とうりゅう」が4潜隊に編成替えされた。さらに、対機雷戦能力を備えた「もがみ」型護衛艦（FFM）の2番艦「くまの」が3月22日、掃海隊群（横須賀）に配備された。

また、3月1日付で全国の警務隊が一斉に改組された。人員をより効率的に配置することが目的で、6部隊あった警務隊本部は5部隊になり（東京地方警務隊本部が警務分遣隊に改組）、19の警務分遣隊は東京と那覇のみとし、新たに5個の警務班（硫黄島、徳島、鹿屋、小月、函館）を新設した。

海自が管理する自衛隊横須賀病院の機能強化に伴い、3月17日付で大湊、舞鶴、佐世保の各病院を廃止し、機能は各衛生隊に移管された。

回転翼部隊では、UH60J救難ヘリの除籍を受け、2月14日付で22航空隊（大村）の224飛行隊が、4月1日付で21航空隊（館山）の213飛行隊がそれぞれ廃止された。

急患輸送で地域に貢献
213飛行隊が廃止
館山

【館山】海自21空群は21空が保有するUH60J救難ヘリ（8977号機）が除籍したことを受け、4月1日、第213飛行隊廃止式を行った。

213飛行隊は2018年4月、前身の73航空隊の廃止後、21空に編成された。同隊は伊豆諸島や周辺海域での人命救助や急患搬送を担い、19年には台風15号、19号による被害偵察を行うなど、防災の一翼を担った。

式では21空司令の菊地敏明1佐と最後の飛行隊長の神藤仁3佐が、部隊表札を取り外した。菊地司令は隊員に「今後は第211、212飛行隊のSH60K哨戒ヘリで救難活動を担うことになる。21空は今後も災害に即応できる態勢を維持し、国民の皆様の生命を守るために引き続き万全の態勢で臨む」と訓示した。

石川一郎21空群司令（2列目左から4人目）、菊地21空司令（その右）を囲み記念写真に納まる213飛行隊の隊員たち（2月14日）

14情報隊を新編
無人偵察機班と情報処理班
善通寺

【14旅団＝善通寺】14旅団は3月17日、善通寺駐屯地で「14情報隊」の新編行事を行った。

14情報隊は「無人偵察機班」と「情報処理班」から成り、約50人で編成。全国で4カ所目に配備される無人偵察機を運用し、旅団の作戦に資する航空情報などの収集や処理に当たる。

新編行事で遠藤充14旅団長は「部隊として機能するにはそれ相応の歳月と厳しい訓練を通じた団結の強化が必要だ。諸官は14情報隊の創設メンバーであるとの誇りを持ち、部隊運営に一人ひとりが積極的に参加してほしい」と訓示した。

14情報隊の新編行事で訓示する遠藤14旅団長（3月17日、善通寺駐屯地で）

「12高射特科隊」に改編
12旅団唯一の対空戦闘部隊
相馬原

隊員のかけ声の中で、平尾勝幸隊長（左）と赤羽宏樹先任上級曹長（右）によって披露された12高特隊の看板（3月17日、相馬原駐屯地で）

【12旅団＝相馬原】12旅団は3月17日、12高射特科中隊の「第12高射特科隊」への改編行事を相馬原駐屯地で行った。

12高特中は平成13年3月、宇都宮の12高特大を改編し、相馬原に移駐。旅団唯一の対空戦闘部隊として、短距離、近距離地対空ミサイルなどを装備し、旅団の防空任務の核心を担ってきた。改編では新たに「師団対空情報処理システム（DADS）」を装備し、最新の防空部隊として生まれ変わった。

坂本雄一旅団長は訓示で「12高射特科隊は新装備への習熟や段階的、計画的な練成により早期の戦力化を実現し、12高特中の歴史と伝統を継承して任務にまい進し、さらなる強靭な部隊を目指してほしい」と要望した。

初代隊長の平尾勝幸2佐は「戦力化を図るにあたり、求められることは『より組織的に戦う』ことだ。これまでのよき伝統と魂を継承しつつ、ともに12高特隊がこれから刻む歴史を輝かしいものとしていこう」と述べた。

空自　53警戒隊与那国分遣班を新設

陸自与那国駐屯地に配置された「第53警戒隊与那国分遣班」の看板を掲げる53警戒隊長の高木2佐（左）と53警戒隊与那国分遣班長の長谷川1尉（4月1日、与那国駐屯地で）

沖縄・先島諸島の宮古島に所在する空自53警戒隊（宮古島レーダーサイト）の「与那国分遣班」（班長・長谷川智仁1尉以下約20人）が4月1日、陸自与那国駐屯地に新編された。

空自の警戒隊で初となるレーダーサイトの分遣班に53警戒隊長の高木寿宗2佐から分遣班長の長谷川1尉に真新しい分遣班の看板が授与された。

空自では周辺国海・空軍の東シナ海での活動の活発化などに対応するため、2020年10月から与那国駐屯地に4移動警戒隊（那覇）の移動式3次元レーダー装置「J/TPS102」を暫定的に展開させ、同島周辺で広いレーダー覆域を確保してきた。

今後は53警戒隊の分遣班が与那国島でのこの任務を引き継ぎ、日本の最西端で常時継続的な南西空域の警戒監視活動に当たる。

那覇　15施中が「15施設隊」に

井土川15旅団長（左）から15施設隊旗を授与される小田紘嗣隊長（3月17日、那覇駐屯地で）

【15旅団＝那覇】15施設中隊は3月17日、「第15施設隊」に改編された。沖縄の島嶼における早期の戦力発揮や被害を受けた施設などの早期復旧を目指し、人員・装備の拡充が図られた。

那覇駐屯地で行われた改編行事で井土川一友15旅団長は「エンジニアのプロとしての誇りと自覚をもち、沖縄の特質に応じた施設技術を向上させ、事態抑止と対処の実効性向上に努めよ。国防の第一線、旅団唯一の施設部隊として一致団結し、飽くなき執念をもって任務を完遂せよ」と訓示を述べた。

対戦車小隊を編成
4普連

中距離多目的誘導弾を搭載する車両に筆入れをする甲斐4普連長（帯広駐屯地で）

【4普連＝帯広】4普連は3月17日、本部管理中隊に新編された「対戦車小隊」の編成完結式を行った。

改編ではこれまで各中隊に配置されていた対戦車小隊を本管中隊に集め、新装備として機動性の高い車載の中距離多目的誘導弾が配備された。

甲斐久博連隊長は訓示で、「中距離多目的誘導弾の能力を最大限に発揮できるよう、強い部隊を作っていく意識を持て」と隊員に要望した。

これに先立ち11日に行われた同ミサイルへの「入魂式」では、新部隊の早期戦力化と安全を全員で祈願した。

ひろば

皐月、仲夏、橘月、梅色月、五月雨月――5月。

3日憲法記念日、4日みどりの日、5日こどもの日、8日母の日、20日東京港・成田空港開港記念日、29日国連平和維持要員の国際デー。

博多どんたく港まつり　約830年前から続く福岡市の伝統行事。昭和37年からは市民総参加の祭りとして親しまれ、老若男女が仮装姿でシャモジを叩きながら市内を練り歩く。3年ぶりの開催。3、4日

三社祭　神田祭・山王祭と並ぶ東京の三大まつりの一つ。最大の見ものは重さ一トン以上の大神輿3台の渡御で、三手に分かれて浅草44町を回る。このほか浅草芸妓連の手古舞などが披露される。20～22日

自衛隊OB活躍のモデルケース示す

防災訓練や講話に全力投球10年間

戦闘機パイロットの池添孝史元1佐

青森県おいらせ町初の「防災危機管理専門員」

航空自衛隊を定年退官後、青森県おいらせ町（成田隆町長）で初の「防災危機管理専門員」として10年間務めてきた池添孝史・元1佐（64）が今年3月末、多くの関係者に惜しまれつつ退任した。在任中は自衛官の知識と経験を生かして町防災訓練を企画・指導したほか、地域を巡回して「防災講話」を行い、住民の防災意識の向上に大きく寄与し、OB活躍のモデルケースを示した。池添さんは朝雲新聞社の取材に「職員や町民の皆さんの温かいご協力のおかげで職を全うすることができた」と謝意を表すとともに、「災害はいつやって来るか分からない。次の世代にも防災意識の継承を」と地元住民に向けてメッセージを送った。（日置文恵）

幼稚園の乳幼児学級でイラストを使って防災講話を行う池添孝史さん（右端）＝2017年1月14日、写真はいずれも青森県おいらせ町で、本人提供

分かりやすいイラストは園児たちから好評だった

池添さんは航空自衛隊の元戦闘機パイロットで、三沢基地（青森）の3空団防衛部長、北空運用課長などを歴任し、2012年6月に定年退官。自宅が三沢市にあることから、同年7月、隣町のおいらせ町に新設された「防災危機管理専門員」の一般公募に応募し、面接試験を経て採用された。

おいらせ町は人口約2万5000人。太平洋に面した平野部の町で、11年の東日本大震災では震度5強の強い揺れと共に8メートルの大津波に襲われ、漁港や農地などが甚大な被害を受けた。幸い、防災行政無線などによる避難の呼び掛けで死者・行方不明者は出なかったものの、今後の課題として、防潮堤などのハード面の充実と共に、危機管理を担うソフト面の在り方が浮き彫りになった。

「防災危機管理専門員」は、そうした大震災の教訓から新設されたポジションだった。採用後は、主に町総合防災訓練を担当しながら、町の震災復興計画の策定や復興事業にも携わってきた。

一番の思い出は、2018年にイオンモール下田で実施した町総合防災訓練。空自3空団の協力を得てF2戦闘機の偵察飛行を実現させたほか、おいらせ消防団による車両行進や米軍三沢基地の消防車展示など、初の試みを企画し、多くの住民に参加してもらったことで「町民の防災意識の向上を図ることができた」と振り返る。

さらに、「津波避難タワー」「松原避難階段」「津波誘導標識」「百石道路避難階段」の建設計画にも携わり、これらが相次いで完成した時、「これで大津波が来ても、住民はすぐに避難できる」と安堵した。

こうした活動と並行して、幼稚園児から小中高校生、さらには町内会の高齢者までさまざまな年齢層を対象に巡回実施する「防災講話」にも力を入れた。幼稚園児たちには紙芝居風に仕立てたイラストを見せ、印象に残る工夫を凝らした。

一方で、大阪育ちの池添さんが最も苦労したのは言葉の壁だった。関西弁が抜け切れず、まずは地元の言葉を習得し、地理や歴史、文化を学ぶことから始めた。自衛隊と役場の仕事の進め方などの違いに戸惑うこともあったが、町内会や自治会、自主防災組織など地元のコミュニティーに積極果敢に飛び込み、信頼関係を築いていった。

上司である同町まちづくり防災課の成田光寿課長（55）＝現総務課長＝は池添さんの功績を「地域や行政、自衛隊と連携した町の防災体制の礎を築いた」と高く評価する。その仕事ぶりも自衛官らしく、「どんなに些細なことでもその都度、刻々と変わる状況を報告していただいた。おかげで常に最新情報を把握・共有でき、業務も円滑に進み、大いに助かった」と語った。

池添さんは「日本の大空を守るという国の仕事から一変、文字通り"地に足をつけ"、地元に密着して住民の方々をお守りする任務に携った。防災意識の高まりを受けて地域と自衛隊との連携の重要性が増す中、自衛隊生活で培った知見を地元の防災に生かすことができて本当によかった」と話している。

町内会長の依頼で津波避難や河川の洪水に関する防災講話を行う池添さん（テレビ横）＝2017年8月23日、藤ケ森地区町内会の集会所で

㊨町総合防災訓練で奥入瀬川の洪水を想定した図上訓練の進行に当たる池添さん（2017年7月23日）㊧大津波を想定した訓練で池添さん（中央奥）の説明に聞き入る参加者たち（2019年2月14日）

マイヘルス Q&A

糖尿病

脳卒中や心筋梗塞を発症

早期発見・治療が重要

Q　糖尿病はどんな病気ですか。

A　糖尿病はインスリンの作用が不足することで、慢性的に血糖値が高い状態が続く病気です。症状がないことが多く、気付かないうちに合併症が進んだり、脳卒中や心筋梗塞の発症に深く関わったりします。

糖尿病にはいくつかの種類がありますが、多くは「2型糖尿病」で、遺伝的な要因と食生活、運動習慣などの環境要因が重なって発症します。

糖尿病が疑われる人も含めると、日本では約6人に1人に上ると言われています。

Q　どのような合併症がありますか。

A　細い血管の問題として神経障害、網膜症、腎症があります。脳卒中や心筋梗塞、足の問題や急性合併症として高血糖による昏睡（意識がなくなってしまうこと）や治療に伴う低血糖などがあります。

Q　診断にはどのような検査が必要ですか。

A　血液検査を行い、血糖値とHbA1c（ヘモグロビンエーワンシー）で判断します。HbA1cは過去およそ1～2カ月の血糖値の平均を反映し、治療目標としても使用します。

Q　治療方法にはどのようなものがありますか。

A　「2型糖尿病」の治療の基本は食事療法と運動療法です。食事療法では、適正なエネルギー量をバランス良く、決まった時間に摂取することが基本となり、生活スタイルや病状に応じて栄養士と協力して行います。

運動療法は、ジョギングなどの有酸素運動や腕立て伏せ・腹筋等のレジスタンス運動を組み合わせ、体力や病状に合わせて行います。いずれも無理のない範囲で、継続して行うことが最も重要です。

食事・運動療法で目標達成が困難な場合などに薬物療法を行います。医師からの説明に納得して前向きに治療に取り組むことが重要です。

Q　治療の最終目標は。

A　合併症を起こさないことは無論ですが、最終的な目標として健康な人と変わらない寿命を全うすること、健康な人と変わらない人生を送れることを掲げています。

糖尿病は早期発見、早期治療が重要です。健康診断の結果に応じて医療機関を受診するようにしましょう。

（自衛隊中央病院　診療科代謝内科　朝賀　敬将）

私が読んだ　この一冊

施光恒著「本当に日本人は流されやすいのか」（KADOKAWA）

倶知安駐屯地業務隊　厚生科　高橋良介事務官　34

気鋭の政治学者による画期的日本論。社会に流布する「日本人は欧米人に比べ権威に弱く、同調主義的で主体性がなく、そのことによって個人の創造性や社会の活力が失われている」という言説に対し、社会学や教育学、心理学、民俗学の知見を踏まえながら丁寧に反論しています。日本人が活気を取り戻すためには何が必要か、真っ当な国づくりについても考察しています。ぜひご一読下さい！

ショウペンハウエル著、斎藤忍訳「読書について」（岩波書店）

202教空（徳島）　猪股健司2海佐　52

書名からして、読書の大切さを書いているのだろうと思い読み終えたら、全く別の視点でした。

「読書することとは自分でものを考えずに代わりに他人に考えてもらった他人の心の運びをなぞっているだけだ。それは生徒が習字のときに、先生が鉛筆で書いてくれたお手本をあとから筆でなぞるだけだ。どうせ読むなら良書を読め」――。

これまでは、本をたくさん読めば、教養が身に付き、考える力が得られると考えていたのに、そうではないということです。読んだうえで自分なりの考えを巡らしてみることです。読書がお好きな方にお勧めの1冊です。

童門冬二著「上杉鷹山の経営学」（PHP研究所）

5空団飛行群305飛行隊（新田原）　原　大3空佐　39

本書では江戸時代に第7代米沢藩主として、逼迫した藩財政の再建を託され、見事に藩政改革を実行した上杉鷹山の各種エピソードや実効的な改革の手法が紹介されています。「組織と人間の管理術の要諦」を探る上で、多くの学びを得ることができます。

アメリカのジョン・F・ケネディ大統領が生前、日本人記者団との会見で最も尊敬する日本人として、「ウエスギヨウザン」と語ったことなど、読者の興味をそそるエピソードなども紹介されていますので読んでみてはいかがでしょうか。

隊員愛読書ベスト5

＜入間基地・豊岡書房＞
❶防衛実務小六法　令和4年版　内外出版　¥8250
❷防衛ハンドブック2022　朝雲新聞社　¥1760
❸女のいない男たち　村上春樹著　文藝春秋　¥748
❹「無人戦」の世紀―軍用ドローンの黎明期から現在、AIと未来戦略まで　セス・J・フランツマン著、安藤貴子、杉田真訳　原書房　¥3080
❺女性自衛官―キャリア、自分らしさと任務遂行　上野友子、武石恵美子著　光文社　¥946

＜防衛省・三陽堂書店＞
❶防衛ハンドブック2022
❷防衛事務次官冷や汗日記　黒江哲郎著　朝日新聞出版　¥935
❸日本はすでに戦時下にある―すべての領域が戦場になる「全領域戦」のリアル　渡部悦和著　ワニ・プラス　¥1980
❹習近平の核攻撃―全面核戦争への序曲　日高義樹著　かや書房　¥1980
❺本音の自衛隊　桜林美佐著　潮書房光人新社　¥891

＜神田・書泉ブックタワーミリタリー部門＞
❶世界の名機シリーズSE　F―111アードヴァーク　イカロス出版　¥1800
❷海軍局地戦闘機　野原茂著　潮書房光人新社　¥1023
❸世界の傑作機№206　艦上偵察機「彩雲」№108増補版　文林堂　¥1676
❹第二次世界大戦軍事録　ホリエカニコ著　ホビージャパン　¥1980
❺太平洋戦争運命の瞬間　神立尚紀著　潮書房光人新社　¥1980

＜トーハン調べ3月期＞
❶ブックレット関西の未来をひらく　第三文明社　¥200
❷JOJOmagazine 2022SPRING　荒木飛呂彦著　集英社　¥1650
❸プロ野球カラー名鑑2022［ポケット版］　ベースボール・マガジン社　¥540
❹ジェイソン流お金の増やし方　厚切りジェイソン著　ぴあ　¥1430
❺60歳すぎたらやめて幸せになれる100のこと　宝島社　¥689

マンション施工実績No.1※、長谷工コーポレーションからのお知らせ

HASEKO

※施工戸数累計約68.1万戸：(株)長谷工総合研究所調べ(2022年2月末現在)

掲載の提携特典をご利用の際は、「朝雲新聞を見た」とお伝えください。

HASEKOのこだわり 図解

長谷工の技術がわかる 共用部他編

マンションには、いろんな技術が盛りだくさん。日本で一番多くマンションを建てている長谷工が安全・安心・快適なマンションのポイントを紹介します！

1 防災3点セット

地震に水害など、突然やってくる災害。マンション施工戸数において実績No.1の長谷工では、災害に耐えうるしっかりとしたマンションづくりだけではなく、災害発生後、ライフラインが止まった際に生活基盤を支える「防災3点セット」の導入を進めています。

非常用飲料水生成システム WELL UP（ウェルアップ）／かまどスツール／非常用マンホールトイレ

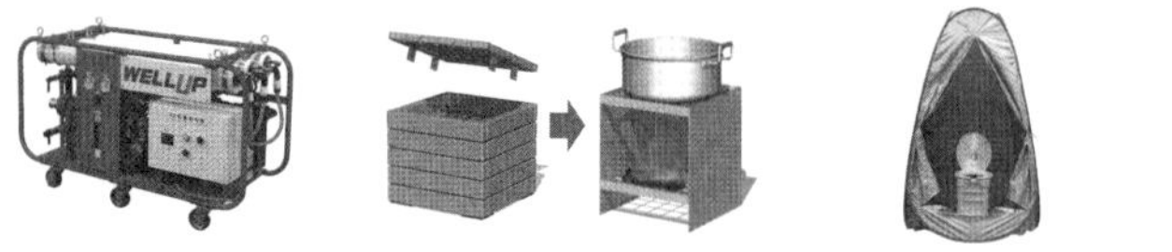

井戸、河川（海水を除く）、水槽の水からスピーディーにろ過して飲料水を供給。高分子 RO（逆浸透）膜を利用したシステムで、1日最大約4,800人分（1人約3リットル／1日）の飲料水を確保可能。小規模マンション用には1,600人分の「WELL UP（ウェルアップ）ミニ」も。

敷地内の庭園や植栽スペースで、通常はベンチとして使用する屋外用スツール。
中にかまどとして使用できるグリルがセットされています。非常時にはスツールの板を外して炊き出し用などに使用できます。

災害時に敷地内のマンホールのフタを外して下水道に直結させる非常用のトイレ。
マンホール枠に簡易トイレを設置すればすぐに利用できます。鍵付きテントでプライバシーにも配慮。

長く安心して暮らすために、
いざという時の備えも大切です。
日々のセキュリティや住まいのメンテナンスも、
将来を考えて充実させています！

長谷工の技術が見られるミュージアムはこちら！

長谷工マンションミュージアム

「マンション防災」展示を常設化してリニューアル！近年増加している風害・水害への対策やスマート・ウォーター・タンクのご紹介など、展示内容を拡充しました。

【アクセス】京王相模原線「京王多摩センター」駅・
小田急多摩線「小田急多摩センター」駅 徒歩12分
多摩モノレール「多摩センター」駅 徒歩10分
【住所】東京都多摩市鶴牧 3-1-1

見学は予約制となります　予約受付フリーダイヤル：0120-808-385
10：00～16：00（ミュージアム開館日及び営業時間に準ずる）
Webで見学できるバーチャルツアーも公開！ https://www.haseko.co.jp/hmm/

2 安心のセキュリティシステム

OWL（アウル）24

365日・24時間体制で住まう方の暮らしを守るセキュリティシステム。もっとも大きな特徴は、従来の共用部分に加え、1住戸単位でも監視していることです。アウル24センターと綜合警備保障がオンラインで結ばれており、緊急時には綜合警備保障のガードマンが現場に駆けつけます。
たとえば万が一の火災などの場合は、状況に応じて消防署へ連絡するとともに、関係連絡先および入居者緊急連絡先へ通報するなど、万全の体制を整えています。

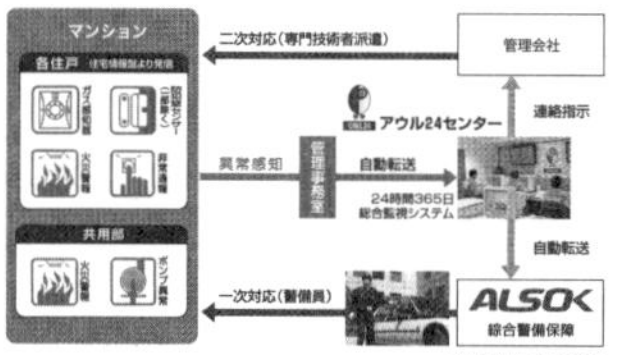

※上記写真はイメージです。

3 独自の長期アフターサービス

長谷工プレミアムアフターサービス

これまで不具合が発生した際は、お客様からご連絡を受けた売主または管理会社を通して施工会社に連絡が入る流れでしたが、「長谷工プレミアムアフターサービス」は、お客様からのご連絡を施工会社である長谷工コーポレーションが直接お受けいたします。
この流れによって、不具合の状況を正確に把握し、技術者がよりスムーズに対応することが可能となりました。また、2～10年に設定していたアフターサービス期間は、そのほとんどを5～15年に延長しています。

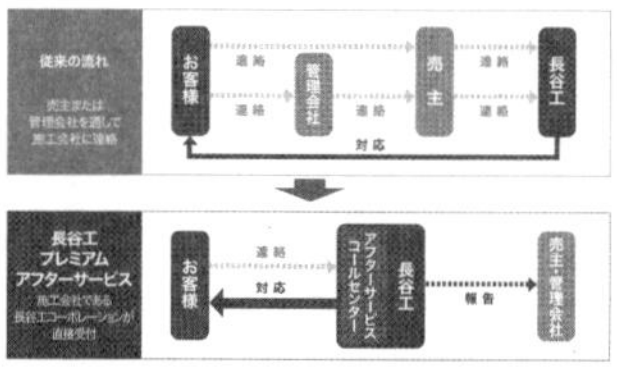

※掲載の情報は2022年4月現在のものです。※物件により仕様が異なるため、全てのマンションに記載の内容が採用されているわけではありません。

メイツ新川崎　神奈川県川崎市幸区

提携特典　販売価格（税抜き）より1.0%割引

MEITSU メイツ新川崎

加瀬山ヒルサイドにこれからの暮らしを贈る、
全166邸の大規模レジデンス。

JR横須賀線・湘南新宿ライン「新川崎」駅徒歩13分 2駅3路線利用可
「東京」駅へ直通20分・「横浜」駅へ直通8分

平均専有面積71㎡超の多彩なプラン

モデルルーム来場予約受付中〈予約制〉

資料請求はこちら

■「メイツ新川崎」全体物件概要●所在地／神奈川県川崎市幸区南加瀬一丁目185番1(地番)●用途地域／第一種中高層住居専用地域●交通／JR横須賀線、JR湘南新宿ライン「新川崎」駅徒歩13分(メインエントランスより約1,040m)、JR南武線「鹿島田」駅徒歩19分、「夢見ヶ崎動物公園前」バス停まで徒歩4分、JR京浜東北線・根岸線、JR東海道本線、JR南武線、JR上野東京ライン「川崎駅西口」バス停まで臨港バス利用14分●総戸数／166戸●敷地面積／10,618.96㎡●建築面積／3,857.06㎡●構造及び階数／鉄筋コンクリート造地上5階建●分譲後の権利形態／[敷地]各戸専有面積割合による所有権の共有、[建物]建物専有部：区分所有権、共用部分：専有面積割合による所有権の共有●分譲後の管理形態／区分所有者全員による管理組合を結成し、管理業務等は管理会社に委託●管理会社／株式会社長谷工コミュニティ●駐車場／54台(機械式30台、平置き24台[内、身障者用駐車場1台・カーシェア1台・来客用1台(EV充電スタンド)含む])(月額使用料：未定)●バイク置場／平置き14台(月額使用料：未定)●自転車置場／平置きサイクルポート168区画(月額使用料：未定)●インターネット利用料(月額)／未定●建物竣工予定時期／2023年10月下旬予定●入居予定時期／2023年12月中旬予定●売主／名鉄都市開発株式会社 分譲事業本部 首都圏事業部●販売提携(代理)／株式会社長谷工アーベスト●設計・施工／株式会社長谷工コーポレーション■予告広告概要●販売戸数／未定●予定販売価格／未定●専有面積／61.51㎡～84.40㎡●間取り／2LDK～4LDK●バルコニー面積／4.69㎡～18.30㎡●サービスバルコニー面積／1.98㎡～3.30㎡●専用庭面積／12.76㎡～30.59㎡(月額使用料：未定)●テラス面積／10.50㎡～12.70㎡●管理費等／未定●販売開始予定時期／2022年5月下旬(予定)※全体で販売するか数期に分けて販売するか確定しておらず、販売住戸が未定のため物件データは全販売対象住戸のものを表示しています。確定情報は物件HPにてお知らせいたします。※掲載の情報は2022年4月21日現在のものです。詳しくは物件HPをご覧ください。

※掲載の交通アクセスの所要時間は駅すぱあと「アクセス時間検索システム」2022年1月版調べ※乗換経路の場合は乗換時間含む分数表記。※掲載の所要時間は通勤時(7～9時)のものであり、( )内は日中時(11～14時)に目的駅へ着く電車よりサンプリング。※「新川崎」駅より「東京」駅へ：JR横須賀線利用(日中時：直通20分)／「横浜」駅へ：JR湘南新宿ライン利用(日中時：JR湘南新宿ライン快速利用、直通8分)

「メイツ新川崎」マンションギャラリー／川崎市幸区鹿島田1-10-24

物件に関するお問い合わせは「メイツ新川崎」
0120-166-022 営業時間／11:00～18:00 [土・日・祝日／10:00～18:00]　メイツ新川崎 検索

[売主] 名鉄都市開発　[販売提携(代理)] 長谷工 アーベスト　[設計・施工] 長谷工 コーポレーション

※掲載の完成予想CGは、図面を基に描き起こしたもので実際とは異なります。雨樋、エアコン配管、給湯器等再現されていない設備機器等がございます。また、植栽は特定の季節やご入居時の状態を想定したものではありません。全体・植栽計画は変更される場合があります。掲載の徒歩分数は80mを1分として算出しています。※掲載の情報は2022年4月21日現在のものです。詳細は各物件HPをご覧ください。

【提携先】
長谷工 コーポレーション

提携特典に関するお問い合わせは（株）長谷工コーポレーション「提携お客様サロン」
0120-958-909 営業時間 9:00～17:00 定休日 土・日・祝日 | teikei@haseko.co.jp
その他の新築物件一覧はこちらのホームページからご覧いただけます▶ https://haseko-teikei.jp/kosaiservice/

※提携特典をご利用いただくためには、コーサイ・サービス株式会社が発行する「紹介カード」が必要です。モデルルーム初回来場時にお持ちください。
〈 紹介カード発行先 〉コーサイ・サービス株式会社　担当：佐藤　TEL：03-5315-4170　E-mail：k-satou@ksi-service.co.jp
HP：https://www.ksi-service.co.jp/ [ID]teikei [PW]109109(トクトク)

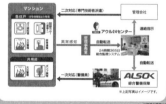

「領土・主権展示館」を研修

防研所長ら10人　展示・発信の在り方を学ぶ

防衛研究所の齋藤雅一所長以下、戦史研究センターの研究者ら計10人は4月22日、東京・虎の門の「領土・主権展示館」を訪れ、同館の石野貴三事務局長（元空将補）の案内で館内を見学した。所長をはじめ防研職員が団体で同館を訪問し、研修を受けるのは今回が初めて。齋藤所長は朝雲新聞社の取材に対し、「領土・主権は防衛省・自衛隊の任務の『一丁目一番地』だ。領土・主権に対する理解と認識を改めて深めるとともに、歴史的な史料等を扱う防研としても、今後の展示や発信の在り方などを含め、有益な成果を得ることができた」と語った。

解説員の鎌倉達弥氏（右端）から説明を受ける齋藤雅一防研所長（左端）、石津朋之戦史研究センター長（右から2人目）、菅野直樹戦史研究センター史料室長（同4人目）ら防研の研究者たち（4月22日、東京都・虎ノ門の「領土・主権展示館」で）

「領土・主権展示館」は、日本固有の領土である北方領土や島根県の竹島、沖縄県の尖閣諸島に関する歴史的な資料を展示し、情報発信している国の施設で、2018年1月に日比谷公園（千代田区）の市政会館内に開設され、20年1月に拡張リニューアルする形で現在地に移転した。

我が国の領土・主権に関する事実や日本の立場に関する正確な理解を国内外に浸透させていくための発信拠点として「正確な事実に立脚し、理論的に展開し、普遍的な主張に基づく情報発信」を方針に掲げている。

齋藤所長一行は石野事務局長からブリーフィングを受けた後、解説員の鎌倉達弥氏と内閣官房の齋藤康平氏の案内で館内を見学。▽映像やプロジェクションマッピング、ジオラマなどによる体感的な発信▽他国の主張とそれに対する反論を交えた発信▽さらに深い内容の解説をウェブで提供▽地方巡回展の開催や学校教育への活用――といった展示方法や運営の在り方について理解を深め、最後に活発な質疑応答が行われた。

同館では5月8日まで企画展「漂流者たちと日本の領土の歴史」を開催しており、石野事務局長は「企画展やイベント、地方巡回展などに加え、HPにデジタル展示館を作り、ツイッターでの発信も行っている。より幅広い年齢層の方々に楽しみながら学んでいただけるようクイズや3Dコンテンツなども準備しているので、ぜひご来館を」と呼び掛けている。

◇領土・主権展示館
▽住所＝東京都千代田区霞が関3―8―1虎の門三井ビルディング1階▽開館時間＝午前10時～午後6時（月曜・年末年始休館）▽入館無料▽電話03―6257―3715

知床沖で観光船の乗客捜索
空自ヘリ1人発見、2人収容
3自衛隊の災派部隊

北海道・知床沖で行方不明になった観光船の乗客らを捜索するため、離陸準備をする空自千歳救難隊のU125A救難捜索機（4月23日、空自千歳基地で）＝統幕提供

4月23日午後1時15分ごろ、北海道・知床半島沖を航行していた観光船「KAZU1」（19トン、乗客・乗員26人）から「船首部分が浸水し沈みかかっている」と第1管区海上保安本部に通報があった。災害派遣に向かった空自千歳救難隊が乗客・乗員のうち1人を発見、海保が発見した1人を含む2人を収容。災派部隊は現在も現場海域周辺で行方不明の乗客・乗員の捜索に全力を挙げている。

同日午後7時40分、第1管区海保の飯塚秋成本部長から空自2空団司令の柳享範将補に捜索救難に関する災害派遣が要請された。

直ちに千歳救難隊と救難教育隊（小牧）のU125A救難捜索機各1機が千歳基地を離陸して情報収集。海自2空群（八戸）のP3C哨戒機2機も続いた。

翌朝からは陸自北方航空隊（丘珠）のUH1多用途ヘリ2機が映像伝送を行い、千歳救難隊のUH60J救難ヘリ1機が現場海域で捜索を開始。午前8時1分に1人を発見、同24分に機内に収容した。UH60Jはその後、海保が発見した1人も機内に収容して搬送し、知床ウトロ学校で自治体に引き渡した。

25日現在、海自14護衛隊（舞鶴）の護衛艦「せんだい」、空自秋田救難隊のUH60J、警空団（三沢、浜松）のE2C／D早期警戒機、E767早期警戒管制機各1機も加わり、残る行方不明者の捜索を継続中だ。

鳥インフルで災派
北海道白老町　24時間態勢で対処
73戦連

陸自73戦車連隊（南恵庭）などの隊員延べ2218人は4月16日から19日まで、北海道白老町の養鶏場（計約50万羽）で鳥インフルエンザが発生したことを受け、鶏の殺処分などの災害派遣活動を行った。

15日午後4時半、養鶏場から胆振家畜保健衛生所（北海道登別市）に鶏の死亡が増加したとの通報が入った。鳥インフルエンザの疑いがあったことから検査を行ったところ陽性が確認され、16日午前10時40分、北海道の鈴木直道知事から陸自7師団長（東千歳）の中村裕亮陸将に災害派遣が要請された。

同日午後3時、73戦連を基幹とする対処部隊が支援を開始。隊員たちはローテーションを組んで24時間・約180人態勢で鶏の殺処分や梱包作業に従事した。

隊員による懸命な活動により自治体での防疫措置が可能になったことから、19日午前0時、知事からの撤収要請を受け、部隊は活動を終えた。

熊本地本、西方音がイベントを支援

集まった観客を前に、志賀隊長（右手前）の指揮で演奏する西方音と歌唱を披露する矢口美奈1曹（左手前）＝3月21日、熊本市で

【熊本地本】地本と西部方面音楽隊（健軍）は3月21日、熊本市で開催された「桜の馬場城彩苑11周年誕生記念祭」を支援した。

同イベントは3年ぶりの開催。7000人を超える人々が会場へ足を運んだ。

会場内のメインステージでは、西方音が隊長・志賀亨2佐の指揮のもと、熊本民謡をサンバ風にアレンジした『サンバおてもやん』など6曲を披露し、会場は笑顔と手拍子で一体感に包まれた。

地本は会場内に広報ブースを開設し、広報大使の宮崎頌子（しょうこ）さんとともにPR作戦を実施。自衛隊のパンフレットを配布したほか、地本SNSアカウントをフォローした画面を見せると自衛隊オリジナルグッズがもらえる「SNSフォロワー獲得企画」などを行った。

日米下士官が交流
三沢基地　CH47J輸送ヘリの機動訓練

空自三沢ヘリ空輸隊のCH47Jがスリング懸吊を行う様子を見学する日米の下士官（3月24日、天ヶ森射爆撃場で）

【北空＝三沢】空自の北部航空方面隊准曹士先任の池邉幸一准尉は3月24日、日米下士官交流として三沢ヘリ空輸隊（三沢）への研修を企画、実施した。

日頃から親密な交流のある米海軍三沢航空基地隊先任伍長のトーマス・ハウエル指揮最上級上等兵曹の強い希望によるもので、当日は三沢ヘリ空輸隊の協力で、空自の北空司令部、3空団（同）、三沢ヘリ隊、米側から海軍三沢航空基地隊、空軍第35戦闘航空団の計13人が参加。

救難団などの概要説明の後、一行はCH47J輸送ヘリの機動飛行訓練に同乗した。天ヶ森射爆撃場ではスリング懸吊、ホイスト懸吊、傾斜地離着陸訓練を研修した。米軍の下士官たちはCH47Jクルーの練度の高さに驚き、称賛した。

池邉准尉は「今後もあらゆる機会を通じて、三沢基地に所属する日米下士官レベルでの一層の相互理解と信頼関係を醸成していきたい」と今後の日米交流に意欲を見せた。

東京マラソンを支援
空自連合准曹会　サインボードで案内

「東京マラソン2021」にボランティア参加した空自連合准曹会の隊員たち（3月6日、防衛省正門前で）

【空幕人教課】空自連合准曹会は3月6日、「東京マラソン2021」にボランティア参加した。

准曹会の参加は20年に続き2回目。同マラソンは21年に開催予定だったが、新型コロナのため延期されてこの日の開催となった。

当日は東京近郊の市ヶ谷、横田、府中、十条、立川、目黒、入間、熊谷、習志野各基地から総勢140人が参加。新宿、秋葉原、両国、門前仲町などの各エリアで、コース管理やランナーサポート、給水支援を実施。さらに笑顔と拍手による応援、サインボードによる案内誘導などでレースを盛り上げた。

参加者代表の連合准曹会会長の杉本孝哉准尉は「今後も世界6大マラソン大会のひとつである東京マラソンに参加し、キャッチフレーズ『東京がひとつになる日』を思い、活動を推進していきたい。ボランティアに関わっていただいた皆さまのご理解とご支援に心より感謝します」と話した。

小休止

▽…陸自美幌駐屯地曹友会（会長・浅倉礼宣曹長）は4月16日、北海道美幌町の美幌神社で、約130人によるボランティア清掃活動を行った。

▽…今年で8年目となる神社清掃では四つの班に分かれ、参道や社殿前などに展開した＝写真。1トン土のう袋などを使って枝や落ち葉を集め、手際よく集積場所に搬送。わずか約2時間で準備した土のう42袋を使い切る量の落ち葉を集め終え、最後に参道の清掃、石拾いを行った。

▽…神社では今年も端午の節句を祝うため、「良い子に成長してほしい」との願いから鯉のぼり415匹（良い子）が境内を所狭しと泳いだ。それを見た隊員は「美幌にもようやく春が来たな」と北海道の春の到来をかみしめていた。（美幌）

こちら警務隊
交通犯（道路運送車両法違反）

車検切れの車での道路走行は道路運送車両法違反に該当

車検切れの車で道路を走行するとどうなりますか？

車検切れの車で道路を走行すると、道路運送車両法違反に該当し、6月以下の懲役または30万円以下の罰金に処せられるとともに、違反点数6点が付され、免許停止処分となります。

車検は、車両の所有者に定期的な受検を義務付けている継続検査であり、公道を走る車両の安全性を確保するため、国が指定する保安基準を満たしているかを点検するものです。

うっかり車検切れの車で走行しないためにも、前面ガラスに貼付された検査標章等で有効期間を今一度確認し、車検切れ前に受検して安全な運行に努めましょう。（北部方面警務隊）

みんなのページ

車両整備と予備自、二足のわらじ

自衛隊一家に生まれて

予備2陸曹　太田 有紗（群馬地本）

自動車整備士の予備自衛官として活躍する太田予備2陸曹

私は平成25年に技能公募の予備自衛官補に採用されました。保有する技能は自動車整備士です。武山駐屯地での訓練を経て、26年に予備自衛官に任用されました。

父が陸上自衛官、母は元陸上自衛官で予備自衛官、叔父が海上自衛官という自衛隊一家で育ちました。幼いころから父の仕事になじみがあり、物心ついたときには母が5日間の予備自衛官訓練に出かけていました。また、妹も陸上自衛官となり、現在勤務しています。

私は幼いころから自動車整備士を志し、群馬自動車大学校2級自動車整備科を卒業した後、トヨタカローラ高崎株式会社に入社しました。

6年間、エンジニアとして主に車検整備を担当した中で、1番の思い出は若手エンジニアを対象とした社内技術コンクールで優勝したことです。現在はサービスアドバイザーにステップアップし、自動車整備士の知識と経験を生かして窓口業務をしています。

仕事の内容は、車両の不具合や不調をお客様から伺ったり、整備見積もりや部品の仕入れ、エンジニアの仕事の計画を立てて実際に指示を出したり、保険会社との協定などもあり、非常に幅広いです。

女性目線を一番大切にし、親身に分かりやすい整備説明、お客様とスタッフから親しみを持ってもらえるような窓口対応を心掛けています。

予備自衛官補には、母から技能公募の予備自補制度があることを聞いて、迷わず志願しました。合格したことを打ち明けたときに、当時の上司が制度を理解し、積極的に本社に掛け合って下さったおかげで、社会貢献活動として訓練出頭中は出張扱い、定休日と訓練が重なった際は代休を取得して良いという想像を超える待遇を頂きました。

ほとんどの予備自衛官が休日や有給休暇などを使って出頭している中で、当社は自衛隊に理解があり、非常に協力的です。

現在は母と訓練に出頭しています。予備自補の訓練では、最初は分からないことが多く、不安でしたが、周りの予備自の方々が温かく迎え入れて下さり、今では安心して訓練しています。母があと数年で上限年齢を迎えるので、私が1人でも出頭できるようにと厳しく突き放しますが、母と同じ時間を過ごし、同じことに取り組むことは、5日間の訓練の中での楽しみの一つになっています。

厳しい環境に身を置くことで心身ともに鍛えられ、日頃の業務にも生かせています。町を走る車両の安全を担う女性自動車整備士、国防を担う女性予備自衛官。二足のわらじを履く者として、これからも頑張ります。

（世界の切手・ウクライナ）

全軍人は「逆境という学校」を卒業しなければならない。

グナイゼナウ（プロイセン王国の軍人）

朝雲ホームページ
www.asagumo-news.com
会員制サイト
Asagumo Archive プラス
朝雲編集部メールアドレス
editorial@asagumo-news.com

飲酒運転根絶のために

3陸曹　志賀 竜一（美幌駐広報班）

道路交通法施行規則改正について、隊員に詳しく説明する6普連の北守4科長

6普連（連隊長・河村則1佐）は3月30日、美幌駐屯地体育館で、4月1日施行の道路交通法施行規則の一部改正に伴う普及教育を行うとともに、121地警美幌派遣隊（隊長・村中竜一郎1尉）が飲酒運転事故防止に関する防犯教育を駐屯地各部隊の隊員を対象に実施した。

午後1時、同体育館で6普連4科（科長・北守啓一1尉）が教育を開始。飲酒運転根絶強化のため、4月1日付で改正された道路交通法施行規則改正について解説した。

同改正は、安全運転管理者の業務として、自動車を一定以上保有する事業所の安全運転管理者に対し、乗車前後のアルコール検知器を用いた酒気帯び確認を新たに設定し、義務付けるもの。

北守4科長は各部隊の中隊長・車両陸曹及び車両操縦手等約300人の隊員に概要を説明。その後、安全運転管理者の車両操縦手に対する運転前後のアルコールチェックの義務化要領を自衛隊としてどのように実施していくかについて教育した。北守4科長は「各部隊等と連携し、施策内容を周知徹底できるよう実施していきます」と締めくくった。

続いて村中派遣隊長による飲酒運転防止に関する防犯教育が実施された。飲酒関連の事案防止として、酒酔い運転や酒気帯び運転の概要、運転者以外の周囲の者に対する罰則の説明、次に飲酒運転が身体へ及ぼす影響について説明し、最後に体重60キロの男性を一例にして各酒類を飲酒した際の体内アルコール残留時間の目安を教育した。

村中派遣隊長は「酒は脳の機能を麻痺させ、車両運行時における認知、判断、操作能力が低下し、重大な事故に直結する可能性が高いことから飲酒した際は、運転はしない、させないを心掛けましょう」と強調した。

本教育を通じて駐屯各部隊に対し、道路交通法改正内容及び義務化された実施要領の概要を理解させるとともに、飲酒運転防止に対する意識の高揚を図ることができた。

海上自衛隊70周年に思う

中学校非常勤講師　西 眞次（神奈川・葉山町）

4月26日は「海上自衛隊の日」ですが、昭和27年のこの日、「海上警備隊」が創設されました。今年でちょうど70周年になりますが、数多くの先達の皆様のご苦労があってのことと思います。

私の海上自衛隊との出会いは昭和56年度観艦式（第15回）でした。船越から護衛艦「ながつき」に乗せて頂きましたが、見るもの聞くもの全てが初めてでしたので、実に有意義な1日でした。天気も最高でした。

加えて実に優しい准尉の方とお話もでき、艦内もご案内頂きました。当時私は26歳でしたが、分かりやすく解説をしてもらい、質問もたくさんさせて頂きました。この方は今でも私にとって「ミスター海上自衛官」です。

今思いますと、このときでほぼ30周年です。護衛艦「しらね」「くらま」が就役したばかりでした。

平成3年のペルシャ湾への掃海部隊派遣、同4年のカンボジアPKO輸送艦派遣もよく覚えています。国際貢献の始まりで、このころが創設40周年でした。同4年度観艦式ではペルシャ湾派遣部隊の6隻がそのまま受閲部隊でした。通過するとき、拍手がわき起こったのを覚えています。

50周年の同14年は国際観艦式でした。海外から11カ国17隻の艦艇の参加があり、わが国では初めての式典でした。場所も横浜沖で、大変素晴らしかったです。チリの練習帆船「エスメラルダ」の姿が印象的でした。

60周年記念観艦式（同24年）では護衛艦「ひゅうが」「いせ」といった大型艦の姿がありました。海上警備隊に貸与されたPF（1450トン）と比較すると隔世の感があります。

最後の海軍大臣だった米内光政提督が「〝新海軍〟はおよそ30万トン規模か」と言われたそうですが、今や50万トンを超えています。今後も益々のご発展を祈念します。

折から3月には酒井良海幕長が就任されました。海自10周年の昭和37年生まれと聞いておりますが、一国民として、組織のけん引をよろしくお願い申し上げます。

新刊紹介

「中国に勝つための地政学と地経学 ―日本人に隠されている真のチャイナクライシス」

佐藤 正久著

外交、安全保障、経済安全保障の最前線に立つ〝ヒゲの隊長〟こと、自民党外交部会長を務める参院議員の著者が、中国による軍事力を背景にした実効支配や経済圏思想「一帯一路」を通じて経済圏・情報圏を拡大し続ける脅威について、「地政学」と「地経学」の観点から日本に迫る危機を解説した本だ。

中国側から見た日本列島の価値を「逆さ地図」を使って分析し、太平洋への進出を塞ぐ日本の存在や台湾の位置関係を詳述。多くの日本人が「対岸の火事」と思っている台湾防衛の重要性を「日本本土の防衛と全く同じ意味を持つ」と指摘する。

また、近年進展している多国間連携について、日米豪印戦略対話「QUAD」、豪米英軍事同盟「AUKUS」など、安全保障面、経済安全保障面での取り組みを背景や経緯も含めて説明している。

「多国間連携の構築と強化でしか習近平政権の膨張主義は抑止できない」と著者。「日本がリーダーシップをとり、自由主義陣営をまとめる役割を自発的に果たすべきだ」と強調する。

（徳間書店刊、1650円）

「世界滅亡国家史」

ギデオン・デフォー著、杉田 真訳

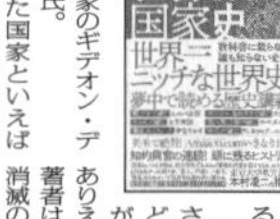

あるときは「変人のせい」で、あるときは「他国に振り回されて」、またある時は「暇すぎて」――。およそ馬鹿馬鹿しいと思われるような出来事で、国家は簡単に歴史の波間に消えてゆく。本書は、そんな為政者の愚行や不運の果てに地図上から消滅した48の国々を紹介する、いわば「国家の追悼記事集」だ。著者は英オックスフォード大学で考古学と人類学を専攻した作家であり、アニメ脚本家のギデオン・デフォー氏。

消えた国家といえば「バイエルン王国」や「ユーゴスラビア」などが有名だ。だが、本書はさらに踏み込み、治外法権が成立したがゆえに〝国家〟扱いとなった「オタワ市民病院産科病棟」や、20分でインドに占領され消滅した「シッキム王国」、詐欺師がつくった「ポヤイス」など、初めて目にする国々も取り上げる。

国が亡びる理由はさまざまだ。しかし、どんな強国も、繁栄が永遠に続くことはありえないということを著者は浮き彫りにする。消滅の影には必ず、悲しくも愚かしい人間の営みが繰り広げられるのだ。

ありそうでなかった「滅亡国家」という分野に光を当てた本書は、通り一遍の世界史では決して学べない、新たな視点を読者に提示してくれるはずだ。

（サンマーク出版、1650円）

避難行動の想定を

3空佐　古里 篤史（3空団修理隊長・三沢）

昨年の夏は、各地で豪雨が発生し、テレビのニュースで警戒レベルを示すカラフルな色付きの表を見る機会が多かったと思います。

この警戒レベルとは、災害発生の危険度ととるべき避難行動を、住民に理解させるために5段階で表現したものです。警戒レベル1～2は気象の悪化により注意報や警報等とともに気象庁が発表し、レベル3～5は気象の状況によって災害発生の可能性と避難勧告や避難指示を市町村が判断し、発表することになっています。

昨年5月ごろに警戒レベルの避難情報等から「避難勧告」という言葉が廃止されました。これは、「避難勧告」を住民が「まだ大丈夫」と捉えてしまうため、住民が自主的に避難するよう「避難指示」という言葉に一本化したと言われています。しかし、「避難」と言われても、実際、自宅などの財産を一時的に放棄するのですからある意味、覚悟した一大決心と言えます。

私が漁港で釣りをしていたときの話です。突然緊急地震速報を受信し、漁港内に津波避難を促す一斉放送が流れました。私は避難しなければならないと認識しましたが、持参した荷物すべてを持って避難しようと考え、すぐには避難行動に移れませんでした。その後冷静に考え直し、貴重品だけ持参し避難しました。

私は危機を認識しながらも海面に変化がないことから「まだ大丈夫」と思いこみ、避難よりも荷物に気を取られたのです。水があふれたり崖が崩れたり、周囲に変化があれば誰でも逃げると思いますが、避難は変化が起きてからでは遅いのです。日ごろから覚悟を決めておかなければ行動することは難しいと思います。

また、自分が居住する場所以外でも避難しなければならない状況に遭遇する場合もあります。今一度、自分のライフスタイルを確認し、想定しうる災害にはどのようなケースが考えられ、どのような避難行動が想定されるかをシミュレーションしてみてはいかがでしょうか。

OBがんばる

橋本 哲彰さん　56

令和2年3月、中央管制気象隊を1陸佐で定年退官。現在、群馬県防災航空センターの安全運航管理主監として防災航空隊の安全管理に従事している。

自衛隊の経験を大いに活用

私は群馬県防災航空センターで防災航空隊の訓練や安全をマネジメントする安全運航管理主監として勤務しています。県では平成30年8月10日に防災ヘリコプターの航空事故が発生し、それ以降、救助活動等の運航が中断していますが、今夏ごろの運航再開を目指し、鋭意訓練を実施中です。事故後、航空事故再発防止のための安全運航体制見直しの一環で、平成31年4月1日、県の地域機関として防災航空センターが設置され、安全管理責任者（安全運航管理主監）が配置されることになりました。

着任以来、運航再開に向けて規程類の見直し・作成、安全教育・助言、実機飛行訓練全般計画の作成、訓練現場での安全確保等を行っており、自衛隊勤務で培ったことを大いに活用しながら業務を進めています。安全の確保が主任務なので、防災航空隊における航空事故や重大な航空不安全事項の絶無に寄与したいと思っています。ただ、郷に入れば郷に従えで、自衛隊方式や考え方を表に出しすぎないように、隊長や隊員の立場を尊重し、起案するものが防災航空隊に馴染むよう心掛けています。

今後、自治体の防災航空隊では専任の安全管理責任者の配置が増えていくのではないかと思います。航空業務に従事する自衛官、特に操縦士にとっては再就職先として打って付けではないかと思います。再就職先はタイミングと縁で決まることが多く、なかなか思い通りにいかないこともあると思いますが、自衛隊勤務で培われたものが発揮でき、充実した第2の人生を迎えられるようお祈りいたします。

詰将棋

出題　日本将棋連盟　九段　石田 和雄

第866回出題

■先手 持駒 金桂

【ヒント】馬とと金の協力で仕上げる（10分で二段）。

▶詰碁、詰将棋の出題は隔週です◀

詰●碁

出題　日本棋院　九段　曲 励起

第1281回解答

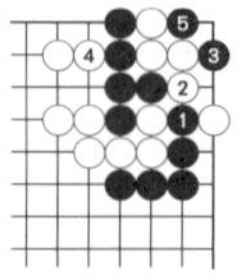

【解答図】黒先、劫。黒❶白②の時、黒❸が大切で白④には黒❺で劫になります。

朝雲
発行所 朝雲新聞社
〒160-0002 東京都新宿区四谷坂町12-20 KKビル
電話 03(3225)3841
FAX 03(3225)3831
振替00190-4-17600番
定価一部170円、年間購読料9170円（税・送料込み）

日米防衛相

「抑止力」強化を推進

無人機開発で協力へ

安保戦略を擦り合わせ

岸防衛相は5月4日（日本時間5日未明）、米ワシントン郊外の国防総省でオースティン国防長官と会談し、日米同盟の抑止力・対処力の強化に向けた取り組みを速やかに具体化していくことで一致した。空自の次期戦闘機との連携が想定されるUAV（無人機）の開発についても日米が協力の可能性を探っていくことで合意した。岸大臣は会談後、記者団に「対面で率直な議論を行うことができ、日米同盟の強固さを国内外に示す力強いメッセージとなった」と会談の意義を強調した。

日米防衛相会談の後、固い握手を交わす岸防衛相（右）とオースティン米国防長官（5月4日、米ワシントン郊外の国防総省で）＝防衛省提供

両氏の対面での会談は昨年3月のオースティン氏の来日時以来。通訳のみを交えた1対1の時間を含め全体で計約75分間行われた。

会談の冒頭、オースティン氏は「通常兵器と核兵器を含むあらゆる軍事能力による拡大抑止への断固たる決意を再確認する」と述べ、日本に対する米国の揺るぎない拡大抑止のコミットメント（責任ある関与）を明言。岸大臣は「米国の核抑止が信頼でき、強靱なものであり続けられるよう、2国間の取り組みが従来に増して重要だ」と応じた。

会談で岸大臣は、年内をめどに我が国政府が進める外交・防衛政策の基本方針「国家安全保障戦略（NSS）」など「戦略3文書」の改定を通じ、日本の防衛力の抜本的な強化に向けた「断固たる決意」を表明。オースティン氏も歓迎の意を示し、両氏は日米の安全保障戦略を緊密に擦り合わせていくことを確認した。

両氏は技術的優位性の確保のため、極超音速技術に対抗するための技術を含め、装備・技術分野での協力をさらに深化させることでも一致。空自の次期戦闘機との連携が想定されるUAVの開発で日米協力の可能性を探ることで合意した。

一方、ロシアによるウクライナ侵略は「力による一方的な現状変更で、国際秩序に対する深刻な挑戦であり、断じて容認できない」としてロシアを厳しく非難。日米が連携し、ウクライナに対する可能な限りの支援継続を申し合わせた。

両氏は東・南シナ海などインド太平洋地域での中国の「威圧的な行動」についても議論。力による一方的な現状変更を抑止し、必要なら「対処のために連携強化する」ことを確認した。

オースティン氏は沖縄県の尖閣諸島が米国の対日防衛義務を定めた日米安全保障条約第5条の適用範囲であることを表明した。

北朝鮮をめぐっては度重なる弾道ミサイルの発射や核開発が「国際社会の平和と安定に対する深刻な脅威で、断じて容認できない」との認識を共有。日米、日米韓で緊密に連携対処していくことで一致した。

日独首相が会談

「2プラス2」早期開催で一致

岸田首相（左）のエスコートで陸自の特別儀仗隊を巡閲するドイツのショルツ首相（4月28日、官邸で）＝官邸HPから

岸田首相は4月28日、来日したドイツのオラフ・ショルツ首相と官邸で会談し、日独間で2回目となる外務・防衛担当閣僚協議「2プラス2」の早期開催や経済安全保障分野での協力など、2国間で緊密に連携していくことを確認した。

両首脳が対面で会談するのは初めて。幅広い分野での協力推進に向け、両国の首相や複数の閣僚が参加する政府間協議を新たに立ち上げ、来年の初会合を目指すことでも一致した。

岸田氏はショルツ氏が昨年12月の首相就任後、アジアで初めての訪問国として日本を選んだことについて「緊密な日独関係の表れ」（会談冒頭）、「ドイツの日本重視の表れ」（共同記者会見）と述べ、歓迎の意を表明した。

ショルツ氏も共同記者会見で「訪日は明確な政治的シグナルとして、ドイツと欧州連合（EU）がインド太平洋地域へのコミットメント（責任ある関与）を継続、強化していくことを示すものだ」と強調した。

会談で岸田氏はドイツがインド太平洋地域への関心と関与を強めていることを高く評価した上で、日独間の安全保障協力が近年飛躍的に深化していることに言及。「自由で開かれたインド太平洋」の実現に向けた連携強化を申し合わせた。

一方、ロシアのウクライナ侵略をめぐって岸田氏は「国際秩序の根幹を揺るがすもので、日本はドイツを含む各国と協調して強力な対露制裁を実施し、ウクライナへの支援を強化している。欧州とインド太平洋の安全保障を切り離すことはできず、力による一方的な現状変更は断じて許されない」と指摘。

これに対し、ショルツ氏は「制裁はロシアにとっても非常な痛手になっている。多くの国が足並みをそろえるのが重要だ」と賛意を示した上で、「民主主義や法の支配といった普遍的な価値を我々は共有している」と応じ、両氏はG7（先進7カ国）が結束・連携して対応していくことの重要性を再確認した。

さらに、両氏はウクライナ避難民らを支援するため、日本国民から在日ウクライナ大使館に寄付されたおむつや生理用品などの支援物資を、ショルツ氏が搭乗してきたドイツの政府専用機で輸送することでも合意した。

解説

経済から安保へ転換

防研の庄司潤一郎主任研究官

ドイツのショルツ首相が就任後初めて来日した。アジアで最初に日本を訪問したことは、中国偏重を改め、日本を重視する表れである。同時に、ショルツ氏が「質的に日独関係を新たなレベルに引き上げる」と評したように、これまでの経済から安全保障分野へと転換したことを意味している。

近年、日独情報保護協定の締結（2021年3月）、初の外務・防衛担当閣僚協議「2プラス2」の開催（同年4月）、独海軍フリゲート「バイエルン」の日本寄港（同年11月）など、両国間の安全保障協力は大きく進展してきた。

決定的だったのはロシアによるウクライナ侵略だ。日独両国は中露など権威主義国家に対して、経済的に支援・関与することによって民主主義化し得ると考えてきたが、その幻想は打ち砕かれ、厳しい脅威に直面している。さらに、経済的関与の結果生じた経済・エネルギー面における相互依存の深化は、少資源・貿易立国の日独両国の外交を制約する要因ともなっている。

このように両国は、普遍的価値のみならず、国際秩序に対する挑戦をめぐる安全保障上の課題を共有している。これまで両国は、大戦の反省を踏まえ、安全保障面の貢献に慎重だったが、今後はより連携を深めることが期待される。両首脳は、力による一方的な現状変更は世界のどこであれ許されず毅然とした態度を取ることで一致したのである。

春夏秋冬

「原点から現点」展

コシノ　ジュンコ

ファッション・デザイン・アート、振り返ってみればどれひとつ欠けても今の自分にはならなかったと。

大分県立美術館から要請がありコシノジュンコ「原点から現点」展を5月29日まで開催しています。

ヒト、モノ、コト、数多くの出会い、発見とともにそれらがファッションショウとなっていきます。

ファッションの展示は海外の美術館でも開催はされますが、これだけの規模の展示はあまり記憶にありません。自分でも驚いているほどです。開会式とその後の講演会には大勢の地元の高校生が出席して質問を沢山頂戴しました。展示の始まりは私の高等学校美術部時代のデッサン・油絵作品。文化服装学院での装苑賞受賞作品。

70年大阪万博でのコンパニオンの制服も展示。交友録ともいえる時代を作った仲間たちが写真で集合。

アートとデザインの接近を試みた1992年パリから発信したファッションアーティストたちとの芸術運動「アールフュチュール・対極」では「赤と黒」「丸と四角」の作品。そして1978年から22年間続けたパリコレの代表作やキューバ、北京でのコレクションを大きなスクリーンで映写。今でも新鮮なものばかりです。

90年に開催したニューヨークメトロポリタン美術館でのショウの告知ポスターの作品は今回のメインブースで登場。

そして、この展覧会のきっかけとなった大分に拠点を構える和太鼓集団DRUM TAOの舞台衣装群。このグループとは10年のお付き合いでその点数は2000点を超えます。

お能の衣裳からジャポニズムと呼ばれるオリジナルヘアーをつけた作品は34点が直線に並ぶ大フィナーレです。前例をみない展覧会。

90年に訪問したNYメトロポリタン美術館。「ここでファッションショウは出来ますか?」

ボランティアの受付婦人にパリの店のオープンのカタログを見せて尋ねると担当者を連れてきて「一週間後返事します」と。米国に拠点もなく有名でもない日本人デザイナーの希望に即決で答える、これは何でしょう。

前例がないからやるということが世界クラスになることなんでしょう。大分県立美術館が良い前例となり日本中の美術館が前例無しにチャレンジし始めたら素敵なことになりますね。

（デザイナー）

空自C2が物資輸送開始

ウクライナ支援　周辺国へ毛布など

政府は4月28日の閣議で、ロシアによる軍事侵攻を受けるウクライナからの避難民を支援するため、国連平和維持活動（PKO）協力法に基づく「人道的な国際救援活動」として、「ウクライナ被災民救援国際平和協力業務実施計画」を決定した。これを受けて岸防衛相は同日、自衛隊機による支援物資の輸送命令を発出した。

国連難民高等弁務官事務所（UNHCR）からの要請を受けて実施するもので、防衛省・自衛隊では空自の航空支援集団（府中）を基幹とする「ウクライナ被災民救援空輸隊等」を約200人規模（国内待機要員等を含む）で編成。

5月1日に出発した空自C2輸送機（2輸空・入間）による第1便を皮切りに、6月末までの間、空自機が週1便程度の予定で、UNHCRの備蓄倉庫があるアラブ首長国連邦（UAE）のドバイからウクライナ周辺国のポーランドやルーマニアに毛布などの人道救援物資を空輸する。

準備や撤収を含めた計画全体の期間は4月29日から7月15日まで。

多くの隊員たちの見送りを受け、ポーランドに向け出発するC2輸送機に乗り込む「ウクライナ被災民救援空輸隊」のクルー（5月1日、入間基地で）

ウクライナの周辺国には500万人以上の避難民が流入し、生活物資のニーズが高いことから、岸大臣は4月28日の臨時記者会見で「一丸となって被災民の方々に寄り添う支援に貢献していきたい」と語った。

空自入間基地では5月1日、C2輸送機の出国行事が行われ、防衛省から鬼木誠副大臣をはじめ、支援集団司令官の森川龍介空将、入間基地司令の小野打泰子空将補、2輸空司令の一木秀徳1空佐ら隊員約120人と内閣府から赤池誠章副大臣、外務省から上杉謙太郎政務官らが出席した。

格納庫では第1便のC2に乗り込む「ウクライナ被災民救援空輸隊」の約20人が整列し、第1便の隊長を務める岡安弾3空佐が鬼木副大臣に出国を申告した。

鬼木副大臣は訓示で「自衛隊の経験や能力を生かして任務を行うことはウクライナ被災民の助けとなるとともに、同国と国際社会への連帯を示す意義深いもので、国民からも高い関心や期待が寄せられている。活動の意義や国民の期待を胸に刻み、任務に従事してもらいたい」と激励した。

森川支援集団司令官は「全隊員が一丸となり、全ての航空輸送力をもって安全・確実な任務に取り組んでほしい」と訓示した。

5月1日に出発したC2は、ドバイを経てポーランドのジェシュフに物資を届けた後、同6日に入間基地に帰投した。

PKO協力法に基づく「人道的な国際救援活動」の枠組みで自衛隊機が派遣されるのは、2003年にイラク被災民支援で空自のC130H輸送機が物資輸送を担って以来19年ぶり。

海幕長

「大胆に加速的に変革を」

海自が創設70周年記念式典

海上自衛隊は4月26日、「創設70周年」を迎え、横須賀市内で記念式典を開催した。前身の海上警備隊が1952年に同市田浦地区の旧海軍水雷学校跡地（現・2術科学校）に創設されてから今年で70年。市内の横須賀芸術劇場大ホールで式典が開かれ、鬼木副大臣、酒井海幕長をはじめ、在日米海軍司令官のカール・ラティ少将ら約320人が出席した。

最初に海自東京音楽隊の三宅由佳莉2曹と橋本晃作2曹が国歌を斉唱。続いて70年間の海自の殉職者47柱に対し、出席者全員で黙とうを捧げた。

この後、酒井海幕長が式辞で、世界の安全保障環境が大きく変化していることに言及。「海自はこれまで掲げてきた〝精強・即応〟に加え、〝持続力とスピード感〟をもって情勢に対応していかねばならない。今後はより大胆に、加速的に組織を変革し、発展していく必要がある」と隊員たちに呼びかけた。

続いて鬼木副大臣が訓示で、「70年間にわたり先輩方が築きあげてきた良き伝統と国民の信頼を、これから担う後輩たちに引き継いでいって欲しい。国民から頼りにされる海自となることを期待する」と要望した。

また、来賓祝辞で第19代海幕長の岡部文雄元海将は、1991年のペルシャ湾への掃海部隊派遣が自衛隊の「一大転換点だった」と振り返り、海自がここまで発展したのは「米海軍の協力があったからだ」と述べた。河野太郎前防衛大臣は「これまで隊員がひたむきに汗を流したことで国民の支持を得てきた」と指摘し、「諸君が尊い使命をこれからも果たし続けることを願う」と結んだ。

式後、田浦地区の2術校で記念植樹が行われ、酒井海幕長、鬼木副大臣らがクロマツの若木を植えた。さらに、この日は横須賀をはじめ呉、佐世保、舞鶴、大湊など全国の海自基地で昼は艦艇の満艦飾、夜は電灯艦飾が行われ、海自70周年の節目に花を添えた。

海自創設70周年記念式典で式辞を述べる酒井海幕長（壇上中央）＝4月26日、横須賀芸術劇場で

北朝鮮

弾道ミサイル相次ぎ発射

SLBM含め今年14回目

防衛省は北朝鮮が5月4日正午過ぎに弾道ミサイル1発を、7日午後2時過ぎには潜水艦発射弾道ミサイル（SLBM）と推定される1発をそれぞれ東方向に発射したと発表した。4日の1発は最高高度約800キロで約500キロ飛翔、7日は最高高度約50キロで約600キロ飛翔し、いずれも我が国の排他的経済水域（EEZ）外の日本海に落下し、被害情報はない。北朝鮮のミサイル発射は巡航ミサイルを含め今年14回目。

朝雲寸言

テレビで著名な国際援助団体が寄付を募るCMをみる。苦境にあえぐ途上国の子供たちの姿を映し、彼らの発する言葉を伝える短い映像をみるたびに、この子たちを救うため今の自分に何ができるかに思いをめぐらせる▼そうしたストレートな反応とは別の角度からものを考えさせてくれた出来事がだいぶ前にあった。「ああした広告を流す資金的余裕さえない私たちのような団体もあるのですよ」と、ある人がぽつりと語ってくれた時だった。カンボジアやアフガニスタンで平和復興活動に従事してきた日本地雷処理を支援する会（JMAS）で当時役員を務めていた陸上自衛隊の元高級幹部だった。目から鱗だった▼大きな援助団体はCMやダイレクトメールを駆使して寄付を集め事業に投じるが、同時に少なくない金額が広告費用としても使われる。目立つ宣伝活動をする体力のある団体は継続的に寄付を引き寄せられる有利な立場にあるが、小規模な団体は実に細々と寄付を募り続けるしかない▼元自衛隊員らがつくったもう一つの団体、日本地雷処理・復興支援センター（JDRAC）が4月下旬、けが人に応急手当をするキット300個を在日ウクライナ大使館に寄贈した。こつこつ集めた寄付金をそっくり投じての真心のこもった支援活動だった。それをテレビCMで大々的に周知するわけでもなく、JDRACは今もホームページで静かに寄付金を募り続けている。

時の焦点

国内　憲法改正

危機への備えを論じよ

1947年の憲法施行から75年が経過した。近年は、制定当時に想定していなかった事態が次々に起きている。国民一人ひとりが最高法規のあり方を真剣に考えねばならない。

ロシアによるウクライナ侵攻は、冷戦後の国際秩序への最大の挑戦だ。国連も米欧も、蛮行を止められないでいる。

東アジアでは、北朝鮮が核・ミサイル開発を続け、軍事大国化した中国が「力による現状変更」に挑んでいる。

憲法前文にある「平和を愛する諸国民の公正と信義に信頼して、われらの安全と生存を保持しようと決意した」という理念に頼り、国民の生命や財産、国土の安全を守るのは難しい。安全保障政策を強化し、抑止力と対処能力を着実に整備することが肝要だ。

憲法9条は、戦争放棄や、戦力および交戦権の否認を定めている。このため、憲法学者の一部は今なお、自衛隊は違憲だと位置付けている。

自衛隊は、国の防衛に加え、災害派遣、医療支援など多岐にわたる任務を着実にこなしている。自衛隊に対する国民の信頼は厚い。違憲論の払拭は急務だ。

自民党は2018年、9条1項、2項を維持したまま、自衛隊の根拠規定を追加することを提案した。自衛隊は戦力か否かという問題点は残るが、防衛が国の大切な役割だと明確にする意義は大きい。

与野党各党は、衆参両院の憲法審査会で、自民党案をたたき台に現実的な論議を進めてはどうか。国民の幅広い理解を得ながら、結論を出してもらいたい。

緊急事態条項の創設も課題である。

自民党の新藤義孝衆院議員は3月の憲法審査会で、ウクライナでは有事の態勢に切り替えて様々な手立てを講じていることを例に挙げ、日本でも国家の機能維持に必要な法制度が必要との考えを示した。

現行憲法には、国会議員の任期延長の規定はない。大規模な災害やテロ、武力攻撃が起きて選挙が出来ない場合、国会議員は不在となり、法整備ができなくなる恐れがある。

新型コロナウイルスの脅威は、社会の安全か、国民の自由と権利が優先か、という問題を提起した。非常時には政府に一定の権限を集中させることも含め、緊急事態の議論を深めることが大切だ。

国政選挙が行われるたびに、「1票の格差」に関する訴訟が提起されている。司法は、投票価値の平等を重視する傾向にある。国会は、大都市部の定数を増やすことなどで対応してきたが、限界に近い。

特に参院の選挙制度は、合区の導入や比例選への特定枠の追加で、仕組みがいびつになった。完全な選挙制度はないとはいえ、あまりにも分かりにくい。与野党は、衆参両院の選挙制度のあり方や、「強すぎる」と言われる参院の権限の抑制に関する議論を急ぐべきだ。

夏川　明雄（政治評論家）

海外　仏大統領選

現職再選に欧州は安堵

欧州連合（EU）で経済大国のドイツと並ぶ有力国フランスの大統領選は決選投票の末、中道の現職エマニュエル・マクロン氏（44）が極右・国民連合のマリーヌ・ルペン候補（53）を破り、向こう5年の政権継続を決めた。今回の大統領選は前回2017年の決選投票と同じ両候補の対決となったが、選挙戦中に起きたロシアによるウクライナ軍事侵攻で欧州の安全保障問題に対する関心が高まり、米欧同盟の北大西洋条約機構（NATO）とともにEUの結束が試される中で、有権者はEUの外交・防衛分野での指導力発揮や積極外交の展開などで一定の実績があるマクロン氏に軍配を上げた。

決選投票の直前には、ドイツのショルツ首相らスペイン、ポルトガルの3カ国首脳が仏有力紙への寄稿でマクロン氏への支持を表明し、ルペン候補の当選阻止で足並みをそろえた。EU加盟国が他の加盟国の内政に干渉するのは極めて異例であり、フランスで極右候補が政権を握る事態を主要国の首脳が強い危惧を抱いていたことを物語る。

選挙戦では、第二次大戦後の欧州で最大の人道危機に発展したウクライナでの侵略戦争に伴うエネルギー価格など物価高騰への対策や対ロシア政策を主要な争点に支持獲得を競い合った。前回大統領選に比べ、両候補の得票率はそれぞれ58％、41％とその差は大幅に縮まった。マクロン大統領の1期目の政権運営に対し、「黄色いベスト運動」と呼ばれる若者らの抗議デモが起きたように、地方の低所得者層を中心に反発や不満を抱く反マクロン票が増えたことを示すものだろう。

ルペン氏は選挙戦で極右の「こわもて」イメージを払拭し、穏健で実務的な印象を強調する「脱悪魔化」と呼ばれる戦略で支持拡大を狙った。さらに、移民規制の強化といった従来の政策は維持しつつ、庶民の暮らし改善を前面に訴える戦術は得票増加につながったが、政権奪取には届かなかった。ウクライナに侵攻したロシア軍による残虐・非道な行為が次々に明るみとなる中、ルペン氏が過去に「プーチン氏をある種敬服している」と語ったことがあるほか、2014年のロシアによるウクライナ南部クリミア半島の併合を支持する発言を行うなど、ロシアの独裁的指導者との近さも支持伸び悩みの一因となった。

「強い欧州」の実現を訴えたマクロン氏が、「自国第一」を掲げてEUやNATOを批判したルペン氏を退けたことで、対ロシア制裁やウクライナ支援をめぐる欧米の結束は保たれた。ただ、大統領再選が決まった直後の第一声で、「われわれの国は分断に満ちている。極右候補に投票せざるを得なかった人々の怒りや不満の解決策を見つけるのが私の責任だ」と述べたように、深まる分断の修復と格差是正の取り組みは喫緊の課題だ。国民議会選挙を6月に控え、政権基盤の安定には「共和国前進」から改称した与党「再生」が主導する政党連合が過半数の議席を維持する必要がある。マクロン氏はこれまで以上に内政に目配りし、厳しい国際情勢下の外交に臨むという綱渡りを強いられることになろう。

伊藤　努（外交評論家）

令和4年　春の叙勲

防衛省関係者108人が受章

政府は4月19日の閣議で、令和4年「春の叙勲」受章者4034人（うち女性453人）を決めた。発令は4月29日付。防衛省関係は108人で、杉本正彦元海幕長と片岡晴彦元空幕長に瑞宝重光章が贈られた。瑞宝中綬章は内田益次郎元富士学校長、倉本憲一元自衛艦隊司令官、織田邦男元航空支援集団司令官、岡﨑匠元装備施設本部長ら16人、瑞宝小綬章は60人、瑞宝双光章は19人、瑞宝単光章は11人がそれぞれ受章した。受章者の氏名は次の通り。（50音順、階級、所属は退職時、敬称略）

〈瑞宝重光章〉

▽片岡晴彦空将（航空幕僚長）▽杉本正彦海将（海上幕僚長）

〈瑞宝中綬章〉

▽内田益次郎陸将（富士学校長）▽岡﨑匠事務官（装備施設本部長）▽織田邦男空将（航空支援集団司令官）▽倉本憲一海将（自衛艦隊司令官）▽佐藤修一陸将（2師団長）▽高嶋博視海将（横須賀地方総監）▽土屋龍司事務官（札幌防衛施設局長）▽戸田量弘教官（防衛研究所長）▽畑英史海上保安官（海上保安庁総務部参事官）▽藤野毅陸将（関東補給処長）▽守本純教官（防衛大名誉教授）▽山川龍夫空将（空自補給本部長）▽山口昇陸将（研究本部長）▽山本直男事務官（装備施設本部副長）▽横森慶信教官（防衛大名誉教授）▽渡部厚参事官（人事教育局長）

〈瑞宝小綬章〉

▽赤井秀樹空将補（空幹校主任教官）▽飯嶋千秋書記官（地方協力局補償課長）▽池田茂実空将補（4補副長）▽石瀬正一1海佐（情本）▽和泉洋一郎1陸佐（陸幹校主任教官）▽市川菊代陸将補（北海道処長）▽伊東成夫1陸佐（関西処桂支処長）▽伊庭春樹1空佐（7空団副司令）▽岩崎康夫陸将補（1師団副長）▽石見次郎1海佐（中シス通司令）▽上田勝恵海将補（横警司令）▽梅原篤行1空佐（防研主任研究官）▽遠藤次裕陸将補（会監隊長）▽大村正雄空将補（8空団副司令）▽岡村雄司空将補（12飛教団司令）▽奥山正登陸将補（関東処総務部長）▽尾関建男陸将補（防衛大教授）▽高田三郎空将補（医実隊司令）▽尾上豊陸将補（伊丹駐業隊長）▽笠原直樹陸将補（14旅団長）▽菅野秀樹空将補（4空団副司令）▽吉良節陸将補（小平校警務教育部長）▽久々宮孝吉陸将補（関東処装計部長）▽工藤康廣1海佐（対潜隊司令）▽窪田修治海将補（呉造補所長）▽河野光博空将補（作情隊副司令）▽小梁川純1海佐（佐教司令）▽武藤義朗陸将補（10師団副長）▽坂本恒雄陸将補（北熊本駐業隊長）▽柴田哲治海将補（訓指群司令）▽高倉文敏陸将補（施校副長）▽田口千秋空将補（空警務隊司令）▽竹中勝義海将補（呉警司令）▽田中光信1空佐（1空団副司令）▽津久田一夫事務官（内閣官房内閣参事官）▽中村栄治事務官（装本会計課管理官）▽西村仁空将補（偵空隊司令）▽沼沢満陸将補（陸幹候校副長）▽袴田忠夫海将補（海1術校長）▽畠中長門1海佐（空補処副長）▽浜武俊二1陸佐（小平校警務教育部長）▽原田富雄陸将補（3施団副長）▽日暮正博1空佐（支援集団監理監察官）▽平川眞士陸将補（陸幹校主任教官）▽藤澤俊孝空将補（空4術校副長）▽藤本経洋空将補（空幹校業務部長）▽船曳博1海佐（佐弾補所長）▽別府二郎1陸佐（補統調達会計部長）▽部富千明1海佐（総空基司令）▽前川満夫空将補（空幹校技術主任研開官）▽松田茂則1海佐（21護隊司令）▽椋尾康広1海佐（佐指隊司令）▽森哲郎海将補（大空司令）▽安井剛陸将補（武校長）▽柳原孝重空将補（11飛教団司令）▽矢野義昭陸将補（小平校副長）▽薮田隆1海佐（横指隊司令）▽山﨑秀夫事務官（技本航空装備研究所管理部長）▽山本英1海佐（松空司令）▽山元康空将補（2空団副司令）

〈瑞宝双光章〉

▽赤嶺邦男事務官（沖縄局管理部長）▽芦川四郎1陸佐（通校教材課長）▽阿部輝夫1空佐（空1術校学生隊長）▽池永悦二1陸佐（中業支資料処理科長）▽大地秀則1空佐（空幹候校企画科長）▽金澤文明1海佐（海4術校研究部員）▽熊崎博幸2海佐（東音隊長）▽栗岡繁2海佐（佐シス通司令）▽佐々木由雄1陸佐（小平校運用教官室教官）▽島津誠語2陸佐（札病准看護学院副長）▽竹下義文2陸佐（健軍駐業高遊原派遣隊長）▽田嶋平1空佐（高教導基地防空教導隊長）▽中澤清次1陸佐（中方指訓支副長）▽西村健児2陸佐（13特隊副長）▽東鉄男1海佐（海4術校教務課長）▽樋渡敏幸2陸佐（久留米駐業総務科長）▽松﨑公平2陸佐（西方通群副長）▽吉江良一2海佐（管制隊企画審査隊長）▽米田博行2海佐（51空運用班長）

〈瑞宝単光章〉

▽安達健次技官（富校）▽菊地義明技官（北海道処早来燃支）▽椎葉謙剛技官（関東処朝日燃支）▽新川哲也技官（関西処）▽副島浩雄技官（九州処鳥栖燃支）▽高橋弘佳技官（関西処桂支）▽竹下光次郎技官（九州処）▽野沢良浩技官（業務隊2部印刷科）▽堀部慎太郎技官（1輸空）▽道永一吉技官（山口駐業）▽吉田弘史技官（北海道処苗穂支）

FFM1番艦「もがみ」就役

海自の護衛艦として初めて対機雷戦能力を備えた「もがみ」型護衛艦（FFM、3900トン）の1番艦「もがみ」の引渡式・自衛艦旗授与式が4月28日、三菱重工長崎造船所（長崎市飽の浦町）で行われた。「もがみ」は同日付で、先に就役した2番艦の「くまの」と同じく、掃海隊群（横須賀）に配備された。

「もがみ」型FFMは従来の護衛艦の装備に加え、掃海艦艇の装備を併せ持つのが特徴。対潜戦、対空戦、対水上戦のほか、対機雷戦にも対応できる。

式には鬼木誠防衛副大臣、酒井海幕長らが出席。最初に三菱重工の阿部直彦防衛・宇宙セグメント長と鬼木副大臣との間で引渡書と受領書の交換。続いて副大臣が初代艦長の関健太郎2佐に自衛艦旗を授与した。行進して乗り組んだ乗員によって艦尾に自衛艦旗が掲揚され、「もがみ」は就役した。

この後、艦上で鬼木副大臣が訓示し、「四面を海に囲まれている我が国の防衛において、多様な任務への活用が可能となった最新鋭護衛艦の1番艦として、期待は極めて大きい」と乗員を激励した。

式後、「もがみ」は関係者に見送られて出港。母港となる横須賀に入港し、5月9日、関艦長が横須賀地方総監の乾悦久海将に到着を報告した。

自衛艦旗授与式を終え、横須賀に向け出港する「もがみ」（4月28日、長崎港で）

「せとぎり」が海保と共同訓練

要救助者輸送で

【せとぎり＝舞鶴】14護隊の護衛艦「せとぎり」は4月9日、海保と災害発生時における要救助者輸送の共同訓練を行った。「せとぎり」から乗員180人、海保からは第8管区海上保安本部（舞鶴）の救難ヘリ「アグスタ139」と職員4人が参加した。

今回は、海保の職員が「せとぎり」の甲板にヘリから降下し、要救助者を吊り上げるまでの一連の流れを演練。通信訓練やホイスト訓練を通じて、災害時の円滑な通信確保や人員搬送の連携態勢を確認した。参加した「せとぎり」の乗員は「気象・海象にも恵まれ、本年度の共同訓練の素晴らしいスタートになったと思う」と話した。

14護隊は、これまでも同じ舞鶴所在という地の利を生かして海保と共同訓練や勉強会などを開催しており、「今後もさまざまな行事を通して連携を強化していきたい」としている。

護衛艦「せとぎり」の甲板に降下する海保職員（4月9日）

日比陸軍種トップが会談

吉田陸幕長とブラウナー司令官

吉田陸幕長は4月20日、フィリピン陸軍司令官のロメオ・ブラウナー中将とテレビ会談を行い、日比陸軍種トップ同士の強固な関係を構築した。

昨年12月に就任したブラウナー司令官は、同10月に日本政府が政府開発援助（ODA）でフィリピンに供与した人命救助システムや、同11月、陸自がこれを活用して比陸軍に対して行った人道支援・災害救援（HA/DR）に関する能力構築支援に対し、謝意を表した。

この後、両者はロシアが軍事侵攻を続けるウクライナ情勢や日比両国の安全保障環境について意見を交わし、インド太平洋地域での「力による一方的な現状変更を許容しない」ことで一致するとともに、今後の防衛協力・交流について意見交換を行い、連携を強化していくことを確認した。

中国艦が領海侵入

口永良部島沖西側

防衛省は4月27日、中国海軍の「シュパン」級測量艦（5883トン）1隻が鹿児島県口永良部島沖西側の日本領海に侵入したと発表した。

26日午後8時30分ごろ、同測量艦が口永良部島沖西方の我が国の接続水域を東に向け航行。翌27日午前2時10分ごろ、屋久島の南方の領海から出域し、南東へ進むのを海自2護群6護隊（横須賀）の護衛艦「おおなみ」と海保の巡視船が確認、警戒監視に当たった。

中国軍艦による日本領海への侵入は2021年11月以来5回目で、日本政府は外交ルートを通じて中国側に懸念を伝えた。

沖縄本島と宮古島間を中国艦が通過

4月26日午前2時ごろ、沖縄県・宮古島の東北東約100キロの海上を北西に進む中国海軍の「ジャンカイⅡ」級フリゲート（4000トン、艦番号529「舟山」）1隻、「ユージャオ」級揚陸艦（2万5000トン、同988）1隻を海自5空群（那覇）のP3C哨戒機と1海上補給隊（佐世保）の補給艦「はまな」がそれぞれ確認、警戒監視に当たった。

中国艦はその後、沖縄本島と宮古島との間を通過し東シナ海へ入った。

空幕長が米国出張

宇宙シンポなどに参加

井筒空幕長は4月4日から同15日まで、米国で開かれた「宇宙シンポジウム」、「宇宙参謀長等会同」などに参加した。

同シンポ、会同は4日から7日まで、コロラド州で開催。同シンポは軍事・商用・民生・科学の各分野を網羅するもので、米軍及び政府高官、米国宇宙関連企業トップが出席。空幕長は国際的な宇宙協力などをテーマとしたパネルディスカッションにパネリストとして参加した。

空軍・宇宙軍種間の防衛協力や交流の促進を図る同会同を含めた期間中、米宇宙軍作戦部長のジョン・レイモンド大将、仏航空宇宙軍参謀長のステファン・ミル大将、伊空軍航空教育訓練司令官のシルヴァノ・フリジェリオ中将、英国防省宇宙局長のハーヴ・スマイス少将、NZ統合軍航空コンポーネント司令官のシャウン・セクストン准将らとそれぞれ会談。安全保障上の課題などの認識を共有し、宇宙領域を含む各国との協力を強化していくことで一致した。

その後、8日に米空軍士官学校（コロラド州）、11日に国防総省（ワシントンDC郊外）などを歴訪した。

井筒空幕長は「各国の空軍・宇宙軍種間の関係深化など大変意義のある出張となった」と成果を述べた。

握手を交わす井筒空幕長（右）と英国防省宇宙局長のスマイス少将（4月5日、米コロラド州のコロラド・スプリングスで）＝空自提供

統幕長、印など訪問

カンボジアでは首相と会談

米インド太平洋軍司令官のジョン・アクイリーノ海軍大将（左から2人目）らと共に「ライシナ・ダイアローグ2022」に出席した山崎統幕長（その右）＝4月27日、インド・ニューデリーのタージパレスホテルで

山崎統幕長は4月24日から同30日までインド、カンボジアに出張し、インド外務省などが開催した多国間フォーラム「ライシナ・ダイアローグ2022」に参加した。

同フォーラムは25～27日にニューデリーのホテルで開かれ、統幕長は「21世紀におけるグローバルリスクの展望の再評価」をテーマに行われたパネルディスカッションに出席。自衛隊が米、豪、印、仏といった同盟国やパートナー国と緊密に連携し地域の平和と安定のために積極的に取り組むことの必要性に言及し、「『自由で開かれたインド太平洋』というビジョンを実現するため、二国間・多国間協力を推進していくことが重要だ」と述べた。

インド滞在中、統幕長は英国防参謀長のトニー・ラダキン海軍大将、豪国防軍司令官のアンガス・キャンベル陸軍大将ら各友好国の将官と意見交換を行った。

その後、カンボジアの首都プノンペンに移動、4月28、29の両日、フン・セン首相、ティア・バニュ副首相兼国防相、国軍司令官のヴォン・ピセン陸軍大将、陸軍司令官のフン・マネット中将と相次いで会談した。

首相・副首相との会談では戦略的パートナーシップに基づき発展してきた日・カンボジア両国の関係を評価し、自衛隊とカンボジア軍の一層の連携について議論。

国軍・陸軍司令官との会談では両国間におけるPKO（国連平和維持活動）、人道支援・災害救援、教育交流といった幅広い分野における防衛協力・交流をさらに推進していくことで一致した。

東南アジア3カ国 伊英へ政専機運航

空自特輸隊（千歳）のB777政府専用機は4月29日から5月6日まで、東南アジア3カ国と伊、英国を歴訪する岸田首相を乗せ運航した。

政専機は29日にインドネシア・ジャカルタ近郊のスカルノ・ハッタ国際空港、30日にベトナム・ハノイのノイバイ国際空港、5月1日にはタイ・バンコクのドンムアン空港に到着。3日にイタリア・ローマ郊外のレオナルド・ダビンチ国際空港、5日にはイギリス・ロンドン郊外のスタンステッド空港に着陸した。

防衛省発令

▽兼陸幕防衛部付　防衛政策局防衛政策課防衛調整官［illegible］略企画課
1陸佐　土田　吉彦
（5月1日）

海自、米「リンカーン」空母打撃群と共同訓練

日米同盟の抑止力、対処力を強化

脅威に備え戦術技量向上

米海軍の空母「リンカーン」の飛行甲板に着艦した陸自ヘリ団のCH47JA輸送ヘリに乗り込む完全装備の水機団の隊員たち（4月16日）

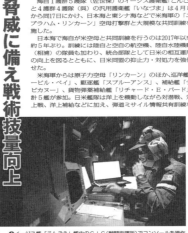

フォーメーションを組んで航行する日米艦隊の（前列右から）「こんごう」「エイブラハム・リンカーン」「モービル・ベイ」、（後列右から）「スプルーアンス」「いなづま」＝4月12日

海自1護群5護隊（佐世保）のイージス護衛艦「こんごう」と4護群4護隊（呉）の汎用護衛艦「いなづま」は4月8日から同17日にかけ、日本海と東シナ海などで米海軍の「エイブラハム・リンカーン」空母打撃群と大規模な共同訓練を実施した。

日本海で海自が米空母と共同訓練を行うのは2017年以来、約5年ぶり。訓練には陸自と空自の航空機、陸自水陸機動団（相浦）の隊員も加わり、統合部隊として日米の相互運用性の向上を図るとともに、日米同盟の抑止力・対処力を強化させた。

米海軍からは原子力空母「リンカーン」のほか、巡洋艦「モービル・ベイ」、駆逐艦「スプルーアンス」、補給艦「ティピカヌー」、貨物弾薬補給艦「リチャード・E・バード」の計5艦が参加。日米艦隊は洋上を機動しながら対潜戦、対水上戦、洋上補給などに加え、弾道ミサイル情報共有訓練などを行い、あらゆる脅威に備え戦術技量を向上させた。

訓練中は、空自から5空団（新田原）のF15戦闘機、8空団（築城）のF2戦闘機が計8機参加し、対艦攻撃訓練を実施。さらに陸自からもヘリ団（木更津）のCH47JA輸送ヘリが空母「リンカーン」に着艦、1戦闘ヘリ隊（目達原）のAH64D戦闘ヘリは「いなづま」に着艦し、人員輸送や補給の訓練を行った。今回、CH47輸送ヘリには水機団の戦闘隊員も搭乗した。

酒井海幕長は同19日の定例会見で今回の日米共同訓練について「（ロシアのウクライナ侵攻のように）一方的な現状変更、不安定化を試みる国が存在しており、日米としてそのような行為は断じて容認しないという決意を示すために行った」と述べ、「陸・空自など他軍種が加わることで（統合運用の）ノウハウの取得にもつながる。今回の訓練は非常に意義のあるものだった」と成果を語った。

㊤イージス艦「こんごう」艦内のCIC（戦闘指揮所）でコンソールを操作する乗員（4月14日）　㊨空母「リンカーン」(右)とイージス艦「こんごう」の上空を編隊で飛行する米第9空母航空団と空自の戦闘機部隊（4月12日）

IMED21部隊が帰国

「将来につながる有意義な訓練」

中東方面に長期展開し、各種任務に就いていた海自派遣掃海部隊（IMED21、指揮官・野口泰志1佐＝1掃海隊司令）の掃海母艦「うらが」と掃海艦「ひらど」が4月3日、3カ月半ぶりに横須賀に帰国した。

同隊は昨年12月12日の出港以降、ペルシャ湾内のバーレーンで行われた米国主催の国際海上訓練（IMX／CE22）に参加したほか、南シナ海やインド洋、アラビア海を巡航し、「自由で開かれたインド太平洋」の実現に向け、関係国海軍との連携を強化した。

帰国途上の2月28日には、インド洋でスリランカ海軍の哨戒艦「シンデュララ」と親善訓練を行ったほか、3月15日から17日まではカンボジアのシハヌークビルに寄港し、ティア・バニュ副首相兼国防大臣の歓迎を受けた。

横須賀基地で行われた帰国行事では、金刺基幸掃海隊群司令らが2艦とその乗員たちを出迎えた。指揮官の野口1佐が「掃海部隊の将来につながる有意義な訓練でした」と報告。金刺群司令は「ご苦労だった。しっかり休養し次の任務に備えてもらいたい」と派遣隊員たちをねぎらった。

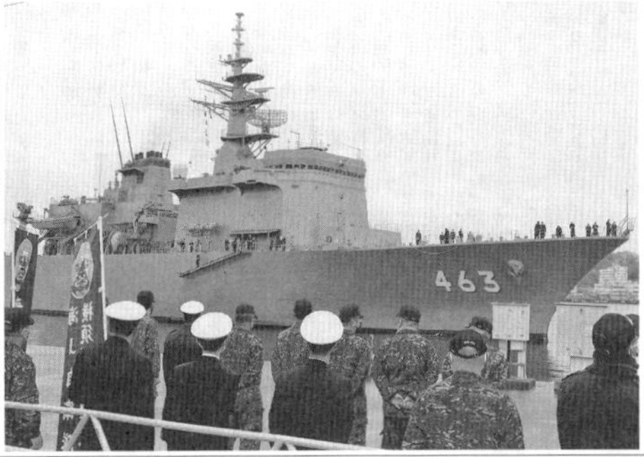

横須賀上級海曹会の出迎えを受けて入港するIMED21部隊の掃海母艦「うらが」＝4月3日、横須賀基地で

前事不忘　後事之師

第76回

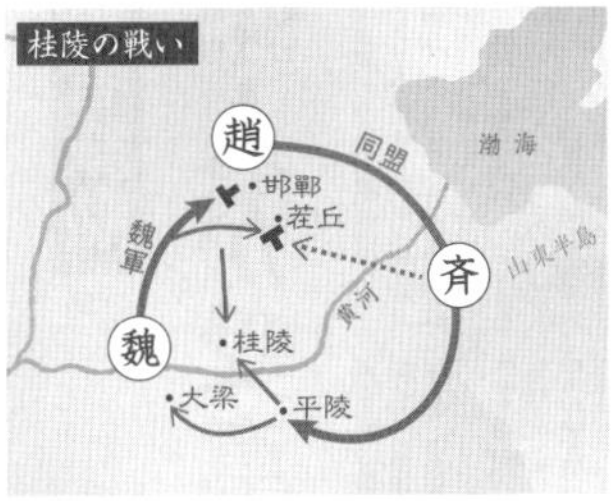

風林火山の意味を読み解く（その二）

前回、司馬遷の史記に書かれている「桂陵の戦い」の説明をしました。ところが、1972年に前漢時代の墓から出土した竹簡によれば、この戦いは、史記に記載されている以上に複雑であることが判明し、その分析により、孫子の兵法の「迂直の計」「軍争」を解く鍵が得られることになりました。

戦いは、魏が隣国の趙の都、邯鄲を攻め、趙が斉に救援を求めたことが契機です。斉王は将軍の田忌に命じて軍を率いて、趙の救援に向かわせますが、魏は斉が救援に来ることを予想し、斉から邯鄲に向かう途中の茌丘を占領して待ち構えていました。将軍の田忌はそれでも邯鄲に向かおうとしますが、軍師の孫臏はそれを押しとどめ、大きく南に向かい、魏の中心都市で難攻不落の城である平陵の攻撃を進言し、配下の軍事に無知な二人の将軍に正面攻撃させるよう勧めます。田忌は進言に従い、二人の将軍に攻撃を命じますが、難攻不落の平陵攻撃は大失敗し、二人の将軍は戦死します。

田忌はどういうつもりかと孫臏に訊ねると、孫臏は軍の一部に魏の都の大梁郊外を荒らし回らせ、魏を怒らせながら、依然として平陵に留まって絶望的な攻城戦を続けているように見せかけましょうと答えます。田忌がそれを実行すると魏軍は邯鄲攻略を中止し、平陵攻囲中の斉軍を背後から衝こうと、輜重部隊を置き去りにしたまま、昼夜兼行南下してきますが、孫臏は軍を平陵から北上させ、疲労して駆けつけてくる魏軍を桂陵の地で待ち受け、さんざんに撃ち破ります。

浅野裕一東北大学名誉教授は、この桂陵の戦いこそ、孫子が言う「迂直の計」だとして、次のように分析します。

先ず魏が包囲する邯鄲を戦場とするのは、魏軍が先着していることに加えて、魏が斉の来援を予期して経路途中に軍を置いているので斉にとって不利です。そこで次に平陵攻めを行うのですが、その意図は自軍にとって無用な将軍二人をだしに使い、わざと難攻不落の城を攻めさせ戦死させることにより、自軍の苦境を演出して相手を油断させることでした。その上で、魏の都周辺を荒らし回り、魏を激怒させます。怒った魏軍は窮地にある斉軍を一挙に撃滅しようと輜重を捨てて昼夜兼行で南下して来ますが、魏軍の戦力は先細りで、孫臏はこれを途中の桂陵で待ち受け撃破します。

この戦いの分析から、浅野教授は、戦場をある一箇所に固定して考える従来の「迂直の計」についての解釈は誤りであり、桂陵の戦いで見せた孫臏の戦術のように、戦場を自軍にとって有利な場所に変更することにより、一見、戦場に遠い迂回路を進みながら、最終的にはそれを戦場に直結する最短の近道に変えることだと主張します。しかもそれを実現するにあたり、邯鄲に先着できないこと、平陵の攻撃に失敗したことなどの自軍の憂患を魏軍を誘い出す餌とすることによって、自軍の利益に転換します。これこそ孫子の兵法にある「迂を以て直と為し、患いを以て利と為す」「其の途を迂にしてこれを誘うに利を以てし、人に後れて発して人に先んじて至る」の意味です。

「軍争」については、水野実防衛大学校名誉教授は、「軍」には陣取る、駐屯するの意味があることから、軍争とは「本格的な合戦の前の陣取り争い」であり、孫子は、戦場に先着することが極めて重要であり、さらに桂陵の戦いのように戦場をどこにするか主導的に決めることが圧倒的に有利だと考えていると説明します。

水野教授は、軍争篇にある風林火山の四句とその後に続く「陰」と「雷」の二句を加えた六句は、迂直の計のように、軍争（戦場に先着する争い）に勝つために、敵に自分の意図を隠す一種のカモフラージュ作戦であると解説します。

我が国では、これまで武田軍団の勇猛なイメージから、風林火山は圧倒的な力で敵をなぎ倒すイメージを連想させる言葉として解釈されてきました。しかし、浅野・水野両教授の説明に従えば、自軍の意図を偽って敵将の判断を誤らせる偽計の教えです。浅野教授によれば武田家の軍書である「甲陽軍鑑」には、中国兵法は有効性に欠けると指摘する信玄の発言が記録されているそうですが、本当のところ、信玄は、どこまで風林火山の真意を理解していたのだろうかと私は考えます。

鎌田　昭良（元防衛省大臣官房長、元装備施設本部長、防衛基盤整備協会理事長）

…… 前事忘れざるは後事の師 ……

第38回危険業務従事者叙勲

元自衛官945人が受章

政府は4月5日の閣議で第38回危険業務従事者叙勲の受章者を決めた。発令は4月29日付。防衛省関係者では945人（うち女性12人）が受章した。危険業務従事者叙勲は自衛官、警察官、消防士など危険性が高い業務に精励し、社会に貢献した公務員を表彰する制度で、関係省庁の大臣の推薦に基づき受章者を決定。

今回は3642人が受章した。防衛省関係者のうち、「瑞宝双光章」は607人（女性3人）、「瑞宝単光章」は338人（同9人）。2佐から准尉までの61歳から70歳までの元自衛官が受章した。防衛省関係の受章者は次の各氏。（階級、所属は退職時）

■瑞宝双光章　607人

◇陸自（377人）

▽會澤良夫1尉（施教導）▽青木葉剛志1尉（東方通群）▽青戸信一2佐（出雲駐業）▽赤坂等2尉（東北方後支隊）▽阿久井弘志3佐（8後支連）▽浅井享2佐（補統）▽浅野功2佐（警務）▽安達克文1尉（札幌地本）▽新正人2佐（関東処松戸支）▽阿南哲也2佐（鹿児島地本）▽阿部政彦3佐（八戸駐業）▽新井誠3佐（会監）▽荒生邦博2佐（北方航）▽新谷昭浩2佐（真駒内駐業）▽安樂芳文3佐（国分駐業）▽飯田義和2尉（13偵）▽家入清恵2佐（関東処）▽壹岐義夫3佐（5飛）▽池田耕二3佐（西方航）▽池田雅夫1尉（117教大）▽池端良孝2佐（5後支）▽池本宣幸3佐（8施大）▽石川肇2佐（北方通群）▽石川浩康3佐（西方航）▽石黒恵英1尉（北方通群）▽石山透2佐（情保隊）▽一戸利美2佐（西方後支隊）▽一色広一2佐（中方）▽井手渕雅昭1尉（中方通群）▽伊藤春夫3佐（40普連）▽伊藤勇次郎1尉（2曹教）▽井上伸一3佐（岐阜地本）▽猪村雅則2尉（1特群）▽岩井敏晴1尉（13普連）▽岩垂次男2尉（幌別駐業）▽上田昭彦3佐（北千歳駐業）▽上田孝之1尉（西方通群）▽上原義一2佐（西方航）▽受野口公法1尉（西方通群）▽氏家徹1尉（補統）▽牛木達也1尉（2普連）▽薄井洋一2佐（10通大）▽宇坪真一1尉（47普連）▽宇根良昭3佐（札幌地本）▽梅田博英3佐（10師団）▽梅牧祐浩2尉（13普連）▽梅本峰茂1尉（4高特大）▽浦浩和1尉（関東処古河支）▽江里口司1尉（5施団）▽生出光寿1尉（上富良野駐業）▽大久保康裕3佐（体校）▽大里洋治2尉（関東処古河支）▽大島浩直2佐（仙台駐業）▽大杉一夫1尉（信太山駐業）▽大鷹修一1尉（富教導）▽大西孝治1尉（徳島地本）▽大林通哲1尉（43普連）▽大間有一2佐（神奈川地本）▽大廻眞二1尉（1特団）▽大山浩治2尉（北海道処）▽岡田善光1尉（多賀城駐業）▽岡村伸一2佐（静岡地本）▽岡村守1尉（香川地本）▽荻田省二2佐（10特連）▽奥村茂雄2佐（関東処用賀支）▽尾崎眞二1尉（補統）▽小山内秀春1尉（弘前駐業）▽小澤喜三保1尉（鹿追駐業）▽小島毅1尉（高知地本）▽小友広勝1尉（空挺団）▽小野裕次郎1尉（練馬駐業）▽小野寺真二1尉（北海道処）▽小野原博文1尉（山口駐業）▽親川光雄2尉（15ヘリ隊）▽海江田義孝2尉（那覇駐業）▽柿崎蔵人2尉（9通大）▽笠井潔3佐（東北処）▽加藤乙一3佐（函館駐業）▽加藤昌男2佐（旭川地本）▽門端弘一1尉（10後支連）▽金森隆1尉（東方後支隊）▽鎌田秀樹1尉（9戦大）▽亀田喜和人2佐（12ヘリ隊）▽狩俣光広3佐（西方通群）▽河上栄二1尉（衛校）▽川口和也2佐（ヘリ団）▽川口充彦1尉（関西処桂支）▽川島浩三1尉（北海道処）▽河野光昭2佐（西方）▽川村茂幸2佐（中方航）▽神崎太一1尉（7高特群）▽菅野良忠2佐（東京地本）▽菊地毅3尉（11普連）▽菊地寿博3佐（防研）▽北里広幸2佐（8偵）▽北原照己2佐（佐賀地本）▽鬼頭広正1尉（愛知地本）▽木村清司2尉（旭川地本）▽木村弘3佐（会監）▽木村守3佐（東方）▽清松健一2尉（新発田駐業）▽清村浩久3佐（10飛）▽工藤剛3佐（情保隊）▽工藤仁志1尉（4特群）▽工藤広夫3佐（警務）▽國重敏和3佐（13旅団）▽久保山輝一2尉（北方航）▽熊谷典明3佐（警務）▽熊谷浩2佐（22普連）▽栗木正義1尉（7師団）▽黒木重人2尉（43普連）▽黒澤保之2佐（施教導）▽黒田久德2佐（北方後支隊）▽小石茂男2尉（41普連）▽小泉敏明1尉（5高特群）▽河野雅光1尉（2師団）▽幸村肇2佐（北方航）▽兒嶋幸運2佐（11飛）▽小林稔明3佐（輸校）▽小林日出夫3佐（北海道処安平弾支）▽小林正弘1尉（女教隊）▽小林喜朗2尉（基情隊）▽駒沢祐輝1尉（6後支連）▽小船進2佐（竹松駐業）▽小森茂伸2佐（幹候校）▽小柳誠司1尉（30普連）▽近藤淳二朗1尉（8特連）▽齋藤学3佐（基情隊）▽齋藤安廣2佐（高射校）▽坂口賢治2尉（3後支連）▽坂下忍3佐（113教大）▽坂田英夫2佐（西方航）▽佐久間隆浩1尉（東方航）▽櫻井元美3佐（中方会）▽櫻庭稔2佐（会監）▽佐々木一郎3尉（国分駐業）▽佐々木盛3佐（武校）▽佐々木俊德3佐（高射校）▽佐々木直樹3佐（練馬駐業）▽佐々木洋作1尉（秋田駐業）▽笹嶋信浩2佐（39普連）▽佐藤修悦2佐（6師団）▽佐藤淳一2尉（福島駐業）▽佐藤新吾3佐（普教連）▽佐藤進2尉（郡山駐業）▽佐藤貴司3佐（5高特群）▽佐藤敏光2佐（東北処）▽佐藤弘幸3佐（美幌駐業）▽真田和幸1尉（福岡駐業）▽佐原浩德2尉（関東処）▽佐保光春1尉（湯布院駐業）▽澤口進2佐（冬戦教）▽塩崎二郎3佐（関西処桂支）▽柴田悟2尉（38普連）▽柴田英光1尉（大村駐業）▽柴原孝彰1尉（中方会）▽志水良人1尉（5曹教）▽下川原良蔵1尉（八戸駐業）▽神守幸3佐（9通大）▽末綱右欣3佐（西方航）▽末永力1尉（8施大）▽末吉禎典3佐（北方会）▽菅野修1尉（北関東局）▽菅野和彦1尉（6師団）▽杉園潤一郎3佐（九州処）▽杉本弘志2佐（関西処祝園弾支）▽鈴木裕之1尉（北方後支隊）▽諏訪裕2佐（開実団）▽関口克彦2尉（1曹教）▽瀬戸山弘2佐（宮崎地本）▽宗雲裕二3佐（北海道処近文台弾支）▽神山信行2佐（情保隊）▽園田徳二2佐（西方指訓支）▽薗田裕美1尉（川内駐業）▽高木浩義3佐（24普連）▽高杉敏秀3佐（東北処）▽高橋敦志1尉（7高特連）▽高橋博士3佐（情保隊）▽高橋好仁3佐（西方航）▽高浜伸行3佐（東北方航）▽寶木香織3佐（4特防）▽瀧岡澄雄1尉（東方会）▽田口幸治1尉（2対艦連）▽武内三郎2佐（6師団）▽竹花英二1尉（13特隊）▽竹原泰弘1尉（19普連）▽竹原義雄3佐（九州処）▽田崎進1尉（北方通群）▽田崎雅崇2佐（西方通群）▽田澤修造2尉（東北方通群）▽田中厚2尉（需校）▽田中憲士3佐（8後支連）▽田中英彰1尉（情保隊）▽田中政博1尉（西方通群）▽田上慶一1尉（8特防）▽田畑俊英2佐（2施団）▽田渕浩二2佐（滝川駐業）▽田谷宏3佐（10後支連）▽樽木昇1尉（4師団）▽千田修司1尉（2師団付隊）▽千葉昭一1尉（仙台駐業）▽千葉誠1尉（同）▽千葉正昭2佐（情保隊）▽辻裕行1尉（26普連）▽津田雄二3佐（5特隊）▽土田毅2尉（山形地本）▽筒井幸夫1尉（真駒内駐業）▽鶴木達郎2佐（幹候校）▽手嶋勝洋1尉（西方特）▽手代木茂2尉（郡山駐業）▽手塚貴樹1尉（1特群）▽寺坂隆興3佐（福岡地本）▽土井昭則2尉（4後支連）▽東海裕之1尉（5後支）▽東海林利明2尉（東北方後支隊）▽堂園正一3佐（玖珠駐業）▽塔ノ上修一3佐（西方通群）▽富樫田鶴子2尉（北方通群）▽德良不二男1尉（沖縄地本）▽戸高京司3佐（西方特）▽富岡勲2佐（7師団付隊）▽富吉勝利2尉（11普連）▽永井強2尉（18普連）▽永井浩美3佐（衛教導）▽永岡藤仁3佐（竹松駐業）▽中川智章1尉（西方情）▽長迫隆春1尉（海田市駐業）▽中嶋智幸1尉（9師団）▽長島康信3佐（関東処松戸支）▽中田光男1尉（北海道処）▽中野今朝四郎3佐（18普連）▽中野哲明2佐（北方）▽中野義彦2佐（11普連）▽中畑昌三2尉（大久保駐業）▽長原英明1尉（海田市駐業）▽中見誠3佐（福知山駐業）▽中屋昭一3佐（113教大）▽中山康博2尉（九州処）▽中山義明1尉（11旅団）▽奈良徳一2尉（八戸駐業）▽成田一也3佐（15飛）▽成田孝幸1尉（青森駐業）▽難波信二2尉（8普連）▽丹伊田金正1尉（6特連）▽西谷康彦3佐（関西処）▽西村一彦2尉（4特群）▽西山進2尉（関東処古河支）▽西脇紀浩2尉（幹校）▽新田利勝1尉（岩見沢駐業）▽新田満2佐（岩手駐業）▽野田光久2佐（長崎地本）▽野中弘康3佐（同）▽野原満浩2尉（5戦大）▽野村孝義2尉（10特連）▽芳賀広2佐（関東処）▽迫聖也1尉（8特連）▽橋場高男2佐（新潟地本）▽橋本茂利1尉（千僧駐業）▽橋本光明2佐（北方通群）▽長谷川雅人3尉（真駒内駐業）▽長谷川孔亨3佐（1師団）▽畠山達3佐（6戦大）▽畠山敏浩3佐（岩手駐業）▽畠山豊也3佐（1後支連）▽馬場眞3佐（西方航）▽濱﨑文明1尉（24普連）▽濱田龍成2佐（千僧駐業）▽林克也3佐（2施群）▽林修司1尉（守山駐業）▽林英生3佐（11施）▽原敏祐2佐（武校）▽原子孝英2佐（9後支連）▽日永一徳3佐（4普連）▽日置宏司1尉（1曹教）▽引地清隆3佐（2高特群）▽樋口隆浩1尉（情保隊）▽備前辰雄2尉（松本駐業）▽日高考智2尉（113教大）▽姫野知幸1尉（中業支）▽平石義和2佐（113教大）▽平尾覚2佐（12旅団）▽平田和光2尉（体校）▽福岡義人3佐（4飛）▽福島治2佐（情保隊）▽福島尚行2佐（中基シス通）▽福田祐三2佐（大阪地本）▽藤井郁夫3佐（山口駐業）▽藤江裕明2尉（関東処）▽藤原慎太郎1尉（補統）▽藤原伸幸1尉（帯広地本）▽古川忠男1尉（8特連）▽古川藤男2佐（九州処健軍支）▽分道幸一2佐（幹候校）▽堀江弘明3佐（高工校）▽前川幸弘2佐（14旅団）▽前田和敏1尉（九州処健軍支）▽前田浩二1尉（西方通群）▽前原謙治1尉（中管気）▽増田学2尉（那覇駐業）▽松井道則2尉（対警）▽松井与志基1尉（14普連）▽松岡力2佐（西方航）▽松金富治2佐（帯広駐業）▽松下浩巳2尉（33普連）▽松嶋昭1尉（1戦大）▽松田茂3佐（東方会）▽松田隆1尉（熊本地本）▽松永大介2佐（装実隊）▽松本昭平1尉（補統）▽松本隆雄2佐（霞ケ浦駐業）▽丸山成生2佐（九州処大分弾支）▽三浦剛嗣2尉（関西処）▽三木隆史3佐（109教大）▽三澤恵治1尉（西方対艇戦）▽水口和利3佐（11戦大）▽水口嘉男3佐（近畿中部局）▽溝口洋佳2尉（丘珠駐業）▽溝田勲2佐（徳島駐業）▽溝渕輝宏3佐（15旅団）▽三星孝明3佐（岩見沢駐業）▽宮下元章1尉（特教導）▽宮本淳3佐（仙病）▽三好博美2尉（九州処）▽向井勲1尉（宮城地本）▽村井勇二3佐（富校）▽村岡毅1尉（119教大）▽村上勝美2佐（42普連）▽村上浩二2佐（警務）▽村田政民1尉（9特連）▽村田雄三2佐（11旅団）▽本尾尊幸2尉（19普連）▽籾木誠治3佐（関東処）▽森建3佐（5化防）▽森清喜2佐（仙病）▽森隆司1尉（遠軽駐業）▽森良司2佐（中音）▽森川達朗2佐（北海道処）▽森重秀幸2佐（11後支）▽森下稔2尉（中方通群）▽門田正寿3佐（警務）▽門馬正三2佐（郡山駐業）▽八重尾久1尉（2後支連）▽八木俊彦2尉（茨城地本）▽藥丸勝梓2佐（豊川駐業）▽矢後博務2尉（普教連）▽八島進3佐（104施器）▽山内知己3佐（109教大）▽八巻徳典2尉（体校）▽山口隆3佐（30普連）▽山口隆幸2佐（8後支連）▽山崎俊嗣2尉（3師団）▽山崎八広3佐（福病）▽山崎由紀夫2佐（八尾駐業）▽山下誠一3佐（熊本地本）▽山下敏弘3佐（えびの駐業）▽山下知久3尉（西方通群）▽山田孝明3佐（岡山地本）▽山名敬一郎3佐（熊本地本）▽山並佳正3佐（信太山駐業）▽山野正志2佐（1曹教）▽湯浅義裕1尉（特ヘリ隊）▽弓野薫3佐（東北方特）▽横内良道1尉（補統）▽横野光彦2尉（情本）▽吉田英秋3佐（東北方航）▽吉水亮裕2佐（中方後支隊）▽米倉隆1尉（佐賀地本）▽米田剛3佐（警務）▽若松純一1尉（7後支連）▽脇二郎3佐（会監）▽和氣隆2佐（化校）▽渡辺明人1尉（東北処）▽渡邊昭義1尉（2普連）▽渡部和幸2尉（8普連）▽渡邊敬治2佐（多賀城駐業）▽渡邊浩二2佐（相馬原駐業）▽渡部正人1尉（7偵）

◇海自（126人）

▽朝川嘉一3佐（横造補所）▽麻生琢磨2尉（71空）▽阿南博文2佐（鹿駿所）▽伊勢田敏司1尉（大指隊）▽礒辺浩之3佐（22整補隊）▽伊藤公一2佐（91空）▽井上俊雅3佐（情本）▽今坂国広2佐（護衛艦ひゅうが）▽上苙浩一1尉（舞病）▽上野茂穂3佐（201教空）▽打越正1尉（多用途支援艦えんしゅう）▽内野正広2佐（2術校）▽江口義隆3佐（鹿児島地本）▽遠藤幸徳1尉（51空）▽太田明3佐（3術校）▽大西正晃1尉（舞警）▽大歯誠司2尉（佐弾補所）▽大橋保伸2佐（203教空）▽大脇俊朗3佐（航プロ隊）▽岡美幸3佐（村空基）▽小笠原栄司1尉（北関東局）▽小倉豊則2尉（51空）▽柿沼芳朗2尉（横指隊）▽掛端幸夫1尉（大弾補所）▽梶井誠1尉（舞教）▽川口正人2佐（1空）▽河村博雅2尉（徳空基）▽川守田修二1尉（大基業）▽上名主勉3佐（1空群）▽雉子波茂2尉（舞教）▽木村孝裕1尉（81空）▽櫛引浩幸2尉（函基）▽黒岩利正2尉（那空基）▽癸生川正太3尉（横造補所）▽神田英樹2尉（24空）▽小松弘和2尉（佐造補所）▽小室圭一1尉（51空）▽紺野秀司2佐（1術校）▽金野正明2尉（4整補隊）▽迫幸男2尉（館空基）▽篠原邦雄2佐（203教空）▽島崎龍夫1尉（佐警）▽島田英夫2尉（203教空）▽島田幸紀2尉（3空）▽清水目義2佐（3術校）▽清水国洋2尉（航プロ隊）▽清水成一1尉（1整補隊）▽清水祥浩1尉（1術校）▽下迫巧一1尉（111空）▽白石勝治3佐（海洋観測艦しょうなん）▽菅野智仁2尉（2空修隊）▽鈴木清2尉（21空）▽鈴木栄3佐（佐造補所）▽鈴木徳則3佐（東警務）▽鈴木典之2佐（掃海母艦うらが）▽関内一裕2佐（4空群）▽高橋一彦2尉（函基）▽建部勝1尉（横指隊）▽田中一彦3佐（情本）▽田中俊幸1尉（船保監分）▽谷崎和彦1尉（24空）▽谷端光弘3佐（教空団）▽田村浩美2尉（呉潜基）▽津久井正治2尉（情本）▽手島敏勝1尉（艦発隊）▽寺島浩幸2佐（横教）▽寺西孝晃2尉（多用途支援艦ひうち）▽富山繁実1尉（村空基）▽留置博文1尉（1空群）▽鳥山健一2尉（大弾補所）▽長小田孝1尉（1整補隊）▽永井真人1尉（佐警）▽中里友二3佐（203整補隊）▽中園学1尉（横教）▽長田章次郎2尉（補給艦とわだ）▽永野洋2佐（211教空）▽奈良誠一1尉（横警）▽丹伊田伸一1尉（203教空）▽新名和昭1尉（函基）▽西野彰一2佐（5整補隊）▽西原巧2尉（潜訓）▽西村伸一1尉（211教空）▽西村治朗3佐（南関東局）▽西村浩昭2尉（呉潜基）▽西山清3佐（掃支援）▽温水修一3佐（横指隊）▽野元次男2佐（空補処）▽野本利哉2尉（4空群）▽橋口康久1尉（1術校）▽橋本隆幸1尉（大監）▽原功2尉（22整補隊）▽番園進2尉（1空）▽平子清二2佐（潜水艦救難母艦ちよだ）▽福田文夫3佐（佐基業）▽藤川雅美2佐（月教空）▽古川喜弘2尉（2空）▽堀田浩昭2尉（31整補隊）▽槇野二郎3佐（2整補隊）▽牧之口秀幸2佐（1術校）▽政岡伸浩2尉（情保隊）▽増渕邦夫3佐（自艦隊）▽松尾恵一1尉（大指隊）▽松下隆2尉（2掃隊）▽松永正明1尉（3術校）▽丸尾昇2尉（202整補隊）▽丸田和彦2佐（2術校）▽三上春光2尉（同）▽水田久也2佐（1術校）▽道川弘幸1尉（203整補隊）▽港明彦2佐（函基）▽村上哲司2尉（202整補隊）▽森田信行1尉（横音）▽森宗浩徳2尉（護衛艦さわぎり）▽安摩義久2尉（21整補隊）▽山口修1尉（鹿空基）▽山下浩之2尉（同）▽山田修三2佐（大造補所）▽山本秀樹1尉（佐監）▽山本正彦2佐（幹候校）▽山本正道2尉（徳空基）▽結城一浩2尉（練習艦しらゆき）▽湯澤達也1尉（函基）▽吉田宏1尉（31整補隊）▽吉田由紀彦3佐（81空）▽輪瀬司2佐（ミサイル艇わかたか）▽渡邊孝司2佐（舞指隊）

◇空自（104人）

▽赤松桂士3佐（3高群）▽浅尾智昭2佐（西警団）▽天本博三3佐（北関東局）▽荒井彰一2佐（2補）▽安藤正美1尉（中業隊）▽飯干立身2佐（空教隊）▽池田敏幸1尉（西警団）▽石田重雄3佐（3空団）▽石原丈也2佐（中業隊）▽石松恭裕3佐（気象群）▽井上英祐2尉（総司飛）▽江頭重人3佐（北空）▽塩冶豊2佐（戦術団）▽大場健二2佐（空幕）▽大庭弘克2佐（北空）▽近江谷博文3佐（北警団）▽大村哲夫3佐（管制群）▽岡田朝光3佐（4術校）▽岡本実2佐（3術校）▽押川重光3佐（気象群）▽勝利圭史2佐（幹候校）▽加藤正美2佐（北警団）▽金武和徳2佐（12飛教団）▽北村耕太郎3佐（幹候校）▽木村忠男2佐（管制群）▽久東浩樹2佐（北関東局）▽久保盛志2尉（幹校）▽蔵元明広2佐（西警団）▽小滝昇2佐（気象群）▽後藤孝広2佐（補本）▽齋藤秦彦1尉（救難団）▽笹本浩二2佐（4補木更津支）▽佐藤晃一3佐（警空隊）▽澁谷光明2佐（情本）▽島田敦夫3佐（航安隊）▽清水久晴3佐（作情隊）▽下田修3佐（北警団）▽菅野雄三1尉（気象群）▽杉浦嘉之3佐（管制群）▽杉本智浩3佐（11飛教団）▽鈴木徳義2佐（救難団）▽善並浩己2佐（装本）▽高木正悟3佐（西空）▽高倉泉1尉（2空団）▽高山淳一2佐（支援集団）▽田川一二三3佐（西警団）▽瀧澤進1尉（2空団）▽武川征明2尉（1輸空）▽竹下正治3佐（6空団）▽田嶋啓夫2尉（空教隊）▽田代康司2佐（5術校）▽谷則幸2佐（空シス隊）▽谷口興一2佐（戦術団）▽田畑勇人1尉（1輸空）▽千葉安雄3佐（2空団）▽月足雄司3佐（2高群）▽勅使川原貴重1尉（4高群）▽戸石進3佐（中警団）▽徳本明好1尉（12飛教団）▽泊泰光2佐（3補）▽中佐正司3佐（3輸空）▽中谷正樹1尉（2術校）▽中平和仁2尉（3輸空）▽中村和廣3佐（空シス隊）▽生田目直樹3佐（7空団）▽根本好久1尉（情保隊）▽野口浩一2佐（6空団）▽長谷川和成3佐（空教隊）▽濵本浩2佐（西支飛）▽林信宏3佐（近畿中部局）▽早瀬泰行2尉（西空）▽東村和人3佐（同）▽百武雅義3佐（12飛教団）▽深見順一3佐（4術校）▽福永淳一2佐（茨城地本）▽藤原直次1尉（管制群）▽邉牟木正浩2佐（飛点隊）▽星靖彦3佐（3補）▽前潟智明2尉（5空団）▽牧山秀雄3佐（83空隊）▽真下宏浩3佐（気象群）▽松尾信保3佐（西警団）▽松本祐行2佐（同）▽三武浩志1尉（西警団）▽村上正彦2佐（統幕）▽毛利紀和子2尉（空シス隊）▽籾木保2佐（8空団）▽森田光男3佐（西警団）▽森廣好晃3佐（3輸空）▽安田憲司3佐（北警団）▽柳瀬伸二2佐（4空団）▽山内秀弥3佐（11飛教団）▽山内浩2佐（情本）▽山形勇彦3佐（4空団）▽山口和彦2佐（3補）▽山田良男2尉（4補）▽山中治2佐（3術校）▽山本喜行2佐（近畿中部局）▽吉田誠3佐（2高群）▽吉原実2佐（3補）▽四日市聖義3佐（1輸空）▽余村潔3佐（5空団）▽渡邊芳治2佐（中業隊）

■瑞宝単光章　338人

◇陸自（229人）

▽上妻浩准尉（6特連）▽秋吉斉准尉（13特）▽麻生成人3尉（福岡地本）▽麻生正行3尉（北方航）▽阿部忠3尉（山形地本）▽阿部哲也准尉（1特団）▽天野豊彦3尉（陸幕）▽荒木茂夫准尉（2特連）▽安達直樹准尉（福知山駐業）▽飯島正弘3尉（補統）▽生田良孝3尉（人教局）▽石川今朝信准尉（名寄駐業）▽磯山仁准尉（関東処）▽伊藤哲3尉（6師団付隊）▽伊藤博准尉（北方通群）▽伊藤浩也3尉（5高特中）▽伊藤裕次准尉（春日井駐業）▽稲垣充准尉（北方航）▽井上講機准尉（1特群）▽井上博准尉（北海道処近文台燃支）▽井上道洋3尉（7高特群）▽井上幸晴3尉（兵庫地本）▽今岡正幸准尉（山口地連）▽今谷安俊3尉（阪病）▽植木善司3尉（富校）▽上野豊親准尉（西方航）▽内田秀昭3尉（5戦大）▽内山勝彦3尉（青森地本）▽内山廣行准尉（16普連）▽鵜沼澄夫3尉（特教導）▽梅元清文3尉（えびの駐業）▽江口喜久雄准尉（2普連）▽蝦名二三3尉（39普連）▽遠藤富士准尉（8普連）▽笈川隆3尉（化校）▽大久保昇3尉（別府駐業）▽大住一司3尉（函館駐業）▽太田喜久雄3尉（千葉地本）▽大橋信彦准尉（10特連）▽大東茂3尉（徳島地本）▽大町享3尉（駒門駐業）▽大森昭浩3尉（9戦大）▽大森日出実3尉（北富士駐業）▽岡崎守隆准尉（北海道処安平弾支）▽緒方成春3尉（西方特）▽岡田博明准尉（釧路駐業）▽岡田幸正3尉（8普連）▽岡村悦男准尉（2混団）▽岡村昌彦准尉（13後支）▽岡本俊春3尉（中方後支隊）▽尾崎史朗3尉（2後支連）▽越智和生准尉（2施大）▽甲斐雅浩3尉（西普連）▽柿本民浩3尉（東北処）▽片平浩美3尉（25普連）▽片山彰准尉（7普連）▽加藤悠3尉（5普連）▽加藤裕子2佐（中業支）▽加納昌樹3尉（8高特群）▽上戸実3尉（11特）▽亀山雅彦3尉（1特群）▽嘉山裕司3尉（武山駐業）▽川口浩次3尉（相浦駐業）▽川崎信二3尉（富校）▽川崎園美3佐（札病）▽川嵜善市郎准尉（1施群）▽川向正弘准尉（2特連）▽菅野定光3尉（北方通群）▽菅野政一3尉（6後支連）▽菊池将彦3尉（中輸業）▽北川雅彦3尉（7高特群）▽木津晋吾3尉（西方特）▽木村隆史3尉（47普連）▽木村利春3尉（5高特群）▽木村英貴3尉（東方付隊）▽木本登准尉（信太山駐業）▽清藤康徳3尉（富教導付隊）▽久田芳仁准尉（43普連）▽工藤仁3尉（関東処古河支）▽久保勝彦准尉（西方後支隊）▽荷宮利孝3尉（41普連）▽熊谷義之准尉（西方後支隊）▽熊澤俊彦3尉（北方会）▽黒宏志3尉（航校）▽小林彰巳3尉（中病）▽小林伸司3尉（北方後支隊）▽小袋秀昭准尉（14普連）▽小松一浩3尉（20普連）▽小山俊司3尉（愛媛地本）▽小山田英博3尉（北方）▽轉石広史3尉（札幌駐業）▽近藤英夫3尉（12化防）▽近藤英樹3尉（13特）▽佐伯一郎3尉（8後支連）▽齊藤宏3尉（同）▽歳桃宗男3尉（119教大）▽齋藤雄二准尉（大宮駐業）▽齋藤良成3尉（北方航）▽佐伯俊幸3尉（大分地本）▽酒井俊幸3尉（札幌地本）▽阪口俊聖3尉（46普連）▽坂田秀行准尉（2後支連）▽阪野伸一3尉（西方通群）▽坂本裕3尉（26普連）▽佐々木昭3尉（守山駐業）▽佐々木渉3尉（25普連）▽佐藤広治3尉（26普連）▽佐藤睦3尉（中方通群）▽佐村英明3尉（8高特大）▽澤田悟准尉（109教大）▽篠木哲男3尉（44普連）▽篠田彦一3尉（西方付隊）▽篠原光繁3尉（10後支連）▽渋谷邦明3尉（15旅団付隊）▽庄司浩行3尉（120教大）▽白崎由起夫3尉（中方混団）▽進藤幸秀3尉（27普連）▽新見浩一3尉（1普連）▽新村達雄准尉（9施群）▽新谷久秀3尉（九州処）▽末益信雄准尉（同）▽末光忠文准尉（46普連）▽鈴木暢一准尉（48普連）▽須藤則之3尉（1高特大）▽須東秀夫3尉（9特連）▽住吉由子3佐（中病）▽惣塚実准尉（新潟地連）▽蘇木達也3尉（4後支連）▽園田照子3佐（熊病）▽高崎博文3尉（九州処）▽高橋直枝准尉（小平校）▽高橋敏浩3尉（6普連）▽高橋宏哉3尉（善通寺駐業）▽瀧田一之3尉（3曹教）▽瀧田佳男3尉（1施団付隊）▽竹口昌克3尉（37普連）▽武末敏行准尉（警務）▽田中富美子3佐（阪病）▽土屋博徳3尉（6施群）▽筒井哲夫准尉（8普連）▽寺本裕則3尉（41普連）▽土居和博3尉（広島地本）▽土井浩実3尉（24普連）▽土肥康寛准尉（7通大）▽道家淳志3尉（35普連）▽徳田勝也3尉（2特連）▽徳本均3尉（中方会）▽中島淳准尉（福病）▽中住正剛3尉（国分駐業）▽永田靖秀准尉（中業支）▽仲西直樹准尉（43普連）▽長沼進3尉（東立川駐業）▽中野義孝3尉（富校）▽中村弘志3尉（大村駐業）▽中村由幸3尉（1輸ヘリ群）▽仲倉幹雄3尉（13偵）▽中矢道博准尉（1戦群）▽七井貴治3尉（東京地本）▽西嶋浩之3尉（警務）▽西田浩3尉（鹿追駐業）▽野澤義人准尉（古河駐業）▽野添孝則准尉（航校）▽秦宗嗣3尉（九州処富野弾支）▽服部松吾3尉（10特防）▽花崎守行3尉（2後支連）▽花本金光准尉（中方航）▽濱田和夫准尉（福知山駐業）▽早川昌宏3尉（2高特大）▽林田隆准尉（36普連）▽原崎浩二3尉（山口地本）▽東根幹男准尉（徳島地連）▽比知屋彰准尉（8後支連）▽日高末多寡准尉（西方特）▽平賀浩光3尉（2特連）▽平畑厚也3尉（109教大）▽平山智英准尉（小倉駐業）▽福井三次准尉（福病）▽福原栄司3尉（熊病）▽藤井進3尉（宮城地本）▽藤田敦彦3尉（神奈川地本）▽藤塚正孝3尉（新潟地本）▽藤野輝則3尉（5普連）▽船越伸幸3尉（41普連）▽星学3尉（10施群）▽堀本富義3尉（2師団）▽幌健一3尉（28普連）▽本郷和晴3尉（東北方特）▽本多文雄准尉（4施大）▽増岡稔准尉（西方後支隊）▽益田徹志3尉（都城駐業）▽松崎恵一3尉（高射校）▽松永茂樹3尉（11普連）▽松村欽一郎3尉（基情隊）▽松元慎二3尉（久居駐業）▽松本利彦3尉（12後支）▽松元清之3尉（24普連）▽三上忠正3尉（青森駐業）▽水野重成3尉（航校）▽水口豊3尉（情本）▽南鉄也3尉（4普連）▽宮崎和子3佐（阪病）▽宮西裕美3尉（北海道処）▽宮本和敏准尉（8高特大）▽宮本克治准尉（3普連）▽村上一也3尉（2師団）▽村瀬喜美男3尉（10高特大）▽毛受勝美3尉（春日井駐業）▽森雅統3尉（14施隊）▽森崎眞一3尉（52普連）▽森田武男准尉（松山駐業）▽森永茂3尉（熊病）▽矢口広義准尉（10施群）▽安田浩達3尉（阪病）▽安間健二3尉（9後支連）▽山口盛雄准尉（福病）▽山田一法3尉（9施大）▽山田幸一3尉（東北方）▽山田利幸3尉（13施隊）▽湯浅弘3尉（化校）▽横澤春彦3尉（6偵）▽横田郁2佐（武校）▽吉岡美和子3尉（中会）▽吉川浩二3尉（42普連）▽吉野章3尉（石川地本）▽吉満浩二2尉（中基シス通）▽渡辺伸治3尉（41普連）▽渡邊壽3尉（北恵庭駐業）▽和地和幸3尉（西方後支隊）

◇海自（48人）

▽赤坂稔准尉（八空基）▽阿部晃3尉（203整補隊）▽阿部喜一3尉（輸送艇2号）▽荒河茂成准尉（佐警）▽池田高志准尉（呉監）▽池田博文准尉（佐基業）▽伊冨貴康准尉（横警）▽岩崎美知男准尉（71空）▽上原大3尉（潜訓）▽臼井満准尉（大指隊）▽宇都宮孝一准尉（情本）▽岡本克彦准尉（4整補隊）▽岡本信義准尉（1術校）▽風穴求准尉（2整補隊）▽角俊英准尉（横弾補所）▽上脇浩二3尉（2護群）▽木下裕正准尉（呉指隊）▽木村一之3尉（2術校）▽小坂俊昭准尉（潜訓）▽小松裕司准尉（護衛艦うみぎり）▽佐々木良治准尉（4空）▽佐藤茂3尉（203教空）▽三瓶利重3尉（横弾補所）▽下園和美准尉（1整補隊）▽鈴木久利准尉（横衛生）▽須本積准尉（1術校）▽瀬藤善史3尉（呉弾補所）▽高野昌昭3尉（呉監）▽土田芳昭3尉（横指隊）▽富山利彦准尉（呉造補所）▽長倉敏輝准尉（21整補隊）▽長嶋昇准尉（空補処）▽西尾伸一3尉（護衛艦しらね）▽野口正男准尉（余防）▽橋本圭治3尉（大シス通）▽花牟礼雄之准尉（佐監）▽日高司准尉（護衛艦あさかぜ）▽廣島昭徳准尉（佐指隊）▽前田和徳3尉（愛知地本）▽牧野等准尉（護衛艦やまぎり）▽松崎英次郎3尉（51空）▽松原淳次准尉（201整補隊）▽三井秀昭准尉（徳教空群）▽宮原正道3尉（71空）▽守屋茂3尉（補給艦ときわ）▽安田清美3尉（1空）▽山口貞之准尉（佐警）▽吉丸信行准尉（護衛艦あさかぜ）

◇空自（61人）

▽阿部茂雄准尉（北警団）▽阿部正信3尉（2輸空）▽安藤哲充准尉（5空団）▽礒時男准尉（6高群）▽板橋道明3尉（4空団）▽伊藤文男3尉（7空団）▽岩本章法3尉（1空団）▽梅本功3尉（2空団）▽大塚浩一3尉（西警団）▽大塚寛久准尉（空警隊）▽小川稔3尉（3高群）▽小野盛男准尉（管制群）▽金子英治准尉（6空団）▽川田武博3尉（4補高蔵寺支）▽北村寛准尉（西支飛）▽黒木敏治准尉（管制群）▽合田浩3尉（気象群）▽小嶋信克3尉（3空団）▽小貫徹典3尉（西警団）▽小山栄治准尉（8空団）▽崎田敏宏3尉（飛実団）▽佐藤克洋3尉（西警団）▽佐藤上3尉（83空隊）▽篠田成之3尉（2空団）▽篠原滿准尉（1術校）▽澁谷幸範3尉（5空団）▽志村洋介3尉（中空）▽白澤洋一3尉（7空団）▽白柳圭二3尉（空シス隊）▽瀬戸口親幸准尉（西警団）▽高橋明准尉（4術校）▽高橋興志夫3尉（救難団）▽竹澤雅之准尉（管制群）▽田中徹3尉（2高群）▽田元薩男3尉（5空団）▽千葉敏朗准尉（4空団）▽塚本明彦准尉（空シス隊）▽土田誠幸3尉（7空団）▽寺中洋介3尉（2補）▽永石和道准尉（8空団）▽鳴神善己3尉（2高群）▽根岸健治3尉（西警団）▽畑添浩之3尉（5空団）▽東別府秋久准尉（5空団）▽東丸政治3尉（西警団）▽福本悦治准尉（4高群）▽古川洋一3尉（飛点隊）▽星野政敏3尉（空シス隊）▽前川由正2尉（2補十条支）▽前田記利准尉（中警団）▽水田浩司3尉（3輸空）▽山口広美3尉（防指群）▽山田勝司3尉（2空団）▽山野幸男准尉（西警団）▽山本白鳥3尉（11飛教団）▽山本勝3尉（2空団）▽吉田寛准尉（7空団）▽吉田廣3尉（偵空隊）▽吉元弘准尉（中警団）▽若狭賴幸3尉（気象群）▽渡邉彰3尉（1術校）

厚生・共済

特集

組合員限定「絆～KIZUNA～PLAN」

ホテルグランドヒル市ヶ谷

結婚式 特別価格で提供します

共済組合の直営施設「ホテルグランドヒル市ヶ谷」（東京都新宿区）で結婚式を挙げてみませんか。グラヒルでは組合員限定の「KIZUNA PLAN（絆プラン）」をご用意しています。挙式衣裳100%オフやウエディングケーキの特別価格でのご提供など、組合員だけの特別サービスとなっています。この機会にぜひご利用ください。

【組合員限定「絆プラン」の特典内容】
▽挙式衣裳（新郎新婦各1点）100%OFF▽色直衣裳（新郎新婦各1点）100%OFF▽婚礼料理 22000円↓16500円（税込）▽婚礼料理新郎新婦分プレゼント▽フリードリンク 4950円↓3850円（税込）▽ウエディングケーキ 1650円↓1320円（税込）▽サービス料対象項目10%OFF▽宿泊をご優待料金にてご提供

詳しくはスタッフまでお問い合わせください。また、ブライダルのご相談もお電話・メール・オンラインにて受付しております。お気軽にお問い合わせください。

【ご予約・お問い合わせ】
電話 03−3268−0115（直通） 専用線 8−6−28853（婚礼予約） ホームページ https://www.ghi.gr.jp メール salon@ghi.gr.jp

お気軽にお問い合わせください。

HOTEL GRAND HILL
ICHIGAYA

洋装での挙式はグラヒルのチャペルで華やかに

伝統的な和装での結婚式も承っています

令和4年度全自衛隊美術展 作品募集

全自衛隊美術展（主催：防衛省、協賛：防衛省共済組合）は、隊員が余暇活動として創作した作品を募集し、優秀作品については表彰・展示（令和5年2月頃に市ヶ谷において入賞作品の展示会を開催予定）するとともに、隊員の家族等の作品も募集・出展させることにより、隊員の文化・教養活動等の一層の振興を図ることを目的として実施しています。

作品の募集は、絵画、写真、書道の3部門を対象として、応募の受付は、令和4年9月1日（木）から同年9月16日（金）必着。

作品の応募要領などは次のとおりとなっていますので、奮ってご応募ください。

〈審査及び表彰〉

絵画、写真及び書道の審査は、部門ごとに専門の者に依頼する。審査についての問い合わせ及び意義は受理しない。絵画、写真及び書道の表彰は次の区分ごとに実施する。

◇隊員の部：特選、入選

◇家族等の部：特別賞、入選

各部門において、入賞作品に該当しない場合は選定しない。

〈応募要領〉

①応募資格は次のとおり。

（1）隊員等（防衛省職員、独立行政法人駐留軍等労働者労務管理機構の役員及び職員並びに防衛省共済組合の職員をいう。）

（2）隊員等であった者（令和4年9月16日以前に退職した者（同日までに退職予定の者を含む。）以下「元隊員等」という。）

（3）（1）及び（2）の家族（高校生以上）。

②応募作品は、各部門につき1人2点までとし、自作未発表のものに限る。ただし、個人のSNSやブログへ掲載した作品、防衛省内の美術展等（全自衛隊美術展を除く。）、審査のない美術展に出品した作品については応募可。応募期間は令和4年9月1日（木）～同年9月16日（金）必着。出品料は無料。ただし、応募に要する経費は応募者負担。

（1）共通事項

出品内容は、全自衛隊美術展に出品するのにふさわしい作品であるとともに他者の知的財産権を侵害しない作品であること。住所、氏名、連絡先等及び作品の説明や創作に込めた思い（100字程度）を出品票に記入すること。ただし、書道については作品の原典及び原詩文も記入すること。入選作品は、出品票に記入した作品の説明を展示会開催時に掲示する。

（2）絵画の部

課題は自由、作品規格は50号以内。絵画の種類は日本画及び洋画。応募作品には、額縁（ガラス入り又は粗雑なものを除く）を装着。

（3）写真の部

【フィルム写真及びデジタル写真共通】

課題は自由、作品規格は六つ切り（ワイド六つ切り可）またはA4から四つ切り。応募作品には額縁及び台紙等の表装は行わない。入賞作品の著作権は防衛省に帰属する。被写体が人物の場合、肖像権侵害等の責任は負いかねるので応募の際には必ず本人（被写体）の承諾を得ること。防衛装備品を被写体に撮影した作品は、公開可能な写真であること。作品の提出は、応募作品と合わせて、ネガ文はデータ（DVD−RまたはCD−Rに保存）を必ず提出する。ネガ文はデータのみを提出した場合は、審査の対象としない。

【デジタル写真】

パソコン等により、異なる画面を合成したり、画面に映っていたものを消去した作品は応募不可。ただし、トリミングや明暗の調整、レンズのほこりや小さなごみの消去等、軽度な補正は応募可。写真プリントまたはインクジェットでのプリントの場合はフォトプリント紙での応募に限る。提出データのファイル形式はJPEGに限る。

（4）書道の部

課題及び書体は自由、作品規格は全紙（140センチ×70センチ）以内。応募作品は、必ず掛物又は額縁として表装。

③応募作品には、1点ごとに必ず出品票を作品の裏面に貼付し以下の送付先へ発送。（送付途上で剥離することのないように確実に貼付すること）

〈作品の送付先及び発送上の注意〉

送付先 〒162−0845 東京都新宿区市谷本村町4番1号 ホテルグランドヒル市ヶ谷総務課 TEL03−3268−0430

作品は、輸送中の破損を防止するため厚ボール紙、ベニヤ板等を用いて完全に包装。（輸送時に使用された箱等は返却しない。）複数の者が一つの箱等で作品をまとめて送付する場合は、宅配便等の伝票に必ず応募件数を記入。

〈その他〉

応募作品については、令和5年3月以降に返送する。ただし、写真の部門の応募作品は、フィルム写真は、ネガのみ返送。デジタル写真は、応募作品及びデータは返送しない。また、絵画・書道部門の入賞作品は、展示会終了後更に2年間、防衛省庁舎内に展示を予定しているため、令和7年3月以降に返送する。美術展に関すること及び異動により住所等に変更があった場合、以下に連絡する。

連絡先：人事教育局厚生課厚生企画班（TEL03−3268−3111 内線25174）

入賞作品は、人事教育局長から各機関等の長を経由して応募者に通知する。元隊員等については、直接本人に通知する。応募作品の取扱いは十分注意するが、開封時に破損している作品は審査の対象としない。また、通常の展示等による損傷及び摩耗については責任を負わない。入賞作品については主催者等の広報資料等として使用する場合がある。

各種健診のご案内

■各種健診の補助額

※補助のご利用は年度内1人1回1コースに限ります

続柄＼検診コース	人間ドック（日帰り・2日）	脳ドック	肺ドック	PET	婦人科単体コース	生活習慣病健診（便潜血2回法含）	特定健診 ※40歳～74歳
組合員本人	最大20,000円まで補助	最大20,000円まで補助				組合員ご本人様は対象外ですので、医務室等の事業主健診（各駐屯地・基地の医務室等で実施する健診）をご受診ください	
被扶養配偶者 任継組合員 任継被扶養配偶者	最大20,000円まで補助	最大20,000円まで補助				自己負担0円（※1オプション検査追加の場合は6,800円を超えた額）	自己負担0円
被扶養者（配偶者以外）※40～74歳対象	7,700円を補助	×				自己負担5,500円（※2オプション検査追加の場合はその検査費用額）	自己負担0円

※上記いずれの続柄でも、健診受診日に組合員資格がない方は補助の対象になりません。※人間ドック・脳ドック・肺ドック・PET・婦人科の自己負担額・検査項目・受診費用は健診機関により異なります。

<オプション検査について>乳がん検査（マンモグラフィ・乳房エコー）・子宮頸がん検査などオプション検査が対象になります。また受診可能なオプション検査項目・自己負担額は検査機関により異なります。

※1生活習慣病健診は自己負担0円＋オプション検査費用6,800円まで自己負担なしでご受診いただけます。（6,800円超過分は当日窓口にてご負担いただきます）

※2生活習慣病健診は自己負担5,500円＋オプション検査費用は全額自己負担となります。（当日窓口にてご負担いただきます）

■健診コース一覧

検査項目		人間ドック	生活習慣病健診（便潜血2回法含）	特定健診
問診診察	（問診・既往歴等）	●	●	●
視力検査	視力（裸眼・矯正）	●	●	
身体計測	身長・体重・腹囲・BMI	●	●	●
血圧	血圧検査	●	●	●
聴力検査	オージオ	●	●	
尿検査	蛋白・尿糖	●	●	●
尿検査	潜血・比重・沈渣	●		
貧血検査	赤血球・ヘマトクリット・ヘモグロビン	●	●	☆
血液学的検査	白血球・血小板数	●	●	
血液学的検査	MCV・MCH・MCHC	●		
肝機能検査	AST(GOT)・ALT(GPT)・γGTP	●	●	●
脂質検査	総コレステロール	●		
脂質検査	HDLコレステロール・LDLコレステロール・中性脂肪	●	●	●
血糖検査	空腹時血糖もしくは随時血糖	● 両方	● どちらか	● どちらか
血糖検査	HbA1c			
腎機能検査	クレアチニン	●	●	☆
尿酸検査	尿酸	●	●	
その他血液検査	ALP・総蛋白・アルブミン・総ビリルビン・CRP	●		
肺機能	肺機能検査（スパイロメーター）	●		
胸部	胸部X線検査	●	●	
心電図	安静時心電図	●	●	☆
眼科	眼圧検査	●		
眼科	眼底検査(両眼)	●		☆
便検査	便潜血(2回法)	●	●	
腹部	腹部エコー	●		
胃部検査	胃部X線	● どちらか		
胃部検査	胃内視鏡(経口または経鼻)			

※人間ドックの検査項目は上記を基本項目としていますが、健診機関により実施がない場合もございます。あらかじめご了承下さい。☆は医師の判断による追加項目

最新情報はWebで確認できます。会員専用サイトから健診サイトへのリンクへ進んでご確認ください。

「ベネフィット・ワン」が予約代行

「ベネフィット・ワン」では、組合員とその被扶養者の健康維持のため、全国の優良医療機関からご希望に沿った健診施設をご紹介しています。

「ベネフィット・ワン健診予約受付センター」が予約を代行しますので、皆さまは面倒な手続きなしに受診できます。

まずは『2022ご利用ガイド』または「ベネフィット・ステーション」のホームページからご希望に合った施設をお選びください。健診の申し込み期間は2023年2月28日まで、受診期間は2023年3月31日までとなっています。

各種健診の利用助成と健診コースは別表の通りで、人間ドック（日帰り・1泊2日）の場合、組合員本人・任意継続組合員・被扶養配偶者は最大2万円まで助成されます。

健診のお申し込みは「ベネフィット・ステーション」のホームページもしくは「ベネフィット・ワン健診予約受付センター」に電話、FAX、郵送にて受付けております。詳細は『2022ご利用ガイド』とホームページに記載されていますので、ご確認ください。

受付後、「ご予約確定通知書」が送付されることで、予約が確定します。受診当日は「防衛省共済組合員証または自衛官診療証」を持参して受診してください。自己負担がある場合は、健診機関の窓口で受診当日にお支払いください。

最新情報はWebで確認できます。会員専用サイトから健診サイトへのリンクへ進んでご確認ください。

年金Q&A

自衛官退職後、市役所に再就職すると年金は？
地方公務員共済組合から年金を支給

Q　私は自衛官です。退職後、地方の市役所に再就職する予定です。私の自衛隊での年金はどのような扱いになるのでしょうか。何か必要な手続きはありますか？

A　退職後は自衛官に限らず、地方公務員に再就職をされる場合、「国家公務員の期間」と「地方公務員の期間」を合わせ、地方公務員共済組合から年金が支給されることになっています。（年金を受給するためには、保険料納付済期間等が10年以上あること等の要件があります。）

再就職されたら、地方公務員共済組合の年金担当に自衛隊の期間があることを申し出てください。

地方公務員共済組合へ組合員転入届の提出をしたのち、国家公務員共済組合連合会（以下「連合会」という。）に年金を通算するために、必要な書類・各種証明書の移管を地方公務員共済組合が依頼します。連合会は、必要書類等を整備し地方公務員共済組合に送付しています。この移管手続きが未整備のままの場合、将来、地方公務員の年金を請求した際に自衛隊の期間の未算入や、年金の決定の遅延があるため、注意が必要です。

扶養されている奥様がいて引続き扶養される場合は、国民年金の「第3号被保険者」となりますが、所属する共済組合が変わるため、新たに「国民年金第3号被保険者関係届」を担当窓口へ提出してください。

再就職までに1カ月以上の期間が空く場合で、60歳未満の場合は、国民年金の「第1号被保険者」として、それぞれ年金の保険料を納めなければなりません。加入は、退職日の翌日から14日以内にお住まいのある市区町村の年金窓口でお手続きください。

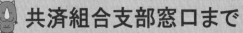

また、現在ご所属の共済組合の支部で退職に伴う手続きをされる際には、地方公務員として再就職されることを、共済組合支部担当者（長期係）に必ずお申し出ください。期間が引続く場合は「転出届」、一日でも空く場合は「退職届」を提出いただきます。（本部年金係）

厚生・共済

特集

陸自戦闘糧食、ウクライナへ

災害派遣活動などに従事する隊員たちの活力源となっている「戦闘糧食」。ロシア軍による侵攻が続くウクライナへの支援として防衛省・自衛隊から約11万食の「非常用糧食」が無償提供されている。陸自からは令和元年に8年ぶりにリニューアルされた新メニューの「ボロニアソーセージ」と「ナポリタン」を提供、優れた栄養価とおいしさが現地でも好評を得ている。

「ボロニアソーセージ」と「ナポリタン」

陸自の非常用糧食は昭和29年の自衛隊創設時、旧軍仕様の「乾パン」を主体として始まった。39年には栄養価を見直し、主食・副食を設けた「缶詰型」に改善。丈夫で安定性が高いことから約半世紀の長きに渡って隊員の活力源となってきた。

平成23年には部隊の要望や民間の加工技術の発達などを受け、現在の「軽包装型（レトルト）」に。同年に発生した東日本大震災時には缶詰型と新たなレトルトが隊員に提供されたが、長期に渡る活動で隊員たちが栄養不足になるなど、課題も残した。

これら教訓を踏まえて令和元年、栄養バランスや味の見直しを図り、8年ぶりにリニューアル。鉄分、カルシウム、ビタミンB1など、隊員が活動する上で必要な栄養素を加えたほか、長期間喫食しても飽きないように和食、洋食、中華、肉、魚をバランスよくそろえた。いずれも主食、副食、スプーンのセットで、「簡易加熱剤」で約20～30分間加熱すれば状況に応じて温かい食事が食べられるよう改善された。

ラインナップは新メニュー13種類と従来品を改良した8種類の21種類。新メニューは「肉じゃが」「さんま甘露煮」などの和食に加え、洋食ではウクライナに提供した陸自初のパン食となる「ボロニアソーセージ」をはじめ、「牛ひき肉のキーマカレー」「ビーフシチュー」などバリエーションが広がった。

味付けは濃いめで高カロリー。主食は白飯に加え、五目飯、ドライカレーなど味つけご飯も組み合わせ、副食は醤油主体から一変して、味噌、ショウガ、スパイスを効かせる工夫がされるなど「おいしさ」にもこだわっている。このほか、不足する栄養価の補助食としてゼリー飲料、ふりかけなども導入されている。

陸幕需品室糧食グループ長の福岡健人1佐は「味、栄養面ともに無理なくしっかり食べられるように工夫している。ウクライナに提供した2品はよい評価をいただいていると聞いている」と語った。

リニューアルされた同食を隊員が口にできるのは3年間の備蓄サイクルが終わる来年になる予定だ。

訓練中の寸暇を使い、戦闘糧食を口にする陸自隊員（陸幕提供）

8年ぶりリニューアル、おいしさ好評

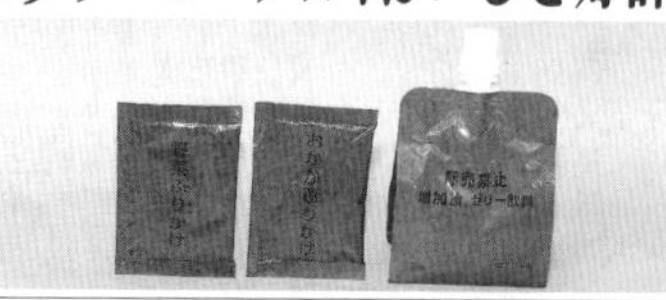

補助食として導入されている（右から）ゼリー飲料、おかかふりかけ、野菜ふりかけ

働き方改革推進コンテスト

6空団整補群本部、「副大臣賞」を受賞

空幕長「普及を行っていきたい」

「令和3年度働き方改革推進のための取り組みコンテスト」表彰伝達式に出席した井筒空幕長（写真はいずれも4月26日、空幕で）

防衛省・自衛隊における人事施策の一環として、隊員のワークライフバランス（WLB）の一層の推進とコロナ禍での業務の効率化や職場環境の改善を図る令和3年度「働き方改革推進のための取り組みコンテスト」の各幕の受賞部隊が選出された（3月17日付既報）。空自からは6空団整備補給群本部（小松）が「防衛副大臣賞」を受賞。4月26日にオンラインで表彰伝達式が行われ、井筒空幕長が受賞部隊・隊員をたたえた。

式には空幕副長の阿部睦晴空将（オンライン出席）、同人教部長の倉本昌弘将補（同）、空自准曹士先任の甲斐修准尉が立会。

表彰者の鬼木副大臣からビデオメッセージが寄せられ、「それぞれの部隊などにおいて任務を遂行しているだけでなく、働き方改革にも高い意識をもって積極的に取り組んでいることに感謝したい。受賞を励みとして、引き続きWLBの実現に率先して取り組んでほしい」と要望した。井筒空幕長は6空団整備補給群本部に今回の受賞に対する祝辞とともに、さらなるWLBの推進に関する訓示を行った。

式後の懇談では疋田一朗曹長が、この取り組みについて音声付きパワーポイントを使用して説明し、空幕長と空幕副長の質問に答えた。

最後に井筒空幕長から「部隊の努力は決して無にはしない。空幕の方でしっかりと本取り組みを紹介し、普及などを行っていきたい。6空団は引き続き頑張ってほしい」と激励の言葉があった。

発案者の疋田曹長は、データベース・ソフトとネットワーク環境を利用し、情報伝達や、共有利用が可能なシステム通称「e－Com（electrical－Communication）」を独自に作成。同システムの運用により、紙媒体と比較して、基地内の移動や複写などにかかる時間を削減。適時、部隊における最新情報を確認することも可能となり、業務の効率化を実現した。

6空団司令の石引大吾将補は「受賞を大変うれしく思う。これからも創意工夫をもって業務の効率化・省力化に取り組み、健全で良好な勤務環境を整備し、WLBの実現とワークエンゲイジメントの高揚を追求していきたい」と語った。

同団整備補給群司令の丸山勲1佐は「当群は、e－ComによりデジタルトランスフォーメーションЛ化（DX化）が促進され、WLBの推進をはじめ、業務の効率化や教育効果の向上が促進され、非常に利点が多く重宝している」と取り組みの成果を強調した。

疋田曹長は「数年前から各隊のさまざまな意見を踏まえながら今の形となり、運用をはじめた。令和4年度のコンテストへはe－Comを超える提案を考案したい」と今後の意気込みを語った。

副大臣賞を受賞した（スクリーン上段左から）石引6空団司令、丸山整補群司令、疋田曹長。（スクリーン下段右から）倉本人教部長、阿部空幕副長。左は甲斐空自准曹士先任

自慢の一品料理

柔らか鶏肉のチリソース

紹介者：技官　江藤　孝秀
（5空団基地業務群給養小隊・新田原）

新田原基地では毎月新メニューを考案し、隊員に提供しておりますが、今回は、この塩麹を使用した、柔らか鶏肉のチリソースを紹介します。

まず、鶏もも肉240グラムを一口大にカットし、容器に入れ、液体塩麹大さじ、すりおろしにんにく小さじ、すりおろし生姜小さじ、醤油小さじ各1杯を加えて揉みこみ、20分ほどおきます。

鶏肉がなじんできたら小麦粉大さじ2、片栗粉小さじ1杯を混ぜて加え、全体にからめます。約170度に加熱した油に、鶏肉を入れて7～8分程度揚げ、取り出して油をきります。

玉葱4分の1個と、白葱2分の1本を粗みじん切りにして、フライパンにサラダ油を入れて軽く炒めます。フライパンから玉葱と白葱を取り出し、チリソース大さじ3と豆板醤小さじ1杯を混ぜ合わせてソースは完成で、器に鶏肉を盛り付けてこちらをかけたらできあがりです。

発酵調味料の塩麹は、酵素の働きにより、でんぷんをブドウ糖に変え、たんぱく質を分解して旨みの元となるアミノ酸やペプチドを生成するため、鶏肉の調理に使用することで肉が柔らかくなり、素材のおいしさをぐっと引き出すことができます。

柔らかい鶏肉に玉葱、白葱がアクセントとなり、ピリ辛のチリソースで「ご飯がすすむ！」と隊員から好評でした。豆板醤の量はお好みで調整してみてください。

余暇を楽しむ

久居駐屯地バスケットボール部

紹介者：
3陸曹　廣部　太志
（33普連本部管理中隊広報班・久居）

朝雲新聞をご愛読の皆さん、こんにちは。久居駐屯地バスケットボール部を紹介します。

当部は、33普連3中隊長の森勝吾1尉が担任官、私がキャプテンを務めており、総勢14人が所属しています。

活動内容は週に1回、駐屯地の体育館で練習を行い、さらに近傍の中学校で活動している一般の方たちと練習試合をしています。このほか、各市町で行われている市民大会などに参加しています。

18年度全自大会で3位入賞

当部は2008年以降、中部方面隊管内の予選（3位以上入賞で全自大会出場権獲得）で優勝経験こそないものの、10年間で8回、全自大会に出場しました。中でも18年度に行われた「第32回全自バスケットボール大会」では、3位入賞の快挙を達成しました。

現在、新型コロナの影響により部の全体練習や試合は行えていません。しかし個々人が自主練に励み、この状況が落ち着いた際には、各種大会に備えていきますので応援よろしくお願いします。

部員も逐次募集していますので、バスケットボールに興味がある方、特に若い隊員は私までぜひご連絡ください。

全自バスケットボール大会で3位に入り、笑顔で記念撮影に納まる久居駐屯地バスケットボール部員

大会で相手チームの守りをかいくぐりシュートを放つ部員。訓練や練習で鍛えた強靭な筋力で強豪チームとも互角に渡り合っている

入間基地お土産品の販売好調

業務隊が地元企業らとコラボ

【中警団＝入間】中警団業務隊は基地広報班とともに、2021年度の一年間を通して基地内売店で販売されるお土産品の充実化に取り組み、隊員から好評を得ている。

業務隊らは20年8月からエコバッグ、輸送機型和菓子、基地監修のレトルトカレー、地酒（恒常販売用と企画販売用）＝写真＝の商品化に取り組み、複数の基地オリジナル商品の販売を実現。特に地酒の企画販売（限定酒）は5回行い、限定72本のにごり酒「MOMO」の予約は45分で終了するなど、売れ行き好調だ。

今年3月には川越市の鏡山酒造ともコラボし、ワイン酵母仕込純米酒＝写真左＝を作り上げた。ワイン通もうなる出来栄えに、リピート需要も多い。

業務隊は「引き続き隊員の福利厚生に資する挑戦を進化（深化）できるよう、まい進したい」と話している。

募集・援護

特集

一年間の決意へ「勝ちどき」

令和4年度の募集目標達成に向け、総員で勝ちどきをあげる佐賀地本の隊員たち（4月7日、佐賀地本で）

令和4年度 募集始まる

佐賀地本 支援団体招き出陣式

「令和4年度も部員一丸となり、目標を達成するぞ！」――。年度が改まり、全国の地本は新たな募集目標を掲げ、一斉に再スタートを切った。佐賀地本は、防衛協会など各支援団体会長を迎えて「出陣式」を開催。一方、宮城、熊本両地本は地本長以下が市街地に繰り出し、募集ティッシュなどを配布して通勤・通学者に自衛官募集をアピールした。

地本長、さらなる成果を

【佐賀】地本は4月7日、令和4年度の「出陣式」を本部庁舎で行った。

式には県下の防衛協会、隊友会、家族会、募集相談員連合会、地本OB会から も各会長ら約5人が参列した。

本部の総員が整列する中、最初に地本長の松島史人事務官が訓示し、「少子化による若者の減少や高学歴化に伴い、一段と厳しさを増す募集環境の中、協力諸団体の皆さまのご協力と地本部員が一丸となり熱意をもって業務を行った結果、昨年度、佐賀地本は立派な成績を上げることができた」と部員の活躍をたたえた上で、「昨年度の成績に甘んじることなく、本年度もさらなる努力を重ね、さまざまな方々との連携を図ってほしい。創意をもって任務完遂にまい進し、本年度の各種目標を必ずや達成することを信じ、諸官の一層の奮励、努力を期待する」とさらなる成果を求めた。

その後、地本の広報員、援護係、予備自衛官係の代表による決意表明、目標達成を期してのダルマの目入れ式が行われた。

この後、総員が屋外に移動し、一年間の前進を誓って「勝ちどき」が上げられた。武雄地域事務所の富永健夫准陸尉と援護課の黒川晃二1陸曹の音頭で、全員が一斉にこぶしを突き上げ、気勢を上げた。

最後に広報車両の「出発式」が行われ、広報官を乗せた各車両が県内各地に向けて出発、令和4年度のスタートを切った。

出陣式で決意表明をする予備自係代表の河合大地陸曹長（壇上）。左は松島佐賀地本長

幅広い年齢層にPR

仙台駅前 宮城地本、市街地広報

【宮城】地本長の諏訪国重1陸佐以下延べ39人は4月11日から13日まで、JR仙台駅前で新年度最初の「市街地広報」を行った。

この活動は、新学期を迎えた学生を対象に例年行っていたが、昨年度は新型コロナの影響を受け自粛。そこで今年は感染対策を万全にした上で、募集ティッシュの配布対象も学生だけでなく、幅広い年齢層に向けて行った。夕方の通勤・通学者でにぎわう仙台駅前で、諏訪地本長をはじめ、地本マスコットの「もりと君」「みどりちゃん」も展開し、自衛官募集チラシが入ったティッシュを配布した。

3日間の活動での反響は大きく、早速チラシを見て広報官に連絡してくる事例も少なくなかった。

宮城地本では「引き続きより多くの市民に自衛隊をアピールし、採用の情報を広く発信できるよう、積極的に広報活動を行っていきたい」と話している。

QRコード入りティッシュ配布 熊本

【熊本】地本は4月9日から5月10日までを4年度の「第1回集中募集期間」に設定し、4月22日、JR熊本駅前で「フォロミーカード入り迷彩柄ポケットティッシュ」を若者に配布した＝写真。

同カードは熊本地本のツイッター、インスタグラムをはじめ、自衛隊動画などのQRコードと連動しているもので、若者の興味醸成に一役買っている。

当日は朝から地本募集課総員で熊本駅前に展開。通学途中の専門学校生や大学生に対し、「おはようございます！自衛隊です。自衛隊動画のQRコードを付けているので、ぜひ観てください」と元気よくあいさつし、カード入りティッシュを配った。

課員の奮闘により、用意した2000個のポケットティッシュは約2時間で全てなくなった。

熊本地本は「今年度は集中募集期間にイベントや自衛隊説明会などをできるだけ多く行い、若者への情報提供などに力を入れていきたい」と話している。

防大の魅力、後輩に

新潟

吉田学生「有意義な毎日を送っています」

母校の校舎前で敬礼する吉田学生（写真はいずれも3月24日、県立燕中等教育学校で）

【新潟】加茂地域事務所は3月24日、昨年4月に防衛大学校に入校した吉田葵学生（69期）の母校訪問を支援した。

当日は学校担当広報官の菊地隆空曹長と担当広報官の五十嵐充隆1海曹が同行した。吉田学生は燕市の県立燕中等教育学校の卒業生で、春季休暇を利用した帰省で実現したもの。校舎前で記念撮影を行い、在校時にお世話になった担任教諭と進路担当教諭に再会した。

防大の制服姿で現れた吉田学生に、恩師は「元気な姿を見せてくれてうれしい。制服も似合っていてりりしく、見違えた」と成長を喜んだ。「防大の生活や勉強はどうですか」と質問すると、吉田学生は「毎朝の清掃は大変ですが、同期と協力して有意義な毎日を送っています」と元気に答えていた。

また、防大受験を考えている後輩に受験の取り組み方などを伝授。後輩は「アドバイスや生活のことを聞けてよかった。吉田先輩に続いて合格、入学目指して頑張ります」と力強く語った。

恩師（右手前）と防大受験希望の後輩（その左）と懇談する吉田学生

砕氷艦「しらせ」見学

千葉 参加者が南極の氷を体験

【千葉】地本は4月16、17の両日、海自横須賀基地で行われた砕氷艦「しらせ」の見学会に9人の若者を案内した。

見学に先立ち、寄港中のヘリ搭載護衛艦「いずも」の概要説明を受け記念撮影。参加者は「しらせ」のデッキクレーン、飛行甲板、艦橋の施設見学と南極の氷を体験した。

第63次南極地域観測協力で人員・物資の輸送支援などの任務を終え3月28日に帰港したばかりの「しらせ」の喫水線付近には、約20センチ四方の塗装の剥がれた箇所が無数に残っており、氷を砕きながら進むラミング航行の迫力と極地の厳しい自然との戦いに参加者は息をのんでいた。

南極の氷の体験では参加者は気泡のはじける音を聞き、歓声を上げていた。

砕氷艦「しらせ」の前で記念撮影する見学者（4月17日、海自横須賀基地で）

新規企業主に援護広報実施

東京

【東京】地本は3月15日、新規企業主等8社16人を練馬駐屯地に招き、史料館や整備工場、補給倉庫見学の援護広報を行った。これらを通して自衛隊の魅力と援護の理解促進を図り、求人企業の獲得を目指した。

実施予定だったUH1J多用途ヘリコプターの体験搭乗は、天候不良のため中止に。自動車訓練所を見学した参加者は、それぞれの場所で説明者に質問するなど関心が高い様子だった。

また、定年を1～2年後に控えた駐屯地隊員との懇談で、企業側は「再就職の譲れない条件は何か」、隊員側からは「どんな資格を持っていればいいのか」「女性の採用について」などの質問があがり、活発な意見交換が行われた。隊員からは「再就職に向け大変有意義だった」との感想があった。

ヘリの体験搭乗

山口

【山口】地本は3月19日、若者・協力者、援護協力者など31人を陸自防府分屯地に招き、多用途ヘリコプター「UH1J」の体験搭乗を行った。

参加者はイベントを支援した13飛行隊の隊員によるヘリの概要や搭乗時の注意事項などの説明を受けた後、7フライトに分かれて搭乗＝写真。眼下に広がる防府市内の街並みを見渡し、感激した様子だった。

このほか、格納庫には同型のヘリコプターが展示され、参加者たちは搭乗前後に熱心に見学していた。

サーキット場でF2が展示飛行

岡山

【岡山】地本は4月17日、岡山国際サーキットで行われたレース「SUPER GT」開幕戦で、県初となる戦闘機の展示飛行の広報支援を行った。決勝レース前に、ウェルカムフライトと称し、サーキット場の上空を8空団（築城）のF2戦闘機3機が展示飛行＝写真。雲ひとつない「晴れの国おかやま」の上空を一糸乱れぬ編隊飛行を披露して来場者を沸かせた。

地本は募集パンフレットの配布や展示飛行の調整役を担い、自衛隊をPRした。

地方防衛局　特集

「水産物加工施設」が完成

東北防衛局の補助事業　青森県東北町

漁業の持続性と経営安定化に寄与

【東北局】三沢飛行場に隣接する青森県東北町で、東北防衛局の補助を受けて建設が進められてきた「水産物加工施設」がこのほど完成し、3月24日、竣工式が行われた。式典には事業主である小川原湖漁業協同組合の濱田正隆代表理事組合長をはじめ、東北町の長久保耕治町長、東北防衛局からは市川道夫局長が出席し、関係者約50人が新たな漁業用施設の完成を祝った。

建物は鉄骨平屋建てで延床面積は378平方メートル。運用に必要なフォークリフトやジャンボックス（水槽）などの物品が完備されている。

東北防衛局は「防衛施設周辺の生活環境の整備等に関する法律」第8条に基づく民生安定施設整備事業として、補助対象事業費約1億6400万円のうち、約1億900万円の補助を行った。

式典で小川原湖漁業協同組合の濱田代表理事組合長は「近年の小川原湖の漁業を取り巻く情勢は、必ずしも明るい兆しばかりではないが、本施設の完成を足掛かりとして、さらなる品質向上と販売活動を強化し、小川原湖の漁業と地域振興の礎となる決意を新たにしている」とあいさつ。

続いて、東北町の長久保町長は「この水産物加工施設は、小川原湖の水産物の品質と信頼性の向上および漁業の持続性を確保するために生産・加工・販売までの『6次産業化』による漁業経営の安定、さらには、小川原湖産としてのブランド化が一層進んでいくことに町としても大きな期待を寄せている」と祝辞を述べた。

最後に、東北防衛局の市川局長が祝意を表した上で、「本施設の完成により、小川原湖漁業協同組合員において高い鮮度の製品の確保が今まで以上に可能となると伺っており、当省の補助事業が小川原湖における漁業の持続性と漁業者の経営安定化に寄与できることを大変うれしく思っている」と述べた。

同施設は、水産物の取扱量が増加傾向にある一方で、加工・保管スペースが極めて狭く、漁協から遠く離れた冷凍施設への運搬・保管を余儀なくされていたことから、2020（令和2）年度から実施設計や建設工事などの整備が進められてきた。

今後は漁獲した小川原湖特産のしじみ、ワカサギ、シラウオなどを加工・保管し、付加価値を付けて販売する「6次産業化」が図られ、商品の品質向上や年間を通じた安定的な出荷販売が可能となることから、関係者からは漁業の持続性の確保と経営安定化に向けた大きな期待が寄せられている。

上 東北防衛局の補助を受け完成した「水産物加工施設」の外観＝写真はいずれも3月24日、青森県東北町で
下 「水産物加工施設」の竣工式で玉串を奉納する東北防衛局の市川局長（手前）＝東北町提供

防衛施設と首長さん

北海道羅臼町　湊屋　稔町長

みなとや・みのる　58歳。函館大商学部卒。湊屋漁業代表取締役、羅臼町議会議員などを経て、2015年4月、羅臼町長に就任。現在2期目。羅臼町出身。

羅臼町は、北海道の東北端、知床半島の東側に位置し、南は標津町に接し、東に国後島を望み、西北一帯は標高1661メートルの羅臼岳を最高峰とする知床連山を境に斜里町と接しています。

町の面積は総面積397・72平方キロメートルで、南北に約64キロ、東西に約8キロと細長い地形で、町域の約95%が森林で占められています。

基幹産業は漁業で、「魚の城下町」と称するほど、スケトウダラやホッケ、サケ、羅臼昆布、エゾバフンウニなど、1年を通してさまざまな漁業資源を水揚げすることができ、国内でも有数な好漁場となっています。

また、当町のブランドとなっている「ケイジ」や「羅皇」をはじめとするブランド魚種や種々の加工製品は高い人気を誇り、ふるさと納税の返礼品としても全国から注目され、羅臼ブランドのさらなる発展が期待されているところです。

雄大で神秘的な知床国立公園を有する当町は、国指定天然記念物のオジロワシやオオワシ、シマフクロウなどの希少な鳥類が数多く見られ、近年ではバードウォッチングに訪れる観光客が急増しています。

また、マッコウクジラやシャチなどの鯨類も頻繁に見られ、観光船も人気となっています。この恵まれた自然環境が高く評価され、2005（平成17）年7月にユネスコの世界自然遺産に「知床」が登録されています。

陸自標津分屯地と連携　「心強い」自衛隊の存在

当町は25キロ先に北方領土である国後島を望み、日々、領土問題と接している地域です。

そのような地域で、陸上自衛隊標津分屯地第302沿岸監視隊羅臼分室が1972（昭和47）年に設置され、根室海峡およびその周辺海域で航行する船舶の警戒、監視、情報収集を日々担っています。

また、警報級の荒天時には、突発的な災害対応に即時に対応できるよう自主的に待機いただき、行政の防災対策にとって非常に心強い存在となっており、実際に記録的な大雪により住宅に閉じ込められた町民の救助に当たっていただいたこともありました。

隊員の方々は、毎年開催される各種地域行事へ積極的に参加していただいており、人口減少に悩む小規模自治体にとっては、非常に心強い存在となっております。

事態対処訓練に40人

応急危険度判定の講義も　東北局

【東北局】東北防衛局（市川道夫局長）は2月25日に「令和3年度事態対処訓練」、3月3日には「応急危険度判定についての講義」を同局内でそれぞれ実施し、事態対処能力の向上を図った。

「令和3年度事態対処訓練」では、東日本大震災における活動をシナリオに盛り込み、職員40人が参加した。コロナ禍ということもあり、参加者全員が検温を受け、窓や扉を全開で実施した。

参加者たちは、▽第2種非常勤務要員の参集訓練▽対策本部設営訓練▽連絡要員の派遣▽対策本部会議の開催▽周辺財産の使用要請があった際の手続きの確認▽統幕から現地調査チームに対するサポート要員派遣の依頼があった場合の要員確保の要領――などを演練した。

また、自衛隊の部隊から「応急危険度判定」の支援依頼を受けたことを想定し、同局の「技術支援班」は派遣場所の優先順位を検討するとともに、総務班は非常時における車両手配や緊急車両の登録といった移動手段の確保にも当たった。

「応急危険度判定」とは、地震で被害を受けた建築物等について、その後の余震などによる倒壊や損傷の危険性、外壁の落下といった危険性を速やかに判定し、恒久的な復旧までの間、被災施設の使用者に危険性に係る情報を提供することで人命に関わる二次災害を防止することを目的としている。

建築物の場合、「危険」は赤、「要注意」は黄、「調査済」は緑の判定ステッカーを出入口などの見やすい場所に表示することで、使用者の安全確保や不安緩和に役立てる。

一方、3月3日に開かれた「応急危険度判定についての講義」では、新規採用職員を対象に、「応急危険度判定士」資格の取得制度や調達部職員との関わり、これまでの活動実績についての講義が行われた。

「事態対処訓練」で対策本部会議を開く市川局長（テーブル奥右側）ら東北防衛局の職員（2月25日、仙台市の東北防衛局で）

参加者たちは資格の種別や取得のための条件、活動範囲などについて説明を受けた。特に、同局における有資格者の割合は70%を誇ることから、「応急危険度判定業務」に対する意識の高さとその重要性を理解するとともに、資格取得に向けた意欲も高めた。

併せて、東日本大震災で被災した防衛施設への支援事例や教訓などについても当時の写真を振り返りながら学んだ。

東北防衛局では「訓練や講義で得た成果や、東日本大震災での課題・教訓を風化させることなく継承し、いつ発生するか分からない大規模地震などに備え、災害対処の意識を日々持ちながら、一層の努力と自己研鑽を重ねていきたい」としている。

リレー随想　市川　道夫

松島は、言わずと知れた宮城県の中部太平洋岸に位置する有名な観光地で、仙台から車で1時間弱の距離にあり、鉄道を使えば、JR仙石線で仙台駅から約30分と、アクセスは大変便利です。

松島の海岸沿いを歩いていると、足元に高台への避難ルートの表示があるのに気付きます。東日本大震災により、松島町でも大きな被害が発生しました。

震災の後には新型コロナウイルスの影響があり、また、今年3月の福島沖を震源とする地震では宿泊客のキャンセルも少なからずあったそうですが、松島の人を惹きつける美しさに変わりはありません。

江戸時代には、既にこの地の美しさは広く知られていた模様で、齢46にして、俳句紀行に出発したかの松尾芭蕉も、『おくのほそ道』において、この地を訪れたと記しています。ただし、芭蕉は、松島の地では俳句を詠んでおらず、あまりの美しさに、それに見合う句ができなかったといわれています。

「松島や　ああ松島や　松島や」という誰にも知られている句は、松尾芭蕉の句ではない、というのが通説のようです。

芭蕉を魅了した松島

海外にも松島の美しさは知られていたのでしょうか。1922（大正11）年、今からちょうど百年前には、相対性理論で有名な天才物理学者、アルベルト・アインシュタインも、東北大学での講演を機に、松島を訪問していたとのことです。その際、松島の月を見て大変感激したと、当時の新聞は報じています。

松島は、月の名所としても知られています。特に、夜の松島は、月の明かりに島々の黒い影が浮かび上がり、とても幻想的に感じられます。松島には、この月にまつわる施設がいくつかあり、島の一つである雄島との間に架かる橋は「渡月橋」との名称がつけられています。

また、観覧船乗り場の近くには、伊達家ゆかりの茶室「観瀾亭」があります。「月見御殿」とも言われるこの建物は、豊臣秀吉から伊達政宗が拝領したものを、二代藩主忠宗が一木一石変えずこの地に移築したと伝えられています。「観瀾」とは、さざ波を観るとの趣旨で、現在、この建物は一般の人の見学も可能で、抹茶をいただきながら松島湾を眺めることができます。

東北・北陸を目指した旅への出発に際し、松尾芭蕉は、「松島の月先（まづ）心にかかりて」とうたい、松島の月への憧れを隠せませんでした。私も月を愛でるつもりで松島を目指しましたが、ここでいただいたプリプリの牡蠣の味が鮮明に心に掛かりました。

（東北防衛局長）

「南海トラフ地震」がテーマ

オンラインセミナー実施　近畿中部局

【近畿中部局】近畿中部防衛局（竹内芳寿局長）は3月6日、「令和3年度防衛問題セミナー」をオンライン（YouTube）で開催した。同局のオンラインセミナーは昨年に続き2回目。

今回は、京都大学名誉教授で京都大学レジリエンス実践ユニット特任教授の鎌田浩毅氏をはじめ、兵庫県立大学大学院減災復興政策研究科准教授の紅谷昇平氏、自衛隊和歌山地方協力本部長の中尾京一氏が講師に招かれ、「南海トラフ巨大地震に備えて」をテーマにそれぞれ講演した。

鎌田浩毅教授

紅谷昇平准教授

中尾京一本部長

第1部では、鎌田教授が「南海トラフ巨大地震のメカニズムと被害想定～『大地変動の時代』に必須の地球科学としなやかな生き方～」と題し、南海トラフ地震の発生メカニズムや被害想定、発生時期などについて講演。

東日本大震災の10倍の被害（被害総額約220兆円、日本国民の半数が被災）が予測される巨大地震や、「西日本大震災」とも呼ぶべき災害が2035年前後に発生することを前提に準備するよう力説した。

第2部では紅谷准教授が「大地震に備えた家庭・地域の防災対策」と題し、大地震に関する身近な疑問をクイズ形式で解説し、命を守るために必要な対策について、①地震直後②直後～3日後③3日後以降――の三段階に分けて説明した。

第3部では中尾本部長が「防衛省・自衛隊の防災訓練」と題して、自衛隊が平素から自治体や在日米軍、関係機関とどのように連携して訓練を行い、災害に備えているのかについて講演した。

当日は約400人が視聴し、「非常に有意義だった」「防災について家族と話し合いたいと思った」「自衛隊の活動が良く分かった」など多くの感想が寄せられた。

近畿中部防衛局は「今後も防衛省・自衛隊と地域の皆さまとの懸け橋として、こうしたセミナーを続けて行くので、ぜひ参加していただきたい」と広く呼び掛けている。

中方「デザート甲子園」を初開催

中部方面隊（伊丹）は昨年度「デザート甲子園」を初開催し、4月5日に最優秀献立と優秀献立を獲得した4部隊に対する認定証授与式を総監部で行った。最優秀献立には出雲駐屯地業務隊の「出雲トライフル」が輝いた。

認定証授与式後の記念撮影に納まる中方最先任上級曹長の北原広樹准尉（右端）、中方総監の堀井陸将（前列中央）と「最優秀献立」を獲得した出雲駐業の森山曹長（その左）＝4月5日、中方総監部で

最優秀献立「出雲トライフル」

最優秀献立を獲得した「出雲トライフル」

【中方＝伊丹】令和2年度「陸自飯グランプリ」で好成績を収めた中方は、給食の質にさらに磨きをかけた。3年度、独自の給食向上施策としてデザートに焦点を当てた「デザート甲子園」を開催。各駐屯地から32のレシピがエントリーされ、昨年9月に、陸幕栄養専門官、需品学校教官などによる献立評価が行われた。評価ポイントは独創性、手作り感、見た目、大量調理への適合性で、大津駐屯地の「中混団子inびわ湖」、姫路駐屯地の「アーモンドキャラメルタルト」、出雲駐屯地の「出雲トライフル」、善通寺駐屯地による「抹茶プリン」の4献立が選出された。

4献立のレシピは各業務隊が共有、各駐屯地食堂で実際に提供され、隊員による食味評価が行われた。

その結果スポンジケーキやムース、果物を層状に盛り付けたイギリス発祥のデザート・トライフルをベースに考案された出雲駐屯地の「出雲トライフル」が最優秀献立に決定した。

授与式では、出雲駐業の森山拓一曹長に最優秀献立、姫路駐業の橋本法幸1尉、善通寺駐業の伊賀上総一郎2尉、大津駐業の松永伊史2尉に優秀献立の認定証と副賞の顕彰板が贈られた。

式では中方総監の堀井泰蔵陸将が訓示で「尽力された皆に感謝する。引き続き満足度の高い給食を提供できるよう尽力してほしい」と要望した。

最優秀献立を獲得した森山曹長は「開発に携わった栄養担当官、食材を準備した糧食班の仲間、厨房で調理してくれた皆さん、そしてエントリーに協力していただいた駐屯地の隊員の皆があっての受賞だと思う。今後もこの賞に恥じぬよう真心のこもったより良い給食の提供に努めていきたいと思います」と今後の意気込みを語った。

「いずしま」が2人収容 ソーナーで観光船も発見

北海道知床沖沈没事故災派

北海道・知床半島沖で消息を絶った観光船「KAZU1」（19トン、乗客・乗員26人）の事故で、行方不明者の捜索に当たっている海自45掃海隊（函館）の掃海艇「いずしま」は4月28日、知床半島東側の海上で行方不明者2人を発見。収容後、海上保安庁に引き渡した。この日は他に1人が発見、収容された。

同29日には「いずしま」が搭載する機雷処分具のソーナーが救援要請のあったカシュニの滝沖合の水深約120メートルの海底で、沈没した「KAZU1」を発見するなど、捜索活動に貢献している。

5月9日までに、空自千歳、秋田両救難隊のUH60J救難ヘリ延べ17機、千歳救難隊と救難教育隊（小牧）のU125A救難捜索機延べ15機が現場海域を捜索。同1日から4日まで海自1掃海隊（横須賀）の掃海艦「ひらど」も同海域で捜索活動を行った。

5月9日現在、自衛隊は引き続きU125A、UH60Jなどを投入し、残る行方不明者の捜索に全力を挙げている。

行方不明の観光船の捜索のため、水中音波探知機を搭載した水中航走体（機雷処分具）を海中に投入する海自掃海艇「いずしま」の乗員（4月29日、北海道・知床沖で）＝統幕提供

幹候校で入校式 682人が決意新たに

陸自

【陸幹候校＝前川原】陸自幹部候補生学校は4月4日、第103期一般幹部候補生課程562人（防大207人・一般大卒185人・部内前段170人）、第58期医科・歯科幹部候補生課程54人、第5期看護科幹部候補生課程66人の計682人の合同入校行事を行った。

新型コロナウイルスのため2年連続同校グラウンドで行われていた式も、3年ぶりに剛健大講堂で行われたが、来賓は部内関係者のみで今年も候補生の親族などの入場は見送られた。

式は藤岡史生陸幕人事教育部長、橋爪良友教育訓練研究本部副本部長など部内来賓者の立ち会いのもと、候補生に対する辞令書交付、候補生による任命申告、入校申告が行われた。服務宣誓は篁樹生一般幹部候補生、大場夢生薬剤科幹部候補生、的場梨花歯科幹部候補生がそれぞれ行った。

石原由尊学校長は式辞で「試練の前に敢えて立て」、「同期を大切に」の2点を要望し、「古来より尚武の地として知られるこの地で研さんできることを喜びとし、今の決意を堅持し続け、幹部自衛官としての基礎を築いてもらいたい」と述べた。

その後ビデオメッセージで山根寿一陸上幕僚副長が「幹部自衛官としての使命感を確立せよ」「自ら鍛錬し、常に挑戦せよ」の2点を要望。「幹部候補生学校校歌のごとく『くろがねの誓い』を堅持し『はつらつと心を燃やし』日々鍛錬に励み、光り輝く自衛官となるべく成長してほしい」と期待感を示した。

入校式を終えた候補生たちは、今後約2～10カ月にわたり、各課程で厳しい教育訓練に挑む。

陸自幹部候補生学校の合同入校行事で、代表し服務宣誓を行う（手前左から）篁曹長、大場曹長、的場曹長

「陸修会」が設立記念式典 陸自幹部退官者の新組織

「陸修会」の設立記念式典で「会の充実・発展は会員一人一人の国を思う志にかかっている」と式辞を述べる森勉元陸幕長（演台）＝4月27日、東京都新宿区のホテルグランドヒル市ヶ谷で

陸上自衛隊の幹部退官者による新たな組織「陸修会」の設立記念式典が4月27日、東京都新宿区のホテルグランドヒル市ヶ谷で開かれ、関係者約120人が新組織の門出を祝った。

式典には、吉田圭秀陸幕長をはじめ、陸幕監理部長の岸良知樹将補、同人事教育部長の藤岡史生将補、隊友会の折木良一理事長、自衛隊家族会の宮下寿広副会長、日本郷友連盟の寺島泰三会長、偕行社の深山明敏副理事長、水交会の杉本正彦理事長、つばさ会の杉山良行副会長が来賓として招かれた。

最初に、「陸修会」の副理事長を務める火箱芳文元陸幕長の開会あいさつに続き、初代理事長に就任した森勉元陸幕長が登壇。「陸自の創隊以来、半世紀以上存在しなかった幹部退官者による『陸修会』の設立に深い感慨を覚える。今ようやく出発点に立った。同会の充実・発展は会員一人一人の国を思う志にかかっている」と式辞を述べ、関係者に理解と協力を求めた。この後、吉田陸幕長が祝辞を述べ、同会が「現職自衛官を支援する」ことを基本方針に掲げていることに謝意を表した。

最後に初代会長に就任した志摩篤元陸幕長がユーモアを交えながら閉会のあいさつを述べ、盛会のうちに式典を締めくくった。

「陸修会」は、旧陸軍将校や元自衛隊幹部などでつくる公益財団法人「偕行社」（森勉理事長）と基本的な考え方で認識を共有する点が多いことから、「偕行社から求めがあった場合には偕行社との合同（合体）について協議する」としている。次回は今年7月に第2回の理事会を開き、会の運営について協議する予定だ。

こちら警務隊 粗暴犯（傷害罪）

人の身体に傷害を負わせたら 15年以下の懲役か50万円以下の罰金

傷害罪は、どのような場合に該当しますか？

人の身体に傷害を負わせた場合、傷害罪に該当し、15年以下の懲役又は50万円以下の罰金に処せられます。

怪我をさせるつもりがなくても相手に暴行し、傷害を負わせてしまった場合、暴行罪ではなく傷害罪に該当します。

部下や後輩が指示を聞かないという、一時的な感情や苛立ちから暴行行為を行い、暴行罪より重い傷害罪になってしまう事例が後を絶ちません。

いかなる理由があろうとも暴行は犯罪であることを認識しましょう。

部下や後輩に対しては、丁寧に説明し、納得させることが重要です。

（東北方面警務隊）

体力練成優秀部隊を表彰

空幕長

【空幕教育室】空自は3月28日、令和3年度の体力測定Ⅰ（腕立て伏せ、腹筋、3キロ走）の優秀部隊を表彰した。

この表彰は平成25年度から始まり、今回で9回目。航空方面隊・集団等隷下の約80個部隊を対象に所属隊員の平均の級等を競う「練成成果」と、前年度との平均の等級の伸び率を競う「練度向上」の2部門で、成績の上位3個部隊に表彰状が贈られた。

「練成成果の部」は硫黄島基地隊が見事2連覇を成し遂げ、中施隊（入間）が2位、特輸隊（千歳）が3位となった。部隊規模に応じて3つにクラス分けされた「練度向上の部」では、4空団（松島）、13飛教団（芦屋）、機動衛生隊（小牧）がそれぞれ優秀賞を獲得した。

井筒空幕長は硫黄島基地隊司令の中澤武志1佐、4空団司令の増田友晴将補ら優秀部隊の代表に空幕からオンラインで表彰伝達を行った。式にはオンラインで副長の阿部睦晴空将、人教部長の倉本昌弘将補が立会。井筒空幕長は「熱意と努力の賜物であり、敬意を表する」とたたえ、「創意工夫をもって時に楽しく訓練を実施してもらいたい」と激励した。

オンラインで体力測定Ⅰの優秀部隊を表彰する井筒空幕長（左）＝3月28日、空幕で

小休止

▽…上富良野駐屯地太鼓部「紫彩太鼓」は3月29日、富良野地方自衛隊協力会上富良野支部女性部が開催した定期総会で力強い太鼓演奏を披露した＝写真。

▽…紫彩太鼓は平成29年11月、幌別駐屯地の「北海自衛太鼓」の指導を受け、駐屯地太鼓同好会として発足。定期総会の演奏には2戦車、3対艦連、4特群、14施群、2対舟艇対戦車中隊の隊員12人が参加した。

▽…隊員たちは新曲の「泥流太鼓」とチーム曲の「紫彩復興太鼓」の2曲を披露、心に響く演奏で観客を魅了した。（上富良野）

（世界の切手・スイス）

僕らは謙虚でなくちゃいけない。静かな生活の美しさを知るべきだよ。

サマセット・モーム（イギリスの小説家・劇作家）

朝雲ホームページ
www.asagumo-news.com
会員制サイト
Asagumo Archive プラス
朝雲編集部メールアドレス
editorial@asagumo-news.com

友人とその父に届け！息子の想い

2空曹　宮迫　大輔（西部防空管制群本部・春日）

私の息子（小6）は、春日市にある「大谷スポーツ少年団」という小学生のソフトボールチームに所属しています。5年生からピッチャーを始め、6年生では同学年のA君とバッテリーを組むことになりました。A君とは、同じマンションに住んでいることもあり、家族ぐるみで仲良くしています。

A君のお父さんは、一昨年病気を患い、体調を崩されて、昨年夏ごろから入退院を繰り返していました。

昨年11月、福岡各地域のソフトボールチームからの選抜選手で結成されたチームが参加する「オールスタードリームマッチ福岡2021」があり、10月に春日市内のスポーツ少年団のチームに所属する選手を対象とした「春日市選抜」選手の選考がありました。息子は選ばれましたが、残念ながらA君は落選しました。

そして翌11月、A君のお父さんは亡くなられました。A君のことを思うと、ソフトボールチームにとっても、私たち家族にとっても、受け入れられない哀しい出来事でした。

息子は、A君のことで落ち込んでしまい、選抜の辞退を考えていました。しかし、それを聞いたA君から「僕の分まで選抜頑張って、僕のお父さんにメダルを見せに来てね」とメールをもらいました。

息子は、すぐにA君の家に行き、A君から所属チームのユニフォームの背番号のゼッケンを借りて、「これを試合でポケットに入れて、A君の分まで頑張って、必ずA君のお父さんにメダルを持ってくる！」と約束しました。

ドリームマッチ当日、春日市選抜チームは破竹の勢いを見せ、春日市選抜初となる3位となり銅メダルを獲得しました。息子もA君のゼッケンと一緒にエースとして全試合で先発投手として投げ抜き、個人としても敢闘選手賞をもらいました。

息子は試合から自宅マンションに戻ると、試合の荷物を持ったまま自宅に寄らずにすぐにA君の家に行きました。そしてA君のお父さんの写真の前で「A君のお父さん、約束どおりメダル持ってきました。力を頂きありがとうございました」と報告していました。

そのあとA君と抱き合って、「A君、いっしょに戦ってくれてありがとう」と借りていったA君のゼッケンをポケットから出し、手渡しました。

その二人の姿を見て、涙が出てきた私とは対照的に、A君のお父さんの写真の顔は笑っているように見えました。

きっと、A君のお父さんにも届いていますよね。

A君のお父さんに快挙をプレゼントした宮迫2曹の息子さん（右）とA君

旅団長初度視察の儀仗隊長を務めて

3陸尉　久保田　侑子（6普連火力支援中隊準備隊・美幌）

私は4月4日に実施された第5旅団長初度視察で儀仗隊長を務め、自身及び隊員らの大きな成長を感じることができました。

儀仗隊長を任命された際は、不安と緊張で腹痛になるほどでしたが、火力支援中隊準備隊が美幌駐屯地の代表として活躍できる初めての機会であり、「絶対に成功させてやる！」と強く思いました。

しかし、儀仗隊員のほとんどが新配置隊員であったことや、身長や体格が大きく異なっていたことで、練成は困難を極めました。動作をそろえさせる以前に個癖が強い隊員が多く、練成当初は、「本番に間に合わないかもしれない…」という弱気な考えが頭をよぎってしまいました。

そんな中、私の心配を吹き飛ばしたのは練成に前向きな隊員たちでした。何度同じことを指導してもくじけず、妥協せず、必死になって付いてきてくれました。指導部や小隊陸曹及び分隊長も、隊員一人一人に寄り添い、厳しくも愛のある指導をしてくれました。私は、「絶対にみんなの努力を無駄にさせない」と心に決めました。

練成期間は5日間ほどでしたが、日に日に隊員たちの練度が向上するとともに、気持ちの面でも全員が同じ目標に向かっていることが感じ取れました。本番には、全員が自信をもって挑めていたと思います。

儀仗を終えて、旅団長や連隊長をはじめ、多くの方々にお褒めの言葉をいただき、とても光栄で達成感に満ち溢れた気持ちになりました。

練成は辛く厳しいものでしたが、全員が妥協せずに最後まで任務を遂行できたことは、今後の自衛隊生活のなによりの糧になると感じています。

今回、機会を与えてくださった連隊長や、勤務が忙しい中、支えてくださった火力支援中隊準備隊の皆さま、そして儀仗隊員たちにこの場を借りてお礼申し上げます。本当にありがとうございました。

鳥海誠司5旅団長による巡閲をエスコートする久保田3尉（手前中央）

みんなのページ

朝雲・栃の芽俳壇

畠中草史　選

まさをなる空にこぞりし花ミモザ　福生・空事務官　村松加珠彦
真っ青な空と花ミモザの色の対比を素直に叙された。作句の写生の骨法を見る思い。

林立のビルを遥かに潮干狩　銚子・海OB　斎藤　一向
千葉県内房側の潮干狩。東京湾を挟んで遥かに望める林立のビル群。立ち位置がよい。

雪を掻き腰を伸ばして雪を掻く　恵庭・陸OB　足立　徹

蛍火の点りてよりの闇深き　宮崎・空OB　髙木　智念

春の湖オール捌きの声弾む　浜松・空OB　宮本　立勇

畦塗って比叡の裾をきらめかす　大津・陸OB　丸岡　正男

春愁や足場を払ふ槌の音　あきる野・一般　小和田一男

母在せし和室に春の光差す　熊谷・空OG　関谷　桂子

桜守逝き百年樹遺しけり　町田・陸OB　岩原　滋利

ポンプ井の赤錆著き余寒かな　静岡・空OG　木通　佳子

公魚の連なり光り釣り上ぐる　熊谷・空OB　明田　眞雅

遣り直しきかぬ齢や春愁　熊谷・空OB　蓮佛志向子

芽柳や戸毎に木橋架かる町　相模原・海OG　折口　桂子

如月の道路工事のまだ果てぬ　熊谷・空OG　佐藤　玲美

山裾の未だ整わぬ初音かな　小牧・陸OB　松岡　魚青

水槽の亀動き初むあたたかし　札幌・陸OB　坂元　順一

青空へ宮の大屋根陽炎へる　鹿島・陸OB　一ノ瀬恵昭

繕へる年季の箱や雛納め　東京・陸OG　杉山ふく美

卒業の月日暦に印し待つ　熊谷・空OG　福元万理子

リハビリの吾に下萌の力欲し　富谷・陸OB　加川　師亨

咲く梅を惜しげなく剪る庭師かな　熊谷・空OG　関田　絹江

畑返す土の中にもぬくさあり　香川・陸OB　渡辺　成典

父母恋し唄ふみすずや春のくれ　熊谷・空OB　工藤　敏雄

蜂蜜の朝食をとり卒業す　相模原・一般　森　謙二

選者作品

花屑を寄せるともなく船溜

投句歓迎！

▽郵便はがきの裏面に未発表の自作3句以内と氏名、年齢、職業（自衛官・事務官＝所属部隊＝、OB、家族、一般など）、住所、電話番号を記入▽締め切り毎月15日▽宛先＝〒162−8801東京都新宿区市谷本村町5の1　防衛省D棟市ヶ谷記者クラブ朝雲俳句係☎03（5225）1750、専用線8・6・25515

旅団長旗手を務め

3陸曹　横山　ひな子（6普連本管中・美幌）

4月4日に実施された第5旅団長初度視察に際し、6普連で初めて女性自衛官として旅団長旗手を務めさせて頂きました。

旅団長旗手を務めることには不安はありましたが、連隊長から「優秀な女性自衛官が埋もれてしまうのは惜しい。女性自衛官も活躍する機会が必要だ」とお話を頂き、「旅団長旗手のお話を受けよう」と決意しました。

当日は天候にも恵まれ、良い緊張感の中、無事に役目を終えることができました。儀仗や旅団長訓示の際、いつもと違う目線で部隊を見ることができたのはとても良い経験でした。

また、隊内巡視の際、旅団長が各隊員へ熱心に声を掛けられる姿を直接見ることができ、旅団長の各隊員に対する気持ちが分かり、旗手をさせて頂いたことを光栄に思いました。今後は、この貴重な体験を他の女性自衛官の活躍につなげていきたいと思います。

旗手の任務を無事果たし、鳥海旅団長（左）から労をねぎらわれる横山3曹

OBがんばる

海自と社会に貢献を

西尾　智徳さん　57
令和2年2月、海自5空群（那覇）を2佐で定年退職。株式会社エー・エム・サポートに再就職し、現在、鹿屋事業所長として所員の作業管理等に励んでいる。

私は、令和2年2月に海上自衛隊を定年退官し、就職援護を通じて、同年5月にエー・エム・サポートに再就職しました。私が勤務する鹿屋事業所は、私にとって第2の故郷でもある鹿屋市の海自鹿屋航空基地内に所在しています。

当社は、海自の航空機等整備支援業務及び防衛企業による海自の航空機PBLの支援業務を行っています。このため、私たちは、「海自のため、現役のために」の社是のもと、北は大湊、南は那覇までの海自10航空基地及び十条駐屯地の補給本部で、航空機等の整備・補給に関わる業務支援を行っています。

鹿屋事業所の主な業務内容は海自が運用する航空機の「信頼性データ等管理」「技術刊行物管理」「航空機等来歴簿管理」「供用官部門支援」で、全所員が現役時代に培った専門的な知識、技能をフルに発揮し、部隊の円滑な隊務運営に貢献しています。私は事業所長として本社とのパイプ役となり、事業所の企画運営、所員の作業管理等の業務を行っています。

退官後も現役時代と変わらない環境の中で、長年培った知識、経験をまた生かせることにとてもやりがいを感じるとともに、後輩隊員の頼もしい姿を目の当たりにし、まだまだ負けてたまるかと自分を奮い立たせながら日々精進しています。

また、装備がいくら新しくなっても、それに携わる人が充実し、互いが信頼し合っていなければ集団としての力を発揮することはできません。これからも、所員一同が心を一つにして海自ひいては社会に貢献していきたいと思います。

詰碁

第1282回出題

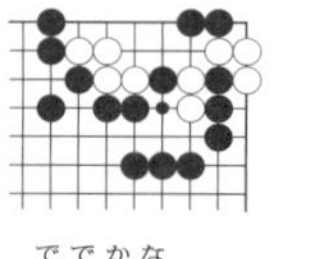

出題　日本棋院　九段　曲　励起

白先

『白はどうなりますか』。5分できれば中級です。

▶詰碁、詰将棋の出題は隔週です◀

詰将棋

出題　日本将棋連盟　九段　石田　和雄

≪第866回の解答≫

先手　持駒　金桂

【正解】▲3四桂△同角▲2一と△1三玉▲2四金△同歩▲3一馬△2三玉▲2二馬までの九手詰め。

【解説】▲3四桂は手筋。対し△1三玉は▲3一馬△2四玉▲2五金△3三玉▲2二馬までの早詰み。

三手目▲2一とが軽い手で△1三玉の逃げに▲2四金が退路を断つ好手でトドメを刺します。

新刊紹介

「中国の航空エンジン開発史——国産化への遠い道」

榊　純一著

著者は石川島播磨重工業（現IHI）でジェットエンジン開発の陣頭に立ってきた技術者で同社の元常務執行役員。1994年に民間企業から初めて防衛研究所の「一般課程」に指名登用され、約10カ月間の研修を受けた時から追究してきたテーマを本書として完成させ、世に送り出した。

中国は航空宇宙分野で目覚ましい発展を遂げる一方、依然として航空機の性能を100％発揮させるジェットエンジンを自主開発できず、それが「唯一の弱点」となっている。

本書はこの点に焦点を当て、中国が国内で初めてエンジンを組み立てた1956年から現在まで約60年間のジェットエンジン開発の歴史を詳らかにし、その実情に迫る。

防研で94年当時、著者の卒業論文の指導に当たった拓殖大学名誉教授の茅原郁生氏（元陸将補）は巻頭に推薦文を寄せ、「本書は単に中国の脅威をあおるのではなく、中国エンジン開発の実態を客観的に分析している点でほかに類書がない」と高く評価。中国の軍事を技術面から論じた著作が少ない中、「防衛関係者はもちろん、政治家、研究者、報道関係者にとっても必読の書だ」と綴っている。

（並木書房刊、1980円）

「神は賽子を振らない——第32代陸上幕僚長　火箱芳文の半生」

渡邉　陽子著、火箱　芳文監修

月刊『PANZER』2019年5月号から昨年10月号まで連載していた記事を書籍化。元陸幕長・火箱芳文氏の防大入校時から陸幕長として退官するまでの約40年間を、ライターの渡邉氏が単なる「えらい人の武勇伝」にならないよう、火箱氏本人曰く「身ぐるみを剝がされる思い」で語らせた回想録。

一自衛官のサクセスストーリーに思える経歴の中には、待ち焦がれた異動もあれば、「俺の状況は終わった」と打ちのめされた人事もあったという。時には組織の中で翻弄され、無力さを痛感することもあったが、部隊のため、そして自衛隊のために絶え間なく精進する姿、そして何よりも火箱氏本人の温かい人間性に起因した多くのエピソードは、同氏がまさに「愚直に努力を重ねる人間」そのものであることを読者に訴える。

徹底した現場主義とリアリズム、そして人間愛。それらを武器に、東日本大震災という未曽有の国難時に陸幕長として陣頭指揮を取った事実は記憶に新しい。

本人の造語である「即動必遂」を実践したリーダーの生きざまは、自衛官のみならず、社会人、学生など多くの読者にとって示唆に富む内容となっている。

（アルゴノート刊、2200円）

朝雲

発行所 朝雲新聞社
〒160-0002 東京都新宿区
四谷坂町12－20 KKビル
電 話 03(3225)3841
FAX 03(3225)3831
振替00190-4-17600番
定価一部150円、年間購読料
9170円（税・送料込み）

主な記事

岸田首相
タイと「防衛装備品」協定
アジア、欧州6カ国歴訪

岸田首相は4月29日から5月6日まで、インドネシア、ベトナム、タイ、イタリア、バチカン、英国を歴訪し、各国の首脳らと会談した。安全保障分野では、タイとの間で「防衛装備品・技術移転協定」に署名したほか、英国との間では自衛隊と英国軍が互いの国を訪問する際の手続きを簡略化して共同訓練や運用を円滑化する「円滑化協定（RAA）」の締結に向けた大枠合意で一致。空自の次期戦闘機開発をめぐっても今年末までに日英協力の全体像について合意することで一致した。5日に最後の訪問地の英国で会見した岸田首相は「いずれの首脳とも大変有意義な議論ができた」と述べ、一連の成果を強調した。

岸田首相（中央左奥）とタイのプラユット首相兼国防相（同右奥）の立ち会いのもと、「防衛装備品・技術移転協定」に署名し、文書を交換する駐タイ日本大使の梨田和也氏（手前左）とタイ軍司令部統合兵站部長のシリチャイ・カンジャナボディ氏（同右）＝5月2日、バンコクの首相府で（官邸HPから）

岸田首相は5月2日、タイの首都バンコクの首相府でプラユット・ジャンオーチャー首相兼国防相と約2時間15分会談し、両国関係のさらなる強化を確認するとともに、日本からの防衛装備品の輸出を可能とする「防衛装備品・技術移転協定」の締結で合意した。

両首脳の立ち会いのもと、駐タイ日本大使の梨田和也氏とタイ軍司令部統合兵站部長のシリチャイ・カンジャナボディ氏が「防衛装備品・技術移転協定」に署名し、即日発効。両首脳は署名を歓迎し、今後、具体的な移転案件を協議していくことで一致した。

同協定について日本は米英豪仏伊独など11カ国と締結しており、タイは12カ国目。アジアではインド、フィリピン、マレーシア、インドネシア、ベトナムに続き6カ国目となった。

会談後の共同記者発表で岸田首相は「安全保障協力の拡大に向けた大きな一歩だ」と述べ、プラユット氏は「タイの防衛産業へ日本からの投資の後押しにつながる」と期待感を示した。

日英「円滑化協定」大枠合意

5月5日に英国を訪れた岸田首相は、ロンドンの首相官邸でボリス・ジョンソン首相とワーキングランチなどを含め計1時間45分会談し、自衛隊と英国軍が共同訓練などで相互訪問する際の手続きを簡略化して運用を円滑化する「円滑化協定（RAA）」の締結に向けた大枠合意で一致した。

日本が2国間で相手国軍の法的地位を定める協定に署名すれば、米国と豪州に続き3カ国目となる。両首脳は昨年10月に交渉を開始した同協定が大枠合意に至ったことを歓迎し、今後、早期署名に向けて作業を加速化することを申し合わせた。

このほか、空自の次期戦闘機開発をめぐり、同盟国なども連携しながら、今年末までに日英協力の全体像について合意することでも一致した。

岸田首相は今回の歴訪を通じて各国首脳とウクライナ情勢についても意見交換。5日の記者会見で「ロシアによる侵略は欧州だけの問題ではなく、インド太平洋を含む国際社会の秩序の問題だ」と述べた上で、「英国とイタリアとの間ではG7（先進7カ国）の協調を確認した。東南アジア3カ国に対しては、アジア唯一のG7メンバーとして働き掛けを行い、『力による一方的な現状変更はいかなる場所でも許されない』との共通認識を得ることができた。各国との間で、危機にある今こそ『自由で開かれたインド太平洋』が重要との認識で一致した」と歴訪の成果を総括した。

岸防衛相（中央右）に提言を手交する自民党安保調査会長の小野寺五典元防衛相（同左）。右端は木原稔元防衛政務官、左端は宮澤博行元防衛政務官＝4月27日、防衛省で

自民党安保調査会
岸防衛相に提言
防衛費増額、「反撃能力」求める

自民党の安全保障調査会長を務める小野寺五典元防衛相ら同調査会の幹部が4月27日、防衛省を訪れ、岸防衛相に防衛費の増額や「反撃能力」の保有などを求める党の提言を手渡した。

提言は、政府が年内をめどに進める外交・防衛政策の基本方針「国家安全保障戦略（NSS）」など「戦略3文書」の改定を見据えたもので、我が国周辺国が配備を進める弾道ミサイルの技術進化により「迎撃のみでは我が国を防衛しきれない恐れがある」と指摘。

専守防衛の考え方の下、弾道ミサイルを含む我が国への武力攻撃に対する「反撃能力」の保有を政府に求めているほか、防衛費についても、中国の軍備増強やロシアによるウクライナ侵略などを踏まえ、北大西洋条約機構（NATO）諸国における防衛予算の「対国内総生産（GDP）比2%以上」とする目標も念頭に、「5年以内に必要な予算水準の達成を目指すこと」と明記した。

小野寺会長は「ミサイル防衛を含め、従来から憲法で許されている中でのいわゆる『反撃能力』をしっかり持って、万全な体制をとっていただきたい。防衛費の増額も政府全体として要求していただき、私どもは政治として後押しをしていきたい」と述べた。

これに対し、岸大臣は「ロシアによるウクライナ侵略で国際社会最大の危機とも言える状況の中、我が国の防衛力の強化を抜本的に進めていかなくてはならない。提言をしっかり受け止め、防衛力を強化できるよう予算をとりまとめていきたい」と応じた。

中国空母で発着艦200回
空自戦闘機がスクランブル

中国海軍の空母「遼寧」から発艦した艦載戦闘機J15（5月9日）＝統幕提供

防衛省は5月12日、日本近海を航行している中国海軍の空母「遼寧」（5万9400トン）での艦載戦闘機やヘリの発着艦が200回を超えていると発表し、「空母などの運用能力や、より遠方の海空域における作戦能力の向上を企図した活動である可能性がある」との見方を示した。

「遼寧」は5月1日から2日にかけ、「レンハイ」級ミサイル駆逐艦1隻、「ルーヤンⅢ」級ミサイル駆逐艦3隻、「フユ」級高速戦闘支援艦1隻とともに長崎県・男女群島の西約350キロに現れ南進。沖縄周辺の東シナ海を航行中に「ジャンカイⅡ」級フリゲート1隻、「ルーヤンⅡ」級ミサイル駆逐艦1隻が加わり、計8隻の艦隊を編成し太平洋に出た。

3日正午ごろからは「遼寧」艦載のJ15戦闘機、Z9、Z18ヘリの発着艦を開始した。これに対し、海自1護隊（横須賀）の護衛艦「いずも」、8護隊（呉）の「すずつき」などが警戒監視に当たったほか、空自の戦闘機が緊急発進し、空母艦載機の日本領海への接近などに備えた。

岸大臣は10日の定例会見で、「（中国海軍の行動は）わが国に最も近接した海域でのことであり、懸念をもって注視せざるを得ない。引き続き高い緊張感をもち警戒監視を続ける」と述べた。

春夏秋冬

過去とつながることで

先崎　彰容

5月上旬のことである。防衛省に勤務する知人と会食後、夜の街を散歩した。東京は賑わいを取り戻し、ネオンは明るい。飲食店とファストファッション店の間で、クレーンゲームに興じるカップルがいる。若者たちは思い切り羽を伸ばし、歓談に耽り、道に座り込んでいる。熱気と猥雑、歓楽の気分が周りを包み込んでくる。

知人が足を止めた。ふと、「僕たちは何のために、何を守っているんですかね」と言った。3時間以上も、私たちは日本の防衛について語り合っていた。徹夜で仕事をすることもしばしばの知人は、早朝勉強会を主催する勉強家でもある。その彼の口から洩れた言葉に、私は激しく同意したのである。

防衛とは、わが国の安全と平和を守ることである。つまり戦死者を出さず、秩序を維持する終わりなき作業である。平和は当然視され、感謝されることは少ない。秩序が瓦解すれば、多くの非難を受けるであろう。だとすれば、なぜ私たちは歓楽街の傍らで、誰に頼まれたわけでもないのに、国家について話し込んでいるのだろうか。クレーンゲームと酒と肴に溢れるこの街は、守るに値するのか。

以前、ある料亭で見せられた書簡が思い出された。それは山本五十六が料亭の女将に宛てた、真珠湾攻撃直後の書簡であった。今、日本国内では真珠湾攻撃成功のニュースで、歓喜に沸いていると聞いている。それは外洋にいる自分にとって、誠に喜ばしいことである。だが、いつ東京のあなたの店も空襲にあうか分からない。だから十分に注意してほしい。そして大臣が店を訪れたら、女将から是非、「戦艦ではなく、戦闘機に予算をつけて」と言ってほしい――。山本は全てを予見していたのだ。この逸話を知人に話したうえで、私は言った。「僕らだけではないのだ、いつの時代も、『汚れ役』を引き受けた者はいたのだよ」と。つまり、人間は過去とつながることで、「自分」の生きる意味を得ることができる。そんなことを考えた一夜であった。

（日本大学危機管理学部教授）

防研戦史研究センター史料室
貴重な公文書を収集・永久保存

「歴史的に貴重な戦史史料の寄贈を受けた場合は永久保存します」と話す防研戦史研究センター史料室の菅野直樹室長（地下史料庫で）

防衛研究所（齋藤雅一所長・市ヶ谷）は、全国の各基地・駐屯地等で散逸や劣化の危機に直面している貴重な歴史的史料の収集・永久保存に乗り出した。

今年で戦後77年を迎え、全国の各基地・駐屯地等に所在する史料館（資料館）や広報館では、それぞれが保有する旧陸海軍の公文書といった多くの紙媒体史料について、経年劣化や管理者の世代交代により、その保存、管理、修復、展示、価値評価――などに苦慮するケースが生じているという。

そこで防研は、こうした問題について全国から随時相談を受け付け、解決策を提案するとともに、史料を寄贈された場合は、防研の「戦史研究センター史料室」において▽評価選別▽殺虫・殺菌▽目録作成▽補修・製本――を行った上で、適切な温湿度に保たれた史料庫に永久保存し、広く一般公開していく予定だ。

戦史研究センター史料室は、公文書管理法適用対象外の「歴史資料等保有施設」に指定され、旧陸海軍に関する"我が国最大のアーカイブズ"として現在、『戦史叢書』（朝雲新聞社刊）をはじめ約16万7000冊の旧陸海軍公文書などの戦史史料を永久管理している。

同史料室長で、国立公文書館から公文書管理に関する公的資格「認証アーキビスト」の認定を受けている戦史史料専門家の菅野直樹氏は、「まずは遠慮なくご相談を」と全国の関係者に情報提供と協力を呼び掛けている。

◇問い合わせ先＝戦史研究センター史料室・齋藤達志2陸佐または山口昌也 防衛省（大代表）03・3268・3111（内線29651または29234）まで。

防研戦史研究センター史料室のYouTube動画（QRコード）

北朝鮮
弾道ミサイル3発
7日のSLBMは「変則軌道」

防衛省は5月12日、北朝鮮が同日午後6時28分頃、西岸付近から弾道ミサイル3発を東方向に発射したと発表した。最高高度は約100キロで、通常の弾道軌道だとすれば約350キロ飛翔し、我が国の排他的経済水域（EEZ）外である北朝鮮東岸の日本海に落下したと推定される。

北朝鮮のミサイル発射は巡航ミサイルを含め今年15回目。日本への被害は確認されていない。

岸防衛相は翌13日の記者会見で「詳細は分析中」とした上で、「2020年3月29日などに発射された、（防衛省の区分で）『短距離弾道ミサイルC』、いわゆる北朝鮮が『超大型放射砲』と称する『KN25』の可能性も含め、さらなる分析を進めている」と説明した。

一方、5月7日に北朝鮮が東岸の新浦（シンポ）付近から発射した潜水艦発射弾道ミサイル（SLBM）と推定される1発＝本紙5月12日付既報＝について、岸大臣は10日の記者会見で「変則軌道で飛翔した」と新たな分析を示し、「2021年10月19日に発射された新型の潜水艦発射弾道ミサイル（SLBM）と同型のものとみられ、前回発射時と同様、『コレ』級潜水艦から発射された可能性がある」と指摘した。

「AI・データ分析官」に
山下俊恵氏を採用

防衛省・自衛隊は5月13日、人工知能（AI）に関する豊富な知識と経験を生かして技術指導などを行う初の「AI・データ分析官」に、Modis株式会社（本社・東京都港区）の山下俊恵氏を同日付で採用したと発表した。任期は今年度末まで。山下氏は兼業可能な非常勤職員として、AIの活用やデータ分析の指導・助言に当たるほか、防衛省・自衛隊の将来の活動に資するAIの研究などに対する支援を行う。

朝雲寸言

毎年のように訪れていた沖縄の海にここ数年訪れることができないでいる▼何処までも続く青い海、沖縄の海が青いのは太陽の光が強いこと、海の透明度が高く遠浅であること、そして海岸の砂浜が白いからである。海の透明さと砂浜の白さは長い年月をかけて成長するサンゴ礁のお陰であるという▼東アジアにおいてほぼ中央に位置する沖縄は太平洋の要石と呼ばれた。かつてこの島で日本と米国の史上最大の激戦が行われた。単一の島嶼への上陸作戦として見れば米国が欧州に投入した全兵力に匹敵する規模の戦力がこの島に集中したのである▼圧倒的な戦力差がありながら日本軍の粘り強い防御戦闘と反斜面陣地などの巧みな陣地形成で米国は苦戦を強いられた。1カ月程度の短期決戦と見積もられた作戦は5カ月を超える持久消耗戦となった▼歴史には色々な見方がある。しかし沖縄戦が先の大戦の終結に大きな影響を及ぼしたことは間違いない。沖縄戦が短期間で終わっていれば米国の日本本土進攻作戦が実行されていたかもしれない▼沖縄戦終焉の地、摩文仁の丘の岸壁にある司令部壕からも沖縄の青い海が見える。本土決戦の時間的余裕を得るために勝算のない持久戦を指揮・統率した司令官の心境を思い、戦死者8万を超える将兵の戦いを思い、10万人を超える沖縄県民の犠牲と苦悩を思う。沖縄が日本に復帰したのは27年後、1972年5月15日のことである。

時の焦点

国内

沖縄復帰50年

負担減と抑止力両立を

苦難の歴史に思いをはせながら、新しい時代を切り開いていかなければならない。復帰半世紀の節目に、国民一人一人が沖縄の過去と未来を改めて考えたい。

沖縄の日本復帰から50年を迎えた。沖縄と東京の2会場を中継で結んで記念式典が行われ、天皇、皇后両陛下は皇居からオンラインで参加された。政府主催の式典が2会場で行われたのは、1972年5月15日の復帰当日以来である。

天皇陛下のお言葉でも、岸田首相と玉城デニー知事の式辞でも、沖縄が先の大戦で悲惨な地上戦の舞台となったことが触れられた。

太平洋戦争末期、沖縄では住民を巻き込んだ激しい戦闘が行われ、軍民あわせて20万人余りが亡くなったのである。

「沖縄県民斯ク戦ヘリ 県民ニ対シ後世特別ノ御高配ヲ賜ランコトヲ」

海軍の沖縄方面根拠地隊司令官として45年6月に戦死した大田實中将は、そう綴った電報を軍中央に送った。

日本が今日享受する平和と繁栄は、こうした尊い犠牲のうえに成り立っていることを忘れてはなるまい。

とりわけ沖縄は、戦後も27年にわたって米国に統治され、土地の強制収用も行われた。高度成長にわいた本土とは大きく異なる。

首相が式典で「沖縄の潜在力を最大限に引き出し、『強い沖縄経済』を実現する」と強調したのは、復帰から50年を経てもなお本土との経済的な格差が残る現状を打開しようという決意の表れであろう。

豊かな自然と独自の文化を有し、コロナ禍前まで観光産業は順調に発展してきた。

だが、島とあって輸送コストが高く、地域経済を安定的に支える製造業は成長できなかった。

観光業だけに頼る経済は不安定で、1人あたりの県民所得は低く、子供の貧困率も高い。

「強い沖縄経済」の実現に向けて、政府が力を入れているのは、デジタル関連など高度な科学技術を活用する産業の創出である。国と県が一体となって、沖縄が自立的に発展できるよう知恵を絞ってもらいたい。

沖縄には、在日米軍専用施設の7割が集中している。事件・事故の危険性や騒音に対し、県民が強い不満を抱えるのは当然だろう。

首相は、米軍キャンプ瑞慶覧の一部区域について、返還前に公園として県民に開放する方針を表明した。

今後も着実に基地負担の軽減に取り組んでいく必要がある。

「世界一危険」とされる米軍普天間飛行場の移設を進展させるため、国と県の対立に終止符を打つことが不可欠だ。

中国の軍備増強に加え、ウクライナ危機によって安全保障への関心は高まっている。基地負担を軽減しながら、日米同盟の抑止力を維持する。困難な課題に正面から取り組むことが我々に課せられた責務である。

宮原 三郎(政治評論家)

海外

ウクライナ支援

米当局の危険なリーク

簡単に秘密を漏らすおしゃべりという印象は確かにいる。しかし、そうした"口軽の主"が「情報機関の当局者」だとなると、事の重大性の桁が違ってくる。

ウクライナ情勢に関して5月初め、米国が提供する広範な情報のおかげで、ウクライナがロシアに最大級の勝利を収めている事実を示す詳細なリークが相次いだ。

「ニューヨーク・タイムズ」紙は4日、「米の情報がウクライナによるロシア将軍の殺害を支援—当局者言明」との見出しで報道。

記事によると、米情報機関はウクライナ軍にロシア部隊に関する情報を提供し、ウクライナは米の支援のおかげで多数のロシア軍将軍を殺害した。

ロシアも少なくとも12人の将軍が戦死したことを認めていて、第二次世界大戦で死亡した将軍の数より多いという。

翌5日には、NBCニュース(「米の情報、ウクライナのロシア軍艦攻撃の成功に貢献」)や「ワシントン・ポスト」紙(「ロシア軍艦攻撃の成功は、米情報の成果」)など複数のメディアが伝えた。

4月14日に黒海で沈没したロシア黒海艦隊の旗艦、巡洋艦「モスクワ」について、ウクライナによる同艦攻撃の成功の陰には米国の情報力があったという内容だ。

ウクライナ軍が米国に、オデーサ南方を航行中の軍艦の情報を求めると、米側は「それは『モスクワ』だ」と回答した上、正確な位置特定にも協力。

その結果、ウクライナ軍は対艦ミサイル2発で攻撃に成功したが、「モスクワ」は戦闘中に沈没した。ロシアの軍艦として第二次大戦以来、最大の軍艦という。

各メディアが記事で引用しているのは、すべて「米情報当局者」「この攻撃に精通した人々」など。

ホワイトハウスで国家安保の情報にアクセスできる人物が、不人気の大統領を何とか良く見せようとしたとの説もあるが、ホワイトハウスは否定。第一、「良く見えた」かどうか。

欧州のある政府高官は英BBCに「こうした情報のリークは愚かで、不必要。まるで米国が、ウクライナの人々が実行したことを自分の手柄にしようとしているようだ」と語った。

多くのベトナム戦争秘史によると、少数のロシア人パイロットと対空砲手が米軍を直接攻撃した。しかし、旧ソ連は米軍機パイロットを何人殺したかなどと、大っぴらに自慢しなかった。また、ベトナム機のパイロットと対空砲手が「白人」そっくりでも、米軍はほとんど気付かないふりをした。

事実を公にすれば、地域紛争が世界大戦にエスカレートするリスクをともに承知していたからで、米国は代理戦争でウクライナを支援できるが、超大国には越えてはならない一線がある。

リークに忙しい当局者は、軍事より政治好きのタイプみたいだが、第三次世界大戦でも始める気なのか？

草野 徹(外交評論家)

JFSSシンポ

安倍元首相が基調講演

台湾海峡危機と日本の安全保障

ＪＦＳＳの定例シンポ「台湾海峡危機と日本の安全保障」で基調講演を行う安倍元首相(壇上)＝4月21日、ホテルグランドヒル市ヶ谷で

日本戦略研究フォーラム(ＪＦＳＳ)主催の第44回定例シンポジウムが4月21日、「台湾海峡危機と日本の安全保障」をテーマに東京都新宿区のホテルグランドヒル市ヶ谷で開催された。

約350人の聴講者を前に、主催者を代表してＪＦＳＳの佐藤謙副会長(屋山太郎会長代理)があいさつし、「今まさに我々はこれまでの平和と繁栄の基盤となってきた自由と民主主義を基調とする国際秩序が守れるかどうかの岐路に立っている。その最前線が台湾海峡危機だ」と述べた。

その後、安倍元首相が基調講演。中国が台湾に侵攻した場合、「領土の一体性を確保するための行動」とする中国の言い分について、「国際法違反に問えない危険性が高い」と指摘し、ウクライナ情勢を見ても「相手が国連の常任理事国である場合は、残念ながら国連安全保障理事会は機能しない」と述べた。

その上で、有事を防ぐためには「米国がとっている台湾に対する曖昧戦略を考え直すべきだ」と提言し、「台湾防衛への関与を明確にすることで、中国も考えを改めるのではないか。日本が米国に(防衛関与の明確化を)要求する以上、共に対応していくべきだ」と述べた。

また、日本と中国の防衛力のバランスが大きく崩れていることも指摘。自国を守る努力の一つとして2023年度の防衛予算案について、補正を含む22年度予算(6兆1700億円)以上の額が当初予算で必要との認識を示し、「概算要求の段階で、防衛省には要求してもらいたい」と提言した。

このほか、台北駐日経済文化代表処の謝長廷代表が登壇、日米首脳会談の場で台湾海峡の平和と安定の重要性が言明されたことに謝意を示し、ウクライナ情勢が中国の今後の行動に影響を与える可能性について指摘した。

さらに、岩田清文元陸幕長、武居智久元海幕長が昨年夏に行われた第1回政策シミュレーション「徹底検証：台湾海峡危機　日本はいかに抑止し対処すべきか」の概要とシナリオなどを説明。

続いてのパネルディスカッションでは、同シミュレーションのコアメンバーである兼原信克同志社大特別客員教授、村井友秀防大名誉教授、岩田氏、武居氏、元空自補給本部長の尾上定正元空将の5人が登壇し、それぞれの立場から台湾危機への見解などを語った。

宇宙・サイバーめぐり議論

防研主催「新領域安全保障セミナー」

【防研＝市ヶ谷】防衛研究所(齋藤雅一所長)は今年8月に創立70周年を迎える節目の記念事業の一環として4月11日、防衛省F1棟の国際会議場で「新領域安全保障セミナー」を開催し、約220人が聴講した。

第1部「次期防衛大綱で期待される宇宙領域の役割」では、東大公共政策大学院の鈴木一人教授が講演。次期大綱で取り扱うべき筆頭項目として「コンステレーション技術」を挙げ、ミサイル防衛や高頻度観測といった観点で防衛上の価値が高く、米国防総省が進める計画への参加を考えていく必要があると指摘した。

第2部「次期防衛大綱で期待されるサイバー領域の役割」では、慶応大大学院政策・メディア研究科の土屋大洋教授が講演。近年の米国や台湾の偽情報対応の教訓を踏まえ、心理戦・認知戦への対応強化をはじめ、信号情報を収集する組織を整備し、サイバー攻撃者の特定や攻撃予期能力を向上させる必要性を訴えた。

第3部の総合討議では、防研アジア・アフリカ研究室の庄司智孝室長が司会を務め、鈴木、土屋両氏をはじめ、1・2部でコメンテーターを務めた防研グローバル安全保障研究室の福島康仁主任研究官と同研究室の瀬戸崇志研究員が加わり、電磁波領域の果たす役割を含めて議論した。

鈴木氏は、宇宙領域は全て電磁波でやりとりしていることから、あらゆる妨害の可能性を指摘し、「妨害を予期する技術」を磨いていく必要性を説いた。土屋氏は、電磁波の傍受で所在が探知されないよう隠密性を高めるとともに、従来未使用の帯域も含めた電磁波の活用を提起した。

最後に鈴木氏は、宇宙に関し米露は「牽制状態にある」と分析。土屋氏はウクライナ情勢の教訓として、偽情報を打ち消す迅速な対応と、米国のウクライナへのサイバー・情報支援の例のように、関係国が一致協力する重要性を強調した。

防研主催「新領域安全保障セミナー」で討議する鈴木東大教授(中央)、土屋慶大教授(その左)、(右端から)防研の庄司室長、福島主任研究官、左端は瀬戸研究員(4月11日、防衛省の国際会議場で)

共済組合だより

防衛省共済組合では職員を募集します

防衛省共済組合では、防衛省共済組合本部等に勤務する職員を募集します。

◆募集職種　一般事務職及び経理事務職

◆採用人員　若干名

◆受験資格

(1)平成4年4月2日～平成13年4月1日生まれの者

(2)平成13年4月2日以降生まれの者で、大学、短期大学又は高等専門学校を卒業した者及び令和5年3月までに大学、短期大学又は高等専門学校を卒業する見込みの者並びに防衛省共済組合がこれらの者と同等の資格があると認める者

ただし、次のいずれか一に該当する者は、受験できません。

①禁錮以上の刑に処せられ、その執行を終わるまで又は執行を受けることがなくなるまでの者②法令の規定による懲戒免職の処分を受け、当該処分の日から2年を経過しない者③日本国憲法又はその下に成立した政府を暴力で破壊することを主張する政党その他の団体を結成し、又はこれに加入した者④平成11年改正前の民法の規定による準禁治産の宣告を受けている者(心神耗弱を原因とするもの以外)

◆試験内容等

○第1次試験

(1)試験種目　基礎能力試験、専門試験(多肢選択式)及び論文試験

(2)試験日　令和4年8月20日(土)

○第2次試験

(1)試験種目　個別面接試験

(2)試験日　令和4年10月初旬～中旬

○第3次試験

(1)試験種目　個別面接試験

(2)試験日　令和4年11月初旬

○最終試験

(1)試験種目　個別面接試験

(2)試験日　令和4年11月中旬

◆試験地　ホテルグランドヒル市ヶ谷(東京都新宿区市谷本村町4－1)

◆採用予定日　令和5年4月1日

◆給与等　防衛省職員に準ずる。

◆勤務地　防衛省共済組合本部・支部(全国異動あり)

◆受験手続

(1)就職情報サイトへの登録　受験申込みを行うには、就職情報サイトへの登録が必要となります。就職情報サイトの詳細については、後日防衛省共済組合HPにてお知らせします。(URL：https://www.boueikyosai.or.jp/)

(2)採用説明会　7月6日(水)、7月9日(土)及び7月15日(金)各日2回(①11：00～11：45②13：30～14：15)開催。詳細については、後日防衛省共済組合HPにてお知らせします。

(3)受験申込み　所定の受験申込書を受付期間内に特定記録郵便、簡易書留又は一般書留の郵便物として申込先に郵送して下さい。

(4)受験申込受付期間　7月1日(金)～8月3日(水)消印有効

◆その他

(1)身体に障害があるため、受験の際に何らかの措置を希望される方は、受験申込書の裏面に記入の上、事前に申し出てください。

(2)受験に関する連絡事項等について、防衛省共済組合HPの採用情報を随時更新しますので、必ずご確認下さい。

◆資料請求、受験申込先及び問い合わせ先　防衛省共済組合本部人事班人事第1係　〒162－8853東京都新宿区市谷本村町5－1　電話03－3268－3111内線25163(対応時間　平日10：30～17：30　※12：00～13：00を除く)

空中給油の適合性確認

空自と豪空軍、日本海上空で

日豪間の空中給油適合性確認試験を行う豪空軍のKC30A空中給油・輸送機(上)と空自のF2戦闘機(4月11日、日本海上の訓練空域で)＝空自提供

空自はオーストラリア空軍と4月4日から27日まで、「日豪空中給油適合性確認試験」を日本海上空で行い、成功した。

同試験は2020年10月の日豪防衛相会談の共同声明で確認された相互運用性の向上に資する取り組み。空自と豪空軍が昨年6月、日豪間で初となる「空中給油に関する覚書」に署名したことで実施された。空自はこれまで米空軍とのみ空中給油訓練を行っていた。日豪間での空中給油は米国に続き2カ国目となる。

試験には、空自から飛実団(岐阜)のF2A／B各2機、豪空軍のKC30A空中給油・輸送機1機が参加し、空中給油の適合性について確認。両部隊の相互運用能力の向上を図った。期間中の4月19日には開発集団司令官の柿原国治空将、支援集団副司令官の川波清明将補が小牧基地を訪問し、試験の実施状況を確認した。

新井1佐が陸幕長に帰国報告

国連でPKO方針策定などに従事

米ニューヨークの国連平和活動局に約2年半派遣されていた新井信裕1陸佐がこのほど帰国し、5月10日、防衛省で吉田陸幕長に帰国を報告した。

新井1佐は国連南スーダン共和国ミッション(UNMISS)の第1次司令部要員の施設幕僚として同国の首都・ジュバに派遣された経験を持つ。当時は現地で施設活動全般の調整などを行い、派遣部隊がインフラ整備などの活動に当たるための基礎を作り上げた。

今回派遣されていた国連平和活動局では、19年10月から22年5月までの間、約60カ国の軍人と共に国連本部に勤務し、軍事部軍事計画課で国連平和維持活動(PKO)の方針の策定や基準の設定、計画の作成などを担った。また、アフリカ・マリ共和国の安定を支援する「国連マリ多元統合安定化ミッション(MINUSMA)」に加わり、現地の状況を確認した。

陸幕で行われた帰国報告には山根寿一副長、戒田重雄運用支援・訓練部長、松永浩二防衛部長が立会。吉田陸幕長は新井1佐から報告を受けた後、2級賞詞を授与し、功績をたたえた。

引き続き行われた懇談で新井1佐は「マリは平和定着までは時間がかかる状況であると考えられるが、その中で国連のPKOミッションの計画を担当する幹部として寄与でき、よい経験になりました」と報告した。

吉田陸幕長は「国連平和維持活動の企画・実行に直接携わり、国際的な軍人との間で調整能力を発揮したことは大きな付加価値だ。これを我が国の安全保障に役立ててほしい」と労をねぎらった。

米ニューヨークの国連平和活動局への派遣任務を終えて帰国し、吉田陸幕長(右)に同局での業務の状況を報告する新井1佐(5月10日、陸幕で)

防衛省発令

▽護衛艦隊司令部(海自幹部学校)　1海佐　金子　純一

[illegible]

出口の見えないウクライナ侵略戦争

防衛研究所政策研究部長　兵頭慎治氏　寄稿

――高まる大量破壊兵器使用のリスク――

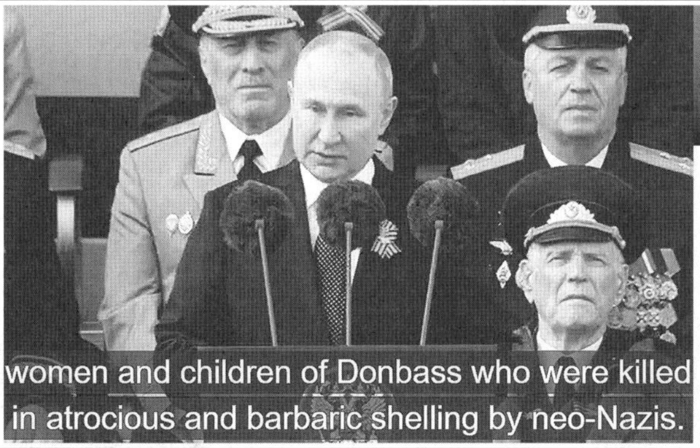

women and children of Donbass who were killed
in atrocious and barbaric shelling by neo-Nazis.

5月9日、モスクワの「赤の広場」で行われた対独戦勝記念日の式典で演説するロシアのプーチン大統領。ロシア大統領府の公式ホームページの動画には英語の字幕が付けられており、「ネオナチによる残虐で野蛮な攻撃を受けて殺されたドンバス地方のお年寄り、女性、子供たちを悼む」と述べたワンシーン

2月24日に始まったロシアによるウクライナ侵略は当初、2週間程度での決着を目指したプーチン大統領の予想に反し、長期化の様相を呈している。その背景には何があり、「プーチン大統領の戦争」はどこに向かっていくのか。本紙3月17日付「露によるウクライナ侵攻の衝撃」に続く第2弾として、ロシアの政治・外交・安全保障の第一人者である防衛研究所の兵頭慎治政策研究部長が最新のウクライナ情勢について分析し、『朝雲』に緊急寄稿した。（個人の見解であり、所属組織の見解を代表するものではありません）

兵頭　慎治（ひょうどう・しんじ）防研政策研究部長
1968（昭和43）年生まれ。愛媛県出身。上智大ロシア語学科卒、同大学院国際関係論専攻博士前期課程修了（国際関係論修士）。専門はロシア地域研究（政治、外交、安全保障）。在ロシア日本大使館政務担当専門調査員、内閣官房副長官補（安全保障・危機管理）付内閣参事官補佐、防衛研究所地域研究部米欧ロシア研究室長、同地域研究部長などを経て、2020年から現職。内閣官房国家安全保障局（NSS）顧問、内閣官房領土・主権をめぐる内外発信に関する有識者懇談会委員などを歴任。共著に『現代日本の地政学』（中央公論新社、17年8月）など著書、論文多数。

長期化する戦況

2月24日に始まったロシアによるウクライナ侵略から2カ月以上が経過した。ロシア側は3月29日に「特別軍事作戦」の第1段階は終えたと宣言し、ロシア軍は首都キーウ周辺から撤退し、ウクライナ東南部の軍事制圧に集中しているが、ロシア軍は苦戦している模様である。ウクライナ侵略戦争は長期化の様相を見せており、両国による停戦協議も大きく停滞している。戦争の出口が全く見えない中、キーウ近郊でみられた虐殺など人的被害のさらなる拡大が続いている。

東南部で「ノヴォロシア」復活を目指す

首都キーウの攻略を断念したロシア軍は、ルハンシク州とドネツク州の東部2州に再配置され、「ロシア系住民をネオナチ勢力から解放する」との国内向けの名目の下、東部2州の完全掌握を目指して戦闘を続けている。

しかしながら、現時点では、ルハンシク州はほぼ制圧されたものの、ドネツク州は約6割程度にとどまっている。また、東部と南部の結節点となる要衝マリウポリは、ウクライナ軍と戦闘を行うアゾフ大隊などが立て籠もるアゾフスタリ製鉄所を除いてほぼ制圧され、4月21日に早々とプーチン大統領は「みなし制圧宣言」を行った。

その後、プーチン大統領の側近らが現地入りするなど、ロシア編入に向けた住民投票など「ロシア化」の準備が進められている。

4月22日にロシア軍高官は、東部2州からクリミア半島、モルドバ国境までの陸上回廊を創設する狙いがあると公言した。この地域にはロシア系住民が比較的多く、18世紀末にロシア帝国が征服した「ノヴォロシア（新ロシア）」と呼ばれる場所である。

黒海に面する港湾都市オデーサなどの南西部の軍事支配が成立すれば、ウクライナは完全な内陸国家となり、黒海を通じた交易が絶たれることになる。モルドバ領内のウクライナ国境寄りには、約1500名のロシア軍が駐留して親露派が実効支配する「沿ドニエストル地方」が存在する。

最近では、同地方内部でも爆破事件などの不穏な動きがみられている。米国防総省によれば、ロシア軍の動きは東部地域で停滞しており、全体的に両軍による膠着状態が続いている。現在のロシア軍の置かれた戦力状況では、短期間で「ノヴォロシア」の復活を実現することはできないと思われる。

旧KGBが主導するプーチン大統領の戦争

当初、ロシアが軍事侵攻の構えを見せれば、ゼレンスキー大統領は逃亡または拘束され、ウクライナ軍も即座に屈服し、ウクライナ全体をロシア寄りの政体に変えることが可能であると、プーチン大統領は極めて甘い見通しを持っていたとみられている。

そのため、当初の作戦計画も2週間程度しか策定されず、長期戦を想定した補給態勢も整えていなかった。何よりも、最大で19万人程度の兵力でウクライナ全土を軍事制圧することに無理があった。

さらに、制空権がとれないうちに地上部隊を投入する、効果的な砲爆撃が行われないなど、軍事的に杜撰なオペレーションが散見された。

プーチン大統領が進める「特別軍事作戦」は、「軍事掌握という軍事作戦」と「体制転換という政治工作」の二段構えであった。その全体像を描いていたのはパトルシェフ安全保障会議書記が率いる旧KGB系の人脈や組織であり、政治主導の侵略戦争においてロシア軍は脇役でしかなく、思うような純軍事的作戦計画を参謀本部自ら策定することができなかったのではないかと思われる。旧KGBが主導する戦争といえよう。

苦戦するロシア軍とウクライナ軍の反転攻勢

作戦計画以外にも、ロシア軍自体に多くの問題点が指摘されている。昨年10月末からウクライナ国境付近に集結していた兵士は、既に半年以上も従事しており、相当程度消耗している。上官への命令拒否や敵前逃亡に加えて、軍の指揮命令系統にも構造的な欠陥があるとみられている。

前線で指揮していた将官が既に十人近く亡くなったほか、4月末にはゲラシモフ参謀総長が東部の激戦地イジュームを電撃視察し、その直後にウクライナ側から攻撃を受けて将校を含む約200名の兵士が死亡した。制服組のトップが激戦地で自ら戦況を確認するのは異例である。

精密誘導弾を中心としてロシア側の武器弾薬の枯渇も進んでいるほか、4月14日には黒海艦隊の旗艦「モスクワ」がウクライナ軍によって撃沈されたと報道された。

ロシア軍の犠牲者は、10年余りのアフガン戦争の総死者数である1万4000人をはるかに超え、ウクライナ側の推計では既に2万5000人に達している模様である。4月下旬には「シリアの虐殺者」との異名を持つドボルニコフ南部軍管区司令官が総指揮官に任命されたと報じられたが、その後も戦況の立て直しは進んでいない。

他方、ウクライナ軍は、欧米諸国から供与された攻撃用ドローンや対戦車ミサイルなどを効果的に使用し、さらに榴弾砲や戦車などの重火器も北大西洋条約機構（NATO）加盟国から供与されるなど、東部の攻防戦を中心に善戦を果たしており、ハルキウ州などではロシア軍を後退させている。

欧米諸国からの追加装備が前線に行きわたる6月中旬頃までには、広範囲な地域で反転攻勢が可能になるとウクライナ側は予想している。ゼレンスキー大統領は、既にロシア軍が実効支配している東南部に加えて、既にロシアに編入されたクリミア半島までも奪還する構えを示している。

米国のバイデン大統領は、ウクライナ支援の追加予算を議会に要請したほか、武器供与を迅速にする「武器貸与法（レンドリース法）」に署名するなど、ウクライナへの軍事支援はさらに強化される見通しである。

◇武器貸与法（レンドリース法）
第2次世界大戦中の1941年、ナチス・ドイツと戦う英国などの連合国を支援するため、ルーズベルト米大統領の主導で制定された米国の法律。当初は英国のみに適用されていたが、その後、中国やソ連を含む多くの連合国諸国に拡大し、連合国が勝利した背景の一つとなった。当時の法律は既に効力を失っているが、今年5月9日、バイデン米大統領が新たな「武器貸与法」に署名し、81年を経て今度はロシアの侵略に対抗するために同法が成立した。来年9月末までの間、ウクライナや東欧諸国に対する軍事物資の供給に必要な手続きが簡略化され、大統領の権限でより迅速に支援を提供することが可能となった。

プーチン大統領は理性を失っていない

あのしたたかなプーチン大統領が、ウクライナの体制転換という非現実的な戦略判断をなぜ下してしまったのであろうか。当初、欧米諸国では、プーチン大統領が理性を失ったとの見方が示されたが、最近のプーチン大統領の言動をみれば、決して理性を失っているようには見られない。ただし、ロシア男性の平均寿命に差し掛かっていることから、年相応に何らかの病気を患っている可能性はある。

最近指摘されているのは、プーチン大統領は誤った情報に基づき誤った判断をしたという見方である。20年以上にわたり最高権力者であり続けるプーチン大統領は、もはや「裸の王様」であり、側近もイエスマンしかいない。ウクライナの体制転換が簡単に可能という虚偽の情報を、旧KGBの後継組織である連邦保安庁（FSB）の第5局（旧ソ連圏担当）が侵攻前にクレムリンに上げていたとみられている。

そのため、同組織の幹部は拘束され、職員約150名が追放されるなど、プーチン大統領による責任追及の動きが伝えられた。

現在、プーチン大統領には正確な情報が上がっていると推察され、ロシアが戦況で苦境に立たされていること、欧米諸国からの経済制裁によりロシア経済がダメージを受けつつあること、戦争が長期化すれば自らの支持率も低下することなど、プーチン大統領はほぼ正確に理解しているものと思われる。

こうした状況下で、プーチン大統領は5月9日の対独戦勝記念日を迎え、何を発言するのか注目された。

「宣言」なき5月9日のプーチン演説

今年の対独戦勝記念日は、外国の首脳が全く招待されない、異例の国内向けの行事となった。戦闘で大きな犠牲を受けた海軍歩兵部隊や空挺部隊は不参加であったが、戦時下であるにもかかわらず、人員規模は約1割減、車両規模は約3割減の軍事パレードとなった。

当日は、ロシア全土28都市で軍事パレードが行われたが、ウクライナ領内の軍事支配地域ではマリウポリなどで小規模な記念行事が行われただけであった。

約10分間の演説でプーチン大統領は、ロシア国民に対して一定の戦果を示して、何らかの「勝利宣言」を行うのではないかと見られていた。しかしながら、東部2州を完全制圧するという成果を示すことはできなかった。そのため、プーチン演説では、ウクライナ侵攻を正当化して、欧米諸国を非難することにほぼ終始した。

ロシア軍の戦力を増強する目的から、国家総動員を可能とする「戦争宣言」が打ち出されるのではないかとの観測が英国などで見られたが、5月9日のタイミングでは宣言されなかった。

国民や企業などを戦争に総動員するという「戦争宣言」は、現行の「特別軍事作戦」がうまくいっていないことを認めることになり、さらには国民からの反発を招く可能性もあった。

独立系の世論調査機関「レヴァダ・センター」の調査によれば、「特別軍事作戦」に対する支持率は、3月には81%であったが、4月下旬には74%に低下した。今後戦争が長期化すれば、支持率のさらなる低下も予想される。しかも、官製メディアに左右されない若年層ほど、軍事行動への支持率はさらに低い。

他方、プーチン大統領の支持率は8割以上が維持されているが、国民への経済制裁の影響や多くの戦死者数が明らかになることで、夏以降には支持率も低下傾向に転じると「レヴァダ・センター」は予想している。

プーチン大統領は先の演説で、戦闘の長期化を見据えた上で、戦闘に従事する兵士や義勇兵を鼓舞する発言を行ったほか、戦死者の遺族を支援する大統領令に署名したことも明らかにした。

ロシア軍の正確な犠牲者数は公表されていないが、「兵士の母の会」などを通じて戦死者や不明者の総数はいずれ明らかとなるため、第1次チェチェン紛争時のような厭戦気運がロシア国内で高まることをクレムリンは警戒している。

懸念される大量破壊兵器の使用

大統領演説では、プーチン大統領が戦線を拡大していくのか、戦争の出口を模索するのか、どちらの方向性を打ち出すのかが注目されたが、「引くに引けない戦争を継続」するという姿勢が示された。少なくとも東南部に関しては、軍事的な制圧を目指す動きと政治的なロシア化の動きが同時並行で進んでおり、東南部のロシアへの編入は強行する構えを見せている。それでも、現有の軍事態勢では支配地域の大幅な拡大は難しく、場合によってはウクライナ側に奪還される地域が増える可能性もある。

国内世論に配慮して「国家総動員」の導入もままならない中、戦況悪化によりプーチン大統領が追い込まれる事態も十分に想定される。戦闘が長期化すればするほど戦況はロシアにとって不利となるため、事態を打開する最後の切り札として、プーチン大統領が生物化学兵器や戦術核兵器などの大量破壊兵器の使用に踏み切ることが懸念される。

その場合、ロシアがレッドラインを超えたとして、米国もさらなる軍事的対応が求められることとなり、事態は一挙にエスカレートする。

5月4日にロシアの飛び地カリーニングラード州で核弾頭装着可能な短距離ミサイル「イスカンデル」の発射模擬訓練が行われた。

さらに、5月9日の軍事パレードでは、核弾頭搭載可能な大陸間弾道ミサイル「ヤルス」や短距離弾道ミサイル「イスカンデル」などに加えて、悪天候で当日の飛行は中止されたものの、核戦争時に大統領らが上空から軍を指揮する「終末の飛行機」と呼ばれる指揮統制機「イリューシン80」の飛行が計画されていた。

プーチン大統領は核使用を示唆するような言動を強めているが、現時点では、ウクライナ軍に大量の兵器を供与する欧米諸国や、NATO加盟を表明したスウェーデンやフィンランドに対する政治的な牽制の動きである。

ただし、ロシアの核政策文書には、戦況が大きく悪化した際に相手の戦意を喪失させるために戦術核を使用するという「エスカレーション抑止」の方針が記されている。

プーチン大統領が追い込まれて、「窮鼠猫を噛む」という最悪の事態が発生しないことを強く望みたい。

ひろば

水無月、風待月、鳴神月、季夏――6月。1日気象記念日、2日横浜・長崎開港記念日、10日時の記念日、19日父の日、23日沖縄慰霊の日。

漏刻祭　日本の時刻制度の創始を記念する近江神宮（滋賀県大津市）の祭事。王朝装束をまとった時計業界関係者が時計新製品を奉納し、時の祖神に感謝する。当日は境内の時計館宝物館が無料で公開される。　10日

チャグチャグ馬コ　農作業で農民と苦労を共にする馬を慰安する岩手県の行事。鬼越蒼前神社（滝沢市）から盛岡八幡宮（盛岡市）までの約14キロの道のりを80頭の馬が鈴を鳴らしながら行進する。　11日

「深み」ある展示品に喜八郎の思い

東京・港区にあるアメリカ大使館の向かい、2019年にリニューアルオープンしたホテル「The Okura Tokyo」と同じ敷地内に建つ、天然緑青色の銅板本瓦棒葺き屋根が特徴的な中国古典様式の建物が大倉集古館だ。同館は国宝や重要文化財など約2500点を収蔵し、2022年度も様々な企画展や特別展の開催を予定している。　（篠原利実）

「木蘭詩図衝立」所蔵：大倉集古館

震災・戦火越えた美術館「大倉集古館」

私立では現存最古　約2500点所蔵

明治から大正時代にかけて活躍した実業家の大倉喜八郎は、美術品の海外流出を嘆き、それらの保護を目的に収集をはじめた。当時、美術品を収集することは新興実業家の間でステータスとなっていたが、喜八郎は収集した美術品を1902年に自邸内に建てた「大倉美術館」に展示し、一般市民に公開することで日本における文化の向上に努めた。この美術館が1917年に財団法人化され、日本で最初の私立美術館「大倉集古館」として誕生し、収蔵品などは寄付という形で引き継がれた。

しかし設立から6年後の関東大震災で、当初の建物と陳列品が焼失してしまう。これを受けて伊東忠太博士の設計による耐震耐火の陳列館を建築し、焼失を免れた倉庫に保管されていた収蔵品に、さらに所蔵品を加えて、1928年10月に再開館した。

旧館は文化財保護の教訓として、昭和の初めごろまで残された。喜八郎の後は長男の喜七郎が近代日本画を多数寄贈。収蔵品が充実し、現在美術品の所蔵は約2500点におよぶ。その中には「古今和歌集序（部分）」をはじめとする国宝3点、重要文化財は「賀茂競馬・宇治茶摘図屏風」など13点が含まれる。また、第二次世界大戦の戦火を免れた現在の建物は1998年9月に国の登録有形文化財に登録されている。その後、増改築工事を経て2019年に再び開館した。

同館では5月29日まで、企画展「人のすがた、人の思い―収蔵品に見る人々の物語―」が開催されている。同展は「作品にみる人のすがた、形を通してそこに表現または描かれている人の思い、あるいは作者の思いなどを紹介することを目的とした展覧会です」と高橋裕次副館長兼学芸部長。

1階と2階の展示室に①女性のすがた②思いに向き合う③名所に集う④民衆へのまなざし―とテーマごとに展示。大きな展示品を離れて眺めた時に、館内の柱で遮られない配置にするなど細やかな気配りがなされている。

その中には喜八郎の右腕として活躍した門野重九郎に中国の実業家・周作民から贈られた「木蘭詩図衝立」がある。喜八郎が展開した事業により広がった人脈が同館の展示に深みをもたらしている。

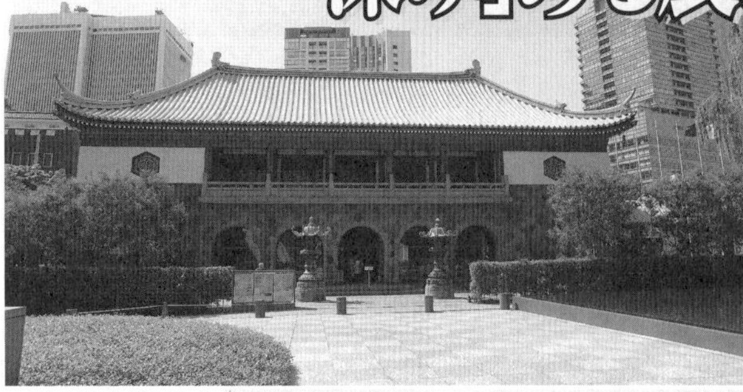

㊤東京・港区虎ノ門のオフィス街で天然緑青色の銅板本瓦棒葺きの屋根が映える「大倉集古館」

㊨被災後に残された旧館（右奥）と再建された（手前から）入口、六角堂、展示館（公益財団法人大倉文化財団・大倉集古館提供）

開館時間は午前10時から午後5時（最終入館は午後4時30分）で、入館料は一般1000円、大学生・高校生800円、中学生以下は無料。休館日は月曜日（祝日の場合は翌平日）。詳しくはHP参照。

館内を案内する高橋裕次副館長兼学芸部長（公益財団法人大倉文化財団・大倉集古館提供）

大塚製薬「ボディメンテ ゼリー」

読者30名様にプレゼント

自衛隊員のみなさんは、日頃より体調管理に人並み以上に気を使われていると思います。今回紹介する商品は、アスリートをはじめ、カラダを酷使されるみなさんをサポートする栄養食です。

「大塚製薬では、長年にわたる腸と乳酸菌に関する研究から、カラダを守る〝乳酸菌B240〟の働きを確認しました。その〝乳酸菌B240〟と身体のリカバリーをサポートする〝ダンパク質（BCAA＋アルギニン、ホエイタンパク）〟を組み合わせたのが、『ボディメンテ ゼリー』です。体調管理が欠かせない自衛隊員のみなさんに、是非ともお勧めしたい栄養食です」と、大塚製薬の担当者は語ります。

「朝雲」読者30名さまに『ボディメンテ ゼリー』1ケース（30本入り）をプレゼントします。

希望者は、はがきに郵便番号、住所、氏名、電話番号を記入し、〒160―0002東京都新宿区四谷坂町12―20　KKビル　朝雲新聞社営業部「ボディーメンテ ゼリー」読者プレゼント係まで申し込んでください。締め切りは6月10日（当日消印有効）。

マイヘルス　Q&A

アルコール性肝障害

禁酒と節酒が治療と予防に　1日の適量、日本酒1合

Q　アルコール性肝障害はどんな病気ですか。

A　長年にわたって基準量を超えて飲酒をしている方に起こる病気です。多くはアルコール換算60グラム/1日以上の飲酒を5年以上継続することによって発症します。具体的なお酒の量では、これらはあくまで目安であり、女性やお酒に弱い方はこの飲酒量より少なくてもアルコール性肝障害となってしまう恐れがあります。

Q　どんな症状がありますか。

A　アルコール性肝障害にはいくつか病型があり、脂肪肝・肝炎・肝線維症・肝硬変・肝癌に大きく分類されます。アルコール性脂肪肝や、肝硬変に至っていない肝線維症では肝機能障害の程度によってさまざまな症状が見られます。

肝機能障害が軽度であれば、腹部が張った感覚や怠さなどを感じることがあります。肝機能障害が高度になると、皮膚や目の色が黄色に染まったり（黄疸）、昏睡状態になったりしてしまいます。重症な場合には、腎不全となることもあり、多臓器不全に陥ることもあります（重症型アルコール性肝炎）。また、飲酒を継続することにより、肝線維症から肝硬変に進行し、肝癌を発症するリスクも高まります。

Q　治療はどのようなものになりますか。

A　禁酒が治療の中心になります。アルコール性脂肪肝の場合は、禁酒・節酒および過剰なエネルギー摂取を控えること、バランスの取れた食事が治療となります。一方、アルコール性肝炎や肝硬変は低栄養状態にあることが多く、分枝鎖アミノ酸を含んだ栄養剤を内服していただくこともあります。重症型アルコール性肝炎の場合は、入院し、集中治療が必要となることもあります。

Q　予防はできますか。

A　禁酒と節酒が治療であり、予防となります。厚生労働省は「健康日本21」の中で、節度ある適度な飲酒量を1日平均純アルコールで約20グラム程度としています。日本酒であれば1合、ビールなら大瓶1本、ワインなら3分の1本、ウイスキーならダブル1杯、焼酎なら3分の2合程度となります。節度ある適度な飲酒量を守ることが発症予防として重要になります。

自衛隊中央病院診療科　消化器内科　吉岡　幹士

BOOK NOW　私が読んだ この一冊

山口祐加著「週3レシピ　家ごはんはこれくらいがちょうどいい」（実業之日本社）
習志野駐屯地業務隊　小田鴻太事務官　22

コロナ禍が拡大した2020年4月以降、調査によると自炊する機会が増えたと答えた人は約6割以上に上った。私もそのうちの一人である。しかし自炊の心得は一切ない。

本書はそんな私の支えである。週3日、一汁一菜で手軽においしく、旬の食材も織り交ぜつつ、ちょうど使いきれるように計算されたレシピたち。初心者がつまずきやすいポイントも丁寧に解説されている。

単身あるいは独身で自炊を始めたい人には、本書はうってつけの一冊といえる。

異業種交流安全研究会著「現場実務者の安全マネジメント―命を支える現場力2」（海文堂）
202教空（徳島）　戸澤清和1海尉　32

「安全活動は面倒くさい」「安全活動に事故防止の効果なんてない」「自分は大丈夫」――。このように思っている人は少なからず存在しているのが現状ではないだろうか。

本書には部下に面倒だと思わせてしまう原因から皆の安全意識の高揚を図るための工夫や仕掛けなど、興味をそそる内容が書かれている。人間であるからこそエラーや事故が起こる半面、人間だからこそ危険を予知し、過去の経験に学ぶこともできる。

様々な職種があり、多数のビークルを扱う我々自衛隊にとって工夫を凝らした安全活動は必要不可欠であり、本書はその参考となる一冊である。

藤尾秀昭監修「1日1話、読めば心が熱くなる365人の仕事の教科書」（致知出版社）
新田原救難隊　赤石幸祐3空佐　37

本書は各業界で成功された、己の道を究めたり、我々と同じように命と向き合った方などの金言を一冊にまとめたものです。

400ページ以上あり、一見すると取り付きにくい印象を受けますが、一人1ページにまとめられており、気楽に向き合えます。一気に読むもよし、1年かけて読むもよし。各ページに込められた想いを感じると、題名のとおり胸が熱くなり業務に前向きになれる書籍です。

隊員愛読書ベスト5

＜入間基地・豊岡書房＞
❶自衛隊海外派遣隠された「戦地」の現実　布施祐仁著　集英社　￥1034
❷ウクライナ戦争における中国の対ロシア戦略　遠藤誉著　PHP研究所　￥1078
❸令和4年度いちばんやさしいITパスポート絶対合格の教科書　高橋京介著　SBクリエイティブ　￥1738
❹元彼の遺言状　新川帆立著　宝島社　￥750
❺試練―護衛艦あおぎり艦長早乙女碧　時武里帆著　新潮社　￥781

＜防衛省・三陽堂書店＞
❶防衛ハンドブック2022　朝雲新聞社　￥1760
❷日本がウクライナになる日　河東哲夫著　CCCメディアハウス　￥1430
❸現代戦争論―超「超限戦」　渡部悦和、佐々木孝博著　ワニブックス　￥1320
❹素人のための防衛論　市川文一著　潮書房光人新社　￥880
❺補給戦増補新版　マーチン・ファン・クレフェルト著、石津朋之監訳、佐藤佐三郎訳　中央公論新社　￥2970

＜神田・書泉ブックタワーミリタリー部門＞
❶世界の傑作機No.206艦上偵察機「彩雲」No.108増補版　文林堂　￥1676
❷世界の名機シリーズSE　F―111アードヴァーク　イカロス出版　￥1800
❸戦史における小失敗の研究―二つの世界大戦から現代戦まで　三野正洋著　潮書房光人新社　￥924
❹メルカバ戦車写真集　ホビージャパン　￥3300
❺陸上自衛隊戦車戦術マニュアル　あかぎひろゆき、かのよしのり著　秀和システム　￥2420

＜トーハン調べ4月期＞
❶同志少女よ、敵を撃て　逢坂冬馬著　早川書房　￥2090
❷マスカレード・ゲーム　東野圭吾著　集英社　￥1815
❸Pokémon LEGENDSアルセウス公式ガイドブック完全版　オーバーラップ　￥1650
❹80歳の壁　和田秀樹著　幻冬舎　￥990
❺ONE PIECE magazine Vol.14　尾田栄一郎原作　集英社　￥1200

2025年「空飛ぶクルマ」元年に

大阪・関西万博に向け事業化

「未来社会の実験場」となる2025年の大阪・関西万博に向け、国内でも「空飛ぶクルマ」の開発が加速している。スカイドライブは1人乗り「SD—03」の型式証明申請が国交省から受理されたことを受け、事業化に向け試験を強化。ホンダはハイブリッド型の「eVTOL（電動の垂直離着陸機）」を開発中だ。一方、商社の丸紅は万博の観客輸送用に英国製の5人乗り「VA—X4」を導入する計画。3年後、日本もいよいよ「空飛ぶクルマ」時代に突入する。

スカイドライブ（本社・東京都新宿区）は、同社が開発した試験機「SD—03」の型式証明申請が国交省から受理されたことを受け、大阪万博に向け実用試験を加速化している。

事業化で必須となる「型式証明」は、航空法に基づき機体の設計・構造・強度・性能などが安全・環境基準を満たしているか証明するもの。これを得るため同社では強度試験や飛行試験など審査に向けた準備を進めている。「空飛ぶクルマ」の型式証明申請が国内で受理されたのは初めてだ。

「SD—03」は20年8月に有人での公開飛行試験に成功。1人乗りの同機は水平プロペラ8基で浮上し、水平に移動する。同社では事業化に向けてスズキとも連携協定を締結しており、今後の小型「eVTOL」の国内での実用化に向け、起爆剤になると期待されている。

同社に続き、ホンダ（東京都港区）も電動化技術を生かしたガスタービンとのハイブリッド機「ホンダeVTOL」を開発中。こちらはオール電化ではなく、より飛行距離を延伸できるガスタービン・蓄電池のハイブリッドの機体をめざす。30年の事業化が目標だ。

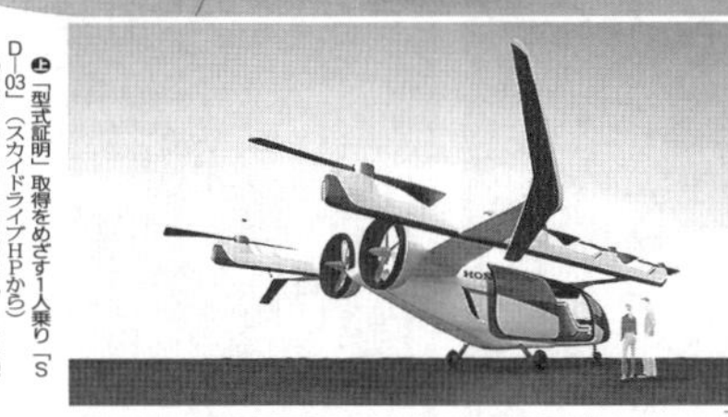

（上）「型式証明」取得をめざす1人乗り「SD—03」（スカイドライブHPから）
（右）電気とガスタービンのハイブリッド機「ホンダ eVTOL」（ホンダHPから）

丸紅　観客輸送用に200機導入

丸紅（東京都千代田区）は万博での観客の輸送を目的に、英バーティカル・エアロスペースが開発した中型機「VA—X4」を導入する計画だ。すでに200機を予約発注した。

同機はパイロット1人と乗客4人が搭乗でき、最大速度は320キロ、航続距離は160キロだ。垂直離着陸ができるティルトローター型で、24年に欧州航空安全機関（EASA）から飛行承認を取得する予定。実現すれば大阪万博が本格デビューの場となる。万博期間中は関西の空港と会場間でシャトル運航する計画だ。

丸紅が大阪・関西万博用に導入するティルトローター型機「VA—X4」のイメージ（英バーティカル・エアロスペースHPから）

軍用タイプも実用化進む

丸紅は米リフト・エアクラフトが開発した1人乗り「HEXA」の万博への導入も計画している。こちらは操縦が不要で、行き先を入力すると自動で浮上し、目的地まで運んでくれる。

この「HEXA」には米軍も注目、兵士の輸送用ビークルとして23年の実用化を目指して試験中だ。

米空軍は20年からテキサス州内の基地で「HEXA」の試験を開始。同機は18基のプロペラで浮上し、最大飛行速力は60キロ。滞空時間は15分。近距離での兵士の移動や負傷者の後送に活用する計画だ。同機は水面にも着水できるよう脚部にフロート（浮き）が付いている。

「空飛ぶクルマ」は今後、特殊部隊の潜入用ビークルなどへの発展も予想され、自衛隊もその動向への注意が必要だ。

米空軍が試験中の「HEXA」。パイロット不要の自律機だ（米空軍HPから）

防衛技術

技術が光る ＞109＜

ウェーブ・グライダー　ハイドロシステム開発

海上・海中監視用の無人機材　遠隔操作で潜水艦探知が可能

水中機器を扱う技術商社のハイドロシステム開発（本社・大阪市）は、米リキッド・ロボティクスが開発した波力推進の自律型海洋プラットフォーム「ウェーブ・グライダー（WG）」を日本沿岸の海上・海中監視用機材として海上保安庁や防衛省に提案している。

ほぼ無音の同無人艇を海峡部などに遊弋させておけば、航行する艦船はもちろん、海中を密かに航行する潜水艦や無人航走体なども探知することが可能だ。

WGの動力は、艇本体のフロートが海面で波を乗り越える際に生じる上下動を、フロートから垂らしたアンビリカルケーブルを介して水中グライダーの推進機構に伝える仕組みとなっている。水中グライダーの6対のウイングは、船首側前部に固定され、ウイングが角度を変えて上下に動くたび、その間を通る水流が前方への推進力となる構造になっている。このためWGは波の力だけで長期間、航走し続けることができる。

WGは主に海面フロート（全長約3メートル）、アンビリカルケーブル、水中グライダーの3点で構成される。フロートには衛星通信機器、警戒監視器材などが設置され、その電力はフロート上の太陽光パネルから供給される。フロートと水中グライダーを結ぶアンビリカルケーブルは通信・電源ケーブルを兼ね、水中のソーナーで探知した潜水艦のエンジン音などは直ちにフロート上から通信衛星を介し伝送される。

遠隔操作が可能なWGは任意の海域にとどまって警戒監視活動を続けるが、この間、波力と太陽光のみをエネルギー源とし、他のビークルのように燃料補給や電池交換はいらない。

開発に当たった米リキッド・ロボティクス社では、世界中の海でこれまで延べ140万カイリに及ぶ航行試験を行い、ハリケーンや台風など荒れた洋上での耐久性も試験し、その実用性を証明しているという。

日本近海では外国の潜水艦が密かに行動しているため、その動向をつかむことができるWGのような海上ロボットは、今後、日本の沿岸防衛でも有用な手段となるかもしれない。

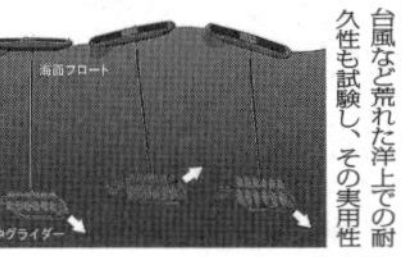

WGの波力推進の仕組み（いずれも技術商社のハイドロシステム開発提供）

米国のリキッド・ロボティクスが開発した無人機「ウェーブ・グライダー（WG）」

世界の新兵器 ――560

軽特殊作戦機「MC145B」 米・ポーランド　旧ソ連の派生型機が米空軍へ？

現在、隣国ウクライナからの避難民受け入れで混乱が続くポーランドであるが、昨年末、同国のPZL社工場で、米空軍特殊作戦軍への採用を目指す軽特殊作戦機「MC145B」の試作機が公開された。現在は米国に輸送され、飛行試験中である。

本機は、2010年から同作戦軍で運用されている作戦支援輸送機C145Aに、特殊作戦用装備などを施した能力向上型で、現有の軽作戦機「U28ドラコ」（単発）の後継機を目指している。C145Aは、PZL社のM28輸送機（1993年初飛行）の能力向上型であり、さらにM28は遡ること旧ソ連（現ウクライナ）のアントノフ社An28輸送機（1969年初飛行）の能力向上型で、合わせて60年近くの歴史を持っている。

ソ連崩壊後、ポーランドのPZL社が製造の権利を取得し、改造・能力向上を続け現在に至っている。本機はPZL社が米空軍への採用（75機程度の取得を計画）を目指し、米国のSNC（シェラネバダ・コーポレーション）社と共同開発を行っているものである。その任務は、欧州などの寒冷地や中東の砂漠、アフリカの山岳地帯などといった厳しい環境下での近接航空支援や精密航空攻撃、ISR（情報・監視・偵察）、戦術輸送・救難などである。

本機は高翼・双垂直尾翼で、頑丈な3車輪式固定離着陸装置を持ち、その諸元・性能は、乗員2～3名、全長約13メートル、全幅約22メートル、全高約5メートル、全備重量約7・5トンで、米国P&W社のPT6Aターボプロップエンジン双発を搭載し、最高速度は時速約410キロ、航続距離は約3000キロであり、全長300メートル程度の不整地滑走路でも安全に離着陸が可能なSTOL（短距離離着陸）性能を持っている。

機内には19名の武装兵員が搭乗でき、胴体下部には約300キログラムの装備なども搭載できる。コックピットは多機能でグラス化され、パイロットのワークロード軽減装備なども持っている。また、レーダーや電子・光学・赤外線装備、対電子戦装備、HMDなども搭載でき、夜間・悪天候での作戦も可能である。武装としては、主翼下面に4個所のハードポイントを持ち、各種空対地誘導爆弾、ミサイル、ロケット、電子戦ポッドのほか、胴体内に巡航ミサイルや無人機システムなどを搭載し、空中投下することも可能である。

旧ソ連のAn28輸送機をもとにポーランドのPZL社と米SNC社が米空軍向けに開発中の軽特殊作戦機「MC145B」（米SNC社提供）

皮肉なことに、旧ソ連発祥のこの機体が今後、ロシア軍の脅威になる日が来るのかもしれない。

高島　秀雄（防衛技術協会・客員研究員）

防衛トピックス

無人ヘリ実用化へ　離着艦試験に成功

エアバス・ヘリコプターズは「SDAM」と呼ばれるフランス海軍向けの無人機運用プログラムの一環として、無人機「VSR700」の自律飛行に向けた離着艦実証試験を開始した。

試験は無人機離着陸システム「ATOL」を搭載したギンバル・カブリG2改良型ヘリを使い、実艦を使った離着艦試験を北仏ブレスト沖で続けている。

仏海軍艦艇に搭載される無人機「VSR700」のイメージ（エアバス・ヘリコプターズ提供）

技術屋のひとりごと

装甲技術から走行技術へ

安藤　智啓
（防衛装備庁・陸上装備研究所機動技術研究部長）

私は平成5年度に入庁し、当時、技術研究本部第4研究所の築城研究室に配属となりました。掩体や指揮所等の防護構造物の耐衝撃・耐爆性能に関する研究を担当する部署です。その後、研究所の改編があり、戦闘車両等の装甲技術に関する研究や試験評価に深く携わることとなりました。

若手時代は、千分の1秒あるいはさらに短い一瞬の現象や応答をカメラやセンサーで精度良く捉える計測技術や、大学時代から関心の高かった数値シミュレーション技術に磨きをかけていきました。

こうして培った技術が少なからず10式戦車など装備品の創製に反映されていると思うと、うれしく感じたものです。また、保全上問題のない基礎的な研究成果については、国内外の学会やシンポジウム等の場でその成果を発表するなど、我々の技術力を情報発信していくことにも、ある種の達成感を覚えたものです。

令和4年度から現職に就任しましたが、それまでの十数年間は、主に市ヶ谷で技術行政を始めとする管理部門での勤務でした。そこでは省内のみならず、海外を含む省外の関係者との多くの新しい出会いがあり、それらの人たちとの業務は研究職技官としての幅や視野を広め、自身を成長させてくれたものと思います。

今、再び研究所に戻り、今度は車両の走行技術を中心とした、私にとっては新たな技術分野へのチャレンジとなります。技術的優越や装備品の早期装備化が求められる中、如何に自律化・無人化、AI等のゲーム・チェンジャーとなり得る技術を取り込み、また如何に短期間で研究開発の成果を出していくかという視点を常に意識しながら、防衛省・自衛隊に技術面から貢献し、我が国の未来をしっかりと守っていけるよう、日々努力して参りたいと考えています。

15旅団 緊急患者空輸1万件

沖縄本土復帰50年目の到達

陸自15旅団（那覇）が前身の第1混成団時代から実施してきた離島などからの緊急患者空輸が、4月6日で累計1万件に到達。それに伴い、8日、那覇基地で「緊急患者空輸1万件到達行事」が行われた。同団の緊急患者空輸は、沖縄県が本土復帰を果たした1972年から行われている。本土復帰から50年目の節目の年に1万件の到達となったことに、沖縄県知事や那覇市議会からも感謝の声が上がっている。

【15旅団＝那覇】15旅団15ヘリコプター隊（隊長・後村幸治1佐）は4月6日、南大東島で足を骨折した80代女性をCH47JA大型輸送ヘリで空輸。このフライトで、これまで実施してきた沖縄全域と奄美大島以南の鹿児島県内を範囲（東西約1000キロ、南北400キロのほぼ本州を覆う広さ）とした緊急患者空輸の件数が1万件に到達した。

15旅団による緊急患者空輸は、沖縄県の本土復帰以来、継続して行われている。初任務は15旅団の前身、臨時1混成団隷下の臨時101飛行隊が発足直後の1972年12月6日、沖縄県粟国島から行った空輸。以来、夜間や悪天候時でも常時航空機を待機させ、緊急患者空輸のための即応態勢を敷き、年間約180件の空輸を実施している。

「緊急患者空輸1万件到達行事」は、隊員に対するねぎらいと先人に対する敬意を表すために行われ、15旅団長の井土川一友将補以下、15ヘリ隊員など約130人が参加した。

井土川旅団長は「防衛任務と並行して愚直に緊急患者空輸任務を遂行し、今日の自衛隊への信頼を獲得してきた先人の思いを胸に、南西防衛第一線の航空部隊として即応態勢と高い練度を維持しつつ、県民の安心と安全のために引き続きまい進してほしい」と訓示を述べた。

5月16日時点での緊急患者空輸総件数は1万10件で輸送患者数は1万375人に及んでいる。同隊は両県の要請に基づき、2020年7月からは新型コロナウイルス患者の空輸もこれまでに20件、計78人行っている。

◇

これらの活動に際し、沖縄県の玉城デニー知事は談話を発表した。

那覇市議会も4月25日の臨時会で、これまでの自衛隊の業務などに対しての感謝決議を賛成多数で可決した。自衛隊業務への感謝決議は県内自治体では初めてとなる。

玉城知事のコメント　一刻一秒を争う緊急患者の迅速な搬送を行うためには陸自の協力が必須であり、本県の離島医療の実情への深いご理解の下、15旅団の皆さまが緊急の要請に備えて24時間体制で勤務され、夜間や悪天候などの厳しい状況下においても離島住民の命を救うために全力を尽くされておられる。皆さまの任務に対する真摯な姿勢と献身的なご労苦に対して、改めて深く敬意を表するとともに感謝申し上げます。

CH47JA輸送ヘリをバックに記念撮影する15旅団長の井土川陸将補（前列右から7人目）、15ヘリ隊長の後村1佐（その左）と15ヘリ隊員（4月8日、那覇基地で）

自衛隊体校隊員の長男V

全日本スノーボード選手権・U18

「第40回JSBA全日本スノーボード選手権大会」がこのほど、北海道名寄市の名寄ピヤシリスキー場で行われ、U18（18歳以下）部門で自衛隊体育学校冬季特別体育教育室の教務幹部、住永将之1陸尉の長男、翔吾さん（16）が優勝を果たした。

大会は斜面に設けられた旗門を通過（ターン）しながら滑降するデュアルスラローム（DU）とジャイアントスラローム（GS）の2種目で競われた。

4歳からスノーボードを始め、小学6年生から本格的にレースに挑んできた翔吾さん。2020年8月、父の転勤で埼玉県から北海道に拠点を移して活動を開始し、冬季国体などで実績を残してきた。今大会でも果敢な滑りを見せ、2種目とも1本目、2本目共に他を寄せ付けない好タイム（DU1回目31・15、2回目32・83秒。GS1回目56・76、2回目60・31秒）で優勝した。

昨年7月に16歳となり、U15からU18にカテゴリー変更後、2連勝してシーズンを締めくくった翔吾さん。レース後、「国際大会でさらに成績を伸ばせるように体作りをがんばりたい」と決意を新たにした。

住永1尉は、「この結果に満足せず、さらに努力し続けてほしい」と今後に期待を寄せた。

全日本スノーボード選手権大会U18部門DU種目で優勝し、表彰台で笑顔を見せる住永翔吾さん（中央）＝北海道名寄市の名寄ピヤシリスキー場で

靖国神社で第1回「慰霊祭」

偕行社　陸軍将兵などの英霊を慰霊・顕彰

【偕行社】旧陸軍将校や元自衛隊幹部などでつくる公益財団法人「偕行社」（理事長・森勉元陸幕長）は4月17日、靖国神社で森理事長を祭主とする初の「偕行社慰霊祭」を行い、国家防衛のために尊い一命を捧げた陸軍将兵などの英霊を慰霊・顕彰するとともに、感謝の念を捧げた。

式典には防衛省から島田和久事務次官、1師団長の児玉恭幸陸将をはじめ、水交会理事長の杉本正彦元海幕長、日本郷友連盟会長の寺島泰三元陸幕長、阿南惟幾陸軍大臣の遺族の阿南建太氏のほか、陸軍士官学校、幼年学校、陸自OB、賛助会員ら関係者約200人が参列した。

森理事長、山口建史宮司のあいさつに続き、拝殿に一同が参列。その後、トランペットによる国歌吹奏、祭主による祭文奏上、本殿での玉串拝礼などが行われ、閉式した。

森理事長は祭文奏上で、「慰霊祭を通じて、国のために殉じられた方々の慰霊・顕彰と国民一人一人の『国を護る志』の大切さをしっかり普及し、後世に受け継いでいかなければならないと決意を新たにする」と述べた。

偕行社は現在、陸軍士官学校出身者ら会員の高齢化に伴い、元陸上自衛官への世代交代の過渡期にある。こうした中、今回の慰霊祭は新たな取り組みの一環として、従来の市ヶ谷台慰霊祭と月例参拝に代えて年1回、偕行社が主催して実施する初めてのもので、偕行社では「引き続き国民の防衛意識の啓蒙を図り、陸上自衛隊を支援する組織として活動を継続していく」としている。

偕行社主催の第1回慰霊祭で祭文を奏上する森勉理事長（右）＝4月17日、東京都千代田区の靖国神社拝殿で（偕行社提供）

知床沖・観光船の沈没事故災派

海、空自が捜索継続

北海道・知床半島沖で沈没した観光船「KAZU1」（19トン、乗客・乗員26人）の事故で、自衛隊の災害派遣部隊は5月16日現在、行方不明者の捜索活動を継続している。

同日までに、千歳救難隊などのUH60J救難ヘリ延べ19機、U125A救難捜索機延べ22機が現場海域を捜索。同15日からは海自1掃海隊（横須賀）の掃海艇「はつしま」も同海域で捜索活動を行っている。

16日現在、自衛隊は引き続きUH60J、U125A、「はつしま」などが残る行方不明者の捜索に当たっているほか、政府現地対策本部、第1管区海上保安本部、ウトロ漁村センターに連絡員を各1人派遣し、情報収集などを実施している。

山崎統幕長は5月12日の記者会見で「今回の事故で亡くなられた方々に対し、心より哀悼の意を表する。自衛隊は一日でも早く要救助者の全員を発見できるよう関係機関と緊密に連携し、捜索活動に万全を期す」と述べた。

双眼鏡で海上や沿岸を捜索する海自掃海艇「はつしま」の乗員（5月15日、北海道・知床沖で）＝統幕提供

青森で山林火災 ヘリが消火活動

陸、空自災派

青森県十和田市で5月9日に山林火災が発生し、陸自9飛行隊（八戸）と東北方航空隊（霞目）、空自三沢ヘリ空輸隊が消火活動に当たった。

9日午前11時50分、青森県十和田市の山林で火災が発生、県の防災ヘリ2機と消防車両などで消火活動を行ったが鎮火に至らず、同日午後8時、青森県の三村申吾知事から9師団（青森）の亀山慎二陸将に空中消火に係る災害派遣が要請された。

翌10日早朝、UH1J多用途ヘリ4機がそれぞれ八戸と霞目から離陸。青森県十和田湖総合公園で消防車両から取水し、火災現場上空で消火活動に尽力。

翌11日にはUH1J3機と十和田湖から取水したCH47J輸送ヘリコプター2機の計5機が空中消火活動に当たった結果、自治体だけの対応で鎮圧の見通しが立ったことから、同午後5時55分、知事からの撤収要請を受けて部隊は活動を終了した。

2日間の消火活動で放水回数・量は延べ87回、約102トンだった。

この災害派遣で、9師団は青森県庁に3人、101高射特科隊から十和田市役所に2人、空自三沢ヘリ空輸隊から現地活動拠点に1人の連絡員を派遣した。

消火活動を行った空自三沢ヘリ空輸隊のCH47J輸送ヘリ

西空音が中学校で演奏指導

新田原基地　楽器ごとに技術伝える

【新田原】基地広報班は4月17日、西部航空音楽隊（春日）による宮崎市立久峰中学校吹奏楽部への演奏指導を支援した。

前日に宮崎市佐土原総合文化センターで行われた西空音のコンサートに合わせ、広報班が「演奏指導を市内の学校に対して行ってほしい」と西空音に要望したもの。

当日は西空音隊員が同校を訪問。楽器ごとの部屋に分かれ、20人の部員を熱心に指導した。楽器の持ち方や演奏時の姿勢など基礎的な面から、曲の抑揚の取り方など表現方法まで多岐にわたる技術指導を行った。

生徒からは「後輩を指導する時に気を付けることは何でしょうか」といった質問があり、隊員は親身に答え、部活動の悩みの解消に一役買った。

指導を受けた生徒は「自衛隊の方からの指導を忘れずに演奏技術を高めていきたい」と話した。

宮崎市立久峰中学校の吹奏楽部員（手前）に演奏の技術指導をする西空音の隊員（4月17日、宮崎市で）

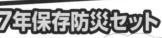

小休止

▽…陸幕指揮通信システム・情報部長の足立吉樹将補は4月27日、在京武官団の文化研修として、日本を代表する舞台芸術の能楽鑑賞を主催した。

▽…能楽師の大藏彌太郎氏を招いた研修には15カ国から夫人を含む計29人が参加。登録有形文化財の矢来能楽堂（東京都新宿区）で狂言の実演を堪能した後は舞台で能楽の型も体験した＝写真。

▽…参加した武官の一人は「日本の伝統文化を学ぶ良い機会となった。日本に駐在する武官としてその国について理解を深めることは有意義だ」と満足気だった。

（市ヶ谷）

こちら警務隊

粗暴犯（脅迫罪）

相手が言葉で恐怖を感じたら脅迫罪 2年以下の懲役か30万円以下の罰金

SNSで「切り刻むぞ！」と書き込みをした場合、罪になりますか？

相手がその言葉で恐怖を感じた場合、脅迫罪に該当します。

脅迫罪とは、生命、身体、自由、名誉、財産に対して危害を加えることを相手に告知する罪であり、2年以下の懲役又は30万円以下の罰金に処せられます。

対象は相手だけではなく、その親族に恐怖を与えた場合も対象となります。

また、口で伝えるだけでなく、殴る仕草やSNS等で特定の相手を脅した場合も脅迫罪に当たる可能性があります。

相手に恐怖を感じさせる行為は絶対にしてはいけません。（東北方面警務隊）

みんなのページ

幹部自衛官に任官して
先輩の言葉を胸に精進

3陸尉　坪坂　輝（ひかる）（25普連2中・遠軽）

私は、令和4年4月12日付で3等陸尉に任官しました。曹士としての7年間を経て、これからの自衛官人生を幹部自衛官として務めていきます。

私は大学を卒業しているので早期に部内選抜試験を受験し、幹部に任官しました。陸曹としては約3年分の経験しかないため、I幹部としての経験値不足・力不足の感が否めませんが、先輩幹部の方からは、「役職が人を育てる」との指導をいただき、その言葉を胸に精進している日々です。

部隊の骨幹となり、昨今の厳しい情勢下でさまざまな任務を果たしていくために、これから参加する各課程教育で識能を向上させ、所属部隊の隊員たちと堅く団結することで、私自身が部隊と共に成長していきたいです。

私が幹部自衛官として任官するに至るまで、多くの方のご支援・ご配慮、そして家族の協力がありました。周囲の方への感謝の気持ちを忘れることなく、退官するその日まで頑張っていきます。

幹部自衛官として小隊を指揮する坪坂3尉

多感な3年間が彼らの糧になりますように
高等工科学校68期生の入校式で感じたこと

高工校66期生徒保護者　雨宮　美和（東京都武蔵野市）

雨宮さんが感銘を受けた高工校の68期生徒入校式

令和4年4月7日、陸上自衛隊高等工科学校（武山）第68期生徒入校式が挙行されました。東京地方協力本部の協力の下、式典を取材してまいりました。

コロナ禍が続く今回も3年連続で保護者の参列はかなわず、オンライン生配信の動画の中の我が子を探して、画面を食い入るように見つめた保護者も多いはずです。私もそうでした。2年前、この講堂で入校式に臨んだ愚息（66期生徒）もこんな緊張の面持ちで座っていたのかなと、68期生徒341人の横顔をデジャブのように息子と重ねておりました。母親目線で見ていると、剃りたての青々とした坊主頭のあの子もこの子もいとおしくて、「頑張ってね」と全員を抱きしめたくなるほど。先月まで中学生だった彼らの、か細いあごをきゅっと演台に向ける姿がけなげで、ブカブカの制服と相まって初々しい緊張感が伝わってきました。

思えば4月1日の着校から入校式まで7日間しか経っていないのです。それなのに、入校生たちは身じろぎもせず、背もたれに寄りかかることもなく姿勢よく座っています。学校長式辞や陸幕副長訓示、来賓祝辞を受けるたびに繰り返される起立・礼・着席がきびきびした動きでそろっていることに本当に驚きました。こんな短期間でここまで美しい動作が身につくには、学校職員方の熱意と68期生の集中力があればこそ、と感嘆しています。また、入校生代表として申告を行った種田瑛太生徒（島根県出身）も立派でした。朗々とした声に入校生らしいフレッシュさがあり、それでいて臆することがないというのは肝が据わっていて頼もしいです。

これまで2万人以上の卒業生を輩出してきた高等工科学校は、68期生を迎えたのを機に大きく変わろうとしています。今年度から1学年にはタブレット端末が支給されるほか、部活動にeスポーツ部が新設されました。また、昨年度からシステム・サイバー専修コースが新設された3学年では、新たにAIロボティクス特別講座が希望者に開講されるといいます。子供たちの積極的な学びをサポートしてくれる、そんな好印象を持ちました。

学校長の富崎隆志陸将補は式辞の中で、入校生に要望することとして以下の三つを挙げられました。一つめは「日々成長」。チャレンジ精神を持って欲しいということです。二つめは「躾（しつけ）」。人間としての正しい基礎を身につけて欲しいということ。そして三つめは「絆」。これは言わずもがなですが、文字どおり苦楽を共にする同期生との絆を大切にしてほしいということでした。この三つめの要望は在校中だけでなく、子供たちのこれからの長い人生にも必要になるはずと思いながら、私も学校長のお話を噛（か）み締めました。

式典はその後、2年生と3年生による歓迎パレードで締めくくられました。こちらはさすが在校生、一糸乱れぬ美しい行進を堂々と見せてくれました。コロナ禍で満足な練習時間が取れなかったと聞くと、その完成度に子どもたちの能力の高さを感じることができました。あと1年もすれば68期生たちもこの列に加わることになります。我々大人にとっては短い1年が子どもたちにとってはどれだけ実り多い時間か、親の想像をはるかに超えていますね。

上空を祝賀飛行したヘリコプターのパイロットたちもこの学校の卒業生だそうです。先輩方が華々しく活躍する姿を間近で見て、入校生たちは何を感じたでしょうか。ハイティーンの多感な時期を過ごす高等工科学校での3年間が彼らの糧になりますようにと願ってやみません。

住職の態度から悟ったプロとしての責任感

1陸佐　柳田　勝志（35普連長・守山）

昨年、35普連所属のA君が結婚し、待望の男の子が今年初夏に生まれます。名前はA君が決め、実家近くのお寺の女性住職に判断して頂く運びとなりました。

A君は思いを込めて決めたそうなので、私は名前に意見を言わないことにしました。住職もA君の実家との日ごろの仲があるので追認するだろうと予測していました。

ところがです。後日、結果を聞いたところ、名前は全否定されたということです。「この名前では災が起きる」旨を伝えられ、A君本人は落ち込んでいました。

しかし、住職にしっかり見て頂いて良かったと今では私は思っています。個が重視され、他人に意見を言うことがはばかられる現代、親が真剣に考えた名前に対して、プロとして責任感を持ち、将来を見据えて意見を出してもらったからです。

翻（ひるがえ）って我々は軍事のプロであるからこそ、有事には行動を示すことができるように、あらゆる事態を想定して訓練しなければ、住職のように毅（き）然とした行動はとれないと悟りました。

最先任上級曹長の貴重な経験後任に

准陸尉　高橋　政人（25普連本部・遠軽）

令和4年3月31日付で2年8カ月務めた25普連兼遠軽駐屯地の第5代最先任上級曹長を下番しました。

元年8月の上番以来、戸惑うこともありましたが、指揮官の直接補佐官として、ご指導、ご厚情を頂きつつ勤務してきた日々は、人生において貴重な経験と財産になりました。

まだまだやり残したと感じることはたくさんありますが、その思いを後任の最先任上級曹長に託したいと思います。

今後、25普連と遠軽駐屯地の隊員が無事故で訓練、任務にまい進していくことを切に願ってやみません。

最先任上級曹長識別章を返納する高橋准尉（左）

OBがんばる

荒巻　靖隆さん　55
令和2年10月、福岡地本北九州援護センター長を3陸佐で退官。現在、マルショー鉄筋工業の人事兼安全担当部長として勤務に励んでいる。

幸せな第2の人生のために

私は令和2年10月30日、福岡地本北九州援護センター長の職を最後に定年退官し、現在、㈱マルショー鉄筋工業で人事兼安全担当部長として第2の人生を幸せに歩んでおります。

お世話になることになったきっかけは、私が北九州援護センター長として在職中、センターにご来訪頂いた古澤英樹社長との出会いでした。「ここ北九州の地の産業経済の発展のために尽力したい」とのお言葉に、私はご縁を感じ取ったことを鮮明に覚えています。

私が30数年間の自衛官生活で培ったものと言えば、「ただ声が大きいだけ」「ただ挨拶ができるだけ」。会社では自分より後輩はいないので「ただ先輩を敬うことだけ」、年長者として人生を経験しているので「ほんの少しアドバイスができるだけ」。

しかし、その自衛官生活で培ったもののお陰で、業界未経験の私も早々に受け入れて頂けました。それが全ての先輩従業員の方々に対する感謝の気持ちへと繋がっていきました。

まだ入社間もないころ、社長からこんなお話を頂きました。「誰しも、何かしらできることがあります。それぞれの従業員が自分のできること、やるべきことをやってもらって、それで良いと思います。そして最後に、この会社を退職する時に『この会社で勤務できて良かった』と思ってもらえれば、私は経営者として幸せです」と。

これからも健康には留意し、末永く第2の幸せな人生を謳歌（おうか）したいと思います。

あさぐも掲示板

■陸自東方音「第77回定期演奏会」

陸自東部方面音楽隊は6月11日（土）、埼玉県和光市の和光市民文化センターのサンアゼリア大ホールで「第77回定期演奏会」を開く。午後1時開場、2時開演。入場無料。

曲目は2022年度全日本吹奏楽コンクール課題曲I「やまがたふぁんたじぃ〜吹奏楽のための〜」（杉浦邦弘）、「月への12秒」（R・W・スミス）、「ウエスト・サイド・ストーリー セレクション」など。

申し込みは同隊HPを参照の上、メールか往復はがきで。締め切りは5月23日（月）必着。応募者多数の場合は抽選で、当落はメール、はがきで26日以降から順次発送する予定。詳細は東方音HPで。

詰将棋

出題　日本将棋連盟　九段　石田　和雄

第867回出題

■先手　持駒　歩

【ヒント】打歩詰めを避ける工夫（10分で二級）。

▶詰碁、詰将棋の出題は隔週です◀

詰碁

出題　日本棋院　九段　曲　励起

第1282回解答

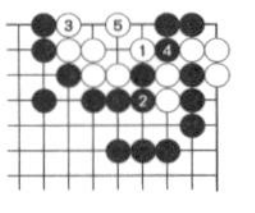

【解答図】白先、白活。白①黒❷はともに当然です。次の白③が大切で、黒❹には白⑤で白は半分だけ助かります。

（世界の切手・モルドバ）

良い戦争、悪い平和などがあったためしがない。
ベンジャミン・フランクリン
（米国の科学者・政治家）

朝雲ホームページ
www.asagumo-news.com
会員制サイト
Asagumo Archive プラス
朝雲編集部メールアドレス
editorial@asagumo-news.com

新刊紹介

「ブランデンブルク隊員の手記 ―出征・戦争・捕虜生活」

ヒンリヒ＝ボーイ・クリスティアンゼン著、大木毅監訳、並木均訳

ロシア軍による侵攻で戦地となったウクライナは第2次世界大戦中の独ソ戦でも主戦場となり、ドイツ軍は親独派のウクライナ人のレジスタンスらと共にソ連軍と戦っていた。

本書は、1942年にわずか18歳でドイツ軍の特殊部隊「ブランデンブルク」に入隊し、最前線で任務に従事した元隊員による回想録だ。

当時の自身の日記を基に、部隊の特性やソ連における対パルチザン作戦での夜間の待ち伏せ斥候、首都キーウ北方のプリピャチ湿地帯での作戦行動など各種活動を克明に描いている。

著者は敗戦後、捕虜や「戦犯」としてソ連に抑留され、10年の長きにわたり労働収容所や刑務所での服役を経験。ここで出会った独空軍エース・パイロットのエーリヒ・ハルトマンとの交流や日本人捕虜の描写など興味深い内容もつづられている。

これまで活動が明らかにされてこなかった部隊に在籍した著者の証言は貴重であることはもちろん、巻末には部隊の沿革や構成などがまとめられるなど、史料的価値のある一冊だ。

（並木書房刊、2640円）

「陸上自衛隊戦車戦術マニュアル」

あかぎひろゆき著、かのよしのり監修

装甲車帽のヘッドセットから伸びたコードを車載無線機に接続、メインスイッチを入れる。車長の「運転はじめ」の号令で戦車のエンジンを始動。徐々に動き出す車体のスピードを、グリップハンドルで調節する――。本書を読むと、あたかも自分が戦車をコントロールしているかのような感覚が味わえる。筆者はあかぎひろゆき氏。補給統制本部や関東補給処航空部などに勤務した元陸自の軍事ライターだ。

「戦車戦術」とは、「陸戦における戦車の運用および作戦と、戦車固有の戦闘技術を総称したもの」と筆者は説く。冒頭で紹介したように、本書には戦車の操縦法から特殊地形での通過要領、敵車体との距離の測り方に射撃方法まで記載されている。さらに、戦車の発展の歴史や、今日の日本をとりまくアジア情勢を分かりやすく解説。広い視野から戦車を捉えており、ただのマニュアル本とは一線を画している。

近年は「ドローンや無人攻撃機さえあれば戦車は不要」との意見もある。しかし「着上陸した敵を海へ追い落とす〝衝撃力〟は戦車にしかないものだ」と筆者は強調する。本書は、戦車が単なる通常兵器に留まらない、平時における抑止力の一端を担う必要不可欠なものなのだということを、再認識させてくれる。

（秀和システム刊、2420円）

朝雲
発行所 朝雲新聞社
〒160-0002 東京都新宿区四谷坂町12－20 KKビル
電話 03(3225)3841
FAX 03(3225)3831
振替00190-4-17600番
定価一部150円、年間購読料9170円（税・送料込み）

主な記事

岸田首相

防衛費増額を表明

バイデン米大統領と会談

岸田首相は5月23日、来日したジョセフ・バイデン米大統領と東京・元赤坂の迎賓館で会談し、日米同盟の抑止力・対処力を早急に強化することで一致した。岸田氏は日本の防衛力を抜本的に強化するため、防衛費の「相当な増額」を確保する決意を表明。バイデン氏もこれを強く支持し、両氏は日米同盟の優位性を将来にわたって堅持するため、宇宙・サイバー領域や先進技術分野を含め、日米間の安全保障・防衛協力を拡大・深化させていくことを確認した。岸田氏は会談後の共同記者会見で「大統領の訪日は米国のこの地域への関与を強化し続けることを力強く示すものとして高く評価する」とした上で、「自由で開かれたインド太平洋」の実現とルールに基づく国際秩序の構築に向け「日米は不退転の決意で取り組んでいく」と述べた。

共同声明で岸田氏は、ミサイル脅威に対抗する能力を含め、国家防衛に必要なあらゆる選択肢の検討と防衛費の相当な増額確保の決意を表明。バイデン氏は核を含むあらゆる種類の能力によって裏付けられた日米安全保障条約の下での日本の防衛に対する米国のコミットメントを改めて表明し、両氏は同盟調整メカニズム（ACM）を通じて日米が十分に調整を進めていくことを確認した。

バイデン氏は米国の対日防衛義務を定めた日米安全保障条約第5条が沖縄県の尖閣諸島に適用されることを明言。両氏は同諸島に対する日本の長きにわたる施政を損なおうとするいかなる一方的な行動にも反対することを改めて表明した。

このほか、両氏はサイバー、宇宙、新興技術の分野における協力を加速させることを決定。日米で共に戦略を整合させ、同盟を絶えず現代化させ、2国間の役割と任務を進化させ、共同の能力を強化させていく決意を示した。

地域情勢をめぐっては韓国新政権の発足を歓迎し、日米韓3カ国の安全保障協力を一層強化していくことで一致。台湾に関する日米両国の基本的な立場に変更はないとした上で、台湾海峡の平和と安定の重要性を改めて強調し、両岸問題の平和的解決を促した。

両氏はロシアによるウクライナ侵略を非難。国連安全保障理事会の常任理事国としてのロシアの無責任な行動と拒否権の乱用、他の加盟国に対する侵略についての説明責任から逃れようとする試みに「深い憂慮」を表明するとともに、バイデン氏は、改革された国連安保理において日本が常任理事国になることへの支持を改めて表明した。

同盟の抑止力を早急に強化

両氏の正式な対面会談は初めて。少人数や拡大会合などを含め計約2時間15分間行われ、会談後、共同声明「自由で開かれた国際秩序の強化」が発表された。

会談の冒頭、岸田氏は「いかなる状況でも米国がインド太平洋地域への関与を強化し続けることを示すもので、心から歓迎する」と述べ、バイデン氏は「日米同盟は長きにわたり、インド太平洋の平和と繁栄の礎であり、米国の日本に対する防衛のコミットメント（責任ある関与）は揺らぐことはない」と応えた。

岸田首相（左）のエスコートで陸自の特別儀仗隊を巡閲するバイデン米大統領（5月23日、東京・元赤坂の迎賓館で）＝官邸HPから

解説　日米韓安保の仕切り直しに期待

防衛研究所　千々和泰明主任研究官

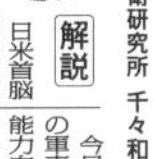

日米首脳会談後の共同記者会見で岸田首相は、「太平洋は日米を分かつものではなく、両者をつなぐものである」という、かつてケネディ大統領が池田勇人首相に贈った言葉に言及した。池田・ケネディ時代の日米両国は「イコール・パートナーシップ」を掲げ、日本は経済面で存在感を増しつつあった。

今日の国際環境は、中国の軍事的台頭や北朝鮮の核能力向上、ロシアによるウクライナ侵攻などを受け、厳しさを増している。そうした中、日米が抑止力・対処力を強化することを確認した意味は大きい。

そして岸田首相が、防衛費の相当な増額や、反撃能力を含めあらゆる選択肢を排除しないことに言及したのは、日本が安全保障面で米国の「イコール・パートナー」に近づくために、一層の役割を果たしていく決意の表れといえる。

加えて注目したいのが、今回の日米首脳会談がバイデン大統領の日韓歴訪の一環というかたちをとった点だ。歴史的に、日米同盟と米韓同盟は密接な関係にある。にもかかわらず、文在寅政権期に日韓関係は冷え込んだ。

今回の、尹錫悦新政権の発足に続くバイデン大統領の日韓訪問が、日米韓3カ国の安全保障協力の仕切り直しにつながることを期待したい。

対露連携を確認

日フィンランド首脳会談

岸田首相は5月12日、来日したフィンランドのサンナ・マリン首相と官邸で約65分間会談し、「自由で開かれたインド太平洋」の実現に向けて両国が連携を強化することで一致した。

会談の冒頭、岸田首相は「ロシアによるウクライナ侵略は欧州のみならず、アジアを含む国際秩序の根幹を揺るがす行為だ」とロシアを非難。「欧州とインド太平洋の安全保障は不可分であり、力による一方的な現状変更は世界のどこであれ許されない」として、普遍的価値を共有する国々が結束して毅然とした対応を継続する重要性を訴えた。

これに対し、マリン首相は「我々は互いの力をより大きく必要とする状況にある。ロシアによるウクライナ侵攻は欧州の安全保障だけでなく、グローバルな環境に大きな変化をもたらした。中国はその力をどのように使うか画策している」と述べた。

会談で岸田首相は、我が国が欧州連合（EU）や同盟国、同志国と協調して前例のない強力な対露制裁措置とウクライナ支援に取り組むとともに、対露政策を大きく転換し、自国の防衛力と日米同盟の強化に努めていることを説明。

マリン首相は日本の姿勢を高く評価するとともに、フィンランドが近日中に北大西洋条約機構（NATO）への加盟を正式に申請する可能性を伝えた。

会談後の共同記者発表でマリン首相は、隣国ロシアによるウクライナ侵略を受けて、フィンランドがこれまでロシアへの配慮から長年とってきた「軍事的中立」政策を大きく転換し、NATOへの加盟を検討していることについて「歴史的ステップ」とした上で、「加盟は我が国国民のためであり、共通の価値観を支持する国際社会全体を強化することになる」と意義を強調した。

会談を前に握手を交わす岸田首相（右）とフィンランドのマリン首相（5月11日、首相官邸で）＝官邸HPから

フィンランドは5月18日、スウェーデンと共にNATOへの加盟を正式に申請した。加盟には既存の30加盟国による全会一致の承認が必要で、正式加盟まで数カ月から1年かかる見通しだ。

防衛相　国連事務次長と会談

PKO30周年で意見交換

岸防衛相、吉田陸幕長は5月18日、米ニューヨークの国連本部から来日したアトゥール・カレ事務次長（活動支援担当、インド出身）と防衛省で個別に会談し、防衛省・自衛隊として引き続き国連と緊密に連携していくことを確認した。

カレ事務次長は政府関係者らと国連平和維持活動（PKO）に関する最新の情勢や課題について意見交換するため、14日から22日まで日本を訪れた。

岸防衛相は「自衛隊が1992（平成4）年に初めてカンボジアにPKO部隊を派遣して今年で30周年を迎えた」と節目の年の来日を歓迎。「日本がこれまで培ってきた経験や知見、強みを生かし、今後もPKO分野で積極的に貢献していきたい」と述べた。

これに対し、カレ事務次長は日本による長年の貢献に謝意を示し、「今日の世界はとても複雑でさまざまな課題があるが、日本と連携して世界全体の平和と安全保障に貢献していきたい」と応じた。

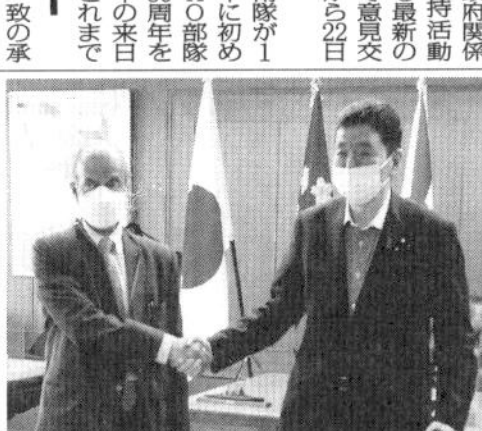

国連のアトゥール・カレ事務次長（左）を大臣室に迎え、握手を交わす岸防衛相（5月18日、防衛省で）

この後、カレ事務次長を迎えた吉田陸幕長は、カンボジアPKO以降、陸自がこれまでゴラン高原、東ティモール、ハイチ、南スーダンなど10個の任務に計約1万2000人の隊員を派遣し、現在も国連南スーダン共和国ミッション（UNMISS）に司令部要員を送っていることを紹介。

陸自として、①PKO司令部要員派遣の継続②「三角パートナーシップ・プロジェクト（TPP）」を中心とするPKOに関する能力構築支援の継続③国連本部への幕僚派遣の拡充④「国連PKO工兵部隊マニュアル」の改訂など知的貢献――の4本柱を重点に貢献していく決意を表明した。

カレ事務次長は、▽東ティモールPKO（2002～04年）で陸自施設部隊が建設した橋や道路が現在も非常に良好な状態で市民に利用されていること▽世界のPKO派遣国の中で自衛隊が唯一、規律違反がないこと▽自衛隊OBが退官後に地雷除去活動に当たっていること――など、日本の献身的な活動に改めて謝意を表した。

NATO参謀長会議に出席

統幕長　アジアセッションで声明

山崎統幕長は5月16日から19日まで欧州のベルギーを訪問、首都ブリュッセルで開かれた北大西洋条約機構（NATO）軍事委員会主催のNATO参謀長会議に参加した。同会議に統幕長が出席するのは初めて。

統幕長は19日、同会議の一部でテーマごとに開催された「アジア太平洋セッション」に出席。アジアパートナーである豪州、ニュージーランド、韓国の参謀総長らと共にショートステートメント（声明）を発表した。

各国の出席者と記念撮影に納まる山崎統幕長（右から2人目）＝5月19日、ベルギー・ブリュッセルのNATO本部で（統幕提供）

声明の中で、日本が位置するインド太平洋地域でも（ロシアのウクライナ侵略のように）力による一方的な現状変更の試みが継続していることを説明。欧州諸国によるインド太平洋地域の平和と安定への関与について歓迎の意を表した。

また、ベルギー滞在中、ランドラムNATO軍事副委員長らNATO加盟国の各代表者とアジア太平洋地域における安全保障環境について意見交換を行った。

春夏秋冬

安全保障の「提供者」と「消費者」

鶴岡　路人

5月18日、北欧のフィンランドとスウェーデンがNATO（北大西洋条約機構）に加盟申請を行った。ウクライナ戦争を受けた動きである。しかし、両国が自由や民主主義、人権といった価値をNATO諸国と長年共有してきたことに加え、1990年代以降、NATOとの協力関係を深めてきたことが土台として存在する。これらがなければ、開戦後3カ月足らずでの加盟申請は不可能だったはずだ。

ウクライナにおけるロシアの残虐行為をみせつけられ、NATOに助けを求めるのは自然だろう。しかも、ウクライナ戦争が明らかにしたのは、NATOの「内」と「外」での境遇の違いだ。NATOに入っていれば、ウクライナがあのような侵攻は受けることはなかっただろう。

NATO加盟国に対しては、「戦車をウクライナに供与すれば参戦とみなす」といった警告がロシアから繰り返されたが、ロシアはNATOには手を出していない。ロシアにとって、NATOや米国の直接介入は避けるべきものであり、自らそうした状況を作りたくはないのだろう。これをもたらしているのがNATOの抑止力だ。

NATOに加盟すれば、フィンランドとスウェーデンの安全保障は向上する。集団防衛の対象になるからである。しかし、これは一側面に過ぎない。

今回、より興味深いのは、両国の加盟によりNATO全体の安全保障が大きな恩恵を受けることだ。クルド問題に関してのトルコの反対論は深刻な問題だが、フィンランドとスウェーデンの加盟はほとんどの加盟国から歓迎されている。両国は「安全保障の提供者（セキュリティ・プロバイダー）」なのである。

新規加入に関する北大西洋条約第10条は、「北大西洋地域の安全保障に貢献する立場にある欧州の国」に対して加入を招請することができると規定している。両国こそ、これに該当する。

特に恩恵を受けるのはバルト諸国だろう。バルト海の対岸に位置するフィンランドとスウェーデンが加盟すれば、バルト有事への対応がより迅速かつ確実になる。加えて同地域はロシアを除いて全てがNATO加盟国になり、艦艇を中心とするロシア軍の動きは今まで以上に四方八方から監視されることになる。

安全保障の「提供者」と、恩恵を受けるのみの「消費者」の違いは大きい。提供者であれば各国との協力も進めることができ、結局は自国の安全保障の確保にもつながることを、フィンランドとスウェーデンの事例は示している。

（慶應義塾大学准教授）

南スーダンPKO派遣を1年延長

政府は5月20日の閣議で、国連平和維持活動（PKO）協力法に基づく「国連南スーダン共和国ミッション（UNMISS）」司令部への自衛隊員の派遣期間について、来年5月末まで1年間延長することを決定した。

南スーダンでは2012年から17年まで、約400人規模の陸自施設部隊が国づくり支援のPKO活動に交代で従事。撤収後も、UNMISS司令部には陸自隊員4人（兵站、情報、施設、航空運用の各幕僚）の派遣を継続している。

中国空母「遼寧」発着艦300回超える

沖大東島（沖縄県）沖の太平洋に展開した中国海軍の空母「遼寧」から発艦する艦載戦闘機＝5月15日、統幕提供

岸防衛相は5月20日の記者会見で、日本近海を航行している中国海軍の空母「遼寧」（5万9400トン）について、艦載戦闘機やヘリの発着艦がこれまでに300回を超えたと発表した。

「遼寧」は5月1日から2日にかけ、「レンハイ」級ミサイル駆逐艦や「ジャンカイⅡ」級フリゲートなど計8隻で沖縄南方約200キロに展開。3日から12日まで連日、艦載のJ15戦闘機、Z9、Z18ヘリの発着艦を実施した。その後、沖大東島の南西約300キロの海域に東進、14、15日の2日間、再び発着艦を繰り返した。海自8護隊（呉）の「すずつき」などが警戒監視に当たったほか、空自の戦闘機が緊急発進し、空母艦載機の日本領海への接近などに備えた。

岸大臣は「太平洋などの遠方の海空域における作戦遂行能力を高めるための活動である可能性がある」とし、「わが国周辺の動向に引き続き注視する」と述べた。

朝雲寸言

「成功する人は相手への期待値は低くしておく」と言われる。人はつい自分がそうだから相手も同様だろうとミラーイメージングするが、現実には感性や能力といったものは人それぞれで、こちらの期待通りに相手が動かない場合もある。そんな時つい苛立ってしまうのは、無意識のうちに自分と同じ思考パターンを相手に求めているからだ。逆に、相手への期待値を低くしておけば後で大きく失望することもない▼南スーダン国連平和維持活動に参加していた自衛隊が、現地で韓国軍部隊から銃弾の貸与を求められたことがあった。相手も困っているだろうからと急遽あれこれ工夫して応じた自衛隊だったが、その後の韓国側の対応は最大限丸く言ってあっさりしていた▼歴史的経緯から反日感情が払拭されない韓国では、自衛隊に世話になった事実を目立たせたくないとの思惑があったようだ。そうした事情はあちらのことなので日本としては如何ともしがたい。ただ日本側も「助けてあげたのだから、感謝されるだろう」と無意識に期待値を高くしてしまった面があったのではないか▼一時は日韓防衛協力は良好に推移していたが、直近5年間の韓国左派政権下で大幅に冷え込んだ。海自哨戒機への火器管制レーダーの照射という忘れがたい出来事も起きた。このほどの保守政権発足で関係改善を望むが、同時に期待値は余り高くせず見守る構え方も大切な気がする。

時の焦点

国内

コロナ対策

丁寧な検証で抜本改革を

欧米に比べ、日本は新型コロナウイルスの感染者数も死者数も少ない。とはいえ、行政の対策が奏功したとは言い難い。見直すべき点を洗い出し、抜本的な改革につなげることが重要だ。

新型コロナへの対応を検証する政府の有識者会議（座長・永井良三自治医科大学長）が議論を始めた。将来の新たな感染症も見据え、医療提供体制の確保策や行動制限のあり方などを検討し、6月に提言をまとめる。

新型コロナを巡っては、感染拡大時に医療機関や保健所の対応が逼迫し、適切な治療を受けられない患者が相次いだ。PCR検査はなかなか増えず、水際対策や、ワクチン接種の開始も後れを取った。

すべての行政機関が、感染症の拡大が国家の重大事であると認識を共有しなければならない。縦割りを排し、感染症の拡大を防ぐ体制を築くことが不可欠だ。

コロナの流行初期は、緊急事態宣言発令や行動制限をめぐって、国と知事がたびたび対立した。政府は病床の確保を繰り返し要請したが、自治体の動きは鈍かった。

混乱の要因として法の不備が挙げられよう。

コロナ対策の根拠となっている新型インフルエンザ対策特別措置法は、飲食店への休業要請などで、都道府県に強い権限を与えている。国は総合調整や指示ができるが、役割分担があいまいだ。

責任を明確にするため、危機時には国に権限を集めるべきだ。法改正により、政府の司令塔機能を強化しつつ、地方と緊密に連携できる仕組みを整えたい。

行政改革が進んだ結果、感染症対策の要である保健所は減少した。コロナ禍では、患者の把握や入院の調整といった多くの業務が保健所に集中し、機能不全に陥るケースもあった。保健師の一層の確保も含め、公衆衛生の体制強化は重い課題だ。

医療機関にも対応を改めてもらいたい。新型コロナ病床と申告して補助金を受け取っていたにもかかわらず、実際には患者を受け入れないケースがあり、「幽霊病床」と批判された。

政府は昨年、感染症法を改正し、医療機関に病床確保を要請・勧告し、従わなければ病院名を公表できるようにしたが、罰則がなく、実効性を上げたとは言えない。感染拡大時には、国や都道府県が病院に対してより強い措置が取れるよう、仕組みを改めることが求められる。

政府は2019年、公立病院の統廃合で20万床を削減する計画を発表した。コロナ禍を経験し、総務省は今年3月、計画を軌道修正し、病院間の連携などで各地域の病院を維持するという指針をまとめた。ただ、20万床削減の方針は掲げたままだ。

病床削減計画は一度棚上げし、住民の命と健康を守る体制の構築を優先させてもらいたい。

夏川　明雄（政治評論家）

海外

国連の機能不全

ウクライナ危機で露呈

ロシアによるウクライナ侵攻は、軍事力で圧倒的に優勢とみられたロシア軍の苦戦が伝えられ、長期化の様相を強めているが、それに伴い、ウクライナの民間人を含め、双方に甚大な人的被害が出ている。ウクライナの産業・社会基盤を支えるインフラにとどまらず、集合住宅や学校、病院などに対する無差別攻撃による殺りく、破壊も広範囲に及ぶ。

欧米諸国が国連憲章違反の「暴挙」と糾弾するロシアの軍事侵攻が始まって以降、3カ月がたつが、この間、紛争当事国の双方と関係が深い近隣のトルコの仲介による停戦協議や両者の和平交渉も断続的に行われた。しかし、4月初めにロシア軍の残忍な戦争犯罪が多数明るみに出たため、態度を硬化させたウクライナ側が交渉を通じた事態収拾に距離を置くようになった。理不尽極まりない侵略を受けた当事国として、当然の対応だろう。

本来ならば、停戦交渉では国連が人道的見地から積極的に動き、事態打開に尽力するべきだったが、国際平和と安全に責任を有する国連安全保障理事会が拘束力のある決議を採択できずにいるなど、機能不全に陥った国連に対する失望感、落胆も大きい。

安保理は5月6日、平和的解決を目指すグテレス国連事務総長への強い支持などを表明する議長声明を全会一致で採択した。しかし、侵攻から2カ月半で安保理が初めて一致した議長声明には、ロシアの名指し非難の文言は見当たらない。グテレス氏はこれに先立ち、ロシアとウクライナを訪問し、ロシア軍に包囲され、人道危機が深刻化の一途をたどったウクライナ南東部マリウポリでの市民の退避につなげたが、この外交的取り組みも遅きに失したとの批判が少なくない。

ロシアによる軍事侵攻で国連が十分な手を打てないのは、安保理で米英仏中ロの五つの常任理事国が拒否権を持ち、一国でも反対すれば、拘束力のある決議案が葬り去られるという時代錯誤的な規定が厳然とあるためだ。世界平和の「守護神」であるべき常任理事国が国際法と国連憲章に違反するルール破りを行った場合でも、当該国に対する非難や制裁が安保理には決定できない「不条理」とでもいうべき大いなる矛盾だ。安保理の機能不全は第二次大戦後の米ソ冷戦時代にもあったが、武力を使って隣国の領土に攻め入り、主権国家の領土保全と政治的独立を侵害する今回のロシアの軍事行動は、あからさまな国連憲章違反という点で、これまでの武力紛争とは質的に異なる。

安保理が機能不全に陥った際に、国連総会や事務総長がもっと強力な機能を果たせないものか。今回のことを教訓に、今後とも検討を重ね、具体化する取り組みが不可欠だ。ロシアが国連人権理事会の理事国資格をはく奪されたように、国連の諸機関で権威ある地位を保持できなくするとか、ロシアの戦争犯罪などについて、国際刑事裁判所の仕組みを使ってその責任を徹底的に追及する方策もある。安保理改革は目標として掲げつつ、国連憲章を尊ぶ国際合意を築くため、多国間の対話力向上にわが国が果たすべき役割は大きい。

伊藤　努（外交評論家）

日米陸軍種間で意見交換

オンラインで日米人事会議

米側とオンラインで意見を交わす藤岡史生人事教育部長（左端）、中村雄久人事教育計画課長（手前）、大場智覚募集・援護課長（左奥）、井村昭利募集・援護調整官（右奥）ら日本側の出席者（3月25日、防衛省内で）

陸自と米陸軍との日米人事会議が3月25日、防衛省内でオンライン形式により実施された。

同会議は日米の人事部間の相互理解を深め、関係強化を図ることを目的に1981（昭和56）年から毎年開催されており、今年で41回目となる。

2019年度までは相互訪問により対面で行われていたが、新型コロナウイルス感染症の影響で2年連続のオンライン開催となった。

日本側からは藤岡史生陸上幕僚監部人事教育部長をはじめ、中村雄久人事教育計画課長、大場智覚募集・援護課長などを含めて10人が参加。米側からは米陸軍参謀本部第1部長のゲイリー・M・ブリトー中将ら7人が参加した。

会議では「高度な専門識能が必要な分野における人材育成」について議論され、主にサイバー分野などにおける人材育成、陸自と米陸軍の人材の確保や育成に係る双方が抱える課題、取り組みについて共有を図り、今後も日米陸軍種間が情報共有しながら各種施策に取り組んでいくことを確認した。

海幕長、豪NZを歴訪

印太平洋シーパワー会議に出席

シーパワー会議でスピーチする酒井海幕長（壇上右）＝5月10日、インターナショナル・コンベンションセンター・シドニーで

酒井海幕長は5月8日から16日まで、オーストラリアのシドニーとニュージーランドのオークランドを訪れ、参謀長級会談などを行った。また豪海軍主催の「インド太平洋シーパワー会議（IP22）」に出席、参加各国幹部との関係強化を図った。

10日から12日まで開催されたシーパワー会議には米、英、フランス、インドなど9カ国が参加した。「21世紀のシーパワー」をテーマとしたセッションで海幕長はスピーチを行い、海自が昨年、さまざまな国と共同訓練を実施してきたことを紹介。「広大な海洋において地域の平和と安全を確保するには、同盟国や価値観を共有する国々との協力が不可欠である」と呼びかけた。

また、米海軍太平洋艦隊司令官のサミュエル・パパロ大将や、豪海軍本部長のマイケル・ヌーナン中将らと会談。積極的に交流を図り、戦略環境や各国共通の課題などについて意見交換を行った。

14日にはニュージーランドを訪問し、海軍副本部長のメリッサ・ロス准将と懇談。インド太平洋地域の平和と安定に寄与するべく、互いに連携を強化することを確認した。

帰国した海幕長は17日の定例会見で「2国間会談を多数行い、双方の戦略環境や共通の課題について議論した。互いの認識を深めることができた」と成果を語った。

露の情報収集艦

宗谷海峡を東進

5月18日午前5時ごろ、宗谷岬の西約120キロの海域を東に進むロシア海軍の「バルザム」級情報収集艦（艦番号80）1隻を海自の艦艇と航空機が確認した。

ロシア艦はその後、宗谷海峡を東進し、オホーツク海へ向け航行した。海自1ミサイル艇隊（余市）のミサイル艇「わかたか」と2空群（八戸）のP3C哨戒機が情報収集と警戒監視に当たった。

共済組合だより

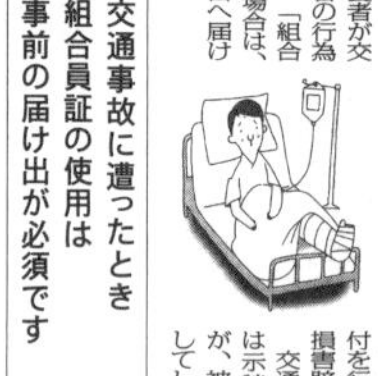

交通事故に遭ったとき　組合員証の使用は　事前の届け出が必須です

組合員又は被扶養者が交通事故などの第三者の行為によって負傷され、「組合員証」等を使用する場合は、事前に必ず共済組合へ届け出てください。

交通事故などで負傷した際、その治療費用は加害者が負担するのが原則となっています。このため、「組合員証」等を使用して治療を行う時は、「損害賠償申告書」の提出が必要になります。

「損害賠償申告書」には、事故報告書、警察署の事故証明、医師の診断書などを添付する必要があります。また、示談の場合は示談書の写しも必要になります。

その後、共済組合は負傷された方の医療費を給付するとともに、その給付額を被害者に代わって加害者に損害賠償を請求する権利（代位請求権）を取得し、給付を行った額を限度として損害賠償請求を行います。

交通事故の場合、加害者は示談を急ぎたがりますが、被害者が不利な示談をしてしまいますと共済組合が立て替えた費用を加害者に請求できなくなり、結局その費用は被害者自身が負担することになる場合もあります。

「組合員証」等を使って治療を受けたときの示談については、共済組合の事務担当者とよく相談のうえ慎重に進めてください。

「防研セミナー」ブリーフ

第4回開催『朝雲』連載に連動

「米国防戦略にみる米国の脅威認識」をテーマに解説する防研の菊地茂雄中国研究室長（壇上左）＝5月12日、防衛省の国際会議場で

防衛研究所（齋藤雅一所長）は5月12日、『朝雲』の連載と連動した第4回「防研セミナー・時代を読み解く」のブリーフィングを防衛省F1棟の国際会議場で開催し、省内から約50人の職員が参加した。

これは、防研の創立70周年記念事業の一環として、本紙で今年1月から月に1度の新シリーズ「防研セミナー・時代を読み解く」が始まったことに伴う企画で、執筆者がその内容をさらに深掘りして解説し、参加者との突っ込んだ議論を通じて、安全保障問題に関する知的基盤の充実強化を図ることを目的としている。

この日は地域研究部中国研究室長の菊地茂雄氏が「米国防戦略にみる米国の脅威認識」＝本紙4月28日付＝をテーマに講演。さまざまな資料をもとに専門家ならではの視点で米国防戦略の読み解き方を提示した。

防研ではこれまで、▽第1回「AUKUSの誕生と豪州」＝佐竹知彦主任研究官▽第2回「極超音速兵器の開発競争」＝有江浩一所員▽第3回「明治期の日本陸軍とマイクロマネジメント」＝樋口俊作2陸佐――のブリーフィングを実施しており、いずれも齋藤所長をはじめ所内と省内から多くの職員が参加し、活発な質疑応答が行われている。

次回は6月7日、防衛省F1棟の国際会議場で、池上隆蔵1陸佐＝3面「防研セミナー」執筆者＝が「データ・アナリティクスの活用とその効果」をテーマに実施する。詳細・問い合わせは防研企画調整課まで。

海賊対処42次隊

41次隊と交代へ

ソマリア沖・アデン湾での海賊対処任務の交代のため、5月22日、水上部隊42次隊の海自護衛艦「はるさめ」が佐世保基地を出港した。41次隊に引き続き、中東海域での情報収集活動も兼務する。

42次隊は2護衛隊司令の工藤正徳1佐を指揮官に、「はるさめ」艦長の伴昌幸2佐以下乗員約210人。同艦には海上保安官8人も乗り組む。

「はるさめ」は佐世保を出港した後、新型コロナ対策で全員にPCR検査を実施し、日本近海で訓練を行いつつ2週間の停留後、アデン湾に向かう。

ひと

バイアスロン競技会で団体、個人の2冠

内田（うちだ）　伸明（のぶあき）3陸曹（29）

令和3年度末の部隊改編で、陸自5番目の即応機動連隊となった「第3即応機動連隊」（旧3普連）に所属。2月から3月に北海道札幌市で開催された「第58回バイアスロン日本選手権大会」と「第93回宮様スキー大会国際競技会」に出場した。

宮様大会のリレー競技（一般銃、4・5キロ×4人）では「名寄3普連」の第2走者を務めてチーム優勝、日本選手権の個人スプリント競技（一般銃、4・5キロ）では各部隊の強豪を抑えて1位の座を勝ち取り、2冠を達成した。（本紙4月21日付6面既報）

仲間のために自分が持っている力を最大限に発揮することを意識して臨んだ両大会。前日からイメージトレーニングを行うとともに、当日はコースを実際に歩いて状況や雪質を確認、最終的なイメージアップを図るなど「悔いが残らないように」との思いで念入りに準備し、結果を出した。

北海道生まれの北海道育ち。スキーは幼少の頃から身近な存在だったが、本格的にクロスカントリーを始めたのは小学5年生から。中学、高校とクロスカンスキー部に所属し、高校在学中、先に自衛隊に入隊していた中学時代の一つ上の先輩に「一緒に自衛隊でバイアスロンをやらないか」と誘われて進路を決めた。

平成24年に陸自に入隊し、以後、部隊の演習・訓練のかたわら計画的にバイアスロンの訓練もこなす。30年と令和元年の日本選手権では、自衛隊体育学校で活躍し、W杯日本代表にも選ばれた永井順二元1曹（当時3普連所属）とペアで出場して1位の成績を収めた。

永井元1曹は大きな影響を受けた人物の一人。自分に厳しく、絶対に弱音を吐かない。黙々と訓練をこなす姿を見て、「自分もこうなりたい」と背中を追った。

起伏の激しいコースを官品スキーで滑走した直後、50メートル先の標的に迅速・正確に射撃しなければならないバイアスロン競技。「冬季戦技に直結する有意義な訓練」と日々実感している。

次なる目標は来年も行われるバイアスロン競技2大会での団体2冠と個人2連覇。さらなる高みを目指して全力で練成に励む。

（星　里美）

中国H6爆撃機

宮古海峡を往復

対艦ミサイル搭載か

中国軍のH6爆撃機2機が5月18日、沖縄本島と宮古島間の宮古海峡を往復飛行したため、空自南西空のF15戦闘機が緊急発進して対応した。2機は対艦ミサイルらしき装備品を搭載していた＝写真。領空侵犯はなかった。

上海方面から東シナ海に飛来したH6は南東進して宮古海峡を通過し、太平洋に進出。沖縄南方で三角の軌跡を描く旋回飛行を行い、往路とほぼ逆のルートで自国領方面に戻った。

統幕は同日、空自機が撮影した中国軍機の写真と航跡図を公開した。

防衛省発令

▽兼統幕運用2課（陸幕運用支援課企画班長）　1陸佐　西田　喜一

（同運用支援課）　同　柿内　慎治

（同訓練課器材・演習場班長）　同　内藤　啓太

（以上5月14日）

▽中部航空方面隊援護業務課長（空幕募集・援護課援護班長）　1空佐　木下　僚一

▽同司令部付（中部航空方面隊援護業務課長）　同　谷口　利彦

▽航空中央業務隊付（空自5術科学校1教育部長）　同　佐藤　聖一

▽空自5術科学校1教育部長（南西航空警戒管制団56警戒隊長兼与座岳分屯基地司令）　2空佐　影山　貴司

（以上5月15日）

▽防衛大総括首席指導教官（航空支援集団人事課長）　1空佐　三浦　晋吾

▽北部航空警戒管制団18警戒隊長兼稚内分屯基地司令（防衛大総括首席指導教官）　同　柳本　誠

▽航空支援集団人事課長（西部航空警戒管制団監理部長）　同　江口　勝

▽空自3術科学校2教育部長（航空教育集団施設課長）　2空佐　塩見伊佐夫

（以上5月16日）

▽統幕学校国際平和協力センター（陸幕運用支援課付）　1陸佐　新井　信裕

（5月23日）

痛切に感じた「自衛力の危機」

日本戦略研究フォーラム・シンポジウム

パネルディスカッションを行う「徹底検証：台湾海峡危機　日本はいかに抑止し対処すべきか」のコアメンバー。左端は司会の田北『正論』編集長（写真はいずれも４月21日、東京都新宿区のホテルグランドヒル市ヶ谷で）

日本戦略研究フォーラム（ＪＦＳＳ、屋山太郎会長）主催の第44回定例シンポジウムが４月21日、「台湾海峡危機と日本の安全保障」をテーマに東京都新宿区のホテルグランドヒル市ヶ谷で開催された（５月19日付既報）。シンポジウムでは安倍元首相が基調講演したほか、台北駐日経済文化代表処の謝長廷代表が特別講演。最後に昨年夏に行われた第１回政策シミュレーション「徹底検証：台湾海峡危機　日本はいかに抑止し対処すべきか」の結果を踏まえたパネルディスカッションが行われた。月刊『正論』編集長の田北真樹子氏の司会で、同シミュレーションのコアメンバーである岩田清文元陸幕長（統裁部長役）、武居智久元海幕長（副統裁部長役）、尾上定正元空自補給本部長（米国役）、兼原信克同志社大特別客員教授（外交・安全保障関係リーダー役）、村井友秀防大名誉教授（中国役）が登壇し、台湾危機に日本がどう備えるべきかを議論した。

台湾海峡の危機　日米はどう動くか

今回のパネルディスカッションの題材となる第１回政策シミュレーション「徹底検証：台湾海峡危機　日本はいかに抑止し対処すべきか」は昨年８月14、15の両日、ＪＦＳＳ主催で都内のホテルで行われた。

「台湾海峡で軍事衝突が起きた時、どのような事態が起き、日米はどう動くのか。台湾を守る体制ができているのか」という問題意識のもと、武居氏が中国による台湾侵攻の四つのシナリオ（①グレーゾーンの継続②検疫と隔離③台湾への全面軍事侵攻④台湾海峡紛争の終結）＝図＝を策定。参加者たちはシナリオに沿ってシミュレーションを行った。首相、官房長官、防衛相など日本の意思決定者やアメリカ、中国、台湾の当事者の役割を現役の国会議員や元将官、有識者などが担い、各国が各場面でどのように動くのかを検証、日本の安全保障上の課題を抽出した。

シナリオの構成

部	型式	シナリオの概要
1	グレーゾーンの継続：第３次台湾海峡危機（1995―96年）型	・中国は、台湾総統選挙に介入し、サイバー戦、情報戦で台湾国内を混乱させ、軍事的介入の機会を作為する。 ・米国は、台湾海峡を安定させるため、日本にプレゼンスの拡大やＦＯＮＯＰＳ等への協力を要請し、併せて、兵力の追加配備など事前協議に該当する可能性のある要請を行う。
2	検疫と隔離：ベルリン危機（1961年）型	・中国は、台湾観光から戻った中国人観光客から新型ウイルスが発見されたとのフェイクニュースを流布し、サイバー攻撃、海底ケーブル切断など、台湾全島を外部世界から隔離。台湾国内を混乱させ、対中宥和政権の誕生を作為する。 ・米国は、関係国と共同して、台湾への輸送支援、ＮＥＯ／ＲＪＮＯを開始する。
3	台湾への全面軍事侵攻：ノルマンディー作戦（1944年）型	・中国は、反国家分裂法を根拠にして台湾本島に軍事侵攻する。 ・台湾は、兆候を得て迎え撃つ。 ・米国は、台湾関係法に基づいて台湾防衛作戦に乗り出す。 ・衝突がエスカレートし、戦域が尖閣諸島、先島諸島に拡大し、与那国島が占拠される。
4	台湾海峡紛争の終結	・中台紛争が日米を巻き込む地域紛争に発展し、戦線が膠着する。 ・米本土から来援部隊が到着するなど彼我の優劣が逆転する段階となり、米国が中心となって終戦工作を開始する。

台湾有事は日本の有事

◇パネルディスカッション開始

司会　最初にそれぞれ今回のシミュレーションに関する考察を。

岩田　４点申し上げたい。一つ目は、ご協力いただいた皆さんの尽力で当初の目的である「警鐘を鳴らす」ことは達成したという点。

二つ目は、日本単独では何もできないということ。抑止力は中国に対しては役に立たない。自衛力を整備しなければ、危険な状況になることを痛切に感じた。

三つ目は、台湾の価値。日本の立場でその価値を考え直す必要がある。中国の覇権の拡大の拠点になるのが台湾だ。中国が台湾を手にすると、そこから戦略爆撃機などが飛び立つ。与那国島とは約110キロで、短距離ミサイルが届く距離だ。こうした状況にしてはいけない。

四つ目は対中依存度をどう下げていくかだ。日本は中国を〝主敵〟ととらえ、しっかりとそれに向けた防衛力整備をしなければならない。

3・11を日本の危機管理体制強化の日に

尾上　シミュレーション構築の準備を進める中で、私から「戦争終結のシナリオも入れてほしい」と要望した。武力衝突が始まり、エスカレートした段階で演習が終わってしまったら、本当の意味での全体像がわからないからだ。抑止体制が一番脆弱だったのが、日・台間の防衛協力ではないかと思う。台湾と日米との情報共有を広げていく必要があるだろう。

中国人民解放軍の戦争の仕方を厳正に研究し、日・米・台がどのように対抗することが最も効果的なのかを共同で研究することが必要だ。

日本の危機管理ガバナンス、防衛力が不十分なことも強く実感した。日本は災害大国ということもあり、防災訓練を全国で一丸となってやっている。今の危機管理・防衛体制を少しでも強めるために、3・11を「日本の危機管理体制を強くする日」と定め、国民一人一人が国防を考える日にしていくべきだ。

兼原　最近の戦争は宇宙・サイバー戦であり、日米同盟の最大の弱点は、「日本のサイバー防衛」ということを痛感した。

ウクライナを例に挙げると2014年、ロシアにサイバーで完全に敗北したため、米国の協力のもとサイバーをＮＡＴＯ（北大西洋条約機構）形式に強化した。日本はこうした強化を行っておらず、「14年のウクライナのようになる」と言われている。スーパーコンピューターを導入し、サイバーに精通したさまざまな人たちが集まってチームで作業する。これが現代のサイバー防衛だ。

これから真剣に取り組まなければならないことは、内閣官房にサイバー危機管理機関を作り、その下に人員を配置し、「サイバー情報センター」などを作る。そうしなければ日本は負けてしまう。

武居　私はシナリオ作成を担当したが、我々が台湾についてほとんど知らなかったことを痛感した。

台湾軍は秘密のベールに包まれており、分析するツールもない。そこで彼我の交戦装置がなければ分析できないシナリオは止め、軍事衝突に至るまでのものにした。

中国の動向が世界的な関心を集める中で、政府も台湾危機と日中の軍事的な緊張に、正面から向き合う必要がある。特に防衛力整備をそれに適したものに変えていく必要性を痛感した。

想定される環境や科学技術の進歩、サイバー、特に自衛隊の運用方法に基づいた防衛力整備に切り替えなければ、台湾危機が現実となった時、想像しえない問題が生じることは目に見えている。

村井　中国が台湾に攻め込む時にどういうモチベーションなのかと言えば、「中華民国の偉大な復興」で、今回のロシアのウクライナ侵攻の動機と非常によく似ている。

シミュレーションを通じて、台湾への支援を具体的に考えれば考えるほど、日本の防衛力強化に直結するということを、強く感じた。

司会　今回、驚いたのは台湾海峡の事態が急速に進展する中で、日本チームの決定が前に進まなかった。

兼原　「戦場には霧が出る」というが、官邸に集まってても出てくるのはコンピューター上の情報でしかない。戦争が始まったら、個別の状況が散発的に上がってくるだけだ。重要影響事態か存立危機事態か日本有事か。この三つのどれかと決定したら部隊の動かし方を決め、それに合わせて各省庁が動く。

一番重要なのは米国との調整だ。事態認定で時間をかけてはいけない。

主導権を取れない日本

司会　日本は「これどうしましょうか？」と何度も米国と相談する場面がある。むしろ日本として、米国には「こうしてほしい」と言うほうが、米国としてもよいのでは。

尾上　おっしゃる通りだが、日本側にそれを決定する戦略はなく、様子見になる。アメリカの場合は主導権を取り、「ついてくるなら一緒にやろう！」と言うだろう。

シナリオ3番目の本格的な台湾侵攻の時に、アメリカは「中国の海軍基地を共に攻撃しよう！」と日本に持ち掛ける。航空優勢を取り戻すためだが、これもアメリカ主導だった。

大きく国際情勢を概観すると、各国は経験に基づいて行動する。日本にとって重要な国益が何かを明確にし、それに基づく要求を米国に対して行うことが重要だ。

村井　ギブアンドテイクが重要だと思う。

日頃から米軍と切っても切れない関係を

司会　台湾有事で日本がするべきことは。

岩田　米軍が一番注視しているのは台湾にいかに戦力を集中するかだ。米、中のどちらが勝つかのポイントは、両軍の台湾への戦力集中競争だ。米軍の戦力集中を日本が支援する必要がある。

陸海空自衛隊が南西諸島防衛のために、いかに体制変換ができるか。さらに、台湾からの避難民の受け入れなどを行った上での米国の戦力集中への支援だ。これによって初めて、アメリカは日本の要望も聞いてくれる。

武居　米海兵隊の立場で考えてみると、「何ができるか」ではなく、「何かをできるように日頃から準備しておくこと」が重要だと思う。アメリカが日本を利用せざるをえない状況を構築しておくことが重要だ。

陸自と米海兵隊が切っても切れないように日頃から作戦計画を作り、実行していくべきだ。

日本の地の利を生かした情報提供も必ずしなければならない。宇宙から海底にいたるまでの情報を、日米で共有しておく。「アメリカは日本がいなければ台湾を守れない」という体制を準備しておくことが、ギブアンドテイクのギブになる。

岩田　これは想像だが、海兵隊は情勢が緊迫した場合、与那国島や宮古島、今度新設される石垣島の駐屯地に「入れてほしい」と要望してくるはずだ。自衛隊と共に作戦計画を練るような準備も求められるかもしれない。

サイバー防衛研究も必要

司会　サイバー防衛について、日本がするべきことは。

兼原　日本のサイバー空間に敵のスパイウェアが入ってきた場合、追跡して発信元を特定すればよいが、できていない。法的問題などと言われるが、正当防衛だ。サイバー防衛は自衛隊だけの仕事ではない。政府全体のサイバーチームでやるべきだ。

尾上　日本はインテリジェンス（諜報活動）が弱いということを指摘したい。

軍が動くと戦争になってしまうが、諜報と軍事の世界をサイバー空間の中でどう区分けするのか。諜報活動の働きがないとサイバーチームを作っても、機能しないのでは。

岩田　国家全体のサイバー司令塔を作ると同時に、サイバーの研究開発もしていかなければならないと思う。最新の最も強い体制を作ることが大事だろう。

武居　今回のシナリオの中にも多くのサイバーの想定を入れたが、知識のある方でも素通りした。目に見えないからだ。これが日本のサイバーの現状だと思っている。

サイバー攻撃を受けて「発電所が止まった」などの事態があるが、中国製品を使っている限りはその危険性はある。目に見えないものを政治や我々が協力し、目に見えるものにしていかなければ安保体制は強化できない。

村井　中国が発信する偽情報にどう対応するかだ。情報が真実かを我々はどう見分けるのかは非常に難しいが、できる限りそのことに対する情報を集め、その中で最大公約数を取る。さまざまな情報が日常的に入ってくる社会にすることが必要だ。

兼原同志社大特別客員教授

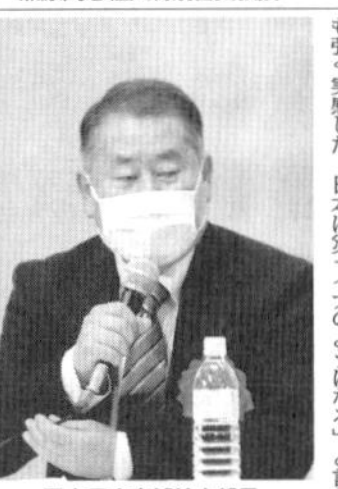
尾上元空自補給本部長

武居元海幕長

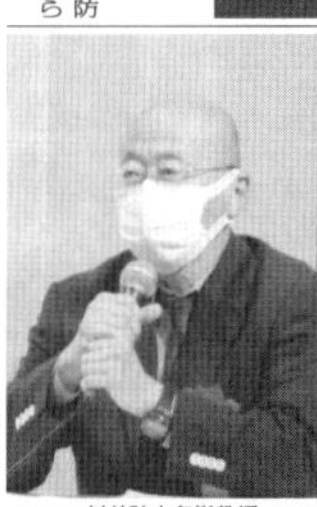
村井防大名誉教授

岩田元陸幕長

防研セミナー

時代を読み解く

シリーズ⑤

データ・アナリティクスの活用とその効果

今月の講師

池上（いけがみ）　隆蔵（りゅうぞう）1陸佐

防衛研究所政策研究部　軍事戦略研究室　主任研究官

1970（昭和45）年生まれ、大阪府出身。同志社大学文学部哲学科卒。陸自航空科。防衛大学校総合安全保障研究科前期課程（組織科学）で修士（安全保障）。西部方面航空隊、中部方面航空隊、陸幕防衛部、第６飛行隊長（神町）、統幕防衛計画部、陸自幹部学校戦略教官、東部方面総監部陸上連絡官（横須賀）などを経て現職。専門は戦略理論、組織論、軍事社会学。論文に『海洋防衛の二つのパラダイム―「制海」と「持続的な海洋支配の試み」のあいだで―』（『戦略研究』第26号、2020年３月所収）など。

効果に注目

ＡＩ（人工知能）やセンシング技術の発展に伴い、組織の意思決定や人的資源管理をより効果的に行うことが可能となっている。これは膨大なデータから未知の洞察を導き出すデータ・アナリティクスの成果であり、その効果は注目すべきものがある。

データ・アナリティクスとは

データ・アナリティクスとは、さまざまな分析手法を用いてデータに隠されたパターンを発見することであるが、近年の技術進展は、分析から得られるアウトプットの価値を革新的に高めている。

これまで分析対象であった売り上げや顧客情報などの構造化データ（分析のため整形されたデータ）に加え、電話などの音声データ、テレビやインターネットなどの画像データ、ＩＣカードやＧＰＳ、スマートフォンのデータ、ＳＮＳや電子書籍などの文字データなど、収集や分析に限界があった多様で膨大なデータが技術的に活用可能となり、将来動向や異変察知なども一定程度予測が可能となった。

従来の分析がパフォーマンス評価に焦点を置く診断的な性格であるのに対し、データ・アナリティクスによる分析は、未知の問題に対し回答を導く予測的なものであり、その期待値に本質的差異がある。

このようなアウトプットは組織の意思決定やリスク予測を助け、イノベーションを促す力を有する。

米軍における取り組み

データ・アナリティクスの潜在力は米軍でも認識されており、その適用は平素の各種業務にも及ぶ。隊員募集はその代表的なもので、国防省の公式プログラムＪＡＭＲＳでは、募集部署や民間調査会社が収集した募集対象者約3000万人分のデータを保有しており、各軍はこれを活用して対象者の動機に応じる募集要領や優先順、最適な接触手段の決定、募集業務に充当する資源配分などを行っている。

装備調達でも、コスト評価やリスク分析、サプライチェーン（部品供給網）管理などで意思決定にデータ・アナリティクスが活用されている。このような調達データ・アナリティクス能力開発のため、基礎プログラム予算に年約２億ドル、情報システム予算に年約５億2000万ドルが用いられているとの報告もある。

各軍は国防省の指針のもとで取り組みを推進している。例えば、各軍はデータ・アナリティクスの最高責任者ポストを設置し、陸軍では組織横断的な人材発掘を目的とした競技会などを開催している。

ちなみに、2021年競技会の課題は「Ｍ２ブラッドレー歩兵戦闘車」の即応性を予測する分析モデルの開発であり、その成果は実際の施策に取り入れられるという。

人的資源管理への適用

民間の動向には、多くの先進性が見られる。スポーツの現場では、睡眠や心拍変動、運動量データなどの分析に基づく選手管理が普及しており、2015年のラグビーＷ杯では日本代表チームがこれを活用し、注目された。

データは指輪やリストバンド型といった装着ストレスの少ないセンサーや、スマホアプリでの入力などで軽易に収集可能なことも、導入のハードルを下げている。また、医療の現場でも同様のデータ・アナリティクスにより精神疾患の発症・寛解（かんかい）を察知する試みが報告されている。

こうした手法は、伝統的な面接やアンケートと複合することで、より実効性が向上する。例えば、面接では問題がないと答えた者が、データ上では異変を示す場合があるが、これは従来発見できなかった兆候を検知できたことに加え、状況によっては背後に潜む組織的な問題に気付くヒントとなる。

満足度や幸福度、組織や仕事への積極的関与といった、これまで主観的観察に依存していた要素もデータ化し、分析可能となった点も注目される。

これらは既に一部の企業では生産性の向上や人材定着などに寄与する人的資源管理の重要なツールとして効果を発揮しており、管理者負担を軽減するとともに、組織の問題点発見や改善、適材適所の人事配置、将来の組織的リスク予測などに活用されている。

例えば、スバルでは社員満足度をデータ化し、働きがい改善の施策に活用したことで、半年で約９割の店舗の状況に改善が図られたという。

自衛隊における活用の意義

隊員の質やモラルといった人的戦闘力は自衛隊の強みとしてよく言及される。これが真実かはともかく、自衛隊にとり、人的戦闘力の質の向上と量の維持は重要課題である。ゆえに平素から自殺やメンタルダウン、ケガなどに起因する損耗を未然に防止し、隊員のポジティブな組織関与を実現する人的資源管理が求められる。

行動時でも、東日本大震災の現場で見られたような過酷な任務によって不調をきたす隊員を早期発見し、戦力回復を実行できるメカニズムが必要である。

このため、自衛隊は各種手段を尽くし、隊員の心情把握や組織活性化に努めているが、管理者の努力のみで完全なカバーは難しい。

自らの弱さを見せることへの抵抗や、各種の影響を懸念し、本心を隠す隊員も少なくない。かかる不足を補う意味で、自衛隊におけるデータ・アナリティクスの活用は意義があり、他組織と同様に導入の余地もあると考えられる。

ただし、導入には課題も多い。各自衛隊のデータに関わる現体制を大きく変える必要もある。専門的人材の育成や組織全体でのデータ共有ルールと保全などは不可欠であり組織としての一元的なデータ戦略とリーダーシップも必須である。

特に難しいのは、意思決定にデータ・アナリティクスを受容する組織文化の形成であろう。これらの課題解決には時間を要するが、軍民を問わずデータ・アナリティクスを活用した組織能力の改善は時代の趨勢（すうせい）であり、自衛隊においても今後の進展が期待される。

スポーツ　特集

寝技でオール一本V

濵田 圧巻の横四方　世界の切符勝ち取る

全日本選抜柔道選手権

2022年世界柔道選手権（10月、ウズベキスタン・タシケント）代表の最終選考会を兼ねた全日本選抜柔道体重別選手権大会が4月2、3の両日、福岡国際センターで行われ、自衛隊体育学校（朝霞）の濵田尚里1陸尉が女子78キロ級で優勝、代表切符を手に入れた。また、今年度新規採用された坪根菜々子2陸曹も同52キロ級2位の好成績を収めた。

東京五輪に続いて得意の寝技を駆使。横四方固めで相手をがっちり抑え込む濵田1尉（4月2日、福岡国際センターで）＝全日本柔道連盟提供

東京五輪金メダリストの濵田1尉は初戦で梅津志悠選手（三井住友）と対戦し、延長にもつれ込む熱戦の末、縦四方固めで一本勝ち。続く準決勝、泉真生選手（コマツ）に大内刈りで技ありを奪われ、ポイントを先行されたものの、慌てずに試合を進め、残り時間55秒で横四方固めをがっちりと決め、一本勝ちを収めた。

決勝の相手は昨年の同大会優勝者で、2021グランドスラム・パリ銀メダリストの高山莉加選手（三井住友）。世界トップレベルの高度な攻防が繰り広げられたが、試合時間残り36秒で濵田1尉の横四方固めが決まり、見事一本勝ち。世界から「アリ地獄」と恐れられる寝技を駆使し、全試合一本勝ちで世界選手権の代表切符を勝ち取った。

濵田1尉は「世界選手権に向けてまたしっかり準備していきたい」と気を引き締めた。

女子52キロ級の坪根2曹は、初戦で中内柚里選手（JR東日本）を破り、準決勝に進出したが、対戦相手の東京五輪金メダリスト・阿部詩選手（日本体育大学）が棄権したため、不戦勝で決勝進出。相手の白石響選手（環太平洋大学）に苦戦し、惜しくも敗退したものの、社会人初の大会で準優勝と好成績を収めた。

「全日本銃剣道優勝大会」の防衛省1部の決勝戦で対戦相手の下胴を攻める普教連の小倉2曹（左）＝4月24日、東京都千代田区の日本武道館で＝普教連提供

普教連14年ぶり6回目の優勝　2部は日本原が2連覇

全日本銃剣道大会

新型コロナウイルスの影響で、2年連続で中止となっていた「全日本銃剣道優勝大会」が4月24日、東京都千代田区の日本武道館で開催され、防衛省1部で普通科教導連隊（滝ケ原）、同2部で日本原駐屯地がそれぞれ優勝を果たした。

今回で66回目を迎えた同大会は、コロナ感染防止のため無観客で開催。防衛省1部（普通科連隊など）、2部（1部以外の陸自と海空自部隊）、女子、一般の4部門に分けて競われた。

1部で優勝した普教連は竹内巨樹2曹（先鋒）、西村健一1曹（次鋒）、佐藤岳2曹（中堅）、鈴木孝信2曹（副将）、小倉弘之2曹（大将）が出場。16普連（大村）との決勝は次鋒、中堅戦で判定を勝ち取り、勝負の行方は大将戦にもつれ込んだ。大将の小倉2曹は気迫のこもった下胴の突きで1本を奪い、14年ぶり6回目の優勝を決めた。

試合後、小倉2曹は「伝統ある部隊で銃剣道が出来ることを誇りに思うとともに、大きなプレッシャーを感じていた。良き指導者・同僚に恵まれ、ここまで戦うことができた。念願だった自身初の優勝を勝ち取り、全てが報われた気がした」と感想を語った。

一方、2部で優勝した日本原駐屯地は二宮祐樹3曹（先鋒）、大庭裕二3曹（次鋒）、厨子真守3曹（中堅）、内藤介斗士長（副将）、徳田裕人2曹（大将）が対馬駐屯地との決勝に臨んだ。

先鋒戦で上胴・下胴の2本勝ち、中堅戦で判定勝ちを決め、続く副将戦は今大会初出場で、小学生から銃剣道を習っていた内藤士長がのどへの突きで1本を勝ち取り、2連覇を果たした。

大将の徳田2曹は「今回初めて大将として出場したが、試合当日は適度な緊張感で一戦一戦を大事に戦い、2連覇を達成することができた。稽古の環境を与えてくれた部隊や教官をはじめとする仲間、家族に感謝したい」と振り返った。

同大会の成績は次の通り。

◇防衛省1部＝①普教連（滝ケ原）②16普連（大村）③40普連（小倉）、15即機連（善通寺）
◇同2部＝①日本原②対馬③北熊本、宇都宮
◇女子の部＝①北海道選抜A②愛媛県選抜③26普連（留萌）、41普連（別府）

体育学校ニュース

男子50メートル平泳ぎ　新山 微差の2位

日本選手権水泳競技大会

日本のトップスイマーが集い競泳日本一を決定する「第98回日本選手権水泳競技大会（ジャパンスイム2022）」が4月28～5月1日、横浜国際プールで行われた。体校水泳班（朝霞）からは9選手が出場し、新山政樹2海曹が男子50メートル平泳ぎで2位、井田憲吾2海曹が男子50メートルバタフライで3位に入賞を果たした。

大会に向け「水中動作や技術面の改善を重視して、トレーニングしてきた」と新山2曹。決勝戦は残り10メートルまでほぼ横並びの激戦だったが、最後の力をふりしぼり、1位にコンマ数秒差の27秒60で2位になった。

レース後、新山2曹は「勝負の楽しさを味わえた」と振り返り、「12月のジャパンオープンで優勝します」と意気込みを見せた。また、同種目決勝には渡辺隼人2陸曹も出場し、上位に迫る4位と健闘を見せた。

㊤男子50メートル平泳ぎで2位の新山2海曹（左）＝4月29日、いずれも体校提供
㊦男子50メートルバタフライで3位となった井田2海曹（右）＝4月28日

井田が3位入賞　赤羽根は4位に　男子50㍍バタフライ

一方、男子50メートルバタフライでは井田2曹と赤羽根健太2陸曹が決勝に進出した。

井田2曹は「ラスト15秒に絞りタイム短縮に努めた」と語る通り、予選よりも順位を上げ23秒45で3位に入賞。赤羽根2曹は4位で終えた。

今大会で現役を引退する井田2曹は「悔いのないよう泳ぎきることができた」と話し、今後は「体校水泳班のサポートに徹したい」と後進の育成に尽力する意向を示した。

12期海曹予定者　分隊対抗で競技

佐世保教育隊

【佐教】佐世保教育隊はこのほど、12期海曹予定者課程の分隊対抗競技を行い、バレーボールと持久走＝写真＝を実施した。

バレーボールは8チームがトーナメント方式で予選を戦い、熱戦の末、11分隊1班と12分隊3班が決勝へ駒を進めた。

決勝戦は両分隊とも一進一退の攻防を繰り返し、プレッシャーからエラーが続出。思うように得点を重ねることができなかったが、最後は12分隊3班が優勝した。

一方、持久走競技（3キロ）では、連続優勝を狙う12分隊と、巻き返しを図る11分隊で激走が繰り広げられた。結果は、男性の個人記録1位は11分隊が、女性は12分隊が獲得。最終的に分隊平均タイムは29秒差で、11分隊が念願の勝利をつかんだ。

参加学生は一人も棄権することなく全員完走し、自己記録を更新するなど、日々の鍛錬の成果を発揮した。

隊旗を保持して組断郊走

西方特連の武装走

【西方特連＝北熊本】西方特科連隊は4月26日、黒石原演習場で令和4年度の「連隊武装走競技会」を実施した。

競技会は本部、本管中隊、射撃中隊の3部に区分して行われ、隊員223人が参加。本部の部では連隊と各大隊本部が組断郊走、本管中隊の部と射撃中隊の部は、それぞれ連隊旗、大隊旗、中隊旗をつなぐ組断郊走駅伝方式で実施された。

西方特連の「連隊武装走競技会」で、連隊本部の組に加わり、隊員と共に雨の中を力走する上原連隊長（右奥）＝4月26日、黒石原演習場で

競技会に先立ち、統裁官の上原正一連隊長は「地形・気象を克服するとともに、選手として参加する大隊長、中隊長は模範を示すべく、これまでの練成成果を最大限発揮せよ」と訓示、自らも競技に加わった。

当日は、強い日差しから一転、午後からは雨風が強くなるなど、まさに「地形・気象を克服」することが必要な天候となった。各組は意地とプライドをかけ激闘を繰り広げ、3大隊本部、1大隊本管中隊、1大隊1中隊が栄光を勝ち取った。

体校選手成績

【2022年全日本選抜柔道体重別選手権大会】
◇女子78キロ級＝①濵田尚里1尉（世界選手権代表）
◇女子52キロ級＝②坪根菜々子2曹（ワールドユニバーシティゲームズ代表）
◇男子66キロ級＝③内村光暉2曹
【アジア競技大会日本代表選考会＝ボクシング】
◇男子ライトウェルター級＝①北本隼輔2曹（アジア競技大会代表）
【アジア競技大会最終選考会＝アーチェリー】
◇男子個人＝①桑江良斗2曹（アジア競技大会代表）
【第106回日本陸上競技選手権35キロ競歩】
◇男子35キロ競歩＝③野田明宏3尉（2時間27分18秒）
◇女子35キロ競歩＝②河添香織3尉（2時間54分25秒）
◇男子10キロ競歩＝②石田昴2曹（42分15秒）
【アジア競技大会・WCバクー選考会＝射撃】
◇女子10メートルエアピストル＝①山田聡子3曹（575点・W杯バクー内定）
◇男子10メートルエアピストル＝②園田吉伸2曹（573点）③金坂春杜3曹（572点）
◇ラピッド・ファイアー・ピストル＝②森栄太2尉（578点・W杯バクー内定）
◇男子10メートルエアライフル＝②松本崇志1尉（625.4点）
◇男子エアライフル50メートル3姿勢＝②松本崇志1尉（584点）⑤島田敦2曹（623.8点・W杯バクー内定）
◇女子10メートルエアライフル＝②小笠綾乃2尉（627.0点・W杯バクー内定）
【2022年アジア選手権＝レスリング】
◇グレコローマンスタイル77キロ級＝③櫻庭功大2曹
◇同97キロ級＝③鶴田峻大3曹
◇フリースタイル74キロ級＝③高谷大地2尉
◇同57キロ級＝③新井陸人2曹
【全日本ライフル射撃競技選手権】
◇男子10メートルエアライフル＝②花川直樹2曹（247.0点）
◇女子10メートルエアライフル＝③鈴木志佳2曹（227.1点）
◇男子10メートルエアピストル＝①岩佐正貴士長（239.1点）②園田吉伸2曹（237.5点）
◇女子10メートルエアピストル＝①山田聡子3曹（234.9点）
【カヌーU23代表選考会】
◇カヤックペア500メートル＝①冨塚晴之士長・青木瑞樹士長（1分49秒348）
◇カヤックシングル1000メートル①青木瑞樹士長（4分27秒508）
【全日本ウエイトリフティング選手権】
◇男子61キロ級＝①本木和真2尉（125キロ）③平井海斗2曹（115キロ）
◇女子64キロ級＝③吉田朱音2尉（94キロ）
◇男子81キロ級＝①原勇輝2曹（145キロ）
◇男子55キロ級＝①中越遼太3曹（110キロ）
◇男子102キロ級＝③請舛泰俊士長（146キロ）
【第98回日本選手権水泳競技大会】
◇男子50メートル平泳ぎ＝②新山政樹2曹（27秒60）
◇男子50メートルバタフライ＝③井田憲吾2曹（23秒45）

募集・援護 特集

平和を、仕事にする。
陸海空自衛官募集

ただいま募集中！
◇自衛官候補生◇医科・歯科幹部
◇幹候生（第2回）
★詳細は最寄りの自衛隊地方協力本部へ

学生の金の卵獲得へ

「学校との連携を密にして"金の卵"を獲得しよう」――。全国の地本は各地の高校や大学で、積極的に説明会を開催している。神奈川地本は3自衛隊の音楽隊員が音大に出向き、学生に幅広い演奏活動などを紹介。兵庫地本は陸士隊員が母校を訪問し、公務員志望の高校生に自衛隊の魅力をアピールした。

海外での演奏活動を紹介する海自東音の渡邉1尉（壇上左）＝4月22日、昭和音楽大学で

音楽隊員が説明会

神奈川 3自衛隊、音大を訪問

【神奈川】溝の口募集案内所は4月22日、昭和音楽大学（川崎市）で3自衛隊音楽隊員による説明会を行った。昨年は学内リモートシステムを利用しての開催だったが、学生たちからの強い要望で、対面形式での実施となった。

音楽隊からは奥田和希3曹（陸自中音＝朝霞）、渡邉大海1尉（海自東音＝上用賀）、原田悠生2尉（空自空音＝立川）の3人が登壇。各自がスライドなどを活用しつつ、入隊から部隊配属までの流れ、音楽隊の任務、これまでの演奏活動などを説明した。

自衛隊の活動について説明する可児3海曹（奥）＝4月27日、横浜市立横浜総合高校で

また渡邉1尉が自らが入隊した頃の体験を紹介。泳げないことに悩んだものの、体育教官が丁寧に教えてくれたおかげでプール通いが趣味になるほど泳げるようになったことなどを語った。

参加した学生たちは現役隊員のスピーチに熱心に聞き入り、「音楽隊を見学することはできますか」「入隊できるレベルはどれくらいですか」など積極的に質問した。また、同大出身の隊員が紹介されると拍手がおこり、会場は真剣な雰囲気ながらも大いに盛り上がった。

◇

一方、横浜中央募集案内所は同27日、横浜市立横浜総合高校で行われた職業説明会に参加した。同校は学習時間を午前・午後・夜間と三つの時間帯に配分しており、説明会も3回に分けて実施。3年生を中心に6人の生徒が参加した。

広報官の可児真衣3海曹が、防衛省の資料を元に自衛隊の制度や災害派遣、国際貢献活動などを具体的に説明した。参加者の中には昼間働きながら学んでいる生徒もおり、生活面や福利厚生に関して質問が出るなど、関心の高さが伺えた。

教壇で隊員が職業講話

自らの体験語り後輩にPR 兵庫

母校を訪れ自衛隊の職種について説明する三村士長＝5月6日、姫路商業高校で

【兵庫】姫路地域事務所は5月6日、県立姫路商業高校で行われた職業説明会に協力した。昨年同校を卒業して陸自に入隊した三村奈々士長（3特科隊＝姫路）が、後輩たちに自衛隊の魅力をPRした。

説明会には公務員志望の3年生15人が参加。三村士長は自衛隊の任務や活動概要、多様な職種・職域があることを話した。このほか自衛官としてのやりがいなど自らの体験を語った。

参加した生徒からは「自衛隊の職域の広さに驚いた」「先輩の制服姿がかっこいい」といった感想が聞かれた。また、久しぶりに母校を訪れた三村士長に、かつての担任や部活動の顧問は「成長した姿に感激した」と語っていた。

団結式で目標達成誓う

福島

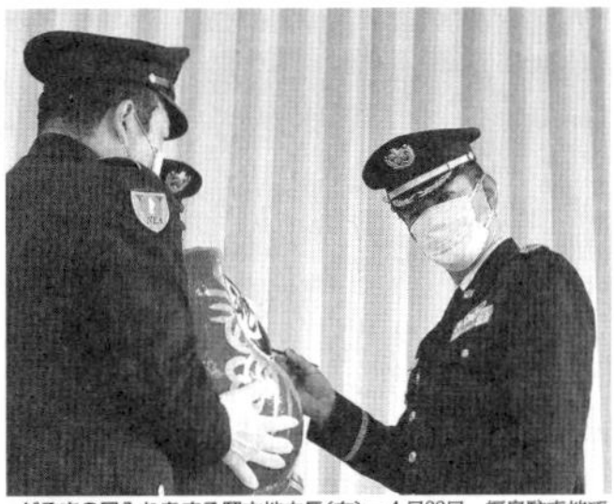
だるまの目入れをする岡本地本長（右）＝4月22日、福島駐屯地で

【福島】地本は4月22日、4年ぶりに各協力団体長を招き、目標達成を誓う「4年度自衛隊福島地方協力本部団結式」を行った。

福島駐屯地で行われた団結式で岡本良貴地本長は、「3年度の成果や問題点を分析し、4年度の部務運営計画を策定した。部隊・隊員のために厳しい募集環境を克服して、時には歯をくいしばり、目標達成にまい進しよう」と訓示。協力団体の会長6人もそれぞれ激励の言葉を送った。

各地域事務所長や各援護センター長から目標達成に向けた決意表明の後、だるまの目入れで地本長が左目を開眼し、今年度の任務完遂を祈願した。

最後に地本長の発声の下、部員と協力団体会長が共に「勝ちどき」を上げ、4年度のスタートを切った。

新年度・各地で出陣式

勇ましく「勝ちどきの声」

東京

庁舎の屋上で勝ちどきを上げた東京地本の隊員たち（4月21日）

【東京】地本は4月21日、4年度の開始に当たり、すべての任務必成の気構えを醸成することを目的に「出陣式」を行った。はじめに「だるまの目入れ」では、3年度、東京地本を見守っただるまに感謝を込めて山下博二地本長が目入れを行った。続いて今年度の新たなだるまには各課室長、各地区隊長、副地本長、来賓、地本長が一筆ずつ目入れし、左目を完成させた。

目入れ後には、来賓を代表して髙橋章夫東京地本募集相談員連絡協議会長が祝辞を述べ、各課室の代表者が新年度に向けて所信表明した。

山下地本長は訓示で、「『目標任務完遂』『変化への適応、誇りと絆』を祈願した。今年度もさまざまな変化に適合しながら、各種業務を遂行していこう」と述べた。

締めを飾る「勝ちどきの声」では、東京地本付藤井良二2佐の「変化に適応し、誇りと絆をもって、目標任務を完遂するぞ！」との掛け声に、全隊員が勇ましく声を響かせた。

想いを便りに乗せて

浜北所広報官から29人に激励の手紙

静岡

【静岡】浜北募集案内所はこのほど、今春、担当地域から全国各地でそれぞれの道を歩み出した29人の新隊員・新入生に激励の手紙を送った。

コロナの影響で、「大型連休に帰省できない新隊員たちを励ましたい」という、広報官の想いで3年前から行っている。

自身も自衛官としてさまざまな壁を乗り越えてきているからこそ、そっと支えられる存在でありたいとの気持ちを込めて、先輩自衛官の一人として伝えたい一言を手紙につづった。

また、慣れない団体生活の中、ホームシックにならないように、地元浜松の5月の風物詩のイベントについて書いたほか、差出人名には浜北所長と広報官の愉快な似顔絵をプリントした＝写真。

宇治地域事務所長がFMラジオに生出演

京都

ラジオで自衛隊の魅力を発信する小池課長と大石所長（左から2人目）＝4月21日、FMおとくにで

【京都】宇治地域事務所長の大石真琴人3陸佐は4月21日、募集相談員の大川猛氏の協力により、FMおとくにのラジオ番組に生出演し、自衛隊をPRした。

番組では、自衛隊の活動や募集中の試験について説明。終盤には、海自P3Cパイロットで京都地本募集課長の小池剛2海佐が「一緒に大空を飛びましょう」と締めくくった。

「安心安全フェスタ」2000人が楽しむ

滋賀

【滋賀】地本は5月8日、草津市の商業施設「エイスクエア」で「安心安全フェスタ2022」を開いた。

陸自今津駐屯地、空自饗庭野分屯基地から車両と隊員の支援を受け、滋賀県出身の草津地域事務所長が部外の商業施設・警察・消防と調整した。装備品車両と記念撮影できるスペースやパネル展示、輪投げ＝写真＝やガチャガチャ、ミニ制服試着などの体験コーナーを設けた。各広報ブースの前には順番待ちの列が続き、約2000人の来場者がフェスタを楽しんだ。

若い世代の「架け橋」に

広報大使に「ママドル」

沖縄 タレント・中沢初絵さん

中沢さん（右）に委嘱状を手渡した坂田本部長

【沖縄】地本は空自那覇基地で4月18日、沖縄在住のタレントで"ママドル"の中沢初絵さんの4年度広報大使委嘱式を行った。式は、救難ヘリUH60Jの機体の前で覚書の調印後、委嘱状とタスキを交付した。任期は6年3月31日までの約2年間。

広報大使の中沢さんは「うちなーんちゅー（沖縄の人）として、『架け橋』として自衛隊の活躍を応援しながら、母や祖母の気持ちで若い世代に伝えていきたい」とあいさつ。

坂田裕樹地本長は「素敵な味方ができたのは心強い。『自衛隊と地域の架け橋』『地本と県民の架け橋』として大活躍されるのを楽しみにしている」と述べた。

委嘱式後、中沢さんは那覇救難隊を見学。UH60Jの機体や装備している救難器具について隊員から説明を受けた。「災害時には自衛隊が助けてくれる。今まで知らなかったその活躍や、姿を自分なりに発信していく」と述べた。

中沢さんは1986年に日本旅行「赤い風船」の初代沖縄キャンペーンガールに選ばれたのを機にアイドル歌手デビュー。91年ミス日本に沖縄から初めて選出され、テレビ、ラジオ出演など幅広くオキナワン（沖縄県民の）ママドルとして活躍している。弟はホラー漫画家でタレントの山咲トオルさん。

フェスタで広報

徳島

【徳島】地本は4月16、17日の両日、徳島市の藍場浜公園で開催された「はな・はる・フェスタ2022」で部外広報を行った。

開幕式では徳島県所在の陸自14飛行隊と海自24航空隊のヘリによる祝賀飛行が行われ、開幕に花を添えた。

空自ブースでVR体験や操縦桿の説明を受ける高校生（4月17日、徳島市で）

期間中、約2万人が来場した。

自衛隊ブースでは、陸自車両の展示、空自戦闘機操縦桿体験・VR体験、南極の氷展示などを行い、イベント開始から終了まで、列が絶えることのない盛況ぶりだった。また、同ブース内に県自衛隊家族会、四国大学、徳島商業高校なども出展し、交流を深めた。

三沢基地　日米広報マンが協力「象の行進」撮影

「日米共同の〝大行進〟を協力して撮影しよう」――。空自3空団、在日米空軍第35戦闘航空団、在日米海軍をはじめとした日米の三沢基地所在部隊は5月13日、航空機による「エレファント・ウオーク（象の行進）」を実施した。この様子を日米の「広報マン」が三沢ヘリ空輸隊のCH47J輸送ヘリから空撮し、広報でも日米両部隊の結束を示した。

「エレファント・ウオーク」とは多くの航空機が同時に地上滑走を行い、多数機運用能力や即応態勢を確認する訓練のこと。

この日は3空団のF35Aステルス戦闘機12機、601飛のE2D早期警戒機2機、米海軍からはC12輸送機、EA18電子戦機、P8哨戒機各1機、米空軍からF16戦闘機16機が参加。計33機の航空機が連携を取り、三沢飛行場の滑走路を整然と地上滑走した。

当日は3空団司令兼三沢基地司令の久保田隆裕将補、米海軍三沢基地隊司令官のポール・ハックラン大佐、米空軍第35戦闘航空団司令官のジェシー・フリーデル大佐がその状況を視察した。

久保田司令は「今回で2回目となる日米共同のエレファント・ウオークを行うことで、多数機運用能力や即応態勢を確認するとともに、強固な日米同盟と三沢基地における空自と米空軍、米海軍の友好関係を発信することができた」と実施の意義と成果を語った。

「エレファント・ウオーク」の様子は、空自3人と米軍2人のカメラマンが三沢ヘリ空輸隊のCH47Jに搭乗して上空からカメラに収めた。

撮影した隊員は「天候悪化で撮影には厳しい環境だったが、日米のさまざまな機体によるダイナミックな行進の光景をカメラに収めることができた。今回の撮影は、CH47Jの機内で日米の広報マンが一緒に撮影する貴重な機会となった」と話し、広報分野でも日米の結束を示した。

（上）日米の部隊による「エレファント・ウオーク」で、滑走路上を並んで行進する3空団のF35A、米空軍のF16戦闘機など33機の航空機　（下）三沢ヘリ空輸隊のCH47J輸送ヘリから「エレファント・ウオーク」の様子を空撮する日米の隊員（写真はいずれも5月13日、三沢基地で）＝空自三沢基地提供

MFO4次司令部要員　陸幕長に出国報告　「信頼構築を第一に」

エジプト東部のシナイ半島で、エジプト、イスラエル両軍の停戦監視活動を行う「多国籍部隊・監視団（MFO）」の第4次司令部要員として派遣される梅原良平2佐と佐藤太軌3佐（共に陸上総隊司令部付）が5月13日、防衛省で吉田陸幕長に出国報告を行った。

梅原2佐は連絡調整部副部長として、佐藤3佐は運用幹部としてシナイ半島南部のシャルム・エル・シェイクに置かれた司令部で連絡調整業務や領空通過・滑走路使用許可取得に関する調整などに従事する。6月6日に出国し、現地で3次要員の林田賢明2佐、原泰3佐から任務を引き継ぐ。

陸幕長応接室で行われた出国報告には山根寿一陸幕副長、戒田重雄運用支援・訓練部長が立会。

報告後、吉田陸幕長に抱負を問われた梅原2佐は「中東地域の平和と安定という大きな崇高な任務の一翼を担うことにやりがいを感じている。これまで日本から派遣されてきた隊員が構築してきた現地での信頼関係を確実に引き継いでいきたい」と述べた。

佐藤3佐は「共に勤務する12カ国の各国要員と良好な関係を築きつつ、その中で『日本さすがだな』と言われるよう、全力を尽くしたい」と語った。

吉田陸幕長は両隊員に、①現地での信頼関係構築②戦略的感性を磨き国際感覚を身に付ける③安全、健康での任務完遂――を要望し、「初代から築いてきた信頼は間違いなく我が国の戦略的価値になる。これを第一に胸にとめてほしい。大いに期待している」と激励した。

吉田陸幕長（右）に出国を報告する多国籍部隊・監視団（MFO）第4次司令部要員の梅原2佐（中央）と佐藤3佐（5月13日、陸幕で）

こちら警務隊　粗暴犯（恐喝罪）

相手を脅迫し、怖がらせて金銭を払わせると恐喝罪

恐喝罪ってどんな犯罪ですか？

恐喝罪とは、脅迫等をして相手を怖がらせて、金銭等の財物を相手に交付させる犯罪であり、10年以下の懲役に処されます。

一例として、相手を脅したり、暴力をふるったりして金品を巻き上げるいわゆるカツアゲのほか、事実無根の言いがかりや、相手の弱みにつけこみ金品を要求するゆすりなどがあります。

恐喝罪の特性は、脅迫等により金銭等の要求をするという点で、単なる脅迫罪よりも重い罪に処せられます。

恐喝罪は、被害者を傷つけ、不安を煽る許しがたい犯罪です。絶対にしてはいけません。

（東北方面警務隊）

海自US2が急患空輸　青森・八戸沖に着水して救助

海自31空群（岩国）のUS2救難飛行艇と2空群（八戸）のP3C哨戒機は5月16日、青森・八戸沖を航行中の漁船の乗組員1人の急患空輸任務を行った。

同日午前10時5分、2管区海上保安本部の宮本伸二本部長から海自航空集団司令官の二川達也海将に漁船乗組員の急患空輸に関する災害派遣が要請された。

これを受け、午後1時50分以降、P3C（機長・大崎伸也1尉）1機と八戸航空基地で給油していたUS2（同・千葉大亮3佐）1機が同基地を離陸。P3Cが漁船まで先導後、US2が海に着水。午後4時ごろ、救命ボートを使用して乗組員を機内に収容した。

同6時ごろ、両機は八戸に帰投し、乗組員を救急隊に移管して活動を終了した。

漁船の乗組員を急患空輸し、救急隊に引き渡す海自隊員。後方は患者を輸送したUS2救難飛行艇（5月16日、海自八戸基地で）＝2空群のツイッターから

空幕　ベストMOに長瀬3佐　航空機整備の優秀空曹も表彰

表彰された（後列左から）竹内1曹、赤塚曹長、石塚曹長、石丸1曹、（前列左から）荻野1佐、長瀬3佐（4月21日、空幕で）

【空幕】航空機整備職域の幹部と同OBで構成する親睦団体「MO会」（会長＝空幕整備・補給課長・荻野匡史1佐）は4月21日、令和3年度「ベストMO」「ベストメンテナンス」の表彰式を行った。

「ベストMO」「ベストメンテナンス」は、全国の各支部から推薦された候補者から、顕著な功績のあった幹部と空曹を表彰するもの。

3年度のベストMOには2空団（千歳）の長瀬照雄3佐（49）が、ベストメンテナンスには三沢ヘリ空輸隊（三沢）の赤塚康弘曹長（51）、2補（岐阜）の石塚博康曹長（52）、2空団の竹内淳1曹（45）、9空団（那覇）の石丸卓史1曹（48）が選出された。

表彰式は例年秋のMO会総会で行っていたが、コロナ禍のため2年連続で対面での開催を断念。今回、感染防止策を徹底して空幕で行われ、荻野課長から受賞者に表彰状が授与された。

受賞した石塚曹長は「栄誉ある賞を直接受け取ることができて本当に良かった」と喜びを語った。

ベストMOの条件は3佐以下で部隊のために献身的に努力し、飛行安全、品質の確保など、整備業務に貢献、後進の育成に寄与した隊員が対象。

ベストメンテナンスは航空機保有部隊、補給処または術科学校などに勤務し、飛行安全、品質の確保など、整備業務に貢献、後進の育成に寄与した整備員を対象としている。

受賞者と功績は次のとおり。

◇ベストMO

▽長瀬照雄3佐（2空団整補群検査隊長）「航空自衛隊の進化」の後方施策の代表格「ライン&ドック体制」の現場指揮官として、部下隊員を感化教導し検査隊一丸となって新体制の推進に寄与した。

◇ベストメンテナンス

▽赤塚曹長（三沢ヘリ空輸隊）災害派遣における現地での展開や派遣整備に積極的に参加し、高い知識と経験をもって早期に航空機を修復、若手隊員に整備経験を積む機会を作り、後進育成に貢献。

▽石塚曹長（2補資材計画部資材計画課）ラインチーフや小隊先任などの要職を務め、航空機の品質や可動機確保に尽力、生産管理に役立つ情報提供依頼をHP上で閲覧できるシステムを構築し、官民一体となったサプライチェーンの強化に尽力。

▽竹内1曹（2空団整補群車両器材隊）災害派遣で資器材が制約された中でも、豊富な経験と柔軟な発想で装備品の確保に貢献。千歳基地保有の約600台の車両の固有情報を管理する整備記録簿入力システムを自ら作成し、適切な管理に寄与した。

▽石丸1曹（9空団整補群修理隊）先任分隊長として全体最適マネジメント理論（TOC）を取り入れ、整備員全体の意識改革推進の中心人物となり、エンジン整備期間の短縮を図り、コロナ禍の交代制勤務下で前年を上回る台数を整備するなど、南西域の整備態勢の強化に貢献した。

人命救助の2人 善行褒章　「かが」武2曹、岡田3曹

【4護隊＝呉】護衛艦「かが」の武裕児2曹と岡田航基3曹は3月24日、人命救助の功績で艦長の國分一郎1佐から善行褒章状を贈られた。

帰宅途中だった武2曹と岡田3曹は2月14日の午後5時ごろ、広島県呉市の公園「アレイからすこじま」付近の交差点で、自動車事故で負傷した男性を発見。ただちに、負傷者の安全を確保しつつ救急車を要請した。また、夕方の交通量の多い時間帯だったため、周辺の交通整理や警察への通報なども行った。

國分艦長は、こうした迅速で適切な行動を「模範とするに足る善行。『かが』乗員として誇らしく思う」とたたえた。

受賞した2人は「人命救助に携わることができて光栄。この経験を同僚や自分の子にも伝えるとともに、私自身も自己研鑽に努めたい」（武2曹）、「突然の出来事だったが冷静に対処できた。今後も国民の皆さんのお役に立ちたい」（岡田3曹）と語った。

賞状を手に記念写真に納まる武2曹（左）と岡田3曹

小休止

▽…14護隊の護衛艦「あさぎり」の乗員は3月15日、海自4術校のグラウンドでソフトボール大会を開いた＝写真。仲間意識の向上が目的で、「あさぎり」が定期検査中の期間を活用して行われた。

▽…各分隊から計8チームが参加。試合は猛安打の嵐で、接戦に次ぐ接戦が繰り広げられた。また、野球経験者が未経験者に打法や守備を指導するなど、階級や所属を超えてチームが一致団結する姿も見られた。

▽…結果は1分隊から出た2チームが1、2位を独占、2分隊チームが3位となった。久しぶりのスポーツに心身共にリフレッシュした参加者は「コロナ下で制約はあるが、メリハリを持って任務に従事していきたい」と語った。（舞鶴）

川越 重比古氏（かわごえ・しげひこ＝元飛行教育集団司令官、元空将）5月17日、誤嚥性肺炎のため死去。98歳。21日に通夜、告別式を22日に行った。喪主は長男の昭比古さん。

海兵72期。空幕監察官、北空司令官などを歴任し、昭和54年7月から翌55年7月まで飛教団司令官を務めた。

(世界の切手・ウクライナ)

あきらめない奴には、勝てないよ。
ベーブ・ルース
（米国の野球選手）

みんなのページ

息子たちへ贈る言葉

俺を見よ 俺に続くな 先に行け

2陸尉　荒井　洋（八尾駐屯地業務隊）

長男の翔馬2尉(左)、二男の優士3尉(右)と記念写真に納まる荒井2尉

後輩隊員を指導する時の決まり文句「俺を見よ　俺に続け」という言葉を今一番肌で感じています。

私は、自衛隊を定年退官した後、再任用自衛官として八尾駐屯地業務隊で勤務しています。現役時代、3尉候補者選抜試験（SLC）で幹部に任官しました。そんな私には2人の自衛官の息子がいます。2人とも幹部自衛官で、今年3月から親子3人同じ駐屯地（八尾）で勤務しています。親子または兄弟が自衛隊で勤務している話はよく耳にしますが、全員幹部、さらに同じ駐屯地での勤務というのは珍しいと皆に言われます。私自身、このようなことになるとは夢にも思いませんでした。

長男（翔馬2尉）は私の勤務の都合で、小中学校時代を過ごした横須賀にある少年工科学校から自衛隊に入隊し、後に陸曹航空操縦学生（FEC）の選抜試験に合格しました。パイロットとして勤務していたところ今年3月、中部方面ヘリコプター隊へ転入してきました。

次男（優士3尉）は会社員から自衛官候補生として自衛隊へ入隊。一昨年前に受験した一般幹部候補生部内選抜試験（OCS）に合格すると今年3月、3尉任官と同時に長男と同じく中部方面ヘリコプター隊へ整備幹部として配属になりました。

私は、息子たちが自衛官を目指すよう特別なことをしたわけではありませんが、妻に対しては自分の仕事を理解させようと普段から仕事内容の説明をしたり、各種自衛隊イベント等への参加、見学等々、機会があれば家族を誘い、全員で出かけておりました。各種入校等で長期間不在の時には、その土地の名産品を手土産に入校間の話をするのですが、妻の反応はそこそこで、結果的には妻よりも息子たちへの効果の方が大きかったのではないかと今になっては実感しています。

母親としては、息子たちに自衛官以外の仕事についてもらいたいという気持ちがあったようですが、自衛隊の仕事も次第に理解を得られるようになり、今では息子たちの応援団として、息子のお嫁さんにも、旦那の入校中、不在で苦労したことなどを経験談として話しています。

私も息子たちが家に集まると、杯を交わしながらお互いの勤務状況など仕事の話をするのですが、最近では「幹部として職務遂行上必要な状況判断は」とか「結論に至る思考過程」などと、だんだん会話も高度になってきて息子たちの成長ぶりには驚かせられるばかりです。

息子たちが自衛隊に入隊したころは、「俺を見よ　俺に続け」と先輩隊員として語ってきましたが、いつしか息子たちが同じ立ち位置にいることに気づかされました。そして今まで父親としての威厳を保つため、いろんな経験を語ってきましたが、ついに「俺を見よ　俺に続くな　先に行け」という時が来たと感じる今日このごろです。

初めての災害派遣活動に従事する熱田士長（右）

福島沖地震災派に参加して

陸士長　熱田 大真（44普連1中・福島）

令和4年3月16日に発生した福島県沖を震源とする最大震度6強の地震に伴い、災害派遣要請を受けた第44普通科連隊は断水の被害を受けた相馬市、南相馬市、新地町、楢葉町、飯舘村、国見町で給水支援活動に従事しました。

私は、宮城県石巻市出身で、小学2年生の時に東日本大震災を経験しました。震災時、真っ先に自衛隊が駆け付け、救援復旧活動を行ってくれました。その際に設置されたテント型お風呂（野外入浴セット2型）で、久しぶりに入浴したときの温かさと、自衛隊員の真摯な態度に触れて、自衛隊の活躍に魅力を感じ、私も将来人のために働ける自衛官になろうと決意しました。

私はこの度、福島県沖地震で相馬市の給水支援活動に初めて派遣され、心配な気持ちや初めて参加する災害派遣に不安もありましたが、被災された住民の方々から頂いた「ありがとうございます」「頑張って下さい」などの温かい感謝の言葉に力づけられ、派遣活動を最後まで行うことができました。

この度の派遣で経験したことを忘れずに今後も訓練に励み、さまざまな活動を通じて人のために活躍できる隊員となれるよう精進したいと思います。

互いを尊重しあえる関係を

3陸曹　藤掛 隆人（33普連重迫中・久居）

2年間の交際期間を経て新婚生活をスタートさせた藤掛3曹夫妻

令和4年1月11日、私は約2年間交際していた恋人と入籍致しました。今月で早くも4カ月が経ちますが、毎日とても充実しています。この幸せな毎日を過ごせているのも妻の支えがあってこそのものだと感じています。

私は、2月1日より営外者として生活する予定でしたが、新型コロナウイルスの影響で隔離対象者となってしまい、予定より1週間遅れて営外者になりました。約2週間隔離され、本来2人で行う予定だった引越し作業や書類手続き等を妻に任せる形となってしまい、申し訳ない気持ちでいっぱいでした。

しかし、妻は嫌な顔一つせず生活の準備を進めてくれました。また、忙しいにも関わらず「必要な物ある？　体調は大丈夫？」と私のことを気にかけてくれた妻の優しさと偉大さを深く感じ、私にはもったいないほど素敵な女性だと正直思いました。

今では生活にも慣れ、お互いに仕事もしており忙しい日々ではありますが、2人で過ごす1日1日を大切に、幸せを感じながら過ごしています。

私たちの結婚生活は始まったばかりであり、この先、楽しいことばかりではなくお互い些細なことで喧嘩をすることもあると思います。

そんな時も、お互いの意見を認め合い、尊重し合える良好な関係を築いていけるよう、夫婦ともに努力していこうと思います。

新刊紹介

「戦後日本の安全保障」

千々和 泰明著

著者は、精力的な執筆活動で知られる防衛研究所戦史研究センター安全保障政策史研究室の千々和泰明主任研究官（43）。

「日米同盟、憲法9条からNSCまで」を副題に、最新の研究成果を踏まえ、▽日米安全保障条約▽憲法第9条▽防衛大綱▽日米ガイドライン▽NSC（国家安全保障会議）――の誕生秘話に迫りつつ、そこに潜む問題点をあぶり出す。

憲法9条は、日本政府とGHQとの間で、天皇制を廃止しない代わりに日本の軍国主義の牙が抜かれたことを世界に示すため、新憲法の中に「戦力不保持」条項を盛り込む“バーター取引”の産物であり、かつ、米軍による「沖縄の軍事要塞化」を前提に「本土の戦力不保持」が定められたこと。自衛隊が「警察予備隊」としてその場しのぎで作られ、その合憲性を守るための「手品（捨て石）」として、集団的自衛権行使の違憲論が編み出されたこと――など、知られざる歴史的背景をひもといていく。

戦後の一時期の試行錯誤の結果、その場しのぎで作られた仕組みがその後の安保政策を長く“呪縛”してきた実情を白日の下にさらし、今後の日本の安全保障の在り方を議論する上で本質を鋭く突いた一石を投じている。

（中央公論新社刊、990円）

「70代で死ぬ人、80代でも元気な人」

和田 秀樹著

高齢者の運転免許証返納の風潮、コロナ禍での「ステイホーム」――。最近の世間の情勢の変化により、高齢者の「回復力」と「免疫力」が落ちており、コロナ感染時の死亡リスクが高まっているという。こうした現状を踏まえ、精神科医の著者が、80代以降を生き生きと過ごすために70代で行うべき「習慣」と「心がけ」を紹介する。

著者は世間の風潮に従順になることの危険性を示した上で、元気な80代を迎えるための心構えや現在の70代が激動の時代を勝ち抜いてきたことの意義、老後夫婦のあるべき姿などをつづる。

さらに健康長寿のため、自炊ではなく外食での「ランチ」をすすめ、70代ならではの人付き合いなどの「老化に負けない生活習慣」を指南。高齢者になると患うことが多い「ガン」「認知症」「うつ」などの病とどう付き合うべきかをアドバイスする。

「老い」をポジティブにとらえ、第二の人生を楽しむヒントが随所にある一冊。定年が早い自衛官にとっても、参考になるだろう。

（マガジンハウス刊、1100円）

靴磨きコンテスト スキルを発揮して

3空曹　吉田 翔（23警隊・輪島）

23警戒隊は空自「挨拶　掃除　身だしなみ」励行週間の士気高揚施策の一環として、靴磨きコンテストを実施しました。

空曹と空士の2部門で靴磨きの成果を競うもので、隊員たちに日ごろの靴磨きスキルを遺憾なく発揮してもらいました。

コンテストの投票については、基地内だけでなく、SNSを活用して民間の方々にも投票していただきました。投票の結果、優勝した隊員は隊長から表彰され、惜しくも選ばれなかった隊員も日ごろの靴磨きのやり方を改善するきっかけとなったようでした。

OBがんばる

役立った自衛隊での経験

秋葉　樹伸さん　56
令和2年8月、7空団（百里）を2空佐で退官。現在、（株）吉田石油オリックスレンタカーひたちなか佐和店でレンタカー営業、従業員教育等の業務を担当する。

私は、百里基地援護室の紹介で、株式会社吉田石油に就職しました。弊社は、水戸市に本社を置き、主に茨城県内でENEOSサービスステーション、オリックスレンタカー、TSUTAYA、自動車用品販売店、中古車買取販売等の運営を行っており、私はオリックスレンタカーひたちなか佐和店に勤務しています。

私の業務は、カウンターにおける接客をはじめ、レンタカー利用促進のための法人営業、車の購入、法人利用客向けの車両配送、アルバイト従業員に対する教育、日常点検、洗車と多岐にわたります。入社前は、未経験の業界で務まるだろうかという不安はありましたが、元々クルマ好きだったこと、上司や同僚に恵まれ、段階的な教育と経験を積めたことで、なんとか仕事を楽しめるようになり、今では周囲の期待にも応えることができていると自負しています。

未経験の業界でしたが、自衛隊での経験を生かせることも多々あります。営業先法人の方々との関係構築や、クレームなどのお客様対応には基地渉外室長としての経験が役立ちました。従業員に対する事故防止教育には、飛行部隊の安全班長としての経験が生きています。いずれも現役時代に引き受けた当初は望まない配置ではあったものの、今では貴重な経験だったと考えています。ただ何といっても最も役立っているのは体に染み込んだ時間厳守と、報告・連絡・相談の習慣です。皆さんも自衛官としての勤務の質を高めることこそが、再就職準備につながると信じ、日々励んで下さい。

あさぐも掲示板

■日本国防協会「令和4年度第1回国防問題講演会」

日本国防協会は6月10日（金）午後1時から東京・新宿区のホテルグランドヒル市ケ谷で、同協会副理事長の武居智久元海幕長を講師に「令和4年度第1回国防問題講演会」を開く。テーマは「徹底検証！：台湾海峡危機　日本はいかに抑止し対処すべきか」。会場参加者とオンライン（Zoom）による聴講者を募集している。

会場参加者は会員・自衛隊OBが千円、一般3千円、オンライン配信聴講料は会員・OB千円、一般2千円。申し込み、問い合わせは協会事務局（電話03・5315・0232、FAX03・5315・0233、メールinfos@kokubou-league.com）まで。締め切りは6月7日（火）。

第1283回出題

詰碁

出題　日本棋院　九段　曲　励起

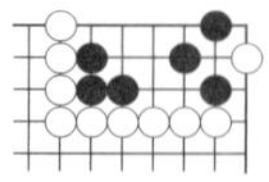

黒先

『黒はどうなりますか。最初の手が大切です』。5分でできれば中級以上です。

▶詰碁、詰将棋の出題は隔週です◀

詰将棋

出題　日本将棋連盟　九段　石田　和雄

▲先手　持駒　歩

≪第867回の解答≫

【正解】▲3三桂成△1三玉▲2二飛成△同金▲1四歩△2四玉▲3四成桂までの七手詰め。

【解説】まず初手は▲3三桂成。打歩詰めを避ける不成は今回は効果なし。三手目▲2二飛成が眼目。これで打歩詰めを回避し、▲3四成桂までがピッタリの順で解決。

朝雲

発行所 朝雲新聞社
〒160-0002 東京都新宿区四谷坂町12−20 KKビル
電話 03(3225)3841
FAX 03(3225)3831
振替00190-4-17600番
定価一部150円、年間購読料9170円（税・送料込み）

主な記事

インド太平洋地域支援

災害救援、海洋把握で協力

クアッド首脳会談

日本、米国、オーストラリア、インドの4カ国の枠組み「Quad（クアッド）」は5月24日、東京の首相官邸で首脳会談を開き、人道支援・災害救援（HA／DR）をはじめ、海洋状況把握、宇宙・サイバー分野などで具体的な協力を推進していくことで一致し、共同声明を発表した。議長を務めた岸田文雄首相は会談後の記者会見で「自由で開かれたインド太平洋の実現に向け、4カ国の首脳が一致してメッセージを世界に発信できたことは大きな意義がある」と強調した。岸田首相は同日、豪印の首相と個別会談も行い、日豪間では新たな安全保障協力に関する首脳宣言の発出に向けた調整、日印間では初の戦闘機共同訓練の早期実施に向けた調整をそれぞれ進めていくことを確認した。

日印戦闘機共同訓練へ調整

クアッド首脳会談を前に記念撮影に臨む（右から）モディ印首相、岸田首相、バイデン米大統領、アルバニージー豪首相（5月24日、首相官邸で）＝官邸HPから

「Quad」の首脳会談は4回目で、対面では昨年9月の米国での開催以来、2回目。岸田首相、米国のジョセフ・バイデン大統領、5月23日に就任したばかりの豪州のアンソニー・アルバニージー首相、インドのナレンドラ・モディ首相が出席し、約2時間行われた。

共同声明では、災害に効果的に対応する協力体制をこれまで以上に強化するため、「インド太平洋地域における日米豪印人道支援・災害救援（HA／DR）パートナーシップ」の立ち上げを発表した。

宇宙分野においては、4カ国の衛星データを提供する「日米豪印衛星データポータル」の開設が盛り込まれ、「宇宙の持続可能な利用のための規則・規範・原則などについて協議し、共同のワークショップを通じて地域諸国への支援を行う」ことを明記した。

さらに、海洋状況把握（MDA）に関する情報共有を促進するための「MDAのためのインド太平洋パートナーシップ（IPMDA）」を歓迎するとともに、インド洋、東南アジア、太平洋諸島の地域情報融合センターを支援し、地域諸国と協議しながら取り組んでいくことを表明した。

サイバー分野では「日米豪印サイバーセキュリティー・パートナーシップ」の創設をうたい、具体的な取り組みを進めていくことを確認。重要・新興技術に関しては「重要技術サプライチェーンに関する原則の共通声明」を発表した。

一方、地域情勢をめぐって4氏は会談で、ロシアによるウクライナ侵略という国際秩序の根幹を揺るがす事態が発生する中、「力による一方的な現状変更をいかなる地域、とりわけインド太平洋地域で許してはならない」との認識を共有。ウクライナ情勢に「懸念」を表明するとともに、法の支配や主権、領土の一体性などの諸原則はいかなる地域でも守られなければならないことを確認した。

声明では、東・南シナ海情勢で名指しを避けつつも、海洋進出を強める中国を念頭に「現状を変更し、地域の緊張を高めようとするあらゆる威圧的、挑発的、一方的な行動に強く反対する」と明記。核・ミサイル開発を進める北朝鮮については、完全な非核化に向けたコミットメント（責任ある関与）を再確認した。

クアッド会談の後、岸田首相は東京・元赤坂の迎賓館でアルバニージー豪首相、モディ印首相とそれぞれ相次ぎ会談。

日豪間では、今年1月に署名した「円滑化協定（RAA）」の早期発効に向けて取り組むとともに、2007年の「安全保障協力に関する日豪共同宣言」を改定し、両国の安全保障協力を深化させる新たな首脳宣言の発出に向けた調整を進めていくことで一致した。

このほか両氏は、中国と太平洋島嶼国のソロモン諸島との間で今年4月に結ばれた安全保障協力に関する協定について「懸念」を共有し、引き続き関係国で緊密に連携していくことを申し合わせた。

日印間では、初の戦闘機共同訓練の早期実施に向けた調整で合意。防衛装備・技術協力をはじめとする安全保障面での協力推進などを念頭に、第2回となる日印外務・防衛担当閣僚協議「2プラス2」の早期開催でも一致した。

解説 インドとの関係強化が鍵

防衛研究所 佐竹知彦主任研究官

今回のクアッド首脳会談は昨年9月の開催に続く2度目となる対面での首脳会談であり、アジアでは初となる開催であった。ロシアのウクライナ侵攻への対応を巡り、日米豪とインドの間で足並みの乱れが指摘される中、「自由で開かれた秩序の維持」に向けて4カ国が一致した姿勢を示すことができるかに注目が集まった。

会合では、主権や領土の一体性、紛争の平和的解決といった原則に対する4カ国の支持に加え、海洋の状況把握や宇宙、人道支援・災害救援の分野で新たなイニシアチブが発表されるなど、4カ国の協力が実務者レベルを含め、依然として強いモメンタム（推進力）を維持していることがうかがえた。

会合には直前の政権交代で首相に就任した豪州のアンソニー・アルバニージー首相も出席し、政権交代後も変わらずクアッドを重視していくことを強調した。

インド太平洋地域において、日米豪印がそれぞれ直面する脅威や戦略的な優先順位が完全に一致しているわけではない。それでも、それらの問題の根本に中国の台頭という地政学的な要因が存在する以上、クアッドの協力は今後も続くだろう。特に日米豪がそれぞれインドとの関係をどこまで強化できるかが、クアッド成功の鍵を握るものと思われる。

北朝鮮

相次ぎ弾道ミサイル

日米防衛相が電話会談

防衛省は5月25日、北朝鮮が同日午前5時59分頃と同6時42分頃、西岸付近からそれぞれ1発の弾道ミサイルを東方向に発射したと発表した。いずれも我が国の排他的経済水域（EEZ）外である北朝鮮東岸の日本海に落下したと推定される。日本への被害は確認されていない。

1発目は最高高度約550キロで、約300キロ飛翔。2発目は最高高度約50キロで、約750キロを変則軌道で飛翔した。さらに、この2発以外にもミサイルを発射した可能性があるとして同省では情報収集・分析を行っている。北朝鮮のミサイル発射は巡航ミサイルを含め今年16回目。

一連のミサイル発射を受け、岸防衛相は翌26日、米国のオースティン国防長官と電話会談し、「23日の日米首脳会談や24日の日米豪印（クアッド）首脳会談の開催直後におけるミサイル発射は明らかに挑発行為であり、断じて許されない」と指摘。両氏は「国連安全保障理事会決議に違反し、国際社会の平和と安定を脅かすものだ」として北朝鮮を強く非難した。

さらに、両氏は日米同盟の抑止力・対処力を強化するため、日米の防衛当局が引き続き緊密に連携するとともに、日米韓3カ国で緊密に協力を進めていくことを確認した。

中露爆撃機が共同飛行

日本周辺 空自がスクランブル

5月24日午前から午後にかけ、中国軍のH6爆撃機4機（うち2機は推定）とロシア軍のツポレフTu95爆撃機2機の計6機が日本海から東シナ海、太平洋上空にかけて共同飛行を行った。これに対し、空自の中空、西空、南西空のF15戦闘機などが緊急発進して対応した。

中・露両軍の爆撃機が日本周辺で共同飛行するのは2021年11月以来4回目。領空侵犯はなかった。

韓国・済州島南西から東シナ海に飛来した中国軍のH6（2機）は、対馬海峡東水道上空を通過し、島根・竹島北方沖まで北上した後、露軍Tu95（2機）と合流した。

4機は竹島・隠岐島間を抜け、対馬海峡を通過、東シナ海に入り、沖縄・尖閣沖でさらに2機の中国軍H6（推定）と合流。その後、先発のH6（2機）は離脱し、残る中露軍4機は、東シナ海を南下して沖縄本島と宮古島間の宮古海峡を通過し、太平洋に進出した。

その後、4機は反転して往路とほぼ同じルートで東シナ海を北上した。

中国軍機は男女群島沖で自国領方面に戻ったが、露軍機は対馬海峡を抜けて日本海に進出。竹島・隠岐島間を通過した後、北西進して日本の領空から離れた。

富士総火演の後段で、敵の活動兆候がある一帯に向けて急襲射撃を行う16式機動戦闘車（5月28日、東富士演習場で）

富士総火演、3年連続無観客開催

陸自の「富士総合火力演習」が5月28日、東富士演習場で行われた。陸自富士学校の学生らに向けた教育演習で、新型コロナウイルスを考慮し、2020（令和2）年から3年連続で一般公開は中止となった。 （6面にグラフ特集）

演習には岸防衛相、中曽根政務官、島田事務次官、吉田陸幕長など主要幹部が視察する中、富士学校長の蛭川利幸陸将の担任で行われ、同校などから隊員約3100人、各種火砲53門、戦車・装甲車など36両が参加し、富士学校のほか、防大、防医大などの学生を含め計約3300人が大規模な実弾射撃を研修した。

演習は前段、後段の2部構成で、前段では16式機動戦闘車など陸自主要装備が各種火器・火砲など特性を踏まえた射撃を展示。後段は「島嶼部における敵の着上陸侵攻阻止から撃破」という想定の下、侵攻してくる敵部隊を撃破する陸海空3自衛隊の協同作戦の流れが実演された。

今回初めて陸自V22オスプレイが参加。後段の島嶼部における敵の侵攻を阻止・撃破する場面では、水機団員がオスプレイからすばやく降着。味方部隊の着上陸を支援するため要点確保に向かった。これらの映像はインターネットを通じて中継され、広く内外に配信された。

統幕長 仏で統参総長と会談

ビュルカール仏軍統合参謀総長（左）のエスコートで儀仗隊を巡閲する山崎統幕長（その右）＝5月20日、仏軍事省で

山崎統幕長は5月20、21の両日、フランスを訪問、20日にパリの軍事省で仏軍統合参謀総長のティエリー・ビュルカール陸軍大将と会談した。

会談で両者はウクライナを含む地域情勢、インド太平洋地域へのフランスの関与などについて意見交換。幅広い分野で防衛協力・交流を推進していくことで一致した。

さらに、インド太平洋地域における連携強化についても確認。滞在中、同国宇宙軍（トゥールーズ）などの部隊も視察した。

山崎統幕長は帰国後、5月26日の定例記者会見で「フランスとは平素から共同訓練や幅広い分野における防衛協力などを継続しているが、対面によるハイレベルでの会談で直接意見交換することができたことは、日仏両国の関係強化を図る上で有意義だった」と成果を述べた。

春夏秋冬

南西諸島への部隊配置

山下 裕貴

1972年5月15日に沖縄が本土に復帰し今年で50年の節目になる。復帰と同時に陸海空自衛隊が配置されるが、隊員の転居手続きや成人式参加への拒否など県民の激しい反発を招いた。

その後、緊急患者輸送、不発弾処理や災害派遣など献身的な活動により県民の感情も徐々に変化していった。現在（5月13日）、第15旅団の緊急患者空輸は1万3075名、不発弾処理は3万8985件という活動実績である。しかしながらこの間、2件の事故により添乗した医師1名、隊員7名の尊い命も失っている。隊員達は殉職した8名の崇高な使命感に思いを致し、日夜を問わず県民の安全・安心のために今も任務に適進している。

2016年3月に陸自の部隊が与那国島に配置された。この調整を担任した沖縄地方協力本部長として当時を振り返ってみたい。着任したのは2009年3月、与那国町議会は部隊誘致に積極的だが町長は消極的であり部隊配置は困難だとの状況だった。町長の本意は県庁が反対すると困るというものだった。私は県庁事務方トップの知事公室長室に1カ月ほど毎日の様に通い親交を深めていった。ある日「実は与那国に部隊を置きたいが県庁の意見はどうか」と切り出した。知事公室長は暫く時間が欲しいとのことで返答は後日になった。10日ほど経つと呼び出され「普天間の問題があり、これに陸自誘致となると対応困難だと多くの部長が反対した。しかし最終的に配備には反対はしないことでまとめた」と知事公室長が説明した。

私は安堵したが、彼から「町とはいえ復帰後初めて沖縄が部隊誘致を行う。失敗すれば二度と沖縄県には部隊が置けない。陸自は梯子を外さないでもらいたい」との条件が提示された。当方から了解したと即答したが、その後の政権交代には肝を冷やした。

与那国町長に県庁の考えを伝えると驚いた様子である。町長は革新知事時代の職員が幹部になっており反対すると予想していた。私から「陳情に行っていただけますね」と町長に確認したところ「行きましょう」との返答だった。これが与那国島への部隊配置の第一歩だったのである。

（元中方総監・陸将、千葉科学大学客員教授）

朝雲寸言

雨の多い季節である。自衛官は基本的に傘を差さない。理由は簡単である。傘はどちらかの腕を占有する行為で行動を制限するとともに視界を遮るからである。しかし最も重要なことは雨に対する心理的な構えではないかと思う▼若いころ小欄の所属するサッカーチームは実力で優勝するほど強くはなかった。しかし雨の日だけは負けることはなかった。試合開始前の練習で我がチームはすでに泥まみれ、キックオフで両チームが向き合ったとき相手チームのユニフォームは綺麗なままだった。「勝てる」とチーム全員が思ったことを思い出す▼台風や風雪など誰もが嫌がる天候を味方にすること、味方に出来ないまでも何事もないかのように振舞うこと、陸海空問わず自衛官の強さはその辺りにあるのではないかと思う▼電気や水道が止まり食事もままならない時に駆けつけ、被災者を救助し、暖かい食事を配り、風呂を設営する自衛隊の災害派遣を支えるのは各種装備の力ではない。隊員の日頃の訓練の厳しさである▼東京で日米豪印の戦略対話、通称クアッドがその日程を終えた。安全保障環境の大きな変化と各国の防衛費の増大が議論されている。ウクライナ戦争を見る限り新しい装備の必要性に異論はない。しかし装備を駆使する自衛官の心身両面にわたる配慮は欠かせない要素ではないかと思う▼今年の梅雨の降雨量は例年並み、夏はやや暑くなるとの気象庁の長期予報があった。

「ウクライナ戦争の衝撃」緊急出版

防衛研究所（齋藤雅一所長）は5月31日、『ウクライナ戦争の衝撃』（税込み1210円）＝写真＝を緊急出版した。昨年1年間の日本周辺の安全保障情勢を独自に分析した年次報告書『東アジア戦略概観2022』（同1650円）の「別冊」の位置付けで、共に6月6日に発売予定だ。 （詳細は次号）

増田雅之（編著者）、新垣拓、山添博史、佐竹知彦、庄司智孝の各氏が分担執筆。米国、中国、豪州、東南アジア諸国連合（ASEAN）がロシアによるウクライナ侵略の「衝撃」をどう捉えているかを専門家ならではの視点で鋭く分析し、ロシアによる「侵略」の論理に迫る。

時の焦点

国内

日米首脳会談

強固な同盟が安定の礎だ

揺るぎのない日米同盟が、アジアの安定と繁栄の土台である。国際情勢の変化を踏まえ、日米両国の連携をさらに強化していくことが重要だ。

岸田首相とバイデン米大統領が東京で、初の本格的な会談を行った。

首相は共同記者会見で「米国は普遍的な価値を共有する我が国にとって唯一の同盟国だ」と述べた。バイデン氏は「日米同盟はこれまで以上に強く、深く、能力を高めている」と語った。

日米の両首脳が、民主主義や自由、法の支配という価値観の重みを再確認し、こうした国際秩序の重要性を各国に発信した意義は大きい。

ロシアによるウクライナ侵攻開始から3か月たち、戦況は膠着している。プーチン大統領が残虐行為の責任を負い、軍隊を撤退させるまで、国際社会は結束してロシアの非を訴えねばならない。

日米共同声明では、中国に対し、保有する核兵器の透明化や核軍縮を呼びかけた。東・南シナ海での一方的な現状変更の試みに強く反対し、台湾海峡の平和と安定の重要性を強調した。

軍拡路線を強める中国は今年の予算で、国防費に前年比7％増の約26兆円という巨費を投じている。東アジアの軍事バランスが中国優位に変化していることは、憂慮すべき事態である。

バイデン氏は共同記者会見で、台湾で紛争が起きた場合に米国が軍事介入するかを問われ、「イエス。それが我々の責任だ」と明言した。

米国の歴代政権は、台湾防衛に軍事的に関与するかどうかを明示しない「戦略的曖昧さ」を維持してきたが、大きく踏み込んだ形だ。

中国の武力侵攻を抑止する狙いがあるのだろうが、かえって米中両国間の緊張を高めるリスクもあり、その発言の真意が注目されている。

台湾有事になれば、日本の安全保障環境は一気に悪化する。中国は尖閣諸島を台湾の一部と見なしており、「日本が不当に占拠している」として攻撃対象にしかねないという指摘もある。

大切なのは、最悪の事態を想定し、日米が抑止力を強化していくことだ。今回の会談で、米軍の核戦力を含む「拡大抑止」を日本に提供する方針が再確認されたことは、大きな意味を持とう。

首相は会談で、日本の防衛力を強化するため、防衛費の「相当な増額」を確保することを約束した。自衛のために敵のミサイル発射基地などを破壊する反撃能力についても、「あらゆる選択肢を検討する」と伝えた。

他国の攻撃に対し、自衛措置をとることは当然である。ミサイルを保有するだけでなく、日米共同で訓練を重ね、標的を特定して、効果的に反撃できるシステムを構築しなければならない。

政府は、年内に改定する国家安全保障戦略に具体策を盛り込む。宇宙やサイバーなどの新領域も含め、日本自身が総合的な防衛能力を高めていくことが求められる。

藤原　志郎（政治評論家）

海外

ウクライナ情勢

戦争は「消耗戦」の様相

ロシアが2月24日にウクライナに本格的な軍事侵攻を開始してから、4カ月目に入った。ヘインズ米国家情報長官は5月10日、上院軍事委の公聴会で、「戦争は〝消耗戦〟になりつつある」と証言した。

侵攻が起きた直後は、ロシア軍は比較的短期間に目的を達成し、その後、速やかに撤兵するとの見方が圧倒的。両国の軍事力バランスに基づけば当然そうなるが、現実には、ウクライナ軍は大方の予想を覆し、赫々たる戦果を挙げてきた。

豪の軍事戦略家ミック・ライアン陸軍大将（退役）は5月17日、「シドニー・モーニング・ヘラルド」紙に寄稿。ウクライナがロシアの「通信ネットワーク、後方支援ルート、戦闘司令所の司令官」などに攻撃の焦点を当てた結果がロシアに壊滅的な影響を与えた、など指摘した。

それらがどれほど「壊滅的」だったかは、英国防省が5月19日に発表したウクライナ戦況報告からも、その一端がうかがえる。

同報告によると、ウクライナ第2の都市ハルキウの攻略に失敗した陸軍の司令官と、黒海で4月、ウクライナ軍の対艦ミサイル攻撃により旗艦「モスクワ」が沈没した黒海艦隊の司令官の2人が停職処分になった。

ゲラシモフ参謀総長は現ポストに留まりそうだが、それでも、「同氏がプーチン大統領の信頼を維持しているかどうかは不明」（英国防省）という。

ロシア陸軍の大佐（退役）が国営テレビ「チャンネル1」に出演して演じた〝椿事(ちんじ)〟も紹介しておかなければならない。政治、軍事、社会にまたがる国内の混乱のほどが伝わってくる一件だからだ。

ホダリョノク退役大佐は5月16日、同テレビで「ロシアは完全に世界から孤立している。認めたくはないが、事実上、全世界がロシアに敵対している」との認識を表明。そして「精神安定剤の情報を服用すべきではない。ウクライナ軍の士気低下という情報が時々広められるが、それらはすべて、控え目に言っても、真実ではない」と国民に警告した。

視聴者は、ウクライナ戦争の「実相」が伝えられたと驚いたが、2日後にまた驚くことになる。

18日、同じ人物が、同じテレビ番組で、今度は「西側製の装備は戦闘の際に信用できない」とか「ロシアはまだ軍事・経済の能力の10％も利用していない」など、主張が180度逆のトーンだった。48時間の間に、何らかの「警告」でも受けたのだろう。

ヘインズ長官は「我々はプーチン大統領は紛争の長期化を覚悟していると判断している」とも述べ、「ワシントン・ポスト」紙は16日の社説で、「ロシアは敗れつつある。それがプーチン氏をさらに危険にする」と指摘した。

それなのに、モスクワにもワシントンにも、抑制や賢明さの兆候がゼロなのが問題なのだ。

草野　徹（外交評論家）

日越関係、新たな段階に

陸幕長が越軍副総参謀長と会談

吉田陸幕長（左）のエスコートで陸自の特別儀仗隊を巡閲するベトナム人民軍のギア副総参謀長（5月25日、防衛省で）

吉田陸幕長は5月25日、ベトナム人民軍副総参謀長のグエン・ヴァン・ギア陸軍中将と防衛省で会談し、日越陸軍種トップ間の関係を構築した。

両者の会談は昨年7月にリモートで行って以来で、対面では初めて。ギア副総参謀長は総参謀部の兵力局長、軍事訓練局長、作戦局副局長らを伴って来省した。

吉田陸幕長は、昨年11月の日越防衛相会談や、今年5月の日越首脳会談など近年進捗している日越間の交流を強調し、「広範な戦略的パートナーシップにある日越2国間関係は極めて強化されつつあり、まさに新たな段階に入ったと認識している」と述べるとともに、自身が2012年1月に『第1回日越幕僚会議』に出席するため団長としてハノイを訪問したことについて触れ、「（同国への）国連平和維持活動（PKO）要員の能力構築支援はそこから始まった。日越陸軍種間の防衛協力に対して特別な思い入れがある」と述べた。

ギア副総参謀長は「約50年間、日本とベトナムの関係は良好に発展してきた。ベトナム総参謀部の各担当部局と陸自の皆さまと共通の関心事項について意見交換を行い、次はぜひベトナムでお会いしたい」と今後の交流への期待感を示した。

両者はインド太平洋地域での国際秩序と相容れない、力による一方的な現状変更の試みについて強く反対し、法に基づく既存の国際秩序を維持することの重要性について認識を共有。

また、「新たな段階に入った日越防衛協力」の下、従来の人道支援・災害救援（HA／DR）やPKOなどの能力構築支援をはじめとする多層的な防衛協力・交流を推進していくことで一致した。

ギア副総参謀長は日本滞在期間中、岩本政務官、山崎統幕長らと会談したほか、富士駐屯地を訪問し、富士総合火力演習の学校予行や部隊訓練評価隊を視察した。

豪陸軍副本部長とも会談

陸幕長、緊密な連携で一致

吉田陸幕長は5月12日、オーストラリア陸軍副本部長のナターシャ・フォックス少将＝写真＝と防衛省で会談した。

会談で吉田陸幕長は、今年4月から豪陸軍に派遣された初の連絡官の受け入れに謝意を示すとともに、昨年1月から陸上総隊司令部に豪陸軍連絡将校を迎えて以来、日豪陸軍種間の関係が過去に例がないほど強化されていることを強調、今後も緊密に連携していくことで一致した。

両者は、ロシアのウクライナに対する軍事侵攻について、第2次世界大戦以降築き上げてきた国際秩序の根幹を揺るがす事態とした上で、我が国を含む国際社会が結束し、ウクライナ侵略を最終的には戦略的な失敗に帰結させるさまざまな努力が必要であるという認識を共有した。

共済組合だより

40歳以上の組合員と被扶養者を対象に「特定健康診査」「特定保健指導」実施

糖尿病など生活習慣病を患う人が近年増加し、日本人の死亡原因の約6割に上ると推計されています。

これを受け、防衛省共済組合では「高齢者の医療の確保に関する法律」に基づき、40歳以上74歳以下の組合員（任意継続組合員を含む）とその被扶養者を対象に、「特定健康診査（特定健診）」と「特定保健指導」を実施しています。

これは特定健診でメタボリックシンドローム（内臓脂肪症候群）など、「生活習慣病発症のリスクが高い」と判定された方を対象に特定保健指導を実施し、保健師や管理栄養士が対象者一人ひとりの身体状況に合わせた生活習慣を見直すためのサポートを行うものです。

組合員の方の特定健診は医務室等での受診となりますが、被扶養者の健診の受け付けは共済組合が委託する「ベネフィット・ワン」が行っています。お申し込み方法は次の通りです。

【WEB】パソコンはhttps://www.benefit-one.co.jp/、スマートフォンはhttps://bnft.jpへアクセスし、「健診予約はこちら」のバナーをクリックしてお進み下さい。

【電話】ベネフィット・ワン健診予約センター（0800－1702－502、03－6870－2775）。朝10時から平日21時、土日祝日は18時まで受け付けており、年末年始は休みです。

【FAX】0800－9199－030、089－900－8281。お手元のご利用ガイドの「＜各種健診＞FAX・郵送申込書」または「＜婦人科検診＞FAX・郵送申込書」をご利用ください。

【郵送】〒790－8790愛媛県松山市藤原2－8－8　株式会社ベネフィット・ワン健診予約受付センターまで。「＜各種健診＞FAX・郵送申込書」または「＜婦人科検診＞FAX・郵送申込書」に必要事項をご記入のうえ、お送りください。

受付後、「ご予約確定通知書」が送付され、予約が確定します。受診当日は「防衛省共済組合員証」または「組合員被扶養者証」を持参して受診してください。

最新情報はWebで確認できます。会員専用サイトから健診サイトへのリンクへ進んでご確認ください。

「遼寧」など7隻、東シナ海へ

艦載戦闘機など300回以上発着

中国海軍の空母「遼寧」やミサイル駆逐艦など計7隻の艦艇が5月21日、沖縄本島と宮古島間の海峡を通過、東シナ海に向け航行するのを海自の護衛艦と哨戒ヘリが確認した。「遼寧」は今月3日以降、沖縄南方に進出し、艦載戦闘機やヘリを300回以上発着させている。

21日午前から午後にかけ、空母「遼寧」と「ルーヤンⅢ」級ミサイル駆逐艦3隻（艦番号117、118、120）、「ジャンカイⅡ」級フリゲート1隻（531）、「レンハイ」級ミサイル駆逐艦1隻（101）、「フユ」級高速戦闘支援艦1隻が、宮古島の東約170～220キロの海上を北西に航行。7隻の中国艦艇はその後、宮古海峡を通過し東シナ海に入った。

海自2護隊（佐世保）の護衛艦「あさひ」、7護隊の護衛艦「まきなみ」（大湊）、1海上補給隊（佐世保）の補給艦「はまな」、佐世保警備隊（佐世保）の多用途支援艦「あまくさ」、5空群（那覇）のP3C哨戒機が警戒監視に当たった。

一方、5月24日午後4時ごろ、長崎県対馬の北東約120キロの海上を南西に進む中国海軍の「ジャンカイⅡ」級フリゲート1隻（530）、午後7時ごろ、島根県の隠岐島の北西約90キロの海上を南西に進む別の「ジャンカイⅡ」級フリゲート1隻（579）を海自が確認。3ミサイル艇隊（佐世保）のミサイル艇「おおたか」、43掃海隊（下関）の掃海艇「うくしま」、44掃海隊（舞鶴）の掃海艇「すがしま」、4空群（厚木）のP1哨戒機が情報収集を行った。2隻はこの後、対馬海峡を南西に航行し、東シナ海に入った。

また、5月25日午前1時ごろ、沖縄県宮古島の東約130キロの海上を北西に進む中国海軍の「ソブレメンヌイ」級ミサイル駆逐艦1隻（136）を、佐世保警備隊の「あまくさ」と5空群のP3C哨戒機が確認。中国艦はその後、沖縄本島と宮古島の間を北西に航行し、東シナ海に入った。

印空軍参謀長が来日

防衛相、空幕長らと会談

百里基地を訪問し、F2戦闘機への体験搭乗前に記念写真に納まる井筒空幕長（右）と印空軍参謀長ヴィヴェク・チョウダリ空軍大将（5月17日、百里基地で）

井筒空幕長は5月16日、来日したインド空軍参謀長のヴィヴェク・チョウダリ大将と防衛省で会談した。インド空軍参謀長の訪日は2018年12月以来。

チョウダリ参謀長は防衛省のメモリアル・ゾーンで殉職隊員の慰霊碑に献花した後、儀仗隊による栄誉礼を受け、岸防衛相を表敬。会談で岸大臣は「安全保障環境が一層厳しさを増している中、自由、民主主義、法の支配など、基本的価値を共有するインドとの連携は極めて重要だ。今後の日印防衛協力・交流のさらなる発展のため、空軍種間の協力と連携強化に期待している」と述べた。

これに先立ち行われた井筒空幕長との会談では、両国の最近の安全保障環境について意見交換を行い、認識を共有するとともに、法の支配に基づく自由で開かれた国際秩序の重要性を確認。初の日印戦闘機共同訓練の実現に向けた調整を進めていくことで一致した。

翌17日、チョウダリ参謀長は百里基地を訪問し、基地司令の石村尚久将補と会談、同基地部隊を研修した。F2戦闘機の体験搭乗も行い、井筒空幕長が搭乗したF2と編隊飛行を行うなど、空自に対する理解を深めた。18日には宇宙航空開発機構（JAXA）の調布航空宇宙センター（東京都調布市）を訪れ、20日に帰国した。

井筒空幕長は19日の会見で「チョウダリ参謀長とはさまざまな意見交換をすることができた。日印国交樹立70周年の節目の年に両国空軍種のトップ間の相互理解と信頼関係を醸成し、新たな案件も、今後力強く推進していくことで合意ができた」と成果を語った。

空自と米空軍が共同訓練を実施

日本海上空で

空自と米空軍は5月25日、日本海上空で共同訓練を行った。

訓練は自衛隊と米軍の即応体制の確認と日米同盟の強化を目的に行われ、空自からは2空団（千歳）のF15戦闘機4機、米空軍からは第35戦闘航空団（三沢）からF16戦闘機4機が参加。両部隊は高度戦術技量と相互運用能力の強化を図った。

山崎統幕長は同26日の会見で、「今後ともこのような訓練を通じ、日米同盟をさらに強化するとともに、日米が共に行動している姿を示していきたい」と語った。

共同訓練を行う空自２空団のF15戦闘機（手前３機）と米空軍第35戦闘航空団のF16戦闘機（奥４機）＝5月25日、日本海上空で（統幕提供）

日米がサイバー対処訓練

海自と米海軍が横須賀基地で

記念写真に納まる日米ＣＰＴのメンバー（米海軍横須賀基地で）

【シ通群＝市ヶ谷】海自システム通信隊群保全監査隊は5月11、12の2日間、米海軍横須賀基地で日米共同のサイバー対処訓練を行った。米海軍からは情報戦司令部ハワイ支部（NIOC－H）N3J部が参加した。

昨年から始まったこの訓練は、サイバー攻撃などに対処する海自「サイバー・プロテクション・チーム（CPT）」と米海軍CPTの戦術技量や相互運用性の向上が目的で、これまでに4回実施。日米両チームはサイバー空間防護の一連の対処を演練し、より高度な連携を強化した。

訓練中は自衛艦隊司令部幕僚長の八木浩二海将補や、海幕指揮通信情報部長の吉岡猛海将補が視察に訪れ、日米CPTチームの能力を確認、参加者を激励した。

海自部隊を指揮した保全監査隊司令の中野聡1佐は、「厳しさを増す国際情勢の中で、サイバー空間防護の重要性はますます高まっている。今回の訓練で培った高度なサイバー攻撃対処能力を今後もさらに発展させ、あらゆる事態に対処できるよう努めていきたい」と述べた。

防衛装備庁の鈴木長官講演

安保政策調査会開催

安全保障政策調査会（会長・増田好平元防衛事務次官）は5月10日、防衛装備庁の鈴木敦夫長官を講師に招き、都内のホテルで「我が国の装備行政について」と題する講演会を開いた。元陸海空幕長をはじめ、OBや防衛産業関係者など約50人が聴講した。

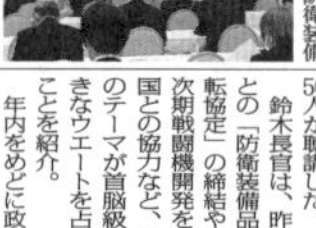

我が国の装備行政をテーマに講演する防衛装備庁の鈴木敦夫長官（壇上）＝5月10日、東京都新宿区のホテルグランドヒル市ヶ谷で

鈴木長官は、昨今のタイとの「防衛装備品・技術移転協定」の締結や、空自の次期戦闘機開発をめぐる英国との協力など、装備関係のテーマが首脳級会議で大きなウエートを占めていることを紹介。

年内をめどに政府が進める外交・防衛政策の基本方針「国家安全保障戦略」などの「戦略3文書」の改定に向け、各方面から防衛政策、技術基盤、研究開発についての提言が活発に出されたことや、防衛省の今年度の研究開発費を昨年度の約1・4倍に拡充したことを踏まえ、我が国も今まで以上に装備品や技術などの国産化を目指すため「新しい国産主義」を追求する考えを示した。

防衛産業を、国防を担う重要なパートナーと位置付け、従来から指摘されていた国内防衛産業がメリットを感じられない国内環境を改めるため、①防衛生産・技術基盤強化②調達制度改革③先進的な民生技術の積極的な活用④防衛装備・技術の海外移転⑤防衛産業のサイバーセキュリティ基準への対応――を掲げ、あらゆる法整備を含めて検討していく決意を表した。

陸自が米豪との実動訓練に参加

サザン・ジャッカルー22

陸自は5月9日から27日まで、豪州クイーンズランド州のショールウォーターベイ演習場とガリポリバラックス基地で行われた米・豪軍との実動訓練「サザン・ジャッカルー22」に参加した。

陸自からは森下泰臣東方総監を担任官に、13普連（松本）と中央即応連隊（宇都宮）の隊員約70人が参加。豪陸軍からは第7旅団第6歩兵連隊、米陸軍からは第1海兵機動展開部隊の兵士それぞれ約100人が加わり、連携して対ゲリラ・コマンドウ作戦を演練した。

前事不忘 後事之師

第77回

チャーチルの決断

ヒトラー・ドイツとの戦争継続の決断をしたチャーチル英首相

第2次大戦の結末を知っている私達はヒトラーの敗北は必然と考えがちですが、時計を1940年に戻すと全く違った光景が現れます。この年の5月10日、ドイツ軍装甲部隊は通過が困難と見られていたベルギー領アルデンヌの森からフランスに侵攻。虚を突かれた英仏軍は英仏海峡方向へ混乱しながら退却、5月25日までに34万の英仏軍の将兵が利用できる港はダンケルクだけとなり、彼らは海とドイツ軍との間に挟まれ全滅の危機にありました。当時の英国外務次官は、日記に「奇跡が起こらなければ我々は一巻の終わりだ」と書きました。

チャーチルが英国首相に就任した日はドイツが奇しくも侵攻を開始した5月10日でした。4月のノルウェー戦線での失敗の責任を問われチェンバレン首相が辞職したからでしたが、後任候補は海相のチャーチルと外相のハリファックス卿。チェンバレン首相と多くの与党議員はハリファックスを推していましたが、彼は貴族院議員の自分には下院を統制できないと首相就任を断わり、チャーチルに首相の座が転がり込みます。戦争遂行のための少人数からなる戦時内閣には前首相のチェンバレンと引き継いで外相となったハリファックスが参加しましたが、この戦時内閣では5月25日から28日にかけてその後の世界の行く末を決める議論が行われました。議論の焦点は戦争継続の可否についてであり、未だ参戦していないイタリアのムッソリーニに仲介を依頼してヒトラーとの和平交渉に入るか否かということでした。

ハリファックスは、ムッソリーニはドイツがヨーロッパの覇権を握ることを歓迎しないはずなので彼に仲介を依頼すべきとの考えでしたが、チャーチルは「破竹の勢いのヒトラーが我々が受け入れ可能な条件で合意することはあり得ない」として交渉を否定、「戦いに負けた国民は再起できるが、不甲斐なく降伏した国民はそこで終わりで、戦わないよりも戦って負けた方がましだ」と主張。

平和な時代を生きる私たちは、争いは話し合いで解決すべきとの考えなので、甚大な犠牲が予想されるドイツとの戦いを主張する前にわずかでも望みがあれば交渉の席につき和平の選択肢を検討すべきとのハリファックスの意見は理性的に聞こえます。しかしながら、交渉の席につけばそれだけで何らかの譲歩が不可避となり、さらに政府が一旦和平を検討するような素振りをしていることを国民が知れば、再度、国民の戦意を昂揚することが難しくなります。二人の議論は紙一重でしたが、議論の勝負を決めたのはチャーチルの弁舌でした。チャーチルは全滅の危機にあった34万の英仏軍のダンケルクからの奇跡の撤退を受けて6月4日に議会下院で「我々は海岸で戦い、平野で戦い、決して降伏しない」と演説を行い国民の支持を獲得、英国は戦争継続を選択します。

歴史家イアン・カーショーはこの議論の結果は歴史を変えた「運命の決断」であるとし、もし英国がヒトラーとの交渉を選択した場合を次のように予想しています。「1940年、晩春から夏にかけての（ドイツが圧倒的な）状況では何らかの和平条件に到達できたとしても英国を徹底的に弱体化する以外の妥協はあり得なかった」「ドイツ寄りとなった英国には米国のルーズベルト大統領も物資援助、軍事的支援を直ちに停止しただろう。西欧を確保してアメリカからの脅威に対して遠くにあるヒトラーは全神経を今や英国の支援を受けて『生存圏』確保のためソ連に集中する」

チャーチルの戦争継続の決断を受けて、ヒトラーはその決断の背後にはソ連の存在があると考え、翌年、ソ連攻撃に打って出ますが、これが命取りになりました。確かにチャーチルの決断には大きな負の側面もありました。しかし、その後の歴史を踏まえると、彼の決断は米国の参戦を可能にするとともにドイツをソ戦との戦いに向かわせ、ドイツの敗北とソ連の勝利を生み、チャーチルの望むものではなかったと思いますが、大戦後に米ソが台頭する素地を作りました。

中国の歴史家司馬遷は歴史書『史記』を書くに際して、人物を中心に歴史を著述する「紀伝体」を選択しました。歴史を作るのは個人であると考えたからでしょうが、20世紀の歴史を見ても彼の考えは的外れではないように考えます。

鎌田　昭良（元防衛省大臣官房長、元装備施設本部長、防衛基盤整備協会理事長）

…… 前事（ぜんじ）忘れざるは後事（こうじ）の師 ……

元防衛省大臣官房審議官・前衆議院議員　井上一徳氏・インタビュー

日本の総力結集し力強い安全保障力を

ロシアによるウクライナ侵攻は軍事大国が国際秩序を踏みにじる事態が現在でも起こり得ることを世界に示した。その影響は外交、経済、エネルギー問題など、あらゆる分野に及び、各国はそれぞれの立場で対応に苦慮している。こうした事態を踏まえ、尖閣、北方領土、台湾海峡危機などの問題を抱える我が国の安全保障政策は、今後どうあるべきか。「ウクライナ侵攻」から3カ月経った5月23日、元防衛省大臣官房審議官で、前衆議院議員の井上一徳氏に考え方をうかがった。

（聞き手　水谷秀樹・編集局長）

中国は尖閣を台湾の一部とみなしている

――ロシアによるウクライナ侵攻が長期化の様相を呈してきました。

井上一徳氏（以下、井上）　ロシアによるウクライナ侵略は国際社会が築き上げてきた国際秩序を根底から覆すだけでなく、何の罪もない子どもや女性などを殺戮する暴挙であり、断じて許すことはできません。武力によって一方的に国際秩序を覆す事態が東アジアでも起こった場合に、これまでの安全保障政策で日本の平和と独立を守り抜くことができるのか、真剣に考える必要があります。

ウクライナ危機において、プーチンは核戦力を念頭に「抑止力を特別態勢に移行」と国防相らに命令し、核兵器の使用が現実に懸念されることとなりました。日本も「専守防衛」や「非核三原則」「憲法第9条」など、これまで深い議論を避けてきたテーマについても、深い議論を行うことが必要でしょう。

――我が国も尖閣や台湾海峡危機など、安全保障上の懸念事項が少なくありません。

井上　今の時代は平時と有事を明確に切り分けることが難しく、常にグレーゾーンの状態にあると思っています。それもかなり黒に近い状態になってきています。

尖閣諸島は正当な手続きを経て、1895年に日本の領土となったものであり、歴史的にも国際法的にも何の問題もありませんが、中国の主張は、尖閣諸島は台湾に付属しており、その台湾は中国に付属しているから、尖閣諸島は中国の一部であるという考えです。東シナ海の大陸棚に石油資源が埋蔵されている可能性があることが指摘され、1970年に台湾が領有権を主張しはじめ、これに中国も追随しています。

中国は尖閣諸島と台湾を一体のものとみており、尖閣諸島を諦めることは決してありません。現在は、海上保安庁と海上自衛隊が隙を見せることなく対応していますが、中国の公船は隻数も増え、大型化しており、いつ不測事態が起こるかわかりません。それに備えた体制整備が必要です。また、日本は、尖閣諸島の2つの島、久場島と大正島を射爆場として米側に提供し、また灯台の管理など実効支配を続けていますが、石垣市による新たな行政標柱の設置を進めるなど、実効支配の強化を進めることが重要です。

「今日の世界は黒に近いグレーゾーン」

「安全保障には総合力が必要」と力説する井上一徳氏（写真はいずれも5月23日、東京都新宿区の朝雲新聞社で）

すべての政策に安全保障の視点を

――今年末には国家安全保障戦略など、いわゆる3文書の改定が予定されていますが。

井上　今回のウクライナ危機で明らかになったように、安全保障は外交・情報・軍事・経済（DIME）のみならず、金融や人権問題など様々な分野に広がりを見せています。

今の「国家安全保障戦略」（2013年閣議決定）は、外交政策及び防衛政策を中心とした国家安全保障の基本方針として、わが国として初めて策定されました。外交力、防衛力、さらには海洋や宇宙、サイバーなどの分野を含め、日本の安全保障力を高めることを目的にしたものですが、期待された効果が達成されたとは言えません。

米国は、軍事力に加え、産業基盤や経済力をフルに活用した強固な国家安全保障体制を構築しています。これは新型コロナウイルス感染が拡大する中で、「国防生産法」に基づき人工呼吸器の増産措置をとったことなどにも表れています。そして中国は、国家安全保障戦略に沿った形で経済計画を作る「軍民融合戦略」をとっています。わが国でもサプライチェーンの強靭化や基幹インフラの安全性確保などを目的とした「経済安全保障推進法」が成立しましたが、民間の技術者等を対象にした機密情報の資格制度「セキュリティ・クリアランス」が盛り込まれていないなど課題もあります。また、昨年成立した「重要土地等調査規制法」についても、米国は軍事施設周辺の土地取引を規制できる内容となっているが、日本は調査のみにとどまっています。

――「3文書」の改定では、どのような要素を盛り込むべきだと思われますか。

井上　現在の「国家安全保障戦略」に関連分野として明示されているのは「海洋」「宇宙」「サイバー」「ODA（政府開発援助）」「エネルギー」であり、「経済」や「食料」「情報通信」「医療」などの分野が含まれていません。

例えば、新型コロナやウクライナ危機の影響で、穀物価格が大幅に上昇しました。国民の命を支える食料を安定的に確保することは国の最も重要な責務の一つです。日本の食糧自給率は毎年低下し続け、主要国の中で最も低い37%となっています。

つまり、日本の安全保障力には総合力と力強さが欠けています。本年末に予定されている「国家安全保障戦略」の改定は、今回のウクライナ危機で生じた様々な事象を分析した上で、日本のすべての政策を「安全保障」の視点から総点検し、日本の総力を結集した力強い安全保障力を構築すべきです。

防衛費の大幅な増額は不可欠

――岸田首相は4月26日の記者会見で、「国民の命や暮らしを守るために必要とされるものに予算を用意しなければならない」と述べました。具体的にどのようなことが必要だと思われますか。

井上　「専守防衛」という概念は、防衛力を抑制的に運用するものとして、戦後まもなく発足した自衛隊を国民の多くに理解してもらう意義はあったと考えられます。しかしながら、敵基地攻撃能力について法理論上は認められているにもかかわらず、「専守防衛」の精神に反するとの批判もあり、自衛隊はいまだその能力を有していません。北朝鮮が弾道ミサイルを相次いで発射し、核兵器の小型化を追求するような状況の中、ミサイル防衛システムも重要ですが、相手国のミサイル発射基地や中枢指揮機能の能力を失わせる「反撃能力」の保有は急ぐべきです。

防衛費の増額も急務です。ドイツのショルツ首相は、「ドイツ連邦軍を、確実に祖国を守ることができる近代的な軍隊に作り替える」と宣言し、503億ユーロ（6兆5390億円）だった防衛予算を2倍に増やすこととしました。日本の防衛予算はここ10年でほぼ横ばいですが、ロシアは2・58倍、中国は2・44倍、韓国は1・7倍の伸びを示しています。今や韓国と日本の防衛費はほぼ同じ規模です。

また、最近、米国政府から装備品等を調達する有償援助額（FMS）が増加し、2019年度は6900億円、20年度は4700億円超を占めています。自衛隊の継戦能力（弾薬、誘導弾等の備蓄）、防衛施設の抗堪性の強化や隊舎・庁舎の建て替えなどにしわ寄せがいっており、十分な予算が確保できていない状況です。

さらには国内防衛産業からの調達額も減ってきており、防衛部門から撤退する企業も相次いでいます。国内の防衛産業は日本の防衛力を構成する重要な存在であり、防衛装備品の開発、維持、整備等に深刻な影響が出るおそれがあります。国産の防衛装備品や国内の技術開発力が大きな抑止力となっている点を踏まえ、防衛費の大幅な増額を実行すべきです。

井上一徳（いのうえ・かずのり）
日本維新の会・参議院比例区支部長。前衆議院議員。1962年京都府生まれ。横浜国立大学卒業後、1986年防衛庁入庁。防衛省運用企画局事態対処課長、大臣官房文書課長、沖縄防衛局長、防衛装備庁調達管理部長、防衛省大臣官房審議官などを歴任。2017年、防衛省を退職し、衆議院議員初当選。2022年2月から現職。

部隊だより

陸

真駒内　18普連はこのほど、最先任上級曹長の交代式を行った。新たに7代目最先任上級曹長となる高橋祥大准尉は合言葉を「執念」とし、准曹士に対し「最後まで諦めず自ら考え行動し、特技および戦技のプロとしてプライドを高く堅持し、訓練にまい進せよ」と要望。自らも「准曹士の先頭に立って練磨に励み、職務を全うする」と決意を述べた。

丘　珠　駐屯地は3月30日、「3年度札幌飛行場除雪隊編成解組行事」を行った。森貴義司令は除雪隊50人の労をねぎらうとともに、方面総監褒賞「煌」の色紙を全員に手渡した。除雪作業は132日間24時間態勢で実施した。累積降雪量は昨年の約1・3倍の673センチとなり、出動回数は104回、連続10時間以上の作業は9回に及んだ。

美　幌　駐屯地曹友会はこのほど、美幌町社会福祉協議会にリングプル（16キロ）と古切手を寄贈した＝写真㊨。曹友会が隊員や家族の協力で収集したもので、ボランティア連絡協議会に贈られる。受け取った社会福祉協議会の森暉夫会長は「車いすや障害者団体の活動資金として、有効に使わせていただきます」と感謝の言葉を述べた。

岩　手　川間信太郎駐屯地司令と福田隆志9高射特科大隊長は3月11日、岩手県と大槌町による東日本大震災の津波による犠牲者の追悼式に参加した。川間司令らは鎮魂の祈りを捧げるとともに、駐屯地全隊員を代表して献花＝写真㊤。発災当時から今も変わらず地域とともにある駐屯地であることを誓い、共に歩みを進める決意を新たにした。

福　島　44普連は4月9日、自候生入隊式を行った＝写真㊦。湯舟道彦連隊長が「国家・国民を守る一員になることを学んでください」と式辞を述べた。新しい制服に身を包んだ51人の候補生たちは、家族や来賓が見守る中、立派な自衛官になることを誓った。村上敦自候生は「感謝の気持ちを忘れず、同期と団結して訓練を乗り越えたい」と話した。

新　町　駐屯地は4月1日、満開の桜が咲き誇る中「駐屯地創設71周年記念行事」を行った。観閲式で川畑裕幸司令が式辞を述べ、観閲行進では音楽隊のドラムマーチを皮切りに計290人の隊員が参加し、統制のとれた車両行進を実施。当日は自衛官候補生29人も行事を研修したほか、駐屯地に対し功績のあった5人に司令が感謝状を贈呈した。

武　山　高工校は4月7日、第68期341人の入校式を行った。新入生代表として種田瑛太生徒が力強く宣誓。学校長の富崎隆志陸将補は式辞で「日々成長、躾、同期との絆」の3点を要望した。また、来賓の中曽根康隆政務官が「3年間を通じ、国民からの期待に応えられる自衛官としての素養を身に付けてもらいたい」と激励の言葉を贈った。

板　妻　34普連は3月25日、東富士演習場で「3年度初級らっぱ集合教育」の吹奏行進（約15キロ）を行った。らっぱ手として必要な知識と技能修得のため、各中隊から選抜された約20人が参加。指導部の指揮の下、各人の間隔、歩調を合わせながら、らっぱを奏でた＝写真㊤。終盤では各中隊員が激励する中、急な上り坂を駆け足しつつ吹奏行進した。

山　口　17普連はこのほど、饗庭野演習場で行われた3年度13旅団重迫撃砲射撃競技会に参加し、優勝を果たした。積雪や寒さ、雪解けによる地形が不安定な中、連携の取れた動きと高い士気を保持した＝写真㊤。1分隊を指揮した村井剛分隊長は「優勝できてうれしい。訓練成果と山室知由連隊長の要望事項『やるべきことをやる』の精神を貫いた」と述べた。

玖　珠　駐屯地はこのほど、防衛・駐屯地モニターや協力者27人に対しUH60J多用途ヘリの体験搭乗を行った。参加者は安全説明後に記念撮影し、間近に見る機体をスマホで熱心に撮っていた。フライトは雲一つない青空の中行われ、「貴重な体験ができた」「揺れると想像したが、安定していて乗り心地がよかった」との歓声であふれた＝写真㊦。

都　城　駐屯地はこのほど、都城訓練場で8飛行隊（高遊原）の支援を受け、UH60J多用途ヘリによる航空機体験搭乗を行った。夏日となるほどの暑さの中、75人が参加し、午前9時半から最初のフライトを開始した＝写真㊨。参加者は上空から高千穂の噴火口を見下ろすなど景色を堪能。「楽しかった」「また乗せてほしい」と語り、笑顔で帰路に着いた。

『海軍ゆかりの地をキレイにする!』

14護衛隊「あさぎり」『せとぎり』「せんだい」

㊤㊦北吸トンネル周辺の清掃に精を出す14護衛隊の隊員たち

14護衛隊はこのほど、部隊が掲げる「SDGs（持続可能な開発目標）」のうち、「住み続けられるまちづくり」「海や陸の豊かさを守ろう」といった目標を踏まえ、隊司令部の5人と「あさぎり」艦長の角田泰基2佐以下「あさぎり」「せとぎり」「せんだい」の上級海曹計12人で、舞鶴市内の旧海軍ゆかりの地である「北吸トンネル周辺道路」の環境美化活動を行った。

当日は参加者で力を合わせ、歩道のごみのほか、路肩にある落ち葉や小枝をかき集め、90リットルの袋36個分のごみを回収した。

トンネル付近の住人からは「数年前までは近所の人たちで落ち葉集めをしていたが、高齢化が進み、できる人がいなくなって、荒れた状態になっていることがお恥ずかしい。海上自衛隊さんがお掃除して下さるのはありがたい」と激励され、通行人からも「ありがとうございます」「えっ、海自ですか？　かっこいい～」と声をかけられた。

ごみは舞鶴市役所生活環境課の協力を得て処分。作業が完了したことを市の担当者に伝えたところ、「きれいにしてもらい、本当にありがとうございました」と感謝の言葉を受けた。

この活動を通じ、隊員たちは舞鶴市民としてSDGsや環境美化への理解を深めていた。14護衛隊は、「今後も、一隅を照らすような活動を舞鶴市内で行う」と話している。（舞鶴）

◇北吸トンネル周辺道路

日露戦争の開戦に伴い、海軍舞鶴鎮守府の兵員や軍需物資の輸送のため、明治37年に「軍港引き込み線」として建設された鉄道は戦後、地域住民の足として利用されたが、昭和47年に廃線となった。現在は北吸トンネル含む全長約1キロメートルが自転車や歩行者専用道路として整備され、通勤・通学のほか、最寄り駅や病院を利用する多くの市民に親しまれている。2002年、国の登録有形文化財に登録された。

一日の作業で90リットルの袋36個分のごみを集めた

海

八　戸　2空群は4月23日、地域住民や隊員家族ら参加の下、3年ぶりに観桜会を開催した。高田哲哉群司令が「皆さまのご支援のおかげで、基地は今年65周年を迎えることができました」とあいさつした。桜の花びらが舞い散る中、大湊音楽隊が行進曲「軍艦」など9曲を演奏。八戸市公式マスコットの「いかずきんズ」も応援に駆け付けた＝写真㊦。

上用賀　東音はこのほど、サントリーホールで定期演奏会を開催した。前半はイタリアオペラがテーマで、橋本晃作2曹が歌劇「トゥーランドット」から「誰も寝てはならぬ」を披露＝写真㊦。伸びやかな歌声に、感動で涙ぐむ来場者も見られた。後半は吹奏楽作品に焦点を当て、海自の精強さを表現した「遥かな海へ」などを演奏。盛況のうちに幕を閉じた。

佐世保　佐世保教育隊はこのほど、12期海曹予定者課程111人の修業式を行った。吉田太郎教育隊司令は「気を緩めることなく精進してもらいたい」と式辞を述べた。また西成人佐世保地方総監は「平素における闘いを勝ち抜くという〝意識〟と〝覚悟〟を求める」と訓示。来賓や職員に見送られた修業生たちは、全国各地の任地へ旅立った＝写真㊦。

空

入　間　中警団基業群はこのほど、あどけなさが残る新規配置警備犬3頭「ジュリアス号」「アネラ号」「クロ号」の入隊式を行った。大石和浩群司令から担当ハンドラーに首輪が授与された＝写真㊨。ハンドラーの眼差しは優秀な警備犬を育てる決意が感じられ、群司令は「あらゆる任務に対応し、活躍できる警備犬を育成してもらいたい」と述べた。

見　島　17警戒隊はこのほど、島内で発生した2年度災害派遣活動の感謝状を山口県知事から贈られた。贈呈式は見島支所内で行われ、県防災課総務部理事から安永英徳17警戒隊長へ伝達された。患者空輸搬送は、計3回昼夜間で実施。見島は高齢者も多く医療体制も十分でないため、同隊は「我々が最後の砦という気概を持ち任務に当たる」としている。

大　村　22空群は4月30日、3年ぶりに大村航空基地を一般開放し基地祭を行った。青空の下、4300人の来場者を迎え、SH60K2機、SH60J1機の両哨戒ヘリの展示飛行や特別機動船と支援船での体験航海を実施。ミニ消防車での放水体験や基地内に花電車を走行させ＝写真㊦、子どもから大人まで多くの人がイベントを楽しんだ。

新田原　西空音はこのほど、西都市立妻中学校の吹奏楽部を訪問し演奏指導した＝写真㊦。生徒は楽器ごとに、スペシャリストである隊員から丁寧で熱心な指導を受けた。はじめは緊張気味だった生徒たちも、隊員の言葉と演奏に触れ、和やかな雰囲気で教わっていた。生徒からは「今回受けた指導を胸に取り組んでいきたい」とのコメントがあった。

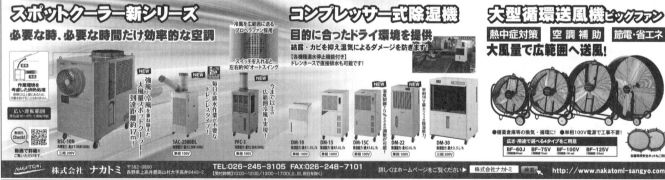

募集・援護

特集

平和を、仕事にする。

ただいま募集中！

◇自衛官候補生◇医科・歯科幹部
◇幹候生（第2回）◇予備自補◇貸費学生
★詳細は最寄りの自衛隊地方協力本部へ

“地本の顔”決まる

「これが令和4年度の福井地本の“顔”です」——。全国の地本は自衛隊のイメージアップを図るため、募集用のポスターやリーフレットを作り若者に積極的にアピールしている。福井地本は、地元の専門学校の学生たちにポスター作製を依頼。応募作品の中から今年は最優秀賞2件、優秀賞1件の計3点を決定し、表彰式を行った。選ばれた作品は新たな“地本の顔”として、募集活動の最前線で活用される。

最優秀賞　最優秀賞の舘さんの作品。猫を登場させることで平和な情景を表現した

最優秀賞　「未来を守る」をテーマにした最優秀賞の五十嵐さんの作品

優秀賞　優秀賞の中川さんの作品は映画ポスターをイメージした

令和4年度 募集広報ポスター表彰式

福井　最優秀賞 舘実鈴さん、五十嵐悠人さん　優秀賞 中川翼さん

【福井】地本は4月22日、福井春山合同庁舎で募集ポスター選考会の表彰式を行った。式には最優秀賞に選ばれた福井情報ITクリエイター専門学校（大原学園福井校）の舘実鈴さん、五十嵐悠人さん、優秀賞の中川翼さん、同校の多田慶一郎講師が出席。地本長の野間俊英1海佐が3人に表彰状を手渡した。3人は「このような賞を頂き光栄です」と喜びを語った。

表彰式後、記念写真に納まる（前列右から）中川さん、舘さん、野間地本長、五十嵐さん、福井情報ITクリエイター専門学校の多田講師（4月22日、福井春山合同庁舎で）

募集ポスターの作製は地本が2014年から毎年同校に依頼しているもので、学校側も学生の能力向上の機会にしようと、授業の一環に組み込んでいる。今年は16人の学生が約1カ月かけてポスターを作製して出品。2月27日に開催された県主催の入隊・入校予定者激励会の場で選考会が行われ、保護者を含めた出席者による投票で優秀作品が選ばれた。

最優秀賞の舘さんの作品は、穏やかな日和に寝そべる猫の写真をメインにしたもの。「国民の日常を守るのが自衛隊の本当の仕事ではないかと考え、平和な日々を想起させる情景を全面に出した」と作品の意図を語った。同じく最優秀賞の五十嵐さんは「未来を守る自衛隊」をテーマに、装備品に効果的に光を当て、未来を表現した。

また、優秀賞に選ばれた中川さんは「映画ポスターのようなイメージにした」と語り、陸海空それぞれの隊員に焦点を当てたインパクトある作品に仕上げた。

野間地本長は「『自衛隊が何を守る組織か』というコンセプトから考えて作られており、素晴らしい。若い人の発想は我々にとってもありがたい」と受賞者をたたえた。

3人の作品は今後、地本のツールとして、県内各地の商業施設などに掲示される予定だ。

ホビーショーで3年ぶりの広報　静岡

【静岡】地本は5月14、15の両日、静岡市の「ツインメッセ静岡」で行われた「第60回静岡ホビーショー」で広報した。3年ぶりの一般公開には、2日間合わせて5万3100人の模型ファンが詰めかけた。

地本と海自横須賀総監部広報推進室が広報ブースを設置したほか、陸自富士学校機甲科部が16式機動戦闘車と大型トラック、陸自34普連（板妻）が軽装甲機動車、高機動車、小型トラックを、それぞれ会場入り口の屋外スペースで展示した。

屋外では車両展示のほか、機動戦闘車の砲塔を動かす展示や海自のぬりえコーナー、静岡地本マスコットキャラ「しずぽん」などとのふれあい、模型メーカーの動画撮影などが行われ、写真や動画を撮る来場者でにぎわった。

屋内の広報ブースでは、海自砕氷艦「しらせ」が持ち帰った南極の氷に触れたり、電話線をつないで使用する70式野外電話機を体験できるコーナー、自衛隊の活動や自衛官の制度について学べるパネル展示などが人気を集めた。

来場者からは「3年ぶりに展示を見られてうれしい」「持っている模型の元になった車両が来ていて感動した」との声が聞かれた。

屋内の静岡地本ブースでは階級章の実物が展示された。来場者に説明する河野隆静岡募集案内所長（左から2人目）と藤井隆裕清水募集案内所長（右奥）＝5月14日、ツインメッセ静岡で

退職予定自衛官を支援

就職援助の進捗協議

鳥取　米子駐屯地で援護担当者会同

援護担当者会同に出席した坂本援護課長（右から2人目）＝5月11日、米子駐屯地で

【鳥取】地本は5月11日、米子駐屯地で駐屯地援護担当者会同を開いた。会同には坂本洋介援護課長以下7人、部隊援護担当者7人が出席。退職予定隊員の就職の援助の進捗状況を確認するとともに、今後の就職の援助について協議した。

協議では、就職補導教育は①任期制退職予定隊員を対象に6月16、17の両日実施する②4年度山陰地区合同企業説明会を9月12日に松江市の「くにびきメッセ」で山陰両県の優良企業を招へいし実施する——ことを確認した。

坂本課長は、「就職補導教育などに参加し、再就職に必要な社会・労働情勢の知識および心構えを知ることは就職活動に重要だ」と述べ、担当者に積極的に参加するよう呼びかけた。

資格取得や健康管理を助言

札幌　定年2年前職業相談

参加者に調査票作成要領を説明する杉森援護センター長（右）＝5月12日、東千歳駐屯地で

【札幌】東千歳駐屯地援護センターは5月12日、同駐屯地で6年度に定年退職を予定している5人に対し、「4年度第3回定年2年前職業相談」を行った。

これは定年2年前を基準とした若年定年退職予定隊員に対し実施しているもので、希望する職種などを把握、健康管理の重要性を理解させて、再就職の方向性を決めることを目的としている。

はじめに、全体教育として杉森満センター長から調査票の作成要領、求人票の見方や健康管理の重要性を説明。次いで自衛隊援護協会進路相談員が最新の雇用情勢などを示した。続いて、個別面談で、定年退職を見据えたライフプランの進捗と希望業種を確認し、必要な資格取得などについて助言した。

杉森センター長は「家族とよく相談し、定年後のライフプランを具体的に計画して再就職に向けた準備をすることが重要」と述べた。

隊員からは「定年までの2年間を有効に活用して資格などを準備したい」と再就職に向けての意欲的な声が聞かれた。

ウェブ試験を導入

山梨地本初 自宅で受験が可能に

【山梨】地本は、今年度最初の予備自衛官補と一般幹部候補生の採用試験で、予備自補採用試験の筆記試験では地本初となる「個別受験方式によるウェブ試験」を導入した。

予備自補採用試験は、筆記試験（ウェブ）が4月11日から15日まで行われ、受験者3人は自宅から受験した。身体検査と口述試験を同16日に実施した。

口述試験（個別面接）では、「大学在学中は予備自補として教育訓練に参加し、卒業後は自衛官として入隊をしたい」「元々自衛隊に興味があり、働きながら自衛隊を経験できるところに魅力を感じ受験した」など熱い志望動機が聞かれた。

予備自4人が1日招集訓練　沖縄

【沖縄】地本は4月10日、4年度第1四半期予備自1日間招集訓練を行った。

訓練には4人が参加し、最初に予備自・即応予備自衛官等制度について援護課予備自衛官班長がスライド、DVDを使って教育。参加者の出頭意欲向上と予備自としての意識高揚に努めた。

さらに、縁故での「隊員自主募集制度」についても説明し、募集情報の提供を依頼した。

参加者からは、「常備自衛官退官時に予備自を志願しない選択肢は私の中にはなかった。引き続き国防へ貢献したい」との頼もしい声が聞かれた。

キャリアセンター職員にPR

熊本　大学・専門学校との連携強化へ

【熊本】地本は5月11日、初の試みとして熊本県立大学、熊本YMCA学院など専門学校のキャリアセンター職員ら5人を健軍駐屯地に招き、研修を行った。

この取り組みはキャリアセンター職員に、部隊研修などを通じて自衛官を職業の一つとして認知してもらい、自衛隊と大学・専門学校との関係構築と緊密な連携を強化していくことを目的に企画したもの。

12式地対艦誘導弾の前で参加者と記念撮影する熊本分駐所長の淀川桂介3陸佐（後列左）。同右は募集課長の島田直樹2空佐＝5月11日、健軍駐屯地で

一行は駐屯地内の広報館で、陸自のあゆみや西部方面隊の任務、展示資料などを見学。担当広報官らが参加者をエスコート、懇切丁寧に説明した。

その後、新隊員教育隊で野外救急法の訓練や5地対艦ミサイル連隊（健軍）に配備の12式地対艦誘導弾を見学、装備品の大きさに参加者は驚いていた。

リクルータの隊員を交えての懇談では、入隊前のイメージと実態の違いや参加者からの隊内生活についてさまざまな質問があがった。学生らが自衛官に志願する手続きや入隊後の教育内容、自衛官としてのキャリアプランなどを説明し、就職先のひとつとして認識してもらった。

参加者は「現場を見てみることで、今後の進路指導の現場や学生の質問に対応できる。充実した研修に参加できて良かった」などと感想を話した。

陸上自衛隊　富士総合火力演習

島嶼部での上陸を阻止!!

オスプレイが訓練初参加

㊨今回総火演に初登場した陸自V22オスプレイ。味方艦砲射撃やAH1S対戦車ヘリの援護の下、内陸部深くの敵を壊滅させるため強襲上陸し、機内から水機団員が迅速に展開した＝写真はいずれも5月28日、東富士演習場で
㊦千葉県の木更津駐屯地に暫定配備され、総火演で飛行した陸自V22オスプレイ

前方の敵戦車に見立てた目標に向けて105ミリ砲射撃を行う16式機動戦闘車

総火演を視察する岸防衛相（中央）。左は吉田陸幕長、右は担任官の蛭川富士学校長

統合運用・領域横断作戦を実施

岸大臣、中曽根政務官ら視察

陸自の国内最大規模の実弾演習「富士総合火力演習」の教育演習が5月28日、東富士演習場で行われた。新型コロナの影響で一般公開は3年連続で中止となり、演習の模様はネット配信された。当日は好天に恵まれ、予定通り昼間演習と夜間演習が行われた。

（1面参照）

演習は富士学校長の蛭川利幸陸将を担任官に、富士学校を中心に防大、防医大などの各学校から約3300人、戦車・装甲車など36両、各種火砲53門が参加。岸防衛相、中曽根政務官、島田事務次官、吉田陸幕長など関係者が視察した。

総火演は昭和36年に学生教育の一環として始まり、41年からは自衛隊に対する国民の理解を深めることを目的に一般公開をはじめ、今年で64回目を迎えた。それぞれ前段と後段から成る昼間演習と夜間演習に分かれている。

昼間演習の前段では陸海空自衛隊の統合運用による情報収集や各種火力発揮など従来の領域と、宇宙、サイバー、電磁波などの新たな領域を有機的に融合した領域横断作戦を説明、その後陸自の主要装備品を紹介した。

新領域における電子戦を念頭にネットワーク電子戦システム（NEWS）を利用し、初参加となった20式5・56ミリ小銃や19式装輪自走155ミリ榴弾砲は初めて実射が披露された。

後段は実際に領域横断作戦や統合運用の要素を含め、島嶼部での敵の上陸侵攻を阻止し撃破に至るというシナリオで行われた。即機連の戦闘、普通科と機甲科協同の攻撃などが披露され、陸自のV22オスプレイが初めて訓練に参加。

夜間演習では暗視装置や戦場照明使用下での各種射撃、敵侵攻阻止の一連のシナリオを展示した。

（文・写真　雀見陽平）

㊤目標に向けて20ミリ機関砲を射撃した後、離脱するＡＨ１Ｓ
㊦敵ＵＡＶ（無人航空機）に見立てた標的に向かって35ミリ機関砲を連射する87式自走高射機関砲

前段演習の最後に、標的に向けて16式機動戦闘車とネットワークを共有して射撃を行う10式戦車

㊤海岸にいた敵を艦砲射撃や爆撃で制圧し、ＡＡＶ７水陸両用車から水機団員が速やかに展開、敵残存兵の警戒に当たった
㊧後段演習で敵の残存する地域へと突撃後、砲撃を行う74式戦車（右）と89式装甲戦闘車（左）

初の「SDGs大賞」に真駒内駐

岸防衛相から表彰状

防衛省で5月18日、国連が掲げる「持続可能な開発目標（SDGs）」に資する取り組みの調査結果を受けた初の大臣表彰が行われた。

表彰されたのは、最優秀賞の「SDGs大賞」に輝いた陸自真駒内駐屯地の「養護施設が主催する行事への支援に係る取り組み」をはじめ、「SDGs優秀賞」にそれぞれ選ばれた▽陸自那覇駐屯地の「社会福祉協議会と連携したボランティア活動に係る取り組み」▽陸自富士学校の「演習場の環境保全に係る取り組み」▽陸自真駒内駐屯地の「高齢者宅等における灯油の給油支援に係る取り組み」▽海自14護隊の「市民団体との河川清掃活動に係る取り組み」▽九州防衛局調達部の「コンクリート片の再資源化に係る取り組み」――の計六つの取り組み。

大臣室では吉田陸幕長、芹澤官房長らが立会する中、岸大臣が各部隊の代表者に表彰状を授与し、「今後もSDGsに資する活動や普及に取り組むことを期待する」と激励した。

今回の調査は、防衛省・自衛隊にSDGsの普及を図る観点から、現場レベルでの取り組みを新たに掘り起こすことを目的として、全機関・部隊などを対象に昨年7月から9月までの間に実施された。

これを受けて全国の部隊等から提出されたのは、▽働き方改革▽新型コロナ対策▽ペーパーレス化▽女性活躍▽節電▽地域住民との関わり合い▽清掃活動――などで、自衛隊に対する理解と協力を得るための地域社会との調和に関するものや、部隊などの特性を踏まえた事例も複数あり、これらについて大臣官房企画評価課で審査を行った。

「SDGs大賞」に輝いた真駒内駐屯地の「養護施設が主催する行事への支援に係る取り組み」は、地域社会との調和や福祉の促進への積極的な取り組みと、優れた持続・普及性が高く評価された。

岸防衛相（右端）から表彰される各部隊等の代表者ら。前列左は真駒内駐屯地の取り組みを代表して「SDGs大賞」を授与される同駐屯地曹友会長の藤田真弘1曹（5月18日、防衛省で）

井筒空幕長 レジオン・ドヌール勲章

井筒俊司空幕長は日仏防衛協力・交流に尽力した功績で5月25日、フランス政府から同国で最も古く権威ある「レジオン・ドヌール勲章」の「オフィシエ（将校）」を授与された。

東京・南麻布の仏大使館公邸で行われた叙勲伝達式には、防衛省・自衛隊の高級幹部をはじめ両国の関係者約50人が出席。フィリップ・セトン駐日大使は「これまでの職務において日仏防衛協力の発展を推進された」とたたえ、井筒空幕長の左胸に自らの手で勲章をつけ、伝達した。

セトン大使は、井筒空幕長が▽仏軍事学校への留学奨励などを通じたフランス語のできる幹部の育成▽コロナ禍で実現できなかったものの、日本で開催予定だった「ペガサス2020」共同訓練への仏空軍機の初来日に向けた準備▽宇宙状況監視分野での協力――など尽力した数々の功績を紹介した。

これを受けて井筒空幕長は答礼のスピーチを行い、日仏の航空分野での交流が1919（大正8）年の仏政府による「遣日航空教育団（フォール使節団）」の来日にさかのぼることに触れ、「100年以上の長きにわたって諸先輩方が築いてこられた日仏の友情を一層深化できるよう、空幕長として引き続き力を尽くす所存だ」と決意を表明した。

同勲章は、官民を問わず国家に対する卓越した功績を表彰するもので、1802年にナポレオン・ボナパルトによって創設。現役の自衛官が受章するのは、武居智久海幕長（2016年）、山崎幸二統幕長（20年）、山村浩海幕長（22年）に続き4人目。

セトン駐日大使（壁側右から2人目）らが見守る中、受章のスピーチを行う井筒空幕長（右壇上）＝5月25日、東京都港区の仏大使館公邸で

5空団が戦技競技会

安全かつ正確な技術を競う

「第5航空団戦技競技会」全5部門のうち、3勝をあげて優勝を収めた「白団」の隊員（4月27日、新田原基地で）

【新田原】空自5空団（新田原）は4月18日から同27日まで、団内戦技競技会を開催した。同競技会は団司令兼新田原基地司令の尾山正樹将補による肝いりの企画。全5部門で競われ、3部門で勝利を収めた白団が優勝した。

競技会は、隊員94人が赤団と白団に分かれて行われた。競技は全5部門から構成され、①305飛行隊による緊急発進と防空戦闘を行う「戦闘機部門」②整備補給群がF15戦闘機に弾薬を搭載する「整備補給部門」③陣地変換やミサイル・リロードを行う「基地防空部門」④基地警備行動や警備犬取り扱い、戦術判断を競う「基地警備部門」⑤滑走路上で炎上した航空機を想定し、搭乗員を救出する「事態対処部門」――で各戦技が競われた。

各競技者は安全の確保を第一に、有事や不測事態に備えて日頃から錬成している動作の正確性やチームワークなどを披露。

競技は可能な限り隊員が観戦できる環境で行われ、日頃の勤務では間近に見ることのできない他職域の技に、多くの隊員が触れた。

同基地業務群防空隊の藤本舞衣士長は「コロナ禍で様々な制限がある中、自らの職種に対する誇りと責任を再認識し、技量を向上させることができた。また普段あまり見ることのできない他の職種を知ることができて、とても貴重な経験となった」と語った。

競技会は3部門で勝利を収めた白団が優勝を飾り、閉会式で競技会会長を務めた尾山将補は「皆のプロフェッショナリズムに感動した。引き続き鍛え、備えていこう」と述べ、競技会を締めくくった。今後、5空団は、さらに進化した競技会を毎年実施していく予定。

あさぐもドンマイ　吉本どんど

知床沖観光船の沈没事故災派継続

北海道・知床半島沖で沈没した観光船「KAZU1」（19トン、乗客・乗員26人）の事故で、自衛隊の災害派遣部隊は5月30日現在、行方不明者の捜索活動を継続している。

同日までに、空自千歳救難隊などのUH60J救難ヘリ延べ25機、U125A救難捜索機延べ37機が現場海域を捜索。同26日からは海自41掃海隊（横須賀）の掃海艇「ちちじま」も同海域で捜索活動を行っている。

捜索部隊は同29日から31日まで、海保らと連携して国後島周辺を含む海域や知床半島の沿岸などの広い範囲で一斉捜索を実施。引き続きU125A、「ちちじま」などが残る行方不明者の捜索に当たっている。

双眼鏡で行方不明者を捜索する「ちちじま」の乗員（5月27日、北海道・知床沖で）＝統幕提供

15旅団 「旅団安全の日」式典行う

旧101飛行隊の隊員4人の冥福を祈る

【15旅団＝那覇】15旅団は3月30日、那覇駐屯地、基地で「旅団安全の日」式典を行った。

同式典は2007（平成19）年3月30日、鹿児島県徳之島で緊急患者空輸中に不慮の事故で殉職した101飛行隊（現15ヘリコプター隊）の隊員4人の冥福を祈るとともに、隊員の安全意識の高揚を図ることを目的に毎年行っている。

4人の慰霊碑には石板に「波濤を越えて」と刻まれ、中央には101飛行隊の部隊マークが描かれている。マーク上半分の周囲には4色の琉球ガラスが埋め込まれており、赤は仕事や仲間に何時も情熱的に行動する人、青は沖縄の青い海、青い空を愛した人、黄は家族思いでいつも元気で明るかった人、ピンクは家族思い、子供思いの優しい人を象徴、それぞれが4人の人柄を表しているという。

式典には井土川一友15旅団長や県防衛協会の國場幸一会長、防衛議員連盟の花城大輔会長など関係者約70人が集まり、各自献花台に花を添えて4人の隊員を追悼した。

15ヘリ隊1飛行隊長の喜村健次3佐は「これまで任務を遂行できたのは諸先輩の努力に加え、殉職された方々の尊い命の上に成り立っています。引き続き安全管理・安全運航に努め、任務にまい進して参ります」と決意を述べた。

式典で献花台に献花する井土川15旅団長（3月30日、那覇基地で）

こちら警務隊　粗暴犯（DV防止法違反）

配偶者への暴力、有害な言動は男女問わずDV防止法違反

DV防止法とはどんな法律ですか？

DV防止法（配偶者からの暴力の防止及び被害者の保護等に関する法律）とは、配偶者からの身体に対する暴力や心身に有害な影響を及ぼす言動を防ぎ、被害者を保護するための法律です。

配偶者とは、婚姻関係にある者（内縁関係や離婚後も暴力行為が継続した場合を含む）で、被害者は男性、女性の別を問いません。

また被害者保護のため、被害者の申し立てにより裁判所が接近禁止等の保護命令を出すことがあります。

保護命令に違反し危害を加え続けた場合、1年以下の懲役もしくは100万円以下の罰金に処されます。

（東北方面警務隊）

26普連に2級賞状

車両無事故走行400万キロ達成

【26普連＝留萌】26普連はこのほど、官用車両の無事故走行距離400万キロ以上の功績で、吉田陸幕長からの2級賞状を受賞した。

部隊は令和元年8月以降、無事故走行を継続。この間、同年10月に発生した台風19号に係る福島県での災害派遣や北海道から大分県に展開した3年度陸自演習に伴う長距離機動など各種演習に参加。車種別操縦練度を適切に管理し、操縦手らを指定して安全運行に努めた。

また、地元の留萌警察との共同訓練や高速道路などを使用した操縦訓練、危険予知訓練を継続的に実施して操縦技能を向上させるとともに、駐屯地車両の整備を担当する3普通科直接支援中隊による隊員への整備教育、定期的な板金整備やタイヤ交換なども行った。

表彰式は北方総監部（札幌）で行われ、沖邑佳彦北方総監が高橋誠連隊長に2級賞状と副賞の盾を手渡した。

高橋連隊長は「今回の受賞は、留萌一家の隊員と歴代連隊長の努力のたまものであり、ご支援、ご協力いただきました関係部内外の皆さま方へ感謝し、引き続き任務達成にまい進してまいります」と語った。

車両無事故400万キロ以上の功績で、沖邑北方総監（左から2人目）から2級賞状を授与された26普連の高橋連隊長（中央）＝札幌駐屯地で

小休止

▽…福岡地本は5月3、4の両日、福岡の街に初夏の訪れを告げる「博多どんたく港まつり」に、協力団体関係者や海自佐世保地方隊と共に参加した。

▽…このイベントは歳神を迎える民俗行事「松ばやし」を起源とし、830年余りの歴史を持つ福岡市の伝統行事。3年ぶりの開催となった今回は晴天に恵まれ、同市の冷泉公園から天神中央公園までの約1・3キロを練り歩いた。

▽…自衛隊関係では西成人佐世保総監らを先頭に、佐世保音楽隊、平松良一福岡地本長ら約190人が行進。福岡地本マスコットの宣伝〝部長〟「ピコット」も威風堂々行進し＝写真、沿道を埋めた約40万人の観衆にその〝勇姿〟を披露した。（福岡地本）

（世界の切手・スウェーデン）

勇気とは恐怖心に抵抗することである。
マーク・トウェイン
（米国の小説家）

「海の女子会」に参加して
「働く」に向き合うきっかけに

3海尉　竹内 奈七子（護衛艦「ふゆづき」）

令和4年4月19日、第14護衛隊（舞鶴）企画の第2回「海の女子会」に参加しました。

この取り組みは、「女性職員が抱える悩みや心配事の相談ができる体制づくり」に加え、「女性職員が女性の活躍推進のための改革を積極的かつ主導的に検討し、実践する枠組み」を作っていくことを目的としています。

今回は、舞鶴に勤務する危機管理に携わる女性職員（〝危機管理女子〟!?）が、舞鶴市の女性活躍等関連施策を学ぶという趣旨で、私の他、3護群司令部首席幕僚（小野小百合1等海佐）、護衛艦「あさぎり」（2人）、第8管区海上保安本部（3人）、京都府警舞鶴警察署（2人）、そして舞鶴市消防局（4人）の女性職員、計13人が参加しました。

「海の女子会」は舞鶴市の市民会館で開催され、舞鶴市役所人権啓発推進課の當田久美男女共同参画担当課長から舞鶴市の女性施策について説明を受けました。その後、参加者それぞれが勤務の概要や女性施策等を紹介し、女性のキャリアパスなどの人材育成をはじめ、育児休暇や夫婦のイベント線表等、様々なトピックについて自由討論を実施しました。

私自身、結婚後、「妊娠、出産、育児休暇後、問題なく職場復帰できるだろうか」「そもそも子育てと仕事の両立は無理なのでは」等々、漠然とした不安を抱えていました。今回、このような状況で参加しましたが、さまざまな業種の方々と対話をすることで、自分が抱えている悩みは、他の方々も同様に悩んできたことであると分かり、少し安心することができました。

産休・育休を経験し、働き続けている方々の体験談も大変参考になり、今後の働き方を考える上で大きなヒントを得ることもできました。

また参加者からは「大変良い機会をありがとうございました！ 今後は男性も巻き込み、男性の考えも聞きたい」「今まで、他の組織の制度についてあまり知らなかったが、良い制度は、自分の組織にも取り入れることができそう」等の積極的な意見がありました。

「海の女子会」は、私にとってより良い働き方、生き方を送るために何が大切なのかを考え、改めて「働く」ことについて、じっくりと向き合うきっかけを与えてくれました。

プライベートも仕事も自分の人生の一部です。ライフイベントの変化が訪れたときに「いかに自分らしく生きられるか」を考え、自衛隊の支援や制度を上手に利用しながら、これからも納得できる働き方を選択していこうと思います。

女性活躍推進について学んだ第2回「海の女子会」の参加者たち

みんなのページ

防大もいよいよ70期の誕生だ

空自OB　中山 昭宏（神奈川県横須賀市）

記念艦「三笠」をバックに記念写真に収まる防大70期生ら

本年度入校した防大70期生の入校式が延期に次ぐ延期の末、4月28日に実施され、その翌日の29日、例年の2週間遅れでやっと引率外出が行われた。

当日の天気予報は10時ごろから雨天となっていた。この日は前年の横須賀中央駅Yデッキ出口ではなく、三笠公園で待機した。10時過ぎ、雨はまだ降り出しておらず、4学年1人、新入生2人がやってきた。やはり新入生の表情は硬い。「みかさ」の艦首で記念撮影、アングルはベスト。次の学生を待ったが、なかなか顔を見せない。正午過ぎ、1学年3人が4学年2人に引率されてきた。雨は本格化していたため、学生は全員雨衣を着用していた。

なぜ三笠公園にしたかを4年生に聞くと「横須賀といえばやはり三笠公園」との結論で落ち着いたとのこと。「三笠」は日露戦争で連合艦隊旗艦を務めた。世界の三大記念艦の一つで、バルチック艦隊と対峙したときは東郷平八郎大将が連合艦隊司令長官を務めていた。

私事であるが、学生時代、1期下の27期に東郷大将のひ孫に当たる東郷宏重さん（横須賀高校卒）がいて、彼の上対番で私の同期、同じボクシング部の大林幸義から「後輩ながら立派な学生」と聞いていた。

学生は「三笠」見学の後、米海軍ベースのオフィサーズクラブで昼食をとり、市中心部にあるモアーズ横須賀で買い物予定とのことだった。

さて、防大もいよいよ70期生の誕生だ。すでに旧軍陸軍士官学校（61期）を超え、数年後には海軍兵学校（78期）も超えるのが確実だ。新入生に感想を聞いたが「特にない」とのこと。充実した学生生活を送り、頼もしい幹部に育ってほしいものだ。

自衛隊の将来は彼ら、彼女らの双肩にかかっている。

朝雲・栃の芽俳壇

畠中草史　選

寄り合はず漂ふ池の花筏　熊谷・空OB　明田 眞雅
水面に散り落ちた花が筏のように浮き、流れる様子が花筏。池での一あり様を叙された。

菩提寺は代替りして森若葉　町田・陸OB　岩原 滋利
作者の菩提寺の住職は先日交代したと言われる。その境内の樹々は例年以上に若葉一色。

朧夜の峰に見下ろす母の郷　浜松・空OB　宮本 立男
一面に蒲公英の咲く休耕田　熊谷・空OG　関田 絹江
行者道七曲りして蝮草　宮崎・空OB　髙木 智念
神の森鳥居を潜る夏燕　館山・海OB　斎藤 一向
柏もちほほばりし日の父の顔　福生・空事務官　村松加珠彦
潮風の届く参道花吹雪　浜松・空OG　岩城 節子
散り尽し池面漂ふ花筏　香川・陸OB　渡辺 成典
桜散る茅葺堂の屋根に迄　浜松・空OG　塩見 惇子
病棟の窓より友とする花見　熊谷・空OG　関谷 桂子
お針子のピアスが光る針供養　大津・陸OB　丸岡 正男
出港の汽笛微かに潮干狩　あきる野・一般　小和田一男
砂に坐し海を見てゐる春日傘　小牧・陸OB　松岡 魚青
雪解水集め早瀬の信濃川　東京・陸OG　田中あやめ
嘘を言ふこと難しき四月一日　熊谷・空OG　佐藤 玲美
一輪も三輪もあり二輪草　東京・陸OG　杉山ふく美
明け空の奥へ奥へと鶴帰る　恵庭・陸OB　足立 徹
スイーツにため息をつく花曇　熊谷・空OB　工藤 敏雄
いにしへを忍ぶ城郭花は葉に　相模原・海OG　折口 桂子
SLの車窓を流る花満開　熊谷・空OB　蓮佛志向子
初蝶の展望台の高みまで　鹿島・陸OB　一ノ瀬恵昭
山茱萸の花の点せる濁世かな　札幌・陸OB　坂元 順一
合格のしらせ孫より君子欄　相模原・一般　森 謙二

選者作品
昼庭を余さず泳ぐ鯉幟

投句歓迎！
▽郵便はがきの裏面に未発表の自作3句以内と氏名、年齢、職業（自衛官・事務官＝所属部隊＝、OB、家族、一般など）、住所、電話番号を記入▽締め切り毎月15日▽宛先＝〒162－8801東京都新宿区市谷本村町5の1 防衛省D棟市ヶ谷記者クラブ朝雲俳句係☎03（5225）1750、専用線8・6・25515

詰将棋

出題　日本将棋連盟　九段　石田 和雄

第868回出題

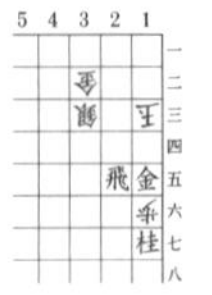

▲先手 持駒 金金

【ヒント】巧みに金を使い飛は捨て駒（10分で初段）。

▶詰碁、詰将棋の出題は隔週です◀

詰◯●碁

出題　日本棋院　九段　曲 励起

第1283回解答

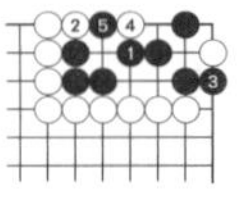

【解答図】黒先、黒劫。黒❶がまず大切で、白②の時、黒❸白④には黒❺で劫になります。

OBがんばる

三浦　弘雄さん　55
令和元年8月、21普連重迫中（秋田）を准陸尉で定年退官。本荘第一病院に再就職し、院内施設の保守管理、医師の送迎、患者の受付などの業務に励む。

プラス思考で積極的に

私は、令和元年8月に陸自を定年退官しました。同年9月1日付で私の地元（秋田県由利本荘市）にある本荘第一病院の施設管理課で勤務しています。

再就職活動に際しては、「自分に合った仕事は何だろうか」等これといった決め手もなく悩んでいました。そんな時に、秋田地本援護センター担当者と面談を進める中、今の職場の紹介を受けました。勤務地が自宅に近く、仕事の内容も自分に合っているのではないかという思いから面接を受け、採用に至りました。

主な仕事の内容としては、病院の営繕、病院施設の機械の保守管理（医療機器を除く）、備品の補修、医師の送迎等、多岐にわたります。また、当直勤務もあり、患者さんの受付、電話対応なども行っております。

仕事をしていく上で私なりに心掛けていることは三つあります。一つ目は健康管理、二つ目は自己の性格を認識すること、そして三つ目は、「目配り」「気配り」「手配り」が大事だと考えています。これは、自衛官時代から継続していることであり、勤務の最たる基本と痛感しています。

これから再就職を迎える方々へのアドバイスとしては、特に健康管理に気をつけること。そして、自衛隊での経験は、再就職先でも直接及び間接的に生かされるということです。新しい事にマイナス思考で向かうよりもプラス思考で積極的に挑戦して欲しいと思います。皆さまの再就職が成功するよう願っています。

大人として、自衛官として

陸士長　菊田 克（33普連本管中・久居）

私が陸上自衛隊に入隊してから、もうすぐ2年が経とうとしています。

私は、中学生の頃から自衛官を目指しており、高校を卒業してすぐ、一般曹候補生で入隊しました。それまで親元を離れて生活をしたことがなかった私は、自衛隊での生活を通して集団生活の難しさや仕事の大変さを身に染みて感じてきました。そんな私も今では社会人として、自衛官としての自覚をもって日々を過ごしています。

1月に成人式を迎えましたが、正直自分にはまだ足りないことがあると思います。まずは社会人として、自衛官として当たり前のことをできるようにしていきたいと思います。身近なところでは積極的に選挙に参加するよう心掛けています。学生の頃は政治のことは全くと言っていいほど興味がなかったのですが、社会に出て選挙権を得てからは、自分が住む町、国を良くするためには選挙に参加しなければならない、と自然と自覚を持つようになりました。

私は現在、本部管理中隊の情報小隊で斥候員として勤務しています。斥候は体力はもちろん高度な技術も求められます。

また私は陸曹候補生となり、7月に陸曹候補生課程教育入隊を控えています。これから陸曹となり、組織を支え、後輩を指導する立場となるので、さらに技術等を身に付け、部隊の任務達成に寄与できるよう精進したいと思います。

こうやって何不自由なく生活できているのも、今まで育ててくれた家族や支えてくれた友人、周りの方々のおかげです。このことに感謝し、これからもこの恩義に報いるためにも社会人として、自衛官として恥ずかしくない立派な人間になれるように頑張っていきたいと思います。

新刊紹介

「リスク大国 日本 ～国防 感染症 災害～」

濱口 和久著

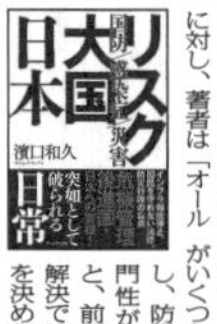

新型コロナウイルスの世界的感染拡大で人々の生活が一変する一方、北朝鮮の度重なるミサイル発射、中国の軍事活動の活発化など、日本周辺の情勢の厳しさは増している。災害のリスクも高く、複合型の有事の可能性もある。この我が国の状況に対し、著者は「オールハザード型」の危機管理の必要性を訴える。

拓殖大学大学院特任教授と防災教育研究センター長を務める著者は、陸自勤務の後、地方自治体で危機管理・防災担当などを歴任した。

本書では日本の防災行政について、防災担当相がいくつもの担当を兼務し、防災担当職員の専門性が育ちにくいこと、前例主義での課題解決では緊急時に方針を決められないことなど、数々の問題点を指摘。

これらに対して、地方自治体で防災担当者の専門性を向上、「活動できる防災士」を養成することなどを提案している。

相次ぐ災害派遣により自衛隊への国民からの支持率は高い。しかし本来の任務は「国防」である。地域防災力を強化し、災害対応を担う行政機構をはじめ、幅広い分野への見直しに言及し、オールハザード型の危機管理への転換を求めた一冊だ。

（グッドブックス刊、1650円）

「イラスト・図解で分かる― 災害を生き延びる！ 都市型サバイバル」

川口 拓監修

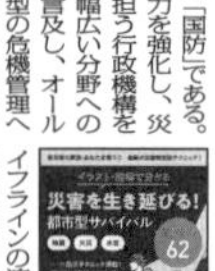

今後必ずやってくると言われている南海トラフ巨大地震と首都直下地震について、内閣府の地震対策検討ワーキンググループが算出した被害想定はいずれも東日本大震災を超えるとしている。およそ日本人の2人に1人が被災者になる試算だ。

本書は首都圏だけでなく日本中で想定されるライフラインの遮断、帰宅難民、避難所難民などの事態に対し、川の水や雨水を浄水する方法や命を守る非常用「持出し袋」の作り方、さらに体温は「3層」で保持するなど、「まさか」の時に役立つ危機管理の心構え、テクニックを余すことなく収録している。

自衛隊教官でもあり、警察などにも危機管理コンサルを行う著者は、災害時のサバイバル環境下では何よりも「自助」が大切だと語る。「自分を守る」（セルフレスキュー）の思考、危機管理意識を養い、有事の際にパニックに陥ることなく、生き延びるために本書を役立ててほしいと語る。

A4サイズで100ページ以内の分量に写真や図がふんだんに盛り込まれ、誰でも気軽に手に取れる仕様。それぞれのシーン別の防災テクニックや防災グッズリストなどは大変実用的で、価格も良心的だ。

（イースト・プレス刊、968円）

朝雲

発行所 朝雲新聞社
〒160-0002 東京都新宿区四谷坂町12－20 KKビル
電話 03(3225)3841
FAX 03(3225)3831
振替00190-4-17600番
定価一部170円、年間購読料9170円（税・送料込み）

北朝鮮 複数地点から弾道ミサイル

岸防衛相「連続発射能力の向上」

防衛省は6月5日、北朝鮮が同日午前9時台に「複数の地点から少なくとも6発の弾道ミサイルを発射した」と発表した。いずれも我が国の排他的経済水域（EEZ）外である北朝鮮東側の沿岸付近と日本海に落下したと推定される。日本への被害は確認されていない。岸防衛相は同日午前の臨時記者会見で、この6発以外にもミサイルが発射された可能性と、少なくとも1発以上が変則軌道で飛翔した可能性を指摘した上で、「短時間で3カ所以上から極めて多い発数の発射は異例だ。飽和攻撃などに必要な連続発射能力の向上といった狙いがある可能性がある」と述べ、「断じて許すことはできない」と北朝鮮を強く非難した。

今年26発、過去最高上回る

防衛省によると、6月5日に北朝鮮から発射された少なくとも6発のミサイルの飛翔距離などは次の通り。

▽1発目＝午前9時6分頃、西岸付近から東方向に発射され、最高高度約50キロで約350キロ飛翔▽2発目＝同9時10分頃、東岸付近から東方向に発射され、最高高度約50キロで約300キロ飛翔▽3発目＝同9時15分頃、西岸付近から東方向に発射され、最高高度約50キロで約400キロ飛翔▽4発目＝同9時24分頃、内陸部付近から東方向に発射され、最高高度約100キロで約350キロ飛翔▽5発目＝同9時半頃、西岸付近から東方向に発射され、最高高度約50キロで約400キロ飛翔▽6発目＝同9時41分頃、内陸部付近から東方向に発射され、最高高度約100キロで約300キロ飛翔。

一方で、韓国軍合同参謀本部は5日、北朝鮮が同日午前9時8～43分頃にかけて、平壌（ピョンヤン）近郊の順安（スナン）など4カ所から日本海に向けて短距離弾道ミサイル8発を発射したと発表した。複数の場所から8発もの同時多発的な弾道ミサイルの発射が確認されるのは前例がなく、初めてとみられる。

岸大臣は5日の臨時記者会見で「北朝鮮は今年に入ってから巡航ミサイルの発射も含め17回に及ぶ、かつてない高い頻度で、かつ新たな態様での発射を繰り返している」と指摘した上で、「一連の北朝鮮の行動は我が国、地域、国際社会の平和と安全を脅かすもので、断じて許すことはできない。関連する国連安全保障理事会決議に違反するものであり、強く非難する」と述べた。

岸大臣は7日午前の記者会見で、今回発射されたミサイルが、いずれも防衛省の区分で、2019年5月4日などに発射された変則軌道で飛翔可能な「短距離弾道ミサイルA」、今年1月17日に発射された変則軌道で飛翔可能な「短距離弾道ミサイルB」、2020年3月29日などに発射された「短距離弾道ミサイルC」――の可能性を含め、情報を収集・分析していることを明らかにした。

岸大臣は「今年1月以降、北朝鮮が発射した弾道ミサイルの数は、（過去最高だった2019年の25発を上回り）少なくとも計26発に及び、1年間で発射した発数としては既に過去最高になっている」と述べた。

解説　米韓に軍事演習抑制迫る

防衛研究所　浅見明咲（あさき）研究員

米韓を「包括的戦略同盟」と位置付ける尹錫悦（ユンソンニョル）政権発足後、北朝鮮は米韓の動向に呼応するようにミサイル発射を行っている。今回も、4日まで行われていた米韓合同軍事演習への反発とみて間違いないだろう。

8発のミサイルを4カ所から発射することで、同時多発的な攻撃を可能とし、発射実験というよりは、実戦訓練に近いものであるとの見方が強い。

韓国メディアでは、北朝鮮が「4ベルト弾道ミサイル攻撃計画」の実行力を示そうとしているとも推測している。この計画は、韓国を四つの区域に分け、各区域にミサイル発射を行うというもので、弾道ミサイルを専門に扱う戦略軍の関与も考えられる。

北朝鮮は今後、単発のミサイル発射実験だけでなく、今回のように多種多様なミサイルを組み合わせて発射させることによって、自分たちにさまざまなオプションがあることを示してくる可能性がある。その場合、昨年から実験を行っている極超音速ミサイルやSLBMとの組み合わせなども選択肢に入ってくるだろう。

そして北朝鮮は、その先に核実験が控えていることをちらつかせながら、米韓に対し軍事的挑発を控えるよう迫ってくるとみている。

日米弾道ミサイル対処訓練

統幕「あらゆる事態に即応」

日米共同弾道ミサイル対処訓練で調整を行う内倉総隊司令官（左手前）とコシンスキー第5空軍副司令官（右手前）ら（6月5日、横田基地で）＝統幕提供

弾道ミサイルへの対処などを演練する「日米共同弾道ミサイル対処訓練」が6月5日、東京都の横田基地などで行われた。

訓練は強固な日米同盟の下、北朝鮮による弾道ミサイルの発射などで厳しさを増す安全保障環境を受けて実施。

航空総隊司令官の内倉浩昭空将と米第5空軍副司令官のレオナルド・コシンスキー少将が同基地で調整訓練を行ったほか、海自の護衛艦「あしがら」（佐世保）や空自の高射部隊がミサイル対処要領などを演練し、米軍との即応態勢を確認した。

訓練を主催した統幕は「弾道ミサイルの脅威に対処する日米の強い意思と緊密な連携を内外に示し、日米同盟関係のさらなる強化を図った。自衛隊と米軍は、我が国の防衛や地域の平和と安定の確保のため平素から緊密に連携し、あらゆる事態に即応するため、万全の態勢を維持する」としている。

防衛費10兆円の考え示す

防衛研究所「東アジア戦略概観2022」

防衛研究所（齋藤雅一所長）は5月31日、昨年1年間の日本周辺の安全保障情勢を独自に分析した年次報告書『東アジア戦略概観2022』＝写真は表紙＝を発表した。別冊『ウクライナ戦争の衝撃』＝本紙6月2日付既報＝と共に、6月6日から全国の書店などでの販売も始まった。

（4面に関連記事）

『東アジア戦略概観2022』では、日本の防衛費はGDP比でほぼ1%、実額概ね5兆円前後で長い間変わっておらず、東アジアの国防支出の中で2000年には38%を占めていた日本が、現在は17%に低下していると指摘し、「中国の国防費の今後の伸びを考慮すれば、防衛費の水準は10兆円規模になるという考えもあり得る」と記した。

現在、東アジアで最大の国防費を支出しているのは中国だが、日本と中国との比率は、2000年のほぼ1対1から、2020年には1対4・1に拡大。さらに、韓国も一貫して国防費を増額させており、このまま行けば数年以内に日本を上回るとの見方を示した。

ロシアについては極東、オホーツク海の戦略的重要性がより一層高まっていることから、「極東の軍事政策に対するクレムリン（大統領府）の直接的な指揮・監督が強まっている」と分析。日本周辺においては中露による「海」「空」の共同軍事演習の枠組みが着実に整備される傾向にあると警鐘を鳴らした。

中国に関しては「軍改革の仕上げとして軍事面での法整備を進めている」とし、法整備を通じて党の軍に対するコントロールの強化や人材の確保、訓練の向上を図る狙いを挙げた。

同書は1996年度から毎年刊行され、今年で26冊目。防研のホームページには日本語版（全文）をPDF形式で掲載、英語版も7月にアップされる予定だ。

編集長を務めた伊豆山真理理論研究部長は「大国間競争の主体である米中露の視点から、競争がどのような様相を示し、地域諸国がこの競争にいかに関わっているのかを分析した。本書を通じて国内外に知見や情報、議論の題材を提供していきたい」と話している。

日本ダービー・ファンファーレ

陸自中音が3年ぶり吹奏

制限が緩和され、6万人超の大観衆の前で日本ダービーのファンファーレを演奏する陸自中央音楽隊（5月29日、東京競馬場で）

陸自中央音楽隊（隊長・樋口孝博1佐＝朝霞）は5月29日、東京都府中市の東京競馬場で行われたGⅠレース「第89回東京優駿（日本ダービー）」でファンファーレなどを披露した。中音としては2019年以来3年ぶり。入場制限が緩和され、6万人以上の大観衆が詰めかけたレースに花を添えた。

午後3時40分発走の「日本ダービー」の開始直前には、優勝馬が表彰されるウイナーズサークルの中で扇状の陣形を取り、石村俊之1尉のタクトが振り下ろされると、会場のボルテージは頂点に達した。

レース後は表彰式で演奏、日本ダービーを締めくくった。

石村1尉は「大観衆の前での演奏は緊張を強いられますが、自衛隊の音楽隊らしい力強さ、そしてダービー馬のたくましさを一音一音に込め、競馬ファン、そして全国の皆さまへ、コロナ前の活力を取り戻そうという思いで演奏しました」と語った。

空自 ウクライナ避難民支援続く

空自機によるウクライナ避難民支援のための人道救援物資輸送は6月7日現在、第5便まで実施された。

全便とも、国連難民高等弁務官事務所（UNHCR）の備蓄倉庫があるアラブ首長国連邦（UAE）を経由し、ドバイで毛布やビニールシートなどの物資を積み込んだ上で、ポーランドのジェシュフ国際空港かルーマニアの首都ブカレストのアンリ・コアンダ国際空港に空輸している。これまでの実績は次の通り。

ルーマニアの首都ブカレストに到着し、ウクライナ避難民支援のための人道救援物資を降ろす空自C2輸送機（5月27日、アンリ・コアンダ国際空港で）＝統幕提供

◇第1便（C2輸送機）＝5月1日入間基地発、3日ポーランド着、6日帰投。
◇第2便（C2）＝5月11日美保基地発、13日ルーマニア着、16日帰投。
◇第3便（C2）＝5月18日入間基地発、20日ポーランド着、23日帰投。
◇第4便（C2）＝5月25日美保基地発、27日ルーマニア着、30日帰投。
◇第5便（KC767空中給油・輸送機）＝6月1日小牧基地発、3日ポーランド着、6日帰投。

宇宙、サイバー会合

米国防総省で日米防衛当局

米国防総省で5月11、12の両日（米東部時間）、日米宇宙協力ワーキンググループ（SCWG）の第8回会合と、日米サイバー防衛政策ワーキンググループ（CDPWG）の第8回会合がそれぞれ開かれた。

11日のSCWGには、防衛省から日本側議長を務める大和太郎防衛政策局次長ら、米国防総省からは米国側議長を務めるジョン・ヒル国防次官補代理（宇宙・ミサイル防衛担当）らが出席。

12日のCDPWGには、防衛省から日本側議長を務める大和太郎防衛政策局次長ら、米国防総省からは米国側議長を務めるミカ・オーヤン（サイバー政策担当）国防次官補代理らが出席した。

両会合では、日米防衛当局が宇宙・サイバー政策に関する情報を共有し、各種取り組みの現状などについて認識を共有するとともに、日米協力をめぐって包括的な意見交換を行った。

春夏秋冬

画家志望からデザインの世界へ

コシノ ジュンコ

画家志望だった高校時代。私をファッションの世界へ導いたスタイル画の原雅夫先生が東京から来て我が家に泊まった時、翌朝「ジュンコさんペインティングナイフあったら貸して」と。先生は家のお風呂の壁を丁寧に塗り直していった。前夜の入浴時にペンキがはがれているのを気にして、補修に取り掛かった姿を見て感動した。その先生が私のデッサンを見て「これだけ描けるのになぜファッションの道に進まないのですか?」と。ファッションの学校に入学していた姉に対抗して同じ道は進まないと決めていたが、この先生が言うことならという気持ちで東京の文化服装学院に入学を決めた。同居の姉とはしょっちゅう喧嘩をしていた。岸和田にいた子供の頃からいつも姉を泣かせていた。母親がトラブルメーカーの私に「あんたさえいなければ世の中うまくいくのに」といつも愚痴をこぼしていた。

絵には自信があっての入学。男女共学になりたての服装学院の生徒の中の男子とは花嫁修業的な女子とは意識が違ってすぐに仲良くなった。高田賢三、松田光弘（ニコル）、金子功がいた。その金子のスタイル画を見て、絵での勝負をやめてデザインでの勝負に決めた。とにかく授業もみんなでサボってよく遊んだ。

岸和田から来た私の方言に姉まで文句を言ってきた。人と喋ることに恐怖すら感じて無口で没頭したのがデザイン画。毎日何十枚も描き続けた。入学1年目に応募した第7回の装苑賞を19歳で受賞。最年少記録は今でも破られていないようだ。「受賞後はプロと見なす」とあり、在学中に銀座の小松ストアーにコーナーの出店を持ち掛け、賞金の十万円で東大の建築家の学生に徹夜で店を作ってもらった。その後は学校へは行かず卒業証書を数年前にいただいた。64年東京オリンピック。一気に世界が身近になったが、店を構えていると海外へも行けないことから店を閉めることに。来日した選手団の帰りの便が割安だということでパリに行くことを決めたが、姉のヒロコと母親まで一緒に行くことになった。66年銀座のソニービルに出店。内装デザインは横尾忠則さんでとんでもないデザインだった。床いっぱいに私の顔のイラストでお客様が入って来れない店だった。

（デザイナー）

朝雲寸言

「ここは我々の土地だ。出ていけ」。侵攻ロシア軍の装甲車を棒でたたく人やトラックを素手で押し戻そうとする人。ウクライナ市民のけなげな姿が目に焼き付いて離れない。侵攻された当事者の反発は当然だが、フィンランドでは軍事訓練に参加する市民が急増するなど、侵攻への反発が新たな行動につながっている。今、ロシア軍への反感はかつてない水準にある▼ネガティブな感情はロシア国内でも広がる。除隊を申し出る兵士や士官、徴兵を拒否する少数民族などが絶えない。「最高指導者は賢人の声に耳を傾けよ」と批判する勇気ある退役大将がいるのは、あの軍の歴史のせめてもの救いになるのだろう▼ロシア軍が侵攻先で暴虐の限りを尽くしている同じ時、都内の横田基地で3年ぶりとなる日米友好祭が開かれた。日米の空陸装備以上に目を引いたのは、米兵たちと一緒に記念撮影を求める市民が多かったこと。人々に好かれる軍隊はよいものだ。しみじみそう感じたのは、こんな険しい時代だからだろう▼ふとみると、空自F2や陸自中央即応連隊のコーナーでも隊員との写真を撮りたいと人々が列をなしていた。米兵が気さくに撮影に応じるのは四半世紀以上前からだが、自衛隊員もそんなショットに自然と写り込む存在になった。強い日差しの下、化学防護装備で全身を固めた隊員が茶目っ気たっぷりのポーズを次々繰り出し、人々の明るい笑顔を誘っていた。

時の焦点

国内

拡大抑止

自衛隊の役割高めたい

日本を取り巻く安全保障環境は極めて厳しい。抑止力を高めるには、日米同盟を着実に深化させるとともに、自衛隊の役割を広げなければならない。

岸田首相と米国のバイデン大統領は、先月の日米首脳会談で、米国の核戦力を含む軍事力で日本を守る「拡大抑止」の提供を改めて確認した。

拡大抑止とは、自国に加えて同盟国が武力攻撃された時にも報復する意図をあらかじめ示すことで、第三国による同盟国への攻撃を思いとどまらせる、という考え方だ。

米国は日本や韓国、北大西洋条約機構（NATO）加盟国に対し、核兵器による「核の傘」を提供している。米国には、同盟国の核保有を防ぐ狙いがある。

2006年に北朝鮮が初の核実験を行ったことを踏まえ、日米間では、2010年代から審議官級で拡大抑止の協議を続けている。今回の首脳会談では、日本側の要請で、閣僚級でも協議することで一致した。

ロシアによるウクライナ侵攻を食い止められなかった米国に対して、日本政府内では、抑止力低下を懸念する声が出ていた。米国が「弱腰」に映れば、海洋進出を強める中国や、核開発を続ける北朝鮮が一方的な現状変更を試みる可能性が高まる。日米両国が重層的な協議で一致したことは評価できる。

日米間の協議では、尖閣諸島に中国の準軍事組織が上陸するケースや、北朝鮮が日本の領土を標的にした弾道ミサイルを発射しようとした場合など、具体的なシナリオに基づいて作戦や任務を詰めることが大切だ。米軍と自衛隊で情報の共有を進めてもらいたい。

米国の打撃力行使の約束を取り付けただけで安心してはならない。米国による日本防衛を定めた日米安全保障条約5条も含め、着実に同盟を機能させるには、日本の努力が欠かせない。

戦後、日本の安全保障は、米国が攻撃の「矛」を担い、日本は防御の「盾」の役割にとどめるという立場を取ってきた。ロシアのウクライナ侵攻は、こうした考え方の再考を迫っている。米国の国力が相対的に低下しているのも事実だ。

同盟の強化に向けて、日本がミサイルなどの武力攻撃への「反撃能力」を保有することは重要だ。政府は丁寧にその意義を説明し、防衛政策の転換について国民の理解を得ることが求められる。

首相は、防衛費の「相当な増額」を表明している。自民党は、国内総生産（GDP）比2％以上というNATOの目標を踏まえ、日本も「5年以内の達成」を目指すよう政府に求めている。

財政事情は厳しく、防衛費だけを大幅に増額するのは難しい。宇宙、サイバー、電磁波といった新領域を中心に、将来の戦闘様相も見据え、計画的に防衛装備を調達すべきだ。

夏川　明雄（政治評論家）

海外

ウクライナ戦争

食料危機など負の連鎖

ロシアの暴挙としか言えないウクライナ軍事侵攻は長期化の様相を深め、国際社会が期待する停戦実現や和平交渉の再開は当面見込み薄の状況が続く。その一方で、ウクライナ侵略戦争の影響は欧州における軍事対立の高まりだけでなく、石油などエネルギー価格の高騰や世界的な食料不足といった「負の連鎖」を引き起こし、世界の経済・社会情勢を不安定化させるリスクを増大させている。

エネルギー価格の高騰は、天然ガスや石油など資源大国のロシアが西側の厳しい制裁に対抗する武器として、輸出制限に打って出ることは想定されており、ある程度は織り込み済みだった。また、小麦やトウモロコシなど穀物の輸出大国として知られるウクライナでの大規模紛争ぼっ発によって、食料供給不足といった事態を招く可能性も専門家の間で取りざたされていた。

とはいえ、ロシアがウクライナ南部の主要港を相次いで制圧し、海上輸送による穀物輸出が全面的にストップ。影響は予想外に大きく、ウクライナは毎年、アフリカや中東などの開発途上国を中心に約4億人分の穀物を輸出していただけに、供給不足に伴う穀物価格の急騰が途上国の経済や市民生活を直撃し始めている。

世界食糧計画（WFP）のビーズリー事務局長は最近、「黒海沿岸の港が封鎖されているために、世界中の何百万人の人々が死ぬことになる」と警鐘を鳴らした。海上封鎖で食料不足への懸念を高めるプーチン政権の戦略は「エネルギー供給と同様の食料供給の『武器化』」（フォンデアライエン欧州委員長）だとして批判されているが、クレムリンの権力者は逆に「西側の近視眼的な政策の結果だ」と主張し、自国の責任を否定している。

しかし、ウクライナ穀倉地帯のヘルソン州などでは、ロシア軍が広大な小麦畑や牧草地にミサイルを撃ち込んだり、地雷を敷設したりと、ウクライナ農業に打撃を与えるのが目的としか思えない卑劣な作戦が行われたことが多数報告されている。プーチン氏の身勝手な主張は、自己の立場を必ず正当化するいつもの詭弁にすぎないことが分かる。

ロシア側は「黒海を通じたウクライナの穀物輸出再開」について話し合う用意があると表明しているが、対ロシア制裁の解除を条件としており、自ら招いた世界的な食料危機さえも駆け引きの材料に利用する姿勢には、欧州諸国も反発や警戒を隠さない。

ドイツのメルケル前政権時代に駐ロシア大使を務めた外交官は、プーチン大統領は中東とアフリカで食料危機をつくり出して飢餓を引き起こす計画を練っており、その結果として、これらの地域から膨大な数の難民が流出することで欧州情勢の不安定化を狙っているとの見方を示した。欧州分断の画策がクレムリンの対西側戦略の基本と考えれば、ロシア通の独外交官の指摘もあながち否定できまい。ウクライナ戦争の長期化で、制裁に伴う返り血も浴びざるを得ない西側諸国の対ロシア結束の覚悟が改めて試されている。

伊藤　努（外交評論家）

山根陸幕副長がLANPAC出席

領域横断作戦の日米連携を発信

「太平洋地上軍シンポジウム」に出席し、陸自の取り組みを発信した山根陸幕副長（左から2人目）＝5月19日、米ハワイ州のホノルルで＝陸幕提供

アジア太平洋地域の陸軍種リーダーを対象とした「太平洋地上軍シンポジウム（LANPAC）」（米陸軍協会主催）が5月17日から19日まで、米ハワイ州のホノルルで開かれ、陸自から山根寿一陸幕副長が出席した。

シンポジウムには「同盟の強化とパートナーシップ～陸軍力が『自由で開かれたインド太平洋』にどのように貢献するか」をテーマに、約25カ国から陸軍司令官らが参加した。

山根副長は「マルチ・ドメイン・オペレーション」のパネル・ディスカッションで東シナ海における力による一方的な現状変更の試みなど、日本周辺の安全保障環境の現状を説明。自衛隊の「領域横断作戦」の構築と米陸軍の「マルチ・ドメイン・オペレーション」との連携に向けた取り組みを発信した。

そのほか、ホノルル滞在中に山根副長は、米太平洋陸軍司令官のチャールズ・フリン大将をはじめ、英、仏、加、シンガポール各国陸軍の指揮官らとそれぞれ会談、今後の防衛協力について意見交換を行った。

小松F15墜落事故の調査結果を公表

空自

空自・飛行教導群（小松）のF15DJ戦闘機（083号機）が1月31日に墜落した事故で、空自は6月2日、事故の調査結果を発表した。

調査結果によると、事故機は離陸後、雲の中における上昇旋回の途中で、右ロールが過大となり、徐々に機首下げ姿勢となった。その後、高度が急速に下がったことに操縦者の認識が遅れ、回復操作を行ったものの間に合わず墜落に至ったと事故原因を推定した。

この認識の遅れは、操縦者が機体の姿勢を正常に認識できなくなる「空間識失調」、レーダー操作などに意識を集中させ回復操作が遅れたことなど複合的要因が考えられるとした。機体そのものの異常は無かったと判断した。

083号機は夜間飛行訓練のため、2機編隊の2番機として、レーダーを使用して1番機を追尾する隊形の「レーダー・トレール隊形」で小松基地を午後5時29分に離陸した。同30分に事故機は1番機に対して、レーダーで捕捉できていないという状況の報告、「ネガティブ・タイドオン」と送信。その後1番機が事故機に対して高度計規正の指示を送信したところ、返答はなく、事故機との通信が途絶。レーダー航跡消失が確認された。

回収されたフライトレコーダー（FDR）の解析から、事故機は墜落約19秒前～11秒前に右ロール角が50度から徐々に81度へ増加、機首上げの姿勢角が14度から徐々に減少し1度となった。高度約650メートル到達後、高度が下がりはじめ、墜落4秒前には機首下げ右ロール角90度、姿勢角20度となり、墜落2秒前の高度約150メートルで回復操作を行ったが、間に合わず墜落した。

空自は再発防止策として①空間識失調に関する教育・訓練の強化②基本計器飛行の確実な履行（レーダー・トレール隊形時の計器飛行を含む）③コックピット内における安全確保のために利用可能な全ての人的資源、機器、各種情報（コックピット・リソース）の適時適切な活用に関する教育・訓練の強化④異常姿勢の継続を検知、地表などとの衝突を予想し、警報などにより操縦者の認知を回復、または機体が自動的に衝突を回避するシステムの調査研究と当該システムの適時適切な搭載――を挙げた。

ひと

新しい時代にふさわしい憲法を

井上　一徳　元防衛省　大臣官房審議官（59）

大学3年生だった1983年の5月から12月まで、自分の目で世界を見てみたいと思い立ち、休学して世界放浪の旅に出た。

インド北部に行った時、ブルーベレーをかぶった軍人を見かけた。インドとパキスタンの停戦監視のために国連から派遣されていると聞いた。その後、インドと中国の国境近くまで足を延ばした。その地域では「中印紛争」がいまだに続いていた。

平和な日本で育った身には、国際紛争は縁遠いもので、衝撃を受けた。その時から日本の戦前・戦後史や安全保障問題に関心を持つ。就職活動では、生まれが海上自衛隊基地のある舞鶴ということもあり、防衛庁を訪ねた。堅苦しいイメージに反して、明るく元気な人が多かったのも理由で、86年4月に防衛庁に入庁した。

以来、さまざまな仕事を経験したが、危機管理などに携わることが多かった。阪神・淡路大震災、地下鉄サリン事件、能登半島沖不審船事案。2011年には運用企画局事態対処課長として東日本大震災の対応に追われた。大地震、津波、原発事故が重なる未曽有の大災害だ。

過酷な現場で「すべての被災者のために」と任務にまい進する自衛官の姿が印象に残る。発災当時、名古屋にいた東電の清水社長を自衛隊の輸送機で東京本社に戻すことが検討された。北澤大臣に相談すると、「貴重な自衛隊機はDMAT（災害派遣医療チーム）を現地に送ることを優先すべし」と即答された。

2016年9月、30年以上勤務した防衛省・自衛隊を退職し、衆議院議員になった。厳しい国際環境の中で日本を守り抜き、その上で改革を進め、日本の現状を変えたいという決意だった。

前回の選挙では悔しい思いをしたが、なんとしても国政に復帰し、自衛隊を日本の独立と平和を守る組織として憲法に明確に規定したい。この素晴らしい「日本」を次世代に引き継いでいけるように新しい時代にふさわしい憲法が必要だ。

（水谷秀樹）

来日したラカメラ国連軍司令官（左）と会談し、固い握手を交わす山崎統幕長（6月1日、統幕で）＝統幕提供

統幕長、国連軍司令官と会談

北朝鮮情勢の認識を共有

山崎統幕長は6月1日、防衛省を訪問した国連軍兼米韓連合軍兼在韓米軍司令官のポール・ラカメラ陸軍大将と会談した。

統幕長は司令官の来日を歓迎した上で、北朝鮮のミサイル発射など厳しさを増す朝鮮半島の安全保障環境について認識を共有、意見交換を行った。

両者は日米韓3カ国の連携の重要性を再確認し、地域の平和と安定を脅かす一方的な現状変更の試み、核や弾道ミサイルなどによる脅威に対し、断固として共に対応するため、必要な抑止・対処力を強化していくことで一致した。

中国艦艇4隻が奄美大島沖航行

東進し太平洋に

6月1日午前9時ごろ、中国海軍の「ルーヤンⅢ」級ミサイル駆逐艦（艦番号154「厦門」）、「ジャンカイⅡ」級フリゲート（同515「浜州」）、「ユージャオ級」揚陸艦（同986）、「フチ」級補給艦（同904）の4隻が鹿児島県・奄美大島の北西約120キロの海域を南東に航行するのを海自1海上補給隊の補給艦「ましゅう」（舞鶴）と1空群（鹿屋）のP1哨戒機が確認、情報収集に当たった。

中国艦4隻はこの後、奄美大島と横当島の間を東進し太平洋に出た。

防衛省発令

▽兼統幕運用2課　陸幕人事教育計画課ワークライフバランス推進企画班長　1陸佐　越山　光正

（5月28日）

▽兼統幕運用2課　海幕運用支援課　1海佐　大西浩太郎

▽兼県造修補給所工作部長　県造修補給所副所長　同　川上　哲也

▽空自幹部学校（空自幹部学校付）　1空佐　上田　和人

（以上6月1日）

▽教育訓練研究本部付（防衛装備庁長官官房付兼教育訓練研究本部）　1陸佐　養手　章

▽中央病院臨床薬剤課長（中央病院臨床薬剤課）　2空佐　中山　佳代

（以上6月3日）

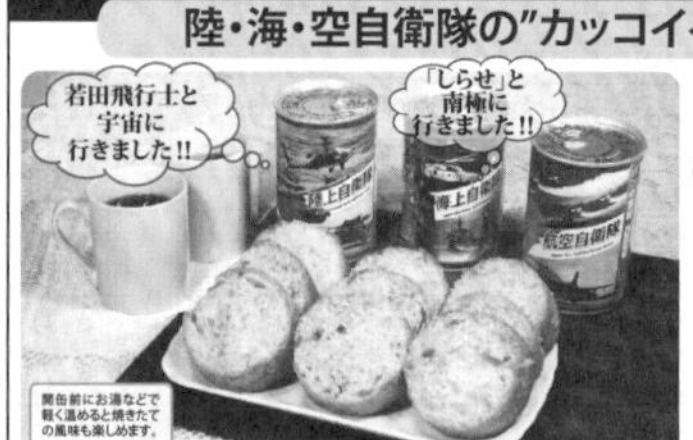

～日本とフィンランド 新たな安全保障協力に向けて～

100年超 知られざる軍事関係の歩み

防衛研究所戦史研究センター主任研究官　庄司　潤一郎（寄稿）

独立達成の裏に「明石工作」

庄司潤一郎（しょうじ・じゅんいちろう）防衛研究所戦史研究センター主任研究官　1958（昭和33）年生まれ、東京都出身。筑波大学社会学類卒、同大学大学院社会科学研究科博士課程単位取得退学。防衛研究所戦史研究センター長、研究幹事などを歴任。専攻は近代日本軍事・政治外交史、歴史認識問題。2006（平成18）年から10（平成22）年まで「日中歴史共同研究」近現代史分科会委員。主な著書に、いずれも共著で『歴史と和解』（東京大学出版会、2011年）、『検証太平洋戦争とその戦略』全3巻（中央公論新社、2013年）、『地政学原論』（日本経済新聞出版、2020年）、『決定版 大東亜戦争』（新潮社、2021年）などがある。

ロシアによるウクライナ侵略を受けて戦後の「軍事的中立」政策を大きく転換し、5月18日に北大西洋条約機構（NATO）への加盟を申請したフィンランド。これに先立ち12日に来日した同国のサンナ・マリン首相は岸田文雄首相と会談し、日本との連携を強化していくことで一致した（本紙5月19日付）。共に隣国ロシア（ソ連）を挟んで東西に位置する日本とフィンランドが100年以上にわたって育んできた軍事関係の歩みについて、防衛研究所戦史研究センターの庄司潤一郎主任研究官が貴重な史料と共にその深淵に迫り、未来への教訓を導く。

大きな位置占めた軍事関係

日本人にとって、フィンランドというと、サンタクロース、ムーミン、オーロラ、サウナ、そして作曲家のシベリウスを生んだ国として、馴染み深い。

さらに、最近刊行された堀内都喜子著『フィンランド 幸せのメソッド』（集英社新書）に象徴されるように、幸福度世界一といった生活面における充実度が注目を浴びている。

他方、両国の軍事関係の歴史については、あまり知られていない。しかし、2019年に日本を訪問したフィンランドのユッシ・ニーニスト国防相は、岩屋毅防衛相との会談の冒頭、1917年12月にフィンランドがロシアから独立を達成できた背景として、明石元二郎陸軍大佐による軍事援助が大きな役割を果たしたというエピソードを披露しつつ、「日本はフィンランドにとって重要なパートナーである」と述べていた（『朝雲』2019年2月14日付）。

このように、日本とフィンランドの両国関係において、日本人はほとんど意識することはないものの、軍事的協力関係は大きな位置を占めていた。したがって、多くのフィンランドの要人や知識人は、日本人との会話において、日露戦争、フィンランドの独立運動や第2次世界大戦における両国の軍事協力について、国防相に限らずしばしば口にするのである。

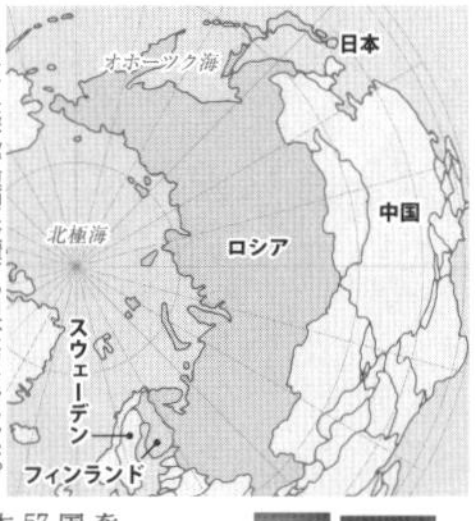

ロシアを挟んで東西に位置する日本とフィンランド。フィンランドとロシアの国境線は1300キロに及ぶ

日露戦争とフィンランド

日本を公的に最初に訪問したフィンランド人は、フィンランド系ロシア人のアダム・ラクスマンである。当時、ロシア帝国の陸軍中尉（オホーツク海沿岸のギジンスクの守備隊長）であったラクスマンは、1792年10月、日本人漂流民の送還と通商開始を目的とするロシアの使節として根室に来訪したのである。

日本を訪問した最初のフィンランド人が軍人であったということは、その後の両国の関係を予感させるものであった。

1904年に日露戦争が勃発するが、日露戦争に際して、日本とロシア各々の側に立って活躍した対照的なフィンランド人がいた。

ひとりは、コンニ・シリヤクスである。駐スウェーデン臨時日本公使館の陸軍武官となった明石大佐が行った対露謀略活動は、「明石工作」としてよく知られている。

その有力な協力者の一人が、シリヤクスで、フィンランド亡命独立運動家として、ストックホルムを中心に反ロシア地下運動を展開しており、日本から多額の資金援助も受けていた。

他方、ロシア側には、フィンランド独立後に大統領、元帥となったカール・グスタフ・マンネルヘイムがいた。マンネルヘイムは、日露戦争に従軍を志願して、奉天会戦に参加し、日本の軍事的勝利の背景には国民の支援があったとして、「日本人は、世界に、敬意を表すべき団結と犠牲の覚悟を示した。素晴らしい兵士であった」と指摘していた（カウコ・ライティネン「マンネルヘイムのアジア旅行―将軍の新しい顔」『フィンランドを知るための44章』）。

国交樹立から軍事的提携へ

第1次世界大戦末期の1917年12月、フィンランドは、ロシア（ソヴィエト政権）からの独立を宣言する。

大戦終了後の1919年5月、日本はフィンランドを国家承認したが、当初より日本は、フィンランドを、ロシアを対象とした軍事的な情報収集の重要な国として見做していた。

同年9月には、グスターフ・ラムステッド（ヘルシンキ大学教授）が初代公使に任命され、日本はフィンランドが常駐使節を派遣したアジアで最初の国となった。

国交を樹立して間もない両国であったが、信頼を醸成する機会があった。それは1920年、シベリアのニコラエフスク（尼港）に取り残されたフィンランド人を日本軍が救出し、フィンランドから感謝されたことである。

当時、同地方では、赤軍パルチザンによって居留民をはじめ多数の日本人が惨殺されるという「ニコラエフスク事件」が生起しており、治安状況は悪化していた。

1930年代に入り、両国は急速に接近していった。それを象徴しているのが、世界一周の途次、日本を訪問したフィンランド空軍のヴァイノ・ブレマー大尉に対する歓迎ぶりである。ブレマー大尉は1933年6月9日、ユンカースA50「ユニオール」で飛来、南弘逓信大臣を表敬訪問している。

その後、1936年11月、日独防共協定の締結を受けて、酒匂秀一が、初の専属の在フィンランド日本公使として任命されるに至る。

翌37年9月から39年7月にかけては、のちに駐リトアニア領事館領事代理としてユダヤ人をホロコーストから救い、「命のビザ」として有名になった杉原千畝が、駐フィンランド公使館二等通訳官として対ソ情報活動に従事していた。

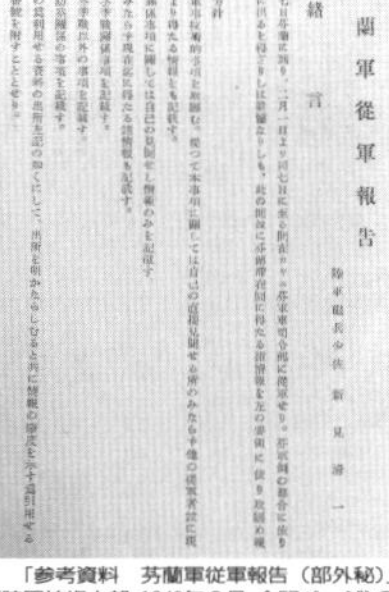

芬蘭軍従軍報告

陸軍砲兵少佐　新見清一

緒言

「参考資料　芬蘭軍従軍報告（部外秘）」（陸軍技術本部、1940年6月、全57ページ）の「緒言」部分（防衛研究所所蔵）

ソ連との戦争をいかに戦うか

1939年9月、第2次世界大戦が勃発、11月30日にはソ連軍がフィンランドを攻撃し、ここに「冬戦争」が始まった。

当時、1938年の張鼓峰事件、39年のノモンハン事件とソ連との武力衝突が続いていた日本軍は、「冬戦争」に多大な関心を寄せており、40年1月には、新見清一陸軍砲兵少佐らを現地に派遣、フィンランド軍を視察している。

その際、作成された報告書「参考資料　芬蘭軍従軍報告（部外秘）」（陸軍技術本部、1940年6月）では、フィンランド軍がソ連軍に対して善戦した要因として、精神的な団結心、勇敢さのほか、スキー使用や錯雑地形の行動への習熟、寒地への慣れ、個人の教養の高さを指摘した上で、冬季戦闘における軍事技術と用兵関係に関する事項がまとめられている。

「冬戦争」当時、フィンランドに公使館付武官として駐在していた西村敏雄大佐（のち中将）は、「フィンランドのような同胞愛、祖国愛、郷土愛を他の如何なる国でも見たことがない」と回想している（『北欧諸民族の祖国愛』）。

さらに、1940年には、アウノ・カイラ大佐とラウリ・ライネ大尉（のち少佐）が日本に招かれ、日本軍に「冬戦争」に関する情報を提供するとともに、関東軍に冬季における対ソ戦の戦訓について講演を行ったのである。

その後、カイラ大佐、ライネ大尉は、1941年9月にそれぞれフィンランド公使館の駐在武官、輔佐官に就いている。ちなみに、前年の1940年7月、フィンランドは満州国を承認し、世界で11番目の承認国となった。

一方、「冬戦争」において困難な状況で果敢に抵抗するフィンランドの姿は多くの日本人に感銘を与えたものの、それ以上のものではなく、遠方の出来事であり、フィンランドに対する同情や支援も希薄であった。

暗号解読の世界にまで及んだ両国の協力

対ソ戦の教訓のみならず、第2次世界大戦中に、日本とフィンランドの間では、暗号解読など対ソ情報協力も行われていた。

日本側の陣容は、在スウェーデン駐在武官の小野寺信大佐（のち少将）、1940年9月に初の専任の在フィンランド駐在武官となった小野打寛中佐、在フィンランド公使館付武官輔佐官の広瀬栄一中佐などである。

フィンランドとの暗号解読に尽力した広瀬中佐は、フィンランドについて、「非常に国民が団結しております。日本にたいして非常に好感を持ってくれているわけです。ですから非常に働きやすいわけです。非常に気持ちのいい国であります」と回顧していた（広瀬栄一「フィンランドにおける通信情報」『昭和軍事秘話―同台クラブ講演集 上巻』）。

フィンランド側の主な関係者は、参謀本部情報部長アラダール・パーソネン大佐、参謀本部諜報課長レイノ・ハッラマー大佐などである。

ちなみに、ハッラマー大佐は、功績が認められ、日本から勲四等瑞宝章が授与されている。一方、広瀬中佐も、1941年にフィンランドより勲章を受章している。

このように密接な軍事協力関係は、1944年9月に「継続戦争」下のフィンランドがソ連と休戦協定を調印したことによる日本との国交断絶の結果、終焉を迎える。

日本のブレマー大尉に対する歓迎ぶりを伝えるフィンランドの日刊紙『ウーシ・スオミ（新しいフィンランド）』1933年7月5日付の紙面。写真キャプションには「東京のブレマー大尉」との見出しで、「上の写真は、（日本の）逓信・外務・陸軍省が主催する式典でスピーチするブレマー大尉。大尉の左は重光葵外務次官、右は南弘逓信大臣。下の写真は、フィンランド大使館で開催されたパーティー。右から日本フィンランド協会会長の藤堂高紹伯爵、ブレマー大尉、（ゲオルグ・）ヴィンケルマン駐日臨時代理大使、西尾忠方子爵（貴族院議員）」と書かれている。（「海軍省公文備考　昭和8年　D外事　巻4―2」防衛研究所所蔵）

ロシアを挟んだ「隣国」として

外交関係の再開と協力関係の拡大

戦後、8年間の国交断絶を経て、1952年秋、両国に総領事館が開設され、57年には公使館、62年には大使館に昇格し、外交関係が再開された。その後、交流は復活し、1978年には北欧諸国で初めて文化協定が締結され、83年にはフィンランド航空の直行便が就航し、フィンランドは「日本から最も近いヨーロッパ」となった。

こうした中、1985年6月に皇太子御夫妻がフィンランドを訪問され、翌86年10月にはマウノ・コイヴィスト大統領夫妻が来日した。宮中晩さん会において、1942年にフィンランドから贈られた白バラ勲章大十字頸飾をつけられた昭和天皇は、「同国民が厳しい歴史の試練に耐え、また美しいスオミ（引用者注・湖沼の意。フィンランドの自国に対する呼称）の自然と調和を図りつつ、国民の福祉の達成に努力してきたことに、我が国民は敬意の念を抱いている」と述べられた（『昭和天皇実録』）。それは、両国の交流が完全に「復活」したことを象徴しているかのようであった。

2000年5月、天皇皇后両陛下がフィンランドを訪問された。フィンランドの強い要望により実現したもので、「お立ち寄り」という位置付けであったが、大歓迎を受けた。ちなみに、フィンランドは、昭和天皇の「大喪の礼」と平成・令和の「即位の礼」に際して、いずれも最高位の大統領が参列している。

2016年3月には、サウリ・ニーニスト大統領が来日し、安倍晋三首相との間で、「アジアと欧州におけるゲートウェイとしての日本国とフィンランド共和国との間の戦略的パートナーシップに関する共同声明」を発表した。

共同声明では、「北欧・バルト8カ国（NB8）＋日本」といった地域の枠組みをはじめとする政治・安全保障、経済、科学技術、北極政策などの分野で協力を強化することが確認された。

特に、2014年のロシアによるクリミア「併合」について、「ウクライナの主権・領土一体性への揺るぎないコミットメント、ロシアによる違法な『併合』に対する強い非難を改めて表明し、その不承認政策を再確認した」と明記されていた。翌17年には、安倍首相が、首相に就任してから初めての北欧の訪問先としてフィンランドを訪れた。

19年7月には、秋篠宮御夫妻が、皇嗣殿下として初めての海外訪問で、国交樹立100周年を記念してフィンランドを訪問された。

秋篠宮皇嗣殿下は、大使公邸で行われた記念レセプションにおいて、「フィンランドの人々も日本と同様に自然を敬い、また、お互いに相手を思いやる精神をお持ちであると強く感じました。この共通の精神によって、地理的には遠く離れていても、100年の長きにわたって両国の友好関係を発展させ続けることができたのではないかと思います」と述べられた。

こういった両国間の共通の国民性に関する指摘は、しばしばなされていた。

このように、両国関係は、経済・貿易面はもちろん、文化、芸術、技術、環境の分野でも拡大し、良好な関係を築き上げてきたのである。

北極政策や国連平和維持活動（PKO）を含む知見の共有など、防衛協力の強化で一致し、共同声明を発表する安倍晋三首相（右）＝当時＝と、フィンランドのサウリ・ニーニスト大統領（2016年3月10日、東京の首相官邸で）＝官邸HPから

安全保障交流の進展

特に近年では、安全保障協力も進展しつつある。フィンランドとの防衛交流は、1959年に林敬三統幕議長が同国を訪問したことに始まるが、冷戦の影響により、長い間、実質的な交流は行われてこなかった。

2010年代以降、交流が活発化し、2013年7月に小野寺五典防衛相が同国を訪問、同時に海自の練習艦隊（遠洋練習航海部隊）の旗艦「かしま」が海自艦艇として初めて同国（ヘルシンキ）に寄港した。（随伴艦の「しらゆき」「いそゆき」はロシアのサンクトペテルブルクに分散寄港）

2018年5月に再び同国を訪問した小野寺防衛相はニーニスト国防相と会談し、一時中断していた防衛駐在官の派遣を同年2月に再開したことを伝え、2国間の連携強化を確認した。河野克俊統幕長も同年10月にフィンランド入りし、ヤルモ・リンドベリ国防軍司令官と会談を行っている。

2019年2月には、岩屋防衛相がニーニスト国防相を日本に迎えて会談し、両国間で初となる「防衛協力・交流に関する覚書」に署名した。覚書には、ハイレベルや実務者・部隊間の交流促進をはじめ、防衛・安全保障政策、教育訓練、国際協力活動、防衛装備・技術など、幅広い分野における情報共有と協力強化の方針が明記された。

翌2020年8月には、河野太郎防衛相がアンティ・カイッコネン国防相とテレビ会談を行い、東・南シナ海など厳しさを増しつつある国際情勢を念頭に、法の支配に基づく「自由で開かれた海洋秩序」が重要との認識で一致した。さらに、同月、キンモ・タルヴァイネン陸軍大佐が、専任の駐日フィンランド大使館付国防武官としては、第2次世界大戦の終結以来75年ぶりに日本に着任した。

フィンランドを訪問し、同国のユッシ・ニーニスト国防相（右から3人目）と防衛協力などをテーマに会談する小野寺五典防衛相（左から3人目）＝いずれも当時＝2018年5月4日、首都ヘルシンキの政府迎賓施設で（防衛省提供）

学ぶべき祖国愛 勇敢さと不屈の精神

日本・フィンランド両国は、ユーラシア大陸の東西両端に位置し、地理的には離れているが、ロシア・ソ連を挟んで「隣国」の立場にあり、共通の国民性に由来する良好な国民感情を背景として、日露戦争から第2次世界大戦に至るまで密接な軍事関係を維持してきた。

戦後の国交再開後、自由や民主主義、人権といった基本的価値観を共有する両国は、多方面で関係を発展させてきた。2016年3月に出された共同声明では、「ほぼ一世紀にわたり二国間で育まれてきた、共有された価値、日本とフィンランドが北極地域を挟んで位置するという地政学的状況に起因するものを含む、共通の関心事項、相互の敬意に基づき、協力関係と天賦のパートナーシップをさらに強化することを狙いとした戦略的パートナーシップ」と謳われていたのである。

ロシアによるウクライナ侵略を受けて、両国をめぐる安全保障環境は大きく変化した。5月に来日したサンナ・マリン首相は、NATO加盟申請の理由として、「ヨーロッパの安全保障環境は全て変わってしまった。国際法やルールを守らないロシアに対して無防備であってはいけない」と述べ、さらに、「（ウクライナ危機を受けて）中国がその力をどのように使うか画策している」と指摘した。

このように、両国は再びユーラシア大陸の共通の脅威に直面している。今回のマリン首相の来日を契機に、過去の「遺産」に基づく特別な信頼関係と相互理解を生かしつつ、安全保障面における協力を「復活」させ、さらに強化・発展させると同時に、かつて「冬戦争」に際して日本に散見された傍観・無関心は繰り返さないよう、期待したい。

日本では幸福度のみ注目されがちであるが、フィンランド人の有する類まれな祖国愛と、二度にわたるソ連との戦いという苦難の歴史によって育まれた、地下シェルターに象徴される現実主義的な安全保障感覚と「シス（SISU）」と世界的に称賛されるフィンランド人の「勇敢かつ不屈の魂」に裏打ちされた防衛意識の強さも学ぶべきであろう。

ウクライナ戦争の衝撃

防衛研究所 研究者座談会

防衛研究所の研究者による『東アジア戦略概観2022』と別冊『ウクライナ戦争の衝撃』が5月31日に公表され、6月6日から全国の書店などでの販売が始まった（1面参照）。これに先立ち5月26日、防衛省の国際会議場で報道陣を対象にした出版記念イベントとして、『ウクライナ戦争の衝撃』の執筆者による座談会が約1時間半にわたって行われた。同書の編著者で、理論研究部政治・法制研究室の増田雅之室長が司会を務めた。各氏の主な発言要旨は次の通り。（日置文恵）

増田雅之氏
理論研究部政治・法制研究室長＝編著者・第3章「『ウクライナ危機』と中国——変わらぬ中露連携、抱え込むリスク」

新垣拓氏
地域研究部米欧ロシア研究室主任研究官＝第1章「ウクライナ戦争と米国——強まる大国間競争の流れ」

山添博史氏
地域研究部米欧ロシア研究室主任研究官＝第2章「ロシアのウクライナ侵攻——旧ソ連空間と国際規範への大惨事」

佐竹知彦氏
政策研究部防衛政策研究室主任研究官＝第4章「ウクライナ戦争と豪州——民主主義vs『専制の弧』」

庄司智孝氏
地域研究部アジア・アフリカ研究室長＝第5章「ウクライナ情勢とASEAN——競合し、錯綜するプライオリティ」

ウクライナ侵攻に大きな衝撃

増田雅之氏「本書は防研の強みである『地域研究』に焦点を当て、各国がこの戦争（ロシアによるウクライナへの軍事侵攻）のインパクトをどう捉え、どう反応するのかを、4月末までの段階で分析し、中国とロシアの関係性に絞って編集した。大きなインパクトだったために、クリア（鮮明）な形で各国の政策動向に現れたと考えている」

出版記念イベントの座談会で執筆に込めた思いを語る（左から）『東アジア戦略概観2022』の編集長を務めた伊豆山真理理論研究部長、『ウクライナ戦争の衝撃』を執筆した庄司智孝アジア・アフリカ研究室長、新垣拓主任研究官、編著者で司会を務める増田雅之政治・法制研究室長、山添博史主任研究官、佐竹知彦主任研究官（5月26日、防衛省の国際会議場で）

米国　露は「深刻な脅威」も対中政策が優先的に

新垣拓氏「米国はこの戦争を阻止できなかったが、戦争が起こった後は、類を見ない形でウクライナに対して大規模な軍事支援を行っている。その一方で、ロシアに対する経済制裁も、2014年のクリミア併合後から実施してきたが、より厳しい形で欧州諸国や他のパートナー国などと連携して行っている。

バイデン政権は中国を最大の競争相手として早くから掲げていた。今回の戦争を受けて米国の焦点が再び欧州に戻るのではないかという懸念もあったが、米政府の言動を見ていると、確かにロシアは『深刻な脅威』ではあるものの、やはり優先的な課題は中国だったことが見て取れ、大きな戦略の方向性自体に変更はないと分析している」

豪州　存在が物理的脅威に影響力を強める中国

佐竹知彦氏「豪州は終始一貫してウクライナを支援している。殺傷兵器や非殺傷兵器、例えば輸送防護車『ブッシュマスター』を計40両提供しているほか、人道支援やロシアへの経済制裁も実施している。アジア・大洋州の中で豪州は日本と並んで積極的にウクライナ支援を行っている。

その裏には、地域で影響力を強める中国の存在がある。今年2月には中国の艦船が豪州の哨戒機にレーザー照射する事案が発生したり、4月には中国と（太平洋島嶼国の）ソロモン諸島との間で安保協定が結ばれたり、5月には中国の情報収集艦が豪州西岸に接近したりするなど、豪州では中国の存在が現実的かつ物理的な脅威としてますます意識されている。アジアで現状変更を行っている中国が、欧州で同じように現状変更を行っているロシアと重なって見えている。

一方で、大前提として、豪州の外交・安保政策は（1901年に英国から）独立して以降、政権交代によって大きく変わったことはない。外交・安保政策では超党派的なコンセンサスが昔からある。今回も政権交代でその方針が大きく変わることはないが、労働党政権は、自由党政権が強い口調で中国を非難することには批判的なので、ニュアンス的に変わることはあるだろう」

ASEAN　歴史的に大国に翻弄 多国間協力に暗雲も

庄司智孝氏「ロシアに対する東南アジア諸国連合（ASEAN）各国の反応はさまざまだが、一般的な傾向として"微温的"で、ロシアを名指しして表立って批判することはない。

ASEANにとってロシアは軍事面で重要であることが原因の一つだ。ロシアは東南アジア、特にマレーシア、インドネシア、ベトナムに装備品を最も輸出している国であり、ASEANはその意味でロシアに配慮している。

ロシアによるウクライナへの軍事侵攻は、大国が小国に攻め入って力による現状変更を試みる事態なので、それに対してASEANは警戒感を示している。ASEANの中のいくつかの国々は、南シナ海問題で中国が今後、ウクライナ情勢を見てどのように動くかについて非常に警戒し、注視している状況だ。

ASEANは大国に翻弄されてきた歴史から、主権、領土の一体性、国際法の尊重は極めて切実かつ現実的な問題だ。法の支配に基づく地域秩序の維持は国益に直結するので、そうした観点から日米と一層協力する余地があると考える。

ただ、日米やロシアが参加するASEAN主催の多国間協力の枠組みには暗雲が垂れ込めている。ロシアの参加をめぐり、こうした枠組みが存立できるかが大きな問題だ」

中国　旧ソ連圏で影響力増 弱体化した露を利用

増田雅之氏「今年2月4日、北京五輪の開始時に、習近平主席とプーチン大統領の38回目の中露首脳会談が行われた。そこで強く打ち出された『戦略的な協力』というのは、2014年のロシアによるクリミア併合後に打ち出された文言で、クリミア併合によってロシアの戦略的環境が悪化し、これを中国はチャンスと捉え、ロシアに恩を売る形で『戦略的な協力・連携』という言葉をことさら強調し始めた。その目的の一つが対米カードの確保、もう一つがエネルギーの協力だ。

2014年には、94年から続けてきたパイプラインの交渉が一気にまとまっており、実は今年の2月4日にも同じような交渉がまとまっている。基本的に中国は自国有利な形での連携を描いていた。その前提はウクライナをめぐってエスカレーションしないことだった。

今回、中国はロシアによるウクライナへの全面侵攻は全く想定していなかった。だからと言って中国が従来と違う政策を打ち出すかといったら、それはない。

その理由の一つ目は、プーチンよりもバイデンが信用できないことで、台湾をめぐる米国の動向への強い不満があることだ。

二つ目は、習近平体制の方針を見直せないことだ。習とプーチンの2人の最高指導者がリードする形で中露関係が構築され、指導者がリードして正しい道を歩んできたというのが中露関係のストーリーであって、ロシアのウクライナ侵攻が想定外だったからといって中露関係を見直すとなると、習近平外交の正当性に疑問を投げかけることになるから、それはできない。その結果、中露の連携は維持されるというのが私の見方だ。

また、中国は（相対的に）弱くなったロシアを利用することは間違いない。これまでは経済面で中国が静かに影響力を増し、安全保障面でロシアがプレゼンスを維持することでお互い役割分担してバランスをとっていたが、今回のロシアのウクライナ侵攻で、旧ソ連圏の国々がロシアとの関係を見直すか、見直さないかによって、中国の影響力の拡大に歯止めがかかるかかからないか、そこが焦点になってくると思う。

台湾有事に関しては、ハイブリッド戦争が得意だったはずのロシアがウクライナからの強烈な抵抗を受けているのを見て、中国は今、これまで思い描いてきた台湾作戦のシナリオに自信が持てなくなり、その評価を今一度見直していると考える」

ロシア　侵攻でNATO結束 近接した国境最前線

山添博史氏「まずは、あまりにもおかしな前提がある。ロシアは我々の理解できない情報空間の中にいるようだ。ウクライナをぜひとも力で統合しなければならないとのプーチン大統領の強い思いがあり、『ネオナチが攻めて来るからそれを打ち倒す』ための『特別軍事作戦』という無理な設定があり、そこから出てくる言動もかなり無理がある。

ウクライナには42カ国が結束して武器等を与えて支援しているが、ロシアは『（果たして）自分たちには戦力を与えてくれる味方はいるのか？』と自ら指摘（自問自答）する困った状況になっている。

今回の侵攻によって逆にNATOを結束させ、その国境線を近づけてしまったことを指摘したい。

プーチン政権は短期間でキーウを落として屈服させることだけを狙っていたが、その後は進むも引くも難しく、かといって負けは認められないので、破壊だけを続けていく状況だ。

プーチン政権がやっていることはロシアの国益に反しており、自国民を守るどころか、ロシア（という国家そのもの）を破壊している。落としどころのない状態に陥っていると分析している」

「東アジア戦略概観2022」主なポイント

■強まる「大国間競争」という時代認識
- ●所与としての米中間の戦略的競争
- ●民主主義体制と権威主義体制間の角逐（かくちく）
- ●米中競争の狭間に立つ地域諸国

■不確実性・流動性を増す安全保障環境
- ●展開される勢力均衡をめぐる競争
- ●向上する軍事技術と変化する軍事バランス

■「大国間競争」時代の安全保障に向けて
- ●拡大・深化する安全保障パートナーシップ
- ●高まる日米同盟の役割

第1章　米軍撤退後のアフガニスタンをめぐる大国政治

■米国のアフガニスタン撤退と同国の民主政権崩壊を受け、米国にパキスタン、中国、ロシア、イラン、インドを加えた主要関係国の動きが重要に。

■アフガニスタン起源のテロへの警戒は全主要関係国に共通するも、足並みはそろわず。米国は軍事プレゼンスを置かずにテロ抑制の方策を追求。対タリバン関与に慎重な米印に対し、パキスタン、中国、ロシア、イランは積極的。

■「イスラム国ホラサン州」がアフガニスタン国内で台頭、タリバンへのテロ攻撃やイデオロギー面での挑戦を提起。

■主要関係国はいずれも、自身の懸念についてタリバンから十分な対応を引き出すに至らず。

第2章　アラブ諸国とイスラエルの国交正常化の進展

■2020年、米国トランプ政権の仲介により、アラブ首長国連邦（UAE）、バーレーン、スーダン、モロッコのアラブ諸国4カ国とイスラエルの国交正常化が一気に進展した。

■これらアラブ諸国は、パレスチナ国家の樹立まで、イスラエルと外交関係を持たないとする従来の立場を脱却。

■2021年、ガザ地区を実効支配するパレスチナ人イスラム主義組織ハマスがイスラエルと交戦したが、アラブ諸国とイスラエルの関係改善の潮流は妨げられず。

第3章　中国―統制を強める中国共産党

■中国共産党は「第2の百年目標」の実現に向けて、習近平への権力集中と、国内での統制強化を図った。

■既存の価値とルールに挑戦する中国は、米欧などと対立を深めると同時に、ワクチン外交などを通じてパートナー国の拡大に努めた。

■中国は台湾周辺地域における軍事活動を強化し、関係の強化を図る米国と台湾を強くけん制した。

■日本周辺の海空域で「共同パトロール」を実施するなど、中露は日米を睨（にら）んだ戦略的な協力を深化させつつある。

東アジアにおける防衛支出のシェア

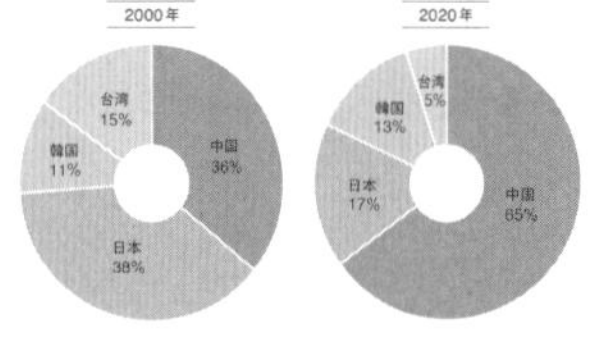

（出所）Institute for International Strategic Studies, *Military Balance 2001/2002*; Institute for International Strategic Studies, *Military Balance 2021* より執筆者作成。

中国の兵力と国防予算の推移

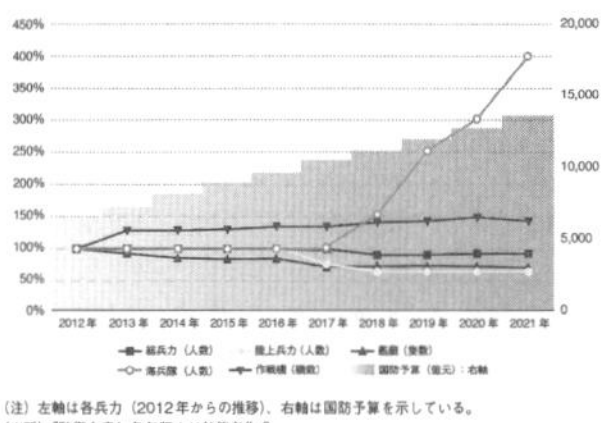

（注）左軸は各兵力（2012年からの推移）、右軸は国防予算を示している。
（出所）『防衛白書』各年版より執筆者作成。

第4章　朝鮮半島―南北で進むミサイル多様化

■2021年1月に金正恩委員長が示した国防技術に関する主な成果や課題に従い、北朝鮮は中長距離巡航ミサイルや極超音速ミサイルなどのミサイルの多様化を加速した。

■北朝鮮は対米「対話と対決」を掲げるも、対話再開は進まず、むしろ対決姿勢が顕著。

■進歩派か保守派かで大きく変わり得る韓国の外交・安全保障政策。

■韓国軍は、北朝鮮・周辺国双方を視野に、潜水艦発射弾道ミサイル（SLBM）など打撃力の強化に取り組む。

韓国の国防予算（2002〜2022年）

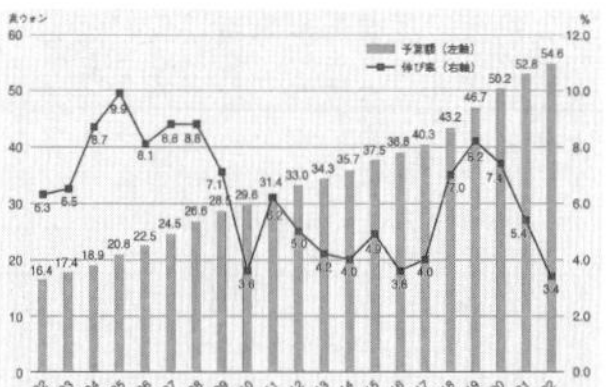

（注）予算額は各年度の当初予算額であり、補正予算額を含まない。
（出所）大韓民国国防部『2020国防白書』（国防部、2021年）；同、報道資料、2021年12月3日より執筆者作成。

第5章　東南アジア―クーデター後のミャンマー情勢と地域安全保障

■ミャンマー国軍、民主勢力は双方をテロリストと見なし、対話に応じず武力衝突が増加している。軍政の2023年8月総選挙実施の公約は留保付き。国連やASEANの仲介は奏功せず。

■中国・ASEANの南シナ海行動規範は目標の2021年内に締結できず。ASEAN諸国はバイデン米政権のインド太平洋への関与姿勢を歓迎。欧州各国も関与を強化し、艦艇を派遣。フィリピンは訪問米軍地位協定（VFA）破棄の検討を停止。

■東南アジア各国は、国内防衛産業の振興と国民経済への貢献を目指し、輸出や投資の促進や、経営の効率化を図るべく、研究開発基盤の強化に努めている。

第6章　ロシア―新たな「国家安全保障戦略」と準軍事組織の発展

■新たな「国家安全保障戦略」では、国際秩序が「転換期にある」として、地政学的不安定性や軍事力使用の脅威の高まりについて言及し、新興勢力と既存勢力の角逐を強調。ウクライナやカザフスタンなど旧ソ連圏の情勢が緊迫化。

■2020年憲法改革による愛国主義・保守主義的条項が戦略文書に色濃く反映。伝統的なロシアの精神・道徳的価値を重視。歴史認識問題に強い警戒心を示す。

■連邦保安庁国境警備局などの準軍事組織の体制強化を通じて、戦略的価値が高まっている北極圏・北極海航路周辺地域の国境インフラ整備を強力に推進。

■北方領土における沿岸防衛能力強化を目指す演習が活発化。戦略核戦力を中心に装備更新・近代化は着実に進展。

第7章　米国―対中「戦略的競争」の諸相と国際的リーダーシップの行方

■基本的な対中認識を前政権と共有し、中国との関係を「戦略的競争」と位置付ける。中国軍事企業への投資規制、人権問題に関する制裁を維持・強化。

■インド太平洋における秩序維持について、欧州諸国を含む関係国との連携を強化。豪英米3カ国安全保障パートナーシップ「AUKUS（オーカス）」では、原子力潜水艦をはじめ、防衛装備・技術協力を推進。

■西太平洋において、英国空母などとの共同訓練を含む、各種の大規模な演習や艦艇展開を実施。海兵連隊の改編や、陸軍における極超音速兵器の配備が進展。

第8章　日本―大国間競争の時代に求められる政治的選択

■総合的な国力や勢力均衡をめぐる「大国間競争」で、日本は第三者たり得ず、米国と戦略上の立場を同じくしている。

■日本の防衛費は地域の軍事バランスの重要な要素。2000年においては、東アジアの国防支出の中で日本は38%を占めていたが、現在は17%に低下。

■日米同盟と相まって防御に十分な能力を維持するためにも、日本の防衛費を増加させることが必要。

■台湾海峡を含む地域の安全保障環境が悪化する中で、日米同盟の抑止力を強化するため、日米間で役割・任務・能力（RMC）に関する協議を深化させる必要性。

厚生・共済

特集

「さぽーと21夏号」が完成

共済組合事業計画など特集

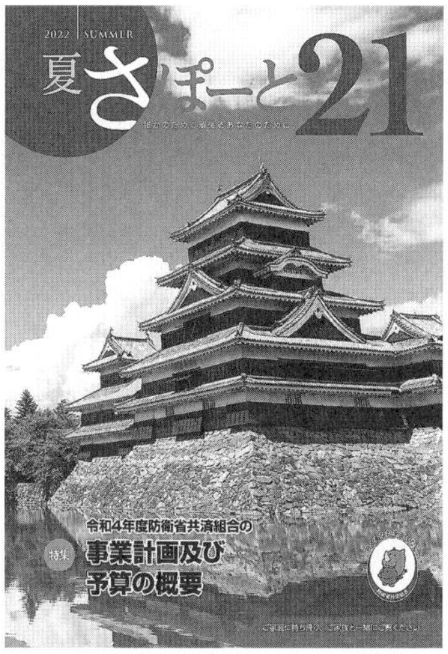

防衛省共済組合の広報誌『さぽーと21夏号』が完成しました＝写真。

巻頭の特集では「令和4年度防衛省共済組合の事業計画及び予算の概要」を掲載。共済組合が組合員とそのご家族の生活の安定と福祉向上のために行う事業を「短期」「業務」「保健」「医療」「宿泊」「住宅」「貯金」「貸付」「物資」「財形持家融資」の各経理単位ごとに収支グラフ、イラストとともに紹介しており、この春、組合員になった方にも理解しやすく説明しています。

「シリーズ・短期給付」では子どもが生まれたときの出産費等、出産費附加金等の概要、産前・産後休業や育児休業等を取得する際に、各種掛金や組合員保険料が免除されることなどが紹介されています。

また、見逃せないのが育児休業の取得促進を図るため、今年10月1日から変更される掛金免除の期間要件について。一目で分かる図入りで解説しています。

このほか、フィットネス、家事代行、健康セミナー、無料のeラーニング、インターネット回線探しのお手伝いなど、ベネフィット・ステーションのお得なサービスを見やすい一覧で紹介。

脂質異常症予防・改善のための生活習慣、食品の選び方、運動のポイント、血液サラサラレシピなど、健康のための情報も充実。

「スポーツの楽しみ」のコーナーではスタティック（静的）ストレッチの方法を分解写真入りで解説します。

巻末の「支部だより」では令和3年度本部長表彰を受賞した髙田支部、髙蔵寺支部が紹介されています。

本誌はホームページにも掲載しています。さぽーとクイズもホームページからご応募いただけます。

「ベネフィット・ステーション」利用を

10万本以上 動画見放題の特典も

組合員と被扶養者の皆様のおうちでの時間などに防衛省共済組合の福利厚生アウトソーシングサービス「ベネフィット・ステーション」をご利用ください。

会員特典付きのサービスをご提供しています。例として、動画配信サービス「Hulu」では、配信本数約10万本以上のドラマ・アニメ・バラエティが見放題で、会員特典として通常2週間無料トライアルのところ1カ月無料トライアル権がプレゼントされます。

また、自宅でできるフィットネスで運動不足解消にお役立てください。オンラインLIVEヨガSOELU（ソエル）はスマートフォンかPCがあればどこでも受けられ、リラックス系のヨガからダイエット向きのフィットネスメニューまで1日平均100レッスン以上開講しているオンラインヨガ教室です。会員特典は1週間トライアル使い放題です。朝5：00～26：00までレッスンがあり、起床後や就寝前など人の目を気にせず受講ができます。またLEANBODYではご新規ユーザー様限定で75％OFFクーポンが会員特典として受けられます。

初めてご利用になる場合は、会員ID（数字15桁）と初期パスワードが記載された会員証台紙をご用意のうえ、会員専用サイトからログインしてください。なお、会員証を紛失された場合や会員ID、パスワードを忘れてしまった場合は、下記までご連絡ください。

◎カスタマーセンター：0800－1705－125

◎会員専用サイト：PC版は https://www.benefit-one.co.jp、スマートフォン版はhttps://bnft.jpへ。

※特典内容は2022年6月現在のものです。

車の売却をお考えの方へ

無料相談キャンペーン実施中

防衛省共済組合本部が提携する「株式会社JCM」では全国出張査定で車の買取を行っています。提携企業からのご紹介と出張査定がメインの為、管理コストを抑え、その分をお客様からの車輌買取り金額に還元しています。沖縄・一部離島以外の全国どこでも出張査定対応いたします。また、2022年6月30日まで無料相談キャンペーンを実施しております。期間中、お車を売却いただいた方に、通常の特典に加えて、キャンペーン特典をご用意しております。

キャンペーン・お車のことなら、JCMへお気軽にお問い合わせください。

フリーコール：0120－322－755（一部離島を除く全国対応可能）（月～土）9：30～17：30（日祝・年末年始休み）※お電話は最寄りの支店へつながります。

また、「中古車販売指定店制度」では、共済組合物資経理の分割払い（割賦）をご利用いただくと一般の中古車ローンより有利な低金利で（※）お得に中古車を購入することができます。中古車販売指定店制度をご利用いただける店舗一覧は、共済組合ホームページに掲載しています。また、ホームページでは在庫一覧もご覧いただけます。こちらもぜひご利用ください。

▽防衛省共済組合HP https://www.boueikyosai.or.jp/

（※）60回払いの場合年利換算0・94％（令和4年4月1日現在）

防衛省共済組合では職員を募集します

防衛省共済組合では防衛省共済組合本部等に勤務する職員を募集します。

◆募集職種　一般事務職及び経理事務職

◆採用人員　若干名

◆受験資格

（1）平成4年4月2日～平成13年4月1日生まれの者

（2）平成13年4月2日以降生まれの者で、大学、短期大学又は高等専門学校を卒業した者及び令和5年3月までに大学、短期大学又は高等専門学校を卒業する見込みの者並びに防衛省共済組合がこれらの者と同等の資格があると認める者

ただし、次のいずれか一に該当する者は、受験できません。

①禁錮以上の刑に処せられ、その執行を終わるまで又は執行を受けることがなくなるまでの者②法令の規定による懲戒免職の処分を受け、当該処分の日から2年を経過しない者③日本国憲法又はその下に成立した政府を暴力で破壊することを主張する政党その他の団体を結成し、又はこれに加入した者④平成11年改正前の民法の規定による準禁治産の宣告を受けている者（心神耗弱を原因とするもの以外）

◆試験内容等

○第1次試験

（1）試験種目　基礎能力試験、専門試験（多肢選択式）及び論文試験

（2）試験日　令和4年8月20日（土）

○第2次試験

（1）試験種目　個別面接

（2）試験日　令和4年10月初旬～中旬

○第3次試験

（1）試験種目　個別面接

（2）試験日　令和4年11月初旬

○最終試験

（1）試験種目　個別面接

（2）試験日　令和4年11月中旬

◆試験地　ホテルグランドヒル市ヶ谷（東京都新宿区市谷本村町4－1）

◆採用予定日　令和5年4月1日

◆給与等　防衛省職員に準ずる

◆勤務地　防衛省共済組合本部及び支部（全国異動あり）

◆受験手続

（1）就職情報サイトへの登録　受験申込みを行うには、就職情報サイトへの登録が必要となります。

就職情報サイトの詳細については、後日防衛省共済組合ホームページにてお知らせします。（https://www.boueikyosai.or.jp/）

（2）採用説明会　7月6日（水）、7月9日（土）及び7月15日（金）各日2回（①11：00～11：45②13：30～14：15）開催。詳細については、後日防衛省共済組合ホームページにてお知らせします。

（3）受験申込み　所定の受験申込書を受付期間内に特定記録郵便、簡易書留又は一般書留の郵便物として申込先に郵送して下さい。

（4）受験申込受付期間　7月1日（金）～8月3日（水）消印有効

◆その他

（1）身体に障害があるため、受験の際に何らかの措置を希望される方は、受験申込書の裏面に記入の上、事前に申し出てください。

（2）受験に関する連絡事項等について、防衛省共済組合ホームページの採用情報を随時更新しますので、必ずご確認下さい。

◆資料請求、受験申込先及び問い合わせ先　防衛省共済組合本部人事班人事第1係 〒162－8853 東京都新宿区市谷本村町5－1 電話03－3268－3111内線25163（対応時間：平日10：30～17：30 ※12：00～13：00を除く）

年金Q&A

4月の採用後に国民年金未納の催告状、どうしたらいい？

給与から源泉控除、未納ではないので個別の納付は必要なし

Q．私は4月に採用された事務官です。共済組合に「長期組合員資格取得届」を提出したのですが、日本年金機構から国民年金未納の催告状が届きました。どうしたら良いでしょうか。

A．公務員に採用されると第2号厚生年金被保険者となり、給与から厚生年金保険料が源泉控除されるため、国民年金の未納とはなりません。

しかし、年金資格の情報を登録する手続きに期間を要するため、国民年金未納の催告状等が届くことがありますが、個別に納付の必要はありません。

手続きは次の図のとおりですが、日本年金機構に情報が提供されるのは、国家公務員共済組合連合会へ提出後、少なくとも4ヶ月程度を要するため、年金資格が無いものとみなされ国民年金未納の催告をされてしまう（督促状が届いてしまう）ことがあるようです。

採用後、相当な期間が経過しているにも関わらず督促状が届くような場合は、ご所属の共済組合の支部長期係にご相談ください。

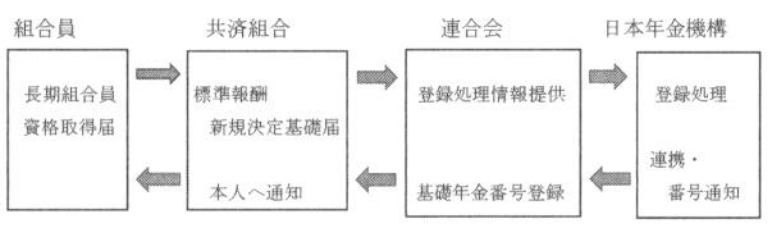

令和4年4月から年金手帳は、基礎年金番号通知書に変わりました。

年金制度に初めて加入する方に、日本年金機構が作成した「基礎年金番号通知書」が発行されます。

採用前に基礎年金番号（年金手帳）をお持ちの方は、基礎年金番号に加入情報が登録されますので「基礎年金番号通知書」は送付されません。

年金手帳は、基礎年金番号が確認できる書類として利用できますので、引き続き大切に保管してください。（本部年金班）

厚生・共済

特集

大宮駐屯地

有事・災害想定し対処訓練

「家族支援調整所」を初開設

大宮駐屯地業務隊は4月11日から21日まで、有事・災害発生時における事態対処訓練を行った。総務科や補給科、厚生科など隊内の五つの科が、それぞれの状況に応じた対処能力の向上を図った。厚生科は今回初めて「家族支援調整所」を開設し、家族の安否確認訓練とともに関係団体との連携要領などを演練した。

【大宮】駐屯地業務隊の厚生科は4月14日、マグニチュード7以上の首都直下型地震の発生を想定して訓練を開始した。隊友会と家族会にも協力を依頼し、代表者らが参加。官舎の管理事務所内に今回はじめて「家族支援調整所」を開設した。

続いて「緊急登庁した隊員から部隊に家族の安否確認の依頼があった」との状況が付与され、参加者は「安否確認実動訓練」を実施。部隊から要請を受けた業務隊が隊友会に連絡し、担当者が自宅に出向くまでの一連の流れを演練した。

自宅訪問後は、近傍の避難所への経路や地域の状況を確認した。訪問を受けた隊員家族は「万が一の災害の時にこういう制度は心強い。家族支援がよく理解できた」と感想を語った。

訓練の最後には参加者間で意見交換会を行った。「メールやLINEの使用も検討してはどうか」「安否確認の際、住所だけではなく周辺の状況も知っていると探しやすいのではないか」などと活発に意見を出し合い、今後の課題を確認した。

業務隊は「今後も同様の訓練を継続して行い、隊員家族を持続的に支援する態勢を確立していきたい」としている。

「安否確認実動訓練」で隊員家族の自宅を訪問する隊友会の会員（右）＝4月14日、埼玉県さいたま市で

初めて開設された「家族支援調整所」で隊友会や家族会の代表者が隊員家族の安否確認の打ち合わせを行った

余暇を楽しむ

小美玉琉球部

紹介者：空曹長　渡邉　充一（7空団＝百里）

ユニークな創作演舞披露

皆さんこんにちは。今回は私の所属する小美玉市内の部外サークル「小美玉琉球部」について紹介します。

小美玉琉球部は2019年8月、沖縄県うるま市の中高生による舞台演劇「現代版組踊・肝高(きむたか)の阿麻和利(あまわり)」茨城公演でのオープニング出演を機に発足した創作演舞団体で、小学生から大人まで幅広い年齢層のメンバーで構成されています。

当部の演舞は甲子園の応援歌でも有名な「ダイナミック琉球」や「THE BOOM」の「シンカヌチャー」などの曲で、エイサーや琉球舞踊に空手の型やヒップホップなどを取り入れたユニークさが特徴です。これまでに茨城空港や隣接する空のえき「そ・ら・ら」、百里航空祭などでも公演を行い、百里エイサー部とも共演しました。

稽古は主に中高生が主体となって行い、「一生懸命はカッコいい!」をモットーに稽古に励んでいます。

また最近では、隣県の福島県会津若松市の現代版組踊「息吹」との交流稽古やイベントでの共演、さらには中高生メンバーが息吹の公演に出演するなどの交流も行っており、将来的には茨城独自の「現代版組踊」を誕生させたいと願っています。

現在はコロナ禍によりイベント出演の機会が少なく、稽古中心の活動となっていますが、新曲に挑戦したり、太鼓やボーカルを取り入れるなど、新たな演舞を開発中です。

ただいま小美玉琉球部ではメンバーを大募集中です。子供から大人まで幅広くメンバーを募集していますので、興味のある方はぜひご連絡ください。

空のえき「そ・ら・ら」のイベントで演舞する「小美玉琉球部」

太鼓とボーカルのメンバーと共に記念撮影する渡邉曹長（左奥）。小学生から大人まで幅広いメンバーが独自の演舞に挑戦している

開店10分で120個完売

モスバーガー美幌駐に

【美幌】美幌駐屯地業務隊は4月21日、モスバーガー網走店の即売会を開催した。同駐屯地のある美幌町内には、有名ファストフード店がないため、今回の即売会は初の試み。

厚生科長の川岸俊博事務官の予想と異なり、即売会が正午に開催されるとすぐに行列が発生。同店が用意した120個のハンバーガー類は、わずか10分間で完売となるなど好評だった。

訪れた隊員は「コロナ禍で外出を自粛していたので、駐屯地にモスバーガーが来てくれたことに感激した。仕事の活力になる」と喜んでいた。また外出をこれまで控えていた家族分も含めて10個購入した隊員からは「久しぶりのハンバーガー。課業が終わったら、早速家族みんなで食べたい」との声もあった。

網走店は昼休みに購入できなかった隊員のために、駐屯地から30キロ離れた店舗まで戻り、ハンバーガー類100個を携えて再度駐屯地を訪問。即売会を午後5時の課業終業時刻に合わせて追加で開催したところ、わずか20分間で完売となった。

モスバーガーの即売会でハンバーガーなどを購入する隊員たち＝4月21日、美幌駐屯地で

「気付き役」相談員を育成

9師団　傾聴技法や対処法学ぶ

【9師団＝青森】9師団は4月5日から8日まで、青森駐屯地で「4年度第1回部隊相談員養成集合訓練」を行った。

メンタルヘルスや相談を受ける際に必要な基礎知識と技能を身に付け、中隊などの「気付き役」となり隊員を育成していくもの。訓練には、師団隷下部隊から教官および助教8人と42人、方面直轄部隊から18人が参加した。

訓練では心理幹部・心理陸曹からハラスメント対処、傾聴技法、悩みへの対応要領や任務解除ミーティングなどを教育。実習では、参加者をグループに分けて、聞き手、話し手を設定しコミュニケーションスキルを向上させた。

9後方支援連隊（八戸）最先任上級曹長は「本訓練で学んだ部隊相談員としての基礎知識や技能に最先任という職務を通じてさらに磨きをかけ、連隊の服務態勢強化のために生かしていく」と語った。

教官として参加した9師団の心理幹部は「部隊相談員は隊員の不調などに気付くという重要な役割があり、その後の対応の出発点を担う。また、同じ仲間だからこそ相談できることもある。今回学んだことを部隊で生かしてほしい」と述べた。

42人の参加者に対し、各課目の教育を行う心理幹部＝4月5日、青森駐屯地で

大津駐に2年ぶり理髪店がオープン

【大津】共済組合大津支部は4月20日、前業者の撤退から約2年ぶりとなる理髪店を大津駐屯地にオープンした。オープン当日に藤田剛支部長が理髪店オーナーに「委託証明書」（4月1日付）を手渡した＝写真。

オープンを待ちわび、少し髪が伸びた3・4月に入隊した新隊員たちは、なだれ込むように入店。初日から盛況だった。女性隊員にも人気で、開店3日間で約60人が利用した。

自慢の一品料理

ちらし寿司

小牧基地では毎月1回、分隊考案の献立を隊員に提供しています。今回は好評だった献立「ちらし寿司」を紹介します。

きっかけは私にとっての「おふくろの味」を隊員にも提供したいという思いからでした。母が作ってくれたちらし寿司は色とりどりの具材が華やかでおいしく、今でも鮮明に記憶しています。

作り方はまず、シイタケ、レンコンをスライスカットし、しょうゆ、みりん、砂糖、酒、だしの素を混ぜた調味料をかけ、味がしみ込むまで煮て冷まします。

続いて冷凍むきエビ、サヤエンドウをそれぞれさっとゆでて冷まし、たけのこ水煮も白出汁で煮て冷ましておきます。酢飯に冷ました各具材を盛りつけ、さくらでんぶ、錦糸卵を散らして完成です。

さくらでんぶの桃色、錦糸卵の黄色が色鮮やかな一品で、美しく盛り付けられた料理は食欲を増す効果があります。その見ているだけで心が明るくなる効果もあって、隊員の中にはつい食べ過ぎてしまう人もいるようです。

ちらし寿司は縁起を担いだ食材が多く使われており、日本の食文化として伝承されてきた献立です。ぜひ試してみてください。

紹介者：空士長　河村　侑大（小牧基地給養小隊）

地方防衛局 特集

米空母艦載機着陸訓練

硫黄島で昼夜にわたり調整

北関東局

【北関東局】北関東防衛局（扇谷治局長）は4月28日から5月28日まで、東京の南方約1250キロに位置する硫黄島に、同局企画部の稲葉稔次長を長とする職員21人を派遣し、米海軍による空母艦載機着陸訓練（FCLP）を支援した。同局では訓練が円滑に実施されるよう、米海軍をはじめ、硫黄島に常駐する海上自衛隊や航空自衛隊との間の連絡調整のほか、訓練施設の維持管理や給食等に係る役務の調達など、多岐にわたる支援業務を昼夜にわたって実施した。

硫黄島では5月6日から20日まで、米海軍の原子力空母「ロナルド・レーガン」の艦載機による58回目の空母艦載機着陸訓練（FCLP）が実施された。

訓練には同艦の艦載機であるFA18E、FA18F両戦闘機のほか、EA18G電子戦機、E2D早期警戒機、C2A輸送機が参加。硫黄島の滑走路を「ロナルド・レーガン」の甲板に見立て、期間中に約3700回の着陸訓練が行われた。

北関東防衛局の稲葉企画部次長以下21人の職員は、海自による米海軍への車両支援や空自による米軍機への電源供給支援など、自衛隊の米海軍への支援が適切に実施されるよう、米海軍と自衛隊との間に立って綿密な連絡調整に努めた。

5月13、14両日には扇谷局長が現地を訪れ、訓練を視察し、支援業務に携わる同局職員を激励した。

訓練実施に当たっては、硫黄島の自衛隊基地を管理する海自と空自の協力もあり、当初予定していた期間内に全ての訓練を無事に現地で終えることができた。

北関東防衛局では、本土の飛行場周辺での航空機騒音の軽減などを図るため、米軍に対して可能な限り硫黄島で訓練を実施するよう、累次の機会に要請している。同局は「今後とも訓練の実施に当たっては日米間の調整を密に行い、恒久的なFCLP施設が整備されるまでの間、暫定的な代替施設である硫黄島において多くの訓練が実施され、本土の飛行場周辺における航空機騒音の軽減が図られるよう努めていきたい」と話している。

訓練を視察し、支援業務に当たる北関東防衛局の職員を激励する扇谷局長（後方右）＝5月13日、海自硫黄島基地で

◇空母艦載機着陸訓練（FCLP＝Field Carrier Landing Practice）

米海軍空母の出航に先立ち、艦載機が海上で空母に安全に着艦できるよう、陸上の滑走路で行われる着陸訓練。艦載機のパイロットにとっては、技量・練度の維持・向上のために必要不可欠な訓練となっている。

1982（昭和57）年2月に厚木飛行場で始まった米海軍空母艦載機の夜間着陸訓練による騒音を軽減するため、1989（平成元）年1月、代替施設を確保するまでの間、硫黄島を暫定的に使用することで日米が合意。1993（平成5）年度以降は本格的に硫黄島に訓練を移転して行われている。

本格訓練に先立ち、在日米軍、海・空自の隊員らと調整会議を行う北関東防衛局の職員ら（テーブル右側）＝5月4日、海自硫黄島基地で

着陸訓練を行う米海軍のFA18E／F戦闘機（5月14日、海自硫黄島基地で）

リレー随想　扇谷　治

本年5月、30年ぶりに硫黄島を訪れました。

硫黄島は、東京から南に約1250キロに位置する周囲約22キロの島で、東京都小笠原村に属しております。また、先の大戦で激戦地となったことに起因する特殊な歴史的経緯や活発な火山活動の影響など定住は困難との方針もあり、現在、一般在住者はおりませんが、飛行場などの防衛施設は所在しております。

当局では、米空母出航前の空母艦載機着陸訓練（FCLP）実施に当たり、職員を硫黄島に派遣し、約1カ月間の訓練支援を行っております。

同訓練は、日米の抑止力・対処力を維持・強化する上で、極めて重要である一方、航空機騒音による影響が著しいことから暫定的に硫黄島において実施されており、これを担保するための支援は当局の重要な取り組みの一つとなっております。

私が初めて同島を訪れた平成3年度は、新米の工事監督官であり、2週間の硫黄島勤務と六本木勤務を繰り返しておりましたが、FCLPに必要な最低限の施設が完成していたと記憶しております。そして、まもなく同島で初回のFCLPに遭遇しました。

当時の支援内容は承知していませんが、現在は当局のほか、海上及び航空自衛隊、受注者により、物資輸送や飛行場等の施設の維持管理、食事の提供等を連携して実施しております。

30年ぶりの硫黄島

一方、同島は、水の確保、台風などの気象、活発な火山活動による地熱や隆起、本土との距離や輸送インフラなどの面で厳しい環境にあり、滑走路や燃料施設など関連施設の劣化の進行は著しく、これら施設の点検整備、燃料輸送などは容易ではなく、訓練期間中に限らず、通年の対応が必要です。

しかし、現地では、自衛隊、米軍、受注者の皆さま、そして当局職員がモチベーション高く緊密に連携して臨機応変な対応が図られていることに加え、米軍は同島の規律をしっかり守るとともに同訓練の重要性を関係者に理解させる取り組みが行われておりました。

今回、このような厳しい環境であるからこそ、重要な任務を達成するためには、相互理解と協力が不可欠であることを改めて気付かされました。

加えて、これまでの安定的なFCLPの実施は、旧島民をはじめ、小笠原村の皆さまのご理解と硫黄島におけるFCLP実施までにご尽力された先輩方、約30年間、支援にご尽力されてきた関係各位の経験に支えられているからにほかなりません。

引き続き、硫黄島の特殊な歴史的経緯と現状を踏まえ、旧島民とその関係者の皆さまの心情に思いを致しながら、もうしばらくは暫定的なFCLP施設がある硫黄島において円滑に訓練が実施できるよう、努めてまいります。（北関東防衛局長）

新規採用者研修を実施

石倉局長「大志を抱け」

北海道局

【北海道局】北海道防衛局（石倉三良局長）は4月20日から22日の前段と、5月9日から11日の後段に分けて、今年度の新規採用者16人に対する教育研修を実施した。

前段の4月20、21の両日、参加者たちは同局の各部課等や防衛省・自衛隊の業務に関する講義に続き、石倉局長による講話を受講。局長は自らの体験談を交えて今後の業務に役立つ訓話を行い、最後に「Be Ambitious！（大志を抱け）」とエールを送った。

22日は空自千歳基地で2空団の支援を受け、女性自衛官の生活勤務環境や宿舎の状況、装備品の現状などについて説明を聞いた。

救難隊ではU125A救難捜索機とUH60J救難ヘリ、2空団ではF15戦闘機を見学。第2作業隊では、この冬に千歳地域を襲った記録的な豪雪に対してスクランブル態勢を常時維持させるために同隊がフル活動し、航空機の24時間離発着を可能としたことを学び、隊員の努力と一致団結したチームワークがあって初めて日本の空が守られていることを認識した。

北千歳駐屯地では71戦連の支援を受けて、10式戦車や90式戦車などの主要装備品を見学。洗車場、保管庫、整備工場なども見て回り、隊員が整斉と訓練や整備を実施している姿を目の当たりにした。

後段の5月9日は、陸自真駒内駐屯地で18普連の支援を受けて、自衛隊体操や基本教練を通じて自衛隊員としての基礎的な動作を体得した。午後は約10キロの背嚢を背負って駐屯地内を2周し、全員が10キロを完歩した。

10日は余市防備隊でミサイル艇「わかたか」を見学。支援船で余市港湾を体験航海し、北方の海を警備する勤務の一端を理解した。

午後はニセコトレーニングセンターに移動し、豪雪地域における冬季の訓練施設などを研修。高嶺演習場では春季演習場整備として外柵を整備している隊員の状況などを確認した。

11日は幌別にある第13施設群で92式地雷原処理車と94式水際地雷敷設装置を研修した後、白老の弾薬支処を訪れた。

各部隊との調整を担い、研修に同行した同局防衛補佐官の古越万紀人1陸佐は「参加者たちには、今回得たことを今後の仕事で生かしてほしい。それが全ての関係者への恩返しとなる」と話している。

空自千歳基地でU125A救難捜索機を見学し、隊員から説明を受ける北海道防衛局の新人職員たち（4月22日）

陸自北千歳駐屯地では90式戦車への体験搭乗も行われ、新人職員たちはその迫力に圧倒されながらも、高い性能を確認した（4月22日）

防衛施設と首長さん

山口県山口市　伊藤 和貴 市長

いとう・かずき　64歳。同志社大法卒。山口市役所入庁。総合政策部長、総務部長、山口市副市長などを経て、2021年10月に山口市長就任。現在1期目。山口市出身。

山口駐屯地と連携強化

安心安全なまちづくり

山口市は山口県のほぼ中央に位置し、北に中国山地、南は瀬戸内海を臨み、市全体が変化に富んだ豊かな自然環境に恵まれています。

本市のまち並みは、室町時代に西国一の大名として栄華を極めた大内氏により京を模して造られ、国宝「瑠璃光寺五重塔（るりこうじごじゅうのとう）」や「常栄寺雪舟庭（じょうえいじせっしゅうてい）」「龍福寺（りゅうふくじ）」などの史跡から、当時の面影を今も感じることができます。

また、けがをした白狐が傷を癒したという白狐伝説を持つ「湯田温泉」は、肌によく馴染むやわらかいアルカリ性単純温泉で「美肌の湯」と呼ばれ、県内外からの来訪者に親しまれています。

日本三大火祭りの一つに数えられる「山口七夕ちょうちんまつり」は、数万個の紅ちょうちんが山口の夜を彩ります。

本市にある陸上自衛隊山口駐屯地は、本州西端、山口県の防衛・警備を担っています。災害時の救助や、避難所の運営支援にご協力をいただくとともに、本市主催の「防災図上訓練」や「防災実動訓練」にもご参加いただき、関係機関との連携強化が図られています。

また、コロナ禍のため2年連続で中止となりましたが、1965（昭和40）年から駐屯地などで開催されている「音楽と花火の夕べ」は、あでやかな花火が夜空を染める夏の風物詩として、市民の癒しの場となっています。

本市ではこれからも駐屯地との連携を一層強化し、市民が安全安心で暮らせる「まちづくり」につなげてまいります。

九州局が防衛問題セミナー

【九州局】九州防衛局（伊藤哲也局長）は7月14日から8月4日までの間、「離島防衛の中核・水陸機動団—その任務と活動—」をテーマに事前収録した「第41回防衛問題セミナー」をオンラインで配信する。視聴には事前登録が必要で、登録の締め切りは、最終視聴日前日の8月3日（水）。

◇視聴要領は次の通り。

▽視聴期間＝7月14日（木）午後2時～8月4日（木）午後2時まで（約90分間）

▽第1部＝陸上自衛隊水陸機動団長の梨木信吾陸将補による講演「離島防衛の中核・水陸機動団—その任務と活動—」

▽第2部＝九州防衛局の遠藤敦志企画部長による「Q&Aセッション」

▽事前登録締め切り日＝8月3日（水）

▽登録方法＝次のサイトまたはQRコードで登録

■九州防衛局ホームページ（https://www.mod.go.jp/rdb/kyushu/seminar/041/index.htm）

■URL:https://business.form-mailer.jp/fms/a6394843172314

▽問い合わせ＝九州防衛局企画部地方調整課地方協力確保室（092—483—8816）

第41回防衛問題セミナー　視聴申込フォームのQRコード

海自2護群6護隊「てるづき」

日米共同訓練を実施

各種戦術訓練を行う護衛艦「てるづき」（手前）と巡洋艦「アンティータム」＝米海軍ホームページより

海自2護群6護隊（横須賀）の護衛艦「てるづき」（艦長・佐藤高嗣2佐）は5月8日から16日まで、関東南方の海空域で米海軍の原子力空母「ロナルド・レーガン」と共同訓練を実施した。

米海軍からは空母のほかミサイル巡洋艦「アンティータム」（満載排水量約9500トン）が参加。日米艦隊は洋上を機動しながら対水上戦、ヘリ発着艦、洋上補給など各種戦術訓練を行い連携を強化した。また、2空群（八戸）のP3C哨戒機や31空群（岩国）のUP3D電子戦訓練支援機も加わり電子戦や模擬対艦攻撃訓練を行うなど、日米共同で戦術技量の向上を図った。

一方、「てるづき」と「ロナルド・レーガン」は、5月24日から26日にかけても同海域で日米共同訓練を実施。米海軍からは「アンティータム」のほかミサイル駆逐艦「ベンフォールド」（約8400トン）が参加した。日米艦隊は対潜戦、電子戦訓練を行い、日米海上部隊による抑止力・対処力の強化を図った。

訓練を終えた「てるづき」艦長の佐藤2佐は「戦術的統合と相互運用性の向上を達成することができた。今後も海自と米海軍は密接に連携し、協力体制を維持・強化していきたい」と述べた。

大阪市・舞洲スポーツアイランドに展開したPAC3発射機など（写真はいずれも5月19日、大阪市で）

弾道ミサイル対処能力向上へ

PAC3機動展開訓練を実施

空自4高群

発射準備手順を演練

「PAC3機動展開訓練」を視察する石川博崇参議院議員（右から5人目）に訓練を説明する空幕副長の阿部空将（手前左迷彩服2人目）ら空自幹部

空自4高群（群本部・岐阜）は5月19日、大阪府大阪市の舞洲スポーツアイランドで、地対空誘導弾「PAC3」の機動展開訓練を実施した。

訓練は弾道ミサイル対処の能力の向上を図るとともに、自衛隊の即応態勢を示し、国民の安全・安心感の醸成に寄与することを目的に行われた。自衛隊や米軍施設以外で行うのは愛知県口論義運動公園で行った2019年11月以来となる。

訓練には4高群14高隊（白山）の約25人が参加、車両約12両で白山分屯基地から移動し、午前9時半には公園に進出した。その後、約20分間にわたってPAC3の発射機やレーダー装置、射撃管制装置などを展開、システム立ち上げまでの一連の発射準備手順を演練した。

訓練は元防衛大臣政務官の石川博崇参議院議員らが視察し、空幕副長の阿部睛空将、4高群司令の阿部智康1佐が14高隊の機動展開に合わせて訓練状況を説明した。

訓練指揮官を務めた14高隊長の森永哲也2佐は「今回の訓練は、普段いる基地から機動展開をして能力発揮する戦技をしっかり向上させることで、広く国民の皆様の安心安全感の醸成に寄与することが目的」と訓練の意義を強調。

井筒空幕長は同日の記者会見で「防衛省・自衛隊などの施設以外での訓練を実施することで、我々の即応性と機動展開能力、それらを維持、向上させる目的が達成できたものと考える」と訓練の成果を語った。

ILEX22―1 「はまな」

1補給隊

補給訓練を行う「はまな」（手前）と米駆逐艦「ラファエル・ペラルタ」

海自1海上補給隊（横須賀）の補給艦「はまな」（8150トン、母港・佐世保）は5月18日、沖縄周辺海域で米海軍との共同訓練「ILEX22―1」を行った。同名称による海上補給訓練は昨年から実施しており、今回で6回目となる。

米海軍からはミサイル駆逐艦「ラファエル・ペラルタ」（9425トン）が参加。「はまな」は航走しながら米駆逐艦と燃料ホースをつないで洋上補給を行い、日米海上部隊の連携強化と相互運用性の向上を図った。

日米ヘリ部隊で対潜戦訓練実施

51航空隊

海自51航空隊（厚木）は5月18日、相模湾上空で米海軍の空母艦載ヘリと共同訓練を実施した。

海自は51空司令の山内康司1佐を統制官にSH60J哨戒ヘリ1機が参加。米側は第7艦隊（横須賀）隷下部隊のMH60R多目的ヘリが加わった。

日米ヘリ部隊は連携して対潜戦訓練を行い、戦術技量を向上させた。

夜間演習において、120ミリ迫撃砲を発射する7普連隊員

夜間射撃 最大限の効果確認

7普連

【7普連＝福知山】7普連（連隊長・前野直樹1佐）は3月下旬、120ミリ迫撃砲および81ミリ迫撃砲実弾射撃訓練を行った。

同訓練は、昼間および夜間の射撃能力の向上を図るのが目的で、昨年度の新隊員配置後の120ミリ迫撃砲実弾射撃は2月に続き2回目となる。1回目で明らかとなった問題点を踏まえて1カ月間非実射訓練を重ね、十分な練度に達した上で実施された。

訓練は早朝からの昼間射撃に始まり、実戦で想定されるような夜間陣地進入も行った。隊員は暗い中で射撃準備を開始。夜間射撃まで各小隊ごとに任務が付与され、最大限効果的な射撃を行った。

81ミリ迫撃砲は射撃後即陣地変換を実弾で練成。観測手は射弾を観測し、弾着の判定修正も併せて練成した。

21普連での最後の競技会となり、背中に連隊への感謝の言葉を張り付けて参加した平野2佐

感謝の思い背に力走

21普連

【21普連＝秋田】21普連（連隊長・五十嵐雅康1佐）は3月10日、秋田県山本郡の森岳温泉36ゴルフ場で「令和3年度連隊冬季戦技競技会（完全装備によるスキー競技会）」を実施した。

同競技会は入隊4年以内の若手隊員のスキー技術向上を目的に行われ、幹部から新隊員に至る多くの隊員が出場、希望者によるオープン参加も受け入れた。

スキー滑走は全体を通してスタミナとバランス感覚が求められ、特に急な登り坂では強靭な足腰が勝敗を分ける。10キロの装備を背負った隊員たちはさまざまな地形を克服し、力強く滑走した。

特にオープン参加枠で滑走した平野光哉2佐（当時副連隊長）は翌日の定期異動に伴う転出が決まっている中、背中に連隊への感謝の言葉を張り付けて力走していた。

訓練

小火器射撃競技会

10特連

標的に向かって89式5.56ミリ小銃で射撃する隊員

【10特連＝豊川】10特連（連隊長・矢野秀樹1佐）は4月4日から3日間、高山基本射撃場で「連隊小火器射撃競技会」を行った。

隊員の戦闘戦技能力向上を目的に、89式5・56ミリ小銃を装備する全隊員を対象に行われ、個人戦では幹部の部、陸曹の部、陸士の部、陸士（1任期未満）の部の計4部門で争われ、各分野でナンバー1戦士を決定する。さらに中隊対抗の部では「小火器射撃ナンバー1中隊」を競い合った。

競技は2日間にわたる予選の後、各部門の成績上位者による決勝が行われ、隊員たちは制限時間内に射撃を行い、これまでの練成成果を発揮。全隊員が「一人ひとりが安全係」という意識を持って競技に臨み、競技会を終えた。

警察、消防と災害救助訓練

倶知安

雪崩に巻き込まれたと想定した車両をスコップで掘り起こす隊員たち

【倶知安】陸自倶知安駐屯地（司令・齋藤誠2佐）は4月8日、駐屯地で3年ぶりに行われた倶知安警察主催の警察（倶知安警察署・北海道警察警備課・機動隊・航空隊）、消防（羊蹄山ろく消防組合本部・倶知安消防署・蘭越支署・ニセコ支署・喜茂別支署）との合同の災害救助訓練に参加した。

雪崩に巻き込まれた車両から負傷者を救助する手順を確認するのが目的で、3機関計約50人が参加した。

倶知安町内で雪崩が起き、目撃者から「車2、3台が巻き込まれた」と110番通報があったという想定のもと、スノーモービルや雪上車で現場に到着した救助隊員が長さ約4メートルのプローブで雪山を突いて被害車両を捜索。発見するとスコップを使って掘り起こし、車内から負傷者に見立てた人形を救出し、ヘリコプターや救急車で搬送するまでの流れを実践した。

駐屯地司令の齋藤2佐は「顔の見える関係を構築できたのは大きな成果。今後は3機関の編成・装備・能力を互いに理解した上で、連携訓練を継続していきたい」と述べた。

入間基地 3年ぶり「ランウェイ・ウオーク」開催

空自入間基地は6月4日、基地を開放し、滑走路の歩行体験ができる「ランウェイ・ウオーク2022」を開催した。今回は3年ぶり、13回目の開催。初夏を思わせる日差しの下、市民や航空ファンなど抽選の当選者や隊員の家族ら約1600人が広々とした滑走路と各種関連イベントを楽しんだ。

開会式で基地司令の小野打泰子将補は「ようやく第13回入間基地ランウェイ・ウオークを本日開くことができた。例年5000人近くの方に応募いただいているが、今年の応募者数は9000人以上、大変温かいメッセージも多数いただいた。今日は入間基地の今年最初のイベント。今後も感染対策に気を付けながら、様々なイベントを実施していきたいと思う」とあいさつ。

午前10時、司令の号砲で参加者たちは一斉にスタート、ランウェイへ向かった。全長約4キロのコースには、残距離を記載したプラカードを持つ隊員が一定間隔で並び、体調不良者などに配慮した途中離脱用の通路が設けられた。格納庫前に駐機しているC1輸送機やYS11EB電子情報収集機などを写真に納める航空ファンや、滑走路上で記念撮影をする家族連れでランウェイ上はにぎわった。開始から1時間後にトップ集団がゴールイン、正午頃までには全員が完歩。

ランウェイ・ウオークに先立ち、事前の抽選に当選した22人がC2輸送機に搭乗し地上滑走する「体験タクシー」も実施。

エプロン地区では基地の軽音楽部や「入間修武太鼓」による演奏が行われ、会場はさらに盛り上がりをみせた。特設スペースでは警備犬訓練展示も行われ、日々の訓練で磨かれたハンドラーと警備犬による息の合った技が披露され、観覧者からは大きな拍手が送られた。

例年基地でふるまわれるカレーの喫食は見合わされたが、これに替わって、来場者には同基地が監修したレトルトカレーをプレゼント。イベントの雰囲気を自宅に持ち帰って楽しめるよう配慮された。

同基地航空祭も訪れたことがある自営業の綿引康則さん(68)と幸子さん(66)夫婦は「障害物の無いまっすぐに続く滑走路はとても2キロとは感じられなかったが、ゆっくりでも歩き切れて良かったです」と3年ぶりの開催に笑顔で感想を語った。

横断幕を掲げた隊員の先導のもと、滑走路へ向かう参加者たち（写真はいずれも6月4日、入間基地で）

「警備犬訓練展示」の警戒訓練で基地内へ侵入した不審者に跳びかかる警備犬ボンボン号

離任の米5空軍最先任に感謝状

空幕長 WPS開催の連携などで尽力

井筒空幕長は5月26日、離任を控えた米第5空軍（横田）最先任のキャスリーン・マクール最上級曹長に感謝状を贈呈した。

贈呈行事は防衛省で行われ、空自准曹士先任の甲斐修准尉、航空総隊准曹士先任の高着弘康准尉ら13人が陪席。井筒空幕長が感謝状を読み上げ、マクール最上級曹長に手渡した。

マクール最上級曹長は2020年11月の就任以来、空自と米空軍間の相互特技訓練の実施や、空自上級空曹課程に部外講師として招かれ、同課程学生に米空軍上級空曹の役割や責任を持つ者のあるべき姿について講話を行い、空自准曹士隊員間の相互理解の深化、協力関係の活性化に尽力した。

さらに自衛隊における女性自衛官の活躍推進施策に強い関心を持ち、今年3月に米第5空軍が新たに企画・主催した「Women, Peace, And Security（WPS）シンポジウム」では、空自女性隊員の参加を主導。自衛官の識能向上に大きく貢献した功績もたたえられた。

マクール最上級曹長は、「日米同盟の絆の強さを生み出す最前線をこの目で見ることができたことに感銘を受けた。日本、そして5空軍での勤務は貴重かつ非常に光栄な経験だった」と語り、6月1日に離任、米本土に帰国した。

感謝状贈呈行事後に記念写真に納まる、（前列右4番目から左へ）井筒空幕長、米第5空軍最先任のキャスリーン・マクール最上級曹長、空自准曹士先任の甲斐准尉（5月26日、防衛省で）

名寄駐屯地 演奏会で地域住民と交流

【名寄】陸自名寄駐屯地（司令・山﨑潤1佐）は5月21日、名寄市民文化センターEN-RAY HALLで「新たな時代への道しるべ」をテーマに「陸上自衛隊名寄駐屯地第34回定期演奏会春のコンサート」を開催した。

同演奏会は平成元年から毎年開催しており、市民からは「春コン」の愛称で親しまれており、毎回幅広いジャンルの趣向をこらした演奏を行っている。

今年は名寄駐屯地音楽隊（隊長・田中雅記1曹）、旭川の陸自第2音楽隊、遠軽自衛隊音楽隊、留萌駐屯地音楽隊から32人、名寄駐屯地同好会の朔北太鼓（7代リーダー・佐藤裕樹2曹）の11人がそれぞれ参加し、日頃の練成成果を披露した。

全2部のプログラムで構成され、第1部のオープニングステージは明るく軽快なコンサート・マーチ「光と風の通り道」から始まり、朔北太鼓ステージでは極地に挑む人々の勇ましさをイメージした「いぶき」ほか全3曲が披露された。

第2部ではサイレント映画時代の名優チャールズ・チャップリンに扮した音楽隊の佐藤正法3曹と田中佑也3曹らによる寸劇と演奏とのコラボレーションなどで会場は盛り上がった。

その後、渡辺杏里士長と中原一也3曹の重唱と演奏のコラボレーションによる、音楽グループEXILEの曲「道」が披露された。

田中1曹は「本コンサートを開催できたのも皆さんのおかげだと本当に感謝している。音楽隊は今後も地域住民の方々と自衛隊の絆をより一層深められるような演奏を続けていくので応援よろしくお願いします」とあいさつ。

最後には聴衆のアンコールに応え、東京スカパラダイスオーケストラの曲「風のプロフィール」が演奏され、大盛況のうちに幕を閉じた。

演奏に合わせ、チャップリンに扮した寸劇を披露する佐藤3曹（中央右）とそれに呼応する田中3曹（中央左）＝5月21日、名寄市民文化センターで

札幌病院 災派時の初動対処を演練

【札幌病院＝真駒内】自衛隊札幌病院は4月22日、即応態勢の実効性向上を目的とした令和4年度の「第1回即応態勢点検」を実施し、災害派遣などにおける事案発生時の初動対応を演練した。

点検は鈴木智史病院長を統裁官に、同病院の医官・看護官、北方衛生隊の隊員など約70人が参加。「午前5時ごろ、道東地区で震度6強の地震が発生した」との想定で実施された。

状況付与を受けた部隊当直司令は速やかに電話やメールで非常呼集を開始。営内に残っていた隊員は直ちに病院地下資材搬入口に集合し、携行資材の搬出・集積を行った。

この後、呼集を受けた救護班要員が到着。人員、装備、携行資材の点検から車両積載までを迅速に行い、派遣準備完了を鈴木病院長に報告した。

鈴木病院長は「実派遣においては、これからがスタートであり物心両面の準備を引き続き維持せよ。また本訓練での不備事項は各人においても速やかに是正せよ」と訓示し、状況を終えた。

札幌病院で行われた「第1回即応態勢点検」で隊員から派遣準備完了の報告を受ける鈴木病院長（4月22日）

知床沖観光船沈没 捜索災派を終了

北海道・知床半島沖で沈没した観光船「KAZU1」（19トン、乗客・乗員26人）の事故で、4月23日に第1管区海上保安本部長からの要請を受け、行方不明者の捜索に当たっていた自衛隊の災害派遣部隊は6月1日、同本部長の要請で活動を終了した。

空自千歳救難隊などのUH60J救難ヘリ延べ27機、U125A救難捜索機延べ39機などの航空機が現場海域を捜索。護衛艦「せんだい」、掃海艦「ひらど」、掃海艇「いずしま」「はつしま」「ちちじま」も捜索に当たった。陸自も27普連（釧路）や5偵察隊（別海）が地上映像伝送を行った。

特に「いずしま」は4月28日、知床半島東側の海上で行方不明者2人を発見、収容。翌29日には海中捜索で「KAZU1」を確認するなど、捜索に貢献した。

こちら警務隊

薬物犯（覚醒剤取締法違反）

覚醒剤との認識薄くても 10年以下の懲役の可能性

知人から覚醒剤のような白い粉を預かるよう頼まれました。

万一、預かるよう頼まれた白い粉が覚醒剤だった場合、覚醒剤取締法の所持、または譲受に該当し、10年以下の懲役に処される可能性があります。

覚醒剤は依存性が高く、身体や精神をむしばみ、殺人をはじめとする凶悪事件を引き起こす場合もあることから、法律によって製造や使用、輸出入、所持のほか、譲渡、譲受も取り締まりの対象となっています。

犯罪に巻き込まれないよう知人に出身を確認するとともに、少しでも不審な点を感じたら速やかに通報し、犯罪から身を守りましょう。（東部方面警務隊）

第11回天童高原634の松交流イベント

20普連が「車両ツアー」で協力

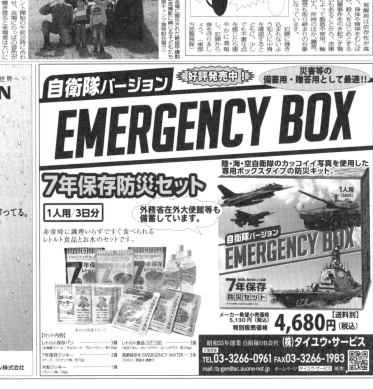

【20普連＝神町】20普連（連隊長・荒木貴志1佐）は5月29日、天童高原キャンプ場特設会場で行われた「第11回天童高原634（むさし）の松交流イベント」に協力した。

同イベントは平成24年から行われており、20普連は翌年の25年から協力している。連隊から3中隊の6人が参加し、軽装甲機動車の展示と説明、高機動車の体験搭乗、らっぱ演奏を行った。

当日はらっぱ手2人が「課業開始」を吹奏。イベント開始の午前10時に合わせ、会場にらっぱの音色が響き渡ると来場者は大いに盛り上がった。

「自衛隊車両ツアー」のブースでは、高機動車に体験搭乗しようと多くの親子連れが訪れ、行列を作っていた。

軽装甲機動車の展示では同車の説明パネルに掲載されているQRコードで連隊のホームページにアクセスできたり、来場者が車両や隊員と記念撮影をするなど多くの来場者でにぎわった。

装備品展示で、会場に展示された軽装甲機動車の前で隊員と記念撮影に興じる子どもたち（5月29日、天童高原キャンプ場特設会場で）

小休止

▽…弘前駐屯地曹友会（会長・村上均曹長）は5月23〜25日、駐屯地近隣のりんご園で「援農ボランティア」を行った＝写真。

▽…この活動は平素から駐屯地周辺地域を持続走、行進訓練などのコースとして活用させてもらっていることから、近隣の農家にりんご栽培の摘花作業を通じて謝意を示し、地域貢献をするもの。活動には駐屯地司令の天内明弘1佐以下延べ126人が参加した。

▽…隊員たちは10軒の農家に分かれ、照りつける日差しの下、指導を受けながら黙々と摘花作業に励んだ。昼食時には農業の苦労話やりんご、自衛隊の話題などを通じて交流を深めた。（弘前）

夜間戦闘能力向上へ『錬磨無限』

夜間射撃への挑戦

2陸尉　安藤　進（7普連本管中・福知山）

私は7普連情報小隊長です。連隊では普通科隊員としての夜間戦闘能力向上を図るために、厳正かつ一貫した練度管理を行っています。その中でも特に夜間の実弾射撃を重要視しています。各段階で定められた練度に到達した者は、段階的により難しい射撃訓練へ進み、7連隊の任務遂行に必要な実力に到達する訓練体系になっています。今回は、私が実施できるようになった夜間の組戦闘射撃及び夜間の手榴弾投擲訓練で感じたことを述べます。

今までは、連隊が進める訓練に興味はもっていましたが、小隊長だからというプライドもあり、躊躇していた面がありましたが、令和3年度は意を決し、若い陸士と一緒に、同じレベルから訓練を開始しました。

以前から、小隊の隊員が練成をしているのを目にしていたため、イメージはありましたが、いざ自分でやってみると、視界が制約される夜間の行動および銃操作が正確にできず、時折冷静さを失っている自分に気づくことがありました。

練成を重ねるにつれ、一つ一つの動作に目的と意味があることが理解でき、一連の練成の手順の仕組みも効果的、効率的であることを実際に体感できました。自らの練度を自覚し、課題を認識して見つける喜び、そして向上に必要な具体的な練成方法を考えることで、さらにその先へ到達したいという思いが膨らみ、ますます練成に熱が入りました。

約1年間の練成により、ついに私も夜間射撃のための練度判定に合格し、夜間の戦闘射撃と夜間の手榴弾投擲を実施することができました。

私はこの訓練に挑戦し、自らの夜間戦闘能力の向上を実感できたことは言うまでもなく、現場に出る重要性（自らやってみないと分からないこと）を再認識することができました。

「錬磨無限」という言葉がありますが、自分も7連隊も練成は無限に続きます。引き続き、小隊長として自ら新たな目標に挑戦し、真の任務遂行能力の向上を目指してまい進していきたいと思います。

饗庭野演習場で行われた7普連の射撃野営。夜間の手榴弾投擲訓練や組戦闘射撃訓練も行われた

今以上に正確性を

2陸曹　瀬井　良裕（7普連5中・福知山）

夜間における実弾の手榴弾投擲の任務に参加しました。7連隊では任務に必要な練度が定められており、一人一人の練度が管理されています。誰がどの練度にあり、どの実弾訓練に参加可能かが一目瞭然で掌握できます。

その中で「ナイトアサルト」の練度に到達した隊員は、小銃をはじめ、各火器で夜間射撃等の訓練を行っています。今回も各人の練度と能力を踏まえ夜間投擲訓練に参加できる隊員が選定されました。

これまで積み上げた訓練成果により、組戦闘で、暗視眼鏡を使って手信号のみで、相互に射撃支援態勢を取りながら前進し、的に対して投擲するという任務を実施しました。

夜間は昼間と違って、暗視眼鏡の制限された視界のため距離の判定などが少し難しく感じました。自分達「ナイトアサルト」隊員は夜間行動能力も高いため、訓練通り冷静に投擲し、ほとんどの隊員が破壊効果圏内での爆破に成功しました。しかし、現在の世界情勢を考えれば今以上の正確性を追求する必要があると感じました。

7連隊は最近、夜間戦闘でも確実に成果を残してきました。現代戦における夜間戦闘の重要性も隊員一人一人が理解しています。

今の陸上自衛隊の任務は多様化、複雑化しており普通科隊員に求められる資質、識能は日に日に高くなっています。有事の際でも真に戦える普通科隊員として、自らの練度を向上し、さらに後輩隊員の育成にも尽力していきたいと思います。

常に一つ先を意識

陸士長　八木　航（7普連本管中・福知山）

令和3年度冬季射撃野営で夜間の手榴弾投擲の任務を完遂できました。夜間の投擲で一番感じたことは、昼間よりも恐怖心がより強くなることです。

昼間の実弾投擲訓練は経験がありましたが、最初、夜間投擲には少し不安がありました。事前に実施した夜間投擲訓練の練成時間を無駄にしないようにと、集中して取り組むことで気持ちの余裕ができ、本番までには少し落ち着くことができました。

しかし、当日手榴弾が交付された時、緊張をぬぐい切れませんでした。受領後の待機間は、目標物付近に正確に投げられなかった場合や暗闇の中での不測事態発生時に正しく対処ができるかなど、あらゆる可能性を考えていました。

そうこうしているうちに、気づけば状況が始まっていました。練成で実施したことを思い浮かべ、常に一つ先の行動を意識した結果、手信号通りの動作で問題なく目標物に対して投擲することが出来ました。

夜間の手榴弾投擲は昼間の投擲と違い、目標物や手榴弾を肉眼で目視することが難しく、緊張感や雰囲気も昼間とは格段に異なります。恐怖心や緊張感を克服するためには、夜間の環境で何度も繰り返し練成することが大事だと実感しました。

まだ夜間投擲手に認められたばかりなので、ナイトアサルトライフルマンとして、さらなる練度向上に向けさまざまな訓練に参加していきたいです。また、後輩隊員にも、教えてあげたいと思います。

みんなのページ

リクルータを経験して
自衛官は常に見られている

1陸士　藤本　優奈（西方シス通群302中枢交換通信中隊・健軍）

私は、4月18日から30日までの間、自衛隊熊本地方協力本部熊本分駐所でリクルータとして勤務しました。このような貴重な機会をくださった本部長をはじめとする熊本地本の皆さま、そして快く送り出してくれた所属部隊の皆さまには大変感謝しています。

限られた勤務期間でしたが、学校の説明会や下通りの臨時説明会場等で多くの方々と接する中で気付いたことが二つあります。

一つ目は「自衛官は常に見られている」ということです。

部隊勤務では、一般の方々と関わる機会があまりなかったため分かりませんでしたが、母校訪問や学校説明会、下通りの臨時説明会場での勤務を通して「制服に全然皺がないですね」「制服かっこいいですね」という言葉を聞いてうれしい半面、外見上の細かいところまで見られているんだと感じました。

自衛官である限り、常に見られていることを改めて自覚し、以前教育隊で学んだことをもう一度思い出し、その意識を持ち続けていこうと思いました。

二つ目は、自分の目標とする自衛官像が見えたことです。

私は「尊敬され、頼られる自衛官になりたい」と思っています。しかし、今の自分には、説明会などで広報官の方々のように「自衛隊の魅力」や「やりがい」、そして他の仕事との違い等を自分の言葉で相手にしっかりと伝えることができません。

今後は、相手に理解しやすく、丁寧に説明できるよう部隊勤務と併せて、部外の方と関わり、スキルを上げて「尊敬され、頼られる自衛官」を目指していきたいと思います。

13日間という短い期間でしたが、広報官の皆さまには大変お世話になり、とても充実した時間を過ごすことができました。この経験を部隊勤務に生かしていきます。また機会があればリクルータとして是非勤務したいと思います。

リクルータとして新水前寺駅前で広報活動に励む藤本1陸士（右）

OBがんばる

木下　晃一さん　55
令和3年8月、31空群（岩国）を1海尉で定年退職。新明和岩国航空整備に再就職し、現在、US2救難飛行艇などの整備業務を行っている。

健康増強は不可欠

私は令和3年8月に第31航空群司令部勤務を最後に海自を定年退職し、同年9月に新明和岩国航空整備株式会社に就職しました。

弊社は、海自岩国航空基地（山口県岩国市）内に所在し、31空群が運用するUS2救難飛行艇、U36A訓練支援機の整備、エンジンや装備品の定期整備および計画外整備を主な業務としています。

私が弊社を希望した理由は、自衛隊時代に培った知識・技能・資格を即座に活用できると思ったからです。現在、搭乗員が使用する航空救命救難装備品の定期整備等の仕事をしていますが、その整備方法は、自衛官時代の規則類に沿っているため助かっています。そして何より各種救命救難装備品の取り扱いに慣れ親しんでいたことが今の仕事に生かせていると思っています。

再就職先の企業側が定年退職者に望む姿勢について私が思う点について三つ挙げてみたいと思います。一つ目は「積極進取な姿勢」、二つ目は「温故知新の姿勢」、そして三つ目は「自らの体を鍛える姿勢」です。健康で健全な老後を迎えることができるように常日頃からの健康増強は不可欠ではないでしょうか。

再就職に際し、希望職種について決まってない方や、決められない方がいると思いますが、中級管理講習等で職種適性検査が行われるので、その結果を参考にしましょう。自分の再就職のことなので人任せにせず、世間、世情、現実を見て就職活動を頑張って下さい。

（世界の切手・オーストラリア）

大きな悲しみには勇気を持って立ち向かい、小さな悲しみには忍耐を持って立ち向かえ。

ヴィクトル・ユーゴー
（フランスの詩人・小説家）

朝雲ホームページ
www.asagumo-news.com
会員制サイト
Asagumo Archive プラス
朝雲編集部メールアドレス
editorial@asagumo-news.com

新刊紹介

「日本の礼儀作法 ―宮家に伝わる7つのおしえ」

竹田　恒泰著

本書は明治天皇の玄孫にあたる著者が、「日本人なら知っておきたい、日本の礼儀作法」をテーマに、自身が教え育てられたことやその経験をまとめたマナー解説書。平成27年に発行された同書名の単行本に加筆した新書版だ。

古から受け継がれてきた、①食事②動作③言葉④敬語⑤人との付き合い⑥お金⑦服装――の作法について、一つひとつの意味を背景も含めて分かりやすく解説。正しい箸の使い方、あいさつの仕方、礼装の着こなし方など日常生活から礼式、さらには皇室や宮家に伝わる作法に至るまでを網羅した。

動作の紹介では「正しい礼は人を感動させるほど美しいもの」として、「会釈」「敬礼」「最敬礼」といった一般礼式の使い分けに加え、自衛隊礼式の「10度の敬礼」の活用も勧めるなど、自衛官にとってなじみ深い内容も盛り込まれている。

周囲から旧宮家の出身なら正式な作法が「出来て当たり前」と思われ、正しい作法を繰り返し学んだという著者。著者の教えを普段から心掛ければ自然と美しい振る舞いが身に付くだろう。

（マガジンハウス刊、1300円）

「元狙撃教官が語る 狙撃の道」

松岡　勝樹、二見　龍著

本書は富士学校で狙撃課程を立ち上げ、陸自の〝狙撃の道〟を切り開いた初代狙撃教官の松岡勝樹元3尉と、現在は執筆業や危機管理コンサルタントとして活動する二見龍元陸将補による対談をまとめたものだ。当事者だからこそ語れる課程創設の背景、狙撃手として求められる資質や任務、扱う装備品など、あまり知られていない陸自スナイパーにスポットを当て実像を紹介する。

とりわけ、スナイパーの適性について取り上げた部分が興味深い。松岡氏は「俺がおれが」タイプではなく「一歩引いて、いろんな視点で全体を見ることができること」を上げる。その好例として海自のP3C哨戒機クルーを取り上げ、周囲とコミュニケーションが取れる人間性こそ「もっとも重視する」と語る。二見氏も「チームの一員であるということへの理解がないと狙撃手は務まらない」とする。

劇画やフィクションの世界では一匹狼タイプのスナイパーが描かれるが、2人の対談を読むと、そんなイメージが大きく覆される。

最終章では、さらなる〝狙撃の道〟を究めるためにどう強化すべきかについても触れられており、スナイパーの現状と未来を知るうえで有益な一冊となっている。

（並木書房刊、1760円）

第1284回出題

詰碁

出題　日本棋院　九段　曲　励起

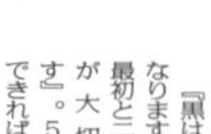

黒先

『黒はどうなりますか。最初と二手目が大切です』。5分でできれば中級です。

▶詰碁、詰将棋の出題は隔週です◀

詰将棋

出題　日本将棋連盟　九段　石田　和雄

▲先手　持駒　金金

≫第868回の解答≪

【正解】▲2三金△同金▲1四金△同玉▲1五飛△同玉▲2五金までの七手詰め。

【解説】平凡に▲1四金打△1二玉▲2三金打と迫ったのでは△1一玉で詰まない。▲2三金から▲1四金が巧妙な金のさばきで、次の▲1五飛が絶好の捨て駒となって解決します。

朝雲

発行所 朝雲新聞社
〒160-0002 東京都新宿区四谷坂町12－20 KKビル
電話 03(3225)3841
FAX 03(3225)3831
振替00190-4-17600番
定価一部150円、年間購読料9170円（税・送料込み）

主な記事

日米韓防衛相

ミサイル訓練再開へ

岸氏 シャングリラ会合で講演

岸防衛相は6月11、12の両日、シンガポールを訪れ、英国際戦略研究所主催の「アジア安全保障会議（シャングリラ会合）」に出席してスピーチするとともに、日米韓、日米豪の3カ国による防衛相会談をはじめ、豪州、中国、カナダ、シンガポール、ニュージーランド、フィジー各国の国防相との2国間会談を行った。日米韓の共同声明では、3カ国による弾道ミサイル対処共同訓練の再開で一致。日米豪の共同声明では、自衛隊が米豪軍と共に3カ国で活動する際では初となる「自衛隊法95条の2」に基づく「武器等防護」を、米豪両軍の艦艇や航空機に同時に実施する方針を明記した。これに先立ち10日には岸田首相が基調講演し、ルールに基づく国際秩序の強化を訴えた。日本の首相の講演は安倍元首相以来、8年ぶり。

自衛隊が米豪軍に「武器等防護」

日米韓３カ国の連携を確認し、共同声明を発表した（左から）岸防衛相、オースティン米国防長官、韓国の李鐘燮国防相（6月11日、シンガポールで）＝防衛省提供

シャングリラ会合は新型コロナウイルスの感染拡大のため2年連続で中止され、3年ぶり19回目の開催。世界約40カ国から国防相や軍幹部らが出席した。

岸大臣は11日のスピーチでロシアによるウクライナ侵略を非難。法の支配を尊重する諸国がそれぞれの防衛力を強化し、強固な連携を戦略的に発信することで、「ルールを無視する主体に対し、ルールに基づく国際秩序を力によって変えることは不可能だと強く認識させていかなければならない」と訴えた。

翻って我が国は、名指しを避けながらも、ロシアや中国、北朝鮮を念頭に「ルールを無視する主体に囲まれた最前線」と表現。日米同盟の重要性を強調した上で「平和国家としての歩みを一層強めていく自助努力として、（大綱・中期防など）戦略文書を改定し、防衛力の抜本的な強化を加速する」と決意を述べた。

この後、岸大臣は米国のオースティン国防長官、韓国の李鐘燮（イジョンソプ）国防相との日米韓防衛相会談に臨み、共同声明を発表。ミサイル発射を繰り返す北朝鮮に対応するため、3カ国によるミサイル警戒訓練や弾道ミサイルの探知・追尾訓練を実施する方針で一致した。3カ国の弾道ミサイル対処共同訓練が再開すれば、2017年12月以来となる。

日米韓防衛相会談が対面で開催されるのは19年11月以来で、今年5月に韓国の尹錫悦（ユンソンニョル）政権が発足して以降は電話会談も含め初めて。日米韓防衛相の共同文書としては初めて「台湾海峡の平和と安定の重要性」が盛り込まれた。

続いて、岸大臣とオースティン米国防長官に豪のリチャード・マールズ副首相兼国防相を加えた日米豪防衛相会談も行われ、共同声明には、自衛隊が米豪軍と共に3カ国で活動する枠組みの中では初となる「自衛隊法95条の2」に基づく「武器等防護」を、米豪両軍の艦艇や航空機に同時に実施する方針が明記された。

シンガポールのウン・エンヘン国防相とは、新たに改定された「防衛交流の覚書」に署名。防衛装備品・技術移転協定に向けた交渉が正式に始まったことを歓迎し、具体的な案件の協議を加速させていくことで一致した。

このほか、11日はカナダのアナンド国防相、翌12日はフィジーのセルイラトゥ防衛・国家安全保障・警察相、豪のマールズ国防相、ニュージーランドのヘナレ国防相と個別会談し、日本との防衛協力を強化していくことで一致した。

解説　「自律性」模索するインド太平洋諸国

防衛研究所 石原雄介主任研究官

今回のシャングリラの中心的なメッセージは、ウクライナ侵攻後においても、アジアの安全保障を突き動かす最重要のテーマは大きく変化していないというものだ。

会合の諸議論はとりわけ、①米中両国の戦略的角逐（相互対立・競争）の拡大②そのような中で「自律的な」外交・安全保障を模索する両国以外の諸国の動向――を論点として展開された。

米国のオースティン国防長官と中国の魏国防相は台湾海峡やアジアの秩序をめぐる相手の言動を非難し合うと同時に、自らの安全保障政策こそが地域諸国の国益に合致しているとの自負をにじませた。

これに対し、例えばインドネシアのプラボウォ国防相は、大国間の角逐に巻き込まれない姿勢こそ「アジアの流儀」だと主張し、またフランスのルコルニュ軍事相も「二者択一」を避けるアジアの姿勢に配慮を示すなど、各国の「自律性」が重要テーマであることが改めて確認された。

こうした中、岸田首相、岸防衛相は、「民主主義対権威主義」といった対立の強調や中国の名指し批判を避けつつ、ウクライナ侵攻、台湾海峡などの問題が全ての諸国にとって巨大な課題であることを多様な観点から解き明かす演説を行った。

今後、日本のこうした「包摂的」な取り組みがどのように「言説」から具体的「行動」につながるのか注目される。

日中防衛相が会談

2年半ぶり 岸大臣自制求める

中国の国務委員兼国防相の魏鳳和上将（右）と会談する岸防衛相（左）（6月12日、シンガポールで）（防衛省提供）

岸防衛相は6月12日、訪問先のシンガポールで中国の国務委員兼国防相の魏鳳和上将と会談した。対面形式の日中防衛相会談は約2年半ぶり。

岸大臣は5月に中露の戦略爆撃機が我が国周辺で行った長距離共同飛行など一連の共同行動は「我が国に対する示威活動だ」と指摘し、「重大な懸念」を表明。

尖閣諸島周辺海域を含む東シナ海で力を背景とした一方的な現状変更の試みや、空母「遼寧」による我が国近海での訓練など、中国による懸念すべき活動が継続していることについて強く自制を求め、「力を背景とした一方的な現状変更の試みや緊張を高めるいかなる行動にも強く反対する」ことを述べた。

台湾情勢については、我が国の基本的立場に変更はないとした上で「台湾海峡の平和と安定は国際社会にとっても極めて重要だ」と強調した。

岸大臣は日中関係について「懸念があるからこそ率直な意思疎通が必要だ」と述べ、両氏は今後も防衛当局間で対話や交流を推進していくことで一致した。

NATO軍事委員長が来省

岸防衛相、山崎統幕長と会談

北大西洋条約機構（NATO）軍事委員長のロブ・バウアー海軍大将（オランダ出身）が6月7日、防衛省を訪れ、岸防衛相、山崎統幕長とそれぞれ会談した。

NATO軍事委員長は米欧30カ国で構成するNATOの軍事機構のトップで、防衛省への公式訪問は3年ぶり、4回目。

岸大臣は、NATOによるインド太平洋地域への関与拡大に歓迎の意を表した上で、ロシアによるウクライナ侵略を念頭に、「日本とNATOは基本的価値や戦略的利益を共有する信頼できるパートナーだ。今や、欧州とアジアの安全保障は不可分なものとなっている。国際社会が厳しい安全保障環境に直面する今こそ、連携強化が求められている」と呼び掛けた。

これに対し、バウアー軍事委員長はウクライナ情勢について「NATOが即応体制を整え、同盟国を守る用意があることを示し、抑止力を強化することが重要だ」と強調。その上で「NATO加盟国はウクライナが自国の防衛力を高められるよう支援している。〝プーチン大統領の戦争〟は、ロシアを貧困化、弱体化、孤立化させる結果を招いており、ロシアには直ちにウクライナから撤退し、外交交渉の場に臨むことを求める」と述べた。

これに先立ち、バウアー委員長と会談した山崎統幕長は、「力による現状変更は許さないという点は国際社会における安全保障上の共通の認識だ。『自由で開かれたインド太平洋』構想の実現に向け、NATOとの一層連携を図りたい」と語った。

これに対し、バウアー委員長は「法に基づく国際秩序を何としても守っていかなければならない。日本はNATOにとって極めて重要なパートナーだ」と応えた。

その後、共同記者会見に臨んだ統幕長は「欧州とインド太平洋地域の安全保障は不可分で、日・NATO間のさらなる連携強化は世界の平和と安定に必要不可欠だ」と述べた。

バウアー委員長は「日本は欧州・大西洋地域以外では最も長い友好関係を持つパートナー国だ。NATOはアジア太平洋地域の国々との関係深化を進めており、日本の参加と貢献は不可欠だ」と我が国との協力強化の重要性を強調した。

山崎統幕長（左）のエスコートで陸自の特別儀仗隊を巡閲するNATO軍事委員長のバウアー海軍大将＝6月7日、防衛省で

春夏秋冬

「恐怖」がもたらすもの

先崎　彰容

目下、「露ウ戦争」をめぐって識者の見解が花盛りである。東部制圧は可能なのか、生物化学兵器の使用はあるか、プーチンは重病なのか、日本は核共有の議論をすべきなのか等々。激しく変化する現状を追尾し、説明することも重要だろう。

だがここでは、1冊の本を参照し、戦争と人間をめぐる宿命を、「恐怖」という観点から俯瞰してみたい。

1冊の本とは、高坂正堯『国際政治』（中公新書）である。この国際政治学の入門書で、高坂は、戦争と外交の力学を、きわめてわかりやすい具体例で説明する。ここに、あまり互いに好意をもたない2人の人間がいるとする。それぞれピストルを持ち、部屋に閉じ込められている。この場合、互いに同時にピストルを投げ出せば、殺し合いは起きない。しかし、これが容易ではないのだ。こちらが先にピストルを投げ出せば、相手は約束を破るかもしれない。同時にピストルを投げ出しても、実は相手はもう1丁、ピストルを隠し持っているかもしれない。そして重要なのは、相手もまた、私に対して同様の恐怖を感じている。だからこそ、互いにピストルを捨てきれないのだ――。

軍縮が困難を極めるのは、以上のささやかな例から説明できる。人間にとって、相手に対する「恐怖」こそ、あらゆる困難のもとである。相手に対する誇大妄想を次々と生み出し、ピストルの引き金を引いてしまう。相手を色眼鏡で見れば、あらゆる動作が怪しく、疑いを誘う。人間は、未来を予見する理性という能力を持ってしまったが故に、戦争の引き金を引いてしまうのだ。

高坂が軍事力の本質を「軍備が緊張を作っているのではなく、その逆、つまり緊張が軍備を必要としているのである」と指摘するとき、私たちは、今回の戦争を人間に対する普遍的かつ深い洞察から次のように説明することができるはずである。プーチンから見て、NATO東漸ほど恐ろしいことはない。ウクライナから見て、ロシア侵攻は恐怖そのものだ。つまり両者ともに、相手を「恐ろしい」と主張しているのである。

（日本大学危機管理学部教授）

海自

遠洋練習航海部隊 NATOと訓練

戦術運動を行う日・NATO艦隊（右から「カルロ・マルゴッティーニ」「かしま」「サーリヒレイス」「しまかぜ」）＝海自提供

海自遠洋練習航海部隊（練習艦「かしま」「しまかぜ」で編成、指揮官・小牟田秀覚練習艦隊司令官以下、実習幹部約160人を含む約540人）は6月6日、地中海で北大西洋条約機構（NATO）第2常設海上部隊所属のイタリア、トルコ両海軍と共同訓練を実施した。海自部隊がNATO軍と共同訓練を行うのは2018年以来、約4年ぶり。

NATO側はイタリア海軍のマウロ・パネビアンコ司令官を統裁官に、イタリア海軍のフリゲート「カルロ・マルゴッティーニ」、トルコ海軍のフリゲート「サーリヒレイス」が参加した。日・NATOの艦隊は陣形を組んでフォトエクササイズを行うなど、戦術技量の向上を図った。

また日・NATOの乗員は互いの艦船を訪問し交流を深めた。両司令官は今後もパートナーシップを強化し、関係を発展させていくことを確認した。小牟田司令官と面会したパネビアンコ司令官は「我々は多くの価値観を共有しており、協力は相互に有益なものとなる」と語った。

世界を西回りに航海中の練習艦隊はその後、次の寄港地のフランスに向かった。

ロシア招待を取り消し

WPNSと国際観艦式2022

酒井海幕長は6月7日の定例会見で、日本で今年開催を予定している西太平洋海軍シンポジウム（WPNS）と国際観艦式へのロシアの招待を取り消したと発表した。

理由として海幕長はロシアのウクライナへの侵略を挙げ、「国際秩序の根幹をゆるがす行為で明確な国際法違反。WPNSの目的である『地域の多国間海軍協力』に合致しない」と述べた。

WPNSは、2年ごとに西太平洋地域の海軍トップらが参加する多国間海軍協力のための枠組みで、今年は日本が議長国を務める。あわせて海自70周年を記念して、国際観艦式の開催を予定。日本が国際観艦式を主催するのは2002年以来、20年ぶりとなる。

政専機、首相乗せシンガポール往復

空自特輸隊（千歳）のB777政府専用機は6月10、11の両日、アジア安全保障会議（シャングリラ会合）に出席の岸田首相を乗せ、羽田とシンガポールのチャンギ国際空港を往復した。

朝雲寸言

1914年の夏、第1次世界大戦が始まった時、この戦争が長期化するとは誰も思わなかった。参加した兵士のほとんどはクリスマスまでには家に帰れるだろうと信じていた。しかし戦いは塹壕戦へと移行、戦線は膠着した。講和条約の締結まで戦争は4年半に及んだ▼1950年6月25日未明、ソ連の軍事支援を受けた北朝鮮軍が突如として38度線を越えて大韓民国に侵攻した。釜山橋頭保で転換点を迎えた朝鮮戦争は国連軍が鴨緑江まで押し戻したものの中共軍の参戦により後退を余儀なくされ、3年後対峙した線で休戦を迎えた。名目上、朝鮮戦争は今も続いているのである▼1961年5月、東南アジアの赤化を恐れた米国は軍事顧問団という名の特殊作戦部隊を南ベトナムに派遣した。その後トンキン湾事件を契機に米国は戦争に介入、サイゴン陥落まで10年以上の年月と6万人を超える犠牲を出して米国はベトナムから撤退した▼戦争を長期化させる要因は様々である。しかし戦争を決断した独裁者にとって戦争の長期化は誤算であろう。特別軍事作戦と呼ぶロシアのウクライナ侵攻はすでに4カ月、戦争は長期化の様相を見せている▼ウクライナ侵攻におけるロシアの最大の誤算は国土を守ろうと決意するウクライナ国民の意志を軽んじたことにあるのではないか。まさに戦争とは国民の意志の戦いなのだ▼孫子は戒める。「算多きは勝ち、算少なきは勝たず」と。

大規模接種4回目

東京、大阪で開始

防衛省・自衛隊

防衛省・自衛隊が東京と大阪で運営している新型コロナワクチンの「大規模接種会場」で6月13日、4回目の接種が始まった。

3回目から5カ月以上が経過した60歳以上などが対象で、3回目と同じモデルナ製のワクチンが使用される。東京会場と大阪の北浜会場では引き続き3回目の接種も行われるが、大阪の堺筋本町会場は4回目の接種のみとなる。全会場とも運営時間は午前8時から午後6時まで。

詳細は防衛省HPで。

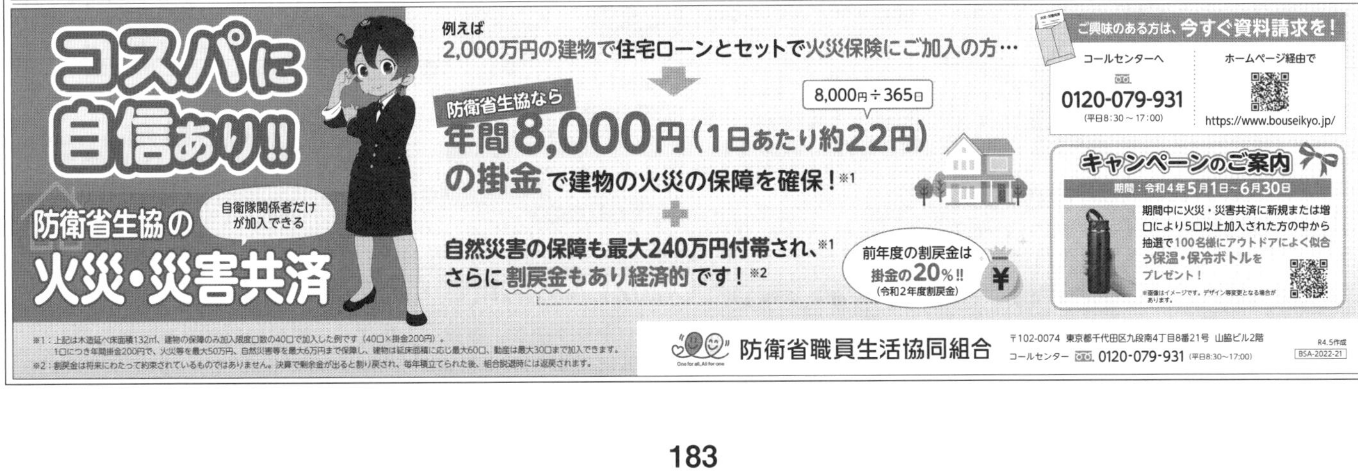

時の焦点

国内

骨太の方針

防衛力強化へ道筋示せ

日本の安全保障環境は厳しさを増し、防衛力の強化は焦眉の急である。その裏打ちとなる防衛費をどう増額するか、国民的な議論を深めたい。

政府が、経済財政運営の指針となる「骨太の方針」を閣議決定した。岸田首相が看板政策に掲げる「新しい資本主義」を通じ、日本経済の立て直しを目指す。人への投資や技術革新、スタートアップ（新興企業）支援などを重視している。

コロナ禍で経済成長は鈍化し、先行きの不透明感は強まっている。日本が立ち遅れている分野について、課題を解決し、経済成長につなげていくことが大切である。

首相が当初から主張してきた分配政策は、影を潜めた。賃金を増やす政策は精彩を欠き、富裕層を念頭にした金融所得課税の強化も見送った。

分配に必要な原資が見当たらないことに加え、「市場を軽視している」との批判に配慮せざるを得なかったのだろう。新しい資本主義は、新自由主義的な政策が格差を助長したとして、中間層の底上げを目指すという触れ込みだった。だが、今回の方針は成長戦略が目立ち、首相の経済政策がわかりにくくなったのは否定できない。

焦点となったのは、防衛力の強化である。

骨太の方針は、「防衛力を5年以内に抜本的に強化する」と明記した。北大西洋条約機構（NATO）が国内総生産（GDP）比2％以上の国防予算を目標としていることも本文に記した。

原案には「5年以内」という年限はなく、NATOに関する記述は注釈にとどまっていたが、自民党の要請で修正した。

ロシアによるウクライナ侵略を目の当たりにし、防衛力の強化は国民にとっても大きな関心事となっている。骨太の方針で防衛力強化の目標年限を区切ったことは、高く評価できよう。

欧州各国では、安全保障戦略を見直す動きが相次いでいる。国防費が対GDP比1・49％だったドイツは、早急に2％以上に引き上げる方針を示した。フィンランドとスウェーデンは長年の軍事的中立を転換し、NATOに加盟を申請した。

軍事大国化する中国、ミサイル発射を続ける北朝鮮に近い日本は、欧州よりもはるかに厳しい脅威にさらされている。

だが、日本の防衛費は今年度予算でGDPの1％程度にとどまる。極めて心許ない数字だ。

自分の国を自分で守るために、何が必要か。その内容を具体的に示し、財源確保につなげていくことが重要だ。正面装備の拡充や老朽化した施設の改修はもとより、最先端技術の開発や導入に向けた検討も早急に進めなければならない。

日本の財政事情は厳しい。国と地方の長期債務残高は21年度末に1200兆円を超える見込みで、高齢化で社会保障費も年々膨らんでいる。

他の支出や国債発行にも関係する防衛費増額について、政府は国民に粘り強く説明し、理解を得ることが不可欠だ。

藤原　志郎（政治評論家）

海外

ウクライナ問題

戦争終結案では不協和

ウクライナ戦争の長期化と並行して、米欧諸国の多数が現在、この戦争をどのように終わらせるのか、その形式について集中的検討を始めている。

ロシアとの交渉につながる条件は、一体どういうものだろう。多くの国が「それはウクライナが決めること」と言うが、同国の願望を越えて考慮すべき要素もある。

オースティン米国防長官が4月下旬、キーウを訪れた際に示唆したように、北大西洋条約機構（NATO）はロシアを完全敗北まで追い込むべきなのか？ それとも、ある程度は寛大に扱うことも必要なのか？

戦争をどういう形で終結すべきなのかに関し、NATO内で意見の不一致が表面化し始め、その〝擦り合わせ〟が目下の重要課題だ。

まず、一方は「正義」派。ロシアを徹底的に敗北させ、和平条件も厳しくすべきだという主張で、英国や多くのバルト諸国がロシアへの厳罰を要求している。

これに対し、ロシアへの多少の寛容さで結集しているのが、もう一方の「和平」派。戦闘の停止と早急な交渉開始の道を探っている。

ドイツは両国の休戦を呼び掛け、イタリアは紛争の政治的解決を目指す独自案を関係国に提示した。フランスは、ロシアに〝屈辱感〟を与えないような将来の和平取引に言及している。

米政府はこの問題で公式の方針をまだ明らかにしていない。情勢が短期間に劇的に変わり得る可能性を考えれば、賢明な戦略だ。

英誌「エコノミスト」（5月31日）も「戦争の最終段階を違ったレンズで見ている」と解説していた。

欧州も米国も、それぞれのプライオリティがあり、「2つのビジョンの調和は困難で、既に同盟内で分裂が生じている」との指摘だ。

「ウクライナの交渉の立場の改善のため、米欧の当局者が同国を支援している。一つは、西側が同国の安保を保証するという要求に対し、直接防衛までは約束しないが、①対ロ制裁の解除後、速やかに復活させる能力②再び侵攻が起きた場合の同国の再軍備―などの内容」という。

また、キッシンジャー元米国務長官が5月23日、世界経済フォーラム総会（ダボス会議）で、ウクライナは交渉解決でも、領土を割譲しなければならないだろうと発言、「分割する線は侵攻前の状態に戻すのが理想的」と述べた。

「侵攻前」なら、ロシアが2014年に併合したクリミア半島や親ロ派勢力支配下の東部ドンバス地方の割譲となり、当然、ウクライナは反発。

だが、NATOの多くは声高には言わないものの、キッシンジャー発言に共感。ロシアは国際規範無視を実証した人物が率いる核保有国。そんな危険なクマをなぜ突くのか？

どの国が終結を主導しても、コンセンサスとウクライナの承認が不可欠。そうでないと、戦争拡大のリスクが増大し続ける。

草野　徹（外交評論家）

UNFMAC教官に山田1尉派遣

陸幕長「自衛隊らしく誠実かつ親身に」

国連の「野外衛生救護補助員コース（UNFMAC）」への派遣に向けて吉田陸幕長（中央）から激励を受ける山田1尉（左）。右は立会した陸幕衛生部長の森知久将補（6月1日、陸幕で）

防衛省は6月13日から17日まで、「国連三角パートナーシップ・プログラム（UNTPP）」の一環でアフリカのウガンダで行われる「野外衛生救護補助員コース（UNFMAC）」の試行訓練に山田浩平1陸尉（衛生学校、医官）を教官要員として派遣した。

陸自から同プログラムへの教官要員派遣は、訓練が初めて行われた2019（令和元）年以来2回目。

山田1尉はウガンダの首都エンテベにある国連エンテベ地域支援センターで他国や国際機関から派遣される教官6人と共に、各国の国連平和維持活動（PKO）要員約20人の訓練生に第一線救護では対応困難な戦傷病に対する応急救護を教育する。今回の訓練を反映し、今年10月から本格的な教育訓練を行う予定だ。

出国に先立ち6月1日、山田1尉は陸幕応接室で吉田陸幕長に出国を報告。この後の懇談で陸幕長に意気込みを問われ、「現在国連の活動で約100人の死者が出ていると聞いております。PKOに派遣されている各隊員の救護能力を向上させ、殉職者を減らすことに寄与できればと思っております」と語った。

吉田陸幕長は「国連PKO要員の生命の保護は非常に大きな課題になっている。そこに直接影響するという点の意義を考えて臨んでほしい。自衛隊らしく、訓練生目線で誠実かつ親身な教育を行い、信頼関係をしっかりと築いてほしい。大いに頑張ってくれ」と激励した。

ひと

元自衛官として安保政策に尽力12年

宇都（うと） 隆史（たかし）参院議員（47）

「日本の安全保障体制を自分の世代で少しでも真っ当なものにしたい」――。

1等空尉の時、そう決意して政治の世界に飛び込んで以来、〝空翔ぶ参議院議員〟として2期12年間を全力疾走してきた。気持ちは常に防衛省・自衛隊と共にある。

元自衛官としての知見を生かして取り組んできたのは、防衛予算・装備品の充実強化をはじめ、自衛官の社会的地位の向上、自衛隊の存在を位置付ける憲法改正とそれによる自衛隊から国防軍への昇格だ。

防大卒業後、政治に翻弄される自衛隊の現場で味わってきた悔しさをバネに、「現場の代弁者」として課題解決に力を注いできた。

一方で、自らの熱い思いとは裏腹に、物事は牛歩の歩みでしか変えられない現実も思い知らされた。

だが、今回のロシアによるウクライナ侵略は、国民の意識を大きく変えた。安全保障問題をテーマにした自身の講演会には女性や若者の姿が目立ち、「日本の防衛は大丈夫か?」と聞かれる。隣国ロシア、中国、北朝鮮の動きに国民は危機感を募らせている。

「憲法改正に向けた体制作りへ『次が勝負』。重要な時代に、国会議員として再び送り出していただければ、こんな幸せなことはない。これまでの12年間は、今この時のためにある」

「生まれ変わるなら、また日本がいい」――そう思える誇りある日本にしたい。4度目の年男を迎え、祖国日本のために「虎千里を走る」働きを誓う。

（文・日置文恵、写真・菱川浩嗣）

空幕長 豪空軍副本部長と会談

防衛協力・交流の重要性確認

オーストラリア空軍副本部長のスティーブン・メレディス少将が5月23日から25日まで来日、井筒空幕長、航空総隊司令官の内倉浩昭空将、南西空司令官の谷嶋正仁空将を表敬した。

井筒空幕長とは23日、防衛省で会談。日豪を取り巻く国際情勢について意見交換、日豪防衛協力・交流の重要性について確認した。

また同日、横田基地で航空総隊司令官の内倉空将、那覇基地で南西空司令官の谷嶋空将とも会談した。

24日には空幕防衛部長の坂梨弘明将補と日豪航空宇宙軍種の防衛協力・交流について協議を行い、部隊の相互運用性を向上させていくことで一致。その後、メレディス副本部長は9空団（那覇）と警空団603飛行隊（同）を視察し、F15戦闘機やE2C早期警戒機の見学、アラート研修を行った。

防衛省で会談を行い記念写真に納まる井筒空幕長（右）と豪州空軍副本部長スティーブン・メレディス空軍少将（5月23日）

海自と米海軍が「衛生特別訓練」

海自は5月20日、横須賀地区で米海軍と共同の「衛生特別訓練」を実施した。

訓練は平成8年に始まり今回で24回目。海自は村上健彦横須賀病院長を訓練統制官に、横監、横病、基地業務隊、衛生隊から隊員約60人、米海軍は横須賀米海軍病院長を統制官に同院の医療従事者など要員約200人が参加した。

訓練では「関東を震源とするマグニチュード8の地震発生」を想定。日米隊員は負傷者のトリアージ（傷病者の振り分け）をはじめ、応急処置や患者搬送などを演練し、災害に備え連携を強化した。

大規模災害を想定してトリアージや応急処置を演練する日米の隊員（5月20日）＝横須賀米海軍病院フェイスブックから

北空F15がスクランブル

露方面から北海道に向け直進飛行

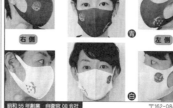

ロシア軍機（推定）4機が6月7日、北海道西方の日本海に飛来し、日本の領空に向けて直進飛行をした＝図＝ため、空自北空のF15戦闘機が緊急発進して対応した。領空侵犯はなかった。

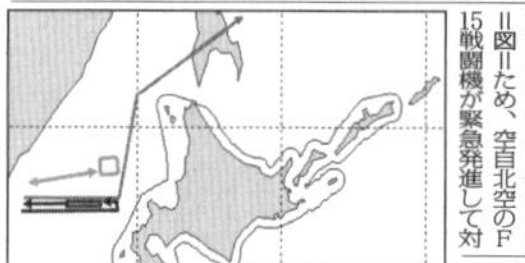

ロシアのウラジオストク方面から来た4機のうち1機は、北海道・神威岬沖で旋回飛行後、反転して往路とほぼ逆のルートでロシア方面に、1機は同岬沖で反転後に旋回飛行を行い、ウラジオストク方面に戻った。

別の2機は同岬沖で針路を北に変えて北上し、礼文島沖でさらに北東に針路を変え、サハリン上空を航過した。

防衛省発令

▽航空総隊計画課長（西部航空方面隊装備部長）1空佐 金城 兵啓
▽6航空団整備補給群司令（空幕装備課企画班長）同 石関 明弘
▽西部航空方面隊装備部長（6航空団整備補給群司令）同 丸山 勲
▽13飛行教育団副司令（航空総隊計画課長）同 山脇 康博
（以上6月4日）
▽海幕総務課（海洋業務・対潜支援群首席幕僚）1海佐 山口 誠
（6月10日）

露情報収集機 日本海を飛行

空自がスクランブル

ロシア軍のイリューシンIL20情報収集機1機＝写真＝が5月24日、日本海を飛行したため空自の北空、中空のF15戦闘機が緊急発進して対応した。領空侵犯はなかった。

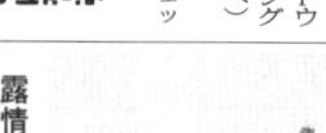

北海道・礼文島沖上空に飛来したIL20は秋田沖を南下して能登半島沖に到達後、針路を北西に変え自国領方面に戻った。

日米豪実動訓練「サザン・ジャッカルー22」

「信頼の絆」3カ国で強化

周囲を警戒する日豪の隊員

実戦のノウハウ共有

日、米、豪3カ国の陸上部隊による共同実動訓練「サザン・ジャッカルー22」が5月9日から27日にかけ、豪クイーンズランド州のショールウォーターベイ演習場とガリポリバラックス基地で行われた。

陸自は東方総監の森下泰臣陸将を担任官に、13普連（松本）の浅埜良蔵副連隊長を指揮官とする13普連と中央即応連隊から約70人、豪陸軍から第7旅団第6歩兵連隊、米海兵隊から第1海兵機動展開部隊（ダーウィン・ローテーション部隊）の兵士それぞれ1個中隊規模の約100人が参加した。

3カ国の隊員たちは、オーストラリアの広大な演習場を活用し、戦闘訓練を通じて戦術技量を向上させるとともに、3カ国部隊の信頼関係の強化を図った。

実戦経験を有する米豪軍とノウハウを共有するため、敵部隊などの捜索・撃滅に係る訓練「対ゲリラ・コマンドウ作戦」を実施。昼夜間における戦闘訓練や重要施設などを防護する一連の行動を演練した。いずれもドローンを活用し、爆発物の捜索・処理においてはUGV（無人地上車両）を使用するなど、作戦遂行能力および相互運用性の向上を図り、陸自と米豪軍間の更なる連携の強化が得られるものとなった。

吉田陸幕長は同月26日の会見で同訓練の成果を「対ゲリラ・コマンドウ作戦の作戦遂行能力や米豪軍とのインターオペラビリティー（相互運用性）の向上を図ることができた」と語り、戦術レベルの話では「UAV（無人航空機、ドローン）が非常に有効である」とし、それが「撃墜されないような飛行訓練などについても（米豪軍は）かなり練度が高いということを学んだ」と話した。

また、米海兵隊の大型UGVについて言及。訓練で車両に仕掛けられたIED（即席爆発装置）を処理する際、車両に接触することなく処理できることは隊員の安全確保の観点からも価値が高く、より「UGVの重要性がある」との見解を示した上で、最後に「戦略面、作戦面、戦術面で大きな意義があった」と締めくくった。

(上)陸自の軽装甲機動車から敵方を警戒する陸自隊員（いずれも陸幕提供）
(右)接近する敵の情報を共有する日米の隊員

ドローン、UGVも活用

(上)ドローン「アナフィー」を活用して偵察する陸自隊員　(下)UGV（無人地上車両）を使用してIED（即席爆発装置）を探索する陸自爆発装置処理部隊

(右)日米豪指揮官による記念撮影（左から陸自の徳永友宏3佐、豪陸軍のチャーリー・デイキンス少佐、米海兵隊のモルゲン大尉、陸自の浅埜良蔵2佐）　(下)日米豪の各小隊長による認識共有

第一線救護を実施する日豪隊員

サザン・ジャッカルー

毎年、豪州で行われている日米豪陸軍種の共同実動訓練。隊員・部隊の戦術技量および作戦遂行能力を向上させ、日米豪3カ国の連携強化を図ることでインド太平洋地域への平和と安定に寄与することを目的としている。2013年から毎年実施され、陸自は第1回目から参加。豪州の広大な演習場で訓練できることから、国内では最大射程射撃が不可能な陸自主力火砲155ミリ榴弾砲FH70などの射撃も2019年の訓練では行っている。新型コロナウイルスの影響で中止した2020年を除き、今回で9回目の実施となる。「ジャッカルー」は豪英語で「カウボーイ」の意味がある。

スポーツ 特集

無敵の強さ!! 中越4連覇

第82回全日本ウエイトリフティング選手権大会

男子55キロ級

クリーン&ジャーク135キロで大会新

第82回全日本・第36回全日本女子ウエイトリフティング選手権大会が4月28日から5月1日まで、愛媛・新居浜市市民体育館で行われ、男子55キロ級で自衛隊体育学校（朝霞）の中越遼太3陸曹が4連覇、同61キロ級で本木和真2陸尉が2年ぶり4回目の優勝、同81キロ級で原勇輝2陸曹が初優勝に輝いた。

大会初日に行われた男子55キロ級。中越3曹はスナッチで105キロ、110キロを挙げ、3回目の試技で自身の持つ日本記録（114キロ）の更新に挑んだが、115キロを惜しくも失敗。続くクリーン&ジャークでは130キロ、132キロに成功した後、135キロの大会新記録をマーク。トータル245キロで4連覇を達成した。

この階級で無敵の強さを見せつけた中越3曹。「手首を痛めて思うように練習ができていなかったが、最高のパフォーマンスで優勝できたのは良かった。スナッチの日本記録を塗り替えられたので（2位の砂山昂大選手がこの日2回目の試技で115キロに成功）、また自分が塗り替えて5連覇を達成したい」と意気込んだ。

大会新をマークして4連覇を果たした中越3曹。「5連覇を達成したい」とモチベーションはなお高い（4月28日、愛媛・新居浜市市民体育館で）

本木2年ぶり4回目V

男子61キロ級 目標届かず悔しさも

本木2尉はスナッチで125キロを挙げてトップでC&ジャークにつなげ、1回目の試技でいきなり145キロを成功。2位以下の2選手が150キロを成功させて追い上げられるもスナッチの好成績が効いて、トータル270キロで競り勝った。

「目標の記録が出なかったので、うれしさより悔しさが大きい。国際大会でも結果を残すため、トータル290キロを挙げられるよう頑張りたい」と話した。

スナッチでのリードを守り、トータル270キロの好成績で見事61キロ級を制した本木2尉

原が悲願の初優勝

男子81キロ級 第3試技で勢い

体育学校ニュース

2日目の同81キロ級には原2曹が登場。スナッチで145キロを第2試技まで落とし、後がなくなった第3試技で成功。勢いに乗り、C&ジャークで2位に10キロ差をつける180キロを挙げて悲願の初優勝を果たした。

原2曹は「練習で挙げている重量を試合ではまだ挙げられていないので、その差を詰めてトップ選手に追いつきたい」と語った。

クリーン&ジャークで2位以下を大きく引き離し81キロ級で初優勝した原2曹

全日本選抜ライフル射撃競技選手権大会

島田、花川が初優勝

3姿勢・松本も2位入賞

2022年度全日本選抜ライフル射撃競技選手権大会（50メートルライフル）が5月7、8の両日、熊本県総合射撃場で行われ、体校射撃班の島田敦2陸曹が伏射男子種目、花川直樹2陸曹が3姿勢男子種目でそれぞれ初優勝した。

1日目、伏射競技本戦（60発撃ち）に出場した島田2曹は、序盤から終始安定した危なげない射撃を見せ、見事初優勝。「今回の試合は点数を意識せず、技術だけに集中して臨んだ。自己ベストを更新できてうれしい」と話した。

翌2日目、3姿勢競技本戦（60発撃ち）は体校勢が上位を独占した。花川2曹は前日の伏射で優勝した島田2曹を1点差で追う583点の2位でファイナル進出。そこから着実に点数を重ね、2020東京五輪代表の松本崇志1陸尉との接戦となったが、松本1尉にわずか0・6ポイントの差をつけて450・4点で優勝。松本1尉は2位、島田2曹は3位に入った。

花川2曹は「体校に入校して初めて優勝できて本当にうれしい。まだまだ課題も多いので、練習に励み、世界でも活躍できる選手を目指して頑張る」と話していた。

50メートルライフルで活躍を見せた（右から）伏射競技優勝の島田2曹、3姿勢競技を制した花川2曹、同2位の松本1尉

全自空手関東大会3年ぶり開催

男子マスターズ、女子団体を新設

新種目の組手競技「団体戦女子の部」で、防医大Bの名倉愛学生（左）が仕掛けた上段突きをかわしながら鋭い中段突きを見舞う防医大Aの田中里苑学生（5月21日、空自入間基地で）＝全自関東地区空手道連盟提供

全自衛隊関東地区空手道選手権大会（全自衛隊関東地区空手道連盟主催）が5月21日、空自入間基地体育館で開かれ、9支部から精鋭約100人が参加した。

同大会は新型コロナウイルスの影響で昨年、一昨年と中止され、3年ぶりの開催。大会会長を務める空幕防衛部長の坂梨弘明将補の指導の下、「コロナは波がある。谷間を推測し、安全を確保しつつ何としても大会を開催して組織活性化につなげる」という熱意により、ようやく開催にこぎ着けた。

41回目となる今回から、組手・形両競技の個人戦に「男子マスターズの部」、組手競技に「団体戦女子の部」を新設。

男子マスターズの形競技では、本大会実行委員長と審判員を兼務する田中二郎1空曹（入間）が15年ぶりに選手としても出場。決勝戦で山内浩・元2空佐（市ヶ谷）と対戦し、重厚な「壮鎮」を演じた田中1曹が初代王者に輝いた。

組手競技の決勝は飯塚大介技官（市ヶ谷）と形準優勝の山内元2佐が対戦。飯塚技官は山内元2佐に突き技で先行されるも中段蹴りを返すなど試合を優勢に運び同門対決を制した。

一方、同じく新設された組手競技の団体戦女子の部は、防大、防医大A、Bの3チームが熱戦を繰り広げ、防医大Aが優勝の座を勝ち取った。

このほか、形競技団体は市ヶ谷が大会史上初の7連覇を果たし、個人戦では米澤海学生（防大）が形・組手とも頂点に立った。ダブル優勝は第16回大会の田名邊明治准空尉（当時入間・現小牧）以来25大会ぶりの快挙となった。

米澤学生は「形と組手で優勝できてうれしい。さらに成長する良い経験となった。今回の勝利に慢心することなく、もっと貪欲に成長を続けたい」と語った。

同大会各競技の入賞者は次の通り。

◇形競技＝▽団体戦①市ヶ谷②防医大B③入間A▽個人戦男子マスターズの部①田中二郎1空曹（入間）②山内浩・元2空佐（市ヶ谷）③森田茂樹・元1陸尉（同）、木村仁空曹長（入間）▽同男子有段の部①米澤海学生（防大）②森田茂樹・元1陸尉（市ヶ谷）③菊池孝紀3海曹（同）、木村仁空曹長（入間）▽同女子有段の部①田中里苑学生（防医大）②橋本一心学生（同）▽同男女有級の部①佐藤瑞祐学生（防医大）②成海純2空曹（入間）③愛澤矩人生徒（高工校）、名倉愛学生（防医大）

◇組手競技＝▽団体戦男子の部①朝霞②高工校A③防医大A、防大A▽同女子の部①防医大A②防医大B▽個人戦男子マスターズの部①飯塚大介技官（市ヶ谷）②山内浩・元2空佐（同）▽同男子有段の部①米澤海学生（防大）②名久井優也学生（同）③飯田功3陸佐（同）、岩本一輝学生（同）▽同女子の部①田中里苑学生（防医大）②橋本一心学生（同）③久木田美緒学生（防大）、白濵優学生（防医大）▽同男子有級の部①長井陽生生徒（高工校）②寺戸結哉生徒（同）③土居広季学生（防大）、持丸順平学生（同）

2普連の「銃剣道競技会」で隙をついた渾身の突きを決める3中隊の隊員

3中隊、接戦制しV

2普連銃剣道競技会

【2普連＝高田】2普通科連隊はこのほど、高田駐屯地体育館で「銃剣道競技会」を実施した。

競技会は中隊対抗方式（総当たり戦）で行われ、4個中隊の隊員76人が参加。各中隊の代表選手は中隊の優勝を目指して試合に臨み、これまで練成し積み上げてきた成果を発揮。接戦の末、3中隊が優勝に輝いた。

体校選手成績

【全日本強化選手選考会＝柔道】

◇女子63キロ級①幸田奈々2曹

【全日本選抜ライフル射撃競技大会】

◇50メートル男子伏射①島田敦2曹（621・4点）

◇50メートル女子伏射③川原楓3曹（616・9点）

◇50メートル女子3姿勢③小笠綾乃2尉（578点＝決勝442・5点）

◇50メートル男子3姿勢①花川直樹2曹（583点＝決勝450・4点）②松本崇志1尉（578点＝決勝449・8点）③島田敦2曹（584点＝決勝439・9点）

【東日本実業団陸上競技選手権】

◇5000メートル競歩②野田明宏3尉（19分32秒46）

募集・援護　特集

平和を、仕事にする。

募集活動が本格化する夏に向け、各地本は経験の浅い広報官の育成に力を入れている。静岡地本は広報官のためのT7練習機体験搭乗会を行い、パイロットについての理解を深めた。宮城地本は採用広報に実績のあるリクルーターを「アドバイザー広報官」に任命。豊富なスキルを各隊員に継承し、能力向上に努めた。

"募集の夏"広報能力向上へ

T7初等練習機体験搭乗　「体験を伝えて獲得へ」　静岡

T7練習機についてパイロット(右)から説明を受ける静岡地本の広報官(5月26日、静浜基地で)

【静岡】地本は5月24日と26日、空自静浜基地(焼津市)の協力を得て広報官の「T7初等練習機体験搭乗」を行った。自衛官という職業をPRする広報官の知識向上が目的で、両日合わせて9人が体験した。

広報官は用意されたパイロットスーツに身を包み、搭乗する機体のパイロットから体調のチェックや搭乗時の注意事項の説明を受けた。その後、救命具を装着し、緊張した面持ちでエプロン地区に駐機しているT7の後部座席に乗り込んだ。

パイロットが操縦席に乗り込む準備が整うと、機体はゆっくりと滑走路へ向かい次々と空へ飛び立った。約20分間の飛行中、広報官はパイロットから飛行経路や眼下に見える景色について話を聞き、その操縦技術や搭乗者の体にかかるG(重力)を体感した。

体験搭乗に参加した広報官は「何十キロもある装備をつけて、パイロット学生が日頃どんな訓練を行っているのか体感できた。今後、パイロットを目指す若者に今回の体験から得た知識や感じたことを伝え、志願者獲得につなげていきたい」と話し、今後の募集活動への意欲を見せた。

アドバイザー広報官任命式　「経験を全て伝える」　宮城

【宮城】地本は4月21日、仙台第4合同庁舎で令和4年度の「アドバイザー広報官任命式」を行った。今年は9人の広報官が選出され、地本長の諏訪国重1陸佐が任命書を手渡した。

「アドバイザー広報官」とは、採用活動で豊富な経験を有する広報官のこと。若手広報官にベテランのスキルを幅広く継承し、地本全体の広報能力をアップさせることが狙いで、同地本が昨年から始めた新規の取り組みだ。

アドバイザーは各地域事務所の所長や地本の募集課長が指名し、本部長が任命する。地本では毎月テーマを決めて「広報官相互訓練」を行っており、アドバイザーとなった広報官は自らの経験や手法などを若手に伝えて教育し、スキルアップに努める。

任命式で諏訪地本長は「募集は将来の安全保障に影響する重要な使命である」と訓示。採用の最前線に立つ広報官たちに期待と激励の言葉をかけた。広報官たちは表情を引き締め、新たな年度の目標達成に向け決意を新たにした。

今回、新たにアドバイザーとなった若手広報官は「自分の経験の全てを全力で伝えたい」と意気込みを語った。また、4月に着任した広報官は「自衛官としての経験は長いが、募集採用担当としての経験はまだまだです。アドバイスを参考に目標達成に向けて頑張っていきたい」と話した。

令和4年度の「アドバイザー広報官」に任命書を手渡す諏訪宮城地本長(右)＝4月21日、仙台第4合同庁舎で

ただいま募集中!

◇自衛官候補生◇貸費学生
◇幹候生(第2回)◇予備自補(一般・技能)
★詳細は最寄りの自衛隊地方協力本部へ

「誰かを助けられる自衛官になりたい」

「災害に備え」防災講話　鹿児島

【鹿児島】鹿児島募集案内所は5月2日、鹿児島市立和田中学校からの依頼を受け、全生徒・職員ら約750人に防災講話と救急法体験を行った。

防災講話では、1、2年生約500人を対象に「災害への備え」と題して、災害(地震)が起きた場合に取るべき行動や、日頃からの備えとして準備しておくものなどを話した。

また、迫口真也所長は災害時に重要な「自助」「共助」「公助」について説明し、特に自助、共助の重要性を説いた。あわせて、災害派遣活動のDVDを放映し、自衛隊への理解促進・拡充を図った。

3年生約250人には、救急法(心肺蘇生法)の展示・説明を行い、数十人の生徒が体験した。

参加した生徒からは、「災害派遣での大変さややりがいは何ですか」「自衛隊はどれくらいで災害場所に行くのか」「自衛隊の人たちがいなければ、私、家族、大切な人を失っていたかもしれないと思うと感謝しかありません」などの声が聞かれた。

中には、「将来は皆さんのように誰かを助けられる、困っている人に手を差しのべることができる自衛官になりたい」などと熱く語る生徒もいた。

(上)和田中の1、2年生に防災講話する迫口鹿児島所長
(下)救急法体験の実習を受ける3年生
＝5月2日、いずれも和田中学校で

東部方面音楽隊が演奏　五輪選手報告会を支援　長野

凱旋報告会で渡部暁斗選手(右)、善斗選手(左)と記念撮影する林地本長

【長野】地本は東部方面音楽隊の協力を得て5月14日、長野県白馬村の「ウイング21」アリーナで同村出身のノルディック複合個人銅メダリスト渡部暁斗、善斗両選手を含む6人の凱旋報告会を支援した。松本地域事務所が広報ブースを設け、長野地本のゆるキャラ「しんちゃん、なのちゃん」とともに自衛隊をPRした。

報告会は、音楽隊の演奏を皮切りにオリンピック選手に対する表彰式、トークショーなどのプログラムで行われた。

村田茂隊長の指揮の下、行進曲「K点を越えて」、小説を音楽にするユニットのYOASOBIメドレー、ビートルズの「オブ・ラ・ディ、オブ・ラ・ダ」、朝ドラ主題歌でAIの「アルデバラン」、菅野よう子アニメ作品メドレーの5曲を披露。ファンファーレに合わせて選手が入場し会場を盛大に盛り上げ、村民を魅了した。

暁斗、善斗両選手は、「国民体育大会でのスキー会場設営などの自衛官による支援のおかげで競技に集中できます」とコメントし、林英彦地本長と記念写真に納まった。

来場者は「演奏を聴くことができてよかった」「広報ブースで自衛隊の缶バッジを作れたので記念になった」「将来は自衛官になりたい」などと感想を話した。

「目標を達成する」　3年度募集成果に伴う表彰式　愛知

【愛知】地本は本部庁舎で5月30日、「3年度募集成果に伴う表彰式」を行い、最優秀所に名古屋出張所を選出した。

3年度は地本長の福重毅尚1陸佐(当時)の「目標を達成する」との指導の下、募集対象者への接触が限定されながらも全部員が一丸で取り組んだ。中でも名古屋所の募集広報、一般広報、募集成果を総合的に高く評価。新本部長の下本昭司1陸佐から表彰された。

愛知地本は4年度も与えられた目標に対して、下本地本長の要望事項「信頼・健全」を常に堅持して、募集業務にまい進していく。

令和3年度募集成果表彰は次の通り。

▽最優秀所(名古屋出張所)
▽優秀所(小牧分駐所、一宮地域事務所)
▽褒賞広報官(増井弘明1陸曹、出田哲也1空曹、藤原英仁陸曹長、片野晋三2海曹、徳永学2陸曹、北添和正2陸曹)

予備自などで協力　警備会社に大臣賞　福岡「にしけい」に

にしけいの壇人事部担当部長(左)に大臣認定証を手渡す平松地本長＝6月1日、福岡地本で

【福岡】地本は6月1日、福岡市博多区に本社を置く警備会社「にしけい」に対し、予備自衛官等協力事業所表示制度における大臣認定証を伝達した。

平松良一地本長はにしけいの壇雅昭人事部担当部長に認定証を授与。その後の懇談で、これまでの防衛省・自衛隊と福岡地本に対する多大な貢献への感謝の意を表し、国家の緊急事態に際する予備の防衛力の必要性について相互に意見を交わした。

壇担当部長は「退職自衛官が社員として非常に有用な戦力となって活躍しており、社業と訓練を両立する姿には頭が下がります。今後も積極的に退職自衛官・予備自衛官などを雇用していきたい」と語った。

「公務員の魅力を」　合同説明会を開催　岩手

【岩手】一関出張所は5月1日、奥州市役所、奥州警察署、奥州金ケ崎行政事務組合消防本部の協力のもと「岩手県南地区公務員合同ガイダンス」を行った。

これは公務員の魅力を伝え、受験意欲の向上と将来像のイメージアップが目的。会場の奥州市水沢の商業施設「メイプル」では参加団体の概要説明・懇談・質疑応答形式で行われ、多くの学生らがガイダンスに参加した。

参加者からは「多くの職種説明を一度に聞くことができ、貴重な機会だった。毎年実施してほしい」「自衛隊の活動が理解できた。自衛隊受験も検討したい」などの声が聞かれた。

生徒のニーズに沿った対面懇談する広報官＝5月1日、奥州市水沢で

海上自衛官が母校を訪問　富山

【富山】平田浩二地本長は5月26日、県立上市高校の卒業生である平沢佑輝1海士と同校を訪問した。

募集の協力を依頼するため校長と面会。平沢1士は令和3年に同校を卒業後、富山地本から海自へ入隊。現在は輸送艦「しもきた」(呉)に乗艦し、航海に必要な海図作成などを勉強していることを報告。

面会には進路指導教諭も同席し、立派な海上自衛官として勤務している姿に、校長とともに喜び合った。

平沢1士は、久しぶりの母校に学生時代とは違う印象を持ったといい、「自衛官であるとしっかり認識した。3曹昇任を目指し、さらに精進する」と語った。

校長(右)と懇談する(左から)平沢1士、出雲健一魚津地域事務所長、平田地本長＝5月26日、県立上市高校で

迫力の救難展示　エアーフェスタ　京都

【京都】京丹後地域事務所は5月29日、空自経ヶ岬分屯基地開庁65周年記念「エアーフェスタ経ヶ岬2022」で広報した。8000人が来場した会場では、陸自の軽装甲機動車(LAV)や野外炊具1号、空自の地対空誘導弾(ペトリオット)などの装備品が展示され、米陸軍軍楽隊と海自舞鶴音楽隊による音楽演奏も行われた。

さらに会場上空ではSH60K哨戒ヘリ、C2輸送機やF15戦闘機など、海空自の航空機による飛行展示が行われた。小松救難隊のUH60J救難ヘリによる救難展示(遭難者救出)では、その迫力に会場から大きな拍手が起こった＝写真。

〜地本　ホッと通信〜

見て聞いて知って

3自衛隊 1日体験

沖縄の高校生らが部隊研修

【沖縄】「自衛隊を見て、聞いて、知ってみよう」――。地本は5月14日、陸海空の3自衛隊を1日で見学できる「部隊研修」を行った。

陸自15旅団（那覇駐屯地）、空自那覇基地と海自5空群（那覇航空基地）の協力で実現したこの企画は、入隊希望者に実際に装備や施設を見学してもらうことで現場の隊員や自衛隊の魅力を知ってもらおうというもの。当日は31人が参加した。

参加者は午前中、15旅団を訪れ、個人用装具の試着や81式短距離地対空誘導弾、中距離多目的誘導弾などの装備品展示を見学。約30キロの背のうを担いだ生徒は「これを担いで歩くのか」と驚嘆。案内の隊員は「訓練を重ねることで、身体も順応しますよ」と話した。

旅団隷下の15施設隊では、車両・築城建設機材や野外用手術システム・整備工場などを見学。同隊の女性小隊長の三宅裕美3陸尉は、「運動経験もなく24歳で入隊したが小隊長として任務ができている。皆さんも大丈夫」と激励した。ギリースーツ（擬態装備）を着用し偽装した隊員を森の中から見つけ出す体験では、望遠鏡を使って探すものの見つからず。見事に隠れ切った偽装隊員の姿に、参加者からは驚きの声が上がった。

食堂での昼食後、一行は那覇基地へ。3グループに分かれて9空団204飛行隊、那覇救難隊、消防隊を見学した。飛行隊ではF15戦闘機のパイロットから操縦席の説明を受けたり、間近に見るスイッチ類に驚き、戦闘機の格好良さに大興奮。那覇救難隊では、UH60J救難ヘリコプターやU125A救難捜索機を見学した。

最後の5空群ではP3C哨戒機の見学やビデオ鑑賞を行った。「P3Cのアンテナはどんな時に使用するか」「整備は誰が行うのか」などの質問に、隊員は経験談を交えながら丁寧に答えた。

3自を一日体験した参加者たちは、装備品の数々に「宝箱みたい」と大興奮。3度目の幹部自衛官試験に挑戦する予定の参加者は「やっぱり自衛官を目指そう」と話すなど好評だった。

上 15旅団の個人用装備品体験で暗視装置（V8）や防護マスクを試着する参加者たち　下 5空群で海自P3C哨戒機を見学し、海自隊員（右奥）から説明を受ける生徒たち（写真はいずれも5月14日）

空自那覇基地では9空団のF15戦闘機のコックピットに座り、パイロットの説明を受けた

札　幌

南部地区隊は効果的な募集広報のため、昨年10月から約5カ月間、11後方支援隊（真駒内）から臨時勤務として田野實麻衣士長の支援を受けた。田野實士長は、近隣町内会約300軒に「自衛官等採用・進学説明会」広告のポスティングや駐屯地各部隊に対する隊員自主募集への協力を呼び掛けた。「厚別少年消防クラブ」への消防車による体験放水やヘリ見学では常に子供たちに寄り添い、丁寧に対応した。

田野實士長は「私は人見知りの性格だが、部外の方々と接することで人前で堂々と話ができるようになった。広報官とともに仕事をしたことで、視野が広がった」と振り返った。

岩　手

地本は5月8日、盛岡市大通りで募集広報ブースを開設した。

ブースでは、9戦車大隊（岩手）からの支援を受け、軽装甲機動車・偵察バイクなどの展示、制服試着、各種自衛隊グッズの配布や7月に計画中のイベント紹介を行った。

当日は天候にも恵まれ、歩行者天国となった大通りには、多くの若者や家族連れが行き交った。特に展示装備品は目を引き、制服を試着した子供たちが偵察バイクに乗車したり、軽装甲機動車を見た中学生・高校生たちがブースを訪れた。来場者は「車両の説明を通じて自衛官について、詳しく知ることができた。夏のイベントにも行きたい」と笑顔で話していた。

千　葉

地本は4月24日、若者、保護者、大学教員ら17人を、下志津駐屯地記念行事総合予行見学に引率した。

予行では満開のツツジが参加者を迎え、観閲行進、音楽隊演奏、対空戦闘訓練展示を行い、自衛隊への理解の促進を図ることができた。

観閲行進では千葉県から入隊した新隊員46人が堂々たる行進を披露。担当した広報官はその行進を温かいまなざしで見守った。

新　潟

地本は4月29日、新潟市デンカビッグスワンスタジアムで新潟救難隊と共

に広報活動を行った。

3回目の参加となる今回は「自衛隊はたらく車」のコーナーで、偵察用オートバイ、新潟救難隊の3トン半トラック、救難用装備品を展示し、注目を集めた。自衛隊広報・募集ブースにも多くの来場者が訪れ、広報官や救難隊員の説明を聞き、制服を試着して記念撮影を楽しんだほか、展示車両の試乗には行列ができるほどの人気だった。

富　山

地本は6月8日、とやま自遊館で富山県自衛隊除隊者雇用協議会定期総会を支援した。

県自衛隊除隊者雇用協議会は除隊者の富山県内での雇用定着を図る団体で、毎年1回の定期総会を実施。会員数は60社となっている。

総会には19社が参加し、各議案などについて説明。総会後に地本長の平田浩二1陸佐による防衛講話があり、参加者は興味深く話を聞いていた。富山地本は「会員のご協力もあり、昨年度は援護希望者の就職援助100%を達成できた。今後も自衛隊員が安心して職務にまい進できるよう協力していきたい」としている。

山　梨

地本は5月28日に甲斐市双葉ふれあい文化館で、翌29日は都留市の都の杜うぐいすホールで開催された空自航空中央音楽隊（立川）の演奏会を支援した。

演奏会は2部構成で行われ、第1部では「クラシック、吹奏楽オリジナル作品集」、第2部では「ポップス・イン・ブラス」と題してさまざまな曲が演奏された。

来場者からは「迫力のある演奏だった」「楽しい時間が過ごせた」といった声が聞かれた。演奏後には、客席から大きな拍手が寄せられ、音楽隊もアンコールに応えて追加の曲を演奏した。

愛　知

瀬戸地域事務所は5月28、29の両日、ナゴヤハウジングセンター日進梅森会場で自衛隊イベントを開催した。

イベントには2日間で約400人が来場。自衛隊クイズラリー、愛知県立芸術大学生によるステージショー、偵察用オートバイ展示、パネル展示、ミニ制服展示・試着、DVD上映会、ロープワーク教室を行った。

クイズラリーでは、豪華景品を目指して親子連れが必死に難問に挑戦し、「自衛隊を知ることができて良かった」と笑顔で話していた。

大　阪

地本は5月14日、3師団記念日前日行事に若者ら42人を引率した。

行事では、74式戦車のほか、155ミリ榴弾砲、82式指揮通信車、93式近距離地対空誘導弾、81式短距離地対空誘導弾などが展示され、参加者は熱心に質問していた。

戦車試乗では迫力ある走行に、手すりを握りしめながら歓声を上げる参加者も見られた。

兵　庫

姫路地域事務所は5月21日、2年ぶりに通常開催された「姫路お城まつり」に参加した。

姫路所は3特科隊、3高射特科大隊（いずれも姫路）と連携して、広報ブースを展開。会場には姫路市民をはじめ、全国からの観光客など約6万人が訪れた。中でも自衛隊の装備品展示や制服試着は人気を博し、終始多くの人でにぎわった。午後は部活帰りの学生が多く訪れた。

ブースでは地本に臨時勤務中でパイロットを目指す友藤章太郎曹長（航学73期）がパイロットスーツで広報し、「パイロットにすごく興味を持った」と話す受験希望者を獲得するなど活躍した。

愛　媛

地本はこのほど、自治体防災監採用予定者に対する説明会を開催した。

近年、毎年のように多くの災害が発生していることから、地方自治体との連携強化や防災をはじめとする危機管理対処能力の向上が目的。自治体防災監の活躍が期待されていることを受け、勤務に対する不安などの払拭（ふっしょく）に貢献しようと地本が企画した。

説明会では自治体防災監の採用予定者に対し、自衛隊OBの現職防災監（愛媛県危機管理監の西村和己元1陸佐、松山市災害対策指導監の小原友弘元1陸）が自治体勤務に際しての心構えなどについて講話した。

当日は2人の新規自治体採用予定者が参加。同隊出身防災監に期待される役割や自衛隊と自治体の勤務環境の違いや心構えについて再確認。特に実体験に基づく経験談を聞くことで、参加者は新しい勤務環境に対する不安を解消し、自治体での再就職に向けてさらに意識を高めていた。

山　口

山口募集案内所は6月5日、3年ぶりに空自防府北基地で開催された「防府航空祭〜幸せます防府北〜」で募集広報活動を展開した。

コロナ禍を受け、事前応募で当選した1万人に限定して開催。当日は雨天だったが、航空祭を待ちわびた当選者らは開場とともにエプロン地域へと勢

いよくなだれ込んだ。会場では、ブルーインパルスの展示飛行、装備品や航空機展示、航空学生によるファンシードリルが行われ、来場者を魅了した。

山口所は会場で自衛隊の紹介写真展示や募集説明コーナーを開設し、積極的に広報。自衛隊ブースには親子連れなど多くの人が訪れ、広報官が募集種目や各種試験の概要について説明した。

大　分

地本は4月2、3の両日、佐伯市で開かれた「さいき桜まつり」で海自掃海隊群1輸送隊所属（呉）の輸送艦「くにさき」の支援を受け、募集対象者ら約240人に対する艦艇広報を行った。

事前公募で当選した参加者は、「くにさき」の乗員から海自の編成や輸送艦の役割などの説明を受けて艦内を約30分間見学した。

見学を終えた参加者は、「圧倒的な大きさに存在感を感じた」「貴重な体験ができて、とても楽しかった。乗員の方に丁寧に説明をしていただき、海自に興味を持った」などと感想を話していた。

統幕長 カンボジアでJMASスタッフ激励

不発弾の処理を20年

【統幕】カンボジアなどで地雷・不発弾処理の支援を行っている自衛官OBによる認定特定非営利活動法人「日本地雷処理を支援する会」（JMAS、岸川公彦理事長＝元中方総監）は4月28日、同国を公式訪問中の山崎統幕長の激励を受けた。統幕長は地雷処理の最前線で奮闘する元自衛官らを激励し、スタッフの士気を高めた。

JMASは陸自OBらを中心に2002年に創設。カンボジアでは同年から不発弾処理、04年からは地雷処理も行っており、08年からは地域復興支援事業として処理跡地のインフラ整備も開始。これまでに道路、暗渠、ため池などを整備し、小学校の校舎建設にも当たってきた。

JMASでは毎月、現地で活動している専門家が集まって会議を行っており、統幕長は駐カンボジア日本大使の三上正弘氏と共に会議が開かれるプノンペンの「東屋ホテル」を訪問、スタッフから出迎えを受けた。

地雷処理を専門とする金田浩之氏らは統幕長に現在行っている事業の概要について、①他国のNGOが処理活動を躊躇する地域で活動②各国の地雷処理NGOと異なり、処理現場に唯一専門家を派遣③地雷処理が終わった地域では、道路、側溝、ため池などのインフラ整備を行って小学校を建設するなど、地域の自立発展を支援④地雷処理、処理跡地でのインフラ整備や農業支援まで含めた総合的な支援を実施――の4点を統幕長に説明した。

説明を聞いた統幕長は、JMASスタッフの献身的な活動に「日本とカンボジア間の友好の懸け橋となっている」とたたえた。さらに、施設科職種出身として、そのインフラ整備についての見解と陸自の施設科の改編について語り、「身体に気をつけて頑張ってください」と激励した。

統幕長の話を聞いた専門家たちは、「年甲斐もなくやる気が出てきた」「わざわざ一団体のために足を運んでくださり、感謝します」と語り、今後の業務に向けて士気を高めていた。

この訪問を受け5月26日、岸川理事長が防衛省を訪れ、統幕長を表敬。現地の職員への激励に謝意を伝えた。

統幕長は懇談で、「カンボジアで自衛隊のOBが、豊かな国づくりのために貢献していることは自衛官として誇りで、敬意を表する。防衛省、JMASともに国際平和を希求する組織であり、引き続きさまざま分野で連携を模索していきたい」と述べた。

㊤山崎統幕長から激励を受けたJMAS現地スタッフら。左から住友紀充氏、米司綾逸氏、金田氏、統幕長、三上大使、中野雅仁氏、安藤正喜氏、横山圭介氏 ㊦JMAS職員と懇談する統幕長（右奥）＝写真はいずれも4月28日、カンボジア・プノンペンで

紅白のロープを引いて美幌地方自衛隊協力会から寄贈された「駐屯地創立70周年記念碑」を披露する平野会長（中央左）と河村司令（同右）＝5月23日

美幌駐屯地 創立70周年記念碑を披露 自衛隊協力会が寄贈

【美幌】美幌駐屯地は5月23日、美幌地方自衛隊協力会から寄贈された「創立70周年記念碑」の除幕式を開催した。

除幕式は当初、令和3年の実施を予定していたが、新型コロナウイルス感染拡大に伴う「まん延防止等重点措置」により延期となっていた。

駐屯地北辰館北側広場で行われた除幕式には美幌町長を務める平野浩司会長をはじめ、駐屯地担当隊区内の2市8町の協力会役員（各市町の首長）、河村友則駐屯地司令、圓山紀子業務隊長、各部隊長など39人が参加。平野会長、河村司令ら計10人が紅白のロープを引き、記念碑をお披露目した。

平野会長は「美幌駐屯地は昭和26年4月8日の創立から70周年を迎えた。本来ならば令和3年度に実施したいという協力会員全員の思いだったが、コロナ禍で今回の運びとなった。今後とも美幌駐屯地の隊員皆さま方のご健勝をお祈りいたします」とあいさつした。

続いて河村司令が「美幌駐屯地の歴史は美幌地方自衛隊協力会とともに歩んできた信頼の証である。記念碑は現役隊員やOBにとって大変な誇りとなり、また新たな歴史の一ページの始まりになる。引き続き、あらゆる任務を完遂できる部隊を育成するとともに地域の皆さま方とのさらなる信頼関係を高めていきたい」と述べた。

海自 1術校 幹候校 創設70年で記念展示 教育参考館で1年間

【海1術校＝江田島】海自1術校（学校長・白根勉将補）と幹候校（学校長・梶元大介将補）は4月26日、海上自衛隊創設70周年に合わせ、1術校内の教育参考館で記念展示を開始した。展示期間は1年。学校を来訪する部外者にも公開している。

「先人の功績や労苦に思いを馳せることで、将来の海自を担う若い自衛官に自信と誇りを持ってもらいたい」との主旨で開催。全国の海自部隊や現役隊員・OBの協力を得て資料を収集し、海自がこれまで携わった出来事について概要を紹介している。

展示は海幕長メッセージ、パネルによる活動の説明、活動に携わった隊員・OBの証言や関連品で構成。特にパネル展示は、カンボジアPKOやイラク復興支援など、時代背景を知らない若手隊員も興味を持てるよう写真を多く用いて工夫。一覧することで海自70年の歴史が理解できるようになっている。1術校のホームページに、事象の簡易版を掲載している。

部外者への公開は、土日祝日のみ。電話で事前に予約が必要。

◇問い合わせ＝海自1術校広報係（電話0823―42―1211、内線2016）まで。

展示を視察する幹候校の梶元学校長（右端）、1術校の白根学校長（右から3人目）と両校の関係職員たち

海自 護衛艦「みくま」のロゴマーク募集

海自は2023年に就役が予定される「もがみ」型護衛艦（30FFM）の4番艦「みくま」のロゴマークを募集している。

護衛艦「みくま」をイメージした分かりやすく精強さが感じられるデザインが求められる（「みくま」の名は、大分県日田盆地を流れる三隈川に由来）。また、未発表かつ自作の作品に限る。

応募方法は郵送またはホームページ（HP）の応募フォームから送信。一度に複数の作品でも可能だが、応募者は日本国内在住者に限る。締め切りは7月5日まで（必着）。艤装員長の藤井信樹2海佐が応募作品の中から選考する。

結果は10月下旬までに採用者に連絡されるほか、海自HPでも公表予定だ。採用者には後日、「みくま」で感謝状と記念品が贈呈される。応募要領の詳細は同HPで。

◇問い合わせ＝海幕広報室・護衛艦「みくま」ロゴマーク募集係（電話03―3268―3111、内線50164）まで。

小休止

▽…新発田駐屯地の白壁兵舎広報史料館（館長・髙橋信弘3佐）は5月18日、来館者15万人を達成した。

▽…明治7年に陸軍兵舎として建築された同館は、国内最古の木造兵舎として知られる。外壁が白い漆喰で塗られていたことから「白壁兵舎」と呼ばれ、平成26年に史料館として開館。多くの歴史的史料などを展示している。最近では漫画「ゴールデンカムイ」の聖地としても人気がある。

▽…15万人目の来場者となった愛知県在住の内藤裕之さんは、仕事でたまたま秋田に向かう途中に来館。館長からのお祝いの言葉と記念品などを贈呈され「偶然にも15万人目に選ばれ、とてもうれしく思います」と語った。（新発田）

新田原尾山司令ら 富田浜を清掃

アカウミガメの上陸の妨げになる流木やゴミを富田浜の砂浜から回収する参加者たち（5月28日、宮崎県新富町で）

【新田原】空自新田原基地（司令・尾山正樹将補）の隊員有志は5月28日、富田浜（宮崎県新富町）で清掃活動を行った。

同活動には隊員と隊員家族のほか同基地OB会と宮崎野生動物研究会新富班ら、総勢約160人が参加した。

「富田浜」は太平洋に面した南北に広がる砂浜で、同県内有数のアカウミガメの産卵地。例年、産卵の時期に合わせて清掃活動を実施し、同基地は数年前から活動に参加している。

はじめに宮崎野生動物研究会新富班から集めたごみの分別や集積などの注意事項を受け、富田浜の北と南を担当する班に分かれて、漂着したゴミや流木を収集。アカウミガメの上陸の妨げにならないよう砂浜を清掃した。

参加した尾山司令は「新富町の仲間として、『日本一きれいな海岸』を目指して毎朝活動されている皆さんの作業に協力することができてうれしい。新田原基地隊員の活動がアカウミガメの保護や環境維持の一助となればと思う」と語った。

国際平和協力センター 荒木2佐をスウェーデンに 国連のワークショップ

【国際平和協力センター】統合幕僚学校国際平和協力センター（センター長・長田英一郎1陸佐）は、スウェーデンの首都ストックホルムで5月2日から6日まで開かれた「平和維持情報・偵察・監視（PKISR＝Peacekeeping‐Intelligence, Surveillance and Reconnaissance）ワークショップ」に研究員の荒木順子2陸佐を派遣した。

同ワークショップは国連平和活動局の主催で、スウェーデン軍国際センターを拠点に対面とオンラインで開催され、世界から計約40人が参加。PKISR分野では初の対面によるワークショップとなった。

国連から同局と活動支援局の職員をはじめ、PKO要員や加盟国の実務者などが対面で参加。国連が近年重視するPKISRをめぐってその基本原則に関する認識を共有するとともに、PKOにおけるPKISR分野の課題と教訓事項について意見交換を行った。

オンラインでもPKOミッションの現場などから参加者があり、国際平和協力センターからは研究員の淡路大介2空佐が参加した。

国際平和協力センターは「今回のワークショップを通じて得た成果を今後の教育・研究業務に反映していきたい」としている。

国連のワークショップに参加する統幕学校国際平和協力センターの荒木2陸佐（5月4日、スウェーデンで）

こちら警務隊 薬物犯（大麻取締法違反）

電子タバコで吸える大麻を所持したら5年以下の懲役

電子タバコでの大麻犯罪があると聞きました。何に注意すべきですか？

大麻には電子タバコで吸引できるリキッドタイプのものがあり、所持をすると大麻取締法違反で、5年以下の懲役に処される可能性があります。

最近、リラックス効果がある健康食品等として販売されている規制対象外のCBD（カンナビジオール）リキッドに、違法な大麻成分THC（テトラヒドロカンナビノール）が含まれていた事例がありました。

規制対象外だと思っていても、違法な成分が含まれている場合もあるので、不用意に購入して大麻取締法違反（所持）で処罰されないよう注意しましょう。

（東部方面警務隊）

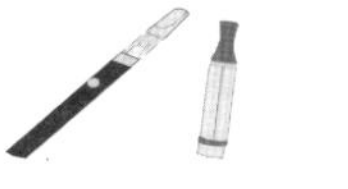

大麻取締法等に基づき処罰を受けます。

花嫁姿の青木2尉（手前右）と新郎を祝福する田畑1陸曹（中央）

5月2日。新緑の季節、担当広報官として縁があり、現在は防衛大学校理工学部研究所属の青木茄津未2等陸尉の結婚式に参列しました。

平成29年春、富山大学を卒業した彼女の一般幹部候補生の受験をサポートしてから、幹部候補生学校へ入校卒業、部隊配属、防大大学院進学など、人生の節目のたび私にさまざまな報告や相談をしてくれました。そんな彼女もお年頃、結婚をするとの報告を受けました。

相手は初めて配属された第13特科中隊所属の同僚自衛官とのことです。大学院で研究中の彼女と旦那さまは結婚後しばらく遠距離生活になるそうですが、「この人しかいない」と結婚を決めたようです。

結婚式は神戸のハーバーランドウエディングで行われ、全国から多くの自衛官が参列しました。

幹候生受験時、険しく真剣な顔で面接練習をしていた彼女を見ていた私は、結婚式で違う一面を発見することができました。彼女は大きな口をあけてあふれんばかりのニコニコ顔で笑うのです。結婚式だから当然ですが、同級生に聞いたところ、それが普段の彼女だそうです。結婚式に参加してきな笑顔の彼女を見て幸せのお裾分けをしてもらいました。

人生の大きな節目である結婚式に招待していただき、広報官として本当にうれしく思います。お二人の末永いお幸せを群馬の地よりお祈りしています。

広報官は入隊させて終わりの仕事ではなく入隊後も細く長くサポートし、寄り添うことが真の広報官の姿であると思って日々活動をしています。

自衛官の皆さん、担当広報官のことは覚えてますか？　担当広報官はきっと皆さんからの連絡を心待ちにしているかもしれません。ぜひ連絡してみてください。

群馬地方協力本部は、一人一人の志願者を大切にして募集広報をこれからも実施していきます。

入隊後も細く 長く寄り添う

1陸曹 田畑 亜沙美（群馬地本高崎地域事務所）

みんなのページ

木下大サーカス会場で広報活動

1陸尉 宮田 勇一（愛知地本金山募集案内所）

愛知地方協力本部金山募集案内所（所長・宮田勇一1陸尉）は5月15日、名古屋市白川公園で3月下旬より開催中の木下大サーカスの会場で、自衛隊イベントとして広報活動を実施した。

その経緯は、木下大サーカス社長の木下唯志氏の自衛隊広報に対する深いご理解と、関連企業の山九株式会社中部エリア統括部営業部長の滋澤氏、同社中部エリア総括部人事・労政グループ採用・教育担当の大西氏のご支援とご協力を得て、募集広報ブースを出展する運びとなった。

大西氏と小職とは、約30年前の第35普通科連隊勤務時代の上司（当時2尉の射撃幹部）と部下の関係で、自衛隊勤務で築いた人間関係が長い年月を経て、このような形で実を結ぶこととなった。

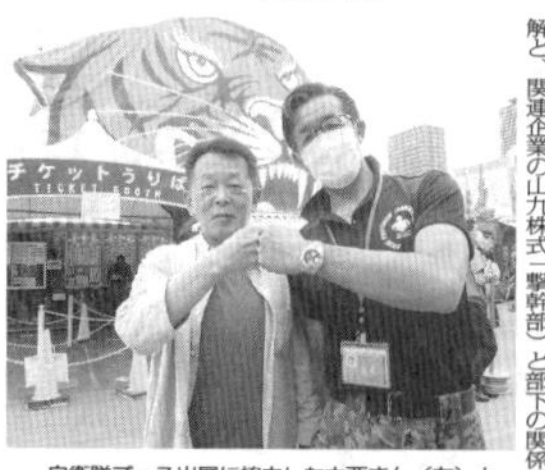

自衛隊ブース出展に協力した大西さん（左）と宮田1尉

防災・減災意識の啓発用パネル展示に集まった市民ら

木下大サーカス名古屋公演は、開幕から42日間で累計来場者10万人（5月7日現在）を超え、自衛隊イベント当日も約4000人が来場する盛況ぶり。開演2時間前から公演を見るために多くの方が長蛇の列をなし、今か今かと待ち構える中、金山所員一同が募集広報ブースに足を運んでいただけるようチラシを配布し、イベント周知を入念に行った。

そのかいあって、サーカスの公演前後には多くの方々が自衛隊ブースに来場し、にぎわいのある活気溢れた自衛隊広報を行うことができた。

展示のメインに据えた防災・減災啓発を促すパネル展示では、発災時の対処要領について広報官から説明を受けた多くの方から「自助意識を高めることができた」と感謝の言葉を頂いた。

また、来場した募集対象年齢の方には果敢に募集広報を行い、自衛隊の受験者獲得の大きな資を得るとともに、輪投げ、制服試着などを通じて自衛隊を広報することができた。

そんな中、一つのエピソードを紹介したい。母親と来場した小学校低学年ほどの小さなお子さまが、パネル展示と併設したモニターに映し出された「3・11東日本大震災自衛隊災害派遣」（協力：防衛省統合幕僚監部等）の映像を母親や広報官から話し掛けられても黙って見続けていたのが印象的であった。また、見終わるや否やDVDのタイトルを広報官に問い合わせ、その場で母親の携帯から購入したことには一同驚かされた。

そのお子さまは、普段から自衛隊特番がテレビで放映される日には母親に録画を頼み、何度も何度も自衛隊がテレビの中で活躍している姿を黙々と見ているそうだ。

最後に、ひとつの縁から始まったイベントへの募集広報ブース出展において、国や国民が困窮している時に、日夜一生懸命活動する自衛官の姿を通じて、小さな少年の心に将来の夢を見させることができたのかもしれないと感じた。

今後も多くのイベントに進んで参加し、まだ見ぬ縁のある将来の自衛官との出会いを求めて、金山所一同、引き続き募集広報に全力でまい進する決意を新たにした。

念願の猫をペットに

非常勤職員 田呂丸 美由紀（沖縄地本島尻分駐所）

愛猫と写真に納まる田呂丸さん

平成28年より、沖縄地本でお世話になっております。

私の趣味は猫と遊ぶことです。子供の頃から猫が大好きで、よく捨て猫を拾ってきては親に怒られて飼えずに寂しい思いをしてきました。

そんなこともあってか、大人になったら絶対に猫を飼いたいとずっと思っていました。

高校を卒業して、故郷沖縄を離れて陸上自衛隊に入隊し、北の大地・北海道で勤務、同じ部隊の男性隊員と知り合い、結婚を機会に寿退職をしました。

結婚後は官舎やアパートに住んでいましたので猫を飼う事をあきらめていましたが、主人の転勤で故郷の沖縄に帰ってきた時にマンションを購入し、念願の猫をペットとして飼いはじめました。

猫は、犬と比較すると人にかまわれることがあまり得意な動物ではなく、人の行動を遠くから観察し、お腹が空いた時だけすり寄ってくるような気分屋さんが多いですが、そんなツンデレな所もかわいいです。

ペットを飼いたい方にはぜひ、「猫」を勧めたいと思います。

かわいいですよ！

（世界の切手・ポーランド）

雨は一人だけに降り注ぐわけではない。

ヘンリー・ワーズワース・ロングフェロー

（米国の詩人）

新刊紹介

「日豪の安全保障協力―『距離の専制』を越えて」

佐竹 知彦著

著者はオーストラリア州」（1月27日付）をはじめ、防研が今月緊急出版した『ウクライナ戦争の衝撃』の豪州の章を執筆した日豪安全保障関係の第一人者でもある。

本紙『朝雲』の新シリーズ「防研セミナー・時代を読み解く」の第1回「AUKUSの誕生と豪の安全保障政策を専門とする防衛研究所政策研究部防衛政策研究室の佐竹知彦主任研究官（43）。

近年、日豪間では共同訓練がかつてなく盛んで、今年1月には自衛隊と豪軍による相互訪問時の運用を円滑化する「円滑化協定」に両国首脳が署名するなど、安保協力が急速に強化されつつある。

共に民主主義的価値観を持ち、米国と同盟を結ぶ日豪両国が、どのようにして太平洋という距離を越えて「準同盟」と呼ばれるまで関係を深化させてきたのか。

戦後の両国の安全保障協力の軌跡を丁寧にたどっていくと、日本とは戦略環境も脅威認識も異なる豪州が冷戦後、一貫して日本へのアプローチを強化してきた背景が浮かび上がってくる。

日豪の安全保障協力について日本語で書かれた初の学術書であり、両国が進むべき道標を示した著者渾身の一冊だ。

（勁草書房刊、4180円）

「人生を整える距離感の作法」

曽野 綾子著

「アポイントなしで突然訪問するご近所さん」「家族とケンカが絶えない」――。コロナ禍による情勢変化などで身近な人との関係で悩んでいる人は多いのではないだろうか。作家で卒寿を迎えた著者がその人生経験から心地良い人間関係を築く心がまえを紡ぎ出す。

まず家族、夫婦、友人、知人とのエピソードを挙げ、実生活でつい行いがちな家族への過度な期待や噂話、常に共に行動することに対する見解を示す。

さらに、90歳を迎え、よく話題となる「人生100年」についての時代観や老いとの向き合い方、遺品の取り扱いにも独自の意見を書いたほか、自身がサハラ砂漠縦断に挑戦した際のメンバーとの距離感などに触れ、極限状態から学び取ったことを綴る。

毅然としながらも、達観した著者による一節一節には納得できる論拠があり、腑に落ちる。人との関係を良好に保ち、心の平穏を得たい人はもちろん、人生をより充実したものにしたいと願う人にとっても新たな発見があるだろう。

（マガジンハウス刊、1100円）

詰将棋

第869回出題

出題 日本将棋連盟 九段 石田 和雄

▲先手 持駒 金桂

【ヒント】香を逆用して仕上げる（10分で初段）。

▶詰碁、詰将棋の出題は隔週です◀

詰碁

第1284回解答

出題 日本棋院 九段 曲 励起

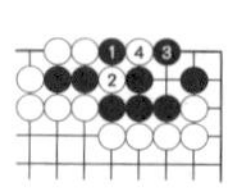

【解答図】黒先、黒劫。黒❶がまず大切で、白②の時、黒❸がまた大切です。次に白④の劫取りまで劫になるのが正解です。なお、黒❸で白一目を取ると、白『3』で黒いけません。

OBがんばる

杉本 義幸さん 56
令和2年12月、滝川駐屯地業務隊を2陸佐で定年退職。現在、滝川市役所総務部防災危機対策課で地域防災マネージャーとして勤務している。

地元と自衛隊の懸け橋に

私は令和2年12月に自衛隊を定年退職し、現在地元の北海道滝川市で地域防災マネージャーとして勤務しています。

当初は、漠然と自宅から通勤できる職場を再就職先と考えていましたが、滝川市が地域防災マネージャーを新設したことから、自衛隊での勤務経験を生かせることと少しでも地元に貢献したいとの思いから、採用選考試験に応募しました。

内定をいただいてから定年退職する日まで、必要とする総合危機管理士2級資格の取得や市役所における約1カ月の見習い勤務などを経て、無事に再就職することができました。

市役所では防災危機対策課に配置され、地域防災計画の修正、災害用備蓄品の管理、各種防災業務マニュアルの更新などの業務を行っています。また、OBならではの職務として、滝川駐屯地との連携窓口の業務も行っています。平時は募集・広報および防災訓練支援などですが、災害時には行政側に立った現場のニーズや運用に関するアドバイスを担当します。

このように常日頃から自衛隊との連携を重視して「困った時だけの自衛隊頼み」とならないようにしています。

地域防災マネージャーとして約1年が経ち上司・同僚職員との間に、お互いに信頼できる関係が構築できました。これからも現役自衛官に劣ることなく全力で勤務したいと思います。

射撃野営に参加

3陸曹 横田 勇生（7普連3中・福知山）

私は射撃野営の夜間の手榴弾投擲に参加しました。昼間の投擲は何度か経験しましたが、初めての夜間の投擲で、最初は少し不安がありました。

現地を使った訓練・予行を実施したので、本番では緊張などはしませんでしたが、暗視装置をつけての投擲は、標的までの距離が掴みにくく難しかったです。

夜間投擲も、一連の戦闘行動でバディ相互に射撃支援を行いながら投擲し、効果の確認などを実施することができました。自分としては、とても練度を向上することができたと思います。

今回、夜間の手榴弾投擲を行うことで、安全管理を適切にするためには、自分自身の練度に責任を持つことが一番重要であることを実感しました。

自分はまだ、連隊の定める基準「アサルトライフルマン」ですが、さらに上の「ナイトアサルトライフルマン」に向けて、戦闘員として必要な近接戦闘能力の向上を図っていきたいと思います。

朝雲

発行所 朝雲新聞社
〒160-0002 東京都新宿区
四谷坂町12－20 KKビル
電 話 03(3225)3841
FAX 03(3225)3831
振替00190-4-17600番
定価一部150円、年間購読料
9170円（税・送料込み）

主な記事

次官に鈴木装備庁長官

岡防衛審議官、土本装備庁長官

政府は6月17日の閣議で、島田和久事務次官、槌道明宏防衛審議官の勇退を認め、新事務次官に鈴木敦夫防衛装備庁長官、新防衛審議官に岡真臣地方協力局長を充てる人事を了承した。防衛装備庁長官には土本英樹整備計画局長が就任する。後任の整備計画局長には川嶋貴樹大臣官房政策立案総括審議官、人事教育局長には町田一仁大臣官房審議官、地方協力局長には深澤雅貴統幕総括官が就く。発令は7月1日付と4日付。岸防衛相は6月17日の記者会見で、島田事務次官を7月1日付で防衛大臣政策参与として起用する方針を明らかにした。岸大臣は島田氏の起用について「本人の能力、業績を踏まえて適材適所で配置している。国家安全保障戦略の策定に向けて引き続き着実に検討を進めるとともに、その他の諸課題についても、しっかりと対応していきたい」と述べた。

島田前次官は政策参与に

岡
防衛審議官

土本防衛
装備庁長官

川嶋
整備計画局長

町田
人事教育局長

深澤
地方協力局長

防衛省発令

▽防衛事務次官（防衛装備庁長官）　鈴木　敦夫
▽防衛装備庁長官（整備計画局長）　土本　英樹
▽整備計画局長（大臣官房政策立案総括審議官）　川嶋　貴樹
▽人事教育局長（大臣官房審議官）　町田　一仁
▽地方協力局長（統幕総括官）　深澤　雅貴
▽大臣官房付
（人事教育局長）　川崎　方啓
（地方協力局長）　岡　真臣
▽退職（防衛事務次官）　島田　和久
（以上7月1日）
▽防衛審議官（大臣官房付）　岡　真臣
▽退職（防衛審議官）　槌道　明宏
（以上7月4日）
〈以上閣議承認人事〉

鈴木　敦夫（すずき・あつお）事務次官　早大政経卒。昭和60年旧防衛庁。大臣官房米軍再編調整官、防衛政策局次長、大臣官房審議官、統幕総括官、大臣官房政策立案総括審議官、整備計画局長、地方協力局長などを経て、令和3年7月防衛装備庁長官。神奈川県出身。60歳。

日豪防衛相が再会談

共同訓練の拡大を推進

シンガポールでの会談から3日後に再び会談に臨む岸防衛相（右）と豪州のマールズ副首相兼国防相（6月15日、防衛省で）

岸防衛相は6月15日、来日した豪州のリチャード・マールズ副首相兼国防相と防衛省で1時間45分会談し、「日豪円滑化協定（RAA）」の発効を見据えた自衛隊と豪州軍との共同訓練の拡大や装備・技術協力の推進など、防衛協力のさらなる強化に「野心的」に取り組むことで一致した。

両氏は12日にも「アジア安全保障会議（シャングリラ会合）」が開かれたシンガポールで会談を行ったばかりで、3日後に再び会談を開くのは極めて異例。

岸大臣は会談後の共同記者発表で「直ちに2度目の会談ができたのは、新たな次元に至った日豪の安全保障分野の協力関係がかつてないほど重要なものに昇華した証だ」と述べ、マールズ氏の来日を歓迎した。

共同記者発表で両氏は、①RAAの発効を見据えた自衛隊と豪州軍との共同訓練の拡大など防衛協力のさらなる強化②各領域における演習や活動の高度化、相互運用性の向上③両国の強みを生かした科学技術と戦略能力における協力の推進④防衛装備庁と豪国防科学技術グループとの科学技術（防衛装備・技術）協力を促進する長期的な枠組みの構築に向けた調整の加速化⑤宇宙・サイバー分野での協力推進⑥サプライチェーン（部品供給網）における協力を通じた相互の産業基盤の強化⑦太平洋や東南アジア諸国連合（ASEAN）のパートナー国との協力に向けた日豪の活動調整の強化――を打ち出した。

岸大臣は「日豪はインド太平洋地域の平和と安定に大きな責任を有している。今後予定されている『安全保障協力に関する日豪共同宣言』の改定を通じ、日豪関係をより強固なものとし、米国やインド、欧州諸国といった同志国とも連携しながら、マールズ大臣と共に『自由で開かれたインド太平洋』の維持・強化を進めていきたい」と述べた。

マールズ氏は「日豪は長年のパートナーであり、親友だ。日豪の特別な戦略的パートナーシップはかつてなく強固だ。我々は両国のパートナーシップをより緊密かつ強固にすべく『次のステップ』に踏み出すことに合意した」と語った。

解説　日本重視と期待の表れ

防衛研究所 佐竹知彦主任研究官

今回の防衛相会談は、その前の週にシンガポールで開催されたアジア安全保障会議（シャングリラ会合）の際に行われた会談に続く、2度目の会談であった。豪州のリチャード・マールズ副首相兼国防相は、シャングリラ会合の終了後、シンガポールから直接日本を訪問した。

わずか3日間のうちに異なる国で2度の会談を行うことは極めて異例であり、政権交代後も日本との関係を重視する豪州側の姿勢の表れと言える。豪州側には今年初頭に署名された日豪円滑化協定の日本側の早期批准を求める意図があったのかもしれない。

今回の会談では両国の防衛、科学技術、宇宙・サイバー、サプライチェーンにおける協力に加え、太平洋や東南アジア諸国連合（ASEAN）各国のパートナー国との協力においても、日豪が活動の調整を強化することが確認された。

特に、太平洋島嶼国地域における中国の影響力の拡張に、豪州は強い危機感を抱いている。豪州はまた、日本が「自由で開かれたインド太平洋」の実現に向けて強い指導力を発揮することにも高い期待を寄せている。

今回のマールズ国防相の訪日と2度目となる防衛相会談は、そうした豪州側の危機感や日本に対する期待の表れと読み取ることができよう。

PALS22を日本で初開催

6月14、15日の2日間にわたって行われたパネル討議（東京・文京区のホテル椿山荘東京で）＝陸自提供

陸自は米太平洋海兵隊と共催で、太平洋水陸両用指揮官シンポジウム2022（PALS22）を6月13日から16日まで行った。日本での開催は初めてで今回で8回目。対面での実施は3年ぶりとなる。

PALSは2015年から毎年開催している米海兵隊主導のシンポジウムで、インド太平洋地域の平和と安定のため、友好国間における水陸両用部隊の能力向上や関係強化などを目的としている。フィリピン、オーストラリア、カナダ、英国、フランスなど計18カ国から水陸両用部隊の指揮官など66人が参加した。

参加者は14日から2日間、東京都文京区のホテル椿山荘東京で全体会議を行い、最終日には海自横須賀基地と陸自木更津駐屯地で部隊研修を行った。（3面にグラフ）

シャングリラ会合に出席

シンガポール軍司令官らと会談

統幕長

山崎統幕長は6月9日から13日まで、シンガポールを訪れ、岸防衛相と共に「アジア安全保障会議（シャングリラ会合）」に出席した。統幕長の同会合への参加は11回目。

統幕長は岸大臣に同行し、日米韓、日米豪、シンガポール、ニュージーランド、フィジー、中国の各防衛相会談に同席。滞在中、シンガポール国軍司令官のメルビン・オン陸軍中将との2国間会談をはじめ、豪、英、蘭などの参謀長級とそれぞれ会談、「自由で開かれたインド太平洋」実現のため、今後の防衛交流について意見交換を行った。

対面では約3年ぶりとなるオン司令官との会談では、両国間の強固な関係を確認。ウクライナやインド太平洋地域における情勢について「力による一方的な現状変更の試みは断じて許されない」という認識を共有した。

さらに、シンガポールが東南アジア諸国連合（ASEAN）では、日本と初めて「防衛交流に関する覚書」に署名した戦略的パートナーであることに言及。法の支配に基づく自由で開かれた国際秩序の維持と地域全体の平和と安定の確保に向け、日・シンガポール間の防衛協力・交流を引き続き強化していくことで一致した。

シンガポール国軍司令官のオン陸軍中将（右）と約3年ぶりに対面で会談した山崎統幕長（6月10日、シンガポールで）＝統幕提供

NATO国防大学会議に参加

独ハンブルクで対面議論

齋藤防研所長

【防研＝市ヶ谷】防衛研究所の齋藤雅一所長は5月17日から19日まで、ドイツのハンブルクで開かれた第51回「NATO国防大学国防関係学校長会議（CoC2022）」に参加した。

同会議はNATO加盟国の国防大学などが持ち回りで主催し、加盟国やパートナー国の国防大学のトップが一堂に会する年次会合。

今回は、随行者やオンラインの4人を含み、約120人がコロナ対策を徹底した上で参加。「レジリエンス（困難な状況に対する柔軟な適応力・回復力）」をテーマに、組織や教育機関のレジリエンスを一層強化する上での取り組みに焦点を当て、フォーラム形式で意見交換を行った。

齋藤所長は本会議で「昨年度に続きコロナを克服し、NATO各国やパートナー国が対面で議論できるのは大変有意義で喜ばしい」とスピーチ。各セッションでは日本で頻発する自然災害について言及し、「日本国民の冷静沈着な対応は諸外国からも注目されている。未曾有の東日本大震災に際しても、特に自衛隊はレジリエンスの諸側面を遺憾なく発揮し、震災後も教訓事項を組織の『知』として確実に蓄積し、普及させている」と説明した。

さらに、齋藤所長は米国、独、仏、豪州、韓国やルーマニアの各国防大学の学校長との二者会談にも臨み、教育研究面での防衛協力・交流を促進するとともに、人的ネットワークの強化を図った。

会議に先立ち、ドイツの連邦軍戦史社会科学研究所（ベルリン）、国際政治安全保障問題研究所（同）、国防戦略研究所（ハンブルク）を訪問した齋藤所長は、ウクライナ情勢などをめぐって意見交換するとともに、我が国周辺の安全保障環境を踏まえた日本の取り組みについて発信した。

握手を交わす防研の齋藤所長（右）とNATO国防大学校長のオリビエ・リッチマン仏陸軍中将（5月18日、独ハンブルクのドイツ連邦軍指揮大学で）

リトアニア国防副大臣と会談

槌道防衛審議官

槌道明宏防衛審議官＝写真＝は6月12日、シンガポールで開かれた英国際戦略研究所主催の「アジア安全保障会議（シャングリラ会合）」で、リトアニアのアブケヴィチュス国防副大臣との会談を行った。

両氏はロシアによるウクライナ侵略は「欧州のみならず、アジアを含む国際秩序の根幹を揺るがす行為で、国際社会が毅然と対応していくことが重要だ」との認識で一致。中国や北朝鮮情勢を含むインド太平洋地域の課題についても意見を交わした。

会談で槌道氏は両国を取り巻く安全保障環境が大きな転換期を迎える中、基本的価値を共有する国同士の連携の重要性を強調。「2国間の防衛協力・交流、さらには北大西洋条約機構（NATO）や欧州連合（EU）を通じた協力の進展に向け、防衛当局間のコミュニケーションを継続させていきたい」と呼び掛けた。

春夏秋冬

参戦なき支援、部隊なき前方展開

鶴岡　路人

ロシア・ウクライナ戦争には終わりが見えない。そうしたなか、米国を筆頭とするNATO諸国はウクライナの要請にもとづき、武器の供与を加速させている。NATOではバルト諸国やポーランドなどの東方の同盟国の防衛態勢強化が急務になった。

米国もNATOも、ロシアによるウクライナ侵略自体は抑止できず、また、部隊の派遣という意味での直接的な介入を避けつつ、武器供与は空前の規模だ。米国の軍事支援のみですでに約6兆円と、日本の年間の防衛予算を超える金額になっている。

武器供与に加え、米英を中心とするNATO諸国からのインテリジェンスの提供も重要な役割を果たしている。これによってウクライナはロシア軍の位置をリアルタイムで把握でき、効果的な攻撃が可能になっている。

こうした支援はウクライナが大国ロシア相手に徹底抗戦を続ける命綱だ。実際の支援は、外部に明らかになっている以上に広く深いのだろう。

関連して、台湾に関しても有事の際の武器供与が議論されるようになっている。いわば「ウクライナ・モデル」の応用である。インテリジェンス協力と武器供与の組み合わせによって達成し得るもことの範囲が広がっているのは、一見歓迎すべきことだろう。それだけ互いに支援がしやすくなり、効果が上昇するからだ。

他方で、その結果として武器供与に固執する度合いが強まり、直接的な介入の敷居が高くなるとしたら、前線に位置する諸国としては安心していられない。本末転倒だと言ってもよい。

NATOではバルト諸国やポーランドといった前線国家の抑止・防衛態勢強化が打ち出されている。しかし、リトアニア駐留のNATO部隊を主導するドイツは、大隊規模から旅団規模への拡大にコミットしつつ、司令部機能のみをリトアニアに設置し、新たな旅団の部隊については必要な際に展開するというモデルを提案しているようだ。部隊なき前方展開といえる。

これについては最終的にどう結着するか分からないが、これを、機動性を活かした革新的形式と呼ぶのか、それでは前方展開にならないというのかは評価が分かれる。部隊による前方展開のみに可能な役割や効果と、他の手段で代替可能なものを、改めて精査する必要がある。

参戦なき武器供与と並んで部隊なき前方展開というモデルが米国を含めた世界で確立するとすれば、日本への影響も懸念される。NATOの議論から目が離せないゆえんだ。

（慶應義塾大学准教授）

朝雲寸言

海軍軍人で終戦時の首相でもある鈴木貫太郎は、短期間だったが県の兵学校の校長を務めた。鈴木大将はこの時、校内の悪弊だった鉄拳制裁を禁止するとともに、外国人でも同胞のように扱えと教えた。薫陶を受けた一人に工藤俊作という生徒がいた▼後に駆逐艦「雷」艦長となった工藤は、士官が兵をなぐることを許さず、自らは部下がミスをしても叱らず、言葉で諭し、励ました。次第に士気と団結力を高めていった雷は、1942年2月のスラバヤ沖海戦で、海面に漂う英海軍将兵422名を全力で救出した。それは、日本軍と連合軍の双方が頭に血を上らせ、互いに捕虜を虐待した先の大戦で特筆すべき戦時国際法順守となった（恵隆之介著『敵兵を救助せよ！』）▼ただ、後に兵学校では鉄拳制裁が復活し、雷という例外を除けば海軍全体でも暴力は消えなかった。スラバヤ沖海戦の約3か月後のミッドウェー海戦で日本は大敗した。上官の日頃の暴力に耐えかねた水兵たちが事実上のストライキに入り、これが響いて偵察機の発艦がもたつき、米艦隊探知で後れを取ったことが見過ごせない敗因の一つとなった▼米軍技術将校エッド・マーフィー大尉は自らの経験則の数々を「マーフィーの法則」として遺した。その一つ「間違いが起こる要因を放置していれば、その間違いは必ず表面化する」という言葉を聞くと、80年前のあの敗北を思い出し、心に痛みを覚える。

時の焦点

国内　PKO法30年

国際貢献の努力を重ねたい

国際社会の平和と安定に協力することは、日本の信頼を高め、国益の確保につながる。自衛隊は蓄積した経験を生かし、積極的に貢献することが重要だ。

自衛隊の本格的な海外派遣に道を開いた国連平和維持活動（PKO）協力法が、1992年6月15日の成立から、30年を迎えた。

協力法に基づき、日本はカンボジアや東ティモール、ハイチ、南スーダンのPKOなど29の活動に、延べ1万2500人以上を派遣した。物資協力も30件にのぼる。

紛争後の国づくりに携わった自衛隊員の規律正しい仕事ぶりは、国際社会に高く評価されている。活動に従事した要員に感謝したい。

岸田首相は6月10日、シンガポールで行われたアジア安全保障会議で、「国際社会が前回、大きな転換期を迎えたのは30年前だ」と述べ、協力法の成立当時を振り返った。日本は、国連PKO予算の8%を負担し、米国、中国に次ぐ財政支援を行っている。国際秩序の維持に向け、日本の果たす役割を広げねばならない。

日本は現在、南スーダンのPKOとエジプト・シナイ半島の多国籍軍監視団に、それぞれ司令部要員を派遣している。航空自衛隊は、ウクライナ難民向けの救援物資をポーランドなどに輸送している。

PKOへの部隊派遣は、2017年に南スーダンから撤収したのを最後に途絶えている。PKOの主流が、治安維持が難しい地域での住民保護など危険度が高い活動に移っているためだ。部隊派遣は主に途上国が担っている。

日本は、国連や派遣国と協力し、要員の訓練などを行う「国連三角パートナーシップ・プログラム」に資金を出し、工兵訓練や医療救護などを指導している。派遣国の技術や能力を高めるため、取り組みを強化することが大切だ。

PKO協力法の制定は、1991年の湾岸戦争がきっかけだった。日本が米国主導の多国籍軍に巨額の支援を行ったにもかかわらず、人的な貢献がないことが内外の批判を浴びた。

停戦後にペルシャ湾に機雷掃海の部隊を送り、さらに法整備の機運が高まった。

内閣府の世論調査では、PKOなどへの参加に肯定的な回答をした人は、1994年は59%だったが、2021年は84%に達した。国民の支持は定着したと言えるだろう。

自衛隊の海外派遣を巡っては、2007年にテロ対策特別措置法が参院第1党の旧民主党の反対で失効し、海上自衛隊によるインド洋での給油活動が中断を余儀なくされたことがある。

政局を優先した議論は、国際社会には通用しない。これからも幅広い活動を展開してもらいたい。

夏川　明雄（政治評論家）

海外　安保理入り

難題山積の中で正念場

わが国が6月9日の国連総会（193カ国）で、来年1月から任期2年の安全保障理事会（15カ国で構成）入りを決めた。アジア太平洋枠の統一候補である日本は今回、国連史上最多の12回目の安保理非常任理事国選出となる。安保理の議長国は1カ月ごとに理事国がアルファベット順で務めており、日本は新体制がスタートする来年1月に早速、2017年12月以来となる議長国の重責を担う見通しだ。

国連憲章によって国際の平和と安全の維持に対して「主要な責任」を負うと定められている安保理は国連で唯一、加盟国に対して拘束力のある決定を下せる機関だが、ロシアのウクライナ侵攻などをめぐり、常任理事国の米英仏と中ロが激しく対立している。

5月には大陸間弾道ミサイル（ICBM）発射を受けた米国主導の対北朝鮮追加制裁決議案が、「北朝鮮が困難に直面している時に追加制裁を提案するのは無責任」などと主張する中ロ両国の反対で否決された。国連の機能不全が浮き彫りとなる中での安保理入りであり、アジアで唯一の主要7カ国（G7）のメンバーでもある日本は今後、安保理理事国として厳しい交渉に向き合うことになる。

深刻化するウクライナ情勢に対して、安保理は拒否権を持つ常任理事国のロシアの暴挙を前にして一つの決議も採択できていない。主権国家であるウクライナが侵攻され、ロシア軍による多くの戦争犯罪が疑われる事態に至ってもなお、安保理が一致した対応を取れないことに加盟国からは批判の声が高まっている。

林芳正外相はわが国の非常任理事国選出を受けて談話を出し、ロシアの侵攻を止められず、中ロの拒否権で弾道ミサイル発射などを繰り返す北朝鮮への制裁強化にも失敗した安保理の現状を「試練の時」と指摘。その上で、「各国との緊密な意思疎通と丁寧な対話を通じ、安保理が所期の役割を果たすよう協力していく」と強調した。

松野博一官房長官も記者会見で、「法の支配に基づく国際秩序の維持、強化を目指していく」と決意を表明すると同時に、「非常任理事国としての活動を通じて実績を積むことで、日本の常任理事国入りを含む安保理改革に弾みをつけていきたい」と抱負を語った。

日本は前回の非常任理事国を2016年から2年間務め、北朝鮮の核実験や相次ぐ弾道ミサイル発射を受け、制裁強化の決議採択に奔走した。北の核・ミサイル開発は今も急ピッチで続き、外務省高官は「北朝鮮関連では日本が議論をリードする」と意欲を示す。

安保理の機能不全が深刻な状況にあるとはいえ、安保理が依然、国際社会の平和と安全を扱う国連外交の中心的舞台であることに変わりはない。わが国は国連への資金拠出や人道支援で多大な貢献をしてきたが、安保理での発言力を高めるには、不得意とされてきた紛争での平和維持活動や和平仲介にも積極的に取り組む必要があるだろう。中国が影響力を増す中で、悲願の常任理事国入りなどわが国が求める安保理改革に向けて新たな正念場を迎えることになる。

伊藤　努（外交評論家）

新会長に増田元次官

「真に隊員・家族を支える組織に」

家族会総会・理事会

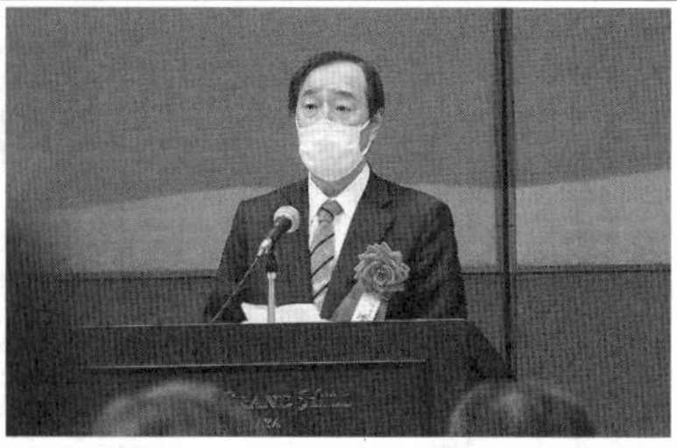

自衛隊家族会の第7代会長に就任し、式典で式辞を述べる増田好平元事務次官（6月14日、東京都新宿区のホテルグランドヒル市ヶ谷で）

公益社団法人自衛隊家族会の「令和4年度総会・理事会」が6月14日、東京都新宿区のホテルグランドヒル市ヶ谷で開かれ、伊藤康成会長の退任に伴い、同日付で第7代会長に増田好平元事務次官が就任した。

総会には本部役員をはじめ、各都道府県会長など87人が出席。3年度の事業報告、収支決算書、任期満了に伴う役員改選の3議案を採決した。

役員改選では、伊藤会長（代表理事）をはじめとする理事12人の退任を承認。伊藤会長は依田智治名誉会長の勇退に伴い、新名誉会長に就任した。続いて行われた理事会で増田運営委員が新会長（同）に選出され、全会一致で了承された。

総会・理事会後に開かれた式典には鬼木誠副大臣、岩本剛人政務官、島田和久事務次官、山崎幸二統幕長、井筒俊司空幕長、山根寿一陸幕副長、齋藤聡海幕副長をはじめとする防衛省・自衛隊関係者に加え、家族会顧問を務める中谷元・元防衛相、宇都隆史参院議員、折木良一隊友会理事長、寺島泰三郷友連盟会長、中島毅一郎朝雲新聞社社長などの来賓を含め約100人が出席。

増田新会長は式辞で、ロシア軍によるウクライナ侵攻について触れた上で自衛隊家族会の信条「自らの国は自ら守る防衛意識を高めます」の心構えを挙げ、「活動を行う理念としてこの信条を実践し、真に自衛隊員および家族を支えられる組織を目指していく。このことが総体としての我が国の防衛力の充実・向上に不可欠だと認識している」と決意を表明した。

この後、鬼木副大臣、折木隊友会理事長、中谷元防衛相、宇都議員が登壇し、家族会の活動にエールを贈った。

（本紙7月7日付家族会版で詳報予定）

日印陸軍種間の関係を強化

吉田陸幕長が印参謀長とTV会談

吉田陸幕長は6月2日、インド陸軍参謀長のマノジ・パンデ大将＝写真＝とテレビ会談を行った。パンデ参謀長は今年4月末に着任、吉田陸幕長との会談は初めて。

今年は「特別な戦略的グローバル・パートナーシップ」にある両国の「日印国交樹立70周年」の節目の年に当たり、3月には岸田首相のインド訪問、5月にはインドのナレンドラ・モディ首相が来日して日印首脳会談が行われるなど関係は深化している。

吉田陸幕長とパンデ参謀長との会談では、日印陸軍種間における①政治レベルにおける緊密化への連動②戦略環境認識の共有③共同訓練やハイレベル会談、実務者交流――の3点について意見を交換した。

両者は今後の防衛協力・交流について、日印実動訓練「ダルマ・ガーディアン」のさらなる充実や、情報、サイバー、先進技術などの専門家交流に取り組むなど、さまざまな手段を多層的に積み重ねていくことで一致した。

このほか、インド太平洋地域における安全保障環境について、力による一方的な現状変更の試みを断じて認めず、法の支配に基づく自由で開かれた国際秩序を維持・強化するという認識を共有した。

吉田陸幕長は6月9日の記者会見で「会談で戦略環境認識や日印陸軍種間の防衛協力について率直な意見交換を行うことで信頼関係を構築した。本年度のどこかで我々トップ間が対面で会える機会を作りたい」と語った。

空幕長　イスラエル国防次官と懇談

同日、駐日独大使とも会談

井筒空幕長は5月31日、イスラエルのアミル・エシェル国防次官と防衛省で懇談した。

両国を取り巻く安全保障環境について確認した両氏は、法の支配に基づく自由で開かれた国際秩序を維持するために、日イスラエル防衛協力・交流が重要であるとの認識で一致、先進的な防衛装備・技術についても意見交換を行った。

懇談の冒頭、握手を交わす井筒空幕長（右）とエシェル国防次官（5月31日、防衛省で）＝空自提供

また、これに先立ち同日午後、井筒空幕長はクレーメンス・フォン・ゲッツェ駐日独大使の招待を受け、東京・港区の駐日独大使公邸を訪問、世界を取り巻く安全保障環境、日独防衛協力、両国の文化・歴史などについて幅広い意見交換を行った。

さまざまな価値観を共有すると共に、法の支配に基づく自由で開かれた国際秩序の重要性を確認し、今後の日独両国間における各種協力・交流を推進していくことで一致した。

ロシア艦7隻が千葉県沖を航行

6月15日正午ごろ、海自は北海道・襟裳岬の南東約280キロの海域を南進するロシア艦「ウダロイⅠ」級駆逐艦2隻（艦番号543、548）、「ステレグシチーⅡ」級フリゲート1隻（337）、「ステレグシチー」級フリゲート3隻（333、335、339）、「マルシャル・ネデリン」級ミサイル観測支援艦1隻の計7隻を確認した。

この後、これらロシア艦隊は南西に航行を続け、16日午前9時ごろには、千葉県・犬吠埼の南東約180キロの海域に移動、3護群7護隊（大湊）の護衛艦「ゆうだち」、1護群5護隊（佐世保）の護衛艦「こんごう」が情報収集と警戒監視に当たった。

中国艦艇3隻が長崎県沖を東進

海自は6月13日正午ごろ、中国海軍の「レンハイ」級ミサイル駆逐艦（艦番号102）、「ルーヤンⅢ」級ミサイル駆逐艦（120「成都」）、「フチ」級補給艦（同902）の3隻が長崎県・福江島の西約200キロの海上を東に航行するのを確認した。

佐世保警備隊（佐世保）の多用途支援艦「あまくさ」、2ミサイル艇隊（舞鶴）のミサイル艇「はやぶさ」、3ミサイル艇隊（佐世保）のミサイル艇「しらたか」、4空群（厚木）のP1哨戒機が情報収集に当たった。

中国艦はこの後、対馬海峡を北東に進み日本海へ入った。

共済組合だより

全自衛隊美術展　作品募集

令和4年9月1日（木）から同年9月16日（金）まで

全自衛隊美術展（主催：防衛省、協賛：防衛省共済組合）は、隊員が余暇活動として創作した作品を募集し、優秀作品については表彰・展示（令和5年2月頃に市ヶ谷において入賞作品の展示を行う予定）するとともに、隊員の家族等の作品も募集・出展させることにより、隊員の文化・教養活動等の一層の振興を図ることを目的として実施しています。

作品の募集は、絵画、写真、書道の3部門を対象として、応募の受付は、令和4年9月1日（木）から同年9月16日（金）必着。

作品の応募要領などは次のとおりとなっていますので奮ってご応募ください。

〈共通事項〉

出品内容は、全自衛隊美術展に出品するのにふさわしい作品であるとともに他者の知的財産権を侵害しない作品であること。住所、氏名、連絡先等及び作品の説明や創作に込めた思い（100字程度）を出品票に記入すること。ただし、書道については作品の原典及び原詩文も記入すること。入選作品は、出品票に記入した作品の説明を展示会開催時に掲示する。

〈応募要領〉

（1）応募資格は次のとおり。①隊員等（防衛省職員、独立行政法人駐留軍等労働者労務管理機構の役員及び職員並びに防衛省共済組合の職員をいう。）②隊員等であった者（令和4年9月16日以前に退職した者（同日までに退職予定の者を含む。）以下「元隊員等」という。）③①及び②の家族（高校生以上）。

（2）応募作品は、各部門につき1人2点までとし、自作未発表のものに限る。ただし、個人のSNSやブログへ掲載した作品、防衛省内の美術展等（全自衛隊美術展を除く。）、審査のない美術展に出品した作品については、応募可。出品料は無料。ただし、応募に要する経費は応募者負担。

〈送付先〉

〒162－0845 東京都新宿区市谷本村町4番1号 ホテルグランドヒル市ヶ谷 総務課 TEL03－3326－0430※

詳しくは防衛省HPをご確認ください。

内閣総理大臣賞
「神の子池」
倶知安駐屯地業務隊
野原　恵一朗

1万2500人参加し統合防災演習

市ヶ谷ヘリポートで要員輸送を公開

「南海トラフ地震」の発生を想定した令和4年度「自衛隊統合防災演習（JXR）」が6月20日から23日まで、防衛省をはじめ全国の駐屯地・基地、在日米軍横田基地などで行われた。

演習は山崎統幕長を統裁官に、内局、統陸海空の各幕、情本、装備庁、陸自の陸上総隊、各方面隊、海自の自艦隊、各地方隊、空自の総隊、支援集団の隊員ら約1万2500人が参加。

「遠州灘を震源に午前8時10分に最大震度6弱、同40分に同震度7の地震が発生した」との想定で開始。指揮所活動を中心に①南海トラフ地震における指揮幕僚活動②防災関係機関や在日米軍などとの連携③航空機や車両による要員の輸送――の3点を演練した。

同20日12時半、「要員輸送」が防衛省市ヶ谷ヘリポートで報道公開され、司令部のある朝霞駐屯地からヘリ団（木更津）所属のCH47輸送ヘリが飛来。化学学校（大宮）と通信学校（久里浜）の隊員を降ろした後、陸幕などの隊員6人を搭乗させて朝霞に帰投した。

これに先立ち同日午前、省議室に災害対策本部が開設され、岸防衛相は「現在把握している状況について情報を共有し、今後の活動について認識の統一を図っていきたい」と述べた。

JXRは平成11年度からほぼ毎年行われ、今回で22回目。南海トラフを想定したのは5年ぶりとなった。

要員輸送でヘリ団のCH47輸送ヘリに乗り込むJXR参加隊員（6月20日、防衛省市ヶ谷ヘリポートで）

防衛省発令

▽空幕募集・援護課募集・援護調整官兼空幕募集・援護課企画班長（空幕募集・援護課）　1空佐　中川　一
▽航空警務隊司令（航空警務隊副司令）　同　荒井　将人
▽同副司令（空幕募集・援護課募集・援護調整官兼企画班長）　同　大久保正広
（以上6月12日）
▽統幕学校国際平和協力センター教育・研究室長（統幕学校国際平和協力センター）　1空佐　有馬　敬晶
▽航空中央業務隊付（同教育・研究室長）　同　中野　武志
（以上6月13日）

訂正

6月16日付5面、福岡地本の見出しで「予備自などで協力警備会社に大臣賞」とあるのは、「予備自などで協力警備会社に認定証」の誤りでした。

太平洋水陸両用指揮官シンポジウム(PALS)22

迅速な島嶼部作戦

展開・給油も的確に

日本で初開催

「太平洋水陸両用指揮官シンポジウム（PALS）22」の開会式が6月14日、東京・文京区のホテル椿山荘東京で行われた。中曽根康隆政務官、デビット・バーガー米海兵隊総司令官のあいさつの後、山崎統幕長が本シンポジウムのテーマ「インド太平洋地域の平和と安定のために水陸両用部隊が果たすべき役割」について基調講演を行った。

最終日の16日には海自横須賀基地と陸自木更津駐屯地で部隊研修が行われた。午前中は海自横須賀基地に接岸された大型輸送艦「おおすみ」で、海自掃海隊群司令の金刺基幸海将補と陸自水陸機動団長の梨木信吾陸将補があいさつ、掃海隊群と水機団の概要が大型スクリーンを使って説明された。その後、水陸両用車（AAV7）などの上陸用装備品から小火器、対戦車兵器、「おおすみ」に搭載されたエアクッション艇（LCAC）などの装備品について概要説明が行われた。

午後からは陸自木更津駐屯地に場所を移し、I格納庫に展示されていた日米の垂直離着陸機オスプレイを見学。その後「沿岸地域における領域横断作戦（CDO）と機動展開前進基地作戦（EABO）」をテーマに、実際に日米共同による島嶼部作戦を想定した訓練が披露され、参加者側を敵陣地に見立て、陸自V22オスプレイが着上陸。素早く降着した水機団員が周囲の安全を確保し制圧した。在日米海兵隊に配備されているHIMARS（高機動ロケット砲システム）と陸自12SSM（12式地対艦誘導弾）が左右から展開し、後方では米海兵隊のCH53ヘリが進入して降着、陸自V22オスプレイへの給油が演練された。

一連の流れが終了し、HIMARSと12SSMの展示が行われて、全ての部隊研修が終了。閉会式では参加者からの万雷の拍手をもって4日間の日程は全て終了となった。

日米共同記者会見で吉田陸幕長は「参加各国の水陸両用部隊作戦能力の向上、部隊間の連携強化や相互運用性の向上を図ることができた。日米同盟の抑止力、対処力をより一層強化するとともに、価値観を共有する友好国との多国間協力を推進して、インド太平洋地域の平和と安定に積極的に寄与していく」と語った。

一方のスティーブン・ラダー米太平洋海兵隊司令官も、日本との共催により成果があったことを「喜ばしく思います」と締めくくった。

（文・写真　雀見陽平）

㊤開会式であいさつする中曽根政務官　㊨開会式で基調講演する山崎統幕長（6月14日、ホテル椿山荘東京で）＝陸自提供

㊤海自の「おおすみ」の第4甲板で、陸自の水陸両用車「AAV7」を説明する水機団員　㊦「おおすみ」の艦尾ハッチ（スターン・ゲート）上からエアクッション艇（LCAC）を見学する各国参加者たち（6月16日、海自横須賀基地で）

㊤日米共同で島嶼部作戦を想定した訓練を実演し、現場一帯を確保するために展開する陸自V22オスプレイ　㊧陸自V22オスプレイから迅速に降着し、周囲の安全確保に取り掛かる水機団員（6月16日、木更津駐屯地で）

日米のオスプレイの前で共同記者会見後に記念撮影する吉田陸幕長（右）とラダー米太平洋海兵隊司令官（6月16日、木更津駐屯地で）

㊤一連の実演展示が終わり、記念撮影する各国参加者たちと梨木水機団長（左から4人目）　㊨水機団により周囲の安全が確保された中で、米海兵隊のCH53から給油を受ける陸自V22オスプレイ（6月16日、木更津駐屯地で）

「若き国」の新リーダー

フィリピン大統領選挙の結果と今後の見通し

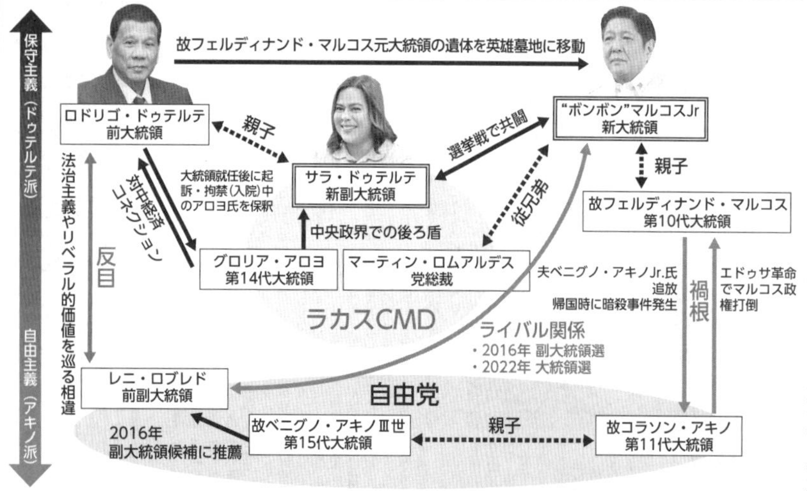

防衛研究所主任研究官　富川英生氏が寄稿

フィリピンで6月30日、フェルディナンド・マルコス新政権が誕生する。マルコス氏の父は、かつて20年以上にわたって独裁体制を敷き、1986年の「ピープルパワー（エドゥサ）革命」で失脚した故マルコス元大統領だ。人口1億1000万人超、平均年齢25歳という若い国フィリピンでは、独裁政権時代を知らない世代が有権者の過半数を占めるようになった。5月9日の大統領選挙で圧勝したマルコス氏の選出過程と次期政権の行方について、防衛研究所理論研究部社会・経済研究室の富川英生主任研究官に分析・執筆をお願いした。

富川　英生（とみかわ・ひでお）防衛研究所理論研究部社会・経済研究室主任研究官
1971（昭和46）年生まれ、兵庫県出身。千葉大学法経学部卒業、東京大学大学院経済学研究科修士課程修了（経済修士）、東京大学大学院経済学研究科博士課程中退、豪国防大学防衛戦略研究課程修了、英シェフィールド大学東アジア研究課程修了（修士・東アジア研究）。2003年から防衛研究所勤務。専門分野はマレーシアを中心とする東南アジア諸国の経済・産業政策。近年はグローバルな防衛装備ビジネスや国際安全保障の経済的側面などの調査研究にも従事。最近の研究論文に「国防イノベーション・エコシステムのマネジメント」『国際安全保障』第49巻第1号（21年6月）、「ロボット工学・自律型システム・人工知能（RAS―AI）に関する技術開発の動向と自律型兵器システム（AWS）の運用についての展望―米・中・露を中心に―（山口信治主研との共著）」『防衛研究所紀要』第22巻第2号（20年1月）など。

独裁時代知らない世代も

大統領選の結果

今年5月にフィリピンで行われた選挙では、タッグを組んだ大統領候補のフェルディナンド・マルコス・ジュニア（以下、ボンボン・マルコス）元上院議員(64)と、副大統領候補のサラ・ドゥテルテ（以下、サラ）ダバオ市長（44）＝肩書はいずれも当時＝の両候補が共に3000万票を超す史上最多の得票数で他陣営に大差をつけて勝利を確実にした。

良く知られているように、ボンボン・マルコス候補は故フェルディナンド・マルコス元大統領の長男、サラ候補はロドリゴ・ドゥテルテ大統領の長女である。

候補者擁立をめぐる紆余曲折

では、選挙戦の経過を簡単に振り返る。フィリピンの現行憲法では、大統領の任期（6年）を4年以上務めた者は再び大統領選に立候補・就任はできないと定められている。

このため、父ドゥテルテ大統領は今回の大統領選に出馬できなかった。そこで、与党「PDPラバン」はドゥテルテ大統領を副大統領選の公認候補（大統領候補には側近のボン・ゴー上院議員）とした。

しかし、これは制度の乱用だという批判を招いたことから撤回され、結局、ドゥテルテ大統領は政界からの引退を表明した（その後、上院選への出馬を表明し、引退は撤回された）。

一方で、早くから次期大統領選への出馬を表明し、当初は後継指名を受けるのではと目されていた元ボクシング世界王者のマニー・パッキャオ上院議員は、その後、ドゥテルテ大統領との関係が悪化し、結局は「PROMDI」から出馬することとなった。

このほかには、反ドゥテルテ派の急先鋒で現職副大統領のレニ・ロブレド（自由党）、現マニラ市長のイスコ・モレノ（民主行動党）などが立候補を表明し、ボンボン・マルコス候補（PFP）と競うことになった。

最強タッグの誕生

国民の間で人気があり、「PDPラバン」からも大統領選への出馬が期待されていたサラ市長は、当初はその意思を見せず、市長再選を目指すとしていた。

しかし、候補者変更届の受付終了直前になり、グロリア・アロヨ元大統領の出身母体である「ラカスCMD」に合流し、同党の副大統領候補となり、直後にボンボン・マルコス大統領候補と共闘することが表明された。ここに事前の世論調査で1位、2位につける候補者による最強タッグが誕生した。両者の人気は維持されたままで選挙戦は推移し、その結果、他の候補に大差をつけて勝利した。

この見事な計略を描いた黒幕についてはサラ氏の相談相手とされるアロヨ氏ではとの報道もあるが、「ラカスCMD」はこれを否定している。

フィリピン新大統領・副大統領

新大統領
フェルディナンド・ロムアルデス・マルコス・ジュニア

1957年生まれ。

父は故フェルディナンド・エドラリン・マルコス元大統領。

英国、米国で教育を受け帰国。

1980年、23歳の若さで地元北イロコス州の副知事となり、1983年には州知事に就任。

1986年、エドゥサ革命によって両親とともに米国ハワイに亡命。父の死去後、1991年にフィリピン帰国が許される。

1992年、マルコス家再興を図るべく北イロコス州から下院選に出馬し当選。1995年には上院選に出馬も落選。

1998年、北イロコス州知事選に勝利し、2007年まで3期務める。

2010年、再び上院選に挑戦し当選。

2016年、副大統領選に立候補、僅差の次点で落選。

新副大統領
サラ・ドゥテルテ

1978年生まれ。

父はロドリゴ・ドゥテルテ前大統領。

2006年、司法試験に合格。

2007年、父ドゥテルテ・ダバオ市長の下で副市長選に就任。

2010年、市長選に出馬し当選、副市長には父が就任。

2013年、父が市長選に再出馬し、一時、政界を離れる。

2016年、父の大統領選出馬に伴い市長選に再出馬し当選。

2018年、地域政党である「改革党」を立ち上げる。

画像はボンボン・マルコス氏の公式YouTubeより

ドゥテルテ政権の評価

では、今回の大統領選挙の争点について考える上で、まず父ドゥテルテ政権の評価を、日本貿易振興機構アジア経済研究所の川中豪研究員の論考（「支持される権威主義的反動――世論調査から見るフィリピン政治の現在」2021年12月）をもとに整理してみる。

まず、歴代大統領と異なり、ドゥテルテ大統領は誕生当初の高い支持率を中弛みすることなく維持し続けた。「麻薬戦争」で司法手続きを無視した取り締まりや、政権に批判的なマスコミへの厳しい締め付けなど、その強権的な統治スタイルについて内外のメディアや有識者などから厳しい批判を受けてきたが、フィリピン国民はこれとは異なる評価を示したことになる。つまり、主要メディアや有識者と一般市民の間には政権のあり方について認識にズレがあったと言える。

国民の政治への期待

例えば、国際的な指標では、フィリピンの「民主主義」の評価はドゥテルテ政権誕生後に低下しているが、一方で、政権への満足度に関する調査では国民の評価はむしろ上昇している。

この高い満足度については同政権の「ポピュリズム」的な傾向が要因だとする向きもある。しかし、ポピュリストの代表格とされるジョセフ・エストラーダ元大統領と比較した場合、エストラーダ政権では都市部よりも農村部、高中所得層ではなく低所得層での満足度が高かったのに対し、ドゥテルテ政権はエリア・階層に関係なく全般的に高い満足度を得ていた。

さらに興味深いアンケート結果としては、自身を高い社会階層に属すると考える人たちの中で、強権的な統治スタイルを選好すると答えた人の割合が過半数を超えていた点である。

フィリピン国民は法の支配や報道の自由といった西側社会で重視される「民主的」な価値よりも、犯罪の取り締まりや経済成長といった国民が実感できる成果を出す政治指導者を評価する傾向にあると見られる。

スティグマの克服

ドゥテルテ大統領以上に厳しい歴史的評価を受けてきたのが、戒厳令を敷き、フィリピンに権威主義体制をもたらした故マルコス元大統領である。

ボンボン・マルコス候補にとって、その子息であるという事実は選挙戦を勝ち抜くために、どうしても克服しなければならないスティグマ（不名誉な烙印、偏見・差別）であった。

マルコス家には父の執政時における巨額な不正蓄財などに関する嫌疑が懸けられており、多額の返納を求められていた。また、母イメルダ・マルコスは汚職の罪で有罪判決を受けて控訴中の身であり、さらに、戒厳令下で弾圧を受けた犠牲者からの告発など多くの問題を抱えていた。

しかし、ドゥテルテ大統領が誕生し、自身も敗れはしたが、副大統領選で僅差の次点につけた2016年頃から既に状況は改善する兆しを見せていた。

まず、時間の経過とともに、戒厳令下の時代を知らない世代が増えた点である。「ピープルパワー（エドゥサ）革命」から36年が経ったことで、マルコス家に対する負のイメージは希薄化していった。また、国民が強い政治指導者を好むようになった点を上手く利用し、父マルコス政権期の権威主義体制を「秩序と成長の時代」であったと「スピン」したイメージを発信し続けた。

そして、副大統領選に敗れて以降の6年という長い時間を全て選挙に向けた準備に費やした。ボンボン候補はボランティア活動を行いながら全国を回ってイメージ戦略を進め、同時に各地に政党支部を作ることで地盤以外での支持層の拡大を図り、マルコス家復興を試みた。

人気投票？

以上のような背景の中で行われた今回の大統領選挙については、いくつかの新しい特徴が見られた。まず、公約などよりも、政治家個人の人気がより重要になった。特にフェイスブックやメッセージ・アプリなどのSNSを駆使し、理想的な人物像を演じてフォロワーを増やすことが選挙活動の重要な手段となった。

もちろん、知名度だけが勝敗の要ではない。例えば、2021年10月時点でのフェイスブックのフォロワー数は、ボンボン・マルコス候補が約400万人なのに対し、パッキャオ候補は1800万人以上もあったが、同時期の調査でボンボン候補の支持率は既に5割を超え、パッキャオ候補を圧倒していた。これは知名度に加え、名士であったことも人気を補強する重要な要素であったためと考えられる。

紐帯で政権基盤は安定か

名門の家名

故マルコス元大統領はルソン島北部の伝統的なエリート家系の出身、ドゥテルテ大統領も南部の新興ではあるものの、レイテ島生まれ、ミンダナオ島育ちという地方のエリート家系に生まれた。そして、彼らが中央政界に進出することで地元に政治王朝を確立した。

前出の川中豪研究員によると、フィリピンでは「恩顧主義（クライエンテリズム）」と呼ばれる垂直的な関係性の下で政治動員が図られてきたという。

具体的には、エリート層が低所得層に対して私財の配分など通じて支持を集め、地元の権力を掌握するという。

大統領・副大統領選挙は全国レベルの直接投票で行われるため、恩顧主義による集票効果は限定されるが、ボンボン・マルコス、サラ・ドゥテルテ両候補は政治王朝を継承し、地方首長として実績を積むことで基礎票（地盤）と選挙資金（カバン）を手にしていた。

一方で、新たな「基盤」となる浮動票層に対しては、自らが主催する政治イベントやSNSなどを駆使した選挙活動で取り込みを図った。

このターゲットとなる若年層や都市中間層にとって名門の家名は「セレブ」と同様の意味を持つ有効なアピール材料になったと考えられる。

ボンボン・マルコス大統領の政権運営

では、新政権の船出はどのようなものになるのだろうか。

ボンボン・マルコス新大統領は、中央政界での実績に乏しいことから、一部経済界からはその手腕に対する不安の声も上がっていた。

一方で、サラ・ドゥテルテ次期副大統領は、中央での経験はないが、「ラカスCMD」へ合流したことで組織的な支援を受けられる立場にある。

同党は源流をたどれば元大統領のフィデル・ラモス氏やアロヨ氏らが名を連ね、現総裁のマーティン・ロムアルデスはイメルダ夫人の出自であるロムアルデス家の人物で、ボンボン・マルコス新大統領の従弟に当たる。

このロムアルデス総裁は、アロヨ氏から推薦を受け、下院議長に就任する見込み（執筆時点）であり、血縁や恩義を紐帯とした政権基盤は安定したものになると見られる。

具体的な施策については、ボンボン・マルコス大統領は選挙期間中、マルコス家に批判的であった主要メディアによるインタビューやテレビ討論会への参加を避けてきたこともあり、詳細は明らかでない。

ただ、現在のフィリピンの政治空間がドゥテルテ前大統領のレガシーに対する容認派と否定派（＝アキノ派）に分かれるとすれば、非アキノ派に当たるボンボン・マルコス新政権は基本的には前政権での看板政策、例えば麻薬犯罪に対する厳しい姿勢や中国資本を含む外資の誘致、積極的なインフラ投資などの政策を継承すると見られる。

外交方針についても手掛かりとなる情報に乏しい。対中姿勢については、2021年の早い段階で中国大使館がボンボン候補にアプローチを試みたことが注目されたが、前政権と同様、経済的な関係は強化しつつも、南シナ海問題については外交的な解決を求めるという現実的な対応をするものと見られる。

強権政治は継承されるのか？

最後に、ボンボン・マルコス大統領、サラ・ドゥテルテ副大統領の統治スタイルについて考えてみたい。焦点となるのは父のような強権政治を継承するのかという点である。

既に述べたように、これまで両者の人気を支えてきたのはSNSなどを通じて形成された「イメージ」である。ドゥテルテ前大統領のような生身のカリスマ性によるものではない。

選挙期間中とは異なり、今後、両者は否応なくメディアの前に立ち、野党などからの厳しい追及に対して自身の言葉で応えなければならない場面が増える。

この際、二世セレブらしい良い人として振る舞うにせよ、父譲りの強権政治家の姿を演じるにせよ、彼らの最大の後ろ盾である国民の望むイメージを重視せざるを得ず、その統治スタイルについては世論の反応を見つつ柔軟に調整を図ることになると考えられる。

防衛技術

ウクライナで活躍の米国製ドローン
離島防衛にも有効

ウクライナに侵攻したロシア軍に打撃を与え続けている米国製の自爆ドローン「スイッチブレード」。対戦車ミサイルに翼を付けたような滞空型の精密誘導兵器で、空から地上を監視し、目標が現れたところで遠隔操作により突入する。回収できない片道だけの航空機のため「カミカゼ・ドローン」とも呼ばれるこの兵器は、日本でも離島防衛などに有効なことから、自衛隊も今後、装備化を目指したいハイテク兵器だ。

ロシアに侵略されたウクライナを支援するため、NATO（北大西洋条約機構）諸国は同国に各種兵器の供与を続けているが、その中でも最新の兵器が米国製の自爆ドローン「スイッチブレード」だ。"飛び出しナイフ"の名を持つ携帯型のこの兵器は、迫撃砲のように地上からドローンを打ち出した後、オペレーターが遠隔操縦して上空から敵部隊を偵察、攻撃目標を確認するとドローンを突入させ、これを撃破する。ウクライナ軍は同じく米国から供与した携帯型対戦車ミサイル「ジャベリン」と共に同兵器などを使い、ロシア軍の戦車部隊を押しとどめている。

「スイッチブレード」を開発したのは米国のエアロバイロンメント（AeroVironment）社で、ソフトターゲット向けの「300」型と装甲車両も撃破できるより大型の「600」型がある。

「スイッチブレード600」一式の重量は約23キロで、兵士1人が背負って運べる。発射の際は射手と操縦手がチームを組み、筒状ランチャーを迫撃砲のように空に向けて設置し、圧縮ガスで上空に打ち出す。飛び出たドローンは折り畳まれていた5枚の翼を展開し、後部の電動プロペラで飛行を開始。操縦手は手持ちのコントローラーを使い、ドローンを目標の地域に誘導する。

「600」型ドローンの全長は約1・3メートル、重量は約15キロで、最大速度は185キロ。滞空時間は約40分で、直線距離なら40キロ先まで到達できる。機首部に画像・赤外線センサーを装備し、これで地上の敵部隊を偵察。操縦者が目標を見つけると突入させ、タンデム成形炸薬でこれを破壊する。

同兵器は滞空型であるため、上空で待ち伏せし、敵指揮官が乗る車両が現れたところで攻撃するといった使い方も可能だ。

「スイッチブレード」は米軍でも特殊作戦軍（USSOCOM）などに採用されたばかりの最新のハイテク装備。その提供を受けたウクライナ軍では、この自爆ドローンを効果的に活用し、対ロ戦線で大きな戦果を上げている。これを受け、米政府は同兵器を改良した「フェニックス・ゴースト」の供与も決めている。

「スイッチブレード」のような対地兵器は自衛隊にはまだない。こうした滞空型の自爆ドローンを使えば、着上陸してくる敵の上陸用舟艇や水陸両用車を確実に各個撃破できることから、離島防衛などにも有効とみられる。

上空から地上の目標（右奥）に突入する自爆型ドローン「スイッチブレード600」のイメージ（米エアロバイロンメント社HPから）

迫撃砲のように地面に発射機を設置し、「スイッチブレード300」を打ち出す米軍兵士（米海兵隊提供）

上空から敵部隊の捜索にあたる「スイッチブレード300」。攻撃目標が決まると、オペレーターの指示で突入する（米海兵隊提供）

技術が光る
—110—

スペースフレームドローンRD360　テクノシステムなど共同製作

120キロの重量物も楽々運べる
有人飛行も可能な大型ドローン

120キロの重量物も楽々運べる大型ドローン、誕生—。千葉市の幕張メッセで開かれたドローン産業の見本市の特設大型ドローンゾーンで展示されたスペースフレームドローン「RD360」がそれだ。

テクノシステム、エアロファシリティー、湘南工科大学、サレジオ工業高等専門学校が共同で製作、実用化が見込まれている。

このドローンの特徴は、「トラス」という三角形を基本単位に、その集合体で機体を構成する形式を用いている点だ。複数の格子を組み立てて機体を構成することで、分解して持ち運ぶこともでき、格子の増減によって機体の大きさも自由自在に変えられる。「RD360はアルミニウム合金製フレームで構成しているため、見た目よりも重量は軽く、全体の重さも70キロほどです。さらなる軽量化を図っています」と担当者。

トラス構造は軽量化しやすく、形状が安定しているため、建築物の屋根架構などに使われている。機体を折り畳み、3分割にして収納し、車で運搬もできる。

見本市で展示されていたのは物流用の機体で、荷物が機体中央から吊り下げられていた。実際に荷物を運搬するときは基本的に8枚のプロペラで浮力を出し、機体の中央に荷の収容部分を格納して飛行する。さらに、このドローンに座席が付いた部品を取り付けることで、有人飛行にも対応。搭載するプロペラやモーターの数は、格子の数に応じて増減させるという。

電源は大型リチウムイオン電池を搭載、これにより長時間、長距離飛行が可能となる。衝突防止用ライトも付いており、点滅することで夜間も安全に飛行することができる。

「120キロの重量物を吊り下げ、10キロ先の地点まで飛行できます。災害派遣にも対応できるよう、改良を考えています。フロート（浮船）もオプションでつけており、随時安全に着水もできるため、海上での災害派遣にも活用できるかもしれません」と担当者は話した。

異常気象で災害が発生しがちな日本。災害時にこのドローンが活躍する日も近いかもしれない。

テクノシステムらが開発したスペースフレームドローン「RD360」。120キロの重量物を運ぶことができ、災害現場などでの使用が見込まれる（千葉市の幕張メッセで）

インド

国産空母初就役へ
計3隻の整備を計画

インド海軍初の国産空母「ヴィクラント」（満載排水量4万トン）が今年中の就役をめざし、海上公試を続けている＝写真。同艦はインド南部のコーチで建造され、全長262メートル、幅61メートルで、ミグ29K戦闘機など約40機を搭載できる。艦首部は航空機発艦用にスキージャンプ型になっている。インド海軍は同級2隻を含め、計3隻の空母整備を計画している。

UH2新多用途ヘリ量産初号機が初飛行
スバル

スバルは5月19日、栃木県宇都宮市の航空宇宙カンパニー宇都宮製作所で陸自「UH2」新多用途ヘリコプター量産初号機＝写真＝の初飛行を行った。

初号機は同日午前、スバルのテストパイロットの操縦により宇都宮飛行場を離陸。約30分間にわたり、周辺空域で飛行した後、無事に着陸した。

UH2は陸自の主力ヘリUH1の後継機として防衛装備庁がスバルとともに平成27年度から開発に着手。スバルが米ベル・テキストロン社と共同開発した「412EPX」ヘリをベースに航空救難などにも使える多用途ヘリとした。

UH1からの改良点は、エンジンが単発から双発に、メインローターが2枚から4枚となり、飛行安定性が大きく向上した。メインローターのギアボックスも強化され、同ボックスから潤滑油が抜けても飛行が可能なドライラン性能も向上し、飛行安全性が大きく高まっている。

世界の新兵器
—561

精密ストライクミサイル「PrSM」　米
500キロの最大射程を実証

米国陸軍が開発中の次世代長距離ミサイル「PrSM」はカリフォルニア州のヴァンデンバーク宇宙基地で10月に飛翔試験を実施し、500キロ以上の飛行に成功した。2023年度の予定日より1年も前に、新兵器の最大射程を実証した。

PrSMは19年8月に中距離核戦力（INF）全廃条約が失効して以来、少なくとも500キロで発射された最初の純粋な弾道ミサイルとなった。

このテストにはPrSMに組み込まれている信頼性、精度、重要な能力をさらに実証するため、ミサイルの飛翔経路、発射から着弾までの射程距離と精度の確認、弾頭致死性、HIMARSランチャー統合など、ミサイルの総合性能の確認が含まれていた。

テストの成功により、米陸軍は今年9月にロッキード・マーチンと契約を交わし、早期運用能力（EOC）生産とエンジニアリング・製造開発（EMD）の段階に進めることとなった。

ロッキード・マーチンは、プログラムの強化された技術成熟とリスク低減段階の一環として5回の技術実証飛翔実験を実施。この実験には同一のランチャーから2発のPrSMミサイルの最初の発射が含まれた。

また同社は生産から強化された能力に至るまで、この次世代システムを将来に向けて最適化するため米陸軍と協力し、仮想現実（VR）、高度なモデリングとシミュレーション（M&S）、機械学習／データ分析、ソフトウェアファクトリなどのデジタルツールを導入。作業の合理化を図り、PrSMの開発プログラムを迅速化、俊敏化、効率化を加速している。

飛翔試験に成功した米陸軍が開発中の次世代長距離ミサイル「PrSM」＝米ロッキード・マーチン提供

米陸軍はベースラインミサイルを開発後、迅速にPrSMをアップグレードする予定だ。PrSMに飛翔の終末フェーズに移動する目標を追尾する機能を提供するため、マルチモードシーカーを開発中である。

このアップグレードPrSM計画は、米国とオーストラリアの共同開発を目指している。

柴田　實（防衛技術協会・客員研究員）

技術屋のひとりごと

ハインリッヒの法則

宇田川　直彦

（防衛装備庁・航空装備研究所）

「一つの重大事故の背後には29の軽微な事故があり、その背景には300の小異常が存在する」—。

安全工学の玉条であるこの法則の意義について論じたいわけではない。言いたいのはその見た目である。1→29→300。技術屋諸姉諸兄、この数字の並び、据わりが悪くはないだろうか？

前段では足して丸い数字になるように29と凹ませているのに、後段はそうはせず、足すと330と出っ張ってしまう。フォーマットの不斉である。1→30→300または1→29→270としたところで、この法則の本旨に影響はなかろうに。

ある材料試験の計画時、スケール効果を見るための試験片寸法として、2・4・6・8・10センチという案が提示されてきた。この等間隔の整然とした設定は、工学的には美しくない。この場合は等比が妥当だろう。整数に拘束するなら2・3・5・7・10あたりか。

2006年、某ファストフードチェーンより、新商品「メガ○ック」が発売された。従来の大盛メニュー「ビッグ○ック」がパティ2枚を挟むのに対し、これを一挙に4枚と倍増した画期的進化である。発表の日、同僚と「次は8枚でギガ○ックですかね」と笑いあった。元のハンバーガーの1から出発すれば当然の外挿（がいそう）である。

ところが翌朝、TVのキャスターたちが「次は6枚でギガ○ックですかね」と笑いあっているのを見て、仰天した。1はどこに行ったのだろう。第一、これでは将来「エクサ○ック」の時10→12でまるでインパクトがない。（この時「等比系」では32→64）

技術屋なら数字の並びの美しさにはこだわりたいものだ。因みにハーバート・ウイリアム・ハインリッヒ氏は保険会社の調査員だったそうで、技術屋ではない。

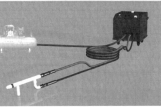

部隊だより////

陸

岩手 東北方特連教育隊は4月22日、駐屯地と岩手山演習場で10キロ行進を行った=写真㊦。出発を前に教育隊長の櫻井伸宏1尉が「毅然とした態度で挑め」などと激励した。新隊員にとって初めてとなる重い背のう・装具・銃を携行する行進では、互いに声を掛け合って全員で歩を進め、1人の脱落者も出ることがなく無事に任務を完遂した。

古河 東方後方支援隊102施設直接支援大隊はこのほど、整備隊長の西岡和洋1尉を教育担任官に、駐屯地で陸士特技課程「施設機械整備」を行った。18人が参加し、施設機械整備手として必要な知識などを学んだ。学生長の神長昌史士長は、「知識や技能をしっかり修得し、原隊で即戦力となれるよう精進する」と力強い言葉を述べた。

板妻 34普連は5月14、15の両日、静岡市のツインメッセ静岡で行われた「ホビーショー」に協力した。国内模型メーカーが一堂に会するビッグイベントで節目の60回目。連隊は屋外で小型車両、高機動車や軽装甲機動車を展示した。来場者は車両に乗って記念撮影をしたり、駐屯地キャラ「イタヅマン」と握手をするなど大いに楽しんでいた=写真㊤。

豊川 10特連はこのほど、豊川市内と駐屯地で3年度幹部任官行事を行った。早朝の非常呼集に即応した3人は、本宮山へと前進し、強風と雨の中を登頂した。山頂で矢野秀樹連隊長から3等陸尉の階級章を授与され、辞令書の交付を受けた。帰還後は決意表明を行い、応援や支援に感謝の気持ちを述べ、幹部自衛官の責務を完遂することを誓った。

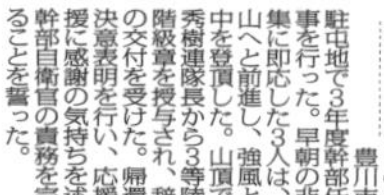

福知山 駐屯地はこのほど、3飛行隊(八尾)の支援を受け、長田野演習場でUH1多用途ヘリ体験搭乗を行った。地元住民や若者34人が参加した。参加者は安全教育やリペリング降下器材の装着体験の後、グループに分かれてヘリに搭乗=写真㊤。青空の下のフライトに「森の京都はもちろん、北陸の山々まで一望できた」と感嘆のコメントが聞かれた。

美幌 駐屯地渉外広報班は、令和3年の1年間で朝雲新聞紙面に投稿記事が多く掲載された部隊として、昨年に続き「優秀掲載賞」を受賞した=写真㊨。同班は1969年から77年まで「優秀記事賞」を9年連続、「優秀写真賞」を受賞している。今後も駐屯地所在部隊の活動をPRすることで、部内外に積極的に投稿し、4年の「最優秀掲載賞」を目指す。

遠軽 駐屯地は4月14日、4年度防衛・駐屯地モニター委嘱状伝達式を行った。新たに7人に委嘱され、任期は防衛モニターは2年で、駐屯地モニターが1年となる。両モニターに茶園宗武司令がそれぞれ委嘱状を手渡し、制度の説明や記念撮影を行った=写真㊨。今後は、駐屯地が行う各種行事などについて意見をもらい、諸施策に反映させていく。

青野原 8高射特科群は今春、駐屯地で「4年度開始式」を行った。だるまの開眼と願掛けで〝最強群〟を目指す決意を入魂した。願掛けは、簡潔なものから詳細に書いたものまで各指揮官の個性が出た。開眼は、部隊建制順に行い、緊張で手が震える指揮官もいたが和やかに進行。久守直紀群長が「任務完遂」と筆入れ、目入れで締めくくった=写真㊤。

小倉 40普連はこのほど、駐屯地で防衛および駐屯地モニター5人に対して訓練体験を行った。「敬礼」や「前へ進め」などの基本教練と行進訓練、隊員食堂での喫食体験を行い、史料館を見学した。参加者は「良い経験となりました。災害時の活動に感謝しています。日頃の訓練は大変だと思いますが、頑張ってください。応援しています」と語った。

都城 43普連は4月10日、駐屯地で自衛官候補生24人の入隊式を行った。谷雅和連隊長は「一生懸命」「仲間を大切に」を要望、荒山賀斗候補生が誓いの言葉を述べた。教育隊長の小原王巳2佐は「誠心誠意育てる」と語り、池田翔太候補生が「良き自衛官、社会人を目指し努力、精進する」と決意。荒牧最先任上級曹長から激励の言葉を受け万歳三唱した。

那覇 15旅団は4月24日、沖縄県石垣市で行われた「市民防災訓練」に参加した。51普連、宮古警備隊、15後支、15ヘリ隊と15通による警察や消防と連携した傷病者救助・搬送訓練のほか、炊き出しや野外入浴セットでの足湯体験=写真㊤=などを実施。市民からは「装備品がカッコイイ!」「初めての足湯、非常に気持ちよかった」などの意見が寄せられた。

師団長がリペリング降下

1師団創立60周年　練馬駐屯地創設71周年記念行事

㊧グラウンド上空に飛来したUH1ヘリからリペリング降下する兒玉師団長(左)と伊藤副師団長　㊦整列した1師団の部隊を車上から巡閲する兒玉師団長(左)と小池都知事

隊員に訓示する兒玉1師団長

1師団はこのほど、練馬駐屯地に協力団体関係者や地域住民ら約2300人を招き、「師団創立60周年・練馬駐屯地創設71周年記念行事」を行った。3年ぶりとなる駐屯地行事は、観閲行進は行わず、各部隊の特性を生かした展示で駐屯地部隊を紹介した。

最初に執行者の兒玉恭幸師団長と観閲部隊指揮官の伊藤優一郎副師団長が飛来したUH1多用途ヘリからリペリング降下し、式典会場に登場。その後、観閲部隊の767人が迫力ある訓練展示などで首都防衛に当たる1師団の威容を示した。

兒玉師団長は訓示で「我が国周辺の安全保障環境はこの60年間で最も厳しい情勢となっている」と述べ、「今後とも国民の生命・財産を守り抜くため、還暦を迎えて0歳に戻ったように師団も原点に立ち返り、首都防衛の備えを完整させていこう」と観閲部隊に呼びかけた。

続いて祝辞に立った元防衛相の小池百合子都知事は、「首都東京、都民・国民の生命と財産を守るため、これからも強い責任感と使命感をもって、任務に精励していってください」と激励した。

隊員を激励する小池都知事

訓練展示では今春、駐屯地に新編された第1偵察戦闘大隊の16式機動戦闘車が登場し、迫力ある性能展示を見せると、来場者からどよめきがわき起こった。

この後、各種装備品の特性を来場者に分かりやすく伝えるため、各種部隊を巡るツアーをスタート。間近で動く装備品を見て、一般客からは「初めて近くで見て感動した。迫力があってカッコイイ」などの感想があった。

その後も高機動車や大型トラックへの体験試乗や駐屯地食堂での記念会食が行われ、多くの参加者が1師団隊員との交流を楽しんだ。(練馬)

迫力の訓練展示を行う1偵察戦闘大隊の16式機動戦闘車

空

芦屋 阿部睦晴空幕副長はこのほど、基地を訪れ3術校や13教団などを視察した=写真㊨㊦。慰霊碑に献花し栄誉礼を受けた。その後、隊員に対し「自身の部隊と与えられた任務に対する誇りを堅持しつつも、時には自らを疑いの目で見て、業務や行動に誤りや改善すべきことを正しながら『3つのシンカ』を追求し続けることを要望する」と激励した。

防府南 空教隊の1教群と2教群(熊谷)は、4月6日に一般空曹候補生817人(女性326人)、8日に自衛官候補生1498人(同278人)の入隊・入校式を行った。右田竜治隊司令は「万里一空、自ら取り組み修得する努力を惜しまず、できないことを恐れるより、やらないことを恐れてほしい。努力は必ず自分を成長させてくれる」と式辞を述べた。

新田原 基地はこのほど、新富町と協賛し同町文化会館で音楽祭を開催、約700人が来場した。西部航空音楽隊(春日)、富田中学校吹奏楽部、日向学院中学校・高等学校合唱部が出演し、音楽隊の単独・合同演奏や合唱を披露した=写真㊧。美しい音色と優しい歌声に「最初の曲から涙が流れた」「元気をもらった」との感想が寄せられた。

海

厚木 3空司令の尺田隆一1佐以下10人は5月11日、硫黄島航空基地を訪れ慰霊碑「帰心」を参拝した=写真㊤。1973年に同隊搭乗員8人がP2V7対潜哨戒機で任務遂行中、硫黄島の東約9キロの海上で殉職した。隊員たちは、慰霊碑周辺を清掃し海自航空部隊発展の礎となった先輩が残された教訓を胸に、これからも任務に従事することを誓った。

館山 救急救命士を目指す東京医薬看護専門学校の学生40人が5月19日、館山基地を見学した。SH60K哨戒ヘリの救難装備品や消防車の装備説明を受け、実際に現場で活躍する救護員(メディック)と交流=写真㊤。「毎日の訓練が大事」「自分の将来の職業を再認識した」と感想を述べた。隊員は「学生たちの真剣なまなざしに元気をもらった」と語った。

舞鶴 音楽隊はこのほど、総監部と舞鶴市が共催した「第56回定期演奏会」で演奏した。同市総合文化会館には615人が来場した。田村修平氏に委嘱した海軍舞鶴鎮守府開庁120年の記念曲「出港ファンファーレ」、鍋の底を軽快に叩いて始まる「肉じゃが行進曲」や「環海の群像」を披露=写真㊤。多彩な演奏に観客から惜しみない拍手が送られた。

崎辺 佐世保教育隊は4月8日、17期一般海曹候補生303人(うち女性59人)、24期自候生92人(男性)、15期自候生51人(女性)の入隊式を行った=写真㊤。女性専用の第6隊舎の運用が始まり、1個分隊を増員。吉田太郎司令は「この崎辺の地には成長のための試練と機会があふれている」と式辞。西成人総監は「謙虚に学べ」などと訓示した。

防医大病院検査部が国際認証取得

防衛省の臨床検査施設で初

【防医大＝所沢】防衛医科大学校病院検査部はこのほど、防衛省に所属する臨床検査施設としては初めて、臨床検査の国際規格「ISO　15189」を取得した。同検査部の臨床検査・病理検査が国際的に認められる「質」と「能力」を有していることを保証するもので、品質管理者を務める三鍋慎也副技師長は「多くの困難を乗り越え、取得に至ったことは大変感慨深い。今後はこの認定を維持・継続し、防医大病院の医療向上に貢献するべく、日々研鑽を重ねていきたい」と話している。

防衛省所属の臨床検査施設で初めて臨床検査の国際規格「ISO 15189」を取得し、喜びを分かち合う松熊晋検査部長（前列中央）、認定証を掲げる菊池武彦技師長（同右）、三鍋慎也副技師長（同左）をはじめ、防医大病院検査部のスタッフたち

「ISO　15189」とは、臨床検査という業務を「製品」に見立てて、その品質と技術力を客観的に評価・保証する国際的認証制度。

国際貢献活動に参加する医官らを育成する防医大としては同規格の取得は悲願だった。認定番号は「RML02810」で、日本国内で281番目の認定取得施設を示している。

「管理面」では▽編成と個々の役割の明瞭化▽文書管理▽内部監査▽検査不適合に関するマネジメントなど、「技術面」では▽所属医師・検査技師等の技量評価と継続的な教育▽検査施設の環境整備▽機材・試薬の適正使用▽検査の流れの適正管理など――について審査が行われ、日本適合性認定協会（JAB）による厳しい査定をクリアした。

検査部では、令和元年に規格取得に必要な予算を獲得したが、新型コロナウイルスの対応に追われ、準備が中断。しかし、松熊晋検査部長が令和2年9月に検査部職員を一堂に集め、3年度の取得に向けて菊池武彦技師長らを中核に急ピッチで準備を開始した。

その後、約1年半をかけ、検体採取から結果報告までのプロセスを含めた検査業務全体を見直し、▽全ての検査手技・検査機器についての手順書作成▽機器の整備▽不適合事案の拾い上げと緊急対処・是正可能なマネジメントシステムの構築▽各検査室の温度管理▽夜間休日の検体提出管理▽リスク管理▽法を順守した規制物質管理▽職員の安全管理――などにスタッフが一致団結して努めてきた。

昨年4月からは三鍋慎也主任（現・副技師長）が品質管理者となり、準備を加速化。同年9月にJABの第1段階審査、同年12月に本審査を受審し、指摘事項については全ての是正を期日までに完了した。

これらの対応が今年3月のJABにおける会議で認められ、令和3年度末での規格取得を達成した。

菊池技師長は「検査部の職員全員が一丸となって積極的に協力して取り組み、『防医大病院検査部ここにあり』という気概を見せた。今後も全員がその能力を遺憾なく発揮し、安全で適正、高品質な臨床検査・病理検査を行えるよう、努力を重ねていきたい」と語った。

独軍国連訓練センターで研修

陸上総隊国際教　横山隊長と日下研究科長

【国際教＝駒門】陸上総隊国際活動教育隊長の横山裕之1佐と研究科長の日下耕3佐は5月17日から19日まで、ドイツ・バイエルン州の「ドイツ連邦軍国連訓練センター（DEU－UNTC）」を訪問した。

国際教は国連平和維持活動（PKO）に代表される「戦争以外の軍事作戦（MOOTW）」に関する陸自の教育訓練部隊で、DEU－UNTCもまた同国陸軍訓練コマンド隷下の教育訓練部隊。国連軍事監視要員課程（UNMOC）と派遣部隊の派遣前訓練支援を任務とし、質の高い訓練施設などを有する。

UNMOCは国連の認定を受けたレベルの高い内容で、学生はもとより教官も世界各国から招聘され、世界中の知見・技能が結集する。

さらに、MOOTW分野における国境をまたいだ教育訓練機関のネットワークを活用して、教育訓練や研究、啓蒙活動に極めて積極的で、この分野の欧州における中心的存在となっている。

横山隊長と日下科長は、UNMOCに参加する学生らの教育訓練や射撃シミュレーターなど施設を研修するとともに、センター長のワーナー・クラフス大佐らと今後の交流の深化について意見交換を行った。MOOTW分野は戦闘そのものではないが、平素の交流を通じて戦闘に関する知見・技能を学ぶことができることから、多彩なチャンネルの保持による防衛の質の向上という観点で交流の継続・深化の意義深さを認識した。

ドイツ連邦軍国連訓練センターを訪れ、クラフスセンター長（中央）と共に記念撮影に納まる横山国際活動教育隊長（右）と日下研究科長（5月17日、ドイツ・バイエルン州のハンメルブルクで）

「護国延命地蔵尊54回忌法要」

8空団　築城、美保から参列

【築城】8空団は5月11日、島根県出雲市久多見町で執り行われた「護国延命地蔵尊54回忌法要」に参列した。

1969年5月11日、「美保基地開庁11周年記念式典」の祝賀飛行に参加するため、同基地へ向けて飛行していた8空団10飛行隊（後の304飛行隊）所属のF86F戦闘機4機編隊が天候悪化に見舞われ、3機が久多見町の槍ヶ崎山頂付近に激突し、操縦者の3人が殉職。その後、この隊員の御霊を供養するため、久多見町の住民をはじめとする多くの人々の浄財により、地蔵尊が建立された。

法要には築城基地から8空団司令兼同基地司令の大嶋善勝将補以下14人、美保基地から3輪空副司令の柴崎利幸1佐以下17人の隊員が参列。全隊員が献花を捧げた。

法要終了後、久多美コミュニティセンター（出雲市東郷町）では、護国延命地蔵尊護持委員会の河村幾喜前委員長、島田富夫委員長、恩田吉久氏、常松泰雅氏、三輪幸正氏、森脇浩氏の6人に対する築城基地司令感謝状贈呈式が行われた。

同式では大嶋司令が半世紀にわたる河村前委員長の功績をたたえ、各委員への謝意を述べた。

「護国延命地蔵尊54回忌法要」に参列し献花を捧げる8空団司令兼築城基地司令の大嶋善勝将補（中央）＝5月11日、島根県出雲市久多見町で

水中不発弾処分の能力構築支援

海自7人をベトナム派遣

防衛省・自衛隊は5月16日から20日まで、ベトナム南部ニャチャンの海軍施設に海自隊員を派遣し、同国海軍を対象とした水中不発弾処分の能力構築支援を行った。

派遣されたのは、防衛省防衛政策局参事官付の飛内崇之2海佐をはじめ、掃海隊群司令部（横須賀）や海自1術校（江田島）の隊員計7人。

7人は水中不発弾処分に関する専門的知見について座学などを通じて教育したほか、ベトナム側からは関連施設についての説明を受け、双方にとって有益な交流となった。

これに先立ち5月13日、大臣室で出発式が行われ、7人を代表して飛内2佐が岸防衛相に出国を報告した。

岸大臣は「ベトナムには今なお、多くの機雷などの爆発物が水中に残っている。ベトナム軍人からの質問に親身になって答え、諸官の体験に基づくプロフェッショナルな知見を共有し、きめ細やかな支援を行ってきてほしい。今回の任務は、ベトナムを全力でサポートするという我が国の強い意思を体現するもので、誇りと自信を胸に立派に任務に精励されることを期待する」と激励した。

ベトナム海軍の軍人（屈む3人）にロープワークを教える海自隊員（右2人）＝5月19日、ニャチャンの海軍施設で（防衛省のツイッターから）

第74回憲法記念下北駅伝大会

「海自大湊A」が3位

「第74回憲法記念下北駅伝大会」が5月1日、青森県むつ市で行われ、「海自大湊A」チームが3位入賞を果たした。

この大会は日本国憲法施行を記念して1948年に始まったもので、地元では「憲法駅伝」の愛称で親しまれている。今年は海・空自から6チームが出場。海自大湊も毎年出場しており、過去には何度も優勝するなど好成績をキープしている。隊員たちは大会に向け約1カ月間トレーニングに励み、本番に備えた。

レースは午後2時半、一般・高等学校の部の16チームが一斉にスタート。選手たちは会場のむつ市ウェルネスパークを周回し、6区間約22キロでブルーのたすきをつないだ。海自大湊Aは2区の福岡恵輔3曹や、主将を務めた5区の大杉裕輝2曹が区間記録2位につけるなど健闘し、3位でゴールした。

大杉2曹は「コロナ下でまとまった訓練ができなかったが、選手一人一人が全力を出し切り悔いのないレースができた」と振り返り、「来年こそは優勝を果たし精強な海自をアピールしたい」と意欲を見せた。

3位入賞を果たし記念写真に納まる「海自大湊A」チームのメンバー（右端が主将の大杉2曹）

こちら警務隊

薬物犯（麻薬特例法違反）

SNSで覚醒剤の売買を募ったら麻薬特例法違反

SNSで氷砂糖を覚醒剤だと言って売っていました。これは犯罪ですか？

公然と氷砂糖を覚醒剤（規制薬物）として販売する行為は、規制薬物に係る不正を助長する行為等を取り締まる麻薬特例法違反となります。

単なるいたずらだとしても、SNSを使って公然と規制薬物の使用を決意、または決意を助長させるようなあおりやそそのかしをしているとみなされ、3年以下の懲役または50万円以下の罰金に処されます。

おもしろ半分の軽い気持ちでも、違法薬物等を題材にすると、重い罪に問われる可能性があることを認識しましょう。

（東部方面警務隊）

小休止

▽…松本駐屯地業務隊は5月31日、昭和41年以来、毎年行っている駐屯地の伝統行事「小梅漬け」の漬け込み作業を行った。

▽…夏を前に隊員の食欲増進、塩分補給、疲労回復のために提供する小梅を漬け込むもので、今年も山岳部隊婦人の会のメンバー4人が指導員となり、熟練の技術を若手隊員に伝承した＝写真。

▽…作業は駐屯地食堂で行われ、白衣とマスク姿の隊員7人が参加。梅20キロと赤しそ4キロを塩もみし、容器に混ぜ入れて漬け込んだ。参加隊員は「気持ちを込めて漬けたので、隊員にはぜひ食べてほしい」と話した。漬け上がった小梅は7月下旬から隊員食堂で提供される。

（松本）

インドア派の息子が高工校に入った経緯

高等工科学校在校生の母として㊤

66期生徒保護者　雨宮　美和（東京都武蔵野市）

息子は現在、陸上自衛隊高等工科学校の3年生。親の心配をよそに元気に励んでいるようです。家族にも親戚にも自衛隊関係者がいなかったのに、息子がどうして自衛官を目指したか、そのきっかけは私にもわかりません。自衛官の一般的なイメージとは真逆の、運動音痴でインドア派だった息子が高工校に入るまでの顛末をお話しすることで、同じような方々の参考にしていただければ幸いです。

息子は小学5年生のときの「2分の1成人式」で、将来は自衛官になるという夢を発表しました。農家の長男である夫は跡取りの発言に苦笑いし、私は私で一人息子を危ない目にあわせるわけにはいかない、と賛成できませんでした。そこで、遠回しに諦めさせるために防衛大学校の赤本を渡し、ここに進むなら許す、と伝えたのです。何もわからない小学生相手に私も大人げなかったと思いますが、息子はそれを何度も読み返し、わからないながらも夢を膨らませていったようでした。

中学3年の夏休み前に、大人の都合で息子は県外の公立中学校へ転校しました。それまでは小中高一貫校に通っていたので、高校受験は息子にとって青天の霹靂だったに違いありません。知らない土地での急な受験に戸惑いながらも、学力や通学距離などで志望校を絞る中、どこの高校を見学しても息子は気が進まないようでした。

親子して途方に暮れているときに知人に教えてもらったのが「高等工科学校」の名前です。初めてそういう学校があることを知り、息子はたいへん興味を持ちました。でも、私は中卒で親元を離れるなんてとんでもない、と行かせる気はありませんでした。何度も何度も息子と話し合い、第1志望を考え直すように説得しました。防大を目指すなら普通高校からの方が行きやすい、ともアドバイスしました。でもだめでした。

「僕は自分の性格を分かっている。普通高校へ進んだらきっと怠けてしまって、成績も下がる。そうしたら本末転倒だ」と私に宣言し、自ら校長先生に「転校してきてから数カ月では学校推薦はしてもらえないのでしょうか」と直談判もしました。彼の本気に大人が根負けした感じです。そうして、推薦入試と一般入試で高工校を目指すことになったのです。

受験日までは受験科目の勉強のほかに、小論文と面接試験の準備も並行して進めました。小論文対策は担任だった国語科の先生に繰り返し添削をしていただき、面接対策は地本の広報官の方々が模擬面接を何度も何度もしてくださいました。試験日が近づくと、「試験での面接官は制服姿だから」とわざわざ制服に着替え、シチュエーションを整えて模擬面接に臨んでくださったほど、熱心に指導していただきました。

推薦試験合格者発表時間に、息子は校長室で校長先生と一緒にパソコンの画面を見つめていたそうです。自分の受験番号を見つけた瞬間、校長先生と抱き合い、クラスメートの待つ教室で報告し、みんなに胴上げしてもらった、とうれしそうに話していました。息子がほんの短い間ながらも周りの方に恵まれ、その応援を自分の力にしてここまで来たのだなあと、本当にありがたく感慨深い思いがいたしました。

1月の合格発表から約2カ月半、4月1日の着校まではできるだけ息子と一緒にいる時間を多くし、明るく楽しく過ごすように努めました。往生際の悪い私はその間も息子に、今なら行くのを辞退できるよと悪魔のささやきを続けてみましたが、笑ってスルーされました。その頃には息子の覚悟はできていたようで、顔つきまで変わっていったように思います。

入校にあたり必要なものをそろえていく中で、ついメソメソする私の涙に気づかないふりをしたのは息子なりの思いやりだったのでしょう。着校日前日まで普段どおり、口喧嘩をしたりしながらお互いに「日常」を意識して過ごしたと思います。

中学時代は英会話クラブ所属で体力・筋力なしの息子はこの期間、近所をランニングしたり腕立て伏せなどをしたりしていましたが、全然身が入っていませんでした。そのため入校してから苦労することになるのですが、その顛末は次稿に。

（世界の切手・カナダ）

恋は決闘です。もし右をみたり左をみたりしたら敗北です。

ロマン・ロラン（フランスの作家）

朝雲ホームページ
www.asagumo-news.com
会員制サイト
Asagumo Archive プラス
朝雲編集部メールアドレス
editorial@asagumo-news.com

みんなのページ

人とのつながりの大切さ学ぶ

陸士長　時田　真依（大分弾薬支処）

学校説明会で生徒たちを前に自衛隊の魅力を伝える時田士長（奥）

私は5月1日から31日までの間、リクルータとして、自衛隊熊本地方協力本部熊本分駐所で勤務をしました。このような機会を下さった本部長をはじめとする熊本地本の皆さまや、快く送り出してくれた部隊の皆さまには大変感謝しています。

リクルータの勤務では、市街地広報で使うチラシの作成をはじめ、さまざまな仕事が体験できました。下通りの臨時説明会場では、通り掛かる方々へのあいさつやティッシュ配りをする中で、立ち止まって声を掛けてくださる人の多さから、自衛隊の日々の活動が受け入れられていることを実感しました。

学校説明会では学生に対し、教育隊や部隊勤務の体験談を話し、自衛隊の魅力などをアピールすることができたと思いますし、中学校での職業インタビューでは、女性目線での体験談などを生徒に話すことができました。

特に学校説明会では、約2年前に同じように説明を受けた自分の姿と重なって懐かしくなりました。この中からできるだけ多くの人が自衛隊に入隊して欲しいと思うと同時に、私自身もこれから入隊してくる後輩のお手本になれるよう、より一層頑張ろうと良い刺激を受けました。

また、母校である熊本西高校での募集活動の際は、お世話になった先生へのごあいさつも行うことができました。初めて制服姿を見せることができてよかったです。これもリクルータ勤務ができたからだと思います。

今回のリクルータ活動を通して学んだことは、「人とのつながりの大切さ」です。熊本分駐所での1カ月間は、海上・航空自衛官や部隊ではなかなか関わることのない民間の方と接する機会があり、これまで知らなかったことを知ることができ、大変勉強になりました。

こういったつながりを持てる広報官という仕事にとても魅力を感じました。なのでこれから先の自衛官人生に広報官という道も選択肢に入れてみようと思います。また機会があればリクルータとして勤務したいです。1カ月という短い期間でしたが、ありがとうございました。

お父さん、またキャンプ行こうね

小6　後藤　太志（2空群装備隊＝千歳・後藤直祐1空曹長男）

親子でロードバイクを楽しむ後藤1曹（右）と太志君

お父さんは、ぼくが生まれたときは太っていたそうで、写真を見たら別人です。本格的に自転車の練習をしていたら20キロもやせていったらしいです。

お父さんは、ロードバイクとラム肉とツナ缶とキャンプが好きです。ぼくは肉がきらいですが、ツナ缶は好きです。ぼくもお父さんに誘われてロードバイクを始めました。小さい時はイヤイヤだったけど、だんだん好きになってきて、この前中学入学祝いに10万円のロードバイクを買ってもらってうれしかったです。

最近、お父さんはよく筋トレもしていて、ぼくもつき合わされてめんどくさいですが、なんとなく続けています。5歳年下の弟は、自分からまねをして筋トレをやっていてかわいいです。去年はお父さんと1日で108キロ走ったので、今年は150キロ行きたいです。

面白くて、いつも遊んでくれるお父さん。今年もまたキャンプ行こうね。

OBがんばる

池田　洋平さん　31
令和3年3月、5空団管理隊（新田原）を3空曹で退官。日本通運に就職し、現在、宮崎警送事業所で銀行などへの集配や回収などの業務に当たっている。

したいことをよく考えて

私は、自衛官候補生として約7年間、航空自衛隊新田原基地に勤務していました。

任期満了を迎え、再就職に当たっては、元職が警備だったので警備会社に再就職しようと思い、新田原基地援護室から日本通運の警備輸送の仕事を紹介していただき、現在宮崎市内の宮崎警送事業所にて勤務しております。

当社の勤務内容は、銀行や店舗への貴重品の集配、ATMの通貨補充や回収等を主に行っています。貴重品等の集配作業は2人で実施し、店舗等に着いたら周囲を巡視警戒し、安全が確認できたら1人が立哨、1人が貴重品をお店に運搬しています。

とても責任が重く緊張感がある仕事ですが、私自身、そのような仕事に向いている性格なので、すぐになじむことができました。職場の雰囲気はとても良く、和気あいあいと過ごせています。

自衛隊でしかも警備だったということもあり、過分な評価を頂くこともありますが、その評価に応えられるように日々頑張っています。

再就職先を探す際は、時間があるようで意外とありません。だからその間に自分が何をしたいのかよく考え、基地援護室の方々に協力してもらうか、もしくは自分で探すことになると思います。いずれにせよ後々後悔しないよう、よく考えて就職活動を頑張ってください。

夜間の手りゅう弾投擲訓練を終えて

陸士長　吉村　晨（7普連5中・福知山）

私は射撃野営で夜間の手榴弾投擲訓練に参加しました。

夜間の手榴弾投擲訓練の特性は、視覚に頼らず安全・確実な動作を行う必要があること、また暗視眼鏡のため視野が狭くなること、目標物との距離を正確に認識することが容易ではないことです。

今回初めて夜間の手榴弾投擲を行いましたが、日々の訓練成果を発揮でき、上手く投擲することができました。また、昼間と比較して夜間の方が目標物との距離を短く感じることも学びました。

夜間でも破壊効果範囲内に投擲できたことで、今後は手榴弾を夜間でも効果的に任務に使っていこうと思いました。

しかし、反省点もあったので、これからも練度向上に励みたいと思います。

新刊紹介

「世界の賢人12人が見た　ウクライナの未来　プーチンの運命」

クーリエ・ジャポン編

ユヴァル・ノア・ハラリ、トマ・ピケティ、ジョージ・ソロス、ノーム・チョムスキー、フランシス・フクヤマなど、世界が誇る賢人12人によるウクライナ戦争についての最新論考が余すところなく収録されている。

世界の主要メディアから厳選した記事を翻訳・紹介するオンラインメディア「クーリエ・ジャポン」が編さんし、刻一刻と変わる戦況の中、できうる限り最新のものを収録したと自負する。

第二次大戦以降、幾度となく戦争や紛争は繰り返されてきたが、国際的に承認された国家が他国の侵略で地図上から姿を消すことはなかったとハラリが指摘しているように、そのタブーを冒そうとしたのがロシアのウラジミール・プーチンに他ならない。

12人の論拠で明確に一致しているのは、今回のロシアによるウクライナ侵攻は重大な戦争犯罪だということ。そして今すぐにでもこのような馬鹿げた戦争は停止するべきだということだ。

その上で、この戦争が起きた背景、プーチンの狙い、これからの世界秩序などを独自の視点から展望した12人の論考は、日々の報道では見えてこない深い視座を我々読者に与えてくれることだろう。（講談社刊、990円）

「飯は食えるときに食っておく　寝れるときは寝る」

―自衛隊が教えてくれた人生を明るく生きぬくコツ―

ぱやぱやくん著

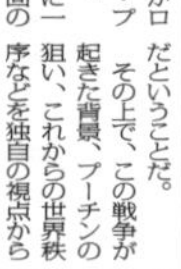

ストレスでメンタルがやられた、仕事が上手くいかない――。そんな悩みを防大出身で元陸自幹部の著者が、自衛隊で学んだ教訓をもとにツイッターで解決。その投稿を修正・加筆したライフハック（仕事術）本だ。

著者はまず、厳しい訓練や災害派遣に臨む自衛官が実践するメンタルや体力の回復法を伝授。さらに書名にもなった「食事と睡眠の重要性」を力説し、陸自でよく言われる「飯を食べさせない指揮官は最悪」といったエピソードなどを紹介する。

さらに自衛隊流の「人を見る目と付き合い方」、若い人たちへ伝えたい「人生訓」を発信。最後に地方勤務の多い陸自隊員ならではの「それ本当?」と聞きたくなる風変わりなエピソードや習慣を明かす。

「ぱやぱやくん」という名は幹候校時代に教官からの激励で言われた「だらだらしている」という意味に由来。その名の通り、ゆるやかに陸自流の解決法が提示され、肩の力を抜いて楽しく生きるコツを理解できる。現役隊員にとってもその既視感あるほほえましいエピソードは、クスっと笑えて共感できるだろう。（育鵬社刊、1430円）

第1285回出題

詰◯●碁

出題　日本棋院　九段　曲　励起

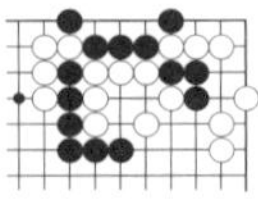

黒先

『白を取って下さい。最初の手が大切です』。5分でできれば初級以上です。

▶詰碁、詰将棋の出題は隔週です◀

詰将棋

出題　日本将棋連盟　九段　石田　和雄

≫第869回の解答≪

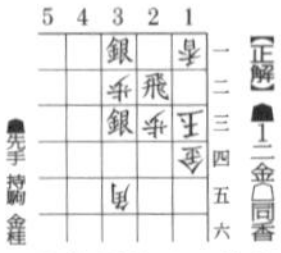
☗先手　持駒　金桂

【正解】☗1二金☖同香☗2五桂☖同金☗1二飛成☖同玉☗1四香☖1三合駒☗2二銀成までの九手詰め。

【解説】初手俗手の☗1二金が肝心。☖同香で取らせた後☗2五桂と打ち捨て、☗1二飛成とその香を入手するのが本題の狙い。☗1四香がトドメで収束。

朝雲
発行所 朝雲新聞社
〒160-0002 東京都新宿区四谷坂町12−20 KKビル
電話 03(3225)3841
FAX 03(3225)3831
振替00190-4-17600番
定価一部150円、年間購読料9170円（税・送料込み）

主な記事

岸防衛相

「サイバー国際法セミナー」新設

日ASEAN防衛大臣会合

岸防衛相は6月22日、カンボジアの首都プノンペンで開かれた東南アジア諸国連合（ASEAN）加盟全10カ国と日本による第7回「日ASEAN防衛担当大臣会合」に出席し、日本とASEANとの間で新たに「サイバー国際法セミナー」をスタートさせることを発表した。環境分野でも意見交換を行うセミナーを新たに立ち上げるほか、今年中に3年ぶりとなる「日ASEAN防衛当局次官級会合」を開催することも表明した。これに先立ち前日の21日には、プノンペンでカンボジア、インドネシア、ブルネイ、ベトナム各国の国防相らと2国間会談を行い、防衛協力・交流を引き続き強化していくことで一致した。

環境分野でも意見交換へ

カンボジアで開かれた第7回「日ASEAN防衛担当大臣会合」に出席し、スピーチする岸防衛相（中央右）＝6月22日、プノンペンで（防衛省提供）

「日ASEAN防衛担当大臣会合」は2019年11月にタイで第5回会合が開かれて以来、対面では3年ぶり。20年は新型コロナの影響で12月にテレビ会議方式で第6回会合が開かれ、岸大臣が参加している。21年は開催されなかった。

岸大臣は22日の会合で、「ポスト・コロナを見据えた日ASEAN協力」をテーマにスピーチ。一層の協力強化に向けて、対面での防衛協力・交流を本格的に再開する決意を示し、今年中に3年ぶり12回目となる「日ASEAN防衛当局次官級会合」を開催することを発表した。

さらに、岸大臣は「日本はASEANの信頼できるパートナーとして、日本とASEANとの防衛協力の指針『ビエンチャン・ビジョン2・0』に基づき、今後も各種取り組みを強力に推進していく」と述べ、さらなる防衛協力の活性化を目指す考えを強調した。

サイバーセキュリティー分野では、これまで日ASEANの防衛当局が協力を進めてきた能力構築支援事業に加え、新たに「サイバー国際法セミナー」を開催することを表明。環境分野では、防衛省の特別作業部会「気候変動タスクフォース」の活動で得られた知見を共有するため、日ASEAN間で意見交換を行う新たなセミナーを立ち上げることを打ち出した。

一方、ロシアのウクライナ侵略について言及した岸大臣は「ASEAN憲章にも謳われている主権と領土の一体性の尊重に反するもので、ウクライナの問題はヨーロッパだけの問題ではなく、東南アジアを含むインド太平洋地域の問題でもある」と指摘。

「力による一方的な現状変更が生起し得ることがより明らかになった」として、「だからこそ、インド太平洋地域においてもルールに基づく国際秩序を守ることが重要だ」と述べ、国連海洋法条約（UNCLOS）をはじめとする国際法に基づく「自由で開かれた海洋秩序」の形成の重要性を強調した。

その上で岸大臣は、海洋安全保障分野において、防衛省・自衛隊が各国のニーズに基づいた協力や装備品の提供を通じ、ASEAN諸国への協力を継続していくことを約束した。

会合では、議長国を務めるカンボジアのティア・バニュ副首相兼国防相が「日本はASEANにとって最も重要な国の一つだ」と述べ、日本によるこれまでの積極的な防衛協力に謝意を表した。

ASEAN側は、日本とASEANの防衛協力・交流の再活性化をはじめ、サイバーセキュリティー分野と環境分野における日本の新たなイニシアチブに歓迎の意を表明。今後も「ビエンチャン・ビジョン2・0」の下で、より実践的な防衛協力を推進することへの期待感が示された。

◇

これに先立ち岸大臣は21日、カンボジアのティア・バニュ副首相兼国防相、インドネシアのプラボウォ・スビアント国防相、ベトナムのファン・ヴァン・ザン陸軍大将とそれぞれ2国間会談を行った。

各会談では、ウクライナや南シナ海、北朝鮮を含む地域情勢について意見を交わし、ロシアのウクライナ侵略で国際秩序の根幹が揺らぐ中、引き続き緊密に連携していくことを再確認した。岸大臣は、インド太平洋地域で力を背景とした一方的な現状変更やその試み、緊張を高めるいかなる行為にも「強く反対する」との意思を表明した。

ブルネイのハルビ首相府大臣とは、ハイレベルを含む各種交流をはじめ、艦艇の寄港や航空機の寄航、共同訓練などのプログラムを通じ、両国防衛当局間の関係を一層強化していくことで一致した。

解説　ASEAN諸国に注意喚起

防研 庄司智孝アジア・アフリカ研究室長

「日ASEAN防衛担当大臣会合」も7回目を数え、中国や米国と並び、「ASEAN国防相会議（ADMM）プラス1（日本）」の会合として定期開催の軌道に乗った。

ASEANは、米中対立を背景に、対外関係のバランスの観点から日本のプレゼンスを重視している。南シナ海問題やミャンマーなど域内の安全保障課題が山積する一方、ロシアのウクライナ侵略がインド太平洋の安全保障に暗い影を落としている。

こうした中、会合で岸大臣は、主権と領土の一体性の観点から「ASEANの憲法」たる「ASEAN憲章」に巧みに依拠しつつ、ロシアの行為の違法性とインド太平洋地域の安全保障への含意を明確にした。

これは、ロシアに対して及び腰の姿勢を示しがちなASEAN諸国に対し、今一度注意喚起する意味を持った。

また、岸大臣がカンボジアのティア・バニュ国防大臣と2国間会談を行い、フン・セン首相を表敬したことは、日本とカンボジアの友好的な関係を確認するものであった。

現在、中国の支援によるカンボジア海軍基地の開発が懸念されているが、カンボジアが中国の海洋進出を手助けすることがないよう、日本としても懸念の伝達を含め、カンボジアと意思疎通を図っていく必要がある。

今後は、「ADMM」でミャンマーとどのように接していくか、また「ADMMプラス」の加盟国であるロシアとはどうするか、米国などと連携しつつ、精妙なかじ取りが求められる。

戦史研究センター史料室の菅野室長（右）から史料の説明を受ける鬼木副大臣（左端）。その右は齋藤防研所長（6月21日、市ヶ谷の防衛研究所で）

鬼木副大臣が防研視察

研究内容の理解深める

鬼木誠副大臣は6月21日、市ヶ谷の防衛研究所を訪れ、齋藤雅一所長の案内で「F1棟」を中心とした所内の各施設を視察した。鬼木副大臣の防研視察は今回が初めて。

副大臣は齋藤所長をはじめ、副所長の木口雄司陸将補、吉崎知典研究幹事ら幹部の出迎えを受けて記念撮影に臨み、応接室で懇談。

その後、森卓生企画部長から概況説明を受け、国際会議場や、約16万7000冊の戦史史料を永久管理する史料庫を見て回り、最後にエントランスホールで「防衛研究所創設70周年」企画の展示史料を視察した。

戦史史料に関しては、石津朋之戦史研究センター長や戦史研究センター史料室の菅野直樹室長が説明を行い、副大臣は研究内容や施設の運用状況などについてさらに理解を深めていた。

FFM5番艦「やはぎ」進水

進水したFFM5番艦の「やはぎ」（6月23日、三菱重工業長崎造船所で）＝海自提供

海自の令和2年度計画多機能護衛艦（3900トン型、FFM）の命名・進水式が6月23日、三菱重工業長崎造船所（長崎市）で行われ、同艦は「やはぎ」と命名され、進水した。

「やはぎ」は、従来の対潜・対水上・対空の各装備に加え、掃海艦艇が担う対機雷戦能力を併せ持つ「もがみ」型FFMの5番艦。

式は佐世保地方総監の西成人海将の執行で行われ、酒井海幕長など防衛省や三菱重工業の関係者ら約100人が参列した。岩本剛人政務官が防衛大臣の命名書を読み上げ、支綱を切断すると、「やはぎ」は長崎湾に進水した。

艦名は海自内で募集し、岸大臣が決定。長野県、岐阜県、愛知県を流れ三河湾に注ぐ矢作川に由来する。艦番号は「5」で、就役は令和5年12月の予定。

「気候変動タスクフォース」

第4回で具体策議論

地球温暖化問題への取り組みを検討する省内の組織横断的な特別作業部会「気候変動タスクフォース」の第4回会合が6月10日、防衛省で開かれた。

会合には座長を務める鬼木誠副大臣をはじめ、防衛省・自衛隊の高級幹部が出席し、気候変動への対処を的確に行っていくための基本的な取り組み方針や推進すべき具体的な施策について議論した。

冒頭、鬼木副大臣は、気候変動が安全保障に与える影響や脱炭素シフトに伴う影響などについて、これまでマクロからミクロまであらゆる視点で幅広く議論してきたことに言及。

その上で「今後、気候変動により予想されるさまざまな影響に対し、これまでの延長線上で考えるのではなく、長期的な視点を持ち、時間軸を意識して防衛省・自衛隊が的確に対処していくための戦略について議論していきたい。気候変動の問題は、まさしく安全保障の問題だ。防衛省・自衛隊が与えられた任務・役割をしっかりと果たしていけるよう備えていく必要がある」と述べた。

同タスクフォースは、岸防衛相が昨年4月に米国政府主催で開かれた「気候変動に関する首脳会議（気候サミット）」の「気候安全保障セッション（分科会）」にオンラインで出席し、新設を表明。同年5月14日の初会合を皮切りに、今年2月22日に第2回、4月6日に第3回が開かれており、将来的に戦略文書を取りまとめる予定だ。

米太平洋艦隊司令官と会談

岸防衛相　日米同盟抑止力を強化

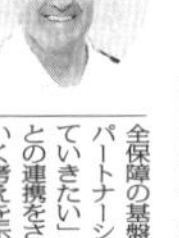

岸防衛相と酒井海幕長は6月24日、来日した米海軍太平洋艦隊（司令部・ハワイ）司令官のサミュエル・パパロ大将＝顔写真＝と防衛省で個別に会談し、日米同盟の抑止力・対処力の強化を図ることで一致した。

岸大臣は「『自由で開かれたインド太平洋』の維持・強化にとって米海軍の存在は大変重要であり、太平洋艦隊隷下の第7艦隊（司令部・横須賀）は日米同盟の抑止力・対処力にとって極めて重要だ」と強調。

その上で「司令官に着任されてからの1年間を見ても、地域を取り巻く安全保障環境は大変厳しさを増している。今後も酒井海幕長と強固な信頼関係を築き上げ、日米同盟のさらなる強化に向けて取り組んでほしい」と述べた。

これに対し、パパロ司令官は「日米同盟は地域の安全保障の基盤だ。日本とのパートナーシップを強化していきたい」と応え、海自との連携をさらに強化していく考えを示した。

岸田首相を乗せ 独、スペインへ

政府専用機

空自特輸隊（千歳）のB777政府専用機は6月26日から同30日まで、ドイツで開かれる先進7カ国（G7）首脳会議（エルマウ・サミット）と、スペインで開催される北大西洋条約機構（NATO）首脳会合へ出席する岸田首相を乗せ、ドイツとスペインへ運航した。政専機は26日にドイツのミュンヘン国際空港、29日にスペインへ到着し、30日には羽田へ帰国する予定。

春夏秋冬

情報の重要性

山下 裕貴

『十万の軍隊を国外に遠征させると、日々千金の負担が人民と政府にかかってくる。そして戦争の影響は国内外に及び、全ての道路は軍事用として自由に使用できず、70万の家が家業を行えず、そんな状態が数年も続いた上で、最終の決戦の勝ち負けを争うものなのだ。

戦争とはかくも大がかりで、費用のかかるものなのに、その勝敗の決め手となる大事な情報収集の金を惜しんでよいものだろうか。なるほど情報収集者に与える地位や百金という俸給は高いようだけど、日々千金の費用を数年間も費やさなければならない戦争というものから考えれば、言うに足らない額なのだ。それを惜しんで情報収集を怠るということは、全く馬鹿げたことで、そんなことで人の上に立つ資格があるといえるだろうか。勝利を望むことができるであろうか。

昔から聡明な君主や知謀に優れた将軍が、戦えば敵に勝利し、人にすぐれた成功を収めるのは、情報収集の面で敵に先んじているからにほかならない。そして情報収集にあたっては、占いや経験及び計数や統計だけではいけない。必ず人を使い生きた情報を集めなければならない』

以上は「孫子の用間篇」からの引用である。この文の後に、間者（諜報活動員）について具体的な説明が記述されている。

ロシア独立系メディアによると、プーチン大統領はウクライナ侵攻にあたって、誤った情報を報告したとの理由により、情報機関幹部を自宅軟禁し、粛清を行ったとのことである。ウクライナ侵攻という歴史的愚行を犯したプーチン大統領は、耳障りのいい報告しかしない部下ばかり集め、諫言する部下を遠ざけたのではないだろうか。

為政者たる者、国家の命運をかける決心を行う場合には、慧眼の情報幕僚を選び、正確な情報収集を行うべきである。

（元中方総監・陸将、千葉科学大学客員教授）

防衛省発令

▽大臣官房審議官に採用　北尾　昌也
▽退職、財務省近畿財務局長へ（大臣官房審議官）　岩元　達弘
（以上6月24日）

朝雲寸言

世界で最も人気のあるスポーツはやはりサッカーである。そのサッカーの世界で「マリーシア」という言葉を聞くことがある。日本語に訳すのは難しい。「機転が利く」とか「ずる賢い」、「駆引きにより試合を優位に運ぶ」という意味である▼適当な訳がないのは普通の日本人には備わっていない資質であるからのようだ。「潔さ」や「武士道」は理解できても日本人は「マリーシア」を理解できないのである。それはサッカーだけの話ではない。国際社会における多くの場面で日本が世界を理解できないひとつの要因となっている▼真珠湾攻撃の数か月前、日本は米国とギリギリの外交交渉を重ねていた。中国における自国の権益を拡大したい米国と満州に国家を建国して領土を拡げた日本は西太平洋の覇権をめぐって対立した。欧州ではドイツがフランスを降伏させ不可侵条約を破ってソ連に侵攻していた▼対米交渉は妥協の余地があった。ハルノートという最後通牒が出るまでは。「ハルノートのようなものを突き付けられればルクセンブルクやモナコ公国でも武器を取って立ち上がっただろう」と極東軍事裁判の判事のひとりであったパル博士は述べている▼日本にはハルノートを受け入れながら上手く立ち回り目の前の国難を切り抜ける「ずる賢さ」がなかったのかもしれない。米国もまた日本の本質を見誤るほどに日本を理解していなかった[illegible]の話と思いたい。

時の焦点

国内

参院選

安保政策を明確に語れ

世界は新型コロナウイルス禍を経て、ウクライナ危機という難局に直面している。次々と押し寄せる課題に、的確に対応できるのはどの政党か。冷静に見定めたい。

第26回参院選が公示され、545人が立候補を届け出た。124の改選定数に、神奈川選挙区の欠員1を合わせた125議席が争われる。

岸田首相は、非改選も合わせ「与党で過半数」を目標に据えている。与党の非改選議席は69で、自公両党で56議席を獲得すれば、全体の過半数(125)に届く。昨年10月に発足した岸田政権の実績が問われよう。

争点の一つは、ロシアのウクライナ侵略に伴う物価高への対応だ。電気代やガソリンなどが上昇し、食料品の値上げも相次いでいる。

首相は演説で、「有事の価格高騰だ。国民の命と暮らし、仕事を守るため、万全の態勢を用意する」と強調した。

政府は、エネルギー価格抑制に向け、節電に協力した企業や家庭への還元策を導入する考えだ。パンや麺類の値上がりを防ぐため、小麦価格の抑制策も検討している。

与党は、企業や家庭への影響が深刻化しないよう、きめ細かい対策を講じてほしい。

野党各党は、消費減税による国民の負担軽減を訴えている。国民民主党は一律10万円を「インフレ手当」として給付することも掲げた。

社会保障の財源となっている消費税率を引き下げるのは、現実的な政策とは言えない。国の長期債務残高が昨年度末時点で1000兆円を超えているなか、大盤振る舞いの給付が適切なのか。

与野党は、選挙目当てのバラマキに陥ることなく、危機をしのぐ効果的な方策を論じ合ってもらいたい。物価高を克服するため、企業に賃上げを促すなど実効性のある施策を検討すべきだ。

ウクライナでの理不尽な戦争を目の当たりにし、有権者は、国の守りをどう強化するかに強い関心を寄せている。

自民党は、国防予算を国内総生産（GDP）比2％以上とする北大西洋条約機構（NATO）の目標を念頭に、5年以内に防衛力を抜本的に強化するとした。

国民民主党は「自衛隊の予算を不断に見直し、必要な防衛費を増やす」としたが、具体的な水準は示さなかった。公明党と立憲民主党も防衛力強化に触れたが、額ありきではないとして増額には踏み込まなかった。

軍事大国化する中国、ミサイル発射を続ける北朝鮮の脅威にどう対処するのか。各党は、現実的な防衛政策を明確に語らなければならない。

憲法改正に関し、自民党と日本維新の会は、自衛隊を9条に明記することを公約に掲げた。国民民主党は、自衛権行使の範囲など具体的な議論を進めるとした。

国を守るための自衛隊の活動に制約が生じないよう、憲法改正に道筋をつけることは政治が果たすべき責任である。

藤原 志郎（政治評論家）

海外

ウクライナ支援

「軍事面」是非の境界は

ウクライナへの「軍事」支援は、米政府の政策立案者には厄介な問題。支援がロシアの攻撃を挑発すれば戦闘が拡大する一方、西側の一層の強硬策が戦争終結の唯一の道とウクライナは主張する。

象徴的なのが、ウクライナ領空の「飛行禁止区域設定」。ゼレンスキー大統領は再三、米と北大西洋条約機構（NATO）に要請しているが、認めれば、米ロが直接の交戦状態になる。

既に実施中か、検討したか、または論外としたものなど、これまでに明らかにされた米国のオプションを並べてみると、政策立案者の悩みも理解できる。

①「情報提供」―ウクライナは自国と比べ物にならない欧米情報機関の優れた情報により、ロシア軍の動きを部隊に伝えるが、ウクライナ情報機関にロシアのスパイがいる可能性も排除はしていない。

②「ロシア製戦闘機の供与」―ロシアを挑発する可能性を当局者は憂慮。国防総省は「ロシアの地対空ミサイル多数が作戦中で、同機飛行にも限度がある」との意見だった。

③「より強力な防空システムの供与」―高度上空からの爆撃は減るかもしれないが、ロシアは同システムを供与した国を攻撃し、紛争は拡大。老朽化した同システムの使用できる数も限定的。

④「ドローンの供与」―ウクライナは戦争前から保有していたトルコ製ドローンでロシア軍装甲車両を破壊した。しかし、ロシアはドローンの供与国を攻撃し、紛争拡大の恐れがあるし、ウクライナにとりどれほど有効か不明。

⑤「ロ軍砲兵隊を特定・攻撃する兵器の供与」―対砲兵砲撃は敵砲弾の発射地点を発見し、反撃するが、ロ軍から見れば格好の標的。例えば同兵器がポーランド経由で供与されれば、戦火がウクライナの外に広がるのは確実。

⑥「より強力なロケット弾の供与」―東部地域の支配をめぐって戦闘が続く中、これらのロケット弾はロシア軍を守勢に追い込む。しかし、ロシア大統領府は「米国が故意かつ巧妙に紛争悪化を狙っている措置」と批判している。

⑦「飛行禁止区域の設定」―ウクライナの都市への爆撃停止または減少になるかもしれないが、「実施はロシアとの直接戦闘に等しい」（米当局者）。第3次世界大戦への道となる可能性すらあるだろう。

⑧「米戦闘部隊の派遣」―最新兵器と豊富な戦闘経験を持つ米部隊は、ウクライナには地上最強の援軍だ。だが、米当局者は「それはロシアとの直接戦闘以外の何物でもない」と退け、彼も第3次世界大戦の可能性に言及している。

ウクライナが西側に最も望むものを西側は最も与えそうにないわけだ。米政府は支援に自ら制限を課してきたが、同国を舞台に代理戦争と真の戦争の境界が曖昧になっているのも事実。不安要素である。

草野 徹（外交評論家）

愛情基本に精強な部隊を

令和4年度第1回方面隊等 最先任上級曹長会同

全国から駆け付けた方面隊最先任上級曹長らに決意を語る村脇陸自最先任上級曹長（右）＝4月19日、防衛省講堂で

【陸幕】陸自最先任上級曹長の村脇正伸准尉は4月19、20の両日、東京・市ケ谷で「令和4年度第1回陸上総隊・方面隊等最先任上級曹長会同」を開催した。

会同には全国から約70人の最先任上級曹長などが参加。吉田陸幕長の訓話をはじめ、ディスカッション、各部隊からの情報共有、陸幕施策説明などを実施した。

吉田陸幕長は「隊員育成」をテーマに行われた訓話で「（最）先任上級曹長は指揮官の分身であり、隊員育成の重要な役割を担う存在。愛情を基本とした服務指導により、健全な隊員と精強な部隊の育成に励んでほしい」と要望。

村脇最先任は「最先任としての責務を果たすとともに、自ら考え、目的の達成に必要な状況判断ができる隊員を育成していかなければならない」と決意を新たにした。

このほか、訓練・服務指導における各部隊の取り組みや問題点、教訓事項の共有などが行われ、参加者は活発な意見交換を通じて最先任が果たすべき役割の重要性について再認識した。

同会同には統幕最先任の関秀之准尉、海自先任伍長の東和仁曹長、空自准曹士先任の甲斐修准尉らも聴講者として参加。陸海空の垣根を越えた上級曹長間の連携も図った。

空幕長、独空軍総監と会談

防衛協力の重要性再確認

ドイツ空軍総監のゲルハルツ中将とＶＴＣ会談を行う井筒空幕長＝６月15日、防衛省で

井筒空幕長は6月15日、ドイツ空軍総監のインゴ・ゲルハルツ中将とVTC（ビデオ会議機能）会談を行った。

今回の会談は、ゲルハルツ総監からの要望で、日独空軍種間の相互理解や信頼醸成、関係強化を図ることを目的に実施。両国を取り巻く安全保障環境、日独防衛協力・交流の重要性について再確認した。

井筒空幕長は、6月16日の会見で「ゲルハルツ総監との会談は、昨年11月の『ドバイ・エアショー2021』での対面の会談を行って以来、2度目。信頼関係をさらに深めることができた」と会談の成果を語った。

ひと

海自初の男性ボーカリスト

橋本 晃作（はしもと こうさく） 2海曹（36）

海自初の男性ボーカリスト（テノール）として昨年、東京音楽隊（上用賀）に入隊した。今年2月、サントリーホールで開催された定期演奏会でデビュー。伸びやかで力強い歌声を会場いっぱいに響かせた。

声楽を本格的に始めたのは20歳を過ぎてから。幼い頃は、ピアノ教室を開いていた母親の伴奏に合わせて歌うのが好きだった。しかし恥ずかしがり屋で人前で何かをやるのが苦手。プロの音楽家になる気は全くなかった。

中学は勧誘され吹奏楽部に入部。クラリネットの魅力に目覚め、高校も吹奏楽が盛んな東海大相模高へ進んだ。そこで、声楽を始めるきっかけとなる友との出逢いがあった。同級生で後にバリトンのオペラ歌手として活躍する大西宇宙（たかおき）だ。

クラリネットでの音大受験に失敗して悩んでいた頃、大西が自宅に来てこう言った。

「歌をやればいいじゃないか。声楽は自分自身の身体が楽器になる。歌こそ最高の芸術だ」

その言葉に、はっとした。それはかつて高校生の頃、吹奏楽を続けるか悩む大西を励ますために、自分が掛けた言葉だった。大西はこれが転機で声楽の道に進んでいった。その友から同じ言葉を掛けられ、改めて歌うことの素晴らしさに気付かされた。「よし、声楽をやろう」。一念発起し翌年、声楽で受験。武蔵野音大に進学した。

入隊のきっかけは音大の恩師の勧めだ。大学の研修員に在籍しながら将来を模索していた頃、海自から大学に届いた募集案内を「受けてみたら」と恩師に渡された。それまで縁もゆかりもなかった自衛隊の世界。2週間悩んだが、「チャンスかもしれない」と思い切って願書を出した。採用が決まった時は家族や友人、恩師など大勢が祝福してくれた。

今後は「技術や発声法を磨きレパートリーを増やしたい」と、さらなる高みを目指す。同時に「ボーカリストである前に自衛官です。常に〝自衛官たれ〟と考えるようにしています」。柔和な表情を引き締め、熱い自衛官の決意をのぞかせた。

（文・写真　亀岡真理子）

海自がWPNSワークショップ

横浜で開催

記念写真に納まるワークショップ参加者（前列中央右が酒井海幕長）

海自は6月8日から11日まで、「西太平洋海軍シンポジウム（WPNS）ワークショップ2022」を横浜ロイヤルパークで開催した。オンライン形式と併用で行われ、WPNS加盟の米、仏、オーストラリア、中国など21カ国と、オブザーバーの6カ国が参加した。

今回、加盟国のロシアについては、ウクライナへの侵略を理由に本シンポジウムへの招待を取り消している（本紙6月16日付既報）。

WPNSは、2年ごとに西太平洋地域の海軍トップらが参加する多国間海軍協力のための枠組みで、今年は11月に開催される予定。その議長国を務める日本が、その準備会合としてワークショップを実施した。

各国参加者は、本シンポジウムに向け実施計画や協議事項を確認。「自由で開かれた海洋」をテーマに意見交換を行い、相互理解を促進した。

共済組合だより

防衛省共済組合では、組合員の「団体取扱火災保険」への加入をお勧めしています。下記の取扱損害保険会社の場合、保険商品（一部商品を除く）に団体割引で加入できます。この機会にどうぞご加入ください。

火災保険は、住まいや家財の様々なリスクについて補償します。

その補償範囲は、火災に加え、集中豪雨、台風、大雪、落雷、雹（ひょう）といった自然災害から、盗難、破損などの損害も補償します。

さらに「地震保険」に加入すれば、地震による損害にも備えることができます（地震・噴火・津波による火災等の損害は火災保険だけでは補償されません）。なお、地震保険は単独での加入はできませんのでご注意ください。

また、「借家人賠償責任担保特約」を付帯することもできますので、官舎や賃貸住宅にお住まいの方も安心です。保険料は、いずれも契約者指定の預貯金口座から振り替えられますので、加入後も手間いらずです。

詳しくは各社のコールセンターに直接お電話ください（平日9～17時、土日祝日は休み）。

▽三井住友海上火災保険（0120－929－417）▽東京海上日動火災保険（0120－789－139）▽損害保険ジャパン（0120－381－166）▽AIG損害保険（0120－016－693）▽あいおいニッセイ同和損害保険（0120－500－826）

自然災害への備えは万全ですか？
「団体取扱火災保険」への加入をお勧めします

台湾海峡危機を想定

武居元海幕長が国防協会で講演

日本国防協会の「令和４年度第１回国防問題講演会」で台湾有事について見解を述べる武居元海幕長（６月10日、東京都新宿区のホテルグランドヒル市ヶ谷で）

日本国防協会は6月10日、東京都新宿区のホテルグランドヒル市ケ谷で、同協会副理事長の武居智久元海幕長を講師に「令和4年度第1回国防問題講演会」を開催した。

テーマは「徹底検証！台湾海峡危機・日本はいかに抑止し対処すべきか」で、中谷・元防衛相ら約60人が聴講。昨年8月に同テーマで行われた日本戦略研究フォーラムの政策シミュレーションでシナリオを作成した武居氏が、その結果をもとに台湾危機に対する見解を述べた。

まず米ワシントンの研究機関「戦略予算評価センター」のトシ・ヨシハラ上級研究員とエバン・モンゴメリー同研究部長が共同発表した論文を引用。ウクライナ戦争を踏まえて発表された中国の予測される三つの行動方針―①核兵器による恫喝で米国の介入を躊躇させる②台湾を封鎖して孤立させ、補給のリスクを高める③台湾の政治的・軍事的指導者の首を切り長期的な占領への抵抗を弱める―を紹介した。

武居氏もこの3点が起こりうると述べ、「ウクライナ戦争でロシアのプーチン大統領が侵略開始とともに核兵器による恫喝を行い、結果的に米国が介入しなかったことで『同じ手法を使えば台湾侵攻は容易』と考える可能性が高まった」と指摘した。

その後、政策シミュレーションのシナリオが時系列で説明され、聴講者は台湾有事が起きた際の流れを追体験。

最後に武居氏は、アブリル・ヘインズ米国家情報長官の「台湾への脅威は、現在から2030年までは深刻というよりも危機的状態にある」という発言を紹介し、「あらゆる情報に接する立場にある長官のこの言葉は重く、台湾有事に備えた体制強化の必要がある」と指摘。「自衛隊の能力は想定されている事態に対しては十分とは言えず、防衛費が足りないことが全ての問題の根底にある。政府の決定をぜひ支えてほしい」と締めくくった。

日本列島周辺を中・露艦が航行

海自は6月21日午前7時ごろ、ロシア海軍の「ウダロイⅠ」級駆逐艦2隻（艦番号548）、「ステレグシチー」級フリゲート3隻（333、335、339）、「マルシャル・ネデリン」級ミサイル観測支援艦1隻が対馬海峡を北東に進み日本海に入るのを確認した。

11護隊（横須賀）の護衛艦「あまぎり」、3ミサイル艇隊（佐世保）のミサイル艇「おおたか」が警戒監視にあたった。

一方、同日午前3時ごろには、中国海軍の「レンハイ」級ミサイル駆逐艦1隻（102）、「ルーヤンⅢ」級ミサイル駆逐艦1隻（120）、「フチ」級補給艦1隻（902）が、伊豆諸島の須美寿島と鳥島の間の海域を西に通過したことを確認。海自3護群7護隊（大湊）の護衛艦「まきなみ」が情報収集を行った。

岸大臣は22日の臨時会見で、ロシア艦と中国艦が「日本列島を周回しつつあるような動きを見せている」と指摘し、「我が国に対する示威行動とも考えられ、防衛省として懸念を持って動向を注視する」と述べた。

中国H6爆撃機 宮古海峡を往復

中国軍のH6爆撃機＝写真＝3機が6月23日、沖縄本島と宮古島間の宮古海峡を往復したため、空自南西空のF15戦闘機が緊急発進して対応した。領空侵犯はなかった。

沖縄・尖閣諸島北方の東シナ海に飛来した3機は南東進して宮古海峡を通過し、太平洋に出た後、宮古島東方沖で周回し、再び宮古海峡を通過して自国領方面に戻った。

統幕は同日、空自機が撮影した中国軍機の写真と航跡図を公表した。

防衛省発令

▽5航空隊副長（5航空隊）2海佐 清水 秀雄
▽海自幹部学校付（海幕総務課副官）1海佐 木下 正仁
（以上6月24日）

陸自、6人をカンボジア派遣

「能力構築支援事業」の教官として

防衛省・自衛隊はカンボジア王国軍に対する「能力構築支援事業」の一環で行われている道路測量教官育成のため、5月24日から6月26日まで、陸自4施設団7施設群（大久保）の鈴木慈人2尉以下6人（防衛政策局参事官付1人含む）を同国に派遣した。

6人は、首都プノンペンから車で約1時間のコンポンスプー州で、同国軍の道路測量教官候補者8人に対し、講義と実習を通じて道路測量教官に必要な技術指導を行った。

防衛省・自衛隊は、2013年から同国の工兵分野における人材育成を支援しており、今年は自衛隊初のPKO活動で同国に陸自施設部隊を派遣してから30年の節目の年となる。吉田陸幕長は5月26日の会見で「引き続き、カンボジア王国軍のPKO派遣活動の向上に資する活動を実施し、2国間関係の強化と国際社会の平和と安定に寄与していく」と話した。

カンボジア王国軍の道路測量教官候補者に対し、実習を行う陸自隊員

防研セミナー 時代を読み解く シリーズ⑥

今月の講師

武田（たけだ） 幸男（ゆきお）2空佐
防衛研究所地域研究部
米欧ロシア研究室所員

1973（昭和48）年生まれ、長崎県出身。大阪大学大学院文学研究科博士課程退学。当時の専門は応用言語学（言語教育）。空自での特技は航空機整備。第8航空団（築城）、第1輸送航空隊（小牧）、補給本部（十条）、航空幕僚監部（市ヶ谷）、統合幕僚監部（市ヶ谷）、航空支援集団司令部（府中）などを経て、2020年10月から現職。専門はテロリズム。論文に「テロの鎮静化―強硬策と懐柔策―」（2016年度博士論文）など。

20年間で経費 1～4兆ドル

興味深いデータがある。米国とオーストラリアの研究者Mueller and Stewartの論文によると、米国内でのテロによる死者数は年間8人程度であるが、同国内での雷による死者数は年間約30人、ピーナッツアレルギーによる死者数は年間約50から100人、バスタブでの溺死による死者数は年間400人超であるという。

ここで続けて提示したいデータは、テロとの戦い（war on terror）に費やされた金額である。2001年9月11日の同時多発テロを契機に、米国はテロとの戦いを開始した。

その後、20年にもわたる活動の経費は約1兆ドルから4兆ドル、米兵7000人の命とその10倍にも及ぶ負傷者とPTSD（心的外傷後ストレス障害）を引き起こした、と米国の研究者Brands and O'Hanlonは指摘している。

これら二つのデータを見た時、テロとの戦いに費やされた金や人命は、費用対効果の面で適切であったのかとの疑問が浮かぶ。ただ、その金や人命が多すぎると、直観のみで批判する気はない。

では、どこまでならば適切な経費と考えられるのだろうか。本稿では、テロ対策に適切な経費を主題として、予算の算定方法について考察してみたい。

テロ対策に適切な経費 ～予算の算定方法に関する考察～

適切な経費の算定方法

いくつかの代表的な考え方がある。それぞれの概要を説明していく。

一つ目は、危機管理論的な算定方法である。この方法では、発生確率×被害予想額までは容認される。年間で1回限りしか発生せず、その被害予想額が1億円であれば、年間1億円までは、テロ対策に適切な経費と判断される。

同様に、発生が50年に1回と予想され、その被害予想額が5兆円であれば、年間1000億円までが適切な経費となる。

二つ目は、目的論的な算定方法である。この方法にはさらにいくつかの算定方法があり、①目標達成に必要な経費は容認される。この場合、目的達成に必要と認められる範囲においては、経費の上限は無くなる。

②財源の範囲内ならば容認される。この場合、予算案を作成する財務省が認める範囲、最終的には国会の承認を獲得できる範囲であれば、適切な経費となる。

三つ目は、経験論的な算定方法である。この方法もさらに場合分けが可能であり、①過去の実績と同じレベルまでは容認される。この場合、昨年度と同額が適切な経費となる。

②経験的に見た時に、適切とされる比率までは容認される。この場合、例えば平均的な家庭では保険料が全収入の10%から15%と言われるように、過去の実績から経験的に算出された金額までが、適切な経費となる。

四つ目は、比較論的な算定方法である。日本と類似する、または日本が先達と見なす国家では10億円が充当されている場合、日本においても10億円が適切な経費と考えられる。

各算定方法の問題点

当然ながら、提示した四つの算定方法にはそれぞれ弱点がある。

まず一つ目の危機管理論的な算定方法は、想定外の危機「ブラック・スワン（黒い白鳥）」に対応できない。ブラック・スワンとは、発生自体は極めて稀であるが、発生時の被害は甚大な事象を指す。まさに米国同時多発テロのような事例である。

発生確率が極めて小さく100年に1回のようなケースや、被害額が極めて大きく多数の人命が失われるようなケースでは、この算出方法での対応は困難である。

さらに、人命を至上とする場合、すなわち人命には値段がつけられず、いかなる手段をもってしても人命被害の絶無を目指す場合には、被害予想額が無限大となってしまい、適切な経費の算定ができなくなる。

二つ目の目的論的な算定方法は、①の目標達成を前提とすれば、経費は事実上の青天井となる。支出超過の赤字に陥ることは想像に難くなく、国債による国家の借金という手段は存在するも、収支のバランスを考慮すれば、基本的には無い袖は振れない。

こうなった場合には、そもそも設定した目標自体が実現不可能な目標であり、不適切であったということになる。②の財源の範囲を前提とすれば全ての判断と責任は財務省や国会任せということになる。だが、全てを見通して判断することなど、誰にもできはしない。

三つ目の経験論的な算定方法は、新たなテロに対処することができない。今日の社会では、技術革新の影響力は非常に大きいと指摘されている。過去を前提としたこの算定方法では、新たな技術や戦術を用いたテロへの対処は困難である。

四つ目の比較論的な算定方法は、自身の状況や目的に合致しないケースが多くなる。特に今日の国際社会においては、各国が置かれた状況や守るべき国民や価値観、文化や国土、これらに対する脅威などは千差万別である。他国の事例を持ち出しても、説得力には乏しい。

今後に向けて

提示した問題点については、その解決策がいくつか考えられる。

①新規対処策の試行の推進②より柔軟な予算制度の案出③現場への権限委譲の検討――などであるが、この点については、また改めて焦点を当てて述べることにしたい。

ただ、どのような算定方法を採用したとしても、全ての問題を解決できるような手法は存在しない。それでも、不確実性の増す今日の国際社会においては、後悔の少ない、または失敗を次に活用できるよう、知恵を絞り結集させていくことが重要であろう。

そして、本稿が提示した算出方法は、テロ対策以外の分野、例えば最近よく指摘されているサイバーセキュリティーや新型コロナ対策、大地震や噴火といった自然災害への対処においても応用可能な手法である。

我々は、思考することを止めてはならない。

南シナ海で日米共同訓練

海賊対処42次隊の護衛艦「はるさめ」

洋上補給訓練を行う護衛艦「はるさめ」（左）と米海軍の「ティピカヌー」＝海自提供

海賊行為の警戒任務に当たるためソマリア沖・アデン湾に向け航行中の海自海賊対処行動水上部隊42次隊（指揮官・工藤正徳1佐）の護衛艦「はるさめ」は6月5、7の両日、南シナ海で米海軍と共同訓練を実施した。

米海軍からはミサイル駆逐艦「フィッツジェラルド」と補給艦「ティピカヌー」が参加。日米の艦艇は洋上補給や近接運動など各種戦術訓練を行った。

日本側指揮官の工藤1佐は「今回の訓練を通じて、部隊の戦術技量と米海軍との相互運用性の向上を図ることができた」と述べた。

IPD部隊、出発

リムパックなどに参加

横須賀基地を出発する護衛艦「いずも」（6月13日）＝海自提供

令和4年度の「インド太平洋方面派遣訓練（IPD22）」部隊の出国行事が6月13日、横須賀基地で行われた。4護群司令の平田利幸海将補を指揮官に、乗員約600人がヘリ搭載護衛艦「いずも」、汎用護衛艦「たかなみ」に乗り組み、基地隊員や家族らに見送られ出発した。

行事では自衛艦隊司令官の湯浅秀樹海将が壮行の辞を述べ、「今回の派遣を通じて、力による一方的な現状変更の試みは許さないという我が国の決意を世界に示す」と意義を強調した。

4年度のIPD部隊は「いずも」「たかなみ」に護衛艦「きりさめ」を加えた護衛艦部隊、潜水艦部隊、71航空隊や81航空隊などによる航空部隊で編制。参加隊員総数は約1000人になる。派遣期間は10月28日までの約4カ月半。

寄港予定地は米、インド、オーストラリア、ソロモン諸島、トンガ王国、パプアニューギニア、パラオ、バヌアツ共和国、フィジー共和国、ベトナム、フィリピン、仏領ニューカレドニアの12カ国・地域。バヌアツ共和国には海自艦艇として初めて寄港する。

期間中、同部隊は米海軍主催の多国間共同訓練（リムパック2022）や日米豪韓共同訓練（パシフィック・ヴァンガード22）、日印共同訓練（JIMEX）などに参加する。訓練を通じて戦術技量を向上させ、各国海軍との相互理解の増進と連携の強化を図る。

海・空自衛隊 各地で共同訓練

救難員がパラシュート降下訓練

空自新潟救難隊

阿賀野川河川敷に着陸するUH60J救難ヘリ（写真はいずれも6月9日、新潟県五泉市で）＝新潟救難隊提供

空自新潟救難隊は6月9日、阿賀野川河川敷（新潟県五泉市）でパラシュート降下訓練を行った。

訓練は、捜索救助の際、救助機が着陸して救難員を現場に降ろすことが難しい場合、落下傘を使用して展開するための技量維持・向上を目的に実施。16人の隊員が参加した。

降下する救難員は主傘や予備傘などの装具を相互にチェックした後、万全の態勢でUH60J救難ヘリに乗り込み新潟分屯基地を離陸。阿賀野川上空付近に到達後、救難員用落下傘MC5を装着した隊員はヘリから飛び出し高度1000メートルから降下、落下傘を開傘し地上へ降り立った。

阿賀野川河川敷へ救難員用落下傘MC5を開傘させ降下する新潟救難隊飛行班の朝井瑞樹空士長

空自と米空軍B1B 要撃戦闘訓練を実施

太平洋上で

空自は6月3日、日米同盟の抑止力・対処力を強化するため米空軍と青森県東方の太平洋上空で共同訓練を行った。

空自から2空団（千歳）のF15戦闘機2機、北警団（三沢）、米空軍からは第34爆撃飛行隊（サウスダコタ州エルスワース基地）所属のB1B戦略爆撃機2機が参加し、要撃戦闘訓練を実施。戦術技量と日米共同対処能力の向上を図った。

日本海上の空域で共同訓練を行う空自2空団のF15戦闘機（手前3機）と米空軍35戦闘航空団のF16戦闘機＝6月7日（統幕提供）

空自と米空軍 日本海上で連携確認

2空団（千歳）

北朝鮮による度重なる弾道ミサイル発射など、より厳しさを増す安全保障環境の中、空自と米空軍は6月7日、日本海上の空域で共同訓練を行った。

空自から2空団（千歳）のF15戦闘機4機、米空軍からは第35戦闘航空団（三沢）のF16戦闘機2機が参加、各種戦術訓練を行った。

自衛隊と米空軍の連携要領を確認した、同訓練の実施で、あらゆる事態に対処する日米の強い意思と緊密な連携を内外に示すとともに、強固な同盟関係の更なる強化を図った。

統幕は本訓練の様子を納めた動画2本を動画配信サイトYouTubeに掲載した。

ユン　ソンニョル

尹錫悦新政権の安保戦略

米中二極下での韓国「自主性」を国防で示す

防衛研究所主任研究官　渡邊武氏（寄稿）

韓国で今年5月10日、尹錫悦氏が第20代大統領に正式に就任し、5年ぶりに保守政権が誕生した。尹大統領は就任早々、歴代大統領が大統領府として使用してきた「青瓦台」を市民に開放し、「国の安全保障を指揮する施設が備えられている」として国防省庁舎のある龍山に執務室を移転するなど、ユニークな政治スタイルを打ち出している。新政権の発足から間もなく2カ月。徐々に見えてきた尹錫悦政権の安全保障戦略について、防衛研究所地域研究部アジア・アフリカ研究室の渡邊武主任研究官に分析・執筆をお願いした。

渡邊　武（わたなべ・たけし）地域研究部アジア・アフリカ研究室主任研究官　1974（昭和49）年山形県生まれ、埼玉県育ち。東京都立大学法学部政治学科卒業、慶應義塾大学大学院法学研究科政治学専攻修士課程修了。2002年から防衛研究所勤務。09年アメリカン大学国際サービス大学院修士課程修了。専門分野は朝鮮半島の政治と安全保障。最近の主な業績として、「文在寅政権の国防と政軍関係：政治的中立の喪失がもたらす反リアリズム」「二極化する地域における韓国国防：自主の機会とその変容」（日本国際問題研究所、21年、22年）、「強制外交における政治的企図：北朝鮮による文在寅政権への脅迫」『安全保障戦略研究』（21年11月）。

韓国で今年3月9日に投開票が行われた第20代大統領選挙で当選が確定し、花束を受け取る保守系最大野党「国民の力」候補の尹錫悦氏（3月10日、ソウルで）＝韓国海外文化弘報院（広報院）のHPから

核戦略への関与拡大に向かう　民族の自主性追求

韓国の李鐘燮国防部長官（国防相）は、尹錫悦大統領に任命されて間もない5月18日、米国のオースティン国防長官との就任後初の電話会談を行い、米国の戦略アセット展開の重要性を強調した。これは、政権を準備した引継委員会が同月3日の報告書において明らかにしていた方針に従うものだろう。

報告書によれば、尹錫悦政権は「拡大抑止戦略協議体（EDSCG＝Extended Deterrence Strategy and Consultation Group）」を「実質的に稼働」しつつ、米国の戦略アセット展開のための米韓協力と定例演習を強化するのだという。

5月21日の米韓首脳会談共同声明もやはり、「EDSCG」再開と米戦略アセットを適宜展開するコミットメントを併せて確認した。

拡大抑止の信頼性を担保する爆撃機など戦略アセットの展開自体は現在の客観情勢への対応と言えるだろう。しかし、「EDSCG」は韓国保守の核共有に関わる不満に応えようとしたものであり、その文脈での戦略アセットへの関与拡大は政治的な意味を持ち得る。

後述の通り、韓国保守には、米国の核を自国に展開することで韓国の「自主性」を顕示しようとする動きがあり、過去にそれは「核主権」とも言われた。

前任で進歩系の文在寅政権も米国によるミサイル能力への制約を取り除く「ミサイル主権」回復を成果の一つとしていた。

進歩と保守の違いにかかわらず、文在寅政権に続いて尹錫悦政権も民族国家の「自主性」を国防で示すことも求められている。もし、尹錫悦政権が前政権のように「自主性」で成果を挙げることができるとすれば、そこに影響するのは米中による地域の二極化であろう。米国が米韓同盟に期待する機能は、中国との競争により変化しつつあり、おそらくはそれが韓国の機会ともなりつつある。

求められる対中戦略協力　指針緩和とその対価

米国はかつて韓国との相互防衛条約に、日本や西ドイツとの同盟のような大国間競争における機能よりも、韓国に米国を巻き込む戦争をさせない統制を意図していたと言われる。

1978年に韓国が初の国産弾道ミサイルの発射試験に成功すると、米国は「米韓ミサイル指針」により、韓国が取得できるミサイルの射程などを制約するようになった。

文在寅政権は長年にわたるミサイル指針による制約を解消し、「主権」を回復したが、それは従来の米国の姿勢から見れば不自然であった。韓国が紛争を拡大しないよう「自主性」を制約しているのなら、南北が衝突しそうな情勢で制約を止めるべきではない。

実際、米韓連合軍司令官（米陸軍大将）による戦時作戦統制権で韓国軍の行動を制約することも、冷戦後の米国は南北関係が進展すれば止めることができると捉えていた、とも指摘されている。

しかし、文在寅政権の後半期、北朝鮮による共同連絡事務所の破壊など南北関係の不安定化が見られたにもかかわらず、米国はミサイル指針の緩和と廃止には応じたのだった。

これは、米国が韓国の「自主性」を認める要件が従来とは変わりつつある可能性を示す。おそらく米国は、韓国に自主を認めることと交換に、対中戦略への協力を要求するようになった。この場合、韓国は自主性を追求するにつれ、対価として大国間政治には巻き込まれていくことになる。逆に、自主性向上への期待が韓国にとって対中戦略に参加する動機となり得る。

今月11日にシンガポールで開かれた「アジア安全保障会議（シャングリラ会合）」で日米韓3カ国の防衛相会談を行い、共同声明を発表する（左から）岸防衛相、オースティン米国防長官、韓国の李鐘燮国防相（防衛省提供）

軍による「3不」への批判　政治は対米中で対立

文在寅政権はもともと「3不」政策（①米ミサイル防衛に不参加②日米韓協力を軍事同盟とせず③終末段階高高度防衛ミサイル「THAAD」を追加配備せず）――を中国に表明したことに見られるように、米国の対中戦略から距離をとることで「自主性」を証明しようとしていた。

しかし、政権がミサイル主権の回復を米国に受け入れさせていくにつれて、韓国軍は「3不」に反する姿勢を示す機会を得ていく。それがやがて、対米自主と対中自主が対立する政治構造を生み出し、尹錫悦政権に至ることとなる。

まず、2019年10月に文在寅政権が固体燃料ロケット開発の制約解除のための対米交渉を開始した頃、軍は政権による「3不」政策に批判的な発言をした。

弾道ミサイルを撃ち落とす海上配備型迎撃ミサイル「SM3」の導入という海軍の希望は「3不」に反する、と質す政権党有力議員に対し、海軍は「主権国の決定に周辺国が干渉」すべきではないと書面で答弁した（10月10日）。

文在寅政権が関係改善を求める交渉で中国向けに表明したのが「3不」だった以上、海軍は政権に対中自主が欠けていると疑義を呈したに等しい。

そして、ミサイル指針廃止に合意した2021年の米韓首脳会談共同声明は、台湾海峡の安定や、日米豪印の4カ国の枠組み「QUAD（クアッド）」の重要性を認めるという異例の内容だった。文在寅政権はミサイル主権回復の成果を得るために、米国への協力という対価を支払ったのではないかと考えられる。

単なる文言ではなかったことは、首脳会談から約1カ月後の6月末、韓国国防部が表明した海軍による米豪主催多国間共同訓練「タリスマン・セイバー」への初参加からも読み取れる。

大規模訓練への初参加であるにもかかわらず、報道発表（プレス・リリース）もなく、国内での報道も極めて限定的だった。文在寅政権として「タリスマン・セイバー」に軍を参加させることは、自らの意思というより、外からの要求への対応だったのだろう。

米国はこの訓練にオブザーバーとしてインドを招いたことがあり、かつ豪州の国防相も将来のインド参加に期待を表明していた。「QUAD」と重なる意図に基づく多国間訓練に韓国軍が参加するようになったのである。

保守の尹錫悦政権が米韓首脳会談で目指した「民族自主」も、進歩の文在寅政権と連続性がある。ミサイル指針による固定燃料エンジン制約撤廃を強く主張したのは宇宙産業が関わる地域で選出された議員たちであり、文在寅政権は特定の企業名に触れて成果を強調していた。尹錫悦政権が米韓首脳会談共同声明で謳った韓国独自の「GPS（KPS）」などでの米韓協力は、その延長にあるとみてよい。ただし、進歩と保守の目指す「民族国家の自立」は、ロケットやミサイルに関して重複しつつ、核では競合している。

保守層の不満「南北非核化宣言」

「押しつけられた」宣言順守　戦術核再配備の主張

進歩政権が構築しようとしたのは、いわば核兵器のない核態勢であった。文在寅政権は潜水艦発射弾道ミサイル「SLBM」発射実験を成功させたが、それは世界初の「通常」弾頭を搭載する「SLBM」だったのである。

これに対し、尹錫悦政権は米韓首脳会談で「EDSCG」の再稼働を謳った。「EDSCG」は李明博、朴槿恵という前任の保守2政権が進めた核兵器への接近の到達点だが、文在寅政権はこれを停止していた。

「EDSCG」につながる韓国保守の主張は、1992年の「南北非核化宣言」への不満にさかのぼる。非核化宣言は、韓国と北朝鮮が核実験や核兵器の使用、核兵器の展開などを禁じていた。しかし、北朝鮮だけが核兵器取得に向かったことで、韓国内では大国に押し付けられて非核化宣言を順守し続けているとの認識が生じた。

具体的な「自主性の回復」方法として保守が主張したのは、非核化宣言での禁止に先立ち米国が撤収した戦術核の再配備である。

この場合、拡大抑止の担保は名目上の目的である。実際、2011年2月25日の国会審議において、当時の保守最大党の代表者であった鄭夢準議員は「『核の傘』（拡大核抑止）では北朝鮮の非核化に不十分だから、戦術核が必要だ」と述べている。つまり米国による戦術核の展開は、拡大核抑止とは異なるものと理解されていた。

戦術核配備論の直接的な意図は、韓国が核兵器に接近することにある。拡大抑止の担保のためとして2011年から開始された「米韓拡大抑止政策委員会」について、韓国内の不満は核兵器の共有に至っていないことにあった。

保守の金章洙議員（元陸軍参謀総長・元国防部長官）は、同委員会が、北大西洋条約機構（NATO）の核計画グループ（NPG＝Nuclear Planning Group）のような「意思決定ができる組織」になっていないと不満を吐露していた（2010年5月3日）。

NPGは核共有の一部であり、それによりドイツやポーランドも戦術核の政策形成に関与する。今の韓国が進める核戦略への関与拡大は核共有を代替するものだろう。

対外戦略は外的環境が前提　続く国内の政治競争

2016年の「EDSCG」設置は、「米韓拡大抑止政策委員会」が戦術核の共有につながらないとの韓国内の不満に応える動きである。当時の韓国側の説明によれば、「EDSCG」は「NATOと類似した包括的な協議方式」として発足した（『国防日報』2016年10月19日）。

当時の韓国保守が「EDSCG」を戦術核共有に至る経路と捉えていたのなら、文在寅政権によるその機能停止は中国を意識したものだったのかもしれない。

中国は「EDSCG」設置の翌2017年、新たに発足した文在寅政権との外相会談において、韓国側が戦術核を朝鮮半島に再搬入することはないと約束したと一方的に発表したのだった（2017年9月21日）。

文在寅政権はかかる約束の事実を否定したが、少なくとも中国からそうした要求はあったのだろう。この外相会談を含む一連の交渉を経て、文在寅政権は「3不」政策を表明した。

つまり、戦術核配備ないし核共有の主張は「3不」の拒否である「THAAD」追加配備と並び、対中自主としての性質を持つ。

大統領選挙に至る過程で尹錫悦と保守系候補の座を争った洪準杓は、核共有を主張した。尹錫悦も核共有を公約としたと伝えられたが、直後に中国外交部報道官はこれを無責任だと批判している（2021年9月23日）。

その後、尹錫悦は核共有を主張しなくなったが、大統領選挙が迫る時期になり、別の対中自主が彼の選挙公約となる。それが今年1月30日になって尹錫悦が表明した「THAAD追加配備」だった。しかし、この主張は、5月3日に引継委員会が示した政権の課題からは外された。THAAD配備論は、進歩を否定する対中イデオロギーが必要とされる時に現れ、選挙に勝利した後に消えた。

尹錫悦政権の対外戦略の諸要素は、米中に二極化する外的環境を前提としつつも、国内の政治競争に規定される傾向を示し続けている。日米韓協力の拡大姿勢も、その持続性は自主や地位向上への期待に影響されよう。

ひろば

文月、愛逢月（めであいづき）、七夜月、初秋――7月。

1日国民安全の日、7日七夕、18日海の日、23日土用の丑の日、28日第1次世界大戦開戦日

浅草寺ほおずき市　四万六千日参拝したのと同じご利益を受けるとされる浅草寺（東京都台東区）の縁日。雷よけの竹串に挟んだ三角形のお札が授与されるほか、境内はほおずき屋の露店でにぎわう。　9、10日

福光ねつおくり七夕祭り　富山県南砺市の伝統行事。「ジジ」「ババ」と呼ばれるわら人形を舟に乗せ集落内を練り歩く。稲田で「ねつおくるばーい」と笹竹を振って病害虫を払い豊作を祈願する。　22～24日

日本の安全保障の現実を冷静に考えるきっかけに

話題の最新作「墜落」　真山仁氏に聞く

高度なAI（人工知能）を搭載した米国製で最新鋭の空自戦闘機が沖縄県内の陸地に墜落した――。実際にはこれまで一度も起きたことのない衝撃的な設定で日本の安全保障の現実を問う小説「墜落」が6月28日、文藝春秋社から発売された。手掛けたのは、大ヒット作品「ハゲタカ」シリーズで知られる小説家の真山仁氏（59）だ。防衛省・自衛隊を初めてメインテーマの一つに掲げた最新作「墜落」に込めた思いを聞いた。

（文・写真／日置文恵）

まやま・じん　1962（昭和37）年、大阪府生まれ。同志社大学法学部政治学科卒業。新聞記者、フリーライターを経て、2004（平成16）年、企業買収の壮絶な舞台裏を描いた「ハゲタカ」でデビュー。主な小説作品に「売国」「標的」「オペレーションZ」「トリガー」「神域」「プリンス」「レインメーカー」、21年には初の本格的ノンフィクション作品「ロッキード」を発表し、大きな話題となる。

自衛隊員について「本当に尊敬すべき人々だ」と語る真山仁氏（6月21日、東京都千代田区の文藝春秋本社で）

3年にわたり自衛隊関係者を取材
「平和憲法を守っているのは隊員」

最新作「墜落」は、「売国」（2014年）、「標的」（17年）に続く、特捜検事・冨永真一が活躍するシリーズ3作目。

東京地検特捜部から那覇地検の三席検事（検事正、次席検事に次ぐポスト）に異動を命じられた冨永は、那覇市で起きた殺人事件と、航空自衛隊きってのエースパイロットが操縦していた最新鋭戦闘機「F77」の墜落事故という一見無関係に見える二つの事件の背後に迫る。

もしも自衛隊機が沖縄県内の陸地に墜落したら――という、あり得ない最悪中の最悪の事態を設定したのは、「極限状態で初めて人間の真実が見えてくる」から。さらに、小説ならではのデフォルメによって、かえって真実を鮮明に浮き彫りにすることが可能となる。

戦闘機のシーンは実にリアルだ。大空の中であたかも同乗して重力加速度（G）を感じ、キャノピー越しに景色を見、コックピットで操縦しているかのような感覚に陥る。

戦闘機を描くに当たっては、空自の元テストパイロットの友人らに話を聞き、取材を重ねたという真山氏。実際の事故原因としてよく指摘される「バーティゴ（空間識失調）」にも鋭いメスを入れた。

登場人物を作り込むため、防衛省・自衛隊の現役・OBを含む多くの関係者らに個人的に取材を進め、キャラクターに命を吹き込んでいった。

沖縄県を舞台に最悪の出来事をめぐって互いにハレーションを起こし、影響し合う背広組（文官）、制服組（自衛官）、検察、警察、地元の人々……。

「一つの事象をさまざまな視点から描き出したこの作品を通じて、日本の安全保障の現実、そして『国を守る』ということを冷静に考えるきっかけにしてほしい」

同時に「モノづくりで世界屈指の日本が国産戦闘機を作れない」という現実も突き付けた。高度なAIという一歩先の技術を取り入れ、人間の判断を全て機械に預けてよいのかとも問い掛ける。

足掛け3年に及ぶ取材では、対領空侵犯措置任務や災害派遣など、自らの命を削り、体を張って国や国民を守る隊員たちの姿を目の当たりにしてきた。

「『平和憲法を守れ』と言うが、実際にそれを守っているのは彼ら（隊員）なんだと思った」と語る真山氏。

「隊員の方にもぜひこの作品を手に取ってもらえればうれしい」と話している。

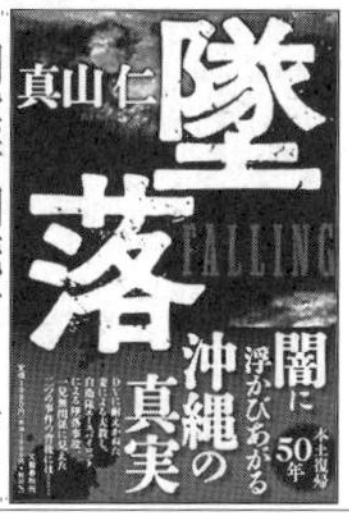

朝雲新聞読者3人に本書をプレゼント

ご希望の方はハガキに住所・氏名を明記の上、7月15日（必着）までに、〒160―0002東京都新宿区四谷坂町12―20　KKビル　朝雲新聞社編集局編集部「墜落プレゼント係」へ。応募者多数の場合は抽選となります。当選者の発表はプレゼントの発送をもって代えさせていただきます。

「朝雲」読者30人に大塚製薬『ボディメンテドリンク』1ケースをプレゼント

自衛隊員のみなさんは、日頃より体調管理に人並み以上に気を使われていると思います。今回紹介する商品は、手軽に水分補給しながら体調管理をサポートする商品です。

「大塚製薬では、長年にわたる腸と乳酸菌に関する研究から、カラダを守る〝乳酸菌B240〟を確認しました。その〝乳酸菌B240〟とカラダの水分量を維持する〝電解質〟を組み合わせたのが、「ボディメンテ　ドリンク」です。過酷な訓練と任務にあたられている自衛隊員の皆さんの体調管理に、是非ともお勧めしたい商品です」と、大塚製薬の担当者は語ります。

「朝雲」読者30名さまに『ボディメンテ　ドリンク』1ケース（24本入り）をプレゼントします。

ご希望の方は、はがきに郵便番号、住所、氏名、電話番号を記入し、〒160―0002東京都新宿区四谷坂町12―20　KKビル　朝雲新聞社営業部「ボディメンテ　ドリンク」読者プレゼント係まで申し込んでください。締め切りは7月22日（当日消印有効）。

マイヘルス　Q&A

食中毒について

細菌・ウイルス等が原因　多くは予防できる疾患です

Q　食中毒とはどんな病気ですか。

A　食中毒の原因となる細菌・ウイルスが付着した食品や有毒・有害物質が含まれた食品を食べることで起きる腹痛・嘔吐・下痢などの健康被害のことです。

5～9月は高温多湿で、細菌が繁殖しやすいため、細菌による食中毒が増える傾向にあります。

Q　原因は。

A　細菌による食中毒の原因として最も多いのはカンピロバクターで、細菌による食中毒の70％を占めます。サルモネラ・黄色ブドウ球菌・腸管出血性大腸菌・ウェルシュ菌の頻度は同等で5～6％です。

【感染型】

▽カンピロバクター（肉、未殺菌の牛乳）＝潜伏時間2～5日▽サルモネラ（生卵、鶏肉、肉料理）＝潜伏時間1～3日

【生体内毒素型】

▽腸管出血性大腸菌（焼き肉、生肉、汚染された食物）＝潜伏時間3～5日▽ウェルシュ菌（肉料理、カレーなどの大量調理された食品）＝潜伏時間8～16時間

【食物内毒素型】

▽黄色ブドウ球菌（生菓子、弁当、おにぎり）＝潜伏時間1～6時間

Q　治療は。

A　ほとんどの細菌による食中毒は自然に治癒します。嘔吐や下痢で脱水になりやすいので、水分摂取に努める必要があります。ただし、症状が強い場合は医療機関を受診することをお勧めします。

Q　予防法は。

A　3点あります。

①つけない＝食中毒の原因となる微生物を食材につけないように、調理前の手洗いや調理器具の十分な洗浄・消毒を行うことが重要です。

②増やさない＝時間と共に菌量は増えるので、調理後は2時間以内に食べることが重要です。また、10度以下の低温ではほとんどの細菌は増殖が抑えられ、マイナス15度以下で増殖が停止するとされていますので、食材等を速やかに冷蔵庫に保管することも重要です。

③やっつける＝ほとんどの細菌は加熱することで死滅します。中心部までしっかり加熱（75度以上で1分間以上）します。

これ以外にも、外食する際には食中毒の原因となる鶏刺しやレバ刺し、ユッケなどの生肉の摂取を控えることも重要です。

多くの食中毒は予防できる疾患です。上記のことに気をつけていただき、快適な夏を過ごしましょう。

自衛隊中央病院　診療科感染症科　名倉　まゆ

BOOK NOW

私が読んだ　この一冊

デイヴィッド・フィンケル著、古屋美登里訳「兵士は戦場で何を見たのか」（亜紀書房）

3即機連3普通科中隊（名寄）　向井　豪3陸尉　24

本作は、イラク戦争時のアメリカ歩兵大隊に従軍したジャーナリストの密着取材をもとにイラクで戦闘が兵士たちにどのような影響を与えたのかを述べている。

実戦において、兵士は物理的・心理的に大きな影響下に置かれている。特に本作では、戦場における「戦う意義の明確化」「自身の行為の正当性」などの心理的影響力、つまり、士気の重要性が実例を通して描かれている。実戦における兵士の心理・部隊の様子などを感じられる一冊である。

マルクス・アウレリウス著、神谷美恵子訳「自省録」（岩波文庫）

202整補隊（徳島）　西村邦彦2海尉　29

本書は、哲人皇帝と称された古代ローマ皇帝マルクス・アウレリウスによる手記である。トランプ政権時代に国防長官を務めたマティス将軍が、米海兵隊の司令官として湾岸戦争に従軍した際に携えていった一冊としても名高い。

本書の最大の特色は、ストア哲学にある。自分の力でどうにもならないことは不平不満を言わずにそのまま受け入れ、自分の力でどうにかなることに持てる力を注ぐことを説く。自分の生き方を省みる上で参考になる一冊だ。

加藤俊徳著「脳が知っている怒らないコツ」（ゴマブックス）

新田原管制隊　中野志信3空佐　41

本書は、怒りの発生メカニズムや対処方法が述べられています。特に、怒ると脳は「非効率状態」となるため、ミスを発生させる原因となり、何の生産性もないことについて書かれています。

自らの怒りをコントロールして穏やかに物事を進める方法がわかり、他人の怒りに〝感染〟することから身を守るテクニックなどを知ることができる一冊です。

隊員愛読書ベスト5

＜入間基地・豊岡書房＞

❶小隊　砂川文次著　文春文庫　¥836
❷自衛隊一般曹候補生採用試験問題演習　早稲田経営出版　¥1540
❸航空自衛隊アグレッサーアーカイブス03 2011-2021年編　イカロス出版　¥3190
❹世界の名機シリーズF／A－18E／Fスーパーホーネット　イカロス出版　¥1800
❺プーチンと習近平　独裁者のサイバー戦争　山田敏弘著　文春新書　¥935

＜防衛省・三陽堂書店＞

❶ウクライナ戦争の衝撃　増田雅之著　インターブックス　¥1210
❷中国共産党　世界最強の組織　西村晋著　星海社　¥1199
❸ロシア・ウクライナ戦争と日本の防衛　渡部悦和、井上武、佐々木孝博著　ワニブックス　¥1100
❹台湾有事のシナリオ　森本敏、小原凡司編著　ミネルヴァ書房　¥3850
❺補給戦増補新版　M・クレフェルト著、石津朋之監訳、佐藤佐三郎訳　中央公論新社　¥2970

＜神田・書泉ブックタワーミリタリー部門＞

❶世界の駄っ作機10　岡部ださく著　大日本絵画　¥3080
❷日本人傭兵の危険でおかしい戦場暮らし　戦地に蔓延る戦慄の修羅場編　高部正樹著　竹書房　¥1210
❸世界の名機シリーズF／A－18E／Fスーパーホーネット　イカロス出版　¥1800
❹ラスト・オブ・カンプフグルッペ8　高橋慶史著　大日本絵画　¥4950
❺ドイツV号戦車パンター戦場写真集　広田厚司著　潮書房光人新社　¥2420

＜トーハン調べ5月期＞

❶80歳の壁　和田秀樹著　幻冬舎　¥990
❷マスカレード・ゲーム　東野圭吾著　集英社　¥1815
❸同志少女よ、敵を撃て　逢坂冬馬著　早川書房　¥2090
❹60歳すぎたらやめて幸せになれる100のこと　宝島社　¥690
❺名探偵コナン　ハロウィンの花嫁　水稀しま著　小学館　¥803

大平正芳記念賞に五十嵐准教授

台湾の「大陸反攻」の真実描く

防衛大学校統率戦史教育室　現役自衛官として初

【防大】故大平正芳元首相が提唱した「環太平洋連帯構想」の発展に貢献する政治・経済・文化・科学技術に関する優れた著書などに贈られる「大平正芳記念賞」の贈呈式が6月10日、東京都新宿区のホテルグランドヒル市ヶ谷で開かれ、「大陸反攻と台湾―中華民国による統一の構想と挫折」（名古屋大学出版会）を執筆した防衛大学校統率・戦史教育室の五十嵐隆幸准教授（47、3陸佐）が現役自衛官として初めて同賞を受賞した。

現役自衛官として初めて大平正芳記念賞を受賞し、大平理事長（左）から表彰される五十嵐防大准教授（6月10日、東京都新宿区のホテルグランドヒル市ヶ谷で）

同賞を主催する大平正芳記念財団は「環太平洋連帯構想」に関する学術研究などの奨励助成を行うことを目的に、大平氏の急逝後の1985年に設立され、これまで贈呈式を行ってきた。

38回目となる贈呈式には五十嵐准教授をはじめ受賞者6人が出席。大平氏の孫である大平知範同財団理事長から盾と副賞を授与された。防大関係者の受賞は、武田康裕氏（元人文社会科学群国際関係学科教授）以来20年ぶりで自衛官としては初めての栄誉となった。

受賞作『大陸反攻と台湾―中華民国による統一の構想と挫折』は、中国大陸を奪還する台湾の軍事任務「大陸反攻」を解明し、歴史的視野で台湾海峡危機の全体像を描き出した一冊だ。

五十嵐准教授は防大で防衛学教育を担当し、学生に対し古代から現代にいたる主要な戦争の概観、本質、変遷など防衛学の基本的・基礎的知識を教育してきた。執筆にあたり、資料収集やインタビューなど10年以上にわたって研究を地道に積み重ね、成果を取りまとめた。

従来の研究では台湾の「大陸反攻」は「1970年ごろに自然消滅した」と評される中、五十嵐准教授は自衛官としての観点で歴史を再検証。中国大陸を奪還するため、政府が軍隊に与えた任務であることから、「任務を解除するためには、命令が必要では」という自衛隊の常識をもとに歴史を再検証し、大陸反攻任務は実際には91年に解除されたことを明らかにした。

受賞後、五十嵐准教授は「防衛省・自衛隊での勤務経験がなければ、世に送り出すことができなかった研究成果だ。これまで指導していただいた上司、常に刺激を与えてくれる同僚や学生を代表して受賞させてもらえたと思っている」と喜びを語った。

東部方面隊オピニオンリーダー　元自衛官のかざりさん選出

東部方面隊のオピニオンリーダーに引き続き選出され、大野真駐屯地司令（左）から委嘱状を受けたかざりさん（5月11日、小平駐屯地で）

【小平】陸自小平駐屯地（駐屯地司令・大野真陸将補）は5月11日、元自衛官でタレントのかざりさんを招き、東部方面隊オピニオンリーダーの委嘱状伝達式を行った。3月24日に東部方面総監部（練馬）で行われた委嘱式にかざりさんが出席できなかったことから、推薦元である小平駐屯地が実施した。

東方のオピニオンリーダー制度は昭和49年から行われている広報活動の一環で、各界の有識者から一般の人々まで幅広い層から選出している。選出された人は、部隊研修などへの参加を通じて自衛隊の活動に触れ、それぞれがSNSなどで発信・PRすることで国民の防衛意識の向上を図るのが目的。任期は4年で、東方隷下の1都10県内全ての駐屯地と1師団、12旅団からそれぞれ選出でき、推薦者は各駐屯地司令、1師団長、12旅団長。毎年10人程度が選出され、現在は44人が選出されている。

かざりさんは小平駐屯地のモニターとして平成30年4月から翌31年3月まで活躍。タレントとしてもテレビ、ラジオなどに多数出演し、フォロワー数27万人を超えるユーチューバーとしても自衛隊とコラボした動画を配信している。中でも「自衛隊体操」動画は再生回数500万回を超え、河野克俊元統幕長との対談動画も配信するなど、自衛隊のPRに大きな貢献を果たしている。

今回、小平駐屯地司令から推薦を受けたかざりさんは委嘱状の伝達にあたり「引き続き、自衛隊をPRしていくとともに部外から見た意見を発信し、自衛隊に協力していきたい」と話した。

伝説の区隊長講話　DVDが完成

“陸自幹部の原点”陸自幹部候補生学校（前川原）で「伝説の区隊長」として語り継がれる土屋正記氏（81）の講話DVD作品「土屋正記氏・講話記録『区隊長経験談』」がこのほど、完成した。

土屋氏は教え子の一人・岡部俊哉元陸幕長が幹部交流誌「修親」の巻頭言に「土屋氏に追いつき追い越すことが達成すべき目標だった」と書くほどの人物で、まさに「伝説の区隊長」だ。

DVDを製作したのはかつて土屋氏とともに区隊付教官として勤務した映像作家の小島肇元2陸佐（70）。小島氏は自ら企画提案書を書き上げ、陸幕広報室に上申、承認されて講話が実現した。

小島元2陸佐が製作した伝説の区隊長・土屋氏の講話DVD「土屋正記氏・講話記録『区隊長経験談』」のジャケット

講話は今年3月24日、幹候校の剛健大講堂で行われ、学校長の石原由尊陸将補以下、現職の区隊長らが聴講。土屋氏は「区隊長経験談」と題し、熱のこもった経験談を語り、その模様が小島氏のカメラ4台で映像収録された。

DVDには「幹部としてのあるべき姿」や「教え方」が明快に示され、講話に合わせて資料写真や字幕スーパーも追加挿入。同校の歴史や校内風景、区隊長たちの感想インタビューも収録されている。

小島氏は「土屋区隊長の熱血講話を通じ、教育者としてあるべき姿の真髄が映像化できた意義は大きい」と語った。DVDは今後、幹候校などで教育資料として活用される。

こちら警務隊

薬物犯（医薬品医療機器等法違反）

許可なく処方薬を渡せば医薬品、医療機器等法違反

服用しないからと処方薬をくれる人がいます。これは犯罪ですか？

医薬品の販売許可を受けていない者が、医薬品を販売、授与等した場合「医薬品、医療機器等の品質、有効性及び安全性の確保等に関する法律（旧薬事法）」に違反し、3年以下の懲役若しくは300万円以下の罰金に処される可能性があります。

病院で処方される薬は、患者の病状や体質等に応じて医師により処方されるものです。他人から渡された処方薬を服用することにより、副作用など、身体に重大な害を及ぼす可能性も否めません。

許可なく処方薬を他人に渡す行為は、犯罪となることを認識しましょう。

（東部方面警務隊）

3空団　米国が3隊員に記念メダル　F35のセキュリティーで高評価

【3空団＝三沢】3空団は、米空軍特別捜査局によるF35戦闘機の保全監査と情報保証監査で優秀な評価を受け、担当者3人（秘密保全のため氏名、階級非公表）に同局から記念品のメダルが授与された。3空団への授与は初。

3空団の3隊員へ贈られた記念メダル。裏面にはF35ステルス戦闘機など機密性の高い装備品が描かれている。

日本などF35を運用する国々は、運用を統制する米国政府が米空軍特別捜査局に委任した監査を定期的に受けている。

この監査は米国防総省の作成によるチェックリストに基づいて行われており、今回は3空団のセキュリティーの保護状況に対して高い評価が与えられた。

この結果に3空団の担当者は「3空団、そしてメダルを授与された3隊員が定められた各種規則を理解し、真摯に取り組んできたことが評価されたものと受け止めている」と語った。

また「担当者のみならず、全隊員がセキュリティーに関する高い意識を持つ必要がある。装備品の写真を私用で撮らない、仕事の内容をソーシャルメディアに掲載しない、基地所在部隊の部隊行動を部分的にでも漏洩しないなど、基本的な心掛けを守ることが重要」と話し、引き続き全隊員でF35をはじめとする装備品などのセキュリティー確保を目指す。

小休止

▽…3特科隊（隊長・小松隆司1佐）は5月26日、駐屯地で自衛官候補生70人に対し、防護マスクの装脱面訓練とガス体験を行った。

▽…自候生にとっては初めての特殊武器防護訓練。班長らから防護マスクの構造、機能、装脱面要領の説明を受けた後、装脱面動作を何度も繰り返し、マスクを着けて催涙線香が充満した天幕に入った。

▽…天幕内では一斉にマスクを外し、ガスによる目やのどの痛みを痛感、マスクの重要性を身をもって体験した。自候生たちはこの後、涙や鼻水を流しながら洗面器に溜めた水で目、鼻、毛穴に入り込んだガスを流し落とした＝写真。（姫路）

自衛官2人が人命救助　消防から感謝状

【十条】陸自補給統制本部の阿部将2曹と海自補給本部の宮田輝一2曹はこのほど、住宅火災現場での住民救出、避難誘導の功績で、王子消防署から東京消防庁消防総監感謝状を授与された。

2人は2月18日の朝、JR京浜東北線の東十条駅から勤務先の十条駐屯地まで徒歩で通勤中、東京都北区中十条1丁目の木造2階建て民家から炎と煙が出ているのを発見。現場は碁盤の目のように入り組んだ路地が多く、道幅も狭い住宅密集地にあたる。

人命救助を行い、王子消防署から感謝状を授与された前列左から宮田2曹、阿部2曹と山崎署長（3月17日、東京都北区の王子消防署で）

宮田2曹はすぐさま119番通報し、近隣住民などに避難を呼びかけ安全な場所に誘導。阿部2曹は危険を顧みず、2階に取り残された高齢の女性を含む2人を無事救出した。

当時2人は私服で、お互い自衛官だとは知らず、面識もなかった。

表彰式で山崎裕一消防署長から感謝の言葉とともに感謝状を贈られ、阿部2曹は「住民が無事で本当に良かった」と安堵の気持ちを述べ、宮田2曹は「日頃の訓練の成果が発揮できて良かった」と話した。

みんなのページ

デッドヒートを繰り広げる43中隊（手前）と42中隊の各クルー

69期生に栄光あれ！

防大カッター競技を観戦して

空自OB　中山 昭宏（神奈川県横須賀市）

前日まで2日続いた夏日がうそのように、この日（5月31日）の横須賀は梅雨を思わせる天候となった。開催が危ぶまれたが、午前6時半、学校の判断で実施が決定された。

この日の天気は午前中は雨が降ったりやんだり、午後は曇天ながらも気温が上昇し、波の低さもあってカッター競技日和となった。

コースは観音崎京急ホテルの延長線上をスタート地点に、折り返し地点は観音崎灯台の延長線上で、ゴールはスタート地点。ここ3年、コロナ禍のため、1、3、4学年の応援はなく、会場には2学年のみが参加、他学年は校内でのビデオ視聴による応援である。

昨年は部外者の応援は認められなかったが、今年は父母など一般客の応援が限られたエリアでのみ許可された。例年通り午前9時15分から30分間隔で予選が4レース、決勝戦は昼食を挟んで午後2時15分から。予選4レースは圧倒的に4大隊勢が強く、初戦を除き、4大隊クルーが勝利した。

本年度、防大一を決める決勝戦は、11、42、43、44各中隊によって行われた。スタートから42、43各中隊クルーが首位争いを繰り広げ、ゴール地点までデッドヒートを重ね、辛くも43中隊クルーが逃げ切った。

さて、防大では「カッター訓練を終え、初めて防大生になる」と言われている。69期生の自信に満ちた今後の学生生活を外出時に垣間見たいと思っている。69期生に栄光あれ！

親子ともに成長させてくれたことに感謝

高等工科学校在校生の母として㊦

66期生徒保護者　雨宮 美和（東京都武蔵野市）

令和2年に入校した66期は、新型コロナウイルス感染拡大の大波にもまれていきました。着校日でお別れになるとは思わず、「入校式でね」と軽くバイバイした息子には夏休みまで会うことができませんでした。コロナ禍により保護者の参列はおろか各行事自体もキャンセルになったからです。入校式、授業参観、体育祭、そしてゴールデンウイークの帰省も――。

息子の学校での姿を見て安心し、我が家で充電させて再び送り出すといった通常の段階を踏むことができず、子も親も戸惑いながらも必死でその状況に付いていくことしかできませんでした。

1年生の1日は分刻みのスケジュールだそうです。体温計は脇の下で測るタイプの1分計ではなく、耳に差し込んでピッと鳴る1秒計を持たせました。5本指ソックスに指を入れる手間も惜しいと言っていました。それほど時間がないのです。起床から就寝までやることがたくさんあるので、前の作業が遅れると入浴時間に湯船につかることもできません。

普通の高校生と違い、学業とクラブ活動以外に自衛官としての座学・訓練の時間もあります。当番生徒として職員との連携も必要です。これらの「やるべきこと」があって、さらに日常生活を自分自身で整えていくのです。掃除、洗濯、アイロンかけ、靴磨き……、家でなら誰かがやってくれることを自分でこなしながらなのですから、電話をかける時間がないのは仕方ありません。

仕方ないのはわかっていながらも、元気でやっているのか、ごはんは食べているのか、ほんの少しでいいから息子の声で推し量りたい、と毎日毎日電話を待っていました。入校から2年生の夏休みまでは、子どもからの連絡方法は公衆電話か手紙になります。1年生の宿舎のすぐ横にある4台しかない公衆電話ボックスに300人以上が順番を待つのですから、長電話などできるわけはありません。ほんの二言三言話すために寒空に並ぶ姿を思うと、私の入浴時間は夜中になり、携帯電話を肌身離さず持ち歩くようになりました。

一日千秋の思いとはこんなものかと落ち込む一方で、数週間もなんの連絡もないのはおかしいと憤り、学校へ問い合わせてみようと思ったりして、振り子のように揺れ動く自分の心を持て余して本当に疲れ果てた時期でした。

入校してしばらくは、息子が「就職」したという実感がありませんでした。進学という感覚が抜けず、学校からの知らせがほとんど来ないことに納得が行きませんでした。コロナ禍もあって息子の学校での姿を想像することができず、義務教育の延長線上の感覚でいたからです。

しかし、私が足踏みしているうちに息子は厳しい生活に耐え、心身ともに着実に成長していました。夏休み前、部活の保護者ラインの情報から、練習中に1年生が何人か倒れたということを知りました。もしや息子ではと心配になり、しばらくしてかかってきた電話でつい質問攻めにしてしまったところ、「倒れたのは自分だよ。思い出したくもないことだから、これ以上聞かないで」と言われました。息子なりに私に心配かけまいとして黙っていたのに、それを根掘り葉掘り……。私はこれ以降、息子が私に伝えたいことだけ知ればいいと思うようになりました。そうしてだんだん、子離れができていったように思います。

中学まで運動部に所属せず、体力・筋力が十分でなかった息子は、入校してから相当苦労したようです。今では帰省時もランニングや筋トレを欠かさず、格闘き章が欲しいとまで言っています。その彼も2年生に進級し、後輩へ指導する立場になり、最善の指導とは何かを考えながら部活動をするようになりました。ある後輩のお母さんから連絡をいただいたのは、その頃です。

「息子から電話があり、部活のことを話してくれました。練習は厳しいけれど愛が感じられるって。雨宮先輩の指導には愛があるって言っていました。私、うれしくなって、お礼を言いたくて連絡しました」と言ってくださいました。「愛を感じる」という後輩さんの感受性をありがたく思うとともに、後輩ができたことによって成長した息子の伸びしろを実感しました。これは息子だけでなく、高等工科学校の生徒たちは皆そうです。厳しい生活の中で励まし合ってきたからか、他者への思いやりにあふれています。あの先輩のようになりたい、と目指す人がいるのは幸せなことではないでしょうか。自衛官や高等工科学校へ進むことを反対し続けてきた私ですが、今では息子の選択眼を信じて応援しています。

これから私にできることは、人生の道を駆けていく息子が立ち止まったり、振り返ったときにそこにいてあげることぐらいかもしれません。息子の伴走は同期がしてくれますし、同窓の先輩・後輩方が襷をつないでくれると信じています。

息子が帰ってくる場所だけ守っておくことが私にしてやれること――。親子ともに成長させてくれた高等工科学校に心から感謝しています。

印象に残った転職フェア

1空士　舩瀬 莉緒（9基防・那覇）

募集広報ブースで募集対象者に空自について説明する舩瀬1士（奥左側）

私は4月1日から3カ月間、沖縄地本島尻所に臨時勤務しました。私が地本の仕事で想像していたのは、入隊前に私がお世話になった広報官の方のイメージでした。

しかしながら募集事務所での臨時勤務の仕事はいろいろあり、電話対応、来訪者対応、募集告知チラシの配布準備および配布、7月からのDM配布準備、転職フェアや進路ガイダンスにおける募集広報ブースでの募集対象者に対する募集説明など、あらゆることを経験できた臨時勤務でした。

その中でも、私が特に印象に残っているのはマイナビ転職フェアにおける募集広報ブースでの募集対象者に対する説明です。

私は航空自衛隊に興味を持っている方に、私が経験した自衛官候補生教育隊での体験談や、空自の職種説明を必死にしたところ、自衛隊受験を考えてくれたことが本当にうれしかったです。

将来的には空曹になりたいと思っていますので、今回は本当に良い経験になりました。ここで経験したことをこれからの自衛隊生活の糧にしていきたいと思っています。

OBがんばる

鯉渕　正さん　55

令和2年8月、千葉地方協力本部を1空佐で定年退官。山九株式会社に再就職し、現在、東日本事業所で工事現場作業員の安全指導業務を行っている。

何がしたいかを明確に

私は、千葉地本から就職の援護を受け、山九株式会社に再就職することができました。

再就職に当たって希望したのは、自衛隊で鍛えた企画力・問題解決能力・安全管理能力を生かせることでした。地本の援護担当の方を通じて就職のあっせんを依頼したところ、自衛隊援護協会から山九株式会社のお話を頂きました。会社訪問で仕事内容などの説明を受けて、ぜひこの会社で働きたいと思い、援護担当の方に話を進めて頂いて入社することができました。

私は現在、工場の設計・建設を担当する設備土建部東日本事業所の安全・環境グループに所属しています。東日本事業所は日本製鉄君津製鉄所の敷地内にあり、主に敷地内の工場の設計・工事を担当しています。

主な業務は無事故・無災害達成のため、現場での作業員の行動が安全管理規則・製鉄所内のルール通り行われているかの安全指導とともにその結果をまとめ、報告することです。

業務はまさに自衛隊で培った安全管理業務で、報告も訓練検閲の講評整理そのものです。入社当初は、建設業界の用語や建設の流れが分からず戸惑うことばかりでしたが、約半年間、指導官がついて徹底的に現場を回らせて頂き、徐々に慣れてきました。

これから再就職するみなさん、自分は何ができ、何がしたいのかを明確にし、目標が達成できる再就職先と出会えるよう地本の援護担当の方と密接に連携して、日々精進してください。

あさぐも掲示板

■令和4年度3自衛隊合同コンサート

陸海空自セントラルバンドによる「令和4年度3自衛隊合同コンサート」が8月18日（木）、千葉県市川市の市川市文化会館で行われる。午前11時からと午後4時からの2回公演で、新型コロナウイルス感染防止のため、ドリル演奏は行わない。応募資格は小学生以上で、本人と同伴者3人の計4人まで応募可能。小中学生は必ず同伴者を伴い、うち1人は高校生以上とする。

応募要領は防衛省ホームページの応募フォーム（https://www.mod.go.jp/j/publication/ongaku-matsuri/index.html）に必要事項を入力。締め切りは7月15日（金）24時まで。

詰将棋

第870回出題

▲先手　持駒　飛角桂

出題　日本将棋連盟　九段　石田　和雄

【ヒント】連続捨て駒の妙。トドメは桂（10分で二段）。

▶詰碁、詰将棋の出題は隔週です◀

詰○●碁

第1285回解答

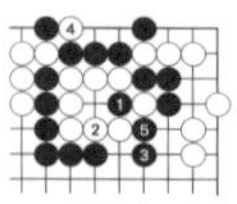

出題　日本棋院　九段　曲　励起

【解答図】黒先、白死。黒❶が大切で、白②には黒❸がまた大切です。白④には黒❺で白を取れます。

（世界の切手・アルジェリア）

経験は最良の教師である。ただし授業料が高すぎる。

トーマス・カーライル
（英国の歴史家）

朝雲ホームページ
www.asagumo-news.com
会員制サイト
Asagumo Archive プラス
朝雲編集部メールアドレス
editorial@asagumo-news.com

新刊紹介

「日本がウクライナになる日」

河東 哲夫著

第2次世界大戦後、世界を安定させるために創設された国際連合。その常任理事国であるロシアが正規軍を用いてウクライナを侵略している。この事態について、元外交官でソ連・ロシアでも勤務した著者が、自身の経験を生かして多角的に分析、一冊にまとめた。

著者は1970年に外務省入省、ソ連・ロシアには4度駐在し12年間勤務した。退官後は日本政策投資銀行の上席主任研究員などを経て、これまでの経験を生かした評論活動を行っている。

ロシア経済は未だに天然資源に依存し、実態としても社会主義経済を継続。北大西洋条約機構（NATO）の東方拡大への不信感だけでなく、経済的に「植民地」が必要なロシアの状況から侵攻に踏み切ったプーチン大統領の判断は、狂ってはいないが19世紀までの世界に住み、アメリカと対等であるとの認識をもっていると分析する。

日本はこうした指導者が正規軍で近代国家を侵攻した事実を直視し、軍事について善悪二元論から脱し「タブーを外して何をするか」を考えなければ、もう間に合わない。イマジネーションを働かせて議論し、課題解決すべきと、著者は本書の中で強く訴える。

（CCCメディアハウス刊、1430円）

「日本人なら知っておきたい 中国人の『嫌韓』韓国人の『反中』」

古田 博司、福島 香織著

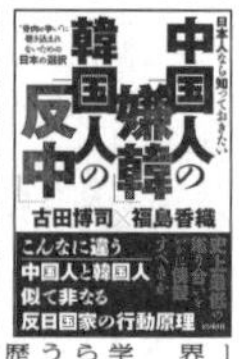

韓国の歴史に詳しい筑波大名誉教授の古田氏と元産経新聞社香港支局長で中国ウォッチャーの福島氏が、中国人と韓国人の似て非なる反日の行動原理を語り合う対談本だ。

両氏はまず、互いを嫌う中国人と韓国人の気質、社会主義国家の正体について語る。

続いて両氏が韓国を訪れた際の印象をもとに、中国人と韓国人の行動原理を比較。一見紳士に見える韓国人男性の無粋な行動や女性差別、中国特有のファミリーによる権力主義を明らかにし、儒教・道教のイメージが強い両国のキリスト教、呪術、新興宗教などのディープな信仰世界を描く。

日韓の歴史学者が正面からぶつかり合う「日韓共同歴史研究」に参加した古田氏の所感も掲載。反日施策をとる中国と韓国のどちらが先に滅びるかも大胆に予想する。

国際経験豊富な両氏による歯に衣着せない切れ味鋭い論談は必読。ニュースで見る中韓両国の反日思想の知られざる背景がわかる一冊だ。

（ビジネス社刊、1540円）

朝雲

発行所 朝雲新聞社
〒160-0002 東京都新宿区四谷坂町12-20 KKビル
電話 03(3225)3841
FAX 03(3225)3831
振替00190-4-17600番
定価一部150円、年間購読料9170円（税・送料込み）

主な記事

岸田首相

防衛力を抜本的強化

NATO首脳会議に初出席

岸田首相は6月29日、スペインの首都マドリードで開かれた北大西洋条約機構（NATO）首脳会議に日本の首相として初めて出席し、「日本の防衛力を5年以内に抜本的に強化し、その裏付けとなる防衛費の相当な増額を確保する」との決意を表明した。同日は約5年ぶりに行われた日米韓首脳会談にも臨み、北朝鮮の完全な非核化に向けて3カ国の安全保障協力を一層推進していくことで一致した。帰国を前に記者会見した岸田首相は「NATO首脳会議への参加は歴史的な意義を有するものだ。同志国と連携を強化し、欧州とインド太平洋を結ぶ自由と民主主義のための連帯パートナーシップを築いていきたい」と語った。

5年ぶり日米韓首脳会談

「NATO首脳会議パートナー国セッション」に出席し、日本の取り組みについて説明する岸田首相（前列中央）＝6月29日、スペインの首都マドリードで（官邸HPから）

岸田首相が招待された「NATOパートナー国セッション」には加盟30カ国をはじめ、主要パートナー国・機関として日本、豪州、ニュージーランド、韓国などのほか、NATOへの新規加盟を申請しているスウェーデンとフィンランドの首脳らが参加。ロシアのウクライナ侵略や厳しさを増すインド太平洋地域の安全保障情勢を踏まえ、今後の協力をめぐって議論した。

岸田首相はスピーチの中で、日本が年末までに「国家安全保障戦略」など「戦略3文書」を改定することを紹介し、「防衛力を5年以内に抜本的に強化し、その裏付けとなる防衛費の相当な増額を確保する」との決意を表明。日米同盟を新たな高みに引き上げながら、有志国・パートナーとの安全保障協力を強化していく考えを強調した。

さらに、日本とNATO間の協力文書「日・NATO国別パートナーシップ協力計画」を大幅にアップグレードする作業を加速化し、サイバー、新興技術、海洋安全保障といった分野での協力を進展させることを宣言。NATO本部への引き続きの自衛官派遣のほか、演習へのオブザーバー参加の拡充も打ち出した。

一方、ロシアによるウクライナ侵略をめぐっては「国際秩序の根幹を揺るがす暴挙だ」と指摘し、「ポスト冷戦期の終わりを明確に告げた」と表現。

翻って「ウクライナは明日の東アジアかもしれない」との強い危機感を示し、「力による一方的な現状変更の試みは決して成功しないことを国際社会は結束して示すべきだ」と訴えた。

最後に、NATOによるインド太平洋地域への関与強化に歓迎の意を表し、「法の支配に基づく国際秩序の確立と『自由で開かれたインド太平洋』の実現に向けて連携を強化していきたい」と締めくくった。

岸田首相は同日、豪州のアルバニージー首相、ニュージーランドのアーダーン首相、韓国の尹錫悦（ユンソンニョル）大統領と共に4カ国による初の「NATOアジア太平洋パートナー首脳会議」を開き、緊密な連携で一致。米国のバイデン大統領と韓国の尹大統領と開催した日米韓首脳会談では北朝鮮への対応で擦り合わせを行った。

このほか、スウェーデンのアンデション首相との会談では、同国のNATO加盟申請に支持を表明。スペインのサンチェス首相、NATOのストルテンベルグ事務総長ともそれぞれ会談し、日本との関係を強化していくことで一致した。

解説

地域を超えた連携が不可欠

防研 伊藤 頌文（のぶよし） 戦史研究センター研究員

1949年の結成以来、欧州地域の集団防衛を担ってきた北大西洋条約機構（NATO）は歴史的転換点を迎えつつある。

1947年、当時のソ連から圧力を受けたギリシャとトルコに対して米国が支援を表明したトルーマン・ドクトリンが嚆矢（こうし）となり、西欧諸国の軍事同盟として誕生したNATOは、冷戦の最前線たる欧州の安全保障環境を規定した。

今回、スウェーデンとフィンランドの加盟申請に対するトルコの態度が耳目を集めたが、冷戦期のNATOにとっても北欧と東地中海は脆弱な「わき腹」とされ、まさに今般のウクライナ情勢で注目される地域と重なり合う。

現下の動きはNATOの戦略認識の歴史的経緯からも示唆的であろう。とはいえ、今後の展開も予断を許さない。

冷戦終結後、民主主義の復権を通じた旧社会主義国の「欧州への回帰」を後押しする両輪として、NATOは欧州連合（EU）とともに東方拡大を進め、一方でロシアはそれを脅威と捉えたために深い溝が生じた。

ウクライナ戦争によって民主主義陣営の結束はこれまで以上に重視されているが、NATO・EUの加盟国の中で権威主義やポピュリズムの伸張がみられるなど課題も山積する。

安全保障や政治経済を巡って、普遍的な価値規範を共有する国家間の地域を超えた連携がますます求められている。

島田前次官が離任

「実際に勝てる防衛力を」

島田和久事務次官が7月1日付で退任し、後任に鈴木敦夫防衛装備庁長官が就任した。島田前次官は同日付で防衛大臣政策参与と防衛省顧問に任命された。

防衛省では1日、岸防衛相や中曽根、岩本両政務官をはじめ、防衛省・自衛隊の幹部が出席して島田前次官の離任式が行われた。

島田前次官は離任あいさつの中で約37年間の勤務を振り返り、「国民から熱い信頼と期待を寄せられている自衛隊の一員として勤務できたことは私の誇りだ。人生を懸けるに値する仕事だった」と述べ、全ての関係者に謝意を表した。その上で、政府が年末までに進める「国家安全保障戦略」など「戦略3文書」の改定を念頭に、「今、防衛省・自衛隊には昭和29年の創設以来とも言える大きなチャレンジが求められている」と指摘。

岸田首相が表明している「防衛力の5年以内の抜本的な強化と防衛費の相当な増額の確保」にも言及し、「このような国家の意思が明確に示されたのは戦後初めてのことではないか。我が国はこの強い国家意思を具体的な形で世界に示す必要がある。日本が作る防衛計画に世界中が注目し、期待している」と述べた。

さらに野球の試合にたとえ、「9回裏まで戦い抜いて実際に試合に勝てる防衛力を構築していく必要がある」と強調。「自らの努力なくして日米同盟の強化も国際協力もあり得ない。防衛省・自衛隊の総力を結集して困難な課題に立ち向かい、皆さんの力で大いなる成果を出していただきたい」と激励の言葉を送った。

この後、島田前次官は儀仗広場で栄誉礼を受けた後、正門まで並んだ大勢の職員に見送られ、防衛省を後にした。

防衛省発令

▽防衛大臣政策参与、防衛省顧問　島田 和久
（7月1日）

島田 和久（しまだ・かずひさ）事務次官　慶大法卒。昭和60年旧防衛庁。防衛政策課長、大臣官房審議官、地方協力局次長、内閣官房内閣審議官、内閣総理大臣秘書官、大臣官房長、防衛事務次官などを経て、令和4年7月1日付で退職。同日付で防衛大臣政策参与、防衛省顧問に就任。神奈川県出身。60歳。

大勢の職員に見送られ、花束を手に記念撮影に臨む島田和久前事務次官（前列左から5人目）。左から3人目は鈴木敦夫新事務次官＝7月1日、防衛省で

15ヘリ隊に1級賞状

急患空輸累計1万回

岸防衛相は6月27日、災害派遣要請に基づく急患空輸件数が累計1万回に達した功績で陸自15ヘリコプター隊（那覇）に1級賞状を授与した。

大臣室で行われた表彰式には山崎統幕長と吉田陸幕長が立会。部隊を代表して隊長の後村（うしろむら）幸治1佐が賞状を受け取った。

同隊の前身である臨時第101飛行隊は、1972（昭和47）年5月の沖縄の日本復帰に伴い、同年12月に米軍から任務を継承。以来、部隊は翌年10月に第1混成団第101飛行隊として編成完結した後、2010（平成22）年3月に第15旅団第15飛行隊、13（平成25）年3月には現在の第15旅団第15ヘリ隊へと改編されながら一貫して沖縄県全域と鹿児島県の奄美大島以南を範囲とする離島からの急患空輸を担い、今年4月6日に1万回を記録した。

岸大臣は「南西諸島の第一線部隊として離島対応を含む多様な任務を遂行するとともに、24時間の即応態勢を維持して1万回を超える緊急患者空輸を行い、地域住民の民生の安定に寄与し、自衛隊に対する理解と信頼を深めた」と同隊の長年に及ぶ功績をたたえた。

岸防衛相（右）から1級賞状を授与される陸自15ヘリ隊長の後村幸治1佐（6月27日、防衛省で）

遠航部隊 イギリスに寄港

海自の遠洋練習航海部隊（練習艦「かしま」「しまかぜ」で編成、指揮官・小牟田秀覚練習艦隊司令官以下、実習幹部約160人を含む約540人）は6月22日、英国入りした。「かしま」はロンドンに、「しまかぜ」はポーツマスに寄港した。

「かしま」はテムズ川を航行し、ロンドン名物のタワーブリッジを通過して入港。日本の林肇駐英大使らが出迎えた。

小牟田司令官は寄港のあいさつで、今年は日英同盟120周年の節目に当たることに触れ、「日本が提唱する『自由で開かれたインド太平洋』を実現するためにも、イギリスとの協力関係は重要」と述べた。実習幹部たちは英海軍の下士官らと安全保障について意見交換を行うなど、交流を深めた。

またこれに先立ち同隊は6月20日、ドーセット州沖で英海軍と共同訓練を実施。戦術技量を向上させるとともに、両国の連携強化を図った。

（5面に関連特集）

タワーブリッジを通過する「かしま」の実習幹部たち（6月22日、ロンドンで）

医官らPP2022に参加

ベトナム、パラオで

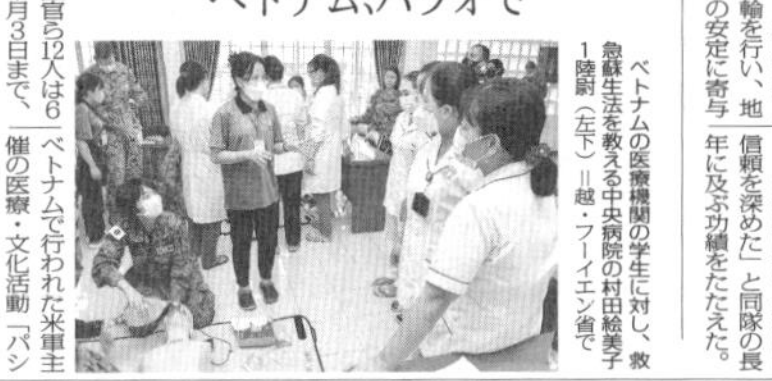

ベトナムの医療機関の学生に対し、救急蘇生法を教える中央病院の村田絵美子1陸尉（左下）＝越・フーイエン省で

自衛隊の医官ら12人は6月20日から7月3日まで、ベトナムで行われた米軍主催の医療・文化活動「パシフィック・パートナーシップ（PP）2022」に参加した。同活動は7月11日からはパラオで行われる。自衛隊の派遣は2007年から始まり、今年で15回目。

参加部隊は陸海空自の医療チーム（統幕、中央病院＝三宿、横須賀病院、横須賀衛生隊、1空団＝浜松）と文化交流などを担当する統幕、陸自システム通信団（市ヶ谷）、海自東音（上用賀）。

医療チームは現地の医療施設や米海軍病院船「マーシー」で参加各国と連携した診療活動や現地住民に対する衛生教育を実施。人道支援・災害救援（HA／DR）セミナーとして①公衆衛生②捜索・救難に関するワークショップ③日米英パラオ多国間捜索救難訓練――を行う。

一方、東音の隊員らは米海軍太平洋艦隊軍楽隊などと共に、ベトナムでの「PP2022」のオープニングセレモニーや各学校などで演奏し、現地住民や各国の隊員と交流を深めた。

英のRIATに空自が参加へ

空自2輸空（入間）のC2輸送機と運航指揮官の川口裕史1佐以下15人は、7月15日から17日まで英国空軍が主催するエアショー「ロイヤル・インターナショナル・エア・タトゥー（RIAT）」に参加する。

3年ぶりの会場での開催となる同行事ではC2の地上展示がフェアフォード英空軍基地で実施される予定。

春夏秋冬

念願のパリに店を構えて

コシノ　ジュンコ

ファッションのデザイナーを志す人ならばどうしてもモードの都パリという懐にいるのは夢であります。私も大親友のケンゾーがパリに暮らし大成功をしたのを羨ましく思ったこともありましたが、恐らく私が東京では一二歩だけ先に歩いていたのがケンゾーのファイトに火をつけたと思います。

パリコレクションの参加は私自身の世界観を大きく成長させたと思います。「ショウをするのなら店がないとね」といつも周りから言われ、小さくてもいいのでとタクシーに乗るたびに「貸店舗」のカードに目がいきました。1989年パリで最もプレステージの高いAv・Montaigne（モンテーニュ通り）に念願の店を構えました。この通りはディオールを始め著名ブランドやプラザアテネ（ホテル）が軒を連ねるヨーロッパ随一の通りです。やはり店を構えるというのは交流の深みが増します。大勢の友人ができることになり、仲の良いセザールなどフランス芸術家たちと「芸術と機能の接近」を試みた展覧会「対極」には、大臣、ポンピドー館長、アーティストなど数百人が来場しました。私も赤と黒の組み立て家具を出品しました。理想だった自分の店でのファッションショウも開催しました。そして秋には葡萄の収穫祭バンダンジュがモンテーニュ通りで開かれる。それぞれの店の前の特設テントでその年の新酒を招待客に振る舞う。当時はまだフランスワインとのコネクションもなかったので日本酒でもいいかとのリクエストに「是非」という答えが。かくしてJUNKO KOSHINOは日本酒剣菱の樽酒を枡で振る舞うことに。京都から島原の太夫さんも呼んで祭りは好評で想像以上のメディア露出でした。モードとアートが同じ空気を吸うパリならではのいろいろな催しは大成功でした。

友人らとの語らいをとおして自分は自分らしく生きることがパリでの教訓ですし、発見できるのもパリでした。と同時にフランスに関わるほど日本への視界が広がりました。多くのフランス芸術家たちがジャポンに魅せられたように私自身日本では見えなかったものがパリから見えるようになりました。そんな時間の経過からこのたびフランス政府よりレジオン・ドヌール勲章を受章しました。

（デザイナー）

朝雲寸言

ロシア軍のウクライナ侵攻が始まって以来、戦地で起きている余りに苛烈で残酷な現実を、日本に住む子供たちにいかに教えるべきかを問う番組や記事を目にする。戦後日本社会では「お友達とは仲良くするんだよ」とか「戦争はあってはならない」と教えるのが親や保育士、教員たちの務めであった▼そうした教えとは正反対の出来事がウクライナで現実に起きている。国境の検問所を泣きながらとぼとぼ歩く男の子の姿や、砲撃を受けた病院で幼いわが子を抱きながら嗚咽する母親の姿がテレビで繰り返し流されている。子どもたちは敏感であり、日本の大人たちの語る建前と現実にどうやら乖離（かいり）があることを既に十分感じているはずだ▼ここは妙な言い抜けなどせず、正直に語り掛けようではないか。「こちらがどんなに仲良くしたくても、攻め込んでくる相手が時にこの世にはいる」「自分たちを守るためにはきちんとした備えが必要だ」「自分以外で困っている人々がいたら、手を差し伸べることをためらってはいけない」「助けてあげれば、いつか自分も助けてもらえるかもしれないよ」といったことを子供の目をまっすぐ見詰めながら▼そうした教えを受けた子はいつか成長した時「あの時語ってくれた大人は誠実だった」と思うだろう。そして、身をもって国の守りに就く人々に敬意を抱き、これに続こうとしたり、支えようと考えたりする人になるだろう。

時の焦点

国内　日米韓首脳会談

防衛協力の再構築を

北朝鮮の核・ミサイル問題は、国際社会全体の脅威だ。アジアの平和と安定に重い責任を負う日米韓3カ国は、協調体制を取り戻し、抑止力を高めねばならない。

北大西洋条約機構（NATO）首脳会議に合わせて、日米韓3カ国の首脳会談がスペイン・マドリードで開かれた。岸田首相、バイデン米大統領、5月に就任したばかりの韓国の尹錫悦大統領は、インド・太平洋地域で協力を強化し、挑発を続ける北朝鮮に連携して対処する考えで一致した。

首相は会談で、「日米同盟や米韓同盟の抑止力強化を含め、日米韓の協力強化が不可欠だ」と述べた。

3カ国の指導者がそろって会うのは、2017年9月以来だ。それまでは、折りに触れて会談してきたが、韓国の前政権が反日姿勢を強めたことで、先送りされてきた。今回は、日韓関係の改善を求める米国の意向で実現した。

首脳会談は、わずか20分程度で、合意文書も作成されなかった。それでも首脳同士が安全保障環境の悪化という認識で一致した意味はある。3カ国共通の脅威に対処するため、万全の防衛体制を整えたい。

北朝鮮は今年、ミサイル発射を17回も繰り返した。米本土に届く大陸間弾道ミサイル（ICBM）のほか、変則的な軌道で飛ぶミサイルや、極超音速型の兵器もある。

高性能ミサイルは、日米韓の現在のミサイル防衛システムでは撃ち落とせない。3カ国は、様々なミサイルに効果的に対処できる装備や防衛システムを検討する必要がある。

6月上旬には、3カ国の防衛相が会談し、共同訓練の再開で合意した。8月には、3カ国のイージス艦によるミサイルの探知・追尾訓練が再開する見通しだという。共同訓練を重ね、即応能力を高めることが大切だ。

日米韓の連携は、中国に独善的な海洋進出の自制を迫るうえでも有効だろう。

3カ国が防衛協力を深める上で欠かせないのは、韓国の反日政策の修正だ。

元徴用工問題では、差し押さえられた日本企業の資産売却に向けた手続きが進んでいる。元慰安婦を巡っては、「最終的かつ不可逆的な解決」を確認した15年の日韓合意が事実上、白紙となっている。

18年の韓国海軍駆逐艦による海上自衛隊機への火器管制レーダー照射も、韓国側は事実関係を否定したままだ。

NATO首脳会議の晩餐会で、首相と尹氏は短時間、挨拶を交わした。関係改善に向けて建設的な対応を求めた首相に、尹氏は「懸案を早急に解決する」と応じた。事態の打開に向けて、具体的な行動を起こすことが求められる。

夏川 明雄（政治評論家）

海外　核禁条約会議

核廃絶へNPTを補完

昨年発効した核兵器禁止条約の初の締約国会議が6月下旬、オーストリアのウィーンで開催され、高まる核使用の危機に警鐘を鳴らし、「核なき世界」の実現に向け即時行動を呼び掛ける政治宣言と50項目に上る行動計画を採択した。

ロシアによるウクライナ軍事侵攻で「核抑止力が必要だ」という考えや見方が有力になりつつあるなど、核禁条約には逆風が吹く中での締約国会議となったが、参加国は当初の予想を上回り、条約を批准していないオブザーバー国を含む83カ国・地域に上った。議長を務めたオーストリア外務省のクメント軍縮局長は採択された政治宣言などについて、「核軍縮について多国間で交渉したこれまでで最も強力な文書だ」と述べ、今回の会議の成果を強調した。

核抑止力を否定し、核廃絶の必要性を強調する核禁条約は、未批准の国は従う法的義務はない。加えて、同条約には国連安保理常任理事国の米英仏中ロをはじめとする核保有国だけでなく、日本や北大西洋条約機構（NATO）加盟国など「核の傘」の下にある国も参加しておらず、現時点で核廃絶に向け実効性はないというのが厳しい現実だ。

このため、条約に批准している65カ国・地域の締約国は核兵器の「非正当性」を高め、核保有は人類にとって過ちだとする「国際的な規範」を強めることで、核保有国に対して核軍縮や核廃絶を促す国際社会の圧力にすることを当面の目標に置く。非人道性の高い生物・化学兵器の使用を禁じた条約が今では国際的規範となっていることをモデルに、核兵器についても同様の取り決めを結ぼうというわけだ。

今回の会議にはNATOからドイツ、オランダ、ベルギー、ノルウェーの4カ国のほか、中国を念頭に置いた協力枠組み「クアッド」を日米印と形成するオーストラリアもオブザーバーとして参加した。背景には、核軍縮をめぐる国際社会の溝がさらに深まることに対する各国それぞれの危惧がある。しかし、オブザーバー参加のドイツ代表が会議で、「核兵器が存在する限り、NATOは核同盟であり続ける」と述べたように、核抑止の考え方に基づく従来からの現実論は依然として強い。オランダ代表は日本の立場と同様に、「核保有国の不在は核禁条約の有効性を制限する要因だ」と指摘し、「核拡散防止条約（NPT）が唯一、核保有国を縛る核軍縮の義務を含んでいる」とクギを刺した。

今回採択された政治宣言や行動計画は、こうした主張も念頭に置き、核禁条約はNPTを補完するものだと強調し、核保有国が核軍縮交渉を進める義務（NPT第6条）を果たすよう求めた。今後の焦点は、8月に開催されるNPT再検討会議で核保有国が核軍縮に向けてどのような約束を打ち出すことができるかに移る。唯一の被爆国として核廃絶には並々ならぬ関心を寄せるわが国としても、NPT再検討会議では核保有国と非保有国の橋渡し役として特別の役割と責任が期待されることになろう。

伊藤 努（外交評論家）

事務官等異動

▽退職、7月1日採用＝国土交通省港湾局海岸・防災課長（大臣官房参事官）　神谷 昌文

（6月30日）

▽防衛事務官に採用＝大臣官房付、内閣府へ出向＝国際平和協力本部事務局次長へ（外務省大臣官房審議官）　池松 英浩

▽防衛事務官に採用＝大臣官房付、外務省へ出向＝大臣官房審議官＝総合外交政策局軍縮不拡散・科学部担当へ（内閣府国際平和協力本部事務局次長）　伊藤 茂樹

▽内閣官房へ出向併任＝内閣審議官＝国家安全保障局へ＝内閣審議官＝内閣官房副長官補付・内閣官房経済安全保障法制準備室次長へ、内閣府へ出向併任＝大臣官房経済安全保障法制準備室次長へ（地方協力局総務課長）　品川 高浩

▽大臣官房政策立案総括審議官（大臣官房報道官）　石川 武

▽大臣官房報道官（地方協力局次長）　青木 健至

▽大臣官房公文書監理官（防大総務部長）　二又 知彦

▽解大臣官房審議官併任、大臣官房審議官（大臣官房付、大臣官房審議官併任）　林 美都子

▽内閣審議官＝内閣官房副長官補付、内閣官房船舶活用医療推進本部設立準備室次長（大臣官房公文書監理官、大臣官房米軍再編調整官併任）　茂木 陽

▽大臣官房審議官、大臣官房秘書課長（大臣官房秘書課長）　小杉 裕一

▽大臣官房付、大臣官房審議官（人事教育局人事計画・補任課長）　末富 理栄

▽防衛政策局次長（大臣官房審議官）　安藤 敦史

▽地方協力局次長（同）　田中 利則

▽統幕総括官（防衛政策局次長）　大和 太郎

▽防衛監察本部副監察監（大臣官房付）　竜嵜 哲

▽近畿中部防衛局長（北海道防衛局次長）　茂籠 勇人

▽防衛装備庁調達管理部長（防衛研究所企画部長）　森 卓生

▽防衛装備庁調達事業部長（北関東防衛局次長）　柴田 直彦

▽内閣官房へ出向併任＝内閣参事官＝内閣官房副長官補付へ（人事教育局人材育成課長）　玉越 崇志

▽内閣官房へ出向併任＝内閣参事官＝内閣官房副長官補付＝沖縄連絡室室員へ（整備計画局施設計画課長）　宮本 康宏

▽独立行政法人駐留軍等労働者労務管理機構へ出向＝労務部長へ（地方協力局労務管理課長）　脇坂 真一

▽防衛書記官に採用＝大臣官房参事官（国土交通省近畿地方整備局港湾空港部長）　上原 修二

▽大臣官房参事官（南関東防衛局企画部長）　原田 道明

▽大臣官房企画評価課長（大臣官房付）　山口 剛

▽防衛書記官に採用＝整備計画局施設計画課長（警察庁長官官房人事課付）　北岡 亮

▽人事教育局人事計画・補任課長（統幕参事官）　家護谷 昌徳

▽防衛書記官に採用＝人事教育局人材育成課長（内閣官房国家安全保障局企画官）　荒 心平

▽地方協力局総務課長（大臣官房企画評価課長）　村井 勝

▽地方協力局地域社会協力総括課長（大臣官房参事官）　信太 正志

▽地方協力局労務管理課長（北海道防衛局企画部長）　掛水 雅俊

▽九州防衛局次長（地方協力局地域社会協力総括課長）　北川 高生

▽退職

（防衛監察本部副監察監）　小波 功

（近畿中部防衛局長）　竹内 芳寿

（防衛装備庁調達管理部長）　内藤 正雄

（同調達事業部長）　北澤 直樹

（以上7月1日）

▽退職、7月5日採用＝観光庁国際観光部参事官（防衛政策局訓練課長）　佐藤 克文

（7月4日）

1佐昇任人事

▽1陸佐に昇任

（5偵察隊）2陸佐 明野 真吾

（教育訓練研究本部）同 池田 悠也

（関西補給処）同 石井 光洋

（教育訓練研究本部）同 岩井 輝真

（陸幕）同 上原 将愛

（中央病院）同 梅田 諭

（化学学校）同 大倉 達也

（中部方面総監部）同 大島 政之

（教育訓練研究本部）同 奥村 啓介

（陸幕）同 金子 善幸

（北海道補給処）同 紙本 善光

（陸幕）同 黒木幸二郎

（教育訓練研究本部）同 小池 寿雄

（基礎情報隊）同 児玉 康宏

（教育訓練研究本部）同 齋藤 大介

（同）同 逆瀬川大佐

（7師団司令部）同 佐藤 賢吾

（教育訓練研究本部）同 澁谷 一

（訓練評価支援隊）同 清水 学

（教育訓練研究本部）同 早田 知弘

（西部方面総監部）同 高橋 圭

（通信学校）同 田上 和寛

（10通信大隊）同 滝口 裕章

（東部方面総監部）同 武本城余秋

（防衛装備庁）同 谷口 敬祐

（教育訓練研究本部）同 津田 尚樹

（同）同 戸子田 純

（同）同 中尾 圭介

（中部方面総監部）同 中野 昌英

（武器学校）同 西森 浩

（札幌病院）同 野澤 浩

（2高射特科団本部）同 橋 孝朋

（教育訓練研究本部）同 濱 俊介

（同）同 藤井 健実

（同）同 藤原 英之

（同）同 増山 哲治

（警務隊本部）同 松岡 利治

（西部方面航空隊）同 溝部 保徳

（陸幕）同 峰松 幸二

（水陸機動団特科大隊）同 村嶋 良太

（陸幕）同 森 正博

（同）同 森田 裕哉

（東北方面総監部）同 矢羽田峰志

（教育訓練研究本部）同 山崎 麻由

（同）同 吉水憲太郎

（東北補給処）同 吉元 勇人

▽1海佐に昇任

（海幕）2海佐 石井 浩一

（大村航空基地隊）同 井上 貴嗣

（海幕）同 井上 善博

（護衛艦隊司令部）同 今若 充啓

（海幕）同 岩田 洋平

（防衛装備庁）同 宇野 仁貴

（あすか）同 榎谷 真一

（海自幹部学校）同 大川建二郎

（3航空隊）同 大曽 伸英

（航空集団司令部）同 大塚健太郎

（海幕）同 岡澤 智和

（呉病院）同 小川 智道

（海自幹部学校）同 小川 博司

（横須賀地方総監部）同 小川 裕充

（自衛艦隊司令部）同 川合 元

（統幕）同 熊代 威

（艦船補給処）同 黒田 英史

（海自幹部学校）同 小林征太郎

（海幕）同 児山 晶紀

（海自幹部学校）同 柴山 大司

（同）同 島 郷之助

（海幕）同 須田 茂仁

（同）同 中尾 親史

（海洋業務・対潜支援群司令部）同 野本 直利

（しらせ）同 波江野裕一

（自衛艦隊司令部）同 橋口 剛

（ちよだ）同 原田 直純

（海自幹部学校）同 平野 和男

（海自2術科学校）同 藤村 智治

（海幕）同 本多 康弘

（艦船補給処）同 村岡 大樹

（海自2術科学校）同 山縣 克之

（211教育航空隊）同 山﨑 浩人

（海幕）同 吉田 達郎

▽1空佐に昇任

（航空機動衛生隊）2空佐 赤松 潤子

（空自幹部学校）同 味岡 孝徳

（空幕）同 伊藤 友紀

（同）同 大畑裕一郎

（航空システム通信隊）同 加代 和彦

（空自幹部学校）同 菊地 剛

（空幕）同 木元 信吾

（航空救難団）同 河野 敬人

（2航空団）同 五代 康之

（航空支援集団司令部）同 後藤 良一

（空幕）同 田村 英俊

（同）同 永石 健史

（空自幹部学校）同 中島 和寛

（空幕）同 橋口 創

（空自幹部学校）同 前田 章輔

（空幕）同 前田 浩幸

（同）同 松野 晋治

（航空戦術教導団）同 宮内 秀平

（空幕）同 森 雄一

（統幕）同 山下 裕

（空自幹部学校）同 若林 豊

（防衛監察本部）同 渡邊 正幸

（西部航空方面隊司令部）同 和仁 将人

（以上7月1日）

1佐職異動

▽兼統幕運用2課（陸幕防衛課）1陸佐 井田 輝彦

（同）同 小林 憲治

（同施設課環境保全班長）同 髙田 善行

（以上6月25日）

▽兼中央病院泌尿器科部長 中央病院診療技術部長 1陸佐 水口 靖規

▽富士病院長兼中央病院泌尿器科（中央病院泌尿器科部長）同 床鍋 繁富

▽西部航空警戒管制団基地業務群司令（空自幹部学校主任教官兼空自幹部学校）1空佐 岡村 正彦

▽航空支援集団司令部幕僚長（空自補給本部計画部長）同 佐川 浩彦

▽空自幹部学校主任教官兼空自幹部学校（空自幹部学校）2空佐 中島 和寛

▽空自補給本部計画部長（空自補給本部需品部長）1空佐 吉田 行宏

▽同需品部長（西部航空警戒管制団基地業務群司令）同 白川 修治

（以上6月28日）

▽航空システム通信隊保全監査群司令（航空システム通信隊）1空佐 上松 靖典

（6月30日）

▽陸幕人事教育計画課（中央業務支援隊付）1陸佐 松下 卓也

▽陸幕運用支援課（同）同 山田 大作

▽陸幕防衛課（教育訓練研究本部付）同 柴田 哲長

▽陸幕装備計画課（中央業務支援隊付）同 富山 武史

▽陸幕情報課付（同）同 真坂 智史

▽陸上総隊司令部運用部（同）同 齋藤 良平

（同）同 辻 洋平

▽北部方面総監部防衛部（同）同 園田 大志

▽北部方面航空野整備隊長（函館地本募集課長）2陸佐 松永 啓佑

▽西部方面総監部防衛部（中央業務支援隊付）1陸佐 湯澤 憲治

▽8師団司令部（同）同 梶谷 篤史

▽陸自航空学校整備部長（陸自関東補給処航空部長）同 伊藤 孝慈

▽教育訓練研究本部研究員（中央業務支援隊付）同 菊池 裕紀

▽教育訓練研究本部（同）同 竹村 亮

▽陸自補給統制本部付（陸自航空学校整備部長）同 岡本 貴一

▽陸自関東補給処航空部長（北部方面航空野整備隊長）同 早田 泰隆

▽防衛研究所所員（東京業務隊付）1海佐 加藤 智聡

▽海幕装備体系課（東京業務隊付）同 清水 裕

（同）同 山内 省吾

▽海洋業務・対潜支援群司令部首席幕僚（海洋業務・対潜支援群司令部幕僚）同 野本 直利

▽海自幹部学校付（海幕補任課）同 窪田 幸

▽海自補給本部（東京業務隊付）同 稲井 信幸

▽兼防衛装備庁長官官房艦船設計官付 海幕防衛課兼装備体系課 同 前田 達也

▽空幕補任課長（空自幹部学校航空研究センター研究企画管理室長兼空幕防衛課）1空佐 鈴木 大

▽空幕募集・援護課援護班長（航空中央業務隊付）同 林 昌宏

▽空幕装備課企画班長（同）同 田中 崇史

▽6高射群副司令（同）同 藤幡 健介

▽空自幹部学校研究センター研究企画管理室長兼空幕防衛課（空自幹部学校付）同 山口 嘉大

▽空自幹部学校（6高射群副司令）同 岩崎 航

▽空自幹部学校付（空幕補任課長）同 松浦 知寛

（以上7月1日）

共済組合だより

防衛省共済組合では職員を募集します

防衛省共済組合では、防衛省共済組合本部等に勤務する職員を募集します。

◆募集職種　一般事務職及び経理事務職

◆採用人員　若干名

◆受験資格

（1）平成4年4月2日～平成13年4月1日生まれの者

（2）平成13年4月2日以降生まれの者で、大学、短期大学又は高等専門学校を卒業した者及び令和5年3月までに大学、短期大学又は高等専門学校を卒業する見込みの者並びに防衛省共済組合がこれらの者と同等の資格があると認める者

ただし、次のいずれかに該当する者は、受験できません。

（1）禁錮以上の刑に処せられ、その執行を終わるまで又は執行を受けることがなくなるまでの者（2）法令の規定による懲戒免職の処分を受け、当該処分の日から2年を経過しない者（3）日本国憲法又はその下に成立した政府を暴力で破壊することを主張する政党その他の団体を結成し、又はこれに加入した者（4）平成11年改正前の民法の規定による準禁治産の宣告を受けている者（心神耗弱を原因とするもの以外）

◆試験内容等

○第1次試験

（1）試験種目　基礎能力試験、専門試験（多肢選択式）及び論文試験

（2）試験日　令和4年8月20日（土）

○第2次試験

（1）試験種目　個別面接試験

（2）試験日　令和4年10月初旬～中旬

○第3次試験

（1）試験種目　個別面接試験

（2）試験日　令和4年11月初旬

○最終試験

（1）試験種目　個別面接試験

（2）試験日　令和4年11月中旬

◆試験地　ホテルグランドヒル市ヶ谷（東京都新宿区市谷本村町4－1）

◆採用予定日　令和5年4月1日

◆給与等　防衛省職員に準ずる。

◆勤務地　防衛省共済組合本部・支部（全国異動あり）

◆受験手続

（1）就職情報サイトへの登録　受験申込みを行うには、就職情報サイトへの登録が必要となります。就職情報サイトの詳細については、防衛省共済組合HPをご確認ください。（URL：https://www.boueikyosai.or.jp/）

（2）採用説明会　7月6日（水）、7月9日（土）及び7月15日（金）各日2回（①11：00～11：45②13：30～14：15）開催。詳細については、防衛省共済組合HPをご確認ください。

（3）受験申込み　所定の受験申込書を受付期間内に特定記録郵便、簡易書留又は一般書留の郵便物として申込先に郵送して下さい。

（4）受験申込受付期間　7月1日（金）～8月3日（水）消印有効

◆その他

（1）身体に障害があるため、受験の際に何らかの措置を希望される方は、受験申込書の裏面に記入の上、事前に申し出てください。

（2）受験に関する連絡事項等について、防衛省共済組合HPの採用情報を随時更新しますので、必ずご確認下さい。

◆受験申込先及び問い合わせ先

防衛省共済組合本部人事班人事第1係　〒162－8853東京都新宿区市谷本村町5－1　電話03－3268－3111内線25163（対応時間　平日10：30～17：30　※12：00～13：00を除く）

MFO隊員が大臣に帰国報告

林田2佐に1級賞詞、原3佐に2級賞詞

エジプト東部のシナイ半島でエジプト、イスラエル両軍の停戦監視活動などを行う国際機関「多国籍軍・監視団（MFO）」に日本から第3次司令部要員として約1年間派遣されていた林田賢明2陸佐と原泰3陸佐（いずれも陸上総隊司令部付）がこのほど帰国し、6月30日、防衛省で岸防衛相に帰国報告を行った。

大臣室で吉田陸幕長、統幕副長の鈴木康彦空将、川崎方啓人事教育局長が立会する中、両隊員が岸大臣に帰国を報告。岸大臣は「エジプト、イスラエル両国の関係当局間の対話・信頼醸成の促進を支援し、中東の平和と安定に大いに貢献した。また、我が国が掲げる『積極的平和主義』の具現化に真摯に取り組む姿勢を示し、自衛隊の国際的な評価の向上に大きく寄与した」とたたえ、シナイ半島国際平和協力隊長を務めた林田2佐に1級賞詞を授与した。

これに先立ち28日、両隊員は吉田陸幕長に帰国を報告。陸幕長は、前任者が築いた関係各国との強固な信頼関係をさらに発展させた2人の労をねぎらい、原3佐に2級賞詞を授与した。

両隊員はシナイ半島南端の紅海に面したエジプトのシャルムエルシェイクの現地司令部に派遣され、林田2佐は連絡調整部副部長として、原3佐は連絡調整部運用幹部として活躍。

陸幕長は「これまで3代かけて築いたものが我が国にとっての財産であり、MFOの各国スタッフやエジプト軍と得られた信頼関係が最大の成果だ。4代目の隊員も、その基盤の上にさらに発展してくれるだろう」と労をねぎらった。

林田2佐は、任期中にMFOの専用ターミナルを完成させ、記念式典を開催できたことなどを挙げ、「非常に達成感があった」と振り返った。原3佐は現地で上司にフランス人隊員、部下にカナダ人隊員を持ったことについて「初めての国際任務において、最初で最後の非常に素晴らしい経験をすることができた」とユーモアを交えて話した。

MFOには現在、第4次司令部要員として梅原良平2陸佐と佐藤大軌3陸佐が派遣されている。

岸防衛相（右）から1級賞詞を授与されるMFO第3次司令部要員の林田2佐。左は原3佐（6月30日、防衛省で）

中国軍のY9が宮古海峡を往復

南西空F15スクランブル

中国軍のY9情報収集機1機が6月24日、沖縄本島と宮古島間の宮古海峡を往復したため、空自南西空のF15戦闘機が緊急発進して対応した。領空侵犯はなかった。

中国・上海方面から沖縄・尖閣諸島北方の東シナ海に飛来したY9は南東に飛行し、沖縄本島と宮古島間を通過して太平洋に進出。その後、反転して再び宮古海峡を経て中国方面に戻った。

統幕は同日、空自機が撮影した中国軍機の写真と航跡図を公表した。

モンゴル・米国共催「カーン・クエスト22」

「車列警護」訓練で、車上から警戒を行う隊員

相互信頼強化し 平和維持へ全力

「巡察」訓練で、傷病者の救護を行いつつ任務遂行する陸自隊員（いずれも陸幕提供）

陸自など16カ国参加

陸自など16カ国の部隊が参加したモンゴル、米国共催の多国間共同訓練「カーン・クエスト22」が、6月6日から20日までモンゴルのファイブ・ヒルズ訓練場で行われた。同訓練に陸自は平成18年から参加しており、今回で15回目の参加となる。令和2、3年は新型コロナウイルスの影響で中止となったため、3年ぶりの開催となった。

陸自からは前田忠男陸上総隊司令官と沖邑佳彦北方総監を担任官に、陸上総隊司令部、中央即応連隊、国際活動教育隊（駒門）と18普連（千歳）の約90人が参加。

訓練は、国連平和維持活動などへの派遣に資する各種能力の維持・蓄積と外国部隊との相互理解の促進や信頼関係の強化を図るのが目的。隊員たちは外国部隊と共同で、幅広いPKO任務を遂行するため、平和維持活動に関するさまざまな実動訓練のほか、指揮・幕僚活動などを演練した。

指揮所訓練では日、米、モンゴル、カ国、約200人が参加。仮想国における国連PKOミッションを実施する想定で、国連現地司令部を編成し、多国間共同の幕僚活動を演練した。

実動訓練では日、米、モンゴル、独、韓など10カ国約900人が参加。広大な訓練施設を活用し、国連PKOの基本的な活動となる安全確保業務に関する訓練が行われた。

指導部（教官要員）は「IED（即席爆発装置）対処を含む巡察」「検問」「人道支援のための糧食など交付所の警護」「施設警護」「車列警護」の計5個の訓練課目に参加し、訓練部隊はそれ以外に「暴動対処」「高官警護」「第一線救護」のほか、PKO任務における「交戦規定」に関する座学の計9個の訓練課目を演練した。

吉田陸幕長は6月30日の会見で、陸自はPKO部隊の即応体制を維持しており、同訓練はそうした将来の備えにおいて「極めて有効」であると同時にこれまでの国連への取り組みと合わせ「極めて有益」だと強調し、同訓練で得られたノウハウを国際活動教育隊などに蓄積、それをPKOに指定された部隊に普及させていきたいと話した。

「検問」訓練で、検問所付近で負傷している女性を保護する隊員

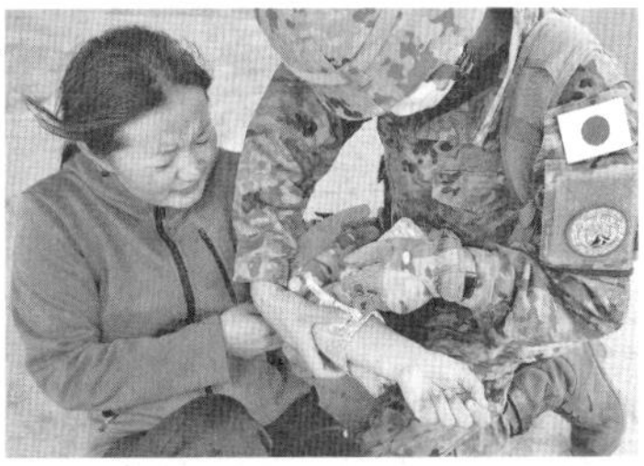

「人道支援のための糧食など交付所の警護」で、負傷した女性に手当てを行う隊員

「巡察」訓練中に隊員が負傷し、第一線救護を行う隊員

PKO任務を想定

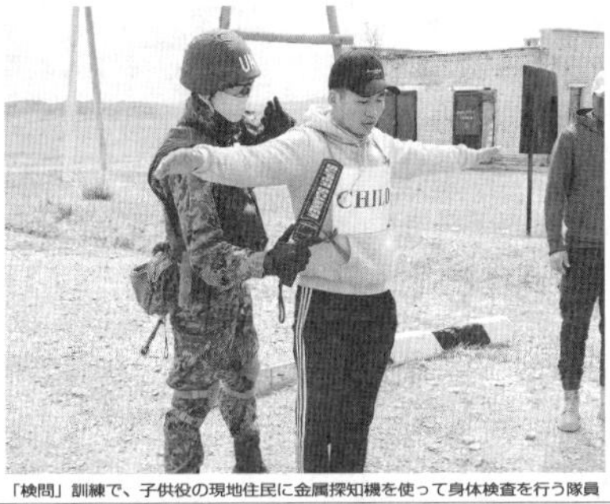

「検問」訓練で、子供役の現地住民に金属探知機を使って身体検査を行う隊員

「車列警護」訓練で、国連関係車両を警護する隊員

前事不忘　後事之師

第78回

大津事件 ―明治日本を震撼させた事件―

長崎で人力車に乗る大津事件前のニコライ皇太子

大津事件は、明治24年（1891年）5月11日に国賓として来日していたロシアの皇太子ニコライ（後のロシア皇帝ニコライ二世）が滋賀県大津で警備にあたっていた津田三蔵巡査に切りつけられ負傷した事件です。

この突発事件に明治天皇や時の政府がとった対応は、今の私たちも学ぶべきものが多いと感じます。ポイントは、事件が起きたのが明治24年だったことです。大日本帝国憲法発布の二年後、漸く日本が近代立憲国家として歩みを始めた時期でした。幕末の黒船に代表される列強の砲艦外交の記憶も残っており、実際、ロシア皇太子は軍艦7隻を引き連れての訪日でした。最悪の場合、ロシアとの戦争になると日本国中が「恐露病」の様相を呈し、極端な謹慎の意を表した山形県のある村では、「津田」姓および「三蔵」の命名を禁ずる条例を決議するほどでした。

事件を知らせる一報を聞いた明治天皇は直ちに御前会議を開催、事件翌日早朝に新橋を出発して京都に赴き陳謝をかねてニコライ皇太子を見舞うことを決断。夜に京都に到着した天皇は、皇太子が宿泊している京都のホテルに赴く予定でしたが、ロシア側の意向により、翌日昼に面談が実現。天皇は皇太子に心からの慰問を行いました。慰問の後、天皇はロシア皇帝に「傷は軽くお元気であり、快癒するのも早い」旨の電報を発信。天皇の素早い誠意に満ちた対応を受け、ロシア皇帝からも「陛下のご配慮に感謝いたします」との返電がありました。しかしながら日本側の懸念は解消されません。警備の任にあたる巡査が危害を加えたことから、ロシア側は日本の警備を信頼せず、皇太子を神戸停泊中のロシア軍艦に移したいと言いだします。さらにロシア軍艦までの移動中の安全を心配したロシア公使は「天皇陛下に神戸まで皇太子と同行して欲しい」旨、涙ながらに嘆願します。天皇は即座にその願いを受け入れ、皇太子を自らのお召し列車に同乗させて神戸に連れて行き、神戸港の桟橋で皇太子を見送りました。それ以降も日本側の心配は続きます。我が国は皇太子が引き続いて日本訪問を行うことを希望していましたが、ロシアに帰国せよとの皇帝の命令が届いたからです。ロシアは事件を理由として日本に賠償を求めてくるのではとの懸念が広がりました。ところが、天皇、政府、国民が難にあった皇太子に誠意あふれる態度を示したことにロシア皇帝が十分満足しており、事件についての賠償は一切要求しないと述べたことが伝わり、日本側関係者は安堵で喜びの声をあげました。天皇はこの後、心配する侍従たちの反対を押し切って、皇太子の招請に応じて、ロシア軍艦での午餐に出席します。小説家吉村昭はこの場面について「ニコライ皇太子の態度には、天皇に対する深い敬意の念があらわれ、天皇の人格に強く魅せられているのが感じられた」と記しています。

皇太子の離日後も、日本側での事件処理は続き、津田三蔵にどのような処罰を与えるかが焦点となります。政府側の大逆罪で死刑にすべしとの圧力に抗して、大審院は民間人に対する謀殺未遂罪であるとして無期懲役の判決を下します。無期懲役の判決で収まったのは、ロシア側が判決を受け入れたからでしたが、ロシアが判決に異論を唱えたら別の展開になったかもしれません。

大津事件の処理が上手くいったのは、事件後、速やかに明治天皇が心のこもった謝罪の姿勢をロシア皇帝やロシア側に示し、またその姿勢がニコライ皇太子の心にも響いたからです。危機に際して、トップに立つ人物が直ちに適切な行動を起こすことが危機管理の要諦ですが、明治天皇の対応はその模範でした。明治の指導者のこのような態度の背景にあったものは、切迫した危機意識で、大国ロシアから賠償として北方領土の割譲要求をされたり、戦争をしかけられたりするのではとの恐怖感でした。この事件から40年後の1931年（昭和6年）我が国は満州事変を起こします。日清、日露の両戦役に勝利し、一等国の仲間入りをしたとの自負があったのかもしれませんが、日本の指導者や国民の意識からは外国を恐れる気持ちは薄れていました。そうした意識の変化こそ日本が太平洋戦争に突入した要因の一つだったのではないかと私は考えます。

鎌田　昭良（元防衛省大臣官房長、元装備施設本部長、防衛基盤整備協会理事長）

…… 前事（ぜんじ）忘れざるは後事（こうじ）の師 ……

家族会版

＜連絡先＞
〒162－0845 東京都新宿区市谷本村町5－1　公益社団法人自衛隊家族会事務局
電話 03-3268-3111・内線 28863
直通 03-5227-2468

私たちの信条

【根本理念】
私たちは、隊員に最も身近な存在であることに誇りを持ち力をあわせて自衛隊を支えます

【心構え】
一、自らの国は　自ら守る防衛意識を高めます
一、自衛隊員の募集・就職援護及び家族支援に協力します
一、会員数を増大し　組織の活動力を高めます

新会長に増田好平氏

家族支援協力の充実図る

公益社団法人全国自衛隊家族会の総会と理事会が6月14日、ホテルグランドヒル市ヶ谷（東京都新宿区）で開かれ、伊藤康成会長の勇退に伴い、増田好平元事務次官（71）が第7代会長に選ばれた。総会・理事会後には新型コロナの影響で自粛していた式典を3年ぶりに開催。増田新会長が防衛省幹部や協力団体代表らを前にあいさつし、公益社団法人としての活動拡大に向けた決意を述べた（本紙6月23日付既報）。

令和4年度家族会記念式典

式典には来賓として、鬼木誠副大臣、岩本剛人政務官、山崎幸二統幕長、井筒俊司空幕長、山根寿一陸幕副長、齋藤聡海幕副長をはじめとする防衛省・自衛隊関係者に加え、家族会顧問で衆議院議員の中谷元・元防衛相、宇都隆史参議院議員、中島毅一郎朝雲新聞社社長ら約100人が出席した。

増田会長は式辞でロシアによるウクライナへの侵攻に触れた上で、家族会の信条「自らの国は、自ら守る防衛意識を高めます」を挙げ、「体制の拡大を図り、活発に活動する家族会を目指す」と決意を表明した。

続いて来賓による祝辞が述べられた。鬼木副大臣は「隊員の一番近くにいるご家族の温かい励ましが最も重要」と、関係者の協力と支援を求めた。中谷・元防衛相は、母親から「〝誠〟の心さえあれば何でもできる」と言われたことが心の支えになったと、思い出を紹介。家族の存在の大切さを語った。

続いて宇都議員が「防衛力のあるべき姿を諭す隊友会が父親とするなら、隊員の気持ちに寄り添う家族会は母親のような組織。我々もみなさんと汗をかいていきたい」と述べた。

最後に来賓の紹介とともに祝電が披露され、式典は終了した。

◇

式典に先立ち行われた4年度総会では、小松神奈川県家族会会長を議長に選出。3年度の事業報告と収支決算、役員改選の3議案を審議、了承した。

4年度の主要事業の主な項目として、①家族支援協力②防衛情報紙「おやばと」の拡販③家族会活性化施策の3点が挙げられた。特に家族支援協力は、空自との中央協定の早期締結を7月に予定しており、今後さらなる支援の充実と柔軟な会の運営が呼び掛けられた。

続く理事会では増田運営委員が新会長に選出され、全会一致で了承。その後、功労会員の表彰が行われ、増田会長より表彰状が手渡された。

功労会員らに表彰状を手渡す増田新会長（右）＝6月14日、グランドヒル市ヶ谷で

自衛官候補生25キロ行進訓練

成長した我が子の姿　目を細め談笑・激励

陸自5普連　青森市

【青森】青森市自衛隊家族会は6月3日、陸自5普連（青森）が小谷演習場で実施した「自衛官候補生25キロ行進訓練」を青森地方協力本部と共に激励した。

当日は家族会の会員30人に加え、入隊に関わった青森募集案内所と五所川原地域事務所から所長や広報官計8人が駆け付けた。

会員たちは大休止地点で待機し、疲れた表情を一切見せず胸を張って行進してきた自候生たちを拍手で出迎えた。中には息子の勇姿をカメラに収めようと夢中でシャッターを切る会員の姿も見られた。

この後、自候生のために会員が作った豚汁が振る舞われ、英気を養った自候生たちは「とてもおいしかったです。午後の行進も頑張ります」と意気込みを語っていた。

陸自5普連の「自衛官候補生25キロ行進訓練」で、手作り豚汁で我が子を激励する家族会員（右）

15即応機動連隊　徳島県

【徳島】徳島県自衛隊家族会は6月1日、香川県の国分台演習場で陸自15即応機動連隊（善通寺）が実施した「自衛官候補生課程25キロ行進」を徳島地方協力本部、新隊員家族と共に激励した。

当日は天候に恵まれ、徳島地本から自衛官候補生の家族10人と家族会役員6人が参加。大休止（お昼休憩）では激励に来た家族らが自候生と自由に話せる時間が設けられ、参加者は談笑や写真撮影をしながら我が子が成長した姿をうれしそうに見つめていた。

徳島地本は、協力団体とともに入隊した隊員とその家族へのフォローを行い、協力団体との連携強化を図っていく方針だ。

15即応機動連隊が実施した「自衛官候補生課程25キロ行進」で、大休止地点に到着した自候生たちを出迎える家族会員ら（手前）＝6月1日、国分台演習場で

災害時の家族支援で協定

呉地方総監部　広島県家族会など3団体

【呉】呉地方総監部は5月24日、広島県自衛隊家族会、広島県隊友会、水交会呉支部と「災害発生時等における派遣隊員の家族支援に対する協力に関する協定」を締結した。

協定は、大規模災害発生時に呉監が実施する派遣隊員家族の安否確認や必要に応じた生活支援などについて、各団体からの支援協力事項を定めたもの。

呉監は、3年度から地域の特性に応じた隊員家族の支援のための協力関係を構築するため、継続的に調整を図ってきた。

総監部で行われた締結式では、呉地方総監の伊藤弘海将、広島県家族会の福谷薫会長、広島県隊友会の寺尾憲治会長、水交会呉支部の佐々木孝宣支部会長が協定書にサインした。

締結式のあいさつで伊藤弘呉地方総監は、「各協力団体から協力を得られたことを大変心強く感じている」と期待を寄せた。

今後は、協定に基づいた隊員家族支援訓練を行い、さらに協力関係を深化・発展させていく計画だ。

「災害発生時等における派遣隊員の家族支援に対する協力に関する協定」を締結した（左から）寺尾広島県隊友会会長、伊藤呉地方総監、福谷広島県自衛隊家族会会長、佐々木水交会呉支部会長

可茂支部が発足

初総会、会員10人でスタート　岐阜県

【岐阜】岐阜県自衛隊家族会は4月24日、可茂支部（田辺敦啓支部長）を発足させ、初の「令和4年度岐阜県家族会可茂支部総会」を可茂総合庁舎で開いた。

岐阜地本美濃加茂地域事務所（所長・吉永知儀1尉）の管内12市町村のうち、7市町村（美濃加茂市、坂祝町、富加町、川辺町、七宗町、白川町、東白川町）には四十数年間、家族会がなく、八百津支部が会員減少で廃会したことから、八百津町を含めた8市町村の会員で構成する可茂支部を立ち上げることになった。

同支部は田辺支部長以下八百津町在住の7人と、新たに美濃加茂市在住の2人が加わり、会員10人でスタート。

初の総会では、田辺支部長のあいさつ、会員の自己紹介の後、支部の会則、4年度の事業報告（案）、予算計画（案）について審議し、いずれも了承された。

また、可茂地区の警備分区担任中隊長を務める35普連4中隊長の久米功記1尉を招き、「陸上自衛隊の取り組みと今後の方向性」についての防衛講話や、陸自のDVD鑑賞を行い、防衛意識の向上を図った。

田辺支部長（前列中央）を中心に新たに発足した可茂支部の会員たち。前列左から2人目は35普連4中隊長の久米1尉。後列右端は地域事務所長の吉永1尉　＝4月24日、岐阜県美濃加茂市で

在日米海兵隊員出迎え

大分県　2年ぶり、横断幕掲げ

【大分】大分県自衛隊家族会は4月11日、大分県隊友会と地元有志ら約30人と共に、日出生台演習場で行われる射撃訓練に参加する在日米海兵隊員の出迎え行事を2年ぶりに行った。今回は初めて4月の実施となった。細部の行動予定が不明だったため、道の駅「ゆふいん」で4時間前から準備・待機し、バスで移動中の米海兵隊員に対し、歓迎横断幕を掲示した。

大分県家族会の大城伸吉事務局長は「掲示した時間が長くなったため、通行する多くの一般の方々の目にとまることとなり、訓練の実施に関心を持ってもらった。ウクライナ情勢を踏まえた上での日米同盟による安全保障の重要性を考えるきっかけとなれば」と語った。

道の駅「ゆふいん」で横断幕「在日米海兵隊　ようこそ　日出生台へ」を掲げ出迎えた＝4月11日、大分県由布市で

青空の下で定期総会

宮古地区　3年ぶり開催

【沖縄】宮古地区自衛隊家族会（池村英三会長）は5月22日、沖縄地方協力本部宮古島出張所（所長・三上剛3佐）の支援を受け、宮古島市のカママ嶺公園で3年ぶりの定期総会を開催した。

新型コロナ感染拡大防止の観点から、初の試みとして屋外での「青空総会」で行われ、会員約30人が参加した。

池村会長はあいさつで、青空の下で3年ぶりに定期総会が開催できる喜びを述べ、会員に対し、日頃の会運営への協力に謝意を示した上で、「今後も会員一同が協力して自衛隊を支援していく」と語った。

総会後は、陸自宮古島駐屯地の伊與田雅一司令、空自宮古島分屯基地の高木寿宗司令が参加して「グラウンドゴルフ大会」を開催。ホールインワンが3本も出るなど公園内には歓声が響き渡り、会員たちはさわやかな汗を流した。

カママ嶺公園の敷地内で「青空総会」を行う宮古地区自衛隊家族会の会員たち（5月22日、沖縄県宮古島市で）

海自舞鶴音楽隊が4年ぶりに演奏会

新潟県

【新潟】新潟県家族会は5月22日、新潟地本の支援を受け海自舞鶴音楽隊（隊長・野沢健二1尉）の演奏会を開催した。新潟市内での演奏会は4年ぶりで、会場の新潟テルサには約1000人の来場者が訪れた。舞鶴地方総監の下淳市海将も激励に駆け付けた。

早川澄男会長があいさつし、「ふじの山」で演奏会はスタート。隊員たちは「群青」で華麗なダンスを披露し、「ひそかな祈り」では男性隊員が力強い歌声で聴衆を魅了した。

演奏会終了後、来場者は「初めて海自音楽隊の演奏を聴きました。感動しました」「素晴らしい演奏に勇気をもらいました」と感想を話した。

「ひそかな祈り」では男性隊員がボーカルを務め力強い歌声で聴衆を魅了した（5月22日、新潟テルサで）

事務局だより

▽…ロシアのウクライナ侵略から5カ月たちます。ウクライナ国民の戦う姿を見ていると、自衛隊家族会の信条（心構え）「自らの国は自ら守る防衛意識を高めます」の重要性を強く感じます。

また、ロシアのような国がまだあることを現実として強く受け止め、インド太平洋地域にもこのような事態がないことを願わざるを得ません。

▽…5月28日、令和4年度第1回理事会（書面決議）で、総会提案3個議案および県自衛隊家族会長人事が承認されました。

札幌自衛隊家族会長に森本隆志氏、栃木県は古橋一男氏、岡山県は山本育子氏、徳島県は岩野幸男氏がそれぞれ新会長として着任されました。

▽…6月14日、令和4年度定期総会および第2回理事会がホテルグランドヒル市ヶ谷で開催され、総会では「令和3年度事業報告（案）」「令和3年度収支計算書（案）」「任期満了に伴う役員改選（案）」が承認されました。

「役員改選」では、伊藤康成氏、三好貞夫氏、伊藤正夫氏、江藤勝彦氏、岡本智博氏、古賀久夫氏、櫻木正朋氏、島村吉曄氏、塚本和重氏、土谷貴史氏、福田登氏、渡邊昭氏の12人の方が理事を退任しました。

また、阿部知己氏、荒木淳一氏、鍜治雅和氏、川又弘道氏、鈎持省司氏、小泉秀充氏、原洋昌氏、日川敏行氏、増田好平氏、柳田晃氏の10人が新たに理事に就任しました。

続いて開催された第2回理事会で、新代表理事（会長）に増田好平氏が、副会長に佃和夫氏、福岡絢子氏、荒木肇氏、宮下寿広氏の4人。業務執行理事には宮下寿広氏、森山尚直氏、田浦正人氏、阿部知己氏、鍜治雅和氏、川又弘道氏、小泉秀充氏の7人、新事務局長として阿部知己氏がそれぞれ就任しました。

また、大阪府自衛隊家族会長に松永信夫氏、兵庫県は菅本秀男氏、愛媛県は森川健司氏、大分県は廣崎千都志氏がそれぞれ新会長に承認されました。

総会・理事会終了後の表彰式では家族会運営に貢献された県および個人の方々を表彰いたしました。

表彰式の後、3年ぶりに式典を開催し、増田新会長の式辞、鬼木誠防衛副大臣および折木良一隊友会理事から祝辞を、宇都隆史家族会顧問からあいさつをいただきました。

▽…6月15日、令和4年度募集協力者会同が開催されました。各県自衛隊家族会代表が参加して、防衛省の募集所掌部署と家族会が相互に理解を深め、募集協力態勢の充実を図る目的で毎年開催されています。

会同で説明を受けた防衛省施策等をもとに心新たに、自衛隊家族会としてますます募集成果向上に貢献することを誓いました。

家族会からの発表時間をいただき、本部および4県家族会（福岡・栃木・宮城・札幌）からそれぞれ「募集協力における創意工夫」について発表をいたしました。

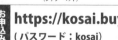

（家族会事務局）

海自遠洋練習航海部隊 所感文〜コロンボ・スリランカ

交流を通じ、国際的感性を養う

初級幹部を乗せた海自遠洋練習航海部隊（練習艦「かしま」「しまかぜ」で編成、実習幹部約160人を含む約540人）は南アジア方面を巡航し、5月19日、最初の寄港地であるスリランカのコロンボに入港した。今年は新型コロナウイルスの影響で中止していた訪問国への上陸が、3年ぶりに復活した。実習幹部たちは、現地で温かい歓迎を受けるとともに、スリランカ海軍の哨戒艦「サユララ」を訪れ研修。同海軍の下士官たちも「かしま」「しまかぜ」を訪問し、互いに専門知識を共有するなど友好を深めた。また、練習艦隊は5月21日、コロンボ沖で「サユララ」と親善訓練を実施。各種戦術運動を行い相互理解の促進を図った。以下は、航海中の訓練や寄港地の写真と、実習幹部の所感文。

（1面参照）

スリランカのコロンボへ向け航行する「かしま」（5月16日）

学べることを無駄にしない

3海尉　林田　庸佑

5月19日、練習艦隊は真夏日にも思える日差しを受けながら、スリランカのコロンボに入港した。4月24日に家族の見送りの中、横須賀港を出てから早くも1カ月近く経過しており、久しぶりの上陸となったコロンボは異国の地でありながらも、揺れぬ大地の安心感に懐かしさを覚えた。

これまでの道中を振り返ると、洋上での独特な生活スタイルに翻弄されながらも、数多くの経験を得られた。訓練においては、幹部の指揮官配置ではなく、現場で動く海曹士の作業員配置として、指揮官の号令でどのように現場が動くのかを学べたことは、重要な経験であったと考える。またコロンボ研修では、現地の日本企業やスリランカ海軍の見学を通じ、日本と他国の関わりではなく、日本含めインド太平洋沿岸国としてどう連携していくかという知見を得ることができた。

今回は数年ぶりの世界一周コースであり、これまでは映像でしか見ることのなかった地域を肌で感じることができるのは、本当に貴重な経験である。また、洋上にいる日数も長いため、本航海で学べることを無駄にしないよう、引き続き全力で訓練に取り組んでいきたい。

チームワークを意識

3海尉　石丸　和樹

遠洋練習航海が始まってから1カ月が経ち、我々練習艦隊は初めての外国寄港地としてスリランカのコロンボ港に、温かい歓迎を受けつつ入港した。

4月下旬に横須賀港を出港してから、約1カ月間洋上で過ごし、その間、ワッチ（当直）の実習や、基本7部署（防火、防水、応急操舵、でき者救助、霧中航行、出・入港）に加え、操艦に関する訓練を行った。慣れない艦内での生活に加え、実習やワッチの準備・実施等多くのやるべきことがあり、乗艦した当初はその日を過ごすだけで精一杯であった。

しかし、この生活に慣れてきた頃からチームワークを意識して実習に取り組むことができるようになり、部署訓練においても徐々に良い結果を残せるようになった。

また、初寄港地であるスリランカにおける現地の日本企業やスリランカ海軍の研修を通じて、自衛隊の対外的な活動の意義や他国海軍の雰囲気や考え方を肌で感じることができた。

当初私は、海上実習の役割は自分自身の術科技能の向上にあると考えていたが、それだけでなく、チームワークをもって艦を動かすことを学ぶ、また海外を知り、海外から見た日本を知り国際的な感性を養うということにもあると気付いた。本実習はまだ始まったばかりであり、これからさらに様々なことを学ぶ機会がある。

今後もそれらを生かし、部隊勤務や今後の自衛官生活に生かせるよう、全力で本練習航海に取り組んでいく所存である。

㊤霧中航行を想定し、運動盤に艦の位置をプロットする実習幹部（5月16日）
㊧エンジン故障などを想定し、洋上で「引き船・引かれ船」の訓練を行う実習幹部たち（5月11日）

洋上で人員や物資を移送するハイライン訓練を行う「かしま」（手前）と「しまかぜ」（5月9日）

現地の子どもから歓迎の花束を受け取る小牟田司令官（左）＝5月19日、コロンボ港で

㊤「かしま」を訪問したスリランカ海軍の士官たち（左側）＝5月20日、コロンボ港で
㊨練習艦隊の入港を歓迎するスリランカ海軍の軍楽隊（5月19日、コロンボ港で）

寄港地で3年ぶり上陸

親善訓練を行ったスリランカ海軍の哨戒艦「サユララ」（奥）に帽振れで別れを告げる「かしま」の乗員たち（5月21日、コロンボ沖で）

募集・援護　特集

平和を、仕事にする。
陸海空自衛官募集

ただいま募集中！
◇一般曹候補生◇航空学生
◇防大（一般）◇防医大
★詳細は最寄りの自衛隊地方協力本部へ

和歌山　地本と国立大が初協定

"災害に強い県"目指し人材育成支援

和歌山地本は6月8日、地元の国立和歌山大学（和歌山市）と地域防災に関する協定を締結した。学生たちに授業を通じて自衛隊の人命救助法などノウハウを教育し、大学による地域の人材育成を支援する。地本が国立大学と連携協定を結ぶのは、今回が初めて。近い将来発生するといわれている南海トラフ地震などに備え、地本は関係機関と連携することで"災害に強い県"づくりを目指す。

協定書に署名した中尾地本長（中央右）と和歌山大学の伊東学長（右端は地本のキャラクター「みかんの助」、左は和歌山大学の「わだにゃん」）＝6月8日、和歌山大学で

調印式であいさつする中尾地本長

【和歌山】地本は和歌山大学で「国立大学法人和歌山大学と自衛隊和歌山地方協力本部の連携・協力に関する協定書」を締結した。中尾京一地本長と伊東千尋和歌山大学学長が、協定書に署名した。

地域防災に貢献する人材の育成を目的にしたもので、協定には、双方が持つ資源などを活用しながら協力・連携することが盛り込まれている。その一環として地本は、10月に同大学で開講される「災害ボランティア学」の授業を2コマ担当。「自衛隊の災害派遣」「命を守る術」と題して、災害に関する基本知識を教育するほか、人命救助・救急法、ロープワーク、土のう作成といった実技なども行う予定だ。

和歌山大学はこれまで、災害ボランティアステーション「むすぼら」を常設するなど、地域貢献の担い手づくりに大学を挙げて取り組んできた。防災にも力を入れており、中尾地本長からの協定の打診を契機に、授業を開講することが決まった。

調印式で中尾地本長は「和歌山大学の学生たちは防災意識が非常に高い」とした上で、「自衛隊が『公助』としてどのような活動を行うのかを学び、救急法などを習得することで、『共助』としてのボランティア活動や、地域防災の担い手として活躍することを期待します」と述べた。伊東学長も「地域のために動ける大学になりたい」と意気込みを語った。

式には授業連携を担当する地本募集課長の高野彰彦2空佐や、国民保護・災害対策連絡調整官の堤弘行事務官も参加。大学の教職員と交流し、自衛隊の活動への理解促進を図った。

地本は今回の協定を機に「地域と自衛隊の懸け橋となり、多くの方々に自衛隊を身近に感じてもらいたい」としている。

自助・共助・公助

災害発生時に被害を最小限に抑えるための考え方。「自助」は、自分自身の身の安全を守ること。「共助」は、地域やコミュニティといった周囲の人たちが協力して助け合うこと。「公助」は、市町村や消防、県や警察、自衛隊といった公的機関による救助・援助のこと。「公助」が届くまでには時間がかかるため、最初の72時間は特に「自助」と「共助」の連携が不可欠といわれる。もともとは社会保障の領域で使われた言葉だが、阪神・淡路大震災（95年）、東日本大震災（2011年）と二つの大きな震災を経て、防災のキーワードとして使われるようになった。

中隊長等と援護会同

就職支援で意見交換

【香川】地本はこのほど、善通寺駐屯地で駐屯地所在の中隊長らと援護会同を行った。援護課と中隊長らの連携を促進するため、中隊長ら26人、中隊等援護陸曹26人、14旅団（善通寺）1部長と自衛隊援護協会進路相談員らが参加した。

会同に先立ち地本長の小田剛1佐が就職援護環境、援護組織の活用促進や部隊での就職指導における留意事項を述べた。

その後、自衛隊援護協会進路相談員から連絡事項、地本として検討している定年制退職隊員の処遇向上施策、危機管理監などになるための専門教育への参加について説明があった。

また、中隊などから提出された問題認識などへの回答や「任期制隊員の就職援護業務の魅力化に資する就職援護希望率向上施策、処遇（賃金・年収）向上施策」に関する意見交換を行った。

中隊長からは「陸曹候補生の受験も考えている隊員に対する就職指導」「非任期制隊員（一般陸曹候補生）に対する進路指導」「健康上の問題点などを抱える隊員に対する就職指導」――について抱える問題点が提起された。

意見交換では、「自衛隊の援護を利用するメリットについて周知すべきだ」「中隊などでもOB隊員の再就職に係る情報提供を行う機会を設けた方がいい」などの意見が出された。

四国大学の依頼で「キャリア開発」講義

【徳島】地本は6月3日、徳島市の四国大学の依頼で学生たちに「キャリア開発」の講義を行った。自衛隊が担当するのは昨年に続き2回目で、地本長の細田直人1海佐が登壇。3年生と短期大学部1年生の約110人が参加した。

細田地本長はスライド資料を活用しながら、自衛隊の任務について紹介＝写真。説明も専門用語を排して分かりやすい言葉を選ぶなど工夫し、自衛隊の魅力を伝えた。後日、地本が同大学で個別説明会を実施したところ、地本長の講義で自衛隊に興味を持った学生5人が来場した。

地本は「今後も講話などを続け、志願者獲得に繋げていきたい」としている。

来春、兄と同じ防大生になりたい

オープンキャンパス　再会の土屋兄弟

【愛知】地本は6月5日、防衛大学校オープンキャンパスに募集対象者5人を引率した。参加者は模擬授業、個別入試相談、学科・教育室や学生舎などを見学した。

今回のオープンキャンパスで防大生の兄と2カ月ぶりの再会を果たしたのは、参加者の一人、土屋響さん。今年4月に防大に入校した土屋翼学生（双子の兄）の弟で昨年、一緒に採用試験を受験したものの、同時入校の夢はかなわなかった。

再会後、響さんは「今年の採用試験には合格して、兄弟で防大の学生になりたい」と語り、防大入校に並々ならぬ意欲を見せた。引率した広報官の石倉信三1陸曹は「来年4月には、双子の土屋兄弟が防大の2年生と1年生として学べるように、最大限の支援をしていきたい」と新たな目標を掲げた。

広報官の石倉1陸曹（後列中央）と防大オープンキャンパスに参加した土屋響さん（前列右）＝6月5日

熊本県と協力

県自衛官募集会議が3年ぶりに開催

募集相談員などに部隊研修

人命救助セットなどの装備品を見学する熊本県職員ら（6月2日、健軍駐屯地で）

【熊本】地本は6月2日、熊本県主催の「令和4年度県自衛官募集会議」に参加し、参加者を対象に部隊研修を行った。

自衛官募集事務を行う県内市町村職員と募集相談員の参加者81人に対し、募集業務や自衛隊の概要を説明するもの。コロナ対策を徹底しつつ、3年ぶりに開催された。

熊本県庁で行われた会議では、県庁の担当職員が募集事務の状況を解説。その後、熊本地本が自衛隊の任務や各種活動紹介、募集案内および募集事務の事務処理要領などについて説明した。

一行は会議後、熊本地本の案内で健軍駐屯地に場所を移動し、部隊研修として施設と装備品を見学した。

施設見学では、西部方面指揮所訓練支援隊でシミュレーションを活用した大規模災害対処に関する指揮所活動の訓練について説明を受け、参加者は興味深そうに器材を見学していた。

さらに、災害派遣時に使用する人命救助セットやヘリコプター映像電送装置などの装備品を見学。参加者は、熱心に隊員たちに質問し地元部隊の活動への理解を深めた。

研修を終えた市町村職員は「自衛隊が常日頃から大規模災害が発生したことを想定して訓練している場面を拝見し、とても心強く、感謝している。充実した研修に参加できてよかった」と感想を語った。募集相談員は「今回の研修で知った知識を活用することによって、自衛隊に興味のありそうな学生などに受験を提案しやすくなる」と話していた。

中央病院に薬剤科学生を引率

院内薬局などを見学

【千葉】地本は5月12日、中央病院（三宿）の協力のもと東邦大や日大、東京理科大の薬剤学科の大学生8人を招き研修を行った。

学生たちは、病院の概要説明や新型コロナ対応について説明を受けた後、屋上ヘリポートや院内薬局などを見学。その後、薬剤官による説明と懇談では、積極的に質問をする姿が見受けられた。

また、参加した学生と同じ東邦大を卒業し、中央病院に勤務している先輩の薬剤官がサプライズで登場。「薬局で調剤などをする一般的な薬剤師とは業務内容や責任が大きく異なるが、とてもやりがいのある仕事です。ぜひ自衛隊の薬剤官を目指して頑張って」と激励した。

参加した学生たちは「自衛隊の医療施設は充実していると思いました」「丁寧な説明を受け来年、薬剤官の試験を受験します」などと感想を述べた。

薬剤官と懇談する学生たち（5月12日、東京・世田谷区の中央病院で）

デジタルサイネージで自衛官募集CM

【佐賀】地本は6月1日から、JR佐賀駅改札前でデジタルサイネージ（電子看板）による自衛官募集CMを放映している＝写真。映像と音響で注目を集め、効果的に募集広報を行うことが目的で、8月末までの3カ月間の実施予定。放映するCMは「国家を守る、公務員。」の陸・海・空MIXバージョン。15秒ほどのCMが1時間に9回流される。

地本はこの取り組みを昨年から始めており、若者から「CMを見ました」と反応があり、その効果に手応えを感じている。「佐賀駅は一般市民のみならず、通学のために多くの学生が利用する駅。改札前という目につきやすい場所でCMを放映すれば、志願者（特に高校生）の増加が期待できる」と話している。

このほかにも地本は、映画館での募集CMの放映や、スマホバナー広告で情報を配信。今後もさまざまなツールを活用して、募集施策に力を入れていく考えだ。

バンクラフト氏に空幕長感謝状

三沢基地 F35A戦闘機部隊を整備

ロッキード社、米空軍と連絡調整

ロッキード・マーチン社のジョン・バンクラフト氏への航空幕僚長感謝状伝達式が6月13日、空自三沢基地の3空団応接室で行われた。同氏が約5年間にわたり、空自F35A戦闘機部隊の整備などに尽力した功績がたたえられた。

㊨伝達式後、記念写真に納まる（右から）3空団司令の久保田将補、バンクラフト氏と同夫人＝6月13日、三沢基地で
㊤現在、3空団応接室に飾られている、バンクラフト氏から3空団への感謝のメッセージが記された記念額

バンクラフト氏は三沢基地に配備されているF35Aの教育訓練施設の教育責任者として、操縦者と整備員の育成や関係機関との連絡調整に約5年間にわたって取り組み、空自F35Aの運用に大きく貢献した。

2017年6月に三沢統合訓練センター（ITC＝Integrated Training Center）のトレーニング・オペレーション・マネジャーとして着任し、卓越した見識と豊富な経験をもってF35Aの操縦者や整備員に対する機種転換教育を円滑に実施。ロッキード・マーチン社や米空軍などとの連絡調整を綿密に行うことで、操縦・整備に関する新たな教育システムの導入から、関係器材の維持管理や各種不具合対処などに取り組んだ。これにより部隊の建設や早期戦力化、運用能力の向上が実現するなど、部隊への多大な貢献を果たしている。

さらにFMS（対外有償軍事援助）調達では、円滑な遂行のため米国側から最新情報などを適時収集・共有し、必要な処置を実施したほか、F35Aの配備当初から操縦や整備手順などが更新されるごとに、適時適切に対応。同機の運用にあたり飛行と地上安全の確保に大きく寄与し、空自の任務遂行能力の向上に尽力した。

感謝状伝達式には3空団司令の久保田隆裕将補、同飛行群司令の山根毅士1佐をはじめ6人が出席。式では、久保田司令が感謝状を代読し、バンクラフト氏の功績をたたえ、感謝状とメダルを手渡した。

バンクラフト氏は「日本と北東アジア全域の防衛と自由のために、空自へのF35導入を成し遂げた3空団隊員の皆様の功績に関われた事は私の特別な名誉です」とのコメントを三沢基地に寄贈した記念額に記した。同氏は7月上旬に米国本土へ帰国する。

海自 P3C、US2が3人救助

比海付近の漂流ヨット乗員

漂流したヨット（下）の乗員の救助に向かう海自31空群のUS2救難飛行艇（6月28日）＝統幕提供

海自航空集団（厚木）は6月28日、沖縄本島の南東約780キロのフィリピン海付近で漂流したアメリカ船籍のヨット「アリヤ」に乗っていた3人を救助した。

同日午前11時4分、11管区海上保安本部の一條正浩本部長から航空集団司令官の二川達也海将に漂流したヨットの乗員の救助に関する災害派遣が要請された。

これを受け、5空群（那覇）のP3C哨戒機1機（機長・節田拓也3佐）と31空群（岩国）のUS2救難飛行艇1機（同・丹野史大3佐）が各基地を離陸。午後3時に漂流現場に到着したP3Cがヨットの位置を確認。この情報をもとに同4時28分、現場海域に到着したUS2が救助活動を開始し、3人を無事機内に収容した。

その後、US2は那覇基地に着陸、3人を厚生労働省那覇空港検疫支所に移管し、同7時15分、活動を終了した。

5空団 「こゆ朝市」で装備品展示

募集広報ブースも出展

「こゆ朝市」に展示された基地防空用地対空誘導弾の発射装置（手前）と射撃統制装置（6月19日、宮崎県新富町で）

【新田原】5空団は6月19日、「るぴーモール虹ヶ丘商店街」（宮崎県新富町）で開かれた「こゆ朝市」に参加、装備品と募集広報ブースを出展した。

5空団基業群5基地防空隊や監理部広報班、防衛部などから隊員13人が参加。

装備品展示は、新田原基地の防空能力を発信することで地域の住民に安心感を持って欲しいとの思いから企画された。基地防空用地対空誘導弾の射撃統制装置と発射装置を1基ずつ展示。隊員は来場者に装備品について説明、質問に答えるなどして地域住民との交流を行った。

募集広報ブースでは空自の紹介や実物のF4戦闘機、F15戦闘機、F2戦闘機のコントロールスティック展示を実施。コントロールスティックは触れることができ、来場した多くの子どもたちの人気を集めた。

来場者からは「こんな近くで基地防空隊の装備品を見たのは初めて」、「新田原基地が新富町にあることを頼もしく思う」との感想が寄せられた。

比空軍招き能力構築支援

空自 防衛省、小牧、浜松、入間で

空自は6月10日から17日までフィリピン空軍を日本に招き、航空医学分野に関する能力構築支援を行った。同分野での支援は昨年9月にオンラインで初めて実施、今回は対面で支援した。

比空軍軍医総監のマリア・ソコロ・ポサダス大佐以下9人は、6月10日に防衛省で空幕首席衛生官の桒田成雄空将補を表敬。同表敬には防衛政策局などから飛内崇之2海佐以下3人が同席した。14日に小牧基地を訪れ、航空機動衛生隊で隊長の田村信介1空佐以下9人の説明による機動衛生ユニットの研修、広島大学の久保達彦教授によるオンライン講義などを、翌15日には浜松救難隊で隊長の谷口徳昭2空佐以下7名による装備品研修などを受けた。16日は医実隊（入間）4部長の中西貴士1空佐以下9人による航空生理訓練装置研修の後、航空医学に関する専門家会合に参加し、意見交換を行った。

空自はこうした能力構築支援を通じ、「自由で開かれたインド太平洋」の維持・強化に貢献するとしている。

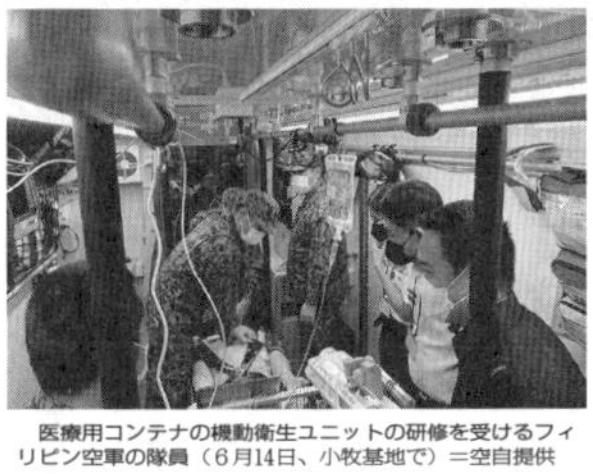

医療用コンテナの機動衛生ユニットの研修を受けるフィリピン空軍の隊員（6月14日、小牧基地で）＝空自提供

米軍主催の下士官プログラム

村脇陸自最先任が参加

陸自習志野駐屯地を訪れたブルザック米太平洋陸軍最先任（中央）、村脇陸自最先任（その左）をはじめとする日米下士官たち。左端は空挺団の佐藤最先任（5月11日）

【陸幕】陸自最先任上級曹長の村脇正伸准尉は5月11、12の両日、米太平洋陸軍のスコット・ブルザック最先任が主催した「下士官プログラム」に参加した。

11日は習志野駐屯地で空挺団を研修。米側からブルザック最先任、在日米陸軍のジェリー・ドッドソン最先任が参加し、陸自からは村脇最先任と陸上総隊の度會伸昭最先任が加わった。

一行は空挺団の佐藤大和最先任から概要説明を受けた後、教育訓練や装備品を実際に見て回るとともに空挺館を研修、部隊の歴史と現状を確認した。

翌12日は東京都港区のホテルニュー山王で「下士官会同」が開催され、村脇最先任は教育訓練研究本部の永禮勇治最先任、富士学校の内堀一弥最先任と共に出席。ハワイとアラスカから米軍の最先任などもリモートで参加し、計11人の最先任らが日米相互のブリーフィングと意見交換を行った。

意見交換では両国の下士官が直面する共通の課題と隊員育成について活発な議論が交わされ、将来の日米下士官交流の新たな一歩を踏み出す好機となった。

陸自は引き続き日米下士官の相互連携の強化を図るとともに、より一層強固な信頼関係構築のために下士官交流を発展させていく方針だ。

小休止

▽…海自徳島教空群の猪股健司2佐（202教育航空隊副長）＝写真右＝と、村瀬義彦3佐（202整備補給隊副長）＝同左＝はこのほど、地元ケーブルテレビのカラオケ番組に出場。村瀬3佐が見事、優勝を勝ち取った。

▽…2人は真っ白な海自の制服で参戦。猪股2佐が「星屑のステージ」（チェッカーズ）を、村瀬3佐は「夢であるように」（DEEN）を選曲し、それぞれ自慢ののどを披露した。

▽…優勝を決めた村瀬3佐は「よい思い出ができました」と話し、猪股2佐も「海自をPRできて良かった」と笑顔を見せた。2人は「これからも“副長コンビ”で頑張る背中を、後輩たちに見せていきたい」としている。（海徳島）

こちら警務隊

レジャー（迷惑防止条例違反）

海水浴場で他人の水着姿を撮影したら 各都道府県で定める迷惑防止条例違反

海水浴場で他人の水着姿を撮影したら何かの罪になりますか？

公共の場で正当な理由なく、他人の水着姿等にカメラを向けたり、設置したり、または撮影して、人を著しく羞恥、または不安にさせるような行為は、各都道府県で定める迷惑防止条例違反となります（東京都の場合、1年以下の懲役、または100万円以下の罰金）。

また、公共の場以外でも、住居、トイレ、浴場、更衣室など、通常、人が衣服の全部または一部を着けない状態でいるような場所での撮影も、衣服の着用の有無に関らず、本罪に該当します。

周囲の人に迷惑をかけずに夏場のレジャーを楽しみましょう。（中部方面警務隊）

朝雲・栃の芽俳壇

畠中草史　選

行々子ひねもす鳴ける渡しかな　浜松・空OB　宮本　立勇
舟の出入りがある中で葭切が終日鳴き交わしている。葦原に囲まれた渡し場が目に浮かぶ。

海原を叩き駆けゆく男梅雨　館山・海OB　斎藤　一向
茫々とした大海原を雨脚が激しく叩いて移動する描写の確かさとその景に適った季題。

遠き日の父母を想ひつ蕗を剥く　熊谷・空OG　佐藤　玲美
二人して話尽きなし夜の金魚　大津・陸OB　丸岡　正男
川に渡し泳げる百のこいのぼり　熊谷・空OB　明田　眞雅
新緑へ雲の影おく白馬かな　あきる野・一般　小和田一男
雨上がり夕焼け染まる田を廻る　香川・陸OB　渡辺　成典
カーネーション一輪を挿し供華とせる　熊谷・空OB　蓮佛志向子

水音の絶えぬ参道花うつぎ　浜松・空OG　木通　佳子
子の思ひ花籠に詰め母の日に　熊谷・空OG　関谷　桂子
干拓の菜の花畑展ごりぬ　佐賀・陸OB　一ノ瀬恵昭
伽羅蕗で持て成しくれし御師の妻　相模原・海OG　折口　桂子
手に十銭たのしかりける夏祭　町田・陸OB　岩原　滋利
降り止んで若葉の色の雨雫　東京・陸OG　田中あやめ
支へ合ひつつまし庭の薔薇深紅　熊谷・海OB　鈴木　康治
老鶯の声を間近に畑仕事　恵庭・陸OB　足立　徹
接種受けあやぶみ植田道帰る　富谷・陸OB　加川　師亨
新緑に染まりし風の頬をすぐ　熊谷・空OB　工藤　敏雄

薔薇黄色垣の隣人顔知らず　福生・空事務官　村松加珠彦
足早に行交ふ街の春寒し　相模原・一般　森　謙二
チューリップ畑の風車回りづめ　東京・陸OG　杉山ふく美
光満つ青葉と風の遊歩道　熊谷・空OG　福元万里子
今生の色をとどむる落椿　小牧・陸OB　松岡　魚青
安芸町の路面電車や樟若葉　熊谷・空OG　関田　絹江

選者作品
天空へ雲を払ひし五月富士

投句歓迎！
▽郵便はがきの裏面に未発表の自作3句以内と氏名、年齢、職業（自衛官・事務官＝所属部隊＝、OB、家族、一般など）、住所、電話番号を記入▽締め切り毎月15日▽宛先＝〒162－8801東京都新宿区市谷本村町5の1　防衛省D棟市ヶ谷記者クラブ朝雲俳句係☎03（5225）1750、専用線8・6・25515

みんなのページ

陸自OBを救った隊友会の頼もしさ

准陸尉　久保 光裕（和歌山地本援護課）

隊友会には、元自衛官の絆が息づいていると感じます。それを実感した出来事を紹介いたします。

私は、地方協力本部に勤務していますので隊友会との関わりも多くあります。ある日私は、友人である神社職員のHさんより相談を受けました。元自衛官のO氏（78）が困っている。同じ自衛官として、なにか良い方法があれば教えてほしいと。

元陸上自衛隊員のO氏は、平成14年頃から約20年間毎日、休日なしで、お礼奉公として早朝3時頃から昼過ぎまで、G神社の境内の清掃活動等を行っていました。

O氏は自衛隊を退官後、某企業を定年退職しました。その後、身寄りもなく、自暴自棄に近い荒れた生活を送っていました。しかし、G神社の神職から助言を得て自立したという経緯があり、そのお礼奉公にと、約20年間神社のために尽くしたのでした。

そのO氏が、令和3年12月24日、2日間もG神社に出てこないため、Hさんは一人暮らしをしているO氏が心配になり自宅を訪ねたところ、1人で動けない状態で横になっていました。すぐに最寄りのクリニックに搬送したのですが、重病で対応できなかったため、総合病院に搬送されました。「すぐに手術しないと2時間の余命です」との診断結果でしたが、O氏はなかなか手術を望みませんでした。親族も消息不明で、神社の職員、友人たちが必死にO氏に手術に同意するよう呼びかけ、やっとのことで同意を得て、緊急手術となり、一命をとりとめました。

その後順調に回復し、ある日、O氏は病院での食事の際「こんなおいしい食事を食べたことがない」と生きていることに対する感謝の涙を流しました。

しかし、神社職員のHさんは身寄りのないO氏の今後の身の振り方を考え、途方に暮れていました。

そこで私は3月、自衛隊OBならば隊友会に相談すれば良いのではと、隊友会会長を訪ねたのでした。すると、その場で「20年も奉仕を続けられるような立派な方を路頭に迷わせるわけにはいかない。隊友会が面倒を見ないといけない」と即答し、O氏を隊友会に入会させました。さらに、介護の件について市役所に問い合わせ、隊友会会員が経営する有料老人ホームに問い合わせ、迅速、的確に対応してくれました。

これによってO氏は介護認定を受け、6月上旬、有料老人ホームに入居しました。

現在、O氏は、面会に来る友人との語らいを楽しみに、老人ホームで幸せな余生を過ごしています。

O氏の一命をとりとめるに至った関係者、O氏を献身的に世話した神社職員のHさん、O氏を受け入れてくれた有料老人ホームの隊友会会員経営者に感謝するばかりです。また、「元自衛官で、同じ釜のメシを食べた仲間」ということで「隊友会が面倒を見ないといけない」と即答できる隊友会会長の懐の深さ、慈悲深さが感じられた出来事でした。

そして、そういう人々が集まる元自衛官の会「隊友会」は素晴らしい団体であり、現職自衛官として頼もしく感じました。

隊員に身近な存在であり続けたい

山崎 昇（山形県自衛隊家族会最上地区連絡協議会会長）

山崎さん（前列左端）から贈られた花束を手に拍手を浴びる小川隊長（同右端）以下東北方音隊員（5月15日、新庄市民文化会館大ホールで）

東北方面音楽隊（隊長・小川浩英3佐）は、5月15日、山形県の新庄市民文化会館大ホールで新型コロナウイルス感染防止策に配慮しながら演奏会を行い、2部構成で10曲を披露、約600人の観衆を魅了しました。

また、新庄市家族会会長の御子息である土田智仁1曹がバストロンボーンのソロ演奏で故郷・新庄に錦を飾るにふさわしい見事な演奏を見せ、大喝采を浴びました。

演奏会の最後には、小川隊長に最上地区連絡協議会会長である私から花束を贈呈し、観覧者とともに大きな拍手の渦に包まれ、最高潮に達しました。

今回の演奏会は、主催した最北地区吹奏楽連盟会長横田政美氏と小川隊長が旧知の仲だった縁もあり、また、開催地からの熱い要望を受けて実現したもので、前日の14日には、音楽隊員が最北地区の中学・高校の吹奏楽部員に楽器ごとの演奏指導を丁寧に行うなど、有意義な2日間となりました。

この度の演奏会の開催にあたっては、最北地区吹奏楽連盟、新庄市民文化会館、山形地方協力本部新庄地域事務所、山形県自衛隊家族会最上地区連絡協議会、新庄市自衛隊家族会が一致協力し、その結果、成功裏に終えることができました。特に当日の自衛隊ブース運営、受付係、会場係、駐車場係の会員は、家族会の文字が入ったスタッフジャンパーを着用し、観覧者に自衛隊と家族会の存在をアピールしました。

今後も各種イベントに家族会として積極的に協力し、隊員に最も身近な存在であり続けるとともに、引き続き自衛隊を支えて参りたいと思います。

（世界の切手・アルゼンチン）

健康と陽気さは互いを生む。

ジョゼフ・アディソン（英国のエッセイスト）

朝雲ホームページ
www.asagumo-news.com
会員制サイト
Asagumo Archive プラス
朝雲編集部メールアドレス
editorial@asagumo-news.com

新刊紹介

「ロシア・ウクライナ戦争と日本の防衛」

渡部 悦和、井上 武、佐々木 孝博著

本書は渡部悦和元陸将、井上武元陸将、佐々木孝博元海将補の3人による、ロシアのウクライナ侵略についての討論をまとめたもの。3人は、退官後もそれぞれ専門分野で積極的に著作を発表しており、今回の戦争についても豊富な知見をもとに分析している。

一般にロシア・ウクライナ間の戦争については、市民の被害状況や、ハイブリッド戦的な側面から報じられることが多い。しかし本書は「あらゆるドメイン（領域）を駆使する戦い」、つまり「オール・ドメイン（全領域戦）」の視点から捉えるべきだと強調する。オール・ドメインとは、陸海空に加え宇宙・電磁波・サイバー領域、さらに情報、認知、経済といった領域も含む。こうした視点をベースに分析することで、複雑化した国際情勢が立体的に浮かび上がる。

さらに3人は、今回の戦争から日本が教訓とすべき点を導き出す。将来起こりうるかもしれない台湾有事に触れ、オール・ドメイン戦を前提とした安全保障態勢を構築すべきとする。

ロシアの行為は「世界秩序に劇的な変化をもたらす」と渡部氏は語る。この変化に日本はどう対応すべきか。本書はその方向性を示す一助となるだろう。（ワニブックスPLUS新書刊、1100円）

「安倍政権と集団的自衛権 ―キーパーソンが明かす内幕―」

里永 尚太郎著

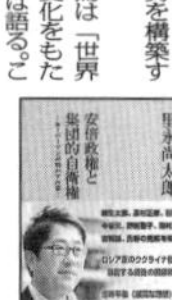

ウクライナ情勢で注目を集める集団的自衛権だが、日本において安倍政権時にどのようなプロセスで決定されたのか、詳細を知らない人も多い。そこで日本戦略研究フォーラムで主任研究員を務めた著者が、麻生太郎副総理など現代の日本政治を代表する主要政治家へのインタビューやヒアリングを通じ、集団的自衛権を巡る議論や政権運営に焦点を当てる。

著者は最初に、集団的自衛権の閣議決定プロセスを解説。自民党が2012年に政権奪取後、その後の変遷と決定までの激動の調整過程を描く。続いて麻生太郎副首相兼財務相、高村正彦副総裁、石破茂幹事長、中谷元自民党安全保障法制整備推進本部事務総長、古賀誠元自民党幹事長（役職はいずれも当時）――などの7人のキーパーソンが語る平和安全法制成立の内幕を記載。閣議決定後の政治の動きも網羅している。

本書を読むことで、石破氏が安倍政権で安全保障法制担当大臣の打診を固辞した理由、集団的自衛権の攻防による選挙結果への影響などがわかる。参院選を前に、読んでおきたい一冊だ。（内外出版刊、1540円）

非日常の刺激

1空尉　武田 健太郎（千歳管制隊）

いかに良い仕事ができるのか？　それは、個人の充実にかかっています。皆さんは、どのようなオフを過ごしていますか？　私は、キャンプを楽しむことが多いです。

特別なことはしていませんが、キャンプは実に楽しく感じます。これは、普段行っている日常を、キャンプという非日常の環境で行うことによって、脳が刺激を感じるためだそうです。

例えば、私の経験ですが、旅行先で訪れる銭湯や見知らぬ土地での散髪は、風呂に入る行為や散髪するという日常的な行為に対し、非日常的な環境を加えることでワクワク感を感じることができます。

ちなみに、日常生活において非日常を感じられることもあります。その一つが映画です。先日、私は話題の映画「ドライブ・マイ・カー」を鑑賞してきました。自分にとって受け入れがたいことに向き合って生きていく主人公（西島秀俊さん）が印象的であり、その生きざまに共感することで非常の世界にダイブすることができ、大いにリフレッシュできました。

鑑賞後、トイレの鏡に映った自分の姿を見て、先ほどまで主人公と重ねていた私は、大きな勘違いに笑いをこらえ、一気に日常に引き戻されました。

「さぁ、明日も仕事がんばろう！　イケメンじゃないけど！」

OBがんばる

井藤　善夫さん　58
平成31年4月、那覇航空基地隊本部総務班長を最後に2海佐で退官。沖縄ビジネスサービスに再就職し、海の駅「うみんちゅワーフ」の館長を務めている。

自衛隊での経験を生かして

私は平成31年4月20日、海自那覇航空基地隊での勤務を最後に定年退官し、沖縄ビジネスサービス株式会社に再就職しました。

私は指定難病に罹患していることから、再就職は半分諦めていました。しかし、就職援護担当者が親身になって私の希望職種を探してくださり、また、知り合いの自衛隊OBがいたことで、私の病状も理解していただき、トントン拍子で採用が決まり感謝しております。

弊社はザ・テラスホテルズ、ムーンホテルズアンドリゾーツ両株式会社の系列会社にあたり、平成31年度からは北谷町海業振興センター「うみんちゅワーフ」（海の駅）の指定管理業務を行っています。

私は、この「うみんちゅワーフ」の館長として勤務しております。当館には多種多様なテナントが入居しており、施設維持管理のための各種点検等日程調整・連絡事項の通達や貸会議室の運営を日々の業務として行っています。

ここでの勤務はパソコン業務が多く、現役時代から得意としていた業務経験が生かされています。また防火管理者（再就職後に資格取得）として年2回の防火教育及び自衛消防訓練を実施しなければならず、自衛隊で培った防火知識や操法を紹介し、入居テナントへの防火意識向上に役立っています。

我々の身体に染みついている「自衛官の心構え・義務」の精神をもって臨めばどの仕事でもやりこなせると考えます。

あさぐも掲示板

■令和4年度第2回国防問題講演会

日本国防協会は7月23日（土）午後1時半から、東京・新宿区のホテルグランドヒル市ヶ谷で「令和4年度第2回国防問題講演会」を開催する。

講師は空幕整備・補給課宇宙通信電子システム班長で前中国防衛駐在官の岩切主税1空佐。テーマは「中国防衛駐在官勤務を終えて～現地の温度感と肌感覚を交えた中国の実情～」。会場参加者とオンライン（Zoom）による聴講者を募集している。

会場参加者が会員・自衛隊OB千円、一般3千円、オンライン配信聴講料は会員・OB千円、一般2千円。申し込み、問い合わせは協会事務局（電話03－5315－0232、FAX03－5315－0233、メール infos@kokubo-league.com）まで。締め切りは7月20日（水）。

第1286回出題

詰碁

出題　日本棋院　九段　曲　励起

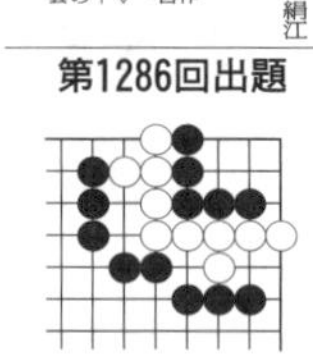

黒先　攻め合いに勝って下さい。最初と二手目が大切です。5分でできれば中級です。

▶詰碁、詰将棋の出題は隔週です◀

詰将棋

出題　日本将棋連盟　九段　石田　和雄

▲先手　持駒　飛角桂

≫第870回の解答≪

【正解】▲1二角△同香▲2二桂成△同玉▲2一飛△同玉▲3一角成△1一玉▲2三桂までの九手詰め。

【解説】初手▲1二角は打ちづらい手。△同香に▲2二桂成から▲2一飛の連続捨て駒で玉を下段に落とし、最後は▲2三桂のつるし桂で詰み上がり。なお初手▲2二飛は△1四玉で不詰み。

朝雲

発行所 朝雲新聞社
〒160-0002 東京都新宿区
四谷坂町12－20 KKビル
電話 03(3225)3841
FAX 03(3225)3831
振替00190-4-17600番
定価一部170円、年間購読料
9170円（税・送料込み）

本号は10ページ

中露艦、尖閣接続水域に

岸防衛相「我が国に対する示威行動」

防衛省は7月4日、中国海軍の「ジャンウェイⅡ」級フリゲート（満載排水量2250トン）1隻が同日午前7時44分頃、沖縄県尖閣諸島・魚釣島南西の我が国の接続水域に入域し、同7時50分頃に出域、西南西に向けて航行したことを確認したと発表した。海自12護衛隊（呉）の護衛艦「あぶくま」が情報収集・警戒監視に当たった。領海侵入はなかった。岸防衛相は翌5日の記者会見で、ロシア海軍の「ステレグシチーⅡ」級フリゲート（同2500トン）が4日午前7時5分頃から8時16分頃にかけて魚釣島の接続水域を航行したことを明らかにした。岸大臣は中露艦艇の航行について「我が国に対する示威行動だ」と述べた。

政府 再発防止を求める

中国艦艇が尖閣諸島の接続水域に入域したのは、2016年6月、18年1月、同6月に続いて4回目。

岸大臣は5日の記者会見で「中国が尖閣諸島に関する独自の主張を行い、これまで海警船による領海侵入を行ってきた中で、今般、中国がこのような航行を行ったことは、同海域における緊張を一方的に高める行為であり、深刻に懸念すべき状況だ」と述べ、政府として外交ルートを通じて中国側に「重大な懸念」を表明して抗議し、再発防止を求めたことを明らかにした。

一方、同日の記者会見で岸大臣は、ロシア海軍の艦艇についても言及。「6月15日以降、北海道沖、伊豆諸島沖、南西諸島沖、対馬海峡などで日本列島を周回するように航行している複数のロシア艦艇のうち1隻、『ステレグシチーⅡ』級フリゲートが7月4日午前7時5分頃から8時16分頃にかけて、尖閣諸島・魚釣島の接続水域を航行したことを確認した」と発表した。

接続水域に入域した中国艦艇の目的については「確かなことを申し上げることは困難だが、ロシア艦艇の航行に対応してこのような航行をとった可能性がある」と指摘した上で、中国艦艇が6月12日から30日にかけて日本列島を周回するような形で航行したことに触れ、「中国とロシアの艦艇が短期間に同様の航路で我が国を周回するような形で航行したことは、両国による我が国周辺における軍事プレゼンスの誇示であり、我が国に対する示威行動とも考えられる。防衛省としては懸念を持って関連動向を注視している」と述べた。

さらに、大臣は「近年、中国の海空戦力による我が国周辺の海空域における軍事行動は、ますます拡大・活発化している」として、防衛省・自衛隊として艦艇や航空機による平素からの警戒監視とともに、個別の案件についても「万全の警戒監視」を行っていくとの考えを示した。

尖閣諸島については「歴史的にも国際法上も我が国固有の領土であり、中国側の一方的な現状変更の試みに対して、我が国の領土・領海・領空を断固として守り抜くとの考えの下、毅然かつ冷静に対処していく」と語った。

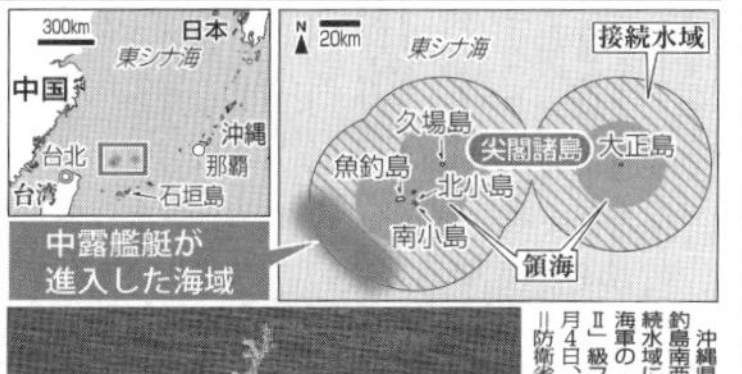

沖縄県尖閣諸島・魚釣島南西の我が国の接続水域に入域した中国海軍の「ジャンウェイⅡ」級フリゲート（7月4日、東シナ海で）＝防衛省提供

「連携は分析中 今後もある」

酒井海幕長

酒井海幕長は7月5日の記者会見で、4日に中国艦とロシア艦が相次いで接続水域に入域した件について「両艦隊の動きが意図的に連携しているのか否かについては、現在分析中」としつつも、「同様の事態は今後もあると考えている」と述べ、引き続き監視を続ける姿勢を強調した。

また、6月中旬から下旬にかけて中露艦が日本列島を周回するような動きをした件については「同様の時期に同様の活動を実施したということは、何らかの意図のもと、我が国周辺へのプレゼンスを誇示する活動と考えるのが自然。地域の安全保障環境にも影響を及ぼすものであり、米国など関係国と連携しつつ、強い関心をもって活動を見ていきたい」と述べた。

安倍元首相が死去

米国防長官らも追悼

7月8日午前11時半頃、奈良市西大寺東町の近鉄大和西大寺駅前の路上で、参院選の街頭演説中だった自民党の安倍晋三元首相(67)が、背後から近づいてきた男に銃撃された。安倍氏は首などから血を流して倒れ、心肺停止状態で救急搬送されたが、同日午後5時3分、搬送先の病院で死亡が確認された。

実弟に当たる岸防衛相は同日午後4時、省内で臨時記者会見し、「現在、奈良の病院で懸命な治療が行われている。輸血を含めて救命治療に全力を尽くしているところだと伺っている」と状況を説明した。

その上で「今回の安倍元首相に対する銃撃は、まさに民主主義に対する冒瀆だ。犯人のバックグラウンドがどうあっても許されることではない。特に、参議院選挙の最中にこのような暴力によって言論の弾圧が行われるようなことはあってはならないことであり、断固非難する。安倍元首相においては、是非とも回復されるように祈っている」と述べた。

翌9日、岸大臣は米国のオースティン国防長官から安倍元首相の逝去に対して弔意を表す電話を受けた。長官は「米国防総省の職員全員が同盟国として、友人として、岸大臣、そして日本国民と共にある」と哀悼の意を表した。

その上で、安倍元首相が推進してきた日米同盟における日本の役割拡大などを通じた同盟の深化、インド太平洋地域における同盟パートナーシップの強化に対する功績をたたえた。

岸大臣は長官の発言に謝意を表すとともに、事件について触れ、「民主主義に対する冒瀆であるこのような卑劣な蛮行は断じて許されない。安倍元首相の遺志を受け継ぎ、引き続き日米同盟の強化に取り組んでいく」との決意を表明した。

安倍元首相の通夜は11日、東京都港区の増上寺で営まれた。岸田首相をはじめ、自民党の麻生副総裁、茂木幹事長ら党役員、国会議員、エマニュエル駐日米大使ら各国大使、来日したイエレン米財務長官ら約2500人が参列し、安倍氏の死を悼んだ。葬儀は翌12日に近親者らで執り行われ、後日、東京と地元の山口県でお別れの会が開かれる予定。

安倍氏は戦後最年少の52歳で首相となり、2006～07年と12～20年の2度にわたり首相を務め、通算の在職日数は3188日と歴代最長を記録した。

その間、平和安全法制の整備に尽力したほか、自衛隊最高指揮官として高級幹部会同をはじめ、観閲式や観艦式、防衛大学校の卒業式などに出席し、訓示を行った。また、自衛隊が活動する災害派遣現場には必ず足を運び、身の危険を顧みず献身的に人命救助や被災者の生活支援に当たる隊員たちを激励した。

第53回自衛隊高級幹部会同に自衛隊最高指揮官として出席し、「時代の変化を先取りした大胆でイノベーティブな仕事に力を傾けよ」と訓示する安倍首相（2019年9月17日、防衛省で）

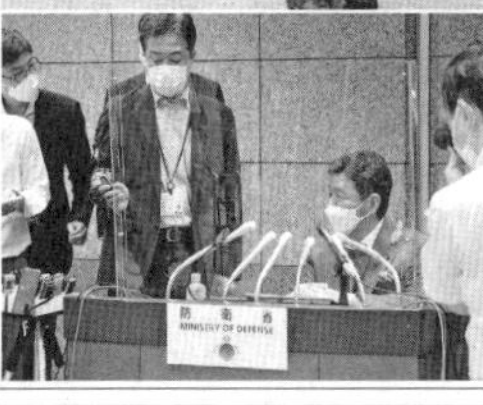

㊤台風19号で甚大な被害を受けた長野市を視察に訪れ、避難所で被災者の生活支援に当たる陸自東部方面後方支援隊103補給大隊（霞ヶ浦）の即応予備自衛官たち（右）を激励する安倍首相（左前列2人目）＝2019年10月20日（官邸HPから）
㊦防衛省内で臨時記者会見を開き、安倍元首相の容態を説明するとともに、「暴力による言論弾圧を断固非難する」と述べる岸防衛相（7月8日午後4時過ぎ）

春夏秋冬

日本人の心から消え失せたもの

先崎 彰容

「どうだろう、ここで一つ思いきって、全国の各世帯にせめてピストルを一挺ずつ配給して、世帯主の責任において管理することにしたら」。これはアメリカ銃規制の是非をめぐる、最近の発言ではない。驚くなかれ、政治思想の研究者として著名な丸山眞男が、1960年に書いた短文「拳銃を…」の一節である。

驚くなかれと言ったのは、「丸山眞男」の一般的イメージから外れる発言だと思うからだ。普通、丸山と言えば、戦前日本を「無責任の体系」と指弾し、戦後民主主義を肯定したリベラル派の人物とみなされている。また憲法をめぐり「八月革命説」と呼ばれる、戦後憲法全面擁護を貫き、全面講和論を支持したと考えられているからである。

その丸山が、日本国民一人ひとりに拳銃を持つことを勧めるとは何事か。ここには、次のような丸山なりの論理が潜んでいた。すなわちアメリカ修正憲法を参照すると、基本的人権を政府から侵されないために、人民が自己武装する権利が明記されている。外国映画には、しばしば市井の市民が机の引き出しからピストルを取り出す場面があるが、日本ではまずありえない光景であろう。日本人は豊臣秀吉の刀狩り以来、公権力に対峙し、武装する「権利」にあまりに無頓着なのだ。

ここから丸山は、人民に自己武装する意識が芽生えれば、逆に再軍備を主張する右派に対抗できるという、いかにもリベラルらしい逆説で論考を閉じる。外国軍隊の乱暴狼藉に対し、軍事力でなく人民一人ひとりが暴力的抵抗をすればよいということらしい。

アメリカのように荒野の中で自警しつつ生きてきた国柄では、拳銃で身を守るのは言わば建国以来の本能である。日本は全く国柄が異なる。ただ丸山の拳銃携帯肯定論から言えることは、人民一人ひとりが、拳銃を持つことで緊張感を覚えることの大切さである。刀狩り以来、すっかり日本人の心から消え失せ、他人任せになった暴力への嗅覚を、丸山は指摘したかったに違いない。安全保障問題にも示唆多き問題提起である。

（日本大学危機管理学部教授）

参院選、与党大勝

改憲勢力、3分の2超

第26回参院選は7月10日、投開票が行われ、自民党が改選55議席を上回る63議席を獲得し、単独で改選124議席（選挙区74、比例代表50）の過半数を確保して大勝した。公明党は13議席を獲得し、与党で76議席に達した。これにより、与党は非改選を含め、参院で146議席となった。

一方、今回の参院選で、憲法改正に前向きな自民、公明、日本維新の会、国民民主の「改憲4党」は93議席を獲得。その結果、非改選議員を含めた改憲勢力は、憲法改正の国会発議に必要な参院の総定数（248）の3分の2（166）以上を維持した。

防衛省・自衛隊関係者では、元防衛大臣政務官で自民党現職の松川るい氏(51)が大阪選挙区で72万5243票を獲得し、2回目の当選を果たした。比例代表選で3期目を目指した元外務副大臣で自民党現職の宇都隆史氏（47、元1空尉）は10万票以上を獲得して善戦したものの落選した。

ベルギーと英国を訪問

井筒空幕長

井筒空幕長は7月10日から19日まで、ベルギーとイギリスを訪れている。11日にベルギー・ブリュッセルの北大西洋条約機構（NATO）本部を訪問。英国では国際航空宇宙軍参謀長等会議（GASCC）のほか、英国空軍が主催するエアショー「ロイヤル・インターナショナル・エア・タトゥー（RIAT）」に参加する予定。

「リムパック」始まる

海自IPD部隊が参加

米海軍が主催する世界最大級の多国間共同訓練「リムパック2022」が6月29日、米ハワイ沖で始まった。8月4日まで。日米を含む計26カ国から艦艇38隻、潜水艦4隻、航空機約170機、人員約2万5000人以上が参加する。

海自はインド太平洋方面派遣（IPD22）部隊から、4護群司令の平田利幸海将補を指揮官に、ヘリ搭載護衛艦「いずも」、汎用護衛艦「たかなみ」を中心とする第1水上部隊（約600人）、P1哨戒機などの第1航空部隊(約60人)、陸自の西部方面隊（担任官・竹本竜司西方総監）が参加。各国部隊と対潜・対空戦闘などの戦術訓練や災害時の人道支援・救援訓練などを行う。

岸大臣は6月28日の会見でリムパックの参加について「米国をはじめとする同盟国・同志国との連携を強化し、FOIP（自由で開かれたインド太平洋）の維持・強化に向け結束を示す」と述べた。

（3面にグラフ特集）

朝雲寸言

かつてその島は樺太と呼ばれた。サハリンは北海道の北に位置する南北に細長いロシア最大の島である▼江戸時代末期に間宮林蔵によって踏査され間宮海峡で大陸とは隔絶した島であることが判明した。当時のサハリンにロシア人は一人もいなかった。江戸末期に帰属が棚上げされるが明治8年、千島樺太交換条約によりロシアの領土となり日露戦争後南樺太は日本の領土となった▼1945年8月6日、ヤルタ密約を受けてソ連は日ソ中立条約を一方的に破棄して日本に侵攻した。すでに終戦の詔を聞いた避難民1万5千人が集まる真岡港にソ連軍が上陸した。狙いは日本本土への引き揚げを阻止して北海道侵攻への拠点を構築することであった。民家の屋根には白旗が掲げられ、駅前には赤十字の救護所が開設されていたがソ連の空爆が繰り返され、多くの民間人が犠牲になった。真岡郵便局員の女性職員は最後の電報を打ち集団自決した▼サハリン周辺に天然ガスなど地下資源が豊富に埋蔵されていることは従来から知られていたことである。ソ連崩壊後、日本を含む多国籍の合弁企業体がロシアで初めての天然ガス液化プラント「サハリン2」を建設したのは2009年のことである▼先日、プーチン大統領がサハリン2の接収を決定した。ウクライナ侵攻に対する経済制裁の報復とみられている。国家が約束を守るか、そうでないかはその国の歴史を見れば明らかである。

ドリル演奏「さくらのうた」を披露する空音（7月2日、仏アルベールビルのオリンピックホールで）

空音、仏国際軍楽祭へ初参加

航空中央音楽隊（立川）は7月1日から3日まで、フランス東部のアルベールビルで開催された「第43回国際軍楽祭」に参加した。同軍楽祭への自衛隊音楽隊の参加は初。空音の海外派遣演奏は、今回で6回目。

首都パリの南東約600キロにあるアルベールビルで開催され、開催国であるフランスのほか、日本、イタリアが参加した。

空音副隊長で派遣指揮官を務める朽方聡3佐以下58人は、市中パレードやオリンピックホールで公演し、計12曲を高い演奏技術をもって披露した。

時の焦点

国内

安倍元首相死去

政治の安定に多大な功績

歴代最長の政権を築いた政治家が逝った。突然の悲報に言葉を失う。

自民党の安倍晋三・元首相が、奈良市での参院選の演説中に銃撃され、亡くなった。

岸信介元首相の孫、安倍晋太郎元外相の次男として生まれ、政治に心血を注いだ。挫折を経験しながらも、保守派のリーダーとして政界を主導してきた。心から哀悼の意を表したい。

奈良県警は現場にいた無職の山上徹也容疑者を逮捕した。男は調べに対し、「元首相を殺すため銃を作った。遊説先をつけ回していた」と供述している。母親が信者だった宗教団体を恨み、「元首相が団体とつながりがあると思って狙った」とも話しているという。

民主主義の土台である選挙のさなかに起きた衝撃的な事件だ。いかなる理由であれ、暴力は絶対に許されない。警察は犯行の動機や経緯を、早急に解明してほしい。

問題は、惨劇をなぜ防げなかったのかだ。

映像などによると、男は制止されることなく近づき、至近距離で発砲していた。元首相がいた場所は周囲360度から狙われる状況にあった。

警備体制に不備があったのではないかという疑問が拭えない。会場に対して警護の人数や配置は適切だったのか。首相退任から時間がたっていたことで、気の緩みはなかったか。政府は徹底的に検証する必要がある。

過去にも、政治家が襲われる事件はあった。大正時代には、原敬首相が東京駅で刺されて死亡した。昭和に入ると、政治テロが激しくなり、犬養毅首相が暗殺された5・15事件、高橋是清蔵相らが殺された2・26事件を経て、日本は軍国主義の道を進んだ。

思想の自由、言論の自由を暴力で封じようとする不条理な事件が二度と起きないよう、日本を自由で安全な国にする決意を新たにしたい。

安倍氏が残した実績は数多い。今になって、その存在の重みを感じる人は多いのではないか。

2006年に戦後最年少の52歳で首相に就任した。翌年に持病を理由に退陣したが、12年に再び首相の座に就いた。

沖縄基地問題などで混乱を招いた民主党政権に取って代わり、政治の安定を取り戻した。

15年には、限定的な集団的自衛権の行使を可能にする安全保障関連法を成立させ、日米同盟をさらに強化した。

憲法改正に意欲を示し、自民党総裁として、自衛隊を9条に明記するなど4項目の党改正案をまとめた。最近は、防衛力の抜本的な強化を岸田首相に進言していた。

強い意志を持ち、政治の力で未来を切り開こうというエネルギーにあふれた政治家だった。批判も受けたが、それをはねのけるだけの信念も持ち合わせていた。

安倍氏をよく知る人はみな、「心の優しい人だった」と口をそろえる。まだ日本の政治を引っ張っていける若さだった。あまりに無念だ。

藤原 志郎(政治評論家)

海外

英首相が辞意

不祥事で追い込まれる

ジョンソン英首相は7月7日、声明を読み上げ、与党・保守党の党首を辞任するとともに、次期党首が決定次第、首相の座からも退くと述べた。

同首相は2019年、欧州連合(EU)からの離脱が最大争点だった総選挙で保守党を圧勝に導くなどの実績をアピールしてきたが、不祥事が相次ぎ、辞任に追い込まれた。

米NBCニュースは「スキャンダル塗(まみ)れのジョンソン首相が辞任要求に降伏」とのリードで報じたが、確かに、釈明の余地のない不祥事ばかり。

新型コロナウイルス禍でのロックダウンの中に、首相官邸や省庁内で再三パーティーが開かれたり(パーティーゲート)、与党幹部の性的スキャンダルが発覚後、その辞任までに首相の対応が二転三転したり。

この状況下、6月23日の二つの下院補選で保守党が二つとも大敗したのも驚きではない。

現時点で事態を大まかに分析すると、ジョンソン首相が有権者が彼に期待したようなサッチャー(元首相)的な政権運営をしてこなかった点が真の問題で、ざっと挙げて五つある。

①第1がインフレ—深刻さは米国と同じようで、英メディアは「生活費」に大打撃と訴えていたが、インフレ抑制の対策は? あるようには見えない。

②第2は、EUからの離脱—19年の総選挙で大勝し、首相の支持率は一時、6割を超えたほどだった。その離脱問題で、依然、だらだらと時間を浪費している。前任のメイ首相よりはましとは言え、離脱は離脱。遅らせてはならない。

③第3が移民問題—移民が引き続き殺到し、補助金など各種の給付を要求。普通の英国民には認められないレベルの住宅に入る待機順位の先頭に置かれたりする。尊敬に値するまともなリーダーなら、決してそんな状況を許さないだろう。

④第4が地球温暖化—ジョンソン首相は温暖化対策を促進し、そのため、実行可能なエネルギーを閉鎖した。これは本当に良い政策だったのだろうか。消費者は、コストが高い一方で信頼度は低いエネルギーに依存しなければならなくなるが。

⑤最後にロックダウン—新型コロナウイルスの感染対策として、ロックダウンが「成功」だった国の例はあるのだろうか。少なくとも、英国では実行と管理、継続の面で問題ばかり目立ったという。

端的に言って、ジョンソン首相は外見上は保守政治家のように振る舞ったが、実際には、左派の政治家のように政治を行った。

英国内の不満は同氏のリーダーシップをめぐるものであり、保守党の綱領中にあるサッチャー的政策の要素に関するものではない。

同氏は声明中で、ロックダウンやウクライナへの介入を首相としての「成功」として挙げた。サッチャー氏なら誇りをもって挙げそうなことが一つもなかったのが、その辺の事情をよく物語る。

草野 徹(外交評論家)

実習に取り組む幹部学校の学生ら(6月20日、海自幹部学校で)

海幹校

19カ国の海軍士官が参加

海軍作戦計画作成教育プログラム

海自幹部学校(目黒)は米海軍大学校とともに6月13日から24日まで、「海軍作戦計画作成手順(NPP)に関する教育プログラム」(IPNIC2022)を開催した。昨年に続きテレビ会議を利用したリモート形式で行われた。

IPNICは、多国籍の海軍が共同で効率的に活動するために必要な計画の立案手順を教育するプログラム。米太平洋艦隊司令部が主催し、米海軍大学の教授陣が教育を担当した。

海幹校は2016年から同プログラムの開催を支援している。6回目となる今回は、日、米、オーストラリア、インドなど19カ国から約50人の海軍士官が参加した。

真鍋知彦学校長は開講式のあいさつで「NPPを身に付けることを通じて、各国海軍の特性や違いを知り、相互に理解を深めること」を要望した。

プログラムはまず講義が行われ、参加者はNPPの基礎に加え実用的な知識を学んだ。その後、グループに分かれ、架空のシナリオを用いて多国籍間で共同対処する計画立案を実習。作成手順について理解を深めた。

24日の修講式で米海軍大学のショシャナ・S・チャットフィールド校長は「本講習の修了者が多国籍部隊の海上作戦で中心的な役割を果たすことを確信している」と述べた。

酒井海幕長が米国訪問

ギルデイ海軍作戦本部長らと懇談

酒井海幕長は6月26日から7月3日まで、米ワシントンDCとハワイを訪れ、それぞれ現地で日米の参謀長級会談を行った。

26日から29日までワシントンDCを訪れた海幕長は、カウンターパートに当たる米海軍作戦本部長のマイケル・ギルデイ大将と懇談。「自由で開かれたインド太平洋」を実現するための継続的な取り組みについて議論し、日米の相互運用性を高めていくことを確認した。

海幕長はこの後ハワイ・ホノルルに移動し、30日、米海軍太平洋艦隊司令官のサミュエル・パパロ大将とも懇談。現在のウクライナ情勢についての認識や、今後の日米同盟の抑止力・対処力の強化について話し合った。

また、多国間共同訓練(リムパック2022)に参加するため、パールハーバーに寄港していた海自の「インド太平洋方面派遣訓練(IPD22)」部隊を視察。隊員たちを激励した。

帰国した海幕長は7月5日の会見で「ウクライナ情勢を巡る教訓や、ロシア海軍が今後どのように展開するかについて、幅広い意見交換ができた」と成果を語った。

ギルデイ米海軍作戦本部長(左)と記念写真に納まる酒井海幕長(6月28日)

荒木順子2陸佐が陸幕長に出国報告

国連平和活動局に派遣

国連平和活動局軍事部軍事計画課に派遣される荒木順子2陸佐が7月1日、陸幕で吉田陸幕長に出国報告を行った。

荒木2佐は陸幕運用支援・訓練部運用支援課所属。国連南スーダン共和国ミッション(UNMISS)の第5次司令部要員で情報幕僚として同国の首都ジュバに派遣された経験を持つ。当時は現地で収集した情報のデータベース化や統計資料の作成などを行った。

3日に出国し、米ニューヨークの国連本部に勤務する。主に国連平和維持活動(PKO)の方針策定や基準の設定、計画作成に関する業務に携わる。任期は未定で、自衛官である配偶者が「配偶者同行休業制度」を活用し、家族で現地に赴任する。国連平和活動局にはこれまで7人の陸自隊員が派遣されており、今回で8人目。

出国報告には山根寿一陸幕副長と藤岡史生人事教育部長、戒田重雄運用支援・訓練部長が同席。荒木2佐は「UNMISSでの経験や防衛協力課の幕僚経験を生かし、加盟国の軍人と一緒に汗をかきながら国連PKOの質の向上に努めていきたい」と抱負を語った。

陸幕長は「陸自が①国連PKOミッションへの要員派遣②PKOに関する能力構築支援③国連本部への幕僚派遣④国連PKO(工兵マニュアル策定などの)知的貢献分野の4つの国際貢献に取り組んでいる中で、今回の派遣は国際社会の平和と安定に寄与し、現在、国連活動支援局に派遣されている川﨑真知子2陸佐とともに女性の視点を生かして、各国軍人たちと信頼関係を構築し、任務を完遂してほしい」と激励した。

その上で、「ジェンダーに対する意識が極めて強い国連」で、国連活動支援局に勤務する川﨑2佐とともに2人の女性陸自隊員が勤務することに「ぜひその良さを出して活躍してもらいたい」と話し、配偶者同行休業制度を活用して、「安心して女性が主体となるいい前例になる」と合わせて期待感を示した。

空幕長が比・越を訪問

フィリピンでは共同訓練を視察

共同記者会見を行った井筒空幕長(左)とカンラス空軍司令官(6月23日、クラーク基地で)

井筒空幕長は6月21日から29日までフィリピンとベトナムを訪問した。

22日にマニラで開催された比空軍主催のエアフォース・シンポジウムでは、比空軍高官、退役将官などから比空軍の歴史、空軍力の動向、国際情勢などに関する発表を聴講。

23日にはクラーク基地で、日比人道支援・災害救援共同訓練「ドウシン・バヤニハン2—22」をフィリピン空軍司令官コナー・アンソニー・D・カンラス・SR中将と共に視察。同所で訓練に関する共同記者会見を行い、この中で日本製レーダーの移転について、特に日比空軍種間の協力関係が拡大することを歓迎。広大な排他的経済水域(EEZ)を把握する手段としての宇宙領域も有力な協力分野であるとした。

24日にはカンラス比空軍司令官とビリアモール基地で会談し、航空医学、警戒監視、人道支援・災害救援(HA/DR)、航空救難を含む幅広い分野で両国空軍種間の協力が進展していることに触れ、関係を一層強化し「自由で開かれたインド太平洋(FOIP)」をさらに推進していくことで一致した。

同国訪問中、戦闘機部隊(バサ基地)と指揮統制部隊(ビリアモール基地)を訪れ、部隊の概要ブリーフィング、部隊主要幹部との意見交換を行った。

27日にはベトナム・ハノイの防空・空軍司令部を訪問、越人民軍防空・空軍司令官のヴー・ヴァン・カー中将との会談で「『自由で開かれたインド太平洋』の維持・強化に向けて両国は協力可能である」との考えを述べ、その上で新たな段階に入った日越防衛協力の下、空軍種間においても各種協力をより力強く推進していくことで合意した。

翌28日、越国防省で越人民軍総参謀長グエン・タン・クオン上将を表敬、これまでの両国間の防衛協力の進展と、今後の日越空軍種間の防衛協力の推進について確認。日越国交樹立50年を来年に控え、さまざまな分野での協力をさらに進展させる余地があることを確認した。

同国訪問中にはハノイ近郊の基地で地対空ミサイル部隊、レーダー部隊、戦闘機部隊を訪問し、主要幹部との意見交換や部隊運用の現状を視察した。

帰国後、井筒空幕長は6月30日の会見で「出張を通じてフィリピン、ベトナムとの相互理解と信頼醸成を増進し、両空軍種トップの強固な関係を構築、強化するとともに空軍種間の防衛協力、交流の一層の推進を図ることができた」と出張の成果を語った。

訪欧中の陸幕長 コロナ感染判明

帰国延期に

陸自は7月7日、3日から7日までの予定でイギリスとドイツに出張中だった吉田陸幕長が新型コロナウイルスに感染したと公表した。6日、帰国のため、ドイツ出国前のPCR検査で陽性が判明、7日の帰国予定を延期して5日間、現地で療養する。帰国日は現地の衛生機関と連携した上で調整する。

吉田陸幕長は、英独両国の陸軍種トップとのハイレベル交流を通じ、相互理解を促進、信頼関係を強化するため、3日から4日に英国を訪問。パトリック・サンダース英陸軍参謀総長やジェレミー・クイン国防閣外大臣と懇談し、4日から6日にかけてはドイツでアルフォンス・マイス陸軍総監と懇談、部隊訪問などを行った。

陸幕長は無症状で、宿泊先でリモートによる職務を行うため任務や部隊に影響はないという。同行者1人の感染も判明している。

防衛省発令

▽外務省へ出向=大臣官房付へ(地方協力局在日米軍協力課長) 中村 浩平

▽防衛書記官に採用=大臣官房参事官(外務省国際法局国際法課海洋法室長) 今田 克彦

▽防衛書記官に採用=防衛政策局訓練課長 後藤 章文

▽地方協力局在日米軍協力課長(大臣官房参事官) 熊野 有文

(以上7月5日)

▽空幕募集・援護課(空幕人事教育計画課兼人事教育局人事計画・補任課) 1空佐 飛世 知則

(7月8日)

海自IPD部隊 米豪仏と共同訓練

洋上で補給訓練を行う「ラパハノック」(左)と「いずも」。奥は「たかなみ」(6月19日)＝写真はいずれも海自提供

協力関係 さらなる深化を

太平洋上で「いずも」など

多国間共同訓練「リムパック2022」(6月29日～8月4日)などに参加するため13日、日本を出発したインド太平洋方面派遣(IPD22)部隊(指揮官・平田利幸海将補＝4護群司令)のヘリ搭載護衛艦「いずも」、護衛艦「たかなみ」は、「リムパック」に先立ち、太平洋上で米、オーストラリア、フランスと共同訓練を行った。各国海上部隊との戦術訓練を通じて戦術技量を向上させるとともに、相互運用性の向上を図った。

IPD部隊は6月17日から19日までと、25日に日米共同訓練を実施。米海軍からは駆逐艦「サンプソン」、補給艦「ラパハノック」「ヘンリー・J・カイザー」が参加した。日米艦隊は防空戦を想定した射撃訓練や洋上補給訓練を行い、同盟の抑止力・対処力を向上させた。

さらに6月19日から24日まで、米海軍の空母「エイブラハム・リンカーン」を旗艦とする空母打撃群や豪海軍と3カ国共同訓練「NOBLE PARTNER 22」を、27日には仏海軍フリゲート「プレリアル」と日仏共同訓練「オグリ・ヴェルニー22－4」を実施。不審船に備えた立ち入り検査訓練や、搭載ヘリのクロスデッキ、戦術データリンクによる情報共有など各種戦術訓練を行い、連携を強化した。

酒井海幕長は7月5日の会見で、IPD部隊の派遣について「リムパックの訓練期間を捉えて、関係国との協力関係をさらに深めていきたい」と述べた。

IPD部隊はリムパックを皮切りに、今後、米、豪、インド、韓国などとの多国間共同訓練に参加する予定。派遣期間は10月28日まで。

(1面参照)

立入検査訓練でボートから「いずも」に乗り組むオーストラリア海軍の兵士

戦術訓練で連携を強化

20ミリ機関砲で射撃訓練を行う「たかなみ」

近接して航行する(手前から)フランス海軍のフリゲート「プレリアル」、「たかなみ」、「いずも」(6月27日)

(上)補給艦「ヘンリー・J・カイザー」(左)と「いずも」(6月25日)
(右)手前から「いずも」、米巡洋艦「モービル・ベイ」、豪フリゲート「ワラマンガ」(6月23日)

日米で掃海特別訓練

実機雷を使用

海自と米海軍共同の令和4年度「実機雷処分訓練」と「掃海特別訓練」が6月21日から30日まで、東京・小笠原諸島の硫黄島周辺海域で行われた。

実任務に即応できる経験者層の拡充と装備武器などの能力の確認が目的で、実機雷を使用した日米共同の掃海訓練は2019年以来、2回目。

海自からは掃海隊群司令の金刺基幸海将補を統制官に、掃海母艦「ぶんご」、掃海艦「ひらど」、掃海艇「ひらしま」「すがしま」「うくしま」「あいしま」「くろしま」が、米海軍からは第5機動水中処分隊の水中処分員10人が参加した。

日米両隊員は機雷掃海・掃討や水中処分員による機雷処分を実施。訓練を通じ、機雷戦における共同作戦能力を向上させた。

(上)浮流機雷を爆破。水柱が約20メートル近く上がった(6月24日)
(左)海底で沈底機雷を捜索する水中処分員(6月22日)

部隊だより

陸

神町　6師団は5月11日から19日まで、春季演習場統一整備を行った。隊員たちは師団が担任する白河布引山と2施団（船岡）担任の王城寺原両演習場で、火力戦闘の視射界や陣地地積の確保などに支障となる木々を伐開＝写真㊦。本部に施設技術指導組を編成し、各部隊の任務に応じた指導と統制を行い、樹木伐採技術の向上を図った。

練馬　1師団はこのほど、情報保全標語の優秀作品に選出された隊員2人を表彰した。各隷下部隊が厳選した作品1点を提出し、司令部の審査の結果、1飛行隊の濱口元2尉の作品「デジタル戦　勝ちへの一歩は　保全から」と1高射特科大隊の阿部航大士長の「身を守る　口も心も　マスクして」の2点が選ばれ、兒玉恭幸師団長が2人に表彰状を授与した。

座間　本多健二司令以下曹友会など約30人の駐屯地隊員は5月4、5の両日、座間市主催の伝統行事「座間市大たこまつり」に協力した。市大凧保存会とともに約70人の引き手が揚げた最も大きい9メートル四方の5間たこ＝写真㊤は、約100メートルの高さで大空を舞った。会場を訪れた観客（両日とも約1万5000人）から大きな歓声が上がった。

板妻　34普連は6月5日、台風などの出水期を前に1中隊が静岡市、重迫撃砲中隊が伊豆市、3中隊が小山町で行われた水防訓練に参加した。1中隊は、安倍川河川敷で市のオフロードバイクと連携し高機動車で現場に進出。一連の状況下で河川の氾濫などを防ぐための強度・耐久性を考慮した丁寧な土のう積み工法を展示・実演し、参加者を感心させた。

豊川　駐屯地は今春、小学生ら40人を招き「ちびっ子写生大会」を開催した。子供たちは思い思いの場所で、満開の桜と装備品をスケッチ。写生を終えると「上手に描けて楽しかった」と笑顔を見せた。大会では最優秀賞など合わせて計6人が表彰された＝写真㊤。82式指揮通信車の体験試乗では、車から顔を出し楽しそうに手を振る参加者も見られた。

岩見沢　駐屯地はこのほど、「曹友会クリーン作戦」を行った。曹友会主催で毎年行っているもので、訓練などの合間に駐屯地とその周辺を整備。まず定期異動してきた隊員と陸曹昇任者が自己紹介。その後、長谷英明曹友会長が訓示し、クリーン作戦を開始した。隊員たちは互いに協力しながら、道路や側溝を清掃し、環境美化に貢献した＝写真㊨。

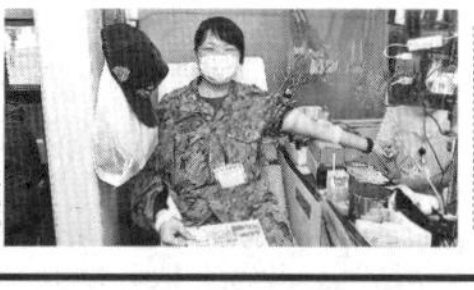

美幌　駐屯地はこのほど、北海道赤十字血液センターが行っている献血に協力した。業務隊の宮本琢也衛生科長や曹友会の浅倉礼宜会長が参加を呼びかけると、隊員は今年度初となる献血に、訓練や業務の合間を見て積極的に協力＝写真㊨。終了後、同血液センターから「目標の50人を大幅に上回る80人の隊員が協力してくれた」と感謝の言葉を受けた。

3年ぶり博多どんたく　みな笑顔

演奏に、歌に　陸自4音が支援

博多どんたくで福岡市の目抜き通りをパレードする４音楽隊の隊員（写真はいずれも５月４日、福岡市で）

博多駅前広場のステージで「好いとっと」などを歌うボーカルの井上理奈３曹（中央）

14年ぶりに博多どんたくに参加したドラマーの古賀3曹

陸自4音楽隊は5月3、4の両日、福岡市内で開かれた「第61回福岡市民の祭り　博多どんたく港まつり」に参加、演奏パレードなどの音楽支援を行った。コロナ禍の影響で3年ぶりの開催となった初夏の大イベントを観客も隊員もみな笑顔で楽しんだ。

新緑の季節に映えるグリーンの制服で参加した4音の34人は、各学校や企業などのマーチングバンドが約1・3キロを演奏しながら練り歩く「どんたく花のマーチングパレード」に出演。行進曲「ブラビューラ」「国民の象徴」「雷神」の3曲を演奏した。さらに博多駅前の特設ステージでは、映画『竜とそばかすの姫』のテーマ曲「U」やカーペンターズの「青春の輝き」、MISIAの「好いとっと」など5曲を披露し、祭りを盛り上げた。

行進に参加したドラム奏者の古賀麻里子3曹は「博多どんたくは高校生の時に同じドラム奏者として出演したことがあり、14年ぶりの行進だった。今回も博多の街をパレードする喜びや感動を味わうことができた」と感想を話し「高校生の時に比べ、ドラムを持っていても疲労感がなかった。自衛官としての勤務を通じ、体力・気力が養われたことに気付き、音楽隊員になれた喜びも実感した」と語った。（福岡）

今津　駐屯地は5月21日、4年度駐屯地モニター21人に対し委嘱式と戦車体験試乗を行った。モニターは、足立賢一司令から委嘱状を授与され、モニターとしての活動内容の説明を受けた後、74式戦車体験試乗と装備品展示で、走行する戦車の迫力を体感＝写真㊤。展示装備品への感心を寄せるなど、モニターとしての意欲を見せていた。

海田市　47普連はこのほど、駐屯地で「安全教育」を行い、2007年3月29日に不慮の事故で殉職した元本部管理中隊先任上級曹長が祭られている慰霊碑に感謝と哀悼の意を込め黙とうした。松本哲治連隊長は「安全管理は規則で担保するのでなく、部隊の練度で担保する」と訓示して、全隊員の士気高揚と安全確保意識の強化を図った。

玖珠　駐屯地はこのほど、福岡県防衛協会女性部会8人の部隊研修を支援した。あいにくの雨天となったが、安全管理を徹底した上で10式戦車に体験試乗。参加者からは「振動がすごかった」「戦車の迫力に圧倒された」との感想も。その後のブリーフィングで馬越俊典司令業務室長から展示車両の概要、部隊の説明を聞き、体験喫食も行った。

那覇　15旅団は5月22日、小禄地域振興会が主催する「青空子ども食堂地域ふれあいまつり」で炊事支援を行った＝写真㊦。来場者は炊事車で炊き出しをする隊員に興味津々。51普連炊事支援班長の向江一明2曹は「カレーを笑顔で頬張る姿を見たり『おいしかった』という感想を聞けて、モチベーションが上がった。良い経験になった」と話した。

海

大湊　大湊地方隊は5月29日、青森県むつ市で行われた社会人サッカー最高峰「JFL」の試合「ラインメール青森対FCティアモ枚方戦」の会場で演奏支援と募集広報を行った。試合前とハーフタイムに、音楽隊がサッカー応援の定番曲「アイーダ」など4曲を演奏して会場を盛り上げた＝写真㊤。地方隊の広報ブースでは選手もパイロットスーツを試着した。

木更津　航空補給処の約40人は5月30日、「ゴミ0の日」にちなんで木更津市主催の「ゴミ0運動」に参加した。基地周辺道路や最寄り駅の巌根駅周辺に散乱したごみや雑草、小枝を除去＝写真㊤。地域住民の「お疲れさま」「ありがとう」など激励の言葉が力となり、ごみ袋31袋分を収集した。地域美化に貢献し、処員はボランティア精神を育んだ。

舞鶴　「SDGs」に取り組む14護衛隊の護衛艦「せとぎり」の20人はこのほど、特別公開のため鳥取港に入港し、鳥取砂丘で清掃活動を行った。当日は汗ばむ気温の中、普段、硬い甲板上で作業している隊員は、やわらかい砂の上で悪戦苦闘しながらも、約20袋分のごみを回収＝写真㊤。地元住民や観光客から感謝の言葉を受けた。

徳島　教空群司令の町島敏幸1佐は5月16日、徳島県の鳴門教育大学で安全管理の講義「CRM（クルー・リソース・マネジメント）とヒューマン・ファクター」を行った＝写真㊤。学生など50人が聴講。司令は、航空部隊でのCRMの活用法や若者世代との接し方について語った。聴講した学生は「安全管理に対する視野が広がった」と感想を話した。

空

三沢　3空団はこのほど、初のeスポーツ大会を基地整備格納庫で開催した。18人の企画運営委員が3カ月かけて準備し、191人がゲーム機「ニンテンドースイッチ」の「マリオカート」などで熱戦を展開。運営費などは各指揮官と各准曹士先任のカンパでまかなわれ、団体と個人優勝、準優勝に副賞が添えられ、笑顔あふれる大会となった。

静浜　静岡市立城南静岡中学校の2年生19人は6月6日、「総合的な学習の時間」の一環で基地を訪れた＝写真㊦。防弾チョッキやT7初等練習機、消防車両、人命救助システムなどを見学。見慣れない自衛隊の服装や器材などを前に、緊張気味な生徒たちだったが、対応した隊員が機転を利かせ、質問できるように調整。自衛隊への理解を深めていた。

新田原　基地は6月20日、若手隊員28人に他職種のことを知ってもらうための部内広報を行った。尾山正樹基地司令が「皆の力で基地が運用されていることを学んでほしい」と述べた。広報班長の濵田義明3佐が基地概要を説明し、F15＝写真㊤＝などの航空機、警備犬訓練などを見学。参加者は「一般の方へ自衛隊を説明する時に役立てたい」と話した。

厚生・共済

特集

診療に係る自己負担額

医療費の一定額を超えた額が「高額医療費」で支給されます

組合員または被扶養者が、同一の月にそれぞれ一つの医療機関等から受けた診療に係る自己負担額（食事療養または生活療養に係る標準負担額および保険診療外差額徴収料等は除きます）が高額となり一定額を超えた場合は、その超えた額が「高額療養費」として共済組合から支給されます。算出方法は、高齢受給者と70歳未満の方とでは異なっています。

また、同一の世帯で同一の月に行われた療養が複数ある場合は、その療養に係る自己負担額を世帯単位で合算（高齢受給者は全ての自己負担額を、70歳未満の方は2万1000円以上の自己負担額を合算の対象とします）して高額療養費支給額を算出します。

なお、高額療養費は現物給付（※1）もしくは事後に共済組合から組合員の方へ現金で支給します。

70歳未満の組合員または被扶養者の方が高額療養費の現物給付を受けるためには、組合員証等と併せて、組合員の方の所得区分を記載した「限度額適用認定証」（※2）を医療機関等に提示する必要があります。

「限度額適用認定証」の交付を受けるには、支部で申請の手続きが必要となりますので、詳しくはご所属の支部短期係にお問い合わせください。

高額療養費や限度額適用認定証の詳細については、支部短期係または共済組合HP（トップページ↓ライフシーン〈病気・ケガ〉から選ぶ）でご確認ください。

医療費等の給付を受ける権利は、その給付事由が生じた日から2年間行わないときは、時効によって消滅します。くれぐれもご注意ください。

※1　「現物給付」とは、組合員または被扶養者の方が、組合員証等を提示して病院等の医療サービス（治療、薬の処方等）を受け、その医療費（窓口で支払う自己負担額を除く）を共済組合が病院等へ支払うことにより、医療サービスそのものを皆様に提供することをいいます。

※2　「限度額適用認定証」は対象者お1人につき1枚交付します。所得に変動があり、高額療養費の算定基準の区分に変更があった場合は、新しい区分の「限度額適用認定証」が必要となります。その際は、再度、申請をしていただくことになります。

ホテルグランドヒル市ヶ谷からウェディングプランのご案内

おふたりの輝く未来のために

【組合員限定】守るあなたへ

絆~Kizuna~Plan

☆特典内容（2023年3月31日までに挙式・披露宴をされる方限定）

・挙式衣裳　新郎新婦各1点100%OFF（上限あり）

・色直衣裳　新郎新婦各1点100%OFF（上限あり）

・婚礼料理　PRICE OFF　2万2000円↓1万6500円（税込）

・婚礼料理　新郎新婦分プレゼント

・フリードリンク　PRICE OFF　4950円↓3850円（税込）

・ウェディングケーキ　PRICE OFF　1650円↓1320円（税込）

・サービス料対象項目10%OFF

・宿泊をご優待料金にてご提供

詳しくはスタッフまでお問い合わせください。また、ブライダルのご相談もお電話・メール・オンラインにて受付しております。

☆【みんなのウェディング　口コミランキング6年連続第一位受賞！】

「みんなのウェディング」にて「2022年本番満足度第1位（新宿・中野・杉並エリア）」を受賞しました。ホテルグランドヒル市ヶ谷は、上質で格式あるウエディングで、これからもおふたりのしあわせを『はじまりからはぐくむ』場所でありつづけます。

【ご予約・お問い合わせ】

電話　03―3268―0115　専用線8―6―28853（ブライダルサロン）

HP　https://www.ghi.gr.jp　メール　salon@ghi.gr.jp

ご予約お問い合わせ

公式インスタグラム

全自衛隊美術展作品募集

9月1日(木)～16日(金)まで

全自衛隊美術展（主催：防衛省、協賛：防衛省共済組合）は、隊員が余暇活動として創作した作品を募集し、優秀作品については表彰・展示（令和5年2月頃に市ヶ谷において入賞作品の展示を行う予定）するとともに、隊員の家族等の作品も募集・出展させることにより、隊員の文化・教養活動等の一層の振興を図ることを目的として実施しています。

作品の募集は、絵画、写真、書道の3部門を対象として、応募の受付は、令和4年9月1日（木）から同年9月16日（金）必着。

作品の応募要領などは次のとおりとなっていますので奮ってご応募ください。

〈共通事項〉

出品内容は、全自衛隊美術展に出品するのにふさわしい作品であるとともに他者の知的財産権を侵害しない作品であること。住所、氏名、連絡先等及び作品の説明や創作に込めた思い（100字程度）を出品票に記入すること。

ただし、書道については作品の原典及び原詩文も記入すること。入選作品は、出品票に記入した作品の説明を展示会開催時に掲示する。

〈応募要領〉

応募資格は次のとおり。

①隊員等（防衛省職員、独立行政法人駐留軍等労働者労務管理機構の役員及び職員並びに防衛省共済組合の職員をいう。）②隊員等であった者（令和4年9月16日以前に退職した者（同日までに退職予定の者を含む。）以下「元隊員等」という。）③①及び②の家族（高校生以上）。

（2）応募作品は、各部門につき1人2点までとし、自作未発表のものに限る。ただし、個人のSNSやブログへ掲載した作品、防衛省内の美術展等（全自衛隊美術展を除く。）、審査のない美術展に出品した作品については、応募可。出品料は無料。

ただし、応募に要する経費は応募者負担。

〈送付先〉

〒162―0845　東京都新宿区市谷本村町4番1号　ホテルグランドヒル市ヶ谷　総務課　TEL03―1326―0430

※詳しくは防衛省HPをご確認ください。

令和2年度内閣総理大臣賞作品

【書道の部】
「萬葉歌」
第6航空団整備補給群修理隊　的野　誠

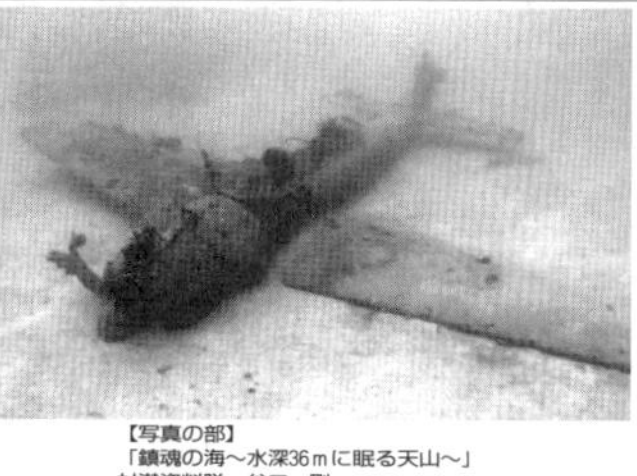

【写真の部】
「鎮魂の海～水深36ｍに眠る天山～」
対潜資料隊　谷口　剛

【絵画の部】
「神の子池」
倶知安駐屯地業務隊　野原　恵一朗

年金Q&A

今年入隊した自衛官です。年金制度の概要について教えてください

毎月の給料から保険料・掛金を負担します

Q　今年、入隊した自衛官です。私たちが加入する年金の制度について、概要を教えてください。

A　隊員（職員）の皆さまは、採用された日から防衛省共済組合（国家公務員共済組合）の組合員となり、同時に第2号厚生年金被保険者になります。組合員は毎月の給料から保険料・掛金を負担し、さまざまな給付を受けられることになっています。

年金の給付に要する費用は、組合員から徴収される「厚生年金保険料」及び「退職等年金分掛金」と、組合員を雇用する事業主として国等が負担する「負担金」でまかなわれています。また、国家公務員の年金の支給や、年金財源の積立・管理及び掛金等の計算は国家公務員共済組合連合会が行っています。

給付の概要は、次のとおりです。

【老齢厚生年金】

組合員又は組合員であった方が、組合員期間や他の公的年金制度に加入していた期間（以下組合員期間等という。）を合算し、原則として10年以上あり、65歳に達した時に請求していただくことにより支給されます。

ただし、昭和36年4月1日以前に生まれた方は、生年月日に応じて65歳前から年金（特例）が支給される場合があります。

【障害厚生年金】

在職中に初診のある傷病により、障害認定日（初診日から1年6月を経過した日またはその前に症状が固定したときはその日）に厚生年金保険法施行令で定める1級から3級までの障害の状態にあるとき支給されます。また、障害認定日に3級以上に該当しなかった方が、同一傷病により、その後65歳に達する日の前日までの間に3級以上の障害等級に該当し請求したときに支給されます。

【遺族厚生年金】

組合員が在職中に死亡したとき、または組合員期間等が25年以上ある方が死亡したときに、その方によって生計を維持されていた遺族に支給されます。

遺族の方の順位は①配偶者②子③父母等となりますが、配偶者または子が受給権を取得したときは、父母は遺族に該当しません。

このほか、1年以上引き続く組合員期間を有する組合員が、退職後65歳に達したときに支給される「退職年金」、公務により病気にかかり、または障害状態になったときに支給される「公務障害年金」、公務により死亡したときに遺族の方に支給される「公務遺族年金」があります。

※通勤災害は「公務障害年金」「公務遺族年金」の対象となりません。それぞれの年金について受給要件等は、ご所属の共済組合支部長期係へご相談ください。

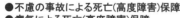

厚生・共済

特集

福利厚生サービスすぐ分かる

豊川駐屯地　厚生科HPリニューアル

転入、転出、結婚、出産――。隊員のライフイベントに即して、自衛隊ではさまざまな福利厚生サービスを提供している。その一方で「どこに相談したらいいか分からない」「手続きが分かりにくい」といった声もある。そこで豊川駐屯地業務隊は、厚生科ホームページ（HP）を分かりやすくリニューアル。「多くの隊員の利用促進を図っていきたい」と話している。

【豊川】駐屯地業務隊は、このほど、部内情報共有サイト内の厚生科HPのリニューアル作業を行った。隊員の利便性の向上と窓口業務の軽減が目的。以前のHPは「見づらい」「要領が分かりにくい」といった隊員の声があったため、厚生科の安田善一事務官をはじめ職員たちが改良した。

具体的な変更点として、まず、ライフイベント（転入・転出・出産・昇任・退職など）ごとに受け取れる福利厚生サービスや手続きを整理し、トップページに掲載。必要な情報を見つけやすくした。次に福利厚生サービスの概要や手続き要領を要約し、分かりやすく図解化。さらに手続き要領を記載したページから各種申請書類をダウンロードできるようにした。これにより、隊員は必要書類をいつでも入手することができるようになった。新HPではこのほか、駐屯地内の厚生施設や宿舎、近隣の割引協定施設の案内など、生活に便利な情報も掲載している。

リニューアルに当たって安田事務官たちは、他の業務隊のHPや一般の福利厚生情報サイトなどを調査。見やすさや分かりやすさ、手続きの簡便性を追求し、1年がかりで完成させた。

新しいHPは、人事担当から「隊員に福利厚生について説明しやすくなった」「分かりやすくなった」との声が聞かれるなど好評だ。

業務隊は「駐屯地に転入を予定する人や、来隊予定者もぜひ活用してほしい。随時、更新するのでお気に入りに登録していただきたい」と呼び掛けている。

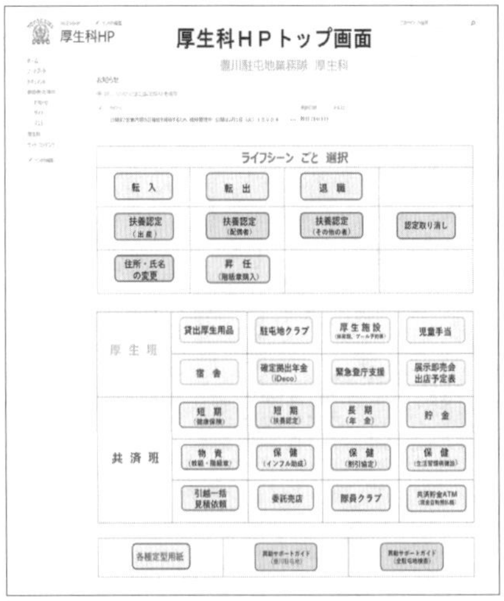

◇豊川駐屯地業務隊厚生科HPへのアクセス方法

業務システム内の「陸上自衛隊全国サイトマップ」から「中部方面総監部」を選択、「中部方面各部隊等サイト（部内情報共有サイト）」内にある「豊川駐屯地業務隊」を選び、最後に「厚生科」をクリックする。

統幕校がツイッター開設

校長「コンテンツ充実化図る」

【統幕校＝目黒】統合幕僚学校（学校長・田尻祐介陸将）は7月1日、ツイッターによる情報発信を開始した＝写真。

統幕校は、統合運用に関する知識と技能を幹部らに修得させるため、教育訓練や統合運用に必要な調査研究を行っている機関。同校のこれまでの広報媒体はホームページとパンフレットだけだったため、今年2月に学校職員でつくる「PR向上委員会」を発足させ、効果的な広報について検討を重ねた。その結果、柱の一つとしてツイッターの導入が実現。7月6日にはロブ・バウアーNATO軍事委員長の目黒基地への訪問や記念講話の情報をツイートするなど、注目を集めている。

ツイッターの開始について田尻学校長は、「SNSは広報媒体としてなくてはならないツール。今後もコンテンツの充実を図り、多くの方に統幕校を理解していただけるよう、情報発信に努めていきたい」とコメントした。

余暇を楽しむ

紹介者：2空曹　松本華南子（新田原救難隊）

新田原基地太鼓部「新龍」

和太鼓の音色で感動提供

皆さん、和太鼓の音色を聞くと、体全身が振動に包まれ、心地よい感覚を体験したことはないでしょうか。和太鼓の歴史は非常に古く、その起源は神話の天の岩戸のお囃子まで遡ると伝えられています。神話の故郷である宮崎県の新田原基地で活動中の太鼓部「新龍」を紹介します。

「新龍」は平成9年に発足し、現在は10人で活動をしています。部員の中には29年に英空軍主催の国際エアショー「RIAT（Royal International Air Tatoo）」で日本文化を発信するため、空自の代表として現地で演奏してきた隊員も在籍しています。

我々は主に航空祭や年に1度行われる「自衛隊音楽まつり」などでその技を披露しています。さらに基地近隣の宮崎県新富町には「ヴィアマテラス宮崎」という女子サッカーチームがあり、「地域おこし協力隊」からの依頼で、選手や観客を前に太鼓演奏で盛り上げることもあります。

私が感じる和太鼓の魅力は、三つあります。一つ目は、体全体を使って演奏するため、全身運動となり体幹を鍛えられます。二つ目は、力いっぱい叩くためストレス解消になります。三つ目は、人を感動させることができることです。演奏を見てくださる皆さんの笑顔や歓声は忘れられません。

コロナ禍で演奏を披露できる場が少なく悶々としていますが、皆さんの前に立てる日を目指し、日々練習を積み重ねていきたいと思います。

地元の女子サッカーチーム「ヴィアマテラス宮崎」を応援する「新龍」の部員たち

新田原基地公開行事「ウィークエンド新田原」で息の合った太鼓演奏を披露する部員

陸空女性自衛官が交流

美幌駐と網走分基　96式車両展示や史料館研修

【美幌】駐屯地業務隊は6月20日、空自網走分屯基地の女性隊員7人を駐屯地に招き交流会を行った。

これは美幌駐屯地と網走分屯基地の女性自衛官の交流の場を設け、さらなる活躍推進を目的にしている。昨年12月に第1回交流会が網走分屯基地で開かれ、今回は陸自側での開催となった。

午前中は、業務隊総務班長の井上誠1尉が概要を説明した後、空自隊員に駐屯地の生活隊舎と勤務場所などの施設研修を行った。空自側からの希望で、96式装輪装甲車車両展示や史料館「北辰館」を研修した。

午後からは、駐屯地の女性11人が加わり、陸空両部隊を紹介した後、営内者と営外者に分かれてそれぞれ意見交換会を行った。営内者は、施設の問題点を、営外者は仕事と家庭の両立や育児環境などについて、それぞれの生活環境や勤務環境に対する相違点や問題点などを話し合い、交流を深めた。

参加した空自隊員からは「普段基地では見られない車両や美幌駐屯地の歴史に触れることができて、非常に勉強になった」との感想があった。

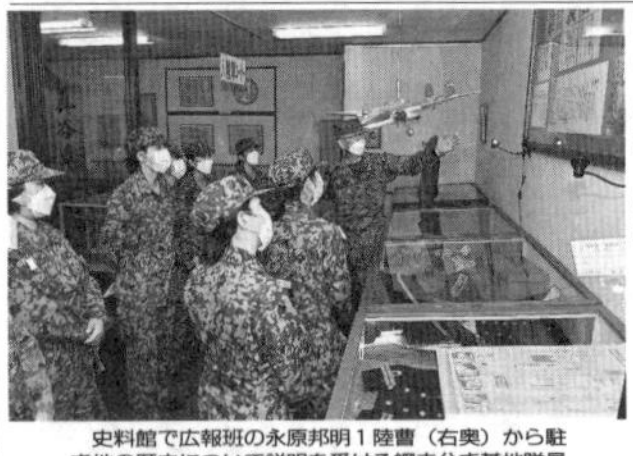
史料館で広報班の永原邦明1陸曹（右奥）から駐屯地の歴史について説明を受ける網走分屯基地隊員たち（6月20日、美幌駐屯地で）

家族会農園で春の収穫祭

子供たちが笑顔

【福知山】駐屯地の隊員と家族ら約140人は6月4日、福知山自衛隊家族会が運営する農園で行われた「絆農園、春の収穫祭」に参加した。

同家族会は、家族会会員の交流の場として河川敷畑「絆農園」を運営。毎年春と秋には、隊員と家族に「食育」の機会を提供するために「収穫祭」を開催している。

開始に当たり、同会の衣川莞爾会長は「すがすがしい初夏の風が気持ちよく、収穫祭には絶好の日となった。多くの家族連れが集まってくれてうれしい」とあいさつした。

隊員と家族は、家族会会員のアドバイスを受けながら作業を分担し、タマネギ、ニンニク、マダケノコといった"春の味覚"を収穫した。特に、子供たちは「一番大きいのを掘り当てるんだ」と、笑顔で走り寄り、手や顔も全身土まみれになりながら元気いっぱいに収穫を楽しんだ。

遠方から転入し、初参加となる隊員は「家族会の行事で140人もの参加は初めて見た。土壌豊かな福知山の自然の恵みを採れた」と話し、子供と一緒に楽しんでいた。

春の収穫祭に参加しタマネギを掘り当てた子供たち（6月4日、京都府福知山市で）

自慢の一品料理

紀州梅空上げ（唐揚げ）

空自では全体で「より上を目指す」という意味を込めて、鶏の唐揚げを「空上げ（からあげ）」と呼称し、各基地がそれぞれその土地自慢の食材などを使用して独自の一品を考案しています。

今回は夏の疲労回復にぴったりの串本分屯基地の「紀州梅空上げ」を紹介します。

基地のある紀州・和歌山と言えば梅干し。梅干しの酸味の効いた唐揚げは、爽やかな風味で夏場の食欲を増進します。

作り方はまず梅干しを果肉と種とに分けておき、鍋に水（50㎖）を張り、種、かつおだし、醤油、料理酒、みりんを入れ、アルコールを飛ばしたら火を止めて冷まします。続いて種を取り除いて果肉と一緒にミキサーにかけ、それを一口大に切り分けた若鶏のもも肉と混ぜ合わせ、1時間漬け込んで下味をつけます。漬け込んだもも肉に小麦粉とでんぷんを混ぜ、170度できつね色になるまで揚げたらできあがりです。

よりおいしく調理するコツは、鶏肉を漬け込む時間を一晩にすること。梅の風味が一層引き立ちます。

揚げたては「皮がカリっと中身はジューシー。しつこくないので何度食べても飽きない」と隊員たちの間ではとても人気があります。

和歌山出身の私が試行錯誤を重ね、誰でも簡単に作れるレシピにしました。至高の一品をぜひお試しあれ。

紹介者：3空曹　中村　友亮（ゆうすけ）（中警団　5警戒隊　厚生班・串本）

地方防衛局

特集

入札監視委員会を開催

入札や契約について審議

北海道局

【北海道局】北海道防衛局（石倉三良局長）は6月27日、入札・契約の透明性確保を目的とした「入札監視委員会」を札幌市の同局内で開き、北海道防衛局、帯広防衛支局、北海道内の自衛隊等が実施する入札や契約に関し、さまざまな視点・角度から審議を行った。これに先立ち、5月27日には同委員会の前委員長ら二人に対し、長年の貢献をたたえ、局長からの感謝状が贈られた。

前委員長らに局長感謝状

入札監視委員会は、さまざまな分野で学識経験を有する第三者委員で構成され、北海道防衛局、帯広防衛支局、北海道内の自衛隊等が実施する入札・契約過程の透明性を確保するため年4回、四半期ごとに開催されている。

今回は、菊地均委員長（北海商科大学名誉教授）以下5人の監視委員を中心に、同局職員（事務局職員や説明者）を含む計33人が参加して、①北海道防衛局と帯広防衛支局が今年1月から3月までに契約した建設工事と令和3年1月から12月までに契約した物品・役務事案②道内の海上自衛隊が令和3年度に契約した調達事案583件中から抽出した5件――について、あらゆる視点・角度から審議を行った。

これに先立ち、5月27日、長年にわたり入札監視委員を務め、このほど退任した阿座上洋吉前委員長（地域経済研究所理事長）と、津田秀太郎前委員（ほくと総合法律事務所弁護士）＝いずれも札幌市＝の二人に対し、北海道防衛局の石倉局長からの感謝状が贈呈された。

両氏は専門的な知見から意見を述べ、道内の防衛省・自衛隊の契約の透明性の確保に大きく貢献した。この功績をたたえ、同局の本間克哉総務部長が両氏の事務所を訪ね、感謝状を代読、伝達した。

北海道防衛局では「第三者である入札監視委員会での審議を通じ、引き続き入札と契約の適正化に努めていきたい」と話している。

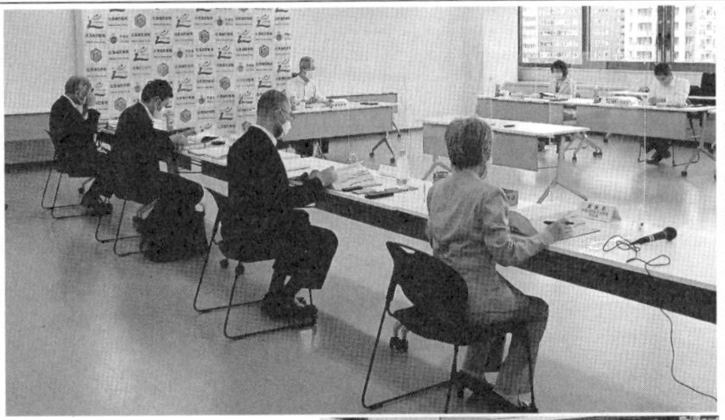

㊤入札監視委員会を開き、入札や契約についてさまざまな視点・角度から審議に当たる出席者（6月27日、札幌市の北海道防衛局で）

㊨入札監視委員を長年務めた阿座上洋吉前委員長（左）に対し、北海道防衛局の石倉三良局長からの感謝状を伝達する同局の本間克哉総務部長（5月27日、札幌市の阿座上氏の自宅兼事務所で）

市川局長が防衛講話

「東北コミュニティ放送協議会」で

東北局

【東北局】東北防衛局の市川道夫局長は6月14日、秋田県内で開かれた「東北コミュニティ放送協議会」（会長＝玉井恒・山形コミュニティ放送会長）の第25回総会に出席し、「我が国を取り巻く安全保障環境と防衛政策」をテーマに約1時間の防衛講話を行った。

「東北コミュニティ放送協議会」は、東北総合通信局管内のコミュニティー放送事業者相互の情報交換と相互啓発などを通じて、コミュニティー放送の健全な発展と地域の振興に寄与することを目的に設立された団体。加盟31局において、「防衛省・東北防衛局がおくる日本の防衛Q&A」の番組名で防衛政策や自衛隊・米軍の活動などに関する番組を制作・放送している。

昨年5月に行われた前回の総会は、新型コロナウイルス対策のためオンラインで開催されたが、今回は2019年6月以来、3年ぶりに対面形式で開催。秋田県湯沢市役所を会場に、協議会に加盟する東北6県のコミュニティー放送局の事業者代表27人が参加した。

講話の中で市川局長は、①我が国を取り巻く安全保障環境②我が国の安全保障・防衛政策③今後の安全保障体制の方向性――を軸に、緊迫するウクライナ情勢や米国のインド太平洋戦略のほか、我が国周辺各国の動向などを交えながら、多角的な視点で分かりやすく解説した。

東北防衛局では「防衛省の政策や自衛隊の活動に関して広く国民の理解が得られるよう、同局職員や隊員を積極的に講師として派遣しており、今後とも地元のニーズに応えながら講師派遣を行っていきたい」と話している。

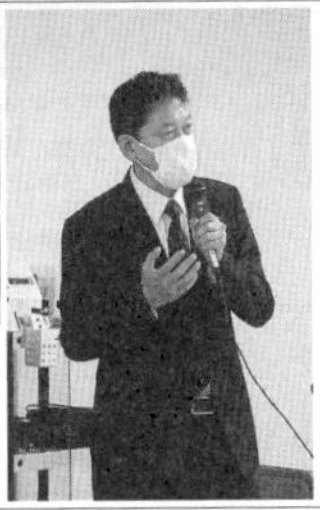

㊤「東北コミュニティ放送協議会」の第25回総会で防衛講話を行う東北防衛局の市川道夫局長（写真はいずれも6月14日、秋田県湯沢市役所で）

㊨防衛講話を前に、東北6県から集まったコミュニティー放送局の事業者代表ら（手前）に紹介される市川局長（スクリーン右横）

リレー随想

新人職員の皆さんを前に

山野　徹

少し前のお話になりますが、今年度も新しく20名を超える新人職員が南関東防衛局に入ってくれました。例年同様、前途有望な多数の若者に会うことができ、とても喜んでいます。

新人職員を対象とした初任者研修を始めるに当たり、私から新人の皆さんに次のようなお話をしました。

一つ目は、自分の担当業務が防衛省・自衛隊全体の業務の中でどのような位置付けになるのか考えるようにしてほしいということ。日々、業務をこなすことに一生懸命になる（それ自体は必要です）だけでなく、全体を俯瞰する視点も併せてぜひ持ってほしい。

二つ目は、学校と職場は違うということ。学校では皆さんはある意味「お客さん」なのに対し、職場では仕事を一緒にやる「チームメート」であり、当然、戦力として皆さんに大いに期待している。職場は、教育を受けることが目的の学校と違い、同じことを何度も説明してくれないので、受け身にならず、前向き・積極的に仕事に取り組んでほしい。

（ちなみに、私が社会人になりたての頃、ある人から「お給料をもらったら、この1カ月、自分がその給料に見合う働きができたか、たまには振り返ってみなさい」となかなか厳しいアドバイスを頂いたことがあるのですが、さすがにお給料をもらう前の新人たちにそんなことを言うのもと思い、この話はしませんでした）

局長として以上のようなお話をした訳ですが、実は、そもそも新人たちに何を話そうかを考えるという行為は、とりもなおさず仕事に対する自分自身の日頃の姿勢等を振り返ることにほかなりません。壇上から新人の皆さんに向かってお話をしつつ、内心、「では自分の日々の働き方はどうなんだ？」と自問自答する、そんな機会でもあるんだなと改めて気付き、私としても身の引き締まる思いでした。

また、どの組織でも同じでしょうが、人材の確保・育成は極めて重要です。せっかく希望に胸を膨らませて防衛省・自衛隊、南関東防衛局を選んで入ってくれた新人たちが、将来、組織の主力となって活躍してくれるよう、しっかり育てていく責任が我々年長者にはあるということ（あと、少々くだらないことではありますが、説教じみたことを言うようになるのは自分が歳をとった証拠だということも）。

私にとって、そんなことを感じた初任者研修初日でした。

（南関東防衛局長）

防衛施設と首長さん

宮崎県新富町　小嶋　崇嗣町長

こじま・そうし　50歳。淑徳大総合福祉学部卒。宮崎県新富町議会議員（3期）、副議長などを経て、2018年3月、新富町長に就任。現在2期目。新富町出身。

大空の守りから災派まで　地域に根差す新田原基地

新富町は宮崎県のほぼ中央の沿岸部に位置し、年間を通して温暖な気候に恵まれた自然豊かな町です。町沿岸部の富田浜は、毎年産卵のために数百頭のアカウミガメが上陸する日本有数の産卵地であり、夏には孵化した子ガメが海に帰っていきます。

町の北西には、樹齢600年とも言われる国指定の天然記念物「湯之宮座論梅」があり、2月初旬には白色一重の清楚可憐な花が咲き誇ります。600年前は一株の梅の木でしたが、元株は失われ、そこから派生した株は、長い年月をかけ繁殖、現在は80余株の梅林を形成しています。梅園としての歴史は古く、300年以上前から今の梅園の姿があったことが分かっています。

新富町の中央部には、航空自衛隊新田原基地が所在し、第5航空団をはじめとする各種部隊が所属しており、西日本の空の守りとして、スクランブルに備え、さまざまな状況を想定した飛行訓練などを実施し、日々戦技の向上に努められています。

隊員の皆さまには地元スポーツ少年団の指導や、さまざまな機会を通して地域住民と交流を行っていただくなど、地域の発展と活性化に大きく貢献いただいております。また、町内で発生した鳥インフルエンザや、口蹄疫に伴う災害派遣では、隊員の迅速な行動と的確な対応を目の当たりにし、心強く感じたところであります。

今後も、新田原基地をはじめ、隊員の皆さまと地域住民の調和を図り、さらなる信頼関係を構築してまいりたいと思います。

新庁舎落成記念行事

神町　指揮機能移転を報告

【20普連＝神町】2020年4月から建設が進められてきた新庁舎（B庁舎）が5月24日に完成し、20普連は6月1日から移転作業を開始した。

移転の間、第4科長の竹内仁1尉の指導のもと、それぞれの隊員が安全管理に細心の注意を払いながら、一致団結して取り組んだ。大規模な移転となったが、作業間においても業務を間断なく遂行できるよう配慮した。

6月20日には新庁舎指揮機能移転完了報告を実施。連隊長の荒木貴志1佐に対し、連隊本部から建制順に各中隊長が「指揮機能移転完了」と報告した。荒木連隊長は「新しい庁舎に見合うような仕事ができるよう、引き続き任務に邁進していこう」と訓示した。

7月4日には「新庁舎落成記念行事」を行い、蔵王会会長の野川勝弘氏、連隊OB会会長の村山勝明氏を来賓として招き、連隊本部10人と各中隊から20人の計約130人が参加した。

除幕式で連隊長は「隊員諸官は今までの連隊の活躍、伝統と歴史を新庁舎に継承し、さらなる飛躍を遂げ、地域の方々と国民の期待に応えられるように頑張っていこう」とあいさつ。

引き続き除幕が行われ、隊員が見守る中、荒木連隊長、最先任上級曹長の松本誠二准尉、来賓の野川氏、村山氏の4人が司会の合図で一斉に紅白幕の紐を引くと、「第20普通科連隊」の部隊表札がお披露目され、大きな拍手が送られた。この後、記念撮影、施設案内、懇談が行われた。

連隊は行事を通じて、部内外の関係者に謝意を表すとともに、新庁舎の安全使用と連隊のさらなる飛躍を祈念した。

「第20普通科連隊」の部隊表札を除幕する（左から）20普連最先任上級曹長の松本准尉、蔵王会の野川会長、20普連長の荒木1佐、連隊OB会の村山会長（7月4日、神町駐屯地で）

施設等の話題をお待ちしています

全国の各基地・駐屯地において近年、新設または改修された庁舎や隊舎、施設等をPRする投稿記事をお寄せください。これから完成予定の建造物等の話題も歓迎します。

全国の地方防衛局からの投稿も引き続き受け付けています。話題としては、▽米軍や自衛隊の訓練に対する支援▽再編交付金や、特定防衛施設周辺整備調整交付金などを活用した施設整備（起工式・落成式等）▽防衛問題セミナー（オンライン開催を含む）▽在日米軍従業員永年勤続者表彰式▽優秀工事等顕彰状授与式▽発注工事に係る業務説明会▽地元との覚書署名▽今後完成予定の建造物の紹介▽局内の訓練（応急危険度判定調査訓練など）▽日米共同の地域イベント――などです。

■原稿の書式・字数は自由。

■写真はJPEG（通常のデジカメ写真）形式で。

■「朝雲」編集部のメールアドレス＝editorial@asagumo-news.comまで。

防衛研究所　研究者座談会

ウクライナ戦争と印・中・露の動向

「安全保障上の危機」独自の分析

ロシアのウクライナ侵略という重大な安全保障上の危機を受け、防衛研究所ではほぼ毎週、さまざまな専門分野を持つ研究者たちが毎回メンバーを変えながら座談会を実施し、独自の分析を積極的に発信している。今回紹介するのは「インド、中国、ロシアの連携」――というユニークな視点からアプローチしたもので、齋藤雅一所長をコーディネーターに、インドを専門とする伊豆山真理氏、中国を専門とする増田雅之氏、ロシアを専門とする山添博史氏が、それぞれの専門地域の観点から活発に議論を行った（今年4月4日、防衛研究所内で収録＝同研究所提供）。座談会の議事録は随時、防衛研究所のHPに掲載されている。

（座談会で示された意見は研究者個人の見解であり、防衛研究所や防衛省の意見を代表するものではありません）

伊豆山（いずやま）　真理（まり）氏
理論研究部長
専門は、インドを中心とした南アジアの政治・外交・安全保障

増田（ますだ）　雅之（まさゆき）氏
理論研究部　政治・法制研究室長
専門は、現代中国の外交・安全保障政策、アジアの国際関係

山添（やまぞえ）　博史（ひろし）氏
地域研究部　米欧ロシア研究室主任研究官
専門は、ロシア安全保障、国際関係史

齋藤（さいとう）　雅一（まさかず）氏
防衛研究所長　防衛省大臣官房審議官、情報本部副本部長、統幕総括官、大臣官房公文書監理官などを経て現職

ウクライナ侵攻に関する印中露の思惑と連携の実態

増田室長　ロシアのウクライナ侵攻に対して、国際社会がどこまで協力して対抗できるのかは、G7（先進7カ国）、NATO（北大西洋条約機構）、EU（欧州連合）という西側諸国の連携とともに、今後、中国の動きが重要になってくる。中国がロシアの立場をどのように支持するのか、また、事態の収束に向けてロシアへのいかなる働き掛けを行い得るのかに注目する必要がある。

この点で注目すべき動向が出ている。ひとつは、『人民日報』が「鐘声」（同紙国際部の筆名）の名義で、「ウクライナ危機からみる米国式覇権」との副題を付すコラムを掲載したことだ。

1回目（3月29日付）のコラムでは、米国が主導するNATOの東方への拡大がウクライナ危機の根源にあり、米国が危機を作り出した、と冒頭で指摘した。これは、ロシアの主張と一致する。

いまひとつは、3月30日にロシアのセルゲイ・ラブロフ外相が訪中し、王毅国務委員と中露外相会談を行ったことだ。王毅は中露関係を変わらず高いレベルに押し上げていくと表明した上で、ウクライナ問題は「欧州の安全保障をめぐる矛盾が長期にわたって蓄積し、爆発した」ものと指摘した。

このように見れば、中露は立場を完全に一致させているように見える。ただし、具体的な政策展開における米国の位置付けは、中露間で一致しているとは考えにくい。ロシア研究者の評価も聞いてみたい。

伊豆山部長　インドには大陸国家、海洋国家の二面性があり、陸上国家としては中露印の三角関係が重要であるとコメンタリーで主張したが、前回参加した座談会ではインドのレバレッジは大きくないとのコメントを受けた。

中国がインドを相手にしていない可能性については、インド内外の論者が指摘しているが、中露印の枠組みの中で、ロシアがインドをどう認識しているか山添さんに教えてほしい。インドの投票行動は一貫しているのだが、国連安全保障理事会において棄権票を投じたことは大きなインパクトを与えた。米国のダリープ・シン国家安全保障担当副補佐官はインドを訪問して、制裁の抜け穴とならないように説得しているが、インドの態度がどのように変化するのか注目している。

中露印（RIC）外相会談は2001年から継続してはいるが、中国との国境紛争により、この枠組みに対するインドの熱意は冷めてきている。しかし、その枠組みから離脱した場合、中露が急接近することについては警戒感を示している。

山添主任研究官　ロシアの立場としては、中露印関係は強化していきたいと考えている。加えて、ブラジルや南アフリカも含む協調関係（BRICS）も援用して、ロシア対欧米諸国の構図で孤立しているのではないと主張したいのであろう。

ロシアがこれまで国連の場でインドを支援したことがあったので、インドもロシアを支援する恩義の関係を重視しているのかもしれないが、現在や今後のロシアに、インドからの恩義が通用するのか疑問である。

もちろん、インドの協力は必要としているが、そのあとインドが協力を求めても、実質的な利益がなければ協力しないし、実質的な利益があれば恩義がなくても協力するだろう。インドのために中国に強く出る実力も意思もない。

また、中国に関しては、増田室長が言及した『人民日報』のコラムなど、原則として米国に抵抗する立場を中国と共有できていると言えるので、ロシアは国内で中国の支持を得ていると主張できる。

ただし、やはり、具体的な政策で中国から十分な支援を得られるかは不明で、ましてや中国をまともに支援できるとも思えない。

増田室長　中国研究者としては、例えば中露外相会談の結果をロシアがどのように伝えているのかが気になるところだ。ウクライナ問題について、中国は米国の「覇権主義」を批判する一方で、場面や文脈によっては一部表現を弱めている。中露関係に関しても、ニュアンスを状況に応じて変化させ、解釈の余地を残している部分があるように思う。大きな枠組みで中露は一致しつつも、齟齬は生じ得る。

国際秩序の中の印中露

齋藤所長　集団的な枠組みや国際社会の連携において、インドや中国がどのような立場をとるのかが重要であると考えるが、この点についての考えはどうだろうか。

増田室長　中国の関心のひとつは、ウクライナをめぐる西側諸国の連携がアジア太平洋正面でどのように反映されるのかということにある。中国としては、アジア太平洋地域において、米国を中心とする日米豪印4カ国の協力枠組み「QUAD（クアッド）」や、豪英米の新たな安全保障協力の枠組み「AUKUS（オーカス）」などの安全保障協力が、どう顕在化するか注視している。中でも「QUAD」に関して、インドが完全に米国側に傾く状況は避けたいだろう。ロシアに対する西側諸国の連携が、アジア太平洋に反映されれば、それは中国に対するものとなる。

左から時計回りに齋藤所長、増田室長、山添主任研究官、伊豆山部長

伊豆山部長　インドはウクライナ侵攻以前、米国を中心とする国際秩序や同盟関係は完璧ではないとし、NATOの東方拡大に対するロシアの懸念にも配慮すべきであるとの立場をとっていた。しかし、仮に国際法違反を見逃せば、中国が中印国境で同様の行動をしかねないという警戒もあるだろう。

ロシアの提出した人道危機をめぐる決議案には、賛成した中国とは距離を置き、米国などと一致して棄権した。「インドが米国側に傾くことを避けたい」のならば、なぜ中国は中印国境で多少なりとも譲歩を示さないのか、増田さんにお聞きしたい。

増田室長　中国は局地的な問題よりも、現時点では国際秩序や国際システムという大きな枠組みを強調している。したがって、中印間の局地的な問題について、対応を変化させる必要性を感じているわけではない。大きな枠組みの中で、中国の立ち位置を確認している。

中露の一致もこの大きな枠組みでの一致であり、それがどの程度具体化されるのかはこれからの課題だ。米国に対しても、具体的な政策課題で明らかな溝を作ることは避けたいだろう。様子見をしながら、今後、具体的な対応が出てくるだろう。

山添主任研究官　インドはプーチン後のロシアとどう付き合うのか。インド国内ではどのような議論がなされているのか。

伊豆山部長　今現在はそういった議論はない。インドとしては、そのような議論をして、プーチン政権が倒れることを望んでいるという印象を持たれることは望ましくない。

増田室長　中国も同様だ。中露関係は積極的な首脳外交を通じて連携が強化されてきた。仮にプーチン政権が崩壊した場合、その崩壊のあり方次第では中国との関係をこれまでのように重視しないリーダーが現れる可能性もある。中国としては避けたいシナリオだろう。

経済制裁とエネルギー問題

齋藤所長　今の国際社会は、ロシアに対し、経済制裁によって集団的な圧力をかけられていない現状である。

増田室長　基本的に、中国はロシアに対する経済制裁に反対している。

伊豆山部長　インドも経済制裁に乗り気ではない。むしろロシアからの原油供給が増えており、利益を得ている立場である。両国の中央銀行間で、ルピー＝ルーブル振替決済の協議も行われている。

増田室長　西側諸国によるロシアへの経済制裁について、中国は「非合法的な一方的制裁」と言っている。中国が対露制裁に参加する可能性はない。西側による制裁によってロシアが弱体化することを中国は避けたい。欧米諸国がロシアへのエネルギー依存を脱することを図っているが、中国はエネルギー関係の強化によってロシアを支える。

また、人民元取引を行うロシア企業も増えている。中国はロシアを支えつつ、米国主導の制裁が効かないとなった時点で、「戦後」世界の再構築に向けた取り組みを加速化させるだろう。

齋藤所長　インドにとっては大陸での対立と海洋での対立が絡み合っている。

伊豆山部長　インドの原油輸入は中東に依存しており、エネルギー面でロシアへの依存が大きいわけではない。しかし、調達先多様化の観点から「サハリン1」への出資やロシアからの原油輸入増を行ってきた。逆に言えば、我々がエネルギー確保の代替案を提示できれば、ロシアとの関係を見直す余地があるのではないか。

インド太平洋での安全保障への影響と含意

齋藤所長　ロシアの参加の有無は未定だが、11月に「20カ国・地域（G20）首脳会議」が開かれる。G7以外の国々が、どのような反応を示すのか注目している。ロシアのウクライナ侵攻が当初の予想よりも長引いていることから、開催までに事態がどのように推移するのか、まだまだ先が見通せない状況だ。

伊豆山部長　2020年の中印衝突以降、中国との協力はあり得ない状態となっている。「インド太平洋」という文脈では、インドは中国に対抗するために、むしろ日米や「QUAD」と協力するだろう。

増田室長　中国は、中露印という枠組みよりも、より包摂的で西側へのインパクトのある枠組みを活用するだろう。例えば、G20や新興5カ国（BRICS）の枠組みなどだ。

齋藤所長　インド太平洋地域への影響についてはどうだろうか。

増田室長　米国の対中認識がポイントとなる。米国にとって、中国が最大の脅威であることに変わりはない。ただし、ロシアへの圧力を強めるためにも、当面は中国との対立が深まることは避けたい。「QUAD」や台湾問題についても、政治レベルでは声高な議論を避けるかもしれない。米中関係の構造と状況を見極める必要がある。

齋藤所長　今回のウクライナ危機で一筋縄ではいかない状況が浮き彫りになった。インドの反応はどうだろうか。

伊豆山部長　インドの基本政策は変わらないと言える。冷戦後、米国や有志連合の行動を忌み嫌う段階は終わったが、外交的に縛られたくないという立場は固持している。インドは米国に対し、敵対的な態度をとっているわけではないし、ウクライナ人道状況への懸念や国際法違反への批判は表明している。ただ、「多極世界」における自立的外交と米国・欧州との協力との両立ができるかが重要であり、米国がインドの地政学的な利益に配慮してくれることを望んでいる。

山添主任研究官　欧州においては黒（ロシア）と白（特にNATO諸国）という二項対立の構図になっているが、実際には世界はそれだけではない。中東はグレーな国が多く、例えばトルコもイスラエルも、場合に応じて対話も協調も対立も使い分けて動いている。

伊豆山部長　インドも黒白の峻別（しゅんべつ）には躊躇（ちゅうちょ）する。基本的には個別案件ごとの協力であり、研究者はそれを「マルチ・アラインメント（多角的連携）」とも呼ぶ。

増田室長　今回のウクライナ戦争によって、極東ロシア軍の動きに影響はあるのか。

齋藤所長　国際社会は今後、ロシアとどう付き合っていくのかという根源的な問題がある。極東でロシアがどう振舞っていくのか。

山添主任研究官　基本方針は変わらない。戦えないが戦えるふりをする極東ロシア軍として居続けるだろう。ウクライナ侵攻のようなことを極東でやる体力はないし、それは現実的ではない。中国やインドとはうまくやっていくしかない。

増田室長　ウクライナ戦争によって、国際秩序の破壊者というロシアのイメージが固定化された。その結果、アジア太平洋地域においても安全保障におけるロシアの位置付けや対ロ政策の見直しが進むだろう。中国も例外ではなく、対外的なロシアカードの含意や使い方も変化する可能性はある。

齋藤所長　ウクライナ危機を受けて、ロシアと北朝鮮の関係に影響はあるのか。

山添主任研究官　ロシアとしては、北朝鮮に協力するメリットは特にないと思われる。

齋藤所長　ロシアが今のままでは、北朝鮮の脅威に対しても安保理が機能しづらい状態が続くことになるだろう。

防研 駐日英国大使が特別講義

「インド太平洋への傾斜」を説明

「日英の一体性」を強調

【防研＝市ヶ谷】防衛研究所は6月21日、英国のジュリア・ロングボトム駐日大使を講師に招き、特別講義を実施した。齋藤雅一所長から直接依頼を受けた同大使が快諾し、実現した。大使は英国が進める「インド太平洋への傾斜」について説明するとともに、ロシアによるウクライナ侵略を受けて「日英の一体性」がこれまで以上に進んでいることを強調した。

この日午後、防研を訪れたロングボトム大使は齋藤所長を表敬訪問し、日英関係や日本の安全保障環境をめぐって意見交換。その後、防研庁舎内の国際会議場で第69期一般課程研修員と防研職員に対し、日英防衛・安全保障関係について講義を行った。

大使は「インド太平洋の安定を図る上で、ルールに基づく国際システムの構築が重要であり、日英の協力はそのために不可欠だ」と述べた上で、緊密度を増す両国関係について触れ、昨年行われた英空母打撃群のインド太平洋展開中の日英の共同訓練や、次期戦闘機に関する共同開発などの実例を紹介した。

さらに、核不拡散や地球環境、貿易、エネルギーといった分野での具体的な取り組みを挙げて英国が進める「インド太平洋への傾斜」について説明した。

一方、ロシアによるウクライナ侵略を受けて、先進7カ国（G7）における日英協力をはじめ、ウクライナへの軍事支援、ロシアへの国際的圧力の維持など、これまで以上に「日英の一体性」が進んでいることを強調。

日英関係が外交・安全保障面にとどまらず、芸術、スポーツ、教育などを含む広範かつ厚みのある人的交流に支えられていると指摘した。

質疑応答では、日英防衛協力の在り方や英国のインド太平洋政策に関して活発な議論が交わされ、1時間に及ぶ特別講義は盛況のうちに終了した。

㊤防研の第69期一般課程研修員と齋藤所長をはじめとする防研職員に対し特別講義を行うジュリア・ロングボトム駐日英国大使（壇上中央）
㊨日英協力の重要性を訴えるロングボトム大使。講義後の質疑応答では活発な議論が行われた＝写真はいずれも6月21日、防衛省F1棟の国際会議場で

「クリーンアップ日本海」に参加

留萌駐屯地 修親会、曹友会の30人

海岸に漂着したゴミを一緒に拾う隊員と地元ボランティア（5月30日、留萌市の三泊海岸で）

【留萌】留萌駐屯地（司令・高橋誠1佐）は5月30日、留萌市周辺の三泊（さんどまり）海岸や塩見海岸沿いなどで行われた同市主催の「クリーンアップ日本海」に参加した。

「クリーンアップ日本海」は、本格的な観光シーズンを迎える前に、日本海沿岸の清掃作業を行うことで日本海地域のイメージアップを図るもので、5月30日の「ゴミゼロの日」にちなんで同市が毎年行っている。

当日は青空を望む好天下、同市内のさまざまな団体や市民など、計16団体から総勢396人が参加。同駐屯地から参加した修親会（幹部）や曹友会（陸曹）の約30人は、海岸に漂着した発泡スチロールやプラスチックのかけら、ペットボトル、綱やロープなどの漁具類を拾い、1時間から1時間半にかけて40Lのゴミ袋を1人6袋以上拾い集めた。

主催者発表によると、回収されたゴミは、不燃系が約3・2トン、粗大ゴミが約0・8トンの合わせて約4トン相当にも上った。

同駐屯地は今後もさまざまな活動を通じて地域とともに環境美化に努めていくとしている。

日米友好祭を開催

3年ぶり11万人来場 横田基地

【横田】空自は5月21、22の両日に開催された、米空軍横田基地主催の「日米友好祭（Friendship Festival 2022）」に参加した。開催は約3年ぶりで、2日間で延べ11万人が来場した。

同イベントでは装備品展示が行われ、米軍や陸自のほか、空自からF35A、F15、F2の各戦闘機、C2、C130各輸送機、またブルーインパルスのT4練習機など多数の航空機の地上展示が行われた。

空自と陸自、東京地本のイベントブースでは、2日間にわたり軽装甲機動車、ペトリオット、化学防護車や偵察用オートバイを展示したほか、横田基地公式マスコットキャラクターの「はやてくん」の着ぐるみが来場者に初披露された。

「はやてくん」は、東京地本のマスコットキャラクター「トウチくん」「さくらちゃん」との記念撮影会に加わり、来場した多くの子どもたちから人気を集めた。

21日の会場は雨模様だったが、夜には天候が回復し、花火が盛大に打ち上げられ多くの来場者を魅了。22日は、日米首脳会談などに出席するため来日したバイデン米大統領が搭乗した「エアフォース・ワン」が横田基地に着陸し、会場からは大きな歓声が上がった。

「日米友好祭」で初披露され、来場した子どもたちの人気を集めた「はやてくん」＝5月22日、空自横田基地で

熱海市土石流災害から1年

板妻 隊員が黙とうささげる

【34普連＝板妻】駐屯地は7月4日の朝礼で、熱海市土石流災害の犠牲者に約1分間の黙とうをささげた＝写真。

昨年7月3日午前10時半ごろ、熱海市伊豆山地区で大規模な土石流が発生、多くの住宅が流され、34普連を主体とした災害派遣部隊が約1カ月にわたり、行方不明者の捜索、土砂やがれきの排除などの作業に汗を流した。

駐屯地体育館で行われた朝礼では、隊員一同がらっぱ吹奏に合わせて黙とう。犠牲者の冥福と被災地の早期復興を祈った。

駐屯地は「またいつ発生するか分からない災害への心構えを新たにし、引き続き災害対処訓練、業務にまい進したい」と話している。

第39回全国都市緑化北海道フェア

北恵庭駐屯地 隊員、家族160人が参加

【北恵庭】北恵庭駐屯地（司令・梅田宗法1佐）は6月12日、恵庭市の「花の拠点はなふる」で行われた第39回全国都市緑化北海道フェアの市民花壇栽植イベントに家族行事として参加した。

当日は好天に恵まれ、隊員と家族約160人が参加。会場では子どもたちの声が飛び交う和やかな雰囲気の中、前段と後段にわかれて約2時間、5000株の花の苗を栽植した。作業中には同市の原田裕（ゆたか）市長も姿を見せ、梅田司令と談笑するなど地域と駐屯地の連携も深めた。

参加した隊員は「普段花を植えることがないので、子どもたちにとっても良い機会となり貴重な体験となった」と額の汗をぬぐいながら笑顔で話した。

駐屯地は今後も積極的に地域の各種行事などに参加して「地域や隊員家族とともにある駐屯地」を目指していくとしている。

市民花壇栽植イベントで、花の苗を栽植する隊員とその家族たち（6月12日、恵庭市の「花の拠点はなふる」で）

小休止

▽…座間駐屯地（司令・本多健二1陸佐）は6月14日～17日まで、米陸軍キャンプ座間でスポーツイベント「アーミーウィーク（Army Week）」に参加した。

▽…在日米陸軍主催のイベントで、6月14日の米国陸軍創隊記念日を祝し、約1週間にわたってマラソン、サッカー、綱引きなどの各種スポーツ大会が行われ、米陸軍、陸自合わせてのべ約140人が参加した。

▽…特にサッカー競技（5人制）＝写真＝では、同駐屯地から出場したチームが見事に優勝。競技後はお互いの健闘をたたえ合い、グータッチを交わすなど、日米両隊員が交流を深めた。（座間）

こちら警務隊

レジャー（漁業法違反）

磯で許可を受けずアワビを採ったら 懲役3年以下、3千万円以下の罰金

磯でアワビを採りましたが、何かの罪になりますか？

アワビやナマコなどは、農林水産省が特定水産動植物に指定しているため、漁業権や漁業許可等を受けることなく採取した場合、漁業法違反となり、3年以下の懲役または3千万円以下の罰金に処せられます。

また、漁業法のほか魚介類の採取には、都道府県ごとに定める漁業調整規則に基づき、漁業などができる期間、場所、使っていい道具、捕ってもいい魚や貝の種類・サイズなどが定められています。

釣りや潮干狩りにもルールがあり「知らなかった」では済まされません。ルールを守って、レジャーを楽しみましょう。（中部方面警務隊）

防災・減災啓発活動への高橋陸曹長の想い

1陸尉　宮田 勇一（愛知地本金山募集事務所長）

募集広報とともに防災・減災啓発活動にも取り組む高橋曹長

愛知地方協力本部金山募集案内所（所長・宮田勇一1陸尉）は5月23日から30日の間、瑞穂区役所1階正面ロビーで、自衛隊、瑞穂警察署、瑞穂消防署及び名古屋市瑞穂区役所の4機関共同の防災・減災啓発活動に参加。被災地で活動する各機関の活動写真を展示し、区民の方々への防災・減災意識の普及活動を行った。

この活動は、国土交通省が定める毎年5月（北海道は6月）の「水防月間」に関連する取り組みの一環。梅雨や台風の時期を迎えるに当たり、国民一人一人に水防の意義や重要性について理解を深めてもらうのが狙い。

今年は名古屋市も5月29日を名古屋市総合防災訓練日に設定し、名古屋市各区の21カ所に分かれて防災訓練が実施された。その訓練の目的・意義をさらに多くの人に波及させるため、金山募集案内所では広報官の高橋伸幸陸曹長が主導して、4機関（自衛隊、警察、消防及び区役所）共同による活動写真の展示を、毎年実施しているものである。

金山募集案内所が本防災・減災啓発活動に関わることとなったきっかけは、平成29年8月末に名古屋市が設定する「防災週間」を機に、募集広報の傍ら区民の安全・安心に何か寄与できないかとの思いから、高橋陸曹長が4機関と調整したことだ。

当時の瑞穂区長及び区民生活部長をはじめ、警察、消防に各機関共同で市民に防災・減災意識を波及させる意義を精力的に説いて働きかけ続けることで、関係各機関の深い理解と賛同を得ることができた。

高橋陸曹長は広報官に任命される前は第35普通科連隊第3科警備陸曹で、東日本大震災でも連隊指揮所で勤務し、多くの惨状と情報に接してきた。高橋陸曹長は、「日々の多忙、かつ複雑多岐にわたる業務のさなか、自然災害においては平素から防災・減災意識をもって生活することがいかに重要であるか。また、それを自己に与えられた任務や環境と権限の中でいかに国民に深く浸透させることができるか」を考えながら勤務していたという。その後、広報官に補職されて以降も、温めていた思いを忘れることなく勤務し、募集広報に防災・減災啓発活動を取り入れることに成功した。

今年も、多くの区民の方々に気持ちを込めた手作り感満載の活動写真を見ていただき、「防災・減災について家族ぐるみで話し合い、自助の果たす役割を考えて欲しい」と高橋陸曹長は、熱い胸の内を語っていた。

近年、新型コロナウイルスの感染拡大、東シナ海・南シナ海における隣国の一方的な現状変更の試み、ウクライナ領土へのロシア軍侵攻等が、募集広報に大きな影響を与え、決して追い風とならない環境の中、多くの広報官は募集広報に多くの時間・労力を割かれている。

そんな環境下でも、自らが経験し、感じ得た熱い思いを忘れることなく精力的に活動する広報官が高橋陸曹長である。高橋陸曹長は、本啓発活動で得た信頼と行動力を買われ、瑞穂警察署で間稽古と称し、署長以下全署員に「ライフハック」の幾つかを披露するなど、その活動はバンダレー（境界線）フリーであり、今もその活動領域を拡大中である。

みんなのページ

らっぱ教育を終えて

1陸士　森川 瑞貴（33普連1中・久居）

このたびは初級らっぱ特技集合教育に参加することができ、大変うれしく思っています。私はらっぱ手になるのが入隊時からの目標でした。この目標を達成でき、さらに優秀隊員として選ばれたこと、とてもうれしく思います。

私が優秀隊員に選考されたのも、教官、助教、助手の熱意あるご指導はもちろん、共に教育を受けた同期、そして教育に参加させてくださった中隊の皆さまのおかげだと考えています。

今回の教育では、新型コロナウイルスの影響で教育が一時停止になり、吹奏練成ができなかった期間がありました。そういった期間がありながら、教育に参加した全員が各種検定に合格し、らっぱ手となれたことを本当にうれしく思います。皆がらっぱ手となれた理由は、しっかり一人一人の吹奏を聞いて、その人に合ったアドバイス等をしてくださった助教助手の存在が大きいと私は思います。時に優しく時に厳しく指導をし、私たちをらっぱ手として育て上げてくださったことを本当に感謝しています。

今回の教育を終えて、新しい目標が見つかりました。それは、らっぱ教育に教える立場として参加することです。そのために、毎日課業外の時間を活用し、らっぱ練成に励んでいます。今回助手として参加してくださった方々の練度に到達することができるようにこれからも、練成を継続していきたいと思います。

T4に搭乗して体感できたこと

3等空曹　須藤 沙希（三沢管制隊）

私は、航空管制官として、日頃からパイロットや車両操縦者と無線交信を行っています。皆さまの中にも、私と交信したことがある方がいらっしゃるかもしれません。

このたび、三沢基地（北部航空支援飛行班）に所属するT4練習機の同乗飛行訓練に参加させて頂きました。無線交信の合間にも数多くの確認動作を一つ一つ言葉に出しながら行っている操縦者の姿が特に印象的でした。

管制官の指示が分かりづらく、言い間違えが多いと、操縦者に多大なる負担をかけ、結果としてコミュニケーションエラーを誘発してしまう恐れがあるということを実際に肌で体感することができました。

この貴重な経験を踏まえ、今後の自己の管制業務において、聞き取りやすい無線交信を行うことを心がけ、より配慮の行き届いた丁寧な管制業務を提供することで、三沢飛行場の航空交通の安全かつ円滑な運用に寄与できるよう精進したいと思います。

（世界の切手・香港）

私を殺しに来たのだろう。
撃て、臆病者め。
お前の目の前にいるのはただの男だ。

エルネスト・チェ・ゲバラ（キューバの革命家）

朝雲ホームページ
www.asagumo-news.com
会員制サイト
Asagumo Archive プラス
朝雲編集部メールアドレス
editorial@asagumo-news.com

新刊紹介

「世界と日本を目覚めさせたウクライナの『覚悟』」

倉井 高志著

著者は2019年1月から21年10月まで駐ウクライナ日本大使を務めた元外交官。

ロシアによる軍事侵略に対し、ウクライナがかくも勇猛かつ頑強に抵抗し続けているその力の源泉はどこにあるのか、徹底抗戦の背景を解説する。

著者は、ロシアとウクライナの関係史をひもときながら、プーチン大統領の思考の本質にある「ウクライナのアイデンティティの否定」こそが、ロシアによる軍事行動のハードルを下げた心理的な要因であったと分析。

21世紀の今日においてもなお、ある日突如として、圧倒的な力を持つ権威主義国家が全く不合理な侵略を仕掛けてくる現実を前に、これに抵抗できるかどうかは、ひとえに犠牲が出ることも「覚悟」の上で断固たる決意をもって戦うことができるか否かにかかっていると指摘する。

ロシアの政治・経済・軍事について世界で最も深く、かつ実体験に根ざした見識を持つウクライナ。「力には力で対処するしかない」という当然の事実が突き付けられる中、日本の安全保障を考える上で、ウクライナの知見が大いに役立つことは間違いないだろう。

（PHP研究所刊、1760円）

「MP38&MP40サブマシンガン」

アルハンドロ・デ・ケサダ著、床井 雅美監訳、加藤 喬訳

第2次世界大戦を通じてドイツ軍制式サブマシンガンの中心的存在となったMP38とMP40について多数の写真や図を用いて詳細に解説した一冊。著者と訳者は戦史や銃器の専門家で、これまでも数多くの関連書籍を手掛け、同分野への造詣が深い。

第1次世界大戦中のドイツ軍は、塹壕戦や重火器部隊の自衛用に軽量小型で高い発射速度を備えた兵器、サブマシンガンを必要としていた。独軍の要求性能を満たし、1938年に制式化されたMP38は折り畳み式ストックを採用し、コンパクトになることから戦車・装甲車内での収納、落下傘部隊員の携行のしやすさなどの利点をもたらした。しかし暴発が発生しやすい機構が判明し、この点の解消や製造コストを下げ、大量生産に適応するなどしてMP40が誕生。その生産総数は100万挺以上に上った。

アサルトライフルの登場によりサブマシンガンの軍用銃としての有用性は失われつつあるが、軽便さと高い信頼性、後の銃器設計に大きな影響を及ぼした点など、MP40の名声は衰えないだろうと著者。

本書を読めばサブマシンガンの名機の誕生からの知識、時代と戦場によって兵器の有用性が変化することもまた理解できる。

（並木書房刊、1980円）

あさぐも掲示板

■戦略研究学会第59回定例研究会

戦略研究学会は7月23日（土）午後2時から、第59回定例研究学会をオンライン開催する（Zoom使用）。

講師は武居智久元海幕長。テーマは「台湾と戦略—ウクライナ戦争との比較の視点」。参加費は会員無料、非会員千円。いずれも事前参加登録が必要で、学会ホームページ（http://www.j-sss.org/）から申し込む。締め切りは7月15日（金）厳守。非会員には参加費納入口座がメールで通知されるので、同20日（水）までに振り込む。

問い合わせは戦略研究学会（電話03-3813-4466、FAX03-3813-4615、メールjimukyoku@j-sss.org）まで。

■東京音楽隊第64回定例演奏会〜海上自衛隊創設70周年記念〜

海自東京音楽隊は9月5日（月）午後7時から、川崎市のミューザ川崎シンフォニーホールで海自創設70周年を記念した第64回定例演奏会を行う。指揮は東音隊長の樋口好雄2佐。演奏曲目は「波に映るは暁の色」（世界初演）、「鎌倉殿の13人」、「天之常立神〜吹奏楽と打楽器群のための神話」（同）。

入場は無料だが、座席番号の記された当選はがきが必要。応募方法は海自ホームページの応募フォーム（左のQRコードかhttps://www.mod.go.jp/msdf/event/まで）に必要事項を入力。2人まで応募可（未就学児含む）。重複応募不可。応募期間は7月15日(金)から8月5日(金)まで。

問い合わせは東音定例演奏会係（電話03-3700-0136）。

OBがんばる

何物にも代えがたい財産

竹内 主信さん 55
令和2年12月、陸自中方航（八尾）を2陸佐で定年退職。現在、津市役所危機管理部で防災訓練や防災計画、防災関係機関との調整などの業務に励んでいる。

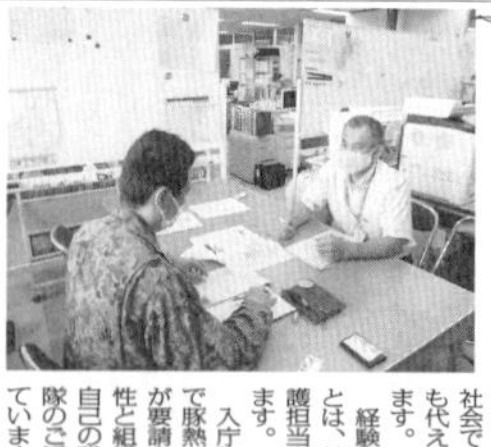

私は令和2年12月、中部方面航空隊本部勤務を最後に陸自を定年退職し、現在、津市役所危機管理部で勤務しています。

防災職を希望した理由は、災害派遣や防災訓練など自衛隊での経験を生かして地域に貢献したいと考えたからです。

退官前に受講した業務管理教育では、再就職への取り組み方や退官後の生活設計など幅広く有意義な教育を受け、社会保険や税金など現役時代には後回しにしがちだったことについて、考えるきっかけとなりました。

また、防災・危機管理教育で学んだ防災知識は、日々の業務に直結しており、総合防災訓練や地域防災計画に関する業務、防災関係機関との各種業務調整、地域の防災学習会に講師として派遣された時などに、その有用性を認識しています。

環境が変わり新鮮に感じる半面、戸惑うことも多々ありますが、自衛隊で培った礼節、知識、思考過程などは一般社会でも十分通用するもので、何物にも代えがたい財産であると実感しています。

経験上、再就職にあたって大事なことは、前向きな気持ちと健康管理、援護担当者との信頼関係の構築だと思います。

入庁後3カ月が経過した頃、市域内で豚熱が発生し、陸自に対し災害派遣が要請され、改めて自衛隊の持つ即応性と組織力に感嘆しました。今後とも自己の職務に専念し、微力ながら自衛隊のご活躍を応援していきたいと思っています。

詰将棋

出題　日本将棋連盟　九段　石田 和雄

第871回出題

▲先手　持駒　角角桂

【ヒント】桂の空跳ねが主眼の一手。（10分で一級）

▶詰碁、詰将棋の出題は隔週です◀

詰碁

出題　日本棋院　九段　曲 励起

第1286回解答

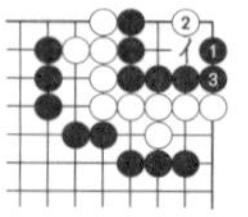

【解答図】黒先、白死。黒❶がまず大切で、白②の時、黒❸がまた大切です。これで攻め合い、黒一手勝ちです。なお、黒❶で『イ』へ打つと、白『2』で劫に上がれます。

朝雲
発行所 朝雲新聞社
〒160-0002 東京都新宿区四谷坂町12－20 KKビル
電話 03(3225)3841
FAX 03(3225)3831
振替00190-4-17600番
定価一部150円、年間購読料9170円（税・送料込み）

主な記事

救援物資の空輸終了

ウクライナ避難民支援　空自機で8便、103トン

岸防衛相「UNHCRから謝意」

岸防衛相は7月15日、ロシアによる軍事侵攻を受けるウクライナからの避難民を支援するため、防衛省・自衛隊が空自機で実施してきた人道救援物資輸送の終結を命令した。国連難民高等弁務官事務所（UNHCR）からの要請を受けて国連平和維持活動（PKO）協力法に基づく「人道的な国際救援活動」として、空自は5月1日から6月27日まで計8便を運航。アラブ首長国連邦（UAE）のドバイを経由してウクライナの近隣国ポーランドとルーマニアに毛布など計約103トンを輸送した。岸大臣は19日の記者会見で「UNHCRから謝意が表明された。引き続き国際社会と連携しながら、ウクライナ避難民の方々に寄り添う支援に貢献できるよう取り組んでいきたい」と語った。

政府は今年4月28日の閣議で「ウクライナ被災民救援国際平和協力業務実施計画」を決定。岸防衛相は同日、自衛隊機による救援物資の輸送命令を発出した。

これを受けて防衛省・自衛隊では、空自の航空支援集団（府中）を基幹とする「ウクライナ被災民救援空輸隊等」を約200人規模（国内待機要員等を含む）で編成。5月1日から6月27日までの間、C2輸送機が延べ6便、KC767空中給油・輸送機が延べ2便の計8便を運航した。

空自機は全便ともUNHCRの備蓄倉庫があるアラブ首長国連邦（UAE）のドバイを経由し、同地で▽毛布▽ビニールシート▽ソーラーランプ▽キッチンセット――などの物資を積み込んだ上で、ポーランド南東部のジェシュフ国際空港かルーマニアの首都ブカレストのアンリ・コアンダ国際空港に空輸した。

期間中の実績は次の通り。

◇第1便（C2）＝5月1日入間基地発、3日ポーランド着、6日帰投。

◇第2便（C2）＝5月11日美保基地発、13日ルーマニア着、16日帰投。

◇第3便（C2）＝5月18日入間基地発、20日ポーランド着、23日帰投。

◇第4便（C2）＝5月25日美保基地発、27日ルーマニア着、30日帰投。

◇第5便（KC767）＝6月1日小牧基地発、3日ポーランド着、6日帰投。

◇第6便（C2）＝6月8日美保基地発、11日ルーマニア着、14日帰投。

◇第7便（KC767）＝6月15日小牧基地発、17日ポーランド着、20日帰投。

◇第8便（C2）＝6月22日入間基地発、24日ルーマニア着、27日帰投。

ルーマニアの首都ブカレストに到着し、ウクライナ避難民支援のための人道救援物資としてドバイから運んできた毛布を降ろす空自C2輸送機（6月24日、アンリ・コアンダ国際空港で）＝統幕提供

ポーランドのUNHCRの倉庫に保管された救援物資を確認するウクライナ防衛駐在官の田代明彦2空佐（左）と、防衛装備庁装備保全管理官付の平松央事務官（6月3日）＝統幕提供

対中国軍機が大幅増加

緊急発進 第1四半期

2022年度第1四半期に緊急発進の対象になった露機、中国機の航跡図

→：中国機の経路　→：ロシア機の経路

統幕は7月8日、空自機による2022年度第1四半期の緊急発進（スクランブル）回数を発表した。4月1日から6月30日までの緊急発進は235回（昨年度同期142回）で、100回近い増加となった。領空侵犯はなかった。

各方面隊別の回数は、北空45回（同44回）、中空5回（同2回）、西空33回（同11回）、南西空152回（同85回）で、西空、南西空の増加が目立った。

対象機の国籍別（推定を含む）では、対中国機が171回（同94回）と全体の約73%を占めて最多、次いで対ロシア機が58回（同48回）で約25%、民間機などの「その他」が6回（約2%、同0回）だった。

今期は中国機に対する緊急発進回数の大幅な増加が特徴で、昨年度同期より77回増えた。4月7日にはY9電子戦機1機が対領空侵犯措置で初めて確認されたほか、複数回にわたる沖縄本島と宮古島間（宮古海峡）の通過、太平洋上で空母「遼寧」から300回を超える艦載戦闘機・ヘリの発着艦があった。

一方、露軍機に対する緊急発進回数は昨年度同期10回増で近年では比較的低い水準だったが、5月24日にTu95爆撃機と中国軍のH6爆撃機が日本海から東シナ海、太平洋にかけて長距離の共同飛行を行うなど特異な事例があった。

安倍元首相死去、岸防衛相会見

「遺志継いだ議員に期待」

岸防衛相は7月19日の記者会見で、安倍晋三元首相が亡くなったことによる戦略3文書の改定など、今後の安全保障戦略の議論に及ぼす影響について問われ、「安倍元首相は一議員としてもその発言は影響力が大きかった」とした上で、「安倍元首相の遺志を継いだ議員」の今後の活動に期待感を示した。

これに先立ち12日、岸大臣は安倍氏が8日に銃撃事件で亡くなったことを受けて自身のツイッターを更新。笑顔で写る兄弟のツーショット写真とともに、「兄を失いました。同時に日本にとり、かけがえのないリーダーを失いました。テロによる民主主義への冒瀆、暴力による言論封殺が行われてしまいました。兄は日本を愛し、この国を守るため、政治に命を賭けてきました。遺された者達は皆分かっています。お疲れさまでした。ありがとう。今はただ安らかに」という追悼文を投稿した。

（6面に関連記事）

岸防衛相（右）が自身の公式ツイッターに投稿した安倍晋三元首相（左）との笑顔のツーショット写真

フォーメーションを組んで航行する（手前から）「パラマッタ」「デューイ」「あさひ」（7月6日）＝海自提供

海自が米豪海軍と共同訓練

海自の2護群2護衛隊（佐世保）の護衛艦「あさひ」（艦長・池田忠司2佐）は7月4日から6日まで、東シナ海から沖縄東方の海空域で日米豪共同訓練を行った。

米海軍から駆逐艦「デューイ」（満載排水量9200トン）、豪海軍からはフリゲート「パラマッタ」（3600トン）が参加した。

3カ国の艦艇は対水上戦、射撃訓練、近接運動など各種戦術訓練を実施。日米豪の共同作戦能力を向上させるとともに、「自由で開かれたインド太平洋」の実現に向け協力関係を強化した。

春夏秋冬

日本国内閣総理大臣を演じ切った安倍氏

鶴岡 路人

選挙演説中の銃撃事件によって安倍晋三元総理が命を奪われた。痛ましい事件であり、あらためてご冥福をお祈りしたい。

世の中では、さまざまなかたちで安倍政権が回顧されている。世界各国から寄せられる弔意は、安倍外交がいかに世界に大きな足跡を残したかを示している。「外交の安倍」の本質は、総理はあくまでも総理であり、政治家安倍晋三が日本国内閣総理大臣を演じ切ったことである。

総理が総理であるのは当然といわれるかもしれない。総理を「演じる」とは不謹慎な表現だという指摘もあろう。しかし、総理に徹することができない総理は少なくないし、総理としての安倍氏以外の部分に着目して総理や政権を評価しようとする人がいかに多いことか。

歴史修正主義や反中・嫌中といった評価は典型例だ。国内の諸問題に関して安倍氏の立場が強固な保守であったことは疑いえない。それゆえ、どれだけ現実的な政策判断をしても「きっと本心ではなく、心のなかでは異なることを考えているはずだ」と疑われ続けた。しかし、史上最長の総理在任期間を誇りながら、靖国神社への参拝は一度のみだったし、日中関係は安倍政権期に徐々に改善した。総理としての安倍氏は徹底した現実主義者だった。

トランプ米大統領との関係も同様だ。安倍氏個人が、個人としてのトランプ氏を好きだったか、彼と本当に馬が合っていたかは、実のところ問題ではない。安倍氏は日本国総理として、米国大統領たるトランプ氏と相対していた。日本を取り巻く安全保障環境が悪化するなかで、唯一の同盟国の指導者と良好な関係を維持するのは、相手が誰であっても日本のトップとしての重要な責任である。日本の防衛がかかっている。苦労をしながらも覚悟を決めてトランプ大統領の胸に飛び込んだのは、私情ゆえではない。

いずれも、日本国総理としての行動であり、冷徹な国益計算に基づいたものだった。もとより、政治・外交において人柄が重要な役割を果たすことを否定するものではない。これからも、安倍氏の人柄を示すエピソードには事欠かないだろう。それでも、傑出した政治指導者としての安倍氏を評価するのであれば、第一に着目すべきは総理を演じ切った姿だ。

（慶應義塾大学総合政策学部准教授）

空自は米海空軍と訓練

日本周辺空域で52機参加

空自は、7月6、11、12日の3日間にわたり、米海空軍との共同訓練を日本海と太平洋、東シナ海上の空域で行った。

空自から5空団（新田原）のF15戦闘機4機、8空団（築城）F2戦闘機8機、9空団（那覇）F15戦闘機8機、南警団（同）、西警団（春日）、米空軍からはF22戦闘機12機、F35A戦闘機4機、F15C戦闘機13機、E3早期警戒管制機1機、KC135空中給油機1機、米海軍からP8哨戒機1機が参加した。

訓練では各種戦術訓練を行い、戦術技量と日米共同対処能力の向上を図った。

防衛力強化加速会議

防衛力の在り方 検討を進める

岸防衛相を議長とする「防衛力強化加速会議」の第7回から12回会合が今年4月19日から6月28日までの間、「防衛力の在り方」をテーマに省内で開かれた。同会議は鬼木副大臣が議長代理、中曽根、岩本両政務官が副議長を務め、防衛事務次官、防衛審議官、大臣官房長をはじめ、統陸海空の各幕僚長ら防衛省・自衛隊の幹部で構成される。議論の詳細は非公表。

ヘリ2機にレーザー光線照射

陸自目達原駐屯地　福岡県柳川市大和町上空

陸自目達原駐屯地は7月18日、西部方面ヘリコプター隊のUH60多用途ヘリ1機（7人搭乗）と第109飛行隊のCH47輸送ヘリ1機（12人搭乗）に対し、レーザー光線と見られる光が照射されたと発表した。

発表によると、2機は17日の午後8時3分から5分頃、福岡県柳川市大和町付近の上空を夜間飛行訓練中で、鹿児島県の霧島演習場から目達原駐屯地に向かう途中だった。

搭乗者と航空機に被害はなく、西方ヘリ隊が福岡県柳川警察署に通報。警察は威力業務妨害の疑いで現在捜査している。

同駐屯地は、本事案は航空機の飛行安全はもとより、乗員の生命を脅かす非常に危険な行為であり、今回の事案発生を深刻に受け止めているとし、西方航空隊長の中尾国保1佐は「航空機に対するレーザー照射は航空機の安全な運航や乗員の健康維持に対し、極めて危険な行為であると考えております」と話している。

朝雲寸言

日本初の武家政権である鎌倉幕府の発足時期をめぐっては、従来、源頼朝が征夷大将軍に任ぜられた西暦1192年とされてきた。ただ近年時期をめぐっては、頼朝が東国支配を認められた1183年など、さまざまな説が出ている▼一方、江戸幕府の終結時期はというと、明治天皇が王政復古の大号令を発した1868年1月というのが歴史の授業では正解だ。けれど、その半世紀以上前の時点で徳川幕府は既に有名無実化していた、とみることもできる。文化3（1806）年から翌年にかけてロシア帝国の軍艦が択捉島などを襲撃し、津軽・南部両藩が派遣する守備隊が敗走した「文化露寇事件」をもって、夷（異民族）を征伐する征夷大将軍の権威が空文化したためだ（藤田覚著「インテリジェンス都市・江戸」）▼平和安全保障法制などで指導力を発揮した安倍晋三元首相が凶弾に倒れた。「もし幕末の混乱で命を落としたあの人物が生き延びていれば、明治の日本も違っていた」などとしばしば言われるが、元首相についても似たような連想が働く。強力な結集軸を喪失した日本が、国際環境面で「世界最悪の場所」と化してしまった北東アジアで必要な安全保障改革を完遂できるのか、見通しは不透明になった▼日本の警備能力の空疎化を見せつけた2022年7月8日は、我が国の現行警察体制の「終わりの始まりの日」として後世記憶されるのかもしれない。

時の焦点

国内

安倍元首相国葬

こぞって哀悼の意を

長期政権の功績や、死を悼む多くの声を踏まえれば、最高の形で弔うのは当然と言えよう。葬儀が平穏に執り行われることを望みたい。

政府は、殺害された安倍元首相の葬儀を今年秋に「国葬」の形で行う方針を決めた。岸田首相は記者会見で、「卓越したリーダーシップと実行力で首相の重責を担った。国葬を執り行うことで、民主主義を断固として守り抜く決意を示していく」と述べた。

民主主義の根幹である選挙の演説中に、安倍氏が凶弾に倒れた衝撃は大きい。通夜や告別式が行われた東京・増上寺やその周辺には、多数の住民が詰めかけた。事件のあった奈良市の現場では、今も多くの人が花を手向けている。

岸田首相は、追悼の声が途切れないことを踏まえ、国葬とすることを判断したのだろう。

首相経験者の国葬は戦後、1967年の吉田茂氏以来となる。費用は、全額を国が負担する。

1947年に天皇の勅令・国葬令が失効し、その後、首相経験者の葬儀は、慣例に従って行われてきた。

佐藤栄作氏の場合、内閣、自民党、国民の有志が費用を分担し、「国民葬」という形式を採用した。ロッキード事件で有罪判決を受けた田中角栄氏のケースでは、内閣が主催に入ると世論の反発を招くとして、自民党・遺族の「合同葬」となった。

最近では、2020年に中曽根康弘氏の葬儀が、内閣と自民党の合同葬で実施された。中曽根氏の場合、2億円を内閣と自民党が折半した。

外務省によると、安倍氏に対しては、279の国・地域・機関から1700超の弔意が寄せられているという。多くの国が半旗を掲揚し、インドやブラジルは、国を挙げて喪に服すと発表した。

安倍氏の葬儀には、多くの海外の首脳や要人が弔問に訪れるとみられる。メディアの注目も集まるだろう。政府が葬儀を国家的行事に位置付け、責任を持って実施するのは妥当だ。

野党からは、国葬について「弔意を、個々の国民に対して、事実上強制することにつながる」（共産党）などと反対する声が上がっている。

悲劇的な死を遂げた元首相の追悼のあり方を巡り、日本国内で論争が起きれば、国際社会にどう映るだろうか。遺族も、そんな事態を望んではいまい。弔意の表明は、内心の問題であって、強制されるものではない。

今回の事件を受け、警察庁は、要人警護の抜本的な見直しに向けた議論を進めている。元首相の殺害が、戦後史に残る警察の不手際であることは明らかだ。日本の信頼を失墜させた責任は重い。多くの要人の訪問が予想される国葬で、ミスは許されない。政府は万全の警備・警護体制を確立する責務がある。

夏川 明雄（政治評論家）

海外

侵攻のロシア

外交と軍事で反転攻勢

世界を震撼させたロシアのウクライナ侵攻から5カ月がたつ。この間、侵略されたウクライナを軍事的、経済的に強力に支援し、厳しい対ロシア制裁で結束を示す欧米や日本など西側陣営はここにきて、プーチン政権が対抗措置の形で打ち出した天然ガス供給の削減や黒海からの穀物輸出の妨害による食料危機などでも厳しい対応を迫られている。

ロシアはいわば、世界各国の経済・社会安定に欠かせないエネルギーと食料を外交面での反転攻勢の「武器」として使用。これによって物価高騰の返り血を浴びる形の西側諸国の国内世論の動向をにらみながら、ウクライナへの武器支援や対ロ制裁での足並みの乱れを誘う分断戦略を活発化させている。

戦況面では、ウクライナ東部ドンバス地方の完全掌握とともに、南部のヘルソン、ザポロジエ両州や北東部ハルキウ州でロシア併合の動きを強めていることと併せ、プーチン政権が特別軍事作戦と称する侵略戦争でも主導権を握っていることに自信を深めている。

プーチン大統領は7月7日、議会指導者向けの演説で、ロシアに「戦場」で勝ちたければ、「やってみるがいい」と武器供与を続ける欧米諸国を挑発する一方で、ウクライナ侵攻は「多極化した世界」への移行の始まりにすぎないと主張した。また、「ロシアがまだ何も本格的に始めていないことを誰もが知るべきだ」と余裕を見せ、ウクライナのゼレンスキー政権と背後に控える西側諸国を強くけん制した。最近、ウクライナ各地で集合住宅などの非軍事施設にもミサイルやロケット弾を撃ち込むなど無差別攻撃を激化させていることも、強気の演説内容と重なる。

プーチン氏はこの演説で、ウクライナとの和平交渉について、依然としてオープンである考えも示した。両国の停戦・和平協議が3月末に決裂して以降、外交に言及したのは初めてだが、演説でのタカ派的発言が必ずしも虚勢ではないことは、ロシアが西側によるかつてない制裁にも持ちこたえ、エネルギーや食料を武器化して国際社会における反ロシア機運の高まりを抑え込んだという自信の表れとも受け取れる。

6月下旬に相次いで開催された欧州連合（EU）、主要7カ国（G7）、北大西洋条約機構（NATO）の一連の首脳会議では、ウクライナを全面的に支持し、国連憲章と国際法に対する重大な違反を犯したロシアを糾弾する内容の声明・文書を採択した。しかし、ロシア側も同国など新興5カ国がメンバーのBRICS首脳会議や主要20カ国・地域（G20）外相会合などの場で、中国とともに新興国を取り込んで対抗していく姿勢を鮮明にし、国際社会の分断があらわになった。

表向きは強気の姿勢を崩さないロシアだが、ウクライナでの苦戦が物語るように弱みも多く抱える。西側陣営が強く期待する停戦・和平交渉の環境を整えるためにも、当面は理不尽な侵略を受けたウクライナを強力に支援していく必要がある。

伊藤 努（外交評論家）

フィジー軍に初の能力構築支援

医療従事者8人招き、関連施設を視察

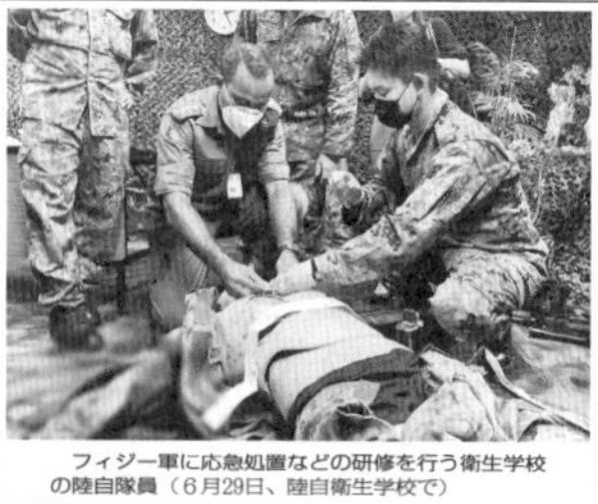

フィジー軍に応急処置などの研修を行う衛生学校の陸自隊員（6月29日、陸自衛生学校で）

防衛省・自衛隊は6月24日から7月1日まで、フィジー軍のブラックロック基地に勤務する医療従事者8人を招き、関連施設の視察や衛生分野に関する知見の共有などの能力構築支援を行った。フィジー軍に対しての能力構築支援事業は初めて。

今回は、6月12日にシンガポールで行われた日・フィジー防衛相会談で両国間の関係強化の重要性が確認され、防衛当局間の相互理解や人的交流の促進を図ることも目的の一つ。

フィジーへの衛生分野の能力構築支援事業は当初、令和2年度から3年間の事業として計画されていたが、新型コロナウイルスの影響で、2年間延期されていた。

フィジー軍の医療従事者たちは6月28日、朝霞駐屯地で駐屯地医務室の運営要領や管理要領、さらに自衛隊における医務室運営の基礎的な知識を研修した。翌29日は、三宿駐屯地で衛生学校の課程教育、校務運営の基礎知識と応急措置にかかる技術的教育で応急処置能力の向上が図られた。さらに自衛隊東京大規模接種会場で、運営に関して研修し、衛生学校関係者と意見を交換した。

また、期間中には市ケ谷での市ケ谷台ツアー、JICA（国際協力機構）研修、海自横須賀病院での研修なども行われ、両国間の防衛協力や交流が促進された。

防研69期一般課程修了式

齋藤所長「知見と絆は財産」

【防研＝市ヶ谷】防衛研究所は6月30日、第69期一般課程の修了式を行った。

同課程には防衛省・自衛隊から1佐クラスの隊員を中心に、他省庁や民間企業、外国の軍人ら計約130人が研修員として所属。約10カ月間にわたり、高級幹部として国家安全保障と防衛に関し、軍事的・政策的な幅広い視点から教育を受けた。

防研第69期一般課程の修了式で式辞を述べる齋藤所長（中央演台）。壇上の着席者は（左から）鬼木副大臣、山崎統幕長、吉田陸幕長（6月30日、防衛省F1棟の国際会議場で）

式典には鬼木副大臣をはじめ、山崎統幕長、吉田陸幕長、四ノ宮防医大校長ら高級幹部のほか、派遣国の武官ら多数の来賓が出席。日本の研修員には修了証書が、海外からの研修員には褒賞状と留学生記念章が齋藤雅一所長から授与された。

齋藤所長は式辞で「防衛研究所で得た知見や築かれた絆は大きな財産だ。本研修で培った力を礎として、さらに研鑽（けんさん）を積み重ね、組織や母国のために大いに活躍されることを期待している」と修了生を激励した。

続いて、鬼木副大臣は「隊員諸官には本課程で培った知見を最大限に活用し、防衛力の強化に取り組んでほしい。各省庁や民間企業の研修員には、防衛省・自衛隊と連携を深める上で中心的な存在となることを期待する。海外からの研修員は、我が国との友好関係をより一層深めるための懸け橋となることを希望する」と訓示した。

山崎統幕長は「国家・国民の負託に応える防衛省・自衛隊を創造するため、リーダーシップを発揮し、強い使命感をもって職務に邁進（まいしん）してほしい」と祝辞を述べた。

最後に研修員代表が答辞を述べて式典は終了し、研修員は職員に見送られ、防衛研究所を後にした。

ひと

総飛行時間1万時間を達成した「ロードマスター」

有川 昭広（ありかわ・あきひろ） 准空尉（54）

空中輸送員（ロードマスター）として5月13日、総飛行時間1万時間を達成した。間近に迫る定年退官を前に、「達成は健康第一で取り組んだ36年の部隊勤務の集大成」と感慨深く話す。

鹿児島県出身。空に関わる仕事に憧れ、昭和61年3月に一般空曹候補生11期として航空自衛隊に入隊。補給職種を選び第3術科学校（芦屋）で教育を受けた後、4補（入間）での勤務中に転機が訪れた。当時、ロードマスターはオレンジ色の飛行服を着用していた。その姿を目にした時に「この職種で航空機に搭乗して仕事がしたい」との思いを胸に、空中輸送員採用試験を受験し合格。昭和63年11月に学生として3輸空（美保）での空中輸送員課程を経て、平成元年にCH47J輸送ヘリからロードマスターの「道」が始まった。

当時2人目となる回転翼機から固定翼機への転換も果たし、念願のC1輸送機やC130H輸送機への搭乗がかなう。平成20年から配備された空自初の空中給油・輸送機KC767の「ブームオペレーター」の資格にも挑戦し、見事取得した。

「チャンスがあれば、一番に手を挙げて新しいことに挑戦する。それがモチベーションの維持にもつながる」。日米共同訓練「コープ・ノース」や「レッド・フラッグ」などでF15、F2戦闘機への空中給油も行った。

睡眠時は口にテープを貼って口呼吸を防ぐなど、モットーの「健康第一」を貫き通す。この姿勢が数々の任務への参加を逃さず、これまで降り立った国は約25カ国に上る。1年の内8カ月も海外で過ごす年もあった。

中でも、印象に残るのはKC767による平成26年国連エボラ緊急対応ミッション（UNMEER）で西アフリカ・ガーナのコトカ国際空港への個人防護具の輸送任務。「広大なアフリカ大陸を横断する飛行は約12時間におよんだ。ロードマスターとして機内管理が大変だった」と当時を振り返る。

「これからも航空自衛隊には多種多様な任務が付与されると思う。健康第一で安全運航を実現してほしい」と未来のロードマスターにエールを送った。

（篠原利実）

NZ統合軍司令官 山崎統幕長と会談

防衛協力発展で一致

来日したギルモアNZ統合軍司令官（左）と会談、記念撮影に臨む山崎統幕長（6月17日、防衛省で）＝統幕提供

山崎統幕長は6月17日、「太平洋水陸両用指揮官シンポジウム（PALS）22」に参加するために来日したニュージーランド統合軍司令官のジム・ギルモア海軍少将と防衛省で会談した。

両者はウクライナと中国情勢について認識を共有し、「自由で開かれたインド太平洋」の実現と今後の両国間の防衛協力・交流のさらなる発展に向けて協力していくことで一致した。

ロシア艦艇3隻が対馬海峡を北東へ

海自は7月5日午後11時ごろ、長崎県・男女群島の西約90キロの海域でロシア海軍「ウダロイI」級駆逐艦（艦番号543）、「ステレグシチーII」級フリゲート（337）、「ドゥブナ級」補給艦の3隻を確認した。その後、これらの艦艇は対馬海峡を北東に進み日本海へ入った。

3ミサイル艇隊（佐世保）のミサイル艇「しらたか」、1空群（鹿屋）のP1、5空群（那覇）のP3C哨戒機が情報収集・警戒監視を行った。

11日午前1時ごろには、「ヴィシニャ」級情報収集艦1隻（535）が長崎・男女群島の西約130キロの海上を北東に航行するのを海自が確認。ロシア艦は対馬海峡を北東に進み、日本海へ入った。

佐世保警備隊（佐世保）の多用途支援艦「あまくさ」、4空群（厚木）のP1哨戒機が警戒監視を行った。

中国艦は太平洋と東シナ海往復

7月7日から10日にかけて、海自は中国海軍「ジャンウェイII」級フリゲート1隻（566「懐化」）が沖縄県・与那国島と台湾との間を通過し、太平洋と東シナ海を往復したことを確認した。

7日午後1時ごろ、中国艦は沖縄県・魚釣島の西北西約80キロの東シナ海上を南下し与那国島と台湾の間を通過して太平洋へ。10日午後2時ごろには、与那国島の西南西約50キロの海域を北上。ふたたび台湾との間を通過し東シナ海に戻った。

12護隊（呉）の護衛艦「あぶくま」、1海補隊の補給艦「ましゅう」（舞鶴）、46掃海隊（沖縄）の掃海艇「くろしま」が情報収集に当たった。

防衛省発令

▽兼統幕運用2課（陸幕訓練課）1陸佐 森田 裕哉

（同装備計画課）同 笹川 豊秀

（同）同 三谷 耕太

（以上7月9日）

訂正 7月7日付3面の「カーン・クエスト22」の記事で、18普連（千歳）とあるのは18普連（真駒内）の誤りでした。

共済組合だより

ライフプラン支援サイト

共済組合HPから3社のWEBサイトにリンク

皆さまは共済組合のホームページ（HP）からアクセスできる「ライフプラン支援サイト」をご存じですか？ 共済組合HPから野村證券、第一生命、三井住友信託銀行の3社が開設する各Webサイトに進むことができます。

いずれのサイトも基本事項を入力するだけで将来の収入・支出のバランスを把握できる「ライフプラン・シミュレーション」をはじめ、結婚、出産、子供の教育、健康、老後など、人生のさまざまなシーンやそれに伴うお金にまつわる各種情報を得られます。

このほか、各サイトでは多彩なメニューをご用意。いずれもすぐに役立つ情報ばかりですので、ぜひご利用ください。

共済組合HPトップページ中段のライフプラン支援→組合員専用ページへログイン（ユーザー名・パスワードはご所属の支部でご確認ください）→ライフプラン支援サイト→各社Webサイトに進んでください。

◇

共済組合の各支部では、防衛省が開催する「生涯生活設計セミナー」に合わせて、ファイナンシャル・プランナーによる「個別相談会」も実施しています。こちらもぜひご利用ください。開催予定等、詳しくはご所属の支部にお問い合わせください。

野村證券

第一生命

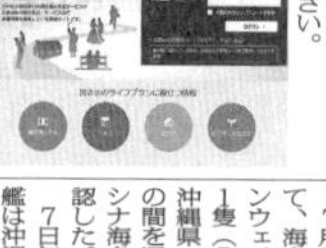

三井住友信託銀行

Japan Drone2022

最新ドローンなど出展

ジェネラル・アトミクス・エアロノーティカル・システムズ（GA－ASI）出展の小型無人航空機システム（sUAS）「スパローホーク」

ドローン展の会場全景。国内外のメーカーなど187社・団体が参加した（写真はいずれも6月22日、千葉市の幕張メッセで）

監視・情報収集――空の上、水の中から

㊤日本海洋が展示した窓ガラスを破るグラスブレイカーなどが装着できる「SWAT仕様突入ドローン」 ㊦スペースエンターテインメントラボラトリーが展示した「HAMADORI　3000」は飛行艇型ドローン

㊨HIEN Aero Technologiesのブースに展示された、給電機能を備えたハイブリッドUAV「HIEN Dr－One」の1／4スケールモデル ㊤福島工業高等専門学校、タカワ精密などが開発を進める耐放射線性水中ロボット「ラドほたるII」

エアフレームのブースに展示された長時間滞空型のマルチコプタードローン「Perimeter 8 UAS」。機体の下部にはレーダーポッド（モックアップ）が取り付けてある

千葉・幕張で国際展示会

国内最大のドローンに関する製品やサービス、システムが集まる国際展示会「ジャパンドローン2022」（主催：UAS産業振興協議会＝JUIDA）が幕張メッセ（千葉市）で6月21日から23日まで開催された。国内外のメーカーや大学、自治体など187社・団体が航空偵察、物流、輸送、警備、農業支援などさまざまな分野で活用できる最新のドローンを出展し、期間中に約1万7千人が訪れた。

同展示会ではドローン本体だけでなく、ドローンに装着するカメラやセンサーなどの拡張パーツ、ドローンを相互に結ぶ通信運用システム、ドローンに関わる人材を育成・派遣するサービスなど多種多様なブースが設けられた。

ジェネラル・アトミクス・エアロノーティカル・システムズ（GA－ASI）は小型無人航空機システム（sUAS）「スパローホーク」を展示。MQ－9B無人機などの翼に搭載することが可能で、飛行中に空中で切り離し、特に脅威が高い戦域における情報収集・監視・偵察（ISR）を行い、活動後は空中で回収できる。これによりUAV（無人航空機）本体の生存性を高めることができ、現在開発が進められている。

エアフレームは長時間滞空型の「Perimeter 8 UAS」を出品。飛行時の寸法が縦横約2メートルの機体は、燃料と搭載されたバッテリーの電気で飛行するハイブリッドタイプで、マルチコプタードローンとして連続滞空時間は世界最長の13時間4分を達成している。ペイロードオプションには可視カメラ／IRセンサー各種、合成開口レーダーなどがあり、さまざまな運用に対応できる拡張性を備える。

福島相双復興推進機構のブースでは、福島工業高等専門学校、タカワ精密などが開発を進めている耐放射線性水中ロボット「ラドほたるII」が出展された。同機は福島第1原子力発電所の廃炉作業の中でも高放射線環境下にある格納容器内部などの状況把握を担うロボットとして10000シーベルトの耐放射線性の性能獲得を目標としている。

この他にも、日本海洋ではガラスを破るグラスブレイカーなどが装着できる「SWAT仕様突入ドローン」、スペースエンターテインメントラボラトリーからは水上発着が可能な飛行艇型の中型ドローン「HAMADORI 3000」などが展示された。

（文・写真 篠原利実）

スポーツ

特集

体校勢が男女5階級制す

明治杯全日本選抜レスリング選手権大会

令和4年度「明治杯全日本選抜レスリング選手権大会」が6月16日から19日まで、東京都世田谷区の駒沢オリンピック記念公園体育館で行われ、自衛隊体育学校勢が男女計5階級を制した。

世界選手権代表に内定し、サムズアップでポーズを決める高谷2尉

男子フリースタイル74キロ級

高谷2尉が優勝

大会は2022年世界選手権（9月10〜18日、セルビア・ベオグラード）の代表選考を兼ねており、昨年12月の全日本選手権と今大会の優勝者が異なった場合、決勝戦後に両大会優勝者による代表決定プレーオフが行われた。

体校からは高谷大地2陸尉以下24人が出場。その高谷2尉は大会2日目、フリースタイル74キロ級に登場した。初戦をポイント4－0、準決勝を6－0と相手に1ポイントも与えず決勝に進出。相手は木下貴輪選手（クリナップ）。試合開始直後から果敢に攻め、3ポイントを先取したが、2ポイントを返され接戦に。しかし、試合終了間際にダメ押しの2ポイントを奪い、5－2で通算2度目の優勝を飾った。高谷2尉は昨年12月の全日本選手権も優勝したため、世界選手権代表に内定した。

「華の階級と言われる74キロ級でどれだけ戦えるのか、自分はどのくらいのレベルなのかを確かめられる非常に楽しみな大会」と世界選手権に向けた意気込みを語った。

同125キロ級の山本泰輝2陸曹は4連覇をかけて出場。初戦で試合開始わずか27秒で10ポイント差以上をつけてテクニカルフォール勝ちを収め、決勝で二ノ宮寛斗選手（不二精機）と対戦。互いに譲らぬ攻防戦を展開したが、山本2曹が2－1で競り勝ち、4回目の世界選手権代表の座を手に入れた。

女子フリースタイル72キロ級

古市3尉が2年連続3度目V

女子フリースタイル72キロ級には、昨年の世界選手権同階級金メダリストの古市雅子3陸尉が出場。初戦を9－0、準決勝は相手選手の負傷棄権で決勝に進出した。相手は新倉すみれ選手（神奈川大学）。昨年の同大会決勝と同じ顔合わせだ。

試合は両者とも2ポイントを奪って2－2で第2ラウンドへ。古市3尉はポイントの奪い合いの中、4－6とリードを許したが、試合時間残り2秒で逆転に成功、2年連続3度目の優勝を果たした。その後のプレーオフでも新倉選手を倒し、昨年に続いて世界選手権代表に内定した。古市3尉は「決勝は苦しかったが、最後に力を振り絞って勝つことができ、プレーオフにつなげられた。今回の反省を世界選手権につなげていきたい」と意欲を見せた。

グレコローマンスタイル87キロ級には角雅人3陸曹が出場した。初戦、準決勝の2試合を10－0のテクニカルフォールで危なげなく勝ち進み、決勝は阪部創2陸曹との同門対決に。手の内を知り尽くしているだけに緊迫した攻防が繰り広げられ、互いに指導（攻撃に消極的）が1回ずつ入ったが、角3曹がわずかな好機を逃さず、5－1で3度目の優勝と世界選手権代表を勝ち取った。

安定した構えから組み手を狙う前世界選手権金メダリストの古市3尉

グレコローマンスタイル97キロ級に出場した鶴田峻大3陸曹は初戦、準決勝と相手にポイントを与えずに決勝進出。仲里優力選手（佐賀県スポーツ協会）との決勝では3ポイントを先取したものの、仲里選手に逆転負け。1時間後に行われたプレーオフで仲里選手と再戦した鶴田3曹は3ポイントを先取し、2度の指導で1ポイントを奪われるもそれ以上の失点を許さずに勝ち切り、世界選手権の代表に内定した。

フリースタイル86キロ級では奥井眞生3陸尉が初戦を10－0のテクニカルフォール、準決勝もフォール勝ちで白井勝太選手（クインテット）との決勝戦に勝ち上がった。奥井3尉は互いに指導を受ける接戦を制して2－1で競り勝ち、74キロ級と合わせて3回目の優勝を果たした。

しかし、プレーオフで白井選手に1－2で惜しくも敗れ、世界選手権の内定は逃した。

【令和4年度明治杯全日本選抜レスリング選手権大会】

◇グレコローマンスタイル男子67キロ級③清水賢亮2曹◇同72キロ級②堀江耐志2曹◇同87キロ級①角雅人3曹②阪部創2曹◇同97キロ級②鶴田峻大3曹

◇フリースタイル男子57キロ級③藤田雄大2曹◇同61キロ級②小川航大2曹◇同74キロ級①高谷大地2尉◇同79キロ級③村山貴裕3曹◇同86キロ級①奥井眞生3尉◇同97キロ級③園田平2曹◇同125キロ級①山本泰輝2曹

◇同女子53キロ級②奥野春菜2曹◇同59キロ級③徳原姫花士長◇同65キロ級②今井海優3曹◇同72キロ級①古市雅子3尉

体育学校ニュース

第16回全自衛隊拳法富士山大会

コロナ対策して3年ぶり開催

壮年の部で会場を圧倒する攻防を見せる田村曹長（左）と田中1曹（6月26日、御殿場市体育館で）

「第16回全自衛隊拳法富士山大会」（全自衛隊拳法連盟主催）が6月25、26の両日、静岡県御殿場市体育館で3年ぶりに行われ、団体の部で40普連、女性の部で久居支部の橋本葵陸士長、壮年の部（45歳以上）で普通科教導連隊の田村友和陸曹長が優勝した。

団体戦は3人1チーム制で、北海道から対馬までの44チームが参加。コロナ対策のため、会場には試合を行うチームと監督以外は入れない完全入れ替え制の無観客試合で行われた。

団体戦は波乱含みのスタートとなった。3年ぶりの大会とあって初日は動きがやや鈍いチームも多く、かつて全自大会10数連覇を達成した本命の第1空挺団が初戦で敗れたほか、前回大会2部優勝の第1特科隊や、航空自衛隊の強豪チーム・入間も初戦で悔しい思いをした。

2回戦以降も波乱含みのハイレベルな戦いが展開され、西方から16普連（大村）、40普連（小倉）、43普連（都城）と、前回大会1部優勝の32普連（大宮）がベスト4に進出。激闘の結果、決勝戦は40普連と43普連の西方対決となった。1勝1敗1分と双方譲らず、結果は「本数差」で40普連が接戦を制した。

24人が参加した女性の部では、久居支部の橋本士長が、16普連の野田夕楓陸士長を1－0で破り優勝。今回初めて設けられた壮年の部（45歳以上）には、これまで全自拳法を牽引してきた監督・役員クラスの4人が参加した。

決勝は大会事務局で企画統制を務めた普通科教導連隊の田村曹長と、全自拳法連盟西方理事を務める40普連の田中邦幸1陸曹の対決。現役の若手選手と見間違うほどのキレとスピードに熟練の技を加えた見応えのある攻防は会場の注目を集めた。結果は1－1から田村曹長が田中1曹の一瞬の隙を突いて優勝した。

【第16回全自衛隊拳法富士山大会】

◇団体の部①40普連②43普連③16普連、32普連

◇女性の部①橋本葵士長（久居支部）②野田夕楓士長（16普連）③植野未来1士（大久保支部）、田中舞花1士（8通大）

◇壮年の部①田村友和曹長（滝ケ原）②田中邦幸1曹（40普連）

木更津トライアスロン大会リレーの部

海自空補処チームが2位

【空補処＝木更津】海自空補処の平尾真樹子2佐、浅野弘匡1尉、東井崇志2曹の3人が6月19日、木更津トライアスロン大会（きさトラ）のリレーの部（スイム、バイク、ランで51・5キロ）に出場した。30度を超える暑さの中、日頃の鍛錬の成果とチームワークを発揮し、総合2時間16分51秒で2位の好成績をおさめた。

記念写真に納まる「海上自衛隊」チーム（右から平尾2佐、東井2曹、浅野1尉）＝6月19日

「きさトラ」は、会場である陸自木更津駐屯地の広大な滑走路を駆け抜けることができるのが魅力で、毎回1000人近くがエントリーする人気の大会。新型コロナの影響で21、22年と中止になったため、3年ぶりの開催となる。

3人はそれぞれ平尾2佐がバイク、浅野1尉がスイム、東井2曹がランと得意分野を担当し、「海上自衛隊」チームとして出場した。

リレーの部は午前10時前にスイムからスタート。海自チームは序盤から好調な滑り出しで、浅野1尉が木更津港内の1・5キロコースを2位でゴールした。続く平尾2佐がバイクで40キロを快走。最後に東井2曹が、1位に約40秒差まで迫る力走を見せた。

レースを終えた東井2曹は「コロナ下で十分な練習ができない中、2位という結果を出せて満足しています。今後も鍛錬を重ね、次こそは1位を取れるように頑張りたい」と来年への意欲を見せた。

体校選手成績

【東京都社会人対抗水泳競技大会】

◇50メートル平泳ぎ②渡辺隼斗2曹27秒68

◇100メートル平泳ぎ②渡辺2曹1分00秒87

◇400メートル自由形③吉田惇哉2曹③4分01秒50

◇50メートル自由形②赤羽根康太2曹23秒32

◇100メートル自由形②赤羽根2曹51秒08

◇200メートル自由形③川田大夢1士1分54秒44

【近代五種ワールドカップ・ファイナル＝トルコ】

◇ミックスリレー②佐藤大宗3曹・内田美咲3曹1351点

【全日本社会人アーチェリー選手権】

◇男子個人③桑江良樹2曹4勝1敗

【東日本ライフル射撃競技選手権】

◇男子50メートル3姿勢①川原楓3曹578点（458.6点）②松本崇志1尉576点（443.8点）③島田敦2曹582点（433.5点）

◇女子50メートル3姿勢②小笠綾乃2尉578点（447.7点）

◇男子10メートルエアライフル①島田2曹623.3点（248.5点）②松本1尉622.2点（247.5点）

◇女子10メートルエアライフル②小笠2尉621.3点（245.1点）

◇男子10メートルエアピストル①園田吉伸2曹572点（236.4点）②金坂春杜3曹564点（236.1点）

◇女子10メートルエアピストル③鈴木璃優士長555点（213点）

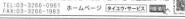

佐世保教育隊

男女別にバレーボール

【佐教】佐世保教育隊は6月3日、17期一般海曹候補生、24期自衛官候補生、15期自衛官候補生（女性）の球技競技（バレーボール）を行った。6つの分隊からそれぞれA〜Dの4チームを選出。男性16チーム、女性8チームによるトーナメント方式で試合に臨んだ。

各分隊とも強靭な体力と強固なチームワークで1回戦から白熱した試合展開を見せ、会場は終始、熱気に包まれた＝写真。

男性分隊の決勝は、一般海曹候補生の21分隊Dと23分隊Bが対戦。2－0で接戦を制した21分隊Dが勝利した。また、女性分隊は自衛官候補生の32分隊Bが、同じく32分隊Dを決勝で下し優勝した。

募集・援護 特集

各地で募集解禁

地本長自らＰＲ　笑顔で元気に

７月１日に高校３年生の募集が解禁となり、全国の地本では多くの職員が一斉に街頭に出てＰＲする「市街地広報」を開始した。熊本地本では地本長自ら駅前に立って自衛隊の募集開始をアピール。静岡地本は採用案内入りのティッシュを通勤・通学者に手渡し、募集目標達成に向けたスタートを切った。

県内15カ所で　熊本

【熊本】地本は7月1日、高校3年生の募集解禁に合わせ、ＪＲ熊本駅や上熊本駅など県内15カ所で一斉に市街地広報を行った。橋本賦地本長はじめ地本部員のほか、防衛議員連盟、家族会、隊友会など協力団体の会員ら約70人が集まり、就職先としての自衛隊をＰＲした。

広報活動は朝7時からスタート。地本はこの日のために募集案内のリーフレットやうちわ、ティッシュなど配布物を約1万個用意した。マスクで顔が見えない分、笑顔と明るい声を心掛け、駅前を行き交う高校生らに「自衛官の募集が始まりました」とリーフレットなどを配った。

受け取った学生からは「暑いのに大変ですね、頑張ってください」などの激励や、「今年進学か就職か迷っているので参考にしたい」などの話を聞くことができた。わずか1時間半あまりで、用意した1万個をすべて配布した。

地本は今回の取り組みで「募集対象者に自衛隊の認知度を向上させることができた」と話すなど手応えを感じており、「これからも地域と一体となった募集広報活動を進めていきたい」としている。

通学中の高校生に元気よく声をかけながら募集案内入りのティッシュを配る橋本地本長（7月1日、ＪＲ熊本駅前で）

募集広告入りティッシュ配布　静岡

募集対象者にティッシュを配る隊員（7月1日、ＪＲ富士駅で）

【静岡】富士地域事務所は7月1日にＪＲ富士駅前、5日にＪＲ富士宮駅前で市街地広報を行った。

両駅ともに朝の7時から9時までの2時間、通学する学生や通勤中の会社員などに「おはようございます。自衛隊です！」と元気よく声をかけ、採用案内が入ったティッシュを手渡した。

学生や会社員の中には、「お疲れ様です、ありがとうございます」「甥っ子が海上自衛官です。頑張って」と声をかけてくれる人もいた。また、ティッシュを受け取った高校生は「自衛隊を目指しています。受験したいです」と敬礼してくれた。

この日のために準備した約1700個のティッシュは、富士駅・富士宮駅ともに9時までに配布が終わった。その後は、通勤・通学する人たちにあいさつし、市街地広報を終えた。

兵庫地本が予備1佐を招集

有事に備え編成地を確認

中方の隊員から「03陸演」の説明を受ける平林予備１佐（中央）＝写真はいずれも６月２日、伊丹駐屯地で

【兵庫】地本は6月2日、予備自衛官部隊長に指名されている平林智広予備1陸佐（57歳・元高知駐屯地業務隊隊長、元1予備自部隊の編成を支援する隊員との訓練に参加させた。

これは伊丹駐屯地で行われた予備自部隊の編成を支援する隊員が行う訓練に合わせ、通常の予備自招集訓練とは異なる枠組みで招集したもの。昨年、陸自全部隊が参加した「03陸演（陸上自衛隊演習）」で予備自らが演練した出動訓練の効果をさらに高めるため、陸演に不参加だった平林予備1佐がその概要と編成地の状況を確認することを目的に行われた。

平林予備1佐は最初に中方総監部の隊員から予備自部隊の編成計画の概要と03陸演の成果の説明を受けた。その後、編成支援を行う隊員たちと共に、部隊の編成予定地やその基盤となる装備品の管理状況を実地で確認し、有事の際の出動のために必要な準備を行った。

平林予備1佐は「03陸演の成果の説明を受け、編成要領などの理解を深めることができた。また、編成予定地を直接確認したことで、さまざまな工夫が必要だと感じた。今後も体力・気力を維持し、機会があれば訓練に積極的に参加したい」と語った。

予備自部隊の編成予定地を確認する平林予備1佐ら

写真展を全面支援　県女性防衛協力会　富山

【富山】地本は6月5日、富山市のまちなかにぎわい広場「グランドプラザ」で行われた富山県女性防衛協力会主催の「自衛隊写真展」を全面的に支援した。

女性自衛官の活躍をまとめた「自衛隊写真展」を訪れた人々（６月５日、富山市で）

写真展は、富山県内には大きな自衛隊施設がなく、自衛隊へのなじみが薄いため、少しでも理解を深めてもらいたいと同主催者が毎年6月に開催しているもので、今年で26回目。

今回は「平和への祈り」をテーマに、同県出身の女性自衛官の活躍を中心に写真パネル約80点を展示し、来場者の関心を集めた。

また、10高特大（豊川）の装備品「短ＳＡＭ」展示に加え、コロナ禍で活動が制限されていた、地元の富山第一高校吹奏楽部の演奏やフラッシュモブ（前触れなく行われるパフォーマンス）の演出で、写真展を盛り上げた。来場者からは「女性自衛官の活躍ぶりを見ることができ親近感が湧いた」と好評だった。

F2を間近に　百里基地見学　栃木

【栃木】地本はこのほど、高校生と大学生ら15人を空自百里基地見学に案内した。

当日は雨天のため、CH47J輸送ヘリの体験搭乗は残念ながら中止となったが、装備品展示や広報資料館見学などを通じ、空自への理解を深めた。

格納庫にはF2戦闘機や基地防空用地対空誘導弾、救難消防車などが展示されており、参加者は近寄って見学したり、隊員に熱心に質問したりしていた。

広報資料館ではF4戦闘機の模擬コックピットに代わるがわる座り、計器類についての隊員の説明に熱心に耳を傾けていた＝写真。救難隊の落下傘装着体験コーナーでは「こんな重いものを背負っているのか」と自衛官の強靭な体力に驚いていた。

見学を終えた学生たちは「自衛官を志望しているが現場の隊員と直接話ができて、さらに受験したいという気持ちが強まった」と話していた。

♪力強い演奏で聴衆を魅了

定期演奏会を支援　奈良

自衛官の１日をらっぱで紹介する大久保駐屯地の隊員たち（６月18日、なら１００年会館で）

【奈良】地本は６月18日、「なら１００年会館」で行われた「第37回自衛隊奈良定期演奏会　Music Festival in2022」（主催・奈良県防衛協会）の開催を支援した。新型コロナの影響で一昨年は中止、昨年は規模を縮小したため、通常での実施は３年ぶりとなる。演奏は空自中部航空音楽隊（浜松）が務め、約1000人の聴衆が力強い演奏に聴き入った。

演奏会では童謡「故郷」や組曲「宇宙戦艦ヤマト」、歴代の「ウルトラマン」の主題歌メドレー、大河ドラマのテーマなど幅広いジャンルの曲目が披露された。

また陸自大久保駐屯地の隊員が、自衛官の１日をらっぱ吹奏で紹介。起床や就寝を告げるらっぱの音が響き渡り、自衛隊ならではの演目に会場は大いに盛り上がった。

司会は智辯学園中・高等学校（奈良県五條市）の放送部員の生徒で、舞台上では普段の練習の成果を発揮し、和やかな雰囲気とともに演奏会を進行させた。

地本も会場にブースを設置し、制服試着コーナーを設けるなど自衛隊をＰＲした。来場者は、「自衛隊の音楽隊の演奏を聴くことが出来て感動した。他のイベントがあれば参加したい」などと話し、好評を博した。

地本長が制度を説明　地元転職フェアに参加　鹿児島

【鹿児島】鹿児島募集案内所は5月15日、かごしま県民交流センターで行われたマイナビ転職フェアに参加し、自衛隊の制度、職種、福利厚生などを説明した。県内企業など23社、転職希望者ら約180人が参加した。

自衛隊ブースに訪れた転職希望者等に対して、地本長の稲崎精一郎1海佐自ら自衛隊の活動内容、3自衛隊の職種と幹部候補生の制度など熱心に説明した。

概要を初めて聞く転職希望者が大半で、各採用種目と入隊後のキャリアプランを理解してもらう絶好の機会となった。地本長たちはブース来訪者に自衛隊が転職先として有力な選択肢になることを最大限アピール。

転職希望者等からは「今まで知らなかった自衛隊の職種や仕事内容について知ることができイメージが大きく変わった」「男性の仕事と思っていたが女性がこんなに活躍していることに驚いた」「体力勝負とばかり思っていたが、事務系もあることを知って受験を考えたい」との感想があり、8人（うち女性3人）を獲得するなど成果があった。

稲崎地本長（右）自ら転職希望者に自衛隊をアピール（５月15日、鹿児島市で）

入隊意志強く!!

旭川　留萌駐屯地でインターンシップ

【旭川】留萌地域事務所は6月13、14の両日、26普連（留萌）の協力のもと、北海道留萌高校の4年度普通科インターンシップで2年生3人を支援した。

軽装甲機動車の体験試乗、懸垂降下訓練、救急法体験、格闘訓練、モールス通信体験、コンパス行進などを研修。昼食では、飯ごう炊飯を体験した。

懸垂降下訓練でレンジャー訓練塔から降りる水口さん（6月13日、留萌駐屯地で）

コンパス行進は、地図とコンパスを使用し、自分がどこにいるのかを調べ、目的地にたどり着く訓練。その方法と計算を生徒が行い、見事ゴールにたどり着いた。

生徒からは「隊員の方は優しく教えてくれた」「厳しい社会生活を生き抜くために、足りないことがたくさんあることに気付いた」などの感想があった。

終了後には阿部穣学校長から「生徒にとって人生のあり方や生き方、職業を考える上で大切な機会になり感謝しております」と礼状が届いた。

参加した水口日奈瀬さんからは「自衛隊の仕組みや女性自衛官との懇談など、丁寧な対応をしていただきありがとうございました。体験を通じて、ますます自衛隊に入隊したいと思いました」との声が寄せられた。

平和を、仕事にする。

ただいま募集中！

◇一般曹候補生◇航空学生◇予備自補◇防大（一般）◇防医大◇貸費学生

★詳細は最寄りの自衛隊地方協力本部へ

隊員に真摯に寄り添い

幾多の功績残し 安倍晋三元首相逝く

自衛隊最高指揮官として

安倍晋三元首相（67）が7月8日、銃撃事件で亡くなった。安倍氏は戦後最年少の52歳で首相に就任し、2006～07年と12～20年に首相を2度務め、通算の在職日数は3188日（約8年8カ月）と歴代最長を記録した。（1面参照）

その間、自衛隊最高指揮官として、高級幹部会同をはじめ、観閲式や観艦式、防衛大学校の卒業式などに出席し、訓示を行ったほか、毎年秋に防衛省で執り行われる殉職隊員追悼式では、昭和25年の警察予備隊の創設以来、約2000人に上る殉職隊員の御霊に哀悼の誠を捧げてきた。

自衛隊が活動する災害派遣現場には必ず足を運び、過酷な環境で身の危険を顧みず人命救助などに当たる隊員たちを直接激励した。最前線に立つ総理大臣として、その真摯な姿は多くの隊員の心に刻まれている。

一方、政策面では「平和安全法制」の整備や、武器輸出三原則に代わって国際共同開発に道を開く新たな「防衛装備移転三原則」の策定に尽力した。

「地球儀を俯瞰する外交」を掲げ、「積極的平和主義」の下、延べ176カ国・地域を訪問。新たに8カ国と外務・防衛担当閣僚協議「2プラス2」創設の礎を築き、「ACSA（物品役務相互提供協定）」や「防衛装備品・技術移転協定」「情報保護協定」「防衛協力・交流覚書」などの締結に大きな弾みをつけた。安倍氏が独自に提唱した「自由で開かれたインド太平洋」ビジョンは、今や日米欧諸国の基本戦略にまで発展した。

自衛隊と同じ「1954年生まれ」で、毎年11月の「自衛隊記念日レセプション」では「共に山あり谷あり、同じ歳月を刻んできた」と話す姿が印象に残る。自衛隊最高指揮官として隊員と共にあった安倍元首相の軌跡を写真で振り返る。

㊨「令和」初の国賓として来日した米国のドナルド・トランプ大統領と安倍首相による日米首脳会談が行われた翌日、護衛艦「かが」の格納庫で、両国の隊員約500人を前に訓示する安倍首相（壇上・演台前）とトランプ米大統領。壇上左端はメラニア夫人、同右端は昭恵夫人（2019年5月28日、海自横須賀基地で）＝防衛省提供

㊤自衛隊最高指揮官として「自衛隊観艦式」に臨み、シルクハットを胸に、受閲艦艇に答礼する観閲官の安倍首相。その左は久間章生防衛庁長官、首相の右は吉川栄治海幕長（2006年10月29日、護衛艦「くらま」艦上で）

西日本豪雨の被災地で、人命救助や給水支援、瓦礫除去などに当たる自衛隊の災害派遣部隊を視察し、現場で汗を流す隊員たち一人一人を激励する安倍首相（右）。左は、安倍首相から握手で激励を受ける10特連（豊川）1大隊本管中隊先任上級曹長の小林弘幸1曹（2018年7月11日、岡山県倉敷市の岡田小学校で）＝官邸HPから

自衛隊最高指揮官として臨んだ平成28年度の観閲式で、会場に整列した3自衛隊の27個部隊を巡閲した後、オープンカーの上から約2万人の観客の声援に笑顔で応える安倍首相（2016年10月23日、陸自朝霞訓練場で）

米国と中東5カ国歴訪の途中、空自イラク復興支援派遣輸送航空隊が拠点とするクウェートのアリ・アルサレム空軍基地を訪れ、隊員の出迎えを受ける安倍首相（中央）＝2007年5月1日

防衛大学校の卒業式に自衛隊最高指揮官として登壇し、「常に国民のそばにあって安心と勇気を与える存在になってほしい」「『平和の守り神』として精強なる自衛隊を作り上げてほしい」と訓示する安倍首相（壇上中央）＝2018年3月18日、横須賀市の防大記念講堂で

追悼

戦史に寄せた安倍元総理の思い

庄司　潤一郎　防衛研究所主任研究官

■歴史を歪めるなかれ

安倍晋三元総理に最初にお目にかかったのは、平成18年12月、「日中歴史共同研究」の委員として座長の北岡伸一東大教授（当時）らとともに官邸を訪問した時である。その時、総理は「政治が本来の仕事ができるよう、冷静に研究を深めてほしい」と言われた。

同共同研究は同年10月、安倍総理が、悪化した日中関係を改善するため、就任後初の訪問国として中国を訪れ、胡錦濤主席らと「戦略的互恵関係」を目指すことで一致したのを契機に立ち上げられた。

その後、第2次内閣で「戦後70年談話（安倍談話）」を発表した平成27年8月の記者会見においても、安倍総理は冒頭、「政治は歴史に謙虚でなければなりません。政治的、外交的な意図によって歴史がゆがめられるようなことは決してあってはならない。このことも私の強い信念であります」と述べている。

■「戦後70年談話」の特色

同談話には「村山談話」などこれまでの談話とは異なる幾つかの特色があった。第一に、日本は満州事変以降に「新しい国際秩序への挑戦者となっていった」と、これまで曖昧にされてきた、日本が向き合うべき「過去」の時期を明示したことである。

第二に、世界史の文脈の中に近代日本の歩みを位置づけつつ、「影」のみならず、日露戦争の世界史的意義など「光」の部分にも言及した点である。

第三に、「あの戦争には何ら関わりのない、私たちの子や孫、そしてその先の世代の子どもたちに、謝罪を続ける宿命を背負わせてはなりません」と明言したことである。

現在の日本では、大東亜戦争をはじめ近代日本に関してさまざまな歴史認識が存在する。そのため、当然のことながら、「戦後70年談話」に対する評価も分かれた。

しかし、ほかの談話が短期間で作成されたのに対し、同談話は、有識者の諮問機関である「21世紀構想懇談会」の議論など入念な検討を経て作られた。可能な限り国民のコンセンサスを得つつ、歴史に真摯に向き合った点は評価すべきであろう。

■「和解」から「同盟」へ

安倍総理は、米国の現職大統領として初となるオバマ大統領による平成28年5月の広島訪問の実現に尽力した。それに応える形で、同年12月にはハワイの真珠湾を訪問し、「憎悪を消し去り、共通の価値の下、友情と信頼を育てた日米は、今こそ、寛容の大切さと和解の力を世界に向かって訴え続けていく」と述べるとともに、日米の関係を「希望の同盟」と評したのであった。

今回の訃報を受けてオバマ元大統領は「日米同盟強化のため、広島と真珠湾を一緒に訪れた感動的な経験をいつも思い出す」と記している。

豪州に目を向ければ、平成30年11月、安倍総理はモリソン首相と共に、日本軍が空襲を行った北部ダーウィンの戦没者慰霊碑を訪問し、献花・黙とうを行った。

訃報に接したモリソン元首相は「豪州にとって偉大かつ賢明な友人であり、戦後最も重要な世界的指導者の一人である」と哀悼の意を表した。

さらに、「彼がダーウィンの慰霊碑に花輪を捧げ、第2次世界大戦の退役軍人に会った時に示した謙虚な姿勢を決して忘れない。彼は歴史の懸け橋となり、未来を形作る能力を持っていました」と称賛している。

安倍総理は同地にある、旧日本海軍伊号第124潜水艦の乗組員の慰霊碑も訪問した。同潜水艦は昭和17年1月にダーウィン沖で豪海軍の攻撃を受けて沈没し、乗組員80名全員が死亡した。

激戦地であったインドのインパールの訪問も令和元年12月に計画されたが、インド側の事情で見送りとなった。

■「積極的平和主義」への誓い

平成29年5月には、イタリアのシチリア・サミットの帰途、厳しいスケジュールにもかかわらず、日本の総理として初めてマルタを訪問した。これは安倍総理の意向によるものであった。

同地には、第1次世界大戦中、英国の要請で派遣され、クレタ島沖で魚雷攻撃を受け大破した旧日本海軍駆逐艦「榊」の乗組員の慰霊碑がある。この攻撃では59名の尊い命が失われた。

総理は慰霊碑を訪れ、「万感の思いを込め、御霊の平安をお祈りしました＝写真。日本は世界から信頼されていますと申し上げました。これからも国際協調に基づく積極的平和主義を貫きます。墓前で誓いました」と後に記している。

こうした貢献を経て日本は第1次世界大戦後に「五大国」の仲間入りを果たしたものの、中核を担うことはできなかった。しかし、今や日本はG7（先進7カ国）のメンバーであるだけではなく、安倍総理はその中心的役割を担ったのである。

■戦史への熱い眼差し

平成27年3月の防衛大学校卒業式における安倍総理の訓示も、小生の記憶に深く刻まれている。総理は訓示において、1万人を超える日本軍が犠牲となった大東亜戦争の激戦地、南太平洋のパラオ・ペリリュー島の戦いに言及し、守備隊長であった中川州男陸軍大佐の「最後の最後まで務めを果たさなければならない」との命令を引用した。

その上で、二度と戦争の惨禍を繰り返さないよう、幹部自衛官は日頃より鍛錬を積み重ね、「いかなる事態にあっても、国民の命と平和な暮らしを断固として守り抜くことであります」と訓示したのであった。

防衛大学校の卒業式で総理大臣が大東亜戦争に言及したのは初めてであり、画期的なことであった。

翌4月には、天皇皇后両陛下（現在の上皇上皇后両陛下）が「慰霊の旅」でペリリュー島をご訪問された。ご訪問後の6月に、関係者を招いて宮中で催された茶会で、安倍総理は、防衛研究所戦史研究センターが所蔵している中川大佐の命令の原文史料について「素晴らしい史料だ」と小生に話された。よほど気に入られたのであろう。他の参会者にも熱心に紹介されていた様子は、今でも鮮やかに脳裏に浮かぶ。

安倍元総理は、ともすれば平和安全法制やアベノミクスなど、安全保障や経済の面が注目されがちであるが、大東亜戦争をはじめとする我が国の戦史に真摯に向き合うとともに、諸外国との「和解」に尽力された。

この点において、我が国における類まれな政治指導者であった。最後に、いずれの訪問においても、防衛研究所戦史研究センターが、戦史の面において支援し得たことは光栄なことであった。

ご冥福を心からお祈り申し上げる。

庄司　潤一郎（しょうじ・じゅんいちろう）　防衛研究所戦史研究センター主任研究官
1958（昭和33）年生まれ、東京都出身。筑波大学社会学類卒、同大学院社会科学研究科博士課程単位取得退学。防衛研究所戦史研究センター長、研究幹事などを歴任。専攻は近代日本軍事・政治外交史。上皇上皇后両陛下の2005（平成17）年6月の……、パラオ、フィリピン、ベトナム御訪問に際し、事前に御所で戦史に関する御説明。06年から10（平成22）年まで「日中歴史共同研究」近現代史分科会委員。主な著書に、いずれも共著で『歴史と和解』（東京大学出版会、2011年）、『検証 太平洋戦争とその戦略』全3巻（中央公論新社、2013年）、『地政学原論』（日本経済新聞出版、2020年）、『決定版 大東亜戦争』（新潮社、2021年）などがある。

東日本大震災からの復興状況を確認するため空自松島基地を視察し、T4ブルーインパルスの操縦席でポーズを決める安倍首相（2013年5月12日）

航空自衛隊が運用する政府専用機「B747－400」＝後方＝でインドに到着後、ナレンドラ・モディ首相（中央）のエスコートで民族舞踊による歓迎を受ける安倍首相（右）と昭恵夫人（2017年9月13日、グジャラート州アーメダバードで）＝官邸HPから

安倍首相（左から2人目）のエスコートで、陸自の302保安警務中隊と中央音楽隊の隊員で編成された「特別儀仗隊」を巡閲する英国のテリーザ・メイ首相（2017年8月31日、東京・元赤坂の迎賓館で）＝官邸HPから

陸自中央音楽隊が能力構築支援の一環として3年がかりで育成してきたパプアニューギニア軍楽隊が、同国で開かれたアジア太平洋経済協力会議（APEC）首脳会議の夕食会で見事な演奏を披露し、拍手を送る安倍首相夫妻（中央奥）＝2018年11月17日、ポートモレスビーで（防衛省提供）

『テッパチ！』の俳優が大臣表敬

撮影全面協力に感謝伝える

陸自舞台のドラマ

防衛省の全面協力を受けて制作された、陸上自衛隊を舞台とするフジテレビ系連続ドラマ「テッパチ！」（水曜22時～22時54分）が7月6日から放送を開始した。それに先立つ6月30日には、主演を務める俳優の町田啓太さんと佐野勇斗さんが防衛省を訪れ、岸大臣を表敬。岸大臣と陸幕監理部長の岸良知樹陸将補に撮影協力への感謝の気持ちが伝えられた。

「テッパチ！」は陸上自衛官になるべく、さまざまな厳しい訓練を乗り越え、奮闘する青年たちの成長と熱き思いを描いた作品。「テッパチ！」のタイトルは"やけっパチ"な考えで入隊した青年が、自衛官の身を守る鉄帽＝"テッパチ"をかぶるにふさわしく一人前に成長していくというコンセプトが込められている。撮影には防衛省、陸自が全面協力しており、実際に陸自で使われている各種器材や駐屯地内の撮影、現役自衛官のエキストラ出演なども行われている。

記念撮影に納まる左から岸将補、岸大臣、町田さん、佐野さん（6月30日、防衛省で）＝いずれも©フジテレビ

初回放送を前に、町田さんと佐野さんは撮影協力への感謝を伝えるため防衛省を訪問。岸大臣、岸良将補と対面した。

最初は緊張した面持ちの2人だったが岸大臣から「ようこそいらっしゃいました。いつもテレビで拝見しております。あんまり緊張しないでね」と優しく声をかけられると、一気に緊張がほぐれたのか「ありがとうございます。よろしくお願いいたします」と笑顔になり、終始和やかな雰囲気になった。

記念撮影後の懇談で町田さんは「陸自という組織に入って人間的にも自衛官としても成長していくドラマになっています。そこで出会うバディが彼です」と佐野さんを紹介。佐野さんは「町田さんのバディをやらせていただいております。（町田さんの役とは真逆で）僕は真面目な役です」と返し、笑いを誘った。

岸大臣から今作に入る前と後で、陸自のイメージに変化があったかを問われ、町田さんは「陸自の皆さんは家族のような一体感を大事にされていると伺った。実際に撮影に入って現役の自衛官と接する中で本当にそういう関係性なんだと感じ、個の時代に集団でいることの大切さや、1人でできないことでも仲間を信頼して取り組むことも大切だと改めて感じた」と話した。

岸大臣から戦闘服姿をほめられた佐野さんは、自衛官の精悍な顔つきがとてもかっこよく、自分たちもこういう顔つきになれるかどうかをメンバーと話しているとの撮影現場でのエピソードも明かした。

さらに、町田さんは高校時代には実際に自衛隊様式を元にした寮生活を送っていたことを告白。「寮生活などの泥臭く、さわやかな感じが懐かしい」とした。佐野さんは撮影に協力した自衛官が気さくで丁寧に指導してくれることで「陸自のイメージが変わりました」と話し、「休暇を使ってエキストラに参加してくださる方もいて、本当に感謝の気持ちでいっぱいです」と話し、改めて謝意を伝えた。

友情も恋も、僕らの未来はホフク前進。
TEPPACHI!
テッパチ！

テッパチ！（フジテレビ系列　毎週水22時～22時54分）

陸自を舞台に、陸上自衛官候補生の若者たちの奮闘と成長を描く完全オリジナル作。2部構成で、第1部では候補生としての姿、第2部では部隊に配属され、現場での任務に当たる姿を描く。

その日暮らしの生活から自衛官となって成長していく主人公の国生宙（ひろし）役を町田啓太さん、音楽隊に憧れて入隊した青年の馬場良成（よしなり）役を佐野勇斗さんが演じる。撮影は防衛省、陸自の全面協力で行われている。

空音

仏軍楽祭でドリル演奏

来場者が総立ちで拍手

国際軍楽祭が開催された仏アルベールビルで市中パレードを行い、注目を集めた航空中央音楽隊＝7月2日

航空中央音楽隊（立川）は7月1日から3日まで、フランス東部のアルベールビルで開催された「第43回国際軍楽祭」に参加した。同軍楽祭への自衛隊音楽隊の参加は初。（本紙7月14日付既報）

1992年冬期五輪開催地のアルベールビルで開かれた同軍楽祭には開催国のフランスのほか、日本、イタリアが参加した。

自衛隊音楽隊の海外の軍楽祭への派遣は、派遣国や他の参加国との関係の構築と深化を図るとともに、諸外国における自衛隊の理解を深め、親近感の醸成に寄与することを目的に、2016年度から防衛省として実施。空音の海外派遣演奏は今回で6回目となる。

空音副隊長（派遣指揮官）の朽方聡3佐以下58人は市中パレード、オリンピックホールでの公演などに参加し、航空自衛隊行進曲「空の精鋭」や「ふるさと」など計12曲を披露。全てのプログラムで最終奏者を務め、高い演奏技術で自衛隊の存在を示すと共に軍楽祭の成功に貢献。オリンピックホールでの公演では、『Le Nouveau Japon（ル・ヌーヴォー・ジャポン）（新しい日本）』をテーマに、約20分間のドリル演奏を行い、中でも「オー・シャンゼリゼ」は聴き終えた来場者からスタンディングオベーションでたたえられた。

空音隊長の前田忠信2佐は「空音の演奏技術、規律、士気の高さによって精強性を示すと共に、他の軍楽隊との競演により能力向上に資することができた。海外派遣演奏のご支援を頂いた方々に謝意を表したい」と述べた。派遣指揮官の朽方聡3佐は「歴史ある国際軍楽祭に、空音が自衛隊として初参加したことを大変光栄に思う。今回の参加により、軍楽祭参加国との新たな関係の構築と従来の関係強化に寄与できたと確信した」と語った。

新田原基地　木城町の西空音コンサートを支援

【5空団＝新田原】新田原基地広報班は7月2日、宮崎県木城町の総合交流センター「リバリス」で開催された同町主催の西部航空音楽隊（春日）によるアンサンブルコンサートを支援した。

コンサートには西空音から25人と新田原基地から支援要員3人が参加。会場には約150人の地域の人々が詰め掛けた。

西空音はサクソフォン四重奏、木管五重奏、クラリネット五重奏などに分かれた小編成ごとに、それぞれの楽器の特徴を生かした演奏を行い、クラリネット五重奏「喜歌劇『メリー・ウィドウ』セレクション」、金管五重奏「そして伝説へ～『ドラゴンクエストⅢ』より」などアンコールを含め、全11曲を披露、会場を大いに盛り上げた。

司会を担当した隊長の山本史月3佐が「曲名」「曲中の物語」「当時の時代背景」などを丁寧に説明し、来場者が初めて聴く曲にもなじめるよう工夫した。

基地広報班はプログラムの配布や席の案内など、丁寧なおもてなしで来場者に対応し、円滑なコンサート運営に貢献。

終了後は来場者から「演奏会を楽しみにして来た。感動した」「素晴らしい演奏で元気をもらった」などの感想が寄せられた。中にはお目当ての隊員と記念撮影をするシーンも見られ、大盛況のうちに音楽祭は終了した。

伸びやかな音色で演奏する西空音の（左から）中島1曹、髙橋3曹、横尾1曹、関根1士、有末士長（7月2日、木城町総合交流センター「リバリス」で）

小休止

▽…14護隊は6月1日から15日まで、舞鶴市役所で「海上自衛隊写真展」を開催した＝写真。市民に海自への理解を深めてもらうのが目的で、市役所や舞鶴地方総監部が支援した。

▽…14護隊がSDGsの一環で取り組んできた各地での清掃活動や、中東海域で情報収集に携わる護衛艦「ふゆづき」の活動の様子をパネルで紹介。市役所を訪れた市民に、自衛隊を広くPRした。

▽…司令の目賀田瑞彦1佐（写真中央）は「清掃活動で市民から感謝の言葉を頂くなど、隊員にとっても素晴らしい体験でした。これを機に、SDGsに係る取り組みが他の部隊にも広がれば望外の喜びです」と話している。（舞鶴）

防研の吉田1空佐が講話

「ジェンダー視点と多様性」

【佐賀地本】佐賀地本（地本長・松島史人事務官）は5月19日、嬉野市防衛協会からの依頼を受け、同市出身で防衛研究所戦史研究センター国際紛争史研究室（市ヶ谷）主任研究官の吉田ゆかり1空佐を招いて同会の総会で行われた防衛講話を支援した。

「自衛隊にも必要なジェンダー視点と多様性」と題し、空自の最新の動向などを講話する吉田ゆかり1空佐（5月19日、佐賀県の嬉野市社会文化会館で）

講話は「自衛隊にも必要なジェンダー視点と多様性」と題し、嬉野市社会文化会館で行われ、会員ら約50人が出席。吉田1佐は空自の最新の動向や自らも尽力してきた自衛隊における「男女共同参画」について説明した。

防大女子1期生として入隊し、空幕広報室長など就いた役職がほぼ「女性初」である中、子育てと職務の両立を実践。その経験から自衛隊は「やりがいや誇りある任務の中で夢が見つかり、叶う場所です」と語った。

聴講した同協会会長で嬉野市の村上大祐市長はSNSで「吉田1佐の今後の活躍を心から願い、ふるさとを挙げて応援したい」とエールを送った。

こちら警務隊

レジャー（軽犯罪法違反）

海や山で立入禁止区域に入れば軽犯罪法違反に問われる可能性

公共の場でレジャーをする場合、気をつけることはありますか？

海や山、河川などは公共の場であり、自由に入ってレジャーを楽しんでもよいと思われがちですが、公共の場でも漁業法や河川法、自然公園法等により立ち入りが禁止・制限されている区域があります。

そのような立入禁止場所に、正当な理由なく立ち入った場合、刑法上の住居侵入罪や軽犯罪法違反に問われる場合があります。

これは、他人が所有または管理する山に、山菜を採ろうと囲いを無視して立ち入った場合なども同様です。

釣りやキャンプなどに行く際は、立ち入る前に立入禁止ではないことを確認しましょう。

（中部方面警務隊）

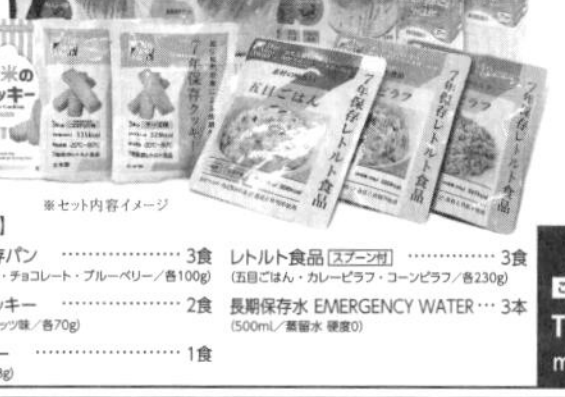

※セット内容イメージ

みんなのページ

総火演のライブビューイングを開催

神奈川県自衛隊家族会小田原地区会長　石原 こずえ

総火演こと陸上自衛隊「総合火力演習」は今年度も動画配信という形になりました。

小田原地区会では、1人で見るより大勢でと思い、会員を集め「ライブビューイング」を行いました。

配信のある5月28日当日は、小田原市の施設をお借りして、小田原地域事務所の久保田敬介所長(2陸尉)にもご協力をいただき、映像を見ながら随所で装備の解説をしていただきました。

ロシアのウクライナ侵攻で、ウクライナに供与された防弾チョッキなどの装備にも触れていただき、その中で自衛隊と海外の軍隊との違いなども知ることができました。私たちの質問にも分かりやすく答えてくださり、自衛隊の頼もしさを改めて感じることもできました。

雑談で笑いながらの場面も多くあり、和気あいあいの雰囲気の中で、自衛隊をより身近に感じ、また会員同士の親交を深めることもできたのではないかと思います。

現地で爆音、振動などを感じながらの総火演ももちろん良いですが、現役自衛官の解説付きの総火演もとてもぜいたくなものでした。

参加した会員からは「とても楽しかった」「良い企画だった」などのうれしい感想をいただきました。

可能であればこの場に、自衛隊を志願する方やそのご家族にご一緒していただけたら少しでも募集活動のお役に立てるのではと思っていたのですが、それができなかったことがちょっと残念です。

今回、とても有意義な時間を過ごすことができました。この企画の実現に関わってくださった皆さまに大変感謝いたします。と同時に、これからも家族会としてこのようなイベントを通じて楽しく活動していけたらと思っています。

小田原地域事務所長の久保田2尉(右奥)の解説で総火演の画面に見入る参加者たち

優しく育ってくれて ありがとう

子供たちに支えられ

2陸曹　青木 優子
(関東補給処総務部・霞ヶ浦)

(左から)夫の佑介2佐、長女、青木2曹、長男

関東補給処総務部の青木2曹です。家族構成は自衛官の夫(佑介2陸佐=陸上総隊司令部)、中3長女、小6の長男とイヌの4人+1匹です。

私の勤務している部署は輸送課で、処の輸送統制に関する業務を行っています。私は女性自衛官として仕事と育児を両立しながら現在に至りますが、家族の協力・理解なしにはここまで勤務し続けることはできなかったと思うので、家族には本当に感謝しています。

勤務や入校で家を空けなくてはいけない時は、夫がやり繰りして家事全般を一手に引き受けてこなしてくれています。お父さんの作るご飯の方がおいしいと子どもたちに言われる時は少し凹みますが…。

働く選択をしている以上、仕事を優先せざるを得ない状況に直面することがあります。「お母さんは僕と仕事どっちが大事なの?」と息子に言われ、胸が痛む時がありますが、「お母さん、早く行かないと仕事遅刻しちゃうよ。早く行きな」と私を気遣ってくれる発言もしてくれるようになりました。日ごろ不憫(ふびん)な思いをさせているにもかかわらず、相手を思いやれる優しい子に育ってくれていて、ありがたいなと感じています。

子どもたちとは大人げもなく言いたいことをぶつけ合い、けんかもします。腹が立つことも日常茶飯事ではありますが、子どもたちの存在は思っている以上に大きく、支えられていると感じることが多々あります。

これからも家族で過ごせる時間を大切にしながら仕事にも励み、日々精進していきたいと思います。

お母さん大好きだよ

お母さんへ

お母さんは寝ることが大好きだよね。でも私たち家族のために寝る時間を削って働いてご飯を作ってくれてありがとう。これからも自衛官として頑張って。また一緒にライブ見に行こうね。

大好きだよ。　長女より

空地協同訓練に参加して

1陸曹　横山 修(東方ヘリ隊・立川)

私は2月14日から16日までの間、立川駐屯地および東富士演習場で実施された空地協同訓練に降着地域(LZ)誘導班長として参加しました。

LZ誘導班はヘリボン作戦において、LZの敵情・気象等の情報収集および着陸点の選定・構築を実施し、ヘリボン部隊主力を安全にLZに降着させるのが任務です。LZ誘導班長として訓練間に強く感じたことは、事前調整の重要性と他職種部隊との連携の難しさです。

事前調整では配布された資料をもとに検討を重ね、考えられる問題点を案出するとともに操縦士と認識統一を図り、問題点を解消しつつ安全対策も万全な態勢で現地に向かいました。

現地では普通科隊員で編成された着陸誘導班4人と、航空科隊員で編成されたLZ誘導班4人で索敵・警戒を行いました。着陸誘導班との調整では、会合から出発までの時間が少なかったため、索敵・警戒のほか離脱方法のみの調整となってしまいました。

敵情・気象が常に変化する状況の中、不測事態はいつ生起するか分かりません。限られた時間の中でも不測事態対処や緊急時の集合点などについて綿密に調整すべきでした。今回のヘリボン作戦自体は成功しましたが、不測事態があった場合どう対処すべきか、事前調整ができない場合はどう行動すべきかについて強く考えさせられました。

最後に今回の訓練で得た教訓を生かし「有事の際に通用するのか?」を常に考える習慣を身に付け、訓練にチャレンジしていきたいと思います。

国民と自衛隊の懸け橋になる

予備1陸尉　谷本 正嗣(滋賀地本)

現職時代、長く交流のあった米軍関係者と、よく「平和ボケ」について議論しました。米国と違い、戦後世代の長く平和な時代を享受してきたがゆえに生まれた特異な言葉なのか、直訳する言葉はなかなかなく、「Peacetime Complacensy」(平時の独りよがり=自己満足)という表現で共有していたことを思い出します。

また昨今のウクライナ情勢からも、予備役を含む兵士たちが、後に続く世代のため、愛する国の存立を賭け、危険と混乱が待つ戦場へ赴く姿を見て、もし日本が…と考えたときに「果たして自分は?」と自問することも多くなりました。

いま改めて、多くの日本人が「見たくない、聞きたくない、想像したくない」であろう「国家危急の事態」を「あえて想定に置いた錬磨の場」を通して「防衛省自衛隊OBとしての矜持(きょうじ)を維持」させてくれることが「予備自衛官としての最大のメリット」ではないかと考えます。

現職を退くと同時に志願し、予備自衛官となって早くも3年、その間、幸運にも早期発見されたとはいえ、二つのがん治療のため訓練への招集にも十分応えることができていなかった現況も、改善に向ける時が到来したように思います。

これからも「予備自衛官」「弘済企業株式会社防衛省団体保険常駐職員」「滋賀県隊友会事務局長」として、三位一体で「国民と自衛隊の懸け橋」につながる日々を追求していきます。

OBがんばる

宇田川 徹さん　57
令和元年5月、空自作戦システム運用隊基業隊(横田)を3空尉で退職。NECファシリティーに再就職し、日本電気府中事業場で施設警備を担っている。

充実したセカンドライフを

私は令和元年5月、空自を定年退職し、横田基地援護室のご尽力によりNECファシリティーズに施設警備員として入社しました。

現在は府中ファシリティマネジメント事業部府中セキュリティ室(日本電気株式会社府中事業場)に所属しています。

勤務内容は、来訪者対応、昼夜間の巡回警備、機械警備システムによる監視業務、防火防災関連業務などで、3個班編成、24時間交替制勤務を軸としています。

所属する警備員の半数以上が元自衛官、入社当初から安心感があり、すぐに職場にも慣れ、諸先輩方とも早期に打ち解けることができました。今では陸海空の仲間たちと楽しく充実した日々を過ごしています。

幸いにして私の場合、希望に合致した企業に再就職することができましたが、定年数年前から少しずつ再就職準備に着手したのも事実。準備段階では、定年という事実と向き合い、徹底した健康管理、援護訓練等参加、職の候補選定、再就職に必要、あるいは有利な資格取得などが大切です。

これまでの経験を存分に生かし、周囲の理解も得ながら、計画性を持ち早期に再就職準備を進め、充実したセカンドライフを目指してください。

「朝雲」へのメール投稿はこちらへ!

▽原稿の書式・字数は自由。「いつ・どこで・誰が・何を・なぜ・どうしたか(5W1H)」を基本に、具体的に記述。所感文は制限なし。
▽写真はJPEG(通常のデジカメ写真)で。
▽メール投稿の送付先は「朝雲」編集部(editorial@asagumo-news.com)まで。

詰碁

第1287回出題

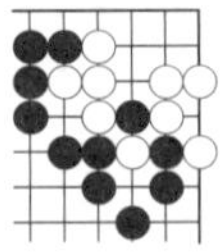

出題　日本棋院　九段　曲 励起

白先

『白を助けて下さい。最初が大切です』。5分でできれば中級以上です。

▶詰碁、詰将棋の出題は隔週です◀

詰将棋

出題　日本将棋連盟　九段　石田 和雄

≫第871回の解答≪

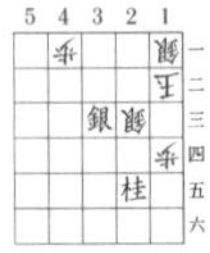

▲先手　持駒　角角桂

【正解】▲2一角△同玉▲1三桂不成△1二玉▲2一角△1三玉▲2五桂までの七手詰め。

【解説】初手▲1三桂成は△同玉で何にもならない。▲2一角から▲1三不成が肝心の手。▲1三桂打では△3一玉で次の▲4三桂が打てない。最終▲2五桂のつる桂でピッタリ。

(世界の切手・ウズベキスタン)

いかなる人の知識も、その人の経験を超えるものではない。

ジョン・ロック
(イギリスの哲学者)

朝雲ホームページ
www.asagumo-news.com
会員制サイト
Asagumo Archive プラス
朝雲編集部メールアドレス
editorial@asagumo-news.com

「道標―日本人として生きる」

馬渕 睦夫著

「この国のためにできることは何か」「これから、いかに生きればいいのか」――。

長引く新型コロナウイルス禍で、世間が苦境にあえぐ中、生き方に思い悩む人も多い。本書では元防衛大学校教授で外交官として駐ウクライナ大使を務めた著者が、その経験をもとに感じた「気付き」をつづる。

最初に70歳までは「人生の準備期間」とし、「夫婦別姓」についても「家庭崩壊への序章」とする持論を展開。

続いて日本人の感性について言及し、目に見えないものの価値の例を挙げる。聖書や憲法、哲学などの知られざる「言葉の限界」を解説する。

さらに外交官になることを決意させた故ケネディ米大統領のエピソードを紹介し、自分の生きる道を決める「ターニングポイント」をとらえるヒントを提示する。

自身のユーチューブ番組企画でのインタビューをもとに紹介される数々のエピソードは分かりやすく、テレビでは報じられない物事の裏側を知ることができる。これからの生き方を考える大きな助けになる一冊だ。

(ワニブックス刊、1540円)

新刊紹介

「君にもできる 刃物犯罪対処マニュアル」

SOU、二見 龍著

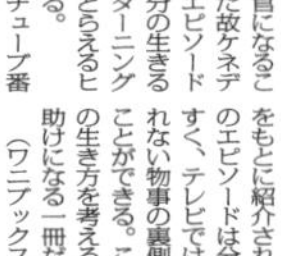

副題は「元特殊部隊隊員が教える危機管理と護身術入門」。日本で犯罪時に使用される凶器として最も多いのが刃物だが、腕に覚えがない人間でも、どう対処すれば生き残る確率が高くなるかを中心に、誰でも実践できる防犯・護身術を紹介する。

著者のSOU(エスオーユー)氏は元特殊部隊隊員。二見龍氏は40普連長や東部方面混成団長などを歴任した元陸将補で、現在は民間企業に勤めながらブログやSNS、ユーチューブでの情報発信から書籍の執筆まで多岐にわたり活動している。

全3章から成り、第1章では、身の回りのリスクを書き出し、「犯罪ハザードマップ」を作ることを推奨する。自宅の防犯はもちろん、駅や空港、路上、車内、イベント会場など、状況に応じた心構えと対応を指南する。

第2章では犯罪に巻き込まれた時の対処法として、大声を出す、逃げる、通報する、隠れる、防御する、戦う――など個別具体的な行動を伝授。第3章では写真をふんだんに使って防犯訓練や、止血などの応急処置訓練の重要ポイントを紹介する。

いざという時のため、常に手元に置いて読み返し、活用したい実用書だ。

(誠文堂新光社刊、1870円)

朝雲

発行所 朝雲新聞社
〒160-0002 東京都新宿区四谷坂町12−20 KKビル
電話 03(3225)3841
FAX 03(3225)3831
振替00190-4-17600番
定価一部150円、年間購読料9170円（税・送料込み）

主な記事

中露の連携深化に懸念
台湾有事シナリオ明記
令和4年版「防衛白書」

岸防衛相は7月22日の閣議で令和4年版『防衛白書』＝表紙＝を報告し、了承された。記述対象期間は令和3年度の1年間で、テーマに応じて今年5月下旬までの事象も盛り込んだ。今年は「ロシアによるウクライナ侵略」の章を新たに設けたほか、中国による台湾侵攻の想定シナリオを台湾側の分析として初めて記載。軍事協力を深める中露について「懸念を持って注視する」必要性を訴えた。岸大臣は同日の閣議後記者会見で白書について「米中を中心とした戦略的競争の一層の顕在化など、我が国が直面する安全保障上の課題について説明している。国の防衛には国民の皆さまのご理解とご支援が必要不可欠だ。一人でも多くの皆さまにご覧いただき、防衛省・自衛隊に対するご理解を深めていただけることを願っている」と述べた。

岸防衛相「防衛に国民の理解不可欠」

新設された「ロシアによるウクライナ侵略」の章では、ロシアがウクライナの抵抗意思とウクライナ軍の能力を「楽観的に見積もった」可能性を指摘し、「大都市の緒戦における掌握に失敗」したと記した。今回の侵略で大きな損害を被ったロシアが今後、国力を低下させ、「米国への対抗など安全保障面における共通性を持つ中国との関係をさらに深化させる可能性がある」と分析。中露の軍事連携強化の動きに「懸念を持って注視」していく必要性を強調した。

一方、大臣による巻頭言で台湾について初めて言及し、「（中国は台湾の）統一に武力行使も辞さない構えを見せており、地域の緊張が高まりつつある」と記述。これに関し、岸大臣は22日の記者会見で「注目すべき事象が立て続けに起こっている。関連動向の重大性や、国際社会全体に与える影響力の大きさなどを踏まえた」と説明した。

今回、台湾側の分析として初めて記載された「中国の台湾侵攻プロセス」によると、①中国が「演習」名目で軍を中国沿岸に集結させ、偽情報を流布するなどの「認知戦」を仕掛けて台湾にパニックを引き起こす②「演習」から「戦争」に転換し、ミサイルやサイバー攻撃で重要施設などを攻撃する③着上陸作戦を行い、外国軍の介入前に台湾を制圧する――という具体的なシナリオが示されている。

白書ではこのほか、先進7カ国（G7）など主要国の国防費の比較も初めて掲載。対国内総生産（GDP）比は米国（3・12％）や韓国（2・57％）に比べ、日本は1％未満と少ないことを明示した。

岸大臣は会見で「防衛費は国防の国家意思を示す上で大きな指標だ。国民の皆さまに現状についてご理解を深めていただけるよう、一人当たりの国防費や北大西洋条約機構（NATO）諸国の対GDP比2％の目標についても初めて記述した」と述べた。

表紙は「AIアート」

今年の白書の表紙を飾ったのは斬新な「AI（人工知能）アート」だ。「ハイブリッド化した安全保障上の挑戦に革新的なアイデアと最先端技術で打ち勝つ」をコンセプトに、「新しい領域を切り拓いていく」という防衛省・自衛隊の強固な防衛意思と決意を表現した。

白書では、国内外でさまざまな活動に従事する35人の自衛隊員らの声を取り上げたほか、本文に関連した約50本の動画を再生できるQRコードを掲載するなど、防衛省・自衛隊の活動や国際情勢を多面的に紹介し、分かりやすく、親しみやすい白書を追求した。

令和4年版『防衛白書』はA4判変型、501ページ。8月下旬をめどに市販され、価格は1300円（税込み）程度の見込み。省のホームページには現在、日本語版の全文と、英中2カ国語によるダイジェスト版がPDF形式で掲載されており、8月末には英語版の全文もアップされる。電子書籍版（Kindleなどで無料ダウンロード可能）は市販後に公開される予定。

防衛省大臣官房広報課防衛白書事務室の柴田裕里室長は「本体から外して使える『ブックインブック』形式のコンパクトなオールカラーの別冊の冒頭に、今年は新たに8ページ分の『フォーカス』というコーナーを設け、安全保障上の課題から防衛省・自衛隊の取り組みまで一般国民の皆さまに端的に理解していただけるような工夫を施した。一人でも多くの方に手に取ってもらえたらうれしい」と話している。

中国測量艦が領海侵入
今年4月に続き6回目
防衛省

防衛省は7月21日、中国海軍の「シュパン」級測量艦（満載排水量約6000トン）1隻が20日午後8時頃から同11時半頃にかけて、鹿児島県の屋久島と口永良部島周辺の我が国領海内に侵入したと発表した。海自1海補隊の「ましゅう」（舞鶴）と1空群のP1哨戒機（鹿屋）が情報収集・警戒監視を行った。

測量艦は20日午後6時50分頃、屋久島南方の日本の接続水域を北進し、同8時頃、屋久島南方の日本の領海に入域。その後、同11時半頃、口永良部島西方の日本の領海から出域し、西に向けて航行した。

中国海軍艦艇が我が国領海内を航行したことを確認・公表するのは、2004年11月の原子力潜水艦による先島諸島周辺海域の領海侵犯（潜水航行）以来、今年4月に続き6回目。04年の事案を除き、海上警備行動は発令されていない。

日本政府は、我が国周辺海域における中国海軍艦艇のこれまでの動向を踏まえ、外交ルートを通じて中国側に「懸念」を伝えた。

岸防衛相は7月22日の記者会見で「中国測量艦の意図は現在分析中だ」とした上で、「近年、中国の海空戦力による我が国周辺の海空域における軍事活動はますます拡大・活発化する傾向にある。今年6月には中国海軍艦艇が日本列島を周回したほか、7月4日には尖閣諸島の接続水域に入域した。今回もこうした活動の拡大・活発化の一環とみられる」と説明した。

その上で、中国海軍による日本の領海侵入について「懸念を持って注視しており、艦艇・航空機による平素からの警戒監視とともに、こうした個別の事案についても万全の警戒監視を行っていく」と述べた。

これに先立ち、山崎統幕長は21日の記者会見で、[illegible]て「領海内を測量艦が航行したことは懸念を持って見ている。航行目的については予断をもって回答することはできない」と述べた。

中国海軍の測量艦の動き

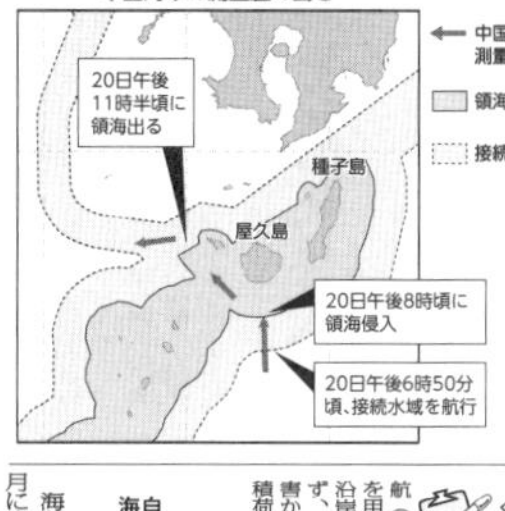

◇無害通航権

国連海洋法条約に基づく権利で、軍艦を含む外国船舶は沿岸国の平和、秩序、安全を害さない限り、他国の領海を事前の許可なく自由に通航（潜水艦は国旗を掲げ浮上航行）できる。ただし、兵器を用いた訓練や軍事情報収集、徘徊、停泊、測量活動など、沿岸国の安全を害する敵対行為は無害通航とは認められず、領海を犯された国は国内法などに基づき対処する。無害か否かの判断は①船舶の行動②船舶の種類③通航目的や積荷――など多角的な基準で判断される。

中国軍艦による我が国領海内の航行に関する公表

①2004年11月10日の「漢」級原子力潜水艦（水中排水量約5640トン）による石垣島と多良間島間での潜水航行による領海侵犯。
②16年6月15日の「ドンディアオ」級情報収集艦（満載排水量約6000トン）による口永良部島西方の領海侵入。
③17年7月2日の「ドンディアオ」級情報収集艦による北海道松前町・小島沖の領海侵入（津軽海峡の公海帯を通航せず）。
④21年11月17日の「シュパン」級測量艦による屋久島、口永良部島周辺の領海侵入。
⑤22年4月26日の「シュパン」級測量艦による口永良部島西方から屋久島南方にかけての領海侵入。

海自 ヘリ事故 調査結果公表
僚機の動静把握が不十分

海幕は7月19日、昨年7月に鹿児島・奄美大島の東方約330キロの太平洋上で起きた海自の哨戒ヘリ2機の接触事故に関する事故調査結果を発表した。僚機間の動静把握の不十分さや、訓練上の起点の位置整合を行わなかったことなどが事故の要因だったとしている。

事故は昨年7月18日午後10時22分、夜間の哨戒訓練中に発生。4護群4護隊（呉）の護衛艦「かが」搭載のSH60K哨戒ヘリ（8404号機）と同8護隊（佐世保）の護衛艦「きりさめ」搭載のSH60Jヘリ（8289号機）が空中で接触し、両機ともメインローターブレード1枚を損傷した。それぞれ自力で飛行、無事に着艦し、搭乗していたクルー各4人にけがはなかった。

事故調査委員会によると、事故の原因は以下の3点。①目視とレーダーによるダブルチェックによる相互の動静把握が十分に行われなかったこと②訓練上の起点となる場所（捜索起点）で、位置整合を実施しなかったこと。特に8289号機はGPSを搭載していないため起点に向かう途中でズレが生じやすく、位置整合が必要だったが、これを行わなかった③両機の機長が位置や動静を把握するために、各配置に適切な指示を実施しなかったこと――。これら人的および航空機運用上の要因が、事故につながったとしている。なお、環境上、器材上、管理上の要因は認められなかった。

以上の結果から、調査委員会は再発防止策をとりまとめた。

捜索起点の位置整合について、先に起点に到達した航空機が火工品などを投下し目印を付けること、また、複数の航空機が進出する場合は高度差や航空機間の近接限度距離を設定し、安全を確保することなどを提示した。

酒井海幕長は19日の会見で、「究明された原因と再発防止策を徹底し、国民の負託に応えるべく、航空機の安全な運用に万全を期していく」と述べた。

ＰＡＣ３の発射機、レーダー装置などを展開し、運用態勢の完了を確認する空自の６高隊員（写真はいずれも７月20日、海自呉地区で）

空自6高射隊

海自呉地区でＰＡＣ３訓練

空自２高群６高隊（芦屋）は７月20日、地対空誘導弾ＰＡＣ３の機動展開訓練を海自呉地区（広島県）で行った。５月の大阪市に続き、今年度２回目。

同訓練は弾道ミサイル対処に係る能力の維持・向上を図るとともに、自衛隊の即応態勢を示し、国民の安全・安心感の醸成に寄与することが目的。

６高隊長の立石和虎３佐以下隊員約25人が車両約10台で海自呉地区に進出。ＰＡＣ３の発射機やレーダー装置、射撃管制装置などの展開、作動確認、撤収までの一連の手順を約20分間で演練した。

訓練後、立石隊長は「弾道ミサイル対処における空自の即応態勢を堅持することは、国民の安全・安心感の醸成に寄与する。今回、隊員は日頃の訓練の成果をしっかりと発揮できたものと考えている」と語った。

PAC3ミサイル・システムの一式を展開、レーダー装置を迅速に立ち上げる6高隊の隊員

「サイバーコンテスト」参加者募集
締め切りは7月31日

防衛省は8月21日（日）、一般人を対象とした第2回「サイバーコンテスト」をオンライン形式で開催する。

サイバーセキュリティーに関する専門的知見を備えた優秀な人材を発掘することが目的で、参加資格は日本国籍を有する個人（隊員の参加は不可）。応募締め切りは7月31日（日）。定員300人になり次第、受け付けを終了する。

昨年3月の初回コンテストと同様、成績優秀者（上位5名）については、氏名またはハンドルネームを防衛省のウェブサイトに掲載し、表彰する予定だ。

詳しくは、防衛省のホームページ（https://www.mod.go.jp/j/approach/defense/cyber/c_contest/）で。

春夏秋冬
「参謀（幕僚）」
山下 裕貴

参謀懸章は正式名称を飾緒（しょくしょ）という。その名のとおり一種の飾りだが、この綱紐が参謀のしるしになったのにはいわれがある。

旧軍の参謀が付けていた金モールの綱紐の起こりは、ナポレオンの参謀たちが実用的に右肩から吊っていた3本の綱紐がもとになり、その後は飾りへと変わっていった。

参謀懸章は、細紐を2本撚（よ）り合わせた太い綱が1本（2本に見えるが）と細い綱が2本からなる。細い方の綱の先端には繰り出し芯式のチョーク鉛筆の形をした金属製のものがぶら下がっている。

これは彼らの商売道具である青と赤の色チョークを紐で右肩から吊るし、刻々と変化する状況に応じ[illegible]具を象徴したものである。太い方の綱は馬上で作業する際に、右肘をその網にかけて右手を固定するために使われたといわれている。また前線から本営に帰って来る騎馬伝令がすぐに参謀を探せるように綱紐を金色にしてあったようだ。当時の参謀懸章はアクセサリーではなく戦場における実用品そのものであった。

今日では、陸上自衛隊の将官や副官、防衛駐在官などが飾緒として礼装の際に付けている。

さて参謀とは、帷幄（いあく）、いわゆる陣営に用いる幕（指揮官[illegible]ることから幕僚ともいう。

その職務は指揮官の補佐であるが、決して指揮官ではない。だから指揮の結果に対する責任も持たないし、その代わりに指揮権もない。ところが側近なるがゆえに、往々にして、その言行が指揮官の意図になるかのように部下には映り、参謀（幕僚）自身も指揮官の権限を背景に専横のふるまいを行うような者が出てくることがある。知らぬうちに将徳を汚しているのである。

参謀（幕僚）自身の職務遂行のけじめのつけ方次第で、名参謀（幕僚）も生まれ、悪名高き参謀（幕僚）も現れる。

（元中方総監・陸将、千葉科学大学客員教授）

朝雲寸言

その時代や分野において当然のことと考えられていた認識や思想、社会全体の価値観などが革命的に変化することをパラダイムシフトという。地動説や進化論など自然科学の劇的な転換がその一例である▼軍事・安全保障の歴史においても数回のパラダイムシフトがあった。火薬の発明は戦士の戦いを市民の戦いに変えた。航空機の発達は戦争を2次元から3次元に変え、戦争を前線も後方もない総力戦に変えた。そして核兵器の出現は人類が滅亡する恐怖を世界に与えたばかりでなく、制限戦争という概念を生み出した▼近年、我々が当たり前のように使用するGPSは本来軍事作戦に必須の正確な位置評定のために開発されたシステムである。そのためGPSは軍事大国である米をはじめ露・EU・中国がそれぞれ独自に保有している▼現在、世界中で開発競争が激化している自動運転システムはGPSの精度と信頼性を基盤とする。その延長線上にあるのはIT・ロボット・AI技術を中核とする無人戦闘システムであろう▼兵士が戦場で命を失う恐怖を感じなくなったとき、戦争はその姿を大きく変えるだろう。重要なのは戦争が変わることではない。そのパラダイムシフトが人類の未来に不可逆な影響を与えることである▼米国はGPS誘導の装輪式ロケットシステムHIMARSをウクライナに供与した。長射程のGPS誘導兵器は戦局を大きく変える力を持っている。

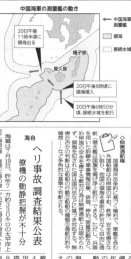

時の焦点

国内

防衛白書

中露の連携に警戒が要る

ロシアのウクライナ侵略は、アジア太平洋地域の軍事バランスに変化を与える可能性がある。政府は中国とロシアの動向を注視し、的確に対処しなければならない。

2022年版の防衛白書が公表された。ウクライナ情勢の章を新設し、国際情勢に与える影響を詳述したのが特徴だ。

白書は、ロシアが今年2月に開始したウクライナ侵攻を「失敗」と位置づけ、その要因として、ウクライナ軍の能力を楽観的に見積もった可能性を指摘した。また、ミサイル攻撃対象を正確に特定する能力が不足するなど、ロシア軍の大規模戦争遂行能力に「疑問符が付いた」とも記した。

ロシアの侵略行為は、国際秩序の根幹を揺るがすものだ。日本政府が白書で「このような侵略を容認すれば、アジアにおいても一方的な現状変更が認められるとの誤った含意を与えかねず、決して許すべきではない」と強調したのは当然だ。

憂慮すべきは、ウクライナ侵略を契機として、ロシアが中国との連携に傾斜することだ。白書は「国際的に孤立し、相当な損耗を被ったロシアにとって、中国との政治・軍事的協力の重要性はこれまで以上に高まっていく可能性がある」と警鐘を鳴らした。

昨年10月には、中露の艦艇10隻が演習で日本を周回した。今年5月には、中露の爆撃機が共同飛行するなど、両国は日本周辺の海空域での活動を活発化させている。

単なる演習にとどまらず、日米をけん制する狙いがあるのだろう。白書が「懸念を持って注視する」とし、警戒レベルを引き上げたのは妥当な措置だ。自衛隊は米国とも連携し、警戒監視活動を強化する必要がある。

白書は、台湾有事についての記述を21年版から倍増させ、中国による台湾侵攻の想定シナリオを初めて掲載した。

中国が演習名目で軍を沿岸部に集結させ、偽情報を流して社会の混乱をもたらす「認知戦」を仕掛ける可能性があるという。台湾の軍事施設などへのミサイルやサイバー攻撃の恐れもある。

中国の国防費は、台湾の約17倍に相当し、中台の兵力差は拡大傾向にある。米軍が介入するまでの時間はどれぐらいか、台湾に近い沖縄県の安全をどう守るかなど、政府はあらゆる事態を想定して、有事への対処方針を詰めてもらいたい。

政府は今後、国家安全保障戦略、防衛計画の大綱、中期防衛力整備計画の3文書の改定作業を本格化させる。

北朝鮮は、変則的な軌道で飛行する弾道ミサイルなどの開発を進めており、従来の迎撃能力で対処できるのかという懸念が強まっている。抑止力を強化するため、「反撃能力」を整える検討も進めねばならない。

防衛力の抜本的な強化に向けて、日本の厳しい安全保障環境を丁寧に説明することが大切だ。国力に見合った防衛費の水準について、国民的な議論を深めていきたい。

藤原　志郎(政治評論家)

海外

ニクソン外交

冷戦期の大胆さを再び

7月に出版されたキッシンジャー元米国務長官の最新著書「Leadership: Six Studies in World Strategy」を拾い読みしていると、同氏が大統領の「頭脳」として取り仕切ったニクソン外交の迫力にはやはり感服する。

同時に、以後の米国の外交政策は、ニクソン、キッシンジャーの両氏が成し遂げた大きな功績を〝御破算〟にしたとの結論に行きつく。

ニクソン大統領は世界的地政学を忠実に実行に移し、政権最大の外交政策の業績は、中国とソ連(当時)間の不和に付けこみ、それを巧妙に利用したことだ。

「三角外交」という戦略概念は、米国と中国、米国とソ連のそれぞれの関係を当の中ソの間柄よりもずっと良好な結び付きに構築する外交上の傑作になった。

その後、米国が主導する反ソ同盟に中国が加わって、東西関係の形勢は米国に有利な方向に傾斜した。そして、後のレーガン政権の冷戦勝利につながっていったわけだ。

しかし、ニクソン外交のこうした神髄は、冷戦の終結から30年の間に、米国の政策から消え去った。

理由はいくつもあるのだろうが、一つはっきりしているのは、西側との冷戦に敗れた旧ソ連は、成長し始めた中国と徐々に緊密になっていった。それなのに、レーガン後の歴代政権は何の手も打たず、傍観していた事実は否定できない。

2001年9月11日に起きた同時多発テロ事件を機に、米国は地球規模のテロとの闘いという非常事態に突入した。米政府の関心が対テロ戦争に一点集中したとしても、やむを得ない面もあったかもしれない。

いずれにしろ、ニクソン外交の〝光〟は消え、現在の中ロ関係は、かつてないほど強固に見える。ロシアのウクライナ侵攻直後、米ケーブルテレビで「専門家」が「侵攻は評判が悪く、中ロ関係は粉々になる」とレクチャーしていたことなど信じられない。

習近平・中国国家主席は6月15日、プーチン露大統領に電話で、「世界的な動乱や変革に直面しながらも、両国関係は健全に発展する勢いを維持している」と表明。

特に、習主席が「国家主権と安全保障」の問題でロシアを支持すると伝えた点は要注目で、ウクライナにおけるロシアの権益は台湾における中国の権益と同じ、と言っているようだ。

冷戦初期の1950年4月、米国家安全保障会議(NSC)はトルーマン大統領に「報告68号」(通称NSC－68)を提出した。

「中ソ・ブロック」の出現という新事態に直面して、二つの共産主義国によるユーラシア大陸支配という悪夢の芽を潰すため、NSCが大統領に、大規模な軍備増強と同盟国の強化を求めた内容だった。

今日の米国には再び、中東からソ連の影響力を放逐したような大胆なニクソン・キッシンジャー流の外交展開と、地政学的戦略を概説した現代版NSC－68が必要なのではないか。

草野　徹(外交評論家)

陸自小平学校

「ハイブリッド戦」テーマに

法務研究シンポジウム開催

小平法務研究シンポジウムで「ハイブリッド戦」について講演を行う名桜大学の志田准教授(壇上)＝7月19日、陸自小平学校大講堂で

陸自小平学校は7月19日、令和4年度「小平法務研究シンポジウム」を同校大講堂で開催した。同シンポジウムは部内外の有識者との意見交換を通じて法務研究の知見を得るとともに、陸自の各種施策に寄与することを目的に初めて行われた。

名桜大学(沖縄県名護市)の志田淳二郎准教授を講師に招き、小平学校長の大野真将補をはじめ、副校長の松田靖史1佐、最先任上級曹長の髙橋勇准尉、陸幕法務官の篠村和也将補、各自衛隊や方面オピニオンリーダー、駐屯地協力団体、オンラインによる参加者を含め、162人が基調講演を聴講した。

開催に当たり、大野学校長は「今般のウクライナ侵攻などの国際情勢に鑑み、国家間競争の一環として、軍事と非軍事を意図的に曖昧にした手段が用いられる傾向が高まっていることから、『ハイブリッド戦』をテーマとした。基調講演での質疑や分科会の中での活発な意見交換を通じて本シンポジウムの目的が達成されることを期待する」とあいさつした。

講演で志田准教授は、「ハイブリッド戦」が大国間競争や体制間競争時代における最重要概念であるとした上で、その研究動向、定義、法的課題などについて発表した。

この中でハイブリッド戦について「米国は作戦レベルで、欧州は戦略レベルで捉える傾向にある」と説明。

同概念は国家主体や非国家主体がさまざまな手段を混合して駆使することで、「自衛権が発動できる状況であるのか判別が困難な事態を作り出し、現状変更を試みる点がポイントだ」と強調した。

また、従来の戦争のように重心が固定されず、「ヒト・モノ・カネ・情報」の自由移動が保障された民主主義体制は脆弱だと指摘した上で、日本ではクリミア併合型の「グレーゾーンにおけるハイブリッド戦」の脅威も存在していると警鐘を鳴らした。

同シンポジウムでは法律戦やサイバー法制などを扱う分科会も行われ、22日まで開催された。

陸幕長が英独歴訪

印・太平洋地域への関与継続を確認

7月3日からイギリスとドイツを訪問していた吉田陸幕長が12日、帰国した。

陸幕長は3、4日にイギリスを訪問。ロンドンの英国防省でクイン国防閣外大臣、カウンターパートのサンダース英陸軍参謀総長、ホッケンハル戦略コマンド司令官と懇談し、日英相互の戦略環境認識について意見交換。力による一方的な現状変更を容認しない考えで一致した。

さらに、日英両国のトランスフォーメーションや今後の防衛協力、交流の方向性などについても意見を交換し、陸軍種間の防衛協力をより一層深化させていくことで合意した。

4日からはドイツを訪問。ベルリンの連邦国防省でカウンターパートのマイス独陸軍総監と懇談、日独陸軍種間の更なる信頼関係の構築を図った。さらにムンスターでは独陸軍の試験・試行部隊を視察した。

マイス独陸軍総監と懇談し、日独陸軍種における更なる信頼関係の構築を確認した(7月5日、ベルリンのドイツ連邦国防省で)

陸幕長は14日の会見で、「欧州ではロシアに対する抑止力・対処力の向上が最重要課題だが、同時にインド太平洋地域への関与を継続していく意思を確認できたことは最大の成果」と述べた。

その上で、イギリスとは共同訓練の継続や多層的な協力関係の推進で一致し、ドイツはインド太平洋地域への関与の継続を前提に、今後独陸軍が同地域における多国間訓練などへの関与を検討しているとした。最後に、「陸自として同地域での英独陸軍とのさまざまな取組みについて積極的に進めていく」と話した。

なお、ドイツでの帰国前のPCR検査で新型コロナウイルスの陽性が確認されたことに関しては「ご心配をおかけしました」と陳謝した。

モンゴル軍に能力構築支援

衛生分野では今回で7回目

防衛省・自衛隊は7月6日から10日まで、モンゴル軍中央病院長以下医療従事者5人を招き、衛生分野の知見を共有するため、能力構築支援を行った。モンゴル軍に対する能力構築支援事業は施設分野なども合わせると18回目で、衛生分野では今回で7回目になる。

今年は日・モンゴル外交関係樹立50周年の節目。モンゴルは自由、民主主義、法の支配といった普遍的価値観を共有する戦略的パートナーであり、平成24年に初めて同国に支援事業を行ってから戦略的パートナーシップの発展に向け、防衛協力や交流を積極的に推進してきた。

今回、モンゴル軍の医療関係者5人は8日から10日にかけ、大量傷者の受入態勢を構築して災害対応能力を向上させるため、自衛隊中央病院が例年行っている「大量傷者受入訓練」と同様の訓練をモンゴル軍中央病院が独自に実施できるようにする取り組みの一環で、同訓練の企画、実行、統裁などの知見の共有や意見交換を行った。また、防衛医大・防衛医大病院では医療体制、医官教育、研究、新型コロナ対応など幅広く研修した。

そのほか、地方自治体、部外医療機関などとの連携要領についての現場研修、文化研修、今後の能力構築支援事業についての協議も行われ、両国間における防衛協力や交流が図られた。

大量傷者受け入れ訓練で、建物外でトリアージを行い、その後の受付業務要領について自衛隊中央病院職員から説明を受けるモンゴル軍の医療従事者たち(7月9日、中央病院で)

空幕長、英国とベルギーを訪問

NATO軍事委員会に出席

井筒空幕長は7月10日から19日まで、ベルギーとイギリスを訪問した。

11日にベルギー・ブリュッセルの北大西洋条約機構(NATO)本部を訪問し、NATO軍事委員長のロブ・バウアー海軍大将(オランダ)と会談、NATO軍事委員会に出席した。いずれも歴代空幕長として初めて。

会談で井筒空幕長は、NATOがインド太平洋地域への関与を強めていることを歓迎。両者は力による一方的な現状変更の試みを含め、厳しさを増す安全保障環境について意見交換。日本とNATOが「自由で開かれたインド太平洋」の実現に向け連携を強化していくことで一致した。

また、NATO軍事委員会ではインド太平洋の安全保障環境に関するブリーフィングを行い、ルールに基づく国際秩序に対する挑戦が国際社会共通の課題であるとし、参加者から多くの関心が寄せられた。

イギリスでは13、14の両日、英空軍参謀長などからの招待で英国際航空宇宙軍参謀長等会議(GASCC)に参加。普遍的価値観を共有する67カ国の空軍参謀長等が出席した同会議で、英空軍参謀長のマイク・ウィグストン空軍大将による基調講演やパネル・ディスカッションを聴講。宇宙を含む将来の空軍力に関する各種知見を得るなどした。

また、英空軍が中心となっている世界空軍気候変動協力の成果である「気候変動協力に係る多国間協定」に署名した。同協定は化石燃料への依存や既存のサプライチェーンを低減し、持続可能な合成航空燃料や代替エネルギー源を含む新しい技術を活用するため、各国の航空宇宙軍のリーダーが協力することを表明したもの。同分野における世界規模での軍事組織による初の合意。

15日から17日までは、フェアフォード空軍基地で開催されたエアショー「ロイヤル・インターナショナル・エア・タトゥー(RIAT)」へ参加した。この間、米太平洋空軍司令官のケネス・S・ウィルズバック大将、英国のジェレミー・クィン調達担当閣外大臣など各国の空軍参謀長等と地域情勢や防衛政策、防衛協力・交流などに関して意見交換を行った。

帰国後、井筒空幕長は21日の会見で「NATO各国はその戦略文書においてアジア・太平洋地域の重要性に言及しており、空自は引き続き、『自由で開かれたインド太平洋』の維持・強化に向け、NATOとの連携の重要性を再認識した」と成果を語った。

北大西洋条約機構(NATO)本部を訪問し、NATO軍事委員長のバウアー海軍大将(左)と記念品を交換する井筒空幕長(7月11日)

共済組合だより

40歳以上の組合員と被扶養者を対象に「特定健康診査」「特定保健指導」実施

糖尿病など生活習慣病を患う人が近年増加し、日本人の死亡原因の約6割に上ると推計されています。

これを受け、防衛省共済組合では「高齢者の医療の確保に関する法律」に基づき、40歳以上74歳以下の組合員(任意継続組合員を含む)とその被扶養者を対象に、「特定健康診査(特定健診)」と「特定保健指導」を実施しています。

これは特定健診でメタボリックシンドローム(内臓脂肪症候群)など、「生活習慣病発症のリスクが高い」と判定された方を対象に特定保健指導を実施し、保健師や管理栄養士が対象者一人ひとりの身体状況に合わせた生活習慣を見直すためのサポートを行うものです。

組合員の方の特定健診は医務室等での受診となりますが、被扶養者の健診の受け付けは共済組合が委託する「ベネフィット・ワン」が行っています。お申し込み方法は次の通りです。

【WEB】パソコンはhttps://www.benefit-one.co.jp/、スマートフォンはhttps://bnft.jpへアクセスし、「健診予約はこちら」のバナーをクリックしてお進み下さい。

【電話】ベネフィット・ワン健診予約センター(0800-1702-502、03-6870-2775)。朝10時から平日21時、土日祝日は18時まで受け付けており、年末年始は休みです。

【FAX】0800-9199-030、089-900-8281。お手元のご利用ガイドの「〈各種健診〉FAX・郵送申込書」または「〈婦人科検診〉FAX・郵送申込書」をご利用ください。

【郵送】〒790-8790愛媛県松山市藤原2-8-8　株式会社ベネフィット・ワン健診予約受付センターまで。「〈各種健診〉FAX・郵送申込書」または「〈婦人科検診〉FAX・郵送申込書」に必要事項をご記入のうえ、お送りください。

受付後、「ご予約確定通知書」が送付され、予約が確定します。受診当日は「防衛省共済組合員証」または「組合員被扶養者証」を持参して受診してください。

最新情報はWebで確認できます。会員専用サイトから健診サイトへのリンクへ進んでご確認ください。

防衛省発令

▽陸上総隊司令部運用部(教育訓練研究本部付)　1陸佐　南利　裕数

(7月19日)

—— サリン事件に対応の化学科部隊、ウクライナ情勢教訓に ——

化学兵器の本当の恐ろしさ

中央特殊武器防護隊 生田敬三隊長に聞く

ロシアによるウクライナ侵攻から5カ月。戦闘状態が続く中、ウクライナ南東部の港湾都市マリウポリで、「ロシア軍が化学兵器を使用した疑いがある」と報じられた。その使用は証明されなかったが、ロシアも締約している化学兵器の使用などを禁じた「化学兵器禁止条約」違反となる行為に注目が集まった。陸上自衛隊でCBRN（化学・生物・放射線・核）対処能力を持つ専門部隊である中央特殊武器防護隊（大宮）の隊長を務める生田敬三1等陸佐に、ウクライナ情勢に見る化学兵器の恐ろしさを聞いた。（聞き手・菱川浩嗣）

偽旗作戦と連動 消せる「使用痕跡」

——ウクライナで「ロシアが化学兵器を使用した疑いがある」との報道があった。隊長が考える化学兵器の恐ろしさは。

生田中特防隊長（以下、生田）　化学兵器は「目に見えない敵」と言われるが、それが使用され、気が付いた時にはすでにもがき苦しんでいる。その液体が飛散したり、散布されることで、広範囲に広がっていくことに特徴がある。

さらに肉体的だけではなく、精神的なダメージも大きい。「化学兵器が使われた」という情報が入るだけで、相手に恐怖を与える効果もあるだろう。

ウクライナではマリウポリの製鉄所で、「暴徒鎮圧剤」らしき化学剤が使われたのではないかと言われているが、定かではない。

この事例で重要なのは米国やウクライナが「ロシアが化学兵器を使用するのではないか」という疑念を発信した際に、ロシアはそれを逆手にとって「そちらが使いたいからそういうことを言っている」と反論する「偽旗作戦（攻撃手を偽る軍事作戦。海賊が『降伏』の旗を掲げて敵を油断させて逆に相手の船を乗っ取るという行為に由来する）」が繰り広げられた点だ。

現代戦において化学兵器の使用は相手に与える影響が大きい半面、国際社会から「化学兵器禁止条約」違反だという非難を受けるため、使用は慎重にならざるを得ない。化学兵器は、ミサイルのように、「数多く撃たれた」という事例は少ない。

一方で、膠着状態となった戦局を打開するため、化学兵器の使用を決断した場合、使用後に偽旗作戦を各種情報戦と連携させ、「使用していない」と表明して痕跡を残さない作戦がとられることが考えられる。これが化学兵器の恐ろしいところ。被害を受けても証拠がとれなければ、国際社会とともに非難することもできないからだ。

——核兵器との違いは。

生田　今回のウクライナ情勢から学ぶべきことは、化学兵器と対照的に「核」については意図的に兵器使用の可能性が表明されている点だ。今回、ロシアのプーチン大統領の「重大な兵器を使用する用意がある」という核兵器使用をほのめかす発言に世界中が揺れ、各国の対応に大きな影響を与えた。非難を受ける点では化学兵器と同じだが、使用表明の際の違いは考慮するべきだろう。

化学剤などの特殊武器の攻撃に対しては「戦略的な視点で見ていかなければならない」と強く感じた。「この戦況では化学剤が使われるかもしれない、使う兆候があるが、それを打ち消す情報戦が仕掛けられている」——。そうした状況の分析が欠かせない。

大宮駐屯地創立65周年記念行事で特殊武器に汚染された地域の偵察に使うNBC偵察車（左）に乗り登場した中特防の隊員（大宮駐屯地で）＝中特防提供

他にはない中特防の三つの能力

——陸自で唯一無二のCBRN対処部隊としての中特防の特徴は。

生田　中特防は本部中隊、第102特殊武器防護隊、第103特殊武器防護隊の実動3個部隊を隷下にした充実した体制のもと、全国の各部隊を支援している。

全国の師・旅団が持っている能力としては、化学剤の使用の有無とその特定、被害状況を確認する「偵察」と地域・部隊が汚染されていたら安全化を行う「除染」の2つだが、中特防はこれらに加え唯一無二の部隊として3つの能力がある。

一つ目は全国運用で地形に即した対処と「化学剤監視」という能力。攻撃を受けた場合、ガスが流れてくるため、化学剤監視装置を使ってその兆候をキャッチし、警報を鳴らす。この機能を持っているため、火山ガスが発生した2014年の御嶽山噴火の際も出動している。北海道と沖縄では地形も全く異なるため、その地にあった対処を行っている。

二つ目は火に対する対処である「対焼夷能力」だ。ウクライナの映像を見ると巡航ミサイルが軍事施設に撃ち込まれて火災が発生していた。こうした攻撃を受けた場合、我々は液体散布車などを使用した消火機能で対処する。

三つ目は「発煙能力」だ。広範囲に煙幕を構成し上空からの監視を妨害できる。

この三つの機能は他の化学科部隊が持っていないため、我々は有事に最良の対処ができるよう日々訓練している。

㊨福島第1原発で放水活動を行う放射冷却隊（中特防提供）㊦防護マスクを着け、訓練を行う103特殊武器防護隊の隊員（東富士演習場で）＝中特防提供

受け継がれる「使命」 進む戦士の育成

——中特防の前身の第101化学防護隊は1995年の地下鉄サリン事件に対処、世界で唯一人口密集地での化学兵器テロに対応した。

生田　そのDNAは受け継がれている。現在は、サリン事件時に比べ検知能力が改良され、除染車も新型の「除染セット」を導入している。そういう意味で科学技術の進歩とともに、化学科部隊の能力も向上していると言える。2008年に中特防へと改編し、全国から化学科の隊員が配置され、各地の部隊とも交流ができる多様性のある部隊となっている。

現在、中特防では最先任上級曹長の高崎雄人准尉を中核として「戦士の育成」という曹士主体の訓練を行っている。まず「どんなに過酷な環境でも生き残り、化学兵器の脅威を排除する」ことが課せられた使命である。任務完遂のため、完全防備の状態で決められた距離を時間内にチームとして走破する訓練を行っている。

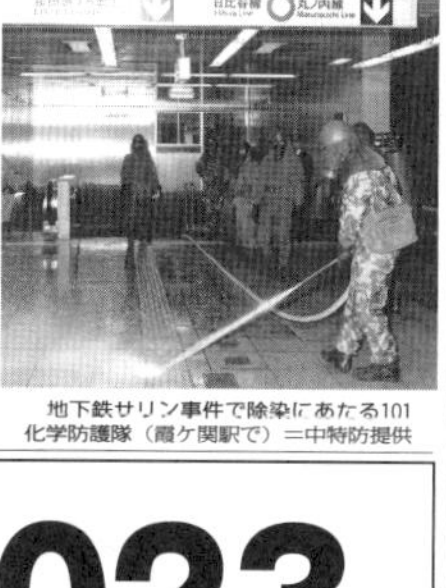

地下鉄サリン事件で除染にあたる101化学防護隊（霞ケ関駅で）＝中特防提供

有事の際に備え 対処法を教育

——化学兵器攻撃対処のための中特防の取り組みは。

生田　作戦によって異なるが、防護（警備）対象部隊と共に出動し、同部隊の戦術行動等に応じつつ支援任務に着手する。対処効果をあげるためには、普段から他の職種の部隊と交流を持つことが重要だ。

その一環として、陸上総隊隷下部隊と化学兵器による攻撃を想定した協同訓練を推進している。さらに各部隊に化学の知識などを習得した「化学特技者」がいるだけでも化学兵器対処力は大きく向上するため、その育成に努めている。

——化学兵器検知中にドローンなどから攻撃される可能性もあるが、上空からの攻撃への対処は。

生田　化学科部隊は装備品が大きく、偵察や除染の際は1カ所に留まって活動するため、標的になりやすい。相手は化学兵器の使用を解明されたくないため、検知中に我々を攻撃することで妨害を図ることが予想される。

そのため、迅速かつ正確に化学兵器使用の証拠を得ることが重要だ。除染中であっても攻撃されそうな時には、速やかに離脱できるようにしている。

敵の攻撃から身を守りつつ、任務を遂行することを常に隊員に徹底している。この両立は、今後より重要になってくるだろう。

訓練の情報発信し 脅威の「抑止力に」

——今後、中特防が化学兵器対処において重点を置くべきポイントは。

生田　化学兵器保有国が兵器使用の痕跡を残さないことに注力していることを踏まえ、我々は兵器使用の兆候をいち早く察知し、迅速に現場に進出できるよう訓練している。

化学兵器が使われていれば、複数の手段で検知し、試料を採集して確実にその証拠を得なければならない。人員の被害や装備品の汚染が発生した場合にはこれまでの固定概念にとらわれず、迅速な除染手段を追求し、被害を抑える。この一連の対処要領を日々訓練している。

昨年までの3年間は都市型テロ対処を主軸としてきたが、今年度は派遣された先の地形や気象を考慮した野戦型の訓練を取り入れている。さらに、昨今、繰り広げられている情報戦やサイバー戦、ウクライナでも運用されている長射程火力による打撃、衛星やドローンなどからの監視・妨害を想定するなど、現代戦の様相を取り込みつつ演練している。

こうした訓練の様子を情報発信することも重要だ。対処能力を知れば、相手国は「化学兵器の使用を解明される」と判断し、その使用を躊躇することにつながるだろう。それが国民を化学兵器の脅威から守る「抑止力になる」と確信している。

現在、中特防は諸先輩方が築きあげてきた伝統を継承しつつ、未来を見据えて能力を強化していく過渡期にある。そうした転換点に立ち合った隊長として、隊員とともに日々一歩ずつ歩んでいきたい。

化学剤の除染などに使用できる除染セットを説明する中特防最先任上級曹長の高崎准尉（大宮駐屯地で）

防研セミナー

時代を読み解く

シリーズ⑦

ウクライナ侵攻から考える電磁波による無人機対処

今月の講師
押手（おして） 順一（じゅんいち）氏
防衛研究所　理論研究部
社会・経済研究室研究員

1992（平成4）年生まれ、千葉県出身。慶應義塾大学法学部政治学科卒、同大学院法学研究科修士課程修了。第一級陸上無線技術士。2017～19年三菱総合研究所研究員、19年防衛研究所入所。21～22年防衛省防衛政策局戦略企画課抑止戦略班主任、同局防衛政策課基本政策班主任。担当は米国の国防政策、電子戦（電磁波領域の安全保障）。

戦場で高まるUAVの脅威

今年2月に始まったロシアによるウクライナ侵攻では、軍用や民生用の大小さまざまな無人航空機（UAV）が情報収集・警戒監視・偵察（ISR）活動をはじめ、車両などへの攻撃に投入され、成果を上げている。

高まるUAVの脅威に対し、①誘導弾と比較して迎撃に必要なコストが小さい②同時に多数飛来するUAVの群（スウォーム）に対処できる③副次的被害を低減できる——といった理由から、我が国を含む複数の国で電磁波によってUAVを攻撃する兵器の研究開発が進められている。

電磁波はUAVへの有効な対抗手段になり得るのだろうか。

実戦投入中の通信妨害装置

通信妨害（ジャミング）は、遠隔操縦のための指揮統制（C2）リンクの遮断、または衛星測位システム（GNSS）の信号受信妨害により、UAVの飛行を妨げる攻撃手法である。

地上から遠隔操縦されているUAVは、C2リンクが途絶した場合、自律飛行の機能がなければ制御を失って墜落するか、機種によっては指定位置まで自動帰還する。いずれの場合もISRなどの任務継続は困難になる。

ウクライナ侵攻にも投入されているとみられるロシア軍の「R—330BMV」は、UAVの遠隔操縦用の周波数帯で、また「R—330Zhジテリ」は、米国のGPSを含むGNSSの周波数帯で通信を妨害する能力を有するとされる。いずれも妨害装置は車両に搭載されている。

ウクライナ軍は、車両搭載型の「ブコベルAD」に加え、各国から提供された携行型妨害装置を使用している。

リトアニアのNTサービス社製「EDM4S」は、UAVの遠隔操縦と映像伝送用の周波数帯に、また、米国のIXI EW社製「ドローンキラー」は、これらに加え、GNSSの周波数帯に対応している。

妨害装置の射程は、一般に車両搭載型で数十キロ、携行型で数キロである。

ただし、通信妨害は機体を破壊するわけではないため、例えばイスラエルのIAI社製「ハロップ」のように、レーダーなどの電波源に向けて自動飛行する自爆型UAVの攻撃は阻止できない。

開発途上の指向性エネルギー兵器

今後、実用化が期待されるのが、高出力マイクロ波（HPM）や高エネルギーレーザー（HEL）を用いる指向性エネルギー兵器（DEW）によりUAVを破壊、または制御不能にして撃墜する攻撃手法である。

HEL兵器がUAVの機体外板の破壊を目指すのに対し、HPM兵器はUAV内部の電子機器の破壊または誤動作を狙う。

HPM兵器の原理は次の通りである。まず前提として、アンテナ等の導体がマイクロ波などの電磁波を受けると、導体に電流が生じる。この時、電磁波が非常に強いと、接続された電子回路に過大な電流が流れ込み、機器が誤動作する。電磁波がさらに強ければ、回路中の半導体などが破壊される。攻撃が成功すると、原理的には遠隔操縦中か自動飛行中かにかかわらずUAVは制御不能になる。

HPM兵器としては、古いものではロシアの企業が2001年に、大型車両に搭載される「ラネツE」を発表している。「ラネツE」は真空管の一種であるマグネトロンで発生させたHPMを、皿状の開口面アンテナから放射する。

これに対し、例えば米国のエピルス社が開発中の、装甲車に搭載可能な「レオニダス」は、マイクロ波を窒化ガリウム（GaN）半導体で増幅し、平面のフェーズドアレイアンテナから放射する。フェーズドアレイアンテナは、一定の角度内であれば、アンテナ面を固定したまま同時に複数の目標にビームを指向できるため、スウォーム対処に有利と考えられる。

電磁波は万能ではない

研究開発の動向を踏まえれば、DEWはUAVの破壊まで可能な有効な対抗手段になると期待できる。しかし、地形、距離、気象等の条件によっては、電磁波特有の性質により、効果を発揮できない場合がある。

まず、マイクロ波や赤外線といった周波数の高い電磁波は直進性が強いため、DEWからUAVが見通せる場合しか攻撃できない。

また、電磁波は距離に伴い減衰するため、特にHPM兵器については、UAVまでの距離が大きいほど攻撃の効果は弱まる。

一方、HEL兵器については、レーザー光は障害物のない空間では減衰しにくいため、比較的遠方の機体も迎撃できる可能性がある。ただし、霧や強雨の気象条件下では、レーザー光は大きく減衰するため、効果が見込めない。

加えて、電磁波は光速で対象に到達するものの、UAVの撃墜に至るには、出力、距離、UAVの大きさなどの条件に応じて、HPMまたはHELを一定時間対象に照射し続けなければならない点にも留意が必要である。これらのDEWの欠点は、運動エネルギーなどによるキネティック（火薬や弾丸を用いる力学的）な攻撃手段により補える。

米国のレイセオン社はHPM兵器、フェイザーの開発と並行して、対UAV用の自爆型UAVである「コヨーテ・ブロック2」を生産している。また、ドイツのラインメタル社は、機関砲、誘導弾、DEWを組み合わせてUAVなどに対処する多層的な防空システム構想を打ち出している。

さらに、スウォームにも対処可能な、HPM兵器を搭載したUAVとして、米国のロッキードマーティン社は「モーフィアス」を開発している。こうした兵器は自ら対象のUAVまで接近することで、HPM兵器を地上に固定する場合と比較して射程を延伸できる。

我が国を多様なUAVの脅威から守るには、電磁波によるノンキネティック（非力学的）な手段と従来のキネティック（力学的）な手段を組み合わせた、複合的かつ多層的な防護体制が必要だ。

早期対処は「急速冷却」、予防には「暑熱順化」

自衛官の熱中症対策

部隊の特性に合わせ暑さに強い体作りを

昨今の気候変動の影響で年々気温上昇に歯止めがかからない日本列島。筋肉の"鎧"をまとい、酷暑の中で訓練や災害派遣に従事する自衛官にとって熱中症は死活問題だ。夏場も憂いなく活動するための熱中症対策として自衛隊中央病院救急科室長（三宿）の永田高志1陸佐が推奨する対処法・予防法と陸自衛生学校（同）の訓練での取り組みを紹介する。（星里美）

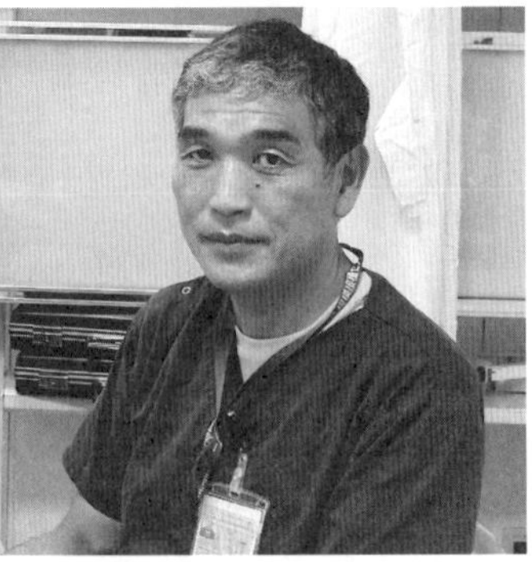

熱中症対策について語る中央病院救急科室長の永田1佐（7月13日、自衛隊中央病院で）

熱中症は、冷房を使用しない室内などで発生する「古典的熱中症」と酷暑下でのスポーツや仕事など筋肉運動が大量の熱を産生して体がダメージを受ける「労作性熱中症」に分けられ、自衛隊の訓練中に発生する熱中症はほとんどが労作性熱中症だ。

永田1佐は労作性熱中症対策として、患者の全身を氷水に浸す「急速冷却」を推奨、予防の観点からは体を暑さに慣れさせる「暑熱順化」を勧めている。

熱中症の症状は、①ふらつきなどの熱失神②塩分不足による運動性筋けいれん（熱けいれん）③めまい、頭痛などの熱疲労④体温40・5度以上の熱射病――の四つに分類され、熱疲労のまま活動を継続すれば、命に係わる熱射病に至る。

熱射病の特徴は、卒倒、意識障害などがあり、意外な症状としては「不機嫌、ヒステリー」など熱による脳へのダメージと言われるものも挙げられる。

永田1佐は早期対処として「（肛門から体温を計る）直腸温測定で40度以上ある場合、38度台まで緊急冷却すれば後遺症なく救命することが可能である」と提言。口や脇などで計る一般の体温計では1～2度の誤差が生じるため、直腸温測定で正確に計ることが必須だが日本では医師・看護師のみが実施できる医療行為となる。熱射病が発生した場合は、「30分以内に氷水を入れたバスタブに全身を入れて速やかに冷却し、水と氷を体にかけ続けて体温を下げることが大切だ」と指摘する。

一方、熱中症予防となる「暑熱順化」は、人間が生理的に持っている環境に身体が適応する能力。炎天下の中で激しい運動を行うスポーツ選手などは熱中症に対応できるようにトレーニングで身体を鍛え、パフォーマンスを向上させているという。

米国では高校・大学生のアメリカン・フットボール選手が練習中に熱中症で命を落とす事故が相次いだため、科学的なデータと知見に基づく暑熱順化のトレーニングを導入。軽い運動からはじめ、2週間かけて運動量や時間、装具を徐々に増やして暑さに耐えられる身体を作っていくプログラムを実施している。

暑熱順化の有効性について、「心肺機能を高めて体内の血液を循環して発汗させることで体温調節機能も高まる。この結果、事故が大幅に減る」と永田1佐。

炎天下で訓練などを行う自衛官は熱中症リスクが高いことから「予防として段階を踏んで暑熱順化をしっかり行ってほしい」と強調する。また、南西防衛に従事する部隊について「暑さを克服することが戦いに勝つことでもある。実際の現場では難しいと思うが、部隊の特性に合わせて暑さに強い体を身に付けてほしい」と話している。

暑さのピーク避けて訓練の時間をずらす

医官・看護官・救急救命士課程の学生の教育を担う衛生学校では、訓練中の熱中症予防としてさまざまな対策を行っている。

夏の一日の暑さのピークは午後2時から3時となるため、訓練時間を早朝5時からスタート。暑い時間帯を避けて訓練を終えるように時間をずらすとともに、グラウンドに設置する天幕は側幕を外して風通しをよくすることでテント内の室温上昇を防いでいる。

また、指導部が各隊の温度・湿度を確認し、常に気温管理を行っているほか、万が一、隊員が熱中症になった場合に備え、水を溜めたミニプールを用意している。

水分補給については、訓練期間は厚生センターの自動販売機を業者に依頼してスポーツドリンクを多めに補充、個別に給水できる環境を整えるなど工夫した。

同校教官の小津修太郎1陸尉は「実際に熱中症になってしまってからでは処置が後手に回るため、いかに予防させるかが重要だ。こういった訓練環境を整えるのも衛生の役割だと思っている」と語る。

熱中症患者の多くは朝食を抜くなど食事が正常に取れていないことに加え、寝不足の傾向にあるという。日常から朝昼晩の食事と良質な睡眠を心掛けて個々人が体調管理することが熱中症を防ぐ上でも大切になってくるだろう。

衛生学校の教育訓練中に設置した天幕内の温度・湿度計をチェックする教官の小津1尉（7月13日、三宿駐屯地で）

ひろば

葉月、月見月、観月、中秋――8月。

1日水の日、6日広島平和記念日、9日長崎原爆の日、11日山の日、15日終戦記念日、21日献血の日。

福島わらじまつり　長さ12メートルの大わらじを担ぎながら市街地を練り歩き、福島市の信夫山の羽黒神社へ奉納。健脚をイメージさせる下半身の動きに特徴をつけた力強く華やかな踊りもみどころ。　5～7日

妙見大祭　妙見本宮千葉神社（千葉市）の星の神様「妙見様」が市民の幸福と街の発展を願う1127年から始まった歴史ある例祭。この期間に一言願いを掛ければ必ずかなうと伝えられている。　16～22日

マイヘルス Q&A

大腸がん

内視鏡検査で早期発見　野菜不足や肥満に注意

Q　大腸がんはどんな病気ですか。

A　大腸に発生した腫瘍で、周囲の組織に浸潤や転移を起こします。日本人では70％がS状結腸と直腸に発生します。大腸がんは胃がん、肺がんを抑えて、日本で一番罹患率の高いがんです。

年齢別の罹患率では40歳を超えたあたりから上昇します。高齢化と食生活の欧米化などにより年々、罹患数が増えています。運動不足、野菜や果物の摂取不足、肥満、飲酒なども大腸がんのリスク要因です。

Q　どんな症状がありますか。

A　初期の段階では自覚症状はほとんどなく、おくとがんが進行してか進行すると、血便（便に血が混じる）、便秘と下痢の繰り返し、便が細い、おなかが張る、腹痛、貧血、体重減少などの症状が出てきます。

最も頻度が高い血便は痔といった良性の病気でもみられるため、放っておくとがんが進行してから見つかることがあります。

Q　大腸がんを早期に発見するには。

A　まずは大腸がん検診を受けることが大切です。2日間にわたって便を採取し、血液の成分が混じっていないかを調べる「便潜血検査」を行います。便潜血は有効な検査方法ですが、早期がんは出血しないことも多く、万能ではありません。大腸内視鏡検査は直に大腸の中を覗くことができるため、小さなポリープや早期がんも見つけることができ、有用な検査方法の一つです。

Q　治療方法は。

A　大腸がんの治療には、内視鏡治療、手術、薬物療法などがあります。治療法は、がんの進行度（ステージ）、全身状態、年齢、併存疾患などを考慮して決定します。がんが切除できる場合は、内視鏡治療または手術を行い、切除できない場合は、薬物療法を中心とした治療を行います。

大腸がんは、食道がんや胃がんなどの他の消化器がんと比較して、悪性度がそれほど高くありません。早期がんはもちろん、進行がんでも治る確率が高いのが特徴です。切除できる確率は全体の9割前後にもなり、しっかりとがんを取り切れれば、治癒率は7～8割に達します。

まずは、しっかりと検診や大腸内視鏡検査を受けましょう。

自衛隊中央病院
総合診療科医長
阿尾　理一

BOOK NOW　私が読んだこの一冊

岸見一郎著「嫌われる勇気・幸せになる勇気」2部作（ダイヤモンド社）

14普連本部管理中隊（金沢）
羽場　悟3陸尉　46

近代における心理学者、フロイト、ユングと並ぶアドラーの心理学を、「哲人」と「青年」とが問答方式で進めていき、仕事論・組織論・人生論など、どう幸せに生きるかを分かりやすく語っていく内容であり、「承認欲求を捨てろ」、「課題の分離」など組織で働いている我々として考えさせられる2冊である。

組織・人間関係で思うところがある人は、特に必読と思われる。

Jam著、名越康彦監修「多分そいつ、今ごろパフェとか食ってるよ。」（サンクチュアリ出版）

徳島航空基地隊（徳島）
福元真也3海佐　53

人間関係に悩む同僚に、何と言葉を掛けるか困っていた時、新聞広告で見つけ、手に取りました。タイトルは、悩んでいた作者に、友人が投げかけた言葉です。思い悩んでも、相手は気にもとめずに楽しく過ごしているのかと思えば、馬鹿馬鹿しくなり、悩むのをやめてしまった作者の経験談や考え方が、64の場面でまとめられています。

四コマ漫画と短い解説文、そして、何とも腑に落ちる一言で構成されており、日頃のモヤモヤをクスっと笑いに換えてくれること間違いなしです。

渡部悦和、佐々木孝博著「現代戦争論―超『超限戦』」（ワニブックス）

8空団飛行群8飛行隊（築城）
杉本涼介2空尉　29

「超限戦」という言葉をご存じですか。これはロシアや中国などの戦い方を表現した造語です。その文字が意味する通り、限界を超えた戦いを表し、既存の領域に限定することなく、サイバー、世論など、世の中に存在する全ての領域を戦場に変える戦い方です。

本書では、「超限戦」をどう捉え、どう対抗していくかを考察しています。

皆さんもこの本を読み、安全保障に興味を持ち、今後の糧としていただければ幸いです。

隊員愛読書ベスト5

＜入間基地・豊岡書房＞
❶ウクライナ戦争の衝撃　増田雅之著　インターブックス　¥1210
❷自衛隊海外派遣　隠された「戦地」の現実　布施祐仁著　集英社　¥1034
❸知らないと恥をかく世界の大問題13　池上彰著　KADOKAWA　¥990
❹黒武御神火御殿　三島屋変調百物語六之続　宮部みゆき著　KADOKAWA　¥1100
❺ゲート21巻　自衛隊彼の地にて、斯く戦えり　竿尾悟画　柳内たくみ作　アルファポリス　¥770

＜防衛省・三陽堂書店＞
❶自衛隊装備年鑑2022―2023　朝雲新聞社　¥4180
❷ウクライナ戦争の衝撃　増田雅之著　インターブックス　¥1210
❸ロシア・ウクライナ戦争と日本の防衛　渡部悦和、井上武、佐々木孝博著　ワニブックス　¥1100
❹戦後日本の安全保障　千々和泰明著　中央公論社　¥990
❺異論正論　石破茂著　新潮社　¥836

＜神田・書泉ブックタワー―ミリタリー部門＞
❶世界の傑作機　No.207　零式水上偵察機　文林堂　¥1466
❷上海特別陸戦隊　その兵器と軍装　吉川和篤著　イカロス出版　¥2860
❸世界の名機シリーズF／A―18E／Fスーパーホーネット　イカロス出版　¥1800
❹ドイツのジェット／ロケット機　世界を震撼させた超高速機のメカニズム　野原茂著　潮書房光人新社　¥1023
❺世界の駄っ作機10　岡部ださく著　大日本絵画　¥3080

＜トーハン調べ6月期＞
❶80歳の壁　和田秀樹著　幻冬舎　¥990
❷趣味どきっ！　使えてますか？　スマホ　NHK出版　¥1430
❸乃木坂46　賀喜遥香1st写真集まっさら　賀喜遥香著　新潮社　¥2200
❹NHK大河ドラマ・ガイド鎌倉殿の13人後編　NHK出版　¥1210
❺夢をかなえるゾウ0（ゼロ）　水野敬也著　文響社　¥1848

電磁パルスで「ドローン」撃退

高出力マイクロ波装置を装備化

米空軍

米軍は「群れ」で飛来した攻撃型無人機やドローンを撃退するため、戦術高出力マイクロ波装置「THOR（Tactical High - power Operational Responder）」の装備化を進めている。同装置はマイクロ波による電磁パルス効果により、無人機の電子回路を破壊し、墜落させる。防衛装備庁も4年度から「高出力マイクロ波（High Power Microwave＝HPM）」の試作に着手しており、早期の自衛隊基地等への配備を目指す。

無人機の"群れ"を一網打尽

軍事用のHPM装置は、飛来した無人機やドローンに向け、高出力マイクロ波を照射することで、機体のアンテナや電磁的隙間から強力な電磁波を侵入させ、電子回路を破壊し、墜落させる兵器だ。

地上から対空用の銃砲弾やミサイルで破壊（ハードキル）するのではなく、落雷のような電磁パルスにより電子機器に故障を発生させ（ソフトキル）、飛行を不能にする。

自爆型のドローンや爆弾、対戦車ミサイルを積んだ無人機が多数飛来した場合、現有の対空火器でこれをすべて撃墜するのは非常に難しい。また、ドローンの価格は数百万円から数千万円で、1発が数億円する対空ミサイルでこれを迎撃するのは割に合わない。

こうした費用対効果の面からも「ドローンの群れ」を一網打尽にする新たな手段として「HPM兵器」が注目されている。

ドローンの群れを一網打尽にできる米軍の戦術高出力マイクロ波装置「THOR」。コンテナに格納され、組み立ては2人でできる

防衛省・自衛隊も試作着手

敵のスウォーム（群れ）攻撃から航空基地やレーダーサイトなどの重要施設を防護するため、米軍は空軍研究所が開発した戦術高出力マイクロ波装置「THOR」の装備化を進めている。

「THOR」は長さ6メートルの輸送用コンテナに一式が格納されており、輸送機やトラックで前線の基地や駐屯地に輸送できる。HPMを発射するパラボラアンテナなどの組み立ても兵士2人による3時間程度の作業で可能という。

1台で広範囲の防空能力を持つ「THOR」は、飛来したドローンの群れに向けて高出力マイクロ波を浴びせることで、電磁パルス効果（Electromagnetic Pulse＝EMP効果）を発生させ、電子回路を破壊し、すべての機体を墜落させることが可能だ。

防衛技術

米軍基地に配備された対ドローン防空用の「THOR」（手前）＝いずれも米空軍HPから

対無人機兵器として別に開発が進められている「高エネルギー・レーザー兵器」に比べても、レーザー兵器は1機ずつ、個別にドローンを破壊していかねばならないが、「THOR」の場合は数十、数百のドローンの群れを一網打尽にできるため、効果が大きい。

さらにHPMは銃砲弾やミサイルのように弾数の制約がなく、コストも消費電力だけで済むなど、非常に経済的だ。防衛省・自衛隊もこの「対空用HPM」に注目、4年度予算で「高出力マイクロ波照射技術の実証」に72億円を計上し、試作に着手している。

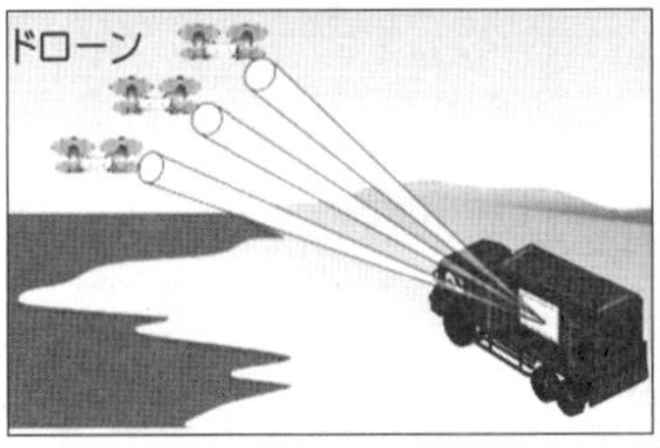

防衛装備庁が試作中の「高出力マイクロ波照射装置」のイメージ（防衛省の4年度予算資料から）

昨年9月のP1 事故原因を公表

防衛省

川崎重工業所有のP1哨戒機が昨年9月7日、空自岐阜飛行場で領収前の飛行試験中の着陸時に滑走路を逸脱し、脇の草地で停止した事故で、防衛省は6月30日、調査結果を公表した。

それによるとP1は着陸時に地上で、機体の進行方向を制御する前脚部ステアリング系統の構成品「ステアリング・コントロール・バルブ内部のスプール（油圧の流路を形成する部品）」に異物が噛み込み、固定された。

これにより小さな隙間の流路が形成され、油圧系統の圧力が前脚を右方向に操舵する側に加圧されたままとなり、操縦士の意図しない形で前脚が右方向に作動して逸脱に至ったと推定している。

技術が光る

>111<

中型飛行艇型ドローン「HAMADORI3000」

スペースエンターテインメントラボラトリー

水面を滑走路に発着でき、機動性、偵察能力が優れる

海自US2救難飛行艇そっくりのドローンが、千葉市の幕張メッセで先月開かれたドローン産業の見本市「ジャパンドローン2022」で展示された。航空宇宙技術をコアとするテクノロジーカンパニーのスペースエンターテインメントラボラトリー（SEL）が開発を手掛ける中型飛行艇型ドローン「HAMADORI3000」だ。

この飛行艇型海洋観測・監視UAVは全長1960ミリメートル、翼幅3100ミリメートルの固定翼を備える。固定翼型ドローンの特徴として、広範囲・長時間・全天候での飛行と巡航速度が速く観測地点への即応性が高いことが挙げられる。しかし固定翼ドローンの離着陸には平坦な滑走路が必要で、日本国内では場所の確保に課題があった。

そこで同社代表取締役・金田政太氏は「人や人工物の少ない安全な河川や湖、海などの水辺に着目し、水面を滑走路にして発着できる固定翼型ドローンを開発、運用の幅を広げた」と語る。

「HAMADORI3000」は高い耐環境性を誇り、完全防水と堅牢な構造で、過酷な洋上使用に対応。特に運用面では、同機に搭載された自律制御システムにより、離水から着水まで100％オートでの飛行が可能。オペレーターが、指定した任意のポイントを基にそのルートを飛行する。機体の先端には可視光／赤外線ジンバルカメラも搭載でき、夜間の運用にも対応。自動追尾機能で、指定された対象物を追尾し、効果的な監視もできる。ペイロードは3キログラムまで搭載可能。

昨年11月には福島県沖約70キロの海上で発着・飛行実験を行い、波高2メートルの沖合波浪環境で離着水をスムーズに実現。また、同実験では甲板から水面まで距離のある大型船からドローンを投入し、飛行させ、その後回収する一連の流れも確認された。さらに今年6月30日には、相模湾沖で1時間ごとにバッテリー交換を行い、204キロの距離を飛行する試験も行った。

今年秋ごろには、同機の約2倍の大きさとなる「HAMADORI6000」の実証試験を予定。大型化によりペイロードが増え、着水後にその地点での調査やサンプルを回収して持ち帰ることもできるという。

「衛星通信を使用することで長距離での運用が可能となり、排他的経済水域（EEZ）全域をカバーできます」と担当者は話す。

その機動力で、日本の海洋における綿密な調査・監視に威力を発揮する日が来るかもしれない。

SELが開発した飛行艇型ドローン「HAMADORI3000」。（6月22日、千葉市の幕張メッセで）

世界の新兵器

――562

地対空ミサイルシステム「S－500」

露　システム量産開始

ロシアの誇る長射程SAMシステムS―400「トリウームフ・大勝利」（NATO名称SA―21『グラウラー』、射程約400キロ、2007年配備開始）の射程をさらに延伸したS―500「プロメテウス」が連続生産、すなわち量産に入ったと生産を担うアルマース・アンティーイ社CEOヤン・ノビコフ氏が4月に明らかにした。すでに限定生産は21年に終わり、1個セット（1個防空連隊）がモスクワ周辺に配備されている。この開発は10年に始まり、開発当初から第5世代航空機への対応と低高度衛星破壊能力が喧伝された。開発といってもS―400の改良であり数年で終わるかと思われたが、射程500キロの壁を超えるのに苦労する。

配備開始も当初予定の14年から17年、さらに21年へとずれこむが、18年にはSAMとして世界最長距離の発射試験に挑み、見事に482キロ先の目標を撃墜して装備化へ進む。ロシア軍当局は「単なる改良ではない。新しい技術だ」と力説するが、レーダーに関しては事実といえよう。「レゾナンスN」などの固定超遠距離レーダーや警戒管制機からの目標情報が途絶えても発射大隊（バッテリー）だけで独立して戦えるよう、また電子戦に対応できるようCバンドやSバンドのレーダーを4基（車載）も投入して目標捜索・追尾・火力管制に当たるのはS―400と変わらないが、その中の追尾・火力管制レーダー（対航空機と対弾道ミサイルの2基）がXバンドのアクティブ・フエーズドアレイ・レーダーに変わったのだ。しかも捜索レーダーを兼ねるというから米軍装備と変わらない。それも従来のヒ化ガリウム（GaS）でなく、最新の窒化ガリウム（GaN）を採用したとみるアナリストもいる。

目標の種類と距離に応じて何種類かのミサイルが使用される。S―400と共通の40N6は、射程400キロ以下の対航空機・巡航ミサイルとされるが、秒速2800メートルの高速を誇り、高度35キロ以下の低高度で弾道ミサイルも迎撃できる。射高も185キロに達するので低高度衛星破壊が危惧されているが、有効なのは、近地点が非常に低い、極端な楕円軌道の衛星に対してであろう。

長射程が魅力のロシアの新SAMシステム「S―500」。射程600キロという弾道ミサイル迎撃能力を誇る（ロシア国防省のHPから）

新たに登場する77N6―Nと77N6―N1の詳細は不明だが、基本的な軍の要求は高度200キロ以上の大気圏外で秒速7キロ以上に加速して弾道ミサイルを破壊することだ。

これは第1宇宙速度に近いが、18年の発射試験で使われたのもこの新ミサイルらしく、運動エネルギー兵器の可能性もある。射程500～600キロ、射高180キロという弾道ミサイル迎撃能力は、戦域の多層防衛システム完成を告げるものだ。米国のサードやスタンダードミサイルの覆域を凌ぐ。関東に配備すれば京阪神地域も守れるのである。

徳田八郎衛（防衛技術協会客員研究員）

技術屋のひとりごと

数学的帰納法

宇田川　直彦

（航空装備研究所）

自然数nに関する命題が、（1）n＝kについて成立すると仮定すれば、k＋1についても成立する、（2）n＝1について成立する、以上二つが証明されるならば、その命題はどんな自然数についても成立する――（広辞苑より改編）。

数学的帰納法を学んだことのある人は、右の説明を見て「おやっ」と思ったに違いない。（1）と(2)の順序が逆ではないかと。しかし筆者は学生当時、この順序の答案を書いては教師に矯正される事を繰り返した。繰り返したのは、この方が自然だと信じたからで、それは今も変わらない。

この技法はよくドミノ倒しに擬えられるのだが、まさにそれである。ドミノは全部並べてから一つ目を倒すのであって、その逆をやればギネスどころの騒ぎではない。その他、水道管はつないでから水を通す、仏像は彫り上げてから眼を入れる等、類例は枚挙にいとまがない。（2）を先に証明するのを見ると、建売住宅に客を案内したセールスマンが、家全体を見せる前に玄関の扉をクドクドと説明する様を連想してしまう。

ここでふと反証らしきものに思い至り一瞬たじろいだ。ビルは1階から積んで行くではないか？

でも大丈夫。1階を作る時点で設計は上までできているのである。サグラダ・ファミリアは如何と問われたら、いつまでも完成しませんねと答えれば良い。

確認しておきたいのは「どちらでも良い」ということである。（1）（2）の両方がそろいさえすれば、記述順序は関係無いはずである。然らば「体制側」はなぜそうまでして（2）（1）の順序を教化しようとするのだろうか。ワカラズヤの採点者に減点されるリスクを避けるための受験テクニックか。

読者で（2）（1）の順序を推す論拠をお持ちの方があれば、ご教示いただきたい。

やさしいまち
はじめます。
札幌市営地下鉄
「大通」駅
提携特典　販売価格(税込)より　1.0%割引
札幌市営地下鉄
南北線「平岸」駅
SAPPORO
Leadtown
札幌リードタウン平岸ベース
HEIM SUITE
Hiragishi BRANCHERA East
ハイムスイート平岸 ブランシエラ イースト
札幌市営地下鉄
南北線「南平岸」駅
約48,000m²の
大規模複合開発
住・商・医一体の
大規模複合開発!
【自衛隊札幌病院跡地】全107戸の新築分譲マンション
「ハイムスイート平岸 ブランシエラ イースト」
先着順申込
受付中
2LDK・3LDK 南向き中心　販売価格 3,200万円台～
札幌市営地下鉄南北線「平岸」駅より
「大通」駅 直通 7分　「さっぽろ」駅 直通 9分
まちの中に病院・商業施設
病院／メディカルスクエア(複数医療機関)／食品スーパー／家電量販店／レストラン
駐車場設置率100%
Comon Space　マンションライフを楽しむ、大規模マンションならではの充実の共用空間。
緑の潤いを感じる空間づくりや、
車寄せなど機能性にもこだわったエントランス
マンションならでは
共用設備・仕様
安心のセキュリティシステム
24時間ゴミステーション
冬も安心!ロードヒーティング
カーシェア
「タイムズカー」
駐輪場設置率
カート置き場
災害時に心強い
ライフライン自動販売機
ベンダーコーナー
パーティーや食事会などキッチンも
備えたコミュニティスペース
リモートワークも想定した
便利なワークスペース
大切な親族やお友だちをもてなす
ゲストルームもご用意
Room Plan　全戸にトランクルーム完備、全27タイプの豊かなプランバリエーション。
A type
3LDK+WIC
72.19m²(約21.83坪)
食器洗い乾燥機
Fact温水式床暖房
インターネット
月額770円
Ig type
3LDK+WIC+N
78.68m²(約23.80坪)
※掲載の図面・面積等は計画段階のもので、今後変更になる場合があります。
凡例:WIC=ウォークインクロゼット　N=納戸
〈防衛省にお勤めの皆様限定〉来場キャンペーン開催!　2022年12月末まで
コーサイ・サービスより
「紹介カード」をご持参のうえ
モデルルームへご予約来場いただいた方に
来場特典　図書カード 2,000円分プレゼント!
キャンペーン期間中ご成約いただいた方に
成約特典　図書カード 3,000円分プレゼント!
長谷工より
右記専用コードより資料請求のうえ「紹介カード」を発行いただき、
ご持参のうえモデルルームへご予約来場いただくと
来場特典　amazon ギフト券 3,000円分プレゼント!
※キャンペーン期間中一家族様一回限りとなります。「紹介カード」は、複数発行可能ですがプレゼントは1つとなります。※図書カードは後日発送となります。
<ハイムスイート平岸ブランシエラ イースト>全体概要●所在地／北海道札幌市豊平区平岸1条11丁目5番2,3,6(地番)●交通／札幌市営地下鉄「南平岸」駅徒歩10分(エントランス(南側))、札幌市営地下鉄「平岸」駅徒歩10分(エントランス(北側))●用途地域／第一種住居地域●敷地面積／4,400.45m²●建築面積／1,514.48m²●総戸数／107戸●構造・規模／RC造地上10階●分譲後の権利形態／敷地・建物共用部分は所有権の共有、建物専有部分は区分所有権●駐車場／総戸数107戸に対し全110台(平置44台(内、専用平置2台・カーシェア用平置1台・来客用1台)・機械式66台(月額使用料:5,500円(機械式地下2段)～17,000円(大型平地駐車場))●バイク置場／5台(月額使用料:3,000円)●駐輪場／151台(平置50台・1段式77台・2段式24台)(年間使用料:4,800円・12,000円)●インターネット使用料(月額・税込)／770円●NiSUMU使用料(月額・税込)／990円●管理形態／区分所有者全員により管理組合を結成し、管理会社へ委託予定●管理会社／株式会社長谷工コミュニティ・セキスイ合人社タウンマネジメント株式会社●売主／積水化学工業株式会社、株式会社長谷工不動産●販売提携(代理)／株式会社長谷工アーベスト、住友不動産販売株式会社●設計・監理／株式会社浅沼組東京本店一級建築士事務所●施工／株式会社浅沼組北海道支店●建物竣工時期／2023年3月予定●入居予定時期／2023年4月予定■先着順概要●販売戸数／17戸●販売価格(税込)／3,298万円～4,398万円●最多価格帯(税込)／3,500万円台(3戸)、3,800万円台(3戸)※100万円単位●間取り／2LDK・3LDK●専有面積(トランクルーム除く)／58.06m²～78.68m²●トランクルーム面積(専有面積)／0.90m²～1.03m²●バルコニー面積／8.40m²～13.43m²●サービスバルコニー面積／1.40m²～3.08m²●テラス面積／19.38m²・30.03m²●専用庭面積／12.49m²・25.48m²(月額使用料:630円・1,330円)●専用駐車場使用料(月額・税込)／15,000円(102号室)●管理費(月額・税込)／10,700円～14,400円●修繕積立金(月額・税込)／5,900円～7,970円●管理準備金(引渡時一括・税込)／20,700円～27,900円●修繕積立基金(引渡時一括・税込)／413,000円～558,000円●受付場所／「ハイムスイート平岸ブランシエラ」マンションギャラリー※ご登録、お申込はお認印・直近2年分の収入を証明する書類(確定申告者は直近3年分)、本人確認書類(運転免許証・健康保険証等)をご持参ください。※先着順販売のため販売済の場合がございます。予めご了承ください。※掲載の情報は2022年7月21日現在のものです。詳細は物件HPをご覧ください。
■物件に関するお問い合わせは「ハイムスイート平岸 ブランシエラ」マンションギャラリー
0120-816-107
営業時間／10:00～18:00　定休日／火・水曜日(祝日除く)
ハイムスイート平岸 ブランシエラ
www.sapporo-leadtown.com/hs-hiragishi/
【売主】SEKISUI 積水化学工業株式会社
【売主】長谷工不動産
【販売提携(代理)】長谷工 アーベスト
現地・モデルルーム案内図
【マンションギャラリー住所】〒062-0932 北海道札幌市豊平区平岸二条12-6
【提携先】
長谷工 コーポレーション
提携特典に関するお問い合わせは (株)長谷工コーポレーション「提携お客様サロン」
0120-958-909　営業時間 9:00～17:00 定休日 土・日・祝日　teikei@haseko.co.jp
その他の新築物件一覧はこちらのホームページからご覧いただけます▶ https://haseko-teikei.jp/kosaiservice/
※提携特典をご利用いただくためには、コーサイ・サービス株式会社が発行する「紹介カード」が必要です。モデルルーム初回来場時にお持ちください。
〈紹介カード発行先〉コーサイ・サービス株式会社 担当:佐藤 TEL: 03-5315-4170 E-mail: k-satou@ksi-service.co.jp
HP: https://www.ksi-service.co.jp/ [ID]teikei [PW]109109(トクトク)

15ヘリ隊　コロナ患者累計で82人搬送

猛暑の中、過酷な作業続く

陸自15旅団（旅団長・井土川一友陸将補）隷下の15ヘリコプター隊（隊長・後村幸治1佐）は、新型コロナウイルス感染症患者の急患空輸を令和2年の7月から行っており、6月末までに24件、累計82人を輸送した。現在国内では第7波とよばれる新たな流行期を迎え、沖縄県でも既に1日あたりの感染者数が過去最多を記録するなど医療ひっ迫が現実となる中、厳しい沖縄の気候下での隊員たちの作業も過酷を極めている。

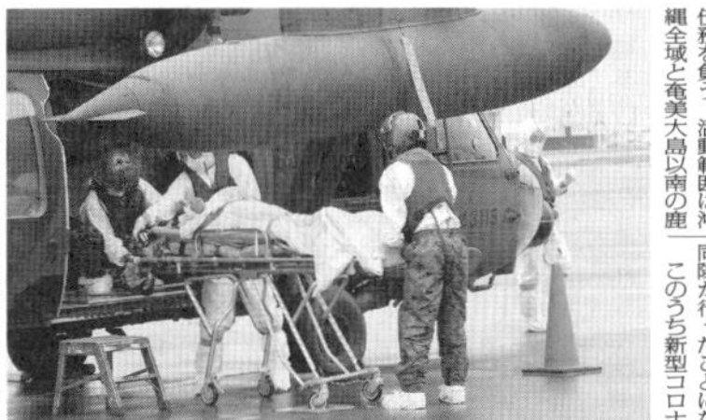

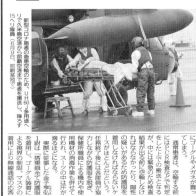

新型コロナ患者の急患空輸のため、UH60J多用途ヘリで久米島空港から那覇空港まで患者を搬送し、降ろす15ヘリ隊員（6月9日、那覇基地で）

【那覇】15ヘリ隊は、南西諸島住民の命綱として緊急の治療が必要な病人やけが人を、離島から医療設備の整った那覇まで空輸する任務を負う。活動範囲は沖縄全域と奄美大島以南の鹿児島県の広範囲におよび、今年1月から6月までの半年間で、陸・海・空自衛隊の急患輸送実績総数153件中79件、実に半数近くを同隊が行ったことになる。

このうち新型コロナ患者の急患空輸に携わる15ヘリ隊のクルーは、感染症拡大防止の観点から全員が防護服を着用するため、夏場には体感温度が40～45度になるほどの過酷な環境となり、晴れの日などはエプロン地区に出ると5分もせずにゴーグルやメガネが曇ってしまう。

通常患者は、空輸する前にはPCR検査などで判定をした上での搬送となるが、中には緊急のため検査結果が出る前に空輸しなければならなかったり、陽性の疑いがあるため防護服を着用しなければならないケースがほとんどだという。任務終了後には各隊員が協力しながら防護服を脱ぎ、保健所職員による機内や使用機材の消毒作業も併せて行われ、スーツの中は汗が滴るほどになる。

実際に従事した金子亨弘1尉は「搭乗員全て防護服を着用し、ゴーグル装着による視界の制限、マスクの応答がしづらいなど、いくつかの制約を受けるため通常より操縦に気を遣う」と話す。富田春希3佐は「患者の負担軽減のため通常より上昇・下降率を少なめに操縦するなど、いつもとは違う操作が要求される」と語る。

6月21日に初めて緊急患者空輸に従事し、新型コロナ患者の対応にあたった下野隆行1尉は「沖縄の厳しい日差しの中、防護服を装着した操縦は想像よりも過酷でした」と振り返った。

多くの制約が伴う同隊による新型コロナ患者の緊急患者空輸だが、それでも隊員たちは「任務の内容に違いはないため、いつも通り整斉と任務を遂行した」「どのような状況でも任務を完遂できるよう、これからも日々努力していく」などと述べ、引き続き離島間における県民の命綱としての役割を果たしていく。

なお、同隊の緊急患者空輸は今年4月で1万回に到達、6月27日には防衛省で岸防衛相から部隊を代表して後村隊長に1級賞状が授与されている。

創意工夫功労者賞を受賞

3空団の須藤1曹　「給水活動用架台」作成

表彰状伝達式で記念写真に納まる須藤1曹（前列中央）。左は久保田司令（4月21日、三沢基地で）

【三沢＝3空団】車両器材隊の須藤正仁1曹は、文部科学大臣から「創意工夫功労者賞」を受賞し、4月21日に表彰状伝達式が行われた。

創意工夫功労者賞は「優れた創意工夫により職域における技術の改善向上に貢献した者」が対象。須藤1曹は、災害派遣時の給水活動で水タンク車への常時積載が可能な組み立て式の「給水活動用架台」を作成。給水中の容器を架台に乗せることで隊員の負担軽減と作業効率の向上を実現した。この功績が顕著な貢献と認められ、本賞が授与された。

表彰状伝達式は新型コロナウイルス感染防止のため、VTC（ビデオ会議機能）を活用して行われ、空幕副長の阿部睦晴空将から賞状が伝達された。

受賞した須藤1曹は「定年退職となる自衛隊勤務最後の年に、このような賞を頂き大変感謝している。考案から表彰に関わり、お世話になった方々に感謝の言葉を贈りたい」と喜びを語った。

空母「赤城」艦長訓示の寄贈

遺族から戦史研究センター史料室に

防研

遺族から寄贈された「赤城」艦長の訓示を持つ（左から）防研の齋藤所長、齋藤2陸佐、柴田調査員、菅野室長（7月13日、市ヶ谷の防衛研究所で）

「赤城」の乗員だった加藤三夫・二等整備兵曹が達筆な文字で綴った長谷川艦長の訓示

防衛研究所（齋藤雅一所長）はこのほど、昭和16（1941）年12月のハワイの真珠湾攻撃を前に、日本海軍の主力空母「赤城」の艦長が乗員に向けて訓示した内容が記された貴重な文書の寄贈を受けた。

寄贈したのは、愛知県新城市に住む加藤誠一さん（79）。加藤さんの伯父で当時、「赤城」に二等整備兵曹として乗り組んでいた加藤三夫さんが、艦長の長谷川喜一大佐（後の中将）から達筆を買われ、訓示の清書を命じられて残していたもので、三夫さんはその控えを母親に送り、親族が大切に保管してきた。

三夫さんはこの文書を記した半年後、24歳の時にミッドウェー海戦で戦死。遺族らも世代交代を始めたことから、静岡県の画商、豊田良則さん（71）を通じて防研戦史研究センター史料室に相談があり、齋藤達志2陸佐と柴田武彦調査員の二人が愛知県に出向いて鑑定の上で寄贈を受けた。

訓示は縦約20センチ、長さ約1メートル60センチの巻紙に約90行にわたって綴られ、日付は11月24日とある。真珠湾攻撃で機動部隊の旗艦を務める「赤城」がハワイに向けて択捉島の単冠湾を出港する2日前を示している。

「本艦ハ機動部隊トシテ先陣ヲ承リ布哇（ハワイ）ヲ急襲シ米國艦ヲ一瞬ニ撃滅シテ皇國ノ興廢ヲ一擧ニ決スヘク愈々明後二十六日當地を出テ萬里遠征ノ征途ニ就ク」「布哇空襲ハ十二月八日の豫定」（原文のまま）など書かれた文面からは、開戦前の緊迫感とともに、長谷川艦長の決意と覚悟が伝わってくる。

防研戦史研究センター史料室の菅野直樹室長は「『赤城』は11月22日に単冠湾に入港し、翌23日には第1航空艦隊司令長官の南雲忠一中将が同艦上で各級指揮官に訓示を行ったが、その内容は現在に至るまで確認できていない」とした上で、「長谷川艦長の訓示は、南雲中将が前日にどのような訓示を行ったかをうかがわせる大きな手掛かりとなる貴重な史料だ」と話している。

防研戦史研究センター史料室では今後、この訓示を一般公開する予定だ。

「のしろ」ロゴマーク決定

海自は7月15日、「もがみ」型護衛艦（30FFM）の3番艦「のしろ」（基準排水量3900トン、艤装員長・渡邊真史2海佐）のロゴマークを決定した＝イラスト。

今年2月24日から3月25日まで海自ホームページなどで募集。165件の応募があり、艤装員による選考の結果、埼玉県在住の会社員・田所俊威さんの作品が選ばれた。

ロゴマークは青と黒を基調にしたもので、クルー制導入を鑑み「チーム」を意味するエンブレム型。中央に、秋田県の「能代七夕」を代表する城郭型灯籠の守り神のしゃちほこがデザインされている。田所さんは「（しゃちほこに）日本を守る願いと、艦の守り神となる願いを込めた」と作品への思いを海自HPで伝えている。

こちら警務隊

レジャー（往来妨害罪）

他の船に誤ってボートをぶつけると　過失往来危険罪で30万円以下の罰金

他の船にボートをぶつけると、どんな罪になりますか？

ボートの操縦を誤って他の船にぶつかり、転覆、沈没、破壊させたり、自船をエンジンの故障などで漂流させたりして、他の艦船の往来に危険を生じさせた場合、過失往来危険罪となり、30万円以下の罰金に処される場合があります。

また、それにより乗船者を死傷させた場合、業務上過失致死傷罪等にも該当する可能性もあります。過去、悪質なものでは水上バイクを遊泳客の近くで暴走させ、殺人未遂で告発された事例もあります。

レジャーでボート等を操縦する際は、事故にならないように細心の注意を払いましょう。

（中部方面警務隊）

充実指導でタイム向上へ

海自徳島　市の水泳教室を支援

ルネサンスのコーチから水泳指導を受ける参加者たち（徳島航空基地訓練プールで）

【海自徳島】徳教空群はこのほど、徳島県鳴門市が主催する水泳教室を支援した。基地内の訓練用プールを会場に提供し、参加者の誘導や安全監視を行った。

市がスポーツクラブなどを運営するルネサンス（東京・江東区）と締結した「地方創生に関する包括連携協定」に基づく取り組みで、同社所属のコーチや選手が指導を受け持った。

教室には市内近傍の中学校の水泳部の生徒約10人が参加。コーチたちから競泳でタイムを伸ばすためのコツなどを教わり、約1時間、トレーニングに励んだ。

参加者の一人は「短い時間だったが、中身の濃い充実した指導を受けることができた。今回の教室で学んだ技術を生かし、さらなるタイムの向上につなげたい」と話した。

基地は「今後も自治体に対する積極的な協力を行い、地域との連携強化に努める」としている。

小休止

▽…対馬駐屯地曹友会は7月2、3の両日にかけて、下対馬地区周辺岸壁などで"幻の魚"とも呼ばれる磯の大物・アラ（クエ）釣り大会を行った＝写真。

▽…対馬は海流の影響で1年を通して魚影が豊富で、季節ごとにいろいろな魚釣りが楽しめる。今回のターゲットとなるアラとクエは同じハタ科の最高級魚で外見も似ているが別の魚。この時季は磯際で小魚を捕食する習性がある。

▽…参加メンバー17人は2日間にわたって知恵を絞り、寝る間も惜しんで竿を出した。開始当初はなかなか釣れなかったが、結果的には8キロのアラをはじめ、合計9本を釣り上げた。

（陸対馬）

「NATO作戦術」を読む

軍事英語学習から得られること

3海佐 魚谷 和寿 (14護隊・舞鶴)

護衛艦「せとぎり」士官室での学習の様子

第14護衛隊(舞鶴)では、昨年来、初級及び中級幹部教育に係る施策の一環として、軍事英語の学習を推進しています。実際に、隷下護衛艦「せとぎり」で学習していますので、当該取り組みについて紹介したいと思います。

なお、本学習ではインターネット上に一般公開されているNATO軍が適用する「作戦術(オペレーショナル・アート)」に係る文書(NATO STANDARD Allied Joint Doctrine for the Planning of Operations)を用いることにしています。

軍事英語に精通しておくことは、海上自衛官として重要なことです。特に昨今の英国や仏国などのNATO加盟国によるインド太平洋地域への高い関心は周知のとおりです。これに伴い、海という共通の環境で活動する海自護衛艦と諸外国海軍艦艇との共同訓練等の機会が増加しています。このような情勢を踏まえれば、軍事英語(用語)や彼らが適用する考え方に習熟しておくことは、今後さらに重要になってくると思います。

また作戦術という考え方を理解しておくことは、諸外国軍とのコミュニケーションや連携の上でも大変有益だと思います。作戦術には「包括的アプローチ」の考え方が適用されています。これは危機管理に際し、外交、情報、軍事、経済など、国家機能を包括して対応するというものです。

危機管理の計画立案では、関係機関の間で目的や目標が共有され、各機関の強み、役割や権限などが最大限考慮されます。このような考え方ですので、軍事、非軍事問わず、多様な関係者が計画立案に参加することができます。

現在、宇宙やサイバー空間など領域横断的な連携が必要とされています。また経済安全保障に関し、官産学などの多様な組織的連携の必要性が説かれています。このような現状の課題に対処する上で、本アプローチは重要な方法ではないかと思います。

さらに作戦術の方法論には「システム思考」や「デザイン思考」といった考え方が適用されています。これらの考え方は、VUCA(Volatility=変動性、Uncertainty=不確実性、Complexity=複雑性、Ambiguity=曖昧性の頭文字)と言われる現代において、創造性やイノベーション発揮の観点から実業界や教育界などでもビジネスや人材育成の場面で注目されています。

総じて、作戦術は多様な関係者を繋げ、新たな価値を創造するための方法論と言えます。使用頻度の高い軍事英語をはじめ、イノベイティブな考え方なども併せて学べるので、一石二鳥以上の学習効果があるのではないかと考えています。

諸外国海軍艦艇との共同訓練の豊富な経験を背景に、艦長をはじめ中堅幹部から活発な質疑等がありました。引き続き当隊では忙中に閑を見つけ〝NATO作戦術を読む〟と題した本取り組みを積極的に推進していきたいと考えています。

(世界の切手・キプロス)

女の推量は、男の確信よりもずっと確かである。
ラドヤード・キップリング
(英国の小説家・詩人)

みんなのページ

『山崎塾』で資格取得に挑戦

空曹長 岩本 智和 (空補本通信電子2課・十条)

近ごろ、課業終了後しばらくすると、工具を握りしめた隊員がぽつぽつと空補給本部通信電子部(通電部)の会議室に集まってきます。一見、怪しげですが、実は第2種電気工事士(2種電工)試験に向けた特訓のためです。

ちまたでは、コロナ禍で資格取得に挑戦する人が増えているそうですが、現在通電部でも複数の隊員が2種電工試験にチャレンジ中です。2種電工は家庭の電気に関わる基礎的事項が多く、実用的で身近な資格なのですが、2次試験に実技試験という難点があります。

実技試験の勉強は筆記と違い、独学ではなかなか難しいものですが、我が通電部には電源班があり、電気のスペシャリストがそろっているため、電源班の若手のホープ山崎倫史2曹が塾長となって「山崎塾」を開塾し、2種電工2次試験受験者に実技試験の特訓を行ってくれているのです。

講師陣は電験三種(電気主任技術者)などの上位資格を持つベテランたちで、複線図の書き方、ケーブルの被覆のむき方や結合要領など、塾長を押しのける勢いで教えてくれます。教官たち曰く、「教えることで、自分たちの技量維持になる」とのこと。塾生は、職種的には整備職から事務職まで、階級的にも2佐から2曹までとバラエティーに富んでおり、受講中は職種、階級抜きの「同期生」として、共に切磋琢磨しています。

つまり「山崎塾」は、受講生の技術向上、教官の技量維持、コミュニケーションの向上といった一石三鳥の小集団活動になっているのです。皆で、競いながら勉強したり、技能を向上させるというのは、とても楽しいものです。

スポーツなどの小集団活動も良いものですが、資格取得の小集団活動もなかなかどうして、結構楽しいものです。皆さんも、グループで資格試験にチャレンジしてみてはいかがでしょうか。

あ、そろそろ教官が来ますので、私も会議室に向かいます。「同期生」の情報通信幹部に、負けていられないので! それでは。

職種も階級もさまざまな隊員らで活気のある「山崎塾」

経験を糧に一歩ずつ

3陸曹 飯島 正幸 (東方システム通信群304中枢交換通信中隊・朝霞)

東部方面システム通信群304中枢交換通信中隊は、4月4日から8日までの間、朝霞訓練場で令和4年度第1回班組訓練を行い、私は共用通信班の1組長として参加しました。

私は昨年度、組長として訓練に参加した際、組員を円滑に指揮できず、通信構成で構成完了時刻を遅延してしまい、とても悔しい思いをしました。

今回の訓練では、前回の反省を生かせるように訓練準備期間は開設手順要領、通信基礎の教育、偽装網の展張要領、車両の誘導など基礎的事項の認識統一、事前予行を何回も行い、万全の状態で訓練に参加しました。その結果、訓練の行動については比較的円滑に実行することができました。

しかしながら組長として本訓練の着眼であった「同じ失敗をしない」という点は、まだまだ不十分だと感じました。通信系の構成を意識しすぎて組員の指揮がおろそかになってしまい、結果的には構成完了時刻は余裕をもって構成完了することができましたが、偽装網の展張、工事などが一部不十分になってしまいました。

通信科として通信構成を確実に行うのはもちろんですが、組員に対する企図を徹底し、広い視野をもって行動することができていればより良い結果になったと痛感しました。

私にとって本訓練も悔しい結果に終わりましたが、前回の反省点の一つである時間内の通信構成の面では進歩できたと思います。この経験を糧に日々一歩ずつ成長していき、組長として的確な動作と正確な知識を修得し、今後いかなる状況下においても任務を完遂できるよう日々任務にまい進していきたいと思います。

「GHQは日本人の戦争観を変えたか 『ウォー・ギルト』をめぐる攻防」

賀茂 道子著

連合国軍総司令部(GHQ)の民間情報教育局(CIE)が実施した「ウォー・ギルト・プログラム」について、これまで虚実入り乱れた内容が語られることが多かった。本書は従来の言説を検証し、その実像を示すことを試みた一冊。

名古屋大学大学院の特任准教授で占領史研究などを専門とする著者は、評論家の江藤淳が保守論壇で「洗脳」言説を広げていったことに対し、学術的な根拠に基づくものはないとした。また占領者が一方的に押し付けたものではなく、時として日本人の関与もあったとした。

GHQは戦後、日本国民に贖罪意識が欠如しているとして、「ウォー・ギルト」を認識させる必要があると考え、CIEが「軍国主義」と「情報を隠蔽された国民」という対立構造を作り出した。隠された「真相」を新聞やラジオで暴露する手法を展開し、集まった投稿を採用する「真相箱」という番組を制作。双方向型の情報発信を行った結果、占領者だけでなく、時として日本人も関与することとなった。

著者は「ウォー・ギルト・プログラム」の最大の影響は、人々がもともと持っていた「軍国主義者が悪い」という実感にお墨付きを与えたことにあると指摘。それが戦争を絶対悪とする「絶対的平和主義」につながったとしており、日本人の戦争観の変遷も読み取れる。

(光文社刊、990円)

新刊紹介

「インテリジェンスで読む日中戦争」

江崎 道朗監修、山内 智恵子著

本書は、トランプ政権でポンペオ国務長官の主要な対中政策アドバイザーを務めた中国の専門家マイルズ・マオチュン・ユ教授の2つの著作について、山内氏がわかりやすく解説を加えたもの。評論家の江崎氏が監修した。

ユ教授の著作は日中戦争期の連合軍による対中軍事作戦と第2次大戦中やその後の中国大陸における米国をはじめとするインテリジェンス機関の動向の研究がテーマ。

江崎氏はアメリカの対中政策に関しては、およそ半世紀近く好意的、宥和的だったと語る。そこには「共産党政権の中国に経済支援を行い、経済的に発展していけば、いずれ民主的国家になってくれる」との淡い幻想があった。中国の覇権主義的なふるまいに警戒感を示し、「ライバル」と見なす強硬政策へと大幅転換したのはトランプ政権になってからだ。

山内氏は、アメリカが対中政策の変更に併せ、過去の歴史を学ぼうとする姿勢が伺えるとしながらも、日本は同盟国アメリカの対中戦略に対し、過去の歴史的背景までも踏まえて徹底的な調査・分析を行い、問題があれば是正する役割を担うべきと訴える。

(ワニブックス刊、1540円)

OBがんばる

健康管理が何より大切

盛山 信浩さん 56
平成31年4月、51普連本管中隊を3陸尉で定年退官。現在、学校法人尚学学園学寮の舎監として寮内の美化清掃、備品管理、訪問者対応などの業務に励む。

私は、平成31年4月、51普連の勤務を最後に定年退職し、学校法人尚学学園学寮に舎監として採用され、現在に至っています。就職のきっかけは、再就職準備のために訪れた那覇駐屯地援護室で、沖縄地本援護課の就職援護隊員の方から、「ぴったりの仕事がある」と勧められたことです。

仕事の内容は、寮内の美化清掃、備品管理、寮生の寮生活(生活及び学習)の管理指導、保護者との連絡調整及び対応、業者や訪問者、見学者並びに近隣への対応などです。舎監としてまず初めに取り組んだことは、「業者に任せない費用のかからない寮の改善」です。

建物は老朽化しているものの、修繕・修復すれば見違えるようになると思い、不必要な物の処分、寮全体の塗装、カビの除去、カーテンを再利用した寮生全員のいすやベッド板の張り替え等を行いました。最もうれしかったのは、先生方、職員や保護者の方々から、「以前と違い、寮が見違えるほど明るくきれいになりましたね」と言われたことです。

私が自衛隊で培ったさまざまな経験がすべて役に立っており、再就職して2年半が経過した現在では、上司からも信頼され、誇りを持って勤務しています。

最後になりますが、退職を控えた自衛官の皆さん、民間でも仕事をする上では、何より健康管理が大切です。再就職の取り組みには、余裕を持って、準備を万全にして頑張ってください。

「空には道がある」

1空曹 栗林 慶 (静浜管制隊)

「飛行機って自由でいいなあ〜。どこへでも飛んでいけるし」

皆さんは空を飛んでいる飛行機を見ながら、そんなことを考えた経験はないでしょうか? 私はあります。

そんな私は、航空自衛隊に入隊して航空交通管制の業務に従事するうちに、空には多くの〝道〟があって、飛行機はそこを飛んでいるということを知りました。その道は「航空路」と言って目に見えないものですが、地上の無線施設の電波やGPSの座標を結んだ線によって形成されています。

もし機会があれば、この話を参考にして空を見てください。飛行機雲が航空路を描いているかもしれませんよ。

詰将棋

出題 日本将棋連盟 九段 石田 和雄

第872回出題

先手 持駒 飛銀銀

【ヒント】駒を取らない詰将棋ならではの順(10分で二段)。

▶詰碁、詰将棋の出題は隔週です◀

詰碁

出題 日本棋院 九段 曲 励起

第1287回解答

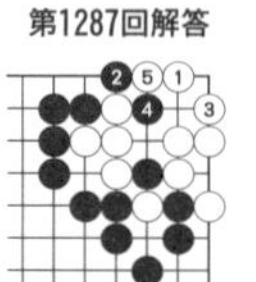

【解答図】白先、白活。白①がまず大切で黒❷には白③がまた大切です。黒❹には白⑤で活きます。なお黒❷で『3』なら白『2』でやはり活きます。

「朝雲」へのメール投稿はこちらへ!

▽原稿の書式・字数は自由。「いつ・どこで・誰が・何を・なぜ・どうしたか(5W1H)」を基本に、具体的に記述。所感文は制限なし。
▽写真はJPEG(通常のデジカメ写真)で。
▽メール投稿の送付先は「朝雲」編集部(editorial@asagumo-news.com)まで。

朝雲

発行所 朝雲新聞社
〒160-0002 東京都新宿区四谷坂町12－20 KKビル
電話 03(3225)3841
FAX 03(3225)3831
振替00190-4-17600番
定価一部150円、年間購読料9170円（税・送料込み）

主な記事

東南アジア3カ国を歴訪

地域情勢に関し議論

岩本政務官

岩本剛人政務官は7月18日から20日まで、フィリピン、インドネシア、マレーシアの3カ国を訪れ、各国の国防関係者らと会談した。今年6月にマルコス新政権が誕生したフィリピンでは次期国防相に就任予定のファウスティーノ国防相代行、インドネシアではプラボウォ国防相、マレーシアではイクマル国防副大臣らと会談し、それぞれ日本との防衛協力・交流をさらに強化していくことで一致した。

防衛協力強化を確認

岩本政務官は18日にフィリピンを訪問し、首都マニラの国防省でホセ・ファウスティーノ国防相代行を表敬。今年6月のマルコス新政権の発足に伴い、国防次官から国防相代行に就任したことに祝意を表した。

両氏は地域情勢について議論するとともに、今年4月に東京で開かれた両国間で初となる外務・防衛担当閣僚協議「2プラス2」で一致したさまざまな協力を引き続き新政権下においても推進していくことを確認した。

「2プラス2」では、自衛隊とフィリピン軍による相互訪問時の共同訓練や運用を円滑化する「円滑化協定（RAA）」、物資や役務を融通し合う「物品役務相互提供協定（ACSA）」の締結の可能性を含めた枠組みの検討開始で一致し、日比両政府が共同声明を発表している。

この後、岩本政務官はフィリピン軍のアンドレス・センティーノ参謀総長とも会談し、地域情勢や軍種間協力を含む2国間の防衛協力・交流について意見交換を行った。

両氏は自衛隊とフィリピン軍との間で防衛装備・技術協力をはじめ、自衛隊の艦艇や航空機による寄港（寄航）を通じた安全保障面での連携が深化していることを歓迎し、今後、共同訓練などの協力を一層推進することを申し合わせた。

政務官は同日、マニラ近郊のマンディリグタス訓練場でフィリピン陸軍による災害時の人命救助訓練を視察した。訓練では、昨年11月に日本が政府開発援助（ODA）で供与し、陸自隊員が使用方法の能力構築支援を行った人命救助機材が使用された。

フィリピンのマルコス新政権下でも引き続き防衛協力・交流の推進を確認するファウスティーノ比国防相代行（右）と岩本政務官（7月18日、マニラの比国防省で）＝写真はいずれも防衛省提供

マレーシアの首都クアラルンプール近郊のスバン空軍基地を視察し、同基地の軍人（右）から説明を受ける岩本政務官（左）＝7月20日

翌19日にはインドネシアを訪問し、首都ジャカルタの国防省でプラボウォ・スビアント国防相を表敬。今年6月にカンボジアで「日ASEAN（東南アジア諸国連合）防衛担当大臣会合」が開かれた際に実施した日インドネシア防衛相会談に続き、今回も会談が実現できたことに謝意を伝えた。両氏は地域情勢について意見を交わし、防衛協力・交流をさらに推進していくことで一致した。

この後、政務官はアンディカ・プルカサ国軍司令官と地域情勢をめぐって会談。政務官は、陸自が7月下旬から8月上旬にかけて参加している米国・インドネシア陸軍との実動訓練「ガルーダ・シールド」などを契機として、両国間の防衛協力が強まることに期待感を示した。

政務官は同日、インドネシアの国家建設に功績のあった英雄が埋葬されている南ジャカルタ市の「カリバタ英雄墓地」を訪れ、同地に永眠する元日本兵の墓所にも参拝した。

最終日の20日はマレーシアを訪れ、首都クアラルンプールの国防省でイクマル・ヒシャムディン・ビン・アブドゥル・アジズ国防副大臣と会談した。

両氏は地域情勢について議論するとともに、2国間の防衛協力・交流などについても意見交換。▽防衛装備・技術協力の推進▽防衛当局間協議（MM協議）の早期開催▽艦艇や航空機の寄港・寄航を含む軍種間協力の継続――などを含め、両国の防衛協力・交流をさらに進めていくことで一致した。

この後、政務官は首都近郊のスバン空軍基地を訪問し、同基地司令官から概況説明を受けるとともに、エアバス社製の「A400M」輸送機などの装備品を視察した。

最後に「クアラルンプール日本人墓地」を参拝し、両国の友好・親善の歴史に寄与した先人たちを慰霊し、帰国の途に就いた。

日比陸軍種間で協力推進

岸防衛相 吉田陸幕長 比陸軍司令官らと会談

岸防衛相と吉田陸幕長は7月26日、来日したフィリピン陸軍司令官のロミオ・ブラウナー中将と同国海兵隊司令官代理のラウル・カルデス准将と防衛省内で会談し、日比陸軍種間の防衛協力の推進で一致した。

岸大臣は「近年、日比間の防衛協力は大きく進展している。今年4月に東京で開催した日比初の外務・防衛担当閣僚協議『2プラス2』はその象徴だ。新政権が発足した貴国と『自由で開かれたインド太平洋』の維持・強化に向けて関係をさらに深めていきたい」と歓迎の言葉を述べた。

これに対し、ブラウナー陸軍司令官は「新政権発足に伴い国防相代行に就任したファウスティーノ氏の名代として訪日した」と述べ、同盟国や友好国との強力な関係構築を目指すマルコス新大統領の決意を伝えた。カルデス海兵隊司令官代理も「今回の訪問で、比陸軍と比海兵隊が陸上自衛隊と共に防衛協力を構築する道筋ができた」と語った。

これに先立ち、吉田陸幕長はブラウナー陸軍司令官とカルデス海兵隊司令官代理と会談。日比陸軍種間の防衛協力を強化する重要性で一致し、「戦略的指針」と「日比陸軍種幕僚協議に係る実施規定」に署名した。今後は、▽共同訓練▽実務者交流▽専門家交流▽能力構築支援――などを多層的に推進していく。

会談で陸幕長は両国の共通点として、①島嶼国家②自然災害国③強固な米国との同盟関係――を指摘し、島嶼防衛や人道支援・災害救援、米国との連携の重要性を強調。フィリピン側は米比共同訓練「カマンダグ」などへの陸自の参加を挙げ、さらなる関係の発展に期待感を示した。

陸軍司令官らは翌27日に鹿児島県の陸自奄美駐屯地を訪れ、装備品などの研修を行った。

日比陸軍種間の連携をアピールする吉田陸幕長（中央）、ブラウナー比陸軍司令官（左）、カルデス比海兵隊司令官代理（7月26日、陸幕長応接室で）

統幕学校長に二川海将

9師団長は田尻陸将

二川統幕学校長

田尻9師団長

松本空団司令官

叶装備庁装備官

今吉装備庁装備官

防衛省は8月1日付で、9師団長の亀山慎二陸将の勇退を認め、後任に統幕学校長の田尻祐介陸将を起用する人事を発令した。新たな統幕学校長には航空集団司令官の二川達也海将、その後任には横須賀地方総監部幕僚長の松本完海将がそれぞれ就任する。このほか、陸将に1人、海将に3人が昇任する。

一方、指定職では、在サンフランシスコ日本国総領事館総領事に就任する野口泰防衛政策局次長の後任に三浦潤外務省大臣官房付が就く。（将・将補昇任者の略歴と、将補・1佐クラスの人事は次号に掲載予定）

防衛省発令

将人事

▽陸将に昇任
（6師団副師団長）陸将補 叶 謙二
▽海将に昇任
（海幕装備計画部長）海将補 今吉 真一
（横須賀地方総監部幕僚長）同 松本 完
（横須賀病院長）同 村上 健彦
▽統幕学校長（航空集団司令官）海将 二川 達也
▽9師団長（統幕学校長）陸将 田尻 祐介
▽航空集団司令官（横須賀地方総監部幕僚長）海将 松本 完
▽中央病院副院長兼診療放射線技師養成所長（横須賀病院長）同 村上 健彦
▽防衛装備庁長官官房装備官（6師団副師団長兼神町駐屯地司令）陸将 叶 謙二
（海幕装備計画部長）海将 今吉 真一
▽退職
（9師団長）陸将 亀山 慎二
（中央病院副院長兼診療放射線技師養成所長）海将 德永 徹二
（防衛装備庁長官官房装備官）陸将 鶴居 正行
（同）海将 柴田 弘
（以上8月1日）

書記官級人事

▽外務省へ出向＝在サンフランシスコ日本国総領事館総領事へ（防衛政策局次長）野口 泰
▽防衛書記官＝防衛政策局次長（外務省大臣官房付）三浦 潤
▽解併任大臣官房米軍再編調整官併大臣官房審議官（大臣官房米軍再編調整官）茂木 陽
▽大臣官房米軍再編調整官（統幕首席参事官）鋤先 幸浩
▽同監査課長（防衛装備庁長官官房会計官）杉山 浩
▽同訟務管理官（防衛装備庁長官官房監察監査・評価官）岩脇 誠
▽整備計画局施設技術管理官（九州防衛局総務部長）櫻井 淳
▽北海道防衛局次長（整備計画局施設技術管理官）河本 裕司
▽退職
（大臣官房監査課長）佐藤 伸樹
（同訟務管理官）畠中 秀昭
（以上8月1日）

中国無人機が宮古海峡通過

単独で初 空自機がスクランブル

中国無人機の航跡図

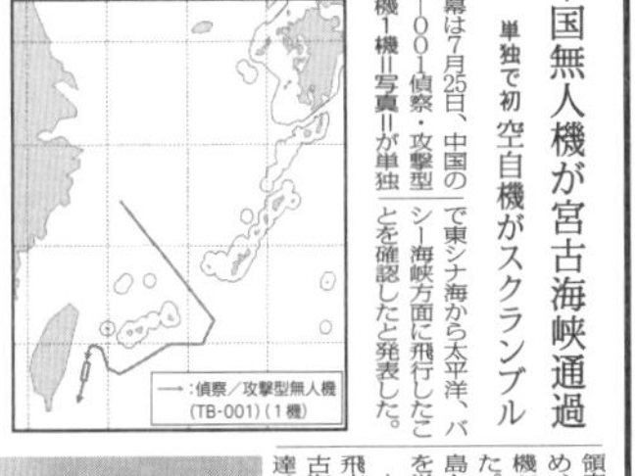

統幕は7月25日、中国のTB-001偵察・攻撃型無人機1機＝写真＝が単独で東シナ海から太平洋、バシー海峡方面に飛行したことを確認したと発表した。領空侵犯の恐れがあったため、空自南西空のF15戦闘機が緊急発進して対応した。同国の無人機が沖縄本島と宮古島間（宮古海峡）を単独で通過したのは初。

上海方面から東シナ海に飛来したTB-001は宮古海峡を通過し太平洋に到達、宮古島南方沖、与那国島南方沖を飛行後、南進して台湾の東方沖で周回し、バシー海峡方面に向かった。

統幕は同日、空自機が撮影したTB-001の写真と航跡図を公表した。

防研創立70周年

さらなる発展誓う

防衛研究所の創立70周年記念式典が8月1日、防衛省講堂で開かれ、中曽根康隆政務官をはじめ省内外からの来賓と職員を合わせて約130人が出席した。

齋藤雅一所長は式辞で、昭和27（1952）年8月1日に保安庁保安研修所として越中島に誕生して以来の歴史に触れ、「常に知の最先端に挑み、その成果を国民の皆さまにしっかりと送り届け、日々研鑽を積み重ねていく所存だ。『我が国には防衛研究所がある』と言っていただけるよう努力を重ねていく」と決意を表明した。

続いて祝辞を述べた中曽根政務官は、昨今の厳しい安全保障環境を踏まえ、「安全保障問題に関する知識や理解を増進することが重要だ」とし、「今後も時代の要請に基づき、我が国の安全保障に関する研究をリードする役割を果たすべく、さらなる発展・飛躍を祈念する」と激励の言葉を送った。

最後に、一般財団法人平和・安全保障研究所（RIPS）の德地秀士理事長が来賓を代表して祝辞を述べ、「防研は今や高級幹部の育成という当初の目的を遥かに超えて防衛政策の企画立案の支援、国際安全保障協力の一環としての知的交流、国内外への情報発信を含め、日本の安全保障に不可欠なシンクタンクだ。さまざまな困難や制約を乗り越え、『安全保障の実務』と『安全保障の研究』の相乗効果を発揮できるよう頑張ってほしい」と今後の発展に期待感を示した。

防研創立70周年記念式典で式辞を述べる齋藤雅一所長（壇上中央）。その右（着席）は中曽根康隆政務官（8月1日、防衛省で）

春夏秋冬

前例がないから実行する

コシノ ジュンコ

パリのお店も無事にオープンできた夏、帰国はNY経由でコンコルドを利用した。3時間のフライト。機体は大きくなく背の高い人は頭がつくほどで、離陸はあっという間だった。

観光気分で訪問したNYメトロポリタン美術館。受付でわずかなパリのプロフィールを見せただけでファッションショウ開催の重いドアが開いた。ミュージアムの権威、人と物事の関わりなど多くを知ることになった。

開催許可の連絡と同時に気になったのが「会場の使用料金」だった。アメリカドルの美の殿堂。不安いっぱいで尋ねると「アズ・ユーライク、1ドルでも1万ドルでも」との返事。寄附と基金とボランティアで成り立つ美術館は貸し会場ではないということだ。

ただ、作品には厳しい審査があったようだ。あるイタリア大物デザイナーがトライしたが、「作品でなく商業的」という理由で却下されたと聞いた。美術館での催しはあくまでも芸術性の追求にこだわる。美の頂点ともいえる国を代表する美術館で自分の作品を披露する機会は簡単にはやってこない。

招待状については封筒、便せんともに色はオフホワイト、宛名は手書きの筆記体ペン字など「主催」メトロポリタン美術館ならではのルールが盛りだくさん。当日の美術館での飲食も指定業者とのコラボレーション。セザールなどパリから参加のゲストや招待客でいっぱいの大ロビーホールで、百人は超える赤黒のJKシャツのバトラー達が出迎えた。

劇場型オーディトリアムホールのショウは作品をより一層アートの世界に引き入れた。ショウの後のディナーは古代エジプト遺跡のあるテンプルオブデンドゥで行われた。事故の補てんが出来ないと保険会社もギブアップ。警備員の数を増やして切り抜けた。

パーティーで使う日本から運んだ私のデザインの赤黒の漆の器は600キロを超えていた。ここで数々のパーティーを体験したセレブが「かつて見たことがない」と評した。

ショウを終えてからわかったことだが、私のショウはこのメトロポリタン美術館で最初のファッションショウだった。前例がないから実行するアメリカンミュージアムのマネジメントは、その後の私のライフスタイルに勇気をくれた。

（デザイナー）

首相乗せ政専機が東京・NY往復

空自特輸隊（千歳）のB777政府専用機は7月31日から8月2日まで、核兵器不拡散条約（NPT）運用検討会議に出席する岸田首相を乗せ、東京とニューヨーク間を往復した。

朝雲寸言

大きな戦乱のなかった江戸時代、日本の人口は緩やかに増え、江戸初期に約1200万人だったのが幕末には約3300万人にまで膨らんだ。明治維新後、人口増の勢いは増し、先の大戦に突入した時点で約7200万人になっていた▼人口増は近代日本の国力を支えたが、当時の政府や軍は人口増の恩恵の上にあぐらをかき、戦時には兵士や国民の命をさながら消耗品のように扱った。若者に短期間の飛行訓練を施したうえで特攻部隊とし「強制自殺」に追い込んだ。銃後では無数の国民が空襲で殺傷される日々が続いても、敗戦を受け入れる決断は先送りされた▼北欧フィンランドは、広島と長崎の教訓に学び、世界規模の核戦争に巻き込まれても国民が生き残れるよう、こつこつと地下シェルター建設を続けた。今や総人口約550万人の70%を収容できるという。なぜそこまで熱心に取り組むのか。そう問うと、かの国の一人が「私たちは小さな民族なので、ちょっとした戦争でも滅亡しかねないのです」と答えてくれた。弱点を直視し、きちんと対処する。戦後も人口増の上にあぐらをかき続け、国民を守り抜く体制整備をさぼり続けた日本とは対極に位置している▼日本は人口減少期に入る一方、国外からの脅威は増大し続けている。隊員を粗略に扱わないための防衛力強化に加え、国民保護体制を急速に充実させる安全保障思考上のパラダイムシフトが急務である。

時の焦点 国内

NPT会議開幕

日本は調整力を発揮せよ

停滞する核軍縮を活性化し、不拡散体制の実効性を高めることが重要だ。具体的な核軍縮のステップを踏み出さねばならない。

核拡散防止条約（NPT）再検討会議が米ニューヨークで始まった。約4週間の会期で、核軍縮・不拡散体制を前進させたい。NPTは、米ソ冷戦中の1970年に発効した。190を超える国連のほぼ全加盟国が締約している。

再検討会議は5年に一度、締約国の代表が集まってNPTの運用状況を検証する機会だ。当初は2020年の開催が予定されていたが、新型コロナウイルス流行の影響で延期が続き、今回は2015年以来、7年ぶりの開催となった。

核不拡散体制は岐路にある。ロシアがウクライナに侵攻して以降、プーチン露大統領は、核使用の可能性に度々言及している。米国との対立を背景に、中国は核戦力の近代化を図る。北朝鮮は、7回目の核実験の準備を進める。世界には今、核弾頭が1万2700発以上あるが、スウェーデンのストックホルム国際研究所は、今後10年で増加すると予測している。

核保有国と非核保有国の溝は広がっている。

中南米やアフリカなどの非核保有国の66カ国は今年6月、核兵器禁止条約の第1回締約国会議を開き、核兵器保有の禁止を各国に呼びかけた。条約は、核抑止力が安全保障に果たす役割を無視しており、現実的ではない。

米英仏中露の核保有国や、日韓など米国の同盟国は参加していない。

今回のNPTで、合意形成が難しいのは事実だが、NPTが機能しないとなれば核の脅威が一層強まり、国際秩序が崩壊してしまう。各国の努力と覚悟が問われている。

岸田首相は、日本の首相として初めて再検討会議に出席し、演説した。ロシアによるウクライナ侵略に言及し、「核兵器による威嚇や使用は断じて許されない」と強調した。

核なき世界という「理想」と、安全保障上の抑止力という「現実」を両立させるため、核軍縮の行動計画の策定を求めた。核兵器に用いる高濃縮ウランやプルトニウムなど核分裂性物質について、各国に情報開示も要求した。保有する核弾頭数などを公表していない中国を念頭に置いている。米露などがまず核軍縮を進め、非保有国との対立を和らげることが不可欠だ。日本はその橋渡し役を務め続ける必要がある。

首相は演説で、各国の政治リーダーらで核軍縮を議論する「国際賢人会議」を設置し、日本での開催を目指す考えも強調した。唯一の被爆国として、日本が果たすべき役割は大きい。首相は、現実の脅威に適切に対処しながら、地道に核軍縮の議論を前進させてもらいたい。

夏川 明雄（政治評論家）

時の焦点 海外

ウクライナ戦争

蛮行相次ぎ出口見えず

ロシアが当初1～2週間程度の短期決戦で決着をつけると踏んでいたウクライナ侵攻は、6カ月目に入った現在も戦闘の出口は見えない状況が続く。苦戦を強いられた形のロシア軍が最近、学校や病院、集合住宅など民間施設を標的にしたミサイル攻撃を多用するのは、ウクライナ国民の戦意をくじくことを狙った威嚇戦術の一環なのだろう。しかし、ウクライナ側は強く反発し、徹底抗戦の意志を固める皮肉な結果を招いている。

ロシア軍が2月下旬に侵攻して以来、占拠した各地での残虐な民間人の集団殺害や強制連行をはじめ、核使用の脅し、原子力発電所への攻撃など戦争犯罪に相当する蛮行は枚挙にいとまがない。

そうした中、国連とトルコが仲介してロシア、ウクライナが黒海での食料輸出再開の合意文書にようやく調印した翌日の7月23日、穀物積み出し港に指定されたオデッサをロシアがミサイル攻撃したことに国際社会はまたも驚かされた。

ロシア国防省は当初、関与を否定したが、舌の根も乾かぬうちにオデッサ港内の船舶工場を攻撃し、米国から供与された対艦ミサイルなどの倉庫を破壊したとして、ミサイル攻撃の事実を認めた。ウクライナのゼレンスキー大統領はこの一件について、「もしロシアと何らかの対話や合意が必要だと言う者がいるなら、何が起きているかを見るべきだ。ミサイルは対話や合意の可能性を破壊した」と断じた。同大統領の強い怒り、憤りが伝わってくると同時に、蛮行を繰り返し、悪びれる様子を全く見せない「プーチンのロシア」といかに向き合っていくべきか、その難しさが分かる発言だ。

ウクライナ戦争を通じて痛感させられることの一つが、プーチン大統領をはじめ、ロシア高官の発言や言動には、すぐにうそと分かる虚偽や言い逃れ、曲解が意図的にちりばめられ、対立する側との対話をできなくさせるだけでなく、不信感を募らせる要因となっている点だ。謀略戦を仕掛けているわけだが、その手口に西側諸国も慣れつつある。

軍事侵攻の前には「侵略の意図はない」と言い続けた一方、隣国へのあからさまな侵略を特別軍事作戦と称して、自国では戦争、侵略といった表現を禁止したのはその好例だ。作戦の目的についても、ウクライナ東部の二つの傀儡共和国の要請に基づく行動だとして、両人民共和国があるドンバス地方の「解放」を挙げていたが、侵攻から日を置かずに南部のヘルソン州全域やザポロジエ州の一部などを制圧した。ロシアのラブロフ外相は7月下旬、軍事作戦の「地理的目標が変わった」と述べ、両州の解放を例示した。

ロシアが欧州を揺さぶる分断戦術の一環として、独ロ両国を結ぶ海底パイプラインでの天然ガス供給をあれこれ理由を付けて大幅に削減したことについて、ドイツのハーベック経済相は「ロシアはうそのゲーム、卑劣なゲームをしている」と非難した。冷戦終結後に欧州で起きた最大規模の侵略戦争の出口が見えない理由は、国連憲章と国際法の重大な違反を犯し続け、決して非を認めようとしないロシア側に責任があるのは論をまつまい。

伊藤 努（外交評論家）

PKO30年

国際平和協力センターで記者研修

センター長「ニーズに応えた教育訓練を」

国際平和協力センターの概要について説明する長田センター長（7月25日、国際平和協力センターで）

今年は陸自の施設部隊が国連平和維持活動（PKO）でカンボジアに派遣されてから30年の節目の年となる。

国際社会全体の安定が我が国の安全に直結するという考えの下、自衛隊が国際的な活動に取り組むためにさまざまな教育訓練などの体制を整備する必要性から、2007年に国際平和協力活動は我が国の防衛や公共の秩序の維持といった任務と並ぶ自衛隊の本来任務に位置付けられた。

そのような中で、より複雑化するPKOで活動する要員の養成ニーズに対応する教育訓練や調査研究を行うために2010年、統幕学校に、国際平和協力センターが設置された。

7月25日、市ヶ谷の防衛省内F2棟にある「統幕学校 国際平和協力センター」で、報道陣に対し同センターの概要説明が行われた。センター長の長田英一郎1佐は、施設科出身として過去にイラク復興業務支援隊やインドネシアのスマトラ島沖地震での国際緊急援助隊などで活動した。海外業務を経験していく中で、体系的な国際平和協力活動の教育の必要性を感じていたと、自身の経験を踏まえながら、センターの概要について説明した。

同センターは国際平和協力活動に関する教育訓練や調査研究を行い、防衛省職員以外にも他府省庁職員や諸外国軍人に課程教育を行う防衛省唯一の組織。複雑化するPKOで活動する要員の養成ニーズに対応した教育訓練や調査研究を行っている。

教育訓練課程は上級、中級、基礎講習に分かれ、上級と中級課程では英語による授業、討議、発表が行われる。今年の3月までに上級、中級課程に留学生を派遣した国は25カ国に及び、そのほかにも国外への教育支援、調査研究、国際会議への参加など、さらなる教育訓練の充実を図っていくとしている。

最後に長田1佐は「レクチャーだけの人材養成ではなく、ここでの勤務をベースにさらに羽ばたいていくような人間を教育している」と話し、「実際に（センターでの教育が）効果的だと思ってくれる人がいることは非常にありがたい」と語った。

同センターの概要説明の前には、陸幕運用支援・訓練部運用支援班長の小林直基1佐が①陸自の国際活動30年の歩み②国際活動の現状③陸自の四つの重視分野について述べた。陸自が重視する四つの分野とは①UNMISSなどへのPKOミッションへの要員派遣②国連TPP（国連三角パートナーシッププログラム）などのPKOに係る能力構築支援③国連などへの幕僚派遣④国連PKO工兵マニュアル改訂などの知的分野における貢献――。

空自、家族会、隊友会、つばさ会

家族支援で「中央協定」締結

空自と自衛隊家族会、隊友会、つばさ会（空自OB組織）の4者は7月26日、大規模災害や突発的な事態の発生時に、空自隊員とその家族をサポートする「隊員家族の支援に対する協力に関する中央協定」を締結した。締結式は防衛省で行われ、井筒空幕長、宮下寿広家族会副会長、折木良一隊友会理事長（元統幕長）、齊藤治和つばさ会会長（元空幕長）が出席し、4者で協定書に署名した。

協定には▽隊員家族の支援に対する協力内容▽調整窓口の指定▽情報管理▽関係の強化▽家族支援に対する協力時の安全管理――などが盛り込まれた。

自衛隊の家族支援の取り組みは2011年3月11日の東日本大震災が大きな契機となった。隊員の多くが家族と安否確認が取れないまま災派活動に従事したことから、これを教訓に17年5月に陸自が、続いて19年6月に海自が家族会など協力団体と協定を結んだ。今回、空自が締結したことで、3自衛隊すべてが隊員家族の支援に協力するための施策を整えたことになる。

井筒空幕長は署名後のあいさつで「協定は終点ではなく出発点だ。中央協定を起点として空自の基地でも協定締結を促進させるとともに、安否確認にかかわる相互の顔合わせを行うなど実効性を高める活動を推進させ、各協力団体のさらなる連携の強化を図っていきたい」と述べた。

中央協定を締結し記念写真に納まる（左から）折木隊友会理事長、井筒空幕長、宮下家族会副会長、齊藤つばさ会会長

砕氷艦「しらせ」国内を巡り訓練

海幕は7月19日、砕氷艦「しらせ」（1万2650トン、艦長・波江野裕一1佐）の令和4年度総合訓練について概要を発表した。

「しらせ」は8月30日に母港・横須賀を出港後、各種部署訓練やヘリの発着艦訓練、同乗する観測隊員が行う艦上での海洋観測訓練の支援などを行いながら途中、室蘭（9月2～5日）、長崎（9～12日）、清水（16～19日）に寄港し、9月22日に横須賀に戻る。各寄港地ではそれぞれ特別公開や一般公開を行う予定。

「しらせ」はその後、南極・昭和基地に運ぶ物資を搭載し、11月中旬に横須賀から「第64次南極地域観測活動」支援のため約5カ月間の航海に出発する。

共済組合だより

防衛省共済組合では、防衛省の職員が公務で海外出張する際にご利用できる「防衛省職員公務出張海外旅行保険」と「PKO保険」をご用意しています。

●防衛省職員公務出張海外旅行保険

「防衛省職員公務出張海外旅行保険」は、訓練や留学などで海外に出張する防衛省職員専用の保険です。「包括契約」では、加入対象条件に合致する組合員は、共済組合が保険料を全額助成し、全員が加入となります。

さらに同保険の「補償増額プラン」は、一般契約より約70%割安な保険料を個人負担することで加入でき、海外の病院での治療費用等の補償を充実させることができます。海外出張の際はぜひご利用ください。

同保険の「包括契約」の加入対象者は公務で海外に出張する組合員と一定条件を満たす被扶養者です（PKO保険加入者を除く）。保険金額は傷害死亡が1000万円、傷害後遺障害が1000万円、治療・救援費用300万円となっており、その保険料は全額共済組合が助成します。加入方法は、出張者の所属する部隊など（各課庶務など）で「外国出張者名簿」を取りまとめ、各幕等担当課を経由して共済組合本部に申請します。

さらに「補償増額プラン」に加入すると、例えば「保険期間6カ月以内」の「B2プラン」の場合、傷害死亡が9000万円、傷害後遺障害が9000万円、治療・救援費用5000万円、疾病死亡500万円に大幅アップされ、包括契約のみでは補償対象外の携行品損害等の補償を追加できます。保険料は「7日」で1750円と、非常に割安です。ぜひ、ご利用ください。

●PKO保険

一方、「PKO保険」は、「国際平和維持活動」「海上警備行動」「海賊対処法」「在外邦人等の保護措置」「在外邦人等の輸送」「後方支援活動等」などによる任務で海外に派遣されるときに加入できる保険です。

この保険は、戦争、外国の武力行使等の事故も補償します。また、すべての伝染病、感染症による疾病も補償します。

「Fセット」は共済組合が保険料を助成し、全員加入となります。また、補償を厚くするA～Eセットに加入することもできます。

◇

上記保険についての詳細は、PKO保険については各駐屯地・基地の弘済企業へ、海外旅行保険については弘済企業株式会社本社（電話03―3226―5814）へお問い合わせください。

海外への公務出張の際は「防衛省職員公務出張海外旅行保険」「PKO保険」に加入できます

個人負担の「補償増額プラン」は一般契約より約70%割安

取扱代理店・弘済企業

防衛装備庁

中小企業の能力強化支援

防衛基盤整備協会が参加社募集

防衛装備庁が防衛関連の中小企業を対象として、サイバーセキュリティ能力の向上を支援するために実施する「防衛装備品製造過程等におけるサイバーセキュリティ対策強化事業」の参加企業の募集が7月13日に始まった。

同事業を受託した公益財団法人・防衛基盤整備協会では、今年9月末頃まで応募を受け付けるが、予定数に達した時点で打ち切るとしている。

募集対象は、防衛省との調達契約の実績がある、または今後参画を予定している、防衛装備品の製造、維持・整備に関わる中小企業。

事業内容は、①現状把握及び評価関係：社内体制（組織・規則等）の評価、情報システムに対する脆弱性診断等②サイバーセキュリティ能力の強化策の実証関係：対策機器・ソフトウエアの導入、セキュアクラウドサービスの利用、ファイル暗号化サービスの利用等のうち企業が選択するものの実施③教育訓練：標的型攻撃メール訓練及びeラーニングの実施、システム管理担当者等に対する専門的な教育訓練の実施等。

同事業に関わる社員の人件費や旅費交通費、通信費などは参加する企業の自己負担になるが、その他の経費はすべて事業実施側が負担する。

防衛基盤整備協会では、同事業に関心を寄せる企業に応募を呼び掛けている。詳しくは同協会のホームページまで。https://ssl.bsk-z.or.jp

中国艦艇1隻が魚釣島沖を南進

海自は7月22日午後5時ごろ、沖縄・魚釣島の西約80キロの海上を南進する中国海軍の「ジャンダオ」級小型フリゲート1隻（艦番号615、「孝感」）を確認した。中国艦はこの後、沖縄・与那国島と台湾との間を南に抜け太平洋に出た。

同27日午後6時ごろには、同じ中国艦が魚釣島の西約70キロを北上、東シナ海に入った。7護隊（大湊）の護衛艦「ゆうだち」、5空群（那覇）のP3C哨戒機が情報収集に当たった。

一方、同日午前9時ごろ、鹿児島・横当島の北西約240キロの海域を「シュパン」級測量艦2隻（艦番号23、25）が北東に進むのを海自が確認した。1海補隊の補給艦「おうみ」（佐世保）、佐世保警備隊（佐世保）の支援艦「あまくさ」、1空群（鹿屋）のP1、5空群（那覇）のP3C哨戒機が警戒監視を行った。

中国艦2隻はその後、大隅海峡を北東に抜け、太平洋に出た。

ロシア艦艇1隻が礼文島沖を北東進

7月20日午後6時ごろ、海自は北海道・礼文島の北西約40キロの海域を北東に進むロシア海軍の「ステレグシチーII」級フリゲート1隻（艦番号337）を確認した。

この後、ロシア艦は宗谷海峡を東進し、オホーツク海に抜けた。1ミサイル艇隊（余市）のミサイル艇「くまたか」が情報収集に当たった。

第18次海賊対処行動支援隊

陸幕長に出国報告

アフリカのジブチに向けての出国報告後、吉田陸幕長（右）と懇談する吉田1佐（奥右）、土屋良平3佐（左手前）、我彦勇樹陸曹長（奥左）＝6月24日、陸幕長応接室で

アフリカ東部のジブチに置かれた海賊対処部隊の自衛隊拠点で、飛行場の警備などを担う第18次派遣海賊対処行動支援隊（司令・吉田孝弘1陸佐以下、陸・海自衛隊）の、吉田1佐、警衛隊長要員の土屋良平3陸佐、先任上級曹長要員の我彦勇樹陸曹長の3人は6月24日に防衛省を訪れ、吉田陸幕長に出国報告を行った。

報告には陸上幕僚副長の山根寿一陸将、運用支援・訓練部長の戒田重雄陸将補、人事教育部長の藤岡史生陸将補、最先任上級曹長の村脇正伸准陸尉が同席した。

出国報告を行った3人に対し、吉田陸幕長は①ワン・チーム②柔軟性③信頼の3つのキーワードを挙げ、「統合部隊として海自、陸自という組織文化が違う二つの軍種ではあるが、一緒になって心を通わせながら任務を遂行すること、刻一刻と状況が変化していく中で、柔軟性を持って対応すること、ジブチ、各国部隊、現地大使館と信頼を築くことは任務を成功させ、日本の戦略的価値を高めることにつながる」と激励した。

今回の18次支援隊要員第2波の約120人は7月26日に出国、ジブチの活動拠点で各国の部隊と連携し、ソマリア沖やアデン湾海域における航行の安全確保のために活動する。

防衛省発令

▽空幕部総務課情報公開・個人情報保護室長（空幕総務課）1空佐 荻原 進

（7月28日）

陸上自衛隊 各地で訓練

勝利への道 自ら学べ

89式5・56ミリ小銃を手に、攻撃目標に向けて前進（6月4日、東富士演習場で）

徒歩行進に続き陣地攻撃
令和4年度第1回師団訓練検閲
1師団

市街地戦闘訓練の対ゲリラコマンド作戦の一環で、対象の建造物内へ進入し、武装工作員などの捜索・撃滅に当たる32普連隊員（6月1日、東富士練習場内の市街地訓練所で）

【1師団＝練馬】1師団は1普連を対抗部隊として、5月31日から6月8日まで、北・東富士演習場で、32普連、1特科隊、1高特大隊と1通信大隊に対する訓練検閲を行った。

訓練検閲のテーマは「徒歩行進に引き続く陣地攻撃」。統裁官の兒玉恭幸1師団長は「勝利への執念」「創造的破壊」「非戦闘損耗の局限」「自ら学べ」の4点を要望した。

32普連と1特は5月31日から6月1日まで、「対ゲリラ・コマンド」作戦の練度を確認。潜伏する武装工作員などを捜索、撃滅した。

6月2日から3日の朝にかけては、32普連が約40キロ、1特、1高大、1通大は約30キロの徒歩行進を実施。敵先遣戦闘団（1普連基幹）に攻撃を開始した。

1特は32普連による援護を受けて、積極的な火力攻撃を実施し、敵火力の発揮を妨害、そして、無力化。1高大は1個分隊が93式近距離地対空誘導弾（近SAM）、2個小隊が81式短距離地対空誘導弾（短SAM）によって対空援護を実施した。

1通大は兒玉師団長から「作戦の終始を通じて戦略的コミュニケーションに資する映像を作成し、師団の作戦環境を有利にせよ」との指示を受け、4本の映像を編集した。

4日、32普連は1特の援護射撃の下で攻撃を開始し、5日夕方には目標地域の確保に成功した。

重迫撃砲の実弾射撃
33普連、第5次連隊訓練検閲

【33普連＝久居】33普連（連隊長・向田俊之1佐）は3月15日から23日まで、東富士演習場で連隊射撃野営訓練と第5次連隊訓練検閲を行った。

これは、重迫撃砲中隊の実弾射撃の練度を評価判定し、それらの進歩向上を図ることが目的。

訓練の開始にあたり、統裁官の向田1佐は「情報と火力の連携」「安全管理の徹底」の2点を要望した。

実弾射撃と野外通信システムを活用した情報部隊との連携など、実戦に近い環境下で射撃準備から夜間射撃まで一連の行動を演練した。

21日早朝、重迫撃砲中隊長の太田豊隆3佐による陣地占領命令下達から始まり、各小隊は陣地に進入し、これを確保。弾薬準備後には前進観測班が敵目標の位置や状況を判断、射撃指揮班に射撃要求を行った。

射撃分隊は迅速・確実に射撃を開始し、その後も敵情の変化に応じて継続的な射撃を加え、午後8時頃に夜間の射撃を含めた訓練検閲は終了した。

夜間に、敵陣地想定区域に向けて120ミリ迫撃砲を射撃するため照明弾を撃つ33普連隊員（3月21日、東富士演習場で）

対抗部隊である71戦車連隊3中隊の敵陣地に向かって警戒しながら前進する73戦車連隊3中隊の90式戦車（6月7日、北海道大演習場恵庭・千歳地区で）

攻撃、防御ともに白熱
令和4年度AC－TESC

【7師団＝東千歳】7師団（師団長・中村裕亮陸将）は6月2日から21日までの間、北海道大演習場恵庭・千歳地区で「令和4年度戦車部隊・機械化部隊対抗演習（AC－TESC）」を実施した。

中村7師団長を統裁官に、北海道に所在する各師団、旅団隷下の戦車中隊や普通科中隊を基幹とする30個の諸職種協同部隊が参加した

訓練は攻撃部隊と防御部隊に分かれての対抗方式で行われ、交戦訓練装置（バトラー）を使用した実戦的なものとなった。

訓練開始とともに、両部隊とも綿密な情報収集を行い、攻撃側は戦車・普通科中隊の特性を生かして攻め立て、対する防御側は地形を利用し、堅固な陣地と障害を構築して防御を固めるなど奮戦。各中隊がそれぞれ白熱した戦いを繰り広げた。

訓練には10式、90式戦車や89式装甲戦闘車、87式自走高射機関砲などが多数参加。総勢約900人の隊員と車両などに装着されたバトラーにより、リアルタイムで損害や負傷などの状況が訓練センターに集約され、分析、それらは今後の研究に生かされるという。

西方特連、戦車隊も射撃
対馬警備隊協同訓練

目標地点に向けて、中距離多目的誘導弾を射撃する対馬警備隊員（3月28日、日出生台演習場で）

【対馬】対馬警備隊（隊長・町中芳則1佐）は3月24日から30日まで、十文字原と日出生台演習場で西部方面特科連隊、西部方面戦車隊（玖珠）と協同射撃訓練を実施した。

対馬警備隊の89式5・56ミリ小銃、5・56ミリMINIMI機関銃、対人狙撃銃、84ミリ無反動砲、81ミリ迫撃砲L16、中距離多目的誘導弾を用いた戦闘射撃に加え、西方戦車隊の10式戦車と西方特科連隊による155ミリ榴弾砲FH70の大隊射撃が行われた。

朝晩の気温が下がる中、各職種の隊員が役割を完遂し、令和3年度を締めくくるにふさわしい実戦さながらの訓練となった。

訓練に参加した中距離多目的誘導弾の発射スイッチを操作した対馬警備隊対戦車小隊の大久保拓也3曹は「今回の訓練で大役を命ぜられ、当日まで緊張と不安でいっぱいでしたが、これまでの訓練成果を発揮し、見事命中することができ、自信がつきました。今回の経験を後輩指導に生かしたい」と話した。

自衛官候補生 訓練成果を発揮

同期同士で鼓舞し完歩
20普連 25キロ徒歩行進

自衛官候補生の「訓練評価」で、顔にドーランを塗り、草木で偽装した候補生が攻撃目標に向けて突撃する前に気合いを入れる（6月15日、神町駐屯地内で）

【20普連＝神町】20普連（連隊長・荒木貴志1佐）の教育隊（教育隊長・向田淳2佐）は6月14日から16日まで、駐屯地内で候補生に対して今までの訓練成果を発揮する「訓練評価」を実施した。14日は学科や基本教練、15日は戦闘訓練、16日には25キロ徒歩行進訓練を行った。

特に戦闘訓練では、ドーランや草木などで偽装した75人の候補生たちが、これまでに修得してきた「ほふく」「射撃動作」を駆使し、全ての班が攻撃目標を奪取。

25キロ徒歩行進訓練では、高温多湿で厳しい環境下であったが、同期で励まし合いながら全員が完歩し、候補生たちは訓練の成果を遺憾なく発揮した。

前事不忘 後事之師
第79回

同盟を考える
―チェコスロバキアの場合―

ミュンヘン会談に集まった（左から）チェンバレン、ダラディエ、ヒトラー、ムッソリーニ

40年以上前のことですが、来日したフィンランドの国防大臣が次のように発言したそうです。『国防の要諦は、侵略された際に自国だけで戦う事態に追い込まれないこと、最善は、世界の強国と同盟を結ぶこと』―。1939年にソ連の侵攻を受け、単独で果敢に戦ったが、領土を割譲させられたフィンランドの苦い歴史を踏まえての発言でしょう。しかし、歴史は、他方で、強国と同盟していたにもかかわらず、同盟国の思惑に振り回されて、領土を割譲せざるを得なかった国があることも教えています。

その国は1938年9月の「ミュンヘン会談」で議論の対象になったチェコスロバキアです。チェコスロバキアは、1918年に独立した国ですが、多民族国家で、ドイツに隣接するズデーテン地方には多くのドイツ人が住んでいました。ヒトラーは、1938年3月にドイツ民族の国オーストリアを併合した後、次の狙いをズデーテン地方に定めます。ヒトラーにとっての課題は、チェコスロバキアがフランスと同盟関係にあり、ドイツがチェコスロバキアに軍事侵攻すると、同盟国フランスが参戦することに加えて、イギリスも参戦し、欧州戦争の恐れがあったことです。危険を孕んだ当時の状況を仔細に分析した帝塚山大学の関静雄名誉教授の手になる「ミュンヘン会談への道」によれば、事態は概ね以下のように推移します。

ドイツの脅威に晒されたチェコスロバキアのベネシュ大統領は、いざとなればドイツと戦う覚悟でしたが、強国ドイツと単独で戦う事態を避けるため、同盟国のフランスとその背後のイギリスの支援が不可欠であると考えていました。

他方、フランスのダラディエ首相は、表向きはチェコスロバキアが侵攻を受ければ参戦すると公言していましたが、ドイツとの戦争に不安を抱いていました。また外相のボネは、同盟ゆえにドイツとの戦争になることは愚の骨頂であり、チェコスロバキアを巡る深刻な問題の解決をイギリスに委ねたいと考えていました。

イギリス首相チェンバレンは、狂信的なヒトラーとの間でも交渉を通じ平和の実現が可能と考える〝信念の平和主義者〟でした。彼は、また、イギリスにとって死活的国益のない中東欧の問題で戦争に巻き込まれる事態は絶対に避けるべきと考え、腰の定まらないフランスに代わって、自らヒトラーとの直接会談に乗り出します。第一回目のヒトラーとの会談で、ズデーテン地方の割譲でなければ戦争になると考え、第二回目の会談でズデーテン地方を割譲する調停案を提示。これで欧州の平和は確保できると確信しました。ところが、狡知に長けたヒトラーは唐突に要求を吊上げ、即時の割譲を求めます。ヒトラーの狙いは、英仏国内の厭戦気分を念頭に置きながら、要求を吊り上げることにより、英仏とチェコスロバキアの間を分断させ、英仏の介入のないチェコスロバキアとの限定戦争の実現でした。ヒトラーの要求吊り上げにより、交渉は決裂寸前、欧州戦争の瀬戸際まで行きましたが、イタリアのムッソリーニの仲介が入り、英仏独伊四ヶ国首脳によるミュンヘン会談が行われ、英仏側の譲歩で、ほぼヒトラーの要求通り、ドイツがズデーテン地方を併合することが決まりました。このミュンヘン会談には、当事者であるチェコスロバキアの代表は参加できず、英仏は会談結果の受諾を半ば強制的にチェコスロバキアに迫り、ベネシュは「孤立無援の戦争で国民を屠殺場に連れてはいけない」と、苦渋の選択でズデーテン地方の割譲を受け容れます。

ところが、ヒトラーは半年後にミュンヘンでの約束を反故にし、軍事侵攻によりチェコスロバキアを解体します。この時のベネシュにとっての最善のシナリオは、英仏がチェコスロバキアと共に戦う姿勢を示してくれる状況で、ヒトラーの要求を拒むことだったのでしょうが、チェンバレンは、ダラディエに、戦争の決定をベネシュに委ねるわけにはいかないと述べます。結局、チェコスロバキアは、英仏の避戦の思惑に翻弄されました。生殺与奪の権限を他人に渡してはならないと、言われますが、この時のチェコスロバキアには主導権を確保することが可能だったのかと考えます。小国は他国に頼らなければなりませんが、他国に頼れば他国の思惑に翻弄されるのが現実です。

鎌田　昭良（元防衛省大臣官房長、元装備施設本部長、防衛基盤整備協会理事長）

……前事（ぜんじ）忘れざるは後事（こうじ）の師……

～地本　ホッと通信～

函　館

地本は7月3日、28普連の支援を受け、江差町の「第69回江差かもめ島まつり」で市街地広報を行った。広報ブースには、装備品展示やミニ制服の試着、ガチャガチャコーナーを設け、家族連れや地元の学生でにぎわった。

来場者にグッズ配布などを行い、幅広い世代に自衛隊を広報した。

山　形

米沢地域事務所は6月23、24の両日、川西町で行われた「親子歩行ラリー大会」で3年ぶりに自衛隊車両を展示した。保育園や幼稚園の年長児と保護者が町内を歩きながら、交通ルールやマナーを学ぶもので、92人が参加した。

自衛隊の小型トラックをはじめ、警察、消防、民間企業などが車両展示を行い、参加者は自衛隊車両と共に写真撮影を楽しんだ。

福　島

高校生の募集業務解禁を受け、地本は7月1日から11日まで、県内の主要34駅で駅前募集広報を行った。広報官のほか、各地域の協力会会長と各地区家族会会員や募集相談員が協力し、通学時間帯に地本のロゴ入りポケットティッシュを配布した。

通学中の生徒からは「暑い中頑張って下さい」などの声援を受けた。

栃　木

大田原事務所は6月8日、基本教練体験や面接などで活用できる礼儀作法などをアドバイスする派遣型就業体験学習「スマートハート」を栃木県立高根沢高校で行った。

当日は地本部員と共に、卒業生の地神大希陸士長（106飛行隊＝木更津）と桑島彩花空士長（2輪空整備群検査隊＝入間）が教官役として参加した。

会場の体育館には3年生177人が16グループに分かれて「気を付け」や「礼」などの動作、発声要領を学んだ。

生徒からは「説明が分かりやすかった」といった感想が聞かれた。

富　山

地本は6月9日、昼休みを活用し、環境省の「環境月間」に合わせて3年ぶりに富山駅周辺の企業・団体との清掃活動に参加した。

道路上に落ちていた空き缶、吸い殻などのごみ拾いや雑草の除去に汗を流した。また、本部の清掃では、庁舎外から屋上を見上げた際に大きく伸びた雑草が顔を出しており、隊員が屋上に上がって除去する一幕もあった。

岐　阜

地本は6月12日、岐阜市の長良川国際会議場で第17回ぎふ自衛隊音楽まつりを開き、1234人が来場した。

演奏会は、海自舞鶴音楽隊のファンファーレで開幕。空自小牧基地の太鼓部が力強い迫力のある和太鼓演奏を披露、県立大垣商業高校吹奏楽部、舞鶴音楽隊も参加した。

「波の見える風景」では、男性隊員2人が歌声を披露。アンコールでは若手隊員がYOASOBIの「群青」に合わせて切れのあるダンスを踊った。最後は海自の十八番「軍艦行進曲」を壮大に演奏し、観客を魅了した。

来場者からは「とても楽しい演奏会でした。来年もまた来たいです」など好評の声が寄せられた。

静　岡

浜北募集案内所は7月1日、浜北所員と募集相談員3人で、浜松市の遠州鉄道浜北駅前で市街地広報を行った。のぼり旗や募集相談員手作りの立て看板を設置し、通勤、通学者に準備したティッシュ約300個を配布した。

募集相談員は、温かみのある気さくな遠州弁で「この前の自衛隊番組見たら？」「自衛隊の制服、かっこいいら？」と、孫世代の学生たちに気軽に声をかけ、募集案内の入ったティッシュを手渡した。

大　阪

地本は6月19日、大阪商工会議所で開催された大阪日米協会主催の音楽イベント「空の共演」を支援した。

日米両国の友好を深めるために、米

ジャズミュージシャン、グレン・ミラーの流れを受け継ぐ米空軍太平洋音楽隊が本場のジャズ10曲、空自中部航空音楽隊（浜松）が5曲を披露した後、両隊が合同演奏し、盛り上げた。

来場者からは「空自の音楽隊の迫力ある演奏に感動した」「日米の交流で強いつながりを感じた」などの声を聞くことができた。

兵　庫

姫路地域事務所は、高校3年生への募集活動解禁日の7月1日、姫路市内の通学路で市街地募集を行った。

市民から「自衛隊さん頑張って！」などの声援を受けながら、通学中の生徒にイベント案内などの折り込みチラシを入れた迷彩柄のポケットティッシュ約300個を配布。生徒たちはティッシュを見て「迷彩柄かっこいい！」と笑顔で受け取った。

岡　山

地本は7月10日、中部方面音楽隊（伊丹）の協力を受け、奈義町主催の「特別演奏会」を支援した。地元地域住民ら400人が訪れた。

クラシックからJ－POPまでバラエティーに富んだ楽曲構成に加え、アンコールでは地元にちなんだ曲「吉井川」など、エンターテインメント性にあふれた内容となった。

アニメ「ドラゴンボール超」の主題歌「限界突破×サバイバー」では、サビの部分で衣装の早着替えが行われ、会場を盛り上げた。

また、楽曲「ザ・ドリフターズメドレー」では、観客参加型の早口言葉コーナーが設けられるなど、聴衆と一体化、アンコールが終わっても、大きな拍手が鳴りやまなかった。

観客からは「演奏だけでなくステージパフォーマンスも素晴らしかった」「知っている曲が多く、親しみやすかった」などの声が聞かれた。

徳　島

地本は6月30日、海自徳島航空基地と陸自北徳島分屯地で、地区別募集会議を行い、徳島県内の高校、大学や専門学校の学校関係者24人が参加した。

前半は、海自徳島教空群および陸自14飛行隊の支援で部隊見学を実施。装備品や業務内容の説明に加え、隊員食堂や居住スペースといった普段の生活で使用する場所も見学した。

後半は、地本が自衛官という職業の

魅力、募集の現況と援護制度などを説明し、徳島県出身隊員との懇談も行われた。

学校関係者からは「卒業生から入隊後の話が聞けて良かった」「自衛隊の職種の多様性など勉強になった」といった声があった。

鹿児島

鹿児島募集案内所は7月14日、自衛官募集への貢献によって西部方面総監感謝状を受賞した鹿児島県立錦江湾高校に対し、同感謝状を伝達した。

同校の過去3年間の入隊者数は14人。ポスター掲示、案内資料の備え付けなど、校長をはじめ学校を挙げて自衛隊への理解促進に寄与したことが受賞につながった。

伝達に際し、同校を訪問した稲崎精一郎地本長は「毎年、優秀な人材を自衛隊に入隊させていただき感謝します。今年も引き続きご協力よろしくお願いします」と改めて自衛官募集への貢献に対する謝意とさらなる協力を求めた。

学校長は、「今後も自衛官等募集に関する情報提供などを継続していきます」と述べた。

初めて尽くしの体験に感激

「舞鶴展示訓練2022」
舞鶴地方隊と連携　愛知地本が51人引率

【愛知】地本は7月16日、海自舞鶴地方隊創設70周年記念「舞鶴展示訓練2022」に、愛知県内の募集対象者とその保護者、募集協力者と援護協力者の計51人を引率した。

地本の参加者は、護衛艦「ひゅうが」に乗艦。乗艦前は緊張した面持ちだった参加者も、乗組員の丁寧で優しい対応で徐々に緊張もほぐれていった。

当日は、海自北吸係留所から輸送艦「くにさき」、多用途支援艦「ひうち」、護衛艦「ひゅうが」「あさぎり」「ふゆづき」の5隻が順に出港した。若狭湾周辺海域で、「艦艇の礼式」「高速航行」「戦術運動」などを見学、初めて尽くしの体験に参加者は感激しきりの様子だった。

艦内イベントもロープの結索体験、防火衣の試着体験、らっぱ吹奏などが行われ、興味・関心を引く工夫が随所にされるなど、充実した内容だった。

参加者からは「普段見ることができない訓練を見ることができ、とても貴重な経験になった」「自衛隊とはあまりなじみがなかったが、艦艇のすごさや自衛隊の方たちの大変さを知ることができた」「しっかり指示も出していただけたので、安心して参加することができた」などの感想があり、自衛隊への理解を深めてもらった。

甲板までエレベーターで上昇する参加者（いずれも7月16日、護衛艦「ひゅうが」で）

護衛艦「ひゅうが」から23空隊の哨戒機SH60Kのフレア噴出を見学する参加者たち

防火衣を試着体験する参加者

募集・援護 特集

平和を、仕事にする。
陸海空自衛官募集

ただいま募集中！
◇一般曹候補生◇航空学生◇予備自補
◇防大（一般）◇防医大◇貸費学生
◇医科・歯科幹部
★詳細は最寄りの自衛隊地方協力本部へ

増やせ防大受験推奨校

吉田陸幕長

全国自衛隊地方協力本部長会議

陸幕は6月27、28の両日、3年ぶりに対面による「全国自衛隊地方協力本部長会議」を東京都新宿区のホテルグランドヒル市ヶ谷で開催した。会議には吉田陸幕長が出席し、全国から参集した50個地本長に対し、防大生などの質の向上を求め、「防大を『進学扱い』として受験を推奨してくれる学校を増やすことが必要」と訓示した。

会議は募集・援護に関する現状や各種施策に関する認識の統一などを目的に年に1回行われ、2020年と21年は新型コロナ対策のため、オンラインで行われていた。

参集した50地本長を前に吉田陸幕長は、「強靭な陸自を創造するために私が要望する①変革の加速②実力の進化の前提となる人的基盤の強化③信頼の増進――のため、各地本が最前線で活動してくれていることに感謝する」と各地本の労をねぎらった。

さらに自衛隊の中核である一般幹候、防大、高工校の質的向上の必要性を強調。特に幹部の骨幹である防大生のより優秀な人材の確保の重要性を挙げ、「防大は一般大と同じように学士が取得できることに加え、①日本と国際社会の平和と安定を担うリーダーになれる②自己実現・自己成長が図れる③多様性が担保されている④生涯の友ができる――といった付加価値のある素晴らしい学校であることを浸透させ、防大を『（一般大と同じ）進学扱い』とし、受験を推奨する学校を増やすことが必要だ」と述べた。

陸幕長は最後に「防衛力は、陸海空の人的基盤が担保されて初めて抑止力と対処力となりうる。地本はその人的基盤を確保するという重要な役割を持つ。各地本長は士気を高く、地本の使命が日本の防衛でいかに重要であるかを認識し、任務にあたってもらいたい」と要望した。

その後、陸幕募集・援護課長の大場智覚1佐らによる令和3年度の募集成果が説明された。各種の種目については、例年並みの受験者を確保、自衛官候補生など2士の種目については、各方面隊と地本の努力や創意工夫で目標をおおむね達成した点が発表された。

その達成できた要因として、デジタル・オンライン化の推進など募集・採用業務の強化や各協力団体の支援、各地本等の地道な募集活動が挙げられた。

翌28日には地本長間でのグループ討議が行われ、「厳しい募集・援護環境の中で自衛隊としていかにして継続的に人材の『質』と『量』を確保するか」をテーマに活発な議論が行われた。

（上）50地本長を前に訓示する吉田陸幕長（左端）＝6月27日、ホテルグランドヒル市ヶ谷で　（下）「厳しい募集・援護環境の中で自衛隊としていかにして継続的に人材の『質』と『量』を確保するか」をテーマに意見交換する福井地本長の野間俊英1海佐ら（右から2人目）＝6月28日

令和3年度で優秀な募集成果を挙げ、岩本政務官（右）から1級賞状を伝達される岩手地本長の佐藤慎二1陸佐（中央）。左は愛知地本長の下本昭司1陸佐（7月27日、防衛省政務官室で）

1・2級賞状、陸上幕僚長褒賞

7月27、28日、3年度に優秀な成績を挙げた地本等に対する1・2級賞状、陸上幕僚長褒賞の表彰式が防衛省で行われた。各受賞地本・部隊・隊員は次の通り。

1級賞状
岩手、愛知、奈良

2級賞状
函館、帯広、山形、埼玉、神奈川、山梨、長野、岐阜、大阪、兵庫、和歌山、広島、香川、福岡、熊本、沖縄

陸幕長褒賞
秋田、東京、京都、徳島、宮崎

優秀広報官
2級賞詞＝八重樫敬2陸曹（岩手）▽宇田浩幸1陸曹（山形）▽飛知和寿行1陸曹（埼玉）▽可児真衣3海曹（神奈川）▽志村直哉2陸曹（山梨）▽矢嶋亮一1海曹（長野）▽日比貴史1空曹（岐阜）▽増井弘明1陸曹（愛知）▽金田太一3空曹（大阪）▽一刀康寛1海曹（兵庫）▽藤澤圭1陸曹（奈良）▽北畠大毅2陸曹（和歌山）▽坂東潤也2陸曹（広島）▽上西寛和1陸曹（香川）▽下野雅也空曹長（福岡）▽黒木照志准陸尉（熊本）▽砂川真臣2空曹（沖縄）

陸幕長褒賞＝葛西愛美2陸曹（青森）▽板橋寛通陸曹長（宮城）▽安田智明1陸曹（秋田）▽山根芳之2陸曹（福島）▽中満良浩海曹長（千葉）▽吉田裕平1空曹（富山）▽川畑文子2空曹（石川）▽中村奈瑠人陸曹長（福井）▽萩原一男2陸曹（京都）▽藤原誠1陸曹（鳥取）▽仲佐健2陸曹（島根）▽高橋良2陸曹（岡山）▽藤井祐1陸曹（山口）▽奥田和良3空曹（徳島）▽清家康博准陸尉（愛媛）▽金堂正人1陸曹（高知）▽保楊枝寛和1陸曹（佐賀）▽稲冨純也1陸曹（鹿児島）

隊員自主募集優秀部隊等表彰
2級賞状＝2施設団（船岡）、中方音（伊丹）、13旅団（海田市）、13音楽隊（同）、17普連（山口）、西混団（久留米）

新潟　決意新たに「部員全員が広報官」

【新潟】地本は6月29日、本部庁舎で出陣式を行った。高校生への募集解禁を前に、隊員の士気の高揚を図るのが目的。小見明之地本長以下県内7個事務所の所長ら約70人が参加し、目標達成と任務完遂に向け決意を新たにした。

援護課など各課室長や所長らがだるまの目入れを行い、それぞれ決意を表明。続いて森川富浩副本部長、最後に小見地本長が目入れをした。

小見地本長は訓示で「厳しい募集状況の中でさまざまな困難があるが、『部員全員が広報官』との意識を持ち、創意工夫を凝らし目標達成のためにN（なんでも）G（がんばって）T（トライせよ）」と呼び掛けた。

最後に、令和3年度最優秀広報官の長谷川海1海曹（現・海曹長）の音頭で「募集目標達成に向け、諦めることなく全力を尽くすぞ！」と勝どきを挙げ、出陣式を締めくくった。

だるまに目入れをする小見地本長（6月29日、新潟地本本部庁舎）

募集解禁　各地本が出陣式で勝どき

札幌　V字回復と「勝利」を目指す

【札幌】地本は7月1日、本部庁舎で令和4年度出陣式を行った。地本長の佐藤和之1陸佐をはじめ、本部部員や管内各所隊長など約50人が参加した。

佐藤地本長は「募集最盛期を迎え各課室および所隊長が一丸となって協力し、あらゆる努力をすること」「〝目標の鬼〟となり最後まで諦めない姿勢で臨め」と訓示した。

その後、所隊長や各課室長が抱負を表明。「一致団結して目標を達成する」など、力強く決意を述べ、全員で勝どきを挙げた。

最後に参加者は、庁舎屋上で写真撮影を行い、地本キャラクター「羊のモコ」を先頭に、「募集V字回復」と「勝利」を表す「V」字形をつくり、決意を込めてガッツポーズ。各種制約を受ける中でも創意工夫し、笑顔とユーモアをもって任務完遂することを誓った。

「羊のモコ」を先頭にガッツポーズで写真に納まる地本の部員と管内各所隊長ら（7月1日、札幌地本本部庁舎で）

岡山　74式戦車の体験試乗

【岡山】地本は6月12日、日本原駐屯地の支援で、74式戦車の体験試乗を行った。事前にホームページや新聞などで告知したところ約200人から応募があり、抽選の結果109人が参加した。

戦車体験試乗では、13戦車中隊の隊員が仕事内容や装備について説明。参加者たちは戦車の大きなエンジン音や揺れなどの迫力に驚いていた。また戦車を操作する隊員にも関心を示し、積極的に質問していた。このほか、海自隊員の指導を受けながらロープワークを体験、駐屯地の資料館も見学した。

参加者たちは「試乗では揺れや振動がリアルに感じられ、貴重な経験になった」「今まで自衛隊の仕事を知る機会がなかったが、今回、初めて知った。将来の選択肢に自衛隊入隊を入れたい」と感想を語った。付添いで参加した保護者は「自衛隊について理解が深まった。子どもの夢が自衛官なのでこれからもサポートしていきたい」と話していた。

74式戦車に試乗する参加者たち（6月12日、日本原駐屯地で）

女性自衛官とのトークイベント　帯広

【帯広】釧路出張所は6月11日、釧路合同庁舎で女性を対象にしたトークイベント「女性自衛官とenjoyトークしませんか?in釧路」を開催した。同出張所では初の試みで、釧路・根室管内の高校生6人と保護者2人が参加した。

「女性が自衛隊で活躍できる職場」を理解してもらうため、27普連（釧路）から藤本安里陸士長と松濤凛陸士長を招き、同出張所広報官の井桁紀子1曹の司会進行役で、体力的な面や、仕事の内容について質問形式で進行した。

参加者からは「自衛隊以外の公務員に就職を考えていたが、話を聞いて進路の選択肢にいいかなと思った」「仕事内容はなかなか聞けないので、とても貴重な時間だった」「女性自衛官は大変、つらい、真面目という印象だったが、フレンドリー、しっかり者といったイメージに変わった」との感想があった。

また、イベントが終了しても参加者から質問が上がるなど、相互に親近感を深めていた。

沖縄　北谷ニライハーリーで広報

【沖縄】地本は6月19日、北谷町浜川漁港で行われた「第14回北谷ニライハーリー」に募集広報ブースを設けた。

ハーリーは沖縄の伝統行事で、航海の安全や豊漁を祈願し、サバニと呼ばれる伝統漁船で競漕する行事。沖縄各地で開催され、漁民だけではなく子供から大人まで幅広く参加して楽しめる。3年ぶりの開催に約6000人が足を運んだ。ハーリーには、陸・海自衛隊のチームが参加し、海の上で接戦を展開、会場を盛り上げた。

イベントステージでは、空自南西航空音楽隊（那覇）が昭和歌謡曲やジャズを披露し、イベントに花を添えた。イベントスペースに設けられた募集広報ブースでは、広報室と沖縄募集案内所8人が積極的に来場者に声をかけ、パンフレットやチラシなどを配布し、自衛隊をアピールした。

パンフレットを受け取った来場者は「自衛隊には、いろいろな業務があるのを知りました。ステージの音楽隊も自衛隊員だったとは」と驚きの声が上がっていた。

地本オリジナルうちわを配布する沖縄募集案内所の広報員の玉城昇一2海曹（右）

滋賀　予備自衛官補に辞令書

【滋賀】地本は7月3日、大津びわ湖合同庁舎で「令和4年度予備自衛官補辞令書交付式」を行った。7月1日付で採用された予備自補23人のうち13人（一般10人・技能3人）が参加した。

交付式では、地本長の浅田健1佐から1人1人に辞令書が交付された。浅田地本長は訓示で「予備自補への志願に感謝と敬意を表する。ここで得たものは日常生活で無駄にはならない。教育訓練では、人の失敗を笑わない、個人の失敗を組織の失敗にしないように」と志願に対する感謝と教育訓練に臨む際の心構えを伝えた。

交付式終了後、地本広報官が予備自補たちから「このままやっていけるか不安」「出頭など日程調整は大丈夫か」などの声を聞き、予備自衛官等制度や教育訓練に関して説明、不安の解消に努めた。

参加者は、浅田地本長から志願動機を聞かれると「常備自衛官を目指している」「自分も国のために何か役に立ちたい」など、それぞれ国防に対する意気込みを語った。

交付式に参加した予備自衛官補たちと記念撮影する浅田地本長（前列中央）＝7月3日、大津びわ湖合同庁舎で

就職補導教育に退職予定24人参加　香川

【香川】地本は6月27、28の両日、任期満了などの退職予定隊員を対象に善通寺駐屯地で、4年度就職補導教育を行った。

24人の任期満了等退職予定隊員が参加。再就職の心構えや自己分析要領、履歴書の書き方、面接の受け方、予備自衛官制度などを教育し、企業採用担当者の講話、OBの就職体験談を行い、職業選択に必要な知識を教育した。

参加した隊員からは「自己分析をする時間がとても役に立った」「自分の長所・短所が分かってきた」との声があり、企業採用担当者の講話では「多種多様な業種を知ることができた。知らなかった業種にも興味が湧いた」。OBの就職体験談では「民間企業での生の体験が聞けて、とても参考になった」などの感想があった。

平和・安全保障研究所が政策提言

～国家の危機に総合力を発揮できる安全保障戦略～

大国間競争最前線 日本の選択

政策提言の記者発表を行う政策提言委員会のメンバー。（左から）武田元1師団長、徳地理事長、西原副会長、青木慶大院教授（7月26日、東京都中央区の平和・安全保障研究所で）

平和・安全保障研究所（理事長・徳地秀士元防衛審議官）は7月26日、新たな戦略環境の中で日本が対応するべき課題に関する政策提言「危機に抗して国家の総合力を発揮できる安全保障戦略―大国間競争の最前線における日本の選択―」について東京都中央区の同研究所で記者発表した。全18項目からなる政策提言は政府が今年末に新たな国家安全保障戦略と防衛政策を策定することを受け、防衛省、外務省、国家安全保障局に提出された。

5氏が昨年末からまとめ

提言は提言委員長を務めた徳地理事長、西原正元防衛大学校校長（同研究所副会長）、河野克俊前統幕長（同研究所評議員）、青木節子慶應義塾大学大学院教授（同研究所研究委員）、武田正徳元1師団長（同研究所事務局長）の5氏が昨年末から6回の検討委員会を経てまとめられた。

以下は政策提言委員による記者会見における各委員の発表内容と提言の詳細。

自国で装備品製造を
徳地理事長

今回の提言は覇権主義的な中国を脅威として認識し、対抗すべきことを軸としている。さらに大半を経済安全保障の項目に割いていることも特色だろう。

また、今年2月以降のロシアによるウクライナ侵攻を見て反映した部分もある。日米同盟を含め、国際協力がなければ国を守れない。産業技術基盤の維持に関しても、自国で装備品を製造し、備蓄することが不可欠だ。以前から改善が叫ばれている自衛官の「人」の問題と産業技術基盤の問題を改めて強調した。

中国のあり方を注視
西原副会長

アジア太平洋地域全般の研究に関わってきた一人として、この委員会に参加した。これまでと変わらない点もあるが、日本が海洋国家である点を明確にし、太平洋における日本の活動がどうあるべきか議論した。

今回の提言の新しい点は、北朝鮮と中国の軍事力の増大、自然災害の問題だ。総じてアジア太平洋地域で考える場合、中国をどう見るかが問題だ。ロシアや北朝鮮との連携など、これまでに見られなかった中国の軍事力・経済力の増大があり、中国のあり方に対して関心を払う必要がある。

日本がアジア太平洋地域に位置していることから、バランスを取る必要性を強調しておきたい。日本が中国、ロシアに対抗する方法や、日米関係がより有効になるための施策、この地域が安定していくための方法を検討した。

報道陣に任務（模擬）の一端を公開する宇宙作戦隊の隊員。新領域である宇宙防衛の中核を担う

国家への貢献度の評価を
武田元1師団長

担当した提言17「自衛隊の人的基盤の維持・強化」について申し上げたい。防衛大綱にも記載されているが、急速な人口減少と少子高齢化で人的基盤の維持強化が喫緊の課題であり、危機感が広がっている。しかし自衛隊の現状として、女性自衛官の採用数の増加や定年延長という小手先の対応しかとられていない。

自衛隊法第52条「服務の本旨」で、「危険を顧みず身をもって責務の完遂につとめよ」とうたわれている。いわゆる「戦って死ぬリスク」がある自衛官に対する処遇が、一般職の国家公務員と同じであってはならないと考えている。

年間約82万人しか子供が生まれない現状で、毎年1万人近くを自衛官に採用することは簡単なことではない。そこで「人材確保には抜本的な改革が必要」という認識のもと、恩給制度を提言した。

現在、自衛官は自分たちの収入から社会保障制度として年金などを支払っているが、国家に対する貢献度を厳密に評価するべきだ。

任期制隊員が除隊後に再就職した際、処遇が不利益にならないよう、恩給制度と予備自衛官制度をリンクさせることが重要だと思う。

予備自は現在4万7千人ほど採用されているが、現職の25パーセント程度では有事の際、戦力としては足りない。少なくとも現職の数と同等でなければならない。

このほか、私を含め定年退職した幹部は有事に際し、さまざまな分野で対応できるため、イギリスなどで行われている「後備役」（退職後一定期間現職のまま活動する制度）として採用することも検討課題だろう。

強い宇宙産業の育成を
青木教授

安全保障上の新領域である宇宙防衛について申し上げたい。

現時点でも宇宙からの情報を使わずに他国と戦うことはありえない。宇宙空間で戦闘が始まる可能性もある。それを防ぐためには、自国の衛星を狙っている外国のミサイルや衛星に対し、対応措置を取ることだ。即座に報復措置を取り、武力を行使する国もあるだろうが、日本は他の手段を取るだろう。

まず宇宙空間の実態を見る必要があり、監視能力を高めなければならない。宇宙から宇宙空間を監視し、潜在的な敵を監視する軍事衛星も必要だ。

しかしこれを全て純粋な防衛費でまかなうことは厳しい。アメリカでも通信は7割以上民間に頼っている。地上で武力攻撃が始まった時、宇宙空間から送られてくる地上の画像や衛星画像も民間から大量に購入している。まずは民間の宇宙産業を育てていくことが重要だ。

強い宇宙産業があってこそ、宇宙の安全を守ることができる。宇宙の安全を守ることが日本の安全保障に資すると考える。

全18項目の政策提言

18項目の提言は個々の政策のあるべき方向性をわかりやすく示すため、①総論的論点（提言1～4）②基本的論点（同5～12）③個別的論点（同13～18）の3つのグループからなっている。以下は提言の詳細（一部、編集部が要約）

総論的論点

提言1：脅威や課題の多様化への対応

現在進行中の技術革新や国際政治の動向を「国家安全保障戦略」における国家安全保障の目標に反映し、グレーゾーンの脅威や非軍事的脅威に対しても的確に対応できる形で補強すべきだ。

提言2：「国家安全保障戦略」の各省庁におけるフォローアップと計画方式の見直し

「国家安全保障戦略」を受け、防衛省・自衛隊だけでなく他の関係省庁も、「国家安全保障戦略」に基づいて行うべき施策について、実施のための指針と計画を策定すべきだ。併せて、「防衛計画の大綱」で定めるべき事項も再検討が必要。

提言3：危機のシナリオ毎の備え

国家安全保障に関わるさまざまな危機のシナリオを検討し、それぞれに即した法制度の実効性を再検討し、具体的な行動計画を策定すべきだ。武力攻撃、武力攻撃予測、存立危機、重要影響、緊急対処、グレーゾーンの各事態、大規模感染症、大規模災害について、具体的なシナリオを策定し、地方自治体、民間企業や市民団　体との協力を実効あるものとすべく必要な法整備を行い、事前の訓練を実施すべきだ。

提言4：安全保障関連法制の在り方の見直し

安全保障環境の変化に適切に対応できるよう、安全保障関連法制の在り方として次の3点を追求すべきだ。

（1）関連法令の解釈にあたっては硬直的な解釈を改め、国際常識や国民の常識に合わせた柔軟な解釈を行う。
（2）自衛隊の行動に関する立法に当たっては、いわゆるポジティブ・リスト方式を改め、可能な限りネガティブ・リスト方式を追求する。
（3）憲法改正に当たっては、現行の憲法解釈を確定するのではなく、国際法上主権国家に許容される行動は、憲法上も制約なく許容されるようにする。

2019年の台風19号による災害で東方総監部情報部長の「補佐」として着任し、情報部の幹部3人に指示を出す河本俊哉予備1陸佐（中央、当時）。予備自衛官の拡充も提言された

基本的論点

提言5：インド太平洋地域の安全保障環境の改善

日本は、中・露・北朝鮮との間で勢力均衡を有利に維持するとともに、中国との安定した関係を構築することができるようにするため、米国、西欧やアジアの自由・民主主義勢力との連携を緊密にし、覇権主義的な中国を脅威と認識して、対抗していくべきだ。

提言6：日本の対中戦略の眼目

（1）中国にとって、台湾の統一は統治の正統性に関わる問題。中国自身、武力による併合の可能性も決して否定しない。また、中台間の力のバランスの変化に伴い、近い将来における武力併合の可能性も取り沙汰されている。台湾海峡を巡る問題の平和的解決は、日米の安全保障上の共通戦略目標の一つで、日本は台湾の武力統一に反対すべく中国を牽制するため、米国と協力して中国に対して圧力を加えるべきだ。
（2）日本は中国による尖閣諸島の占拠を阻止し、気象観測施設や海難救助施設を設けて実効支配を自他ともに認める状況を作るべきだ。
（3）日本は常設仲裁裁判所が南シナ海問題に関して中国の九段線などの主張を根拠なしとした2016年の裁定を引き続き強く支持し、中国に対して裁定を受け入れ、確立した国際法を誠実に遵守するように国際社会とともに強く働きかけていくべきだ。
（4）日本は、経済や技術面での対中依存度を下げて、対中外交が制約を受けることのないようにすべきだ。日本は、先端技術の流出防止、サイバー攻撃への備えなどにより機密情報を保護し、これに関する中国側の情報を積極的に収集し、中国との技術競争で優位に立つ努力をすべきだ。

提言7：防衛力の強化と防衛費の増額

日本を取り巻く安全保障環境が一層厳しくなっている今日、防衛力の強化は必須だ。このため、防衛費を大幅に増額すべきである。「ルールに基づく国際秩序」を維持するためには、西側諸国との強い連帯と協力が必要不可欠で、そのためには少なくともNATO諸国並みに負担を分担していくことも必要だ。その観点からも大幅な防衛費増額が必要だ。

提言8：日米同盟の強化

日本を取り巻く厳しい安全保障環境に照らし、日米同盟の意義を国民に対して改めて明確に示し、日米同盟の抜本的な強化を図るべきだ。特に、次のような事項について積極的な検討が必要だ。

（1）自衛隊と米軍は各々の指揮系統に従って行動していたが、これを改め、指揮権を一本化し、日米統合司令部を設立し、作戦上の連携を強化する。その前提として、自衛隊の常設統合司令部の創設も必要。
（2）有事の際の日本国内の空港・港湾の自衛隊と米軍による使用について平時から検討を進め、必要な訓練も行う。
（3）米軍の地上発射型中距離ミサイルを日本に配備する。

提言9：域内外のパートナーとの安全保障協力

インド太平洋地域の平和と安定に資するよう、日本は、域内の諸外国との安全保障協力を強化することが必要で、特に次のような措置を早急に講ずべきだ。

（1）安全保障分野におけるインド太平洋戦略を明確にする。
（2）NATOやEUとの安全保障関係を強化する。
（3）諸外国との間で、相互のアクセスと円滑化に関する協定を締結する。
（4）装備品の移転と能力構築支援の連携を図る。
（5）台湾との安全保障関係の強化を図る。
（6）中国との間で危機管理体制を強化する。

提言10：重要物資等の安定供給

有事に、国家の存立と国民の生存の基盤を揺るがす可能性が高い物資やそれを生産する原材料、機器、設備など（以下「重要物資等」）の安定供給を図るため、平時から供給網の脆弱性を減じる措置を取るべきだ。この目的のため、政府は、関連の物資や技術について、官民協力により実効性ある研究開発枠組を構築すべきだ。

提言11：サイバーセキュリティ

（1）同盟国である米国及びインド・太平洋地域諸国との安全保障協力を進めるためにも、技術、法制度双方において米国並みのサイバーセキュリティ水準を確保すべきだ。その際、施設・設備・機器などの「物」に近づき操作をする人員に対する身元管理・適格性診断が必要で、そのための立法措置を講ずべきだ。
（2）現代の防衛システムはネットワークで接続している。平時から兵器システムを狙ったサイバー攻撃に対する脆弱性を低下させる努力を行うだけでなく、防衛装備システムの利用を支える民生の重要インフラの施設・設備、装置の導入や維持管理の委託にあたり、平時からの密かな侵略を招かないよう、厳密なリスク管理を行うべきだ。

提言12：政府全体としての情報機能の強化

情報の優越を確保するため、次の3点について思い切った措置を講ずべきだ。

（1）国家安全保障上必要な情報の収集・処理・分析に必要な物的手段の強化、先端技術の活用や幅広い関連分野の専門家の養成を加速し、防衛、治安、経済、技術等、安全保障関連の情報の融合を実現する。
（2）情報の受け手や国民の情報リテラシーの向上を図るよう積極的な施策を講ずる。
（3）政府としての対外的な情報発信の戦略性を高める。

個別的論点

提言13：宇宙利用の優位を確保する能力の強化

（1）軍事専用衛星の拡充と防衛
　軍事専用衛星を質量ともに拡充し、軍事的に重要な衛星を破壊攻撃から防衛する機能を高めるべきだ。
（2）民生衛星の利用と日本の宇宙ビジネスの涵養
　宇宙技術は、他の先端技術と比較し最も汎用性（軍民両用性）の高い分野であり、　軍事・民生を分類する意義は乏しい。政府の民生衛星や民間の商業衛星の徹底した汎用利用を通じて、防衛力を強化すべきだ。
（3）高度なSSA能力が国防に貢献
　同盟国や友好国と緊密に連携し、宇宙状況監視（SSA）能力を一層高めるべきだ。

提言14：攻撃力の保有

抑止力としての攻撃力（打撃力）は保有すべきだ。

提言15：切れ目のない防衛態勢

グレーゾーン事態から有事への切れ目のない防衛態勢を構築すべきだ。

提言16：国民保護のための施策の充実

有事における国民の保護のための施策を充実すべきだ。特に、訓練の実施やシェルターの設置など国民保護のための各種措置を充実することと、生物・化学兵器対策は急務だ。

提言17：自衛隊の人的基盤の維持・強化

（1）戦闘員としての評価に基づく給与改善を図るとともに、恩給制度を創設すべきだ。
（2）学費援助予備自衛官制度を創設すべきだ。
（3）予備自衛官制度の拡大充実

提言18：防衛産業・技術基盤の維持・強化

防衛産業・技術基盤は、防衛力発揮に不可欠な要素であるにもかかわらず危機に瀕しており、早急な改善を図るため、次の措置を講ずべきだ。

（1）防衛装備品の国産化方針への回帰
（2）防衛産業の再編と政府による再編支援
（3）調達制度の改善と官民協力関係の強化
（4）防衛研究開発予算の拡大と研究開発体制の改善
（5）防衛装備品の輸出拡大に向けた政府全体としての支援

◇存立危機事態
我が国と密接な関係にある他国に対する武力攻撃が発生し、これにより我が国の存立が脅かされ、国民の生命、自由及び幸福追求の権利が根底から覆される明白な危険がある事態。行動として「集団的自衛権の限定行使」が可能になる。

◇重要影響事態
そのまま放置した場合、我が国に対する直接の武力攻撃に至る恐れのある事態などを指し、我が国の平和及び安全に重要な影響を与える事態。自衛隊は後方支援活動、戦闘参加者の捜索・救助活動などを行う。

◇グレーゾーン事態
武力攻撃には至らないが、海保や警察では対処できない事態。自衛隊は「治安出動」「海上警備行動」として対処する。

◇ポジティブ・リスト（根拠規定）
原則として規制・禁止する状態で、例外的に許されるものだけを列挙した規定。記載されていること以外は行動できず、自衛隊の対処規定として課題となっている。

◇ネガティブ・リスト（禁止規定）
原則として規制がない中で、例外として禁止するものを列挙した規定。記載以外の事柄であれば実行可能。

UNTPP要員

陸幕長に出国報告

インドネシアで重機操作訓練

インドネシアへの国連三角パートナーシッププログラム（UNTPP）で、吉田陸幕長（右）に出国報告を行う豊田2佐（右から2人目）以下4人の派遣要員（7月27日、陸幕長応接室で）＝陸幕提供

国連の「三角パートナーシップ・プログラム」（UNTPP）の一環として、インドネシアで初めて行う工兵要員を対象とした教育訓練支援で、教官団長の豊田剛至2佐（9施設群副群長）、髙田彩1尉、佐藤真1尉、外村光師郎1曹の4人が7月27日に防衛省を訪れ、吉田陸幕長に出国報告を行った。

UNTPPは国連、支援提供国、要員派遣国の3者が連携し、国連PKO（平和維持活動）に派遣される要員の訓練や必要な装備品の提供を行う枠組み。

豊田2佐以下26人は8月8日から約2カ月間、インドネシアのジャワ島西部の都市ボゴールにある「インドネシア平和安全保障センター」に派遣され、国連PKOに参加する同国の工兵要員約20人に対し、施設機械の基本操作訓練や整備の教育などを実施する。

出国報告後の懇談で、吉田陸幕長は「これまでカンボジアPKO以来、施設部隊が培ってきた高い能力を発揮するいい機会になり、大変意義が大きい。使命感と誇りを持ってやってきてもらいたい」と話し、「日本人らしく、自衛隊らしく決して上から目線でなく、彼らと同じ目線で、彼らのニーズや気持ちに沿ってやってきてほしい。そうすれば自ずと信頼関係が生まれ、それが最大の財産になる」と激励した。

自衛隊は、PKO要員の能力向上を支援し、質の高い活動を実現するため、平成27年以降からは試行訓練を含めた計13回の重機操作教育訓練に延べ250人の陸自隊員を派遣。これまでアフリカ、アジア、オセアニア地域の工兵要員368人に対し、訓練を行ってきた。

日米最先任が硫黄島訪問

双方の慰霊碑で黙とう

日米友好の碑の前で握手を交わす関統幕最先任下士官（左）とスナイダー在日米軍最先任上級曹長（6月28日、硫黄島で）

【統幕最先任室】統幕最先任下士官の関秀之准海尉と在日米軍最先任のウェンデル・スナイダー上級曹長は6月28日から30日まで、太平洋戦争の激戦地・硫黄島を訪問した。

硫黄島は日米が死力を尽くして戦った戦場ということもあり、スナイダー最先任の強い希望で訪問が実現。自衛隊からは関最先任のほか、陸自最先任上級曹長の村脇正伸准尉、空自准曹士先任甲斐修准尉、海自潜水艦隊先任伍長松井克之曹長も同行した。

一行は日米双方の慰霊碑を訪問して黙とう。その後、実際に使用された地下壕などを訪れ、戦闘の傷跡を研修した。最先任らは先の戦争時の先人たちの苦労を肌で感じとっていた。

訪問を終え、関最先任は「かつて戦った日米の隊員が、今はインド太平洋地域で最も強固な同盟国であることに感慨を覚える。さらなる下士官レベルでの関係強化を図っていきたい」と語った。

古河駐屯地創立68周年

第1施設団創隊61周年記念行事

観閲行進で、半トントラックの後に81式自走架柱橋が続き威容を示す受閲部隊（6月5日、古河駐屯地で）

【古河】古河駐屯地（駐屯地司令・仲西勝典陸将補）は6月5日、駐屯地創立68周年・1施設団創隊61周年記念行事を行った。

同行事は新型コロナウイルスの影響で、令和2年は中止、昨年は部内のみでの実施で、今年は3年ぶりに協力団体や隊員家族など約300人が参加。

当日は天候に恵まれ、駐屯地のOB会、隊友会、後援会などの関係者へ仲西司令から感謝状が贈呈され、記念式典、観閲行進、訓練展示などが行われた。

1施設団や隷下部隊、337高射中隊や301ダンプ車両中隊などによる一糸乱れぬ観閲行進や、03式中距離地対空誘導弾、中型ドーザや油圧ショベルなどによる訓練展示には来場した参加者からも大きな拍手が湧きおこった。

執行者である仲西駐屯地司令は式辞で「我々隊員一同は、諸先輩方が築き上げて来られた良き伝統と地域の皆さまとの強い絆を礎として『地域とともに光り輝く未来』に進んでいけるよう、地域と国民の負託に応えることのできる強靭な部隊の創造を目指し、さらなる精進を積み重ねていく所存であります」と述べた。

小休止

▽…新田原基地は7月23日、宮崎県西都市で開かれた「西都夏まつり」に参加、募集広報用ブースと5基地防空隊のブースを出展し、装備品を出展した。

▽…当日は5基防を中心とする隊員11人と宮崎地本の3人が参加し、来場者と交流。ブースに設置した戦闘機パイロットの顔出しパネルが子供たちに好評で、多くの家族連れが記念写真を撮っていた＝写真。

▽…また、装備品展示として出展した基地防空用地対空誘導弾の射撃統制装置と発射装置は会場内でさすがの存在感を発揮。集まった市民の1人は「新田原基地が地域を守ってくれていると思うと頼もしい」と話した。（新田原）

【8空団＝築城】「子どもを預かって共に過ごすノウハウを保育士さんから学ぼう」――。空自築城基地（司令・大嶋善勝将補）は7月22日、福岡県築上町の山びこ保育園と第二青蓮保育園に隊員計4人を派遣し、緊急登庁支援要員の技能向上を目的とした訓練を行った。「日々子どもと向き合うプロ」から子どもを預かって保育する方法を実地で学んだ。

保育士の教育方法を実地に学ぶ8空団監理部の田尻英俊1曹（左手前）＝写真はいずれも7月22日、福岡県築上町の山びこ保育園で

築城基地　保育園で子供対応学ぶ

緊急登庁支援に備え 4隊員が技能向上

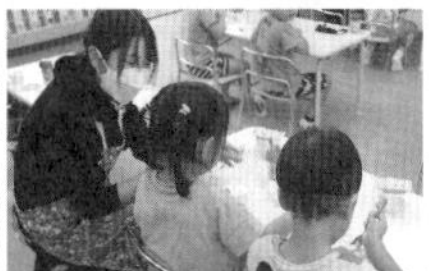

子どもにスプーンの使い方を教える田中絵梨子事務官（左）

訓練には8空団業務隊厚生班長の井浦大事務官以下計4隊員が参加。基地がある福岡県築上町役場の子育て・健康支援課から紹介を受け、近隣の両保育園の協力で実現した。

当日、隊員たちは子どもに関する安全監視や遊戯・トイレ・食事などの補助、発熱・負傷などの不測事態対処の知識やノウハウを保育のプロである保育士から学んだ。

「緊急登庁支援」は災害派遣などで緊急に登庁する際、子どもを連れて来ざるを得ない隊員を支援するため、基地内に一時的に子どもを預かる施設を開設する制度。隊員が安心して任務にまい進できるよう、環境を整えることを目的としている。

この際、子どもを預かる「面倒見要員」の多くは現役の子育て経験者だが、人の子どもを預かることには不安や戸惑いを抱える人が多いことが判明。そこで基地では民間保育園での訓練を通じて保育の練度を向上させるだけでなく、プロにその心構えを教わって実践することで、不安の解消を試みた。

訓練に参加した隊員は、「保育士さんのアドバイスはとても具体的で、急な発熱などの不測事態に対する不安がなくなった。この経験を基地で行う『支援所運営訓練』に生かしたい」と語った。

企画を担当した井浦厚生班長は、「緊急登庁支援は部隊の即応体制の維持や突発的な事態対処能力の向上のために必要だ。新型コロナ対策に細心の注意を払いつつ、今後も地域と連携した訓練を行い、施策の充実と要員の練度向上ができるよう、積極的に企画していきたい」と抱負を述べた。

空自

令和4年度持続走大会を開催

今大会から導入された「記録評価方式」で3キロ走を行う2輸空の隊員（5月25日、入間基地で）

【空幕＝教育室】空自は4月1日から12月31日まで、今年度の練成訓練として持続走大会を行っている。

空幕教育室では大会を盛り上げるため、ロゴマークやポスターの作成、ホームページの充実といった各種取り組みを企画・実施。

競技は各基地などで計測された3キロ走のベストタイムを集計し、部隊や個人を表彰する記録評価方式で行う。従来の集合形式による駅伝競技ではなく、感染拡大を防止しつつ全隊員が参加できる新たな方式を導入している。

部隊対抗では、平均点を競う部門と昨年度からの得点の伸びを競う2部門を設け、計測タイムを体力測定得点表で換算し、チームの平均点を算出。約7秒の短縮につき1点を獲得できることから、個人の努力がチームへの貢献につながるため、部隊団結や帰属意識の高揚を図れる。

個人対抗では高練度者の練成を促進するため、年齢区分ごとのタイムを競い、空自ナンバーワンを決定する部門を創設。部内向けホームページに成績上位者を掲示し、逐次情報を更新することで、大会の盛り上がりにつなげている。

こちら警務隊

性犯罪（児童買春・児童ポルノ処罰法違反）

児童に金を払って性行為をすると 5年以下の懲役か、300万円以下の罰金

女子児童に、お金を払って性行為をすると、どんな罪になりますか？

児童（18歳未満の者）に対して金銭などを渡し、または渡す約束をして性交等を行うと「児童買春、児童ポルノに係る行為等の規制及び処罰並びに児童の保護等に関する法律」の児童買春として、5年以下の懲役または300万円以下の罰金に処される可能性があります。

また、金銭等を渡さなくても、各都道府県の青少年保護育成条例等により、処罰の対象となり得ます。

「相手が18歳未満とは知らなかった」「真剣な交際だった」などという言い訳は、許されるものではありません。

（中央警務隊）

（世界の切手・カナダ）

日常生活でいい判断ができない奴にグラウンドでいい判断ができるわけがない。
平尾 誠二
（ラグビー日本代表監督）

「日米親善コンサートJAZZの夕べ」
国民と自衛隊の懸け橋目指す

碓井 啓介（和歌山県隊友会事務局長）

集まった聴衆を前に本場のジャズを奏でる米空軍太平洋音楽隊（6月21日、和歌山城ホールで）

和歌山県隊友会（会長・木下晴夫）は、6月21日、和歌山市和歌山城ホールで米国空軍太平洋音楽隊による「日米親善コンサートJAZZの夕べ」パシフィック・ショーケースインジャパンを開催しました。

本コンサートの開催の経緯は、77年前の出来事に端を発します。1945年5月5日、B29が龍神村上空で撃墜され、和歌山県龍神村殿原の山中に墜落しました。龍神村の人々は生き残った搭乗兵の手当及び亡き搭乗兵の埋葬を行い、現在も毎年、慰霊祭を行っています。

2014年、隊友会の紹介でこのことを米空軍が知り、米国空軍太平洋音楽隊が龍神村を訪れ、龍神村の方々に感謝の意を伝えるとともに亡き搭乗兵の慰霊演奏を行いました。

2020年には和歌山県隊友会が、米国空軍太平洋音楽隊を招いて慰霊行事を行い、昨年の5月5日にも、地元からの強い要望を受けて米空軍を再び招き、慰霊の演奏を実施してもらいました。その翌月には、駐日米国大使夫妻が二階俊博自民党幹事長の案内で慰霊に訪れ、献花されました。

この経緯もあり今回、本コンサートの開催の運びとなり、和歌山県隊友会と和歌山地本とで連携を密に企画から実行まで協力し、和歌山市長、岸本周平衆議院議員、37普連長の東直史1佐、和歌山駐屯地司令、県会議員、市会議員、各協力団体会長等の来賓を迎えるとともに、約1000名の来場者が、迫力ある本場のジャズ演奏を満喫し、大盛況で終演しました。

開演に先立ち、隊友会長のあいさつの締めくくりに、自衛官と隊友会員は共に同じ宣誓をした者であることを紹介し、「私は、我が国の平和と独立を守る自衛隊の使命を自覚し、…(中略)…危険をかえりみず身をもって責務の完遂に務め、もって国民の負託に応えることを誓います」と宣誓全文を述べたのち、県民市民の方々が、自衛官を理解してくださることにより、隊員はさらに力を発揮し、国を守る力に大きく繋がると伝えました。

コンサートを無事終了することができたのは、ご来場いただきましたお客様をはじめ、ご支援・ご協力をいただいた関係者の皆様のお力添えの賜物です。特に、和歌山地本の協力は大きく、27人もの人員を派遣してイベントを支援し、コンサートの成功に大きく貢献してくださいました。地本の協力なくしてなし得なかったことであり、隊友会長をはじめ、隊友会員一同、感謝しています。

隊友会は今後も引き続き、和歌山地本と連携を密にするとともに、さらなる「国民と自衛隊の懸け橋」を目指します。

成長できる良い機会に

陸士長 徳永 康紀（12普連2中）

私は、6月1日から30日までの間、自衛隊熊本地方協力本部熊本分駐所でリクルータとして勤務しました。このような貴重な機会を下さった本部長をはじめとする熊本地本の皆さま、そして快く送り出してくれた所属部隊の皆さまには大変感謝しています。

リクルータ勤務では、自衛隊のことを一般の方に説明することはもちろん、そのための準備作業などが多くあり、元々、口下手で細かい作業が苦手な私にとっては成長できる良い機会となりました。

下通り臨時説明会場では多くの方と話す機会がありました。私はまだ災害派遣に従事したことはありませんが、「災害時に食事やお風呂を準備してくれてありがとう」と言葉をいただいた時には、自衛官は個人ではなく1つの組織として見られ感謝されていると感じ、その組織の一員として認められていると思うと、うれしさと同時に改めて自衛官として誇りを持ち、日々の訓練を頑張っていこうと思いました。

また、入隊以来、新型コロナウイルス感染拡大防止のため、一個人として母校の文徳高校を訪問することはできませんでしたが、今回のリクルータ勤務を通じて文徳高校の学校説明会に参加することができ、先生方に制服姿であいさつすることができました。先生方からは「顔つきが変わったね」「雰囲気が落ち着いたね」と言っていただき、成長した姿を見せることができました。

部活の後輩に会った時は、仕事内容や仕事が終わったら自由に生活ができたり、週末は外出できるなど、自衛隊の良い所を伝えることができ、後輩の自衛隊に対するマイナスイメージを変えることができました。私の話を聞いて後輩の中から1人でも多く自衛隊に入隊を希望してくれたらいいなと思います。

1カ月間のリクルータ勤務を通して、募集広報の楽しさや大切さを肌で感じ、また、広報官という仕事の魅力を感じることができました。これから先の自衛隊人生の中で、広報官という選択肢も視野に入れてみようと思います。1カ月という短い期間でしたが、ありがとうございました。

母校の文徳高校の学校説明会で自衛隊の説明に当たる徳永士長

退官する父へ

3陸曹 鹿糠（かぬか） 礼（富士教育直接支援大隊・富士）

富士学校管理部を最後に退官する父・孝徳曹長（中央）と記念写真に納まる鹿糠3曹（左）。右は弟で一般曹候補生教育中の悌（だい）2士

長い間の自衛隊勤務お疲れさまでした。

振り返れば、父は仕事ばかりしていたような印象ですが、私が高校生までは、自衛隊での勤務というものがどれくらい大変なのか、想像してもわかりませんでした。

入隊後に国防という任務の重要さを身をもって知ることができました。また、自衛官として、父親としていろいろな苦労があったのだろう、つらい局面もあったのだろうと、何となくですが想像できるようになりました。

自衛官である限り、平時の業務をこなしつつ有事のための物心両面の準備を整えなければなりませんが、これらを続けていた父の姿を見て尊敬と憧れを抱きました。現在は、父と母への感謝の念が堪えない日々を過ごしています。

今は、晴れて定年退官して自由の身です。職場も新しくなり、いろいろ大変かと思いますが、ひとまずゆっくりしてくれればと思います。まずは母と仲良く過ごしてください。

長い間、本当にありがとうございました。

みんなのページ

朝雲・栃の芽俳壇

畠中草史 選

馬鈴薯の花雨を呼ぶ風を呼ぶ　あきる野・一般　小和田一男
見渡す限り起伏の緩やかな馬鈴薯畑。広大さ故、雨を呼ぶ風を呼ぶ。昨今の急変の天気。

紫陽花の垣をはみ出す通学路　熊谷・空OG　関谷 桂子
背の低い垣である。あるがままに叙されて句となった。時間帯により通学路となる路地。

棒倒し鬨あはせ合ふ雲の峰　館山・海OB　斎藤 一向
抜き足に歩める鷺の植田かな　浜松・空OG　木通 佳子
古道守る馬頭観音合歓の花　相模原・海OG　折口 桂子
麦秋やおほどかなりし四囲の山　船橋・陸OG　佐賀あかり
花は葉に疎水を抜ける遊覧船　大津・陸OB　丸岡 正男
抜け道の木漏れ日の中薯蕷咲けり　浜松・空OB　宮本 立勇

空眺め何するとなく梅雨籠り　恵庭・陸OB　足立 徹
蛍籠吊るし何度となく目覚む　熊谷・空OB　工藤 敏雄
晃の限り古戦場跡てふ夏野　町田・陸OB　岩原 滋利
母の育てし紫陽花を供へたる　熊谷・空OB　蓮佛志向子
数条の煙立つ畑麦の秋　鹿島・陸OB　一ノ瀬恵昭
反抗期胡瓜曲がりつ育ちをり　熊谷・空OG　佐藤 玲美
辻先ののうぜんかづら手招きす　福生・空事務官　村松加珠彦
老鶯や道の険しき奥の院　浜松・空OG　岩城 節子
微動だにせず花は実に栃大樹　小牧・陸OB　松岡 魚青
青信号待つ間見る見る雲の峰　相模原・一般　森 謙二

降り止まずアカシアの花匂わせて　札幌・陸OB　坂元 順一
父の日の遠方よりの地酒かな　富谷・陸OB　加川 師亨
瞬きをすれば消えそな薄き虹　熊谷・空OG　福元万里子
紫陽花の色深まりし今朝の雨　浜松・空OG　鈴木和歌恵
四阿の雨垂れやみて梅雨晴間　香川・陸OB　渡辺 成典
今日の雨仄かに夏の匂ひする　熊谷・空OB　明田 眞雅

選者作品
夜店より戻るウルトラマンとなり

投句歓迎！
▽郵便はがきの裏面に未発表の自作3句以内と氏名、年齢、職業（自衛官・事務官＝所属部隊＝、OB、家族、一般など）、住所、電話番号を記入▽締め切り毎月15日▽宛先＝〒162―8801東京都新宿区市谷本村町5の1 防衛省D棟市ヶ谷記者クラブ朝雲俳句係☎03（5225）1750、専用線8・6・25515

OBがんばる

横山　力さん　55
令和4年2月、大湊地方総監部援護業務課を最後に3海尉で定年退官。青森銀行に翌月再就職し、現在、大湊支店で渉外業務を行っている。

援業課隊員と連携して

私は令和4年2月に海自を定年退職し、翌月から株式会社青森銀行大湊支店で渉外業務を行っております。海自最後の配置が援護業務課ということで民間の方々と接する機会も多く、定年退職後も人と接する仕事に就きたいと思っていたところ、当行のお話を伺い入行させていただきました。

大湊支店では海自OB2人の方々（大先輩）とともに大湊基地内の共済組合での金銭の取り次ぎのほか、担当させていただいている方々に対し渉外業務を行っています。お客さまからお預かりした大切なお金を扱うことは、自衛官時代とは違った緊張感があり、日々奮闘しています。

忍耐力には自信がありましたが、現役時代とはまったく異なる業務で戸惑うことも多々あります。しかし、行員の皆さまの助けをいただきつつ、37年前、海自に入隊したばかりの初任海士時の初心を思い出し、謙虚な気持ちと責任感、チャレンジ精神で日々の業務にまい進しています。

これから定年を迎える隊員の皆さまは不安でいっぱいだと思いますが、誰しも必ず退職の日は訪れます。自分がどのような仕事に就きたいのか、そのために必要な資格は何か、どのような準備が必要か、ということを早い段階で決定し、援護業務課隊員と連携して就職活動を進めていくことが再就職成功の秘訣だと思います。皆さまの再就職の参考になれば幸甚です。

第1288回出題

詰碁

出題 日本棋院 九段 曲 励起

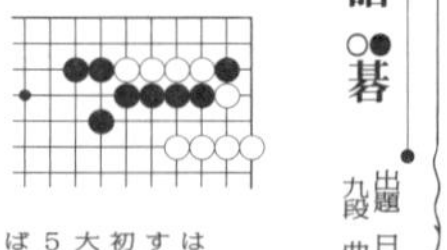

黒先

『隅の争いはどうなりますか。黒は最初と二手目が大切です』。5分でできれば中級以上です。

▶詰碁、詰将棋の出題は隔週です◀

詰将棋

出題 日本将棋連盟 九段 石田 和雄

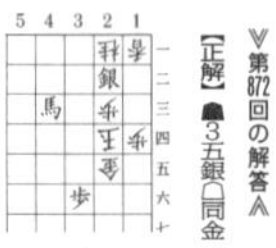
▲先手 持駒 飛銀銀

≫第872回の解答≪

【正解】▲3五銀△同金▲3三銀打△同桂▲2五飛△同桂▲3三馬までの七手詰め。

【解説】▲3五銀捨てから▲3三銀打は気付きにくい順。対し△1五玉なら▲1六飛まで。△同桂に▲2五飛が本題の主眼ともいうべき絶妙の捨て駒。これで次に▲3三馬と寄ればピッタリ。

新刊紹介

「やさしさのスイッチ　新時代のリーダー論」

鈴木 玲 著

「人にやさしくある」ためにはどうすればいいのか。そして「皆が幸せである」ためには何が必要か――。

本書は「本当のやさしさとは何か」について、著者の体験やさまざまなエピソードから紐解き、新しいリーダー像を提示する。著者はこれまでいくつものプロジェクトを手がけてきたシステム開発のプロジェクト・マネージャーだ。

手がけた案件の中には、「クライシス・プロジェクト」と呼ばれる、「火中の栗を拾う」ような誰もやりたがらないものもあった。それらを成功に導く秘訣として、著者は「人がやさしくあれる空気づくり」を重視する。

具体的には、皆のデスクに散乱している空のペットボトルを片付ける、あいさつをする、声をかける、そして一人ひとりに寄り添い言葉に耳を傾ける、といったことだ。リーダーとして上から目線になることなく、あくまで相手と同じ目線で共に問題解決にあたる姿勢を貫く。

著者は、「誰もが心の奥底に持っている『やさしさのスイッチ』を押すことができれば、人は今よりも幸せになれる」「そのカギはわかり合うことだ」と説く。仲間と働くことの意味を通して、人生で本当に大切なものに気づかせてくれる一冊だ。

（コスミック出版刊、1430円）

「陸・海・空――軍人によるウクライナ侵攻分析」

チャンネルくらら＋小川清史、伊藤俊幸、小野田治、桜林美佐著

3月17日、憲政史家の倉山満氏が主宰するインターネット番組「チャンネルくらら」で、本書のタイトルをテーマにした座談会の映像がアップされた。防衛問題研究家の桜林美佐氏の司会進行で、小川清史元西方総監、伊藤俊幸元呉地方総監、小野田治元教育集団司令官がロシアのウクライナ侵攻を分析・考察したこの番組の内容を書籍化したのが本書だ。

ロシアのウクライナ侵攻には不可解な点も多い。「なぜロシア軍はウクライナの制空権を奪えなかったのか」「ウクライナ軍はなぜ善戦できたのか」「プーチンは核を使うのか」――。

こうした疑問点に対し、3氏が陸海空の軍事専門家の立場からそれぞれ詳細に分析、理論的に解説する。その明快さは番組でも好評を博し、この手の専門的な動画としては異例の再生数を記録している。

本書では番組収録時よりも詳細な解説が追加されている。ウクライナ侵攻という非常事態に対する偏りのない知見が得られるとともに、日本人としてこの事態にどう向き合うかについても考えさせられる。

（ワニブックス刊、1650円）

朝雲

発行所 朝雲新聞社
〒160-0002 東京都新宿区四谷坂町12-20 KKビル
電話 03(3225)3841
FAX 03(3225)3831
振替00190-4-17600番
定価一部170円、年間購読料9170円（税・送料込み）

本号は10ページ

中国が台湾周辺で軍事演習

日本のEEZ ミサイル5発落下

防衛省は8月4日、中国が同日午後3時頃から4時過ぎにかけて9発の弾道ミサイルを発射し、このうち5発が日本の排他的経済水域（EEZ）内に落下したと推定されると発表した。中国の弾道ミサイルが我が国のEEZ内に落下したのは初めて。日本の航空機や船舶などへの被害は確認されていない。中国軍は同日から7日までの予定で、台湾を取り囲む形で設定した6カ所の海空域で、弾道ミサイルなどの発射を含む「重要軍事演習」を行っていたが、その後も中国軍で台湾を担当する「東部戦区」が演習を継続している。同演習に関連し、4日には中国軍の無人機2機が沖縄県の先島諸島周辺の上空を飛行したほか、中国と推定される無人機1機が台湾北東沖の公海上空を旋回飛行したことを防衛省が確認し、5日未明に発表した。

中国の軍事演習は、ナンシー・ペロシ米下院議長が8月2日深夜から3日午後にかけて台湾を訪問したことへの対抗措置。防衛省の発表によると、4日に確認された9発の弾道ミサイルは表の通り。

このうち、⑤〜⑨の5発が、中国が公表していた沖縄・波照間島の南西に設定した訓練海域内の日本のEEZ内に落下したと推定される。日本の領土に最も近く落下したミサイルは①で、落下地点は与那国島の北北西約80キロの我が国のEEZ外だった。⑥〜⑨は台湾本島上空を飛翔したものと推定される。

4日の弾道ミサイル

	時間	発射地点	飛翔距離
①	午後2時56分頃	福建省沿岸	約350キロ
②	午後2時56分頃	中国内陸部	約700キロ
③	午後3時14分頃	中国内陸部	約550キロ
④	午後3時57分頃	浙江省沿岸	約350キロ
⑤	午後3時57分頃	浙江省沿岸	約650キロ
⑥	午後4時5分頃	福建省沿岸	約500キロ
⑦	午後4時5分頃	福建省沿岸	約550キロ
⑧	午後4時8分頃	福建省沿岸	約500キロ
⑨	午後4時8分頃	福建省沿岸	約550キロ

中国軍が発射した弾道ミサイルのイメージ

※防衛省の資料を基に作成

岸防衛相「安全に関わる重大な問題」

岸防衛相は4日夜、省内で臨時記者会見を開き、「非常に威圧的な訓練だ。我が国の安全保障と国民の安全に関わる重大な問題であり、強く非難する。防衛省・自衛隊は引き続き（我が国周辺の海空域における中国軍の動向について）情報の収集・分析、警戒監視などに全力を挙げていく」と述べるとともに、外交ルートを通じて中国に抗議したことを明らかにした。

中国軍無人機3機 沖縄周辺を飛行

一方、8月4日午前から夜にかけて、中国軍の偵察型無人機「BZK005」と偵察・攻撃型無人機「TB001」の各1機が、東シナ海方面から飛来した。

2機はほぼ同じコースで沖縄本島と宮古島間の宮古海峡を抜けて太平洋に進出し、先島諸島の南の太平洋上を旋回した後、反転し、再び同じルートを往復する形で宮古海峡を通過して東シナ海方面に戻った。

さらに同日は、中国と推定される無人機1機が東シナ海方面から飛来し、台湾北東沖の公海上空を旋回飛行したことから、空自南西空（那覇）のF15戦闘機が緊急発進してこれら複数の無人機に対応した。いずれも領空侵犯はなかった。統幕は5日、無人機の写真と航跡図を公表した。

中国の軍用機による沖縄本島と宮古島間の通過についての公表は、2013年7月に初めて確認されて以来、通算77回目で、今年度6回目。無人機の飛行を公表したのは通算9回目。

岸大臣は5日の記者会見で「活動を活発化させている中国軍の動向を注視しつつ、我が国の領土、領海、領空を断固として守り抜くとの方針の下、国際法や自衛隊法に従いながら対領空侵犯措置に万全を期していく」と強調した上で、「台湾海峡の平和と安定は国際社会の安定に大変重要だ」との考えを改めて示した。

中国軍無人機3機の航跡図

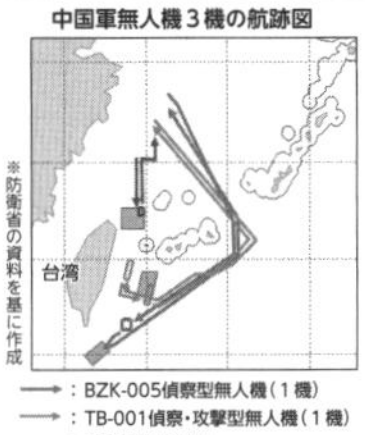

※防衛省の資料を基に作成

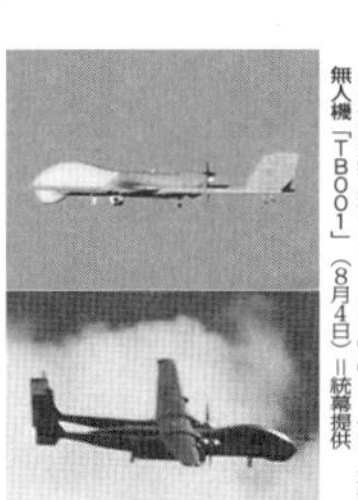

スクランブル発進した空自F15戦闘機が撮影した中国軍の偵察型無人機「BZK005」（上）と、偵察・攻撃型無人機「TB001」（8月4日）＝統幕提供

解説 日本の反応探る意図

防衛研究所 門間（もんま）理良（りら）地域研究部長

8月4日午後に発射されたミサイルは台湾本島を攻撃するミサイルの主力である「DF15」と推測される。今後は夜間の発射や多数の一斉発射などを試したり、対艦弾道ミサイル「DF21D」「DF26」や極超音速滑空兵器を搭載可能な「DF17」を発射したりする可能性もある。

中国軍は一体化統合作戦を追求しているため、ミサイル発射やサイバー攻撃にとどまらない演習になることも想定しておくべきだ。

同日、防衛省はミサイルの発射時刻、発射地点、飛翔距離、落下地点を公表した。北朝鮮のミサイル発射で同様の発表の例はあるが、中国のミサイルでは初めてだ。ミサイル探知・追跡能力の一端を明らかにしてでも、中国の弾道ミサイル発射が日本の安全保障上重大な問題であることを示すべきだと日本政府が判断した結果と思われる。

中国軍は今回演習を行った海空域が台湾有事の際に戦場になると想定しているのだろう。日本の排他的経済水域（EEZ）にミサイルを撃ち込んだのは、日本政府の反応を探るためで、日本政府が強く反発しなければ、「日本は南西諸島防衛に熱心でない、中国との摩擦を恐れ、台湾有事の際に弱腰の姿勢を取る」と中国が判断する恐れがある。

一方の当事者である台湾の探知能力にはいささか疑念がある。7月25日に日本の統合幕僚監部が発表した中国の偵察・攻撃型無人機「TB001」の飛行に関するプレスリリースを台湾国防部は発表していない。探知できていなかったとしたら問題だ。

統幕長 インド太平洋参謀総長等会議に参加 ウクライナ情勢を議論

山崎統幕長は7月23日から30日までオーストラリアに出張し、シドニーのシャングリラホテル・シドニーで開催された「インド太平洋参謀総長等会議」に出席、同期間に行われた「南太平洋参謀総長等会議」にオブザーバー参加した。統幕長が南太平洋参謀総長等会議に参加するのは初めて。

米インド太平洋軍と豪州国防軍が共催したインド太平洋参謀総長等会議では、「インド太平洋地域におけるルールに基づく秩序の促進」をテーマに、米、英、比など約30カ国の参謀総長らが域内の幅広い安全保障上の課題について意見交換した。

ウクライナ情勢に関するセッションにおいて統幕長は、「欧州とインド太平洋地域の安全保障環境は不可分であり、ルールに基づく国際秩序の維持は世界共通の課題だ」と指摘。ロシアによるウクライナ侵略を例に、力による一方的な現状変更をインド太平洋地域で発生させないよう、域内各国が強固に連帯する重要性について強調した。

豪軍主催の「南太平洋参謀総長等会議」では海洋秩序の維持や気候変動による影響など、域内の幅広い安全保障上の課題について参加者が意見交換した。統幕長は多国間人道支援・災害救援（HA/DR）訓練などを通じた連携の強化や知見の共有など、平時からの取り組みの重要性について言及、「自衛隊として南太平洋地域の安全保障環境の安定化に域内各国の特性に応じつつ、貢献していきたい」と述べた。

各国の参謀長らと記念撮影に臨む山崎統幕長（前列左から3人目）＝7月26日、オーストラリア・シドニーで

春夏秋冬

問われる「死者」との向き合い方

先崎 彰容

私は勤務校において、毎年、講義の最中、「終戦の日を教えてください」と学生に質問している。1945年8月15日、と答えられる学生は、全体の2割に満たない。答えられた学生のうち、「では1945年は昭和何年？」と聞いて、答えられるものはまずいない。これが平均的と呼ばれるレベルの大学生の現実である。

これを「冷酷」と言わずしてなんといおう。

にもかかわらず、例えば歴史教科書の近現代史の記述をめぐり、大人たちが大騒ぎしたこともあった。左右のイデオロギーの立場から思いを吐露していたのだろうが、現場の実態はこの程度に過ぎない。大人が歴史を政治活動の道具にしている間に、若者たちから歴史がどんどん奪われていたのだ。

これの何が問題なのか。問題の核心は、実は現在の防衛環境に深いつながりを持っている。例えば、防衛費のGDP比2％増強の是非が騒がれている。また私自身、防衛装備品の購入のあり方について勉強し、マスコミその他で「競争入札を止め、随意契約をすべき」等の発言を繰り返してきた。しかしたとえ防衛費が増強され、高額の武器を購入し、極東アジアの緊張に対応したとしてもなお、決定的に大事な論点が論じられていないように、私には思える。

それはもし、今後、わが国が本格的に緊張状態に身を投じ、国際社会の一員として必要な活動をする場合、必ず「死者」との向き合い方を問われることになるということだ。自衛隊員に対し、この国を守るために命を差し出すことを求め、その究極の事態に対し、われわれがどう応じるのか、鎮魂をめぐる問題がでてくるということだ。

必要なことは二つある。第一に、政府がどのような慰霊をし、どのような名誉を与えるのか。第二に、国民がどのように敬意をもって死者に向き合うのか。

高額の装備品を与えて後はお任せ、という政府と国民の意識が生まれる背景には、慰霊、すなわち過去への、歴史への思いが欠如しているのである。

（日本大学危機管理学部教授）

朝雲寸言

広島平和記念公園の一角に「原爆の子の像」が建っている。原爆の犠牲となった子供たちを慰霊する碑である▼慰霊碑は無数の千羽鶴が飾られたブースが取り囲んでいる。そのモデルとなったのは爆心地にほど近い自宅で「黒い雨」を浴び被爆の10年後に急性リンパ性白血病で亡くなった少女、佐々木禎子さんである▼「鶴を千羽折ると病気が治る」と信じた少女は薬の包み紙などで千羽以上の鶴を折り続け8カ月の闘病生活の後、12歳で亡くなった▼彼女の死を契機として原爆で亡くなった子どもたちの霊を慰め平和を築くための像をつくろうという運動が始まり全国からの募金で像が完成したのは1958年のことである▼「原爆の子の像」には今も日本国内をはじめ世界各国から折り鶴が捧げられ、その数は年間約一千万羽、重さにして約十トンにものぼるという▼原爆投下を命じた当時のトルーマン米大統領の故郷の図書館には大統領としての記録を伝える常設の展示のひとつとして貞子が折った折り鶴が原爆投下にまつわる資料の一つとして配置されている▼ロシアによるウクライナ侵略の中で核による威嚇が行われたことを受け、広島・長崎への原爆投下の日に先立つ8月2日、岸田総理は核兵器不拡散条約NPTの再検討会議で核戦力の透明性を訴えた。演説の最後に岸田総理は一羽の折り鶴を手で掲げた。禎子の折り鶴が核廃絶のシンボルとなった瞬間である。

防研所長に川崎前人教局長

防衛省は8月5日付で、防衛研究所の齋藤雅一所長の勇退を認め、後任に前人事教育局長の川崎方啓氏を起用する人事を発令した。これに先立ち、8月1日付で将・将補の昇任・異動と、7月30日付、31日付、8月1日付で1佐職の異動が発令された。将補には8人が昇格した（将人事のみ8月4日付既報）。

川崎 防研所長

川崎 方啓（かわさき・まさひろ）防衛研究所長 東大工卒。昭和62年旧防衛庁。大臣官房広報課長、人事教育局人材育成課長、経理装備局装備政策課長、技術研究本部技術企画部長、大臣官房米軍再編調整官、外務省大臣官房審議官、防衛省大臣官房審議官などを経て令和2年12月人事教育局長。東京都出身。58歳。

防衛省発令

指定職人事

▽防衛研究所長（大臣官房付）川崎 方啓
▽退職（防衛研究所長）齋藤 雅一
（以上8月5日）

将補人事

▽陸将補に昇任
（北部方面総監部装備部長）1陸佐 樽林 寿弘
（東北方面総監部装備部長）同 奈良岡信一
（西部方面総監部人事部長）同 伊東 佳哉
（同装備部長）同 河合 寿士
▽海将補に昇任
（海幕人事計画課長）1海佐 鈴木 克哉
（横須賀地方総監部防衛部長）同 渡邊 浩
（海自補給本部装備計画部長）同 山野 大資
（中央病院1精神科部長）同 澤村 岳人
▽防衛大防衛学教育学群長（3航空団司令兼三沢基地司令）空将補 久保田隆裕
▽統幕報道官（22航空群司令）海将補 國見 泰寛
▽中部方面総監部幕僚副長（西部方面総監部装備部長）陸将補 河合 寿士
▽4師団副師団長兼福岡駐屯地司令（西部方面総監部人事部長）同 伊東 佳哉
▽6師団副師団長兼神町駐屯地司令（東北方面総監部装備部長）同 奈良岡信一
▽11旅団長（富士学校副校長兼諸職種協同センター長）同 青木 伸一
▽富士学校副校長兼諸職種協同センター長（4師団副師団長兼福岡駐屯地司令）同 惠谷 昇平
▽化学学校長兼大宮駐屯地司令（北部方面総監部装備部長）同 樽林 寿弘
▽教育訓練研究本部教育部長（中部方面総監部幕僚副長）同 竹内 哲也
▽関西補給処長兼宇治駐屯地司令（化学学校長兼大宮駐屯地司令）同 平野 邦治
▽海幕装備計画部長（海自補給本部副本部長）海将補 伊藤 秀人
▽22航空群司令（海幕人事計画課長）同 鈴木 克哉
▽開発隊群司令（横須賀地方総監部防衛部長）同 渡邊 浩
▽横須賀地方総監部幕僚長（統幕報道官）同 小峯 雅登
▽潜水医学実験隊司令（中央病院1精神科部長兼海幕首席衛生官付衛生企画室）同 澤村 岳人
▽海自補給本部副本部長（防衛装備庁長官官房艦船設計官）同 星 直也
▽横須賀病院長（潜水医学実験隊司令）同 塚嵜 哲史
▽3航空団司令兼三沢基地司令（8航空団司令兼築城基地司令）空将補 大嶋 善勝
▽8航空団司令兼築城基地司令（防衛大防衛学教育学群長）同 北川 英二
▽防衛装備庁長官官房艦船設計官（海自補給本部装備計画部長）海将補 山野 大資
▽退職
（11旅団長）陸将補 宮本 久德
（教育訓練研究本部教育部長）同 野村 悟
（陸自関西補給処長兼宇治駐屯地司令）同 小谷 琢磨
（開発隊群司令）海将補 山岡 鉄司
（以上8月1日）

1佐職人事

▽空幕整備・補給課調達1班長（空自幹部学校付）2空佐 古田 貴誠
▽空自幹部学校
（同）1空佐 石垣 伸幸
（同）同 石田 智広
（同）同 小倉 直樹
（同）同 髙橋 和栄
▽防衛装備庁長官官房装備開発官付総括室長（防衛装備庁事業監理官付事業計画調整官）同 齋藤 豊
▽解兼補防衛装備庁長官官房装備開発官付総括室長 防衛装備庁長官官房装備開発官付航空開発調整官 同 中村慶一郎
▽防衛装備庁事業監理官付事業計画調整官（空自幹部学校付）同 蛯名 耕士
（以上7月30日）
▽海幕艦船・武器課艦船技術班長（大湊造修補給所武器部長）2海佐 長谷川友哉
▽開発隊群研究開発企画幕僚（海幕艦船・武器課艦船技術班長）1海佐 宮本 亘
▽佐世保造修補給所長兼佐世保地方総監部技術補給監理官（九州防衛局長崎防衛支局次長）同 岸本 昌之
▽呉弾薬整備補給所長（開発隊群研究開発企画幕僚）同 菊地 弘憲
▽海自補給本部弾薬部長（呉弾薬整備補給所長）同 長通 伸幸
▽航空総隊法務官（航空支援集団司令部）2海佐 中矢 忠臣
▽防衛装備庁調達事業部艦船調達官（佐世保造修補給所長兼佐世保地方総監部技術補給監理官）1海佐 穂垣 元孝
▽九州防衛局長崎防衛支局次長（海自補給本部弾薬部長）同 髙橋 正浩
（以上7月31日）
▽防衛大衛生課長（西部方面総監部医務官兼熊本病院）1陸佐 井上 裕悦
▽統幕総務課連絡調整業務室長（国際活動教育隊長）同 横山 裕之
▽同首席参事官付計画調整官（陸上総隊運用部副部長）同 長友 康
▽同首席後方補給官付後方補給室（教育訓練研究本部付）
▽同総務課（海自幹部学校付）同 橋詰 勝常
▽同運用1課事態対処調整官 1海佐 花田 耕一
（3航空隊司令）同 尺田 隆一
▽同指揮通信システム企画課長（6護衛隊司令）同 江畑 泰孝
▽同首席後方補給官付後方補給室長（海幕装備需品課兼防衛政策局防衛政策課）同 柳田 篤志
▽同総務課（空自幹部学校付）1空佐 武田 博之
▽同運用1課総括班長（同）同 菊地 剛
▽同指揮通信システム企画課統合通信システム研究班長（空幕事業計画2課サイバーセキュリティ班長）同 小川 康寛
▽同首席後方補給官付後方補給官兼統幕首席後方補給官付後方補給室（航空機動衛生隊長）同 田村 信介
▽統幕学校教育課2教官室長（統幕首席参事官付計画調整官）1陸佐 曽根 勉
▽同教育課研究室主任研究官（北部方面総監部訓練課長）同 椋木 勇一
▽同国際平和協力センター長（統幕学校教育課2教官室長）同 武隈 康一
▽統幕学校（東北方面後方支援隊東北方面輸送隊長）同 冨永 敦
▽同教育課（海自幹部学校付）1海佐 老本 昌弘
▽陸幕総務課監理班長（東部方面総監部募集課長）1陸佐 栗原 昌克
▽同総務課（教育訓練研究本部付）同 中村 洋平
▽同会計課経理班長（小平学校主任教官）2陸佐 石井 勝隆
▽同人事教育計画課企画班長（陸幕人事教育計画課）1陸佐 松下 卓也
▽同厚生課長（教育訓練研究本部主任訓練評価官）同 木原 邦洋
▽同厚生課家族支援班長（教育訓練研究本部付）同 上原 直樹
▽同募集・援護課（東北方面ヘリ隊長）同 八津尾宗之
▽同運用支援課企画班長（陸幕運用支援課）同 山田 大作
▽同防衛課業務計画班長（同防衛課）同 柴田 哲良
▽同防衛課（富士学校特科部研究課長）同 原田 浩平
▽同防衛協力課長（6施設群長）同 奥 和昌
▽同防衛協力課計画班長（陸幕指揮通信システム・情報部付）同 藤井 知征
▽同施設課営繕班長（西部方面総監部施設課長）同 坂口 誠
▽同装備計画課後方計画班長（陸幕装備計画課）同 富山 武史
▽同装備計画課（西部方面総監部需品課長）同 鳥越 千尋
（北部方面総監部装備部需品課長）2陸佐 池田 裕孝
▽同武器・化学課総括班長（輸送学校）同 今井 孝夫
▽同通信電子課通信器材班長（武器学校）1陸佐 佐藤 敦茂
▽同航空機課長（陸上総隊システム通信課長）同 橋本 隆行
▽同航空機課航空安全班長（1輸送ヘリ群長）同 深水 秀任
（15ヘリ隊長）同 後村 幸治
▽同情報課総合情報班長（教育訓練研究本部付）同 廣田 佳仁
▽同情報課情報保全室長（情報保全隊西部情報保全隊長）同 宮本 澄子
▽陸幕企画室兼中央病院1内科（中央病院1内科）同 河野 修一
▽同医務・保健班長兼中央病院産婦人科（中央病院産婦人科部長）同 加藤 雅史

（2面に続く）

時の焦点

国内

原爆忌

核軍縮へ発信を強めたい

核兵器の非人道性を世界に発信し、核軍縮に向けた現実的な取り組みを進めることが大切だ。

広島と長崎は、77回目の原爆忌を迎えた。広島市で開かれた平和記念式典には、被爆者や遺族、各国の大使ら約2800人が参列した。

松井一実市長は平和宣言で「一刻も早く全ての核ボタンを無用のものにしなくてはならない」と述べた。岸田首相は「あの日の惨禍を決して繰り返してはならない。唯一の戦争被爆国である我が国の責務であり、被爆地広島出身の私の誓いだ」と語った。

核保有国のロシアがウクライナを侵略した。中国は台湾海峡で威圧行動を強めている。かつてなく軍事的緊張が高まっている今、国際平和の意義と核軍縮の必要性を考える機会としたい。

国連のグテレス事務総長は、現職として12年ぶりに出席した。「深刻な核の脅威が中東から朝鮮半島へ、そしてロシアによるウクライナ侵攻へと世界各地で急速に広がっている」と語った。

世界は、朝鮮戦争やキューバ危機でも核使用の瀬戸際にあったが、実際に使われたのは第2次世界大戦中の日本だけだ。地域の安定を揺るがす行動をやめるよう、国際社会が強く働きかけていくことが重要だ。

首相は式典あいさつで、「核兵器による威嚇が行われ、核兵器の使用すらも現実の問題として顕在化し、『核兵器のない世界』への機運が後退している」と指摘した。

ロシアのプーチン大統領はウクライナ侵略に際し、核使用をちらつかせる発言を繰り返した。核による威嚇は言語道断であり、こうした恫喝は見過ごしてはならない。

核拡散防止条約（NPT）は、核兵器を保有する米露英仏中5カ国に、核軍縮交渉を誠実に行う義務を課している。核による威嚇が横行すれば、各国が抑止力の強化に向かい、軍縮の機運がしぼみかねない。

首相は、今月初めのNPT再検討会議で、「NPT体制を維持・強化することは国際社会全体にとっての利益だ。NPTを守り抜く」と訴えた。

核保有国と非保有国の対立は根深く、NPT体制の空洞化が指摘されて久しい。その危機感を共有するため、首相が直接呼びかけたことは評価できる。軍拡競争が再燃しないよう、各国がNPT体制の維持に努めることが不可欠だ。

首相は「ヒロシマ・アクション・プラン」と題した行動計画を示し、核戦力の透明性の向上を訴えている。中国も含めた核保有国が核軍縮の対話に応じるよう、粘り強く求めていくべきだ。

政府は、今年11月に核軍縮を議論する国際賢人会議を、来年5月に先進7カ国首脳会議（G7サミット）を、いずれも広島で開催する予定だ。

各国の指導者らに、被爆の実相を知ってもらう貴重な機会になる。日本政府は発信力を強化し、核軍縮を進める糸口を見いだしてほしい。

藤原　志郎（政治評論家）

海外

米下院議長訪台

中国猛反発し情勢緊迫

ペロシ米下院議長（民主）は8月2、3の両日、台湾を訪問。3日に蔡英文総統と会談し、「台湾の民主主義を守る米国の決意はぐらつかない」と伝え、共同記者会見でも「米国は現状維持を支持している」と表明した。

これに対し、中国は「台湾訪問は政治的挑発で、『1つの中国』の原則に違反」と猛反発。4日には人民解放軍が台湾周辺の空、海で演習を開始し、ミサイル発射訓練も行った。

「中国の過剰反応」（4日・カービー国家安全保障会議＝NSC＝戦略広報調整官）もどうかと思うが、そもそも同議長は今なぜ台湾に行く必要があったのだろう？

新型コロナウイルス騒ぎの初期、選挙区サンフランシスコのチャイナタウンで、「コロナは大丈夫。みんな、ここにいらっしゃい」と呼び掛けたり、コロナの発生源は中国との報道を「人種差別」と批判したり。そんな人物がなぜ突然、台湾なのか。

米政府は、対中関係が極めて微妙な時期に訪台は無謀として、7月上旬から同議長に国務省当局者が米中間の諸懸案をレクチャー。国防総省も訪台のリスクをブリーフし、ホワイトハウスの担当者も同席した。

大統領の「軍は今の訪問はいい考えではないとの意見だ」（7月20日）との発言の背景はこれだ。

トム・コットン上院議員（共和・アーカンソー州）によると、同議長が訪台にこだわり続けるため、ホワイトハウスは計画を潰そうとメディアにリークしたという。

半面、ホワイトハウスは訪台計画をなぜそこまでしゃかりきになって潰そうとしたのか？　その答えは難しくない。

現政権は発足以来、歴代大統領が考えもしなかったほどに中国を支援してきた。

コロナウイルスの源が中国の研究施設と明らかになった後でも、その隠蔽工作を支援。米国内での中国のスパイ活動を阻止する防諜プログラムを取りやめ。中国商品に対する関税を引き下げ。国内でエネルギー危機の折、戦略石油備蓄を放出し、中国に売却。以上はリストのごく一部にすぎない。

実は、同議長の訪台は中国にとって何の脅威でもない。議長は外交政策決定に関与していないし、4月には上下両院の議員計6人、5月にも上院議員1人が訪台した。米政府を威嚇する好機、軍事演習を実施する口実に利用しているだけ。

中国は「今がその時」と判断したら、台湾侵攻に出るだろうし、米軍介入の可能性があると考えれば、侵攻の可能性はぐっと小さくなる。現在は、米国を恐れる理由が果たしてあるのかどうか見極めるため、米政府を試している時だろう。

11月の中間選挙で民主党は少数派に転落見込みで、82歳のペロシ氏は「議長」の肩書を失うレームダック。老人のレガシー作りの訪問は、台湾が授与した勲章と記念写真を持ち帰るだけではないか。

草野　徹（外交評論家）

1佐職定期異動

8月1日付

▽陸上総隊情報部副部長（22即応機動連隊長兼多賀城駐屯地司令）同　石井　伸幸
▽同運用部副部長（1水陸機動連隊長）同　開　雅史
▽同防衛課長（陸上総隊運用部）同　齋藤　良平
▽同システム通信課長（同）同　辻　洋平
▽同陸上連絡官（東北方面総監部防衛課防衛調整官）2陸佐　曽我辺信久
▽同後方運用課長（武器学校主任教官）1陸佐　幸津　真悟
▽北部方面総監部人事課長（陸幕会計課経理班長）同　村上　涼
▽同援護業務課長（中部方面総監部情報部）2陸佐　前川　成人
▽同訓練課長（北部方面総監部防衛部）1陸佐　園田　大志
▽同装備部長（東北方面後方支援隊長）同　村上　章
▽同後方運用課長（教育訓練研究本部付）同　小泉　健司
▽同需品課長（陸幕装備計画課）同　福岡　健人
▽北部方面総監部付（北海道補給処白老弾薬支処長兼白老駐屯地司令）同　池端　雅彦
▽北部方面後方支援隊副隊長（12後方支援隊長兼新町駐屯地司令）同　川畑　裕幸
▽東北方面総監部総務部長（教育訓練研究本部総合企画官）同　青木　秀敏
▽同会計課長（関東補給処調達会計部長）同　西　重和
▽同人事部長（陸幕厚生課長）同　田中　裕宣
▽同厚生課長（12ヘリ隊長）同　加藤　憲司
▽同防衛課長（教育訓練研究本部付）同　金丸　亮平
▽同防衛課防衛調整官（陸幕運用支援課付）2陸佐　大木　茂
▽同装備部長（同航空機課長）1陸佐　藤田　悟
▽同施設課長（東部方面総監部総務部）2陸佐　北野　和彦
▽東北方面航空隊副隊長（陸自航空学校総務部長）1陸佐　青柳　正
▽東北方面ヘリ隊長（西部方面ヘリ隊副隊長）2陸佐　上原　祐二
▽東北方面後方支援隊長（関東補給処古河支処長）1陸佐　山根　茂樹
▽東北方面後方支援隊東北方面輸送隊長（陸幕装備計画課）同　笹川　豊秀
▽東北方面衛生隊長（7師団医務官）同　佐藤　賢吾
▽青森駐屯地業務隊長（関東補給処総務部長）同　川野　静生
▽岩手駐屯地業務隊長（防衛医大学生部主任訓練教官補佐）2陸佐　和田　靖
▽東部方面総監部募集課長（東北方面総監部施設課長）1陸佐　豊原　芳之
▽同情報部長（地理情報隊長兼東立川駐屯地司令）同　井上　嘉史
▽同需品課長（陸上総隊後方運用部）2陸佐　藁科　尚己
▽東部方面後方支援隊長（陸自補給統制本部火器車両部長）1陸佐　弓場　信行
▽東部方面総監部付（会計監査隊東北方面分遣隊長）同　甲田　宏
▽朝霞駐屯地業務隊長（12旅団副旅団長兼相馬原駐屯地司令）同　菅股　弘信
▽駒門駐屯地業務隊長（部隊訓練評価隊）2陸佐　福山　登之
▽中部方面総監部募集課長（九州補給処企画課長）同　末本　紀彦
▽同防衛課防衛調整官（訓練評価支援隊）同　小林　豊
▽中部方面総監部付（中部方面総監部防衛課防衛調整官）1陸佐　永井　和夫
▽中部方面航空隊副隊長（陸上総隊陸上連絡官）同　坂本　貴宏
▽中部方面指揮所訓練支援隊長（情報保全隊中部情報保全隊長）同　山内　克己
▽豊川駐屯地業務隊長（機甲教導連隊偵察隊長）2陸佐　角　知洋
▽千僧駐屯地業務隊長（1施設団副団長）1陸佐　長浦　拓也
▽西部方面総監部広報室長（水陸機動団高級幕僚）1陸佐　井川　三典
▽同人事部長（陸幕防衛協力課長）同　弥頭　親善
▽同情報部（教育訓練研究本部付）同　和田　毅
▽同防衛課防衛調整官（陸自幹部候補生学校主任教官）同　柳田　孝臣
▽同装備部長（2後方支援連隊長）同　菊地　康治
▽同需品課長（需品学校）2陸佐　中山　裕介
▽同施設課長（2施設団高級幕僚）1陸佐　川野　敏生
▽同医務官兼熊本病院（中央病院臨床医学教育・研究部長）同　岩本慎一郎
▽那覇駐屯地業務隊長（北部方面総監部後方運用課長）同　後藤　茂寿
▽3師団幕僚長（1普通科連隊長）同　小倉　好文
▽4師団3部長（教育訓練研究本部付）同　篠部　大介
▽7師団監察官（東北方面総監部人事部）2陸佐　安藤　直樹
▽8師団4部長（8師団司令部）1陸佐　梶谷　篤史
▽9師団3部長（教育訓練研究本部付）同　櫻井　秀平
▽同火力調整部長（富士学校訓練評価室長）同　黒瀧　隆志
▽10師団4部長（陸幕武器・化学課）同　上原　将愛
▽5旅団副旅団長兼帯広駐屯地司令（東北方面総監部総務部長）同　永田　真一
▽同3部長（教育訓練研究本部付）同　久保　淳平
▽12旅団副旅団長兼相馬原駐屯地司令（5旅団副旅団長兼帯広駐屯地司令）同　吉浦　健志
▽同幕僚長（富士学校教育課長）同　栗木　幹雄
▽14旅団火力調整部長（訓練評価支援隊）2陸佐　鬼塚　崇旬
▽15旅団司令部（陸幕人事教育計画課企画班長）1陸佐　井上雄一朗
▽水陸機動団高級幕僚（50普通科連隊長兼高知駐屯地司令）同　溝口　光章
▽システム通信団副団長（中央基地システム通信隊長）同　小松　広志
▽システム通信団本部付（中央野外通信群長）同　川口　晃史
（通信学校研究部長）同　渡辺昇一郎
▽1施設団副団長（2施設群長）同　前原　幸雄
▽2施設団高級幕僚（北部方面総監部人事部）2陸佐　白樫　光貴
▽北部方面混成団副団長（12旅団幕僚長）1陸佐　上大迫　淳
▽東部方面混成団長（東部方面総監部情報部長）同　大場　勇
▽中部方面混成団副団長（豊川駐屯地業務隊長）同　石田　祐司
▽西部方面混成団副団長（陸自幹部候補生学校教育部長）同　友　伸治
▽開発実験団本部（35普通科連隊長）同　柳田　勝志
▽1普通科連隊長（9師団3部長）同　佐藤健次郎
▽4普通科連隊長（富士学校主任教官）同　南條　衛
▽21普通科連隊長兼秋田駐屯地司令（関東補給処計画課長）同　妹尾　研作
▽22即応機動連隊長兼多賀城駐屯地司令（陸幕防衛課業務計画班長）同　中本　能久
▽27普通科連隊長兼釧路駐屯地司令（中部方面総監部募集課長）同　及川　隆顕
▽31普通科連隊長（中部方面指揮所訓練支援隊長）同　中嶋　豊
▽35普通科連隊長（宮城地方協力本部募集課長）同　松下　竜朗
▽50普通科連隊長兼高知駐屯地司令（北海道補給処企画課長）同　山内　和也
▽52普通科連隊長（札幌病院総務部長）同　早崎　和寿
▽1水陸機動連隊長（陸幕運用支援課企画班長）同　西田　喜一
▽1特科隊長兼北富士駐屯地司令（陸上総隊防衛課長）同　富永　將文
▽2後方支援連隊長（陸幕装備計画課後方計画班長）同　須藤　英樹
▽6後方支援連隊長（防衛装備庁長官官房装備開発官付3開発室長）同　益子　誉一
▽7後方支援連隊長（陸幕武器・化学課総括班長）同　中島孝太郎
▽12後方支援隊長兼新町駐屯地司令（補給統制本部補給計画課長）同　二見　光俊
▽13後方支援隊長（10師団4部長）同　山下　公一
▽1地対艦ミサイル連隊長（陸幕防衛課）同　岡村　修
▽12ヘリ隊長（北部方面総監部援護業務課長）2陸佐　松浦　高裕
▽15ヘリ隊長（中部方面航空隊副隊長）1陸佐　小野　栄二
▽4特科群長兼上富良野駐屯地司令（北部方面総監部人事課長）同　瀬尾　匡則
▽1輸送ヘリ群長（西部方面総監部広報室長）同　田代　裕久
▽2施設群長（陸幕総務課）同　上野富一郎
▽6施設群長（大阪地方協力本部募集課長）同　長田　雄一
▽9施設群長（教育訓練研究本部研究員）同　持田　将貴
▽14施設群長（陸幕施設課営繕班長）同　河端　純一
▽中央野外通信群長（同通信電子課通信器材班長）同　高橋　孝介
▽西部方面システム通信群長（同総務課監理班長）同　兼子　孝人
▽対特殊武器衛生隊長兼中央病院眼科（東北方面衛生隊長）同　竹島　幹雄
▽中央基地システム通信隊長（教育訓練研究本部）同　一戸　信逸
▽警務隊本部企画訓練科長（中央警務隊長）同　野口　敬利
▽中央警務隊長（小平学校主任教官）同　戸星　善敦
▽中央業務支援隊付（統幕学校国際平和協力センター）同　新井　信裕
（陸上総隊運用部）同　澤田　典宏
（東北方面航空隊副隊長）同　黒木　和士
（水陸機動団特科大隊長）同　村嶋　良太
（10通信大隊長兼10師団司令部通信課長）同　滝口　裕章
（5偵察隊長兼別海駐屯地司令）同　明野　真吾
（会計監査隊副隊長）同　松下　正己
（教育訓練研究本部）同　永江　実
（阪神病院1内科部長）同　末永　浩一
▽地理情報隊長兼東立川駐屯地司令（陸幕情報課情報保全室長）同　野本　肇
▽空挺教育隊長（東北方面総監部資料課長）2陸佐　久我　健見
▽女性自衛官教育隊長（教育訓練研究本部付）1陸佐　山﨑　麻由
▽国際活動教育隊長（山口地方協力本部長）同　西村　修
▽部隊訓練評価隊長（教育訓練研究本部主任研究官）同　加々尾哲郎
▽装備実験隊長（東北方面総監部人事部長）同　木之田　進
▽会計監査隊副隊長（富士学校）同　田丸　正勝
▽会計監査隊東北方面分遣隊長（東北方面総監部厚生課長）同　伊藤　公裕
▽中央輸送隊副隊長（輸送学校総務課長）2陸佐　吉岡　充
▽陸自幹部候補生学校教育部長（教育訓練研究本部主任研究開発官）1陸佐　荒巻　謙
▽同主任教官（14旅団火力調整部長）同　米良憲一郎
▽富士学校教育課長（4特科群長兼上富良野駐屯地司令）同　徳留　貴弘
▽同研究課長（教育訓練研究本部付）同　齋藤　育
▽同訓練評価室長（9師団火力調整部長）同　室谷　邦美
▽同主任教官（4師団3部長）同　徳淵　文雄
▽富士学校（4普通科連隊長）同　甲斐　久博
（北部方面混成団副団長）同　渡邉　俊明
（教育訓練研究本部付）同　津田　尚樹
▽高射学校研究部長（防衛装備庁事業監理官付事業計画調整官兼事業監理官付）同　餘永　竜二
▽情報学校1教育部長（情報保全隊北部情報保全隊長）同　西村　利彦
▽航空学校総務部長（補給統制本部補給計画課長）同　中澤　宣夫
▽同宇都宮分校長兼北宇都宮駐屯地司令（統幕総務課連絡調整業務室長）同　古賀　幹徳
▽施設学校主任教官（統幕学校教育課研究室主任研究官）同　竹菴　吉文
▽施設学校（女性自衛官教育隊長）同　村田美佐紀
▽同2教育部長（補給統制本部情報処理部長）同　飯塚　友嗣
▽同研究部長（通信学校主任教官）同　田上　和寛
▽同主任教官（陸上総隊運用部）2陸佐　大谷　伸秀
▽通信学校付（通信学校2教育部長）1陸佐　松尾　卓治
▽武器学校1教育部長（13後方支援隊長）同　村中　克毅
▽同主任教官（教育訓練研究本部付）同　伊藤　聡
▽武器学校（統幕首席後方補給官付後方補給室）同　齋藤　悠一
▽需品学校主任教官（陸幕装備計画課）同　栗木　愛
▽輸送学校主任教官（中央輸送隊副隊長）
▽小平学校主任教官　2陸佐　大石　和孝
（陸幕厚生課家族支援班長）
（警務隊企画訓練科長）1陸佐　與藤みゆき
▽衛生学校（陸幕企画室兼中央病院産婦人科）2陸佐　河田　一起
▽化学学校主任研究員（4特殊武器防護隊長）1陸佐　吉永　洋輔
▽教育訓練研究本部総合企画官（1特科隊長兼北富士駐屯地司令）2陸佐　小山田智哉
1陸佐　大塚慎太郎
▽教育訓練研究本部企画調整官（教育訓練研究本部）同　高倉　敬
（同）同　福岡　忠
▽同主任教官（3師団幕僚長）同　吉田　壮介
▽教育訓練研究本部教官（陸上総隊後方運用課長）同　草野　貴彦
▽教育訓練研究本部主任研究開発官（教育訓練研究本部）同　合津　正典
（北部方面後方支援隊副隊長）同　徳田　優一
（1地対艦ミサイル連隊長）同　森下　浩充
▽同研究員

（教育訓練研究本部）同　眞鍋　輝彦
▽関東補給処総務部長（31普[illegible]

[illegible]

将・将補昇任者略歴

叶　謙二（かのう・けんじ）陸将　防大32期。昭和63年陸自。平成14年2佐、19年1佐、30年将補。研本研開企画官、補統装計部長、開発実験団長、陸幹校教育部長などを経て令和3年3月6師団副師団長。山形県出身。56歳。

今吉　真一（いまよし・しんいち）海将　防大33期。平成元年海自。15年2佐、20年1佐、29年将補。海幕艦船・武器課長、防衛装備庁総括装備調達官などを経て、令和2年3月海幕装備計画部長。鹿児島県出身。55歳。

松本　完（まつもと・たもつ）海将　防大35期。平成3年海自。17年2佐、22年1佐、28年将補。3空司令、海幕人事計画課長、4空群司令、空団司令幕僚長などを経て、令和2年12月横須賀地方総監部幕僚長。熊本県出身。55歳。

村上　健彦（むらかみ・たけひこ）海将　防医大11期。平成2年海自。14年2佐、19年1佐、29年将補。自衛艦隊衛生幕僚、海幕衛生企画室長、海幕首席衛生官などを経て、令和2年12月横須賀病院長。広島県出身。58歳。

樽林　寿弘（くればやし・としひろ）陸将補　北海学園大。平成3年陸自。17年2佐、22年1佐。福島地本長、化学学校教育部長、中方後支隊長などを経て、令和2年8月北方装備部長。北海道出身。55歳。

奈良岡　信一（ならおか・しんいち）陸将補　防大35期。平成3年陸自。17年2佐、22年1佐。11通大長、補統通信電子部長、陸幕通信電子課長などを経て、平成31年3月東北方装備部長。青森県出身。53歳。

伊東　佳哉（いとう・よしちか）陸将補　防大38期。平成6年陸自。20年2佐、24年1佐。西方航空隊長、陸幕航空機課長などを経て、令和2年12月西方人事部長。大分県出身。52歳。

河合　寿士（かわい・ひさし）陸将補　防大37期。平成5年陸自。19年2佐、24年1佐。陸幕装備計画課補給班長、10後支連長、補統火器車両部長などを経て、令和2年3月西方装備部長。愛媛県出身。51歳。

鈴木　克哉（すずき・かつや）海将補　防大40期。平成8年海自。平成22年2佐、27年1佐。海幕防衛課編成班長、22空、同司令を経て、令和2年3月海幕人事計画課長。静岡県出身。48歳。

渡邉　浩（わたなべ・ひろし）海将補　防大34期。平成2年海自。平成16年2佐、21年1佐。51掃隊司令、海幕防衛課防衛調整官、大監防衛部長、掃海隊群幕僚長などを経て、令和2年8月横監防衛部長。長野県出身。55歳

山野　大資（やまの・ふとし）海将補　防大35期。平成3年海自。17年2佐、22年1佐。佐弾補所長、神奈川地本長、補本艦船・武器部長などを経て、令和元年11月同装備計画部長。和歌山県出身。54歳。

澤村　岳人（さわむら・たけひと）海将補　防医大17期。平成8年海自。21年2佐、28年1佐。中病2精神科部長、海幕衛生企画室長を経て、令和元年12月中病1精神科部長兼海幕衛生企画室。埼玉県出身。52歳。

魚釣島近海で中国艦を確認

与那国島沖でも

海自は7月27日から31日までの間、中国海軍の「ジャンダオ級」小型フリゲート1隻（艦番号615「孝感」）が、沖縄・魚釣島の西約120キロから約70キロの海域を南北に遊弋（ゆうよく）していることを確認した。

同艦は31日午後10時ごろ、魚釣島の北西約180キロを北上し東シナ海へ入った。7護隊「ゆうだち」（佐世保）、5空群（那覇）のP3C哨戒機が情報収集を行った。

一方、同30日午前9時ごろ、沖縄・宮古島の北約140キロの海上を南東進する中国海軍の「ルーヤンⅢ」級ミサイル駆逐艦1隻（155「南京」）を確認。中国艦はこの後、沖縄本島と宮古島との間を南に抜け太平洋に出た。

翌31日午前6時ごろには、沖縄・魚釣島の西約80キロを「ジャンカイⅡ」級フリゲート（599「安陽」）1隻が南進。沖縄・与那国島と台湾の間を通過し太平洋に向け航行した。

11護隊（横須賀）の護衛艦「やまぎり」、13護隊（佐世保）の「さわぎり」、1海補隊（横須賀）の補給艦「ときわ」が情報収集に当たった。

8月1日午前11時ごろ、与那国島の南南西約80キロの海域を「シュパン」級測量艦1隻（艦番号25）が北西に進むのを海自が確認した。これは7月27日に鹿児島・大隅海峡を北東に抜けた艦と同一。1海補隊の「ときわ」が警戒監視を行った。

中国艦はこの後、与那国島と台湾の間を北上し東シナ海へ入った。

露フリゲートが宗谷海峡を東進

7月29日午後6時ごろ、海自は北海道・宗谷岬の北約50キロの海域を東に進むロシア海軍の「グリシャⅤ」級フリゲート1隻（艦番号332）を確認した。

この後、ロシア艦は宗谷海峡を東進しオホーツク海に抜けた。3護群7護隊（大湊）の護衛艦「しらぬい」が情報収集に当たった。

共同対処力を強化

海自各部隊が共同訓練

インド太平洋方面派遣（ＩＰＤ22）第２水上部隊の護衛艦「きりさめ」（艦長・坂田淳２海佐、乗員約180人）は７月11日から19日まで、パラオを訪問。滞在中は「きりさめ」を一般公開するなど地元の人々と交流した。同国のスランゲル・ウィップス・ジュニア大統領が「きりさめ」を表敬訪問。その後、同国海上保安局と親善訓練を行い、両国間の関係を強化した。

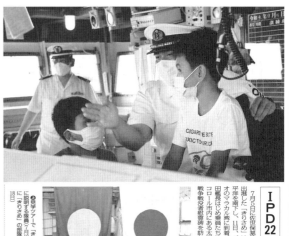

親善訓練を行う「きりさめ」（奥）と巡視船「ケダム」（７月21日）

パラオで親善・交流深める

ＩＰＤ22・第２水上部隊

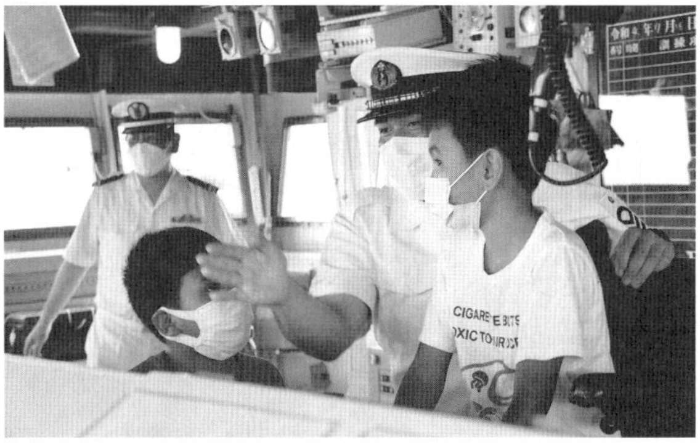

上見学ツアーで「きりさめ」を訪れた子どもたちに説明する隊員（7月16日）下ウィップス大統領（左）に「きりさめ」の部隊識別帽を贈る坂田艦長（7月18日）

7月5日に佐世保基地を出港した「きりさめ」は太平洋を南下し、11日、パラオのマラカル湾に到着。坂田艦長はじめ乗員たちは、コロール市内にある太平洋戦争戦没者慰霊碑を訪れ、献花した。

「きりさめ」乗員は13日、日米パラオ親善ソフトボール大会に参加、パラオ司法省チームと対戦した。翌14日には、パラオ柔道連盟の生徒たちに柔道を指導。子どもたちが隊員の柔道家を相手に乱取りに挑戦し、会場を沸かせた。

いずれの時も開始前に、参加者全員で8日に亡くなった安倍晋三元首相への黙とうを捧げた。

16、17の両日、「きりさめ」はパラオ市民や在留邦人を対象に一般見学ツアーを開催。参加者は「普段乗ることのできない護衛艦に乗ることができて、貴重な体験だった」と話した。18日には坂田艦長の招待に応じ、ウィップス大統領が「きりさめ」を訪問。艦内を視察し隊員たちと懇談した。大統領は「きりさめ」の寄港について「『自由で開かれたインド太平洋』の取り組みを表明するものだ。次回は1カ月以上滞在して欲しい」と述べた。

滞在を終えた「きりさめ」は20日から22日まで、パラオ共和国海上保安局と親善訓練を実施。パラオからは巡視船「ケダム」が参加。通信訓練や情報交換訓練を行い、日パラオ間の相互理解の増進を図った。

共同訓練を行う護衛艦「あまぎり」とSH60K哨戒ヘリ（手前）、海保の「スーパーピューマ225」（6月30日）

海保と周辺海域の警戒監視

海自は６月30日、伊豆大島東方海域で海上保安庁の巡視船や救難輸送ヘリと総合的な対処・連携強化を目的に共同訓練を実施した。

海自からは11護隊（横須賀）の護衛艦「やまぎり」「あまぎり」、21空群（館山）のＳＨ60Ｋ哨戒ヘリが、海保からは第三管区海上保安本部の巡視船「あきつしま」、11管区海上保安本部宮古島海上保安部の巡視船「みやこ」、救難輸送ヘリ「スーパーピューマ225」が参加。両機関は情報共有訓練や護衛艦と巡視船との船体運動訓練を行い、洋上における連携を強化した。

海自側の指揮官を務めた11護隊司令の稲葉忠之１佐は「本訓練を通じて、海自の技量の向上と海保との共同対処能力の強化を図った。我が国の領海警備や周辺海域の警戒監視について、今後も海保と連携しつつ、万全に対処していく」と述べた。

日印、相互運用性向上へ

インド海軍の哨戒艦「スカーニャ」（奥）に帽振れする「さみだれ」の乗員（７月23日）

ソマリア沖・アデン湾での海賊対処任務を終え帰国途中の41次水上部隊の護衛艦「さみだれ」は7月23日、インド洋で日印共同訓練を実施した。

インド海軍からは哨戒艦「スカーニャ」が参加。日印両艦隊は航空機運用訓練や通信訓練などを行い相互運用性の向上を図るとともに、共同対処力を強化させた。

日本側指揮官の4護隊司令・高橋秀彰1佐は「我が国の主要な海上交通路であるインド洋において、特別な戦略的グローバル・パートナーであるインド海軍と共同訓練を実施できたことは大変有意義な機会だった」と述べた。

コロンビア海軍と初訓練

遠航部隊

日米艦隊で洋上補給

海自遠洋練習航海部隊（練習艦「かしま」「しまかぜ」で編成、指揮官・小牟田秀覚練習艦隊司令官以下、実習幹部約160人を含む約540人）は7月17日、カリブ海でコロンビア海軍と親善訓練を実施した。海自が同海軍と訓練を行うのは今回が初。

コロンビア海軍からはフリゲート「アンティオキア」「カルダス」が参加した。両艦隊は各種戦術運動を行い、戦術技量の向上と相互理解の増進を図った。

またこれに先立ち6日には、米海軍の補給艦「アークティク」と大西洋上で共同訓練「ＩＬＥＸ22―3」を実施。日米艦隊は並走しながら洋上補給を行い、相互運用性を向上させた。

上遠航部隊は海自として初めてコロンビア海軍と訓練を行った（手前「かしま」、奥左から「カルダス」、「しまかぜ」、「アンティオキア」）＝7月17日　下米海軍「アークティク」（左）と補給訓練行う「しまかぜ」（7月6日）

部隊だより////

陸

青森　9師団は6月8日、駐屯地で師団英語集合訓練を行った。教官に司令部から2人、被教育者は隷下各部隊から6人が参加。TOEIC教材を活用したリスニングと文法・短文読解を反復演練後、2人組で会話実習。参加した39普連運用訓練幹部は「英語学習法の普及を図りたい」。教官で参加した情報幹部は「部隊研さんの一助となれば」と述べた。

仙台　駐屯地隊員約200人は6月10日、2日後の「市民防災の日」を前に仙台市シェイクアウト訓練に参加した。1978年宮城県沖地震を機に市民が一斉に災害への備えを確認するもの。隊員たちは、地震発生の一斉放送で①まず低く②頭を守り③動かない――の安全行動を実施＝写真㊤。防災意識の向上、地域との一体感を醸成する訓練となった。

神町　20普連は6月12日、山形県三川町の「イオンモール三川はたらくクルマ展」で山形地本の広報展に協力した。重迫撃砲中隊の2人が参加し、装備品展示（高機動車）を行った。親子連れや買い物客が多数訪れ、自衛隊車両に興味深々。展示内容について質問する姿もあった。装備品をバックに隊員と記念写真を撮影するなど盛況だった。

福島　44普連は6月25日、駐屯地体育館で4年度自候生修了式を行った。湯舟道彦連隊長は「強さと優しさを兼ね備えた真の自衛官となれるよう、日々精進せよ」と激励。自候生48人を代表し、佐々木貫太自候生は「最初は何も分からなかったが、日々の辛い訓練を同期と力を合わせ乗り越えることができた」と成長した姿で力強く語った＝写真㊤。

宇都宮　中央即応連隊は6月4、5の両日、栃木県那須塩原市の地方競馬教養センターで行われた「いちご一会とちぎ国体馬術競技リハーサル大会」の運営を隊員約60人で支援した。10月の本大会を見据えた運営能力の向上や国体開催の機運醸成のための大会で、隊員たちは障害馬術競技の障害設置や馬場整備などで競技の進行を支えた＝写真㊤。

倶知安　北部方面対舟艇対戦車隊はこのほど、4年度「陸士特技課程『初級らっぱ』養成集合教育」を行った。特技者不足の解消に向け、7年ぶりの実施。担任官の齋藤誠隊長は「らっぱ吹奏の目的を理解し、技術をしっかり身につけよ」と要望。隊員4人はプロとなるべく教官・助教の指導のもと「全員でらっぱ特技取得！」の目標を達成した＝写真㊨。

釧路　駐屯地は6月26日、「創立69周年および27普連60周年記念行事」を3年ぶりに開催した＝写真㊨。前日の予行は隊員家族約100人が見守り、本番は隊区の首長をはじめ協力団体など約160人を招待。五日市弘之司令の式辞や感謝状贈呈式を行った。音楽演奏、観閲行進、格闘など迫力ある各種の訓練展示に観客から盛大な拍手が送られた。

「丘のまち びえいヘルシーマラソン2022」運営に38人が協力

上林群長はランナー参加

上富良野第14施設群

ランナーを先導する自衛隊車両（いずれも6月12日、北海道美瑛町で）

14施設群396施設中隊（中隊長・吉川聡一1尉）は6月12日、「丘のまちびえいヘルシーマラソン2022」の運営に協力した。

3年ぶり35回目の開催となる大会は、雄大な十勝岳連峰や美しい丘陵の景色を見ながら走る3つのコースが設定され、遠くは鹿児島県など全国各地から3000人を超えるランナーが参加。

吉川1尉以下38人の協力隊は、半トントラックやオートバイなど14両でランナーを先導・監察、交通誘導、固定監察、通信中継を行い大会の盛会に尽力した。

また、当日は群長の上林勝敏1佐、副群長の永吉宏行2佐、石井篤最先任上級曹長をはじめ群隊員有志がランナーとして参加。走りながらコース上の協力隊を激励し、沿道に駆け付けた大勢の美瑛町民の応援を受けながら、力の限り走りきった。

天気は雨の予報だったが、3年ぶりの大会を祝うかのように、晴れ間も出るほど天候に恵まれた。気温の上昇とともに、体調を崩すランナーもいたが、協力隊は大会本部と連携し迅速に対応。安全・円滑な大会運営に寄与した。

本大会への協力を通じ、地域と大会関係者との連携を強化するとともに、自衛隊に対する信頼感の醸成を図ることができた。固定監察班で勤務した396施設中隊の佐藤功和3曹は「楽しく勤務できた。来年はランナーとして大会に参加したい」と意気込みを語った。

（上富良野）

ランナーを固定監察する庄司和城3曹

力強い走りでゴールする上林群長

市ヶ谷　警務隊は創隊69周年を迎えた6月15日、市ヶ谷駐屯地で記念行事を行った。吉田幸一警務隊長の各方面警務隊へのリモート訓示、警務隊の殉職隊員8人の慰霊の後、今年度から警務科魂を再認識する歴史教育が新たに行われた。また3年度の隊務優秀部隊は119地区警務隊（旭川）と302保安警務中隊（市ヶ谷）の2個部隊だった。

高田　2普連は6月25日、駐屯地体育館で4年度自候生課程修了式を家族を招いて行った。自候生50人は凛とした姿を披露。小段雄三連隊長は式辞で「向き不向きより前向き」「練習は不可能を可能にする」の二つの言葉を送った。新倉諒太自候生は「感謝の気持ちを忘れずに一人前の自衛官を目指して頑張ります」と今後の抱負を述べた。

小郡　5施団はこのほど、西部方面隊の第1次教育訓練基盤構築で日出生台演習場整備を担任した。約1600人で整備隊を編成し、排水設備の強化、道路の応急復旧など計23件を整備。2施群は空自と協同で技術交流を行い連携を深めた＝写真㊨。整備隊は、訓練・演習の効果的な実施と同演習場の長期安定使用のために所命の整備任務を完遂した。

山口　17普連の自候生26人は6月3日、25キロ行進訓練を行った。陸軍墓地で旧歩兵42連隊の歴史を土肥俊峰偕行会会長兼桜会会長から学び、大塚正昭山口市自衛隊協力会会長から激励を受けた。「仁保の郷」道の駅では、家族会山口、防府支部から支援を受け、ひたむきに歩き続けた。同期の強い絆で困難な状況を克服し、全員完歩した＝写真㊦。

空

三沢　基地はこのほど、4年度北部地域陸海空自衛隊准曹士最先任者交流を行った。参加者は、安藤忠司北空司令官を表敬後、空自航空機や施設、警備犬の訓練展示、米空海軍が保有する航空機を研修し、北部地域の防空を担う三沢基地の重要性を再認識した。北空准曹士先任の池邉幸一准尉は「今後も相互理解と信頼関係を醸成していく」と語った。

横田　総隊と関連部隊はこのほど、府中から横田基地に移転して10周年を迎えた節目に10周年記念碑を設置＝写真㊨。内倉浩昭総隊司令官、伊豆原隆志基地司令、森田雄博副司令官、米空軍の第5空軍副司令官のレオナルドJ・コシンスキー少将らが出席し記念行事を行った。伊豆原司令は「日米連携強化と部隊のさらなる団結強化を図る」と述べた。

那覇　基地は6月18日、旧海軍砲台跡「同期の桜」の碑の前で行われた「第14期海軍飛行専修予備学生遺族会」の慰霊行事を支援した＝写真㊧。遺族関係者のほか、谷嶋正仁南西空司令官、高石景太郎基地司令、輿儀孝9空団基群司令などが参列、音楽隊は慰霊演奏を行った。茶道「裏千家」前家元の千玄室氏がたてたお茶が亡き戦友へ捧げられた。

海

館山　21空群は7月18日、基地内で「ヘリコプターフェスティバルinTATEYAMA2022」を開催。SH60K哨戒ヘリ＝写真㊤＝の飛行展示をはじめ陸自OH1観測ヘリ、空自UH60J救難ヘリ、海保や横浜市消防局などの航空機を一堂に展示した。ミニチュア護衛艦も登場し、3年ぶりのイベントは延べ4876人の来場者でにぎわった。

舞鶴　14護隊司令の目賀田瑞彦1佐以下護衛艦「ひゅうが」「せんだい」乗員ら29人は6月19日、海上保安学校の職員や学生約50人、京都府舞鶴の市民団体「榎川を美しくする会」と合同で、榎川を清掃した＝写真㊤。活動は昨年6月から定期的に行っており、今回で4回目。当日は天候にも恵まれ、過去最大規模の約80人で清掃活動に汗を流した。

呉　呉海曹会（会長・内藤英治曹長）は空母「飛鷹」追悼式前日の6月18日、広島県呉市の旧呉海軍墓地長迫公園を清掃した＝写真㊤。1音響測定司令の手塚真理子1佐をはじめ輸送艦「くにさき」艦長の高岡智2佐以下35人の有志が参加。隊員たちは活動の中で、先人たちに追悼の意を表するとともに、海軍の伝統の継承と奉仕の精神を育んだ。

徳島　教空群は6月18日、基地防衛モニター11人を招き、小松島港に停泊中の掃海艇「なおしま」の艦艇見学を行った＝写真㊤。参加者は、普段見ることができない掃海具を見学。「なおしま」乗員から直接、もやい結びなどの結索法を学んだ。特殊な任務を行う艦艇の見学を通じ、参加者は「海自の活動をより深く知ることができた」と感想を述べた。

厚生・共済

特集

防衛省共済組合直営施設 ホテルグランドヒル市ヶ谷よりご案内

「守るあなたへ」贈る婚礼プラン

★2023年3月31日までに結婚式を挙げる【少人数&家族婚限定】

★マイウエディングプラン 〜大切な人と過ごす特別な1日を〜

組合員限定特典

○婚礼料理22000円→16500円

○新郎新婦各2点衣裳プレゼント（上限有）

○サービス料対象項目10%オフ

○宿泊優待料金

通常価格で約164万円のところ、組合員限定で約135万円へ29万円オフになります。（10名様でのお見積りの一例として）

また、ご家族だけの結婚式なら準備期間一カ月でも可能です。

（適用条件　29名以下の挙式かつ披露宴を行う方）

この他にも写真プランなどの各種プランを取り揃えております。

詳しくはスタッフまでお気軽にお問い合わせください。

また、ブライダルのご相談もお電話・メール・オンラインにて随時受付しております。

☆【みんなのウェディング口コミランキング6年連続第1位受賞！】

「みんなのウェディング」にて「2022年本番満足度第1位（新宿・中野・杉並エリア）」を受賞しました。ホテルグランドヒル市ヶ谷は、これからもおふたりのしあわせを『はじまりからはぐくむ』場所でありつづけます。

【ご予約・お問い合わせ】

電話03−3268−0115（直通）　専用線8−6−28853（婚礼予約）

HP　https://www.ghi.gr.jp　Mail　salon@ghi.gr.jp

公式インスタグラム　グラヒルHP

被扶養者の要件の確認をしています 必要書類の提出を

防衛省共済組合では現在、組合員の被扶養者の要件を満たしているか、確認を行っています。

組合員の皆さまに対し、所属支部から被扶養者申告書、証明書類等の提出を依頼しますので、ご協力をお願いします。

扶養していた者が就職したり死亡等で被扶養者の要件を満たさなくなった場合、認定取り消しの手続きが必要です。

被扶養者の恒常的な収入が年額130万円以上の場合も認定が取り消しとなります。（障害を支給事由とする公的年金受給者もしくは60歳以上の公的年金受給者は180万円以上で取り消しとなります。）

被扶養者の認定取り消しに該当すると思われる場合は、各支部の「短期係」までお問い合わせください。

レジャー施設入園を補助 ベネフィット・ステーション

夏休みのレジャー計画は決まっていますか?

防衛省共済組合が提携する「ベネフィット・ステーション」では、東京ディズニーリゾート（TDR）の「予約観光券（期日指定券）」と「コーポレートプログラム利用券」（期日指定なし）、関西テーマパーク施設の「予約観光券（期日指定券）」を組合員の皆さまにご提供しています。

「予約観光券（期日指定券）」は、あらかじめ入場日と入場パークを指定し、近畿日本ツーリスト、JTBの店舗でご購入頂けます。大人・中人・シニアは1000円、小人は500円の補助を受けることができます。

一方、期日指定のない「コーポレートプログラム利用券」は、東京ディズニーリゾートオンライン予約・購入サイトに対応したデジタル版利用券がベネフィット・ステーション会員専用サイトまたはカスタマーセンターにてお申し込み頂けます。

補助額は一律1000円となります。

お申込みは各施設併せて年1回（上限4枚まで）となります。

詳細は「ベネフィット・ステーション」の会員専用サイトでご確認ください。

団体傷害保険

職員・家族の力強い味方

自転車保険の加入義務化にも対応

皆さんは団体傷害保険に加入していますか。万が一、本人・家族が事故で死亡したり、ケガをして入院・通院することになった場合、団体傷害保険はその負担を費用面からサポートしてくれます。

防衛省共済組合が取り扱う団体傷害保険は、防衛省ならではのスケールメリット（団体割引等最大約59%）があり、組合員の皆さまには大変お得な傷害保険となっています。

特に、「団体傷害保険＋総合賠償型オプション＋親介護オプション＋長期所得安心くん」のセットに加入すると、さまざまなリスクに備えることができます。セットの内容は次のものから選べます。

【団体傷害保険】日本国内・海外を問わず、急激かつ偶然のさまざまな外来の事故によるケガを補償。

事故例は、▽交通事故で後遺障害となった▽自転車と衝突してケガをした▽地震で物が倒れてケガをした▽子供がブランコから落ちケガをした▽徒手格闘訓練中、骨折して入院した——などです。

【総合賠償型オプション】日本国内・国外を問わず、日常生活に起因する偶然な事故に対して、他人の身体を傷つけたり、他人の財物に損害を与えた等により、法律上の賠償責任を負われた場合、保険金をお支払いします。日本国内で発生した賠償責任については、示談交渉サービスが付いているので安心です。

事故例は、▽子供が自転車を運転中、歩行者とぶつかり大ケガを負わせた▽洗面所の水を誤ってあふれさせ、階下の家の家財を水浸しにした▽スキー中に人に衝突し大ケガを負わせた——など。

このオプションは自治体で加入義務（努力義務）化が進んでいる「自転車保険」の役割も果たし、月々90円の特約に加入すれば、他人をケガさせてしまった場合、2億円を限度に補償されます。

【親介護オプション】親が要介護状態となり、その状態が支払対象期間開始日から一定期間（30日）を超えて継続した場合、保険金が支払われます。

事故例として、▽父親が脳卒中で倒れ、一命を取り留めたものの、要介護3と認定された▽母親が交通事故で脊椎を損傷し、寝たきりとなった——など。

【長期所得安心くん（団体長期障害所得補償保険＝GLTD）】組合員が病気やケガで働けなくなったときに、減少する給与所得を長期間にわたって補償します。

事故例として、▽脳梗塞で倒れて入院し、長期間就業障害となった▽精神的ストレスからうつ病となり、長期間就業障害となった——など。

詳しくは各支部の団体保険担当におたずねください。

年金Q&A

窓口に行かずに受け取れる年金の試算額が知りたい

KKR年金情報提供サービスのご利用を

Q　私は50歳の自衛官です。退官が近くになり年金額が気になってきました。勤務の都合で共済の窓口へ行くことが難しいのですが、他に私の受け取る年金の試算額が分かる方法がありましたら教えてください。

A　国家公務員共済組合連合会のホームページ「KKR年金情報提供サービス」を利用し、ご自身で年金額の試算をすることができます。初めてご利用の場合、連合会インターネットホームページから「ユーザーIDとパスワード」の取得が必要です。

◆ご注意◆

長期組合員番号は、昭和61年4月以降の組合員期間がある方に付番されています。毎年6月に送付される「退職年金分掛金の払込実績通知書」に記載されているので、不明な方は所属の共済組合支部長期係に照会ください。

新規登録時は、ユーザーID・パスワードが付与されるまで、概ね2週間程度かかります。

転居、結婚等により変更後の住所・氏名情報等が正しく登録されていないため記録の不整合があった場合は、ユーザーID及びパスワードがすぐに発行できないことがあります。「記録不整合についてのお知らせ」が届いた場合、次の手続きをお願いします。

①現在組合員の方⇒所属の共済組合支部長期係へご連絡ください。

②元組合員で年金受給年齢に達していない方⇒「住所・氏名変更届」を連合会年金部へ提出ください。用紙はKKRホームページからダウンロードできます。

なお、インターネットによる本サービスをご利用できない方は「KKR年金情報提供依頼書」をダウンロードし、切手を貼付した返信用封筒を同封のうえ、下記「年金情報提供サービス担当」まで郵送ください。

利用対象者	現在組合員の方（長期組合員番号が必要） 元組合員で年金受給年齢に達していない方 ※（基礎年金番号が必要）
情報提供内容	年金試算額情報・組合員期間情報・標準報酬情報・既給一時金情報（該当者のみ）・ねんきん定期便情報（現在組合員のみ）
利用方法	http://www.kkr.or.jp/ KKRホームページにアクセスし、下側にある「KKR年金情報提供サービス」のバナーをクリック。
お問い合わせ	国家公務員共済組合連合会　年金部　年金情報提供サービス担当 〒102-8082　東京都千代田区九段南1-1-10　九段合同庁舎 電話0570-080-556（ナビダイヤル）03-3265-8155（一般電話） 受付時間9:00~17:30（土日祝日・年末年始除く）

※「元組合員」とは、1年以上の組合員期間を有し、現在は資格を喪失（退職）している方です。

厚生・共済

特集

20部隊に2級賞状

陸幕長授与　厚生業務で優れた功績

「一人ひとりの（業務）隊員は宝だ。心からの敬意と感謝を申しあげる。本当におめでとう」――。隊員の福利厚生や共済組合の業務などで優れた功績を挙げた陸自20個の駐屯地業務隊に7月15日、吉田陸幕長から2級賞状と副賞の盾が授与された。

防衛省の陸幕会議室で行われた表彰式には、各業務隊長らが代表して出席、山根寿一陸幕副長、藤岡史生人教部長、松永浩二防衛部長、上田和幹装計部長、森知久衛生部長、篠村和也法務官らが同席した。

㊤吉田陸幕長（左手前）から2級賞状を授与される郡山駐屯地業務隊の吉田寛宣2佐（その右）と、受賞部隊代表の隊員たち（いずれも7月15日、陸幕会議室で）

表彰を受けた各業務隊長らに対し、訓示する吉田陸幕長

吉田陸幕長は訓示で、受賞した業務隊の代表者に「心から、平素からの（諸官の）努力に対して敬意と感謝を申し述べたい」と謝意を示し、今般のウクライナ情勢を挙げ、「有事などが起きた場合、部隊の戦力維持の拠点となる駐屯地や演習場の役割が今、大きくクローズアップされており、業務隊の力がないと陸自は戦えない」と支援の重要性を強調した。

その上で昨年の03陸演と新型コロナの感染拡大防止策について触れ、「RSOI（受け入れ、駐留・作戦準備、前方展開、戦力統合の略）」を引き合いに出し、「部隊を受け入れ、そして通過支援を行い、補給し、駐屯地あるいは演習場において戦力が統合されていくという意味で、業務隊はRSOIの拠点を維持している」と評価するとともに、次の陸演が3年後になることを見据え「昨年学んだことを普及、演練して次代に継承してほしい」と語った。

さらに、コロナ禍での業務隊による感染拡大防止対策についても「素晴らしい働きをしてくれた。心から感謝したい」と労った。

また、隊員の帽子に刺繍されている「業務隊」の英語表記「GSVC」について受賞者たちに問いかけ、「GSのジェネラルサービス（総合サービス）の『ジェネラル』は業務隊として総合的にワンチームとなり部隊を支えるということ」であり、以前ハワイのホテルで迷彩服を着て歩いていると、現地人から「Thank you for your service（軍務についていただいてありがとう）」と声をかけられた体験を紹介。「我々は国に対してミリタリーサービスを奉仕している。その意味でワンチームとなり、部隊のために自分たちは平時、有事においても支えつくす。支えるということがどれだけ尊いことか。この表彰を機に、業務隊の隊員一人ひとりに伝えてもらいたい」と要望した。

訓示を聴いた業務隊長らは、感極まっていた。

功績概要

受賞部隊の功績概要は次のとおり。（①は部隊の作戦基盤、②はサービスに関する功績。カッコ内は駐屯地業務隊長名）

◇北方

▽美幌駐業（圓山紀子2佐）①令和4年度末の体制移行に際し、庁用備品や営舎用備品の取得及び供与をするなど、円滑な体制移行準備に貢献②電気・水道・ボイラー設備などが故障した際、課業内外・休日を問わず即時出勤し早期復旧させ、駐屯地の勤務環境を維持

▽札幌駐業（小島茂1佐）①災害などでシームレスな補給業務が必要という認識の下、業務隊所属全隊員に補給業務交差訓練を行うなど、隊の運用支援基盤を強化②禁煙施策として禁煙補助剤の活用や専門指導により、禁煙希望者の禁煙成功率100%を達成して健康管理の維持・向上に貢献

▽丘珠駐業（荒木角栄2佐）①札幌市の厳しい降雪環境の下、70日にわたって出動し、計104回にわたる昼夜を問わず間断ない除雪を実施して、官民共有飛行場の安定的な運用に貢献②駐屯地所在隊員の給食ニーズを捉えた新メニュー「たまちゃんリングスープカレー」を開発し、導入することで給食のさらなる魅力化を追求

▽幌別駐業（秩父雅彦2佐）①津波被害対策のため、非常用糧食を海抜10メートル以上の隊舎4階で保管するとともに、保管コンテナなどの物品を高台へ設置することにより、駐屯地の運用支援基盤を強化②近傍業務隊と相互協力して行う自隊施工工事「タクミ事業」を積極的に取り入れ、駐屯地全体の勤務環境を維持

◇東北方

▽仙台駐業（池田茂之1佐）①昨年開催された東京オリ・パラの通過支援部隊への支援にあたり、休日・夜間を問わず燃料や糧食を献身的に提供し、通過支援部隊の任務達成に貢献②電気・水道・ボイラー設備などが故障した際、課業内外・休日を問わず即時出勤し早期復旧させ、駐屯地の勤務環境を維持

▽郡山駐業（吉田寛宣2佐）①令和4年3月福島沖地震に伴う災害派遣支援で、健康診断・糧食の事前交付・時間外給食・入浴・備蓄品交付などを献身的に実施し、支援部隊の任務達成に貢献②女性活躍推進事業の一環として、浴場照明のLED化と換気設備を整備し、女性の勤務環境を向上

◇東方

▽霞ヶ浦駐業（田子和明1佐）①東京オリ・パラの通過部隊支援で、24時間の空調管理・時間外給食・入浴を献身的に支援し、支援部隊の任務達成に貢献②電気・水道・ボイラー設備などが故障した際、課業内外・休日を問わず即時出勤し早期復旧させ、駐屯地の勤務環境を維持

▽宇都宮駐業（服部健一2佐）①令和3年度自衛隊統合防災演習に参加し、緊急登庁支援の施設開設・運営などを検証し、災害対処計画を深化するなど駐屯地の運用支援基盤を向上②駐屯地所在隊員の給食ニーズを捉え、新メニューであるセルフ宇駐華ランチを開発し、給食のさらなる魅力化を追求

▽新町駐業（川東賢治2佐）①昨年4月、群馬県前橋市と栃木県那須塩原市の豚熱災害派遣で、健康診断・時間外給油・給食・入浴支援を献身的に行い、支援部隊の任務達成に貢献②駐屯地所在隊員の給食ニーズを捉え、新メニューである「シャンゴ風パスタ」の開発・導入により給食のさらなる魅力化を追求

▽習志野駐業（飯田努1佐）①東京オリ・パラの支援で、補給品調達と給食・給油・洗濯などの支援を献身的に行い、支援部隊の任務達成に大きく貢献②習志野演習場のナラの木枯れが発生した際、約240本という膨大なナラの木を伐採・処分し、演習場を維持・管理

▽滝ケ原駐業（松田行祥2佐）①物品役務相互提供協定支援（ACSA）で、米軍ヘリに対し、年間延べ3550ℓの給油を支援するなど日米の相互連携を確立②電気・水道・ボイラー設備などが故障した際、課業内外・休日を問わず即時出勤し早期復旧させ、駐屯地の勤務環境を維持

◇中方

▽金沢駐業（西川創2佐）①円滑な除雪を実施するため所属全隊員に対し、除雪器材の取扱い操作教育を行い、先行的に除雪するなど駐屯地全体の即応態勢を維持②電気・水道・ボイラー設備などが故障した際、課業内外・休日を問わず即時出勤し早期復旧させ、駐屯地の勤務環境を維持

▽守山駐業（北島崇生1佐）①環境改善会同で隊員ニーズを把握し、月1回設定のサービスデイにサービスチームを編成し、施設の集中整備など駐屯地の勤務・生活環境を維持②積極的に施設整備・修理状況などの「営繕便り」を発簡し、駐屯地所在隊員の施設愛護精神を高揚

▽大久保駐業（井門秀治1佐）①各期1回以上、油流出時の対応要領に関する教育を行い、社会に及ぼす影響の大きさを自覚させるなど、駐屯地の環境維持に関する隊員の意識改革を促進②外灯と浴場照明計86台のLED電灯への取替工事を実施。他駐屯地技官との技能・識能交流と若手技官の技能を強化

▽伊丹駐業（堤浩一郎1佐）①洗濯機と給排水配管をユニット化し、各種訓練・教育隊支援で迅速に仮設・運用できるよう創意工夫②新型コロナワクチンの自衛隊大阪大規模接種センター勤務員が使用した衣類計2280人分を洗濯支援

▽千僧駐業（山本真也1佐）①委託業者が災害などにより糧食に関する役務履行が不可能になった場合を想定し、業務隊所属の糧食班員のみによる調理訓練を行うなど給食支援能力を強化②医務室の医薬品の品目ごとに、使用期限が一目で分かるように標示し、創意を凝らした在庫管理をするなど衛生機能を維持

◇西方

▽福岡駐業（奥田広樹1佐）①令和3年8月の大雨に関する災害派遣で、糧食の事前交付・臨時健康診断・時間外給食・入浴・備蓄品交付などを迅速に行い、派遣部隊の任務達成に貢献②駐屯地トータルヘルスプロポーション「THP」において栄養講座を行い、隊員の健康管理の維持・向上に貢献

▽久留米駐業（石川達也2佐）①昨年8月の大雨に関連する災害派遣で、糧食の事前交付・臨時健康診断・時間外給食・入浴・備蓄品交付などを迅速に行い、派遣部隊の任務達成に貢献②駐屯地トータルヘルスプロポーション「THP」を企画し、要健康管理指定要員である肥満・虫歯の改善指導を献身的に行うなど、駐屯地所在隊員の健康増進に貢献

▽えびの駐業（福島邦彦2佐）①昨年度の災害補償に関する業務で、野外行動訓練検閲中に負傷した隊員の公務災害認定を迅速に行うなど、隊員が任務に専念する環境を構築②食堂厨房屋根の遮熱塗装など、部隊のニーズに基づく自隊施工を計画的に行い、勤務環境を向上

▽相浦駐業（岩村福雄1佐）①昨年度末の電子作戦部隊新編のため、計画通り器材保管庫の完成と非常用発電装置の設置を完了させ、円滑な体制移行に貢献②駐屯地所在隊員の給食ニーズを捉え、新メニューである「鶏マスタードグリル」の開発・導入をすることで給食のさらなる魅力化を追求

余暇を楽しむ

久居駐屯地陸上部・駅伝部

紹介者：
陸上部　2陸曹　北川直秋
駅伝部　3陸曹　吉鶴隼人
（33普連＝久居）

久居駐屯地陸上部と駅伝部を紹介します。

陸上部は、33普連1中隊長の赤間陽介3佐が担任官で部員は8人。駅伝部は、重迫撃砲中隊長の太田豊隆3佐が担任官で部員は16人で、それぞれ活動しています。

課業外の時間を使って、駐屯地内や隣接している訓練場のトラックで練習を行っています。陸上部（主に短距離）は、加速走、テンポ走（少し速めのペースを維持して走る）、ウェーブ（繰り返す）走などで瞬発力を鍛え、駅伝部（主に長距離）は、ペース走やインターバルなどで強弱をつけて持久力を鍛えています。また、駐屯地周辺のコースを使用した時間走だけでなく、積極的に各種機能トレーニングなどを取り入れ、体幹の強化、体づくりに心掛け、さらなる記録更新に向けて練習をしています。

切磋琢磨し「昨日よりも今日」

朝霞駐屯地で行われた全自衛隊陸上競技会の男子400メートル部門決勝で見事1位に輝いた陸上部の北川2曹

駐屯地前の訓練場で、練習後に部員全員で記念撮影する駅伝部員。2列目左端が吉鶴3曹

このほか、全自衛隊陸上競技大会や三重県陸上競技選手権大会、各市町で行われている駅伝大会、記録会に両部それぞれ参加しています。

成績は、全自衛隊陸上競技大会400m男子で優勝、明和町駅伝大会優勝、アクトス6時間リレーマラソンinナゴヤドーム（現バンテリンドームナゴヤ）優勝と好成績を収めてきました。

昨今の新型コロナの影響により各大会に出場がなかなかできていませんが、いつ通常通りに大会が行われても良いように、しっかりと練習を継続して技術を積み上げ、切磋琢磨しながら「昨日よりも今日」という意気込みでコツコツと励んでいきます。

両部では部員を大募集しています。誰よりも速く走りたい方、走る事が大好きな方は特に大歓迎です。少しでもご興味がある方がいましたら、陸上部監督・第1中隊の北川直秋2曹、駅伝部監督・重迫撃砲中隊の吉鶴隼人3曹までご連絡ください。

自慢の一品料理

日向夏風味空上げ(唐揚げ)

空自では全体で「より上を目指す」という意味を込めて、鶏の唐揚げを「空上げ（からあげ）」と呼称し、各基地がそれぞれその土地の自慢の食材などを使用して独自の一品を考案しています。

今回は、新田原基地に勤務する私が考案した一品を紹介します。宮崎の名産「日向夏」を使用した夏の疲労回復にぴったりの「日向夏風味空上げ」です。

作り方は、まず鶏もも肉を40グラム程度に切り分けておきます。次にはちみつ、醤油、料理酒、食酢と日向夏ジュースを混ぜ、それに鶏肉を60分程度漬け込みます。その後、漬け込んだ鶏肉に塩、こしょうを軽くふり、小麦粉、でんぷんで衣付けし、160度の油で5～6分程度じっくり揚げたらでき上がりです。

よりおいしく調理するコツは、鶏肉を漬け込む時間を丸一日かけること。日向夏の風味が一層引き立ち、鶏肉を柔らかくします。また、鶏肉を漬け込む前にあらかじめフォークなどで穴を開けておくとより味が染みこみます。

日向夏の酸味は、爽やかな風味でさっぱりとした味わいが特徴で、夏場の食欲を増進します。爽やかな宮崎らしいメニューで誰でも簡単に作れますので、ぜひ試してみてください。

紹介者：技官 野口　菜奈子
（5空団基地業務群給養小隊・新田原）

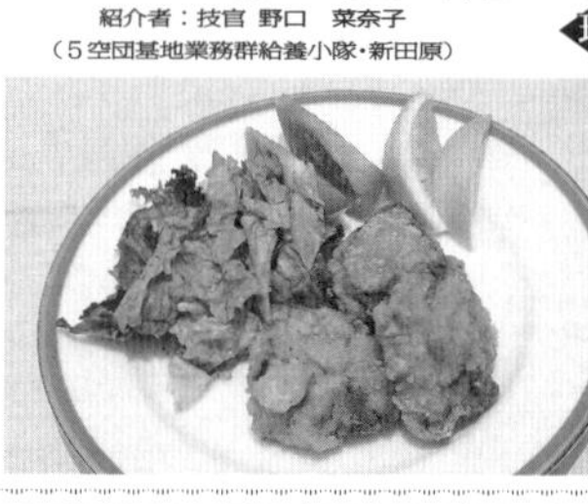

地方防衛局

特集

新人職員が部隊研修

多賀城駐屯地で刺激受ける

東北防衛局

【東北局】東北防衛局（市川道夫局長）は6月16日、今年度の新規採用職員13人を対象とした部隊研修を多賀城駐屯地で実施した。地方防衛局の役割や部隊への理解を促すとともに、防衛局員としての心構えを自覚させ、今後の成長の資とすることが狙い。参加者は「東日本大震災の津波で被災した駐屯地施設の復旧状況」と「新隊員の戦闘訓練」を研修した。

東北防衛局の新規採用職員13人は、研修内容について事前に予習するとともに、それぞれがテーマを決めて研修に臨んだ。

最初に、多賀城駐屯地広報室の支援を受けて「東日本大震災の津波で被災した駐屯地施設の復旧状況」の研修が行われ、参加者たちは駐屯地の広報施設「防衛館」で東日本大震災における部隊の活動を記録した映像を視聴した。

津波が押し寄せ、駐屯地のグラウンドが濁流に呑み込まれ、災害派遣準備中の車両が水没する様子や、破壊された正門の映像に、参加者は被害のすさまじさを目の当たりにするとともに、家族の安否も分からない状況下で災害派遣に身を投じ、発災直後から冷たい水に浸かって極寒の暗闇の中でも人命救助に当たった自衛官たちの姿に触れ、「使命感」の重さを心に焼き付けていた。

この後、震災後に東北防衛局の工事などで復旧した正門や本部庁舎、グラウンド、自動車教習所、集約倉庫などを自らの目で確認し、防衛局の果たすべき役割について理解を深めた。

特に、庁舎地区は同規模の津波に備えて2メートルの嵩上げを行っており、災害に強い防衛施設の重要性について認識を深めた。

多賀城駐屯地は今年3月16日に発生した最大震度6強の福島県沖地震でも建物が被害を受けており、被害を局限するために東北局の職員がいち早く駆けつけて建物の応急危険度を判定し、2次災害の予防措置を講じた現場も併せて確認した。

引率した広報室渉外幹部の小幡大地准尉は、今年定年を迎える〝人生の先輩〟としての立場から、「防衛局と部隊では果たすべき役割は違うが、使命感をもってこれから頑張ってほしい」と新人職員にエールを送った。

続いて「新隊員の戦闘訓練」研修では、東北方面混成団の支援を受けて、参加者と同じ今年春に入隊した新隊員たちが戦闘訓練で汗を流す様子を見学した。

戦闘訓練では攻撃発揮位置から援護射撃のもと、早駆けと匍匐で逐次前進して突撃するまでの一連の流れを見学し、わずか3カ月に満たない短期間で〝自衛官の卵〟として立派に成長した姿に大きな刺激を受けていた。突撃後に倒れ込む隊員もいて、自らの限界に挑戦する精神力と訓練の厳しさに圧倒されていた。

研修を終えた参加者たちは「同世代として刺激を受けた」「坂を一気に駆け上がるきつい時に仲間同士で励まし合い、鼓舞する声を聞いて心が熱くなった」「日々の厳しい訓練が自衛隊員の体力的・精神的な強さにつながっていると感じた」「自分の業務が国防につながっていることを認識できた」「業務内容は異なっても、同じ防衛省の職員として、自衛官と同じ覚悟、同じ気持ちで日々の業務に取り組んでいきたい」――などと感想を話していた。

新隊員の戦闘訓練（左側）を見学する東北防衛局の新規採用職員たち（右側）＝写真は6月16日、宮城県の多賀城駐屯地で

東海支局

航空事故対処訓練を実施

松下支局長「日々備えよ」

【東海支局】東海防衛支局（松下陽子支局長、名古屋市）は7月13日、令和4年度「航空事故対処訓練」を実施し、松下支局長以下30人の職員が参加した。

訓練では、防衛省の契約に基づく航空機が試験飛行で不具合が生じる場面を想定。参加者は、▽契約航空機担当課による初動対応▽対策本部設置▽関係機関への速報▽事故現場の保存▽被害者や地方自治体への対応▽報道機関対応――について演練した。

状況開始後、訓練の統裁部から「航空機との通信途絶」の一報を得た対策本部は、関連規則等に基づき、速やかに防衛大臣、装備庁、関係機関などを模擬した「レスポンス・セル」に事故の状況を通報した。

その後、「航空機の墜落」の状況が付与され、対策本部長を務める松下支局長の指示のもと、対策本部員は被害状況を確認し、航空機内の危険物に係る情報を警察などに通報するとともに、被害者や地方自治体への初動対応のため、現地派遣部隊の派遣準備に着手した。加えて、統裁部が報道機関を模擬して事故に関する問い合わせを行い、対策本部員に対応させる演練も行われた。

今回の訓練は、事故発生から概ね2日間の状況を2時間のシナリオに凝縮したため、目まぐるしく変化する事態に対策本部員は慌ただしく対応を強いられる状況となったが、互いに業務を補完し合い、一丸となって事故対処に当たった。

同時に今回は、手順書や規則が実際に機能し、対応の根拠たり得るかを検証する貴重な機会ともなった。

訓練終了後、直ちにブリーフィングが行われ、統裁部から▽訓練の目的▽状況付与の狙いと対策本部の対応▽その評価と課題――が参加者全員に共有された。

最後に松下支局長が「事故対処訓練を実施することで、支局の即応性と対処能力を確認することができた。本訓練で得た教訓を継承し、いつ発生するか分からない事故に日々備えてほしい」と訓示し、訓練は無事終了した。

航空事故対処訓練に臨む対策本部長の松下支局長（ホワイトボード前）ら東海防衛支局の職員（7月13日、名古屋市の東海防衛支局で）

リレー随想　松下　陽子

「132 3エマージェンシーコール、機体振動増大、油圧低下」と統裁部から状況が付与され、東海防衛支局の令和4年度航空事故対処訓練の対策本部での訓練が始まりました。

今回の訓練は、昨年9月に発生した川崎重工業において製造中のP1航空機の岐阜基地滑走路逸脱事故を踏まえ、支局全体で対処することを念頭に計画を策定し、実施したものです。

訓練のシナリオは、三菱重工業で製造中のSH60Kが飛行試験中に機体が不具合を起こし、予防着陸をすべく高度を下げていたものの、機体が制御できず、無線が途絶し、墜落炎上したというものでした。さらに乗員2名の死亡と2名の重傷、JR架線の断絶によるJR線不通という状況まで付与されました。

シナリオとしては非常に厳しい内容でしたが、いざという時に動ける態勢を構築するためには、このような厳しい内容でよかったと思いました。

私も対策本部長の立場で訓練に参加し、「状況等に対する判断」「大臣等への報告」「適時の指示」を行いましたが、結節で頭揃えをすべきと思いながら躊躇するなど、終わってみると反省することが多く、考えさせられました。

現場のトップとして

ただ、今回の訓練項目でもある被害者対応については、私は長年の賠償業務の経験から、被害者の方々にはしかるべき者が即座にお会いして対応すべきと考えており、今回も乗員死亡の情報が入った時点で、現場のトップとして早期に病院や墜落現場の地権者の所へ行くべきと考え、状況が「三菱重工業本社での記者会見設定、応答要領作成、乗員ご家族の現地入りの支援等」に移った時点で、訓練終了時間前ではありましたが、対策本部を離れ、病院等に行くという判断をしました。

この「指揮官が対策本部を離れること」に関し、違和感を持った人がいたと訓練後のAAR（アフター・アクション・レビュー）で聞きましたが、現場組織の長としては、指揮は副本部長に任せられますが、お詫び等は自分が行うべきものであり、もし自分が被害者の立場だったらそうしてもらいたいと思うので、判断に踏み切りました。この判断の意図はAARで詳しく説明したので理解されたと思います。

怒涛のような2時間の訓練を各自真剣に対応して乗り切り、見学者も緊迫した状況を体感できて、いい経験になったと思います。

この紙面をお借りして、計画の策定や準備に汗をかいてくれた面々にあらためて感謝です!!

（前東海防衛支局長、現愛知地方協力本部副本部長）

「優秀工事等顕彰状」授与式

九州局　13社と技術者13人

【九州局】九州防衛局（伊藤哲也局長）は6月29日、令和4年度「優秀工事等顕彰状」の授与式を行った。昨年度に完成した工事の中から優れた施工や業務を実施した受注業者13社と技術者13人に対し、同局の日下良太調達部長名による顕彰状が本人から直接授与された。

これは、同局が発注する建設工事や設計業務などのうち、他の模範とするにふさわしい優れた施工や業務を行った会社や個人を顕彰する制度で、防衛施設工事におけるさらなる技術力の向上や受注意欲を高めることを目的としている。

今回顕彰された工事は、厳しい施工条件や防衛施設としての特殊な施工などの難題に前向きに対応し、優れた出来形を納めた。

九州防衛局は「これを機会に多くの方々に防衛施設の建設工事に興味を持っていただき、幅広く入札に参加していただけることを期待している」と話している。

【顕彰企業等】▽企業名＝工事件名（監理技術者名）（50音順・敬称略）

▽浅海電気九州支店＝板付格納庫新設等電気工事（髙原淳）▽梅林建設＝大分火薬庫新設土木その他工事（梶原貴行）▽梅村組＝庵崎貯油所消防署新設等土木工事（小川裕一）▽栄城設備工業＝目達原宿舎改修機械工事（徳島憲悟）▽九特興業＝脊振山災害復旧工事（鬼丸静雄）▽栗原工業九州支店＝芦屋局舎新設等電気その他工事（宿利原伸二）▽三機工業九州支店＝別府庁舎改修機械その他工事（松本慎吾）▽末宗組＝別府庁舎改修等建築その他工事（江口真樹）▽双峰設備＝庵崎貯油所消防署等新設機械工事（朝長精五）▽大三洋行九州支社＝築城隊舎新設電気その他工事（西村健作）▽大成設備九州支店＝築城隊舎等新設機械工事（遠藤準）▽谷村建設＝相浦宿舎改修土木工事（川﨑信人）▽筑豊冷機＝芦屋外空調機更新等機械その他工事（原田信雄）

「優秀工事等顕彰状」を授与された受注業者13社（上）と技術者13人（下）。いずれも前列左から4人目が九州防衛局の日下調達部長（6月29日、九州防衛局で）

防衛施設と首長さん

岩手県八幡平市　佐々木孝弘　市長

岩手駐屯地と緊密に連携　市民の安心・安全に全力

ささき・たかひろ　60歳。盛岡商業高校卒。八幡平市市民課長、企画財政課長、副市長などを経て、2021年10月に八幡平市長に初当選。現在1期目。八幡平市出身。

八幡平（はちまんたい）市は、岩手県の県庁所在地である盛岡市の北西に位置し、西は秋田県仙北市、鹿角市、北は青森県田子町と接し、「北東北（青森・秋田・岩手）」のほぼ中心にあります。

本市の掲げる将来像は、「農（みのり）と輝（ひかり）の大地」です。「農（みのり）」は、米やホウレンソウ、リンドウ、畜産物など他に誇る優れた農産物と、健やかで生きがいや喜びにあふれた人々が「結（ゆい）」の精神で連携・協働していくまちの姿を意味しています。

「輝（ひかり）」は、萌える若葉の緑、清らかな水と澄んだ空の青、鮮やかな紅葉の赤、純白の雪といった豊かな自然と観光・商工業を表し、「北東北」の交流新拠点として人や物、情報が活発に行き交い、未来に向かって限りない発展をする市の将来像を意味しています。

近年では、日本百名山・八幡平（標高約1600メートル）の頂上付近にある鏡沼の雪解けの様子「ドラゴンアイ」が話題となっているほか、「ゼロカーボンシティー」に向け、地熱発電所の立地促進など恵まれた自然エネルギー資源の積極的な活用を図っています。

隣接する滝沢市に所在する陸上自衛隊岩手駐屯地には、八幡平市総合防災訓練などで連携をいただいているほか、五輪メダリストを多く輩出しているスキー競技などにおいて、施設整備など各種大会等の運営に多大なる協力をいただいております。

今後とも災害時はもとより、平時からの連携を密にし、市民の安心・安全に努めてまいります。

北関東防衛局

「防衛問題セミナー」をオンライン配信

【北関東局】北関東防衛局（扇谷治局長）は8月8日から31日まで、第49回「防衛問題セミナー」をYouTubeで配信している。「地形で読み解く河川災害の歴史～清流と青峰のくに信濃の守り～」をテーマに事前収録されたもので、期間中はいつでも視聴可能だ。

◇視聴要領は次の通り。

▽視聴期間＝8月8日（月）午前10時～8月31日（水）午後11時59分まで（視聴時間約2時間）

▽講演＝竹村公太郎氏（特定非営利活動法人日本水フォーラム代表理事）＝「地形で読み解く河川災害の歴史と日本人のアイデンティティー」▽浅埜良蔵2陸佐（13普連副連隊長）＝「陸上自衛隊松本駐屯地の任務と災害派遣活動」

▽Q&A＝長野県内の自治体などからの質問に対し、竹村公太郎氏と鏡森直樹1陸佐（13普連長兼松本駐屯地司令）が回答（事前収録済み）

▽問い合わせ＝北関東防衛局企画部地方協力基盤整備課（048―600―1844）、メール（seminar-kk@n-kanto.rdb.mod.go.jp）

大雨の新潟など4県で災派

山形、石川、福井でも河川氾濫

30普連などボートで人命救助

前線が停滞した影響で8月3日、東北地方の日本海側、北陸地方などが記録的な大雨に見舞われ、各地で河川の氾濫などが発生。翌4日以降、新潟、山形、石川、福井の各県から自衛隊に対し人命救助などの災害派遣が要請された。これを受けて各被災地に災派部隊が迅速に展開、ボートを用いた救出などに全力で当たり、同8日までに要請を受けて活動を終えた。

上 ゴムボートを使用し、住民の救助活動に向かう14普連の隊員（8月4日、石川県小松市で）＝統幕提供
下 1トン水トレーラーで住民への給水活動を行う30普連の隊員（8月5日、新潟県村上市で）＝12旅団のツイッターから

8月3日から降り続いた大雨で気象庁は同日以降、山形県米沢市や新潟県村上市などに大雨特別警報を発表。土砂災害や低地の浸水、河川の氾濫に対し警戒を呼び掛けた。

村上市では荒川の周辺などで冠水が相次いだことから、4日午前6時半、新潟県の花角英世知事が陸自30普連長（新発田）の遠藤祐一郎1陸佐に住居に取り残された住民の救助に関する災害派遣を要請。さらに山形、石川、福井県でも、各県知事から6師団長の鬼頭健司陸将（神町）、10師団長の中野義久陸将（守山）、14普連長の田村秀樹1陸佐（金沢）にそれぞれ人命救助などの災害派遣要請があった。

村上市では、住宅の床上や床下に浸水が相次ぎ、旧荒川町では浸水被害が全域に拡大、住民たちが救助を待っていた。そこで30普連が延べ約180人態勢でゴムボート9艇、渡河ボート4艇、ドローン6機を使って、約1200戸の安否確認を行い、約70人を救助した。また、同隊の延べ約30人は同市内で住民らに対し1トン水トレーラー2両で延べ約30・7トンの給水支援を行った。

鹿蒜（かひる）川が氾濫した福井県南越前町では14普連と6施設群372施設中隊（鯖江）が延べ約20人態勢で渡河ボート4艇、バケットローダー2両などを使い、土砂崩れが発生した地域で約50メートルの道路啓開を行って住民1人を救出した。

石川県中海町では、14普連が延べ約130人態勢で住民の安否確認を実施。山形県では飯豊町で20普連（神町）が住民らに対し延べ約17トンの給水支援を行った。

各地とも救助作業などを完了し、山形県から4日午後8時、石川県から5日午後0時、福井県から6日午後8時5分、新潟県から8日午前11時45分に撤収要請を受け、それぞれ活動を終えた。

旧軍気象史料の複製贈呈

気象庁長官に齋藤防研所長

気象庁の長谷川長官（右）に防研が保有する旧軍の貴重な気象史料の複製＝展示物＝を贈呈した防研の齋藤所長（中央）と菅野史料室長（東京都港区の気象庁で）

防衛研究所の齋藤雅一所長はこのほど、気象庁（東京都港区虎ノ門）を訪れ、防研戦史研究センター史料室が保有する戦前から戦中にかけての旧陸海軍の気象に関する史料を長谷川直之気象庁長官に贈呈した。

今回贈呈されたのは、いずれも複製で、①日露戦争時にウラジオストクの「濃霧」に苦しめられた日本海軍第2艦隊の史料②「濃霧」に乗じてアリューシャン列島のキスカ島から約5200人の守備隊全員の撤退を成功させた日本軍の史料（昭和18年5～7月）③日本統治下の朝鮮半島における「平壌陸軍気象観測所新設工事変更設計書」（昭和16年5月）に関する史料④天象気象に基づいた旧海軍駆逐艦の命名に関する史料⑤製本版「陸軍気象観測法」――の計5点。

これらの史料について、齋藤所長に同行した防研戦史研究センター史料室長で、公文書管理に関する「認証アーキビスト」の公的資格を持つ菅野直樹氏が歴史的背景などを一つ一つ丁寧に説明すると、長谷川長官は「これだけの史料がよく残っている。それらを防研が大切に保管されてきたのですね」と感心した様子で聞き入っていた。

長谷川長官は今年3月、防研で第69期一般課程の研修員に対する特別講義を行った際、防研側から、▽日本軍によるハワイの「真珠湾攻撃」当日（昭和16年12月8日）の天気図▽日露戦争の日本海海戦直前に秋山真之中佐が大本営に打電した報告「本日天気晴朗なれども波高し」の文面（明治38年5月27日）――の2点の複製を贈られており、今回はその第2弾となった。

3月に贈呈された史料は現在、気象庁長官室に「防衛研究所寄贈」として展示されており、長谷川長官は「来訪されたお客さまにお見せしています。皆さま、大変興味を持って下さっています」と述べると、齋藤所長は「このように立派に展示をしていただき、ありがたい限りです。我々も大変励みになります」と話していた。

南スーダンPKO派遣2隊員

陸幕長に出国報告

国連南スーダン共和国ミッション（UNMISS）に第14次司令部要員として派遣される神林悟3佐（陸上総隊）と高橋宏宗（ひろむね）3佐（同）が8月2日、吉田陸幕長に出国報告を行った。

2人は同月下旬に出国し、国連の研修を受けた後、南スーダンに移動する。

神林3佐は首都ジュバの国連UNハウス地区、高橋3佐はトンピン地区でそれぞれ約1年間任務に当たる。神林3佐はUNMISSの情報幕僚として情報収集や分析などを、高橋3佐は施設幕僚として施設作業の立案などを担当する。出国報告には山根寿一陸幕副長、藤岡史生人教部長、岡田豊同運用支援課長が同席。

報告後の懇談で吉田陸幕長は、①南スーダンにいかに裨益（ひえき）するかという中長期的な視野をしっかり持つこと②現地の国連スタッフや軍人、文官問わず、市民などとネットワークを築き、信頼を確実に獲得すること③自律的に安全管理、健康管理を行っていくこと――の3点を要望し、最後に「素晴らしい体験になると思う。期待している」と激励の言葉を贈った。

防衛省では2017年5月に陸自施設部隊の南スーダンPKO活動を終えた後も、UNMISS司令部への陸自隊員（兵站、情報、施設、航空運用の各幕僚）の派遣を継続。4人は2人1組で出発時期をずらして出国し、それぞれ約1年間の任務に就いている。

吉田陸幕長（右）から激励を受けるUNMISS司令部要員の神林3佐（奥右）と高橋3佐（手前）＝8月2日、陸幕長応接室で

第1回日米合同演奏会を開催

南西航空方面隊と在沖米海兵隊第3海兵遠征軍

【南西空＝那覇】南西航空方面隊と在沖米海兵隊第3海兵遠征軍は7月10日、那覇市の那覇文化芸術劇場なはーとで第1回日米合同演奏会を開いた。

「共に」をテーマに行われた演奏会には空自南西航空音楽隊（隊長・三宅崇生3佐）と、米海兵隊で唯一海外に展開する音楽隊として知られる同軍音楽隊（同・デマリウス・ジャクソン上級准尉）が出演。日米ビッグバンドの初の競演に約1100人の来場者が集まった。

三宅、ジャクソン両隊長の指揮による両国国歌の演奏に続き、南西空音、海兵音楽隊の順にジャズや沖縄民謡などバラエティーに富んだ曲目が披露された。続く合同演奏では、「チャーリー・ザ・ホエール」で日米両隊員によるソロ演奏の掛け合いが客席を沸かせた。アンコールでは米隊員が沖縄民謡「芭蕉布」を見事に演奏し、来場者を喜ばせた。

終演後、ジャクソン隊長は「このような演奏会こそが、両部隊の永続的な友情を表しており、私たちが推進しようとしている一体感そのものだと感じた」と笑顔で語った。

三宅隊長は「音楽文化を通じて交流でき、大変光栄。沖縄の地でこうした演奏会ができたことは、空自と米海兵隊の活動や日米同盟の絆を身近に感じて頂ける機会となったのではないかと思う」と話した。

約1100人の観客を迫力の演奏で沸かせる日米両音楽隊（7月10日、那覇文化芸術劇場なはーとで）

児童に裸の画像を送らせると

3年以下の懲役か、300万円以下の罰金

こちら警務隊

SNSで児童に下着姿の自撮り画像を送らせると、どんな罪になりますか？

性犯罪（青少年保護育成条例違反）

児童（18歳未満の者）の裸体の撮影画像を送らせると「児童買春、児童ポルノに係る行為等の規制及び処罰並びに児童の保護等に関する法律」の児童ポルノ製造、提供、保管として、3年以下の懲役または300万円以下の罰金に処される可能性があります。

また、児童ポルノなどの提供を求める行為自体を禁止した各都道府県の青少年保護育成条例等の処罰の対象となる可能性もあります。

児童に対してSNSにより「下着姿」の画像等を要求するだけで、犯罪となることを認識しましょう。（中央警務隊）

ちびっ子剣道大会開催

新田原基地で3年ぶり

3年ぶりに開催された「夏休みちびっ子・ヤング大会」で試合を楽しむ生徒たち（7月31日、空自新田原基地で）

【新田原】空自新田原基地は7月31日、「夏休みちびっ子・ヤング大会（第41回新田原基地剣道大会）」を基地体育館で約3年ぶりに開催した。

当日は新富町などの選手約70人、保護者約30人が参加。中学生の部に4チーム、小学生の部に10チームが出場し、大会に臨んだ。

試合会場では竹刀の音や選手の掛け声、審判員の判定の声が響き、観戦者は歓声を拍手にかえて盛り上げた。選手たちは積極的に技を出し合い、試合後はどの選手からも達成感に満ちた笑顔があふれていた。大会結果は、中学生の部で上新田中学校、小学生の部で高鍋スポーツ少年団がそれぞれ優勝した。

試合後、子どもたちは基地のF15戦闘機やUH60J救難ヘリなどの装備品を見学。両航空機のほか、救難消防車、基地防空用地対空誘導弾発射装置などの説明に耳を傾けていた。

参加した生徒や保護者からは「コロナ禍で参加機会の減った剣道大会に参加できてうれしかった。開催していただき、ありがとうございます」と話していた。

審判長で新田原基地OBの下津曲博幸さんは「この地域ではコロナ禍で剣道大会が開催できていない。そんな中、子供たちが試合を楽しむ機会を作っていただけて感謝しています」と述べた。

小休止

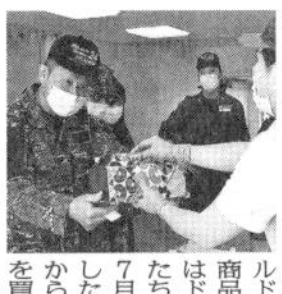

▽…海自小松島航空基地で今年度、「ミスタードーナツ」の月1回（水曜日）の臨時即売会が始まった＝写真。隊員の福利厚生を充実させることが目的で、厚生班が同社と契約した。

▽…種類は定番のオールドファッションから新商品まで。毎月営業日にはドーナツを求める隊員たちで長蛇の列ができ、7月は約660個が完売した。利用した隊員は「町から離れていてスイーツを買いに行くのが難しいので、月1回の購入を楽しみにしています」と笑顔を見せた。

▽…ドーナツは基地隊員以外の一般の人も購入可能。厚生班は「営業日などは基地に確認の上お越しください。皆さまのご利用をお待ちしています」と呼び掛けている。（小松島）

（世界の切手・エストニア）

打ちのめされたかどうかではなく、立ち上がったかどうかが大切だ。
ヴィンス・ロンバルディ
（アメリカン・フットボールコーチ）

朝雲ホームページ
www.asagumo-news.com
会員制サイト
Asagumo Archive プラス
朝雲編集部メールアドレス
editorial@asagumo-news.com

心身の準備 怠らず

予備1陸佐 伊﨑 義彦（福岡地本）

ウクライナ戦争の状況を見るまでもなく、国家として予備の人的戦力を確保しておくことはとても重要です。

私は現役時代に、北部方面混成団長として勤務し、即応予備自衛官や訓練中の予備自衛官補、訓練終了後に予備自衛官となった隊員とも話をし、彼らの熱い思いに感銘を受けていました。それに応えるべく訓練環境の改善や充足率の向上などに取り組んできました。

予備自衛官制度の中で、最も新しく、令和元年度からスタートしたのが予備1等陸佐です。通常の予備自衛官の招集訓練では、年間5日間の決められたメニューに参加します。予備1佐の招集訓練にはそのような枠組みがなく、日米共同指揮所演習などの大きな訓練の際に、司令部の幕僚補佐で入るなど、その都度訓練機会が設けられることになります。

私は昨年3月に退官した際に予備自衛官を志願し、8月に採用され、予備1等陸佐に指定するという辞令書を受けました。その後、すぐにでも招集訓練に参加するつもりでしたが、本年6月にやっとその機会を設定していただきました。

4師団の訓練検閲で、本来の編成にはない補助官部長補佐という役職を与えられ、古巣の16普連をはじめとする受閲部隊の行動を現地で確認しました。1年半ぶりに戦闘服に身を包み、違和感なく演習場を動き回り、隊員たちとも話をすることができました。改めて、現場での隊員一人ひとりの頑張りに頭が下がる思いでした。求められた役割は果たせたかなと思っています。

これからも有事に即応できるように心身の準備を怠らず、次の招集訓練を待ちたいと思います。

4師団訓練検閲に補助官部長補佐として参加した伊﨑予備1佐（左から2人目）

IPD22参加部隊を見送って

栗城 真理子（神奈川県自衛隊家族会理事）

令和4年6月13日、神奈川県自衛隊家族会（会長・小松龍也）は、令和4年度インド太平洋方面派遣（IPD22）に参加する護衛艦「いずも」と「たかなみ」の出国行事に参加した。

第4護衛隊群司令の平田利幸海将補の指揮の下、横須賀から出発した第1水上部隊（護衛艦「いずも」「たかなみ」および搭載航空機3機）の派遣人員は約600人。今回の訓練には、他に第2水上部隊、潜水艦部隊、航空部隊、陸上自衛隊が加わり、総勢1000人以上が米海軍主催多国間共同訓練（RIMPAC2022）をはじめとする各国とのさまざまな合同訓練に参加するとのこと。

出国式では、自衛艦隊司令の湯浅秀樹海将から、今回の派遣における15カ国の海軍との共同訓練は日本にとって望ましい安全保障環境の創出を図り、国際社会の繁栄に貢献しようとする日本の強い決意を世界に示す極めて重要な意義を有する派遣であること、ロシアのウクライナ侵略による世界の安全保障環境の大変動のさなか、力による一方的な現状変更の試みは許さないという日本の強い意志と各国との強い絆を示すものであること、そして長い航海へ隊員を送り出す家族への感謝の言葉が述べられた。

横須賀を出港する「いずも」を手を振って見送る家族ら

午前10時。横須賀音楽隊の演奏とヴェルニー公園から届く大歓声の中、家族や同僚ら大勢に見送られながら「たかなみ」、続いて「いずも」が出港。出港の汽笛が響く中、母親に手をひかれた子どもたちの「パパ、がんばれ」「バイバーイ」と手を振る姿が印象的だった。帰国は10月末の予定という。

みんなのページ

顕微鏡と双眼鏡

予備自衛官補 浅田 統子（滋賀地本）

大腸菌を用いた廃電子機器からの有用金属の回収を目標に研究に取り組む大学院生でありながら、このたび技能（言語）公募の予備自衛官補に採用され辞令書を頂きました。研究で顕微鏡を用いますが、自衛隊のポスターでは双眼鏡をのぞいている隊員が印象的であったため、現在の私自身の立場を表す言葉として、この所感文の題名を「顕微鏡と双眼鏡」にしました。

さて、大学生活の後半はコロナの影響を受け、これまでの「当たり前」が大きく変わりました。そのような中で、自身の興味関心事や今できることを、機先を制して実行する重要性を深く感じました。そこでたまたま、地方協力本部の方の説明を聞く機会があり、予備自衛官に興味を持ったため、

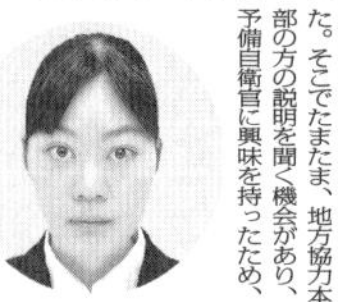

取得していた英検準1級の資格を用いて技能公募の予備自衛官補を志願しました。

受験までに、既に語学で採用された予備自衛官の方から訓練の話を伺うこともあり、翻訳や通訳として日米共同訓練や災害救助の現場で勤務するなど、具体的なイメージをもつことができました。

辞令書交付式での式辞で、自衛隊の訓練のイメージとして体力強化ばかりが想像されるが、鍛えるべきは国や地域・他人のために自分の能力を発揮する使命感や、困難な状況でも適切な判断ができる判断力であると伺いました。

また、安全保障の重要性が高まる中で他国を鑑みると、自分の国を自分の力で守る意識を持つ重要性に気づかされました。予備自衛官となり、語学を磨きながら国防の一役を担えると幸いです。

しかし、自衛隊での訓練が研究や将来のキャリアに直接役立つとは限りません。それでも自衛隊でしかやれない経験を、年齢や本業の異なる多様な人々と積むことで、判断力や環境適応力の向上といった自己成長につながり、自信を持ちながら社会貢献できるようになると考えます。

まずは10日間の教育訓練を経て予備自衛官になり、さらに自分の強みや不足することを認識することで、今後の大学院生活やキャリアに還元したいです。

介護業界で頑張る

1陸尉 長澤 紳（沖縄地本島尻分駐所長）

令和4年6月1日〜23日の間、熊本県熊本市内の部外研修施設で行われた部外技能教育「介護職員初任者研修（旧ヘルパー2級）」に健軍駐屯地業務隊のご支援を受けて参加させて頂きました。

防衛省自衛隊の部外技能教育とは「50代半ばで退職する若年定年制自衛官及び20代から30代半ばで退職する任期制自衛官の退職後の生活基盤確保のための再就職に必要な職業訓練」の一環として行われており、今回は陸自西部方面隊管内から23人（幹部6人、准曹士17人）が参加し、最終日には学科試験が行われ、全員無事に合格しました。

教育内容は介護全般にわたり、座学や実習が交互に行われ、講師の方も介護現場で長年の経験のある方が交代で講義をしてくださり、現場での経験談も交えて非常にわかりやすく教えて頂けました。

介護実習も力技に頼らない介護要領の展示や、学生同士が利用者や介護者となる演習が繰り返し行われ、非常に有意義な部外技能教育となりました。

自衛官定年後は高齢化社会の日本では重要な仕事である「介護業界」で、頑張って勤務したいと考えております。定年前や任期満了前の隊員は是非、希望して参加されたらいかがでしょうか？　きっと視野が広がると思います。

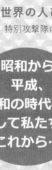

介護職員初任者研修の修了証明書を手にする長澤1尉

OBがんばる

平　洋さん　55
令和2年8月、9後支連（八戸）を2陸佐で定年退職。八戸市まちづくり文化スポーツ部長根屋内スケート場に再就職し、防災担当職員として勤務している。

周囲とコミュニケーション

私は、以前から在職間の経験を生かし、地元で防災の仕事に就きたいと考えていました。再就職にあたり、八戸地区合同援護調整所長より新規に建設された八戸市長根屋内スケート場で防災関係の職員を募集している事を伺い、応募することとしました。青森地本援護課及び八戸地区合同援護調整所の皆さんには大変お世話になり感謝いたします。

当スケート場は、国内では長野、帯広に続く3番目の屋内スピードスケート場として令和元年9月に供用開始となりました。当施設は、災害時防災拠点施設として一時避難者の収容、自衛隊、警察、消防等関係各機関等の活動拠点、支援物資の集積所などとしての機能を持ち、私は防災対策専門員として勤務しています。有事の際、確実にこれらの機能を発揮できるよう、必要な準備を行っています。

陸自OBの先輩からの引き継ぎ、また職場の皆さんにも温かく迎えていただいたことでスムーズに職務に慣れることができました。

僭越ながら、これから定年退職を迎える皆さまへのアドバイスとして、新職務にあたっては、自衛隊在職中と同様、職務分析によって自分に求められていることは何かを考えて業務を行うことが必要で、周囲の人々とよくコミュニケーションを図ることが大事だと考えます。自衛隊で身につけたことに自信を持ち、健康に留意され、ご活躍されることを祈念いたします。

新刊紹介

「図解でよくわかる！北朝鮮軍事力のすべて」

西村金一著

核兵器を手放したウクライナはロシアからの侵略を許し、ミサイルを多用した攻撃を受けている。本書は今年度もハイペースで各種ミサイルの発射実験を行う北朝鮮が、この状況からどのような教訓を得て軍事力を整備してくるのか、日本に迫る脅威を冷静な分析でまとめた一冊だ。

防衛省・自衛隊で情報分析業務に長く従事した著者は、北朝鮮が公開する写真は実践的な戦術行動を無視した様子が見られることなどから、著者はこれらが合成写真である可能性や事実を誇張したものであると分析する。

ただし、国際社会から経済制裁を受けながらも、勝ち目を追求できる分野の兵器には集中的に資金を投入。ミサイルだけでなく、地上軍や防空装備においても近代化を進め、欠陥を一つ一つ克服しているという。それでも残る米韓との戦力差を逆転させるため、サイバーや小型無人機などを駆使し、「新たな方法」で南侵への問題を解決する時期も近いと指摘。

大陸間弾道ミサイル（ICBM）や極超音速ミサイル、そしてそれらの弾頭に搭載する核兵器の小型化実現も間近に迫っている。一連の動向について偽情報に惑わされずに状況を判断するために、継続的な事象の観測と客観的な情報分析の重要性を訴えている。

（ビジネス社刊、1760円）

「私は自衛官　九つの彼女たちの物語」

杉山隆男著

30年前の夏、一人一人の自衛隊員の姿をありのままに浮かび上がらせたいという思いで執筆を始めたというシリーズ『兵士に聞け』。その最新刊となる本書では、徹底的に「個」にこだわった。

取材対象は、9人の女性自衛官。なぜ「男社会」の象徴のように言われてきた自衛隊に入ったのか。そこで日々何をし、目指しているものは何なのか。任務を果たす中で、どんな家庭を作り、どう子育てをしているのか。

独自の技を磨くプロフェッショナルたちの職能集団。そんな自衛隊の中で任務に生きる9人の等身大の姿を、彼女たちがこれまでたどってきた道筋に従って淡々と描いていく。

女性というだけで、なれなかった戦闘機パイロット、戦車乗り、潜水艦乗組員などの制限が次々と撤廃され、全廃となったその過渡期をくぐり抜けてきた。

防大女子1期生として行く先々で「女性初」と冠せられてきた空自吉田ゆかり1佐（当時）をはじめとする、9人それぞれ違う顔を持つ幹部自衛官たちの人生のドラマが詰まった一冊だ。

（扶桑社刊、1650円）

詰将棋

出題　日本将棋連盟　九段　石田　和雄

第873回出題

■先手　持駒　飛歩

【ヒント】角捨てが決め手（10分で初段）。

▶詰碁、詰将棋の出題は隔週です◀

詰碁

出題　日本棋院　九段　曲　励起

第1288回解答

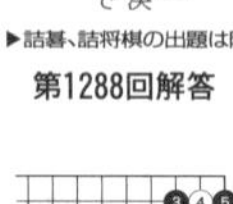

【解答図】黒先、劫。黒❶がまず大切で白②の時、黒❸がまた大切です。白④黒❺で白⑥の劫争いまで劫になります。

あさぐも掲示板

■令和4年度第1回航空宇宙防衛力シンポジウム

航空自衛隊幹部学校は9月10日午前8時から、今年度1回目の航空宇宙防衛力シンポジウムをオンライン開催する（Zoom使用）。

メインテーマは「大国間競争におけるエア&スペースパワー」。CSBA（米戦略予算センター）所長のトーマス・マンケン博士の基調講演に続いて、米空軍中国航空宇宙研究所上席研究員のデレク・ソレン氏らによる第1セッション、豪航空宇宙研究センター長のバルダック豪空軍大佐らを招いた第2セッションにわたり議論を行う。午後3時閉会。

申し込みはhttps://www.mod.go.jp/asdf/Meguro/center/activity.htmlか左のQRコードで申し込み専用フォームにアクセスし、必要事項を入力する。締め切りは8月26日（金）。先着1000人まで。

問い合わせは航空自衛隊幹部学校航空研究センターシンポジウム事務局（電話03-5721-7014内線2448、メールasc1-res001@inet.asdf.mod.go.jp）。

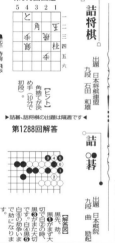

朝雲

発行所 朝雲新聞社
〒160-0002 東京都新宿区
四谷坂町12－20 KKビル
電話 03(3225)3841
FAX 03(3225)3831
振替00190-4-17600番
定価一部150円、年間購読料
9170円（税・送料込み）

主な記事

防衛相に浜田靖一氏

「粉骨砕身、任務を全う」

第2次岸田改造内閣

岸田首相は8月10日、内閣改造を行い、皇居での認証式を経て第2次岸田改造内閣をスタートさせた。新たな第24代防衛相には、平成20（2008）年9月から21（09）年9月まで麻生内閣で第6代防衛相を務めた自民党の浜田靖一衆院議員（66）＝千葉12区＝が13年ぶりに再登板する形で就任した。岸信夫前防衛相は10日付で国家安全保障・核軍縮・不拡散問題担当の首相補佐官に就いた。浜田新大臣は12日に防衛省で初訓示し、「安全保障の『最後の砦』として、どんな困難にも臆することなく、粉骨砕身、職務を全うする」と強い決意を表明した。

第24代防衛相に就任した浜田新大臣は12日午後、公式に初登庁。儀仗広場で特別儀仗隊の栄誉礼を受けた後、殉職隊員慰霊碑に献花、次いでA棟講堂での着任式に臨み、防衛省・自衛隊の主要幹部ら約100人を前に訓示した。

浜田大臣は冒頭、「我が国を取り巻く安全保障環境がますます厳しさを増す中で、防衛省・自衛隊を牽引することとなり、大変光栄に感じるとともに、改めてその重責に身が引き締まる思いだ」と述べた。

岸田首相からの指示については、①「国家安全保障戦略」「防衛大綱」「中期防」の戦略3文書の改定に取り組み、防衛力を5年以内に抜本的に強化し、いわゆる「反撃能力」の保有も含め、あらゆる選択肢を検討する②国民の命と暮らしを断固として守り抜くため、防衛力の抜本的な強化に取り組む③「日米ガイドライン」の下、日米同盟の抑止力・対処力を一層強化し、日米間の安全保障・防衛協力を拡大深化させる④「自由で開かれたインド太平洋」の実現に向け、2国間・多国間の防衛協力・交流を推進する⑤普天間飛行場移設を含む在日米軍再編を進める中で抑止力の維持を図り、沖縄など地元の負担軽減を実現する⑥我が国の領土・領海・領空の警戒監視・情報収集を行い、事態に応じて適切に対処する⑦平和安全法制に基づく任務の着実な遂行に万全を期す⑧自然災害への対応のため迅速に災害派遣を行うとともに、新型コロナウイルスの感染状況に応じて柔軟に対応する⑨平和安全法制について国民に丁寧で分かりやすい説明を尽くす――ことなどを挙げた。

浜田大臣は、ロシアによるウクライナ侵略や中国による力を背景とした一方的な現状変更の試み、北朝鮮の核ミサイル開発など、我が国を取り巻く安全保障環境が一層厳しさを増していることを踏まえ、①我が国自身の防衛体制の強化②日米同盟の強化③各国との安全保障協力の強化――の3点を優先課題として取り組む方針を強調した。

最後に「岸前大臣から頂いたバトンをしっかりと引き継ぎ、どんな困難にも臆することなく、防衛省・自衛隊を牽引し、粉骨砕身、職務を全うしていく所存だ」と強い決意を表明。「安全保障の『最後の砦』として一丸となって任務に励んでいただきたい」と激励の言葉で締めくくった。

着任式に先立ち、浜田大臣は初閣議後の10日夜、防衛省で記者会見に臨み、「国家の存立と国民の生存を守るという崇高かつ国家の根幹に関わる任務を担うこととなり、大変光栄に感じるとともに、自らの職責の重みを痛感している。防衛大臣として約25万人の自衛隊員と共に、国民の皆さま方の負託に応えるため、我が国と世界の平和と安定のために全力を尽くしていく」と述べた。

防衛力の抜本的強化に向けた防衛費増額の議論については、「現下の安全保障環境に対応できるよう、必要な事業をしっかりと積み上げ、防衛力を5年以内に抜本的に強化していく。防衛費の内容や規模は、新たな『国家安全保障戦略』などの策定や今後の予算編成過程において検討していく」との考えを示した。

浜田 靖一（はまだ・やすかず）防衛相　専修大経営卒。渡辺美智雄事務所、大蔵大臣秘書官などを経て、1993年衆院選で初当選。小渕内閣（98年）で防衛政務次官、第1・2次小泉内閣（2003～04年）で防衛副長官、麻生内閣（08～09年）で第6代防衛相。衆院平和安全特別委員長、衆院国家基本政策委員長、衆院予算委員長、自民党国対委員長、幹事長代理、国防部会長など歴任。衆院千葉12区。当選10回。千葉県出身。無派閥。66歳。

第24代防衛相に就任し、栄誉礼の後、特別儀仗隊を巡閲する浜田靖一新大臣（8月12日、防衛省で）

大勢の職員に見送られ、花束を手に記念撮影に臨む岸信夫前防衛相（前列中央）。右は智香子夫人、真後ろは鈴木敦夫事務次官（8月12日、防衛省で）

岸前大臣が離任

防衛力強化へ「今年が正念場」

岸信夫前防衛相は8月12日午前、防衛省講堂で離任式に臨み、約100人の幹部を前にあいさつした。

岸前大臣は「『国家安全保障戦略』をはじめとする戦略3文書の策定、防衛力の抜本的強化のための予算の確保はこれからが正念場であり、今年は防衛省にとって大変重要な年だ」と強調。「いわゆる『反撃能力』も含め、あらゆる選択肢を排除せず、しっかり議論し、国民の平和な暮らしを確保するため、全省一丸となって実現に向けて取り組んでほしい」と要望した。

また、約2年間の在任期間を振り返り、関係者に謝意を表すとともに、「24時間365日、国防のため、ただひたむきに努力を積み重ねる皆さまの姿に接し、感銘を受け、大変誇らしく思っている。自衛隊員の活動は世界各国からも尊敬を集めている」と隊員の活躍をたたえ、「『最後の砦』として国民から信頼され、慕われる組織であり続けてほしい」とエールを送った。

続いて、鈴木敦夫事務次官が全職員を代表し、「さまざまな安全保障上の新たな課題に対して時代の変化を敏感に察知し、これまでの前例にとらわれることなく、スピード感を持って柔軟に各種施策に率先して取り組む大臣の姿勢は隊員にとって大きな財産となった」と送別の辞を述べた。

この後、儀仗広場で最後の栄誉礼を受けた岸前大臣は、女性職員から花束を受け取り、多くの隊員に見送られていったん防衛省を後にした。

同日午後には新旧大臣の事務引き継ぎが大臣室で行われた。岸前大臣は、平成20～21年の麻生内閣において浜田防衛相の下で防衛政務官を務めていた当時と比べて激変した安全保障環境を指摘。「防衛力の抜本的な強化、それを裏付ける予算、『反撃能力』を含めたあらゆる選択肢の検討を推進していかなければならない大変重要な時期だ。全省一丸となって前に進んでいただくことを期待しています」と述べた。

これに対し、浜田新大臣は「岸大臣が積み上げてこられたものをしっかりと受け止め、岸大臣の思った形になれるよう一生懸命に努力していくので、今後ともご指導をお願いします」と応え、両氏は報道陣の前で固い握手を交わした。

鬼木副大臣

ソロモン、パラオを訪問

政府要人と会談、連携で一致

鬼木副大臣は8月6日から9日まで、太平洋島嶼国のソロモン諸島とパラオ共和国を訪れ、両国の政府要人との会談を通じて「自由で開かれたインド太平洋」の維持・強化に向けた緊密な連携で一致したほか、慰霊式典などにも出席した。

ソロモン諸島では7日、太平洋戦争で日米が激戦を繰り広げた「ガダルカナル島の戦い」から80周年の慰霊式典が日本政府主催で開かれ、副大臣はスピーチで「我々が享受している平和と繁栄は戦没者の犠牲の上に築かれたもので、我が国は国際社会と力を合わせ、世界が直面する課題の解決に取り組んでいく」との決意を表明した。

同日は同国のベケ警察・国家安全相と会談し、昨年9月にオンラインで開催した「日・太平洋島嶼国国防大臣会合（JPIDD）」への参加に謝意を示した。ソガバレ首相との会談では、両国の関係強化に取り組む考えを伝えた。

さらに、同国に寄港中の海自のインド太平洋方面派遣（IPD22）第2水上部隊の護衛艦「きりさめ」を視察し、部隊指揮官で艦長の坂田淳2佐以下の乗員を激励した。

翌8日は、ガダルカナル島の戦いで主要戦地となった「ブラディーリッジ」で行われたソロモン諸島主催の慰霊式典に参列した。

同日、防衛省の政務として初めてパラオを訪問した副大臣は、センゲバウ・シニョール副大統領兼司法相を表敬。IPD部隊が2年連続で同国に寄港し、ウィップス大統領ら多くの政府要人が同部隊を視察したことに触れ、防衛交流の進展に歓迎の意を表した。

最終日の9日はペリリュー島を訪れ、「西太平洋戦没者の碑」などを参拝した。

80年前のガダルカナル島の戦いの主要戦地で行われた慰霊式典で追悼の言葉を述べる鬼木副大臣（8月8日、ソロモン諸島で）＝防衛省提供

シルバーフラッグ訓練 空自から30人参加

各国空軍施設科部隊の交流のためのシルバーフラッグ訓練と多国間施設職域大佐級意見交換が6月22日から7月1日まで、米グアムの米空軍アンダーセン基地で行われ、空自から空幕施設課施設基準班長の谷口幸輔1佐以下30人が参加した。

写真は不発弾処理訓練を背景に記念写真に納まる日、米、豪、シンガポール、韓国空軍の意見交換参加者。

（3面にグラフ特集）

副大臣に井野俊郎氏

政務官は木村、小野田両氏

政府は8月12日の閣議で、第2次岸田改造内閣の発足に伴う副大臣・政務官人事を決め、防衛副大臣には井野俊郎衆院議員（42）、防衛大臣政務官には木村次郎衆院議員（54）、小野田紀美参院議員（39）がそれぞれ就任した。井野副大臣は内閣府副大臣、木村政務官は内閣府大臣政務官を兼務する。3人は8月17日に初登庁し、それぞれ着任行事に臨んだ。

退任が決まった鬼木誠副大臣、中曽根康隆、岩本剛人両政務官は16日、多くの職員に見送られ、防衛省を後にした。

井野 俊郎（いの・としろう）副大臣　明大法卒。弁護士、伊勢崎市議会議員を経て、2012年12月の衆院選で初当選。16年8月の第3次安倍改造内閣で法務大臣政務官・内閣府大臣政務官。衆院予算委員会理事、衆院法務委員会理事、自民党国対副委員長、自民党青年局部長などを歴任。衆院群馬2区。当選4回。群馬県出身。茂木派。42歳。

木村 次郎（きむら・じろう）政務官　中大法卒。青森県庁を経て、2017年10月の衆院選で初当選。21年10月の岸田内閣で国土交通大臣政務官。衆院議院運営委員、衆院農林水産委員、衆院厚生労働委員、自民党国防部会副部会長、自民党女性局次長などを歴任。衆院青森3区。当選2回。青森県出身。安倍派。54歳。

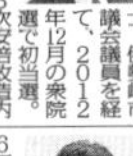

小野田 紀美（おのだ・きみ）政務官　拓殖大政経卒。CD・ゲーム制作会社や東京都北区議会議員（2期）を経て2016年7月の参院選で初当選。20年9月菅内閣で法務大臣政務官。参院国際経済・外交調査会委員、自民党政調副会長、自民党青年局学生部長などを歴任。参院岡山選挙区。当選2回。米国生まれ、岡山県育ち。茂木派。39歳。

春夏秋冬

求められる戦争理解の転換

鶴岡 路人

今年も原爆の日、そして終戦記念日を迎えた。戦争について考える季節である。ロシア・ウクライナ戦争が続くなか、戦争をめぐる議論は例年になく熱い。

「戦争反対」という声をよく聞く。私も戦争には反対だ。国家間で対立が生じたときに、それを解決する手段として戦争を選択してはならない。日本国憲法第九条を持ち出すまでもなく、国際連合憲章に照らせば明らかだ。日本のみが戦争を放棄したのではない。

加えて、日本が「戦争ができる国」になることへの批判も国内で声高になされている。ここからが問題だ。今日のウクライナを見ればわかるように、戦争を仕掛けられたら、つまり他国に侵略されたら、嫌でも抗戦する必要が生じるからである。戦争ができない国であれば、降伏する他なくなってしまう。

そこで考えてみる。「戦争ができる国」というときの戦争とは何だろうか。戦争ができる国になってはならないとする論者の一部は、自衛のために抵抗することをも明示的に否定しているのだろう。絶対平和主義や非暴力主義など、国内政治における思想としては一定の歴史を有する考え方と通ずる。

ただし、日本が「戦争ができる国」になることに抵抗している人の多くは、そこまでの固い信念を持っているわけではないのかもしれない。

彼らのいう「戦争」を、日本が仕掛ける戦争、つまり日本が侵略者になる戦争のことだと解釈すれば辻褄が合う。他国を侵略できる（する）ような国になるべきではない。戦争反対のスローガンも、日本が引き起こす戦争への反対が含意されているのだろう。だから戦争反対のデモ隊は、中露の大使館ではなく自民党本部や防衛省に向かう。

日本において「戦争」という場合に想起されるのは、依然として先の大戦であり、日本が引き起こしたものなのだろう。だから戦争には反対だし、そのようなことが再びできるようになってはならない。過去の戦争への反省は重要だ。

しかし、いま我々が対処すべきは、日本が他国を侵略してしまうかもしれない懸念よりも、他国による日本への侵略の脅威である。日本が仕掛ける戦争という従来の理解を改め、日本が仕掛けられる戦争を軸にした戦争理解に変えていくことが喫緊の課題だ。それを戦争に関する議論の新たな出発点にしなければならない。

自衛とは何か、そのために何が必要かを考えるためにも、こうした共通の基盤が不可欠だ。

（慶應義塾大学准教授）

防衛省顧問は留任

防衛省は8月10日付で、防衛大臣政策参与の島田和久前次官の退職を発表した。防衛省顧問は留任する。

防衛省発令

▽退職（防衛大臣政策参与）　島田 和久（8月10日）

朝雲寸言

実働機関で働く人々を描いた映画といえば、海上保安官が主人公の「海猿」、消防士の世界が舞台の「252 生存者あり」、警察官と警備犬のテロ対処を描いた「DOG×POLICE 純白の絆」、自衛隊の最後の砦ぶりをこれでもかと示した「シンゴジラ」などがある▼一方、個別の機関に焦点をあてず、様々な機関の連携を描いた映画はないかと探したところ、ある作品に行き着いた。2009年8月に公開され、国内外で高い評価を受けたアニメ映画「サマーウォーズ」だ。厳密には多「機関」連携ではないが、消防士、警察官、自治体職員や学生、子どもたちからなる大家族が、人工知能の暴走から世界を救う物語だ▼家族を守る努力の延長線上に国を守る営みがあること。新たな領域での戦いには新世代の知恵が欠かせないこと。価値を同じくする人々との国境を越えた連携が大切なこと。作品は実に多くのことを教えてくれる。細田守監督は製作段階で、防衛研究所主任研究官の橋本靖明さんに取材したという▼作品には家族の一人として陸上自衛隊幹部の青年が登場する。市ヶ谷の「ちょっと言えないとこ」と本人が語る謎の部局に所属し、控えめな存在だが、物語の大詰めで事態対処上欠かせない重大な役割を担う。観た国民には「自衛隊って奥深くて、頼りになる存在だなぁ」との印象を与えたことだろう。まだ観ていない方々には、晩夏の一つの過ごし方としてお勧めする。

時の焦点

国内　台湾有事

問われる同盟の対処力

台湾有事は絵空事ではなくなった。政府は、不測の事態への備えを強化しなければならない。

中国は台湾周辺で、台湾の封鎖や侵攻を視野に入れた実践的な軍事演習を行った。台湾への圧力を強化する狙いは明白であり、危険な挑発は許されない。

軍事演習で、中国は、弾道ミサイル5発を初めて日本の排他的経済水域（EEZ）に落下させた。台湾有事が日本の有事であることが実証されたと言える。

中国が台湾海峡周辺を海上封鎖すれば、南シナ海やインド洋と日本を結ぶシーレーンは、機能しなくなる。エネルギーや食糧を海外に頼る日本にとって、死活問題だ。

台湾有事を防ぐため、日本は外交努力を続ける必要がある。米欧豪などと協力し、中国に現状変更の試みをやめるよう、粘り強く説くべきだ。

台湾有事が現実になった場合には、日米の共同対処能力が問われる。

2015年の安全保障関連法の制定後、自衛隊と米軍は実践的な訓練を重ねてきた。

今年2月の大規模な共同訓練では、海自のイージス艦と、米空母が共同で航行し、運用の一体化を図った。離島防衛を任務とする水陸機動団は、米海軍の強襲揚陸艦に着艦し、対処行動を確認した。こうした訓練の成果を着実に生かしたい。

日米間で衛星情報を共有することも不可欠となる。米軍と自衛隊、海自と空自間の管制、指揮通信機能などを精緻に確立し、実際の運用に万全を期すことが求められる。

日本政府内の意思決定の手続きをあらかじめ確認しておくことも肝要だ。

米軍を後方支援するには、重要影響事態への認定が必要だ。その要件である「放置すれば日本への直接の武力攻撃に至るおそれがある」との判断を迅速に行えるか。

事態がさらに悪化すれば、限定的な集団的自衛権として、自衛隊が武力行使する「存立危機事態」に該当するかどうかを決めることになる。政府は、その適用要件として、「日本の存立が脅かされ、国民の生命や権利が根底から覆される明白な危険がある場合」と厳しく定めている。重要な意思決定となろう。

日本への武力攻撃が発生したか、発生する「明白な危険が切迫している」場合は、「武力攻撃事態」として個別的自衛権に基づく武力行使で反撃する。

抑止力を高めるために、日本は、いざという時は必要な措置を全て取るという姿勢を示しておくことが大切だ。

ウクライナを侵略するロシアは、核の恫喝を仕掛けている。日本が同盟に基づいて米軍を支援した場合、中国も核使用をちらつかせる懸念がある。政府は、米国と拡大抑止の有効性を改めて確認しておく必要がある。

夏川　明雄（政治評論家）

海外　米中間選挙

現政権に厳しい審判か

4年に一度の米大統領選の中間年に行われる連邦議会の上下両院選などの中間選挙（11月8日投開票）まで2カ月余りとなり、民主、共和両党の候補者を絞り込む予備選は終盤を迎えた。今回の中間選挙は、2021年初めに発足したバイデン政権に対する有権者の審判の場ともなるが、記録的水準のインフレ（物価高）を背景に大統領の支持率は一時、30%台後半に落ち込むなど、与党・民主党の苦戦が予想されている。

一方の共和党は、5月から本格化した予備選を通じてトランプ前大統領が存在感を示しており、次回大統領選への出馬にも強い意欲を見せるなど、今後の米政局はトランプ氏が「台風の目」となりそうな雲行きだ。民主、共和両党のいずれが上下両院で主導権を握ることになるにせよ、米国政治の分断状況が続くのは必至で、ロシアのプーチン政権の強硬姿勢で出口が見えないウクライナ戦争や米中覇権争いの行方、台湾に対する中国の軍事的威嚇への対応など、国際秩序の安定維持でカギを握る米国の外交・安全保障政策の展開にさらなる不確実性を持ち込むことが懸念される。

民主党の党勢が伸びない最大の要因は、バイデン政権の物価高対策への不満だ。世論調査では、インフレ対応の不支持率が74%に上り、物価上昇に反比例するように、大統領支持率は下落傾向をたどる。最近、看板政策の気候変動対策などを盛り込んだ歳出総額4330億ドル（約57兆円）の気候変動・医療対策法案を「インフレ抑制法案」と銘打って議会で可決・成立させ、巻き返しを図るが、与党内の対立で成立が遅れ、歳出規模が大幅に圧縮されたことと併せ、政権支持率の浮上につながるかは見通せない。

バイデン大統領は得意とする外交でも、昨年夏のアフガニスタンからの米軍完全撤退の際、国外脱出を目指す市民が空港に殺到するなど現地で未曾有の混乱を招いた不手際を国内外で批判され、支持率を下げた。ウクライナ危機では同国を強力に支援し、侵略したロシアに対する厳しい制裁で西側諸国を主導するなど、バイデン外交は国際的に評価されているが、米国内ではこの問題への関心は薄く、支持率上昇にはつながっていない。

今回の中間選挙での改選対象は下院の全435議席と上院（定数100）の35議席だが、米メディアの下馬評では、下院は民主党の多数派維持が絶望視されている。与野党の勢力が伯仲する上院でも民主党の厳しい戦いが続く。

中間選挙を控え、司法省の傘下にある連邦捜査局（FBI）が大統領在任中の公文書を不正に持ち出した行為に関連してトランプ氏の南部フロリダ州の邸宅を家宅捜索した。共和党が「司法の武器化」と批判するなど、異例の強制捜査は米社会の分断と混乱をさらに深めかねない。トランプ氏をめぐっては、下院特別委員会が昨年1月に起きた同氏の支持者らによる連邦議会襲撃事件への関与と責任を追及しており、中間選挙と大統領選をにらみ、民主党とトランプ陣営の攻防も激しさを増すばかりだ。

伊藤　努（外交評論家）

統幕校卒業式

学校長「任務遂行の原動力に」

統陸海空の高級課程計45人が卒業

「自衛隊高級課程合同卒業式」で田尻統幕学校長（演台）から卒業証書を授与される武田学生長（その右）ら（7月29日、目黒基地で）

統合幕僚学校と陸自教育訓練研究本部、海・空自の幹部学校は7月29日、目黒基地の大講堂で「自衛隊高級課程合同卒業式」を行った。

3自衛隊の「幹部高級課程」と統幕学校の「統合高級課程」で学んだ学生45人（陸17、海12、空13、タイ陸軍学生1、インド海軍学生1、パキスタン空軍学生1）は入校中、3年ぶりの国外研修（仏、蘭、越から各グループ一カ国）や国内の基地・駐屯地、在日米軍基地の研修などを通じ、統合運用に関する広範な知識と技能を修得した。

卒業式には、中曽根政務官、鈴木統幕副長、吉田陸、酒井海、井筒空の各幕僚長、学校職員らが出席。最初に学生長の武田博之1空佐が統幕学校長の田尻祐介陸将に課程修了を申告。この後、田尻学校長が卒業生一人一人に卒業証書を授与した。

田尻学校長は式辞で国家安全保障戦略など〝戦略3文書〟の見直しが現在進められていることに触れ、「我が国の新たな安全保障政策の具体化の担い手として、強い意思と情熱をもって各部隊における任務遂行の原動力となり、統合運用のさらなる強化の牽引者として活躍してほしい」と述べた。

続いて中曽根政務官が訓示し、「課程で学んだことを生かし、それぞれの中核的な立場で『国民の命と平和な暮らしを守りぬく』という崇高で気高い任務を担う誇りを胸に、職務に精励してほしい」とエールを送った。

この後、鈴木統幕副長が登壇して山崎統幕長の訓示を代読。将来にわたる日本の安全保障態勢と防衛体制のあり方、向かうべき方向性などを決める重要な時期であることを強調し、「強いリーダーシップを発揮し、使命を完遂せよ」「新たな時代の担い手として、果敢に挑戦せよ」の2点を卒業生に要望した。

陸幕長

豪陸軍本部長と電話会談

積極的な関係強化で認識共有

吉田陸幕長は7月25日、豪陸軍本部長のスチュアート中将と電話会談を行った。スチュアート中将は7月に就任したばかりで、両者の会談は初めて。

会談は日豪陸軍種ハイレベル間の強固な信頼関係の構築と関係強化を継続的に発展させていくために実施されたもの。

陸自側は陸幕長の他に防衛協力課長の弥頭親善1佐、防衛協力班長の野下茂助1佐が、豪陸軍本部側は在豪駐在官の太田洋介1佐が同席した。

会談では、ハイレベル懇談や各種共同訓練など、両国軍種間の防衛協力を多層的に積み上げ、関係強化に積極的に寄与していくことで認識を共有した。さらに、今般のウクライナ情勢の影響を含めたインド太平洋地域の戦略環境について意見交換し、力による一方的な現状変更を断じて認めないことで一致。自由で開かれたインド太平洋を維持・強化するためには、日豪2国間関係のみならず、日米豪印といった価値観を共有する国同士の関係強化が極めて重要であることが確認された。

豪陸軍本部長のスチュアート中将と電話会談する吉田陸幕長（7月25日、防衛省内で）

JFSS

台湾有事でシミュレーション

小野寺氏「整備課題見えた」

日本戦略研究フォーラム（JFSS・屋山太郎会長）は8月6、7の両日、台湾有事のシナリオを元に対応を協議する「台湾政策シミュレーション」を東京都新宿区のホテルグランドヒル市ヶ谷で開催した。

シミュレーションは昨年に続き2回目。今回は台湾有事の発生時期を2027年に設定した。有事でも平時でもない「グレーゾーン」として沖縄県の尖閣諸島に中国の漁民が上陸する状況から進行。首相役の小野寺五典元防衛相、防衛相役の大塚拓衆院議員など自民党の国会議員らがNSC（国家安全保障会議）を模した会議で対応を議論した。

小野寺元防衛相はシミュレーション中、安全保障関連法に基づいて尖閣に武力攻撃事態、台湾に存立危機事態をそれぞれ認定したが、その段階で邦人の安全な輸送が困難となる点を指摘。「整備する課題が多く見えてきた。現実に即した対応について、深く問題を認識することができた」と成果を述べた。

共済組合だより

短時間勤務職員の共済組合への加入について

令和4年10月1日より健康保険が変わります

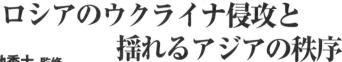

年金制度の機能強化のための国民年金法等の一部を改正する法律において、令和4年10月1日より「被用者保険適用拡大」が行われることになりました。

それにより現在、協会けんぽ等に加入されている以下の対象の皆様におきましては、「短期組合員」として共済組合の短期給付が適用され、共済組合員証が発行されることになります。

○対象者

・週の所定労働時間が常勤職員の3／4以上の短時間勤務職員

・週の所定労働時間が常勤職員の3／4未満の短時間労働者

①週の所定労働時間が20時間以上

②月額賃金が8・8万円以上

③学生でないこと※

※学生でない……学校教育法（昭和22年法律第26号）第50条に規定する高等学校の生徒、同法第83条に規定する大学の学生その他の財務省令にて定めるものではないこと（防衛医科大学校技官コースの者はこの規定外なので非学生です）

いずれも2カ月を超える雇用の見込みがあること。

○短期組合員とは？

共済組合の短期給付等の適用をうけることができる組合員です。

（注）事務官やフルタイム再任用職員と違い、年金については共済組合の適用を受けず、今までどおり第1号厚生年金被保険者となります。

○掛金について

協会けんぽ加入時には「健康保険料」として、徴収されていたものが、共済組合においては「掛金」として給与から源泉徴収が行われます。

徴収は、加入月から徴収されます（手続きが遅れた場合は翌月以降に徴収することもございます）。

加入していた協会けんぽの「健康保険料」は対象月の翌月の給与から徴収されることとなるため、10月の給与では両方の徴収が行われることとなりますのでご了承下さい。

○手続きは？

以下の手続きが予定されております。

・組合員証（健康保険証に代わるもの）の申請書類の提出

・扶養している方がいらっしゃる場合については扶養の要件を確認する書類の提出

・限度額適用認定証が必要な方は限度額適用認定申請書の提出

・マイナンバーの登録に係る書類の提出

現在使用している健康保険証は発行担当者への返納となります。

R4・10・1以後

組合員証（扶養されている方がいらっしゃる場合は被扶養者証）、限度額適用認定証（申請者のみ）が交付されます。

◇注意事項◇

・10月1日以降は今お持ちの健康保険証は使用できません。

・協会けんぽと共済組合では被扶養者の認定条件が異なるため、現在認定されていても、被扶養者となれない場合がございます。

詳しくは共済組合短期係へお問い合わせ下さい。

海自CPTが初の海外訓練

【シ通群＝市ヶ谷】海自システム通信隊群保全監査隊CPT（サイバー・プロテクション・チーム）は6月27日から29日まで、米ハワイで日米共同のサイバー対処訓練を実施した。同隊が海外で訓練を行うのは今回が初。米海軍からは情報戦司令部ハワイ支部（NIOC－H）が参加した。

訓練は米海軍ヒッカム統合基地と、多国間共同訓練（リムパック）に参加するためハワイ在泊中の護衛艦「いずも」で行われた＝写真。日米両CPTはサイバー情勢に関する認識を共有し交流を深めるとともに、サイバー空間防護の一連の対処を協働して演練した。

海自CPTを指揮した保全監査隊司令の中野聡1佐は「高度なサイバーセキュリティー能力を持った米海軍と訓練を行うことで、海自のサイバー攻撃対処能力を大きく進化させることができた。今後も定期的な共同訓練を継続し、いかなる事態にも対処できるよう技量向上に努めていきたい」と述べた。

「たかしお」が派米訓練に出発

海自2潜群2潜隊（横須賀）の潜水艦「たかしお」（艦長・邑山雅人2佐以下約80人）は8月4日、「令和4年度第1回米国派遣訓練（潜水艦）」に参加するため、横須賀基地を出発した。

潜水艦の米国派遣訓練は昭和38年から毎年実施。日本から米グアム島にいたる海域で対潜戦訓練などを行う。9月11日に帰国予定。

1佐職8月定期異動

防衛省発令

前号から続く

▽6護衛隊司令（海幕総務課総務班長）1海佐　横山　成樹
▽ちはや艦長（ちよだ副長兼ちよだ航海長）同　原田　直純
▽2航空修理隊司令（海幕装備体系課装備体系班長）同　木村　孝行
▽3航空隊司令（下総教育航空群首席幕僚）同　森泉　周
▽25航空隊司令（212教育航空隊司令）同　小俣泰二郎
▽51航空隊司令（下総教育航空群司令）同　井上　竜三
▽兼51航空隊計測隊長（51航空隊副長）同　藤本　典法
▽81航空隊司令（航空集団司令部）同　菅原　克憲
▽31整備補給隊司令（航空補給処下総支処長）同　丹羽　満良
▽厚木航空基地隊司令（硫黄島航空基地隊司令）同　袴田　重征
▽硫黄島航空基地隊司令（海自幹部候補生学校教育部長兼教育部主任教官）同　伊藤　進吾
▽那覇航空基地隊司令（51航空隊調査研究隊長）2海佐　重田　学
▽潜水艦隊司令部（海自幹部学校付）1海佐　神沼　俊昌
▽2潜水隊群司令（情報保全隊情報保全官）同　吉田　誠
▽艦隊情報群司令部（海幕情報課）同　神田　隆行
（海自幹部学校付）同　中野　真吾
▽開発隊群司令部（艦艇開発隊司令）同　小幡　哲也
▽指揮通信開発隊司令（1練習隊司令）同　井伊　正章
▽艦艇開発隊司令（開発隊群首席幕僚）同　大谷　透吏
▽横須賀地方総監部防衛部長（2潜水隊群司令）同　髙田　充
▽舞鶴地方総監部防衛部長（函館地方協力本部長）同　久保　健昭
▽佐世保地方総監部管理部長（佐世保地方総監部）同　清水　博史
▽大湊造修補給所長兼大湊地方総監部技術補給監理官（防衛装備庁事業監理官付事業計画調整官）同　橋本　剛
▽函館基地隊司令（海上訓練指導隊群司令部）同　三浦　則文
▽横須賀警備隊司令（指揮通信開発隊司令）同　本山　勝善
▽横須賀弾薬整備補給所長（統幕首席後方補給官付後方補給室長）同　葛谷　昌哉
▽大湊衛生隊司令兼大湊地方総監部衛生監理官（中央病院神経科部長）同　岡林　俊貴
▽教育航空集団司令部幕僚長（舞鶴地方総監部防衛部長）同　尾畑　典生
▽下総教育航空群司令（教育航空集団司令部幕僚長）同　藤澤　豊
▽同首席幕僚（航空集団司令部）同　寺本　好孝
▽212教育航空隊司令（佐世保地方総監部管理部長）同　北林　治
▽1練習隊司令（海幕監察官付）同　上野　喜之
▽海自東京業務隊付（海幕補任課）同　水野　達彦
（同）同　伊藤　靖名
（同）同　児山　晶紀
（同運用支援課）同　川上　貴士
（同需品補給課長）同　大石　将也
▽海自幹部学校防衛戦略教育研究部主任教官（海自幹部学校）同　能條　将史
▽同運用教育研究部主任教官（31整備補給隊司令）同　礒貝　晋一
▽海自幹部候補生学校教育部長兼教育部主任教官（25航空隊司令）同　坂本　竜児
▽海自3術科学校（海自幹部学校付）同　島　郷之助
▽海自補給本部装備計画部長（防衛装備庁装備技術官）同　兼本　貴祐
▽同航空機部長（海自幹部学校運用教育研究部主任教官）同　田光　智行
▽海自艦船補給処武器部長（防衛装備庁長官官房装備開発官付）2海佐　松崎　徹
▽海自航空補給処長（海幕援護業務課長）1海佐　三宅　隆夫
▽同下総支処長（2航空修理隊司令）同　矢倉　清次
▽空幕総務課渉外班長（空幕情報課付）1空佐　三嶋　剛
▽同募集・援護課（空自幹部学校付）同　和田　貴久
▽同防衛課（空自幹部学校付）同　上田　和人
▽同事業計画2課サイバーセキュリティ班長（同付）同　味岡　孝徳
▽航空総隊司令部会計課長（航空支援集団司令部会計課長）2空佐　渡部　和也
▽同厚生課長（中部航空方面隊司令部）同　津田　圭子
▽中部航空警戒管制団副司令（南西航空警戒管制団南西防空管制群司令）1空佐　山川　篤史
▽5航空団基地業務群司令（航空戦術教導団高射教導群副司令）同　内山　尚則
▽2高射群副司令（空自幹部学校付）同　山上　雅礼
▽南西航空警戒管制団南西防空管制群司令（統幕運用1課総括班長）同　田中　政尊
▽航空戦術教導団高射教導群副司令（2高射群副司令）同　進藤　将宗
▽作戦システム運用隊副司令（5航空団基地業務群司令）同　中村　大介
▽航空支援集団司令部情報課長（空幕総務課渉外班長）同　武田　洋平
▽同部会計課長（空自補給本部会計課長）2空佐　佐藤　哲也
▽航空機動衛生隊長（航空機動衛生隊）1空佐　赤松　潤子
▽航空教育隊2教育群司令（作戦システム運用隊副司令）同　内　康弘
▽教材整備隊司令（中部航空警戒管制団副司令）同　橋田　和浩
▽空自1術科学校3教育部長（統幕指揮通信システム企画課統合通信システム研究班長）2空佐　貞嶋　久嗣
▽空自補給本部会計課長（航空総隊司令部会計課長）1空佐　松島　聡史
▽同計画管理課長（航空システム通信隊システム管理群司令）同　加代　和彦
▽航空システム通信隊システム管理群司令（空自補給本部計画管理課長）2空佐　水口　健一
▽航空中央業務隊付（空幕会計課）1空佐　柏本　匡彦
（同防衛課）同　城田　宇道
（同防衛課兼大臣官房広報課）同　森井　大輔
▽空自幹部学校（教材整備隊司令）同　武田　宜久
▽情報保全隊情報保全官（海幕情報課長）1海佐　大江　保友
▽同北部情報保全隊長（陸幕防衛協力課計画班長）1陸佐　大窪　智洋
▽同中部情報保全隊長（陸上総隊情報部副部長）同　鈴木　大
▽同西部情報保全隊長（陸幕情報課総合情報班長）同　髙井良誠一
▽中央病院メンタルリハビリテーション科部長（防衛大衛生課長）同　牧　範聡
▽同神経科部長（中央病院麻酔科部長）同　大尾田正彦
▽同1外科部長兼救急科部長（同救急科部長）同　西山　隆
▽同1外科（陸幕衛生部医務・保健班長）同　吉田　一路
▽同泌尿器科（統幕首席後方補給官付後方補給官兼中央病院泌尿器科）1海佐　吉井　秀彦
▽同麻酔科部長（横須賀病院診療部長兼横須賀衛生隊）同　小倉　敬浩
▽同臨床医学教育・研究部長（対特殊武器衛生隊長兼中央病院1内科）1陸佐　山本　哲生
▽札幌病院総務部長（青森駐屯地業務隊長）同　田中　一要
▽兼阪神病院1内科部長（阪神病院副院長兼企画室長）同　向井　保雄
▽横須賀病院診療部長兼横須賀衛生隊勤務（大湊衛生隊司令兼大湊地方総監部衛生監理官）1海佐　黒川　貴幸
▽函館地方協力本部長（航空教育隊2教育群司令）1空佐　大垣　雅之
▽宮城地方協力本部募集課長（教育訓練研究本部付）1陸佐　増山　哲治
▽大阪地方協力本部募集課長（那覇駐屯地業務隊長）同　平田　弘俊
▽和歌山地方協力本部長（武器学校1教育部長）同　椋　憲記
▽山口地方協力本部長（教育訓練研究本部教官）同　増田　健吾
▽防衛装備庁長官官房装備開発官付3開発室長（教育訓練研究本部付）同　逆瀬川大佐
▽同装備技術官付装備技術調整官（西部方面システム通信群長）同　横山信太郎
▽同事業監理官付事業計画調整官兼事業監理官付（高射学校研究部長）同　秦　和行
▽同武器調達官（7後方支援連隊長）同　久保　晃一
▽同長官官房艦船設計官付主任設計官（防衛装備庁事業監理官付事業計画調整官兼長官官房艦船設計官付）1海佐　中塚　仁一
▽同装備技術官（海自補給本部航空機部長）同　田中　佳行
▽同事業監理官付事業計画調整官（防衛装備庁長官官房艦船設計官付主任設計官）同　松崎　英治
▽同事業監理官付事業計画調整官兼防衛装備庁長官官房艦船設計官付（海幕艦船・武器課誘導武器班長）同　中村　慶昭
▽南関東防衛局調達部次長＝装備担当（海幕艦船・武器課長）同　木下　治信
（以上8月1日）
▽空幕補任課（防衛研究所員）1空佐　梶川　裕
（8月2日）
▽海自幹部学校付（電磁情報隊運用部長兼電磁情報隊副長）1海佐　柴田　信朗
▽空自幹部学校付（空幕施設課）1空佐　松野　晋治
（以上8月3日）
▽兼統幕運用2課（統幕学校教育課1教官室学校教官）1海佐　雨宮　正宣
（同）1空佐　高橋　博幸
（以上8月6日付）
▽陸幕衛生部付兼中央病院1内科（中央病院呼吸器科部長）1陸佐　三村　敬司
▽中央病院呼吸器科部長（同4外科）同　中山　健史
▽入間病院付兼航空支援集団司令部（人事教育局衛生官付総括班兼空幕首席衛生官付衛生官兼航空支援集団司令部兼統幕参事官付）同　山口　大介
（以上8月8日）
▽部隊医学実験隊長兼中央病院耳鼻いんこう科（阪神病院1外科部長兼耳鼻いんこう科部長）1陸佐　鈴木　洋
▽中央病院1精神科部長（部隊医学実験隊長兼中央病院1精神科）同　小林　伸久
（以上8月10日）

航空自衛隊 海外で訓練

シルバーフラッグ 航空救難、滑走路復旧など

インド太平洋地域各国と連携

航空機救難消防訓練で、炎上した模擬の機体に放水する隊員（米・グアムのアンダーセン空軍基地で）

上 滑走路の着陸拘束装置が使えない場合に使用する機動バリヤの設置訓練を行う隊員
下 山岳地における航空機救難訓練の様子

シルバーフラッグ訓練と多国間施設職域大佐級意見交換が6月22日から7月1日まで、米グアムの米空軍アンダーセン基地で行われ、空幕施設課施設基準班長の谷口幸輔1佐以下空幕、航空総隊、支援集団、教育集団、補本から30人が参加した。

米空軍主催の施設職種部隊の意見交換と訓練で、意見交換は6月22日から24日までの3日間。空自から谷口1佐と空幕施設課の呉地翔大3佐の2人、米太平洋空軍、豪空軍、シンガポール空軍、韓国空軍からそれぞれ大佐クラスが参加し、航空機の運用を支える施設分野に従事する各国隊員の活発な話し合いを通じて、相互理解の深化と連携による能力向上を図った。

シルバーフラッグ訓練は意見交換に参加した5カ国にインドネシア空軍も加わり、同27日から7月1日まで行われた。幹部から空曹士までの幅広い階級が対象で、各国とも米軍保有の器材を使い、機動バリヤ設置、CBRN検知器材の取り扱い、給水タンクの被害復旧、重機や非常用給水装置の操作、航空機救難消防、山岳地における航空救難、実薬を用いた不発弾処理など、多様な訓練を行った。各国隊員との交流を通じて、滑走路等の運用基盤を迅速に復旧する施設機能の能力向上を目指した。

谷口1佐は「意見交換では、各国空軍の施設活動に関する情報を共有して相互理解を促進するとともに、施設機能が各国空軍の運用において重要な役割を果たすことから、引き続き連携を図っていくことを確認した。空自は、施設職域においてもインド太平洋地域の関係各国と連携し、引き続き信頼関係を維持・向上していく」と話した。

非常用給水装置の操作訓練の合間に、参加国隊員と談笑する空自隊員（左）

日比共同「ドウシン・バヤニハン2―22」

人道支援・災害救援 能力向上と相互理解

被災地に救援物資を届ける想定で、日比間では初めての物料投下訓練を行う1輸空のC130H輸送機

上 物料投下直前、投下ポイントに近づき、後部貨物ドアからタイミングを図るC130Hクルー
下 C130Hへの搭載前に物資の梱包作業を行うフィリピン空軍の隊員たち

空自は6月21日から24日まで、フィリピンで行われた人道支援・災害救援活動に関する日比共同訓練「ドウシン・バヤニハン2―22」に参加した。

昨年に続き2回目となる同訓練は、クラーク比空軍基地とカーネル・エルネスト・ラビナ比空軍基地、同基地周辺の空域で実施。空自から1輸空（小牧）のC130H輸送機1機と訓練指揮官の高原一憲3佐以下401飛行隊から約20人、比空軍からはC130H輸送機1機と隊員約50人が参加。

日比共同訓練で初となる物料投下訓練や共同搭載卸下訓練を行い、人道支援・災害救援に係る能力の向上と連携を強化した。

訓練指揮官の高原3佐は「昨年実施できなかった物料投下を含む訓練を、計画段階から日比共同で行い、有意義な訓練となった。突発的な災害に対し即座に対応するためにも、このような訓練を通じて相互理解を深めるとともに、連携を強化しておくことは非常に重要なことだと感じている」と話した。

期間中の23日には、井筒空幕長が比空軍司令官のアンソニー・カンラス中将とともに訓練を視察し、両国の訓練参加隊員を激励した。

（本紙7月14日付既報）

スポーツ

特集

女子70キロ級で新添3陸尉優勝

柔道2022年グランドスラム・ハンガリー大会

東京五輪78キロ級金　濵田1陸尉は3位入賞

柔道の2022年グランドスラム・ハンガリー国際大会が7月8日から10日まで、同国・ブダペストで行われ、自衛隊体育学校（朝霞）柔道班の新添左季3陸尉が女子70キロ級で優勝、東京五輪同78キロ級金メダリストの濵田尚里1陸尉は3位に入った

柔道グランドスラム女子70キロ級決勝に臨む新添3尉。この直後に鮮やかな払い腰を決める（写真はいずれも国際柔道連盟提供）

新添、見事逆転一本勝ち

柔道グランドスラムはオリンピック、世界選手権、ワールドマスターズに次ぐ重要な大会で、成績によって選手個人にポイントが与えられ、そのポイントが五輪出場権の獲得につながる。体校からは濵田1尉と新添3尉の2人が参加した。

大会2日目に登場した新添3尉は1、2回戦ともに得意の内股で技ありを奪って準々決勝進出。相手はマヤ・ゴシェン選手（イスラエル）。新添3尉は指導を2回取られたものの、大外返しで倒し、そのまま袈裟固めに移行。見事1本で逆転勝利した。

続く準決勝。昨年の世界選手権覇者のバルバラ・マティッチ選手（クロアチア）との対戦は今大会一番のヤマ場として会場中の注目を浴びた。

この試合も新添3尉は指導を二つ取られたが、終了間際に大外返しから後袈裟固めを決め、1本勝ちで決勝に進出した。

迎えた決勝の相手はミリアム・ブトケライト選手（ドイツ）。試合は序盤から新添3尉のペースで進み、開始わずか33秒で払い腰を鮮やかに決めて、グランドスラム通算3度目の優勝を手にした。

試合後、新添3尉は「今大会で見つかった課題を世界選手権までに改善して頑張りたい」と語った。

金メダルを手に笑顔を見せる新添3尉（左から2人目）

濵田「世界選手権で優勝を」

東京五輪女王の濵田1尉は3日目に登場。初戦で元ジュニア世界王者のアリーチェ・ベッランディ選手（イタリア）と対戦した。濵田1尉は得意の寝技になかなか持ち込めずに苦戦し、試合開始2分25秒、ベッランディ選手の仕掛けた大外刈りが技ありとなり、まさかの優勢負けを喫した。

敗者復活戦に回った濵田1尉は気持ちを切り替え、カレン・レオン選手（ベネズエラ）を寝技に引き込み、横四方固めで1本勝ち。続く3位決定戦で、エイライマ・シルベストレ選手（ドミニカ）を縦四方固めに仕留め、3位入賞を果たした。

濵田1尉は試合後、「敗者復活戦から3位になれたのはよかった。世界選手権では優勝を目指して頑張る」と意気込んだ。

濵田1尉と新添3尉は10月6日から13日まで、ウズベキスタン・タシケントで行われる2022年世界柔道選手権大会への出場を予定している。

試合後、地元のファンからサインをねだられる濵田1尉

体育学校ニュース

2022近代五種W杯ファイナル・混合リレー

佐藤3海曹、内田3陸曹が歴代最高2位

銀メダルを掲げて記念写真に納まる内田3曹（左から3人目）と佐藤3曹（同4人目）

2022UIPM（国際近代五種連合）ワールドカップファイナルが6月23日から26日まで、トルコ・アンカラ市内で行われ、体校近代五種班の佐藤大宗3海曹、内田美咲3陸曹がミックスリレーで歴代最高の2位に入賞、女子個人で内田3曹が日本勢過去最高となる4位入賞を果たした。

2人は昨年の全日本選手権大会のミックスリレー優勝ペア。ミックスリレーは女子、男子の順にフェンシング各1本、馬術、水泳100メートルを行い、最後のレーザーランに臨む。2人は大会最終日のこの種目で、フェンシング2位、水泳と馬術でそれぞれ1位と高いパフォーマンスを見せ、総合1位で最終種目のレーザーランに臨んだ。

レーザーランは600メートル走3回の合間に射撃2回を行う。射撃はレーザーピストルで10メートル離れた場所から約6センチの的に5回命中させる。命中するまでは50秒の制限時間の間、撃ち続けなければならない。ランニングを走り終えて乱れた呼吸を直ちに整え、的に向かわなければならない。

レーザーランで佐藤3曹（左）に引き継ぐ内田3曹

レーザーランでは佐藤3曹が最終ラップで猛烈な走りを見せたが6位に。総合成績では1位のハンガリーに1357点からわずか6点差の2位に入り、日本勢歴代最高の銀メダルを獲得した。

佐藤3曹は「努力は絶対裏切らない。今までサポートしていただいた方々、家族、体校関係者全員に感謝している」と述べ、内田3曹は「1種目1種目、2人の力を出し切った結果、メダルを取ることができてとてもうれしい」と語った。

内田3曹日本勢過去最高順位に

内田3曹は大会2日目の女子準決勝で36人中14位の成績で決勝進出。フェンシングで6位、水泳では1位の選手と1秒差の3位、馬術でも6位と安定した成績で上位をキープし、総合3位で迎えたレーザーランでも好ペースを維持して6位でフィニッシュ。総合成績は1374点で、3位の選手と2点差の4位と表彰台は惜しくも逃したが、日本勢過去最高順位に輝いた。

39普連

連隊銃剣道競技会

一本にすべてを賭けて！

優勝した同連隊2中隊の大道寺一真士長（左）が喉突きを決め、相手の胴突きと相打ちになる＝6月28日、弘前駐屯地体育館で

【39普連＝弘前】39普連（連隊長・天内明弘1佐）は6月28日、連隊銃剣道競技会を行った。

同競技会は近接戦闘能力を向上させ、身心の健全性、部隊の団結の強化と士気の高揚を図るために、毎年体育館で行われている。昨年は新型コロナウイルスの影響を受けて中止となっていた。

競技開始にあたり、天内連隊長は隊員に対して「中隊の総力の結集」、「非戦闘損耗の根絶」の二つを要望。特に新型コロナに対する感染対策を万全にした上で「各中隊は『頑強不屈』の弘前39連隊として、全隊員がこれまで練成してきた訓練成果を最大限に発揮して『優勝』を追求せよ」と訓示し、選手隊員らを鼓舞した。

同競技会は全6中隊による団体戦で、各17人の総勢102人よって争われた。会場が熱気に包まれる中、選手たちは日頃の成果を十分に発揮し、勝利への執念と闘争心をもって試合に臨んだ。

会場内から大きな拍手と歓声が鳴り響く中、激戦を制して第2中隊が見事優勝を果たした。

体校選手成績

【第1回エロルダ杯国際トーナメント=ボクシング】

◇女子ライトフライ級①並木月海3曹

【2022年全日本社会人選手権=レスリング】

◇フリースタイル57キロ級①荒木大貴1士◇同61キロ級①小柳和也2曹②井出光星士長③吉村拓海士長◇同65キロ級①小川航大2曹＝最優秀選手賞◇同70キロ級①磯次郎士長＝敢闘選手賞◇同86キロ級①吉田隆起2曹

◇グレコローマンスタイル55キロ級①古家野蓮士長◇同60キロ級①藤波諒太郎士長◇同63キロ級①河名真偉斗2曹◇同67キロ級②清水賢亮2曹◇同72キロ級①上垣勇二3曹③小笠原弥真人士長◇同77キロ級①堀江耐志2曹＝優秀選手賞③葛谷拳龍士長◇同82キロ級①川村洋史3曹

◇女子団体①自衛隊（植野晏奈士長、奥野春菜2曹、徳原姫花士長、今井海優3曹）

【2022年グランドスラム・ブダペスト=柔道】

◇女子70キロ級①新添左季3曹◇同78キロ級③濵田尚里1尉

【東京都選手権水泳競技大会】

◇男子50メートル平泳ぎ③渡辺隼斗2曹（27秒79）

【全日本実業団アーチェリー大会】

◇男子個人③桑江良斗2曹

「さつきラン＆ウォーク2022企業対抗戦」

大湊水中処分隊、10位に

【大湊】海自大湊警備隊水中処分隊は5月に行われた「さつきラン&ウォーク2022企業対抗戦」に参加し、全国1265チーム中、10位に入る好成績を収めた。

この大会はアールビーズスポーツ財団が主催するもので、コロナ禍における従業員の健康増進を目的としたオンライン型のスポーツイベント。開催期間中（5月1～31日）のチームの総走行距離と平均走行距離をスマートフォンアプリで集計し、ランキングする。

大会には警備隊司令の福山義人1佐を含む8人が参加。水中処分隊員を中心に精強かつ強靭な人材を集め、課業終了後や休日を活用し、1カ月間過酷なランニングに挑んだ。中には1日で60キロ走る者や雨の中を走る者、一晩中走り続ける者もいた。その結果チームの総走行距離は2864キロ、1人あたりの月間走行距離は358キロをマークした。

水中処分隊は平素から、任務である機雷その他海上における危険物の処理に備え、ランニングを含む体力増強に努めている。福山司令は「今回の大会で海自の精強さを全国に示すことができた」と語った。

表彰状を手に記念写真に納まる大湊警備隊水中処分隊の隊員たち

募集・援護 特集

平和を、仕事にする。

ただいま募集中！

◇航空学生◇防大◇防医大
◇自衛官候補生◇医科・歯科幹部
◇一般曹候補生◇貸費学生
★詳細は最寄りの自衛隊地方協力本部へ

2年ぶり開催で大盛況

自衛隊新卒合同企業説明会

154社が参加 求人倍率7.5倍

任期を満了して企業などに就職を希望する「自衛隊新卒隊員」を援護するため、各地本は知恵を絞り、さまざまな施策を打ち出している。札幌地本と帯広地本では多くの地元企業などを招いて合同企業説明会を開催、隊員と企業が面談する機会を作り、再就職に向けて手厚くサポートしている。

札幌では北方総監が視察

【札幌】地本は7月14日、札幌市の札幌コンベンションセンターで「令和4年度自衛隊新卒合同企業説明会」を開催した。

この説明会は、雇用協力企業が来年9月までに任期満了による退職予定の自衛隊新卒（任期制）隊員を対象としたもので、具体的な再就職準備を円滑に行うことを目的としている。

2年ぶりの開催となった今年度は、地本管内外合わせて124人の自衛隊新卒隊員と道内外の154社が参加。求人案件は約940件あり、合同説明会における求人倍率は7・5倍と、改めて退職自衛官の人材としての人気と評価の高さがあらわれていた。

当日、企業ブースでは1回15分の説明、8分の質疑応答が行われ、参加隊員は希望する6社の企業ブースを順次回った。会場には警察、消防、海上保安庁、矯正施設の公募コーナーと説明会に参加できなかった企業のパンフレットを閲覧できるコーナーも設けられ、今年度初めて首都圏の企業とのWeb面談コーナーが設置され、参加隊員のあらゆるニーズに対応。さらに予備自と即応予備自募集につなげるため「予備自等広報コーナー」も開設し、企業、参加隊員、同隊員の指導を行う中隊長らに対して制度説明を行い、理解を深めてもらった。

会場には、北方総監の沖邑佳彦陸将が視察に訪れたほか、北海道補給処長の堀江祐一将補、7師団副師団長の武田敏裕将補、1特科団長の牧野雄三将補が訪れ、就職援護の現状を把握し、参加隊員を激励した。

さらに自衛隊新卒者を指導する中隊長らに対しては、佐藤和之札幌地本長が説示を行い、援護業務だけでなく隊員募集業務などにも協力してほしい旨を説明し「今こそ志願を！」と呼び掛けた。

参加隊員からは「企業の方との面談は緊張したが、今後の就職活動に役立った」「自分の将来像を描くことができた」など再就職に向けて前向きな感想が聞かれた。

このほか、参加企業からは「過去採用した任期制自衛官は粘り強く積極的に仕事をしているので、今回もぜひ採用したい」との声が聞かれた。

地本ではこの説明会を皮切りに新卒隊員の再就職に向けた活動が本格始動となるため、各援護担当官は「隊員が希望する企業に就職できるよう、万全の援助をしていく」としている。

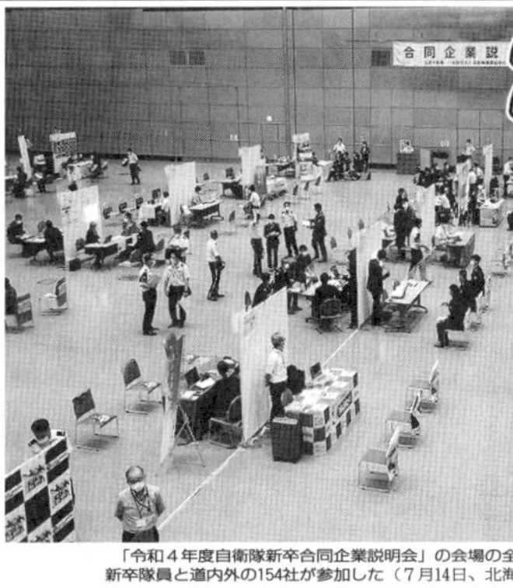

「令和4年度自衛隊新卒合同企業説明会」の会場の全景。124人の自衛隊新卒隊員と道内外の154社が参加した（7月14日、北海道札幌市で）

自衛隊新卒　自衛官候補生として入隊し、陸自隊員として1年9カ月（一部技術系は2年9カ月、2任期目以降は2年）、海・空自隊員として2年9カ月を1任期（2任期目以降は各2年）として勤務後、民間企業などに再就職する隊員のこと。「自衛隊を中途退職した」という誤解を払拭するための呼称で、企業アンケートによると、自衛隊新卒は企業が大卒を採用する際に特に重視する「行動・実行力、チームワーク」などの資質を備えていると評価されている。

道内外の62社が出席 5旅団長も会場を視察

帯広

【帯広】地本は7月20日、帯広市のベルクラシック帯広で自衛隊新卒（任期満了退職予定）隊員を対象とした「自衛隊新卒合同企業説明会」を開催した。

これは道東の雇用協力企業や道内外に拠点を持つ企業が、令和4年度の自衛隊新卒予定隊員に対し説明会を行うもの。企業による隊員の実態の把握と自衛隊新卒者の円滑な再就職の準備を目的に開催している。新卒隊員の雇用を検討している道内外の62社が出席。自衛隊からは帯広地本管内の17人、管外の7人のほか、研修隊員6人の計30人が参加した。

帯広地本は参加隊員の紹介資料を会場入り口の前に掲示したほか、企業のニーズに沿った面談機会を設けるため、会社から隊員への逆指名による面談を行う工夫もし、好評を博した。

当日は5旅団長の鳥海誠司将補が視察に訪れ、面談状況を確認。旅団長は会場の広さに関心を持ったほか、参加企業に対し積極的に質問するなど、興味をもった様子だった。

参加隊員からは「多くの企業から直接話を聞く事ができ、仕事内容がよく分かった。就職先を決める上でとても参考になった」という意見が多く聞かれた。

企業からは「隊員の方が面談に臨む意欲が感じられ、ぜひとも雇用を検討したいと思う。次回も参加したい」といった好意的な感想が寄せられた。

帯広地本は「自衛隊新卒予定隊員が満足してもらえるよう、今回の合同企業説明会の結果を踏まえ、親切な援護を心掛けたい。今後も企業と隊員の面談や研修について部隊と連携を図っていく」と話している。

（上）「自衛隊新卒合同企業説明会」に参加した企業担当者と面談する自衛隊新卒隊員（写真はいずれも7月20日、北海道帯広市で）（下）逆指名制度について内山信吾地本長（右）に説明する帯広地本の隊員

模擬授業に面白さ

防大でオープンキャンパス

千葉

【千葉】7月23、24の両日、防大のオープンキャンパスが開催され、地本は受験希望者や保護者ら34人を引率・案内した。

新型コロナの影響で校舎見学など内容を一部縮小して実施。久保文明学校長の特別講演の録画が記念講堂で放映され、教授による模擬授業も行われた。久保学校長は日米同盟の構造や、日本をとりまく安全保障環境について分かりやすく講義した。

参加者の反応は良好で「模擬授業が面白かった」「入試に関する質問に答えてもらえた」「気になっていた学部学科の説明が良かった」などの感想があった。なかには「まず姉を防大へ入校させ、その姿を弟に見てもらい2年後には弟も防大へ入校させたい」と〝将来構想〟を語る保護者もいた。

記念講堂で久保学校長の特別講義が行われた（7月23日、防大で）

防医大制度説明会中止受け リクルーター説明会

愛知

【愛知】地本は7月24日、本部庁舎で防医大学校制度説明会を実施した。21日に計画されていたオープンキャンパスが新型コロナの影響で中止になったため、募集課が参加予定者を対象に企画。医学科卒の前嶋竜八1空尉（空自1輸空航空機動衛生隊＝小牧）と、看護学科卒の長島由莉2陸尉（陸自10後支連隊衛生隊＝春日井）にリクルーターを依頼した。

午前中は前嶋1尉が医学科受験希望者に対する制度説明を行い、受験対策として「マークシートが重要」などコツを伝授し、「医学系大学の選択肢を増やすためにも、ぜひ、防医大を受験した方が良い」と助言した。

午後は看護学科の制度説明が行われ、参加者から受験対策の質問を受けた長島2尉は、過去問の活用などをアドバイスした。個別の質疑応答では参加者が列を作り、長島2尉はそれぞれの疑問や悩みなどに丁寧に答えた。

参加者たちは「防医大を受験しようか悩んでいたが、説明会を聞いて受験を決めた」「オープンキャンパスの中止は残念だったが、きょうの制度説明で疑問が解決できた」と話すなど受験意欲を高めていた。

リクルーターの長島2陸尉（右奥）が参加者に看護学科の制度を説明した（7月24日、愛知地本本部庁舎で）

地元の中学校で「災害出前講座」

岡山

【岡山】倉敷地域事務所は7月13日、倉敷市立倉敷第一中学校で2年生の生徒237人に「災害から身を守るには」をテーマに、出前講座学習を行った。

大規模地震への備えとして災害発生時に被害を最小限に抑える考え方「自助、共助、公助」の重要性について説明。自助の一例として防災グッズの必要性を紹介した。講話後は、防災体験学習を行った。

生徒たちは、グループごとに分かれて心肺蘇生法＝写真、ロープワーク、救急搬送法と災害時にガラス破片などから足元を守るための新聞スリッパ作成の概要について、体験を通じて災害時に役立つ知識を学んだ。生徒は、近年の災害の増加から、関心や興味を持って真剣に取り組んでいた。

1後支連の部隊整備工場を見学する学生たち（6月21日、練馬駐屯地で）

「学生記者」熱心にインタビュー

東京 インターン大学生 国際情勢など取材

【東京】地本は6月15、21日、営業支援サービス会社「TOP CONNECT」が発刊する大学生向けフリーペーパー「学生新聞」の取材に協力した。10月発行の特集に掲載される予定。

取材には同社にインターン（就業体験）登録している学生が訪れた。昨今の国際情勢から、「自衛隊の活動を理解したい」という要望を受け、東京地本が陸自練馬駐屯地と空自入間基地の協力を得て実現した。

学生たち4人は21日、練馬駐屯地で防衛省・自衛隊の任務と多様な業種の説明を受け、1後支連の部隊整備工場の勤務状況や需品倉庫を見学。その後、一般大学出身で幹部自衛官の立津雅紗絵3陸尉（現2尉）にインタビューし、志願理由や初級幹部として勤務する中でのやりがいなど、熱心に聞き取っていた。また駐屯地司令の伊藤優一郎将補を表敬し、緊張した面持ちで取材した。

入間基地では15日、8人の学生たちが広報担当者から基地の概要説明を受けた後、基地業務群管理隊警備犬管理班で警備犬の訓練風景を見学。次いで2輸空402飛行隊でC2輸送機の機体見学と運用態勢ついて説明を受けた。

一般大学出身で飛行要員として合格した石川桜麻3佐と、航空学生で入隊した正垣侑斗3尉にインタビューし、志望理由、勤務態勢とパイロットとしてのやりがいなど、積極的に質問していた。

◇

「学生新聞」は、大学生自らが企画・取材・執筆を担当し、4、10月の年2回、10万部を発行している新聞。全国約850校の大学・短大・専門学校のキャリアセンターなどに設置されている。

地域イベントで自衛隊PR

「大湊自衛隊グルメフェスティバル2022」

【青森】地本は6月18日、むつ市内のホテルで行われた「大湊自衛隊グルメフェスティバル2022」で、陸自9後支連衛生隊の支援を得て自衛隊をPRした。

これは海自大湊基地に所属する護衛艦の海自カレーが試食できるむつ市主催の人気のイベントで、多くの地域住民が訪れた。

むつ地域事務所は、海自25航空隊、空自42警戒隊とともにPRコーナーを開設し、制服試着、オリジナル缶バッジ、ガチャガチャなどを行い、来場者を楽しませていた。地本ブースを訪れた募集対象者の高校2年生が受験について広報官に質問する一幕もあった。

野外特設コーナーでは、9後支連衛生隊が野外手術システムを展示し、普段は見ることのできない車両の中を見学した。

来場者は「今日は来てよかった」「すごく楽しい。ぜひ子供には将来自衛隊で働いてほしい」と話していた。

9後支連衛生隊の野外手術システムの室内を見学する家族連れ（6月18日、むつ市で）

高3生へ募集解禁 募集相談員と連携

栃木

【栃木】地本は7月1日、高校3年生に向けた募集解禁にあわせて、県内7カ所の主要駅で市街地広報を行った。

当日は朝の通勤通学時間帯を中心に大田原、真岡、小山、足利の各事務所の所員が担当区域の駅前に立ち、募集相談員と連携して採用試験の日程や自衛隊の職種について書かれたリーフレットとティッシュのセットを配布した。

自衛官の制服に気づいて「かっこいいですね」と誉める人や「自衛官なの？ 頑張ってね」と励ましの言葉を掛ける人もいた。

市街地広報を支援した募集相談員は「コロナ禍で相談員としての活動が思うようにできないが、少しでも地域に貢献し、自衛隊の魅力を伝えていきたい」と話していた。

氏家駅前で広報する平井貴善1空曹（右）と募集相談員（7月1日、栃木県さくら市で）

2地本長が交代

8月1日付の異動で山形、群馬地本長が交代した。新任本部長の略歴は次のとおり。

小野　慎介（おの・しんすけ）事務官　山形地本長　立正大文卒。平成7年旧防衛庁。調達実施本部総務課、人事教育局衛生官付衛生企画班長、同総括班長などを経て、令和3年4月人事教育局衛生官付衛生企画室長。山口県出身。50歳。

桑畑　朋子（くわはた・ともこ）事務官　群馬地本長　お茶の水女子大家政卒。平成7年旧防衛庁。調達実施本部総務課、人事教育局人事計画・補任課人事計画班長、東海防衛支局総務課長などを経て、令和3年8月人事教育局厚生課福利厚生調整官。鹿児島県出身。51歳。

令和4年版 防衛白書　日本の防衛（要旨）

令和4年版「防衛白書」が7月22日の閣議で了承された（本紙7月28日付1面既報）。今年は「ロシアによるウクライナ侵略」の章を新設したほか、中国による台湾侵攻の想定シナリオを台湾側の分析として初めて記載。軍事協力を深める中露について「懸念を持って注視する」必要性を訴えた。8月22日に市販予定で、価格は1397円（税込み）。ダイジェスト版をもとに要旨を紹介する。

第1部　我が国を取り巻く安全保障環境

概観

【激しさを増す国家間競争と、既存の秩序に対する挑戦】

■パワーバランスの変化を背景とし、現在、政治・経済・軍事などにわたる国家間の競争が顕在化している。中でも、米中の戦略的競争が激しさを増すとともに、ロシアによるウクライナ侵略など、既存の秩序に対する挑戦への対応が世界的な課題になっている。このような国家間の競争は、ソーシャル・ネットワークなども含め、多様な手段により平素から恒常的に行われており、軍事的手段と非軍事的手段を組み合わせた「ハイブリッド戦」がとられることもある。

■テクノロジーの進化は安全保障のあり方を根本的に変えようとしており、各国は人工知能（AI）、極超音速技術などいわゆるゲーム・チェンジャーとなり得る先端技術の開発や活用に注力するとともに、こうした技術の流出防止など経済安全保障の重要性が認識されるようになっている。科学技術・イノベーションは激化する国家間の競争の中核となっている。

ロシアによるウクライナ侵略

【力による一方的な現状変更はアジアを含む国際秩序の根幹を揺るがす行為】

■2022年2月に開始されたロシアによるウクライナ侵略は、ウクライナの主権および領土の一体性を侵害し、武力の行使を禁ずる国際法と国連憲章の深刻な違反である。このような力による一方的な現状変更は、欧州のみならず、アジアを含む国際秩序全体の根幹を揺るがすものである。

■国際の平和および安全の維持に主要な責任を負うこととされている安保理常任理事国が、国際法や国際秩序と相いれない軍事行動を公然と行い、罪のない人命を奪っているという事態は前代未聞と言えるもの。このようなロシアの侵略を容認すれば、アジアを含む他の地域においても一方的な現状変更が認められるとの誤った含意を与えかねず、我が国を含む国際社会として、決して許すべきではない。

■今般の侵略を通じ、ロシアの今後の中長期的な国力の低下や、周辺地域との軍事バランス・中国との軍事協力に変化が生じる可能性がある。さらに、米中の戦略的競争の展開やアジアへの影響を含め、グローバルな国際情勢にも影響を与え得ることから、関連動向について、強い関心を持って注視していく必要がある。

諸外国の防衛政策など

【競争力強化と同盟国・パートナー国との協力を重視する米国】

■バイデン政権は、米国の優位性を再構築し、中国との戦略的競争に勝利することを重視してきた。2022年3月には、国家防衛戦略の概要において、中国を最も重大な戦略的競争相手であり、刻々と深刻化する課題と位置づけ、最優先で対応するとし、次にロシアの課題を優先するとした。

■同盟国やパートナー国との協力強化の方針を示し、2021年9月には、日米豪印4カ国の「クアッド」として初となる対面の首脳会談を行うとともに、豪英米3カ国による新たな安全保障協力の枠組み「AUKUS（オーカス）」を設立した。翌年2月には、バイデン政権の地域戦略として初となる「インド太平洋戦略」も発表している。

【軍民融合などにより「智能化」を進め、「世界一流の軍隊」を目指す中国】

■21世紀中頃までに「世界一流の軍隊」の建設を目指す中国は、過去30年以上にわたり高い水準で国防費を増加させ、核・ミサイル戦力や海上・航空戦力を中心に、軍事力の質・量を急速に強化している。2021年夏頃には、迎撃がより困難とされる極超音速滑空兵器の地球低周回軌道での発射実験が報じられるなど、関連動向が注目される。

■軍隊資源と民間資源の双方向での結合を目指す軍民融合発展戦略を国家戦略として推進することなどにより、人工知能（AI）などを活用した「智能化戦争」を可能にすることで、「世界一流の軍隊」の建設を目指しているとみられる。

■我が国周辺では、尖閣諸島周辺において力を背景とした一方的な現状変更の試みを執拗に継続しており、強く懸念される状況である。2021年10月には、ロシア軍と我が国を周回させる形で艦艇の共同航行を行っており、我が国に対する示威行動を意図したものと考えられる。

【米中両国の戦略的競争と、台湾をめぐる対立】

■バイデン政権は、中国を米国の繁栄、安全保障、民主的価値観に挑戦する「最も深刻な競争相手」と位置づけ、同盟国やパートナー国との協力によって中国を牽制する姿勢を鮮明にしている。

また、経済安全保障を国家安全保障と位置づけ、重要技術や機微技術が中国の軍事力強化に転用されることを防ぐための取り組みを一層強化している。中国は、対抗措置となる法令などを相次いで施行しており、米中両国の戦略的競争は、その影響が国際的な広がりを見せている。

■両国は台湾をめぐっても対立を顕在化させている。米国は2021年4月、台湾当局との交流促進に関する「新ガイドライン」を発出し、米国の台湾への関与を推進する姿勢を示しており、米艦艇による台湾海峡通過や台湾への武器売却を継続している。

一方、中国は2021年、中国軍機による台湾南西空域への進入を一層増加させたほか、台湾周辺の海空域における実動訓練の実施を発表している。

■こうした状況を背景に、米国のみならず、欧州諸国などが台湾海峡の平和と安定への関心や懸念を相次いで表明している。台湾は我が国にとって、自由や民主主義といった基本的価値を共有する極めて重要なパートナーであるとともに、台湾をめぐる情勢の安定は、我が国の安全保障にとっても重要であり、力による現状変更は世界共通の課題との認識のもと、国際社会と連携しつつ、緊張感を持って注視していく必要がある。

【台湾の軍事力と防衛戦略】

■中国の台湾侵攻プロセスに関する台湾側の分析によれば、中国は初期段階において、演習の名目で軍を中国沿岸に集結させるとともに、「認知戦」を行使して台湾民衆のパニックを引き起こした後、海軍艦艇を西太平洋に集結させて外国軍の介入を阻止する。第二段階では「演習から戦争への転換」という戦略のもとで、ロケット軍および空軍による弾道ミサイルおよび巡航ミサイルの発射が行われ、台湾の重要軍事施設を攻撃すると同時に、戦略支援部隊が台湾軍の重要システムなどへのサイバー攻撃を実行する。第三段階では海上・航空優勢の獲得後、強襲揚陸艦や輸送ヘリなどによる着上陸作戦を実施し、外国軍の介入の前に台湾制圧を達成するとされている。

【国際社会への挑発をエスカレートさせる北朝鮮】

■北朝鮮は、技術的には、弾道ミサイルに核兵器を搭載して我が国を攻撃する能力を既に保有しているとみられ、また、極めて速いスピードで弾道ミサイル開発を継続している。

変則軌道で飛翔する弾道ミサイルや「極超音速ミサイル」と称するものなどを立て続けに発射し、その態様も鉄道発射型や潜水艦発射型など多様化させており、ミサイル防衛網を突破する能力の向上に注力しているとみられる。

加えて、特に2022年に入ってからは、国際社会がウクライナ侵略に対応している中にあっても、ICBM級弾道ミサイルを含む発射を極めて高い頻度で繰り返し、国際社会に対する挑発を一方的にエスカレートさせている。

【「強い国家」を掲げるロシアと、中露の「戦略的連携」】

■「強い国家」を掲げるロシアは、ロシア周辺におけるNATOの軍事活動などを脅威であるとし、米国との核戦力のバランスを確保した上で、2022年から極超音速巡航ミサイル「ツィルコン」の量産型配備を計画するなど新型兵器の配備を進めるほか、電子戦装備などによる非対称戦能力の向上を図ってきた。ロシアは、ウクライナをはじめとする旧ソ連諸国のNATO新規加盟を認めないと主張し、2021年秋以降、ウクライナ周辺などにロシア軍部隊を集結させるなどしてきたが、2022年2月、ウクライナへの全面的な侵略を開始した。

■我が国周辺では、ロシア軍と中国軍が爆撃機の共同飛行や艦艇の共同航行を実施するなど、中国との連携を強化する動きもみられるとともに、こうした軍事面の協力を「戦略的連携」としてアピールするような動きもみられ、今後もその動向を懸念を持って注視する必要がある。

宇宙・サイバー・電磁波といった新領域をめぐる動向・国際社会の課題

【一層重要性を増す宇宙・サイバー・電磁波領域】

■宇宙空間を利用した技術や情報通信ネットワークは、人々の生活や軍隊にとっての基幹インフラとなっている。一方、中国やロシアなどは、他国の宇宙利用を妨げる能力を強化し、国家や軍がサイバー攻撃に関与していると報告されており、宇宙空間やサイバー空間の安定的利用の確保は各国の重要課題となっている。

【国際社会の対応が求められる気候変動】

■近年、気候変動が安全保障に与えるさまざまな影響が認識されるようになっている。例えば、気候変動は、政治的・経済的に脆弱な国家の安定性を揺るがしかねない旨指摘されており、こうして不安定化した国家に対し、軍の活動を含む国際的な支援の必要性が高まることも見込まれている。

我が国周辺海空域における最近の中国軍の主な活動（イメージ）

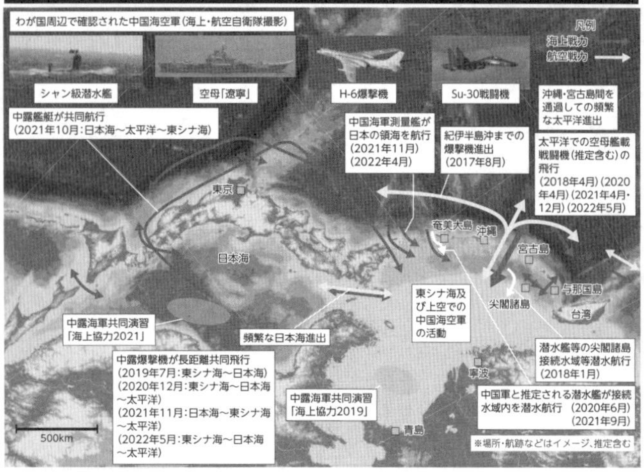

第2部　我が国の安全保障・防衛政策

我が国の安全保障と防衛に関する政策

【新たな国家安全保障戦略などの策定に向け、あらゆる選択肢を議論】

■岸田内閣総理大臣は、2022年1月、おおむね1年をかけて▽国家安全保障戦略▽防衛計画の大綱（防衛大綱）▽中期防衛力整備計画（中期防）——の戦略3文書を新たに策定する旨発表しており、現在、関係閣僚間での議論が行われている。

防衛力整備など

【防衛力強化を加速するために】

■我が国周辺の安全保障環境がこれまでにない速度で厳しさを増す中、必要な防衛力を大幅に強化するため、令和4（2022）年度当初予算は、「防衛力強化加速パッケージ」として、令和3（2021）年度補正予算と一体として編成した。また、防衛分野での技術的優越の確保のため、ゲーム・チェンジャーとなり得る最先端技術などへの投資を大幅に増やすこととし、研究開発費は過去最大となっている。なお、令和4（2022）年度当初予算は、前年度と比べて553億円（1・1％）増の5兆1788億円、米軍再編などを含めると5兆4005億円で、10年連続の増加を維持しており、過去最大である。

■国防費について国際的に統一された定義がないこと、公表国防費の内訳の詳細が必ずしも明らかでないこと、各国ごとに予算制度が異なっていることなどから、国防支出の多寡を正確に比較することは困難である。その上で、我が国の防衛関係費と各国が公表している国防費を比較すれば、我が国は、先進7カ国（G7）諸国、オーストラリアおよび韓国と比較し、国防費の対GDP比は最も低い。また、1人当たりの国防費は、オーストラリア・韓国・英国・フランス・ドイツいずれも日本の約2から3倍となっている。

自衛隊の行動等に関する枠組み

■2015年に成立した平和安全法制においては、いかなる事態においても切れ目のない対応を可能とすべく、「存立危機事態」や「重要影響事態」などの政府として対処すべき事態を新たに定義付けており、政府としては、引き続き、対応に万全を期していく。

また、2021年8月の在アフガニスタン邦人等輸送の経験などを踏まえ、2022年に自衛隊法改正を行い、輸送手段を原則として政府専用機としていた制限の廃止、安全にかかる要件の見直し、主たる輸送対象者の拡大を行った。

主要国の国防費（2021年度）

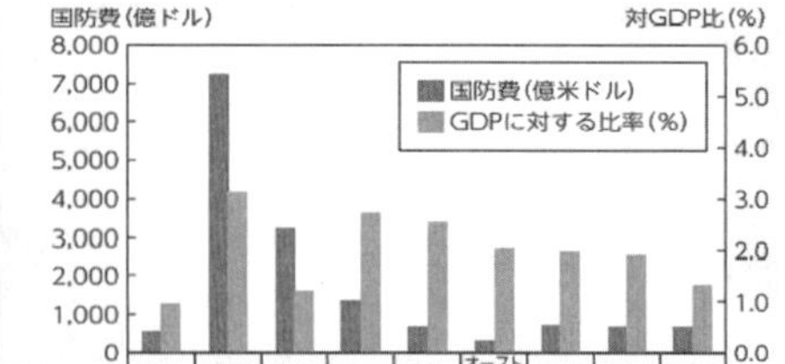

	日本	米国	中国	ロシア	韓国	オーストラリア	英国	フランス	ドイツ
国防費	530	7,176	3,242	1,356	654	304	689	668	642
対GDP比	0.95	3.12	1.20	2.73	2.57	2.05	1.99	1.92	1.31
(参考)NATO公表値による対GDP比	-	3.57	-	-	-	-	2.25	1.93	1.49
1人当たりの国防費（約○ドル）	420	2,156	225	929	1,274	1,180	1,010	1,022	765
1人当たりの国防費（約○万円）	4	21	2	9	12	11	10	10	7

主要6カ国の国防費の推移（対数グラフ）

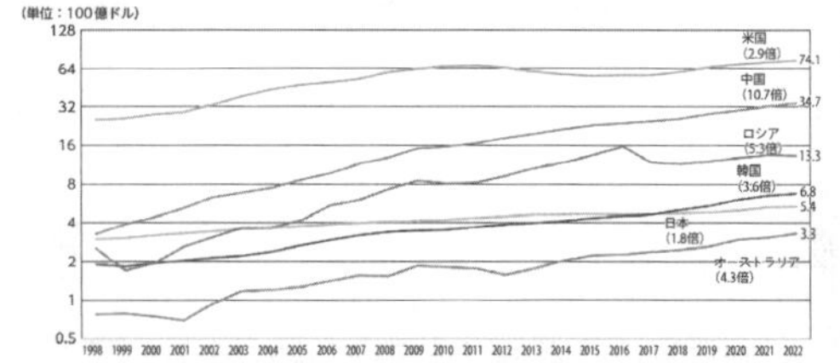

第3部　我が国の防衛の三つの柱

（防衛の目標を達成するための手段）

我が国自身の防衛体制

【平時からグレーゾーンの事態への対応】

【島嶼部を含む我が国に対する攻撃への対応】

【宇宙・サイバー・電磁波の領域での対応】

【大規模災害などへの対応】

【平和安全法制施行後の自衛隊の活動状況など】

■2016年の平和安全法制施行後、この法制にかかる各種準備・訓練を実施してきた。これに関する実任務の実績として、自衛隊法第95条の2に基づく米軍等の部隊の武器等の警護があり、2021年には、豪軍に対する警護を初めて実施した。

日米同盟

【我が国の安全保障の基軸としての日米安保体制】

■日米両国は自由で開かれた海洋秩序を維持・強化することを含め、望ましい安全保障環境を創出するため、インド太平洋地域におけるプレゼンスを高めることとも勘案しつつ、防衛装備・技術協力、施設・区域の共同使用の拡大、今年度は海自護衛艦「いずも」へのF35B発着艦検証など、日米共同の活動を実施している。

安全保障協力

【多角的・多層的な安全保障協力の戦略的な推進に向けて】

■防衛省・自衛隊は「自由で開かれたインド太平洋」（FOIP）というビジョンのもと、二国間・多国間での防衛協力・交流を推進している。また、各国と東シナ海・南シナ海情勢への深刻な懸念を共有した上で、力を背景とした一方的な現状変更およびその既成事実化の試みに強く反対するメッセージを明確に発出している。

【海洋安全保障の確保】

■2009年以降、水上部隊および航空部隊などを派遣し、ソマリア沖・アデン湾において船舶を海賊行為から防護する活動を継続している。

【軍備管理・軍縮および不拡散への取り組み】

■大量破壊兵器やその運搬手段となり得るミサイル、武器および軍事転用可能な貨物・機微技術に関する軍備管理・軍縮・不拡散のための国際的な取り組みに、我が国も積極的に参画している。

【国際平和協力活動への取り組み】

■2022年は、国際平和協力法制定・施行から30年となる。防衛省は、国際平和協力業務として、多国籍部隊・監視団（MFO、エジプト・シナイ半島）および国連南スーダン共和国ミッション（UNMISS）に司令部要員を派遣している。

そのほか、国連事務局にも継続的に自衛官および事務官を派遣している。2022年1月には、大規模な火山噴火が発生し、被害を受けたトンガに対し、緊急援助物資の輸送を実施した。

第4部　防衛力を構成する中心的な要素など

訓練・演習に関する諸施策

【抑止力・対処力強化のための訓練】

■自衛隊は我が国を防衛するという厳しい任務を果たすため、平素から統合訓練や陸・海・空自衛隊による各種訓練などを実施しており、その内容は従来の領域にとどまらず、宇宙・サイバー・電磁波を含む新領域にも及んでいる。

また、日米同盟の抑止力・対処力を強化するため、各自衛隊は、各軍種間での共同訓練や日米共同統合演習を実施するとともに、その内容を年々深化させている。

【パートナーシップ強化のための訓練】

■自国の平和を維持するためには、抑止力・対処力を強化しつつ、自国を取り巻く安全保障環境の安定化が不可欠であるとの認識のもと、広くインド太平洋地域において同盟国・友好国との共同訓練を積極的に推進している。

人的基盤・知的基盤の強化

【自衛隊員は防衛力の中核（人的基盤の強化）】

■防衛力の中核は自衛隊員であり、自衛隊員の人材確保と能力・士気の向上は防衛力の強化に不可欠である。これらは、人口減少と少子高齢化の急速な進展によって喫緊の課題となっており、防衛力の持続性・強靱性の観点から、自衛官などの募集・採用、教育、人的資源の効果的な活用に向けた施策などに取り組んでいる。また、ワークライフバランスと女性の活躍推進にも積極的に取り組んでいる。

【未来の防衛政策の力に（知的基盤の強化）】

■我が国を取り巻く安全保障環境が一層厳しさを増していることを踏まえ、防衛省の研究・教育機関において、平素から研究の質をより高め、その成果を我が国の政策立案に反映している。また、そうした研究の成果を踏まえ、我が国の安全保障政策に関する知識や情報について、より一層国民の理解を促進することが重要になってきていることから防衛研究所を中心とする研究体制を強化している。

衛生機能の強化

【自衛隊員の生命を最大限守るために】

■防衛省・自衛隊においては、第一線から最終後送先までのシームレスな医療・後送態勢を強化することとしているほか、自衛隊病院の拠点化・高機能化を図っており、令和3（2021）年度はその一環として自衛隊入間病院を開院した。

加えて、自衛隊の任務が多様化・国際化する中で、災害派遣や国際平和協力活動における衛生支援や医療分野における能力構築支援などさまざまな衛生活動のニーズに的確に応えていくこととし、自衛隊衛生の根幹となる人的基盤を強化すべく、防衛医科大学校の機能強化、医官・看護官などの確保・育成を推進している。

■国内における新型コロナウイルス感染症への対策の一環として、自衛隊病院における患者受け入れに加え、新型コロナウイルスワクチン接種を加速するため、東京・大阪において2021年5月から同年11月にかけて自衛隊大規模接種センターを、2022年1月からは自衛隊大規模接種会場を設置・運営するなどの活動を実施した。

防衛装備・技術に関する諸施策

【将来の戦闘様相を変える技術の進展】

■各国は、人工知能（AI）などのゲーム・チェンジャーとなり得る最先端技術を活用した兵器の開発や研究に多額の研究開発費を投じ、早期実用化に取り組んでいる。また、量子技術、第5世代移動通信システム（5G）などをはじめとするICT分野の今後のさらなる技術革新は、将来の戦闘様相をさらに予見困難なものにするとみられる。

※ICT=Information and Communication Technology

【我が国の研究開発の状況と今後の焦点】

■多次元統合防衛力の構築に必要かつ十分な防衛力の「質」「量」を確保するには、①無人化・省人化を含めた統合運用の観点からの実効的かつ合理的な装備体系の見直し②我が国の技術的優越の確保のため、戦略的な取り組み、研究開発の推進、民生技術の積極的活用などの技術基盤の強化③装備品の高度化・複雑化によるコストの増加傾向に対して、装備品取得の効率化と組織的な管理体制に資する装備調達の最適化④高性能な装備品の生産と高い可動率を確保する産業基盤の強化⑤防衛装備移転三原則に基づく防衛装備・技術協力——に取り組むことが不可欠である。

【ウクライナへの装備品等の提供】

■ロシアのウクライナ侵略を受けて、ウクライナ政府からの装備品等の提供要請を踏まえ、自衛隊法に基づき、非殺傷の物資を防衛装備移転三原則の範囲内で提供した。

情報機能の強化

【各種情報の迅速な収集などへの努力】

■防衛省は、次のような情報収集を実施している。

①我が国上空に飛来する軍事通信電波、電子兵器などの電波の収集・処理・分析など②衛星からの画像データ収集・判読・分析など③艦艇・航空機による警戒監視④各種公刊情報の収集・整理⑤各国国防機関などとの情報交換⑥防衛駐在官による情報収集など——。

防衛駐在官については、2022年4月1日現在、86大使館6代表部、73人を派遣している。

地域社会や環境との共生に関する取り組み

【地域社会との調和】

■防衛省・自衛隊は、地域社会・国民と自衛隊相互の信頼をより一層深めていくために必要な各種施策を推進していく。

【環境問題への取り組み】

■防衛省では、2021年5月に防衛副大臣を座長とする防衛省気候変動タスクフォースを設置し、気候変動が我が国の安全保障に与える影響について評価・分析し、防衛省が与えられた任務・役割を果たしていけるよう幅広く検討を行い、今後、防衛省としての戦略文書を取りまとめることとしている。

【情報発信】

■国民や諸外国の信頼と協力を得るため、防衛省・自衛隊の活動について、分かりやすい広報活動をさまざまな方法で、より積極的に行っていく。

空自C2 機動衛生ユニット乗せ患者初空輸

3輸空 千歳から羽田へ搬送

空自航空支援集団（府中）は8月3日、隷下の3輸空（美保、隊長・與儀孝1佐）のC2輸送機に航空機動衛生隊（小牧、隊長・赤松潤子1佐）の傷病者広域搬送器材「機動衛生ユニット」を搭載して北海道・千歳基地に派遣、東京・羽田空港までの患者空輸を行った。C2が機動衛生ユニットを搭載して災派を行うのは初めて。

8月3日午前7時、北海道の鈴木直道知事が支援集団司令官の森川龍介空将に緊急患者空輸に関する災害派遣を要請。これを受け、航空機動衛生隊の出動が決まった。

機動衛生ユニットは重傷病者の広域搬送専用器材。コンテナ状の室内に生体情報（心拍数、体温など）モニター、人工呼吸器、除細動器、超音波診断装置など集中治療室（ICU）と同等の処置が可能な医療器材を備え、C2やC130H輸送機に搭載して使う特性から"空飛ぶICU"の異名を持つ。当日は最初に3輸空のC2が鳥取県の美保基地から愛知県の小牧基地に飛来。機動衛生隊の医官らと機動衛生ユニットを積んで小牧を離陸し、千歳基地に着陸した。救急車で基地に到着した患者1人を医療器材とともに、慎重にユニット内に収容、羽田空港に向かった。

当日、千歳基地付近の天候は曇り、羽田空港付近は晴れで、障害になる気象現象もほとんどなくC2は安定して飛行。

衛生隊員たちはユニット内で患者への医療支援や容態の観察、医療器材の管理などを行い、午後2時以降に羽田に無事着陸。同46分に患者を引き継ぎ、活動を終えた。

◇航空機動衛生隊　有事や大規模災害時の長距離患者搬送の機上医療が主任務。既存の手段では搬送できない場合に限り、知事等の災害派遣要請に基づき、依頼元の医療機関近傍の飛行場へ進出する。

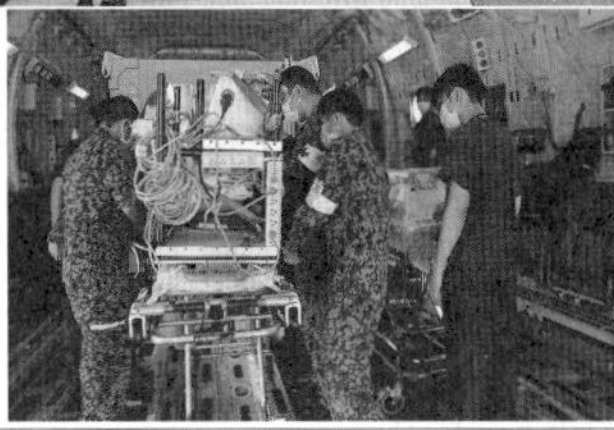

（上）救急車で運ばれてきた患者をC2内に搭載された機動衛生ユニットに収容する航空機動衛生隊員ら（8月3日、千歳基地で）
（下）東京・羽田空港に到着し、機動衛生ユニット（奥）から患者を慎重に搬送する航空機動衛生隊員ら＝写真はいずれも支援集団提供

PKO要員「上級課程」開催

司令部幕僚の技能習得

国際平和協力センター

【国際平和協力センター＝市ヶ谷】統合幕僚学校国際平和協力センターは7月4日から同22日まで、第11期「国際平和協力上級課程」を市ヶ谷で開催し、陸海空の自衛官のほか、カナダとジブチからの留学生を含め、計10人が参加した。

同課程は、1佐・2佐の自衛官、相当級の事務官などのほか、他府省庁の職員や諸外国軍人を対象に、「国際平和協力活動などの職務に従事する上級部隊指揮官や上級幕僚として必要な知識・技能の修得」を目的として、2012年からほぼ毎年1回実施されてきたもので、今回はコロナ禍を経て3年ぶりの開催となった。

前段は、国際平和協力活動などに関する一般基礎知識や原則的事項、自衛隊運用に関する教育、後段は派遣部隊指揮官や国連平和維持活動（PKO）などの上級司令部幕僚として勤務するために必要な教育を行う2部構成となっている。

後段では、PKO教育の専門家として活躍中の退役外国軍人やNGO活動経験者などを招き、英語による講義や討議、発表を実際の活動に則して行っているのが特徴で、今回も参加者たちは、講義やグループ討議などを通じてそれぞれ異なった立場からの識見や経験などを踏まえつつ、積極的に国際平和協力活動に関する知識を深めていた。

同センターでは「今後とも国際平和協力活動などに参加する要員のニーズに対応した教育訓練や調査研究を積極的に行っていきたい」としている。

専門家を交えた英語によるグループ討議で、PKO上級司令部幕僚としてのスキルを磨く参加者たち（7月14日、市ヶ谷F2棟の国際平和協力センターで）

陸自 無人機、捜索打ち切り

昨年不明 調査、再発防止策公表

陸自は8月5日、小型無人偵察機（UAV）スキャンイーグルが、昨年の訓練中行方不明になった件で、調査結果と再発防止策について公表した。

同機は情報教導隊（富士）の所属。ボーイング・インシツ社製で全長1・37メートル、全幅3・11メートル、重さ13・1キロ。

昨年11月23日、自衛隊統合実動演習の対艦攻撃訓練中に、鹿児島県中種子町の旧種子島空港を離陸。情報収集訓練を行っていたところ、同空港南東約25キロ地点の洋上で通信が途絶え、自動的に帰投する機能が作動していながら行方不明となっていた。同機は同演習では初めて使用されたという。

陸自は、機体が未回収のため、機体に記録されているデータ解析による詳細な原因分析ができないため断定はできないとしつつも、調査結果を公表。

自動帰投中の「機体の傾き角（バンク角）」がプログラムの設定上不足しており、現場海域での強風の影響もあり予定の航路に復帰できず逸脱したため、安全機能の作動でエンジンが停止して洋上に着水、水没した可能性が高いと判断した。

同機は、機体と地上間の通信が途絶した場合、事前に設定する非常着陸帯へ自動的に帰投する仕様だが、非常着陸帯への航路を大幅に逸脱した場合、周囲の安全を確保するためエンジンを停止し、その場で旋回して落着する仕様だという。

陸自は再発防止策として、各部隊と企業が連携して機体のソフトウェアの更新を実施。既に機体の確認・点検作業も完了したとし、各部隊に順次訓練を再開させることも公表した。

宮城地本広報大使、CMに出演

陸自舞台のドラマ「テッパチ！」

【宮城地本】地本は6月24日、多賀城駐屯地で行われたフジテレビ系列のドラマ「テッパチ！」の告知CMの収録に協力し、同地本広報大使の根城拓実3陸曹と三浦美夢陸士長が同駐屯地隊員とともに出演した。

このドラマは、若者たちが現実の厳しさに直面し、「誰かのために命をかけられるのか」「自分がやりたい本当のことは」と悩みながら奮闘し、陸上自衛官として成長する姿を描いた番組で、防衛省と陸自が全面協力している。

ドラマを放送しているフジテレビ系列のローカル局仙台放送から、ドラマのPRとして現役の隊員からもぜひ紹介してほしいとの打診が同地本にあったことで実現。多賀城駐屯地が撮影に全面協力した。

CMは15秒バージョンが1本と5秒バージョンが3本の全4パターンある。広報大使の2人を駐屯地正門前で撮影したものが15秒と5秒バージョンで1本ずつ、他に5秒バージョンとして駐屯地内の食堂での2人のシーンのものと、敷地内で3トン半トラックをバックに今年入隊した119教育大隊の隊員と教官、助教が告知するものがある。いずれも「楽しみにしています」や「見てください」などといった掛け声やセリフが入っている。15秒バージョンは告知とともに2人の広報大使がそれぞれ自己紹介し、最後に敬礼する。CMは仙台放送圏内で現在もドラマの終了後や朝の時間帯などに放映されている。

広報大使として収録に参加した2人は、ドラマの主人公と同年代の陸上自衛官として、「このドラマを通して自衛隊の役割や、国と国民を守る仕事のやりがいを多くの皆さんに知ってもらえたらうれしい」と話した。

CM撮影で、広報大使の根城3曹（左）と三浦士長（右）が自己紹介した後に敬礼する様子（6月24日、多賀城駐屯地正門前で）

無理やり抱きつき、陰部を触ると 強制わいせつ罪に該当する可能性

こちら警務隊

性犯罪（強制わいせつ罪）

男性が男性に対して無理やり抱きつき、陰部を触ると、どんな犯罪になりますか？

性別を問わず、無理やり抱きつき、陰部を触る行為は、刑法の強制わいせつ罪に該当する可能性があります。

強制わいせつ罪は、暴行や脅迫をもって、わいせつ行為をすることで成立し、6月以上10年以下の懲役に処されます。

また、相手が13歳未満の場合は、暴行や脅迫がなくても処罰の対象になります。

男性の性被害は「相談しても無駄だと思った」など、被害者が相談をためらい、表面化しにくく一人で苦悩するケースも多いといわれています。このような行為は絶対にやめましょう。

（中央警務隊）

富田浜を清掃

台風後の漂流物を除去

新田原基地隊員

【新田原】新田原基地の幹部会、准曹会、2曹3曹会の有志は8月6日、家族、同基地OB会、ウミガメの保護活動者らと共に、総勢約100人で太平洋に面する富田浜（新富町）の清掃を行った。

富田浜は宮崎県内有数のアカウミガメの産卵地として有名な海岸で、今回は台風通過後の大量の木くずなど、漂流物の除去を目的に清掃。

隊員たちは広い地域を分担し、アカウミガメの子ガメが海へ戻る孵化後の通路の妨げにならないよう、慎重に漂着したゴミや流木を収集した。

清掃活動の副実行委員を務めた5空団整補群整備主任の宇田義広2佐は、「基地隊員、新富町の仲間として、この活動に協力することができうれしい。孵化後の子ガメが元気に海へ戻り、また富田浜に帰ってくることを願っている。この活動が自然環境保護や維持の一助となればと思う」と語った。

ウミガメの保護の一環で富田浜を清掃する空自新田原基地隊員ら（8月6日、宮崎県新富町で）

小休止

▽…久居駐屯地曹友会は6月29日、三重県赤十字血液センターが行う献血活動に協力した＝写真。

▽…コロナ禍で一般献血者が減少している現状を受けて、曹友会では特に自衛官候補生に社会貢献活動の一環として協力を求めたところ、42人が参加。初めて献血を行うという隊員もいたが、厚生センター内の検査会場での問診から献血バス内での献血まで滞りなく行われた。

▽…参加した自候生の一人は「困っている人が笑顔になれるように、これからも協力していきたい」と話していた。

（久居）

新規採用者初任者研修を終えて（上）

技官 石山 直樹（北海道防衛局調達部土木課）

緊張した面持ちで新規採用者初任者研修に臨む石山技官

北海道防衛局の企画による新規採用者初任者研修の6日間のうち、座学の2日間は防衛局の組織、各課における業務の内容などの説明を受けました。工事の発注や監督・検査、また行政文書における取り扱いや管理などは、全くの無知であり学習しなくてはならないと感じました。

また、自衛隊の歴史・役割・任務については改めて学ぶことができました。入省式では、服務の宣誓を行い、我が国の平和と独立を守る自衛隊の使命を改めて理解しました。

座学の最後には、石倉（三良）局長の講話があり、職員としての自覚を持って、復習することを忘れず、ユーザーのニーズを意識してプロとして恥ずかしくない仕事をすることを強調されました。この言葉を忘れずに今後の職務を遂行していきたいと感じました。

現地研修1日目。千歳基地では基地の概要、隊員の生活環境、宿舎、装備品の説明を受け、救難隊の説明、戦闘機の説明がありました。実際にコックピットに座れたのは貴重な経験でした。午後からは、第2作業隊の除雪車両を見学させていただき、大きなけん引スイーパやロータリーがどのような役割をしているかを学びました。

北千歳駐屯地では、駐屯地概要説明、隊舎などを見学させていただきました。さらに装備品の90式戦車、10式戦車の説明を受け、体験搭乗で戦車の迫力に圧倒されました。

2日目、真駒内駐屯地では、迷彩服、半長靴に着替えて基礎の動作を教えていただきました。自衛隊体操を見よう見まねで行い、久しぶりに体を動かしました。さらに約10キロの荷物を背負って、基地内を2周、10キロを歩き、担架に人を乗せ400メートル歩きました。そこで、隊員の方から現地にたどり着く重要性の話を聞き、決められた時間に到着すること、そうしないと任務が遂行できないということを学びました。

3日目は、余市防備隊でミサイル艇「わかたか」を見学し、狭い艇内の至る所に機器があり、限られた空間での任務の遂行には大変な苦労があると感じました。次に、倶知安駐屯地では、ニセコトレーニングセンターの宿泊施設を見学しました。駐屯地の隊舎・宿舎はおのおの年代を感じさせ、維持管理する大変さが想像できました。

4日目は、幌別駐屯地で施設整備の駐屯地での役割、車両・重機の整備の実態を見学しましたが、限られた人数で多くの整備を実施することの大変さ、また建設した建物の維持管理の重要性を感じました。白老弾薬支処では、火薬庫や弾薬業務の重要性を認識しました。

この研修を通じ、どこの部隊でも建物施設は耐用年数を超えて維持管理することで使用できている現実を知りました。しかし予算の関係から、優先度が決定され、なかなか改修できない現実も分かりました。

今後建設するのであれば、ユーザーのニーズに応えられる建物、維持管理しやすい構築物を意識していきたいと感じました。

（世界の切手・スイス）

夢中で日を過ごしておれば、いつかはわかる時が来る。

坂本龍馬（幕末の志士）

朝雲ホームページ
www.asagumo-news.com
会員制サイト
Asagumo Archive プラス
朝雲編集部メールアドレス
editorial@asagumo-news.com

みんなのページ

P3Cに体験搭乗して

多胡 彩音（東京農大第2高校3年生）

私は群馬地本の企画によるP3C体験搭乗を通じて、海上自衛隊には多くの職種があり、多方面から日本の防衛に貢献していることを知った。

下総航空基地に到着してすぐに今回の搭乗の説明を聞き、P3Cは哨戒機として航行する船舶などの状況を警戒監視しており、日本の海を空から守っているということを教わった。海上自衛隊といえば大きな護衛艦や潜水艦を持ち、海を守っているという印象だったが、実は哨戒機や輸送機も保有しており、より強力な防衛体制をとっていることを知った。

その後初めて間近でP3Cを見て、その機体の大きさと耳いっぱいに響くエンジン音や排気音の迫力にとても驚いた。乗り込んでみると自分が想像していた以上に座席は少なく、機内は広々としていた。離陸する時は身体がふわっと持ち上がるような感じがして高揚感が増した。

うれしいことに操縦室のパイロットの後ろに立つことができ、上空からの景色をパイロットと同じ目線で見ることができた。そしてパイロットの方たちは、私たちを楽しませるために上空からの地図を見せてくれたり、ジェットコースターの動きをして下さって、さらに充実した楽しい時間になった。特に、機体を40度傾けたときは自分の身体もふらつくほど機体が揺れて少し怖かったが、普通に飛んでいる時とは見える景色も全く違ってさらにいい経験をすることができた。機内で飛び交う英語の会話やたくさんのスイッチやボタンを動かしている姿を見て、P3Cを動かすために多くの人が関わっていることが分かった。

体験搭乗の後は救難車両などを見学し、下総基地や海上自衛隊について多くのお話を伺えた。私は日本の海の防衛についてより知識を深められたと思う。

体験搭乗後、P3Cをバックに記念写真に納まる多胡さん（左）

リクルーターを経験して

1陸士 古田 朱音（西方後支隊101特直支・北熊本）

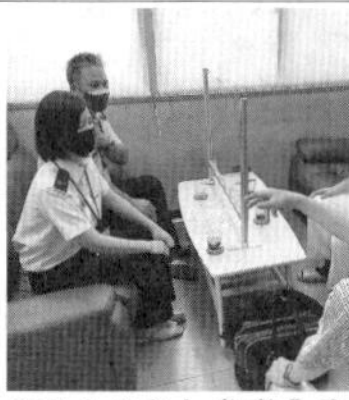

母校の熊本西高校を訪問し、制服姿で成長した姿を見せる古田1士（左端）

私は、6月1日から30日までの間、自衛隊熊本地方協力本部熊本分駐所でリクルーターとして勤務しました。このような貴重な機会を下さった本部長をはじめとする熊本地本の皆さま、そして快く送り出してくれた所属部隊の皆さまには大変感謝しています。

リクルーター勤務では、学校説明会で使う資料の準備など、私が自衛隊を受験していた時には見えなかった事務作業も多くありました。チラシの作成では受け取る人のことを考えて見やすく理解しやすいように加工するなど、一つ一つが丁寧かつ親切さがこもっており、広報官の方々のきめ細やかな配慮を感じました。

下通りの臨時説明会場では、年齢・性別問わずにたくさんの方が声を掛けて下さいました。「頑張ってね」や「体に気を付けてね」などの声掛けをされた時は、常に元気な姿を見せられるよう体調管理に努めていこうと思いました。

また、小さな子が目をキラキラさせて映像や展示物を見ている姿に元気をもらい、訓練等により一層励もうと思いました。学校説明会では、私が教育隊や部隊勤務で体験したこと、営内生活のことなどを女性目線で話すことができ、女性も働きやすい環境が整っていることをアピールできました。

また、母校である熊本西高校での募集活動の際は、お世話になった先生へのごあいさつも行うことができましたし、初めて制服姿を見せることができて良かったです。次はさらに成長した姿を見せることができたらと思います。

この1カ月間、リクルーターとして広報官の方々の近くで勤務させていただき、貴重な体験をすることができました。人前に立つだけでなく、下準備などの見えない部分も、今後、私が部外の方と接する際に役立てていきたいです。

またチャンスがあれば将来的には広報官として募集広報に携わる勤務をしてみたいです。1カ月という短い期間ではありましたが、ありがとうございました。

新刊紹介

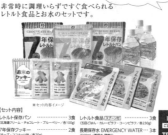

「ゼレンスキー 勇気の言葉100」

清水 克彦著

コメディアンから大統領へ――。さながらドラマのような転身を遂げてきたウォロディミル・ゼレンスキー。ロシア軍の侵攻直後から力強いメッセージをSNSなどで発信し続け、国際社会の注目を集める。本書はゼレンスキーの発言から100の言葉を拾い集め「共感させる言葉」など五つの種類に分類、それぞれに解説を加えている。

ゼレンスキーの言葉で際立つのはシンプルさ、そして、語りかける相手や状況に応じてカスタマイズする柔軟さだ。著者は「サウンドバイト（メディアで引用されやすい短い発言のこと）の達人」と評する。例えばロシア侵攻直後に「私たちはここにいます。この国を守ります」と発し、ウクライナ国民や軍を勇気づけた。EU議会に支援を呼びかけたときは「砲撃が続いているので数分しかお話できない」と、短いフレーズに戦争のリアルさを滲ませた。

著者は、これらの発言から有事の際のリーダーとしての振舞いと、ロシアによるウクライナ侵攻の本質が分かると指摘する。「言葉の力」で戦う大統領の姿に勇気を与えられると同時に、世界情勢を巡る安全保障上の課題についても理解を深めることができる。

（ワニブックス刊、1430円）

「就職先は海上自衛隊 女性『士官候補生』誕生」

時武 里帆著

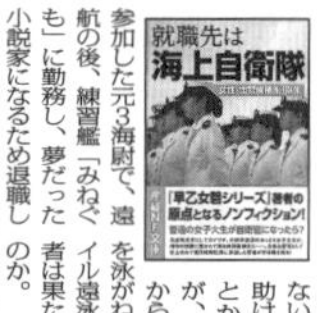

元虚弱児童でカナヅチ、一般大学の文学部を卒業したおっとり文系女子が、広報ビデオで見た海上自衛隊の純白の夏服にハートを射抜かれ、衝動的に海自幹部候補生学校に入校。何もかもが初めてのハードな日々の中で奮闘する。

著者は女性自衛官として初めて遠洋練習航海に参加した元3海尉で、遠航の後、練習艦「みねぐも」に勤務し、夢だった小説家になるため退職した。本書は自身の実体験に基づくだけに、幹部候補生たちの日常が手に取るように分かりやすく描かれている。

古鷹山登山、射撃訓練、結索、短艇競技、防火実習、練習船実習の陸測艦位訓練など、候補生の日常は多忙を極める。体力にも運動神経にも自信のない著者は、同期に助けられながらも何とかこなしていくが、最大の難関は朝から夕方まで15キロを泳がねばならない8マイル遠泳。カナヅチの著者は果たして泳ぎ切れるのか。

ハードなカリキュラムにも関わらず、文章が軽快でユーモラス。〝普通の女の子〟の感覚で見た同期たちの姿、教官たちの厳しさとやさしさが心温まる読後感を与える。続巻の「文系女子大生の逆襲篇」が楽しみになる。

（潮書房光人新社刊、924円）

第1289回出題

詰碁

出題 日本棋院 九段 曲 励起

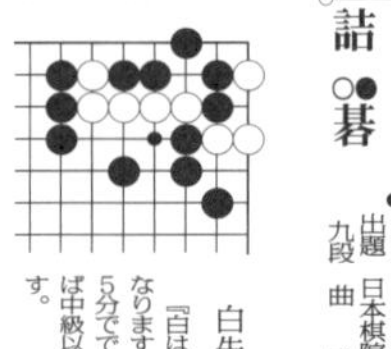

白先

『白はどうなりますか』。5分でできれば中級以上です。

▶詰碁、詰将棋の出題は隔週です◀

詰将棋

出題 日本将棋連盟 九段 石田 和雄

▲先手 持駒 飛歩

≪第873回の解答≫

【正解】▲2二桂成△同飛▲1三歩△1一玉▲2一角成△同玉▲3一飛までの七手詰め。

【解説】▲2二桂成が好手。△同玉なら▲2一飛以下早詰み。△同飛に▲1三歩とたたいて、△1一玉に▲2一角成が絶好の決め手。△同飛なら▲1二飛まで。

OBがんばる

役立つ自衛隊勤務の経験

神野 淳一さん 57

平成30年11月、9空団（那覇）司令部を3空尉で定年退職。MRO Japan株式会社に再就職し、現在、営業課で官公庁への各種申請業務等を行う。

私は平成30年11月に空自を定年退職し、那覇空港内のMRO Japan株式会社に再就職しました。弊社は航空機整備事業を行っており、伊丹空港から平成31年1月に那覇空港に移転してきたMRO専門会社です。MROとはメンテナンス、リペア、オーバーホールの略で、航空機の整備や修理に関わる事業のことです。

入社後はスタッフ業務として総務課、現在は営業課に配置され、営業のほか社内における退職自衛官採用調整、新規事業に係る官公庁への申請も行っており、税関への保税蔵置場設置申請、内閣府と沖縄県による事業認定申請の主担当として携わりました。

私の仕事はルーティン業務というより手探り感のある仕事が多いため、決して気楽な仕事ではありませんが、達成感もあり、准曹士として35年余りの自衛隊勤務で養った経験は大いに役に立っています。今では航空機整備の職種に限らず8人の定年退官された方が新たに入社し総務、品質保証、施設設備資材管理の部署で活躍しています。

今後は整備現場への採用も検討していると聞いているので、沖縄での勤務をお考えの皆さんには選択肢の一つになると思います。

再就職にはマッチングが重要だと思いますので、基地等の援護室の方との相談と、退職後の生活スタイルに合う良い就職先を見つけて下さい。

防大70期遠泳を見て

空自OB 中山 昭宏

絶好の遠泳日和の中、懸命に泳ぐ防大70期生

6月下旬の梅雨明け、酷暑の毎日、戻り梅雨など、今年の初夏は例年にない気候が続いたが、防大70期生による遠泳は予定どおり7月20日に走水海岸で行われた。この日は朝から曇天、午後から薄日が射し、気温も入水時27度、終了時30度と絶好の遠泳日和となった。

例年は学校長の訓辞から始まるが、この日は不在のため、中野俊樹副校長の訓示があり、「できるところまでやってみよう」と1学年の士気を鼓舞した。

8キロ泳の学校予測時間5時間20分をほぼ各中隊がクリアし、訓練の成果を感じた。同時に例年トップと最終組の時間差が2時間程度だったが、今年は37分と、高いレベルの訓練が実施されたようにも感じ取れた。

なお、遠泳のスタート、ゴール地点は昨年から走水小学校ではなく、通称・走水海岸（走水水源地）に変更され、その影響もあってか、時間は1時間以上余計にかかっていた。10人の落伍者はあったが、学生は本当によく頑張った。誇りを持っていいだろう。

さて、地本勤務経験者から聞いた話によると、防大生の募集に最も効果があるのは遠泳を終えて真っ黒な顔で帰省する防大1年生だという。夏休みには地元に帰り、一級の広報官として地本の募集広報に協力してもらいたいと思っている。

朝雲

発行所　朝雲新聞社
〒160-0002 東京都新宿区四谷坂町12-20 KKビル
電話 03(3225)3841
FAX 03(3225)3831
振替00190-4-17600番
定価一部150円、年間購読料9170円（税・送料込み）

主な記事

初の「存立危機事態」想定訓練

日米韓ミサイル訓練も実施

リムパック

浜田防衛相は8月16日の臨時記者会見で、海自の護衛艦「はぐろ」が8月8日から14日まで、米海軍が主催する日米豪韓加の5カ国による多国間ミサイル警戒演習「パシフィック・ドラゴン2022」に参加したと発表した。同演習では、日米韓3カ国がミサイル警戒と弾道ミサイル探知・追尾訓練を実施した。これに先立ち、米ハワイなどで米海軍が主催して6月29日から8月4日まで行われた世界最大級の多国間共同訓練「リムパック2022」に参加した自衛隊は、期間中の7月29日から8月3日まで、我が国政府が「存立危機事態」の認定を行う想定で武力行使を伴うシナリオの訓練を初めて実施した。

平和安全法制を効果的に運用

米ハワイの「太平洋ミサイル試射場（PMRF）」の沖合で8月8日から14日まで行われた多国間ミサイル警戒演習「パシフィック・ドラゴン2022」では、海自護衛艦「はぐろ」が米国、豪州、韓国、カナダの艦艇と共に弾道ミサイル標的の探知・追尾・模擬発射を実施した。

期間中は海自、米海軍、韓国海軍の日米韓3カ国の部隊が「日米韓防衛当局間情報共有取り決め」に基づいて戦術データリンク情報を共有し、ミサイル警戒と弾道ミサイルの探知・追尾訓練を行った。

防衛省は8月16日、「北朝鮮の課題に対応するためのさらなる3カ国協力を推進し、共通の安全保障と繁栄を保護するとともに、ルールに基づく国際秩序を強化していくという日米韓3カ国のコミットメントを示した」との声明を発表した。

浜田大臣は16日の臨時記者会見で、日米韓の3カ国による訓練が今年6月11日にシンガポールで開かれた日米韓防衛相会談での合意を受けて実現したものだとした上で、「弾道ミサイル対処に関する海上自衛隊の戦技能力の向上を図るとともに、参加国間で『自由で開かれたインド太平洋』の維持・強化に向けた連携強化を図った」と訓練の成果を強調。「今後も3カ国の連携を深めていきたい」と述べた。

一方、米ハワイなどで6月29日から8月4日まで米海軍の主催で行われた多国間共同訓練「リムパック」には、海自のインド太平洋方面派遣（IPD22）第1水上部隊の護衛艦「いずも」「たかなみ」のほか、陸自の西部方面隊が参加し、戦術訓練や人道支援・災害救援に関する訓練を行った。

「リムパック」は1971年からほぼ隔年で行われている世界最大規模の多国間訓練で、今回は欧米やアジア、オセアニアなどから計26カ国、人員2万5000人以上が参加した。

自衛隊は期間中の7月29日から8月3日まで、我が国政府が「存立危機事態」の認定を行う想定で武力行使を伴うシナリオの実動訓練に初めて参加した。

岸防衛相（当時）は8月8日の記者会見で、「シナリオの詳細は運用に関わることなので、控えさせていただきたい」とした上で、「防衛省・自衛隊としては引き続き、こうした訓練に参加し、平和安全法制を効果的に運用し、あらゆる事態に対応できるよう万全を期していきたい」と語った。

米海軍が主催する世界最大級の多国間共同訓練「リムパック」に参加し、艦対空誘導弾シースパローの実射訓練を行う海自護衛艦「たかなみ」（7月22日、米ハワイ沖で）＝米軍提供

存立危機事態

2015年に成立し、翌16年に施行された「平和安全法制」で新設された概念で、集団的自衛権の限定的行使が容認される事態。「武力攻撃・存立危機事態法」に「我が国と密接な関係にある他国に対する武力攻撃が発生し、これにより我が国の存立が脅かされ、国民の生命、自由および幸福追求の権利が根底から覆される明白な危険がある事態」と定義されている。

例えば、米国などの「日本と密接な関係にある他国」が第三国から武力攻撃を受けた場合、日本の存立や国民の生命が脅かされる「存立危機事態」と認定されれば、①明白な危険②他に適当な手段がない③必要最小限度の実力行使――という「武力行使の新3要件」で歯止めを明確化した上で、集団的自衛権に基づき、必要最小限度の武力を行使できる。

平和安全法制は、既存の法律10本を一括改正した「平和安全法制整備法」と新設の「国際平和支援法」の2本立て。前者は、▽自衛隊法▽重要影響事態法▽武力攻撃・存立危機事態法▽船舶検査活動法▽国連平和維持活動（PKO）協力法▽米軍等行動関連措置法▽特定公共施設利用法▽海上輸送規制法▽捕虜取扱法▽国家安全保障会議設置法――の10本から成る。

これらは、「平時」「重要影響事態」「グレーゾーン事態」「存立危機事態」「武力攻撃事態」の五つの事態を想定しており、平時から有事まで「切れ目のない対応」を可能とし、日本の平和と安全をより確かなものとすることを目的としている。

日米防衛相が電話会談

浜田大臣就任後初　防衛力強化への決意示す

浜田防衛相は8月16日、大臣就任後初めて米国のオースティン国防長官＝写真＝と電話会談を行った。会談は約30分間行われ、両氏は、8月4日の中国による弾道ミサイルの発射と日本の排他的経済水域（EEZ）内への着弾について強く非難。地域におけるいかなる事態にも対応できるよう、閣僚レベルを含め、緊密かつ隙のない連携を図っていくことを確認した。

また、現下の北朝鮮情勢を踏まえ、日米韓の防衛協力の重要性でも一致した。

浜田大臣は、我が国政府が年内をめどに進める外交・防衛政策の基本方針「国家安全保障戦略（NSS）」など「戦略3文書」の改定を通じ、防衛力の抜本的強化に取り組む決意を述べた。これに対し、オースティン長官は歓迎の意を示し、両氏は日米の戦略を擦り合わせていくことを確認した。

このほか、米軍再編計画の着実な進展のため、日米で引き続き緊密に協力していくことでも一致した。

両氏は緊密な連携のもと、日米の防衛協力を一層強化するとともに、「自由で開かれたインド太平洋」の維持・強化に取り組んでいくことを申し合わせた。

電話会談後、浜田大臣は省内で臨時記者会見し、「オースティン長官と率直な議論を行うことができた。今後は長官と共に日米同盟の抑止力・対処力の強化、『自由で開かれたインド太平洋』の維持・強化に向けて取り組んでいきたい」と述べた。

浜田防衛相

駐日米大使と会談

日米同盟の強化を確認

浜田防衛相は8月17日、米国のエマニュエル駐日大使の表敬を受け、両氏は日米同盟の強化と「自由で開かれたインド太平洋」の実現に向けて共に取り組んでいくことを確認した。

浜田大臣は「初めてお会いできて大変光栄に思う」と歓迎の言葉を述べ、前日16日に米国のオースティン国防長官と就任後初めて電話会談を行ったことなど、日米の緊密な連携の重要性などについて説明した。

これに対し、エマニュエル大使は大臣就任への祝意を伝えるとともに、「ご就任初日から本格的に稼働されている」と述べ、13年ぶり2度目の登板となった浜田大臣の仕事ぶりをたたえ、その手腕に期待感を示した。

米国のエマニュエル駐日大使（右）から大臣就任への祝意を受け、和やかに懇談する浜田防衛相（左）＝8月17日、防衛省で

豪国防相と電話会談

浜田防衛相　防衛協力推進で一致

浜田防衛相は8月19日、大臣就任後初めて、オーストラリアのマールズ副首相兼国防相＝写真＝と電話会談を行った。

両氏は今後も防衛当局間のコミュニケーションを継続していくことを確認。さらに、日豪の防衛協力をインド太平洋地域の平和と安定に向けて「より一層積極的に貢献する存在」へと深化させるため、両国間の防衛協力・交流を引き続き活発に進めていくことでも一致した。

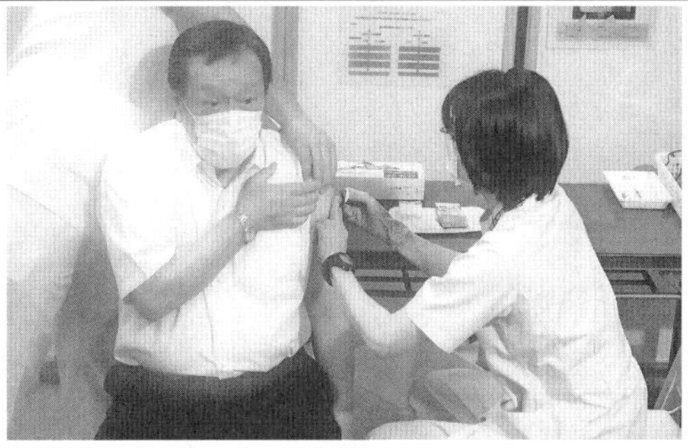

新型コロナワクチンの4回目の接種を受ける浜田防衛相（8月19日、東京・大手町の自衛隊大規模接種会場で）

浜田防衛相

コロナワクチン接種

大規模接種会場を視察

浜田防衛相は8月19日、東京都千代田区の大手町合同庁舎3号館に開設されている「自衛隊東京大規模接種会場」（東京会場）を視察し、運営に当たる隊員や民間スタッフを激励するとともに、自らも4回目となる新型コロナワクチンの接種を受けた。

浜田大臣は、東京会場長を務める山本哲生1陸佐（自衛隊中央病院臨床医学教育・研究部長）の案内で各部署を見て回り、運営に携わる官民スタッフを激励。視察には山崎幸二統幕長、山根寿一陸幕副長、陸幕衛生部長の森知久将補らが随行した。

その後、報道陣の前で自衛隊の看護官からモデルナ社製のワクチン接種を受けた浜田大臣は、「重症化を防ぐためのワクチンなので、ぜひ接種を受けていただきたい」と国民に向けて積極的なワクチン接種を呼び掛けた。

防衛省・自衛隊は9月末までの予定で、東京と大阪の2カ所に「大規模接種会場」を設け、3回目と4回目のワクチン接種を行っている。

1日当たりの接種枠は東京が1000人、大阪が500人で、まだ余裕があるという。会場や予約方法などの詳細は表のとおり。

「大規模接種会場」の予約について

	東京会場	大阪（北浜）会場
施設名	大手町合同庁舎3号館	日経今橋ビル
住所	東京都千代田区大手町1―3―3	大阪府大阪市中央区今橋1―3―3
接種期間	9月30日（金）まで毎日	
開設時間	午前9時～午後5時	
電話予約（毎日午前8時～午後6時）	0120-097-051	0120-296-567
ネット予約	①防衛省HP②QRコード③LINE――のいずれかから専用サイトへ	

東京会場のLINE予約

大阪会場のLINE予約

春夏秋冬

日本と台湾の関係

山下　裕貴

77回目の終戦記念日が過ぎた。現在の日本を取り巻く安全保障環境は、新米中冷戦時代といわれるほど厳しい。ペロシ米下院議長の台湾訪問に反発した中国の軍事演習は、その厳しい現実を日本国民に知らしめた。また尖閣沖では中国公船の領海侵犯が繰り返され、主権が侵害されている。今回は台湾との関係について考えてみたい。一昨年の1月、関西の自衛隊協力団体の企画による〝日本軍将兵を慰霊する台湾の旅〟に同行した。

新竹市にある南天山濟化宮。台湾の靖国神社といわれる。日本軍兵士として戦死された台湾出身兵約3万柱が祀られている。多くの遺族が参拝されており「わざわざ靖国神社に参拝しなくてもよい」と感謝されているという。

苗栗県南鎮にある獅頭山勧化堂。フィリピンに派遣された台湾巡査隊の日本人指揮官を祀っている。隊長は玉砕命令を受領すると部下の台湾人警察官に「ここまで良く戦ってくれた。故国台湾には諸君の生還を心から待つ家族がいる。この際、敵に投降してでも生き残れ、責任は自分がとる」と部隊解散命令を出して自決した。このおかげで多くの台湾巡査達が帰国でき、今でも関係者の参拝が絶えない。

台南市安南区にある鎮安堂飛虎将軍廟。ここの祭神は日本海軍戦闘機パイロットである。彼は台湾沖航空戦に出撃、米軍機との空中戦で被弾、地元集落への墜落を避けるため郊外まで操縦し戦死した。死が迫る中、住民の命を守ろうとした彼を神と称えて地元有志が祠を建てた。今日でも大切に守られている。

平和の大切さと台湾国民の日本に対する温かさを肌で感じた次第である。日本統治下の国の中で親日国家と反日国家がある。違いは何か、単純に比較はできないが、それは日本統治時代の良否を評価する国と、全てを否定する国の差なのではないのか。旅の途中でお話する機会のあった退役軍人からいただいた「日本統治時代は悪い面もあったが、良い面も多かった。我々は前を向いて進んで行く」との言葉が心に残った。

今、必要なのは日台が共に協力して未来に進むことではないだろうか。そのためには政府レベルでの台湾との一層の関係強化、国民レベルでの交流の深化が必要である。

（元中方総監・陸将、千葉科学大学客員教授）

朝雲寸言

戦場において指揮官が敗北を覚悟するのはどんなときだろうか。予期せぬ損害と損耗。圧倒的な敵との遭遇、対応できない新兵器の出現。後方連絡線の遮断、届かない補給品、弾薬の枯渇。思い通りに動かない隷下部隊、そして硬直した上級司令部の作戦指導など▼自衛隊は実戦経験がない。そのため厳しいリアルな教育訓練が不可欠であり、実戦を経験した米軍との共同訓練は平時における最良の訓練機会といえる▼しかし大規模な実働訓練において自衛隊が敗北することは滅多にない。その理由のひとつは訓練や演習の枠組みが国土防衛作戦だからである。例え訓練であっても部隊の敗北は国土を奪われることであり、国民が危険に晒されることを意味する。もうひとつの理由は部隊の士気の観点である。厳しい訓練の結果が敗北では参加した隊員の士気は維持できない▼しかし部隊を実設しない図上演習では時として部隊は敗北することがある。相手国が不十分な準備や戦力で侵略することは考えられないし、実は敗北から学ぶことも多いのである▼ロシアとウクライナの戦いを見るとき国土防衛作戦の難しさを思う。侵攻当初ウクライナは守勢に立たされた。ロシアの侵攻準備は周到であり戦力差は歴然だった▼それから半年、戦争の潮目は変わった。ようやく奪われた国土を奪回するチャンスが来たのだ。現在、敗北を覚悟しているのはロシアの指揮官かもしれない。

時の焦点

国内

コロナ第7波

冷静に対応し乗り切ろう

感染症の特性や社会経済活動とのバランスを考え、機動的に対策を見直していく必要がある。

新型コロナウイルスの第7波が続いている。お盆の帰省などを経て、全国の新規感染者数は過去最多を更新している。

最大の課題は、発熱外来や救急医療の逼迫だ。東京都では一時期、検査で陽性となる割合を示す「陽性率」が50%を超えた。第6波は最高でも約40%だった。

発熱外来がパンクし、症状があっても多くの人が検査を受けられていない可能性がある。検査に対応できる医療機関を増やし、オンライン診療を活用するなど、体制拡充に努めてもらいたい。

救急搬送が困難となる事例が各地で相次いでいる。総務省消防庁によると、患者の受け入れを病院に3回以上断られ、救急車が現場に30分以上とどまった「救急搬送困難事案」は、14日までの1週間で過去最多の約6700件に上った。

暑さによる熱中症が重なり、搬送先が見つかりにくい状況だという。事故や重大な病気など、助かるはずの命が救えないという最悪の事態は避けなければならない。

日本感染症学会や日本救急医学会などは「65歳未満で持病がなく、軽症の場合は慌てて受診する必要はない」との声明を出した。「本当に必要な人が医療につながることができるよう協力してほしい」と呼びかけた。

現在主流のオミクロン株は、重症化する割合は数千人に1人程度だと指摘した。持病がない人の多くは自宅療養が可能で、検査や診療を急ぐ必要はないという。

顔色が明らかに悪い、唇が紫色になっているなどの症状がある場合は、救急車を呼ぶことをためらうべきではない。患者相談窓口を増やし、受診の目安をわかりやすく伝えるなど冷静な対応を呼びかけていくべきだ。

政府は、すべての感染者を特定する「全数把握」の手続きを見直すことを検討している。医療機関や保健所の負担を軽減するためだという。

医療機関は、患者の発生届を保健所に提出しているが、情報を管理する国のシステム「HER−SYS(ハーシス)」の入力が煩雑で、作業負担が大きくなっている。

過去最大の感染者数となっているなか、事務をできるだけ効率化し、その分、診療や健康観察に注力できるようにするとの狙いは理解できる。

ただ、高齢者や基礎疾患がある人については、情報を把握しづらくなるという懸念もある。入院調整や健康観察がおろそかになってしまうようでは元も子もない。

感染状況を的確に見定める別の指標を設けるとともに、重症化リスクの高い人にはきめ細かく対応する仕組みを整えることが不可欠だ。

コロナ禍は3年目に入った。過去の対策を踏襲するだけではなく、現状に即した対策に修正するのは当然だ。政府は専門家の意見を聞き、丁寧に検討を進めてほしい。

藤原　志郎(政治評論家)

海外

米で英作家襲撃

対イラン関係見直さず

2018年10月に起きたサウジアラビア政府工作員による同国著名記者カショギ氏の殺害事件。2年後の20年米大統領選で、バイデン候補は同氏の死を悼む声明を発表、両国関係を見直すと言明した。

それから2年。ウクライナ戦争の影響で米はエネルギー危機に。大統領は7月に同国を訪れ、事件関与が指摘された実力者ムハンマド皇太子に原油増産を〝懇願〟することに―。

米ニューヨーク州で8月12日、イスラム教預言者を題材にした小説「悪魔の詩」の著者、英作家サルマン・ラシュディ氏が講演直前、レバノン系の男に襲撃された。

イラン政府は1989年、「悪魔の詩」はイスラム教を冒涜しているとして、同氏に死刑を宣告。

中東の情報当局者によると、容疑者はソーシャルメディアでイラン革命防衛隊と接触していた。同当局者は「イランのプロパガンダを熱心にフォローしていても、最新の敵に比べて、ラシュディ氏への言及は極めて少ない。同氏は米国生まれの24歳の男が自ら選んだ標的ではない」とも述べている。

また、同事件の数日前、米司法省は革命防衛隊のメンバー1人を告発した。米連邦捜査局(FBI)の捜査官に、30万ドルの報酬でボルトン元大統領補佐官の殺害を持ち掛けた容疑。米国が20年、ソレイマニ司令官をドローンで殺害したことへの報復を狙っていた。

さらにその数週間前、イラン系米国人記者マシ・アリネジャド氏の自宅の外で、弾を充填したAK―47を持った男が逮捕された。

イラン政府は同氏を誘拐する作戦を展開中で、昨年、誘拐を計画したイラン人4人が逮捕されている。

イラン国営メディアの報道は、ラシュディ氏事件後、強硬さを増している印象だ。

例えば、最高指導者ハメネイ師が編集長を選んだ「ケイハン」紙は13日、「神がラシュディに報復した。トランプ(前大統領)やポンペイオ(前国務長官)に同じように報復するのも難しくはないと分かった」とのトーンだ。

一方、イラン側のこうした行動に対する米政府の対応と言えば―。

ホワイトハウスは声明で「真実と勇気への関与を再確認する」などとし、大統領は「同氏と表現の自由のために闘うすべての人と連帯する」と言う。まさに、「微温湯(ぬるまゆ)」につかっているようだ。

対イラン関係再評価の視点がゼロの上、現実には全く逆のことが進んでいる。

現政権は対イラン制裁を緩和する「核合意」を追求し、これは同国の核開発への道を開くことになる。

同国を国際テロの強固な支援者と見ずに、何としても、合意に達することを決定したのである。

「欧州の当局者がここ数カ月で初めて、核合意復活で米イランが実際に合意する可能性に楽観論を表明した」(「ニューヨーク・タイムズ」紙)のは、果たして喜んでいいものやら。

草野　徹(外交評論家)

鬼木副大臣、キャパビル隊員を激励

パプア軍楽隊育成に陸自6人派遣

パプア国防軍軍楽隊員に対して、クラリネットの演奏訓練を行う中音の山田佑一2曹(左端)＝8月15日、パプアニューギニアのポートモレスビーで(防衛省提供)

防衛省の能力構築支援(キャパシティー・ビルディング)の一環として、パプアニューギニア国防軍軍楽隊を育成する陸自隊員6人は8月10日、防衛省を訪れ、岡真臣防衛審議官や山根寿一陸幕副長ら4人が同席する中、派遣要員を代表して防衛政策局参事官付の櫻井政友2佐が鬼木誠副大臣(当時)に出国報告を行った。

6人は8月11日から9月5日まで、パプアニューギニアのポートモレスビーで同軍楽隊の演奏技術や楽器の整備などの指導を行う。

前日までソロモン諸島やパラオ共和国を訪問していた鬼木副大臣は「パプアニューギニアを含む太平洋島嶼国は、我が国と歴史的にも深い関係を持っており、自由で開かれたインド太平洋の維持・強化にとって要となる。太平洋島嶼国の重要性について改めて認識を深めた」と話した。

さらに同軍楽隊は2015年の創設時から中音が育成を支援し、2018年にはAPEC(アジア太平洋経済協力)で各国首脳に演奏を披露するなど着実に活躍の場を広げ、同国にとって欠かすことのできない存在だと言及。今回の事業は「象徴的かつ重要な防衛協力の一つ」として、これまでの育成成果を国内外にアピールできるよう、きめ細やかで親身な指導をもって全力でサポートすることを期待すると語った。

これに先立ち6人は山根寿一陸幕副長に出国報告。陸幕副長は「軍楽隊は創設から支援しており、今年の自衛隊音楽まつりに招へいすることは集大成となり大変意義深い」と激励した。

派遣されたのは、防衛省防衛政策局参事官付の櫻井政友2佐のほか、中音から指揮担当の柴田昌宣2佐、木管の山田佑一2曹、金管の吉村暢気2曹、打楽器の小澤寛行3曹、木管の若林良3曹。

同能力構築支援は、これまで5回計21人を招へい、中音で教育し、パプアニューギニアへの派遣は8回計44人となる。

遠航部隊、真珠湾訪問

米補給艦「ペコス」と共同訓練

海自遠洋練習航海部隊(練習艦「かしま」「しまかぜ」で編成、指揮官・小牟田秀覚練習艦隊司令官以下、実習幹部約160人を含む約540人)は8月6日、米ハワイ州パールハーバー・ヒッカム統合基地に入港した。ハワイ日米協会の会員らが寄港地に集まり、到着した練習艦隊を歓迎した。

在ホノルルの青木豊総領事が実習幹部たちに講話し、日本とハワイの歴史や日米関係の重要性について語った。

パールハーバーを離れた遠航部隊は10日、太平洋上で米海軍との共同補給訓練「ILEX22―7」を実施。

米海軍からは補給艦「ペコス」が参加した。「かしま」「しまかぜ」は航走しながら補給艦と燃料ホースをつないで洋上補給を行い、日米海上部隊の連携強化と相互運用性の向上を図った。

補給訓練を行う(左から)練習艦「しまかぜ」、米補給艦「ペコス」、練習艦「かしま」(8月10日)

ひと

女性初の施設器材隊長

中野(なかの)　千尋(ちひろ)　2陸佐(43)

「施設課はやりたいことがあれば何でもやれる職種。今は女性でも十分活躍できる」――。

昨年8月に陸自史上初めて女性施設器材隊長に着任した中野千尋2佐。

地元静岡大教育学部で美術教師を目指し教員免許を取得、同大学院でも2年間美術を学び、専門学校では講師として美術を教えた。しかし、実際に生徒と触れ合う中で「この子たちの将来を守るような仕事に就きたい」「国の基盤をしっかりすることが大事」だとの思いに駆られ入隊。

順調にキャリアを積み重ねた。施設学校の教官時に、当時の学校長から美術を学んだ経験を買われ、「工兵の歴史」について漫画を描いてほしいとの依頼が。通常業務の合間を縫いながら完成させた漫画は4部構成の全130ページ近くにも及ぶ大作。上官や隊員たちからも好評で全国の関連施設に配られた。

昨年、東北方で唯一の渡河・交通・建築の専門部隊104施設器材隊のトップに着任。隊員たちには統率方針「道をひらく」を、要望事項として「挑戦」「結集」を掲げる。そこには中野2佐のこれまでの「今の状況に甘んじることなく挑戦し、常に新しいものに対する抵抗を払拭する」という哲学が滲み出る。

平成17年当時、施設科は女性にとって門戸が狭く、小隊長にもなれない。今、施設隊長として部下は約140人、その中に約1割の女性隊員がいる。「彼女らには前向きに仕事に取り組んでほしい」と思いながらも「今の隊員たちは本当によくやってくれる」と労いの言葉も忘れない。そして、「みんなの力を一つにしないと仕事はできない」とも。

女性自衛官として苦労した自身の経験があるからこそ、後進に対する気持ちは誰よりも強い。

「(施設科は)今は昔と違って、女性でも能力に応じて希望すればやりたいことができる。女性隊員もぜひ施設科を選んでほしい」と未来の施設科の女性隊員にエールを送った。

(雀見陽平)

共済組合だより

共済のしおり「GOOD LIFE」(令和4・5年版)を配布中

防衛省共済組合の各種事業を紹介する令和4・5年版の共済のしおり『GOOD LIFE』が完成し、各支部から組合員の皆さまへの配布が始まっています。

同誌は「保存版」として共済組合が2年に1回発行しているもので、入隊、結婚、出産、マイカー購入、マイホーム購入、子供の教育、退職、年金受給まで、入隊時から退職後までのライフサイクルに合わせ、共済組合の各種制度の利用方法が詳しく紹介されています。

共済組合ホームページにも掲載されていますので、ご家族皆さまでご活用ください。

11月6日に観艦式

防衛省はこのほど、令和4年度の自衛隊記念日行事の日程を発表した。

「観艦式」は11月6日(日)、岸田首相を観閲官に迎え、相模湾で行う。新型コロナ対策として無観客で実施され、その模様は映像配信される。

また、3年ぶりの開催となる「自衛隊音楽まつり」は11月18日(金)と19日(土)の両日、日本武道館で観客数を制限して行われる。今回は海外からのゲストとして、パプアニューギニア国防軍の軍楽隊が出演する予定だ。

各種予定は左表の通り。

令和4年度の自衛隊記念日行事

行事名	実施日	場所
体験飛行	10月8日(土) ※搭乗者数を制限して実施	・航空自衛隊千歳基地 ・航空自衛隊入間基地 ・航空自衛隊築城基地 ・航空自衛隊那覇基地
追悼式	11月5日(土)	防衛省慰霊碑地区
観艦式	11月6日(日) ※無観客の形態で実施	相模湾
音楽まつり	11月18日(金) 11月19日(土) ※観客数を制限して実施	日本武道館
感謝状贈呈式	中　止	(個別に贈呈)
自衛隊記念日レセプション	中　止	―

露海軍艦1隻が対馬海峡を南下

東シナ海向け航行

8月12日正午ごろ、海自は長崎県・対馬の北東約70キロの海域を南西に進むロシア海軍の「ステレグシチー」級フリゲート1隻(艦番号335「グロームキー」)を確認した。

この後、ロシア艦は対馬海峡を南下し東シナ海へ向け航行した。

佐世保警備隊(佐世保)の支援艦「あまくさ」と4空群(厚木)のP1哨戒機が情報収集・警戒監視に当たった。

魚釣島近海で中国艦を確認

海自は8月4日午前10時ごろ、沖縄・魚釣島の西北西約110キロの海上を東進する中国海軍の「ルーヤンⅢ」級ミサイル駆逐艦1隻(艦番号131「太原」)を確認した。

中国艦は魚釣島の西約100キロから60キロの海域を南北に遊弋した後、同日午後9時ごろ、同島の西約80キロを北西に向け航行した。

13護隊(佐世保)の護衛艦「さわぎり」が情報収集・警戒監視を行った。

防衛省発令

▽兼統幕運用2課(陸幕人事教育計画課企画班長)　1陸佐　松下　卓也
(同厚生課給与室長)　同　牧瀬　孝幸
(同通信電子課電計班長)　同　大森　亮
(同同通信器材班長)　同　橋本　隆行
(以上8月13日)
▽海自幹部学校付(海幕経理課兼大臣官房会計課支出班)　1海佐　須田　茂仁
(同装備体系課)　同　岩出　洋平
(自衛艦隊司令部幕僚)　同　三浦　宏幸
(同)　同　橋口　剛
(32飛行隊長)　同　大曽　伸英
(艦船補給処企画課長)　同　村岡　大樹
▽空自幹部学校付(空幕事業計画1課)　1空佐　木元　信吾
(以上8月18日)
▽陸幕募集・援護課援護班長(陸幕募集・援護課)　1陸佐　八津尾宗之
▽7特科連隊長(同同援護班長)　同　万波　大介
(以上8月19日)

訂正　8月11日付1面、防衛省発令の1佐職人事で「▽航空総隊法務官　2海佐中矢忠臣」とあるのは、「2空佐中矢忠臣」の誤りでした。お詫びして訂正します。

防研セミナー

時代を読み解く

シリーズ⑧

今月の講師

渡邊 武氏（わたなべ たけし）
地域研究部
アジア・アフリカ研究室主任研究官

1974（昭和49）年山形県生まれ、埼玉県育ち。東京都立大学法学部政治学科卒業、慶應義塾大学大学院法学研究科政治学専攻修士課程修了。2002年から防衛研究所勤務。09年アメリカン大学国際サービス大学院修士課程修了。専門分野は朝鮮半島の政治と安全保障。最近の主な業績として、「文在寅政権の国防と政軍関係：政治的中立の喪失がもたらす反リアリズム」「二極化する地域における韓国国防：自主の機会とその変容」（日本国際問題研究所、21年、22年）、「強制外交における政治的企図：北朝鮮による文在寅政権への脅迫」『安全保障戦略研究』（21年11月）。

北朝鮮による強要戦略の行方

ミサイル発射は「強要の手段」に

ロシアと異なり、北朝鮮は戦争をしていない。そうであるが故に北朝鮮は、これから戦争が起こり得るという恐怖を振りまくことができ、それを強要（Coercion、Compellence）のために活用できる。

強要は暴力のオプションを保留していると信じさせ、従わねば実行されると脅迫することで成立するからである。

戦争をしてしまったロシアも、依然として事態をエスカレーションさせると、相手を脅す余地はあるが、平和が戦争に変わる恐怖ほどのインパクトはない。対照的に北朝鮮は、長年にわたり戦争のイメージを振りまき続けたにもかかわらず、実行はしない。

それは必ずしも安心すべきことではない。「これから戦争が起きるかもしれない」との恐怖を与え、その脅しにより標的となる国々の市民を動かす力を維持していることも意味しているからである。北朝鮮のミサイル発射は、そうした強要の手段である。

一般的には、脅迫された国の人々はその脅威に立ち向かうべく団結すると想像されるのかもしれない。

しかし、外敵ではなく、自国の軍や同盟国が人々を危険に巻き込んでいるとの反応もまた珍しくない。北朝鮮がミサイル発射で期待してきたのはそうした反応である。

韓国内で軍への懐疑強める企図

保守の尹錫悦が大統領選挙で勝利した後、2022年4月に北朝鮮は「戦術核」と関連付ける形で短距離弾道ミサイルを発射したが、これは韓国の国防当局による戦略の再確認に合わせた行動だった。

こうした形でミサイルを発射すれば、韓国軍のせいで不安定な情勢が生じたかにも見える。韓国内で保守勢力としての軍への懐疑を強めることが、北朝鮮の企図だったのだろう。

同月1日、韓国の徐旭国防部長官（当時）はミサイル戦略に関わる組織改編に際して、「ミサイル発射の「兆候」が明白であれば「発射の原点と指揮・支援施設を精密打撃」できる能力と態勢を有していると表明していた。

翌2日、元朝鮮人民軍参謀長の朴正天朝鮮労働党中央委員会書記は、徐旭長官の立場を「核」保有国に対する「先制打撃」発言として、これを韓国軍部の「反共和国軍事敵対狂気」の現れだと非難した。その上で朴正天は先制打撃があれば「ソウルの主要標的」と韓国軍を壊滅させると脅したのだった。

先制攻撃に対し「核使用」で脅迫

北朝鮮はそれ以前から戦術核取得の意思表示をしており、かつ戦術核は射程が短いため、韓国領域への使用を念頭にその取得が進められていたはずである。従って、徐旭長官の発言の故に北朝鮮が韓国への核攻撃を含む戦略を考慮し始めたかのような、朴正天の発言は虚偽である。

「敵対狂気」の韓国軍勢力を放置すれば、ソウルでの破壊を招くことになる――そのように韓国内の人々を脅迫するために、朴正天はミサイル発射に先立って韓国軍を非難し、事実に反する因果関係を印象付けたのであった。

続く4日、金与正党中央委員会副部長も、韓国はもともと北朝鮮の攻撃対象ではなかったが「先制攻撃」をすれば標的になり、その際は核兵器も用いられると脅迫した。標的に選択肢を与え、その選択に応じて破壊のオプションが実施されると知らしめるのは、強要の典型的な形式である。

短距離弾道弾発射 脅迫に信ぴょう性

このように北朝鮮は、韓国軍の「先制」により核戦争の惨禍に見舞われるとの見方を広めた上で4月17日、金正恩総書記が参観する中、「戦術核運用の効果性」を高めるとしてロシアの「イスカンデルM」とも似た外見の短距離弾道ミサイルを発射したのだった。具体的な行動は、脅迫に信ぴょう性を与えるものとなる。

北朝鮮がイスカンデル系の精密な着弾能力に求めているのは、軍の部隊や基地に核を着弾させることができると示すことで、人々を次は自分たちだと不安に陥れることだろう。軍隊への攻撃能力が、一般人を殺傷するオプションが保留されていると強調するために活用されている。

つまり北朝鮮は、米韓軍の能力を破壊する戦争遂行の戦略に集中しているわけではなく、一般人の心理や政治への影響に大きな関心を払っている。だからこそ、朴正天は韓国軍を壊滅させるといえば済むところで、わざわざ人口密集地の「ソウル」に言及したのだろう。

それから2週間ほど後、5月10日に尹錫悦政権が発足した。北朝鮮が尹錫悦政権を脅迫で屈服させられるとの確実な見通しを持っているとは思えない。しかし、韓国内の平和への希求が、韓国軍ないし米韓軍への反対につながりやすい政治的な分裂は今後も続く。

尹錫悦大統領の当選は著しい政治的分裂の中での辛勝であった。分裂の一方には、韓国軍の北朝鮮との対峙を、清算すべき「親日」の残滓と見なす議論がある（2019年3月1日の文在寅前大統領の演説）。

戦争を回避しているからこそ北朝鮮は、こうした分裂を利用し、戦争の惨禍があると脅し続けることができる。北朝鮮による脅迫は、韓国内に軍当局と同盟への懐疑を広め得るものであり、それは将来の強要ないし強制外交に資することであろう。

オスプレイ／西方へ転地　水機団と協同訓練

陸自V22オスプレイの後部ハッチから素早く水機団員がヘリボン降着し、周囲の安全を確保する（7月26日、相浦駐屯地）

島嶼防衛へ連携強化

九州初飛来　急患空輸訓練など実施

陸自木更津駐屯地に暫定配備中のV22オスプレイ2機が7月25日から28日まで、西方転地訓練（九州へは初めて）を実施し、相浦駐屯地では水機団との協同訓練を行った。26日に同駐屯地で行われた訓練は報道陣に公開された。

訓練は、近年南西地域への防衛態勢の強化が求められる中で、同地域における島嶼防衛などに有用なオスプレイと水陸両用の機能を持つ水機団との連携を図ることが急務であるとの認識のもと実施された。

木更津を出発した2機のオスプレイが25日に陸自北徳島分屯地で給油、その後は高遊原分屯地に飛来し、初めて九州で飛行した。同分屯地を拠点とし、翌26日には海自大村航空基地に移動、離着陸訓練を実施した。午後からは相浦駐屯地に移動し、報道陣に水機団との協同訓練を公開。水機団の1個小隊約50人が乗り込んだオスプレイ1機が着陸。後方のランプドアから水機団員がヘリボン降着して素早く周囲の安全を確保し、救急患者を搬送、空輸するまでの一連の流れを公開した。会場には水陸両用車AAV7やバギーなどが展示された。

公開後の記者会見で、水機団1水機連隊長（現・陸上総隊運用部副部長）の開雅史1佐はオスプレイの有用性について「最も評価しているのがV22の航続距離と航行速度。さらに離島において航空機が離発着、空港などが無いような場所でもヘリコプターの能力を使って発着できることも高く評価している」と話し、引き続き水機団と輸送航空隊との連携強化に向けた練成を積み重ねていくとした。

続いて、1ヘリ隊輸送航空隊長の不破悟1佐は今回の訓練の目的を、木更津駐屯地から西部方面区に至る航路、地形などへの習熟と飛行支援能力の向上を図り、水機団との協同訓練を実施して任務遂行能力を向上させるとした上で、「（オスプレイが）陸自で最も速く、最も航続距離が長く、まさにどこからでも迅速に南西方面に迅速に水機団の隊員や物資などを空輸できる。そこに最大の利点がある」と語った。西方転地訓練から水機団との協同訓練など、一連の訓練は28日まで行われた。

陸自は今後さらにオスプレイと水機団との連携を深めたいとし、さらなる訓練地域の拡大や離島への空中機動訓練なども引き続き行っていきたいとしている。

周囲の警戒に当たる中で、救急患者を迅速に回収し、離陸までの流れを公開する水機団員（7月26日、相浦駐屯地）

㊤陸自北徳島分屯地で給油を行うオスプレイ（7月25日）
㊨オスプレイに救急患者を収容するまで、水機団員が周囲の安全を確保する（7月26日、相浦駐屯地）

海自大村基地で離着陸訓練を行うオスプレイ（7月26日）

ひろば

菊月、長月、寝覚月、紅葉月——9月。

1日防災の日、2日靴の日、9日重陽の節句、10日十五夜、12日宇宙の日、19日敬老の日、21日国際平和デー、23日秋分の日、27日世界観光の日。

住吉大社観月祭 中秋の名月の日に行う住吉大社（大阪府）の神事。和歌の披講、俳句の朗詠、舞楽、子どもたちが住吉踊を奉納する。反橋と名月が作り出す幻想的な雰囲気は情緒的で、多くの人が訪れる。10日

ふるさとのみのり祭り 北海道浦幌町の一大イベントで、人気歌手の歌謡ショーやお笑いライブなど催し物がめじろ押し。町の特産品即売会や秋の味覚のバザーなど、実りの秋を家族で楽しむことができる。25日

「深川江戸資料館」再オープン

深川江戸資料館の常設展示室。右奥に火の見やぐら、中央が土蔵の2階部分、手前は長屋の屋根だ

天保末期（1840年ごろ）の江戸深川の街並みを再現し、当時の人々の暮らしを体感できる東京都江東区の「深川江戸資料館」が9カ月に及ぶ改修工事を終え、8月1日に再オープンした。コロナ前には年間10万人の来場者を集めた同館の見どころは何と言っても常設展示。長屋や船宿、八百屋に火の見やぐらなどを実物大で再現、住民それぞれの家族構成、職業、年齢なども細かく設定された情景・生活再現展示は、訪れた人を江戸時代にタイムスリップさせてくれる。再オープン6日目の同館を訪れた。

（倉本正彦）

8月は落語、芝居、写真展も

深川江戸資料館は展示室のほか、小劇場（定員300人）やレクホール（同120人）を備え、公共の文化施設として各団体などに貸し出している。この8月には落語や芝居、写真展なども行われていた。

左側の掘割に猪牙舟が浮かんでいる。右は船宿「相模屋」、中央奥には火の見やぐらが見える

長屋、船宿を実物大で再現

入り口をくぐると、受付右手に双葉山と並ぶ昭和の大横綱「大鵬」の顕彰コーナーがあり、手形やサイン、優勝賜杯のレプリカなどが展示されている。こちらは無料展示だ。

観覧料金400円（大人）を受付で払い、山東京伝、伊能忠敬、松平定信、鶴屋南北など、深川ゆかりの人物と深川の歴史を紹介する導入展示室を抜け、常設展示室に入る。

「にゃ～お」

長屋に住む三味線の師匠・於し津（三六歳）の飼い猫で同館のマスコット・実助が鳴き声で迎えてくれた。眼下には長屋、屋根の上には実助がいる。右手奥に火の見やぐら、正面には舂米屋（米を仕入れて精米して販売する店）「上総屋」の土蔵が見える。

階段を下りると右手に深川佐賀町の街並み。表通りの入り口左手には肥料問屋の「多田屋」。日よけのれんを広げた大店だ。向かいに八百屋の「八百新」、隣は「上総屋」。そのまま進むと、左手に「稲荷鮓」ののれんを下げた屋台があり、掘割に突き当たった。掘割には猪牙舟が浮かんでいる。掘割の前には船宿が2軒。堅実な「升田屋」と派手な「相模屋」だ。

「猪牙舟は今で言うとタクシーみたいなもの。船宿にはお客さんが泊まれる宿と泊まれない宿がありましたが、この2軒は泊まれない宿を想定しています」と同館管理事務所の伊藤俊雄さん。中に入るとへっつい（かまど）、食器や漬け物樽、酒樽、水瓶などがあり、当時の繁盛ぶりをしのばせる。

見どころは常設展示

棒手振の政助の家。障子に「むきみ」と墨書され、床には畳の代わりにむしろが敷かれている

その先は広場になっており、火の見やぐら、天ぷらの屋台、そばの屋台、水茶屋（現在の喫茶店のようなもの）がある。広場は火事の際に延焼を防ぐための火除け地の役割を担っている。

裏に回ると長屋が連なる。船宿の船頭・松次郎（一三歳）、木場の木挽き職人・大吉（四十歳）とお高（三五歳）夫婦の家が向かい合っている。大吉の家の壁には大鋸が掛けてある。大鋸で材木を切り出す際に出る屑がおがくずとなる。

於し津の家の向かいは棒手振の政助（二三歳）の家だ。棒手振はあさりやしじみのむき身を天秤棒で売り歩くのが仕事。入り口の障子に「むきみ」「政助」と墨書してある。中を見ると畳はなく、むしろが敷いてあり、たらいの半分ほどにあさりの殻が入っている。

伊藤さんが「昔は長屋に住むときにも畳というのは自分で持ってくるものだったが、政助はお金がなくて畳が買えない。むき身は貝の中身なので、元手がかからない。ほかの家より質素な暮らしになっている」と解説してくれた。

長屋の共用スペースにはごみ溜め、便所、井戸、稲荷社がある。ごみ溜めをのぞくと、中には瀬戸物のかけらのようなものしか入っていない。「当時は完璧なリサイクル社会だった。着られなくなった着物の生地なども売っていた。捨てるのはこういう全く使えなくなったものしかなかった」と伊藤さん。そういえば稲荷鮓の屋台の隣に着物の生地を売る古裂売りがあった。

体感型の展示で、1日の情景を照明と音響を使って15分1サイクルで演出している。この日は夏真っ盛りのため、蝉の声や夕立ちの音などで季節感を表現していた。この演出は四季ごとに変わるという。

棒手振の売り声が聞こえてくる。「むーきみー、あさりよ」。いい声だ。政助だろうか。

江東区深川江戸資料館 東京都江東区白河1—3—28

都営地下鉄大江戸線、東京メトロ半蔵門線「清澄白河」駅を下車して徒歩3分。観覧料金は大人400円、小・中学生50円。休館日は第2、4月曜日（祝日の場合は開館）と年末年始（1月2、3日は正月特別開館で展示室のみ開館）。

マイヘルス Q&A

歯周病

心筋梗塞など全身疾患への影響も ブラッシングで予防を

Q 歯周病とはどんな病気ですか。

A 一般的に歯槽膿漏と言われているものが歯周病です。歯周病とは、歯と歯肉の境目に付着する歯垢中の細菌が原因となって生じる炎症性の疾患です。

歯周病には歯肉の腫れや出血を引き起こす歯肉炎と、歯肉炎が進行して歯を支える骨が溶けたことによる歯の動揺や排膿が見られる歯周炎があります。

歯周病は歯の喪失原因の半分を占めている怖い病気です。

Q 歯周病の原因は何ですか。

A 歯肉の近くに付着した歯垢です。口の中には多くの細菌が存在し、ブラッシング不足や砂糖を過剰に摂取することで細菌がねばねばした物質を作り出し、歯の表面についたものが歯垢です。

歯垢は歯ブラシをすることで取り除くことができますが、歯垢がたまり続けると固くなり、歯石となります。歯石は歯ブラシでは除去できず、歯科医院にて専用の器具を使用し除去します。

Q 歯周病と全身疾患の関連はありますか。

A 歯周病は生活習慣病とも言われており、喫煙・ストレス・不規則な生活・アンバランスな食事などは免疫機能の低下により歯周炎の進行に影響するといわれています。仕事が忙しい、疲れがたまっている時などに歯肉が腫れるのはそのためです。

歯周病により炎症が続くことで、炎症による産物が全身の臓器に影響を与え、歯周炎が全身疾患を進行させることも明らかになっています。中には全身疾患が歯周病を進行させることもあります。代表的なものは糖尿病、狭心症・心筋梗塞、肥満や骨粗鬆症、女性であれば早期低体重児出産です。

Q 歯周病の症状は。

A 主な症状は、①口臭が気になる②朝起きて口の中がねばねばする③歯磨き後に歯茎から血が出る④歯茎が赤く腫れている⑤歯茎から血や膿が出る⑥歯が揺れている⑦歯が浮いたような気がする——です。こうした症状が当てはまる場合は歯周病の可能性がありますので、歯科受診をお勧めします。

歯周病にならないために大切なのはブラッシングです。最低でも1日2回、質の高いブラッシングを心掛け、清潔な状態を保ちましょう。

自衛隊中央病院 第1歯科 山田 真衣

BOOK NOW

私が読んだ この一冊

飯塚訓（さとし）著「墜落現場 遺された人たち ～御巣鷹山、日航機123便の真実」（講談社）

陸幕人教部募集・援護課（市ヶ谷）杉浦 克明2佐 42

「あんな悲惨な現場へは二度と行きたくない。しかし、あれば行かなくてはならない」——。

御巣鷹山の日航機墜落事故について書かれた本書を総括すると、取材を受けた空挺隊員のこの一言だと思います。

自衛隊の任務は劣悪な条件下での緊急かつ困難なものが多い。その時に必要なものは「信念と命がけの訓練」と当時の空挺団長は話します。

自衛隊員の覚悟と死生観を実感する本書の一読を勧めるとともに、亡くなられた方のご冥福をお祈り申し上げます。

ビル・バーネット著、櫻井祐子訳「ストラテジック・キャリア」（プレジデント社）

徳島航空基地隊（徳島）冨澤興仁1海尉 30

個人が目指すキャリア像も自ら考えぬき、実行し、振り返り、改善していく時代となった。

本書は、人生とキャリアのデザインとマネジメント（計画立案と運営管理）、さらにはレジリエンス（ストレスに対し、しなやかに対応する力）について考えることができる。今、自衛隊が発展させようとしている作戦術にも繋がる素養を学んでみてはいかがだろうか。

なお、とっつきにくいという方は「スタンフォード式人生デザイン講座」から読み進んでほしい。

関幸彦著「刀伊の入寇」（中公新書）

8空団6飛行隊（築城）信田航輝3空尉 26

皆さんは「刀伊の入寇」という事件をご存知でしょうか。平安時代に壱岐、対馬および北九州沿岸地域を襲った海賊事件です。突然現れた海賊は何者だったのか？ 武家政権成立前の日本はなぜこれを撃退できたのか？

著者は当時の周辺国の実情、日本の対外危機意識などを分析しています。私は本書を読み、日本史の奥深さを知る楽しさを覚えました。皆さんも手に取ってみてはいかがでしょうか？

隊員愛読書ベスト5

<入間基地・豊岡書房>

❶自衛隊装備年鑑 2022—2023 朝雲新聞社 ￥4180
❷自衛官一般曹候補生採用試験問題集第3版 TAC出版 ￥1540
❸幻の第5世代戦闘機ＹＦ—23マニアックス 消えたステルス戦闘機の全貌 青木謙知著 秀和システム ￥2750
❹第三次世界大戦はもう始まっている エマニュエル・トッド著 文春文庫 ￥858
❺クジラアタマの王様 伊坂幸太郎著 新潮文庫 ￥825

<防衛省・三陽堂書店>

❶陸上自衛隊補給管理小六法令和4年版 学陽書房 ￥2970
❷台湾有事のシナリオ 日本の安全保障を検証する 森本敏・小原凡司編著 ミネルヴァ書房 ￥3850
❸青の翼ブルーインパルス 小峯隆生著 並木書房 ￥1870
❹戦争はいかに終結したか 千々和泰明著 中央公論新社 ￥1012
❺自衛隊装備年鑑 2022—2023

<神田・書泉ブックタワーミリタリー部門>

❶今日は横田、明日は厚木—レジェンド・オブ・軍用機マニアの1960年代活動記 松崎豊一著 イカロス出版 ￥2200
❷幻の第5世代戦闘機ＹＦ—23マニアックス 消えたステルス戦闘機の全貌
❸傑作戦闘機とレシプロエンジン—動画と写真で観る大戦機アーカイブ 二見書房 ￥3080
❹ウクライナ戦争徹底分析 ロシア軍はなぜこんなに弱いのか 扶桑社 ￥1650
❺戦車の歴史 理論と兵器 加登川幸太郎著 ＫＡＤＯＫＡＷＡ ￥1694

<トーハン調べ7月期>

❶80歳の壁 和田秀樹著 幻冬舎 ￥990
❷オーバーロード15 半森妖精の神人 上 丸山くがね著 ＫＡＤＯＫＡＷＡ ￥1320
❸禁断の中国史 百田尚樹著 飛鳥新社 ￥1540
❹オーバーロード16 半森妖精の神人 下 ￥1320
❺地球の歩き方 ＪＯＪＯ ジョジョの奇妙な冒険 地球の歩き方編集室 地球の歩き方 ￥2420

海自初の哨戒艦 調達先を決定

主事業者 JMU、下請負者 三菱重工業

省人化・省力化対応を評価

防衛装備庁は6月30日、民間に企画提案を募っていた海自の「哨戒艦」の建造について、主事業者をジャパンマリンユナイテッド（JMU）、下請負者を三菱重工業に選定したと発表した。応募企業2社のうち、JMUの提案がより省人化・省力化などに優れ、要求性能を満たしていると評価された。装備庁は今後、所定の手続きを経て正式に建造契約を締結する。

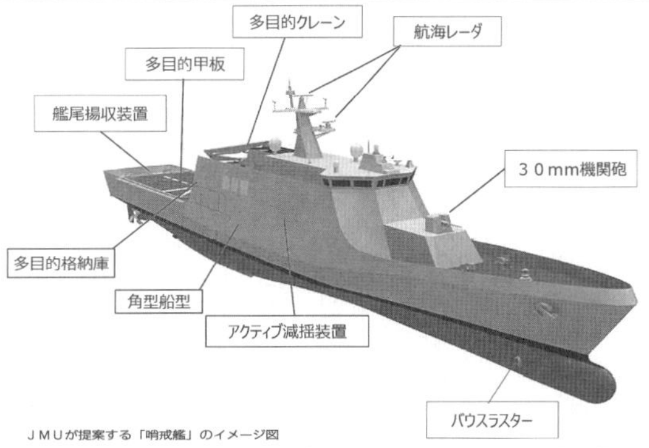

JMUが提案する「哨戒艦」のイメージ図

我が国周辺海域の警戒監視を主任務とする哨戒艦は、新たな艦種として防衛計画の大綱（30大綱）に初めて明記された。海上交通の安全確保や防衛に効果的に対処するために、平素からの監視態勢を強化することが目的。防衛省は将来的に12隻を取得し、哨戒艦部隊の新編を目指している。

JMUが提案するイメージ図によると、新型艦は全長約95メートル、全幅12メートル、標準排水量1920トン、最大速力20ノット以上。主機関はディーゼル電気・ディーゼル複合推進方式（CODLAD形式）で、ヘリなどを運用するための多目的甲板や、30ミリ機関砲を備える。建造費は1隻当たり約90億円を見込む。

昨年、企画提案を公募するに当たり装備庁は、哨戒艦について「長期滞洋性を有し、自動化・省人化を図った艦艇」としており、海自が令和4年度の概算要求で基本設計費に4億円を計上していた。今年2月1日に、公募に応募したJMU、三菱重工業の2社と契約を締結、3月25日に各社から提案書を受領した。

続く提案書の評価作業では、「高度な艦艇設計・建造」「搭載装備品などに係る関連企業の管理能力」「設計から維持整備までの一元管理能力」の各観点から加算方式で検討。その結果、省人化・省力化への対応やライフサイクルコスト、可動期間などにおいてJMUの提案が高く評価され、主事業者に決定した。また三菱重工業は下請負者に選ばれた。

今後、装備庁は所定の手続きを経てJMUと「基本設計に係る基礎資料の作成」契約を締結し、令和5年度以降、新艦艇建造に向けた正式な建造契約を結ぶ計画だ。

技術が光る >112<

長時間滞空型ハイブリッドドローン「Perimeter8」 エアフレーム

電池とガソリンの両輪で飛行

連続滞空時間世界最長記録を達成

ハイブリッド方式のマルチコプタドローンとして飛行時間の世界記録を樹立―。

今年6月、千葉市の幕張メッセで開かれたドローン産業の見本市で、滞空時間に優れた電池とガソリンの両輪で飛行するドローンが登場した。エアフレーム社が販売する「Perimeter8」がそれだ。

「Perimeter8」は昨年3月、開発した米カリフォルニア州のドローンメーカー「スカイフロント」が、追加タンクを搭載してのフライトを実施、連続滞空時間13時間4分の世界最長記録を達成した。

これを受け、同社のトロイ・メスラーCEOは「これだけのフライトが可能であれば、警察や消防は監視や調査、救助のためにヘリに莫大な金額を費やす必要はなくなる。ヘリのように人が乗り込む必要もなく、命を救うために自身の命を危険にさらす必要もなくなる」とコメント、高性能ハイブリットドローンによる新時代の到来を告げた。

そのフライトでの飛行距離は約330キロで、東京都から愛知県付近までノンストップで飛べる。追加タンクなしで3キロの重量物を搭載しても3・5時間飛行できる。「この滞空性能があれば被災地や危険地帯から遠く離れた場所から発進させることができ、物資を届けた後、1時間程度情報収集して安全に帰投するといった情報収集活動に活用できます。このため、米海軍が採用しています」とエアフレーム開発部の山口大樹ディレクターは話す。

バッテリーとガソリンの両方を動力源としていることで冗長性、信頼性、安全性も高まっているという。「巡航時は常にバッテリーを充電しながら運航されているのでバッテリーの残量が急激に少なくなることはない。仮にガソリン系統で故障があっても、充電してあるバッテリーで少なくとも安全に着陸できます」と山口氏。

展開面でもケース取り出しから飛行開始までの時間は5分以内と短く、情報収集、監視、偵察のほか、救難捜索や物資輸送にも使用できるため、海上自衛隊などからの注目も高まっているという。米海軍では、物資を潜水艦に届ける任務の成功実績があり、ペイロード搭載能力にも優れ、高性能可視カメラ、赤外線カメラはもちろん、LiDAR、水中透過レイザー、磁気センサー、地中透過レーダー、合成開口レーダーなどの特殊センサーを搭載運用して長時間連続運用することができる。

「災害で危なくて近づけない、ライフラインが途絶している状況で、ドローンが30分しか飛べないようでは何もできない。その点でPerimeter8はその滞空時間の長さで、自衛隊の各種活動に有効に活用することができると思います」と山口氏は語った。災害発生時、自衛隊の偵察ヘリの代わりにこのドローンが現場に向かう日も近いかもしれない。

「ジャパンドローン2022」で展示されたハイブリッドドローン「Perimeter8」＝6月22日、千葉市の幕張メッセで

防衛技術 防衛トピックス

迎撃ミサイルシステムのイメージ（BAEシステムズ提供）

BAEシステムズ、ロッキードから 赤外線シーカーの契約獲得

BAEシステムズはこのほど、ロッキード・マーティン社から、戦域高高度地域防衛（THAAD）迎撃ミサイル用の次世代赤外線シーカーの設計・製造契約を獲得した。

THAADシーカーは、飛来する弾道ミサイルに対し、赤外線を使って探知、誘導する能力を備える電子システム。

この赤外線技術によって大気圏内外を問わず飛来する弾道ミサイルを捉え、THAAD迎撃ミサイルを誘導し、弾頭を破壊する仕組みだ。

BAEシステムズは「シーカーの設計には、精密誘導弾、電子戦システム、小型電子機器に関する当社の専門知識と脅威環境に関する幅広い知識が生かされる」としている。

技術屋のひとりごと

なまくら

宇田川　直彦（防衛装備庁・航空装備研究所）

なまくら…刃物などの切れ味のにぶいこと。また、その刃物など（広辞苑）。

時代劇ぐらいでしか聞かないこの言葉をよく使う人種がある。プラモマニアである。

飛行機のプラスチックモデルは、成形の制約から各翼の後縁が実機スケールより厚くなりがちで、これを薄く削るのが作法である。ところが1950年代頃の遷音速戦闘機では、後縁をあえて厚くする「なまくら後縁」の機体があり、削ってはいけませんとなる。

マニアの大方は、その事実は知っていても理由をよくは知らないと思われるので、プラモと空力の両方に足を突っ込んでいる者として解説する。

遷音速の気流は元々衝撃波を出したくてウズウズしているところ、翼の後縁では上下面から来た気流が合わさる影響で、その少し上流の舵面あたりで衝撃波が発生する。この衝撃波がフヨフヨと動き回るため、機体の不規則な運動や異常な操舵特性を引き起こし、飛べたものでなくなる。そこで抵抗増を忍んで後縁に厚みを残し、合流点を後方へ離すことによりこれを回避するのである。

しかし「なまくら後縁」は死語で、現在教科書にも載っていないし検索しても出て来ない。当時は最高速度かつ戦闘速度が遷音速だったから、そこで使えるように頑張らざるを得なかったが、超音速の時代になればこんなイヤラシイ速度にわざわざ留まる必要はなく、高速か低速にサッサと通過してしまえば良いのだ。かくして今日なまくら後縁を運用するのはプラモマニアのみとなった。

ところで生来ケチな筆者は、ホテルの使い捨て剃刀を持ち帰り数カ月も使うのだが、じきに「なまくら」になってくる。この時、後退翼の原理を応用し進行方向に対し斜めに構えて引くと、ちゃんと剃れる。技に創始者の名を冠する体操界の慣習に倣い、これを後退翼理論の父「ブーゼマン」と呼んでいる。

世界の新兵器 ―563

対機雷戦艦「カタンパ」級 芬

爆雷も搭載

今回も日本ではなかなか紹介されることのない北欧フィンランド海軍の艦艇から、機雷掃討艦「カタンパ」級を採り上げる。

本級は正式には対機雷艦（Mine Countermeasure Vessel、MCMV）と呼ばれているが、係維機雷に対するいわゆる機雷掃海（Mine Sweeping）ではなく、主として海底に敷設された音響・感応機雷を捜索・処分する機雷掃討（Mine Hunting）を主任務とする。

本級は2007年から建造が始まり、最終の3隻目の就役が2016年であるため、その意味では決して新しい艦ではないが、その装備も含めて現在でも有力な対機雷艦である。

しかしながら対機雷戦を重視するとはいえ、北欧フィンランド海軍は常備2300人、戦時動員4300人に過ぎない小海軍であり、かつその入り組んだ海岸線と多くの島嶼に加え、バルト海での作戦、そして冬期の氷結した海面での行動も要求されるのである。

こうした制約・特性から、前級の「クハ」級が小型の掃海艇であったのに対して、「カタンパ」級は機雷掃討艦とされた。

本級は2004年のフィンランド政府の国防報告に基づき計画が開始され、06年にイタリアの造船所に発注されたものの、建造が遅れて3番艦の就役は2016年になった。

基本性能要目は、排水量680トン、全長52.45m、全幅9.87m、吃水3.15mのファイバーグラスの船体に、2基のディーゼル・エレクトロニック式の機関による2軸推進であり、速力は13ノット、航続力1500マイル、乗員は34人である。

しかしながら、対機雷戦装備としては極めて充実しており、まず注目されるのが2種の自動水中無人機（Autonomous Underwatwe Vehicle、AUV）であろう。大型のものは「HUGIN」と呼ばれ、自重800kg、長さ4mで、合成開口サイド・スキャン方式のマルチ・ビーム音響探査器により海底捜索と目標識別を行う。小型のものが「REMUS 100」と呼ばれる自重41kgのもので、こちらは水深100mまでの探査を行う。そして、探知・識別した機雷の処分のために「SeaFox」と「Double Eagle」という2種の遠隔操作機（Remote Operated Vehicle、ROV）を搭載している。

艦自体にも、2種のハル・ソーナーを装備するほかに、米国製の曳航式サイド・スキャン・システムを装備しており、これらとAUV・ROVはCICの「HiPAP 500」を含む「Atlas IMCMS－FN」と呼ばれる指揮管制・情報システムによって作戦運用される。

フィンランド海軍の機雷掃討艦「カタンパ」級。機雷掃討を主任務とする

その他の装備としては、自衛用としてテレビ・赤外線装置付きの射撃指揮装置とボフォースの40ミリ機銃を備え、CIC又は艦橋からのいずれかからでも射撃可能である。また爆雷も搭載している。

このように、小型の機雷掃討（対機雷）艦とはいいながら、極めて充実した機能・装備を有しており、小海軍においては哨戒艇としても運用し得る極めて有力な艦種であるといえ、現在のところ2040年代まで使用される予定になっている。

堤　明夫（防衛技術協会・客員研究員）

～地本　ホッと通信～

札　幌

地本は６月19日、札幌市で行われた第９回スポーツ＆カルチャー体験フェスティバル「スポカルＳＰ2022 atつどーむ」で広報を行った。スポーツ27種目、カルチャー30種目を無料で体験できるイベントで、入場者数は５万人を超えた。

地本ブースでは、冬季戦技やバイアスロン、銃剣道競技で躍動する自衛官の姿をパネルで展示。サンバイザーやＱＲコード付き風船などを配布した。

地本キャラクター「モコ」との触れ合いや制服試着、18普連の支援で行った偵察用バイク乗車などの体験コーナーには、家族連れが多く訪れ、長蛇の列ができた。約７時間の開催時間中、行列は途切れることがなくブースには計1200人以上が来場した。

子供たちは「オートバイ格好いい、モコちゃんかわいい」など声を弾ませていた。自衛官採用説明コーナーを訪れた男子大学生からは「将来の職業選択の一つとして自衛隊は魅力的で、いろいろな説明を聞きたい」との声も聞かれた。

帯　広

地本は７月23日、釧路港耐震岸壁と陸自釧路駐屯地で、中・高生を対象にした体験イベント「2022ミニノーザンスピリット」を開催し、21人が参加した。

午前中は海自護衛艦「ゆうぎり」の特別公開が行われ、参加者は各種装備品などの説明を受けた。

午後からは釧路駐屯地に移動し、体験喫食、史料館研修のほか、27普連による装備品展示と人命救助セットの説明・体験など多種多様な研修が行われた。隊員による分かりやすく丁寧な説明に、参加者たちは興味津々。特に人命救助セットの際、がれきの中の対象物を探る「スコープ」と呼ばれる「破壊構造物探索機」を実際に動かすなど、普段はできない貴重な体験をした。

岩　手

地本は７月１日、盛岡合同庁舎で令和４年度「予備自衛官補辞令書交付式」を行った。式には、同日付で採用された予備自補17人のうち９人（一般５人・技能４人）が参加した。

倉部泰司副地本長が予備自補一人一人に辞令書を交付し、「予備自補への志願に感謝と敬意を表する。積極的に教育訓練に参加し、修得した知識と技能を地域や社会に還元するとともに、自衛隊の良き理解者として周りの方々に広めてほしい」と訓示した。

参加した予備自補からは「常備自衛官を目指している」「国民を守ることを現場目線で体験したい」などの意気込みが聞かれ、志の高さがうかがえた。

今後、予備自補一般は３年以内に50日間、技能は２年以内に10日間の教育訓練を経て、予備自衛官となる。

茨　城

龍ケ崎地域事務所は６月12日、朝霞駐屯地に隣接する陸自広報センター「りっくんランド」に募集対象者とその保護者計４人を案内し、見学会を開催した。

見学会では、ＶＲ（仮想現実）や陸自のＡＨ１Ｓ対戦車ヘリのフライトシミュレーターで自衛官の仕事を模擬体験。装備品の見学では、説明担当の隊員に対し「きつい訓練はありましたか」「やりがいを感じるのはどんな時ですか」などの質問をして理解を深めていた。

参加者は「フライトシミュレーターがリアルだった」「いろいろな体験談を聞けて満足した」と話していた。

千　葉

地本は７月26日、空自入間基地で行われたＣ１輸送機の体験搭乗に募集対象者５人を引率した。定期便を利用して計画実施されたもの。

当日は曇り空だったが、経由地の千歳基地は晴天で絶好の搭乗日和。三沢、千歳両基地を経由しながら、概要説明、機内見学を行った。参加者からは「空自に入隊して、搭乗員になりたい」「初めての飛行機が自衛隊の航空機で感激です」などの感想が上がった。

富　山

地本は７月16、17の両日、海自２護隊（佐世保）の協力を得て、富山県の伏木富山港で護衛艦「あしがら」の艦艇広報を行った。事前申請した募集対象者とその保護者ら約270人に限定した特別公開となった。

参加者はイージス装置一式を搭載した同艦の大きさに感嘆の声を上げ、艦内では、乗員から任務や装備について丁寧な説明を受けた。

科員食堂では、乗員と懇談し、艦内での勤務や生活状況を直接聞き、「思っていたより楽しそう」などの声が聞かれた。

一方、「あしがら」には約30人の女性自衛官が乗艦し、第一線で活躍していることから、女性同士の個別懇談も行われ、女性見学者は、入隊から今までの話を興味深げに聞いていた。

地上では高機動車や偵察オートバイなどの陸自車両のほか、空自４高射群（岐阜）が装備する地対空ミサイル「ＰＡＣ３」が展示され、関心を集めていた。

見学には、県内のプロサッカーチーム「カターレ富山」のマスコットキャラクター「ライカくん」も駆け付け、艦内見学や「あしがら」とのコラボ撮影を行い、見学者や乗員たちは貴重な体験を喜んだ。

貴重な体験に興奮

神奈川地本・厚木基地見学会

機内見学後、機体前で海自隊員と記念撮影する参加者と市ヶ尾所長の内山智仁１尉（後列左）＝いずれも７月８日、海自厚木基地で

市ヶ尾募集案内所は７月８日、海上自衛官志望者の６人を海自厚木基地に招き、４空群第３航空隊の支援で「Ｐ１哨戒機の機内見学」と「搭乗員操縦訓練体験」という貴重な内容が盛り込まれた見学会を行った。

午前は、事前に広報資料館でＰ１の紹介映像を視聴した後、格納庫で実物を見学。参加者たちは「予想以上の大きさです！」と驚いていた。さらに、搭乗員からレーダーやバブルウインドー、ソノブイなどの器材の説明を受け、真剣な表情で聞いていた。

その後、Ｐ１が駐機するエプロンに移動し、いよいよ搭乗。機内では設備や仕事について、航空戦術士からレーダー画面を見ながら説明を受けたり、実際に操縦席に座ったりと特別な時間を過ごした。参加者は「コックピットの見学や操縦席に座れるとは思ってもみなかった」と興奮気味に話していた。

午後は現役パイロットによる指南のもと、フライトシミュレーターによる搭乗員操縦訓練を体験した。一人ずつ順番に操縦席に座り、実際に操縦桿を握ってレクチャーを受けた。コックピットを模した窓からは、本物さながらの景色が広がり、浮遊感を疑似体験。参加者からは「航空学生の試験を受けてみようと思う」との言葉があった。

操縦訓練体験後は、発動機整備場で社会人経験者の隊員や入隊間もない隊員との懇談を行い、仕事内容や勤務形態、休暇、給料、海上自衛官を志した理由などを聞いた。

転職で自衛官を目指す参加者が多かったため「社会人10年目からの転職に不安はなかったか」「先輩が年下の時、どう接しているのか」など、自身の立場に照らした質問があり、現役隊員たちは真摯（しんし）かつ丁寧に回答していた。年齢が近い隊員たちの存在は、入隊への不安解消の一助にもなった。

最後に「海上自衛隊で待っています」と声を掛けられ見送られると、参加者は手を振って応えていた。（神奈川地本）

広報資料館を見学する参加者

発動機整備場で現役隊員と懇談

福　井

地本は６月11日、福井市の福井県立音楽堂で「ふれあいコンサートinふくい」を開催した。

今年度は陸自中方音楽隊（伊丹）が演奏。招待・一般客計1200人が来場した。

第１部は2022年度全日本吹奏楽コンクールの課題曲「ジェネシス」など４曲を演奏。特に吹奏楽部の高校生たちがその音色に聞き入っていた。第２部は「紅白〝音〟合戦」と題して紅組、白組に分かれた隊員がそれぞれソロ演奏のほか、歌やダンスを披露し、会場を盛り上げた。

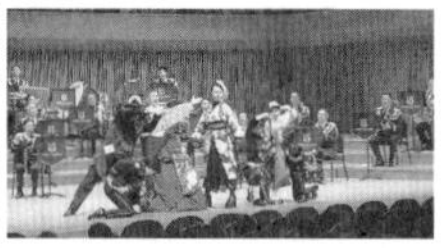

兵　庫

伊丹地域事務所は７月31日、36普連（伊丹）の協力で兵庫県立伊丹高校の防災キャンプを支援した。

キャンプには同校の１、２年生の約60人が参加。最初に伊丹所長の原田修明３陸佐が防災講話を行い、生徒たちは東日本大震災と熊本地震の両災害派遣に従事した所長の体験談に熱心に耳を傾けていた。

その後の夕食では、36普連の炊事車で作られたカレーライスを喫食。２杯、３杯とお代わりをする生徒も多く、「カレーを作るのが上手な自衛官と結婚したい」と話す女子生徒もいた。

山　口

地本は昨年に続き独自の「自衛官募集ポスター」を作製した。

今年は若年層と親世代を対象とした２種類のポスターを作り、県内各地で募集広報を展開している。若者層向けのポスターには、山口県出身で元陸自隊員の芸人「やす子」さんを起用。キャッチコピーは「あれっ？いいかも自衛隊ヽ(＾ｏ＾)ノ」と絵文字を使い、親しみやすいものとなっている。右側でポーズを決めている森脇拓郎１空曹は、「やす子」さんの入隊時に担当した広報官で、ポスター上で〝共演〟を果たした。

大　分

地本は７月30、31の両日、日田市で開催された「スーパー耐久レースinオートポリス」に参加し、広報ブースを出展した。

会場では陸自玖珠駐屯地の協力で軽装甲機動車などを展示。来場者は普段見られない車両を見て、興味深そうに質問していた。

このほか、制服試着コーナーも設け、制服などを着て記念写真を撮る家族連れでにぎわった。試着した一人は「憧れていた自衛隊の迷彩服を着られてうれしい。いい記念になった」と話していた。

定年前に親子サプライズ再会

6普連長の粋な計らい

父・空岡真二元3佐と赳臣士長

【美幌】「え？　なんでここに？」――。6普連長の河村友則1佐は6月2日、1中隊の空岡赳臣（たけみ）士長（現在は1陸曹教育隊）と、1週間後に定年退官を迎える空岡士長の父・真二元3佐（静岡地本）とのサプライズの再会を演出した。

サプライズは大成功！　記念写真に納まる（右から）真二さん、空岡士長、陽子さん（いずれも6月2日、美幌駐屯地の6普連連隊長室）

真二さんは定年退官前に、静岡の自宅になかなか帰ってこられない空岡士長の雄姿を母・陽子さんにも見せてあげたいとの思いから、13年前に富士学校普通科部でともに勤務した同僚で、現在は空岡士長の上司となっている河村連隊長に電話で連絡。「私の自衛官生活の最後の願いとして、息子の雄姿を見たいし、妻にも見せてあげたい」と訴えた。河村連隊長はこれを快諾し、自らサプライズを企画、実行した。

この日、駐屯地に到着した空岡さん夫妻は再会前、陸曹候補生履修前教育に参加中の空岡士長の様子を別室でモニター越しに見学。「息子があんなに真剣なまなざしで教育に励んでいる姿は普通見られない。一生の宝物になった」と感激しきりだった。

真二さん（左）の姿を見て思わず目に涙を浮かべる空岡士長

昼休みに真二さんは連隊長室で入り口に背を向け、いすに深々と腰かけて待機。河村連隊長は履修前教育の教官を通じて「学生の状態を速やかに知りたいので、日直学生を速やかに前進させよ」と伝え、日直に上番していた空岡士長は連隊長室に急行した。

入室すると、入り口に背を向けて真二さんが座っている。机の横に隠れた河村連隊長が「お父さんの定年退官行事には参加できるのか」と質問。この時点で父親がいるとは思っていない空岡士長は「参加はしたいです。なぜなら私は自衛官である父の姿にあこがれて入隊を決意したからです。尊敬する父の最後の姿を見たいですが、今は履修前教育があるので行けません」と答えた。

河村連隊長が「だったら会わせてあげるよ」と言うといすが回転し、静岡で勤務しているはずの真二さんがいた。空岡士長は「え？　なんで？」とびっくり。両親と抱き合い、親子で涙した。

空岡士長は「最初はなぜ父がここにいるのか理解できなかったが、再会は心からうれしかった。これから父に少しでも追いつけるよう立派な陸曹になり、連隊のために頑張りたい」と笑顔。サプライズは大成功に終わった。

UNTPP派遣で出国

インドネシア工兵要員訓練　空港で家族と別れ

小郡駐屯地

満井5施設団長へ派遣教官団長として出国報告後、敬礼する豊田2佐と派遣隊員（7月28日、小郡駐屯地）

【5施設団＝小郡】小郡駐屯地（司令・満井英昭陸将補）は7月28日、国連三角パートナーシッププログラム（UNTPP）の一環として、インドネシアで初めて行う工兵要員対象の教育訓練支援要員の出国行事を行った。要員は派遣教官団長の豊田剛至2佐以下5施団、西部方面後方支援隊の14人。

豊田2佐らは8月8日から9月16日までの約1カ月半、インドネシアのジャワ島西部の都市ボゴールにある「インドネシア平和安全保障センター」に派遣され、国連PKOに参加する同国の工兵要員約20人に対してドーザ、バケットローダとローラ操縦手として必要な知識と技能を習得させる。具体的には、建設機械の構造機能に関する学科教育、掘削、埋め戻し、積み込み、転圧などの要領を教育する。

出国行事では、満井5施団長が訓示で「編成担任官として誇りであり、大きな喜び」とし、約3カ月という短い期間での準備を労い、「自信と誇りを持って責務を全うし、高度な技術で任務を完遂させ、国際社会の平和と安定に貢献することを期待する」と激励した。

8月1日、派遣隊員を乗せたマイクロバスが駐屯地を出発。見送りの隊員らが敷地内の道路の左右に並んで拍手と共に盛大に送りだした。

その後、到着した福岡空港で隊員たちは出発前の家族とのひと時を過ごした後、福岡を後にした。

3年ぶりサマーフェスタ

海自24空　哨戒ヘリ訓練や阿波踊り

「松空連」が威勢のいい掛け声とともに阿波おどりを披露した（7月17日、海自小松島航空基地）

【24空＝小松島】海自第24航空隊は7月17日、基地を一般に公開し「サマーフェスタ2022」を開催した。新型コロナの影響で実施は3年ぶり。当日は開門前からイベントを心待ちにする人々が長蛇の列をつくり、県内外から約2400人が集まった。

滑走路脇のエプロン地区では、SH60J哨戒ヘリによる飛行訓練展示が行われた。間近で見るヘリコプターの迫力に、来場者からは感嘆の声が上がった。体験航海では、支援船が約20分かけて小松島湾内を航行。参加者は「風がとても気持ち良かった。海の上から小松島の港や街並みを見たのは初めてで貴重な体験ができた」と笑顔で語った。

一方、格納庫でもさまざまな催し物が行われた。陸自14音楽隊（善通寺）や、隊員とその家族でつくる音楽ユニット「サマーガーデン」が「花は咲く」「風になりたい」などヒット曲を演奏。美しい音色で来場者を魅了した。また四国大学書道文化学科「はれるや」と小松島高校書道部が書道パフォーマンスを披露した。24空の阿波踊り連「松空連」は威勢のいい掛け声とともに華やかな演舞を見せ、会場を盛り上げた。参加者は思い思いに楽しみ、久しぶりの基地イベントを満喫した。

24空は「今回の取り組みを通じて自衛隊に対する親近感を醸成することができた。今後も次代を担う若者と交流を深めていきたい」としている。

加空軍副司令官が訪日

空幕幹部　防衛協力について協議

1高射隊の隊員からペトリオットについて説明を受けるカイヴァー少将（右から2人目）。右端は坂梨将補（8月1日、市ヶ谷基地）

カナダ空軍副司令官のコリン・カイヴァー少将が8月1日、市ヶ谷基地を訪れ、空幕防衛部長の坂梨弘明将補と日加航空宇宙軍種間の防衛協力・交流について協議した。

カイヴァー少将は空幕副長の阿部睦晴空将を表敬した後、坂梨将補と協議。「自由で開かれたインド太平洋」（FOIP）の維持・強化に向けて、航空宇宙軍種間をはじめ、さまざまな分野で防衛協力・交流を進めていくことで一致した。

協議後は1高群1高隊を視察し、地対空誘導弾ペトリオットについて説明を受けた。

翌2日は宇宙作戦群（府中）、航空総隊司令部（横田）、2輪空（入間）を訪問。入間ではC2輸送機を視察した。

油井宇宙飛行士が講演

和歌山地本が招待

「こうのとり」をキャッチした場面を映しながら宇宙滞在時のエピソードを語る油井宇宙飛行士（壇上）＝7月18日、和歌山城ホール

【和歌山地本】和歌山地本は7月18日、和歌山市の和歌山城ホールに元空自テストパイロットの宇宙飛行士・油井亀美也さんを招き、「和歌山から宇宙へ『輝け!!未来は君たちが創る。』」をテーマに講演会を行った。

会場には県内の学校の生徒ら約450人が来場。油井さんは国際宇宙ステーション滞在中、補給機「こうのとり」をロボットアームでキャッチするミッションを成功させた体験談の中で、「自分のミッションの前まで米国やロシアの補給機の打ち上げ失敗が続き、宇宙ステーション内の食料が少なくなってきていたため、かなりプレッシャーがありました」と当時の心境を話した。

また、無重力のために何百キロもの重い荷物でも1人で持つことができ、「物が浮遊してさまざまな所に行ってしまうため、ひもやマジックテープなどで壁につなげていました」といった宇宙での生活エピソードを語った。

油井さんは自身の経験を踏まえ、「夢は諦めなければ、何歳でもかなう!!　夢を持つことが大切です」とメッセージを発信し、講演を締めくくった。

こちら警務隊

性犯罪（強制性交等罪）

暴行や脅迫で性交等すれば5年以上の有期懲役

強制性交等罪とは、どのような罪ですか？

強制性交等罪とは、暴行や脅迫をもって、性交等をすることで成立する刑法に規定される犯罪（5年以上の有期懲役）です。

また、相手が13歳未満の場合は暴行や脅迫がなくても処罰の対象になります。

本罪は、平成29年の刑法の一部改正により「強姦罪」から罪名が変更されるとともに、被害者の性別を問わず、また、口腔による性交も処罰行為に追加される等、厳罰化が図られました。

さらに、プライバシー保護よりも処罰の必要性が高いと判断され、親告罪の規定が削除され、被害者等の告訴が必要ではなくなりました。

（中央警務隊）

小休止

▽…1師団は7月4日から7日の間、練馬駐屯地で令和4年度第1回部隊相談員養成訓練を行った＝写真。

▽…訓練には師団隷下部隊から25人が参加。メンタルヘルス施策、各種ハラスメント対処、傾聴の基本技法、個人的、組織的ストレス対処法などの教育を行い、軽易な相談対応、各種専門窓口へのつなぎが行える部隊相談員を養成した。

▽…参加者の1人は「ハラスメントの種類によって考え方の違いがあることを理解できた。仲間の不調や変化に気づき、心の支えになれるように自分を成長させたい」と話した。（練馬）

みんなのページ

新規採用者初任者研修を終えて（中）

技官　太田 翔月（北海道防衛局調達部土木課）

初任者研修は、4月20日から22日まで各種業務内容に関する講義、5月9日から11日まで実地による研修と2回実施されました。

1回目に行われた講義では防衛省の業務内容や自衛隊基礎講座を受けました。北海道防衛局では部隊の各種活動を多方面からサポートをし、国防を担う業務を行っていることを理解しました。北海道防衛局と部隊、それぞれ行う業務内容は違いますが、目的は一つで、全体で協力するという心がけを知りました。

高校の時に参加した業務説明会では知り得なかったことが多くあり、今回の研修で新しい知識を多く取り入れることができました。局長の講話にありました、有用な職員になり、自分の存在意義を自覚できるよう努力するという言葉を目標に頑張っていこうと思います。

2回目に行われた実地研修では基本教練、陸・海・空の駐屯地、基地などで講習を受けました。3日間でいろいろな駐屯地、基地に行き、各部隊の実情として、若い人や女性自衛官が多く官舎が足りなかったり、一方では高齢化で若い人が少ないなど、部隊によって抱えている問題の違いが分かりました。

また、使われている防衛施設の老朽化が問題視されているのはどこの駐屯地でも同じで、施設整備に優先順位があり、後回しにされる傾向にあるということもわかりました。さらに、陸上自衛隊では、戦車、航空自衛隊では戦闘機、海上自衛隊ではミサイル艇を実際に見ることができました。どれもが印象に残り、貴重な経験をしたと思っています。映画で見るようなものを実際に見るのは興味が湧き、より一層関心が深まりました。

私は土木課所属であることから、出張で現場に行く際には、舗装やユーティリティーが老朽化している所を確認し、可能な限り工事で補修して、部隊の活動がしやすく隊員が生活しやすい環境を作ることで、各種活動をサポートしたいと思いました。

また、実際に見た各種装備品を対象とした施設を設計する際には、イメージがつかめるようになったのではないかと思います。私はまだまだ経験不足ですが、これから一生懸命勉強し、経験を積むことで、今回の研修で得た知識などをさらに理解して業務につなげていきたいと思います。

陸上自衛隊の実際に行っている活動もたくさん教えていただきました。重さ10キロ程度のおもりを背負い、10キロの距離を歩く10キロ行進も体験させていただきました。とても辛かったですが、終わった際の達成感はすごく、同期全員が疲れている様子を見ると一丸となれた気がして気分がよかったです。

普段の仕事では経験できるようなことではなく、研修の中でしか学べないことが多くあり、6日間がとても有意義で、思い出に残る時間を過ごさせていただいたと思っています。研修で学んだことを業務に生かし、駐屯地や基地などが今より良くなるよう努力していきたいと思います。

陸上自衛隊の研修で10キロ行進を行う北海道防衛局の新規採用職員

心身の健康法「命の教育」

3海尉　北出 樹大（14護衛隊・舞鶴）

14護衛隊（舞鶴）では、隊員の心身を強化・サポートする施策の一環として、心身に係る健康法や哲学などを要約し、体系化した「命の教育」（仮称）を講話や訓育という形で、令和3年度から試行しています。今回は、4術科学校長（近藤奈津枝将補）のご厚意により、学校職員に対する教養講話という形で実施しましたので紹介します。

当隊では、本教育を「生命力としての心身を積極的に養い、調和的に活用し、より良い人生を活きて、生き抜くための総合的かつ根本的な人間教育」と定義しています。

昨今、アンガーマネジメントやレジリエンストレーニングをはじめ、メンタルヘルスに係る学術研究はめざましく、一般に公表されている成果なども可能な限り収集、蓄積して、本教育に反映させているのが特徴です。

昨年4月から試行を開始し、これまで受講した多くの護衛艦乗員をはじめ、今回の4術校職員からも、「心と身体の在り方及び物事をポジティブに捉えることの重要性を学べたことは、隊員の士気及び能力向上の観点からも大変有意義でした」や「ポジティブな思考により心を豊かにすることや身体の健康の重要性について改めて認識しました」さらに「科学的なこと、人間的なこと、歴史的なこと等、さまざまな要素が入っていてとても良かった。ぜひ広めていって欲しい」といった、大変ポジティブな所見が数多く寄せられました。

昨今のコロナ禍や気候変動をはじめ、国内外の不安定な情勢やそれに伴う中長期的なストレスにさらされる状況にあっては、これらに抗う、また乗り越える、何ものにも代え難い自己の「命」の力（自己肯定感や自己効力感など）を自覚し、それを養成、向上させていくことが、引き続き重要ではないかと考えています。

本教育の効果がすぐに出るものではないと思いますが、当隊では受講者から頂いたポジティブな所見を糧に、雨だれが岩を穿つごとく、本教育を継続して実施していきたいです。

14護衛隊で取り組む「命の教育」の様子

（世界の切手・ベトナム）

虹を見たかったら、雨も我慢しなくちゃね。

ドリー・パートン（米国のシンガーソングライター）

朝雲ホームページ
www.asagumo-news.com
会員制サイト
Asagumo Archive プラス
朝雲編集部メールアドレス
editorial@asagumo-news.com

新刊紹介

「川崎C—1」

文林堂著

「世界の傑作機スペシャル・エディション」の第9巻となる最新号は、川崎重工業が生産した国産輸送機「C1」。

1970（昭和45）年の初飛行以来、半世紀近く、31機という少ない生産数ながらも、高いSTOL（短距離離着陸）性能を持つ中型輸送機として、使い勝手の良さと抜群の信頼性で空自空輸戦力の一角を担ってきた「C1」だが、現在では順次、用途廃止を迎えており、現存の7機も数年以内に後継の「C2」輸送機に更新され、完全退役となる予定だ。

本書は消えゆく「C1」への労いとエールを込めて、「C1」の誕生秘話や運用中の姿、開発や運用当事者の声、数々のスペシャルマーキング機を捉えた写真など、同機の輝かしい歴史を凝縮した167ページに及ぶ完全保存版として構成。航空写真家の赤塚聡氏による美しい写真と詳細な解説記事なども見どころの一つだ。

「YS11」を成功させた日本の航空工業界がターボファンを動力に持つ輸送機として設計に挑み、当時の政治的制約に縛られながらも、与え得る多くの新技術を導入した「C1」の魅力を余すところなく紹介している。

（文林堂刊、2860円）

「思いをつなぐ—英語で学ぶ、日本の矜持。」

大高 英行著

過労でうつ病を発症し、自殺を考えた著者を救ったのは、生死を超えた特攻隊の存在だった。特攻隊の笑顔の裏にはどのような思いが隠されていたのか——。外国人が特攻隊の実態について記した文章を原文の英語で綴り、日本語訳との両輪で日本人の先祖の思いをつなぐ一冊だ。

第一章では江戸時代から大正時代にかけて来日したアルバート・アインシュタインなど11人の外国人の言葉を紹介。第二章では神風特攻隊に焦点を絞り、法律家のマクスウェル・ケネディらによる特攻精神の実態についての解説を綴り、現代の日本人が知らない特攻隊の評価を伝える。第三章では日本の敗戦後に語られた歴史学者のリチャード・マイニア氏など外国人の言葉を紹介、日本軍の知られざるエピソードが語られる。

特別に撮影許可を得て撮影された太刀洗平和記念館、東郷神社内の写真も随所に挿入されており、美術館にいるような味わい深い情景とともに、特攻隊の精神が伝わってくる。外国人が書き残した英文を通じ、日本人の生き様を学ぶことができるだろう。

（心書院刊、1760円）

あさぐも掲示板

■防研主催「戦争史研究国際フォーラム」聴講者募集

防衛研究所は9月14日（水）、令和4年度戦争史研究国際フォーラム「戦争と情報の歴史的考察」をウェビナー方式で開催する。YouTubeでのライブ配信も行う。第1部は午前10時～午後1時、第2部は午後3時～6時。聴講無料、日英同時通訳付き。現在、聴講者を募集中で、申し込み多数の場合は先着順。

今回は初めて「情報」をテーマに、19世紀後半から現代までの主要な戦争を事例に、戦争と情報を巡る歴史的な変遷や影響などについて考察し、現在の国際情勢をより深く理解するための歴史的視座を提示する。

▽発表者＝ジョン・フェリス（加カルガリー大教授）、森山優（静岡県立大教授）、清水亮太郎（防研主任研究官）、岩谷將（北大教授）、三浦瑠麗（山猫総合研究所代表）、ヒュー・ストローン卿（英セントアンドリュース大教授）、ブライアン・ファレル（シンガポール国立大教授）、春名幹男（名大元教授）。

▽申し込み＝防研ホームページ（http://www.nids.mod.go.jp/event/forum.html）から

▽問い合わせ＝戦争史研究国際フォーラム運営事務局（Eメールforum2022@zerobase.co.jp）

■令和4年度第3回国防問題講演会「令和4年度防衛白書説明会」

日本国防協会は9月26日（月）午後2時から3時半まで、東京都新宿区のホテルグランドヒル市ヶ谷で令和4年度第3回国防問題講演会「令和4年度防衛白書説明会」を開催する。講師は防衛省大臣官房広報課防衛白書事務室の岩丸栄樹室長。会場参加者とオンライン参加者を募集しており、聴講料は会場参加者が会員・自衛隊OB千円、一般3千円、オンライン参加者は会員・自衛隊OB千円、一般2千円。

申し込み、問い合わせは協会事務局（電話03－5315－0232、FAX03－5315－0233、メールinfos@kokubou-league.com）まで。締め切りは9月22日（木）。

OBがんばる

大切な「自衛官らしさ」

安田　善次さん　57
令和2年5月、練馬駐屯地業務隊を2陸佐で定年退職。株式会社ビルネットに再就職し、現在、三田事業所でビルセキュリティー業務に励んでる。

私は令和2年5月に定年退職し、総合ビルマネジメントサービスをお客さまに提供する株式会社ビルネットに再就職、現在、東京・港区にある三田事業所警備員として勤務しています。

再就職に際して、自衛官として培った経験や知識を活用できる企業を希望していたところ、現在の会社を紹介され、勤務内容や勤務地等の希望が合致したので、入社に至りました。

勤務する建物は地上24階・地下3階で、大手保険・証券会社など約20社、飲食店舗に駐車場などさまざまな施設で約3000人以上が就業しており、その全ての警備業務を24時間365日実施し、お客さまの安全安心の確保に努めています。そのほか、防火防災・出入庫対応などの業務も行っています。

勤務当初は、建物の大きさ、内部配置の名称の複雑さ、各階テナントのセキュリティー要領の違い、関係業者の数と業種数とでそれぞれの対応要領が違い、覚えるのは大変でしたが、今は問題なく勤務しています。

これから再就職する皆さんの多くは、何を準備したらよいか不安があるかと思います。退職前に資格の取得も良いと思いますが、再就職後改めて考えると、一般の人にはない「自衛官らしさ」の涵養こそが、最も重要な再就職の準備ではないかと思います。健康を維持しつつ退職するその日まで、資質の涵養に努めて頂きたいと思います。

「朝雲」へのメール投稿はこちらへ！

▽原稿の書式・字数は自由。「いつ・どこで・誰が・何を・なぜ・どうしたか（5W1H）」を基本に、具体的に記述。所感文は制限なし。
▽写真はJPEG（通常のデジカメ写真）で。
▽メール投稿の送付先は「朝雲」編集部（editorial@asagumo-news.com）まで。

詰将棋

出題　日本将棋連盟　九段　石田　和雄

第874回出題

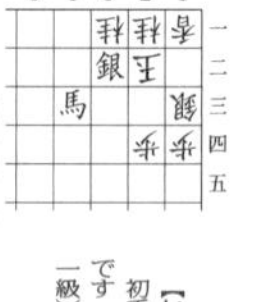

先手　持駒　飛

【ヒント】初手が眼目です（10分で一級）。

▶詰碁、詰将棋の出題は隔週です◀

詰碁

出題　日本棋院　九段　曲　励起

第1289回解答

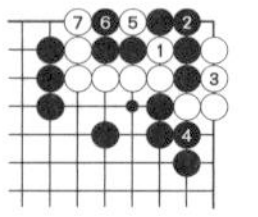

【解答図】白先、白活。白①以下黒❹の時、白⑤のホウリコミが大切で、黒❻、白⑦で左半分だけ白は助かります。

朝雲

発行所 朝雲新聞社
〒160-0002 東京都新宿区四谷坂町12−20 KKビル
電話 03(3225)3841
FAX 03(3225)3831
振替00190-4-17600番
定価一部150円、年間購読料9170円（税・送料込み）

防衛力抜本的強化へ強い決意

浜田靖一防衛相インタビュー

「冷静な安保議論が必要」

浜田靖一防衛相は8月29日、朝雲新聞社など報道各社の共同インタビューに応じ、ロシアによるウクライナ侵略などを踏まえ、「国際社会は戦後最大の試練の時を迎え、新たな危機の時代に突入している」との認識を示した。その上で、我が国政府として年末までに「国家安全保障戦略」など「戦略3文書」の改定に取り組み、「反撃能力も含め、あらゆる選択肢を排除せず、スピード感をもって防衛力を5年以内に抜本的に強化していく」との強い決意を示した。主な一問一答は次の通り。

――「戦略3文書」の改訂など節目の年に2度目の防衛大臣就任となった。

浜田大臣　大変緊張感を持っている。現在、ロシアによるウクライナ侵略や中国による力を背景とした一方的な現状変更とその試み、北朝鮮によるかつてない高頻度での弾道ミサイルの発射など、我が国が直面する安全保障上の課題は深刻化している。

防衛力は安全保障を最終的に担保して平和国家である我が国の揺るぎない意思と能力を明確に示すものだ。日本を取り巻く安全保障環境が急速に厳しさを増す中で防衛力を強化することは極めて重要だ。

就任に当たり、岸田首相からは「国家安全保障戦略」などの改定に関係大臣と協力して取り組み、防衛力を5年以内に抜本的に強化せよとの指示をいただいた。

「存在する自衛隊」から「行動する自衛隊」と呼ばれて久しい中、我が国の防衛に何が必要か、地域の安定に何ができるか、もっと踏み込んで考えなくてはならない。あらゆる選択肢を排除せず、現実的に検討し、スピード感をもって防衛力を抜本的に強化していきたい。

――敵基地攻撃能力、反撃能力の必要性について。

大臣　我が国周辺において相当数の弾道ミサイルが開発・配備されている。ひとたび発射されれば極めて短時間で我が国に到達し、国民の生命・財産に甚大な被害を与える恐れがある。最近では極超音速滑空兵器や変則軌道で飛翔するミサイルなど、ミサイルに関する技術は急速なスピードで進化している。

国民の命や暮らしを守るため、十分な備えができているのかという問題意識のもと、ミサイル迎撃能力の向上だけではなく、いわゆる反撃能力も含め、あらゆる選択肢を排除せず、現実的に検討していく。

――緊張を高める中露の連携にどう対処するか。

大臣　中国は透明性を欠いたまま継続的に高い水準で国防費を増加させ、軍事力を広範かつ急速に強化している。東シナ海では力を背景とした一方的な現状変更の試みを継続し、我が国の抗議にもかかわらず、海警局に所属する船舶が、尖閣諸島周辺の我が国領海への侵入を繰り返しており、断じて容認できない。

8月4日に中国が日本のEEZを含む我が国近海に向けて弾道ミサイルを発射したことは、我が国の安全保障と国民の安全に関わる重大な問題であり、強く非難する。

また、ロシア軍が中国軍と共に戦略爆撃機による共同飛行や艦艇による共同航行を実施するなど、中露は軍事分野での協力を進展させている。中露の動きには強い懸念をもって注視し、いかなる事態にも対応できるよう万全を期していく。

中国、ロシア、北朝鮮の情勢も含め、全体として国際社会は戦後最大の試練の時を迎え、既存の秩序は深刻な挑戦を受け、新たな危機の時代に突入している。

――防衛産業・技術基盤の維持・強化について。

大臣　国内の防衛産業は我が国の防衛力そのもので、その基盤強化は急務だ。一方で、企業から、防衛事業を維持するために必要なステークホルダー（株主、従業員、クライアントなど、企業活動によって影響を受ける全ての利害関係者）への説明に苦慮していることや、収益性・成長性の低さなどへの声を頂いている。

さらに、近年、国内調達を増やしている一方で、（米国からの）FMS（対外有償軍事援助）調達が高水準で推移するなど、防衛産業は厳しい現状にある。

防衛省としては新たな「国家安全保障戦略」などの策定に際し、防衛生産・技術基盤の在り方にも焦点を当てて議論し、それを維持・強化する観点を一層重視するとともに、防衛産業強化のための抜本的な対策を検討していく。

――自衛隊の充足率と人員確保への取り組みは。

大臣　装備品の高度化・複雑化や任務の多様化・国際化を踏まえると、防衛力の中核たる自衛隊員の人材確保の重要性はますます高まっている。募集体制や広報の充実による募集能力の強化、採用年齢の引き上げによる募集対象の拡大、中途退職の抑制、定年年齢の引き上げによる人材の有効活用といったさまざまな施策を行っている。

加えて、自衛隊で働くことの魅力を高めることが必要不可欠であり、自衛隊員の任務や勤務環境の特殊性を踏まえた処遇の改善、宿舎等の整備といった生活環境の改善などを進めていく考えだ。

――沖縄の基地負担軽減への取り組みについて。

大臣　本土復帰50年を迎えた今もなお、沖縄の皆さまには大きな基地負担を背負っていただいている。このような状況は到底是認できるものではなく、国を挙げて基地負担の軽減に取り組み、結果を出していくことが必要だ。

――普天間飛行場の辺野古移設をめぐっては。

大臣　日米同盟の抑止力の維持と普天間飛行場の危険性の除去を考え合わせた時に、辺野古移設が唯一の解決策であり、この方針に基づいて着実に工事を進めていく考えだ。引き続き地元の皆さまのご理解を得る努力を続けながら、普天間飛行場の1日も早い全面返還を実現し、基地負担の軽減を図るため、全力で取り組んでいく。

――政治信条は。

大臣　バランスが非常に重要で、「タカ派」の時もあれば、「ハト派」の時もある。安全保障に長く携わり、防衛大臣も経験しているので、自衛官の立場や命の大切さは十二分に経験させていただいた。我々（防衛）の存在は常に外交の後に続くもので、安全保障の議論は常に、極めて冷静であるべきだ。決して高ぶったりせず、冷静に現状を把握し、バランスを重要視しながらやっていきたい。

就任に当たり、報道各社の共同インタビューに応じ、防衛力の抜本的強化に向けた決意を述べる浜田防衛相（8月29日、防衛省）

浜田大臣　「国際社会は新たな危機の時代」

防衛力強化加速会議　概算要求テーマに開催

浜田防衛相が就任後初めて議長を務める「防衛力強化加速会議」の第14回会合が8月24日、「令和5年度概算要求の検討状況」をテーマに省内で開かれた。

浜田大臣は開会あいさつの中で「国際社会では今、既存の秩序が深刻な挑戦を受け、新たな危機の時代に入ったといっても過言ではない。欧州で起きていることは我が国周辺においても生起する可能性がある。今や武力攻撃が生起しているか否かを問わず、我が国が直面する安全保障上の課題は深刻化の一途をたどっている」と指摘。

その上で「国民の命と平和な暮らしを守り抜く防衛力を一刻も早く構築するため、防衛力の抜本的強化に向けて事業の具体化を加速していかなければならない」と訴え、「今年6月に閣議決定された経済財政運営の指針『骨太の方針』などを踏まえ、5年以内に防衛力の抜本的強化を実現するため、令和5年度の概算要求をしっかり行っていく必要がある」と強調した。

具体的には、▽スタンド・オフ防衛能力▽無人アセット防衛能力▽宇宙・サイバー・電磁波などを含む領域横断作戦能力▽指揮統制に関連する機能▽機動展開能力――などの強化を目指す考えを示し、活発な議論を促した。

「防衛力強化加速会議」は、井野俊郎副大臣が議長代理、木村次郎、小野田紀美両政務官が副議長を務め、鈴木事務次官、岡防衛審議官、芹澤官房長をはじめ、山崎統、吉田陸、酒井海、井筒空の各幕僚長、土本防衛装備庁長官ら防衛省・自衛隊の幹部で構成される。議論の詳細は非公開。

春夏秋冬

「出会い」　コシノ　ジュンコ

「うちの副頭取がお宅を拝見したいと言っていますが」と突然取引のある銀行の支店長からの電話。

挨拶もそこそこになめるように家を見ながら「あまりお金かかってへんな」と。やや和的なシンプルモダンデザインのこちらも「空間にお金をかけました」と応酬。8階と9階の部屋を繋ぐガラス張りの吹き抜けの空間に桜の木が1本あるのをテレビ番組で見て突然の来訪となったようだ。

せっかく来られたのでメンズの店舗にご案内してネクタイをお勧めすると「赤と黒」を選ばれたので、シャツもお勧めするとグレーを選ばれた。赤黒・グレーに美的センスを感じたので「銀行の方でもセンスあるんですね」の一言に「銀座著名画廊の顧問をしている」とかで、言いたいことを負けずに言う我々に「あんたら面白いなぁー。今度、京都へ招待する」と。

宴席で北京に出店をする(86年)と言ったらお祝いに「ウチから舞妓さん2人出す」と。胡耀邦夫人の主催する人民大会堂でのオープニングパーティーで舞妓が舞うという素敵な会になった。

奇想天外を好む樋口廣太郎さんの周りにはファッションの人種はいなかったのか、そこからお付き合いがはじまった。

そのあと転身のビール会社でもますますエスカレート。会社の業績も飛躍的に伸びた。経験と勘から予見的アドバイスもあった。

ある時、「アンタ、モノ持ったら付き合わへんで」と。こちらのキャラクターと事業環境をみて「在庫商売はやめとけ」ということだった。「モノ持ったら社長、持たなければ先生」だと。ご夫妻はともに世界的テノール歌手プラシド・ドミンゴさんの大ファンで、ご縁があって私がご紹介するようになったが、ある時、樋口さんとドミンゴさんの会食に私たち夫婦も招待された。我々を見て樋口さんがいきなり「なんでこんな時に子供を連れてこないんだ?」と。急いで呼ぶと「握手、握手」と言って5歳の息子とドミンゴさんを握手させていた。

公と私を使い分けず本能で決断する樋口さんにはたくさん勉強させていただいた。人との出会いもいろいろあるが、テレビを見てすぐに出向く勇気はマネできない。

（デザイナー）

主な記事

小野田政務官（壇上）に帰国を報告する小牟田司令官（中央）以下、乗員や実習幹部（8月22日、横須賀基地）

遠航部隊、4カ月ぶり帰国

世界一周、7カ国9寄港地を訪問

海自の令和4年度遠洋練習航海部隊（練習艦「かしま」「しまかぜ」で編成、指揮官・小牟田秀覚練習艦隊司令官以下、実習幹部約160人を含む約530人）が世界一周航行を終え、8月22日に横須賀基地で帰国行事が行われた。4カ月ぶりに帰国した実習幹部は、家族や関係者ら約450人の出迎えを受けた。

昨年と一昨年は新型コロナの影響で前・後期の2期制で実施したため、長期の練習航海は3年ぶり。4月24日に横須賀を出発した部隊は西回りに世界を巡り、スリランカ、アフリカのジブチ、英、仏、米など7カ国・9寄港地を訪問し、約4万8600キロを航行した。実習幹部は各国海軍との親善訓練や交流を通じて、操艦技術とシーマンシップを養った。

帰国行事は乾悦久横須賀地方総監の執行で行われ、小野田紀美政務官、酒井海幕長をはじめ、上地克明横須賀市長や大野忠之横須賀市議会議長らが出席。実習幹部や乗員約180人が「かしま」の前に整列し、小牟田司令官が小野田政務官に帰国を報告した。

この後、小野田政務官が「世界の大海原に挑み、洋上での厳しい訓練に従事するとともに、7カ国を巡る中で貴重な経験を積んだこと思う」と述べ、「日英同盟120周年の節目に、ロンドン、ポーツマスでの人的交流を行い、日英防衛協力の深化に貢献してくれた」と実習幹部をたたえた。

続いて酒井海幕長が「出国に際し要望した『海を知り、強い精神と良きリーダーシップ、柔軟な思考と広い視野、同期と真の信頼関係を育むこと』が、諸官の顔を目の当たりにし、達成されたことを確信した」と訓示。「今後は遠航で身をもって学んだことを生かし、はつらつと勤務してもらいたい」と激励した。

最後に上地克明横須賀市長が「安全保障環境がより厳しさを増す中、四方を海に囲まれた我が国にとって国防の要となるのは海自の皆さんです。これから国民の命と平和な暮らしを守るために、海上防衛の大任を務める皆さんのご活躍に、幸多からんことを祈念します」と祝辞を述べた。

実習幹部はこの後、飛行要員は部隊へ、艦艇要員は近海練習航海を経て部隊へ配属され、それぞれ幹部自衛官としての一歩を踏み出す。

（3面に関連記事）

小牟田練習艦隊司令官　防衛相に帰国報告

海自の練習艦隊司令官として今年度の遠洋練習航海部隊を率いた小牟田秀覚将補が8月26日、防衛省を訪れ、浜田防衛相に帰国報告を行った。

大臣室では井野俊郎副大臣、石川武政策立案総括審議官らが同席する中、小牟田司令官が「4カ月の遠洋練習航海を終え、8月22日に帰国しました。初任幹部の育成と訪問国との友好親善を増進しました」と無事の帰国を報告した。

これに対し、浜田大臣は「ご苦労さまでした。長い旅を終えられて無事に帰国されたことを大変うれしく思います。今後とも体に気を付けて勤務に精励されることを心から期待しています」とねぎらいの言葉を述べた。

米空軍長官が浜田防衛相表敬

関係深化を確認

米空軍のケンドール長官

浜田防衛相は8月24日、米空軍のフランク・ケンドール長官の表敬を受け、航空・宇宙領域における協力について議論したほか、空自と米空軍との関係をさらに深化させていくことを確認した。

会談の冒頭、浜田大臣は「我々が今直面している共通の課題などについて日米間で話し合いができることは大変重要なことだ」と歓迎の言葉を述べた。

これに対し、ケンドール長官は「我々は現在、非常に課題が多い時代に生きている。その中で、日米同盟の強さこそが今後、さまざまな面で成功を収めていく上でとても重要だ」と応えた。

ロシア艦14隻が宗谷海峡を西進

海自は8月20日午後1時ごろ、北海道・宗谷岬の東北東約260キロの海域を西進するロシア海軍「ウダロイI」級駆逐艦（艦番号543）、「ステレグシチーII」級フリゲート（337）、「ステレグシチー」級フリゲート2隻（333、339）の4隻を確認した。

また同21日午前9時ごろには、宗谷岬の東北東約80キロで「グリシャV」級小型フリゲート2隻（323、354）、「タランタルIII」級ミサイル護衛哨戒艇4隻（924、937、940、978）、「マルシャル・ネデリン」級ミサイル観測支援艦1隻（331）、「ドゥブナ」級補給艦1隻、「スリヴァ」級救難えい船1隻、「オビ」級病院船1隻の計10隻を海自が確認。

これら14隻はこの後、宗谷海峡を西に進み日本海へ入った。1ミサイル艇隊（余市）のミサイル艇「くまたか」、2空群（八戸）のP3C哨戒機が警戒監視に当たった。

朝雲寸言

大きな仕事を抱えて疲れている時に急に別の仕事が舞い込み、混乱して機敏な状況判断ができなくなる。2021年8月下旬、アフガニスタンから急遽、現地の邦人や日本大使館などで勤務するアフガン人らを輸送する必要が生じた時の政府中枢は、そんな状態だったのではないか。当時の菅義偉内閣は新型コロナと懸命に闘い、政界の目線の先には衆院選があった▼ただ、国際情勢の厳しさは日本を見逃してはくれなかった。派遣決定の遅れが結果的に響き、実施した邦人らの輸送は当初の日本政府の目標を大きく下回った。防大名誉教授の武田康裕氏は同年10月4日付日本経済新聞で、自衛隊機の投入をためらいがちな外務省の姿勢を批判した。その後、外務省は自衛隊との連携の迅速化に動き、既に成果も出し始めている▼同じ記事で、元中央即応集団司令官の川又弘道氏は、自民党総裁選の候補者の一部から、派遣受け入れ国の同意取り付けという条件を見直す必要性について言及があったことに触れた。その上で本当にそうするなら派遣隊員はより厳しい環境下で任務に当たらざるを得なくなるとして、確実な任務遂行のための環境を政治は整えるべきだと訴えていた▼人の話を聞くことが岸田文雄首相の信条という。派遣される自衛隊員もまた人だ。在外邦人救出体制の改善はうやむやにしてはならない問題だ。隊員たちの声もぜひ車座で聞いてほしいものである。

時の焦点

国内

安倍氏銃撃検証

警察組織の緩みを正せ

歴史に残る警察の失態であることを考えれば、トップの引責辞任は当然だ。警察庁は組織の立て直しを急がねばならない。

奈良市で安倍晋三・元首相が銃撃され、死亡した事件を踏まえ、警察庁の中村格長官と奈良県警の鬼塚友章本部長が辞職した。警察庁が警護の検証結果をまとめたことを受け、区切りを付けた形だ。

もっとも、安倍氏の四十九日を迎えるまで誰も進退を表明しなかったのは、遅きに失したと言わざるを得ない。要人警護の対象者を守れなかったことが、痛恨の事態であるという認識に欠けている。

警察の事件後の対応もお粗末だった。奈良県警の本部長は7月8日の事件当日の記者会見には出席せず、翌日になって「痛恨の極みだ」と述べていた。警察庁長官は、事件の4日後まで公の場で説明しなかった。

事件現場の映像は、SNSなどを通じて世界中に発信されており、警護に問題があったのは明らかだ。日本は安全だというイメージが覆され、国の信頼が揺らいでいるのだから、責任者が前面に出るべきだった。警察組織全体が緩んでいるのではないか。

検証結果の報告書によれば、安倍氏の周囲には奈良県警の警護員3人と警視庁の警護員1人がいたが、4人とも安倍氏の後方を見ていなかったという。容疑者の接近を易々（やすやす）と許した杜撰（ずさん）な配置や、警護員同士の意思疎通の悪さが明らかになった。報告書は「適切な対応があれば、結果を阻止できた可能性が高い」と明記している。

県警は、6月にも同じ場所で自民党の茂木幹事長が演説していたことから、その時の警護計画を踏襲し、制服警官も配置しなかった。

演説場所は、後方に人や車が行き来する道路があり、警護のリスクが大きいのは明白だ。県警の認識の甘さが重大な結果を招いたのは間違いない。

国内では要人が殺害される事件は、長年起きていない。警察内に、漫然と前例を踏襲してしまう土壌があったのではないか。

現役首相や海外の要人以外の警護計画を、都道府県警に任せてきた警察庁の責任は大きい。今後は、警察庁が警護計画の基準を作り、都道府県警がその基準に従って計画を立てるという。

警察庁に警護の担当部署を設けるほか、警視庁の警護官を倍増させるといった見直しも行う。着実に改革を進めてもらいたい。

9月27日には、安倍氏の国葬が東京で行われる。海外から多くの要人が弔問に訪れる予定だ。来年5月には、広島で先進7か国首脳会議（G7サミット）が予定されている。失敗は許されない。

警察は新たな体制で警護に万全を尽くす必要がある。

夏川　明雄（政治評論家）

海外

クリミアの攻防

奪還に動くウクライナ

世界を震撼させたロシアのウクライナ軍事侵攻から半年が過ぎ、停戦や和平交渉などの出口が見えないまま、戦況はウクライナの東部と南部を主戦場に両軍の消耗戦の様相を強めている。こうした中、ロシアが2014年に一方的に併合した南部のクリミア半島では7月末以降、ロシア軍施設で謎めいた爆発やドローンによる攻撃が相次ぐなど、ウクライナ側がクリミア奪還に向け軍事行動に着手したことを示唆する動きが出ている。

ウクライナのゼレンスキー大統領は8月9日のビデオ演説で、「ロシアの戦争はクリミアで始まり、それはクリミアの解放で終わらねばならない」と述べ、クリミア奪還を目指す考えを改めて表明した。この演説に呼応するように、同大統領はクリミア半島の再統合に向けた諮問機関を設置する大統領令に署名。さらに、24日の独立記念日の前日には、クリミア半島の奪還を目指して昨年発足させた国際的枠組み「クリミア・プラットフォーム」の第2回会合をオンライン形式で開催し、参加した約60カ国・地域、国際機関の代表らにウクライナへの支援と協力を強く訴えた。

ウクライナ当局は最近起きたクリミアでの一連の爆発への関与について、公式には一切明らかにしていない。米メディアは一部の爆発に関与していることを示す内部報告書を入手したと報じており、何らかの関与なしにはこのような大規模爆発などは起こり得ないとみるのが妥当な判断だろう。現地での反ロシアのパルチザン（抵抗活動）を含め、ウクライナ側の攻撃だとすれば、4月に起きたロシア海軍黒海艦隊の旗艦モスクワの沈没と同様、ロシア側にとっては軍事的な失態となる。

クリミア半島の軍事施設を攻撃する狙いとしては、南部のヘルソン、ザポロジエ両州での攻撃作戦の補給拠点となっている半島内の基地をたたくことで、ロシア軍の継戦能力を弱体化させる作戦の一環とも受け取れる。ただ、ロシアが自国に強制編入したクリミア半島への攻撃は「ロシア領土への直接的攻撃だ」として、むしろ強力な反撃を招き、戦闘の激化につながる可能性がある。メドベージェフ前大統領はクリミアへの攻撃について、「ウクライナに終末の日が訪れるだろう」と露骨な脅しをかけ、強くけん制した。

レトリックが巧みなゼレンスキー氏は国民に向けてクリミア半島の奪還を力強く宣言するものの、クリミアを再び自国の支配下に置くためにどこまで具体的な行動を進める準備ができているかは明らかではない。ウクライナを取り巻く現在の力の均衡をはじめ、ロシアにとってのクリミア半島の戦略的重要性や歴史的なつながり、そして大多数の現地住民のモスクワ（プーチン政権）への忠誠心を考えると、クリミア半島が近い将来にウクライナに戻る現実的可能性はやはり極めて低いと言わざるを得まい。クリミア奪還をめぐる最近の一連の動きは、長期化するウクライナ戦争の終結と和平の実現がいかに難しいかを物語ってもいる。

伊藤　努（外交評論家）

東ティモールに能力構築支援

浜田防衛相、派遣要員を激励

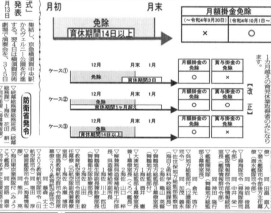

東ティモールへの能力構築支援に派遣される17人の要員を浜田大臣（右端）が激励（8月16日、防衛省）

東ティモール国軍に対して、オーストラリアが主催する日米豪ニュージーランドの4カ国による能力構築支援事業「ハリィ・ハムトゥック」（「共に築く」の意）の教官などとして派遣される田中潤防衛政策局参事官付、陸自武器学校の伊室克則3佐、1施設団の大蔵秀紀2尉ら計17人が8月16日に防衛省を訪れ、浜田防衛大臣に出国報告を行った。

17人は8月24日から9月28日まで、東ティモールの首都ディリ近郊のメティナロ基地で豪陸軍と米海軍、米海兵隊、ニュージーランド陸海軍と連携して東ティモール国防軍後方支援隊などに対して車両整備や施設機械整備、土木に関する教育を行う。

吉田陸幕長らが同席する中、浜田大臣は「日本を代表して任地に赴く諸君を激励できて大変うれしく思います。両国間の礎は諸官の先輩の国連平和維持活動（PKO）によるもので、今年は日本と東ティモールとの外交関係樹立20周年の節目に当たります」と話し、自身が2003年の防衛副長官時代に、建国したばかりの東ティモールに赴き、当時派遣されていた隊員を激励したエピソードを紹介。その上で「現地で活動するに当たり、東ティモール軍人からの質問には親身に答え、諸官のプロフェッショナルな知見を存分に提供してほしい。それは2国間関係のみならず、インド太平洋地域の平和と安定に必ずや資するものだと確信している。ぜひ頑張ってきてください」と激励した。

これに先立ち同日午前、陸自隊員15人は陸幕会議室で、防衛部長の松永浩二陸将補と防衛協力課長の奥和昌1佐の同席の下、吉田陸幕長に出国報告。派遣隊員は「陸自の代表として、東ティモール国防軍の能力向上に寄与し得るよう、持てる知識と経験をフル活用してまいります。また、豪、米、ニュージーランド軍人との連携を密にし、友情および信頼関係を構築していきたい」と抱負を述べた。

陸幕長は「これまでに先輩たちが築いた実績と大きな信頼の上で、日本人らしく、そして陸上自衛官らしい活動を実施してほしい。東ティモール国防軍の目線に立った活動を心掛け、任務を完遂し、9月末に全員で無事帰国することを祈念します」と激励した。

能力構築支援「ハリィ・ハムトゥック」は2015年からスタートし、毎年8～9月頃に4～5週間程度実施され、今回で7回目となる。

海賊対処航空隊49次隊が出国

48次隊は那覇に帰国、降旗5空群司令が出迎え

東アフリカのジブチを拠点にソマリア沖・アデン湾で警戒監視任務に当たる海自の派遣海賊対処行動航空隊49次隊第1波の約30人とP3C哨戒機2機が8月15日、八戸基地を出発した。

49次隊は2空群の吉留章友2佐を指揮官に隊員約60人で編成。第1波の隊員は約100人の基地隊員と家族に見送られ、八戸から海自那覇基地経由でジブチに向けて出国。第2波の約30人も8月16日、民航チャーター機で羽田を出発した。現地に到着後、隊員は約3カ月間にわたって、アデン湾とアラビア海北部の西側で情報収集と海賊行為の警戒監視活動に従事する。

一方、同航空隊48次隊（司令・松川広司2佐）第1波の要員約30人とP3C2機は8月22日、那覇基地に帰投。5空群司令の降旗琢丸将補を始め、家族、基地隊員ら約100人が盛大に出迎えた。残る第2波の約30人も同24日に民航機で成田空港に帰国した。

基地隊員と家族に見送られ、ジブチに向けて出発する派遣海賊対処行動航空隊49次隊のP3C哨戒機（8月15日、海自八戸基地）＝2空群提供

「国際観艦式」関連行事を発表

10月29日～11月13日「フリートウィーク」

海自は8月23日、国際観艦式の関連行事を発表した。国際観艦式は海自創設70周年記念行事の一環で、11月6日に相模湾で実施される。これに関連して、10月29日から11月13日までを「フリートウィーク」と題し、各地でイベントを展開する＝表参照。

横須賀では11月3日に「国際観艦式2022 横須賀パレード」を開催。国内外のマーチングバンドが集結し、京急横須賀中央駅からヴェルニー公園を行進する。翌4日は横須賀芸術劇場で演奏会を、3～5日は横浜市の赤レンガパークで広報イベントを開催する。

また艦艇一般公開を、10月29、30日は横須賀と木更津で、11月3、5日は船橋、3～5日は横浜、12、13日は東京国際クルーズターミナルで行う。

各イベントの詳細は、決定次第、海自ホームページで公表する。

（7面に関連記事）

行事	期日	場所
パレード	11月3日(木)	横須賀（京急横須賀中央駅～ヴェルニー公園）
演奏会	11月4日(金)	横須賀（横須賀芸術劇場）
広報イベント	11月3日(木)～5日(土)	横浜（赤レンガパーク）
艦艇一般公開	10月29日(土)、30日(日)	横須賀、木更津
	11月3日(木)、5日(土)	船橋
	11月3(木)～5日(土)	横浜（赤レンガパーク）
	11月12日(土)、13日(日)	東京（国際クルーズターミナル）

共済組合だより

令和4年10月より育児休業中の掛金等の免除要件が変更されます

令和4年10月より育児休業中の掛金等の免除要件が変更されます。

【月額】

現行では、掛金が免除される要件として、ケース①②のように月末時点で育児休業等を取得している必要があり、ケース③のように育児休業等を開始した日と終了する日が同月だった場合、当該月は掛金免除の対象ではありませんでした。

そこで、今回の改正により、ケース①②に加えて新たにケース③のように、月末に育児休業等を取得していなくても、その月中に2週間以上の育児休業等を取得していれば掛金免除の対象となります。

【賞与】

賞与掛金に関しては従来ではケース①のように賞与月の月末時点で育児休業等を取得していると、賞与の支払を受けている場合であっても、賞与掛金が免除となっておりましたが、今回の改正により、賞与掛金の免除が出来るのはケース②の1カ月越えの育児休業取得者のみになります。

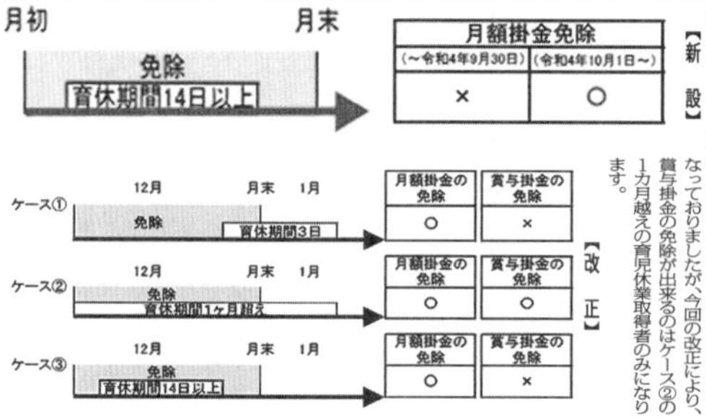

防衛省発令

▽統幕総務課総務班長（統幕総務課）1海佐 花田 耕一
▽同防衛課（海幕情報課）同 阿部 直樹
▽統幕学校教育課（防衛装備庁技術計画官付技術計画調整官兼装備技術官付兼国際装備課）同 関野 博
▽海幕補任課（艦隊情報群司令部情報統括室長）同 桐生 宏幸
▽同防衛課防衛班長（海幕防衛課）同 山口 大輔
▽同防衛部兼海自幹部学校（徳島教育航空群司令部首席幕僚）同 平尾 智明
▽同装備体系課航空機体系班長（海自幹部学校付）同 高橋 英樹
▽同情報課付（22航空隊司令）同 速水 孝明
▽同艦船・武器課機関電気班長（佐世保造修補給所艦船部長）2海佐 毛馬内崇徳
▽同航空機課（海幕情報課）1海佐 麻生玲於奈
▽同首席衛生官付衛生官＝薬務担当（舞鶴衛生隊副長）同 加藤 万雄
▽自衛艦隊司令部（統幕総務課総務班長）同 浅利 進吾
（海幕艦船・武器課機関電気班長）同 富上 英征
▽護衛艦隊司令部（同防衛課防衛班長）同 小林 卓雄
▽12護衛隊司令（海自1術科学校教務部長）同 能勢 毅
▽みょうこう艦長（護衛艦隊司令部）同 馬場 智也
▽22航空群司令部付（111航空隊司令）同 川崎 実広
▽22航空隊司令（徳島航空基地隊司令）同 柏村 茂樹
▽24航空隊副長兼幕僚室長（航空集団司令部幕僚）2海佐 中 正輝
▽25航空隊副長兼幕僚室長（24航空隊副長兼幕僚室長）同 城元 一利
▽解兼務51航空隊計測隊長、51航空隊副長 1海佐 藤本 典法
▽61航空隊司令（海幕装備体系課航空機体系班長兼防衛政策局防衛政策課）同 芦原 賢治
▽111航空隊司令（大村航空基地隊司令）同 佐藤 友明
▽大村航空基地隊司令（航空集団司令部）同 比企 正
▽徳島航空基地隊司令（教育航空集団司令部教育主任幕僚）同 田畠 直人
▽潜水艦隊司令部後方主任幕僚（潜水艦隊司令部）同 神沼 俊昌
▽1掃海隊司令（掃海隊群司令部）同 中井 栄一
▽艦隊情報群司令部情報統括室長（艦隊情報群司令部）同 神田 隆行
▽艦艇開発隊（舞鶴地方総監部3幕僚室長）同 倉光 啓介
▽呉地方総監部付（12護衛隊司令）同 加茂 義永
▽佐世保地方総監部監察官（海自2術科学校総務課長）2海佐 亀山 英督
▽舞鶴地方総監部3幕僚室長（舞鶴地方総監部付）1海佐 酒井 憲
▽大湊地方総監部4幕僚室長兼1幕僚室長（くろべ艦長）2海佐 山口 梓
▽解兼務呉造修補給所工作部長、呉造修補給所副所長 1海佐 川上 哲也
▽舞鶴衛生隊副長兼診療部長（舞鶴衛生隊診療部長）2海佐 山田 毅
▽教育航空集団司令部教育主任幕僚（25航空隊副長兼幕僚室長）1海佐 糸瀬 博明
▽徳島教育航空群司令部首席幕僚（202教育航空隊司令）同 藤森 丈士
▽202教育航空隊司令（61航空隊司令）同 増田 淳
▽練習艦隊司令部（海幕情報課）同 熊井 亮
▽海自東京業務隊付（みょうこう艦長）同 宮路 貴幸
▽同幹部学校企画課国際計画班長（海幕情報課）同 船木 伸吾
▽同幹部学校（1掃海隊司令）同 野口 泰志
（海自2術科学校）同 高橋 俊隆
▽同1術科学校教務部長（同1術科学校）同 藤田 泰三
▽空自幹部学校付（航空戦術教導団）1空佐 宮内 秀平
▽横須賀病院衛生資材部長（海幕首席衛生官付衛生官＝薬務担当）1海佐 田原 寛之
▽解兼務横須賀病院衛生資材部長、横須賀病院副院長＝管理担当 同 宇田 貞武
▽防衛装備庁技術計画官付技術計画調整官兼装備技術官付（潜水艦隊司令部後方主任幕僚）2海佐 和田 隆広
（以上8月22日）
▽海自幹部学校付（横須賀地方総監部経理課長）1海佐 大枝 徳宏
▽空自幹部学校付（空幕防衛課）1空佐 和田 崇臣
（同運用支援課）同 前田 浩幸
（同）同 森 雄一
（統幕総務課）同 田苗 勉
（以上8月24日）
▽厚木航空基地隊付（201教育航空隊司令）1海佐 田中 則幸
▽201教育航空隊司令（教育航空集団司令部）同 宮崎 研三
（以上8月26日）

令和4年度遠洋練習航海部隊

海軍種の外交機能を体感

不断の努力で存在感

所感文／オマーン～ジブチ

海自の遠洋練習航海部隊（練習艦「かしま」「しまかぜ」で編成、実習幹部160人を含む計530人）は7カ国9寄港地を巡る世界一周航行を終え8月22日、横須賀に帰国した。長期航行は3年ぶり。同部隊はアラビア海からアデン湾にかけ、インド、フランス、ジブチの各国海軍と共同訓練や親善訓練を行い、戦術技量の向上を図るとともに、相互理解を深化させた。また、オマーンからジブチに向かう途中では、第41次派遣海賊対処行動水上部隊の護衛艦「さみだれ」と会合、洋上でエールを交換した。以下は航海中の訓練の様子と、ジブチを訪問した実習幹部の所感文。

（1面参照）

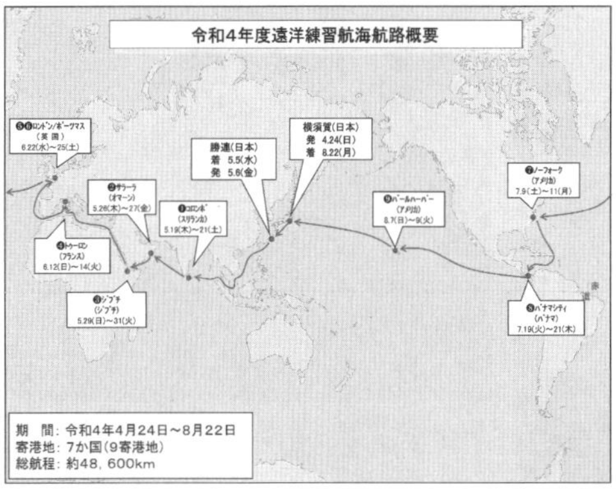

㊤海賊対処行動中の護衛艦「さみだれ」（奥）と洋上で会合。互いにエールを交換する。手前は練習艦「かしま」
㊨対水上射撃訓練に挑む練習艦「かしま」の実習幹部たち（5月17日）

「さみだれ」の活動に感慨

3海尉　香月　遼

コロンボを出港してから、インド洋の厳しい暑さに地球の大きさを改めて実感している。また、定期的に訪れる時刻帯の変更を受け故郷から少しずつ離れていることに思いをはせる日々である。

ジブチまでの途上では、さまざまな合同訓練が行われたが、中でも印象に残ったのは第4護衛隊「さみだれ」との訓練である。1期先輩の初級幹部をはじめとして約200人の乗員が祖国から遠く離れた地で海賊対処の任に就く姿を目の当たりにし、海上自衛隊のグローバルな活動を改めて実感した。

また幹部候補生学校在校中に県を出港する「さみだれ」を見送ったことを思い出し、我々が遠洋航海に出発するより前からこの地域に展開していることに、深い感慨を覚えた。

ジブチでは、自衛隊唯一の海外拠点を見学した。ここでも多くの自衛官が日夜、決して万全の環境とはいえない中で任務にあたり、10年にわたって拠点を維持し続けてきたということを知り、各国軍が駐留する中、我が国の存在感を示し続けられているのは、こうした不断の努力の成果であると強く感じた。

これらの海外で活躍する自衛官の姿は、国際感覚を養うという意味での遠洋航海の重要性を再認識させるものであった。この貴重な機会を最大限活かしていきたい。

日ジブチ親善訓練を行う（左から）練習艦「しまかぜ」、「かしま」、ジブチ海軍の哨戒艦「アジュダン　アリ　Mフムド」と「キャプテン　エルミ　ロブレ」

任務の重要性　肌で感じる

3海尉　坂本　直人

コロンボ出港後、厳しい暑さのなか日々の訓練に励みつつ、訓練終了後のかき氷に安らぎを求める毎日であった。

ジブチ入港前には仏海軍との共同訓練が実施された。パーソネル・エクスチェンジによる研修も行われ、他国海軍との訓練を体験するとともに、仏海軍の方々と交流する貴重な機会となった。

5月29日にはジブチへと入港し、実習幹部6名が上陸研修を行った。米海軍のキャンプ・レモニエではHOA（「アフリカの角」統合任務部隊）司令官から説明を受けたのちに基地内を見学し、異国の地でも広大な基地を維持する米国の国力の大きさを実感した。

今回通過した海域は、海上自衛隊の任務において重要な意味を持つ海域である。現場を肌で感じることで、実感を伴ってこの地域に対する理解を深めることができた。また、各国軍人の方々との交流を通して海軍種の外交機能の一端を体感することができた。これらの経験は、国際感覚のかん養に大きく資するものであると信じている。

練習艦隊はこれから欧州・米国へと向かう。これからも研修に積極的な姿勢で臨み、我が国にとって重要なパートナーである欧州・米国に関する理解を深めていきたい。

パートナー国と理解深める

日仏共同訓練「オグリ・ヴェルニー22―2」を終え、フランス海軍の多用途支援艦「ロワール」（奥）に帽振れをする練習艦「かしま」の乗員（5月25日、アラビア海）

インド海軍の補給艦「アディチャ」（左）と共同訓練を行う練習艦「しまかぜ」（5月23日、アラビア海）

艦上でランニングする実習幹部（6月1日）

前事不忘　後事之師

第80回

孫子とクラウゼビッツ

カール・フォン・クラウゼビッツ（1780年～1831年）

最近、戦略論について議論することがあり、二人の方から「孫子の兵法」の方がクラウゼビッツの「戦争論」より優れているとの意見が出されました。一人は、孫子の熱心な研究者で、その立場からのクラウゼビッツに対する批判であり、もう一人は、経済、歴史、文化に造詣の深い大学名誉教授で、孫子に代表される抑制的な東洋の兵法の方が、クラウゼビッツに代表される西洋の兵法より優れているとの見解でした。

確かにいろいろな視点から、二つの戦略思想を比較することは可能ですが、今行われているロシアとウクライナとの戦争を分析するのなら、クラウゼビッツの戦争論は、読まれるべきと私は考えます。

ロシアとウクライナとの戦争は、表面的には、両国を当事者とする熾烈な戦争ですが、その内実は、米国を中心とするNATOとロシアとの間の〝限定戦争〟だと思います。もちろんロシア軍と果敢に戦っているのは、ウクライナ軍です。しかしながら、そのウクライナ軍を支えているのは、米国を中心とするNATO諸国であり、ウクライナ軍がどの程度ロシア軍を撃退できるかは、これら諸国からの兵器供与などの支援がどの程度なされるかによって左右されます。しかし、これまでのところ、米国などからの支援は慎重かつ限定的です。供与される兵器の数量は多くはありませんし、供与されるミサイルなどの射程も短いと報道されています。このため、ウクライナ側のロシアへの反撃も限定的です。米国などからの支援が慎重な理由は、大規模かつ急速なウクライナ支援を行い、ウクライナがロシアを全面的に撃退させる事態になれば、追い詰められたロシアの反応が不透明だからです。核戦争の危険もないわけではありません。

ロシアの戦いぶりも奇妙です。ロシアの攻撃目標の考え方が欧米と異なるのかもしれませんが、ウクライナの民間施設を激しく攻撃しながらも、首都キーウの大統領府や国防省など政府中枢への全面的な攻撃は行われていません。またロシア国内への配慮からなのでしょうが、ロシアは総動員令を発出せずに、「特別軍事作戦」の対応です。ロシア側にもNATOとの直接的戦争を避けるとの思惑があるのでしょう。いずれにしても、この戦争は、報道される悲惨さやロシアの冷酷な振る舞いとは裏腹に、NATO側とロシアの双方が核を保有している状況を前提にしながら政治によって統制された限定戦争です。

クラウゼビッツは、「戦争論」の中で、戦争を「抽象の世界の戦争」と「現実の世界の戦争」の二つに分類し、概ね次のように説明します。抽象の世界の戦争は、拡大された「決闘」であり、決闘を行う二人の間の相互作用により、どちらかが相手を打倒する「極限」に至る。戦争が自己目的化し、敵の殲滅を目指す傾向があるのは、この相互作用の結果である。しかし、戦争がこのような極限に至るのは、抽象の世界においてであって、現実の戦争では、極限に向かうことを緩和する作用が働き、ほとんどの場合に、どちらかが相手を完全に打倒する状況にはならない。それは、戦争が政治の手段であり、極限に向かう傾向のある戦争を政治がコントロールするからである。

このようなクラウゼビッツの分析は、今のロシアとウクライナの戦争について考える大きなヒントを提供していると思います。

私は、孫子の兵法は、「利」や「欲望」に弱いという人間の弱点を突いて、戦いにおいて有利な状況を作る方法を示す〝高級ハウツー本〟だと考えます。他方で、クラウゼビッツの戦争論は、「偶然」と「霧」が支配する戦場においては、戦争に勝てる手ごろな方法などないとして、むしろ戦争そのものについて哲学的な解明を行ったもので、だからこそ、ロシアとウクライナの戦争の本質を考える上で、有益なヒントを与えてくれるのです。

クラウゼビッツの分析を私流に要約すれば、「政治が戦争を統制できなければ、戦争には、敵対する同士間の「相互作用」により、相手の打倒を目指す〝暴力の極限〟に向かう傾向が内在している」ということになります。ロシアの力による現状変更を許さないことと暴力の極限に至らないようにすること、さらには戦争を早期に終結させること、この三次方程式を解くのは簡単ではないと私は考えます。

鎌田　昭良（元防衛省大臣官房長、元装備施設本部長、防衛基盤整備協会理事長）

……　前事忘れざるは後事の師　……

部隊だより

陸

倶知安　「花のある明るく美しい駐屯地」を実現したいとして、齋藤誠司令はこのほど、花の植栽イベントを行った。倶知安町自衛隊協力会から7人、修親会と曹友会の総勢100人が参加し、本部隊舎前の築山周辺に花壇とプランター45個を作成し、駐屯地に花を添えた。今後は、築山に芝桜を全面に植え来年5月には、ピンクの絨毯が見られる予定だ。

岩手　東北方面特科連隊はこのほど、「4年度自衛官候補生修了式」を行った＝写真㊤。北上市出身の小田島洸候補生が代表で修了証書を受領、一戸町出身の米田光貴候補生が連隊長褒賞を受賞。川間信太郎連隊長は式辞で、ねぎらいの言葉とエールを送った。2陸士となる30人は、鍛えられた自衛官魂と、育まれた同期の絆を胸に各地へ旅立った。

神町　20普連はこのほど、駐屯地で山形地本が行った「総合的な学習の時間における職場体験」に協力した。山形城北高校の生徒58人が参加し、2中隊の4人の格闘指導官から格闘訓練の課目である基礎的な構えや、突きを空間動作で体験し、対処要領の展示説明を受けた。課目が進むにつれ、隊員と打ち解け楽しみながら訓練を体験した＝写真㊤。

福島　44普連は7月13日、新隊員特技課程・一般陸曹候補生課程の体育課目「雪合戦競技会」を行った。雪玉の代わりに紅白玉で国際ルールに準じた。新隊員7個班と各班の班付1チームを加えた計8チームが土砂降りの雨の中、熱戦を繰り広げた＝写真㊤。優勝した班付チームは「勝因は団結力」と述べ、準優勝した軽火器区隊2班は悔しさをにじませた。

勝田　施設学校の第102期幹部初級（BU・I）課程学生60人はこのほど、東富士演習場で行われた「4年度富士総火演」を研修した。普通科、特科、機甲科などの戦闘の様相、各種火力の特性・効果を眼前の実弾射撃、実行動を見て確認した。学生たちは統合運用に加え、領域横断作戦の要素も含まれている諸職種協同の新たな戦い方を学んだ。

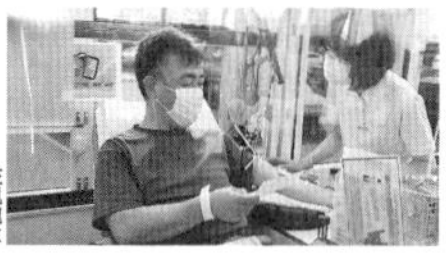

岩見沢　駐屯地は7月7日、北海道赤十字血液センターが実施している献血に協力、昼休みなどの勤務時間外を利用し、多くの隊員が献血した。中には、今回が50回目の献血で「献血が趣味です。50回目の記念品が届くのが楽しみです」とうれしそうに話す隊員もいた＝写真㊨。駐屯地は今後も継続的に献血に協力し、地域との連携を図っていく。

名寄　業務隊は2年ぶりに、名寄市立大学の給食経営管理実習を支援した。学生の5人は、糧食班管理栄養士の岡本真理技官による座学、調理場で各種主菜・副菜の実習を体験。また、実習生と糧食班員が協力して昼食メニュー「にぎりんこ（おにぎり）」を約800個作り＝写真㊨、隊員に提供した。実習生が作成した啓もうポスターも好評だった。

体験型広報「とびこめ！自衛隊の森」

←「本当に人?」 小さな子供も楽しむ　福知山

7普連はこのほど、福知山駐屯地でスポーツイベント「とびこめ！自衛隊の森」を行った。

京都府福知山市が参加する全国規模の住民参加型スポーツイベント「チャレンジデー2022」の一環として企画したもの。「チャレンジデー」は、参加する自治体内の企業、団体、個人が15分以上の運動を伴う各種スポーツイベントを企画し、住民の参加率を自治体間で競う。同市の参加は今年で4回目。

7普連はこれまで、隊員と家族が運動することで、参加率向上に協力してきたが、今回は市民が参加できるスポーツイベントとして企画。あわせて日頃の訓練の様子を伝えるなど、駐屯地の広報も行った。

駐屯地に隣接する訓練場の外周コースを一般市民と一緒に約20分間ウオーキング。ただ運動するだけでなく、偽装して隠れた隊員や装備品を探しながら、より楽しくウオーキングができるように工夫した。

当日は約150人の参加者が集まり大盛況。3グループに分かれ、前のグループが発見したことが後続グループに伝わらないように、「ハンドシグナル」で合図するルールを設けた。

イベントが開始されると、隊員がテーマパークの「アトラクションキャスト」のように「自衛隊の森」を案内。大人の参加者には、日ごろの訓練の様子なども解説した。

子供たちは「見つけた」「あそこにある」と、大きな声で言いたい気持ちをグっと我慢し、ハンドシグナルで友達に伝え、友達も同じシグナルで応答。皆で同じポーズをとる姿は、ほほ笑ましくもあり、自衛官と市民が一体感を感じることができた。また、声を出さないことで感染対策にもなった。

偽装して隠れた隊員や装備品は、進行方向からは発見が難しく、通過してから振り向くと分かったり、近づかないと気付かないなど、参加者の驚く姿があちこちで見られた。

一番人気だったのは、ギリースーツ（身体用の偽装網）を装着した隊員が草むらに伏せているもので、大人でも発見が難しく、小さい子供は「本当に人？」と半信半疑で、隠れる隊員を木の棒でつつく場面もあった。（福知山）

「自衛隊の森」を楽しむ子供たち

㊤ギリースーツを着て草むらに伏せている隊員を発見する参加者たち（いずれも福知山駐屯地）㊨150人の参加者は3グループに分かれて訓練場の外周をウオーキング

板妻　34普連は7月4日、「4年度防衛大学校夏季定期訓練第3学年部隊実習」の開始申告を行った。実習には8人が参加し、第一線部隊の現場で、幹部自衛官の役割を認識するため部隊訓練、特別勤務、営内生活などを体験。水野克輝連隊長は「部隊の実態をしっかり把握し、将来幹部の役割を果たせるよう頑張ってほしい」と激励した。

久居　駐屯地はこのほど、三重地本の協力で募集対象者40人と保護者ら13人を招き、「仕事博in久居」を開催した。生活隊舎など駐屯地内の各施設、装備品展示と翌日の駐屯地開設70周年記念日行事の総合予行を見学、さらに74式戦車試乗を体験した＝写真㊦。行事後、参加者からは「すごく楽しかった」「また参加したい」などの感想が聞かれた。

小倉　40普連はこのほど、4年度自衛官候補生課程の前期教育を行った。自候生たちは、基本教練や射撃訓練、各種座学などに四苦八苦しながらも、終盤の十文字原演習場で野営訓練や各種練度判定などをクリアし、大きく成長した。修了式で表彰された向坊健候補生は「仲間との絆を感じた3カ月だった。後期も仲間たちと訓練に励む」と熱く語った。

対馬　駐屯地はこのほど、3年度モニター解嘱および4年度防衛モニター委嘱式を行った。町中芳則司令が解嘱・委嘱状を手渡した。装備品展示で約20キロの戦闘背のうを背負ったモニターが「これを背負って訓練をしているんですか」と驚いていた＝写真㊤。体験喫食では「対馬あなごカレー」をお代わりするモニターが出るほど好評だった。

空

三沢　基地は6月30日、米空軍35戦闘航空団司令官兼米軍三沢基地司令官に着任したマイケル・P・リチャード大佐の指揮権交代式を行った。式典には北空司令官の安藤忠司空将夫妻など多数が出席したほか、音楽隊が演奏で花を添えた。リチャード大佐は「日米のさらなる関係強化に努めたい」。安藤司令官は「今後の活躍を期待している」と歓迎した。

芦屋　基地は7月8日、町制60周年の岡垣町と共催し「岡垣サンリーアイハミングホール」でふれあいコンサートを開催した。西部航空音楽隊が演奏を支援した＝写真㊦。前半は「響の力」と題し、マーチ「ブルー・スプリング」や狂詩曲「ノヴェナ」「威風堂々」を、後半はアニメ曲を中心に「ルパン三世」「鬼滅の刃」などで会場を沸かせた。

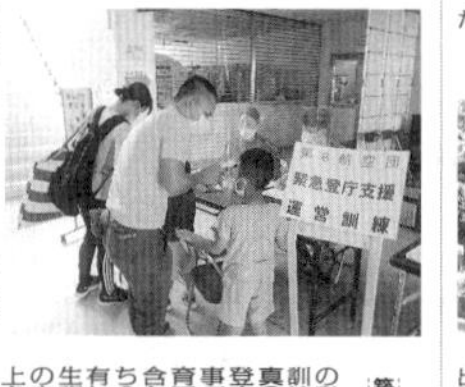

築城　8空団は8月2日、緊急登庁時の隊員の子供の一時預かり訓練を基地内で行った＝写真㊤。発災、呼集、子連れ登庁、支援所設営など全般事項を演練。事前に民間保育園で実地研修した隊員を含む16人が6人の子どもたちの面倒見などを実践・共有した。業務隊の井浦大厚生班長は「あえてコロナ禍の実動に近い訓練で練度向上を図った」と述べた。

海

厚木　基地阿波踊りチーム「ちどり連」の74人は7月30、31の両日、第46回神奈川大和阿波踊りに参加。2拍子の演奏と力強く軽快なステップで流し踊りを披露し、会場を盛り上げた＝写真㊦。「ちどり連を見られてよかった」と観客から拍手と感想が送られ、4空群先任伍長の美濃一貴曹長は「地域住民と交流し、広報の一躍を担えた」と話した。

舞鶴　44掃海隊の掃海艇「すがしま」「あいしま」は8月1、2の両日、山形県の酒田港に募集対象者とその家族らを招き、特別公開を行った。艇内の見学や性能説明、雨天となった2日は食堂で訓練風景DVDを上映した。「自衛官はどんな生活をしているのか」など艇以外の質問にも答え、久しぶりの市民との交流は乗員にも新鮮なものとなった。

呉　教育隊はこのほど、第17期一般海曹候補生課程学生210人と第378期練習員課程学生85人の史跡研修を、広島県呉市長迫公園の旧呉海軍墓地で行った＝写真㊤。呉海軍墓地顕彰保存会の平岡武夫常務理事から沿革などの説明を受けた。学生は「海軍で活躍された13万柱の英霊のご冥福を祈るとともに、感謝の気持ちしかありません」と話した。

佐伯　基地分遣隊は7月18日、「サマーフェスタinさいき2022」を基地グラウンドで開催し、1194人が来場した。多用途支援艦「げんかい」が特別公開＝写真㊦＝され、陸自から4師団が96式装輪装甲車などの車両を展示、西方特科隊音楽部も演奏協力したほか、海保が巡視船を公開し、地元警察と消防も車両展示で地域交流を図った。

鹿屋　基地はこのほど、鹿児島県鹿屋市立高隈中学校3年生の職場体験学習を支援した。基本教練に始まり、TH135回転翼練習機のシミュレーター体験、P1哨戒機や業務中の会話が全て英語の管制塔などを間近に見学。修理隊でリベット打ち、補給隊では物資の積載方法を学び、体力測定に挑戦したりと、生徒たちは多彩な職種があることを学んだ。

募集・援護　特集

平和を、仕事にする。

ただいま募集中！
◇貸費学生
◇自衛官候補生◇防大◇防医大
◇医科・歯科幹部（第2回）◇予備自補
★詳細は最寄りの自衛隊地方協力本部へ

公安系業種で合同説明会

「公安系公務員説明会」で自衛隊の概要を説明する熊本地本募集課長の島田直樹2空佐（7月16日、熊本市）

地本が警察・消防などと協力

少子化などの影響で自衛官の募集が厳しくなる中、全国の地本は知恵をしぼって優秀な人材の獲得を目指している。熊本地本は県警、消防局、海保と協力し「公安系4業種」の合同ガイダンスを主催。宮城地本は例年開催している仙台市のほか今年初めて、南部の岩沼市でも合同職業説明会を開き自衛隊を積極的にPR、他機関との相乗効果で志望者増につなげている。

熊本　高校3年生など30人参加

【熊本】地本は7月16日、熊本市の熊本地方合同庁舎で県内の公安系公務員を目指す学生らに対し、公安系公務員説明会を行った。

説明会は熊本県警察本部、熊本市消防局、熊本海上保安部の協力のもと、自衛官、警察官、消防士、海上保安官の仕事を身近に感じてもらい、各機関の勤務体系の違いについて理解を深め、少しでも参加者の受験意欲の向上を図れるよう企画された。

当日は高校3年生や保護者、専門学校生など30人の参加があり、最初に熊本地本が自衛隊の役割や仕事内容、各種募集種目を説明。このほか、自衛隊での警務・消防職種などの説明を行った後、警察、消防、海保と説明が続いた。

各官公庁の個別相談会では、参加者に年齢が近い若手隊員がリクルーターとして、自身が自衛隊を目指したきっかけや任務の中でやりがいを感じた経験などを語った。

参加した学生や保護者からは「当初は警察の説明を聞きに来るのが目的だったが、自衛隊にも興味が出てきた」などの声が聞かれ、自衛隊の魅力が伝わった様子だった。

宮城　県南の岩沼市で初開催

【宮城】名取・大河原両地域事務所は7月23日、岩沼警察署、あぶくま消防本部と協力し、三機関合同の「3公安合同職業説明会」を岩沼市で開催した。

この説明会は宮城県警察本部、仙台市消防局と合同で開催。例年仙台市で行っているが、県南地域の岩沼市でも初開催された。

当日は自衛隊の軽装甲機動車や偵察用オートバイのほか、消防の災害救護車、はしご車や警察のパトカーなど、3機関の装備車両を屋外に展示。各ブースでは警察の装備である手錠・警棒、自衛隊のヘルメット、消防の防火服、各々の制服などが展示された。

このほか、広報官が自衛隊の職種の多様性、海外での国際平和活動などを紹介し、「国家を守る公務員」としてスケールの大きい仕事もできることをアピールした。

参加者は「仙台市での説明会は自宅から遠く行けなかったが、岩沼市は近いので参加することができた。これからも開催してほしい」「大規模会場での説明会と比べ、各機関の担当者から丁寧な説明を受けられて良かった」などの感想が聞かれた。

名取所・大河原所は「担当地域の自衛隊に関心がある人が気軽に参加することができる会場を検討しながら、今後も継続して開催をしていきたい」としている。

「3公安合同職業説明会」開催に先立ち、一斉に勝どきを上げる宮城地本、宮城県警、仙台市消防局の職員たち（7月23日、宮城県岩沼市）

鹿児島　昨年度、参加者の8人入隊

【鹿児島】地本は7月16日、鹿児島市勤労者交流センターで「令和4年度公安職合同進路ガイダンス」を開催し、採用種目や自衛官の魅力などについて説明した。

このガイダンスは公安職公務員を目指す募集対象者に対し、効率的かつ効果的な説明、受験者の志願意欲の向上を目的に鹿児島地本が各機関に呼びかけて合同で開催したもの。昨年度は参加者の中から8人が入隊した実績がある。

会場には鹿児島募集案内所のほか、海上保安庁、鹿児島県警がブースを開設し、高校生や保護者ら22人が来場した。

鹿児島所の説明ブースには9人が訪れ、志願に関する情報とともに、高校生を主な対象とした6種類の採用種目について解説。中には自衛隊に関する説明を初めて聞いた人もおり、各採用種目と入隊後のキャリアプランについて理解を深めてもらった。

防大受験希望者には同校出身で地本長の稲崎精一郎1海佐が自らの体験談を交え、防大の魅力について熱心に説明した。

参加者からは「災害派遣などで行方不明者の捜索活動にあたる勇敢な自衛官に憧れを抱き、説明を聞きに来た」「国民から感謝されている自衛官の格好良さに魅力を感じた」「高校1年生の頃から自衛隊に憧れ、入隊したいと思っていた。やっと受験できる歳になった」などの好意的な声が聞かれた。

このほか保護者からは、「自衛隊にはこんなに多くの職種があることに驚き、イメージが変わった」「自衛隊の役割、仕事の大変さがよくわかった」などの声が聞かれた。

鹿児島地本は、「引き続き積極的に攻めの採用広報を展開し、より多くの高校生に自衛隊の魅力を発信して入隊意欲の高い生徒の獲得に取り組んでいく」としている。

ヘリコプターで30人が空中散歩　山口

【山口】地本は7月30日、海自岩国基地で31空群111航空隊の支援を受け、掃海・輸送ヘリMCH101の体験搭乗＝写真＝を行った。募集対象者など30人を案内し、自衛隊への理解促進を図った。

参加者は隊員から安全教育を受け、航空機に搭乗。ヘリで広島湾に浮かぶ甲島（かぶとじま）上空を飛行し、眼下に広がる瀬戸内海の景色を楽しんだ。また格納庫内では、搭乗した同機種の展示説明が行われた。

参加者からは「貴重な体験ができた」「空中散歩を楽しめた」「ヘリの近くは風が強かった」など、さまざまな感想を聞くことができた。

大型ビジョンで募集CMを放送　沖縄

国際通り入口の大型ビジョンで自衛官募集CMが放映された

【沖縄】地本は7月23日から8月22日まで、那覇市の国際通り入口大型ビジョンで20年ぶりに自衛官募集CMを放映。今年は地本開設50周年に当たり、「沖縄独自の広報をしたい」と、夏休みを利用して行った。

大型ビジョンはデパートや県庁、市役所の立ち並ぶメインストリートの交差点にあり、県民には馴染みのある場所。陸・海・空自衛官が出演する「国家を守る公務員」30秒バージョンのCMを、午前7時から午後8時までの間、1時間2回放映した。

CMを見た地元の人からは「沖縄で自衛官募集のCMが流れるとは思いませんでした。違和感はないですね」などの感想があった。

沖縄地本は20年ぶりのCM復活に「大勢の目につきやすい場所で放映することで、募集だけでなく自衛隊を知ってもらうきっかけになれば」と効果に期待している。

学習院大　ミスコン5人が笑顔で敬礼

東京地本が研修支援

【東京】城北地区隊と豊島出張所は7月18日、学習院大学の課外活動団体の広告学研究会が企画・運営する「ミス学習院コンテスト2022」（ミスコン）のファイナリスト5人を含む学生19人に対する、朝霞駐屯地での陸自広報センター研修などを支援した。

研修は、城北地区隊長の佐藤孝文2佐が同大で行った「安全保障講話」を受講した学生が、ミスコンを企画しており、何か協力してほしいと東京地本に依頼したことがきっかけ。

当日は、隊員食堂で体験喫食、駐屯地に隣接する広報センター「りっくんランド」内で自衛隊説明会と展示されている装備品などを見学した。

また、ミスコンのファイナリスト5人は陸自の制服に着替え、16式機動戦闘車の前などで笑顔で写真撮影。同大ミスコンの公式ツイッターに写真を投稿し、反響を得ているという。同ツイッターには、防衛省・自衛隊や東京地本のURLも併せて掲載している。

豊島出張所は、11月1日のミスコン（学園祭）と連携し募集ブースを出展する予定で、より多くの学生に自衛隊をアピールしていく。

学習院大のミスコンファイナリスト5人が16式機動戦闘車の前で記念撮影（7月18日、りっくんランド）

震度7の地震想定、図上訓練

警察など関係機関と連携強化　佐賀

各部隊の拠点地域を地図に記入する地本の隊員（手前）

【佐賀】地本はこのほど、佐賀県が実施する「令和4年度災害対策図上訓練」に参加した。

訓練は県庁危機管理センターで行われ、佐賀市など地元自治体や警察、消防、電力会社など27機関から、約120人が参集。自衛隊からも久留米、目達原駐屯地から連絡要員など7人が加わった。

「佐賀平野北縁断層帯を震源とする震度7の揺れを観測し、県内の広い地域に甚大な被害が発生した」との想定で開始。災害対策本部が設置され、事前に付与された状況や逐次付与される状況の変化に応じて、各市町や関係機関と情報共有を図った。

また、救助や給水支援など人命や生活に関わるさまざまな要請を受けた際には、緊急性や状況に応じて優先順位を付け、調整を行った。

終了後には講評で訓練全体を振り返り、良かった点として、災害対策本部が作成する被害状況図が8割方完成に至ったこと、改善点としては、互いの情報共有の頻度を上げる必要性があることなどが挙げられた。

佐賀地本は「今後も引き続き訓練等に参加して、佐賀県や関係機関との連携強化を図るとともに、今回の経験を毎年のように発生している豪雨災害にも活用する」としている。

定年退職予定15人に

再就職の援護教育　香川

【香川】地本地域援護センターは7月26日、令和5年度に定年退職を予定している15人に対する援護教育を善通寺駐屯地で実施した。これは香川地本の独自施策で、円滑な再就職を実現するために早めの着手を促すことを目的としている。

まず地域援護センター長の横田尚延3陸佐が、再就職の現況や心構え、求人票の見方などを説明。その後、参加者はアドバイスに沿って実際に応募書類を作成する実習を行った。また自衛隊OB3人が就職体験談を語り、企業2社の採用担当者が業界の現状や具体的な業務内容、企業が求める人物像などの講話を行った。

参加者たちは「再就職の目的や自分自身の長所を再確認でき、再就職の方向性を見出すことができた」「OBの体験談は、失敗など実体験を基にしているため説得力があった」「職業選択の幅が広がった」などと感想を語った。

援護教育参加者は実際に応募書類の作成に挑戦した（7月26日、善通寺駐屯地で）

3地本長が交代

8月1日付の異動で函館、和歌山、山口地本長が交代した。新任本部長の略歴は次の通り。

大垣　雅之（おおがき・まさゆき）1空佐　函館地本長　防大37期。平成5年空自。20年2佐、26年1佐。航空総隊厚生課長、航空教育集団教育1課長などを経て、令和2年8月航空教育隊2教育群司令。千葉県出身。52歳。

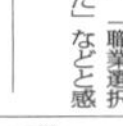

栫　憲記（かこい・けんき）1陸佐　和歌山地本長　少年工科学校30期。昭和59年陸自。平成18年2佐、25年1佐。東部方面総監部装備課長、装備庁調達企画課連絡調整官などを経て、令和2年12月武器学校1教育部長。鹿児島県出身。54歳。

増田　健吾（ますだ・けんご）1陸佐　山口地本長　防大37期。平成5年陸自。19年2佐、27年1佐。中央即応集団人事部長、6師団火力調整部長などを経て、令和3年3月教育訓練研究本部教官。大分県出身。51歳。

国際観艦式2022 ロゴ決定

神奈川県在住の「きほ」さんの作品

海自は8月5日、「令和4年度国際観艦式2022」のロゴマークを発表した＝イラスト。神奈川県在住のフリーランスでペンネーム「きほ」さんの作品が選ばれた。（2面参照）

国際観艦式は海自創設70周年を記念して20年ぶりに開催するもので、11月6日に相模湾で行われる。海自は2月4日から3月6日までホームページなどでロゴマークを公募し、201件の応募があった。海幕内のアンケートなどで候補を絞り込み、酒井海幕長が採用作を決定した。

ロゴマークは、浮世絵を彷彿とさせる淡い色あいに護衛艦や潜水艦、哨戒ヘリなどを白抜きでデザインしたもの。きほさんは作品について「70年の歴史と伝統を重んじ、現代、未来まで駆けるさまを表現した」と海自HPで伝えている。

”陸自の女子力”DVDで！

小島元2佐が2年間取材して製作

9月28日、全国発売へ

「女性自衛官の熱い思いを国民に伝えたい」――。札幌市在住の映像作家・小島肇元2陸佐（70）が製作したDVD映像作品「陸上自衛隊　令和の女子力！」（アースゲート）が9月28日、全国発売される。幹部、陸曹、陸士ら女性44人を2年間取材して作り上げた渾身の作品に、注目が集まっている。

小島さんがこれまで製作した「戦車連隊」や「冬季遊撃」などDVD映像7作品は全国発売されており、今回が8作目となる。

これまでの作品では戦車や新編部隊、レンジャー訓練など、陸自の〝王道〟の魅力を伝えるテーマを多く手がけてきた小島さん。新たなジャンルを追い求める中で、「女性自衛官にスポットを当てたい！」と決心し、3年前に企画を立ち上げた。

しかし折からのコロナ禍で撮影は当初から難航、予定していた自衛隊病院の看護官たちの撮影はコロナ対応のため断念せざるを得なかった。

落胆していたところに北海道東部の矢臼別演習場での2特連（旭川）の実弾射撃演習取材の許可がおり、札幌から現地に移動。射撃訓練の合間を縫って10人の女性自衛官たちのインタビューを行った。

さらに、戦車射撃競技会で活躍する戦車小隊長や普通科の小銃小隊長、ヘリコプター隊のパイロット、補給処の整備陸曹・陸士、音楽隊の陸士などバラエティーに富む職域の女性自衛官を取材した。

インタビュー内容は入隊の動機から始まり、任務のやりがいや後輩の女性たちへのメッセージまで多岐にわたっており、上司からの一言も付け加えられるなど、女性自衛官たちが部隊にとって必要不可欠な存在となっていることを映像で伝えている。

当初、作品を2時間でまとめる予定だった小島さん。各女性自衛官たちの熱い思いを編集するうちに、「可能な限り彼女たちの思いを盛り込みたい！」との考えに方針を転換、結果として3時間13分の長編大作となった。

作品の構成は17章に区分されているが、それぞれが完結した小作品としてまとめられ、チャプターメニューが設定されているため、好きなところから選択して見ることができる。また「プライベートフォトアルバム」と題した特典映像付きで、「自衛官としてのオンとプライベートのオフ」の彼女たちの素顔も紹介している。

小島さんは「取材を通じて感じたことは、女性自衛官たちの任務に対する意識の高さと向上心は男子隊員と何ら遜色ないことです。今後、陸自の一翼を担う存在としてますます活躍の場を広げていくでしょう」と話している。

◇

このDVDの購入を直接小島さん（電話090―8896―8876。メールinfo@hajimevision.com）に申し込んだ人には、ポスター（A3とA4）とポストカードが特典としてプレゼントされる。

小島さんが女性隊員44人にインタビューしたDVD作品「陸上自衛隊　令和の女子力！」のジャケット

陸自第5音楽隊の女性隊員を取材する小島さん（帯広駐屯地）

「陸自対馬駐屯地曹友会」

国境マラソン大会参加

【対馬】陸自対馬駐屯地曹友会（会長・大久保実曹長）は6月27日、対馬市主催で3年ぶりに行われた「第26回国境マラソンIN対馬」に「陸自対馬曹友会」チームとして参加した。

大会は10キロとハーフ（21・0975キロ）の2種目で、男女それぞれ39歳以下と40、50、60歳以上に分かれ、スタートからゴールまでアップダウンを繰り返す過酷なコースで行われている。日本と韓国の間に位置する国境の島対馬という土地柄、例年は韓国から500人ほどが参加する1000人規模の日韓友好国際大会だが、今年はコロナ禍により、韓国からの参加は見送られ、国内から計646人が参加した。

今回、曹友会は隊員や家族の融和団結、コロナ禍で低迷している地域イベントの活性化を目的に初めて参加した。

当日は前日までの嵐のような風雨もやみ、時折真夏のような太陽の光が差す中、同会会員とその家族計24人が参加、対馬警備隊の黒川城地3曹がハーフの一般男子39歳以下の部で見事3位に入賞したほか、全員が完走できた。

10キロの部に参加した同会の家族は「過酷な暑さの中、島特有の強烈なアップダウンのコースにとても苦労し、想像の10倍疲れました。しかし、美しい海の景色を見ながら潮風を浴びて走るコースに感動しました。来年はハーフの部に挑戦したい」と話した。

ハーフの部に参加した大久保会長は「初めての企画でしたが、隊員とその家族24人が事故なく無事に完走できたこと、地域の皆さまと多くの隊員の応援をいただき、私自身無事完走できたことにホッとしています。参加いただいた隊員とその家族の楽しそうな姿を見て、会長としてこの企画を計画し、無事に実行できて心から良かったと思いました」と感無量だった。

ハーフマラソン一般男子39歳以下の部でのスタートの様子（6月27日、対馬市上対馬町の三宇田浜海水浴場）

陸自5旅団

第50回定期演奏会開催

帯広市民文化ホールで

【5旅団＝帯広】5旅団（旅団長・鳥海誠司陸将補）は6月18日、帯広市の帯広市民文化ホールで「第50回定期演奏会」を開催した。

演奏会は第5音楽隊（前隊長・櫛引孝雄2尉）の演奏とゲストに斜里町出身でマリンバ奏者の石川千華さんを迎え、「飛躍～至高の響き～」をテーマに2部構成で行われ、約400人の来場者が会場を埋めた。

第1部では金管楽器の華やかなファンファーレで始まる名曲「音楽祭のプレリュード」、今年度の全日本吹奏楽コンクール課題曲のマーチ「ブルー・スプリング」などが演奏され、音楽隊の高い演奏技術が披露された。

第2部では吹奏楽やマーチングバンドのアレンジでも人気の高い「片目の水夫の伝説」を隊員のソロを交えて演奏したほか、石川さんとの共演によるエキサイティングな「マリンバと吹奏楽のための小協奏曲より第3楽章」を披露し、美しく豊かな音色で観客を魅了した。

盛大なリクエストによるアンコールでは、「エヴァンゲリヲン新吹奏楽版E01」を演奏。次に披露した「星条旗よ永遠なれ」は隊員のリズムに乗ったスタンディング演奏と観客の手拍子により会場が一体となり最高潮の盛り上がりを見せた。

来場した観客からは「演奏を聴き胸が熱くなり、鳥肌が立ちました」「迫力満点で大変素晴らしかったです」など多数の声が寄せられ、大盛況のうちに幕を閉じた。

民間ヘリ遭難で

海・空自が捜索

愛媛県から広島県へ飛行していた民間ヘリコプターが8月15日午後、消息を絶ち、遭難したおそれがあることから、同3時20分、東京空港事務所長から空自西空司令官（春日）の南雲憲一郎空将に対し、同ヘリの捜索に関する災害派遣要請があった。

これを受け、空自芦屋救難隊のU125A救難捜索機（機長・小竹哲朗1尉以下4人）とUH60J救難ヘリ（同・上田将人3佐以下5人）各1機、同新田原救難隊のU125A1機（同・瀬﨑智人3佐以下4人）、海自111航空隊（岩国）のMCH101掃海・輸送ヘリ1機（同・阿久根弘樹3佐以下6人）が各基地を離陸して捜索を開始。

その後、広島県神石高原町で墜落した民間ヘリと乗員1人が発見されたことから、同7時37分、東京空港事務所長から西空司令官に撤収要請があり、災派部隊は活動を終了した。

アンコール演奏で「星条旗よ永遠なれ」をスタンディング演奏する5音楽隊員ら（6月18日、帯広市民文化ホール）

小休止

▽…八戸駐屯地（司令・遠藤智明1陸佐）は7月22日から24日まで、八戸港八太郎4号埠頭P岸壁で海上自衛隊護衛艦「ひゅうが」の入港歓迎行事を支援した。

▽…22日の入港歓迎式典には遠藤司令も参加し、主催者や来賓からの歓迎のあいさつの後、市内の幼稚園児が歌や花束贈呈で同艦の隊員を歓迎した。駐屯地モニターらは護衛艦見学に参加し、乗組員の説明に興味津々の様子だった。

▽…23日と24日には、同駐屯地の4地対艦ミサイル連隊と9後方支援連隊、9施設大隊と123地区警務隊八戸派遣隊が装備品展示を行った＝写真。雨天にも関わらず熱心に装備品について質問する来場者が多く、自衛隊への関心の高さが伺えた。（八戸）

こちら警務隊

道路交通法違反（酒気帯び運転等の禁止、車両提供）

飲酒した人に自動車を貸し酒酔い運転 5年以下の懲役か、100万円以下の罰金

飲酒した友人に自動車を貸した場合、どのような罪になりますか？

道路交通法では、「酒気を帯びた状態で運転するおそれがある者に車両等を提供すること」を禁じており、仮に、運転者が酒酔い運転をした場合、その車両を提供した者も最大で5年以下の懲役または100万円以下の罰金に処されます。

車両等の提供には、車両等の場所を教えて鍵を渡す行為等も含まれます。

酒気を帯びた状態で運転するおそれのある者には「車両を提供しない」「運転させない」ことを徹底し、飲酒運転を根絶しましょう。

（西部方面警務隊）

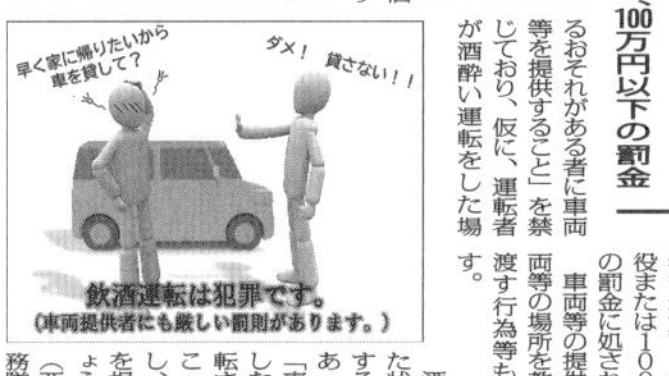

朝雲・栃の芽俳壇

畠中草史　選

老鶯の声に目覚める湯宿かな　浜松・空OB　宮本　立勇

鶯は冬は里に降りて来て笹鳴き、夏には山奥へ戻る。老鶯の声に目覚める湯宿は山深い。

縁台にとどく飛沫の滝見茶屋　熊谷・空OB　明田　眞雅

見る人が多い滝には滝見茶屋がある。外には床几や縁台があり、滝の飛沫、轟音が迫る。

雨ながら田植神事の始まりぬ　鹿島・陸OB　一ノ瀬恵昭

重心の片寄るヨット宥めつつ　大津・陸OB　丸岡　正男

雲の峰熱戦続く甲子園　あきる野・一般　小和田一男

早苗田に一人腰折る老農婦　熊谷・空OB　工藤　敏雄

母の手を擦り抜けて行く裸の子　相模原・海OG　折口　桂子

奥座敷まで開け放ち虫干す　東京・陸OG　田中あやめ

色褪せし野良着に馴染む日焼顔　小牧・陸OB　松岡　魚青

青空に向日葵咲かす切り絵かな　熊谷・空OB　蓮佛志向子

改札に風鈴を吊り無人駅　相模原・一般　森　謙二

谷川の橋のたもとの若楓　館山・海OB　斎藤　一向

夏の夜の金粉音の無き蒔絵　町田・陸OB　岩原　滋利

若人の会話は尽きぬソーダ水　浜松・空OG　岩城　節子

年認め紫陽花の老い晒しをり　熊谷・空OG　佐藤　玲美

普段着と余所行き分けて更衣　恵庭・陸OB　足立　徹

喜雨来る昼庭に土煙立て　船橋・陸OG　佐賀あかり

神棚に榊の新芽供へをり　熊谷・空OG　関田　絹江

冷房機換へる馴染の電気店　富谷・陸OB　加川　師亨

炎帝ははりきり空の青深め　福生・空事務官　村松加珠彦

田を廻る行くての畦の夏薊　香川・陸OB　渡辺　成典

紫陽花や色のくすみて雨求め　熊谷・空OG　関谷　桂子

半長靴に沁みる風雨や富士登山　札幌・陸OB　坂元　順一

いち早く風を捕へて青田波　熊谷・空OG　福元万理子

選者作品

膝崩し海原眺む夏座敷

投句歓迎！

▽郵便はがきの裏面に未発表の自作3句以内と氏名、年齢、職業（自衛官・事務官＝所属部隊＝、OB、家族、一般など）、住所、電話番号を記入▽締め切り毎月15日▽宛先＝〒162―8801東京都新宿区市谷本村町5の1　防衛省D棟市ヶ谷記者クラブ朝雲俳句係☎03（5225）1750、専用線8・6・25515

みんなのページ

新規採用者初任者研修を終えて（下）

事務官　鈴木 空（北海道防衛局管理部施設取得課）

私は6日間にわたる新規採用者研修を受けて、たくさんの経験や学びを得ることができました。

まず1、2日目の研修では、各部の業務説明や自衛隊基礎講座などで防衛省職員としての仕事への理解や知識を深めることができました。石倉（三良）局長の講話では自分の存在意義のお話の中で、防衛省職員として自分の仕事が日本の防衛の役に立っているということを感じさせられ、自分の仕事の大事さについて考える機会になりました。

3日目は航空自衛隊の千歳基地と陸上自衛隊の北千歳駐屯地を訪れました。千歳基地では実際に隊員が訓練している様子を拝見することができ、自衛隊員のすごさを感じさせられました。また救難隊のU125A、UH60Jの説明、機体に乗ってみる機会もあり、とてもできない経験をすることができてすごく印象に残っています。

後日にその救難隊が知床に派遣されたのをテレビで拝見し、より印象的な日になりました。

次に見学させていただいたのは作業隊です。冬には雪が滑走路に積もっても、作業隊が活動することによって航空機の離発着ができていることを知りました。作業隊の活動があってこそ日本の空が守られていることを感じさせられました。

北千歳駐屯地では90式戦車や整備工場を見学させてもらいました。整備はとても大変そうな仕事に見えましたが、整備隊員の方が丁寧に説明してくださり、とてもやりがいや責任を持って日々取り組まれているということを感じさせられました。

4日目は陸自真駒内駐屯地を訪れました。実際に迷彩服や靴などをお借りして研修に参加しました。午後には約10キロの背嚢を背負って駐屯地内を歩き、足が悲鳴をあげていました。隊員のすごさを感じさせられた瞬間でした。

5日目は海上自衛隊余市防備隊と陸自倶知安駐屯地を訪れました。海自のミサイル艇を見学し、隊員の船での生活や艦艇の機能についていろいろ教えていただきました。海自の重要性についてすごく考えさせられる時間でした。次にニセコトレーニングセンターに行き、冬の訓練施設や温泉設備を見学しました。温泉設備があったのは驚きでした。

研修最後の6日目は陸自の幌別駐屯地と白老にある弾薬支処へ行きました。幌別駐屯地では水際地雷敷設装置を見学しました。あまり見たことのないものだったため、その大きさに驚きました。弾薬支処には鹿がたくさんいて、また熊も出没するという広大な自然の敷地でした。火薬庫の見学や弾薬の整備などの説明を受けることで、弾薬の管理の重要性について学ぶことができました。

6日間の研修ではたくさんの隊員に会い、施設を訪れて防衛省職員としての知識が深まるいい機会となりました。実際に現場に行かなければ理解しがたいこともたくさんあったので、すごく勉強になりました。今回見たり聞いたりして学んだことが、今後の業務に生きてくることは間違いないと思うので、防衛省職員としてより頑張ろうと思います。

北千歳駐屯地で90式戦車に体験搭乗する研修参加者

自分の経験を伝えたい

予備陸士長　丸山 瑠理花（静岡地本）

私は一般公募予備自衛官補採用後、50日間の訓練を経て、平成26年9月に予備自衛官に任用されました。

現在は父が営んでいた武術道場の玄門太極武藝館二代目宗師として跡を継ぎ、伝統武藝の指導と後進の育成を行いながら、自衛隊の訓練に出頭しています。

自衛隊の訓練と道場での稽古には共通点も多く、初めの予備自衛官補の訓練では中隊長から「自衛隊は人間を育てています」とお話しを伺い、正に道場での稽古における人間の精神修養と同義であると感じました。

現在の予備自衛官としての訓練内容は、一般公募から入隊した私でも理解しやすいよう細部まで工夫されており、予備自衛官として必要な知識と体力、技術を無理なく学ぶことができるようになっています。また訓練期間だけでは身につけることができなかったことは、自宅でできるトレーニング方法を教えていただくなど、教官の温かな心遣いのおかげで、より一層訓練に励もうとする気持ちが強くなります。

一般の方が「自衛隊」と聞くと少なからず「特殊なことをする集団」と想像するようですが、実際に訓練に参加して「規律は身の回りの整理整頓から」や「自分や仲間の安全確保」が部隊全体の統率へとつながり、最終的に国家の防衛が可能になることがわかりました。もちろん武器や装備など特殊な訓練も実施しますが、それらを扱えるようになる基本は「規律と整理整頓」という私たちが日常生活で必要なことと相違ないことです。

私自身も入隊したことで日常生活が変わりました。効率の良い整理整頓、靴磨き、ちょっとしたロープワーク、時間前行動など、身につけば生活に役立つことばかりで、訓練を共にした仲間も同じ感想を持っていました。仲間とは訓練以外でもキャンプに出掛けるなど盛んに交流しています。

訓練は自分の技術向上の機会にとどまらず、国防という同じ志を持つ人たちとの新たな出会いの場でもあり、日常生活という最小単位でも役に立つ素晴らしい機会です。今後は一般の方々に自衛隊のより正しいイメージを持っていただき、1人でも多くの方に興味を持ってもらえるよう、自分の経験を伝えていきたいと思います。

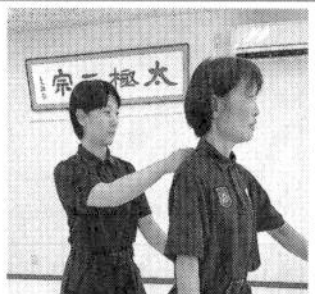

二代目宗師として門下生に太極拳の指導を行う丸山予備陸士長（左）

OBがんばる

菅野　龍人さん　58

平成31年3月、海自22空群22整補隊（大村）を2海佐で定年退職後、日本生命保険相互会社に就職し、団体保険の普及や保全活動に励んでいる。

計画的に準備を

私は平成31年3月7日に海自を定年退職し、大村航空基地就職援護室のご支援を受けて日本生命保険相互会社に就職しました。

現役時は航空機整備幹部として回転翼航空機の整備管理を行っていたので防衛産業を希望していましたが、就職援護室から日本生命を紹介いただき、業務内容も自分の経験と資格を生かせると思い希望しました。

日本生命は平成14年から防衛省共済組合団体保険の幹事会社となり「団体生命保険」「団体医療保険」「団体年金保険」「退職後医療保険」の4つの保険を担任していますが、「退職後医療保険」などは、まだまだ浸透していないのが現状ではないでしょうか。「説明を聞いたことがない」「知らなかった」と隊員からご指摘をいただかないよう、私は各支部の常駐職員や外交職員とともに団体保険の普及や保全活動を行っています。

この仕事に携わって改めて思うのは、防衛省共済組合制度は本当に良い制度だと言うことです。例えば、組員貯金は高い利率を維持していますし、団体保険は割安な保険料で基本的な保障を大きく備えることができます。隊員の皆さんには共済組合制度をフル活用してほしいと思います。

最後になりましたが、資格取得や老後の資金、万が一の際の保険加入などはご自身のライフプランと照らし合わせながら若い時から計画的に準備してほしいと思います。悠々とした第2の人生を迎えるために。

「朝雲」へのメール投稿はこちらへ！

▽原稿の書式・字数は自由。「いつ・どこで・誰が・何を・なぜ・どうしたか（5W1H）」を基本に、具体的に記述。所感文は制限なし。
▽写真はJPEG（通常のデジカメ写真）で。
▽メール投稿の送付先は「朝雲」編集部（editorial@asagumo-news.com）まで。

第1290回出題

詰碁

出題　日本棋院　九段　曲　励起

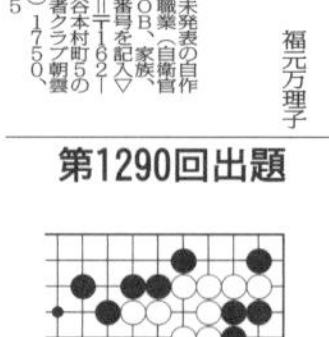

白先

『白を助けて下さい。最初と二手目が大切です』。5分でできれば中級です。

▶詰碁、詰将棋の出題は隔週です◀

詰将棋

出題　日本将棋連盟　九段　石田　和雄

≫第874回の解答≪

【正解】☗1二飛☖同玉☗2一銀不成☖2三玉☗3五桂☖2二玉☗3二馬までの七手詰め。

【解説】初手の☗1二飛が絶妙の捨て駒。平凡な☗2一銀成では☖1二玉でわずかに不詰み。☖同香では☗2一銀成があり、早詰み。以下は容易な追い詰めでしょう。

（世界の切手・エストニア）

教育の根は苦いが、その果実は甘い。

アリストテレス
（古代ギリシャの哲学者）

朝雲ホームページ
www.asagumo-news.com
会員制サイト
Asagumo Archive プラス
朝雲編集部メールアドレス
editorial@asagumo-news.com

新刊紹介

「撤退戦——戦史に学ぶ決断の時機と方策」

齋藤 達志著

著者は防衛研究所戦史研究センターに勤務する2陸佐（再任用）。専門は近代日本軍事史、戦略・作戦・戦闘、戦史研究、旧軍の公文書管理などで、これまで多数の論文を執筆している。陸自幹部学校などで戦術・戦史教官として長年勤務してきた経験なども踏まえ、九つの戦史にスポットライトを当て、それぞれの「撤退の決断」を客観的に描いた。

冷静かつ専門的な言葉で戦争の実相を事実そのものに語らせる「戦史」のアプローチを用い、大東亜戦争時の日本軍のガダルカナル、インパール、キスカからの各撤退をはじめ、沖縄戦における第32軍の南部島尻への撤退、ノモンハン事件における第23師団捜索隊の無断撤退——などを取り上げ、政府、軍統帥機関、現場指揮官が下した決断とその背景、さらには結果を分析し、窮地から脱する善後策を探る。

著者は「はしがき」の中で、これらの分析が軍事以外にも十分教訓となり得ると指摘した上で、「人間の命が優先か、任務が優先か、それぞれ決断を迫られた者の哲学、勇気、決断力とリーダーシップ、教養と創造力、運、さらには人間としての懐の深さなどを読み取ってほしい」と執筆に懸けた思いを述べている。

（中央公論新社刊、2970円）

「ロシア・チェチェン戦争の628日——ウクライナ侵攻の原点に迫る」

林 克明（まさあき）著

「やがてロシアの矛先はウクライナをはじめヨーロッパに向かうだろう。その時になってヨーロッパをはじめ、世界は事態の深刻さに気づき、あわてふためくだろう」——。

これは1995年末のチェチェン戦争時に、ロシアと戦っていたチェチェンのジョハル・ドゥダーエフ大統領の言葉だ。

本書は、ジャーナリストの著者が戦火のチェチェンでさまざまな人と知り合い、同じ屋根の下で過ごし、同じものを食べ、危険や恐怖をともにして駆け回った見聞録だ。今回新たに2章分を追加。自身がチェチェンで経験したことを通じて今般のウクライナ情勢に至るつながりも解説する。

本書を読むと、今現在ウクライナで起きているロシア軍の行動は、当時のチェチェンでのものとでほとんど変わりがないことが分かる。例えば先のドゥダーエフ氏の発言。「ロシア軍は武器を持たない丸腰の市民に攻撃を加えているだけではないか」——。これは紛れもなく現在のウクライナの惨状を言い当てている。

「この土地には物質文明とは違う精神文化が根付いている」という言葉から、著者がチェチェンの人々に魅せられた理由もよく理解できる。

（清談社刊、1980円）

朝雲

発行所 朝雲新聞社
〒160-0002 東京都新宿区四谷坂町12−20 KKビル
電話 03(3225)3841
FAX 03(3225)3831
振替00190-4-17600番
定価一部170円、年間購読料9170円（税・送料込み）

本号は10ページ

防衛力の抜本的強化目指す

スタンドオフ・ミサイル強化

令和5年度概算要求

事項要求、戦略3文書と連動

防衛省は8月31日、令和5年度予算の概算要求を決め、同日、財務省に提出した。防衛費の総額は過去最大の5兆5947億円で、11年連続で増額要求となった。政府が年末に予定している「国家安全保障戦略」「防衛計画の大綱」「中期防衛力整備計画」の戦略3文書の改定と連動して「防衛力の5年以内の抜本的強化」を目指すことから、多くの項目が現時点では金額を算定・明示できない「事項要求」として計上された。

浜田防衛相は9月2日の記者会見で「これまでの延長線上で行う防衛力整備事業を中心に5兆5947億円を要求するとともに、それとは別途、『事項要求』として、防衛力を5年以内に抜本的に強化するために必要な取り組みを要求している」と説明し、「今後、両者を一体のものとして、防衛力の抜本的強化に必要な事業をしっかりと積み上げていきたい」と述べた。

（4−5面に概算要求の概要）

戦闘機から発射される長距離巡航ミサイル「JASSM」のイメージ＝ロッキード・マーチン社のHPから

令和5年度予算は、今年末に改定する「国家安全保障戦略」と「防衛大綱」を踏まえて策定される新たな「中期防」の初年度に当たる。

浜田大臣は8月31日、防衛省・自衛隊の高級幹部を集めた省議で、「5年間の総額をどの程度確保できるかが極めて重要で、その初年度にふさわしい予算規模を確保する必要がある」と強調した。

その上で「必要な装備品を1年でも早く各部隊に届け、運用できることが喫緊の課題だ。国民からの負託に責任を持って応えるため、『国を守るためにはこれが必要だ』ということを勇気と自信を持ってきちんと主張し、国民の皆さまへの分かりやすく丁寧な説明をお願いする」と述べ、政務三役、内局、各幕が一丸となって年末までに議論を進めていくことを指示した。

概算要求では、「事項要求」の主要な柱として、①スタンドオフ防衛能力②総合ミサイル防空能力③無人アセット防衛能力④領域横断作戦能力⑤指揮統制・情報関連機能⑥機動展開能力⑦持続性・強靭性──の7点を掲げた。

①スタンドオフ防衛能力の分野では、相手の脅威圏外から発射できる長射程の「スタンドオフ・ミサイル」として、空自のF35Aステルス戦闘機に搭載するノルウェー製の「JSM（ジョイント・ストライク・ミサイル）」と、空自のF15戦闘機の能力向上型に搭載する米国製の「JASSM（ジャズム）」を取得する。

また、早期部隊配備に向け、陸自の「12式地対艦誘導弾」の能力向上型のうち、「地上発射型」の量産を開始するほか、「極超音速誘導弾」の研究を推進する。

②総合ミサイル防空能力の分野では、配備を断念した「イージス・アショア」の代替案として建造する「イージス・システム搭載艦」について、既存のイージス艦よりも高度な弾道ミサイル迎撃能力を有するだけでなく、極超音速滑空兵器などにも対応可能な能力を拡張する。

③無人アセット防衛能力の分野では、▽警戒▽監視▽情報収集▽攻撃▽輸送──などに供し得る無人機の整備を進める。

④領域横断作戦能力の分野では、宇宙・サイバー・電磁波など新領域の能力強化に力を注ぐ。宇宙領域では「宇宙領域把握（SDA）」に必要な衛星の製造・試験等に着手するほか、空自の宇宙作戦群の要員を拡充して改編し、体制を強化する。

サイバー領域では「リスク管理枠組み」を導入し、一過性のリスク排除から「継続的なリスク管理」へと転換を図る。電磁波領域では「ネットワーク電子戦システム（NEWS）」「デコイ弾」「高出力マイクロ波照射」など電磁波技術の活用・強化を推進する。

⑤指揮統制・情報関連機能の分野では、AI（人工知能）を活用した意思決定の迅速化に関する研究を新たに始めるほか、防衛駐在官については、英国に1空佐一人を増員し3人体制に、ウクライナには2陸佐一人を増員し2人体制にそれぞれ拡充し、インテリジェンスの強化を図る。

⑥機動展開能力の分野では、空自のC2輸送機や陸自のUH2多用途ヘリなどの取得を継続し、部隊の迅速な機動展開能力を向上させる。合わせて、大規模な港湾がない島嶼部で活用する「揚陸支援システム」の研究にも着手する。

⑦持続性・強靭性の分野では、弾薬の製造態勢などを確保するとともに、スタンドオフ・ミサイルなど大型弾薬などの安全な保管のための火薬庫を整備する。

浜田大臣は9月2日の記者会見で、「事項要求」の内容や金額は年末の戦略3文書の策定や、今後の予算編成過程を通じて、防衛力の抜本的強化に向けた①内容②規模③財源──を3点セットで検討し、結論を得るとした上で、「厳しさを増す安全保障環境の下で、我が国を守っていくために必要な取り組みについて国民の皆さまのご理解を得られるよう、十分に説明を行っていきたい」と述べた。

春夏秋冬

国内問題にとどまらぬ「国葬」

先崎　彰容

「これまで、吉田茂は評論家と知識人によって、恐ろしく不当に扱われてきた。吉田の独善ぶりと頑固さは、まるで決まり文句のようにくり返されて来た。しかし、それは裏を返せば決断力と信念の固さということではないだろうか」。国際政治学者の高坂正堯『吉田茂』冒頭の一節である。吉田茂を安倍晋三に入れ替えたとしても、文意は変わらないだろう。安倍元総理もまた、毀誉褒貶の激しい政治家人生を紡いだからだ。

軽武装と経済優先を掲げた吉田茂と防衛費増額を明言し集団的自衛権の限定的行使を決断した安倍晋三は、その国家像において対照的ともいえる違いがある。しかし今回、吉田茂以来の国葬が安倍元総理に対して執り行われることになった。税金を使うことの是非、内面的心情に対する強制の可否など、連日、饒舌な議論が行われている。罵詈雑言に近い発言の数々に、私は耳を塞いでいる。国葬それ自体の可否の前に、一人の死者に対し、鎮魂の思いなどとは無縁の罵声が飛び交う社会全体の雰囲気に、私はなじむことができないからだ。

大学1年生で政治学を学ぶと、最初に習うのが「公と私」の区別である。政治とは公にかかわる事柄を取り扱うのであって、信仰の自由などの個人の内面、すなわち私の部分には介入しない。政治家とは結果責任が全てなのであって、結果が失敗に終われば政治家としては失格なのである。

だとすれば、安倍元総理の国葬をめぐる賛否は、あまりにも安倍氏個人への攻撃に終始していないか。政治家として何を成したかを問わず、安倍氏個人の性格の好き嫌いの次元で、賛否が叫ばれている。公私混同ではないか。

安倍元総理の最大の功績は外交にある。国葬とは国内問題にとどまらず、世界から国賓級の人物を招き、鎮魂の儀式に参列を求める。つまり国内外に、外交的成果をあげた政治家・安倍晋三の功績を示すための儀礼なのだ。憲政史上最長の総理を「公的」に評価する精神の構えが必要である。情緒的で私的な好奇心から、政治家を評価すべきではないのである。

（日本大学危機管理学部教授）

浜田大臣

新「防衛交流覚書」に署名

イスラエルと10年ぶり防衛相会談

浜田防衛相は8月30日、来日したイスラエルのベンジャミン・ガンツ副首相兼国防相と防衛省で約1時間会談し、2011年に両国間で結んだ「防衛交流に関する覚書」について、今回新たに防衛装備・技術協力の推進などを盛り込んだ改定版に署名した。

両国の防衛相会談は2012年2月に来日したバラク副首相兼国防相と田中直紀防衛相（共に当時）が防衛省で行って以来約10年ぶり。イスラエル国防相の来日は1994年、2012年に続き3回目。

浜田大臣とガンツ国防相は、両国の外交関係樹立70周年の記念の年に新たな覚書に署名できることを歓迎するとともに、これを契機に防衛協力を一層推進することで一致した。

会談の冒頭、浜田大臣は、2014年に発出された両国間の「新たな包括的パートナーシップの構築に関する共同声明」に基づいて幅広い分野で協力が進展していることに歓迎の意を表した上で、「日本は『自由で開かれたインド太平洋』の維持強化に向けた取り組みを推進していく。中東地域の平和と安定は、我が国の平和と繁栄にもつながるもので、貴国は改めて重要な存在だ」と述べた。

これに対し、ガンツ国防相は昨今の国際情勢に触れ、「ウクライナでの戦争は、各国が自国を防衛する能力を持たなければならないことを示すとともに、平和を希求する国同士の同盟を強化していかなければならないことも示している。安全保障は食糧やエネルギーの供給、経済の安定性の問題でもあり、（その解決には）パートナー間の緊密な協力が必要だ」と応えた。

会談で両氏は地域情勢をめぐって意見交換し、ガンツ国防相は中東情勢などについて説明。浜田大臣はロシアによるウクライナ侵略や中国を念頭にした東・南シナ海情勢について言及し、「力を背景とした一方的な現状変更の試みや、緊張を高めるいかなる行為にも強く反対する」との意思を表明した。

両氏は防衛装備・技術協力や軍種間協力を含め、両国間の防衛協力を引き続き強化するとともに、地域の平和と安定のため、防衛当局間のコミュニケーションを継続し、緊密に連携していくことを確認した。

新たな「防衛交流覚書」に署名し、報道陣に笑顔を見せる浜田防衛相（右）とイスラエルのガンツ副首相兼国防相（左）＝8月30日、防衛省

日英伊協力の可能性追求

第4回「次期戦闘機開発推進委員会」

井野副大臣

井野副大臣は8月31日、自身が委員長を務める「次期戦闘機システム開発推進委員会」の第4回会合を防衛省で開き、令和5年度概算要求をはじめ、次期戦闘機と連携する無人機（UAV）の取り組み状況について報告を受けた。

会議の冒頭、井野副大臣は「次期戦闘機の開発は、我が国の航空優勢を将来にわたって確保するために不可欠な事業だ。令和2年度から開発に着手し、今回は4年目の予算編成となるが、令和5年度の概算要求についても必要な予算をしっかりと確保していくことが重要だ」と指摘した。

その上で、今年5月の日英首脳会談で、今年末までに次期戦闘機の開発に関して、協力の全体像を決定することで一致しており、現在、日英にイタリアを加えた3カ国による協力の可能性を追求していることに言及。

「次期戦闘機は無人機を含むシステムとして開発を進めることが重要だ。無人機については、今年5月の日米防衛相会談の結果を踏まえ、米国との協力の可能性についても追求している」と述べ、防衛省・自衛隊が一丸となって事業を推進するため、引き続き活発な議論を行っていくことに期待感を示した。

「次期戦闘機システム開発推進委員会」で委員長としてあいさつを述べる井野副大臣（テーブル中央）。その右は鈴木事務次官、左は岡防衛審議官＝8月31日、防衛省

土砂災害で土砂と倒木の下敷きとなった住民の救出訓練を行う空挺団の隊員（9月1日、千葉市）＝空挺団提供

9都県市合同防災訓練に空挺団など参加

首都直下地震に備えて9月1日、千葉市で行われた「9都県市合同防災訓練」に陸・空自の隊員約50人が参加した。

「M7・3の大地震が発生した」という想定で始まった千葉市会場の訓練には85機関、約800人が出動、岸田首相や浜田防衛相ら関係閣僚が視察した。陸自から空挺団（習志野）、高射学校（下志津）、空自から中警団（入間）、4補木更津支処などが参加し、部隊間や消防・警察と連携して救出・救護訓練などに臨んだ。

訓練を視察した山崎統幕長は同日の記者会見で「実際的な訓練を行うためには国、自治体など必要な機関が一堂に会することがとても重要だ。訓練を通じ、自衛隊の災害対処能力の向上を図っていきたい」と述べた。

浜田防衛相

駐日インド大使と会談

「自由で開かれたインド太平洋」で連携

浜田防衛相は8月31日、インドのサンジェイ・クマール・ヴァルマ駐日大使＝写真＝の表敬を受け、「自由で開かれたインド太平洋」の維持・強化に向けて日印が連携して取り組んでいくことで一致した。

浜田大臣は「日印間では2国間、多国間の共同訓練など、防衛協力が発展していることをうれしく思う」と述べ、日印の「特別戦略的グローバル・パートナーシップ」に基づくさらなる関係強化に意欲を示した。

これに対し、ヴァルマ大使は「歴史的に重要な時期に防衛大臣という要職に就かれた」と祝意を表し、「より良い安全な地域のために、日印関係がインド太平洋という枠組みや、日米豪印による『クアッド』の枠組みを通じて前進していることは大変良いことだ。2020年9月に日印間で署名された『物品役務相互提供協定（ACSA）』は2国間の結束を高めるものだ」と強調。防衛装備・技術分野での連携協力の可能性に期待感を表明した。

朝雲寸言

極寒の南極の夜空に浮かぶオーロラを見る。日本一の富士山を真下に見る。上空3000メートルの飛行機からダイブする。アフリカやアジアの大地で地平線を見る。普通の日本人なら見ることのできない景色がそこにある▼「自衛官だから出会えた景色」という写真集が自衛官募集のWEBサイトにあった。これらの絶景は電子図書として無料でダウンロードすることもできる▼近年の自衛官の仕事は多岐にわたり、その活動場所も世界規模でさまざまである。陸上自衛隊の幹部候補生は課程教育の最後の総合訓練で100キロメートルの行進を行う。疲労困憊の中歩き通した後に見る景色は別世界である▼海上自衛隊の幹部候補生は江田島で16キロメートルの遠泳訓練を行い、卒業後は世界一周の遠洋航海に旅立つ。地図にしかない赤道を超え世界の潮を海から見ることのできる日本人はそう多くない▼航空自衛隊のパイロットは音速を自分の身体で感じるひと握りの集団であり、果てしない上空から日本列島を見下ろすことができる。自衛官であるが故に見るこれらの非日常の景色は自衛官の活動が非日常を対象としているからである▼災害派遣などを除き自衛官の日常を真摯に伝えるメディアはさほど多くない。自衛官が何を見、どんな行動をするのか多くの国民にもっと知ってもらいたいと思う▼暑かった夏もやがて秋を迎える。来春に入隊する自衛官候補生の募集採用業務も本格的に開始される。

時の焦点

国内

防衛予算

国を守る強い意思示せ

国民の命や暮らしを守るため、十分な備えができているだろうか。厳しさを増す安全保障環境に対処するため、着実に装備を整えねばならない。

2023年度予算編成に向け、各省庁の概算要求が出そろった。

防衛省は、過去最大の5兆5947億円を要求した。このほかに金額を明示していない事項要求があり、年末に決まる予算案では6兆円を突破する可能性が高い。

ミサイル発射を繰り返す北朝鮮や、軍備を増強する中国と近接する日本の安全保障環境は、目に見えて悪化している。国防を強化するという意思を示すためにも、防衛費の増額は当然だ。

概算要求では、敵の射程圏外から攻撃できる長射程の「スタンド・オフ・ミサイル」の配備を計上した。陸上自衛隊の「12式地対艦誘導弾」を改良し、射程を北朝鮮や中国沿岸部にも届く1000キロメートル程度に延伸する。

艦艇や戦闘機から発射できるようになれば、相手の作戦を阻み、防衛の戦略が広がる。確実に配備を進めるべきだ。

北朝鮮は変則軌道で飛ぶ弾道ミサイルの実験を重ね、中露は音速の5倍以上で飛行する極超音速兵器を開発している。急速に進歩する技術に、現在のミサイル防衛体制では太刀打ちできない。

防衛力を強化するためには、「反撃能力」の保持が不可欠だ。予算編成はもとより、年末までの国家安全保障戦略などの改定を通じ、精緻な議論を重ねる必要がある。

概算要求には、弾薬や火薬庫の確保も盛り込まれた。年間の弾薬購入費はおおむね2000億円強で、米国の10分の1以下だ。自衛隊の火薬庫は小規模なものが多く、不足が指摘されている。

ロシアによるウクライナ侵略により、「継戦能力」の重要性が浮き彫りとなった。同盟国の援軍が到着するまでの間、自衛隊が持ちこたえられるよう、必要な装備や輸送手段をしっかりと確保しておく必要がある。防衛省は、綿密に計画を立ててもらいたい。

日本の防衛費は、主要国で低い水準にある。21年度の国防費を国内総生産（GDP）に占める割合で見ると、米国は3・57％、英国2・25％、ドイツ1・49％なのに対して、日本は0・95％にとどまっている。

防衛費の増額について、自民党は、北大西洋条約機構（NATO）が加盟国にGDP比2％以上の国防支出を求めていることを念頭に、「5年以内に必要な予算水準の達成を目指す」とした。

目標を実現するには11兆円規模が必要で、毎年1兆円ずつ積み増さなければならない。日本は多額の財政赤字を抱えており、道のりは険しい。

政府は9月にも、防衛費の増額や財源を議論するための有識者会議を新設するという。

政府は、防衛力強化の必要性について、粘り強く国民に説明し、理解を求めていくことが大切だ。全体像を示し、丁寧に合意形成を図ってほしい。

藤原 志郎（政治評論家）

海外

ゴルビー死去

「冷戦終結」主役の一人

ゴルバチョフ元ソ連大統領が8月30日、死去した。しかし、同氏が「冷戦を終わらせた」（ロイター通信）、「『鉄のカーテン』を解体した」（CNN）という筆致には違和感を覚える。

ゴルバチョフ氏は1985年にソ連共産党書記長に就任。党政治局が54歳という若さの同氏を選出した理由は①ソ連の衰退を是が非でも食い止める②西側を欺いて、共産主義再生のための資金を何とか供出させる―などにあった。

歴代書記長と比べればソフトな外見で、西側に多くのファンを生み、"ゴルビー旋風"などと持てはやされた時期もあった。

だが、ホワイトハウスには当時、共産主義のナンセンスを許さず、ソ連を『悪の帝国』と断じて（83年3月）はばからない真の大統領・レーガンがいた。

彼にサッチャー英首相とポーランド人のローマ法王ヨハネ・パウロ二世を加えた3人が、70年代後半―80年代後半の約10年間、ソ連の崩壊・東欧の平和的解放に向けて協力した。

サッチャーのスピーチライターだったジョン・オサリバン氏は「世界を変えた3人」と評する。

確かに、自由世界が人材に恵まれた稀有な時代で、それがゴルバチョフ氏の不運だった。

同氏は共産主義が機能していない現実が分かるインテリだったのに、体制の全面改革には取り組まず、計画性のない、表面的な小手先の変化を加えれば共産主義を再活性化できると考えていた。

レーガン大統領は88年5月、ソ連を訪問し、モスクワ国立大学で学生らを前に講演。その中に、「ロープでつながれた鳥は、そのロープがいくら長くても、いつでも引き戻され得る」と一般国民に警告した一節がある。

ゴルバチョフ氏は、ペレストロイカ（公開性）やグラスノスチ（再編）を与えれば、国民は満足し、良き共産主義者であり続けると考えた。致命的なミスだった。

86年10月、アイスランドのレイキャビクで、米ソ首脳会談が開かれた。同会談は、文字通り歴史に残る決定的瞬間になった。

焦点はレーガン政権が推進していた戦略防衛構想（SDI）の扱い。西側の技術の進歩を戦略上の優位に変換したSDIは、究極的に核兵器の完全撤廃になるのがポイントで、ゴルバチョフ氏も「経済的に太刀打ちできない攻勢」と分かっていた。

ソ連が要求するSDI放棄を拒否して会談から戻った大統領に、映画俳優時代からの旧友ウィック広報文化交流局（USIS）局長が「ロニー、君は冷戦に勝ったんだ」と声を掛けた。「力による平和」で推す外交政策が勝利した主要な一例だ。

ゴルバチョフ氏が「冷戦の終結を取り仕切った」（「ニューヨーク・タイムズ」紙訃報）では、木を見て森を見ていない。他に策がないのを知った同氏は消極的に参加した。実際には、原動力は常にレーガン大統領だった。

草野 徹（外交評論家）

自衛隊高級課程合同入校式、3自から46人

統幕学校長「幅広い視野とバランス感覚を」

「自衛隊高級課程合同入校式」で式辞を述べる二川統幕学校長（演台）。壇上は（右から）鈴木統幕副長、山根陸幕副長、齋藤海幕副長、阿部空幕副長（8月30日、目黒基地）

東京の目黒基地に所在する統合幕僚学校と陸自教育訓練研究本部、海・空自幹部学校が共同で8月30日、令和4年度後期の「自衛隊高級課程合同入校式」を行った。

基地の大講堂で行われた入校式には、1佐、2佐の3自学生46人のほか、インド海軍からの留学生アビシェク・パタク大佐が出席。鈴木康彦統、山根寿一陸、齋藤聡海、阿部睦晴空の各幕副長や各学校長らが臨席した。

最初に学生長の三浦宏幸1海佐が入校を申告。この後、統幕学校長の二川達也海将が式辞で「多様な経歴を持つ学生同士で自分に足りないものを積極的に吸収し合い、柔軟な思考を持って課程に臨んでほしい。幅広い視野とバランス感覚を兼ね備えた人材に成長してもらいたい」と学生たちを激励した。

続いて鈴木統幕副長が統幕長の訓示を代読、①使命を果たせるか考え、識能の修得に努めよ②常に国家、統合運用、部隊・隊員の視点で考察せよ③先入観や既成概念にとらわれず論理的な思考力を身につけよ――の3点を要望した。

学生たちは統幕学校の「合同統合教育」で統合運用の基礎教育を受けた後、各幹校の「高級課程」で上級部隊指揮官・幕僚に必要な各軍種の専門教育を履修。その後、学生は再び統幕学校に戻り、統合運用に関する広範な知識や技能を総合的に修得し、来年7月に卒業する。

日シンガポール親善訓練

「やまぎり」と「イントレピッド」

関東南方海域で戦術運動

訓練を行う護衛艦「やまぎり」（手前）とシンガポールのフリゲート「イントレピッド」（8月27日）

海自11護隊（横須賀）の護衛艦「やまぎり」は8月27日、シンガポール海軍フリゲート「イントレピッド」（排水量3251トン）と日シンガポール親善訓練を実施した。

「イントレピッド」はこのほどハワイ沖で行われた環太平洋合同演習「リムパック」に参加。その帰路、23日から27日まで、補給のため横須賀基地に寄港した。艦長のジャミン・ラウ中佐が乾悦久横須賀地方総監を表敬し、ホストシップを務めた「やまぎり」がシンガポール艦の訪問を歓迎した。

訓練は関東南方海域で行われ、両艦艇は各種戦術運動を実施。日シンガポール間の連携を強化するとともに相互理解を深めた。

房総半島南方で日米が対潜訓練

海自は8月25日、房総半島南方で日米共同の対潜特別訓練を行った。戦術技量の向上と、米海軍との連携強化が目的。

海自からP1哨戒機と潜水艦が、米海軍からはP8A哨戒機、MH60R哨戒ヘリが加わり、潜水艦の探知や追尾などの対潜戦訓練を実施した。

日本とUAE防衛協力の重要性確認

UAE空軍研究所長のサイード・アルヤマヒー准将が8月4日、在日UAE国防武官のムサバ・アルメハーリ空軍大佐を伴い、井筒空幕長を表敬した。

会談では、両国を取り巻く国際情勢について意見交換し、日UAE防衛協力・交流の重要性について相互に確認。今後も日UAE空軍種間の関係強化を進めていくことで一致した。

久米島西海域に中国情報収集艦

海自は8月28日午後3時ごろ、沖縄県・久米島の西約160キロの海域を南東進する中国海軍「ドンディアオ級」情報収集艦（艦番号794）を確認した。

中国艦はその後、沖縄本島と宮古島との間の海域を抜け太平洋に出た。5空群（那覇）のP3C哨戒機と3護群3護隊（舞鶴）の護衛艦「ふゆづき」が、情報収集を行った。

29日午後1時ごろには、長崎県・対馬の南西約240キロの海上で「レンハイ級」ミサイル駆逐艦（101「南昌」）、「ジャンカイII」級フリゲート（546「塩城」）、「フチ」級補給艦（902）の3隻を確認。翌30日、これら中国艦艇は対馬海峡を北東に進み、日本海へ入った。

4空群（厚木）のP1哨戒機、3ミサイル艇隊（佐世保）のミサイル艇「おおたか」、2ミサイル艇隊（舞鶴）のミサイル艇「うみたか」が警戒監視に当たった。

英国防省宇宙部長 井筒空幕長を表敬

英国防省宇宙部長のハーヴィー・スマイス空軍少将が8月2日、防衛省を訪れ、井筒空幕長を表敬した＝写真。

会談では宇宙領域での安全確保の重要性について確認し合うとともに、今後も日英間で宇宙領域に関する協力を進展させていくことで一致した。

米国以外に初の空自戦闘機派遣

豪空軍主催の演習参加「ピッチ・ブラック22」

空自は8月20日から9月8日まで、オーストラリア北部のダーウィン空軍基地と周辺空域で行われた同国空軍主催の多国間演習「ピッチ・ブラック22」に初参加した。

「ピッチ・ブラック」は隔年で行われており、今年は日、米、英、仏、独、印、インドネシア、シンガポールなど17カ国から航空機約100機、約2500人が参加。空自からは7空団（百里）飛行群司令の唯野昌孝1佐以下約150人、F2A戦闘機6機が参加した。

米国以外への戦闘機の海外派遣は初めて。防空戦闘訓練、戦術攻撃訓練、空中給油訓練などの訓練を行い、実戦的環境下で豪空軍、米軍との相互運用性を向上させるとともに、参加国との相互理解の深化を図った。

なお、期間中の9月5、6の両日には井筒空幕長が訓練の様子を現地視察し、豪空軍本部長のロバート・チップマン中将と二者会談を行った。

ドイツ空軍の戦闘機ユーロファイター（右）と2機編隊を組んで飛行する空自のF2（チームドイツ空軍ツイッターより）

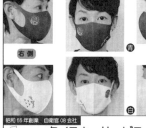

米空軍のF15C戦闘機（左の2機）と共同訓練を行う9空団のF15戦闘機（9月4日、沖縄周辺空域）

空自と米空軍が沖縄で共同訓練

空自と米空軍の共同訓練が8月4、9の両日、沖縄周辺空域で行われた。

4日は9空団（那覇）のF15戦闘機3機と南西航空警戒管制団（同）、米側から米18航空団（嘉手納）のF15C戦闘機2機が参加。9日には9空団のF15が4機と南警団、米18航空団のF15C6機が参加した。

両日とも戦術技量と日米共同対処能力の向上を目的に、各種戦術訓練を行った。

防衛省発令

▽兼統幕運用2課（陸幕防衛課）1陸佐 原田 浩平
▽（同）同 森本 克也
（以上8月27日）
▽空幕装備課調達管理班長（空幕情報課付）1空佐 中野 優
▽航空総隊司令部装備部長（南西航空方面隊司令部装備部長）同 五十川 淳
▽南西航空方面隊司令部装備部長（4航空団整備補給群司令）同 岡本 英樹
▽4航空団整備補給群司令（空幕装備課調達管理班長）同 藤 信一郎
▽入間病院副院長兼航空支援集団司令部（入間病院付兼航空支援集団司令部）同 山口 大介
（以上8月28日）
▽陸上総隊司令部情報部（陸幕指揮通信システム・情報部付）1陸佐 中川 真紀
▽空幕募集・援護課援護業務班長（空幕募集・援護課）1空佐 和田 貴久
▽同情報課付（情報本部）同 井上 吉隆
▽空自幹部学校付（空幕募集・援護課援護業務班長）同 小林 裕幸
（以上9月1日）
▽空幕補任課人事2班長（空幕補任課）1空佐 梶川 裕
▽空自補給本部総務課長（同人事2班長）同 武岡 成実
▽北関東防衛局装備2課長（3補給処）同 岩本 正臣
（以上9月2日）

陸自「ガルーダ・シールド22」初参加

空挺作戦の技量向上へ

右 機能別訓練で、小部隊の戦闘行動を演練する1空挺団員（7月31日、グアムのバリガダ演習場）＝一部を除きいずれも陸幕提供
下 日、米、インドネシア3カ国による共同降下で空挺降下の技術と連携を図った（8月3日、インドネシアのバトゥラジャ）

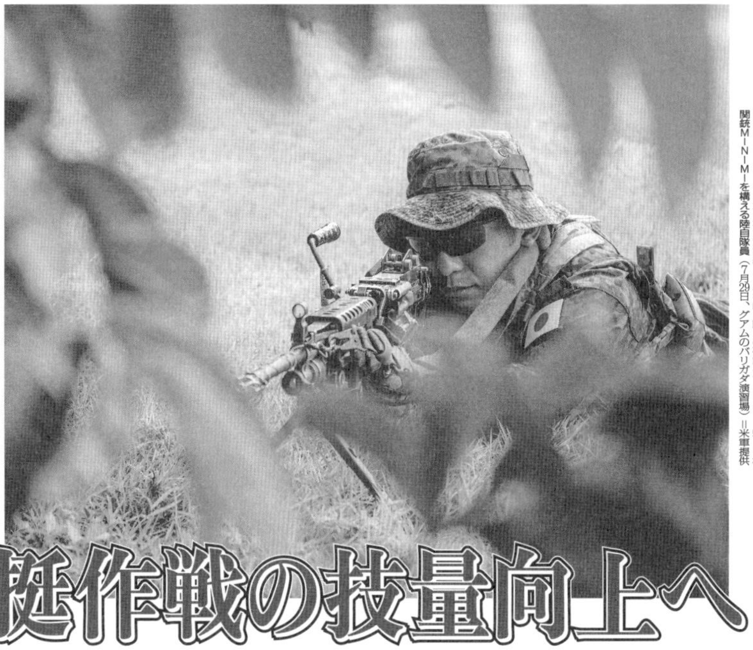

ガルーダ・シールド22の機能別訓練で、戦術的な動きの確認をするため5・56ミリ機関銃MINIMIを構える陸自隊員（7月29日、グアムのバリガダ演習場）＝米軍提供

米・インドネシア両陸軍と実動訓練

陸自は7月26日から8月5日まで、米国グアム島とインドネシア・スマトラ島で米、インドネシアの両陸軍による実動訓練「ガルーダ・シールド22」に初参加した。同訓練は2007年から実施しており、今年は日米インドネシアの他にオーストラリア、シンガポール陸軍、オブザーバーとしてイギリス、カナダ、インドなど、13カ国の陸軍が参加し、過去最大規模になった。

今回、陸自が初参加したのは昨年8月に吉田陸幕長がプルカサ前インドネシア陸軍参謀長とテレビ会談した際、陸幕長から同訓練に陸自が参加することができないかと打診したことから実現した。

訓練には、陸上総隊司令官の前田忠男陸将を担任官に、第1空挺団約100人が、米からは第11空挺師団、第374空輸航空団など約60人、インドネシアからは第18空挺旅団約100人の計約260人が参加した。

米グアムのアンダーセン空軍基地からC130輸送機5機に分乗した隊員たちは、約3800キロ離れたインドネシア・スマトラ島にあるバトゥラジャ演習場で一斉に降下。その後地上戦闘までの一連の行動を演練し、空挺作戦に必要な戦術、戦闘要領、日米インドネシア陸軍種間における連携要領の向上を図った。

それに先立ち、グアムで陸自、米陸軍、インドネシア陸軍の3カ国共同による小部隊の戦闘行動や市街地戦闘訓練、3カ国による訓練計画の策定など指揮機関訓練を行った。

吉田陸幕長は8月25日の会見で、同訓練の成果について「米国グアム島の指揮機関訓練において日米インドネシアの3カ国共同で作成した計画に基づき、米軍機によりグアム島からインドネシアに長距離の空中機動を行い、空挺降下に引き続き地上作戦を行った。空挺作戦に必要な戦術技量の向上および日米インドネシア陸軍種間の連携強化を図ることができた」と語った。

上 1空挺団員が空挺降下後、速やかに周囲の安全を確保するため、米、インドネシア共同で地上戦闘を演練する（8月3日、インドネシアのバトゥラジャ）
右 降下地点に達した米C130輸送機から降下する直前＝空挺団提供（8月3日、インドネシアのバトゥラジャ上空）

計画策定・通信訓練も

右 ガルーダ・シールドの開会式に到着した陸上総隊幕僚長の牛嶋築陸将（中央左）と出迎えるインドネシアのアンディカ国軍司令官（中央右）＝8月2日、インドネシアのバトゥラジャ＝米軍提供
左 米軍と連絡交信するため、広帯域多目的無線機を使用して通信訓練を行う（7月30日、グアムのバリガダ演習場）

日、米、インドネシアの幹部たちが指揮機関訓練として、空挺降下から地上戦闘などの一連の訓練計画を策定（7月31日、グアム）

令和5年度概算要求の概要

我が国の防衛と予算

防衛省は8月31日、令和5年度予算の概算要求を決め、同日、財務省に提出した＝1面参照。防衛省のホームページで公表されている「我が国の防衛と予算」の資料を基に概要を紹介する（本文中の青色部分は新規事業）。

考え方

我が国を取り巻く安全保障環境

○国際社会は戦後最大の試練の時を迎え、既存の秩序は深刻な挑戦を受け、新たな危機の時代に突入。

①ロシアによるウクライナ侵略は、力による一方的な現状変更であり、国際秩序の根幹を揺るがす深刻な課題

②中国は、力による一方的な現状変更やその試みを継続し、ロシアとの連携も深化。さらに、今般の台湾周辺における威圧的な軍事訓練に見られるように、台湾統一には武力行使の放棄を約束しない構え

③北朝鮮は、弾道ミサイルの発射を繰り返しているほか、核実験の準備を進めているとされており、国際社会への挑発をエスカレート

○これらを踏まえると、欧州で起きていることはインド太平洋地域においても生起し得るものであり、武力攻撃が生起しているか否かを問わず、我が国が直面する安全保障上の課題は深刻化。

○また、ウクライナ侵略でも見られたような情報戦を含むハイブリッド戦といった複雑な対応を要する手段、情報通信等の分野の急速な技術革新をはじめとする将来の技術動向、少子高齢化を含む我が国の人口動態等への対応も喫緊の課題。

基本的な考え方

○我が国が直面する現実に向き合い、将来にわたり我が国を守り抜くため、次のような考え方に基づき防衛力を5年以内に抜本的に強化。

①我が国への侵攻そのものを抑止するため、スタンド・オフ防衛能力や総合ミサイル防空能力を強化

②万一の抑止が破られた場合には、非対称な優勢を確保して相手を阻止・排除し得る無人アセット防衛能力や陸海空領域を含む領域横断作戦能力を強化。その際、迅速な意思決定のための指揮統制・情報関連機能を強化

③迅速かつ粘り強く活動するため、機動展開能力や持続性・強靭性に必要な施策を重視

○また、防衛力そのものである防衛生産・技術基盤に加え、防衛力を支える人的基盤等の要素も重視。

○さらに、同盟国である米国や、自由で開かれたインド太平洋という考え方を共有するパートナー国等との協力・連携を深化・発展させ、我が国の防衛力と相まって、抑止力をさらに強化。

○この防衛力によって、力を背景とした一方的な現状変更を抑止。

〈事項要求の主要な柱〉

- スタンド・オフ防衛能力
- 総合ミサイル防空能力
- 無人アセット防衛能力
- 領域横断作戦能力
- 指揮統制・情報関連機能
- 機動展開能力
- 持続性・強靭性

※　上記に加え、共通基盤として、防衛生産・技術基盤、人的基盤の強化、衛生機能の強化などを含む。

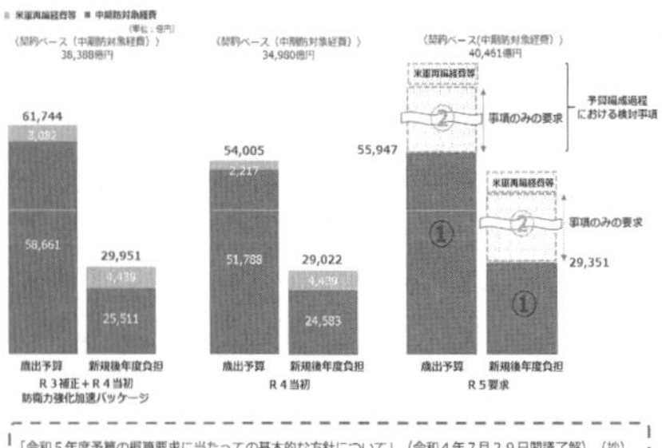

「令和５年度予算の概算要求に当たっての基本的な方針について」（令和４年７月２９日閣議了解）（抄）
３．予算編成過程における検討事項
(4)「基本方針2022」で示された「本年末に改定する「国家安全保障戦略」及び「防衛計画の大綱」を踏まえて策定される新たな「中期防衛力整備計画」の初年度に当たる令和５年度予算については、同計画に係る議論を経て結論を得る必要があることから予算編成過程において検討し、必要な措置を講ずる」との方針を踏まえた対応については、予算編成過程において検討する。

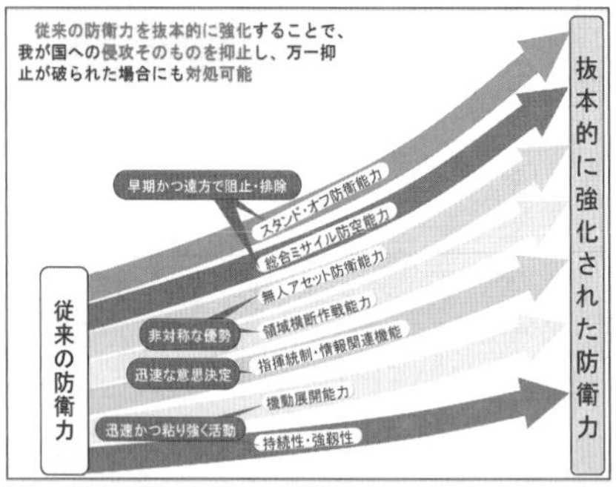

Ⅰ 防衛関係費

○令和5年度概算要求は、「①概算要求基準で定められた要求・要望」（算出される額の範囲内で概算要求）とは別途、「②予算編成過程における検討事項」（事項のみ）を要求。

①これまでの延長線上にあるものとして行う防衛力整備事業を要求

②「防衛力を5年以内に抜本的に強化する」ために必要な取り組みを要求

○これを最大限活用し、①と②を一体のものとして、必要な事業をしっかりと積み上げ、防衛力を5年以内に抜本的に強化する。

防衛力を5年以内に抜本的に強化するために必要な取り組み

「経済財政運営と改革の基本方針2022」に基づき、「防衛力を5年以内に抜本的に強化する」ため、スタンド・オフ防衛能力、総合ミサイル防空能力、無人アセット防衛能力、領域横断作戦能力、指揮統制・情報関連機能、機動展開能力および持続性・強靭性等に必要な取り組みに係る経費については、事項要求を行い、予算編成過程において検討する。

※令和5年度予算の概算要求に当たっての基本的な方針について（抜粋）＝「基本方針2022」で示された「本年末に改定する『国家安全保障戦略』および『防衛計画の大綱』を踏まえて策定される新たな『中期防衛力整備計画』の初年度に当たる令和5年度予算については、同計画に係る議論を経て結論を得る必要があることから、予算編成過程において検討し、必要な措置を講ずる」との方針を踏まえた対応については、予算編成過程において検討する。

＜参考＞

日米首脳共同声明
令和4年5月23日（抜粋）

両首脳は、同盟の抑止力および対処力を強化することへのコミットメントを新たにした。

岸田総理は、ミサイルの脅威に対抗する能力を含め、国家の防衛に必要なあらゆる選択肢を検討する決意を表明した。

岸田総理は、日本の防衛力を抜本的に強化し、その裏付けとなる防衛費の相当な増額を確保する決意を表明し、バイデン大統領は、これを強く支持した。

経済財政運営と改革の基本方針22
令和4年6月7日（抜粋）

1 国際環境の変化への対応

○外交・安全保障の強化

国際社会では、米中競争、国家間競争の時代に本格的に突入する中、ロシアがウクライナを侵略し、国際秩序の根幹を揺るがすとともに、インド太平洋地域においても、力による一方的な現状変更やその試みが生じており、安全保障環境は一層厳しさを増していることから、外交・安全保障双方の大幅な強化が求められている。

（略）

また、NATO諸国においては、国防予算を対GDP比2%以上とする基準を満たすという誓約へのコミットメントを果たすための努力を加速することと、防衛力強化について改めて合意がなされた。

（略）

前述の情勢認識を踏まえ、新たな国家安全保障戦略等の検討を加速し、国家安全保障の最終的な担保となる防衛力を5年以内に抜本的に強化する。

領域横断作戦のイメージ

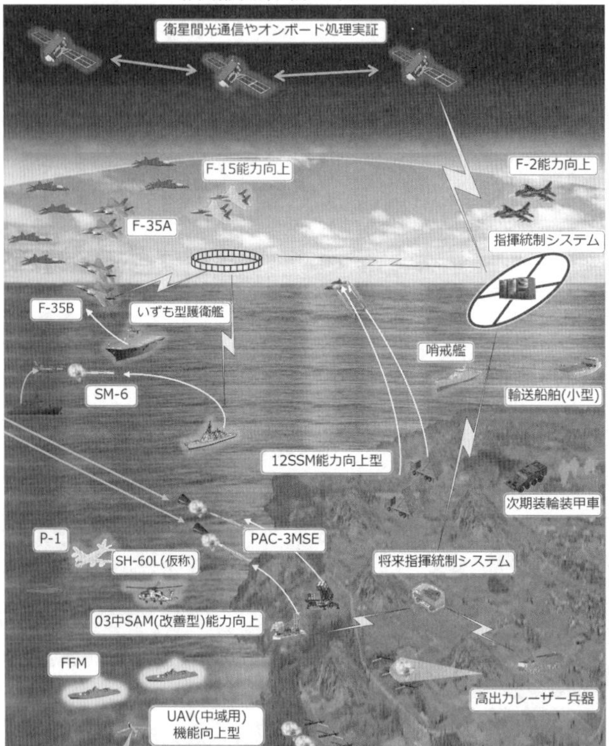

歳出予算（三分類）　（単位：億円）

区分	令和４年度予算額	対前年度増△減額	令和５年度概算要求額
防衛関係費	51,788 (54,005)	553[1.1] (583[1.1])	55,947＋事項要求
人件・糧食費	21,740	△179[△0.8]	22,290＋事項要求
物件費	30,048 (32,265)	732[2.5] (761[2.4])	33,658＋事項要求
歳出化経費	19,651 (20,573)	274[1.4] (194[1.0])	22,547＋事項要求
一般物件費 （活動経費）	10,397 (11,692)	458[4.6] (567[5.1])	11,110+事項要求

１．［　］は、対前年度伸率（％）である。
２．上段はＳＡＣＯ関係経費及び米軍再編関係経費のうち地元負担軽減分に係る経費等を除いたもの、
下段（　）内は含んだものである。
ＳＡＣＯ関係経費として、
令和４年度：（歳出予算）137億円（新規後年度負担）46億円
米軍再編関係経費のうち地元負担軽減分として、
令和４年度：（歳出予算）2,080億円（新規後年度負担）4,394億円などである。
３．デジタル庁に係る経費として、
令和４年度：（歳出予算）318億円（新規後年度負担）189億円
令和５年度：（歳出予算）350億円＋事項要求（新規後年度負担）347億円＋事項要求を含む。

Ⅱ 主要事項

1 スタンド・オフ防衛能力

▽隊員の安全を可能な限り確保する観点から、相手の脅威圏外からできる限り遠方において阻止する能力を高め、抑止力を強化することが重要。

▽スタンド・オフ・ミサイルの早期装備化および運用能力の向上が必要。

○12式地対艦誘導弾能力向上型（地発型・艦発型・空発型）の開発・量産。地発型は、早期部隊配備のため量産を開始。

○島嶼防衛用高速滑空弾の研究・量産。高速滑空し、地上目標に命中する高速滑空弾の研究を継続。早期装備型について量産を開始。

○極超音速（音速の5倍以上）の速度域で飛行することにより迎撃を困難にする極超音速誘導弾について、研究を推進。

○島嶼防衛用新対艦誘導弾の研究。長射程化、低RCS（レーダー反射断面積）化、高機動化を踏まえつつ、モジュール化による多機能性を有した誘導弾を試作。

○JSM（Joint Strike Missile）の取得。F35Aに搭載するスタンド・オフ・ミサイルを取得。

○JASSM（Joint Air-to-Surface Stand-Off Missile）の取得。F15能力向上機に搭載するスタンド・オフ・ミサイルを取得。

2 総合ミサイル防空能力

▽各種ミサイルや航空機等の多様化・複雑化する経空脅威に適切に対処することが重要。

▽探知・追尾能力の向上や、ネットワーク化による効率的対処の実現、迎撃能力の強化が必要。

○警戒管制能力の強化。FPS5およびFPS7、JADGEの能力向上。

○イージス・システム搭載艦。既存イージス艦より高度な弾道ミサイル迎撃能力を有するとともに、極超音速滑空兵器（HGV）等に対応する拡張性を有したイージス・システム搭載艦の整備に必要な構成品等を取得。

○弾道ミサイル、巡航ミサイル、極超音速滑空兵器等への対応能力強化。SM6ミサイル、PAC3MSE、基地防空用地対空誘導弾、03式中距離地対空誘導弾等。

○HGV対処の研究。

3 無人アセット防衛能力

▽無人アセットは革新的なゲームチェンジャーであるとともに、人的損耗を局限しつつ、空中・水上・海中等で非対称的に優勢を獲得可能。長期連続運用などの各種制約を克服して、隙のない警戒監視態勢などを構築することが重要。

▽航空機、艦艇、車両の各分野における無人アセットの早期取得・運用開始が必要。

○警戒、監視、情報収集、攻撃、輸送などに供し得る無人機の整備。

○UAV（狭域用）の取得。

○無人機雷排除システムの整備。「もがみ」型護衛艦（FFM）に対機雷戦機能を付与するため、機雷の敷設された危険な海域に進入することなく、機雷を処理することを可能とする無人機雷排除システムのうち、水上無人機（USV）を取得。

4 領域横断作戦能力

▽陸海空領域に加え、宇宙（衛星の活用による情報収集機能の強化等）、サイバー（セキュリティー対策の強化、サイバー要員の育成等）、電磁波（電子戦能力、電磁波管理機能の強化等）などの組み合わせにより非対称的に優勢を確保していくため、抜本的な能力強化が必要。

【宇宙領域における能力強化】

▽宇宙領域は今や国民生活および安全保障の基盤であり、宇宙利用の優位を確保することは、我が国にとって極めて重要。

▽このため、宇宙領域を活用した情報収集等の能力を含めた宇宙作戦能力の強化が必要。

○宇宙領域を活用した情報収集能力等の強化に係る研究実証（HGV探知・追尾、赤外線センサー等）。

○画像解析用データの取得。高解像度を有する民間光学衛星をはじめ、多頻度での撮像を可能とする小型衛星コンステレーションを含む各種民間衛星等を用い、周辺地域における情報収集を実施。

○宇宙領域把握（SDA）に必要な衛星の製造・試験等。SDAは、衛星など宇宙物体の位置や軌道等を把握することに加え、衛星の運用状況や「意図や能力」を把握すること。米国等も現在はSDAを使用している。

○低軌道通信衛星コンステレーションのサービス利用。民間コンステレーションの通信サービスの利用について、陸・海・空各部隊における実証を行う。

○PATS対応の実証。米国を中心とする加盟国間で通信帯域を共有する枠組みであるPATS（Protected Anti-Jam Tactical SATCOM）へ参加するため、通信機材の整備・実証を行う。

○宇宙作戦群の改編。新たに運用開始される装備品を維持管理するため部隊を新編するとともに、指揮統制機能の強化のため、宇宙作戦群の要員を拡充する。

【サイバー領域における能力強化】

▽最新のサイバー脅威に対応するため、①防衛省・自衛隊で運用するシステムのリスク管理を継続的に実施するなど、サイバーセキュリティー確保②装備品や駐屯地等の施設インフラを含む情報システムの防護強化③これらを実施するための体制の強化、要員の育成や技術開発等の取り組みの抜本的強化を実施。

○リスク管理枠組み（RMF）の導入。一過性の「リスク排除」から継続的な「リスク管理」へ考え方を転換し、情報システムの運用開始後も常時継続的にリスクを分析・評価して適切に管理する「リスク管理枠組み（RMF）」を導入。

※RMF＝リスクマネジメントフレームワーク

○サイバー防護分析装置の整備。防衛省に対するサイバー攻撃に関する手法の収集・分析等を行うサイバー攻撃対処のための装置の監視・評価機能等を強化。

○システムネットワーク管理機能（SNMS）の整備。陸上自衛隊の全システムの防護、監視、制御等を一元的に行うシステムを整備。

○施設インフラにおける物理的対策や可搬記憶媒体およびプログラムへの不正接続を感知・通報・遮断するシステムの導入。

○部外力を活用したサイバー教育。全隊員に対するITリテラシー教育やスキルを持つ隊員の国内外の大学への留学などを実施。

○全自衛隊共通のサイバー教育基盤として陸自通信学校の体制を拡充し、サイバー教育のための施設、機材等を整備。

○諸外国とサイバー分野での協議や訓練等を通じ連携強化。陸上自衛隊通信学校が、サイバーに関する能力向上のために各自衛隊のサイバー関連部隊や諸外国が参加するサイバー競技会を主催。

○サイバーセキュリティー統括アドバイザーの採用。高度サイバー人材を非常勤の国家公務員として雇用し、サイバー分野の能力を強化。

○装備システム用サイバー防護技術の研究。

○サイバー関連部隊の体制強化。

○サイバー政策の企画立案体制等を強化するため、「サイバー企画課（仮称）」および情報保証・事案対処を担当する「大臣官房参事官」を新設。

○サイバー要員化の推進。

【電磁波領域における能力強化】

▽技術の発展により電磁波の活用範囲や用途が拡大し、また諸外国が電子戦能力の強化を進めており、電磁波領域における優勢の確保は喫緊の課題。

▽こうした中、自衛隊の能力を最大限に発揮するため、電磁波領域における能力の向上が必要。

○電子戦部隊の新編。平素から電波情報の収集・分析を行い、有事においては相手の電波利用を無力化する陸自電子戦部隊を強化。

○ネットワーク電子戦システム（NEWS）、デコイ弾、高出力マイクロ波照射など、電磁波技術の活用・強化。

○電子防護能力に優れたF35A/B（各6機）を取得。

○F15戦闘機の能力向上（20機）。

○RC2電波情報収集機の搭載装置の取得。受信電波周波数範囲の拡大や遠距離目標収集能力の強化など能力向上した電波情報収集機の搭載装置を取得。

○電磁波管理機能の整備。各自衛隊システムに電磁波の利用状況を把握・管理するための機能を整備。

【陸海空領域における能力】

○低空目標や高速目標への対処能力を向上させた03式中距離地対空誘導弾（改善型）を取得（1式）。

○現有の96式装輪装甲車の後継として、次期装輪装甲車（人員輸送型）を取得（29両）。

○現有の155ミリりゅう弾砲（FH70）の後継として、迅速かつ機動的な運用が可能な19式装輪自走155ミリりゅう弾砲を取得（10両）。

○航空機等での輸送、路上機動性に優れた16式機動戦闘車を取得（18両）。

○各種事態において機動師・旅団の火力、機動力および防護力を総合的に発揮する10式戦車を取得（6両）。

○将来指揮統制システムの研究。分散した部隊間に一元的な指揮統制を実現するための研究。

○P1固定翼哨戒機の取得。

○ステルス性が向上した諸外国潜水艦に対する対潜戦の優位性を確保するため、搭載システム等の能力および飛行性能を向上させたSH60L回転翼哨戒機（仮称）を取得（6機）。

○対機雷戦機能を含む多様な任務への対応能力の向上と船体のコンパクト化を両立した護衛艦(FFM)=「もがみ」型11番艦と12番艦(3900トン)=の2隻を建造。

○我が国周辺海域における平素からの警戒監視所要に効果的に対応し得るよう哨戒艦(1900トン)4隻を建造。

○情報収集・警戒監視を有効に実施するため、探知能力等が向上した潜水艦=「たいげい」型潜水艦7番艦(3000トン)=を建造。

○艦艇の電子戦訓練支援能力を向上するため、UP3D(2機)の搭載機器の換装および機体改修を実施。

○「いずも」型護衛艦を改修し、着艦誘導装置の取得等を実施。

○F2戦闘機の対艦攻撃能力、ネットワーク機能等の能力向上改修(4機)。

5　指揮統制・情報関連機能

▽我が国周辺における軍事動向等を常時継続的に情報収集するとともに、ウクライナ侵略でも見られたような認知領域を含む情報戦等にも対応できるよう情報機能を抜本的に強化し、隙のない情報収集態勢を構築する必要。

「もがみ」型護衛艦

▽迅速・確実な指揮統制を行うためには、抗たん性のあるネットワークにより、リアルタイムに情報共有を行う能力が必要。

▽こうした分野におけるAIの導入・拡大を推進。

○情報本部等の国際軍事情勢等に関する情報収集・分析能力の強化のため、所要の体制を整備。

○AIを活用した公開情報の自動収集・分析機能の整備。

○防衛駐在官の拡充。英国およびウクライナに各1人を増員するとともに、クウェートからカタールへの振り替え(令和5年度末76人、在勤49大使館2代表部)。

○指揮統制システムの整備。自衛隊の指揮統制機能および関係省庁等との連接機能を強化する中央指揮システムの換装。

○AIを活用した意思決定迅速化に関する研究。

6　機動展開能力

▽我が国の地理的特性を踏まえると、部隊を迅速に機動展開する能力を構築するとともに、それを可能にする基盤の整備が必要。

▽輸送船舶、輸送機、輸送ヘリコプター等の各種輸送アセットの取得等による輸送力の強化が必要。

○陸海空輸送力の強化。島嶼部を含む我が国への攻撃に対して、必要な部隊を迅速に機動・展開できる輸送力を強化するため、小型級船舶(2隻)、C2輸送機(1機)、UH2多用途ヘリコプター(8機)を取得。

○輸送力および補給体制強化のため、南西地域における輸送・補給基盤を整備。迅速かつ継続的な補給品供給のための設備の近代化。

○PFI船舶を使用した部隊・装備品等の輸送訓練および港湾入港検証を実施。

○機動展開訓練。各方面隊の計画により方面区域をまたいで部隊を機動展開させ戦術技量の向上を図り、抑止力および対処力の実効性を向上。

○大規模港湾がない島嶼部における揚陸支援システムの研究。

7　持続性・強靱性

▽自衛隊の運用を円滑にするため、弾薬・燃料の確保、可動数の向上(部品不足の解消等)、施設の強靱化(施設の抗たん性の向上等)、運用基盤の強化(製造態勢の強化、火薬庫の確保等)を図ることが重要。

【弾薬・燃料の確保等】

○継続的な部隊運用に必要な各種弾薬を確保。

○12式地対艦誘導弾能力向上型など弾薬の製造態勢等の確保。

○スタンド・オフ・ミサイル等の大型弾薬等の安全な保管のため火薬庫を確保。

○部隊運用に必要な燃料の確保。

○備蓄、事前集積資器材等の整備。

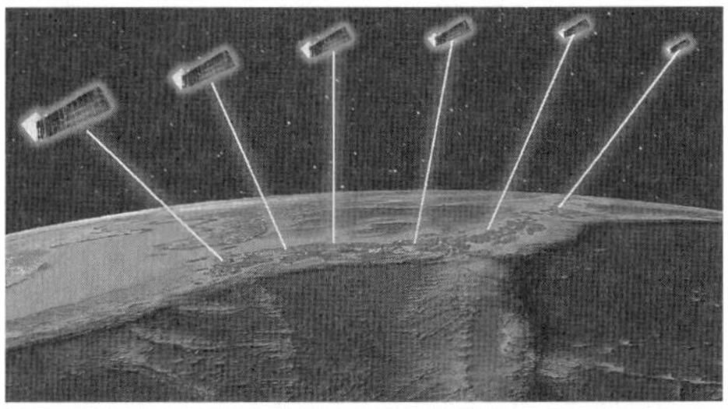

衛星コンステレーション(イメージ)

○航空基地の滑走路等が被害を受けた場合に備え、より迅速な被害復旧を可能とする器材を取得。

【装備品の維持整備】

○部品不足等による非可動を局限し、保有装備品の可動数を最大化するため、十分な部品を確保し、確実に整備。

○PBL(Performance Based Logistics)などの包括契約の推進。

※PBLとは、装備品の維持整備業務について、必要な修理や部品の調達をその都度契約するのではなく、修理時間の短縮や在庫の確保などの成果に主眼を置いて、一定期間包括的な契約を結ぶもの。

・CH47J/JA輸送ヘリコプターについては、平成30年度からPBLで維持整備を実施。

・艦船用ガスタービン機関の維持整備。令和3年度からPBLで維持整備を実施しており、ガスタービン機関を拡大。

・固定翼練習機/連絡機(TC/LC90)については、令和5年度からPBLで維持整備を開始。

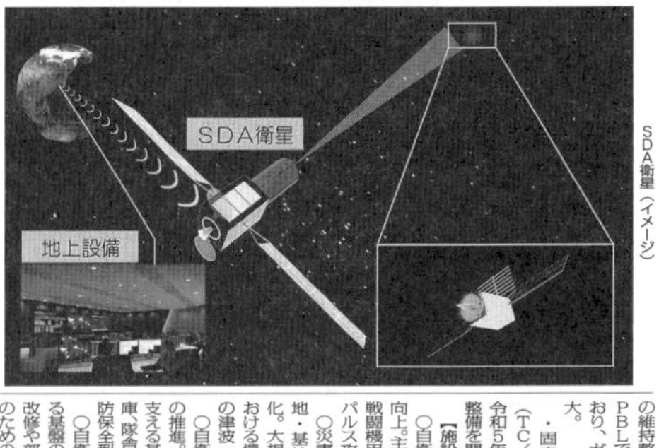

SDA衛星(イメージ)

【施設の強靱化】

○自衛隊施設の抗たん性の向上。主要司令部等の地下化、戦闘機用の分散パッド、電磁パルス攻撃対策等。

○災害対処拠点となる駐屯地・基地等の機能維持・強化。大規模自然災害発生時における機能維持・強化のための津波・浸水等対策の推進。

○自衛隊施設の老朽化対策の推進。自衛隊の任務遂行を支える基盤である庁舎、格納庫、隊舎等の改修等を行い、予防保全型の維持管理に転換。

○自衛隊の任務遂行を支える基盤の整備として、宿舎の改修や部隊新編・即応性確保のための宿舎を整備。

○佐世保(仮称・崎辺東地区)の施設整備。南西方面における後方支援基盤と位置付け、仮称・崎辺東地区に大規模な岸壁等および後方支援施設を整備。

Ⅲ　共通基盤

1　早期装備化のための新たな取り組み

▽最先端民生技術の軍事転用などが戦闘様相を変貌させている現下の安全保障環境を踏まえると、民間分野での進展が著しい技術や既製品なども臨機応変に取り込みながら、画期的なスピードで防衛力を抜本的に強化していく必要。

▽こうした政策課題に対応するため、防衛政策局が中心となって、内部部局・各幕僚監部・防衛装備庁から延べ200人を超える省内横断的なチームを編成(「早期装備化特区推進チーム」)。事業の構想~予算要求~部隊等での実証~装備化までのサイクルを一貫して管理。

▽政策的に緊急性・重要性の高い事業について、早期装備化できるよう、関係する研究者、運用者、政策担当者が一丸となって、関係省庁とも連携しつつ、問題解決型の視点に立脚し、さまざまなボトルネックを解消しながら推進。

2　防衛生産・技術基盤

【防衛技術基盤の強化】

▽科学技術の急速な進展を背景として戦い方の変革が加速化。従来の戦い方を見直し、将来の戦い方に直結する装備分野に集中的に投資するとともに、研究開発プロセスに新しい手法を取り込むことで、研究開発に要する期間を飛躍的に短縮し、将来の戦いにおいて実効的に対処する能力を早期に実現。

▽技術の差が戦いの勝敗を決し得ることから、将来の技術的優位を確保し、他国に先駆け先進的な能力を実現するため、民生分野の先端技術を幅広く取り込むとともに、関係府省のプロジェクトと連携しつつ、専ら防衛において重要となる技術に重点的に投資し、早期に技術を獲得。

(1)スタンド・オフ防衛能力

○極超音速誘導弾の研究【再掲】

(2)HGV等対処能力

○HGV対処の研究【再掲】

(3)ドローン・スウォーム攻撃等対処能力

○高出力レーザーにより経空脅威を迎撃する技術の研究を実施。

○高出力マイクロ波(HPM)を照射してドローン等を無力化する技術の研究を実施。

○多数のUAVによるスウォーム攻撃への迎撃効率を最適化するため、群目標対処に関する研究を実施。

(4)無人アセット

○無人水中航走体(UUV)管制技術に関する研究。管制型試験UUVから被管制用UUVを管制する技術等の研究を実施し、水中領域における作戦機能を強化。

○戦闘用無人機等の研究。

○多種多様なUxV(※)を活用したスウォーム技術の研究。多数のUxVから構成されるスウォームを状況に応じて柔軟かつ少人数で運用するための技術に関する研究を実施。

※UxV:UGV、UAV、UUV、USV等の無人機の総称(Unmanned xVehicle)

(5)その他抑止力の強化

○各種経空脅威に対処するため、弾丸を高初速で連射可能な将来レールガンに関する研究を実施。

○サイバー攻撃による被害拡大の防止やシステムの運用継続を図るための装備システム用サイバー防護技術の研究を実施し、護衛艦等の装備システムに研究成果を反映。

○強力な電磁パルスを発生させ、敵部隊のセンサーや情報システムを無力化するEMP弾等に関する研究を実施。

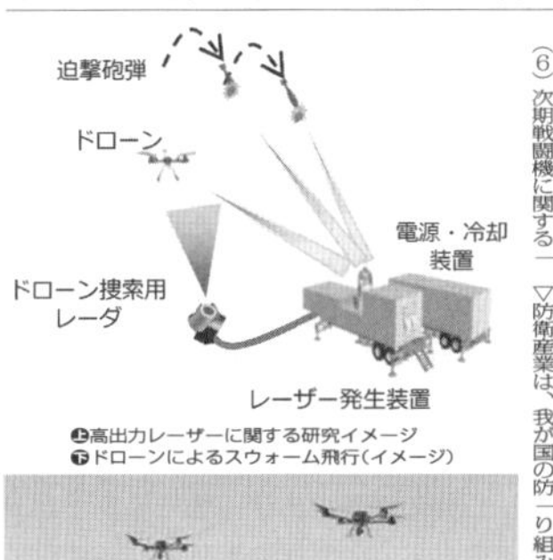

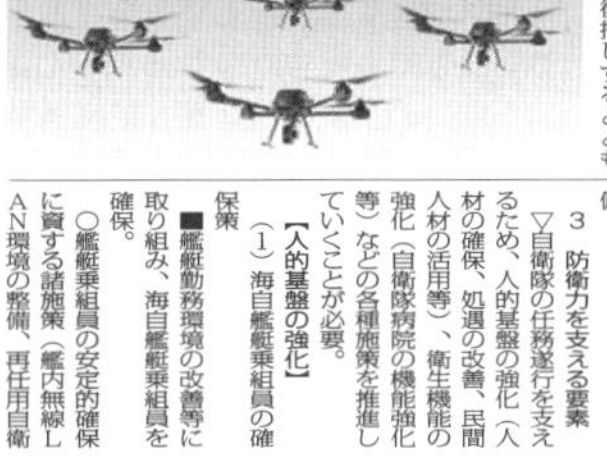

上 高出力レーザーに関する研究イメージ
下 ドローンによるスウォーム飛行(イメージ)

(6)次期戦闘機に関する取り組み

○機体の基本設計を引き続き実施するとともに、エンジンの製造および試験等に着手し、着実に次期戦闘機の開発を推進。

○戦闘機用エンジンの効率性向上に関する研究等を実施し、次期戦闘機等の有人機と連携する戦闘支援無人機のコンセプトの検討を継続。

(7)先端技術の発掘・育成・活用

○先進技術の橋渡し研究。革新的・萌芽的な技術を装備化につなげるための橋渡し研究を拡充。

○先端技術動向について調査・分析等を行う研究機関の活用や創設等に関する調査研究。

○大学等における革新的・萌芽的な技術についての基礎研究を公募・委託する安全保障技術研究推進制度を推進。

【防衛生産基盤の強化】

▽防衛産業は、我が国の防衛力そのものであり、防衛力整備の一環として、その維持・強化を推進し、力強く持続可能な防衛産業を構築するため、抜本的な取り組みを実施するとともに、防衛産業を取り巻くさまざまなリスクへの対処の強化を推進。同時に、防衛産業の販路の拡大等に向けた取り組みを推進。

(1)力強く持続可能な防衛産業の構築

○国内の防衛生産・技術基盤を維持・強化するため、事業者のコストや利益を適正に評価する新たな仕組みの導入を検討するとともに、サイバーセキュリティー強化、事業承継円滑化、防衛装備移転推進、防衛特有の従来技術の維持向上に係る取り組みを検討。

○「防衛産業サイバーセキュリティー基準」の適用に係る対応。事業者におけるサイバーセキュリティー強化の取り組みを後押しするとともに、官民のサイバーセキュリティーシステムを強化。

(2)防衛産業の販路の拡大等

○装備移転の実現可能性調査。官民間で連携し、相手国の潜在的なニーズを把握して装備移転の提案に向けた活動を行う事業実現可能性調査を実施。

○東南アジア諸国における装備技術協力に取り組むとともに、当該協力を通じ、日本製装備品の移転実現に資するよう、装備品の維持整備について我が国の技術力を生かした教育支援等を実施。

○FMS調達の合理化および米国政府等との交渉力強化のため、米国内の政府手続きに精通した部外人材の活用等を検討。

○日米オスプレイの共通整備基盤の拡充。木更津駐屯地に日米オスプレイの定期機体整備用格納庫等を継続して整備。

3　防衛力を支える要素

▽自衛隊の任務遂行を支えるため、人的基盤の強化(人材の確保、処遇の改善、民間の活用等)、衛生機能の強化(自衛隊病院の機能強化)などの各種施策を推進していくことが必要。

【人的基盤の強化】

(1)海自艦艇乗組員の確保

○艦艇乗組員の安定的確保に資する諸施策(艦内無線LAN環境の整備、再任用自衛官の活用拡大)。

(2)優秀な人材確保のための取り組み

■募集、再就職支援の充実等に取り組み、優秀な人材を確保。

○募集対象者の就職情報の取得手段がインターネット中心となっていることに伴い、募集広報媒体等のデジタル化・オンライン化を推進。

○地方協力本部の募集業務の体制を強化。

○貸費学生制度の拡充。

○効果的な援護広報を実施するため、企業等への説明機材としてタブレット型端末の整備、退職自衛官の有用性をPRするための広報動画の作成等を実施。

○ハラスメント防止施策の推進

○自衛官の中途退職抑制施策の検討の資とするため、自衛官の意識調査、民間企業および外国の軍隊における中途退職抑制施策等の調査研究を実施。

(3)女性活躍、働き方改革および生活・勤務環境改善の推進等

■女性職員の採用・登用のさらなる拡大等、女性職員の活躍をさらに推進するとともに、働き方改革および生活・勤務環境の改善に関する施策を推進・強化。

○隊舎の女性用区画の整備。女性用トイレや浴場等の整備、潜水艦をはじめとした艦艇の女性用区画の整備。

○テレワークの円滑な実施などに資する行政文書の電子媒体化の実施。

○庁内託児施設の維持・整備。

○緊急登庁支援(子どもの一時預かり)のための安全マットやパーテーションなどの備品整備等。

○自衛隊員の任務や勤務環境の特殊性を踏まえ、処遇を改善。

(4)教育・研究体制の充実

■防衛研究所、防衛大学校、防衛医科大学校等の教育・研究体制を強化するための施策を実施するとともに、職務に専念できる環境を整備。

○防衛研究所=米豪欧各国の研究機関等との政策シミュレーション国際会議を主催し、政策シミュレーションにおける信頼性および存在感を高め、組織的連携を確立。

○防衛大学校=デュアルユース技術を意識した防衛関連の基礎研究に必要となる器材の整備等。

○防衛医科大学校=医療の高度化・複雑化に対応し得る医官および看護官等を養成するための臨床教育や自衛隊との連携強化に必要な各種機器等の整備。自衛隊の部隊運用ならびに防衛医科大学校の教育および研究に資する防衛医学研究の充実。

○陸自通信学校【再掲】=全自衛隊共通のサイバー教育基盤として陸自通信学校の体制を拡充し、サイバー教育のための施設、機材等を整備。

○陸自高等工科学校=システム・サイバー専修コースに必要な機材等の整備。

○防衛大学校=本科学生がサイバーに関する素養を身に着けるためのリテラシー教育の拡充(試行)、サイバー専門教育の拡充や学外との連携の検討。

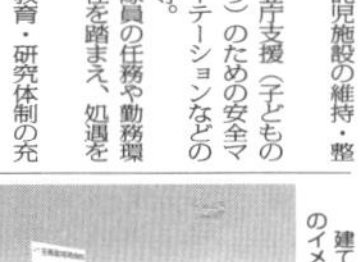

建て替え後の福岡病院のイメージ図

(5)持続的な部隊運用を支える予備自衛官等に係る施策の推進

■即応予備自衛官および予備自衛官のより幅広い分野・機会での活用を進めるとともに、予備自衛官等の充足向上のための取り組みを推進。

○予備自衛官等管理支援システム(仮称)の整備に関する調査研究。令和3年度から陸上自衛隊において本格運用中の応招確認システム(メール等を介して、安否や応招の可否を確認できるシステム)について、現在の連絡・確認機能に加え、3自衛隊合同で調整・手続き等をネットワーク上で行うシステムへと機能を拡充するために必要な調査研究を実施。

(6)技術力・民間人材の活用

■人口減少と少子高齢化が進む中、技術力や民間人材の有効活用により、多様化する自衛隊の任務を的確に遂行できる態勢を構築。

○高度な技能を有する部外のAI専門家を活用し、導入に係る企画立案への助言およびAI適用システムの構築等への実務指導を実施。

○AI関連の業務に従事する隊員を中心に、プログラミング等を含む実践的な講習を実施。

【衛生機能の強化】

▽自衛隊病院の高機能化を図るため、中核となる自衛隊病院を建て替えるとともに、必要な診療科等を増設するなど、自衛隊病院の機能強化を推進。

▽有事において前線から後方の自衛隊病院等に戦傷者を迅速に搬送できる態勢を構築するとともに、部隊における治療能力向上のため、衛生隊で必要となる装備品を取得し、部隊における衛生機能を強化。

○福岡病院および横須賀病院について、施設の建て替えを行うとともに診療科を増設するなど、戦傷医療のための機能を強化。

○戦傷者の後送間救護能力の強化。

○第一線救護衛生員が負傷した隊員に対し救急救命処置を行うために必要な練度維持の訓練を常続的にできるよう教材を整備。ダメージコントロール手術のための野外手術システムの整備や、輸血用の血液製剤の確保・備蓄のために必要な器材を整備することにより、救護能力の強化を図る。

○応急装甲化技術に関する研究。

4　日米同盟強化および地域社会との調和に係る施策等

▽米軍の抑止力を維持しつつ、地元の負担軽減を図るため、在日米軍の兵力態勢の見直し等についての具体的な措置等を着実に実施。

▽防衛施設と周辺地域との調和を図るための施策を着実に実施するとともに、在日米軍の駐留を円滑かつ効果的にするための施策を推進。

【米軍再編関係経費(地元の負担軽減に資する措置)】

○在沖米海兵隊のグアムへの移転

○国内での再編関連措置=▽沖縄再編事業▽空母艦載機の移駐等のための事業(馬毛島における施設整備)▽緊急時使用のための事業▽訓練移転のための事業──など。

【SACO関係経費】

○日米安全保障協議委員会(「2+2」)共同文書による変更がないものについては、引き続きSACO最終報告に盛り込まれた措置(沖縄県民の負担軽減)を着実に実施。

【基地対策等の推進】

(1)基地周辺対策経費

■防衛施設と周辺地域との調和を図るための施策に要する経費。

○飛行場等周辺の住宅防音事業。

○周辺環境整備事業として、河川・道路改修、学校防音、砂防ダムおよび民生安定施設の整備等のほか、特定防衛施設周辺整備調整交付金事業(公共用施設の整備およびソフト事業)。

(2)同盟強靱化予算(在日米軍駐留経費負担)

■在日米軍の円滑かつ効果的な運用を支え、日米同盟の抑止力・対処力を強化するための経費。

○特別協定に基づく負担(労務費、光熱水料等、訓練資機材調達費、訓練移転費)。

○提供施設(航空機掩体、整備用格納庫等)の整備。

○在日米軍従業員に対する社会保険料(健康保険、厚生年金保険等)の事業主負担分等を負担。

(3)施設の借料、補償経費等

■防衛施設用地等の借上経費、水面を使用して訓練を行うことによる漁業補償等に要する経費。

5　安全保障協力の強化

▽自由で開かれたインド太平洋というビジョンを踏まえ、多角的・多層的な安全保障協力を戦略的に推進するため、自衛隊の能力を積極的に活用し、共同訓練・演習、各種国際会議等を含む防衛協力・交流のための取り組み等を推進。

【日米共同訓練】

○日米共同統合演習(指揮所演習)。

○弾道ミサイル等対処訓練。

【海外での活動能力の強化】

○米国主催大規模広域訓練2023(Large-Scale Global Exercise2023:LSGE23)に艦艇、航空機等が参加し、自衛隊の戦術技量の向上と参加国との連携を強化。

○豪州における米豪軍との実動訓練(実動演習)。

○多国間協力訓練「コブラ・ゴールド」。

○モンゴル軍と米太平洋軍が共催する多国間共同訓練「カーン・クエスト」への要員派遣。

【防衛協力・交流の推進】

○令和5年度インド太平洋方面派遣(IPD23)の実施。

○ミクロネシア連邦等における人道支援・災害救援共同訓練。

○対テロ分野でインドにおけるインド陸軍との実動訓練。

○ASEAN全体の能力構築を企図した取り組みの推進。

○インド太平洋地域等における能力構築支援の推進。

○ASEAN域外国を含む拡大ASEAN国防相会議(ADMMプラス)の下での取り組み。

○日ASEAN防衛協力の指針「ビエンチャン・ビジョン2・0」に基づく取り組み。

○パシフィック・パートナーシップ2023への参加。

【得意分野を生かした国連・友好国への国際協力】

○アフリカ諸国等のPKOセンターへの講師派遣等。

○ジブチ軍に対する災害対処能力強化に係る能力構築支援。

○国連三角パートナーシップ・プログラムとして、自衛官等を派遣し、アフリカ諸国やアジア諸国等のPKO要員に対し施設・医療分野における訓練を行うことで、国連PKO部隊の展開に貢献。

【海洋安全保障の確保】

○ソマリア沖・アデン湾における海賊対処。

【日本関係船舶の安全確保のための取り組み】

○中東地域における情報収集活動。

6　気候変動への取り組み

○気候変動による災害等への基地等施設のインフラの強靱化を実施。

○将来の脱炭素社会も見据えた新たなエネルギー源構成への対応に向け、航空機用けん引車(電動)を取得、ハイブリッドシステムを研究。

○気候変動をテーマとした各国等との交流・協力の推進、人道支援・災害救援等に係る共同訓練等の実施。

○隊舎等の空調機整備。

○電動車へ更新など、基地等の施設の効率化・温室効果ガス排出の削減。

7　最適化への取り組み

▽厳しい安全保障環境に対して、我が国を守り抜くためには、防衛力の抜本的強化が必要であるが、それとともに組織定員の最適配分や一括調達等の最適配分に向けた取り組みが必要。

(1)組織定員の最適配分

(2)事業に係る見直し

(3)仕様の共通化・最適化

(4)一括調達・共同調達による価格低減などの効率化

(5)5カ年度を超える長期契約を活用した装備品等および役務の調達

(6)原価の精査等

8　自衛官の定員(省略)

9　自衛官の実員(省略)

10　事務官等の増員等

(1)増員要求

▽防衛力の抜本的強化のために必要となる事務官等の増員を要求(441人の事務官等の増員のほか、経済安全保障に関する各省共通の事項要求)。

○領域横断作戦能力および持続性・強靱性に係る体制の強化(164人)。

○スタンド・オフ・ミサイルおよび次期戦闘機等の開発を円滑に推進する体制を強化するための事務官等の増員(69人)、経済安全保障に資する事務官等の増員。

○那覇港湾施設をはじめとする嘉手納飛行場以南の土地の返還事業や空母艦載機着陸訓練(FCLP)施設整備事業を推進するための事務官等の増員(82人)。

○サイバー人材の確保および質を向上するための教育機能等を強化するための事務官等の増員(66人)。

○情報本部等の国際軍事情勢等に関する情報収集・分析能力を強化するための事務官等の増員(60人)。

<事務官等定員の変更>　(単位:人)

	平成30年度	令和元年度	令和2年度	令和3年度	令和4年度	令和5年度
	13次定員合理化計画		14次定員合理化計画			
増員	209	204	299	290	330	441
定員合理化	△261	△261	△266	△266	△267	△267
時限到来減等	△15	△12	△12	△21	△19	△10
純増減	△67	△69	21	3	44	—
年度末定員	20,931	20,903	20,924	20,927	20,971	21,135

注1:上記のほか、令和2年度から令和5年度要求までで、業務改革に係る定員合理化と増員要求(令和2年度160人、令和3年度301人、令和4年度126人、令和5年度232人)を実施。
注2:新たな障害者雇用の推進のための定員(平成30年度24人、令和元年度41人)は年度末定員に含み、増員には当該定員を含まない。
注3:年度末定員には、大臣、副大臣、大臣政務官(2人)、大臣補佐官を含まない。
注4:令和5年度は、概算要求時点の増員、時限到来減等、年度末定員。

地方防衛局

特集

2・3年目職員が初の部隊研修
コロナ禍乗り越え、任務再確認
北海道局

【北海道局】北海道防衛局（石倉三良局長）は、2020年初頭から続いてきたコロナ禍のため、入省後に十分な集合研修や教育を受ける機会が与えられなかった同局の入省2、3年目の職員約20人を対象に、8月2、3の両日、道内に所在する部隊等の研修を行った。

陸自UH-1J多用途ヘリの体験搭乗に臨む北海道防衛局の参加者ら（8月2日、札幌市の丘珠駐屯地）

この研修は、地方防衛局の勤務では普段目にすることが少ない、現場で働いている自衛官の姿や防衛装備品をはじめ、防衛局が実施している事業に関する施設の見学などを通じ、自身が担っている業務の持つ意味を再認識してもらうとともに、自衛隊の任務等についての見識も深めてもらうことを目的として行われた。

8月2日午前は、陸自丘珠駐屯地（札幌市）でUH-1J多用途ヘリの体験搭乗を行い、上空から防衛施設とその近傍の現況を確認。

午後から陸自南恵庭駐屯地（恵庭市）で自衛官が災害派遣時などに野外で食べる非常用糧食を喫食した後、90式戦車の体験試乗や施設器材の見学などを行った。

翌3日の午前は、千歳市防災学習交流センター「そなえーる」を訪れ、地震体験装置を使って東日本大震災や北海道胆振東部地震などで起きた激しい揺れを体験。救助袋などの避難器具の使い方についても研修を受けた。

午後からは恵庭市に移動し、現在施工中の「盤尻（ばんじり）橋」の通過設備に係る工事現場を見学。最後の北海道大演習場（恵庭市）では強風のため空挺降下訓練が中止となり、その見学は叶（かな）わなかったが、空挺隊員から直接説明を受けて装備品を実際に装着するなどの〝体験型学習〟に臨むことができた。

参加者たちは今回の研修を通じ、現場で働く自衛官や防衛施設が所在する地域の人々のために自らの業務がどのような形で役立っているのかを改めて理解した。2日間という短い日程だったが、それぞれが印象に残る貴重な体験ができた様子で、帰路では「今後、業務を行う上でモチベーションの向上にもなった」などの声が多く聞かれた。

千歳航空祭で広報活動
パネル展示やパンフ配布
北海道局

航空祭の来場者に防衛省・自衛隊の政策や活動をPRする北海道防衛局の広報ブース（7月31日、空自千歳基地）

北海道防衛局は7月31日、3年ぶりに航空自衛隊千歳基地で開催された「千歳のまちの航空祭」に同局の広報ブースを開設し、パネル展示や各種パンフレットなどの配布を行って防衛省・自衛隊の政策や活動をPRした。

ブースの運営には、同局企画部の中山尚次長以下5人が当たった。

当日は約4万6000人の航空ファンが詰め掛け、ブルーインパルスの展示飛行などの合間に子供から大人まで多くの家族連れがブースを訪れ、興味深そうにパネル展示などに見入っていた。

北海道防衛局では「今後も自衛隊記念行事などを通じ、地域の皆さまに分かりやすい広報活動をさまざまな方法で、より積極的に行い、防衛省・自衛隊の活動について一層のご理解とご協力が得られるよう努めていきたい」としている。

リレー随想
茂龍（もろ）　勇人（はやと）

近畿中部防衛局がある大阪市では、2025年に日本国際博覧会（略称「大阪・関西万博」）の準備が着々と進められています。

大阪・関西万博は、新型コロナ感染症を乗り越えた先の、新たな時代に向けた国家プロジェクトとして、2025年4月13日から10月13日の184日間、大阪市此花区臨海部の夢洲（ゆめしま）において開催されます。

開催まで1000日前となった本年7月18日、公式キャラクターの愛称が「ミャクミャク」に決定され、参加国数も2005年の「愛・地球博」の参加国121カ国を上回る126カ国となり、開催に向けた機運が徐々に高まってきています。

本年7月1日に近畿中部防衛局に着任し、2カ月が経とうとしています。管轄内の関係各所への着任あいさつに併せて、管轄内で実施された「周辺地域との調和を図るための施策」の現場も視察している中、私の出身地である京丹後市にも久しぶりに訪れました。

京丹後市には航空自衛隊経ヶ岬（きょうがみさき）分屯基地が所在し、近年、近畿中部防衛局唯一の米軍施設として、米軍経ヶ岬通信所（以下「KCS」）が経ヶ岬分屯基地に隣接する場所に開設されました。

成功の余沢にあずかる

KCS近辺では、近畿中部防衛局が実施している「周辺地域との調和を図るための施策」により、京丹後市網野町、弥栄町、丹後町において防災・教育・医療福祉施設・救難ヘリポートなどが整備され、経ヶ岬に至る間人（たいざ）大宮線や浜丹後線などの道路改修等事業も進んでいました。

昔は車が離合するのも難しい道路を恐る恐る通っていましたが、間人大宮線や浜丹後線などの道路改修等事業によりバイパス道路ができ、京丹後市街地から経ヶ岬へ至る交通が断然便利になっており、地域住民にとっても十分に裨益（ひえき）する事業だと実感しました。

道路改修等事業は継続されていく予定なので、近辺の交通事情は今後さらに良くなっていく予定です。

KCSが設置されたことで、これまでに地方公共団体および地域住民との間で幾多の課題が発生し、これらの解決のため、近畿中部防衛局の先人が地方公共団体および地域住民の声を傾聴し、ご理解とご協力を得るべく、地方公共団体と共にさまざまな「周辺地域との調和を図るための施策」を講じるなど、真摯（しんし）に取り組んできた成果であると感じました。

私もこれまでに先人が築いてきた地方公共団体および地域住民との信頼関係を大切にし、これまで以上に発展させていけるよう精進していく所存です。

（近畿中部防衛局長）

「境港市民交流センター」完成
鳥取県 防衛省の補助金活用
中国四国局

【中国四国局】鳥取県境港市に境港市民交流センター「みなとテラス」が7月10日にオープンし、同日、開館記念式典が行われた。

式典には境港市の伊達憲太郎市長をはじめ、中国四国防衛局の今給黎学局長、空自美保基地司令の輿儀（よぎ）孝1佐、地元自治連合会長ら約130人が出席。式典後は空自西部航空音楽隊による演奏が行われ、市民と共に開館を祝った。

同センターは、境港市が防衛省の補助金制度（民生安定施設整備事業）を活用し、市役所に隣接する「境港市民会館」の跡地に、総事業費約54億円（うち防衛省補助金約34億円）をかけ、2016（平成28）年度から整備を進めてきた。

建物は、境港市が位置する弓ヶ浜半島をイメージした曲線的な外観に加え、明るく開放的なエントランスが特徴となっている。

収容人数808人の市民ホールのほか、市民図書館や会議室、防災品の備蓄室なども設けられている。市民ホールでは多くの市民がさまざまな音楽や演劇などの鑑賞機会を得ることができ、子供から高齢者まで〝世代を越えた市民の交流の場〟として利用される。

また、自衛隊の音楽隊によるコンサートや災害派遣などに従事した隊員による講演会の開催も計画され、自衛隊の活動に対する理解を深める場にもつながるとともに、災害時における住民の避難場所としての機能も付与されていることから、「災害に強いまちづくり」にも寄与することが期待されている。

中国四国防衛局では「地域住民の生活と防衛施設との調和を図り、防衛施設周辺地域の方々の生活の安定や福祉の向上に寄与するため、今後も各種施策の実施に取り組んでいきたい」としている。

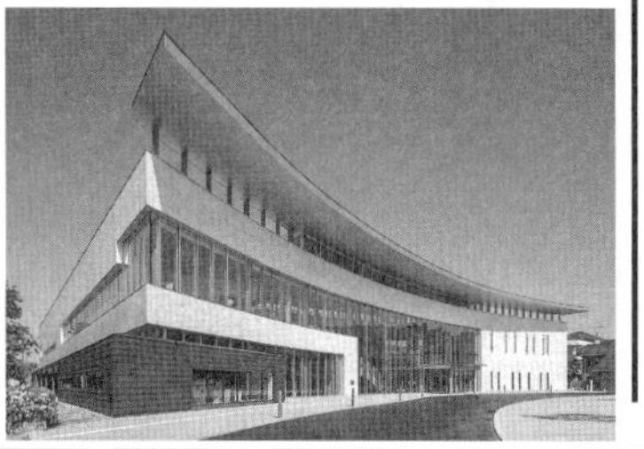
弓ヶ浜半島をイメージした美しい曲線が特徴的な境港市民交流センター「みなとテラス」の外観

三沢基地で指揮権交代式
米軍　東北局の職員ら300人出席

【東北局】米軍三沢基地司令官兼第35戦闘航空団司令官の交代に伴う指揮権交代式が6月30日、米軍三沢基地の格納庫で行われ、米軍や航空自衛隊、三沢市などから約300人が参加した。東北防衛局からは笠原光男総務部長と衛藤剛三沢事務所長が出席した。

新司令官には韓国・群山空軍基地第8戦闘航空団副司令官のマイケル・リチャード空軍大佐が着任し、前司令官のジェシー・フリーデル空軍大佐は米軍横田基地の第5空軍副司令官に栄転となった。

式では、在日米軍司令官兼第5空軍司令官のリッキー・ラップ空軍中将が日米交流などに貢献したフリーデル大佐の功績をたたえ、勲章を授与した。

続いて、フリーデル大佐が指揮権を表す軍旗を返還し、ラップ中将が新司令官のリチャード大佐に軍旗を手渡した。その後、司令官用のF16戦闘機の名前が張り替えられ、交代式は終了した。

三沢前司令官に感謝状を贈呈
市川東北局長

指揮権交代式に先立つ6月16日、東北防衛局の市川道夫局長が米軍三沢基地のフリーデル大佐を訪ね、日米両国の信頼と協調関係の増進に大きく寄与した功績をたたえて感謝状と記念品を贈呈した。

離任を前に米軍三沢基地司令官のフリーデル空軍大佐（中央）に感謝状を贈呈する市川局長（左）＝6月16日

防衛施設と首長さん
長野県辰野町　武居 保男町長

隊員と住民が親睦深める
松本基本射場を擁する町

たけい・やすお　64歳。中央大法卒。辰野町商工会、辰野町副町長などを経て2017年11月、辰野町長に就任。現在2期目。辰野町出身。

「日本のど真ん中、ほたるの里」である長野県辰野町は、北緯36度00分00秒・東経138度00分00秒と、分以下の数値がゼロとなる緯度・経度で交差する日本の地理的中心「ゼロポイント」がある町です。

2018年にNHKの番組「チコちゃんに叱られる！」で「日本の中心のなかの中心地」と紹介されてから、「日本のど真ん中」をキャッチフレーズとして数々の町おこしイベントを開催しました。

初夏の風がそよぐ6月になると、天竜川のほとりに位置する「松尾峡」ではゲンジボタルの幻想的な乱舞を目にすることができ、全国からの観蛍（かんけい）客の心を魅了します。

辰野町の北部、小野藤沢地籍には「陸上自衛隊松本基本射場」があります。年間を通じて小火器による実弾射撃訓練が行われています。

平成18年の豪雨災害で被災した際には、自衛隊員の皆さまには昼夜を問わず迅速な対応をしていただきました。

ここ数年、コロナ禍により残念ながら行われていませんが、例年、自衛隊の皆さんと地元の住民の親睦を深める交流が図られています。

また、令和3年に行われた松本駐屯地70周年記念植樹で、射場が存在する地、当町の町木である「枝垂れ栗（しだれぐり）」を提供させていただきました。

自衛隊の皆さまが、我が国の平和と国民の生命財産を守るため、射場における訓練が今後も遂行されますようご協力させていただくとともに、隊員の皆さまがさらに発展、ご活躍されますことをご祈念申し上げ、合わせて安心・安全な町作りに尽力してまいります。

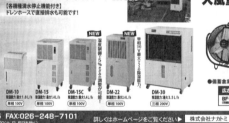

市川局長と防研・長谷川研究員が講演
東北局 岩手県盛岡市で「防衛セミナー」

【東北局】東北防衛局（市川道夫局長）は7月27日、盛岡市の岩手県民会館で第41回「防衛セミナー」を開催した。同局の防衛セミナーは、コロナ禍のため2020年1月に仙台市で開催して以来約2年半ぶり。

今回は、市川局長が「日米安保体制の意義とオスプレイの役割・安全性」と題し、また、防衛研究所地域研究部米欧ロシア研究室の長谷川雄之研究員＝写真＝が「ロシアによるウクライナ侵攻の衝撃」をテーマにそれぞれ講演した。

聴講者からは「概要をよく理解することができ、日常のニュースの参考となった」「ウクライナ侵攻の背景を知り、日本への影響についても考えさせられた」「オスプレイのメリットが分かった」など、さまざまな感想が寄せられた。

東北防衛局では今後も防衛政策や自衛隊の活動などについて国民に広く理解してもらうことを目的に、東北各地で「防衛セミナー」の開催を予定している。

北海道局　第44回「防衛問題セミナー」

北海道防衛局は9月17日、「国際平和協力活動と自衛隊」をテーマに、第44回「防衛問題セミナー」をオンライン（ライブ配信）で開催する。視聴要領は次の通り。

▽日時＝9月17日（土）午後2時～4時

▽講演＝第1部「国際平和協力法30年の歩み」（講師＝内閣府国際平和協力本部事務局の池松英浩次長）、第2部「国際任務における日本隊指揮官等として考えたこと」（講師＝札幌地方協力本部長の佐藤和之1陸佐）

▽配信方法＝YouTube（ライブ配信）

▽申し込み＝QRコードから（期限は9月15日まで）

▽問い合わせ＝①株式会社ピーアールセンター（電話011-205-7020）、メールseminar2022@prc.ne.jp ②北海道防衛局企画部地方調整課地方協力確保室（電話011-272-7571）

厚生・共済

特集

令和3年度 共済組合決算を解説

「さぽーと21」秋号完成

防衛省共済組合の広報誌「さぽーと21」秋号が完成しました。今号は「令和3年度防衛省共済組合決算概要」を巻頭で特集。組合員とご家族の皆様が健康で豊かな生活を維持していけるよう、病気や災害時の給付をはじめとしたさまざまな共済事業の収支を経理ごとに解説しています。

トピックスはベネフィット・ステーション活用術。「ダイナミックな自然と歴史ある文化を堪能　静岡の旅」をテーマに、三島、大井川、寸又峡、修善寺、韮山、掛川、浜松の各エリアごとに話題のスポットや大自然を満喫できるスポット、グルメ情報まで写真付で紹介。ベネフィット・ステーションの割引情報も紹介しています。

人気シリーズの「教えて！年金」は標準報酬の産前産後休業終了時又は育児休業等終了時改定等について解説。「短期給付」は扶養の認定について、「栄養士の栄養指導」は食生活の見直しと糖尿病予防、「スポーツの楽しみ」はサッカーボールを使った運動の基本編を紹介しています。「支部だより」は美幌支部、大久保支部、岩国支部の地域特性に応じたそれぞれの取り組みが紹介されています。

共済組合のホームページには、「さぽーと21」のウエブブック、「さぽーとクイズ」及び「紀行文プレゼント」の応募フォームがございますので、ご家族でご利用ください。

共済組合委託「ベネフィット・ワン」

ネットや電話、FAX、郵送で 各種検診予約受け付け

防衛省共済組合では「各種健診」を実施しています。

健診の受け付けは共済組合が委託する「ベネフィット・ワン」が行っていますので、以下の方法でお申し込みください。

◇

【WEB】パソコンはhttps://www.benefit-one.co.jp、スマートフォンはhttps://bnft.jpへ。アクセス後、「健診予約はこちら」のバナーをクリックしてお進み下さい。

【電話】ベネフィット・ワン健診予約受付センター（0800―1702―502、03―6870―2775）へ。午前10時から平日午後9時、土日祝日は午後6時まで受け付け。年末年始はお休みです。

【FAX】0800―919―9030、089―900―8281へ。お手元のご利用ガイドの「〈各種健診〉FAX・郵送申込書」または「〈婦人科単体検診〉FAX・郵送申込書」をご利用ください。

【郵送】〒790―8790愛媛県松山市藤原2―8―8　株式会社ベネフィット・ワン健診予約受付センターまで。「〈各種健診〉FAX・郵送申込書」または「〈婦人科単体検診〉FAX・郵送申込書」に必要事項をご記入のうえ、お送りください。

申し込み後、「ご予約確定通知書」が送付されます。受診当日は「防衛省共済組合員証」または「自衛官診療証」を持参して受診してください。健診結果は1カ月程度で健診機関から本人に直接送付されます。

なお、健診時に自己負担がある場合は健診機関窓口で当日お支払いください。

◇

このほか健診機関に電話で直接申し込むこともできます。お手元の「健診機関リスト」に掲載された健診機関に、受診希望日の3週間前までに電話でお申し込みください。

予約後、受診希望日の3週間前までにベネフィット・ワン健診予約受付センターに「ご予約確定通知書」の発行を依頼してください。後日、健診予約受付センターから同書を送付します。

その後は前述の方法で受診してください。

抗菌消臭・抗ウイルス　洗えるマスク

●本部契約商品

商品名：立体型布マスク（洗って繰り返し使える機能加工）（写真）

標準価格：3500円（税込）

組合員価格：1400円（税込）

商品説明：フィルターポケット搭載の3層構造のマスクです。表面は和紙糸により保湿を重視し、内側の2層には抗菌消臭・抗ウイルス加工（※1）を施した高島ちぢみ（※2）を使用しています。

TPOに合わせて使い分けることができるファッションマスクとして、配色も白×グレー、紺、白×カーキの3色のお洒落な仕上がり。サイズはワンサイズです。発売から3年経った今もリピーターに愛されている商品です。

（※1）抗菌消臭は耐洗濯50回、抗ウイルスは耐洗濯10回

（※2）高島ちぢみは滋賀県高島市高島晒協業組合の商標になります。

◆お問合せ：有限会社シャ（担当）佐藤（電話）03―5304―0344

◆お申込先：ご所属の支部物資係窓口へ。

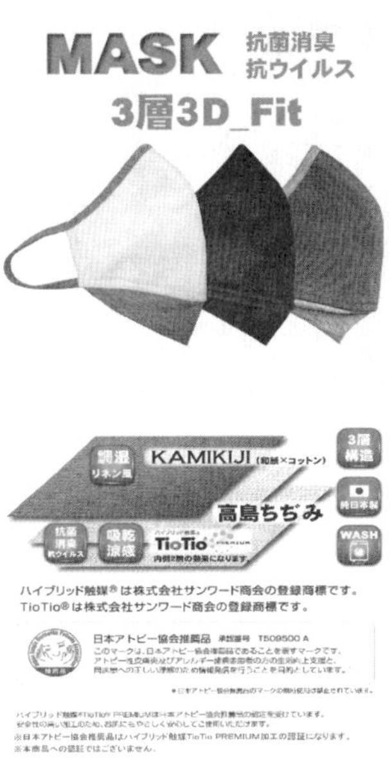

防衛省共済組合直営施設ホテルグランドヒル市ヶ谷より「守るあなたへ」贈る

2023年3月31日までに挙式・披露宴を挙げる組合員限定

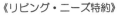

婚礼プランのご案内
おふたりの挙式スタイルに合わせたプランをお届けします

☆【30名以上の挙式かつ披露宴を行う方】

絆Kizuna Plan
～おふたりの輝く未来のために～

組合員限定　8大特典

通常価格で約369万円のところ、組合員限定で約254万円へ115万円オフになります。（50名様でのお見積りの一例として）

○挙式衣裳　新郎新婦各1点100％OFF（上限あり）
○色直衣裳　新郎新婦各1点100％OFF（上限あり）
○婚礼料理　PRICE OFF　22000円↓16500円（税込）
○婚礼料理　新郎新婦分プレゼント　他

☆【少人数&家族婚限定】

マイウェディングプラン～大切な人と過ごす特別な1日を～

組合員限定特典

通常価格で約164万円のところ、組合員限定で約135万円へ29万円オフになります。（10名様でのお見積りの一例として）

○婚礼料理22000円↓16500円
○新郎新婦各2点衣裳プレゼント（上限有）
○サービス料対象項目10％オフ
○宿泊優待料金

また、ご家族だけの結婚式なら準備期間1カ月でも可能です。（適応条件　29名以下の挙式かつ披露宴を行う方）

この他にも写真プランなどの各種プランを取り揃えております。

詳しくはスタッフまでお気軽にお問い合わせください。

また、ブライダルのご相談もお電話・メール・オンラインにて随時受付しております。

☆【みんなのウェディング口コミランキング6年連続第1位受賞！】

「みんなのウェディング」にて「2022年本番満足度第1位（新宿・中野・杉並エリア）」を受賞しました。ホテルグランドヒル市ヶ谷は、これからもおふたりのしあわせを『はじまりからはぐくむ』場所でありつづけます。

ご予約・お問い合わせ
電話03―3268―0115（直通）　専用線8―6―28853（婚礼予約）
HP　https://www.ghi.gr.jp　Mail　salon@ghi.gr.jp

（HPウエディングページへ）

公式インスタグラムのチェックもお願いします。「ホテルグランドヒル市ヶ谷WEDDING【公式】

年金Q&A

扶養の取り消し。手続きは？

共済組合の支部担当者に相談を

Q　私は妻を扶養中ですが、パートの収入が増えたので、扶養の取消しをすることにしました。国民年金第3号被保険者の妻は、何か手続きが必要でしょうか？

A　国民年金第3号被保険者の方は、個別に国民年金の保険料を納付する必要はありませんが、被扶養配偶者の資格を喪失された場合は、第1号被保険者として国民年金保険料を納付することになります。組合員の所属支部の窓口に、「長期組合員資格変更届」と「国民年金第3号被保険者関係届」を提出してください。また、収入の減収や離職などで再び被扶養配偶者になる場合も、同様の届出が必要です。

手続きには、基礎年金番号を確認できる書類（年金手帳の写し等）が必要です。詳しくは、ご所属の共済組合の支部担当者にご相談ください。

その他、共済組合への届出とは別に、お住まいの市区町村役場の年金窓口にて種別変更の手続き（14日以内）が必要です。手続が遅れ国民年金保険料未納の場合、督促・差押えの対象となることがありますのでご注意ください。

国民年金第3号被保険者関係届の提出事由

変更事由	変更前種別→変更後種別	届け先
結婚・収入減少	第1号被保険者→第3号被保険者	組合員の所属する共済組合支部窓口
離職等	第2号被保険者→第3号被保険者	
離婚・収入超過	第3号被保険者→第1号被保険者	
組合員の離職	第3号被保険者→第1号被保険者	住所地の市区町村の国民年金の窓口
就職（厚生年金加入）	第3号被保険者→第2号被保険者	就職先の担当

第1号被保険者とは　20歳以上60歳未満で、次の第2号被保険者・第3号被保険者に該当しない方
第2号被保険者とは　厚生年金（共済年金等）保険の被保険者
第3号被保険者とは　第2号被保険者に扶養されている20歳以上60歳未満の配偶者

厚生・共済

特集

委託売店と協定締結

八尾駐屯地　子供の食事など購入可能

緊急登庁時 不安を払拭

「災害発生時の緊急登庁中、子どもたちの食事をどうするか」――。非常呼集を受けた隊員は子どもを連れて急いで登庁する。こうした隊員を支援するため、八尾駐屯地業務隊は駐屯地内の委託売店と緊急時に時間外の営業を要請することなどを盛り込んだ協定を締結。子どもを持つ隊員が後顧の憂いなく任務に専念できるよう、不安の払拭に努めている。

協定締結後に記念写真に納まる（左から）角南業務隊長、駐屯地司令の佐藤徹1佐、伊藤代表取締役

【八尾】駐屯地業務隊（隊長・角南充彦2陸佐）はこのほど、委託売店を運営するフォーピースジャパン（代表取締役・伊藤宏成）と「災害等発生時における商品の供給に関する協定」と「災害等発生時における営業時間外の商品の発注等の要領に関する協定」を締結した。角南業務隊長と、伊藤代表取締役が協定書に署名した。

この協定は、災害等発生時に委託売店に時間外の営業の支援を要請し、売店が営業できない場合、共済組合が納品された商品を代わりに販売することを可能にするもの。

これまで緊急登庁する子ども連れの隊員は、規則で子ども用に隊員食堂が利用できないため、登庁途中に食料を購入する必要があった。

過去の緊急登庁支援訓練でも、「後に残る子どもの食事をどう確保するか心配だ」「売店を開けてもらうことはできないか」といった声が課題として挙がっていた。

今回の協定締結によって、売店が営業できない場合でも子どもの食事を駐屯地内で購入することが可能となり、隊員の負担が軽減され、より任務に安心して取り組める環境が整備された。

さらに、6月に実施された自衛隊統合防災演習「04JXR」の緊急登庁支援訓練でも、実際に子どもたちに商品購入まで体験してもらい、協定の実効性を確認した。

八尾駐屯地業務隊は「今後も委託売店の協力の下、販売できる商品の見直しを検討し、この協定をさらに活用していきたい」としている。

兵站FTXに参加

板妻　南海トラフ地震に備え

フォークリフトで車両に補給品を積み込む（板妻駐屯地）

【板妻】駐屯地業務隊（隊長・小林敦2佐）の隊員25人はこのほど、自衛隊統合防災演習「04JXR（兵站FTX）」に参加した。大規模震災（南海トラフ地震）に備えた兵站活動について、一連の流れを演練した。

訓練は「遠州灘沖を震源とする最大震度7の地震に伴い、東海地方の広域で甚大な被害が発生した」との想定で行われた。駐屯地が東部方面隊の前進兵站基地となり、業務隊は派遣部隊の救援活動に必要な補給品（糧食・約7500食、水・2リットル×約2500本）を準備。トラックに積み込み、前方支援地域の空自浜松基地まで運び込んだ。

このほか案内看板や誘導員による動線の確認など、一つひとつ段階を踏んで検証した。

訓練を通じて参加隊員は、運営の手順、補給品の集積に関する編成や装備、時間の尺度など、さまざまな課題点を確認。兵站運用の実効性の向上を図った。

余暇を楽しむ

紹介者：空曹長　神谷雅俊
（7空団監理部広報班・百里）

ソロキャンプ―たき火のすすめ

火との触れあいを求めて

皆さんはたき火をしたことがありますか?

私はたき火がしたくてキャンプをします。ちまたではコロナ禍を理由にアウトドア活動、特に「ソロキャンプ」が流行っていますが、ソロキャンプで何をするのか。それが「たき火」です!

人は何十万年も前から火とともに生きてきました。火と触れ合うことを求めてたき火をするのは、「人の遺伝子に組み込まれた記憶のため」ともいわれています。また、炎の色や光の強さ、音などの周波数は人が心地よく感じるリズムパターン「1/fゆらぎ」により、本能的に落ち着きます。たき火中の脳波には、リラックス状態を示すアルファ波が増えているそうです。

たき火に関する道具をそろえることも楽しみの一つです。昨今のたき火ブームでたき火台が〝雨後のタケノコ〟のように次々と発売され、買っては試し、他人に譲るという事を繰り返しています。火吹き棒や火バサミもそれぞれに個性があり、使ってみないとわからないため、ネットショップですぐに買ってしまいます。

辺りが暗くなり始めたら火口に着火、徐々に火を〝育てて〟いきます。たき火であぶった肉をさかなに、好きな酒をのみながらひたすら炎を眺め、時には天を仰ぎ満天の星空で口直し。まきを追加し、火バサミと火吹き棒で炎をコントロールしていると時が経つのを忘れてしまいます。炎は二度と同じ形になりません。じっと火を見る、〝タキビ記念日〟です。

「火を眺めることの何が楽しいの」と思われる方も多いかもしれません。ぜひ一度、手近にたき火をしている方に頼んで、体験してみてください。炎を〝ぼーっと〟見つめている自分にふと気付いて、きっとたき火が好きになるはずです。ようこそ底なしのたき火「沼」へ!

少しでも興味がある方は、ぜひ私にご連絡ください。

ソロキャンプで、常陸牛をシンプルに塩コショウの味付けで調理する。「アウトドアスパイスを使用してもおいしく食べられる」と神谷曹長は語る＝いずれも茨城県小美玉市

ステンレスポットでお湯を沸かす神谷曹長。ぼんやりと、炎を見ながら至福のひと時を過ごす

陸自初、カーシェアリング導入

富士駐屯地　生活環境の改善に期待

【富士】駐屯地は7月1日、陸自で初となるカーシェアリングを導入した。隊員らの要望を受け、共済組合富士支部が地元のカーディーラーと委託契約を結んだ。

当日は普通乗用車4台が納入され、契約締結企業の代表から蛭川利幸駐屯地司令らにシステムのデモンストレーションが実施された。また駐屯地の隊員に対し、利用説明会が開催された。

カーシェアリングの利用料金は、ガソリン代、保険料込みで15分あたり200～300円。希望者はスマホからアプリをダウンロードして予約する。事故やトラブルが発生しても、24時間365日対応の窓口があるため安心して利用できる。

車両を保有していない隊員や富士学校の生徒たちにとっては待望のカーシェアリングで、今後、利便性の向上による生活環境の改善が期待される。富士支部では「サービスを周知し、より多くの隊員たちに利用してもらいたい」としている。

車が納入され、隊員を対象に利用説明会が開催された（7月1日、富士駐屯地）

駐屯地の夏満喫

福島で3年ぶりに夏休みちびっこ大会

【福島】駐屯地は7月26、27の両日、「夏休みちびっこ大会」を実施した。新型コロナなどの影響もあり開催は3年ぶり。近隣の学童クラブやスポーツ少年団の子どもたち18人が参加した。

当日は地図判読体験（宝探し）や軽装甲機動車の体験搭乗、防衛館の見学などを行った。隊員から地図の見方や歩測法を教わった子どもたちは、さっそく自分の歩幅で距離を測りながら駐屯地グラウンド内で目印を探し出した。また食堂では、隊員と一緒にボリュームある食事を喫食した。

参加した子どもたちは「宝探しをしたり、自衛隊の車に乗ることができてとても楽しかった。また参加したいです」と笑顔を見せた。

軽装甲機動車の前で隊員とともに記念写真に納まる子どもたち（7月26日、福島駐屯地）

自慢の一品料理

海鮮ちらし寿司

和歌山の那智勝浦といえば「生まぐろ」が有名で、日本一の水揚げを誇ります。近年、成人病に有効なDHAやEPAを豊富に含んでいるまぐろは、健康によい食材として注目されています。今回は、同地と程近い串本分屯基地から「海鮮ちらし寿司」を紹介します。

作り方は、最初にサイコロ大にカットしたまぐろとサーモンをおよそ半日間醤油に漬け込んでおきます。

酢、砂糖、塩を混ぜてすし酢を作り、それを炊いた温かいお米全体に混ぜ合わせます。その際、米はかために炊くのがポイントです。しゃもじで切るように全体を混ぜ合わせて、同時にうちわで扇いで冷まします。

次に具材として、干ししいたけを水で戻してスライスし、レンコンは細く輪切りにしてそれらを醤油、砂糖、みりん、かつお出汁で煮て下味を付け、煮汁を切ります。具材をご飯にさっくりと混ぜ合わせて、仕上げに錦糸卵、蒸し海老、いくら、絹さや、そして醤油が染み込んだまぐろとサーモンをまんべんなく散らしたらでき上がりです。

直径約70センチ、深さ約16センチの大きな寿司桶2つ分に盛られたちらし寿司を隊員たちに提供したところ、「おいしさもさることながら、美しく豪快な見栄えですね!」と、とても喜んでいました。

桶に入っている豪快なメニューは他にはないのでは。ぜひお試しください。

紹介者：技官　坂本　柚奈（ゆうな）
（空自5警戒隊給養班・串本）

原発事故想定 夜間ヘリ避難訓練

東電柏崎刈羽原発　2普連、12ヘリ隊が協力

新潟県柏崎市と刈羽村にまたがる東京電力柏崎刈羽原子力発電所で地震による重大な事故が起きたという想定で、現地刈羽村の住民を陸自ヘリで避難させる訓練が8月29日の夜行われた。新潟県内での原子力災害を想定した夜間の避難訓練は初めてで、県によると実際に住民を陸自ヘリに搭乗させて行う訓練も初だという。

㊤暗闇の中、陸自隊員の誘導でヘリに乗り込む刈羽村の住民
㊦刈羽村の住民たちにヘリに搭乗する際の注意事項についてパネルで説明する陸自隊員（いずれも、8月29日、新潟県刈羽村の源土運動広場）＝いずれも2普連提供

訓練には2普連（高田）の隊員5人、12ヘリ隊（相馬原）のCH47JA輸送ヘリコプター1機と隊員4人が参加。海自新潟基地分遣隊の8人が事前に誘導灯を設置した。

訓練は、長岡市で震度6強の地震が発生したことで柏崎刈羽原発で重大な事故が起き、原発から半径5キロ圏内の即時避難区域の住民を夜間に避難させるという想定で行われた。さらに、2007年の中越沖地震時に、実際に道路が寸断されるなどして住民の陸路での避難が困難だったこともあり、空路で避難するという想定も併せて加えられた。

昨年10月に実施する予定だったが、刈羽村の天候不良のため翌月に延期。11月の訓練時にも12ヘリ隊のある群馬県と新潟県との県境の天候不良で中止となっており、昨年に引き続き、3回目にしてようやく実施することができた。

午後6時50分に同村が防災行政無線で、原発が最も深刻な「全面緊急事態」になったことを住民に伝えると、車両で広場に集まった9人の住民が受付で村の職員から甲状腺の内部被ばくを抑える「安定ヨウ素剤」を模擬で受け取った。

その後、2普連の隊員たちが住民に対してヘリに乗る際の注意事項などについてパネルを使用して説明。続いて、暗く足元が悪い中を懐中電灯などでヘリまで住民を先導し、機体や周囲の安全確認などを行った。住民9人と県職員8人の計17人がヘリに乗り込み離陸。10分ほど上空を飛行してから再び広場に降着し、暗闇の中でヘリに乗り降りする手順など一連の流れを確認した。

訓練を視察した佐久間副知事は「引き続き関係機関と協力して、（災害への）対応力の向上を図っていきたい」と話した。

空軍最先任国際会議に出席

空自准曹士先任の甲斐修准尉

太平洋地域最先任会同参加者の集合写真、前列左から2人目が甲斐准尉（米・ワシントンD．C．）

空自准曹士先任の甲斐修准尉は8月1日から5日間、米・ワシントンDCで行われた空軍最先任下士官国際会議（SELIS22）と、その枠組みの中で行われた太平洋地域先任会同に参加した。

米空軍最先任上級曹長が主催し、隔年で開かれるSELISは米国の友好国空軍の最先任下士官などが一堂に会する国際会議で、空自の参加は8回目。今年は約60カ国から参加者が集まり、各種講話を聴講した後、太平洋地域先任会同で意見交換などを行った。

今年のテーマは「最先端の戦争に勝つために」。チャールズ・ブラウン米空軍参謀総長による歓迎のあいさつに始まり、米宇宙軍創設以後の下士官文化の醸成や、仮想敵国によるSNSを利用した偽情報への対応策など、下士官の能力開発に関する各種の講話が行われた。

また、太平洋地域先任会同には日、米、英、豪、加、ニュージーランド、タイ、モンゴル、フィリピン、シンガポール、台湾が参加。まず米太平洋空軍が設立を予定している上級下士官育成を目標とする教育機関「太平洋地域空軍アカデミー」（IPAFA）の構想が説明された。

IPAFAは米空軍だけでなく、太平洋地域の各国空軍の下士官も含めて育成する教育機関だけに、その後の意見交換で参加者は域内関係国間で協力して取り組んでいくことで一致した。

甲斐准尉は「各国の最新の下士官育成施策に関する知見が得られ、最先任下士官間の相互理解や信頼関係を深化できた」と手ごたえを述べた。

スリランカへ能力構築支援

空自 航空救難のオンラインセミナー

空自は8月24、25の両日、スリランカに対する能力構築支援の一環として、同国空軍関係者に対して航空救難分野に関するオンラインセミナーを行った。

防衛省とスリランカ空軍司令部などを結んで行われた空自のオンラインセミナー（防衛省）

セミナーは防衛省と同国空軍司令部、部隊などを結んで行われ、日本側から防衛政策局の松沢朝子インド太平洋地域協力企画官、佐々木千尋2佐、空幕の廣本義彦2佐、石川雄大3佐、航空救難団の太田知宏3佐と春田健作曹長の6人が参加した。

廣本2佐、太田3佐、春田曹長が航空救難の手順や教育カリキュラムについて講義し、同国空軍では運用実績のないヘリコプターによる救助の際に用いる装備品の利用法を写真などを用いて説明、展示し、航空救難に関する各種教育、訓練などについての知見を共有した。

空自ではこの事業を通じて「自由で開かれたインド太平洋」（FOIP）を維持・強化し、引き続き地域と国際社会に貢献していきたいとしている。

「火の国まつり」中止受け演奏動画配信

西方音

西方音制作の応援動画「サンバおてもやん」の一場面。演奏シーンのほか、隊員が法被姿で踊りを披露している（健軍駐屯地）＝同隊提供

【西方音＝健軍】陸自西部方面音楽隊（隊長・志賀亨2佐）は8月7日、動画投稿サイト「ユーチューブ」でサンバ版「おてもやん（熊本県の民謡）」の演奏動画を配信した。

「サンバおてもやん」は、熊本県で毎年開催されている「火の国まつり」で参加団体の行進の際に使われる楽曲。コロナ禍でまつりは中止となったが、「せめて動画で熊本を元気にしたい！」と西方音の隊員たちが演奏、その様子を撮影して約4分の映像にまとめた。

健軍駐屯地内で撮影された動画では隊員の演奏に合わせ、法被を着た西方音の女性隊員らが踊りを披露。軽快なサンバとともに隊員の笑顔とダンスのコラボレーションが光る力作で、動画再生回数は1000回を超えた。

志賀西方音隊長は、「隊員の演奏だけでなく、踊りも入れて編集した。この動画を見た方が元気になってくだされば幸いです」と思いを語った。

沖縄県西原町の不発弾現地処理

15旅団

【15旅団＝那覇】101不発弾処理隊は8月31日、沖縄県中頭郡西原町で見つかった不発弾の現地安全化を行った。

不発弾は7月12日に見つかった米国製5インチ艦砲弾。動かすと爆発する危険性があり、警察、消防、地元自治体と協力して発見現場で処理する現地安全化を行うことが決まった。

当日、101不処隊副隊長の大城卓哉1尉以下8人が現場に進出。深澤洋平1尉以下6人が火薬を使って信管を弾き飛ばす「ディアマ処理」で安全化した。

深澤1尉は「今回は台風接近に伴う処理となったため、いつも以上に周囲の安全を確認しながら行った。今後も不発弾処理を通して自治体の要望に応えられるよう訓練を重ねていきたい」と話した。

この日現在、15旅団の不発弾処理実績は累計3万9156件、1852トンに上った。

処理前の米国製5インチ艦砲弾。この後、ディアマ処理により安全化された（8月31日、沖縄県中頭郡西原町）

こちら警務隊

運転免許証失効後に運転したら　3年以下の懲役か、50万円以下の罰金

道路交通法違反（無免許運転）

運転免許証を更新できず、失効後に車を運転した場合、どのような罪になりますか？

道路交通法第64条第1項「無免許運転の禁止」に違反し、3年以下の懲役または50万円以下の罰金に処される可能性があります。

また運転者が無免許と知りつつ運転を依頼し同乗した場合、依頼・同乗した者も同法第64条第3項に違反し、2年以下の懲役または30万円以下の罰金に処されます。

運転免許証は期限を1日でも過ぎると失効し、入院や災害等、やむを得ない理由の場合、再取得には一定期間内に適性検査と講習が必要です。

運転免許証は有効期間内に更新しましょう。

（西部方面警務隊）

小休止

▽…兵庫地本（本部長・髙岡久1陸佐）はこのほど、神戸市の三宮センター街で中部方面音楽隊が新編成した演奏チーム「Brass Squad」のデビューとなる市中演奏会（主催＝自衛隊と共に歩む会）を行った＝写真。

▽…全3回のステージは、いずれも観覧席がたちまち満員となり、観覧スペースに入れない人もいるほどの盛況ぶりで観衆は軽快な音楽に魅了された。

▽…計約1200人を集めた大盛況の演奏会に観覧者からは「制服での演奏を初めて見た」「カッコいい」などの感想が聞かれた。演奏の様子は https://www.youtube.com/watch?v=tcGE0AaOQFIで。（兵庫地本）

みんなのページ

地元での広報活動で充実した日々

空士長　星本 望光（のぞみ）（2補給処通信課無線整備班・岐阜）

私は7月11日から8月7日までの約1カ月間、リクルーターとして自衛隊熊本地方協力本部宇城募集事務所で勤務させていただきました。

リクルーター勤務をする中で、広報官の方々のコミュニケーション能力にとても驚きました。

中でも募集対象者の中学生や高校生などの若い世代への説明の内容と、その保護者や家族に対する説明の内容を変えながら、それぞれが分かりやすいよう自衛隊の魅力をアピールしていたこと、地域の方々との距離を縮めるために担当地域について勉強していたことが印象的でした。

相手の立場になって考えた上で、自分自身の役割を認識し、それを実行するために努力される姿から学ぶことはとても多くありました。後輩隊員としてだけではなく、1人の社会人として素直に尊敬します。私もより一層、責任感を持ち、自身の業務に取り組んでいきたいと思いました。

そして約1カ月という期間の中で、地域のお祭りをはじめとするイベントや母校を含めた学校訪問など、部隊の業務ではできないような貴重な経験をすることができました。

母校の秀岳館高校を訪問した際は、当時勉強を教えていただいた先生方や部活動の顧問の先生と約4年ぶりに再会することができました。当時の話をしたり、お互いの近況報告をしたりと、とても懐かしく楽しいひとときを過ごしました。

短い勤務ではありましたが、めったに接する機会のない陸上自衛官や海上自衛官、学生、地域の方々との交流、何よりも地元熊本の広報活動に携われて、本当に充実した日々でした。

今回の勤務で関わってくださったすべての方々に感謝いたします。

ありがとうございました。

イオンモール熊本で宇城募集案内所の広報ブースを訪れた市民に応対する星本空士長（ブース内左）

遠軽での総合職事務官 3年目職員部隊研修

遠軽での部隊研修で拳法を体験する永澤事務官（左）

人を育てる大切さ知る

事務官　永澤 あかね（北方総監部部外連絡協力室・札幌）

3日間という期間ではありましたが、ローラースキー、拳法、音楽隊など、さまざまな研修をさせて頂くことができ、またなんといってもレンジャー教育を見せて頂くことができ、大変充実していました。改めて、私たちの研修に関わって下さった皆様にお礼申し上げます。

市ヶ谷での2年間では見えなかった陸上自衛隊が大切にしている「人」「人を育てる」ということを目の当たりにし、事務官の世界でもきちんと育てていかなければならないと思え、まずは自分がそうならなくてはと決心しました。

各研修先でご説明を頂きながら会話する中で、また一部の隊員の方と個別にお話しする中で聞いた「こうなればいいのに」「これが困る」という声については、よくよく頭に刻みました。また、レンジャー教育中の方々の顔つき、目、においい、声をしっかり覚えました。

これらは映像や文面では決して分からない部分であり、今すぐにどう生かせるとは申し上げられないのですが、こういう方々がいるから我々が市ヶ谷で行う仕事に意味があるのだと身が引き締まりました。

最終日にはレンジャー帰還式がありました。関係者、親族でもないのに涙が出てきてこらえるのに必死でした。ご家族も見たことがないであろうほどボロボロになりながらも帰ってきた23名の学生を見て心臓が締め付けられるとともに、本当に頼もしくありがたく思えました。ボロボロと申しましたが、水路潜入、最終想定、帰還式すべてで皆さんが輝いて見えました。それは入隊から研修した3つのシーンに至るまでの時間がつくり上げたものと思いました。

来年4月までの間、さまざまな研修の機会を頂くことになっていますが、遠軽での3日間のことは指折りの出来事として記憶すると確信しています。

今言ったから、研修したからといってすぐに改善・反映できるわけではない我々に対して時間を割いて下さり、実情を話して下さいました。恩を感じれば感じるほど市ヶ谷に戻った際にはきちんと仕事をして、必ずお返ししなければとの思いが強くなりました。3日間本当にありがとうございました。

見識深まり大変有意義

事務官　片岡 涼（北方総監部部外連絡協力室・札幌）

今回、遠軽駐屯地の方々にさまざまなプログラムを用意していただいたおかげでレンジャー訓練の様子、普段の訓練の様子、遠軽町との関わりなど、多岐にわたって見識を深めることができ、大変有意義でした。

特に参考となったのは、若手隊員と遠軽町長との懇談でした。前者からは遠軽駐屯地の実情をざっくばらんに伺うことができ、主に人、モノ不足の面で改善していかなければならない点の理解が深まりました。後者に関しては、自治体の首長とのお話を通じ、いかに自治体と共存していくか、駐屯地は地方行政でどのような役割を担っているかなど、市ヶ谷で勤務しているとなかなか分からない話を知ることができました。

今回の研修を通して得た見識を糧として防衛行政の改善に努めていく所存です。

総合職事務官3年目職員部隊研修　本省で2年ほど事務処理や窓口業務などを経験した後の3年目以降、各地の部隊に配属され研修や実務経験を積む事務系総合職の研修制度。

らっぱ教育で苦手を克服し

陸士長　菊田 克（まさき）（33普連本管中・久居）

私は志願してらっぱ教育に参加しました。志願した理由は二つあります。一つ目は、仲の良い先輩がらっぱ教育を修了しており、一緒に吹奏したかったこと。二つ目は、私は楽器が得意ではないため、これを機に克服しようと思ったからです。

私は小学生のころ、音楽の授業でリコーダーに触れる機会があったのですが、みんなについていけず、諦めて練習をおろそかにしていました。その結果、発表会では曲をうまく吹けず、成績もよくありませんでした。

このような経験を今までずっと後悔していました。なのでらっぱ教育が自分の苦手を克服し、後悔を払拭（ふっしょく）するよい機会だと思い、教育に参加しました。やはり最初はうまくいかず諦めそうになる時もありました。特にタンギングや音を安定させることが難しく、検定間際まで曲をうまく吹奏できずにいました。ですが親身になり自分に合った練習法を教えて下さった助教の方々のご尽力により、くじけず練成を続けることができ、そのかいもあり苦手を克服し、最終的には最優秀賞を頂きました。

本教育で学んだことは吹奏技術はもちろん、一番は継続することの大切さだと思います。

最後に私が無事に教育を終えられたのは助教助手、支えて下さった周りの方々のおかげです。このことに感謝し、これからもらっぱの練成を怠ることなく練度を維持向上し、支えて下さった方々の期待に応え、最優秀賞に恥じぬよう精進していこうと思います。

OBがんばる

自己を知ること

藤田　一彦さん　56
令和2年11月、北海道補給処近文台燃支総務科長を2陸佐で定年退官。旭川市役所に再就職し、防災安全部防災課で危機管理防災対策員として勤務している。

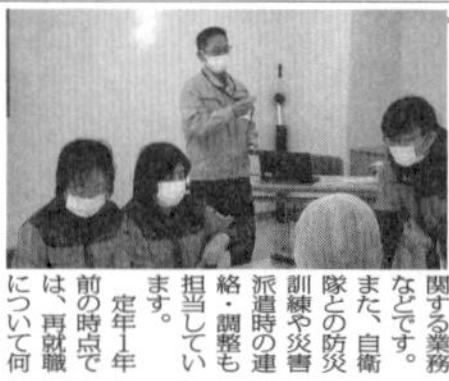

私は令和2年12月1日、旭川市役所に採用され、防災安全部防災課で危機管理防災対策員として勤務しています。

職務内容は、市の国民保護計画の整備、防災訓練・講習、自主防災組織活動に関する業務などです。また、自衛隊との防災訓練や災害派遣時の連絡・調整も担当しています。

定年1年前の時点では、再就職について何も決まっていませんでしたが、何度かの災害派遣と自ら被災者になった経験を最も生かせる仕事は、自治体の防災業務ではないかと思うようになりました。

旭川市は災害が少ないと言われていますが、市内には石狩川を含め4つの大きな河川があるため、水害対策には特に力を入れています。また、旭川市の防災業務は、以前は消防本部が担っていたため、防災課の職員は、半数以上が消防吏員で構成されています。そのため、危機管理に対する意識は高く、災害など緊急時の対処は迅速・的確です。

このような職場で私に何ができるのかと最初は戸惑いましたが、まずは、与えられた職務を一つ一つ成し遂げていくことが大切だと思い、日々業務に取り組んでいます。

私は、再就職は自分に合った仕事を選ぶことが大切だと考えています。そのためには、自分を知ることが必要です。自己の分析に加え、自分をよく知る人からの助言を得るなど、客観的な評価を取り入れることが有効だと思います。

「朝雲」へのメール投稿はこちらへ！
▽原稿の書式・字数は自由。「いつ・どこで・誰が・何を・なぜ・どうしたか（5W1H）」を基本に、具体的に記述。所感文は制限なし。
▽写真はＪＰＥＧ（通常のデジカメ写真）で。
▽メール投稿の送付先は「朝雲」編集部（editorial@asagumo-news.com）まで。

詰将棋

出題　日本将棋連盟　九段　石田 和雄

第875回出題

先手　持駒　なし

【ヒント】上部脱出は防ぐ。大駒は捨てる（10分で初段）。

▶詰碁、詰将棋の出題は隔週です◀

詰碁

出題　日本棋院　九段　曲 励起

第1290回解答

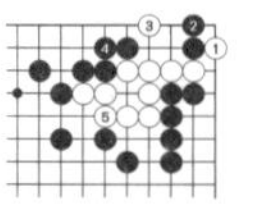

【解答図】白先、白活。白①は当然です。黒❷の時、白③が大切で、黒❹なら白⑤で活きます。なお、黒❹で『5』なら白『4』でやはり活きます。

（世界の切手・マリ）

失敗？　これはうまくいかないということを確認した成功だよ。
トーマス・エジソン（米国の発明家）

朝雲ホームページ
www.asagumo-news.com
会員制サイト
Asagumo Archive プラス
朝雲編集部メールアドレス
editorial@asagumo-news.com

新刊紹介

「東アジアの米軍再編 ――在韓米軍の戦後史」　我部 政明、豊田 祐基子著

第2次世界大戦、朝鮮戦争、ベトナム戦争、冷戦、テロとの戦い――。この5つの戦争を背景に日本、韓国で行われてきた米軍再編が東アジアの安全保障にどのような影響を与えてきたのか。

我部政明琉球大学名誉教授、豊田祐基子ロイター通信日本支局長が、朝鮮半島情勢の変化とそれらに応じた米軍再編が日本、米国、韓国に与えた影響を解き明かす。

日本占領を主要任務とした米極東軍とトルーマン政権が米国の利益として朝鮮半島に見出していたこと、アイゼンハワー政権の進める朝鮮戦争後の米軍再編に関する李承晩政権との確執などを詳述。こうした戦後の半島情勢に応じた在韓米軍の削減と韓国軍の作戦統制権をめぐる構図を明らかにしている。日本に駐留する在日米軍の再編ともリンクしており、読者の興味を引く。

在韓米軍の駐留体制の成立過程をつぶさに検証することで、米韓双方の相克を浮き彫りにする。さらに在韓米軍と在日米軍の連動性から日韓の安全保障上のつながりを俯瞰（ふかん）している。

東アジアの米軍をめぐる日米韓の関係を掘り下げる本書は、中国、台湾を含めたアジアの安全保障上の諸問題に新たな視点を提供するだろう。

（吉川弘文館刊、2970円）

「戦後日本政治史―集団的自衛権を巡る論争史の検証を通じて―」　里永 尚太郎著

戦後日本の学校教育では教わることもなかった我が国の安全保障政策――。だが、ロシアによるウクライナ侵略が現実に起き、世界の安保環境は厳しさの一途をたどっている。

本書は、第2次安倍政権の集団的自衛権をめぐる議論とその政権運営に焦点を当て、中心的役割を担ったキーパーソンへのインタビューやヒアリングを通じて論点や見解の整理を行い、議論の核心に迫る試みだ。

同著者による『集団的自衛権の行使―憲法・国際法・防衛法制・政府解釈と答弁を踏まえ、立ちふさがる諸問題を考察する―』（2022年4月）と、『安倍政権と集団的自衛権―キーパーソンが明かす内幕―』（2013年9月）＝いずれも内外出版刊＝の特別総集編として出版された。

多くの政治家をはじめ、関係者の発言と見解を丹念に追って収録し、記録として残したのも特徴だ。

著者は序章の中で、「過熱しがちな論争から冷却期間を経て、改めて理解を深めることを通じ、近未来に想定される憲法改正や台湾有事などの安全保障政策のさらなる論争の際に、その一助として寄与できれば幸いだ」と述べている。

（内外出版刊、1760円）

朝雲
発行所 朝雲新聞社
〒160-0002 東京都新宿区四谷坂町12-20 KKビル
電話 03（3225）3841
FAX 03（3225）3831
振替00190-4-17600番
定価一部150円、年間購読料9170円（税・送料込み）

主な記事

日印 「統合幕僚協議」を新設

東京で第2回「2プラス2」

日印両政府は9月8日、2回目となる外務・防衛担当閣僚協議「2プラス2」を都内の外務省飯倉公館で開き、空自とインド空軍で初めてとなる戦闘機共同訓練の早期実施や、日本の統合幕僚監部とインドの統合国防参謀本部との間で初となる「統合幕僚協議」の立ち上げなどで一致し、共同声明を発表した。浜田靖一防衛相は協議後の共同記者発表で「有意義な議論ができた。日印間の安全保障・防衛協力の飛躍的な進展を歓迎し、さらなる高みに引き上げていくことを確認した。地域の平和と安定のために日印間の協力をさらに深化させていく考えだ」と今後の関係強化に意欲を示した。これに先立ち同日、防衛省で日印防衛相会談が行われ、引き続き両国間で防衛協力・交流を活発に進めていくことで一致した。

協議後の共同記者発表に臨む（右から）浜田防衛相、シン国防相、林外相、ジャイシャンカル外相（9月8日、東京都港区の外務省飯倉公館）＝防衛省提供

戦闘機共同訓練を早期実施へ

日印「2プラス2」には日本から林芳正外相、浜田防衛相、インドからはスブラマニヤム・ジャイシャンカル外相、ラージナート・シン国防相が出席し、「自由で開かれたインド太平洋」の実現という共通の目標に向け、協力を推進していくことを確認した。

空自とインド空軍で初となる戦闘機共同訓練は、2019年11月30日にインドの首都ニューデリーで開かれた第1回日印「2プラス2」で合意され、当初は翌20年にインドの主力戦闘機スホイSu30MKIの飛行隊が来日し、日本の戦闘機部隊と共同訓練を行う予定で準備が進められていたが、コロナ禍で計画が一時中断していた。

今回、共同声明に改めて早期実施を目指すことを盛り込み、引き続き調整を行う。時期や開催場所は今後詰める。実現すれば、日本が戦闘機共同訓練を行う相手国としてインドは米英豪に次いで4カ国目となる。

4氏は、より複雑かつ高度な2国間共同訓練に向けて継続的に取り組んでいくことを申し合わせた。

このほか共同声明には、日本の統合幕僚監部とインドの統合国防参謀本部との間で初となる「統合幕僚協議」の立ち上げを明記。協議の在り方や議論の内容については今後調整を行う。

さらに4氏は、防衛装備・技術協力分野で2国間の協力拡大に向けた「大きな潜在性」の認識で一致。陸上無人車両（UGV）とロボティクスの分野での共同研究が着実に進展していることを歓迎するとともに、日印の防衛装備・技術協力に関する第6回事務レベル協議に満足の意を表し、将来的な協力に向けてさらに具体的な分野を特定していく方針を確認した。

日印間では2020年9月に署名された「日印物品役務相互提供協定（ACSA）」が翌21年7月に発効。その後、今年3月にインド海軍が主催した多国間共同訓練「ミラン」に自衛隊として初めて参加した海自護衛艦「ゆうだち」が印海軍の補給艦「シャクティ」から洋上補給を受けた際、ACSAが初めて適用され、その運用が開始されたことを4氏は歓迎した。

一方、ウクライナなど地域情勢をめぐっても議論し、国家の主権と領土の一体性を尊重する「ルールに基づく国際秩序へのコミットメント（責任ある関与）」を再確認。全ての国が武力による威嚇や武力の行使、いかなる一方的な現状変更の試みにも訴えることなく、国際法に従って紛争の平和的解決を追求しなければならないことを強調した。

同時に「法の支配に基づき、威圧のない、自由で開かれたインド太平洋」を達成し、「包摂的で強靭（きょうじん）なものにする」という共通の戦略的目標へのコミットメントを確かめ合った。

我が国の防衛に関しては、日本側が、いわゆる「反撃能力」を含め、国家の防衛に必要なあらゆる選択肢を検討するとの決意と、今後5年以内に日本の防衛力を抜本的に強化し、その裏付けとなる防衛費の相当な増額を確保するとの決意を表明。インド側は日本の防衛力強化の決意を認識しつつ、日印の安全保障・防衛協力の強化に向けた取り組みを支持する意向を示した。

解説 揺るぎないパートナーシップ示す

防衛研究所 伊豆山真理 理論研究部長

今回の日印防衛相会談と「2プラス2」は、ロシア主催の多国間軍事演習「ボストーク」へのインドの参加がメディアで大きく取り上げられる中で行われたが、共同声明では「法の支配に基づき、威圧のない、自由で開かれたインド太平洋を達成」するという「共通の戦略的目標」が確認され、戦略的パートナーシップが揺るぎないものであることが示された。

防衛協力の成果で注目されるのは、第一に2020年9月に署名された日印「ACSA」の運用開始だ。インド側には当初この種の協定が外国軍による自国基地利用につながることを懸念する議論もあったが、懸念が払拭（ふっしょく）され、信頼関係構築が進んだといえる。

第二に、2国間の戦闘機共同訓練の早期実施の意思が示された。空自と印空軍は輸送機の共同訓練を18年から行っているが、戦闘機訓練が実施されれば各軍種間の共同訓練の高度化がさらに進展することになる。

第三に、18年8月に合意されたUGVとロボティクス分野での協力の継続が確認された。UGVは今後の戦い方に関わる重要な分野だ。民間部門の開発したシステムが利用可能なことから、巨大な設備投資が不要で、製造業の弱さがネックとなっているインドとの間で漸進（ぜんしん）的に進めるには最適と考えられる。

一方、シン国防相が「防衛産業回廊」への投資を呼び掛けたのは、装備の国産化が製造業振興政策の一部だからだ。インドのロシア依存軽減のために、米英等と連携して装備の「メイク・イン・インディア」を長期的視野から支援することは検討に値するだろう。

浜田防衛相 ハラスメント根絶を指示

相談窓口を周知、適切に対応

浜田防衛相は9月6日、関係幹部を集め、「ハラスメントの根絶に向けた防衛大臣指示」を発出した。

指示は、①全職員に改めてハラスメントの相談窓口・相談員を周知徹底の上、相談・通報を指示する②現在のハラスメント相談の対応状況を緊急点検し、全ての案件に適切に対応する③全自衛隊を対象に「特別防衛監察」を実施する④ハラスメント防止対策を抜本的に見直すための「有識者会議」を設置する――の4点。

浜田大臣は同日の記者会見で、防衛省・自衛隊における各種ハラスメントの相談件数の合計は、2016年度が256件、17年度が326件、18年度が625件、19年度が1074件、20年度が1468件、21年度が2311件と増加の一途をたどっている現状を明らかにした。

その上で「ハラスメントは基本的人権の侵害であり、自衛隊の精強性を揺るがす、決してあってはならないことだ。根絶を図る必要がある」と述べ、対策に全力を挙げる考えを示した。

春夏秋冬

ロシアの一般市民に責任はあるのか

鶴岡 路人

ロシアによるウクライナ侵略がはじまって、半年以上が経った。これは「プーチンの戦争」であり、悪いのは政府であって一般国民ではないとの理解がこれまで主流だった。戦争においてよく使われる言説だ。「あなたがた市民は敵ではない」として、人心の掌握を目指す。

そのため、個人制裁の対象はプーチン大統領を筆頭とする政府関係者や政権と近い人物だった。クレジットカードが使えなくなるなどの不便は一般市民も被っているし、経済が悪化すれば一般市民が影響を受けるのも織り込み済みだが、制裁の直接の対象は常に政府や大企業であった。

しかしEU（欧州連合）は、この方針から一歩踏み出し、ロシア人旅行者に対するビザ発給を制限する措置を決定した。直接一般市民を対象にした制裁だという点で新しい。

この措置の背景には、ロシアがウクライナで破壊・虐殺行為を続ける最中に、何事もなかったかのようにロシア人旅行者がEU諸国で休暇を楽しんでいるのはおかしい、という道徳的問題意識があった。

加えてEUの場合は、シェンゲンというEU内の国境管理撤廃の枠組みの参加国間であれば、ビザ発給国以外にどこからでも入国できるという事情もある。制裁でロシアとEU諸国の間の航空便が無くなった結果、多くのロシア人が陸路でフィンランドやエストニアに詰めかけ、他のEU加盟国に向かうようになった。これが安全保障上のリスクとされ、出入国管理が強化される予定である。

こうした措置を実は米バイデン政権は支持していない。「一般市民は敵ではない」という方針を維持したいのだろう。しかし、世論調査によれば、ロシア人のプーチン政権や今回の戦争への支持は七割以上で高止まりしている。彼らに本当に責任はないのか。

ビザ制限などを導入すれば、ロシア人が反発し、結束を強めてしまうとの懸念もある。だとすれば逆効果だ。他方で、プーチン政権が最も気にかけているのはモスクワ市民であり、なかでも富裕層の離反を恐れている。欧州への旅行が不自由になったときに、彼らの不満はどこに向かうのか。

大統領がどれだけ西側批判を繰り返しても、ロシア人が欧州旅行に行き続けるという現象自体興味深い。ただし、それができるのは限られた富裕層である。ウクライナの戦場でロシア軍兵士が犠牲になるなかで、富裕層は欧州で休暇を楽しむ。これもこの戦争の一側面である。

この現実にロシア人自身がどう向き合うかも課題だが、一般市民の責任の問い方については、制裁を課す側のすり合わせも必要だ。

（慶應義塾大学准教授）

浜田大臣初度視察

朝霞「強い責任感を持って」

浜田防衛相は9月7日、陸自朝霞駐屯地を訪れ、陸上総隊司令部を初度視察した。浜田大臣は午前10時ごろ、ヘリコプターで総隊司令部の屋上に到着。吉田陸幕長や陸上総隊司令官の前田忠男陸将らの出迎えを受け、儀仗広場で空挺団から栄誉礼を受けた。

その後、陸上総隊司令部を視察、隷下11部隊長と懇談を行い、午後1時から講堂で前田司令官以下11部隊長とその隊員を前に訓示。「厳しい安全保障環境の下で、陸上総隊は5方面隊を運用する非常に重い使命を担う。国土防衛の最後の砦（とりで）として陸自を機能させるかどうかはまさに今ここにいる諸官一人ひとりの双肩にかかっている」と述べた上で、「我が国の平和と安全を守るべく、強い責任感を持って日々の任務に精励されることを期待する」と激励した。

最後に司令部庁舎正面玄関で臨時会見を行い「国を守るという崇高な任務に就く現場の隊員の姿を直接確認でき、大変有意義だった」とし、併せて陸自への要望事項として「我が国への抑止効果を高めるために南西諸島における防衛体制を目に見える形で強化し、引き続き警戒監視活動に万全を期することを期待する」と述べた。

空挺団から栄誉礼を受ける浜田防衛相（左から3人目）。その左は陸上総隊司令官の前田陸将（8月7日、朝霞の陸上総隊司令部儀仗広場）

横須賀「平和と安定は双肩に」

関艦長（右）から護衛艦「もがみ」について説明を受ける浜田防衛相（手前左）＝9月5日、横須賀基地（防衛省提供）

浜田防衛相は9月5日、初度視察のため海自横須賀基地や船越地区を訪れた。海自の主要な司令部が集約された「海上作戦センター」や、最新の護衛艦「もがみ」（艦長・関健太郎2佐）などを見学し、隊員たちを激励した。

浜田大臣は午前11時半ごろ、横須賀基地船越地区の海上作戦センター前に到着。酒井海幕長や湯浅秀樹自衛艦隊司令官らに出迎えられた。その後、センター内の施設を見て回り、湯浅司令官から自衛艦隊の概要や我が国を取り巻く国際情勢について説明を受けた。

続いて大臣は、大講堂で約150人の隊員を前に訓示。今年が海自70周年であることに触れ、「誇りある良き伝統を将来を担う後輩たちに引き継いでいってほしい。我が国の平和と安定は自らの双肩にかかっているとの気概を持って、日々の任務に精励してください」と激励した。

午後は横須賀基地の逸見岸壁に移動し、今年4月に就役した護衛艦「もがみ」を視察。金刺基幸掃海隊群司令や関艦長の案内で、省人化を追求した「もがみ」の諸機能の説明に興味深く聞き入った。

最後に大臣は飛行甲板で会見を行い「海自の最重要施設と最新の艦艇を自らの目で確認し、国を守るという崇高な任務についている現場の隊員の姿を直接確認することができた」と視察の意義を述べた。

日韓防衛次官級 ソウルで協議

韓国で9月6日から8日まで開かれた第11回「ソウル・ディフェンス・ダイアログ（ソウル安保対話）」に出席した岡真臣防衛審議官は7日、現地で韓国国防省の申範澈（シンボムチョル）次官と約30分間協議した。次官級の対面協議は2016年9月以来6年ぶりで、尹錫悦（ユンソンニョル）政権発足後初めて。

協議では、北朝鮮の核・ミサイル状況を含め、日韓を取り巻く安全保障環境が厳しさと複雑さを増す中、日韓・日韓米の連携がますます重要であるとの認識を共有した。

今年6月の日米韓防衛相会談を踏まえ、8月の多国間ミサイル警戒演習「パシフィック・ドラゴン」で海自、米海軍、韓国海軍がミサイル警戒と弾道ミサイル探知・追尾訓練を実施したことを両氏は歓迎し、北朝鮮の課題に対応するため、日米韓3カ国の協力を推進していくことを確認した。

その上で、18年の韓国海軍による自衛隊機へのレーダー照射問題などの懸案事項を解決するため、日韓の防衛当局間で引き続き意思疎通を図っていくことで一致した。

浜田防衛相 米海兵隊総司令官と会談

陸自との連携強化を確認

来日したバーガー米海兵隊総司令官（右）を大臣室に迎える浜田防衛相（9月2日、防衛省）

浜田防衛相は9月2日、来日した米海兵隊総司令官のデビッド・バーガー大将と省内で会談し、陸自と米海兵隊が引き続き緊密に連携し、日米同盟の強化と「自由で開かれたインド太平洋」の維持・強化に共に取り組むことを確認した。

これに先立ち、吉田陸幕長はバーガー総司令官と会談。日米陸軍種間の関係の重要性について認識を共有するとともに、共同訓練をはじめとする防衛協力を推進し、日米同盟の抑止力・対処力を一層強化していくことで一致した。

朝雲寸言

国宝として世界遺産でもある姫路城の隣に姫路市立美術館がある。レンガ造りの美しいこの建物は、元は1905年に姫路陸軍兵器支廠（しょう）の倉庫として建てられた。戦後、姫路市役所に転用されてから美術館に生まれ変わり、国の登録有形文化財にも指定されている▼旧軍の建物がきれいにリノベーションされ、いまも人々の集う場となっている事例は他にもある。今や舞鶴の観光名所となった赤れんがパークは、もとは海軍の舞鶴鎮守府の兵器庫などとして1900年以降に建設された建物を全面改装した。陸軍東京砲兵工廠銃砲製造所として1919年に竣工した建物は、2008年に東京都北区の中央図書館として生まれ変わり、「おしゃれすぎる図書館」と好評を博している▼こうした建物が今も現役で人々に愛されているのは、つくりがしっかりしていることに加え、見た目も鑑賞に値する「用の美」に満ちた存在だからなのだろう。じっと見ているうちに、建設に携わった明治の先人たちに思いをいたす▼旧軍の建物の中にはいまだに自衛隊の駐屯地・基地で現役として使われているものもある。ただ、これらは改装された美術館や図書館と違い、建て替え予算が確保できないがため仕方なく使い続けている場合が多い。防衛費が増額される流れとなった今、建物の建て替えや改装といった一見地味だが大切なことにきちんと目を向けたい。

お知らせ

本紙9月22日付（3518号）は休刊とし、9月29日付から通常通りの発行となります。ご了承ください。

朝雲新聞社

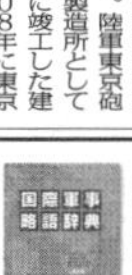

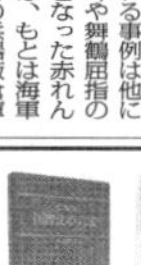

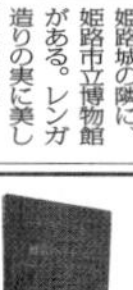

時の焦点

国内

尖閣国有化10年

領海警備体制の強化図れ

「海洋強国」を掲げる中国は、急速に軍事力を拡大し、南西諸島で威圧的な活動を繰り返している。領土・領海を守る体制の強化が急務だ。

2012年9月、政府が沖縄県・尖閣諸島の魚釣島など3島を購入してから、10年が経過した。国有化は、尖閣周辺で違法な活動を繰り返す中国に対し、日本の領土であると改めて示す狙いがあったが、その後も中国は現状変更の試みを強めている。

中国の海警局の船は毎月のように領海に侵入している。今年7月には、海警局船2隻が過去最長の64時間超にわたって侵入し、操業中の日本漁船を監視するような動きを見せた。海軍艦艇1隻が、4年ぶりに接続水域に入ったことも確認された。日本の主権を侵害する行為は看過できない。

海上保安庁の巡視船は、海警船に警告や退去要求などを行って対処してきた。自衛隊も、護衛艦や哨戒機で警戒にあたっている。軍事衝突に発展しかねない偶発的なトラブルを回避しつつ、安定的に海域を管理してほしい。

日本が1895年、尖閣諸島の領土への編入を決めた際、中国は異議を唱えなかった。領有権を主張し始めたのは、尖閣周辺に資源が埋蔵されている可能性がある、と国連機関が報告した後の1970年代からだ。

歴史的にも国際法上も、尖閣は日本の領土だ。政府はこうした事実を国際社会に粘り強く訴えていく必要がある。

中国は、装備を急速に増強している。大型船の数は海保70隻、中国132隻と倍近い差がある。政府は必要な装備を着実に整えることが不可欠だ。

全長1200キロメートルに及ぶ南西諸島では長年、陸上自衛隊が沖縄本島にしかおらず、安全保障上の「空白地帯」とされていた。陸自はここ数年、奄美大島や宮古島に新たな駐屯地を開設した。石垣島への部隊配備も検討している。

ミサイル部隊の配備は、島に近づく他国軍艦船などをけん制する効果を持とう。防衛省は、地元の理解を得ながら部隊配備を進め、抑止力を高めたい。

離島奪回を目的に、長崎県の駐屯地に新設された陸自の水陸機動団は、移動手段が定まっておらず、当面の活動領域が限られる。海自と協力し、輸送や指揮系統を確立する必要がある。

3自衛隊の統合運用を進めるとともに、米軍と訓練を重ね、対処能力を高めたい。護衛艦「いずも」の改修を急ぎ、戦闘機の運用を可能にすべきだ。無人機の配備も進め、対処能力を高めたい。

武装した外国漁民らの離島への上陸など、武力攻撃と判断できないグレーゾーン事態への対応も課題である。自衛隊は、領海を警備する海上保安庁や、警察などと連携を密にすることが求められる。

夏川 明雄（政治評論家）

海外

ウクライナ支援

試される日米欧の結束

欧州連合（EU）を離脱した英国で、相次ぐ不祥事で辞任に追い込まれたジョンソン首相の後任として、外相を務めていたリズ・トラス氏（47）が保守党党首に選出され、新首相に就任した。「鉄の女」の異名をとったサッチャー元首相を尊敬する新首相は内政の最優先課題である「減税と経済成長のための大胆な計画」を実行に移すと強調する一方、ロシアによるウクライナ侵攻については「ウクライナの最大の友であり続ける」と述べ、軍事・資金の両面で積極的に支援してきた前政権の外交政策を引き継ぐ方針だ。

トラス氏は外相在任中もロシアのプーチン大統領の暴挙を厳しく批判する発言を繰り返し、クレムリンの反発を買ってきた経緯があり、「鉄の女」の資質も垣間見える。

英国の次期リーダーを選ぶ与党党首選の陰に隠れて注目度は低かったものの、フランスのマクロン大統領とともにEUをけん引する立場にあるドイツのショルツ首相が8月末、EUの現議長国チェコの首都プラハにある名門のカレル大学で包括的なEU政策演説を行った。昨年12月に就任したショルツ首相は前任のメルケル首相とは異なり、外交・安全保障分野で指導力を発揮するタイプではない慎重居士の印象が強かった。

しかし、隣国侵略という冷戦後の国際秩序を根底から揺るがすロシアの暴挙を受けて、1000億ユーロ（約14兆円）に上る連邦軍の武器・装備調達のための特別予算の拠出を電光石火で決める一方、主要7カ国（G7）議長国として、ウクライナへの支援継続や対ロシア制裁強化で難しい調整に動いた。

そのショルツ首相が現在、EUのけん引役として重視するのが、北大西洋条約機構（NATO）を補完するEU共通の防空システムの構築をはじめ、EUのさらなる拡大、そのために避けて通れない多数派投票制の導入などEU改革に向けた取り組みだ。カレル大学での「欧州はわれわれの未来」と題する演説では、ロシアの軍事侵攻に直面する中、EU加盟27カ国に対し、「結束を固め、古い対立を解消し、新しい解決策を見いだす」よう訴え、「欧州は平和と自由で結ばれており、価値観を共有するすべての欧州の国々に対して開かれている」と述べた。ウクライナに対する軍事支援については、ドイツでは「根本的な心境の変化」があったとし、「必要な限り継続する」と明言した。

ドイツはエネルギーをロシアに依存してきたこともあって、同国による欧州向け天然ガス供給の削減・停止を受けた今回のエネルギー危機では最も深刻な打撃を被っている。このため、メルケル前政権時代に決めた今年末までの「脱原発」の時期を来年4月に遅らせることを決定するなど、今冬のエネルギー危機の乗り切りに官民一体で取り組む。

欧米諸国や日本が侵略を受けたウクライナを引き続き支援していくためにも、対ロシア制裁に伴う「返り血」をいかに減らすか知恵を絞り、制裁の実効を上げていくことができるか。来年にG7議長国を務める日本をはじめ民主主義陣営の結束が試されている。

伊藤 努（外交評論家）

17次派遣海賊対処行動支援隊

吉田陸幕長に帰国報告

ジブチからの任務を終え、陸幕長（右端）に帰国報告を行う桑原司令（右から2人目）以下4人（8月31日、陸幕長応接室）

アフリカ東部のジブチに置かれた海賊対処部隊の自衛隊活動拠点で、警備や維持管理などを担い、8月上旬に帰国した「第17次派遣海賊対処行動支援隊」（司令・桑原和洋1陸佐、陸・海自隊員約120人）のうち、司令の桑原1佐以下、連絡官の遠藤充人1尉、警衛隊長の藤田康平1尉、先任上級曹長の兵藤仁准尉の4人の陸自隊員が8月31日、防衛省を訪れ、吉田陸幕長に帰国報告を行った。

報告には山根寿一陸幕副長、藤岡史生人事教育部長、戒田重雄運用支援・訓練部長、村脇正伸最先任上級曹長が同席した。

桑原1佐の帰国報告後、陸幕長は一人ひとりに「おかえり」と握手を交わし、自身も過去にジブチを訪れた経験から、気温が50度を超える日があることや湿度が高いことを挙げて、日焼けした面持ちの4人に一人ずつ感想を聞いた。

桑原1佐は「ジブチには米、仏、伊、西、中国軍がいる中で日本の存在感を発揮することができた」と話し、遠藤1尉は「各国の活動を見て、安全保障上の最前線の現場を目の当たりにし、安全保障戦略上考えることがあった」と話した。

藤田1尉は「非常に貴重な経験をした。猛暑で過酷な環境だったが、警備隊54人全員が無事帰国できたことが何よりうれしい」、兵藤准尉は「部隊の全面的な支援のもとで、家族支援などを十分にやっていただき、感謝しています」とそれぞれ感想を述べた。

続いて陸幕長は出発前に話した「信頼を築く」ということを挙げ、「仏軍、米軍をはじめ、さまざまな多国籍の部隊と信頼関係を築いてくれたことが最大の成果だ」とした上で、大塚海夫駐ジブチ大使が17次隊の働きを高く評価していたことを話した。

さらに、実際の海賊対処を通じて同地域の安全保障環境を共に担う「海自」について「海自とワン・チームになって任務を達成した。これからのオペレーションは陸自だけでやるオペレーションはない。まさに軍種の壁を越えてワン・チームになり、国際環境の改善という大きな役割を果たした。本当に君たちを誇りに思います」と改めて4人の労をねぎらった。

隊員自主募集優秀部隊表彰

空幕長「尽力に感謝したい」

井筒空幕長は7月7日、令和3年度の隊員自主募集成果が優秀だった部隊のオンライン表彰式で各部隊に表彰状を授与した。

隊員自主募集は、少子化や高学歴化で募集環境が厳しい中、部隊などに勤務する隊員が自主的に募集対象者の情報を集め、地本に情報提供する活動。3年度は空自全体で2094件の情報が寄せられ、732人の入隊につながっている。

令和2、元年度はコロナ禍で表彰式は行われなかったが、3年度は初めてオンラインで行われ、2級賞状が南西航空施設隊（那覇）、航空中央音楽隊（立川）の2個部隊、3級賞状が西部航空音楽隊（春日）、5級賞状が2航空団（千歳）、航空保安管制群（府中）、飛行教育航空隊（新田原）、幹部候補生学校（奈良）、3術科学校（芦屋）の5個部隊などに贈られた。

井筒空幕長は「自衛隊の戦力維持向上のために、本当に尽力してくれたことに感謝したい。空自の全隊員が『われわれの後輩の獲得はわれわれの手で！』の気概のもと、募集に対する当事者意識と危機感を持って各種施策を推進していくことが極めて重要であり、できうる限りの努力を払うことを期待する」と要望した。

2級賞状を受賞した南西航空施設隊司令の松野善朗2佐は「若年隊員による母校訪問は、情報提供数も多く最終的に入隊につながる実績を残しているため、効率が非常に良いと感じている。今後も空自の魅力を募集対象者に発信し、隊員自主募集の成果につなげたい」と話していた。

小型爆弾により飽和攻撃を受けたとの想定で行われた模擬滑走路の爆破（青森・三沢対地射爆撃場）

北部航空方面隊

滑走路被害復旧訓練

模擬滑走路を爆破し実施

北部航空方面隊は8月1日から5日まで、青森・三沢対地射爆撃場で「令和4年度実爆を伴う滑走路等被害復旧訓練」を行った。

滑走路被害復旧能力向上のため、模擬滑走路を実際に爆薬を使って爆破し、復旧するもので、空自から北部航空施設隊司令の荒田眞一1佐以下、北空司令部、2、3空団、3、6高射群の約127人、陸自からも3施設団10施設器材隊の林亨1尉以下23人、米空軍から35戦闘航空団35施設中隊のジェイムソン・アウ少尉以下27人が参加した。

細部不明の小型爆弾により滑走路が飽和攻撃を受けたとの想定で、ドローンで被害状況を確認し、復旧個所を選定。3空団を主力とする北空隷下混成部隊が不発弾処理を行った上で、日米共同、陸空協同でコンクリートを打設し、小弾痕を復旧した。

3日には内倉浩昭航空総隊司令官が訓練の模様を視察した。

共済組合だより

野球・テニス・ゴルフ練習などにご利用ください。

狛江スポーツセンター

東京都狛江市にある防衛省共済組合直営施設の「狛江スポーツセンター」は、組合員とその家族、OBの方が利用できますので、広々とした多摩川沿いにあるスポーツセンターで気持ちのよい汗を流してみませんか。

狛江スポーツセンターには、ゴルフ練習場（1・2階計30打席、110ヤード）、ゴルフバンカー、テニスコート（オムニコート）4面、野球場1面、クラブハウス（受付、更衣室、シャワー室等）、駐車場50台分があり、定休日（年末年始、ゴルフネットの点検日はゴルフ練習場のみ休業）を除き利用できます。

ご利用の際は、組合員またはご家族であることを証明できるもの（組合員証、被扶養者証等）、OBであることを証明できるOBカード等をご提示ください。

テニスコートと野球場は利用にあたって事前の予約が必要です。直接施設（03－3480－2637）にお申し込みください。利用する月の前月1日から受け付けています。

ゴルフについては、利用当日、クラブハウスでお申し込みください。

【狛江スポーツセンターの所在地】

〒201－0013 東京都狛江市元和泉2－30－1 電話03－3480－2637

米第5空軍司令官

井筒空幕長を表敬

井筒空幕長は8月26日、米5空軍司令官のリッキー・N・ラップ中将＝写真＝と防衛省で会談した。

両者はウクライナ情勢をはじめとした日米両国を取り巻く最近の安全保障環境、日米共同訓練などの各種防衛協力・交流に関する方針や認識を共有し、日米同盟や両国の緊密な連携の重要性を再確認。今後も日米空軍種間の防衛協力・交流を推進し、抑止力、共同対処能力を一層強化していくことで一致した。

イスラエル空軍

参謀長とも会談

井筒空幕長

イスラエル空軍参謀長のエヤル・グリンボイム准将＝写真＝は8月24日、防衛省を訪問し、井筒空幕長と日イスラエル両国を取り巻く国際情勢などについて意見交換した。

両者は法の支配に基づく自由で開かれた国際秩序を推進する両国の防衛協力が重要との認識で一致。また、イスラエルの先進的な技術水準を踏まえつつ、防衛装備・技術についても意見交換した。

井筒空幕長は翌25日の定例記者会見で「引き続き、日イスラエル両国の平和と安定に貢献するため、防衛協力を実施していきたい」と述べた。

海自初級幹部が

近海練習航海に

遠洋練習航海を終えた海自初級幹部のうち艦艇勤務者約100人を対象にした「令和4年度近海練習航海（その2）」が9月5日、始まった。初級幹部は約1カ月かけて、今後の部隊勤務に必要な知識・技能の修得を目指す。

近海練習航海は練習艦「かしま」「しまかぜ」で編成し、練習艦隊司令官の小牟田秀覚海将補が指揮を執る。

部隊は13日まで呉基地で停泊実習を行ったあと14日に出港。23日から26日まで佐世保、30日から10月2日まで函館を訪れ、12日に呉に帰港する。函館では広報活動を予定している。

防衛省発令

▽護衛艦隊司令部（13護衛隊司令） 1海佐 塩﨑 浩之

▽13護衛隊司令（護衛艦隊司令部） 同 小林 卓雄

▽おおすみ艦長（舞鶴地方総監部総務課長） 2海佐 阿部 周一

▽空自2補給処業務部長（統幕首席法務官付法務官） 1空佐 坂本まゆみ

▽統幕首席法務官付法務官（西部航空方面隊司令部法務官） 同 和仁 将人

（以上9月9日）

中露艦艇6隻が

極東海域で射撃

海自は9月3日午後3時ごろ、ロシア海軍と中国海軍の艦艇6隻が北海道・神威岬の西約190キロの海上で機関銃を射撃したことを確認した。ロシア軍は1日から7日まで、日本海やオホーツク海で軍事演習「ボストーク2022」を実施しており、防衛省は「その一環ではないか」と見ている。「ボストーク」には中国やインドなども参加している。

ロシア艦は「ステレグシチー」級フリゲート3隻（艦番号333、335、339）、中国艦は「レンハイ」級ミサイル駆逐艦（101「南昌」）、「ジャンカイII」級フリゲート（546「塩城」）、「フチ」級補給艦（902）。これら6隻は翌4日の午前4時ごろ、礼文島の西約50キロの海域を北東に進み宗谷海峡を通過した。7護隊（大湊）の護衛艦「ゆうだち」、1ミサイル艇隊（余市）のミサイル艇「くまたか」、2空群（八戸）のP3C哨戒機が警戒監視に当たった。

浜田大臣は6日の会見で「中露両国による軍事連携の動向について、懸念を持って注視していきたい」と述べた。

中国無人機が

宮古海峡往復

南西空F15がスクランブル

統幕は8月30日、中国のTB－001偵察・攻撃型無人機1機＝写真＝が東シナ海および太平洋上空を飛行したことを確認したと発表、領空侵犯の恐れがあったため、空自南西空のF15戦闘機が緊急発進して対応した。

上海方面から東シナ海に飛来したTB－001は宮古海峡を通過して太平洋に到達。宮古島南方沖、与那国島南方沖を飛行後、台湾の東方沖で周回し、往路とほぼ逆のルートで再び宮古海峡を通過した後、針路を北に変えて自国領方面に戻った。

統幕は同日、空自機が撮影したTB－001の写真と航跡図を公表した。

ロシアからウクライナを守る欧米の装備品
自衛隊は日本をどう守る？

類似装備品、写真で比較

発生から半年が経過し、今も激しい戦闘が続くロシアによるウクライナ侵攻。海外メディアの報道によると、ウクライナを支援する欧米各国はゼレンスキー・ウクライナ大統領の求めに応じ、武器やシステムを供与している。

中でも米国が大量に供与し、侵攻してきたロシアの戦車を破壊したとされる対戦車ミサイル「ジャベリン」は、自衛隊に配備されている01式軽対戦車誘導弾（ATM）と性能が類似。陸自と米陸軍との共同実動訓練「オリエント・シールド22」では8月28日、双方が対戦車弾の実射の様子を報道公開するなど、その特徴に注目が集まっている。

一方、今年4月13日にはロシア海軍の黒海艦隊の旗艦・ミサイル巡洋艦「モスクワ」がウクライナ沖で爆発し、翌14日には沈没したと報じられた。ウクライナは国産の地対艦ミサイル「ネプチューン」の攻撃による成果としているが、自衛隊でも「オリエント・シールド22」で同機能を持つ12式地対艦誘導弾を奄美大島の奄美駐屯地で展開した。

米軍は陸自のM270多連装ロケットシステム（MLRS）よりも軽量で、ウクライナで戦果を挙げているといわれる米陸軍高機動ロケット砲システム「ハイマース」も同駐屯地で初展開した。日米の部隊が各指揮系統に従って共同作戦を行い、連携強化と対処能力の向上を図った。

有事の際、日本はどの装備品で対応し、領土を守るのか。ウクライナで使用されている各国からの支援兵器と現有の自衛隊の装備を写真で比較する。

対戦車ミサイル
ジャベリン×01式軽対戦車誘導弾

㊤日米共同戦闘訓練で「01式軽対戦車誘導弾」を発射（いずれも8月28日、大矢野原演習場）＝西方ツイッターから
㊨「オリエント・シールド22」の実動訓練で米陸軍が日本で初めて発射した対戦車ミサイル「ジャベリン」

多連装ロケット砲
ハイマース×MLRS

「オリエント・シールド22」で陸自奄美駐屯地に展開した米陸軍の高機動ロケット砲システム「ハイマース」＝8月31日（西方ツイッターから）

陸自が装備する多連装ロケットシステム「M270」。左右6発、合計12発のロケット弾を搭載する多連装ロケット発射機。発射位置に到着後、速やかに照準し、射撃を行うことができる（1特科団提供）

世界が注目　01式ATM

元防大教授・元1陸佐
防衛技術協会客員研究員　**徳田　八郎衛**

日本・ウクライナ両国の大きな類似点は、長年にわたる「遠戦火力」保有の自制である。67式30型ロケットが最大射程火力であった1970年代に88式地対艦誘導弾の研究を始めた際、隣国に到達させぬよう射程を50キロに抑制すべし、との議論が大真面目に行われた。火砲についても長射程射場の欠如と「航空劣勢なのに火力情報をどう入手するのか」の議論もあって、最大射程は30キロのまま低迷し、ようやくMLRS導入で70キロに延びたが、C17輸送機で運べる軽量のハイマースのような機動性はない。しかしウクライナ砲兵の射程も70キロが限度で、何百キロも飛ぶ地対艦ミサイルはどこからも供与されない。

一方、対戦車戦闘ではジャベリンと01式ATMの性能・機能は拮抗している。どちらも赤外画像で自律誘導、トップアタックで弾頭はタンデム成型である。後方爆風も抑制され壕や屋内からでも発射できる。どちらの価格も2000万円台だ。この血の滲むようなコスト削減成果は、世界初の非冷却型赤外センサーと併せて01式の誇りであろう。

地対艦ミサイル
ネプチューン×12式地対艦誘導弾

ウクライナの国産地対艦ミサイル「ネプチューン」。露巡洋艦「モスクワ」を攻撃し撃沈したとされている（ウクライナ軍参謀本部HPから）

「オリエント・シールド22」で展開した陸自の「12式地対艦誘導弾」。米陸軍の「ハイマース」と連携訓練を行った（8月31日、陸自奄美駐屯地）＝西方ツイッターから

防研セミナー

時代を読み解く　シリーズ⑨

記憶を記録するということ
防衛省・自衛隊史とオーラル・ヒストリー

今月の講師

中島（なかじま）　信吾（しんご）氏
防衛研究所戦史研究センター
安全保障政策史研究室長

1971（昭和46）年生まれ、神奈川県出身。早稲田大学教育学部社会科卒（1994年）、慶應義塾大学大学院法学研究科政治学専攻修士課程修了（96年）、同専攻博士課程修了（法学博士、2002年）。02年、防衛研究所戦史部入所。防衛省防衛政策局防衛政策課、防研戦史部主任研究官などを経て、17年4月から現職。専門は日本政治外交史。著書に『戦後日本の防衛政策―「吉田路線」をめぐる政治・外交・軍事』（慶應義塾大学出版会、06年）など。

史料環境が改善　研究大きく進展

防衛省・自衛隊に関する歴史研究といえば、かつては主として米国の史料を用いてなされるものだった。この分野に関する日本側史料へのアクセスが、ほぼ不可能な状態だったからである。となると、たとえば「米国から見た日本の防衛政策」「米国から見た日本側の意図」を知ることはできたとしても、防衛省・自衛隊に内在する視点からこれらを分析することは困難だった。

しかし、ここ20年ほどの間に、こうした史資料の環境が大きく変化しつつある。限定的ながらも文書史料の公開が進んだことに加え、「オーラル・ヒストリー」の作成が進んだのである。それら新たに利用可能になった史資料を活用する形で日本の防衛を対象にした歴史研究がそれまで見られなかった質の高さと規模で大きく進展しつつある。

「オーラル・ヒストリー」。かつては耳慣れなかったこの言葉を、日本で膾炙（かいしゃ）させた御厨（みくりや）貴（たかし）氏によれば、オーラル・ヒストリー（OH）とは、文書史料が不足する近現代史に関して、個人の歴史的な経験をインタビューし、記録を作成して後世に残すことである。

御厨氏は、リンカーンの有名な言葉になぞらえて、「公人の、専門家による、万人のための口述記録」であるとも述べている。

敷衍（ふえん）すれば、OHの対象となる人物は公的な立場にあった者であり、その人物に対してそれぞれの分野の専門家が質問をして、「万人のための口述記録」を作成する、これがOHということである。

継続的体系的に　蓄積された証言

2000年代前半、政策研究大学院大学が拠点となり、政界、官界、労働界などの多様な語り手に対して大規模なOHが実施されたが、このプロジェクトからのさまざまな支援を得て、03年に始まったのが防衛研究所戦史部（現戦史研究センター）におけるOHだ。

防研のOHでは、これまでに40名以上から聞き取りを行った。内局、陸海空自衛隊のOBが対象である。

防衛省・自衛隊の歴史といってもさまざまな側面があり、たとえば技術開発や教育訓練、災害派遣、海外での活動などに焦点を当てた人選もあり得ようが、防研OHでは主として防衛政策の立案と実施に携わった人物を対象としている。

生身の人間を対象とする事業なため、基本的には古い時代から順を追って聞き取りを行っており、今は1990年代の事象が主な対象である。

また、プロジェクト発足当初の語り手には、多くの旧軍出身者が含まれていたが、現在では戦前戦中における実務経験を有している語り手は存在しない。

刊行されたOHの冊子は国会図書館等に配架されており、誰もが閲覧することが可能だ。このプロジェクトが始まった当初は、その存在もよく知られていなかったが、近年では、日本の防衛について論じた歴史研究の中で、防研のOHを用いていないものを探すことの方が難しい。防衛省・自衛隊に関する歴史的な証言を、継続的かつ体系的に蓄積、刊行し続けているという点で、このプロジェクトは唯一の存在でもある。

OHの蓄積にはいかなる意義があるのか。重要な政策の内容はさまざまな媒体に掲載されている。

だが、それらがなぜ、どのように決定されたのかについて十分に答えてくれることはない。

聞き手が働きかけ　初めて「言語化」に

政策過程に携わった人物たちのOHは、文書史料に直接書かれていないポイントや意義について当事者ならではの視点を提供し、政策過程の襞（ひだ）を分け入って理解する上で不可欠な示唆を与えてくれる。

さらに、検討、策定を試みたが実現しなかった政策については、当事者に聞かなければそうした試みがあったことすら知られることは少ないだろう。

そもそも、そこにいた人物に聞いてみなければ知り得ないこともある。一つには時代背景である。防衛省・自衛隊を取り巻く環境は、政治・外交、経済、社会、いずれの面においても、たとえば1960年代と現在とでは天と地ほども違うが、OHは同時代的な視点を提供してくれる。

第二に、組織で共有される文化やそこにおける規範、また暗黙知であり、これらも聞き手が語り手に働きかけることによってはじめて言語化されることも多い。

そして第三に、関係者の人となりや相互の関係である。これらが歴史を理解する上で重要なことは言うまでもないが、当事者が自然に史料として残す性格のものではない。

一方、人間の記憶という元来あやふやではかなげなものに依拠するのがこの事業である。OHの目的は、客観的な歴史的事実を確定することよりも、語り手の記憶、その認識の枠組みを収集、蓄積することにある。ゆえに、多くの証言を蓄積することが重要だ。そうすることで、証言同士をクロスチェックすることが可能となる。つまり量が質を生むのである。

様々なOHの蓄積　「後世」の基盤に

ある一つの事象について複数の証言を得て、それらが一致しない場合もある。その場合、どちらかの証言が記憶違いなのか、長い年月の間に記憶が再構成されたのか。それとも食い違っているように見えて、実は違う角度、立場から見てそのように見えていた、ということもある。OHの活用には、読者による吟味が大切となるのである。

戦後、防衛力の再建は文字通りゼロからスタートした。一朝一夕に今日の防衛省・自衛隊が成ったのではない。その時、その時代に防衛省・自衛隊を担っていた人々が何を目指し、悩み、行動したのか。

そうした一人一人の視点に立ったOHを蓄積していくことが、一見迂遠（うえん）のように見えて、後世、その「時代を読み解く」ために必要な基盤を整えることになると思えるのである。

スポーツ

特集

サクラセブンズV

ワールドラグビー・セブンズチャレンジャーシリーズ2022チリ大会

梶木3曹、全試合先発フル出場で貢献

コロンビア戦でボールを保持してダッシュする梶木3曹。この試合、2トライの活躍で勝利に貢献した（8月13日、チリ・サンティアゴのエスタディオ・サンタ・ラウラスタジアム）

「ワールドラグビー・セブンズチャレンジャーシリーズ2022チリ大会」が8月12日から14日まで、チリ・サンティアゴのエスタディオ・サンタ・ラウラスタジアムで行われ、自衛隊体育学校の梶木真凜3曹が所属する7人制ラグビーの女子セブンズ日本代表「サクラセブンズ」が優勝を果たした。

「チャレンジャーシリーズ」は「HSBCワールドラグビー・セブンズシリーズ」への昇格をかけて毎年行われており、優勝チームは「セブンズシリーズ」に常時参加できるコアチームに昇格することができる。「セブンズシリーズ」は世界各国で試合が行われ、年間のポイントで総合優勝を決める大会で、上位チームはオリンピックに参加する権利を獲得できる。

「チャレンジャーシリーズ」の女子は1ブロック4カ国の3ブロックでリーグ戦を行い、上位4カ国が決勝トーナメントに進む形式で行われた。

日本は初日、メキシコを44―5で破り、コロンビアと対戦。序盤で7点を先制されるが、大谷芽生選手のトライを受け、須田倫代選手がコンバージョンキックを確実に決めて同点に追いついた。その後、1トライを決められ、後半に突入。ここから梶木3曹が立て続けに2トライを決め、須田選手のコンバージョンも決まり、21―12と突き放してそのまま勝ち切った。

2日目はカザフスタンを26―0で完封し、リーグ戦3戦全勝で突破。準々決勝でもベルギーを31―0で破った。3日目の準決勝でケニアを22―15で退けた勢いで決勝のポーランド戦に臨み、17―0で見事「セブンズシリーズ」のコアチーム昇格を果たした。日本は2017―18シーズン以来、4シーズンぶりのコアチーム復帰（2020―21シーズンは新型コロナ感染拡大により中止）となった。梶木3曹は全試合スターティングメンバーとしてフル出場し、優勝に貢献した。

鈴木貴士ヘッドコーチは「全員がハードワークして勝ち取った勝利。ここからがスタートなので、次のステージに向けてチーム一丸となって頑張りたい」と話した。

サクラセブンズが参加を決めた「HSBCワールドラグビー・セブンズシリーズ」の2023シーズンは12月のドバイ大会から始まる。

「セブンズシリーズ」に向け、梶木3曹は「アタックではフィジカルの強さを生かしたプレー、ディフェンスではどんな相手でもひたむきに止めるプレーをしたい」と抱負を語った。

体育学校ニュース

海自1術校

約300人が9キロ完泳
「自信につながる体験」

伝馬船に乗った教官から声援を受けながら遠泳に挑む学生（8月2日、江田島湾）

【海自1術校＝江田島】1術校（学校長・白根勉海将補）は8月2日、江田島湾で約300人の学生による夏季鍛錬行事「遠泳」を実施した。プールや海で約2カ月間訓練を重ねてきた学生は、互いに励まし合いながら5マイル（約9キロメートル）を完泳。同期の絆をさらに深めた。

遠泳は午前8時にスタート。当日の気温は32度、海水温度27度という灼熱の環境下で、学生は伝馬船に乗った教官から声援を受けながら懸命に泳いだ。昼食は船につかまりながらおにぎりなどを頬張り、再び隊列を組んでゴールを目指した。

ゴール地点では、白根学校長など関係者が拍手で学生を出迎えた。

参加者は、「日焼けで皮がむけ、日焼け止めを塗っておけば良かったと後悔したが、泳ぎ切ることができて満足している」「5マイルもの距離を泳ぎ切ることに自信がなかったが、十分な練習を積むことで徐々に自信がついた。本番では皆で励まし合って完泳することができ、私の人生で自信につながる体験だった」などと話した。

富士山頂で仲間の思いを繋ぎ、見事区間賞を獲得した第6区の佐藤龍一2曹（8月7日、富士山頂付近）

26普連

留萌持続走訓練隊、3位入賞
第47回富士登山駅伝競走大会

26普連（連隊長・高橋誠1佐）の留萌自衛隊持続走訓練隊（担任官・鈴木真一郎3佐）は8月7日、静岡県御殿場市で行われた「第47回富士登山駅伝競走大会」（主催・御殿場市、一般財団法人静岡陸上競技協会）の自衛隊の部に参加し、見事3位入賞に輝いた。

新型コロナウイルスの影響で3年ぶりの開催となった同大会は一般の部52チーム、自衛隊の部26チームの計78チームで争われた。選手たちは御殿場市陸上競技場をスタートして富士山頂を折り返し、再びゴールの同陸上競技場に戻ってくる全長48・19キロ、全11区間のコースを6人で襷（たすき）をつなぐ。標高差3199メートル、気温差約20度、高山病や落石の注意、特に山頂の6区を除いた区間は1人で往路、復路を走るため「日本一過酷な駅伝レース」と言われている。

同隊は前回2019年の大会で、選手の体調不良により途中棄権しており、悔しい思いをした。その後新型コロナで大会が中止となり、以後の3年間は特にベテランにとって体力、気力の面で焦燥感に駆られる日々だったが、この間監督の三浦雅史曹長がベテランを鼓舞し、また新人を育成し、チーム力を着実に伸ばして今大会に臨んだ。

レースでは序盤、最後列出発ではあったものの、襷を繋ぐたびに少しずつ順位を上げ、5区でキャプテンの高橋彰1曹から襷を受けた山頂区の佐藤龍一2曹が区間賞を獲得する見事な走りで、順位を2位にまで押し上げた。

その後の復路でもチームは快走し、見事3位でゴールテープを切った。富士登山駅伝大会留萌市後援会（会長・中西俊司留萌市長）の約20人の大応援団も現地に駆け付け、富士山の岩場や砂走りを上って、各選手にのどが枯れるほどの大声援を送り、後押しした。

監督の三浦曹長は「常日頃から支えていただいている留萌の皆様、駐屯地の皆様のおかげで3位以上という目標を達成でき、また3年ぶりに前回のリベンジを果たせた。この結果に満足せず、これからも訓練にまい進していく」と述べた。

なお、今大会で同隊は30回目の出場を果たしたことで、大会長から表彰を受けた。代表して表彰を受けた監督の三浦曹長は「これからも、40回・50回と出場し、上位を目指して訓練にまい進していきたい」と話した。

なお、優勝は御殿場・滝ケ原自衛隊、準優勝は2普連（高田）だった。

3即機連、駐屯地開設69年で初の快挙

全日本青年銃剣道大会で初優勝

【3即機連＝名寄】3即機連（連隊長・山﨑潤1陸佐）は8月4日、日本武道館で開催された「第53回全日本青年銃剣道大会」に出場し、青年第2部（23歳以下）で見事初優勝を果たした。

同大会では前身の旧3普連時代の平成2年に達成した青年第1部（24〜26歳）準優勝が最高位で、同駐屯地所在部隊の銃剣道全国大会での優勝は初めての快挙。

大会は新型コロナウイルスの影響で、令和元年以来3年ぶりの開催。青年第2部には全127チームが参加し、団体戦トーナメント方式による3分3本勝負（2本先取制）で試合が行われた。

3即応連チームは先鋒に畑田龍佑3曹、中堅に寒河江優斗士長、大将に白川蓮太3曹の3人が出場、先鋒の畑田3曹と中堅の寒河江士長による鋭い剣で相手を次々と破って快進撃を続けた。中でも4回戦の13特科隊（岡山）戦では大将戦までもつれる白熱した展開となったが2対1で勝利、以降は大将戦を前に勝利を決める破竹の勢いで決勝へと駒を進めた。

迎えた防衛大学校A（神奈川）との決勝戦では先鋒畑田3曹の下胴により先取、続く中堅の寒河江陸士長の積極果敢な2本の上胴で見事に日本一の栄冠を勝ち取った。

また個人戦女子の部では寒河江士長の妹の寒河江瑞樹1士が大健闘し、全134人中の準優勝に輝いた。

試合終了後、全日本銃剣道連盟会長で元3普連長兼同駐屯地司令の番匠幸一郎さんが激励、選手とともに初優勝の喜びを分かち合った。

監督の木嶋隆陸曹長は「初優勝を飾ることができ、歴代連隊長をはじめ、全ての方に感謝したい。本大会出場にあたり必勝の強い気持ちと得意な剣に磨きをかけ、自信を持てたことが優勝につながった。今後も銃剣道を通じて隊員の育成に力を入れたい」と語った。

優勝を決めた寒河江優斗陸士長（左）の2本目の上胴（8月4日、東京の日本武道館）

体校選手成績

【ワールドラグビー・セブンズ・チャレンジシリーズ】

▽7人制女子ラグビー①日本（サクラセブンズ、梶木真凜3曹出場）

【全日本実業団個人選手権＝柔道】

▽男子90キロ級①前田宗哉2曹▽女子63キロ級③米澤夏帆2曹▽女子52キロ級③柏葉美郷士長

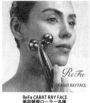

募集・援護 特集

平和を、仕事にする。

ただいま募集中！
◇貸費学生
◇自衛官候補生◇防大（一般）◇防医大
◇医科・歯科幹部（第2回）◇予備自補
★詳細は最寄りの自衛隊地方協力本部へ

自衛隊の魅力伝え募集業務
山下東京地本長インタビュー
全国を牽引する義務がある

全国で最も多い228万人の募集対象者に対し募集広報を行う〝筆頭地本〟・東京地本。ウクライナ侵略、コロナ禍で厳しさを増す募集環境をどう打開するのか。地本長の山下博二陸将補に、東京地本独自の創意工夫と重点施策を聞いた。（聞き手・菱川浩嗣）

――今年の募集環境の特性は。

山下東京地本長（以下地本長）　最大の特性は、年度末に「国家安全保障戦略」が策定され、大綱、中期防が変わることだろう。この機会に、いかに多くの方に防衛の意義と自衛隊のことを知っていただけるかが鍵だ。

――ウクライナでは実際に侵略が起きている。自衛隊の志願者に与えた影響は。

地本長　ウクライナ情勢とコロナの影響からか、今年度の一般曹候補生の志願者は昨年に比べ3割程度減った。

今年の高校3年生はまさにこの3年間、コロナ禍で過ごした世代だ。我々がしっかりと自衛隊の魅力を伝えられなかったことも大きい。

ウクライナ情勢の影響で、国防の意識が高まった受験生を含んでいた幹部候補生試験では、例年よりも意識の高い受験者が集まった可能性がある。一方、最前線で活躍することになる曹士隊員は逆に敬遠されたのか、例年と比して厳しい志願者数となった。

東日本大震災の時も、災派活動で自衛隊が評価された。しかし、翌年の募集は厳しかった。災派やウクライナ侵略の現況を見た募集対象者の親も、積極的には自衛隊を勧めない可能性もある。この逆境に対応するためには、各地本が工夫を凝らした施策をしていかなければならない。

――東京地本ならではの募集の特色は。

地本長　東京地本管内には20の募集案内所があり、110人が日々募集広報などに携わっている。東京都の全体の募集対象者（18～32歳）が228万人いることを踏まえれば、広報官1人あたり約2・1万人を相手にすることになる。

個人の力では限界がある。募集相談員と連携し、組織的な募集をしなければならない。東京は全国の募集対象者の13%を占める。仮に東京地本が2割入隊者を失えば、他の49地本が目標を達成しても、全体の8割にしか到達せず、人的基盤を支えることができなくなる。東京地本は「筆頭地本」として、全国を牽引する義務がある。

山下　博二（やました・ひろじ）陸将補　東京地本長　1966年生まれ、熊本県出身。防大34期。南スーダン派遣施設隊長、部隊訓練評価隊（FTC）長、9師団幕僚長、訓練評価支援隊（HTC）長などを経て、2021年10月から現職。

朝雲新聞社のインタビュー後、出陣式で目入れした目標達成のだるまと共に決意を新たにする山下東京地本長（9月5日、東京地本）

入隊に必要な「共感」

――大都市ならではの募集の特徴は。

地本長　東京は経済の中心地で、企業の数が多い。高校・専門学校卒を採用する企業は中小を含めて62万社あり、採用に関して競争になる。このため、募集対象者の約8割が所在する学校に対して情報を発信し、そこから募集につなげる「学校主義」を徹底している。

世界約80カ国の人々を対象にした国際世論調査「ワールド・バリューズ・サーベイ」の18歳以上の男女に対するアンケートでは、「もし戦争が起きたら国のために戦うか」という問いに、「自分の手で守る」と答えた日本人は10数%で世界最下位だった。一方、「わからない」と答えた日本人は38%。この人たちに、自衛隊の魅力を伝えなければならない。

若者は自衛隊を認知し、理解し、共感して初めて入隊してくれる。自衛隊の存在は知っていても、理解の段階まで到達していないこの4割に対し情報発信をしていくつもりだ。

――着任後、成果を挙げるために行っていることは。

地本長　月1回の募集幕僚会同を開催している。さらに3カ月に1回、「募集作戦会議」も開く。ここで3カ月間の目標を立て、それを会同で募集課長が確認・徹底するというサイクルだ。募集目標の達成状況は常に把握するようにしている。

――山下地本長にとって「募集」とは。

地本長　募集は〝闘い〟だと思っている。東京地本の部員一人一人が「我々は闘いの第一線にいる」という意識を持つことが非常に重要だ。さらに地本の隊員に徹底しているのは、「首都を担任する全国の筆頭地本であるという誇りを持て！」ということだ。このプライドこそが、目標達成への執念につながる。闘いの意識を持って臨むよう、常に部員に伝えている。

また、部員間の連携による「絆」も重要だ。キーマンとなるのが所長と広報官だ。いかにSNSが発展しても、最終的には人と人の信頼関係が共感を呼び、入隊に結びつく。その最前線で闘う広報官たちを支援するため、本部と各地区隊が積極的に意思疎通することで、一体となった募集が可能になる。

私の施策はまだ道半ばだが、年度末には良い募集成果を収められるよう、部員一丸となって全力で任務に臨みたい。

商業施設で募集広報を行う新小岩募集案内所の隊員。本部と20個募集案内所の連携が山下東京地本長の重点施策だ（東京都葛飾区）

各地でインターン

長野　学生が防犯ブザーを企画

【長野】地本は8月22日から26日まで、県在住の大学生、大学院生4人のインターンシップを行った。職場研修や隊員との懇談、広報グッズを企画するグループワークなどを行い、自衛隊への理解促進を図った。

初日はまず、地本長の林英彦1陸佐が自衛隊についての概要を紹介。我が国を取り巻く安全保障環境や防衛力整備の方向性などを丁寧に説明した。

その後、参加者は自衛隊の魅力を伝えるための方策について討論を行い、広報グッズデザインの企画にとりかかった。「自衛隊の存在を周知し、より身近に感じてもらうことが重要」とし、小学生から使える防犯ブザーなどを活用したグッズを提案した。この防犯ブザーは今後、アイデアを元に地本が作製し、記念として参加者に渡される予定。

続いて学生たちは松本駐屯地を訪問。施設内を見学し、13普連所属で小銃小隊長を務める柳瀬裕衣3尉（3中隊）と懇談を行った。柳瀬3尉は普通科部隊の業務内容や仕事のやりがいなどについて語り、4人は熱心に聞き入った。

5日間の日程を終えた参加者は「自衛隊でマーケティングのような討論やプレゼンをするとは思わなかった」「討論の技法は今後の学生生活や社会において活用したい」「さまざまな職種があることを知り、将来職業選択の一つとして自衛隊を考えてみたい」などと感想を語った。

長野地本は今回の取り組みについて「現役の学生の声や考え方を知る数少ない機会を得ることができ、今後の募集広報の糧とすることができた。今後もインターンシップを実施し、学校や自治体との信頼関係を構築していきたい」としている。

広報グッズデザインを発表する学生たち（8月24日、長野地本）

滋賀　手旗信号を楽しみながら理解

【滋賀】地本は7月11日から13日まで、空自岐阜基地、饗庭野分屯基地、海自阪神基地の協力のもと、県立彦根工業高校2年生7人のインターンシップを行った。

生徒たちは各基地で、航空機整備（座席点検）要領や給水車の取り扱い要領、手旗・発光信号の概要を体験。特に各信号体験は解読の正確さを競い合うなど、楽しみながら自衛隊の業務内容への理解を深めた。また体験喫食での昼食に舌鼓を打った後、基地の点検設備などを見学。隊員の熱心な説明に興味深く聞き入り、その大きさや機能に感嘆していた。

参加した学生からは「職務の一端を知ることができて貴重な体験となった」「多種多様な業務があって興味がわいた」と、好意的な意見が多く寄せられた。

地本は「自衛隊の魅力を伝え、将来の職業選択の一つとして認識させることができる良い機会となった」と話している。

手旗信号に挑戦するインターン参加者（7月13日、海自阪神基地）

前橋募集案内所 移転で開所式　群馬

【群馬】地本は8月20日、前橋市表町で「新前橋募集案内所」の移転開所式を行った。群馬県自衛隊協力団体の会長など約20人余りが出席し、各来賓からの祝辞、テープカットセレモニーで新事務所の開所を祝った。

旧案内所は、築後約52年で老朽化したことや前橋駅前の募集活動向上を図るため今回の移転となった。

桑畑朋子地本長は「駅から徒歩3分と募集に適しており、Wi―Fi設備を備えた情報発信の場として拡充し、学生が気軽に立ち寄れる環境を整えている。所員は、新事務所でさらなる業務の充実と募集活動に励んでいく」とあいさつした。

前橋募集案内所の宮本直樹所長は「新しい案内所でしっかりと成果を残し、本年度の優秀募集事務所を目指す」と決意を新たにした。

開所を祝いテープカット。左から只野前募集案内所長、鍛持家族会長、町田群馬県防衛協会長、桑畑地本長、小島隊友会長、井上曲南会長、宮本募集案内所長。セレモニーに花を添えた地本のキャラクターだるまん（8月20日）

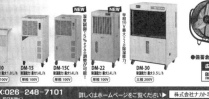

岩手地本がオリジナルポスター
漫画家の青木俊直さん イラストに協力

【岩手】地本は、岩手県ゆかりの漫画家の青木俊直さんにイラストを依頼し、陸・海・空自衛官募集、予備自衛官等制度広報オリジナルポスターを作製した。

青木さんは、岩手をはじめ東北を舞台にした漫画やキャラクターデザインを多数手掛けているほか、空自岐阜基地を舞台にした樋口真嗣総監督によるアニメ「ひそねとまそたん」のキャラクター原案を担当するなど、県と自衛隊との関わりも深い。地本の依頼に対し「募集等広報のお役に立てるなら」と快諾、今回のコラボが実現した。

明るく爽やかな隊員を描くことをコンセプトに陸・海・空自にさまざまな職種があることを表現。イラストは8月1日に地本のツイッターで公開しており、若年層をはじめ、幅広い世代に親しみやすいと好評だ。ポスターは県内各地に掲示される。

制服や持ち物などで陸・海・空自にはさまざまな職種があることを表現したポスター

海自基地で女性限定説明会　徳島

【徳島】地本は8月24日、海自徳島航空基地で女性限定説明会を行った。

入隊予定者と自衛隊に興味のある13人の女性が参加し、徳島教育航空群と徳島県在部隊に勤務する陸・海自の女性幹部ら今年入隊した隊員計11人の支援を受け実施した。

参加者は前半、基地自慢の冷やしおろしそばなどの体験喫食を行い、女性隊舎と女性が多く勤務する管制塔を見学。後半の懇談では、普段の仕事内容、営内での生活、休日の過ごし方、恋愛事情などさまざまな質問があった。

参加者からは「普段入れないような自衛隊施設を案内してもらって楽しく過ごせました」「自衛官の人ともっと話してみたくなった」などのうれしい言葉を聞くことができた。

入隊予定や職業として自衛隊に興味のある13人の女性が参加した説明会（8月24日、海自徳島航空基地）

思い出いっぱい夏休み

花火、盆踊りにサマーフェス…

新型コロナウイルスの影響で中止となっていた駐屯地、基地などの行事がこの夏、各地で再開し始めた。豊川駐屯地では納涼夏まつりが3年ぶりに開催され、やぐらを組んでの盆踊りや打ち上げ花火などが行われた。大阪地本では夏休み期間を利用して中高生向けに海、空の各基地を案内、参加者は間近で見る航空機に興奮しきりだった。

色鮮やかな光景で魅了

豊川駐屯地 納涼夏まつり

【豊川】豊川駐屯地（駐屯地司令・矢野秀樹1佐）は7月15日、「令和4年度納涼夏まつり」を開いた。

隊員の士気高揚を図り、隊員家族や地域住民との親睦を深めることを目的に、JAひまわりと共催して毎年行われていたが、新型コロナウイルス感染拡大の影響で3年ぶりの開催となり、当日は約2000人の来場者が集まった。

当日は天候にも恵まれ、らっぱ吹奏によるファンファーレを皮切りに、主催者あいさつで矢野司令が「3年ぶりに実施するこの夏まつり、皆さまで楽しんでいただければと思います」と述べ、夏の風物詩となっている納涼まつりの幕開けとなった。

やぐらでは三河陣太鼓、よさこい演舞、JA女性部フラダンスと盆踊りが行われ、会場内では浴衣姿に身を包み、楽しむ姿が多く見られた。

この日最も盛り上がりを見せたのは、矢野司令をはじめとする10人による手筒花火。間近で吹き上がる花火に観客席から歓声が上がり、終盤では打ち上げ花火が色鮮やかに夜空を染め、大盛況のうちに納涼夏まつりは幕を閉じた。

(上)まつり終盤には打ち上げ花火が。多くの観客が色鮮やかな光景に魅了された（いずれも7月15日、豊川駐屯地）　(下)やぐらの上の三河陣太鼓の音色に合わせて浴衣姿の地域住民が盆踊りをする

夜空に咲いた大輪の花

帯広駐屯地夏まつり

【帯広】帯広駐屯地（司令・永田真一1佐）は8月3日、駐屯地で「令和4年度帯広駐屯地夏まつり」を行った。

例年は地域の人々との交流の機会として、一般に開放して多くの来場者でにぎわうが、今年は新型コロナウイルスの対策のため一般開放と模擬店の出店は行わず、駐屯地に勤務する隊員やその家族のみが参加。

駐屯地では3年ぶりに花火を打ち上げ、約800人が観覧。約15分間にわたり、夏の夜空に花開いた打ち上げ花火の美しさと迫力を満喫した。終了後には拍手が沸き上がった。

打ち上げ花火の美しさに約800人の観客は魅了された（8月3日、帯広駐屯地）

帰ってきた子供たちの笑顔

青野原駐屯地で盆踊り

【青野原】青野原駐屯地（久守直紀1佐）は8月4日、駐屯地内のグラウンドで「令和4年度駐屯地盆踊り」を行った。

3年ぶりの開催となった当日は雨天の予報だったが、うっすらと虹のかかる好天に恵まれ、隊員やその家族のほか、多くの来場者が訪れ、にぎわいを見せた。

参加者はやぐらを囲んで踊ったり、射的やボールすくい、ストラックアウト、輪投げなどを楽しみ、会場には子どもたちの声など、たくさんの笑顔があふれた。

終盤の餅まきでは、大勢の人がやぐらの周りに集まり、やぐら上から投げられる餅を取り合い、盛り上がりを見せた。その後実施されたお楽しみ抽選会では、折り畳み自転車や掃除機などの豪華賞品が用意され、当選者からは歓喜の声が上がった。

フィナーレに約100発の打ち上げ花火が夜空を照らすと、来場者からは打ち上がるごとに歓声と拍手が湧き起こり、駐屯地盆踊りは盛会のうちに幕を閉じた。

終盤の餅まきでは、やぐら上に久守司令（中央）と地元小野市長の蓬莱務さん（その左）、業務隊長の竹内啓佳（ひろよし）2佐が登場。約200キロ分の餅を来場者にふるまった（8月4日、青野原駐屯地）

同郷パイロットに親近感

大阪

【大阪地本】大阪地本（本部長・柳裕樹陸将補）は7月25日から8月7日まで、航空機の見学を中心とした見学ツアーを実施した。

ツアーは、中高生の夏休み期間に企画することで、自衛隊への興味や関心を持ってもらうのが狙い。

期間中、計5回の見学ツアーに参加した総勢約100人は、海自徳島教育航空群の練習機TC90の見学を皮切りに、空自小牧基地のC130H輸送機とKC767空中給油・輸送機、F15戦闘機、空自岐阜基地のF4戦闘機、最後は滋賀県高島市で行われたブルーインパルスの飛行展示を見学した。

関西在住の参加者たちは、近傍に海、空自衛隊の航空部隊がなく、本ツアーで初めて自衛隊の航空機を見る人がほとんど。また大阪から約3時間圏内で海、空自衛隊の基地などがあることにもとても驚いていた。

特に小松基地では大阪出身の現役パイロットによる航空機説明と懇談があり、参加者からは「大阪府出身のパイロットが活躍していてうれしかった。パイロットになりたいという気持ちがさらに強くなった」「同郷なのでとても親近感を持てた。多くの質問ができ、自衛隊の航空部隊をより近い存在に感じることができた」などの声が聞かれた。

ブルーインパルスの展示飛行を見た参加者からは「身震いした」「あの航空機を整備したい」と興奮した声が聞こえ、大満足の様子だった。

F4戦闘機に試乗し、隊員からコックピット内の機器の説明を受ける高校生（8月5日、空自岐阜基地）

大迫力!!空自航空機を見学

目前のF2に感激

茨城

【茨城地本】茨城地本（貞方太1陸佐）は8月8日、空自百里基地にボーイスカウト茨城県連盟26人を招いて基地見学会を実施した。

当日は、関東唯一の戦闘航空団としての基地の概要や任務の説明に続き、消防小隊における放水訓練や消防服の試着、F2戦闘機などの航空機見学、広報資料館見学などを行った。

見学者からは「トップガンのような世界が本当にあったんだと感激した」「消防服が思ったよりも重く、暑くて大変でした」「コックピットには計器がたくさんあり、パイロットの方はすごいと思った」などの感想が相次ぎ、大盛況のうちに終了した。

F2戦闘機の前で記念撮影するボーイスカウト茨城県連盟の子どもたち（8月8日、空自百里基地）

仲間と一緒に応急担架作製

福岡「田口防災キャンプ」支援

隊員の教えで応急担架を作製する児童たち（7月31日、福岡県の大川市立田口小学校）

【福岡地本】福岡地本（司令・平松良一1陸佐）は7月31日、大川市立田口小学校で5、6年生の児童11人に対する同市教育委員会主催の「田口防災キャンプ」を支援した。

キャンプは、夏休みを利用した体験学習の一環で、消防、自衛隊、日本赤十字と各自治体が支援。自然災害と火災に対する防災体験、避難所生活を想定した宿泊体験、防災講話、応急担架・ロープ結索法などを直接体験した。

今回、地本は防災講話と応急担架・ロープ結索法の体験を担当。講話では国防、災害派遣などの自衛隊の仕事や自衛官募集ホームページの「自衛隊ライフハックチャンネル（防災術）」を紹介。

実技では上着を使用した応急担架作製をはじめ、簡単なもやい結びや連続止め結びなどのロープ結索法を指導。児童全員が慣れない手つきで一生懸命に取り組み、完成した子供たちからは笑顔がはじけた。

教育委員会からは「普段知ることのできない自衛隊の活動に触れ、実技による貴重な体験もできて良かった」との感想があった。

「風鎮祭」に募集ブース

熊本

「エアーくまモン」も出動

【熊本地本】阿蘇地域事務所（所長・松永和也2陸尉）は8月19、20の両日、高森町で行われた「風鎮祭」に募集ブースを開設した。

「風鎮祭」は、風を鎮めて台風などから農作物を守り、五穀豊穣となるよう高森阿蘇神社に祈願する300年余りの伝統がある同町の夏祭りで、高森観光交流センター周辺で毎年開催されていたが、今回は新型コロナウイルスの影響で3年ぶりの開催となった。

両日とも地元の人をはじめ、多くの来場者でにぎわった。同事務所は災害派遣パネル展示、陸海空自衛隊の制服試着、迷彩服を着た「エアーくまモン人形」展示を行った。特に来場者からは陸海空自衛隊の制服試着が人気で、制服を着た小さな子どもが迷彩服の「エアーくまモン人形」と楽しそうに記念撮影を行うなど、イベントは大盛況のうちに終了した。

ブースの開設に際して、高森町自衛隊家族会から勝木英雄会長をはじめ4人が駆け付け、来場者に対して和気あいあいとした雰囲気で自衛隊の魅力についてPRしていた。

迷彩服の「エアーくまもん人形」と記念撮影するために自衛隊の制服を試着するこどもたち（8月19日、熊本県の高森観光交流センターの敷地内広場）

米独立祭と盆踊りフェス 日米で連携

座間

【座間】座間駐屯地（本多健二1佐）は在日米陸軍キャンプ座間で行われた7月2日の「米国独立記念祭」と8月6日の「盆踊りフェスティバル」に協力した。

米国独立記念祭は7月4日のアメリカ最大の祝日「独立記念日」を祝して行われる基地一般開放イベント。会場にはアメリカンフードやドリンク、グッズなどを販売する屋台が立ち並び、ステージでは在日米陸軍軍楽隊の演奏や音楽ライブが行われた。また米陸軍、自衛隊の車両も展示され、フィナーレには3年ぶりとなる花火が打ち上げられた。

8月6日の「盆踊りフェスティバル」では、日中は音楽ライブ、太鼓演奏、景品が当たる無料ゲームなどが行われ、夕方からはグラウンドのやぐらを囲んで盆踊り大会が始まり、最後には大迫力の花火が打ち上げられた。

今回同駐屯地から多数の隊員が、入場時の手荷物検査、装備品展示、救護所の運営などを米軍と共同で行い、連携を深めた。

盆踊りフェスティバルの救護所では、日米の衛生科隊員に加え、座間市消防署の救急救命士も待機し、3機関が連携して来訪者の不測の事態に備えるとともに発生した傷病者を手当てした。

米国独立記念祭の装備品展示で陸自のオートバイ（偵察用）にまたがる子どもたち（7月2日、キャンプ座間）

御簾納支援集団法務官

鉛筆立てでギネス記録

直後に息子が更新、親子で世界一に

【支援集団＝府中】「ギネス記録達成！ 世界一となったぞ」――。空自支援集団法務官の御簾納直樹1佐（45）はこのほど、「30秒間で立てた最多の鉛筆本数」のギネス記録に挑戦し、世界記録を更新する快挙を達成した。

「30秒間で立てた最多の鉛筆本数」のギネス記録を達成し、公式認定証を手にする御簾納1佐（右）と弘也さん

記録挑戦へのきっかけは御簾納1佐の長男・弘也さん（16）が昨年8月、学校の文化祭にアート作品を出展するため、大量に購入した鉛筆だった。この鉛筆を「どうにか活用できないか」と考えた御簾納1佐が「pencil」に関連するギネス記録をインターネットで検索。すると、鉛筆立てのギネス記録があることを発見し、親子での挑戦を決意した。

昨年10月にギネス記録挑戦をギネス事務局に申請し、翌年1月に記録挑戦が承認された。そこから親子は鉛筆を正確かつ俊敏に立てられるよう、コンスタントに練習を重ねた。

迎えた今年5月3日の挑戦日。①市販の鉛筆②動画撮影機器2点③写真撮影機器1点④ストップウオッチ2点⑤置時計2点――を用意して審査を実施。記録挑戦にあたっての鉛筆の仕様も規定されており、「直径7ミリ以下、長さ15センチ以上。改造厳禁」のルールに従った。

さらに、鉛筆立てを行うにあたって、①鉛筆間は互いに触れないように置く②使えるのは片手だけ（もう片方の手は背中に回しておく）③使用する手を机上に伏せた状態で開始④一度に1本しか持てない⑤倒れた鉛筆を再度立てるのは可能⑥終了5秒後に、立っている本数を計測――という厳正なルールの下で審査が行われた。

証人立ち合いのもと、ギネス記録に挑戦する御簾納1佐（右）＝5月3日、府中市生涯学習センター

証人と計測員が見つめる中、先陣を切って御簾納1佐が挑戦を開始。練習の成果を発揮し、手際良く次々と鉛筆を起こし、30秒間で24本を立て終えた。この結果、イタリア人のSilvo Sabbaさんが保持していた記録・23本を1本上回り、見事、世界記録を達成した。

その約3時間後、弘也さんが記録に挑戦。御簾納1佐を上回るハイペースで次々と鉛筆を立てていき、25本を立て終えたところでタイムアップ。御簾納1佐の記録を1本更新し、新たな世界記録保持者となった。御簾納1佐の〝天下〟は3時間で終わった。

その後、8月に正式にギネス記録として認定され、親子共にギネス記録公式認定証を手にした。

挑戦を終えた御簾納1佐は「息子と一緒にギネス記録を獲得でき、よい思い出になった。ギネスの個人記録はコロナ禍でも挑戦しやすいので、皆さんも得意な分野でチャレンジしてみてはいかがでしょうか」と話していた。

防医大看護学生

米軍医療群で初めて研修

実践的な医療技術学ぶ

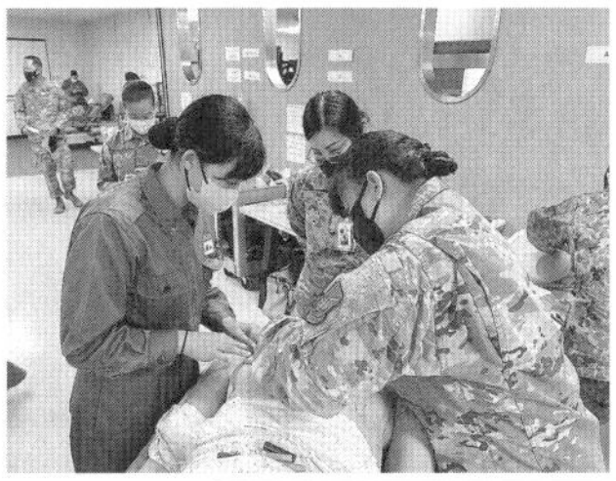

米軍看護師（右側）から人体モデルを使った実践的な医療技術のトレーニングを受ける防医大の看護学生（左）＝7月21日、在日米軍横田基地

【防医大＝所沢】防衛医科大学校（四ノ宮成祥学校長）の看護学生4人が7月19日から21日まで、在日米軍横田基地（東京都福生市など）を訪れ、「第374医療群」を研修した。

この研修は米軍の医療態勢や衛生業務の内容を理解させるとともに、国際感覚を涵養し、修学意欲の向上を図ることを目的としたもので、2014（平成26）年4月の看護学科創設以来、初の日米交流となった。

看護学科は保健師・看護師である幹部自衛官（看護官）を養成する「自衛官候補課程」と、技官を養成する「技官候補課程」の2コースがあり、今回は自衛官候補学生の第8期生（2学年）の女子3人（小川いづみ、佐藤新、中武舞菜美の各学生）と、男子1人（新谷颯太学生）が参加した。

4人は第374医療群の任務について説明を受けるとともに、米軍のC130輸送機による患者後送要領や戦闘状況下での外傷救護など、米軍ならではの衛生業務に関する訓練などを見学。米軍看護師からは直接、▽静脈路・骨髄路の確保▽生命維持装置の取り扱い▽胸腔穿刺――といった実践的な医療技術トレーニングについて学ぶ機会を得た。

期間中、4人は基地内の米軍施設に宿泊し、米国の文化や習慣に触れながら英語を駆使した生活を送った。

米軍の懇切丁寧な対応により、参加者たちは自らが将来、看護官として活躍する姿、さらには米軍をはじめ他国軍の衛生隊員らと協同する姿を具体的に思い描くことができた様子で、看護や語学の修学意欲がこれまで以上に向上する貴重な経験となった。

空音が3年ぶり旭川公演

広報大使の浅井さんも熱唱

【旭川地本】旭川地本は8月29日、空自航空中央音楽隊（立川、隊長・前田忠信2佐）の「北海道旭川公演」に協力した。

この演奏会は令和2、3年度はコロナ禍で中止となったが、今年は音楽隊から「（公演の）約束は守ります！」との情熱あふれる連絡が地本に入り、〝三度目の正直〟で実現した。

当日は空音演奏班長の芳賀大輔3佐と原田悠生2尉が指揮を務め、旭川地本広報大使でシンガーソングライターの浅井未歩さんが共演した。

第1部では、「吹奏楽オリジナル名曲集アメリカ編」として「アーデンの森のロザリンド」などを披露。第2部では「ポップス・イン・ブラス」と題して国内外のポップスを演奏した。

ブルーインパルスを表現する「ドルフィン・イン・ザ・スカイ」が演奏されたほか、「グリーン・ヒル」では、北見市出身の藤澤佑美3曹がユーフォニアムを独奏。浅井さんもステージに招かれ、ジャズ風の「星に願いを」などを歌い上げた。

浅井さんの出身校、旭川実業高校吹奏楽部の部長で打楽器を担当する五林七海さんは「先輩が活躍する姿を見て、自分も頑張ろうと思った。来て良かった」と感想を語った。

会場では地本も広報ブースを出展し、自衛隊の魅力を来場者に伝えた。

空音の演奏のもと、楽曲「涙のさきに」を熱唱する旭川地本広報大使の浅井さん（8月29日、旭川市民文化会館）

PAC3機動展開訓練

11高射隊　陸自札幌駐屯地に

空自は9月7日、3高射群11高射隊（千歳）の地対空誘導弾ペトリオットPAC3MSEを陸自札幌駐屯地に展開する機動展開訓練を行った。

弾道ミサイル対処能力の向上を図るとともに、自衛隊の即応態勢を示すことで国民の安全・安心感を醸成するため、PAC3器材の展開から撤収までの一連の手順を演練するもので、今年度は大阪・舞洲スポーツアイランド、海自呉地区への展開訓練に続いて3回目。

この日、11高射隊は隊長・安村将志2佐以下21人が参加。ペトリオットシステムの車両5両で千歳基地を出発し、札幌駐屯地に到着後、直ちにシステムを展開した。

訓練終了後、安村2佐は「今回の訓練では参加した隊員それぞれが積極的に声を掛け合い、相互の連携・補完ができていたため、滞りなく行うことができた」と話していた。

機動展開訓練で電源車のケーブルを接続する11高隊の隊員（9月7日、札幌駐屯地）

こちら警務隊

道路交通法違反（運転者の遵守事項）

スマホを見ながら運転したら 6月以下の懲役か、10万円以下の罰金

スマホを見ながら自動車を運転した場合、どのような罪になりますか？

自動車を運転中にスマートフォンを注視する行為や手に持って通話する行為、カーナビの画面を注視する行為等は、道路交通法の「運転者の遵守事項」に違反し、6月以下の懲役又は10万円以下の罰金に処される可能性があります。

これらの行為は、交通の危険を生じさせる可能性が高く、その場合、1年以下の懲役または30万円以下の罰金に処されます。

スマートフォンやカーナビを注視することで、車は「走る凶器」となり得ることを認識し、注視が必要な場合は、安全な場所に停車をしましょう。

（西部方面警務隊）

空自　市ヶ谷基地美術展を開催

空自市ヶ谷基地美術展が9月6日から8日まで、防衛省厚生棟の多目的ホールで行われた。市ヶ谷基地（小石弘文司令）と空自OB会の「つばさ会」が共催、空自遺族でつくる「ともしび会」が協賛する同展は、昨年度はウェブ公開で行ったものの、人を入れての開催は3年ぶり32回目。初日は阿部睦晴空幕副長が訪れ、3日間で1118人が来場した。

隊員・家族、両会の会員計106人から書、写真、絵画、能面・狂言面、生花、陶芸、手工芸や模型など計187点が出展された。

また、中谷元・元防衛相が論語「為政第二」の書を特別出展したほか、つばさ会会長の齋藤治和会長（第33代空幕長）も写真を出展した。

美術展を堪能した阿部空幕副長は「芸術はいいですよ。隊員の方、OBの方も芸術に親しむのはとてもいいこと。美しいものを見ると心も洗われる」と話していた。

齋藤つばさ会会長（左から3人目）の作品に見入る阿部副長（手前中央）と小石司令（左）＝9月6日、防衛省

小休止

▽…海自大湊地方総監の泉博之海将＝写真左から2人目＝はこのほど、むつ市教育委員会（生涯学習課）が実施する「令和4年度第2回芦崎地内自然調査」を視察した。

▽…芦崎地内は大湊航空基地の敷地内にあり、鳥の口ばしのように延びた堤防状の砂の堆積（砂嘴）を含むエリア。この地の砂嘴の生成や、動植物、貝や昆虫類の生態が市の調査の対象になっており、大監管理部施設課が支援している。

▽…干潟にはアシハラガニやウミニナ、ツバサゴカイなど多数の海洋生物が確認され、ミサゴやアオサギなど鳥の様子も観察できた。生涯学習課の学芸員から説明を受けた泉総監は「自然豊かなこの芦崎地内で、非常に有意義で得難い体験をすることができた」と話した。（大湊）

みんなのページ

部隊に還元できるように努力したい

金鯱戦士を受賞して

陸士長 大藪 昌弥（33普連4中・久居）

私はこのほど、守山駐屯地で行われた「金鯱戦士」選出隊員の表彰式に参加しました。

金鯱戦士とは、平成15年度から「中部方面隊ナンバーワン戦士」の選考施策が始まったことに合わせて、10師団も各種検定等戦技の最優秀隊員を顕彰する「師団金鯱戦士」の選考を17年から行っているものです。

選考戦技は、拳銃射撃、小銃射撃、体力検定（男性・女性）、TOEICの4種目があり、全師団隊員の中から各年度の最高得点者を「師団金鯱戦士」として認定し、師団長褒賞と中方ナンバーワン戦士への上申を行います。

今回、私は小銃基本射撃の成績優秀者として金鯱戦士に選ばれており、初めてその知らせを聞いた際はかなり驚いたのを覚えています。師団での表彰ともなれば数千人以上の中で選ばれたということですから、なおさらその衝撃は大きかったです。

33連隊の代表として参加した表彰式では、金鯱戦士に選ばれた隊員に対し、師団長が激励のお言葉と要望事項をいくつか話されました。今回表彰した隊員はそれぞれの部隊で最も優れた成績を出した隊員であり、金鯱戦士に選ばれるに至った経験と技術を部隊へと還元し、部隊の戦力強化に寄与してほしいと話されました。

この話を聞き、私のような若輩者には少し荷が重い話ではないかというのが正直な気持ちでした。しかしプラスに捉えれば今までお世話になってきた部隊の方々に恩返しができるチャンスでもあるのだと思います。

実際にどうやって戦力強化に貢献するのかといえば、やはり日々の射撃予習や実射の際に意識していることやどんなコツがあるのかなどを周りにアドバイスすることなのかなと思います。

私が射撃の際に意識していることは、1番調子の良かった時の感覚に自分の意識を合わせにいくことや銃の脚部の間に人差し指を差し込むこと、撃つ際の呼吸のタイミングは逆に不規則にして自分が最適だと感じたタイミングで撃つことです。若干の曖昧さをはらんだやり方ではありますが、天候や現場の状態に合わせられるようにするための余剰部分であると私は捉えています。

ただし、これはあくまで技術の部分でしかなく、最も大事なことは日々の射撃予習による本番を想定した反復演練にあると考えています。

今回の金鯱戦士受賞は私の力だけでは成し遂げることはできませんでした。少しでも早く戦力になれるようにと、中隊の方々には射撃のみならず、中隊としての戦い方や日々の業務に至るまで、こと細やかに教え育てて頂いたおかげで今の私がいます。この恩を忘れることなく、部隊に還元できるように努力していきたいと思います。

地本臨時勤務を経験して

空士長 北本 みどり（56警戒隊・与座岳）

令和4年7月1日から1カ月間、自衛隊沖縄地方協力本部島尻分駐所に臨時勤務しました。

私が勤務を開始した7月1日は、高校在校生の募集が開始され、以後、私はダイレクトメールの発送準備や発送、電話対応、来訪者対応、学校前での募集チラシ配布、事務所管内での募集告知チラシの配布などを実施し、あらゆることを経験できた臨時勤務でした。

その中でも、私が特に印象に残っているのは学校前での募集チラシ配布でした。最初は恥ずかしかったのですが、高校生相手に笑顔で募集チラシや自衛隊グッズを配布していた際、航空自衛隊に興味を持ってくれた募集対象者に、私が経験した空自一般曹候補生教育隊での体験談や、空自の職種説明をして、自衛隊受験を考えてくれたことが本当にうれしかったです。

募集事務所での勤務は、本当に良い経験になりました。ここで経験したことを、これからの自衛隊生活でも生かしていきたいと考えています。

高校生に募集チラシなどを手渡し、自衛隊の説明をする北本空士長（奥）

100年の時を経て 旧海軍日本兵に献花

元1海尉 多久島 亮（練習艦「しまかぜ」前補給長）

原田二等兵曹の墓に献花し、手を合わせる萬年艦長（6月22日、英・ポートランド）

6月22日、第67回遠洋練習航海に従事中の練習艦「しまかぜ」乗員5人（艦長・萬年敬2海佐ほか4人）は、英国ポートランド島で旧日本海軍「原田浅吉二等兵曹」に対する献花を行った。

原田二等兵曹は第一次世界大戦で、同盟国英国の要請を受け、ドイツ潜水艦による無差別攻撃から連合国の民間船を護衛して、「地中海の守護神」と呼ばれた「第二特務艦隊」の旗艦「出雲」乗組員であった。1919年2月、停戦後の帰国途中に英国ポートランド島で不慮の事故で亡くなり、同地に墓が現存している。

2019年2月15日には、原田二等兵曹の没後百年にポートランドに住む当時大学生だったジェット・グラント氏の発案を受け、在英日本大使館の野間俊英防衛駐在官（現・福井地本長）らが慰霊行事を執り行った。

今回、「しまかぜ」は、ポートランドに近いポーツマスに寄港したため、6月22日にグラント氏一家および藤沢駿輔防衛駐在官（陸上自衛官）とともに原田二等兵曹に対して献花を実施した。

グラント氏は「献花に参加できたことを誇りに思う。今日は一生忘れられない大切な思い出になった。いつかまた皆さんに再会できることを願っている。『しまかぜ』乗員の帰国までの航行の安全を祈る」と話した。

萬年艦長は「青空と緑が美しい風光明媚な島だった。はるか昔、遠い戦地へ赴き異国の地で亡くなられた方へ敬意を表する。グラント氏とともに原田兵曹の追悼をできたことは、大変意義深いことであった」と話した。

百年の時を経て、青年の原田二等兵曹に対する思いが、献花の実施につながり、日英間の友好を深める役割を果たした。

初めての障害処理

陸士長 佐藤 駿（6施大1中・神町）

6月27日～29日までの間、王城寺原演習場で行われた第1中隊訓練検閲に2小隊2分隊施設手として参加しました。今回の検閲は、自分にとって初めての攻撃課目であり、陣前の障害処理を実爆による一連の動作で実施しました。事前に神町駐屯地内で、模擬の爆破薬（破壊筒、集団装薬等）を使用して、実爆の基礎を徹底し、真剣に訓練に臨みました。

障害処理の実爆当日は、70式地雷原爆破装置の設置、破壊筒及び集団装薬による爆破準備などを実施しました。また、対戦車壕を爆破薬で処理する際、点火手となり、爆破を成功させました。

猛暑の中での任務となりましたが、事前訓練の練成成果を発揮するとともに、施設手としての使命を自覚し、無事に中隊の任務達成に寄与することができました。その功績が評価され、中隊が「概ね優良」の評価を頂く中で優秀隊員として表彰されたことは今後の施設手としての自信につながりました。

施設手としてまだまだ知識・技術不足ですが、これからさらに施設技術の向上を目指して日々の業務、訓練に全力で取り組みたいと思います。

OBがんばる

北村 克晶さん 57

令和4年1月、中空司令部（入間）を1空佐で定年退官。日本検査キューエイ株式会社に再就職し、ISO規格などの審査業務に励んでいる。

必ず役立つ今の勤務経験

私は、最終職歴で援護業務担当をさせていただきました。また、並行して援護希望者としての経験をいたしましたので、その時、そして今、感じていることをお伝えしたいと思います。

援護業務においてコロナ禍の影響は大きく、非常に厳しい状況になっていました。このような環境でも、将来に明確なビジョンを持ち、そのための努力を惜しまない隊員は希望の職に就いていました。もちろん、企業様の方でも「ぜひ、自衛隊経験者を入社させたい」と希望してくださるところもあり、新たな世界で活躍している先輩方のおかげと感謝いたしました。

私の再就職は、空幕援護業務課（当時）のご尽力で、組織の品質などのマネジメントシステムを審査するISO認証機関へお世話になることになりました。新しい組織で、資格などを生かして社員の方々と同様に働きたいという思いがかないました。

弊社の審査員は職務上の経験豊富なベテランの方々ばかりです。社員の平均年齢は65歳で、57歳の私は名実ともに「新人さん」。しかし、ある先輩審査員に「前職で経験を積んでいるのだから、自信をもって審査に臨んでください」とアドバイスされ、気持ちが楽になりました。第2の人生では、どんな職に就いても皆さまの勤務経験が必ず役に立つと思います。今を大切に、そして健康に気をつけていただければと思います。

（世界の切手・ネパール）

数と重さと尺度から神はすべてを創造した。
アイザック・ニュートン
（英国の数学・自然哲学者）

朝雲ホームページ
www.asagumo-news.com
会員制サイト
Asagumo Archive プラス
朝雲編集部メールアドレス
editorial@asagumo-news.com

新刊紹介

「防衛大学校 ―知られざる学び舎の実像」

國分 良成著

「もし生まれ変わることができれば、次回は防衛大学校に入りたいと密かに思っています。合格すれば、ですが」――。9年間にわたって防大校長を務め、最後の卒業式でこう述べた著者の防大への熱い思いが綴られた1冊。

著者が防大校長就任の打診を受けたのは2011年2月末。直後に東日本大震災が発生し、隊員たちの無私の活動ぶりや、折木良一統幕長（当時）の堂々とした態度に感動。そうした人物を育てた防大の校長を務めることに名誉を感じ、就任への思いを固めた。

第9代校長として防大、防大生の日常に触れた経験談はどれも魅力的だ。8人1部屋の全寮制、朝6時にラッパで起床、髪型、恋愛、校友会活動……。一般大学にはない厳しい学生生活を送りながらも、多くの卒業生が「生まれ変わっても防大に入りたい」と口をそろえるというその魅力が本書を読むと腑に落ちる。

密度の濃い青春時代をともにした同期との絆の強さは、一般大学では得がたいものだろう。校長として防大生と9年間をともに過ごした著者の防大への愛情が凝縮した1冊だ。

（中央公論新社刊、2200円）

「今日は横田、明日は厚木 ～レジェンド・オブ・軍用機マニアの1960年代活動記」

松崎 豊一著

今年で80歳になる軍用機マニアの〝レジェンド〟松崎豊一氏が、1960年代に大好きな軍用機を追いかけていたあの頃を、写真と共に克明な記録で振り返るフォトエッセーだ。

ミリタリー航空雑誌「Jウイング」で2019年1月号から好評連載中の「私の青春モノローグ」の中から、選りすぐりの33話を収録、加筆修正、書き下ろしを加えてまとめた。

著者は幼少期・青年期を自宅から近い東京の在日米軍横田基地で軍用機を見て過ごし、早稲田大学卒業後はカメラ会社勤務などを経て、40代の時に航空・軍事ライターに転身、現在も日本屈指の航空ジャーナリストとして執筆を続けている。

そんな著者が青年時代、カメラを片手に主要な飛行場を駆け回って撮影した軍用機や自衛隊機の鮮明な姿を収録した。

現代と違ってインターネットも携帯電話もなかった時代、航空マニアがどのように情報交換し、活動していたのかなどについても生き生きと描かれている。マニア垂涎の貴重な一冊だ。

（イカロス出版刊、2200円）

第1291回出題

詰碁

出題 日本棋院 九段 曲 励起

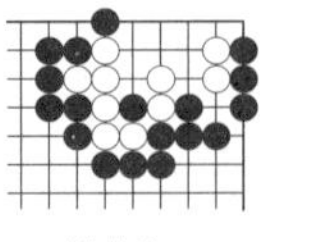

白先

『白はどうなりますか』。5分でできれば中級です。

▶詰碁、詰将棋の出題は隔週です◀

詰将棋

出題 日本将棋連盟 九段 石田 和雄

☗先手 持駒 なし

≪第875回の解答≫

【正解】☗2一銀不成☖1三玉☗2二竜☖同玉☗3一角成☖同玉☗3二銀成までの七手詰め。

【解説】初手☗2一銀不成に☖同玉は☗3二竜。☖1三玉に☗2二竜が絶妙な捨て駒。☖1四玉の逃げには☗2四角成以下駒余りの詰み。五手目☗3一角成が決め手。

「朝雲」へのメール投稿はこちらへ！

▽原稿の書式・字数は自由。「いつ・どこで・誰が・何を・なぜ・どうしたか（5W1H）」を基本に、具体的に記述。所感文は制限なし。
▽写真はJPEG（通常のデジカメ写真）で。
▽メール投稿の送付先は「朝雲」編集部（editorial@asagumo-news.com）まで。

朝雲

発行所　朝雲新聞社
〒160-0002　東京都新宿区四谷坂町12－20　KKビル
電　話　03(3225)3841
FAX　03(3225)3831
振替00190-4-17600番
定価一部150円、年間購読料9170円（税・送料込み）

主な記事

浜田大臣　防衛力強化を表明

米国防長官と初の対面会談

反撃能力の検討も伝える

浜田防衛相は9月14日（日本時間15日未明）、米ワシントン郊外の国防総省でオースティン国防長官と会談し、我が国の防衛力を抜本的に強化する決意を表明、オースティン長官から「強い支持」が示された。会談後、臨時記者会見した浜田大臣は「長官の実直な人柄に触れ、対面で率直に議論できたことは大変意義深い。信頼関係を築くことができ、手応えを感じている。会談の成果を（日本政府が年末に向けて進めている）新たな国家安全保障戦略等の策定、防衛力の抜本的強化の議論に生かすとともに、長官と緊密に連携して日米同盟の抑止力・対処力の一層の強化に取り組んでいきたい」と述べた。

会談を前にオースティン米国防長官（中央奥右）と共に儀仗隊の栄誉礼を受ける浜田防衛相（同左）＝9月14日、米ワシントン郊外の国防総省

会談は昼食を挟んで計約1時間35分間行われた。両氏が対面で会談するのは浜田大臣の就任後初めて。

浜田大臣は会談で、ロシアによるウクライナ侵略の教訓として「自分の国は自分で守るという意思と能力が何より重要だ」と指摘。日本政府が年内をめどに進める外交・防衛政策の基本方針「国家安全保障戦略」など「戦略3文書」の改定に向け、「いわゆる『反撃能力（敵基地攻撃能力）』を含めたあらゆる選択肢を検討し、我が国自身の防衛力の抜本的な強化を実現する」との決意を示し、その裏付けとなる防衛予算の「相当な増額」に取り組んでいることを伝達した。

これに対し、オースティン長官は「強い支持」を表明。両氏は日米の安全保障戦略の方向性が一致していることを確認し、同盟の強化に向け、さらに緊密に擦り合わせを行っていくことを申し合わせた。

オースティン長官は、核戦力を含む軍事力で同盟国の日本を守る「拡大抑止」について「米国のコミットメント（責任ある関与）は揺るぎない」と強調。両氏は拡大抑止の信頼性を担保するため、閣僚レベルでも議論を深めていくことを決めた。

このほか、両氏は米空軍の無人機「MQ9」について、10月下旬以降の海自鹿屋航空基地（鹿児島県）への一時展開を目指した進捗を歓迎し、「MQ9」を含む日米のアセットが取得した情報を両国が共同で分析することでも一致した。

装備技術分野では同盟の技術的優位性の確保に向けた協力をさらに推進する。中露が開発を進める極超音速兵器に対処するため、要素技術や構成品レベルでの共同研究の検討を開始するほか、次期戦闘機等と連携する無人機に関する協力や、サプライチェーン（部品供給網）の強化に向けた取り組みなども加速化させる。

地域情勢をめぐっても議論し、中国が今年8月、日本の排他的経済水域（EEZ）を含む海域に弾道ミサイルを発射したことについて、両氏は「日本の安全保障に関わる重大な問題だ」と強く非難。改めて台湾海峡の平和と安定の重要性を確認し、両岸問題の平和的解決を促すことで一致した。

ロシアのウクライナ侵略については「国際秩序の根幹を揺るがす暴挙」との認識を共有し、日米が連携してウクライナへの支援を継続することを確認。「力による一方的な現状変更」を許容せず、緊密かつ隙のない連携体制を構築する。

両氏は、今年8月に米海軍主催の多国間ミサイル警戒演習「パシフィック・ドラゴン」で日米韓3カ国が共同訓練を行ったことを歓迎し、北朝鮮による核・ミサイルの挑発行為に日米、日米韓が一致して迅速に対応できるよう、さらに連携を緊密化させていくことを確かめ合った。

浜田大臣初度視察

空自横田　「我が国の防空の要」

浜田防衛相は9月26日、小野田紀美政務官と井筒俊司空幕長を伴って、空自横田基地（東京都福生市など）を初度視察し、隊員たちを激励した。

正午前に到着した浜田大臣は航空総隊司令官の内倉浩昭空将らの出迎えを受け、横田基地隊員などで編成された儀仗隊から栄誉礼を受けた。

総隊司令部を視察した後、午後2時半過ぎに同司令部の庁舎ロビーで約80人の隊員を前に訓示。「横田基地は我が国の防空の要であり、隣接する在日米軍司令部と常に緊密に連携している。強固な日米同盟を体現している重要拠点だ。国民の命と平和な暮らしを守る重要な役割を担っているとの自覚のもと、全力で職務に邁進してほしい」と要望した。

その後、基地内で臨時会見した浜田大臣は「航空総隊司令部は空自の戦闘機部隊などの指揮や弾道ミサイル防衛での統合任務部隊の指揮を行う非常に重要な役割を担っている。常に緊張を強いられながら国の安全を守るという崇高な任務にひたむきに取り組んでいる現場の隊員と直接会うことができた。これは、大変意義のあることだ」と述べた。

その上で、「周辺国が航空戦力を増強し、ミサイルなどの経空脅威が複雑化する中で、航空優勢を確保し、弾道ミサイル防衛に万全を期すことは死活的に重要であり、航空総隊に対する期待は将来にわたって揺るがない」と話し、引き続き対領空侵犯措置や弾道ミサイル防衛に万全を期すとともに、航空戦力を質と量の両面から強化していく考えを示した。

航空総隊司令部の隊員約80人を前に「全力で職務に邁進を」と訓示する浜田防衛相（9月26日、空自横田基地）

北朝鮮　弾道ミサイル発射

変則軌道で650キロ飛翔

防衛省は9月25日、北朝鮮が同日午前6時52分頃、北朝鮮内陸部から少なくとも1発の弾道ミサイルを東方向に発射したと発表した。最高高度は約50キロで、落下したのは日本の排他的経済水域（EEZ）外である北朝鮮東側の沿岸付近と推定される。日本への被害は確認されていない。

北朝鮮のミサイル発射は巡航ミサイルも含め今年19回目。直近では8発の弾道ミサイルが同時発射された今年6月5日以来。

飛翔距離について当初、浜田防衛相は25日午前に省内で開いた臨時記者会見で、変則軌道の可能性を指摘した上で、「通常の弾道軌道だとすれば、約400キロ飛翔した」としていたが、翌26日の記者会見でミサイルは1発だったと断定し、「変則的な軌道で約650キロ飛翔した」との最新分析を明らかにした。

25日の会見で浜田大臣は「北朝鮮は特に今年に入ってからかつてない高い頻度で、かつ新たな態様での発射を繰り返している。一連の北朝鮮の行動は国際社会の平和と安全を脅かすもので、関連する国連安全保障理事会決議に違反する」と北朝鮮を強く非難した。

その上で「米国、韓国をはじめ、関係国と緊密に連携しながら、国民の生命、平和な暮らしを断固守り抜く決意だ。こうした状況を踏まえ、いわゆる『反撃能力』も含め、あらゆる選択肢を検討し、防衛力の抜本的強化に取り組んでいく」との強い決意を述べた。

韓国軍合同参謀本部によると、発射地点は平安北道泰川付近という。米韓合同の海上軍事訓練を牽制する狙いで発射された可能性がある。日本政府は北京の大使館ルートを通じて北朝鮮に抗議した。

防衛省で安倍晋三元首相をお見送り

安倍晋三元首相の国葬（国葬儀）が9月27日、東京都千代田区の日本武道館で営まれた。安倍氏の遺骨と喪主の昭恵夫人を乗せた柩車は午後1時半前、自衛隊の儀仗隊に見送られて都内の自宅を出発した。車列は会場に向かう途中で防衛省（市ヶ谷）を経由し、庁舎A棟前の儀仗広場を一周。正門付近と儀仗広場に整列した井野俊郎副大臣以下、防衛省・自衛隊の幹部ら約900人が敬礼で見送った（代表撮影）。国葬には自衛隊員約1390人が儀仗、と列、弔砲、奏楽の各支援に当たった。（3面に関連記事）

OPCW査察官

南2陸佐を派遣

防衛省

防衛省は9月12日、オランダ・ハーグに本部を置く化学兵器禁止機関（OPCW）に南福太郎2陸佐＝写真＝を派遣した。任期は約3年間の予定。技術事務局査察局で査察官として勤務する。

防衛省からOPCWへの職員派遣は延べ8人目で、査察官の派遣は2013年8月から16年8月まで清野慎太朗1陸尉（当時）が派遣されたのに続き5人目。

防衛省では化学兵器の軍備管理・軍縮分野で国際的な人的協力を行うため、1997年6月に秋山一郎陸将補（当時）をOPCWの初代査察局長、笠畑忠嗣1陸尉（同）を査察員としてそれぞれ派遣したのを皮切りに、化学防護を専門とする陸上自衛官を逐次派遣している。

OPCW（Organization for the Prohibition of Chemical Weapons）は、97年4月に発効した化学兵器禁止条約（CWC）に基づき同年5月に設立された国際機関。化学兵器の開発、生産、取得、移譲、使用、廃棄に関する査察など、CWCの定める検証を実施し、化学兵器の世界的な全面禁止と不拡散のための活動を行っている。

CWCの締約国は現在、193カ国。日本は93年に署名し、95年に批准した。北朝鮮、エジプト、南スーダンは未締結。イスラエルが署名済みで未批准国。

中国測量艦が領海侵入

今年7月に続き7回目

防衛省

防衛省は9月15日、中国海軍の「シュパン」級測量艦（満載排水量約6000トン）1隻＝写真（統幕提供）＝が同日午前、鹿児島県の屋久島周辺の我が国領海内に侵入したと発表した。海自4護隊の「いなづま」（呉）と1空群のP1哨戒機（鹿屋）が情報収集・警戒監視を行った。

測量艦は15日午前3時半頃、鹿児島県・種子島沖の日本の接続水域を西進し、同7時20分頃、屋久島南方の領海に入域。同10時52分頃、口永良部島西方の領海から出域し、西（東シナ海方面）に向けて航行した。

中国海軍艦艇が我が国領海内を航行したことを確認・公表するのは、2004年11月の原子力潜水艦による先島諸島周辺海域の領海侵犯（潜水航行）以来、今年7月に続き7回目。04年の事案を除き、海上警備行動は発令されていない。

この海域では21年11月以来、今年4月、7月に続き今回と直近4回が「シュパン」級測量艦による領海侵入となっている。

日本政府は、我が国周辺海域における中国海軍艦艇のこれまでの動向を踏まえ、外交ルートを通じて中国側に「懸念」を伝えた。

両陛下を乗せロンドンと往復

政専機

空自特輸隊（千歳）のB777政府専用機は9月17日から20日まで、英・エリザベス女王の国葬に参列する天皇皇后両陛下を乗せ、東京・羽田空港と英・ロンドンのヒースロー空港間を往復した。

両陛下の外国ご訪問は即位後初めて。

大規模接種会場　10月以後も延長

防衛省

防衛省は9月15日、井野副大臣を長とする第9回「大規模接種推進本部会議」を持ち回りで開催し、東京と大阪で運営している新型コロナワクチンの「自衛隊大規模接種会場」について、10月3日以降も当面継続することを決定した。

新たにオミクロン株に対応した4回目接種の会場とする。

予約などの詳細は決まり次第、防衛省のホームページに掲載される。当初は9月末で終了予定だったが、新型コロナの感染が高止まりしている状況などを踏まえ、自治体のワクチン接種を後押しする。

春夏秋冬

「専守防衛」

山下　裕貴

ウクライナ戦争が開始されて約7カ月が経過した。未だに停戦のメドがなく、両軍は激しい消耗戦に陥っている。ウクライナは戦前、主権宣言で「非核三原則を堅持する国家」となるとともに、軍事ドクトリンにおいて「専守防衛」を基本としていた。しかしながら、これらの政策では戦争は防げず、市民に多くの犠牲者を出し、戦場となった地域の街は破壊され、そのありさまは惨憺たるものである。

わが国の防衛政策の基本もウクライナと同じ「非核三原則」や「専守防衛」である。年末には外交・安全保障政策の骨幹となる戦略三文書の改定も控えており、今回は「専守防衛」について考えてみたい。

「専守防衛」は受動的な防衛政策であるが、その「受動性」が強調されるあまり、その考え方が防衛力の中身や運用の在り方を厳しく制約する論拠となるとともに、その解釈が曖昧化し、例えば攻撃的な兵器（兵器は攻防両用である）は持たないなど、防衛力整備や運用構想に係る議論を複雑で分かりにくいものにしてきた。

「専守防衛（受動性を強調した）」には、武力攻撃がなされる前に、防衛力により抑止を効かすという概念は含まれず、初動における国土、国民への被害を甘受することを前提としている。加えて必要最小限の対処に固執すると、じ後の被害が拡大することは、ウクライナの状況をみても明白である。事態の拡大を阻止できないのみならず、自ら事態を終息させることを諦めることにもつながりかねない。

力を信奉する権威主義国家が、既存の国際秩序を力により変更しようと、恫喝や挑戦を繰り返している現状において、「専守防衛」の受動性の概念を強調し、防衛力整備や運用を必要以上に制約することは、わが国の安全保障体制の障害となりかねない。

このため、新たな時代に適合する「専守防衛」の概念とは、「受動性」から「能動性」に転換し、憲法に則った抑止を確実にする「能動的な専守防衛」とすべきである。

そして、抑止すべき相手に応じた防衛力は、その時々の国際情勢や科学技術等を考慮して決められるものであり、内政上の要請や財政的観点から必要以上に制約を加えることは避け、あくまで軍事的合理性や軍事的専門性に基づく考え方を尊重すべきである。

万が一、戦争を抑止できなかった際には、ウクライナと同じような悲惨な状況が国土で生起することを覚悟しなければならない。

（元中方総監・陸将、千葉科学大学客員教授）

朝雲寸言

今から30年前、日本は新たな一歩を踏み出した。1992年9月17日は自衛隊が初めての国連平和維持活動に参加する部隊の一部を載せた海上自衛隊の輸送艦が神戸六甲アイランドを出港した日である。次いで23日、派遣部隊の先遣隊を乗せた航空自衛隊の輸送機が小牧空港を離陸した。長い内戦で荒廃したカンボジアの復興を支援する国際平和協力活動が始まったのである▼その後、我が国の国際平和協力はモザンビーク、ゴラン高原、東チモール、ハイチ、南スーダンに部隊が派遣され、個人派遣とともに13の国連ミッションに参加し、多くの成果を残した▲実は国際連合平和維持活動は国連憲章のどこにも書かれていない。国連PKOは冷戦間、大国の対立の中で平和を維持する国連の苦肉の策だったのである。憲章に明文化されていないが故にPKOは時代とともに変遷し、冷戦後復興型PKOとして発展し、現在では国際人道法に基づき住民の保護に重点をおく活動にシフトしている。すなわち国連は中立を捨ててでも住民の保護を選んだのである▼結果として平成26年度以降我が国は国連平和維持活動に部隊を派遣していない。その一方で30年のノウハウを生かし能力構築支援やアジア諸国の教育訓練などを通じて国際平和活動を継続している▼あらためて我が国にとって国連PKOへの参加とはいかなる意義を持つのか考える必要があるような気がしてならない。

令和3年度防衛省職員生活協同組合各共済事業の利用分量割戻率等に関する公告

・火災・災害共済：14%
・生命・医療共済：大人19%　こども0%
（新型コロナの影響を強くうけた結果となりました）
・退職者生命・医療共済：総額9億5400万円として、各人分については出資金等積立残高明細によります。

各人の利用分量割戻金は、「出資金等積立残高明細表及びご契約内容のお知らせ」で通知します。

以上、防衛省職員生活協同組合定款第79条の規定に基づき公告します。

令和4年9月21日
防衛省職員生活協同組合
理事長　武藤　義哉

時の焦点

国内

小泉訪朝20年

拉致解決へ一段の努力を

2002年9月、小泉純一郎首相が北朝鮮を訪問し、日朝平壌宣言に署名してから20年たった。

5人の拉致被害者の帰国は実現したが、横田めぐみさんら多くの拉致被害者がなお、北朝鮮に取り残されている。めぐみさんの母、早紀江さんは「なぜ助けられないのか。言いようのない苛立ちが多い」と語った。

20年の長きにわたり、願いがかなわない被害者や家族の心中は、察するに余りある。

日本政府が認定している拉致事件は12件で、被害者は17人に上る。いずれも1970～80年代に連れ去られた。北朝鮮工作員を韓国に出入りさせるため、日本人の身分を奪ったり、日本語教育に当たらせたりすることが目的だったとされる。

北朝鮮の金正日総書記は、訪朝した小泉首相との日朝首脳会談で、「特殊機関の一部が妄動、英雄主義に走った」と拉致への関与を認めた。

にもかかわらず、北朝鮮は再調査を約束した2014年のストックホルム合意を履行せず、「拉致問題は解決済み」との立場をとってきた。

国家ぐるみの犯罪を許すわけにはいかない。政府は、北朝鮮の非道な行為を国際社会に訴え、一日も早く被害者が帰国できるよう、粘り強く求めていく必要がある。

18年の米朝首脳会談では、安倍首相の意向を受けたトランプ米大統領が、金正恩氏（朝鮮労働党総書記）に拉致問題を提起した。安倍氏は「条件をつけずに正恩氏と向き合う」と述べ、直接交渉に意欲を示した。

安倍氏は、拉致問題を最重要課題と位置づけて力を尽くした。岸田首相はその遺志を継ぎ、膠着状態を打開する糸口を見いだしてほしい。

日朝平壌宣言に基づき、日本は核、ミサイルと拉致問題の包括的な解決を目指してきた。

北朝鮮はこの間、ミサイルや核開発を進めてきた。近年は短距離弾道ミサイルの発射を繰り返している。国会にあたる最高人民会議では今月、核の「先制攻撃」を可能にする法令を採択した。

北朝鮮はすでに核兵器の小型化を実現し、弾道ミサイルに搭載して日本を攻撃する能力を保有しているとされる。

東アジアの平和と安全を揺るがす重大な脅威となっている。防衛省は、ミサイルやサイバー攻撃への対処能力の向上を急がねばならない。

米欧日と中露の対立が深まるなど、国際情勢が変化したことも、北朝鮮の姿勢に影響を及ぼしているのだろう。

国連安全保障理事会の決議に基づく北朝鮮への経済制裁は、中露の交易ルートが抜け穴となっており、効果が薄れている。今年5月には、安保理の制裁強化決議案が常任理事国の中露による拒否権行使で廃案になった。

北朝鮮や中国の動向を注視するとともに、日本は同盟国や国際社会との結束を強めていくことが重要だ。米韓と緊密に連携し、抑止力を高めていくことが急務である。

藤原　志郎（政治評論家）

海外

ウクライナ戦争

振り出しに戻った観も

ウクライナ軍が南・東部で反攻を加速するウクライナ戦争の現況は、ロシアの軍、政府指導部に衝撃を与えている。

同地域はロシア軍が制圧してきて、過去数カ月間、政府は親ロシア政権を樹立する作戦は順調に進んでいるとのプロパガンダを広めてきた。

しかし、その計画が狂ったため、軍は失地回復の代替作戦、プーチン大統領も国民に計画失敗を説明する何らかの方策に迫られる。

米紙「ウォール・ストリート・ジャーナル」（9月13日付）は「ウクライナによる急速な奪還、ロシアの戦争プランに激震」との見出しで、両国内外の現状について解説した。

同解説の中で、英国際戦略研究所（IISS）の上級研究員ナイジェル・グールドデイビーズ氏は「モスクワでは、政・軍指導部が目下、現状は一体どうなっているのかの理解と、これを国民に対しては言うまでもなく、彼ら自身にもどう説明したらいいのかで奮闘中だ」と指摘した。

同紙によると、東部ハリコフ州での敗退は当初考えられていた以上に深刻で、同州イジュムからの撤退は東部戦線全体を壊滅的にしたという。

そして、グールドデイビーズ氏は「ロシアはドネツク州、ルガンスク州を第2の目標としてきたが、両州の制圧はもうあり得ない」と述べ、「クレムリンは今、この戦争で最も困難な選択に直面している。形勢はロシアに不利である」と分析した。

同氏は英の元外交官で、ロシアやベラルーシに駐在した経歴を持つ。

確かに、プーチン氏は難しい選択に直面しており、その最大のものは、総動員令という思い切った措置を取るかどうかだろう。しかし、同措置を取るのは情勢の深刻さを認めるのと同義で、ウクライナ戦争を同氏自身の生存にかかわる戦いにしてしまう。

ウクライナ軍によれば、ロシア軍は兵士不足が深刻化していて、ウクライナ戦線に新たな部隊を派遣しないという。

米誌「ニューズウィーク」（9月12日）も「ロシア連邦軍司令部は既に編成された新たな部隊をウクライナ地域に送ることを中止した」と報じ、「戦域における現下の情勢と司令部首脳への不信感から、多数の志願兵が戦闘任務に就くことを拒否した」などと伝えている。

しかし、ロシア軍は「新」部隊は派遣しないかもしれないが、既にウクライナにいる部隊を強化はできる。

「ロシアはウクライナにいる自国部隊を志願兵や傭兵、さらには囚人などで補強してきた」（前出「ウォール・ストリート・ジャーナル」紙）からだ。

プーチン大統領と軍にとって、ウクライナ戦争は振り出しに戻った観もあるが、ウクライナはアフガニスタンではない。ロシアは決して、同国の領土分割をあきらめないだろう。全面撤退はプーチン体制の崩壊を引き起こす可能性が大である。

草野　徹（外交評論家）

テクノフェアに23社・団体出展

防衛施設学会主催　注目の新技術を発表

各ブースでは、さまざまな新製品、新技術が展示された（9月7日、ホテルグランドヒル市ヶ谷）

防衛施設学会が主催する「第16回ミリタリーエンジニアテクノフェア」が9月7日、東京都新宿区のホテルグランドヒル市ヶ谷で開かれ、防衛施設に関する新製品や新技術が発表された。

今回は23の企業・研究所などがブースを出展し、13の企業・団体が新しい技術を紹介した。

中でも高強度ウレタン樹脂で防衛施設の土台を短工期で回復する「コンクリート床スラブ沈下修正工法」（アップコン）など、自衛隊にとって注目の技術や製品があり、浜田防衛相が視察したほか、多くの隊員が熱心に見入っていた。

研究部会報告では避難施設部会長を務める九州大学工学研究院の園田佳巨教授が「避難施設（シェルター）設計の考え方（案）について」をテーマに発表したほか、ジャーナリストの井上和彦氏が「災害と戦い続ける自衛隊～国民の命を守るために～」と題した特別講演を行った。

潜水艦衝突事故で調査委が結果報告

海幕が発表

海幕は9月20日、昨年2月に高知県・足摺岬沖で起きた海自の潜水艦と貨物船が衝突した事故に関する調査委員会の報告結果を発表した。潜水艦が上昇する際の周囲の動静把握が不十分だったことなどが、事故の主な原因だとしている。

事故は昨年2月8日午前10時58分ごろ、足摺岬の南東約43キロの海域で発生。訓練で潜航中の潜水艦「そうりゅう」（1潜群5潜隊＝呉）が露頂作業で上昇中に、海上を航行していた貨物船「オーシャン・アルテミス」と接触した。「そうりゅう」は艦橋、アンテナマスト、操舵などを損傷、乗員3人が軽傷を負った。

上昇の時、「そうりゅう」のソーナー当直員長は、貨物船の他に別のコンテナ船の音波を探知していた。コンテナ船のディーゼル音は確認できたが、貨物船の航走音が聴こえなかったため船舶ではないと判断、艦長にも報告しなかった。その後、貨物船の推進器音を確認したが、離れていくコンテナ船と貨物船の方位が重なったため、引き続きコンテナ船のものと誤認。周囲の探知操作を行わなかった。

以上のことから調査委員会は、事故の原因として以下の4点を挙げた。①目標の動静把握の不十分②艦長の指揮監督が不十分③ソーナー当直員長の報告が不十分④二つの目標が入れ替わったことを看破できなかったこと――。これら運行上、管理上の要因が事故につながったとしている。

また再発防止策として、目標が存在する可能性をわずかでも感知した場合は、ソーナー当直員長は探知報告すること、露頂を決断する段階で、全ての探知目標の概略距離や目標進路などを解析することなどを提示した。

酒井海幕長は20日の会見で、「二度とこのような事故を生起させないよう、対策を徹底する」と述べた。

ひと

20年ぶり開催　国際観艦式事務局長

富松　智洋　1海佐（54）

今年は海自創設70周年。その記念行事の一つとして11月6日に開催される国際観艦式の事務局長を務める。西太平洋海軍シンポジウム（WPNS）加盟国に招待を掛け（ロシアは取り消し）、関係省庁や在京大使館との調整、運用上の諸準備など多忙な日々を送る。「単なる親善では終わらせたくない。せっかく外国から船が来るなら、実務レベルでしっかり交流できる環境を整えたい」と力を込める。

防大36期、福岡県出身。小6の時、一人で京都の神社仏閣を見て回り、一人旅の楽しさを覚えた。高校の時には「英語圏で自分がどこまで対応できるか」知りたくてシンガポールへも行った。いつしか"船に乗って世界を回りたい"との夢を抱く。しかし定期航路のような決まったコースは避けたい。そんな時に観たのが映画「愛と青春の旅立ち」。「海自に行けばすべての夢が叶う」。これで将来の目標が定まった。

防大では土木工学を専攻。「忙しい防大で一番忙しい人間になろう」とふと思い立った。クラブは厳しいことで有名な短艇委員会と、さらにグリークラブ、茶道部にも入った。

2015年に初代ケニア防衛駐在官としてナイロビに赴任。ソマリア、ウガンダ、タンザニアを兼轄し、テロと戦う東アフリカ諸国の姿を目の当たりにする。その中で、陸自が支援するアフリカ施設部隊の能力構築や、海自のソマリア沖での海賊対処行動などの支援に対して、多くのアフリカ軍人から感謝の言葉をかけられた。自衛官として誇らしく思ったエピソードだ。

70周年のキャッチフレーズ「守る未来、つなぐ海」に、自身の思いを重ねる。「自衛隊の活動が海を伝って世界に広がり、未来の平和を実現する。今年にふさわしい言葉です。この言葉を受け継いでしっかりやり遂げたい」。

今回の観艦式はコロナ禍もあり無観客開催が決定している。この制約をカバーするために、当日はライブ配信するとともに、フリートウィークなどイベントの充実を目指す。「どこまで出来るかが目下のテーマ。一人でも多くの国民の方の目に触れる形で実現したい」

（文・写真　亀岡真理子）

井筒空幕長がIACC出席

井筒空幕長は9月16、17の両日、日、米、印、加、仏など50カ国が参加して米・ワシントンDCで行われた国際空軍参謀長等会同（IACC）に出席した。

各国空軍参謀長などとの意見交換を通じて相互理解と信頼関係の強化、防衛協力・交流の推進を図るもので、15日に成田を出発し、IACC出席の後、19日に帰国した。

「グローバル・センチネル2022」で宇宙状況把握の訓練に臨む空自隊員（米カリフォルニア州のバンデンバーグ宇宙軍基地）

空自がグローバル・センチネル参加

日本はじめ25カ国参加

空自は7月25日から8月3日まで、米カリフォルニア州のバンデンバーグ宇宙軍基地で行われた米宇宙コマンド主催の宇宙状況把握多国間机上演習「グローバル・センチネル2022」に参加した。

演習には、日本をはじめ豪、韓など25カ国が参加。空自からは宇宙作戦隊の蝦名公紀2尉以下4人が参加した。宇宙状況把握（SSA）に関する訓練、情報収集、意見交換などを行い、宇宙に関する連携を強化していくことを参加国間で確認し合った。

礼文島北西海域で露哨戒艇2隻確認

宗谷岬北東でも4隻

海自は9月11日午前8時ごろ、北海道・礼文島の北西約50キロの海域を東進するロシア海軍「タランタル」Ⅲ級ミサイル護衛哨戒艇2隻（艦番号916、991）を確認した。

その後、これらの艦艇は宗谷海峡を抜けオホーツク海に出た。

また、16日午前11時ごろには、宗谷岬の北東約40キロを西進する同型の哨戒艇4隻（924、937、940、954）を確認。4隻は宗谷海峡を西へ抜け日本海に入った。

いずれも、2空群（八戸）のP3C哨戒機と1ミサイル艇隊（余市）のミサイル艇「くまたか」が警戒監視を行った。

奄美大島沖海域で中国艦2隻を確認

9月12日午後2時ごろ、海自は鹿児島県・奄美大島の西北西約60キロの海上を東進する中国海軍「ルーヤンⅡ」級ミサイル駆逐艦2隻（艦番号150「長春」、151「鄭州」）を確認した。その後、2隻は奄美大島と横当島との間を北東に進み太平洋へ出た。

さらに14日午前7時ごろは、同中国艦は沖縄県・宮古島の東北東約120キロを北西に航行。その後、沖縄本島と宮古島との間を通過し東シナ海へ入ったことを確認した。

3護群3護隊（舞鶴）の護衛艦「ふゆづき」と11護衛隊（横須賀）の護衛艦「ゆうぎり」が情報収集に当たった。

共済組合だより

保険の加入促進強化月間を開催します!!

職員・ご家族の力強い味方　お手頃な保険料で大きな保障（補償）

防衛省職員団体保険をご存知ですか。共済組合では、お手頃な保険料で大きな保障（補償）が得られる各種保険をご用意しております。

この団体保険は、お互いに支え合うことを基本とした相互扶助の保険制度です。各支部において、団体保険の加入促進強化月間を開催しますので、この機会にぜひご加入・増口をご検討ください（強化月間の開催時期は支部により異なります）。

防衛省発令

▽護衛艦隊司令部（あすか艦長）　1海佐　榎谷　真一

▽7航空団副司令（航空安全管理隊航空事故調査部長）　1空佐　大西　健介

▽航空安全管理隊航空事故調査部長（統幕学校教育課1教官室学校教官）　同　伊藤　寛人

▽統幕学校教育課1教官室学校教官（空自幹部学校）　同　村岡　正智

（以上9月14日）

▽空幕人事教育計画課制度班長（空自幹部学校）　1空佐　石垣　伸幸

▽同情報課（1輸送航空隊基地業務群司令）　同　佐久川希世秀

▽航空総隊司令部医務官（北部航空方面隊司令部医務官）　同　玉城　盛勝

▽北部航空方面隊司令部医務官（空自幹部学校）　2空佐　篠原　健次

▽警戒航空団2整備群司令（空幕人事教育計画課制度班長）　1空佐　若林　友和

▽1輸送航空隊基地業務群司令（1術科学校2教育部長）　2空佐　間　徹弥

▽空自1術科学校2教育部長（航空開発実験集団司令部装備課長）　1空佐　石橋　政樹

▽航空開発実験集団司令部装備課長（警戒航空団2整備群司令）　同　前田　昇

▽入間病院副院長兼防衛医科大学校病院（航空総隊司令部医務官兼防衛医科大学校病院兼作戦システム運用隊）　同　吉田凡太郎

▽入間病院付（入間病院副院長）　同　清水　邦夫

（以上9月15日）

▽護衛艦隊司令部付（おうみ艦長）　1海佐　吉福　俊彦

▽おうみ艦長（護衛艦隊司令部）　同　榎谷　真一

▽海自幹部学校企画部長（海自幹部学校）　同　野口　泰志

（以上9月21日）

安倍元首相国葬 おごそかに

岸田首相「歴史は長さよりも、事績であなたを記憶」

自衛隊員1390人が支援

安倍晋三元首相の国葬（国葬儀）には岸田文雄首相ら三権の長や皇族方、海外要人を含め国内外から約4200人が参列し、憲政史上最長となる通算8年8カ月にわたって首相を務めた安倍氏の冥福を祈った。

安倍氏は今年7月8日、参院選の街頭演説中に銃撃され、67歳で死去した。首相経験者の国葬は1967（昭和42）年の吉田茂氏以来55年ぶりで、戦後2例目。

葬儀委員長を務めた岸田首相は追悼の辞で安倍氏の在任期間に触れ、「歴史はその長さよりも、達成した事績によってあなたを記憶するだろう」と功績をたたえた。友人代表の菅義偉前首相は「我が国日本にとっての真のリーダーだった」としのんだ。国葬には自衛隊員計約1390人が支援に当たった。（1面参照）

東京都千代田区の日本武道館で執り行われた安倍元首相の国葬で追悼の辞を述べる岸田首相（左）＝官邸ツイッターより（写真はいずれも9月27日午後）

自衛隊の音楽隊（奥）による演奏に合わせ、会場入りする喪主の昭恵夫人（手前左）と先導する岸田首相（同右）＝東京都千代田区（NHKより）

哀悼の弔砲19発

自衛隊の儀仗隊（奥）による出迎えを受け、会場奥へと進む昭恵夫人ら関係者（東京都千代田区）＝TBSより

上安倍元首相の遺骨を抱えた昭恵夫人の会場到着に合わせ、105ミリ榴弾砲で19発の「弔砲（空包）」を発射する陸自隊員（東京都千代田区の「北の丸公園」）＝代表撮影／ロイター／アフロ　右防衛省・自衛隊の幹部らによる敬礼を受けて正門を入り、儀仗広場へと向かう安倍元首相の遺骨を乗せた車列（東京都新宿区市谷本村町）＝朝雲新聞社撮影

自宅を出発する安倍元首相の遺骨を乗せた車を見送るため、整列する自衛隊の儀仗隊（東京都渋谷区富ヶ谷）＝テレビ朝日より

安倍元総理への追悼

卓越した指導者の死を惜しむ

8年以上にわたる長期政権を牽引した安倍総理は最初の国会（2006年9月）で、「活力とチャンスと優しさに満ちあふれ自律の精神を大事にする、世界に開かれた美しい国、日本」を目指すとして、将来への抱負を述べた。

「美しい日本」というイメージを内外に浸透させることが総理の諸活動の根底にあったようだ。総理が2016年5月にG7サミット（主要国会議）を伊勢志摩で開催し、訪日した6人の首脳を伊勢神宮に招いたのは、日本の歴史の奥深さと荘厳さを紹介するためであったのだろう。

と同時に、2015年8月に「70年談話」を発表して、戦争への謝罪の繰り返しに終止符を打った。このことは、その後の日本の外交上大きな意義を持った。

経済と国防に重点

安倍総理は内政、外交において多くの成果をあげた。経済政策はその一つだった。

安倍内閣は超低金利政策と国債買い入れで長年のデフレから脱却し、景気回復に成功した。完全失業率も4・3%から2・2%となり、完全雇用が達成された。アベノミクスは批判もあったが、概して高い評価を得た。

安倍総理は自衛隊の増強と防衛体制の充実にはとりわけ熱心であった。「自分の国は自分で守る」との強い立場を保持し、憲法第9条をぎりぎりまで柔軟解釈して集団的自衛権の部分的容認を決めた。また2015年には平和安保法制を制定し、国家安全保障局を設置して安全保障政策を外交政策の中心においた。

「自由で開かれたインド太平洋」へ

安倍総理は総理になった2006年（平成18年）に、それまでは日本で開催していたアフリカ開発会議（TICAD）をケニヤで開催し、みずから出席した。日本がアフリカへの援助よりも貿易と投資に関心があることを強調した。さらに2007年8月にはインドを訪問し、「二つの海の交わり」と題する演説をし、大歓迎を受けた。これがその後の日印関係の強化につながり、「自由で開かれたインド太平洋」を目指す日印米豪によるクワッド（四カ国協議）の結成となった。総理はこうしてインド太平洋諸国との協力関係をインドと東アフリカ諸国にまで伸ばすことによって、中国の一帯一路構想に対抗した。

「美しい日本」のために

平和・安全保障研究所副会長
西原（にしはら）　正（まさし）

京都大学法学部卒業。米ミシガン大学大学院政治学研究科博士課程修了。京都産業大学外国語学部助教授、同教授。防衛大学校教授、防衛研究所第1研究部長、2000年第7代防衛大学校学校長。06年退官し、財団法人平和・安全保障研究所理事長、2021年同財団副会長。2008年瑞宝重光章。専門は東アジアの安全保障、国際政治学。安全保障懇話会会長。主著に（共監）『日米同盟再考』（亜紀書房）など。国際安全保障学会顧問。

「自由で開かれたインド太平洋」は安倍総理の発想で、米国はそれにならってハワイの太平洋司令部を「インド太平洋軍司令部」に改名した。総理はオーストラリアとの関係を重視し、日豪関係は準同盟のようになった。さらには安全保障分野での欧州との連結を進めるため、総理は2007年NATO（北大西洋条約機構）理事会で日本の首相としては初めての演説をし、「中国の動向は懸念事項だ」と述べた。これを機にヨーロッパのアジアへの関心が高まり、両地域の協力の道筋を開いた。その後、英仏独の艦艇は日本をベースにして西太平洋を巡航することになった。

総理は見事な外交官でもあった。米国のトランプ氏が大統領選に当選した直後の2016年11月にニューヨークのアパートに足を運び、日米関係を始め、中国などに関して意見交換をした。こんなことは他国の指導者なら遠慮する行為であるが、安倍総理は至極当然のようにやってのけたし、そのことが、ゴルフ好きと併せてその後のトランプ大統領との関係を築くきっかけとなった。まさに相手の懐に入って問題解決に進む姿勢であった。

もちろん、すべての外交が成功した訳ではない。北朝鮮との拉致問題、ロシアとの北方領土問題、中国との尖閣諸島をめぐる領土問題、韓国との歴史問題などは結局未解決のままであった。

外務省の資料によれば、総理は約8年の就任期間において86回の外国訪問をこなした。また期間中、約130カ国（同じ国を複数回訪問している場合複数国訪問と勘定）を訪問した。総理自身、2013年の演説でそれを「地球儀を俯瞰する」外交と呼んだが、まさにそれにふさわしい外交活動であった。安倍総理は、自由、民主主義、法の支配を重んじる国際社会の秩序形成に日本も相応の役割を果たすべきだとの信念を持っていた。

安倍総理とユーモア

安倍総理はまた言葉の説得力とユーモアを重視したリーダーだった。米議会上下両院で行った演説は自らの英語でユーモアを交えた素晴らしい演説であった。演説だけではない。安倍総理が東京から続く長い、長い土管を通ってマリオに扮してリオデジャネイロのオリンピック閉会式に現れた時も、会場の大歓声を得た。こうしたユーモアのある行動には総理のスマイルが最もよく似合っていた。

長谷工マンションミュージアム

「一生に一度の買い物」と言われるマイホーム購入。一戸建て、マンションなどライフスタイルにより選択肢は異なるが、後悔しないためにも事前の下調べは必要不可欠だろう。長谷工コーポレーション（本社・東京都港区）が多摩市に構える「長谷工マンションミュージアム」はマンション購入を検討する場合に訪れておきたい場所の一つだ。マンション施工の実績ナンバーワンを誇る同社の〝モノづくりへの熱い想い〟が集結したミュージアムの魅力を探った。

ARで設計のミッションに挑戦

「見て、触れて、感じて、学べる」ミュージアム

㊤タブレットの中には建物の立体モデルが映し出されている
㊦「長谷工マンションミュージアム」の「まるごとマンションづくり」ゾーンに新設されたマンション設計の模擬体験ができる設計コーナーで、アテンドスタッフの木本さん（中央）の説明を受ける来館者（いずれも8月26日、東京都多摩市で）

長谷工マンションミュージアムは、集合住宅の歴史から技術、未来への取り組みなどマンションに関することを「見て、触れて、感じて、学べる」参加型コミュニケーションの場として2018年10月にオープンしたマンションの博物館。今年6月末には来館者1万人目を迎えるなど地域のにぎわいにも貢献している。

館内は①エントランス②はじまりの物語③集合住宅の歩み④暮らしと住居の変遷⑤まるごとマンションづくり⑥再生と長寿命化⑦これからの住まい⑧HASEKOライブラリー⑨マンション防災――の九つのゾーンで構成される。

「暮らしと住居の変遷」ゾーンでは建物内に新旧モデルルームの実物を展示。浴室、トイレ、キッチン、ダイニング、リビングなど現在と1970年代の設備が比較できるようになっており、時代のニーズに合わせたマンションの進化がわかる。最新の間取りや設備を見学できるとともに、昭和生まれには懐かしい家具が陳列されるなどノスタルジックな気分も味わえる。

一方、「まるごとマンションづくり」ゾーンの設計コーナーでは、来場者が設計者となってマンション設計のミッションに挑戦。同コーナーはこの夏に新設されたばかりで、コンピューター上に建物の立体モデルを再現するタブレットを操作し、AR（拡張現実）と映像を使い、建物の形状や日当たりなどを選択してマンション設計の一連の流れを体験できる。

また、施工コーナーでは、建物の水廻り設備を自由に配置・設計することが可能となる「サイホン排水方式」の概要を紹介。この排水システムは、長谷工、野村不動産、ブリヂストンの共同開発で、高い位置の水を低い場所に移す「サイホン原理」を使った技術。無勾配で排水管を設置できるため、ライフスタイルに合わせたリフォームなども容易になる。

このほか、「再生と長寿命化」ゾーンでは、資産価値の維持を目的とした修繕や耐震改修、建物と設備の劣化による建て替えなどさまざまな事例を紹介。「マンション防災」ゾーンでは、マンションだからできる防災をテーマに、マンションの災害対策の進化、共助への取り組みや減災対応を動画やパネルで展示するとともに、腰掛板を外してかまどとして使える「かまどスツール」やマンホール枠に設置する簡易トイレ、マンションの共用倉庫に備蓄する防災グッズなどが展示され、災害時に必要な設備や備品などについて学ぶことができる。

館内を案内したアテンドスタッフの木本有理奈さんは「見学前はマンションについてあまりご存知ないという方もお帰りの頃には『マンションの歴史や構造が理解でき、とても勉強になりました』とおっしゃっていただいております」と来館者の声を話してくれた。

同ミュージアムへの入館は無料だが事前の予約が必要。最寄り駅となる「多摩センター駅」周辺は、テーマパーク「サンリオピューロランド」が所在するほか、商業施設が軒を連ねるなど利便性の高い地域となっている。一度足を運んでみてはいかがだろう。

㊤新旧モデルルーム内の最新のリビング・ダイニング。窓が大きく、明るく開放的な居住空間となっている。㊦1970年代に建設された集合住宅の和室。配置される家具は、実際に一般家庭で使われていたものだ

◇長谷工マンションミュージアム

東京都多摩市鶴牧3の1の1

京王相模原線「京王多摩センター駅」（約12分）、小田急多摩線「小田急多摩センター駅」（同）、多摩モノレール「多摩センター駅」（約10分）

営業時間午前10時から午後5時。休館日第1、3、5土曜日、日曜、祝日および同館が定める日

問い合わせ0120（808）385

長谷工マンションミュージアムの外観。緑に囲まれた敷地内には、実験・開発を行う「長谷工技術研究所」やマンション管理の総合監視センター「アウル24センター」、マンション管理のプロを養成する研修施設「長谷工グループ技術研修センター」なども併設されている。

ひろば

神無月、時雨月、初霜月、上冬――10月。

2日国際非暴力デー、8日十三夜、10日スポーツの日、11日安全・安心なまちづくりの日、24日国連デー、27日文字・活字文化の日。

手力神社例祭奉納花火大会　三重県伊賀地域で一番遅い奉納煙火。三大上忍の藤森長門守が火の忍術を得意とした花火を奉納したのがはじまり。秋の夜空を250発の花火が彩り、境内は出店でにぎわう。　17日

妙円寺詣り　鹿児島三大行事の一つ。関ケ原の戦いで敵中突破し帰鹿した武士たちの往時の苦難をしのび、参拝するようになった。日置市の徳重神社で武者行列や郷土芸能の奉納などが行われる。　22、23日

マイヘルス Q&A

アレルギー性鼻炎

疲労やストレスも一因

アレルゲン免疫療法で根治

Q　アレルギー性鼻炎とはどんな病気ですか。

A　特定の物質（アレルゲン）に対して免疫反応が起こり、くしゃみ、透明な鼻水、鼻づまりなどの鼻症状を主に引き起こすアレルギー疾患です。

スギやヒノキの花粉などが原因で、花粉の飛散時期だけに鼻炎症状を認める季節性アレルギー性鼻炎（花粉症）と、ダニやホコリなどが原因で1年を通して鼻炎症状を認める通年性アレルギー性鼻炎に分けられます。

Q　どんな症状がありますか。

A　くしゃみや鼻水、鼻づまりなどの鼻症状とともに、目のかゆみや咽頭違和感などを引き起こしたり、症状が重くなると、皮膚のかゆみや頭痛、だるさ、不眠などを引き起こしたりすることもあります。

Q　どんな人が発症し、重症になるのですか。

A　アレルギー性鼻炎に罹患している人は年々増加しており、約4割の人が罹患しているといわれています。発症する原因は詳しくは分かっていませんが、遺伝的にアレルギー体質が主な原因とされています。

また、大気汚染や花粉飛散量にも大きく影響されます。疲労やストレスが多い人や不規則な生活を送っている人も発症しやすいといわれています。

くしゃみの回数、鼻をかんだ回数、1日にどのくらいの時間口呼吸をしていたかで重症度を判定しますが、くしゃみや鼻をかんだ回数が20回を超える場合や、鼻が1日中詰まっている場合は最重症と診断されます。

Q　治療はどのようなものになりますか。

A　症状を軽減する対症療法と、根本的に治す根治療法があります。対症療法には、内服薬、点鼻薬、点眼薬を使った薬物療法と、レーザー治療に代表される手術療法があります。

根治治療には、アレルゲン免疫療法があり、アレルゲンを少しずつ体内に入れ、反応を弱めていくことで症状を抑えます。注射で行う皮下免疫療法と、薬を舌の下に入れる舌下免疫療法があります。

アレルギー性鼻炎の治療は、症状や重症度に応じて、これらを組み合わせて行いますが、症状の原因となるアレルゲンを回避する環境を作ることが最も重要です。

自衛隊中央病院
耳鼻咽喉科医長
田中　伸吾

BOOK NOW

私が読んだこの一冊

早坂隆著「ペリリュー玉砕 ―南洋のサムライ・中川州男の戦い―」（文春新書）

26普連本部管理中隊（留萌）
鄯棠仁2陸尉　32

本書は、島嶼防衛を考える上で示唆に富む一冊だ。

太平洋戦争末期のペリリューの戦いで陣頭指揮を執り、「バンザイ突撃」を禁じ、徹底した持久戦により70日間耐え抜いた功績で天皇陛下から11回の御嘉賞を送られた中川州男大佐の半生を描いている。

また、実際に当時の戦いを現地で取材、元兵士からの聞き取りを行い、当時の状況や兵士の心情が分かりやすく表現された一冊になっている。是非読んでみてください。

藤原正彦著「祖国とは国語」（新潮社）

1航空隊12飛行隊（鹿屋）
山下大貴2海尉　27

「国語教育絶対論」――強い熱意を感じさせる一編で始まる、月刊誌などの連載をまとめた短編集。長い海外経験のある著者だからこその主張には、核心を突くものがある。英語教育第一主義や自発性重視の勉強法がもてはやされる時代において、本当の学力・思考力とは何かを考えさせられる。

短い時間でも読み切りやすく、後半には、藤原家の少し笑える日常を綴った、「いじわるにも程がある」など、軽妙なエッセイも収録されている。

清武英利著「しんがり 山一證券最後の12人」（講談社文庫）

8空団監理部（築城）
冨田智則3空佐　36

本書は、四大証券の一角を占めていたが、突如1997年に破綻した山一證券で、破綻の原因となった不正の真相究明と清算業務を最後まで続けた山一の社員を描いたノンフィクションである。

組織内で不正がどのように行われ、かつ繰り返されるのか、破綻消滅という危機に直面した社員の人間模様、危機の中黙々と業務を遂行する社員の姿勢などから、組織で働く社会人が「組織」について考えさせられる一読の価値のある一冊である。

隊員愛読書ベスト5

<入間基地・豊岡書房>
❶令和4年版日本の防衛―防衛白書　防衛省編　日経印刷　¥1397
❷世界の傑作機スペシャルエディションVol.9 川崎C－1　文林堂　¥2860
❸自衛官採用試験問題解答集4　一般曹候補生2022年版　防衛協力会編成山堂書店　¥2200
❹沈黙のパレード　東野圭吾著　文春文庫　¥891
❺ヒーローコード　ウィリアム・H・マクレイヴン著　扶桑社　¥1760

<防衛省・三陽堂書店>
❶令和4年版日本の防衛―防衛白書　防衛省編　日経印刷　¥1397
❷陸上自衛官服務小六法　令和4年版　学陽書房　¥3200
❸政官要覧　令和4年秋号　政官要覧社　¥4840
❹青の翼ブルーインパルス　小峯隆生著　並木書房　¥1870
❺ロシアのウクライナ侵攻と揺れるアジアの秩序　年報アジアの安全保障2022―2023　德地秀士監修　朝雲新聞社　¥2475

<神田・書泉ブックタワーミリタリー部門>
❶世界の傑作機スペシャルエディションVol.9 川崎C－1　文林堂　¥2860
❷日本本土防空戦B－29対日の丸戦闘機　潮書房光人新社　¥1100
❸海防戦艦　設計・建造・運用1872～1938　橋本若路著　イカロス出版　¥4950
❹4号戦車D～G型写真集　ホビージャパン　¥3300
❺日本陸軍戦闘機隊　戦歴と飛行戦隊史話　秦郁彦、伊沢保穂共著　大日本絵画　¥4950

<トーハン調べ8月期>
❶その本は　又吉直樹、ヨシタケシンスケ著　ポプラ社　¥1650
❷ONE PIECE magazine Vol.15　尾田栄一郎著　集英社　¥1200
❸おいしいごはんが食べられますように　高瀬隼子著　講談社　¥1540
❹オーバーロード16　半森妖精の神人　下　丸山くがね著　KADOKAWA　¥1320
❺アイドル2.0　コムドットやまと著　講談社　¥1650

米　国

「ロケット空中発射方式」を整備

衛星を飛行中の航空機から

安全保障に欠かせない軌道上の情報収集衛星や通信衛星が機能を停止した場合、防衛システムに穴が生じるため、代替の衛星をただちに打ち上げなければならない。米国ではその手段として航空機からの「ロケット空中発射方式」を整備している。この方式は地上からの打ち上げに比べて迅速かつ柔軟に対応できるため、有事の即応衛星打ち上げにも有効。この空中発射型ロケットの母機に空自が2019年まで運用していた旧「政府専用機」と同型のB747－400型機が候補となっており、関係者から注目されている。

防衛システムの穴に対応

ロシアや中国は「対衛星破壊兵器」を保持し、有事に敵対国の人工衛星を密かに攻撃し、そのシステムを破壊する能力をもつ。米国はこの事態に対処するため、小型ロケットを航空機に搭載し、空中から発射して衛星を打ち上げる方式を官民で整備している。

米宇宙軍とノースロップ・グラマン社は2021年6月、宇宙軍の技術実証衛星を積んだ「ペガサスXL」ロケットをL1011トライスター旅客機を改造した空中発射母機「スターゲイザー」から打ち上げる実証試験に成功した。

「戦術即応型打ち上げ(Tactically Responsive Launch)」と名付けられた同方式では、「スターゲイザー」の胴体下に3段式のロケット「ペガサスXL」を搭載。同ロケットは太平洋の上空1万2000メートルを飛行中の母機から切り離された後、点火し、上昇。所定の軌道に実証衛星を乗せることに成功した。「ペガサスXL」ロケットの場合、重量500キログラムまでの衛星の打ち上げが可能という。

旅客機トライスターを改造した空中発射母機「スターゲイザー」の胴体下に積まれた衛星打ち上げ用ロケット「ペガサスXL」

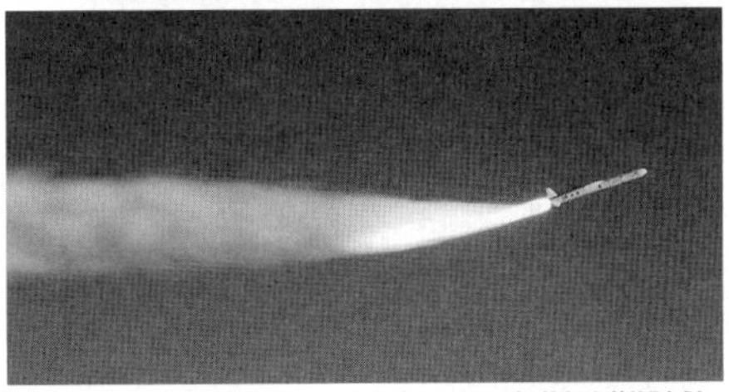

空中発射された「ペガサスXL」(いずれも米ノースロップ・グラマン社HPから)

日本の旧政府専用機 米VO社が母機候補に?

防衛技術

一方、民間の米ヴァージン・オービット(VO)社はB747改修機に小型ロケット「ランチャーワン」を搭載し、衛星を軌道上に乗せる事業を進めている。

これには日本からもANA(東京都港区)が参画し、VO社が日本やアジアで衛星を打ち上げる際、輸送や母機の整備などで支援する計画だ。

空中発射方式は、民間の衛星打ち上げ事業としても有望だ。地上発射の大型ロケットに比べ、準備時間や費用が少なくて済み、高空からの発射のため天候にも左右されない。このため、代替の衛星や打ち上げ用のロケットを事前に用意しておけば、重要な衛星が機能停止した場合でも、短時間で代替衛星の打ち上げが可能になる。

VO社は今年5月、次期母機となるB747－400型機2機を米L3ハリス・テクノロジー社から取得したと発表した。その機体を紹介する写真に、日本の旧「政府専用機」とみられる機体が写っており、関係者を驚かせた。

日本国内では、大分県が国東市の大分空港を今後「宇宙港(スペースポート)」として活用すべく、ANA、VO両社と事業化を進めている。もし、VO社のロケット発射母機に旧「政府専用機」が活用されることになれば、改めて空自隊員や内外の航空ファンから注目を集めることだろう。

飛行中のB747型機から切り離された衛星打ち上げロケット「ランチャーワン」(米ヴァージン・オービット社HPから)

技術が光る

>113<

TRミックスアクア　大成ロテック

施工簡単な全天候型高耐久補修材

散水後30分で交通開放が可能

大型車両や重機、さらには特殊車両などが通行する駐屯地・基地内の道路や駐車場は、車両が通過した際にアスファルトが剥がれたり、ポットホールと呼ばれる円形の穴が開くなど損傷は避けて通れない問題だろう。放置すれば事故にもつながりかねないため早急な処置が必要だ。

道路補修は、アスファルトと骨材(砂、砕石、石粉など)を混ぜ合わせて約160度で加熱した合材を用いるのが一般的で、補修箇所に加熱合材を敷き、ロードローラーなどの機材で転圧して施工するが、天候に左右されるなどのデメリットがある。このため、道路を維持管理する地方自治体などは加熱アスファルトと比べて取り扱いが容易で簡単に施工ができる「常温アスファルト混合物」に注目しているという。

こうした情勢を受け、大成ロテック(東京都新宿区)では水をかけて急速硬化する全天候型高耐久常温アスファルト混合物「TRミックスアクア」を開発。同製品は雨の日でも使用できるとともに、加熱合材を使用したアスファルト道路と同等の強度が得られるハイグレード版だ。アスファルトと骨材を主材料とし、添加材として含まれる特殊な固化材と水が反応することで施工約30分後には交通開放が可能となる。

骨材の飛散に対する抵抗性を評価する試験では、首都高速道路品質規格が損失率20%以下であるのに対し、同製品は10分の1以下の1・8%を測定。また、耐流動性(わだち掘れ抵抗性)に関する試験では、わだちができるまでの走行回数が同規格の2倍となる6000回/㎜を超えるなど従来品に比べ、優れた結果を出している。

使用方法は簡単で、施工する箇所のゴミ、泥、草などを取り除き、補修箇所に同製品を投入。スコップなどで均一にならし、1袋(20キログラム)あたり水1リットル以上を全体にまんべんなく散水した後、速やかに足で踏み固めれば終了となり、専門技術は不要だ。

敷地内のポットホールの穴埋めや段差解消のためのスロープ状のすりつけなど、トラックやフォークリフトが通る場所の簡易的な補修に活用できるほか、雑草の抑制などにも役立つ。

1袋でできる施工面積は厚さ3センチで約0・3平米、5センチで約0・2平米。交通量にもよるが半年から1年の耐久性があるため、舗装までの予備期間としては強度ともに十分と言えるだろう。

同社は製品を広く知ってもらうため、全国の駐屯地・基地を訪れてデモンストレーションを実施している。製品販売部の谷口裕介部長は「災害や有事が起きた場合、駐屯地・基地内の道路も被害を受けることも考えられます。万が一の際の緊急資材として備蓄して頂ければ使用できますし、構内のちょっとした補修もまかなえます」と話す。

同製品の保存期間は未開封で6カ月。水に触れると硬化するという製品の性質上、空気中の水分で固まってしまうため、パッケージの袋も良質な材料を厳選するとともに、ペットボトルを再利用するなど環境にも配慮している。

手軽さと強度を兼ね備えた同製品を使えば少ない時間と人員での作業が可能となり、多忙な自衛官にとっての一助となり得るだろう。

ポットホールなどに充填し、水をかけて踏むだけでアスファルト道路と同等の強度が得られる大成ロテックが開発した全天候型高耐久常温アスファルト混合物「TRミックスアクア」

世界の新兵器

――564

ステルス無人機「スイフト」印

インド無人機技術の飛躍を狙う

去る今年7月、インド南部の飛行試験センターで、新ステルス無人攻撃機のための技術実証機「スイフト」が、初飛行に成功した。本機は完全自律航行、自動離着陸を含む完璧な飛行を行ったと発表されている。

「スイフト」は、国防省、空軍、航空企業、工科大学の軍産学一体で2010年から開発が進められているインド初の本格的大型無人攻撃機「ガータック」の縮小版で、開発に必要なステルス形状や、完璧な自律航法、高速着陸などの各種技術の実証を行う機体である。今後のテスト飛行による実証を踏まえて、近々「ガータック」の開発が本格化すると思われる。

インドは、これまで小型無人機を開発し運用を行うと同時に、外国機を導入し運用してきたが、大型機は初めてのことであり、段階的にプロジェクトを進めようとしている。「ガータック」は、保全上の観点などからエンジンを含め純国産を目指しているとされ、ネットワークによるデータリンク、衛星リンク、完全自律の長距離ナビゲーション、電子・光学及び飛行制御システム、ターゲット捕捉、電子戦対応などの機能を備える予定である。

また推力方向偏向制御や、レーダー吸収塗料などについても、開発が行われている。諸外国でも開発が進んでいる有人戦闘機との共同作戦も今後検討されると思われる。

本機はステルス性を考慮した無尾翼、全翼形状で、その諸元・性能は発表されていないが、全長約4メートル、全幅約5メートル、重量約1トンで、エンジンはロシア製のサターン36MT小型ターボファンエンジンと推定されている。インドはこのほか、人工知能(AI)を使用し敵レーダーを混乱させる無人機による多数機編隊攻撃や、敵の無人機の方向感覚を失わせ無力化するため、偽GPS信号発生装置の開発も行っている模様だ。

インドはこれらのほかにも米国と共同で、空中発射式の無人機の開発も行っているようで、今後の動向から目が離せない。

高島　秀雄(防衛技術協会・客員研究員)

初飛行に成功したインドの技術実証機「スイフト」(インド国防省HPから)

技術屋のひとりごと

全方向加速度最小

宇田川　直彦

(防衛装備庁　航空装備研究所)

表題の「全方向加速度最小」は、筆者が自動車を運転する際のストラテジーである。

前後の加減速と左右加速度(いわゆる横G)の総量を極力少なくするのである。もう少し技術的に言えば、NxとNyの合成ベクトルの大きさの時間積分値を最小化する。

具体的には、加速はアクセルに足の重さだけ、減速はブレーキを使わずにニュートラルギアで自然減速、止まってしまうと大幅な加減速になるので、三つぐらい先の信号まで見て止まらずに済むよう計画して行く。

横に関しては、車線幅の中で中心線にこだわらず滑らかなコースを取り、車線変更や駐車車両の回避はできるだけ手前から、カーブにおけるアウトーインーアウトのように速度調節と組み合わせて最適化する。

なお実行するのは、迷惑する他交通がいない場合に限る事は言うまでもない。

何のためかと言えば、燃費とか環境とか乗り心地とか、結果的にはそうなっているのだろうが、それらは全く理由でない。

知的遊びである。若者たちは(若くない者も)概ね速度とか加速度とかの「低俗な」物理量を追求したがるようだが、技術屋の自分は、加速度の時間積分という文字通り高い次元の物理量を相手にするのである(実は加速度を時間積分すると見掛け上の次元は減ってしまうのだが、それは気付かなかったことにする)。

こんな事を孤独に長年行っていたのだが、意外にもこれが役立つ時が訪れた。平成18年の北海道転勤である。

現地でよく言われていたのは、内地から来た人は最初の雪シーズンに必ずスリップ事故を起こすというものであった。ところが筆者はそれをせずに済んだ。考えてみればこの手法は、雪で滑らない運転法100%そのものズバリなのである。

雪国へ赴任を控えた読者は、本ストラテジーを練習されてはいかがだろうか。

防衛トピックス

EPAWSSをF15用で追加受注

BAEシステムズ

BAEシステムズは、米国のF15Eと新型のF15EX戦闘機用のイーグル受動/能動警戒生存システム(EPAWSS)の追加生産を米ボーイング社から受注した。

EPAWSSは航空機に搭載することで、最新の状況認識と自己防衛能力を提供してくれるシステム。低率初期生産(LRIP)ロット2契約により、EPAWSSシステムとスペアの追加生産と試験・開発用ユニットの納入を開始する。

契約により、ボーイング社は、EPAWSSを搭載し、電磁波能力を引き続き提供することができる。

HASEKO

マンション施工実績No.1®、長谷工コーポレーションおすすめ新築分譲マンション

※施工戸数累計約68.6万戸:(株)長谷工総合研究所調べ(2022年6月末現在)

掲載の提携特典をご利用の際は、「朝雲新聞を見た」とお伝えください。

New クラッシィハウス大宮植竹町 【埼玉県さいたま市北区】

提携特典　販売価格(税込)より1.0%割引

16路線利用可能 「大宮」駅へ1駅2分 | 総面積67.8ha 「大宮公園」徒歩圏 | 多彩な大型店と約110の専門店 複合商業施設「ステラタウン」徒歩圏

大規模低層レジデンス全191邸　予定販売価格(100万円単位) 南向き/3LDK 4,400万円台～　月々返済 9万円台～

■「クラッシィハウス大宮植竹町」全体概要●所在地/埼玉県さいたま市北区植竹町一丁目321番1(地番)●交通/東武アーバンパークライン(東武野田線)「北大宮」駅 徒歩11分(サブエントランスより)●総戸数/191戸●用途地域/第一種住居地域●敷地面積/7,048.11㎡●建築面積/4,096.09㎡●構造・規模/鉄筋コンクリート造地上5階建●駐車場/128台(専用駐車場1台、機械式127台)※地上3段地下2段昇降横行式(月額使用料/未定)●自転車置場/391台(2段ラック280台、2段ラック下部スライド89台、前輪ラック6台、サイクルポート16台)(月額使用料/未定)●バイク置場/11台(バイク6台、ミニバイク5台)(月額使用料/未定)●インターネット利用料(月額)/未定●分譲後の権利形態/敷地・建物共用部分は専有面積割合による所有権の共有、建物専有部分は区分所有権●竣工時期/2023年8月下旬予定●入居時期/2023年10月下旬予定●管理形態/区分所有者により管理組合を結成し、管理会社に委託予定●管理会社/株式会社長谷工コミュニティ●売主/住友商事株式会社、京阪電鉄不動産株式会社●販売提携(代理)/株式会社長谷工アーベスト●販売提携(媒介)/住商建物株式会社●設計・施工/株式会社長谷工コーポレーション ■第1期販売予告概要●販売戸数/未定●予定販売価格/3,900万円台～7,000万円台※100万円単位●予定最多価格帯/5,300万円台※100万円単位●間取り/2LDK～4LDK●専有面積/60.45㎡～83.82㎡●バルコニー面積/9.55㎡～14.29㎡●サービスバルコニー面積/1.79㎡～11.58㎡●専用庭面積/8.21㎡～13.72㎡(月額使用料/未定)●テラス面積/9.61㎡～12.74㎡(月額使用料/未定)●管理費等/未定●販売予定時期/2022年11月下旬 ※販売住戸を一括して販売するか又は数期に分けて販売するかが確定しておりません。確定情報は本広告にてご案内致します。表示している専有面積・予定価格等の数値は予定販売住戸全体(191戸)を対象としています。
【ローン返済例/G8gタイプ(108号室・3LDK・68.73㎡)】●予定販売価格:4,499万円●頭金:9万円●借入金額:4,490万円(内ボーナス支払分700万円)●月々の返済額(年12回):95,891円●ボーナス時加算額(年2回):106,337円●取扱金融機関:住信SBIネット銀行●金利・種別:年0.35%(変動金利)・元利均等返済●返済期間:35年【提携ローンのご案内】●取扱金融機関:住信SBIネット銀行●融資限度額:500万円以上、2億円以下(10万円単位)●返済期間:1年以上35年以内(1ヵ月単位)※申込時満20歳以上、借入時満65歳以下で完済時満80歳未満の方●金利:年利2.775%(変動金利、期間▲2.425%)元利均等返済方式●事務取扱手数料:借入金額×2.2%(税込)※ローンは一定要件該当者が対象。適用される金利は融資実行時のものとなり、表記されている金利と異なる場合があります。※引き下げ金利は審査により適用されない場合があります。また、年収、その他の条件により適用金利が異なる場合があります。※変動金利は年2回見直しされますが、返済額は適用金利が変わっても5年間は一定で5年ごとに調整されます。(ただし、前返済額の1.25倍が限度)※適用される金利は融資実行時のものになります。※ご購入に関しては売買価格とは別に諸費用(登記費用・修繕積立基金等)が必要となります。借入申込み資格および融資条件など詳しくは係員にお尋ねください。

資料請求はこちら!

物件に関するお問い合わせは「OMIYA GRAND LIVING」サロン

0120-038-352　クラッシィハウス大宮植竹町　検索

営業時間/10:00～18:00　定休日/水・木曜定休(祝日を除く)

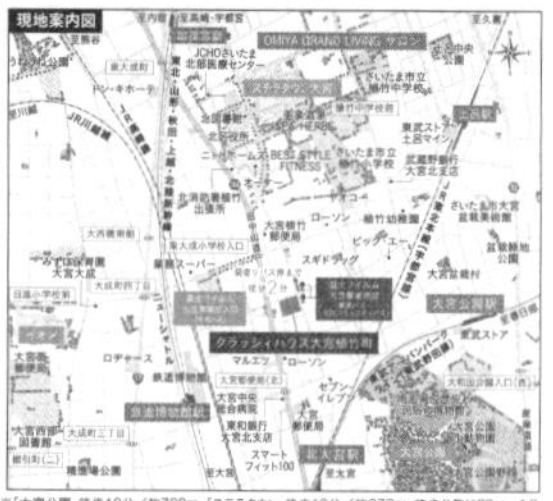

(売主) 住友商事　(売主) KEIHAN 京阪電鉄不動産　(販売提携(代理)) 長谷工 アーベスト　(設計・施工) 長谷工 コーポレーション

New ブリリアンコート久米川 【東京都東村山市】

提携特典　販売価格(税込)より1.0%割引

西武新宿線 急行・準急停車駅 「久米川」駅 徒歩4分(約270m)　西武多摩湖線 「八坂」駅 徒歩8分(約590m)

潤いのシンボル「さくら通り」を望む地に住まう全66邸。

■「ブリリアンコート久米川」全体物件概要●所在地/東京都東村山市栄町2丁目31番6、31番25(地番)●交通/西武新宿線「久米川」駅まで徒歩4分、西武多摩湖線「八坂」駅まで徒歩8分●用途地域/商業地域・近隣商業地域●敷地面積/1,250.16㎡●構造・階数/鉄筋コンクリート造・地上15階建●総戸数/66戸●駐車場/機械式駐車場16台・車椅子使用者用駐車施設(充電器対応)1台・来客用駐車場(充電器対応)1台(月額使用料:未定)●ミニバイク置場/4台(屋根付)(月額使用料:未定)●バイク置場/2台(屋根付)(月額使用料:未定)●自転車置場/114台[2段式(上段49台、下段スライド式59台・下段ラック式6台)、うちシェアサイクル2台(屋根付)]専用庭にサイクルポート(2台分・屋根付)(月額使用料:未定)●分譲後の権利形態/敷地・建物共用部分は所有権の共有、建物専有部分は区分所有●竣工予定時期/2024年2月中旬(予定)●入居予定時期/2024年4月上旬(予定)●管理会社/株式会社長谷工コミュニティ九州●売主/大栄不動産株式会社●販売提携(代理)/株式会社長谷工アーベスト●設計・施工/埼玉建興株式会社一級建築士事務所・埼玉建興株式会社 ■予告物件概要●予定販売戸数/未定●予定販売価格/未定●予定最多価格帯/未定●間取り/2LDK～4LDK●住居専有面積/56.02㎡～75.63㎡●バルコニー面積/10.04㎡～12.60㎡●ルーフバルコニー面積/49.00㎡(月額使用料:未定)●サービスバルコニー面積/1.82㎡～3.63㎡●テラス面積/4.14㎡～13.47㎡●専用庭面積/5.40㎡～43.98㎡(月額使用料:未定)●インターネット利用料(月額)/未定●管理費(月額)/未定●修繕積立金(月額)/未定●修繕積立基金(引渡時一括)/未定●販売予定時期/2022年9月末※表示されている価格、専有面積、バルコニー面積等の数値は、全住戸を基礎としています。販売戸数、価格、専有面積等は本広告におきましてお知らせいたします。

物件に関するお問い合わせは「ブリリアンコート久米川」マンションギャラリー

資料請求はこちら!

0120-066-404　ブリリアンコート久米川

営業時間/10:00～18:00　定休日/水・木曜日(祝祭日除く)

(売主) 大栄不動産　(販売提携(代理)) 長谷工 アーベスト

マンションギャラリー公開中【予約制】

New ソライエ新鎌ケ谷 【千葉県鎌ケ谷市】

提携特典　販売価格(税込)より1.0%割引

周辺エリア概念CGイラスト
※1.2010年～2023年に竣工予定の「新鎌ケ谷」駅徒歩圏のマンション中、駅徒歩分数が最短。(工業市場研究所調べ)

4路線利用可能 「日本橋」駅へ直通36分※ | 全邸南東向きの 2LDK～4LDK | 大型商業施設近接 全136邸

※「日本橋」駅:成田スカイアクセス線アクセス特急(「押上」駅より都営浅草線エアポート快特乗り入れ)(日中時35分)

外観完成予想CG

■「ソライエ新鎌ケ谷」全体物件概要●所在地/千葉県鎌ケ谷市新鎌ケ谷二丁目12番11他(地番)●交通/東武アーバンパークライン・成田スカイアクセス線・北総線・新京成線「新鎌ケ谷」駅徒歩3分(オーナーズエントランスより計測※2023年12月整備完成予定の北側市道を通るルートとなります。)●用途地域/商業地域(防火地域)●敷地面積/2,555.61㎡●建築面積/1,249.74㎡●構造・規模/鉄筋コンクリート造地上14階建●総戸数/136戸●駐車場/68台(月額使用料:未定)●自転車置場/272台(月額使用料:未定)●バイク置場/4台(月額使用料:未定)●分譲後の権利形態/敷地:各戸専有面積割合による所有権の共有、建物:専有部分は区分所有権、共用部分は各戸専有面積割合による所有権の共有●管理会社/株式会社長谷工コミュニティ●管理形態/区分所有者全員で管理組合を結成し、管理業務等は管理会社へ委託(予定)●建物竣工予定時期/2023年11月下旬●入居予定時期/2023年12月下旬●売主/東武鉄道株式会社●販売提携(代理)/株式会社長谷工アーベスト、東武不動産株式会社●設計・施工/株式会社長谷工コーポレーション ■予告物件概要●予定販売戸数/未定●予定販売価格/未定●予定最多価格帯/未定●間取り/2LDK～4LDK●専有面積/62.38㎡～93.57㎡●バルコニー面積/11.60㎡～14.93㎡●テラス面積/11.31㎡～12.00㎡●サービスバルコニー面積/1.92㎡●専用庭面積/7.41㎡～12.00㎡(月額使用料:未定)●管理費等/未定●インターネット利用料(月額)/未定●販売予定時期/2022年10月中旬※本物件は一括して販売するか、分割して販売するか未定です。記載の間取り・専有面積・バルコニー面積等は未分譲の全戸(136戸)に対してのものです。販売戸数、価格等の未確定部分につきましては本広告で表示いたします。

物件に関するお問い合わせは「ソライエ新鎌ケ谷」マンションギャラリー

資料請求はこちら!

0120-136-634　営業時間/10:00～18:00　定休日/水・木曜日(祝日除く)

ソライエ新鎌ケ谷　検索

(売主) TOBU 東武鉄道　(販売提携(代理)) 長谷工 アーベスト　(設計・施工) 長谷工 コーポレーション

New ソライエ若葉ステーションヴィラ 【埼玉県坂戸市】

提携特典　販売価格(税込)より1.0%割引

池袋、有楽町、みなとみらい 直通 | 「ワカバウォーク」へ 徒歩6分 | 全邸南西向きの 114邸 | VILLA スタイルのレジデンス

「ソライエ若葉ステーションヴィラ」モデルルーム公開中

■「ソライエ若葉ステーションヴィラ」全体物件概要●所在地/埼玉県坂戸市関間四丁目93-7他(地番)(坂戸都市計画事業関間四丁目土地区画整理事業24街区3画地)●交通/東武東上線「若葉」駅まで徒歩3分●用途地域/商業地域●敷地面積/2,293.00㎡●建築面積/973.13㎡●構造・規模/鉄筋コンクリート造 地上15階建●総戸数/114戸(他に店舗1区画)●駐車場/80台(月額使用料:未定)●自転車置場/234台(月額使用料:未定)●バイク置場/6台(月額使用料:未定)●分譲後の権利形態/敷地:各戸専有面積割合による所有権の共有、建物:専有部分は区分所有権、共用部分は各戸専有面積割合による所有権の共有●管理形態/区分所有者全員で管理組合を結成し、管理業務等は管理会社へ委託(予定)●管理会社/株式会社長谷工コミュニティ●建物竣工予定時期/2023年12月下旬●入居予定時期/2024年1月下旬●売主/東武鉄道株式会社●販売提携(代理)/株式会社長谷工アーベスト、東武不動産株式会社●設計/株式会社長谷工コーポレーション●施工/株式会社長谷工コーポレーション、東武建設株式会社■予告物件概要●販売戸数/未定●予定販売価格/2,900万円台～5,700万円台 ※100万円単位●予定最多価格帯/3,800万円台 ※100万円単位●間取り/2LDK～4LDK●専有面積/62.60㎡～90.90㎡●バルコニー面積/10.88㎡～20.07㎡●サービスバルコニー面積/1.99㎡～4.09㎡●ポーチ面積/2.15㎡～2.25㎡●ルーフバルコニー面積/38.18㎡(月額使用料:未定)●管理費等/未定●インターネット利用料(月額)/未定●給湯器リース料(月額)/未定●販売予定時期/2022年9月下旬※本物件は一括して販売するか、分割して販売するか未定です。記載の間取り・専有面積・バルコニー面積等は未分譲の全戸(114戸)に対してのものです。販売戸数、価格等の未確定部分につきましては本広告で表示いたします。

資料請求はこちら!

物件に関するお問い合わせは「ソライエ若葉ステーションヴィラ」マンションギャラリー

0120-102-840　若葉114　検索

営業時間/10:00～18:00　定休日/水曜日・木曜日(祝祭日除く)

(売主) TOBU 東武鉄道　(販売提携(代理)) 長谷工 アーベスト　(設計・施工) 長谷工 コーポレーション

※掲載の完成予想CGは、図面を基に描き起こしたもので実際とは異なります。雨樋、エアコン配管、給湯器等再現されていない設備機器等がございます。また、植栽は特定の季節やご入居時の状態を想定したものではありません。全体・植栽計画は変更される場合があります。掲載の徒歩分数は80mを1分として算出しています。※掲載の情報は2022年9月22日現在のものです。詳細は各物件HPをご覧ください。

【提携先】

長谷工 コーポレーション HASEKO

提携特典に関するお問い合わせは(株)長谷工コーポレーション「提携お客様サロン」

0120-958-909　営業時間 9:00～17:00　定休日 土・日・祝日　teikei@haseko.co.jp

その他の新築物件一覧はこちらのホームページからご覧いただけます▶ https://haseko-teikei.jp/kosaiservice/

※提携特典をご利用いただくためには、コーサイ・サービス株式会社が発行する「紹介カード」が必要です。モデルルーム初回来場時にお持ちください。

〈紹介カード発行先〉コーサイ・サービス株式会社　担当:佐藤　TEL:03-5315-4170　E-mail:k-satou@ksi-service.co.jp

HP:https://www.ksi-service.co.jp/ [ID]teikei [PW]109109(トクトク)

旧海軍潜水艦の暗号史料を寄贈

海自保全監査隊から 防研戦史研究センター史料室に

大戦末期の昭和19（1944）年、訓練事故により愛媛県沖の伊予灘で沈没し、戦後引き揚げられた旧日本海軍の「伊号第33潜水艦（伊33潜）」から見つかった貴重な暗号史料がこのほど、それらを長らく教育史料として保存・管理してきた海上自衛隊システム通信隊群保全監査隊（市ヶ谷）から防衛研究所（同）に寄贈された。防研では今春から、全国の部隊や機関等で散逸や劣化の危機に直面している貴重な歴史的史料の収集・永久保存に乗り出しており、その提供の呼び掛けに部隊側が応じたモデルケースとなった。これらの史料は将来、防研戦史研究センター史料室で一般公開される予定だ。

海自保全監査隊の中野聡1佐（中央左）から旧海軍「伊33」潜水艦の暗号史料の寄贈を受ける防研戦史研究センター史料室の菅野直樹室長（同右）。左端は保全監査隊教育科長の中川博1尉、右端は防研の齋藤達志2陸佐（市ヶ谷の保全監査隊司令室）

今回寄贈されたのは、暗号書や乱数表、各種呼び出し符号など段ボール4箱分に及ぶ旧海軍の史料。

今年6月、海自保全監査隊から寄贈の相談を受けた防研戦史研究センター史料室が鑑定を行い、「極めて珍しい一次史料」として収集・保管することを決め、これを受けて、保全監査隊司令の中野聡1佐から防研戦史研究センター史料室の菅野直樹室長に正式に史料が手渡された。

「伊33」潜水艦は昭和19（1944）年6月13日、急速潜航訓練中の事故により瀬戸内海の伊予灘に沈没し、艦長の和田睦雄少佐以下102人が殉職する大惨事となった。艦長は気密を保っていた司令塔から乗員16人を脱出させたものの、生還者はわずか2人のみで、当時は戦況悪化のため引き揚げが断念された。

戦後の昭和28（53）年7月、水深64メートルの海底からようやく引き揚げられた艦内を調査した結果、全く浸水がなかった前部の魚雷発射管室は低温で酸素が吸い尽くされたいわゆる真空状態となっていたことから、ほぼ当時のままの姿で眠るように横たわる13の遺体とともに、奇跡的にきれいな状態に保たれていた暗号史料が〝発見〟された。

この悲劇については記録文学の第一人者である作家の吉村昭氏の「総員起シ」に詳しく描かれている。

その後、暗号史料がどこに持ち込まれ、誰が保管していたのか、また、引き揚げ翌年の昭和29（54）年に防衛庁・自衛隊が発足して以降、幾度もの組織改編を経てきた保全監査隊の前身の部隊にどのように巡ってきたのかなどの経緯については一切「謎」に包まれているという。

平成14（2002）年3月に「システム通信隊群司令部」の新編に伴って発足した「保全監査隊」では、これらの暗号史料を前身の部隊から受け継ぎ、課程学生の歴史教育の一環として陳列ケースに入れるなどして活用してきたが、近年は史料の劣化が激しくなってきたことから、防研の呼び掛けに応じて寄贈を決めた。

沈没潜水艦から奇跡的に〝生還〟し、海自で長く教育に役立てられてきた暗号史料。防研では今後、一般公開に向けて準備を進める

司令室で史料を寄贈した中野隊司令は、「貴重な史料を長く当隊で保管してきましたが、今後は防衛研究所で大切に永久保存していただくとともに、広く一般の方々にもご覧いただける計画であることを大変うれしく思います」と期待感を表明した。

一方、国立公文書館から公文書管理に関する公的資格「認証アーキビスト」の認定を受けている戦史史料専門家の菅野室長は、「大変珍しい貴重な史料を寄贈していただき、部隊の方々のご厚意に感謝します。保存には十分留意し、将来は一般公開を目指しますので、ぜひ、ご注目をお願い致します」と話していた。

◇防衛研究所戦史研究センター史料室

公文書管理法適用対象外の「歴史資料等保有施設」に指定され、旧陸海軍に関する〝我が国最大のアーカイブズ〟として現在、『戦史叢書』（朝雲新聞社刊）をはじめ約16万7000冊の旧陸海軍公文書などの戦史史料を永久管理している。全国の各基地・駐屯地等が保有する旧軍史料の保存・管理・修復などの扱いについて随時相談を受け付け、解決策を提案するとともに、史料を寄贈された場合は、▽評価選別▽殺虫・殺菌▽目録作成▽補修・製本――を行った上で、適切な温湿度に保たれた史料庫に永久保存し、広く一般公開にもつなげていく予定だ。

問い合わせ先＝戦史研究センター史料室・齋藤達志2陸佐または山口昌也研究員＝防衛省（大代表）03―3268―3111（内線29651または29234）まで。

43普連 安否不明者捜索

台風14号 宮崎災派 24普連 高原町で給水支援

土砂災害が発生した現場で他機関と共に安否不明者を捜索する43普連の隊員（9月19日、宮崎県三股町）＝西方ツイッターから

大型の台風14号が9月18日、鹿児島県鹿児島市付近に上陸し暴風域を伴ったまま北上、各地で大雨による河川の氾濫や土砂崩れを引き起こした。宮崎県三股町で発生した土砂災害では住民1人が安否不明となったため、同県の河野俊嗣知事は19日午前10時、43普連（都城）長の谷雅和1佐に住民の捜索救助に係る災害派遣を要請。同日午後1時半には河野知事から24普連（えびの）長の一宮大介1佐に同県高原町での給水支援の災派要請があった。

43普連は人員延べ約150人、小型ドーザ延べ4両、車両延べ28両で捜索救助活動を実施。同日午後2時10分、安否不明者1人が発見されたことから、河野知事の要請を受けて活動を終えた。

20日には空自新田原救難隊のU125A救難捜索機1機、UH60J救難ヘリ1機、陸自西方航空隊（目達原）のUH1多用途ヘリ2機が宮崎県内の航空偵察を実施した。

24普連は19日から25日まで、高原町の総合運動公園、南狭野活性化センター、鹿児山農業構造センターなどで延べ約340人、水トレーラー延べ70両で約210トンの給水支援を行った。

ハラスメント根絶へ

吉田陸幕長 「親が預けられる組織に」

防衛省が自衛隊内のハラスメントの実態を調べる「特別防衛監察」を行うことを踏まえ、吉田陸幕長は9月15日の会見で、現状を深刻に受け止め、ハラスメント根絶の徹底に取り組んでいく姿勢を改めて示した。

会見で陸幕長は「有事には命令でかなりの程度、意思を強要しなくてはいけない局面があるため、組織としてパワハラが起きやすい土壌というのはあり得る」と認めながら、自衛隊法の「服務の宣誓」にある「人格を尊重し」という部分について触れ、自衛隊員はそれを宣誓していることを強調。「相手の人格を無視したり、否定するような指導は断じて許されない。この文化、土壌を本当に変えていくという強い意志をもってハラスメントの根絶に取り組みたい」と述べた。

さらに「相手の人格を尊重するという前提の下、自分の子どもを安心してこの組織に預けられると親御さんに思っていただけるような組織にすることが大事だ」と話し、ハラスメント根絶の意志を重ねて示した。

ブルーインパルス懲戒処分

東京パラ開会日の染料付着で

東京2020パラリンピック開会日の昨年8月24日、東京都内上空を展示飛行した4空団11飛行隊（松島）ブルーインパルスの使用したカラースモークの染料と見られる物質が入間基地周辺の車両などに付着した事案で、空自は9月22日、関係した隊員の懲戒処分を発表した。

処分を受けたのは50歳代の男性（A）1佐と40歳代の男性（B）2佐。A1佐は当日の展示飛行部隊指揮官で、飛行終了後の帰投時に、約300メートル以上の対地高度で使用可とするカラースモークの使用基準の範囲外での使用を含む可能性のある飛行計画を承認、隊員に実施させた。

B2佐は展示飛行部隊の編隊長で、同飛行計画を立案し、A1佐の承認を受けて自ら飛行した。

このため職務上の注意義務違反でA1佐は減給1月1/15、B2佐は戒告処分、また、当日の操縦者を含む7人が注意、口頭注意の処分を受けた。

江田島市、海自の歴史を紹介

1術校が特別展を支援

【海自1術校＝江田島】1術校の白根勉学校長と幹候校の梶元大介学校長はこのほど、大柿地区歴史資料館・江田島市灘尾記念文庫で開催された「江田島市ふるさと再発見事業～地域とともに歩む～海上自衛隊第1術科学校教育参考館特別展」の開会記念式典に参加した。両校長は明岳周作江田島市長らとテープカットを行った。

特別展は訪れた人に郷土への関心を高めてもらうとともに、平和について考える機会を提供するのが目的。

1術校は市の依頼を受け、絵画「旗艦『三笠』艦橋における東郷元帥」（東城鉦太郎）など12点を貸出し特別展を支援した。学生の夏休み期間に合わせて約1カ月間開催された。

式典には地元の中・高校の生徒たちも参加。展示物を興味深く見学するとともに、作品について両校長に質問するなど、市と海自の歴史について学んだ。

1術校は「今回の特別展を通じて市と海自の絆が深まるとともに、海自への理解促進につながることを期待する」としている。

特別展見学中、高校生からの質問に答える両校長（左奥は幹候校の梶元校長、右奥は1術校の白根校長）

小休止

▽…13施設群（幌別）は9月9日、登別市らいば公園で行われた「チャリティー秋祭り」で、全国の自衛太鼓チームと部外演奏会を行った＝写真。

▽…当日は北海自衛太鼓（幌別）をはじめ、11月に日本武道館で行われる自衛隊音楽まつりの訓練のため、駐屯地に集まっていた朝霞振武太鼓（朝霞）、熊本西特連太鼓（北熊本）、小倉ひびき太鼓（小倉）も特別出演した。

▽…会場には多くの市民をはじめ、自衛隊協力会、家族会のメンバーも鑑賞に訪れ、迫力のパフォーマンスで演奏後にはアンコールが求められる盛り上がりぶり。最後は盛大な拍手が会場を包んだ。（幌別）

こちら警務隊

道路交通法違反（救護義務・報告義務）

車で人をはねたら、救護したうえ、危険防止措置を講じ、警察官に報告

車で人をはねたとき、相手が「大丈夫」と言ったので立ち去った場合、罪になりますか？

道路交通法では事故を起こした車両の運転者は、「直ちに運転を停止して負傷者を救護し、道路における危険防止の措置を講じる（救護義務）ほか、警察官に報告（報告義務）しなければならない」と規定されています。

「救護義務」を怠ると10年以下の懲役又は100万円以下の罰金、「報告義務」を怠ると3月以下の懲役又は5万円以下の罰金に処されます。

また、報告は事故の事実を公的に証明し、事故後の係争防止のためにも重要です。救護、報告は確実に行いましょう。

（西部方面警務隊）

みんなのページ

日本拳法三重県総合大会 初参加で初優勝

陸士長　橋本　葵（33普連本管中・久居）

日本拳法三重県総合大会がこのほど行われ、私は初めての大会参加でしたが、そこで優勝できたことは、とてもうれしく、また多くの実りを得ることができました。私はどんな状況でも焦らず落ち着くことを意識して今大会に臨みました。日々の練習で何より重要なことは、「試合の展開は自分で作る。自分の戦い方を見つけることだ」と教わってきました。実際試合では、まず相手の動きをしっかり見定めて、相手のペースにのまれないよう、自分のペースで試合を運ぶことができました。

今大会で私が優勝することができたのは、練習は何回言われてもできないことを、私が理解し体現できるまで何度でも親身に指導して頂き、試合に勝つための練成メニューを毎日考えて下さり、また休日でも練習に付き合って頂き指導して下さった方々のおかげだと思っております。

また、私は今大会でたくさんのことを学びました。それはどんな状況でも強い気持ちを持ち続けることが大切だということです。技術の面ではまだまだ練成しなければならないことばかりのため、せめて気持ちだけは誰にも負けたくないと思っていました。その前向きな気持ちが試合の展開を有利に持って行けた要因だと思っています。

しかし、気持ちだけではどうにもならないこともあるため、一日一日の練成を今以上に大切にし、自分に足りていない所を徹底的に練成し、技量の高い人を見て勉強し、次の大会でも良い結果を残せるように練成していきます。

優秀隊員を受賞して

陸士長　佐藤　駿（6施大1中・神町）

6月27日～6月29日までの間、王城寺原演習場で実施された1中隊訓練検閲に2小隊2分隊施設手として参加しました。

今回の検閲は、自分にとって初めての攻撃課目で、実爆による一連の動作で陣前の障害処理を実施しました。事前に神町駐屯地内で、模擬の爆破薬（破壊筒、集団装薬など）を使用して、実爆の基礎を徹底し、真剣に訓練に臨みました。

障害処理の実爆当日は、70式地雷原爆破装置の設置、破壊筒および集団装薬による爆破準備などを実施しました。また、対戦車壕を爆破薬で処理する際、点火手となり、爆破を成功させました。

猛暑の中での任務でしたが、施設手としての使命を自覚し、事前訓練の練成成果を発揮して、無事に中隊の任務達成に寄与することができました。

その功績が評価され、中隊が「概ね優良」の評価を頂く中で優秀隊員として表彰されたことは今後の施設手としての自信につながりました。

施設手としてまだまだ知識・技術不足ですが、これからさらに施設技術の向上を目指して日々の業務、訓練に全力で取り組みたいと思います。

『はたかぜ』体験航海

練習艦「はたかぜ」艦橋で体験航海を楽しむ募集対象者や隊員家族ら

貴重な広報の機会に

3海尉　神田　英人（練習艦「はたかぜ」通信士・呉）

7月2、3の両日、海上自衛隊1練習隊（呉）の練習艦「はたかぜ」は、広島地本が招待した募集対象者と「はたかぜ」乗員の家族などに対し、呉港周辺から宇品港沖を巡る体験航海を実施しました。両日とも、朝から30度を超える暑さでしたが、午前と午後1回ずつ、計4回の体験航海を行い、合計200人の方々にお越しいただきました。約2時間の短い航海ではありましたが、艦内見学などを大いに楽しんでいただくことができました。

特に2日目は、岩国航空基地から飛来したUS2救難飛行艇のサプライズ飛行があり、「はたかぜ」の上空を周回するUS2の姿に招待者が笑顔で手を振る場面がありました。また、乗員家族に対し、「かっこいいお父さん、お母さん、りっぱな息子、娘」の姿を見せる良い機会にもなりました。

「護衛艦乗り」というのは、海の上で何をやっているのか想像しにくく、国民の皆さまからは縁遠い存在だと思います。今回実施した体験航海は、私たちの活動を知っていただくための貴重な機会だったと思います。

艦長の指揮の下、「舵を取る人」、「見張りをする人」、「機関を動かす人」、「食事を作る人」、「いざという時に艦内の火を消す人」などさまざまな役割の乗員がそれぞれの役割をこなすことで、艦は進みます。整斉と自分の役割をこなす乗員の姿を見ていただき、海自への理解を深めていただくとともに、「自分も海自に入隊したい」と言われるような広報活動に努めていきたいと思います。

新型コロナの感染拡大が始まった令和2年に入隊し、艦艇勤務1年目の私にとって、今回の体験航海は初めての広報でした。また、さまざまな制約はありますが、感染拡大を防ぎつつ、広報活動も徐々に再開されています。入隊前は「楽しむ側」だったのに「おもてなしする側」として臨むことになれたことに喜びを感じつつ、広報の重要性を認識する日々です。

昨今の世界情勢を鑑みるに、海自の役割はますます重要度を増しつつあり、平素からの監視活動、各国海軍との共同訓練を通じた外交関係の強化など、自衛艦にしかできない役割は数多くあります。当然、広報だけでなく、強い使命感を持ってこれらの任務に臨むことも付け加えさせていただきます。

（世界の切手・フランス）

思考とは、行動の予行演習に他ならない。
ジークムント・フロイト
（オーストリアの心理学者）

朝雲ホームページ
www.asagumo-news.com
会員制サイト
Asagumo Archive プラス
朝雲編集部メールアドレス
editorial@asagumo-news.com

新刊紹介

本当のウクライナ―訪問35回以上、指導者たちと直接会ってわかったこと

岡部　芳彦著

ウクライナを一言で紹介するなら「陽気で、明るく、美味しい国」と表現する著者は、同国を35回以上訪れているウクライナ研究の第一人者。

2月のロシアによる侵攻以降、日本でも関心が高まっている一方で、同国そのものについてはあまり知られていない。その「ウクライナという国を知る入り口の一つになれば」との思いが詰まった一冊だ。

日本の「隣の隣の国」で、地理や経済規模、ボルシチは実はウクライナ料理だったこと、100年にわたる日本人とウクライナ人の交流の歴史や文化など、基礎的な情報を詳しく紹介している。

ゼレンスキー大統領をはじめ、多くの政界要人と対面してきた経験や見てきたエピソードを取り上げている。「多様性の国」ウクライナは、政治家にもそのまま当てはまるという。

2014年のマイダン革命以降、ウクライナでは長年にわたって戦争が続いていた。世界がそこに無関心だったことが、ロシアのプーチン大統領に戦争を決断させた背景の一つにあるかもしれないと説いている。

（ワニブックス、913円）

青の翼ブルーインパルス

小峯　隆生著、柿谷　哲也／今村　義幸撮影

約半世紀ぶりにカラースモークの五輪が復活した――。

新型コロナが猛威を振るい、無観客開催となった昨年の東京五輪。そんな中、1964年の同五輪に続き、カラースモークで東京・国立競技場上空にオリンピックシンボルを描いたブルーインパルスの裏側を、軍事に精通する著者が取材した一冊だ。

最初にブルーインパルスの基礎知識をおさらいし、1番機から6番機までの選抜の実態や医療従事者への感謝飛行の舞台裏を記す。

そして東京五輪での展示飛行に向けた飛行計画の立案や実際の飛行時の各パイロット間のやりとり、任務遂行にあたって意識していたことなどが明かされる。さらに本編隊にトラブルが発生した場合に対応するB編隊の飛行や整備員にもスポットを当てる。

歴史的飛行に携わった隊員の言葉は胸に迫る。日本中に感動を与えた世紀の飛行を実現したブルーインパルスの高い技量とプロフェッショナルとしての誇りを再認識できるだろう。

（並木書房刊、1870円）

「マンゴー」はおすすめです

1陸尉　長澤　紳（沖縄地本島尻分駐所）

皆さんは「マンゴー」というフルーツをご存知でしょうか？

私の妻の実家は沖縄県南風原町で農業をやっており、普段は野菜を作っていますが、夏場は「マンゴー」や「スターフルーツ」、「グアバ」の南国果実も作って出荷しています。

私も休日は日頃、お世話になっているので畑の草刈りなどを手伝っています。

毎年、梅雨明けのこの時期は「マンゴー」の取り入れ、出荷準備、出荷が忙しく、朝早くから夜遅くまで妻の実家は大忙しです。

今年の沖縄は長梅雨の影響なのか日照不足で「マンゴー」の出荷が遅れておりますが、今が旬となっています＝写真。

「マンゴー」とはうるし科の果樹で栽培の歴史は古く、紀元前のインドでも行われていました。仏教では聖なる樹とされ、ヒンドゥー教ではマンゴーは万物を支配する神「プラジャーパティ」の化身とされていたそうです。

夏の果物として「マンゴー」はおすすめです。ぜひ、皆さんご賞味ください。

OGがんばる

決して諦めない

千葉　智子さん　55
令和3年5月、東北方面会計隊（仙台）を3陸尉で定年退職。岩手・平泉町の世界遺産「宗教法人中尊寺」に再就職し、総務全般の業務を任されている。

私は、令和3年5月に陸自東北方面会計隊を最後に定年退職し、岩手県平泉町にある「宗教法人中尊寺」に再就職しました。

再就職にあたり、岩手地域援護センターのご尽力で、私の夢だった世界遺産の中尊寺に再就職ができました。当初、中尊寺に求人はなく、援護センターの担当者が直接、中尊寺の採用担当者にお話をして下さいました。他の再就職先も視野に入れかけていたところ、突然、「中尊寺から求人が出ます」と連絡をもらい、採用試験を受け、無事再就職が決まりました。担当者の方からスキルアップのための資格取得を勧めて頂き、面接指導もしていただいたおかげと感謝しています。

私の業務は、自衛隊での経験と知識を生かせる総務全般の業務です。宗教法人ということで、専門用語や風習などわからないことばかりで失敗も多いですが、新入社員として多くのことを学びながら必要とされる人材になれるように、日々努力をしています。

これから再就職を迎える方々は、自衛隊での「経験」や退職後に「自分のやりたいこと」をしっかりと分析してみて下さい。自分が生きがいを持てる仕事に就き、楽しく元気な人生になるよう、決して諦めないで下さい。私自身の経験のように、再就職先に対する強い気持ちがあれば、周りの方々も必ずサポートしてくれます。皆さまの今後のご健闘をお祈りいたします。

あさぐも掲示板

■日本国防協会「令和4年度第4回国防問題講演会」

日本国防協会は10月24日（月）午後2時から東京・新宿区のホテルグランドヒル市ケ谷で、土本英樹防衛装備庁長官を講師に「令和4年度第4回国防問題講演会」を開く。テーマは「防衛装備品の現状と将来～装備品のハイテク化・複雑化に伴う技術的優位の確保は如何にすべきか」。会場参加者とオンライン（Zoom）による聴講者を募集している。

会場参加者は会員・自衛隊現役とOBが千円、一般3千円、オンライン配信聴講料は会員・現役・OB千円、一般2千円。申し込み、問い合わせは協会事務局（電話03―5315―0232、FAX03―5315―0233、メールinfos@kokubou-league.com）まで。締め切りは10月20日（木）。

詰将棋

出題　日本将棋連盟　九段　石田　和雄

第876回出題

▲先手　持駒　角金桂

【ヒント】
金はトドメに使う（10分で初段）。

▶詰碁、詰将棋の出題は隔週です◀

詰碁

出題　日本棋院　九段　曲　励起

第1291回解答

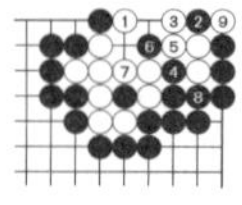

【解答図】
白先、白劫。
白①黒❷には白③が当然で黒❹以下白⑨の劫取りまで劫になるのが正解です。

朝雲

発行所 朝雲新聞社
〒160-0002 東京都新宿区
四谷坂町12－20 KKビル
電 話 03(3225)3841
FAX 03(3225)3831
振替00190-4-17600番
定価一部150円、年間購読料
9170円（税・送料込み）

主な記事

北朝鮮 青森超え弾道ミサイル

過去最長4600キロ飛翔

太平洋に落下、火星12型の可能性

防衛省は10月4日、北朝鮮が同日午前7時22分頃、内陸部から弾道ミサイル1発を東方向に発射したと発表した。最高高度は約1000キロで、過去最長となる約4600キロを飛翔し、同28～29分頃に青森県上空を通過した後、同44分頃、日本の東約3200キロの我が国の排他的経済水域（EEZ）外に落下したと推定される。航空機や船舶などへの被害は確認されていない。浜田防衛相は同日朝、省内で臨時記者会見し、今回のミサイルが中距離弾道ミサイル（IRBM）以上の射程を有するとして「火星12型」の可能性を指摘した上で、「断じて容認できない」と北朝鮮を強く非難した。

韓国軍によると、発射地点は北朝鮮北部の慈江道（チャガンド）舞坪里（ムピョンリ）付近とみられる。北朝鮮のミサイル発射は巡航ミサイルも含め今年23回目で、9月25日以降の1週間では異例の高頻度となる5回計8発の弾道ミサイルを発射している。

また、北朝鮮の弾道ミサイルが日本の上空を通過したのは、2017年9月15日に北海道上空を飛行した「火星12型」以来5年ぶりで今回7回目。北朝鮮は過去4回、「火星12型」を発射しており、今回も同型の可能性が指摘されている。

浜田大臣は臨時記者会見で「挑発を執拗かつ一方的にエスカレートさせる発射を含め、一連の北朝鮮の行動は我が国、地域、国際社会の平和と安全を脅かすもので、国際社会全体にとっての深刻な挑戦だ。断じて容認できず、北京の大使館ルートを通じて北朝鮮に厳重抗議し、最も強い表現で非難した」と述べた。防衛省・自衛隊は国民の安心・安全の確保に万全を期すため、北朝鮮の弾道ミサイルを各種レーダーで確認していたが、我が国に飛来する恐れがないと判断したことから、自衛隊法第82条の3に基づく破壊措置は実施しなかった。

北朝鮮は9月25日（既報）以降、28、29、10月1日と立て続けに弾道ミサイルを発射しており、変則軌道の可能性も指摘されている（飛翔距離などの詳細は次号）。直近4回はいずれも最高高度約50キロの低高度を飛翔して日本のEEZ外である北朝鮮東岸付近に落下したと推定される。

浜田大臣は「国民の生命と平和な暮らしを断固守り抜く決意だ。反撃能力も含め、あらゆる選択肢を検討し、防衛力の抜本的な強化に取り組む」と述べた。

北朝鮮の弾道ミサイル航跡（イメージ図）

※矢印は地図の特性上の湾曲　防衛省の資料を基に作成

解説　「核武力」完成目指す

防衛研究所地域研究部　浅見（あさみ）明咲　研究員

ここ数日間の発射実験には、外的要因と内的要因が考えられる。まず、外的要因として、8月の米韓合同軍事演習（UFS）や先日行われた日米韓合同演習へのけん制としての軍事的挑発が挙げられる。内的要因としては、「国防科学発展および武器体系開発5カ年計画」に基づいた開発を北朝鮮の「時間表」通りに進めているといえる。

北朝鮮は今年5月以降、以前のように発射実験に関する報道をその都度行わなくなっている。また、UFSに対する公式メディアでの非難を控え、発射実験における金正恩の直接指導なども発表されていないため、後者の要因が比較的強く働いているものと思われる。

米韓は、労働党創建記念日（10日）前後から米国の中間選挙にかけて、7回目の核実験を行うとの見方を強めている。一方、北朝鮮は、先月の最高人民会議で「核武力政策について」の法令を採択し、非核化とそのための取引に先んじて応じることはないとした。

このように北朝鮮は、曖昧性を担保しながらも、あらゆる選択肢があることを誇示しながら、自衛のための「核武力」完成に邁進（まいしん）するだろう。日本としても、あらゆる事態の想定と、有事における周辺国との協力強化が急務であろう。

「アジア太平洋で展開可能」

井筒空幕長と共同会見

ゲルハルツ独空軍総監

合同記者会見の後、記念撮影に応じる独空軍のゲルハルツ総監（左）と井筒空幕長（9月29日、防衛省A棟11階の第1省議室）

井筒俊司空幕長とドイツ空軍のインゴ・ゲルハルツ総監は9月29日、防衛省で共同記者会見を行い、インド太平洋地域での連携を深めていくとともに、さらなる両軍種間の連携強化を確認した。

会見で井筒空幕長は「今回の派遣はインド太平洋地域への揺るぎないコミットメントを目指すドイツの姿勢を示すもので歓迎したい。ゲルハルツ総監と4度にわたって対面で会えたことは日独間の連携が急速に強化されていることの証左であり、独空軍とともに地域の平和と安定に積極的に貢献していきたい」と述べた。

ゲルハルツ総監は「ドイツと日本は共通の価値を共有するパートナーであり、両軍種が緊密に連携していくことは自然の流れ」だと強調。「ウクライナ戦争で我々は安全保障が無償で提供されるものではないことがわかった。隊員の即応体制が必要であり、今訓練を通して空軍は即時展開が可能であることが示された」と述べた後、今般のウクライナ戦争下で独空軍がNATO領空を守っていることに言及した。

同時にオーストラリアでの多国間演習「ピッチ・ブラック」や今回の訓練への参加について、「アジア太平洋地域での空軍の展開も可能であることも示せた。井筒空将とは何度も会っており、私にとってはパートナー以上に友人だ」と両軍種だけでなく、両トップ間の連携の深さも重ねて強調した。

空自と独空軍は28日、国内で初めてとなる共同訓練（編隊航法訓練）を実施した。

ゲルハルツ総監自らが特別塗装されたユーロファイター機を操縦し、多くの話題を呼んでいる。

編隊航法訓練を行う日独両戦闘機部隊（9月28日、富士山周辺上空）

独空軍戦闘機が初来日 空自と交流

ドイツ空軍のユーロファイター2000戦闘機3機が9月28日から30日まで、空自百里基地を初めて訪問した。写真は百里到着前に富士山周辺上空で編隊航法訓練を行う日独両戦闘機部隊。左奥のF2戦闘機の後席に井筒空幕長が搭乗、その後方の塗装されたユーロファイター機を独空軍総監のインゴ・ゲルハルツ中将が操縦している。　（3面に関連記事）

日米豪防衛相

共同訓練の拡大で一致

防衛装備・技術協力を促進

浜田防衛相は10月1日午前（日本時間2日未明）、米ハワイ州のインド太平洋軍司令部（キャンプ・スミス）で米国のオースティン国防長官、豪州のマールズ副首相兼国防相と日米豪防衛相会談を開き、共同訓練の拡大や防衛装備・技術協力の促進など、3カ国の防衛協力の強化で一致した。

日米豪3カ国の連携を確認する（右から）浜田防衛相、オースティン米国防長官、マールズ豪国防相（10月1日、米ハワイ州のインド太平洋軍司令部）＝防衛省提供

会談は約90分間行われた。日米豪防衛相会談はテレビ会談を含め今回で11回目。直近では今年6月にシンガポールで開かれたアジア安全保障会議（シャングリラ会合）の際に実施して以来、約3カ月半ぶり。

3氏は前回の会談を踏まえ、引き続き3カ国の協力を進めていくことを確認。相互運用性の向上に向け、3カ国による▽共同訓練や活動の拡大・強化▽先進技術などに関する防衛装備・技術協力の促進▽情報交換の効果的な実施――で改めて一致した。

合わせて、「自由で開かれたインド太平洋」の実現とルールに基づく国際秩序の維持・強化のため、3カ国の戦略を擦り合わせ、地域に関与していくことを申し合わせた。

地域情勢をめぐっては、ロシアのウクライナ侵略などで国際秩序の根幹が揺らぐ中、3カ国の緊密な連携を再確認。東・南シナ海情勢に関する懸念についても共有し、力による一方的な現状変更やその試みなど、緊張を高めるいかなる行為にも「強く反対する」方針を確かめ合った。

さらに、中国が今年8月、日本の排他的経済水域（EEZ）を含む我が国近海に弾道ミサイルを発射したことについて強く非難するとともに、台湾海峡の平和と安定の重要性を強調し、両岸問題の平和的解決を促すことでも一致した。

会談後、臨時記者会見した浜田大臣は「対面で議論し、人間関係を構築できたことは大変有意義だった」と語った。

春夏秋冬

今は夢、明日は歴史

コシノ　ジュンコ

日本への帰国便で隣り合わせたTVディレクターが一言「キューバはいいですよ。国営ナイトクラブの公務員ダンサー、海岸は熱帯魚が泳いでいる」と。日本に着いて在日キューバ大使館へ出向いた。パリや東京のショウの資料を見せると反応がよかった。85年の中国、94年のベトナムといった共産圏の開催も安心材料であったと思う。当時日本にはキューバの情報は全くなく、唯一、キューバ通の村上龍さんが現地の日本人ミュージシャンを紹介してくれた。

下見の初訪問はパリから。ハバナ空港の入国審査室のテレビモニターからはちきれそうなクラブダンサーの乱舞画像。それまでのアジアの笑いのない共産圏とは違い、その明るさは破格のものだった。歓迎会で紹介された現地デザイナーの案内で、彼が衣装に携わっているドル箱ナイトクラブ「トロピカーナ」を紹介された。「ここなら出来る」と直感で。植物の茂る屋根のない円形ステージ、モデルはダンサーで、音響、照明、すべてが揃（そろ）った会場との出会いは、コスト面でも安心のいくものだった。著名演出家サンチャゴ・アルフォンソはクラブショウのあと毎日3時間もショウの為の練習をしていたと聞いた。本番前日のリハーサルでの彼の一言「今は夢、明日は歴史」。各国大使をはじめ文化大臣など出席のトロピカルダンスファッションショウ「夏の夜の夢の記憶」はキューバの歴史となった。

それから2日後、街の野外広場「サロンロサド」では3000人の男女がファッションショウを待ち受けた。オールスタンディングでの現地一番人気のバンドのメディコデラサルサとのコラボレーションショウは観客全員が踊りながらショウを楽しむという「夢」が繰り広げられた。モデルには、3時間歩いて応募した子や長身中学生が出演した。外国人によるキューバでの初めての歴史的ファッションショウは「服という名の言語」の見出しで翌日の紙面で語られた。視聴率100パーセントのテレビ出演により、どこでも「JUNKO」と声を掛けられた。

振り返れば外国でのショウはハプニングとドラマの連続だが、それゆえその達成感はとてもハッピーなものだ。

（デザイナー）

防衛省

セクハラ事実認め謝罪

町田人教局長 被害元隊員に直接伝える

陸上自衛隊郡山駐屯地（福島県）に勤務していた五ノ井里奈さん（23）が複数の男性隊員からセクハラ被害を受けたと訴えていた問題で、防衛省は9月29日、「（セクハラの）事実が確認された」と公表し、五ノ井さんに謝罪した。

吉田陸幕長は同日の記者会見で「これまで長く苦痛を受けられている五ノ井さんに対し、陸上自衛隊を代表して深く謝罪を申し上げます。今後、さらなる調査を進め、細部の事実関係を確定し、速やかに懲戒処分を行います」と述べた。

懲戒処分前に調査結果の公表と謝罪を行う理由については、「我々の仲間である自衛官が退職後、自らの名前と姿を公にして被害を訴えているその重みと被っている沈痛に鑑みた」と説明。「結果として退職された後に、ご自身のお名前を公表する形で、ご本人が訴えて、再調査によって事実が認定されたことに対しては私も忸怩（じくじ）たるものを感じている。退職する前に事実関係を明らかにできなかったことについて組織として大変反省している」と語った。

陸幕長は、これまでの調査で、①元隊員に対する訓練時等におけるセクハラ行為②所属中隊における日常的なセクハラ行為③当該隊員の訴えについて中隊長が上級指揮官に報告せず、かつ事実関係の調査も実施していない――という3点が明らかになったと指摘。加害者側の罪悪感の欠如や、中隊内で「ハラスメント行為を許さない」との意識が著しく希薄だったとも指摘し、「深刻な問題と受け止めている」と述べた。

その上で「ハラスメントは自衛隊の精強性を揺るがす許されない行為であるとの認識のもと、ハラスメント根絶に向けて大臣指示を徹底するとともに、陸自独自の施策として、直接隊員を預かる全国の中隊長全員に対する教育を確実に行い、ハラスメントの根絶を図っていく」との決意を改めて示した。

29日夕には、防衛省の町田一仁人事教育局長と陸幕人事教育部長の藤岡史生将補が東京都千代田区の衆院議員会館で五ノ井さんに調査状況を伝えた。

町田局長は「長く苦痛を受けられたことに深くおわび申し上げます。大変申し訳ございませんでした」と二度にわたって深々と頭を下げた。

五ノ井さんは涙ぐみながら、「長い道のりだった。二度とこのようなことがないように根本的に改善してほしい」と応えた。

朝雲寸言

冷戦時代、欧州を東西に分けた鉄のカーテンをすり抜けて自由な西側諸国に亡命する共産諸国の人々が絶えなかった。冷戦末期、共産陣営の盟主ソ連の締め付けが緩むと中東欧諸国は相次ぎ民主化し、その後、北大西洋条約機構などに加わることで名実ともに西側入りを果たした。その後、さらに東に位置するウクライナなども西側に接近。この間一貫していたのは各国の「ロシア離れ」だった。ウクライナ侵攻後、祖国ロシアを見限って国外脱出する人々の数は増える一方だ。ロシア離れは遂に同国内部にまで及んだ▼ロシアや中国など強権諸国と、日米欧豪など民主主義陣営のせめぎ合いが激化し、時に「民主主義の退潮」という言葉がささやかれる。ただ見落とすべきでないのは、ロシアや中国を脱出する話は聞いても、民主主義諸国を捨てて強権諸国に走る逆の人流はまず見ないということだ▼国内では人権を軽視し、国外に対しては粗暴な振る舞いを繰り返す強権諸国だが、目をこらせば彼らの体制内には矛盾や混乱が満ちている。「基本と原則に反するものは、例外なく時を経ず破綻する」（P・F・ドラッカー）▼いま民主主義陣営に生きる我々に求められることは、自分たちの体制が彼らのそれよりもはるかにましだとの自覚なのだろう。その上で、我々の内部にもある矛盾や混乱を最小化していくことも、防衛力強化の努力と同じくらい大切だと思われる。

時の焦点

国内

日中正常化50年

覇権的な活動をやめよ

国際社会の平和と安定に向け、日本と中国が果たすべき役割は大きい。両国は歴史的な節目を捉え、首脳会談などで対話を重ね、信頼醸成に努めるべきだ。

日本と中国が1972年9月29日に国交を正常化してから、50年を迎えた。この半世紀で、日中関係は様変わりした。

中国は、2010年に国内総生産（GDP）で日本を抜き、世界第2位の経済大国となった。日本にとって中国は、15年連続で最大の貿易相手国だ。中国にとっても、日本は米国に次ぐ第2位の貿易相手国となっている。

世界第2、第3の経済大国の関係が不正常では、アジアの成長は望めない。互いに大切な隣国として、関係修復を模索する必要がある。

国交回復後、日本は中国の支援に精力を注いだ。2021年度まで続いた中国への政府開発援助（ODA）は、40年間で総額3兆6000億円に上る。道路や橋、港湾など、経済基盤の整備に大きな役割を果たした。

支援には「中国が成長すれば、民主化が進む」との期待があったが、平和的な発展にはつながらなかった。

日中関係を冷え込ませている原因は、ひとえに中国側にある。

「軍事強国」を掲げる習近平政権は、経済力を背景に軍備増強に邁進している。この10年で国防費を2・2倍増やし、約25兆円とした。日本の5倍近くだ。

中国は東・南シナ海への進出を強め、尖閣諸島周辺では領海侵入を繰り返している。8月には、台湾周辺で大規模な軍事演習を行い、日本の排他的経済水域（EEZ）にもミサイルを着弾させた。

力で現状変更しようとする試みは容認できない。台湾で米中の軍事衝突が起きれば、経済的な打撃は世界中に及ぶ。日本の有事にも直結しよう。アジアの安定と発展を望むのであれば、中国は武力による威嚇を慎むべきだ。

1972年の日中共同声明には、「両国はアジア・太平洋地域で覇権を求めない」と明記されている。その後、両国が交わした3つの政治文書でも、こうした方針を確認してきた。中国の振る舞いは、この理念を踏みにじるものだ。

日中首脳の対面での会談は19年12月以来、行われていない。

政府は中国の姿勢を正すためにも、早期の首脳会談を調整してはどうか。近年は、関係が冷え込む中でも首脳間の対話で戦略的互恵関係を確認するなど、両国関係を前進させてきた経緯がある。

中国が威圧的な行動をやめない以上、日本は、着実に防衛力を強化せねばならない。他国からの武力攻撃に反撃する能力を保有することは当然だ。有事に防衛を続けられるだけの装備品や弾薬を取得することも、急務である。

夏川　明雄（政治評論家）

海外

ウクライナ戦争

ロシア独裁者にも岐路

ロシアの軍事侵攻に伴うウクライナ戦争は早くも7カ月が過ぎ、戦況は開戦以来、最大の転機を迎えたかに見える。軍事力で劣勢のウクライナ軍が8月末以降、欧米から供与された近代的な兵器を投入した反転攻勢で次々に戦果を上げる

一方、東部、南部の占領地域を奪還されたロシア軍が窮地を脱するため、予備役兵の部分動員令やこれらの4地域で住民投票を強行し、ロシアへの一方的併合に踏み切ったからだ。

部分動員令とロシア編入の賛否を問う住民投票は一見すると、無関係にも見えるが、ロシア側の論理では密接にリンクしている。ウクライナから奪い取った「ロシア領」を、新たに補充した予備役兵を動員することで死守する形を整えようというわけだ。侵攻開始以降のまやかしの特別軍事作戦をかなぐり捨て、文字通りの戦時体制への移行により、戦況立て直しを図る狙いが透けて見える。

プーチン大統領が発表した部分動員令については、これまで静観してきたロシア国民の間からも激しい抗議行動や徴兵逃れの出国者が相次ぐなど、ウクライナ侵攻に対する反発が強まっている。ロシア側は侵攻作戦を継続し、自らの戦略目標を達成する構えだが、一連の事態展開を見る限り、反体制派を弾圧し、独裁体制を固めたプーチン大統領が2000年の権力掌握以降、最大の危機に直面しているのは間違いない。

隣国への侵略という暴挙に踏み切ったロシアの独裁的指導者の苦境に対し、欧米も情報機関を動員して、今後の対応やポスト・プーチンをにらんだ情勢分析に着手している。西側の分析を大別すれば、▽プーチン大統領の侵攻作戦は長期的シナリオに基づくもので、権力基盤には影響を与えないという見方、▽部分動員令の発表後の国内の混乱状況が物語るように体制内の亀裂が深まるのではないか―という二つの見通しが語られている。

現下の国際情勢で最大関心事の一つでもあるクレムリンの主の命運を占うことは容易ではないが、旧ソ連の秘密警察出身のこの人物がこれまで遭遇してきた幾つかの国家存亡に関わる個人的な体験を勘案すると、さまざまな重大なリスクに用意周到に備えているのは想像に難くない。

ロシアの権力者に就く前の実体験としてよく引き合いに出されるのが旧東ドイツのドレスデン駐在時に目の当たりにした同国の消滅と西ドイツへの吸収合併、そして1991年のソ連崩壊という世界史的出来事だ。いずれも、市民の反体制デモの高まりや社会主義体制の行き詰まりにより、国家が崩壊する成り行きを情報工作員の立場で目撃した。

翻って、今回のウクライナ危機では最高指揮官として、国際社会で厳しく非難される侵略戦争を計画し、命令を指示する立場だが、西側による厳しい制裁下、戦況の巻き返しにとどまらず、反戦論が高まる国内世論をどう抑え込むかという三正面での難しい対応を迫られている。西側も一筋縄ではいかないウクライナ支援と対ロシア政策が求められている。

伊藤　努（外交評論家）

防衛省生協のブランド化推進

令和4年度通常総代会で理事長

防衛省職員生活協同組合（防衛省生協、武藤義哉理事長）は9月21日、東京都新宿区のホテルグランドヒル市ヶ谷で令和4年度通常総代会を開いた。

防衛省職員生活協同組合の「令和4年度通常総代会」で全国の総代にあいさつを述べる武藤理事長（9月21日、ホテルグランドヒル市ヶ谷）

一昨年、昨年に引き続き、今年度も新型コロナ感染症対策として、遠方の総代には書面による議決を推奨、総代109人のうち89人が書面議決となり、会場には総代18人に加え、武藤理事長をはじめとする理事・監事、本部事務局役員、内局・陸海空3自衛隊の役員など計約70人が出席した。

開会のあいさつで武藤理事長は、防衛省生協が来年3月に発足60周年を迎えることに触れ、設立趣旨である「相互共助の精神」を強調した上で、「60周年キャンペーンの一環として防衛省生協のブランド化を推し進め、多くの隊員にコストパフォーマンスの良い共済を知られることが理想的だ」と語った。

この後、陸自中央業務支援隊総務部長で総代の角本武司1佐を議長に選出。川崎朗専務理事が議案審議の説明を行い、「令和3年度事業報告及び附属明細書」「令和4年度事業計画案」など9議案が原案通り議決された。

このうち4年度事業計画案の共済事業の改定では、「火災共済」の遺族組合員利用期間が令和5年7月より終身に拡大されることについて報告され、6年7月からは「生命共済」の自衛官の利用期間、遺族組合員の利用期間、「長期生命共済」の据置期間の上限年齢がいずれも60歳に引き上げられる方針が示された。

一方、加入促進に向けた取り組みについては、事務官・技官・共済組合職員らに対し、部隊で説明会を開催するなど広報活動の強化を図っていくことが説明されたほか、60周年キャンペーンのロゴ・デザインも発表された。

審議終了後、川崎専務理事は「防衛省生協の活動は隊員に資するものであり、本日の総代会の内容を部隊に持ち帰り、部隊長などに報告してほしい」と締めくくった。

山崎統幕長、米へ出張

ハワイでJ―SLS出席

山崎統幕長は9月18日から24日まで米国に出張し、ハワイで開かれた米インド太平洋軍（司令部：キャンプ・スミス）と共催の「ジョイント・シニア・リーダーズ・セミナー（J―SLS）」に出席した。

21、22の両日に行われたJ―SLSではインド太平洋軍司令官のジョン・アクイリーノ海軍大将と、インド太平洋地域における安全保障環境について認識を共有。地域の平和と安定を確保するため、日米防衛協力の方向性や日米が共同で取り組むべき事項などについて、多岐にわたる議論を行った。

これに先立ち9月18、19の両日、グアムを訪れ、マリアナ統合軍司令部、アンダーセン空軍基地、グアム海軍基地、キャンプ・ブラズを視察し、米軍の態勢について理解を深めた。

統幕長は9月29日の記者会見でJ―SLSについて触れ、「議論を通じさらに日米同盟の抑止力、対処力を向上させ、南西地域の防衛体制を目に見える形で強化し、抑止力を向上させる必要性を改めて感じた」と述べた。

J―SLSの参加者らと記念撮影に納まる山崎統幕長（中央）＝9月22日、米ハワイのインド太平洋軍司令部

海賊対処部隊「すずつき」出港

副大臣「誇りをもって任務に」

ソマリア沖・アデン湾で海賊対処行動を行う水上部隊43次隊の出国行事が9月17日、佐世保基地で行われた。

43次隊は飯ケ谷孝広1佐（第8護衛隊司令）を指揮官に、護衛艦「すずつき」（基準排水量5050トン、艦長・岩森雄飛2佐以下約210人）で編成。このほか、海上保安官8人が同乗している。

倉島岸壁で行われた出国行事には西成人佐世保総監などの関係者・来賓のほか、見送りの家族が参列した。

最初に井野副大臣が訓示し「海賊対処、情報収集活動は、まさに国民の生活に直結するものであり、極めて大きな意義を有している。諸君におかれては、国民から寄せられる期待を胸に、誇りをもって任務に従事してほしい」と述べた。

続いて湯浅秀樹自衛艦隊司令官が訓示し、「海賊対処行動と情報収集活動の二つの任務に対応する中にあっても、『常在』『進化』の精神を忘れず、任務の完遂にまい進してもらいたい」と要望した。

飯ケ谷司令は報道陣に「情勢は依然として高い緊張状態にあると思う。乗員一同、一丸となって任務を達成すべく全力で取り組んでいきたい」と抱負を述べた。

その後、乗員は整斉と「すずつき」に乗艦。日本から約1万1000キロ離れたアデン湾へ旅立った。

基地隊員や家族に見送られ、アデン湾に向けて出港する水上部隊43次隊の「すずつき」＝9月17日、佐世保基地（佐世保地方総監部ツイッターから）

共済組合だより

共済組合から「結婚資金」が借りられます

共済組合ではご結婚が決まった方向けに、結婚資金の貸付を行っています。

この貸付（結婚貸付）は組合員、被扶養者又は被扶養者以外の組合員の子の結婚（届出をしていないが事実上婚姻関係と同様の事情にある場合を含みます。）に要する費用をお貸しするもので、利用対象者は組合員期間が6月以上の組合員となっております。

貸付限度額は月収額（俸給、俸給の特別調整額、初任給調整手当、扶養手当、研究員調整手当、地域手当、自衛官候補生手当、学生手当及び生徒手当の月額の合計額）の6月分です。

弁済期間は90月以内（毎月の弁済元金1000円以上）で、利率は年利1・16％となっております。弁済方法は毎月の給与等からの源泉控除（千円単位の額で元金均等弁済）で、ボーナス併用の場合はボーナス分の弁済額の合計額が貸付金の2分の1の範囲の額で、6月・12月の各弁済額は同額となります。

「結婚貸付」に関する詳細や、提出・添付書類などについては『共済のしおり GOOD LIFE』の29ページまたは防衛省共済組合ホームページトップページ→福祉事業→貸付経理→結婚貸付をご覧いただくか、ご所属の共済組合支部貸付係までお問い合わせください。

中露艦艇7隻が室戸岬沖を西進

日本列島を共同巡航か

海自は9月27日午後9時ごろ、高知県・室戸岬の南南東約260キロの海域を西進するロシア海軍と中国海軍の艦艇7隻を確認した。両国は9月3日以降、日本列島を周回する形で共同巡航している。ロシア国防省の発表によると、中国海軍との合同パトロールで対潜、防空、捜索救難訓練などを実施しており、その一環ではないかとみられている。

ロシア海軍は「ウダロイI」級駆逐艦（艦番号543）、「ステレグシチー」級フリゲート3隻（333、335、339）の4隻、中国艦は「レンハイ」級ミサイル駆逐艦（101）、「ジャンカイII」級フリゲート（546）、「フチ」級補給艦（902）の3隻。

7隻は28日から29日にかけて鹿児島県・大隅海峡を西へ進み、東シナ海で相互に隊列を組んで航行した。

11護隊（横須賀）の護衛艦「やまぎり」「あまぎり」、呉警備隊佐伯基地分遣隊（佐伯）の多用途支援艦「げんかい」、4空群（厚木）のP1哨戒機が情報収集に当たった。

山崎統幕長は29日の会見で、「中露海軍の連携が以前にも増して図られているとの印象を持っている。しっかりと関心を持ち、警戒監視をしていきたい」と述べた。

空自が那覇南方で日米共同訓練実施

空自は9月13、15の両日、沖縄・那覇南方の太平洋上の空域で日米共同訓練を行った。

参加部隊は9空団（那覇）のF15戦闘機23機、警戒航空団（同）のE2C早期警戒機と1輸空（小牧）のC130H輸送機各1機、救難団（那覇）のU125A救難捜索機とUH60J救難ヘリコプター各1機と南西航空警戒管制団（那覇）。米空軍から18航空団（嘉手納）のF15C戦闘機16機とKC135空中給油・輸送機2機が参加。各種戦術訓練を通じて空自の戦術技量、日米共同対処能力の向上を図った。

防衛省発令

▽防衛大学校学生課長（航空安全管理隊教育研究部長）　1空佐　森部　樹司
▽空幕防衛課防衛協力班長（空幕防衛課）　同　上田　和人
▽同施設課施設整備企画調整官兼施設課計画班長（8航空団基地業務群司令）　同　新宅　完彦
▽航空総隊訓練課長（空幕防衛課防衛協力班長）　同　高倉　征宏
▽北部航空警戒管制団副司令（防衛大学校学生課長）　同　河田　喜嗣
▽6航空団飛行群司令（航空総隊訓練課長）　同　三宅　淳
▽西部航空方面隊監理監察官（6航空団飛行群司令）　同　中田　祥史
▽8航空団基地業務群司令（西部航空方面隊監理監察官）　同　木村　真一
▽西部航空警戒管制団付（航空教育隊副司令）　同　碇　治
▽西部航空施設隊司令（空幕施設課施設整備企画調整官兼計画班長）　同　高梨　雄一
▽作戦情報隊副司令（北部航空警戒管制団副司令）　同　小森　圭
▽12飛行教育団飛行教育群司令（空自幹部学校）　同　石田　智広
▽航空教育隊副司令（西部航空施設隊司令）　同　浅沼千代忠
▽航空安全管理隊教育研究部長（12飛行教育団飛行教育群司令）　同　小倉　康信
（以上9月23日）
▽兼統幕運用2課（陸幕募集・援護課総括班長）　1陸佐　加賀澤俊樹
（9月24日）
▽中央病院小児科部長（中央病院小児科）　1海佐　川村　陽一
（9月27日）
▽兼統幕運用2課（陸幕会計課総括班長）　1陸佐　山口　護
（同会計課会計監査班長）　同　青木　哲也
▽空幕人事教育計画課ワークライフバランス推進企画班長（航空総隊司令部）　2空佐　井伊　聡明
▽航空支援集団防衛部長（2輸送航空隊司令）　1空佐　一木　秀徳
▽同運用課長（1輸送航空隊飛行群司令）　同　藤井　浩
▽1輸送航空隊飛行群司令（航空支援集団司令部）　同　後藤　良一
▽2輸送航空隊司令（同運用課長）　同　太田　将史
▽航空保安管制群副司令（空自5術科学校2教育部長）　同　湯浅　幹生
▽航空保安管制群付（航空保安管制群副司令）　同　柴原　弘明
▽11飛行教育団司令兼静浜基地司令（航空支援集団防衛部長）　同　芳賀　和典
▽空自5術科学校2教育部長（空幕人事教育計画課ワークライフバランス推進企画班長）　同　東郷　博之
▽同幹部学校教育部主任教官兼幹部学校（空自幹部学校）　1空佐　東　征一郎
▽近畿中部防衛局東海防衛支局岐阜防衛事務所システム調整官兼主任検査官（防衛装備庁航空機調達官付）　2海佐　井上　順二
（以上9月30日）

前事不忘 後事之師

第81回

魏志倭人伝を考える

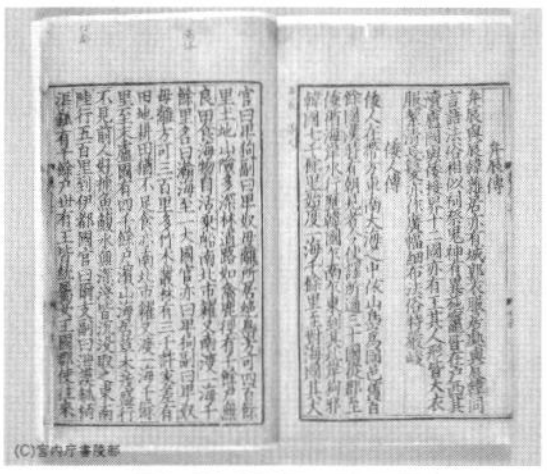

三国志「魏志倭人伝」の冒頭部分

湯島聖堂で行われている斯文会の公開講座で、陳寿の「三国志」の講義を受けて8年が経過します。講師の早稲田大学渡邉義浩教授から、卑弥呼の邪馬台国で有名な魏志倭人伝について、魏志倭人伝という名の「書物」は存在しないと教えられて、驚きました。魏志倭人伝（以下「倭人伝」）とは、正確には、魏書、蜀書、呉書の3部からなる三国志の魏書の東夷について書かれた部分の中の「倭人の条」です。分かりやすく説明すれば、三国志という歴史書の中華から遠く離れた地域に住む蛮族の中の倭人についての記述部分（全体の0・5%）です。

渡邉教授は、三国志などの古典を文献学的に調べ、邪馬台国は、九州ではなく大和にあったと主張されていますが、私が興味を持ったのは、倭人伝には、多くの「偏向」（歪んだ記述）があると主張されている点です。

倭人伝には、使者から実際にもたらされた邪馬台国の多くの情報が記述されていると推測されますが、いくつかの要因で記述に偏向があるということです。第一は、倭人伝を含む三国志を編纂した陳寿の歴史観に基づく偏向です。三国志は、中国三国時代の事象を記述した歴史書ですが、問題は、当時の歴史学は独立した学問ではなく、儒教理念の圧倒的影響下にあったということです。例えば、倭人伝では、倭では男性に比べて女性が多いと記述されていますが、これは事実であるとは思われません。儒教経典の一つ「周礼」では、男と女の比率は、文化の中心から遠く離れた未開な地ほど女性の比率が高くなるとされ、陳寿による倭人伝の記述もこうした儒教理念に基づいたものだと渡邉教授は説明します。倭人伝に偏向がある第二の要因は、陳寿が倭人伝を記述した執筆意図から来るものです。陳寿は、当初三国の一つ、蜀の国で歴史書の編纂をしていましたが、蜀が滅亡すると、西晋に仕えます。この西晋という国は、三国志の英雄の諸葛亮と五丈原で戦った魏の将軍、司馬懿の孫（司馬炎）が魏の皇帝から禅譲されて創設した国家です。西晋に仕えた陳寿は、司馬一族、特に司馬懿の功績を顕彰する必要がありました。その司馬懿は、西暦238年に魏の皇帝、明帝の命を受けて、現在の遼東半島付近を支配していた公孫淵を滅ぼしますが、これにより、それ以前は遼東半島までしか行けなかった卑弥呼の使者が魏の都の洛陽を訪れることが可能になります。陳寿が倭人伝を書いた大きな動機は、倭の国王の卑弥呼が司馬懿の徳を慕って使者を派遣してきたことを示すためだったと渡邉教授は解説します。このため、邪馬台国からの朝貢は、司馬懿の大きな功績とされ、これが邪馬台国の記述に影響を与えます。具体的には、司馬懿のライバルだった曹爽の父親、曹真が西域にあったクシャーナ朝（大月氏国）から魏への朝貢を実現させたことから、司馬懿の功績により朝貢したとされる邪馬台国も大月氏国と同じくらい遠方で同じくらいの大国として記述されます。さらに邪馬台国は、三国志の東夷伝の中で最も記述の多い重要な国として扱われ、かつ好意的に描かれ、中国に、より接近し中国文化の影響を受けていた朝鮮半島の国々より、礼儀の備わった国との扱いをされます。

古代中国においては、事実を客観的に記述することは、容易ではありませんでした。史学が儒教から独立していなかっただけでなく、ありのままの事実を記録することは、命がけの仕事であり、実際、「春秋左氏伝」には、斉の史官南史が「（宰相の）崔杼、その君荘公を弑す」と記録して、怒った崔杼に殺されたと記述されています。

現代では、事実を記述する上での制約は、過去に比べて少なくなっています。しかし、歴史は、人間が記述するものであり、人間的な要素が必ず介在します。たとえ、客観的に事実を記載しようとしても、自分が好ましいと考える事象に光を当て、そうでないものを無視するという取捨選択が行われます。ましてや、一定の世界観に立って、事実を取捨選択するのであれば、それは真の歴史家の態度ではありません。私は、所謂「陰謀史観」と言われるものなど特定の歴史観に基づいて事実を記載しようとするものからは、距離を置くことにしています。

鎌田 昭良（元防衛省大臣官房長、元装備施設本部長、防衛基盤整備協会理事長）

…… 前事忘れざるは後事の師 ……

多国間演習「ピッチ・ブラック22」

F2Aなど17カ国、100機以上が参加

米国以外で初の戦闘機の派遣先となった豪州の上空で飛行訓練を行う空自のF2。防空戦闘、戦術攻撃、空中給油などの各訓練を行った（豪州北部空域）＝写真はいずれも空自提供

8月20日から豪州北部のダーウィン空軍基地と周辺空域で行われていたオーストラリア空軍主催の多国間演習「ピッチ・ブラック22」が9月8日に終了した。

隔年開催の「ピッチ・ブラック」に、今年は日、米、仏、独など17カ国から航空機100機以上が参加。空自の参加は初めてで、7空団（百里）飛行群司令の唯野昌孝1佐以下約150人、F2A戦闘機6機が参加した。

空自のF2Aは期間中、防空戦闘訓練、戦術攻撃訓練、空中給油訓練などを実施。また、独空軍の戦闘機ユーロファイター・タイフーンなどとの編隊飛行。さらに仏航空宇宙軍の戦闘機ラファール、独空軍ユーロファイターへの空自パイロットの体験搭乗も行われた。

8月25日には、地元住民の訓練に対する支援に感謝するため、ミンディルビーチ上空を訓練参加各国の航空機が航過飛行。また、同27日にはダーウィン空軍基地の一般公開も行われ、多くの地元住民らでにぎわった。

期間中、井筒空幕長が現地を訪れ、訓練視察とともに、豪空軍本部長のロバート・チップマン中将、ケネス・S・ウィルスバック米太平洋空軍司令官をはじめ、フィリピン空軍司令官、英国防軍参謀長補、ニューカレドニア駐留仏軍司令官などと相次いで二者会談。自由で開かれたインド太平洋（FOIP）の維持強化などについて話し合った。また、インゴ・ゲルハルツ独空軍総監には9月28日のユーロファイター訪日への歓迎の意を伝えた。 （1面参照）

空でつながる地域防衛の輪

地元住民に感謝

独空軍のユーロファイターの前でゲルハルツ独空軍総監（右）と記念撮影する井筒空幕長（いずれもダーウィン空軍基地）

（右）空自のパイロット姿で隊員と記念写真に納まる現地の子供
（左）一般公開行事で、F2の機体に興味津々の近隣住民

（上）仏航空宇宙軍のラファール戦闘機に体験搭乗する空自隊員
（左）飛行訓練のため、ダーウィン空軍基地を離陸するF2

各地本 地元の防災訓練に参加

募集・援護　特集

大雨による洪水や土砂崩れの危険が高まる台風の時期を前に、各地本は地元の部隊と共に地域の防災訓練に参加し、関係機関との連携強化を図った。秋田地本は秋田市で行われた「県総合防災訓練」に参加、見学に訪れた自治体関係者や来場者に対し、自衛隊の災害派遣の態勢について詳しく説明した。

秋田　自衛隊の災派について説明

【秋田】地本は8月28日、秋田市で行われた「令和4年度第60回秋田県総合防災訓練」に参加し、災害時の関係各機関との連携や相互の災害対処能力を確認した。

自衛隊からは秋田地本、21普連（秋田）、空自秋田救難隊が出動。さらに県警、消防など約40の関係機関と地域住民らが参加した。

佐竹敬久県知事を統監（統括者）として行われた訓練は「28日午前8時、秋田県沖を震源とするM7・8の地震が発生、秋田市で震度6強を観測。沿岸部では津波が襲来し、建物や人的被害が発生。市内各地でライフラインが寸断され、住家では家財の転倒や建物の一部に損壊などの被害が発生、多くの住民が避難所への移動を開始した」という想定で開始。同市内の①秋田市役所②秋田市社会福祉協議会③旭北小学校④秋田県警察学校⑤雄物川河川敷右岸ーの計5カ所に訓練会場が設けられるなど、大規模な形で行われた。

自衛隊の各部隊は雄物川河川敷の会場で被災者救助訓練などを実施。今夏、日本各地で起きた記録的な大雨による甚大な被害の記憶も新しいためか、訓練参加者の表情は真剣そのもの。見学する県民らも隊員の所作に真剣な視線を向けていた。

秋田地本は訓練会場近くにブースを設け、大規模災害時における自衛隊の果たす役割を来場した県民に理解してもらうため、PR活動を行った。

秋田地本は「この訓練をはじめ、県内各市町村の防災訓練に今後も積極的に参加していく」としている。

「秋田県総合防災訓練」で人命救助訓練を行う21普連の隊員（8月28日、秋田市）

平和を、仕事にする。
陸海空自衛官募集

ただいま募集中！
◇貸費学生◇高工校
◇自衛官候補生◇防大◇防医大
◇医科・歯科幹部（第2回）
★詳細は最寄りの自衛隊地方協力本部へ

愛知　東海地震を想定、車両展示好評

【愛知】安城募集案内所は9月11日、愛知県刈谷市総合運動公園で行われた「令和4年度刈谷市総合防災訓練」に参加、併せて広報活動を行った。

同訓練は刈谷市役所を始め、自衛隊、防災関係機関、地元企業、ボランティア団体などが協力し、東海地震が発生した場合の被災を想定した対処行動を演練するもので、総合的な災害対策活動の確認を目的として開催されている。

訓練に参加した陸自10特連（豊川）は「地震が発生した」という想定のもと、がれきの下に埋まった要救助者の救出要領を演練し、災派における自衛隊の活動を展示。

安城所は会場で展示ブースを設置し、災害派遣活動に従事する自衛隊のパネルを展示するとともに、陸自の車両展示と制服の試着体験も行った。

車両展示では小・大型トラック、野外炊具1号やオートバイ（偵察用）の4車両を公開。特に、野外炊具1号とオートバイは珍しいこともあり、来場者の関心が高く、子供から大人まで車両の前で記念撮影するなどにぎわいを見せていた。

制服の試着体験では、ミニ制服を着て興奮する子供たちや制服姿でオートバイや小型トラックに乗って写真を撮る姿が見られた。訓練会場でのブース展開により、自衛隊への興味と認知度の向上を図ることができた。

愛知地本は、「自治体などが主催する一つ一つのイベントに参加して自衛隊の魅力の情報発信に努め、募集目標の達成にまい進する」としている。

安城募集案内所が会場に設置したブースには子供たちも多く訪れた（9月11日、愛知県刈谷市総合運動公園）

各地で防大説明会

熊本　教授が希望者に体験講義

【熊本】地本は8月28日、熊本市の熊本地方合同庁舎で防大説明会を開催し、県内の同大を志望する募集対象者とその保護者11人が参加した。

第1部として、地元の高校出身で防大で教鞭をとる山川淳也教授（自動車工学）が大学の概要を説明。防大が作成した動画をもとに、教育内容や採用試験について語った。続いて島田直樹募集課長が陸・海・空自の任務と職種を紹介。橋本賦本部長の経歴をモデルに、幹部自衛官のキャリアプランを説明した。

第2部は山川教授が「くるまの話ー電気自動車は環境にやさしいか?」と題して体験講義を実施。車の歴史に始まり、日本で広まっている「エコカー」の種類や、それぞれの環境に与える影響などを分かりやすく解説した。

講義の中で山川教授は「環境に良いとされている電気自動車も、電気を作る際にCO2が排出される。発電も自然エネルギー（太陽光・風力等）を活用する場合は広大な場所が必要であり、その場所は森や木が生い茂る自然が多い場所だ。それは本当にエコなのか」と問題提起。参加者自身に考えさせる有意義な講義となった。受講した生徒は「いろいろな視点で物事を考えることの重要性を知りました」と感想を語った。

その後の個別相談で参加者は、「今後の学校説明会で準備しておくことはありますか」など、説明会で分からなかった点や学生生活について質問し、それぞれ疑問点を解消していた。

山川教授（壇上）の講義に熱心に耳を傾ける参加者（8月28日、熊本地方合同庁舎）

青森　地元出身学生と懇談

【青森】地本は8月9、10の両日、防大説明会を開催した。八戸会場（八戸市立小中野公民館）と青森市の本部庁舎の2カ所で行い、受験希望者11人と保護者6人が参加した。

青森県出身で防大の板宮敬悦教授（電気電子工学科）が、学校の概要やカリキュラム、規則正しい生活が送れるよう学生同士が助け合う環境が整っていることなどを説明した。

その後、地元出身の防大生を囲んで懇談会が行われた。八戸会場では権代祐真学生（2年）ら4人が、本部庁舎では福田圭学生（3年）ら3人が、授業や訓練、受験に向けた取り組みなどを紹介。参加した生徒たちはメモを取り質問するなど、熱心に耳を傾けていた。

受験希望者の一人は「説明会で防大のことが分かり良かった。ぜひ防大に入りたい！ 勉強を頑張り、受験に備えます」と力強く語った。

鳥取　「より親身な援護を」　8月駐屯地担当者会同

【鳥取】地本は8月25日、米子駐屯地で駐屯地援護担当者会同を行った。坂本洋介援護課長以下7人、部隊援護担当者9人が参加した＝写真。

定年制隊員の就職の援助をはじめ、就職援護の進ちょく状況、令和4年度山陰地区合同企業説明会など今後の援護施策について協議した。

9月12日に松江市で実施の同説明会で、ブース訪問する企業の事業内容・取扱製品など企業情報を事前に入手して、訪問時に適切な応答や質問ができるよう指導することを申し合わせた。

また坂本援護課長は「再就職は人生の岐路であり、特に任期制隊員にとって自衛隊生活より長い今後の人生を決定する重大な決断になる」として、各援護担当者に対し「隊員に寄り添い、心情把握に努め、より親身な援護を」と求めた。

宮城　佐官予備自、招集訓練

【宮城】地本は8月6、7の両日、仙台駐屯地で東北方面衛生隊が担任した「佐官予備自招集訓練」を支援し、43人の佐官予備自（3佐以上の予備自衛官）が参加した。

招集訓練は、隊長への申告に始まり、初日は駐屯地で体力検定と射撃予習、2日目は王城寺原拳銃射場で射撃検定を行った＝写真。

陸海空3姉妹自衛官　福井　地元大野市長を訪問

【福井】地本は8月9日、福井県大野市出身の川田3姉妹による同市石山志保市長への表敬訪問を支援した。大野地域事務所長の林勝彦1陸尉の計らいで実現した。

3姉妹の長女・愛3海曹は2013年海自に入隊し現在、栃木地本で広報を担当している。次女・天音陸士長は20年陸自に入隊、中部方面航空隊中部方面ヘリ隊（八尾）で航空機整備員として勤務。三女・天恵2空士は今年3月に空自に入隊し、3術科学校（芦屋）で会計業務の教育入校中だ。

一方、石山市長は18年に北陸3県で初めて女性で自治体の首長に就任し、自衛隊の活動に深い理解と積極的な支援・交流がある。

大野市は、毎年自衛隊の入隊者に激励会を開催しており、天音士長と天恵2士は、市長が直接激励をして送り出していた。懇談で2人に再会し「激励会では、子供を送り出す母親のような心境。りりしい制服姿に感慨深い」と喜んだ。川田3姉妹は「陸・海・空をそれぞれ選んだ理由は何か」との問いかけに、入隊当時を振り返り、それぞれの心境を語っていた。

同市は隔年で、自衛隊音楽隊のコンサートを開催している。市長は「ぜひステージ上で、大野市出身の女性自衛官が活躍していることを市民の皆さんに紹介したい」と話した。

石山市長（手前）と懇談する3姉妹（左から長女愛3海曹、次女天音陸士長、三女天恵2空士）と引率した林大野所長＝8月9日、大野市役所

富山　大型商業施設で募集広報活動

【富山】富山募集案内所は8月11日、富山市の大型商業施設「ファボーレ」で「自衛隊体験フェア」と銘打って募集広報活動を行った。

感染対策や猛暑に伴う熱中症、展示車両への接触時のやけどなどに細心の注意を払った。

半トントラック、軽装甲機動車の展示に加え、防衛省の電子書籍「自衛官だから出会えた景色」から大自然の写真などのパネルを掲示した。このほか、災害時に役立つロープワークや応急担架の作成など、体験型のイベントで、自衛隊の存在を身近に感じる機会を設けた。

当日は、家族連れや小・中・高校生が多数来場し、展示車両に触れたり、ミニ制服を試着して記念撮影するなど、楽しんだ。

「将来は自衛官が目標です」「女性でも自衛官になれますか」と募集に直結する内容から、市内に自衛隊の部隊がないことから「給料や勤務地は?」「陸・海・空自衛隊のどこがお勧めか」など、来場者から多くの質問・意見が寄せられた。募集対象年齢層やその親族が熱心に広報官の説明に聞き入る姿も見られた。

来場者でにぎわう「自衛隊体験フェア」（8月11日、富山市「ファボーレ」）

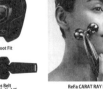

家族会版

＜連絡先＞
〒162－0845 東京都新宿区市谷本村町5－1 公益社団法人自衛隊家族会事務局
電話 03-3268-3111・内線 28863
直通 03-5227-2468

私たちの信条

【根本理念】
私たちは、隊員に最も身近な存在であることに誇りを持ち力をあわせて自衛隊を支えます

【心構え】
一、自らの国は　自ら守る防衛意識を高めます
一、自衛隊員の募集・就職援護及び家族支援に協力します
一、会員数を増大し　組織の活動力を高めます

誇りを持って訓練に励んで

幟旗を振って隊員に声援

陸自7師団「令和4年度長距離機動訓練」を激励

道央家族会千歳支部・苫小牧支部

陸自7師団（千歳市）が8月22日から24日まで「令和4年度長距離機動訓練」を実施し、道央自衛隊家族会千歳支部（支部長・山崎昌則）と苫小牧支部（支部長・日川敏行）の会員が隊員たちを激励した。それぞれの地域や沿道に幟を立て、通過する自衛隊の車両に声援を送った。

訓練に参加する隊員を激励する家族会千歳支部の会員（写真はいずれも8月22日）

【北海道】訓練には71戦車連隊（伊達俊之連隊長）の10式戦車を含む装軌車15両、装輪車50両が参加した。東千歳駐屯地を午後9時に出発し、家族会や隊友会、関係協力団体の会員らが見送った。

訓練は機動展開能力の向上を目的に行われ、部隊は苫小牧西港を目指し公道（国道、道道、市道）を約30キロ走り、翌23日にPFI民間高速船「ナッチャン・ワールド」で釧路港へ、そこからさらに釧路駐屯地までの公道約17キロを走行した。

千歳支部は午後9時から東千歳駐屯地前と国道で、苫小牧支部は午後10時から苫小牧市街地の国道沿いで激励。「隊員に誇りを持って訓練に励んでもらいたい」と、通過する車両に幟旗を振って応援した。このほかにも各市内の自走経路沿いで、市民から声援が送られた。

最終車両の通過を確認した会員は、隊員が無事に訓練を終了することを祈りつつ、現地解散して帰宅の途に就いた。

今回の取り組みに対し、中村裕亮7師団長と瀧澤英一73戦車連隊長から家族会に、「今年も熱い激励活動、ありがとうございます」などと感謝の言葉が贈られた。日川会長は「通過していく戦車などの説明を受けながら激励できたのは、会員にとって有意義でした」と話した。

通過する車両を応援する苫小牧支部の会員

空自と家族会など4者で中央協定

家族会、空自、隊友会、つばさ会が災害時に家族を支援

空幕長「安心して任務にまい進」

自衛隊家族会は7月26日、空自、隊友会、つばさ会（空自OB組織）の4者間で、大規模災害などの発生時に空自隊員とその家族をサポートする「隊員家族の支援に対する協力に関する中央協定」を締結した（本紙8月4日付既報）。陸自と海自に続くもので、今回の締結で3自衛隊すべてが隊員家族の支援に協力するための施策を整えたことになる。

締結式は防衛省で行われ、井筒空幕長、宮下寿広家族会副会長、折木良一隊友会理事長（元統幕長）、齊藤治和つばさ会会長（元空幕長）が出席し、4者で協定書に署名した。

協定内容は、▽隊員家族の安否確認や生活支援▽調整窓口の指定▽情報管理▽関係の強化▽事故などが発生した場合の家族支援に対する協力時の安全管理――など11項目からなる。

家族会と空自はこれまで、2017年に八雲分屯基地、19年に松島基地、20年に那覇基地と地方レベルで協定を締結している。

井筒空幕長は署名後のあいさつで「4者間で締結できたことをうれしく思う。本協定にもとづく連携の強化は、任務に従事する隊員が憂いなく任務にまい進できるよう、かつ隊員の家族が安心して生活できる環境を醸成する貴重な存在になる。皆さまのお力添えをお願いしたい」と述べた。

宮下家族会副会長は「この締結は初めの一歩。自衛隊、隊員、家族、協力関係団体の4者が、さらに強い絆をもって業務にあたることが重要だ」と語った。

中央協定を締結し記念写真に納まる（左から）折木隊友会理事長、井筒空幕長、宮下家族会副会長、齊藤つばさ会会長

福知山

黙々と歩く新隊員を心から応援

7普連35キロ行進訓練

【福知山】福知山自衛隊家族会（衣川尭爾会長）は、8月31日から9月1日にかけて行われた7普連（連隊長・前野直樹1佐）の「新隊員特技課程35キロ夜間徒歩行進訓練」を、京都地本福知山地域事務所と福知山駐屯地広報室と共に激励した＝写真。

家族会会員12人と地本・広報室隊員を含む19人は、大休止地点となった京都府福知山市内の三段池公園第10駐車場に夜10時に集合。配食用のテントやテーブルを設置し、即席麺用に湯を沸かした。即席麺を対面で手渡しするため、感染防止策として、テーブル上に透明シートを設けた。

午前1時前に到着した新隊員70人を全員で出迎え、ねぎらいの言葉をかけた。

雨が降る前の湿度が高い悪条件の中で、行程の半分を歩き、汗だくとなり疲れが見え始めた新隊員に即席麺を手渡すと、大きな声で「ありがとうございます」と応えそれぞれ受け取った。

大休止を終え歩き出す新隊員に旗を振り「最後まで頑張れ！」「自分に負けるな！」などと声援を送り、35キロ行進の無事と完全踏破を願って隊員を見送った。

熊本県　地本長が防衛講話

大学生に自衛隊の魅力伝える

橋本1佐（右）の防衛講話に聞き入る学生たち（8月24日）

【熊本】熊本県自衛隊家族会の光永邦保事務局長は8月24日、自身が主催するブートスクールの大学生6人を熊本地方合同庁舎で行われた熊本地本長の橋本賦1佐の防衛講話に招待した。

講話は防衛思想の普及を目的に、昨年度から開催しているもの。日本を取り巻く安全保障環境に関して中国、北朝鮮、ロシアの軍事動向や新たな領域である宇宙・サイバー・電磁波の取り組み、自衛隊の任務、組織、幅広い職種・職域、現在行っているさまざまな活動や予備自衛官制度などについて講話した。

学生たちは「日本周辺の情勢について、自分の知識のなさに気付かされた」「自衛官の皆さんがさらにかっこよく見えると同時に、尊敬の念を抱いた」「学んだことを、もっと同年代に広め自分たちが暮らしている日本、世界についてしっかり議論していく」と防衛について理解を深めた。

また「将来働くならこのような職場がいいと思った」「可能ならば県内全ての高校で研修を義務付けるなど、若者に自衛隊と国の防衛について興味を持ってもらうことが必要だ」「大学生でも自衛官への採用の道である予備自衛官補という制度があることを今回初めて知った」「国を守るという簡単な言葉ではくくれないほどの業務の幅に驚かされた」など、募集に対する感想も聞くことができた。

光永局長は「地本長の懇切丁寧な講話、心温まる対応に学生一同大変感謝しています」と礼を述べた。

愛知県

豊田地区会、市街地広報に協力

名鉄豊田市駅で自衛官募集

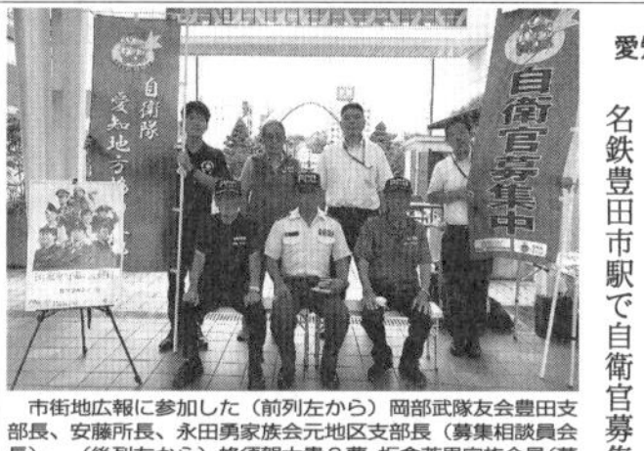

市街地広報に参加した（前列左から）岡部武隊友会豊田支部長、安藤所長、永田勇家族会元地区支部長（募集相談員会長）、（後列左から）蜂須賀大貴3曹、板倉芳男家族会員（募集相談員）、石倉信三1曹、吉橋一将2曹

【愛知】愛知県自衛隊家族会豊田地区会は8月23日、名鉄豊田市駅で愛知地本豊田地域事務所（安藤幸治所長）による自衛官募集のための市街地広報に協力した。

当日は県募集相談員豊田地区会と県隊友会豊田支部も加わり、計8人が参加。コロナ対策を徹底し、地域住民に自衛隊を身近に感じてもらえるよう笑顔で接した。過去には、市街地広報がきっかけで入隊・入校した実績があるため、募集に結び付ける重要な機会だと再認識。募集対象者には、広報用リーフレットを配布して、認知度の向上を図った。

事務局だより

▽…令和4年度定期総会および第2回理事会後、自衛隊家族会事務局は、阿部知己事務局長を迎え順調な滑り出しを致しました。当面、第3回理事会（書面決議）、新任会長等研修会（11月10日予定）に向けて鋭意準備中のところです。引き続きよろしくお願い致します。

▽…7月に元内閣総理大臣安倍晋三氏が参議院選挙応援演説中に凶弾に倒れました。

日本の安全保障のみならず、「自由で開かれたインド太平洋」構想を世界の安全保障に位置付けました。「防衛省昇格」「国家安全保障会議設置」「国家安全保障戦略策定」「集団的自衛権の部分的行使容認」「平和安全法制制定」「自民党改憲四項目（自衛隊明記、緊急事態条項の重視）の作成」など、ご功績を数えれば枚挙にいとまがありません。また、自衛隊最高指揮官として数々の改善をしていただきました。

改めてご冥福をお祈り申し上げます。

参議院選では、自衛隊家族会顧問である宇都隆史氏が僅差で落選してしまいました。氏の安全保障に対する知見をもってして、これからの日本をどうするかその活躍が期待されていたところですが、残念でたまりません。

再度国政にて活躍されることを祈念してやみません。

▽…令和4年度防衛講演会を長崎県大村市および福島県福島市で予定しておりましたが第7次コロナ感染により中止と致しました。昨年に続き2年連続で中止となり、磯部晃一元東部方面総監、佐藤正久参議院議員（家族会顧問）の講演を皆さまにお届けすることができず誠に残念なこととなりました。

▽…UNMISS司令部要員（事務局激励担当）、派遣海賊対処行動支援隊（栃木県家族会激励担当）、同航空隊（青森県家族会激励担当）、同水上部隊（長崎県家族会激励担当）各部隊の要員に対してそれぞれの担当県家族会から激励品を送らせていただきました。任務完遂、無事帰国を祈念しております。

▽…国際情勢の大きな変化に対応するため年末にかけて防衛三文書の改訂が行われます。自衛隊家族会にとって、特に自衛隊員および家族の処遇などについてどのような対応が必要となってくるのか、関心の高いところです。

（家族会事務局）

共同訓練、友好親善次々と

「IPD22」部隊二手に分け訓練

海自は「精強即応、長期持続力の構築」を旗印に、「自由で開かれたインド太平洋（FOIP）」の実現に向け、各国海軍と精力的に共同訓練を行っている。6月から始まった「インド太平洋方面派遣訓練（IPD22）」は部隊を二手に分け、第1水上部隊の護衛艦「いずも」「たかなみ」が多国間共同訓練「リムパック2022」や日米豪韓共同訓練「パシフィック・ヴァンガード22」などに参加。第2水上部隊の護衛艦「きりさめ」は南太平洋島嶼国を次々と訪問し、友好親善を深めている。また、護衛艦「やまぎり」「おおなみ」が米空母「ロナルド・レーガン」と共同訓練を行い、同盟の抑止力・対処力を強化した。

「リムパック」に参加する護衛艦「いずも」（手前）と米海軍の強襲揚陸艦「エセックス」（7月28日、ハワイ沖）＝米海軍提供

「リムパック」などに参加
第1水上部隊「いずも」「たかなみ」

IPD22の第1水上部隊（指揮官・平田利幸海将補＝4護群司令、約600人）の護衛艦「いずも」と「たかなみ」は6月29日から8月4日まで、ハワイ沖で米海軍主催の多国間共同訓練「リムパック2022」に参加。P1哨戒機などの第1航空部隊（約60人）のほか、陸自の西部方面隊（担任官・竹本竜司西方総監）も加わった。訓練期間中、我が国政府が「存立危機事態」の認定を行う想定で武力行使を伴うシナリオの実動訓練も実施され、自衛隊は初めて参加した。

「いずも」では7月11日から17日まで、人道支援・災害救援（HA/DR）訓練が行われ、平田司令が指揮を執った。各国海軍やNGOとチームを作り、ヘリで運ばれる負傷者の応急処置に当たるなど、さまざまなシナリオの下で連携・調整能力を向上させた。

また「たかなみ」は地対空ミサイル演習（SAMEX）など実弾射撃訓練や補給訓練に参加。戦術技量の向上を図るとともに、参加国同士の相互運用性を強化した。

リムパック終了後の翌5日、「いずも」はメキシコ海軍と、「たかなみ」はチリ海軍とそれぞれ親善訓練を行った。

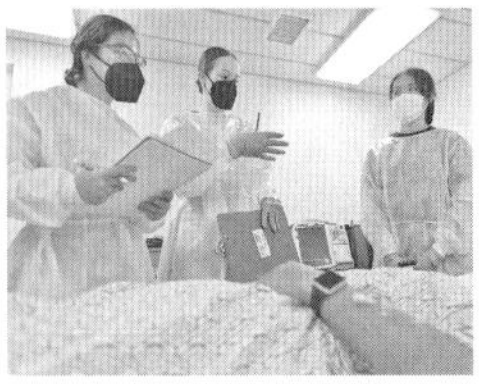

人道支援・災害救援（HA／DR）訓練で応急処置の手順を確認する日米の隊員（7月16日、護衛艦「いずも」）＝米海軍提供

対水上射撃など戦術能力向上へ
米豪韓加の4カ国と

つづいて第1水上部隊は8月21日から29日まで、グアム島周辺で日米豪韓加共同訓練「パシフィック・ヴァンガード2022」に、同30日から9月7日まで日米加共同訓練「ノーブル・レイヴン22」に参加。対水上射撃や対地射撃、対水上戦、対潜戦訓練を実施した。

「パシフィック・ヴァンガード」には陸自の水陸機動団（相浦）も加わり、陸自隊員の火力誘導で「たかなみ」が対地射撃訓練を行うなど、陸海の作戦戦術能力の向上を図った。

グアム島沖で行われた日米豪韓加共同訓練「パシフィック・ヴァンガード」で127ミリ速射砲を発射する護衛艦「たかなみ」

南太平洋島嶼国と親善
第2水上部隊「きりさめ」

トンガを出発する護衛艦「きりさめ」を見送る地元住民（8月22日、ヌクアロファ港）

一方、IPD22の第2水上部隊（指揮官・坂田淳2海佐＝「きりさめ」艦長、約180人）の護衛艦「きりさめ」は、ミクロネシアとの親善訓練を経て8月6日、ソロモン諸島のホニアラに寄港した。8日には乗員が「ガダルカナル島の戦い」から80年の慰霊式典に参加。また同日、日米共同訓練と日米ソロモン親善訓練を実施した。米海軍の沿海域戦闘艦「オークランド」やソロモン諸島海上警察の巡視船「タロ」と戦術運動を行い、相互理解の増進を図った。

その後「きりさめ」は8月10日から22日にかけて、バヌアツ、フィジー、トンガを訪問。艦艇を一般に公開し地元住民と交流するとともに、各国とそれぞれ親善訓練を行った。海自のトンガ訪問は1月の海底火山噴火による被害に輸送艦「おおすみ」が救援物資を輸送して以来、2回目。同国のトゥポウトア・ウルカララ皇太子殿下とフアカヴァメイリク首相が艦艇を訪問し、日トンガの友好関係の深化を図った。

海自がミクロネシア、ソロモン諸島、フィジー、トンガと訓練を行うのは、今回が初となる。

続いて「きりさめ」は8月25、26日に、ニューカレドニア周辺で日仏共同訓練「オグリ・ヴェルニー22―5」を、8月30日から9月1日まで日仏豪共同訓練「ラ・ペルーズ22」を実施。防空戦や対空戦など各種戦術訓練を行い関係各国との連携を強化させた。

日仏豪共同訓練「ラ・ペルーズ22」で戦術運動を行う護衛艦「きりさめ」（奥から豪フリゲート艦「ワラマンガ」、仏フリゲート艦「ヴァンデミエール」）＝ニューカレドニア沖

戦術訓練を行う（手前から）空母「ロナルド・レーガン」、護衛艦「おおなみ」、護衛艦「やまぎり」（8月16日、フィリピン海）

空母「R・レーガン」と日米共同で戦術訓練
同盟の抑止力・対処力強化

11護隊（横須賀）の護衛艦「やまぎり」と2護群6護隊（横須賀）の護衛艦「おおなみ」は8月13日から24日まで、同盟の抑止力・対処力強化を目的にフィリピン海で日米共同訓練を実施した。

米海軍からは第7艦隊の空母「ロナルド・レーガン」、強襲揚陸艦「トリポリ」、ドック型輸送揚陸艦「ニュー・オーリンズ」、ドック型揚陸艦「ラシュモア」が参加。日米両艦隊は各種戦術訓練を行い、相互運用性の向上を図った。また訓練中、海自隊員が「ロナルド・レーガン」を訪問し、空母打撃群の運用や監視活動などに参加した。

第7艦隊15駆逐隊の副司令官ジャスティン・ハーツ大佐は「海自との連携は、西太平洋におけるあらゆる課題に対応するための大きな力になる」と述べた。

台風15号 静岡災派

34普連などが出動

給水、避難支援、土砂撤去

台風15号の影響で9月23日から24日にかけて静岡県は記録的な豪雨に見舞われ、静岡市などで断水が発生した。

同26日午前10時25分、静岡県の川勝平太知事が34普連（板妻）長の水野克輝1佐に給水支援と浄水場内の土砂除去支援に関する災害派遣を要請。給水支援は同日から10月1日まで、同隊のほか1後支連（練馬）、1高特大（駒門）、東方後支隊（霞ケ浦）の延べ約240人が静岡市の高齢者施設などで活動。空自も1空団（浜松）、高射教導群（同）、1術校（同）、1高群（入間、武山）、4高群（岐阜、白山）の延べ約210人が同市内の病院などで作業を行った。陸・空合計約1100トンを給水し、要請を受けて活動を終えた。

土砂撤去では34普連の隊員が静岡市の清水谷津浄水場と川根本町の水川浄水場の土砂を除去、30日までに活動を終えた。

さらに30日午前8時には県から川根本町の孤立集落の住民避難要請があり、34普連の約10人が住民5世帯14人の避難支援を行った。

一方、10月2日午前8時、県から新たに災害廃棄物撤去の支援要請があり、34普連が約130人、車両7両態勢で静岡市の集積場2カ所から仮置場への撤去作業を行い、3日に終了した。

◇

【34普通＝板妻】34普通は9月26日、台風15号の影響により静岡市で発生した断水に伴う災害派遣に出動した。

大雨の影響で、静岡市清水区の主な水源である興津川の取水口への土砂・流木の流入などにより水道施設が被害を受け、清水区全域で断水が発生。

連隊は県庁と静岡市役所、川根本町役場に連絡員を派遣し、清水区の東海大学海洋科学博物館の敷地内で給水活動を開始した。

翌27日には区内各所に給水場所を拡大。興津川の取水口（清水谷津浄水場承元寺取水口）に流れ込んだ土砂、流木などの除去作業を夜を徹して行った。

夜間に浄水場の取水口に流れ込んだ土砂などを掻き出す34普連の隊員（9月27日、静岡市の清水谷津浄水場）＝34普連提供

米宇宙軍

女性シンポジウムを開催

宇宙作戦群の前川3佐らが参加

米宇宙軍主催の女性シンポジウムが8月26、27の両日、オンライン上で行われ、空自から宇宙作戦群（府中）の前川智之3佐以下5人と空幕から山口貴裕事務官が参加した。

シンポジウムは宇宙領域の分野で活躍する各国軍の女性隊員とともに、宇宙に対する関心拡大を図り、宇宙産業に革新を起こしうる次世代の女性の募集拡大に寄与するため、米宇宙軍が初開催したもので、今回は日、米、英、加、豪、西の6カ国が参加した。

日本時間の午後10時半にシンポジウムがスタート。退役米空軍大佐のデデ・ハーフヒル氏が「良いリーダーになるために必要なこと（初心者、開拓者であること）」、同リン・マクドナルド氏が「職場における女性活躍について（勇気、大胆、自信が重要）」をテーマにそれぞれ基調講演を行った。

パネルディスカッションでは「最先任下士官」「24時間勤務」「配偶者」「科学技術」「隊員募集と戦力保全」「同盟パートナー」の各テーマが設けられ、宇宙分野で活躍する女性が職務上直面するワークライフバランスなどの課題や各国の制度について意見交換。既存の枠にとらわれない新たな発想によって女性隊員が働きやすい魅力的な職場環境を醸成していくことの必要性について話し合い、27日午前5時半、終了した。

前川3佐らは宇宙における安全保障協力の推進に向けた米国を含む友好国との連携の重要性や、防衛省、空自での女性の活躍ぶりを紹介し、他国参加者の共感を得られた。

宇宙分野で活躍する女性隊員の現状や将来についてオンラインで意見交換する空自の参加隊員（府中基地）

新田原基地有志　台風14号宮崎被害

300人が復旧ボランティア

助けに住民が謝意

【新田原】新田原基地の有志延べ約300人は9月21〜25日、宮崎県西都市と新富町が募集した台風14号被害復旧ボランティアに参加した。

隊員たちは床上浸水した家屋から畳や家財道具などを運搬。このほか、浸水被害のあった地域から流れてきたゴミや流木などの除去作業を連日約8時間にわたって行った。

被災した地域住民は「浸水して途方に暮れていた。若い人が助けに来てくれて本当に感謝しています」と涙ながらに謝意を示していた。

参加した隊員の一人は「『地域とともに』を合言葉に活動している新田原基地の隊員として、少しでもお役に立てればと思い参加した。要望があれば、また活動したい」と力強く話した。

新田原基地は「隊員一同、一日でも早く普段の生活を取り戻せるよう願っています」と話している。

台風14号で被害を受けた住民の農地でボランティア活動を行う新田原基地隊員（9月22日、宮崎県新富町）

中学から感謝ボード

愛知地本 総合学習の一環で

【愛知地本】豊田地域事務所はこのほど、豊田市立猿投中学校1年生から「地域へ感謝を込めて」と題した手作りのメッセージボードを贈られた。

この取り組みは地域のエッセンシャルワーカー（生活に必要不可欠な労働者）にメッセージを送る同校の総合学習の一環で、「国民を守っている自衛隊への感謝を伝えたい」という思いから豊田所に贈られた。

メッセージは手書きの温かい激励の文言と共に華やかな花飾りなどで彩られ、「コロナ禍で大変な中、私たちのために働いてくださりありがとうございます。花一つ一つにありがとうの気持ちを込めて作品を完成させたので、この作品を見て、元気になってもらえるとうれしいです」などと記されている。手紙を受け取った豊田所長の安藤幸治3陸尉らは「地域の窓口として我々にメッセージをいただいた。とてもうれしい」と感激していた。

豊田地域事務所は、「この手紙を励みにし、今後も同校をはじめとした職場体験学習や防災講話などで、自衛隊の活動について情報発信をしていく」と話している。

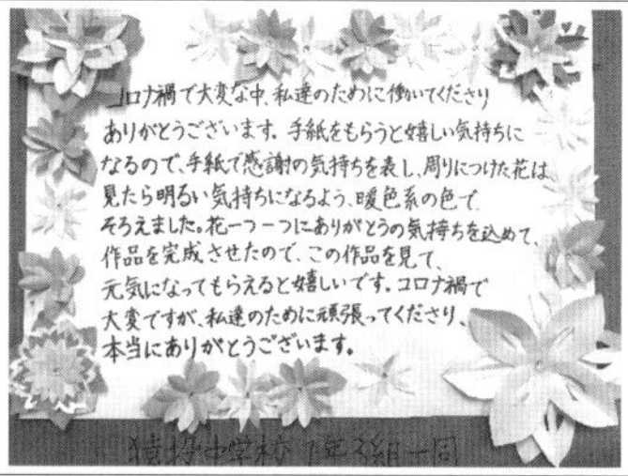

猿投中学校1年生から豊田地域事務所に贈られた手作りのメッセージボード

対馬駐屯地曹友会

厳原港まつりを支援

元寇太鼓も披露、フル回転

【陸対馬】対馬駐屯地曹友会（会長・大久保実曹長）は8月6、7の両日、対馬市内で行われた「令和4年度厳原港まつり」を支援した。

3年ぶりに開かれたまつりは同市最大のイベントで、同会では地域の活性化を図るとともに、自衛隊に対する理解と親近感を醸成するため、大久保会長以下74人が参加した。

両日とも熱中症警戒アラートの発表される猛暑の中、大久保会長らは会場の提灯（ちょうちん）取り付け、ゴミ箱の設置、水たまりの除去などの会場準備、入場者の検温、ゴミの回収分別、ステージの補助などのほか、対馬元寇太鼓も披露し、フル回転でまつりを支援した。

その活躍ぶりに、7日には港まつり振興会から感謝状を贈られた。

初めて支援に参加した隊員は「連日早朝から夜遅くまで、とても大変で多種多様な支援だったが、振興会と連携が取れてしっかりと役割分担ができた。対馬の曹友会はとても地域に溶け込んでいると感じた」と話していた。

大久保会長は「猛暑の中だったが、曹友会隊員の支援に真摯（しんし）に取り組む姿、特に泥水の除去やゴミの回収分別などの汚れる支援にも常に笑顔で取り組んでくれたことにとても感動した。これからも地域とともに歩んでいきたい」と決意を語った。

ステージ上で対馬元寇太鼓を披露し、会場を盛り上げる対馬曹友会のメンバー（長崎県対馬市内）

浜田寿美子さん 89歳（はまだ・すみこ＝浜田靖一防衛相の母）9月30日死去。告別式は10月9日午後1時から、千葉県富津市西大和田1334—1「天昇閣」で。喪主は長男・靖一氏。

小休止

▽…八戸駐屯地は9月7日と20、21の両日、青森県内の中学校3校の職場体験学習を支援した＝写真。自衛隊への理解を深めてもらうとともに将来の募集に寄与するのがねらい。

▽…生徒たちは駐屯地の概要、基本教練、人命救助システム装備品の体験、手旗信号や天幕展張などを体験。特に天幕展張では各グループに分かれてリーダーを定め、熱心に実習に取り組んで団体生活や指示統制の難しさを実感していた。

▽…体験を終えた生徒からは「自衛隊に対しての理解が深まった」「将来の職業としてもぜひ考えたい」などの感想が聞かれた。（陸八戸）

こちら警務隊

窃盗・横領（窃盗罪・不正喫食）

営外者が喫食申請せずに隊員食堂で喫食すれば窃盗罪

営外者が喫食申請をせずに、隊員食堂で喫食をすると、罪になりますか？

営外者が喫食申請せずに隊員食堂で喫食する行為は、刑法第235条の窃盗罪に該当し、10年以下の懲役または50万円以下の罰金に処される可能性があります。

営外者は規則等により有料支給対象者にあたるため、（隊員食堂で食事をする際は）有料喫食の申請をしなければ喫食することはできません。

「食事代を浮かせてやろう」などの理由で喫食した場合、不法に手に入れる（食べる）という意思が明らかであり、喫食すると刑法の窃盗罪に問われる可能性があります。

絶対にやめましょう。

（中部方面警務隊）

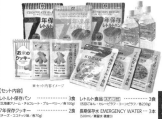

朝雲・栃の芽俳壇

畠中草史　選

西瓜割る子等悩々とせる笑顔　熊谷・空OB　蓮佛志向子

いわゆる遊びの西瓜割かは定かでないが、見詰めている子らの表情が悩々と笑顔で鮮明。

かわせみの渓流を来つ往きつかな　相模原・一般　森　謙二

翡翠は澱みや溜りなどを狩場としていて範囲は広くなく、来つ往きつは当を得ている。

海光や沖へひろがる鰯雲　館山・海OB　斎藤　一向

地獄絵のやうなる今日の暑さかな　浜松・空OB　宮本　立勇

園児等の目隠しなしの西瓜割り　熊谷・空OB　明田　眞雅

蔵町を貫く川の夏燕　鹿島・陸OB　一ノ瀬恵昭

人声の寂しくなりぬ花野かな　大津・陸OB　丸岡　正男

秋晴や蒙古攻め来し海の碧　あきる野・一般　小和田一男

泥染めの紬織り継ぐ秋灯　浦安・陸OG　川端　初枝

古井戸や西瓜冷やした頃はるか　熊谷・空OG　福元万理子

昼庭にけんけんぱの輪鳳仙花　船橋・陸OG　佐賀あかり

杉の葉を子ら拾ひ来て門火焚く　札幌・陸OB　坂元　順一

街中の祭提灯点りそむ　熊谷・空OG　關谷　桂子

クルーズの船を見送る通し鴨　浜松・空OG　岩城　節子

枝豆をつめば古里しみじみと　富谷・陸OB　加川　師亨

祭果て疫病患者の急に増ゆ　熊谷・空OG　関田　絹江

朝涼しいメタセコイヤの並木道　浜松・空OG　鈴木和歌恵

ふるさとの新聞も詰めお中元　恵庭・陸OB　足立　徹

入潮に鯔の跳ねたる水輪かな　浜松・空OG　塩見　惇子

塔婆料振込終ふも盆用意　熊谷・空OG　佐藤　玲美

弾痕の残る駅舎やカンナ燃ゆ　相模原・海OG　折口　桂子

カンナ咲きいつも不在の駐在所　小牧・陸OB　松岡　魚青

杖二本もてリハビリの汗をかく　町田・陸OB　岩原　滋利

空蟬のかかりて揺るる蜘蛛の糸　熊谷・空OB　工藤　敏雄

選者作品

ポンポンダリア垣を迫り出す蟹の路地

投句歓迎！

▽郵便はがきの裏面に未発表の自作3句以内と氏名、年齢、職業（自衛官・事務官＝所属部隊＝、OB、家族、一般など）、住所、電話番号を記入▽締め切り毎月15日▽宛先＝〒162―8801東京都新宿区市谷本村町5の1 防衛省D棟市ヶ谷記者クラブ朝雲俳句係☎03（5225）1750、専用線8・6・25515

みんなのページ

第7普通科連隊広報室（福知山）

伝統引き継ぐ シン・レンジャー

過酷な全想定を修了し、福知山駐屯地に帰還する7普連の新たなレンジャー隊員たち（7月4日）

第7普通科連隊（連隊長・前野直樹1佐）は7月4日、令和4年度師団集合教育レンジャー訓練の帰還式を行った。

行動訓練は、段階的に長期で難しい任務が付与される。最終想定から帰還した時、学生たちの疲労も最高度に達していたが、戦闘隊として任務遂行可能な態勢を保持しつつ、遊撃隊長である連隊長の前まで進み「全ての任務を完遂し、全員帰還しました」と戦闘隊長が報告した。

今年度のレンジャー訓練は、各種事態において師団または連隊等で遊撃部隊を編成する際にその能力を発揮できる隊員を育成することを目的に実施された。

その計画と実施にあたっては、任務(目的)に基づいた科学的および合理的な教育・指導、そして教育目的を達成する万全な安全管理が重視され、安全管理においては、熱中症の予防・対処が焦点の一つとなった。

教育は、基礎訓練と行動訓練とによって構成されるが、基礎訓練間の教育は段階的に構成されている。第1段階は「正しくできる」であり、教官、助教は丁寧に説明、展示し、学生は動作を区切って正確にできることを目標に実施した。第2段階は「円滑にできる」で、学生は間違えなくなるまで正しい動作を反復演練した。第3段階は「時間等諸制約の下でも正しくできる」であり、時間的制限や携行品の増量などの負荷を与えられた場合でも冷静にできるかを確認した。できない場合は、各人の課題を明確にし、改善されるまで補備訓練を行った。最後は「任務において使用できる」であり、習得した技術を使用して短い任務訓練を実施した。

体力調整は、長期の想定訓練でも任務を完遂できる体作りを重視して行った。体力調整、武装障害走およびハイポートのみならず、ラックサックマーチ（重量物を背負った行進訓練）を繰り返し、山地における長期間の行動への順応の容易化を図った。

続く行動訓練において、長期の連続想定では、学生は任務を達成するための実戦的SOP(標準作業手順)を徹底的に実行した。展示のためのSOPと困難な状況でも常に実行できるSOPは異なるため、失敗しながら改善した。任務の質の要求および任務を阻害する不測の状況をもって、学生と戦闘隊に試練を与え、任務完遂を第一とした状況判断力とチーム力を育成した。

例えば、「のどの渇きに耐える訓練が必要ならば、安全な環境で実施」すればよい。そうではなく、水の再補給が受けられなかった事態において、いかに水の再補給や確保を行うのか、問題解決する力を鍛えた。

梅雨が早く開け、極暑での行動では、体温管理、水分・塩分補給、風の吹く日陰や川などの自然の冷却機能を活用した冷却行動など、科学的な体温管理手法を実践して任務を継続した。

山地機動間に、対抗部隊の追跡を受け、いかに追跡を拒否するかを練成した。教官、助教は任務中に実際に起こりうる厳しい事態を作為し、戦闘隊自身で問題を解決するようにアドバイスした。

帰還式では、戦士として成長したレンジャー隊員が「レンジャーで学んだことを中隊の任務で生かしたい」と力強く決意を述べた。学生長は「若い後輩たちは、レンジャー教育は困難で厳しいというイメージしかない。決して楽な訓練ではなかったが、任務遂行のために学んだことははるかに多い。その価値を後輩たちに教えたい。もっとこの教育へチャレンジして欲しい」と語っていた。

連隊の作戦遂行にとって重要だが、通常の普通科隊員のみでは実施困難な任務で「道を切り拓く」ことができるレンジャー隊員と戦闘隊を養成するための質の高い訓練。それが、部隊におけるレンジャー教育の本質である。

陸自で最初に部隊レンジャーを開始した「部隊レンジャー発祥の地」福知山・第7普通科連隊。その原点を極める「シン・レンジャー」の進化する伝統を、新たに誕生したレンジャー隊員たちが守り続けていく。

日本拳法三重県大会で優勝して

2陸曹　尾崎　京介（33普連重迫中・久居）

私はこのほど、三重県津市サオリーナで実施された日本拳法三重県総合大会に参加し、有段無差別の部で優勝しました。

私は平成30年に長崎の大村から転属し、強い希望で格闘訓練隊へ参加させていただいています。今まで目立った実績のない私を参加させてくれた中隊および受け入れてくれた訓練隊には、感謝しかありません。

そして、訓練隊の先輩方から、日本拳法道場へのお誘いを受け、私と息子2人の3人で、松阪市嬉野にある嬉野拳友会へ入会しました。入会して3年になりますが、子供たちに日本拳法を教えながら、また子供たちから教えられながら、家族で日本拳法を楽しんでいます。

近年コロナ禍により、各種制限を受ける中で大会が開催され、参加できたのは、大会関係者のお陰だけではないと思います。子供たちのためにも1日でも早く、コロナ禍が終息してほしいと思います。

今回の三重県総合大会は、全ての試合がギリギリの戦いでしたが、なんとか優勝することができました。相手の方々や、大会関係者の方々、ありがとうございました。

今回、優勝できたことより、全日本拳法総合選手権大会へ、三重県代表として参加できるようになりましたので、代表選手としての誇りと責任を胸に、これまで以上に一生懸命頑張ります。

OBがんばる

三浦　健次さん　55
令和4年1月、横須賀基地業務隊補充部付を3海尉で定年退職。アズビル株式会社に再就職し、藤沢テクノセンターで設備管理員として勤務している。

相手との信頼関係が大切

私は横須賀援護業務課の紹介で藤沢市にあるアズビル株式会社藤沢テクノセンターに再就職しました。弊社の理念は「人を中心としたオートメーション」で、人々の安心、快適、達成感を実現するとともに、地球環境への貢献を目指し日々勤務しています。私の現在の職務は設備管理員として、通信回線で結ばれた全国のお客さまの建物の遠隔監視・制御、電話対応などを担っています。

入社当時は戸惑うことばかりでしたが、先輩方の親切丁寧なご指導で何とか一通りの業務の流れを覚えることができました。その中でも苦労したのは電話対応でした。その原因は、自衛隊時代に電話でのお客さまへの対応経験が少なく、一般社会での電話対応のルールを理解していなかったことや、話し方に問題があったことでした。

そこで電話対応マニュアルを繰り返し熟読し、自分の話し方を変えていきました。その結果、お客さまとのやり取りもうまくいくようになり、業務が円滑に運べるようになりました。

仕事を正しくできるのは良いことですが、相手（同僚、お客さま）との信頼関係を築くことも大切です。企業では誰とでもコミュニケーションを上手くとる「協調性」と「健康管理」が必要になってきます。

定年は誰にでもやってきます。皆さんも十分な準備をして自信をもって再就職に臨み、第二の人生を送れるよう願っています。

「朝雲」へのメール投稿はこちらへ！

▽原稿の書式・字数は自由。「いつ・どこで・誰が・何を・なぜ・どうしたか（5W1H）」を基本に、具体的に記述。所感文は制限なし。
▽写真はJPEG（通常のデジカメ写真）で。
▽メール投稿の送付先は「朝雲」編集部（editorial@asagumo-news.com）まで。

第1292回出題

詰碁

出題　日本棋院　九段　曲　励起

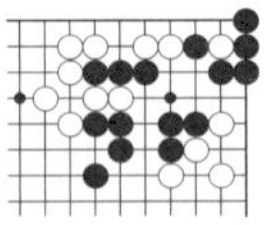

白先

『右下の黒五子を取ってください』。5分でできれば中級です。

▶詰碁、詰将棋の出題は隔週です◀

詰将棋

出題　日本将棋連盟　九段　石田　和雄

▲先手　持駒　角金桂

≪第876回の解答≫

【正解】▲3五角△2二玉▲1四桂△同香▲1三角成△同玉▲2三金までの七手詰め。

【解説】初手▲1四金は△2二玉▲2三金△2一玉▲1二金△同玉▲2四桂△2二玉で不詰み。ここは▲3五角と打つ。△2四合駒なら▲2三金以下、駒余りの詰み。△2二玉の逃げに▲1四桂から▲1三角成が手順の妙。

（世界の切手・エジプト）

人生という試合で最も重要なのは、休憩時間の得点である。
ナポレオン・ボナパルト（フランスの皇帝）

朝雲ホームページ
www.asagumo-news.com
会員制サイト
Asagumo Archive プラス
朝雲編集部メールアドレス
editorial@asagumo-news.com

新刊紹介

シリーズ 戦争学入門 航空戦

フランク・レドウィッジ著、矢吹 啓訳

防衛研究所の石津朋之戦史研究センター長の監修による「シリーズ戦争学入門」の新刊。エア・パワーが重要な役割を果たした戦争を振り返り、その戦略的意義、理論や実践、技術的発展を考察、解説している。

著者はポーツマス大学ビジネススクールの法学・戦略上級講師で法廷弁護士。英空軍士官学校、同ハルトン基地でも教鞭を執っている。

まずエア・パワーの4つの役割を空の管制（制空）、情報収集・監視・偵察、攻撃、機動力と定義。その上で航空戦が戦局を左右した数々の戦争を時系列で分析しているため、エア・パワーの役割や技術の変遷が一読して理解できる。

1911年11月1日、イタリア陸軍航空大隊のジュリオ・ガヴォッティ少尉が単座機で飛び立ち、トルコ軍を目がけて4発の手榴弾を投下。世界初の爆撃機パイロットとなった。以後、第一次、第二次世界大戦からイラク戦争まで、時代を経るに従ってエア・パワーの技術の進歩が戦争の態様を大きく変えてきた。

本書ではその延長上にあるドローン、サイバーにも言及。シリーズ名のとおり、入門書として最適な一冊だ。

（創元社刊、2640円）

ペリリュー ―外伝―1

武田一義著

先の大戦で日米が激戦を繰り広げた南太平洋のパラオ「ペリリュー島の戦い」の史実を参考にフィクションとして描いた『ペリリュー ―楽園のゲルニカ―』本編のスピンオフ作品。原案協力は太平洋戦争研究会の平塚柾緒氏。

本編は2016年から昨年まで青年漫画雑誌「ヤングアニマル」で連載され、単行本累計は「戦争漫画」としては異例のヒットとなる約80万部を記録。17年の第46回「日本漫画家協会賞優秀賞」の受賞作でもある。

今回の「外伝」には、「片倉分隊の吉敷」「Dデイ（攻撃開始日）」「田丸と光子」「ペリリュー島のマリヤ」の4話が収録されている。

2015年に当時の天皇皇后両陛下が戦後70年の「慰霊の旅」としてペリリュー島を訪問されたのを機にこの島の存在を知ったという作者は、自らも島に足を運び、生還兵や関係者へのインタビューを重ねてきた。

作家の石井光太氏は巻末の解説で「次の世代に平和のバトンをつなげる役割を担う作品」と評価する。若い世代にとっては「あの戦争」を知る良いきっかけとなるだろう。

（白泉社刊、660円）

朝雲

発行所 朝雲新聞社
〒160-0002 東京都新宿区四谷坂町12-20 KKビル
電話 03(3225)3841
FAX 03(3225)3831
振替00190-4-17600番
定価一部170円、年間購読料9170円（税・送料込み）

本号は10ページ

米インド太平洋軍司令官が来日

北朝鮮ミサイル 首相、防衛相らと会談

浜田防衛相と山崎統幕長は10月4日、来日した米インド太平洋軍司令官のジョン・アクイリーノ海軍大将とそれぞれ防衛省内で会談し、日米同盟の抑止力・対処力をさらに強化していくことで一致した。同日早朝、北朝鮮が日本の上空を通過させる形で太平洋上に「火星12型」と同型の可能性がある中距離弾道ミサイルを発射したことを受け、アクイリーノ司令官は前日に続き4日夕も首相官邸を訪れ、2日連続で岸田首相と会談。今回のミサイル発射に関する米インド太平洋軍の見解を説明するとともに、日米の緊密な連携を確認し、北朝鮮の挑戦に対して、日米韓の3カ国で引き続き連携対処していくことを申し合わせた。

日米同盟の抑止力を強化

浜田大臣はアクイリーノ司令官との会談の冒頭、「今朝、北朝鮮が我が国の上空を通過させる形で弾道ミサイルを発射し、太平洋上に落下したものとみられる。これまでの弾道ミサイルの度重なる発射に続く暴挙であり、最も強い表現で抗議した」と述べた。

その上で「北朝鮮による弾道ミサイル発射、中国の力による一方的な現状変更やその試みの継続など、我が国を取り巻く安全保障環境は格段に厳しさを増している」と指摘。「地域の平和と安定にとって日米同盟はかつてなく重要だ」と述べ、日米同盟の強化と「自由で開かれたインド太平洋（FOIP）」の維持・強化に向けた取り組みに期待感を示した。

これに対し、アクイリーノ司令官は、北朝鮮による日本上空を超えるミサイル発射に「強い非難」を表明した上で、「この地域の平和と安定のためには日米同盟が極めて重要だ。私のカウンターパートである山崎統幕長と引き続き緊密に連携し、『FOIP』の維持・強化に取り組んでいきたい」と応えた。

これに先立ち、アクイリーノ司令官と会談した山崎統幕長は、北朝鮮の弾道ミサイル発射について「我が国にとって重大かつ差し迫った脅威だ」と指摘し、両氏は「国際社会の平和と安定を脅かし、国際社会全体にとっての深刻な挑戦だ」との認識を共有した。

山崎統幕長は「日米同盟のさらなる強化が求められている」として、「今まさに、強固な日米同盟を示すとともに、地域と国際社会の平和と安定のために行動を示すべき時が来ている」と強調した。

これに対し、アクイリーノ司令官は「北朝鮮のミサイル発射は国連安全保障理事会決議に反するだけでなく、地域を不安定化させるものとして強く非難する。日米同盟はこの地域の平和と安定の礎だ。『FOIP』の実現に向け共に取り組んでいきたい」と応じた。

会談で両氏は、北朝鮮のミサイル発射や中国による諸活動、ウクライナ侵略の最中でも我が国周辺で活動を活発化させるロシアの動向、中露による共同巡航など、一層厳しくなる安全保障環境を踏まえ、緊密かつ隙のない日米連携を具体化していくことで一致した。

来日した米インド太平洋軍司令官のアクイリーノ海軍大将（左）と日米同盟のさらなる強化で一致する浜田防衛相（中央）、山崎統幕長（10月4日、防衛省）

日米防衛相が北朝鮮を非難 電話会談

浜田防衛相は10月4日、米国のオースティン国防長官と電話会談し、北朝鮮による一連の弾道ミサイル発射は「国連安全保障理事会決議に違反し、国際社会の平和と安定を脅かすものだ」として強く非難した。

浜田大臣は、日本上空を通過させる形での北朝鮮の弾道ミサイル発射は「我が国の安全保障にとって重大かつ差し迫った脅威であり、このような暴挙は断じて許されない」と述べ、国民の命と暮らしを守り抜くため、いわゆる「反撃能力」を含め、あらゆる選択肢を検討し、防衛力を抜本的に強化していくとの決意を伝えた。

これに対し、オースティン長官は、核戦力を含む軍事力で同盟国の日本を守る「拡大抑止」について、米国のコミットメント（関与）は揺るぎないものであることを改めて強調。

両氏は北朝鮮の挑発行動に対し、日米同盟の抑止力・対処力を強化するため、国防当局間で引き続き緊密に連携するとともに、日米韓3カ国で緊密な協力を進めていくことを確認した。

最近の北朝鮮の弾道ミサイル発射

日付	時間	最高高度	飛翔距離	軌道など	発射地点（推定）	着弾地点（推定）
9月25日（今年19回目）	6時52分頃	約50キロ	約650キロ	変則軌道	内陸部（平安北道泰川）付近	北朝鮮東岸付近（日本のＥＥＺ外）
28日（今年20回目）	18時10分頃	約50キロ	約350キロ	変則軌道	西岸（平壌郊外の順安）付近	北朝鮮東岸付近（日本のＥＥＺ外）
	18時17分頃	約50キロ	約300キロ	変則軌道	西岸（平壌郊外の順安）付近	北朝鮮東岸付近（日本のＥＥＺ外）
29日（今年21回目）	20時47分頃	約50キロ	約300キロ		西岸（平安南道順川）付近	北朝鮮東岸付近（日本のＥＥＺ外）
	20時53分頃	約50キロ	約300キロ		西岸（平安南道順川）付近	北朝鮮東岸付近（日本のＥＥＺ外）
10月1日（今年22回目）	6時42分頃	約50キロ	約400キロ	変則軌道	西岸（平壌郊外の順安）付近	北朝鮮東岸付近（日本のＥＥＺ外）
	6時58分頃	約50キロ	約350キロ	変則軌道	西岸（平壌郊外の順安）付近	北朝鮮東岸付近（日本のＥＥＺ外）
4日（今年23回目）	7時22分頃	約1000キロ	約4600キロ	日本上空通過	内陸部（慈江道舞坪里）付近	日本の東約3200キロの太平洋上（日本のＥＥＺ外）
6日（今年24回目）	6時頃	約100キロ	約350キロ		内陸部（平壌の三石）付近	北朝鮮東岸付近（日本のＥＥＺ外）
	6時15分頃	約50キロ	約800キロ	変則軌道	内陸部（平壌の三石）付近	日本海（日本のＥＥＺ外）
9日（今年25回目）	1時47分頃	約100キロ	約350キロ		東岸（江原道文川）付近	日本海（日本のＥＥＺ外）
	1時53分頃	約100キロ	約350キロ		東岸（江原道文川）付近	日本海（日本のＥＥＺ外）

（防衛省と韓国軍などの発表を基に作成）

北朝鮮 弾道ミサイル発射相次ぐ

今年25回目、半月で7回計12発

北朝鮮は10月6日午前6時台に2発、9日未明にも2発の弾道ミサイルを相次ぎ発射した（表参照＝10月4日以前は既報）。

いずれも日本の排他的経済水域（EEZ）外の日本海に落下したと推定され、日本への被害は確認されていない。北朝鮮のミサイル発射は、巡航ミサイルも含め、9日時点で今年25回目。

井野副大臣は9日午前3時過ぎに省内で臨時記者会見し、「北朝鮮はかつてない高い頻度で、かつ新たな態様でのミサイル発射を繰り返し、挑発を執拗かつ一方的にエスカレートさせている。一連の北朝鮮の行動は、我が国、地域、国際社会の平和と安全を脅かし、国連安全保障理事会決議にも違反するもので、断じて容認できない」と北朝鮮を強く非難。日本政府として北京の大使館ルートを通じて北朝鮮に厳重抗議したことを明らかにした。

その上で、「米国、韓国をはじめとして、関係国と緊密に連携しながら、国民の生命と平和な暮らしを断固守り抜く決意だ。こうした状況を踏まえ、いわゆる『反撃能力』も含め、あらゆる選択肢を排除せず検討し、今後とも防衛力の抜本的な強化に取り組んでいく」と述べた。

浜田防衛相は10月11日の記者会見で、9日未明の弾道ミサイルについて分析を進めた結果、当初は「潜水艦発射型弾道ミサイル（SLBM）」の可能性も指摘していたが、港湾部から発射された可能性が高く、「地上発射型の短距離弾道ミサイルだった可能性を含め、分析中だ」と説明した。

日米韓局長級が電話会議

3カ国の連携強化で一致

日米韓の防衛当局は10月7日、局長級の電話会議を開き、頻繁にミサイル発射を繰り返す北朝鮮の動向などをめぐって議論した。

会議には防衛省の増田和夫防衛政策局長をはじめ、米国防総省のイーライ・ラトナー国防次官補（インド太平洋安全保障担当）、韓国国防省の許太根国防政策室長が各国を代表して出席した。

3氏は北朝鮮による一連の弾道ミサイル発射を強く非難。昨今の日米韓3カ国による共同訓練は「北朝鮮の挑戦に対応し、共通の安全保障と繁栄を保護するとともに、ルールに基づく国際秩序を強化していくという3カ国のコミットメント（責任ある関与）を示すものだ」とした上で、今後も閣僚レベルの協議を含むさまざまな取り組みを活用し、3カ国の連携を強化することで一致した。

日比米3カ国で初の実務者協議

日比米3カ国で初めてとなる防衛実務者協議が9月13日、テレビ会議方式で開かれ、防衛省から三浦潤防衛政策局次長、フィリピン国防省からはマリタ・ヨロ戦略評価・国際担当局課長、米国防総省からリンゼイ・フォード国防次官補代理が出席した。

3氏は海洋安全保障、海洋状況把握、サイバーセキュリティー、情報共有、人道支援・災害救援の分野で協力の可能性を議論。ルールに基づく秩序維持の重要性を強調し、安全保障上の共通課題についても意見交換した。今後も定期的に協議を開く予定だ。

防衛力を考える有識者会議初開催 政府

政府は9月30日、「国力としての防衛力を総合的に考える有識者会議」の初会合を首相官邸で開いた。

メンバーは、座長に就任した佐々江賢一郎元駐米大使をはじめ、黒江哲郎元防衛次官、中西寛京大教授、読売新聞グループ本社の山口寿一社長、日本経済新聞社の喜多恒雄顧問ら10人で構成。政府からは岸田首相、浜田防衛相、林外相、鈴木財務相らが出席した。

岸田首相は会議で「縦割りを打破し、政府全体の資源と能力を総合的かつ効率的に活用した、我が国として必要とされる総合的な防衛体制の強化について検討していく必要がある」と指摘。「現下の厳しい安全保障環境の中においても、国民の命と暮らしを断固として守り抜かなければならない。あらゆる選択肢を排除せず、防衛力を抜本的に強化する」と強調した。

今後議論を本格化させ、政府が年末に予定する国家安全保障戦略など戦略3文書の改定や予算編成に向けて提言を取りまとめる。

日米韓共同で対潜戦訓練

日本海で2017年4月以来

共同訓練を行う日米韓の艦隊（前から米海軍の潜水艦、空母「ロナルド・レーガン」、韓国海軍の駆逐艦「ムンム・デワン」、護衛艦「あさひ」、米駆逐艦「ベンフォールド」、巡洋艦「チャンセラーズビル」（9月30日、日本海）＝米海軍提供

2護群2護隊（佐世保）の護衛艦「あさひ」（艦長・池田忠司2佐）は9月30日、日本海で日米韓共同による対潜戦訓練を実施した。2017年の4月以来、約5年ぶり。

米海軍からは空母「ロナルド・レーガン」、ミサイル巡洋艦「チャンセラーズビル」、ミサイル駆逐艦「バリー」、「ベンフォールド」による第5空母打撃群と潜水艦が、韓国海軍からは駆逐艦「ムンム・デワン」が参加した。日米韓の艦隊は訓練を通じて戦術技量を向上させるとともに、連携の強化を図った。また各国の連絡官も乗艦し訓練を視察した。

防衛省は「地域の安全保障上の課題に対応するために3カ国の協力を推進し、共通の安全保障と繁栄を保護するとともに、ルールに基づく国際秩序を強化していくという日米韓のコミットメントを示すものだ」としている。

5空団のF15戦闘機3機を先頭に編隊飛行する8空団のF2（下4機）と米海兵隊のF35B（上4機）＝10月4日、九州西方空域＝空自提供

空自と米海兵隊が共同訓練

空自は10月4日、九州西方空域で米海兵隊と日米共同訓練を行った。

空自からは5空団（新田原）のF15戦闘機、8空団（築城）のF2戦闘機が各4機、米海兵隊からは12海兵航空群（岩国）のF35B戦闘機4機が参加。各種戦術訓練を通して日米共同対処能力と戦術技量の向上を図った。

日米韓 ミサイル情報共有訓練

日米韓共同訓練に参加し、米・韓国海軍と弾道ミサイル情報共有訓練を行う護衛艦「あしがら」の乗員（10月6日）＝統幕提供

統幕は10月6日、日米韓共同訓練を同日に日本周辺海域で行ったと発表した。

日本からは海自の護衛艦「あしがら」が参加、米・韓国の艦艇と共に弾道ミサイル情報共有訓練を行い、3カ国の協力推進を図った。

さらに同日、海自の護衛艦「ちょうかい」が日本海で米海軍の巡洋艦「チャンセラーズビル」、韓国海軍の駆逐艦「セジョン・デワン」と日米韓共同訓練を行い、各種戦術を演練した。

山崎統幕長は同日の記者会見で「日米韓で訓練ができたことは（連携の）重要性を示すものだ」と述べた。

春夏秋冬

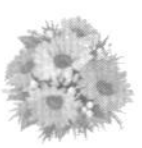

「東西」区分に代わる新たな視点

先崎　彰容

ウクライナ危機が我が国に与える最大の影響に、国連の機能不全が挙げられる。中露の二大理事国の拒否権が、円滑な国連運営を妨げている。結果、北朝鮮のミサイル跋扈を許し、極東情勢の不安定化を助長している。こうした世界の流動化をどう説明するか。手がかりとして一冊の本を参照しよう。

梅棹忠夫『文明の生態史観』（1957年刊）によれば、21世紀の世界情勢は、従来の「東西」では理解できないという。東西に代わり梅棹が提唱したのが、「第一地域」「第二地域」という区分であった。第一地域とは、ユーラシア大陸の辺境に位置する国家群で、ヨーロッパ地域や日本などを指す。資本主義や主権国家などの概念を生み出し、今日の近代システムの基盤は第一地域のものである。対する第二地域とはユーラシア大陸の内部のことで、長らく帝国の治乱荒廃がつづき、その間に遊牧民族による侵入を複数回受けた。そのため安定した国家運営ができず、近代的なシステムが発展することがなかった。ちなみにアメリカ大陸は、ユーラシア大陸の辺境に位置する巨大な島とみなす。

以上の第一・第二地域の区分こそ、東西区分に代わる新たな視点だと言うのだ。この世界観を参照すると、現代の国際秩序の激変を理解可能になる。今、私たちが目撃しているのは、近代に入り国際秩序を支配してきた第一地域の優勢が揺らぎ、ユーラシア大陸の第二地域が支配権を奪おうとしている時代なのである。

習近平が「中華の偉大な復興」を掲げる時、念頭にあるのは第一地域など高々百数十年、世界を支配したに過ぎないという歴史観である。つまり自国中心の国際秩序完成への欲望は、極めて長い歴史観に由来する。中露の結託は、第二地域の勃興を意味しているのである。

（日本大学危機管理学部教授）

朝雲寸言

暑い夏が過ぎて秋らしい気配である。自衛隊にとって秋は訓練最盛期と呼ばれる。それは気候だけの理由ではない。春に入隊した新隊員が教育を終えて部隊に配属される時期だからである。この時期、部隊は人員が充足され充実した訓練が可能となるのだ▼米国で海兵隊の新兵教育を垣間見る機会があった。少数精鋭を誇る米海兵隊も兵士の募集に苦労していると聞く。集められた志願兵は直ちにGIカットにされ教官である鬼軍曹から罵倒される。高所からロープに吊るされ泥の中を匍匐させられる▼これほど厳しい新兵教育を行う国は他にない。その厳しさを支えるのは自分たちが世界最強であるというプライドである▼ロシアのウクライナ侵攻を受けてG7各国は国防費の大幅な増額を決めた。我が国も例外ではない。しかし我が国の場合、防衛費だけでは解決しない多くの課題があることも事実である。ウクライナを見るまでもなく国を守るのは人であり国民の意思であるからだ▼自衛隊は創隊以来常に低い充足率に甘んじてきた。隊員募集が難しいことも要因のひとつだが国防に任ずる若者をどのように確保するかの国家的な施策が不十分であったことは否めない▼処遇の改善、採用年齢の引き上げや女性自衛官の拡大だけでは限界がある。先月末、総理大臣官邸で国力としての防衛力を総合的に考える有識者会議が開催された。大きな期待を持ってその審議を見ている。

時の焦点

国内

北ミサイル発射

日米韓で警戒を強めよ

北朝鮮が、日本の安全を脅かす軍事行動を続けている。日本は米韓と連携し、対処能力の強化を急がねばならない。

北朝鮮が4日朝、弾道ミサイルを発射した。青森県の上空を通過し、日本の排他的経済水域（EEZ）外の太平洋上に落下した。

北朝鮮の弾道ミサイルが日本上空を通過したのは、2017年9月以来だ。東アジアの平和と安定を揺るがす暴挙であり、断じて容認できない。

5年前のミサイルの飛行距離は推定約3700キロだったが、今回は過去最長となる約4600キロを飛翔した。

平壌から、約3400キロ離れた米領グアムを射程に収める距離だ。朝鮮半島有事での拠点となるグアムへの攻撃能力を誇示し、対米抑止力を確保しようという思惑があるのだろう。

北朝鮮は、長射程化や迎撃が難しい変則軌道など、ミサイル技術の向上を図っている。金正恩朝鮮労働党総書記は、核弾頭を搭載し、実戦配備する計画を着々と実行に移していると言える。

北朝鮮はその2日後にも、2発の弾道ミサイルを発射した。9月25日以降、高頻度で発射を続けている。

北朝鮮がミサイル発射を繰り返すのは、8月の米韓合同軍事演習や9月の米韓、日米韓の合同演習をけん制したものだという見方もある。

東アジアの安全保障環境を悪化させているのは北朝鮮であり、他国に責任があるかのような言い分は看過できない。

日本政府は、国際社会と結束し、北朝鮮に挑発をやめさせる努力を尽くさねばならない。日本列島をミサイルが越える事態を常態化させないよう、迎撃態勢を整えることも不可欠だ。

国連安全保障理事会は緊急会合を開催したが、中露の反対で、制裁決議よりハードルが低い非難声明さえ出せなかった。

安保理は、北朝鮮の核実験やミサイル発射に対し、17年12月までに10本の制裁決議を採択してきたが、今年5月の制裁決議強化案には中露が初めて拒否権を行使した。米欧と中露の溝が深まるなか、安保理が機能不全に陥っている現状は極めて深刻である。

国連が身動きをとれない以上、日米韓が安全保障面で連携を強化することが重要だ。米韓両軍は地対地ミサイルの発射訓練を行い、米原子力空母ロナルド・レーガンを日本海に再派遣した。

挑発を繰り返せば、むしろ日米韓の結束が強化されることを、北朝鮮に見せる必要がある。

政府は、全国瞬時警報システム「Jアラート」でミサイル発射情報を流した。北海道と青森だけに流す予定だったが、誤って東京都の9町村にも流すトラブルが発生したのはお粗末だ。

重要なシステムを運用できなければ、有事への国民の不安は募る。政府と自治体は、住民の避難訓練や避難施設の確保など、国民保護の態勢を強化することが急務だ。

藤原　志郎（政治評論家）

海外

国連総会演説

米の威信低下、鮮明に

第77期の国連総会が9月13日、ニューヨークの国連本部で開幕し、20―26日に各国首脳級の一般討論演説が行われた。

国際政治上の厳然たる〝格付け〟で、米大統領は初日のトップに演説するのが常だが、バイデン氏は英女王の葬儀に参列したため、1日遅れの21日に演説した。

驚いたのは、国連事務局は同氏の演説順位を何とイランの後の7番目にしたのだ。現政権の力量をよく知っているとの解釈も可能だが、「威信」を吹き飛ばす侮辱的扱いに米側が抗議したという情報はない。

演説中で強硬なトーンだったのは、ロシアのウクライナ侵攻と、核兵器使用の可能性示唆など、プーチン露大統領による威嚇のエスカレーションに対する部分。

「安保理の常任理事国が隣国を侵攻し、主権国家を地図上から抹消しようとしている」

「プーチン氏は欧州に公然と核の脅しをかけ、核不拡散体制の責任を無視している」

「ロシアは戦争のため兵士を動員し、ウクライナの部分併合のためインチキな住民投票を組織している。国連憲章の重大違反だ」

米国の強い姿勢を打ち出したのはウクライナ情勢のみで、後はあまり意味がない。

気候変動問題で長々とレクチャーしても、世界が直面するエネルギー危機には何もなく、今年だけでも200万人以上という南部国境からの不法移民には言及なし。

中国には、危険な敵対国ではなく「競争相手」との認識を表明。台湾問題では「米国は『1つの中国』政策を維持。中台どちらからでも、現状の一方的変更には反対する」

同大統領は3日前の18日、米CBSテレビの番組「シックスティ・ミニッツ」で、中国が台湾を侵略したら、米軍が台湾を守ると発言し、政府高官らが「米外交方針は変わっていない」と、必死に大統領発言を否定する騒ぎになったばかり。

対イランでは、同国が約束を守るなら、米国は相互に「核合意」に復帰する用意があると述べた。

この「約束を守る」がずっと同合意のボトルネックで、国際原子力機関（IAEA）がイランの未申告施設3カ所で核開発疑惑を検知しても、同国は正直に返答しない。

グロッシIAEA事務局長は21日、ニューヨークで記者会見し、①まだイランの協力はない②ニューヨークでイラン政府の誰とも面会できない―などと明かした。

また、安保理常任理事国に「アフリカ、ラテンアメリカ、カリブ海諸島」を加えることを支持すると言う。しかし、ただの〝ミニ総会〟に堕して、現在以上の非効率を招く恐れなしとしないが。

米国の敵対国は米外交政策に関し、お粗末なアフガニスタン撤退に象徴的な「弱い米大統領」を見てきたが、その認識を変える要素は演説にはなかった。最後に「私の演説を聞いてくれた寛大さに感謝する」と言った米大統領にはまた驚いた。

草野　徹（外交評論家）

伊空軍参謀長が来日

浜田防衛相、井筒空幕長と懇談

ゴレッティ中将（左）と固い握手を交わす井筒空幕長（10月4日、空幕長室）＝空自提供

イタリア空軍参謀長のルカ・ゴレッティ中将が10月4日、防衛省を訪れ、浜田防衛相を表敬、井筒空幕長と懇談した。

防衛省に到着したゴレッティ中将は、殉職隊員の慰霊碑への献花、栄誉礼、特別儀仗の後、浜田大臣を表敬した。

井筒空幕長とは7月の英国出張時に会談して以来の再会で、日伊を取り巻く安全保障環境などについて意見交換し、今後の防衛協力・交流を一層活発化させていくことで一致した。また、この日はゴレッティ中将とともに訪日した伊空軍士官学校の学生が防大を訪問し、学生らと交流した。

翌5日はゴレッティ中将と伊空軍士官候補生が浜松基地を訪問。中将は引田淳航空教育集団司令官、熊谷三郎1空団司令と懇談後、空自の飛行教育の状況を視察した。また、士官候補生は基地所在部隊、浜松広報館エアーパークを研修した。

平和・安保研　秋季セミナー

国際秩序実現へ包括ビジョンを

細谷慶大教授が基調講演

平和・安全保障研究所（理事長・德地秀士元防衛審議官）は9月15日、東京都新宿区のホテルグランドヒル市ヶ谷で「大国間競争の時代における日本の安全保障」をテーマに、秋季安全保障セミナーを開催した。

冒頭の基調講演は同研究所研究委員の細谷雄一慶大教授が登壇した。細谷氏は冷戦後の国際秩序を〝新しい戦間期〟と位置づけ、「『世界はもはや平和ではなくなった』という問題意識のもと、新たな国家安全保障戦略では望ましい国際秩序を実現するための包括的なビジョンと、それを実現するための体系的・総合的なアプローチを提示することが必要だ」との見解を示した。

パネルディスカッションでは、今年7月に同研究所が発表した政策提言の委員（德地理事長、河野克俊前統幕長、青木節子慶大院教授）と細谷氏が議論した。

河野前統幕長は日米協力について「今やアメリカは日本を必要としている。防衛力で必要となる盾（守り）と矛（攻撃）も日米同盟で行う体制に切り替えるべきだ」と主張した。

続いて青木教授が宇宙戦略について「宇宙戦争の扉が開いた場合、サイバー攻撃の力が重要だ。衛星を物理的ではなく、機能として破壊する能力を持つことが日本としても必要となる」と述べた。

德地理事長は「新たな国家安全保障戦略では、日本がどのような立場をとるべきかをしっかりと議論し、明確化していくべきだ」と指摘した。

最後に細谷氏が官民協力について触れ、「政府は民間企業に対し要請だけでなく活力を与えることが必要で、新たな国家安全保障戦略の鍵となっていくだろう。広く同盟国や友好国に意見、助言を求め、官民協力の起爆剤となる戦略文書となってほしい」との考えを述べた。

秋季安全保障セミナーのパネルディスカッションで議論する（左から）德地理事長、青木教授、河野前統幕長、細谷教授（9月15日、ホテルグランドヒル市ヶ谷）

レゾリュート・ドラゴン始まる

陸自と米海兵隊　14日まで実動訓練

北海道の演習場で陸自と米海兵隊との共同実動訓練「レゾリュート・ドラゴン22」が10月1日始まった。14日まで。「レゾリュート・ドラゴン」は〝不屈の龍〟を意味し、米海兵隊との国内最大規模の実動訓練。

陸自からは北方総監の沖邑佳彦陸将を担任官に2師団（旭川）、3即機連（名寄）などから計2700人が参加。米海兵隊からは3海兵師団長のジェイ・M・バージェロン少将を担任官に同師団12海兵連隊、3海兵大隊（いずれも沖縄）などから計1400人が参加している。

訓練では主に島嶼作戦における陸自の領域横断作戦（CDO）と米海兵隊の機動展開前進基地作戦（EABO）の連携強化、共同作戦能力の向上を図る。

統幕長

フィンランド軍司令官と会談

価値観共有し、共に対応を

山崎統幕長は9月28日、防衛省でフィンランド国防軍司令官のティモ・キヴィネン陸軍大将と会談した。統幕長の公式招待を受けての訪問で、統幕長と同軍司令官との会談は2018年10月にフィンランドで河野前統幕長が行って以来、4年ぶり。

会談冒頭、統幕長は「欧州の安全保障とインド太平洋地域の安全保障は密接不可分の関係となった。両国は『法と秩序を守っていく』という共通的な理念と戦略的利益を共有する戦略的パートナーだ。今こそ価値観を共有する国が（脅威に）協力して対応していくことが求められている」と述べた。

これに対し、キヴィネン司令官は「ウクライナ情勢が世界情勢を大きく左右する。フィンランドと日本は共に隣国がロシアだ。ロシアの侵攻は許してはならない」とロシアによるウクライナ侵攻を非難した。

両者はルールに基づく国際秩序の維持のため、両国が連携していくことで一致した。

キヴィネン司令官は翌29日、空自三沢基地を訪問。北空司令官の安藤忠司空将、3空団司令の大嶋善勝将補とも会談。部隊視察も行い、防衛協力・交流を深めた。

山崎統幕長（中央左）のエスコートで特別儀仗隊を巡閲するフィンランド国防軍司令官のキヴィネン陸軍大将（同右）＝9月28日、防衛省

日米が共同空輸訓練

ハワイ空域で物料投下、夜間飛行

空自は9月25日から30日まで、米ハワイ州パールハーバーヒッカム統合基地と周辺空域で、令和4年度日米共同戦術空輸訓練を行った。

日米の相互理解の深化、空自の戦術輸送に関する技量と日米共同対処能力の向上を図るのが狙い。空自からは3輸空（美保）の鈴木基文2佐以下約20人、C2輸送機1機が参加。米空軍から第535飛行隊のC17輸送機1機が参加し、物料投下訓練、夜間飛行訓練を行った。

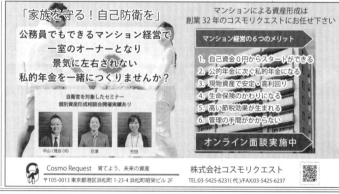

空自のC2の前で記念写真に納まる日米の参加隊員（米ハワイ・パールハーバーヒッカム統合基地）

「とうりゅう」が派米訓練に参加

海自2潜群4潜隊（横須賀）の潜水艦「とうりゅう」（艦長・柿本文雄2佐以下約80人）は10月9日、「令和4年度第2回米国派遣訓練（潜水艦）」に参加するため、横須賀基地を出発した。

潜水艦の米国派遣訓練は昭和38年から毎年実施。日本から米ハワイ諸島にいたる海域やパールハーバー・ヒッカム統合基地で対潜戦訓練などを行う。12月26日に帰国予定。

沖縄や島根の近海で相次ぎ中国艦確認

海自は10月2日午前8時ごろ、沖縄県・粟国島の北約50キロの海域を東進する中国海軍「ジャンカイⅡ」級フリゲート（艦番号572「衡水」）を確認した。同艦は南西諸島を西側に沿って北上し、3日に鹿児島県・草垣群島の南西約90キロから東シナ海へ向け航行した。

4護隊（呉）の護衛艦「さざなみ」、11護隊（横須賀）の護衛艦「ゆうぎり」、1空群（鹿屋）のP1哨戒機、5空群（那覇）のP3哨戒機が情報収集を行った。

また同3日午後5時ごろには、「ドンディアオ」級情報収集艦（796）が島根県・隠岐諸島の北約120キロの海域を南西に進むのを海自が確認。同艦は4日、対馬海峡を南西に抜け東シナ海へ入った。

この中国艦は9月23日に対馬海峡を北東に進み、10月2日、青森県・龍飛岬の西約20キロで反転した後、日本海を南西に航行したものと同一。

舞鶴警備隊（舞鶴）の多用途支援艦「ひうち」、3ミサイル艇隊（佐世保）のミサイル艇「おおたか」、4空群（厚木）のP1哨戒機が警戒監視に当たった。

防衛省発令

▽陸自衛生学校総務部長（陸自関東補給処）1陸佐　近野　敏之
（10月1日）
▽防衛研究所主任研究官（防衛研究所所員）1海佐　庄野　崇
▽統幕防衛課防衛交流班長（統幕防衛課）同　阿部　直樹
▽掃海隊群作戦主任幕僚（海幕運用支援課）同　古賀　丈憲
▽海幕運用支援課計画班長兼防衛課（同運用支援課）同　田中　裕昭
▽同運用支援課（統幕防衛課防衛交流班長）同　村上　公彦
▽同装備需品課後方運用班長（海幕装備需品課）同　渡邉　正裕
▽同航空機課（海自3術科学校研究部長）同　本多　正敏
▽兼海幕首席衛生官付衛生官＝医務担当（海幕首席衛生官付衛生企画室長兼首席衛生官付衛生官＝歯科担当＝兼中央病院1外科）同　熊野　勲
▽自衛艦隊司令部（3護衛隊司令）同　濱﨑　真吾
▽3護衛隊司令（護衛艦隊司令部）同　鈴木　拓哉
▽うらが艦長（海自1術科学校主任教官兼1術科学校研究部員）2海佐　松永　昭仁
▽1潜水隊群司令（呉地方総監部管理部長）1海佐　植田　康照
▽3潜水隊司令（1海洋観測隊司令）同　野中　賢太
▽艦隊情報群司令部（情報本部）同　辻　秀樹
▽1海洋観測隊司令（福岡地本募集課長）同　青木　操
▽呉地方総監部管理部長（呉地方総監部付）同　加茂　義永
▽阪神基地隊（海幕装備需品課後方運用班長）同　森安　竜
▽大湊衛生隊診療部長兼大湊衛生隊副長（大湊衛生隊副長）同　大小田　学
▽海自潜水医学実験隊（海幕首席衛生官付衛生官＝医務担当）同　杉浦　崇夫
▽同東京業務隊付（防衛研究所主任研究官）同　水野　剛
▽同幹部学校（3潜水隊司令）同　半﨑　誠
▽同3術科学校研究部長（海自3術科学校）同　島　郷之助
▽福岡地本募集課長（掃海隊群作戦主任幕僚）同　大松　清生
（以上10月3日）
▽艦艇開発隊開発部長（艦艇開発隊）1海佐　倉光　啓介
▽艦艇開発隊付（同開発部長）同　石井　和徳
（以上10月4日）
▽3航空隊副長（51航空隊）2海佐　栗下　明彦
（10月7日）

防衛副大臣　井野俊郎からのメッセージ

井野　俊郎（いの・としろう）明大法卒。弁護士、2012年12月の衆院選で初当選。16年8月の第3次安倍改造内閣で法務大臣政務官・内閣府大臣政務官。衆院予算委員会理事、衆院議院運営委員会理事、自民党国対副委員長、自民党青年局部長などを歴任。当選4回。群馬県出身。茂木派。42歳。

防衛産業を発展させ
国の安全保障を強固に

この度、防衛副大臣を拝命しました。群馬2区選出の衆議院議員井野俊郎です。群馬県伊勢崎市出身で、明治大学卒業後、弁護士、伊勢崎市議会議員となり、2012年に初当選させて頂きました。この12月でちょうど10年になります。

これまで法務大臣政務官、予算委理事、議運委理事などを歴任しましたが、防衛政策に関わる機会は少ないものでした。しかしながら、国の基本となる安全保障政策にはいつか取り組みたいと思い、勉強してまいりました。そのような中、今回防衛副大臣を拝命致しましたので、大変嬉しく、仕事に没頭する毎日を過ごしております。

副大臣を拝命してまず感じたのは、やはり隊員の皆さまの士気の高さ、職務への誇りです。厳しい訓練の中、自然と醸成される意識なのでしょうか、私が接したどの隊員の皆さまからも国防への高い意識を感じます。

戦前日本兵は、他国の兵に比べ精神力が強いため、精鋭部隊だと言われておりましたが、まさに、精神力の強さや規律の正しさといった日本人の良さは、自衛隊員の皆さまにも確かに感じることができました。しかしながら、戦前の失敗は、まさに日本兵の精神力に頼りすぎ、またそれが大本営の過剰な自信となり、装備や戦術を疎かにしてしまったことが大きな原因の一つと言われています。

すなわち、陸では火砲が重視されていたにもかかわらず、白兵銃剣による突撃が繰り返され、海では、空母を中心とした航空攻撃主力の中、大艦巨砲主義が採用され、最新の装備戦術を採用することができませんでした。

翻って、現在に目を向けますと、これまでの防衛予算は、充実したものとは言い難く、必要な日用品などの整備や宿舎の老朽化対策が必ずしも十分と言えず、その不足を現場隊員の日々の訓練と士気の高さで補ってきました。このような状況で、我が国の平和と安全を確保することは困難であり、このことは歴史が証明をしております。

日本はロシアのウクライナ侵略、中国の南西諸島を含む我が国周辺海空域における中国軍の活動の急速な拡大・活発化などを目の当たりにし、ようやく防衛力の強化が必要だという機運がでました。

世界の防衛技術の進歩は、AI、サイバー、宇宙などを中心に加速度的に進化しております。また、こういった技術は、軍民両用の部分も多々あります。

このような時代にあるからこそ、私は、必要な防衛予算を確保し防衛技術を向上させ、国家の安全保障を担保するとともに、国民生活を向上させ、国民の理解を得ながら防衛政策を進めていくことが大事だと考えています。

最近、経済安保が叫ばれておりますが、本丸である防衛産業を活性化していかなければなりません。また、軍民両用の時代だからこそ、防衛技術についても民間との共同研究、開発を進めていかなければなりません。

私は、防衛副大臣として、防衛産業発展を通じて、自衛隊を強くするとともに国民生活向上に寄与できるような防衛省と民間との新たな協力関係を模索していきたいと思っています。

日米共同実動訓練「オリエント・シールド22」

島嶼部守る盾の精鋭

陸自と米陸軍との共同実動訓練「オリエント・シールド22」が8月14日から9月9日まで、九州本土と奄美大島で行われた。

陸自からは西部方面総監の竹本竜司陸将を担任官に、西方総監部、4師団、西方特科隊など約1400人、米陸軍からは在日米陸軍司令官のジョエル　B・ヴァウル少将を担任官に在日米陸軍司令部、2017年に創設された第1マルチ・ドメイン・タスクフォースなど約700人が参加した。

機能別訓練の一環で、市街地訓練施設を使って建物への突入要領を演練する40普連の隊員（8月28日、宮崎県の霧島演習場）＝小倉駐屯地提供

共同作戦能力向上へ

島嶼作戦での陸自の領域横断作戦（CDO）と米陸軍のマルチ・ドメイン・オペレーション（MDO）を踏まえた日米の連携を向上させるのが狙い。両部隊がそれぞれ指揮系統に従い、共同で作戦を行う場合の相互連携要領を実践することで作戦能力の向上を図った。

訓練では、対戦車ミサイル「ジャベリン」の実弾射撃が大矢野原演習場（熊本）で行われたほか、奄美大島では西方システム通信群隷下の301電子戦中隊（健軍）とマルチ・ドメイン・タスクフォース所属の電子戦部隊が初めて連携。陸自の12式地対艦誘導弾（12SSM）と奄美大島初展開の米陸軍高機動ロケット砲システム「ハイマース」との共同による指揮機関訓練と併せた対艦戦闘訓練などの一連の実動訓練が行われた。

市街地訓練場内で、敵の脅威が感じられる目標に向けて89式5.56ミリ小銃を構える40普連（小倉）の隊員（9月2日、霧島演習場）＝4師団提供

ハイマース奄美大島初展開
陸自12SSMと実動訓練

奄美大島に初展開した米高機動ロケット砲システム「ハイマース」（8月31日、奄美駐屯地）＝西方提供

米第24歩兵大隊の隊員が米陸軍の対戦車ミサイル「ジャベリン」を実弾射撃した（8月27日、熊本県の大矢野原演習場）＝米軍提供

オリエント・シールドの訓練開始式で握手を交わす西方総監の竹本竜司陸将（右）と在日米陸軍司令官ジョエル　B．ヴァウル少将（8月27日、熊本県の健軍駐屯地）＝米軍提供

安全が確保された場所に、陸自ＣＨ47ＪＡヘリでヘリボーン降着して速やかに展開する日米両隊員（9月2日、霧島演習場）＝4師団提供

陸自第2高射特科団と米第38防空砲兵旅団はオリエント・シールド期間中、共同で迎撃システムを活用して統合防空戦闘訓練を行った。写真は陸自の93式近距離地対空誘導弾（近ＳＡＭ）＝8月29日、福岡駐屯地＝米軍提供

～地本　ホッと通信～

札　幌

地本はこのほど、札幌市の映画館「ユナイテッドシネマ札幌」で市街地広報を行った。海軍パイロットが活躍する米映画「トップガン　マーヴェリック」の鑑賞者に向けて、空自2空団の現役F15戦闘機パイロット2人と協同で、自衛隊の魅力を発信した。

映画鑑賞後の興奮冷めやらぬ来場者から、戦闘機や自衛隊のパイロットに関する質問が多く寄せられた。現役パイロットがこれに答えて説明、大いに盛り上がった。

函　館

地本はこのほど、28普連と11音楽隊の支援を受け、3年ぶりにJRA函館競馬場で市街地広報を実施した。競馬場には8600人が来場し、自衛隊ブースには380人が訪れた。

ブースでは、軽装甲機動車展示のほか、缶バッジ釣りや自衛隊グッズが当たるガチャガチャコーナーを設けた。恒例のミニ制服試着も好評で、11音楽隊によるファンファーレ演奏や、ミニコンサートも盛況だった。

茨　城

地本は9月9日、海自下総航空基地で初の女性限定見学会を行い、募集対象年齢の6人が参加した。

参加者は基地の成り立ちや各部隊の概要について説明を受けた後、P3C哨戒機と救難消防車を見学。大迫力の車両に圧倒され、高揚した面持ちのまま向かったのはお待ちかねの隊員食堂。柔らかく煮込まれた牛肉が絶品の海自カレーに参加者は舌鼓を打っていた。

午後はフライトシミュレーター体験や、航空機のエンジン整備の現場に足を運び、隊員からの仕事内容などの説明に熱心に耳を傾けた。

栃　木

地本はこのほど、宇都宮市のコミュニティFM放送局「ミヤラジ」の番組に出演した。同局の依頼で定期的に出演しており、今回はいずれも栃木県出身の広報・渉外室の来栖賢一2空曹と、募集課に臨時勤務中の斎藤彩佳1海士が、アナウンサーからの質問に応じる形で自衛隊を紹介した。

「一緒に働く仲間についてどう思いますか」との質問に、来栖2曹は「入隊時や職種の同期、同じ職場で勤務した上司や先輩、後輩が日本各地で勤務していて、国防の任にあたっていると思うだけでも心強く感じます」、斎藤1士は「仲間が困っていたら手伝う、助ける、支える。決して見捨てないのが自衛隊の仲間だと感じます」と、自身の経験を振り返りながら答えた。

富　山

地本は8月27、28の両日、富山県小矢部市の複合型施設「クロスランドおやべ」で行われた「ヘリコプター&防犯・防災フェスティバル2022」を全面的に支援した。3年ぶりのイベントに2万2000人が来場した。

陸自対戦車ヘリ、空自救難ヘリをはじめ県警や民間ヘリ数機の飛来・展示に加え、屋内ホールでは、陸自10音楽隊による演奏会が3回行われ、イベントに花を添えた。

自衛隊ブースには2日間で約3000人が訪れ、自衛隊車両・活動写真の展示、DVD放映で来場者の関心を集め、幅広い世代にアピールした。

福　井

地本は9月10、11の両日、福井港北1号岸壁で3掃海隊（呉）の掃海母艦「ぶんご」（艦長・久保山聡2佐）の支援を得て艦艇見学会を行い、2日間で約570人が来場した。福井港への「ぶんご」の寄港・見学会は初めて。

9日午後に入港した「ぶんご」には、陸自中部方面航空隊（八尾）所属のUH1Jヘリが飛行甲板に着艦し、翌日の広報イベントを準備した。

入港歓迎式の後の見学会は、乗員が艦橋や格納庫、飛行甲板などを案内。速射砲の作動展示では、素早い砲身の動きに見学者から驚きの声が上がっていた。

また、岸壁では装備品展示として、空自4高射群（饗庭野）所属の地対空ミサイル「PAC3」の発射機1基、陸自372施設中隊（鯖江）の大型車両なども展示し、福井港では初となる陸海空のコラボ見学会が実現した。

沖縄で中京大生に陸自の活動をPR!

愛知地本が15旅団と那覇駐屯地の支援受け

沖縄の戦略的価値も理解

愛知地本は9月1日、陸自15旅団と那覇駐屯地の支援を受け、中京大学国際学部長の佐道明広教授と学生5人を引率し、那覇駐屯地見学会を行った。

募集課長の湯浅征幸2佐と名古屋出張所広報官の児玉竜義曹長が事前に駐屯地、部隊と調整した。

参加者は、15旅団3部長の鎌田寛1佐から旅団の概要を学び、音声と映像と模型で戦史研修。15旅団総務課広報班の眞木弘幸曹長の案内で資料館を見学し、101不発弾処理隊では、副隊長の大城卓哉1尉から説明を受けた。

また、学生と年齢が近い防大卒の幹部自衛官で15偵察隊の武田太佑2尉と一般大卒の51普連の宮越篤里2尉との懇談や、体験喫食、厚生センターの見学も行われた。

学生たちは終始、真剣なまなざしでスクリーンや模型を見つめ、話に聞き入り、質問するなど、積極的に取り組んでいた。「ナレーションと映像と模型が一体となった戦史の説明は、分かりやすかった」「自衛隊の活動など勉強になった」と感想を述べた。

太平洋戦争最後の激戦として県民も戦った沖縄決戦、沖縄の戦略的価値、陸自の活動などを理解してもらうことができた。

また、佐道学部長からは「参加した学生（3年生）は入学後、コロナ禍でオンライン授業が中心、サークル活動は自粛、1年生時に行う留学も中止となり、今回、沖縄県研修の締めくくりに那覇駐屯地の見学ができて、喜んで学んでいた。とても感謝しています」とお礼の言葉があった。

（愛知地本）

㊤鎌田1佐（右奥）の説明に聞き入る学生たち（いずれも9月1日、那覇駐屯地）㊨防衛大と一般大卒の幹部自衛官との懇談も行った

101不発弾処理隊副隊長の大城1尉（左）から説明を受ける

資料館の前で記念撮影する佐道学部長（前列中央）と学生たち

静　岡

富士地域事務所は8月20、21の両日、富士市のふじさんめっせで開催された「キッズジョブ2022」に参加した。

幼児と小中学生を対象に「仕事を体験して、学んで未来の自分を見つけに行こう」を趣旨に開催。会場には①働くクルマ②お仕事③ものづくり④商店街の各体験エリアが配置され、30以上の企業などが出展。

富士所は働くクルマ体験エリアに小型・中型トラックと偵察用バイク、ブースを展示し、自衛隊の仕事について説明した。

子どもたちからは「このバイクはどんな時に使いますか」「自衛隊に入りたい!どうしたらなれますか」といった質問があり、ブースは行列ができるほどにぎわいを見せた。

大　阪

地本はこのほど、陸自中央音楽隊（朝霞）が藤井寺市立市民総合会館と大阪狭山文化会館でそれぞれ行った演奏会を支援した。

演奏会は地域住民の自衛隊への理解の促進を図るため、両会場が共に初めて主催したもの。

いずれの会場も多くの来場客でにぎわい、中音による行進曲をはじめ広い世代におなじみの楽曲の数々に、場内は大いに盛り上がった。

地本は両会場でも入口にブースを設置、陸海空自のパンフレットを陳列し、募集広報活動を行った。

来場者は、「音楽隊の演奏はすばらしい。元気をもらった」「他にも自衛隊のイベントがあれば行ってみたい」と話していた。

兵　庫

地本は8月22～26日、109教育大隊（大津）で行われた予備自衛官補教育訓練を支援した。

訓練には、兵庫地本所属の予備自補16人を招集、訓練初日の教育訓練開始式に兵庫地本援護課長の梅木英明事務官が参列した。

式では、予備自補の代表者による宣誓や予備自衛官旗の授与が行われ、大隊長の本田成弘2佐は、「初めて集団生活をする人も多いと思う。周りの隊員に教えてもらいながら、訓練を頑張ってほしい」と激励した。

山　口

下関出張所は7月9、10の両日、下関市あるかぽーと岸壁で護衛艦「いなづま」の艦艇広報を行い、広報ブースを開設した。

初日には、募集適齢者対象の特別公開を行い、乗組員から装備や艦橋の説明を受けた参加者は「丁寧でわかりやすかった」「魅力を感じた」などと話していた。

広報ブースでは、ミニ制服の試着コーナーや地本オリジナル缶バッチなどのグッズが当たるガチャガチャを設置、好評を博した。

鹿児島

地本は9月3、4の両日、南九州最大の繁華街天文館通りの中心部にある、センテラス天文館（鹿児島市）のイベント広場で、「知っとこ!自衛隊」inセンテラス天文館と題し、市街地広報を行った。

当日は、陸自12普連（国分）の支援を受け、災害派遣をテーマにした装備品展示コーナー（オートバイ、軽装甲車、野外炊具1号及び大型トラック）、2人用天幕、背嚢の体験コーナーを開設した。さらに空自5空団（新田原）による操縦桿体験コーナー、自衛隊の制服試着体験、VR体験コーナー、地本マスコットキャラクター「りっくん」とのじゃんけん大会やオリジナル缶バッチ制作コーナーなどを実施。会場には2日間で約1900人が来場し、多くの募集対象者情報を獲得できた。

来場者からは「自衛隊の活動を応援しています、頑張ってください」などの力強い応援の言葉があった。

会員様限定スペシャル企画

隊員クラブ 委託食堂 はなの舞

隊員クラブ「はなの舞」×「MOD PREMIUM CARD」コラボ

カード提示で1杯無料！

〈MOD PREMIUM CARD会員様限定 隊員クラブ「はなの舞」ご優待キャンペーン実施中〉

隊員クラブ「はなの舞」にて、MOD PREMIUM CARDを提示いただくとお好きなドリンク(中ジョッキサイズ)を1杯プレゼント！

■ご優待期間
2022年10月1日（土）～2022年11月30日（水）

■対象店舗
隊員クラブ「はなの舞」

■優待ご利用方法
会計時にMOD PREMIUM CARDを提示ください。

■ご利用時の注意事項
※カード会員ご本人様のみ有効です。ご来店の際は身分証明書をご用意下さい。
※駐屯地・基地内の隊員クラブ「はなの舞」（委託食堂含む）が対象です。駐屯地・基地以外の「はなの舞」は対象外となります。

〈防衛省共済組合の皆様へ特別なカードのご案内「MOD PREMIUM CARD」〉

「MOD PREMIUM CARD」は、防衛省にお勤めの皆様限定で、ゴールドカードならではの充実したサービス・特典を、年会費無料でご利用いただける特別な1枚となっております。

特に、海外旅行傷害保険の自動付帯、ゴールドカード会員専用空港ラウンジサービスなど、プライベートはもちろん、ご任務での渡航等でも、強力にサポートいたします。

お申込み方法：記載のQRコードよりお手続きください。

お問合せ先：ユーシーカード株式会社 UCカードデスク
電話 0120-999-762 平日9:00～17:00（土・日・祝12/30～1/3 休）

輝く二人の未来 この場所で誓う

防衛省共済組合直営施設

ホテルグランドヒル市ヶ谷より「守るあなたへ」贈る

組合員限定

今年度内の挙式をお考えの皆さま スタイルに合わせたプランをお届けします

☆【30名以上の挙式かつ披露宴を行う方】

絆Kizuna Plan～おふたりの輝く未来のために～

組合員限定 8大特典

通常価格で369万円のところ、組合員限定で254万円へ115万円オフになります。（50名様でのお見積りの一例として）

○挙式衣裳 新郎新婦各1点100％OFF（上限あり）
○色直衣裳 新郎新婦各1点100％OFF（上限あり）
○婚礼料理 PRICE OFF 22000円↓16500円（税込）
○婚礼料理 新郎新婦分プレゼント 他

☆【少人数＆家族婚限定】

マイウエディングプラン～大切な人と過ごす特別な1日を～

組合員限定特典

通常価格で165万円のところ、組合員限定で135万円へ29万円オフになります。（10名様でのお見積りの一例として）

○婚礼料理22000円→16500円
○新郎新婦各2点衣裳プレゼント（上限有）
○サービス料対象項目10％オフ
○宿泊優待料金

また、ご家族だけの結婚式なら準備期間一ヶ月でも可能です。

（適応条件 29名以下の挙式かつ披露宴を行う方）

この他にも写真プランなどの各種プランを取り揃えております。

詳しくはスタッフまでお気軽にお問い合わせください。

また、ブライダルのご相談もお電話・メール・オンラインにて随時受付しております。

☆【みんなのウェディング口コミランキング6年連続第一位受賞！】

「みんなのウェディング」にて「2022年本番満足度第一位（新宿・中野・杉並エリア）」を受賞しました。ホテルグランドヒル市ヶ谷は、これからもおふたりのしあわせを『はじまりからはぐくむ』場所でありつづけます。

【ご予約・お問い合わせ】電話03-3268-0115（直通） 専用線8-6-28853（婚礼予約）
HP https://www.ghi.gr.jp Mail salon@ghi.gr.jp

（HPウエディングページへ）

公式インスタグラムのチェックもお願いします。
「ホテルグランドヒル市ヶ谷WEDDING【公式】」

防衛省職員団体生命保険

割安な保険料で大きな保障が得られます

防衛省共済組合では、組合員とその家族の皆さまを、万一の時にお守りする団体生命保険（幹事会社・日本生命、明治安田生命）を取り扱っています。

この保険は、割安な保険料（1口100円）で大きな保障が得られる有利な保険です。また、申し込んだその日から保障が開始される「即時保障」も選択できます。

【加入資格・加入口数範囲（1契約あたり）】

○組合員本人＝申込日現在、健康な状態で日常に勤務され、かつ医師の治療・投薬を受けていない年齢14歳6カ月超69歳6カ月以下の人。加入口数範囲は6口以上50口まで。

○配偶者＝組合員本人の配偶者で申込日現在、健康な状態で日常に生活を営み、かつ医師の治療・投薬等を受けていない年齢満18歳以上60歳6カ月以下の方。※民法改正の経過措置により、令和4年4月1日時点で年齢満16歳以上の女性の方は、上記年齢に満たない場合でも加入いただけます。8口以上14口まで。

○こども＝組合員本人が扶養しているこどもで申込日現在、健康な状態で日常に生活を営み、かつ医師の治療・投薬等を受けていない年齢2歳6カ月超22歳6カ月以下の人。1人あたり一律3口。

保障内容（1契約あたり）は、「不慮の事故による死亡（高度障がい）」の場合、組合員本人（50口）に4210万円、配偶者（14口）に1218万円、こども（一律3口）に444万円が保険金として支払われます。

このほか、病気による死亡（高度障がい）、不慮の事故による障がいでも、所定の保険金が支払われます。

この機会にどうぞご加入ください。

詳細につきましては、パンフレットをご覧いただくか、共済組合支部の保険会社常駐職員にお問い合わせください。

医療費が高額になり、一定額を超えた場合は

「高額療養費」が支給されます

組合員または被扶養者が、同一の月にそれぞれ一つの医療機関等から受けた診療に係る自己負担額（食事療養または生活療養に係る標準負担額および保険診療外差額徴収料等は除きます。）が高額となり一定額を超えた場合は、その超えた額が「高額療養費」として共済組合から支給されます。算出方法は、高齢受給者と70歳未満の方とでは異なります。

また、同一の世帯で同一の月に行われた療養が複数ある場合は、その療養に係る自己負担額を世帯単位で合算（高齢受給者は全ての自己負担額を、70歳未満の方は2万1000円以上の自己負担額を合算の対象とします）して高額療養費支給額を算出します。

なお、高額療養費は現物給付（※1）もしくは事後に共済組合から組合員の方へ現金で支給します。

70歳未満の組合員または被扶養者の方が高額療養費の現物給付を受けるためには、組合員証等と併せて、組合員の方の所得区分を記載した「限度額適用認定証」（※2）又はマイナンバーカードを医療機関等に提示する必要があります。「限度額適用認定証」の交付を受けるには、申請の手続きが必要となりますので、詳しくはご所属の支部短期係にお問い合わせください。

高額療養費や限度額適用認定証の詳細については、支部短期係または共済組合HP（トップページ→短期給付→保健給付から選ぶ）でご確認ください。

医療費等の給付を受ける権利は、その給付事由が生じた日から2年間行わないときは、時効によって消滅します。くれぐれもご注意ください。

※1 「現物給付」とは、組合員または被扶養者の方が、組合員証等を提示して病院等の医療サービス（治療、薬の処方等）を受け、その医療費（窓口で支払う自己負担額を除く）を共済組合が病院等へ支払うことにより、医療サービスそのものを皆様に提供することをいいます。

※2 「限度額適用認定証」は対象者お1人につき1枚交付します。所得に変動があり、高額療養費の算定基準の区分に変更があった場合は、新しい区分の「限度額適用認定証」が必要となります。その際は、再度、申請をしていただきます。

詳細は支部短期係、共済組合HPでご確認を

年金Q&A

老齢、障害、遺族基礎年金

それぞれの受給要件の確認を

Q 基礎年金の種類と受給要件について教えてください。

A 基礎年金（国民年金）は、全国民に共通の「基礎年金」を支給する制度で種類と受給要件は、次のようになっています。

【老齢基礎年金】

保険料納付済期間、保険料免除期間及び合算対象期間を合算した期間が10年以上である方が65歳に達したときに支給されます。

年金額は、777,800円（令和4年度）です。ただし、これは国民年金の保険料を納付した期間が、20歳から60歳までの40年間480月あるときの年金額で、40年に満たないときは減額計算が行われます。

【障害基礎年金】

障害年金の等級1級又は2級の障害の状態にあるとき支給されます。また、障害等級1級又は2級に該当しなかった方も、その後65歳に達する日の前日までの間に障害の程度が増進し該当した場合は、請求により支給されます。

障害等級	障害基礎年金の額	子の加算額
1級	972,250円	1人目と2人目 （1人につき）223,800円 3人目以降 （1人につき） 74,600円
2級	777,800円	

※子の加算額は、障害基礎年金を受けている方によって生計を維持されている18歳未満（18歳に達した年度末まで）の子、または20歳未満で障害の程度が1級、2級に該当し、かつ、婚姻していない子がいるとき加算されます。

【遺族基礎年金】

遺族年金の受給資格を有する方が死亡した場合、次の①、②いずれかの条件に該当するとき、国民年金法による遺族基礎年金が支給されます。

①遺族年金を受けられる配偶者で子がいるとき。

②遺族年金を受けられる子がいるとき。

区分	遺族基礎年金	子の加算額
配偶者が受ける遺族基礎年金	777,800円	1人目と2人目（1人につき）223,800円 3人目以降 （1人につき） 74,600円
子が受ける遺族基礎年金（配偶者がいないとき）	777,800円	2人目 （1人につき）223,800円 3人目以降 （1人につき） 74,600円

※子が受ける遺族基礎年金は、合算額を子の数で割った額がそれぞれの子に支給。
※子が受ける遺族基礎年金や加算額は、障害基礎年金と同様の年齢制限等があります。

防衛省共済組合の団体保険は安い保険料で大きな安心を提供します。

～防衛省職員団体生命保険～

万一のときの死亡や高度障害に対する保障です。ご家族（隊員・配偶者・子ども）で加入することができます。（保険料は生命保険料控除対象）

《保障内容》

●不慮の事故による死亡（高度障害）保障
●病気による死亡（高度障害）保障
●不慮の事故による障害保障

《リビング・ニーズ特約》

隊員または配偶者が余命6か月以内と判断される場合に、加入保険金額の全部または一部を請求することができます。

～防衛省職員・家族団体傷害保険～

日本国内・海外を問わずさまざまな外来の事故によるケガを補償します。

・交通事故で後遺障害となった。
・自転車と衝突をしてケガをした。等

自治体の自転車加入義務（努力義務）化にも対応！

《総合賠償型オプション》

日常生活における偶然な事故で他人にケガを負わせたり、他人の物を壊すなどして法律上の損害賠償責任を負った場合に保険金が支払われます。

《長期所得安心くん》

病気やケガで働けなくなったときに、減少した給与所得を長期間補償する保険制度です。（保険料は介護保険料控除対象）

《親介護補償型オプション》

組合員または配偶者のご両親が、要介護3以上の状態となってから30日を超えて続いた場合に一時金300万円が支払われます。

お申込み・お問い合わせは  共済組合支部窓口まで 

詳細はホームページからもご覧いただけます。
https://www.boueikyosai.or.jp

厚生・共済 特集

築城基地にスカイラウンジ出現！

基地隊員の手でリニューアル

【8空団＝築城】「我々の手で厚生センターをリニューアルしよう」――。空自8空団業務隊（築城、隊長・大園元彦3佐）は9月9日、築城基地厚生センターの改修作業を完了し、隊員に開放した。基地隊員自らが内装作業に携わり完成させたリラックス空間で、利用者は日々の疲れをとり、明日への英気を養っている。

築城基地厚生センター（スカイラウンジ）は経年劣化による損傷を修復するため、昨年度に外壁塗装工事を完了させていた。今年度は吉原一郎前8空団業務隊長の発案で、センター2階各施設の内装改修を含めた整備を進め、福利厚生のさらなる充実化を図った。

2階の談話室や図書室があり、施設隊を中心とした築城基地の隊員たちが床面や壁紙などの張替えや照明器具の設置など、内装改修を実施。テーブルや椅子、ソファなども改修された内装に合わせて統一感のあるデザインに一新された。

今年5月から先行オープンした談話室では、隊員が飲酒でき、席の間隔をあけるコロナ対策を行いつつ、日々多くの隊員が利用している。

Ｗｉ－Ｆｉ環境も整備され、大型テレビで「ユーチューブ」の動画などを視聴しながらリラックスしてお酒を楽しめる。利用者からは「売店が近く、Ｗｉ－Ｆｉも利用できて、とても便利だ」「落ち着いた雰囲気でデザインが統一されており、きれいで使いやすく快適」と好評だ。

9月にオープンした図書室は、基地隊員からの寄託本もあわせて書籍が整理されたほか、DVDソフトなどもそろい、簡単な手続きでレンタルすることが可能だ。

さらに各学習机はパーテーションで区切られ、準個室の空間として利用できるため、隊員が集中して「自学」に取り組める環境が整備されている。

同時に改装されたシアタールームにはプロジェクターや大型スピーカーが設置され、DVDなどの映像を壁面に投影し、複数の隊員が一緒に視聴できる。リラクゼーションソファやマッサージチェアも完備し、リラックスルームとしての機能を備えている。

北川英二基地司令は「厚生センターは隊員が任務と休息のバランスを確保するために重要な福利厚生施設だ。この度、隊員たちの力によって時代の変化や隊員のニーズに合わせた素晴らしい施設となった。リニューアルした施設を積極的に活用して英気を養い、引き続き任務にまい進してほしい」と話している。

談話室のそばにある屋外テラス。リニューアルによりパラソルが設置され、開放的な雰囲気の中で会話ができる（写真はいずれも空自築城基地厚生センター）

改装された談話室でテレビを見ながら酒などを味わう隊員たち

余暇を楽しむ

模型作り（ガンプラ）

紹介者：空士長　原 将天（西部航空警戒管制団施設隊・春日）

できた時の達成感味わう

皆さんこんにちは！今回は私の趣味「模型作り」を紹介したいと思います。

私は模型の中でもガンプラ（ガンダムプラモデル）作りが大好きです。本格的な塗装やプロが行うドレスアップまでは行いませんが、非番の日などを利用し、内務班のベッドの上でコツコツ作成して飾って楽しんでいます。

最近作成した模型はニューガンダム（RX－93）です。最近オープンした福岡市の商業施設に展示されている実物大のガンダムと同じタイプです。ガンダムシリーズの中でも特に人気が高く、実物大を目の当たりにしたときは思わず涙ぐむほど感動しました（笑）。

模型作りが好きになるきっかけは、父親がプラモデルやペーパークラフト作りが好きで、頻繁に一緒に作っていたことです。夢中になり、以来すっかり趣味となっています。

今は完成したガンプラを内務班に飾って楽しんでいますが、細かいパーツが折れたり消えたりして手がかかるところもあります。しかし、完成までのプロセスや、できた時の達成感は時間をかけたからこそ味わうことができます。

模型作りに興味がある方、ガンプラに興味がある方がおられましたら、春日基地の〝赤い彗星〟である私がお茶を用意してお待ちしております。

㊤博多の商業施設内に展示された実物大のユニコーンガンダムを前に笑顔を見せる原空士長
㊧時間をみつけては、コツコツとガンプラ作りにいそしむ。自分の部屋をガンダムワールドにして眺めるのは至福の時だ

名寄

地元食材で「陸自飯」

市立大栄養学科学生が考案

【名寄】駐屯地業務隊は7月5日と26日、名寄市立大学保健福祉学部栄養学科の学生が考案した献立を隊員食堂で提供した。試食会も行い、学生たちは山﨑潤駐屯地司令や兼利純作業務隊長と料理を味わいながら、考案の経緯や工夫・苦労した点などを話した。

業務隊が5月頃、学生たちに献立作成を依頼し、管理栄養士を目指す4年生の4人が考案。豚肉やトウモロコシ、山わさびなどの地元食材使い、5日は「なよろのひまわりキーマカレー」と「コーン入りポテトサラダ」を、26日は「豚こまとレンコンの柚子胡椒炒め」と「えのきだけのわさびあえ」を提供した。

また、卒業研究論文の作成に生かす予定で、隊員にアンケート協力を依頼した。

学生たちが考案したメニューは隊員にも好評で、名寄駐業は「今後も地元食材を通じた地域との連携強化を継続していく」としている。

考案した献立を前に山﨑司令（中央）や兼利業務隊長（右端）と記念撮影する名寄市立大の学生たち（7月5日）

隊員家族、ブルーベリー満喫

対馬駐屯地曹友会「狩り」実施

【対馬】陸自対馬駐屯地曹友会は8月8日、コロナ対策として島内にある農園を貸し切って、ブルーベリー狩りを行った。隊員家族の融和団結と、コロナ禍で島外に遊びに行くことのできない子供たちが楽しい夏休みの思い出を作ることを目的に実施。昨年に引き続き開かれた。

当日は晴天に恵まれ、会員とその家族計42人が参加。畑では、子供たちや家族が楽しそうにブルーベリー狩りを競い合い、マスク越しながら笑顔があふれていた。

また曹友会恒例の「じゃんけん大会」も行われ、景品のぶどうジュース、ワイン、ポロシャツなど獲得しようと参加者同士で盛り上がっていた。

企画した曹友会会長の大久保実曹長は「家族や子供同士の会話がとても楽しそうだった。こうした活動で徐々に家族同士の融和団結ができてきた」と話した。

収穫したブルーベリーをおいしそうに食べ続ける子ども（8月8日）

自慢の一品料理

チキン南蛮

紹介者：技官　野口　菜奈子（5空団基地業務群給養小隊・新田原）

今回は新田原基地で30年近く、隊員たちの胃袋を満たしてきた人気メニュー「チキン南蛮」について取り上げます。

作り方は、まず鶏もも肉を140グラム程度の一枚肉にし、塩、コショウを肉全体に軽くまぶし、下味をつけます。小麦粉を両面につけ、それを溶いた卵にくぐらせたら170～180度の油できつね色になるまで揚げて取り出します。

揚げたての鶏肉に、あらかじめ温めておいた南蛮酢（醤油と酢と砂糖を混ぜ、さらに人参や玉ねぎの切れ端を入れて旨味を出したもの）に1、2分くぐらせます。タルタルソースは細かくしたゆで卵とパセリ、みじん切りした玉ねぎ、マヨネーズ、酢、砂糖、細かくしたらっきょう漬けを混ぜ合わせ、鶏肉にかければでき上がりです。

よりおいしく調理するコツは、鶏肉をなるべく低温でじっくり揚げること。そうすると、水分が逃げにくく肉がより柔らかくなり、その後の南蛮酢もしっかりとなじみます。

毎月1度は必ず食堂でふるまわれるほど人気が高く、一番人気かもしれません。地元宮崎産の鶏肉や卵を使ったタルタルソースは絶品です。ぜひ、ご賞味あれ！

久居

待ちに待った夏休みみちびっ子大会

【久居】駐屯地は8月27日、三重県内の小学生41人を招き、「令和4年度夏休みみちびっ子大会」を行った。隊員との交流・体験を通じ、自衛隊への親近感を醸成し、将来の募集広報と防衛基盤の拡充を目的に行っているもので、3年ぶりの開催となった。

子供たちは3グループに分かれ、各グループ長となった女性自衛官引率の下、駐屯地へ入門。その後、広報室長の倉田伸哉2尉が開会あいさつと事前説明を行い、展示された74式戦車の前で記念撮影を行った。

体育館で実施した基本教練では、「挙手の敬礼」を覚えた子供たちがうれしそうに敬礼を繰り返していた。

昼食は、隊員食堂でちびっ子大会名物のカレーライスに舌鼓。完食する子供たちが続出した。

その後はロープ橋、火おこし、装備品展示・高機動車の試乗を体験。コンパスの使用法では、額に吹き出る汗を拭いながら終始笑顔で楽しんでいた。

最後のフォトフレーム作成では、記念写真を入れた子供たちは額に自分だけの装飾を施し、世界に一つだけのフレームを完成させた。

閉会あいさつ後、子供たちと隊員は互いに敬礼し「ありがとうございました！」と声高らかにあいさつを交わし、「来年も参加したいです」などと満足そうに話した。

基本教練の「挙手の敬礼」を覚えた子供たち＝いずれも8月27日、久居駐屯地

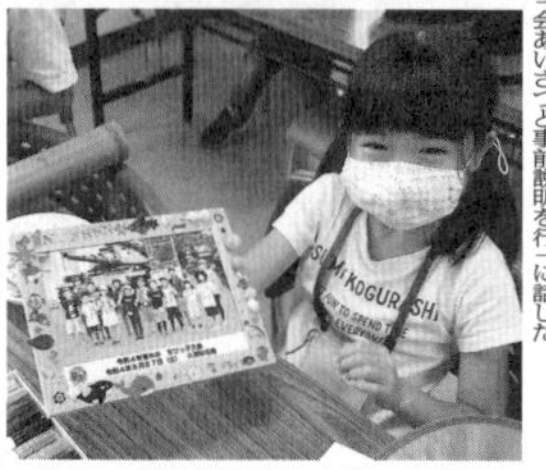

世界に一つだけの自作のフォトフレームができた

地方防衛局

特集

中国四国局

参加型「サイバー」研修を開催

広大の永山法学部長を招き講演

【中国四国局】中国四国防衛局（今給黎学局長）は9月5日、広島大学法学部長の永山博之教授を招き、同局職員向けに「有事におけるサイバー次元の役割再考～サイバー次元は何を変えることができるのか」と題した講演会を開催するとともに、ディスカッションを通じた参加型の研修を行った。

広島大学法学部長の永山博之教授

この研修は当初、新人研修の一環として、1、2年目採用職員向けに企画されたものだったが、聴講希望者を募ったところ50人を超える申し込みや問い合わせがあり、対象者を拡大して開催された。

まずは講演に先立ち、同局防衛補佐官の尾崎立哉1海佐がサイバー次元の役割をめぐって平時から有事における情報戦の諸活動としての役割や、サイバー攻撃に対する自衛隊の守備範囲などについて説明を行った。

続いて永山教授が講演し、サイバー攻撃の歴史に触れた後、「サイバー次元の戦いは多領域に拡大しており、現在の焦点の一つは認知領域の戦い」「おはなし（ナラティブ）を操作できれば人の考えを変えられる」といった背景を指摘。

その上で「中枢部をいきなり攻撃することは困難でも、手薄な周辺部から攻撃できるため、オープンな西側社会は言論の制限がやりにくいことからこの種の攻撃に弱い」として、「古くから使われてきた手法ではあるものの、ネットの普及と浸透により非常に大きな力を獲得したため、戦時と平時の区別はなくなった」と結論付けた。

これらを踏まえ、同局の深和岳人総務部長が令和4年「防衛白書」におけるサイバー分野の概要を説明した後、永山教授、尾崎1佐、深和総務部長の3人によるパネルディスカッション形式の討論が行われた。

討論では、内容に応じて会場の参加者に質問を振るなどしたところ、若手をはじめ熱心な質問が複数の職員からあり、これに対して永山教授や尾崎1佐が丁寧かつ真摯に応えていき、参加者の理解促進を図った。

終了後、参加者からは「身近なところにサイバーセキュリティーの脅威があることに改めて気づいた」「サイバープロパガンダに関心を持つようになり、我が国の安全保障を考える上で不断の努力で勉強を続ける必要性を感じた」「サイバー空間では有事と平時の区別がつかず、専守防衛が適用されるのだろうか」「パネルディスカッション方式による参加型の講義は理解が深まりやすく、今後も企画してほしい」――といった〝熱い声〟が寄せられ、職員の関心の高さがうかがえた。

同局では、こうした声を永山教授に伝えたところ、「会場から複数の質問もあって意義深いものだった。職員の方々が自分の意見をぶつける練習の場となるような機会があれば、またお話しさせてください」との返答があった。

同局では「今後も安全保障分野や地域特有の分野に関する学識経験者を招いた講義の場を設け、『唯一の答え』が出ない課題等について共に考えることを通じ、防衛施設と周辺の方々とをつなぐ役割を担う防衛局の業務に長けた職員の育成に努めたい」としている。

50人以上の職員を前に壇上でパネルディスカッションを行う（右から）深和総務部長、永山教授、尾崎1海佐。会場は熱気に包まれた（写真はいずれも9月5日、中国四国防衛局）

大規模災害対処訓練

対策本部会議を開催

北海道局

【北海道局】北海道防衛局（石倉三良局長）は9月13日、帯広防衛支局と千歳防衛事務所を含む全職員を対象に、大規模災害への対処能力向上を目的とした「北海道防衛局災害対処訓練」を実施し、約220人が参加した。

訓練は、午前7時に北海道石狩地方中部を震源とする地震が発生し、「札幌市で震度7、帯広市と千歳市で震度6弱を観測した」との想定で行われた。

石倉局長から非常勤務態勢の発令（緊急参集）と安否確認の指示があり、これを受けて職員は安否状況を報告後、直ちに徒歩参集訓練（職場から半径4キロ圏内）を開始した。

北海道防衛局の河本裕司局次長（左奥、一人掛けソファ）が本部長代行を務め、午前8時15分に始まった同局の対策本部会議（札幌市の北海道防衛局）＝写真はいずれも9月13日

参集後は、収集した情報の整理から対策本部会議開催までの一連の動き、また、訓練に際して付与された被災者支援要員の派遣準備、防衛施設等の被害状況の確認、技術支援（地方施設整備調査）チームの派遣など、各種状況への対応を確認した。

北海道防衛局では「訓練を通して得られた本省や部隊との連絡調整、情報収集・集約の手段に関する要領の深化や、積雪寒冷地の地域特性も踏まえた訓練の必要性などの成果や課題を今後に生かし、さらなる実効性の向上を図るとともに、大規模災害など各種事態発生時において職員がとるべき行動を把握し、迅速かつ的確な対応がとれるよう、万全な態勢の構築に努めていきたい」としている。

陸自丘珠駐屯地（札幌市）に派遣され、建物の傾斜を確認する北海道防衛局の調査チーム

防衛施設と首長さん

静岡県浜松市　鈴木 康友市長

浜松基地との連携を強化

人気観光地エアーパーク

すずき・やすとも　65歳。慶大法卒。松下政経塾卒業後、ステラプランニング代表取締役、衆議院議員などを経て、2007年5月浜松市長に就任。現在4期目。浜松市出身。

浜松市は、東京と大阪のほぼ中央に位置し、北は天竜の美林、南は遠州灘、西は浜名湖、東は天竜川と多様な自然に恵まれ、都市部から郊外、中山間地域を有する人口約80万人の国土縮図型の政令指定都市です。

旺盛なチャレンジ精神と起業意識の高い風土によって、オートバイ・繊維・楽器といった産業が集積する「ものづくりの街」でもあり、世界トップレベルの企業を輩出し、体験できる産業観光施設も年々充実しています。

また、本市は、若き日の徳川家康公が天下統一の礎を築いた地でもあり、歴代の浜松城主の多くが幕府の要職へ就いたことから、浜松城は「出世城」とも呼ばれています。来年の大河ドラマ「どうする家康」の放送に合わせて、現在、大河ドラマ館を建設中です。

本市の市街地に位置する航空自衛隊浜松基地には、全国唯一の航空自衛隊広報施設「浜松広報館エアーパーク」が併設されています。

館内には歴代の戦闘機や航空機、パイロットの携行品などの展示のほか、ブルーインパルスのシミュレーターやVR映像も体験でき、市民のみならず、全国からの来訪者を迎え入れる、地域に開かれた施設となっています。

市中心部からのアクセスも容易ですので、浜松観光の際は、大河ドラマ館と併せて訪れてはいかがでしょうか。

これからも浜松基地との連携を深め、市民と自衛隊の橋渡し役に努めてまいります。

リレー随想

今給黎（いまきゅうれい）　学

山陰と山陽。一般に、山陰とは鳥取県、島根県、山口県北部を、山陽とは岡山県、広島県と山口県南部をいう。

山陰、山陽という呼称は古く、奈良時代に定められた地域区分である「五畿七道」の山陰道、山陽道に由来するという。古代中国では、山の北側を「陰」、南側を「陽」と呼んだらしいが、律令制に基づく行政区分を日本にも取り入れた際、近畿から西に延びる嶺（中国山地）の北側を山陰、南側を山陽と呼ぶことにしたのだろう。

山陰地方は、冬はどんよりした天候が多く、季節風が吹き、寒々しい印象を与える。一方、山陽地方は、一年を通して晴れの日が多く、温暖なところといったイメージがある。山の北側と南側で景色も対照的である。山陰側には、中国地方最高峰の大山（だいせん）があり、雄大な景観を望むことができる。対して、山陽側は、波静かな瀬戸内の海と大小無数の島々が穏やかな景色を作り出している。

以上は、山陰、山陽の簡単な紹介だが、今回の本題はこれではない。山陰と山陽の境界について話をしてみたい。

広島市から北上する国道を車で走っていた時のことである。市街地から30分ほど行ったところのトンネルを抜け、隣接の市にさしかかると、道路脇に「分水嶺（太田川水系、江の川水系）」と書かれた看板が立っていた。分水嶺というには平坦な場所だったので意外な感じがした。

広島県も山陰？

太田川は瀬戸内海に、江の川は日本海に流れる川なので、これら二つの川の分水嶺は、中国山地を南北に分ける境界ということになる。

中国山地は、東西500キロにわたって山並みが続く大山地であるが、では、どうして広島市近郊の大して標高もない場所が分水界なのか。実は、中国地方随一の河川である江の川は日本海へと注ぐが、源流は広島県側にあるのだ。しばらくは南へ向かい、その後、支流を集めながら、しだいに向きを変え、北へと流れていく。広島県内に広い流域を持つ川なのである。

広島県の面積の3割は、中国山地の分水界、つまり「陰陽」の境より北にあると知った。実際、三次（みよし）盆地を中心とする広島県の内陸部は、山陰の趣がある。この辺りでは、冬は日本海からの季節風が直接吹き付け、雪が多いと聞く。また、民家には、山陰地方でよく見かける赤褐色の屋根瓦が目につく。この特徴的な瓦は、島根県の石見（いわみ）地方でつくられる石州（せきしゅう）瓦というが、雪国に向いているそうだ。

広島を舞台にしたアカデミー賞映画「ドライブ・マイ・カー」は、瀬戸内の美しい海を情景としているが、三次盆地では、秋から早春にかけて、息を飲むような霧の海が現れるという。「陽」とは異なる「陰」の幻想的な海もぜひ見に出かけてみたい。

（中国四国防衛局長）

東北局

児童と米軍人らが「かかし作り」に挑戦

【東北局】東北防衛局（市川道夫局長）は7月7、8の両日、青森県つがる市で車力小学校の児童と米陸軍車力通信所の軍人らによる日米の「かかし作り交流プロジェクト2022 inつがる」を開催し、計43人が参加した。

5回目を迎えた今回も昨年同様、新型コロナウイルス感染症対策を徹底し、児童と米軍関係者はそれぞれ車力小学校体育館と車力体育センターの2会場に分かれた上で日米混成の5チームを結成。両会場をリモート中継で結び、それぞれチーム内でコミュニケーションを取りながら「かかし」作りにチャレンジした。

初日はチームごとに児童が思い描く「かかし」のイメージを日本語と英語にジェスチャーを交えたり、イラストを用いたりしながら軍人らに説明し、軍人たちはそのイメージに近づけるべく、棒に藁（わら）を巻き付けて頭、両腕、胴体の骨格を作っていった。

2日目は、児童がデコレーションを担当。テレビ画面の米軍人らと相談したり、飾り付けの意味やそれぞれの思いなどを伝えたりしながら、チームごとに選んだ衣装や装飾を施して個性的な「かかし」を完成させた。

児童の一人は「たくさん話をしながら作ることができたので、とても楽しかった」、米軍人らも「子供たちと交流できて、楽しむことができた」などと笑顔で話していた。

完成した5体のかかしは夏の間、つがる市役所と、同市の「むらおこし拠点館フラット」に展示され、地域住民による投票結果を受けて「金賞」「銀賞」「銅賞」「特別賞」の各賞が決まり、9月16日、車力小と牛潟公民館をリモートで結んで表彰式が行われた。

表彰式では各賞と記念品の授与が行われた。金賞に輝いたかかし「Steve the Winner」を制作したチーム「仲良くエンジョイ・ハッピーチーム」の児童からは、「英語で話せるか不安だったが、お互いにアイデアを出し合って最高の思い出になった」と喜びの声が上がった。

その後、5体の「かかし」は市内の豊富地区の道路沿いに展示され、地元の人たちの目を大いに楽しませるとともに、田畑を害獣から守る〝守護神〟としての役目を無事に果たした。

東北防衛局では「コロナ禍という厳しい状況下でイベントの開催に協力・支援をいただいた地元関係者に謝意を表すとともに、在日米軍と地域住民との友好関係を一層深めるべく、今後も日米交流事業を企画していきたい」と話している。

金賞に輝いた「かかし」（左）と共に記念写真に納まる米軍人（右）と児童たち（画面）＝9月16日、つがる市の牛潟公民館

海自 水上部隊・輸送隊

米輸送部隊と輸送特別訓練
1輸送隊「くにさき」

駿河湾を航走する海自のエアクッション艇（LCAC）＝9月17日＝米海軍提供

海自1輸送隊（呉）の輸送艦「くにさき」は9月16日から19日まで、駿河湾や静岡県の沼津海浜訓練場で米海軍と輸送特別訓練を実施した。

米海軍からは強襲揚陸艦「トリポリ」、ドック型輸送揚陸艦「ラシュモア」が参加。日米の輸送部隊は大規模な災害発生を想定し、エアクッション艇（LCAC）のビーチング訓練や捜索救難訓練など連携要領を確認した。

日本側の指揮を担任した1輸送隊の小山雅弘司令は、「本訓練を通じて米海軍との相互運用性の向上を図るとともに、日米の共同作戦能力の強化に寄与できた」と述べた。

豪海軍主催「カカドゥ」参加
IPD22の第2水上部隊「きりさめ」

対水上射撃訓練を行う護衛艦「きりさめ」（9月16日、ダーウィン）

IPD22の第2水上部隊（指揮官・坂田淳2海佐＝「きりさめ」艦長、約180人）の護衛艦「きりさめ」は9月12日から26日まで、ダーウィン周辺の海空域で実施されたオーストラリア海軍主催の多国間海上共同訓練「KAKADU（カカドゥ）2022」に参加した。

隔年で開催されるもので今回は米、英、仏、韓国など22カ国の海軍から約3000人、艦艇15隻、航空機約30機が集い、過去最大規模で実施された。開始に当たり豪海軍のマーク・ハモンド大将は「今年の訓練のテーマは『パートナーシップ、リーダーシップ、フレンドシップ』。2週間にわたる活動を通じてそれを十分に発揮することを目指す」と話した。

「きりさめ」は参加国の艦艇群とともに対空戦、対潜戦、対水上戦、戦術運動、通信などハイエンドな訓練を行い、共同作戦能力と連携を強化した。

坂田艦長は「訓練を通じて各国海軍と相互理解を深化させることができた。日本とオーストラリアは普遍的な価値を共有しており、国際社会が直面するさまざまな課題の解決のため、安全保障分野でも緊密に協力していく」と語った。

護衛艦「いずも」（手前）とフリゲート艦「サヒャドリ」（9月11日、ベンガル湾）

ACSAに基づき洋上補給
海自IPD部隊「いずも」「たかなみ」が日印共同訓練

インド太平洋方面派遣（IPD22）第1水上部隊（指揮官・平田利幸海将補＝4護群司令、約600人）のヘリ搭載護衛艦「いずも」、護衛艦「たかなみ」は9月11日から17日まで、ベンガル湾で日印共同訓練「JIMEX（ジャイメックス）2022」を実施した。

印海軍からは駆逐艦「ランヴィジェイ」、フリゲート「サヒャドリ」、コルベット「カドマット」と「カヴァラッティ」、哨戒艦「スカーニャ」のほか、補給艦や潜水艦、P8I哨戒機などの航空部隊が参加。

日印の両艦隊は防空戦、対空射撃、対水上射撃、洋上補給など各種訓練を行い、戦術技量と相互運用性の向上を図った。また「いずも」からインド海軍に洋上補給を実施。「日印物品役務相互提供協定（ACSA）」に基づくもので、日本側からの補給は今回が初。

酒井海幕長は9月13日の会見で、「本年は日印国交70周年の節目の年。我が国の特別な戦略的グローバル・パートナーシップを構築しているインド海軍との防衛協力の推進が、地域の平和と安定に大きく貢献すると考える」と述べた。

空自 基地防空隊

静内で基地防空隊年次射撃

基地防空隊の年次射撃訓練で行われた基地防空用地対空誘導弾の実弾射撃（北海道新ひだか町・静内対空射撃場）

空自基地防空隊による令和4年度年次射撃訓練が8月26日～31日まで、北海道新ひだか町の静内対空射撃場で行われた。

81式短距離地対空誘導弾と基地防空用地対空誘導弾の実弾射撃を行うもので、81式短SAMは4基地防空隊（松島）、基地防空用SAMの訓練には2（千歳）、3（三沢）、6（小松）、7（百里）、9（那覇）各基地防空隊が参加した。

各部隊とも射撃準備から実弾射撃に至る一連の動作を平素から演練し、基地防空に関する能力の維持・向上を図っているが、この訓練は年に1回の数少ない実弾射撃の機会となっている。

訓練は全長4メートル、全幅2メートルの標的機（チャカⅢ）を使って行われ、参加部隊は見事射撃を成功させた。

空自では「ウクライナ侵攻にも見られるように巡航ミサイルやドローンによる攻撃が顕在化しており、基地防空隊の重要性は増している」と訓練の意義を説明している。

陸自 習志野空挺団

米空軍のC130J輸送機から跳び出し、降下する空挺団隊員（10月1日、日出生台演習場上空）＝空挺団提供

米空軍機から空挺降下
日生台演習場と米軍横田基地で

空挺団は10月1日、大分県の日出生台演習場で米空軍機からの降下訓練を行った。

訓練は陸上総隊司令官の前田忠男陸将を担任官に、空挺団（習志野）の隊員12人が参加。

隊員たちは横田で米空軍のC130J輸送機に搭乗。離陸後は日出生台演習場に向けて約2時間半かけて空中機動し、同演習場上空で次々と降下。

その後も引き続き偵察行動などを演練し、島嶼部での任務遂行に必要な練度の向上を図った。

退役のF4ファントム 広報コックピットで復活

2補整備部

1年4カ月かけ作製

全国初 JR岐阜駅前「自衛館」に

【岐阜地本】「F4模擬コックピットに乗れるのはここ岐阜だけ！ ファントムライダーを体験しよう――」。地本はこのほど、JR岐阜駅前の自衛隊広報センター「自衛館」（岐阜県神田町）でF4模擬コックピットの除幕式を行った。一般の人も搭乗できる同機のコックピットの設置は全国初とあって、注目を集めている。

㊤2補整備部が丹念に作製した模擬F4コックピットに乗り、笑顔を見せる来場者（岐阜県神田町の自衛隊広報センター）
㊦F4戦闘機で最後の現役機である3機のラストフライト後、開催された記念式典（2021年3月17日、岐阜基地）

除幕式には岐阜基地司令の藤永国博将補、岐阜地本長の井口裕康1空佐らが出席した。

藤永司令は祝辞で「F4コックピット作製にあたっては、可能な限り実機を用いて操作感を体感してもらいたいという点に加え、安全性にも気を配り、『誰でもF4に搭乗できるように』と携わった人間の気持ちが込められている」と力強く思いを述べた。

F4は、約半世紀にわたって日本の防空を担ってきた空自の主力戦闘機。最後の3機（301、336、431号機）が昨年3月に岐阜基地で退役し、「長きにわたりこの国を守り続けた機体を、このまま引退させてしまうのは惜しい」との思いから、同じく退役した393号機に新たに広報任務を付与、誰でも搭乗できるよう改修を施した。模擬コックピットは同号機の部品を転用し、2補給処整備部（岐阜）が忙しい業務の傍ら、約1年4カ月をかけて作製した。

実際の操作感を体感してもらうため、レバーのスプリングなどにもこだわった。計器類も実機で搭載していたものをそのまま使用。本物のF4を感じることができるよう、ディティールについても細部まで突き詰められている。

除幕式の後には、さっそく一般の来場者がコックピットを体験。「映画の『トップガン』を見て憧れだった戦闘機を"操縦"できてうれしい」「ボタンがいっぱいあって難しいが楽しい」などと笑顔で感想を話していた。

岐阜地本は「一人でも多くの方に来場していただけるようお待ちしています」と話している。

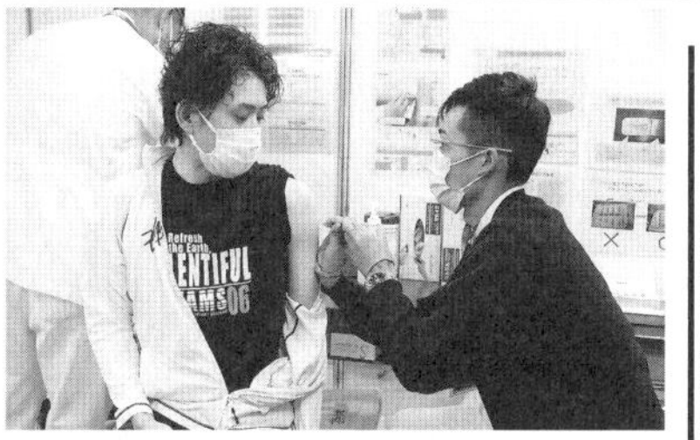

注意事項の説明を受けた後、オミクロン株対応ワクチンの接種を受ける男性（10月3日、東京千代田区の自衛隊東京大規模接種会場）

ワクチン接種始まる

東京、大阪の自衛隊大規模会場で

オミクロン対応

防衛省・自衛隊が東京と大阪で運営する新型コロナウイルスの大規模接種会場で10月3日、新たにオミクロン株に対応したワクチン（モデルナ社の2価ワクチン）の接種が始まった。

対象者は初回接種（2回目まで接種）をした18歳以上の人で、3、4回目の接種を受けていない人が対象となる。東京会場では1日千回の枠を設けている。この日、東京大手町の会場では、実際の接種場所や接種後の経過観察を行う待機場所が報道陣に公開された。

大田区から来た40代の会社員の男性は「ここで打ったことがなかったのと、なるべく早く打ちたかったので、一番早い所ということでここを選んだ」と話した。

接種後の待機場所で取材に応じてくれた50代の会社員の女性は「高齢の親と同居しているので早く打ちたかった。自治体の予約がうまく取れなかったが、こちらは自分のスケジュールに合わせてスムーズに取れた。前回の接種もここを利用し、予約は防衛省の専用サイトからすぐできました」と満足そうに話した。

自衛隊東京大規模接種会場長の山本哲生1佐は「ワクチン接種はコロナを終息させる有力な手段の一つで、自分や周りの大切な人を守るという意味でも是非積極的に受けてほしい。我々は自治体の接種のお手伝いになればという気持ちでコロナの終息に向けて貢献したい」と強調した。

さらに、長期間の運営になることに対しては「現場では極力2週間程度で部隊交代を行うようにしている。業務の効率化を図って長期運営の態勢をつくっていきたい」と述べた。

接種の予約は電話かWeb予約サイト、LINE予約で行っている。電話の受付時間は毎日午前8時から午後6時まで。電話番号は、東京会場が0120―（097）―051、大阪会場が0120―（296）―567まで。詳しくは防衛省・自衛隊のHPで。

海自横須賀 井上3佐 人命救助で表彰

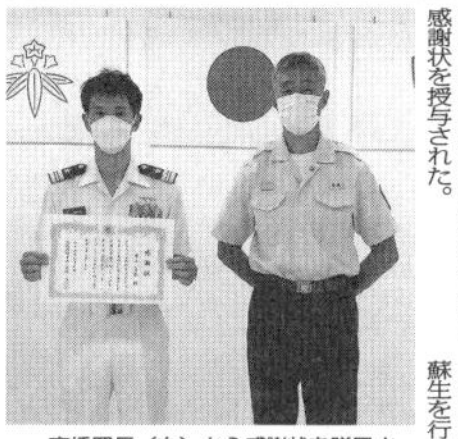

高橋署長（右）から感謝状を贈呈された井上3佐（9月5日、大船消防署）

【横須賀】海自横須賀地方総監部援護業務課の井上善敬3佐は9月5日、大船フットサルコートでの人命救助の功績で大船消防署の高橋浩一署長から感謝状を授与された。

井上3佐は4月10日、フットサルの練習中にチームメイトの20代男性が胸を押さえてうずくまるのを発見。すぐさま心臓マッサージと人工呼吸による蘇生を行った。男性は救急車で搬送され、命に別状はなかった。

表彰式で高橋署長から感謝状を贈られた井上3佐は、「男性が無事で本当に良かった」と安堵の気持ちを述べるとともに、「突然の出来事だったが、冷静に対処できた。これからも皆さんの役に立ちたい」と語った。

ブルーインパルス とちぎ国体で祝賀飛行

快晴の空に白いスモーク

栃木県で42年ぶりに開催された第77回国民体育大会「いちご一会とちぎ国体」の総合開会式が10月1日、宇都宮市のカンセキスタジアムとちぎで行われ、空自4空団（松島）11飛行隊ブルーインパルスが祝賀飛行を披露した。

コロナ禍で3年ぶりとなった国体開催。当日は快晴に恵まれ、県内の学生ら約1400人によるパフォーマンス、和太鼓やダンスなどが披露された後、天皇皇后両陛下がご着席。午後2時15分、開会を告げるアナウンスに続いてブルーの6機編隊が雲一つない秋晴れの会場上空に現れ、鮮やかな白いスモークを引いて航過した。

会場を通り過ぎた後、5機編隊で再び飛来し、密集隊形から扇形に展開する「サンライズ」を披露すると、会場から拍手と歓声が沸き上がった。

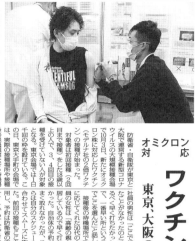

真っ青な空に鮮やかな白いスモークを引いて「サンライズ」を披露するブルーインパルス（10月1日、宇都宮市のカンセキスタジアムとちぎ）＝栃木地本のツイッターより

こちら警務隊

窃盗・横領（業務上横領罪）

業務上所持している他人の物を費消・着服等すれば10年以下の懲役

業務上横領罪とは、どのような罪ですか？

業務上横領罪とは、業務上自己の所持している他人の物を費消・着服等する罪で10年以下の懲役にあたります。

ここでいう業務とは、社会生活上の地位に基づいて反復・継続して行う事務をいい、公的・私的は問いません。

例えば、会費等のお金を預り保管する業務に携わる人が、預かったお金をギャンブル等に使用した場合、業務上横領罪に問われる可能性があります。

他人から預かったお金を勝手に使うことは、仲間を裏切る許されない犯罪です。絶対にやめましょう。

（中部方面警務隊）

インドネシア、豪へ出張

陸軍参謀長シンポに出席

吉田陸幕長

吉田陸幕長は8月7日から9日までインドネシア、10日から14日にはオーストラリアを訪れ、インドネシア陸軍への公式訪問や豪陸軍主催の陸軍参謀長シンポジウム（CAS）、日米豪によるシニア・リーダーズ・セミナー（TSLS）などに参加した。

インドネシアではカウンターパートのドゥドゥン陸軍参謀長と懇談、意見交換を行い、強固な信頼関係の構築を図った。8日にはセントゥールのインドネシア平和安全保障センターで行われた国連三角パートナーシップ・プログラム（UNTPP）の開講式に参加。また、アンディカ国軍司令官への表敬や陸軍戦略予備軍の部隊訪問などを行った。

豪では、7月に陸軍本部長に就任したばかりのスチュアート中将と初の対面による懇談を実施。さらなる強固な連携の維持、強化をしていくことで一致した。

TSLSではインド太平洋地域の戦略環境について意見交換を行い、力による一方的な現状変更や地域の不安定化への試みに断固反対することで一致。多国間協力を促進し、自由で開かれたインド太平洋（FOIP）の維持、強化に向けた取組みを加速していくことで合意した。

小休止

▽…香川地本は10月2日、国営讃岐まんのう公園で行われたさぬき青年会議所主催の「のりものフェスタ2022」を支援した＝写真。

▽…当日は天候に恵まれ、約6000人の市民らが会場を訪れた。警察、消防、各種建設機械など、さまざまな現場で活躍する「はたらく車」約50台がずらりと並ぶ中、地本は14偵察隊の支援を受け、軽装甲機動車、偵察用バイクを展示した。

▽…子供たちは偵察用バイクにまたがったり、写真を撮ったりと大喜び。広報ブースでは制服試着コーナーに長蛇の列ができるなど、終始にぎわっていた。

（香川地本）

自衛官の妻として日米関係の強化に貢献

アメリカから防衛省・自衛隊の広報をサポート

東田 桃子さん（米空軍士官学校防衛交換要員・教官　東田 宏3空佐の妻）

米空軍士官学校に勤務する夫（左）を支え、日米関係強化にも貢献している東田さん

突然、夫からアメリカに行くと言われ、昨年9月にコロラド州コロラドスプリングスにある米空軍士官学校に家族で赴任することになりました。

アメリカでの生活は言語や気候、文化、食生活が日本と全く違い、環境に慣れるまでとても苦労しました。特にアメリカ食材で日本食を作るのが難しく、アメリカのスーパーには日本食に適した薄切り肉がないため、ステーキ肉でラグジュアリーな肉ジャガや豚カツサイズの厚みの豚肉が入った豚汁が食卓に登場したりしました。

最近は、アメリカ食材で日本食を上手に調理できるようになったので、今度は手に入りにくく、足が早い“もやし”を気軽に食べられるように、キッチンの引き出しの中で栽培に挑戦しています。

私たちの住んでいるコロラド州はオリンピック選手が高地トレーニングに来るほど酸素が薄く、士官学校も例にもれず標高が2000メートル以上もあるため、赴任した直後は高山病を発症したり、少し動くだけで軽い息切れを起こしたりしていましたが、今は士官学校に併設されているジムで身体を鍛え、多少の運動では息が上がることはなくなりました。

日本に帰国した時に趣味のロードバイクでどのくらい走り込めるか楽しみにしています。

こちら士官学校へは、毎年夏には日本の防衛大学校から留学生が派遣されます。士官学校の厳しさは万国共通ですが、1年生が上級生から厳しく指導されるのも防衛大学校と同じようです。また、感謝祭、クリスマスなど、日本とは一味違った季節行事を体験できるので、日本の学生たちにとっても良い経験となります。

ですが、士官学校では遊び過ぎてしまった学生はchill force（「だらけたエアフォース」?!）と揶揄されるそうです。留学中の防大生の皆さんはこう呼ばれてしまわないよう、祝日にも必死に勉強しています。

夫は航空自衛隊の防衛交換要員の教官として、米空軍士官学校の候補生たちに「防衛・戦略学」を教えています。教育を通じ、将来のアメリカ空軍を担うリーダーの卵たちに、日本および自衛隊への理解を深めてもらい、日米の防衛実務における信頼関係を構築することが派遣の趣旨です。

私もこの一端を担うべく、夫の体調管理に気を配り、米軍関係者との家族ぐるみのお付き合いに努めています。

また、最近では、自分が趣味で行っていたデザインの仕事が認められ、防衛大臣や副大臣、政務官、指定職級、広報職の方々の広報用名刺、陸自のとある部隊の米軍との合同訓練の際に交換されるグッズのキービジュアル作成の依頼を引き受けたりしています。

他にも自衛隊のコンペに応募し、横須賀地方総監部の「こいずも・ちびしま」ロゴ、「沖縄基地隊50周年記念」ロゴ、とある基地や駐屯地の記念ロゴや航空祭のポスターにも選出されたりしました。

現在の生活においては、海外に派遣中の自衛官の妻として、日米の信頼関係の深化のため微力ながら貢献しています。また、趣味のデザインの面でも防衛省・自衛隊の広報をサポートしていきたいと思っています。

みんなのページ

街頭での広報活動で、自衛隊の仕事について説明する中嶋空士長＝奥（熊本市内の下通サテライト）

リクルーターを経験して
改めて自衛隊の魅力を理解

空士長　中嶋 祭華（12飛行教育団飛行教育群・防府北）

私は、8月1日から26日までの約1カ月間、自衛隊熊本地方協力本部熊本募集案内所でリクルーターとして勤務しました。

今回の勤務では私自身が受験から入隊まで、広報官の方にたくさんお世話していただいたことを思い出し、感謝の気持ちを持って勤務することを心掛けました。

また、普段の業務では経験することのできないたくさんの経験をさせていただき、募集広報に限らずたくさんの知識を増やすことができました。

私は主に、学校での説明会、入隊希望者への個別説明、街中での広報活動などを行いました。学校説明会では私がこれまでの自衛隊生活で得た知識経験を話し、学生の皆が真剣に聞いてくれたので、少しでも自衛隊に興味を持ってくれたらいいなと思いました。そして、今回説明する機会をいただいたことで、自衛隊に興味を持ってもらうためには、どういうところをどんな風にアピールすればいいのかを学ぶことができ、改めて自衛隊の良さ、魅力を理解することができました。

また、私がこの1カ月間で大変だと感じたのは、街中での広報活動です。自衛隊に興味や関心があるか分からない一般の人たちに対して、どうしたら足を止めて話を聞いていただけるか、どうしたら自衛隊に関心を持ってもらえるかを、いろいろ考え工夫するのはとても難しく、また勉強になりました。

私は今回の勤務を通じて、募集の大変さとやりがいを感じることができました。また毎日のように一般の方たちと関わり、自衛隊という組織がどれだけ地域の人々から感謝されているかを身に染みて感じることができました。

この経験を、これからの自衛隊生活を含めた人生で生かしていき、責任感のある人間になりたいです。そして、広報活動を通じて出会えた方たちとの縁を大切にしていきたいと思います。

硫黄島の英霊に全国の水を

空曹長　平山 学（硫黄島基地隊基地業務隊）

「硫黄島戦没者顕彰碑」に日本全国の水を供え、記念写真に納まる隊員有志

東京から南へ約1250キロに位置する絶海の孤島である硫黄島は、過去に日本の将兵2万余が亡くなられた激戦の地だった。摺鉢山は眼下に硫黄島の全景が展望できる西端の最高高地である。昭和43（1968）年11月9日、岸信介元首相を会長とする「硫黄島顕彰記念碑建立期成会」が設立され、翌年6月27日に碑が除幕された。この日は硫黄島が日本に返還されて1年と1日目だった。

硫黄島戦没者顕彰碑は各県の名石をはめ込んで日本列島を形作っており、日本全国各地の将兵が硫黄島の戦いに参加したことを表している。岸会長の書も刻まれている。

私は硫黄島に赴任した際、先人への感謝の思いから全国の名水を献水しようと思い立ち、昨年9月から戦没者顕彰碑への献水を始めた。

靖国神社の空自OBの宮司さんがくれた靖国神社の水をはじめ、内地で集めた水を島に持ち込み、業務終了後に摺鉢山にランニングに向かう。

当初は2年の勤務期間内で全国制覇できるか心配だったが、全国各地の名水を先人へ必ず届けるという強い信念をもって活動を続けてきた。

この活動を同僚に伝えると、そこから思いは大きく広がり、約1年で22人の賛同者、4個部隊の有志の方々が協力してくれ、今年8月27日、ついに全国都道府県の名水を献水することができた。

今後も先人への感謝の気持ちを絶やすことなく、活動の輪を広げていきたいと思う。

新刊紹介

陰の戦争
エリザベス・ヴァン・ウィー・デイヴィス著　川村幸城訳

著者は中国の専門家として米中関係をはじめ、国連海洋法条約など多国間のガバナンスをテーマとしてきた研究者。近年はサイバースペースという新しい公共空間のガバナンスと主要国の政策に注目し、サイバーセキュリティーに関する研究論文を発表している。

本書はサイバー戦の三大プレーヤーである米国、ロシア、中国のサイバー政策について、▽戦略▽制度・組織・実施機関▽諜報▽攻撃――などの観点から比較分析。

サイバー戦の実態を「陰の戦い」という概念で捉え、三大国の思惑と戦略思想を明らかにした上で、サイバー戦をめぐる普遍的なガバナンス作りに向けた知的作業の第一歩を促すとともに、日本を含む先進諸国において強力なサイバー防衛政策の必要性を訴えている。

訳者は陸自通信学校（久里浜）に勤務する1陸佐で、安全保障学で博士号を持ち、分かりやすい翻訳に定評がある。巻末には訳者が独自に作成した三大国のサイバー政策の比較一覧表を掲げるなど、日本の読者の理解がさらに深まるよう、随所に工夫がなされている。

（中央公論新社刊、2970円）

続 蒼海の碑銘
――海に眠る戦争の記憶
写真　戸村 裕行

青々とした海の底に静かに眠る戦闘機や軍艦――。かつて威容を誇ったであろう鋼鉄の塊には貝や藻が付着し、魚が行き交う魚礁となる。こうした海底に沈んでいる艦船や航空機などを「レック（Wreck）」と呼ぶ。本書は先の大戦で激戦の舞台となったソロモン諸島やグアム、パラオなどに残るレックを紹介する写真集の第2弾だ。

撮影は水中写真家の戸村裕行氏。世界中の海に潜りさまざまな水中景観をカメラに収めてきた。

「零式艦上戦闘機五二型乙」やアメリカの掃海駆逐艦「エモンズ」、軍に徴用された民間船などを美麗な写真と解説で紹介する。印象的だったのは特設巡洋艦「清澄丸」。船に重油が溜まっており、環境への影響の懸念から始まった漏油回収作業が2022年現在も続いているという。

レックの中に残された茶碗やフライパン、将棋の駒なども興味深い。日常の一コマのようなごくありふれた物が、70年以上も前の戦争を身近なもののように感じさせる。

レックは現在、経年による劣化で徐々に崩落しつつある。こうした水中戦跡を今後どうするか。ただの“戦争回顧”に終わらない、さまざまなことを考えさせられる一冊だ。

（イカロス出版刊、3150円）

（世界の切手・ケイマン諸島）

人生に失敗がないと、人生を失敗する。
斎藤茂太（日本の精神科医、随筆家）

OBがんばる

自分を磨いて

杉山 光司さん 57
令和2年4月、通信学校総務部を1陸佐で定年退官。株式会社山小電機製作所に再就職し、携帯電話の基地局の設置、保守などの業務に励んでいる。

私は、自衛隊神奈川地方協力本部の紹介で再就職ができました。会社は私の住まいの近傍で、社長に興味を持っていただき面接ののち再就職となりました。

わが社の名前を知る人は少ないと思いますが、主に通信機器などの制御卓・分電盤の設計や製作を行っています。私は現在、携帯電話の基地局の設置・保守の業務をしています。日本国内には数社の携帯電話会社がありますが、ほぼすべての会社がわが社の製品によりネットワークを構成しています。もしかしたら今日も当社の製品を知らないうちにあなたも使っているかもしれませんね。

自分の退職後1年間は、新しい世界との出会いでした。地味ではありますが、現場の仕事を多く経験させてもらいました。今でも毎日が勉強です。これらの経験を糧に、今は工事計画の起案や必要な材料の手配を任せてもらっています。

こうした経験を踏まえて申しますと、退職前にはできるだけ早く、多くの資格・技能を取得すべきです。私は現役中、情報処理系の資格を取得しました。今の仕事とは直接関係がありませんでしたが、勉強する習慣はつきました。

再就職は縁です、計画して希望通りのような職に出会える人は相当に運のいい人だと思います。運を上げるため、自分を磨いてください。より自分に合った再就職先に出会えると思います。

詰将棋

出題　日本将棋連盟　九段　石田 和雄

第877回出題

4	3	2	1	
			飛（相手）	一
		王		二
			歩	三
	飛	馬		四
				五

先手　持駒　歩

【ヒント】打歩詰め避ける工夫（10分で初段）。

▶詰碁、詰将棋の出題は隔週です◀

詰碁

出題　日本棋院　九段　曲 励起

第1292回解答

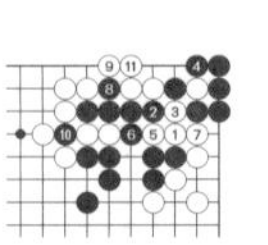

【解答図】白先、黒取り。白①がまず大切で、黒❷、白③、黒❹の時、白⑤がまた大切です。次いで黒❻以下❿の時、白⑪で黒を取れます。

「朝雲」へのメール投稿はこちらへ！
▽原稿の書式・字数は自由。「いつ・どこで・誰が・何を・なぜ・どうしたか（5W1H）」を基本に、具体的に記述。所感文は制限なし。
▽写真はＪＰＥＧ（通常のデジカメ写真）で。
▽メール投稿の送付先は「朝雲」編集部（editorial@asagumo-news.com）まで。

朝雲

発行所 朝雲新聞社
〒160-0002 東京都新宿区四谷坂町12－20 KKビル
電 話 03(3225)3841
FAX 03(3225)3831
振替00190-4-17600番
定価一部150円、年間購読料9170円（税・送料込み）

主な記事

北朝鮮の核

「小型化・弾頭化を実現」

衆院連合審査会で 浜田防衛相が危機感示す

浜田防衛相は10月13日、衆院の安全保障などの3委員会による連合審査会で、北朝鮮の核・ミサイル能力について、「『ノドン』や『スカッドER』といった我が国を射程に収める弾道ミサイルについては、これらに核兵器を搭載して攻撃するために必要な核兵器の小型化・弾頭化などを既に実現しているものとみられる」と危機感を示した。核実験の準備が整っている可能性があるとの見方も明らかにした。その上で「関係国と緊密に連携しながら、国民の生命、平和な暮らしを断固守り抜く決意だ。いわゆる反撃能力を含め、あらゆる選択肢を排除せず、現実的に検討し、スピード感をもって防衛力を抜本的に強化していく」と述べた。

浜田大臣は北朝鮮の核兵器計画について、「これまで既に6回の核実験を行ったことを踏まえれば、相当進んでいるものと考えられる」と指摘した。

その上で、「弾道ミサイルに核兵器を搭載して攻撃するためには、核兵器をミサイルの弾頭として搭載できる程度まで小型化することなどが必要だ。この点、北朝鮮は少なくとも『ノドン』や『スカッドER』といった我が国を射程に収める弾道ミサイルについては、これらに核兵器を搭載して攻撃するために必要な核兵器の小型化・弾頭化などを既に実現しているものとみられる」との認識を示した。

さらに、「北朝鮮は弾道ミサイル攻撃能力を着実に強化している」と指摘。「変則軌道の可能性のある短距離弾道ミサイルを発射したこともあると認識している」と述べた。

一方、超音速滑空兵器などの新たな脅威に関しては、「従来の装備品では対処困難と指摘されるものもある」と述べ、防衛省としてこれらの脅威に対し、適切に対応していく方針であることを強調した。

浜田大臣は「北朝鮮はかつてない頻度でかつ新たな態様のミサイル発射を繰り返している。特に10月4日には、我が国の上空を通過させる形での発射を強行するなど、挑発を執拗かつ一方的にエスカレートさせている」と述べ、「一連の北朝鮮の行動は我が国、地域、国際社会の平和と安全を脅かすものであり、断じて容認できない。一連の北朝鮮の行動に対し、防衛省・自衛隊としては引き続き関連情報の収集と分析に努めるとともに、警戒監視に万全を期している」と説明した。

深夜に弾道ミサイル

北朝鮮 今年27回目

防衛省は10月14日、北朝鮮が同日午前1時47分頃、首都平壌近郊から少なくとも1発の弾道ミサイルを東方向に発射したと発表した。変則軌道の可能性があり、最高高度は約50キロで約650キロ飛翔し、朝鮮半島東側の我が国の排他的経済水域（EEZ）外の日本海に落下したと推定される。日本への被害は確認されていない。

北朝鮮は12日に長距離巡航ミサイル2発の発射実験を行ったと翌13日に発表しており、北朝鮮によるミサイル発射は巡航ミサイルも含め今年27回目。9月25日以降では9回目と異例の発射頻度となっている。

仏、カナダ、英が北の瀬取り監視

防衛省は10月17日、フランスが10月中旬から11月上旬までの間、同国海軍の哨戒機「ファルコン200」を日本に派遣して、北朝鮮船舶による違法な「瀬取り」の警戒監視活動を実施すると発表した。

「ファルコン200」は国連軍地位協定に基づき、沖縄県の在日米軍普天間基地を拠点に、東シナ海を含む日本の周辺海空域で活動する。「瀬取り」監視活動への仏軍機の参加は2019年3月、21年10月に続き、今回で3回目。

一方、カナダ空軍の哨戒機「CP140」も10月上旬から11月上旬までの予定で、同協定に基づき、在日米軍嘉手納基地を拠点に警戒監視活動を実施している。カナダ軍機の参加は18年4月以来、今年5月に続き8回目。

これに先立ち、英国海軍の哨戒艦「テイマー」が9月下旬、東シナ海を含む我が国周辺海域で警戒監視活動を実施した。英海軍艦艇の参加は18年5月以来、今年2月に続き9回目。

国連の制裁を逃れ、洋上で物資を積み替える「瀬取り」の監視には18年4月から英、仏、豪州、ニュージーランド、カナダの艦艇や航空機があらゆる機会に我が国とその周辺海空域に派遣され、海自や米軍と連携して活動に当たっている。

日英防衛相

次期戦闘機開発で協力

ウクライナ、北朝鮮巡り意見交換

浜田防衛相は10月11日、英国のベン・ウォレス国防相と約40分間のテレビ会談を行い、日英防衛協力・交流のさらなる深化に向けて引き続き緊密に協力していくことで一致した。

両氏は、昨年の英空母打撃群の来日や一連の共同訓練を契機に「新たな段階」に入った日英両国による防衛協力が、陸海空の全軍種において深化していることを歓迎。

特に空自の次期戦闘機開発については、将来の戦闘機プログラムに関する協力の全体像の合意に向けて協議を加速化させることで改めて一致した。

地域情勢をめぐっても意見を交わし、ロシアによるウクライナ侵略は「欧州のみならず、アジアを含む国際秩序の根幹を脅かす暴挙で断じて認められない」との認識で一致。国際社会が結束してウクライナへの支援を継続していく重要性を確認した。

合わせて「欧州とインド太平洋の安全保障は不可分」との認識のもと、「力による一方的な現状変更の試みや、緊張を高めるいかなる行為にも強く反対する」との方針を再確認した。

さらに、北朝鮮による我が国上空を通過させる形での弾道ミサイルの発射など一連の行動は「関連する国連安全保障理事会決議に違反し、地域のみならず、国際社会の平和と安定を脅かすものだ」として北朝鮮を強く非難した。

浜田大臣は、日本政府が年内をめどに進める「国家安全保障戦略」など「戦略3文書」の改定に向け、「いわゆる『反撃能力』を含めたあらゆる選択肢を排除せず、現実的に検討し、防衛力の抜本的な強化を実現する」との決意を伝えた。

PKO30年で陸自フォーラム

カンボジア1次大隊長 渡邊元陸将が基調講演

第20回陸上自衛隊フォーラムで基調講演する渡邊元陸将（壇上）＝9月30日、ホテル椿山荘東京

有識者を招いて講演会や討論を行う「第20回陸上自衛隊フォーラム」（陸幕主催）が9月30日、東京都文京区のホテル椿山荘東京で開催され、カンボジアPKO（国連平和維持活動）で第1次派遣施設大隊長を務めた渡邊隆元陸将（現・国際地政学研究所副理事長）が基調講演を行った。

渡邊氏は「PKO30年・これまでとこれから」と題してPKOの変遷を振り返り、「PKOは国連が国際情勢に合わせて生み出した苦肉の策。大ざっぱであると同時に、柔軟性があるものだ」と述べた。

さらに部隊派遣を行う上での問題点として、日本がポジティブリスト（根拠規定）に則る一方、国連はネガティブリスト（禁止規定）であることを指摘し「国連か、同盟かという国際平和協力の『二つの方向性』があり、どちらかに重点を置くべきだ」と主張。また、「PKOは自衛隊だけの任務ではないという原点に立てば、幅広い意味での官民合同組織や非政府組織との連携が大切になってくる」と他組織との協力の重要性を強調した。

この後、「これまで我が国は国連PKO等30年を経て、何を得たのか」「今後、我が国は国連PKO等においていかなる貢献ができるのか」をテーマに山根寿一陸幕副長、番匠幸一郎元西方総監ら計8人（1テーマ4人）がパネルディスカッションを行い、陸自のPKOの功績や展望について議論した。

大阪湾に進水する「じんげい」（10月12日）＝三菱重工提供

潜水艦「じんげい」が進水

海自の最新鋭潜水艦「たいげい」型の3番艦となる令和元年度計画潜水艦（基準排水量約3000トン、艦番号515）の命名・進水式が10月12日、兵庫県神戸市の三菱重工業神戸造船所で行われ、同艦は「じんげい（迅鯨）」と命名された。

「じんげい」はディーゼル電池推進でリチウムイオン電池を搭載し、持続性を高めている。新型の高性能ソーナーと潜水艦戦闘管理システムを装備し、「そうりゅう」型に比べ索敵能力を強化、水中での静粛性も改善されている。乗員は70人で1、2番艦同様、女性用居住区画が設けられる。

式は伊藤弘呉地方総監の執行で行われ、浜田靖一防衛相や酒井海幕長らが出席した。浜田大臣が命名書を読み上げ支綱を切断。ドックに注水後、「じんげい」は大阪湾に進水した。

艦名について海幕は「海の王者たる鯨が波をけたてて疾走するさまを表現した」としている。部隊に募集をかけ、大臣が決定した。海自で「じんげい」と命名された艦は初めて。旧海軍に同じ艦名を持つ外海用御召艦「迅鯨」（1881年）と潜水母艦「迅鯨」（1923年）がある。

艤装員長は佐藤純2佐で、「じんげい」の就役は令和6年3月の予定。

春夏秋冬

核兵器が使われるとき

鶴岡 彰容

ロシアによるウクライナ侵略が続く中、ロシアが核兵器を使うのではないかとの懸念が議論されている。米国のバイデン大統領はキューバ危機やアルマゲドンに言及している。指導者レベルを含めて懸念が高まっている証だ。

ロシアが少なくとも核兵器に関しては合理的な判断が可能だと仮定する限り、核兵器が「使われてしまう」のは、米国やNATOによる対露抑止が崩壊したときである。使われるのは、ロシアの計算において、核兵器使用にあたって考慮しなければならない損害よりも、期待される利益が上回るときだ。そうした条件が発生するのを防ぐのが抑止である。

核兵器を使えば戦局が有利になる、あるいは、自らの条件をウクライナやNATOに飲ませることができると、一瞬たりともロシアに思わせてはならない。

そのためには、対露抑止として二つの要素が重要だ。第一は報復である。米国などは、ロシアが核兵器を使用した場合には「破滅的な結果」を招くと警告している。ロシア政府に対しては、さまざまなチャネルで繰り返し、そしてかなり具体的に伝えているようである。この抑止が効くためには、米国の警告に高い信憑性があることが不可欠になる。

米国が軍事的に対応する場合、それは核兵器による報復ではなく、通常兵器によるものになる可能性が高いと指摘されている。それを「弱腰」だと批判することも可能だろう。だが、通常兵器による攻撃によって、ウクライナ領内のロシア軍や黒海艦隊を壊滅させる計画が語られているし、そのための攻撃能力の準備もできているのだろう。

第二に、ロシアが核兵器を使用しても、ウクライナとNATO諸国が動じないことが求められる。

というのも、ロシアが核兵器を使用する場合、ウクライナ軍部隊の物理的破壊という目的も当然想定されるが、ウクライナの継戦意思を挫き、NATO諸国によるウクライナ支援を阻止することを狙うと考えられるからである。核兵器使用によっても、それらは達成されないとロシア側に判断させる必要がある。

しかし、ロシアは核兵器保有国であり、ロシアもまた米国を抑止している。そのため、ロシアが核兵器を使用した場合の対応に関して、米国は難しい判断が迫られる。天秤にかけなければならないのは、「強い対応によってロシアからさらなる反撃を招くリスク」と「弱い対応によって米国が足元を見られ、自らや同盟国、さらには国際秩序全体への将来の危険が増大するリスク」である。いずれも甘受できるリスクではない。

ロシアによる核兵器使用の可能性は、こうした構図のなかに存在する。事態の深刻さを正面から捉えた冷静な分析が求められる。

（慶應義塾大学准教授）

比空軍要員にレーダー教育

空自

航空自衛隊は10月4日、フィリピン空軍への警戒管制レーダー移転に伴い、同空軍要員へのレーダーに関する教育を開始した。

レーダーの移転は防衛装備移転三原則に基づき、フィリピン国防省と三菱電機が2020年8月に交わした契約に基づくもので、全4基のうち1基目のレーダーの国内での製造がこのほど完了し、同空軍立ち合いの下で輸出前検査が終了。

今後のレーダー移転に伴い、同空軍要員6人を受け入れ、2人が来年6月まで1術校（浜松）でレーダー整備、4人が同4月まで5術校（小牧）で航空警戒管制の各教育課程に入り、空自隊員とともに教育を受けている。

比国との装備協力はTC90練習機5機、UH1H多用途ヘリコプターの部品約4万点の引き渡しに続く3件目。

米主催ウクライナ支援会議に参加

岡防衛審議官

岡真臣防衛審議官は10月12日、米国防総省が主催する「ウクライナ防衛コンタクトグループ」の会議にオンラインで参加した。

会議では今後のウクライナに対する支援などについて参加各国の間で情報を共有した。

防衛省・自衛隊は引き続き国際社会と緊密に連携し、ウクライナを最大限支援していく方針だ。

元自衛官のセクハラ被害

4隊員から直接謝罪

陸上自衛隊郡山駐屯地（福島県）に勤務していた五ノ井里奈さん（23）が複数の男性隊員からセクハラ被害を受けた問題で、加害者の4人の隊員が10月17日、五ノ井さんに直接謝罪した。五ノ井さんが同日、都内で記者会見して明らかにした。

謝罪は非公開で一人ずつ個別に行われ、4人からはそれぞれ謝罪の言葉と手紙を受け取ったという。五ノ井さんは記者会見で「4人には自分のしたことに責任を持って罪を償ってほしい。防衛省・自衛隊には、被害を申告する人が辞めることなく、解決に至る対応を考えてほしい」と述べた。

防衛省は9月29日、五ノ井さんに対するセクハラ行為が確認されたことを公表し、町田一仁人事教育局長らが本人に直接調査状況を伝え、謝罪した。現在、全隊員を対象にハラスメント被害の実態を調べる特別防衛監察も行われている。

朝雲寸言

1996年、台湾海峡に接する中国南部に中国軍が演習名目で大部隊を集結させていた頃のことである。後に米統合参謀本部議長になるマイヤーズ在日米軍司令官が硬い表情で六本木の防衛庁を頻繁に訪れていた▼会談相手は西元徹也統合幕僚会議議長。中国軍の今後の行動は単なる演習では済まず、台湾侵攻に踏み切るかもしれない。演習を名目に部隊を集め、そのまま実戦に突入した戦史は多い。二人は危機感を共有していた。

この時、米軍は空母戦闘群を急遽2個投入。艦載機やヘリに実弾を搭載している映像を報道機関に撮らせ「実戦なら受けて立つ」との決意を示した。これをみた中国軍は部隊の集結を解いた▼強く記憶に残っているのは、自衛隊や米軍がほぼ「有事モード」だったのに対し、日本の一般国民はその緊張感をほとんど共有していなかったことだ。平和ボケと言ってしまえばそれまでだが、もう少し政府にも広報の仕方があるのではと感じた▼日米韓の艦艇が訓練を続ける日本海に、核武装した北朝鮮が弾道ミサイルを撃ち込み続ける異常事態が続いている。5年ぶりに全国瞬時警報システム（Jアラート）が発信されたが、テレビで報じられる国民の反応はどこかのどかだ。せめて「振込詐欺に気を付けて」といったお知らせニュースと同じくらい頻繁に、核ミサイル攻撃時の対応を国民に周知してほしい。「危機感の共有」を今回こそ実現したい。

時の焦点

国内　Jアラート

正確な情報提供目指せ

弾道ミサイルに対する避難警報を無関係な地域に発するようでは、システムの信頼が揺らぐ。警報の遅れも問題だ。政府はトラブルの経緯を調べ、改善する必要がある。

北朝鮮は9月下旬以降、異例の頻度でミサイルを発射している。北朝鮮の国営メディアは「核運用部隊の軍事訓練だ」と伝えた。地域の緊張を高める行動は看過できない。

日本のミサイル防衛システムは、自衛隊のイージス艦が大気圏外で迎撃し、打ち漏らした場合は、地上のミサイル「PAC3」で対処することになっている。

ただ、多数のミサイルを同時に発射する「飽和攻撃」への対処は難しい。日本に着弾しなくとも、ミサイルが上空を通過すれば、部品などが落下する可能性もある。被害を最小限に食い止めるためには、住民に身を守るよう促すことが重要だ。

政府は、北朝鮮の弾道ミサイルが日本上空を通過した10月4日、全国瞬時警報システム「Jアラート」を発令したが、トラブルが相次いだ。

ミサイルは青森県上空を通過したが、東京都の島嶼部9町村にも誤って発信された。過去の訓練での履歴がシステムに残っており、そのまま発令されたという。

岸田首相が国会で、誤発信について「重く受け止め、今後、このようなことが起こらないよう再発防止にしっかり取り組む」と述べたのは当然だ。システムの点検を怠らぬようにしてもらいたい。

また、青森県に発射情報を発令した時には、既にミサイルが上空を通過していた。

ミサイルがどこに飛来するか、正確さを期せば、発令に時間がかかるのはやむを得ない面がある。だが、警報が遅れれば、住民の避難は間に合わない。

北朝鮮のミサイルは、発射から10分程度で日本に到達する。Jアラートの発令には、防衛省や首相官邸、消防庁などが携わっている。迅速な発令のためには、警報を鳴らす手続きの簡素化を検討してはどうか。

日本は、米軍の早期警戒衛星などにミサイル発射の情報を頼っている。速やかな情報提供を求めていくことも大切だ。

有事への対応では、住民の避難施設を確保し、避難訓練を重ねることも欠かせない。

2004年に施行された国民保護法に基づき、都道府県や政令市は、地下施設や堅ろうな建物など約5万3000カ所を「緊急一時避難施設」に指定している。だが、自分がどこに逃げるべきか、知らない人は多いだろう。自治体は積極的に情報を発信すべきだ。

ミサイル攻撃を抑止するには、反撃能力を持つことが有効だ。国家安全保障戦略などに明記し、着実に運用体制を整えていくことが、国民の生命と財産を守ることにつながる。

夏川 明雄(政治評論家)

海外　露の報復攻撃

劣勢プーチン氏に焦り

ロシアが2014年に一方的に併合したウクライナ南部クリミア半島と本土をつなぐケルチ海峡の「クリミア大橋」が10月8日、自動車爆弾で爆破されたのを受け、プーチン政権が首都キーウ(キエフ)を含むウクライナ全土で民間人を巻き込む無差別ミサイル攻撃に踏み切った。欧米などはロシアへの非難のトーンを一段と強めており、冬季に向け、ウクライナへの軍事支援を通じて関与を強化する構えだ。

一方、ロシアでは、クリミア支配の象徴だった橋が攻撃対象となったことに加え、9月以降のウクライナ軍の反転攻勢で東部と南部の支配地域が奪回されている事態を受け、攻撃作戦の強化を主張する強硬派の台頭が目立つ。プーチン大統領が橋の爆発について、「ウクライナ特務機関によるテロ」と断定し、全土への報復攻撃を指示したのも、劣勢の戦況に対する焦りとともに、強硬派の主張を受け入れざるを得ない状況に追い込まれていることを物語る。プーチン政権が介入するシリア内戦で残虐な作戦を断行したことでも知られるスロビキン陸軍大将がウクライナ戦総司令官に起用されたのは、ロシアが容赦ない無差別攻撃を続ける構えであることをうかがわせる。

緊急招集された爆破当日の安全保障会議では、ウクライナへの報復の方法が討議されたとみられるが、プーチン大統領は会議後の発言で、核兵器での反撃には触れなかった。かねて強硬発言を繰り返すメドベージェフ前大統領はクリミア大橋が攻撃されれば、核使用の可能性を示唆していた。現段階で核への言及を避けたのは、ウクライナを支援する欧米による反撃のリスクを見極めようとしているのだろう。

このため、ロシアは核使用の選択肢を温存しつつ、ウクライナ主要都市のインフラ施設を破壊し、冬の到来を前に市民向けの暖房や電力を止める作戦だ。これに対し、ウクライナのゼレンスキー大統領は「われわれをおびえさせることはできない」と徹底抗戦の構えを崩しておらず、ウクライナ情勢はさらなる悪化に歯止めがかからなくなりつつある。高齢者や女性、子供など弱い立場にある民間人が巻き添えになることが懸念される。

西側の軍事専門家はロシアによる大規模な報復攻撃について、プーチン大統領が最近の屈辱的な負け戦の挽回に向け、「エスカレーション戦術」を模索していることの表れだとの見方でほぼ一致する。ポーランドの安全保障専門家は「ロシアは紛争をエスカレートさせる能力を依然として有しているが、それは劣勢の戦場ではなく、多くの市民を標的にすることによってのみ可能となる」と指摘する。

国連憲章や国際法を無視しておぞましい蛮行を重ねる「プーチンのロシア」の独善的な行動にどのように歯止めをかけることができるのか。これまでロシアに一定の理解を示してきたインドや中国を取り込んで対ロシア包囲網を強化する外交的な働き掛けも、わが国を含む西側諸国にとって急務だ。

伊藤 努(外交評論家)

「陸修会」との合同目指す

令和6年に 偕行社総会で森理事長表明

偕行社の総会であいさつを述べる森勉理事長(壇上中央)=10月7日、東京都新宿区のホテルグランドヒル市ヶ谷

公益財団法人「偕行社」(元陸幕長の志摩篤会長以下、家族会員などを含む約4000人)の令和4年度の総会が10月7日、東京都新宿区のホテルグランドヒル市ヶ谷で開かれ、全国から会員と家族会員をはじめ、朝雲新聞社など法人賛助会員などを含む計約170人が参加した。

国歌斉唱と戦没者・殉職隊員への黙祷の後、開会あいさつのため登壇した森勉理事長は、近年の旧陸軍出身者の高齢化による会員減少など課題解決に向けた意欲を示し、「今年4月に設立された陸上自衛隊の幹部退官者による新たな組織『陸修会』と偕行社は今、合同に向けての協議を進めている」と説明。

その上で「偕行社の伝統を継承し、将来に向けてより発展的に会の活動を活発化させていくとの考え方の中で、合同後の名称などについて忌憚(きたん)のない意見をいただきたい」と呼び掛けた。

この後、奥村快也専務理事が、令和6年4月に陸修会と合同組織になることを目指して協議を開始したことなどについて報告し、「偕行社の活動を末永く続けていくための改革の核心である陸修会との合同について速やかに合意を得て早期に実現させ、陸上自衛隊等の元幹部自衛官退官者の組織として、陸上自衛隊に対する支援を充実・強化し、我が国の安全保障へのさらなる貢献に努めていく」と表明した。

最後に、吉田圭秀陸幕長が「ウクライナの教訓と将来の陸上自衛隊」と題して講演し、盛況のうちに閉会した。

東京で「危機管理産業展」

防振双眼鏡など最新技術紹介

国内最大規模の危機管理に関する展示会「危機管理産業展2022/テロ対策特殊装備展」が10月5日から7日まで、東京都江東区の東京ビッグサイトで開催された。

(5、7面に関連記事)

会場では防衛装備庁や陸上総隊、空幕募集・援護課、東京地本がブースを出展した。陸上総隊ブースでは輸送防護車を展示。防弾チョッキの試着体験も行われ、人気を博した。

防衛装備庁ブースでは、遠隔操縦が可能な装軌車両の模型が展示されたほか、手持ち使用で携帯型地雷探知に、ドローンに積めば地雷源や敵障地の偵察に使える「滞空型施設偵察器材の研究」の展示が行われ、来場者の興味を集めた。

民間のブースでは、手振れすることなく遠方などの目標を見ることができるミルスケール入り防振双眼鏡(サイトロンジャパン)や実機と同じ機能を持ち、採点をしてくれる救急医療従事者育成用シミュレーター(ソリッド・ソリューションズ)などの最新機器が展示され、陸自隊員らの注目を集めた。

危機管理産業展の陸上総隊のブースで輸送防護車を見学する来場者(10月7日、東京都江東区の東京ビッグサイト)

海幕長、伊海軍シンポに参加

各国海軍参謀長と交流

酒井海幕長は10月2日から9日までイタリアのベネチアを訪れ、伊海軍主催の「地域シーパワー・シンポジウム(RSS)」に出席した。同シンポは米海軍主催の「国際シーパワー・シンポジウム(ISS)」から派生して1996年に始まり、今年で13回目。

中世の造船所跡地・アルセナーレホールで行われた会議には世界約50カ国の海軍参謀長らが出席。参加者は海洋資源の管理や技術開発、海上における安全保障上の課題について討論を行った。海幕長は「海上防衛力から海洋力へ」と題されたセッションでスピーチし、海自と欧州各国海軍の一層の連携を呼びかけた。

また、これに先立ち海幕長は3日、NATOナポリ統連合軍司令部を訪問し、司令官スチュアート・マンチ米海軍大将と懇談。欧州諸国によるインド太平洋重視の姿勢を歓迎し、海自とNATO海軍の緊密な協力関係が必要との認識で一致するとともに、今後の方向性について議論した。

6日にはシンポジウムに参加していた米海軍作戦本部長のマイケル・ギルデイ大将とも会談を行った。ギルデイ大将は、多国間共同訓練「リムパック2022」で海自が果たした指導的役割について謝意を表明。両者は日米同盟がインド太平洋地域の平和と安定の礎であることを確認した。

帰国した海幕長は11日の会見で、「各国海軍参謀長との交流で共通の課題について意見交換し、関係強化を図ることができた」と成果を語った。

シンポジウムでスピーチを行う酒井海幕長(左)=10月6日、イタリアのベネチア

陸自特戦群が豪で実動訓練

陸幕長、「今後は要件満たせば公表」

吉田陸幕長は10月6日の定例記者会見で、陸上総隊隷下の特殊作戦群(習志野)が8月にオーストラリアで豪陸軍の特殊作戦コマンドと実動訓練を行ったことを明らかにした。

特戦群は主にゲリラや特殊部隊による攻撃に対処するための専門部隊として平成16年3月に新編された。運用上の観点などから秘匿性が高く、陸自も活動や訓練などの公表はこれまで控えてきた経緯がある。

今回公表に踏み切ったことについて、陸幕長は「これまで幾度も受けた特戦群の質問への回答について、従来の抑制的な表現に留めることで本当にいいのか、厳格に適用し過ぎなのではないかという問題認識を持った」とした上で、「今後はこれらの運用を見直し、二つの要件(①相手国との合意②特殊部隊などの運用、能力および隊員個人の特定につながる情報でないこと)をクリアした場合には、共同訓練のつど、調整して公表をしていきたい」との考えを示した。

また、日豪特殊部隊の訓練は2015年度以降今回が6回目で、射撃訓練を行ったことを明かした上で「お互いが練度の最高レベルである特殊部隊間の交流や訓練は関係強化の発展・深化を表す象徴的なもの。他国と訓練することで多くの気づきが得られ、作戦遂行能力を高められる」と意義を述べた。

宗谷岬北東海域で ロシア艦3隻確認

10月6日午後6時ごろ、海自は北海道・宗谷岬の北東約40キロの海域を西に進むロシア海軍の「ウダロイI」級駆逐艦(艦番号548「アドミラル・パンテレーエフ」)、「キロ」級潜水艦、「イゴリ・ベロウソフ」級潜水艦救難艦の3隻を確認した。

これらロシア艦は7日、宗谷海峡を西に抜け日本海へ向け航行した。2空群(八戸)のP3C哨戒機、1ミサイル艇隊(余市)のミサイル艇「くまたか」が警戒監視に当たった。

中国駆逐艦1隻 宮古島沖を南進

海自は10月10日午前3時ごろ、沖縄・宮古島の北約170キロの海上を南進する中国海軍の「ルーヤンIII」級ミサイル駆逐艦(艦番号131「太原」)を確認した。

中国艦は沖縄本島と宮古島の間を南東に抜け、太平洋に出た。1空群(鹿屋)のP1哨戒機、5空群(那覇)のP3C哨戒機、4護群4護隊(呉)の護衛艦「いなづま」、1海補隊の「おうみ」(佐世保)が情報収集を行った。

陸幕長、ウクライナ情勢で意見交換

英陸軍参謀本部国際関係部長が表敬

吉田陸幕長は8月24日、日英幕僚協議参加のため来省した英陸軍参謀本部国際関係部長のデイヴィーズ准将の表敬を受けた。

懇談ではウクライナ情勢や両国の安全保障環境を踏まえた取り組みについて意見交換し、力による一方的な現状変更や地域を不安定化させる試みを許してはならないことで認識を共有。併せて日英陸軍種間の連携の重要性についても意見交換し、今後も協力を積み重ねていくことで一致した。

デイヴィーズ准将とのギフト交換で吉田陸幕長から記念のメダルが渡される(8月24日、陸幕長応接室で)

防衛省発令

▽兼統幕運用2課(海幕運用支援課)　1海佐　大川建三郎

(同運用支援課)　同　村上　公彦

(統幕学校教育課)　同　老本　昌弘

(同国際平和協力センター教育・研究室長)　1空佐　有馬　敬晶

(以上10月8日)

▽横須賀地方総監部4幕僚室長兼1幕僚室長(海自2術科学校教育2部長)　1海佐　山縣　克之

▽海自2術科学校教育2部長兼海自幹部学校(海幕防衛部兼海自幹部学校)　同　尾藤由起子

▽航空支援集団司令部(特別航空輸送隊司令)　1空佐　岩岡　政治

▽特別航空輸送隊司令(航空支援集団防衛課長)　同　山田　眞也

(以上10月11日)

▽呉地方総監部監察官(海自1術科学校教育3部長)　1海佐　五味　康司

▽解兼務佐世保地方総監部1幕僚室長(佐世保地方総監部4幕僚室長兼1幕僚室長)　2海佐　濱崎　禎史

▽阪神基地隊副長(阪神基地隊)　1海佐　森安　竜

▽海自1術科学校教育3部長(阪神基地隊副長)　同　宇都宮俊哉

(以上10月14日)

米宇宙軍作戦部長と懇談

空幕長、宇宙巡り意見交換

井筒空幕長は10月5日、米宇宙軍作戦部長のジョン・W・レイモンド大将と防衛省で懇談した。

レイモンド部長は、井筒空幕長の米空軍大学留学時の同期で、東日本大震災の際には米第5空軍副司令官として「トモダチ作戦」にも従事した。

懇談では厳しさを増す宇宙を巡る状況について意見交換。宇宙分野での日米同盟の重要性が一層高まっていることや、同盟の抑止力・対処力の強化に向け、宇宙をはじめとする各種分野で連携を深めていくことについて認識を共有した。

また、井筒空幕長は東日本大震災時の米軍の救難・支援活動や、空自の宇宙領域専門部隊創設以前から多くの支援や助言をもらったことについて謝意を表し、引き続き宇宙領域専門部隊の能力強化を推進していく旨を伝えた。

レイモンド部長はこの後、浜田大臣を表敬した。

井筒空幕長(右)と握手を交わすレイモンド米宇宙軍作戦部長(10月5日、防衛省)=空自ツイッターより

共済組合だより

有効成分や効き目は同じ「ジェネリック医薬品」 薬代や医療費の抑制のため ご利用を

皆さまは「ジェネリック(後発)医薬品」をご存知ですか?

ジェネリック医薬品は、医師が処方する医薬品であり、先発医薬品(新薬)と比べて安価で、なおかつ有効成分や効き目は同じです。

新しく開発された医療用医薬品は、先発医薬品として特許が与えられ、開発会社により独占的に販売されますが、ジェネリック医薬品は、先発医薬品の特許期間満了後に、同レベルの品質・有効性・安全性を有しているという国の審査・承認を受けて発売されます。

既に有効性や安全性が確認されている先発医薬品の有効成分を利用するため、開発期間や費用を大幅に抑えることができ、そのため薬の価格も安く設定することができます。

医師と薬剤師それぞれに意思を伝え相談することによりジェネリック医薬品を選ぶことができます。相談は、口頭やメモ等で大丈夫ですが、「お願いカード」=写真=を利用すると便利です。皆さまのご協力をお願い致します。

組合員や被扶養者の皆さまが診療を受ける際、病院や薬局等でジェネリック医薬品を積極的に選んでいただくことにより、ご自身の薬代が軽減されるだけでなく、共済組合全体の医療費も抑制することができます。

なお、先発医薬品の特許が切れていない場合や医療上の理由等でジェネリック医薬品を選べない場合もあります。

切り取り線

ジェネリック医薬品お願いカード

医師・薬剤師の皆様へ

私は可能な場合、ジェネリック医薬品の処方を希望します

氏名

防衛省共済組合

独・ユーロファイター日本初飛来

空の上の新時代

国内で初めて行われた日独空軍種による編隊航法訓練。先頭のF2には空幕長が搭乗し、手前のユーロファイターはゲルハルツ総監自らが操縦（9月28日、富士山上空付近）＝空幕提供

ドイツ空軍の戦闘機「ユーロファイター」3機を含む計5機が9月28日、シンガポールから飛来し、空自百里基地（茨城県小美玉市）に着陸した。ユーロファイターのうち1機は特別塗装され、独空軍トップのインゴ・ゲルハルツ総監が自ら操縦。百里着陸前にはそれら独空軍機を、3飛行隊のF2戦闘機に搭乗した井筒空幕長らが上空で出迎え、富士山上空などで編隊航法訓練を共同で行った。

（文・写真＝雀見陽平）

空自機と初共同訓練

訪日したのは搭乗員、整備員合わせて約60人。独空軍の戦闘機が日本に飛来したのも、空自と共同訓練を行ったのも今回が初めてとなる。

ドイツ本国からインド太平洋地域のシンガポールまでの約1万キロの長距離を、独空軍機部隊が24時間以内に展開する訓練「ラピッド・パシフィック2022」の一環として実現した。特別仕様機を含むユーロファイター6機とA400M輸送機4機、A330MRTT空中給油機3機の計13機がドイツ本国から展開し、豪で行われた多国間演習「ピッチ・ブラック22」や多国間海上共同訓練「KAKADU（カカドゥ）2022」などに参加。日本へはそのうちの特別仕様機を含むユーロファイター3機とA400M1機、A330MRTT1機が訪れた。

ゲルハルツ独空軍総監　自ら特別仕様機を操縦

この日の模様は報道陣にも公開され、A330MRTT、A400Mの着陸に次いで、上空でユーロファイター機を出迎えた井筒空幕長が乗るF2戦闘機などが続々と帰投。その後、F2にエスコートされたユーロファイター3機が編隊を組んで轟音とともに上空に出現すると、ゲルハルツ総監が操縦する特別仕様機が滑走路上空を急旋回し、その優美な機体を報道陣やこの日駆け付けた多くのファンの前に披露した。

着陸後、消防車両の放水による歓迎を受けてエプロンに停止。出迎えた井筒空幕長ら空自隊員約110人に笑顔であいさつした。井筒空幕長と固い握手を交わした後、特別塗装されたユーロファイターとF2が駐機する前で日独空軍種トップによる合同記者会見が行われた。

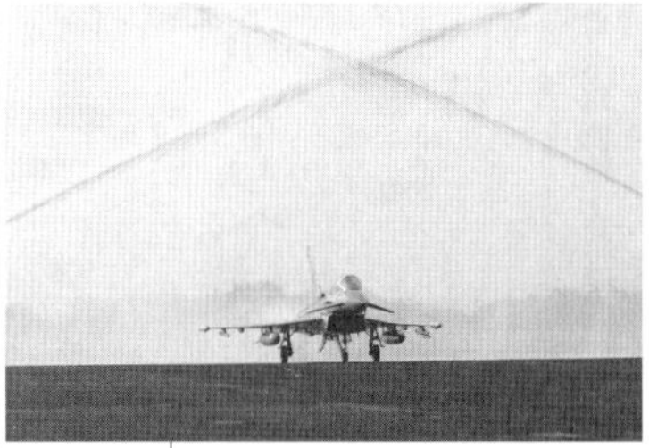

㊤シンガポールから約8時間の飛行を終えたばかりのゲルハルツ総監（中央左）を出迎える井筒空幕長（同右）＝9月28日、茨城県小美玉市の百里基地　㊨独空軍の協力の下、地上展示された独空軍の輸送機A400M（奥）、特別塗装されたユーロファイター（手前右）と空自のF2（9月29日、百里基地）

シンガポールまで24時間圏内に

左右の消防車両から放水による歓迎を受けるユーロファイターの特別仕様機（9月28日、百里基地）

井筒空幕長は「独空軍機を百里基地にお迎えでき、大変光栄だ。上空で記念塗装機を見たときは改めてその美しさに心を奪われた。極東で日独空軍種の戦闘機がともに飛行することの歴史的意義の大きさに感動した」と感慨を述べた。

ゲルハルツ総監は「祖国から遠いこの日本の地に降り立ったことは非常に感慨深く、我々が到着した際にたくさんの日本の方々が手を振ってくださっていてとても感動した。今回空自の隊員と訓練ができたことは非常に良い経験になったと同時に、航空自衛隊が非常にプロフェッショナルで感激した」と絶賛した。

シンガポールからの飛行については「今回の訓練で、最も長距離の移動がシンガポールから百里までの8時間の飛行だった。その間5回空中給油を行い、飛行中にはフィリピン沖で台風の影響を受け、雲の中での空中給油というものは我々にとって非常にチャレンジングで難しい業務だった」と訓練中の苦労話も明かした。

その上で、自身が操縦かんを握ったことについて「私が操縦したエアーアンバサダー（空飛ぶ親善大使）機で日本に飛来したことは、日本との関係や井筒空将に対しての友情が非常に重要で大事にしていることを表す証左だ」と強調。

最後に「今回の訓練で我々空軍はドイツからシンガポールへの戦闘機の展開訓練を24時間以内に成し遂げ、非常にスピーディーに移動ができることを証明した。今後もドイツ軍はインド太平洋地域における関与を強化していく。今回の1回限りではなく、今後は継続的にこの地域に関与していく」との考えを示した。

ユーロファイターをバックに、独空軍隊員と3飛行隊員たちが記念撮影（9月29日、百里基地）

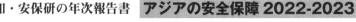

㊤独空軍の計らいで、A400M輸送機の内部を見学させてもらう3飛行隊員（9月29日、百里基地で）　㊧ユーロファイター機「エアー・アンバサダー」に施された特別塗装（9月29日、百里基地）

スポーツ

特集

令和4年度日本カヌースプリント選手権大会

佐藤2曹、青木士長、青木・冨塚士長ペアで3冠

いずれも初優勝　体校カヌー班、パリへはずみ

令和4年度日本カヌースプリント選手権大会が9月7日から11日まで、石川県小松市の木場潟カヌー競技場で行われ、自衛隊体育学校カヌー班の佐藤光2陸曹がC―1（カナディアン1人乗り）1000メートル、青木瑞樹陸士長がK―1（カヤック1人乗り）1000メートル、青木士長・冨塚晴之陸士長ペアがK―2（同2人乗り）500メートルでそれぞれ初優勝を飾った。

佐藤光2陸曹は　カナディアン一人乗り1000メートルで

東京五輪代表ら、強豪がひしめくカナディアン1人乗り1000メートル種目で力強くオールを漕ぐ佐藤2曹（手前）＝いずれも木場潟カヌー競技場

大会初日に行われたC―1種目の予選に出場した佐藤2曹は、序盤から先頭を切り、2位以下に100メートル以上の差をつけてゴール。余裕で決勝進出を決めた。

翌日の決勝は予選1位の3人と準決勝を勝ち上がった6人の選手で行われ、2020東京五輪代表の當銘孝仁選手（アーネスト株式会社）や、この種目で2連覇中の永沼峻選手（宮城県カヌー協会）などが出場した。

佐藤2陸曹

佐藤2曹は第4レーンからスタート。レースは互いにけん制し合いながらほぼ横一線の状態で進んだが、残り200メートルで佐藤2曹がラストスパート。一気にトップに立ち、そのまま2位に約4秒の大差をつけて4分3秒353でゴールし、自身初の日本選手権優勝に輝いた。

佐藤2曹は「今シーズンは1000メートルに力を入れて練習してきたのでうれしい。今後は世界でも勝てるように努力していく」と語った。

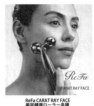

青木瑞樹陸士長は　カヤック一人乗り1000メートルで

カヤック1人乗り1000メートルで、得意のラストスパートで2位に4秒以上の大差をつけて初優勝した青木士長（手前）

K―1種目に出場した青木士長は予選、準決勝ともに危なげなく1位で通過し、決勝に進出。9人で競われた決勝の舞台には、東京五輪代表の水本圭治選手（チョープロ）や、この種目で前回優勝している棚田大志選手（医療法人興生会吉本整形外科・外科病院）などの実力者が立った。ここで勝てばシニア大会初優勝で、パリ五輪に向けて大きな弾みがつく。

レースは500メートル中盤まで横並びの接戦が繰り広げられ、そこから各選手が一斉にラストスパートをかけたが、長い距離を一定の力でこぎ続けるのを得意とする青木士長のスパートは他選手を寄せ付けず、2位に4秒以上の差をつけて3分40秒476でゴールした。

青木士長は「自分の思い描いていたレースプランで優勝でき、タイムも自己ベストに近かったのでうれしい」と満足気に語った。

青木・冨塚晴之陸士長は　カヤック2人乗り500メートルで

カヤック2人乗り500メートル種目で、ラスト100メートルで日本代表ペアを破った青木・冨塚ペア

青木陸士長

冨塚陸士長

大会4日目、K―2種目の500メートル予選が行われ、青木士長と冨塚士長が出場。二人はハンガリーで行われたU―23世界選手権に日本代表で出場し、帰国して大会2日前に現地入りした状態でエントリーしたが、疲労を感じさせないレース運びで余裕をもって1位通過した。

決勝はこの種目の現日本代表、三浦伊織選手（鹿児島県スポーツ協会）、井上暉央選手（香川県カヌー協会）ペアとの対戦に注目が集まった。

レースはスタートから第5レーンの青木・冨塚ペア、第3レーンの三浦・井上ペアが飛び出し、序盤から2艇の一騎打ちとなった。互いにトップを譲らない白熱した展開の中、ラスト100メートルで青木・冨塚ペアのスピードについていけなくなった三浦・井上ペアが失速。青木・冨塚ペアはそのままゴールし、日本代表ペアに2秒以上の大差をつけて初優勝に輝いた。この種目での優勝は体育学校にとっても初めての快挙。

冨塚士長は「ペアの練習をずっとやってきて、成果がしっかり出せたのでよかった」と笑顔を見せた。

体校勢ではこのほか、C―1の500メートルに出場した籔碧透2陸曹が準優勝した。カヌー班はパリ五輪出場に向け、来年3月に香川県で行われる2023ナショナルチーム選考会を目標にさらなるレベルアップを目指す。

体育学校ニュース

古市3陸尉が銅メダル

レスリング世界選手権女子フリー72キロ級

2022レスリング世界選手権が9月10日から18日まで、セルビア・ベオグラードで行われ、女子フリースタイル72キロ級で自衛隊体育学校（朝霞）の古市雅子3陸尉が銅メダルを獲得した。

大会には体校から男女6人が出場。古市3尉は14日に登場し、初戦を難なく勝利して迎えた準々決勝でケンドラ・ダッチャー選手（仏）と対戦。同点で迎えた後半終了間際にタックルを決めて4点を獲得し、8―4で勝ち進んだ。

準決勝ではアミット・エロー選手（米）と対戦。試合終了まで残り10秒で1点差まで詰め寄ったが、2―3で惜敗。翌日の3位決定戦に回った。翌15日、ブセ・カブソグル・トスン選手（トルコ）との試合は試合開始2分に積極的な攻撃で2点を先取。後半で同点に追いつかれたが、相手の反則でさらに1点を追加し、3―2の接戦をものにして見事銅メダルを勝ち取った。

試合後、古市3尉は「前に出て崩しが攻めにつながるように臨んだ。準決勝で負けたのは悔しいが、相手はこれまで戦ったことのないタイプだったので、こういった相手に対して自分のレスリングができるようにしないといけないと思った」と語った。

女子72キロ級はオリンピックの階級にないため、五輪階級の68キロ級に変更して臨む12月の天皇杯に向け、「五輪の選考に絡んでくる重要な試合なので、しっかり準備をして全力で臨みたい」と決意を述べた。

横教水泳部、神奈川県優勝に貢献

日本スポーツマスターズ2022

大会に出場した横教水泳部の（左から）主将・橋爪1曹、井元3曹、藤川3曹、森田2曹（9月4日、盛岡市立総合プール）

【横教】海自横須賀教育隊水泳部は9月3、4日、岩手県の盛岡市立総合プールで行われた「日本スポーツマスターズ2022」の水泳競技に神奈川県チームの一員として出場した。公益財団法人日本スポーツ協会主催で、シニア世代（30代を含む）を対象とした国内唯一の総合スポーツ大会。水泳部主将の橋爪久司1曹、森田啓介2曹、藤川尚弥3曹、井元貴規3曹の4人が選手としてエントリーした。

橋爪1曹は4×50mメドレーリレーの第1泳者（背泳ぎ）として出場。抜群のスタートで先頭に立つと、他のチームを圧倒して大会記録（50m背泳ぎ＝26秒95）を打ち出した。またチームとしては大会記録を2・64秒更新する記録（1分43秒77）を樹立。さらに50m、100m背泳ぎでも優勝し3冠を達成した。

森田2曹はチームメイトが心配するほど緊張した状態でスタートしたが、50m平泳ぎで5位、100m平泳ぎで8位と試合前の不安を払拭する泳ぎを見せた。

藤川3曹は、体調不良で訓練ができず苦しい状況での試合となったが、50mバタフライで3位を獲得。表彰台に立ったことがチームを大きく活気づけた。また盛岡市が藤川3曹の出身地であることを受け、岩手県チームからも大きな歓声が上がった。

井元3曹は横教水泳部員として初めての試合となったが、4×50m混合フリーリレーで第2泳者（自由形）として出場し、2位獲得に貢献した。

神奈川県チームは男女総合で1280点を獲得して優勝、6連覇を達成した。橋爪1曹は大会を振り返り、「30歳以上の国民体育大会は初めて出場したが、優勝できたことをうれしく思う」と話した。

小原3陸佐、殿堂入り

世界レスリング連盟

体校レスリング班女子コーチの小原日登美3陸佐がこのほど、世界レスリング連盟（UWW）から2022殿堂入り選手に選ばれ、9月9日、ベオグラードで行われた授賞式に出席した。

小原3佐は現役時代に世界選手権優勝8回、2012ロンドンオリンピック女子48キロ級優勝の実績が評価され、五輪3連覇の吉田沙保里氏、同4連覇の伊調馨氏とともに受賞した。

体校選手成績

【令和4年度日本カヌースプリント選手権大会】
▽C―1（カナディアン1人乗り）1000メートル①佐藤光2曹4分03秒353▽同500メートル②籔碧透2曹1分53秒248▽K―1（カヤック1人乗り）1000メートル①青木瑞樹士長3分40秒476▽K―2（同2人乗り）500メートル①青木士長・冨塚晴之士長1分31秒565

【アジア選手権大会＝近代五種】
▽男子リレー③佐藤大宗3曹1360点▽MIXリレー③佐藤3曹・内田美咲3曹1337点

【第77回国民体育大会＝水泳】
▽4×100メートルメドレーリレー②埼玉代表（赤羽根康太2曹出場＝3泳）3分35秒72

【全日本実業団対抗選手権大会＝陸上】
▽10000メートル競歩③野田明宏3尉39分07秒08（自己新）

【全日本社会人選手権＝ボクシング】
▽男子フライ級①牧野草子2曹▽女子バンタム級①堀内美紗紀2曹▽男子ライトウェルター級①冨田真広3曹▽男子バンタム級②塙侑也士長▽男子ライト級②河本潤士長

【アジアエアガン・ジュニア選手権選考会】
▽10メートルエアピストル③岩佐正貴士長215・8点

危機管理産業展に空自ブース出展

空幕募集・援護課　「国を守る経験と思いを地域・企業のために」

空幕募集・援護課は10月5日から7日まで、東京都江東区の東京ビッグサイトで開かれた「危機管理産業展」に空自ブースを出展、来場した企業関係者に退職自衛官の活用を勧める就職援護活動を行った。自らも会場でPRし、課員を指揮した募集・援護課長の兼田大助1佐に出展の狙いを聞いた。　（2、7面参照）

「危機管理産業展」の空自ブースを訪れた人々に対し、退職自衛官の活用をアピールする空幕募集・援護課の隊員たち（写真はいずれも10月7日、東京都江東区の東京ビッグサイト）

会場内でひときわにぎわいを見せていた空自のブース。外観はブルーインパルスをイメージした青と白で統一され、その前にはキャッチフレーズ「国を守る経験と思いを地域・企業のために～頼れる危機管理人財、退職自衛官」の看板が。

それを見て足を止めた企業・自治体関係者や医療従事者に「危機管理に強い人財（人材）、御社などでもいかがでしょうか」と課員がPRした。

4回目となる今回の出展で指揮を執った兼田1佐も自ら、来場者からの質問の一つ一つに答え、空自をPRしていた。

「初日から300人を超える人に立ち寄ってもらった。話していて驚いたのが、自衛官が50代で退職することを知らない人が多かったことだ。若い人材を供給できる点を理解してもらえた」と話す。

最新の防災グッズを見に来た企業関係者の中には「危機管理産業展に空自が？」と不思議に思い、ブース前で足を止める人も多く見られた。3日間で約1100人が訪れ、用意した約3000部のチラシもすべてはけたという。

「今の若者は安定志向のため『年金をもらえるようになるまで働ける』というのが、一つの安心感を生む。そういう意味で『自衛隊に入ればしっかりと再就職できる』とアピールした。退職しても安心して仕事につけるというよいサイクル・循環のもとで募集につながればと思っている」と兼田1佐。

ブースでは同課に勤務するパイロット、高射、整備など各職種の隊員がそれぞれの服装で説明に当たり、航空自衛官の強みなどを丁寧に説明していた。

「どんな優秀な装備品を入れても、運用するのは人。日頃の仕事そのものが危機管理につながっている自衛隊では、危機管理に長けた人材が多くいる。我々にとっても一つの財産である退職航空自衛官を今後もPRしていきたい」と兼田1佐は語った。

空幕募集・援護課が作成した退職自衛官雇用のチラシ。約3000枚が配布された

空自隊員の質問について来場者にPRする兼田空幕募集・援護課長（中央）

募集・援護　特集

平和を、仕事にする。
陸海空自衛官募集

ただいま募集中！
◇貸費学生◇高工校
◇自衛官候補生◇防大
◇医科・歯科幹部（第2回）
★詳細は最寄りの自衛隊地方協力本部へ

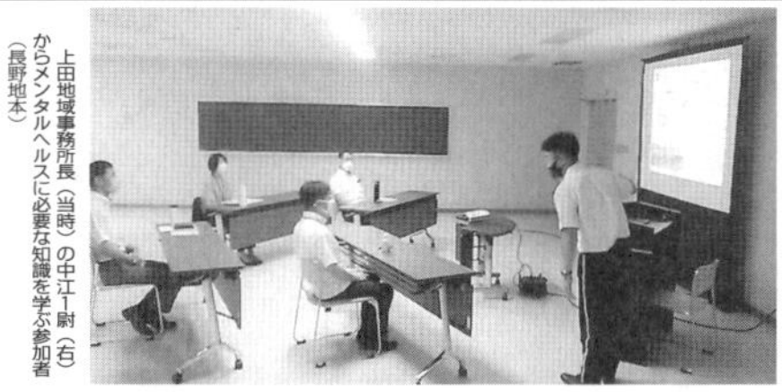

上田地域事務所長（当時）の中江1尉（右）からメンタルヘルスに必要な知識を学ぶ参加者（長野地本）

メンタルヘルスの態勢強化

長野　部隊相談員養成集合訓練

地本単独実施は全国初

【長野】地本はこのほど3日間にわたり、部隊相談員養成集合訓練を行った。部隊相談員とは、勤務を共にする仲間の変化・変調に気付き、声を掛け、カウンセラーへつなぐ役割を担う隊員のこと。メンタルヘルス相談態勢の強化が目的で、地本部員4人が相談を受ける際に必要な基礎知識や技能を学んだ。

訓練の教官は幹部心理課程を修了している上田地域事務所長の中江宏仁1陸尉（現・東方人事部人事課心理幹部）が務めた。これまでは単一部隊で教官を確保するのが困難だったため、被教育者は東方（朝霞）など上級部隊で訓練を受けていた。今回、教官を含め全て地本内で確保できたため、全国初の地本単独での実施となった。

訓練はメンタルヘルス施策、各種ハラスメント対処、部隊相談員の役割、傾聴技法、個人的・組織的ストレス対処法など、座学や実技を交えながら進められた。特に実技では、参加者各人が聴き手と話し手の双方を体験。相手が話しやすい雰囲気作りなど傾聴技法の難しさを実感するとともに、コミュニケーションや信頼関係の重要性に対する理解を深めた。

教育を修了し、新たに部隊相談員の指定を受けた井出野乃子事務官は、「重責を担うことになったが、今回習得した傾聴技法などを生かし、良き相談員となれるようしっかり頑張りたい」と決意を語った。

京都　SNSを活用し広報活動

【京都】舞鶴地域事務所は6月30日から9月1日まで、SNS（ツイッター、インスタグラム）を活用した広報活動を行った。「空女のチホン臨勤日記」と題した日記形式で、空自1輸空（小牧）から臨時勤務中の女性隊員・中田あすみ3曹が臨時勤務ならではの「視点」から24回ツイッターを投稿した。

幅広い層の自衛隊への関心を高めたいとの思いから、中田3曹は「〃わかりやすく正確に〃をモットーに、女性隊員の視点から広報活動に取り組んだ。SNSのフォロワー数は1万8000強だったので、2万人を目標にしたい。臨勤日記の企画や私の経験から多くの若年層に自衛隊を知ってもらいたい」と話した。

「空女のチホン臨勤日記」

日記では3師団仕事博の手伝いや舞鶴音楽隊の訪問、就職フェアでの募集相談、プレゼント企画の発送準備や母校訪問時の面接練習支援など、広報官の日常がつづられた。

実際のツイッター投稿記事

宮城　任期制退職予定隊員が企業研修

【宮城】地本は8月2日と4日、任期制退職予定隊員などの「即応予備自衛官雇用企業研修」を行った。丸運トランスポート、奥羽木工所、東軌工業、東洋ワークセキュリティ、東北三和鋼器の即自雇用企業5社の協力を得て、宮城県内所属部隊から3人が参加した。

これは2年以内に退職予定の任期制隊員が企業で研修し、就職と即応予備自衛官の両立に対する不安感を除去し、部隊の即自志願者の確保を支援するもの。

参加隊員は施設見学や企業担当者から業務内容、訓練招集への対応、即自の処遇などについて説明を受けた。また、各企業に勤務する先輩即自隊員との意見交換会も行われ、近況や体験談に熱心に耳を傾け、就職と即自の両立について理解を深めていた。

丸運トランスポートの宮城営業所でタンクローリー研修を受ける任期制隊員たち（8月2日、宮城県七ヶ浜町）

鹿児島　自衛隊の認知度向上

移動募集相談車で広報

【鹿児島】地本は新しい市街地広報の形として今年度、移動募集相談車「MOVE RECRUIT CAR」（MRC）を編成した。

募集課長の竹下友也2陸佐が中心となって考案したもので、自衛隊の認知度向上と地域の防衛基盤の拡充が目的。募集課先任上級曹長（編成当初は新田恒文陸曹長、現在は堀田耕平准陸尉に引き継ぎ）と募集班を中心に編成された。

新しい市街地広報の形を考案した鹿児島地本の移動募集相談車「MRC」

自衛隊関連施設がない地域や各出張所の要望に応じて〃出張〃し、無関心層へのPRと対象年齢に満たない世代への「育てる広報」に力を入れる。

MRCの主な任務は、自衛隊の動画放映やVR体験を通した活動紹介のほか、制服試着コーナーやグッズの配布、イベント（艦艇広報等）の告知、「自衛隊なんでも相談ブース」開設など多岐にわたる。

9月には県内最大の繁華街「天文館」に今年4月にオープンした商業施設「センテラス天文館」からイベント開催の依頼を受けるなど、4月からの半年間で計9カ所で約3200人の県民が来場。地本は引き続きMRCを最大限活用していく考えだ。

愛知　兄妹そろって入隊

兄は海 補給艦「とわだ」　妹は陸 50普連

【愛知】金山募集案内所から今年4月、兄妹が二人そろって自衛隊に入隊した。

兄の吉野候毅1海士（22）と妹の夢叶1陸士（19）で、兄は海自舞鶴教育隊で8月末まで自衛官候補生教育を受けた後、現在は補給艦「とわだ」（呉）でディーゼルの機関の職域見習いとして勤務している。

妹の夢叶1陸士は、陸自大津駐屯地での自候生教育を6月末に修了し、現在は高知駐屯地に所在する50普連重迫撃砲中隊に勤務しており、120ミリ迫撃砲RTの操砲を学んでいる。

3歳離れた兄妹が自衛官を目指すきっかけとなったのは、夢叶2陸士の入隊決意だった。母親が運転する車の窓越しに、偶然目の前を走行する「OD色」の高機動車を見て「自衛官になりたい！」と感じたという。

昨年9月に分所の名古屋南募集案内所を訪れ、入隊制度の説明を聞き、その場で志願票を提出。試験に無事合格し、今年2月の「令和3年度金山所入隊予定者説明会」に参加して最終準備を行い、名前の通り〃夢をかなえる〃ため、着隊日を楽しみに待つこととなった。

その頃、転職を考えていた候毅さんは、妹が入隊を決意した自衛隊とはどんな組織かと興味を抱き、説明会に同席。母親の勧めと金山所の担当広報官の片野晋三2海曹から話を聞き、自衛隊を目指すことを決め、結果として、兄妹が同じタイミングで入隊する珍しいケースとなった。

片野広報官は「専門的技術の知識をしっかり身に付け、兄は海の守り、妹は陸の守りの任務に就き、大いに活躍してもらいたい」と二人にエールを送っている。

「お互いに頑張ろう」とグータッチをする入隊前の妹の吉野夢叶さん（左）と兄の候毅さん（金山募集案内所）

新潟　装備品見学と体験搭乗楽しむ

【新潟】地本は9月17日、陸自高田駐屯地で行われたヘリの体験搭乗に募集対象者を含む29人を引率した。安全教育を受け12ヘリ隊（相馬原）のCH47JAヘリに搭乗し、上越市上空の空の旅を楽しんだ。

参加者からは「思っていたよりも揺れず、自分の住んでいる街を上空から見ることができてよかった」「自衛隊に入ってパイロットを目指したい」などの声が聞かれた。

体験搭乗後には装備品展示が行われ、近くで見る機会の少ない81式自走架柱橋が注目を集めた。「テレビでしか見たことがなかった橋を架ける車を初めて見られてよかった。思っていた以上に大きくて圧倒された」とその迫力に驚きの声が上がった。

ロシアのミサイル攻撃を受けて炎上するザポリージャ市の住宅地。ウクライナ国防省はツイッターでこの写真を掲げ、「我が軍が最新鋭の西側の対空システムを持っていれば、このような悲劇を防ぐことができた」と訴えた

エスカレートするウクライナ戦争

――プーチン大統領が切った三つのカード――

防衛研究所　政策研究部長　兵頭慎治氏（寄稿）

兵頭　慎治（ひょうどう・しんじ）防研政策研究部長
1968(昭和43)年生まれ。愛媛県出身。上智大ロシア語学科卒、同大学院国際関係論専攻博士前期課程修了(国際関係論修士)。専門はロシア地域研究(政治、外交、安全保障)。在ロシア日本大使館政務担当専門調査員、内閣官房副長官補(安全保障・危機管理)付内閣参事官補佐、防衛研究所地域研究部米欧ロシア研究室長、同地域研究部長などを経て、2020年から現職。内閣官房国家安全保障局(ＮＳＳ)顧問、内閣官房領土・主権をめぐる内外発信に関する有識者懇談会委員などを歴任。共著に『現代日本の地政学』(中央公論新社、17年８月)など著書、論文多数。

2月24日に始まったロシアによるウクライナ侵略は、戦争終結の出口が見えないまま、新たな局面を迎えようとしている。プーチン露大統領の度重なる核使用示唆の発言を我々はどう捉え、対応すべきなのか。第3次世界大戦を回避する有効な手立てはあるのか。本紙3月17日付「露によるウクライナ侵略戦争」、5月19日付「出口の見えないウクライナ侵攻の衝撃」に続く第3弾として、ロシアの政治・外交・安全保障の第一人者である防衛研究所の兵頭慎治政策研究部長が最新のウクライナ情勢について分析し、『朝雲』に緊急寄稿した。

（個人の見解であり、所属組織の見解を代表するものではありません）

戦争長期化　膨れ上がる犠牲者

ロシアによるウクライナ侵略から7カ月以上が経過したが、戦争終結に向けた出口は全く見えない。むしろ、核使用など戦争のエスカレーションが懸念されている。

戦争長期化により、ウクライナ側の犠牲者も膨れ上がっている。ウクライナ軍の死者は約9000人（8月下旬のウクライナ政府発表）、民間人の死傷者は約1万5000人（9月中旬の国連推計）、避難民と称してロシアに強制移住させられた人も100万人以上に及ぶとみられている。

ウクライナ軍の「陽動作戦」が成功

9月上旬、ウクライナ軍は東部の要衝イジュームに加えて、ハルキウ州の大半の地域を奪還した。ゼレンスキー大統領は、東京都の約3倍に当たる約6000平方キロメートル以上の領土を奪還したと述べた。南部で反転攻勢を進める構えを示して、ロシア軍の精鋭部隊を東部から南部に引き寄せ、手薄となった東部での電撃作戦に成功した。

7月以降、米国から供与された高機動ロケット砲システム「ハイマース」などを用いて、ウクライナ軍は南部戦線でロシア側の軍事拠点を効果的に破壊し、8月にはロシア軍の後方拠点であるクリミア半島内で爆破事件を引き起こした。

今からすれば、こうした動きも、ロシア軍の注意を南部に引き付けるための巧みな「陽動作戦」の一環であった。これは、開戦当初の首都キーウからのロシア軍撤退に次ぐ大きな戦果となった。奇襲攻撃に慌てたロシア軍は敗走し、置き去りにされた戦車などはウクライナ軍の手に渡った。その後も、東部及び南部の前線において、ウクライナ軍の攻勢が進んでいる。

ロシアにとって戦況が大きく悪化する中、「総動員と核使用によって早く戦争に勝利しろ」という、国内強硬派の声に突き上げられる形で、プーチン大統領は9月下旬、①30万人の部分動員②東部、南部4州の併合③核使用の軍事的威嚇――という三つのカードを一挙に切った。

プーチン大統領は、自ら退路を断つ形で、自分自身をさらなる強硬姿勢に追いやっている。

ウクライナ南部クリミア半島とロシアを結ぶ「クリミア大橋」で10月8日、爆発が発生。写真は黒煙を上げる列車と、崩落した橋の一部（ラジオ・フリー・ヨーロッパより）

国民「部分動員」で「戦争が自分事に」

10月12日、ロシアの独立系メディアは、情報機関の現役将校などの話として、ロシア軍の死傷者や行方不明者が9万人以上に上ると報じた。ロシア政府の内部情報が明るみになるのは異例である。

ウクライナに投入された正規兵約15万人の半数以上が戦闘不能になったとみられ、ロシア軍は深刻な兵員不足に直面している。国民からの反発を恐れるプーチン大統領は、これまで総動員には慎重であったが、9月21日に「部分動員に関する大統領令」に署名した。

ショイグ国防相は、兵役などの軍務経験のある約30万人を徴兵すると説明したが、学生や高齢者、病人など対象外の男性にも召集令状が届き、しかも動員期間が「戦争終了まで」であったことから、ロシア国内で動揺と反発の動きが広がった。

実際の動員は100万人規模になるのではないかとの憶測も高まっており、一部の富裕層は国外に脱出し、国内では反戦デモが再燃した。デモで拘束された若者が、警察署で「赤紙」を渡されたケースも報じられ、第2次世界大戦後初となる動員は大きな混乱を見せている。

この部分動員により、職業軍人による「他人事の特別軍事作戦」が、身内が戦地に送られる「自分事の戦争」に変わってしまった。

しかも、「特別軍事作戦は順調に行われている」という、これまでのクレムリンのプロパガンダも崩れつつあり、「この戦争でロシアは負けてしまうのではないか」との認識も広まった。

議会下院のカルタポロフ国防委員長（元国防次官）は、「政府高官が嘘をつくのをやめる必要がある」と述べ、戦闘の実態を明らかにするよう訴えた。

動員兵には軍服や兵器などの装備品が与えられないケースがあるほか、十分な訓練がなされないまま戦場に送られており、職業軍人以上に士気が低いとみられている。

刑法を改正して徴兵忌避や戦場離脱に厳罰を科すことになったが、ウクライナ側への投降の動きも指摘されており、30万人の動員兵をもってしても、戦況を大きく好転させることはできないとの見方が多い。

4州で「住民投票」見せかけの「併合」

これまで何度も延期されていた、併合に向けた「住民投票」と称する活動は、当初、9月11日に計画されていたが、安全が確保されないとして中止に。しかし、プーチン大統領は、東部奪還の動きを受けて、突如、9月23日から強行した。

「併合」対象の4州は、ロシア側が完全に制圧できておらず、むしろウクライナによる奪還の動きが強まっている。ロシアの支配地域では、透明の投票箱を持った当局者が、武装兵とともに戸別訪問の形で投票を強要し、圧倒的多数の住民がロシアへの編入を望むという「見せかけの住民投票」が実施された。

これを受けて9月30日にプーチン大統領は4州をロシアに「併合」すると宣言。演説の中で「我々は、あらゆる力と手段を講じてロシアの領土を守る」と述べ、「併合」されたとロシアが主張する4州も含めて、領土防衛の観点から核使用も辞さない構えを見せた。

プーチン政権が「併合」を急いだ背景には、戦況の悪化により、ロシアの支配地域が縮小することを早急に食い止める狙いがあったと思われる。本来であれば、州境まで完全制圧してからの「併合」を考えていたが、「併合」された領土の境界線が確定しないままの見切り発車となった。

この4州でも動員が始まっており、ウクライナ人が「ロシア兵」として前線に送られ、ウクライナ人同士が戦場で戦う構図が生じている。ウクライナ軍も、同胞には攻撃しにくいと考えているのであろう。

プーチン大統領(上)とゼレンスキー大統領

クリミア大橋爆破「レッドライン」に

プーチン大統領の70歳の誕生日の翌日に当たる10月8日、クリミア大橋の爆破事件が発生した。ロシア側はウクライナの情報機関によるテロ行為と断定し、2日後の10日から首都キーウも含めたウクライナ全土20都市への報復攻撃が行われた。キーウの大統領府や民間インフラ施設などがミサイルや自爆ドローンなどで砲撃され、ウクライナ側で100人以上が死傷した。

8月のウクライナが関与したとみられるクリミア半島での爆破事件に関しては、ロシア側は大きく反応しなかった。だが、クリミア大橋はウクライナ南部の前線につながる軍事的な補給路であり、クリミア併合の政治的なシンボルであったことから、その爆破は、プーチン大統領の「レッドライン（越えてはならない一線）」となった。これにより、ウクライナ戦争は、危険なエスカレーションの梯子を一段上ることとなった。

想定される核使用の二つのケース

9月21日の演説で、プーチン大統領は、「もし我が国の領土保全が脅かされた場合、我々はロシアと国民を守るために、使用可能なあらゆる兵器システムを必ず使う。これはブラフ（脅し・はったり）ではない」と述べた。9月30日の「併合」宣言時の演説では、「ウクライナにおける戦争はロシアの存亡を賭けた西側との戦い」であるとも主張した。

10月13日、オースティン米国防長官は、「プーチン大統領による核使用を示唆する動きを米国は監視しており、現時点ではいかなる兆候も見られていない」と述べたが、核部隊や核搭載の潜水艦など、ロシアは核使用を示唆する軍事的な動きも見せ始めている。

欧州の軍事専門家は、核部隊による軍事演習で、ロシアが「核実験と称した核使用」を行うのではないかと予想する。

ウクライナ戦争でプーチン大統領が核の先行使用に踏み切るケースは、以下の二つに大別される。一つ目は、「軍事ドクトリン」で公的に宣言されている軍事的な使用である。通常兵器を用いてロシア領が攻撃され、国家存亡の危機に陥った場合である。

二つ目は、ウクライナ側の戦意を喪失させるため、デモンストレーション的に政治使用するケースである。戦争敗北でプーチン失脚の恐れが高まる場合、「窮鼠猫を噛む」状況が生まれる。

合理的に考えれば、プーチン大統領といえども、核使用のハードルは相当高い。しかし、4州「併合」でウクライナの2割弱が自国領になったと認識していること、さらに戦況全体が悪化していることから、核使用の可能性は相対的に高まっていると言えよう。

ちなみに、「戦略核」の発射ボタンが入った黒のアタッシュケースは、大統領、国防相、参謀総長の3者が保有するが、「戦術核」に関しては事前に大統領が認めれば司令官の現場裁量で使用可能と言われている。

> ◇戦略核兵器と戦術核兵器
>
> 戦略核兵器と戦術核兵器の区分はさまざまだが、敵の中心地を直接攻撃できる兵器が「戦略兵器」で、戦場で使用される兵器が「戦術兵器」である。「戦略核兵器」と「戦術核兵器」は主に射程で区分される。
>
> 米ソの軍備管理・軍縮交渉では相手国を直接攻撃できる射程、すなわち両国間の最短距離5500キロ以上の射程を持つ弾道ミサイルが「戦略核兵器」と定義されている。戦略核弾頭を運ぶ体系としては、①大陸間弾道ミサイル（ICBM）②潜水艦発射弾道ミサイル（SLBM）③長距離爆撃機――がある。戦術核兵器体系には①短距離弾道ミサイル②核砲弾を発射する大砲③空中発射の短距離ミサイル④潜水艦や艦艇から発射する核ロケット爆雷・核魚雷⑤核地雷・核機雷――などがある。核弾頭付き巡航ミサイルには戦略用と戦術用のものがある。

バイデン大統領　試される政治力

プーチン大統領が核使用に踏み切るかどうかは、最終的に米国の出方をどう計算するかによる。ロシアが核を使用した場合、米国は通常戦力を用いて、ウクライナ領内や黒海上のロシア軍に攻撃を加えるのではないかとみられている。

その場合、それに対するロシア側の報復も予想され、ロシアと北大西洋条約機構（NATO）の全面戦争に発展する恐れがある。

度重なるプーチンの核使用示唆の発言に対して、10月6日にバイデン大統領は、「キューバ危機以来、我々は初めて核兵器使用の直接の脅威に直面している。戦術核を安易に使用すれば、アルマゲドン（世界最終戦争）が避けられなくなる」と述べた。

第3次世界大戦を避けるとして、バイデン大統領は開戦前からウクライナ戦争に直接介入しない姿勢を貫いてきた。世界の警察官をやめたとする米国が、果たしてロシアと事を構える決断を下すことができるのか、その決断を米国民が支持するのか、中間選挙を迎えるバイデン大統領の政治力を、プーチン大統領も注視しているだろう。

ロシアの中朝接近で「複合事態」も視野に

部分動員後の独立系世論調査において、プーチン支持率の低下傾向が始まった。それでも、国内強硬派の批判の矛先はショイグ国防相にとどまっており、プーチン大統領には向かっていない。しかも、プーチンの支持率も7割以上が維持されており、直ちに政権が崩壊する予兆はみられない。

それでも、戦争宣言（戒厳令）が発出されなければ、2024年3月の大統領選挙に向けて、来年秋には選挙戦がスタートする。長期化する戦争で敗色濃厚となれば、政権中枢部の強硬派やロシア国民のさらなる離反が続き、将来的にプーチン再選が危ぶまれる可能性は排除されない。

9月上旬にロシア軍が行った「ボストーク（東方）」軍事演習には、中国が初めて陸海空の兵力を参加させ、中露両海軍は北海道西方沖で射撃を行った。

また、9月6日にカービー米国家安全保障会議（NSC）戦略広報調整官は、「ロシアが北朝鮮に対して弾薬の調達を申し入れた事実がある」と明らかにした。

東アジアの安全保障環境に対するウクライナ戦争の余波は、欧米と対立し、国際社会で孤立するロシアが、中国や北朝鮮に一方的に接近する形で表れている。

将来的に3カ国の軍事的連携が強まる可能性もあり、日本としては「3正面の複合事態」も視野に入れておく必要があるだろう。

戦後最悪の安全保障環境が生起しつつある。

丸茂前空幕長 危機管理産業展で講話

「航空自衛隊の危機管理」テーマに

国内最大級の危機管理関連産業の展示会「危機管理産業展」が10月5日から7日まで、東京都江東区の東京ビッグサイトで行われ、最終日に、丸茂吉成前空幕長（現・三菱電機）が講演、「航空自衛隊の危機管理」と題し、トップとして見た航空自衛官の危機管理体制の実態とその人材の有用性を訴えた。初日には「首都東京の危機管理」をテーマに東京都危機管理監の原田智総前東北方総監らがシンポジウムを行った。（2、5面参照）

㊤「航空自衛隊の危機管理」と題し、来場者に空自の危機管理体制について講演する丸茂前空幕長（写真はいずれも東京都江東区の東京ビッグサイト）＝10月7日
㊦備えの大切さを訴える元陸将の原田管理監（壇上左から2人目）＝10月5日

丸茂氏は「危機管理対応のプロセスと人材」をキーワードに、空幕長として見た危機管理意識の高い航空自衛官の実態を語った。

最初に航空自衛官の任務について説明し、自然災害と紛争の違いについて言及、「自然災害は発災後、基本的には収束に向かうが、防衛事態・紛争というのは意思と意思の戦いで、相手に自分の意思を強要する戦いだ。〝作用と反作用〟の力があり、自然災害と異なり発展性、無限性がある。今、ウクライナでロシアによる核の使用が恐れられている。相手の意思があるだけに、より対応が難しい。紛争に対する危機管理をどう行うかが重要だ」と述べた。

その上で、「航空自衛官は防衛行動（有事）を基準に行動している。有事に対応できるか否かは、日頃からどれだけの準備ができているかに尽きる。何が起こりえて、何をしなければならないか。私が空自の実態を見る限り、隊員は問題解決のプロセス『PDCAサイクル形式』で準備を行っている」と指摘した。

最後に、定年退職する空自隊員の有用性について、「危機管理に携わってきた航空自衛官は現場でまだまだ働ける。空曹は安全指導・管理ができ、幹部は組織全体の危機管理の指導ができる。ぜひ活用してほしい」と訴えた。

東京テーマのシンポに原田元陸将

初日の10月5日は、レセプションホールで「首都東京の危機管理～関東大震災を振り返り、これからの東京に備える～」と題してシンポジウムが行われた。パネリストは元陸将で東京都危機管理監の原田智総氏、工学院大学教授の久田嘉章氏、東京都立大名誉教授の中林一樹氏の3人。新建新聞社の取締役専務・中澤幸介氏がコーディネーターを務めた。3人は来年100年目となる関東大震災の教訓に触れつつ、それぞれの立場から防災の必要性について論じた。

中林教授は、関東大震災で生じた火災の恐ろしさについて語った。また、デマ情報によって社会混乱が引き起こされることに警鐘を鳴らした。久田教授は建物対策について言及し、「室内家具の耐震対策を進めれば、被害は減らせる」と語った。

原田管理監は、今年、都が首都直下地震の被害想定を10年ぶりに見直したことを紹介。発生直後から起こりうる災害について時系列で紹介し、被害の全体像を解説した。最後に「大震災は起こるか起こらないかではなく、いつ起こるかの時代。防災の第一歩は自らの身は自ら守ることだ」とし、日ごろの備えの大切さを呼びかけた。

陸幕長（右から2人目）への帰国報告を終えて、記念撮影する有薗光代3佐（中央）と原田寿幸1尉（左から2人目）

陸幕長に帰国報告

UNMISS司令部要員 有薗13佐 原田1尉 南スーダンで1年間

国連南スーダン共和国ミッション（UNMISS）に第13次司令部要員として約1年間派遣され、8月31日に帰国した施設幕僚の有薗光代3佐と情報幕僚の原田寿幸1尉（共に陸上総隊所属）が9月12日、吉田陸幕長に帰国報告を行った。

2人は昨年8月に出国し、南スーダンの首都ジュバの国連トンピン地区などで約1年間任務に当たった。有薗3佐は施設幕僚として国連施設の設置・維持・補修に当たり、原田1尉は情報幕僚として現地情勢に関する資料の収集・整理・配布などの業務に従事した。

帰国報告には藤岡史生人事教育部長と戒田重雄運用支援・訓練部長が同席。

アフリカでの任務を終えて帰国した2人を吉田陸幕長は笑顔で出迎え、3級賞詞を授与し、その功績を称えた。懇談で吉田陸幕長は「南スーダンでの1年間の勤務は、生活面をはじめとして厳しい環境だったと認識しているが、今回の派遣で得た成果をもとに、今後さらに活躍することを期待します」と話し、2人を労った。

防衛省は2017年5月に陸自の南スーダンPKO活動が終了した後も、UNMISS司令部に陸自隊員4人（兵站、情報、施設、航空運用の各幕僚）の派遣を継続、それぞれ約1年間の任務に就いている。

「石橋湛山賞」に千々和氏

防研主任研究官 「アジア・太平洋賞」に山口氏

防衛研究所（市ヶ谷、川崎方啓所長）に所属する二人の主任研究官がこのほど、それぞれの研究分野で栄えある賞を受賞した。

千々和泰明氏

山口信治氏

第43回「石橋湛山賞」（一般財団法人石橋湛山記念財団主宰）に決まったのは、防研戦史研究センター安全保障政策史研究室に所属する千々和泰明主任研究官（44）。

受賞作の著書は『戦争はいかに終結したか―二度の大戦からベトナム、イラクまで』（中公新書、2021年7月）で、「戦争がなぜ始まったかの研究は多いが、戦争の終わらせ方を論じたものは少なく、日本の安全保障を考える上で有意義な書」と高く評価された。

一方、アジア太平洋地域に関する優れた本を著した研究者らに贈られる第34回「アジア・太平洋賞」（毎日新聞社、アジア調査会共催）の「大賞」には、防研地域研究部中国研究室に所属する山口信治主任研究官（43）が決まった。

受賞作の著書は『毛沢東の強国化戦略1949―1976』（慶應義塾大学出版会、21年10月）で、国際情勢の変動がいかに毛沢東の脅威認識に影響を与え、急進的な国家建設に向かわせたかを1次資料から丹念に検証したことが高く評価された。

授賞式は、「石橋湛山賞」が11月21日、「アジア・太平洋賞」が11月14日、それぞれ都内で行われる。

海自 7カ所で艦艇一般公開

多彩な行事「フリートウィーク」

海自は10月29日から11月13日までを「フリートウィーク」として、各地でイベントを開催する。艦艇の一般公開や音楽演奏、広報イベント、パレードなどを予定しており、11月6日に実施する国際観艦式を盛り上げていく。

艦艇一般公開は横須賀、木更津ふ頭、横浜新港、横浜港大さん橋、山下ふ頭、船橋東ふ頭、東京国際クルーズターミナルの7カ所で行う＝表参照。船橋東ふ頭で海自艦艇を公開するのは今回が初。入場は自由で、受付は各開催時間終了の30分前まで。ヘリ搭載型護衛艦「いずも」や、今年就役した最新鋭の護衛艦「もがみ」「くまの」、潜水艦などを見学できる。乗艦記念として〝護守印〟も配布される。

このほか11月3日は陸海空自や各国海軍の音楽隊による「横須賀パレード」が、4日は横須賀芸術劇場で「海上自衛隊創設70周年国際観艦式2022 演奏会」が開催される。各イベントの最新の情報は海自ホームページ（https://www.mod.go.jp/msdf/）まで。

◆艦艇一般公開スケジュール

10月29日（土）、30日（日）9時～16時	
横須賀	護衛艦「いずも」「ひゅうが」「あさひ」
木更津ふ頭	護衛艦「もがみ」「くまの」「あたご」
11月3日（木・祝）、5日（土）9時～16時	
横浜新港	護衛艦「しらぬい」潜水艦（5日は9時～14時45分まで）
横浜港大さん橋	護衛艦「いずも」（3日のみ） 護衛艦「くまの」（5日のみ、10時～14時30分）
山下ふ頭	護衛艦「あたご」（5日は9時～14時45分まで） 輸送艦「くにさき」（5日は9時～12時まで）
船橋東ふ頭	護衛艦「せんだい」
11月12日（土）、13日（日）10時30分～16時	
東京国際クルーズターミナル	護衛艦「もがみ」「くまの」

クラウドファンディングを開始

JMAS

アジアやアフリカなどで地雷・不発弾処理の支援を行っている自衛官OBでつくる認定NPO法人「日本地雷処理を支援する会」（JMAS、岡部俊哉会長＝元陸幕長）は、カンボジアで地雷処理が完了した地域の小学校に清潔なトイレと手洗い場を整備するため、10月20日から60日間の予定でクラウドファンディングを開始した。目標金額は400万円。

設立20周年を迎えた新たな取り組みの一環で、岸川公彦理事長は「JMASは、安全で豊かな国際社会の創造に貢献するため、クラウドファンディングを募集します。皆さまの温かいご支援をお願い致します」と呼び掛けている。

詳細はQRコードから。

小休止

▽…新潟地本は9月17日、新潟県スポーツ公園で行われた「こども防災体験フェア」で広報活動を行った。

▽…「もしもに備えて親子で楽しく、防災を学ぼう！」をテーマに行われたこのイベントに、地本は広報ブースを設置し、制服試着や災派パネル展示などを行った。

▽…また、「災害時にはたらくクルマ展示」として30普連（新発田）の軽装甲機動車を展示し、高機動車の体験試乗も実施＝写真。来場者は「災害現場で活動する自衛隊車両に試乗できてよかった」「機会があればまた乗りたい」などと笑顔で話していた。（新潟地本）

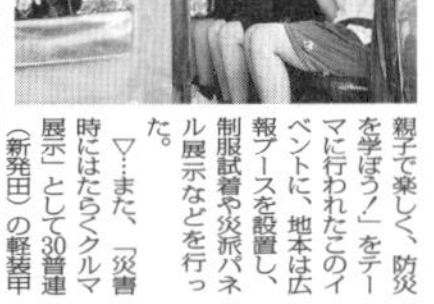

こちら警務隊

窃盗・横領（犯罪収益移転防止法違反）

通帳を譲ったり、売る行為は懲役1年以下、100万円以下の罰金

自分の通帳等を他人に譲ることは犯罪ですか？

自分の口座を他人がなりすまして利用することを承知の上で、通帳を譲ったり、売る行為は「犯罪による収益の移転防止に関する法律」に抵触し、1年以下の懲役もしくは100万円以下の罰金または、両方の刑に処されます。

この法律は、犯罪組織等が入手した口座を使用したり、特殊詐欺の振込口座として使用する可能性があることから、犯罪で得た収益が組織的な犯罪を助長するために使用されることなどを防止するために制定された法律です。

報酬目当てや遊ぶ金欲しさから安易な気持ちで譲渡や提供等は、絶対にやめましょう。

（中部方面警務隊）

驚嘆と感銘の連続

3空曹 平田 麻衣子（13警戒隊・高畑山）

6月15日から30日までの期間、自衛隊宮崎地方協力本部（本部長・石原信也1等空佐）日南地域事務所で臨時勤務をした。

今回の臨時勤務は日々、驚嘆と感銘の連続で、約2週間という短い期間だったが、学校説明会や地域でのイベントに加え、小学校での安全衛生教育、飫肥駅での自衛隊ブースの展開など、貴重な経験となった。

一つの行事を実施するにあたり、まず、その準備と調整量の多さに驚いた。よく所員の方が仰っていた「将来作戦」とは目前の募集対象者のみならず、幅広い年齢層への継続した募集広報活動が以後の任務達成へつながっていくという考え方で、これに基づき、今回の行事での対象はどの範囲で、自衛隊に興味を持ってもらえるためにはどうすれば良いのか、進路の選択肢として考えてもらうためには、どういう説明をすればより良い効果を期待できるのか、といった会話が日々飛び交っており、所員の方々の募集広報活動への熱量をひしひしと身に感じた。ひとえにイベントを開催すると言っても、決してたやすいものではなく、陰では企画から戦略を練り、準備し、部外との調整と多大な労力が必要であることを認識できた。

それでも獲得できる志願者はとても少ないため、一人一人を大事にし、誠意を持って対応していく粘り強い活動が日南地域事務所ならではの取り組みであることが分かり、その姿勢こそが質の高い人材の確保、ひいては防衛力を支える人的基盤の基礎につながっていくのではないかと感じた。

前述したが、所員の方々の任務に対するその姿勢を自己の職責に置き換えても大変教訓となるものばかりで、自己の任務に対して誠実かつ敢然と、前向きに、そして謙虚に向き合っていくことの大切さを学ぶことができた。この経験を基に防衛力の一端を担う自衛官として今後、部隊での任務達成にまい進していきたいと思った。

日南地域事務所での臨時勤務から多くを学んだ平田3空曹（左端）

みんなのページ

自衛官のワッペンを研究

千葉 日翔（はると）（愛知県岡崎市立城南小学校4年）

僕は夏休みの自由研究で自衛官のワッペンについて調べました。

お父さんが元陸自第6施設群（豊川）の隊員で、保育園の頃からイベント、各駐屯地の記念行事に連れていってもらっていて、隊員さんからワッペンをいただいたり、売店で購入をしていました。ワッペンを見ていてなぜこのデザインにしたのか不思議に思っていました。そこで調べることにしました。

自宅近くに自衛隊の事務所がある事をお父さんから教えてもらい、愛知地本岡崎出張所に行き、所長の橋本1尉にデザインの由来を聞いたら10師団司令部広報に問い合わせをしていただけることになり、調査をお願いすることになりました。

自由研究を進めていくうちに制服、迷彩服にワッペンが実際に付いてる写真が必要になりましたが、お盆休みに入っており困っていたところ、お父さんが「現役の同期がいるから写真を撮ってメールでお願いしよう」と言って、京都に勤務している中方後方支援隊本部第4科の佐野1尉に制服、迷彩服の写真を送っていただきました。たまたま当直に着いていて、すぐ送っていただきました。

分かりやすくするために文章をまとめることに苦労しましたが、いい自由研究ができました。大人の人に詳しい説明をするためにまとめのファイルも作りました。

先生に提出したら、すぐ自由研究担当の先生から「いままで見たことのない研究だから市の発表会に展示させて」と言われました。僕は「いいよ」と先生に伝えました。学校代表は3人でその1人に選ばれました。

クラスでの発表会ではお友達から「なぜ愛知は金のシャチホコなの」「ワシの33普連のワッペンかっこいい」という言葉が出ました。

中方管内の駐屯地はイベントで行ったことがあるけど、今後は食べ物が美味しい北海道とかの駐屯地に行ってみたいと思います。

またお父さんが防衛モニターをしていて、この秋は各駐屯地の記念行事に来賓で行くことになっていて、一緒に行って陸上自衛隊のすごさについて見てこようかなあと思っています。

自由研究は愛知県岡崎市図書館リブラに展示されました。

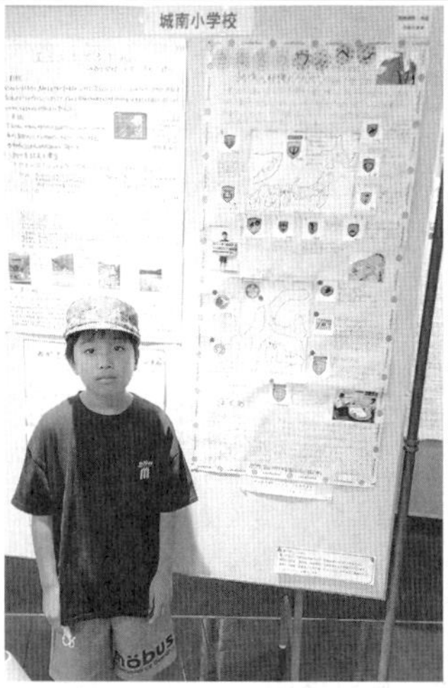

岡崎市の図書館に展示された自由研究と千葉日翔君

PTA石川県大会に参加して

1陸尉 長澤 紳（沖縄地本島尻分駐所長）

私は今年から、課業外にボランティアとして、沖縄県高等学校PTA連合会の副会長（進路対策委員長）として活動しており、8月25、26日には石川県で行われた「第71回全国高等学校PTA連合会大会」に沖縄県連の一員として参加しました。

新型コロナの影響もあり、昨年度はオンライン開催でしたが、今年度は感染対策に配慮した上で参集での開催の運びとなり、全国47都道府県から49の連合会が参加。会場となった金沢市内の「いしかわ総合スポーツセンター」には約5000人の学校関係者やPTA会長などが来場していました。

初日は開会式の後、各分科会に分かれ、新時代の家庭教育、学校教育、キャリアデザイン、進路選択に関する各講師による講話やパネルディスカッションが行われました。

2日目は石川県出身でファミリーマート顧問の澤田貴司氏が「やりたいことをやる」をテーマに記念講演し、閉会式が行われました。

自衛隊のイベントとは違い、民間団体のイベントのため、催し物や式次第など、個人的には非常に新鮮で勉強になりました。県連の副会長の任期は2年間で、来年の宮城県大会にも参加予定なので、今から楽しみです。

PTA連合会石川県大会に参加した長澤1尉

OBがんばる

水戸 志佳さん 55
令和4年5月、新潟救難隊を准空尉で定年退官。「総合防災ソリューション」に再就職し、新潟運用課で河川情報システムの運用管理業務を行っている。

毎日が勉強の連続

新潟救難隊援護室からの紹介で、株式会社「総合防災ソリューション」に就職しました。退職前は、新潟救難隊で勤務していたため、災害時の人命救助を主任務とした救難活動の経験が当社に相通じるものを感じ、入社しました。

業務内容は、河川情報センターが、最先端の情報通信技術を駆使して河川、流域に関するさまざまな情報や出水時の水防情報などを24時間365日体制で、ユーザーに提供していますが、その業務の支援を受託しています。

私は、新潟の運用課で勤務することになり、運用課長や課員の勤務員から統一河川情報システム（河川情報提供システム）の運用業務を主とする基礎教育を受け、恒常業務、降雨、出水対応及び異常発生時の対応などを習得しました。

特に提供データの監視業務については、一人で勤務するので自衛隊と違って助けてくれる人はいません。誤った異常な情報を確認し、正確な情報をユーザーに対して、迅速に提供できるよう日々努力しています。

また、日々心掛けていることは、健康管理と通勤時の安全です。新潟運用課は、課長以下6人で勤務していますが、1人でも欠けると他の勤務員に多大な負担がかかるので、健康管理と安全運転には十分注意しています。

まだまだ毎日が勉強の連続ですが、頑張って勤務していきたいと考えています。

中隊訓練検閲

3陸曹 佐藤 拓（6施大1中・神町）

6月27日～29日までの間、王城寺原演習場で行われた第1中隊訓練検閲に施設陸曹として参加しました。

今回の検閲で1中隊は演習戦闘団に配属された想定で、敵を撃破し、師団の攻勢を容易にするための障害処理を実施しました。

私が特に着意したことは、分隊長、副分隊長の補佐で、施設陸曹として分隊員が迷わず行動できるよう逐次敵情、我の状況を誰でも分かる表現で説明して分隊の認識の共有を図り、障害処理準備の際、障害処理の一つ一つの動作の指導を実施するとともに、地雷原後縁までの距離を逐次報告することでした。

また、副分隊長の円滑な爆破薬等の見積もりに寄与した功績等が評価され、優秀隊員として表彰されました。

今後も引き続き自らの知識の向上および分隊員への指導を実施し、中隊の任務完遂に貢献していきたいと思います。

新刊紹介

超一流諜報員の頭の回転が速くなるダークスキル

上田 篤盛著

アメリカのCIA、イギリスのMI6など各国の諜報機関の諜報員は、その優れたスキルを駆使し、水面下での情報戦を繰り広げている。極限状態の中で、成果を上げることができる「スパイ」の技術がビジネスでも生きることは意外と知られていない。元防衛省情報分析官で陸自幹部だった著者が、仕事で圧倒的な成果を出せる超一流諜報員の頭の使い方を解説する。

まず諜報員の思考法を解説、情報源の種類や人心掌握術も紹介し、ターゲットと共通点を作り、信頼関係を結ぶ方法も明かされる。

さらにロシアの諜報機関KGBが使う3つの記憶術、どんなことが起きても落ち着いて行動するためのシナリオプランニング、感情のコントロールの手法や冷静かつ迅速に実行するための頭の使い方なども紹介される。

数ある諜報スキルの中でもビジネスで使用できるものに厳選しているため、実践的で興味を引く一冊。本書を読んで日常の業務で活用すれば、ビジネス成果を上げられるかもしれない。

（ワニブックス刊、1650円）

ウクライナ侵攻と情報戦

一田 和樹著

「今世紀の戦争は『ハイブリッド戦』あるいは『超限戦』という、新しい戦争の形態を取っている」——。

ウクライナ侵攻が続く現在、ロシアによる自他国への世論誘導工作とプロパガンダ戦略は世界に大きな分断をもたらしている。

本書では、サイバーセキュリティの専門家である著者が、それら情報戦の実相と、現代の民主主義が危機的状況にあることを海外研究機関の各種報告から読み解いていく。

世界はグローバルノース（欧米、韓国、日本＝民主主義国）とグローバルサウス（その他の国々）との対立の下、グローバルノース陣営は今や世界の少数派になっている。日本から見えている世界のほとんどはアメリカを介しているため、日本ではグローバルサウス側の視点がほぼ見えていないと著者は指摘する。

そして、もはや独裁主義や権威主義が世界の多数派になった今、それらと親和性の高いSNSなどによる監視やネット世論操作などのいわゆる「監視資本主義」の前に、民主主義陣営の劣勢は避けられないとし、「従来の形で民主主義を存続させることは難しい」と警鐘を鳴らしている。

（扶桑社新書刊、990円）

（世界の切手・オーストリア）

変革せよ。
変革を迫られる前に。
ジャック・ウェルチ
（米国の経営者）

朝雲ホームページ
www.asagumo-news.com
会員制サイト
Asagumo Archive プラス
朝雲編集部メールアドレス
editorial@asagumo-news.com

第1293回出題

詰碁

出題 日本棋院 九段 曲 励起

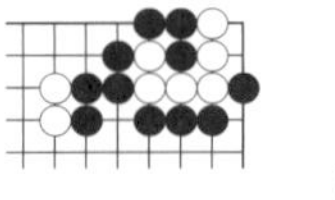

白先

『右下隅の白を助けて下さい』。5分でできれば初級以上です。

▶詰碁、詰将棋の出題は隔週です◀

詰将棋

出題 日本将棋連盟 九段 石田 和雄

▽第877回の解答△

【正解】▲3三馬△1三玉▲2四馬△2二玉▲3三飛成△2一玉▲2二歩△1二玉▲1三馬までの九手詰め。

【解説】▲3三馬が平凡ながら肝心な手。▲3三飛成では△2一玉で次の▲2二歩が打歩詰めとなり失敗。▲3三馬から▲2四馬の手順をへて▲3三飛成が正解。これで打歩詰めを回避し解決。

朝雲

発行所 朝雲新聞社
〒160-0002 東京都新宿区四谷坂町12−20 KKビル
電話 03(3225)3841
FAX 03(3225)3831
振替00190-4-17600番
定価一部150円、年間購読料9170円(税・送料込み)

主な記事

日豪首脳会談

緊急事態で対応措置検討

15年ぶり新安保宣言に署名

岸田首相は10月22日、オーストラリア西部のパースでアルバニージー豪首相と会談し、日豪間で15年ぶりとなる新たな「安全保障協力に関する日豪共同宣言」に署名した。宣言には「日豪の主権および地域の安全保障上の利益に影響を及ぼし得る緊急事態に関して、相互に協議し、対応措置を検討する」と初めて明記された。日本が同盟国の米国以外と緊急時の対応を協議する枠組みを設けるのは初めて。会談後の共同記者発表で、岸田首相は「新たな宣言は安全保障、防衛協力の今後10年の方向性を示す羅針盤だ」と強調。アルバニージー首相も「地域に強力なシグナルを発信する」と意義を語った。

岸田首相「今後10年の羅針盤」

会談は約2時間行われ、両首脳は「日豪の『特別な戦略的パートナー』が新たな次元に入った」との認識で一致。新たな共同宣言を受けて自衛隊と豪州軍との協力を中心に、安全保障・防衛協力を一層強化していく方針を確認した。

報道によると、アルバニージー首相は会談で日豪関係が「米豪ニュージーランドによる安全保障条約『ANZUS(アンザス)条約』の一歩手前まで来ている」と評価。岸田首相は「豪州は日本の同志国における中心の柱だ」と述べたという。

両氏は「自由で開かれたインド太平洋」の実現に向け、日豪両国が日米豪印、日米豪をはじめ、「北大西洋条約機構(NATO)アジア太平洋パートナー」(AP4)などの重層的な取組みを主導していくことでも一致し、新たな共同宣言とともに、共同声明を発表した。

共同声明には、今年1月に日豪首脳が署名した「円滑化協定(RAA)」の発効後を見据え、「可能な限り早期に、それぞれの領域における防衛活動を強化することを含め、同協定の活用を図る」よう閣僚に指示したことが明記された。

地域情勢をめぐっては、東・南シナ海情勢に関する「深刻な懸念」とともに、現状を変更し、地域の緊張を高めようとする威圧的で一方的な行動に「強い反対」を表明。台湾海峡の平和と安定の重要性を再確認し、(中国と台湾の)両岸問題の平和的解決を促す姿勢を示した。

ウクライナへの侵略を続け、核兵器の使用を示唆するロシアを名指しで強く非難。日豪が引き続き同志国と協力して強力な対露制裁を維持し、ウクライナを支援していくことを申し合わせた。北朝鮮の核・ミサイル問題にも連携して取り組んでいくことを確認した。

首脳会談後、共同記者発表に臨む岸田首相(左)とアルバニージー豪首相(10月22日、豪西部のパース)=官邸HPから

岸田首相を乗せ 政専機が豪州往復

空自特輸隊(千歳)のB777政府専用機は10月21日から23日まで、岸田総理大臣の豪州訪問に伴い、東京・羽田空港と豪・パースの空港間を往復した。

日豪が「準同盟」へ

解説 防衛研究所 佐竹 知彦 主任研究官

新安保共同宣言の最大の目玉は、「日豪の主権および地域の安全保障上の利益に影響を及ぼし得る緊急事態に関して、相互に協議し、対応措置を検討する」という記述だ。

この記述は、太平洋上でいずれか一方の領土の一体性や政治的独立、そして安全が脅かされた場合に米豪が協議することを定めた「ANZUS(アンザス)条約」=米豪ニュージーランドによる安全保障条約=の第3条を意識して作られたものと思われる。

また、ANZUS条約の第4条は、太平洋上の危機に対する米豪の共同対処を定めている。日豪の新安保共同宣言も有事における両国の協議に加え、「対応措置」の検討にまで踏み込んだものであり、第3条と第4条の中間的な位置付けにあると言える。

むろん、共同宣言はあくまでも「宣言」に過ぎず、両国の行動を法的に義務付けるものではない。ANZUS条約では「いずれか一方」への事態が対象となるのに対し、共同宣言が対象とするのは日豪双方や地域に影響を及ぼす事態という違いもある。

とは言え、有事における両国の協議や共同対処の可能性が言及されたことの意味は小さくない。日本が米国以外の国とこの種の協力にコミットしたのは初めてであり、日豪の「準同盟」化が一層進んだものとして理解できよう。

今後は共同宣言で定められた目標をどこまで具現化させることができるのかが焦点となる。

安全保障協力に関する日豪共同宣言(要旨)

①両首相は包括的で強靱な「自由で開かれたインド太平洋」の柱である日豪間の極めて重要な「特別な戦略的パートナーシップ」を再確認する。

②今後10年にわたって包括的な関与を深化し、拡大するための前向きでかつ意欲的な構想にコミット(責任を持って関与)する。

③防衛、安全保障上の重要な結び付き、深い親近感、民主主義、人権、自由貿易、ルールに基づく国際秩序という共通の価値観は日豪を自然なパートナーたらしめている。

④2007年の「安全保障協力に関する日豪共同宣言」と2014年に打ち立てられた「特別な戦略的パートナーシップ」を通じて両国が進めてきた歩みの上に取り組む。

⑤我々は共通の価値観と相互の戦略的利益に対する増大するリスクに対応するため、パートナーシップが引き続き進化しなければならないことを認識する。(以下省略)

⑥今後10年にわたり日豪は共有された目標に向けてより緊密に取り組む。毎年の相互の首脳会談、外務・防衛閣僚協議、高級実務者間の対話、情報協力を含む、あらゆるレベルでの戦略的評価に関するやり取りを強化する。我々は、日豪の主権と地域の安全保障上の利益に影響を及ぼし得る緊急事態に関して相互に協議し、対応措置を検討する。

⑦(中略)日豪それぞれが米国との同盟関係を強化する。米国との三国間協力の深化は我々の戦略上の連携、政策調整、相互運用性、共同能力を強化するために不可欠だ。

⑧共同訓練・活動、多国間演習、整備を含む施設の相互利用、武器等防護、人的連携や交流を通じて自衛隊と豪州軍との実際的な協力を拡大、深化させ、相互運用性をさらに強化する。

情報収集・警戒監視・偵察、人道支援・災害救援、地域のパートナーの能力構築、先進的防衛科学技術、防衛産業、ハイエンド能力を含む安全保障・防衛協力を強化する。(以下省略)

⑨(中略)経済安全保障を促進する。開かれた、自由で安全な技術環境を維持するために共に取り組む。

⑩サイバー防御を強化し、サイバー脅威への共通認識を向上させる。宇宙領域などにおける協力を強化する。(以下省略)

⑪日豪は「核兵器のない世界」の実現を共に追求していくに当たって、核兵器不拡散条約を堅持し、強化するため互いに緊密に取り組む。

⑫国連安保理決議に記されている「女性・平和・安全保障」アジェンダを推進する。

⑬インド太平洋や地域の他のパートナーとの協力を定着、拡大させていく。

⑭東南アジア諸国連合(ASEAN)と協力し、ASEANの中心性、インド太平洋に関する「ASEANアウトルック」の本質的な原則とその実践的な実施を支持する。(以下省略)

⑮「特別な戦略的パートナーシップ」の潜在力を最大限のものとしていき、インド太平洋地域における平和と安定に貢献するために、あらゆるレベルでの行動を主導することにコミットする。

上半期 緊急発進

対中国機が76%

浜田防衛相「厳正に対領侵を行う」

統幕は10月14日、2022年度上半期(4~9月)の空自戦闘機による緊急発進(スクランブル)回数を発表した。

緊急発進回数は446回で、前年同期(390回)に比べ約15%増となった。

このうち対中国機は340回で前年同期(281回)と比べ約21%増となり、全体の76%を占めた。対ロシア機は95回(全体の21%)で、前年同期(102回)に比べやや減少した。領空侵犯はなかった。

統幕は上半期の特異な飛行事例として、5月に露軍Tu95爆撃機2機と中国軍のH6爆撃機2機、同軍の同型機(推定)2機が共同で飛行した例や、8月に中国軍の偵察型無人機「BZK005」、偵察・攻撃型無人機「TB001」、中国の無人機(推定)各1機が沖縄周辺を飛行した例など20件を公表した。

空自方面隊別の緊急発進回数の内訳は、東シナ海で中国機に対応している南西空が309回と最も多く、次いで北空が70回、西空58回、中空9回だった。

浜田防衛相は10月14日の記者会見で「中国機の活動を注視するとともに、引き続き警戒監視に万全を期し、厳正に対領空侵犯措置を行っていく」と述べた。

東シナ海から太平洋を往復飛行した中国の偵察・攻撃型無人機「TB001」。統幕が上半期の特異な飛行事例として挙げた(統幕提供)

日米訓練「レゾリュート・ドラゴン22」を実施

北海道で実施された陸自と米海兵隊による日米共同実動訓練「レゾリュート・ドラゴン22」では、米軍の輸送機オスプレイを使用した展開訓練などが実施された。当初、参加を調整中だった米空軍のCV22オスプレイが東京の横田基地から参加し、輸送訓練などを行った。写真は10月11日の上富良野演習場上空の様子。(3面にグラフ特集)

春夏秋冬

指揮官の統率

山下 裕貴

1561年(永禄4年)9月10日(グレゴリオ暦、10月28日)、上杉謙信は宿敵武田信玄に、今度こそ勝利せんものと深く心に期して、武田領内に進撃し、ここに「川中島第四次合戦」が開始された。

この朝、川中島一体は濃い霧に包まれ、暫くすると朝霧がゆっくりと流れ始め、両軍は霧の中で激突し乱戦となった。この最中に、謙信が手勢を率いて敵陣深く進入し、単騎で信玄の陣営を衝き、信玄に三太刀七太刀を浴びせかけ、軍扇で防ぐ信玄の肩先を切り割ったという逸話も残っている。

この壮絶な戦いに参加した両軍の兵力は、合わせて3万2千名、その内、戦死者は実に8千名と記されている。上杉方の侵攻を防いだ武田方も信玄が傷つき、重臣達や軍師山本勘助も戦死するなど、戦死者比率の高い激戦だった。

この戦いを見るに、何よりも将帥の統率ということを深く考えさせられる。そもそも統率とは「指揮官がその意志を部下に強制する」ことである。この合戦では信玄・謙信の両雄が極めて強力な統率者であったからこそ、両軍兵士は指揮官がその戦いに見切りをつけるまで、一歩も退かずに戦ったのである。

強力な統率が成立する要件の一つとして、強い権威というものがある。古兵書「孫子」には武将の備えるべき資質として、智・信・仁・勇・厳などを挙げているが、その内の厳にあたるものであるし、恩威併行でいえば威にあたり、集団の厳しい空気を保つ力となるものである。ただし、強制だけでは部下将兵の心は離反するだけであり、併せて恩も必要なのである。

別の兵書「尉繚子」では「民を率いるには、必ず礼信を先にし、爵禄(爵位と俸禄)を後にする。統治は民に物質的利益を与えることよりも、礼節すなわち精神的利益の方を第一にすべきである。統率は『利益と恐怖と感情の刺激』の三条件からなるといわれるが、その中で感情を刺激し、人生意気に感じさせることを第一にすべきである」と記されている。

有事に一歩も退かず「真に戦える部隊」、これを育成し統率するには、恩威並んで使うことが基本原理なのである。

ウクライナ戦争は、指揮官として統率を如何になすべきかを考える教訓の宝庫である。

(元中方総監・陸将、千葉科学大学客員教授)

陸幕長

ハラスメントを根絶

元自衛官のセクハラ問題で

陸自郡山駐屯地(福島県)に勤務していた五ノ井里奈さん(23)が複数の男性隊員からセクハラ被害を受けた問題で、加害者4人の隊員が本人に直接謝罪したことを受け、吉田陸幕長は10月20日の定例記者会見で「一人の人間として必要であった行為だ」との認識を示し、今後もさまざまな施策を通してハラスメントの根絶を徹底する決意を語った。

これまでの取り組みについて「大臣通達や特別防衛監察、それに加えて独自の施策として中隊長などに対する教育も14日までに終了している」とした上で、「ハラスメントの根絶はこうしたことを一度行えばできるものではない。私自身が今感じているハラスメントの根絶に対する思いというものをVTC(ビデオ会議)形式で全隊員に見せることを考えている」と述べた。

さらに、今後は「そういった施策をしっかりと実施し、今後の特別監察、有識者の出した結論をていねいに部隊に対して徹底することで、陸自の中にハラスメントを許さないという組織文化を根付かせたい」と強調した。

研究開発推進へ

具体的仕組み検討

防衛力の有識者会議

政府は10月20日、「国力としての防衛力を総合的に考える有識者会議」の第2回会合を首相官邸で開いた。メンバーは座長の佐々江賢一郎元外務次官、黒江哲郎元防衛次官ら10人で構成。政府からは岸田首相、浜田防衛相、林外相らが出席し、浜田大臣が防衛力の抜本的な強化に向けた方針を説明した。(詳細は次号)

岸田首相は会議で「縦割りを打破し、持てる力を結集しなければならない」と強調。「防衛体制の強化に資する研究開発の推進や公共インフラの整備・利活用を大いに進めるべく、その具体的な仕組みについて関係省庁で早急に検討し、次回の会議で報告していただきたい」と述べた。

さらに「防衛省や海上保安庁のニーズを踏まえた上で関係予算がうまく活用されていくことが重要だ」と指摘し、鈴木財務相に次回会合で財源確保の検討状況を報告するよう求めた。

国葬儀の費用は1000万円

防衛省

防衛省は10月14日、安倍晋三元首相の国葬(国葬儀)に要した自衛隊の儀仗等の経費(速報値)が総額で1000万円だったと公表した。内訳は▽自衛隊の儀仗隊等の車両借り上げ費▽通信機器借り上げ費▽消耗品の費用——など。

正規の決算手続きを経たものでなく、取り急ぎ取りまとめたもので、今後の精査により変動があり得るとしている。

朝雲寸言

スウェーデンの研究機関が世界199カ国の民主主義の度合いを調査した。その結果、90カ国が民主主義国家、残り109カ国が権威主義的な国であり、その内46カ国が独裁国家であると分類した▼二十一世紀になっても民主主義国家より権威主義的な国の方が多いことに驚くばかりである。人口で見ると民主主義を享受する割合は2021年の時点で世界人口の29%、23億人。一方で71%に相当する56億人が公正な選挙を保障されていないという▼形ばかりの選挙や憲法改正などにより独裁者が長期にわたって君臨する国家も多い。ウクライナに武力侵攻したロシアのプーチン大統領の在任期間は首相であった4年を除いても通算18年である。中国の習近平国家主席は在任期間10年を超え、党規約を改正して3期目に突入した。三代にわたる独裁政権が続く北朝鮮では核・ミサイル開発の陰で国民は貧困と飢餓に苦しんでいる▼メディアと公権力を武器に独裁者は国民の高い支持率を得て排他的な国家を形成していく。権力とはやはり澱んでしまうものなのだろうか。それとも独裁者は裸の王様になってしまうのだろうか▼ロシアのウクライナ侵攻、台湾問題、北朝鮮核・弾道ミサイル開発、イランの反政府デモなど見ると、国連は専横と独裁に対して機能不全の状態にある。国連の集団安全保障が機能しない今こそ、集団的自衛権の存在意義が問われていると思われる。

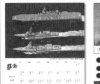

時の焦点

国内

旧統一教会調査

被害の実態解明を急げ

高額な寄付の要求や霊感商法といった金銭トラブルが相次ぐ現状は、放置できないと判断したのだろう。政府は、実態の解明と被害者の救済を急ぐ必要がある。

岸田首相が、世界平和統一家庭連合（旧統一教会）について、宗教法人法の質問権に基づく調査を行うことを表明した。年内の開始を目指す。

宗教法人法は、所管官庁が宗教団体の運営について質問し、報告を求める権限を定めている。オウム真理教による地下鉄サリン事件などを受けて導入された規定で、質問権の行使は初めてだ。

旧統一教会では1980年代以降、「先祖が苦しんでいる」などと不安をあおり、高額なつぼや印鑑を売りつける霊感商法が問題になった。

団体側は、2009年以降には問題はないと反論しているが、被害救済に取り組む全国霊感商法対策弁護士連絡会には、今なお多くの相談が寄せられているという。

人の弱みにつけ込み、献金を強要しているのであれば、深刻な問題だ。親が献金を重ねたために、子供が生活に困窮し、希望する進学や就職、結婚ができなくなってしまう「宗教2世」の問題も明らかになっている。

首相が調査に踏み切ったのは、こうした人権侵害が疑われる現状を見過ごせないと判断したのだろう。事実関係を早急に解明し、さらに被害が広がらないように手を打つことが大切だ。

今後は、調査を踏まえて、所管官庁が解散命令を裁判所に請求するかどうかが焦点となる。裁判所が解散を命令すると、税制上の優遇がある宗教法人格が剥奪される。

過去に解散命令が出されたのは、オウム真理教と、霊視商法詐欺事件の明覚寺（和歌山県）の2例がある。いずれも刑事事件で幹部らが摘発され、有罪判決を受けた。

解散命令の要件について、首相は当初、「刑法等で定める禁止規範や命令規範に違反するもの」と説明し、民法の不法行為は含まれないという解釈を示した。だが、翌日にはこれを修正し、「民法の不法行為も含まれる」と述べた。

重要な法解釈に関する首相の答弁があやふやなようでは心もとない。関係省庁は周到に準備し、厳正に手続きを進めていくことが重要だ。

そもそも、違法行為を行った宗教団体を処分することは、憲法が保障する信教の自由とは切り離して考えるべきだ。宗教法人が法令を順守しているかをきちんと把握するため、政府は所管する文化庁の態勢を拡充する必要もあろう。

政府は、被害者を救済するため、消費者契約法などの改正を検討している。契約を取り消すことができる対象の拡大や、期間延長を行うことを検討するという。

自民、公明、立憲民主、日本維新の会の4党も、被害者救済策についての協議を始めた。

与野党が一致点を見いだし、実効性のある対策を講じてほしい。

藤原 志郎（政治評論家）

海外

OPECが減産

米、選挙睨み延期要請

サウジアラビアなどの石油輸出機構（OPEC）にロシアなどの産油国が加わるOPECプラスは10月5日、大規模な減産を決定したが、その数日前、米政府がサウジなどに対し、決定を米中間選挙後まで遅らせるよう懇願していた舞台裏が明らかになった。

米紙「ウォール・ストリート・ジャーナル」が11日、特ダネとして報じたもので、米政権が減産を阻止するのに必死だったのは公然の秘密。だが、OPECの盟主サウジの回答は決定的な「ノー」だったわけだ。

同紙によると、米当局者は決定の数日前、サウジほか主要産油国の当局者に「緊急アピール」として電話し、決定を1カ月遅らせるよう訴えた。

米当局者はサウジの指導者に①減産はサウジがウクライナ戦争でロシアに味方することを明確に選択したものと見なされる②米国のサウジ支援を弱体化させる―と警告したという。

しかし、サウジ当局者は米政府の訴えを拒絶した。議会の主導権争いが掛かっている中間選挙では、ガソリン価格高騰やインフレが選挙戦の争点で、米側の訴えは、選挙前に悪いニュースは避けたいというバイデン政権の「政治的策略」と見なした。

米大統領は11日、CNNテレビのインタビューで、「彼らの決定は何らかの結果をもたらす」とサウジを脅したが、どういう結果なのか詳細には触れなかった。

また、上院外交委員会のボブ・メネンデス委員長（民主）は、サウジとの協力関係の全面停止を呼び掛けている。

サウジ政府は12日、声明を発表し、「米政府との絶え間ない協議を通じ、提案された決定の1カ月延期は、経済的に悪い結果をもたらすことがあらゆる経済分析で示されたことを明らかにした」と強調した。

ワトソン国家安全保障会議（NSC）スポークスマンは、米政府の試みは政治的計算に基づいたものとするサウジ側の主張を退け、「米国の選挙と関連付けるのは全くの誤り。この近視眼的な決定が世界経済に及ぼす衝撃が問題なのだ」と反論した。

しかし、サウジの声明の内容に共和党は驚いた。現政権が中間選挙を与党・民主党に有利にしようとして、水面下でそんな工作をしていた事実が初めて明らかにされたからだ。

トム・ティファニー下院議員（共和・ウィスコンシン州）ら共和党議員はペロシ下院議長に書簡で、サウジ政府に対する現政権の違法な要請を調査する公聴会を直ちに開催するよう要求した。

同書簡は、サウジの主張は「極めて重大」とし、「もし事実ならば、ホワイトハウスが民主党の中間選挙キャンペーンのために、外国勢力による金銭ではない〝現物支給〟の貢献を懇願したことになり、違法である」と指摘している。

一国の選挙に外国勢力の関与を自ら招くなど、本来なら超党派で調査すべき事案だろう。

草野 徹（外交評論家）

統幕長

日米韓参謀総長級会議に参加

複数国の安保協力を強調

日米韓参謀総長級会議に出席した3カ国の参加者。左からラカメラ国連軍司令官、ミリー米統参議長、山崎統幕長、金承謙韓国合同参謀本部議長、アクイリーノ米インド太平洋軍司令官（10月20日、米国防総省）

山崎統幕長は10月16日から23日までアメリカ、カナダを歴訪し、20日に米ワシントン郊外の国防総省で開かれた「日米韓参謀総長級会議」に参加した。

会議には米統合参謀本部議長のマーク・ミリー陸軍大将と韓国合同参謀本部議長の金承謙陸軍大将が出席。米インド太平洋軍司令官のジョン・アクイリーノ海軍大将、国連軍司令官のポール・ラカメラ陸軍大将らが同席した。

日米韓の3者は、北朝鮮による地域を不安定化させる最近のミサイル発射や核開発計画を含む地域の安全保障上の課題、朝鮮半島非核化のための取り組みの継続について議論。ミリー統参議長は、日本と韓国防衛に対する米国の揺るぎない関与について言及した。

さらに3者は朝鮮半島と地域の安全保障を強化していくためには、二国間、三カ国間および多国間の有効な安全保障協力や調整が不可欠であることを強調した。

翌21日にはカナダ・オタワの加軍参謀本部で同国軍参謀総長のウェイン・エアー陸軍大将と会談。両者は力による一方的な現状変更は許されず、団結して対応する課題という認識で一致した。

統幕長は米国滞在中、米宇宙軍、戦略軍両司令部も訪問。米宇宙コマンド司令官のジェームズ・ディキンソン陸軍大将、同戦略軍司令官のチャールズ・リチャード海軍大将とそれぞれ会談し、宇宙領域での協力推進や米戦略軍が日本に提供する「拡大抑止」が揺るぎないことを確認。日米同盟の抑止力・対処力の強化で、一層連携していくことで一致した。

C2国外運航訓練　ラオスの空港派遣

空自は10月19、20の両日、国外運航訓練のため、3輸空（美保）のC2輸送機1機をラオスのワットタイ国際空港に派遣した。参加人員は指揮官・川田康弘3佐以下約20人。

訓練では航空経路や地域の特性を確認したほか、C2運航要員の国外任務遂行能力の維持向上を図り、在外邦人などの輸送や国際平和協力活動に対応できる態勢を確保した。

護衛艦「いずも」の格納庫で派遣隊員の帰国行事が行われた（10月5日）

25カ国海軍と共同・親善訓練

IPD第1水上部隊「いずも」「たかなみ」帰国

インド太平洋方面派遣（IPD22）第1水上部隊（指揮官・平田利幸海将補＝4護群司令、約600人）の護衛艦「いずも」と「たかなみ」は10月5日、任務を完遂し約4カ月ぶりに横須賀基地に帰港した。「いずも」の格納庫では帰国行事が行われ、湯浅秀樹自衛艦隊司令官や家族らが派遣隊員を出迎えた。

帰国行事で湯浅司令官は、「我が国にとって望ましい安全保障環境の創出に大きく貢献した。隊員一人ひとりが高い使命感で職責に最善を尽くした賜物であり、その献身に敬意を表する」と述べ、派遣隊員を労った。

第1水上部隊は6月13日に横須賀を出発。ハワイ沖での多国間共同訓練「リムパック2022」をはじめ、日米豪韓加共同訓練「パシフィック・ヴァンガード22」、日印共同訓練「JIMEX22」、日米加共同訓練「ノーブル・レイヴン22―2」などの訓練に参加した。派遣期間中、25カ国の海軍と共同・親善訓練を実施。ハワイ周辺海域からインド洋、南シナ海などを巡航し、「自由で開かれたインド太平洋」の実現に向け関係国海軍との連携を強化した。

一方、第2水上部隊の護衛艦「きりさめ」は現在も活動を継続しており、10月4日から8日まで、南シナ海で日米豪加共同訓練「ノーブル・ミスト22」に参加した。その後、10日にフィリピンのセブ島に寄港。帰国は28日を予定している。

米太平洋海兵隊司令官とTV会議

陸幕長

吉田陸幕長は9月8日に新たに米太平洋海兵隊司令官に着任したウィリアム・M・ジャーニー中将と同30日、VTC（テレビ会議）を行った。会議では、着任への祝意を伝えるとともに、厳しさを増すインド太平洋地域の安全保障環境下での日米同盟の重要性、陸自と米海兵隊との連携強化について認識を共有した。

陸幕長は10月20日の記者会見で、VTCについて「インド太平洋地域における戦略環境の認識や陸自と米海兵隊との防衛協力の方向性について、率直かつ具体的な意見交換を行い、インド太平洋レベルの日米陸軍種トップ間の信頼関係の構築を図ることができた」と意義を述べた上で、具体的に大きな3つの意義と成果を挙げた。

一つ目はラダー前司令官との間で積み上げてきたものをお互いにしっかりと認識し、さらなるステップアップを図っていくこと。二つ目は相手国の脅威下にあっても陸自と米海兵隊はスタンド・イン・フォースでそれぞれ「領域横断作戦」と「機動展開前進基地作戦（EABO）」で連携し、それを日米共同訓練の中でしっかり錬成して継承していくこと。

三つ目に、今年の6月に東京で行われたPALS22（太平洋水陸両用指揮官シンポジウム）の開催成果を再認識し、水陸両用作戦を通してインド太平洋地域の多国間協力を推進することが自由で開かれたインド太平洋（FOIP）の維持・強化に大きく貢献できるという点を挙げた。

それに先立つ9月8日には、ハワイ・カネオへの米海兵隊基地で行われた米太平洋海兵隊司令官交代式に山根寿一陸幕副長が陸幕長代理として出席。前米太平洋海兵隊司令官ラダー中将のこれまでの功績と陸自への協力に敬意を表し、新任のジャーニー中将の着任を祝福している。

吉田陸幕長とVTCによる懇談を行う米太平洋海兵隊司令官に着任したばかりのジャーニー中将（右）。左は防衛協力課付で米太平洋海兵隊司令部連絡官の本藏聖一2陸佐（9月30日、米ハワイ州のキャンプ・スミス）

共済組合だより

出産・育児、介護などで休職し、給与が支給されないとき、各種「手当金」を給付します

組合員（任意継続組合員を除く）が、公務外の傷病、出産・育児、介護などによる休職等のため、報酬の全部または一部が支給されなくなった時、各種手当金が給付されます。

これらの給付は報酬の全部または一部が支給されている場合は、その報酬の支給額を控除して給付されます。

【育児休業手当金】

組合員が育児のために育児休業を取得した場合に支給されます。ただし、育児短時間勤務等をした場合には支給されません。

▽支給期間＝育児休業の期間で、育児休業にかかる子が1歳に達する日まで（共稼ぎの父母が、その子が1歳に達する日までに共に育児休業を取得している場合は、1歳2カ月に達する日までの間で1年間を限度に）支給されます。

ただし、土・日曜日は支給の対象となりません。

※ 育児休業にかかる子が2歳に達する日まで支給される場合

（1）保育所もしくは認定こども園における保育または家庭的保育事業等による保育の利用を希望し、申し込みを行っているが、子が1歳に達する日後の期間について、当面、希望する保育が行われない場合。

（2）子が1歳に達する日後、養育を行う予定だった配偶者が次のいずれかに該当する場合。

（イ）死亡したとき。

（ロ）負傷、疾病または身体上もしくは精神上の障害により、育児休業等の申し出にかかる子を養育することが困難な状態になったとき。

（ハ）婚姻の解消その他の事情により育児休業等の申し出にかかる子と同居しないこととなったとき。

（ニ）6週間（多胎妊娠の場合は14週間）以内に出産する予定であるか、産後8週間を経過しないとき。

▽支給額＝1日につき標準報酬の日額（標準報酬の月額の22分の1）の67％に相当する額が雇用保険給付金相当額を上限として、180日間支給されます。それ以後は標準報酬の日額の50％が支給されます。

▽提出書類＝育児休業手当金請求書（人事・給与担当者の証明）

※ 保育所に入所できない場合に該当し、支給を受けるときは市区町村が発行した保育所の入所不承諾の通知書など1歳の誕生日現在、入所人員が定数に達しており入所できないことを確認できる書類の提出が必要となります。市区町村により、入所申請時期が異なるため、入所時期の確認は十分余裕をもってご自身でご確認ください。

【介護休業手当金】

組合員が配偶者、父母、子等で負傷、疾病および老齢にある者を介護するため、日を単位とした介護休業を取得した場合に支給されます。なお、時間を単位として介護休業を取得した場合は支給されません。

▽支給期間＝介護休暇の期間で、休暇日数を通算して66日を限度とする期間。ただし土・日曜日は支給の対象となりません。

▽支給額＝1日につき標準報酬の日額（標準報酬の月額の22分の1）の67％に相当する額が、雇用保険給付相当額を上限として支給されます。

▽提出書類＝介護休業手当金請求書（給与担当者の証明）、休業を証明する書類

東シナ海で雷神2022

日米が情報交換訓練

海自の31空群81空（司令・菅原克憲1佐＝岩国）は9月21日から23日まで、東シナ海上空で日米共同訓練「雷神2022」を実施した。日米同盟の抑止力・対処力の強化が目的で、海自からはEP3、OP3C多用機が、米海軍からは第1艦隊偵察飛行隊（VQ1）のEP3E電子偵察機が参加した。

訓練開始に当たりVQ1の指揮官・ニコラス・ブラード中佐は「われわれは長年にわたり協力関係を築き、ミッションを成功に導いてきた。直接会って学び訓練するこの機会は、これまで以上に重要だ」と述べた。

日米両部隊は情報交換訓練を行い戦術技量を高めるとともに、グループディスカッションなどを通じて相互理解の深化を図った。

ギフト交換する81空司令の菅原1佐（左）とニコラス・ブラード中佐（9月21日）

ロシア艦2隻が宗谷海峡を西進

海自は10月13日午前9時ごろ、北海道・宗谷岬の東約160キロの海域を西進するロシア海軍「グリシャV」級小型フリゲート（艦番号375）、「ゴーリン」級航洋えい船の2隻を確認した。その後、ロシア艦は宗谷海峡を通過し日本海へ入った。

2空群（八戸）のP3C哨戒機、1ミサイル艇隊（余市）のミサイル艇「くまたか」が情報収集を行った。

防衛省発令

▽空幕人事教育計画課企画班長（空自幹部学校）　1空佐　髙橋　和栄
▽7航空団基地業務群司令（空幕人事教育計画課企画班長）　同　味崎　利光
▽航空開発実験集団監理監察官（飛行開発実験団副司令）　同　平岡　文雄
▽飛行開発実験団副司令（7航空団基地業務群司令）　同　三輪　信一
（以上10月16日）
▽佐世保衛生隊司令兼佐世保地方総監部衛生監理官（中央病院2内科部長）　1海佐　武智千津子
▽解兼務呉病院副院長（呉病院衛生資材部長兼副院長）　同　中谷　匡佐
▽呉病院副院長（佐世保衛生隊司令兼佐世保地方総監部衛生監理官）　同　田村　格
▽中央病院衛生資材部長兼泌尿器科（中央病院泌尿器科）　同　吉井　秀彦
（以上10月17日）
▽航空支援集団監理監察官（1航空団飛行群司令）　1空佐　小川　康祐
▽1航空団飛行群司令（航空安全管理隊航空事故調査部総括調査官）　同　丸山　潔
▽航空安全管理隊航空事故調査部総括調査官（空自幹部学校）　同　風間　賢一
▽情報保全隊中央情報保全隊長（航空支援集団監理監察官）　同　寺内　真寿
（以上10月18日）
▽空幕総務課（空自幹部学校）　1空佐　岩崎　航
▽航空救難団飛行群司令（航空救難団飛行群副司令）　同　門倉　光慶
▽同飛行群副司令（航空開発実験集団研究開発部計画班長）　同　中垣　滋紀
▽警戒航空団飛行警戒管制群司令（空幕総務課）　同　坂本　圭助
▽1航空団副司令（航空救難団飛行群司令）　同　宮川　知己
▽航空開発実験集団総務部長（空自幹部候補生学校副校長）　同　富崎　秀樹
▽同計画課長（警戒航空団飛行警戒管制群司令）　2空佐　上垣　衛
▽空自幹部候補生学校副校長（1航空団副司令）　1空佐　松浦　明裕
（以上10月21日）

訂正

10月20日付1面題字下「主な記事」中、「6面 共同訓練、友好親善次々と」「8面 〈ひろば〉▽自衛官のワッペンを研究」とあるのは、それぞれ「6面 エスカレートするウクライナ戦争」「8面 〈みんな〉▽自衛官のワッペンを研究」の誤りでした。

米海兵隊が高機動ロケット砲システム（ハイマース）の実弾射撃訓練を行った（10月14日、矢臼別演習場）

陸自・米海兵隊共同訓練「レゾリュート・ドラゴン22」

不屈の連携示す

島嶼防御訓練の一環で、日米連携の下、協力して作戦遂行にあたる（10月12日、上富良野演習場）

国内最大規模の実動訓練

陸自と米海兵隊の共同実動訓練「レゾリュート・ドラゴン（不屈の龍）22」が10月1日から14日まで、北海道で行われた。（1面参照）

道内の各演習場を島嶼部と想定し、陸自と米海兵隊がそれぞれ島嶼における領域横断作戦（CDO）と機動展開前進基地作戦（EABO）を踏まえた連携要領を具体化する国内最大規模の実動訓練で、日米の連携強化や共同作戦能力の向上が狙い。

陸自からは北方総監の沖邑佳彦陸将を担任官に、2師団司令部（旭川）、3即応機動連隊（名寄）、1特科団（上富良野）、1電子隊（東千歳）、3施設団（南恵庭）、北部方面航空隊（丘珠）、2後方支援連隊（旭川）などから約2100人が参加。米海兵隊からは第3海兵師団長のジェイ・M・バージェロン少将を担任官に12海兵連隊、3/3海兵大隊、36海兵航空群、3海兵後方支援群（いずれも沖縄）、米海軍、米空軍など約1400人が参加した。道内の上富良野、然別、矢臼別演習場、静内対空射撃場、計根別場外離着陸場と米MV22オスプレイの機体整備などのために札幌、十勝飛行場を使用。米空軍のCV22オスプレイも横田から参加した。

訓練では米側からMV22オスプレイとCV22オスプレイ、AH1攻撃ヘリ、高機動ロケット砲システム（ハイマース）、対戦車ミサイル「ジャベリン」などが、陸自は多連装ロケットシステム（MLRS）、地対艦誘導弾、電子戦システム、AH1S対戦車ヘリなどがそれぞれ連携。島嶼防御訓練を実施し、その他日米AHヘリ、MLRSとハイマースによる実弾射撃訓練や滑走路復旧訓練、ハイマースを搭載した米KC130空中給油・輸送機による展開訓練なども行われた。

さらに指揮機関訓練も併せて行われ、陸自師団司令部と米海兵隊本部による日米の指揮機関が連携して指揮系統に従い、作戦計画や命令を作成、戦闘指導などを行った。

陸幕長は12日に現地でバージェロン師団長と訓練視察したことを踏まえ、13日の会見で、島嶼防衛作戦における日米連携の訓練成果が得られたとした上で、「米海兵隊が陸自との相互運用性を強化する点において、強い熱意を持っていることを肌で感じた。米側とは5つの分野（①島嶼部に対する機動展開②目標の情報収集および共有③キネティックおよびノンキネティックの手段を含む火力調整④スタンド・イン・フォースとしての残存性、強靭性⑤分散体制を支える後方支援）で相互運用性が強化された。来年度に向けてもこの5つの分野に重点を置きながら引き続き、陸自と米海兵隊との共同訓練を進めていきたい」と述べた。

㊤陸自の16式機動戦闘車が実弾射撃訓練を行った（10月5日、上富良野演習場）
㊦陸自の多連装ロケットシステム（MLRS）を観察する米第12海兵隊員。日米の連携向上が図られた（10月3日、矢臼別演習場）

㊤訓練の視察に訪れた吉田陸幕長（左から5人目）とバージェロン米海兵隊第3海兵師団長（その左）＝10月12日、上富良野演習場
㊧陸自の中距離多目的誘導弾を発射する第3即応機動連隊（10月3日、上富良野演習場）

作戦計画や戦闘指導も

日米で指揮機関訓練

陸自隊員が演習中の武器展示で、米M4カービンを手に取る（10月4日、上富良野演習場）

防研セミナー

時代を読み解く

シリーズ⑩

大国間競争時代再来 生まれる課題と機会

ヒトやモノのグローバルな流通を支える船舶の航行は歴史的に、世界の繁栄に必須の要素となってきた。そうした要素には今や、インターネットを介した情報通信も含まれる。

こうした中、米国と中露の対立激化による大国間競争時代の再来は、海洋とネットの自由な利用が当然視できない厳しい状況を浮き彫りにしている。一方でそれは、自由を実現するための多様な取り組みを促す機会にもなっている。

問われる海洋とインターネットの自由

―大国間競争時代の再来を背景に―

脅かされる海洋の自由

海洋は伝統的に自由で開かれてきたが、その状況は時代とともに変化してきた。特に海上交通路の要衝である南シナ海では、中国の拡張的な海洋権益主張、並びに大規模な埋め立てと軍事拠点化、海警や海軍、海上民兵の展開によって、諸外国の活動の自由が急速に奪われつつある。

そもそも中国は、無害通航権を有する外国軍艦の領海通航に事前許可の取得を求め、また排他的経済水域（EEZ）での他国による軍事演習や情報収集等の活動も制約しようとするなど、海洋の自由を重んじる日米欧諸国の見解とは相いれない態度を示してきた。

その中国が2021年に相次いで施行した海警法（2月）と改正海上交通安全法（9月）もまた、航行の自由を妨げる内容を含むとして懸念を集める。

航行の自由は黒海でも問題化している。21年6月、ロシア国防省の発表によると、ロシアは自らの領海と一方的に主張するクリミア半島沖の水域で、通航する英国海軍駆逐艦の進路を変更させるべく、警告射撃や進路上への爆弾投下を行った（英国は、艦艇は「ウクライナの領海を国際法に則って無害通航した」としてロシアの発表を否定）。

ロシアはソ連時代の1989年9月に米国との間で、軍艦も含む全ての船舶の領海における事前通報・許可を必要としない無害通航権を確認している。この統一解釈を引き継いでいるはずのロシアが無害通航を妨害する事態は、海洋の自由が直面している厳しい現実を改めて示した。

後退するネットの自由

各国のネットの自由度を点数化するフリーダム・ハウスのデータを用いた米外交問題評議会（CFR）の調査によると、2014年から21年にかけて、点数を維持か上昇させた国は19カ国であった一方、点数を減じた国は45カ国に上った。

最低点をつけた中国は、「グレート・ファイアウォール」に象徴される大規模なネット統制を行う。

ロシアも技術的な課題を抱えつつも、ネット監視の強化、グローバルなネットから切り離された国内ネット「ルネット」の構築を目指し、19年11月には「主権インターネット法」も施行させた。

ウクライナ侵略後にはロシアは、中国のように米欧系ソーシャル・ネットワーキング・サービスの利用も制限した。

人工知能などの新興技術も駆使して市民監視を強める中露の取り組みは、デジタル権威主義と称される。両国の統制ノウハウの輸出を背景に、人権と基本的自由を尊重する民主主義とは相いれない社会システムの世界的な台頭が危惧されている。

今年7月にCFRが「グローバルなインターネットの終焉」を前提とした政策への転換を米国政府に提言したことは、自由で開かれてきたネット世界が失われつつある現状を印象付けた。

複雑な対立軸

もっとも、海洋とネットの自由をめぐる対立軸は、「日米欧等の民主主義」対「中露等の権威主義」と二分できるほど単純ではない。

例えばインドは、世界最大の民主主義国といわれ、日本、米国、オーストラリア、インドの4カ国の枠組み「QUAD（クアッド）」の一員でもあるが、領海やEEZでの外国軍艦の通航や活動に制約を課したり、国内のネットを部分的とはいえ頻繁に遮断したりするなど、中露に比較的近い立場にある。

また、東南アジア諸国は海洋とネットの自由に関して一様ではない態度を示す一方、東南アジア諸国連合（ASEAN）としては戦略的自律性を確保すべく、どちらか一方の陣営に属することには慎重である。

ある国が海洋とネットの在り方にどのような選好を持つかは、その国の政治体制が民主的か否かだけでなく、その国の利益計算によっても変わる。

このように、二つの陣営という対立軸では捉えきれない国々は「スイング・ステーツ」と呼ばれ、海洋とネットの自由の行く末を左右し得る重要な存在になっている。

進む日米欧諸国の協力とその要点

こうした中、日米欧諸国は、民主主義諸国間の結束強化と「スイング・ステーツ」への働き掛け、そして権威主義諸国への対抗を強めている。

海洋では、「自由で開かれたインド太平洋」を実現すべく日米欧の連携が進む。昨年10月の沖縄南西海域での日米英蘭加ニュージーランドによる共同訓練の実施はその一例である。

国連海洋法条約に関する認識の「スイング・ステーツ」との共有も、例えば、「日ASEAN乗艦協力プログラム」における国際法セミナーの実施などを通じて試みられている。

ネットの自由を守るべく、日米欧を含む60以上の国と地域は今年4月、「未来のインターネットに関する宣言」を発し、「信頼性のある自由なデータ流通」が可能なグローバルなネットの実現を改めて掲げて、団結を示した。

また、例えば豪州戦略政策研究所（ASPI）は今年3月、ネット上での人権と基本的自由の保護も含むサイバー空間に関する規範のASEAN諸国との共有を図るための手引書を公表した。

多様な取り組みの成否の鍵は、施策の具体的内容はもとより、根本的には海洋とネットの自由な利用こそが国際社会に利するとの共通理解を確立できるか否かにある。再来した大国間競争時代を背景に、自由の意義が改めて問われている。

今月の講師

原田（はらだ）　有（ゆう）氏

防衛研究所政策研究部グローバル安全保障研究室主任研究官

1983年（昭和58年）生まれ、東京都出身。上智大学外国語学部英語学科卒、同大学院グローバル・スタディーズ研究科国際関係論専攻博士前期課程修了、同後期課程満期退学。2013年、防衛研究所入所。防衛省防衛政策局国際政策課国際安全保障政策室部員併任（16～17年）、22年6月、シンガポール南洋理工大学ラジャラトナム国際学院（RSIS）修士課程修了。専門は海洋安全保障、サイバーセキュリティー。論文に「サイバー国際規範をめぐる規範起業家と規範守護者の角逐」（『安全保障戦略研究』第2巻第2号、22年3月収録）など。

ひろば

霜月、神楽月、雪待月、仲秋――11月。

3日文化の日、5日津波防災の日、11日世界平和記念日、15日七五三、20日世界こどもの日、21日世界ハロー・デー、23日勤労感謝の日

尾道ベッチャー祭　広島県尾道市民俗文化財指定の奇祭。鬼の面を付けた氏子が子どもたちを追い回す。「祝棒」で突かれると子宝に恵まれ「ささら」で叩かれると頭が良くなるご利益があるという。　1～3日

紅葉八幡宮もみじ祭り　彩り鮮やかな社殿と紅葉ライトアップ、和傘灯りや筑紫舞・紅太鼓・福岡藩傳柳生新影流兵法演武などの各種奉納が行われる。2日間はもみじ祭り限定の御朱印が付与される。　26、27日

東京・旧中川　初心者・子供も大歓迎

手ぶらでハゼ釣り体験

魚に学ぶ江戸前文化

海と遮断されたこの場所は潮の満ち引きも関係ないため、いつも安定した水流を保っている。水面からでもハゼの様子が目視で確認できるほどで、全員釣り上げる楽しさに没頭した（いずれも10月8日、東京江東区の旧中川）

釣り歴約30年のベテラン、弦本秀矢さんがホストを務める企画「大きな橋の下で超絶面白いハゼ釣り体験と棲息調査」。大好きな釣りの面白さをより多くの人に知ってもらおうと弦本さんが企画したこのプランは、あらかじめ道具やエサなどが準備されており、「手ぶらOKの超お手軽な釣りツアー」として3歳からなら誰でも気軽に参加できる。過去2年間で30回、約200人が参加した人気企画に釣り歴ゼロの記者が挑戦した。

（文＝寉見陽平　写真＝倉本正彦）

今では高級食材に

東京江東区の都営地下鉄新宿線東大島駅。10月8日の3連休初日、午前9時に指定された改札口に集合すると、トレードマークの赤い野球帽を被った弦本さんが待っていた。あいさつを交わすなり開口一番「今日は釣れますよ」。何でも事前に試し釣りをしていて、かなり食いつきが良かったという。「ハゼは暑いのがダメなんですよ。今日はそうでもないし、逆にちょっとひんやりしてきたから」と笑顔で迎え入れてくれた。この日参加したのは記者と他に一組の親子で、全員釣りに関しては経験がほとんどない初心者だ。

釣り場は同駅のすぐ真下の高架下を流れる旧中川。駅からはほんの2、3分で、近くにはコンビニやトイレも備わっている。弦本さん曰く、江戸時代に整備された旧中川は海から閉じられた運河のため、潮の満ち引きがなく、高架下で行うため直射日光や雨、風も遮れる。「こんないい釣り場はない」という。

川岸に到着すると、まず弦本さん特製のパネルを使っての簡単な「江戸前ハゼ」の歴史などが学べる青空教室からスタート。江戸時代にはありふれていた「ハゼ釣り」は、今や漁獲量が激減し、一部天ぷら屋や料亭でしかお目にかかることのできない高級食材になってしまったことやハゼの生態などについて教わる。

弦本さんの「江戸前ハゼ」のレクチャーで、ハゼの歴史や生態について、子どもにも分かりやすく教えてくれる

そして、いよいよ釣り体験の説明に。弦本さんが初心者でも簡単に釣れるように施した仕掛けと釣竿を使用し、うまく釣るための2つのポイントについて説明を受ける。1つ目は重りとウキによって水中で糸をピーンと張らせ、少しでもウキが動いたら、素早く竿を引き上げることと、エサを大豆や小豆くらいの大きさに丸めること。

この2つのポイントだけで概ね説明は終了。「びっくりするほどすぐにエサを取られますから。忙しい釣りですから覚悟してください。やってみましょう」との弦本さんの合図で、いよいよハゼ釣りが始まった。

早速、教えられた大きさにしたエサを針に括り付け、いざ川面に投入。最初は釣り針を垂らす位置が悪かったのか、手前の浅い水深で重りとウキがたるんだ状態となり、引き上げた時にはすでにエサは食べられていた。今度は少し遠くに釣り針を投入。すると今度は水深が深すぎたためか目視でウキが確認できず、またもやエサは食べられていた。

事態を察知してくれた弦本さんからアドバイス。「位置が悪いからこの辺だね」と言われた通りにその位置に釣り糸を投入。少しウキに反応があるのが分かると「上げて」と言われて素早く竿を引き上げる。すると、何かかかかったという確かな感触がすぐに腕に伝わり、見事にハゼを釣り上げることに成功。その後は面白いように釣れるようになった。

みるみる上達35匹

一緒に参加した東京都新宿区の金子紀之さんと息子で小学1年生の佳君も弦本さんの指導でみるみる上達。川面を目視するだけで確認できるハゼを前に「いるここに。すごいいるよ」と大はしゃぎの佳君。最後は1人でもハゼを釣り上げるほどの腕前となり大喜び。

参加者全員が夢中になっているうちに、あっという間の2時間半が過ぎ、体験も終了。この釣果は一般財団法人東京水産振興会の「江戸前ハゼ復活プロジェクト」の棲息調査に生かされるという。希望があれば持ち帰ることも可能で、持ち帰ったハゼは下処理で頭を取れば自然に内臓も取れるため、そのまま揚げて天ぷらにするのが最高とのこと。鱗も骨もそのまま食べられるため、カルシウムたっぷりで栄養価も高い。

「『海釣りはハゼに始まり、ハゼに終わる』というくらい釣りやすい。しかも奥深いため生涯を通じて取り組む人がいるほど面白い。なぜか人を夢中にさせる不思議な魅力があります」と話す弦本さん。最後に「ぜひプロジェクトが成功して、ハゼが増えてほしい」と語り、終了後には周囲の清掃にも余念がない。

佳君は「意外と難しかったけど面白かった」と笑顔で語り、親子でとても充実した様子だった。

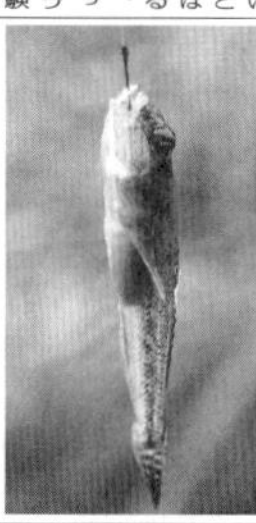

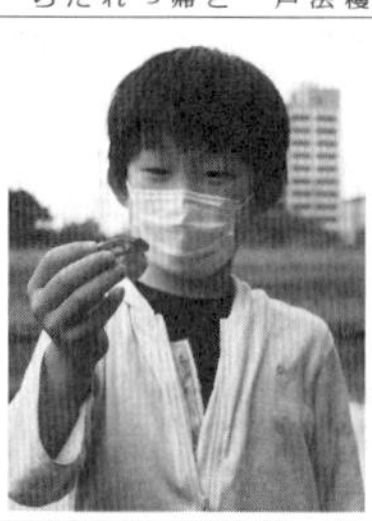

（右）釣り上げたハゼ。だいたい5～10センチサイズが主流。弦本さんの経験でも17センチが最大。昔は20センチサイズが当たり前だった　（左）当日参加した金子佳君は大の生き物好き。特に虫が大好きで、近所の公園で8時間も虫取りをして遊ぶほど。自分で釣り上げたハゼにご満悦の様子

ハゼ釣り体験は今月一杯まで。来月からは海釣り体験が始まる。詳しくは体験マッチングサイト「aini」の弦本さんの専用サイトQRコードから。

マイヘルス Q&A

疾患場所とは限らない

命の危険、症状で察知

Q　痛みはどこから来ているのでしょうか。

A　救急外来を受診される患者さんが訴える痛みの中で最も多いのが腹痛です。訓練中にどの隊員も一度は耐え難い腹痛を経験したことがあるのではないでしょうか。

痛みの原因

痛みの部位としては、上腹部、下腹部、右季肋部が挙げられます。果たして患者さん自身は、痛みの局在性と痛みの原因を正しく認識できるのでしょうか。

答えはノーです。意外と自分が痛いと思っている場所と疾患の場所は異なっていたりします。

Q　我慢せず、今すぐ病院に行くべき緊急疾患は。

A　上腹部であれば、心筋梗塞、大動脈解離、胃穿孔、初期虫垂炎、上腸間膜動脈閉塞症が、下腹部痛では絞扼性イレウス、虫垂炎、精巣捻転、異所性妊娠、大動脈破裂が、右季肋部痛であれば、胆嚢炎、胆管炎が挙げられます。こんなに危ない疾患が隠れています。さらに、これらはどれも耐えられない痛みが出るとは限らないのです。

Q　どのように緊急疾患を見抜けばよいでしょうか。

A　痛みの場所も大切なのですが、それにとらわれず、大事にしてほしいことが3点あります。

一つ目は、痛みの発症様式です。痛みが徐々に痛くなったのか、それとも明確なタイミングで発症したのか。二つ目は、随伴症状です。麻痺、呼吸苦、下痢、嘔吐、冷汗などがあるかないかです。

三つ目は、痛みの性状の時間経過です。どんどん悪くなっているのか、痛みが移動しているか、広がっていないか。急に発症して、麻痺や冷汗を伴うのは心血管系の病気のことが多く、分単位の緊急度の疾患のことが多いです。

徐々に痛くなっている場合も、痛みが移動したり広がったりして、お腹全体に響く痛みの時は腹部臓器の緊急疾患のことが多いです。上記に当てはまったら、病院を受診しましょう。

Q　心掛けるべきことは。

A　今回、警鐘を鳴らした疾患に共通して言えることは、どれも時間単位で緊急の手術をする必要性があるものです。実は、命の危険を伴う病気を見つけるのは患者自身であり、今回教えた根拠をもとに受診するようにしましょう。

自衛隊中央病院　救急科専攻医　得津　礼記

BOOK NOW

私が読んだ　この一冊

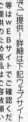

藤原　正彦著「日本人の誇り」（文藝春秋）

海上自衛隊幹部候補生学校（江田島）　刈屋幸長2海尉　26

「自国を誇りに思いますか？」と問われたとき、皆さんはどう答えるでしょうか。

本書は、日本人の愛国心が薄れてしまった理由や先人たちの偉大さ、日本の様々な功績を、歴史を紐解きながらわかりやすく教えてくれます。私は、中学の歴史の授業で「日本軍は先の大戦で悪いことをした」という風に教わりましたが、本書を読み、日本国民であることへの誇りが体の奥底から沸き上がってくるのを感じました。

特に若い世代の人たちに、ぜひ一読していただきたい一冊です。

佐々淳行著「平時の指揮官　有事の指揮官」（文藝春秋）

2空団203飛行隊（千歳）　木下慎乃亮2空尉　30

あなたはどのようなリーダーになりたいですか？

本書のタイトルは一見司令官方が読まれるようなレベルのものに見えますが、実は初級幹部等現場指揮官向けの内容です。著者の経験やさまざまな文献から得られた教訓をわかりやすく説いています。

初版から20年以上が経過した今、私のように若い？世代には本書の存在を知らない人も多いと思います。幹部に限らず空曹またはそれらを目指す方にもおすすめの一冊です。

水野敬也著「夢をかなえるゾウ1」（文響社）

自衛隊沖縄地方協力本部　清田　祥生（よしき）防衛事務官　24

自分を変えたいと思っている人は必読です。普段は本を読まない自分でも食い入るように読むことができました。主人公である普通の会社員がゾウの神様「ガネーシャ」と生活をして、人生に欠かせない教訓を学んでいく物語。意識することだけではなく行動することの大切さや、ささいなことでもなりたい自分になれるということを学ぶことができました。

隊員愛読書ベスト5

<入間基地・豊岡書房>

❶知らないと後悔する日本が侵攻される日　佐藤正久著　幻冬舎　￥990
❷人間の業　百田直樹著　新潮社　￥880
❸自衛隊最高幹部が語る台湾有事　岩田清文ほか　新潮社　￥990
❹防衛大学校―知られざる学び舎の実像　國分良成著　中央公論新社　￥2200
❺「戦争」は許されるのか？国際法で読み解く武力行使のルール　稲葉義泰著　イカロス出版　￥1870

<防衛省・三陽堂書店>

❶令和4年版日本の防衛―防衛白書　防衛省編　日経印刷　￥1397
❷陸上自衛官　服務小六法　令和4年版　学陽書房　￥3200
❸政官要覧　令和4年秋号　政官要覧社　￥4840
❹補給戦―増補新版　マーチン・ファン・クレフェルト著　中央公論新社　￥2970
❺撤退戦―戦史に学ぶ決断の時機と方策　齋藤達志著　中央公論新社　￥2970

<神田・書泉ブックタワー　ミリタリー部門>

❶萌えよ！戦車学校―戦後編Ⅳ型　田村尚也著　イカロス出版　￥1980
❷マンガ世界の海戦史　ヒサクニヒコ著　イカロス出版　￥2200
❸日独夜間戦闘機「月光」からメッサーシュミットBf110まで　野原茂著　潮書房光人新社　￥1023
❹令和4年版日本の防衛―防衛白書　防衛省編　日経印刷　￥1397
❺戦闘を変えた最新の兵器　武器は戦場をどう変えたか？　国際時事アナリスツ編　河出書房新社　￥792

<トーハン調べ9月期>

❶WORLD SEIKYO Vol.3　聖教新聞社　￥250
❷ハヤブサ消防団　池井戸潤著　集英社　￥1925
❸パンどろぼう　おにぎりぼうやのたびだち　柴田ケイコ著　KADOKAWA　￥1430
❹80歳の壁　和田秀樹著　幻冬舎　￥990
❺「十二国記」30周年ガイドブック　新潮社編　新潮社　￥1760

米レイセオン

2幹部がDX戦略をPR

レーダー「SPY—6」開発支え

最新鋭の対空レーダー「SPY（スパイ）—6」開発の裏にはDX（デジタルトランスフォーメーション）があった——。米レイセオン・ミサイルズ&ディフェンスのジョナサン・クリス・ゴフ日本支社代表とスコット・スペンス海軍レーダー担当副社長は9月21日、都内でメディアセミナーを行い、報道陣に向けて同社のDX戦略をPRした。

最初にゴフ支社代表が登壇、「米国の防衛産業を支えるデジタルトランスフォーメーション」と題して講話した。

「現在、デジタル時代となり、今まで何年もかかってきた開発プロセスをより短期間でできることが現実となっている。データを収集・活用して予測性を高め、より精密な情報に基づいた意思決定が可能になっている。例えば、さまざまな信頼できる情報源やデータは何百万にも上り、それを分析することを考えてほしい。製品の情報の到達先が多くのシステムからの集合体として、ミッションを完結させる。この仕組みをリアルタイムで更新できるようになった」と激変するデジタル環境を説明。

「複数のシステムが一緒に機能し、リアルタイムに更新していく過程を見ることができる。それがDXの成果だ」と述べた。

安全保障におけるDXについては「軍事専門家に話を聞いた中で最も多かった問題点は『互いが連携できていない』ということだ。レイセオンでは共通の目的を持ち、解決策をより早く提供し、さらなる効率化を行っている。今日の世界が複雑で危険であるからこそ、DXが求められている」とその必要性を強調した。

さらにロシアのウクライナ侵攻などの脅威に言及し、「北朝鮮によるアジア地域に対する安全保障への脅威、中国の尖閣諸島周辺など、グレーゾーンにおける活動がある。世界的な秩序に対する課題や地域に対する安定性を脅かす活動に対しては『共通の目的』が非常に重要だ。だからこそ我々は顧客を支援するためにより迅速に動く必要があり、DXが有用となる。戦場におけるスピードだけでなく、『戦場に到達するまでのスピード』が大事だ」と述べた。

◇

続いてスペンス海軍レーダー担当副社長が登壇。SPY—6におけるDXの活用に言及し、「まずエンジニアがデジタルデザインや3Dモデルを作成し、これを活用して、レーダーの部品やシステムなどを作っていく。システムを物理的に製作する前の段階でデザインを行っているため費用も節減でき、なおかつスピードも速くなった」とその利点を強調した。

「我々のデザインセンターで、SPY—6を既存の戦艦にどのように入れられるかを3Dモデルで見ていく。こうしたVR（仮想現実）を活用することで、効率よくSPY—6を新しい戦艦に統合し、船員も修理や運用を迅速にできる」とスペンス海軍レーダー担当副社長。

最後に、「このようにSPY—6がDXにより作られたことは新しい時代の到来を意味する。DXを取り込むことが今後、統合型の防衛構築の可能性を広げる」と語った。

「米国の防衛産業を支えるデジタルトランスフォーメーション」と題して講話するレイセオン日本支社のゴフ代表（9月21日、東京都港区のANAインターコンチネンタルホテル東京）

SPY—6の製作におけるDXの活用事例を説明するスペンス副社長

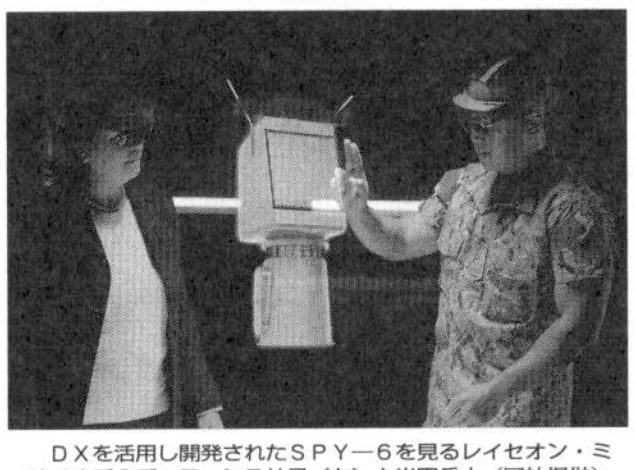

DXを活用し開発されたSPY—6を見るレイセオン・ミサイルズ&ディフェンス社員（左）と米軍兵士（同社提供）

技術が光る　>114<

救急医療従事者育成用シミュレーター「REALITi」　ソリッド・ソリューションズ

医療機関で研修・指導時に使われ　患者モニターや除細動器を再現

「実際の緊急を要する患者の対処を教えたいが、除細動器の購入は費用がかかる」——。

そんな医官・看護官の悩みを解決してくれる画期的な装置が10月5~7日に開催された「テロ対策特殊装備展」に展示された。ソリッド・ソリューションズ（東京都港区）が輸入・販売する救急医療従事者育成用シミュレーター「REALITi」だ。

このシミュレーターはオーストラリア製で、主にヨーロッパで採用され、各医療機関で研修・指導時に使われているという。「これは医療従事者用のシミュレーターで、患者のバイタル（脈拍数、心拍数、呼吸数など）を除細動器の実機とほぼ同じ画面で表示します」と同社の遠山智和営業課長は話す。

「心臓が止まったら?」「血管が詰まったらどうするのか」——といった緊急事態のシナリオが付与され、実践経験のない学生がどういう操作をするのかを機械が感知し、正しく施術ができたかどうか採点もしてくれるという。「特に体表に電極を当て、電気ショックを体に与えることによって心室細動を取り除く除細動器は誤った操作をすると危険性も高い。その点、REALITiは実際に電流が流れないが、正しい操作をしたかが検証でき、心臓の動きまで表示されます」と遠山課長。

REALITiの心電図（ECG）波形パターンは数百万通りに上り、モニターにワンタッチで表示される。二次救命装置（ALS）、病院前外傷処置（PHTLS）、患者救護などさまざまな訓練ができるという。

「このシミュレーターはスタンダードモデルから中級、上位モデルまであります。中級モデルではフィリップスなど実在の医療メーカー製モデルのデザインを再現したスクリーンを1種類選択でき、上位モデルでは動画撮影機材やCPR（心肺蘇生法）モジュールなどが全て付き、質の高いシミュレーション実習をするのにおすすめです」と遠山課長は語った。

テロ対策特殊装備展での実機展示では3自衛隊の隊員が注目。特に陸自隊員が興味深く見入っていたという。中でも衛生学校（三宿）の隊員が関心を示しており、医官・看護官に対するより安全な教育体制の構築に役立ちそうだ。

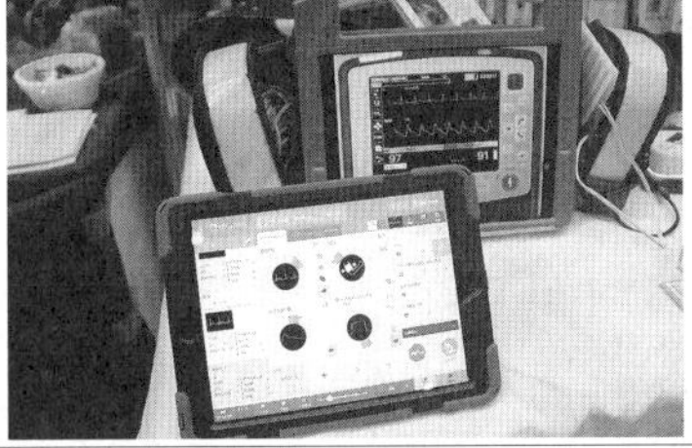

ソリッド・ソリューションズがテロ対策特殊装備展で展示した救急医療従事者育成用シミュレーター「REALITi」

世界の新兵器　565

「宇宙追跡監視システムSTSS」　米　極超音速攻撃巡航ミサイルを探知

近年、ロシア、中国や北朝鮮が従来型弾道ミサイルのみならず、弾道飛翔の中・終末期に弾頭部を不規則に比較的低軌道を巡航飛翔させており、極超音速弾頭の脅威が高まってきている。

この極超音速巡航ミサイルは通常の弾道飛翔と異なり、軌道を予測することが難しく、しかも低軌道・高速度で飛翔するため従来の弾道ミサイルの迎撃方式では迎撃が困難である。

そこで米軍では、飛翔中のミサイルの弾頭部を追跡できる低軌道赤外線衛星を周回させ、横方向から宇宙を背景に目標を観測（リム観測）する宇宙追跡監視システム（STSS）が計画されている。

従来、米国の弾道ミサイル防衛システム（BMD）で使用される早期警戒衛星（DSP）は、赤外線センサーを搭載し、対象国ミサイルの発射時の熱源を探知して地上管制センターに警報を与える。現行のDSP衛星は高度36,000キロの静止軌道上にあり、対象国の地表を24時間監視している。

一方、STSS計画では試験機（STSS—D）2基がすでに高度1,350キロの低軌道に打ち上げられて運用試験が行われており、マレーシア航空17便撃墜事件やウクライナ航空752便撃墜事件で使用された地対空ミサイルの発射炎の探知・識別を実施。弾道ミサイル級の熱源と地対空ミサイル級の熱源を識別した上で、脅威度の高い目標に限り警報を出せる高い能力を実証した。

またSTSS—Dの追尾機能については弾道ミサイル迎撃実験に参加し、目標の探知・追尾情報を指揮管制戦闘管理システム（C2BMC）経由でイージス艦に送信し、遠隔発射による撃墜を成功させている。

ネットワークを使用した極超音速巡航弾頭の迎撃コンセプト

現在、米国のミサイル防衛局（MDA）が主導するSTSS計画を踏まえた極超音速・弾道追尾宇宙センター（HBTSS）計画が進行中である。HBTSSは低軌道に多く（100基以上）の小型衛星を周回させ衛星間をレーザ通信でネットワーク化し、目標との最適位置にある衛星が追尾任務を引き継ぐことになる。

ただし、衛星1基当たりのコストの引き下げに加え、ロケットの打ち上げ費用の削減も図る必要があろう。

柴田　實（防衛技術協会・客員研究員）

防衛トピックス

長距離精密誘導キット発射成功　BAEシステムズ

英BAEシステムズはこのほど、アリゾナ州の米陸軍ユマ試験場で拡張射程カノン砲（ERCA）を使った155ミリ砲弾向け長距離精密誘導キット（LR—PGK）=写真=の発射に成功し、過酷な発射条件下での飛しょう体構造の抗堪性を実証した。

LR—PGKは、低コストの航法誘導技術で、無誘導砲弾の精度を向上させる。電波妨害防止GPSセンサーと、飛しょう中の発射物の操縦を可能にする動翼を組み合わせたキットで、既存および将来開発される砲弾にも対応している。

今回のERCAの抗堪試験は推進剤の爆風、砲身圧力、砲口初速など、システムの耐性を試すもので、LR—PGKにとって重要な中間目標だった。

LR—PGKキットは、高い回転速度、厳しい大気条件、敵の信号妨害の存在下で動作する能力を実証する必要があるため、今後の開発は長距離誘導、ナビゲーション、発射物の飛行制御に重点が置かれる。

技術屋のひとりごと

空幕科学技術官の取り組み

大谷　康雄（航空幕僚監部科学技術官、1空佐）

防衛省航空幕僚監部に「科学技術官」が令和3年3月に新編されました。

航空幕僚長を技術的な観点からサポートする約40人を擁する組織として、将来と現有の装備品などの研究開発、そして先端的な科学技術と部隊運用上の課題とのマッチングによるイノベーションの創出に向けた活動などに取り組んでいます。

我が国を取り巻く東アジアの急激な安全保障環境の変化を背景に、優れたデュアルユース（軍民両用）技術を迅速に適用し、領域横断作戦能力の向上に資することが喫緊の課題と考えています。

イノベーションの創出には産・学・官の連携が必要不可欠です。空自はこれまで、防衛装備庁をはじめ各省庁や宇宙航空研究開発機構（JAXA）など、研究機関および防衛関係企業と連携してきましたが、今後は国内のスタートアップ企業との連携も加速させます。既に数社との契約を締結して活動を開始しており、具体的な事例を二つほど紹介します。

一つ目は、プロスポーツ選手のコンディション管理技術で注目される株式会社ユーフォリアが有する「スポーツテック」を活用し、部隊指揮官が部隊のレディネス（準備）状態を、定量的かつリアルタイムに把握できるシステムの構築に取り組んでいます。

二つ目は、AI（人工知能）技術を有するFRAIM株式会社の文書作成支援ツールを活用して行政文書作成の効率化を図ることで、隊員のワークライフバランスの向上に資するものです。

また、これら以外にも同盟国などの各軍種や国外の企業との協力も視野に入れています。海外の先端技術と我が国の製造業が持つ高い技術力とが相まって、高性能かつ高品質な製品やサービスをアジャイル（素早く）に創造する可能性を追求します。

今後、これらの活動成果を空自全体に波及させることが、科学技術官である私の当面の目標です。

HASEKO

防衛省の皆様に選ばれる物件をご紹介！長谷工の新築分譲マンション

掲載の提携特典をご利用の際は、「朝雲新聞を見た」とお伝えください。

New レアシス横濱鴨居　神奈川県横浜市緑区　提携特典　販売価格(税込)より1.0%割引

予定販売価格 3LDK/3,800万円台～　頭金0円　当初月々支払い8万円台～

JR横浜線「鴨居」駅より「新横浜」駅直通6分「新横浜」駅直通19分　三井ショッピングパーク ららぽーと横浜まで自転車約7分　全区画平置き駐車場

物件に関するお問い合わせは「レアシス横濱鴨居」マンションギャラリー
0120-845-093　営業時間／10:00～18:00　定休日／水・木曜日（祝日除く）
レアシス横濱鴨居　検索
資料請求はこちら！

〔売主〕JAREX　〔設計・監理・施工〕長谷工 コーポレーション　〔販売提携(代理)〕長谷工 アーベスト　〔管理〕長谷工 コミュニティ
長谷工コーポレーションは横浜F・マリノスを応援しています。

New ザ・グランクロス多摩センター　東京都多摩市　提携特典　販売価格(税込)より1.0%割引

CENTRALに住もう。
多摩エリアのセンターシティに"ネクスト家族"の楽園がうまれる
Image Photo

多摩モノレール「多摩センター」駅 徒歩6分（約470m）
3駅3路線利用可能※1
小田急多摩線「小田急多摩センター」駅より「新宿」駅へ直通40分（37分）
京王相模原線「京王多摩センター」駅より「渋谷」駅へ40分（35分）
大型商業施設「クロスガーデン多摩」徒歩6分（約430m）

敷地面積4,000㎡超・全289邸・20階建「ザ・グランクロス多摩センター」

資料請求はこちら！
物件に関するお問い合わせは「ザ・グランクロス多摩センター」販売準備室
0120-025-289　【営業時間】10:00～18:00【定休日】毎週水曜日(祝日を除く)
ザ・グランクロス多摩センター

〔売主〕三菱地所レジデンス　長谷工不動産　住友不動産　積水ハウス株式会社　TC神鋼不動産　大林新星和不動産　KEIHAN　〔販売提携(代理)〕長谷工 アーベスト　〔設計・施工〕長谷工 コーポレーション

シャリエ朝霞グランフィールド　埼玉県朝霞市　提携特典　販売価格(税込)より1.0%割引

朝霞エリア最大級の環境創造型レジデンス 全335邸

東武東上線「朝霞」駅より直通「池袋」駅17分　朝霞中央公園徒歩3分　初 光10Gbps インターネット採用　2LDK～4LDK 60㎡台～85㎡台

予定販売価格［南向き］2,900万円台～

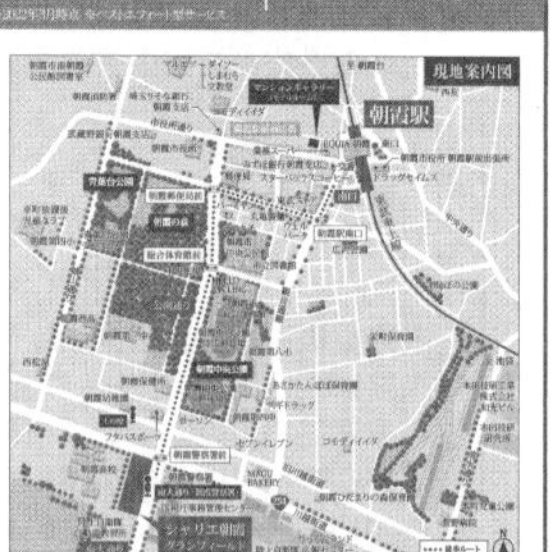

物件に関するお問い合わせは「シャリエ朝霞グランフィールド」マンションギャラリー
0120-845-335　営業時間／10:00～18:00　定休日／水曜・木曜日
シャリエ朝霞グランフィールド　検索
資料請求はこちら！

〔売主〕TORAY　東レ建設株式会社　総合地所　KEIHAN　翔和建物　〔販売提携(代理)〕長谷工 アーベスト　〔設計・監理・施工〕長谷工 コーポレーション

ローレルコート和光　埼玉県和光市　提携特典　販売価格(税込)より1.0%割引

バルコニー完成予想CG

「池袋」1駅10分　66㎡超×ファミリータイプ　予定販売価格 4,000万円台～

「成増」駅・「地下鉄成増」駅 2駅3路線利用可　「池袋」「渋谷」直通　2LDK+S(納戸)～4LDK「南向き」中心　ディスポーザ標準装備　武蔵野台地の高台

資料請求はこちら！
物件に関するお問い合わせは「ローレルコート和光」マンションギャラリー
0120-119-077　営業時間／10:00～18:00　水・木曜日定休(祝日を除く)
ローレルコート和光　検索

〔売主〕近鉄不動産　〔販売提携(代理)〕長谷工 アーベスト　〔設計・施工〕長谷工 コーポレーション

※掲載の完成予想CGは、図面を基に描き起こしたもので実際とは異なります。掲載の徒歩分数は80mを1分として算出しています。※掲載の情報は2022年10月20日現在のものです。詳細は各物件HPをご確認ください。

【提携先】長谷工 コーポレーション
提携特典に関するお問い合わせは (株)長谷工コーポレーション「提携お客様サロン」
0120-958-909　営業時間 9:00～17:00　定休日 土・日・祝日　teikei@haseko.co.jp
その他の新築物件一覧はこちらのホームページからご覧下さい▶ https://haseko-teikei.jp/kosaiservice/

※提携特典をご利用いただくためには、コーサイ・サービス株式会社が発行する「紹介カード」が必要です。モデルルーム初回来場時にお持ちください。
〈紹介カード発行先〉コーサイ・サービス株式会社 担当:佐藤 TEL: 03-5315-4170 E-mail: k-satou@ksi-service.co.jp
HP: https://www.ksi-service.co.jp/ [ID]teikei [PW]109109(トクトク)

職能センターが修了式

67期前期生 陸自隊員1人

自衛隊中央病院職業能力開発センター（センター長＝大堀健事務官・三宿）で9月16日、67期前期生の修了証書授与・申告式が行われた。

同センターは通勤災害などによる負傷や疾病で障害を負ってしまった隊員の円滑な部隊勤務や社会復帰に向けた更生指導業務を行っている。

前期生は一般事務科6カ月コースを修了した陸自隊員1人。式には病院最先任上級曹長の松里和外准尉らが出席し、大堀センター長が修了証書を授与した後、前期生がセンターでの研修修了を申告した。

大堀センター長は「定年まであと半年、送り出してくれた部隊への最後の貢献と自身の再就職活動においても、当センターで得た技能を生かして新たな人生を進んでもらいたい」と激励した。

この後、転出者紹介行事が行われ、センター職員と同期生の拍手に見送られ、センターを後にした。

センターでは「修了生は、修得した知識・技能を最大限発揮し、部隊において隊務の一翼を担うことを期待する」と話していた。

職員と同期生の拍手に見送られる前期生（右）＝9月16日、職業能力開発センター

中病

創立記念行事を実施

医官ら70人が参加

【中病＝三宿】自衛隊中央病院（病院長・福島功二技官）は10月15日、院内の会議室で「創立67周年記念行事」を実施し、医官や看護官ら職員約70人が参加した。

福島病院長は式辞で、職員の日頃の労をねぎらうとともに「皆と一緒にスクラムを組み、一丸となって各種課題に取り組み、一体となって任務を全うする、そうした連帯感を持った強い組織であって欲しい」と要望した。

その後は作家の北康利氏を講師に迎え、「先人に学ぶ・志をもった生き方」を演題に約1時間の記念講演が行われた。北氏が「この国の素晴らしさ、この国を守ることのやりがいを感じることで、仕事への誇りを再認識してほしい」と熱のこもった言葉で参加職員たちを鼓舞すると、会場は拍手に包まれた。

「創立67周年記念行事」で中病の職員たちに向け講演する北氏（中央）＝10月15日、中病

日本選手権大会出場を決め、井筒空幕長（前列中央）とともに記念撮影に納まる空自千歳硬式野球部員ら（10月18日、空幕大会議室）

社会人野球日本選手権大会

空自千歳硬式野球部が出場

10年ぶり北海道地区予選を突破

「10年ぶりに北海道地区予選を突破！この勢いで日本一になるぞ」――。10月30日に京セラドーム大阪で開幕する第47回社会人野球日本選手権大会への出場を決めた空自千歳硬式野球部（部長・小山晃紀雄1佐以下約30人）の壮行会が10月18日、防衛省で開かれ、井筒空幕長らが部員を激励。11月2日の初戦・王子（東海地区第3代表）との試合に向けて士気を高めた。

井筒空幕長が壮行会で激励

壮行会は空幕大会議室で開かれ、空幕人教部長の倉本昌弘将補、同教育室長の野村信一1佐、空自准曹士先任の甲斐修准尉らが同席した。

野球部を代表して福井一気監督が「皆さまの並々ならぬ尽力のおかげで本戦に出場できた。その気持ちを忘れず、『送り出して良かった』と思ってもらえるような成果を挙げたい。北海道地区代表、自衛官としての強い矜持を持って、全国の強豪に立ち向かっていく」と力強く抱負を述べた。

これを受けて井筒空幕長が訓示し「全国大会の出場まことにおめでとう。非常にうれしく思う」とたたえ、「全国に駒を進めた皆さんは憧れであり、誇りだ。ぜひ決勝まで進められるよう頑張ってもらいたい。健闘を期待している」と激励した。

この後、激励品の贈呈が行われ、空自連合幹部会からの品を井筒会長から福井監督に、連合准曹会からの品を会長の上田順一准尉から同部の古谷成海士長に手渡した。

壮行会を終えた野球部員たちは防衛省17階を行進し、空幕勤務の隊員らから拍手で盛大な見送りを受けた。

これに先立ち千歳硬式野球部は9月27日、札幌市営円山球場で行われた同大会北海道地区最終予選で北海道ガスと対戦。9回裏の攻撃で1死2塁のチャンスに竹原滉太士長が左前打を放ち、3対2で劇的なサヨナラ勝ち、10年ぶり2回目となる本戦出場を果たした。

千歳野球部はその後、東京・目黒基地に滞在し、10月23日に読売ジャイアンツと練習試合を行うなど、王子との初戦に向けて調整を進めている。

沖縄地本

慰霊碑の清掃活動

SDGsとして取り組み

【沖縄地本】地本（本部長・坂田裕樹陸将補）はこのほど、2日間にわたって地域のボランティア清掃活動を行った。

清掃活動を通じて地域により密着するとともに、仲間と清掃することでチーム力やコミュニケーション力を高めるのが狙い。さらに、この活動がSDGs（持続可能な開発目標）の中の「海・緑の豊かさを守ろう」に該当するため、地本として取り組むことにした。

初日は糸満市の聯隊区司令部慰霊碑を地本有志9人で清掃。同慰霊碑は地本が約25年間清掃しており、この日も周辺の木の伐採や草刈り、碑を磨き上げて清掃後に黙祷を行った。

参加した募集課の漢那憲治准陸尉は「慰霊碑がきれいになり、参加した仲間には感謝します。沖縄県人としては過去の記憶を風化させず、次世代へ継承していきたい」と話した。

2日目には「名護市21世紀の森公園」を同地本名護地域事務所有志5人が清掃。初めての取り組みで、5人は自作した「自衛官募集Tシャツ」を着用して清掃を行った。今後は担当の12市町村から毎月1カ所を選んで清掃を行う予定だという。

企画した名護地域事務所長の中島博道1空尉は「名護地域事務所のことを地域の方に知っていただけるよう認知度の向上に努めるとともに、沖縄の〝美(ちゅ)ら海〟（沖縄の方言で美しい海）を守り、地域の美化活動に努めていきたい」と語った。

清掃活動を行う名護地域事務所の右から呉屋稔陸曹長、荒川憲昭2海曹、伊保昇1陸曹。自作の「自衛官募集Tシャツ」を着用（名護21世紀の森ビーチ）

海自

「みくま」ロゴマーク決定

海自は10月14日、「もがみ」型護衛艦の4番艦「みくま」（基準排水量3900トン、艤装員長・藤井信樹2海佐）のロゴマークを決定した＝イラスト。6月6日から7月5日まで海自ホームページなどで募集。157件の応募があり艤装員による選考の結果、奈良県在住の佐々木留理さんの作品が選ばれた。

ロゴマークは三隈川（大分県）の神話に登場する大鷹に、水と艦艇のシルエットを重ねたもの。周囲に三隈を構成する三つの丘（日隈、月隈、星隈）をイメージした太陽・月・星（北極星と北斗七星）を描いている。

佐々木さんは、「『みくま』が力強く進む様子を表現し、太陽・月・星に航海安全の願いを込めた」と作品への思いを海自HPで伝えている。

警察官に嘘の犯罪を申告すると拘留又は科料に処される可能性

こちら警務隊

窃盗・横領（軽犯罪法違反・虚偽申告）

大事な預かり物を無くしたことをごまかすため、警察官に嘘の犯罪を申告すると、犯罪になりますか？

軽犯罪法第1条第16号では、虚構の犯罪又は災害の事実を公務員に申し出た者は、拘留又は科料に処す旨の規定があります。

「虚構」とは、存在しない事実を存在するように装ったものをいい、ここでいう「公務員」とは、警察官や司法警察員、消防隊員等をいいます。

本規定は、虚構の事実による無駄な活動を防止するものです。安易な気持ちで、嘘をつくことは絶対にやめましょう。

（中部方面警務隊）

レイモンド米宇宙作戦部長が訓話

宇宙作戦群で「多国間連携強化を」

宇戦群の隊員を前に宇宙領域の日米連携強化を訴えるレイモンド大将（左端）＝10月4日、府中基地

米宇宙軍作戦部長のジョン・W・レイモンド大将が10月4日、空自府中基地を訪れ、宇宙作戦群（司令・玉井一樹1佐）の隊員を前に訓話を行った。

レイモンド大将は、部隊研修の一環として米5空軍副司令官のジェシー・フリーデル准将らを伴い、基地を訪問。森川龍介支援集団司令官、市川佳弘開発集団幕僚長、玉井1佐との懇談、概況説明を受けた後、宇戦群の隊員約80人を前に訓話した。

レイモンド大将は東日本大震災当時、米5空軍副司令官としてトモダチ作戦に携わった経験を語った後、宇宙領域の現状について言及した。

米宇宙軍と宇戦群との2国間の連携を陸海空などの従来領域と同程度まで強固にした上で、多国間連携の強化も重要だと強調。首脳、国連レベルなどのハイレベル交流を通じて、宇宙における持続可能な軍事的取り組みを検討する必要性を訴えた。

なお、宇戦群については「近い将来にも団レベルになることを期待している」と述べた。

小休止

▽…海自徳島教空群の阿波踊り部「かもめ連」はこのほど、「四国三大祭り」の一つ、徳島市阿波踊りに参加した＝写真。隊員の一糸乱れぬ踊りや変化に富んだフォーメーションに、観客から惜しみない拍手が送られた。

▽…「かもめ連」は徳島航空基地開設の翌年、1959年に第3航空群（当時）の地元出身隊員を中心に結成。阿波踊りの本場である徳島県で広く名前が知られている。コロナ禍で活動を休止していたが、3年ぶりに再開した。

▽…祭りに参加した隊員は「演舞場での観客との一体感に魅了された」「来年も踊りたい」「今よりもっと上手く踊り、徳教群の精強性を示したい」と話した。（海徳島）

「気が早い」関西人の特性にも見事に対応

大阪接種会場の取り組み㊤　1陸佐 中野 昌英（中部方面総監部広報室長・伊丹）

記事執筆の9月上旬現在、コロナに係るニュースが流れない日はない。今後もコロナ禍の見通しがつかない中、日夜、国民の安心感に寄与するためワクチン接種を行う自衛隊大阪大規模接種会場（以下、「大阪接種会場」という）の取り組みやこれを支える隊員たちの声を紹介する。

大阪接種会場は、阪神病院長を運営担任官とし、日々2500人に接種できるよう会場2カ所態勢で2月に運営を開始。7月以降、接種ニーズの変化に伴って会場を1カ所に集約して日々500人とし、9月現在も運営を続けている。

9月時点では、医官・看護官をはじめ自衛官約20人と約70人の役務で運営され、運営開始以降、自衛官だけでのべ約1万5千人が運営に関わっている。日々、国民に安心感を届けるために活躍する隊員たちだが、大阪接種会場ならではの工夫や取り組み、苦労もあるようだ。

大阪と言えばお笑い気質のイメージがあるが、大阪接種会場においてもそんな関西人の特性の一つである「気が早い」被接種者の方々もいるそうである。中には接種後の15分待機の前に帰ろうとする方もいて、案内係が走って引き留めるなども日常茶飯事。今ではすっかり洗練された接遇技術が身に付き、エレベーターへの案内では階層ボタンに引き続き「閉まる」ボタンまでを押してさっと身を引くという、流れるような技術を持った案内係もいるとか。

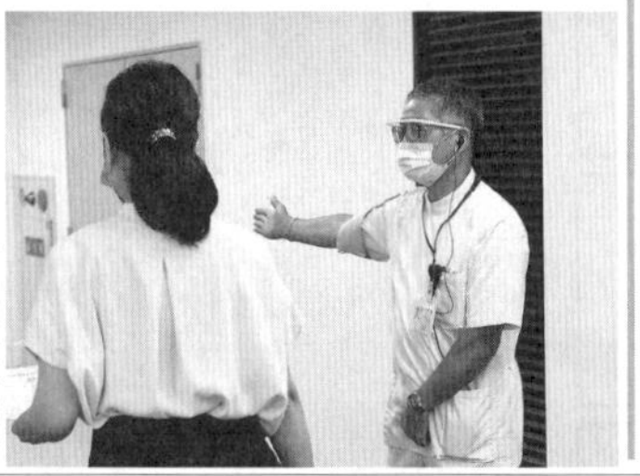

接種会場でどこに行っても目に留まるのが、満面の笑顔と明るくハキハキとした案内をする隊員や役務の方々である。「自衛隊の接種会場ということで緊張して来られる方もいると思うので、まずは精いっぱいの笑顔でお迎えしたい」と笑顔で案内する隊員や役務に、思わず被接種者も笑顔になっていた。

また、視聴覚に障害を持たれた方や車椅子の来場者にも対応できるよう、手話通訳士が常駐するなど、あらゆる被接種者に安心して接種してもらえるよう万全の態勢がとられている。さらに被接種者目線で導線を歩いてみると、随所に案内板や矢印などの細やかな表記がなされていることに気づく。聞けば、普段の案内業務などで気づいた点は、速やかに話し合って新たに表記を設置するなど、常に改善への取り組みがなされているそうである。

そんな中、特に今回紹介したいのは、大阪接種会場の運営を支える隊員たちである。

例えば中部方面隊システム通信群から派遣されている池田3曹は、通信支援陸曹としてオンライン問診を支えている。これまでオンライン通信に携わった経験はなかったが、現在ではシステムの点検を行う他、トラブル発生時はシステムの再構築を行うなど、未知の分野であっても、日々学びながら運営を支えている。

また、会場本部陸曹として勤務する阪神病院所属の石井曹長は、医官、看護官、役務などと多くの部署をつなぐコーディネーターとして活躍している。石井曹長は大阪接種会場の立ち上げから携わっており、運営を裏方で支える多くの隊員たちと一緒に汗を流してきた。大阪接種会場は、医官、看護官だけでなく、警備、各種管理支援の他、時には700近い自治体に対して書類手続きを行う隊員もいて、全体一丸となって接種会場が運営されていることに改めて気づかされた。

後輩から「目指したい」と思われる陸曹になりたい

陸士長 倉 真琴（397会計隊大津派遣隊）

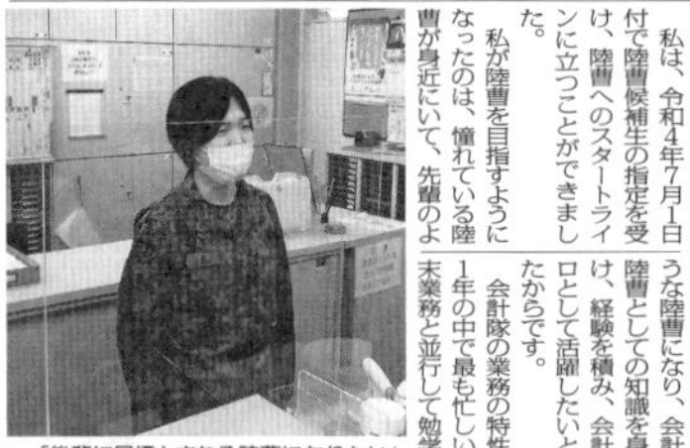

「後輩に目標とされる陸曹になりたい」と倉士長

私は、令和4年7月1日付で陸曹候補生の指定を受け、陸曹へのスタートラインに立つことができました。

私が陸曹を目指すようになったのは、憧れている陸曹が身近にいて、先輩のような陸曹になり、会計科の陸曹としての知識を身につけ、経験を積み、会計のプロとして活躍したいと思ったからです。

会計隊の業務の特性上、1年の中で最も忙しい年度末業務と並行して勉学や個人的に苦手な分隊教練の練成などを行う中、濃厚接触者の指定によって隔離されたこともあり、大変な時期でしたが、陸曹候補生選抜試験に合格することができました。

陸曹候補生に指定されたことは、業務の合間に分隊教練や面接などの練成を親身になって行ってくれた派遣隊長をはじめ、大津派遣隊および第397会計隊本部の皆さまのおかげだと思っています。

また、私の練成している姿をみて、「頑張ってね」と応援の言葉や、「こうしたらいいよ」とアドバイスをくださった大津駐屯地の隊員の皆さまにも感謝しています。

これから履修前教育や教育入校などが控えていますが、今までお世話になった方々に恩返しできるように日々努力を重ね、後輩に「陸曹を目指したい」と思われる陸曹になれるように頑張ります。

（世界の切手・ニュージーランド）

笑われて、笑われて、つよくなる。
太宰治（日本の小説家）

新刊紹介

野戦のドクター　戦争、災害、感染症と闘いつづけた不屈の医師の全記録

トニー・レドモンド著、不二淑子訳

ボスニア内戦、コソボ紛争、スマトラ沖地震、パンアメリカン航空爆破事件から新型コロナウイルスまで、国を問わずに悲劇の最前線に無給で駆け付け、命がけの救命医療を続けてきた英国人医師による迫真のドキュメンタリー。

著者は英・マンチェスター大学国際救急医学教授で、世界保健機関（WHO）や英国政府と協力し、戦争や災害などで助けを必要とする人々を救ってきた。

銃弾の飛び交う中、時にスナイパーから命を狙われ、時に脊椎骨折の重傷を負い、時にマラリアや重金属中毒に苦しみながらも緊急医療活動をやめなかった著者の綴るエピソードの数々はどれも衝撃的だ。それらを武勇伝としてでなく、ましてきれいごとでも感動秘話的でもなく、リアルな現場のルポルタージュとして淡々と伝える。自身の怒りや弱さも隠さない。

「シニシズム（冷笑的な態度）は何も生み出さず、何もしないことを正当化しようとする。何もしないことは、けっして中立的な行動ではないことも忘れてはならない」——。

緊急医療に命を懸けた医師の凄みに圧倒される。（ハーパーコリンズ・ジャパン刊、2200円）

今を生きる思想　ハンナ・アレント　全体主義という悪夢

牧野 雅彦著

ドイツに生まれ、ナチスの迫害を逃れて米国に亡命したユダヤ人の女性哲学者で思想家のハンナ・アレント（1906〜75年）。その名を冠した映画（2013年）で「悪の凡庸さ」について知り、興味を持った人も多いのではないだろうか。

本書は、有名な思想や哲学を「現在に応用する」ことを目指してコンパクトな約100ページで紹介する「現代新書100（ハンドレッド）」シリーズ創刊第1号。アレントが警鐘を鳴らし続けた「全体主義」の恐ろしさに焦点を当てる。

著者は「グローバリゼーションの名の下で進むモノ、カネ、人の国境を越えた移動や交流は、経済的な格差の拡大やそれに伴う民族、人種間の対立を生み出しつつある」と指摘。科学技術の進展はこれまでの人間の生活の在り方を変容させつつあり、「全体主義が形を変えて再び登場する危険はむしろ拡大している」——と読み解いていく。

ロシアによるウクライナ侵略など、世界中が不安定さと不確実性に揺れる今だからこそ、激変の時代を生き抜くために読んでおきたい一冊だ。（講談社刊、880円）

みんなのページ

空自が第一の進路先に

長谷川 凜（鳥取城北高校3年）

令和4年8月28日、航空自衛隊美保基地で開催された「美保基地OPEN BASE」に参加しました。

私は高校3年生で、卒業後の進路の一つに航空自衛隊を考えています。今回のイベント参加のきっかけは、広報官の方からのお誘いがあったからです。広報官の方や現職の女性航空自衛官から自衛隊の全般的な説明を聞き、航空自衛隊への興味が湧いてきましたが、航空自衛隊の基地に一度も行ったことがない私にとって、入隊後のイメージがつきませんでしたのでとても良い機会となりました。

今回のイベントでは、C2輸送機およびKC46A空中給油・輸送機、CH47ヘリコプター（陸上自衛隊）の見学、災害派遣用の装備品、衛星通信装置、警備車両、管制塔、消防車両の見学、滑走路体験走行、体験喫食などができました。

どのイベントも日常体験できないことばかりでとても感動しました。同時に、見学対応されている隊員の方がとても親切で、いくつかの質問にも高校生目線で回答してもらい、とてもわかりやすい説明でした。特に女性隊員の姿が印象強くのこり、私の入隊後の姿を想像することができ、航空自衛隊への入隊意識が一層強まりました。

C2輸送機の機内で記念写真に納まる長谷川さん（右）

イベント内容で特に印象に残ったのが、C2輸送機の見学でした。なんといっても輸送機の大きさです。全長約44メートル、全幅約44メートル、全高約14メートルのスケールは圧巻でした。そして、機内もデジタル機器が数多く並びハイテク化されており、飛行機が全くわからない私でも、飛行機の状態がすぐわかるようになっていることが驚きでした。航空自衛隊に入隊後は、飛行機に関わる職種についても視野に入れてみようと思いました。

最後に、今回のイベントに参加してみて進路選択の一つであった航空自衛隊が第1の進路先になりました。私も美保基地にいた女性自衛官と同じ制服が着られるように採用試験を頑張りたいと思います。

今回のイベントを企画して頂いた皆さまに感謝いたします。

OBがんばる

伊豆丸　直人さん　26
令和3年3月、10後支連2整備大隊戦車直接支援隊を陸士長で退職。滋賀日野自動車株式会社に再就職し、トラックの整備業務に励んでいる。

援護担当者とよく相談を

私は、陸自に入隊後、約4年間武器科の隊員として勤務し、令和3年3月に任期満了退職しました。退職後の就職先を決めるにあたり、近畿地区合同企業説明会に参加し、興味を持った企業を2社見学しました。

見学したのは、生鮮食品加工と自動車整備という全く違う業種でしたが、最終的には、子どものころから「機械いじり」が好きで、自衛隊でも大型車両の整備職に就いていたこともあり、その経験を生かして、日本の物流を支えるトラックの整備を通じて社会に貢献したいと考え、滋賀日野自動車に再就職しました。

整備に関する知識や技術はまだまだ未熟ですが、上司・先輩方の親身な指導の下、一日も早く一人前の技術者になれるよう日々努力しているところです。

これから再就職を目指す皆さん、特に任期制隊員の皆さんは、自身の人生経験や自衛隊での経験も浅く、どう進めていいか分からないこともあると思いますが、まずは部隊の上司や地本の援護担当者に積極的に相談してアドバイスを受けることをお勧めします。

そして、可能な限り合同企業説明会に参加して、いろいろな企業の説明を聞いてみることです。退職後の人生を充実したものにするためにも、納得いくまで援護担当者と相談し、希望の職に就けるよう頑張ってください。

（写真奥の右から4人目が伊豆丸さん）

あさぐも掲示板

■戦略研究学会秋季講演会

戦略研究学会は11月5日午後1時から、秋季講演会をオンラインで行う。同4時まで。

テーマは「現代戦とは何か」で、空自幹部学校航空研究センター長の杉山公俊1空佐による基調講演「21世紀のエアー&スペースパワー」の後、「現代戦の知的探求・戦いの進化と現在位置」をテーマにパネルディスカッションを行う。パネリストは東大先端科学技術研究センター専任講師の小泉悠氏、同志社大法学部特任助教の阿部亮子氏、テクニカルライターの井上孝司氏。総合司会は奥山真司同学会常任理事。

問い合わせは戦略研究学会（電話03―3813―4466、メールjimukyoku@j-sss.org）。

「朝雲」へのメール投稿はこちらへ！

▽原稿の書式・字数は自由。「いつ・どこで・誰が・何を・なぜ・どうしたか（5W1H）」を基本に、具体的に記述。所感文は制限なし。
▽写真はJPEG（通常のデジカメ写真）で。
▽メール投稿の送付先は「朝雲」編集部（editorial@asagumo-news.com）まで。

詰将棋

第878回出題

出題 日本将棋連盟 九段 石田 和雄

	5	4	3	2	1	
			桂		王	一
			と			二
		歩		歩	銀	三
			香	桂		四
						五

■先手 持駒 角歩

【ヒント】打歩詰めを避ける妙手順（10分で初段）。

▶詰碁、詰将棋の出題は隔週です◀

詰碁

第1293回解答

出題 日本棋院 九段 曲 励起

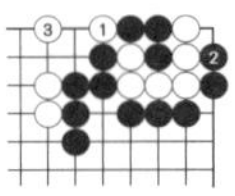

【解答図】白先、白活。白①黒❷は共に当然です。次の白③が大切でこれで白は脱出します。

朝雲
発行所 朝雲新聞社
〒160-0002 東京都新宿区
四谷坂町12－20 KKビル
電 話 03(3225)3841
FAX 03(3225)3831
振替00190-4-17600番
定価一部150円、年間購読料
9170円（税・送料込み）

主な記事

防衛協力の推進で一致

フィンランド国防相と会談

浜田大臣

浜田防衛相は10月26日午前、来日したフィンランドのアンティ・カイッコネン国防相と防衛省で約45分間会談し、同国の北大西洋条約機構（NATO）への加盟を視野に、2国間の防衛協力・交流を進展させていくことで一致した。ロシアによるウクライナ侵略に関し、浜田大臣は「日本とフィンランドは地理的にこそ離れているが、それぞれロシアの東西に位置しており、情勢認識や戦略的利益の点で多くの共通点がある」と指摘。カイッコネン国防相も「我々は互いに〝ロシアの隣国〟という点で大きな懸念を共有している」と応え、厳しい安全保障環境に直面する今こそ、国際社会の結束が重要だとの認識で一致した。

日本とフィンランドの防衛相会談は、2004年11月（日本）を皮切りに、14年10月（日本）、18年5月（フィンランド）、19年2月（日本）、20年8月（コロナ禍のためテレビ会談）に続き6回目。浜田氏とカイッコネン氏による会談は初めて。

会談の冒頭、浜田大臣は「日本とフィンランドは基本的価値を共有するパートナーだ。『自由で開かれたインド太平洋』の維持・強化のため、カイッコネン国防相と協力し、2国間の防衛協力を一層進展させていきたい」と呼び掛けた。

これに対し、カイッコネン国防相は「両国は地理的に離れていても、戦略上、安全保障上、同じような脅威を共有しており、非常に重要なパートナーだ。我が国は日本との関係をとても重視している」と応えた。

その上で「ロシアのウクライナ侵略により、フィンランドはNATOへの加盟という歴史的な決断に至った」と述べ、今年5月にスウェーデンと共にNATOへの加盟を正式に申請したことについて改めて言及。「将来、NATOの加盟国となるフィンランドが日本と2国間の防衛協力を進展させることは極めて重要なことだ」と強調した。

さらに、カイッコネン国防相は「ロシアのウクライナ侵略が世界の安全保障情勢を大きく揺るがす中、インド太平洋地域の安全保障環境を注視していくことは、フィンランドをはじめ欧州の安全保障にとって極めて重要なことだ」と述べ、ロシアのほかに「国際社会にチャレンジを挑む中国の問題」を指摘。北朝鮮による相次ぐ弾道ミサイル発射についても「国連安全保障理事会決議に違反するもので、我が国は、この違法な危険行為を強く非難する」と語った。

このほか、カイッコネン国防相は、同日午後に都内のフィンランド大使館で開かれる第3回「日本－フィンランド防衛宇宙産業セミナー」についても紹介。「フィンランドの防衛産業は宇宙、サイバー、電磁波など新たな分野をはじめ、幅広く高度な技術的ソリューション（解決策）を提供している。その存在を日本でも広めていきたい」と自国の技術力の高さをアピールし、日本との防衛装備・技術協力の推進に大きな期待感を示した。

フィンランド大使館によると、同国大使館の主催で開かれた「防衛宇宙産業セミナー」には、両国から関連企業25社と、官民合わせて約80人が参加。カイッコネン国防相、ヤースケライネン大使とともに、防衛省からは小野田紀美政務官が開会スピーチを行い、活発な交流が行われた。

カイッコネン国防相は翌27日、空自府中基地（東京都）を訪れ、宇宙作戦隊を視察した。

日本とフィンランドの主な防衛交流（肩書等は当時）

1959年	林敬三統幕議長が防衛庁の要人として初めてフィンランドを訪問。以後、冷戦下で実務者級の交流はなく、次官級などハイレベル交流のみ断続的に行われてきた
2004年11月	日本で初の防衛相会談（大野功統防衛庁長官×カーリアイネン国防相）
2013年7～8月	・小野寺五典防衛相がフィンランドを訪問、同国国防次官のラトゥ陸軍中将と会談 ・海自の練習艦隊が海自艦艇として初めてフィンランドを訪問（「かしま」が首都ヘルシンキに寄港）。小野寺防衛相が歓迎行事に出席し、乗員らを激励
9月	ラトゥ国防次官が来日、小野寺防衛相と会談
2014年7～8月	陸自中央音楽隊がフィンランドの「ハミナ軍楽祭」に参加
10月	日本で第2回防衛相会談（江渡聡徳防衛相×ハグルンド国防相）
2015年3月	駐日フィンランド大使館主催の第1回「防衛産業セミナー」開催
2016年3月	日本で首脳会談（安倍晋三首相×サウリ・ニーニスト大統領）。共同声明を発表
2018年5月	フィンランドで第3回防衛相会談（小野寺防衛相×ユッシ・ニーニスト国防相）
10月	河野克俊統幕長がフィンランドで国防軍司令官のヤルモ・リンドベリ空軍大将と会談
2019年2月	日本で第4回防衛相会談（岩屋毅防衛相×ユッシ・ニーニスト国防相）。初の「防衛協力・交流に関する覚書」に署名。駐日フィンランド大使館主催の第2回「防衛産業セミナー」
2020年8月	・駐日フィンランド大使館に75年ぶりとなる駐在武官（キンモ・タルヴァイネン陸軍大佐）が着任 ・テレビによる第5回防衛相会談（河野太郎防衛相×アンティ・カイッコネン国防相）
2022年5月	日本で首脳会談（岸田文雄首相×サンナ・マリン首相）
9月	フィンランド国防軍司令官のティモ・キヴィネン陸軍大将が来日、山崎幸二統幕長と会談

（朝雲新聞社調べ）

浜田防衛相（手前左）のエスコートで陸自の特別儀仗隊を巡閲するフィンランドのカイッコネン国防相（同右）＝10月26日、防衛省

歴史の遺産生かした防衛協力を

防衛研究所 庄司 潤一郎 主任研究官

解説

日本とフィンランドは、2014年のロシアによるクリミアの一方的な「併合」を契機に防衛協力を進展させてきた。

19年2月に両国で初の「防衛協力・交流に関する覚書」を締結し、翌年、75年ぶりにフィンランド大使館付武官が日本に着任した。

さらに今年になって、マリン首相、キヴィネン国軍司令官、カイッコネン国防相が立て続けに来日したことは、安全保障面における日本への強い期待を物語っている。

一方、日本ではフィンランドというと、中立国で幸福度世界一といった非軍事的なイメージが強い。

しかし、フィンランドはロシアによるウクライナ侵略を受けて政策を大転換し、北大西洋条約機構（NATO）への加盟を申請するとともに、軍備増強を決定するに至った。さらに、カイッコネン国防相もマリン首相と同様、ロシアのみならず、国際社会に挑戦する中国への懸念を表明し、「インド太平洋地域の安全保障環境を注視している」と言明したのである。

歴史的にもソ・フィン戦争（1939―44年）を戦い抜いたその類まれな祖国愛と不屈の精神はよく知られ、旧日本軍将校も称賛していた。

両国は単に基本的価値やロシアを挟んで隣国にあるという戦略的立場を共有しているだけではなく、日露戦争から第2次世界大戦に至る100年を超える軍事関係の歩みに育まれた「天賦のパートナーシップ」と共通の国民性に由来する良好な国民感情がある。

日本としても、フィンランドの期待に積極的に応え、歴史の遺産を生かしつつ防衛協力をより強化していくべきであろう。

防衛力強化へ道筋示す

有識者会議で浜田防衛相

政府は10月20日、「国力としての防衛力を総合的に考える有識者会議」の第2回会合を首相官邸で開いた（既報）。

メンバーは座長の佐々江賢一郎元外務次官、黒江哲郎元防衛次官ら10人で構成。政府からは岸田首相、林外相らが出席し、浜田防衛相が防衛力の抜本的な強化に向けた目標とタイムラインについて説明した。

浜田大臣が示した防衛省の資料（表）＝内閣官房HP＝によると、2027年までの5年間で「我が国への侵攻に対し、我が国が主たる責任をもって対処し、同盟国からの支援を受けつつ、これを阻止・排除し得る防衛力」を構築。概ね10年後までに「より早期に遠方で侵攻を阻止・排除できる防衛力」の整備に努める。

浜田大臣は研究開発について「防衛省以外のプロジェクトに防衛上のニーズをマッチングさせる仕組みを作ることが重要だ」と述べ、今後、個々のプロジェクトに防衛省の研究者が参画する仕組みを含め、関係府省と連携しながら「真に防衛に役立つ仕組み」の構築を目指す考えを表明した。

公共インフラについては、既存施設を平素から柔軟に利用できることの重要性を強調。防衛生産・技術基盤の維持強化に努める考えも示した。その上で「1発のミサイルも撃たせない我々の意志をしっかりと示すことが目標だ」と述べた。

防衛力強化の目標と概ねのタイムライン

分　野	2027年までの5年間	概ね10年後まで
スタンドオフ防衛能力	●実践的な運用能力を獲得	●より先進的なスタンドオフ・ミサイルの装備化 ●所要の数量の保有
総合ミサイル防空能力	●極超音速兵器に対処する能力を強化 ●小型無人機に対処する能力の強化	●広域防空能力の強化 ●より効率的・効果的な無人機対処能力の強化
無人アセット防衛能力	●無人機の活用を拡大し、実践的な運用能力を強化	●無人アセットの複数同時制御能力などの強化
領域横断作戦能力	●宇宙領域把握（SDA）能力、サイバーセキュリティー能力、電磁波能力などの強化	●宇宙作戦能力のさらなる強化 ●無人機と連携する陸海空能力の強化
指揮統制・情報関連機能	●ネットワークの抗たん性を強化しつつ、AI等を活用した意思決定の迅速化	●AI等を活用し、情報収集・分析能力をさらに強化しつつ、常時継続的な情報収集・共有体制を強化
機動展開能力	●自衛隊の輸送アセットの強化や民間船舶の活用など輸送・補給能力を強化（部隊展開・国民保護）	●補給拠点の改善などによる、輸送・補給の迅速化
持続性・強靭性	●弾薬・誘導弾の数量を増加 ●緊急に必要な火薬庫等の確保	●弾薬・誘導弾の適正在庫を維持・確保 ●弾薬所要に見合った火薬庫等のさらなる確保

（内閣官房HPの資料を基にした要旨）

フリートウイークが開幕

海自創設70周年記念「令和4年度国際観艦式」が11月6日に実施されるのを機に、10月29日、各地で関連イベントの「フリートウイーク」が始まった。横須賀基地では艦艇が満艦飾に彩られ、護衛艦「いずも」＝写真、「ひゅうが」、「あさひ」が一般に公開された。

フリートウイークは11月13日まで続き、横浜や船橋、東京国際クルーズターミナルなどで艦艇公開や、音楽隊による演奏会、広報イベントなどが行われる。

「先制攻撃許されない」

反撃は敵が攻撃着手時

防衛相

浜田防衛相は10月21日の記者会見で、政府が保有を目指す「反撃能力」の議論に関し、「我が国が自衛権を行使できるのは、他国が武力攻撃に着手した時点であり、いわゆる『先制攻撃』を行うことは許されないとの考えに変更はない」と強調した。

浜田大臣は、我が国に対する武力攻撃が発生した場合とは、「他国が我が国に対して武力攻撃に着手した時」であるとの従来からの政府見解を示した上で、どの時点で武力攻撃の着手があったと見るべきかについては、「その時点の国際情勢、相手方の明示された意図、攻撃の手段、態様などによるものであり、個別具体的な状況に即して判断すべきものだ」と説明した。

その上で「国民の命や暮らしを守るために十分な備えができているのか、いわゆる『反撃能力』も含め、あらゆる選択肢を排除せず、現実的に検討しているところであり、与党間での議論も踏まえつつ、検討を加速させていく」と述べた。

キーン・ソード23

日本周辺で実施へ

武力攻撃事態などを想定した令和4年度日米共同統合実動演習「キーン・ソード23」が11月10日から同19日まで、日本の周辺海空域と自衛隊施設、在日米軍基地などで行われる。

日米共同統合演習は1985（昭和60）年度に開始され、ほぼ毎年、実動演習「キーン・ソード」と指揮所演習「キーン・エッジ」を交互に実施しており、実動演習は今回で16回目。

自衛隊側は山崎統幕長を統裁官に、統幕と陸海空自、情報本部から隊員約2万6000人、艦艇約20隻、航空機約250機、米側は太平洋艦隊海上作戦部長のダニエル・マーティン海軍少将を統裁官に、インド太平洋軍、在日米軍などから約1万人、艦艇約10隻、航空機約120機が参加する。

今回は、米軍の指揮下で英、豪、加軍が加わるとともに、NATO（北大西洋条約機構）加盟国もオブザーバーとして来日する。

国際観艦式 概要を発表

韓国海軍が7年ぶりに参加

海幕

海幕は10月27日、相模湾で11月6日に行われる「令和4年度国際観艦式」の概要について発表した。海自の艦艇20隻、陸海空の航空機がブルーインパルスも含め27機、外国の招待艦が13カ国から19隻、米国の航空機5機が参加する。海自以外では海保の巡視船1隻も加わる。

「国際観艦式」は海自創設70周年記念行事の一環で、20年ぶり2回目の開催。海自は西太平洋海軍シンポジウム（WPNS）の加盟国に招待をかけ（ロシアは取り消し）、海外から米、英、豪、加、印、ブルネイ、インドネシア、マレーシア、ニュージーランド、パキスタン、韓国、シンガポール、タイの13カ国が参加する予定だ。韓国軍が日本の観艦式に出席するのは2015年以来、7年ぶり。

今回はコロナ禍を踏まえ無観客で開催することが決定しており、観艦式の模様は海自の公式YouTubeチャンネルで配信する。観艦式終了後、各国の参加艦艇とともに多国間共同訓練を実施する。

浜田防衛相は28日の会見で「観艦式を通じて参加国海軍との信頼醸成や友好親善を促進することで、地域の平和と安定を図っていく」と述べた。

春夏秋冬

実家の誇り

コシノ ジュンコ

当時Mr JUNKOのアンダーウェアの業務提携をしていた会社から新潟の地場ニットメーカーの人出不足が深刻でなんとかしたいと。ファッションショウで花火を上げて地域と産業を盛り上げたいのでなんとかファッションショウはできないものだろうかとの打診を受けての訪問だった。主催者は新潟県見附市ニット協同組合。実際ショウを見たことのある人の数も限られていた。

ほとんどの組合員が卒業をした小学校の体育館は、年代物の鉄骨の梁で支えられていた。小学校の校庭で私を見つけた女性の先生は、私に子供たちの前でサインを求めた。学校から家に戻れば機械油と飛び交う綿で家業への希望を見出せない子供たちばかりだった。この子供たちにもショウを見せようと思った。そしてそのショウは組合員である親たちが運営する仕組みで取りかかった。

でき上がった作品をただ東京から持ってきて見せるだけでは勉強にならないと思い複数の提案をした。ひとつは作品の一部を現地見附で製作、そしてそれをパリのショウに出品、そして東京に続いて見附でも。話は進み、パリコレの新作をここで作ることに。もうひとつはショウの運営。さすがに音響や照明は私たちでも専門家に任せているので。案内状、当日の受付、お客の誘導、舞台裏のモデルのフィッティングなどを組合員で。話がまとまると若手の一部がパリまで行くことになった。モノづくりはどうしても視界が狭くなるので生産者が世界の消費地を体験することは素晴らしい。まして自分たちの製品がパリの舞台を歩く。

教室はフィッティング、ヘアー・メイクアップルームに。リハーサルショウでは市長が小学生を誘導。「大人は後ろへ」と叫んでいた。眼をきらきらさせ見入る小学生。外国人モデルが着用する作品が実家の綿ぼこりの工場で作られた事実を受け止めていた。家業とは異なる将来の夢を見ていた子供たちは父母の仕事が誇りに変わっていった。

後日お礼に訪れた市長からは「続けてください」と。学校の授業を通して子供たちのデザイン画を公募審査。入選作品を組合員が製作して、ファッションショウの二部として本人がモデルとなって登場する提案をした。

舞台を歩く子供たちの誇りが自信に変わっていった。

（デザイナー）

朝雲寸言

NHKの報道番組「ニュースウォッチ9」の10月14日の放送は、いつもの東京放送センターからではなく大阪放送局からだった。武田真一アナウンサーは「大阪局は、首都圏で大きな災害が起き東京から放送を出せない時のバックアップとして強化を進めています」と番組冒頭で説明した。以前から金曜日の夕方の番組などが大阪発なのを、東京の代替機能を錬成しているのかなとみていたので得心がいった▼同様の動きはNTTもみせている。同社は8月、東京大手町の本社で災害対応などを担う社員約200人の勤務先を、群馬県高崎市と京都市に分散させることを発表した▼有事への備えで必須なのは、司令塔が壊滅・消失し、全体への指揮・統制をとれる部署が不在になる事態を回避できる体制を入念に組むことだ。ロシア軍はウクライナ侵攻冒頭で空挺部隊を首都キーウに突入させ、同国を無政府状態にしようとした。辛くもそうした事態は回避されたものの、万一首都を制圧されていたら、ウクライナは「臨時首都」を即座に稼働させることができていただろうか▼他国の取り組みを論評している余裕は今の日本にはない。とかく「縁起でもないことは言わない」という言霊の考え方の強い日本にあって、NHKやNTTの果敢な取り組みは企業にとどまらず政府や自治体も大いに模範とすべきことだろう。閣議や国家安全保障会議なども地方で開催する試みをしてはどうだろうか。

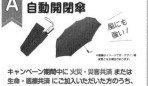

時の焦点

国内

デュアルユース

民生と軍事に境界はない

先端的な科学技術研究の成果を、安全保障政策に役立てることができれば、防衛力は強化される。政治と学術の不毛な対立を収拾し、前に進むべきだ。

政府全体の科学技術関連予算は、約4兆2000億円にのぼるが、防衛省の予算は、その4%程度に過ぎない。防衛予算の拡充は不可欠だが、防衛省分だけを大幅に伸ばすのは、現実的には難しい。

科学技術関連予算の半分を占めているのは文部科学省で、国立大学運営費交付金や私学助成、科研費などが含まれている。省庁の縦割りを排し、大学や、文科省が所管する研究開発法人に、防衛に資する研究に取り組んでもらうことも考えたい。

政府の防衛力強化に関する有識者会議でも、先端研究を民生でも軍事でも使えるようにする「デュアルユース（両用）」をどう実現していくかが論点になっている。

長年、学術界は、「戦争に加担することになる」といった理由から、安全保障に関連した研究に慎重だった。特に国立大学の研究者に、そうした考え方が強いという。

だが、技術革新によって、民生と軍事を切り分けるのは難しくなっている。最新鋭の戦闘機や護衛艦には、電子機器や、チタンを加工した軽金属など、様々な民生品が使われている。人工衛星を使った通信網は、防衛にも一般の通信にも利用されている。

政府は、科学技術を防衛にも生かす取り組みを強化する必要がある。まずは政府の体制を改めたい。科学技術政策の司令塔である「総合科学技術・イノベーション会議」の構成員に、防衛相を含めてはどうか。

政府内では、防衛装備庁に研究機関を新設し、大学や民間企業の研究者らを呼び込む構想がある。米国防総省傘下の国防高等研究計画局（DARPA）をモデルにした案だ。DARPAは、民間と協力し、軍事用に開発した全地球測位システム(GPS)を一般に普及させたことで知られる。

防衛力強化のための有識者会議でも、大学の外に拠点を設け、防衛装備庁や大学、民間企業の研究者が集う枠組みを創設する案が浮上している。

「産官学」の連携に向けて、どのような研究組織を作るべきか、知恵を絞ってもらいたい。

研究者側の意識を変えることも不可欠だ。

科学者の代表機関である日本学術会議は7月に、政府に提出した書面で、民生と軍事を「単純に二分することはもはや困難」だと表明した。デュアルユースの先端研究を事実上、容認する見解は、評価できる。

日本の安全保障環境は悪化している。政治と学術界が対立していては、変化に対応できない。学術会議は見解だけでなく、先端技術の研究への協力など、具体的な行動を示してもらいたい。

夏川 明雄（政治評論家）

海外

中国の習指導部

3期目は台湾にらむ布陣

国際的に注目されていた中国共産党大会では、習近平総書記（69）が「2期10年まで」「68歳以上は定年」の慣例や不文律を破り、最高指導者として3期目も務めることが確定する一方、党序列2位の李克強首相（67）ら「非習近平派」と目される幹部の退任が決まった。党大会で採択された最高規則の改正党規約に、習総書記（国家主席）の地位と権威を守ることを党員に義務づける「二つの擁護」が盛り込まれたことと併せ、異例の3期目を迎える習氏の権力基盤は一段と強固になった。

党規約の改正案段階では、習氏への忠誠を求める「二つの確立」というより強い意味合いのスローガンが明記されるとみられていた。しかし、党大会後に公表された党規約全文では文言が「二つの擁護」にややトーンダウンした。過度な権力集中に対して党内長老を中心に批判があることへの一定の配慮とも受け止められている。一方、党規約には、自由主義や民主主義など日米欧とは異なる中国独自の発展モデル「中国式現代化」が盛り込まれており、長期戦略に基づき、欧米主導の国際秩序に対抗していく姿勢を鮮明にした。

最高指導部人事では、7人の党政治局常務委員のうち、習氏とは距離があるとされた共産主義青年団出身の李克強首相と汪洋全国政治協商会議主席が退任となったほか、次期首相候補だった胡春華副首相も党政治局員から外れ、降格となった。その一方で、李強氏（序列2位）、趙楽際氏（同3位）ら新たに4人が最高指導部入りしたが、いずれも習氏の地方幹部時代の忠実な側近や部下で、自身の忠臣で固めた一強体制を完成させた。

また、軍の最高指導機関である中央軍事委員会の人事も決まり、制服組トップの副主席には張又侠、何衛東の両氏が就いた。張氏は習氏と親子2代にわたるつながりがあるとされ、72歳と高齢ながらも再任された。台湾方面を担当する東部戦区の司令官を務めた何氏も習氏に近いとされ、台湾統一をにらみ、軍中枢を自身に近い人物で固めた。習総書記は党大会の活動報告で、台湾への武力行使を「放棄することはない」と強調し、採択された党規約でも「『台湾独立』に断固反対し、抑え込む」との文言を盛り込んでおり、中央軍事委人事と併せ、台湾統一に向けた強いメッセージを打ち出した形だ。

習総書記の3期目入りについて、日本政府は台湾統一を狙う習氏が強硬な外交攻勢や軍事圧力を強めることを警戒し、首脳会談の機会などを通じて抑制を促す方針だ。

中国新体制の外交関係人事も警戒感を抱かせる要因だ。中央委員から党政治局員に昇格し、外交部門トップに就くのが確実視される王毅氏は駐日大使を務めた知日派だが、外相就任後は台湾をめぐる日本側の言動を非難する発言を続けてきた。

「戦狼外交」と呼ばれる近年の強硬な中国外交の急先鋒で、南シナ海や東シナ海での海洋進出に拍車がかかりそうだ。

日本としては、台湾情勢などをめぐって事態の悪化を防ぐため、米国や豪州との連携に加え、中国側との対話も並行して追求する硬軟両様の対応が喫緊の課題となる。

伊藤 努（外交評論家）

秋の叙勲

防衛省関係者118人が受章

下平元空将に瑞宝重光章

政府は10月25日の閣議で、令和4年「秋の叙勲」受章者約4000人を決めた。発令は11月3日付。防衛省関係の受章者は118人（うち女性3人）で、師岡英行元補給統制本部長、宮浦弘児元舞鶴地方総監ら10人に瑞宝中綬章が贈られたのをはじめ、瑞宝小綬章は59人、瑞宝双光章は26人、瑞宝単光章は23人がそれぞれ受章した。このほか、内閣府関係者として、下平幸二・元空将（元防衛省情報本部長、元内閣衛星情報センター所長）が瑞宝重光章を受章した。受章者の氏名は次の通り。

（50音順、階級、役職は退職時、敬称略）

〈瑞宝重光章〉

▽下平幸二空将（防衛省情報本部長、内閣衛星情報センター所長）

〈瑞宝中綬章〉

▽安達孝昭海将（技術研究本部技術開発官）▽及川博之事務官（近畿中部防衛局長）▽田中弘和教官（防大名誉教授）▽寺田和典陸将（技術研究本部技術開発官）▽道鎮雄二事務官（装備施設本部副長）▽古川明技官（同）▽三本明世陸将（富士学校長）▽宮浦弘児海将（舞鶴地方総監）▽師岡英行陸将（補給統制本部長）▽山口秀谷教官（防大名誉教授）

〈瑞宝小綬章〉

▽阿部裕1空佐（空自情保隊副司令）▽市橋映陸将補（富教団副長）▽伊藤春男事務官（防衛監察本部総務課長）▽伊東基行陸将補（中業支副長）▽稲垣文一事務官（札幌地本副長）▽井上潔空将補（3補処長）▽大城成一郎陸将補（健軍駐業隊長）▽大久保裕技官（技本電子装備研究所飯岡支所長）▽大塚達海将補（技本技術開発官付主任設計官）▽岡田幸一1空佐（2教群司令）▽小澤勇海将補（横監幕僚長）▽小野賢司1空佐（2輸空司令）▽小原久志海将補（横教司令）▽片山和美陸将補（装実隊長）▽上村適陸将補（陸幹校副長）▽川口洋市陸将補（3師団副長）▽北垣哲夫1陸佐（北方航副長）▽木下典夫陸将補（通団副長）▽木村啓海将補（月教空司令）▽黒田博行1空佐（3空団副司令）▽郡山勝英陸将補（東北方監察官）▽小宮克美空将補（空幹校主任教官）▽近藤義廣空将補（同教育部長）

▽志賀洋介海将補（阪基司令）▽重利千章技官（装備施設本部調達企画課調達情報管理室長）▽下之薗正俊陸将補（海田市駐業隊長）▽神隆1空佐（プログラム管理隊司令）▽新名進1陸佐（2施団副長）▽鈴木清美1空佐（空補本監察官）▽神山正美陸将補（陸幹校主任教官）

▽高田博幸海将補（海警務隊司令）▽丹下惇一陸将補（東方会計隊長）▽堤明夫海将補（海幹校主任教官）▽堤香志郎1海佐（横監経理部長）▽中村信俊事務官（情本情報保全官）▽中村泰孝技官（駐留軍等労働者労務管理機構業務部長）▽萩原米雄空将補（教育集団幕僚長）▽橋口利廣1空佐（空3術校副長）▽長谷川孝幸陸将補（東方警務隊長）▽原田千敏空将補（13飛教団司令）▽日高洋三1海佐（鹿空基司令）▽平田常善陸将補（小平校会計教育部長）▽平山孝雄海将補（シス通群司令）▽廣田義則陸将補（関西処長）▽福田泰正陸将補（西方後支副長）▽福山建志空将補（特別輸送司令）▽古屋信明教官（防大名誉教授）▽別所利通陸将補（少工校長）

▽松井博1海佐（2整補隊司令）▽松永茂空将補（空幹校主任教官）▽三浦慎平1陸佐（技本技術開発官付総括室長）▽三竿明陸将補（防大教授）▽村田和美1陸佐（通信保全監査隊長）▽門馬隆行陸将補（中央病院1歯科部長）

▽山内正1陸佐（中方情保隊長）▽山下高憲1陸佐（5施団副長）▽山本麻雄陸将補（富校副長）▽奥國洋陸将補（福岡駐業隊長）▽渡邊正和空将補（空2術校副長）

〈瑞宝双光章〉

▽安倍公明1陸佐（特別輸送飛行隊長）▽有木正1空佐（空教隊生徒隊生徒大隊長）▽今村直1空佐（空5術校教務課長）▽今村夏義1陸佐（札幌地連企画調整室長）

▽小川幸雄1陸佐（補統誘導武器部技術2課長）▽尾北隆史2海佐（ときわ機関長）▽小原徹1海佐（201教空副長）

▽加賀孝裕2空佐（1空団飛行幹部教育隊長）▽亀川芳三技官（九州局管理部長）▽鴨川眞一2陸佐（7後支連副長）▽河合正行1空佐（4空団4基地防空隊長）▽川村廣明1空佐（航空総隊飛行隊支援飛行隊長）▽菅野滋由2空佐（管制群装備部長）▽木下洋一1陸佐（西方援護業務室企画班長）▽艸川隆雄2陸佐（千僧駐業総務科長）▽公平敏行2陸佐（衛校企画室副長）

▽佐々木政廣1陸佐（八尾駐業隊長）▽佐田敏裕1陸佐（3特連副長）▽佐藤剛1空佐（管制群総務部長）▽塩見修1陸佐（東方通群副長）▽鈴木眞廣1海佐（203教空副長）▽武田繁典1海佐（教空団幕僚）▽中川利春2海佐（舞空六分隊長）▽長倉俊一1海佐（鹿児島試験所長）▽余壇勉1空佐（飛点隊飛行隊長）▽吉永英明2空佐（6空団監理部長）

〈瑞宝単光章〉

▽伊東文雄技官（横弾補所）▽永樂己善技官（玖珠駐業）▽大川敬子技官（関東処松戸支）▽岡山芳朗技官（舞造補所）▽小野岩夫技官（富校）▽貝塚幸男技官（北海道処沼田弾支）▽角田光夫技官（関東処）▽景山均技官（阪神病院）▽加藤進一技官（教整隊）▽北向和佳子技官（大衛生）▽栗田民昭技官（札幌病院）▽佐々木稔技官（船岡駐業）▽住田敏明技官（北海道処）

▽髙橋栄治技官（立川駐業）▽瀧口浩三技官（練馬駐業）▽辰岡伸敏技官（福知山駐業）▽谷永智恵子技官（防医大病院）▽伴秀知技官（久居駐業）▽平盛和幸技官（空補処下総支）▽前野英伸技官（舞造補所）▽森本寛技官（関西処三軒屋弾支）▽山本伸二技官（佐造補所）▽山本晴行技官（2補十条支）

沖縄空域で空自が日米共同訓練実施

航空自衛隊は9月28日と10月13、18日、沖縄周辺空域で日米共同訓練を行った。

いずれも空自の戦術技量、日米共同対処能力の向上を目的としたもので、9月28日は9空団（那覇）のF15戦闘機4機と南西航空警戒管制団（同）、米空軍から18航空団（嘉手納）のF15C戦闘機4機、KC135空中給油機1機、米海兵隊から12海兵航空群（岩国）のF35B戦闘機3機が参加。10月13日は9空団のF15が2機と南西航空警戒管制団、米空軍から18航空団のF15C2機、同18日は9空団のF15が2機と南西航空警戒管制団、米空軍から18航空団のF15C6機が参加し、各種戦術訓練を行った。

空自の航空総隊総合訓練始まる

航空自衛隊の令和4年度航空総隊総合訓練が10月26日から、自衛隊基地、我が国周辺空域などで始まった。11月19日まで。

我が国の防衛に係る空自の作戦運用について演練し、後方支援施設が不十分な飛行場への航空機部隊の迅速な機動展開能力や高射部隊の機動展開能力の維持・向上を図るもので、航空総隊、航空支援集団の約250人、航空機約20機、車両約20両が参加し、機動展開訓練などを行う。

防衛省発令

▽空幕運用支援課部隊訓練3班長（3輸送航空隊飛行群司令）　1空佐　松浦　清心

▽航空支援集団防衛課長（空幕運用支援課部隊訓練3班長）　同　壹岐　香里

▽3輸送航空隊飛行群司令（1輸送航空隊監理部長）　2空佐　吉田　哲也

（以上10月24日）

訂正

10月20日付1面「春夏秋冬」の筆者名が「鶴岡彰容」とあるのは「鶴岡路人」の誤りでした。鶴岡様には大変ご迷惑をお掛けしました。お詫びして訂正します。

基調講演で「代理戦争に巻き込まれてはならない」と警鐘を鳴らす平川東大名誉教授（壇上）＝10月20日、ホテルグランドヒル市ヶ谷

日本戦略研究フォーラム・シンポ

「歴史の分水嶺に立つ日本」テーマに

日本戦略研究フォーラム（JFSS）主催の第45回定例シンポジウムが10月20日、「歴史の分水嶺に立つ日本」をテーマに東京都新宿区のホテルグランドヒル市ヶ谷で開催された。各登壇者は故・安倍晋三元首相が一貫して訴えていた「戦後レジームからの脱却」を受けて、これからの日本が進むべき針路について講話した。

最初に、平川祐弘東大名誉教授が基調講演。日中の現代史を振り返った上で、「習近平は国家主席という名の“始皇帝”になろうとしている」と指摘し、台湾有事に際しては「日本は代理戦争に巻き込まれてはならない。必ず米国(だけの)有事でなければならない」と述べた。

続いて元駐ベトナム、ベルギー大使を務めた坂場三男氏が登壇。紀元前3世紀の「戦国の七雄」時代、超大国化する秦を前に合従策がとれなかった各国の状況と現在の東アジア情勢の類似点を指摘。これを踏まえ、「日本は『夢想的一国平和主義』を克服していかなければならない」と提言、「反撃能力なくして抑止はできない。積極的な自主防衛政策の推進が日米同盟の強化には不可欠だ」と述べた。

次に李相哲龍谷大教授が、日韓関係に言及し、「韓国と仲たがいすれば利するのは中国だ。歴史を振り返ると、三国志では蜀が個人的な恨みで呉と戦ったことで、両国は魏に滅ぼされた。日本は『韓国観』を問い直し、どう付き合うか方向性を定める必要がある」と主張した。

最後に千野境子産経新聞客員論説委員が講話。歴史の転機を作った故・安倍元首相、ゴルバチョフ元ソ連大統領、エリザベス女王―の3人の功績をたたえた上でロシアのウクライナ侵攻に触れ、「事実上の『第三次世界大戦』という認識を持たなければならない。過剰な平和主義で戦争への想像力が欠如している日本には、覚悟と準備が必要だ」と主張した。

4者の発表に先立ち、岩田清文元陸幕長が今夏に行われたJFSS主催の第2回政策シミュレーション「徹底検証：台湾海峡危機　日本はいかに備えるべきか」の概要とシナリオを解説した。

共済組合だより

インフルエンザの予防接種を助成　来年1月31日まで

防衛省共済組合では、組合員の被扶養者を対象に「インフルエンザ予防接種」の助成を行っています。期間は来年1月31日接種分までで。インフルエンザが流行する前に、ぜひ予防接種を受けましょう。

助成対象は予防接種を受けた被扶養者全員で、1人につき年1回助成します。助成額は接種1回につき1500円。接種料金が1500円未満の場合はその額（100円未満切り捨て）とします。

共済組合に助成金を請求する際は、接種後、「インフルエンザ予防接種助成金請求書兼受領書」にインフルエンザ予防接種を受けたことが分かる記載のある医療機関発行の領収書またはそれと同等の書類を添え、所属する支部に提出してください。請求期間は来年2月末日までとなっています。

なお、「経鼻インフルエンザ生ワクチン（フルミスト）」等、厚生労働省未承認のワクチンは助成の対象となりません。ご注意ください。

米豪比主催共同訓練「エクササイズ・サマサマ／ルンバス2022」

日・仏・英海軍も参加

通信、洋上補給など連携強化

インド太平洋方面派遣（IPD22）第2水上部隊（指揮官・坂田淳2海佐＝「きりさめ」艦長、約180人）の護衛艦「きりさめ」と第3航空部隊の救難飛行艇US2は10月11日から18日まで、フィリピン南西のスールー海で米豪比主催共同訓練「エクササイズ・サマサマ／ルンバス2022」に参加した。

「サマサマ」は米比が地域における危機に対応する能力を向上させるため定期的に実施している訓練で、「ルンバス」は豪比による共同訓練。今回、この二つの訓練が初めて同時に行われ、海自とフランス領ポリネシア駐留フランス軍、英海軍が加わった。

米海軍の駆逐艦「ミリウス」とP8A哨戒機、豪海軍の駆逐艦「ホバート」と補給艦「ストルワート」、比海軍のフリゲート「ホセ・リサール」とC90、仏海軍のFALCON200哨戒機、英海軍の哨戒艦「スペイ」が参加。

各国艦艇と航空機は、通信、洋上補給などさまざまな訓練を行い戦術技量の向上を図るとともに、参加国海軍との連携を強化した。

クロスデッキでは豪海軍と比海軍の艦載ヘリが「きりさめ」に着艦した。比海軍の艦載ヘリが他国艦艇に着艦するのは今回が初。また捜索救難訓練では、米第31海兵遠征隊の海兵隊員が海自のUS2に搭乗し、艦船と交信しながら訓練海域に接近。共同で捜索活動を行うなど相互の運用性を高めた。

坂田艦長は「各国から艦艇のみならず航空機も参加したことで、連携の深さと幅をさらに広げることができた」と訓練の意義を述べた。

捜索救難活動に参加する海自の救難飛行艇US2（右は豪駆逐艦「ホバート」）

クロスデッキで護衛艦「きりさめ」に着艦したフィリピン海軍の艦載ヘリ（10月14日）

洋上補給を行う米補給艦「ユーコン」（左）と護衛艦「あさひ」

米空母レーガンと日米共同訓練

陸自も参加し統合運用能力強化へ

2護群2護隊（佐世保）の護衛艦「あさひ」（艦長・池田忠司2佐）は10月1日から10日まで、同盟の抑止力・対処力強化を目的に日本海で日米共同訓練を実施した。

米海軍からは第7艦隊の空母「ロナルド・レーガン」、巡洋艦「チャンセラーズビル」、駆逐艦「ベンフォールド」、補給艦「ユーコン」が参加。日米両艦隊は対水上戦や洋上補給など各種戦術訓練を行い、相互運用性の向上を図った。

また訓練期間の2、3の両日には、陸自の第1特科隊（北富士）と東北方特科隊（仙台）も加わり、米軍と共同で対艦戦闘訓練を実施。参加部隊の統合運用能力を強化させた。

不審船対処で海保と訓練

舞鶴、大湊、佐世保地方総監部

追跡・監視など技量向上へ

海自の舞鶴、大湊、佐世保各地方総監部はこのほど、日本周辺海域における不審船への共同対処能力の強化を目的に海保と共同訓練を実施した。

舞鶴監は10月12日、日本海で第八管区海上保安本部（舞鶴）と訓練を行った。14護隊の護衛艦「せとぎり」、第2ミサイル艇隊のミサイル艇「うみたか」、SH60K哨戒ヘリが参加。海保からは巡視船「きそ」「あさま」「ほたか」、巡視艇「あおい」が加わった。両艦艇は重要施設に不審船が向かっているとの想定で、情報共有や共同追跡、監視、停戦措置などを行い技量の向上を図った。

さらに13日に日本海で大湊監の護衛艦「しらぬい」が第二管区と、19日には東シナ海で佐世保監の護衛艦「さわぎり」、ミサイル艇「おおたか」、SH60K哨戒機が第七管区とそれぞれ共同訓練を実施。不審船対処の流れを演練し、連携を強化させた。

記念写真に納まる舞監の下淳市総監（右）と第八管区海上保安本部の榎本雄太本部長（10月12日）

海保との訓練に参加するミサイル艇「おおたか」（左）＝10月19日

前事不忘　後事之師　第82回

「会議は踊る、されど進まず」と揶揄されたウィーン会議

ウィーン会議

「会議は踊る、されど進まず」の真意

ナポレオン戦争後に開催されたウィーン会議と言えば、「会議は踊る、されど進まず」と揶揄され、舞踏会ばかりで、成果の乏しい国際会議であったとの印象です。しかしながら、多くの歴史家は、ナポレオン戦争後から第一次世界大戦まで、ヨーロッパ全体を巻き込む戦争がなく、ほぼ百年におよぶ平和の時代の礎を作り出したのは、ウィーン会議であり、それは最も巧くいった戦後処理だったと指摘しています。平和を生み出した要因は、再び革命と戦争が起きることとの恐怖から、フランス革命前の政治体制に戻そうとの指導者達のコンセンサスと主要国間の力の均衡の構築だったとされていますが、興味深いことに、国際政治学者の高坂正堯は、その名著「古典外交の成熟と崩壊」において、踊る会議のスタイル自身が平和構築に貢献した重要な要因だったと主張しています。

「会議は踊る」という言葉を残したのは、オーストリアのリーニュ老公爵シャルル・ジョゼフという人物ですが、彼は、しかめ面で進まない会議を見ていたのではなく、率先して踊り、楽しみながら「ここでは快楽の追求が平和を実現しつつある」と述べたそうです。ウィーン会議はフランス革命が打倒しようとした貴族階級の人々が主導しましたので、彼らの社交の場であるサロンの雰囲気の中で行われたと高坂は言います。

サロンは、女主人公が主催し支配的な役割を果たしていましたが、そこでは、政治のことだけをしかつめらしく論理一貫して語ることはおよそ不人気であり、愛を語り、芸術について論じながら、遊びの感覚で政治を語るのがスタイルでした。

そうした雰囲気のサロンに参加した人々は、理想や情熱をたぎらせて社会構造の大変革を実現しようする試みは、自然に反する愚かなことであり、人間の能力を超える危険なことだと見なしていました。同様に、ウィーン会議の参加者たちも、フランス革命のように力づくで事業を推進することには、反対でしたし、また、自分たちと対立する考えと戦う時にも、強引な行動は控えました。ウィーン会議の議長を務めたオーストリア外相メッテルニッヒの敵対するナポレオンへの対応はその典型でした。

ロシア戦役に敗れて逃げ帰るナポレオンに対して一気に事を決しようとするロシアやプロシアに対して、彼は水を差すようなことを敢えてして、ロシア・プロシア軍とナポレオンとの仲介の労をとろうとします。メッテルニッヒは、「強大すぎるフランスは危険だが、フランスをなくすことが不可能な以上、いかにしてフランスに適当な位置を与えるかが重要」と考えていたようです。彼は、ナポレオンとの戦争を好敵手との「ゲーム」のように見ており、遮二無二、ナポレオンの打倒という目的に邁進することは、ゲームそのものを損ねると考えていたのではと高坂は、分析します。

高坂は「勝つことが唯一の目的であり、ただ危険であるという理由だけでルールを守らなくてはならないという場合には、ルールは全く弱々しい存在でしかない。勝つという目的だけが重要ではなく、ゲームそのものが重要であって初めてルールは確固たる座を得る」と述べています。おそらくこれは、各国が過剰な勝利の追求を行えば、ゲームのルールの崩壊を通じて、ゲームそのもの、即ち国際社会全体の調和や均衡が壊されることになり、ついには全ての国が安全を得られなくなることを言わんとしたのではと私は解釈します。〝怠惰を誇ることを通じて過剰を排除〟し、〝自制を尊ぶ心〟こそがウィーン会議の参加者に共有された精神であり、この精神ゆえにヨーロッパ主要国間の勢力均衡は維持され、ヨーロッパの平和を支えたと高坂は説明しています。

しかし、こうしたウィーン会議のスタイルは、フランス革命以前の旧制度のものであり、フランス革命が解き放ったエネルギーによってやがて粉砕されることになります。その結果、ヨーロッパ各国は、力の虜になり、第一次世界大戦へ突入していきます。

国家は、国際社会の舞台において、国益の追求を行うものだと言われます。自己主張はもちろん必要ですが、それが〝自制〟の伴わない形で行われれば、結局は破滅の道に向かうことを歴史は教えていると思います。

鎌田　昭良（元防衛省大臣官房長、元装備施設本部長、防衛基盤整備協会理事長）

…… 前事忘れざるは後事の師 ……

第39回危険業務従事者叙勲

元自衛官949人が受章

政府は10月3日の閣議で第39回危険業務従事者叙勲の受章者を決めた。発令は11月3日付。防衛省関係者では949人（うち女性7人）が受章した。危険業務従事者叙勲は自衛官、警察官、消防士など危険性が高い業務に精励し、社会に貢献した公務員を表彰する制度で、関係省庁の大臣の推薦に基づき受章者を決定。防衛省関係者のうち、「瑞宝双光章」は476人（女性1人）、「瑞宝単光章」は473人（同6人）。1佐から准尉までの61歳から71歳までの元自衛官が受章した。防衛省関係の受章者は次の各氏。

（階級、所属は退職時）

■瑞宝双光章476人

◇陸自（307人）

▽青木広司1尉（北方通群）▽青山守仁1尉（守山駐業）▽芦野晃3佐（10施群）▽阿部幸喜2尉（新発田駐業）▽阿部重喜1尉（9特連）▽阿部亮3佐（東北方音）▽新井英雄2佐（13旅団）▽荒川久志3佐（駒門駐業）▽荒木優子1佐（福病）▽有川滝朗3佐（中方通群）▽有永浩巳3佐（19普連）▽飯田淳1尉（九州処）▽飯塚久司3佐（島根地本）▽飯畑道広2佐（47普連）▽飯森一之3佐（中会）▽五十嵐誠2尉（高射校）▽五十嵐正和3佐（2曹教）▽壬生智也2尉（7高特連）▽池島正宏2佐（3普連）▽池田一臣3佐（東北方航）▽石川秀樹1尉（熊本地本）▽石坂剛3佐（帯広支局）▽石鉢康浩2佐（1高特大）▽石村良治2佐（宮城地本）▽石本太1尉（施教導）▽市川章夫2佐（大和駐業）▽市來毅2佐（東方）

▽一ノ瀬利秋2尉（熊本地本）▽伊藤功1尉（情保隊）▽井藤信彦3佐（大宮駐業）▽伊藤昌弘3佐（北方後支）▽井上哲也2尉（善通寺駐業）▽井上義春1尉（八尾駐業）▽岩下盛秀1尉（8後支連）▽臼井誠3佐（阪病）▽有働雅之3佐（大分地本）▽宇野克介2佐（幹校）▽梅田環2佐（北方航）▽江口光徳2佐（西方航）▽繪島浩光3佐（南関東局）▽江角弘3佐（情保隊）▽衛藤栄治3佐（北海道処）▽蝦名利浩2佐（東北方航）▽遠藤潤1尉（訓評隊）▽遠藤洋三1尉（7偵）▽及川正洋2佐（6後支連）▽大岡裕之2尉（7師団付隊）▽大川勝幸2尉（東北方通群）▽大瀬茂雄1尉（福岡地本）▽太田敦1尉（札幌地本）▽大西邦夫3佐（4飛）▽大西功明2佐（11旅団）▽大西峰博2佐（京都地本）▽大野裕幸2尉（名寄駐業）▽岡本幹生2尉（北海道処白老弾支）▽奥西誠2佐（33普連）▽尾込末男3佐（高射校）▽小崎貴昭1尉（警務）▽小野信明1尉（函館地本）▽小野崎栄治2尉（東北方後支）

▽甲斐徹也3佐（19普連）▽甲斐速人2尉（8戦大）▽改元和裕3佐（九州処）▽柿本弘之3佐（東北方航）▽影野雅彦1尉（東方衛）▽笠井健治3佐（関西処）▽葛西光昭2尉（9通大）▽柏原慎志2佐（幹候校）▽片山貴樹2尉（8偵）▽勝田賢二1尉（8高特大）▽加藤雅彦1尉（東方通群）▽加藤正彦2尉（福井地本）▽金田剛2佐（東京地本）▽樺高明2佐（1特団）▽樺澤大藏1尉（北方後支）▽上岡明雄1尉（13偵）▽神之田裕幸2佐（8通大）▽亀田由則2尉（9後支連）▽菅野広高1尉（飯塚駐業）▽川邊昭男1尉（1機教）▽川畑博孝3佐（西方会）▽関田勲2佐（4後支連）▽菊地宏務3佐（21普連）▽菊池渡1尉（6高特大）▽吉川栄二3佐（松本駐業）▽木下仁2佐（通校）▽木原雅彦3佐（警務）▽木村悟3佐（北海道処白老弾支）▽木村伸2尉（4普連）▽木村信夫3佐（9飛）▽切江孝之2尉（8後支連）▽桐原俊博1尉（8師団付隊）▽櫛田啓之2尉（情保隊）▽九町輝文3佐（1高特群）▽工藤勝彦3佐（2後支連）▽工藤晃嗣1尉（1高特団）▽工藤修一1尉（11施群）▽工藤昇2佐（東北方指訓支）▽工藤雄一1尉（情保隊）▽久保政嗣3佐（1電隊）▽久保政孝1尉（北方通群）▽國分忠夫3佐（6特連）▽小崎一登師2佐（南恵庭駐業）▽小崎浩範2佐（西方衛）▽後藤章吉2佐（航校宇都宮校）▽後藤輝美3佐（西方衛）▽後藤富信1尉（2後支連）▽小林一三3佐（北海道処近文台燃支）▽小林隆3佐（1後支連）▽小林孝治2佐（東京地本）▽小林勉1尉（東方会）▽小林将晃3佐（1特団）▽小松一昌3佐（小平校）▽小松和郎1尉（基情隊）▽小松弘章2佐（2曹教）▽小森健史2佐（中病）▽呉屋弘樹2尉（15旅団）

▽才藤浩3佐（体校）▽阪本雅人3佐（7施大）▽櫻井圭一3佐（千葉地本）▽櫻田英和1尉（北方通群）▽佐々木彰2佐（小平校）▽佐々木健2佐（東北処）▽佐々木秀敏1尉（函館地本）▽佐藤敦3佐（秋田地本）▽佐藤和彦2尉（北方航）▽佐藤圭介3佐（警務）▽佐藤伸次1尉（情本）▽佐藤剛2佐（情保隊）▽佐藤浩人1尉（岩手駐業）▽鮫島幸一2佐（1輸ヘリ群）▽沢口一義3佐（帯広地本）▽澤田美幸3佐（高教導）▽椎野雄成2佐（34普連）▽志賀浩一1尉（宮城地本）▽重吉一彦1尉（国分駐業）▽地主栄次郎2佐（6飛）▽柴田裕美3佐（千葉地本）▽島田友和3佐（広島地本）▽志村克己1尉（会監）▽下村孝史2佐（埼玉地本）▽白岩栄雄3佐（6特連）▽白鳥日佐幸2佐（5旅団）▽菅原康夫2佐（岩手駐業）▽鈴木祝2尉（情保隊）▽鈴木馨1尉（静岡地本）▽鈴木浩3佐（補統）▽鈴木文夫3佐（中方通群）▽鈴木誠1尉（110教大）▽清野幸男1尉（東北処）▽須田直育2佐（情保隊）▽関根弘嗣2佐（訓評隊）▽瀬戸口真3佐（幹候校）▽惣田清1尉（遠軽駐業）▽曽川昌彦3佐（12旅団付隊）▽蘒理隆公3佐（京都地本）

▽平夏樹2佐（鹿児島地本）▽高坂夏樹3佐（武山駐業）▽高橋厚夫2尉（化校）▽高橋奉和2尉（航校霞ケ浦校）▽高橋政美3佐（6師団）▽高見清美1尉（情保隊）▽高柳真一3佐（警務）▽田川邦彦3佐（愛媛地本）▽田口吉蔵2尉（小郡駐業）▽武田亨2尉（6後支連）▽武田信彦2佐（山形地本）▽竹橋鉄夫1尉（駒門駐業）▽竹谷年秋2佐（化校）▽竹山誠一3佐（西方会）▽田中悟3佐（九州処）▽田中照義3佐（西方通群）▽田中博明2佐（情保隊）▽谷下寛3佐（10後支連）▽谷本貴志2尉（航校宇都宮校）▽種田寛1尉（5後支）▽田畑文夫2佐（北方）▽田淵真二1尉（中方会）▽田村勇二3佐（補統）▽塚本敬一2佐（18普連）▽津田三郎3佐（座間駐業）▽土屋明義3佐（通校）▽鶴ケ崎進1尉（9後支連）▽鶴田徳雄1尉（4後支連）▽寺岡浩二2佐（北方）▽渡久地政彦1尉（那覇駐業）▽徳永誠2佐（警務）▽戸髙敏朗2尉（8特連）▽富田伸也2佐（西方情）▽富吉輝明2佐（12普連）▽外山孝志2佐（飛実隊）▽豊政巳2尉（東方通群）

▽永井義広2佐（宮崎地本）▽中尾亮1尉（7普連）▽中島千明2佐（東北方指訓支）▽仲宗根満2尉（15後支）▽仲田正2尉（施教導）▽中谷正一1尉（札病）▽中谷智徳2佐（9施群）▽中根重人1尉（11偵）▽永野泰洋2佐（需校）▽中町幸次2佐（別府駐業）▽中村誠治2尉（中方混団）▽中村将広1尉（静内駐業）▽中村勝1尉（上富良野駐業）▽中森正守2佐（福島地本）▽中矢英男2佐（警務）▽長矢幸和3佐（関東処古河支）▽中屋敷正彦3佐（青森地本）▽永山義和3佐（健軍駐業）▽七村俊郎2尉（8通大）▽名村道孝2尉（信太山駐業）▽成尾健治3佐（同）

▽西敏勝1尉（石川地本）▽西勇治3佐（旭川駐業）▽西岡陽一3佐（10師団付隊）▽西川正3佐（シス開隊）▽西谷睿1尉（7後支連）▽新田広通3佐（警務）▽根元英明2佐（東北処）▽野田広幸2佐（1ヘリ団）▽橋爪健司1尉（中方混団）▽橋本剛1尉（1電隊）▽橋本裕司3佐（北方航）▽橋本龍治2尉（九州処大分弾支）▽長谷川悟1尉（8師団）▽畠山栄輝1尉（6特防）▽花田稔3佐（46普連）▽早川正浩3佐（6師団）▽林弘2佐（通信保全監査隊）▽林芳男2佐（補統）▽東出元明1尉（10特連）▽久恒弘宣3佐（守山駐業）▽日向剛3佐（北方航）▽平川義行1尉（8後支連）▽平嶋和明3佐（補統）▽平原幸男3佐（神奈川地本）▽廣瀬弘人2尉（駒門駐業）

▽深澤正喜3佐（2通大）▽福島猛3佐（航校）▽福嶋浩司2佐（1曹教）▽福田義則2尉（19普連）▽藤井勝広3佐（5施）▽藤田康一2佐（52普連）▽藤田光紀2佐（青森地本）▽藤原基2佐（小平校）▽藤本啓二3佐（中方）▽古川裕司1尉（久居駐業）▽古川義人3佐（九州処）▽古庄正昭3佐（8飛）▽古田祐章2佐（高教導）▽星野喜宣2尉（10高特大）▽堀川久人3佐（関東処）

▽益田一久2佐（北熊本駐業）▽松浦一弘2佐（14施）▽松田博智3佐（会監）▽松永浩2尉（情保隊）▽松本明男3佐（札病）▽松本洋介3佐（善通寺駐業）▽眞鍋幸雄2尉（中方会）▽三谷聡1尉（中方通群）▽三谷昌彦2尉（通校）▽宮澤和彦2尉（長野地本）▽宮前和史2尉（北方後支）▽宮脇秀貴2尉（通校）▽三好仁志1尉（阪病）▽三輪忠文1尉（東方混成団）▽向山雅人3佐（警務）▽村井道明1尉（119教大）▽村川茂美2佐（高射校）▽本中広範1尉（九州処健軍支）▽森浩1尉（高射校）▽森雅彦2尉（情保隊）▽守田鮮一2佐（東方付隊）▽守屋篤3佐（東方通群）▽門馬幸浩2佐（補統）

▽八木博行1尉（帯広駐業）▽屋後佳育3佐（丘珠駐業）▽安木勇3佐（9高特大）▽藪内信介3佐（米子駐業）▽山内寛2尉（東北処）▽山口徹1尉（関東処）▽山口俊幸2尉（九州処）▽山崎謙人1尉（化校）▽山下敦己3佐（中方通群）▽山下健2佐（中方付隊）▽山田敏夫2佐（13特）▽山田光国1尉（旭川地本）▽山本信且2佐（12旅団）▽山本佳弥2佐（富校）▽横田耕一2尉（6後支連）▽横山隆2佐（103施器）▽横山忠由2佐（小平校）▽吉川英敬3佐（7後支連）▽吉田久善3佐（熊病）▽吉田也志守1尉（札病）▽吉葉優2佐（航校霞ケ浦校）▽吉村研一郎1尉（4偵）▽若松重晴3佐（鹿児島地本）▽脇郁夫1尉（関西処桂支）▽脇真治郎2佐（12ヘリ隊）▽和久利厚2尉（出雲駐業）▽和田清俊1尉（東北方特隊）▽渡辺直樹3佐（1後支連）▽渡辺肇3佐（航校霞ケ浦校）▽渡邊正行3佐（北海道処苗穂支）▽渡辺芳明2尉（郡山駐業）

◇海自（102人）

▽青木直博3佐（訓練支援艦てんりゅう）▽阿部浩志1尉（呉監）▽安東昭治1尉（201教空）▽飯塚泰司2佐（厚シス通分）▽池尻充裕1尉（佐監）▽石川守3佐（掃支援）▽猪八重敏昭3佐（指通シス隊）▽井原洋1尉（横教）▽弥永正彦1尉（補給艦とわだ）▽上原誠1尉（5空群）▽宇都満1尉（22整補隊）▽榎本弘幸3佐（3術校）▽大迫泰博3佐（護衛艦くらま）▽岡田一男2佐（3術校）▽岡村秀平2佐（大シス通分）▽鬼塚安次2尉（横警）▽小野彰2佐（東部情報保全隊）▽小野幸男2尉（総シス通分）▽勝浦功2佐（2術校）▽川口徳信2佐（厚空基）

▽工藤益儀2佐（近畿中部局）▽工藤守1尉（横弾補所）▽栗山浩2尉（佐教）▽黒田秀樹1尉（輸送艇1号）▽黒田幸男2尉（211教空）▽坂本昌道1尉（1整補隊）▽笹川淳2佐（新基分）▽佐々木東2尉（2空）▽佐藤一彦3佐（気象隊）▽佐藤全彦2佐（総空基）▽佐藤祐行2佐（2電整隊）▽佐藤義之2佐（作情隊）▽佐野幸浩2佐（徳空基）▽重松孝2佐（202教空）▽下舘克弘3佐（大警）▽城俊一2尉（佐警）▽陣内敏之1尉（護衛艦こんごう）▽菅森勝美3佐（1術校）▽杉谷慎太郎1尉（舞シス通）▽須崎純一1尉（舞警）▽須藤謙二1尉（1術校）

▽砂田博之1尉（潜訓）▽関川覚2佐（25空）▽惣角英生2佐（北観所）▽高橋清1尉（2空群）▽高橋信光1尉（護衛艦さわぎり）▽武田行雄1尉（函基）▽嶽山光雄2尉（大警）▽谷浩2佐（呉処分）▽地主園優治3佐（203整補隊）▽千葉宏志3佐（東北局）▽外塚勉1尉（誘訓隊）▽飛内寿永1尉（大弾補所）▽永沢朝雄2尉（情本）▽中島岳人3佐（1術校）▽永田英幸1尉（24空）▽長友健司2尉（佐病）▽中野泰夫2佐（敷設艦むろと）▽中村晴己2尉（呉教）▽西村伸一2佐（鹿空基）▽二宮浩海3尉（呉警）▽橋本俊浩2佐（1術校）

▽橋本広文2佐（横病）▽濵田和善3佐（長崎地本）▽濵田眞逸2尉（鹿空基）▽林千宏3佐（護艦隊）▽原田裕文1尉（24空）▽久恒敏雄1尉（31整補隊）▽日高正平3佐（1整補隊）▽日美雅博3佐（誘訓隊）▽開田智徳2佐（月空基）▽福井国広3佐（誘訓隊）▽福﨑洋一2尉（佐警）▽星野光男3佐（横病）▽町田博文2佐（1術校）▽松浦昭浩3佐（情本）▽松岡修弘3佐（4術校）▽松木仁2佐（船保監分）▽松本昭二1尉（鹿シス通分）▽松元眞吾2尉（5空）▽松本昌彦2尉（総空基）▽三尾泰臣2佐（北関東局）

▽峯久常1尉（佐基業）▽宮内文夫2尉（3空）▽宮本順久1尉（呉教）▽向井眞人2尉（潜艦隊）▽本橋泉2尉（館空基）▽森重正光1尉（31空群）▽箭内英治3佐（八空基）▽矢野忠浩2尉（佐警）▽山口誠一1尉（潜訓）▽山口広喜3佐（呉潜基）▽山口正光2佐（上警所）▽山道保博3佐（佐基業）▽山本剛2尉（月空基）▽横瀬一1尉（防研）▽吉田秀明3佐（1術校）▽吉水慎一郎2佐（鹿空分）▽頼兼守1尉（下基）▽脇坂一郎2佐（呉指隊）▽渡辺弘祐1尉（補本）

◇空自（67人）

▽青江芳治3佐（5術校）▽赤川武2尉（4空団）▽阿部武2尉（医実隊）▽阿部信孝2佐（中施隊）▽石井謙二2佐（2補）▽石川伸夫2佐（幹候校）▽石堂健一2佐（1術校）▽伊東晃2佐（補本）▽伊藤照巳3佐（4高群）▽稲葉久人2佐（気象群）▽稲村広和2尉（南警隊）▽伊村仁2尉（管制群）▽井本正明2佐（空幕）▽江川幸二3佐（4補東北支）▽遠田憲行2佐（飛点隊）▽生頼謙二3佐（防大）▽大西一成3佐（西警団）▽小川康広3佐（1術校）▽奥西勝彦2佐（気象群）▽落合克己3佐（石川地本）▽尾山義郎3佐（5空団）▽柿内正人3佐（鹿児島地本）

▽鎌倉巧3尉（情保隊）▽川上外治3佐（補本）▽清川愛一郎2佐（北関東局）▽久保田明秀2尉（2空団）▽栗原悦男3佐（西警団）▽郡山方正3佐（中警団）▽児玉浩2佐（5空団）▽後藤勇2佐（補本）▽小松秀雄2佐（5空団）▽佐藤一成3佐（3術校）▽渋谷哲也3佐（教整隊）▽杉田剛一郎2佐（北警団）▽杉山裕己2佐（西警団）▽鈴木誠司2佐（中警団）▽鈴木裕2佐（救難団）▽高松利宏2佐（情保隊）▽田爪康浩3佐（5空団）▽立石誠一郎3佐（中警団）▽田村光香2佐（空教隊）▽塚尾幸久3佐（4高群）▽出西秀朗3佐（6高群）▽飛地利夫3佐（6空団）

▽内記邦彦2佐（情本）▽長渡吉英2佐（3輸空）▽永野雅樹3佐（中空）▽中村嘉宏3佐（情本）▽縄田一暢2佐（13飛教団）▽二瀬洋久3佐（西警団）▽畑辺健二2佐（南混団）▽藤森正彦3佐（6高群）▽寳地哲也2佐（北警団）▽前田和彦3佐（飛実団）▽松井雅敏2佐（11飛教団）▽松浦正幸3佐（1術校）▽松下義一2佐（西空）▽馬渕清秀3佐（中警団）▽三上秀市2佐（83空隊）▽宮嶋義広1尉（中警団）▽宮本賢二2佐（北関東局）▽森健二2佐（3空団）▽山崎外志和2尉（管制群）▽山田敬一1尉（気象群）▽山田実3佐（4補木更津支）▽湯浅秀世2佐（作運隊）▽吉野元之3佐（1術校）

■瑞宝単光章473人

◇陸自（324人）

▽愛野勇次3尉（九州処）▽相原俊勝3尉（21普連）▽青木伸人准尉（青野原駐業）▽赤松秀樹3尉（北方）▽朝倉輝夫3尉（11施群）▽浅田耕司3尉（10特連）▽浅田健夫准尉（4特連）▽浅田久樹3尉（竹松駐業）▽阿部和由紀3尉（2後支連）▽安部忠一3尉（岩手地本）▽雨宮久3尉（古河駐業）▽荒井清美3尉（埼玉地本）▽荒井正明准尉（需校）▽有澤秀美3尉（8後支連）▽池上則継3尉（42普連）▽池田立樹3尉（北方後支）▽池田英雄3尉（中方会）▽池田勇三3尉（相馬原駐業）▽池田教郎3尉（警務）

▽石川清二3尉（8普連）▽石川信明3尉（岩見沢駐業）▽石田忠男3尉（富校）▽石野田五男准尉（113教大）▽石間喜治3尉（静岡地本）▽石丸隆一3尉（航校）▽伊勢谷正照3尉（6普連）▽井手康二3尉（佐賀地本）▽伊藤辰美准尉（新発田駐業）▽伊藤広3尉（11高特中）▽伊藤政義准尉（10施群）▽稲場秀雄3尉（1特群）▽稲葉好弘3尉（10師団付隊）▽井上清3尉（警務）▽井上佳克3尉（11特）▽今西勝美3尉（八尾駐業）▽岩切重利3尉（中方航）▽岩田和美准尉（72戦連）▽牛山喜裕3尉（71戦連）▽宇田川秀司准尉（中会）▽内山和市3尉（高田駐業）▽内山茂3尉（10普連）▽宇根良三3尉（5通）▽占部和男准尉（北方通群）▽永樂浩之3尉（別府駐業）▽江口栄次准尉（西方航）▽越後幸喜3尉（滝川駐業）▽海老原幸喜3尉（32普連）▽遠藤治3尉（情保隊）▽大内田守3尉（10後支連）▽大賀利夫3尉（警務）▽大川久文3尉（熊本地本）▽大楠普一郎3尉（305ダンプ中）▽大窪守雄3尉（西方特隊）▽大熊豊准尉（3曹教）▽太田利男准尉（10施群）▽大谷丈司3尉（中特防）▽大和田伸裕3尉（練馬駐業）▽大沼邦彦3尉（東北方後支）▽大庭みよ3佐（仙病）▽大原純二准尉（別海駐業）▽尾形信助3尉（50普連）▽荻原昌弘3尉（宇都宮駐業）▽小関光浩3尉（4普連）▽小田法生3尉（8師団付隊）▽小田文明3尉（警務）▽小野行宏准尉（1電隊）▽小山田智3尉（104施器）▽織田英二3尉（15普連）

▽海田和宏3尉（えびの駐業）▽闡耕一郎准尉（大村駐業）▽梶並建3尉（関西処三軒屋弾支）▽片岡勝衛准尉（東音）▽加藤岡英雄3尉（空挺教）▽金澤弘志准尉（札病）▽金子和也3尉（8特連）▽鎌倉弘之3尉（西方通群）▽川上文子2佐（札病）▽川口銀一3尉（10特連）▽川島忍3尉（西方通群）▽川村唯夫3尉（5普連）▽菅野正志3尉（22普連）▽木﨑慎二3尉（西方特隊）▽北川誠一3尉（1高特団）▽北川洋一3尉（神奈川地本）▽木原誠一3尉（西方後支）▽木全弘憲准尉（2戦連）▽木村常美3尉（練馬駐業）▽釘崎甚三郎3尉（4特群）▽久家晴夫3尉（44普連）▽草野富士夫3尉（8施大）▽久慈文夫准尉（岩手地連）▽楠川博幸3尉（43普連）▽工藤勇二准尉（6師団付隊）▽久保光二3尉（1戦群）▽久保光利3尉（48普連）▽久保田博徳3尉（小平校）▽窪田雪男准尉（8特連）▽熊田勝美3尉（空挺団）▽栗城高広3尉（11普連）▽黒川雅幸3尉（6戦大）▽黒木武人3尉（40普連）▽黒崎高生3尉（関西処）▽桒原誠3尉（8偵）

▽幸本滝雄3尉（301映写中）▽小園和博3尉（8施大）▽小滝朋生3尉（施校）▽後藤皇男3尉（10施群）▽小藤田繁3尉（8師団付隊）▽小西二幸3尉（西方後支）▽木實利光准尉（42普連）▽小林誠3尉（10普連）▽小松義浩3尉（鹿児島地本）▽菰田邦彦3尉（14音）▽近藤勇人3尉（東北方付隊）▽近藤秀司3尉（兵庫地本）▽今野薫3尉（5後支）

▽齋藤敬治3尉（大久保駐業）▽酒井康之3尉（山口地本）▽坂田義浩3尉（大宮駐業）▽作田勝広3尉（体校）▽笹原清明3尉（福病）▽佐々原幸典准尉（16普連）▽佐藤俊一3尉（2普連）▽佐藤誠一3尉（弘前駐業）▽佐藤尚一3尉（2戦連）▽佐藤昇准尉（1普連）▽佐藤秀男准尉（5特）▽佐藤義幸准尉（東方通群）▽澤田洋二准尉（10後支連）▽澤村浩治3尉（42普連）▽四釜民男3尉（東北処）▽地下一郎3尉（24普連）▽渋谷多加志3尉（北方航）▽渋谷由佳利3尉（8師団付隊）▽嶋田仁郎准尉（1偵）▽清水秀一3尉（4特連）▽清水正緒3尉（13普連）▽紫牟田誠治3尉（1対艦連）

▽下甑町善就3尉（12普連）▽首藤慎右3尉（南恵庭駐業）▽白井啓司3尉（4戦大）▽白木純3尉（愛知地本）▽城紀義3尉（1特群）▽神郁夫3尉（39普連）▽菅原健一3尉（5飛）▽杉山眞仁3尉（大和駐業）▽鈴木隆准尉（富校）▽鈴木正准尉（北海道処）▽鈴木秀昭3尉（特教導）▽鈴木宏准尉（武山駐業）▽住谷裕二3尉（富校）▽諏訪内和夫3尉（4対艦連）▽清藤憲司3尉（11通）▽瀬戸吉次准尉（九州処）▽瀬戸嶋孝則3尉（福岡地本）▽瀬戸山宇志3尉（関西処）▽芹田康之3尉（補統）▽園田忠志3尉（九州処）▽園田実3尉（5施団）

▽高杉雅亮3尉（駒門駐業）▽高瀬克弥3尉（4特連）▽高瀬浩3尉（札幌地本）▽高橋一幸3尉（9戦大）▽高橋正作准尉（30普連）▽高橋信一准尉（9施大）▽高橋文吾准尉（福島駐業）▽高橋正典准尉（関西処三軒屋弾支）▽高橋秀准尉（東京地連）▽高橋隆仁3尉（中病）▽高平光男3尉（5旅団付隊）▽竹内徹3尉（8特防）▽武田浩樹3尉（1特群）▽多田公規3尉（9特連）▽多田登3尉（空挺教）▽田仲國俊3尉（7通大）▽田中亨3尉（岩手駐業）▽田原弘之3尉（117教大）▽俵谷裕丈3尉（北方情）▽東野寛二3尉（需校）▽津島汎美准尉（青森地本）

▽辻村孝一3尉（9師団付隊）▽土井仙一3尉（富山地本）▽堤隆行3尉（東方通群）▽鶴田雅樹3尉（北方情）▽藤雅之3尉（40普連）▽堂後辰行准尉（金沢駐業）▽堂田龍男3尉（京都地本）▽德田恵二3尉（13後支）▽外山房義准尉（玖珠駐業）

▽内藤宏3尉（19普連）▽中軽米武志3尉（9特連）▽中島富士夫准尉（5施団）▽中野國雄3尉（9施大）▽中野清吾3尉（5曹教）▽永瀬光信3尉（7偵）▽永原敏浩3尉（小倉駐業）▽中村欽一3尉（東立川駐業）▽中村弘3尉（113教大）▽中村裕幸3尉（1曹教）▽中村眞彦3尉（11普連）▽中村洋一3尉（8特連）▽中村義彦3尉（東北処）▽長持義之3尉（東北方通群）▽成田正志3尉（9師団）

▽仁志貴昭3尉（27普連）▽西尾誠一郎3尉（中方後支）▽西岡均3尉（110教大）▽西川宮樹3尉（海田市駐業）▽西澤寿永3尉（長野地本）▽西嶋義昭3尉（補統）▽西又岩男3尉（10師団付隊）▽西山德博3尉（3通大）▽西山吉一3尉（対警）▽沼口守男准尉（航校霞ケ浦校）▽沼田啓蔵3尉（開実団）▽納富文貞准尉（九州処）▽野田隆治3尉（中方通群）▽大倉一夫3尉（13音）▽野村直人3尉（東方）

▽橋迫由理子3佐（中病）▽橋本茂樹3尉（北海道処）▽橋本保志准尉（北海道処弾支）▽橋本良一3尉（函館駐業）▽長谷川晋3尉（滝ケ原駐業）▽長谷川直弘3尉（73戦連）▽畠山文和3尉（仙台駐業）▽畑村新二3尉（玖珠駐業）▽服部邦浩3尉（33普連）▽濱見利文准尉（東方通群）▽林政靜准尉（10普連）▽林田光広3尉（北方後支）▽原浩嗣3尉（豊川駐業）▽原好弘准尉（102施器）▽原田忠義准尉（習志野駐業）▽針渕裕二准尉（沖縄地本）▽春本繁則准尉（九州処城野支）

▽東博久3尉（熊病）▽日隈仁3尉（西方特）▽平川一光准尉（4後支連）▽平田明浩3尉（72戦連）▽平元孝3尉（岩手駐業）▽平元吉伸3尉（秋田駐業）▽福里久仁3尉（43普連）▽福本敏弘准尉（5曹教）▽福山一徳3尉（陸幕）▽藤川浩3尉（38普連）▽藤本永弘3尉（7師団付隊）▽藤原成安准尉（北方後支）▽船生久雄准尉（新町駐業）▽古舘和人3尉（西方後支）▽寳田祐二3尉（4偵）▽細川浩一3尉（中病）▽細田修3尉（北海道処）▽保利岳志3尉（東方混団）▽堀井新一3尉（109教大）▽堀龍寛3尉（6偵）▽本田孝司3尉（1後支連）▽本田武彦准尉（42普連）▽本間源資准尉（普教連）▽本間幸作3尉（宮崎地本）

▽前田博章3尉（久居駐業）▽前田政文3尉（6普連）▽前山富夫3尉（西方会）▽班目英寿3尉（6高特大）▽松賢3尉（14普連）▽松岡裕次3尉（札病）▽松下悟史3尉（米子駐業）▽松下慶則3尉（2通大）▽松並研一3尉（飛実隊）▽松橋広義准尉（警務）▽松本賢3尉（3高特大）▽松本守3尉（33普連）▽丸子智也3尉（大宮駐業）

▽三上晴秋准尉（11施大）▽三澤正昭3尉（22普連）▽光安総一朗3尉（40普連）▽港和男准尉（9通大）▽三船健一3尉（山形地本）▽宮尾貴子3尉（補統）▽都尚人3尉（阪病）▽宮崎和友3尉（2偵）▽宮嶋輝明3尉（高教導）▽宮野博徳3尉（5曹教）▽宮本一美3尉（航校）▽宮本史生准尉（中方通群）▽宮脇浩美3尉（川内駐業）▽武藤光廣3尉（東方通群）▽毛利智晴3尉（北方通群）▽本家弘光3尉（金沢駐業）▽籾井常男准尉（高田駐業）▽森浩敏3尉（44普連）▽森弘光3尉（4特連）

▽八木正晃准尉（大阪地連）▽八島ミドリ准尉（北方教連）▽安井博克3尉（10後支連）▽安井博美3尉（8普連）▽安村悟朗3尉（沖縄地本）▽矢部修司3尉（高田駐業）▽山内守准尉（今津駐業）▽山上尚志3尉（7普連）▽山口茂3尉（弘前駐業）▽山下誠治3尉（13施中）▽山田哲夫3尉（9特連）▽山根司3尉（中輪業）▽山野下成治3尉（美幌駐業）▽山本幹雄3尉（3普連）▽山家弘3尉（11施群）

▽吉井繁信3尉（関東処）▽吉川和夫3尉（1高特団）▽吉川幹穂3尉（西方通群）▽吉澤暢洋3尉（東方航）▽吉田浩治3尉（警務）▽吉田民治3尉（札幌地本）▽吉田博3尉（中方通群）▽吉田道仁3尉（2後支連）▽吉野盛正准尉（補統）▽吉嶺勝3尉（24普連）▽吉村一平3尉（阪病）▽力石修悦准尉（4対艦連）▽若山厚志3尉（5普連）▽和田好明准尉（滝ケ原駐業）▽渡邊満徳3尉（統幕）▽渡邉芳彦3尉（東方後支）

◇海自（52人）

▽青木涼一准尉（下基）▽浅村博志准尉（31整補隊）▽阿閉弘明准尉（八空基）▽石原好春准尉（同）▽泉秀明准尉（同）▽井上朋彦3尉（対潜隊）▽岩﨑良人准尉（71空）▽大塚功3尉（横潜訓分）▽大山孝雄准尉（潜訓）▽久保二郎3尉（護衛艦みょうこう）▽久保田勇准尉（2空）▽黒沢寿准尉（大監）▽黒鳥祐輔准尉（大造補所）▽小松博3尉（厚空基）▽近藤貞秋准尉（舞音）▽七種修郎准尉（佐弾補所）▽佐々木篤男准尉（31空群）▽佐藤隆弘准尉（25空）▽澤庄治郎3尉（2潜群）▽澤田正人准尉（小松島空）▽柴田三樹夫准尉（航空集団）▽首藤靖彦准尉（護衛艦やまぎり）▽鈴木和人3尉（51空）▽谷口隆三3尉（補給艦はまな）▽田本繁雄准尉（標的隊）▽築地芳美准尉（東業）▽寺田末春准尉（呉シス通）▽土門隆准尉（函基）▽永井茂3尉（佐指隊）▽七河真琴准尉（呉衛生）▽西司3尉（1護隊）

▽西田教之3尉（京都地本）▽西本敏一2尉（鹿空基）▽西山勝則3尉（呉造補所）▽野間茂准尉（輸送艦おおすみ）▽馬場浩行3尉（函基）▽濵﨑晃太3尉（呉基業）▽樋髙正治3尉（佐弾補所）▽平岡弘文3尉（敷設艦むろと）▽藤江周司准尉（呉指隊）▽藤田英一准尉（護衛艦くらま）▽堀恭嘉准尉（22空群）▽本郷聖司准尉（大警）▽松野聡准尉（71空）▽三鍋裕人3尉（誘訓隊）▽宮山廣一准尉（護衛艦たかなみ）▽三好道幸2尉（潜訓）▽森永善雄准尉（徳空基）▽山﨑昇准尉（潜訓）▽山本文治准尉（多用途支援艦げんかい）▽吉田定則准尉（大弾補所）▽吉野公章准尉（潜水艦まきしお）

◇空自（97人）

▽青木正憲3尉（4空団）▽渥美勝則3尉（1術校）▽天久文敏3尉（救難団）▽伊豆本眞市准尉（西警団）▽礒村徳尚准尉（飛実団）▽伊藤弘栄3尉（2補）▽井上玉穂3尉（中警団）▽牛込康嗣3尉（4補）▽後潟卓郎3尉（8空団）▽内野誠3尉（西警団）▽空木源次郎准尉（中警団）▽宇根富弥准尉（7空団）▽漆谷茂樹准尉（3輸空）▽大北啓之3尉（4高群）▽大澤孝二郎准尉（中警団）▽小川和夫准尉（1空団）▽荻野一広3尉（北警団）▽加治木勉3尉（西警団）▽潟山富士弘3尉（5空団）▽加藤辰雄准尉（2高群）▽嘉村幸栄3尉（西警団）▽嘉村三千雄3尉（飛実団）▽河村賢二3尉（西警団）▽木下守准尉（救難団）▽熊谷浩3尉（4空団）▽駒宮巌准尉（2空団）

▽齋藤良之3尉（気象群）▽佐伯健司准尉（6空団）▽佐々木俊広3尉（北空）▽佐藤幸一3尉（救難団）▽佐藤講二准尉（7空団）▽佐藤順法3尉（6高群）▽佐藤庄三准尉（空教隊）▽佐藤久3尉（総隊）▽佐藤光明3尉（11飛教団）▽佐野週二3尉（5空団）▽椎野信次准尉（3補）▽鈴木利昭3尉（4空団）▽洲濱淳洋3尉（海自県補所）▽隅田勝3尉（12飛教団）▽関口和也3尉（総司飛）▽曽根利彦准尉（2空団）▽高田世哉3尉（2高群）▽高橋伸年3尉（4補立川支）▽高部光二准尉（3高群）▽滝沢宏3尉（中警団）▽竹内光男3尉（中施隊）▽竹丸勇二3尉（総司飛）▽武次三男准尉（8空団）▽田代正晴准尉（管制群）▽田中益穂准尉（2補）▽谷口達蔵3尉（5空団）▽月足正准尉（西警団）▽堤豊留准尉（2高群）▽出谷德孝3尉（総隊）▽渡名喜庸真3尉（南混団）▽冨高直人3尉（2空団）▽友永典志3尉（1輸空）▽鳥丸和志3尉（5空団）▽頓所達夫准尉（2補）▽永岡雅治3尉（西警団）▽中島竹男3尉（南混団）▽永田智明3尉（2高群）▽中道孝慈3尉（北空）▽南條利雄3尉（7空団）▽橋口政治准尉（北警団）▽橋本勉准尉（3空団）▽長谷川将3尉（北空）▽濵岡利貞3尉（幹候校）▽早川太3尉（北警団）▽春本三千年准尉（4補）▽樋口和孝3尉（情本）▽一杉正人准尉（偵空隊）▽平田哲也3尉（西空）▽福地武広3尉（83空隊）▽古川光晴3尉（救難団）▽古田孝男3尉（3高群）▽古屋敷信3尉（警空隊）▽本田善信3尉（2高群）▽前田和彦3尉（4補木更津支）▽前段等3尉（2輸空）▽松田昌二3尉（空教隊）▽松立千里准尉（4補高蔵寺支）▽真鍋浩之3尉（救難団）▽三重野好文3尉（8空団）▽三鴨弥彦3尉（3輸空）▽三澤圭二3尉（4空団）▽向山昇一2尉（警空隊）▽村上春雄3尉（5空団）▽山口浩三3尉（愛媛地本）▽山口哲也3尉（3空団）▽山下孝行准尉（西空）▽山田雅3尉（7空団）▽山田光伸准尉（同）▽鎧田憲司3尉（6空団）▽吉田宏3尉（7空団）▽和田博三准尉（4高群）

募集・援護 特集

平和を、仕事にする。

ただいま募集中!
◇貸費学生◇高工校
◇自衛官候補生
★詳細は最寄りの自衛隊地方協力本部へ

沖縄地本 4年度募集ポスターを決定

テーマ「美ら島の未来を護る君の手で」

IDAの学生3人に感謝状

【沖縄】「これが沖縄地本の令和4年度の顔です」――。沖縄地本では募集ツールとして「美ら島の未来を護る君の手で」をテーマにした広報ポスターを制作した。デザインは専修学校生が当たり、優秀作品を決定した。それらのポスターは県内各地に掲示され、地本が募集広報する上での〝切り札〟となっている。

子供とハイビスカスが印象的な上間さんの作品

自衛官募集ポスター優秀者として感謝状を贈られたIDAの学生と関係者。左から倉田智之副本部長、比嘉さん、金城さん、坂田地本長、上間さん、IDAの米須教諭、辻原宏規地本募集課長(10月14日、空自那覇基地)

地本は10月14日、空自那覇基地の9空団204飛行隊の格納庫で、新たな「自衛官募集ポスター」をデザインした沖縄県浦添市の専修学校「インターナショナルデザインアカデミー(IDA)」の学生3人に対し感謝状を贈呈した。

沖縄地本では6年前から学生応募による自衛官募集ポスターを制作している。今回のキャッチコピーは「美ら島の未来を護る君の手で」と設定した。

約30点の応募作品があり、審査の結果、いずれもIDAの学生である上間花野音さん、金城愛真実さん、比嘉美心さんの3作品が優秀作品に選ばれた。

贈呈式では、沖縄地本長の坂田裕樹陸将補から3人に感謝状が贈られ、受賞者からは「このような大きな賞をいただき、ありがとうございます」「受賞を励みにがんばります」との喜びの声が聞かれた。

坂田地本長は「皆さんが作られたすばらしいポスターは、沖縄県民の皆さまに自衛隊を知ってもらう一つのきっかけになります。実際にポスターを見て志願してくれた方もおり、皆さんに感謝しています」と謝意を述べた。

式の終了後はF15戦闘機の見学会が行われ、学生たちがコックピットに座り、笑顔で写真に納まる場面も見られた。

3人は12月に放送予定の沖縄地本のラジオ番組「くる君のゆんたくアワー」の収録にゲストとして出演し、それぞれのポスターの制作意図などをリスナーに説明する予定だ。

上間さんが描いた作品は、迷彩服姿の陸自隊員が子供を抱えながら笑顔で手を差しのべ、右下には沖縄の花「ハイビスカス」を配置した。

比嘉さんの作品も陸自隊員が手を差し伸べ、後ろで空自の男性隊員が爽やかに敬礼している。

金城さんの募集ポスターデザインにはぼかしの手法が用いられた

比嘉さんの作品。隊員が爽やかに手を差し伸べている

一方、金城さんの作品は文字が青空にとけこむようなぼかしを活用し、沖縄の空を想起させるような印象的な作品を作り上げた。

制作した学生の一人は「テーマが自衛官募集ということでイメージがわかず難しかった。インターネットで自衛隊を検索し、女性を入れ、笑顔の自衛官を描くことで爽やかさを強調しました。私のポスターで自衛隊が知られるお手伝いになったと聞き、うれしいです」とコメントした。

3人の作品は約1000枚印刷された自衛官募集ポスターに起用され、「自衛官募集の最前線」で活躍。離島を含む沖縄県全域に配布された。県独自の広報媒体の一つ「公共掲示板」には300カ所に掲示され、日々多くの人が目にし、志願者獲得につながっている。

沖縄地本では「今回制作に協力してくれたIDA専修学校の方々に感謝しつつ、今回もポスターを見て自衛隊を知ってくれた方や、自衛隊を志願する若者に対するフォローを継続していく」と話している。

任期制隊員の再就職支援

企業63社、隊員20人参加

香川

【香川】地本は9月15日、丸亀市のオークラホテル丸亀で自衛隊援護協会広島支部が主催した「令和4年度香川地区合同企業説明会」を支援した。

任期制隊員たちの再就職活動の円滑化を図るとともに、予備自衛官制度などを普及・促進することを目的に行われ、企業63社、任期満了退職予定隊員19人、若年定年退職予定隊員1人が参加した。

援護協会広島支部の土肥弘実支部長は、開会にあたり参加企業への謝意を述べるとともに、隊員の再就職活動に対する激励の言葉をかけた。

その後に行われた面談では、隊員が求人票では分からない疑問点などを企業に質問する姿が見られ、「直接お話ができて良かった。入社できるよう努力していく」と話し、再就職に向けた一歩を踏み出した。

参加企業は、事前に会社ホームページなどで業務内容や会社情報を調べて臨んだ隊員に接し、「よく企業研究がされていた」「隊員は礼儀正しく、気持ちよく面談ができた」と話すなど、好印象を抱いていた。

合同企業説明会で参加企業と面談をする任期満了退職予定隊員(9月15日、オークラホテル丸亀)

さかたハロウィンまつりで広報活動

山形

【山形】酒田地域事務所は10月9日、酒田市中通りで開催された「さかたハロウィンまつり」にブースを出展して広報活動を行った。

このまつりは商店街が中心となって開催してきた「酒田どんしゃんまつり」に代わり、2018年に市民参加型イベントとして生まれ変わったもので、新型コロナの影響により3年ぶりの開催となった。

ブースでは20普連(神町)の支援を受けて高機動車を展示したほか、制服試着コーナーなどを開設、家族連れなどでにぎわった。

来場者は制服や迷彩服で〝仮装〟をしながら車両の前で記念撮影やグッズが当たる輪投げを楽しみ、自衛隊への理解を深めた。

酒田地域事務所が出展した広報ブースを訪れ、自衛官に〝仮装〟して敬礼(10月9日、酒田市)

佐賀 知事招き「茶がゆ会」開催

【佐賀】地本は9月30日、1965年から約56年続く佐賀地本の伝統行事「茶がゆ会」を本部の会議室で開催した。

「茶がゆ会」は地本部員と自衛隊協力者、佐賀県内有識者間の融和を図る目的で行われ、山口祥義県知事をはじめ県防衛協会副会長、県隊友会会長、九州防衛局長、九州補給処(目達原)長、43警戒隊(背振山)長ら17人が参加した。

開催にあたり山口知事は、航空自衛官だった父親との思い出を紹介したほか、「コロナ後の未来を見据えて」と題した講話を行い、「SAGA2024国スポ(国民スポーツ大会)」に関する話など県の未来についてさまざまな取り組みを語った。

続いて参加者たちは「茶がゆ」を喫食、おいしそうに笑顔を浮かべながら食べ進め、食事を終えるとそれぞれが近況報告し、親交を深めた。

茶がゆを喫食して「おいしい」と笑顔を見せる山口知事(9月30日、佐賀地本)

西九州新幹線開業を祝し、ブルーインパルスが長崎市上空にハートを描いた(9月22日)

ブルーが祝福

初めて長崎市上空で飛行

西九州新幹線開業

【長崎】地本は9月22、23の両日、長崎県の要請を受け西九州新幹線開業イベントを支援した。イベントには空自4空団11飛行隊(松島)のブルーインパルスも飛来、初めて長崎市上空で展示飛行を行った。

西九州新幹線は長崎駅と佐賀県の武雄温泉駅間(66キロ)を23分で結ぶ日本一短い新幹線で、計画から半世紀近くを経て実現。地元住民にとっては待望の開業で、記念すべき日にブルーが花を添えた。

22日は晴天に恵まれ、ブルー6機による予行飛行が実施された。長崎駅周辺には多数の見学者が訪れ、大空に描かれる大きなハートに歓声を上げた。翌23日はあいにくの雨模様となったが種目を変更して行われた。午後1時過ぎに築城基地を飛び立ったブルーは、長崎市内上空にくると「グランドクロス」や「スワンローパス」などを披露、新幹線開業を祝福した。

一方、イベント会場の一つである長崎水辺の森公園では募集広報が行われた。空自西部方面航空隊司令部(春日)や15警戒隊(福江島)の隊員が来場者にパンフレットを配布し、自衛隊をPRした。また11飛行隊の林幸一郎3空佐(総括班長)とパイロットの蔵元文弥2空尉によるサイン会が行われた。

当日はイベント会場のみならず、ブルーをひと目見ようと市内各所が約12万人の人であふれた。展示を目の当たりにした来場者は、「長崎市内にブルーインパルスが飛ぶなんて感激です」「ありがとう」などと話していた。

地本は「県民に空自に対する理解の深化と促進を図ることに努め、隊員の志願増加につながるよう引き続き積極的な募集広報活動に努めていく」としている。

静岡 小学校で防災教育

【静岡】三島募集案内所は10月13日、三島市立長伏小学校で「命を考える日」をテーマに防災教育を行った。

1、2年生約80人、3、4年生約80人、5、6年生約120人が参加し、それぞれ低・中・高学年の3回に分けて講話や質疑応答を実施。中学年はそれに加えて「はさみを使わないビニールひもの切り方」「毛布を使った寝袋作成」、高学年はさらに「応急担架の作成と搬送体験」を加えた教育が行われた。

講話では、三島所長の松本栄一2尉が災害派遣の流れや実際に県内で災害が発生した場合の対応などを紹介。真剣な顔で聞き入る児童たちに、日頃の備えや自分たちでできることを行う「自助・共助」が大切だと伝えた。

中・高学年の体験教育ではクラスごとに代表児童3人が1グループになり、毛布をビニールひもで縛った寝袋や2本の棒と毛布を使った簡易担架を作り上げた。児童たちは、「寝袋がすごく温かい」「身近にあるものでつくった担架でも人を運べるんだ!」と、実際に自衛隊式の搬送法を体感しながら役立つ知識を身に付けていた。

隊員の指導のもと、毛布とビニールひもを使って寝袋を作る児童たち(10月13日、長伏小学校)

予備自補教育訓練が修了

熊本

【熊本】地本は9月18日から22日まで、118教育大隊(久留米)が実施した「予備自衛官補の技能公募招集教育訓練」に予備自衛官補(技能)6人を招集した。

この訓練をもって10日間の教育訓練を修了した6人は、最終日に118教大長の有村浩二2佐から「修了証書」を手渡され、翌23日付で「技能公募予備自衛官」に任用された。

予備自衛官となった1人は「コロナ禍でなかなか教育訓練に参加することができなかったが、ようやく予備自衛官になれた。これからは自分が持っている資格や経験を生かしたい」と語った。

10日間の技能公募招集教育訓練を修了し、予備自衛官に任用された6人(9月22日、久留米駐屯地)

部隊だより

陸

帯広 4普連は9月9日から11日まで、自動車競技「ラリー北海道2022」を広報支援した。9日に帯広駅北多目的広場で南條衛連隊長がセレモニアルスタートのフラッガーとして参加＝写真㊦、11日には帯広市北愛国交流広場で車両展示・体験搭乗を行った。「自衛隊車両に乗れるチャンス」とあって、家族連れや大会関係者が約450人乗車した。

船岡 駐屯地は8月4日、海幕防衛課海上防衛戦略室長の北川敬三1佐を招き、2部構成で防衛講話を行った。前段は「ミッション・コマンド」と題し、一人一人が考え行動するためにはどうすれば良いか。後段は幹部自衛官を対象に「アートとしての作戦術」と題して講演。普段聞くことのできない講演に多くの隊員が日々の任務に役立つ考え方を学んだ。

神町 20普連は9月16日から20日まで、駐屯地で「4年度第1回予備自衛官招集訓練」を行った。体力測定、野外衛生、射撃・特殊武器防護・職務訓練を1中隊が担任。連隊長の荒木貴志1佐は「任務を意識し各種訓練に真剣に取り組んでもらいたい」など3点を要望した。参加者は熱心に取り組むとともに、再会した旧友や現役隊員との親交を深めた。

勝田 新隊員教育隊は9月4日から7日まで、白河布引山演習場で第18期一般陸曹候補生課程後期と新隊員特技課程「施設」計32人の「爆破訓練」を行った。教官は爆破薬、雷管、導火線と導爆線の取り扱い上の注意事項を強調。爆破薬を使った訓練では新隊員が爆破の起爆準備を行い音、振動、衝撃波と景況を体感し破壊効力を実際に確認した。

宇都宮 中即連はこのほど、駐屯地で第18次派遣海賊対処行動支援隊等の警備隊長・土屋良平3佐以下約70人の出国見送りを行った。ジブチ派遣は、中即連として16回目。警備隊長は「安全確保を第一優先に、一致団結して半年間の任務を完遂する」と力強く述べた。これに先立ち、栃木県防衛協会会長などが出国あいさつを行い激励された。

高田 5施設群はこのほど、駐屯地体育館で多数の来賓を招き創立50周年の記念行事を行った。比嘉隼人群長は「諸先輩方が築かれた歴史と伝統と技術を継承し、引き続き訓練に励んでいく」と述べた。また式典に先立ち感謝状贈呈式や記念碑除幕式も行われ、高田施設OB会長らを迎え記念碑に刻まれた「覚悟」の文字に心新たにした＝写真㊤。

苗穂 分屯地は9月17日、近隣企業の家族5組計10人を招き航空機体験搭乗を行った。阪田洋一司令のあいさつ、広報資料室見学後、参加者は真駒内駐屯地に移動し、UH1Jヘリで札幌市上空を約15分間飛行した。その後、操縦席に座り「かっこいい」と歓声をあげ記念撮影＝写真㊧。自衛隊の職種の説明も受け、仕事の多様さに関心していた。

留萌 26普連は9月14、15の両日、羽幌高校2年生5人の「総合的な学習時間」に協力した。生徒たちは初めて戦闘服に袖を通し＝写真㊧、駐屯地見学をはじめ格闘・ロープ訓練、コンパス行進、軽装甲機動車試乗などを体験。「親身になって指導してくれた。就職活動をすることになったら、選択肢の一つとして自衛官も考えたい」と語った。

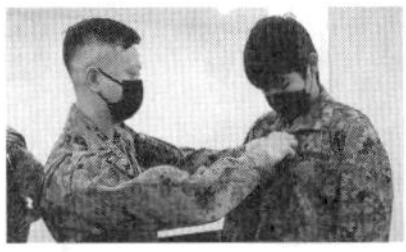

美幌駐屯地曹友会が初企画

町と合同 収穫体験

地域の特産物を知り、実りに感謝

ニンジンで笑顔 深まる親子の絆

親子で楽しく一緒に収穫（いずれも8月6日、みらい農業センター）

本州からの異動隊員やその家族に北海道・美幌町を理解してもらい地域社会と交流し、家族とのコミュニケーションを充実させたい――。美幌駐屯地曹友会（会長・浅倉礼宜曹長）はこのほど、所属隊員とその家族ら約60人を招き、ニンジン収穫体験と人参選別施設見学を行った。

浅倉曹友会長は、コロナ禍で町や部隊の企画が中止になり、家族交流が十分ではないこと、また生活する地域の特性に触れて学ぶ機会が少ないことから「何か隊員が家族と一緒に楽しみながら体験し、地域特産物に触れることができるものはないか」と考えた。

道内でニンジン生産量3位を誇る同町役場経済部みらい農業課と調整、合同企画が実現した。役場でも「機械化された大規模農業のため、芋掘りのようなことは学校でもなかなか実施しない」として、今回の企画は初の試みとなった。

袋いっぱい収穫したニンジン

はじめに隊員と家族は、「美幌みらい農業センター」でニンジン収穫を体験。「パパ一緒に採ろう」などと、親子連れは協力しながら収穫。泥の付いた採れ立てのニンジンを手に記念写真を撮影、ほほ笑ましい場面が随所に見られた。参加者は袋いっぱいになるまで収穫した。

その後、希望者は移動して「JA美幌人参選別施設」の工場見学へ。職員からニンジンの選別や保存要領など、丁寧な説明を受けた。子どもたちは興味津々な様子で農業機械を見学していた。

曹友会では、果物はあっても野菜の収穫体験はなかなかないため「町の特産物を知ってもらうと同時に、隊員家族の大切な思い出を作る機会を提供することができた」と話していた。（美幌）

ニンジン採りを楽しむ参加者

工場見学する隊員と家族たち（JA美幌人参選別施設）

青野原 8高射特科群はこのほど、兵庫県小野市の「第45回小野まつり」を支援した。338高射中隊の坂根啓太2曹以下5人が地方車（じかたしゃ）と呼ばれる装飾をした大型車両で「おの恋おどりパレード」の踊り子を先導。地方車には「国家を守る、公務員」の募集看板を掲げ、3年ぶりの開催で地域に寄り添う自衛隊の姿をPRした＝写真㊤。

福岡 19普連は福岡駐屯地で8月20日、「4年度前期転入家族オリエンテーション」を行った。連隊に対する理解促進と親近感の醸成を図るため、コア部隊の特性紹介や装備品展示、装着体験、車両試乗などを実施。最後の茶話会では、サプライズで用意した夏の風物詩「流しそうめん」に家族はご満悦で、楽しいひと時を過ごし盛会裏に終了した＝写真㊦。

那覇 15高特連新隊員教育隊は9月6日、南与座分屯地で器材操法（地対空誘導弾など）の修了検閲を行い、20人全員が合格した。沖縄県南風原町出身の與那原愛香2士＝写真㊨＝は「29歳で入隊し夫と3人の子がいる。同期や助教の言葉で前向きにやってこられた。30歳になっても、できるんだという新たな自信を持つことができた」と語った。

空

三沢 3空団基群施設隊消防小隊はこのほど、2空団消防員と米軍消防の3者で「日米施設部隊共同訓練」（航空機火災対処）を行った＝写真㊨㊤。同隊は年4回の実火訓練を実施しており、今回は当初、大型機の訓練施設を使用する予定だったが不具合が生じ、小型機に変更した。3者の細かい点での差異を確認でき、得るものが多い訓練となった。

百里 基群管理隊警備小隊の警備犬「ゴゴ号」とハンドラーの吉沢尚凌3曹、「アズキ号」と須賀紀里乃士長は7月16日、長野県のRDTA八ヶ岳国際救助犬育成センターで行われた国際救助試験を受験し、見事合格した＝写真㊨㊦。須賀士長は、空自で初めて国際救助犬に合格した女性ハンドラーとなった。今後、災害派遣などでの活躍が期待される。

高畑山 分屯基地は9月9、10の両日、「高畑山分屯基地開庁65周年記念行事」を開き、宮崎県串間市内外から協力団体など約600人が訪れた。初日は西部航空音楽隊が同市文化会館で記念演奏、翌日は基地で隊員に向けた士気振作演奏を行った。基地見学や特産物を使った郷土料理の会食、CH47Jヘリの体験搭乗が行われ、地域住民と触れ合った。

海

八戸 海上をフィールドに活動する同士である八戸市水産科学館マリエント「ちきゅう」たんけんクラブの44人＝写真㊦＝が10月9日、基地を訪れ航空管制塔や化学消防車を見学した。2空群のP3C哨戒機がどんな仕組みで海中の音を聞いているのかを隊員がスライドで説明。見学者からは、水中と空中での音の伝わり方の違いや速さなどの質問があった。

横須賀 多用途支援艦「えんしゅう」は9月2、3の両日、静岡県御前崎港で一般公開を行い、約1800人が訪れた。艦橋では艦長の椅子が人気を集め＝写真㊦、長蛇の列ができる盛況ぶりだった。甲板には自走式の水上標的「バラクーダ」を展示し、写真パネルを使って当該標的を護衛艦の主砲で射撃する訓練の様子や艦内生活、災害派遣の活動を伝えた。

呉 呉教育隊は8月26日、第17期一般海曹候補生課程210人と第378期練習員課程学生84人の修業式を行った。伊藤弘呉地方総監は「いずれの部隊へ赴任しても独りではないことを忘れないでほしい」と訓示、学生代表の山村太朗2士が決意を表明した。修業生は家族の温かい激励の拍手の中、堂々行進、自信に満ちた表情で巣立った＝写真㊦。

佐世保 13護隊の護衛艦「さわぎり」艦長の山内淳2佐以下乗員25人はこのほど、補給のために入港した沖縄県うるま市の石川ビーチを清掃した。「海に流出するごみの約8割は陸からのもの。地元の方々の海岸、海自が活動する海を守る」との思いを胸に、15袋分のごみを回収した＝写真㊦。住民から「とても助かります」など感謝の言葉を受けた。

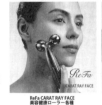

モンゴルに人道支援で7人派遣

隊員5人が陸幕長に出国報告

防衛省・自衛隊は9月27日から29日まで、モンゴル軍への人道支援・災害救援（HA/DR）分野での能力構築支援のため、防衛政策局参事官付の吉岡由美子部員と陸幕防衛協力課の高橋忍3陸佐をはじめ、自衛隊中央病院の隊員など7人をウランバートルのモンゴル軍中央病院に派遣した。それに先立ち、現地で支援にあたる隊員5人が9月22日に防衛省を訪れ、吉田陸幕長に出国報告を行った。

モンゴル軍に対する能力構築支援事業は2012年から始まり、今年で10年目、20回目を迎える。主に人道支援・災害救援（HA/DR）分野と施設分野で行っており、現地への隊員の派遣、モンゴル軍要員の日本への招へい、その他にもコロナ禍ではオンライン形式によるセミナーなどを実施している。衛生分野では今回が8回目となる。

中央病院の西山隆1陸佐、大石真由美1陸佐、櫻木晶子2陸佐、小川淳二3陸佐、大畑芙紗子1海尉の計5人は、モンゴル軍中央病院が実施を予定している大量傷者受け入れ訓練の計画立案に必要な知見を伝え、現状を把握し、同軍が訓練を自立的に実施できるようにすることを目的に派遣された。

同病院が大量傷者の受け入れ体制を構築して、災害対応能力の向上を図るために行われたこの事業は、日・モンゴル外交関係樹立50周年を迎えた今年の記念事業の一つとなっている。

現地で5人は「大量傷者受け入れ訓練」に関するセミナーや応急準備訓練の視察、病院施設研修、病院関係者との協議などを行い、任務を完遂して無事帰国した。

陸幕長は9月22日の会見で「本事業が、自由で開かれたインド太平洋（FOIP）の維持・強化に極めて資するものであり、今年7月の同分野での支援や8月に行った施設分野での支援など、モンゴル国へ継続的・集中的かつ濃密に支援を行えることは、両国関係の強化に寄与している」と評価した。

◇

出国に先立ち、西山1佐以下5人が防衛省を訪れ、吉田陸幕長に出国報告を行った。

代表して報告した西山1佐は「現地の状況に即した形で大量傷者受け入れ訓練が実施できるよう、モンゴル軍中央病院の現状・能力・特性・規則などを掌握していきたい。また外交関係樹立50周年という記念すべき年なので、両国の防衛当局医療従事者間の連携を強化するとともに、個人的な関係を築いていきたい」と述べた。

陸幕長は「陸自、海自、そして我が国の代表としての地位と役割を自覚し、常にモンゴル軍側の目線に立って、これまで培ってきた自信と信頼を胸に、同僚に教えるような気持ちで懇切丁寧に知見の共有をしてほしい」と要望していた。

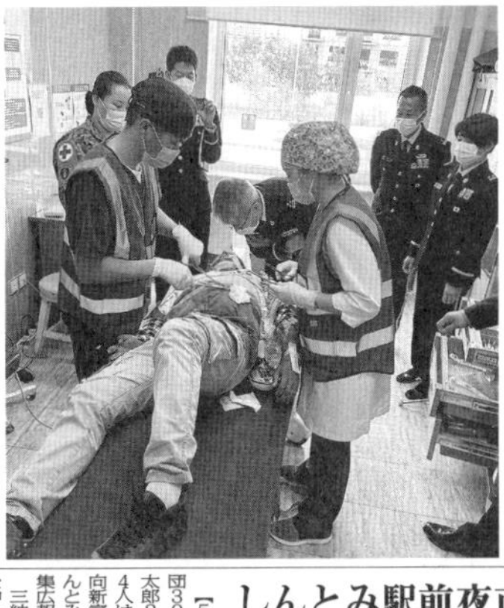
モンゴル軍が実施する応急準備訓練を視察する西山1佐（右から4人目）と櫻木2佐（右端）と小川3佐（右から2人目）＝9月28日、ウランバートルのモンゴル中央病院

日米宇宙フォーラム開催

井筒空幕長がビデオ講演

モーリーン・アンド・マイク・マンスフィールド財団主催の日米宇宙フォーラムが10月18日から3日間、国際文化会館などで行われ、井筒空幕長がビデオ講演を行ったほか、フォーラム参加者が宇宙作戦群（府中）を研修した。

フォーラムは日米の宇宙政策専門家などからなる常任委員会で、宇宙分野で重要性を増す民間セクターの役割について、企業や学界、非政府団体などの幅広い専門家の意見を取り入れ、日米両政府に対して政策提言を行うことを目的としている。今回は日米のほか、豪、比、越からも専門家が参加。SSA（宇宙状況把握）のほか、南シナ海におけるMDA（海洋状況把握）構築に関する宇宙分野の役割についても議論が行われた。

空幕長はビデオ講演で、スペースデブリを含む宇宙物体の飛躍的増加、宇宙開発利用競争の激化および対衛星兵器開発などに伴うリスクの増加について言及。こうした情勢に対応するため、空自の宇宙状況把握の能力向上を進め、宇宙の安定利用へのさらなる貢献に強い意欲を示した。

また、フォーラム参加者16人による宇宙作戦群訪問では隊員との意見交換も行われ、相互の理解を深め合った。

宇宙作戦群で研修を行う日米宇宙フォーラムの参加者（府中基地）

しんとみ駅前夜市に参加

新田原基地

【5空団＝新田原】5空団305飛行隊長の有澤章太郎2佐と広報班の隊員計4人は9月10日、宮崎県日向新富駅前で開かれた「しんとみ駅前夜市」に参加、募集広報ブースを出展した。

三納代商工業振興会会員を中心とした「しんとみ駅前夜市実行委員会」の要請を受けたもので、新田原基地と地域の交流を深めるために参加した。

4人は基地の任務である①防空②防災③教育――を紹介したパネルを使い、「地域の方々に基地をもっと身近に感じてもらいたい」との思いを込め、基地や隊員募集に関する説明を行った。有澤隊長は紙飛行機大会にも参加。紙飛行機のデモンストレーションを行うとともに入賞者へのプレゼンターも務め、大会を盛り上げた。

参加した隊員は、「多くの地域の皆さまが久しぶりの祭りの雰囲気を楽しんでおり、参加できて良かった」と話していた。

広報ブースで地域住民とふれあう新田原基地の隊員たち（9月10日、宮崎県日向新富駅前）

中病

消防庁から感謝状

救急車受け入れの協力

【中病＝三宿】自衛隊中央病院は9月16日、日頃の救急業務への協力・貢献の功績で、東京消防庁救急部長から感謝状を贈られた。

中病は二次救急医療機関として24時間365日救急医療態勢を維持し、医官たちは日々、運び込まれてくる多種多様な救急患者に対応してきた。今回の感謝状は日頃の救急車の受け入れに謝意を表したもの。

中病の講義室で行われた感謝状贈呈式には多田静也世田谷消防署長以下3人が訪れ、福島功二病院長、山下忠司総務部長が参列。病院を代表して西山隆救急科部長が感謝状を受け取った。西山1佐は「中央病院の救急医療への取り組みが認められ大変光栄に思う。引き続き救急医療の発展にまい進していきたい」と語った。

多田世田谷消防署長（左）から感謝状を手渡される西山1佐（9月16日、中病講義室）

福島地本

初めて水難防災教育

相馬市立中村第1中学校で

【福島地本】相双地域事務所（所長・永井啓行3海佐）は9月26日、相馬市立中村第1中学校で福島地本として初めて水難防災教育をテーマにした防災教室を支援した。

当日は永井3佐以下7人が参加。まず体育館に集まった生徒137人に結索法や索具投てき法を指導し、この日の最後にプールで行う水難防災の基礎を学んでもらった。また、防災講話のほか、支援物資運搬法の教育も行い、水害など災害時の心構えも指導した。

続いて相馬市民プールに移動。溺者救助・心肺蘇生法の模範展示、索具投てきによる溺者救助体験、ペットボトルやビニール袋などの日用品を使った浮力保持体験、海自救命胴衣の浮力体験を行った。

同校教員からは「中学校の周辺地域は豪雨災害などで洪水や浸水被害が多いため、今回の教育は非常にためになった」「生徒たちはさまざまな体験を通じて防災に対する意識の向上につながった」などの声が相次いだ。

隊員の指導を受け、支援物資の運搬法を実践する生徒たち（9月26日、相馬市立中村第1中学校）

こちら警務隊

火災（失火の罪）

たばこの火の不始末による火災は50万円以下の罰金

たばこの火の不始末で火事になった場合、何の罪になりますか？

刑法第116条の「失火罪」として、50万円以下の罰金に処されます。

失火とは、火災のおそれがあると認識できたにもかかわらず、過失により適切な出火防止の手段をとらず出火させた場合で、たばこの吸い殻を火が残ったまままくず箱に投げ捨て、火災が起きた場合などです。

また、ガソリン給油中の喫煙等の場合は、重過失失火罪（3年以下の禁錮又は150万円以下の罰金）に問われます。

たばこの火の不始末による火災や火災のおそれのある場所での喫煙は、許されません。絶対にやめましょう。

（北部方面警務隊）

武官団文化セミナー実施

陸幕・足立将補主催

陸幕指揮通信システム・情報部長の足立吉樹陸将補は9月28日、在京武官団文化セミナーを主催し、16カ国から国防武官など35人が参加した。

これは研修を通じて第二次世界大戦後の国際秩序の変遷について学ぶことで、日本に対する理解の深化と友好親善を図ることを目的に行われたもの。

当日は、市ヶ谷記念館で昭和21年5月から同23年11月まで行われた極東国際軍事裁判（東京裁判）の概要や作家の三島由紀夫氏が自害した三島事件についての説明などが行われ、大本営地下壕跡では当時の様子がそのままの状態で残っている内部を見学した。

参加した武官からは「第二次世界大戦で戦った歴史を乗り越え、各国が友好関係を育んできたことを実感できた」といった感想が聞かれた。

各国の在京武官団に対し、主催した足立陸将補（中央左）があいさつ（9月28日、防衛省）

小休止

▽…自衛隊体育学校ラグビー班はこのほど、岡山県美作市の美作ラグビー・サッカー場で子供対象のラグビー・クリニックを開いた＝写真。

▽…班の合宿の機会に合わせて行ったもので、地元ラグビースクールの小学生、幼稚園児が参加。パス練習のほか、タックルのないタッチフットボールやタグラグビーを行った。

▽…子供たちは懸命にボールを追いかけ、元気にプレーを楽しんだ。同班は合宿中、女子ラグビーセブンズ交流会にも参加。タイ王国代表チーム、地元のアタッターレ岡山と交流戦を行った。

（朝霞）

みんなのページ

朝雲・栃の芽俳壇

畠中草史　選

雲払い中秋の月煌々と　熊谷・空OG　関田　絹江

中秋は新暦の九月。月が美しくなる。それ故擬人化が当てはまり、雲払いなのである。

野の竜胆一茎手向け賽の神　福生・空事務官　村松加珠彦

野に咲いている一本の竜胆を手折り供華として道祖神へ供え、おのずと手を合わせている。

サルビアの真っ赤な丘と空の青　熊谷・空OG　關谷　桂子

思ひ出の尽きぬ話や墓洗ふ　小牧・陸OB　松岡　魚青

静けさの山湖へせまる霧襖　あきる野・一般　小和田一男

谷底の村を覆へる鰯雲　熊谷・空OG　福元万理子

長き夜や目盛うすれし曲尺　浜松・空OG　木通　桂子

枝豆や書き留め置きし塩加減　大津・陸OB　丸岡　正男

真新し英字の墓や鳥わたる　相模原・海OG　折口　桂子

雨意の風湖鈍色に昼の虫　浜松・空OG　塩見　惇子

秋晴や銀輪をこぐゆるゆると　熊谷・空OB　蓮佛志向子

新松子きょん見失ふ防風林　館山・海OB　斎藤　一向

秋燕や五軒長屋と言う屋号　浜松・空OB　宮本　立勇

断捨離やアルバムしばしみる夜長　札幌・陸OB　坂元　順一

帰省子の只今の声高らかに　熊谷・空OB　明田　眞雅

小糠雨声も終なるつくつくし　鹿島・陸OB　一ノ瀬恵昭

一点を見つめ心耳に秋の声　相模原・一般　森　謙二

ゆるゆると利根の渡しと秋の雲　熊谷・空OB　工藤　敏雄

木道のひびく歩音と秋の声　浜松・空OG　鈴木和歌恵

丹沢や藁塚長く影を引く　町田・陸OB　岩原　滋利

新米を分けて呉れたる友達者　富谷・陸OB　加川　師亨

コスモスの花のうつむく雨雫　東京・陸OG　田中あやめ

秋暑し工業地帯の金属音　熊谷・空OG　佐藤　玲美

まだらなす棚田の畔の彼岸花　香川・陸OB　渡辺　成典

選者作品

大灘の潮目さだかに沖霧ふ

投句歓迎！

▽郵便はがきの裏面に未発表の自作3句以内と氏名、年齢、職業（自衛官・事務官＝所属部隊、OB、家族、一般など）、住所、電話番号を記入▽締め切り毎月15日▽宛先＝〒162－8801東京都新宿区市谷本村町5の1　防衛省D棟市ヶ谷記者クラブ朝雲俳句係☎03（5225）1750、専用線8・6・25515

随所に感じられた隊員の心意気

大阪接種会場の取り組み㊦　1陸佐 中野　昌英（中部方面総監部広報室長・伊丹）

オンライン問診は、今年3月から運用が開始された大阪接種会場独自の問診要領である。これによって医官が会場から離れた場所から問診ができるなど、業務の効率化に貢献している。現在では大阪接種会場と全国に点在する自衛隊病院をオンラインでつないで問診が行われている。

このオンライン問診の運用にあたっては、被接種者への案内や必要な書類手続きなどの支援のため、先に紹介した通信支援陸曹も立ち会っている。これまでの案内経験を聞くと、被接種者の中にはオンラインでのやりとりに慣れない方も多く、思わずテレビを見ているようにこちらから話すことなく聞き入るなど、ほほえましい場面もあるとか。

一方、熊本や仙台とつないでオンライン問診を受けた被接種者は、「へー、時代の流れだねえ」と深く感心しながらうれしそうに遠く離れた医官と会話を楽しむ方がおられるなど、日々新たなエピソードが生まれているそうである。

大阪接種会場で活躍する隊員と話す中で印象に残ったのは「自衛隊が運営するということで、必要以上に緊張する方もいる。そんな方にも安心してもらえるとともに、自衛隊の良さも伝えることができればと思っている」との感想である。

一方、3回目や4回目のワクチン接種に際しても常に自衛隊大規模接種会場を選んでいただいたり、自衛隊は安心感があるなどのご意見を頂いた時にはとてもやりがいを感じるとの意見も聞かれた。

大阪接種会場の運営を共に支える役務の方々からも「自衛隊の方と一緒に働くのは初めて。最初は堅苦しいところもあるかもしれないと思っていたが、一緒に仕事をしてみると、とても親切で丁寧な方々で気持ちよく仕事ができた。規律の正しさや言葉遣い、細々とした点までの気配りなど、私たち自身も勉強になることがたくさんあった」との感想も聞かれた。

大阪接種会場を訪れて感じたのは、複雑多岐にわたる接種業務を、隊員が役務とも協力しながら一丸となって勤務している一体感であった。そこではメディアで取り上げられやすい医官や看護官だけでなく、会場運営を支える隊員たちも力を合わせて全員で任務を完遂するという心意気が随所に感じ取られた。これからも接種会場の任務が終わるまで、変わらぬ姿が見られることだろう。

大阪接種会場でオンライン問診を行う隊員。業務の効率化に大きく貢献している

高崎募集事務所の「ガールズトーク」の様子

ガールズトーク盛況

1陸曹 田畑 亜沙美（群馬地本高崎事務所広報官）

群馬地本高崎地域事務所（土屋章3尉）はこのほど、高崎事務所で毎年大好評の「ガールズトーク」を開催した。事務所独自開催は今年で4年目8回目の開催である。

今回も丸山理佳3陸曹（古河駐屯地）、平田和海士長（小牧基地・管制入校中）伊藤菜生3空曹（横田基地）が応援に駆けつけてくれた。

当日の参加者は17人、受験予定者とその保護者、来月入隊する姉妹など例年同様満員御礼で開催することができた。

陸海空のブースで毎年一番人気なのは担当広報官も一押しの空、しかし今年は陸が大人気！　予想に反して9人が丸山3曹を囲んだ。丸山3曹からはうれしい悲鳴が上がった。

受験を悩む女子高生2人は今回のガールズトークに担当広報官に誘われて参加し、「実は自衛隊って微妙だなって思って参加しましたが、制服姿が素敵で仕事が楽しいと話していたので、志願票を書いて帰ろうと思います」と話した。

また陸のブースに参加した女性対象者は「陸の話を聞きましたが海空の話も聞きたいので連絡先を交換させていただきました」と話してくれた。

ガールズトークの実施は入隊者フォローや受験生獲得へつながることを常々実感している。

群馬地本では各種説明会を今後も計画し、さらに志願者を獲得していきたい。

広報官として募集広報に携わりたい

陸士長 水上 拳汰（5対艦連本管中・健軍）

私は、9月1日から30日までの間、リクルーターとして自衛隊熊本地方協力本部熊本募集案内所で勤務させていただきました。

私は人と接することが好きなので、今回のリクルーター勤務が決まった時から、とてもワクワクしていました。

市街地広報でのティッシュ配布や防犯パトロールでのあいさつ運動では多くの方々と接することができ、楽しみながら自衛隊をPRすることができました。

熊本城ホールで行われた進路相談会では、防衛大学校や防衛医科大学校を志願する学生への説明に協力しましたが、意外と女子生徒の占める割合が多いことに、驚きました。また、学生が抱いている数多くの質問に対して、一つ一つ丁寧にわかりやすく答える広報官の姿を見て知識の必要性と相手の視点に立って説明することの難しさを感じました。

母校である星翔高校に訪問した際には、6年ぶりに当時の担任だった先生にお会いすることができました。「こんな立派になった姿を見れてうれしい」とお言葉を頂き、とてもうれしく思いました。

この1カ月間、リクルーターとして自衛官募集に携わらせていただき、部隊勤務とは違った経験ができました。大学説明会や母校訪問などの機会を作ってくださった広報官の方々やリクルーター勤務に行かせていただいた中隊の方々にはとても感謝しています。この経験を今後の部隊勤務などに生かしていきたいと思います。

そして、私自身も将来的には広報官として、募集広報に携わる勤務をしてみたいです。1カ月という短い間でしたが、貴重な経験をさせていただきありがとうございました。

OBがんばる

立山　真二さん　57

令和元年8月、佐世保警備隊水中処分母船5号船長を務め、1海尉で定年退職。明治安田生命に再就職し、個人、団体保険の営業などの業務に励んでいる。

基本となるのは人と人

私は防衛省団体保険の幹事会社でもある明治安田生命に再就職し、3年目を迎えております。生命保険を通じて、自衛隊員のライフプラン全体を支援する仕事をしており、個人保険の各種営業支援、団体保険の促進、明治安田生命という会社の信頼度向上に努めることを基本的な業務としています。

再就職検討の際に、営業に関わる職業に対して不安はありましたが、援護の担当者や会社の先輩であるOBの方からの話を聞き、挑戦する気持ちで決めました。入社後に感じたことは、たとえ未経験の新しい業務でも、基本となるのは人と人との円滑なコミュニケーションやコンプライアンスの遵守であり、今まで自衛隊で身につけてきたことが十分に通用するものであると感じました。

これから再就職を考えられる皆さんにとって、新しい世界に転職する不安は大きいとは思いますが、自衛隊で長年身につけてきたものは専門の知識や技術だけではありません。前向きにトライすることが再就職で最も大切ではないかと感じております。

隊員との懇談の中で、準備も何もなく定年を迎えられる方の話を多く聞きます。しかし再就職というものは、これからの人生を大きく左右していく非常に大きな転換点だと思います。実感を持って準備されていくことを強くお勧めしたいと思います。

第1294回出題

詰碁

出題　日本棋院　九段　曲　励起

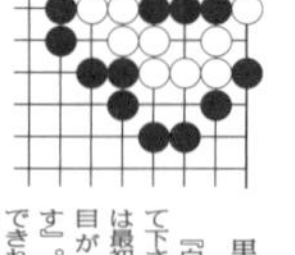

黒先

『白を取って下さい。黒は最初と三手目が大切です』。5分でできれば初級以上です。

▶詰碁、詰将棋の出題は隔週です◀

詰将棋

出題　日本将棋連盟　九段　石田　和雄

≪第878回の解答≫

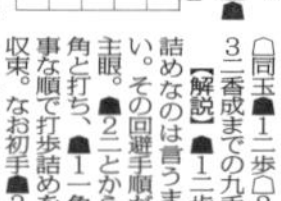

▲先手　持駒　角歩

【正解】▲2二と△同玉▲3三角△2二玉▲1一角成△同玉▲1二歩△2二玉▲3二香成までの九手詰め。

【解説】▲1二歩が打歩詰めなのは言うまでもない。その回避手順が本題の主眼。▲2二とから▲3三角と打ち、▲1一角成が見事な順で打歩詰めを解消し収束。なお初手▲3三角は△2二歩で不詰み。

（世界の切手・サウジアラビア）

垣根は相手がつくっているのではなく、自分がつくっている。

アリストテレス（古代ギリシャの哲学者）

朝雲ホームページ
www.asagumo-news.com
会員制サイト
Asagumo Archive プラス
朝雲編集部メールアドレス
editorial@asagumo-news.com

新刊紹介

吾輩は後期高齢者の日本国憲法である　西　修著

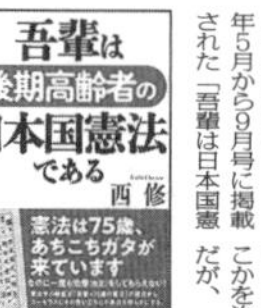

夏目漱石の「吾輩は猫である」にちなみ、日本国憲法を「吾輩」に見立てて1人称で憲法の誕生から現在までの間に生じた問題点を語る解説本。月刊「正論」に2017年5月から9月号に掲載された「吾輩は日本国憲法である」をまとめた第1編と、憲法施行から75年の紆余曲折を描いた第2編とで構成される。

75歳を迎えた「吾輩」は人間でいえば後期高齢者。大抵の人は一度はどこかを治療しているものだが、「吾輩は一度も治療（改正）を受けていない」「さすがにくたびれた。節々が痛む。自ら矛盾を感じることが年齢を重ねるごとに多くなってきた」とぼやく。

著者の趣味の落語も織り交ぜて語られる部分もあり、時にユーモラスで読みやすい文章だが、内容は詳細だ。特に極東委員会が憲法誕生にいかに関わったのか、どのような審議が行われていたのかについて、類書にないほど深く踏み込んでいる。

自衛隊創設から日米安保条約、PKO協力法、平和安全法制の成立など、時系列で語られるそれらの経緯が現行憲法の矛盾を浮き彫りにする。ぜひとも手に取って欲しい一冊だ。

（産経新聞出版刊、1760円）

コントレイル　FSXとは何だったのか　山田　秀次郎著

1985年、F－1の後継となる次期支援戦闘機（FSX）の国内開発にむけた予算要求の段階に至って、米国は「協力」を申し出た。国防長官・防衛庁長官の会談が続くうち、大きな選択肢の「国内開発」は「開発」に書き換えられ、翌年には「F－16を基盤とする共同開発」で両国は合意する。だが経済摩擦が激化する89年、米商務省と米議会の巻き返しが始まり、ブッシュ米大統領にFSX合意の見直しを迫る……。

これを渦の外から描いた解説や提言は多いが、渦中にいた人は日米共に黙して語らない。「これではいけない」と航空実験団（当時）、技本、空幕でF4－EJ改を育て、FSXに取り組み、臨時編成のFSX開発室長も務めた著者が、貴重な体験が航跡（コントレイル）のように消えぬよう、公開論文や講演録を基にまとめたのが本書である。

防衛組織の戦闘機開発に関わる欠落機能なども考察されており、今話題のFXにも参考になるだろう。いずれも技術者ならではの視点に基づく指摘だ。

（幻冬舎刊、2640円、電子版1100円）徳田八郎衛（元防大教授）

朝雲

発行所 朝雲新聞社
〒160-0002 東京都新宿区
四谷坂町12－20 KKビル
電 話 03(3225)3841
FAX 03(3225)3831
振替00190-4-17600番
定価一部170円、年間購読料
9170円（税・送料込み）

本号は10ページ

岸田首相
相模湾で国際観艦式
海自創設70周年
「防衛力5年以内に強化」

海自創設70周年を記念する「令和4年度国際観艦式」が11月6日、自衛隊最高指揮官の岸田文雄首相を観閲艦「いずも」に迎え、相模湾で実施された。日本で20年ぶりの開催となる国際観艦式には、海外12カ国からの艦艇18隻と航空機6機、海保の巡視船1隻を含む艦艇（艦船）計39隻と航空機計33機が参加。観閲官を務める岸田首相は自衛隊員に向けた訓示の中で、その強い使命感をたたえ、「自衛隊最高指揮官として皆さんのことを誇りに思う。厳しさを増す安全保障環境の中で国民の命や暮らし、我が国を断固として守り抜くとの決意の下、より一層鍛錬に励んでほしい」と激励した。前日の5日には自衛隊記念日行事の一環として、市ヶ谷地区で岸田首相、浜田防衛相らが出席して殉職隊員追悼式が行われた。（3、4、5面に関連記事とグラフ特集）

海外12カ国の艦艇、航空機が参加

単縦陣をつくり航行してくる旗艦「あさひ」以下の受閲艦艇部隊（11月6日、相模湾）＝海自提供

艦上で受閲部隊に答礼する岸田首相（最前列左から2人目）と（同右端から）小野田政務官、浜田防衛相、酒井海幕長（防衛省提供）

観艦式は2019年、台風の影響で中止となったため7年ぶりの開催で、コロナ対策などの理由で無観客で行われた。当日は晴天に恵まれ、午前8時前、浜田防衛相、小野田政務官、鈴木事務次官、鈴木統幕副長、吉田陸、酒井海、井筒空の各幕僚長らを乗せた観閲艦「いずも」が海自横須賀基地を出港。三浦半島沖合で横須賀、横浜、木更津からそれぞれ出港した他の艦艇と合流した。

岸田首相は同10時半ごろ、海自のMCH101掃海・輸送ヘリで「いずも」に到着。格納庫で栄誉礼を受けた後、執行者の自衛艦隊司令官・湯浅秀樹海将から概要説明を受けた。

観閲部隊は「しらぬい」を先導艦に観閲艦「いずも」、随伴艦「ひゅうが」「たかなみ」の各護衛艦で編成。観閲は午前11時すぎに始まり、岸田首相は「いずも」艦橋上に設けられた観閲台に浜田防衛相、小野田政務官、酒井海幕長らとともに立ち、前方から単縦陣で航行してくる受閲艦艇に相対した。

受閲部隊は旗艦「あさひ」を先頭に、護衛艦、潜水艦、掃海艦艇、補給艦など12隻で構成。乗員が右舷側甲板に整列し、登舷礼式で敬礼すると、岸田首相は手を胸に当てて答礼した。その後、海自艦の先導のもと、豪、ブルネイ、加、印、インドネシア、マレーシア、ニュージーランド、パキスタン、韓国、シンガポール、タイ、米国の順に12カ国の外国艦艇18隻が祝賀航行。途中、印海軍のフリゲート「シュバリク」が日本国旗を掲げ、海自の行進曲「軍艦」を演奏する一幕もあった。

続いて後方から受閲航空部隊が飛行。海自のP1哨戒機を先頭に海自機6機、陸自がV22オスプレイ（観艦式初参加）など5機、空自はF35Aステルス戦闘機（同）など11機が観閲を受け、その後を米軍のF／A18戦闘攻撃機3機とF35Bステルス戦闘機2機、フランス海軍のファルコン200哨戒機が祝賀飛行した。

観閲部隊の回頭後、訓練展示が始まり、潜水艦の潜航・浮上、P1のIRフレア射出、US2救難飛行艇の洋上離着水が行われた。

最後は空自4空団11飛行隊（松島）ブルーインパルスが飛行展示。秋空の広がる「いずも」上空に、大きな〝桜〟などをスモークで描いた。

観閲が終わると、首相は参加部隊に向け訓示。この中で、北朝鮮による核・ミサイル開発やロシアのウクライナ侵略に触れ、「他国の平和と安全を武力の行使や武力による威嚇によって踏みにじる者が現れる事態に、備えなければならない。本年末までに新たな国家安全保障戦略などを策定し、我が国自身の防衛力を5年以内に抜本的に強化する。国民を守るために何が必要か、あらゆる選択肢を排除せず、現実的な検討を加速していく」と決意を示した。

さらに警戒監視任務や、海賊対処、情報収集活動を行っている隊員らに対し「家族と離れ、長期間にわたり、雨の日も風の日も最前線で任務にあたる苦労は計り知れない。しかし、皆さんの努力の積み重ねがこの国の、そして、地域及び世界の平和と安定につながっている。皆さんが備えることで、国民が日々憂いなく過ごすことができる」と任務の意義を強調した。

午後1時50分すぎ、岸田首相は迎えのMCH101ヘリに乗り込み、「いずも」を離艦。浜田大臣とともに米空母「ロナルド・レーガン」に移動し、艦内を視察した。

「いずも」は同4時50分ごろ、横須賀基地に帰港した。

「次世代への継承」がテーマ
第18回WPNS　27カ国海軍参謀長ら出席

議長としてスピーチする酒井海幕長（壇上）＝11月7日、横浜ロイヤルパークホテル

海上自衛隊の創設70周年記念行事の一環として、第18回西太平洋海軍シンポジウム（WPNS＝Western Pacific Naval Symposium）が11月7、8の両日、横浜ロイヤルパークホテルで行われた。27カ国の海軍参謀長らが集い、「自由で開かれた海洋：次世代のための協調的取り組み」をテーマに討議した。

WPNSは西太平洋地域各国海軍の協調と相互理解を目的に、1988年から隔年で開催。米、豪、韓国、インドネシアなど22カ国のメンバー国と、8カ国のオブザーバー国で構成されている。海自は90年から参加しており、議長国を務めるのは3回目。今回メキシコ、エクアドルは欠席したが、観艦式に艦艇を派遣しなかった中国は参加した。ロシアはウクライナへの侵攻を理由に招待を取り消した。

シンポジウムの冒頭、酒井海幕長が議長としてスピーチを行った。海幕長はWPNSが歴史の流れの中で大きく発展してきたことに触れ、「『自由で開かれた海洋』という普遍的な価値を次世代に引き継ぐ必要がある」と呼び掛けた。続いて井野副大臣があいさつで「インド太平洋地域に繁栄をもたらす海洋秩序の維持・強化が不可欠だ」と述べた。この後、参加者は討議に入り、海洋安全保障をめぐり意見交換を行った。

防衛省が正式参加
「NATOサイバー防衛協力センター」

浜田防衛相は11月4日の記者会見で、防衛省が北大西洋条約機構（NATO）承認の研究機関「NATOサイバー防衛協力センター」との間で署名手続きを先月完了し、正式に同センターの活動に参加することが可能になったと発表した。

同センターは、サイバー行動に適用され得る国際法についての研究プロジェクトの成果として、「タリン・マニュアル」を発表している。防衛省・自衛隊は2019年から同センターに職員を派遣しているほか、昨年からは同センター主催のサイバー防衛演習「ロックド・シールズ」に正式参加している。

浜田大臣は記者会見で、同センターへの正式参加について「同志国等とのさらなる連携深化や各国のサイバー政策に関する最新動向の把握につながる」と意義を強調した上で、「NATO諸国をはじめとする諸外国等とのサイバー分野での協力を一層強化していきたい」と語った。

「ACSA」念頭に調整へ
日独2プラス2　今後の共同訓練を検討

日独両政府は11月3日、2回目となる外務・防衛担当閣僚協議「2プラス2」を開催した。自衛隊とドイツ軍の共同活動を促進するため、2国間で食料や燃料などを融通し合う「物品役務相互提供協定（ACSA）」で規定された内容を念頭に、法的枠組みの交渉開始に向けた調整を進めていくことで一致した。

会談はドイツ西部のミュンスターで行われ、林芳正外相とアナレーナ・ベーアボック独外相が対面で参加。浜田靖一防衛相とクリスティーネ・ランブレヒト独国防相が日本とドイツからそれぞれオンラインで参加した。

4氏は、昨年11月に独海軍フリゲート「バイエルン」が独艦艇として19年ぶりに日本に寄港したことや、今年9月の独空軍戦闘機「ユーロファイター」の初来日など、共同訓練を通じて自衛隊とドイツ軍の連携が強化されていることを歓迎。その上で、①来年以降の共同訓練やドイツ軍部隊の訪日などの可能性を検討する②日独間の防衛装備・技術協力をさらに推進する――ことで一致した。

4氏はまた、ロシアによるウクライナ侵略によって国際秩序の根幹が揺らぐ中、日独をはじめとする同志国の結束がこれまで以上に求められているとの認識を共有。ロシアの力による一方的な現状変更は決して看過できず、国際社会と緊密に連携して強力な対露制裁を維持し、ウクライナへの支援を継続することも確認した。

さらに、日本が掲げる「自由で開かれたインド太平洋（FOIP）」と、ドイツが2020年9月に策定した「インド太平洋ガイドライン」は軌を一にするとの認識でも一致し、法の支配に基づく国際秩序の維持・強化のため、両国がさらに連携・協力していくことを申し合わせた。

次回の「2プラス2」の早期開催に向けて調整していく方針も確かめ合った。

日独両政府は昨年4月に両国間で初となる「2プラス2」をテレビ会議形式で開催。同年3月に署名・発効した「日独情報保護協定」に基づいて防衛装備品分野をはじめとした安全保障協力を一層推進していくことで一致している。

日独「2プラス2」にオンラインで参加する浜田防衛相（右上）とランブレヒト独国防相（左上）。林外相（右下）とベーアボック独外相（左下）はドイツ西部のミュンスターで対面した（11月3日）＝外務省のホームページから

北朝鮮がミサイル連射
ICBM級含め今年30回

北朝鮮は10月28日から11月3日にかけて、大陸間弾道弾（ICBM）級の可能性を含む弾道ミサイルを多数発射した。いずれも日本の排他的経済水域（EEZ）外に落下したと推定され、我が国への被害は確認されていない。防衛省が分析を進めている。

防衛省によると、北朝鮮は10月28日正午ごろに2発のミサイルを発射。11月2日は午前8時50分頃に少なくとも2発の弾道ミサイルを発射し、1発目は最高高度約150キロで約150キロを東に飛翔。2発目は最高高度約100キロで約200キロを南東に飛翔した。いずれも変則軌道で飛翔した可能性がある。

その後、午後4時台にも少なくとも1発の弾道ミサイルの可能性があるものを東に発射し、最高高度は50キロ以下という極めて低い高度だった。

3日は午前7～8時台にかけ、少なくとも3発の弾道ミサイルを東方向に発射。1発目は最高高度約2000キロで約750キロを飛翔し、ICBM級の可能性が指摘されている。2発目と3発目は共に最高高度約50キロで約350キロ飛翔した。さらに、同日午後9時台にも3発の弾道ミサイルを東方向に発射。3発とも最高高度は約150キロで約500キロ飛翔した。

北朝鮮によるミサイル発射は、今年に入ってから巡航ミサイルも含め30回目と異例の発射頻度が続いている。

中国艦が領海侵入

防衛省は11月2日、中国海軍の「シュパン」級測量艦（満載排水量約6000トン）1隻が同日未明、鹿児島県周辺の我が国領海内に侵入したと発表した。海自1空群（鹿屋）と4空群（厚木）のP1哨戒機、5空群（那覇）のP3C哨戒機、3ミサイル艇隊（佐世保）の「おおたか」が情報収集・警戒監視に当たった。

測量艦は1日午後7時50分頃、鹿児島県の臥蛇島西方の日本の接続水域を北東に進み、2日午前0時10分頃、口永良部島南西の我が国領海に入域。その後、同日午前3時頃、屋久島南方の日本領海から出域し、南東に向けて航行した。

中国海軍艦艇が我が国領海内を航行したことを確認・公表するのは、2004年11月以来、今年9月に続き8回目。直近5回は「シュパン」級測量艦による領海侵入となっている。

春夏秋冬

「国防」を思考の中心に
先崎　彰容

過日、防衛省は令和5年後からの中期防衛力整備計画において、総額48兆円にのぼる経費を計上することとなった。今後、財務省との駆け引きがあるものの、これが今年の「骨太の方針」に示された、5年以内にGDP比2％の抜本的取り組みを意識していることは、広く一般市民にも知られていよう。しかしこうした装備品や継戦能力の向上をめぐる議論以上に、必要なことがある。市民と共有すべきことがある。

それは第1に、自衛隊とは戦闘集団であり、災害派遣集団ではないということである。他国と交戦状態に入った場合、自衛隊は戦闘に従事し、従って市民の避難誘導・救済は消防と地方自治体に委ねられている。

第2に、港湾設備や高速道路等は、国土交通省と地方自治体にこれまた委ねられていて、防衛省は関与できない。非常事態を考えれば、こうした施設に自衛隊の艦隊が集合しやすくしたり、戦闘機の離着陸が可能な道路に整備しておくことの必要性は議論されてしかるべきだろう。

そして第3に、自衛隊はその設立以来、1人の戦死者もだしていない。この驚くべき事実を踏まえつつ、今後、他国との交戦による戦死者がでた場合、私たちは彼らをどう慰霊し、鎮魂するのかについて、全く議論らしい議論が行われてないのだ。

以上の3点から分かることはなんだろうか。それは戦後以来のわが国が、防衛問題と死者の慰霊について、直視するのを避けてきたということだ。高度成長とは一貫して成長すること、すなわち「生」の論理で構築された社会である。しかし今、私たちは「死」もまた考えるべき段階にきているのだ。

一見、抽象的・精神論的に思えるかもしれない。しかしこの思考を中心軸に据える時、港湾施設から原発のあり方、財政逼迫の現実にいたるまで、日本の諸問題すべてに、防衛政策が一丁目一番地でかかわることが分かってくる。つまり、今後、諸制度を構築する際、「国防」という観点を、必ず思考の中心において、議論する必要がでてきたのである。

（日本大学危機管理学部教授）

朝雲寸言

民族や宗教の違いは戦争の引き金になると多くの日本人は考えている。確かに先の大戦以降、民族対立や宗教の違いで戦争になった例は多い。しかし歴史を見れば戦争は同じ民族同士あるいは同質の文化を有する国家間で起きている▼歴史・言語・宗教・文化の同質性が高ければ対話により暴力的な衝突が起きにくくなると考えるが、実際の歴史は同質性が高いほど僅かな差異をめぐって暴発してしまうのがナショナリズムなのである▼ロシアとウクライナはもともと同じ民族であった。宗教も同じギリシャ正教であり言語はやや違うものの同じキリル文字を使う。これほど似ている国家間でどうして戦争が起こるのかではなく、似て非なるからこそ戦争は起こるのである▼ソ連の崩壊に伴い1991年ウクライナは独立を果たす。よってウクライナの中高年以上の人々はロシアとウクライナの両方のアイデンティティを有している。自分たちがロシア人なのかウクライナ人なのか、その選択を迫られているのだという▼同質性の高い民族の対立はアジアにも多く見られる。朝鮮半島、中国と台湾の対立は同じ構造である。自分たちが何者であるかを決定づける歴史、すなわち文化的遺産の違いが対立を深めているのである▼ギリシャの歴史家ツキディデスは人々が戦争へと駆り立てられる要素として利益・恐怖・名誉の三つを挙げた。確かにその中に民族や宗教は入っていない。

山根陸幕副長
米陸軍協会年次総会に参加
フリン太平洋陸軍司令官らと懇談

パネルディスカッションする山根陸幕副長（中央）。左はカーリン米国防次官補で右はアイフラー少将（10月11日、米ワシントン）米軍サイトDVIDSより

山根寿一陸幕副長は10月10日から12日まで、米ワシントンで行われた米陸軍協会（AUSA）年次総会に参加した。

年次総会は毎年10月に開催される国際イベントで、米政府高官や世界各国に展開する米陸軍の主要な将官のほか、企業関係者、各国軍高官が参加し、各種フォーラムや陸上兵器の展示会が行われる。

山根副長は10日に「NOT TODAY AND NOT TOMORROW―第1列島線における統合抑止力―」とのテーマで在日米陸軍司令官のジョエル・B・ヴァウル少将ら3人とパネル討議を行い、南西諸島における戦略環境や相互補完および協力による統合抑止について発信した。

翌日には、「インド太平洋におけるランドパワーと統合抑止力」というテーマで、米太平洋陸軍司令官チャールズ・A・フリン大将や米陸軍第11空挺師団司令官のブライアン・アイフラー少将、マラ・カーリン米国防次官補、共和党のロブ・ウィットマン下院議員など6人とフォーラムに参加。米陸軍将官らが聴講する中でパネルディスカッションを行い、日本周辺の安全保障環境や陸自の防衛態勢強化の取り組みについて発信、我が国を取り巻く戦略環境の脅威を強調した。

その他、フリン大将やエリック・M・スミス米海兵隊副司令官と懇談を行い、日米ハイレベル間における信頼関係を向上させるとともに、日本周辺の安全保障環境や陸自の防衛態勢強化の取り組みについて認識の共有を図り、地域の平和と安定に向けて陸軍種間の強固な連携を維持・強化していくことで一致した。

時の焦点

国内　臨時国会
政府・与党に緩みないか

国の安全保障や国民生活にかかわる政策の議論が控えている。岸田首相は政権運営に緊張感を持ち、政策を遂行できる態勢を整えてほしい。

臨時国会は69日間の会期の半分を消化し、折り返し点を過ぎた。世界平和統一家庭連合（旧統一教会）との接点が判明した山際大志郎・前経済再生相が辞任するなど、前半は政府・与党のつまずきが目立つ。

報道各社の世論調査では、内閣支持率は低下傾向にあり、首相の政権運営に焦りの色も見える。政府・与党が浮足立つことなく、着実に政策に取り組み、成果を積み重ねていくことが肝要だ。

気がかりなのは、政府・与党間の連携不足だ。臨時国会では、開会日に首相の所信表明演説を行い、各党の代表質問、衆院予算委員会の質疑という日程を組むのが一般的だ。だが、今回はすぐ予算委を開けず、約1週間、「開店休業」状態になる不手際が生じた。

鈴木財務相が出席する国際会議の日程が政府・与党で共有されていなかったのが原因だという。調整役となる官房副長官が自民党と意思疎通を図ることが不可欠だ。

さらに、山際氏の後任に後藤茂之氏を起用することが、政府から自民党に伝わっておらず、後藤氏が国会の役職に選任されるというありえないミスも生じた。

政府・与党に緩みが生じているのではないか。政府と自民党は連携を密にし、丁寧に国会対応にあたってもらいたい。

国会審議では、木原誠二官房副長官や大串正樹デジタル副大臣らに旧統一教会との接点が明らかになり、なお問題が収束していない。寺田総務相が後援会収支報告書の会計責任者に故人を記載していた問題についても、野党が追及している。

政府の要職にある国会議員が襟を正し、問題についての説明責任を果たすのは当然だ。ただ、国会がスキャンダルの追及ばかりとなり、国政の重要課題の論議が疎かになるようでは困る。

ロシアによるウクライナ侵略で、エネルギー高騰や食料不足の長期化が懸念されている。北朝鮮は連日、ミサイル発射を繰り返し、アジアの安全を脅かしている。

日本が直面する幅広い課題について、政府の見解をただし、対策や問題点を多角的に議論することが国会の使命だ。骨太な論戦を期待したい。

今後は、物価高に対応する総合経済対策が焦点となる。政府は、財源の裏付けとなる第2次補正予算案を提出し、成立を目指す方針だ。

政府・与党内では、年末に向けて、国の外交・防衛政策の基本方針となる「国家安全保障戦略」など3文書の改定作業が本格化する。

中露や北朝鮮の軍事動向を分析し、将来にわたって日本の安全を守る戦略を練り上げなければならない。深刻な脅威に的確に対処できるよう、安定した政治基盤のもとで、冷静に議論を深めていくことが重要だ。

藤原 志郎（政治評論家）

海外　米中間選挙
外交政策、争点の枠外

米中間選挙は11月8日終わったが、各候補者・政党が長期にわたり展開したキャンペーンでは、「外交政策」が争点にならなかった点が目を引く。

1998年の中間選挙で、イスラム過激派のテロの危険性を訴えた候補者はいなかったし、66年の選挙の時、ベトナム戦争をいかに勝利するか、戦争の規模をいかに縮小するかといった議論はほとんどなかった。

今回は、ロシアに侵攻されたウクライナへの援助については、世論調査で広範かつ党派を越えた支持があるため、候補者も政府の取り組みに異議をほとんど唱えなかった。

少しでも異論を唱えるとどうなるかを知るケーススタディーが2件あった。

共和党のマッカーシー下院院内総務（カリフォルニア州）は10月18日、一部メディアとのインタビューで、現下の経済情勢を見れば、ウクライナに「金額無制限の小切手」を切るべきではないと述べ、同党の下院奪還後は同国への軍事支援は縮小する方向を示唆した。

同氏は共和党が下院で過半数を制した暁には下院議長に就く枢要な地位の人物だが、この発言が広まるや、ホワイトハウスや議会から猛反発が起き、同氏はこの件で黙ってしまった。

約1週間後の24日、今度は議会進歩派グループのリーダー、ジャヤパル下院議員（ワシントン州）ら民主党の急進左派30人が、ウクライナ問題でロシアと交渉するよう要請する書簡をホワイトハウスに送った。ところが、民主党内からさえ批判され、わずか1日で書簡撤回に追い込まれた。

両ケースとも、そうしたイニシアチブはロシアに同情的な親露の証拠と決め付ける党派性の強い大声に退けられたもの。

選挙で選出されたトランプ大統領の正統性を傷付けるため、民主党が「トランプ氏とロシアが共謀した」とのデマを広め、連日「ロシア！ ロシア！」と叫んでいたのと同じ光景である。

つまり、候補者はウクライナ情勢に関する厳しい問題点を演説で取り上げない、有権者もそれを質問しない―という構図で、「中国による台湾侵攻の脅威」も同様の扱いだった。

現在は66年、98年当時と同様に、有権者も候補者も、国家安保に関わる外交政策の難問は政府当局者、著名な専門家、外交官、軍指導部に任せている印象だ。

豊かな国で平和時に、現実に有権者が求めたのは、多くの問題をコントロールし、今以上の悪化は防いでくれということだった。

だから共和党候補は、インフレの抑制、暴力的犯罪の対策、2022年だけでも200万人以上で中東のテロリストまで紛れ込んでいる不法移民の流入阻止などを声高に訴えた。

しかし、である。政治家も国民も将来、今選挙では積極的に取り上げられなかった外交案件、特に中国問題に突然、注目せざるを得ない時を迎えるだろう。

草野 徹（外交評論家）

ひと
スパルタンレースアジア選手権に出場
氏田 実玖 3空曹(23)

今年9月、新潟県で行われた世界最高峰の障害物レース「スパルタンレース」の女子18〜24歳の部で優勝。11月にタイで開催されるアジア太平洋選手権への切符を手にした。「支えてくださった上司や同僚のおかげです」と謝意を忘れない。

2016年に空自入隊後、高射職種での勤務を経て、21年に給養員（栄養士）に職種転換した。同年4月から航空中央業務隊（市ヶ谷）付となり、栄養士課程に入校。服部栄養専門学校（東京都渋谷区）で調理技術を学ぶ異色の経歴だ。

中学、高校ともに吹奏楽部（トランペット担当）で本格的な運動経験はなかった氏田3曹。レースに目覚めるきっかけは、入隊後に臨んだ持続走大会だった。「短い距離でしたが、楽しかった」

走る魅力にとりつかれ、課業外や休日にトライアスロンなどの競技に挑戦するように。単一の種目では特筆に値しない成績でも、総合力を発揮すれば勝てる面白さにのめりこんだ。2高群（春日）勤務時には、トライアスロン仲間と共に、時間を見つけては走り込んだ。

その練習の成果が表れた。19年4月に開催された宮古島トライアスロン大会での優勝を皮切りに、15の大会（年齢別など）で優勝6度、2位5度、3位4度という好成績を収めた。「栄養士課程で栄養補給の方法を知ってからは、競技でも活用するようになった」。タイムにも反映され、今年5月の野辺山ウルトラマラソンでは脱落者が続出する中、100キロを12時間27分7秒の好タイムで走り切った。「補給食の『ジェル』をベストタイミングで取る大切さを知った」

今月の選手権を制すことができれば、世界選手権への道が開かれる。「世界へつなげられるよう、全力で挑んできます。課程修了後は給養員として、隊員がケガなく任務に臨めるような"最強"のメニューを作り上げたい」。栄養学という最高の"武器"を持って、アジアの頂点を取りに行く。

（菱川浩嗣）

米高等空輸戦術訓練に空自参加

航空自衛隊は10月26日から、米・ミズーリ州のローズクランズ州空軍基地、アリゾナ州リビー陸軍飛行場とその周辺空域で、米国高等空輸戦術訓練センター主催の訓練に参加している。11月16日まで。

実戦的訓練環境を活用した訓練を通して部隊の戦術技量の向上を図るもので、1輸空（小牧）の山田宣浩3佐以下、航空支援集団の隊員を含む約30人、C130H輸送機1機が参加し、低高度航法、物料投下、低高度回避機動、不整地離着陸の各訓練を行う。

1輸空が国外運行訓練実施

航空自衛隊は11月1日から5日まで、第1輸送航空隊（小牧）のKC―767空中給油・輸送機1機の国外運航訓練を行った。

インド太平洋、欧州方面の航空路や地域の特性を把握するとともに、KC―767の運航要員の国外任務遂行能力を維持・向上させ、在外邦人等の輸送、国際平和協力活動などの運航に対応できる態勢を確保するのが狙い。

航空支援集団の約20人が参加し、日本を出発してインドのインディラ・ガンジー国際空港、イタリアのプラティカ・ディ・マーレ空軍基地、モルディブのヴェラナ国際空港を巡って5日に帰国した。

空自が米と共同訓練
沖縄・日本海上空域で実施

航空自衛隊は10月26、27の両日、日本周辺空域で日米共同訓練を行った。

いずれも戦術技量と日米共同対処能力の向上が狙いで、26日は沖縄周辺空域で、9空団（那覇）のF15戦闘機20機と南西航空警戒管制団（同）、米空軍から18航空団（嘉手納）のF15C戦闘機8機とKC135空中給油機3機、米海兵隊から12海兵航空群（岩国）のFA18戦闘攻撃機2機とKC130空中給油機1機が参加して各種戦術訓練を実施。

27日は日本海上の空域で2空団（千歳）のF15、7空団（百里）と8空団（築城）のF2戦闘機が各4機ずつと、北部（三沢）、中部（入間）、西部（春日）の各航空警戒管制団、米空軍から5爆撃航空団（ノースダコタ州マイノット空軍基地）のB52爆撃機2機で編隊航法訓練を、宮古島、多良間島北方の海空域で那覇救難隊のU125A救難捜索機、UH60J救難ヘリコプター各1機、米空軍から353特殊作戦航空団（横田・嘉手納）のCV22オスプレイとMC130J特殊作戦機各1機が参加して捜索救難訓練を行った。

米空軍のB52爆撃機（上）と編隊航法訓練を行う空自のF2戦闘機（10月27日、日本海上）

IPD22第2水上部隊「きりさめ」帰国

インド太平洋方面派遣（IPD22）第2水上部隊（指揮官・坂田淳2海佐＝「きりさめ」艦長、約180人）の護衛艦「きりさめ」は10月28日、すべての任務を完遂し約4カ月ぶりに佐世保基地に帰港した。4護隊司令の平田利幸海将や隊員らが、派遣隊員を出迎えた。

帰国行事で平田司令は、湯浅秀樹自衛艦隊司令官の慰労の辞を代読。「今回の派遣を通じて『力による現状変更の試みは許さない』とする我が国の強い意志を示すことができた。任務を完遂した隊員の献身に敬意を表する」と読み上げ、派遣隊員をねぎらった＝写真。

第2水上部隊は7月5日に佐世保を出発。豪州海軍主催の多国間共同訓練（カカドゥ2022）や米豪比海軍主催共同訓練（エクササイズ・サマサマ／ルンバス2022）などに参加した。パラオなど環太平洋島嶼国を巡り、19か国と共同・親善訓練を実施。関係国海軍との連携を強化し、友好親善の醸成を図った。

ロシア艦艇1隻 龍飛崎沖を西進
2空群などが警戒監視

海自は10月28日午前10時ごろ、龍飛崎（青森県）の西約160キロの海域を西進するロシア海軍「バルザム」級情報収集艦1隻（艦番号80）を確認した。その後、ロシア艦は29日に津軽海峡へ向け南東へ進み、龍飛崎の西約80キロで反転、日本海へ向け航行した。

2空群（八戸）のP3C哨戒機と45掃海隊（函館）の掃海艇「いずしま」が情報収集・警戒監視を行った。

防衛省発令

▽海幕防衛課編成班長（海幕防衛課）1海佐 臼井洋太郎
▽2航空隊司令（同防衛課編成班長）同 坪倉 大吾
（以上10月30日）
▽航空教育集団司令部人事課長（空幕募集・援護課）2空佐 南 友和
（11月1日）

㊤来場者は「いずも」の艦載機用昇降エレベーターで甲板に上がった（10月29日、横須賀基地）
㊨開門と同時に護衛艦「いずも」の前には長蛇の列ができた（10月29日、横須賀基地）

満艦飾に彩られた護衛艦「ひゅうが」（手前）＝10月29日、横須賀基地

7カ国の軍艦11隻が公開された（手前＝タイ海軍の哨戒艦「プミポン・アドウンヤデート」、奥左＝カナダ海軍のフリゲート「ウィニペグ」、奥右＝同「バンクーバー」）＝11月3日、横須賀基地

各地で「フリートウィーク」

艦艇一般公開　二日間で2万人

各国音楽隊　パレード華やかに

国際観艦式関連イベント

「令和4年度国際観艦式」に合わせ、10月29日、関連イベントの「フリートウィーク」が始まった。艦艇一般公開、装備品展示、音楽隊による演奏会やパレードなどが各地で開催され、海自隊員と市民の交流が図られている。開催期間は11月13日まで。

初日の横須賀基地では満艦飾に彩られた護衛艦「いずも」「ひゅうが」「あさひ」が公開され、早朝からこの日を待ちわびた多くのファンが行列を作った。朝4時半に来たという茨城県の30代男性は「今日のお目当ては『いずも』です」と嬉しそうに話した。宮崎県の40代男性も「護衛艦に入れるのは滅多にないので楽しみです」と語った。訪れた人々は「いずも」内の艦載機用の巨大な昇降機に歓声を上げ、飛行甲板では記念写真を撮るなど楽しんだ。

昼すぎにかけても入場者は途切れず、艦艇見学の列の最後尾には「120分待ち」の札が出された。このほか装備品の展示やグッズの販売、募集PRも行われ、基地は終日、賑わいを見せた。また、日没後には電灯艦飾を実施、昼間とは違った幻想的な光景が岸壁に浮かび上がった。基地では翌日も艦艇を公開し、二日間で約2万人が来場した。

11月3日には、3自衛隊の音楽隊や防大、国際観艦式に参加する外国艦艇の乗組員らが参加し「横須賀パレード」が行われた。約800人が横須賀中央駅前からヴェルニー公園までを行進し、「軍艦マーチ」や「宇宙戦艦ヤマト」などを演奏。力強い音色を響かせ、沿道に詰めかけた市民から拍手や声援が送られた。

一方、この日は横須賀基地で外国艦艇の一般公開も開催。タイ、カナダ、シンガポール、豪など7カ国のフリゲートや哨戒艦11隻がお披露目された。海外の軍艦を一目見ようと、基地には多くの見学者が訪れた。

関連イベントは今後、11月12、13の両日、東京国際クルーズターミナルで最新の護衛艦「もがみ」「くまの」が一般に公開される予定だ。（1、4、5面参照）

「横須賀パレード」でトリを務めた海自横須賀音楽隊（11月3日）

㊤夜間は電灯艦飾が行われ、昼間の満艦飾とは違った幻想的な姿を見せた（10月29日、横須賀基地）
㊧厚木の救難ヘリUSH60K（10月29日、横須賀基地）

「横須賀パレード」に参加し、中央通りを練り歩く米第7艦隊バンド㊧とインドネシア海軍

国際観艦式

観閲官の岸田首相を乗せ観閲艦「いずも」の飛行甲板に飛来した海自のMCH101掃海・輸送ヘリ

訓練展示で敵ミサイルからの防御のためのIRフレアを射出する海自P1哨戒機

12カ国から艦艇18隻
「もがみ」「くまの」が初参加

開催20年ぶり2回目

日本では20年ぶり2回目の開催となった令和4年度国際観艦式。海外からは、豪、ブルネイ、加、印、インドネシア、マレーシア、ニュージーランド、パキスタン、韓国、シンガポール、タイ、米国の12カ国の艦艇が参加し、観閲艦「いずも」に敬礼した。海自は観閲部隊、受閲艦艇部隊、祝賀航行部隊（外国艦艇等）の先導など計20隻が参加。受閲艦艇部隊第1群では初参加の新型護衛艦「もがみ」「くまの」が注目を集めた。訓練展示では、P1哨戒機によるIRフレア射出やUS2救難飛行艇による洋上離着水などに、観閲艦に乗艦した各国海軍の参謀総長らから歓声が上がった。陸自隊員は受閲艦艇部隊第4群の輸送艦「くにさき」から岸田首相に敬礼、空自のブルーインパルスが展示飛行を行い、式典に花を添えた。

（1、3面参照）

左式は無観客で行われたが、海自隊員や参加各国の海軍参謀総長らが「いずも」に乗り込み受閲部隊らの航行を見守った
下単縦陣で航行してくる旗艦「あさひ」以下の受閲艦艇部隊

「ブルー」が式典に花

上観閲艦「いずも」格納庫で栄誉礼を受けた後、エレベーターで飛行甲板に上がる浜田防衛相（中央）左は酒井海幕長、右は湯浅自衛艦隊司令官
右訓練展示の最後に登場し、デルタ隊形で航過する空自ブルーインパルス
下受閲艦艇第4群の輸送艦「くにさき」の艦橋から観閲艦に向けて敬礼する陸自隊員。バックは陸自のCH47輸送ヘリ

「国際観艦式」に参加した海自を中心とする自衛隊員と海外12カ国からの軍人に対し、訓示を行う岸田首相（壇上）＝11月6日、観閲艦「いずも」の格納庫

隊員の強い使命感、誇りに思う

岸田首相訓示（全文）

この度、我が国が西太平洋海軍シンポジウムおよび国際観艦式を主催できましたことを光栄に思います。

歴史を振り返る時、人類は、海を巡ってしばしば対立する一方、人の交流や海洋貿易など海を通じてつながってきました。海軍力は、国益を守り、国家のプレゼンスを高めるといった各国にとって不可欠な存在となり、海の安全、特にシーレーンの安全確保を通じて、世界の発展と繁栄を支える役割も担うようになりました。

そして、海軍力が公共財としての役割を果たすようになったことに加え、軍事的プロフェッショナリズムの重要性が高まると、海軍軍人には、専門的な知識のみならず、職業軍人としての倫理も求められるようになりました。

こうした歴史的背景も踏まえながら、これまで世界各国の海軍軍人の一人一人が、海軍の果たすべき役割と責任を深く理解し、シーマンシップの伝統を受け継いで、他国との信頼関係を構築してきました。

この西太平洋海軍シンポジウムでは、1988年の開催以来、2年ごとに西太平洋地域の海軍のリーダーが集い、協力的なイニシアティブについて議論を交わしてきています。

現在は、22のメンバー国と8のオブザーバー国から構成され、それぞれのバックグラウンドは異なりますが、全ての加盟国が信頼を醸成することを目指す、多国間海軍協力の枠組みとなっています。

例えば、他国の海軍同士が思いがけず遭遇した際に、艦艇や航空機がどのような行動をとるべきかを示した「海上衝突回避規範」の合意をはじめ、西太平洋地域において、海軍のプロフェッショナリズムやシーマンシップを浸透させるために主導的な役割を果たしてきました。

本日、（国際観艦式に）数多くの国々から艦艇および航空機のご参加をいただき、心より歓迎いたします。この機会をとらえ、我が国、そして自衛隊との信頼関係をさらに強固なものとすることを期待するとともに、「自由で開かれたインド太平洋」の実現のため、皆さまの国々をはじめ、諸外国との協力関係を一層深めてまいります。

こうした連携と信頼を高めるための皆さまの懸命な努力の一方で、半年以上も緊迫した情勢が続くロシアによるウクライナ侵略は、先人たちの長きにわたる努力と犠牲の積み重ねの上に築き上げてきた国際秩序の根幹を揺るがす暴挙であり、欧州のみならず、アジアを含む国際社会全体にとって深刻な事態です。

また、東シナ海や南シナ海を含め、我が国を取り巻く安全保障環境は、急速に厳しさを増しています。

北朝鮮は、今年に入り、かつてない高い頻度で、新型のICBM（大陸間弾道ミサイル）級を含む弾道ミサイルの発射を繰り返しており、我が国上空を通過させる形での発射も強行しました。北朝鮮による核・ミサイル開発は断じて容認できません。

今回のウクライナ侵略のような力による一方的な現状変更の試みは、世界のどの地域でも、決して許してはなりません。

国民を守り、地域の平和と安定を確保するためには、対立を求めず、対話による安定した国際秩序の構築を追求することが基本です。

しかし、それと同時に、ルールを守らず、他国の平和と安全を武力の行使や武力による威嚇によって踏みにじる者が現れる事態に、備えなければなりません。

我が国は、本年末までに新たな国家安全保障戦略などを策定し、我が国自身の防衛力を5年以内に抜本的に強化します。国民を守るために何が必要か、あらゆる選択肢を排除せず、現実的な検討を加速しています。

その中でも、周りを海に囲まれた我が国にとって、海上防衛力は、我が国の戦略環境を大きく左右するものです。艦艇の増勢、ミサイル対処能力の強化、隊員の処遇改善を含め、その強化は待ったなしです。

併せて、日米同盟の抑止力・対処力を、より一層強化してまいります。

日本は、戦後77年間、「地域の国々とともに繁栄する」という強い思いを胸に、平和国家としての歩みを進めてきました。戦後の日本の平和国家としての在り方を、今後もしっかりと守るとともに、安全保障に関する我が国の取り組みについて、透明性をもって、国民のみならず、国際社会に対しても丁寧に説明していきます。

この場にいらっしゃる各国の参加者におかれても、それぞれの安全保障政策について、透明性をもった説明に努めていただきたいと考えています。

最後に、今回の国際観艦式を主催している海上自衛隊の皆さんに、一言申し上げます。

皆さんの日々の強い使命感には、心から感謝します。私は自衛隊最高指揮官として、皆さんのことを誇りに思います。

皆さんは、我が国周辺での警戒監視に、日夜高い緊張感を持って臨んでいます。また、民間船舶の安全確保のため、日本を遠く離れ、海賊対処活動や情報収集活動を行っています。

ご家族と離れ、長期間にわたり、雨の日も風の日も最前線で任務に当たる苦労は、計り知れません。

しかし、皆さんの努力の積み重ねが、この国の、そして、地域および世界の平和と安定につながっています。

皆さんが備えることで、国民が日々憂いなく過ごすことができます。

厳しさを増す安全保障環境の中にあって、国民の命や暮らし、そして我が国の領土、領海、領空を断固として守り抜くとの決意の下、より一層鍛錬に励んでください。

最後に、ご家族の皆さまに対し、隊員諸官に対する常日頃からのご支援に心から感謝を申し上げ、私の訓示といたします。

令和4年11月6日
自衛隊最高指揮官
内閣総理大臣　岸田　文雄

厳粛に殉職隊員追悼式

―35柱の名簿奉納―

岸田首相「遺志受け継ぐ」

令和4年度の自衛隊殉職隊員追悼式が11月5日、防衛省慰霊碑地区（メモリアルゾーン）で行われ、35柱（陸16柱、海15柱、空4柱）の殉職隊員の遺族をはじめ、自衛隊最高指揮官の岸田首相、浜田防衛相、防衛省・自衛隊高級幹部ら約180人が参列し、昭和25年の警察予備隊創設以来の殉職隊員2054柱（陸1102柱、海485柱、空436柱、その他31柱）の冥福を祈った。

国歌清聴に続き、新たに昨年9月1日から今年8月31日までの間に公務による死亡の認定を受けた35隊員の名前が読み上げられ、浜田大臣が35柱の名簿を奉納。陸自302保安警務中隊による特別儀仗隊が捧げ銃、陸自中央音楽隊が「国の鎮め」を演奏する中、参列者全員が拝礼、黙とうした。

追悼の辞で岸田首相は「安全保障環境が厳しさを増す中、我が国の領土・領海・領空を断固として守り抜く、その強い覚悟をもって職務の遂行に全身全霊を捧げた殉職隊員は我が国の誇りです。殉職隊員は国のために尽くし、立派に使命を全うされました。その尊い犠牲を無にすることなく、ご遺志を受け継いでいきます」と決意を表明。「国民の命と暮らしを断固として守り抜き、地域と世界の平和と安定に貢献するため全力を尽くすことを改めて誓います」と述べた。

続いて、浜田大臣は「幾多の方々が旺盛な責任感のもと、身の危険を顧みず、任務の完遂に努め、志半ばにしてその職に殉じられた事実を、我々は決して忘れることがあってはなりません。御霊は立派に使命を果たし、この国のために尽くされました。私どもはその姿と名前を心に刻み、前に進んでいきます。御霊のご功績を永く顕彰し、ご遺志を受け継ぎ、国民の生命・財産、我が国の領土・領海・領空を断固として守り抜くため、全身全霊で取り組むことをお誓いします」と追悼の辞を述べた。

この後、献花に移り、献花台に岸田首相、浜田大臣、遺族に続いて遺族会の関係者、防衛省・自衛隊幹部の順に白菊を手向けた。

最後に遺族を代表して、西川路天斗2曹の妻、純女さんがあいさつ。関係者に対する謝意を表した上で、「生前、国防という崇高な使命のため、自らの信念を貫き、職を全うした家族を誇りに思っております。今、この瞬間も国防のため、国民のために任務を遂行されている自衛隊の方々に敬意を表しますとともに、私どもの家族が果たせなかった分まで崇高な任務をどうかご無事に全うされることを切に願うばかりです」と述べた。

殉職隊員追悼式は任務遂行中に職に殉じた隊員を追悼するため、防衛大臣の主催で昭和32年から自衛隊記念日行事の一環として行われており、同年の岸信介首相（当時）をはじめ、多くの歴代首相が自衛隊最高指揮官として参列している。

今年度の式典も万全のコロナ対策を講じて行われ、参列者を遺族と現職に限定するなど、3年連続で例年の半分以下に規模を縮小して開催された。

殉職隊員追悼式で「尊い犠牲を無にすることなく、ご遺志を受け継ぐ」と追悼の辞を述べる岸田首相（11月5日、防衛省慰霊碑地区）＝官邸HPから

殉職された方々

昨年9月1日から今年8月31日までの間に公務による死亡の認定を受けた令和4年度の殉職隊員は次の通り。（氏名、所属、所在地はいずれも殉職時。日付は殉職日。階級等は殉職昇進、特昇）。

【陸自】

▽芦谷洋明3佐＝富士学校付＝令和2年1月14日▽佐藤綾人2曹＝東北方面特科連隊（岩手）＝令和2年10月5日▽佐藤祐三3佐＝中部方面総監部（伊丹）＝令和3年1月17日▽衞藤弘曹長＝101特科直接支援隊（湯布院）＝令和3年2月9日▽鎌田広海1尉＝情報本部（市ヶ谷）＝令和3年3月21日▽黒田正太1曹＝国際活動教育隊（駒門）＝令和3年3月28日▽鎌田洋志曹長＝3普通科連隊（名寄）＝令和3年4月8日▽森崎大輔1曹＝14高射特科隊（松山）＝令和3年4月19日▽黒川太志2曹＝水陸機動団（湯布院）＝令和3年5月8日▽堤政昭曹長＝西部方面特科連隊（久留米）＝令和3年7月27日▽緒方淳1曹＝8後方支援連隊（北熊本）＝令和3年11月2日▽江﨑悠貴生徒＝高等工科学校（武山）＝令和3年12月15日▽藤澤政汰士長＝西部方面特科連隊（久留米）＝令和3年12月17日▽本田祐介1曹＝8高射特科大隊(北熊本)＝令和4年3月22日▽中村彰大2尉＝10後方支援連隊（金沢）＝令和4年4月11日▽阪健太1曹＝4後方支援連隊（福岡）＝令和4年4月24日

【海自】

▽鈴木健一・元1尉＝元2術科学校付（横須賀）＝平成25年1月5日▽西川路天斗2曹＝佐世保警備隊＝令和2年6月4日▽井口武行・元1曹＝元横須賀病院＝令和2年12月14日▽西山大弥3曹＝護衛艦「あけぼの」（佐世保）＝令和3年2月10日▽室田三郎・元3尉＝元大湊基地業務隊付＝令和3年4月14日▽黒澤秋夫・元3尉＝元1術科学校付（江田島）＝令和3年6月15日▽濵田和美・元曹長＝元佐世保教育隊付＝令和3年6月19日▽迫田浩文・元3佐＝元東京業務隊付（市ヶ谷）＝令和3年7月9日▽隅垣守・元曹長＝元舞鶴警備隊付＝令和3年9月10日▽釘﨑眞剛・元1尉＝元3海上訓練指導隊付（佐世保）＝令和3年10月13日▽田中寿典1曹＝掃海艦「えたじま」（呉）＝令和4年1月27日▽三ノ丸幸一・元曹長＝元小月航空基地隊＝令和4年1月28日▽山亀留・元士長＝元舞鶴基地業務隊＝令和4年2月24日▽塘勲・元1尉＝元佐世保教育隊付＝令和4年3月24日▽能勢良一・元1尉＝元佐世保基地業務隊＝令和4年4月28日

【空自】

▽鈴木文和曹長＝自衛隊指揮通信システム隊（市ヶ谷）＝令和2年12月4日▽波多野健・元1佐＝元西部航空警戒管制団（春日）＝令和3年9月2日▽田中公司将補＝航空戦術教導団（小松）＝令和4年1月31日▽植田竜生3佐＝航空戦術教導団（小松）＝令和4年1月31日

令和4年度

航行する受閲部隊の艦艇群。最新型護衛艦「もがみ」＝先頭、「くまの」（その左）が初めて参加した（11月6日、相模湾）

各国の精鋭艦　堂々の航行

米国　祝賀航行する米国のミサイル巡洋艦「チャンセラーズビル」。艦名は、南北戦争の「チャンセラーズビルの戦い」に由来

韓国　観艦艦「いずも」にむけて敬礼する韓国海軍補給艦「昭陽（ソヤン）」の乗員

オーストラリア　祝賀航行に参加したオーストラリア海軍のフリゲート「アランタ」

カナダ　艦橋に整列し、観閲艦に対するカナダ海軍フリゲート「バンクーバー」の乗員

インド　乗員が海自行進曲「軍艦」を演奏したインド海軍フリゲート「シュバリク」

パキスタン　大きな掛け声と手を振りあげながら観閲艦に対するパキスタン海軍フリゲート「シャムシール」のクルー

地方防衛局

特集

九州局

在日米軍の従業員146人を表彰

日米共催　佐世保地区の永年勤続者

【九州局】令和4年度「在日米軍従業員永年勤続者表彰式」が10月18日、長崎県の米海軍佐世保基地内の「ハーバービュークラブ」で3年ぶりに開かれた。この表彰式は、佐世保地区に所在する在日米軍施設に長年勤務してきた従業員の労をねぎらうとともに、労働意欲や作業効率の向上も合わせて図ることを目的に、コロナ禍以前はほぼ毎年、日米共催で一堂に会して行われてきたもので、今年度は146人が表彰された。

式典は万全のコロナ対策の上で行われ、長崎県をはじめ、佐世保市や西海市などからの代表者、全駐留軍労働組合長崎地区本部執行委員長らが来賓として出席した。

日米両国の国歌吹奏の後、九州防衛局の伊藤哲也局長が主催者を代表してあいさつ。「従業員の皆さま方の日々のご活躍が、在日米軍の安定的な駐留や日々の活動に寄与し、日米の安全保障体制を支えている。皆さまのご労苦とご努力に対し、心から敬意を表します」と述べた。

続いて、式辞を述べた米海軍佐世保基地司令官のデイビッド・アダムス大佐は、「佐世保基地が評判の高い基地であるのは、皆さまの仕事ぶりが素晴らしいからこそ。従業員の方々は『チームCFAS（佐世保艦隊基地隊）』の中心的な核となる存在であり、皆さまの勤勉さとプロ意識によって数々の業績が成し遂げられてきた」と長年の功績をたたえた。

壇上では30年、20年、10年と勤務年数に応じてそれぞれの代表者が伊藤局長とアダムス司令官から表彰状と記念品を授与された。

最後に受賞者を代表し、安全衛生部の林一也氏が「私たちが長きにわたり勤務できたことは、日米両国の関係者等のご協力によるものです。これからも困難を乗り越え、良好な日米関係を維持するため、一層努力する所存です」と答辞を述べ、式典は厳かな雰囲気の中、無事に終了した。

壇上で、九州防衛局の伊藤哲也局長（右）と米海軍佐世保基地司令官のデイビッド・アダムス大佐（その左）に対し、146人の受賞者を代表して答辞を述べる林一也氏（後ろ向き）＝10月18日、長崎県の米海軍佐世保基地

防衛施設と首長さん

愛知県小牧市　山下 史守朗市長

やました・しずお　47歳。立命館大政策科学部卒。2003年4月から11年1月まで愛知県議会議員。11年2月から小牧市長。現在3期目。小牧市出身。

空自小牧基地と日々連携　安全・安心なまちづくり

「こども夢・チャレンジNO・1都市」「健康・支え合い循環都市」「魅力・活力創造都市」を都市ビジョンとして掲げる愛知県小牧市は、名古屋市の北方約15キロ、濃尾平野のほぼ中央に位置する、人口約15万人の市です。

東部・篠岡地区は県内有数の「桃」の産地であるほか、「名古屋コーチン」発祥の地でもあります。

また、濃尾平野にぽつんとそびえる市のシンボル「小牧山」はもちろん、天下の奇祭、豊年祭で知られる「田縣（たがた）神社」や、子育て支援の中核施設である「こまきこども未来館」は、当市を代表する人気スポットとなっています。

加えて、昨年度には内閣府から「SDGs未来都市」に尾張地域で初めて選定され、〝誰一人取り残さない〟持続可能で多様性と包摂性のある社会の実現を目指しています。

当市の南部は、愛知県が管轄する県営名古屋空港に隣接しており、航空自衛隊小牧基地があります。

隊員の方には地域で行われる防災訓練に参加していただき、市民の防災意識向上に協力いただいています。

さらに、航空自衛隊小牧基地において自衛隊所属の消防隊が訓練を行う際には、当市の消防本部が見学・情報交換するなど有事に備えて日々連携を深めています。

今後も互いに信頼関係を育みながらより一層連携を深め、安全・安心なまちづくりを進めてまいります。

東北局

黒江氏、兵頭氏が講演

「防衛セミナーin 山形」を開催

【東北局】東北防衛局（市川道夫局長）は9月26日、防衛研究所政策研究部長の兵頭慎治氏と、元防衛事務次官で三井住友海上火災保険顧問の黒江哲郎氏を講師に招き、山形市内で第42回「防衛セミナー」を開催した。

開会に当たり、主催者を代表して東北防衛局の市川局長と、来賓を代表して山形市の高倉正則副市長がそれぞれあいさつを述べた。

第1部では、兵頭慎治氏が「ロシアによるウクライナ侵略の衝撃」をテーマに、現在の戦況や日本と国際社会への影響について掘り下げて講演した。

第2部では、黒江哲郎氏が「日本が直面する安全保障上の課題と防衛政策の展望」をテーマに、自身の経験を踏まえながら、活発化する中国の軍事活動などについて講演。集まった約200人の来場者はメモを取るなどして熱心に耳を傾けていた。

それぞれの講演後には活発な質疑応答が行われ、「ロシアによるウクライナ侵略はどのように終結するか」「核兵器が使用された場合の影響について」といった質問に対し、両氏はそれぞれエキスパートとしての立場から分かりやすく丁寧に回答した。

聴講者からは「今、日本の置かれている立場や、防衛の在り方を認識した」「日々報道されるニュースについて詳しく教えてもらい、ためになった」「現在のウクライナの分析が興味深いものだった」など、さまざまな感想が寄せられた。

東北防衛局では、今後も防衛政策や自衛隊の活動等について国民に広く理解してもらうことを目的に、東北各地で「防衛セミナー」の開催を予定している。

東北防衛局の「防衛セミナー」で、「日本が直面する安全保障上の課題と防衛政策の展望」をテーマに講演する黒江哲郎氏（上）＝壇上右＝と、「ロシアによるウクライナ侵略の衝撃」をテーマに講演する兵頭慎治氏（右）（9月26日、山形市のコンサートホール「山形テルサ」）

リレー随想　伊藤 哲也

離島の守り、国境の守り

九州には、離島が多いことを皆さまご存じでしょうか。満潮時に海岸線が100メートル以上ある島の数は、全国で約6800島あるそうですが、九州全体では、約2150島で、日本全体の約3割を占めます。

長崎県は、日本一離島の多い県で、971島（全体の14%）、第2位は、鹿児島県で、605島だそうです。新しいNHKの朝ドラ「舞い上がれ！」は、長崎県の五島を舞台にしています。私も、昔、人事院の研修で、五島に行きましたが、想像以上に広くて、たくさんの人が住んでいる所でした。

五島にも、自衛隊のレーダーサイトがありますが、自衛隊は、九州の離島に多数部隊を配置しています。対馬（つしま）、壱岐（いき）、下甑（しもこしき）島、奄美（あまみ）、喜界（きかい）島、沖永良部（おきのえらぶ）島ですが、将来的には、種子島、馬毛島にも配備できるよう、現在、努力しているところです。

離島は、距離的に他国に近く、国防の最前線といって過言ではありません。対馬からは、韓国が見えますし、五島列島は、遣唐使が最後に東シナ海へと旅立つ場所でした。また、離島が存在することによって、我が国の排他的経済水域は広大なものとなっており、日本の陸地面積は、世界60位ですが、排他的経済水域では、世界6位だそうです。

この我が国にとって大事な離島ですが、中国による尖閣諸島への恒常的な領海侵入に加え、最近、中国の測量艦が、屋久島の領海に侵入するなど、懸念される事態が生起しています。

防衛大綱にも、「島嶼部を含む我が国に対する攻撃への対応」が特記されていますが、我が国として、離島の防衛に一層、力を入れていくことが必要です。

その取り組みの一環として、今年度の予算で、陸自の離島防衛の中核部隊である水陸機動団を増強し、長崎県佐世保に所在していた2個連隊に加え、同県大村市に1個連隊を増強することとなりました。

また、奄美大島にも、陸自の各種部隊を増強しています。また、水陸機動団を離島に迅速に輸送できるオスプレイを佐賀空港に配備できるよう関係団体と調整しています。その他、五島や種子島等では、関係自治体のご協力を得て、離島対処訓練を行っています。

離島の自治体の皆さまは、非常に国防に協力的で、ありがたく思っています。離島に自国民が居住することは、実効支配の証となるほか、他国による領土侵略の抑止に繋がるものと思っています。

これからも、離島に住む方々の生命・財産を守れるよう努力していきたいと思っています。

（九州防衛局長）

清掃活動に参加する北海道防衛局の石倉三良局長（左）以下5人の有志職員たち（10月5日、札幌市）

札幌市の「クリーン大作戦」に参加

北海道局

【北海道局】北海道防衛局の石倉三良局長以下5人の有志職員は10月5日、札幌市の市民文化局市民自治推進課が主催した「第33回北1条通オフィス町内会セーフティ＆クリーン大作戦」に参加し、北海道防衛局が入居する札幌第3合同庁舎周辺を清掃した。

札幌第3合同庁舎は札幌市の大通公園と隣接し、地域住民や観光客など人や車の往来も激しい。

北海道防衛局としてもこの地域の〝町内会〟の一員として、常日頃から清潔・清掃を心がけていることから、今回も札幌市民憲章が目指す「住みよいまちづくり」を進めるべく、早朝の肌寒い中、石倉局長ら職員が街の環境の快適化に寄与した。

広報ブースを展開

松島・三沢基地の航空祭

東北局

空自松島基地に展開した東北防衛局の広報ブースには大勢の人々が訪れ、大盛況だった（8月28日）

【東北局】東北防衛局（市川道夫局長）は8月28日に空自松島基地（宮城県）の航空祭、9月11日に空自三沢基地（青森県）の航空祭にそれぞれ同局の広報ブースを出展し、来場者に防衛省・自衛隊の主要政策などについてアピールした。

「政策広報」の一環として実施したもので、両基地とも企画部地方協力確保室の橋本良英室長以下4人が現地に赴き、防衛省・自衛隊の組織や活動などを紹介するパンフレットや防衛白書（パンフレット版）のほか、採用案内に関する各種資料を来場者に配布した。

松島基地のブースには約480人が来場。「防衛白書」に関するクイズを行い、全問正解者には缶バッジやボールペンなどのオリジナルグッズをプレゼントするなど、子どもから大人まで楽しめる工夫を凝らした。

一方、三沢基地のブースには1000人以上が詰め掛け、中には採用情報について尋ねる来場者の姿もあった。

東北防衛局では「今後も航空祭や自衛隊記念行事などの機会に積極的に政策広報を行っていきたい」としている。

厚生・共済

特集

防衛省共済組合直営施設

ホテルグランドヒル市ヶ谷より「守るあなたへ」贈る

「今年度内の挙式をお考えの組合員様にお得なプランのご案内」

【少人数&家族婚限定】マイウエディングプラン～大切な人と過ごす特別な1日を～

組合員限定特典

通常価格で約164万円のところ、組合員限定で約135万円へ29万円オフになります。（10名様でのお見積りの一例として）

○婚礼料理22000円→16500円

○新郎新婦各2点衣裳プレゼント（上限有）

○サービス料対象項目10%オフ

○宿泊優待料金

また、ご家族だけの結婚式なら準備期間1カ月でも可能です。

（適応条件　29名以下の挙式かつ披露宴を行う方）

【挙式・写真のみご希望の方に】

Thank you Plan～大切な方々に「ありがとう」と伝えたい～

通常価格で約66万円のところ、特別価格で39万円へ27万円オフになります。

◇プラン内容

挙式（牧師・聖歌隊（女性2名）・オルガニスト・結婚証明書・リングピロー・装花・ブライダルカー）／新郎新婦衣裳／衣裳小物／介添え／美容着付／記念写真／スナップ写真

チャペル内人前式も承ります。

挙式3カ月前より受付可能です。

この他にもご要望に応じた各種プランを取りそろえております。

詳しくはスタッフまでお気軽にお問い合わせください。

また、ブライダルのご相談もお電話・メール・オンラインにて随時受付しております。

【みんなのウエディング口コミランキング6年連続第一位受賞!】

「みんなのウエディング」にて「2022年本番満足度第1位（新宿・中野・杉並エリア）」を受賞しました。ホテルグランドヒル市ヶ谷は、これからもおふたりのしあわせを『はじまりからはぐくむ』場所でありつづけます。

ご予約・お問い合わせ

電話03-3268-0115（直通）　専用線8-6-28853（婚礼予約）

HP　https://www.ghi.gr.jp　Mail：salon@ghi.gr.jp

（HPウエディングページへ）

・公式インスタグラムのチェックもお願いします。「ホテルグランドヒル市ヶ谷WEDDING【公式】」

おふたりの挙式スタイルに合わせたプランをお届けします

ライフプラン支援サイト

共済組合ホームページからアクセスできる「ライフプラン支援サイト」をご存じですか?

野村證券・第一生命・三井住友信託銀行・楽天証券の4社が開設している各社Webサイトでは、ライフプランシミュレーションをはじめ、結婚、出産、子供の教育、健康、老後など人生のさまざまなシーンに必要な費用や準備方法、それに伴う各種情報など、多彩なメニューをご用意しています。

皆さまがライフプランを考える上で役立つ情報を無料でご覧頂けますので、ぜひご利用ください。

ホームページのユーザー名とパスワードは共済組合の広報誌等でご確認ください。

野村證券

第一生命

三井住友信託銀行

楽天証券

●さっぱりとした味わいのお茶

●高純度のホエイプロテイン

本部契約商品の紹介

○商品その1

商品名：伊藤園　お～いお茶　緑茶　485ミリリットル×48本セット

標準価格：7776円（税込）

組合員価格：3623円（税込）

商品説明：【53%off】1本あたり162円→75・5円

香りよくすっきりと飲めるよう、程よい渋みでさっぱりとした味わいに仕上げました。

冷凍・冷蔵・常温保存が可能な緑茶飲料です。

○商品その2

商品名：SAVAS（ザバス）　アクア　ホエイプロテイン100レモン風味　840グラム（約40食分）　3袋

標準価格：21384円（税込）

組合員価格：10692円（税込）

商品説明：【50%off】1袋あたり　7128円→3564円

たんぱく原料として、高精製された純度の高い「ホエイプロテインアイソレート」を100%使用しています。理想的なカラダづくりをサポートします。

◆お申込方法：社販マーケット　ショッピングサイトよりお申込みください。

https://www.shahan-market.co.jp　エンターコード　boueikyosai55

◆お支払方法：クレジットカード、コンビニ（前払）、代金引換からお選びいただけます。（いずれも手数料無料）

◆送料：無料　沖縄県のお届けは、1セットごとに別途1527円（税込）がかかります。

◆お問合せ先：社内販売ネット株式会社（担当）松井（電話）047-424-5755

共済組合委託「ベネフィット・ワン」

ネットや電話、FAX、郵送で

各種健診予約受け付け

防衛省共済組合では「各種健診」を実施しています。

健診の受け付けは共済組合が委託する「ベネフィット・ワン」が行っていますので、以下の方法でお申し込みください。

◇

【WEB】パソコンはhttps://www.benefit-one.co.jp、スマートフォンはhttps://bnft.jpへ。アクセス後、「健診予約はこちら」のバナーをクリックしてお進み下さい。

【電話】ベネフィット・ワン健診予約受付センター（0800-1702-502、03-6870-2775）へ。午前10時から平日午後9時、土日祝日は午後6時まで受け付け。年末年始はお休みです。

【FAX】0800-9199-030、089-900-8281へ。お手元のご利用ガイドの「△各種健診▽FAX・郵送申込書」または「△婦人科単体検診▽FAX・郵送申込書」をご利用ください。

【郵送】〒790-8790愛媛県松山市藤原2-8-8　株式会社ベネフィット・ワン健診予約受付センターまで。「△各種健診▽FAX・郵送申込書」または「△婦人科単体検診▽FAX・郵送申込書」に必要事項をご記入のうえ、お送りください。

申し込み後、「ご予約確定通知書」が送付されます。

受診当日は「防衛省共済組合員証」または「自衛官診療証」を持参して受診してください。健診結果は1カ月程度で健診機関から本人に直接送付されます。

なお、健診時に自己負担がある場合は健診機関窓口で当日お支払いください。

◇

このほか健診機関に電話で直接申し込むこともできます。お手元の「健診機関リスト」に掲載された健診機関に、受診希望日の3週間前までに電話でお申し込みください。

予約後、受診希望日の3週間前までにベネフィット・ワン健診予約受付センターに「ご予約確定通知書」の発行を依頼してください。後日、健診予約受付センターから同書を送付します。

その後は前述の方法で受診してください。

ベネフィット・ステーションHP

年金Q&A

老後に支給される年金は？

65歳から老齢厚生年金等が支給されます。

Q　私は、来年の3月に退職を予定している昭和37年生まれの事務官です。老後に支給される年金について教えてください。

A　あなたの場合、65歳から老齢厚生年金等が支給されます（右図参照）。

65歳になると老齢厚生年金（報酬比例額（※1）＋加給年金額（※2）、退職共済年金（経過的職域加算額）、退職年金が国家公務員共済組合連合会から支給され、老齢基礎年金が日本年金機構から支給されます。

加給年金額は年収が850万円未満で生計維持関係のある65歳未満の配偶者や子（18歳の誕生日以後、最初の3月31日までの間にある子、または20歳未満で障害の程度が1級または2級に該当）があるときに支給されます。ただし、配偶者自身が加入期間20年以上または20年以上とみなされる年金、もしくは障害年金を受けているときは支給が停止されます。

また、老齢厚生年金を受けている方が、厚生年金の被保険者等に加入しているときは、年金月額と賃金の月額（※3）の合計額に応じて、年金の一部または全部が支給停止される場合があります。基準額は年金＋賃金の47万円です。

※1　報酬比例額とは年金額の基礎となる額で、厚生年金保険加入期間中の報酬、および加入期間に基づいて計算される額です。

※2　加給年金額とは、厚生年金保険の被保険者期間が、240月以上ある受給権を有する方によって生計を維持されている一定条件の配偶者または子がいる場合の年金額で、配偶者自身が65歳になるまでの間に加算されます。

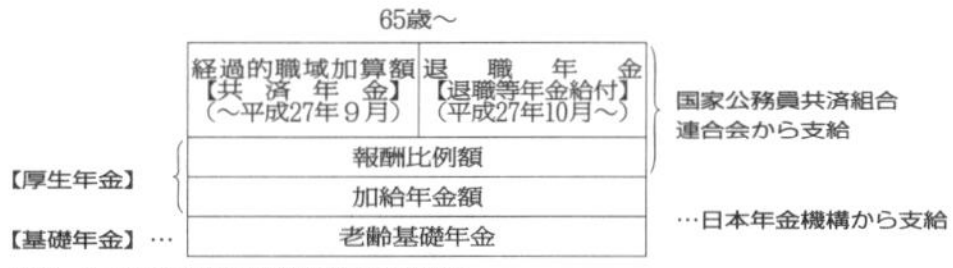

※3　年金の月額は老齢厚生年金の額の12分の1の額、賃金の月額は標準報酬月額と過去1年間の標準賞与額（ボーナス等）の総額の12分の1の額です。

<参考>

昭和36年4月1日までに生まれた方は、以下の支給年齢から65歳に達するまでの間に厚生年金（報酬比例額のみ）、共済年金（経過的職域加算額）が支給されます。

（年金の支給開始年齢）

生年月日	開始
昭和24年4月2日～昭和28年4月1日	60歳
昭和28年4月2日～昭和30年4月1日	61歳
昭和30年4月2日～昭和32年4月1日	62歳
昭和32年4月2日～昭和34年4月1日	63歳
昭和34年4月2日～昭和36年4月1日	64歳
昭和36年4月2日～	65歳

車を買うなら共済組合の物資係で！

分割払い（割賦（かっぷ））による販売について

たとえば、『200万円の自動車を60回（5年）払い』でお申込みの場合・・・

共済組合物資経理	
融資額	200万円
総支払額	2,094,000円
融資金利	割賦金利 年利相当　0．94%
月々返済額	初　回：34,900円 2～60回：34,900円 （元利均等）

厚生・共済

特集

分屯基地初の「カーシェアリング」

輪島 営内者の利便性向上

タクシー、レンタカーよりリーズナブル

「自家用車を持っていなくても休日のレジャーや買い物などに車が使える」――。空自は2020年8月、防衛省で初となる「カーシェアリング」制度を入間基地でスタートしてから、小松、浜松、築城、小牧、新田原の各基地に次々と導入してきた。今回、輪島分屯基地で新たにサービスが開始され、隊員たちの生活の利便性向上が期待されている。タクシーやレンタカーよりもリーズナブルに利用できるため、今後、買い物やデートなどプライベートでの移動手段として使う隊員たちが増えそうだ。

買い物やデートに利用増？

【輪島】輪島分屯基地（司令・石川靖広2佐）は9月26日、営内者などの利便性向上を目的に、分屯基地で初めて「カーシェアリング」サービスを開始した。空自基地としては7番目。

基地内に置かれたカーシェアリング用の車は「アクア」1台で、11月中に「ヤリス」に変更される。利用者は「トヨタシェアアプリ」をダウンロードして必要事項を入力後、予約を行うことで乗車可能となり、アプリを通じて個人のスマホから車両の解錠・施錠ができる。なお、予約時間の15分前から利用できるため、午前10時に予約した際は同9時45分から乗車が可能。

利用料金は15分180円（ガソリン代・基本保険料込み）で、ノンオペレーションチャージ（NOC）無料プラン（任意・1乗車あたり330円）を支払うと事故を起こした際の営業補償料などが免除となる。

導入日のオープニングセレモニーには、石川司令、空幕厚生課長の世良達裕1佐、トヨタレンタリース石川の大箱仁志部長が出席し、鍵の贈呈とテープカットが行われた。石川司令は「分屯基地初のカーシェアリングによって利便性が大きく向上する。みなさん、たくさん利用してください」と呼び掛けた。

基地隊員は「自家用車がなくてもレジャーに出掛けられる」「デートに使いたい」「タクシーを使うより安いのでぜひ利用したい」と期待の声を寄せていて、他基地の隊員からは「訓練で行った際に買い物などで使ってもいいか」と早速問い合わせがあった。

輪島分屯基地では「基地内外を問わず、さらなる制度の周知を図って車両の稼働率を向上させ、隊員の利便性向上に貢献したい」と話している。

㊤「カーシェアリング」導入を記念してテープカットを行う（左から）大箱部長、石川司令、世良課長　㊨トヨタレンタリース石川の大箱部長（左）から車両の鍵を手渡される石川司令（いずれも9月26日、空自輪島分屯基地）

余暇を楽しむ

新田原基地剣道部

紹介者：1空尉　髙橋 善朗
（飛行教育航空隊・新田原）

地域とともに成長していく

皆さん、こんにちは。航空自衛隊新田原基地剣道部を紹介します。

当部の部員の年齢層は、19歳から54歳までと幅広く、剣道歴も自衛隊に入隊してから始めた人から50年近い大ベテランまでいます。毎週定期的に、課業の終了後に基地体育館に集まって稽古を行っています。

部員は基地内で行う部員のみの稽古だけでなく、地域の青少年育成と基地と近隣住民の方々との相互理解を目的に、地元の小・中学校、高校へ伺い、剣道を指導したり、地域の方々と一緒になって汗を流しています。

剣道は新型コロナの流行により、暫定的にルールが変わりました。「鍔迫り合いの禁止」です。良くも悪くもさまざまな意見がありますが、このルールの変更により、剣道はあくまで「前に出て、正面から相手の中心を割り、技を繰り出す」――。という基本の大切さを改めて見つめ直す機会となりました。

技の「制限」ではなく、技の「深化」につながるととらえることとは、コロナ禍でできないことを嘆くより、できることに感謝し、前向きに昇華させていくことにつながりました。この法則は人生の全てに当てはまるのではないかと思っています。

このところ、軒並み中止となっていた各種剣道大会が再開し始めました。剣道部は普段から稽古ができる環境、試合ができる環境を与えてくださる皆さまに感謝し、これからも地域とともに成長していく部として、活動していく所存です。

高橋部長（左から4人目）を中心に日々稽古に励む新田原基地剣道部員たち

気迫のこもった鋭い面打ちを浴びせる麻生士長

「Lady Go！プロジェクト」で女性活躍の基盤整備　神町

【20普連＝神町】20普連は10月18日、連隊教場で令和4年度の「第1回女性活躍推進委員会」を開催し、15人の女性隊員が参加した。

委員会では9月に新隊員後期教育を修了し、中隊に配置された女性隊員5人の紹介が行われたほか、小野泰子2曹が「ＬａｄｙＧｏ！プロジェクト」「女性自衛官の配置」「アドバイザーＷＡＣ」などについて説明した。

委員会終了後、「20」ポーズで記念写真に納まる女性隊員たち（10月18日、神町駐屯地）

同プロジェクトは女性自衛官が活躍できる基盤を整えるために一昨年から開始した連隊の取り組みで、これまでに女性隊員の更衣室やトイレの増設などが行われた。このほか、これまで女性の配置がなかった中隊にも去年から今年にかけて女性隊員が配置されるなど、女性活躍の場が整備されてきたことを話した。

続いて、健全な隊員育成のための指導を行う「アドバイザーＷＡＣ」について説明。女性隊員が5班からなる服務指導編成を組み、各班の3曹がアドバイザーＷＡＣとして陸士や新隊員への指導を行いながら女性ならではの悩みや意見、要望などを聞き、指揮官らにつなぐという重要な役割を担っている。アドバイザーの陸曹たちは、自分たちが女性隊員と各級指揮官とのパイプ役であることを再認識し、意識の向上を図った。

その後は服務指導編成ごとに分かれて「Ｌａｄｙ Ｇｏ！プロジェクト」の成果や改善点について意見を交換、隊員たちは「女性の意見を言いやすくなった」「各階にトイレや更衣室ができ、環境が良くなった」などと話していた。

美幌

訓子府町防災訓練でカレー150食炊き出し

野外炊具1号でカレーを調理する隊員（10月16日、訓子府町公民館）

【美幌】6普連1中隊長の板津秀男1尉以下隊員11人は10月16日、北海道訓子府町防災会議主催の「令和4年度町総合防災訓練」に参集した。

訓子府町公民館で行われた訓練には、警察、消防などの関係機関を含め約150人が参加した。「停滞前線の影響により、断続的に降り続く雨の総重量が78ミリとなり、網走地方気象台から同町に対し大雨警報発表の連絡を受けた」という想定で、高齢者に対する避難誘導や避難所の開設訓練が行われた。

1中隊は、支援要請を受けて「避難所に避難している町民に対し、野外炊具1号を現地で展開してカレーライス150食分を提供する」という想定で炊き出しを実施。

調理完了後、防災カレーの試食会が行われ、喫食した参加者からは「隠し味は何だろう」「自衛隊のカレーはとてもおいしい」と興味津々の声が聞かれた。中には一杯では満足できず、2杯、3杯と試食した参加者もいるほど好評だった。

また、給食支援以外にも公民館駐車場に軽装甲機動車と96式装輪装甲車を展示、体験試乗を行った。参加者からの問いかけに丁寧に対応し、自衛隊の魅力を最大限発信した。

大津

出来たて、熱々！

キッチンカーが初お目見え

【大津】駐屯地業務隊（隊長・藤田剛2佐）は今年度、駐屯地内の展示即売店として新たにキッチンカー業者の参入を企画し、運用を開始した。

駐屯地内のコンビニにはない商品を提供することで、福利厚生面の充実と隊員や学生などへの生活基盤の拡充、サービス向上を図るもの。車両販売の機動力を生かし、災害発生時には臨時売店としての運用も視野に入れている。

キッチンカーではカレー、唐揚げ、ギョーザ、ステーキといったボリュームのあるメニューからクレープやコーヒーなども取り扱う。平日、週に2日程度の各日入れ替わりで多種多様な商品を出来たての状態で提供。お祭りのような雰囲気の中、キッチンカーの周りに多くの隊員が詰め掛け、売り切れが出るほどの人気だ。

購入した隊員からは「熱々でおいしい」「休憩時間に気軽に利用できて便利」「外出気分が味わえて気分転換になる」との声が聞かれ好評だ。今年度は、約70日の出店を予定しており、大津駐業は今後も駐屯地内のさらなる利便性の向上に努めていく。

キッチンカー「カレーハウス」に並ぶ隊員たち（大津駐屯地）

自慢の一品料理

トマトカレー

紹介者：技官 坂東 知子
（6空団基地業務群給食小隊・小松）

小松基地で10年近く隊員たちに愛され、試行錯誤を重ねながら改良が加えられてきたメニュー「小松基地トマトカレー」を紹介します。

基地のある小松市は、北陸3県で最もトマトの生産量が多い地域です。さらに、基地ではカレーが隊員の間でも大人気で、ポークカレーやビーフカレーは毎週献立として出されるほどの人気。トマトカレーも好評を博しています。

作り方はトマトを湯むきして皮と身で分けます。身の方は、煮詰めるものと仕上げ時に使う分とで半分くらいに分け、ケチャップ状に身を煮詰めておきます。

次に、野菜の皮、芯を約30分煮出して旨味を抽出し、カレーのベースを作っておきます。豚バラの角肉は、少し大きめの3センチ角に切り分け、それをローレルやタイムなどのスパイス、オリーブ油でマリネ（漬）して焼いておきます。また、玉ねぎ、人参、セロリ、ニンニクをみじん切りにしてソフリットを作っておきます。カレーのベースにカレー粉と中力粉を混ぜ合わせ、準備した煮詰めた身、ソフリット、豚肉、残りの身を加え、隠し味として、ペーストにしたバナナとイカゲソを洋酒で炒めたものを入れてよく煮込めば完成です。最後にカラメルを加えると深みとコクが増し、辛さも和らぎます。

地場のトマトと能登半島のイカゲソが醸し出すコクのある小松基地特製のカレー、ぜひお試しあれ！

UNTPP教官団　陸幕長に帰国報告

インドネシア　工兵要員に初の教育訓練支援

9施設群副群長の豊田剛至2佐以下26人は8月8日から約2か月間にわたり、国連の「三角パートナーシップ・プログラム（UNTPP）」の一環で、インドネシアでは初めてとなる工兵要員を対象とした教育訓練支援を行った。豊田2佐らは「インドネシア平和安全保障センター」で現地工兵要員に重機の操作や整備の教育などを実施。派遣期間を終えて帰国した要員のうち、豊田2佐以下4人が10月19日に防衛省を訪れ、吉田陸幕長に帰国報告を行った。

陸幕長（右端）への帰国報告を行い、記念撮影をする豊田２佐（右から３人目）以下４人の陸自隊員。左端は岡田豊陸幕運用支援課長（10月19日、陸幕長応接室）

帰国報告には、教官団長の豊田2佐、髙田彩1尉、佐藤真1尉、外村光師郎1曹の4人が出席した。

豊田2佐らは、インドネシアのジャワ島西部の都市ボゴールにある「インドネシア平和安全保障センター」に派遣され、国連PKOに参加する同国の工兵要員20人に対し、重機の操作やPKO派遣に必要なインフラの整備、宿営地などの造成の知識と技能の教育訓練を行った。

吉田陸幕長は8月8日のインドネシア出張時に、同センターで行われたUNTPPの開講式に出席。スピーチで教官団のことを「九州の部隊を基幹とした精鋭たちであり、必ずや本訓練を成功に導くと確信する」とし、教官団員たちには「本訓練に参加しているTPP教官団およびインドネシア軍を一目見て、訓練の成功を確信した。引き続き、インドネシア軍とのつながりを大事にしつつ、訓練を実施してもらいたい」と激励していた。

帰国した教官団に対して、陸幕長は「インドネシアにおける初めての国連TPPであり、また本邦とは異なり不慣れな訓練環境において苦労も多かったと思う。教官団長を核心として、全員がワンチームの精神で柔軟に対応して本任務を完遂したことは非常に価値があり、陸幕長として誇りに思う」と労った。

また、陸幕長は10月20日の定例記者会見で、改めて同ミッションの成果に言及した上で、同月14日に来省したラクロワ国連平和活動担当事務次長との懇談で「本TPPも含めた陸自の国際安全保障環境の改善に向けた取り組みの成果について、認識の共有を図ることができた」と述べ、ラクロワ次長からは日本の国連に対する大きな貢献に感謝の意が伝えられたとした。

本訓練を終えたインドネシア軍工兵要員20人は、今年11月から中央アフリカで実施しているMINUSCA（国連中央アフリカ多面的統合安定化ミッション）に参加する。

陸幕副長

防衛装備品展示会に参加

豪州で開催、大洋州最大級

スチュアート豪陸軍本部長（右）へ山根陸幕副長から懇談後、記念品の盾が贈られた（10月5日、豪のブリスベン）

山根寿一陸幕副長は10月5日から6日まで、オーストラリアで開催されたLand Forces（主催・AMDA Foundation、後援・豪国防省、豪陸軍など）に参加した。

Land Forcesは、隔年で開催されている大洋州最大級の防衛装備品展示会で、期間中には防衛装備関連の会議やシンポジウムなども開かれる。CAS（豪陸軍主催陸軍参謀長シンポジウム）と連接して行われるイベントで、陸自は2012年以降毎回参加している。

今年は4日から6日までの3日間の開催で25カ国810企業が出展し、30カ国159の政府系訪問団など、計約2万人が来場。山根副長は展示会視察のかたわら、スチュアート豪陸軍本部長やブラウナー比陸軍司令官など、各国陸軍種トップと精力的に懇談。インド太平洋地域の戦略環境や各国との防衛協力・交流をテーマに話し合い、人的ネットワークの強化や信頼関係の増進を図った。

陸自

CBR会議に参加

拡大アセアン国防相会議　各国の能力強化

陸自化学学校（大宮）の小山田智哉2佐以下4人は10月11日から2日間、シンガポールで行われた拡大ASEAN国防相会議（ADMMプラス）のCBR会議に参加した。

会議は化学、生物および放射線（CBR）分野におけるASEAN諸国の対応能力や協力の強化を目的に行われ、ASEAN諸国と域外の専門家が参加。議論を通じて、知見の共有、各国の能力強化への寄与、連携の促進を図った。

会議に参加する陸自隊員（10月12日、シンガポール）

防医大保育園に「おやさいクレヨン」寄贈

富国生命100周年プロジェクト

くれよん保育園所沢防衛医大を訪れ、菅野園長（中央）に「おやさいクレヨン」を贈る富国生命の矢崎部長（左から2人目）、巻渕AD（その右）と青木部長（右から3人目）＝10月26日、埼玉県所沢市

創業100周年プロジェクトの一環として「THE MUTUAL Art for children」を実施している富国生命保険（本社・東京都千代田区）は10月26日、防医大（埼玉県所沢市）構内のくれよん保育園所沢防衛医大に「おやさいクレヨン」を寄贈した。

同社が昨年5月にリリースした同クレヨンは米ぬかから採れた米油などをベースに、収穫の際に捨てられる野菜や外葉などが使用され、子どもたちが口にいれても安全な素材で作られている。活動は今年で2年目を迎え、これまで官公庁を中心とした全国の保育園、幼稚園などに6万7000個を配布。防衛省・自衛隊では全国7カ所の基地・駐屯地内の託児所などに贈っている。

パッケージデザインには福島県立猪苗代支援学校の生徒の作品が起用され、同年12月に第2弾として同県立聴覚支援学校会津校の生徒のイラストにリニューアルされた。

くれよん保育園への贈呈は防医大正門横に独立棟として新たに開園した1周年の節目に行われた。富国生命保険の矢崎斉総合営業推進部長、青木朋紀法人部長、巻渕佳子所沢営業AD（アドバイザー）らが園を訪れ、秋晴れの暖かな日差しが降り注ぐ園内の庭園で菅野朱美園長にクレヨン70個を手渡した。

菅野園長は「クレヨンは保育園の生活にかかせないもの。子供たちは何でも口に入れてしまうのでこれまで使えなかった園児にも安心して与えられ、大変うれしく思っております」と感謝の気持ちを述べるとともに、廃棄野菜を使用している点に触れ、「SDGs（持続可能な開発目標）に合った素晴らしい取り組み。子供たちにも伝えて大事に使わせていただきます」と語った。

こちら警務隊

火災
軽犯罪法（火気乱用の罪）

森の中で火をたけば拘留か、科料の可能性

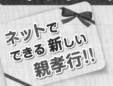

森の中でバーベキューをする際、気をつけることはありますか？

相当な注意をしないで、建物、森林等、可燃物の付近で火をたいたり、引火しやすい物の付近で火気を使用した場合、軽犯罪法の「火気乱用」として拘留又は科料に処される可能性があります。

これは、放火の罪までいかないものの火災の予防のため、引火の危険性がある行為を禁止するものです。

「相当な注意をしないで」とは、防火上、一般的に期待される程度の注意をしないことをいい、手元に消火用の水を用意しない場合等です。

レジャー等は許可された火災の危険のない安全な場所で楽しみましょう。

（北部方面警務隊）

鳥インフル

13特科隊が岡山で災派

新たに茨城で1施設団が活動

陸自13特科隊（日本原）基幹の隊員は10月28日から30日まで、岡山県倉敷市で発生した鳥インフルエンザの災害派遣に出動、約300人態勢で養鶏場の鶏の殺処分支援などを行った。

28日午前1時、岡山県の伊原木隆太知事から13特科隊長の坂井健一1佐に鶏の殺処分支援に関する災害派遣が要請され、13特科隊基幹（13戦車中隊、13高射特科中隊、13後方支援隊2整備中隊特科直接支援小隊＝いずれも日本原、305施設隊＝三軒屋＝）の部隊が出動。ウイルス防護用のスーツを着用し、必要資器材の防疫処置を万全にして現地の養鶏場で作業を行った。3日間で約12万羽の処分支援を完了し、30日午後4時26分、要請を受けて活動を終えた。

一方、茨城県かすみがうら市の採卵鶏農家でも11月4日、鳥インフルエンザの発生が確認された。

同日午前9時35分、茨城県の大井川和彦知事から施設学校（勝田）長の山崎義浩将補へ災害派遣が要請された。

これを受け、1施設団（古河）の隊員らが約240人態勢で同日正午から現地で活動を開始。7日現在、1施設団、施設学校、武器学校（土浦）の隊員らが殺処分支援などの活動を行っている。

鳥インフルエンザに伴い、殺処分支援を行う隊員（10月28日、岡山県倉敷市）＝日本原駐屯地のツイッターから

小休止

▽…大分地本は10月15、16の両日、別府市の城島高原パークで開かれたイベント「はたらくくるま大集合」で広報ブースを開設、車両展示や、制服試着などを行った。

▽…会場入り口に並んだ消防車や移動図書館、献血車などとともに展示された地本の1/2トントラックは子供たちの人気を集めた＝写真。修学旅行で県外から来ていた中学生たちは制服を試着し、車両をバックに記念写真を撮っていた。

▽…ブースを訪れた来場者からは「ドラマの『テッパチ』を見て自衛官に憧れた。制服を着て自衛官になれた気がしてうれしい」「自衛隊の車両は初めて見た。戦車も間近で見てみたい」などの声が聞かれた。（大分地本）

（世界の切手・中国）

時を移さずに行うのが勇将の本望である。早く出立せよ。

伊達政宗
（日本の戦国武将）

朝雲ホームページ
www.asagumo-news.com
会員制サイト
Asagumo Archive プラス
朝雲編集部メールアドレス
editorial@asagumo-news.com

みんなのページ

ちゃぶ台返し世界チャンピオンに

予備1陸尉　堀 香乃子（岩手地本）

私は、救急救命士の資格を持つ看護師です。平成20年9月に予備自衛官補技能（衛生）から、予備自衛官となりました。今年度制度化された「看護師予備自衛官の幹部化」により、予備1等陸曹から昇進し、予備1等陸尉を命ぜられました。

今年4月に両親の介護のために、横浜市から岩手県に引っ越して来ました。3月までは総合病院の救急外来で勤務をしておりましたが、転居後は警備会社の医療オペレーターの仕事をしながら両親の介護をする日々です。とは言っても、休日は、登山や温泉、美味いもの巡りをするなど、岩手県を満喫することも忘れていません。

そんな、ある休日の朝、ラジオを何げなく聞いていると岩手県紫波郡矢巾町で「ちゃぶ台返し世界大会」という面白そうなイベントがあることを知り、参加人数が先着15人でしかも、今日がそのイベント当日とのことだったので、慌てて駆けつけてエントリーをしました。

「ちゃぶ台返し世界大会」は、おもちゃのサンマが乗った〝ちゃぶ台〟を思いっきりひっくり返し、〝サンマ〟の飛距離を競うもので、練習なしのぶっつけ本番だったのですが、サンマは4メートル77センチも飛んで、見事「ちゃぶ台返し世界チャンピオン」の座に輝きました！

このニュースが地元テレビで放送され、新聞にも掲載されたことから、職場や横浜の知人からも驚きの連絡が届きました。そして岩手駐屯地での5日間招集訓練に参加した時も、地本の方から「堀さん、ちゃぶ台返しの世界チャンピオンですよね。スゴイ！」と声をかけられて驚きましたが、おかげで初めての岩手での招集訓練という緊張もほぐれました。

ちゃぶ台返し世界チャンピオンといっても、普段の私は「ちゃぶ台返し」するほど〝怒りっぽく〟ありませんので、予備自衛官として訓練招集に応じ、少しでも皆さまのお役に立てるよう頑張りたいと思います。

ちゃぶ台返し世界チャンピオンになり、両手を挙げて喜ぶ堀予備1陸尉

新刊紹介

「吉田ドクトリン」を越えて
―冷戦後日本の外交・防衛を考える

西原 正著

2000年4月から6年間にわたって防大学校長を務め、現在は平和・安全保障研究所副会長の著者が自らの過去の論文、論評などをまとめた一冊。一流の国際政治学者として、外交・防衛について考察し続けてきた軌跡が読み取れる。

4部構成で、1部では著者が1978年に最初に書いた論文「『吉田ドクトリン』の果実をいつまで期待するのか」の邦訳を掲載。そのほか米紙掲載論評や国際会議などでの発言を厳選して掲載している。

2部では過去に執筆した学究的な論文3点を収録。3部のタイトルは「新聞、雑誌論評に見る日本と東アジアの安全保障動向」。防大退職後、平和・安保研に勤務しながら新聞、雑誌などに発表してきた論評の中から36本を選んで再掲載。最後の4部は防大学校長時代に各誌紙に寄稿した防大についての原稿を再録している。

ほぼ時系列で紹介される論文の数々を読んでいくと、経済復興を優先して軽武装主義でいくとした「吉田ドクトリン」の国防軽視への強い疑問が一貫していることに気づく。4部で見せる教育者としての温かい視点とともに印象に残る。

（内外出版刊、2420円）

メディアが報じない 戦争のリアル

小川 和久著

ロシアによるウクライナ侵攻が発生してから約9カ月。未だ終結の兆しが見えないが、そもそもなぜ侵略行為が起き、ロシアはウクライナの首都キーウ攻略に失敗したのか。陸自生徒教育隊出身で軍事アナリストの著者が〝戦争から国を守る〝戦争力〟の実態を論じる。

著者は冒頭からウクライナ侵攻に言及。経緯を振り返った上で、侵攻が起きた複数の要因を挙げ、ロシア軍が苦戦している原因も明らかにする。

さらに、フィリップ・デービッドソン米インド太平洋軍司令官（当時）の「6年以内台湾有事」発言を「軍事的根拠がない」と一刀両断。自衛隊高官OBもその論調に影響されている点に警鐘を鳴らす。

このほか、日本防衛の要である「日米同盟」の実態を論じる中で、自衛隊を「一点豪華主義の軍隊」と評し、そうなった背景を解説。戦後最大級の安保上の難局に直面する日本が、実現するべき事柄を提言する。

著者が戦争に関する素朴な疑問を一問一答形式で次々に解決するさまは痛快。ウクライナ侵略が継続中の今だからこそ、読んでおきたい一冊だ。

（SBクリエイティブ刊、1045円）

成長できた後期教育

2陸士　小森 健太（33普連1中・久居）

このたびは、新隊員後期教育で連隊長賞を頂くことができ、大変うれしく思います。また、前期教育に引き続いての受賞ということで、信じられない結果に大変驚愕ですが、誇らしく思います。

私は、後期教育は前期教育で学んだことを基本として大切にし、さらに発展していこうと考えながら励みました。特に力を入れたのが、「体力錬成」です。後期教育では、他の駐屯地から配属されてきた新しい同期、班の仲間と共に、課業外ほぼ毎日体力錬成をしておりました。特に班のメンバーの中に、駆け足が得意な人、腕立てと腹筋が得意な人がいたため、その人たちと一緒に体力錬成をし、体力の向上に励んでいました。毎日錬成をしていくうちに、自分自身が成長していくのを実感し、楽しさを感じました。そのため、夏季休暇中も、駆け足が得意な班の仲間をイメージしながら駆け足を行ったりしました。

射撃については、初めての機関銃射撃を行うということで、最初は扱いに慣れず困難でしたが、錬成していく内に、扱いが少しずつ理解でき、射撃が当たるようになりました。

後期教育を受けた後の自分は、前期教育を受けた後の自分よりも、格段に成長できたと思います。これも、手厚く支えて下さった班長・班付、同期たちがいたおかげで成長できた部分が大きいと思っております。これから中隊配置にあたり、さらに厳しい戦いが始まると思いますが、自分自身に負けず、日々精進していこうと思います。本当にありがとうございました。

教育中の目標の体力き章を取得

2陸士　井上 葉月（25普連3中・遠軽）

私は幼い時から自衛官になることが夢でした。自分の長所である体力などを国や人々のために生かしたいと考えたことと、東日本大震災での自衛官の活動を見て、私も災害があった際には自衛官として人々の助けになりたいと思ったのが志願の理由です。

前期教育を終え、遠軽に配属された当初は覚えることが非常に多く、毎日復習をしなければなりませんでした。また、男性隊員と打ち解けられるか非常に不安でしたが、行進訓練や体力検定に向けてトレーニングを共にしてお互いに頑張ることができました。初めから諦めるのではなく、できる努力を沢山することが大切だと学びました。

教育中の目標は体力き章を取ることでした。休日はインターバルトレーニングなどの走り込み、筋力トレーニングを頑張りました。教育最後の体力検定で総合点数は狙っていた300点満点ではありませんでしたが、体力き章を取ることができました。

中隊配属後は当たり前のことを当たり前に行い、しっかりあいさつをして、いつも元気で仕事のできる隊員になれるよう頑張っていきたいと思います。

ロジスティクスの重要性を再認識

事務官　菅野 理彩（呉総監部3幕僚室企画調整専門官）

防衛省事務系総合職で採用された職員は、3年目に約1年間、陸海空自衛隊の主要な司令部などに配属されます。配属の趣旨は、今後のキャリアにおいてより効果的な政策立案を行えるよう、さまざまな現場を訪れ、市ヶ谷勤務では把握しきれない現状を学ぶことです。今回は私が、海上自衛隊のほかの総監部に配属されている同期入省の職員とともに、呉地区のいくつかの部隊・施設を研修しましたので紹介します。

今回の研修でさまざまな場所を訪れましたが、中でも特に印象に残ったのは、呉弾薬整備補給所と呉造修補給所です。2日間かけて両施設を見学する中で、ロジスティクス強化の重要性を改めて認識しました。

防衛力を強化していくにあたって、どうしても正面装備を増強することに目が行ってしまいがちですが、「ロジスティクスの限界が作戦の限界」とも言うように、有事の際に作戦を支えるロジスティクス面も同時にケアしていかなければ、どれだけ性能の良い最新の装備を持っていたとしても継戦能力を維持できず、我が国の平和と独立を守るという防衛省・自衛隊の主目的を達成することができなくなります。

研修を通じて、新たな装備品を導入するだけではなく、それぞれの装備品をどこに保管し、どのように管理するのか、有事の際に前線の部隊を支えるためにどのような体制で輸送・補給するのか、などといった視点も合わせ持っておかないと、効果的な防衛力整備を行うことができないことを学びました。

私は防衛力整備の強化に携わりたく防衛省に入省しましたが、正面装備とロジスティクスの強化のバランスを見ながら両輪で行っていかなければ、真の防衛力強化にはつながらないことを実感し、改めて考え直す機会をいただき大変有意義でした。

今回、実情を目の当たりにしロジスティクスの限界の一端を理解することができました。さまざまな場所に足を運び、目で見て肌で感じることができる機会は、本省採用の私にとっては貴重です。1日1日を大事にし、今後の政策立案に生かすことができるよう、引き続き勉強し、思案し続けたいと思います。

呉造補所貯油所で警備犬について質問する菅野事務官（中央）

OBがんばる

柏木　博文さん　55
令和3年3月、川内駐屯地業務隊を准陸尉で定年退官。学校法人北薩学園認定こども園「あくね園」に再就職し、送迎バスの運転手を務めている。

進んだ道を信じて

私は令和3年3月、川内駐屯地業務隊を最後に陸自勤務を終え、学校法人北薩学園認定こども園「あくね園」に再就職しました。

同園は鹿児島県阿久根市にあり、「たくましい子・やさしい子・かしこい子」を教育目標に掲げ、昭和50年に阿久根幼稚園として開園以来多くの卒園生を送り出してきました。私はこの園で送迎バスの運転手として勤務し、子供たちが喜んで登園、満足して降園し、また明日も来たいと思ってもらえるよう心掛けながら安全運転に努めています。

送迎以外では洗車や給油、子供たちを遊ばせるための公園などへの輸送、園舎施設の修理、また小区画ながら畑作業もあります。私には5人の孫がいますが、ここでは100人を越える孫たちと過ごす自分がいて、「バスの先生」と近寄ってくる姿に目頭を熱くしています。

援護センターから仕事を紹介された時は、子供たちの大切な命を預かる仕事に携わって良いものかと悩みましたが、37年間の自衛隊勤務で得た精神力・責任感・体力を生かせると思い直して就職面接に臨んだ結果、採用していただくことができました。

これから退職する後輩の皆さまへの助言として、どんな仕事をしたいのか、何をやりたいのか、結局のところ自分自身の進路の決め方次第だということです。健康管理に気を付けて自分が進んだ道を信じ、幸福感・充実感を得られるよう頑張ることだと思います。

「朝雲」へのメール投稿はこちらへ！

▽原稿の書式・字数は自由。「いつ・どこで・誰が・何を・なぜ・どうしたか（5W1H）」を基本に、具体的に記述。所感文は制限なし。
▽写真はJPEG（通常のデジカメ写真）で。
▽メール投稿の送付先は「朝雲」編集部（editorial@asagumo-news.com）まで。

詰将棋

出題　日本将棋連盟
九段　石田 和雄

第879回出題

▲先手　持駒　角金

【ヒント】角二枚をどう捨てるか（10分で初段）。

▶詰碁、詰将棋の出題は隔週です◀

詰碁

出題　日本棋院
九段　曲　励起

第1294回解答

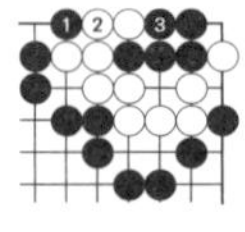

【解答図】黒先、白死。黒❶が大切で白②の時、黒❸がまた大切です。これで六目ナカ手になり白死です。

朝雲

発行所 朝雲新聞社
〒160-0002 東京都新宿区四谷坂町12-20 KKビル
電話 03(3225)3841
FAX 03(3225)3831
振替00190-4-17600番
定価一部150円、年間購読料9170円（税・送料込み）

主な記事

日米韓首脳会談

北朝鮮ミサイル情報を共有

核実験行えば確固たる対応

岸田首相は11月13日、カンボジアの首都プノンペンで開かれた東南アジア諸国連合（ASEAN）関連首脳会議に合わせて、米国のバイデン大統領、韓国の尹錫悦（ユンソンニョル）大統領と日米韓3カ国による首脳会談を行い、共同声明を発出した。3氏は核・ミサイル開発を進める北朝鮮に対し、3カ国が連携して毅然とした対応をとっていくことで一致。声明には北朝鮮のミサイルに関する警戒データ（情報）を「リアルタイムで共有する」方針のほか、北朝鮮が核実験を行えば国際社会が「確固たる対応で対処する」と明記した。岸田首相は会談後の記者会見で「北朝鮮による前例のない頻度と態様での挑発行為が続き、さらなる挑発も想定される中で日米、日韓、日米韓による連携はますます重要になっている」と述べ、3カ国の連携の重要性を強調した。

米国のバイデン大統領（中央）、韓国の尹錫悦大統領（テーブル左から2人目）と日米韓3カ国の首脳会談に臨む岸田首相（右から2人目）＝11月13日、カンボジアの首都プノンペン（外務省のツイッターから）

共同声明 ウクライナを支持

共同声明で3氏は、北朝鮮による複数の大陸間弾道弾（ICBM）を含むかつてない数の弾道ミサイルの発射など、地域の平和と安全に対する重大な脅威を及ぼす相次ぐ軍事的活動を強く非難。国連安全保障理事会決議に従った「朝鮮半島の完全な非核化」に対するコミットメント（責任ある関与）を再確認した。

その上で「北朝鮮による核実験は、国際社会による力強い確固たる対応により対処される」と強調。さらに、飛来するミサイルの脅威を探知・評価する能力を向上させるため、「北朝鮮のミサイル警戒データをリアルタイムで共有する」と明記した。

一方、ロシアによるウクライナ侵略については「国際秩序の根幹を揺るがすいわれのない残虐な侵略戦争」と表現し、民間人と民生インフラに対する無差別攻撃を最も強い言葉で非難した。日米韓3カ国としてウクライナを支持することを確認し、領土の一体性と主権の即時回復を求めた。

さらに3氏はロシアによる威圧と威嚇のための「核の脅し」についても非難。「ロシアによるいかなる核兵器の使用も人類に対する敵対行為であり、いかなる状況下でもロシアは決して核兵器を使用してはならない」と断固として表明した。

東・南シナ海情勢をめぐっては、名指しを避けつつも、海洋進出を強める中国を念頭に、不法な海洋権益に関する主張や埋立地の軍事化、威圧的な活動を含め、インド太平洋の海域における「いかなる一方的な現状変更の試みにも強く反対する」と記し、国連海洋法条約（UNCLOS）に整合した形での航行と上空飛行の自由を含む「法の支配に対する確固たるコミットメント」を示した。

3氏は、包摂的で強靭（きょうじん）で安全な「自由で開かれたインド太平洋」を連帯して追求することで一致。台湾に関する基本的な立場についても変更がないことを強調した上で、「国際社会の安全と繁栄に不可欠な要素である台湾海峡の平和と安定の維持の重要性」を改めて表明した。

声明ではこのほか、「安全かつ強靭なサプライチェーン（部品供給網）の確保」にも言及し、日米韓3カ国をはじめとする地域と同志国による「重要技術や新興技術に関する協力の強化」や「重要インフラの保護」などを盛り込んだ。

岸田首相を乗せアジア3カ国へ

政専機

空自特輸隊（千歳）のB777政府専用機は11月12日、ASEAN関連首脳会議、G20バリ・サミット、APEC首脳会議に出席する岸田首相を乗せ、東京・羽田空港を出発、カンボジア・プノンペンに到着し、翌13日にはインドネシア・バリに向かった。17日にはバリからタイ・バンコクに向かい、19日に羽田に帰国する予定。

なお、今回の運航に当たっては「防衛省気候変動対処戦略」に基づく施策の一環として、バイオマス由来原料や使用済み食用油などを原料とする持続可能な航空燃料（SAF）を初めて使用している。

5カ国と防衛当局間協議

防衛協力で意見交換

防衛省の三浦潤防衛政策局次長は10月以降、国内外でフィンランド、マレーシア、フィリピン、イタリア、フランスの計5カ国の防衛当局との協議にそれぞれ相次いで臨み、地域情勢や安全保障協力、2国間の防衛交流などをテーマに意見交換を行った。

10月18日は東京でフィンランドとの第4回防衛当局間（MM）協議が開かれ、同国国防省からヤンネ・クーセラ防衛政策局長が出席。10月26日の防衛相会談を前に両氏は地域情勢や両国の防衛政策などについて意見を交わしたほか、今後の2国間の防衛協力・交流についても議論を深めた。

10月20日はマレーシアとの第7回防衛当局間協議が同国の首都クアラルンプールで開かれ、同国国防省からアズハル・ビン・モハマド・ユソフ政策・戦略計画局長が出席し、2国間の安全保障協力などについて議論した。

翌21日はフィリピンとの第9回防衛当局間（MM）協議が同国の首都マニラで開催され、同国国防省からヘンリー・ロビンソン戦略評価・国際担当局長が出席し、日比間の安全保障協力や地域情勢などについて意見交換した。

その後、11月1日には東京でイタリアとの第7回防衛当局間（MM）協議が行われ、同国国防省からアレッサンドロ・グラッサーノ国防参謀本部軍事政策・計画副部長が出席。地域情勢や両国の防衛政策のほか、今後の2国間の防衛協力・交流について話し合った。

11月8日にはフランスのパリで第20回日仏防衛当局間（MM）協議が開かれ、仏軍事省からアリス・リュフォ国際関係・戦略総局長が代表して出席。2国間の防衛協力・交流をはじめ、地域情勢などをめぐって意見を交わした。

オマーン軍楽祭に西方音が参加

オマーン軍楽祭に招待された西部方面音楽隊は、11月3日から5日まで、首都マスカットにあるロイヤル・オペラハウスの前庭で公演を行った。写真は公演初日の3日、音楽隊と共に美声を披露する振袖姿の歌姫・水上珠奈1士。背後には日・オマーン外交関係樹立50周年の垂れ幕も掲げられた。

（7面に関連記事）

防衛省の令和4年度第2次補正予算案（4464億円）の概要

自衛隊の災害への対処能力の強化等【432億円】	災害への対処能力の強化【96億円】	○トラック等の取得 ○天幕類等の取得
	インフラ基盤の強化【259億円】	○駐屯地・基地のインフラ関連施設（給排水、燃料貯蔵、基地防災、滑走路等）の整備 ○駐屯地・基地の機械設備（空調機、通信機器、発電機等）の整備 ○自衛隊の飛行場施設等の資機材等対策
	生活・勤務環境の改善【77億円】	○隊舎・庁舎等の老朽化対策 ○作業服等の整備 ○営舎内生活用の備品（洗濯機、アイロン、冷蔵庫、湯沸器、寝具等）の整備
変化する安全保障環境への対応【3248億円】	経空脅威等に対する自衛隊の安定的な運用態勢の確保【324億円】	○ペトリオットの維持整備 ○03式中距離地対空誘導弾（改善型）の取得 ○航空機等（F－15、E－2D等）の維持整備
	米軍再編の着実な実施【2924億円】	○空母艦載機の移駐等のための事業 ○普天間飛行場の移設 ○嘉手納以南の土地の返還 ○在沖米海兵隊のグアムへの移転事業
その他【784億円】		○自衛隊による海賊対処行動等に必要な経費、円安に伴い不足する外貨関連経費、原油高に伴う営舎用光熱水料等の増額等を計上

インフラ強化など4464億円

第2次補正予算案

防衛省

政府は11月8日夕の持ち回り閣議で、総合経済対策を盛り込んだ令和4年度第2次補正予算案を決定した。一般会計の歳出総額は28兆9222億円で、政府は今国会に予算案を提出し、早期の成立を目指す。

このうち、防衛省は約4464億円を計上（表参照）。▽災害への対処能力の強化▽インフラ基盤の強化▽隊員の生活・勤務環境の改善――を早急に図る。

しらせ

南極目指し出港

昭和基地に食料、燃料輸送

文部科学省の第64次南極地域観測事業を支援する海自の砕氷艦「しらせ」（艦長・波江野裕一1佐以下乗員約180人）が11月11日、東京国際クルーズターミナルから南極の昭和基地に向けて出発した。

出国行事は午前10時半からターミナル内で行われ、「しらせ」乗員70人、観測隊員70人が出席した。酒井海幕長、鈴木康彦統幕副長、乾悦久横須賀地方総監をはじめ、乗員の家族や来賓ら約300人が見守った。

鈴木統幕副長が山崎統幕長の訓示を代読。日本の南極観測が、オゾンホールの発見など地球温暖化の研究に多大な貢献をしてきたことに触れ、「極めて重要な任務に携わることを誇りとし、その歴史に新たな1ページを加えるという気概を持って任務にまい進してもらいたい」と述べた。

続いて酒井海幕長が「さまざまな困難が諸官の前に立ちはだかるかもしれないが、これまで積み上げたシーマンシップを遺憾なく発揮し、観測隊と一致団結し任務を完遂してもらいたい」と激励した。

この後、波江野艦長が鈴木副長に出国を報告し、「しらせ」は午前11時半、汽笛を鳴らして出発した。ターミナル後方の「船の科学館」に展示されている初代南極観測船「宗谷」が、航行の安全を祈ってUW旗を掲げ、同艦にエールを送った。

また、これに先立ち10月26日には、防衛省で波江野艦長による井野副大臣への出国報告も行われた。「行ってまいります」と力強く報告する艦長に、副大臣は「長い航海になりますが、ぜひ任務を達成していただければと思います。頑張ってきてください」と声をかけた。

「しらせ」は、フィリピン南方沖からインドネシア東方のマカッサル海峡を通過してインド洋に進出し、11月26日に豪フリーマントルに寄港。最後の補給を行い、12月下旬、昭和基地への接岸を目指す。

基地には食料や燃料など1120トンを輸送、野外観測や基地設営などを支援し、来年1月下旬に現地を離れ、4月10日に帰国する予定だ。

砕氷艦「しらせ」の出港を大勢の家族が見送った（11月11日、東京都江東区の東京国際クルーズターミナル）

海賊対処派遣を1年延長

政府 シナイ半島のMFOも

政府は11月1日の閣議で、自衛隊によるソマリア沖・アデン湾での海賊対処活動と中東海域での情報収集活動に加え、エジプト東部のシナイ半島でエジプト・イスラエル両軍の停戦監視に当たる「多国籍軍・監視団（MFO）」への自衛官派遣について、それぞれ1年間延長することを決めた。

海賊対処と中東海域での情報収集活動は来年11月19日まで、MFOは来年11月30日まで延長される。

浜田防衛相は1日午前の閣議と国家安全保障会議（NSC）後の記者会見で、「防衛省・自衛隊はこれらの活動を通じて、引き続き国際社会の平和と安定に貢献していきたい」と述べた。

中国の無人機が尖閣北方上空飛行

スクランブル

推定中国の無人機1機が11月10日、尖閣諸島北方上空を飛行したため、空自南西空のF15戦闘機が緊急発進して対応した。領空侵犯はなかった。

同日午前、無人機は東シナ海に飛来。尖閣北方沖を南進後、反転して北進し、針路を北西に変えて日本の領空から離れた。

春夏秋冬

防衛費、GDP比2%とは何か

鶴岡 路人

防衛費に関する議論が熱い。岸田政権の掲げる防衛力の抜本的な強化を実現するために、より多くの予算が必要なのは自明だ。ロシア・ウクライナ戦争や台湾海峡情勢の緊迫化を受け、防衛費増額への国民の支持も上昇している。

そこで話題なのがGDP（国内総生産）比2%という数値目標だ。これはNATO（北大西洋条約機構）で用いられてきた指針で、トランプ政権はこれをもとに欧州諸国に対して国防費の引き上げを強く要求した。ただし、この2%という数字に合理的根拠はない。これがNATOで使われ始めたのは2000年代半ばだが、90年代後半の欧州諸国の国防予算のGDP比の平均が約2%だったために、「せめてその時代の水準に戻そう」という参考値として用いられたにすぎない。

日本における防衛費は、野党の反発を和らげる観点から、「いかに少なく見せるか」が重要であり続けてきた。GDP（当初はGNP：国民総生産）比1%にも、その数字を正当化する合理的根拠はないが、「歯止め」の政治的象徴として機能してきた。

その意味では、2%も同様だ。防衛力強化の意思を示す政治的象徴である。だから無意味だというのではない。実にいい加減なものである。

軍隊の能力はGDP比の予算額で決まるわけではなく、2%確保すれば課題が解決するわけでもない。そのためNATOでは、総額としての2%に加えて、そのうちの20%を装備調達にあてるという指針もある。これを達成する国の数は、2014年は7に過ぎなかったが、2022年は25に増加する見通しだ。量と同時に質を確保する試みである。

加えて、NATO基準であれば、海上保安庁などの予算も含めて算出できるという点が注目されている。事実としてはその通りである。しかし、あらゆるものを含めて大きく見えるようにすればよい、というのでは本末転倒だろう。ただし、いくつかの分野を合算してもGDP比2%は程遠い。この達成には、いわゆる真水分も相当の増額が必要だ。その観点では、2%という数字が独り歩きする弊害はあっても、目標としての政治的意思を掲げる効用も大きいかもしれない。

こども可能だが、政治の根幹が資源配分である以上、予算の大小は政府の意思そのものである。本気で2%を目指すのであれば、重大な意思表示だ。

そのためには、防衛費の増額が、政府としての優先順位の変更を伴う必要がある。「別途財源を確保できるのであれば増額を認める」ということでは、防衛の優先順位を上げる意思表示にはならない。

（慶應義塾大学准教授）

朝雲寸言

もしも「防衛流行語大賞」なる賞があるなら、2023年は「共食い」という言葉が候補入りしそうな勢いだ。交換用の部品が調達できないために、仕方なく装備品を一つ犠牲にして部品を取り外し、同一機種の整備に供する。少し前までは知る人ぞ知る事実だったことが、今では一般紙などで頻繁に報じられている▼思えば、約四半世紀前の防衛庁で「共食い」と言えば、苦境にあえぐ北朝鮮軍の装備面の実態を指す表現だった。語る側には「あそこも大変だね」という優越感がにじんでいたが、気が付けばよそのことをとやかく言う余裕もなくなっている▼こうなってしまった原因を考えるにつけ、人の美徳と欠点は表裏一体であることを再認識させられる。自衛隊員の我慢強さは紛れもなく [illegible]

時の焦点

国内　日韓首脳会談

尹政権は懸案を解決せよ

北朝鮮は異例の頻度でミサイルを発射している。東アジアの安全を維持する上で、日本と韓国が足並みを揃えることは重要だ。

岸田首相が、カンボジアで開かれた東南アジア諸国連合（ASEAN）関連首脳会議に合わせ、韓国の尹錫悦大統領と約3年ぶりに会談した。両国を取り巻く安全保障環境が極端に悪化している現状を踏まえれば、隣国としてトップ同士が対話したことは評価できる。

会談では、北朝鮮のミサイル発射について「地域の安全保障にとって重大で差し迫った脅威」との認識で一致し、日韓、日米韓で緊密に連携していく方針を確認した。

北朝鮮は今年、変則的な軌道で飛行する新型や、大陸間弾道弾（ICBM）級など様々なミサイルを繰り返し発射している。今月2日には、南北の分断後初めて、海上の境界線を越える形を含め、短距離弾道ミサイルなど20発以上を発射した。飽和攻撃の能力を誇示する狙いとみられる。

米国を含む日米韓3カ国が、北朝鮮の軍事動向の情報を共有し、対処能力を高めることは喫緊の課題だ。日韓は米国とも協力し、抑止力を高めねばならない。

だが、「戦後最悪」といわれるほど悪化した日韓関係を改善するには、足かせとなっている懸案の解決策を韓国が示す必要がある。

元徴用工（旧朝鮮半島出身労働者）問題で、韓国最高裁が2018年、日本企業に対して元徴用工らへの賠償を命じた判決は看過できない。1965年の日韓請求権・経済協力協定で、両国間の請求権問題は「完全かつ最終的に解決」されている。

首脳会談では、元徴用工問題について早期解決を図ることで合意したという。解決の責任を負っているのは尹政権だ。

韓国政府は、政府傘下の財団が賠償を肩代わりする案を検討している。その原資の一部には、日本企業からの寄付金も想定しているというが、それを義務化するようなら、話にならない。韓国政府は、日本が受け入れ可能な案を示すことが不可欠だ。

日韓の防衛当局間にも、しこりがある。

18年に韓国軍の艦船が海自の哨戒機に対し、火器管制レーダーを照射した問題は未解決だ。韓国は照射の事実さえ認めていない。

この問題を手つかずのままにして、自衛隊と韓国軍が信頼を取り戻すことはできない。韓国政府は事実関係を再調査し、謝罪するのが筋だ。

韓国では過去、内政で批判を浴びると、対日強硬路線を掲げ、挽回しようとする政権が多かった。慰安婦問題などさまざまな合意を反故にして、繰り返し謝罪を要求してくる姿勢には辟易する。日本政府は、尹政権の態度を慎重に見極めることが求められる。

夏川　明雄（政治評論家）

海外　米中間選挙

民主善戦、共和は失速

2年後の米大統領選の行方を占う機会として注目された11月8日投票の中間選挙は、全議席改選の下院（定数435）は下馬評通り、野党・共和党の過半数奪還が濃厚な一方、上院（同100、改選35議席）は民主党が僅差で多数派を維持し、明暗を分けた。

バイデン現政権に対する米国民の審判の場と位置づけられていた中間選挙で民主党は予想以上の粘り強さを見せたものの、下院での主導権は共和党に奪われる見通しで、大統領の任期後半の政権運営は難航する可能性が強まる。79歳と史上最高齢のバイデン大統領の求心力が低下すれば、強い意欲を見せる再選戦略にも影響が出てきそうだ。

一方、中間選挙で多数の親トランプ候補を支援し、「陰の主役」と目されていたトランプ前大統領（76）は議会での共和党の勢力伸長を見越して2024年大統領選への出馬表明の機会をうかがう。このため、前回大統領選結果の正当性をめぐる否定や米議会議事堂襲撃事件などで激しく対立してきた民主、共和両党の分断状況は、熱狂的支持者を擁するトランプ氏復権の動向とも絡んで一段と深まる公算が大きい。

今回の中間選挙では、ロシアのウクライナ軍事侵攻が引き金となったエネルギー価格高騰などによる記録的な物価高（インフレ）への不満や反発を背景に、バイデン政権の「経済失政」を声高に攻撃した共和党が優位に選挙戦を進めた。これに対し、バイデン大統領は国民に根強い人気があるオバマ元大統領の応援を仰ぐなどして、「今回の投票で問われているのは民主主義そのものだ」とするキャンペーンを展開し、2年前の大統領選での敗北を認めようとしないトランプ氏を念頭に民主主義の危機を訴えた。

経済対策やインフレ抑制が最大の争点となった選挙戦では、政権与党が逆風を受けたのに加え、大統領の支持率低迷と相まって、民主党が議席を大幅に減らすと予測されていた。しかし、大勢判明が長引いた選挙結果は、共和党躍進を意味する「赤い大波」が起きなかったためで、民主党は事前予測の大敗という最悪の事態は食い止め、善戦した。

民主党にとっての悪い流れを変えたのは、今年6月に連邦最高裁判所が出した人工妊娠中絶の権利を認めない判決だ。妊娠中絶を「女性の権利」だとするバイデン政権は判決を強く批判し、女性を中心に支持を広げる結果となった。出口調査の分析などを見ると、多くの有権者がインフレだけでなく中絶問題も同様に重視していたほか、選挙不正を訴えるトランプ派候補に批判的な若い有権者の投票行動も民主党の追い風となった。

共和党内では、「赤い波」の不発は過激な発言や政治的保身しか眼中にない主張を繰り返すトランプ氏の責任だといった反発が出ている。圧勝したデサンティス・フロリダ州知事ら有望な若手への世代交代への期待と併せ、トランプ氏の再選出馬にも影響を与えそうだ。米政界では早くもさまざま思惑が交錯するが、2年後の大統領選がどのような顔合わせになるにせよ、今回の中間選挙が歴史的な前哨戦となったことだけは間違いない。

伊藤　努（外交評論家）

空自優良提案褒賞

空幕長「たゆまぬ努力に感謝」

モニターに映し出された8隊員に訓示する井筒空幕長（左端）＝9月22日、空幕

【空幕】空自の部隊等で優秀な業務改善提案を行った隊員・部隊などを表彰する令和3年度下期の「優良提案褒賞行事」が9月22日、空幕と千歳、三沢、岐阜、那覇の各基地を結び、オンライン形式で行われた。

全国の空自部隊などによる令和3年度の改善提案2202件のうち、改善効果が高く、他の部隊の参考になるとして、今期空幕長に報告された37件の中から、2空団修理隊の「パッチ修理用穴開け治具の考案作製」（宮根孝悟2曹＝現2補、大城健太3曹＝現9空団、佐藤雄大士長）、3空団会計隊の「赴任旅費関係書類の簡易作成ツール」（佐藤真1曹、鴫原高人3曹、久保田琉聖士長、渡部隼士長）、空幕防衛課の「自動警戒管制システムの弾道ミサイル追尾プログラムの改善」（三原洋輔技官）の3件が優良提案に選ばれ、井筒空幕長から8隊員に褒賞状が贈られた。また、「つばさ会」からは副賞が贈られた。

空幕長は受賞隊員に対し、「諸君が高い問題意識をもって真摯に業務改善に取り組んでくれたことに対して敬意を表する。引き続き、改善活動の普及・発展に取り組み、航空自衛隊のシンカに貢献してくれることを期待している」と訓示した。

2空団の提案は、航空機機体外板裏側に発生した亀裂を修復するパッチ修理の治具を作製したもので、作業品質の向上や作業時間の短縮の効果とともに、他の航空機等にも適用できる。

3空団の提案は、複雑な赴任旅費業務を、ツールにより一括作成できるようにしたもの。旅費担当者の知識や経験によらず、ミスの防止や作業時間短縮の効果が見込め、全国の基地で適用できることから、2空団の提案とともに高い汎用性が評価された。

空幕の提案は、自動警戒管制システムの改善プログラムを作成したもので、BMD（弾道ミサイル防衛）任務に多大な貢献をしたことが評価された。

海賊対処航空隊 50次隊へと交代

アフリカ東部のジブチを拠点にソマリア沖・アデン湾で上空から海賊行為の警戒監視に当たる海自の航空部隊は11月上旬、49次隊から50次隊に交代した。

50次隊は5空群（那覇）の平川元気2佐を指揮官に海自隊員約60人で編成。要員約30人が11月9日に那覇空港からジブチに向けて出国し、P3C哨戒機2機も要員約30人を乗せて同8日に那覇航空基地から出発。同基地で行われた出発行事では5空群司令の降旗琢丸将補ら基地隊員や派遣隊員の家族、各支援団体など、約400人に見送られた。現地到着後は新型コロナ対策の停留期間を経て49次隊から任務を引き継いだ。

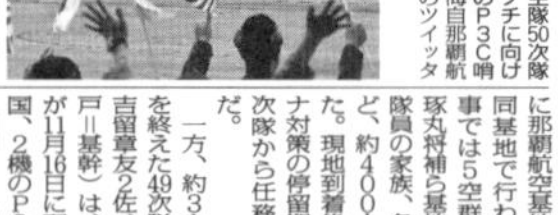

海賊対処行動航空隊50次隊の要員を乗せ、ジブチに向けて離陸する5空群のP3C哨戒機（11月8日、海自那覇航空基地）＝5空群のツイッターから

一方、約3カ月間の活動を終えた49次隊（指揮官・吉留章友2佐、2空群＝八戸＝基幹）は、要員約30人が11月16日に羽田空港に帰国、2機のP3Cとクルーは同15日に八戸航空基地に帰投した。

空自が米と共同訓練

九州北西空域で実施

航空自衛隊は11月5日、九州北西空域で日米共同訓練を行った。

北朝鮮による度重なる弾道ミサイル発射などで厳しさを増す安全保障環境の中、日米の即応態勢を確認すると共にあらゆる事態に対処する両国の強い意思と緊密な連携を内外に示し、共同作戦能力のさらなる強化を図るのが狙い。

空自からは8空団（築城）のF2戦闘機5機、米軍からは28爆撃航空団（米・サウスダコタ州エルスワース空軍基地）のB1B爆撃機と35戦闘航空団（三沢）のF16戦闘機各2機が参加し、各種戦術訓練を行った。

米空軍のB1B2機を先頭に編隊飛行を行う空自のF2（手前の4機）。奥は米空軍のF16（11月5日、九州北西空域）

共済組合だより

公務外の傷病で療養のために引き続いて勤務することができない場合に「傷病手当金」が支給されます

防衛省共済組合

防衛省共済組合員が公務外の傷病で勤務することができなくなった場合できない期間において俸給が支給されないことによる補てんを目的として、組合から「傷病手当金」が支給されます。

また、1年以上組合員であった方が退職する際に「傷病手当金」の支給を受けている場合、退職しなければ本来支給を受けることができる期間は、退職後も引き続き「傷病手当金」が支給されます。

ただし、再就職などによって他の共済組合の組合員や健康保険の被保険者の資格を取得したときは、新しく加入した共済組合などから給付を受けることになります。

【支給期間】

病気や怪我によって勤務することができなくなった日以後、3日を経過した日から通算して1年6カ月間（結核性の疾病については3年間）となります。

【支給額】

勤務ができない支給期間1日につき次の額の3分の2に相当する額となります。

（1）支給開始日の属する月以前に12カ月以上の組合員期間がある者

支給開始日の属する月以前の直近の継続した12カ月間の各月の標準報酬の月額の平均額の月額の22分の1に相当する額

（2）支給開始日の属する月以前に12カ月以上の組合員期間がない者

次のうち、いずれか低い額

（a）支給開始日の属する月以前の直近の継続した各月の標準報酬の月額の平均額の22分の1に相当する額

（b）支給開始日の属する年度の前年度の9月30日における短期給付に関する想定の適用を受けるすべての組合員の同月の標準報酬の月額の平均額の22分の1に相当する額

傷病手当金は、祝日と年末年始の休日等は支給されますが、土曜日と日曜日（土・日以外の日を勤務の要しない日と定められているときは、その日も）については支給されません。

また、給与が支給されている場合や、傷病手当金を支給する原因になった同一の傷病で、障害厚生年金や障害手当金が支給される場合には、傷病手当金の支給が全額または一部停止されますのでご注意ください。

【傷病手当金を受けるための提出書類】

○傷病手当金請求書（医師の証明及び給与担当者の証明を受けたもの）

○傷病のために勤務できなかったことを証する書類（請求書の医師の証明欄に記入がない場合）

○詳しくは、ご所属の共済組合支部短期係へお問い合わせください。

宮古島周辺海域で中国艦2隻を確認

海自は11月5日午前8時ごろ、沖縄県・宮古島の北約170キロの海域を南進する中国海軍「ドンディアオ」級情報収集艦（艦番号798）を確認した。中国艦はその後、沖縄本島と宮古島との間の海域を南東に抜け、太平洋に出た。

1空群（鹿屋）のP1哨戒機、5空群（那覇）のP3C哨戒機、1海補隊（呉）の補給艦「とわだ」が情報収集を行った。

また同7日の午前8時ごろ、宮古島の北東約110キロを北西に航行する中国海軍「ルーヤンⅢ」級ミサイル駆逐艦（155「南京」）を確認。同艦は沖縄本島と宮古島との間を北西に進み、東シナ海へ入った。

5空群（那覇）のP3C哨戒機と46掃隊の掃海艇（沖縄）「くろしま」が警戒監視に当たった。

比空軍司令官が井筒空幕長表敬

関係強化などで意見交換

フィリピン空軍司令官のコナー・アンソニー・D・カンララス・SR中将が11月10日、防衛省を訪れ、井筒空幕長を表敬、日比両国の空軍種間の関係強化などについて意見を交換した。

井筒空幕長（右手前）を表敬するカンララス中将（左端）＝11月10日、防衛省

井筒空幕長は「貴国との防衛協力・交流は、我が国からの警戒管制レーダー移転に代表されるように、近年飛躍的に進展している。また、先月から貴空軍学生が、空自の術科学校で課程履修を開始したが、これは空自と比空軍の関係を深化させるもの」と歓迎した。

カンララス中将は「レーダー移転のほかにも航空機の運用を含むさまざまな分野での専門家交流など、今後の交流の進展を期待している。比空軍人への訓練についても改めて感謝したい」と謝辞を述べた。

空自は比空軍への警戒管制レーダー移転に伴い、10月4日から比空軍要員6人を1術校（浜松）、5術校（小牧）に受け入れ、レーダー整備、航空警戒管制についての教育を行っている。

カンララス中将は翌11日、浜松、小牧両基地を訪れ、比空軍要員を激励した。

カザフスタン地上軍総司令官と初懇談

吉田陸幕長

吉田陸幕長は10月20日、カザフスタン共和国の地上軍総司令官コイバコフ少将とVTC（ビデオ通話）による懇談を行った。

日・カザフスタン陸軍種トップ間によるハイレベル懇談は初。今年は両国の外交関係樹立30周年ということもあり、日本側からの申し入れで実現した。

10月27日の記者会見で陸幕長は「陸自はこれまで、中央アジア各国とハイレベル懇談を行っておらず、『ハートランド（中軸地帯）』という地政学的に重要な位置にあるカザフスタンとの交流には意義がある」という認識を示した。

会談では、両国が置かれた戦略環境認識について意見が交わされ、中国の力による現状変更の試みや北朝鮮の核開発・ミサイルの問題、さらにカザフスタン側から提起されたアゼルバイジャンとアルメニアの軍事対立や不安定な情勢のアフガニスタンの問題が議論された。

また陸幕長は、これまで陸自とカザフスタン地上軍との防衛協力・交流で行ってきた衛生・医療分野における能力構築支援に加えて、「PKO分野、あるいは特殊武器防護といった分野の専門家交流の実施について合意した」と述べ、引き続き同国との関係強化を図っていく意向を示した。

防衛省発令

▽海自潜水医学実験隊実験1部長（海自潜水医学実験隊）1海佐　杉浦　崇夫

▽同潜水医学実験隊付（同潜水医学実験隊実験1部長）同　伊古美文隆

（以上11月4日）

▽兼統幕運用2課（空幕基幹技術革新推進官）1空佐　増野　正巳

（11月5日）

▽海幕運用支援課訓練班長（海幕運用支援課兼統幕運用2課）1海佐　大川建二郎

▽海幕情報課（1潜水隊司令）同　堤田　和幸

▽1潜水隊司令（海幕運用支援課訓練班長）同　稲垣　芳朗

（以上11月7日）

▽海自補給本部会計監査官（海自航空補給処管理部長）1海佐　髙橋　謙司

▽同補給本部付（同補給本部会計監査官）同　田中　良典

▽同艦船補給処管理部長（同補給本部）同　稲井　信幸

▽同航空補給処管理部長（同艦船補給処管理部長）同　福田　理

（以上11月10日）

▽解2護衛隊兼務、横須賀病院兼横須賀衛生隊　1海佐　前島　将之

（以上11月11日）

訂正

11月3日付3面、「米空母レーガンと日米共同訓練」の記事で「陸自の第1特科隊(北富士)」とあるのは、「陸自の第1特科団（北千歳）」の誤りでした。

◇

11月10日付5面「殉職された方々」の名簿で、中村彰大2尉とあるのは、正しくは中村彰夫2尉でした。

補給艦「はまな」（手前）とコルベット「カモルタ」

補給艦「はまな」 インド海軍「シヴァリク」「カモルタ」

ＡＣＳＡ基づき洋上補給訓練

第１海上補給隊の補給艦「はまな」（佐世保）は10月29、30の両日、国際観艦式に参加するため日本に向け航行中だったインド海軍のフリゲート「シヴァリク」、対潜コルベット「カモルタ」と、沖縄東方海域で日印共同訓練を実施した。

両国の艦艇は日印ＡＣＳＡに基づく洋上補給訓練を行い戦術技量を向上させると共に、日印間の防衛協力の深化を図った。

インド艦２隻はこの後、11月２日に横須賀に入港し、６日の国際観艦式に参加した。

「はるさめ」共同で海賊対処訓練

スペイン海軍のフリゲート「ヌマンシア」（奥）との訓練に参加する護衛艦「はるさめ」の乗員（10月25日、アデン湾）

スペイン海軍「ヌマンシア」

戦術技量向上　相互理解の深化へ

トルコ海軍「ブルガズアダ」

ソマリア沖・アデン湾で民間船舶の護衛などに当たっている海賊対処行動第42次水上部隊の護衛艦「はるさめ」（指揮官・工藤正徳1佐以下210人＝2護群2護隊司令）は10月25日、スペイン海軍と共同訓練を行った。海賊対処任務に当たる多国籍海上部隊「第151連合任務部隊（CTF151）」の計画で実施。

スペイン海軍からはフリゲート「ヌマンシア」が参加。両艦艇は立ち入り検査訓練や戦術運動を行い、海賊対処に係る連携を強化させた。

日本側指揮官の工藤1佐は、「今回の共同訓練を通じて、日・スペインの海軍種のプレゼンスを顕示することによって海賊行為の抑止に寄与できたと考える」と述べた。

また「はるさめ」は同28日、トルコ海軍のフリゲート「ブルガズアダ」とも共同訓練を実施。戦術技量を向上させると共に、相互理解の深化を図った。

護衛艦「はるさめ」を見送るトルコ海軍フリゲート「ブルガズアダ」の乗員（10月28日、アデン湾）＝統幕提供

国際観艦式参加艦艇と多国間捜索救難訓練

各国海軍と連携を強化

訓練に参加する救難機US2と掃海母艦「ぶんご」（11月7日）

海自は11月6、7の両日、関東南方の海空域で国際観艦式に参加した各国海軍と多国間捜索救難訓練（SAREX）を実施した。海自創設70周年記念行事の一環で、捜索救難技量の向上と、各国との信頼関係の増進が目的。情報交換や負傷者の搬送、治療などを連携して行い、共同行動の要領を演練した。

参加したのは日本をはじめ豪、加、印、インドネシア、マレーシア、パキスタン、韓国、シンガポール、タイ、米国の11カ国から約30隻。米空母「ロナルド・レーガン」の医療従事者も加わった。統制官は2護群（佐世保）の清水徹司令が務めた。

海自からは護衛艦「あしがら」「しらぬい」など7隻、掃海母艦「ぶんご」、想定上の遭難船として掃海艇「ちちじま」「えのしま」、特務艇「はしだて」、多用途支援艦「えんしゅう」の計12隻、さらにP1哨戒機や救難機US2、SH60K哨戒ヘリが参加した。

船舶火災想定し放水

訓練は火災が発生した遭難船から救難信号が発せられたとの想定でスタート。各国の艦艇が情報を交換しながら救助に向かい、ホースで消火活動を行った。また海面での捜索も実施した。

続いて参加者は、「ぶんご」の士官室を拠点として艦上医療活動に取りかかった。各国の医療チームが次々と運ばれてくる負傷者をトリアージし、応急処置にあたった。また、重傷者は陸の病院で治療する必要があるため、ゴムボートでUS2に搬送するとの想定で演練した。

統制官の清水司令は、「今回の訓練を通じて捜索救難に係る戦術技量を向上させると共に、参加国間の信頼関係を深化させることができた。インド太平洋地域の安全保障体制の構築に寄与することができた」と意義を述べた。

火災発生を想定した掃海艇「ちちじま」（奥）に放水する護衛艦「しらぬい」の乗員（11月７日）

掃海母艦「ぶんご」に着艦したSH60K哨戒ヘリと、負傷者を搬出する海自隊員（11月7日）

急患搬送・治療迅速に

11カ国艦艇・医療従事者が参加

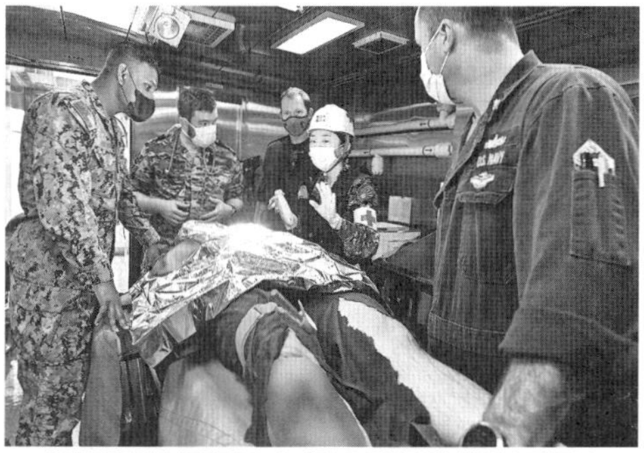

㊤応急処置にあたる各国の医療チーム。「ぶんご」の士官室が治療拠点として使われた
㊧負傷者を搬送する海自隊員（いずれも11月７日、掃海母艦「ぶんご」）

スポーツ 特集

体育学校ニュース

4種目で4個の大会新

全自衛隊陸上競技会

1万メートル走 朝賀2曹が連覇

全自衛隊陸上競技会（防衛省主催）が10月27日、体育学校陸上競技場（朝霞）で行われ、2普連（高田）持続走訓練隊の村山京平3曹が男子3000mで大会新記録を達成して優勝したほか、同10000mでは同隊の朝賀勇也2曹が制し、2018年の前回大会(19、20、21年は中止)に続き連覇を達成。このほか、40歳以上男子1500mなどで合わせて4個の大会新記録が生まれる記録ラッシュとなった。

全自陸上競技会は日本陸上競技連盟公認の大会で、今回で26回目。陸海空各部隊・機関と防衛大学校、防衛医科大学校などから選手約240人が出場、18種目（トラック14、フィールド4）で競った。

中でも白熱したレースが繰り広げられたのは午前中に行われた女子3000m。終盤のホームストレートで横須賀教育隊の薬師かれん3曹が一気に前に出て、先行していた43普連（都城）の内村保舞3曹を振り切って優勝。ゴール直前の逆転劇に本部をはじめ観衆からも大きな拍手が送られた。

女子ソフトボール投げでは、施設教導隊（勝田）の鳴海麗奈士長が66m00の大会新記録を出し優勝、35普連（守山）の塩田真理3曹も65m40の新記録を出し、準優勝となった。

また40歳以上男子1500mでは空自3空団（三沢）の松倉弘明2曹が4分14秒26の新記録をたたき出して頂点に輝き、最優秀選手賞も受賞した。

一方、40歳以上男子3000mは普教連（滝ケ原）の平田繁聡1曹が8分57秒22の大会新記録で優勝、空自2空団（千歳）の板垣洋平2曹も9分3秒11の新記録で準優勝だった。男子3000m（タイムレース）では2普連の村山3曹が8分29秒36の大会新記録で優勝した。

今年で選手を引退するという村山3曹は、「ハイペースで走ったため、最初きつかったが、『最後だから頑張ろう！』と思い、全ての力を出し切った」と万感の思いを語った。

そしてラストを飾る男子10000mには4年前の2018年大会で29分30秒13の新記録を打ち立てて優勝した2普連の朝賀2曹が登場。

快調なピッチで圧倒的なスピードを見せて他の選手を引き離し、残り11周以降は完全な〝一人旅〟で自身の記録との闘いとなった。結果は29分49秒15と記録更新とはならなかったが、29分台の異次元の走りで連覇を果たした。

今年6月に左足首のはく離骨折をしてしまい、夏場はあまり走りこめなかったという朝賀2曹。ケガと向き合いながら調整を進めての栄冠に「優勝は率直にうれしい。なんとかここまで戻せて大会に出られて良かった」と胸をなでおろした。

コロナ禍での練習については「最近は勤務の関係でチームそろっての練習はなかなかできないが、課業外などに各人が時間をみつけて練習してきた。（村山3曹の新記録達成など）チームで成果があがってきたことは、持続走訓練隊にとって新たな成果だと思う」と語った。

◇

各競技の優勝者と成績は次の通り（☆は大会新）。

◎男子

◇100m＝須貝夢一郎1士（1普連＝練馬）10秒90◇400m＝大川叶吾2士（北警団＝網走）51秒65◇800m＝齋藤弘晃学生（防大）1分56秒47◇1500m＝小林翔大3曹（普教連＝滝ケ原）4分2秒66◇同（40歳〜）松倉弘明2曹（3空団＝三沢）☆4分14秒26◇3000m＝村山京平3曹（2普連＝高田）☆8分29秒36◇同（40歳〜）＝平田繁聡1曹（普教連＝滝ケ原）☆8分57秒22◇5000m＝湯澤亮太士長（同）14分27秒31◇同（40歳〜）＝中村太一曹長（3師団司令部付隊＝千僧）15分30秒64◇10000m＝朝賀勇也2曹（2普連＝高田）29分49秒15◇4×100mリレー＝防医大47秒57◇4×400mリレー＝防医大3分57秒53◇走り幅跳び＝小堀健斗士長（13普連＝松本）6m75◇ボール投げ＝高橋怜学生（防大）92m10

◎女子

◇100m＝田中梓穂璃士長（横須賀弾薬整備補給所）13秒62◇3000m＝薬師かれん3曹（横須賀教育隊＝武山）10分27秒77◇走り幅跳び＝岡田穂乃香3曹（福井地本）5m06◇ボール投げ＝鳴海麗奈士長（施設教導隊＝勝田）☆66m00

男子10000mの中盤に先頭を走る朝賀2曹。2番手は佐竹一弘3曹（普教連）、3番手は林俊宏3曹（35普連）＝写真はいずれも10月27日、体校陸上競技場

最優秀選手賞を受賞の松倉弘明2曹

大会新記録を出し表彰される(左から)鳴海麗奈士長、村山京平3曹、平田繁聡1曹

男子走り幅跳びで優勝につながるダイナミックなジャンプを見せる小堀健斗士長

体校選手成績

【FISU大学ワールドカップ＝ボクシング】

▽ウェルター級③田中廉人3曹

【第77回国民体育大会（いちご一会とちぎ国体）】

◆レスリング

▽フリースタイル57キロ級③新井陸人2曹③荒木大貴1士▽同86キロ級①石黒隼士2曹▽同97キロ級②園田平2曹▽同125キロ級③田中哲也2曹▽グレコローマンスタイル60キロ級②河名真偉斗2曹▽同67キロ級②北條良真士長③清水賢亮2曹、井ノ口崇之3曹▽同77キロ級①櫻庭功大2曹▽同87キロ級①向井識起3曹▽同130キロ級②志喜屋正明2曹▽女子53キロ級①奥野春菜2曹▽同62キロ級③今井海優3曹

◆射撃

▽50メートルライフル伏射②山下敏和3佐（247・0点）▽同膝射①山下3佐＝（192点）▽10メートルエアライフル①松本崇志3佐（250・3点＝大会新）▽同伏射①小笠綾乃1尉（636・8点＝日本新）▽50メートルライフル3姿勢①川原楓3曹（455・8点）②花川直樹2曹（451・5点）▽50メートルライフル伏射①川原3曹（621・5点＝大会新）▽10メートルエアピストル①山田聡子3曹（233・0点）▽10メートルエアライフルMIX①松本3佐・小笠1尉（619・7点）

◆カヌー

▽カナディアン1人乗り500メートル③佐藤光2曹（1分52秒490）

◆重量挙げ

▽89キロ級①原勇輝2曹（スナッチ＝S152キロ、ジャーク＝J186キロ、トータル＝T338キロ▽61キロ級②平井海斗2曹（S117キロ、J149キロ、T266キロ）▽81キロ級②山根大地2曹（S144キロ、J170キロ、T314キロ）▽55キロ級②中越遼太3曹（S105キロ、J130キロ、T235キロ）

◆アーチェリー

▽男子個人①桑江良樹2曹（645点）

◆ラグビー

▽女子7人制③埼玉（伊藤睦3曹、黒田美織士長、山本久代士長、藤春柚香士長、秋田若菜士長出場）③佐賀（近藤きらら士長出場）

【2022年世界選手権大会（ウズベキスタン・タシケント）＝柔道】

▽女子70キロ級③新添左季3尉▽混合団体①日本（新添3尉出場）

【全日本女子オープン＝レスリング】

▽女子65キロ級①榎本美鈴2士（集合訓練生）

【U23世界選手権（スペイン・ポンテベドラ）＝レスリング】

▽女子53キロ級①奥野2曹▽同59キロ級①德原姫花士長

【日本選手権（25メートル）水泳競技大会】

▽50メートル平泳ぎ①新山政樹2曹（26秒26）▽100メートル個人メドレー②溝畑樹蘭2曹（52秒41）

【全日本35キロ競歩高畠大会】

③石田昴2曹（2時間30分37秒）

【アジアセブンズ・ラウンド1・タイ大会＝女子7人制ラグビー】

②日本（梶木真凜3曹出場）

【全国社会人オープンレスリング選手権】

▽フリースタイル61キロ級①吉村拓海士長②荒木大貴1士▽同65キロ級①井出光星士長③秋山拓未2士（集合訓練生）▽同74キロ級①川畑孔明2曹▽グレコローマンスタイル63キロ級①小柳和也2曹②吉村士長▽同60キロ級②古家野蓮士長▽同67キロ級①北條良真士長＝最優秀選手賞▽同72キロ級①小笠原弥真人士長▽同77キロ級①葛谷拳龍士長

【講道館杯全日本柔道体重別選手】

▽男子73キロ級③吉田優平2曹

【東京都シニアチーム対抗水泳競技大会】

▽100メートル自由形②川田大夢1士（48秒98）

呉Bチームが総合優勝

200人が19種目で熱戦

第33回海自水泳大会

「第33回海上自衛隊水泳大会」が9月29日、舞鶴教育隊プールで行われた。5地方隊（横須賀、呉、佐世保、舞鶴、大湊）9地区から選抜された約200人の選手が力泳を見せ、呉B（陸上・航空）チームが総合優勝した。

2年前の前回大会は、コロナ禍で各会場をオンラインで結んだリモート開催だったため、集合形式での実施は4年ぶり。大会会長の酒井海幕長、大会委員長の下淳市舞鶴地方総監らが見守る中、レースはスタートした。個人17、団体（リレー）2の計19種目で熱戦が繰り広げられた。今回は新種目として200メートル自由形、400メートル階級別リレーが加わった。

50メートル自由形40歳以上では横須賀B（陸上）の小泉渓2曹（2術校）が24秒89で、同背泳ぎ40歳以上では呉Bチームの竹内義夫2曹（111空）が30秒29でそれぞれ海自新記録を樹立した。

各チームから精鋭をそろえた200メートル階級別リレーでは、横須賀Bが1分48秒86で1位に、続いて呉B（1分51秒07）と舞鶴（1分51秒29）が僅差でゴールし、2位と3位につけた。

19種目の順位を得点化し集計した結果、呉Bがトップ（158点）になり総合優勝を果たした。閉会後の訓示で酒井海幕長は「各種目で優勝した選手諸官の健闘は見事だった。一人ひとりが持てる力を十分に発揮した成果であり、賞賛に値する」とたたえた。

優勝した呉Bの代表・伊藤秀介1尉（1術校）は「前回のリモート形式を含むと二連覇ですが、集合形式での総合優勝は24回大会以来、21年ぶり。個人17種目中3位以上が12種目、リレー2種目は各2位と総合力で勝ち取った結果だと思います。閉会式後、恒例で伊藤呉地方総監を胴上げしプールに投げ入れたことは、一生の思い出になります」と語った。

◇

【総合成績】①呉B（総合得点158点）②横須賀B（145点）③横須賀C（134点）④舞鶴（129点）⑤佐世保A（123点）⑥佐世保B（106点）⑦大湊（82点）⑧横須賀A（66点）⑨呉A（52点）

呉地方総監部で選手の出迎え行事が行われ、伊藤総監や隊員たちが健闘をたたえた（9月30日）

19種目で熱戦が繰り広げられた（写真は400メートル階級別リレー）＝9月29日、舞鶴教育隊プール

募集・援護　特集

平和を、仕事にする。
陸海空自衛官募集

ただいま募集中！
◇高工校
◇自衛官候補生
★詳細は最寄りの自衛隊地方協力本部へ

愛知　5日間インターン開催

参加の学生、入隊意欲高める

「自衛隊に対するイメージが変わった。職業選択の一つとして考えます」――。今秋、来春卒業の学生に自衛隊の職場を知ってもらおうと、全国の地本では「インターンシップ（就業体験）」を開催した。討議や職場見学を実地に行うことで、ミスマッチを解消することが目的だ。

【愛知】地本は9月7日から同14日までの5日間、大学生・大学院生を対象とした「インターンシップ」を行った。

内容は、自衛隊をしっかり学びたい人を対象に、普段体験できない駐屯地での就業体験や基地見学などを開催。

今回、定員は50人、学生の世代に好まれるように参加・体験型イベントを多く取り入れ、自衛隊を学んでもらった。

初日は陸自守山駐屯地で開始式が行われ、参加者を代表して武井風太さん（名古屋大学院生）が指揮を執ることを申告し、地本募集課長の湯浅征幸2陸佐が訓示した。

湯浅課長の講話後、講義「状況判断の要領」を行い、参加者に課題を付与、グループ討議の後、発表を行った。

2、3日目は、参加者を二つのグループに分け、海自舞鶴地区と空自小牧基地で就業体験を行った。舞鶴地区では、ミサイル艇の見学やラッパ演奏の聴講、艦艇での体験航海を経験。参加者は興味津々で多くの質問を発するなど、積極的に学んでいた。舞鶴教育隊では、教育隊の概要説明、手旗体験、学生居住区の見学や隊員との懇談を行った。

小牧基地では、空自の概要説明の後、救難教育隊でUH60J救難ヘリ、1輸空ではC130H輸送機を見学した。午後からは資料館、掩体壕、管制塔、警備隊を研修。職場へのイメージをつけてもらった上でリクルーターとの懇談を行った。

同時期に行われた金山募集案内所引率のインターンシップ（愛知みずほ大・短期大の学生対象）では、同基地で破壊機救難消防車による放水体験、KC767空中給油・輸送機、UH60J救難ヘリ、T400練習機や機動衛生ユニット2型の機内見学など、体験型・参加型の内容に学生たちは満足した様子だった。

4日目は、守山駐屯地が管理する小幡グラウンドで、コンパスコース、電信、偽装網展張、天幕展張、自衛隊車両の体験試乗と装備品見学の五つの就業体験を行った。水分補給と適時の休憩による熱中症対策を講じ、参加・体験型イベントを好む若者世代の参加者は、積極的に楽しく取り組んでいた。

最終日には、「インターンシップを通じて感じた自衛隊の魅力について考察せよ」「あなたは自衛官で、自衛官等の募集に関する広報担当者です。今の時代に合ったSNSを使用した広報活動について、効果的な手段を考察しなさい」などの課題を与えてグループ討議を行い、自衛隊の広報官を就業体験。五つのグループに分けて討議を進め、各グループとも活発な意見が次々と出ていた。

グループ発表では、資料に工夫を凝らしまとまりのある内容が発表され、地本は募集対象者である若い世代の「自衛隊へのイメージ」と「効果的なSNSの活用による募集方法」についての結果を抽出し、今後の募集広報の参考にすることができた。

最後の修了式では、湯浅募集課長から参加者に対して修了証書を授与。学生たちは達成感に満ちた表情で受け取り、インターンシップを企画した地本隊員も感無量の様子だった。

アンケートでは、「自衛隊に対するイメージが好印象に変わりました。職業選択の一つとして考えます」との感想が多くあり、自衛隊を身近に感じてもらう広報イベントの重要性を改めて認識することができた。

愛知地本は、「近年の少子化による募集対象者の減少など募集を取り巻く環境が益々厳しくなっている中、こうしたインターンシップなどの一つ一つのイベントを大切にし、募集対象者の視点に立った広報を行い、目標の達成にまい進する」と話している。

（上）空自小牧基地でC130H輸送機の機内で1輸空パイロットの長谷川裕貴2尉（左）と記念写真に納まるインターン生（9月9日）
（下）各基地での体験をもとにグループ討議を行う学生たち（9月14日、守山駐屯地）

青森　学園祭で自衛隊PR　広報官として母校訪問

「自衛隊ＰＲコーナー」を訪れ制服試着などを楽しむ生徒たちに、自衛官の多様な職種などについて紹介する八戸地域事務所の奥﨑３海曹（左）＝10月１日、東奥学園高校

【青森】青森募集案内所は9月29日から10月1日まで、青森市の東奥学園高校で開催された学園祭で募集広報活動を行った。

オープニングセレモニーでは陸自9音楽隊（青森）の支援を受け、8人からなるアンサンブルユニット「HappyTone」による演奏会を実施。アメリカ人バンド・LuckyChopsの「Kylen，Paul」、映画『ワイルド・スピードMEGAMAX』のエンディング曲「DanzaKuduro」など7曲を披露した。会場となった体育館には多くの生徒が集まり、音楽隊の勇壮で迫力のある演奏に盛大な拍手が送られた。

2、3日目は教室に「自衛隊PRコーナー」を開設。制服試着や、パンフレットを配布し、訪れた生徒は陸海空自衛官の制服を着て記念撮影を楽しんだ。2016年に同校を卒業した八戸地域事務所の奥﨑真梨3海曹は、広報官として久しぶりに母校を訪問、自衛隊の多様な職種を紹介するなど、パンフレットを用いてさらに魅力をアピールした。

生徒からは「教育隊ではどんな生活をするんですか」「泳げないとどうなりますか」など率直な質問があったほか、奥﨑3曹が自身の職種の航空電子整備員について説明すると、「女性も活躍できてかっこいい。奥﨑3曹にあこがれます」と話す女子生徒もいた。

母校で広報活動にあたった奥﨑3曹は「女子生徒との交流や恩師に立派になったと言われたこと、何より広報官として母校に訪問できたことがとてもうれしかった。これからも、もっと自衛隊の魅力を伝えていきたい」と話していた。

秋田　「採用広報の日」中学生が「バイクドリル」見学

臨場感あふれる「バイクドリル」を間近に見学する生徒たち＝10月７日

【秋田】地本は10月7日、秋田駐屯地主催の「採用広報の日」の一環で行われた「駐屯地創立70周年記念行事総合予行」に、能代市立能代南中学校の1年生ら75人を引率した。

駐屯地に集合した生徒たちは、行事全般の説明を受けた後、来賓用観覧席で厳粛な雰囲気の「観閲式」、威風堂々とした「観閲行進」、オートバイ部隊による統制のとれた一糸乱れぬ「バイクドリル」を見学。空包等を使用した「訓練展示」では想定外の大きな音に驚きながらも、迫力ある展示に見入っていた。

見学終了後、楽しみにしていた昼食カレーを駐屯地隊員食堂で喫食し、厚生センター内の売店を見学した。生徒からは「迫力があってすごかった」「昼ご飯、ボリュームがあっておいしかった」などの感想が聞かれた。

静岡　各自治体に防衛白書を説明

富士市役所を訪問し、防衛白書や自衛隊の活動について懇談する34普連3中隊長の堤章太郎3佐（左手前）、武田地本長（同奥）、小長井義正富士市長（右手前）＝10月25日

【静岡】地本は南関東防衛局と連携し、34普連（板妻）の中隊長同席のもと、「2022年防衛白書」の説明を開始した。静岡県下35市町や県庁を訪れ、各自治体との協力関係の構築や防衛政策全般に対する理解の促進が目的。

10月5日の湖西市を皮切りに防衛白書を活用して「我が国を取り巻く安全保障環境」「我が国の安全保障・防衛政策」「我が国防衛の三つの柱」「防衛力を構成する中心的な要素など」四つの項目について、分かりやすく説明。また、防衛力の持続性・強靭性の観点からも人的基盤の強化をこれまで以上に推進していくため、自衛官募集への協力を依頼した。

さらに、静岡県の防衛・警備・災害派遣を担任する34普連の1～5中隊と重迫撃砲中隊の各中隊長が、9月に発生した台風15号による大雨に係る災害派遣活動の実態などを伝えた。

栃木　「とちぎ国体」に広報ブース出展

【栃木】大田原地域事務所は10月6日から10日まで行われた「いちご一会とちぎ国体」で、那須塩原市の馬術競技会場に広報ブースを出展した。

今年は栃木県で開催されたとちぎ国体の六つの会場で、宇都宮駐屯地、北宇都宮駐屯地と海自横須賀地方隊所属の部隊などが競技運営支援や選手の安全確保に従事。大田原所は、中央即応連隊が担当した馬術競技会場で観戦者や競技参加者に対し広報活動を行った。

広報ブースには競技ボランティアとして参加していた近隣の高校生や、日本全国から集結した選手とスタッフらが訪れた。戦闘機をVRで体験するコーナーでは、女子高生がゴーグルを装着した友人をスマホで撮影する場面も見られた。また、アンケートに応える男子高生やポスターなどの展示を興味深く見る人、「娘に見せよう」と言いながら採用パンフレットやチラシを手にする来場者の姿もあった。

試合会場では選手の競技が終わるたびに、中即連の隊員がグラウンドを整備していたが、その様子を見ていた高校生ボランティアが思わず「自衛隊、バリ早ええ」と声を漏らす場面も。「自衛隊さん、支援ありがとうございます」「こんなことまでやるんですね、頑張ってください」と、隊員に声を掛ける人もいた。

島根　隠岐の島でレスリング技術指導

アテネ五輪銅メダリスト　井上2佐を招き

【島根】隠岐の島駐在員事務所は、アテネ五輪の銅メダリストで体校第2教育課レスリング班監督の井上謙二2陸佐を招き、レスリングの技術指導会を行った。同所の櫻井正人曹長と原口大輔曹長が引率した。

井上2佐は10月22日に隠岐の島町総合体育館で行われた「島根県レスリング選手権大会」に大会プレゼンターとして登場、翌23日の技術指導会「隠岐の島エンジョイレスリング」と連接し、幼稚園児から高校生までのレスラー計94人が参加した。

技術指導会は、井上2佐が2004年アテネ五輪レスリング男子フリースタイル60kg級で銅メダルを獲得したことを知らない子どもたちに自己紹介映像を流しスタート。実践でツーオーワン（腕取り＝両手で相手の片方の腕をつかんで固定すること）からのタックル、相手の崩し方の指導を受け、スパーリング形式で井上2佐の胸を借りた。

参加者からは「オリンピアンの技の速さに感動した」「将来は体校でレスリングをやってオリンピックを目指したい」といった声が上がった。

井上2佐は、「伸びしろがある選手がたくさんいてよかった。頑張って続けてください」と未来のオリンピアンたちにエールを送った。

小学生に指導する井上２佐（左）＝いずれも10月23日、島根県隠岐の島町総合体育館

次世代オリンピアンの卵たちに教育を行う井上2佐

鹿児島　小中学校3校に「南極の氷」贈呈

【鹿児島】地本は10月12日に鹿児島市紫原中学校、同19日に大龍小学校、同20日に伊佐市山野小学校で「南極の氷贈呈式」を実施した。

贈呈式は防衛省、海幕と砕氷艦「しらせ」の協力を得て、例年実施しているイベント。

砕氷艦「しらせ」や「南極クイズ」などで小・中学生の南極に対する好奇心を高めた後、地本長の稲崎精一郎1佐から代表者に南極の氷を贈呈した。

あらかじめ準備されていた水道水で作った氷と南極の氷との違いを目で確認してもらい、その後、耳で南極の氷が溶ける際に発する気泡の「パチパチ」という破裂音を聞いてもらった。

児童や生徒から「氷に閉じ込められた太古の空気の弾ける感じがした」「パチパチと手で感じることができた、不思議な感覚だった」「貴重な今日の体験は家族にも話したい。ありがとうございました」など多数の感想と感謝の言葉が聞かれた。

南極の氷の冷たさを体感する子どもたち＝10月19日、鹿児島市大龍小学校

陸自西方音楽隊 オマーン軍楽祭参加

水上1士が「荒城の月」「花は咲く」を熱唱

陸自西部方面音楽隊（健軍＝隊長・志賀亨2佐）基幹の音楽隊は11月3日から5日まで、オマーン国マスカットで行われた軍楽祭「Military Music:Oman and The World」に参加した。オマーンでの演奏は自衛隊としては初めてで、西方音としても初の海外演奏となった。今年は日・オマーン外交関係樹立50周年の節目の年でもあり、今回の軍楽祭への音楽隊の派遣は、両国間の更なる関係深化が図られたものとなった。（1面参照）

派遣された音楽隊の編成は西方音35人、4音楽隊（福岡）4人、8音楽隊（北熊本）3人、15音楽隊（那覇）7人、中音（朝霞）1人、301映像写真中隊（市ヶ谷）1人。この軍楽祭は毎年実施されている同国の恒例行事の一つで、ロイヤル・オペラハウス・マスカット（ROHM）の前庭で開かれ、3日間で約7千人を超える観客を集める。今年は日本とフランスの軍楽隊が招待を受け、特別ゲストとして迎えられた。

10月30日に現地に到着した西方音一行は、オマーン、仏両軍楽隊らと総合リハーサルなどを実施。本番までの練習を重ねる中で、徐々に現地の厳しい暑さにも慣れ、緊張もほぐれていったという。

本公演初日の3日には、在オマーン日本国大使館主催の演奏会がクラウン・プラザホテルで行われ、同国政府高官や各国大使夫妻、各国メディアら関係者が参加。音楽隊から6人と、今年度から採用された水上珠奈（まりな）1陸士（東京藝術大学声楽科卒）が東日本大震災の復興支援ソング「花は咲く」など日本の楽曲を披露。5日には、現地カルチャークラブで日本人補習校の児童など約40人を集めて演奏会を行った。

3日間にわたる本公演のプログラムでは、ゲーム「ドラゴンクエスト」のテーマ曲「序曲・ロトのテーマ」を皮切りに、アニメ「鬼滅の刃」の主題歌「紅蓮華（ぐれんげ）」を演奏。途中、主人公の竈門炭治郎（かまどたんじろう）に扮した隊員が鬼のお面を被った隊員に日本刀で斬りつけるシーンも演出された。

続いて、振袖を着た〝歌姫〟水上1士が登場し、「荒城の月」「花は咲く」などを熱唱。後方には日本の城に月が描かれた垂れ幕や日・オマーン外交樹立50周年の垂れ幕がそれぞれ掲げられた。

ステージではその後も和太鼓を使った迫力ある演奏など、日本の文化を感じさせるものから、誰でも知っている曲やステージドリルなどを織り交ぜたプログラムが披露され、来場者から万雷の拍手と称賛の声が上がった。

㊤和太鼓などを使用し、圧倒的なサウンドとステージドリルで会場を盛り上げる西方音隊員らと水上1陸士（11月3日、オマーンのマスカット）＝いずれも西方のSNSから
㊦「メトセラⅡ～打楽器群と吹奏楽のために～」のドリル演奏と水上1陸士の美声が合わさり、会場のボルテージは最高潮に

連携して殺処分支援を行う陸自隊員（11月5日、茨城県かすみがうら市）＝施設学校提供

鳥インフル

茨城の災派終了 岡山では再び派遣

11月4日に茨城県かすみがうら市で発生した鳥インフルエンザの災派活動に出動していた（11月10日付既報）陸自1施設団（古河）基幹の部隊は同8日午後9時55分、県の要請を受けて活動を終えた。

派遣部隊は1施設団、施設学校（勝田）、武器学校（土浦）、2高射特科群と東方後支隊（いずれも古河）。連日約240人態勢で鳥の殺処分や鶏舎の消毒・清掃など、作業を行い、約48万羽の殺処分支援を完了した。

一方、岡山県倉敷市の養鶏場で11月4日、鳥インフルエンザが再び確認され同日午後4時10分、岡山県の伊原木隆太知事から13特科隊長（日本原）の坂井健一1佐に鶏の殺処分等の支援の災害派遣が要請された。

13特科隊、13戦車中隊、13高射特科中隊、13後支隊2整備中隊特科直接支援小隊（いずれも日本原）、305施設隊（三軒屋）の5個部隊が同日出動し、直ちに殺処分支援などを開始、ローテーションしながら24時間、約300人態勢で作業に当たった。約23万羽の殺処分支援を完了し、7日午後4時14分、要請を受けて活動を終了した。

庁内託児所で運動会開催

中病 歓声代わりに拍手響く

【中病＝三宿】中央病院は10月22日、駐屯地体育館で開かれた庁内託児所「Jキッズピース三宿保育園」の運動会を支援した。

昨年度はコロナの影響により、公園や託児所内での日々の運動の様子を撮影・編集して配信しており、駐屯地体育館で保護者を迎えて開催するのは2年ぶり。

都の「感染拡大防止の取組」に準じて実施し、保護者は各家庭2人の制限を設け、参加園児は3～5歳クラスのみで競技種目も減らすなど、感染防止に努めた。

当日は園児や保護者、園の職員ら約140人が参加。園児たちは晴れ晴れした表情で各競技に取り組み、かけっこや組体操、お遊戯など日頃の練習の成果をお父さん、お母さんに披露。綱引きやリレーでは、保護者の歓声代わりに大きな拍手が体育館の外まで響いた。親子競技では騎馬戦なども行い、園児は開会式から閉会式まで全13種目を元気いっぱいにやり遂げ、笑顔あふれる運動会となった。

お父さんお母さんが見守る中、お遊戯の「パラバルーン」を披露する園児たち（10月22日、三宿駐屯地体育館）

サッカーJリーグ 静岡ダービー

台風災派の自衛隊に拍手

【静岡地本】地本は10月22日、静岡市のIAIスタジアム日本平で行われたサッカーJリーグの〝静岡ダービー〟清水エスパルス対ジュビロ磐田戦で、陸自34普通連（板妻）、空自11飛行教育団（静浜）と共に広報活動を行った。

地本はスタジアム駐車場に広報ブースを設置。静岡市出身で現在は東方会計隊（朝霞）に勤務する望月遥花1陸士も応援に駆け付けた。自衛官の制服試着や重さ20キロの背のうを背負う体験ができるコーナーを設け、同市清水区で9月に起きた台風15号による大雨断水に係る災害派遣活動の写真パネルも展示した。

この試合は本来、同1日の開催予定だったが、台風15号で延期になっていたもの。実際に災派に従事した34普連1中隊は3トン半トラックと1トン水タンクトレーラー、高機動車、偵察用オートバイを展示し、立ち寄ったサポーターに車両や災派活動について説明した。

キックオフ前には11飛教団のT7初等練習機4機が会場上空で展示飛行を行い、多くのサポーターの注目を集めた。

グラウンドでは「台風15号で被災された皆さまや復旧に携わってくださったすべての皆さまへ、感謝と勇気のCLAP（拍手）を」との趣旨で観客全員が起立し、ピッチ脇に整列した隊員たちに30秒間の拍手が送られた。

ピッチの脇に整列し、サポーターから盛大な拍手を受ける隊員（10月22日、静岡市・IAIスタジアム日本平）

こちら警務隊

レジャー
軽犯罪法（凶器携帯の罪）

護身用にツールナイフを携帯 拘留か、科料に処される可能性

護身用にツールナイフを携帯しても大丈夫ですか？

ツールナイフとは、ドライバーなど他の用途の道具が付いたナイフのことで、正当な理由なく刃物など、生命や身体に害を加えるのに使用される器具を隠して携帯した場合、軽犯罪法第1条第2号（凶器携帯）に該当し、拘留または科料に処されます。

「護身用」といった明らかに「正当な理由」がない携帯も処罰の対象となります。

また、都道府県によっては、より重く処罰する条例や刃体の長さが6センチメートルを超える刃物の場合は銃刀法違反となります。

護身用を理由にツールナイフ等を携帯するのは絶対にやめましょう。

（北部方面警務隊）

「刈谷アニコレ2022」に参加

安城募集案内所が広報活動

【愛知地本】安城募集案内所（所長・後藤謙治3陸佐）は10月29日、刈谷市の刈谷駅周辺で開かれた「刈谷アニコレ2022」に参加し、広報活動を行った。

刈谷市観光協会主催の「アニコレ」は2013年から続いており、アニメ声優などのトークステージやコスプレイヤーを集めたコスプレ交流、飲食ブースの出店などもあるアニメ・漫画の総合イベント。

安城所は自衛隊広報ブースを開設し、活動紹介のパネル展示、DVD放映、制服の試着体験、陸自10特連（豊川）の支援を受けて82式指揮通信車、オートバイ（偵察用）、1/2トントラックを展示し、PR活動を行った。

車両展示コーナーは、普段あまり見掛けない珍しさもあり、多くの来場者から人気を集め、延べ約300人以上のコスプレイヤーらが試乗、記念撮影をして楽しんだ。制服の試着コーナーでは、幅広い年齢層の来場者が制服を試着し、車両前で記念撮影するなど、にぎわいを見せた。

安城所は「今後も積極的に市街地広報を行い、自衛隊の魅力について情報発信して1人でも多くの志願者を獲得したい」と話している。

82式指揮通信車の上で記念写真に納まるコスプレイヤー（10月29日、刈谷駅周辺）

小休止

▽…兵庫地本北神戸募集案内所は9月18、19の両日、大型商業施設イオンモール神戸北店で「LIFEHACK体験会&MUSICフェスティバル」を開いた。

▽…会場では救急包帯・ロープワーク体験、3音楽隊と姫路駐屯地白鷺太鼓による音楽演奏、災害派遣や「自衛官だから出会えた景色」などのパネル展示、車両展示などを行った＝写真。

▽…また、募集ブースには学生や保護者が訪れ、「国を守ってくれる」「災害派遣で助けてくれる」「かっこいい」「楽しい」などのさまざまな感想が寄せられた。（兵庫地本）

みんなのページ

陸上競技の教え子が自衛隊入隊
広報官冥利につきる
陸曹長 大城 優人（沖縄地本石垣出張所）

ランフェスきたかみに出場し、「自衛隊石垣出張所」のロゴ入りユニフォーム姿で走る大城曹長

私は、学生時代に陸上を始め、高校卒業後は競技から離れた生活をしていました。ブランクがありましたが、30歳前よりまた、陸上を本格的に始めようと決意し、努力を重ね、各種大会に参加するなど競技に携わってました。

令和4年3月に開催された石垣マラソンでは石垣市民として最上位の成績を獲得し、副賞として、10月9日に岩手県北上市で行われる「ランフェスきたかみ」に招待選手として参加することになりました（石垣市と北上市は姉妹都市であることから石垣市が招待選手2名を選出）。

大会には、約400人が参加し、きたかみの街並みを駆け抜けました。

私は、まちなかコース（24・5キロ）の部に参加し、総合4位。年代別（40代）で優勝。競技中は、自衛隊のロゴ入りユニフォームで参加し、沿道から「自衛隊頑張れ！」とたくさん応援をいただきました。

大会後は、地元の北上市長を始めとする大会関係者や地元のマラソンクラブなどとの懇親会が設けられ、皆さんと親交を深めるとともに石垣市所在自衛官として勤務している自身の話と自衛隊の説明などを行いました。

また、現在、八重山高校男子駅伝部、大浜中学校男子駅伝部のコーチも務め、未来の陸上競技者を育てるお手伝いをしています。自分自身も競技者として、日々学生から刺激をもらい、学生たちには頑張れば結果につながると教えてます。

学生たちの中から、一昨年度1人、昨年度1人、今年度2人（予定）が自衛隊に入隊してくれて、広報官冥利につきます。

今後は、私の子供が幼いことから子供たちに「お父さん頑張っているな」と記憶に残るまで、陸上を生涯のスポーツとして頑張っていきたいと思っています。

これからも精進して練成に励みたいと思います。

F2戦闘機の離着陸を間近で見学
百里基地取材研修
安中総合学園高校教諭 坂居 将光

F2戦闘機を見学する高校生たち（7月27日、百里基地）

昨年10月の入間基地研修に引き続いて、自衛隊群馬地方協力本部のご厚意により、今年は茨城県小美玉市の航空自衛隊「百里基地」の取材研修に参加させて頂いた。

この研修は、自衛隊群馬地方協力本部の主催で7月27、28の両日と8月5日の3日に分けて行われ、県内の高校などから111人が参加した。

本校の写真部は27日に参加した。バスの座席間隔への配慮やフェースシールドが参加者に配布されるなど、新型コロナウイルス感染予防対策も万全で、安心して参加することができた。当日は高崎駅から広報官の運転するマイクロバスで百里基地へ向かい、渋滞もなく予定通り到着した。

天候に恵まれ、絶好の撮影日和だった。

最初は基地の概要説明と広報館の見学だった。基地の概要説明では、百里基地の地理的状況や重要性、普段耳にする機会の少ないスクランブルなどについて説明があり、参加した部員も航空自衛隊への理解が深まったと思う。

消防小隊の見学では、破壊機救難消防車による放水、隊員が着用する耐火服の試着などが行われた。実際に使用する消火ノズルを持っての消火体験もさせて頂くことができた。消防小隊に配置されたばかりの隊員による、耐火服の早着替えの実演では、新人隊員とは思えない素早い動きに、日々の訓練の凄さを感じ取ることができた。

移動管制隊の見学では、実際に使用される移動管制塔にも登らせて頂いた。隊員の方は各基地への出張が多いとのことで、忙しい中にも関わらず詳しく説明を頂いた。

基地食堂での体験喫食では、タイミング良く、今話題の空上げ（唐揚げ）を喫食することができた。黒酢を使用した、さっぱりとした唐揚げで、大変おいしかった。

体験喫食後の午後は、戦闘機研修と救難隊訓練研修があった。戦闘機研修では、F2戦闘機を間近で見学し、またパイロットの方から実際に説明をして頂いた。地本の隊員の方が臨機応変に時間調整をして頂いたおかげで、F2戦闘機の離陸、着陸も間近で見学することができた。救難隊の見学では、UH60JとU125の見学とともに、救難員の方からのお話も伺うことができた。途中、サプライズ的に行われた、救難員の方と地本の陸自レンジャー資格を持った隊員の方との腕立て伏せ対決は、大いに盛り上がった。

前回の入間基地と違い、首都圏で唯一、戦闘機が運用されている百里基地にあって、F2戦闘機の離陸とドラックシュートを用いての着陸を間近に見学できたことは、貴重な体験だった。最後に、このような機会を提供頂いた自衛隊群馬地方協力本部の皆さまに感謝申し上げたい。

（世界の切手・ハンガリー）

逃げない、はればれと立ち向かう、それがぼくのモットーだ。

岡本太郎（日本の芸術家）

とちぎ国体銃剣道に協力
事務官 佐々木 美保子（栃木地本）

銃剣道競技会場の進行・放送席で司会を行う佐々木2曹（左）

栃木地本（本部長・梶恒一郎1陸佐）は10月8日から10日までの間、栃木県立壬生高等学校体育館で行われた第77回国民体育大会「いちご一会とちぎ国体」銃剣道競技会で司会進行を担当した。

これは開催地と栃木県銃剣道連盟からの依頼によるもので、総務課の佐々木寿代2陸曹が第12特科隊の隊員とともに協力したものである。佐々木2曹は本番の約4カ月前から国体担当者とシナリオなどの調整を進め、6月のリハーサル大会を経て本大会に臨んだ。

国体での銃剣道競技会は3年ぶりの開催で、少年男子は各ブロック大会を勝ち抜いた13チーム、成年男子は47チームの選手が競技会に参加した。通常の銃剣道大会は会場内のコートを複数使用し、複数の試合が同時進行で行われるが、国体では1コートのみで試合が行われたため、選手たちは会場の視線を一身に浴びながら戦いに挑んでいた。佐々木2曹は「選手一人ひとりの緊張感がこちらまで伝わってくるようだった」と話していた。

会場では宇都宮駐屯地や北宇都宮駐屯地の隊員が競技の運営支援などに携わったり、選手として出場した隊員もいた。

栃木県の結果は少年男子が優勝、成年男子が準優勝となり、「総合優勝」を勝ち取った。来場者からは「銃剣道を初めて見たが試合に引き込まれて楽しかった。観戦しながら徐々にルールが分かってきて飽きなかった」などの感想が聞かれた。

栃木地本では「今後も地域の方々に自衛隊を身近に感じてもらえるよう、活動していく」と話している。

新刊紹介

大失敗から生まれたすごい科学
齋藤 勝裕著

科学の歴史は計り知れないほど長いが、産業革命を契機に膨大な発見・発明が繰り返され、科学史に多くの人名と業績が並ぶようになった。

しかし、最初からその人が意図して発明した業績ばかりではなく、中には偶然の産物や間違いからたどり着いたものもある。本書はそんな間違いや失敗から花開いた科学の成果を紹介する一冊だ。

「失敗から生まれた物理学」に始まり、「化学」「医学・生化学」「発明」「食品」「失敗に終わった兵器」の各分野で、それぞれ「錬金術」「人工甘味料」「ペニシリン」「万年筆」「清酒」など6〜8つの発明について書かれている。

例えば人工甘味料「サッカリン」の誕生秘話。化学実験をしていた研究者・ファールバーグはある日、疲れて手も洗わずに帰り、そのままパンを食べたという。するとパンが甘いことに気付き、研究室でいじっていて手に付着した物質が原因だと知ったことから生まれた偶然の産物だった。

このような発見・発明の裏にある研究者の姿が垣間見えるエピソードが、科学的解説を踏まえて明かされる。

（C&R研究所刊、2453円）

デジタル国家ウクライナはロシアに勝利するか？
渡部 恒雄、長島 純、熊野 英生、田中 理、柏村 祐著

発生から約9カ月が経過したロシアによるウクライナ侵攻。2014年のクリミア併合の際にサイバー攻撃で敗れた教訓を生かし、デジタル国家として変貌を遂げたウクライナ。その現状を元空自幹部学校長の長島純氏を始め、各分野を代表する専門家たちが国際政治、軍事、テクノロジー、世界経済、欧州地政学の視点から読み解く。

まず笹川平和財団の渡部上席研究員がウクライナ戦争への米国の戦略観と国際秩序の行方を論じ、続いて長島元空将がウクライナで繰り広げられるハイブリッド戦について解説する。

さらに第一生命経済研究所の柏村主席研究員がサイバー空間の戦いなどについて詳述し、同所首席エコノミストの熊野氏が経済的観点から今後生じる制裁の問題点について記す。最後に、同研究所主席エコノミストの田中氏が地政学から予想されるウクライナ戦争による欧州の変貌を論じる。

巻頭にはウクライナ副首相兼デジタル変革相のミハイロ・フェドロフ氏のインタビューも掲載するなど、タイムリーな内容は必見。ウクライナ情勢について知識を深められる一冊だ。（日経BP刊、2200円）

OBがんばる

宇山 嘉一さん 57
令和元年10月、8空団（築城）防衛部を准空尉で定年退職。西鉄観光バス株式会社に再就職し、北九州支社で大型観光バスの運転手として乗務している。

やりがいを感じて

私は定年後の再就職先を決定するにあたり、過去に大型バスの運転経験がない上、山あり谷ありの道を走らなければいけないという不安はありましたが、人と接し、やりがいを実感しながら、長く勤務したいという思いから、貸切バス業界に就職しました。

約3カ月半の教習を終え、ひとり乗務とはなったものの、当然運転技量は未熟で、当初の乗務は緊張の連続でした。行き先や道順などを調べたり、先輩方に聞いたりしながら事前に準備をし、1日に450キロ以上を走る日もあります。乗務にはかなり神経を使いますが、お客さまから「ありがとう。楽しかったよ」などのお声がけを頂くと、疲れも癒され、やりがいや喜びを感じております。また四季折々の景色を眺めたり、時には温泉に浸かったり、美味しい食事に舌鼓を打ったりといった特典を味わえるのも、貸切バス運転士ならではの楽しみのひとつです。

再就職への心構えとしては、経験の有無に関わらず、初心にかえり、決して諦めず、目標や、やりがいを見つけながら地道に頑張る姿勢が大切であり、その姿勢が充実した勤務につながると感じております。

再就職から4年目を迎え、少しずつですが、大型バスを自由に操れるようになりました。弊社の理念であります「お客さまに贅沢なくつろぎと安全・快適な旅をご提供します」を常に胸に刻み、引き続き業務にまい進してまいります。

努力は報われる
2陸士 北野 伶旺（25普連本管中・遠軽）

後期教育を迎え、前期教育に比べて時間の経過が早く感じました。前期と違い、扱う装備の種類が増え、訓練の内容は、より本格的なものとなりました。また、35キロ行進を行った際、同期の皆が疲労しているなか、励まし合い全員で完歩できたのは良い思い出です。

私が自衛官に志願したきっかけは、地元の熊本県で発生した熊本地震で被災した際に自衛官の姿を間近に見て自分も人の役に立ちたいと思ったことです。

教育中、私は体力に不安があったため、毎日筋トレを続けました。訓練の疲れでくじけそうになったこともありましたが、意地でやり遂げた結果、体力伸び率優秀で表彰していただき、努力は報われることを学びました。

これから中隊配属となりますが、努力をする隊員でありたいです。来年入隊してきた後輩たちに良い先輩陸士としての姿を見せたいと思います。

第1295回出題

詰碁
出題 日本棋院 九段 曲 励起

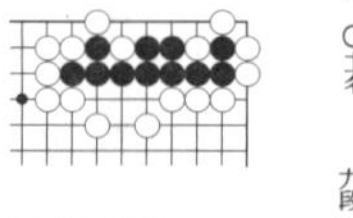

白先

『黒を取って下さい。最初の手が大切です』。3分でできれば初級です。

▶詰碁、詰将棋の出題は隔週です◀

詰将棋
出題 日本将棋連盟 九段 石田 和雄

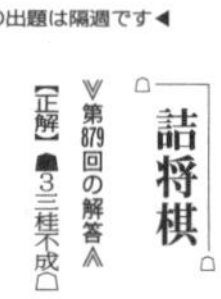
▲先手 持駒 角金

≫第879回の解答≪

【正解】▲3三桂不成△2二玉▲3二角成△同金▲3一角△同玉▲2一金までの七手詰め。

【解説】まず▲3三桂不成と突っ込んで行く。続く▲3二角成から▲3一角の連続捨て駒が本題のテーマ。なお三手目▲1三角は△同玉▲1二角成△2四玉▲3四馬△1五玉で不詰み。

朝雲

発行所 朝雲新聞社
〒160-0002 東京都新宿区
四谷坂町12−20 KKビル
電話 03(3225)3841
FAX 03(3225)3831
振替00190-4-17600番
定価一部150円、年間購読料
9170円（税・送料込み）

本号は10ページ

北朝鮮がICBM発射

日本のEEZ内北海道沖落下

防衛省は11月18日、北朝鮮が同日午前10時14分頃、首都平壌（ピョンヤン）近郊からICBM（大陸間弾道弾）級の弾道ミサイル1発を東方向に発射したと発表した。ミサイルは最高高度約6000キロで、約69分間かけて約1000キロを飛翔し、11時23分頃、北海道渡島大島（おしまおおしま）の西約200キロの我が国の排他的経済水域（EEZ）内の日本海に落下したと推定される。浜田防衛相は同日昼の臨時会見で、今回のミサイルが通常よりも高い角度で打ち上げて飛距離を抑える「ロフテッド軌道」で発射されたとの見方を示し、「弾頭重量などによっては、1万5000キロを超える射程となり得ると見られ、米国本土が射程に含まれる」と説明。22日の会見で「今年2月と3月に発射された新型ICBM級『火星17型』と同型のものと推定される」と述べた。

浜田防衛相「米国本土が射程に」

防衛省によると、航空機や船舶を含む我が国への被害は確認されていない。

北朝鮮の弾道ミサイルが日本のEEZ内に落下したのは今年3月24日以来。北朝鮮はこの時もロフテッド軌道でICBM級の弾道ミサイルを打ち上げており、最高高度は過去最高の6000キロ超、飛翔時間も過去最長の約71分間だった。今回の飛翔時間69分間は過去2番目の長さとなる。

北朝鮮は直近の11月9日と17日にも弾道ミサイル各1発を発射しており、いずれも朝鮮半島東岸付近の我が国のEEZ外に落下したと推定される。9日は午後3時31分頃に西岸付近から東方向に発射され、最高高度50キロ以下の極めて低い高度で約250キロ飛翔。17日は午前10時47分頃に東岸付近から北東方向に発射された。

北朝鮮によるICBM級の弾道ミサイル発射は、可能性があるものを含めて今回で10回目。今年に入ってからのミサイル発射は、巡航ミサイルなども含めて34回目で、少なくとも計67発に上る異例の頻度だ。

韓国軍合同参謀本部によると、今回の発射地点は平壌近郊の順安（スナン）付近とみられ、最高速度はマッハ22だったという。

浜田大臣は、発射の第一報が入った18日午前10時過ぎの閣議後記者会見で「北朝鮮による核・ミサイル技術の著しい向上は、我が国と地域の安全保障にとって看過できない」と断じた。

さらに、同日正午過ぎに開いた臨時記者会見で「北朝鮮は今年に入ってから、かつてない高い頻度でのミサイル発射を繰り返し、朝鮮半島と地域の緊張を著しく高めている」と指摘。

その上で「国際社会全体への挑発をエスカレートさせる暴挙であり、一連の行動は、我が国、地域、国際社会の平和と安全を脅かすもので、断じて容認できない。国連安全保障理事会決議にも違反するものだ」と述べ、北朝鮮に対し、北京の大使館ルートを通じて厳重に抗議し、強く非難したことを明らかにした。

防衛省・自衛隊は18日、空自2空団（千歳）のF15戦闘機、航空救難団のU125A救難捜索機、海自2空群（八戸）のP3C哨戒機を日本海上空などに発進させ、被害情報を収集。その際、今回の弾道ミサイルに関連して航跡上に生成されたと推定される「飛行機雲」をF15が確認し、防衛省が写真と動画を公開した。

北朝鮮の弾道ミサイルの航跡（イメージ図）

防衛省の資料を基に作成

ミサイルの落下推定時刻に、北海道西方の日本海上空で自衛隊機が撮影した画像。今回発射された弾道ミサイルに関連していると推定され、ミサイルの航跡上に生成された雲の可能性が指摘されている（防衛省提供）

解説　日本上空脅かす再発射も

防衛研究所　渡邊武　主任研究官

大陸間弾道ミサイル（ICBM)級「火星17型」の発射に先立ち、北朝鮮外相は米国の「拡大抑止」強化があるほど北朝鮮の軍事的対応が「猛烈」になると述べ、発射を指導した金正恩も同趣旨の警告を繰り返した。

このように「日米韓のために事態がエスカレートした」との印象を強く残すほど、米国と盟邦の国内に「（核戦力を含む軍事力で同盟国を守る）拡大抑止を後退させなければ、交渉の機会を捉えられないかもしれない」という切迫感を引き起こせる。

そうした切迫感は、攻撃的行動を終えた後の交渉で北朝鮮を有利にする。北朝鮮は今後、かかる効果を期待して米韓軍の行動に合わせるミサイル発射を継続し得る。

11月の米韓国防長官会談では、大規模な野外機動訓練の再開が合意された。これはかつて3月に行われていた米韓演習のことだと考えられ、北朝鮮もその再開を織り込んでいるだろう。

また、今回のロフテッド軌道は弾頭の試験として理想的ではないとの指摘もある。そうだとすれば、北朝鮮は威嚇を強める手段として、今回よりは通常軌道に近い日本上空を脅かす再発射をするかもしれない。

ICBM発射の際に金正恩は「戦術核」運用部隊の訓練を強化するとも発言した。中短距離ミサイル発射を繰り返すオプションも既に示されていることになる。

「キーン・ソード23」終わる

徳之島で水機団が水陸両用作戦

武力攻撃事態などを想定し、日本の周辺海空域と自衛隊施設などで11月10日から行われていた令和4年度日米共同統合実動演習「キーン・ソード23」が19日、終了した。（次号に特集）

14日には山崎統幕長と在日米軍司令官兼第5空軍司令官のリッキー・ラップ中将が、陸自のCH47輸送ヘリに搭乗して鹿児島沖に展開中の海自・護衛艦「いずも」に着艦、艦内の格納庫で共同記者会見を行って強固な日米同盟をアピールした。

記者会見の中で、山崎統幕長は「より実戦的な訓練を行うことで、日米の相互運用性と自衛隊の能力を高める貴重な機会だ」と訓練の意義を強調し、「日米共同による抑止力・対処力をより一層強化するべく一丸となり、演習に取り組む」と決意を述べた。

一方、ラップ司令官は「抑止力は、これまで以上に必要になっている。我々は挑発的な勢力を抑止するために訓練し、自由を守るため同じ考えを持つ国と協力し続ける」と述べた。

主要訓練の水陸両用作戦は鹿児島県の徳之島で初めて実施。

報道公開された18日の訓練では海自輸送艦「おおすみ」などから発進した14両の水陸両用車AAV7（水陸機動団＝相浦）が同島の花徳海岸に次々と上陸、占領された離島の奪還を想定し、着上陸要領などを演練した。

同盟、同志国との連携強化に寄与

浜田防衛相

浜田防衛相は11月15日の記者会見で、日米共同統合実動演習「キーン・ソード23」の参加国について、「一部の訓練において豪州、カナダ、英国の海軍艦艇および豪州、カナダの航空機のほか、オブザーバーとして八つの国と機関の軍人が参加している。前回（2020年に実施された時）の7カ国よりも1カ国増加している」と説明した。

その上で「オブザーバーを含め多くの国が参加することは、基本的価値を共有する同盟国・同志国などとの連携を強化することに寄与するものだ。我が国としては米国、豪州、インド、ASEAN（東南アジア諸国連合）、欧州などと連携し、『自由で開かれたインド太平洋』の実現に向けた取り組みを戦略的に推進していくことで地域の平和と繁栄に貢献していきたい」と意義を語った。

海自の護衛艦「いずも」の格納庫で共同記者会見に臨む山崎統幕長（左）と在日米軍司令官のラップ空軍中将（11月14日）＝統幕提供

日米共同統合防災訓練　オスプレイが神津島に

統幕は11月9日、「令和4年度離島統合防災訓練、日米共同統合防災訓練」を東京都の離島・神津島、伊豆大島とその周辺海空域で行った。

写真は井野副大臣、山崎統幕長を乗せて神津島ヘリポートに着陸する陸自輸送航空隊（木更津）のV22オスプレイ。離島統合防災訓練に初投入された。

（3面に関連記事）

春夏秋冬

友情と信頼

山下　裕貴

陸海空自衛隊ごと及び統合演習として日米共同実動訓練・演習が毎年行われている。陸上自衛隊では、昭和56年から開始し段階的に拡充してきた。

私は昭和60年に東富士演習場で行われた「陸幕指名日米共同訓練」に第1特科連隊第1大隊指揮情報小隊長として初めて参加した。この年から本格的な実動訓練となり、米側はハワイの第25師団の旅団が担任し、陸自側は第1普通科連隊戦闘団が担任だった。

共同訓練の内容は、両部隊の共同連携要領を演練する実動訓練と実射訓練である。約1年をかけて周到な準備と訓練が行われた。通算半年間、我が大隊は各種準備訓練で東富士演習場に入っていた。

特科部隊の実射訓練においては、相互に観測者を入れ替えて射撃要求を行うなど本格的なものであった。前年に日米の通信訓練が行われていたが、射撃指揮通信には大変苦労した記憶がある。米陸軍に留学経験のある富士学校特科部教官に米軍砲兵の指揮の要領や通信用語などの指導をいただいた。

共同訓練のキャッチフレーズは「友情と信頼」であった。この訓練間、実動訓練や実射訓練以外にも、機能別訓練・部隊別の団結会、幹部・曹士慰労会など日米の隊員達が触れ合う場が数多くあり、日米間の友情と信頼は大変深まり、まさに訓練のキャッチフレーズ通りとなった。

時は流れ、中部方面総監として平成27年に行われたYS69（日米共同方面隊指揮所演習）の準備訓練を担当した。総監として幕僚には、米軍人との信頼関係を組織以外にも個人として築くように指導した。日本有事の際に「あいつが命をかけて戦っているのなら助けに行こう」と思ってくれる友情と信頼を築くことが重要だと思ったからだ。私も機会あるごとにカウンターパートであるランザ第1軍団長と懇談し友情を深めた。退官後、明治記念館において退役するランザ中将のお別れ会が開催され最後の挨拶を担当した。

ランザ中将に帰国前に言ってもらいたい言葉があった。私は「日本人が一番よく知っている米軍人はマッカーサーだ。彼の有名な言葉に『老兵は死なず、ただ去り行くのみ』がある。しかしランザ中将には、もう一つの言葉『アイ・シャル・リターン』と言ってもらいたい。我々が日本防衛のため死闘している時、現役に復帰し来援すると」と述べた。

彼は私の前に歩みより、私の手を強く握り「必ず」と言った。

（千葉科学大学客員教授）

日米政府　「拡大抑止協議」を開催

安全保障環境の評価を共有

日米両政府は11月15、16の両日、都内の外務省で「日米拡大抑止協議（EDD）」を開催し、米国が核戦力を含む軍事力で同盟国を守る「拡大抑止」について突っ込んだ議論を行った。

日本側は、防衛省の安藤敦史防衛政策局次長と外務省の宮本新吾北米局参事官、米国側は国防総省のリチャード・ジョンソン国防次官補代理（核および大量破壊兵器対策担当）と国務省のアレクサンドラ・ベル軍備管理・検証・順守局次官補代理の4人が共同議長を務めた。

EDDは2010年に設立され、日米同盟の中核にある「拡大抑止」を維持・強化する方策を議論する定期的な機会となっている。

協議では、地域の安全保障環境の評価を共有し、地域的抑止に貢献する能力を検討すると共に、米国の「国家防衛戦略」「核態勢の見直し」「ミサイル防衛の見直し」を含むそれぞれの政策文書の成果をはじめ、日本政府が年末に改定する戦略文書などの見通しについて議論した。

さらに、日米同盟の抑止を支え、地域と世界における潜在的な不安定化活動に対処するため、外交的手段のほか、現在から将来にかけて領域横断的な防衛力をいかに活用するかについて検討。抑止力強化のための日米韓3カ国や多国間協力の重要性についても話し合った。

今回の協議は、拡大抑止に関する日米間の協議を強化することを目指す岸田首相とバイデン米大統領の共通の理解を前進させるものとなった。

代表団は期間中、自衛隊と米軍の戦闘即応性や相互運用性を向上させることを目的に国内で行われた日米共同統合実動演習「キーン・ソード23」を視察した。視察場所などは非公表。

ウクライナ支援で情報共有

米国防省主催　三浦防政局次長が参加

ロシアからの軍事侵攻を受けるウクライナをめぐって各国が話し合う米国防総省主催の「ウクライナ防衛コンタクトグループ」の会合が11月16日、オンラインで開かれ、日本を代表して防衛省の三浦潤防衛政策局次長が参加した。

会議には、北大西洋条約機構（NATO）の加盟国を中心に約50カ国の防衛当局関係者が参加し、ウクライナに対する支援などについて情報を共有した。

豪海軍艦艇が「瀬取り」監視

防衛省は10月31日、北朝鮮船舶による国連制裁逃れの違法な「瀬取り」を監視するため、豪海軍フリゲート「アランタ」が10月下旬、日本周辺海域で警戒監視活動を実施したと発表した。

豪海軍艦艇が「瀬取り」監視に参加するのは2018年10月以降、今年6月下旬に続き、今回8回目。

朝雲寸言

政治家は「抑止」という言葉がお好きなようである。一定の武力を保有することで相手の侵略を未然に防ぐことができれば、その力を使うことを考えなくてもよいからであろうか▼しかし「抑止力」とは物理的な破壊力であり、相手国に恐怖を与えるものでなければならない。冷戦間、米国は自国の核抑止戦略を「相互確証破壊」と名付けた。その名前が意味する恐怖こそが抑止の本質である▼「敵基地攻撃能力」を「反撃能力」と言い換えることは言葉の問題に過ぎないとも言える。しかし抑止の観点で見れば相手国に誤解を与えるイメージとならないように配慮することが重要である。その上で具体的にどのような兵器をどこに配置するのかが抑止にとって重要な論点となる▼抑止理論で知られるトマス・シェリングは「相手国に自国の意図を理解させ、行動の結果に関する予測の判断基準を提供し、同時に偶然性を排除して結果予測の根拠を提供する」ことが必要だと述べている▼どのようなミサイルをどこにどれだけ配備するのかは防衛作戦を担う運用者の仕事であるが、同時に作戦構想を抑止戦略に適合させるのは政治の役割であろう。「他国に脅威を与えない」とする専守防衛の範囲内で抑止力を高めることは至難の業ともいえる。相手に脅威を与えることこそが抑止の狙いだからである▼ウクライナを見るまでもなく戦争の歴史は抑止が破綻した実例で溢れている。

陸自、比陸軍に能力構築支援
自然災害の対処能力向上図る

人命救助システムの油圧用カッターを使って、車内に取り残された人を救出する訓練を行うフィリピン陸軍隊員と、それを見守る12普連隊員（10月18日、国分駐屯地）

陸自は10月17日から20日まで、フィリピン陸軍の第51工兵旅団長以下17人を国分（鹿児島）、北熊本（熊本）両駐屯地に招へいして、人道支援・災害救援（HA／DR）分野の能力構築支援を行った。

同国への能力構築支援事業は2015年から開始され、HA／DR分野では、現地でのセミナーや陸自隊員の派遣を含めて今回で5回目となる。

17人は17日に東京市ヶ谷の防衛省を訪れ、災害発生時の対処などの意見を交換。18日には鹿児島県霧島市の国分駐屯地を訪問し、12普連隊員から火山の噴火や大地震、台風災害などの自然災害時における人命救助や初動対応について学んだ。

災害時に使用する各種装備品を見学すると共に、実際に火山災害を想定して火炎防護衣や火山ガス用防護マスクを着用、人命救助システムの油圧用カッターを使って、車のドアを取り外して車内に取り残された人を救助する訓練などを行った。

51工兵旅団長のバヘット・ジェーティー陸軍准将は「このプログラムなどで、自衛隊と一緒に訓練し、災害に備えたい。両国の軍事的な力をより発展させることの取り組みに期待している」と話し、国分駐屯地司令の古川琢弥1佐は「フィリピン軍は民主主義、法の支配など普遍的な価値を共有する戦略的なパートナー。我が国の発展とフィリピン軍の発展に向けて努力したい」と述べた。

19日には鹿児島県姶良市の県防災研修センターと鹿児島市の桜島国際火山砂防センターを見学した。

20日は北熊本駐屯地に場所を移し、8後方支援連隊と8特殊武器防護隊の隊員らが災害派遣の被災者支援に使う浄水機器や入浴設備などの装備品を紹介。比陸軍の17人は、河川や湖沼などから取水した水をろ過して飲料水にする浄水セットの使い方や野外入浴セットの使い方などを学んだ。これらは、実際に熊本地震や東日本大震災で使われたもの。

吉田陸幕長は10月20日の記者会見で、同能力構築支援について触れ「日、フィリピン両国が共に火山、地震、台風といった自然災害に見舞われることが多いため、互いの災害対処能力を高めることが極めて重要だ」と述べた上で、「カマンダグ22（米比海兵隊との共同訓練）と合わせて、省全体として行っているフィリピンとの関係強化や、フィリピン陸軍工兵部隊の災害救援能力の向上に資することができた」と成果を語った。

ラオスにもHA／DR分野の能力構築支援実施　陸自

ラオス人民軍に対する陸自の人道支援・災害救援（HA／DR）分野の「能力構築支援事業」の教官として、10月25日から30日まで、陸自施設学校の山本亮2佐と竹内豊浩3佐、30普連（新発田）の山田聖梧2尉が派遣された。

同国への能力構築支援は2016年から始まり、今回で11回目。HA／DR分野の支援はこれまでにオンラインや招へい、派遣を含めて10回目となる。

3人は10月27日、同国の首都ビエンチャンでラオス人民軍約100人に対してHA／DR分野の現地セミナーを開催。陸自施設科部隊の災害対応に関する知見を共有し、ラオス人民軍による災害対処訓練の視察や今後の事業について協議した。

吉田陸幕長は10月27日の会見で、同能力構築支援事業について「ラオス人民軍に創設予定の災害緊急対応チーム要員に対し、災害発生時における施設科部隊の活動について講義などさまざまなプログラムを行うことにより、同軍の災害対処能力の向上を支援するものだ」と述べ、引き続き同国との関係強化を図る考えを示した。

ラオス人民軍に対して、現地で災害対応に関するセミナーを開催（10月27日、ラオスのビエンチャンのラオス人民軍駐屯地）

時の焦点

国内
高額寄付被害
家族の救済につながるか

政府と与野党が協力して、被害救済の仕組みを整える意義は大きい。入信した親が財産をつぎ込み、子供が生活に困窮するといった深刻な被害が生じないよう、知恵を絞ってもらいたい。

政府は、世界平和統一家庭連合（旧統一教会）の問題を受け、高額な寄付被害を救済・防止するための新たな法案の概要をまとめた。与野党6党の幹事長・書記局長に提示し、今国会での成立に協力を求めた。

旧統一教会を巡っては2009～10年、「家族が不幸になる」などと言って、水晶や印鑑の購入を迫る「霊感商法」事件が摘発され、信者らが逮捕された。今年7月に安倍晋三・元首相が銃撃された事件以降、元信者や家族などから金銭トラブルの相談が改めて寄せられていた。

宗教団体を隠れみのにし、不当な寄付集めや霊感商法が続いていたのであれば、被害救済と再発防止策を講じるのは当然だ。政府は被害の実態を把握した上で、法整備を急ぐ必要がある。

新法は、団体が寄付を勧誘する際に、霊感を用いて不安をあおったり、威圧的な言動で相談の連絡を妨害したりすることを禁止する。借金や自宅を売却させて寄付を求めることも禁じる。

こうした禁止行為があれば、被害者は寄付を取り消せる。また、国は団体に停止勧告や措置命令を出すことができ、命令に違反した場合は刑事罰を適用する。

被害者の中には「買わないと地獄に落ちる」など言われ、1億円を超える献金を重ねた人もいるという。罰則は、悪質な勧誘を防ぐうえで一定の効果があるだろう。

政府は、配偶者や子供が将来にわたる養育費を受け取れるよう、本人の取り消し権を家族が代わりに行使できる仕組みも提案した。

将来の生活費や学費を保全しやすくなり、救済できる範囲が広がったのは一歩前進だ。

ただ、本人が寄付を被害だと認識しておらず、取り消しを求めていない場合には、家族による権利行使は認められない可能性があるという。立憲民主党は「マインドコントロール下にある場合は対象外になってしまう」と指摘している。

憲法が定める財産権を侵さない範囲で、苦しんでいる家族を救済するには、どのような方法が有効なのか。政府と与野党は実務者協議や法案審議を通じて、さらに内容を詰めることが大切だ。

政府は、霊感商法による契約の取り消し範囲を拡大するため、消費者契約法改正案を国会に提出した。被害に気づいてから1年、契約から5年としていた取り消し権の行使期間を、それぞれ3年、10年に延長する。

マインドコントロール下にある信者が被害に気づき、権利を行使するまでには時間がかかる。契約を取り消せる期間を延ばすのは妥当だ。政府と与野党は、実務家の意見も参考にし、総合的な対策を講じてほしい。

藤原 志郎（政治評論家）

海外
米中首脳会談
合意は「対話維持」のみ

バイデン米大統領と習近平中国国家主席による初の対面での首脳会談が、主要20カ国・地域（G20）首脳会議の前日の11月14日、インドネシアのバリ島で行われた。

3時間余の会談後、大統領は記者会見し、台湾問題について、米国の「一つの中国」政策に変更はなく、一方的な現状変更には反対すると習主席に伝えたことを明らかにした。

中国外務省の発表によると、習主席は「台湾問題は中国の『核心的利益』の中の『核心』であり、両国関係で越えてはならない一線だ」と強調した。

主張は平行線で終わったが、習主席が台湾問題は中国にとって〝レッドライン〟であることを明確にし、改めて米側に釘を刺した形だ。

そもそも、今会談のタイミングは米国には最悪。

「共産党大会を経て、同国指導者では過去数十年で最強の権力を獲得し、対米競争の激化に向けて外国との関係強化に努力中」（9日・米紙「ウォール・ストリート・ジャーナル」）。これが習主席の現在の立ち位置だ。

そこへ米国は自分から会談を提案した。その上、通常は二国間会談は首脳会議会期中に開かれるのに、今回はG20サミットの開幕前日。ほかの会議がないから注目度も高まる。

中国ペースで、会談場所まで中国側代表団の宿泊先だった。入り口でじっと待つ習主席に向かって、米大統領がいささか興奮気味で陽気に歩いていく光景を見れば、二人のうちどちらが「有力」か、もう迷う者はいない。

ホワイトハウスが発表した会談要旨の最後にある「対話継続のためブリンケン国務長官が訪中する」が唯一の合意みたいだが、これも中国ペース。

相互ではなく、米長官の訪中だけでは、中国より米国が対話維持を望んでいる印象だ。

中国が「主要高官レベルでの対話維持」に同意なら、米中軍事対話の再開を認めるべきだろう（8月のペロシ下院議長の訪台後、中国は対話を停止）。

また、会談要旨のどこにも、新型コロナウイルスについて触れていない。中国が世界保健機関（WHO）と一緒になって隠蔽し、世界で数百万人が死亡しているのに、米大統領は何も言わなかったわけだ。

「大統領は新疆ウイグル、チベット、香港における中国の行動、さらに、より広範囲の人権状況に懸念を表明した」（会談要旨第3パラグラフの冒頭）と言うが、中国側発表は、人権での協議などに全く言及がない。

人権と言えば、日本のテレビでは映したかどうか。会談開始前の両首脳の冒頭発言が終わり、代表取材のテレビ・プロデューサーがバイデン氏に「会談で人権問題を提起するか」と質問した。途端、中国人の男がこのプロデューサーをぐいと引っ張って、ドアのところまで押しやった。

米国のジャーナリストが目の前で暴行されている間、米大統領は何も言わなかった。

草野 徹（外交評論家）

令和4年度島根県総合防災訓練参加　舞鶴地方隊

【舞鶴】舞鶴地方隊は10月15、16の両日、「令和4年度島根県総合防災訓練」に参加した。隠岐の島町内の空港や病院、漁港などで行われ、県警や海保、病院など44機関・約550人と連携の強化を図った。

訓練は「梅雨前線停滞に伴う大雨で浸水被害や土砂崩れが起こり、負傷者が多数発生している」との想定で行われた。舞地隊からは多用途支援艦「ひうち」と連絡官要員3人が参加。中国電力ネットワークの電力復旧車を「ひうち」に搭載・移送し、給水車への給水訓練や艦内入浴施設の展示を行った。

また16日には下淳市舞鶴地方総監も参加し、丸山達也島根県知事に海自の災害対処能力を説明。

災害時における海自と自治体との協力体制の強化を図った。

丸山県知事（左）に多用途支援艦「ひうち」について説明する下舞鶴地方総監（島根県隠岐の島町）

共済組合だより

マイホームご購入等の際は
共済組合の「住宅貸付」をご利用下さい

マイホームご購入等の際、組合員に対し、防衛省共済組合は「住宅貸付」を行っています。

組合員又は被扶養者の居住する住宅の新築、購入（中古住宅を含む）、増築、改築、修繕、宅地購入等に要する費用で、資金が必要な時、組合員期間が3年以上の組合員は「住宅貸付金」を借りられます。

貸付限度額は退職手当等の額の範囲内で最高2000万円で、公務員宿舎の建替えに伴う明渡しを要求された場合は200万円が加算されます。

弁済期間は貸付額に応じて最長360カ月以内、利率は年利1・33%です。

弁済方法は「元金均等弁済」と「元利均等弁済」の2種類があり、どちらかを選択することができます。

「元金均等弁済」は毎月の弁済時に一定の元金に利息を加算した額を弁済する方法で、貸付当初は毎月の弁済額が多くなりますが、元金の減少が元利均等弁済に比べ多いため、最終的には利息の支払額が元利均等弁済に比べ少なくなります。

「元利均等弁済」は毎回の弁済時に一定の金額（元金＋利息）を弁済する方法で、元金均等弁済に比べ毎月の弁済額が少額で済みますが、元金の減少が少ないため、最終的には利息の支払額が元金均等弁済に比べ多くなります。

住宅貸付は組合員期間が「3年以上5年未満」で申込時の仮定退職金相当額が300万円に満たない場合は「300万円」、1200万円を超える場合は「1200万円」となっています。組合員期間が短い組合員の方もどうぞお申し込みください。

組合員期間が20年以上の方で、2年以内に自己の都合で退職又は5年以内に定年退職が予定される組合員は、自己の居住する住宅を新築、購入、増改築若しくは修繕する際、「特別住宅貸付金」を借りられます。

貸付限度額は、退職手当等の額の範囲内で最高2000万円で、公務員宿舎の建替えに伴う明渡しを要求された場合は200万円が加算されます。

貸付元利金の弁済は、退職までは年利1・33%の利息を毎月弁済し、元金を退職時に一括弁済していただきます。

このほか、財形貯蓄を50万円以上有している組合員が住宅を建設、購入、改良する場合も融資を受けられます。詳しくは共済組合ホームページの「住宅を購入するとき」をご覧ください。

中国軍3機が宮古海峡往復　空自がスクランブル

中国軍のBZK－005偵察型無人機、Y9情報収集機＝写真、Y9哨戒機各1機が11月14日、尖閣諸島沖の東シナ海に飛来し、沖縄本島と宮古島間の宮古海峡を往復飛行したため、空自南西空のF15戦闘機が緊急発進して対応した。領空侵犯はなかった。

上海方面から飛来したY9・2機とBZK－005は東シナ海の尖閣北方沖で合流。宮古海峡を抜けて太平洋に進出し、沖縄本島南方沖で針路を北東に変えた。

同島東方沖に到達後、2機のY9が円を描く特異な飛行を見せた。その後、3機は再び往路と逆ルートで自国領方面に戻った。

与那国島南海域をロシア艦5隻航行

海自は11月13日午後2時ごろ、沖縄県・与那国島の南約80キロの海域を北東に進むロシア海軍「ウダロイI」級駆逐艦（艦番号564「アドミラル・トリブツ」）、「スラバ」級ミサイル巡洋艦（011）、「イングル」級救難えい船、「ドゥブナ」級補給艦、「ボリス・チリキン」級補給艦の5隻を確認した。

これらロシア艦は与那国島と西表島との間を北東に抜け、東シナ海に入った。1海補隊の補給艦「とわだ」（呉）、5空群（那覇）のP3C哨戒機が情報収集を行った。

また15日午後3時ごろには、同5隻が長崎県・男女群島の西約80キロを北東に進むのを確認。その後も北東に航行を続け、16日にかけて対馬海峡を抜け日本海に入った。

3ミサイル艇隊（佐世保）のミサイル艇「しらたか」、4空群（厚木）のP1哨戒機が情報収集を行った。

中国艦艇3隻が宮古島沖北東進

11月11日午後2時ごろ、海自は沖縄県・宮古島の南西約220キロを北東進する中国海軍「ルーヤンⅢ」級ミサイル駆逐艦（艦番号132「蘇州」）、「ジャンカイⅡ」級フリゲート（533）、「フチ」級補給艦（890）の計3隻を確認した。

3隻は翌12日、沖縄本島と宮古島との間の海域を北西に航行し、東シナ海に入った。

5空群（那覇）のP3C哨戒機、46掃隊（沖縄）の掃海艇「くろしま」が警戒監視に当たった。

防衛省発令

▽兼統幕運用2課、空幕募集・援護課募集・援護調整官兼募集・援護課企画班長
1空佐 中川 一（11月12日）
▽解兼務統幕運用2課（空幕基幹技術革新推進官兼統幕運用2課）
1空佐 増野 正巳（11月13日）
▽中部航空警戒管制団整備補給群司令（空幕募集・援護課）
1空佐 飛世 知則（11月14日）

インド太平洋地域管理セミナー
山根陸幕副長が参加

山根陸幕副長は9月12日から15日までの間、バングラデシュのダッカで開催された第46回インド太平洋地域管理セミナー（IPAMS）に参加した。

IPAMSは、インド太平洋地域の各国陸軍の高級将校（少将～中佐）による実務レベルでの意見交換を行う多国間会議で、陸軍種間の信頼関係の構築が目的。毎年米インド太平洋陸軍とインド太平洋地域の各国陸軍との共催で実施されており、隔年で「インド太平洋地域陸軍参謀総長等会議（IPACC）」と同時開催される。

今年はフリン米太平洋陸軍司令官とバングラデシュ陸軍のシャフィーディン陸軍参謀長との共催で行われ、陸自は1992年の第17回から正式に参加。主に陸幕や研究本部を主体に要員を派遣している。

今回は、フリン大将のイニシアチブにより、IPAMSとして初めて各国参謀長級が参加。日、米、バングラデシュのほか、印、豪、インドネシア、タイ、ベトナムなどインド太平洋国と、英、仏、ナイジェリアなども加えた計24カ国が集まり、インド太平洋地域の平和と安定の維持に向けた今後の見通しと課題について話し合った。

IPAMSの開会式で、24カ国の陸軍参謀総長級が集まった。前列左から4人目が山根陸幕副長（9月12日、バングラデシュ）＝フィリピン陸軍提供

緊急支援物資輸送訓練で神津島沖に物料投下を行う空自1輸空のC130H輸送機

離島統合防災訓練・日米共同統合防災訓練

住民救助に隙は無し!!

木更津から山崎統幕長らを乗せて神津島のヘリポートに着陸する陸自のV22オスプレイ（写真はいずれも11月9日、東京・神津島）

統幕は11月9日、「令和4年度離島統合防災訓練、日米共同統合防災訓練」を東京都の離島・神津島、伊豆大島とその周辺海空域で行った。今回は陸自輸送航空隊（木更津）のV22オスプレイを初投入。米軍も自衛隊と共に神津島村の防災訓練に参加し、住民と共に訓練、離島における災害対処力を向上させた。（1面参照）

オスプレイ初参加

神津島は伊豆七島の一つで、本土から南に約170キロに位置する。新日本百名山にもなった天上山（標高571m）などの火山があり、急な斜面の多い地形の島だ。

午前10時ごろ、神津島南西に位置するヘリポートに、機体に日の丸を冠したV22オスプレイが着陸。高台のヘリポートに安定した着陸を見せ、初の離島での訓練を開始した。

V22から井野副大臣、山崎統幕長、在日米軍幕僚長のゴットリーブ・ジェフリー陸軍大佐らが降り立ち、東京都と神津島村の合同防災訓練の会場に車両で移動。道路は一本道が多く幅も狭い。車両同士がやっとすれ違うことができるほどで渋滞も起きるなど、災害時の避難手順を想定する必要性も感じられた。20分ほどで、合同防災訓練会場の「よたね広場」に到着した。

3自と米軍が躍動

今回の日米共同防災訓練には自衛隊から統幕約10人、陸自1普連（練馬）など約70人、海自横須賀総監部など110人、空自中警団（入間）などの約40人の計約230人が、在日米軍からは在日米陸軍航空大隊（座間）などが参加した。

訓練は「午前9時、駿河湾を震源とする神津島沖での震度5強の地震により、最大で高さ26メートルの津波が島に到達し、家屋の倒壊や住民の逃げ遅れが発生した」との想定で始まった。

さっそく1施設団（古河）の偵察用オートバイに乗った隊員が道路状況を偵察。がれきに埋もれた車両を米軍などが発見し、1施設団101器材隊（古河）の隊員が、米軍と連携して小型油圧ショベルで土砂を取り除いた。

その最中、海自横須賀総監部所属の輸送艇2号が島東部の三浦漁港で救援物資を陸揚げし、電力設備の復旧資材と高圧発電機用の燃料を供給。続いて1普連と空自中警団（入間）の救助犬ジャスミン号が倒壊家屋に駆け付け、在日米海兵隊と連携し、取り残された住民の捜索、救助を開始した。

被災者の位置情報をもとに1普連の隊員がチェーンソーで倒壊家屋の壁をくりぬき、入り口を作りだした。家屋に入った隊員は「誰かいますか」と声をかけながら捜索し、被災者を発見。入口にいる米軍などに引き渡し、迅速に救護所に運搬した。

空自1輸空（小牧）のC130H輸送機1機が愛知県の小牧基地から直接、神津島沖に飛来、海上に救援物資を投下し、見守っていた島民からは歓声が上がった。

訓練を見守った神津島村の70代の女性は「このような形で救出していただけると知り、安心した」と笑顔で話した。60代の男性も「自衛隊の方たちの訓練で我々の防災意識が高まった」と語った。

訓練終了後、山崎統幕長は報道陣に対し、「隊員の高い使命感と士気を確認できた」と部隊をたたえ、「引き続き災害対処能力の向上を図りたい」と決意を述べた。

統幕長は参加部隊も激励し、「現地で訓練し、住民と連携してこそ、信頼関係が生まれる。陸自だけで災派をする時代は終わった。3自衛隊間、米軍と連携して任務に当たってほしい」と要望した。（菱川浩嗣）

神津島の全景。天上山などがそびえ、起伏が激しい地形が特徴だ

患者を搬送する1普連の隊員（左手前）と米軍兵士（奥中央）

C130Hの物料投下には訓練に参加した神津島の住民も見入っていた

訓練終了後、報道陣の取材に答える山崎統幕長（左）その右はジェフリー在日米軍幕僚長

防研セミナー

時代を読み解く

シリーズ⑪

部下の自主性を引き出す

―軍隊指揮についての最近の研究―

今月の講師

木下（きのした）　幸祐（ゆきひろ）2陸佐

防衛研究所戦史研究センター　国際紛争史研究室所員

1974（昭和49）年生まれ、熊本県出身。防大精密機械工学科卒（42期）。防大総合安全保障研究科前期課程修了（安全保障学修士）。修士論文は『将来の戦争に備えるための将校の育成――ヴェトナム戦争後の米国陸軍における佐官教育の質的変容』（2018年）。41普連（別府）、富士学校（富士）、3普連（名寄）、教育訓練研究本部教育部（目黒）などを経て20年から現職。専門はミリタリー・プロフェッショナリズム、軍事専門教育。

部下に裁量を委ねるミッション・コマンド

書店のビジネス書の棚には、指示を受けなくても自ら判断し、率先して行動を起こせる、やる気のある部下をいかにして育てるかというテーマを扱った書籍が並んでいる。このテーマは軍隊でも広く論じられる。

現在、世界中の多くの軍が、程度の差はあるものの、軍事作戦を開始した後にはできる限り部下に裁量を委ね、これによってその部下から自発的で、かつ現場の状況に合った臨機応変の行動を引き出さなければならないという考え方を採用している。

英語圏では、この考え方は「分権化された実行（decentralized execution）」と呼ばれ、この考え方に基づく軍隊指揮の方法には「ミッション・コマンド（mission command）」という名前がついている。陸海空自衛隊でも、これと似た考え方が支持されている。

考える力と自律した精神を伸ばす努力

分権的な指揮の中で将校や兵士の一人一人に求められることは、作戦計画であらかじめ想定していた内容とは違った状況に直面した時には、上官からの新しい命令を待つことなく、改めて作戦全体の目的に貢献できる行動について自らの頭で考え、自発的に行動し、そして同僚と協力することである。彼らは、何も考えずに上官の指示に従うことだけを一様に叩き込まれる集団ではない。

しかし、分権的な指揮の考え方を採用する軍が、これを実行できているとは限らない。軍が努力を怠っているわけではない。自主的に考える精神、流動する状況にあっても目的に合致した行動を見抜く判断能力、重圧の中でも行動し続ける意思の強さは、軍の中で行われる教育や訓練を通じて開発される。

また、これらを備えた人物は、より高い地位や役職に選抜される。にもかかわらず、推奨されていたはずの自主的な判断や行動が部下に許されていなかったという指摘が、多くの学者によって繰り返されてきた。

軍の「組織文化」が部下の自主性を阻む

先行研究の中には、部下の自主性を引き出すためには、これを技術の問題として捉えるのみならず、軍の組織文化を見直し、これを適した形に作り変えていく必要があるという主張が少なくない。組織文化とは、組織の内部で広がっている価値観、またはその構成員が無意識に正しいと認めている考え方を指す。

たとえば、アメリカ軍には、自主性を抑制する要因となっていると頻繁に指摘される代表的な組織文化が二つある。その第一は、自身の責任の範囲内でミスが起こることを恐れるあまり、リスクを回避しようとする気持ちが過剰なほどに強いという文化である。

第二は、数学的計算を使って戦争の準備や遂行を効率化することにより、戦争にまつわる問題を合理的に解決できると考える文化である。

「欠点ゼロを追い求める文化」の弊害

第一の組織文化について、英ロンドン大学キングスカレッジのロッド・ソーントン（Rod Thornton）は、2000年に発表した論文で、これを「欠点ゼロを追い求める文化（zero-defect culture）」と呼び、そうした文化の中では自主性が損なわれることを明らかにした。

ミスを犯すことに臆病な将校や兵士は、それを守ってさえいれば自身が批判を受けることを免れる、何らかの規則を探し始める。すると、大きな方向性を記したはずのガイドラインの一句や権威を持つ人物のちょっとした一言が切り取られ、絶対に守らなければならない規則として利用される。

上官は部下の意見に耳を傾けず、命令に対して直ちに、そして文字通りに服従することを求めるようになる。最終的には、現場の変化に合わせた自主的な判断や行動ができない、命令に条件反射するだけの部下が増えていく。このようにソーントンは説明した。

さらにソーントンは、冷戦後のアメリカ軍では、いくつかの要因によってこの組織文化が強くなったと指摘した。

ハイテクと管理主義　失われた「自主性」

その要因の中には、湾岸戦争の経験を経て、自軍の死傷者をほとんど出さずに勝利できるとの考え方が広まり、軍が死傷者の発生を避けようとする傾向が極端に強くなったことがある。

この他にも、リアルタイムの映像を伝達する技術の進歩により、兵士たちが、上官やメディアに見られていると感じる機会が増えたことが、要因に挙げられている。

第二の組織文化は「管理主義（managerialism）」と呼ばれる。テルアビブ大学（イスラエル）のエイタン・シャミール（Eitan Shamir）は、2011年の著作において、アメリカ陸軍の歴史を検討した上で、計算をもとに活動の効率化を図る管理的な手法は、軍の動員や輸送、ロジスティクス（兵站）では大いに役に立ったが、最上位の指揮官による厳格な統制、いわゆるマイクロマネジメントを引き起こす原因にもなったと結論づけた。

管理的な手法による効率的な戦争遂行の中で自主性が失われた代表的な事例として、シャミールは、ベトナム戦争での指揮官たちは、現場の変化を自ら判断するのではなく、むしろ比較的安全な後方に留まって、倒した共産ゲリラの人数に関する上官からの質問に答えるか、もしくは空軍に爆撃を依頼する書類を作成するだけの存在であったと説明した。

併せて、イラク戦争を分析したシャミールは、飛躍的に発達する情報通信テクノロジーを活用すれば、もっと効率的に戦争を遂行できるとの考え方が広まった結果、マイクロマネジメントの傾向が強くなったと指摘した。

ここまで紹介した研究から示唆されるのは、部下の自主性を引き出すという問題は、部下とその直接の上司の間だけで解決するものではないということであろう。

テーマをさらに深掘り
「防研セミナーブリーフィング」

執筆者の木下2陸佐が今回のテーマをさらに深掘りして解説し、防衛省職員と突っ込んだ議論を行う「防研セミナーブリーフィング」が12月16日（金）午後4時～5時まで、市ヶ谷のF1棟6階「国際会議場」で開かれます。参加者・聴講者は隊員に限定します。ご興味ある方は奮ってご参加ください。▽問い合わせ＝防研企画調整課03―3268―3111（内線29177）まで。

古希までの道のり

隊と紡いだ歴史 これからも

紙面で振り返る

「若鳩」の一節から命名

防衛省・自衛隊、安全保障の専門紙『朝雲』が昭和27（1952）年6月、当時の警察予備隊共済組合の機関紙として創刊してから70年の歳月が過ぎました。

『朝雲』の新聞名は、警察予備隊隊歌「若鳩の歌」の歌詞「朝雲わけて　昇る陽に　平和の山河　今晴れて…」から付けられました。

命名者は、当時の総隊総監で初代統合幕僚会議議長の林敬三氏で、題字は初代警察予備隊本部長官の増原惠吉氏の揮毫となります。

創刊70年のごあいさつ

代表取締役社長　中島　毅一郎

『朝雲』は隊員の福利厚生・部内広報の機関紙としてスタートしましたが、広く部外にも自衛隊を知ってもらうための広報媒体を目指し、昭和37（1962）年には防衛庁共済組合から朝雲新聞社に発行権が譲渡され、福利厚生・部内広報のみならず、防衛行政、自衛隊の活動すべてを報道する防衛問題専門の週刊紙へと発展し、今日に至っております。

今日までの長きにわたり、『朝雲』を支え、励ましてくださった隊員とご家族、OBをはじめ、防衛省・自衛隊、防衛省共済組合、防衛産業、各界有識者、そして一般読者の皆様に深く感謝申し上げます。

これからも防衛省・自衛隊広報の一翼を担っていきたいと社員一同、決意を新たにしております。今後とも『朝雲』への変わらぬご支援を、心からお願い申し上げます。

警察予備隊共済組合の機関紙として昭和27（1952）年6月1日に産声を上げた『朝雲』は今年で創刊70周年を迎えた。この間、保安隊から自衛隊、防衛庁から防衛省へと組織が変わり、その任務も多様化していった。『朝雲』は常に防衛省・自衛隊に寄り添い、各種訓練や災害派遣、式典や行事、国際貢献から隊員個人のトピックスまで、さまざまな防衛関連ニュースを伝え続けてきた。『朝雲』70周年に当たり、その歴史を振り返ってみた。

朝雲新聞第1号

昭和27（1952）年6月1日付で発行された「朝雲」創刊号。初代予備隊本部長官の増原惠吉揮ごうによる「朝雲」の題字は現在も使われている

予備隊時代に創刊

防衛省・自衛隊専門紙『朝雲』は昭和27（1952）年6月1日、当時の警察予備隊共済組合（現・防衛省共済組合）の機関紙として第1号が創刊された。

前年、発足直後の共済組合が福利厚生事業を進めるに当たって隊員の要望をアンケート調査した結果、部内紙の発行を求める声が最も多かったことから、年度重点施策として発行が決まったもので、国家地方警察本部（現・警察庁）の支援・協力で既に「日本公安時報・予備隊版」を発行していた株式会社日本保安時報社（朝雲新聞社の前身、1957年に社名変更）が、『朝雲』の取材・編集・制作を委託された。

紙名の「朝雲」は初代総隊総監（幕僚長）の林敬三氏（のち日本赤十字社社長、故人）が、警察予備隊隊歌「若鳩」の一節をとって命名。現在も使われている新聞の題字は初代の予備隊本部長官、増原惠吉氏の揮毫によるもの。

当初はタブロイド判4ページで、月2回発行、5人に1部の割合で全部隊に配布されたが、機関紙に寄せる隊員の期待は大きく、間もなく旬刊を経て翌年には現在と同じ毎週木曜日発行の週刊化が実現した。

さらに昭和29（1954）年の防衛庁と陸・海・空3自衛隊体制の発足に伴い、紙面の一層の充実を図るため一般紙と同じ大判（ブランケット判）に変更、以後『朝雲』は防衛庁・3自衛隊の機関紙として順調に発展を続けた。

しかし、当時の政治・社会情勢は反自衛隊的な空気が強く、自衛官が制服で町に出ると「税金泥棒」などと罵声を浴びるような世相だった。このため共済組合では、『朝雲』の使命を部内の福利厚生にとどめず、一般にも販路を拡大し、広く自衛隊を知ってもらうための有効な広報媒体として活用すべきとの観点から、編集に一般紙的な弾力性を持たせ、新聞らしく広告も掲載することを運営審議会で決定。それにふさわしい発行形態として昭和37（1962）年3月30日付で『朝雲』の発行権が防衛庁共済組合本部から株式会社朝雲新聞社に譲渡された。

『朝雲』の印刷風景（東京都江東区の東日印刷）

ペルシャ湾掃海派遣

自衛隊の国際貢献活動の先駆けとなったペルシャ湾掃海派遣部隊の出発を伝える紙面（1991年5月2日付）

イラク人道復興支援派遣

伝える
日付）

3自つなぐ「絆」として

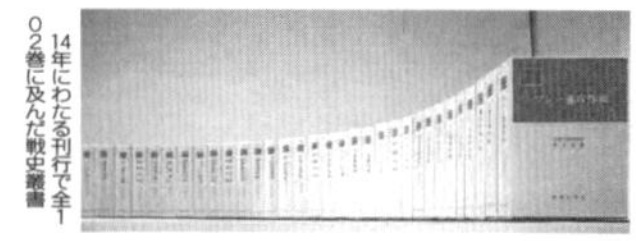

14年にわたる刊行で全102巻に及んだ戦史叢書

発行権譲渡と同時に、「『朝雲』編集連絡会議の設置及び運営に関する覚書」が両者の間で交わされ、紙面編集に当たって「相互の意思の疎通を図り、その適正を期するため」内局・各幕の広報、厚生関係者と朝雲新聞社の代表らによる会議が設置された。しかし、実際の紙面制作は朝雲新聞社が主体的に行っていることから、昭和62（1987）年、同会議を解散、以後は「朝雲賞」（部隊あるいは隊員・家族・OBから朝雲新聞社に寄せられた投稿記事・写真・所感文などの年間賞）選考のための会議に改め、年1回程度開催されている。

以上の経緯から、『朝雲』は発行主体が民間企業でありながら、主たる読者対象を防衛省・3自衛隊とする特異な活字媒体となっている。

編集の基本姿勢は、主たる読者層である隊員に力点をおいた事実の正確な報道・データの提供で、防衛行政の動きをはじめ、自衛隊の各種訓練、式典や行事、部隊の新改編・新装備など防衛力整備の状況、国際貢献活動、災害派遣や各種の民生協力、人事異動、自衛隊あるいは隊員のさまざまなトピックス、隊員・家族・OB・関係諸団体・一般読者からの所感文まで、一般の自衛隊報道・論評からは得られない多彩な防衛関連ニュースを読者に提供している。さらに部外有識者の主張や論評などによって、安全保障問題に関する隊員の理解を助け、あるいは士気を高めるといった役割を果たしている。

また、新聞『朝雲』のほか、「自衛隊装備年鑑」「防衛ハンドブック」「アジアの安全保障」など各種年鑑類などの出版事業にも取り組んでいる。特に創業以来最大の出版事業となったのは、昭和41（1966）年から14年の歳月を費やした「戦史叢書」（防衛研修所戦史部編）全102巻の刊行で、すでに絶版となっているが、大東亜戦争の唯一の公刊戦史としてさまざまな戦史図書の1次史料に利用されるなど、今日でもその価値を失っていない。

近年、PKOなどの国際貢献活動をはじめ日米防衛協力での新たな役割など、自衛隊の任務は一段と多様化し、内外の期待と関心がますます高まっているが、『朝雲』もまた、3自衛隊をつなぐ絆、隊員の新聞であると同時に、こうした社会的な関心にも応えうる専門紙としての役割が一層求められている。

阪神・淡路大震災

阪神・淡路大震災に伴う自衛隊の災害派遣の様子を伝える紙面。活動初期の悲惨な状況が伝わる（1995年1月26日付）

東日本大震災

戦後最大の被害をもたらした東日本大震災の災害派遣の第1報。見出し、写真ともに衝撃的だ（2011年3月17日付）

市ヶ谷新庁舎開庁

防衛庁（当時）が桧町から市ヶ谷に移転、新庁舎開庁式の模様を紹介した（2000年5月11日付）

「防衛庁」から「防衛省」に

昭和29年の防衛庁設置以来の宿願だった「省」昇格が実現。正門の「防衛省」の看板は久間章生初代防衛大臣が揮毫した（2007年1月11日付）

「安全保障法」が成立

「安全保障法が成立」――。平和安全法制の成立を伝える紙面

「陸上総隊」が新設

海自の自衛艦隊、空自の航空総隊と並ぶ「陸上総隊」が

朝雲新聞創刊70周年　おめでとうございます

小野寺五典（元防衛大臣、衆議院議員）

『朝雲』が創刊70周年を迎えられましたことを心よりお祝い申し上げます。創刊より防衛省・自衛隊に対する温かいご支援とご協力を賜り、感謝申し上げます。日本を取り巻く安全保障環境は一層厳しさを増しております。厳しい環境にあって全国の25万人の隊員は、日々、困難な職務を全うしております。自衛隊の活動には常に国民の理解と支持が不可欠であります。厳しい任務に当たる隊員たちが国民から信頼を得るために、皆さま方には永きにわたり多大なる貢献をいただきました。これからも、ご支援、ご協力を賜りますようお願い申し上げます。

黒江　哲郎（元防衛事務次官）

創刊以来一貫して等身大の自衛隊の姿を報じ続けてきた『朝雲』が創刊70周年を迎えられたことに心よりお祝い申し上げます。

今日、ロシアと北朝鮮の暴走や中国による強引な挑戦により、国際秩序は重大な転換点にさしかかっています。

国民の不安はかつてないほど高まっており、自衛隊も常在戦場の気概を持つ真に強靭な集団への脱皮が求められています。

この重要な時期、『朝雲』には国民の不安を払拭すべく今後の自衛隊の変化を従来以上につぶさに報じていただくことを期待しております。

河野　克俊（前統合幕僚長）

新聞『朝雲』創刊70周年おめでとうございます。

本年は昭和27年海上警備隊発足を起点として海上自衛隊創設70周年の年でもあり、『朝雲』はまさに自衛隊と苦楽をともにして歩まれた歴史であったと思います。

その間、自衛隊員にさまざまな情報を提供していただきました。

私も昨年、『朝雲』の「春夏秋冬」を担当させて頂きましたが、退官した者としては、現役の方々と『朝雲』を通してつながることができ、心から感謝しています。

西原　正（平和・安全保障研究所副会長）

『朝雲』の創刊70周年記念おめでとうございます。

『朝雲』は防衛省と自衛隊の貴重な広報紙としての重要な役割を果たして来ました。同紙を見ることで、防衛政策の展開、防衛省や自衛隊の人事異動、自衛隊と諸外国と軍隊との共同訓練などをまとめて知ることができ、さらに各地の隊友会などの自衛隊支援グループの活動など一般紙が扱わない記事に触れることができます。

『朝雲』が日本の「防衛コミュニティー」をさらに拡充してくれることを期待します。

宮家　邦彦（キヤノングローバル戦略研究所研究主幹）

過去70年間、『朝雲』が果たしてきた役割に敬意を表します。

この間、防衛庁は防衛省となり、防衛省内局や国家安全保障局では制服自衛官が安全保障政策の企画立案に直接関与するなど、防衛省・自衛隊と日本を取り巻く環境は激変しました。

今後は防衛力の質だけでなく量的な充実も必要となりますが、それを支えるのは結局、一人一人の自衛隊員です。

『朝雲』が読者に対し引き続き正確な事実と正しい分析を提供するよう期待しています。

兼原　信克（同志社大学特別客員教授）

『朝雲』創刊70周年記念、おめでとうございます。

『朝雲』は、自衛隊の誕生以来、自衛隊と共に歩んできました。今日、自衛隊はいくつもの世論調査で国民から最も信頼を集める国家機関となりました。

ウクライナ戦争、北朝鮮の核武装、絵空事ではなくなった台湾有事と、日本の安全保障環境はますます厳しくなっています。

21世紀の日本を守り抜く自衛隊員が誇りをもって働けますように。『朝雲』にますます期待しています。

佐藤　正久（元外務副大臣、参議院議員　元1等陸佐）

創立以来、自衛隊は苦難の道を歩んできた。国民の理解を得られず冷遇に耐えた時代も、存在価値は認められるもさまざまな制限の中で暗中模索してきた時代もあった。

そのような中、『朝雲』は自衛隊と共に時代を歩み、自衛隊の活動を国民に周知するとともに、安保・防衛問題の専門紙として汗をかいてきた。

地道に報道を続けてきた関係者の皆さまに心から敬意を表するとともに、激動する世界情勢と厳しい安全保障環境における『朝雲』紙の活躍を期待する。

櫻井よしこ（ジャーナリスト）

『朝雲』が発刊70周年を迎えられたこと、心よりお祝い申し上げます。

世界情勢が厳しくなる中で、国民と国を守るのに今ほど強い軍事力が必要なときはありません。

国防の責任を担ってきた自衛隊にとって、戦後の歴史は苦難に満ちたものでした。

しかし『朝雲』は自衛隊への敬意をこめて、国民と国を守る精鋭の組織、勇気ある人々について報じてきました。

これからもこの大事な組織を曇りのない目で見つめ、実態を伝え続けてほしいと思います。

派遣部隊の出発を伝える紙面（1991年5月2日付）

PKOカンボジア派遣

日本初のPKO活動を行う第1次カンボジア派遣施設大隊の先遣隊などを乗せた海上輸送補給部隊の出発シーンを紹介（1992年9月24日付）

イラク人道復興支援派遣群本隊への派遣命令発出を伝える紙面。写真は空自本隊第２陣の出発風景（2004年１月29日付）

平和維持活動　最長17年間

第34次、17年に及んだ任務を終了。最後のゴラン高原派遣輸送隊と国連兵力引き離し監視隊（UNDOF）司令部要員の隊旗返還式の様子（2013年1月24日付）

朝雲新聞　創刊70年　自衛隊

「平和の祭典」に全力支援

東京オリンピックの開会式支援の模様。自衛隊体育学校の選手たちの活躍も詳細に伝えた（2021年７月29日付）

「安全保障法が成立」――。平和安全法制の成立を伝える紙面（2015年10月1日付）

海自の自衛艦隊、空自の航空総隊と並ぶ「陸上総隊」が新設され、３自衛隊の統合運用が新たなスタートを切った（2018年3月29日付）

2022年11月1日～2023年1月31日

防衛省生協

創立60周年キャンペーン

おかげさまで防衛省生協は
令和５年に創立60周年を迎えます。
感謝の気持ちを込めて
2つのプレゼントを用意しました！

自衛隊とともに60年

A ボタンで開閉 自動開閉傘

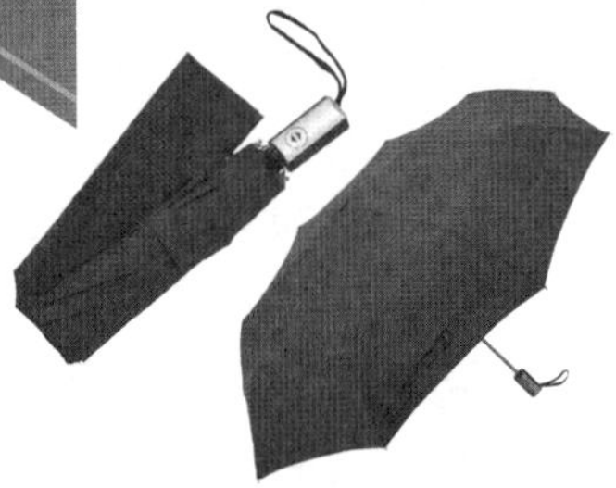

風にも強い！

※画像はイメージです。デザイン等変更となる場合があります。

キャンペーン期間中に
火災・災害共済 または
生命・医療共済 にご加入
いただいた方のうち、抽選で
250名さまにプレゼント！

【抽選対象】
- 「申込日」が令和4年11月1日から令和5年1月31日のご契約。
  ※健康状態や建物面積等でご加入になれない場合があります。
- 火災・災害共済は５口以上の新規または増口契約が対象。

B 創立60周年記念 2023卓上カレンダー

※画像はイメージです。デザイン等変更となる場合があります。

キャンペーン期間中に
窓口に来訪いただいた方
20,000名さまに
プレゼント！

【注意】
- プレゼントの総個数が20,000個となります。
- 全国の駐屯地、基地等の規模に応じ、一定個数を防衛省生協窓口に用意しています。在庫が無くなり次第プレゼントは終了となります。

防衛省職員生活協同組合　One for all, All for one
コールセンター (平日8:30～17:00)　0120-079-931
R4.11作成
BSA-2022-35

「防衛産業参入促進展」を開催

装備庁　高い技術持つ中小企業を発掘

防衛装備庁は10月27、28の両日（オンライン展示会では24〜28日）、高い技術力を持つ国内の中小企業に対し、防衛産業への参入促進を図るため、「防衛産業参入促進展」を都内ホテルで開催した。2日間の開催で、会場には延べ約330人の来場者があり、オンラインを含めると過去最多の延べ約800人が参加した。

防衛装備庁は防衛産業基盤を強化するため、優れた技術・製品・価格競争力を持つ中小企業、ベンチャー企業、スタートアップ企業などを発掘し、防衛産業への新規参入を促進している。

今回の展示会はその一環として、有望な中小企業などに三菱重工業やIHIといった既存の防衛関連企業や防衛省とのマッチング機会を提供し、防衛産業への新規参入機会を創出する目的で、平成28年度から昨年度まで計18回にわたって「中小企業等参入促進展示会」を実施。これまでに約200社が出展、13社が契約に至っている。

名称を変えた今回は過去最大の40社が参加し、いずれも初参加の企業のみ。会場には多くの防衛省や防衛産業の関係者などが訪れ、各企業ブースに足を運んでは、担当者の説明に耳を傾け、質問するなど、活況を呈していた。

会場ではドローンやUAVなどの無人機からAIやメタバースなどの情報技術、材料・製造技術関連企業の出展が多く、狭くて暗い中でも自由に飛ぶことができる世界最小級のドローンや、バッテリーとガソリンエンジンの発電で最大140分飛行できるハイブリッド型ドローン、水上で航行できる自動帆船型ドローンなど、さまざまなドローンが展示された。

他にも、AIやメタバース空間を活用した訓練・教育サービス、わずか30キロの超軽量高出力ガスタービン発電機などまで、防衛装備品への適用メリットが高い多種多様な民生品が勢ぞろいした。

同庁の土本英樹長官は「ご出展していただいた企業の皆さまは、いずれも将来の防衛装備品への活用が期待される技術を保有している。本展示会を通じてマッチングが成立し、防衛装備品の製造や整備において、皆さまの製品や技術力を活用できれば本当にありがたい。防衛装備庁としては、引き続き防衛産業への新規参入の拡大と、防衛生産・技術基盤の維持強化を図っていきたい」と語った。

過去最多40社の企業ブースが並んだ会場には多くの関係者が集まった。民生品を手がける企業の技術が、防衛装備品にも転用できるとあって、訪れた関係者も熱心に企業担当者の話に耳を傾けていた（いずれも10月27日、東京都新宿区のホテルグランドヒル市ヶ谷）

防衛技術

40社の企業関係者に向けて、防衛産業への新規参入に期待感を込めてあいさつする装備庁の土本長官

技術が光る

>115<

無線データネットワーク・通信機「SC―4200EP」　日本海洋

既存通信ができない状況で無線データネットワーク構築

「無線機間での直接通信が無効になっても通信し続けられる最新通信機が登場」――。

今年6月、千葉市の幕張メッセで開かれたドローン産業の見本市で、ドローンと共に最新通信機が来場者の注目を集めた。日本海洋が販売する「SC―4200EP」がそれだ。

SC―4200EPは米シリバス社製のマネット（＝MANET：Mobile Ad-hoc NETwork）通信機。MN―MIMO（マルチインプット、マルチアウトプットシステム）技術により既存通信環境が期待できない状況で、高品質の無線データネットワークの構築が可能。画像などのデータ通信と同時に音声通信も可能だ。

「たとえ建物や地形の影響で通信が無効化されても、多くのネットワークがあるため、一つの通信が遮断されてもまわりこんで通信を続けることができます」と日本海洋技術部の内田智之さん。

SC―4200EPはUAVなど各種無人機内蔵のリアルタイム画像・テレメトリー通信として活用されており、固定翼の標準搭載通信機として採用されているほかUSVやUGVへの展開もされているという。

「国内仕様の場合、通信範囲は上空から地上までの5キロにわたって画像伝送が可能で、ドローンをコントロールできる。隊員に直接情報を伝えられる多くのネットワークが構築されているので、無線機はロシアの侵攻を受けているウクライナでも現地で多くの機器が使われています」と内田さん。

日本では「無人移動体画像伝送システム」として、工事設計認証を受けた無線機となり、コネクター「PRI（イーサネット）、AUX（USB）、PTT（音声通話専用）を搭載。本体も防水構造になっており、天候に左右されずに通信が可能だ。

内田さんは「弊社の固定翼無人航空機AS―90XにはSC―4200EPが装備されており、これまで情報部隊にしか見られなかった情報を各隊員が見られるようになります。アメリカをはじめ、各国軍で多数運用されているため、ぜひ自衛隊でも検討していただければ」と語った。

ドローン見本市「ジャパンドローン2022」で日本海洋が展示した最新通信機「SC―4200EP」（千葉市の幕張メッセ）

防衛トピックス

レーザー誘導キットの試験成功　BAEシステムズ

英BAEシステムズは、「ジェネラル・ダイナミクス・オーダンス・アンド・タクティカルシステム」の高爆発性対戦車対人対物（HEAT／APAM）弾頭を使った「APKWSレーザー誘導キット」の試験を成功させた。

試験では、BAEシステムズがHEAT／APAM弾頭とAPKWS誘導キットを搭載したロケット弾を、鉄板や装甲車両など装甲性の高いターゲットに向けて3回試験発射。全弾命中し、射程内にある兵装された標的を破壊した。HEAT／APAM弾頭は厚い装甲でも貫通するため、戦場で幅広い目標に対応できるロケットとしての汎用性の向上が実証された。

このほか、APKWS誘導キットはレーザーターゲット探知機など70ロケット弾と部品の互換性がある。

さらに、組み立てや発射も容易で、戦闘機、戦闘ヘリ、地上車両、遠隔兵器ステーションなど、さまざまな装備品から発射することができる。

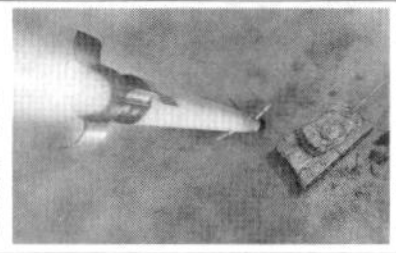

BAEシステムズが行ったAPKWSレーザー誘導キットのHEAT／APAM弾頭を用いた試験のイメージ。全弾命中し、汎用性の向上が実証された（同社提供）

土本装備庁長官が米国防次官と会談　S&TFに出席

防衛装備庁の土本英樹長官は10月31日、米国バージニア州の国防総省で開かれた第30回日米装備・技術定期協議（S&TF）に出席し、ウィリアム・ラプランテ国防次官と会談、双方の安全保障面の能力強化に資する協力を引き続き促進することで一致した。

S&TFは、装備・技術関係の諸問題を話し合う会合。今回は両国の防衛装備・技術政策の方向性、日米共同研究開発の現状と今後の見通しに加え、対外有償軍事援助（FMS）など装備の調達に関する取り組みなど、日米間で検討すべき重要な課題について議論を行い、相互理解・共通認識の醸成を図った。

両者はこうした議論を具体的な成果に着実につなげていくため、S&TFの枠組みを通じた日米間の議論を一層緊密化することで合意した。

技術屋のひとりごと

不届きな道具

宇田川　直彦

（防衛装備庁航空装備研究所）

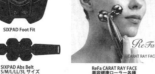

物作りに関与する技術屋の端くれとして、不純な想念のために本来の機能を損なった道具を悪（にく）む。実例を挙げて告発したい。

以前仕事でレンタカーを借りた際、ワゴン車と指定したところ、店が気を利かせて当時人気の乗用ワゴンを持って来た。これはデザイン性重視のためか、フロントガラスがなだらかな傾斜で前へ伸びている。その分室内はダッシュボードの奥行が異様に深く、うっかりそこに物を置くと、前の方に滑って行ってしまってシートベルトを外しても届かない。同型車のファンもこの欠点に悩んだようで、町で見たら衝立を作り付けてあったのには笑った。

次は、用紙に二つ穴を開けるパンチである。これは紙の位置決め用部品が、一端に止めのあるプラスチック板をやたら遊びのある孔に差してあるだけで、位置も角度もグラグラであった。位置決めのフリをしている分、何も無いよりいけない。位置決め機構がツールそのものと同じくらい重要という工作機械の基本がまるで分っちゃいない。

最後は筆者の後ろにある引き戸式のキャビネットだが、扉に四角く凹んだ引き手の枠がバネ仕掛けで少し動き、これがロック解除操作となる。解錠と開扉が同時にできる趣向であろう。

ところが、両操作で加えるべき力の向きが微妙に違うため、開けようと引くとロック機構に摩擦が生じ、うまく外れず引っ掛かる。その度、この「エレガントな」システムを考案した開発者のドヤ顔を思いやり苦虫を噛んだ。

悔しい事には、これを止む無く数カ月使った末、いつの間にかスムーズに一手で扉を開けている自分がいた。それでも、使用者にそんな訓練を課するこの道具が不届きである事に変わりはない。

世界の新兵器

――566

宇宙ゴミ除去・実践衛星21号　〔中〕　世界に先駆け故障衛星を"墓場"に

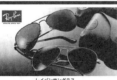

量産兵器の戦闘車両や航空機と異なり宇宙機器は、試作品がそのまま装備品となって活躍することもあるから注意深い観察が必要である。昨年10月24日に中国が打ち上げた実践衛星21号（Shijian—21）も静止軌道に載るや直ちに活発な動きを見せ、宇宙監視に励む国々の注目を集めた。

四川省の西昌衛星発射センターでの打ち上げ写真は直ちに公開され、中国の宇宙開発を取り仕切る中国航天科技集団公司（CASC）は、打ち上げ成功を伝えた後、「これは『宇宙ゴミ処理衛星』であり、数々の衛星開発で実績のある上海航天技術研究院（SAST）の手によるもの」と述べた。同研究院は、同年9月に華南の珠海エアショウで「追加サービス衛星」の構想を発表し、具体的には燃料補給を挙げている。

実は、これを静止軌道上ですでに実施した国がある。米国だ。ノースロップ・グラマン社の子会社、スペース・ロジスティック社は、2020年に「延命衛星（MEV）」を2基、静止軌道上に配置し、老朽衛星を延命するサービスを始めた。最初の顧客はインテルサットだ。静止軌道上で18年活動し、自然死を迎えようとしていた2基の通信衛星は、ドッキングしたMEVから燃料を補給され、5年間の延命に成功した。MEV自身も、あと15年間は活動する予定である。

これと競う「宇宙ゴミ処理衛星」は、どう活動するのか？　12月末、2009年の打ち上げ当初から故障して静止軌道上を漂流している北斗―2G2測位衛星へ接近し始めた実践衛星21号は、1月22日、帯同してきたアポジー・キックモーターを噴射する。これは遷移軌道から最終軌道へ移行するのに使用されるものだが、余分に持っていたのだ。ドッキングした故障衛星をロボット・アームでつかみ、静止軌道からさらに上空へ押していく。

通常、静止軌道上で任務を終えた衛星は、約300キロ上空の「墓場軌道」へ移って最後を迎えるが、この実践衛星は3000キロ上空まで押し上げてから元の位置へ戻って世界を驚かせた。半世紀前の007映画が現実のものとなったのだ。「中国は究極の攻撃衛星、すなわち敵の衛星を捕獲できる衛星を開発した」との非難は高まったが、「自分のゴミは自分で始末」というルールが宇宙でも定着しそうな今、時代を先取りした実験ともいえよう。

実践衛星21号の打ち上げの様子（CASC提供）

米宇宙コマンド司令官、ジェームズ・ディキンソン陸軍大将が、「今、一番必要なのは宇宙で撃ち合う兵器ではなく、さらなる宇宙監視（正確には宇宙領域認識）の強化である」と述べたのも正鵠を得ている。

徳田八郎衛（防衛技術協会特別研究員）

ひろば

師走、春待月、暮古月、極月――12月。

3日国際障がい者デー、8日太平洋戦争開戦日、11日ユニセフ創立記念日、18日国際移民デー、25日クリスマス、28日官庁御用納め、31日大晦日

おしろい祭　福岡県朝倉市大山祇神社で五穀豊穣を祈願する奇祭。新米を粉にして水で溶いた「おしろい」を顔に塗り、付き方で翌年の作柄を占う。帰って牛馬の飼料に混ぜて飲ませると無病息災だという。　2日

飯泉観音だるま市　神奈川県小田原市の勝福寺で400年以上前から続くだるま市で、関東で1番早く開かれる。境内にはだるまを売る店が並び、商売繁盛・家内安全を願う家族連れでにぎわう。　17、18日

千々和氏に「石橋湛山賞」
山口氏に「アジア・太平洋賞」

防研の主任研究官
二人そろって栄えある賞に輝く

やまぐち・しんじ　1979（昭和54）年生まれ、長野県出身。慶應義塾大学法学部卒。同大学大学院博士課程単位取得退学。華東師範大学留学。国際情勢研究会非常勤研究員、などを経て、2011年防衛研究所。15年から現職。18年ジョージ・ワシントン大学エリオット国際関係大学院シグール・アジア研究センター訪問研究員。20年博士号取得（法学）。専門は中国の政治・安全保障・現代史。共著に「中国の目指す覇権と国際秩序とはなにか」川島真・小嶋華津子編『UP Plus　習近平の中国』（東京大学出版会、2022年）など多数。

ちぢわ・やすあき　1978（昭和53）年、滋賀県甲賀市生まれ、福岡県飯塚市育ち。広島大学法学部卒。米ジョージ・ワシントン大学エリオット国際関係大学院シグール・アジア研究センター留学、大阪大学大学院国際公共政策研究科博士後期課程修了（国際公共政策博士）。2009年防衛研究所戦史部第二戦史研究室教官、11年内閣官房副長官補（安全保障・危機管理担当）付主査などを経て、13年から現職。著書に『安全保障と防衛力の戦後史1971~2010：「基盤的防衛力構想」の時代』（千倉書房、2021年）＝「第7回猪木正道賞」受賞＝など多数。

防衛研究所（市ヶ谷、川崎方啓所長）に所属する千々和泰明主任研究官（44）＝戦史研究センター安全保障政策史研究室＝と、山口信治主任研究官（43）＝地域研究部中国研究室＝がこのほど、それぞれの研究分野で栄えある賞を受賞した（本紙10月20日付既報）。千々和氏は第43回「石橋湛山賞」（一般財団法人石橋湛山記念財団主宰）を受賞。山口氏は第34回「アジア・太平洋賞」（毎日新聞社、アジア調査会共催）の「大賞」を受賞した。防研の研究者が同時期に二人そろって権威ある賞を受賞するのは極めて珍しく、長年の地道な研究の成果が実を結んだとして多くの関係者からお祝いのメッセージが届けられている。都内での授賞式を終えた二人を防研の研究室に訪ね、喜びの声を聞いた。（日置文恵、写真も）

「石橋湛山賞」を受賞した著書は『戦争はいかに終結したか―二度の大戦からベトナム、イラクまで』（中公新書、2021年7月）。「戦争がなぜ始まったかの研究は多いが、戦争の終わらせ方を論じたものは少なく、日本の安全保障を考える上で有意義な書」と高く評価された。

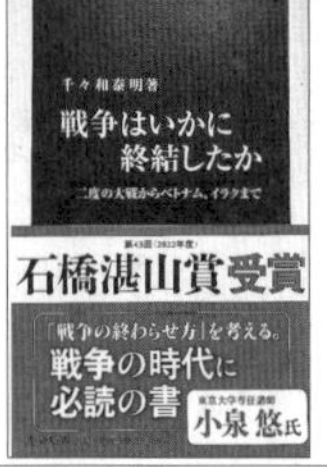

出版した翌月には米軍がアフガニスタンから撤収し、20年間に及ぶアフガン戦争が終結したものの、イスラム原理主義組織タリバンが復権し、混乱が発生。日本も自衛隊機を隣国パキスタンに派遣して在外邦人等の輸送を実施した。今年2月にはロシアが一方的にウクライナに軍事侵攻し、いまだにその「出口」は見えないままだ。

「受賞は思ってもみないことでした。日本では『戦争は起こらない』前提で全ての物事が成り立っているので、『戦争終結』というテーマ自体が戦争を容認していると誤解され、タブー視されてきました。しかし今、日本の社会で安全保障を考える土壌が大きく変わってきたと感じます」

NSC（国家安全保障会議）の創設に携わった実務経験から、日本も戦争回避だけでなく、長期的な視野に立って万が一に備えた戦争終結の在り方を考える必要性があると感じたことが執筆のきっかけだった。

「さまざまな戦争を取り上げ、その終結の在り方を一つのロジックで一望する理論研究の必要性を痛感していました」

戦争終結の在り方は、「将来の危険の除去（根本的解決）」と「現在の犠牲の回避（妥協的和平）」のどちらを重視するかのバランスで決まる。だから、古今東西ケースバイケースだ。

「ところが、我々日本人は、自らの限られた敗戦経験だけで全てを判断してしまいがちです。その狭いスコープ（視野）では、目の前のウクライナ戦争についても見誤ってしまいます」

広いスコープを手に入れるには、事例研究を通じて概念化された真に機能する「レンズ」が必要だ。

「そのレンズを、一般読者の方々にも提供できたのではないでしょうか。戦争終結について少しでも多くの方々に考えていただけるきっかけになればうれしい」と話している。

「アジア・太平洋賞」を受賞した著書は『毛沢東の強国化戦略1949－1976』（慶応義塾大学出版会、2021年10月）。安全保障問題に焦点を当て、当時の国際情勢の変動がいかに毛沢東の脅威認識に影響を与え、急進的な国家建設に向かわせたかを1次資料から丹念に検証したことが高く評価された。

若手の受賞は珍しく、「非常に大きな賞に驚きと喜びが入り混じった気持ちです」と顔をほころばせる。

学部時代、中国研究の第一人者でゼミの教官だった国分良成教授（後の防衛大学校長）の指導を受け、「中国のダイナミックな動きを観察する目が養われるにつれ、中国研究の面白さに引き込まれていきました」

この時、徹底して臨んだ卒論を出発点に約20年がかりで博士論文を書き上げ、今回、それを一般向けに加筆修正して世に出した。

かつて毛沢東に関する主流の研究は、イデオロギーや政治・外交・歴史面から語られることが多かったが、本書は安全保障という新たな視点に立ち、それがいかに毛沢東時代の中国を方向づけていったかを丁寧に描き出していった。

1959年にソ連との同盟が事実上破綻して同国からの技術支援を絶たれた中国は、60年代の貧しい時代にもかかわらず、毛沢東が「時間をかけても必ず戦略的兵器を作る」という鋼の意志を掲げ、軍事に関わる最先端技術に取り組んでいく。核開発の成功も、ICBM（大陸間弾道弾）の原型の完成も、空母製造計画も、全てこの時代だった。

そして今、圧倒的な富と技術を獲得した習近平の時代。「中国の強権的な権威主義とどう向き合っていくかは世界にとって非常に重要な問題です。中国の『いつか自前で最先端技術を開発する』という長期的な視点も侮ってはいけません」

一方で、日本では中国の安全保障問題について研究者の数も研究の蓄積も足りないという。「中国研究の魅力はそのダイナミックな動きです。『怖い国だから嫌だ』では、隣の大国とお付き合いする上で間違いが生じてしまう。大好きで見えなくなってもダメ、大嫌いだからと目を反らしたままでもダメ。これからも常に冷静で客観的な研究を続けていくつもりです」

マイヘルス Q&A

子宮頸がん

HPVワクチンで予防を　男女問わず、多くのがんに有効

Q　子宮頸がんとはどんな病気ですか。

A　子宮頸がんは年間約1万人がかかっており、約2800人が死亡しているがんです。近年、患者数・死亡者数共に増加傾向にあり、特に50歳未満の若い世代での患者数の増加が問題になっています。

Q　子宮頸がんになる原因はあるのですか。

A　子宮頸がんは95%以上がヒトパピローマウイルス（HPV）の感染が原因です。HPVには多くの「型」がありますが、そのうち、がんと関係のある型は13～14種類あります。

HPVは子宮頸がんだけではなく、男性に多い咽頭がん・口腔がん・陰茎がん・肛門がんや、女性の外陰がん・膣がんにも関係があることが分かっています。

HPVワクチンは「子宮頸がんワクチン」と呼ばれていましたが、これらのがんとの関係が深いHPVの感染を予防できるワクチンであり、子宮頸がんに限らず、多くのがんを予防できるものです。

Q　HPVワクチンにはどんなものがありますか。

A　現在、日本で使われているHPVワクチンには、「2価」「4価」「9価」の三つがあり、それぞれ2種類、4種類、9種類のHPVの型に対応しています。

「2価ワクチン」は、がんとの関係が最も深いHPV16型、18型に対して、「4価ワクチン」は、2価ワクチンに加えて性感染症の「尖圭コンジローマ」の原因となるHPV6型、11型に対して、「9価ワクチン」は、4価ワクチンに加え、がんと関係する5種類のHPVに対してそれぞれ感染予防効果があります。

「2価」「4価」ワクチンにより60～70%、「9価」ワクチンにより約90%の子宮頸がんを予防できると考えられています。

現在、日本では、小学校6年生から高校1年生の女子を対象に「2価」「4価」のワクチンが定期接種として認められていますが、令和5年度より「9価」ワクチンが定期接種となることが決まりました。

Q　ワクチン以外に子宮頸がんの予防はできますか。

A　定期的な子宮頸がん検診を受け、がんを早期に発見し、早期治療を図ることが重要です。多くの女性が子宮頸がんによって子宮を失ったり、命を落としたりするという出来事ができるだけ少なくなるよう、ワクチンと検診の二つの予防を行っていきましょう。

自衛隊中央病院　産婦人科　田中 佑奈

BOOK NOW

私が読んだ　この一冊

イ・ギョンヘ著、小笠原藤子訳「ある日、僕が死にました」（KADOKAWA）
都城駐屯地業務隊管理科営繕班　井川力也事務官　36

普段からあまり本は読まないのですが、妻に「面白いから読んでみて」と言われて読んでみたら面白かったので紹介したいと思います。

本の内容としては、ある日、主人公の親友がバイクの事故で亡くなります。親友の遺品の日記に「ある日、僕が死にました。僕の死は何を意味するのだろうか」と書かれていて、主人公は親友の死と喪失に耐えながら、その日記の意味を理解しようとする模様を描いた小説です。心を揺さぶられましたので、皆さんもぜひ読んでみてください。

司馬遼太郎著「燃えよ剣」（新潮文庫）
沖縄地本　吉田友彦3海佐　48

新選組副長・土方歳三の生涯を司馬遼太郎が歴史を紐解きながら描いた小説で、司馬遼太郎シリーズの中でも「竜馬がゆく」と並ぶ幕末物語の代表作ともいえる傑作と言われています。

自分の信念、本能に従い決してブレない土方歳三の姿に終始胸が熱くなります。指揮官がブレない組織は強いと改めて感じさせてくれる場面が多く、自衛官としても、一個人としても大変参考となる一冊です。

外山滋比古著「思考の整理学」（ちくま文庫）
特輸隊701飛行隊（千歳）　牛平亮太2空尉　29

「先生と教科書に引っ張ってもらうグライダー型の人間ではなく、エンジンを積んで自分の頭で考え、自力で飛び回れる飛行機型の人間こそ、これからの時代には必要」。人工知能の進化に伴い、今後ますます自分自身の頭で考えることの重要性が高まっていきます。

「思考の整理学」は、30年以上経った今なお通用する普遍的な考え方が綴られています。興味を持たれた方はぜひ実際に読んでみてください。

隊員愛読書ベスト5

＜入間基地・豊岡書房＞
❶完全版失敗の本質　木元寛明著　SBクリエイティブ　￥2420
❷超一流諜報員の頭の回転が速くなるダークスキル　上田篤盛著　ワニブックス　￥1650
❸超約版戦争論　クラウセヴィッツ著、夏川賀央訳　ウェッジ　￥1210
❹自衛隊最高幹部が語る台湾有事　岩田清文、武居智久、尾上定正、兼原信克著　新潮社　￥990
❺総理暗殺　大橋治雄著　並木書房　￥1870

＜防衛省・三陽堂書店＞
❶令和4年版日本の防衛―防衛白書　防衛省編　日経印刷　￥1397
❷ウクライナ侵攻と情報戦　一田和樹著　扶桑社　￥990
❸台湾有事のシナリオ　森本敏、小原凡司編著　ミネルヴァ書房　￥3850
❹軍事理論の教科書　ヤン・オングストローム、J・J・ワイデン著、北川敬三監訳　勁草書房　￥3300
❺本音の自衛隊　桜林美佐著　潮書房光人新社　￥891

＜神田・書泉ブックタワーミリタリー部門＞
❶萌えよ！戦車学校―戦後編Ⅳ型　田村尚也著　イカロス出版　￥1980
❷台湾有事なら全滅するしかない中国人民解放軍　兵頭二十八著　徳間書店　￥2640
❸海軍カレー物語　その歴史とレシピ　高森直史著　潮書房光人新社　￥913
❹戦場における成功作戦の研究　三野正洋著　潮書房光人新社　￥913
❺戦術の本質　進化する「戦いの原則」をひも解く　木元寛明著　SBクリエイティブ　￥2420

＜トーハン調べ10月期＞
❶WORLD SEIKYO Vol.3　聖教新聞社　￥250
❷転生したらスライムだった件20　伏瀬著　マイクロマガジン社　￥1100
❸NHK大河ドラマ・ガイド鎌倉殿の13人完結編　NHK出版　￥1210
❹パンどろぼう　おにぎりぼうやのたびだち　柴田ケイコ著　KADOKAWA　￥1430
❺変な絵　雨穴著　双葉社　￥1540

急患搬送1000回で感謝状
小笠原村が父島基地分遣隊に

渋谷村長（左）から感謝状を手渡される清水隊長（9月20日、父島基地）

【父島】海自父島基地分遣隊（隊長・清水賢太郎2佐）は9月20日、急患搬送が今年5月に1000回を超えた功績で東京都・小笠原村から感謝状を贈られた。渋谷正昭村長が贈呈式で清水隊長に賞状を手渡し、「村民の人命救助と民生の安定に貢献した」とたたえた。

父島基地分遣隊は、東京湾から南方約1000キロに位置する東京・小笠原諸島の父島に所在。同諸島が米軍から日本に返還された1968年の創設以来、小笠原村民約2500人と共に歩んできた。

主な任務はUH60J救難ヘリなどでの急患空輸や近傍の災害派遣。特に命の危険がある急患輸送（年間約20件）は同隊が一手に引き受けており、島の交通手段が6日に1便の貨客船しかない島民にとっては「最後の砦」と言える存在だ。

清水分遣隊長は今回の感謝状を受け、「急患搬送は昼夜休日を問わず実施されるが、引き続き部隊の即応態勢を維持し、村民の期待に全力で応えていく」と決意を述べた。

3年ぶり「自衛隊音楽まつり」
会場から惜しみない拍手

全出演部隊が登場し、陸海空が誇る歌姫らが「さんぽ」の大合唱。左から陸自鶫真衣3陸曹、空自航空中央音楽隊の森田早貴3空曹、海自東京音楽隊の三宅由佳莉2海曹と橋本晃作2海曹（11月19日、東京・日本武道館）

「WITH…回せ、響き。動かせ、新世界―新しき世代、その力と共に―」――。令和に入って2回目の「自衛隊音楽まつり」が11月17から19日（17日はリハーサル公演1回のみ）の3日間、東京都千代田区の日本武道館で3年ぶりに行われた。吉田陸幕長は前日の会見で「2年間、新型コロナの影響で実施できなかった中でも、我々自衛隊は国民と共にあり、これからも国民と共に歩み続けていく」と述べた。そんなメッセージが込められた今回は、3自衛隊の音楽隊と在日米陸軍、海兵隊の軍楽隊に加え、初めてパプアニューギニア軍軍楽隊とパキスタン陸軍軍楽隊が参加。自衛太鼓も迫力ある演舞を披露した。

18日午後の招待公演には浜田防衛大臣、小野田紀美防衛政務官、三笠宮家の彬子さまが来場された。

陸自中音が7年間、計16回の能力構築支援をパプア軍楽隊に行った。当日はその成果が存分に発揮された（11月18日、東京・日本武道館）

公演は5部構成で、序章から始まり、第1章では、初めに陸自東部方面音楽隊が「紅蓮華（ぐれんげ）」などをドリル演奏。在日米陸軍軍楽隊は「スタンド・バイ・ミー」などポップス曲を、米海兵隊第3海兵機動展開部隊音楽隊は「ネイチャーボーイ」などジャズのスタンダードをそれぞれ3曲披露した。

次に登場した空自航空中央音楽隊はロサンゼルス五輪の「オリンピック・ファンファーレ」などを演奏。「演技支援隊」の協力で、ブルーインパルス5機が描かれた横断幕が一瞬にして同隊の頭上を通過する演出を披露した。全4音楽隊による「トップガン・アンセム」では、日米それぞれの隊員が奏でるエレキギターの共演に、改めて日米の絆の深さを演出した。

第2章では、陸自中央音楽隊と302保安警務中隊が登場。陸自中方の鶫（つぐみ）真衣3陸曹の「歌よ」の歌唱から「陸軍分列行進曲」での儀仗とドリル演奏を披露。

その後はパプア、パキスタン両軍楽隊。パプア軍楽隊は陸自中音が平成27年度以降、軍楽隊育成のための能力構築支援を実施、その集大成として行進曲「ポートモレスビー」「ふるさと」を披露。最後の「上を向いて歩こう」では、同軍楽隊員自らが合唱し、会場からは惜しみない拍手が送られた。

パキスタン陸軍軍楽隊は、中東の異国情緒を感じさせる独特な演奏や華麗な衣装に身を包んだ隊員たちの姿、そして同国の自然を彷彿とさせる作品として「風の谷のナウシカ」などが演奏された。

海自東京音楽隊は「パリは燃えているか」のピアノソロを皮切りに、アニメ「宇宙戦艦ヤマト」の主題歌を橋本晃作2海曹が熱唱。最後にドリル演奏と共にいかりマークを描きながら行進曲「軍艦」を演奏した。

第3章では「廻天之力」を演舞テーマに自衛太鼓（陸自内10チーム・総勢150人）の迫力ある演奏が披露された。最終章では陸自中音隊長の樋口孝博1陸佐の指揮の下、陸海空合同演奏による「さんぽ」の大合唱で、幕を閉じた。

お母さんと一緒に収穫したたくさんのミカンをうれしそうに抱える子供（11月5日、対馬市の小森農園）

「ミカン狩り大会」開催
秋の思い出作り 287キロ収穫
対馬駐屯地曹友会

【対馬】駐屯地曹友会（会長・大久保実曹長）は11月5日、対馬市厳原町の小森農園で「ミカン狩り大会」を開催した。

隊員と家族の融和団結を図ると共に、秋の楽しい思い出を作ることを目的に行ったもので、昨年に続き2回目。当日は雲一つない秋晴れのもと、45家族107人が参加した。

今回は農園を貸切り、食べ放題で行われた。園長は、開始にあたって「木によって味が違うので、食べながらおいしいミカンの木を見つけてください」と話し、狩り用のハサミの使い方を説明。参加者は2キロ、3キロ、5キロ、10キロ分の収穫ができる袋やカゴを手に、ミカン狩りを始めた。

参加者たちは園内を歩き回ってミカンをもぎ取り、その場で採れたてを頬張りながら袋に収穫。それぞれがおいしい木を探しながらたくさんのミカンを味わい、秋の思い出を作った。

参加した隊員家族は「畑から海を望む景色がとてもきれいで感動しました。いつもあまり食べない子が、今日はずっとミカンを食べています」と楽しそうに話していた。

大久保会長は「夏にはブルーベリー、秋にはミカン狩りを計画し、多くの隊員家族に参加いただいて、ついに100人を超えた。ミカン畑を走り回る子供や、それを見つめる親御さんのとても楽しそうな姿を見て、曹友会長として本当に幸せを感じました」と語った。

参加者は約2時間で287キロのミカンを収穫、最後は恒例行事の「景品じゃんけん大会」で締めくくった。

東北生活文化大の実習に協力
仙台駐屯地　学生「栄養士目指したい」

自ら考案した「マーボーカレー」を調理する東北生活文化大学の学生たち（9月9日、仙台駐屯地）

【仙台】駐屯地は9月5日から9日まで、東北生活文化大学家政学部家政学科の学生3人の給食経営管理実習に協力した。

実習は同大学の依頼を受けて行われたもの。初日は非常用糧食倉庫などでの管理要領について学習し、2日目以降は陸自の衛生管理や野外炊具1号（22改）などを用いた炊事の様子を研修、厨房内で1200人分を超える裁断、調理、配食などを体験した。学生たちは駐屯地食堂の調理員に対し、手作りの資料を用いながら「正しい手袋の使い方を知ろう」などをテーマに衛生について一生懸命に発表した。

最終日の昼食は、学生考案の豆板醤を利かせた「マーボーカレー」を実際に調理。「大量調理は想像していた工程と違って、難しかった」「煮込む時間が家庭とは異なり、多くの工夫が必要だと思った」と話していた。

終了後、学生たちは「自衛隊の管理栄養士の仕事について深く学べた」「神英子先生（仙台駐屯地栄養担当官）のような管理栄養士を目指して頑張りたい」と感想を述べていた。

こちら警務隊
レジャー　小型無人機等飛行禁止法違反（ドローン）

ドローンは法律で空港周辺、人口集中地区等では飛行禁止

ドローンはどこでも飛ばせますか？

ドローンは飛行禁止場所があります。

「航空法」では①空港等の周辺②高度150メートル以上③人口集中地区④警察等の緊急用務空域での飛行が禁止され、違反者は50万円以下の罰金の規定があります。

また、「小型無人機等飛行禁止法」では、①国の重要な施設等②外国公館等③防衛関係施設④空港⑤原子力事業所の各敷地・上空、同周辺地域（周囲約300メートル）の飛行が禁止され、違反者は1年以下の懲役又は50万円以下の罰金に処されます。

禁止場所を確認し、許可された場所でドローンを飛行させましょう。

（北部方面警務隊）

初のドリル展示
J2・山口、ハーフタイムで　第74期航空学生

堂々と演技を披露する74期航空学生たち（10月2日、山口県下関市のセービング陸上競技場）

【小月】小月教育航空隊の第74期航空学生は10月2日、山口県下関市のセービング陸上競技場で初のドリル展示を行った。サッカーJ2のレノファ山口対グルージャ盛岡の試合のハーフタイム中に披露した。

74期学生は今年6月から約4カ月間、集中的に訓練に励んだ。本番ではその成果を発揮し、堂々とした演技を披露。会場のサッカーファンから、多くの拍手が湧き上がった。

ドリルを実施した学生たちは、「初披露でとても緊張したが、よい経験となった。これからももっと多くの方により洗練された演技を見てもらいたい」などと話した。基地では「今後、基地祭などでさらに上達した学生の演技が展示される予定だ」としている。

小休止

▽…丘珠駐屯地曹友会と修親会は10月29日、駐屯地近隣にある丘珠神社の清掃活動を行った＝写真。

▽…毎年、航空安全祈願に訪れている神社で、日頃の感謝を込めて実施したもの。隊員と家族合わせて約70人が参加した。参加者は、境内に広がる落ち葉を竹ぼうきや熊手を使って集めると、ビニールシートなどで収集場所まで運び、協力・連携して清掃にあたった。

▽…約2時間で境内は見違えるほどきれいになり、収集場所にはこんもりと積まれた落ち葉で山ができた。参加した隊員は「子供は熊手などを使うのが初めてだったので喜んでいた。親子で地域に関わる清掃に参加できてよかった」と話していた。（丘珠）

（世界の切手・オーストリア）

自分自身を信じてみるだけでいい。きっと、生きる道が見えてくる。
ヨハン・ヴォルフガング・フォン・ゲーテ
（ドイツの詩人）

朝雲ホームページ
www.asagumo-news.com
会員制サイト
Asagumo Archive プラス
朝雲編集部メールアドレス
editorial@asagumo-news.com

制服ファッションショーを企画

大学生とコラボレーション

1陸曹 田畑 亜沙美（群馬地本高崎所広報官）

群馬地本高崎地域事務所（所長・土屋章3陸尉）は10月15、16の両日、群馬県立観音山ファミリーパークで行われた「県民参加フェスタ」に参加し、大学生とともにステージを運営企画した。

県民参加フェスタは、県民が主体となって開催されるイベントで3年ぶりの開催となる。

募集相談員の力添えで、自衛隊と大学生がお互いを知る機会になればとステージ運営を任された。大学生とのコラボレーションは地本として今回が初めてで、3月ごろから幾度となく会議を行い、調整してきた。

企画の中で特に力を入れたのはファッションショーである。大学生が自衛隊を身近に感じるためには、自衛隊の制服を着用してもらうことが親近感につながり、広報効果も向上すると考え、企画した。

制服は空自入間基地、陸自相馬原駐屯地などから支援を受け、また海自下総航空基地から佐藤星来（せいら）海士長（高崎市出身隊員）の支援を受け、大学生とともにランウェイを歩いてもらった。

制服を着た大学生たちは観客から「かっこいい！　かわいい」と声援を受けてレッドカーペットのランウェイを楽しそうに歩いた。

参加した学生は「自衛官の方々と初めてお話させていただき、一緒にファッションショーを企画させていただきました。業務中の厳しいイメージは全くなく、皆さんとても気さくに話しかけていただきました。本日着用させて頂いた制服は非日常にあふれ、身に纏うことでなんだか自分が強くなったように感じてしまうほどでした。このコラボをきっかけに自衛隊の魅力がさらに広まるといいな」と感想を述べた。

その他のステージでは陸自12後方支援隊がラッパ隊を編成してラッパの吹奏を、入間基地からは修武太鼓が太鼓演奏を披露した。ラッパ吹奏や修武太鼓の演奏は大変好評で、イベント終了後、地本ツイッターでアップされると再生回数がうなぎのぼりに上がっている。

来年県民参加フェスタは20周年の節目を迎える。すでに今年と同様にステージ依頼希望がある。

群馬地本は今後も一般募集広報を実施し未来につながる志願者を獲得したい。

制服に身を包んでランウェイを歩いた大学生たちが笑顔で記念写真に収まる様子

みんなのページ

64歳で最終任期を満了

予備1等陸曹 岩﨑 雅彦（岩手地本）

令和元年5月、予備自衛官招集訓練も今年で最後と感慨に浸りながら出頭すると、地本の方から「現職自衛官の定年延長に伴い、予備自衛官も最終任期の更新年齢が61歳になったので、岩﨑さん、あと3年、64歳までよろしくお願いします！」と言われました。

今回の招集訓練で最後だと思っていたところ、新しい制度の下、あと1任期、もしかして最終任期満了64歳の予備自衛官第一期生？

そんな私も今年で64歳、これまでの予備自衛官人生の思い出を書いてみたいと思います。

私は、昭和61年12月31日付で、お世話になった第308基地通信中隊を最後に退官し、翌62年2月より予備自衛官になりました。

岩手駐屯地での招集訓練に初めて参加した時は、全く知らない方ばかりでしたが、年を重ねるたび、数えきれないほどのいろいろなご縁で仲間が増えたことで、毎年の招集訓練が私にとってかけがえのないものとなっていきました。何より、予備自衛官として同じ釜の飯を食った同志は、深い絆で結ばれていると感じました。

特に、現職自衛官時代に第2特科群所属で同じ日米合同演習に参加していたという方と出会うことができ、懐かしい話に花が咲いたことを思い出します。

予備自衛官の役割の重要性を強く感じた出来事は、平成23年3月に発生した東日本大震災で即応予備自衛官及び予備自衛官が初めて招集された時です。

予備自衛官招集訓練時、宿泊場所が体育館という時があり、みんなで体育館に雑魚寝をしました。震災の時、長期にわたり体育館を避難所として生活された被災者の方々のご苦労とは比べものになりませんが、その大変な気持ちを少しでも理解できた気がしました。

またある年の招集訓練時、夕食が隊員食堂での喫食ではなく、部隊での配食ということがありました。配膳時、プラスチック製の食器をポリ袋に入れ、その上から盛り付け、食後はポリ袋を捨てるというキッチン用ポリ袋の利用法には目から鱗で、大変便利な使い方だと感心しました。

これまで、仕事が忙しく招集訓練に参加できない年もありましたが、予備自衛官として、人生でとても貴重な時間を過ごすことができました。

最後に、皆様に支えられながら予備自衛官最終任期満了の64歳を無事迎えることができ、感謝に絶えません。この場を借りて厚く御礼申し上げます。

一般部隊に配属されて

2陸士 竹下 菜那香（397会計隊大津派遣隊）

私は、今年4月、大津駐屯地に新入隊員として入隊し、前期教育を修了後、会計科職種として伊丹駐屯地で後期教育を受け、9日付で大津派遣隊に配置されました。

派遣隊では、契約班で糧食品の契約を担当しており、約1カ月の間は先輩と共に業務を行いましたが、現在は1人で業務を任されることも多く、緊張したり、不安な気持ちもありますが、上司の指導や先輩のアドバイスを受けながら業務に務めています。

契約業務は、業務隊の糧食班や部外の業者と関わる機会が多く、コミュニケーション能力や責任感、また迅速な対応が求められるため、やりがいを感じています。今後は、契約業務の1年の流れをつかみ、与えられた業務を自分で最後まで遂行できるように努力していきます。

会計業務を行う竹下2士

新刊紹介

国難に立ち向かう 新国防論

河野 克俊、兼原 信克著

前統合幕僚長の河野克俊氏と元国家安全保障局次長で同志社大学特別客員教授の兼原信克氏が、かつてなく厳しい安全保障環境下にある日本のあるべき国防の姿について語り合う。

暴力で主権国家を踏みにじる蛮行に走るロシアと戦うウクライナ。その現状分析から日本の国防体制のさまざまな矛盾点をあぶりだす第1部「ウクライナの戦い」。台湾併合の野望を隠さない中国とミサイル発射を繰り返す北朝鮮。その隣国である日本が果たして国民を守れるのかを問う第2部「東アジアの戦い」。憲法9条や非核三原則を盾に軍事研究を排除しようとする国内の「赤い壁」を告発し、防衛体制のあらゆる不備を指摘する第3部「赤壁の戦い」で構成される。

一読して日本の体たらくに失望を覚えるが、それだけではないのが本書で、二人の専門家はこれらの問題に対して明確な処方箋を提示してくれる。

漫画「鬼滅の刃」の1シーンを例に挙げ、兼原氏が語った「自国の国民の生殺与奪の権を他国に委ねるなど、責任ある政治指導者がしてよいことではありません」という言葉が本書のテーマを象徴している。

（ビジネス社刊、1760円）

危機迫る日本の防衛産業

桜林 美佐著

「日本に『防衛産業』は存在するのか」――。およそ10年近くにわたり、この国の「防衛産業」と向き合って来た著者が投げかけた言葉は重い。

防衛問題に精通したジャーナリストが、「防衛産業」「防衛予算」「防衛装備品」などの用語を初心者にも分かりやすく解説してくれる本書。

「『防衛産業』は陸・海・空の次に存在する『第4の自衛隊』」だからこそ、すでに国内で防衛事業から撤退・または倒産などが確認された関連企業だけで約100社以上にも及んでいる現状は、まさに「危機的」であるといえる。

敗戦後に一度は崩壊した国内の防衛産業。それでも当時の技術者たちは、戦後の防衛産業復活のために密かに機械や図面を隠し持っていたというエピソードには、この国の原点である「ものづくり」の精神と日本人の矜持が伺える。

社会的な風当たりの強さを感じつつも発展し、未だに政治や世論の狭間でもがき苦しむ防衛産業の現状を本書で網羅すれば、年末策定される「中期防衛力整備計画（中期防）」など戦略3文書の理解への一助にもなる。

（潮書房光人新社刊、902円）

あさぐも掲示板

◇防研「安全保障国際シンポジウム」の聴講者を募集

—12月7日（水）、オンラインで開催—

防衛研究所は12月7日（水）、令和4年度安全保障国際シンポジウム「大国間競争の新常態—米中露関係とインド太平洋地域」を、ウェビナー方式で開催する。聴講無料で日英同時通訳付き。現在、聴講希望者を募集中。申し込み多数の場合は先着順。

▽基調講演＝エドワード・ルトワック（ワシントン・ストラテジック・アドバイザーズ代表）

▽発表者＝ニック・ビズリー（豪ラ・トローブ大学人文社会科学部長・国際関係教授）、由冀（西安交通リバプール大学国際関係教授）、山添博史（防研米欧ロシア研究室主任研究官）、アリエス・アルゲイ（フィリピン大学ディリマン校政治学部長・教授）、ジャガンナート・パンダ（スウェーデン安全保障開発政策研究所ストックホルム・南アジア・インド太平洋センター長）、佐竹知彦（防研防衛政策研究室主任研究官）

▽討論者＝増田雅之（防研政治・法制研究室長）、庄司智孝（防研アジア・アフリカ研究室長）

▽詳細・申し込み＝防研HP「イベント」のシンポジウム紹介ページで。

▽問い合わせ＝安全保障国際シンポジウム運営事務局のEメール（symposium2022@ec-mice.com）まで。

OBがんばる

柳倉 浩二さん 56

令和元年12月に徳島地本を准陸尉で定年退職。株式会社エフ設計コンサルタントに再就職し、自治体の管理する橋梁の点検に関する業務に当たっている。

必ず役立つ自衛隊の経験

私は令和元年12月に自衛隊を定年退職し、現在は徳島県の株式会社エフ設計コンサルタントで勤務しています。

就職活動の際はインターンシップの機会を通じて会社の仕事内容などの説明を聞き、非常に公共性が高い仕事であり、自衛官としての人生から引き続いて人の役に立つ仕事だと思い、弊社を希望し入社しました。

現在の仕事内容は、自治体が管理する橋梁の定期点検や点検結果に基づく補修設計に係る業務を担当しています。橋梁の点検とは、既存の橋梁の耐久性に影響する損傷や錆などの有無を点検し、橋梁の健全度を判断する仕事です。

点検の際は、橋梁点検車という特殊な車両を使用します。橋梁点検車は、常に安全を重視しながら的確かつ迅速に車両を操作することが求められます。この仕事を行う上で、自衛隊在職中に培った基本・基礎を大切にすること、適時・適切な報告・連絡・相談、そして、常に謙虚な姿勢を忘れないことがとても役に立っていると思います。

今後は技能をさらに磨き、いずれは点検計画の立案から点検実施、点検成果のまとめなどの業務を任せてもらえるようになりたいと思っています。これから退職して再就職を予定している隊員の皆さんが自衛隊で培った基本の徹底や規律、使命感や協調性は必ず「大きな力」となります。ぜひ自信をもって新しいスタートをしてください。

「朝雲」へのメール投稿はこちらへ！

▽原稿の書式・字数は自由。「いつ・どこで・誰が・何を・なぜ・どうしたか（5W1H）」を基本に、具体的に記述。所感文は制限なし。

▽写真はJPEG（通常のデジカメ写真）で。

▽メール投稿の送付先は「朝雲」編集部（editorial@asagumo-news.com）まで。

詰将棋

第880回出題

▲先手 持駒 金金

出題 日本将棋連盟 九段 石田 和雄

【ヒント】三手、五手の手順が眼目（10分で初段）。

▶詰碁、詰将棋の出題は隔週です◀

詰碁

第1295回解答

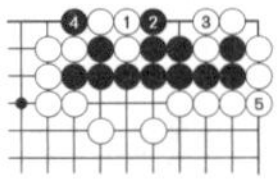

出題 日本棋院 九段 曲 励起

【解答図】白先、黒死。白①が大切です。黒❷には白③と打ち、黒❹と三目取った時、白⑤で黒死です。

朝雲
発行所 朝雲新聞社
〒160-0002 東京都新宿区四谷坂町12−20 KKビル
電 話 03(3225)3841
FAX 03(3225)3831
振替00190-4-17600番
定価一部150円、年間購読料9170円（税・送料込み）

主な記事

認知領域作戦を強化
台湾に「影響力工作」
防研「中国安全保障レポート2023」

防衛研究所は11月25日、中国の中長期的な軍事動向に関する年次報告書『中国安全保障レポート2023』＝写真は表紙＝を公表した。今年のテーマは「認知領域とグレーゾーン事態の掌握を目指す中国」。習近平政権は、党の指導の強化を中心とした軍の組織改編を通じて認知領域作戦への関与を強めると同時に、中国海警局（海警）や海上民兵の活用を強化し、武力攻撃に至らない「グレーゾーン事態」における作戦能力の向上を図ろうとしていると分析。台湾に対する「影響力工作」の脅威も指摘した。報告書はA4判、全80ページ。防研の門間理良地域研究部長が編集長、山口信治主任研究官が編著者を務めた。報告書は防研のホームページ（www.nids.mod.go.jp）には日英中3カ国語による全文がPDF版で公開されている。

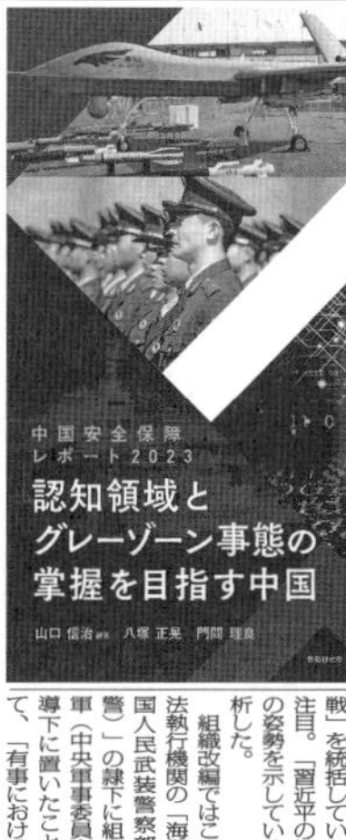

海警、海上民兵との連携で圧力

報告書は、第1章「中国の軍事組織再編と非軍事的手段の強化」、第2章「活発化する中国の影響力工作」、第3章「海上で展開されるグレーゾーン事態」――の3章立て。

第1章では、習近平が推進してきた軍事改革によって、党が軍を直接制御する仕組みが整備されてきたことを明らかにする。その中で、陸海空軍と並列する「戦略支援部隊」が新設され、同隊が宇宙・サイバー・電子戦に加え、「心理・認知戦」を統括していることに注目。「習近平の情報重視の姿勢を示している」と分析した。

組織改編ではこのほか、法執行機関の「海警」を「中国人民武装警察部隊（武警）」の隷下に組み入れ、軍（中央軍事委員会）の指導下に置いたことについて、「有事における人民解放軍の統合作戦に寄与しやすい組織へと改編した」との見方を示した。

第2章では、非軍事的手段のうち、特に「心理・認知領域」を重視し、国内外の対象者の意思決定に働き掛ける「影響力工作」に力を注ぐ中国の姿を浮き彫りにする。

この工作が最も顕著に表れているのが台湾であり、サイバー空間などを通じたフェイクニュース（偽情報）の拡散や、軍関係者を含む台湾人への働き掛けなどが「大きな脅威」となっていると指摘した。

また、人民解放軍が重視する「輿論（よろん）戦」「心理戦」「法律戦」の「三戦」は、軍事的手段とその使用をほのめかす脅しと併用して実施されることも紹介している。

第3章では、グレーゾーン事態における作戦能力の向上のために、海警船が大型化・武装化され、海上民兵の活動能力も強化されてきたことを踏まえ、「海軍」「海警」「海上民兵」の連携と軍への統合によって中国指導部が狙っているのは、「他国との軍事衝突を避けつつ、グレーゾーン事態を日常的に引き起こして相手に圧力を掛けることで、他国の主権的権利を制限しつつ自国の権益を漸進（ぜんしん）的に拡大する」ことだと警鐘を鳴らしている。

『中国安全保障レポート』は2011（平成23）年に創刊されて以来、今回で13冊目。防研のホームページには過去の号が全てPDF版で掲載されており、これまでの分析や流れを一覧できる。今回は、昨年からの「続編」の位置付けで、中国の非軍事的手段を用いた行動を理解する上で必要な基礎知識と共に、学術的・政策研究的な知見を提供することを目的に執筆された。

編著者の山口信治主任研究官は「中国の安全保障の重要問題について、できるだけ客観的かつ突っ込んだ分析を目指した。このレポートが、地に足のついた冷静な中国分析や対中政策の議論の材料となることを期待したい」と話している。

日中首脳が会談
岸田首相 軍事活動に「深刻な懸念」

岸田首相は11月17日、アジア太平洋経済協力会議（APEC）首脳会議に出席するため訪問していたタイの首都バンコクで、中国の習近平国家主席と初めて対面で会談した。

日中首脳による対面での正式会談は、2019年12月に中国の北京で安倍首相（当時）と習氏が行って以来、約3年ぶり。

岸田首相は、尖閣諸島を含む東シナ海情勢や、今年8月に中国が日本の排他的経済水域（EEZ）を含む我が国近海に弾道ミサイルを発射したことなど、日本周辺における中国の軍事的活動について「深刻な懸念」を表明。台湾海峡の平和と安定の重要性についても改めて強調した。

その上で、日中防衛当局間の「海空連絡メカニズム」の下での「ホットライン」の早期運用開始や安保対話などによる意思疎通の強化で一致し、引き続き、あらゆるレベルで緊密に意思疎通を図っていくことを確認した。

浜田防衛相は翌18日の記者会見で、「中国は透明性を欠いたまま継続的に高い水準で国防費を増加させ、核・ミサイル戦力を含め軍事力の質・量を広範かつ急速に強化すると共に、海空域における活動を急速に拡大・活発化させており、我が国を含む地域・国際社会の安全保障上の強い懸念となっている。中国との間では数多くの課題や懸案があるからこそ、我々の率直な懸念をしっかりと伝えるためにも意思疎通を強化していくことが必要だ」と述べ、「ホットライン」の早期運用開始に向けて取り組んでいく姿勢を強調した。

さらに「中国との防衛交流を推進し、相互理解・信頼醸成を進める中で、中国がインド太平洋地域の平和と安定のために責任ある建設的な役割を果たし、国際的な行動規範を順守すると共に、国防政策や軍事に係る透明性を向上させることで、我が国を含む国際社会の懸念を払拭していくよう強く促していく考えだ」と述べた。

中国の習近平国家主席（右）と会談する岸田首相（11月17日、タイのバンコク）＝外務省のツイッターから

岸田首相
防衛費GDP比2%指示
令和9年度 財源確保を年内決定

岸田首相は11月28日、首相官邸で浜田防衛相、鈴木財務相と会談し、防衛費などの安全保障関連予算を令和9（2027）年度に、現在の対国内総生産（GDP）比2%に増額するよう指示した。

首相が防衛費増額の具体的な水準を明言するのは初めて。年末に向けて財源確保の措置を決定することも指示した。浜田、鈴木両大臣が同日夕、首相官邸で岸田首相に面会した後、記者団に明らかにした。

浜田大臣によると、首相は両氏に対し「防衛費については5年以内に緊急的に強化を進める必要がある」と強調。「財源がないからできないということではなく、さまざまな工夫をした上で必要な内容を迅速にしっかり確保する」として、「27年度において防衛費と補完する取り組みとを合わせ、現在のGDPの2%に達するよう予算措置を講ずる」よう指示した。

首相はその上で、①23～27年度の「中期防衛力整備計画（中期防）」の規模②27年度に向けた歳出・歳入両面での財源確保――を年末に一体的に決定するよう両氏に求めた。

政府は防衛費に加え、▽海上保安庁予算▽防衛に資する防衛省以外の研究開発費▽公共インフラ（社会基盤）整備費▽サイバー安全保障――などの安全保障関連経費を合わせ、27年度に現在のGDP比で2%を目指す。

現在のGDPを前提とすると、新たな防衛費は約11兆円に達する。縦割りを排した省庁横断の防衛費と位置づけ、安全保障を政府全体で担う体制に移行する。

5年以内に防衛力強化
「反撃能力」抑止に不可欠
有識者会議

政府の「国力としての防衛力を総合的に考える有識者会議」は11月22日、防衛力を5年以内に抜本的に強化するよう求める報告書を取りまとめ、岸田首相に提出した。会議座長を務めた佐々江賢一郎・元駐米大使が首相官邸で岸田首相と面会し、手渡した。

報告書は厳しい安全保障環境を踏まえ、「5年以内に防衛力を抜本的に強化しなければならない」と強調。

「反撃能力」については「周辺国が核ミサイル能力を質・量の面で急速に増強し、特に変則軌道や極超音速のミサイルを配備している中、我が国の反撃能力の保有と増強が抑止力の維持・向上のために不可欠だ」と記した。

これに関し、国産のスタンドオフ・ミサイルの改良や、外国製のミサイルの購入によって今後5年を目途にできる限り早期に「十分な数のミサイルを装備すべき」と訴えた。

また、継戦能力を高めるため、弾薬の確保や抗たん性の高い施設の整備などを進める必要性も指摘した。

一方、人工知能（AI）などの最先端の科学技術については「経済発展と防衛力の基盤」との認識を示し、「政府と大学、民間が一体となって、防衛力の強化にもつながる研究開発を進めるための仕組み作り」に早急に取り組むよう求めた。

さらに、「縦割りを打破した総合的な防衛体制の強化」を掲げ、海上保安庁の体制の大幅強化を盛り込み、「有事における防衛大臣による海上保安庁に対する統制、それに基づく海上保安庁と自衛隊の連携も極めて重要な課題だ」と明記した。

予算については、防衛省・自衛隊、海上保安庁のニーズを反映し、関係府省が連携する新たな仕組みの構築を求め、①研究開発②公共インフラ（社会基盤）整備③サイバー安全保障④安全保障上のニーズを踏まえた国際的協力――の四つの経費を「総合的な防衛体制の強化に資する経費」として特別枠で予算計上する仕組みの創設を提起した。

財源は「幅広い税目による負担」の検討を政府に促した。

防衛省広報展示室が初リニューアル

東京・市ヶ谷の防衛省内にある広報施設「広報展示室」が今回初めてリニューアルされ、一般公開に先立ち11月25日、報道陣に公開された。

見どころのシアタールームでは、自衛隊の活動などがまとめられた約10分間の動画を見ることができ、大きなスクリーンに映し出される迫力ある映像で、自衛隊への理解を深められる。一般公開は12月1日。

（7面に関連記事）

日伊防衛相会談
次期戦闘機で協力を加速化

浜田防衛相は11月17日、イタリアのグイド・クロゼット国防相と電話会談し、次期戦闘機に係る協力について検討作業を加速させることで一致した。

冒頭、浜田大臣はクロゼット氏の大臣就任に祝意を示し、両氏は「自由で開かれたインド太平洋」の維持・強化に向け、2国間の防衛協力を一層進展させていくことを確認した。

さらに、日伊両国が国際社会に大きな責任を有する主要7カ国（G7）のメンバーで、基本的価値を共有するパートナーであることから、今後も防衛当局間のコミュニケーションを継続することを申し合わせた。

浜田防衛相
北ミサイルの情報共有は抑止力強化

カンボジアで11月13日に日米韓3カ国の首脳会談が開かれ、北朝鮮のミサイル関連データをリアルタイムで共有することで一致したことについて、浜田防衛相は15日の記者会見で「日米韓3カ国の抑止力強化に資する」との考えを示した。詳細は今後詰めるという。

浜田大臣は「北朝鮮がかつてない高い頻度かつ新たな態様でのミサイル発射を繰り返し、さらなる挑発行動に出る可能性も考えられる中、日米韓で緊密に連携しながら、国民の生命と平和な暮らしを断固守り抜く決意だ」と語った。

春夏秋冬

「対極」
コシノ ジュンコ

モノの価値観が大きく変わる世紀末は次の世紀に向けて新しい価値の現象を出現させる。19世紀末、浮世絵など日本の文化が影響したヨーロッパで起きた芸術の新しい流れは「アールヌーボー様式」となって一世を風靡した。それは誰かの仕掛けによって生まれたのではなく、日常の文化的乾きから芸術家たちがカタチにして市民生活に定住していった。「芸術は機能をもたない」という一言は、デザインの実務者たちにアールヌーボーを引き合いに芸術と機能の接近を挑戦させた。

20世紀末、色やカタチの流行りの予感は、それまでの「白か黒か」という二者択一ではなく二極を共有する事象が現れた。

アールフチュール（Art Futur）は日本発信の文化芸術の刺激を具現化、日仏芸術家による挑戦と発信がテーマとなった。私の提案は「丸と四角」「赤と黒」をコンセプトに家具や服飾に挑戦。「円の変貌」をテーマにしたフランス シャルル・ド・ゴール空港設計家のポール・アンドリュー。「拡張と凝縮」をテーマにした彫刻家、セザールは「ターブル・エクスパンシオン（拡張）」と題したテーブルを制作。重さ2トンを超える「彫刻的家具」を出展したベルナール・ヴィネ。「クラシシズムとモダニズム」を提案した建築家、ジャン・ミシェル・ヴィルモット。そして「デジタルとアナログ」の対極を語る作曲家、三枝成彰などによるアールフチュールの展示をパリのブティックで発表。フランス作家たちは「対極」（TAIKYOKU）展という日本語を命名した。フランス大臣をはじめポンピドゥー・センターの館長など600名を超える来場があった。

そして日本では「20世紀末日本の企業社会からアールフチュールを」という呼びかけにアーティスト・有識者・企業経営者が呼応しアールフチュール研究会が結成され、月例研究会は日本経済新聞社主幹で1992年1月から1993年9月まで開催された。「芸術と機能」の一言から始まった時代のテーマ探しはいろいろな業界のいろいろな方々の主張や考えを知ることができ、そしてそのコンセプトは尽きることなく今も創作の原点になっている。

「対極は対峙する二つの真実を結合させず融合させず緊張を保ちつつ、共存、繁栄させるものです」

（デザイナー）

朝雲寸言

シジュウカラといえば都市部でも見かける野鳥だが、スズメより小ぶりで白い頬が可愛いこの小鳥が実は言葉を発していることがわかってきた。京都大学特定助教の鈴木俊貴さんの研究によると「ピーツピ」は「警戒」で「チヂチヂ」は「集まれ」といった具合に鳴き方には固有の意味がある。さらに「ピーツピ・チヂチヂ」は「警戒しながら集まれ」と仲間に伝える鳴き方で、つまりこの野鳥は一種の文法まで使いこなしている▼シジュウカラは冬になるとヤマガラやコガラなど別種と混群をつくり、協力して餌を探す。シジュウカラ語の「チヂチヂ」は、コガラ語では「ディーディー」と似ており、別種同士でも一定の意思疎通はできるという▼北大西洋条約機構（NATO）軍の施設に行くと、加盟各国の軍人がそれぞれの制服や戦闘服で仕事をしており、思わず野鳥の混群を思い出す。ゲルマン語系のドイツ人とオランダ人、スラブ語系のチェコ人とスロベニア人といった組み合わせなら、互いに自国語を話しても一定のやりとりはできそうなところも似ている▼野鳥たちが混群をつくるもう一つの目的は、猛禽類など共通の天敵に立ち向かうことだ。ウクライナを支えるNATOにとってこの冬は特に厳しい季節となる。一方で、仲間がいるということは実に幸運だ。海自が米豪との共同訓練で「武器等防護」任務を初めて実施した晩秋にそんなことを思った。

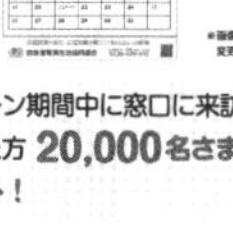

時の焦点

国内

防衛有識者会議

脅威対処へ総力挙げよ

防衛力強化のあり方を議論してきた政府の有識者会議が、岸田首相に報告書を提出した。日本の防衛体制の弱点を克服するため、さまざまな政策を総合し、対処能力を高めることを求めている。

日本を取り巻く厳しい安全保障環境を直視すれば、防衛力強化は喫緊の課題だ。政府は重く受け止め、具体的な政策に反映させる必要がある。

政府は12月中旬に、国家安全保障戦略など安保関連3文書を改定することを目指している。有識者会議には、3文書に盛り込む防衛政策の方向性や、財源の確保策の検討が委ねられていた。

報告書は「5年以内に防衛力を抜本的に強化しなければならない」と結論付けた。その柱の1つとして反撃能力の保有を掲げ、「抑止力の維持・向上に不可欠」と強調した。

日本は、専守防衛の理念に基づき、脅威に対処する形で防衛力を整備してきた。北朝鮮の弾道ミサイルに対しても、迎撃能力の向上に努めてきた。だが、いくら相手のミサイルを打ち落とす能力を強調しても、抑止力の向上にはつながらない。

反撃能力の保有は、従来の防衛政策を大きく転換し、日本が自ら国を守る体制を整えることにつながる。国民の安全を守る観点からも、妥当だ。

国産ミサイルの長射程化や、外国製ミサイルの購入を進めると共に、同盟関係にある米国と協力し、反撃能力の運用体制を整えることが重要だ。

有事に米国や同志国からの支援を得るには、日本が自らを守る努力を怠ってはならない。

有識者会議はまた、防衛産業の育成や、装備品の研究開発の推進を求めた。多角的な視点から提案し、日本の国力の向上につなげようという狙いは理解できる。

防衛産業は、納入先が自衛隊に限られている。収益性の低さから、近年は100社以上が撤退したという。

報告書は、防衛産業を「防衛力そのもの」と位置づけ、装備品の輸出を促進するため、国主導の体制を整えることを提案した。

政府は、救難、輸送などに限定している防衛装備移転3原則の運用指針を見直し、装備品の海外移転を後押しすべきだ。

「産官学」が一体となって、装備品の研究開発を進めることも大切だ。学術界の協力を得ながら、人工知能(AI)や量子技術などの最先端の科学技術を安全保障政策に生かしていくことが求められる。

有識者会議では、防衛予算の財源確保も大きなテーマとなった。報告書は、経済情勢に配慮しつつ、「幅広い税目による負担が必要」と指摘した。

防衛予算は恒常的な経費であり、国債に依存し続けるわけにはいかない。政府は、財源確保に向けて、国民の理解を得る努力を続けねばならない。

夏川　明雄(政治評論家)

海外

露の軍事作戦

インフラ攻撃に走る愚

ロシアが今年2月下旬、ウクライナ軍事侵攻に踏み切ってから9カ月以上が過ぎた。現地ではウクライナ軍が南部州の要衝ヘルソン市を奪還するなど反転攻勢を続けているものの、ロシア側はほぼ全土でエネルギー・電力などの民間インフラ施設をミサイルで攻撃し、戦火が収まる気配は見えない。

オースティン米国防長官は11月19日、カナダで開かれた国際安全保障フォーラムでの演説で、ウクライナで民間インフラを攻撃するロシアの「意図的な残虐さ」に言及し、「戦争には依然としてルールがあり、大国がこのルールを踏みにじるなら、ほかの者に国際法や国際規範に挑むことをけしかけることになる」と主張した。今回のウクライナ戦争が国際社会に広く訴えかける核心は、軍事大国による隣国への露骨な侵略と共に、武力による現状変更や冷酷・非道の数々の戦争犯罪は断じて容認できないという点にある。

メディアでは連日のようにロシア軍のミサイルやドローン攻撃で損壊した民間インフラや集合住宅が映し出され、死の恐怖を味わわされた住民が怒りや憤りと共に途方にくれている光景が伝えられている。発電所への攻撃は停電など電力供給に重大な支障を来しており、厳しい冬を迎え、暖も満足にとれない市民は1000万人を超える。

電力供給の途絶やそれに伴う断水は、病院など医療施設に入院中の患者や子供たちの命にもかかわることであり、ロシアのプーチン政権がこのように人道に著しく反する軍事行動を平然と続けていることは、常人の理解を超える暴挙、愚策と断じざるを得ない。

ロシア側が戦争犯罪に等しい民間インフラへの攻撃の手を緩めない理由としては、停戦協議や和平交渉に応じようとしないゼレンスキー政権に懲罰を加えることで反撃能力を低下させる狙いと共に、多くの国民の戦意をくじき、厭戦機運を高めたい思惑があると指摘されている。しかし、皮肉なことに、ロシア軍の作戦意図や思惑は逆効果となっており、ウクライナ国民の結束と抵抗を強める結果を招いている。

先ごろ開催された主要20カ国・地域(G20)サミットなどの多国間会議の場でも、ロシアの軍事侵攻を非難する文言を盛り込んだ共同宣言が採択され、同国の国際的孤立が改めて浮き彫りとなった。欧米や日本などの西側民主主義陣営も、ロシアの民間インフラ攻撃などに強く反発し、ウクライナへの支援継続を打ち出している。

オースティン国防長官は先の演説で、「ロシアは侵略戦争を仕掛けているだけでなく、何の軍事的目的もなく、意図的に民間の標的を攻撃している」と述べ、ロシア軍の残虐行為を糾弾した。ゼレンスキー政権が「プーチンのロシア」との対話に背を向けるのは、クレムリン指導部の重大かつ決定的な誤算が招いた自業自得と言わざるを得ない。欧州連合(EU)の欧州議会はロシアを「テロ支援国家」と非難する決議を賛成多数で採択したが、国連安保理常任理事国として大きな屈辱であり、外交的失態を象徴する動きでもある。

伊藤　努(外交評論家)

3カ国で初の「武器等防護」

海自と米豪海軍が共同訓練

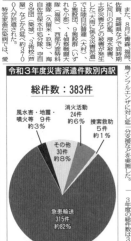

豪「ストルワート」(左)から補給する護衛艦「せとぎり」(11月20日、太平洋上)

海自14護隊(舞鶴)の護衛艦「せとぎり」(艦長・星原健吾2佐)は11月19、20の両日、関東南方から四国南方の太平洋上で米、豪海軍艦艇と3カ国による日米豪共同訓練を実施した。

訓練には米海軍から第7艦隊所属の空母「ロナルド・レーガン」、巡洋艦「チャンセラーズビル」、駆逐艦「ミリウス」が、豪海軍からは新型の補給艦「ストルワート」が参加。日米豪の艦隊は共同で対空戦、対水上戦、洋上補給など各種訓練を行い、連携を強化した。

また、米第5空母打撃群(CSG5)司令官のマイケル・ドネリー少将が「せとぎり」を訪問。艦内を視察し乗員と懇談するなど交流を深めた。

訓練期間中、「せとぎり」は、米軍と豪軍からの要請を受け、両国の艦艇に対し、「自衛隊法95条の2」に基づく「武器等防護」を実施した。

これは、今年6月11日の日米豪防衛相会談での共同声明を踏まえて実現したもので、自衛隊、米軍、豪軍が連携した形で「武器等防護」を行ったのは今回が初めて。

防衛省は「日米豪3カ国の相互運用性が向上し、より一層緊密な連携が可能となったことを示すもので、我が国やインド太平洋地域の平和と安定を維持する上で強固な基盤となる3カ国のパートナーシップの深化にとって極めて重要だ」としている。

4万5千人を派遣

令和3年度災害派遣実績を発表

統幕

統合幕僚監部は11月15日、令和3年度の3自衛隊災害派遣と不発弾処理の実積を発表した。

3年度の災害派遣人員は延べ約4万5千人で、過去5年間で最も少なかった。

このうち、昨年7月に静岡県熱海市の住宅地域で発生した「土石流に係る災害派遣」では、34普連(板妻)、1戦車大隊(駒門)、1施設大隊(朝霞)、空自中警団(入間)などから人員延べ約1万1000人が派遣され、29日間にわたり各種救援活動に従事した。

また、8月に青森、福岡、佐賀、長崎県などで同時期に河川の氾濫、浸水被害、土砂災害などの被害が発生した「大雨に係る災害派遣」では陸自16普連(大村)、5施設団、9施設群(いずれも小郡)、4偵察戦闘大隊(福岡)、西部方面特科連隊(久留米・玖珠)、海自佐世保水中処分隊、空自8空団(築城)、3術校(芦屋)などから延べ約3700人が派遣された。

特定家畜伝染病では、愛媛県西条市などで発生した鳥インフルエンザに対し延べ約2200人を派遣して鶏の殺処分などを行ったほか、群馬県前橋市の養豚場などで発生した豚熱(CSF)についても延べ約4400人を派遣し、豚の殺処分支援などを実施した。

山林火災では群馬県みどり市などで発生した山火事に対し、約860人を派遣。陸自ヘリ団(木更津)などのCH47輸送ヘリが空中消火を行った。

3年度の総件数は383件(前年度531件)で、このうち「急患輸送」が315件と最多で、以下「消火活動」が24件、「捜索救助」が5件、「風水害・地震・噴火」など9件、その他が30件だった。

このほか、3年度は新型コロナウイルス感染症の市中感染に関する災害派遣で、隊員延べ約1600人が医療機関への看護支援や自治体職員への感染防止などに投入された。

創隊時から続く陸自の「不発弾処理」は、1255件、処理重量約32トンで、その3分の1は沖縄県で行われた。海自の爆発性危険物の処理は2646個、約4トンだった。

令和3年度災害派遣件数別内訳

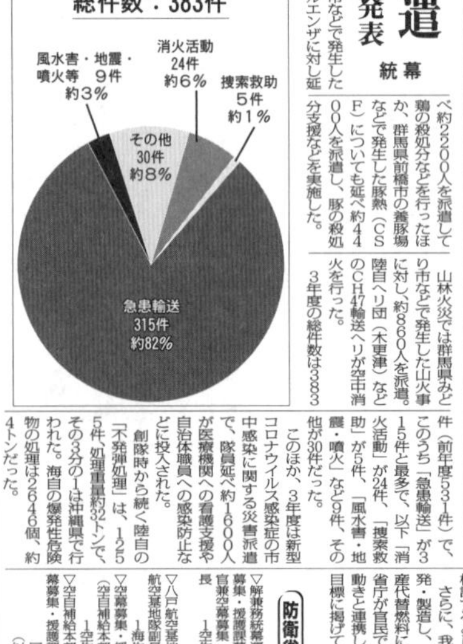

政専機にエコ燃料初使用

「気候変動対処戦略」の一環で

防衛省

航空自衛隊は11月14日、特輸隊(千歳)のB777政府専用機が東南アジア諸国連合(ASEAN)関連首脳会議などに出席する岸田首相を乗せ、12日に東京の羽田空港を出発してカンボジアの首都プノンペンなどに飛行した際、使用済み食用油などを原料とする「持続可能な燃料(SAF)」を初めて使用したと発表した。

この取り組みは、防衛省が今年8月29日に策定した「気候変動対処戦略」の一環で、空自としても引き続き、二酸化炭素(CO2)排出量の削減が可能な「SAF」の使用に取り組んでいくとしている。

井筒空幕長は同17日の記者会見で、今回の「SAF」使用について、「7月にイタリアを訪問した際に署名した、米空軍主催の世界空軍気候変動協力の成果である『気候変動協力にかかる多国間協定』を実現する上でも意義深いものと考えている」と評価。従来の燃料使用に比べ、今回の飛行では約1トンのCO2を削減したことを明らかにした。

防衛省は今年8月に策定した「気候変動対処戦略」に基づき、将来の脱炭素社会(エネルギーシフト)を見据えた新たなエネルギー源・燃料の検討に着手。

特に、化石燃料に代わる代替燃料として「SAF」をはじめ、生物資源から作る「バイオ燃料」のほか、「合成燃料」などの導入を検討するとしている。

さらに、我が国で研究開発・製造し、調達できる国産代替燃料について、関係省庁が官民で進める開発の動きと連携していくことも目標に掲げている。

防衛省発令

▽解兼務統幕運用2課、空幕募集・援護課募集・援護調整官兼空幕募集・援護課企画班長　1空佐　中川　一
(11月20日付)

▽八戸航空基地隊司令(大村航空基地隊副長)　1海佐　井上　貴嗣

▽空幕募集・援護課募集班長(空自補給本部人事課長)　1空佐　黒木　利次

▽空自補給本部人事課長(空幕募集・援護課募集班長)　同　林　弘之
(以上11月25日)

空自と米空軍が共同訓練

同盟の抑止力・対処力を強化

九州北西空域で共同訓練を行う空自8空団のF2戦闘機(右)と米空軍のB1B爆撃機(左)=11月19日

空自6空団(小松)のF15戦闘機4機は11月18日、米空軍35戦闘航空団(三沢)所属のF16戦闘機4機と日本海上の空域で共同訓練を実施した。

北朝鮮がICBM級弾道ミサイルを発射し、日本の排他的経済水域(EEZ)内に着弾させるなど安全保障環境が一層厳しさを増す中で、あらゆる事態に対処する日米の強い意志と、即応態勢を確認する目的で行われ、各種戦術訓練を通じて日米同盟の抑止力・対処力を強化した。

翌19日には、空自8空団(築城)所属のF2戦闘機5機と米空軍28爆撃航空団(サウスダコタ州エルスワース空軍基地)のB1B爆撃機2機が九州北西空域で共同訓練を行い、共同作戦能力のさらなる強化を図った。

共済組合だより

インフルエンザの予防接種を助成
来年1月31日まで

防衛省共済組合では、組合員の被扶養者を対象に「インフルエンザ予防接種」の助成を行っています。期間は来年1月31日接種分までです。インフルエンザが流行する前に、ぜひ予防接種を受けましょう。

助成対象は予防接種を受けた被扶養者全員で、1人につき年1回助成します。助成額は接種1回につき1500円。接種料金が1500円未満の場合はその額(100円未満切り捨て)とします。

共済組合に助成金を請求する際は、接種後、「インフルエンザ予防接種助成金請求書兼受領書」にインフルエンザ予防接種を受けたことが分かる記載のある医療機関発行の領収書またはそれと同等の書類を添え、所属する支部に提出してください。請求期間は来年2月末日までとなっています。

なお、「経鼻インフルエンザ生ワクチン(フルミスト)」等、厚生労働省未承認のワクチンは助成の対象となりません。ご注意ください。

前事不忘　後事之師

第83回

ミュンヘン会談に出席した左からチェンバレン、ダラディエ、ヒトラー、ムッソリーニ

渦にのみ込まれたイギリス
―大戦への道は、ある条件の承諾から―

第二次世界大戦の不思議の一つは、イギリスは、ずっと中東欧に自国の死活的国益は無いと表明していたのに、なぜポーランド問題でドイツに宣戦布告して第二次世界大戦が始まったのかということです。

その理由は、チェコスロバキアを巡る危機への対応にあります。1933年にドイツで政権の座についたヒトラーは、ヴェルサイユ体制下で各国に分散させられたドイツ民族の統合を目指します。まず1938年の3月にオーストリアを併合。次にチェコスロバキアのズデーテン地方に狙いを定めます。この地方は住民の多くがドイツ人であるにもかかわらず、ヴェルサイユ条約でチェコスロバキアに組み入れられたからです。ヒトラーは、同地のドイツ人がチェコスロバキアから不当な扱いを受けていると非難をしますが、本当の狙いは、ズデーテン問題を利用し、チェコスロバキアに軍事侵攻し、同国を支配下に置くことでした。ヒトラーは得意の瀬戸際政策でチェコスロバキアとの戦争を辞さずとの姿勢を示しますが、問題は、チェコスロバキアがフランスと同盟関係にあり、ドイツが軍事侵攻すると、フランスが参戦する可能性が高かったことでした。

「ミュンヘン会談への道」を書いた帝塚山大学の関静雄名誉教授によれば、この状況を見たイギリス首相チェンバレンは、仮に、独仏戦争になった場合に、イギリスの国内世論が、参戦やむなしと主張する一派と戦争は真っ平だとの非戦派に分裂する恐れがあると懸念し、この問題を傍観できないと考えました。当初、チェンバレンは、抜き差しならぬコミットメントを避けるため、政府とは関係ない個人使節を派遣し、チェコスロバキア政府とズデーテン・ドイツ人の仲介をさせますが、上手くいきません。

その後の危機の高まりの中で、ついに彼は、ヒトラーと直接会談に赴くことを決断し、1938年9月15日にドイツのヒトラーの山荘に出向きます。

会談で、ヒトラーの戦争も辞さずとの姿勢を肌で感じたチェンバレンは、戦争を避けるためには、チェコスロバキアにズデーテン地方を割譲させるしか方法はないと考えます。会談からの帰国後、9月18日に、チェンバレンは、フランスのダラディエ首相と会談し、ここで彼は、ズデーテン地方の割譲案を提示します。ダラディエは、直ぐには応じませんでしたが、ドイツとの戦争になった場合にイギリスの支援が不可欠であるとの考慮から、チェンバレンの提案を拒否することができず、ズデーテン地方割譲後の残部チェコスロバキアの安全保障に英国が加わることを条件にチェンバレンの提案を承諾します。

チェンバレンは、この条件について、イギリスには遠いチェコスロバキアを防衛する能力はないので、保障は純粋に〝抑止的〟なものと留保をつけます。しかしながら、関教授は、この保障はイギリスにとって中東欧の安全保障問題への不可逆的な深入りに近い、政策の一大転換だったと述べます。

実際、このコミットメントは、半年後にイギリスの身に大きく降りかかります。と言うのは、その後、英独仏伊の四首脳で行われたミュンヘン会談で、これ以上の領土拡張はしないとのヒトラーの約束を信じて、ズデーテン地方のドイツへの割譲が決まったにもかかわらず、半年後、ヒトラーは約束を違えて、軍事侵攻により、チェコスロバキアを解体したからです。

公然と保障を踏みにじられ、侵攻に対し何もできなかったイギリス国内では憤激の声が高まり、チェンバレンは、次の侵略の対象になったポーランドに、一方的に安全保障を提供することになります。その後、ドイツがポーランドを侵攻したことから、イギリスは、ドイツに宣戦布告、第二次大戦が始まります。歴史家A・J・Pテイラーは、その著書で「（チェコスロバキアへの）保障は、履行を迫られることはないとの確信の下で、僅かに残るフランスの最後の戸惑いをなくしてやるだけのために与えられた。英仏首脳会談が行われた1938年9月18日夜、ダラディエはイギリスを第二次世界大戦に巻き込む決定的な一押しを与えた」と書いています。後世の者の浅はかな後知恵ですが、あることをやり過ごすためだけにとった行動が後に極めて重大な事態を招くことになるという事例の一つだと思います。

鎌田　昭良（元防衛省大臣官房長、元装備施設本部長、防衛基盤整備協会理事長）

……　前事(ぜんじ)忘れざるは後事(こうじ)の師　……

「キーン・ソード23」―徳之島で水陸両用作戦―

水陸両用訓練で徳之島に上陸する水機団のAAV7（11月18日、同島の万田海岸）＝水機団提供

離島奪還へ俊敏な連携

武力攻撃事態などを想定し、11月10日から始まった日米最大規模の共同統合実動演習「キーン・ソード23」が同19日、終了した。（11月24日付既報）鹿児島県の徳之島では、南西諸島としては初めて日米のV22オスプレイが連携した訓練を行ったほか、水陸両用作戦が行われ、海自輸送艦「おおすみ」などから発進した陸自水陸機動団（相浦）の水陸両用車AAV7やエアクッション艇「LCAC」が同島の万田海岸に上陸し、即応性の向上を図った。

奄美で12式SSM展開

今回で16回目となった演習には山崎統幕長を統裁官に陸海空自から約2万6000人、航空機約250機、艦艇約20隻が、米軍は太平洋艦隊海上作戦部長のダニエル・マーティン海軍少将を統裁官に米太平洋陸軍、第3海兵遠征軍、第5空軍など約1万人、航空機約120機、艦艇約10隻が参加。米軍指揮下で豪、加、英軍が参加したほか、オブザーバーとしてNATO軍が加わった。

実施された主な訓練は、①陸上・海上・航空作戦②水陸両用作戦③統合後方補給④特殊作戦――など。

18日は、鹿児島・徳之島で離島奪還を想定した水陸両用作戦訓練を実施。島沖合に停泊していた「おおすみ」と米揚陸艦「ニューオーリンズ」からAAV7計14両が次々と万田（花徳）海岸に向けて発進した。上陸直前、AAV7からは目隠し用の白い煙幕を発出。敵をかく乱し、砂浜に乗り上げ、同車から小銃を持った水機団員が俊敏な動きで展開し、海岸一帯を制圧したところで状況を終えた。

この訓練を視察した井野副大臣は「おおすみ」艦内で水機団の隊員らを激励した。

海岸には自衛隊の訓練を一目見ようと島民も集まり、報道公開後は展示されたAAV7に見入っていた。期間中、徳之島では日米のV22オスプレイが南西諸島では初となる連携した着陸訓練などを行った。

これに先立ち15日には統合後方補給訓練が沖縄本島の那覇基地、那覇駐屯地で行われ、各隊員が医療拠点の開設と運営、患者後送を演練。16日には鹿児島県の奄美大島で陸自の12式地対艦誘導弾と米軍の高機動ロケット砲システム「ハイマース」の展開訓練を実施した。

このほか、東京・防衛省では宇宙作戦群（府中）と米宇宙軍が宇宙・サイバー・電磁波の新領域と既存領域の連携訓練を行い、自衛隊の統合運用と日米の共同対処能力を強化した。

統裁官を務めた山崎統幕長は、海自・護衛艦「いずも」で行った記者会見で「自衛隊と米軍はこのような実戦的な演習を通じて日米同盟をさらに強化し、国際社会の平和と繁栄をより確かなものにし、同志国と手を携えて地域の平和と安定に積極的に貢献していく」と述べた。

化学攻撃対処訓練を行う陸・空自隊員（11月15日、空自福江島分屯基地）

海自護衛艦「いずも」と協同で発着艦訓練を行う西方航AH64D攻撃ヘリ（11月14日）＝いずれも西方提供

㊨徳之島での初の日米共同訓練で着陸した陸自輸送航空隊（木更津）のV22オスプレイ。手前は機内から展開し警戒にあたる第1水陸機動連隊の隊員たち（11月16日）＝水機団提供
㊤徳之島に上陸に向けて偵察用ボートで海岸を航行する水機団の隊員たち（11月18日）＝水機団提供

㊤キーン・ソード23では日米が連携して島嶼防衛作戦の実効性向上に取り組んだ（11月10日、健軍駐屯地）＝西方提供
㊧輸送艦「おおすみ」艦内でキーン・ソード23に参加した水機団の隊員を激励する井野副大臣（手前）＝11月18日（水機団提供）

家族会版

<連絡先>
〒162－0845 東京都新宿区市谷本村町5－1　公益社団法人 自衛隊家族会事務局
電話 03-3268-3111・内線 28863
直通 03-5227-2468

私たちの信条

【根本理念】
私たちは、隊員に最も身近な存在であることに誇りを持ち力をあわせて自衛隊を支えます

【心構え】
一、自らの国は　自ら守る防衛意識を高めます
一、自衛隊員の募集・就職援護及び家族支援に協力します
一、会員数を増大し　組織の活動力を高めます

令和4年度新任会長・事務局長等研修会を開催
会の活性化へ認識共有
自衛隊家族会

自衛隊家族会（増田好平会長）は11月10日、「令和4年度新任会長・事務局長等研修会」を東京都新宿区のホテルグランドヒル市ヶ谷「白樺西の間」で開催した。北は北海道から南は鹿児島まで、今年度着任した会長・事務局長が出席し、各種事業について説明を受け、認識や課題を共有した。

新任会長・事務局長等研修会は2019年、会の「活性化施策」の一環としてスタート。その後、新型コロナの影響で中止になったため、今回の実施は3年ぶり2回目となる。北海道から鹿児島までの新任の会長・事務局長31人をはじめ、増田会長、宮下寿広副会長、本部運営委員ら計53人が参加した。

全国から新任の会長・事務局長が集った（写真はいずれも11月10日、ホテルグランドヒル市ヶ谷）

会の冒頭にあいさつする増田会長

冒頭、増田会長はあいさつで「ウクライナ、北朝鮮、中国と自衛隊を巡る環境は大きく変化している。そうした中で家族会の役割も変わってくるのではないか。本日は活発に意見を出し合い、実りある研修会にしたい」と述べた。

続いて、今井恵治事務局員が家族会の目的や信条、業務について概要を紹介。さらに本部理事らが、▽財務・会計▽「おやばと」拡販に関する事項▽「家族会支援協力」に関する事項▽「会勢拡大」に関する事項▽「活性化施策」に関する事項――などの説明を行った。

その後、休憩を挟んで質疑応答が行われた。参加者からは、「親の買い物の付き添いなど、行政がやるべき仕事を頼まれることがある。家族支援とは何かをきちんと伝える必要がある」「会員拡大のためにも、新入隊員の氏名や住所について、ある程度の情報を開示してもらえないか」といった要望や質問が出され、活発に意見が交わされた。

研修会終了後、会場を「芙蓉の間」に移して意見交換会が行われた。宮下副会長が乾杯の音頭を取り、新任の各県会長がそれぞれ抱負を述べ、互いに親交を深めた。

待望の艦艇広報
掃海艇「とよしま」一般公開
鹿児島

【鹿児島】県枕崎市家族会の萩原文蔵会長は、枕崎港で鹿児島地本知覧分駐所が11月3、4の両日支援した掃海艇「とよしま」の一般公開に参加＝写真。艇長の三浦彰敏1尉を激励した。

一般公開は、2022年度県総合防災訓練の一環で寄港した機会を活用したもの。前田祝成枕崎市長をはじめ地域住民、中高生や保育園児など2日間で約600人の見学者が訪れた。

展示では、乗組員から20ミリ機関砲と掃海装置一式の展示説明や乗組員のらっぱ吹奏などが行われた。乗組員から「船の生活環境や日常の勤務について詳しく説明を聞き参考になった」「艦橋からの景色や木造船に感動した」「将来の進路の選択肢に、海上自衛隊という仕事もあるのだと思った」といった声が聞かれた。

高松で自衛隊音楽隊定期演奏会
♪3年ぶりの音色で観客魅了♬

【香川】県自衛隊家族会、県防衛協会、県隊友会、香川地本陸友会の4団体はこのほど、3年ぶりに高松市レクザムホールで「第44回自衛隊音楽隊高松定期演奏会」を開催した。香川地本の支援により、例年県内外から多数の申し込みがある人気の演奏会で1020人の来場者を魅了した。

演奏会は2部構成で行われ、第1部は陸自14音楽隊が行進曲「瀬戸の花嫁」や山形県民謡をモチーフにした「やまがたふぁんたじぃ～吹奏楽のための～」、映画「タイタニック」メドレーなど幅広い年齢層になじみのある歌謡曲や民謡など5曲を披露。

第2部に空自西部航空音楽隊が登場。野球応援歌でも有名な「アフリカン・シンフォニー」やジャズのスタンダードナンバー「スターダスト」などポップな5楽曲が演奏された。第2部終了後、会場からアンコールの拍手が起こり、さらに1980年代にカイリー・ミノーグがカバーしたヒット曲「ロコ・モーション」を演奏、会場は大盛況の内に幕を閉じた。

来場者からは「素晴らしい演奏を聴かせていただきありがとうございました。隊員の皆さまの規律正しい姿がかっこよかったです。いつも自衛隊のイベントに参加するのが楽しみです」「自衛隊に入ってみたいと思いました」などの感想があり、自衛隊をPRする貴重な場となった。

3年ぶりに開催された定期演奏会に出演した西空音（高松市レクザムホール）

各地基地・駐屯地で家族会の研修支援

南関東地域協が浜松基地へ
部隊研修・隊員激励に14人

【静岡】東京、茨城、埼玉、千葉、神奈川、山梨、静岡からなる南関東地域協議会の家族会会員14人は9月28日、静岡地本の支援を受けて空自浜松基地の部隊研修を行った。

会員は基地の概要説明を受けた後、救難団が保有するUH60J救難ヘリ、1空団が保有するT4とT400各練習機を見学。時間が不足するほど次々と質問が出るなど、隊員と積極的に交流した。中には家族会会員の子供と同期という隊員もおり、一緒に記念撮影を行うなど楽しいひとときを過ごした。

その後、基地に勤務する1都6県の出身隊員を迎えて激励会が開かれ、各都県の家族会会長から、感謝と激励を込めた記念品の贈呈が行われた。

最後は、基地に隣接する浜松広報館エアーパークを訪れ、歴代の戦闘機や航空機、ミサイルなどの装備品見学、映像シアターなどを楽しんだ。

見学終了後「今回の研修を通じて若い隊員と接することができたことは、私たちにとって大きな喜び。改めて心強さを感じた」と話した。

1空団のT4練習機を見学しコックピットに座る千葉県家族会の加藤光男事務局長（手前）と同安部育子会長

神町駐見学に12人
体験喫食、親子で楽しむ
山形

6施大隊新隊員教育隊の漕舟訓練を見学する家族会会員

【山形】県真室川町自衛隊家族会（沓澤良夫会長）は9月16日、山形地本新庄地域事務所の支援を受け、12人が神町駐屯地研修に参加した。

自衛隊と駐屯地への理解を深めるとともに、我が子が駐屯地でどのような勤務・生活をしているのかを知ることが目的。

会員たちは、駐屯地広報センターで概要と災害派遣に関する説明を受け、広報用のDVDを鑑賞。最近の陸海空自衛隊の活躍に感動しきりだった。

昼食は、真室川町出身の隊員3人とその家族が駐屯地隊員食堂で体験喫食を行い、久しぶりの親子での食事を楽しんだ。

午後は駐屯地から西に約5キロの最上川谷地橋付近に移動し、6施設大隊新隊員教育隊の漕舟訓練を見学した。

沓澤良夫会長は「研修を実施していただきとても感謝しています」と述べた。

事務局だより

▽…新任県会長・事務局長等研修会を11月10日、ホテルグランドヒル市ヶ谷で3年ぶりに実施しました。50人が参加し、「活動の手引き」を中心とした最近の変化事項などを含めた説明や「家族支援協力における部隊との連携」「家族会員加入促進」「おやばと拡販」「活性化施策」について活発に意見交換がなされるなど、本部と県家族会の業務連携・協力の基盤を確たるものにし、引き続き充実発展のために頑張ることを約束しました。

▽…九州・沖縄地域協議会が9月8、9日熊本県で、南関東地域協議会が同27、28日に静岡県で、近畿地域協議会が10月29日和歌山県で、四国地域協議会が11月12日に徳島県で、東海・北陸地域協議会が同16日に岐阜県で行われました。総会に引き続き、本部指定討議テーマ「家族会の魅力化施策」や、各地域協議会討議テーマについて議論しました。また、この機会を利用して、各地域担当委員から本部施策等について説明しました。

▽…本年8月以降、UNMISS第17次司令部要員（市ヶ谷）、派遣海賊対処行動第49次・第50次航空隊（八戸・那覇）、同第43次水上部隊「すずつき」（佐世保）の各隊員を激励しました。

▽…令和4年度第3回理事会（書面決議）で「令和5年度事業計画（骨子）」「県自衛隊家族会長人事」「自衛隊家族会地域協議会長人事」および「運営委員の選任」の4議案を諮る予定です。

▽…「令和5年北方領土返還要求全国大会」は2月7日、国立劇場で開催されます。時間短縮、参加者制限、映像配信等昨年同様行います。署名活動で貢献している家族会の代表が、壇上からさらなる署名確保の決意を表明する予定です。

▽…総合募集情報誌「ディフェンスワールド23」が1月末に完成します。今年は陸自1師団（練馬）、海自呉地方総監部（呉）、空自7航空団（百里）を取材し、さらに充実した内容としました。募集・援護活動の一助とし、また、中・高校生など若い世代をはじめ広く一般の方々に自衛隊を分かりやすく知っていただけるよう編集しています。家族会記念行事や会議・講演会の際にもご来賓などへお配りし好評をいただいております。購入希望は事務局までご連絡ください。

（家族会事務局）

募集・援護

特集

平和を、仕事にする。

陸海空自衛官募集

保育士予備自、4年度からスタート

陸自は、令和4年度から「技能公募予備自衛官（保育士）」になるための「予備自衛官補（技能：保育士）」の募集を導入し、5年度は1月から募集を開始する。この予備自保育士は災害派遣の際に預ける先がない隊員の子供を駐屯地で一時的に預かる「緊急登庁支援」の一環。陸幕厚生課は「多くの保育士資格保有者に応募、入隊してほしい」としている。

緊急登庁支援で子供をお世話

【陸幕厚生課】「技能公募予備自衛官（保育士）」は、緊急登庁支援で預けられた隊員の子どもの世話や避難時に引率などを行い、災派などに従事する部隊・隊員が能力を最大限に発揮するための役割を担う。

今年4月時点で、緊急登庁支援に登録している隊員の子供の数は全国で約5000人。現在は業務隊を主体に部隊などから人員を捻出しているが、災派では一人でも多くの隊員を被災地に送り出す必要がある。そこで、予備自保育士が隊員の子供を安全・確実に預かることで、部隊の前線への戦力投入に支障が出ないようにする。

予備自保育士の勤務イメージ。災派などが発生時に駐屯地施設で隊員の子供たちのお世話をする（陸幕提供）

技能公募予備自衛官（保育士）任官までの流れ

応募 → 試験合格 → 採用に承諾 → 予備自衛官補採用 → 2年間で10日間の訓練に参加（10日間の訓練に参加すれば2年未満でも任官可能） → 任官に承諾 → 予備自衛官任官（任期：3年　1年間に5日間の訓練に参加）

◇任官までの流れ

予備自衛官（保育士）になるためには、まず予備自補（技能：保育士）として採用される必要がある。

応募資格は、「18歳以上53歳未満で日本国籍及び保育士資格を有している者」で、各地本で応募を受け付けている。資格があれば実務経験なしでも応募可能だ。

試験は、「筆記（小論文）」「口述（面接）」「適性検査」「身体検査」。合格し、任官を承諾した後、採用される。採用後は、2年間で10日間の訓練に参加することで予備自（保育士）に任官できる。2年に満たない期間で10日間の訓練を終えれば、その時点で任官もできる。

◇活動内容

予備自保育士は、年間5日間の訓練招集のほか、災派発生時に各方面総監から招集され、自宅近くの駐屯地など、指定地に出頭、「緊急登庁支援施設」で勤務する。

預かった子供の食事、入浴、寝かしつけなど、日常生活の面倒を見るほか、駐屯地が被災し、施設が安全に使用できない場合には、他の安全な地域へ子供を引率する。期間は原則5日間で、活動地域は、駐屯地内が主となる。

◇予備自保育士の処遇

予備自補（技能：保育士）、予備自衛官（保育士）共に各種の手当が支給される。

「訓練招集手当（予備自補は「教育訓練招集手当」）」が訓練参加1日あたり8100～8500円、予備自に任官すると、「予備自衛官手当」も月4000円支給される。

◇予備自任官のすすめ

厳しい災害派遣の現場で、隊員が力を遺憾なく発揮するには、予備自保育士の力が必要だ。

陸幕は「隊員の皆さん、ご家族はもちろん、部外の方も含めて一人でも多くの方に予備自保育士を周知したい。多くの資格保有者が応募され、入隊してほしい」と話している。

ただいま募集中！
◇高工校
◇自衛官候補生
★詳細は最寄りの自衛隊地方協力本部へ

札幌　地本長が国際任務踏まえ講話

小樽ロータリークラブの例会で、自身の国際任務指揮官などの経験を交えて講話する佐藤地本長（11月8日、グランドパーク小樽）

【札幌】地本長の佐藤和之1陸佐は11月8日、小樽市のホテル「グランドパーク小樽」で開かれた小樽ロータリークラブの例会に講師として出席し、自身の体験で得た教訓をテーマに講話を行った。

このクラブは、国際的な社会奉仕連合団体として昭和8年に設立され、年間約45回の例会を開催、多分野で活躍している人を講師に招いて会員の知見を広げている。今回はリモート視聴が可能なZOOMを併用し、全会員75人が参加した。

佐藤地本長はこれまで、「第19次ゴラン高原派遣輸送隊長」「派遣海賊対処行動支援隊6、7次隊司令」などを歴任。ゴラン高原派遣輸送隊では後方支援大隊に所属し、監視任務に当たる各国部隊を後方面で支えたほか、人員や物資の輸送・整備、除雪作業などに従事した。

また、派遣海賊対処行動支援隊では、アフリカのジブチで自衛隊活動拠点の警備などに当たったほか、現地の学校などを訪れ講話を行うなど、語学力や統率力などを最大限に発揮した。

佐藤地本長はこうした当時の活動を紹介し、異国の地で諸外国の軍人と信頼関係を築くためには、厳しい任務の際でも明るく活動にあたることが大切であり、「ユーモアによって共感が好感を呼び、信頼を得る」ことなどを伝えた。さらに、より望ましい安全保障環境のためには「語学を自由に使える幹部を育成することが大切だ」と話し、参加会員の防衛関連意識の高揚に努めた。

日本航空学園で自衛隊をPR　石川

【石川】地本は10月15日、輪島市の日本航空学園能登空港キャンパスで3年ぶりに開催された「航空祭2022」で募集広報活動を行った。

同学園は毎年十数人の自衛隊入隊者を輩出する募集重点校。今年は建学90年かつ同キャンパス開校20年目の節目の年で、多くの来場者を予想し、より力を入れて募集広報に当たった。

当日は、石川県出身の森喜朗元首相や馳浩同県知事、輪島市議会議員、小松基地司令の石引大吾将補をはじめ、地元住民ら約5千人が来場。陸自航空学校（明野）から飛来したUH60JA多用途ヘリ、OH1観測ヘリの地上展示や陸自車両の装備品展示を行った。

さらに、同学園の卒業生でF15戦闘機パイロットによる航空学生制度説明会や募集広報ブースでのパンフレット、グッズの配布なども行い、幅広く自衛隊をPRした。

特に地上展示のヘリには多くの学生が群がり、操縦や整備について隊員に質問していた。

地本は来場者に対して自衛隊の理解促進を図ったほか、日本航空学園の学生約1200人に募集種目や制度を説明し、入隊者の獲得につなげる広報を行った。

徳島「ぬりえコンテスト」開催

本部長賞に小1女子輝く

【徳島】地本は9月1日から10月11日の間、自衛隊への親近感を深めることを目的に「ぬりえコンテスト」を開催した。

ぬりえは、海上自衛隊の創設70周年を記念し、題材には海自の護衛艦「ひゅうが」を採用。徳島地本のホームページで掲載・配布したほか、広報イベントなどで募集パンフレットとともに配り、地本SNSでも参加を呼び掛けた。全国から74作品の応募があり、地本職員全員の投票により11作品を選定。さらに職員による選考を行い「本部長賞」「副本部長賞」「募集課長賞」「カラフルで賞」と入選7作品に分けられた。

上位3作品には自衛隊の迷彩服などを着たくまのぬいぐるみ、「カラフルで賞」には陸自車両の形をしたホッチキス、入選者にはマスク、その他の参加者たちには海自のARカード（印刷されたQRコードを読み取ると、スマホに映像などが映し出されるカード）が贈られた。

本部長賞に輝いたのは愛媛県の小学1年生の女の子。母親は「子供が自分から進んで描きたいと言って完成させました。一生懸命に取り組んでいたので、受賞できて良かった。家族みんなで喜んでいます」と話していた。入賞作品は来年3月末まで、徳島地本のホームページで掲載される。

㊤74件の応募の中から「本部長賞」に輝いた小学1年生の女の子が描いた作品
㊦11作品の中から選考を行う徳島募集案内所の広報官（10月20日、徳島募集案内所）

自衛隊への理解深める

募集課長が大学で安全保障講話　愛知

湯浅課長（壇上）は約200人の学生を前に、安全保障や自衛隊の取り組みについて語った（11月10日、中京大学名古屋キャンパス）

【愛知】地本の湯浅征幸募集課長は11月10日、中京大学名古屋キャンパスで安全保障講話を行った。法学部の国際関係論の授業の一環で、担任する古川浩司教授の依頼で2011年から始まった。昨年は新型コロナの影響でオンライン形式だったが、今回は久しぶりの対面授業となった。2～4年生の約200人が受講した。

湯浅課長は講話の前段で、安全保障の定義や防衛省・自衛隊の任務と編成、概要を説明した。後段は「令和4年度防衛白書」の「国際関係」として国連平和維持活動（PKO）の展開や、各国への能力構築支援について解説。また、国外隊付訓練として米国に出張した体験などを語った。興味を持ってもらえるよう写真やイラストを使いビジュアル面でも工夫し、学生の理解度を確認しながら授業を進めた。

最後に湯浅課長が、自衛官等採用案内について説明。多数の職種や職域があること、中京大学からの過去の入隊者について話すと、参加者は真剣な眼差しでスクリーンを見つめ、ノートにメモを取ったり、パソコンやiPadに入力しながら話に聞き入った。

講義を受けた学生は「非常に有意義で、学びの多い時間だった」などと感想を語った。さらに学生たちは、冬季インターンシップや、一般幹部候補生の受験、予備自衛官補の受験にそれぞれ興味を示したため、同大名古屋キャンパス担当の兒玉竜義広報官（名古屋出張所）が採用制度などを説明した。

地本は「今後も大学との連携を最大限に活用し、募集対象者の視点に立った広報を行っていく」としている。

佐賀　バルーンフェスタで車両展示

アジア最大級のイベント「佐賀インターナショナルバルーンフェスタ」の会場で、立ち上げを支援する久留米駐屯地の隊員（11月4日、佐賀市嘉瀬川河川敷）

【佐賀】地本は11月2～6日、3年ぶりに有観客で開催された「佐賀インターナショナルバルーンフェスタ2022」に参加し、自衛隊をPRした。

佐賀市嘉瀬川の河川敷をメイン会場に行われる熱気球の国際的なフェスティバルで、約100機のバルーンが参加し、延べ80万人を超える観客が来場するアジア最大級のスカイスポーツイベント。

地本は、半トントラック「パジェロ」と空自背振山分屯基地の軽装甲機動車を展示して自衛隊をアピール。会場には警察や消防の車両も並んだ。「キッズデー」に招待された県内外の園児や小学生約3千人は車両の展示エリアに立ち入り、普段触れることのできない自衛隊車両などを目の当たりにして楽しんでいた。

このほか、久留米駐屯地の隊員約15人は計測員としてイベントを支援、立ち上げなどにも携わった。

地本はイベントを通じて子供たちと触れ合い、未来につながる広報を実施。参加した保護者らは「日々、お疲れさまです。災害派遣などの任務、とても感謝しています」と隊員をねぎらった。

香川「とね」体験航海を支援

480人が乗艦

護衛艦「とね」の特別公開で76ミリ速射砲の説明を受ける募集対象者と協力団体会員ら（10月30日、高松港）

【香川】地本は10月29、30の両日、海自フリートウィークの一環として高松港で行われた12護衛隊（呉）の護衛艦「とね」（基準排水量2000トン）の体験航海・特別公開を支援した。

体験航海には1000人を超える応募があり、公募の当選者のほか募集対象者、協力団体の会員など両日合わせて約480人が乗艦。さわやかな秋晴れのもと4回の航海が行われ、参加者は「動く護衛艦に乗艦できてとても貴重な経験になった」と話していた。夕方に実施された特別公開では、約50人が艦橋などを見学し、装備品の説明を受けた。

31日には「とね」を見送るために多くの地域住民らが岸壁に集まり、「ありがとう」「また来てね」など温かい言葉が送られるなか、同艦は母港の呉に向けて出港した。

～地本　ホッと通信～

札　幌

地本は10月16日、真駒内駐屯地で開催された「北部方面隊創隊70周年記念行事」で二つのブースを開設し、広報活動を行った。

東厚生センター内の採用広報ブースでは、パネルによる地本のイベント紹介やグッズ配布などを実施、募集相談コーナーでは、女性広報官が訪れた人の相談に丁寧に応じた。

一方、グラウンド内に設けた旭川地本と協同の一般広報ブースでは、札幌地本の限定グッズや旭川地本手作りの時計など豪華景品が当たる三角くじのほか、撮影した写真を缶バッジにしてプレゼント。来場者が楽しめるイベントを行った。

札幌地本のマスコットキャラクター「モコ」も来場者と交流し、子供から手紙をもらうなど人気を博した。

青　森

地本は10月22日、青森駐屯地で９飛行隊の支援を受けてＵＨ１Ｊヘリの体験搭乗を行い、青森・弘前・五所川原地区の募集対象者と募集援護協力者38人が参加した。

参加者たちはパイロットから説明を受けた後、複数のグループに分かれてヘリに搭乗。眼下に広がる緑や故郷の街並みを撮影するなど約10分間、秋晴れの青森上空の空中散歩を満喫した。

参加した高校生は「住んでいる街がとてもきれいで、景色が最高でした」「良い経験ができた。自衛官の試験を受けます」などと話していた。

山　形

地本は10月19日、東根市立大富小学校で開催された芸術教室「自衛隊コンサート」を支援した。

「音楽鑑賞を通して児童の感性をはぐくみ、表現力向上を図りたい」と同校から地本に要請があり、６音楽隊（神町）が演奏を行った。

コンサートは曲紹介に合わせてクイズを取り入れるなど和やかな雰囲気で進み、音楽隊はアニメ「名探偵コナン」のテーマ曲、同「鬼滅の刃」から「紅蓮華」「炎」などなじみのある７曲を披露。児童からは歓声と拍手が沸き起こった。

演奏後は、代表児童が濱中則昭隊長にお礼の言葉とともに花束を贈呈。児童からの鳴りやまない拍手に応えてコ

ンサートはアンコールに突入し、さらに１曲を演奏した。

児童たちは「とても楽しかった」「制服がかっこよかった」などと話し、職員からは「子供たちの好きな曲を多く演奏していただき、ありがとうございました」「こんな素晴らしい音楽隊と自衛隊が東根市に駐屯しているのは頼もしい」と喜びの声が寄せられた。

茨　城

土浦地域事務所は９月３、４の両日、つくば市内の大型商業施設で開かれた「防災フェア」に参加した。

初日はゲストとして招かれたプロレスラーの蝶野正洋氏とコラボし、屋内ステージで「蝶野正洋と学ぶ防災テクニック」を開講。司会者から「自衛官の自宅では、地震に備えてあるものを常に空にしないようにしていますが、それは何でしょう」と質問されると、蝶野氏は「貯金箱」と答えて会場を笑いで包んだ。続けて長谷川治規所長が「貯金箱も大切ですが、正解はお風呂の水です」と解説を始めると、笑顔だった来場者たちも一転して真剣な顔で聞き入っていた。

翌日に行われた「救急救命を体験しよう！」では、ハンカチとタオルを使い来場者に直接止血方法を紹介、体験型のイベントで自衛隊への理解を深めた。

静　岡

地本は９月２、３の両日、御前崎港の「開港50周年記念行事」の一環として海自の多用途支援艦「えんしゅう」の一般公開を行った。同港に入港するのは３年ぶりで、２日間で1791人が訪れた。

来艦した多くの家族連れが艦橋や甲板を見学し、乗員から装備や活動などについて説明を受け、海自への理解を深めた。子供たちは双眼鏡をのぞいたり、艦の舵を取る舵輪に触れるなどして楽しんでいた。

来場者は「以前、清水港で自衛隊の船を見てから子供がはまっている。今日もとても喜んでいたので、来られてよかった」と話していた。

74式に試乗「すごい迫力」

豊川駐で募集広報の日　愛知

【愛知】地本は10月15日、豊川駐屯地で開催された「豊川募集広報の日」に、募集対象者とその家族計39人を引率して参加した。

はじめに、74式戦車と軽装甲機動車、高機動車の体験試乗を実施。走行を体験した参加者は「すごい迫力だった！」「とてもレアな経験ができた」と興奮気味に話していた。陸自の装備品コーナーでは、最新鋭の16式機動戦闘車をはじめ、化学防護車や偵察用オートバイなどを見学、参加者は隊員の説明に熱心に耳を傾けていた。

昼食後は豊川訓練場に移動し、翌日に開催される「豊川駐屯地創立72周年記念行事」の予行を見学。観閲台から見る整斉と統一された姿に、参加者たちは圧倒された様子だった。74式戦車と155ミリりゅう弾砲の訓練展示では大きなごう音が響き渡り、訓練場からは驚きとともに歓声が沸き起こった。イベント終了後のアンケートでは、「大変満足した」「気持ちに変わりなく、自衛隊を受験する」など好評なコメントが寄せられた。

このほか、愛知地本は訓練場に自衛隊広報ブースを開設し、陸海空自衛隊の階級章や防衛記念章の展示、制服試着コーナーなどで自衛隊をPR。特に制服試着は子供たちに大人気で、記念撮影を楽しむ親子でにぎわった。

ブースに訪れた子供からは、裏面に自衛隊への応援メッセージが書かれた自家製の名刺が手渡され、「いつも守ってくれてありがとうございます」というねぎらいの言葉を見て、地本隊員たちは感動に浸っていた。

豊川訓練場に展開した自衛隊ブースでは、陸海空の階級章などを展示・紹介し来場者たちに自衛隊をＰＲした

74式戦車に乗って走行を体験する参加者たち
（いずれも10月15日、豊川駐屯地）

（右）自衛隊ブースに訪れた子供からもらった隊員への応援メッセージが書かれたオリジナルの名刺　（上）隊員食堂で昼食の照り焼きハンバーグなどを味わう参加者たち

京　都

地本長の岡本宗典１陸佐は10月９日、ＫＢＳ京都ラジオ番組「武部宏の日曜トーク」に出演し、自衛隊をＰＲした。

岡本地本長は人生初のラジオ出演で、生放送がはじまるとメインパーソナリティーの武部氏のサポートを得ながら、陸海空自衛隊の魅力を発信。京都地本の各種イベントや試験などについてもアピールし、「京都地本は府内の７カ所に事務所があるので、お気軽に遊びに来てください」と締めくくった。

兵　庫

姫路地域事務所は10月13日、姫路市家島地区で実施された防災訓練を支援し、地域住民約200人に対して土のう作成や応急手当の実習を行った。

訓練は離島である家島地区の特性を

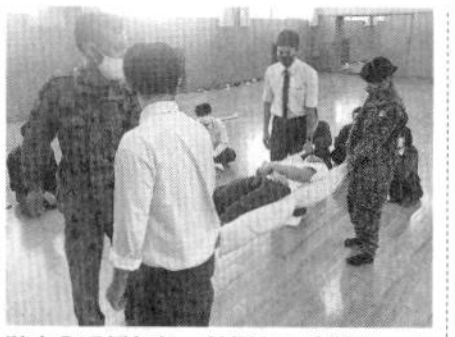

踏まえて行われ、幼児から高校生、その保護者を含む多くの地域住民が参加した。広報官が土のう作成の要領や止血法、応急担架の作成方法などについて紹介。その後、参加者たちがグループに分かれて身の回りの物を活用した実習を行った。

参加した生徒たちは「応急手当の実習で得たことを、もしもの時にしっかりと生かしていきたい」と話していた。

福　岡

地本は10月23日、国重要文化財指定記念「若戸大橋ウオーキング」に合わせて開催された北九州市の「秋の若松みなと祭り」で広報活動に当たった。

小倉駐屯地、空３術校（芦屋）、海自下関基地隊、46掃海隊（勝連）の掃海艇「ししじま」の支援を受けて実施し、自衛隊ブースの開設と、若松港での「ししじま」の一般・特別公開を行った。

自衛隊ブースでは、炊事車によるカレーの炊き出しや装備品展示、ミニ制服試着、ＶＲ体験などが行われた。青空のもと、約2000人の地域住民らが訪れ自衛隊への理解を深めた。

若松港に入港した掃海艇「ししじま」は、満艦飾で来場者を歓迎。特別公開では20ミリ機関砲や機雷処分具、水中処分員が使用するウエットスーツなどを展示し、約600人が来艦した。

来場者は「炊事車でつくるカレーがおいしかった」「初めて艦艇に乗り感動した」などと話していた。

熊　本

地本は10月１日、海自佐世保地方総監部の支援を受けて「佐世保基地見学ツアー」を実施した。

ツアーでは、海自の魅力を存分に理解してもらうため、海自の概要説明、

護衛艦「さざなみ」の見学、旧軍地下防空指揮所見学が行われた。

参加者は、接岸する「さざなみ」に乗艦して艦橋、対艦ミサイル、機関砲などの展示説明を受けた後、記念撮影などを楽しみ艦艇見学を満喫。旧軍地下防空指揮所の見学では、戦時中の指揮所の様子や体験談などを聞いて歴史を学んだ。

終了後には「海上自衛隊にあこがれます！ぜひ入隊したい」との声も寄せられ、このツアーを通じて海自への志願意欲の向上が図られた。

宮　崎

地本は10月２日、宮崎市の「青島青少年自然の家」で開催された防災イベント「まなＢＯＳＡＩ」に参加した。

防災意識の向上を目的に、幼児や小学生を含む家族約1000人を対象に実施されたもので、会場には自衛隊をはじめ消防や日本赤十字社など約10団体が防災に関わるブースを展開した。

地本は災害パネルの展示、車両展示、パンフレットの配布などで来場者に自衛隊をアピール。特に車両展示や制服試着は子供たちに大好評だった。

防衛省広報展示室　安全保障環境を実感

展示に統一性持たせ、デジタル化

展示物をデジタル化して、自衛隊の活動などが視覚的に理解しやすくなるよう一新された「広報展示室」

防衛省は11月25日、東京・市ヶ谷の同省厚生棟2階にある「広報展示室」を初めてリニューアルし、12月1日からの一般公開に先立ち報道公開した。広報展示室は、防衛省・自衛隊の広報を充実させるため2001（平成13）年に開設。今回の改修では、これまでの展示に統一性を持たせることに加え、訪れた人たちに最新の安全保障環境と防衛の全体像を実感してもらえるよう、展示物も現代に合わせてデジタル化し、生まれ変わった。（1面参照）

展示室は、省内を一般来場者が巡る「市ヶ谷台ツアー」のコースに組み込まれており、これまでも、陸海空自衛隊の資料や装備品の模型などの各種展示物を通して来場者に自衛隊を紹介してきた。

一新された展示室は、黒を基調とした「クールサイド」、緑の「ウォームサイド」、そして「シアタールーム」の3エリアからなり、全部で16枚のパネルが展示されている。

「クールサイド」では、自衛隊がどのような任務に当たっているのかを多くの写真で紹介している。あえて文字を少なくすることで、修学旅行生などの若者から年配の方までが視覚的に理解しやすく、小さな子供にも迫力が伝わるようにと配慮した。

「ウォームサイド」は主に、自衛官の職種に焦点を当てたパネルが展示され、多方面で活躍するプロフェッショナルたちの活動が紹介されている。

中でも、タッチモニターは、パネルに触れると各職種の紹介が表示され、子供も楽しみながら自衛官の仕事を学べる。

一番の見どころは、横約10m、高さ約2・5mの大スクリーンで、自衛隊の役割や統合運用について学べる「シアタールーム」だ。5台のプロジェクターを使用することで、より迫力ある映像が見られるようになった。紹介動画も新しくなり、正面スクリーンのみでなく床面も使って迫力を演出している。

出口付近には、非接触で自衛官の制服の着せ替えが楽しめる2台のモニターを設置。モニターの前に立ち、画面に手をかざして好みの制服を選ぶだけで着替えた姿が映し出されるため、手軽に自衛官になりきれる撮影スポットとなっている。モニターは自身のスマホなどで撮影可能で、来場した記念として残すことができる。

展示室のパネルは今後、時期に応じて内容を変更する予定だ。12月1日の市ヶ谷台ツアーで初めて一般公開される。

制服着せ替え体験ができるモニターは、手をかざすだけで気軽に好きな制服に着替えられる。来場の記念に写真に納めることも可能（いずれも11月25日、防衛省厚生棟）

日光市で山林火災

陸自12ヘリ隊など消火活動

山林に散水する12ヘリ隊のCH47J輸送ヘリ（11月19日、栃木県日光市）

栃木県日光市で11月17日、山火事が発生し、群馬、埼玉両県の防災ヘリが消火活動に当たったが、鎮火しなかったため、同日午後8時半、栃木県の福田富一知事が陸自12特科隊長の藤本倫徳1佐（宇都宮）に災害派遣を要請した。

これを受け、12ヘリ隊（相馬原）のCH47J輸送ヘリ2機とヘリ団（木更津）のCH47JA輸送ヘリ1機の計3機が18日の午前6時23分以降、消火活動を開始した。

この日は、12ヘリ隊のUH60JA多用途ヘリが現場の空中統制を行いながら、35回の散水で計175トンの放水を実施したものの鎮火には至らず、日没前に活動をいったん終了した。

19日は午前8時8分から、12ヘリ隊とヘリ団のCH47各1機が消火活動を再開。午後3時15分に鎮火が確認されたことから、栃木県知事が12特科隊長に撤収の要請を行い、災派部隊は活動を終了した。両日で航空機延べ5機が活動し、散水回数は延べ57回、散水量は約285トンに上った。

今回の災派に伴い、12特科隊は日光市役所と同市消防本部にそれぞれ2人の連絡要員を派遣。12ヘリ隊からも現地指揮本部が置かれた鬼怒川レジャー公園に2人の連絡要員を派遣し、各種支援調整を行った。

宮崎　鳥インフルで43普連災派

現場指揮官（左から2人目）の指導で鶏の殺処分などに関する作業手順を確認する43普連の隊員（11月20日、宮崎県新富町）

宮崎県新富町の養鶏場で11月20日、高病原性鳥インフルエンザ（H5亜型）が確認されたため、同日午前7時、同県の河野俊嗣知事が陸自43普連長の谷雅和1佐（都城）に対し、鶏の殺処分などに関する災害派遣を要請した。

前日の午前8時55分頃、同養鶏場で死んだ鶏が増えているとの通報が県家畜保健衛生所に寄せられ、簡易検査でA型の鳥インフルエンザの陽性と判明。翌20日のPCR検査の結果、致死率の高い高病原性の疑似患畜であることが国によって確認された。

県からの災派要請を受けた自衛隊は20日午前7時から、43普連を基幹に空自5空団（新田原）の隊員を加えた約200人でローテションを組み、24時間態勢で殺処分などの支援を開始した。

その後、同日午後10時45分、自治体のみで防疫作業が可能となったため、県知事からの撤収要請を受け、作業を終了。自衛隊は約16万羽のうち、約6万羽の殺処分などを担当した。

海自2術校　3年ぶりオープンスクール

イベント盛りだくさん　1000人が来場

【田浦】海自2術校は10月15日、爽やかな秋晴れの下、「オープンスクール」を開催した。学校施設を一般に公開するのは3年ぶりで、約1000人が訪れた。

来場者（観閲台）の前を整斉と行進する学生たち（10月15日、神奈川県横須賀市の海自2術校）

来場者はふだん立ち入ることができない各実習場などを見学。艦艇に搭載されている大型ディーゼルエンジンやガスタービンエンジンの運転音の迫力に驚いていた。行進展示では一般の来場者が観閲台に上がり、その前を学生たちが敬礼しながら行進した。

校内各所を巡るスタンプラリーや近代五種競技用レーザー銃の体験教室、海自グッズを取りそろえた土産物コーナーなどは大勢の人でにぎわった。

このほか、陸自の31普連（武山）が指揮通信車などを展示。神奈川地本がブースを出展し自衛隊をPRした。さらに掃海艇「えのしま」や海保の巡視船「あしたか」も公開された。盛りだくさんのイベントに訪れた人々は、「楽しかった」「隊員さんに明るく丁寧に接していただき、気持ちよく見ることができた」などと話した。

北見の個人宅で不発弾

5後方支援隊が砲弾を回収

不発弾を計測して調査する保科龍也2尉（左）と梶英之1曹（10月31日、北海道北見市）

【美幌】5後方支援隊2整備中隊2普通科直接支援小隊（美幌）の隊長・保科龍也2尉と梶英之1曹の2人は10月31日、北海道の北見市川東の個人住宅内で発見された不発弾を回収するため、急きょ出動した。

同日午前8時頃、個人住宅内にある納屋を解体中の業者から「砲弾らしきものがある」との情報が現地警察に寄せられたため、警察から5旅団（帯広）に回収要請が入り、同隊の保科小隊長以下2人が現場に午前11時頃に到着した。

2人は速やかに作業を開始し、砲弾を確認。長さ約30センチ、直径約7・5センチ、重さ約4キロの旧陸軍の高射砲弾「十三年式有孔代用弾」で、爆発の危険性はないことが判明したことから、砲弾を回収し帰隊した。

納屋の所有者は「90年前に旭川の旧陸軍第7師団の兵隊だった父が、演習後に空包と思い、納屋に保管したものではないか」と話した。

周辺住民は警察の指導の下、安全な場所に避難した。

小休止

▽…海自24空の阿波おどりグループ「松空連」（連長・小坂祥人2尉）はこのほど、徳島市で開催された「2022阿波おどり」に参加した。総勢約70人の連員が、力強い男踊りや艶やかな女踊り＝写真、迫力ある提灯踊りを披露した。

▽…「松空連」は今年、コロナ下の自粛期間を経て3年ぶりに活動を再開した。連員の約半数は阿波おどり初参加だったが、ベテランの熱い指導のもと練習に励み、当日はその成果を遺憾なく発揮。観客を大いに魅了し、祭りを盛り上げた。

▽…このほかにも「松空連」は、医療施設への慰問や小学校への阿波おどり指導などを行っており、自衛隊への理解促進に努めている。連では「今後も阿波踊りを通じて、地域との交流を一層深めていきたい」としている。（小松島）

こちら警務隊

飲酒関連犯罪　道路交通法違反（酒気帯び運転等の禁止）

飲酒運転の車の同乗者にも　助長行為として重い罰則

飲酒した友人が運転する車に同乗した場合、どのような罪になりますか？

まず、飲酒をして車を運転しては絶対にいけません。また、飲酒運転への同乗は、飲酒運転助長行為として重い罰則が設けられています。

もし、車両の運転者が酒気を帯びていることを知りながら同乗した場合には、同乗者も酒気帯び運転等の禁止に該当し、運転者が酒酔い運転の場合、3年以下の懲役又は50万円以下の罰金、酒気帯び運転の場合は2年以下の懲役又は30万円以下の罰金に処されます。

飲酒運転は人命を奪う危険な行為であり、飲酒運転の車に同乗するなどは、もってのほかです。（東北方面警務隊）

（世界の切手・シエラレオネ）

努力すれば報われる？そうじゃないだろ。報われるまで努力するんだ。
リオネル・メッシ
（アルゼンチンのサッカー選手）

浜松の航空祭予行展示に参加して
戦闘機のエンジン音に興奮

川越 良哉（群馬県立高崎高校2年）

私が浜松基地に着いたのは12時ごろでした。約6時間バスに揺られた疲れも吹き飛ぶくらいの光景がそこにはありました。滑走路付近に並んだ航空自衛隊の飛行機。普段見ることができない光景に私は感動しました。

また、飛行機だけでなく車両もあり、初めて実物を見るものが多かったです。とくにテレビなどで見ることが多く、いつか実物を見てみたいと思っていた16式機動戦闘車もありました。普段見ることができない様々な装備をとても近くで見ることできたのは、とても貴重な経験になりました。

私がどれから見ようか迷っている間に、予行演習が始まりました。基地上空に進入してきた9機の飛行機は一糸乱れぬ編隊を組んでいました。美しく整った編隊飛行は日々国を守るために努力してくださっている隊員の方々の努力の賜物だと思いました。

続く救難隊の展示では、航空機とヘリコプターの見事な連携と落下傘による降下を見ました。落下傘で自由自在に空を飛ぶ隊員の方はまるで鳥のようでした。

それからほどなくして、岐阜基地からF15とF2戦闘機が来ました。どちらも姿がはっきりと見え、ものすごいエンジン音が聞こえました。私はあれほど近くで見たことがなかったので、とても興奮しました。

基地にいた自衛隊員の方々はとても親切で、簡単な質問から細かな質問まで私たちにわかりやすいように丁寧に答えてくれました。

最後のブルーインパルスの飛行では、彼らが見せてくれた技の一つ一つがどれもすさまじく、私たちの拍手は止まりませんでした。

今回の航空展示をみて、自衛官になりたいという私の気持ちはますます強くなり、防衛大に合格するという目標に向かって突き進む原動力となりました。日本を守るために日々過酷な訓練をこなす、親切で心優しい隊員の方々を尊敬し、私もいつかこのような人になりたいと強く思いました。

いつか私も立派な自衛官として国防を担えるようになりたいと思いました。今回の予行展示を見学させていただいたことに本当に感謝しています。ありがとうございました。

浜松基地の航空祭予行を見学した高校生ら

現在の私と将来の夢

予備2陸曹　黒木 久美子（福島地本）

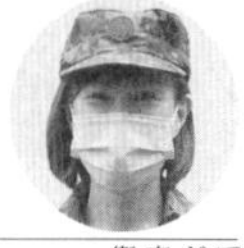

私は、現役を引退した2006年の春に予備自衛官に任官しました。それから早16年が経ちました。

さて、私は現在予備自衛官として福島駐屯地での訓練に出頭しております。福島県は出身地ではあるのですが、現役の頃の任地が北海道だったため、予備自衛官として福島県に戻った当初は、駐屯地に知り合いもなく、初出頭時は再出発に向けての第一歩という気持ちでした。

予備自衛官に任官後間もなく、即応予備自衛官の活動にやりがいを感じ、東日本大震災が起きた2011年までの4年間を即応予備自衛官として活動しました。

あの震災を経験し、私の人生もガラっと変わってしまいましたが、「予備」という言葉は付いているにせよ、自衛官としての立場があったからこそ、あの状況でも物事を冷静に判断し対処できたのかなとも感じています。

現在は、震災後栃木県に移住し、学習塾を経営しています。何度も仕事で忙しい時期があり、訓練に出頭できないこともありましたが、地本の担当者の方々に支えられ、ここまで予備自衛官と仕事の両立を続けることができています。毎日子どもたちの教育に携わる立場として、日本の未来を創造していくことのできる人材を育成することが今の私の夢です。そんな素敵な子供たちがさらにたくさん出てきてくれたらうれしいです。

2回目の実動演習に参加

予備1陸佐　佐藤 繁文（千葉地本）

私は主要指揮官職として、1空挺団落下傘整備中隊長、6後方支援連隊補給隊長、103補給大隊長として勤務、2018年9月に定年退職（1佐）して予備1佐として登録、このたび千葉地方協力本部の働き掛けにより2度目の実動演習への参加となりました。

1回目は2020年10月3日～11日の間、1佐の予備自衛官として初めての実動演習への参加となる第1空挺団演習（後方支援連隊訓練検閲）に後方支援隊補助官グループ長兼隊長補助官として、2回目は2022年10月17日～21日の間、同じく第1師団演習（第1後方支援連隊訓練検閲）に統裁部アドバイザー職として参加し、それぞれの招集訓練において現役時に培った経験と識能が何らかの形で貢献できたなら幸いと思っています。

有形無形の国防要素において、「予備1佐」の制度が浸透し成果を積み上げるとともに、予備1佐を雇用している民間企業の国防意識の醸成や幅広い社会貢献につながることが私の責務と認識しております。

第1空挺団演習に参加する佐藤予備1陸佐

大隊訓練検閲に参加して学んだ

3陸曹　佐藤 啓（6施大1中・神町）

私は大隊訓練検閲に、1中隊1小隊本部通信陸曹として参加しました。本検閲間は「必通」を目標に掲げ、中隊及び小隊の通信網の維持運営を重点に置き任務を遂行しました。

6月に実施された中隊訓練検閲の反省を生かし、集結地や拠点等における通信の確保のために適地の選定や各結節を活用した連絡通信を行い、状況の把握を積極的に実施しました。

そのため、状況間の中隊本部や中隊長との情報共有を円滑に実施し、中隊や大隊の任務完遂に寄与することができました。

大隊検閲を受閲し、通信の可否が作戦遂行に及ぼす影響を改めて認識することができました。今後も指揮官や作戦部隊の企図を正確に理解し、戦況の推移に柔軟に対応できるように、使命を自覚して日々の隊務にまい進したいと思います。

新刊紹介

グローバリズム植民地ニッポン
―あなたの知らない「反成長」と「平和主義」の恐怖―
藤井 聡著

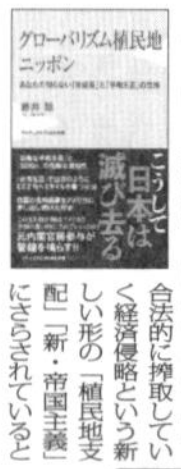

1990年代から四半世紀――。日本国民の賃金は一向に伸びず、欧米をはじめシンガポールや韓国よりも賃金（大学初任給）が低い、貧困国家となっている。他の主要国が成長し続けている中、日本だけ経済規模が縮小している。

深い原因は「平和主義」「反成長」にあり社会的・文化的特徴を喪失してしまい、アイデンティティーが失われてしまう途上に日本があるという。

著者は植民地支配され、過去に滅び去って行った国々と同じような状況に日本は置かれていると、歴史を振り返りながら論じている。そして今、合法的に搾取していく経済侵略という新しい形の「植民地支配」「新・帝国主義」にさらされていると具体例を挙げて丁寧に説く。

成長なき国をアメリカが守る理由やメリットがどこにあるのか。中国との間で緊張が高まり続ける尖閣諸島などで有事が起きても明け渡すことになりかねない。米中の「グローバリズム植民地」になってしまう。

「滅び去る」ということを明確に、はっきりとイメージできればできるほどに、より長く生き残ることができる。危機意識なき民族は滅び去るほかないと警鐘を鳴らす。

（ワニテックス刊、968円）

海上自衛隊5大基地
艦艇パンフレットCOLLECTION
河上 康博・相澤 輝昭監修

海上自衛隊にはそれぞれ艦艇を見学するともらえる「艦艇パンフレット」という無料のPR誌がある。外観から艦内図、主要性能まで紹介しており、ファンにとって隠れた人気アイテムとなっている。本書はその主要艦艇パンフレット25冊を、海自の資料提供を得て精密に再現・収録したグラフィックス誌。今年の海自創設70周年を記念して出版された。

横須賀、呉、佐世保、舞鶴、大湊の5大基地ごとに分冊し、マガジンケースに収納。「いずも」など主要な護衛艦はもちろん、最新の「もがみ」や潜水艦「たいげい」まで、代表的な海自艦をほぼ網羅している。各艦艇が趣向を凝らした「護守印」（乗艦記念スタンプ）の印影一覧も掲載されている。このほか、海自OBの河上康博元海将補、相澤輝昭元1海佐が、各基地の概略や歴史、特に注目される新型艦の特徴などについて詳細な解説を加えており、基地見学に際してのガイドブックとしてもうってつけといえるだろう。

ビジュアル面でも迫力のある仕上がりとなっており、贈答品、土産品としての活用も期待できる。海自の魅力がギュッと詰まった、ファン必携のコレクションだ。

（ホビージャパン刊、3300円）

みんなのページ

朝雲・栃の芽俳壇

畠中草史　選

初雪の富士借景にしらせ往く　館山・海OB　斎藤　一向
しらせの南極へ向かうときの景であろう。富士の初雪は9月下旬。初冠雪での見送り。

牡蠣殻を厚く敷き積む蜑の道　浜松・空OB　宮本　立男
カキむき場で殻を山と積んである景を見たことがある。最終の捨て場の一つは蜑の道とは。

旅心誘ふ紅葉の露天風呂　熊谷・空OG　関田　絹江
粛々と神職の掃く落葉かな　浜松・空OG　木通　佳子
待ち侘びし句会再開菊日和　相模原・海OG　折口　桂子
石蕗の絮野をめぐりをる近江かな　大津・陸OB　丸岡　正男
芒野に風吹き止まぬひもすがら　あきる野・一般　小和田一男
桜紅葉ひと葉ひと葉と散り急ぐ　船橋・陸OG　佐賀あかり
秋澄むや女王の御喪厳かに　熊谷・空OB　工藤　敏雄
函館へ渡る雑魚寝やそぞろ寒　町田・陸OB　岩原　滋利
秋分の国旗掲げて峡の村　鹿島・陸OB　一ノ瀬恵昭
甘藷食む祖母の呼ぶ声空耳す　福生・空事務官　村松加珠彦
衆目を集め古刹の松手入　浜松・空OG　岩城　節子
ほろ苦き腸も旨かり焼き秋刀魚　相模原・一般　森　謙二
紅葉見のダム湖にひそと殉職碑　札幌・陸OB　坂元　順一
役終へし案山子の服は色あせし　熊谷・空OB　明田　眞雅
芋洗ふ妻に田舎の兄の居る　富谷・陸OB　加川　師亨
廃屋の出窓に映ゆる秋夕焼　熊谷・空OG　福元万理子
夕日受く大きはさ木の千枚田　浦安・陸OG　川端　初枝
秋彼岸話しつ洗ふ父母の墓　熊谷・空OG　佐藤　玲美
出展の近き夜長の筆を執る　浜松・空OG　鈴木和歌恵
天高く飛んでゆきたる竹とんぼ　熊谷・空OB　蓮佛志向子
派手物の服を着飾る案山子かな　小牧・陸OB　松岡　魚青
秋たけなは祭屋台の勢揃ひ　熊谷・空OG　關谷　桂子

選者作品
空の碧海の藍濃く秋深む

投句歓迎！
▽郵便はがきの裏面に未発表の自作3句以内と氏名、年齢、職業（自衛官・事務官＝所属部隊、OB、家族、一般など）、住所、電話番号を記入▽締め切り毎月15日▽宛先＝〒162-8801東京都新宿区市谷本村町5の1　防衛省D棟市ヶ谷記者クラブ朝雲俳句係☎03（5225）1750、専用線8・6・25515

OBがんばる

星　信彦さん　54
令和3年11月、海自航空補給処（木更津）総務課警衛班を2海曹で退職。有限会社「今日和」に再就職し、高炉環境係作業員として勤務している。

最も大切なのは健康管理

私は、令和3年11月3日、海自航空補給処総務課警衛班員を最後に定年退職し、有限会社「今日和」に高炉環境係作業員として採用されました。

就職のきっかけは、再就職に際しての自分自身の健康状態について悩んでいる時に、就職援護室の担当者の方に親身になって相談にのって頂き、「この会社ならば大丈夫」と確信したからです。

会社は株式会社「山九」の協力会社で、主な仕事内容は、日本製鉄東日本製鉄所内で行う高炉周辺の各種環境清掃、高炉定期修理等に伴う点検準備のために行う清掃などです。

作業は大変蒸し暑い中でスコップを使い、ベルト・コンベアー下の堆積物の除去や除草作業など多岐にわたり、常時2人以上で行います。社内には、元陸自・海自の先輩方9人が在籍しており、仕事のやり方や分からないこと、人生相談まで何でも話せます。仕事内容は、汚れる作業・体力を要する作業ですが、大変働きやすい勤務環境です。

入社して1年を迎えようとしている現在では、各種作業にも慣れ、職場では元請け会社の方とも気軽に会話ができるようになりました。

最後になりますが、退職を控えた自衛官のみなさん、民間企業に再就職する上で最も大切なことは、「健康管理」です。再就職の準備は早めに進め、余裕をもって新しい人生のスタートラインに立ってください。

第1296回出題

詰碁

出題　日本棋院　九段　曲　励起

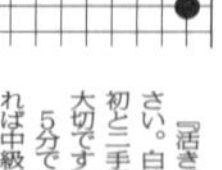

白先

『活きて下さい。白は最初と二手目が大切です』。5分でできれば中級以上です。

▶詰碁、詰将棋の出題は隔週です◀

詰将棋

出題　日本将棋連盟　九段　石田　和雄

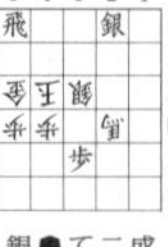

▲先手　持駒　金金

≪第880回の解答≫

【正解】▲4一飛成△4二銀不成△同馬▲3二銀不成△同馬▲3三金△同馬▲3四金までの七手詰め。

【解説】初手の▲4一飛成はこれよりない手。△4二銀の受けに▲3三金と捨てるのが妙手。△同玉なら▲3二竜。△同馬に▲3二銀不成とさらに捨てる手がトドメとなり収束します。

朝雲

発行所 朝雲新聞社
〒160-0002 東京都新宿区四谷坂町12−20 KKビル
電 話 03(3225)3841
FAX 03(3225)3831
振替00190-4-17600番
定価一部170円、年間購読料9170円（税・送料込み）

本号は10ページ

日・モンゴル首脳会談

防衛装備・技術協力を推進

法的枠組みの検討開始へ

岸田首相は11月29日、来日したモンゴルのオフナー・フレルスフ大統領と官邸で会談し、安全保障分野の関係強化の一環として「防衛装備・技術協力」の推進に向けた検討の開始で一致した。モンゴル国軍への防衛装備品・技術移転を実現するため、法的枠組みの構築を含めた協力の在り方を速やかに検討する方針が示された。会談後、「平和と繁栄のための特別な戦略的パートナーシップ設立に関する共同声明」に署名した岸田首相は共同記者発表で「2国間関係の強化とグローバルな課題における協力の強化にしっかりと取り組んでいきたい」と述べ、フレルスフ大統領も「地域の平和と繁栄に資するよう、両国関係を拡大・深化させせたい」と語った。

会談の冒頭、岸田首相は、両国の外交関係樹立50周年の節目の年にフレルスフ大統領が日本を公式訪問したことに歓迎の意を表し、「半世紀の間に両国関係は飛躍的に発展し、現在では普遍的価値を共有するパートナーだ」と述べた。

これに対し、フレルスフ大統領は、岸田首相との間で両国関係を拡大・深化させることに強い期待感を示した。

両氏は2国間関係のさらなる強化と「自由で開かれたインド太平洋」ビジョンの下、グローバルな課題解決に向けた協力・協働を強化していくため、両国関係を「戦略的パートナーシップ」から「平和と繁栄のための特別な戦略的パートナーシップ」に格上げすることで一致し、共同声明に署名した。

共同声明では、両国が1996年に「総合的パートナー」、2010年に「戦略的パートナー」となって以降、12年に締結した「防衛協力・交流の覚書」に基づき、幅広い分野で協力が進み、政治・安全保障分野では要人往来、政府間の緊密な意思疎通に加え、防衛交流も活発に行われてきたことを歓迎。

その上で、「政治・安全保障分野における2国間協力を高いレベルで維持すると共に、その協力を新たな次元に高めるべく、防衛装備・技術協力を推進する」と明記した。

共同声明の付属文書には今後10年間の「行動計画」が明示され、「両国間の防衛装備移転に関する法的枠組みの構築を含め、両国の防衛装備・技術協力の在り方に係る検討を速やかに行い、モンゴル国軍への防衛装備品・技術移転を実現」する方針が盛り込まれた。

このほか、付属文書には今後の具体的な取り組みとして、▽外交・防衛・安全保障当局間協議の定期開催▽ハイレベル・実務レベルの相互訪問▽防衛交流の拡大▽人道支援や国連平和維持活動（国連PKO）などの分野に関する意見交換▽モンゴルの国連PKOに基づく多国間共同訓練「カーン・クエスト」への陸自部隊の参加を通じた部隊間交流の継続・強化▽防衛大学校、防衛研究所、陸自教育訓練研究本部、陸自富士学校におけるモンゴル国軍の受け入れを通じた専門家の育成と教育・研究機関の協力強化▽サイバーセキュリティー人材育成の支援――などが記された。

会談で両氏は地域情勢をめぐっても議論。北朝鮮による前例のない頻度と態様で繰り返される弾道ミサイル発射の挑発行為に「強い懸念」を共有し、朝鮮半島の非核化に向けた国連安保理決議の履行を求めていくことを申し合わせた。

また、ロシアによるウクライナ侵略を念頭に、「核による威嚇は断じて受け入れられず、その使用もあってはならない」との立場で一致し、いかなる地域においても力による一方的な現状変更を許してはならず、国際法に基づき紛争の平和的解決を求める必要性を改めて確認した。

岸田首相（中央左）のエスコートで陸自の特別儀仗隊を巡閲するモンゴルのフレルスフ大統領（その右）＝11月29日、首相官邸（官邸HPから）

ASEANと協力強化表明

小野田政務官　ADMMプラスでスピーチ

小野田紀美政務官は11月23日、カンボジアを訪れ、東南アジア諸国連合（ASEAN）加盟全10カ国に日米韓など8カ国を加えた枠組み「拡大ASEAN国防相会議（ADMMプラス）」の第9回会合に出席した。

同会議の対面での開催は2019年11月の第6回会合以来、3年ぶり。今年は議長国を務めるカンボジアで開かれ、ミャンマーを除く計17カ国の国防相クラスが安全保障環境をめぐって意見を交わし、「調和した安全保障のための団結強化に向けた防衛協力に関する共同宣言」を採択した。

会議でスピーチした小野田政務官は、日本が年末に新たな国家安全保障戦略などを策定し、防衛力を抜本的に強化することを紹介した上で、「自由で開かれたインド太平洋」の維持・強化に取り組む姿勢を強調。ASEANを中心とする地域協力に積極的に関与していく決意を表明した。

特に、日本とASEANとの防衛協力の指針「ビエンチャン・ビジョン2・0」に基づく協力や、日越が共同議長国を務めるPKO専門家会合など、ADMMプラスの枠組みで今後も建設的な役割を積極的に果たして行くと述べ、ASEANとの意思疎通を一層緊密化させる考えを示した。

一方、地域情勢をめぐっては、ロシアによるウクライナ侵略を強く非難。「国際秩序を大きく揺るがす暴挙で国際法の深刻な違反だ」と断じ、ロシアによる核の脅しに「深刻な懸念」を表明した。

その上で、我が国は「ウクライナは明日の東アジアかもしれない」という強い危機感を持っており、力による一方的な現状変更はいずれの地域でも許されないことを強く訴え、ロシアの行為はインド太平洋地域の問題でもあることを指摘した。

北朝鮮についても「かつてない高い頻度、かつ新たな態様での弾道ミサイル発射を繰り返している」として強く非難。国連安全保障理事会決議に従い、北朝鮮の完全な非核化に向けて日米、日米韓で緊密に連携していく方針を示した。

東シナ海情勢に関しては、我が国固有の領土である尖閣諸島周辺において、「中国が日本の主権を侵害する活動を継続・強化し、力による一方的な現状変更の試みが行われている」と指摘し、南シナ海でも「力による一方的な現状変更とその既成事実化が依然続いている」と説明した。

その上で、台湾海峡の平和と安定は地域の安全保障に直結する重要な問題であるとの認識を示し、台湾をめぐる問題が対話によって平和的に解決されることに期待感を表した。

このほか、政情不安が続くミャンマーについては「深刻な憂慮」を表明し、平和的な問題解決に取り組むよう強く要求した。

小野田政務官は現地に滞在中、カンボジアのティア・バニュ副首相兼国防相、豪州のマールズ副首相兼国防相をそれぞれ表敬し、防衛協力・交流を一層推進していくことを確認した。

「拡大ASEAN国防相会議」でスピーチする小野田政務官（前列中央）。その左は岡真臣防衛審議官。右は統幕副長の鈴木康彦空将（11月23日、カンボジア北西部のシェムリアップ）

防衛費5年間で43兆円

首相指示　財源年末に一体決定

岸田首相は12月5日、首相官邸で浜田防衛相、鈴木財務相と会談し、2023（令和5）～27（9）年度の5年間の「中期防衛力整備計画（中期防）」における防衛費の総額を約43兆円とするよう指示した。現中期防（19～23年度）の総額約27兆4700億円から約1.57倍の増額となる。

浜田大臣は翌6日の記者会見で、①次期中期防の規模は積み上げで約43兆円とする②次期中期防を賄う財源と、令和9年度以降に「防衛力を安定的に維持する」ための財源確保に向け、歳出改革や剰余金・税外収入の活用、税制措置など歳出・歳入両面の具体的措置について「年末に一体的に決定すべく調整を進める」――よう首相から指示を受けたと明らかにした。

浜田大臣は次期中期防の規模について「防衛力の抜本的強化が達成でき、防衛省・自衛隊が役割をしっかり果たすことができる水準だ」との考えを示し、「将来にわたって我が国を守り抜くため、防衛力の抜本的強化を実現すべく、整備すべき装備品等の自衛隊の能力の在り方について検討を進めている」と説明。

スタンドオフ防衛能力など主要7分野の強化と共に「防衛生産・技術基盤、人的基盤などの要素を重視して必要な内容をしっかりと積み上げてきた。今後、内容や規模の詳細について年末までに最終的な調整を行っていきたい」と述べた。

モンゴル空軍司令官　木村政務官らと会談

モンゴル空軍司令官のガンバット・トゥルー空軍大佐が11月24日、防衛省を訪れ、木村政務官、山崎統幕長、井筒空幕長を表敬した。

懇談では日・モンゴル空軍種間のハイレベル交流を通じて信頼醸成、相互理解を深めると共に、今後の防衛協力・交流を活発化させていくことで一致した。

この後、ガンバット司令官は百里基地を視察し、石村尚久7空団兼百里基地司令と懇談。翌25日には春日基地と背振山分屯基地を訪問し、南雲憲一郎西空司令官と懇談、部隊研修を行った。28日には日本文化研修などを含めたすべてのプログラムを終了、帰国した。

山崎統幕長（左手前）、井筒空幕長（同奥）と懇談するガンバット司令官（右手前）＝11月24日、防衛省＝統幕提供

「ヴィジラント・アイルズ22」

陸自が英陸軍と実動訓練

陸自第1空挺団（習志野）と英陸軍の第1王立騎馬砲兵連隊（ラークヒル）による実動訓練「ヴィジラント・アイルズ22」が11月22日から30日まで行われた。

日英両国が、海に囲まれた海洋国家という共通性などを踏まえ、主に島嶼防衛に関する共同訓練を実施。

写真は11月26日、群馬県相馬原演習場で行われた訓練。陸自CH47JA輸送ヘリに日英両隊員が乗り込んだ後、ヘリが飛び立ち、しばらく飛行してから再び着上陸。後方ハッチから速やかに展開する空中機動展開訓練が行われた。

春夏秋冬

「悪」から「善」を生み出す努力

先崎　彰容

目下世界はサッカーで一喜一憂している。強国ドイツに対し、意外にも日本は善戦し勝利を収めた。多くの日本人が強気になり、コスタリカ戦はあるいは大勝できるのではと、専門家まで口にしていた。ところが蓋をあければ今度はコスタリカの執拗な防御に苦戦し、ワンチャンスをものにされて敗戦した。隣国韓国はきわどい判定の前に屈し、文句を言っている。サポーターは顔に母国国旗をペイントし、お祭り騒ぎに興じている。

だがここで、次のように仮定してみよう。もしどうしても強敵に勝ちたいとする。どうしても、だ。ならば我がチームだけは、手を使えるようにしたらどうだろう。あり「善」になることができる。サッカーと戦争をわけているのは、あるいはゴールポストを一まわり小さくすれば、それだけ有利になるはずだ。いやいや、絶対勝利のためならば、やむを得ぬ手段に打ってでて、相手チームの主力選手をあらかじめ出場できないように、殺してしまおうではないか……。

そう、実はサッカーに興奮している我々は、戦争状態を疑似体験しているのである。あるいは、人間には本来、抜き難い闘争本能のようなものがあり、相手を殲滅したい衝動すら持っている。だがこうした「悪」を手なづけ、あるルールや秩序の支配下におくこと、これが殺戮と相手への敵愾心をゲームに、つまり娯楽に代えているカラクリなのである。ゲームでは勝利に導いた選手は英雄に、つまり「善」になることができる。サッカーと戦争をわけているのは、唯一、ボールを足で使うこと、オフサイドなどのルールの有無なのである。

ここで露ウ戦争のことを思い出そう。国際社会もまた、戦争にサッカー同様のルールを設定してきた。第一次大戦以前の無差別戦争観、交戦権の概念は、第二次大戦後、集団安全保障へと切り替わった。ルールの再設定が行われ、それに基づいて試合をするよう取り決めをしたのだ。だから実際の戦闘行為において、大量虐殺やレイプ、捕虜虐待などの行為が「違法」とされるのは、サッカーでいえば手を使うことと同じである。

我々が国際秩序の維持というとき、そこで前提とされているのは、「悪」から何とかして「善」を生みだそうとする努力に他ならないのである。

（日本大学危機管理学部教授）

政策シミュレーション国際会議を開催

アジア初　防衛研究所70周年記念

【防研＝市ヶ谷】防衛研究所（川崎方啓所長）は11月15日、防研創立70周年を記念してアジアで初めてとなる政策シミュレーション国際会議「コネクションズ・ジャパン2022」を省内で開催し、国内外の国防関係者や安全保障研究者などを中心に計約200人が対面とオンラインで参加した＝写真。

同会議は、英米などの先進的な戦略レベルのシミュレーションや「ウォーゲーミング（ゲーム）」に関する知見をはじめ、防衛省・自衛隊を含む国内での取り組みについて共有し、相互交流を図る機会として企画されたもので、防研庁舎内の国際会議場で開かれた。

午前は平和・安全保障研究所の徳地秀士理事長の基調講演に続き、英国防省国防科学技術研究所のマイケル・バグウェル上席分析官、米国防大学応用戦略研究センターのアダム・クリステンソン室長らが英米の国防分野でのゲームの発展と現状を紹介。

午後は空自幹部学校の岸本覚1空佐、防衛大学校の小川健一教授が両機関でのゲーム活用の取り組みを報告した。

最後にパネルディスカッションが行われ、政策研究大学院大学の道下徳成副学長、キヤノングローバル戦略研究所の本多倫彬主任研究員、防研から吉崎知典研究幹事と高橋杉雄防衛政策研究室長が登壇し、「日本における政策シミュレーションとその課題」をテーマに議論した。

今回の会議は、ゲーム手法の開発と政策への適用に関する知識を共有・発展させる場として、米英など欧米諸国で行われている「コネクションズ」を冠する国際会議に倣って開かれた。

防研では「各講師の発表や活発な質疑を通じて、戦略レベルのシミュレーションやゲームに関する知見をはじめ、ファシリテーター（司会・運営）としてゲームを進行させる技術など、多くの気付きを得られる会議となった」としている。

朝雲寸言

来日した米軍将官をエスコートした時の話である。展示した主要装備品を紹介した際、ある装備品に興味を持たれ専門的な質問が続いた。最後に彼は「幾らだ?」と聞いた。「一台○○億円です」値段を聞いた途端、それまでの興味が嘘のように彼は無関心になった▼米将官に限らず一般の日本人も自衛隊の主要装備品の値段を知ってその高額さに驚く。何故、国産の防衛装備品は高額なのか。理屈は簡単だ。我が国が独自に開発した防衛装備品に市場原理は当てはまらないからである▼製品が優秀であれば売れる。売れれば生産数は増え単価は下がる。大量生産、共通部品、モデルチェンジにより更新期間は短縮され市場価格はさらに下がる▼しかし防衛専用品は少数生産、専用部品、長期の更新期間、開発費や生産ライン維持の単価への反映など、どれをとっても取得単価は高くなる一方である。これまで多くの取得改革が行われたが抜本的な価格の低減に至っていない▼2014年、我が国は防衛装備品輸出の扉を開いた。しかし潜水艦や救難飛行艇など世界に誇る装備品の輸出は結果的に実現していない。性能や価格の優位性が証明できないからだと言われている▼世界最大の武器輸出国は米国である。米国製の兵器が売れるのは戦場においてその実用性が証明されているからに他ならない▼我が国では次期中期防の総額を5年間43兆円とするよう首相の指示があった。

PAC3が機動展開訓練

日本海側で初、基地防空部隊も初参加

福井県おおい町で機動展開訓練を行うPAC3（左）＝11月28日

空自は11月28日、福井県おおい町長井浜海水浴場で地対空誘導弾PAC3と基地防空部隊の機動展開訓練を実施した。

PAC3の訓練は、ミサイル対処能力の維持・向上を図ると共に、即応態勢を示すことで国民の安全・安心感の醸成に寄与することが目的で、今年度4回目。原子力発電所が立地する市町村では初めてとなった。また日本海側、福井県での実施、基地防空部隊の参加も初。

訓練には4高射群12高射隊（饗庭野）、6空団6基地防空隊（小松）から車両約10両と隊員約35人が参加。杉本達治福井県知事、中塚寛おおい町町長、おおい町副町長、福井県議会議員らが視察に訪れた。

今回は、複合的な経空脅威に同時対処できる総合ミサイル防空能力を強化するため、基地防空部隊が参加した。

各基地を出発した参加部隊は海水浴場の駐車場に到着すると、PAC3、基地防空用SAMの器材を展開し、作動確認、撤収までの一連の手順を演練した。

訓練指揮官を務めた12高射隊長の近間孝司2佐は「いかなる場所にも円滑に展開する必要がある。北朝鮮のミサイル発射は近年類を見ないペースだが、国際情勢に関わらず訓練を積むことが重要だ」と話した。

◇

これに先立ち、井筒空幕長は11月17日の定例会見で「北朝鮮は最近もミサイルを続けて発射している。これは国際社会に対する重要な問題であり、我が国に対する脅威でもある。（本訓練は）即応の体制と対処能力を高めるという点で、要時要所に展開できるようにするための訓練の一環だ」と話した。

海自と米海軍がサイバー共同訓練

訓練に参加する日米のCPTの隊員

海自のシステム通信隊群保全監査隊（司令・中野聡1佐）は11月1、2の両日、米海軍とサイバー攻撃対処の共同訓練を米海軍横須賀基地で実施した。

米海軍からは情報戦司令部ハワイ支部（NIOC—H）N3J部が参加した。

サイバー攻撃などに対処する海自「サイバー・プロテクション・チーム（CPT）」と、米海軍CPTの戦術技量や相互運用性の向上が目的。

日米両CPTはサイバー空間防護の一連の対処を協働して演練すると共に、サイバー情勢に関する認識を共有し交流を深めた。

防衛基盤整備協会　5企業に協会賞贈呈

航空機用装置の開発など

公益財団法人・防衛基盤整備協会（鎌田昭良理事長）の令和4年度「防衛基盤整備協会賞」の贈呈式が11月25日、東京都新宿区のホテルグランドヒル市ヶ谷で行われ、東京航空計器など5社（4グループ）に鎌田理事長から協会賞が贈られた。

同賞は防衛装備品に関し、民間で自主的に行われた研究開発や生産技術の向上に特に優れた成果を挙げた企業のグループや個人を表彰するもので、今回で44回目。

式には防衛省から鈴木事務次官、土本防衛装備庁長官、芹澤官房長らをはじめ、関係企業などから計約60人が出席した。

鎌田理事長は式辞で、同賞について「今後もこの伝統ある協会賞の充実・発展を通じて、我が国の防衛産業の発展に貢献したい」と決意を述べた。

続いて鈴木事務次官が「受賞された皆さまは我が国の防衛を支える根幹であり、これからも重要な役割を担うことは間違いない。防衛省としても引き続き皆さま方と連携し、さまざまな施策を進めていきたい」と祝辞を述べた。

土本装備庁長官は祝辞で「今後も信頼される装備品を創り上げ、我が国の平和と独立を守り抜くため、皆さまと共に一丸となって取り組む」と述べた。

その後、受賞グループの代表者が開発の背景や研究のポイントなどを紹介した。

受賞企業（グループ）、担当者、テーマは次の通り（敬称略）。

▽東京航空計器（川崎潔、齋藤康浩、加藤利之）「P—1哨戒機用EOトランシーバの開発」▽鷹取製作所（藤山幸三郎）、西部電機（税所幸一）「護衛艦向けオートノマスバルブ(自律的制御バルブ)の開発」▽豊和工業（佐藤輝彦、神山卓也、黒田和宏）「20式5・56mm小銃の開発」▽三菱電機（筒井信弘、東山基秀、杉森健二）「03式中距離地対空誘導弾（改善型）の技術開発」

令和4年度防衛基盤整備協会賞に選出され、鎌田理事長（右）から表彰状を贈られる東京航空計器の川崎主査（11月25日、ホテルグランドヒル市ケ谷）

時の焦点

国内

改正感染症法

ウイルスは絶えず変異しており、感染症禍は再び起きる可能性がある。政府と都道府県は、新型コロナ禍の教訓を生かし、次の危機に着実に備えなければならない。

新たな感染症が発生したときに、大病院などに医療提供を義務づける感染症法などの改正法が国会で成立した。

コロナ禍では、初動段階から検査や診療体制が整わず、病床が不足する事態が続いた。こうした混乱が繰り返されないよう、平時から備えを固めておくことが大切だ。

改正法は、都道府県と医療機関があらかじめ協定を結ぶ仕組みを設けることが柱だ。感染症の流行時には、医療機関が病床確保や発熱外来、後方支援などのいずれかを行うことを取り決める。

さらに、公立・公的病院のほか、特定機能病院、地域医療支援病院には、医療提供を義務づけることも明記した。

地域の中核となっている病院が、総力を挙げて感染症に対処することが重要だ。住民の健康を守るため、多くの医療機関が相応の役割を果たしてほしい。

教訓生かし次に備えよ

改正法では、協定に沿った対応をしない医療機関に対して、都道府県が勧告・指示を行うことができるとした。指示に従わない場合は、特定機能病院などの承認を取り消すこともできる。

行政の権限を強化し、協定に実効性を持たせる狙いがあるのだろう。

ただ、医療機関側には「医師や看護師が確保できなければ、協定通りの対応は難しくなる」と懸念する声もある。

都道府県は、各医療機関の実情を踏まえ、入念に準備を整える必要がある。政府は、感染症に対応できる病床や医療機器の確保など、手厚い支援を講じるべきだ。

改正法に関する衆院の審議では、新型コロナの感染症法上の位置づけを見直すよう求める付則が盛り込まれた。

これを受け、厚生労働省は、厳格な措置を講じる「2類相当」から、季節性インフルエンザと同じ「5類」に引き下げることを検討する方針だ。加藤厚労相は、専門家でつくる助言機関に検討を始めるよう求めた。

第6波以降、オミクロン株が主流となり、死亡率は低下している。治療の選択肢も増えており、リスクを再評価するのは当然のことだろう。

5類になれば、多くの医療機関が診療に対応する効果が期待される。医療費の負担のあり方も含め、政府は丁寧に議論を進めねばならない。

コロナ禍では、各地の自衛隊病院や防衛医科大病院が、多くの患者を受け入れてきた。東京や大阪ではワクチンの大規模接種会場を設けた。

感染症への適切な対処や統率のとれた組織運営を目の当たりにし、多くの国民が防衛省・自衛隊の取り組みを評価し、厚い信頼を寄せた。

コロナ対応における実績を踏まえて、今後もしっかりと任務を遂行できるよう、関係者は態勢を整えてもらいたい。

藤原　志郎（政治評論家）

海外

コロナ抗議デモ

「ゼロコロナ」政策に対する市民の抗議活動が全国に広がっている中国で11月29日、当局はデモの拡大阻止のため多数の警察、治安部隊を出動させた。

そのため、AP通信によると、北京では同日、目立った集会やデモはなく、上海や南京でも当局の威圧に悪天候も重なり、新たなデモはなかった。

新型コロナウイルスを封じ込めるためのロックダウン（都市封鎖）は以前、欧州の一部でも実施されたが、中国の実態はその比ではない。

ネットでSNSの映像を見ると、建物の隙間をテープで徹底的に封じて外出不可能にし、その結果、食糧の枯渇、非人道的な生活・労働環境の現出、大規模な強制隔離など、数百万人に被害が及んだ。

収集にもリスク―中国

「戦車を投入して大規模な抗議運動を鎮圧した天安門事件に比べればデモの規模はまだ小さい」（ロイター通信）そうだが、習近平体制は今後どう対応するのか。

中国ではワクチン接種があまり進んでいないため、ゼロコロナ政策をやめれば死者急増の可能性大。半面、デモ弾圧を図れば、市民の反発の火に油の事態も。どの道を選んでもリスクが後を追う。

一方、ホワイトハウスはこれまでのところ、ゼロコロナ政策に反対する中国市民の抗議活動について、公式の声明は発表していない。

しかし、衛生当局幹部やホワイトハウス・スポークスマンが週初、一斉に記者会見やテレビ・インタビューで、「ワクチン接種推奨」という政府の方針をPRした。

ホワイトハウスのジャー新型コロナウイルス対策調整官は27日、ABCテレビの報道番組「ジス・ウィーク」に出演し、「中国がゼロコロナ政策でウイルス抑え込みに成功するのは極めて困難だ。全国民にワクチン接種を推進する戦略を進める。これがコロナ禍収束につながる」との意見を述べた。

米国立アレルギー感染症研究所（NIAID）のファウチ所長も同日、NBCテレビのニュース解説番組「ミート・ザ・プレス」で、「目的も出口戦略も掲げずにロックダウンを続けていて、公衆衛生の点からは無意味」と中国のコロナ政策を批判した。

ホワイトハウスのカービー戦略広報調整官も28日、記者会見し、「われわれはずっと、すべての人に平和的な抗議を行う権利があると主張してきた。それは米国内でも世界中でも同じで、中国も含まれる」と言明。

また、「米国ではゼロコロナ政策を採っていない。中国がゼロコロナ戦略でこのウイルスを封じ込むのは極めて難しい」と指摘した後、「われわれはワクチンの接種率向上と、国民が検査・治療に容易にアクセスできるようにすることを第一に進めている」と説明した。

米政府はまだ現状に何も言っていないに等しいが、仮に、習国家主席の退陣を求める声が明確に聞かれ始めたら、どうするのだろう。

草野　徹（外交評論家）

防衛省発令

▽空自幹部学校（空自幹部学校付）1空佐 吉瀬 淳一

（11月28日）

▽海自幹部学校防衛戦略教育研究部長事務取扱（海自幹部学校副校長）海将補 関口 雄輝
▽防衛医科大学校病院救急調整官兼防衛医科大学校病院外科兼防衛医科大学校助教（呉衛生隊司令兼呉病院兼呉地方総監部衛生管理官兼海自1術科学校）2海佐 堀口 寛之
▽防衛研究所所員（作戦情報隊司令）1海佐 近藤 俊明
▽統幕運用1課特殊作戦室長（教育訓練研究本部）1陸佐 五十嵐雅康
▽同運用1課（自衛艦隊司令部）1海佐 中込 昌樹
▽同運用3課訓練評価・支援班長（空自幹部学校航空研究センター事態対処研究室長）1空佐 岸本 覚
▽統幕学校教育課（教育訓練研究本部）1陸佐 川宿田州成
▽同教育課2教官室学校教官（統幕学校教育課）1海佐 関野 博
▽同教育課（練習艦隊首席幕僚）同 天野 晋介
▽陸幕装備計画課（関東補給処松戸支処落下傘部長）1陸佐 後川 裕一
▽同武器・化学課車両班長（武器学校研究員）同 西森 浩
▽同武器・化学課弾薬班長（防衛装備庁長官官房装備開発官付1開発室長）同 原田 和伸
▽北部方面総監部募集課長（3師団1部長）2陸佐 中村 勇樹
▽同装備課長（北部方面総監部装備部）同 中原 俊二
▽1対戦車ヘリ隊長（1ヘリ団本部）同 裏出 貴信
▽真駒内駐屯地業務隊長（需品学校教育部長）1陸佐 齋藤 剛
▽東部方面総監部付
（座間駐屯地業務隊長）同 平野 善之
（北関東防衛局装備1課長）同 刀根 啓太
▽東部方面航空隊長兼立川駐屯地司令（防衛大学校教授）同 佐藤 健
▽東部方面後方支援隊副隊長（需品学校総務部長）同 高柳 政文
▽古河駐屯地業務隊長（教育訓練研究本部）2陸佐 福田 克己
▽習志野駐屯地業務隊長（関東補給処古河支処総務部長）1陸佐 北島 靖彦
▽座間駐屯地業務隊長（9施設群副群長）2陸佐 豊田 剛至
▽板妻駐屯地業務隊長（補給統制本部）同 高橋 進一
▽5対戦車ヘリ隊長（輸送航空隊副隊長）同 秋田 賢二
▽中部方面ヘリ隊長（航空学校宇都宮校）同 三好 英治
▽伊丹駐屯地業務隊長（水陸機動団副団長）1陸佐 茅野 剛也
▽1師団2部長（基礎情報隊）同 兒玉 康宏
▽9師団監察官（陸上総隊監察官付）2陸佐 寺田 泰紹
▽15旅団幕僚長（富山地方協力本部長）1陸佐 平田 浩二
▽水陸機動団副団長（統幕運用1課特殊作戦室長）同 藤村 太助
▽システム通信団副団長（開発実験団本部評価科長）同 吉原 孝典
▽東北方面混成団副団長（教育訓練研究本部）同 高根 徳通
▽開発実験団本部計画科長（開発実験団本部）同 柳田 勝志
▽同評価科長（通信保全監査隊長）同 溝渕 久男
▽10特科連隊長兼豊川駐屯地司令（富士学校主任教官）同 與藤 公彦
▽11後方支援隊長（武器学校2教育部長）同 時岡 秀和
▽15後方支援隊長（陸幕武器・化学課弾薬班長）同 清水 望
▽8高射特科群長兼青野原駐屯地司令（教育訓練研究本部）同 栗田 千寿
▽通信保全監査隊長（1電子隊長）同 篠田 和彦
▽1電子隊長（防衛装備庁技術計画官付技術計画調整官兼装備技術官付）同 北原 武
▽基礎情報隊長（陸上総隊情報部）同 中川 真紀
▽中央会計隊副隊長（教育訓練研究本部）同 安藤 裕一
▽施設教導隊長（体育学校2教育課長）同 長岡 睦
▽陸自幹部候補生学校副校長兼企画室長（15旅団幕僚長）同 丸尾 寿明
▽富士学校主任教官（富士学校）同 津田 尚樹
▽高射学校1教育部長（8高射特科群長兼青野原駐屯地司令）同 久守 直紀
▽武器学校2教育部長（北部方面総監部装備課長）同 堀 哲也
▽需品学校総務部長（1対戦車ヘリ隊長）同 末岡 孝介
▽同教育部長（11後方支援隊長）同 中嶋 健仁
▽高等工科学校副校長兼企画室長（教育訓練研究本部主任教官）同 河野 淳司
▽教育訓練研究本部主任教官（10特科連隊長兼豊川駐屯地司令）同 矢野 秀樹
▽教育訓練研究本部
（陸幕装備計画課）同 三谷 耕太
（同武器・化学課車両班長）同 堀地 昌志
（9師団監察官）同 柳原 秀親
（基礎情報隊長）同 内田 英樹
（東北防衛局郡山防衛事務所長）同 小山 幹生
▽教育訓練研究本部付
（教育訓練研究本部）同 前野 恵司
（同）同 山崎 聡一
▽補給統制本部装備主計課長（補給統制本部調達管理課長）同 加藤 恵一
▽同調達管理課長（同装備主計課長）同 細谷 剛
▽関東補給処松戸支処落下傘部長（15後方支援隊長）同 伊高 賢
▽同古河支処総務部長（施設教導隊長）同 津田 充寿
▽兼海幕総務課渉外連絡官、海幕運用支援課兼統幕運用2課 1海佐 村上 公彦
▽海幕総務課
（海幕運用支援課兼総務課渉外連絡官）同 川嶋 潤子
（自衛艦隊計画総括幕僚）同 三宅 孝
▽同補任課補任班長（海幕補任課）同 坂井 博之
▽同補任課（5護衛隊司令）同 江田 大興
▽同厚生課長（海幕教育課長）同 矢野 浩美
▽同教育課長（1航空群首席幕僚）同 赤岩 英明
▽同防衛課（1整備補給隊司令）同 角 亜希仁
▽同情報課情報保全室長（海幕情報課）同 堤田 和幸
▽同装備需品課燃料班長事務取扱（同装備需品課長）同 塚越 康記
▽同艦船・武器課艦船・武器調整官（佐世保弾薬整備補給所長）同 浅見 智宏
▽解兼補海幕首席衛生官付衛生官＝医務担当、海幕首席衛生官付衛生企画室長兼衛生官＝歯科担当兼中央病院1外科 同 熊野 勲
▽海幕首席衛生官付衛生官＝医務担当兼中央病院1精神科（横須賀病院医療安全評価官兼横須賀衛生隊）同 田中 徹平
▽自衛艦隊監理主任幕僚（海幕装備需品課燃料班長）同 大塚 盛久
▽自衛艦隊計画総括幕僚（自衛艦隊司令部）同 浅利 進吾
▽護衛艦隊司令部（統幕学校教育課2教官室学校教官）同 今野 卓
▽5護衛隊司令（あたご艦長）同 後藤 正寛
▽あたご艦長（護衛艦隊幕僚兼自衛艦隊司令部）同 今若 充啓
▽1航空群首席幕僚（5航空隊司令）同 酒井 尚久
▽5航空隊司令（海幕補任課補任班長）同 濱野 寛美
▽1整備補給隊司令（海自3術科学校教育1部長）同 藤本 好央
▽1練習潜水隊司令（海幕情報課情報保全室長）同 岡田 亮介
▽横須賀潜水艦基地隊付（呉警備隊司令）同 石田 享大
▽作戦情報隊司令（艦隊情報群司令部）同 辻 秀樹
▽海洋業務・対潜支援群司令部（自衛艦隊運用調整総括幕僚兼潜水艦隊司令部）同 飯田 将裕
▽沖縄基地隊司令（海幕厚生課長）同 坂野 祐輔
▽呉警備隊司令（1練習潜水隊司令）同 檀之上明典
▽佐世保弾薬整備補給所長（海幕防衛課兼装備体系課兼防衛装備庁長官官房艦船設計官付）同 前田 達也
▽横須賀造修補給所長兼横須賀地方総監部技術補給監理官（海自補給本部艦船・武器部長）同 小野彰一郎
▽練習艦隊首席幕僚（練習艦隊司令部）同 熊井 亮
▽潜水医学実験隊副長兼教育訓練部長（長崎地方協力本部長）同 江上 晶利
▽潜水医学実験隊付（潜水医学実験隊副長兼教育訓練部長）同 布田 英二
▽兼海自幹部学校運用教育研究部長（海自幹部学校企画部長）同 野口 泰志
▽海自3術科学校教育1部長（同補給本部航空機整備課長）同 永山 高州
▽同4術科学校（自衛艦隊監理主任幕僚）同 池田 亮
▽同補給本部艦船・武器部長（海幕艦船・武器課艦船・武器調整官）同 工藤 博之
▽同艦船補給処副処長（海自補給本部）同 宮村 剛志
▽航空総隊整備課長（空自幹部学校）1空佐 小倉 直樹
▽3輸送航空隊副司令（航空総隊整備課長）同 秋山 明彦
▽3輸送航空隊付（3輸送航空隊副司令）同 柴崎 利幸
▽航空教育集団教育3課長（空自幹部学校）2空佐 高津戸良基
▽4航空団副司令（同1術科学校4教育部長）1空佐 小岩 宏志
▽空自1術科学校4教育部長（航空総隊司令部）2空佐 川廣 佳親
▽航空中央業務隊付（4航空団副司令）1空佐 高草木浩寿
▽空自幹部学校（航空支援集団司令部）同 岩岡 政治
▽同幹部学校航空研究センター事態対処研究室長（統幕運用3課訓練評価・支援班長）同 裏辻 康二
▽同1術科学校1教育部長（5航空団装備部長）2空佐 佐藤 直人
▽兼中央病院2内科部長（中央病院1内科部長兼3内科部長）1陸佐 青野 茂昭
▽中央病院3外科部長兼臨床医学教育・研究部研究課長（同臨床医学教育・研究部研究課長）2陸佐 西川 誠
▽同臨床医学教育・研究部教育訓練課長（同1外科）同 阿尾 理一
▽兼横須賀病院医療安全評価官（横須賀病院副院長＝医務担当兼企画室長）1海佐 松崎 宏治
▽富山地方協力本部長（訓練評価支援隊評価分析支援科長）1陸佐 宮内 雅也
▽長崎地方協力本部長（艦船補給処副処長）1海佐 伊東 圭市
▽防衛装備庁長官官房装備開発官付1開発室長（防衛装備庁事業監理官付）2陸佐 飛松 克英
▽同調達企画課連絡調整官（習志野駐屯地業務隊長）1陸佐 飯田 努
▽同技術計画官付技術計画調整官兼装備技術官付（開発実験団本部計画科長）同 和田 伸一
▽解兼補防衛装備庁技術計画官付、装備技術官付装備技術室長 1海佐 門中 利昭
▽東北防衛局郡山防衛事務所長（102特科直接支援隊長）2陸佐 内山田 孝
▽北関東防衛局装備1課長（防衛装備庁調達企画課連絡調整官）1陸佐 山下 次郎
▽近畿中部防衛局東海防衛支局装備課長（航空教育集団教育3課長）1空佐 近藤 庸二

（以上12月1日）

▽陸幕運用支援・訓練部付（統幕学校）1陸佐 冨永 敦

（12月2日）

空自高射部隊実弾射撃訓練

空自はＰＡＣ３実弾射撃のほか、陣地変換、ミサイル再搭載、陸自、米軍との連携射撃などを行った

ＰＡＣ3の実弾射撃。訓練期間中、全12発を実射し、全弾成功させた（いずれも空幕提供）

防空能力強化へ日米連携

ペトリオットＰＡＣ３ 12発全弾成功

米マクレガー射場

航空自衛隊は9月20日から11月7日まで、米ニューメキシコ州マクレガー射場で、令和4年度高射部隊実弾射撃訓練を行った。

陸自が9月13日から11月24日まで同射場で行った令和4年度ホーク・中ＳＡＭ部隊実射訓練と一部連携して実施。ペトリオットのミサイル実射に関する一連の行動に係る訓練を通じて、任務遂行能力の向上を図ると共に戦闘能力を確認するもので、昭和38年から始まり、今年度で59回目。

空自は高射教導群司令の綿森昭示1佐以下、全国の高射群、各部隊から約380人が参加。陸自からは5個方面隊の各方面総監と高射学校長を担任官に、各高射特科群・隊、15高射特科連隊と高射教導隊が参加した。

陣地変換訓練、ミサイル再搭載訓練などを行ったほか、陸空協同による防空戦闘訓練、実弾射撃訓練を実施。また、日米ペトリオット部隊による部隊間交流や連携射撃など、総合ミサイル防空能力、日米共同対処能力の向上を図った。

空自各部隊は12発の実弾射撃を行い、全弾成功を収めた。

綿森司令は「我が国周辺の安全保障環境が一層厳しさを増している中、高射部隊の重要性は一段と増している。その中で自衛隊が保有する装備品などを一体的に運用する総合ミサイル防空能力、日米共同対処能力をより一層強化するため、陸自、米陸軍高射部隊などとの連携を訓練したことは非常に有意義だった」と話していた。

陣地変換を行うレーダー装置。この後、上部のアンテナ部分を起こして捜索・追尾などを行う

ＰＡＣ３発射機のリロード（再装填）訓練の様子（上下とも）。作業中、隊員は声を掛け合い、安全を確保する

アンテナマストグループの陣地変換訓練の様子

（下）ペトリオットＰＡＣ3と03式中距離地対空誘導弾を背景に記念写真に納まる空自部隊（左）と陸自部隊
（左）訓練後、記念品を交換し、握手を交わす綿森司令（左）と米1防空砲兵大隊62砲兵連隊長のクリストファー・ペリン中佐

部隊だより

陸

八戸 駐屯地は10月8日、協力者46人を招き9飛行隊のUH1Jヘリで体験搭乗を行った＝写真㊦。防衛館で搭乗安全教育の説明を受けた後、計10フライトを実施。晴れ渡る秋空の中、ヘリに乗り込み八戸市上空の飛行を楽しんだ。参加者からは「とても貴重な体験ができた」「もう少し乗っていたかった」などの感想が出るなど満足した様子だった。

秋田 創立70周年を迎える駐屯地はこのほど、秋田駅周辺で行われた「第8回千秋花火」に装備品展示と広小路パレードで参加した。9音の演奏支援で新隊員教育隊と各種部隊の車両が悠然と歩みを進めた。本部管理中隊の小松ゆい士長が女性初の連隊旗手を務め、フィナーレは9音が演奏する秋田県民歌にあわせて、盛大な花火が空を飾った＝写真㊦。

神町 20普連の荒木貴志1佐以下350人は10月24日から31日まで、王城寺原演習場で2施団担任の「秋季演習場統一整備」に参加し訓練地域などの伐開を行った＝写真㊦。安全管理に留意し、計画より早い29日に整備を概成。31日には施団長の圓林栄喜将補が点検、1中隊海藤寛和3曹と重迫撃砲中隊渡部秀俊3曹を優秀隊員として表彰した。

三宿 中央病院はこのほど、海自東京音楽隊（上用賀）の音楽科長石田敬和1尉以下21人の支援を受け、院内で感染対策を施しサマーコンサートを行った。「情熱大陸」やアニメソング「紅蓮華」から昭和歌謡曲「上を向いて歩こう」まで、幅広い年齢層が楽しめる計16曲を演奏。患者23人は、曲に合わせて足踏みや手拍子をして楽しんでいた＝写真㊦。

倶知安 駐屯地は10月12、13の両日、北海道岩内町立第一中学校の2年生5人の「総合的な探求の時間」を支援した。生徒は迷彩服に着替え鑑識、放水の体験や装備品などを見学。ロープ訓練ではロープ橋を構成し、実際に渡った＝写真㊧。全ての訓練を終えた生徒たちから「戦闘用糧食がおいしかった」「冬の訓練もしてみたい」との声が上がった。

丘珠 北方航は10月25日、駐屯地で「令和4年度航空隊持続走競技会」を実施した。隊長の森貴義1佐は、訓練開始式で「勝て！」「上下一心」を要望。駐屯地内3周（3キロ）を1区間とし、年代別に分けた個人走と各部隊選抜の7人1チームで3キロ×7区間の駅伝走で競った。熱い声援の中、全力を尽くし北方航空野整備隊が総合優勝した。

旭川 駐屯地「北鎮記念館」はこのほど、来館者30万人達成を祝うセレモニーを行った。人気漫画・アニメの聖地としても人気が出ており、30万人目の来館となった大阪府の家族に同館長の森山英介1尉から記念品と花束が贈られた。同館は2007年、新館として建てられ屯田兵や旧陸軍第七（しち）師団や陸自2師団の活動や貴重な史料を展示している。

迫力満点！基地祭3年ぶり一般公開

地域住民、県内外から6500人

海自徳島航空基地開隊64周年
陸自北徳島分屯地開設13周年

例年を大きく上回る6500人が来場した（右から）P1哨戒機、C2輸送機、US2救難機など13機種を地上展示した（いずれも10月1日、徳島航空基地）

徳島教育航空群は10月1日、海自徳島航空基地開隊64周年と陸自北徳島分屯地開設13周年を記念して、徳島航空基地祭を行った。秋晴れの下、3年ぶりの基地一般公開に、地域住民や県内外から約6500人が訪れた。

記念式典では、徳島教育航空群司令の町島敏幸1佐が「環境の変化に適応するには、隊員一人一人が自らに課せられた職責を自覚し、挑戦心を持って、まずは一歩を踏み出すこと」と式辞を述べた。招待者の祝辞、海自202教空のTC90、201教空のT5練習機と24空（小松島）のSH60J哨戒ヘリ、陸自14飛（北徳島）のUH1J多用途ヘリの4機種の祝賀飛行が行われ、式典に花を添えた。

一般公開では、海自1空群1空（鹿屋）のP1哨戒機や31空群71空（岩国）のUS2救難飛行艇など13機種の航空機が地上展示された。このほか、空自5空団（新田原）からF15戦闘機や民間アクロバットチーム「ウイスキーパパ」などが飛行展示。シミュレーター体験、陸海両自衛隊車両で2500メートルの滑走路をランウェイドライブ、陸自14音の演奏など多数のイベントが行われ、航空ファンや家族連れの観客が隊員との交流を楽しんだ。

格納庫前では、TC90練習機との綱引きをはじめ地元の鳴門高校と四国大の学生たちの阿波踊り、ダンス、吹奏楽演奏、書道パフォーマンスなども催され、観客の高い関心を集めた。

来場者からは「久しぶりの空活！ 迫力満点」、子どもたちからは「大きな飛行機いっぱい！」「ぼくもパイロットになりたい」などの声が聞かれた。（海徳島）

何人で引っ張れば動かせるかな。小学生がTC90練習機と綱引き

㊤F15戦闘機の飛行展示を見上げる来場者
㊨㊤四国大学の阿波踊り連
㊨㊦徳島航空基地に勤務する隊員で編成された儀仗隊の行進

武山 高工校は10月1、2の両日、創立67周年記念行事と開校祭を行った。1日の開校祭は、校外でも活躍する和太鼓部「桜花太鼓」が迫力ある演奏を披露＝写真㊦。2日の記念行事には地域住民ら約1500人が来校した。校内各所で装備品展示、広報展示、生徒会イベントなどが行われ、部外来賓や家族を招いた3年ぶりの行事は盛会のうちに終了した。

板妻 34普連は10月24日から26日まで、師団が行っている情報管理検査に向けた事前の点検を実施した。勤務隊舎などに保管・管理する書類、文書、パソコン内のデータの取り扱いや管理の合規適正な業務が実施されているか、それぞれの係が確認。これにより連隊は、改善を要する点を速やかに是正し、師団の検査に万全の態勢で臨んだ。

大津 駐屯地の隊員23人は10月9日、滋賀県大津市の天孫神社に江戸時代から伝わる「大津祭」に参加した。隊員は13基の曳山の一つ「石橋山」を引き＝写真㊤、地域の子供たちが奏でる「コンコンチキチキ」のおはやしと「所望」と呼ばれる複数の場所での「からくり」披露を観客とともに楽しみながら、大津市内を練り歩き、地域との連携を深めた。

前川原 幹候校は10月3日、第103期一般幹部候補生（部内）課程（後段）295人の入校式を挙行。山根寿一陸幕副長をはじめ部内外来賓、入校生家族らが出席した。石原由尊学校長は「試練の前に敢えて立て」など2点、山根陸幕副長も「幹部としての使命感を確立せよ」など2点を要望。候補生たちは初級幹部の基礎を築くため、同期と切磋琢磨する。

空

百里 准曹会はこのほど、基地正門周辺道路と正門から茨城空港前までの道路でクリーン作戦（清掃ボランティア）を行った。これは地域住民の日頃の基地への理解と協力に感謝を示したもの。整補群司令の有本竜彦1佐をはじめ総勢50人の隊員と家族たちは、4グループに分かれて約1時間、活動に励み約10袋分のごみを拾った＝写真㊨㊤。

芦屋 基地はこのほど、3年ぶりに航空祭を開き約2万人が来場した。13教団のレッドドルフィンT4練習機が青い空に赤い花を添え、U125A救難捜索機とUH60J救難ヘリが迫力の展示。また、待望のブルーインパルスは圧巻の曲技飛行で会場をどよめかせた＝写真㊨㊦。来場者は目の前の航空機をそれぞれのカメラに存分に収めるなどしていた。

高畑山 分屯基地は10月11、12の両日、宮崎県串間市役所の新人職員男性4人、女性3人の体験入隊を1泊2日の日程で実施。男性隊員4人、女性隊員2人が指導に当たり、隊内生活を共にした。参加者は「各種訓練に隊員が一緒に取り組んでくれたので安心して研修できた。市の職員として市民に寄り添った対応を心掛けていく」と感想を述べた。

海

舞鶴 14護隊は11月12日、4術校グラウンドで「秋のスポーツ交流会」と題して護衛艦「みょうこう」乗員など12人と、舞鶴海上保安学校の学生ら37人によるソフトボール競技を行った＝写真㊤。合同で準備運動を行い、海自1、海保2の計3チームの総当たり戦で海自は2位だった。両者は今後も連携と相互理解を深め"海の団結"を強化していく。

呉 呉監は呉市と共催し呉信用金庫ホールで「海自創設70周年記念・呉市制120周年海自呉音楽隊ファミリーコンサート2022」を開き、2日間で約2300人が来場した。呉音の委嘱作品「オマージュ～海の守り詩」では記憶に残る演出を意識し、市と呉監のマスコットなども登場＝写真㊤。全10曲を披露し、会場は大きな拍手と熱気に包まれた。

江田島 1術校は10月22日、自衛隊記念日行事の一環として、広島県江田島市などと共催でオータムフェスタ2022を開催した。観閲式では1術校と幹候校の学生約680人が呉音の演奏に合わせて行進、地元小学生の太鼓演奏、江田島海自カレー認定式＝写真㊤、掃海艦「えたじま」一般公開など多くのイベントが行われ4600人の来場者でにぎわった。

崎辺 佐世保教育隊は10月5日、佐監の市田章幕僚長が出席し、第13期海曹予定者課程の始業式を行った＝写真㊤。入校した114人は3曹に必要な精神面、身体的基盤と技能を修得する。佐教の吉田太郎司令は「苦しい時こそ相手を思いやる気持ちを大切に」と式辞。市田幕僚長は「職務を遂行する礎を築いてほしい」と西成人地方総監の訓示を代読した。

厚生・共済

特集

「さぽーと21」冬号完成

巻頭特集「退職時の共済手続き」

冬
さぽーと21
よくわかる
退職時の共済手続き

防衛省共済組合の広報誌「さぽーと21」冬号ができ上がりました。

巻頭では退職前の組合員向けに「よくわかる退職時の共済手続き」を特集。自衛官、事務官等は退職すると退職日の翌日から組合員ではなくなるため、退職前に短期（医療）、保健、貯金、貸付・物資、保険、防衛省生協（火災・災害共済、生命・医療共済、退職者生命・医療共済）の手続きを済ませておくことが必要です。

本号では必要な手続きを分かりやすく一覧表にまとめて掲載していますので、本誌を見ながらご自身でチェックできます。ぜひご活用ください。

関連記事のうち、年金ガイド「教えて！年金」では、老齢厚生年金、老齢基礎年金、退職等年金給付の手続等について、「シリーズ・短期給付」では入院したときの医療費の自己負担額や医療費が高額になったときの給付について、「豆知識」では貯金の種類や利率について解説しています。

「お休みの日はベネフィット・ステーションといっしょ。」では、レンタカーやカーシェアリング、ショッピング、リラク・ビューティー、レジャー・エンタメ、グルメや旅など、さまざまな場面で使えるベネフィット・ステーションの特典を見開きで紹介。

巻末の「支部だより」では、令和3年度本部長表彰を受賞した桂支部、小倉支部、小牧支部の取り組みをそれぞれ詳しく報じています。

「さぽーと21」はホームページからウェブブックもご覧いただけます。「さぽーとクイズ」の応募はホームページからどうぞ。

防衛省職員団体医療保険のご案内
もしもに備えて加入を

皆さまは大きな病気など、もしもの時に備えていますか？

防衛省共済組合では、病気による入院・退院後の通院・手術に、所定の3大疾病をオプションとして加えた「防衛省職員団体医療保険」をご用意しています。

この医療保険は防衛省のスケールメリットを生かした団体割引があるため、月額の保険料もお得で、非常に有利な内容となっています。どうぞご加入ください。

「3大疾病オプション」のコースは「組合員本人」と「組合員本人と配偶者」の二つがあり、どちらかをお選びください。

また、「3大疾病オプション」は日本人の主な死亡原因である、がん・急性心筋梗塞・脳卒中に対応するもので、3大疾病保険金または死亡保険金として、加入額により100万円から500万円の一時金が支払われます。

詳しくは共済組合支部の団体保険常駐職員（日本生命）にお問い合わせください。

健診はお済みですか？
「ベネフィット・ワン」で申込み

生活習慣病である高血圧、糖尿病、脂質異常症などに、喫煙や肥満などが重なると、動脈硬化が進行して心筋梗塞などの重い病気の発症につながります。定期的に健診を受診し、健康を保ちましょう。

また、今年度も女性を対象に「巡回レディース健診」を行っています。ぜひご利用ください。

健診の受け付けは共済組合が委託する「ベネフィット・ワン」が行っていますので、次の方法でお申し込みください。

ベネフィット・ステーションHP

【WEB】パソコンはhttps://www.benefit-one.co.jp、スマートフォンはhttps://bnft.jp へ。アクセス後、「健診予約はこちら」のバナーをクリックしてお進み下さい。

【電話】ベネフィット・ワン健診予約受付センター（0800・1702・502、03・6870・2775）へ。午前10時から平日が午後9時、土日祝日は午後6時まで受け付け。年末年始は休みです。

【FAX】0800・9199・030、089・900・8281へ。お手元の冊子の「〈各種健診〉FAX・郵送申込書」または「〈婦人科単体検診〉FAX・郵送申込書」をご利用ください。

【郵送】〒790・8790愛媛県松山市藤原2・8・8　株式会社ベネフィット・ワン健診予約受付センターまで。「〈各種健診〉FAX・郵送申込書」または「〈婦人科単体検診〉FAX・郵送申込書」に必要事項をご記入のうえ、お送りください。

申し込み後、「ご予約確定通知書」が送付されます。受診当日は「防衛省共済組合員証」または「自衛官診療証」を持参して受診してください。健診結果は1カ月程度で健診機関から本人に直接送付されます。

なお、健診時に個人負担金がある場合は健診機関窓口で当日お支払いください。

◇

このほか、健診機関に電話で直接申し込むこともできます。お手元の「健診機関リスト」に掲載された健診機関に、受診希望日の3週間前までに電話でお申し込みください。

予約後、受診希望日の3週間前までにベネフィット・ワン健診予約受付センターに電話・FAX・郵送で「ご予約確定通知書」の発行を依頼してください。後日、健診予約センターから同書を送付します。

その後は上記の方法で受診してください。

◇

一方、「巡回レディース健診」は12月20日まで申し込みを受け付けています（受診期間は来年2月末日まで）。

受診資格者は任継組合員、被扶養配偶者、当該年度において40歳以上74歳以下の被扶養者（女性、年度内1回）です。受診会場はベネフィット・ステーションWEBへアクセス後、「健診予約はこちら」→「巡回健診会場一覧」をクリックしてください。

健診料金は任継組合員・被扶養配偶者はすべて無料。一方、当年度40歳以上74歳以下の被扶養者（配偶者を除く）は、生活習慣病健診が5500円＋オプション検査費用は全額自己負担となっています。

この機会にぜひご利用ください。

防衛省共済組合直営施設　ホテルグランドヒル市ヶ谷より
「守るあなたへ」贈る婚礼プランのご案内
組合員の皆さまにおすすめのプラン期間延長します！

【30名以上の挙式かつ披露宴を行う方】
絆Kizuna Plan
～おふたりの輝く未来のために～

組合員限定　8大特典

通常価格で369万円のところ、組合員限定で254万円へ115万円オフになります。（50名様でのお見積りの一例として）

○挙式衣裳　新郎新婦各1点100%OFF（上限あり）
○色直衣裳　新郎新婦各1点100%OFF（上限あり）
○婚礼料理　PRICE OFF　22000円→16500円（税込）
○婚礼料理　新郎新婦分プレゼント　他

（適応条件　2023・9・30までに30名以上の挙式・披露宴をお申し込みの方）

おふたりの挙式スタイルに合わせたプランをお届けします

【少人数&家族婚限定】
マイウェディングプラン
～大切な人と過ごす特別な1日を～

組合員限定特典

通常価格で165万円のところ、組合員限定で135万円へ29万円オフになります（10名様でのお見積りの一例として）。

○婚礼料理22000円→16500円
○新郎新婦各2点衣裳プレゼント（上限有）
○サービス料対象項目10%オフ
○宿泊優待料金

また、ご家族だけの結婚式なら準備期間1カ月でも可能です（適応条件　2023・9・30までに29名以下の挙式・披露宴をお申し込みの方）。

この他にも写真プランなどの各種プランを取り揃えております。

詳しくはスタッフまでお気軽にお問い合わせください。

また、ブライダルのご相談もお電話・メール・オンラインにて随時受付しております。

【みんなのウェディング口コミランキング6年連続第1位受賞！】

「みんなのウェディング」にて「2022年本番満足度第1位（新宿・中野・杉並エリア）」を受賞しました。ホテルグランドヒル市ヶ谷は、これからもおふたりのしあわせを『はじまりからはぐくむ』場所でありつづけます。

ご予約・お問い合わせ
電話03・3268・0115（直通）
専用線8・6・28853（婚礼予約）
HP　https://www.ghi.gr.jp
Mail　salon@ghi.gr.jp

（HPウエディングページへ）

公式インスタグラムのチェックもお願いします。
「ホテルグランドヒル市ヶ谷WEDDING【公式】」

年金Q&A
障害年金請求の条件は？
該当要件と保険料納付要件、それぞれいずれかを満たせば請求可

Q　障害年金について教えてください。

A　国家公務員（第2号厚生年金被保険者）である期間に初診日のある病気やケガのため、次の①から③いずれかに該当し、保険料納付要件ア・イいずれかに該当したとき障害厚生年金を請求できます。

①初診日のある傷病により、障害認定日（初診日から1年6月を経過した日、又は症状が固定した日のいずれか早い日）において障害等級1級～3級の障害状態にあるとき。

※症状が固定とは、人工弁、ペースメーカーなどを装着した日、人工透析を開始して3カ月経過、人工関節のそう入置換などがあります。

②障害認定日は3級以上に該当しなかったが、同じ傷病により、その後65歳に達する日の前日までに3級以上になったとき。

③初診日のある傷病と、国家公務員になる以前にあった他の障害と併合して2級以上の障害になったとき。

保険料納付要件

ア　初診日の属する月の前々月までに国民年金の被保険者期間があり、その保険料納付済期間（保険料免除期間を含む）が全体の2／3以上であること。

イ　初診日が令和8年4月1日前にあるときは、65歳未満で初診日の属する月の前々月までの直近1年間に国民年金の未納期間がないこと。

※国家公務員期間中は国民年金の保険料納付済期間

障害等級の状態とは＜概要＞

↓

1級…他人の介助を受けなければ、ほとんど日常生活を送ることができない

2級…必ずしも他人の助けは必要ないが、日常生活が困難で労働することができない

3級…労働が著しい制限を受ける、又は著しい制限を加えることを必要とする

障害厚生年金の請求は、診断書等の取得や申立書の作成が必要です。請求から審査、決定までに時間がかかります。

障害の程度が3級のときは、障害厚生年金のみが支給され、1級または2級に該当したときには、原則として国民年金法による「障害基礎年金」があわせて日本年金機構から支給されます。

国家公務員の期間に初診日があるときは、年金事務所での請求ができません。共済組合支部担当者（長期係）へご相談ください。

厚生・共済

特集

勝田駐代表は安くておいしいピーマン肉詰め

「東方ZEPPIN！カップ」応募料理選考

【勝田】「勝田の代表はピーマンの肉詰め！安くておいしい一品です」——。駐屯地は10月4から6日まで、「東方ZEPPIN！カップ」に応募する料理の予選会を実施した。東方ZEPPIN！カップは、東部方面隊の給食の質の向上を図ると共に、隊員の士気高揚を目的に東方総監部が初めて企画・実施したもの。「隊員に喜ばれるコストパフォーマンスの高い『安くてうまい』献立」をテーマに、東方管内の各駐屯地が代表レシピを一点応募し、総監部での予選・本選を経て来年に「最優秀献立」「優秀献立」「優良献立」が決まる。

「ピーマン出荷量日本一」をアピール

勝田駐屯地での選考会では、隊員が考案した11品から、大量調理が可能な和洋中のレシピ5品を糧食班の調理員が調理・提供。駐屯地に勤務する隊員、職員ら約1500人が実際に喫食して審査した。

審査の結果、教育部の中野瞳3曹の「豆腐ときのこでかさ増しピーマン肉詰め」が最も高い評価を獲得。「肉がぎっしり詰まっておいしかった」などのコメントが寄せられ、勝田駐屯地からは隊員の思いを背負って「ピーマン肉詰め」が出場することになった。

この献立は、「茨城県はさつまいもが有名だが、ピーマンの出荷量も日本一。その点をアピールしたい」という意気込みで中野3曹が考案。「安くてうまい」メニューを意識し、比較的安価で金額が安定しているえのき茸と豆腐を活用してかさ増しした。

中野3曹は11月1日の駐屯地朝礼で「勝田駐屯地最優秀料理」の考案者として表彰され、山﨑義浩司令から「駐屯地70周年記念メダル」が手渡された。中野3曹は「私が好きなピーマンの肉詰めが選ばれてうれしい。（このレシピは）肉と同時に野菜もとれて、コストパフォーマンスを意識しました」と話した。この献立は2月に「勝田漫遊ランチ」として隊員に提供される予定。

東方は11月中に「東方ZEPPIN！カップ」の予選を実施しており、1月23日から2月16日に、隊員投票や総監らの食味審査による本選を行う。優秀献立などに選ばれたメニューは、来年度の東方管内の駐屯地献立として提供される。

（上）5品の中から最も高い評価を得て、駐屯地代表料理となった中野3曹考案の「ピーマン肉詰め」（右）「東方ZEPPIN！カップ」に応募するために隊員が考案したレシピを喫食し、審査する山﨑司令（手前左）と山口敦史総務部長（手前右）ら（10月4日、勝田駐屯地）

余暇を楽しむ

防衛大学校銃剣道部

紹介者：1陸尉　大塚 亮尚
（防衛大学校訓練部訓練課、銃剣道部顧問）

来年こそ優勝を成し遂げる

今年8月4日、日本武道館で3年ぶりに第53回全日本青年銃剣道大会が開催されました。

この大会はコロナの影響で令和2年から中止されており、待ち望んだ開催でした。当部はこの大会での優勝を目標に掲げ、日々稽古に励んできました。

中でも当部の4学年で主将の久下（くげ）博生学生は4年間の努力の成果をぶつける最初で最後の青年大会となりました。

防衛大学校では、課業時間中は授業、教育訓練が行われるため、銃剣道部としての活動は平日の夕方と休日のみとなります。また青年大会前の1カ月間は全学生が夏の定期訓練に参加するため活動できず、稽古ができる時間は限定されます。

その限られた時間の中で全国の強豪に勝つ実力を身につけるため、久下学生を核心に部員全員が大会に向けて常に考え、工夫して稽古を積み重ねてきました。

いまだ収まることない新型コロナの流行の中で、大会への参加を取りやめるチームもあり、当部でもコロナ対策は重大な懸念事項となっていました。日々の稽古だけでなく日常生活の中でも感染防止対策を徹底し、青年2部（1部は24歳以上、2部は23歳以下）団体戦に3個チーム（3人1チーム）、女子個人戦に6人の学生が参加することができました。

この大会で久下学生が大将をつとめる「防大Aチーム」は127チームの強豪ひしめく青年2部で準優勝という成績を収めることができました。惜しくも決勝では第3即応機動連隊チームに敗れはしましたが、過去最高の成績となり、特筆すべきものだと思います。これからも全力を尽くして稽古に励み、「来年こそ優勝を成し遂げる！」と部員全員が改めて決意を固めました。

学生は4年間で防衛大学校を卒業します。来年3月に久下学生も卒業し、幹部候補生学校に入校します。大変な試練が待っていると思いますが、苦しい時は当部で培ったこと、4年間夢をあきらめず積み重ねていった努力と挑戦を思い出して、幹部への道を突き進んでほしいと願っています。

（上）第53回全日本青年銃剣道大会で準優勝し、記念撮影する防大銃剣道部員ら（8月4日、日本武道館）（右）防大銃剣道部主将として部員と共に稽古を行う久下学生（左、円内）。念願の全日本出場で部の躍進に貢献した

互いの業務や環境に興味津々
異業種間の女性懇談会

美幌

【美幌】駐屯地業務隊は11月17日、駐屯地で初めて部外で働く女性従業員との懇談会を実施した。

これは、駐屯地に勤務する女性自衛官と東京海上日動北海道エリアサービスで働く女性社員が、それぞれ異なる業種の女性活躍に関する情報を共有することで、相互理解を深めて視野を広げるとともに、沖邑佳彦北方総監が常に隊員に要望している「人間力強化」の資とすることを目的としたもの。

懇談会では参加した17人が4グループに分かれ、事前に準備した質問カードをもとに、「社内での人間関係の築き方や指導の仕方」「職場婚ならではの働き方」「仕事のやりがい・楽しさ・モチベーション」「ライフイベントとの両立」などについて意見を交換。「どんな仕事をしているんですか」など、互いに異業種の業務や環境に興味津々の様子だった。

女性自衛官たちは「女性活躍推進の参考になりました」「女性としてだけでなく、母親としてもためになりました」などと話し、それぞれの生活・勤務環境について理解を深めた。

その後、参加者は施設研修として幹部食堂や厚生センター、駐屯地史料館「北辰館」などを見学、食堂では会食を行った。女性社員は「駐屯地の食堂が楽しみで朝食を抜いてきました！栄養バランスがとれていておいしいです」と話し、隊員の活力となっている食事を味わっていた。

互いの勤務環境などについて意見を交わす女性自衛官（右）と東京海上日動の女性社員（11月17日、美幌駐屯地）

豪雪地帯の貴重な訓練施設
待望の新体育館完成

倶知安

【倶知安】駐屯地は、体育館の老朽化に伴い、昨年3月から新体育館の建設工事を進め、このほど完成した。12月10日には落成式を予定している。

現体育館は1970年12月の建設以来、今年の12月で52年目を迎える。建設当初は、「屋内訓練場」という名で隊員の各種訓練や倶知安町の町民に貸し出すなどして、地域貢献に活躍してきた。近年は床のはがれ、雨漏り、つららの巻き込みにより窓が割れるなどの破損がひどく、その都度、隊員による復旧工事で耐久性を維持してきた。

豪雪地帯である駐屯地の貴重な訓練施設として使用されているため、新体育館の完成は隊員待望のニュース。齋藤誠駐屯地司令は「訓練や駐屯地の行事のほか、地域の方にも有効活用していただきたい」と述べた。

「蝦夷富士」とも呼ばれる羊蹄山とともに。倶知安駐屯地の新体育館（右）。左は隊員食堂

自慢の一品料理
しょらさんうどん

「しょらさん？」——。皆さんには全く聞き慣れないこの言葉は、串本地域の方言で「大切な人」「恋人」という意味があります。今回は、日頃から業務に忙しい隊員のために私が考案した、愛情たっぷり「しょらさんうどん」をご紹介します。

作り方は串本の名物「トビウオ」をすり身にして、それに根ショウガと玉ねぎをみじん切りにしたものを加え、混ぜ合わせます。

このすり身を直径3センチ、約20～25グラム状のつみれにし、お湯で煮込みます。つみれに火が通るまで加熱したら一旦ボウルに上げます。

次に、うま味が抽出された煮汁に、カツオだしや味噌を溶いて味をつけます。味の調整が終わったら、そこに先ほどボウルに上げておいたつみれを投入。さらにあらかじめゆでておいたうどん麺を入れ、ひと煮立ちさせたら器に盛ります。

最後にトッピングとして、素揚げした一口大のナス、細切りにした大葉、小口切りにしたネギ、和歌山の名産・梅干しを添えたら完成です。

基地隊員さんからも大変好評で、喜んでもらえました。寒い季節にぴったりのこのメニュー、ぜひ「しょらさん」と一緒にご堪能ください。

紹介者：3空曹 谷　信之祐
（中警団5警戒隊厚生班給食係・串本）

ハロウィーン行事を支援
庁内託児所の園児が訪問

海2術校

【海2術校＝田浦】海自2術校は10月28日、庁内託児所の「田浦このはな保育園」のハロウィーン行事を支援した。コロナの自粛期間を経て3年ぶりに開催した。

「田浦このはな保育園」は2010年に開設された海自唯一の庁内託児所。民間会社のキンダーナーサリーが運営し、24時間365日体制で隊員の日々の任務を支えている。さまざまな年中行事や情操教育に力を入れており、2術校も積極的に支援してきた。この日は石巻義康学校長ら職員たちがドラキュラや「ジャック・オー・ランタン」に仮装し、庁舎を訪れた園児たちを盛大に迎えた。

園児たちは手作りのバッグを下げ、「トリック・オア・トリート！（お菓子をくれなきゃいたずらしちゃうぞ）」と声をかけながら校長室や各課室を訪問。中にはお化けの飾り付けや仮装に泣き出す子もいたが、お菓子をもらうと「ありがとうございます」と笑顔を見せた。バッグがお菓子でいっぱいになると、大喜びで庁舎を後にした。

厚生課共済係長の宮井直樹事務官は、「子どもたちが喜んでくれてよかったです。やったかいがありました」と話した。

各課の事務室を飾り付け、園児たちを迎えた（10月28日、海自2術校）

地方防衛局

特集

つがる市 防災備蓄倉庫が完成

東北局 補助事業 ヘリポートを併設

【東北局】青森県つがる市で東北防衛局の補助を受けて建設が進められてきた「防災備蓄倉庫・ヘリポート」がこのほど完成し、11月15日、落成式が行われた。式典には事業主であるつがる市の倉光弘昭市長をはじめ、青森県議会の三橋一三議長、つがる市議会の野呂司議長、東北防衛局からは市川道夫局長が出席し、関係者約50人が新たな施設の完成を祝った。

「防災備蓄倉庫」は鉄骨造で、延べ床面積840平方メートル、「ヘリポート」の総面積は1万7535平方メートル。

倉庫内には、効率的なスペースの確保と出し入れが可能となる電動ラックが設置され、「5000人×3日分」の食糧や飲料水に加え、避難所で使用される段ボールのベッドやパーテーションなどの物資が備蓄される予定だ。

2020（令和2）年度から用地購入や実施設計が行われてきたもので、東北防衛局は「防衛施設周辺の生活環境の整備等に関する法律」第8条に基づく民生安定施設整備事業の「救難施設」として、補助対象事業費約6億300万円のうち、約4億5200万円の補助を行った。

式典で、つがる市の倉光市長は「災害時の物資を備蓄・提供することを目的とした防災備蓄倉庫と、災害や事故が発生した場合にヘリコプターの機動性を生かした支援・救助を円滑に行うために活用する防災ヘリポートを併設することで、災害に対する迅速かつ効率的な対応が可能となり、市民の不安解消につながるものと期待している」とあいさつし、関係者に謝意を表した。

続いて、東北防衛局の市川局長は「本施設は不測の事態に際し、住民の方の避難や物資の支援に大変有効であると確信している」と祝辞を述べた。

同施設は、基地施設に起因する事故などが発生した場合など、災害発生時において住民の避難や物資輸送などの支援活動の円滑化を図ると共に、事故等に対する住民の不安解消と生活の安定、福祉の向上に寄与する上で大きな期待が寄せられている。

上つがる市に完成した「防災備蓄倉庫・ヘリポート」。「5000人×3日分」の食糧や飲料水、段ボールベッドなどの物資を備蓄する　下電動ラックの設置で効率的なスペースの確保と出し入れが可能に（いずれの写真もつがる市提供）

防衛施設と首長さん

京都府舞鶴市　多々見良三市長

たたみ・りょうぞう　72歳。金沢大医学部卒。医学博士。舞鶴共済病院病院長などを経て、2011年2月舞鶴市長初当選。現在3期目。石川県河北郡（現・かほく市）出身。

海自舞鶴基地と協定締結　隊員・家族を全面で支援

舞鶴市は京都府の北部に位置し、太古から海と共に歩んできた港湾都市です。

1889（明治22）年に鎮守府の設置が決定され、1901（明治34）年、海軍舞鶴鎮守府が開庁しました。

舞鶴鎮守府が建設された当時の最新技術を駆使して旧日本海軍が建造した「赤れんが倉庫群」をはじめ、橋梁や水道施設などの近代化遺産は現在に至るまで数多く残っています。

現在、観光戦略拠点となっている「赤れんがパーク」を中心とした海軍施設と都市計画は、日本イコモス国内委員会に「日本の20世紀遺産20選」に選ばれています。

鎮守府の開庁以来、約120年にわたり、「日本海側の国防の拠点」としての役割を担い続けている都市の責務として、地域に暮らす自衛隊員とその家族の皆さまが住みやすく、そして働きやすい環境づくりを行っていくことが大変重要であると考えております。

2017（平成29）年には、①「自衛官の募集」②「退職自衛官の再就職支援」③「緊急登庁時における留守家族支援」―の三つの取り組みを一体的に行う「海上自衛隊舞鶴所在部隊隊員とその家族に関する総合支援協定」を舞鶴地方総監部と締結しました。

市役所庁舎への「自衛官募集」の懸垂幕掲示や、再就職求人情報提供などのサポート、緊急登庁訓練への保育士派遣、また、自衛隊施設に近い公共施設にサロンを設置するなどの交流の場づくりも行っています。

「防衛施設地方審議会」開催

東北局 5委員が郡山駐屯地視察

福島県の陸自郡山駐屯地を視察し、装備品について隊員から説明を受ける「東北防衛施設地方審議会」の委員たち（11月16日）＝郡山駐屯地提供

【東北局】東北防衛局主催の令和4年度「東北防衛施設地方審議会」が11月16日、福島県の陸自郡山駐屯地で開かれ、同局の市川道夫局長のアテンドで、審議会の委員5人が同駐屯地などを視察し、見識を深めた。

同審議会は、自衛隊や駐留軍が使用する施設に関し、不動産権利の対価額や漁船の操業制限などによる損失の補償額などについて東北防衛局長の諮問に応じて調査・審議し、必要事項を建議する機関として9人の委員で構成され、同局に置かれている。

今年度は任期満了（2年）に伴う新たな委員の任命と会長選出の年に当たり、冒頭、出席した委員の互選によって一力敦彦前会長（東北放送代表取締役社長）が会長に再選された。

続いて、市川局長が5人の委員に東北局の業務概況や令和4年版「防衛白書」について説明。同局郡山防衛事務所の小山幹生所長も装備品などの調達に関する業務について説明を行った。

特に「防衛白書」の説明では、昨今の国際情勢に関連した内容について、一力会長をはじめ各委員がメモを取りながら興味深く聞き入っていたほか、質疑応答では初参加の委員から活発な質問があり、有意義な意見交換が行われた。

その後、各委員は昼食を挟んで午後から郡山駐屯地の装備品の概要について説明を受けた後、福島県田村市に移動し、落下傘などの装備品を受注している藤倉航装の工場を見学した。

北海道局 米海兵隊から感謝状

日米共同訓練で綿密調整

【北海道局】北海道防衛局調達協力室の三河博光室長以下6人は、道内で10月1日から14日まで行われた陸上自衛隊と米海兵隊との日米共同実動訓練「レゾリュート・ドラゴン22」において献身的なサポートに当たったことが評価され、10月22日、米海兵隊から感謝状を贈呈された。

訓練は、陸自矢臼別演習場や上富良野演習場など道内の各演習場等で実施され、米海兵隊のMV22オスプレイや米空軍のCV22オスプレイも参加した。

各演習場などに派遣された6人は、現地で米海兵隊と自衛隊との間に立って物資調達に関する協力や騒音測定の実施など、準備段階から撤収作業に至るまで、訓練の全てが円滑に実施されるよう日米間での緊密な調整に努めた。

感謝状贈呈式は釧路市内の「ANAクラウンプラザホテル釧路」で行われ、米海兵隊を代表して第4海兵連隊兵站将校のアンドリュー・ウィズナー大尉が北海道防衛局管理部業務課調達協力室に対して感謝状を贈呈。同室を代表して三河室長が受け取った。

三河室長は「訓練が無事に実施されるよう、開始半年前から何度も陸自や米海兵隊との綿密な調整に取り組んできた」と振り返り、「訓練は道内の各演習場等で行われたことから、調達協力室の職員だけでは到底対応できず、局内の各部課より業務支援を受けて任務を完遂することができた。感謝状は北海道防衛局全体としての成果だと思っている」と関係者への感謝の言葉を述べた。

米海兵隊のアンドリュー・ウィズナー大尉（中央右）から感謝状を贈られる北海道局の三河博光調達協力室長（同左）。左端は米軍物品役務相互提供協定（ACSA）多国物流スペシャリストのジャームズ・ボルト氏、右端は北海道局調達協力室の松井繁典調達協力第2係長（10月22日、釧路市）

東北局 市川局長が講演

「我が国を取り巻く安全保障環境と防衛政策」をテーマに講演する東北防衛局の市川局長（中央奥演台前）＝10月26日、仙台市で

【東北局】東北防衛局の市川道夫局長は10月26日、「一般社団法人日本外交協会宮城県支部」が主催する定例会に講師として招かれ、「我が国を取り巻く安全保障環境と防衛政策」をテーマに約1時間にわたって講演を行った。

市川局長は、より一層厳しさを増す我が国を取り巻く安全保障環境について、ロシアによるウクライナ侵略や3期目の習近平指導部が発足した中国の動向、北朝鮮の軍事動向などの国際情勢を中心に説明した。

当日は会員約30人が熱心に耳を傾けた。講演終了後、「諸外国と共同での装備品の技術開発にはどのようなものが行われているのか」などの質問が上がった。市川局長は、日米が2006年度から17年度にかけて共同開発した新型迎撃ミサイル「SM3ブロックⅡA」といった具体例を提示しながら一つ一つ丁寧に回答した。

同協会は、平和な世界と新しい日本の国づくりを目指し、外交や安全保障、危機管理などに関する理論とその応用・実践について多角的に研究すると同時に、民間ベースでの国際交流活動や開発途上国への協力を行うことを目的に1947年に発足。宮城県支部は2018年7月に県内居住者を対象に設立され、県民に国際情勢を伝える講演会などを開催している。

東北防衛局では「今後も地元や企業等のニーズに応えながら防衛政策や自衛隊の活動、防衛問題に関して広く国民の理解と協力が得られるよう、同局職員・隊員を講師として派遣していきたい」と話している。

リレー随想　小森　達也

せいしょこさん

熊本といえば、「せいしょこさん」こと加藤清正公。

熊本を統治していたのは僅か20年程度であり、その間、2度の朝鮮出兵まで行っているにもかかわらず、熊本城はもちろん、治水や干拓などの生活に関わる事業を手掛け、さらには「隈本」を「熊本」に変え、あの愛らしい〇〇モンの誕生に一役買う（?）など、今の熊本の発展の礎を築いた武将として、いろんな意味で熊本の方々の強い精神性の源となっている。

また、さまざまな公共事業を成し遂げたとして、「土木の神様」とも称せられるが、今回は、これにまつわる話題をお話ししたいと思う。清正公は没後、「城の天守と同じ高さに」との遺言により、熊本城の北西に位置する山の中腹（浄池廟）に埋葬され、今も城下を見守っている。浄池廟からさらに300段の石段を上ると、市内を見下ろすように清正公の銅像が立っている。

この像は、長崎の平和祈念像を製作した北村西望の手によるもので、片鎌槍を天に向けた姿は、まさしく「賤ケ岳七本槍」。台座も含めると、高さ17メートルにもなり、雄々しいことこの上ない。現在の像は昭和35年に再建されたのだが、台座裏に所以が書かれており、かいつまんで書くところである。

「昭和32年、名古屋城再建を担った間組社長は、清正公の尊霊を現場に迎え奉り、日々の安全を祈願し、同34年に無事完成。同年夏の伊勢湾台風の猛威にも耐え、1カ所として損傷を受けず。被災者は清正公の御遺徳の賜物と勇気づけられ復興に立ち上がった。この経緯から社長から寄付されたものである」

名古屋城の天守石垣は清正公の指揮により造られていることから、社長の思いはただならぬものがあったのだろう。

一説によると、日本全国には清正公を祀る神社が90社もあるそうだが、例えば、北海道夕張郡由仁町に在る熊本神社。熊本からの入植者が建立したとされ、厳しい未開の地を開墾するに当たり、故郷熊本を発展させた清正公を拠り所としたのだろう。神格化された武将は数多くいるが、これほど慕われ、尊敬を集めた武将はいないのではなかろうか。

最後に、清正公の言葉を。

「人は一代、名は末代。天晴武士の心かな」

ああ、清正公は偉大なり。

（熊本防衛支局長）

北関東局　第50回「防衛問題セミナー」をYouTubeで配信

【北関東局】北関東防衛局（扇谷治局長）は12月5日から26日までの間、第50回「防衛問題セミナー」をYouTubeで配信する。「国際社会の平和と安定を使命に～PKO30年と自衛隊の活動」をテーマに収録されたもので、事前申し込みは不要。配信期間中はいつでも視聴可能だ。

◇視聴要領は次の通り。

▽視聴期間＝12月5日（月）午前10時～12月26日（月）午前10時まで（視聴時間約2時間半）

▽講演＝①「国際平和協力法30年の歩み」＝池松英浩氏（内閣府国際平和協力本部事務局次長）、②「世界の平和と安定に向けた自衛隊の活動と取り組み」＝武隈康一1等陸佐（防衛省統合幕僚学校国際平和協力センター長）、③「平和で安定した社会づくりに取り組むJICA」＝山下望氏（独立行政法人国際協力機構「JICA」ガバナンス・平和構築部平和構築室副室長）

▽問い合わせ＝北関東防衛局企画部地方協力基盤整備課（048-600-1844）、メール（seminar-kk@n-kanto.rdb.mod.go.jp）

平和維持へ全力 各国から高い評価

陸自PKO活動30年「新たな任務」の訓練公開

国連が世界各地の紛争地で行ってきた「国連平和維持活動（PKO）」。日本では1991年の湾岸戦争を契機に、国内で国際貢献のあり方について議論が高まり、翌年に国際平和協力法（PKO協力法）が成立。同年9月には我が国で初めて、陸自部隊がPKO要員としてカンボジアに派遣された。その後、陸自の国際平和協力活動は地域・活動分野を拡大させ、これまでに約1万2千人の隊員を派遣し、国際社会から高い評価を受けてきた。国際平和協力法は2015年の平和安全法制の成立を受けて、自衛隊に「駆け付け警護」と「宿営地の共同防護」などが新任務として追加され、「任務遂行型の武器使用」も認められるようになった。今年は陸自部隊がカンボジアに派遣されてから30年の節目の年。陸幕は今回、静岡県御殿場市の駒門駐屯地と、栃木県宇都宮市の宇都宮駐屯地で行われている「宿営地警備教育」と「駆け付け警護訓練」の模様を報道陣に公開した。

（文・写真　雀見陽平）

宿営地警備教育

国際活動教育隊　駒門

9月12日に公開された国際活動教育隊による「宿営地警備教育」は、派遣される小部隊の指揮官の能力向上を図るための陸曹課程教育の一部で、これまで学生が学んできた国際活動や派遣業務に関する知識・技能を発揮する「総合実習」として行われた。

訓練は、実際にジブチにある自衛隊拠点の宿営地入口付近をデフォルメした訓練場を使用。9人の警備隊役の学生が、国連の活動に不満を持ち暴徒化した現地住民に対応する実動訓練を行った。

隊員たちが宿営地の正門付近を警備中、1台のトラックが右前方から入口に向かってくる。双眼鏡で既に車両を確認していた警備隊長役の2尉は、素早く情報を宿営地内本部にいる1尉に無線で連絡。現地住民を名乗る2人の入門許可申請に対し、警戒をしながら現地雇用の通訳を伴ってやり取り。

「いつもここに来ているのに何で今日は入れないんだ」

相手の言葉にも冷静に対応し、2人の氏名と車番を照会。ゴミ回収に来た車両と確認されたため、ゲートを開放して車両を中に入れ、所定の位置に停止させる。

「車の正面に立つな。突っ込まれたらヤバイ」。隊員間の連携の下、車両に爆発物がないか確認し、金属探知機による人員点検も併せて行った。

その後、「NO UN」「GET OUT」と書かれたプラカードを持った12人のデモ隊が右前方から近づいてくる。デモ隊が小銃を携行していることを確認し、素早くゲートを閉鎖。本部に情報伝達すると共に、デモ隊が水と食糧を要求している旨を報告。「近くにWFP（国連世界食糧計画）の事務所などがあるから、そちらで求めてほしい」と、あくまで提供できないとの回答にデモ隊は徐々にエスカレートし、投石を始める。

「投石などするのであれば、実力を行使する用意がある」と暴徒に呼びかけると共に、隊長は「防護態勢を取れ。盾防護！」と自らの身を守るよう隊員に指示を与え、再度実力を行使する旨、最後通告を行う。

暴徒から小銃が発射されたことを確認。LRAD（長距離音響装置）の効果がないことから、隊長は本部に武器の使用許可を要請。隊長の「装填用意、警告射撃」の合図で一斉に警告射撃をしたものの、依然小銃を持った2人の暴徒が警告に従わず、警備隊へ銃を向け、射撃が確認されたため、国際平和協力法第25条の3に則り、「射撃用意、撃て」の合図で危害射撃を実施。

その後は引き続き周囲の安全を確保すると共に、発砲で足を負傷した暴徒1人の救護を行い、一連の訓練は終了した。

国際活動教育隊長の西村修1佐は「ここ数年、部隊派遣がない中で練度の維持が難しくなっているが、我々はいついかなる任務があっても対応できるように、日頃から訓練をしっかりやって備えている。実際に現地の雰囲気を伝えるのは難しいが、さまざまな最新知見などを反映させ、引き続き練度の向上を図っていきたい」と述べた。

盾で防護しながらLRADを使用する。できる限り非殺傷兵器を使用して対処するのが鉄則（9月12日、駒門駐屯地）

㊤食糧と水を要求する現地住民たちに対し、マイクで対応する陸自隊員㊨危害射撃を加え、暴徒を鎮圧後も周囲を警戒

その場で静止するように告げる陸自隊員

「駆け付け警護関連法」

1、国際平和協力法第3条5号ラ

【武器使用規定】

2、国際平和協力法第26条2項

駆け付け警護訓練

中央即応連隊　宇都宮

陸自最大の施設中隊を持ち、爆発装置処理隊を隷下に持つ中央即応連隊。隊長の山田憲和1佐が繰り返す言葉がある。

「いろんな場数を踏め」――。

国際平和協力活動では、先遣隊としていち早く現地に赴任し、本隊が到着するまでの間、あらゆるライフライン設備などの基盤を整備する。何もない所から造り上げていく任務のため、さまざまな状況を演練する必要がある。

9月14日、中即連による「駆け付け警護訓練」が公開された。ナタなどを携行している現地部族間同士の抗争に巻き込まれた国連職員3人を救出するため、チーム長以下18人の隊員が軽装甲機動車2両と高機動車2両にそれぞれ分乗して対処するという想定。

国連機関の事務所に見立てた建物の前方付近で、両部族約10人の小競り合いが始まり、一部の暴徒が同事務所に避難。国連職員を救出するため、通報を受けた中即連の初動対処チームが現場に急行した。

軽装甲機動車2両を先頭に、高機動車2両が続き、暴徒に対して「我々は国連だ。日本の部隊だ。道を開けなさい」とスピーカーで警告を与える。しかし、聞く耳を持たない暴徒たちは投石を始めた。防護盾で身を固めた隊員たちは隊列を組み、徐々に暴徒との間合いを詰めていく。

「ストップ。ユアー アクション！」。最後通告を宣告しても従わないため、隊員たちはLRAD（長距離音響装置）と火工品（フラッシュバン）で一気に突入。大きな音と衝撃にひるんだ暴徒を遠ざけながら、素早く高機動車を国連事務所に横付けし、3人の職員を救出。併せて負傷していた現地住民には応急処置を施し、速やかに撤収した。

一連の訓練が終了し、改めて山田1佐は「今回は銃を持ってない暴徒にどう対応するのかという訓練。いろんな場面を設定し、その場その場で適切な状況判断をさせるために訓練を行う。あくまで今日の訓練はごく一部」と話した上で、「実際の現場と訓練とでギャップがあれば組織としては致命的。今後も諸外国や多国間訓練などを通し、能力を上げていきたい」と述べた。

LRADと火工品による非殺傷兵器で一気に現場の鎮圧に向かう

周囲を掌握後、国連職員を収容。前方では負傷した現地住民も併せて救護していた

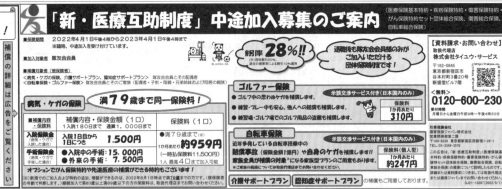

防護盾を構えて隊列を組み、徐々に間合いを詰めていく。後ろの軽装甲機動車も併せて前進（9月14日、宇都宮駐屯地）

鳥インフルで災派

鹿児島 鳥取　8、12普連が計23万羽処分

鹿児島県出水市で発生した鳥インフルエンザの災害派遣で国分駐屯地を出発する12普連の車両(11月27日)＝西方提供

12普連(国分)は11月27日から30日まで、鹿児島県出水市で発生した鳥インフルエンザの災害派遣に出動、隊員約140人態勢で養鶏所の鳥の殺処分支援やウイルス付着の可能性がある鶏卵などの処理を行った。

27日午前6時、鹿児島県の塩田康一知事から12普連長の古川琢弥1佐に派遣が要請された。12普連の隊員はウイルス防護用のスーツを着用し、必要資器材の防疫処置を万全にして、現地の養鶏場で同午前9時から作業を開始。同30日午前2時5分、自治体で対応可能となったため活動を終了、約19万羽を担当した。

一方、鳥取県鳥取市の養鶏場でも鳥インフルエンザが発生。12月1日午前5時、鳥取県の平井伸治知事から8普連(米子)長の堀田朗伸1佐に災害派遣が要請され、同隊が同7時から約170人態勢で鶏の殺処分支援を開始。約4万羽を処分し翌2日午前7時48分、要請を受けて活動を終えた。

マンホールふたを展示

防大 横須賀市　両者の協力体制の象徴

【防大】防衛大学校と横須賀市は防大創立70周年を記念し、両者の密接なつながりを表したマンホールふたと解説パネルを防大正門近くに展示。11月4日にパネルの除幕式を行った。

式には久保文明学校長、横須賀市の上地克明市長ら7人が出席。幕を引くと真新しいパネルが現れた。パネル周辺には防大のマンホールふた五つ(防大校章、1～4大隊)と横須賀市のマンホールふた三つ(横須賀市章、ペリー、浦賀奉行所)が展示された。

防大と横須賀市は2008年に周辺地域の防災協力に関する協定を締結。その後も両者の交流は活発で、全国各地からの防大入校生や来訪者、住民に両者のつながりを知ってもらうため、マンホールふたと共にパネルも設置した。

パネルには学校長のコメントが掲示され、「横須賀市と防衛大学校の協力体制は深化しています。横須賀市民の皆さま方には折に触れて学生たちが羽を休める場を与えていただき、誠に感謝しています」と記されている。

防大創立70周年を記念したマンホールふた(後方左右)と共に設置された解説パネル(後方中央)を除幕する防大と横須賀市の関係者。中央右は久保学校長、同左は上地市長(11月4日)

陸自中音「ウルトラセブン」のCD発売

曲全体が音楽物語のような構成

「セブン、セブン、セブン」——。ウルトラマンシリーズの中でも高い人気を誇る「ウルトラセブン」。今年は同作が放送された1967年から55年目だ。今回、音楽としても人気が高い同作のオーケストラ作品を、陸上自衛隊中央音楽隊が演奏、その内容を収録したCDが発売される。収録には、同作の主人公モロボシ・ダン役を務めた森次晃嗣氏やウルトラ音楽のレジェンドたちも結集し、一段と豪華な内容となっている。

CDは「交響詩ウルトラセブン on Brass」(日本コロムビア株式会社)で、12月21日に発売される。ウルトラシリーズの音楽を担当し、円谷特撮サウンドの礎を築いた作曲家の冬木透氏が吹奏楽版にアレンジした「交響詩ウルトラセブン」と「交響曲ウルトラコスモ」の2曲を収録。吹奏楽版としての2曲のディスク化は初めてとなる。それぞれ演奏班長の石村俊之1尉と中音隊長の樋口孝博1佐の指揮の下、隊員約50人が参加し、10月1、2日の両日、中音大演奏室(朝霞)で収録が行われた。

1曲目の「交響詩ウルトラセブン」は、冬木氏が作中で使われた曲を選曲し、それを全5楽章の交響詩として再構築したもので、それに作曲家の佐藤誠一氏が編曲を加えた。2018年に陸自13音楽隊(海田市)が広島県で演奏しており、同作は作品の世界観が端的に表現されたものとして人気が高い。

「交響曲ウルトラコスモ」は、「ウルトラマン」から「ウルトラマン80」までの主題歌や劇中テーマ曲をモチーフにしたオリジナル作品として冬木氏が作曲。それを作曲家の藤原典子氏が演奏しやすいように編曲した。第2楽章の角雅晃3曹によるトランペットソロなど、全5楽章で頻繁にソロ演奏が登場し、演奏者の緊張感漂う演奏も注目の一つになっている。

両曲とも、森次晃嗣氏が曲間でナレーションを務めた。森次氏により語られるオリジナルストーリーを手掛けたのは、ウルトラマンシリーズのレジェンド、故飯島敏宏氏と故上原正三氏で、森次氏のナレーションが曲中に隠されたさまざまなモチーフを浮かび上がらせ、まるで曲全体が音楽物語のような構成になっている。

ファンはもちろん、「ウルトラセブン」を知らない世代でも、十分に堪能できる作品に仕上がった。

◇

樋口孝博1佐(陸自中央音楽隊隊長)　地球防衛軍、極東基地に所属するウルトラ警備隊は、我が国の平和と独立を守る私たちと志を等しくします。この録音に中音が選ばれたことは必然のことで、ウルトラ世代の自分にとっても、このような形で演奏協力できることは光栄の極みです。

石村俊之1尉(陸自中央音楽隊演奏班長)　「ウルトラ音楽の父」冬木透先生お立ち会いの下、指揮者としてCD録音協力に参加し、夢のような時間を過ごすことができました。一人でも多くの方にこのCDを聴いていただき、平和について考えるきっかけになれば幸いです。

樋口隊長指揮の下、交響曲「ウルトラコスモ」の収録を行う陸自中音のメンバー(10月1日、朝霞の陸自中音大演奏室)＝いずれも日本コロムビア株式会社提供

ウルトラセブンのバックに宇宙と金管楽器を模したCDジャケット

女性職員が意見交換会

海自・海保・警察　沖縄基地隊

【沖基】海自沖縄基地隊は10月27日、基地で海保や警察の女性職員と意見交換会を行った。危機管理職を担う女性職員の横のつながりを強化するのが目的で、今回が初開催。同基地隊、第11管区海上保安本部、那覇、中城海上保安部、うるま警察署から26人が参加した。

参加者の職種は一般事務から船舶勤務、刑事事件担当まで多種多様で、各自が勤務概要やワークライフバランスの取り組み、勤務上の不安事項に対する解消法などを紹介した。自由討論では出席者を世代やライフステージに合わせて5グループに分け、意見を交換。互いの職種への理解を深めると共に、家庭と仕事の両立などについてアイデアを出し合った。

参加者からは、「互いの当直体制について興味があったため、情報交換ができて良かった」、「海自の緊急登庁支援について興味が湧いた」などの声があった。

開催に携わった基地隊本部通信所の所長・羽田野夏美1尉は、「さまざまな意見を聞くことで、海自の取り組みについて客観的に見ることができた。参加者の反応が良かったので2回目も実施したい」と意欲を見せた。

記念写真に納まる意見交換会の参加者(10月27日、沖縄基地)

こちら警務隊

飲酒関連犯罪(占有離脱物横領罪)

他人の自転車を持ち去ると窃盗罪か、占有離脱物横領罪

路上の自転車を足代わりに使った場合、どのような罪になりますか?

他人の自転車を持ち去ると、窃盗罪または占有離脱物横領罪に該当します。

通常、他人の財物を盗んだ場合、窃盗罪に該当し、10年以下の懲役又は50万円以下の罰金に処され、放置自転車等の場合、占有離脱物横領罪に該当し、1年以下の懲役又は10万円以下の罰金もしくは科料に処されます。

年末年始は飲酒の機会が増える時期です。飲み過ぎて「歩くのが面倒だった」、「酔って覚えていない」等の言い訳は通用しません。節度を守った飲酒を心掛けましょう。

(東北方面警務隊)

「真田山陸軍墓地」で秋季慰霊祭

大阪市天王寺区の「真田山陸軍墓地」の秋季慰霊祭が10月22日、3年ぶりに営まれた。同墓地は明治4年に設けられた日本最古の陸軍墓地で、規模も日本最大。西南戦争以降、国のために殉じた将兵の墓碑が5100以上あり、納骨堂には8200柱以上の遺骨が眠っている。

この慰霊祭のために、36普連(伊丹)が事前の奉仕作業や当日のらっぱ吹奏を行い、伊丹と八尾駐屯地修親会、大阪地本の修親会・曹友会からは隊員150人が代休を取って草刈りや清掃などを実施。同墓地維持会の花畑暢夫副理事長は「自衛隊なくしてここの維持はできない」と感謝した。

当日は中方(同)、東方(朝霞)各総監部、3師団(千僧)、関西処(宇治)、4施団(大久保)、中方航(八尾)、空自奈良基地、大阪地本の各代表者と36、37(信太山)普連の各連隊長が参列。遺族や関係者ら約200人と共に順次御霊に焼香し、戦没者に哀悼の誠をささげた。

その後、参列者は会場を移動し、前FTC長の近藤力也元1陸佐による「先人の思い受け」と題した講話を聴講した。

遺族らと共に秋季慰霊祭に参列する隊員ら(10月22日、真田山陸軍墓地)

小休止

▽…49普連(豊川)は11月9日、愛知県三河地区の中学生42人を駐屯地に招き、職場体験として救急法、目標捜索、軽装甲機動車の体験試乗を行った。

▽…救急法では隊員による説明を受けた後、2人1組になって実際に包帯を巻き、止血・応急処置を体験。目標捜索では森の中に隠れたぬいぐるみや時計、車の玩具など10個の目標を双眼鏡で捜索＝写真。中には全部を見つけた生徒もおり、隊員を驚かせていた。

▽…軽装甲機動車に初めて試乗した生徒たちは興奮気味に「楽しく貴重な体験ができました」「自衛隊を進路の一つとして考えていきたいです」と声を弾ませていた。

(豊川)

自衛隊への感謝の気持ち湧き起こる

開業歯科医、幾多の困難を乗り越え予備自衛官に ㊤

予備2陸佐　高橋　忠弘（石川地本）

40歳を過ぎたころから今後は社会貢献をしたいと思うようになり、ある時予備自衛官制度を知り、この平和で安全な日本を守り、後世につなぐことは立派な社会貢献になると思い、迷わず志願しました。

予備自衛官補には令和2年12月18日には受かっていましたが、新型コロナウィルスの影響や、私自身の体調不良（右耳突発性難聴となり昨年度入院加療）などが重なり、思うように訓練に臨めませんでした。今回の訓練を逃すと教育訓練終了期限に間に合わなくなるという、夏休みの宿題をしないまま8月31日を迎えた小学生のような状況で、9月16日から5日間、第一段階目の教育訓練を受けました。

右耳の突発性難聴が不安要素の大きな一つであったことは言うまでもありませんが、51歳という年齢も大きな不安要素でした。これらの不安は、訓練前日に前乗りで着隊したときにすぐになくなりました。右も左もわからない状況で大津駐屯地の門をくぐりましたが、警備の隊員の方に受付の場所を丁寧に教えていただき、受付の際にも教官の皆さまが親切に接してくださり、担当の班長さんに至っては荷物を隊舎まで運んでくださるなど、こちらが恐縮するほど丁寧な対応を受けました。

このように書きますと、「じゃあそれまでどう思っていたんだ！」と聞かれる方もいらっしゃると思いますが、それまで自衛隊は暴力までは振るわれないまでも、若干乱暴でも許される世界で、きつめの体育会系運動部のノリだと思っておりました（今ではそんな風に思っていた自分に対して深く反省しております）。

訓練自体も若い方よりは動きの鈍い私にも何とかついていける（あるいはついていける範囲で訓練をしていただいたのかもしれませんが…）くらいの強度でした。各班長さんたちはとても個性的ではありましたが、自衛隊としてピシッとするところは外さずキッチリとされていて、私よりも若いのに人間的にも素晴らしい方々だととても感心するとともに、今までこのような自衛隊員の方々に守られているからこそ、安心、安全な日本という国で生活できていたのだと感謝の気持ちも湧き起こってきました。

手作り掲示板で自衛官募集を支援

糸満市募集相談員　上原　勝（沖縄地本）

全国の自衛官募集相談員の皆さま、こんにちは！私は沖縄県糸満市の募集相談員の上原勝と申します。募集相談員として2年目を迎えました。

1年目の活動としては、「いとまん飲食店TAKE OUTマルシェ～屋台～」の一画で、島尻所による自衛官募集広報ブースを設置しての広報活動支援を主催しました。高校生などの来場者は少なかったですが、小学生などの親子連れが多く、募集広報ブースは大盛況でした。

ここ最近はコロナ禍で、イベントはなかなか実施できず、何か自衛官募集を応援できないかと考え、糸満高校への通学路沿いの実家の壁にポスター掲示板を1カ所設置しました。残念なことに、台風の影響か故意によるものか、ポスター掲示板はなくなってしまいましたが、それにめげず1枚、2枚と掲示したいと思っております。

これからも、募集相談員として募集支援活動を行って行きたいと思っております。

手作り掲示板で自衛官募集をPRする上原さん

みんなのページ

大隊訓練検閲に参加して　一歩成長できたことを実感

陸士長　村山　可純（6施大本管中・神町）

私は、令和3年9月に本部管理中隊通信小隊に配置となり、有線通信手としての勤務がスタートしてから早1年が経過しました。この間、中隊の雰囲気に慣れるとともに、有線通信手として前向きに取り組んでまいりました。

今回、初めて大隊訓練検閲に参加することになり、準備期間の当初は不安と緊張の連続でしたが、準備が進むにつれ、大隊全体の士気が高くなっていくことを実感するとともに、私の気持ちも高まっていきました。

本検閲での有線通信網の構成・維持・運営を行う通信手として参加し「私に与えられた職務・できることを精一杯やり遂げる」ことを目標に臨みました。

検閲が始まると大隊集結地内の有線構成を夜通し実施しました。昨年参加した小隊検閲では、睡魔との闘いや初めて参加した検閲だったことから精神的に厳しい場面がありましたが、本検閲では最後まで気を抜くことなく有線構成を実施することができました。

この間、初めて状況下において夜間の結線を実施する場面があり、見えにくい・作業しづらいなどの理由で焦ってしまうこともありましたが、有線班長の指導のもと上手に結線することができ、導通もとれて一安心すると同時に通信手として有線班に貢献できたのではないかと実感しました。

有線構成をする中で、わからないことは先輩・上司に聞き、確認するとともに、指導していただいた事項を速やかに実践することができたのは成果の一つであり、目標達成につながったと思います。また、同期の間の絆については、自分から進んで声掛けを行い、協力し合う・助け合うなど、積極的に行動できました。

私は、大隊訓練検閲に参加して、また一歩成長することができたと実感しています。さらに陸曹の方々との信頼も深まり、通信小隊の一員としての達成感を得ることができました。

今後は、今まで学んださまざまな知識や経験を後輩隊員の指導に活用しつつ、自己の成長と通信技術のさらなる向上のため、日々練磨に励みます。

（世界の切手・フランス）

じっくり考えろ。しかし、行動する時が来たなら、考えるのをやめて、進め。

ナポレオン・ボナパルト（フランスの軍人・革命家）

朝雲ホームページ
www.asagumo-news.com
会員制サイト
Asagumo Archive プラス
朝雲編集部メールアドレス
editorial@asagumo-news.com

新刊紹介

文明と戦争　人類二百万年の興亡（上・下）

アザー・ガット著、石津朋之・永末聡・山本文史監訳、歴史と戦争研究会訳

原書は2006年に出版された大著で、日本では2012年に単行本で出版された邦訳版の待望の文庫化。著者はテルアビブ大学政治学部エゼル・ワイツマン国家安全保障講座担当教授で、軍事史、戦争・戦略研究の第一人者だ。

上巻は人類の「戦う動機」について生物学、人類学、考古学、歴史学、社会学、政治学から多角的に検証し、部族間から国家間へと進化した戦争を分析する。

下巻は軍事革命による戦いの規模と形態の変化に着目しながら、総力戦までに発展した近代の戦争を分析。ナショナリズムの台頭やイデオロギーの対立の観点からも戦争の原因を精査し、核兵器、無差別テロ、冷戦以降の現代までを総括する。

監訳者の石津朋之氏は防衛研究所戦史研究センター長で、下巻巻末の解説を執筆。本書について「戦争・戦略研究と古代史研究、平和研究を含めたその他の分野の研究の間の『橋渡し』の役割を果たし得る」とした上で「本来、最も学際的な研究が必要とされる戦争という大きな社会現象を考えるための一つのモデルを提示している」と評している。

（中央公論新社刊、上・下巻各1980円）

一九四五年夏　最後の日ソ戦

中山　隆志著

1945年8月15日、日本がポツダム宣言を受諾して武装解除を進める中、ソ連は日ソ中立条約を破って千島・樺太に侵攻。日本固有の領土である南千島と北海道に付属する歯舞群島、色丹島まで占領し、北海道北半分の占領も要求した――。

著者は昭和9（1934）年生まれで、防衛大学校教授として長年にわたりソ連軍事史研究に取り組んできた元陸将補。

日ソ双方の史料を徹底収集、丹念に突き合わせる手法で作戦の全貌と第一線の実態を浮かび上がらせ、最後の日ソ戦に至る経緯と孤軍奮闘した守備隊の知られざる戦いを活写。軍民の苦労と受難の実情を明らかにする。

本書は戦後50年を迎えた1995年に単行本として出版され、2001年に文庫化されたものを復刊。防衛研究所戦史研究センターの庄司潤一郎主任研究官と花田智之主任研究官が巻末にそれぞれ「解説」を執筆した。

著者は本書が「隣国として真の友好関係を築き上げる努力の出発点」となることを望んだが、北方領土問題は滞り、ロシアによるウクライナ侵略が続く今、約30年の時を経て本書の価値はますます高まっている。

（中央公論新社刊、990円）

後期教育を終えて

2陸士　山門　琉希（りゅうき）（33普連重迫中・久居）

後期教育で心に残ったことは、3区隊で行われた3分間スピーチです。人前で話すのが苦手な私にとってはすごく心に残った出来事でした。

私は、地元について話しました。いざ話し始めると緊張して思っていたことがうまく話せなかったり、沈黙の時間が続いてしまったり、言葉を上手くまとめることができなかったりして、全くスピーチとして成り立ちませんでした。

当たり前のことですが、人と話すことが苦手な私には大切なことなのでこれからは積極的にコミュニケーションを取ろうと思いました。

後期教育で辛かったことは総合訓練です。新隊員の私にとって徒歩行進は特に辛かったです。その後の戦闘訓練も辛かったです。体力的にも精神的にも限界で睡魔と闘いながら行った操砲では、体が思うように動かなかったことを覚えています。総合訓練を通して、日々の体力練成の大切さを学びました。

重迫撃砲中隊に配属されて頑張りたいことが2つあります。1つ目は体力練成と筋トレです。2つ目は、積極的にコミュニケーションを取ることです。後期教育でたくさんのことを教えていただいた班長や班付のような立派な人間になれるように頑張りたいです。

最後に、3区隊の要員の方々には迷惑ばかりかけた3カ月間でしたが、今までありがとうございました。

OBがんばる

白川　巧さん　55

令和3年8月、北富士駐屯地業務隊を2陸尉で退官。関東陸運振興センター山梨支部に再就職し、車のナンバープレートの交付・回収業務などに励んでいる。

自信をもって再就職に

私は令和3年8月、北富士駐屯地業務隊を最後に2陸尉で定年退官し、自衛隊援護協会東京支部より一般財団法人関東陸運振興センター山梨支部を紹介され、就職に至りました。

新しい職場は「ナンバーセンター山梨」の愛称で呼ばれております。業務は自動車登録番号標（以下ナンバープレート）の交付・回収業務を中心に各種検査・登録申請に必要な印紙などの販売、総合案内窓口業務などを行っています。

ナンバーセンター山梨ではナンバープレートの交付・回収業務を1日約100件から150件くらい実施しています。また、年度末になると登録抹消（廃車等）業務だけで400件から500件を超え大変忙しくなります。

当初は、全く経験のない仕事もあり、何をどのように進めたらよいのか、戸惑うばかりの毎日でしたが、同じ職場で勤務する自衛隊OBをはじめ、先輩たちの懇切丁寧な教えもあり、安全確実に業務を実施しております。明るく風通しの良い勤務環境の職場に再就職することができて良かったと感じています。

これから定年を迎える皆さま、自衛隊で培った知識や経験は、再就職に役立つと思います。足しげく地域援護センターや駐屯地援護室に通い、興味のある業種や企業の情報を収集し、入念な準備をして、自信をもって再就職に臨んでいただきたいと思います。

詰将棋

出題　日本将棋連盟　九段　石田　和雄

第881回出題

▲先手　持駒　角桂

【ヒント】初手が肝心カナメ（10分で初段）。

▶詰碁、詰将棋の出題は隔週です◀

詰碁

出題　日本棋院　九段　曲　励起

第1296回解答

【解答図】白先、白活。白①がまず大切で黒❷の時、白③がまた大切です。黒❹と白を取りに来れば白⑤黒❻白⑦で活きます。

「朝雲」へのメール投稿はこちらへ！

▽原稿の書式・字数は自由。「いつ・どこで・誰が・何を・なぜ・どうしたか（5W1H）」を基本に、具体的に記述。所感文は制限なし。

▽写真はJPEG（通常のデジカメ写真）で。

▽メール投稿の送付先は「朝雲」編集部（editorial@asagumo-news.com）まで。

朝雲
発行所 朝雲新聞社
〒160-0002 東京都新宿区四谷坂町12―20 KKビル
電話 03(3225)3841
FAX 03(3225)3831
振替00190-4-17600番
定価一部150円、年間購読料9170円（税・送料込み）

主な記事

米含め共同訓練拡大

日豪2＋2 F35戦闘機を相互派遣へ

日豪両政府は12月9日夜、外務・防衛担当閣僚協議「2プラス2」を都内の外務省飯倉公館で開き、日米豪の共同訓練の拡大など防衛協力のさらなる強化を盛り込んだ共同声明を発表した。今年10月に岸田首相が豪州を訪れ、アルバニージー首相との間で行った日豪首脳会談で15年ぶりに改定・署名された新たな「安全保障協力に関する日豪共同宣言」の具体策を協議するため開かれた。共同声明には、将来、日本の戦闘機を豪州にローテーション展開することを見据えた空自F35戦闘機の機動展開訓練や、豪空軍のF35戦闘機が来年、日本での共同演習「武士道ガーディアン」に参加するため初来日することなどが明記された。浜田靖一防衛相は協議後の共同記者発表で「新たな安保共同宣言をフォローアップするため、4閣僚が対面で議論できたことは、日豪防衛協力の重要性を象徴するものだ」と強調した。

安保共同宣言を具体化

日豪「2プラス2」協議に臨む（右から）浜田防衛相、林外相、マールズ豪副首相兼国防相、ウォン豪外相（12月9日夜、東京都港区の外務省飯倉公館）＝防衛省提供

日豪「2プラス2」は2007年の初開催以来、昨年6月のテレビ会議形式に続き10回目。対面では18年10月に豪州で開かれて以来、約4年ぶりとなった。

協議には日本から林芳正外相、浜田防衛相、豪州からリチャード・マールズ副首相兼国防相、ペニー・ウォン外相が出席して約2時間半行われ、日豪、日米豪の安全保障協力を一層強化していくことで一致した。

共同声明には、今年1月に日豪首脳が署名した「円滑化協定（RAA）」発効後の活用を想定し、「より強化された相互運用性の構築」が掲げられた。

具体的には、▽空自と豪空軍機間の空中給油のペアリングの拡大▽将来、日本の戦闘機を豪州にローテーション展開することを見据えた空自F35戦闘機の機動展開訓練▽日本で来年実施される共同演習「武士道ガーディアン」に参加するため豪空軍のF35戦闘機が初来日▽自衛隊が参加する「タリスマン・セイバー」演習の複雑化▽海自と豪海軍による潜水艦捜索・救難訓練実施のオプション▽水陸両用作戦演習と誘導弾実射訓練▽長距離誘導兵器、統合防空ミサイル防衛（IAMD）、水中戦（USW）を含む戦略能力に関する協力強化――などを明記。

さらに、日米豪3カ国の協力では、▽豪州北部における米軍との訓練機会の拡大▽自衛隊による「武器等防護」任務の枠組みの活用▽情報収集・警戒監視・偵察（ISR）の拡大▽日米2国間演習への豪軍の参加▽豪米2国間演習への自衛隊の参加（来年の「ヤマサクラ」演習への豪軍の参加）――などが記された。

一方、防衛装備・技術協力の分野では、▽研究開発試験評価のための取り決めのとりまとめ▽全領域における自律システムに関する防衛科学技術連携の拡大▽先進防衛能力の共同研究、共同開発、共同生産の機会の探求▽強靱なサプライチェーン（部品供給網）に関する政策対話の支援――などが盛り込まれた。

このほか、エストニアの「NATO（北大西洋条約機構）サイバー防衛協力センター」が主催するサイバー防衛演習「ロックド・シールズ」への共同参加を通じたサイバー防衛協力の強化▽今年11月に署名された「日豪防衛宇宙パートナーシップに関する趣意書」を受けた宇宙協力の強化▽情報保全に関する情報共有と意見交換の強化――など、宇宙・サイバー分野での協力も掲げられた。

協議後の共同記者発表で浜田防衛相は「両国の安全保障・防衛協力はさらに次の時代に向けて進んでいこうとしている。我が国にとって、米国を除けば豪州ほど緊密に安全保障・防衛協力を進展させている国はなく、日豪防衛協力は日本の安全保障政策の枢要な地位を占めつつある」と述べ、今回の協議を「日豪防衛協力の重要性を象徴するものだ」と高く評価した。

林外相は「基本的価値と戦略的利益を共有する日豪は『自由で開かれたインド太平洋』の実現に向けて緊密に連携してきており、同志国連携の中核となるまでに発展した。日豪の安全保障協力が同志国間の協力の先鞭となっていることを示す協議だった」と述べた。

マールズ国防相も「豪日米の3カ国がより洗練された高度で複雑な演習を行うことで、相互運用性がさらに向上する」と今後の協力強化に期待感を示した。

◇

これに先立ち同日午前、マールズ国防相とウォン外相は官邸に岸田首相を表敬し、日豪の安全保障協力をさらに推進していくことで一致した。同日夕には飯倉公館で日豪防衛相会談が行われ、インド太平洋地域の平和と安定に一層積極的に貢献できるよう両国の緊密な連携を確認した。

解説　3カ国の防衛力を統合へ

防衛研究所 佐竹 知彦 主任研究官

今回の日豪「2プラス2」共同声明で目を引くのは、やはりF35を含む日本の戦闘機の豪州への将来的な「ローテーション展開」を見据えた機動展開訓練の実施や、それを含めた自衛隊の豪州へのアクセスの拡大である。

今年10月に開催された日豪首脳会談でも、豪国防軍との相互運用性の強化のため、自衛隊が豪州北部において訓練や演習を行うことが発表されていた。

そもそも豪州は、2011年に米国と発表した「戦力態勢見直し」の下、米軍の爆撃機や戦闘機を含む航空機、艦艇および海兵隊のローテーション配備や訓練の実施、そして米軍のプレゼンス拡大や装備品等の事前集積を念頭に置いた北部ダーウィンにおけるティンダル空軍基地の大規模な改修計画などを進めてきた。

今回の日豪「2プラス2」の3日前に米ワシントンDCで開催された米豪外務・国防担当閣僚協議（AUSMIN）では、この米豪間の戦力態勢イニシアチブを一層強化していくことに加え、同イニシアチブへの日本の参加についても言及があった。

つまり、豪州北部における日米豪の演習や各種訓練などを強化することで、3カ国の防衛力の統合を深化させていくという意向であろう。今年1月に締結された日豪の「円滑化協定（RAA）」により、そうした協力が一層進むことが期待されている。

自衛艦隊司令官に齋藤海将

教育集団司令官は西谷空将

齋藤自衛艦隊司令官

西谷航空教育集団司令官

阿部空自補給本部長

政府は12月13日に行われた閣議で、自衛艦隊司令官の湯浅秀樹海将と、航空教育集団司令官の引田淳空将の勇退を認め、新たな自衛艦隊司令官に海上幕僚副長の齋藤聡海将、新たな航空教育集団司令官に空自補給本部長の西谷浩一空将をそれぞれ起用する人事を決定した。

これに連動して、西谷空自補給本部長の後任には、航空幕僚副長の阿部睦晴空将が就く。発令はいずれも12月23日付。

防衛省発令

12月23日付

▽自衛艦隊司令官（海幕副長）海将 齋藤 聡

▽航空教育集団司令官（空自補給本部長）空将 西谷 浩一

▽空自補給本部長（空幕副長）同 阿部 睦晴

▽退職

（自衛艦隊司令官）海将 湯浅 秀樹

（航空教育集団司令官）空将 引田 淳

（以上12月23日）

日英伊で次期戦闘機

共同開発 2035年配備を目指す

日本、英国、イタリアの3カ国は12月9日、最先端の次期戦闘機＝イメージ＝を共同開発するとした首脳共同声明を発表した。

空自のF2戦闘機と、英伊両軍の「ユーロファイター・タイフーン」の各後継機となるもので、防衛省は2035（令和17）年頃の配備開始を目指す。

日本が同盟国の米国以外の国と防衛装備品を共同開発するのは初めて。米政府は同日、日英伊3カ国の共同開発を「支持する」と表明。日米両政府も同日、次期戦闘機と連携する無人機の共同研究を来年から開始すると発表した。

3カ国で共通機体を製造し、コストを抑える。日本から三菱重工業、IHI、三菱電機、英国からBAEシステムズ、ロールス・ロイス、レオナルドUK、イタリアからレオナルド、アビオエアロ、エレットロニカなどが参画する。

浜田防衛相は同日の記者会見で「国際協力を視野に我が国主導の開発を進めるとの方針のもと、協議を進めてきた」と説明。

その上で「3カ国の技術を結集し、コスト等を分担しつつ、将来の航空優勢を担保する優れた戦闘機を開発する。量産機数の増加や次世代エンジニアの育成などを通じ、我が国の防衛生産・技術基盤を維持・強化していく」と述べ、「共に米国の同盟国である日英伊の協力は、今後何世代にもわたり幅広い協力の礎となる」と期待感を示した。

日比で防衛次官級協議

岡防衛審議官が出席

フィリピンの首都マニラで12月7日、第8回「日比防衛次官級協議」が開かれ、防衛省を代表して岡真臣防衛審議官、比国防省を代表してフランコ・ネメシオ・マビニ・ガカル国防次官が出席した。

両氏は日比間の安全保障協力や地域情勢などをめぐって意見を交わしたほか、今後の2国間の防衛協力・交流の在り方などについても議論を深めた。

岡防衛審議官は同日、マニラの北西約60キロのマバラカット（ルソン島）にあるクラーク比空軍基地を訪問。同国に初派遣された空自のF15戦闘機部隊と比空軍との部隊間交流を井筒空幕長と共に視察した。

防衛省　陸自の次期装輪装甲車にフィンランド製「AMV」

防衛省は12月9日、陸自の次期装輪装甲車（人員輸送型）に、フィンランドのパトリア（Patria）社製「AMV」＝写真＝を選定したと発表した。現有のコマツ社製96式装輪装甲車の後継として導入される。

2018（平成30）年7月に「装輪装甲車（改）」の開発が中止となったことを受けた措置で、選定段階では、三菱重工業社製の「機動装甲車（試作車両）」との比較試験・分析・評価作業が行われた結果、「基本性能」「後方支援・生産基盤」「経費」――について最終的な評価点が最も高かった「AMV」が選ばれた。

防衛省は、23（令和5）年度の概算要求で29両（232億円）を計上しており、国内の防衛生産・技術基盤を維持・強化する観点から、日本企業の受注によるライセンス国産を追求する考えだ。

空自　比空軍と部隊交流

F15を初めて派遣

空自は11月27日から12月11日まで、5空団（新田原）のF15戦闘機2機と隊員約60人をフィリピンに初派遣し、比空軍との部隊間交流を実施した。空自の戦闘機が東南アジアを訪問するのは初めて。

派遣隊員は28日、F15は12月6日にそれぞれ同国北部のクラーク空軍基地に到着。隊員たちは、F15と比空軍のFA50戦闘機を相互に見学するなど交流を図った。7日には井筒空幕長が同基地を視察し、防空コマンド司令官のオーグスティン・マリニット空軍少将と意見交換を行った。

今回の派遣では、空自1輸空（小牧）のKC767空中給油・輸送機1機、2輸空（入間）と3輸空（美保）のC2輸送機計2機、隊員約30人が空中給油などに尽力した。

井筒空幕長は12月1日の記者会見で、戦闘機の派遣について「輸送機と異なり、戦闘機が他国へ展開して交流するためには、さまざまな課題（長距離飛行や空中給油など）を克服する必要がある。今回、空自と比空軍が力を合わせてこれらの課題を克服し、実現することができた」と強調。さらに「空自F15戦闘機がフィリピンを初めて訪問したことは、空自と比空軍との関係が成熟してきた証で、大変意義深いものだ」と話した。

浜田防衛相も6日の記者会見で「自衛隊とフィリピン軍との協力が一層強化され、我が国の安全保障に資するのみならず、日比両国が国際社会の平和・安全により積極的に寄与することにもつながる」と述べた。

フィリピンに初派遣された空自のF15戦闘機2機と共に記念写真に納まる井筒空幕長（左から5人目）、岡防衛審議官（同3人目）ら日比両国の関係者（12月7日、ルソン島のクラーク空軍基地）＝防衛省提供

NATO事務総長補が岡防衛審議官と会談

NATO（北大西洋条約機構）のベティナ・カーデンバッハ事務総長補が12月1日、防衛省を訪れ、岡真臣防衛審議官、三浦潤防衛政策局次長らと会談した。

カーデンバッハ氏は同日、外務省で開催された第17回「日・NATO高級事務レベル協議」に出席し、防衛省からは三浦防衛政策局次長が出席。協議では、日本とNATOの今後の協力やそれぞれの安全保障政策のほか、東アジアや欧州の地域情勢などをめぐって意見交換を行った。

春夏秋冬

ウクライナの「敵基地攻撃」？

鶴岡 路人

ロシアによるウクライナ全土への侵攻が続くなか、ロシア領へのウクライナによる攻撃が注目を集めている。ウクライナとの国境近くの燃料施設などへの攻撃は以前からおこなわれてきた。ウクライナ側はそれらの攻撃を公式には認めない姿勢を維持している。ただし、さまざまな証拠や、ウクライナ側を含めた関係者の証言から、それらの多くがウクライナによる攻撃であることはほぼ確実だ。

12月上旬に行われたロシアの空軍基地へのドローンによるとみられる攻撃は、攻撃対象の一つが国境から600キロも入った地点であったことや、核兵器を運用する爆撃機を含む航空機が使用する重要基地だったことなどから、新たな段階に入るものだったともいえる。

ロシアにとっては、物理的な損害よりも、これまで安全と思われていた場所も攻撃にさらされるという不安感、そして、航空機の退避など、作戦を変更しなければならないとすればその影響が大きな打撃になる。

しかし、基本的な構図は変わらない。ウクライナ領土が攻撃を受けている以上、そうした攻撃に関連する軍事施設は、国際法上も正当な攻撃目標だということだ。

米国のブリンケン国務長官は、ロシア領への攻撃を「奨励したことも、可能になるような支援をしたこともない」と述べ、距離をおく姿勢を示した。しかし、「奨励しない」は、「反対しているわけでもない」ことを示す表現ともいえる。国際法上も正当な攻撃を米国も否定できない。

ただし、国際法上の評価と、ロシアとの戦闘におけるエスカレーションのリスクをいかに回避するかは別問題だ。これについては、米国としては当然慎重に行動する必要があるし、だからこそ、長射程兵器のウクライナへの供与を避けている。

日本の議論の文脈にあてはめれば、これはまさに「敵基地攻撃」の問題である。ウクライナによるロシア領への攻撃については、エスカレーション回避の観点から、日本でも懐疑的な見方が存在する。それは、敵基地攻撃を行う能力の保持やその使用への懐疑論ともつながる部分がある。

敵の反撃を招きかねないというエスカレーションのリスクは当然存在するが、敵の出撃拠点を放置すれば、さらなる攻撃という別のエスカレーションを許すことになる。この両者の間で、いかにリスクを最小化するかが問われるのである。

（慶應義塾大学准教授）

朝雲寸言

ロシア軍のウクライナ侵攻後、フィンランドやポーランドなどで「市民向け国防訓練」が盛んになっている。銃の撃ち方などについて現役軍人が教える事例もあれば、民間の訓練センターが教えていることもある▼ロシアに隣接するこれら国々には、かつてロシアの前身のソ連から侵攻を受けた辛い過去がある。フィンランドは冬戦争でソ連軍に猛抵抗したものの国土の一部を奪われ、ポーランドはソ連とナチス・ドイツに挟撃され一時は国家消滅の憂き目をみた▼ソ連軍の侵攻といえば、日本も第二次世界大戦の末期から終戦直後の一時期にかけて、当時日本領だった南樺太や、日本人入植者が多数暮らした旧満州国で経験している。現在、ロシアは受刑者を兵士として駆り出しているが、同じことをソ連も大戦末期に行っていた。南樺太や満州の地で在留邦人がソ連兵によって惨殺・虐待・略奪された背景には、心が荒み切った受刑者兵士の存在があった▼けれど、こうした悲惨な出来事は「外地」で起きたため、戦後日本人の記憶には残らず現在に至る。欧州に加え台湾でも盛んな市民向け国防訓練の気運がなぜか日本では起きず、逆に「ウクライナが抵抗を止めれば犠牲も出ないのに」といった妄言が飛び出すのは、戦後日本（内地）の経験した外国による占領が、ソ連軍でなく米軍による寛大なものだった幸運の裏返しなのだろう。過去の幸運は時に未来の仇にもなる。

時の焦点

国内　次期戦闘機開発

防衛産業の底上げに

戦闘機の開発は、数十年に一度となる国家の一大プロジェクトだ。開発計画を防衛産業の底上げと、技術基盤の強化につなげることが重要である。

日英伊の3カ国が、次期戦闘機を共同で開発することで合意した。日本が、米国以外と防衛装備品の共同開発に乗り出すのは初めてだ。

航空自衛隊は現在、F15、F2、F35の3機種を運用している。このうち、F2は2030年代から退役する予定で、次期戦闘機はその後継となる。

英国は、主力戦闘機「ユーロファイター・タイフーン」の後継機「テンペスト」を35年までに実戦配備する方針だった。ステルス性能や高性能レーダーなどの要求性能が日本とほぼ同じで、開発時期も重なるため、日英両政府が共通機体の開発を検討してきた。英国は、「テンペスト」をイタリアと共同開発する計画だったことから、開発の一部にイタリアも加わることになった。

近年、日英間の防衛協力は深化している。今春には、自衛隊と英軍が互いの国に滞在した際の法的地位を定める「円滑化協定」で大筋合意した。ともに海洋国家として協力を進める意義は大きい。G7（先進7カ国）の一員であるイタリアも含め、安全保障政策での連携を強化したい。

2035年頃からの運用を想定している新型戦闘機の開発、調達、整備は、数兆円単位の事業となる。3カ国の共同開発で、コストの低減を図ることが不可欠だ。

日本は防衛装備移転3原則やその運用指針で、輸出できる装備の使途を「救難、輸送、警戒、監視、掃海」に限定している。指針を緩和し、安全保障上協力できる国への輸出を実現していくことも検討してほしい。

中国はステルス機を開発し、太平洋などで運用している。日英伊の新型戦闘機には、ステルス機を探知する高出力レーダーや、高出力のエンジンを搭載する方向だ。3カ国の技術の英知を集め、最新鋭の機種を開発してもらいたい。

新型戦闘機の開発について、日英伊3カ国の首脳は「我々の防衛協力、科学技術協力、サプライチェーンを深化させ、防衛産業基盤を一層強化する」と明記した共同声明を発表した。

日本では、防衛装備品の開発から撤退する企業が相次いでいる。今回の開発計画を防衛産業全体の利益につなげていくことが求められる。

F2は、1980年代に日本主導での開発計画が持ち上がった。だが、日米貿易摩擦を受けて米国が主導権を握った結果、機密に当たる基幹部分の設計が日本に開示されず、改修が自由にできなくなった経緯がある。

次期戦闘機に次世代技術などを搭載できるよう、拡張性を持たせ、日本で改修できるようにすることが大切だ。

夏川　明雄（政治評論家）

海外　ウクライナ戦争

戦況膠着、停戦見えず

年の瀬が迫った今年の国際政治上の最大の出来事がロシアによるウクライナ軍事侵攻であることに異を唱える人は多くあるまい。また、2014年にロシアがウクライナ南部のクリミア半島を一方的に併合して以降、同国東部ドンバス地方で政府軍と親ロ派分離主義勢力の戦闘が続いていたとはいえ、欧州東端のこの武力紛争がロシアの大規模侵攻につながると1年前の時点で予想した専門家も少なかったはずだ。

ロシアのプーチン政権に対して一定の影響力を持つと目された欧米主要国の外交上の説得工作や駆け引き、圧力は結果的に功を奏さず、プーチン大統領は今年2月、西側諸国を敵に回す形で隣国への特別軍事作戦（侵略）に踏み切った。メルケル前政権時代を含め、ロシアとの関係が深いドイツのショルツ首相が侵攻後に、プーチン氏は数年前からウクライナ侵攻計画を着々と準備していたと述懐したが、よもやそのような決定的な事態が訪れるとは思わなかったというのが欧米首脳の偽わらざる感想であり、ウクライナをめぐる危機はその意味で、欧州を含む世界の安全保障維持にとって貴重な教訓を残した。

現地の戦況は、9月以降に反転攻勢に転じたウクライナ軍が失地を回復しつつあるものの、軍事力で勝るロシア軍は来春に向け態勢立て直しに動いており、酷寒となる冬季は膠着状態が続く公算が大きい。こうした中、ウクライナのゼレンスキー政権を軍事的、経済的に支援する西側諸国では、同政権が唱えるロシア軍撤退まで戦闘継続を支持する立場が大勢ながら、人道的な見地から停戦・和平の道を探るべきだとの声も出始めている。

しかし、直接の交戦当事国のウクライナ、ロシアの双方とも、停戦・和平の条件をめぐって真っ向から対立しており、現時点ではその糸口さえつかめないのが実情だ。対話の糸口を探る米国とフランスは12月初めの首脳会談でその可能性について協議し、バイデン大統領は会談後の会見で、プーチン大統領が侵攻終結を模索するなら、ロシアとの対話も排除しない姿勢を見せた。

これに対し、ロシア側は外交による解決が望ましいとしながらも、前提として、「併合」を宣言した東部・南部4州の支配維持など自国の国益が優先されると強調し、条件付きの米ロ首脳会談には応じないという立場を崩していない。停戦に向けた対話を重視するマクロン仏大統領も停戦協議をめぐり、「受け入れられない妥協をウクライナ側に迫ることは決してない」と断言。交渉入りの条件を決めるのはあくまでもウクライナだとの立場を堅持し、ロシア側に事実上の譲歩を迫っている。

ウクライナ戦争は30年前の冷戦終結後最大の軍事衝突であるにとどまらず、エネルギー価格の高騰や電力不足、世界の食料安全保障など多くの分野で極めて深刻な影響を及ぼしている。来年の主要7カ国（G7）議長国を務めるわが国にとっては、ウクライナへの支援継続を含め、多くの重要課題の解決に向け強い指導力を問われることになる。

伊藤　努（外交評論家）

防衛大臣感謝状

79団体、51人に贈呈

防衛基盤の育成などに貢献

自衛隊記念日行事の一環で、防衛基盤の育成や隊員募集・就職援護などに貢献した団体や個人を表彰する「令和4年度防衛大臣感謝状」の受賞者が12月1日、防衛省から発表された。4年度は企業や自治体など79団体と51人が受賞。新型コロナウイルス感染症の状況を踏まえ、昨年度に続き贈呈式は中止され、感謝状は郵送や部隊などを通じて個別に贈呈される。受賞団体・個人は次の通り。（敬称略）

◇防衛協力功労・一般功労（10団体）
▽壱岐・対馬フェリー（福岡県）▽小禄地区自衛隊親睦会（沖縄県）▽航空自衛隊那覇基地協力会レキオ・ウイング（同）▽高知県隊友会津野山支部（高知県）▽習志野高友会（千葉県）▽富良野地方自衛隊協力会上富良野支部（北海道）▽泊漁業協同組合（青森県）▽信行社（東京都）▽シーメル（同）▽以下、1団体は受賞者の希望により不開示

◇防衛協力功労・一般功労＝個人（50人）
▽八島岩生（長崎県、海栗島分屯基地理容室理容師）▽黒澤英介（宮城県、航空写真家）▽池田町子（埼玉県、大宮自衛隊婦人協力会「大宮会」会長）▽宇田川仁一郎（茨城県、武器学校後援会顧問）▽完賀浩光（同、霞ヶ浦自衛隊協力会会長）▽関根正明（新潟県、妙高高原自衛隊協力会監事）▽知久光夫（千葉県、四街道自衛隊協力会監事）▽野崎昭男（東京都、東部方面懇話会副会長）▽三好俊司（同、十条自衛隊協力会会長）▽村中弘司（長崎県、水陸機動団全国後援協会会長）▽森田賢一（東京都、東部方面隊東桜会相談役）▽荒川勝弘（神奈川県、無職）▽金田秀昭（千葉県、岡崎研究所理事）▽小西憲一（神奈川県、東京福祉大学特任教授）▽袴田茂樹（同、青山学院大学名誉教授）▽青木幹雄（福岡県、自衛隊福岡地方協力本部後援会如月会顧問）▽阿慶田長鷲（沖縄県、沖縄県自衛隊家族会顧問）▽浅野正倫（高知県、高知県自衛隊家族会名誉会長）▽安達忠男（愛知県、豊川自衛隊連合後援会顧問）▽石橋広一（福岡県、筑後地区防衛協会青年会顧問）▽石川光則（千葉県、館山ボリューム会会長）▽井向博（北海道、当別町自衛隊協力会理事）▽江頭啓介（福岡県、九州海上自衛隊協力会会長）▽遠藤ユリ（北海道、遠藤組取締役会長）▽大川元子（同、新ひだか町静内自衛隊協力会婦人はまなす会会長）▽兼田幸一（岐阜県、岐阜県自衛隊家族会各務原自衛隊家族会顧問）▽鎌田善政（鹿児島県、第12普通科連隊後援会副会長）▽兒嶋和歌子（鳥取県、鳥取県婦人防衛協力会会長）▽小西剛（京都府、舞鶴自衛隊協力会会長）▽佐野力三（北海道、別海町自衛隊協力会顧問）▽澁谷金男（宮城県、みちのく桜花会名誉会長）▽関根栄一（埼玉県、入間航友会本部監事）▽高田知（静岡県、前静岡県防衛協会副会長兼静岡県防衛協会東部支部長）▽武山昭英（東京都、市ヶ谷自衛隊友の会副会長）▽田中須美子（福島県、女性による自衛隊協力会花ももの会名誉会長）▽戸川雅光（北海道、前長沼町自衛隊協力会会長）▽中島太郎（同、釧路地方自衛隊協力団体連絡協議会副会長）▽西原興一郎（兵庫県、自衛隊を理解する会会長）▽早川澄男（新潟県、新潟県自衛隊家族会会長）▽松田正雄（宮城県、宮城県隊友会山元支部長）▽南直之進（青森県、南建設代表取締役）▽峰隆男（東京都、弁護士）▽森藤和義（岡山県、日本原防衛協力会名誉会長）▽山田一郎（埼玉県、陸上自衛隊教育訓練研究本部後援会「陸援会」会計監査）▽吉田素子（北海道、名寄自衛隊協力婦人会会長）▽與縄義昭（熊本県、熊本県防衛協会副会長兼理事長）▽久利雅實（埼玉県、弁護士）▽米田光一郎（青森県、三沢市副市長）▽松本哲治（沖縄県、浦添市長）▽以下、1人は受賞者の希望により不開示

◇防衛協力功労・就職援護（30団体）
▽ALSOK宮城（宮城県）▽岩手銀行（岩手県）▽エー・エム・サポート（東京都）▽スリーエス山形営業所（山形県）▽ズコーシャ（北海道）▽にしけい（福岡県）▽にしけい玄海支社（佐賀県）▽ニデック（愛知県）▽モロオ（北海道）▽よこまち（青森県）▽くれしんビジネスサービス（広島県）▽原電エンジニアリング東海支社（茨城県）▽札幌パブリック警備保障（北海道）▽新明和工業（兵庫県）▽損害保険ジャパン（東京都）▽大日精化工業（同）▽大日精化工業東海製造事業所（静岡県）▽名寄美装工業（北海道）▽八十二スタッフサービス（長野県）▽豊和工業（愛知県）▽メタウォーター（東京都）▽長崎グランドエアサービス（長崎県）▽吉川工業（福岡県）▽中部電気保安協会静岡支店（静岡県）▽名古屋高速道路協会（愛知県）▽久幸会（秋田県）▽全国共済農業協同組合連合会鹿児島県本部（鹿児島県）▽道央農業協同組合（北海道）▽明治神宮（東京都）▽東京国際大学（同）

◇防衛協力功労・予備自衛官等雇用（19団体）
▽秋田三八五流通（秋田県）▽Kutsuma（山梨県）▽札幌ニチエー（北海道）▽庄交コーポレーション航空事業部（山形県）▽神農（大阪府）▽スワロープロジェクト（北海道）▽全日警長崎支社（長崎県）▽ノア・ビルサービス（北海道）▽水本機械製作所（兵庫県）▽ライフ・コーポレーション（愛知県）▽セントラル警備保障仙台支社（宮城県）▽綜合警備保障茨城支社（茨城県）▽東洋ワークセキュリティ盛岡営業所（岩手県）▽西日本高速道路サービス九州大分支店（大分県）▽日本通運関西警送支店（大阪府）▽日本通運関東警送支店（東京都）▽BEGIN（熊本県）▽日本武道総合格闘技連盟（長野県）▽ニライカナイ（沖縄県）

◇自衛官募集功労・地方公共団体（10団体）
▽稲敷市（茨城県）▽多賀城市（宮城県）▽能代市（秋田県）▽小野町（福島県）▽川西町（山形県）▽雫石町（岩手県）▽新ひだか町（北海道）▽倶知安町（北海道）▽三種町（秋田県）▽茂木町（栃木県）

◇自衛官募集功労・高等学校等（10団体）
▽農業経営高等学校（香川県）▽鹿屋農業高等学校（鹿児島県）▽敬徳高等学校（佐賀県）▽仙台育英学園高等学校（宮城県）▽鹿屋中央高等学校（鹿児島県）▽瓊浦高等学校（長崎県）▽創成館高等学校（同）▽大村工業高等学校（同）▽恵庭南高等学校（北海道）▽千歳北陽高等学校（同）

◇自衛官募集功労・募集相談員等＝個人（1人）
▽武内量司（熊本県、自衛官募集相談員）

共済組合だより

入学金・授業料等に「教育貸付（特別貸付）」をご利用ください

組合員、被扶養者または被扶養者以外の組合員の子の受験料、入学金、授業料、及び留学費用等が必要な時、組合員（組合員期間6月以上）は共済組合から「教育貸付（特別貸付）金」を借りられます。

貸付限度額は月収額（俸給、俸給の特別調整額、初任給調整手当、扶養手当、研究員調整手当、地域手当、自衛官候補生手当、学生手当及び生徒手当の月額の合計額）の14月分（ただし1回の貸付は6月分）で、弁済期間は140月以内、年利は1・16％となっています。（利率は2022年12月1日現在）

※注　普通貸付の残高と特別貸付額を含めた残高の合計額が月収額の20月分を超えることはできません。

弁済方法は毎月の給与等からの源泉控除（千円単位の額で元金均等弁済）で、ボーナス併用の場合は、ボーナス分の弁済額の合計額が貸付金の2分の1の範囲の額で、6月及び12月の各弁済額は同額となります。

教育貸付を受けるには、各種提出書類や添付書類などが必要です。再任用常勤職員等は別に規定があります。詳しくは所属支部の貸付窓口へお問い合わせください。

1輪空

クリスマス・ドロップに参加

日米豪の相互運用性向上図る

空自1輪空（小牧）は11月30日から12月12日まで、ミクロネシア連邦などで行われた日米豪人道支援・災害救援（HA／DR）共同訓練「クリスマス・ドロップ」に参加した。

訓練は米空軍主催で1952年に始まり、ミクロネシア、パラオ、北マリアナ諸島などの住民たちに航空機から救援物資を投下し、クリスマスのお祝い気分を届けている。空自は2015（平成27）年度から参加、今回で8回目となる。

訓練指揮官の南條卓弥2佐以下隊員約20人はC130H輸送機で小牧基地を出発し、30日に米グアムのアンダーセン空軍基地に到着。翌12月1日からは、米豪の兵士やボランティアらと協力し、賛同者から寄せられた食料品や生活必需品、おもちゃなどを梱包してC130Hに搭載した。

投下訓練では、上空から目視で安全を確認した上で物資を投げ下ろし、ミクロネシアなどの島々に一足早い"クリスマスプレゼント"を届けた。

空自は同訓練を通して、米空軍と豪空軍との相互運用性の向上を図ると共に、参加国間における相互理解を深めた。

ミクロネシアなどの島々に届ける救援物資などを箱に詰め込む日米の隊員ら（12月3日、米グアムのアンダーセン空軍基地）＝米軍提供

中露爆撃機が共同飛行

推定中国の戦闘機も合流

日本周辺

11月30日午後、中国軍のH6爆撃機2機とロシア軍のツポレフTu95爆撃機2機の計4機が日本海から東シナ海、太平洋上空にかけて共同飛行を行ったため、空自の西空、南西空などのF15戦闘機などが緊急発進して対応した。中・露両軍の爆撃機が日本周辺で共同飛行するのは今年5月以来5回目。領空侵犯はなかった。

ロシア軍の爆撃機と共に日本周辺を共同飛行した中国軍のH6爆撃機（11月30日）

ロシア方面から日本海に飛来した中露の4機は、山陰沖を経て対馬海峡東水道上空を通過。東シナ海に到達後、さらに推定中国の戦闘機2機が合流、2機は長崎・福江島西方まで共同飛行し、大陸方面に戻った。

その後、中露4機は尖閣北方で中国軍の推定J16戦闘機2機と会合、宮古海峡を抜けて太平洋に進出するまで共同飛行した。推定J16は宮古海峡で、中露4機は沖縄本島南方でそれぞれ反転、往路とほぼ同ルートで東シナ海に戻った。

山崎統幕長は12月1日の記者会見で「中露両国の戦略爆撃機による我が国周辺での度重なる軍事演習は、我が国に対する示威行動を明確に意図したもので、我が国の安全保障上、重大な懸念だ」と非難し、「警戒監視に万全を期すと共に、対領空侵犯措置に万全を期していく」と決意を述べた。

対馬北東海上で露海軍艦を確認

12月3日午後7時ごろ、海自は長崎県・対馬の北東約60キロの海上を南西に進むロシア海軍「ヴィシニャ」級情報収集艦（艦番号535）を確認した。その後、ロシア艦は4日にかけて対馬海峡を南西に通過した。

4空群（厚木）のP1哨戒機と3ミサイル艇隊（佐世保）のミサイル艇「しらたか」が情報収集を行った。

対馬や沖縄近海で中国海軍艦も確認

海自は11月28日午後5時ごろ、長崎県・対馬の南西約150キロの海域を北東進する中国海軍「ジャンカイII」級フリゲート（艦番号577「黄岡」）を、翌29日午前9時ごろには、同じく対馬の南東約20キロを北東に進む「ソブレメンヌイ」級ミサイル駆逐艦（138「泰州」）を確認した。

2隻はその後、対馬海峡を抜け日本海へ入った。

14護隊（舞鶴）の護衛艦「せとぎり」と4空群（厚木）のP1哨戒機が情報収集を行った。

一方、12月2日午後9時ごろには、沖縄県・大正島の北約190キロの海域を南東進する中国海軍「ルーヤンIII」級ミサイル駆逐艦（155「南京」）と「ジャンカイII」級フリゲート（599「安陽」）の2隻を確認。これら中国艦は翌3日、沖縄本島と沖縄県・宮古島との間の海域を通過して太平洋に出た。

1空群（鹿屋）のP1哨戒機と1海補隊の補給艦「おうみ」（佐世保）が警戒監視に当たった。

防衛省発令

▽兼統幕運用2課、陸幕運用支援課企画班長　1陸佐　山田　大作
▽同、同訓練課総括班長　同　村山　正人
▽同、海幕総務課　1海佐　本名　龍児
▽同、同航空機課　同　麻生玲於奈
（以上12月3日）
▽護衛艦隊司令部（大湊基地業務隊司令）　1海佐　牧　孝行
▽大湊基地業務隊司令（情報本部）　2海佐　坂口　淳
（以上12月5日）
▽統幕学校教育課1教官室学校教官（統幕学校教育課）　1海佐　天野　晋介
▽護衛艦隊司令部（水上戦術開発指導隊戦術開発部長兼副長兼自衛艦隊司令部）　同　川野　邦彦
▽かしま艦長（統幕学校教育課1教官室学校教官）　同　大谷　三穂
▽水上戦術開発指導隊戦術開発部長兼水上戦術開発指導隊副長（かしま艦長）　同　小野　修司
（以上12月9日）

社長交代のお知らせ

朝雲新聞社は、11月30日、臨時株主総会を開き、中島毅一郎代表取締役社長の後任として、中島貴広専務取締役の昇格、新社長就任を決定しました。

朝雲新聞社

米比海兵隊との実動訓練「カマンダグ22」

米輸送揚陸艦「ニューオーリンズ」から、陸自隊員の乗った米海兵隊MV22オスプレイが着上陸を行う（10月7日、ルソン島沖）

被災した地域でも 水陸両用能力活用

陸自は10月3日から14日まで、フィリピンのサン・アントニオ市にあるレオヴィギルド・ガンティオキ海軍基地内の海軍教育訓練ドクトリンコマンド（NETDC）とその周辺地域で行われた米比海兵隊との実動訓練（カマンダグ22）に参加した。

陸自からは陸上総隊司令官の前田忠男陸将を担任官に、水陸機動団（相浦）と中央特殊武器防護隊（大宮）、対特殊武器衛生隊（三宿）の約40人がオブザーバーとして参加。

米からは第31海兵機動展開隊（沖縄）と第7艦隊（ホノルル）の約2900人、フィリピンからは第6海兵大隊など約900人、さらに韓国の海兵隊もオブザーバーとして初めて参加したため、総勢約4000人による大規模な多国間訓練となった。

カマンダグは現地タガログ語で「海の戦士の協力」を意味し、2017年から毎年行われている米比海兵隊による共同実動訓練。陸自は前身の「フィブレックス」を含め、第1回目から参加し、新型コロナで中止になった2020年を除いて今回で5回目。

水陸両用作戦能力を活用した国外における災害救助能力と米比海兵隊との相互運用性を向上させ、信頼関係や連携強化を図り、自由で開かれたインド太平洋の維持・強化に寄与することを目的としている。

訓練は、災害救助訓練と特殊武器防護教育に大別される。災害救助訓練では、機能別訓練として比海兵隊と共に人命救助セットの使用要領、捜索、救助要請、トリアージ要領、患者後送要領などを演練。総合訓練としては、米海軍のドック型輸送揚陸艦「ニューオーリンズ」から陸自隊員を乗せた米海兵隊のMV22オスプレイが着上陸し、米比海兵隊と共に被災地域で捜索救助などの訓練を行った。

「海の戦士」災害でも協力

総合訓練の一環で、負傷した患者を収容、米海兵隊のMV22オスプレイで後送する（10月7日、NETDC周辺地域）＝いずれも陸幕提供

比へ初の特殊武器防護教育を実施

特殊武器防護教育では、陸自と米海兵隊が共同で比海兵隊に対して、特殊武器防護についての教育（化学兵器や生物兵器、放射性物質の偵察や除染、治療など）を初めて行った。

吉田陸幕長は10月20日の記者会見で、「お互いに多くの自然災害を被る環境下にある両国が災害救援能力を高めることは重要だ」と述べ、今年6月に行われたPALS22（太平洋水陸両用指揮官シンポジウム）について言及。「今回、PALS22で多くの国と共有できた水陸両用作戦能力を災害救援事態に適用し、相互運用性を高めることができた」と成果を語った。

併せて、訓練中には比海兵隊に対して化学・生物などの特殊武器防護に対する能力構築支援を行ったことについて触れ、改めて「自由で開かれたインド太平洋を維持・強化する上で、極めて重要な日・米・比の3カ国間の連携を図ることができたことは非常に大きな成果だ」と話した。

（上）人命救助セットを船に積載する際に、機器の確認などを行う陸自隊員（NETDC周辺地域）＝フィリピン海兵隊のSNSより

（下）人命救助セットの取り扱いについてフィリピン海兵隊員に能力構築支援を行う（10月7日、NETDC周辺地域）

（右）災害対処に係る訓練中、日比共同で要救助者に対して応急処置を施す（10月7日、NETDC周辺地域）

（下）負傷した患者を、米海兵隊のMV22オスプレイに搬送（10月7日、NETDC周辺地域）（左）カマンダグ22の訓練開始式の様子。訓練に参加する日米比韓それぞれの隊員が国旗を持って臨む（10月3日、フォートボニファシオ基地）

スポーツ

特集

船岡　全自ラグビー18連覇

終始圧倒‼空挺団寄せつけず

第62回全自衛隊ラグビー大会Aブロック決勝戦が12月7日、東京の秩父宮ラグビー場で行われ、船岡が習志野空挺団を45−12の大差で破り、本大会18連覇を達成する強さを見せた。

船岡 45−12 習志野

4年ぶりに開催された今大会には、AからCブロックまで計14チームが出場。Bブロックでは空自の入間・百里・小松が、Cブロックでは陸海空の十条・空自築城・三沢がそれぞれ優勝を飾った。

Aブロックは、令和元年の9月に日本で開催された国際防衛ラグビー競技会（IDRC）で日本チーム「ディフェンス・ブロッサムズ」の中核を担った船岡、習志野が、共に1回戦は相手に大差をつけて決勝まで駒を進めた。

7日の決勝では、序盤から船岡が攻勢をかけ、前半12分にFL三浦龍斗士長がトライを決め、PGをSH上沼智宏3曹が決め7点を先制。その5分後にもNO・8渡部晋太朗3曹がトライを決め、序盤から試合を優勢に進めた。

習志野も、力で船岡DFに対しモールをつくって押し込み、NO・8政木祐二1士のトライで反撃。14−5とし、前半が終了した。

後半も船岡のペースで試合は進み、HO永沢優和3曹、三浦士長、FL斉木清雅士長、永沢3曹が続けてトライを決めた。

習志野も後半38分、自陣22メートルライン付近でFB深山豪英3曹がターンオーバー。そこから快足を飛ばして一気に独走、トライを決め、SO平野伸介3曹のPGで一矢報いた。

試合は船岡が計7トライを決め、45−12で勝利。大会18連覇を達成した。

後半開始早々、習志野の強固なディフェンスをかいくぐりながらも、果敢にトライを決める永沢3曹（いずれも12月7日、東京港区の秩父宮ラグビー場）

後半18分、ゴールライン左端からゴール裏に走り込み、本試合2本目のトライを決める三浦士長

両チームコメント

船岡監督　安藤貴樹2尉
部隊が支援し、錬成の基盤をつくってくれたので、この18連覇ができたと思う。優勝を一番の目標にしていたので、自分たちがやってきたラグビーができてとてもうれしい。今後も全自大会で優勝していきたい。

船岡PR　島野佑馬3曹
連覇することができてよかった。次の19連覇を目指して頑張りたい。バックスもフォワードも生き生きしながらプレーをしていたので、うまくゲームメイクできた。

習志野監督　山本章博曹長
選手たちはよくチーム一丸となって頑張ってくれた。今後、うちとしては船岡を倒すことが目標。全自の栄冠を奪還するためにグラウンドレベルのプレーの精度を2段階ぐらい上げていかないとチームとして勝てない。今は強化計画の1年目だが、今日のディフェンスは終始頑張ってくれた。

体校勢が7階級制覇

体育学校ニュース

全日本ボクシング選手権

2022年全日本ボクシング選手権大会が11月22日〜27日、東京都墨田区総合体育館で行われ、自衛隊体育学校（朝霞）ボクシング班から9人が出場、うち7人が優勝する快挙を成し遂げた。

秋山佑汰3陸尉　男子ライトウェルター級

昨年のウェルター級から1階級落として臨んだ秋山3尉。準々決勝、準決勝とも5−0で完勝して決勝で原田海舟選手（駒沢大）と対戦した。サウスポー同士の一戦は、右ストレートの差し合いと上下の打ち分けの駆け引きの中、秋山3尉がシャープな左ストレートをヒットさせる。2ラウンド、原田選手の積極的な攻撃が評価され、4人のジャッジが原田支持。勝負は最終ラウンドに持ち込まれた。

原田選手は引き続き積極的な攻撃に出るが、秋山3尉が右フックと左のカウンターをきれいに合わせ、ポイント勝ちで2連覇、2階級制覇を飾った。

減量を乗り越え、パリ五輪への道をつないだ秋山3尉は「本当にうれしい。すべての人に感謝したい。今後は世界でも知られる選手になる」と述べた。

右ジャブで相手をけん制、階級変更を2連覇で飾った秋山3尉

田中廉人3陸曹　男子ライトミドル級

準々決勝でRSC勝ち、準決勝で5−0のポイント勝ちを収めた田中3曹は決勝で野上昂生選手（東農大）と対戦。1ラウンドで、前に出てプレッシャーをかけてくる相手に左右のストレート、フックをタイミングよく合わせたが、ジャッジは相手の積極性を評価。このため2ラウンドは戦い方を変え、前に出てプレッシャーをかけてボディーにパンチを集め、ポイントを稼ぐ。

最終ラウンド、互いにポイントを取ろうと手数を出し合う中、フットワークを駆使して内側から的確にパンチをヒットさせ、バランス良くクレバーに戦った田中3曹が4−1のポイント勝ちで、見事初優勝を飾った。

「練習でやることをやってきたので、自分が絶対勝ってやるという気持ちで戦った。最高に気持ちよかった」と話した。

牧野草子（そうし）2陸曹　男子フライ級

昨年の全日本王者・牧野2曹は準々決勝、準決勝のいずれも5−0の完勝で決勝に進出。相手は大学リーグ戦や国際大会を舞台に活躍する吉良大弥選手（東農大）。体校入校後、著しい成長をみせる牧野2曹は、素早いフットワークから鋭い踏み込みで上下にパンチを打ち分けた。2ラウンド、反撃を試みる吉良選手に対し、牧野2曹は巧みにフットワークを使いながらパンチを合わせる。一進一退のハイレベルな攻防が続き、迎えた最終ラウンド。牧野2曹は終始動きを止めず有効なパンチを繰り出した。

そのまま試合は終了し、4−1のポイント勝ちで2連覇を達成、存在感をアピールした。「プレッシャーは感じていたが、落ち着いて試合ができた。今後は出る試合すべて勝ち、その結果が五輪につながると思っている」と語った。

東農大の大物ルーキー吉良選手に左ジャブを突く牧野2曹（奥）

森脇唯人3陸曹　ライトヘビー級

パリ五輪の実施階級に合わせてミドル級からライトヘビー級に転向した森脇3曹は準決勝から出場し、1ラウンド1分55秒でRSC勝ちを収めて決勝に進出した。相手はジュリアン・ジョンソン選手（沖縄水産高教諭）。森脇3曹は1ラウンドからスピードある左ストレートで相手を圧倒。ガードするしかない相手にストレート、左フックを次々にヒットさせる。2、3ラウンドにそれぞれダウンを奪い、一方的な内容で5−0のポイント勝ち。5連覇、2階級制覇を達成した。

7月から食事メニューやフィジカルトレーニングの内容を変え、肉体改造に取り組んできた。「ライトヘビー級はそんなに甘いクラスではないが、手応えを感じている。早く国際大会に出たい」と自信を見せた。

肉体改造の成果を発揮、5連覇、2階級制覇を果たした森脇3曹（右）

堀内美沙紀2陸曹　女子バンタム級

入隊1年目の堀内2曹は準決勝から登場。原田美琴選手（東洋大）を破り、勢いに乗って決勝に進出した。相手はアンダージュニア（小・中学生の部）時代からの実力者・小川葵選手（小川鉄工）。1ラウンド、フットワークでリズムをとり、前にでてくる相手の攻撃をバックステップで外して右ストレートをヒットさせる。2ラウンド以降も挽回しようとする相手に再三パンチをヒットさせ、ポイントで相手を上回り、自身初の全日本優勝を果たした。

「やっと全日本王者になれた。今後は課題を修正し、パリ五輪に向けて頑張りたい」と抱負を述べた。

並木月海3陸曹　女子ライトフライ級

東京五輪銅メダリストの並木3曹は、11月1日から12日までヨルダンで行われたアジア選手権で銀メダルを獲得し、帰国後約10日で大会に臨んだ。

準々決勝、準決勝と日体大の選手と対戦し、いずれも3ラウンドRSC勝ちで決勝に進出した。相手はジュニア時代から日本代表として活躍する篠原光選手（青山学院大）。足を使いリングをサークリングしながら鋭いステップで攻撃をしかける並木3曹。それを追いながら長いストレートでヒットを狙う篠原選手だったが、並木3曹はボディーへのストレートと角度を変えた力強い左右のパンチで主導権を握り、2年連続2度目の優勝を果たした。

「パリ五輪につなげたい。そして、今はとにかく純粋に試合を楽しみたい」と話した。

鋭いパンチを上下に打ち分け、2連覇を果たした並木3曹（右）

田口綾華2陸曹　女子ライト級

昨年準優勝の田口2曹は準決勝を危なげなく突破し、決勝で田中鈴華選手（芦屋大学）と対戦した。サウスポー同士の対戦は当初、右ストレートの差し合いで田口2曹のパンチがヒットする。相手のワンツーストレートを外しながら左をヒットさせリズムに乗る田口2曹は、2ラウンド以降もストレートを深くクリーンヒットさせポイントを重ねる。終始自分のペースで試合を運び、5−0のポイント勝ち。通算3度目の全日本優勝を果たした。

「やりたいことが全部できた。前にでてプレッシャーをかけて攻撃することができた」と手応えを口にした。

体校選手成績

【全日本社会人選手権＝ウエイトリフティング】
▽男子61キロ級①平井海斗2曹（S＝スナッチ123キロ、J＝ジャーク158キロ、T＝トータル281キロ）③中越遼太3曹（S110キロ、J139キロ、T249キロ）▽男子67キロ級①木村勇喜士長（S130キロ、J153キロ、T283キロ）②益子広幸士長（S118キロ、J153キロ、T271キロ）▽男子102キロ級③請舛泰俊士長（S145キロ、J165キロ、T310キロ）

【全日本女子選抜大会＝同】
▽女子81キロ級③知念ひめの2曹（S93キロ、J120キロ、T213キロ）

【全日本フェンシング選手権大会（個人）】
▽男子エペ②坂本圭右2尉（10勝15敗）

【2023年ナショナルチーム選考会＝アーチェリー】
▽男子個人①桑江良斗2曹（1338点）

【全日本ライフル射撃競技選手権大会＝埼玉】
▽男子50メートル伏射①山下敏和3佐（619・3点）▽男子50メートル3姿勢③花川直樹2曹（決勝442・6点）▽男女混合10メートルエアライフル＝AR②島田敦2曹・小笠綾乃1尉（ゴールドマッチ10ポイント）▽女子50メートル3姿勢②小笠1尉（決勝456・7点）▽女子50メートル伏射①小笠1尉（617・3点）②川原楓3曹（615・7点）▽女子10メートルAR③小笠1尉（決勝226・2点）
▽男子10メートルエアピストル＝AP③金坂春杜3曹（決勝216・3点）▽男女混合10メートルAP①園田吉伸2曹・山田聡子3曹（ゴールドマッチ16ポイント）

【日本社会人選手権水泳競技大会】
▽100メートル平泳ぎ②渡辺隼斗2曹（1分00秒66）▽200メートル平泳ぎ③渡辺2曹（2分13秒41）▽200メートル個人メドレー③溝畑樹蘭2曹（2分01秒18））▽400メートル個人メドレー③溝畑2曹（4分26秒52）▽50メートルバタフライ①赤羽根康太2曹（23秒58＝大会新）▽4×100メートルリレー①髙橋航太郎3尉・溝畑2曹・中村海渡2曹・赤羽根2曹（3分21秒06）▽4×100メートルメドレーリレー①溝畑2曹・新山政樹2曹・赤羽根2曹・髙橋3尉（3分39秒74）

【アジア選手権大会＝ボクシング】
▽男子51キロ級③坪井智也3尉（2勝1敗）▽女子50キロ級②並木月海3曹（3勝1敗）

【アジアセブンズシリーズ・ラウンド2＝ラグビー】
▽女子7人制①日本（梶木真凜3曹参加）＝予選1位、決勝2勝

【全日本ライフル射撃競技選手権大会＝東京】
▽ラピッドファイアピストル＝RFP②武内響3曹（本戦570点、決勝26点）③森栄太2尉（本戦567点、決勝21点）▽25メートルSP②山田3曹（本戦578点、決勝24点）

【全日本選手権＝近代五種】
▽男子個人①大西渚生3曹（1500点）③佐藤大宗3曹（1473点）▽女子個人①内田美咲3曹（1369点）

【全日本選手権＝ボクシング】
▽男子フライ級①牧野草子2曹（3勝）＝技能賞▽男子ライトウェルター級①秋山佑汰3尉（3勝）③冨田真広3曹（1勝1敗）▽男子ライトミドル級①田中廉人3曹（3勝）▽男子ライトヘビー級①森脇唯人3曹（2勝）＝敢闘賞▽女子ライトフライ級①並木3曹（3勝）＝技能賞▽女子バンタム級①堀内美沙紀2曹（2勝）▽女子ライト級①田口綾華2曹（2勝）

募集・援護 特集

目標達成へ地本一丸！

「地本一丸となり、何としても目標を達成しよう」――。各地本では冬を迎え、約3カ月後に迫る募集目標の締め切りに向けて必死の追い込みをかけている。沖縄地本では本部勤務の隊員も含めた総出の市街地広報を実施。宮城地本はアンケート回答者にくじ引きをしてもらうなど、創意工夫を凝らして目標達成を目指している。

沖縄　人海戦術で志願者確保

【沖縄】地本は10月13日から12月16日まで、「令和4年度下半期沖縄地本総出募集」を行っている。

この取り組みは、「2士種目（一般曹候補生、自衛官候補生）」やこれから本格的に志願者を確保する陸自高等工科学校（武山）に重点を置き、沖縄地本の隊員が総出で、募集広報施策「一人3人以上募集対象者・協力者への声掛け」「都市部を重視した市街地広報」を行うもの。来年3月に締め切られる令和4年度募集目標の達成に向け地本部員の意識を向上させ、一丸となって募集目標達成にまい進するため実施している。

沖縄地本の本部庁舎に勤務する隊員（総務、募集、援護各課）から1日約8人が、那覇分駐所の広報官と共に市街地に繰り出し、各地区へのポスティング、学校前、駅前広報を実施。隊員1人が3人以上に声をかけて広報するなど、「人海戦術」で志願者確保に努めている。

学校前広報では、各校の終業時間帯や天候に合わせて日々の任務割を行い、広報官と本部隊員を配置。当初は恥ずかしがっていた本部隊員たちも、次第に笑顔で声掛けができるようになった。チラシやティッシュを受け取った学生たちは足を止め、隊員に自衛隊の仕事や採用試験について質問を行うなど、反応も良好だった。

総出募集に参加した総務課の荻原弘範1陸尉は、「志願情報を獲得できた時は、喜びを感じることができた。次回も自衛隊の魅力を発信し、よりその良さを知ってもらえるように頑張りたい」と語り、総務課の清田祥生事務官は「普段の業務と違い、久しぶりの人対人の仕事で緊張したが、学生から真剣に話を聞いてもらえてやりがいを感じた」と感想を話した。

募集課長の辻原宏規2陸佐は本部朝礼で、各課員に志願者情報獲得の中間報告を伝え、「引き続き、地本一丸となって募集目標を達成しよう」と気概を述べた。

副本部長の倉田智之事務官は、「我々の取り組みが成果に現れてきている。最後まで諦めず、一丸となって募集につなげてほしい」と要望した。

県立浦添工業高校の生徒にチラシを配る募集課の酒井啓光3空曹（沖縄県浦添市）

宮城　アンケート調査を導入

【宮城】地本は11月14日から18日までの5日間を「市街地広報強化期間」とし、仙台駅周辺で市街地広報を行った。

今回は新たな試みとしてアンケート調査を導入。回答者には自衛隊のタンブラー、スプーン、ノートなどの広報グッズを賞品にした「くじ引き」に挑戦してもらった。

寒空の下、学生や社会人が足を止めてアンケートに協力。中には「自衛隊の仕事にどの程度関心がありますか？」との質問には「自衛隊に興味があり、高校卒業の時に受験を考えた。機会があれば仕事内容について聞いてみたい」と話す大学生もいた。

このほか、「くじ引き」で初めてクリアファイルなどの自衛隊グッズをもらった人は「とてもうれしい！学校で友達に自慢します」と喜んだ。

宮城地本は「引き続き、さまざまな企画を取り入れた活動で一人でも多くの人に自衛隊を認知してもらい、志願をしてもらえるように裾野を広げる活動を行う」と話している。

市街地広報ではアンケートに協力した通行人（左）がくじ引きに挑戦、好評を博した（11月15日、仙台駅前）

山形　酒田駅前交流拠点で広報

【山形】酒田地域事務所は11月6日、今年度グランドオープンした「酒田駅前交流拠点施設ミライニ」で行われたイベント「ミライニ×自衛隊」で広報活動を行った。高機動車と平トントラックの車両・装備品の展示、制服試着やクラフトコーナーのほか、らっぱ手による吹奏も披露された。当日はあいにくの雨だったが、多くの家族連れや近隣のホテルの宿泊客など計350人が訪れた。

装備品は制服や迷彩服、20キロの重りを入れた背のう（リュック）などを展示し、クラフトコーナーでは、ミライニ職員の支援を受け、塗り絵や紙飛行機、ミニパラシュートの作成体験。

また、20普連から2人の支援を受け、「起床」「君が代」「食事」「点呼」「送迎の譜」など計3回のらっぱ吹奏を行った。来場者からは「重いリュックを持って訓練しているんですね」「陸海空で迷彩の色や柄が違うんですね」「初めて実際のらっぱを聞きました」などさまざまな反応があった。

酒田所は今後も「ミライニ」とのイベントを定期的に開催し、地域に根付いた広報活動を行っていく考えだ。

雨の中、ミライニ広場のステージでらっぱ吹奏する20普連の隊員（山形県酒田市）

帯広　広報大使にさくらまやさん　来年度から委嘱

【帯広】地本（地本長・内山信吾1陸佐）は11月4日、帯広市出身の演歌歌手でタレントのさくらまやさんに帯広地本広報大使の委嘱状を交付した。広報大使委嘱は初の試みで、期間は2023年4月1日から25年3月31日までの2年間。

広報大使委嘱を受け、さくらさんは自身のSNSで「緊張と共に背筋がピンと伸びる気持ちでした。精一杯努めます」とコメントしている。

今後は5音楽隊（帯広）と演奏会でのコラボレーションや、各種イベントへの参加、SNSを利用しての宣伝など、幅広い広報活動を行う予定。

地本は広報活動の周知を図り、さらなる志願者獲得につなげていく意向だ。

さくらまや　1998年帯広市で生まれ、茨城県取手市在住。2008年「史上最年少の演歌歌手」として「大漁まつり」でデビュー。2009年、第42回日本有線大賞新人賞、第51回日本レコード大賞新人賞を受賞、両賞とも史上最年少での受賞。歌手活動のほか、多岐にわたり活躍しており、現在は茨城県取手市のPR大使。バラエティー番組で自虐ネタの替え歌を披露し、SNSのトレンド入りを果たすなど大反響を呼んでいる。

帯広地本の飯嶋功昇総務課長（左）からさくらさんに委嘱状を手渡した（11月4日、茨城県取手市）

石川　5日間招集訓練に初参加　予備自の県議会副議長

【石川】地本は11月11日から15日まで、金沢駐屯地で「令和4年度第2回予備自衛官招集訓練」を行った。訓練には、総勢74人の予備自衛官が参加し、その中には石川県議会副議長不破大仁氏の姿もあった。

一昨年度に予備自補制度を知った不破氏は、自身の持つ土木に関する資格を生かし、予備自補（建設）となった。昨年度に10日間の教育招集訓練を終え、予備自に。今回が初めての5日間招集訓練だった。体力検定、射撃・職務・特殊武器防護などの各種訓練カリキュラムを精力的にこなして完遂。体力検定は1級という成果を残した。

また、地本HPの「予備自紹介文」コーナーで教育招集訓練所感に協力、自らSNSで発信するなど予備自衛官募集に貢献している。訓練最終日には、山下龍太郎地本長が不破氏を激励＝写真、日頃の地本への協力と5日間訓練参加への感謝を直接伝えた。

徳島　女性限定自衛隊説明会に6人参加

【徳島】地本は11月19日、陸自徳島駐屯地で今年度2回目の「女性限定自衛隊説明会」を開き、入隊予定者と「職業としての自衛隊」に興味のある募集対象者と保護者の計6人が参加した。自衛隊からは駐屯地と海自小松島航空基地に勤務する女性自衛官のリクルーターが支援したほか、空自から地本に臨時勤務中の隊員や出産を予定している地本部員など陸海空女性隊員6人が懇談した。

前半は体験喫食（太刀魚のおろしポン酢など）から始まり、女性隊舎と自衛隊車両を見学。後半はスイーツを食べながら普段の仕事内容、営内での生活から休日の過ごし方、恋愛事情に至るまで、さまざまな質問が上がった。女性目線の貴重な話に廊下まで笑いがこぼれるほど盛り上がった。

参加者は「食事がおいしくて完食した」「実際に生活スペースを見ながら話を聞き、入隊後の姿をイメージすることができた」など感想を話していた。

愛知　自衛隊内の「警察」を体験

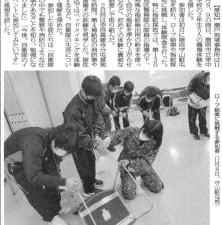

【愛知】瀬戸地域事務所は11月8、9の両日、豊明市立栄中学校の2年生5人の職場体験を支援した。

参加者は初日に陸自守山駐屯地を訪れ、ロープ結索や指紋採取に挑戦し、体験喫食を行った。

特に指紋採取では、第130地区警務隊の隊員の指導の下、特殊な指紋検出用の粉末を使って自分の指紋を浮かび上がらせるなど、初めての体験に真剣な眼差しで取り組んだ。

2日目は空自高蔵寺分屯基地を訪問。第4補給処の消防車や警備犬の訓練を見学した。居住区ではベッドメイキングを体験するなど、自衛隊の生活について理解を深めた。

参加した生徒たちは「自衛隊の中でも警察や消防のような仕事があることを知り、勉強になりました」「今後、自衛隊のイベントに参加してみたいです」と感想を話した。

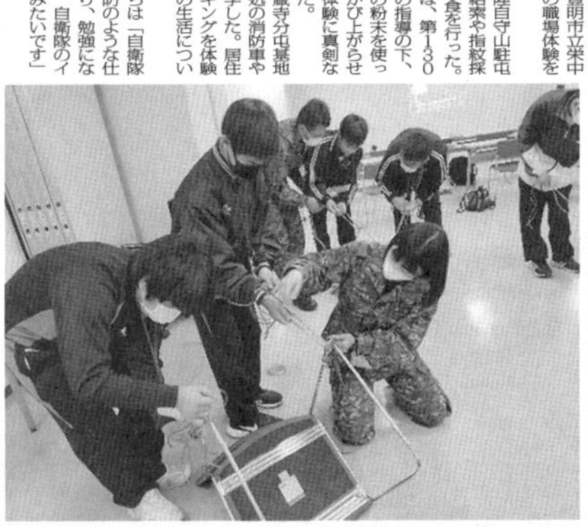

ロープ結索に挑戦する参加者（11月8日、守山駐屯地）

滋賀　中学生が職場体験　高島中の生徒が空自基地など訪問

【滋賀】高島地域事務所は11月7日から11日まで、高島市立高島中学校の依頼で生徒の職場体験を支援した。空自饗庭野分屯基地と、陸自の今津・桂・伊丹・大津駐屯地を各日で訪問し、2年生3人が参加した。

参加者はまず、饗庭野分屯基地で空自の編成について説明を受けた後、3トン半トラックの整備を体験。実際にトルクレンチでホイルナットを締めたり、打検ハンマーで締め具合を確認した。ベッドメイキングでは苦戦しつつも、広報官や指導役の曹長が手伝って、なんとか完成。自衛隊で指導の一環として行われている「台風」（整理整頓が不十分な部屋を指導係がわざと荒らすこと）の話も面白そうに聞いていた。

各駐屯地では会計や補給、衛生、音楽隊などの部署や部隊を見学。3戦車大隊（今津）では74式戦車に試乗し、不発弾処理についても歴史を交えて説明を受けた。衛生では、看護師を志望する生徒がCAT（陸自隊員が携行する緊縛止血用具）を使用しての止血や、胸骨圧迫での救急救命などに真剣な様子で取り組んだ。

参加した生徒たちは最も印象に残ったこととして戦車試乗を挙げ、「毎日楽しかった」「今まで自衛隊として一括りに見ていたけれど、たくさん仕事があることが分かった」と話した。

随行した西村綾非常勤は「隊員の働く姿を見て交流することで、自衛隊は〝違う世界の特別な人〟というイメージを変えたかった。職業として選べば、自分の将来の姿になり得ることが分かってもらえたのではないか」と語った。

搭乗時の注意事項の説明を受け、UH1J多用途ヘリに乗り込む参加者

山口　募集対象者など47人が体験搭乗

【山口】地本（地本長・増田健吾1陸佐）は11月12日、防府分屯地で、募集対象者、募集協力者、援護協力者など47人に対しUH1J多用途ヘリの体験搭乗を計10フライト行った。

当日は好天に恵まれ、参加者は13飛行隊からヘリコプターの概要や搭乗時の注意事項の説明を受けた後、順次搭乗。

眼下に広がる防府市内の街並みに感激していた。また、格納庫に展示されたUH1J多用途ヘリと記念撮影を楽しむ姿や熱心に見学する姿が見受けられた。

平和を、仕事にする。

ただいま募集中！

◇高工校
◇自衛官候補生
★詳細は最寄りの自衛隊地方協力本部へ

愛知、鹿児島で鳥インフル

10特連、12普連などが災派

ウイルス防護用のスーツを着用して鶏の殺処分支援を行う12普連の隊員（12月8日、鹿児島県出水市）＝西方提供

陸自10特連と10高特大（いずれも豊川）は12月5日から7日まで、愛知県豊橋市で発生した高病原性鳥インフルエンザの災害派遣に出動、隊員約250人態勢で養鶏所の鶏の殺処分支援やウイルス付着の可能性がある鶏卵などの処理を行った。

5日午前7時半、愛知県の大村秀章知事から10師団（守山）長の中野義久陸将に鶏の殺処分支援に関する災害派遣が要請された。派遣された10特連などの隊員はウイルス防護用のスーツを着用し、必要資器材の防疫処置を万全にして、現地の養鶏場で同11時10分から作業を開始。同7日午前9時、自治体で対応可能となったため活動を終了、約12万羽を処理した。

一方、11月に同様の災害派遣があった鹿児島県出水市内の養鶏場で12月2日、再び鳥インフルエンザが確認され、同日午前6時、同県の塩田康一知事が陸自12普連（国分）長の古川琢弥1佐に、鶏の殺処分などに関する災害派遣を要請した。

これを受け12普連は同日午前10時25分から殺処分などの支援を開始。自治体のみで防疫作業が可能となったため、午後11時12分、要請を受けて作業を終了した。自衛隊は約12万羽のうち、半数の約6万羽を処分した。

同市では同8日にも鳥インフルエンザが確認されたため、要請を受けた12普連が約130人態勢で約3・1万羽の鶏の殺処分支援を行い、同日中に活動を終えた。

陸自　冨永1佐を国連本部に

自衛隊初

軍事能力評価室長として派遣

陸自は自衛隊で初めて、国連平和活動局（DPO局）の「軍事部軍事能力評価室」の室長として、陸幕運用支援課付の冨永敦1佐を今月上旬から約2年間の任期で米ニューヨークの国連本部に派遣する。

陸自初の国連軍事能力評価室長として派遣される冨永1佐（左）。吉田陸幕長は、国際経験豊富な冨永1佐と固い握手を交わして送り出す（12月5日、陸幕長応接室）

冨永1佐は輸送科出身で、2003年に国連東ティモール支援団（UNMISET）の3次要員、2005年にはイラク復興業務支援隊の3次要員、2016年には国連本部PKO局の軍事計画課に勤務するなど、海外での活動経験が豊富。

12月5日に行われた陸幕長への出国報告で、吉田陸幕長は冨永1佐に対し「最先任者として行ってもらうが、経歴として現地のオペレーションから国連本部の勤務経験まであり、これ以上ない人材で安心している」と全幅の信頼を寄せた。

冨永1佐は「今年、PKO30周年という節目の年に赴任できることを大変光栄に思っております。これもひとえに、これまで先達の方々が尽力されたことが評価されての赴任につながっていると確信しています。その名に恥じないよう、しっかり勤務したいと思います」と抱負を述べた。

吉田陸幕長は、陸自の国際平和協力活動に関しては4つの柱（①UNMISSなどのPKOミッションへの要員派遣②国連TPPなどのPKOに関する能力構築支援③国連本部などへの幕僚派遣④国連PKO工兵マニュアル改定などの知的貢献）を重視していることに言及。

その上で、「国連本部内で信頼関係を構築し、ロシアによるウクライナへの軍事侵攻などで今まで以上に、PKOの現場における隊員の安全確保やPKOを行う国の状況は厳しいが、『現場』の感覚を大事に、しっかり能力評価をやってもらいたい」と要望し、最後に現在国連本部で勤務中の川﨑真知子2佐と荒木順子2佐の名を挙げ、「最先任者として、彼女たちのケアもよろしく頼む」と派遣隊員を気遣った。

国連軍事能力評価室は、国連PKOミッション派遣部隊の能力に関する基準や手順の策定、評価を担っている。具体的には国連PKOに部隊を派遣しようとする国の要員に対する評価基準の策定や、その基準に基づいて実際に現地に赴き、派遣前の部隊や装備品などの評価を行っている。

国連PKO派遣における死傷者の発生要因に、能力の欠如や能力の不一致などが挙げられており、その改善に向けて新設された。

京産大生の研修を支援

舞鶴で護衛艦「ひゅうが」を見学

京都地本

【京都地本】京都地区隊河原町募集案内所（所長・羽田野一夫准陸尉）は、11月30日、海自舞鶴総監部広報推進室の支援を受け、京都産業大学の教授3人と学生12人を対象に舞鶴基地研修を行った。

同大学法学部法律学科の須賀博志教授の依頼を受け、「日本の国防を最前線で守る海上自衛隊の任務を知ること」を目的に、同教授のゼミ生に対して初めて行った。

参加者は総監部で海自の任務などの全般説明を受けた後、海軍記念館、史料室を見学。海軍の歴史や海自・舞鶴基地の歴史に触れた。

学生はその後、護衛艦「ひゅうが」の艦内に移動。会議スペースで「ひゅうが」の全般説明を聞き、艦橋、航空管制室、甲板、格納庫を見学した。実際に日本の海を守る護衛艦に乗った学生の1人は、「まず艦の大きさに衝撃を受けた。また、この一つの艦を動かすために多くの隊員が努力されている事実が分かった」と感想を述べた。また、海自の食事の体験喫食は、「非常においしくボリュームもあった」と好評だった。

須賀教授は「研修を通じて学生には良い刺激になった。今後の人生において何らかのプラスになると思う。研修を支援して下さった方々に感謝です」と謝意を述べた。

河原町募集案内所では「これからも大学と連携を図り、自衛隊に少しでも興味を持ってもらい、就職の選択肢の一つとして考えてもらえるように広報していきたい」と話している。

護衛艦「ひゅうが」の前で記念写真に納まる参加者（11月30日、舞鶴基地）

全員で100キロを完歩

小月教育航空隊

第73期飛行準備課程学生32人

100キロ完歩を目指し歩き続ける第73期飛行準備課程学生たち

【小月】小月教育航空隊の第73期飛行準備課程学生32人は9月29、30の両日、「100キロ行軍」を実施した。将来の幹部搭乗員として必要な不屈の精神と、強靭な体力を養うことが目的。行軍ルートの計画や休憩ポイントの選定、各種調整などを学生主体で行い、入念な準備を重ねて挑んだ。

学生たちは午前8時に基地を出発し、下関市内を通過。小月教空群司令の富田一成1佐や各隊先任伍長の激励を受けながら、関門トンネル人道を経て北九州に上陸し、30日午前10時ごろ、小倉城へ到着した。そこからさらに不眠不休のまま行軍を続け、12時ごろ、小月航空基地に帰投。1人の脱落者も出すことなく約100キロを完歩した。

参加した学生は「眠気や足の痛みなど大変だったが、完歩することができてうれしい」「行軍中に迎えた朝日は、これまで見た中で最も美しかった。実施して良かったと心から感じる」などと話した。

令和4年度武官団研修を実施

20カ国から24人が参加

函館の五稜郭で史跡研修を行い、集合写真を撮る在京武官団（10月27日、北海道の函館市）

陸幕指揮通信システム・情報部長の足立吉樹陸将補は10月25日から27日まで、令和4年度在京武官団研修を北部方面隊で開催した。

本研修は、武官団を対象に、陸上自衛隊の訓練、演習などの視察や現地指揮官等との懇談を通じて陸自の現況や施策等に関する理解を深めてもらうことを目的に行っており、20カ国から国防武官など24人が参加。

25日は、北方総監部（札幌）で沖邑佳彦北方総監の講話を聴講し、方面隊の概況について説明を受けた。

26日は7師団が行った令和4年度師団戦車射撃競技会を研修した。

最終日には函館五稜郭などの史跡研修を行った。

参加した武官からは「陸自で唯一の機甲師団である7師団は戦車の射撃練度が非常に高く、陸自の精強性を理解することができた」などの感想が聞かれ、多くの参加者から大好評だった。

小休止

▽…仙台駐屯地業務隊は11月22日、駐屯地厚生センターに仙台こども専門学校から講師4人を招き、緊急登庁支援のための安全管理、施設運営の訓練を行った。

▽…緊急時、駐屯地に開設される「子供の面倒を見る施設」の運営に当たる基幹要員25人を対象としたもの。参加者はグループごとに分かれて各講師から子供の発達、乳幼児突然死対策についての講義を受け、身近なものを活用した子供の遊び方、おむつの替え方などについて実習した＝写真。

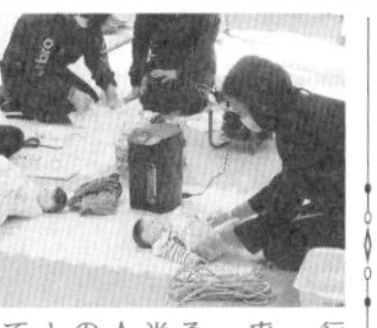

▽…参加隊員からは「子供を預かる際に必要な知識を学べた」「この制度について、一層理解を深められた」などの感想が聞かれた。（仙台）

こちら警務隊

飲酒関連犯罪（傷害罪）

相手を殴って怪我させたら傷害罪　怪我をしない場合は暴行罪に該当

相手に「殴ってみろ」と言われ殴ってしまいました。どのような罪になりますか？

相手を殴って怪我をさせた場合、傷害罪（15年以下の懲役又は50万円以下の罰金）に該当し、相手が怪我をしない場合、暴行罪（2年以下の懲役若しくは30万円以下の罰金）に該当します。たとえ相手から挑発された等の理由があろうとも、人を殴ると罪に問われます。

年末年始をひかえ飲酒する機会が多くなる時期です。飲食店等で隣席の者との口論や、感情が抑えられず衝動的な暴力に及ぶ例が少なくありません。

感情を高ぶらせる程の飲酒を避け、節度を保って飲酒しましょう。（東北方面警務隊）

日々訓練と思い 日常を過ごしたい

開業歯科医、幾多の困難を乗り越え予備自衛官に ㊦

予備2陸佐 高橋 忠弘（石川地本）

第2段階目の訓練は、1段階目の訓練を終え1週間後に連接で受けました。1段階目の訓練を一緒に終えた顔触れも何人もおり、初日からリラックスした気持ちで訓練をスタートしました。

実際には勤めている職場の状況により難しいところもあるかと思いますが、最初の訓練を忘れないうちに受けられたことは自分にとって非常に良かったと思います。

この回は銃の取り扱いから、実弾射撃までがメインになりました。生まれて初めて銃を手にしたとき、最初はおっかなびっくりな感じで何となくなじめない感じでしたが、訓練を重ねるにつれて銃に対する恐怖感も薄まり、分解・結合などをしていくうちに愛着さえ感じるようになりました。

実弾射撃の訓練ではさすがにドキドキしましたが、教官が丁寧に指導してくださり何とか的に当てることができました。

銃の取り扱いをしている際に衛生科の教官が言われた言葉が非常に印象的でした。それは、「私は衛生科の隊員として射撃の訓練もしっかりと受けている。人の命を奪う道具である銃は、使い方によって守るべき命を守ることができる道具です。射撃がうまければ、味方を守ることはもちろん、敵に対しても急所を外して戦闘能力をなくすことができるかもしれない。そう思って射撃の訓練をしています」というような話をされました。実戦でそのような射撃ができるかは分かりませんが、その言葉を聞いて射撃の訓練の重要性をより一層強く感じました。

今回の訓練も内容盛りだくさんで、間稽古など本当に寸暇を惜しんで熱心に教えてくださり、教官の方々に対しては感謝しかありません。

この気持ちを忘れずに、これからも予備自衛官としてしっかり日々訓練と思い日常生活を過ごしていきたいと感じました。

すべての訓練プログラムを終えた高橋予備2陸佐

（世界の切手・モナコ）

有名になりたきゃ何も考えずに俺にパスをよこせ。アシスト王にしてやる。

ロマーリオ（ブラジルの元サッカー選手）

朝雲ホームページ
www.asagumo-news.com
会員制サイト
Asagumo Archive プラス
朝雲編集部メールアドレス
editorial@asagumo-news.com

みんなのページ

部隊に配置されて コミュニケーションを大切に

1陸士 千葉 嘉乃（6施大本管中・神町）

私は、今年3月に入隊し、前期教育は119教育大隊で、後期教育は東北方面衛生隊で受け、9月に6施設大隊本部管理中隊衛生小隊に中隊救護手として配置されました。

中学から大学卒業までの約10年間、芸術を専門に就学していたため、入隊直後は周囲と協調することに全くなじみがなく、集団生活に抵抗すら感じていましたが、先輩や同僚などと行う訓練や日常生活を通して、仲間とのつながりの大切さを教育隊で学ぶことができました。

部隊配置となり2週間後に参加した大隊訓練検閲では、右も左も分からない状況で、6施設大隊のために自分に何ができるかを知るためにも、「上司・同僚とのコミュニケーションを確実にとる」ことを目標に臨みました。

検閲間、患者収容所業務の補佐を主に行いました。日中の模擬患者数の多さから、衛生記録を漏れなく行うことが非常に困難な状況でしたが、収容所班の隊員とコミュニケーションを積極的に取ることで、最後まで対応することができました。衛生科における任務の完遂とは、決して個人の力のみで達成できるものでなく、団結が不可欠であることを改めて実感しました。

大隊訓練検閲では、自身にできることは率先してやるとともに、できないことは上司・同僚に頼ることが任務達成につながるということを実感できたいい機会となりました。

まだまだ未熟な私ではありますが、国民・部隊から信頼される自衛官を目指し、上司・同僚とのコミュニケーションを大切にし、日頃から良好な関係性を築くことで部隊の一員として任務完遂に寄与します。

父のラストフライトに立ち会い お父さん、夢をありがとう

1海尉 小城 龍之介（201教空・小月）

令和4年9月、海上自衛隊操縦士・戦術航空士の登竜門である小月航空基地で、ひとりのパイロットがラストフライトを迎えました。2等海佐・小城信也。私の航空学生の大先輩であり、私の父です。

物心ついた時から父と同じ「パイロット」になりたいと夢見ていた私は、海自航空学生を目指しました。晴れて合格し、入隊した後も、海上自衛隊搭乗員の証である「ウイングマーク」の取得を目指す過程で多くの試練がありました。しかし、一つ一つ乗り越えるたびに、同じ試練を乗り越えてきた父への尊敬の念がより一層強くなりました。ウイングマーク取得後は、父と同じP3C哨戒機を経て201教育航空隊へ、現在はT5初等練習機の飛行教官として学生教育に傾注する傍ら、飛行教官で構成された海上自衛隊唯一の曲技飛行チーム「ホワイトアローズ」の3番機副操縦士として養成中です。

実は父もホワイトアローズの前身である「ブランエール」の同じく3番機の操縦士でした。ずっと憧れていた父と同じ道を歩むのは今でも夢のようですが、37年間のパイロット人生を飛行安全で、そのラストフライトに立ち会えたことは本当に光栄です。

「お父さん、お疲れさま。夢をありがとう」——。

学生教育、そしてホワイトアローズの活動を通じ、今度は私が誰かの「夢」となれるパイロットを目指していきます。

ラストフライトを終えた父・小城信也2佐（左）と記念写真に納まる龍之介1尉

募集相談員として

嘉手納町募集相談員 安森 盛雄（沖縄地本）

私は昨年度から、嘉手納町自衛官募集相談員として委嘱されたばかりの新人募集相談員です。

以前、私の弟も高校卒業後に入隊した自衛官だったこともあり、普段から「自衛隊・自衛官」には大変大きな関心があります。

「自国を守る」という使命がどれほど重いものか、私自身も日々感じているところではありますが、沖縄という先の大戦における地域の特性上、自衛隊という組織や自衛官という立場への理解の獲得は、なかなか厳しい現状が今なお、あることも事実ではないかと感じています。

また、近年の離島を含めた沖縄県を取り巻く安全保障環境は、隣国の航空機や船舶の往来等により、緊迫した現状が継続しています。

このような一連の状況を、一相談員として次世代を担う若者に説明できたらという思いから、募集相談員になりました。

昨年度は、自衛隊への入隊を検討している若者から相談を受け、志願、受験、そして入隊までを支援することができ、私自身、大変うれしく思っています。入隊した若者の祖母からも、「孫から、将来は一緒に暮らすから、もう少しだけ自分が成長するまで待っていてほしい」という連絡があったことを聞いた時には、「募集相談員になって良かった」と思い、今後の活動に力を注いでいく強い決意を新たにした次第です。

OBがんばる

笠井 英樹さん 57

令和2年3月、3輸空（美保）援護室長を2空佐で退官。MS&ADインターリスク総研に再就職し、全国の企業向けに安全運転セミナーの講師を務める。

三つのアドバイス

私は、令和2年3月24日に3輸送航空隊援護室長を最後に定年退官し、MS&ADインターリスク総研株式会社に再就職しました。現在はアドバイザーとして全国の企業向けに「事故に遭わない、起こさない」をテーマに安全運転セミナーの講師を務めています。入社当初はコロナ禍のため、セミナーを行う機会がなく、できたのが入社して7カ月後でした。セミナーで顧客の方に聞いてもらえる、興味を持ってもらえるように日々、自己研さんに励み、休日には選挙などの応援演説や講演会を聴講し、参考にしました。

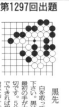

これから再就職される方へのアドバイスとしては、一つ目は援護担当者から紹介を受けたからというだけで仕事を決めるのではなく、何がしたいかを明確にすることです。二つ目は現職のうちから部外者と交流を持ち、社会の常識を持つことです。自衛隊では、家族や収入のことなど気軽に話す機会がありますが、一般社会では、プライバシーに関わることを安易に聞いてはいけません。また年下や後輩を呼び捨てることはありません。三つ目は健康管理。自衛隊では課業時間内に運動する時間がありますが、企業ではそうした時間はなく、自分で時間を見つけて運動し、健康を維持することが求められます。

自分に合った趣味を持ち、いろいろな職業の方と交流を持って人生を楽しむことが大切だと思います。

あさぐも掲示板

■海上自衛隊東京音楽隊第62回定期演奏会

令和5年2月24日午後6時半（開場同5時半）から、東京都墨田区錦糸のすみだトリフォニーホール大ホールで開催。

指揮は同隊長の植田哲生2佐。演奏曲目は「ラプソディ・イン・ブルー」（G・ガーシュウィン）、「白鯨と旅路をともに」（R・ガランテ）、「ダンソン第2番」（A・マルケス）。

入場は無料だが、はがきによる申し込みが必要。応募要領は東京音楽隊ホームページ参照。抽選の上、当選者には座席指定券が送られる。応募期間は5年1月13日（金）必着。

問い合わせは同隊定期演奏会係（03・3700・0136）まで。

詰碁

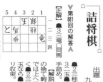

出題 日本棋院 九段 曲 励起

第1297回出題

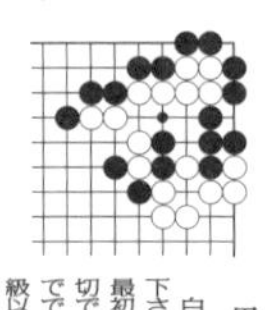

黒先

白を取って下さい。黒は最初の手が大切です。5分でできれば初級以上です。

▶詰碁、詰将棋の出題は隔週です◀

詰将棋

出題 日本将棋連盟 九段 石田 和雄

先手 持駒 角桂

≪第881回の解答≫

【正解】▲3三竜△同馬▲2三桂△同馬▲5三角△3二玉▲4二角成までの七手詰め。

【解説】▲3三竜は絶好の捨て駒。平凡な▲4二とでは上へ逃げられ失敗。続く▲2三桂も好手で△3二玉なら▲4一角までピッタリ収束。

新刊紹介

【現代語で読む】林子平の海國兵談

家村 和幸編著

「林子平」「海國兵談」——。学生時代にこの用語をセットで暗記した経験のある人は多いだろう。

「日本橋から唐、オランダまで境なしの水路なり」。日本は海に囲まれた海洋国家であるが故に、当時としては初めて、外敵からの脅威を想定した兵法書を著した林子平。その動機は、ロシアによる南進にほかならない。

外圧への危機感から、大砲と軍艦の配備を訴えた先見の明は、その約60年後のペリー来航時になってようやく「品川台場」として実を結ぶ。だが、その時に彼はもうこの世にいなかった。没後、彼の思想は攘夷の志士たちに引き継がれ、維新の原動力となっていく。

引き続きロシアという脅威にさらされる現在、防衛力の強化が叫ばれ、年末には外交・防衛政策の基本方針「戦略3文書」が改定される。本書を読むと、「海國兵談」は兵法書としては古典だが、「兵站」「偵察・斥候」など、戦いにおける基本条件は決して古さを感じさせない。用語解説も豊富で誰でも気軽に読むことができる良書だ。

（並木書房刊、2420円）

終わりなき戦争紛争の100年史

六辻 彰二著

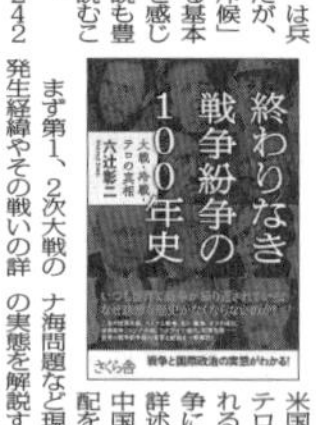

ロシアのウクライナ戦争発生から約10カ月。いまだに終結の見通しがつかない中、戦争はなぜ繰り返されるのか、改めて考えた人は多いのではないだろうか。本書では約100年間に発生した88の戦争や内戦、大規模な政変などを取り上げる。戦争が起こる理由や拡大傾向、終結の成否を描き出し、戦争を「正しく恐れる」ための情報を伝える。

まず第1、2次大戦の発生経緯やその戦いの詳細について言及。続いてアメリカを中心とする西側陣営とソ連（現ロシア）などの東側陣営の「冷戦」を取り上げ、対立構造が各地で紛争を引き起こす様相をつづる。

このほか植民地主義の犠牲になった国々の紛争や冷戦後噴出した民族・宗教対立、2001年の米国同時多発テロに代表される対テロ戦争についても詳述。最後に中国が実効支配を行う南シナ海問題など現代の紛争の実態を解説する。

100年の歴史の中で、いかに世界各地で多くの戦争が発生したか、その要因も多様であることを痛感させられる。本書を読み、戦争の現実と向き合うことで、国際政治の実態を理解できるだろう。

（さくら舎刊、1980円）

朝雲
発行所 朝雲新聞社
〒160-0002 東京都新宿区四谷坂町12－20 KKビル
電話 03(3225)3841
FAX 03(3225)3831
振替00190-4-17600番
定価一部150円、年間購読料9170円（税・送料込み）

主な記事

安保3文書を閣議決定

「反撃能力」保有を明記

政府は12月16日、今後10年程度の外交・防衛政策の基本方針「国家安全保障戦略」をはじめ、これを踏まえて約10年間を見据えた「国家防衛戦略」と、その下で約10年先の自衛隊の体制を示す「防衛力整備計画」――の安保戦略3文書を閣議決定した。2013年に策定された「国家安全保障戦略」の改定は初めて。これまで憲法上は可能だったものの、政策判断として保有してこなかった「反撃能力」について、必要最小限度の自衛の措置として保有することを明記し、戦後の安保政策を転換した。岸田首相は同日、官邸で記者会見し、「3文書とそれに基づく安全保障政策は、戦後の安全保障政策を大きく転換するものだ。日本国憲法、国際法、国内法の範囲内での対応であることは言うまでもなく、非核三原則や専守防衛の堅持、平和国家としての日本の歩みは今後とも不変だ」と強調した。

戦後日本の政策大転換

安保戦略3文書	主要方針	対象期間
国家安全保障戦略	【国家安全保障に関する最上位政策文書】外交・防衛に加え、経済安全保障、技術、サイバー、情報等――の国家安全保障戦略に関連する分野の政策に戦略的指針を与える	約10年
国家防衛戦略（旧・防衛計画の大綱）	【防衛の目標を設定し、達成に向けた方法と手段を示す】▽防衛力の抜本的な強化▽国全体の防衛体制の強化▽同盟国・同志国等との協力方針	
防衛力整備計画（旧・中期防衛力整備計画）	【保有すべき防衛力の水準を示し、その達成に向けた中長期的な整備計画】▽おおむね10年後の自衛隊の体制▽5カ年の経費の総額・主要装備品の整備数量	

今回の改定に伴い、従来から約10年間を見据えて防衛政策の基本方針を示してきた「防衛計画の大綱（防衛大綱）」は「国家防衛戦略」に、また、「防衛大綱」の下でこれまで最初の5年間の主要事業と経費を示してきた「中期防衛力整備計画（中期防）」は、5年間の防衛費総額や約10年先の自衛隊の体制を示す「防衛力整備計画」にそれぞれ変更された。（表参照）

岸田首相は同日の記者会見で「今後5年間で緊急的に防衛力を抜本的に強化するため、43兆円の『防衛力整備計画』を実施する。令和9年度には、抜本的に強化された防衛力とそれを補完する取り組みを合わせ、（現在の）GDP（国内総生産）の2%の予算を確保する」との方針を表明した。

さらに首相は、防衛力の強化を検討するに当たり、相手の能力や新しい戦い方を踏まえて現在の自衛隊の能力で我が国に対する脅威を抑止できるかについて「極めて現実的なシミュレーションを行った」と述べ、その結果「現状は十分ではない」との認識を示した。

その上で、新たに必要な能力として、①反撃能力の保有②宇宙・サイバー・電磁波等の新たな領域への対応③南西地域の防衛体制の強化――の3点を挙げ、「相手に攻撃を思いとどまらせる抑止力となる反撃能力は今後不可欠であり、自衛隊の抑止力・対処力を向上させることで武力攻撃そのものの可能性を低下させることができる」と訴えた。

反撃能力はこれまで「法理的には自衛の範囲」としながらも、政策判断で保有してこなかったが、中国や北朝鮮などが迎撃困難なミサイルの技術を向上させていることを踏まえ「保有が必要」と結論付けた。

反撃能力の定義については「我が国に対する武力攻撃が発生し、その手段として弾道ミサイル等による攻撃が行われた場合、『武力行使の三要件』に基づき、そのような攻撃を防ぐのにやむを得ない必要最小限度の自衛の措置として、相手の領域において、我が国が有効な反撃を加えることを可能とする、スタンドオフ防衛能力などを活用した自衛隊の能力」と明記した。

このほか、「国家防衛戦略」には航空自衛隊を「航空宇宙自衛隊」に名称変更することや常設の統合司令部の創設、「防衛力整備計画」には、米国製巡航ミサイル「トマホーク」などのミサイル導入や陸自15旅団の師団化、サイバー部隊の拡充などが盛り込まれた。

3文書は防衛省のHPにも掲載されている。

日米比陸軍種

ハイレベル懇談を初開催

陸幕長「国際秩序を維持する起爆剤」

日米比陸軍種トップ5人による初めてのハイレベル懇談が12月11日、陸自朝霞駐屯地で行われた。

米側からは太平洋陸軍司令官のチャールズ・フリン大将と太平洋海兵隊司令官のウイリアム・ジャーニー中将が、フィリピン側からは陸軍司令官のロミオ・ブラウナー中将、海兵隊司令官のチャールトン・ギアラン少将が出席。

懇談後の共同記者会見では、吉田陸幕長と米フリン司令官、比ブラウナー司令官がそれぞれ発言。吉田陸幕長は「インド太平洋地域の安全保障環境や今後の防衛協力の方向性など活発な意見交換を行い、5人との強固な信頼関係が築けた」と述べ、「これまで2国間同士で関係を強めてきた陸軍種を、3カ国間に拡充したことは大きな力となり、今回の懇談が国際秩序を維持する上での起爆剤になる」との考えを示し、今後同様の懇談を毎年1回以上開催することを表明した。

日米比陸軍種トップ5人によるハイレベル懇談の後、記念撮影に応じる（左から）ジャーニー中将、フリン大将、吉田陸幕長、ブラウナー中将、ギアラン少将（12月11日、朝霞駐屯地内の東部方面総監部）

フリン司令官は「3カ国による懇談は歴史的であり、我々の団結を示したものだ」と述べると共に、今後もインド太平洋地域における3カ国間の連携を強化していくとした。

ブラウナー司令官は「3カ国がインド太平洋地域でどのように協力をしていくかなどを議論した。ルールに基づく国際秩序を維持するために、今後も関係を深めていきたい」と述べた上で、自然災害の多い日本とのHA/DR（人道支援・災害救援）分野での陸軍種間の協力について相互理解を深めたことに言及した。

解説　過去を乗り越えた緊密な連携

防衛研究所 庄司 潤一郎 主任研究官

日米比3カ国は、今年9月に初の防衛実務者協議を実施し、今回、陸軍種トップが初めて共同で懇談・会見を行った。陸上自衛隊は、2017年からフィリピンで毎年行われている米比海兵隊の共同訓練「カマンダグ（タガログ語で海の戦士の協力）」に参加し、防衛協力を強化してきた。

フィリピンは、大東亜戦争において日本軍の犠牲者が単一の戦場としては最大の約50万人を数えた地であり、日米両軍が熾烈な戦いを演じただけに、隔世の感がある。

特に、戦後当初のフィリピンでは、戦中に甚大な被害を受けたことから日本への「憎しみ」が強かったが、双方の努力により和解が成し遂げられた。近年の日比間の防衛協力の進展は目を見張るものがある。

今年だけでも4月に初の「2プラス2」、今月もマニラで防衛次官級協議が開かれると共に、空自のF15戦闘機部隊が派遣され、比空軍と部隊間交流を行った。日本からの戦闘機の派遣は米国、豪州に次いで3カ国目、東南アジアでは初めてという画期的なことであり、両国関係の成熟を象徴している。

日比両国は、米国の同盟国で海洋国家であると共に、基本的価値や戦略的利益を共有する「戦略的パートナー」だ。海を隔てた「隣国」でもあることから、「自由で開かれたインド太平洋」の実現に向けて米国とも連携しつつ、地域の平和と安定のために緊密に協力することが期待される。

米比2司令官が防衛省に初来省

12月11日に陸自朝霞駐屯地で行われた日米比ハイレベル懇談に先がけて、9日には米太平洋海兵隊司令官のジャーニー中将が、続けて翌10日にはフィリピン海兵隊司令官のギアラン少将がそれぞれ初来省し、吉田陸幕長との懇談が行われた。

ジャーニー中将との懇談で吉田陸幕長は冒頭、「中将がかつて第3海兵師団長として沖縄勤務を経験し、奥様も大の親日家だとお聞きしており、大変心強い」と話し、和やかな雰囲気の中で懇談は進んだ。

9月のVTC懇談に引き続き、インド太平洋地域における戦略環境認識や陸自と米海兵隊との防衛協力の方向性について見解を共有し、今後も共同訓練などを通じた陸自のCDO（領域横断作戦）と米海兵隊のEABO（機動展開前進基地作戦）の連携をはじめとする相互運用性の更なる向上を図り、日米同盟を強化していくことで一致した。

一方、ギアラン少将との懇談では、初めに吉田陸幕長は今年10月末に、フィリピンを襲った台風による大きな被害に対して哀悼の意を伝え、「両国はかつてないほど密度の高い加速度的な関係強化が図られている」との認識を示した。

これに対し、ギアラン司令官は、日本からのさまざまな支援に謝意を示すと共に、「今後の日比間の防衛協力の促進など、前任者から構築された関係をさらに深化させたい」と述べた。

日比両国は今年4月に初めて「2プラス2」が開かれてから、井筒空幕長の訪比、空自F15戦闘機の初派遣など、軍種間レベルでも防衛協力が深まっている。陸軍種においては、今年6月に東京で行われたPALS22（太平洋水陸両用指揮官シンポジウム）でのヘリコ前海兵隊司令官とのハイレベル懇談、翌7月のブラウナー陸軍司令官とカルデス前海兵隊司令官代理との東京でのハイレベル懇談、そして今回の懇談につながっている。

統幕校

国際平和と安全シンポ開催

渡邊元総監が特別記念講演

壇上右から渡邊元東北方総監、磯部元東方総監、今浦元化学学校長、篠田教授

統幕学校（目黒）が主催する「国際平和と安全シンポジウム2022」が12月1日、東京都新宿区のホテルグランドヒル市ヶ谷で開かれた。

会場とオンラインで約200人が聴講し、内外の有識者、実務者らが第1部「防衛省・自衛隊PKO（国連平和維持活動）派遣30年の実績と意義」、第2部「国際平和活動の現状と未来」をテーマに、過去と最新の国際平和協力活動等をめぐって討議した。

開会に当たり、統合幕僚学校長の二川達也海将が「これまでの自衛隊PKOの30年の積み重ねを振り返り、世界や日本という立場から、今後の国際平和協力活動における広がりを討議していただきたい」とあいさつした。

続いて、カンボジアのプラック・ソコン副首相兼外相のビデオメッセージが放映され、日本のカンボジアPKO派遣への感謝とともに、日本の支援を受けて国連PKOへの貢献国となったカンボジアの現在の取り組みなどが述べられた。その後、国際平和協力センター長の武限康一1陸佐によるこれまでの世界と日本の国際平和協力活動に関する概要説明が行われた後、第1部に入り、渡邊隆元東北方面総監が特別記念講演した。「PKO30年…これまでとこれから」と題し、PKO参加の意義と成果を語ると共に部隊派遣における課題を指摘した。

パネル討議は、篠田英朗東京外国語大学大学院教授の司会（兼パネリスト）で進められ、渡邊氏、磯部晃一元東部方面総監、今浦勇紀元化学学校長がパネリストとして参加。磯部氏は「PKO草創期と中央即応集団創設期」と題し、1992年に部隊派遣事前調査団としてカンボジアに派遣された経験談などを語った。

今浦氏は2004年に第2次イラク復興支援群長として指揮を執った際、自爆テロの危険性が生じ、「この状況でバリケードを突破してくる車両は自爆テロだ。躊躇せず撃て！」と隊員に命じた際のエピソードなどを明かし、国際任務における合法的、かつ的確な武器使用のための訓練の重要性などを論じた。

第2部は国連事務次長軍縮担当の中満泉上級代表のビデオメッセージ放映後、篠田教授の司会のもとで防衛研究所の吉崎知典研究幹事、防衛省防衛政策局参事官付インド太平洋地域協力企画官の松沢朝子氏、豪州PKOセンター長のレイ・クロフォード陸軍中佐の各パネリストが英語でそれぞれ発表。その後、会場などからの質問を元に活発な議論を行った。

偵察航空隊が新編

グローバルホークを運用

航空自衛隊は12月15日、三沢基地に無人偵察機グローバルホークRQ4Bを運用する偵察航空隊を新編した。

編成完結式は三沢基地で行われ、内倉浩昭航空総隊司令官から偵察航空隊司令の吉田昭則1佐に真新しい隊旗が手渡された。

RQ4Bは我が国から比較的離れた地域の情報収集や、事態が緊迫した際の常時継続的な監視を行う能力を持つ。昨年3月、「臨時偵察航空隊」が編成され、今年3月にRQ4B2機が三沢に到着。教育、運用試験などを行ってきた。

（7面に関連記事）

北朝鮮

弾道ミサイル2発 EEZ外に落下

防衛省は12月18日、北朝鮮が同日午前11時11分頃と同52分頃に西岸付近から2発の弾道ミサイルを東方向に発射したと発表した。

いずれも最高高度約550キロで約500キロを飛翔し、朝鮮半島東側の我が国の排他的経済水域（EEZ）外の日本海に落下したとみられる。日本への被害は確認されていない。

韓国軍合同参謀本部によると、発射地点は2発とも北朝鮮北西部の平安北道東倉里付近という。

北朝鮮のミサイル発射は巡航ミサイルも含めて今年35回目で、11月18日のICBM（大陸間弾道弾）級「火星17型」の発射以来。

春夏秋冬

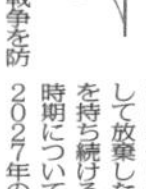

「いかにすれば紛争や戦争を防止できるのか」は、世界中の人々が願うことだろう。戦争は多くの破壊をもたらし罪のない人々の命を奪う。核戦争が起これば人類に破滅的結果を与えることになる。そのため国家間では、協定や条約などで、紛争や戦争を防止するための努力が行われている。しかしながら実際にはその発生を防止できていない。

クラウゼヴィッツは『戦争論』のなかで「戦争とは、他の手段をもってする政治の継続にすぎない」と述べている。彼は戦争とは政治目的を達成するための一つの政治手段にすぎないとしたのである。戦争がなくならない根本原因がここにある。

10月に開催された中国共産党第20回党大会において、習近平総書記は異例の3期目に入った。彼は中央委員会政治報告において、台湾の統一について「武力行使を決して放棄しない。あらゆる選択肢を持ち続ける」と宣言した。その時期について、米国政府関係者は2027年の可能性が高いと言っている。それは習近平が4期目をうかがう時期であり、人民解放軍の強軍化目標の達成、同じく軍創設100年の節目だからだ。その政治目的達成手段が武力行使（戦争）である。

「摩擦 戦争論」

山下 裕貴

クラウゼヴィッツは「現実の戦争では予測不可能な障害が発生し、軍隊は予定どおり行動できない」とし、戦争においては計画したことがそのまま実行に移されることはまれである。実際には無数の小さな障害が発生して、実行を妨害する。予測できない数々の障害が「摩擦」であるとしている。

ウクライナに侵攻したロシア軍は、当初計画したであろう短期間での戦争を終わらせることができずに長期化させている。天候・情報・過失・偶発事件などに加えて西側諸国の[illegible]う大きな[illegible]る。現代の戦争では「摩擦」の範囲が拡大し、周辺国の干渉も戦争に大きく影響を及ぼしている。

8月、ペロシ米下院議長の訪台に激しく反発した中国は、台湾を取り囲む様にミサイルを発射し、その内の5発が日本の排他的経済水域に着弾した。これにより台湾有事は日本有事に直結すると日本人が改めて認識した。

日本は12月に安保関連3文書を策定し、4月から新たな防衛力整備計画をスタートさせる。

ウクライナ戦争を研究している中国が、日本の防衛力強化を台湾侵攻における大きな摩擦要因として捉えれば、戦争抑止に大きく貢献するだろう。そのためには計画にしたがって着実に自衛隊の防衛能力を強化しておかなければならない。

（元中方総監・陸将、千葉科学大学客員教授）

お知らせ

本紙12月29日付は休刊とし、1月5日付（3531号）から通常通りの発行となります。ご了承ください。

朝雲新聞社

朝雲寸言

師走は何かと忙しい。令和4年も残り僅かである。年の瀬までに終わらせておくものは多いが実はそのほとんどが慣習や風習に基づくものである。すべては人間の問題なのだ▼新しい年を迎えるための個人の事柄はさておき、国の各省庁にとって年末は予算編成の時期である。夏に始まった次年度の概算要求は財務原案となって年末に結実する▼最近の予算査定のヒアリングはコロナウィルス感染防止のためオンラインになったという。財務省の廊下で各省庁の担当者たちが待機したのは今は昔のことなのだろうか▼本年10月、遅れていた米国の安全保障戦略が公表された。ロシアのウクライナ侵攻を受けて内容を再検討する必要性が生じ、当初の想定よりも公表が大幅に遅れたようである。その中で中国は「国際秩序を再構築する意図とそれを実現する経済・外交・軍事・技術力を併せ持つ唯一の競争相手」とし、一方ロシアは「今日の国際秩序に背き自由で開かれた国際システムに対する直接的な脅威」と位置付けられている▼米国の安全保障戦略は「無駄にする時間はない」という文章で締めくくられている。米国の危機感の表れであろう▼我が国では新しい国家安全保障戦略が16日に閣議決定された。「反撃能力」など新しい概念を盛り込んだ安全保障戦略を内外に明示する意義は大きい。おそらく最も高い関心をもってそれを読むのは同盟国とお隣りの国であろう。

時の焦点

国内

安全保障3文書

現実の脅威に備え固めよ

日本は中国や北朝鮮、ロシアに囲まれ、世界でも厳しい安全保障環境にある。深刻な現実を直視し、有事への備えを盤石にせねばならない。

政府が、「国家安全保障戦略」などの3文書を閣議決定した。

外交・防衛政策の指針である国家安保戦略の改定は、2013年の策定以来、初めてだ。防衛計画の大綱は「国家防衛戦略」に改称し、中期防衛力整備計画は「防衛力整備計画」に改めた。

米国の戦略体系と足並みをそろえ、今後の防衛目標や達成手段を網羅的にとりまとめたことは評価できる。今回の改定内容を、着実に遂行していくことが重要だ。

国家安保戦略は、中国の軍事動向について「これまでにない最大の戦略的な挑戦」と位置づけ、策定時には「懸念」にとどめていた認識を修正した。核・ミサイル開発を進める北朝鮮についても、警戒を引き上げた。

日本が他国から攻め込まれるという最悪の事態をも想定し、国を防衛する意思と手段を整えておく必要がある。民主主義や「法の支配」といった価値観を共有する各国との連携を深めたい。

国家安保戦略では、敵のミサイル発射拠点などを破壊する「反撃能力」の保有が明記された。

反撃能力の保有は、憲法が許容する自衛権の範囲に含まれるが、歴代の政権は政策判断として保有してこなかった。

日本は「盾」に徹し、米軍に「矛」の役割を頼るという、戦後の防衛政策の大転換である。

政府が、反撃能力の行使について、集団的自衛権の限定行使を容認する際に決めた「武力行使の新3要件」をあてはめることにしたのは適切な判断だ。「日本の存立が脅かされ、ほかに適当な手段がない」といった要件である。これにより、専守防衛の姿勢は変えず、国際法が禁じる先制攻撃にもあたらないことが、より明白になったと言える。

反対派は「対抗措置を講じれば緊張が高まりかねない」と主張するが、筋違いだ。日本の厳しい安全保障環境を見て見ぬふりする態度は、もうやめたほうがいい。

政府は、敵の射程圏外から攻撃できる長射程の「スタンド・オフ・ミサイル」の配備を急ぐ方針だ。陸上自衛隊の「12式地対艦誘導弾」の改良と並行し、外国製ミサイルの購入など多角的に配備を進めるべきだ。

近年、安全保障の概念は、伝統的な防衛政策にとどまらず、経済や科学技術分野にも広がっている。とりわけ、政府や重要インフラへのサイバー攻撃の脅威は重大だ。

国家安保戦略は、サイバー攻撃を防ぐ「能動的サイバー防御」の必要性を示した。未然に攻撃者のサーバーに侵入ができる権限を、政府に付与するとした。

法整備のほか、専門の人材育成が急務だ。内閣サイバーセキュリティセンター(NISC)の態勢強化など、政府を挙げて取り組んでほしい。

藤原 志郎(政治評論家)

海外

北欧首相が認識

欧州防衛に米は不可欠

オーストラリアを訪問したフィンランドのマリン首相は12月2日、シドニーにあるシンクタンクのロウィー研究所で講演し、ロシアによるウクライナ侵攻は、欧州が自分たちの安全保障に関して米国に依存し過ぎていることを示した、と言明した。

大半の米国人には〃何を今さら〃といった印象だが、確かに、欧州ではあまり話題に上るテーマではない。公開の場での討議より、欧州連合(EU)首脳らが小声で話すのが精々といったところだろう。

それもそのはずで、もし欧州が米国の優越と、その米国抜きでは北大西洋条約機構(NATO)の存立も危うい事実を認めれば、国内総生産(GDP)比2%以上というNATO目標に満たない現在の国防費を大幅に増額しなければならなくなる。

マリン首相は講演で、「心の底から正直に言いたい。現在の欧州は強力とは言えない。もし米国がいなかったら、困難な状況になっていた」と率直に認めた。

同首相はまた、ウクライナが戦争に勝つため必要なものはすべて与えるべきだと主張し、「米国はこれまでウクライナに対し、大量の兵器を供与し、大規模な財政支援を行い、人道援助も多額に上る」と評価した。

11月に発表された英下院の報告書によると、ロシアが2月に侵攻して以来、米国はウクライナに総額186億ドルの軍事支援を実施。

最大の軍事支援国・米国に続いて、支援額の多い順に、EU(欧州議会、欧州委員会なども含む)、英国、ドイツ、カナダ、ポーランドなどが並んでいるが、比較するのが恥ずかしくなるほど、米国の支援額は他を圧倒している。

同首相は「欧州防衛のためにわれわれも欧州の防衛産業を強化するとともに、さまざまな状況に対処できるよう努める必要がある」とも述べた。

フィンランドは人口が約550万人という小国だが、男子に徴兵制がある。戦時の兵力は28万人、予備役87万人という国柄だ。

2020年の時点で、NATO加盟計30カ国の国防費を見ると、米国がGDPの3・7%強なのに対し、欧州の加盟28カ国とカナダの平均が同1・77%。

ウクライナ戦争勃発後の2月、ドイツはGDPの2%以上に引き上げることを公約し、英国も6月、20年代中に同2・5%を目指す方針を明らかにしている。

フィンランドは既に同2%を国防費に計上しており、大半のNATO加盟国よりも高い比率になっている。

フィンランドはスウェーデンとともに5月、NATO加盟を正式に申請した。そして7月に両国の加盟に関する議定書が調印され、北欧2カ国のNATO加盟が事実上内定済み。

「ロシアが2月24日にウクライナに侵攻した時、国民の優先事項が『一夜にして』安全保障に変わった」(同首相)そうで、他のNATO加盟国に共同防衛の責任を気付かせる「心底、正直な」意見は歓迎されるべきだろう。

草野 徹(外交評論家)

統合展開・行動訓練を実施

ジブチ、ヨルダンで米・伊・仏軍と

在外邦人保護要領を演練する陸自隊員(12月9日、ヨルダンのアブドラ国王特殊作戦訓練センター)

在外邦人の警備・保護措置要領を演練する「令和4年度統合展開・行動訓練」が12月3日から18日まで日本、ジブチ、ヨルダンなどで行われた。

昨年9月に発生した、アフガニスタンでの在外邦人などの輸送任務を踏まえ、実際に活動する可能性の高い部隊を派遣。統幕、情本の約20人、陸上総隊と警務隊の約110人、空自支援集団などの約30人とC2輸送機1機が参加した。

参加部隊は現地で、①派遣統合任務部隊での指揮幕僚活動②在外邦人等の警護と輸送における一連の活動③現地調整所や米軍、在外公館との机上演習――を行い、より実際に近い環境で米・伊・仏軍など関係各国、機関との連携を強化した。

山崎統幕長は訓練に先立ち、12月1日の記者会見で「ジブチ、ヨルダンの関係者からさまざまなご支援を頂いていることに対し感謝を申し上げる。引き続き、関係各国と緊密に連携していきたい」と述べた。

中国艦計4隻が太平洋進出確認

海自は12月12日午後8時ごろ、鹿児島県・口永良部島の西約140キロの海域を南東に航行する中国海軍「ドンディアオ」級情報収集艦1隻(艦番号796)を確認した。

その後中国艦は南西諸島の西側を南西に進み、14日に沖縄本島と宮古島との間を抜け太平洋に出た。

1空群(鹿屋)のP1哨戒機、5空群(那覇)のP3C哨戒機、3ミサイル艇隊(佐世保)のミサイル艇「おおたか」、1補隊の補給艦「ましゅう」(舞鶴)が情報収集を行った。

また翌13日午後10時ごろには、長崎県・男女群島の西約90キロを南東に進む「レンハイ」級ミサイル駆逐艦(102「拉薩」)、「ルーヤンⅢ」級ミサイル駆逐艦(124「開封」)、「フチ」級補給艦(889)の3隻を確認した。

これらの艦艇は14日、大隅海峡を東に通過し太平洋に出た。

4空群(厚木)と1空群(鹿屋)のP1哨戒機、佐世保警備隊(佐世保)の多用途支援艦「あまくさ」が警戒監視に当たった。

露情報収集艦も太平洋進出確認

12月8日午前9時ごろ、海自は沖縄県・久米島の北西約50キロの海域を南進するロシア海軍「ヴィシニャ級」情報収集艦1隻(艦番号535)を確認した。ロシア艦はその後、沖縄本島と宮古島との間を南東に抜け太平洋に出た。

5空群(那覇)のP3C哨戒機と12護隊(呉)の護衛艦「うみぎり」が情報収取を行った。

海保の「シーガーディアン」をバックに記念写真に納まる酒井海幕長(左)と白石保安監(11月28日、八戸航空基地)

無操縦者航空機「シーガーディアン」

海自が試験運用へ

酒井海幕長は12月6日の会見で、海保が八戸航空基地で運用している無操縦者航空機「シーガーディアン」について、海自でも試験的運用を行うことを明らかにした。

現在、有人機で実施している警戒監視の任務を無人機で代替え可能かを検証する。既に米ジェネラル・アトミクス社とリース契約を結んでおり、来年度から開始する。

「シーガーディアン」は全長11・7メートル、幅24メートルで、24時間以上の航続時間と高い監視能力を誇る。海幕長は11月28日に八戸基地を訪れ部隊視察を行うと共に、白石昌己海上保安監から同機の運用や管制要領、取得データについて説明を受けた。

海幕長は会見で「海保のデータを見せてもらったが、海自のオペレーションで十分活用できるものもあった。今後も海保との連携強化に努め、警戒監視に万全を期していきたい」と述べた。

FFM3番艦 佐世保に配備

護衛艦「のしろ」

自衛艦旗を掲揚し、母港となる佐世保に向け出港する「のしろ」(12月15日)＝三菱重工業提供

海自の護衛艦「のしろ」(FFM、3900トン)の引渡式・自衛艦旗授与式が12月15日、三菱重工業長崎造船所(長崎市飽の浦町)で行われた。「もがみ」型護衛艦の3番艦で、同日付で13護隊(佐世保)に配備された。「もがみ」型は従来の護衛艦の装備に加え、機雷を処理する対機雷戦機能を備えるのが特徴。ステルス性を高めたコンパクトな艦体で、多様な任務に対応する。

式には木村次郎政務官や酒井海幕長ら約100人が出席した。最初に三菱重工業の阿部直彦防衛・宇宙セグメント長と木村政務官の間で引渡書と受領書を交換。続いて政務官が初代艦長の渡邊真史2佐に自衛艦旗を授与した。行進して乗り組んだ乗員によって艦尾に自衛艦旗が掲揚され、「のしろ」は就役した。

この後、艦上で木村政務官が訓示し、「海に囲まれている我が国の防衛において、多様な任務の遂行を可能にする最新鋭護衛艦としての期待は極めて大きい」と乗員を激励した。

式後、「のしろ」は関係者に「帽振れ」で見送られながら出港、母港となる佐世保に向かった。

共済組合だより

野球・テニス・ゴルフ練習などにご利用ください。
狛江スポーツセンター

東京都狛江市にある防衛省共済組合直営施設の「狛江スポーツセンター」は、組合員とその家族、OBの方が利用できますので、広々とした多摩川沿いにあるスポーツセンターで気持ちのよい汗を流してみませんか。

狛江スポーツセンターには、ゴルフ練習場(1・2階計30打席、110ヤード)、ゴルフバンカー、テニスコート(オムニコート)4面、野球場1面、クラブハウス(受付、更衣室、シャワー室等)、駐車場50台分があり、定休日(年末年始、ゴルフネット点検日はゴルフ練習場のみ休業)を除き利用できます。

ご利用の際は、組合員またはご家族であることを証明できるもの(組合員証、被扶養者証等)、OBであることを証明できるOBカード等をご提示ください。

テニスコートと野球場は利用にあたって事前の予約が必要です。直接施設(03―3480―2637)にお申し込みください。利用する月の前月1日から受け付けています。

ゴルフについては、利用当日、クラブハウスでお申し込みください。

【狛江スポーツセンターの所在地】
〒201―0013 東京都狛江市元和泉2―30―1 電話03―3480―2637

セクハラ問題受け 陸曹5人懲戒免職

陸上自衛隊郡山駐屯地(福島県)に勤務していた五ノ井里奈さん(23)が在職中に複数の男性隊員からセクハラ被害を受けた問題で、防衛省は12月15日、性暴力に関わった陸曹5人の懲戒免職など、男性隊員計9人の処分を発表した。

懲戒免職となった5人は1～3曹(40～20歳代)。このほか、五ノ井さんら女性隊員に性的発言をした3曹(30歳代)を訓戒、五ノ井さんから被害の訴えを受けながら調査を行わなかった職務怠慢で中隊長の1尉(30歳代)を停職6カ月、指揮監督義務違反で大隊長の2佐(50歳代)を注意、連隊長の1佐(40歳代)を口頭注意とした。

吉田陸幕長は同日の記者会見で、「陸上自衛隊においてハラスメントを許さない組織風土を根付かせるため、継続的かつ粘り強く施策を徹底し、ハラスメントの根絶を図っていく」と述べた。

防衛省発令

▽硫黄島基地隊司令兼硫黄島分屯基地司令(航空救難団飛行群秋田救難隊長兼秋田分屯基地司令) 1空佐 大藤 勉
▽南西航空方面隊司令部監理監察官(硫黄島基地隊司令兼硫黄島分屯基地司令) 同 中澤 武志
▽航空救難団飛行群秋田救難隊長兼秋田分屯基地司令(空自幹部学校兼空幕人事教育計画課) 2空佐 植野 英二
(以上12月11日)
▽海幕人事計画課募集推進室長兼人事計画課人事計画調整官(14護衛隊司令) 1海佐 目賀田瑞彦
▽自衛艦隊司令部(4護衛隊司令) 同 高橋 秀彰
▽4護衛隊司令(護衛艦隊司令部) 同 牧 孝行
▽14護衛隊司令(海自1術科学校教育1部長) 同 廣中 敬三
▽いせ艦長(護衛艦隊司令部) 同 金子 純一
▽とわだ艦長(同) 2海佐 雄山 誠司
▽開発隊群司令部首席幕僚(海幕人事計画課募集推進室長兼人事計画課人事計画調整官) 1海佐 小関 昌彦
▽海自1術科学校教育1部長(いせ艦長) 同 宮崎 好司
(以上12月12日)
▽海幕付(海自1術科学校長) 海将補 白根 勉
▽防衛研究所主任研究官(空自5術科学校副校長) 1空佐 冨永 直幸
▽空自5術科学校副校長(同幹部学校教育部主任教官兼幹部学校) 同 角谷 茂幸
▽空自幹部学校教育部主任教官兼幹部学校(空自幹部学校) 同 武田 宣久
(以上12月13日)
▽偵察航空隊司令(臨時偵察航空隊司令) 1空佐 吉田 昭則
▽同副司令(同副司令) 同 廣田 哲哉
(以上12月15日)
▽2護衛隊司令(護衛艦隊司令部) 1海佐 今野 卓
▽佐世保地方総監部付(2護衛隊司令) 同 工藤 正徳
(以上12月16日)

独空軍戦闘機ユーロファイター（中央2機）が初来日。空自F2戦闘機と編隊航法訓練や部隊間交流などを行った（9月28日）

ルーマニア・ブカレストでウクライナ避難民支援のための人道救援物資を降ろす空自C2輸送機（5月27日、アンリ・コアンダ国際空港）＝統幕提供

世界を震撼させた暴挙

対立、侵攻、災害に翻弄

回顧2022

―激動の1年　写真で振り返る―

今年こそ「新型コロナの収束を」と世界中が願って明けた2022年。しかし、2月24日に勃発したロシアによるウクライナ侵攻は世界を震撼させた。この常任理事国の暴挙に国連は機能不全に陥り、西側諸国の民主主義国家と中露に代表される専制主義国家の対立が鮮明になった。

日本は3月、国家安全保障会議（NSC）で物資の支援を決定。自衛隊が保有する防弾チョッキやヘルメットなどの装備品を空自KC767空中給油・輸送機で周辺国へ輸送した。

ウクライナ情勢に加え、北朝鮮によるかつてない頻度のミサイル発射、東・南シナ海で海洋進出を強める中国など、日本を取り巻く安全保障環境はますます厳しさを増す。

5月に来日した米バイデン大統領との首脳会談で、防衛費の増額を表明した岸田首相は、6月にスペインのマドリードで行われた北大西洋条約機構（NATO）首脳会合に日本の首相として初めて出席。「自由で開かれたインド太平洋」の実現に向けて参加各国に協力を呼び掛け、西側諸国の結束を訴える。

国内では、7月の参議院選挙期間中、応援演説をしていた安倍元首相が銃撃され、死亡するという事件が発生した。2015年の平和安全法制成立に尽力した安倍元首相の遺骨を載せた柩車は、国葬儀会場に向かう途中、防衛省に立ち寄った。

9月の内閣改造では、浜田靖一氏が防衛大臣に就任。13年ぶり2回目の登板となった。就任早々に訪米、オースティン米国防長官と会談し、「防衛力の抜本的な強化」を表明した。

12月16日には新たな「国家安全保障戦略」をはじめ、「国家防衛戦略」「次期防衛力整備計画」―の安保3文書が策定された。

一方、自衛隊の活動は年初からフル回転だった。1月15日には南太平洋のトンガで海底火山が噴火、国際緊急援助隊の派遣命令が発出され、空自のC130H輸送機2機が緊急支援物資を輸送したほか、陸自CH47JA輸送ヘリ2機とエアクッション艇を搭載した海自輸送艦「おおすみ」が救援物資を積んでトンガに向かい、救援活動を行った。

災害派遣では4月23日、北海道・知床半島沖で消息を絶った観光船「KAZU1」の捜索に海、空自の艦艇、航空機が従事。6月1日の活動終了までに行方不明者2人を発見したほか、海底に沈んだ船体を確認した。

6月15日には国連平和維持活動（PKO）協力法の成立から30年の節目を迎え、各メディアが特集を組むなど、改めて我が国がPKO活動に参加する意義を見つめ直す動きが見られた。

また、今年は海自創設70周年を記念して国際観艦式が11月6日に行われ、12カ国から18隻の艦艇が参加。残念ながら無観客の実施となったが、各艦艇が相模湾で威容を示した。

9月28日、ドイツ空軍のユーロファイター戦闘機6機が初めて日本に飛来、百里基地に着陸し、空自7空団のF2戦闘機と共同訓練、部隊間交流を行った。昨年11月に独海軍のフリゲート「バイエルン」が訪日したのに続く日独交流で、インド太平洋地域への平和と安定に積極的に貢献するという独軍の決意が改めて国際社会に示された。

11月17日には武道館で「自衛隊音楽まつり」が3年ぶりに開かれ、3日間にわたって3自衛隊の音楽隊と在日米陸軍、海兵隊の軍楽隊に加え、初めてパプアニューギニア軍軍楽隊とパキスタン陸軍軍楽隊が参加し、華やかな演奏が繰り広げられた。

2022年の防衛省・自衛隊の活動を写真で振り返る。

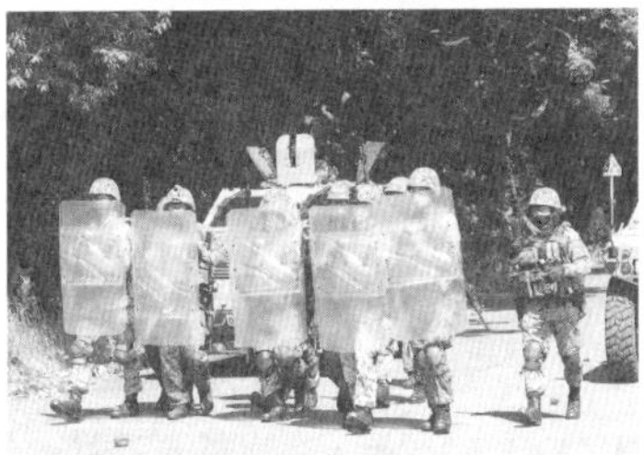

今年はＰＫＯ30周年、報道陣に公開された中央即応連隊の駆け付け警護訓練で、隊員が防護盾を構えて隊列を組み、前進する（9月14日、宇都宮駐屯地）

㊨5年ぶりに日米韓共同の対潜戦訓練を行う（前から）米潜水艦、空母「ロナルド・レーガン」、韓国駆逐艦「ムンムデワン」、海自「あさひ」など（9月30日、日本海）＝米海軍提供　㊤海自創設70周年を記念して行われた令和4年度国際観艦式で、単縦陣をつくり航行する旗艦「あさひ」以下の受閲艦艇部隊（11月6日、相模湾）＝海上自衛隊提供

国葬儀に向かう安倍元首相の遺骨を載せた柩車が防衛省に立ち寄り、A棟前で隊員、職員の敬礼に見送られた（9月27日）＝代表撮影

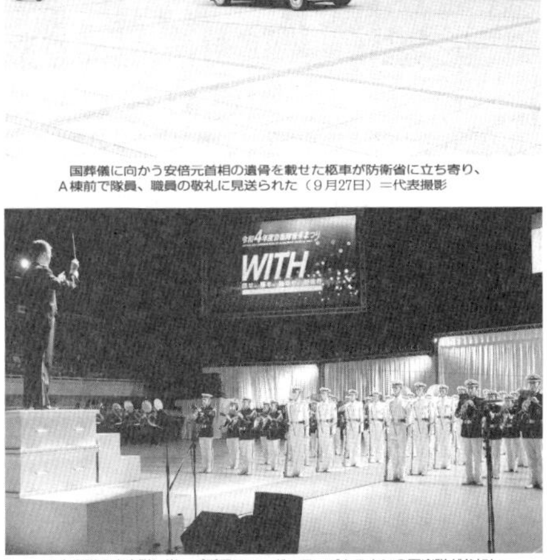

3自衛隊の音楽隊に米、パプアニューギニア、パキスタンの軍楽隊が参加し、3年ぶりに開かれた自衛隊音楽まつり（11月19日、東京・日本武道館）

防研セミナー

時代を読み解く

シリーズ⑫

今月の講師

松浦（まつうら）　吉秀（よしひで）氏
防衛研究所 特別研究官
（政策シミュレーション担当）

1969（昭和44）年生まれ、北海道出身。東京外国語大学外国語学部卒（93年）、ナンヤン工科大学（シンガポール）国防戦略研究所修士課程修了（2002年）。95年、防衛研究所入所。内閣官房副長官補（安全保障・危機管理担当）付参事官補佐、防研北東アジア研究室長、政治・法制研究室長などを経て、2022年４月から現職。専門は東南アジアの安全保障、マレーシア・シンガポールの近現代史など。防研『東アジア戦略概観』2018～2022各号の東南アジア章を執筆。

政策シミュレーション
アイデア導き出す手法
防研の一般課程で演習

指導者役を模擬して行動を決定

シミュレーションとは「模擬すること」である。自衛隊の装備に関心のある向きは、航空機の操縦訓練などに使われる「シミュレーター」を思い浮かべるかもしれない。シミュレーターは地形・気象や敵対的状況など、さまざまな条件を仮想的に加えた環境を再現し、その中で訓練者が行動（操縦などを模擬）することで、装備の挙動や危機的状況への対処などを体得する。

座学よりも体感的であり、実装備では危険すぎて訓練できないような状況――誤れば生命の危険がある――も模擬できるといった利点がある。

こうしたシミュレーターでの訓練は、ICT（情報通信技術）の発達により単機レベルから複数での連携、より大きな部隊規模の演習が可能なレベルに発展しており、さらに一国だけでなく共通のプラットフォームを介して同盟国間で同時に訓練を行うことも現実的になっている。

では、政策シミュレーションとは何か。

「政策シミュレーション」に確立された定義はないが、防衛研究所では、「仮想的なシナリオを設定し、そうした状況に置かれた時に、自国がどのように対応すべきか、関係国はどのように対応してくるかを議論することで、具体的な政策課題に取り組む際のアイデアを導き出す手法」と位置づけている。

前述のシミュレーターとの対比でいえば、前者では仮想空間の中でプレーヤーは操縦者や部隊指揮官など、本来の自分の役割を訓練するのに対し、後者では、仮想的に設定された戦略的状況とその推移（シナリオ）に対して、プレーヤーは典型的には国家指導者（指導部）の役を模擬して行動を決定することになる。

リーダー育成時
事象の学び得る

政策シミュレーションについて、防研の一般課程研修で行われている演習を例に模式的に紹介する。

①プレーヤーは架空の（例えば）四つの国に分けられる。統裁側からそれらの国を取り巻く開始時点の戦略環境が説明され、各国は自国の戦略目標を立てる。

②統裁側から何らかの事態が状況付与され、それに対し各国は国内で議論して、DIME（外交、情報、防衛、経済）の分野から一つ選んで取るべき行動（政策）を提案する。

③提案に対し、他国はそれが実現し得るかどうかを議論する。最終的には統裁側が議論の内容や偶然の要素を加味して成否を裁定する。

④四つの国が行動した時点で1ターン目が終了となり、一定の時間経過を想定して新たな状況が付与され次のターンが始まる。

⑤ターンの間に各国は他国と交渉できる。

⑥想定されたターンの終わりをもって状況終了。各国は当初の戦略目標を公表し、達成状況や想定外の点など報告し意見交換する。

この形式はマトリクスゲームと呼ばれる（他にも色々な形式がある）。実施には特別な装置を必要としない。中心的な価値はプレーヤーが考え、共有されるアイデアと議論である。

防研は国家安全保障における将来のリーダーを育成する教育を行っており、この演習では、研修員はプレーヤーとして、自国と他国それぞれの幅広い行動オプションの相互作用で展開していく状況から、自身が意思決定する立場になった場合の気づきや、現実世界で起こる可能性のある事象についての学びを得ることが期待されている。

よりよい意思決定
政策支援での役割

もう一つの例を紹介する。民間シンクタンクの日本戦略研究フォーラムは今年8月、台湾有事のシナリオで政策シミュレーションを行った。「成果概要」によると、国会議員や元官僚・元自衛官などのプレーヤーが首相を含む国の要人役として参加したシミュレーション演習では、プレーヤーは3種のシナリオそれぞれで、現行の法制枠組みや能力を前提として事態の推移に応じて行動したとされ、事後、その結果から多くの政策課題を抽出し提言としてまとめている（※）。

この例のようなシミュレーションでは、現実の政策課題や危機のシナリオに対し、現職の意思決定者・政策立案者や、その経験を持つ有識者が参加してシミュレーションを行うことで、現行の制度・施策が想定しない、あるいは不十分な点についての示唆を得て、よりよい意思決定と政策の改善につなげることが期待されているといえる。

特にこのタイプでは、冒頭のシミュレーターの例と同様、「ミッションリハーサル」としての重要性が高い。シミュレーションで事前に失敗することで、本番での失敗可能性を低減し得るからである。

効用と限界に留意
未来予測ではない

政策シミュレーションは、自国以外の立場になって考えることや、シナリオやプレーヤーの相互作用により普段の考えでは想定し得ないような状況に直面することで、より幅広い視野や柔軟な思考を涵養（かんよう）することに役立つ。

一方、政策シミュレーションは未来予測ではない。シミュレーションの結果として現出する状況は、シナリオとゲームのルールがあらかじめ、一定程度制約する範囲内で、各プレーヤーの行動が相互に影響した結果生まれた一つの可能性に過ぎないことに留意すべきである。

例えば現実世界では、一度にDIMEの1分野の政策しか取れないということはない。それを模して、同時に複数の政策を行えるようなルールにすることは可能だが、進行が複雑になり、実施に時間がかかるようになる。プレーヤーが何を得るのが目的かを考慮したデザインが必要である。

（※参考）
日本戦略研究フォーラム「第2回政策シミュレーション成果概要―徹底検証：台湾海峡危機　日本はいかに備えるべきか」令和4年8月）。https://www.jfss.gr.jp/public/images/file/2022-10-27/16668461145717.pdf

テーマをさらに深掘り
「防研セミナーブリーフィング」

執筆者の松浦特別研究官が参加者とミニゲームを行いながら今回のテーマをさらに深掘りする「防研セミナーブリーフィング」が1月20日（金）午後4時～5時まで、市ヶ谷のＦ１棟６階「国際会議場」で開かれます。参加者・聴講者は隊員に限定します。ご興味ある方は奮ってご参加ください。▽問い合わせ＝防研企画調整課03―3268―3111（内線29177）まで。

ひろば

睦月、霞染月、初見月、祝月、正月、新春――1月。

1日元旦、4日官公庁御用始め、7日七草粥の日、9日成人の日、27日国旗制定記念日、29日南極昭和基地設営記念日。

武者祭　赤城山に向かって矢を放つ日光二荒山神社中宮祠（栃木県）の祭り。赤城と二荒の神が土地をめぐって争い、二荒山神が勝利したことに由来する。拾った矢は除厄招福の破魔矢となる。　4日

とんど祭　広島護国神社（広島市）の火祭り行事。古いお守りをはじめ破魔矢の縁起物、正月のしめ飾りなどを境内に積み上げてお焚き上げする。午前10時の祭典後に点火し、火はほぼ終日燃えている。　15日

1度で2度楽しめる「アヒル」に乗って下町巡り

水陸両用バス「スカイダック」

スプラッシュ越しの"異風景"

スプラッシュポイントで旧中川に突っ込む「スカイダック」。水しぶきが跳ね上がり、客席も大喜び（いずれも12月10日、東京都江東区）

水陸両用バスで都内や横浜を巡るツアーが人気だ。2階建て観光バスの2階に相当する高さから見る街の風景は、いつもとは一味違う新鮮な景色に映り、水しぶきを上げて川や海に入るとクルージング気分も味わえるのがその魅力。雲一つない冬晴れの下、水陸両用バス「スカイダック」に乗って「とうきょうスカイツリーコース」を体験した。

（写真・文＝倉本正彦）

合図とともに川へダイブ

「スカイダック」は陸上用のバスのエンジンと水上用の船舶のエンジンを搭載した水陸両用バス。速度は水上6・2ノット。バスに戻ると普通のバスと同様、100キロ以上で走る。毎日、足立区の車庫から首都高速道路で各発着地点に向かうという。運転には大型2種免許と1級小型船舶操縦士の免許がいる。

12月10日午前10時、スカイダック東京とうきょうスカイツリー駅前営業所の駐車場を出発した。東武鉄道の踏切を渡り、押上駅方面にぐるっと回って南下し、蔵前橋通りを左折。ガイドは佐々木梓さん。佐々木さんは客層に合わせてアナウンスの内容も変えるという。亀戸天神前を通る際、「亀戸天神が見えたら『もっともっと頭がよくなりますように』とお祈りしてください」とアナウンス。この日は客席に子供たちがいたため、子供も楽しめ、大人も町の知識が得られる案内ぶりだった。亀戸銘菓やB級グルメの紹介は大人を楽しませた。

亀戸梅屋敷前を南下して京葉道路へ。歩道を歩く通行人が時折こちらに手を振る姿が見える。出発して20分ほどで佐々木さんが救命胴衣の着用要領を説明。江東区大島にある旧中川・川の駅前のスプラッシュポイントはもうすぐだ。到着後、川に入るスロープでいったん停止。バスのエンジンが切られ、船のエンジンがかかる。カウントダウンに続き、佐々木さんに促され、乗客全員が「スカーイダーック！」の掛け声。「スカイダック」が前のめりに川面に突っ込んだ。水しぶきが上がる。

「スカイダック」にはビニールシートの窓があったが、上に巻き上げられていた。この日は風がなかったため、しぶきがかかることはなかったが、風向きによってはしぶきを浴びてしまうことも。それもまたアトラクションとしての醍醐味となっている。

入水時の派手さと打って変わって川面は穏やかだ。水上ではシートベルトを外しても窓の外に手を出してもOK。旧中川は上下流端の水門がせき止められているため流れがない。このため、カヌーなどの練習には最適で、近隣の中学校などにはカヌー部のある学校が多く、この日も練習に励んでいた。東京パラリンピックのカヌー競技に出場した瀬立モニカ選手もここで練習しているという。このほか、ドラゴンボートの練習をする人たち、釣り糸を垂れる人たち、川岸を散歩する人たちも。みんな「スカイダック」を見ると手を振ってくれる。こちらも手を振り返す。

クルージングの間は穏やかな旧中川。すれ違うカヌーと手を振り合ってあいさつ

ツアーを終えた「スカイダック」と佐々木さん

スカイツリーの下を走る「スカイダック」

スカイツリーもお出迎え

途中、佐々木さんが旧中川の生き物を紹介してくれる。この日は川岸にカモやシラサギがいた。魚についてもハゼ釣りが盛んなほどで、「スカイダック」に30センチほどの魚が飛び込んでくることもあるという。

上下流を往復して約20分のクルージングは終了した。上陸後は15分間の休憩。旧中川の水は塩分を含んでいるため、車体のさび防止と道路を汚さないため、この時間を使って「スカイダック」を真水で洗浄する。

休憩時間が終わり、きれいになった「スカイダック」が出発。車中では佐々木さんが昔は大島がその名の通り大きな島だったこと、江戸野菜の亀戸大根の紹介、亀戸駅前の歩道橋がカメをモチーフに作られていることを航空写真で説明するなど、客席を飽きさせないガイドぶりでもてなす。

明治通りから浅草通りを左折するとスカイツリーが正面に現れた。間もなく発着場所の営業所に到着。90分のツアーを終え、乗客からは拍手が沸き上がった。

満足そうな乗客を見送った佐々木さんは「東京に住んでいる方から『普段歩いて見える景色とスカイダックからの景色が違って見えて楽しい』と言われたのがうれしかった。春にはこのあたりは桜が多く、お花見クルーズになるので、多くの方にぜひ来てほしい」と話した。

「スカイダック」のツアーは「とうきょうスカイツリーコース」のほか、レインボーブリッジをくぐる「お台場パノラマコース」、横浜を巡る「みなとハイカラコース」「ハートフルトワイライトコース」がある。WEB予約制で、料金は「スカイツリーコース」が大人（中学生以上）2900円、こども（4歳以上）1400円、そのほかは大人3500円、こども1700円。

詳しくはスカイバス東京ホームページ（https://www.skybus.jp/course/?ca＝2）。

マイヘルス Q&A

下肢静脈瘤

足の疲れ感じたら注意　負担減らし生活習慣改善を

Q　下肢静脈瘤とは何ですか。

A　静脈は、皮膚に近い表在静脈と、骨に近い深部静脈があります。表在静脈が拡張してぼこぼこと瘤に見えてくることがあり、これを下肢静脈瘤と呼びます。一般的に女性に多いといわれていますが、男性にも少なくない病気です。女性は妊娠・分娩で状態が変化することもあります。また、立ち仕事やデスクワークなどもリスクとなります。

Q　症状はありますか。

A　足の疲労感、こむら返り、かゆみなどを感じることがあります。まれではありますが、重度の場合は静脈圧の上昇によって、皮膚炎や潰瘍を来たすこともあります。

Q　必要な治療はありますか。

A　皮膚障害がある場合は別ですが、命に関わる病気ではありません。動脈瘤は破裂すると大事に至りますが、足の静脈瘤が命を脅かすことはほぼありません。

まず、手術が可能な形態なのかどうかを評価するため、超音波の検査を行います。そこで、弁自体が原因であれば、手術が選択肢となります。ただし、深部静脈自体の逆流などが原因と考えられる場合には手術をしてしまうと症状が悪化する可能性があるため、手術は適応となりません。

着圧の医療用ハイソックスを装用してもらい、逆流のある表在静脈を圧迫して逆流を軽減することで症状の軽快を図ります。また、座りっぱなし、立ちっぱなしを避けるという生活習慣の改善も必要です。

Q　手術について教えてください。

A　手術には、大きく外科手術と、カテーテルによる血管内治療があります。カテーテル治療は、日帰りでの手術も可能です。基本的には、術後は通常通りの日常生活を送ることができ、運動も可能です。当院ではいずれの術式にも対応が可能です。

下肢静脈瘤はまれな病気ではありません。治療を行うことで、症状の改善が見込めるケースも多いため、気になる方はぜひ一度当院を受診ください。

自衛隊中央病院　心臓血管外科　飯島　夏海

BOOK NOW　私が読んだ　この一冊

ダニエル・コイル著「THE CULTURE CODE　最強チームをつくる方法」（かんき出版）

26普連　3中隊（留萌）　長屋翔紀2陸尉　28

「最強のチーム」。自衛官のみならず、組織で働く方なら誰でも興味がある話題ではないでしょうか？

最強のチームに必要な条件を想像してみてください。おそらくさまざまな条件が思い浮かぶと思います。

本書はグーグル、ネイビーシールズなど、多くのチームを科学的に分析し、最強のチームの条件を明らかにしています。

「ユーチューブ大学」でも取り上げられている本書です。チームビルドに興味がある方はぜひお手に取ってみてください。

ピーター・マース著、江畑謙介訳「海底からの生還　史上最大の潜水艦救出作戦」（光文社）

大監総務課広報推進室　棚村徳和1海尉　49

潜水艦が運用され始めた1900年代初頭、沈没＝死であり乗員の救出は考慮されていなかった。それに異を唱えたC・モンセン少佐が「モンセンの肺」と「レスキューチャンバー」を発明。沈没した米海軍潜水艦の乗員を同装置で救出した逸話が書かれている。今日ではそれぞれの装置は「DSRV」と「スタンキーフード」に換わり、乗員の命綱として搭載されている。

この話は「SS―192」というタイトルでも映像化。潜水艦に興味のある方は必見だ。

コリン・パウエル／トニー・コルツ著「リーダーを目指す人の心得」

3高群11高射隊（長沼）　中島大樹2空尉　36

任官したての頃、上司の勧めで手に取りました。米陸軍大将を務めあげ、黒人初の統合参謀本部議長となったコリン・パウエル氏が提唱する「リーダーになるための13か条」がパウエル氏の経験談に基づきながら解説されています。

イラク戦争時の歴史的事件の裏話や、軍事作戦の意思決定の紆余曲折など興味深い内容に富んでいます。

組織で働くすべての人、特に、幹部自衛官を志す方にはとても有意義な一冊です。

隊員愛読書ベスト5

＜入間基地・豊岡書房＞

1. 防衛実務国際法　黒﨑将広著ほか　弘文堂　￥6490
2. 小説すずめの戸締まり　新海誠著　角川文庫　￥748
3. 超約版戦争論　クラウゼヴィッツ著　夏川賀央訳　ウェッジ　￥1210
4. プーチン戦争の論理　下斗米伸夫著　集英社インターナショナル　￥946
5. ブルーインパルス黒澤英介写真集2　文林堂　￥3000

＜防衛省・三陽堂書店＞

1. プーチンの「超限戦」　渡部悦和、井上武、佐々木孝博著　ワニ・プラス　￥1760
2. ウクライナ戦争と激変する国際秩序　森本敏、秋田浩之編著　並木書房　￥2970
3. そして中国は戦争と動乱の時代に突入する　石平　ビジネス社　￥1320
4. 新兵器最前線シリーズ　2020年代世界の新戦車　ジャパン・ミリタリーレビュー　￥2600
5. 自衛隊新戦力図鑑2022―2023　三栄　￥990

＜神田・書泉ブックタワーミリタリー部門＞

1. イラストでまなぶ！用兵思想入門現代編　田村尚也著　ホビージャパン　￥1980
2. ホーク／アルファジェット　富永浩史著ほか　イカロス出版　￥1870
3. 知られざる世界の海難事件　大内建二著　潮書房光人新社　￥980
4. 「月光」夜戦の闘い横須賀航空隊vsB―29　黒鳥四朗著　潮書房光人新社　￥980
5. 自衛隊＆米軍全国エアベースガイド　佐藤正孝著　イカロス出版　￥2200

＜トーハン調べ11月期＞

1. 『SLAM DUNK』ジャンプ　井上雄彦著　集英社　￥660
2. 世界一かんたん定番年賀状2023　￥438
3. はやわざ年賀状2023　インプレス　￥429
4. ポケットモンスター　スカーレット・バイオレット　和田浩一著　小学館　￥1000
5. 明るい暮らしの家計簿2023年版　ときわ総合サービス　￥902

SM3ミサイルの発射成功

イージス艦「まや」「はぐろ」　今後、BMD任務可能に

海自は11月21日、最新鋭イージス護衛艦「まや」と「はぐろ」の迎撃ミサイル発射試験を米ハワイ州カウアイ島沖で行い、いずれも標的のミサイルの破壊に成功したと発表した。「まや」は日米で共同開発した新型迎撃ミサイル「SM3ブロック2A」を海自艦艇として初めて発射。この成功により機能確認が完了し、「まや」と「はぐろ」は今後、ミサイル防衛任務に本格的に従事する。

弾道ミサイル迎撃試験「Japan Flight Test System－07」は米ミサイル防衛庁の協力のもと、数日間にわたって行われた。

11月16日に「まや」が最新型のSM3ブロック2Aを、同18日に「はぐろ」がSM3ブロック1Bを発射。カウアイ島の太平洋ミサイル射場から米軍が発射した標的を迎撃し、いずれも大気圏外で命中、成功した。

海自艦艇によるSM3ブロック2Aの発射は初めて。今回の発射試験で2隻の迎撃能力が確認されたことで、海自のイージス護衛艦は8隻全てが弾道ミサイル防衛（BMD）の任務を本格的に運用できる体制となった。

SM3ブロック2Aは2006年度から17年まで共同開発プロジェクト（SCD）において、日本の産業界と米レイセオン・ミサイルズ＆ディフェンスが共同で設計・製造。ロケットモーターの大型化と敵ミサイルをとらえる「キルビークル」の能力向上により、高度なミサイルの脅威に対する射程と性能が大幅に向上している。

今回はこのほか、新型レーダーが搭載された2隻で前方展開した他艦のレーダーを使って迎撃ミサイルを発射する「エンゲージ・オン・リモート（EOR）」の機能もテストした。「まや」の探知情報を使用して「はぐろ」がSM3ブロック2Aを模擬発射し、これを成功させた。

酒井海幕長は11月22日の記者会見で「SM3ブロック2Aは迎撃可能高度や防護範囲の拡大など世界最高レベルの迎撃能力を持ち、海自の弾道ミサイル対処能力を大きく向上させるものだ」と述べ、「この成功は高い技術開発能力と強固な日米同盟の象徴といえる」と意義を語った。

弾道ミサイル迎撃試験で海自艦として初めてSM3ブロック2Aを発射する護衛艦「まや」＝11月16日、米ハワイ州カウアイ島沖（海自提供）

技術が光る

>116<

空輪型超軽量高出力ガス・タービン発電機　エアロディベロップジャパン株式会社

防衛に必要な電源を確保

液体水素燃料に対応可能

「ロシアのウクライナ侵攻で、ウクライナ側のドローンがどんどんロシア側の戦車などにアタックしていた。普通はドローンが来たらジャミング（電波妨害）装置などでディフェンスする必要があるのに、その『電源』がなかった。だから防衛という意味では『電源』がないと話にならない」――。

10月27日、東京都新宿区のホテルで開催された「防衛産業参入促進展」。高い技術力を持ち、防衛装備品への転用などが期待される技術を持つ国内40社が参加した防衛装備庁肝いりの本展。「ロシアのウクライナ侵攻でニーズが顕現！」の文字が目を引くADJ社のブースは多くの人でにぎわっていた。

同社代表取締役の田邉敏憲さんは日本銀行で産業調査を行っていたが、日本には優れた要素技術がある一方で、自動車以外に大きな産業を生み出せていないことに危機感を抱き、ガスタービンエンジン駆動発電機というハイブリッド動力システムを着想。2018年に同社を創業した。

縦43センチ、横33センチ、直径33センチ、重さ30キロの超小型ながら、発電電力30kW、回転数9万rpm（回転／分）の出力を誇るガスタービン発電機だ。田邉氏は「1kgで1kW出る。安全性から、これをドローンに2基積むと、50kgの荷物を1時間飛ばせる。つまり、ドローンの動力源でありながらプロペラを止めると通常の発電機になる。現地に灯油などがあれば、いくらでも発電できる」と同製品の特長を話した。

重量あたりの出力（kw／kg）では、リチウム電池の約5倍、燃料電池の約2倍を達成し、エネルギー密度としては1kw／kgというこのクラスでは世界トップの性能を誇るという。さらに従来の小型ドローンでは、飛行時間が長ければ積載重量が小さくなり、積載重量が大きければ飛行時間は短くなる制約があったが、本製品だと30～500kwの拡張性能があり、ニーズに合わせた出力が可能で、これもこのクラス世界トップだという。

また、脱炭素社会に対応するため、液体水素燃料にも対応可能で、地球に優しいバイオ燃料の使用も今後視野に入れているという。

大型ドローン、空飛ぶクルマなどの実用化に向かう世界的な流れの中で、スタートアップ企業として大きな注目を集める同社。すでにオーストラリアからも導入したい旨の話があり、今年6月に千葉の幕張メッセで開催された「Japan Drone 2022」の出展中にも防衛省から白羽の矢が立った。

もともとは、民生用として高所の高圧電線鉄塔のメンテナンスや離島・山間地の物流、災害救援などの用途を想定していたが、防衛装備品としても「空輪型超軽量高出力発電機」や「長時間国境滞空監視型無人航空機用のハイブリッド動力システム」など、さまざまなシーンで活用できそうだ。

田邉氏は「継続的に使用できるという意味では『継戦能力』にもつながる。来年の夏には40kWのものを完成させたい」と意気込み、最後に「世界の輸出品になれる」と未来の展望を力強く語った。

（上）国産の超小型ガスタービン発電機は、大型ドローンの動力源として使用できる。ドローンで飛ばしてどこにでも空輸できる点では、今後の戦場におけるゲームチェンジャーになり得る
（下）10月27日、東京新宿区市ヶ谷のホテルで「防衛産業参入促進展」が行われた。会場のADJ社のブースには、多くの関係者が詰めかけ、田邉代表取締役も商品の説明に熱が入る

防衛技術

防衛トピックス

誘導ロケット弾が無人機に有効

BAEシステムズ

英BAEシステムズは、「APKWS誘導キット」を用いた70ミリ誘導ロケット弾の無人航空機（UAS）に対する有効性を実証する地上対空発射実験を完了させた。

実験は米アリゾナ州南部で行われ、コンテナ型兵器システムからAPKWS誘導キットを搭載した5発の対UASロケット弾を発射、時速高速で移動するドローンを含むすべてのターゲットを破壊した。この結果により、APKWS誘導キットは空中からの脅威に対して、低コストで精密な打撃を可能にすることが改めて実証された。

70ミリロケット弾の標準的なモーターと弾頭に、APKWS誘導キットと実証済の近接／点爆フューズをそれぞれ組み合わせて発射することでドローンを破壊できる。低コストかつ超音速で、発射後ロックオンも可能。約4・5キロの大型弾頭を搭載し、直接・間接接触のいずれにおいても、大型ドローンを数秒で破壊することが可能だ。

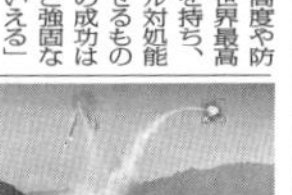

APKWS誘導キットで誘導された70ミリロケット弾は俊敏で高速なドローンに有効だ（BAEシステムズ提供）

世界の新兵器

―――567

防空艦「ヴィクラント」級　印

注目されるスキー・ジャンプ発艦方式

今年9月2日に就役したばかりのインド海軍の空母「ヴィクラント」（2代）（R11 Vikrant）はインド海軍が保有する軽空母の更新計画として進めている防空艦（ADS Air Defence Ship）と呼ばれる1番艦で、1990年頃に先代の「ヴィクラント」（元英海軍の未成空母「ハーキュリーズ」）の後継として計画されたものが予算不足で立ち消えになったあと計画の見直しが行われ、国産空母1号（IAC-1 Indigenous Aircraft Carrier 1）として建造されることになったものである。

当初は満載排水量でも1万7千トンの軽空母が考えられていたが、度重なる計画見直しにより最終的に満載排水量4万5千トンの通常型空母としては中型の比較的大きなものとなり、設計はインド海軍設計局ではあるが、フランス及びイタリアの造船所の協力の元で建造は行われ、形態的にはこれらの造船所による影響が出ているものの、船体各部にはつながりの深いロシア（旧ソ連）艦艇の影響もまた強く残されたものとなっている。

しかしながら、2005年にコーチン造船所で建造が開始されたがその後様々な要因が重なって建造は遅れに遅れ、進水は約3年遅れの2013年8月に、そして就役は約10年遅れの2022年9月となった。さらには、形式的には就役したものの各部には多数の不具合や未完成部分があり、1つのシステムとしての空母としてその機能を発揮できるようになるのはまだ当分先のことである。

現在までに公表されている性能・要目などは次のとおりである。基準排水量40,000トン、満載排水量45,000トン、全長262m、水線幅32m、最大幅60.84m、吃水8.4m、ロールスロイス製のガスタービン4基 12万馬力のCOGAG方式で2軸により最大28ノット、航続力8,000マイル（使用速力不明）、乗員は航空関係要員を含み士官196人、下士官兵1645人の計1841人であるといわれる。

レーダーにはイタリア製のRAN－40L三次元レーダーとイスラエル製のEL／M－2248FM－STAR多機能レーダー、電子戦機器に自国製DRDO Shaktiを装備しているが、データ・リンクなども含めた空母（空母戦闘群旗艦）としての戦闘指揮システムについてはどの様なものかは不詳である。

個艦防御用の兵装としてはイスラエル製のバラク短SAM（32セル）及びロシア製のAK－630 CIWS4基を備えている。

飛行甲板には、艦首に最大傾斜角14度のスキー・ジャンプ、艦尾から左舷にアングルド・デッキを有しこれに着艦制動装置（アレスティング・ワイヤー）3基を装備している。また、飛行甲板右舷の艦橋構造物前後に各1基の舷側式エレベーターを装備している。

ここで注目されるのは、発着艦にはSTOVL方式ではなくSTOBAR方式が採用されて、これにより通常の小型固定翼艦載機の運用が可能となっていることである。

インド海軍の空母「ヴィクラント」

発艦がより効率的でかつ飛行甲板が広く使えるカタパルト方式ではなくスキー・ジャンプ方式が採用されているが、これがない（海自のDDHのような）平甲板型の場合に比べれば戦闘機などの小型固定翼機の発艦重量をはるかに大きくできるので、小～中型空母における固定翼艦載機の運用では格段の差が出てくる。

搭載艦載機は、当面MiG－29K艦上戦闘機を主として、Ka－31早期警戒ヘリ、Ka－28及びS－70B対潜哨戒ヘリなど合計約40機が予定されているとされる。ただしインド海軍はMiG－29Kの性能には不満があるとされ、西側のタイフーン、ラファール、F／A－18スーパーホーネットなど、そして状況によってはF－35B及びF－35Cへの換装も視野に入っているともいわれている。

堤　明夫（防衛技術協会・客員研究員）

技術屋のひとりごと

二乗三乗則

宇田川　直彦

（防衛装備庁 航空装備研究所）

10年ちょっと前だったか、あるCMが大変気になった。

それは自らの400倍の重さを持ち上げる蟻を紹介し、それにより製品の効率を訴求する内容だった。「力」で「効率」を表現することの当否はこの際さて置き、400倍とはどれ程凄いのだろうか。

先に明かしてしまうと、実は〝重量挙げ選手程度〟にしか凄くないのである。

ラフな仮定として、昆虫も含め動物は全て形も比重も同じ、筋肉の造りも同じとする。すると体重は当然サイズの三乗に比例する。

出せる力は筋肉の断面積だから、サイズの二乗に比例する。従って、体重の何倍持ち上げられるかは、サイズに反比例する。人間の身長が2メートルで体重の2倍上げられるとし、蟻が1センチメートルとすれば（再度言うがラフな仮定）、蟻は400倍で丁度勘定が合う。

これすなわち、技術屋にはよく知られた「二乗三乗則」である。一応定義してみると、あるシステムを相似形で拡大縮小すると、サイズの二乗に比例する量と三乗に比例する量が混在するので元通りには成立しないことである。

実物大ガンダムが、当代としてはかなり良い技術を駆使したにも関わらずノロノロした動きである事実も、この法則により理解される。

素人さんは那覇まで乗る旅客機にはご機嫌だがそこから乗り継ぐローカル線の小型機は恐いと言う。筆者はいつも、少なくとも構造的には小型機の方が安心ですよと説得する。二乗三乗則により大型になるほど、重量が厳しいので、骨身を削って薄っぺらの構造にするのである。

掌サイズのドローンはフリップ機動（その場宙返り）が得意でクルリ、クルリと回るが、キログラム級のドローンではそうはいかない。説明は省くがこの場合は四乗五乗で、ドローンの「回りやすさ」はこれもサイズに反比例する。

システム開発において「縮小模型による」実証に成功したというような話がある時は、少々注意した方が良い。

「偵察航空隊」が三沢基地に

自衛隊初の無人航空機運用専門部隊

自衛隊初の無人航空機運用専門部隊「偵察航空隊」（司令・吉田昭則1佐以下約130人）が12月15日、三沢基地に誕生した。無人偵察機グローバルホークRQ4Bを運用する同隊は昨年3月、「臨時偵察航空隊」として発足し、RQ4Bの各種運用試験などを行ってきた。同隊の編成により、情勢緊迫時の集中的な監視活動が可能となり、自衛隊の情報運用体制、日米の相互運用性の強化が期待される。（1面参照）

編成完結式の様子。壇上は内倉総隊司令官。後方にグローバルホークRQ4Bが駐機している（12月15日、三沢基地偵察航空隊格納庫）＝写真はいずれも空自提供

編成完結式は三沢基地の偵察航空隊格納庫で行われ、吉田司令以下約130人が出席。内倉浩昭航空総隊司令官が吉田司令に真新しい隊旗を手渡した。

「臨時偵察航空隊」は昨年3月18日に吉田司令以下約70人で編成され、機体の受け入れ準備に当たってきた。今年3月にはRQ4B 2機が米カリフォルニア州のパームデールから遠隔操縦／自律飛行して三沢基地に到着し、同隊に配備された。以後、機体の整備や地上統制装置の設置調整など、運航開始に必要な準備を行うと共に、パイロットやセンサー操作員、整備員などの学科教育やシミュレーター訓練を行ってきた。

グローバルホークRQ4B。各種センサーと36時間を超える航続時間により、夜間、悪天候下でも地上目標を捉える

「臨時」の外れた「偵察航空隊」は隊本部、第502飛行隊、整備隊で編成される。RQ4Bは来年以降、もう1機が追加配備され、3機体制で運用される予定。吉田司令は「しっかりと任務を完遂できるよう頑張ります」と抱負を述べた。

井筒空幕長は同日の会見で「グローバルホークは通常の航空機よりも長い滞空時間が確保でき、事態緊迫時等に集中的な監視活動などが可能。運航の責任を負う空自としてノウハウを蓄積すると共に、早期に戦力化する所存だ」と語った。

◇

RQ4Bは1990年代に米ノースロップ・グラマン社が開発。米海・空軍が哨戒機として使用してきた。最大高度は約18キロ、航続時間は36時間を超える。機体は全長15メートル、全幅40メートル、全高5メートル。巡航速度は時速約570キロ、航続距離約2万2779キロを誇る。

青森で5普連など災派

鹿児島の再発生は完了

鳥インフル

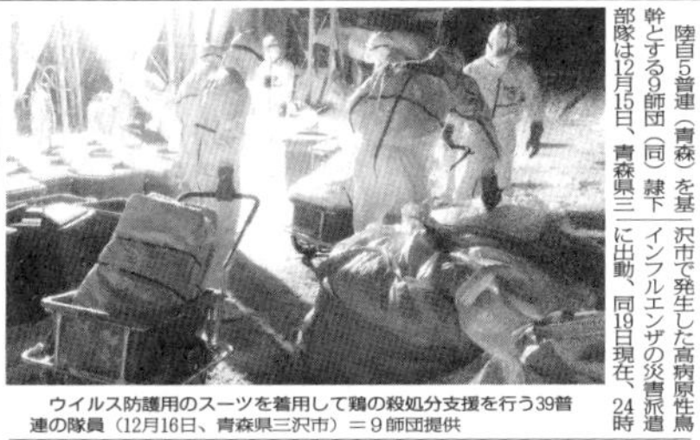

ウイルス防護用のスーツを着用して鶏の殺処分支援を行う39普連の隊員（12月16日、青森県三沢市）＝9師団提供

陸自5普連（青森）を基幹とする9師団（同）隷下部隊は12月15日、青森県三沢市で発生した高病原性鳥インフルエンザの災害派遣に出動、同19日現在、24時間態勢で養鶏所の鶏の殺処分支援やウイルス付着の可能性がある鶏卵などの処理を行っている。

15日午後1時45分、青森県の三村申吾知事から9師団長の田尻祐介陸将に鶏の殺処分支援に関する災害派遣が要請された。5普連、39普連（弘前）、9施大（八戸）、9後支連（同）などの隊員が派遣され、現地の養鶏場で直ちに作業を開始。約140万羽のうち半数に当たる約70万羽を担当している。

これに先立ち、11月と12月上旬に同様の災害派遣があった鹿児島県出水市内の養鶏場で12月11日、再び鳥インフルエンザが確認され、同日正午、同県の塩田康一知事が陸自12普連（国分）長の古川琢弥1佐に対し、鶏の殺処分などに関する災害派遣を要請した。

これを受け12普連は同日正午から約130人態勢で殺処分などの支援を開始。自治体のみで防疫作業が可能となったため、午後3時32分、要請を受けて作業を終了した。同隊は約9・6万羽のうち、約2・2万羽を処分した。

3年ぶりに基地祭開催

海自小月 女性指揮官でドリル展示

第74期航空学生ファンシードリル隊で指揮を執る山本1士（中央）＝10月30日、小月航空基地

【小月】海自小月航空基地祭「スウェルフェスタ2022」が10月30日、3年ぶりに開催された。約4000人が来場し、「ホワイトアローズ」による飛行展示や制服ファッションショー、ドリル展示などが行われた。

「ホワイトアローズ」は、第201教育航空隊の教官で編成されるT5練習機を使った特別曲技飛行チーム。テレビ出演や各航空雑誌で紹介された影響もあり、ホワイトアローズを目当てに遠方からもファンが訪れた。飛行展示ではT5が大空いっぱいに編隊飛行や妙技を披露し、ブルーインパルスとは違った魅力に会場から大きな歓声が上がった。来場者の一人は「想像以上に低空で飛んでいて迫力に驚いた」と語った。このほかP3C哨戒機（下総）やUS2（岩国）などが祝賀飛行を行った。

また、第74期航空学生がドリル展示を実施。女性指揮官・山本茉広1士の号令の下、一糸乱れぬ堂々とした演技を見せ、来場者は惜しみない拍手を送った。基地祭で女性隊員がファンシードリル隊の指揮を執るのは今回が初。

訪れた人々は、盛りだくさんのイベントや隊員たちとの交流を楽しんだ。

15旅団 創隊12周年行事を開催

副知事 県民への貢献に謝意

沖縄の伝統芸能「エイサー」も披露された（11月6日、那覇駐屯地）

【那覇】15旅団（井土川一友陸将補）は11月6日、那覇駐屯地で「第15旅団創隊12周年及び那覇駐屯地創立50周年記念行事」を開催した。

新型コロナウイルスの影響で、3年ぶりの開催となった本行事には約3700人の観客が訪れ、観閲行進や空自と米海兵隊の連携による、島嶼奪還を想定した訓練展示のほか、空自のペトリオットや米海兵隊の高機動ロケット砲システム（ハイマース）などの装備品展示、エイサーや音楽演奏などさまざまなアトラクションが行われた。

井土川陸将補は式辞で「15旅団は、諸先輩が築き上げてきた歴史と伝統をもとに、沖縄県民の皆様からの大きな信頼を頂く存在にまで成長できた。今後もその信頼関係をより強固なものにするために努力を重ね、沖縄・南西地域における抑止力の要として役割を果たし続ける」と述べた。

併せて、玉城デニー知事の代理で出席した池田竹州副知事は、日頃からの緊急患者空輸や不発弾撤去などの活動を挙げ、「崇高な使命感に基づいた活躍に対し、心から敬意を表する。今後とも県民の理解と信頼の下、責務を全うされることを心から願っている」と話し、15旅団の県民への貢献と活動に謝意を示した。

京都地本 イオンモールで広報

広報官が相談対応

制服を試着して記念写真に納まる高校生（12月3日、京都市南区のイオンモールKYOTO）

【京都地本】京都地区隊京都募集案内所（所長・萱野憲一陸曹長）は12月3日、京都市南区のイオンモールKYOTOで広報イベントを開いた。同施設での開催は昨年度から始まり、今回が6回目。

この日は131地区警務隊の支援を受けて、1階入口で「自衛隊車両展示&写真撮影」を実施。リーフレット入りの迷彩ティッシュを配布しながらイベントへの来場を呼び掛けた。

イベントブースでは「南極の氷展示」「ちびっ子制服試着体験」「個人装具体験」「『ぶっちゃけ自衛官』等のTV放映」などを催し、約400人の来場者を集めた。特に「VR体験」は「空挺降下体験」「護衛艦『いずも』―艦長編」「ブルーインパルス展示飛行」がバーチャルで体験できるとあって、行列ができるほどの人気ぶりだった。

また、「自衛隊何でも相談コーナー」では広報官が熱心に相談に応じ、13人が就職先として関心を示した。

来場者からは「体験型のイベントで自衛隊が身近に感じられた」「自衛隊の白バイがかっこよかった」「自衛隊に興味があるので、もっと詳しく知りたい」「楽しかった。ありがとう」などの声を掛けられた。

松本駐屯地「野沢菜・大根漬け」を実施

【松本】業務隊（隊長・内山治2佐）は11月30日、晩秋の恒例行事「野沢菜・大根漬け」を駐屯地食堂倉庫前で行った＝写真。

寒さが厳しくなるこの時季に、隊員の食欲増進と健康管理のために昭和39年から行われている伝統行事で、今年は隊員7人が参加。山岳部隊婦人の会の技術指導の下、長野県産の野沢菜約40キロ、大根約100キロの漬け込みに挑戦した。

参加隊員は野沢菜と大根に塩と鷹の爪を混ぜ入れて何層にも重ね、丁寧にそれぞれの容器に漬け込んだ。隊員のほとんどが漬物作りは初体験だったが、戸惑いつつも笑顔で取り組んでいた。

12後方支援隊2普通科直接支援小隊の中野空1士は「長野県の伝統に触れるいい機会になった。食堂で食べられるのが楽しみ」と笑顔を見せた。

小休止

▽…海自横須賀基地船越地区の自衛艦隊司令部（司令官・湯浅秀樹海将＝写真㊨）に12月1日、米海軍第7艦隊からモミの木のクリスマスツリーが贈られた。ツリーは隊員らの手で飾り付けられ、海上作戦センターのロビーに設置された。

▽…この日は第7艦隊のカール・トーマス司令官と音楽隊がセンターを訪問。音楽隊がツリーの側で「クリスマス・キャロル」などを演奏し、日米両司令官は一足早いクリスマスを祝った。

▽…自衛艦隊からはツリーのお返しに門松を贈呈する予定で、「平素からの活動だけではなく、両国の行事を大切にして交流を深めていきたい」としている。（船越）

こちら警務隊

飲酒関連犯罪（住居侵入等罪）

正当な理由なく、人の住居等に侵入した場合、3年以下の懲役

近道をしようと他人の庭を横切りました。どのような罪になりますか？

正当な理由なく、人の住居等に侵入した場合、住居侵入等罪（刑法130条）に該当し、3年以下の懲役または10万円以下の罰金に処されます。本罪の住居等には、住居に付属する塀に囲まれた庭なども含みます。

年末年始は飲酒の機会が増える時期です。飲み過ぎて足がおぼつかず、「近道をしよう」と考えたり、たとえ、侵入した記憶がない程の酩酊でも、正当な理由とはいえず、処罰の対象です。

人に迷惑をかけず、節度を守った飲酒を心掛けましょう。（東北方面警務隊）

令和4年度大隊訓練検閲に参加して

令和4年度大隊訓練検閲で任務を完遂し、記念写真に納まる6施設大隊（10月8日、王城寺原演習場）

錬成訓練の重要性を痛感

3陸曹　長谷部　亮（6施大3中・神町）

10月4日から8日までの間、令和4年度大隊訓練検閲に施設陸曹として参加しました。本訓練検閲での中隊の任務は、普通科部隊の攻撃支援で、主として敵前の障害を偵察し、障害処理器材を使用して、通路を開設する作業を行いました。

中隊は、大隊検閲受閲にあたり、協同訓練などの場を活用し、年度当初から障害処理および戦闘基礎動作の2点を重点的に練成してきました。

1点目の障害処理については、どのような障害があっても隊員一人一人が処理可能な練度を保持していたため、障害処理作業を止めることなく実施することができました。実際に分隊員が負傷、後送され、隊力が不足する状況が生起しましたが、練成を重ねて臨んだので、生き残った隊員で冷静に障害処理を実施することができました。

2点目の戦闘基礎動作については、敵の脅威から身を守り、必ず任務を遂行するという気概をもって行動することができました。特に今回は、敵ドローンによる航空偵察が行われ、発見されないよう常に上空からの偽装に着意し、迅速に隊員を森林内に分散させるなど、人的・物的損耗を最小限に食い止めることができました。これは、日々戦闘基礎動作に対し、隊員一人一人が高い意識を持って練成を重ねて行動した結果だと思います。

本検閲を受閲して痛感したことは、練成訓練の重要性です。中隊は、訓練の焦点を明確にし、練成を重ねて検閲に臨みましたが、それが各隊員が迷うことなく行動でき、任務完遂できた大きな要因であったと考えます。

今回の大隊訓練検閲で学んだことを今後の訓練に生かし、さらなる練度向上に努め、中隊の精強化に貢献していきたいと思います。

使命を自覚して日々精進

3陸曹　柴田　徹（6施大1中・神町）

私は8月に6施設大隊1中隊に転属し、副分隊長を命ぜられました。

前部隊では本部勤務に従事しており、初めての方面を異にする異動と約6年ぶりの小隊勤務という二つの面での不安の中、早く部隊・中隊の任務を理解し、現場の雰囲気に慣れ、中隊・大隊の即戦力になれるよう日々精進してきました。

配属以降は多くの訓練、演習などに参加させていただき、自分のやるべきこと、職責などについてよく考え、経験・知識ともに足りない部分は自学研さんをして大隊訓練検閲に臨みました。

受閲中は「分隊長の補佐」「思考をとめない」を目標に、自分なりにできることをやっていこうと思いました。集結地の占領から始まり、偵察、障害処理など与えられた任務をこなしました。全国異動したおかげで各部隊の特性、やり方があることが分かり、新鮮さも感じながら任務完遂に寄与できたと思います。

検閲期間中も含め、不安なことが多々あり不慣れなところもありましたが、いろいろと考えさせられ、とてもいい経験になりました。

これからもいろいろな経験をして、自分のスキルアップにつなげていき、6施設大隊の一員として、また1中隊の副分隊長としての使命を自覚し、今後も部隊に貢献できるよう日々精進していく所存です。

達成感を得ることができた

3陸曹　竹田　光希（6施大2中・神町）

10月3日から7日までの4日間、王城寺原演習場で行われた大隊訓練検閲に参加しました。

今回の大隊訓練検閲では、大隊直轄の偵察班の班員として行動しました。普段は2中隊に所属していて、今まで偵察班として行動したことがなかったため、とても不安でしたが、初めての経験ということもあり新鮮な気持ちで挑むことができました。

また、偵察に関する経験、知識が不足していた部分は、積極的に偵察班長の掌握下に入り、指示を具現することにより、大隊偵察班の任務達成に寄与することができ、達成感を得ることができました。

大隊偵察班は、作戦地域の地形や障害を含む敵情、特に敵の障害構成に関する情報を収集し、大隊長の状況判断に資する情報を提供します。偵察によって敵情が判明することにより、その後の作戦に大きな影響を及ぼします。大隊訓練検閲では、数カ所の敵の障害を発見し、指揮官に判明した情報を正確に伝えることの重要性を学ぶとともに貴重な経験をすることができました。

今後、この経験を生かして陸曹としての能力を向上していきたいと思います。

みんなのページ

地本の臨時勤務を経験し

空士長　塚元　海飛（5高群指揮所運用隊・那覇）

7月から9月までの3カ月間、沖縄地本募集課募集班に臨時勤務しました5高射群の空士長・塚元海飛です。

主な勤務内容として、自衛官採用試験の運営、学校前での募集対象者に向けた広報活動、パワーアドベンチャーなどのイベントの支援作業を行いました。どの業務も部隊では経験することのできない貴重な経験となり、自身の自衛官としてのスキルアップにつながっていったと感じます。

中でも学校前での広報活動やイベント活動では、募集対象者と直接関わることができ、自衛隊の仕事内容や生活、私が部隊でどのようなことをしているのかを説明しました。多くの募集対象者からより強い関心を得ることができ、中には実際に自衛隊を受験してくれた方もいたのでとてもうれしかったです。

3カ月という短い期間でしたが、とても良い経験になりました。臨時勤務を終え、部隊に戻っても身近なところから後輩隊員の募集に努めたいと思います。

募集対象者の部隊研修・施設見学を引率する塚元空士長（右奥）

幹部自衛官の責任の重大さ

河内　晟己（せいご）（防大3学年）

防衛大学校夏季定期訓練3学年部隊実習で、私たちのグループは33普通科連隊での隊付教育を受けました。

7月2日から20日までの約2週間の訓練で私が感じたことは次の2点でした。1点目は幹部自衛官になることの責任の重大さ。2点目は自分の無力さでした。初めに1点目について述べます。

我々、防大学生は卒業後、幹部自衛官になることが求められています。今までの防大の生活においてもそのことを意識して生活していたつもりでした。

しかし、実際に部隊実習で訓練する中で、知識も経験も優れている陸曹士の方の命に責任を持つ立場になることの責任の重大さを痛感しました。特にバトラー訓練ではそのことを痛感しました。

次に2点目について述べます。部隊実習では、早朝の非常呼集に始まり、リペリング訓練、ロープ橋訓練、総合訓練など、今までに経験したことのない厳しい訓練が多々ありました。その中で今回、私は学生長を務めさせていただきましたが、自分の指揮能力や判断力のなさ、また体力のなさなどを実感しました。まだまだ幹部自衛官になるために求められているレベルには達していないということがよく分かりました。

最後に今回の部隊実習では、指導部の方々や衛生の方々などさまざまな方の支援によって、素晴らしい訓練を受けることができました。また、その中で久居駐屯地の方々の温かみに触れ、とても感動しました。

今後、、自己研さんに励み、成長した姿で久居駐屯地に戻り、恩返しをしたいと思います。

OBがんばる

安藤　真也さん　57
令和元年10月、2師団（旭川）4部総括班長を2陸佐で定年退職。現在、あいおいニッセイ同和損保損害サービス専任社員として事故対応業務に励んでいる。

再就職も異動のひとつ

私は、2019年10月に旭川駐屯地で定年退職し、旭川地本援護課からご紹介いただきました、あいおいニッセイ同和損害保険株式会社に再就職し、損害サービス専任社員として勤務しています。

業務の内容は交通事故でおけがをされた被害者に対する損害賠償業務で、パソコンとヘッドセットを貸与され、保険契約者や被害者との電話による連絡・交渉のほか、送付書類の作成、治療費などの支払い、各種申請・請求資料の作成など、ほとんどがデスクワークです。最初は失敗の連続で苦情を受けることもありましたが、再就職から2年が経過し、徐々に円滑な対応ができるようになってきました。これからも、交通事故の際に保険契約者や被害者に安心して任せていただける事故対応を心がけ、仕事に取り組んでいきたいと思います。

再就職を経験して感じたことは、「自衛官として一生懸命勤務していればどこに就職しても通用する」ということです。自衛隊の勤務でも異動があり、新しい環境や新しい仕事を経験します。再就職も異動のひとつ。多少のカルチャーショックはあっても、すぐに慣れて仕事ができるポテンシャルを、自衛隊での勤務を通じて皆が持っています。

そのため現職の皆さまは今の勤務にまい進することが最高の再就職準備でもあります。心身の健康に留意しつつ、頑張ってください。

詰将棋

出題　日本将棋連盟　九段　石田　和雄

第882回出題

先手　持駒　角歩

【ヒント】初手が肝心（10分で初段）。

▶詰碁、詰将棋の出題は隔週です◀

詰碁

出題　日本棋院　九段　曲　励起

第1297回解答

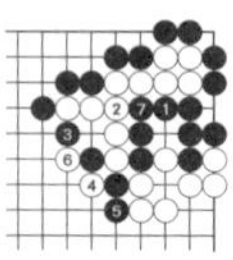

【解答図】黒先、白取り。黒❶がまず大切で白②の時黒❸白④には黒❺白⑥には黒❼で白を取れます。

（世界の切手・カナダ）

クリスマスとは、誰かのために少し特別なことをすることだ。
チャールズ・M・シュルツ（米国の漫画家）

新刊紹介

日本人のための 台湾現代史

国際時事アナリスツ編

現在、世界で次なる大戦争があるとすれば台湾海峡ではないかと言われている。中国軍が台湾に侵攻してくるならアメリカが対応の判断を迫られるだけでなく、日本もまた大きな決断をしなくてはならないだろう――。

毛沢東による「中華人民共和国」と蒋介石が率いてきた「中華民国（＝台湾）」は、共にソ連をルーツとする中国人による一党独裁国家で、共に国家の上に党があり、監視国家、民主主義を徹底し、共産主義か反共産主義かの違いはあれどよく似た国家だった。

しかし、蒋経国（蒋介石の子）が実権を握るころから、蒋経国は自らを「台湾人」と認識するようになり、監視国家を緩めていく。蒋経国の死後は、台湾は中国とまったく別の道を歩み始め、21世紀になるとさらに遠ざかり、民主化された台湾の住人は自らを「中国人」とは思わなくなっていった。

この本では、台湾が〝台湾人の国〟となるまでの台湾現代史をコンパクトにまとめた。台湾現代史を知ることは、中国を知り、日本が置かれた立場を知ることでもあり、また日本が東アジアでいかに強く生き残るかを考えさせられるものでもある。

（河出書房新社刊、792円）

台湾有事なら全滅するしかない 中国人民解放軍

兵頭　二十八著

ロシアによるウクライナ侵略で起きていることを下敷きに、台湾有事の際に中国人民解放軍が被る困難を占う一冊。都市や原発などへの攻撃を含むロシアのなりふり構わない破壊が、中国により台湾に及んだ場合の対策を提案する。

ウクライナと台湾は、権威主義国家に狙われているという点では似ているが、異なる点もある。最大の違いは台湾は海に囲まれているという点。中国が大量の戦力を送り込もうとしても揚陸作戦は困難で、ロシアが6月にドンバス地方を激しく攻撃した時のような弾薬の補給は見込めないという。

ただし、中国は台湾の対岸に千数百基の短距離、中距離地対地ミサイルを配備している。これらをウクライナ戦争のように飛行場などインフラ施設、学校や病院、劇場、ショッピングモールなどに撃ち込まれた場合、台湾に打つ手はない。しかし、ウクライナの例をみると、都市部に着弾したミサイルは住民を殺傷するが、住民の戦意をくじくことはできないと指摘する。

ミサイルやドローン、住民自衛用の武器などの紹介がメインだが、台湾有事を考える上で一つの視点を与えてくれる。

（徳間書店刊、2640円）

朝雲新聞社の本

自衛隊装備年鑑2022-2023

陸海空自衛隊の500種類にのぼる装備品をそれぞれ写真・図・諸元性能と詳しい解説付きで紹介

判　型 A5判・516ページ・巻頭カラー口絵・全コート紙
定　価 本体3,800円＋税　ISBN978-4-7509-1043-7

陸上自衛隊編

最新装備の19式装輪自走155mmりゅう弾砲や03式中距離地対空誘導弾をはじめ、小火器や迫撃砲、誘導弾、10式戦車や16式機動戦闘車などの車両、V―22オスプレイやAH―64D戦闘ヘリコプター等の航空機、災害派遣で活躍する施設器材や需品器材、無線器材、化学器材などを分野別に掲載。

海上自衛隊編

最新鋭の護衛艦「もがみ」をはじめとする護衛艦、潜水艦、掃海艦艇、輸送艦などの海自全艦艇をタイプ別にまとめ、スペックや個々の建造所、竣工年月日などを見やすくレイアウト。P―1哨戒機やSH―60K哨戒ヘリコプターなどの航空機、62口径5インチ砲など艦艇搭載武器や航空関係武器なども詳しく紹介。

航空自衛隊編

最新のKC―46A空中給油・輸送機、E―2D早期警戒機はもちろん、F―35／F―15などの戦闘機、ブルーインパルスでおなじみのT―4練習機、RQ―4Bなど空自全機種を性能諸元とともに写真と三面図付きで掲載。他に地対空誘導弾ペトリオットなど誘導弾、レーダー、航空機搭載武器、車両なども余さず紹介。

資料編

小型・多数機衛星コンステレーションの時代／対衛星兵器の現況／海外新兵器情勢／防衛産業の動向／令和4年度防衛省業務計画／令和4年度防衛予算の概要／防衛装備庁の調達実績及び調達見込

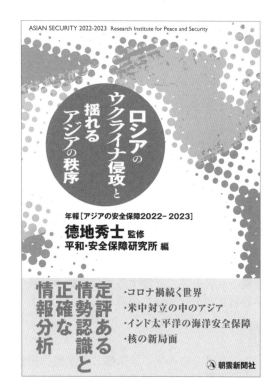

朝雲　縮刷版 2022

発　行　令和 5 年 3 月 25 日
編　著　朝雲新聞社編集部
発行所　朝雲新聞社
〒160-0002　東京都新宿区四谷坂町 12-20 KKビル
TEL 03-3225-3841　FAX 03-3225-3831
振替　00190-4-17600
https://www.asagumo-news.com
表　紙　小池ゆり（design office K）
印　刷　東日印刷株式会社

乱丁、落丁本はお取り替え致します。
定価は表紙に表示してあります。
ISBN978-4-7509-9122-1